Gesamtverzeichnis des deutschsprachigen Schrifttums (GV) 1700 – 1910

Bearbeitet unter der Leitung von
Hilmar Schmuck und Willi Gorzny
Bibliographische und redaktionelle Beratung:
Hans Popst und Rainer Schöller

93

Mark - May

K · G · Saur München · New York · London · Paris 1983

CIP-Kurztitelaufnahme der Deutschen Bibliothek

Gesamtverzeichnis des deutschsprachigen Schrifttums :
(GV). – München, New York, London, Paris : Saur.
Bd. 1 – 6 bearb. unter d. Leitung von Peter Geils
u. Willi Gorzny.
ISBN 3-598-30000-X

1700 – 1910 / bearb. unter d. Leitung von Hilmar
Schmuck u. Willi Gorzny. Bibliograph. u. red.
Beratung: Hans Popst u. Rainer Schöller

NE: Schmuck, Hilmar [Bearb.]

93. Mark - May. - 1983.

Techn. Realisierung und Druck: Norbert Gärtner, Mainz-Kastel
Binden: Karl Schaumann, Darmstadt
Printed in the Federal Republic of Germany
ISBN 3-598-30000-X (Gesamtwerk)

Mark [Sachliches OW]

Mark, die. Illustrirte Berliner Zeitschrift f. Ausflügler, Touristen, Wandervereine, Touren-Radfahrer, Touren-Ruderer, Touren-Segler, Amateur-Photographen, Angler, Motorfahrer u. alle Interessenten auf dem Gebiete der Touristik u. Heimatskunde. Red.: G. E. Kitzler. 1. Jahrg. Aug. 1904—Juli 1905. 26 Nrn. (à ca. 8 S. m. Abb.) 4. Berlin, Verlag „Baldur". n. 3. 25; geb. n. 5. 25

— dasselbe. 2. Jahrg. Juli 1905–Juni 1906. 52 Nrn. (à ca. 8 S. m. Abbildgn.) 4. Ebd. n. 5. —

— die Grafsch. Ein Jubiläumsbüchlein, der märk. Jugend gewidmet. (Umschlagzeichng. u. Buchschmuck v. H. Waltenberg.) (181 S.) gr. 8. Dortmund 909. (C. L. Krüger.) —85

Mark, die Grafsch. Festschrift zum Gedächtnis der 300jähr. Vereinigg. m. Brandenburg-Preußen. (Hrsg. v. A. Meister.) 2 Bde. nebst Beiheft. Lex. 8. Dortmund 909. F. W. Ruhfus. 30.—; geb. in Leinw. 34. — ; in Ldr. 50. —
1. (XII, 744 S. m. Abbildgn., 21 Taf. u. 1 farb. Karte.) Einzelpr. 12.—; geb. 14. —
2. Quellen, ausgewählte, u. Tabellen zur Wirtschaftsgeschichte der Grafsch. Mark. Hrsg. v. A. Meister (XXIII, 442 S.) Einzelpr. 24.—; geb. 26. —
Beiheft: Die Kunst in der westfäl. Grafsch. Mark, bearb. v. Ferd. Koch. (S. 745-855 m. Abbildg. 172–205 u. 5 Taf.) Unberechnet.

Aus der grünen Mark. Sammlung von Männerchören steirischer Componisten. Herausgegeben vom steirischen Sängerbunde. 8. (111 S) In Lnwd. geb. Graz Wagner 1895 —.60

Mark u. Pfennig, das neue deutsche Geld. Gemeinverständliche Belehrgn. u. Umrechnungstabellen üb. das Verhältniß zwischen altem u. neuem Geld in Süd- u. Nord-Deutschland sowie in Elsaß-Lothringen. 8. (15 S.) Reutlingen 873. Enßlin & Laiblin. — 10

— u. Pfennige in süddeutsches Geld verwandelt u. umgekehrt, nebst Gradations-Stempel-Tabelle. 64. (32 S.) Eichstätt 876. Krüll. n.n. — 10

Preussens rheinische Mark, Ueber, und über Bundesfestigungen. 8. 1815.

Mark [Schlagwort]

— s. a.: Wasserstrassen.

Mark — Charte von der Grafschaft — nach ihren Kreisen, Aemtern und Gerichtsbezirken entworfen von F. L. Güssefeld. 1796. Nurnberg bey den Homann. Erben. J. Rausch sc. 1 : 240,000. 1 Bl.

Mark. Wanderatlas, märkischer. 16 sechsfarb. Karten, Wegebeschreibg. u. Ortsregister. (Umschlag: Silva. Märkischer Wanderatlas. 14 mehrfarb. Wanderkarten der Ausflugsgebiete um: Tegel, Grunewald, Oranienburg, Bernau, Eberswalde, Werbellinsee, Oderberg, Freienwalde, Schmöckwitz, Erkner, Strausberg, Buckow, Spreewald, Potsdam.) 54 S.) kl. 8. Berlin (910). Verlag f. heimatl. Kultur W. Holz. 1. —

— — dasselbe. 22 sechsfarb. Karten, Wegebeschreibg. u. Ortsregister. (Einbd.: Silva. Märkischer Wander-Atlas.) (54 S.) kl. 8. Ebd. (910). Geb. in Leinw. 1. 50

— Wanderkarten, märkische. Nr. 1—24. 1:100,000. Farbdr. Ebd. (910). à — 10
1. Grunewald, Spandau, Potsdam, Teltow. 18,5×15,5 cm.
2. Tegel, Spandau, Finkenkrug, Heiligensee, Stolpe. 15×18,5 cm.
3. Oranienburg, Velten, Birkenwerder, Summt, Wensickendorf. 13×18,5 cm.
4. Bernau, Biesenthal, Prenden, Wandlitz, Schönwalde. 15×18 cm.
5. Eberswalde, Kloster Chorin, Schöpfurth, Melchow, Trampe. 18×15,5 cm.
6. Werbellinsee, Eberswalde. Chorin, Schöpfurth. 15×18,5 cm.
7. Oderberg, Eberswalde, Kloster Chorin, Falkenberg, Freienwalde. 15,5×18 cm.
8. Freienwalde, Niederfinow, Wriezen, Sternebeck. 18,5×15 cm.
9. Schmöckwitz, Cöpenick, Müggelsee, Erkner, Kgs.-Wusterhausen. 18×15 cm.
10. Erkner, Rüdersdorf, Petershagen, Neu-Zittau, Hangelsberg. 18×15 cm.
11. Strausberg, Eggersdorf, Prötzel, der Blumenthal. 16×15,5 cm.
12. Buckow, Müncheberg, Strausberg, Prötzel, Ringenwalde. 15,5×18 cm.
13. Spreewald, Lübben, Alt-Zauche, Lübbenau, Burg. 15,5×18 cm.
14. Potsdam, Kaputh, Ferch, Michendorf, Wildpark, Werder. 16×18 cm.
15. Scharmützelsee, Storkow, Rauen, Fürstenwalde. 19××15 cm.
16. Lehnin, Werder, Ferch, Gr.-Kreutz, Rädel. 15,5×18 cm.
17. Ruppiner Schweiz, Neu-Ruppin, Alt-Ruppin, Lindow, Binenwalde. 18×15 cm.
18. Rheinsberg, Stechlinsee, Neu-Globsow, Menz, Fürstenberg. 18,5×15 cm.
19. Lychen, Fürstenberg, Himmelpfort, Gramzow, Annenwalde. 15,5×18,5 cm.
20. Teupitz, Wendisch-Buchholz, Prieros, Motzen, Kgs.-Wusterhausen. 19,5×16,5 cm.
21. Lindow, Gransee, Löwenberg, Zippelsförde. 15×18,5 cm.
22. Unter-Spreewald, Halbe, Wend.-Buchholz, Schlepzig, Krausnick, Lübben. 19,5×15,5 cm.
23. Templin, Lychen, Warthe, Klosterwalde, Führkrug. 15×18,5 cm.
24. Gross-Berlin. Tegel, Malchow, Lichtenberg, Schöneweide, Britz, Südende, Dahlem, Westend. 15,5×18,5 cm.

Mark [Verfasser]

Mark Aurel, s. Marcus Aurelius Antoninus

v. d. Mark, Graf, u. Tervis, Abhandl. von d. Natur des philosophischen Eyes; aus d. latein. Manuscripte übersetzt von Jh. Cph. Lenz. 8. Braunschw. 779.

– Über

— — die Ausbildung der Offiz. des Generalquartiermeister-Stabs mit Aufstellung der dazu nötigen Vorschriften. (Verf.? Von der Mark.) (Autogr.) München 1849. 15 S. 4°

v. Mark und *Weismüller.* Referate über Polizeiverordnungen und Feuerversicherungsbedingungen für die Benutzung von beweglichen Kraftmaschinen in landwirtschaftlichen Betrieben, auf der 17. Konferenz der Vorstände der preußischen Landwirtschaftskammern am 27. V. 1905 in Altona. 1905.

Mark, André. Ueber Encephalorrhagie. Nach Beobachtungen der medizinischen Klinik in Zürich. Diss. Med. Univ. Zürich. *Kopftitel:* Aus der medizinischen Klinik der Universität Zürich. Direktor: ... Prof. Dr. H[ermann] Eichhorst. 48 S. 8. Zürich, W. Steffen, 1906.

Mark, Carl von der, s. Mark, Karl von der

Mark, Dav., Exhorten, zunächst f. die studier. Jugend, auf die Sonn- u. Festtage d. Schuljahres. 1. Bd. gr. 8. (IV, 363 S.) Brixen 886. Weger. n. 3. 60

Mark, Dav., Exhorten, zunächst f. die studier. Jugend auf die Sonn- u. Festtage d. Schuljahres bearb. 2. u. 3. Bd. gr. 8. (IV, 378; IV, 432 S.) Brixen 888. 890. Weger. à n. 3. 60

Mark, Dav., Exhorten, zunächst f. d. studier. Jugend auf d. Sonn- u. Festtage d. Schuljahres bearb. 1. u. 2. Bd. 2., verb. u. verm. Aufl. gr. 8. (VI, 402 u. IV, 405 S.) Brixen 897. A. Weger. à n. 4.—

Mark, Dav., Exhorten, zunächst f. die studier. Jugend auf die Sonn- u. Festtage des Schuljahres bearb. 3. Bd. 2., verb. u. verm. Aufl. gr. 8. (IV, 432 S.) Brixen 898. A. Weger. n. 4.—

Mark, Dav., Exhorten, zunächst f. die studierende Jugend auf die Sonn- u. Festtage des Schuljahres bearb. 3 Bde. 3., reich verm. Aufl. (VII, 496; IV, 459 u. IV, 486 S.) 8. Brixen 908—10. A. Weger. à 5.—

Mark, Dav., der christliche Glaube. Apologetische Kanzelvorträge, zunächst f. die reifere studier. Jugend. gr. 8. (XII, 464 S.) Brixen 893. A. Weger. n. 4.—

Mark, Dav., der christl. Glaube. Apologet. Kanzelvorträge, zunächst f. die reif. studier. Jugend bearb. 2., genau durchgeseh. Aufl. (XIV, 459 S.) 8. Brixen 905. A. Weger. n. 4.—

Mark, Dav., Lehrbuch des gregorianischen Choralgesanges für die Diöcese Brixen. 8. (VIII, 124 S.) Brixen 881, Weger's Buchh. *

Mark, Dav., Leitfaden zum Gesangsunterricht an Gymnasien, Realschulen und Pädagogien. 8. (VII, 78 S.) Innsbruck 879, F. Rauch's Buchh. geb.

Mark, Dav., Leitfaden zum Gesangsunterricht an Gymnasien, Realschulen u. Pädagogien. 2. Aufl. 8. (VIII, 79 S.) Innsbruck 892. F. Rauch. Kart. n. —60

— Leitfaden zum Gesangsunterricht an Gymnasien, Realschulen u. Pädagogien. 3. unveränd. Aufl. (VIII, 79 S.) 8. Innsbruck 909. F. Rauch. Geb. 1.—

Mark D.: Ursprung und Bedeutung des Wortes „Missa". 48. Brixen Priv. 83. Pesos.

— Ursprung u. Bedeutung d. Wortes „Missa". gr. 8. (48 S.) Wien 885. (Pichler's Wwe. & Sohn.) n. 1.—

MARK, E. L.: Beiträge zur Anatomie und Histologie der Pflanzenläuse, insbesondere der Cocciden. - Bonn 1876. 60 S., 3 Taf. - Diss.

Mark, Felix, s. Gaebler's, Ed., neues Wanderbuch für Leipzig u. Umgebung.

Mark, Fr. Ad. v. d.

— Diss. jur. nat. et gentium, indicans solida systematis de jure belli et pacis Grotiani fundamenta. 8. Lingen 777.

— commentatio de portentosa Hobbesiani Civis imagine quam duabus orationibus delineavit. 8. Steinfurt 790.

— institutiones juris civilis privati, communis, et reipublicae Groa ingo-Omlandicae proprii. Prs. I. 8. Gröning. 761.

— judicatore van den Senatus Amplissimus Academie van de Stadt Groningen etc. Fol. Gröning. 773.

— comment. de jure Groninganorum consuetudinario maxime fictitio. 8. Gröning. 762.

— sermo academicus de jure, hominis naturae insito, singulis aequaliter tribuendo, perenni rerum publicarum stabilimento. 8maj. Gröning. 795.

— Tract. de jure et obligatione hominis et civis ad e circa religionem etc. 4. Arnh. 752.

— lectiones academ. quib. selecta philosophiae pract. jurisq naturae capita pertractantur. III Parts. 8. Gröning. 771 —76. (Brem., Cramer). 1 ₰ 23 gr

— oratio de meritis Marci T. Ciceronis circa jus naturae 8maj. Gröning. 797.

v. d. *Mark*, Fr. Ad., († d. 1. Nov. 1800.) Comment. de ordine totius universi, s. primo juris naturalis principio. 4. Duisb. 748. Ed. II. 4. Arnh. 752. Ed. III. 4. Duisb 755. 5 gr

— Diss. jur. naturalis de origine imperii divini et quasi pacto societatis derivanda. 8. Lingen 778.

— sermo acad. pomoeriis juris naturae proferendis. 8maj. Gröning. 797.

v. d. *Mark*, Fr. Ad., Theses jur. eccles. protest. universalis, cum adjectis thesibus etc. 8. Gröning. 768.

Mark, Frdr., Umrechnungs-Tabelle v. österreichischer Währung Gulden u. Kreuzer in Kronen u. Heller, dann Mark u. Pfennige, m. Zugrundelegg. der v. beiden Häusern d. österreich. Reichsrathes angenommenen Gesetzesvorlagen vom 14. Mai 1892 üb. die Valuta-Regulirg. u. der darin enthaltenen Fixirg. der Werthe, u. umgekehrt. Basis: 100 Gulden ö. W. = 200 Kronen = 170 Mark. Grosse Ausg. 2 Blatt à 51×60,5 cm. Braunau a/Inn 892. (Passau, M. Waldbauer.) n. —50; mittle Ausg. 2 Blatt à 41,5×38,5 cm. n. —25; kleine Ausg. 16. (6 S.) n. —20

Márk, Frz., Thomas Carlyle. Eine kurze Uebersicht seiner Philosophie. Inaugural-Dissertation. gr. 8. (32 S.) Jena 876, (Deistung's Buchh.) *

Mark, Geo. Joach., († d. 5. März 1774.) Ausführung d. Geschichte d. evangel. Gottesdienstes in d. Schwerin. Kirchen. 8. Schwerin 765.

— ein Beitrag zur ausführl. Erklärung des unter Mecklenburg. Regenten, besonders in Schwerin gepflanztin evangel. Gottesdienstes. 8. Schwerin 765.

— Beitrag zur richtigen Erwägung d. symbolischen Schriften unserer evangel. Kirche. 8. Wismar 772. Bödner. 4 gr — Zusätze dazu. 8. Ebd. 773. 3 gr

— allgem. Betrachtt. über die Wissenschaften in ihrem Zusammenhange. 8. Frankf. u. Leipz. 765.

— Betrachtt. über d. rechtgläubige Lehre von den verklärt außerhenden Leibern d. Heiligen. 1s Stck. 4. Wismar 764.

— Betracht. der guten Wirkung des göttlich. Gesetzes in denen, d. noch keine wahren Gläubigen sind. 8. Wism. 771. Bödner. 3 gr

— vollständ. Beurtheilung d. Trostgrundes d. Vernunft, u. verschiedener damit verknüpfter Lehrsätze. 8. Leipz. 765.

— causa christianorum a Romae lege tridentina dissident. 4. Wismar 770. Bödner. 6 gr

— Einleitung in die Schwerin. evangel. Kirchengeschichte. 1e Abtheill. 8. Schwerin 765.

— Entwurf der Geschichte des Evangelischen Gottesdienstes am Herzogl. Hofe zu Schwerin. Nebst einem Versuch urkundlicher und anderer zuverläszigen Bestätigungen desselben. Schwerin. 1765.

— Gedanken von der in guten Hymnen, od. eigentl. heil. Liedern nöthigen gottesdienstl. Anrufung. 8. Altona 765.

— Gedanken v. Martiniabend u. v. Martinimann. 8. Schwerin 765. Dann unt. d. T.: Geschichte v. Martiniabend u. v. Martinimann. 8. Hamb. 772. Buchenröder. 4 g?

— Gesch. des Martiniabends und Martinsmanns. 8. Hamb. Buchenröder. 771.

— Mecklenburg. u. Holsteinische Sammlung verschied. bisher sehr unbekannter kleiner Werke der Litteratur. 1r Thl. 8. Schwerin 765.

[—] Meditationes de peccati in Spiritum S. indole, speciebus, gradibus. Kilonii. 1764. 4. (Univ.-Progr.).

MÄRK, GEO, JOACH., Meditationes de sapientia sanctissima rite colenda. Kiliæ. 1762. 4. P.

— vermischte Untersuchungen zur Ausbreitung der grundl. und rechtschaff. Verehrung Gottes. 1r Thl. 8. Leipz. 765.

MÄRK, GEO. JOACH., Disputationis de usu interpretationis Regiæ Anglicanæ in difficilibus sanctissimarum litterarum locis sectio I. Kiliæ. 1745. 4. P. [Resp. Johs. Ludov. Schmid].

— Versuche in heiligen Liedern. Altona und Lpz. 1766.

— der Winter; ein Lehrgedicht. 4. Rostock u. Wismar 751.

Mark, Gust., die Technik des Tischzeug-Damastes. Auszug aus e. Vortrag, geh. vor der Versammlg. sächs. Webschulmänner in Zittau. (17 S. m. 15 Abbildgn.) Lex. 8. Leipzig 908. Verlag der Leipz. Monatschrift f. Textil-Industrie. 1. —
Sonderabdruck aus: „Leipz. Monatschr. f. Textil-Ind."

Mark Hans: Zum tirolisch-salzburgischen Bergwerksstreit im Zillertal. 55. Salzburg R. 02.
Progr.

Mark, Hans, a. Wien: Über das Jecorin. Weida i. Th. 1907: Thomas & Hubert. (63 S.) 8°
Leipzig, Phil. Fak., Ref. Beckmann-Hantzsch, Diss. v. 28. Juni 1907
[Geb. 1. Mai 83 Wien; Wohnort: Wien; Staatsangeh.: Österreich; Vorbildung: Staatsgewerbesch. Reichenberg Reife Juli 02; Studium: Leipzig 6 S.; Rig. 30. Apr. 07.]

Mark, Hans v. der, Königin Luise od. der Friede zu Tilsit. Ein dramat. Geschichtsbild f die deutsche Jugend in 3 Aufzügen. gr. 8. (66 S. m. 3 Farbendr.) Nürnberg 892. Verlag der Kinder-Gartenlaube. — 75; geb. n. 1. —

Mark, J

— Commentar. in 12 Prophetas minores. II Tom. med. fol. Tub. (Varrentrapp et W. in Frankf.) 734.

— compend. theologiae christ. 4. Amst. 722.

Mark, I., Exercitationes biblicae in sel. loca V. et N. Test. 4. Amst. 707.

— christ. theologiae medulla didactico - elenchtica. 8. Amst. 716.

Mark Joh.: Herr Ulrich II. v. Rosenberg mit bes. Berücksichtigung seiner Beziehungen zu Krumau. 37. Krumau 74. Progr.

Mark, Karl von der

Mark, C. v. der, Entstehung u. Entwickelung des Garnison-Uebungsplatzes Wesel m. dem Lager Friedrichsfeld. 8. (26 S.) Wesel (900). (Fincke & Mallinckrodt.) n.n. — 50

Mark, Carl, der Gemeindeschreiber-Dienst im Königr. Bayern diesseits des Rheins. 6., völlig umgearb. u. erweit. Aufl. (VIII, 365 S.) 8. München 906. J. Lindauer. Kart. n. 3. — ; m. Registraturplan (4 S.) gr. 4. n. 3.30; letzterer allein n.n. — 30

Mark, Carl, Gesetzeskunde f. bayerische Landwirte. Zugleich e. Leitfaden f. den Unterricht in der Gesetzeskunde an den landwirtschaftl. Schulen des Königr. Bayern. 8. (VI, 167 S.) München 901. C. H. Beck. Kart. n. 1.20

Mark, Carl, Leitfaden z. Einführung in d. Gemeindeschreiber-Dienst im Königr. Bayern diesseits d. Rheins. 2., verm. u. verb. Aufl. M. d. v. allen Kreisregiergn. empfohl. Registraturplane. 8. (VIII, 296 S. u. 4 S. in Fol.) Amberg 898. Selbstverlag. Kart. n. 2. 50; Registraturplan einz. n. — 20

Mark, C., Leitfaden zur Einführung in den Gemeindeschreiber-Dienst im Königr. Bayern diesseits des Rheins. 3. Aufl. Mit dem v. allen Kreisregiergn. empfohlenen Registraturplane. 8. (XII, 282 S.) Amberg, Selbstverlag. 1900. Kart. 2. 50.

— Leitfaden zur Einführung in den Gemeindeschreiber-Dienst im Königr. Bayern diesseits des Rheins. 4., verb. Aufl. Mit dem von allen Kreisregierungen empfohlenen Registraturplane. 8. (XII, 306 S.) Amberg 901. Bez.-Amtmann C. Mark. Kart. n. 2. 50

— Leitfaden f. d. Unterricht in d. Gemeindeschreiberei an d. k. b. Schullehrerseminarien diesseits des Rheins. 2 Tle. 8. (306 S.) Amberg 895. (Regensburg, W. Wunderling.) n. 2. —

— dasselbe, 2. Ausg. u. d. T.: Leitfaden z. Einführg. in d. Gemeindeschreiberei-Dienst im Königr. Bayern diesseits d. Rheins. 12. (306 S.) Regensburg 896. W. Wunderling. n. 2. —

Mark, Karl, Licht u. Schatten. Militärische Novellen. 8. (III, 196 S.) Dresden 901. E. Pierson. n. 3. — ; geb. n. 4. —

— Termins-Kalender f. die Landgemeindebehörden u. mittelbaren Städte 1902. Anh. zum „Gemeindeschreiberdienst". (4 S.) gr. 4. Ebd. n.n. — 30

Mark, L. J., die Kompagnie im Verbande. Ein takt. Handbuch f. Komp.-Führer. 2. umgearb. u. ergänzte Aufl. (139 S.) kl. 8. Metz 905. P. Müller. Kart. n. 1. 40
1. Aufl. (92 S.) 903 n. 1. 80.

Mark, Leo, Krieg ohne Sieg. Eine Novelle aus neuester Zeit. 3. Aufl. gr. 16. (88 S.) Erfurt 872, Brodmann. *

Mark, Leonhard

Mark, Vorbereitung zum gefechtsm. Abteilungsschießen in der Kompagnie sowie Einiges üb. die Führung der Kompagnie im Gefecht. Zusammengestellt aus den Vorschriften, aus Verfüggn. vorgesetzter Stellen sowie verschiedenen Fachschriften. 6. neubearb. u. erweit. Aufl. 12. (44 S.) Metz 901. P. Müller. n.n. — 35

Mark, Ludw., Ideale. Allerhand kleine Geschichten. Illustrationen v. Arth. Hesse. gr. 8. (94 S.) Höchst 899. [W. Graf.] Stuttgart, K. Daser. n. 1. —; erm. Pr. n. — 60

Mark, Markus. Die bleibende Abstellung der regelmässig eintretenden Geldknappheit der Welt. Denkschr. gerichtet an sämmtl. Staats-Finanzverwaltungen d. Culturstaaten von . Budapest 1896 Buchdr. d. Pester Lloyd-Ges. (32 S.) 8°

Márk, Markus, das Gold — nicht mehr Geld. Die Tauschkraftwährg. u. d. auf Tauschkrafteinheiten laut. Banknoten. Brief an e. Finanzmann. Im Anh.: Ein neues volkswirthschaftl., zugleich auch sociales Programm. gr. 8. (67 S.) Budapest 897. Dobrowsky & Franke. n. 1. 40

Mark, M. Das neue Lottosystem. Im Anhang: I. Das Plus im ungarischen Staatshaushalt und die ungarische Conversion. II. Ein neues volkswirtschaftliches, zugleich auch soziales Programm. 2. erweit. Aufl. gr. 8°. Budapest 1895.

— der Schlüssel zum Quotenschlüssel. II. Tl. D. selbstständ. ungar. Zollgebiet u. d. selbstständ. österreich. Zollgebiet ohne Aufstellung v. Zollschranken zwischen Österreich u. Ungarn u. ohne d. v. einem in d. and. Gebiet importirten landwirthschaftl. u. Industrie-Producte m. e. Zoll oder m. irgend e. bes. Verzehrungssteuer zu belegen. III. Thl. F. d. Fall, als d. österreich. Reichsrath arbeitsunfähig bleibt. Autor. Uebersetzg. aus d. Ungar. (Geschrieben in d. Monaten Jänner, Feber u. März 1898.) gr. 8. (93 S.) Ebd. 898. n. 1. 70

Mark, Markus Die Valuta. Ein Weltproblem. Eruirung des heute als stabiler Tauschwerthmesser thatsächl. functionirenden Elements. Offener Brief an sämmtl. Volkswirthe. Von –. 2. erw. Aufl. Budapest 1894: Buchdr. Pester Lloyd-Ges. (VI, 33 S.) 8°

Márk, Markus, die Valuta e. Weltproblem. Entdeckung des heute als stabiler Tauschwerthmesser thatsächlich functionir., aber durch die Einführg. des Goldes als einz. Zahlungsmittel in seiner Function gehinderten Elementes. Offener Brief an sämmtl. Volkswirthe. I. Thl. 6. Aufl. der im J. 1894 erschienenen 2. erweit. Aufl. (31 S.) gr. 8. Münster (906). (Univers.-Buchh. F. Coppenrath.) n. 1. —

Mark, Mor (geb. Neutra in Ungarn 7. 9. 1843) Ueber conservirende Behandlung der penetrirenden Verletzungen des Kniegelenks nebst einem Fall von Heilung einer perforirenden Risswunde desselben. Berlin (1873). (67 S.) 8°
Berlin, Med. Diss. v. 1 Aug. 1873

Mark, Ph. Edw., (Ph. Edw. Muzel.) üb. die Vernunftwidrigkeit einiger Lehren d. gewöhnl. Kirchensystems. 8. Halle 792. Hendel. 8 gl.

Mark, Quirin

Portraits aller röm. und griech. Kaiser von Julius Caesar bis Franz II. Nach den besten Originalen von Quirin Mark, in 181 Blättern. Wien 814. 4. •15 rthl.

Mark, Robert, Elsa, die Tochter des Ministers, oder die Millionen-Erbschaft. Neuester Sensationsroman. gr. 8. Lieferung 1—12 (S. 1 bis 384) Wien, Černy à fl. — 15 1887.

Mark, Siegfr., König Saul. Historisches Trauerspiel in 1 Vorspiel u. 3 Acten. gr. 8. (XL, 126 S.) Bielitz 900. W. Fröhlich. n. 2. —

MARK, Siegfried
(F) König Saul. Historisches Trauerspiel in einem Vorspiele und drei Acten von Siegfried Mark. Bielitz. [1900.] Hohn. Gr.-8°. XL, 126 S. K 2.40

Mark, Toni, Annemarie. Roman. 1.—3. Tausd. (376 S.) kl. 8. Wien 906. Wiener Verlag. n. 2. 50; geb. n.n. 4. —

— standhafte Mädchen. 8. (V, 120 S.) Ebd. 902. Kart. n. 2. —; geb. n.n. 3. —

Mark, Toni, was da Hansel im ganzen Tag treibt, 'n Kindern vazählt. Mit Bilderln dazua v. Alex. Hartmann. gr. 4. (14 S. m. 3 Taf.) Wien 902. Wiener Verlag. Kart. n. 1. 80

— die Wittib. (116 S.) 8. Ebd. 904. n. 2. —; geb. n.n. 3. —

Mark, W. v. d. Chemische Untersuchung der Hermannsborner Stahl- und Sauerquelle. Dortmund 1860 4

Mark, Wilh. v. der, Affotenfauer od. Natz van Dülmen aß Präses im Schmeukklub „Bruderbund", s.a. Heidelmann's, A., Theaterbibliothek.

Affkotenfauer oder Natz von Dülmen aß Präses im Schmeukklub 'Bruderbund'. Lustiger Schwank in 2 Auftritten von Wilhelm v. der **Mark**. *Bonn: A. Heidelmann [1902].* (16 S.) 8° [J.]
= **Theaterbibliothek**, A. Heidelmann's. H. 62 [04. 11753]

Mark, Wilhelm v. d. Die gestörte Aktionairen-Versammlung oder Nätzken van Dülmen bi dä Buren. Lustspiel in 4 Auftr. von – Bonn. A. Heidelmann [1902]. (38 S.) 8°
Theaterbibliothek, A. Heidelmann's. H. 51

Mark, Wilh., Führer durch die Kunst- u. Handelsgärtnereien u. verwandten Branchen v. Leipzig u. Umgegend, nebst Leipziger Verkehrsnachrichten u. einer (lith.) Karte der Stadt u. Umgebung Leipzigs. 12. (40 S.) Neustadt b. Leipzig 881. (Leipzig, H. Voigt.) n. — 75

Mark, Wilh. v. der, der moderne Heilkünstler od. Ein Hausknecht als Wunderdoktor, s.a. Heidelmann's, A., Theaterbibliothek.

Mark, Wilhelm v. d.. Der moderne Heilkünstler oder Hausknecht als Wunderdoktor. Lustspiel in 3 Aufz. von – Bonn. A. Heidelmann [1902]. (32 S.) 8°
Theaterbibliothek, A. Heidelmann's. H. 52.

Märk, George Joachim, s. M a r k

Marka, A., Filosofié, s. Biblioteka, nowoceska.

Marka, Ulrika della, Dialogen a. d. Zeiten d. Inquisition. Gegenstück zu Lauretta Pisana. 2 Thle. 8. Hamb. Nestler. 802.

Markaff, der Seelenfänger, od. d. neunfachen Mörders Erlösung aus den Banden d. Unterirdischen. Räuber- u. Geistergesch. von d. Verf. d. Novantiken. 2 Thle. 8. (25 B.) Gera 839, Heinsius'sche Vrlsbuchh.

Der Commentar Marqah's [Markah] des Samaritaners [Bücher I, II, IV und Auszüge aus BB. III und VI]' in der hebräischen Quadratschrift nebst Einl., Übs., Noten und Appendices hrsg. v. Dr. M[oritz] Heidenheim. Weimar: E. Felber 1896. (XL, 123, 212 S.) 1 Bd. 8.
= Bibliotheca Samaritana. Bd III. Heft 5, 6. 96. f.10

Markanus, Udo, westfälische Geschichten aus alter und neuer Zeit. 3 Bdchn. gr. 16. Schwerte, Braus. *

Inhalt:

Bdchn. 1. Von kleinen Leuten in großen Zeiten. Eine westfäl. Geschichte aus den letzten Jahren des 30jähr. Krieges. (109 S.) 877. * 60 Pf.
" 2. Die Gräfin Getrud v. Bentheim [eine westfäl. Geschichte aus der Zeit Bernhards v. Galen]. (120 S.) 877. * 60 Pf.
" 3. Unter dem Sommerkönige. Eine westfäl. Geschichte aus dem vor. Jahrh. (134 S.) 879. * 50 Pf.

Markard

— s. a. **Marcard, Marckart.**

Markard, Correspondance de l'impérat. de Russie Catharine, voyez Katharina.

Markard, Georg Anton (Würzburg), Observationes quasdam continens medico-chirurgicas. Göttingen (Barmeier) 31. III. 1800. 61 S. (5.—) 22189

Markard, G. A., observationes quasdam continens medico-chirurgicas. etc. 8. Götting. Brose. 800.

Markard, Hnr. Matth., s. Marcard.

Markard, Matth., Ehren- u. Sitten-Reden an den Festtagen Jesu Christi, Mariä u. a. Heiligen. 2 Thle. 4. Würzb. 761, 69. (1r Thl. 2e Aufl. 767.) Stahel. 2 ₰ 4 gr

— Geheimniß-Predigten auf alle vornehmern Festtage d. Herrn zu 3 Jahren. 8. Bamb. 781. (Wesché in Frankf.) 20 gr

Markard Math., Geheimnißpredigten auf alle vornehmere Festt. d. H. 8. Bamberg, Göbhard. (auch Lentner in München) 786.

— neue Geheimniß-Predigten auf alle vornehmern Feste des Herrn. 8. Bamb. 786. (Wesché in Frankf.; a. Etlinger in Würzb.) 20 gr

Markard, christkathol. Glaubens- und Sittenlehre. 2 Thle. 8. Bamb. Gobhard. 756.

— christkathol. Glaubens- u. Sittenlehre. 2 Thle. 8. Bamb. 756. (Wesché in Frankf.) 20 gr

— christkathol. Glaubens- u. Sittenlehre, d. i. Sonntägl. Predigten. 2 Thle. 4. Würzb. 764, 66. (1r Thl. 2e Aufl. 770.) (Wesché in Frankf.) 2 ₰ 16 gr

— christkathol. Glaubens- und Sittenlehre, auf d. Fest- und Feyert. 2 Thle. 4. Würzb. Stahel. 769.

— christkathol. Glaubens- und Sittenlehre zur heilsamen Unterweisung und nützl. Gebr. rc. 2 Thle. 8. Bamberg, Göbhard.

— christkathol. Glaubens- und Sittenreden auf d. Sonnt. 2 Thle. 4. Ebend. 766.

— siebenf. Jahrg. zweyter marian. Lobreden. 2 Thle. 8. Würzb. Göbhard. 781.

— siebenfacher Jahrg. zweiter marian. Lobreden. 2 Theile. 8. Würzb. 781. (Wesché in Frankf.) 1 ₰ 4 gr

— septennium marianum, d. i. Lob-, Ehr- u. Sittenreden auf alle Festt. Mariä. 4. Würzb. 759. 2e A. 769. Stahel. 1 ₰ 16 gr

— erst. Jahrg. d. Sonn- Fest- und Feyert.-Predigten. 4 Thle. Bamberg, Göbhard. 781.

— 1r Jahrg. der Sonn-, Fest- u. Feiertagspredigten. 2 Thle. 8. Bamb. 781. (Wesché in Frankf.) 2 ₰ 8 gr — 2r Jahrg. 2 Thle., nebst e. Anhange. 8. Ebd. 788. (Ebd.) 1 ₰

Markarian, Wartan: Kasuistischer Beitrag zu den Krankheitsbildern 'Vikariierende Blutungen'. Berlin 1910: G. Schade. 29 S. 8°
Berlin, Med. Diss. v. 8. März 1910, Ref. Bier
[Geb. 14. Okt. 76 Achalkalaki; Wohnort: Tiflis; Staatsangeh.: Rußland; Vorbildung: Gymn. Eriwan Reife 02; Studium: Berlin 10 S.; Rig. 1. März 10.]
[U 10. 69

Markart-Album. Nun compl. Gr.-Fol. Ebds. In Originaldecken und Goldschnitt 10 fl. 20 kr. 1883. Ins.

Markau, Karl, a. Berlin: Dämpfung elektrischer Schwingungen in Kondensatorkreisen, welche statt der Luft-Funkenstrecke eine Cooper-Hewitt'sche Quecksilberbogenlampe enthalten. (Berlin 1908: Paß & Garleb.) (43 S.) 8°
Berlin, Phil. Fak., Ref. Rubens, Diss. v. 8. Febr. 1908
[Geb. 19. April 75 Berlin; Wohnort: Berlin; Staatsangeh.: Preußen; Vorbildung: Falk-Realgymn. Berlin Reife M. 93; Studium: Berlin 7 S.; Rig. 7. Nov. 07.]

Markawitsch, Thomas, siehe Christian Ludwig Liscow, Wohlmeinender Raht u.s.w., Nürnberg (1734)

Mark Brandenburg, die, unt. Kaiser Karl IV. bis zu ihrem ersten Hohenzollerschen Regenten, od.: Die Quitzows u. ihre Zeit. (Von K. F. Klöden.) 4 Thle. gr. 8. Berlin, [C. G. Lüderitz'sche Vrlsbuchh.] [1. u. 2. (à 32 B. u. 2 Abbild.), 3. (33 B. u. 2 Facsim.) 836., 4. (34 B. u. Ttlbild. incl. Regist. u. 1 Abbild.) 837. à 2½ Thlr.] Thlr.

Markbreiter, E., über Redefreiheit, s.: Sammlung öffentlicher Vorträge u. Reden.

Markbreiter, Emil Ludwig: Die Orthodoxen Original-komisches Genrebild. kl. 8. (37 S.) Pest Aigner & Rautmann 1868.

Marke, F., s.: Führer durch das Volksschullesebuch.

— kleine Sprachschule, s.: Kamp, K.

Markees, Christian. Ueber den Soorpilz. Beitrag zur Pathogenese und zur Kenntnis der Kugelzellbildung des Pilzes. Diss. Phil. Basel. [Mit 2 Tafeln.] 44 S. 8. [Basel,] 1901.

Markees, E. Beitrag zur operativen Behandlung gebrochener Knochen. In-8°. 24 S. Basel. These. 1896.

Markel, Amadeus, Tuba magna Ecclesiae antiquissimum ad heterodoxos clangens sonum seu theologia dogmatica. II partes. Augsburg 1739, 4°.

Markel, Amad. Mar., speculum virtutis et scientiae, 4. Augsb. Wolf. 748.

— — id. l. 4. Nrnb. 748.

— theatrum amoris et doloris in XL meditationib. sacris consist. 8. Regensb. Montag. 752.

— — id. lib. 8. Augsb. Wolf.

Markel, Anton K , s. Markl

Märkel. Ueber die gegenwärtige Aufgabe der Philosophie. 20 S.
Königsberg i. N., Progr. 1860

Maerkel: De Athenagorae libro apologetico, qui πρεσβεία περὶ Χριστιανῶν inscribitur. 20 S. – Koenigsberg i/N., Progr 1857.

Märkel, Umschau in Heimat u. Fremde, s.: Hentschel.

Märkel, Gust., Döbeln u. Umgebung. Natur- u. Kulturbild e. sächs. Mittelstadt. 8. (IV, 94 S.) Döbeln 893. C. Schmidt. n. 1.—

Märkel, Gust., über die Einbildungskraft und ihre Bedeutung für Unterricht und Erziehung. 4. (39 S.) Döbeln 878. (Schmidt.) *

Märkel, Gust. Über die Einbildungskraft und ihre Bedeutung für Unterricht und Erziehung. 2. Aufl. gr. 8. (64 S.) Döbeln 892, Schmidt. * 1 —

Märkel, Gust., durch deutsche Gaue. Fusswandergn., zur Belebung d. Heimatskunde unternommen u. beschrieben. 1. Hft. gr. 8. (78 S.) Döbeln 896. (Zittau, A. Graun.) n. 1.—

Märkel, Gustav F. E.

Märkel, G. F. E.: Die dt. Colonien Südamerika's und unsere dt. Landsleute in denselben. — Lpg 1876: Andrä. 110 S.
Leipzig, Phil. Diss. 1876.

Märkel, Joh. Fr., ABC- u. Lesebuch, wie es Lehrer in Stadt- u. Landschulen wünschen werden. 8. Leipz. Dürr. 812.

MAERKEL, Joseph (Regensburg): De gutta rosacea.- Burghausen: Jaquet 1832. 36 S.
31.8.1832 - Urk; F 60
Diss. Ingolst.-Landsh.-Mchn.

Maerkel, Jul., die augsburgische Confession lateinisch und deutsch, nebst den drei ökumenischen Symbolen. Zum Gebrauch der Gymnasien hrsg. gr. 8. (IV und 70 S.) Königsberg i. d. N. 858, Striese.

Maerkel, Ludw., die Gichtkur. Ein ärztl. Trostwort für Gichtkranke von einem Leidensgenossen. gr. 8. (148 S.) Berlin 887, (Vossische Buchh.) *

Maerkel, Otto [aus Oettingen]: Zur Kenntnis der Giftwirkung der Peptone . Erlangen, Druck v. A. Vollrath's k. b. Hofbuchdr., 1892; 29 S., 2 Tab. 8.
Erlangen, Med. Fak., Inaug.-Diss. v 18. Dez. 1891

Märkel, Paulus Die leitenden Gedanken der in Platos Politie entwickelten Staatsansicht dargestellt und mit besonderer Rücksicht auf den modernen Standpunkt beurteilt Halis Saxonum 1881 (Pormetter in Berlin). 102 S. 8°
Halle-Wittenberg, Phil. Diss. v 25. Apr 1881
Geb. Kulm (Westpr.) [18. 6.] 1847 V
Im Buchhandel u. d. T Platos Ideal-Staat. Berlin Weidmann 1881.

Maerkel, Paul [Dr.]: Herbart und der Religions-Unterricht an höheren Lehranstalten. Berlin, R. Gaertner, 1897; 28 S. 4.
Berlin, Askanisches G, OP 1897 (50)

Märkel, Paul, Platos Ideal-Staat. Dargestellt u. mit besonderer Rücksicht auf die moderne Zeit beurteilt. gr. 8. (102 S.) Berlin 881. Weidmann. n. 2. —

Maerkel, Paul, Prof. Dr.: Der Kulturwert des Russischen. Berlin: Weidmann 1905. (30 S.) 4°
Berlin, Askanisches G OP 1905 (55)

Märkel, Paul. Reformation u. Revolution. gr. 8. (22 S.) Berl. 891, Vossische Buchh. * — 50
Aus: Kirchl. Monatsschrift, besonders abgedruckt.

Märkel, Paul [Dr.]: Theorie der Schulandacht an höheren Lehranstalten. Tl 1: Grundlegung. Berlin, R. Gaertner, 1892; 40 S. 4.
Berlin, Dorotheenst. RG, OP 1892 (94)

Märkel, Paul [Dr.]: Theorie der Schulandacht an höheren Lehranstalten. Tl 2: Einige Proben von Andachten. [Schluss d. P-Beil. 1892.] Berlin, R. Gaertner, 1893, 23 S. 4.
Berlin, Dorotheenstädt. RG, OP 1893 (94)

Märkel, Paul, Kaiser Wilhelm, der Vertreter der echten Kaiseridee. Eine Festschrift zur 90. Geburtstagsfeier Sr. Maj. des Kaisers und Königs am 22. März 1887. gr. 8. (31 S.) Berlin 887, Vossische Buchh. *

Markelj Joh.: Geschichte der k. k. LBA. und des Lehrerbildungswesens in Istrien. 125. Capodistria LBA. 00.
Progr.

Markelsdorf, s.: Sachsen. Karte.

Marken. Jahres-Sammlung. [Veröffentlicht vom] Eidg. Amt für geistiges Eigentum = Marques. Recueil annuel. [Publication du] Bureau fédéral de la propriété intellectuelle. [Illustriert.] 8.
Jahrg. = Année 1900. II + 376 S. Bern, Jent & Co., 1901.
Jahrg. = Année 1901. II + 460 S. Bern, Jent & Co., 1902.
Jahrg. = Année 1902. II + 431 S. Bern, H. Jent 1903.

Marken. Jahres-Sammlung. [Veröffentlicht vom] Eidg. Amt für geistiges Eigentum. Jahrg. 1903 = Marques. Recueil annuel. [Publication du] Bureau fédéral de la propriété intellectuelle. [Illustriert.] II + 462 S. 8. Bern, H. Jent, 1904.

Marken. Jahres-Sammlung. [Veröffentlicht vom] Eidg. Amt für geistiges Eigentum. Jahrg. 1904 = Marques. Recueil annuel. [Publication du] Bureau fédéral de la propriété intellectuelle. Année 1904. [Illustriert.] II + 512 S. 8. Bern, H. Jent, 1905.

Marken. Jahres-Sammlung. [Veröffentlicht vom] Eidg. Amt für geistiges Eigentum. Jahrg. 1905 = Marques. Recueil annuel. [Publication du] Bureau fédéral de la propriété intellectuelle. Année 1905. [Illustriert.] IV + 600 S. 8. Bern, H. Jent, 1906.

Marken. Jahres-Sammlung. [Veröffentlicht vom] Eidg. Amt für geistiges Eigentum. Jahrg. 1906 = Marques. Recueil annuel. [Publication du] Bureau fédéral de la propriété intellectuelle. Année 1906. [Illustriert.] II + 608 S. 8. Bern, H. Jent, 1907.

Marken. Jahres-Sammlung. [Veröffentlicht vom] Eidg. Amt für geistiges Eigentum. Jahrg. 1907 = Marques. Recueil annuel. [Publication du] Bureau fédéral de la propriété intellectuelle. Année 1907. [Illustriert.] II + 679 S. 8. Bern, H. Jent, 1908.

Marken. Jahres-Sammlung. [Veröffentlicht vom] Eidg. Amt für geistiges Eigentum. Jahrg. 1908 = Marques. Recueil annuel. [Publié par le] Bureau fédéral de la propriété intellectuelle. Année 1908. [Illustriert.] II + 645 S. 8. Bern, H. Jent & Co., 1909.

Marken. Jahres-Sammlung. [Veröffentlicht vom] Eidg. Amt für geistiges Eigentum. Jahrg. 1909 = Marques. Recueil annuel. [Publié par le] Bureau fédéral de la propriété intellectuelle. Année 1909. [Illustriert.] II + 739 S. 8. Bern, H. Jent & Co., 1910.

Marken, van Ein interessanter Beitrag zur Wohnungsfrage. (Köln. Um 1890)

Marken, J. C. van, durch Arbeit f. die Arbeit Ein neuer Versuch prakt. Durchführg. der Gewinnbeteiligg. der Arbeiter. Rede, geh. auf dem Bankett der Gesellschaft zur prakt. Durchführg. des Prinzips der Gewinnbeteiligg. am 20. März 1892 in Paris. Autoris. deutsche Übersetzg. gr. 8. (20 S.) Dessau 894. P Baumann. n — 60

Märken, s. a. Marcken

Märken, G. F. v., Communal-Besteuerung. gr. 8. Cöln, Rommerskirchen.

Märken, Geo. J., Betr. üb. die Gabe zu Beten rc. gr. 8. Lemgo, Meyer. 749.

— Ermunt. zum Preise der Herrlichkeit des Herrn in drey Reden. 8. Wismar, Berger. 759.

— heilige Lieder mit Melodien. gr. 8. Lübeck, Iversen 766.

— Vers in heiligen Liedern. gr. 8. Ebend. 765.

Märken, Gf., tröstliche Todesgedanken. 8. Dresden, Gerlach. 718.

Markenbach, Heinr., der Schlaf vom Standpunkte der transzendentalen Psychologie. Zugleich e. Wort des Trostes f. betrübte Seelen — e. lindernder Balsam auf die Wunden, die der Tod teuerer Geliebten gerissen. 8. (15 S.) Leipzig 902. O. Mutze. — 30

Markendorf, Johann Benjamin

Markendorf, J. B., u. K. G. Schelling, Forstaufgaben, als Entwickelungen u. Beiträge z. Abtheilung d. Gehölze in jährliche Gehaue. Wohlfeile Ausg. gr. 4. Meißen, Gödsche. 811.

Markendorf, Jh. Benj., s. K. F. Schellig, Forstfragen.

Markenrecht, das Osnabrückische. 8. Hannov., Hahn. 6 gl

Markenschutz, der. Allgemeines Zeichen-Register für das Deutsche Reich. Hrsg. von M. W. Lasally. 1. Jahrg. 1875. Sämmtliche während des J. 1875 publicirte Waarenzeichen deutscher und ausländ. Gewerbetreibender in absolut getreuer Darstellung nach Waarengattungen in Gruppen geordnet, nebst alphabet. Register: Firmen, Waarengattungen, Löschungen und gerichtl. Nachtragungen enth. 7 Lfgn. gr. 4. (276 S.) Berlin 876, Lasally. *

Markenschutz u. Wettbewerb. Monatsschrift f. gewerbl. Rechtsschutz. Hrsg. v. Jul. Lubszynski u. Mart. Wassermann. 5. Jahrg. Oktbr. 1905—Septbr. 1906. 12 Nrn. (XII, 148 S.) 4. Berlin, Verlag Dr. Wedekind & Co. n. 8. —

Die Nrn. 1—6 erschienen noch unt. d. früheren Titel: Wettbewerb, unlauterer.

— dasselbe. Neue Folge der v. Jul. Lubszynski begründeten Zeitschrift Unlauterer Wettbewerb. Hrsg. v. Mart. Wassermann. 6. Jahrg. Oktbr. 1906—Septbr. 1907. 12 Nrn. (à ca. 16 S.) 4. Ebd. n. 8. —

Markenschutz u. Wettbewerb. Monatsschrift f. gewerbl. Rechtsschutz. Neue Folge der v. Jul. Lubszynski begründeten Zeitschrift Unlauterer Wettbewerb. Hrsg. v. Mart. Wassermann. 7. Jahrg. Oktbr. 1907—Septbr. 1908. 12 Nrn. (216 S.) 32×24,5 cm. Berlin [Verlag Dr. Wedekind & Co.]. Berlin-Wilmersdorf, Dr. W. Rothschild. 8. —

Markenschutz u. Wettbewerb. Monatsschrift f. Marken-, Patent-, Muster-, Urheber- u. Verlagsrecht. Organ zur Bekämpfg. des unlauteren Wettbewerbs. Begründet v. Jul. Lubszynski u. d. T.: „Unlauterer Wettbewerb". Unter Mitwirkg. v. Philipp Allfeld, Walt. Degen, A. Düringer u. a. hrsg. in Gemeinschaft m. Ludw. Wertheimer v. Mart. Wassermann. 8.—10. Jahrg. Oktbr. 1908—Septbr. 1911. à 12 Nrn. (8. u. 9. Jahrg. 316 u. 398 S.) 31×23,5 cm. Berlin(-Wilmersdorf), Dr. W. Rothschild. 8. Jahrg. 8.—; 9. u. 10. Jahrg. à 16. —

Markenschutzgesetz. Bulgarien. Wien 1893

Gesetze. Marken- u. Musterschutzgesetz d. deut. Reichs vom 30./11. 74. Textausgabe.

Commentare von:

v. d. **Berght**, Aachen 884.	1	—	**Landgraf**, Stuttgart 875.
Endemann, Berlin 875.	2	50	D. **Markenschutzgesetz** m. Erltgn. 2 Thle. Berl. 877. Kortkampf.
Finger, Strassburg 891.	1	50	
Jacobsen, Berlin 884.	1	—	**Meves**, Erlangen 875.
Kohler, Würzburg 885.	10	—	**Stockheim**, München 875.

Marker, J. C., die vorzügl. Mittel geg. die Kopf- u. Zahnschmerzen, so wie auch d. richt. Verhalten bei d. Schnupfen. Eine nützl. Schrift f. Jedermann. 8. (6 B.) Nordhausen 830, Fürst.

Marker, J. C., die vorzüglichsten Mittel gegen die Kopf- und Zahnschmerzen, so wie auch das richtige Verhalten bei dem Schnupfen. Eine nützl. Schrift für Jedermann. 2. Aufl. 8. (96 S.) Leipzig 849, Schmidt.

—— die besten Mittel f. d. Verhüt. u. Heil. d. Magenkrampfes u. d. Magenschwäche. Als Anh.: Die sichere Kunst, d. menschl. Leben zu verlängern. 8. (8 B.) Nordhausen 830, Fürst.

—— Rath u. Hülfe f. diejen. Personen, welche an schlechter Verdauung u. Unterleibsbeschwerden leiden, wodurch die hartnäckigsten Krankheiten entstehen können. 8. (5 B.) Nordhausen 832, Fürst.

—— Rathgeber f. alle Diejenigen, welche an Auszehrung, Lungensucht, Abmagerung, Darrsucht, Schwindsucht u. Zehrfieber leiden. Nebst Angabe d. bestimmtesten Mittel, wodurch diese Krankheiten geheilt werden können. 8. (8 B.) Nordhausen 830, Fürst.

Märker, der. Organ des märk. Verbandes f. Nationalstenographie. Red.: Hugo Möckel. 1. Jahrg. Juni—Dezbr. 1903. 6 Nrn. (à 8 autogr. S.) gr. 8. Berlin (NW. 21., Alt Moabit 100), Rich. Dausel. n. — 75

— dasselbe. 2. Jahrg. 1904. 12 Nrn. (à 8 autogr. S.) gr. 8. Ebd. n. 1. 50

Erscheint nicht mehr.

Märker, s.a. Märcker

Märker: Üb. d Erzeugung bestimmt Kegelschn. in gegeb. Kegeln. Herf 1863
Schul-/Univ.-Schrift

Maerker: Ex Procle Successoris in Euclidis elementa commentariis definitionis quartae expositionem quae de recta est linea et sectionibus spiricis commentati sunt, siehe Knoche

Märker, F. A., Gedichte. 1s Hft. 8. Berl. 828. Logier. 16 gr

— Julius. Eine Lebensgeschichte aus der Zeit. 8. Berl. 829. Reimer. 1 Thlr 18 gr

Maerker, Ferdinandus Iulius: De motu corporum solidorum, adiuncto exemplo. Accedit tab. lithogr Halis (1851): Ploetz. 19 S., 1 Taf. 8° (4°)
Halle-Wittenberg, Phil. Diss. v 12. Apr. 1851
Geb. [Nepperwitz b. Wurzen (Sachsen) 30. 5. 1826]

Märker, Friedr., einige dunkle Umstände in dem Leben des Apostels Paulus. gr. 8. (42 S.) Gütersloh 871, Bertelsmann's Verlag. *

Märker, Hugo, das Geheimnis des Toten, s.: Bibliothek, interessante.

Märker, J., Leidenschaft, Liebe u. Verbrechen, s. Bibliothek, europäische.

Märker, J., Verstand, Liebe u. Glück, s. Bibliothek, europäische.

Märker, J. Fr., das alte Athen, wie es in seiner Verfassung, in seinen Sitten u. Gebräuchen z. Zeit Solons unt. d. Beherrscher Pisistratus war; dramat. dargest., nebst e. Zugabe in Aphorismen üb. d. Gesch. Athens, mit Bemerkn. üb. d. griech. Landtage. 8. (6 B.) Zwickau 833, Gebr. Schumann.

Märker, J. G. G., die Klage d. Liebe u. der Trost des Glaubens. Eine Predigt, gehalten Dom. Reminisc. 1820, als am Sonntag nach d. Begräbniß d. früh vollendet. M. Gf. Sigm. Jaspis, gewes. Pfarrers zu Püchau. gr. 8. Leipz. 823. Märker. 8 gr

Märker, Jh. Fr., das ABC- u. Lesebuch, wie es Lehrer in Stadt- u. Landschulen wünschen werden. kl.-8. Leipz. (812.) Dürr. 3 gr

Märker, Jh. Fr., Katechismus der preuß. Geschichte, von d. ältest. bis auf die neuesten Zeiten, f. die Jugend d. preuß. Monarchie. 8. Leipz., Baumgärtner. 16 gr

— Katechismus der sächs. Geschichte, für die Jugend. 8. Leipz., Baumgärtner. 18 gr

— biblische Lehren d. Weisheit u. Tugend in Geschichten des A. u. N. Testaments, mit zweckmäß. Nutzanwendungen in bibl. Sprüchen. 8. Leipz. 817. Reclam. 6 gr

— Nenckersdorf, geograph., topograph. u. historisch beschrieben, u. mit d. Steindruck e. alten Ablaßbriefes vom Papste Benedikt XII. herausgeg. 8. Leipz. 820.

— erster Unterr. in d. latein. Sprache. 8. Leipz. 814. Dürr. 4 gr

Maerker, Julius [Prof.]: Klimatologische Betrachtungen über die heisse Zone. Konstanz, Druck v. F. Stadler, 1894; 25 S. 4.
Konstanz, grossh. G, P 1894 (600)

Maerker, Jul., die augsburgische Confession lateinisch und deutsch, nebst den 3 ökumenischen Symbolen. Zum Gebrauch der Gymnasien herausg. Königsberg in d. N. 858. Striese. gr. 8. (IV. 70 S.) 6 ngr.

Märker, Jul. Über das ballistische Problem. 17 S. *Herford* 1876.
Progr.

Märker, Jul., Rud. Falbs kritische Tage. Sintflut u. Eiszeit. Kritik seines im Inselhotel zu Konstanz am 21. März 1895 geh. Vortrags. [Aus: „Konstanzer Zeitung".] 8. (32 S.) Konstanz 895. E. Ackermann. n. — 50

Märker, Karl

Kontraste. I, II u. III erschienen in der „Bauhütte" [34 (1891) S. 329—333]. IV. Antwort auf die Anmerkung der Redaktion der „Bauhütte" von Karl Märker. [Augsburg 1891: Himmer.] 23 S. 8°
cf. Al. 18 (1892) S. 13—14 (H. Hagen).
Üb. die Stellung der Frmrei zur Konfession.

Märker, Karl Fr. Trgtt., de Theodectis Phasilitae vita et scriptis comment. prima. 8. Breslau 835. Friedländer. 5/8 Thlr

Märker, M. J. F., biblische Lehren der Weisheit u. Tugend in Geschichten des A. u. N. Testaments, mit zweckmäßigen Nutzanwendungen in biblischen Sprüchen. 8. Leipzig, Reclam. 817.

Märker, O, Festpredigt zum Lutherjubiläum, am 11. Novbr. 1883 in der Kirche zu Potschappel geh. gr. 8. (8 S.) Dresden 883. (A. Naumann.) n. — 20

—— Kirchweihpredigt über 1. Mos. 28, 16—17, in der Kirche zu Potschappel gehalten. 8. (15 S.) (Ebendas.) 880. **

Märker, O., Vagabundennoth, Arbeitercolonien und Verpflegstationen, s.a. Zeitfragen des christlichen Volkslebens.

Märker, O., Vagabundennoth, Arbeitercolonien und Verpflegstationen. Heilbronn 1887 gr 8.
In: Zeitfragen des christl. Volkslebens. H. 91. = Bd. 12. H. 4.

Maerker, Osk. Die „collecta" in der monarchia Sicula Kaiser Friedrichs II. gr. 8. (16 S.) Heidelb. 889, (Petters). — 75

Märker, Otto: * Abhandlung über das Verhältniss der Theologie zur Philosophie. 60 [vielmehr: 61] S. 8° (4°)
Halle-Wittenberg, Phil. Diss. v 5. Aug. 1873
Geb. [Bröckau (Kr. Zeitz) 4. 6. 1849]
Verf. erlebte das goldene Dr.-Jubiläum 1923 als Superintendent a. D von Marienberg in Dresden.

Märker, Otto, Abschiedspredigt über Hesekiel III, 4—5, am I. p. Epiph. 1879 gehalten in der Kirche zu Planitz. gr. 8. (8 S.) Dresden 879, (J. Naumann's Buchh.) *

Märker, Otto, evangelische Arbeitervereine, s.a. Zeitfragen d. christlichen Volkslebens.

Märker, Otto, Evangelische Arbeitervereine. (Zeitfragen des christlichen Volkslebens, Heft 124.) gr. 8°. Stuttgart, Belser, 1892.

— die Bibel Gottes Wort. Zur Verteidigg. des göttl. Ursprungs der hl. Schrift. Eine Preisschrift, gekrönt u. hrsg. vom Ev. Preßverein in Schlesien. 8. (75 S.) Leipzig 893. E. Ungleich. n. — 50

Märker, Otto, die Evangelisation, s.a. **Zeitfragen des christl. Volkslebens.**

[F.] Die Evangelisation. Von Dr ph. Otto **Märker**. *Stuttgart: Ch. Belser 1896.* (43 S.) 8.
= **Zeitfragen** d. christlichen Volkslebens. Bd 21. H. 6. [96. 6481

— der Zwischenzustand. Eine Untersuchg. üb. das Reich der Todten. 8. (72 S.) Leipzig 891. Deichert Nachf. n. 1. —

Maerker, Rud., die deutsche Kriegsmarine. Vortrag, geh. am 20. Nov. 1892. 8. (24 S.) Neuwied 893. (Heuser's Verl.) n. — 30

Märker, Wilh., **die Gefahr des Alkoholgenusses u. die Aufgabe der Schule, in der Bekämpfung derselben mitzuhelfen,** s.a **Abhandlungen, pädagogische.**

Die Gefahr des Alkoholgenusses und die Aufgabe der Schule, in der Bekämpfung derselben mitzuhelfen. Von Wilhelm **Märker**. *Bielefeld: A. Helmich (1902).* (23 S.) 8° [F.]
= **Abhandlungen, Pädagogische.** N. F. Bd 7, H. 9. [03. 1450

— **wie gelangt der Lehrer zu e. sichern Beurteilung der Leistungen d. einzelnen Schüler?,** s.a **Abhandlungen, pädagogische. N. F. III. 7.**

Wie gelangt der Lehrer zu einer sichern Beurteilung der Leistungen der einzelnen Schüler? Von Wilhelm **Märker**, Lehrer in Geldern Bielefeld A. Helmich [1898]. (12 S.) 1 Bd 8.
Abhandlungen, Pädagogische N.F Bd III. H. 7

Markers, Car (geb Haltern in Westf. 25 3. 1832) De mammae muliebris carcinomate Berolini (1855). (30 S.) 8°
Berlin. Med. Diss. v. 14 Aug. 1855

Markersdorf [Schlagwort]

Markersdorf, s.: Sachsen. Messtischblätter.

Markert, Ferdinand: **Die Flossenstacheln von Acanthias. E. Beitr. z. Kenntniss der Hartsubstanzgebilde der Elasmobranchier . . . Jena, G. Fischer, 1896, 58 S., 1 Bl. 8.**
Giessen, Phil. Fak., Inaug.-Diss. v 1896

Markert, Fritz: Über eine neue Methode zur Bestimmung des Sauerstoffs in organischen Körpern. 1904. 67 S. 8°
Dresden, Dr.-Ing.-Diss. v. 20. 7. 1904

Markert, Hugo, s.: Aufführungen, Reigen u. Tänze.

Reigen und Tanzaufführungen. 7 Mädchenreigen (Gang-, Lied-, Stab- u. Freiübungs-Reigen) für 8 bis 48 junge Damen. Hrsg. von Hugo **Markert.** Mühlhausen i. Th. G. Danner [1905]. (35 S.) 8° [F.]
= **Aufführungen,** Reigen u. Tänze. H. 6. [05. 10943 3

Reigen und Tanzaufführungen. Sieben neue Damenreigen (Lied- u. Tanzreigen mit Gruppenstellungen) für 8 bis 32 Damen. Hrsg. von Hugo **Markert.** Mühlhausen i. Th.: G. Danner [1905]. (38 S.) 8° [F.]
= **Aufführungen,** Reigen u. Tänze. H. 7. [05. 10944 3

Reigen und Tanzaufführungen. 4 Knabenreigen (Schwenk-, Lampion- u. Fahnenreigen, Heinzelmännchen-Tanz) für 12 bis 32 Knaben. Hrsg. von Hugo **Markert.** Mühlhausen i. Th.: G. Danner [1905]. (19 S.) 8° [F.]
= **Aufführungen,** Reigen u. Tänze. H. 8. [05. 10945 3

Reigen und Tanzaufführungen. Sechs Kostum- (Charakter-) Reigen für 8 bis 24 Damen. Hrsg von Hugo **Markert.** Muhlhausen i. Th. G. Danner [1905]. (48 S.) 8° [F.]
= **Aufführungen,** Reigen u Tänze. H. 9. [05. 10946 3

Reigen und Tanzaufführungen. Sechs Charakter- (Tanz-) Reigen für 1 bis 16 Paare (Damen u. Herren). Hrsg von Hugo **Markert.** Mühlhausen i. Th G Danner [1905]. (43 S.) 8° [F.]
= **Aufführungen,** Reigen u. Tänze. H 10. [05. 10947 3

Markert, H., Berggeist Rübezahl od. Alles nimmt e. Ende, s.a. **Theater, kleines.**

Markert, H., Berggeist Rübezahl oder Alles nimmt ein Ende. Zauberposse in 5 Bildern. 8. (47 S.) Regensburg 888. (Paderborn. Esser.) *

Markert, Johann

— **Millionär u. Handwerksmann, od. D. beiden Mörder,** s.a. Theater, Kleines.

Markert, J., Millionär u. Handwerksmann od. die beiden Mörder. Posse in 4 Akten. Nach e. älteren Posse f. Institute u. Gesellenvereine bearb. 8. (46 S.) Regensburg 889. (Paderborn, Esser.) n.n. — 60

Markert, Joh., Millionär u. Handwerksmann od. die beiden Mörder. Posse in 4 Akten. Nach e. älteren Posse f. Institute u Gesellenvereine bearb. 12. (46 S.) Regensburg 892. (J. Habbel.) n. — 60

Millionär & Handwerksmann oder die beiden Mörder Posse in 4 Akten. Nach e. älteren Posse bearb. von Joh **Markert.** (2. Aufl.) (Aufgekl. *Paderborn: B. Kleine 1896.*) (46 S.) 8° [F.]
= **Theater,** Kleines 256 [00. 0328

Markert, Karl, die Freude u. Kraft des Kindes u. der erste Leseunterricht. (Zugleich e. Begleitwort zur Fibel: Mein erstes Lesebuch.) (VIII, 31 S.) 8. Nürnberg 907. F. Korn. — 80

— **u. K. Schander, mein erstes Lesebuch. Mit Bildschmuck v. E. Schlein. 2 Tle. gr. 8. Ebd. Geb. — 70**
1. (57 S.) 901. — 40. — 2. (52 S.) 907. — 30.

— — **dasselbe. Ausg. f. Landschulen. (II, 70 S.) gr. 8. Ebd. 909. Geb. — 50**

— **Die Welt des Siebenjährigen. Naturgemässe Stoffe f. den Anschauungsunterricht. Auf Grund v. Beobachtgn. u. Mitteilgn. hrsg. (XII, 169 S.) gr. 8. Ebd. 909. 2.20; geb. 2.70**

— **u. J. Feist, malendes Zeichnen in den unteren Klassen der Volksschule. Hrsg. v. M., gezeichnet v. F. (15 Bl.) Lex. 8. Ebd. 909. 1. —**

— — **dasselbe. Zum Zeichnen, Malen u. Ausschneiden für fleiss. Kinder. II. Tl. (15 Bl.) Lex. 8. Ebd. (910). 1.—; geb. 1.80**

Markert, J., das Wäggithal. 8. (34 S.) Rapperswyl 894. (St. Gallen, W. Hausknecht.) n. — 50

Marketänder, Der. Ein Schauspiel in drey Aufzügen. Wien 1790. V: *Traun, Carl Emanuel Graf.* (BIBLPORT)

Marketenderin, die. 1.—4. Heft. 4. (à 1 Bog.) Berlin 870, Cronbach. à Heft 25 Pf.

Markfeldt, Oskar (geb. Breslau 3. 11. 1859): Über das Verhalten der Blattspurstränge immergrüner Pflanzen beim Dickenwachstum des Stammes oder Zweiges. (Regensburg 1885.) (38 S.) 8° * Aus Flora Jg 68 1885
Berlin, Phil. Diss. v. 31. Jan. 1885

Markewitsch, Prinzessin Lina, s.: Engelhorn's allgem. Romanbibliothek. 15. Jahrg. 21. u. 22 Bd.

Markéwitsch, Boleslav Michailowitsch, gährende Kräfte. Ein Roman-Cyclus aus der vornehmen russ. Gesellschaft. Frei bearb. von H. v. Lankenau. 1. und 2. Bd. 8. Wiesbaden 888, Feller und Gecks. à Bd. *ℳ 6.—. *
Inhalt:
Bd. 1. Ophelia. Neue Ausg. mit einem Vorwort von Fr. v. Bodenstedt. (VIII, 407 S.)
" 2. Olga. Mit einem Vorwort von Fr. Bodenstedt. (VIII, 464 S.)
1. Ausg. des 1. Bds. s. XVII. Bd. 2. Abthl. S. 17: Lankenau, H. v., Ophelia. Ebendas. 1883. *ℳ 5.—.

Markéwitsch, Boleslav Michailowitsch. Gährende Kräfte. Ein Roman-Cyklus aus der vornehmen russ. Gesellschaft. Frei bearb. von H. v. Lankenau. 3. Bd. 8. Wiesb. 890, Feller u. Gecks. * 6 —
Antonine. Nach d. Verf. Tode beendigt von H. v. Lankenau. Mit e. Vorwort von Fr. v. Bodenstedt. (VIII, 407 S.) — 1. u. 2. Bd. Ebd. 1888. à * 6 —.

—— Marina. Eine Erzählg. aus d. Gegenwart. Aus dem Russ. übers. von Wilh. Paul Graff. 8. (264 S.) Berl. 889, Wilhelmi. * 3 —

Markfeldt, Oskar (Hrsg.), s. Asphalt-Zeitung u. Teerindustrie-Zeitung.

Márkfi, S., Codex graecus quatuor evangeliorum, s. Codex.

Márkfi, Samuele — Introductio in sacros libros novi testamenti. Pars generalis. In usum auditorum scripta a — —. Budæ, 1856. Typis Cæsareo-Regiæ Universitatis Pestiniensis. (271 S. 8.)

Markgraf, A. F., ein kleiner Auszug aus meinem Mscrpt.: der kleine sich selbst Unterricht gebende Sprachlehrer. qu. gr. 4. Sonderburg 845. (Leipzig, Götz.) 1/4 ₰

Markgraf, Bruno, Lic. theol., Pastor an St. Markus in Leipzig-Reudnitz: Das Güteverfahren in den Weistümern der Moselgegend. Ein Beitrag zur Geschichte der deutschen Rechtspflege. Trier: F. Lintz 1908. (45 S.) 8°
Leipzig, Phil. Fak., Ref. Seeliger-Lamprecht, Diss. v. 16. März 1908
[Geb. 10. Juni 69 Leipzig; Wohnort: Leipzig-Reudnitz; Staatsangeh.: Sachsen; Vorbildung: Kgl. Gymn. Leipzig Reife O. 89; Studium: Leipzig 7 S.]

Markgraf, Bruno, das moselländische Volk in seinen Weistümern, s.a. Untersuchungen, geschichtliche. IV.

Das Moselländische Volk in seinen Weistümern. Von Lic. Bruno **Markgraf.** Gotha: F A. Perthes 1907 (XV, 538 S.) 8°
— **Untersuchungen,** Geschichtliche. Bd 4. [07. 5206

Markgraf, Carl August Hermann, s. Markgraf, Karl August Hermann

Markgraf, Hermann [Hrsg.]
s. Album. Bibliothek deutscher Originalromane. 1863-64.

Markgraf, H., Annales Glogovienses bis zum J. 1493, s. Scriptores rerum Silesiacarum.

Markgraf, H. Breslau u. Umgebung, s. Städtebilder u. Landschaften.

Markgraf, H.: M. Peter Eschenloer, Verfasser der Geschichten der Stadt Breslau vom Jahre 1440–1479. Breslau. 4. 28 S. 1865.
Schul-/Univ.-Schrift

Markgraf, Herm., Geschichte Breslaus in kurzer Uebersicht. 8. (68 S. mit dem chromolithogr. Wappen der Stadt nach dem Wappenbriefe vom 10. Juli 1530.) Breslau 888, Kern's Verlag. geb. *

Markgraf, H., politische Correspondenz Breslaus im Zeitalter Georgs v. Podiebrad, s. Scriptores rerum Silesiacarum.

Markgraf, Die Römische Curie in ihrer Ausbildung und Verfassung bis auf unsere Zeit. Breslau 1875. (4°) 8°
Breslau, Kgl. Friedr.-Gymnas. Progr. v. 1875.

Markgraf, H., Lehns- und Besitzurkunden Schlesiens und seiner einzelnen Fürstenthümer im Mittelalter, s. Grünhagen, C.

—— u. J. W. Schulte. Liber fundationis episcopatus Vratislaviensis, s. Codex diplomaticus Silesiae.

Markgraf, Herm., der Breslauer Ring u. seine Bedeutung f. die Stadt, s.: Mitteilungen aus dem Stadtarchiv u. der Stadtbibliothek zu Breslau.

—— und O. Frenzel, Breslauer Stadtbuch, s. Codex diplomaticus Silesiae.

Markgraf, H., s.: Stein's, Barthel, Beschreibung v. Schlesien.

Markgraf, Herm., d. Straßen Breslaus nach ihrer Geschichte u. ihren Namen, s.a Mitteilungen aus dem Stadtarchiv u. d. Stadtbibliothek zu Breslau.

[F.] Die Strassen Breslaus nach ihrer Geschichte und ihren Namen. Von Hermann **Markgraf.** M. 1 Stadtpl. *Breslau: E. Morgenstern 1896.* (XI, 244 S., 1 Pl.) 1 Bd 8.
= Mittheilungen a. d. Stadtarchiv u. d. Stadtbibl. zu Breslau. II. 2 [96. 127

Der Verein für Geschichte und Altertum Schlesiens in den ersten 50 Jahren seines Bestehens. Von Hermann **Markgraf.** M. d. Bild. d. fünf Präsiden in Radirgn. v. H. Wolff. *Breslau: J. Max & C. 1896* (52 S., 5 Portr.) 1 Bd 4. [98. 5845

— d. Verein f. Geschichte u. Alterthum Schlesiens in d. ersten 50 Jahren s. Bestehens. M. d. Bildern d. 5 Präsiden in Radirgn. v. H. Wolff. gr. 4. (52 S.) Breslau 896. (E. Wohlfarth.) n. 3. —

Markgraf · Ueber das Verhältnis des Königs Georg von Böhmen zu Papst Pius II. 1458–1462. 44 S. – Breslau, Fr., Progr. 1867

Markgraf, Herm., über das Verhältniss des Königs Georg von Böhmen zu Papst Pius II. 1458—1462. gr. 4. (44 S.) Breslau 867, Maruschke und Berendt. *

Markgraf, Herm., s.: Zeitschrift des Vereins für Geschichte Schlesiens.

Markgraf, Jos., Osk. Markgraf u. Rich. Markgraf. Katechetische Unterredungen über die Hauptstücke d. Lutherschen Katechismus f. die Oberklassen höherer Lehranstalten. Nach psycholog. Methode bearb. Der erste Artikel. gr. 8. (VIII, 248 S.) Lpz. 891, O. Klemm's Sort. [** 3—] * 1 80

Markgraf, Karl August Hermann

Markgraf, Car. Augustus Herm. (geb. Cottbus 30.5.1838) : De bello Burgundico a Carolo Audace contra archiepiscopatum Coloniensem suspecto a. 1474. Berolini (1861). (66 S.) 8°
Berlin, Phil. Diss. v. 22. Febr. 1861

Markgraf, Richard *Wilhelm* [aus Plottendorf]: Zur Geschichte der Juden auf den Messen in Leipzig von 1664—1839. E. Beitr. z. Geschichte Leipzigs ... Bischofswerda, Druck v. F. May, 1894; 1 Bl., 93 S. 4.
Rostock, Phil. Fak., Inaug.-Diss. v. [2. Mai] 1894

Markgrafen-Büchlein. Kurz zusammengefasste Geschichte der Markgrafen Ansbach's und Bayreuth's und ihrer Vorfahren . . . Bayreuth 1902. V: *Herrmann, Franz.* (Berl)

Markgrafen-Büchlein. Kurz zusammengefasste Geschichte der Markgrafen Ansbach's u. Bayreuth's u. ihrer Vorfahren, der Burggrafen in Nürnberg. (Von Frz. Herrmann.) (372 S. m. 1 Stammtaf.) 8. Bayreuth 902. E. Muhl. (Nur direkt.) n.n. 3. 80

Markgraff, Albert: Der reichsrechtliche Schutz der Verfassungen der deutschen Einzelstaaten. *Greifswald 1898: J. Abel.* (37 S.) 8° [F.]
Greifswald, Jur Diss. v. 1898

Markgraff Elisabeth Fischer
s Fischer-Markgraff (10. 5323)

Markgraff, Hugo, Badewesen und Badetechnik der Vergangenheit, Berlin 1881, 32 S., 8°

Markgrafschaft, die . . . Mähren und das Herzogthum Ober- und Nieder-Schlesien nach ihrer neuesten gerichtlichen und politischen Eintheilung. Wien. Verlags Eigenthum von Joseph Bermann 1855. Gedr. bei J. Höfelich's Wtw. 1 Bl. 17 Z. hoch, 22 Z br. Federzeichnung ohne Gradeintheilung und Maßstab. In der rechten oberen Ecke eine Tabelle der Eintheilung Mährens, in der rechten unteren eine für die Schlesiens mit Angabe des Flächenraumes in Quadr. Meilen und der Einwohnerzahl.

Markgrafthümer, die, der Ober- und Niederlausitz, ein geographisch-statistisches Kartenspiel für die Jug. Zittau, Schöps. 809.

Markh, Jos. L., Nur komisch! Eine neue Sammlung von Lach-Piecen und Applaus-Recepten zu humorist. Vorträgen, kom. Intermezzo's rc. Zum Vortrage für Herren und Damen. 16. (94 S) Wien 870 Wenedikt.

Markh, Jos. L., **der Vereins-Humorist und Deklamator. Eine Sammlung pikanter, kom. Gedichte, Zweigespräche, Intermezzos rc. für gesell. Vereine und heitere Zirkel. 16. (112 S.) Wien 864, Wenedikt.**

—— der Vereins-Humorist und Deklamator. Eine Sammlung pikanter kom. Gedichte, Zweigespräche, Intermezzos rc. für gesell. Vereine und heitere Zirkel. 2. (Titel-)Ausg. 16 (112 S.) Ebendas. (864)70.

Markham, Mrs Clements Robert

Markham, Clements R Die Aufgaben der geplanten Sudpolar-Expeditionen. Vortrag gehalten am 29 Sept 1899 vor dem 7 Intern. Geogr.-Kongress zu Berlin. Autorisierte freie Uebersetzung von Heinrich Brunner ([S-A.] Neue Zürcher Zeitung) Zurich 1900. 16 S. 8°

Markham, Mrs., Aurora. Erzählungen u. Unterhaltungen z. Belehr. u. Erhöhung d. sittl. Gefühls. Für Söhne u. Töchter v. 8—12 Jahren. A. d. Engl. v. R. R. Markman. gr. 12. (11⅚ B. u. 4 ill. Bild.) Kiel 838, Universitäts-Buchh.

Markham, Clem. Rob., one century of English history (1758—1858), hrsg. v. H. Bahrs, s.a. **Schulbibliothek französ. u. englischer Prosaschriften.**

One century of English history '(1758–1858)' aus [Mrs] Markham's history of Engl F d Schulgebr erkl v Dr Hugo Bahrs, Prof zu Dessau Rechtsmäss. Ausg. E. Wörterverz. zu diesem Bdchen ist gesond. gedr Berlin R Gaertner 1898 2 Bde 8 Century (VIII, 115 S) Wörterverz (34 S)
Schulbibliothek französ. u engl. Prosaschriften a. d. neueren Zeit. Abt II. Bdch 32

One century of English History (1758–1858) Aus [Mrs.] Markhams History of England. Für d Schulgebr erkl von Dr Hugo Bahrs, Prof 2 Aufl Berlin Weidmann 1907 (VIII, 115 S.) 8°
Schulbibliothek franz u engl Prosaschriften aus d. neueren Zeit. Abt 2, Bdch 32

Markham's, Mrs., History of England, s.a. **Schülerbibliothek, englische.**

—— the History of England, from the first invasion by the Romans to the end of the reign of George IV. With conversations at the end of each chapters. For the use of young persons. A new edit., revis. and emend. by J. H. Hedley. 8. (40½ B.) Leipsic 838, [Hartung.]

— Aus dem Lande der lebenden Buddhas. Die Erzählgn. v. der Mission George Bogle's nach Tibet u. Thomas Manning's Reise nach Lhasa, s.a **Bibliothek denkwürdiger Reisen. III.**

Markham, Clements R., Aus dem Lande der lebenden Buddhas. D. Erzählungen von d. Mission George Bogle's nach Tibet u. Thomas Manning's Reise nach Lhasa (1774 u. 1812). Aus d. Engl. übers. u. bearb. von Max v. *Brandt.* Hamburg 1909. 8°.
(Bibliothek denkwürdiger Reisen. Bd 3.)

——, Prometheus. Eine Festgabe f. d. heranwachs. Jugend v. 10—14 Jahren. Zur Anregung d. Nachdenkens u. z. Kräftigung d. Gesinnung. Aus d. Engl. v. R. R. Markman. 8. (18¾ B. u. 4 Bild.) Kiel 839, Universitäts-Buchh.

——, Proserpina. Samenkörner d. Guten, gestreut in junge Herzen. Für Knaben u. Mädchen v. 6—10 Jahren. A. d. Engl. v. R. R. Markman. gr. 12. (7 B. u. 4 Bild.) Kiel 837, Universitäts-Buchh.

Markham, C. R., Reisen in Peru. 2. (Titel-)Aufl. gr. 8. (IV, 316 S.) Leipzig (864)74, Senf.

Markham, **Clements R., zwei Reisen in Peru.** gr. 8. (316 S.) Leipzig 865, Senf. *

Markhart, Ferdinand, Leitfaden zum Gebrauche beim Unterricht im Turnen an Volks- und Bürgerschulen, m. Abb., Wien 1871, 89 S., 8°

Markhart, Ferd., **Turnspiele für Knaben und Mädchen. Auf Grundlage der officiellen Lehrpläne für die österreich. Volks- und Bürgerschulen zusammengestellt.** 8. (39 S.) **Wien 885, (Sallmayer'sche Buchh.)** **

Markhart, F., s. Turnübungen für Knaben und Mädchen.

Markhart, Ferdinand [Hrsg.], s. Turnzeitung – Österreichische Turnzeitung

Markhausen [Schlagwort]

Markhausen, s.: Preussen. Messtischblätter.

Markhauser, W., der Geschichtschreiber Polybius, seine Weltanschauung und Staatslehre mit einer Einleitung über die damaligen Zeitverhältnisse. Eine gekrönte Preisschrift. gr. 8. (VIII und 155 S.) München 858, Rieger'sche Buchh. *

Markholt, Walder. Lehr., (H. J. Schnaehage,) noch ein Büchlein von der Liebe, oder Ansichten von d. Kirche. 8. Hannov. 827. Helwing. 16 gr

Markfort u. Oldenburg, Formulare, siehe **Formulare.**

E m l é k b e s z é d Finály Henrik, levelezö tagról. Márki Sándor, l. tagtól . . . Budapest: Mag. Tud. Akad. 1899. (68 S.) 8⁰ [Gedächtnisrede auf H. Finály]
Emlékbeszédek, A. Mag. Tud. Akadémia elhúnyt tagjai fölött tartott. Köt. 9. Szám 11

Péró lázadása. Székfoglaló értekezés. D[r.] **Márki Sándor**, l. tagtól . . . *Budapest: Mag. tud. Akadémia; (Az Athenaeum r. társ. könyvny.) 1893.* [Der Aufruhr des Péró. Vortrag] (96 S.) 8.
— **Értekezések** a tört. tudományok köréböl Kiadja a Magyar tud. Akadémia. Oszt. II. Köt. 15. Sz. 11. 96. 1913

Markić, Michael: Studien zur exacten Logik und Grammatik. 8 (S. III—XXXVIII, 1 Taf.). (Fortsetzung.) 8 (S. III—XXIX, 1 Taf.). **Progr.** K. k. Ober-G *Rudolfswert* 1899 1900.

Markiefka, Paul: Beitrag zur Kenntnis der otogenen Abducenslähmungen. Rostock 1909: Adler. 20 S. 8°
Rostock, Med. Diss. v. 15. Juli 1910, Ref. Körner
[Geb. 24. Febr. 79 Gleiwitz; Wohnort: Rostock; Staatsangeh.: Preußen; Vorbildung: Gymn. Gleiwitz Reife O. 03; Studium: Breslau 3, Erlangen 3, Rostock 4; Coll. 18. Juni 09; Approb. 30. Juni 10.] [U 10. 3913

Markiel, Franz. Reise-Eindrücke aus der Schweiz. Von F' M', n.-ö. Bezirkstierarzt in Amstetten. IV + 34 S. 8. Amstetten, C. Queiser, 1905.

(**Markiel, Franz.**) Tierärztliche Verhältnisse in der Schweiz. [Aus:] «Tierärztliches Zentralblatt» [Jahrg. 1905]. ⟨Separat-Abdruck.⟩ IV S. gr.-8. (Wien, Josef Roller & Co., [1905].)

Markiewicz: Geschichte der Gesandschaft Kaiser Maximilians II. im Jahre 1567 an d. Königin Elisabet v. England. 12 S. –Tarnopol, Progr. 1857

Das Kaufhaus Passage. Eine Etappe. Von Otto **Markiewicz.** Berlin: Deutsche Confection. (1907). (23 S.) 8°
[Umschlagt.] Eine Etappe. Die Evolution d. Detailhandels. 08. 1288

Markiewitz, Martin, Referendar: Rechte des Käufers aus der wissentlich unwahren nicht vertragsmäßigen Zusicherung. Breslau: Koebner 1908. 62 S. 8°
Breslau, Jur. Diss. v. 15. Dez. 1908, Ref. Schott-Leonhard
[Geb. 10. Jan. 86 Myslowitz; Wohnort: Falkenberg (O.-S.); Staatsangeh.: Preußen; Vorbildung: Gymn. Myslowitz Reife O. 05; Studium: Berlin 2, München 1, Breslau 3 S.; Rig. 19. Juni 08.] [U 09. 503

Märkinger J.: Die Rhethorik nach dem Plat. Dialoge Gorgias. 29. Seitenstetten 77. **Progr.**

Markirch [Schlagwort]

Markirch, s.: **Deutschland. Uebersichtskarte.**

Markirch, s.: **Preussen. Messtischblätter.**

Markirch, s.: **Vogesen.**

Märkisch, Rob., die altenglische Bearbeitung der Erzählung von Apollonius v. Tyrus, s.a. **Palaestra. VI.**

Die altenglische Bearbeitung der Erzählung von Apollonius von Tyrus. Grammatik u. latein. Text von Robert Maerkisch. Berlin: Mayer & Müller 1899. (62 S.) 8⁰
Palaestra. 6.

Märkische Grammatik, s. **Hülsemann.**

Märkische Schweiz [Schlagwort]

— s. a.: **Buckow. — Freienwalde.**

Märkische Schweiz, s.a. **Wanderkarten.**

Märkische Schweiz. Pharus-Touristenkarte der märkischen Schweiz. Buckow u. Umgebg. (Umschlag: Pharus-Plan Buckow u. Umgebg. Praktischer Führer durch Buckow u. seine Waldungen, in Pharuskolorit ausgeführt.) 1 : 15,500. 23×36,5 cm. Farbdr. Berlin (906). Pharus-Verlag. n. — 60

Märkische Schweiz. Straube's, Jul., Spezial-Karte der Märkischen Schweiz [Umgegend v. Buckow]. 1 : 15,000. Farbendr. 30,5×38,5 cm. Berlin, J. Straube. n. — 75

Märkische Schweiz. Straube's, Jul., Spezial-Karte der Märkischen Schweiz (Umgegend v. Buckow). 1 : 15,000. Ausg. 1898. 30,5×38,5 cm. Farbdr. Nebst Führer. 12. (4 S.) Berlin 898. J. Straube. n. — 75

Marklitsch, Hans, s.: **Flugblätter, österreichische.**

Markl, A., die Fabrikation der Pfund- oder Preßhefe, sowie der verschiedenen flüssigen Kunsthefen für Bäcker, Bierbrauer und Branntweinbrenner. Wissenschaftlich und praktisch dargestellt. 8. (75 S.) Prag 872, Steinhauser. Verklebt. *

Markl, A., die neuesten Fortschritte der Phototypie [Lichtdruck] oder prakt. Anleitg. mit möglichst wenig Kosten u. Apparaten druckfähige Glasbilder zu erzeugen u. dieselben mittelst Druck e. gewöhnl. Satinir-Maschine auf Papier beliebig zu vervielfältigen. Prag 870. Steinhauser. 8 (51 S.) Verklebt. n. 2 nß

Markl, Andreas, oberösterreich. Fundmünzen, A. Die antiken Fundmünzen des Museums Francisco-Carolinum. Fundstättenweise in alphabet. Ordng. beschrieben. (VII, 74 S.) gr. 8. Linz a/D. 898. Museum Francisco-Carolinum. (Nur direkt.) n. — 50

Markl, Anton K.

Markl, Ant. K., die Brauerei-Instrumente, ihre Prüfung und ihr Gebrauch. 8. (IV, 104 S. mit 22 in den Text eingedr. Holzschn.) Saaz 880, Brüder Butter.

Markl, Ant. K., die Liqueurfabrikation auf kaltem Wege. Praktische und bewährte Anweisung zur Erzeugung von den gangbarsten Gattungen Liqueure, Crêmes, der einfachen und doppelten Branntweine rc. Nach den besten Quellen und eigenen Erfahrungen. 8. (198 S.) Prag 877, Mikuláš und Knapp.
Verklebt *

Markl, Ign., Perles de la poésie française avec un appendice de pièces dramatiques en prose. gr. 16. (XXIII, 504 S.) Prag 870, Satow. [Kosmack und Neugebauer.] *
geb. **

Markl, Mor., die Münzen, Medaillen u. Prägungen m. Namen u. Titel Ferdinand I. 2 Tle. Lex.-8. (VI, 338 S. m. 63 Taf.) Prag 896. (Frankfurt a/M., J. Baer & Co.) n. 12.—

Markl-Werner, Mor., Gedichte. Wien 855. Prandel u. Meyer. 12. (4 Bl., 163 S.) n. 20 ngr.

MAERKL, Georg Benedikt (Straubing): De polyblennia.- Straubingae: Lern 1835. 15 S.
13.8.1835 - Urk: F 62
Diss.Ingolst.-Landsh.-Mchn.

Maerkl, Hans, Medizinalpraktikant a. München: Ueber die Aetiologie der Tubargravidität nebst einem kasuistischen Beitrag zur Ruptur der graviden Tube. München 1907: Kastner & Callwey. (23 S.) 8°
München, Med. Fak., Ref. v. Bollinger, Diss. v. 13. Mai 1907
[Geb. 2. Mai 77 München, Wohnort: München; Staatsangeh.: Bayern; Vorbildung: Luitpold-Gymn. München Reife Juli 97; Studium: München 14 S.; Coll. 13. Mai 07; Approb. 30. Apr. 07]

Marklin, Joh Fr, s Märklin

Märklin Die Hagelversicherung. Karlsruhe 1883.

Märklin, u. Treuber. Präparation zu Ausgewählte Stücke aus Livius 4. u. 5. Dekade. (Schülerpräparationen zu latein. u. griech. Schriftstellern.) gr. 8. (46 S.) Stuttgart 898. W. Kohlhammer. n. — 60

Märklin, u. Treuber, ausgew. Stücke aus Livius' 4. u. 5 Dekade (m. Anmerkgn. u. e. geograph.-histor. Register). gr. 8. (III, 116 S.) Stuttgart 898. W. Kohlhammer. Kart. n. 1. 40

Märklin, C. A., Predigten über Perikopen, s. Predigten 2c.

Märklin, Chr

— s. Blätter aus Süddeutschland f. d. Volks-Erziehungs- 2c. Wesen.

Märklin, Chr., Darstellung u. Kritik d. modernen Pietismus. Ein wissenschaftl. Versuch. gr. 8. (21½ B.) Stuttgart 839, Köhler.

—— das Ketzergericht d. Christenboten üb. meine Schrift: „Darstellung u. Kritik d. modernen Pietismus." Ein Wort m. Rücksicht auf e. Artikel in diesem Blatte. gr. 8. (...) Stuttgart 839, Köhler.

—— über d. Nothwendigkeit e. umfassenderen Volksbildung u. Erziehung. 8. (4 B.) Stuttgart 836, Köhler.

Märklin, Chr., über d. Reform d. protestant. Kirchenwesens, mit besond. Rücksicht auf d. protestant. Kirche in Würtemberg. gr. 8. (6½ B.) Tübingen 833, Laupp.

—— die spekulat. Theologie u. d. evangel. Kirche. Antwortschr. an Hrn. Dr. theol. Barth. gr. 8. (4½ B.) Stuttgart 840, Köhler.

Märklin, E., u. K. Erbe, anthologia latina, s.a. Sammlung v. Lehrmitteln f. höh. Unterrichtsanstalten.

Märklin, E., u. K. Erbe, Anthologia latina. Blumenlese aus latein. Dichtern. Für mittlere Klassen zusammengestellt u. m. erläut. Anmerkgn. versehen. 2. Aufl. (96 S.) 8. Stuttgart 904. A. Bonz & Co. n. — 75; kart. n. 1. —

Maerklin, Edmund. Familien-Bilder. Milwaukee: Doerflinger. 1877. GSP. UC

Maerklin, Edmund. Im Strome der Zeit, Gedichte. Milwaukee Selbstverlage, 1885. GSP UC

Märklin, Edm., im Strome der Zeit. Dichtungen. 2. Aufl. 12. (223 S. mit 1 Lichtdr.) Milwaukee 886, Caspar.

Märklin, Frid. (geb. Krefeld 12. 10. 1819) De asthmatis infantilis speciebus. Berolini (1841) (28 S.) 8°
Berlin, Med. Diss. v 27 Juli 1841

Maerklin, Georg Friedrich

Betrachtungen über die Urformen der niedern Organismen. Von Georg Friedrich Märklin. Heidelberg: Winter 1823. XII,83 S. 8°

Märklin, J Fr, s. Monatsschrift für Geistes- u. Herzensbildung

Märklin, J. Fr., über die Sonntagsfeyer in Hinsicht auf Verfügungen, welche zu Beförderung der Religiosität zu wunschen sind. gr. 8. Stuttgart, Steinkopf. 821.

— Versuch e. transscendentalen Erörterung d. Idee d. Unsterblichkeit. gr. 8. (Stuttg.) 800.

Märklin, Jh. Fr., († d. 13. Mai 1804.) Grundriß d. Geschichte d. Alt. Test. 8. Tübing 788. Osiander. 4 gr.

Märklin, Max

Märklin, M., die ländlichen Darlehenskassen-Vereine, ein Hilfsmittel zur Bekämpfung des Wucherthums. 8. (59 S. mit 3 Tab.) Karlsruhe 880, Braun'sche Hofbuchh.

Märklin, M., die Feldweg-Anlage im Großherzogthum Baden vollzogen auf Grund d. Gesetzes vom 5. Mai 1856 in ihrer Bedeutg f. die Landwirthschaft. Mit 2 (lith.) Plänen (in Fol.) gr. 8. (32 S.) Karlsruhe 873. Braun. n. 1. —

Märklin, s.: Taschen-Kalender, badischer landw.

Märklin, s.: Taschen-Kalender, landwirthschaftlicher

Märklin, M., der landwirtschaftl. Verein im Großherzogt. Baden 1810—1909. (IV, 167 S.) 8. Karlsruhe 909. G. Braun'sche Hofbuchdr. Kart. 1. 50

Marklin, M.: Über Vorschussvereine und Darlehnskassen für Landwirte. Karlsruhe: Braun 1874.

Marklissa [Schlagwort]

Marklissa, s.: Lauban.

Marklowski, Arwed v., Nachschlagebuch f. den Militär-Radfahrer. 12. (IV, 29 S. m. 1 Taf.) Mörchingen 902. O. Scheibe. n. — 40

Marklowski, Arwed v., Urkunden u. Nachrichten üb. die Familie derer v. Marklowski, Pernstein v. Marklowsky, Freiherr Marklowsky v. Zebracz u. Pernstein. (223 S.) Lex. 8. Wien 909. (C. v. Hölzl.) 20.—; geb. in Leinw. 22. —

Urkunden und Nachrichten über die Familie derer von Marklowski, Pernstein von Marklowsky, Freiherr Marklowsky von Zebracz und Pernstein von Arwed v **Marklowski**. Wien, 'Steyrermühl' 1909. 223 S. 4°(8°) (10. 3041

Markman, N. N., Ariadne. Ein Leitfaden z. Guten, Edlen u. Schönen. In einer Auswahl v. Gedichten u. Darstellungen in Prosa, welche neben ihrem poetischen Werthe auch durch ihren Inhalt vorzüglich geeignet sind, auf Gemüth und Gesinnung veredelnd einzuwirken. Aus den Werken von fast 200 deutschen Dichtern u. Schriftstellern gesammelt. gr. 12. Kiel 842, Universitäts-Buchh. n. 1 ℳ

— s. auch: Ariadne.

Markman, R. R., s. Markham, Aurora, — deren Proserpina, — deren Prometheus.

Markman, C., das Zeitwort aimer u. Anderes. Mit bes. Berechtigg. d. Verf. aus d. Dän. übers. von Agnes v. d. Decken. 8. (148 S.) Hirschberg 895. (Kuh.) n.n. 1.—

Markmann's Städteführer. Nr. 1—4. 12. Leipzig, A. Schumann's Verl. à n. 1.—

1. Geld u. Zeit in München. 2. Aufl. Mit neuestem Stadtplan u. Strassenverzeichnis. (160 S. m. 2 eingedr. Plänen.) München 900.
2. Geld u. Zeit in Dresden. Mit neuestem Stadtplan u. Strassenverzeichnis. (117 S.) München 900.
3. Geld u. Zeit in Köln u. Umgebung. Mit neuestem Stadtplan, Strassenverzeichnis, Plänen der Theater u. Karte der Umgebg. (144 S.) (901.)
4. Geld u. Zeit in Wiesbaden nebst Umgebg. Mit neuestem Stadtplan, Strassenverzeichnis, Plänen der Theater u. Karte der Umgebg. (128 S.) (902.)

Markmann, Alwin, a. Greifswald: Stapesankylose ohne Spongiosierung. Wiesbaden: J. F. Bergmann 1908. (14 S.) 8°
Greifswald, Med. Fak., Ref. Wittmaack-Grawitz, Diss. v. 16. Juni 1908
[Geb. 14. Jan. 84 Greifswald; Wohnort: Jarmen; Staatsangeh.: Preußen; Vorbildung: Gymn. Greifswald Reife O. 02; Studium: Greifswald 10 S.; Coll. 6. März 08; Approb. 2. Juni 08.]

Markmann, Heinr., Soll u. Haben in der Praxis des Sortimenters. Aufzeichnungen e. rühr. Buchhändlers. Mit 4 Uebungsheften. (108, 4, 10, 6 u. 7. S.) gr. 8. München 906. H. Markmann.
Kart. u. geh., in Leinw.-Mappe n.n.n. 8. —

— dasselbe in der Praxis des Verlegers. Mit 4 Uebungsheften (154, 4, 12, 7 u. 7 S.) gr. 8. Ebd. 906.
Kart. u. geh., in Leinw.-Mappe n n.n. 10. —

Markmiller, Philipp

Die Herelde und ihre Anwendbarkeit an Gymnasien. Pädagogisch-literarische Abhandlung von P. Philipp Markmiller, Stdl. — 1857. Ebend. — S. 3—38.
Progr. Metten

Marko, der Königssohn [Kraljević Marko], im serbischen Volksgesang. Deutsch von Carl Gröber. Mit 1 (zinkogr.) Titelbilde von Th. Ryblowski: „Der Guslar". 12. (268 S.) Wien 888, Hölder. *

(*U.-Titel*) Marko der schreckliche Vater. Eine Scene aus dem Gebirgsleben Siziliens. (Fig.: *Marko und Benditto ziehen in den Wald*, 68 × 82) Reutlingen. Druck und Verlag von Robert Bardtenschlager. (= *Nr.* 191).
o. J., 16 S., 162 × 107.
LBS d. D. oct K 3564.
Eine Neufassung der Novelle *Mateo Falcone* von Prosper Mérimée (1829) mit sizilianischer Kulisse. Zur Vorlage vgl. Kindlers Literatur Lexikon IV, 1968, Sp. 2207.

MARKOCZY, Anton
Handbuch für den Patrouillen-Dienst. Zusammengestellt von Anton Markóczy. Budapest. 1901. Grill. 8°. 30 S. K —.40

Markoff, A., mémoire sur la transformation des séries peu convergentes en séries très convergentes, s.: Mémoires de l'académie impériale des sciences de St.-Pétersbourg.

— table des valeurs de l'intégrale $\int_x^\infty e^{-t^2}dt$.
Lex.-8. (XXVII, 98 S.) St.-Pétersbourg 888. Leipzig, Voss' Sort. n. 2. —

Markoff, A. A., Differenzenrechnung. Autoris. deutsche Übersetzg. v. Theoph. Friesendorff u. Erich Prümm. M. e. Vorworte v. R. Mehmke. gr. 8. (VI, 194 S.) Leipzig 896. B. G. Teubner. n. 7. —

Markoff, A. A., über die vollzählige Function

$$x^n\, F\left(\frac{-n-\Delta}{2}, \frac{2k-n+1-\Delta}{2}, 1-\Delta, \frac{1}{x}\right)$$
$$F\left(\frac{-n+\Delta}{2}, \frac{2k-n+1+\Delta}{2}, 1+\Delta, \frac{1}{x}\right)$$

u. üb. die Function mehr allgemeiner Charactere, s.: Mémoires de l'académie impériale de St.-Pétersbourg.

Markoff, Alexis de. Catalogue des monnaies Arsacides etc. — Registre général des monnaies orientales etc., s. Collections scientifiques de l'institut des langues orientales.

Markoff, Alexis de, catalogue des monnaies Arsacides, Subarsacides, Sassanides, Dabweihides, s.: Colletions scientifiques de l'institut des langues orientales du ministère des affaires étrangères.

Markoff, André. Sur les nombres entiers dépendants d'une racine cubique d'un nombre entier-ordinaire. — Mémoire sur la transformation des séries peu convergentes en séries très convergentes, s. Mémoires de l'académie impériale des sciences de St.-Pétersbourg.

Markoff, André, table de valeurs de l'intégrale $\int_x^\infty e^{-t^2}dt$.
Lex.-8. (XXVII, 98 S.) St.-Pétersbourg 888. Leipzig, Voss' Sortiment. *

Markoff, E. F., Demjans Fischsuppe, s.: Bibliothek der fremden Zungen.

— dasselbe, s.: Smith, J. P., Sarah Halls sonderbare Geschichte.

Markoff, Nicola. Ueber die traumatische Entstehung der Herzklappenfehler Diss. Med. Univ. Zürich. *Kopftitel.* Aus der medizinischen Universitätsklinik in Zürich. Direction: Herr Prof Dr. H(erm[ann]) Eichhorst. 63 S. 8. Zürich, A. Markwalder, 1902.

Markolf, Alwyn, Catilina. Tragödie in 5 Akten. (138 S.) 8. Leipzig 907. Modernes Verlagsbureau. 3. —

Catilina. Tragödie in 5 Akten von Alwyn Markolf. Berlin-Leipzig C. Wigand 1907 (138 S.) 8° Lit. 5977

— Ein Silvestertraum. Lustspiel in 3 Bildern. (92 S.) 8. Ebd. 908. 2.50

Markolph, der große Narr; e. Beytrag zur geheimen Lebensgesch. Salomo des Weisen, v. A. Schumann. 2 Bde. 8. Zwickau, Schumann. 802.

Markolsheim [Schlagwort]

Markolsheim, s.: Deutschland. Kürschner-Peip.

Markon, Isaak, die slavischen Glossen bei Isaak ben Mose Or Sarua. (15 S.) gr. 8. St. Petersburg 906. (Berlin, M. Poppelauer.) n. — 50

Μαρκος Αντωνινος, s. Hammer, J. v.

Markós, S., s.: Markow, Alexis.

MARKOŠEK, Johann: Es soll die Erniedrigung und Verherrlichung des Messias aus den direct-messianischen Psalmen dargestellt werden. — um 1903. XV, 394 S. Diss. Graz, Univ.

Differenzenrechnung. A[ndrej] A Markoff [**Markov**], o. Prof zu St Petersburg Autoris. deutsche Übs. v Theophil Friesendorff u. Erich Prumm. M. e. Vorw v. R[ud.] Rehmke, o. Prof. zu Stuttgart. *Leipzig B. G Teubner 1896.* (V, 194 S.) 1 Bd 8. [96. 7151

Markovič

Markowitsch, B: Die serbische Auffassung der bosnischen Frage. Berlin 1908

Markowitsch, B: Die Erläuterungen des Gesetzes über die landwirtschaftlichen Genossenschaften in Serbien. o.O. 1909.

Markovič

Markowitsch. Bogdan St., die Gemeinden u. ihr Finanzwesen in Serbien, s.a. Sammlung nationalökonomischer u. statistischer Abhandlungen. 46. Bd.

Markowitsch, Bogdan St., Belgrad: Die Gemeinden und ihr Finanzwesen in Serbien. Halle a. S. 1904: (Lippert & Co., Naumburg a. S.) (IV, 35 S.) 8° ¶(Ersch. vollst. in: Samml. nationalökon. u. statist. Abhandl. d. staatswiss. Sem. zu Halle a. S., Bd 46.)
Halle, Phil. Fak., Ref. Conrad, Diss. v. 15. Sept. 1904
[Geb. 28. Jan. (9. Febr.) 79 Belgrad; Wohnort: Halle; Staatsangeh.: Serbien; Vorbildung: Gymn. Belgrad Reife M. 99, Studium Belgrad 1, München 5, Halle 4 S.; Rig. 24. Juni 04.]

Die Gemeinden und ihr Finanzwesen in Serbien. Von Dr Bogdan St **Markowitsch**. *Jena. G. Fischer 1904.* (VIII, 101 S.) 8°
= **Sammlung** nationalökon. u statist. Abhandlungen d. staatswiss. Seminars zu Halle Bd 46. [04. 1984

Markovió, Božidar W., cand. iur Ueber das serbische Schwurgericht im Vergleiche mit dem deutschen, französischen und englischen Schwurgericht. *Freiburg i. B. 1899: Ch. Lehmann's Nachf.* (95 S.) 8°
Freiburg i. B., Rechts- u. staatswiss. Diss. v 1899

Marković, Božidar W., über das serbische Schwurgericht im Vergleiche m. dem deutschen, französischen u. englischen Schwurgericht. Diss. gr. 8. (94 S.) Freiburg i/B. 899. C. Troemer. n. 1. 20

Die Berechnung der elektrischen Konstanten paralleler Wechselstromoberleitungen. (Der Widerstand, d. Induktanz, d. Leitungsvermögen u. d. Kapazität d. Wechselstromleitungen.) Von G. P Markovitch [**Markovič**], St Petersburg Mit 31 Abb Stuttgart F Enke 1905. (S. 325–424.) 8°
= **Sammlung** Elektrotechn. Vorträge. Bd 7, H. 9–11. [05. 13953

Spannungserhöhung in elektrischen Netzen infolge Resonanz und freier elektrischer Schwingungen. Von G. P. Markovitch [**Markovič**], Ingen. Mit 17 Abb. Stuttgart F. Enke 1905. (S. 411–476.) 8°
= **Sammlung** Elektrotechnischer Vorträge. Bd 6, H. 11/12. [05. 8998]

Markovič

Markowitsch, Lazar: Das Problem der Sonderrechte der Körperschaftsmitglieder. Berlin 1910: Ebering. 177 S. 8°
Berlin, Jur. Diss. v. 14. Febr. 1910, Ref. Kohler
[Geb. 8. Sept. 82 Belgrad; Wohnort: Berlin; Staatsangeh.: Serbien; Vorbildung: Alexander I.-Gymn. Belgrad Reife 01; Studium: Belgrad 8, Berlin 5 S.; Rig. 25. Jan. 10.] [U 10. 9

Markowitsch, Lazar, das Problem der Sonderrechte der Körperschaftsmitglieder. (177 S.) gr. 8. Berlin 910. E. Ebering. 4.—

Marković, Marcus R., Volksmärchen u. Volkswahrsagerei. [Aus: „Wissenschaftl. Mittheilgn. aus Bosnien u. der Hercegovina" 1. Bd] Lex.-8. (3 S.) Wien 893. (C. Gerold's Sohn.) n. – 40

Markovič

Markowitsch, Milan: Die serbische **Hauskommunion** — Zadruga — und ihre Bedeutung in der Vergangenheit und Gegenwart. *Bonn 1903: S. Foppen.* (37 S.) 8° ¶[Erschien vollst. 1903 bei Duncker & Humblot in Leipzig.]
Bonn, Phil. Diss. v. 28. Febr. 1903

Die serbische **Hauskommunion** (Zadrûga) und ihre Bedeutung in der Vergangenheit und Gegenwart. Von Dr. Milan **Marković**. *Leipzig: Duncker & Humblot 1903.* (XI, 87 S.) 8°
[Ein Teil erschien als Inaug.-Diss. von Bonn 1903.] [03. 8919

Markovič

Markowitsch, Schlioma, a. Rußland: **Beitrag zur Kenntnis** der psychischen Störungen und Psychosen bei Chorea minor. Berlin (1907): E. Ebering. (46 S.) 8°
Berlin, Med. Fak., Ref. Ziehen, Diss. v. 6. Dez. 1907
[Geb. 26. Okt. 82 Witebsk; Wohnort: Witebsk; Staatsangeh.: Rußland; Vorbildung: Gymn. Tambow Reife M. 02; Studium: Berlin 10 S.; Rig. 29. Nov. 07.]

Markovič

Markowitsch, Zoran St(ojan), a. Belgrad ⟨Serbien⟩: Das Ertragssteuersystem in Serbien. München: J. Schweitzer 1907. (VI, 63 S.) 8°
Jena, Phil. Fak., Ref. Pierstorff, Diss. v. 19. Dez. 1907
[Geb. 31. Jan. 78 Belgrad; Wohnort: München; Staatsangeh.: Serbien; Vorbildung: Gymn. Belgrad Reife O. 97; Studium: Berlin 4, Leipzig 2, Jena 4 S.; Rig. 1. Juni 07.]

Markowitsch, Zoran St., das Ertragssteuersystem in Serbien. (IV, 63 S.) gr. 8. München 908. J. Schweitzer Verl. 2.—

Markovich, Joh.: Adressenbuch ...,
s. Bolt, Richard

Markovics, M. v., ohne Liebe, s.: Enßlin's Roman- u. Novellenschatz

Markovics, Marie Antoinette v., s. a.: Tour, Emil de la.

— das Geheimnis Dragynianus. Auf eigenen Füßen, s.: Weber's moderne Bibliothek.

Zwei harte Köpfe. Eine Novelle von Maria Antoinette v. **Markovics**. *Breslau: S. Schottlaender [1900].* (151 S.) 8° [F.]
= **Unterwegs** und Daheim. [8, 4.] [04. 1904

— zwei harte Köpfe. Eine Novelle. (Unterwegs u. Daheim.) schmal 8. (151 S.) Breslau (901). Schles. Buchdruckerei ɩc. n. — 75; geb. n. 1.—

— Rauschgold, s.: Weber's moderne Bibliothek.

— des Glückes Stiefkind, s.: Weber's moderne Bibliothek.

Markovics, Mat. Ant., principia Iuris Eccles. Reg. Hung. 8. Budae. (Pest, Eggenberger) 786.

Markovics-Lettkow, M. v., verbotene Früchte u. anderes, s.: Enßlin's Roman- u. Novellenschatz.

— vom Seine-Strand, s.: Weber's moderne Bibliothek.

Markovitch, G. P , s. M a r k o v i č

Markovits, J. Th., gedrängte Darstellung des Wissenswerthen über Stenografie, umfassend den Nutzen, die Geschichte, das Wesen und die Erlernung der Stenografie. gr. 8. (15 S.) Wien 863, (Rospini.) * *

—— **Lehrbuch der deutschen Stenografie nach Gabelsberger's System, insbesondere zum Selbstunterrichte geeignet.** Lex.-8. (XII und 160 S.) Wien 863, (Rospini.) *

—— stenografisches **Nachschlagebüchlein** enth. eine gedrängte alfabet. Zusammenstellung sämmtl. Abkürzungen so wie auch sonst für den Anfänger bemerkenswertheren Wortbilder der stenograf. Correspondenzschrift nach Gabelsberger's System. 8. (IV und 55 lithogr. S.) Wien 863, (Rospini.) * *

— Übertragung der Gabelsbergerschen Stenographie auf die ungar. Sprache, s.: Stammbuch des Gabelsbergerschen Systems.

Markovits, Iván, Anträge zur Revision der deutschen Stenografie nach dem System Gabelsberger's. gr. 16. (48 S.) Wien 878, Steckler und Erben. *

Markovits, J., Lehrbuch der deutschen Stenografie nach Gabelsberger's System, insbesondere zum Selbstunterrichte geeignet. 3. verb. Aufl. 1. Thl. Korrespondenzschrift. gr. 8. (V, 96 zum Theil lith. S. u. Schlüssel 24 S.) Wien 875. Klemm in Comm. n. 2. —

—— Lehrbuch der deutschen Stenografie nach Gabelsberger's System. Mit Berücksicht. der vom Allgemeinen deutschen Stenografen-Bunde gefassten Beschlüsse, insbesondere für den Selbstunterricht bearb. 4. verb. Aufl. 1. Thl.: Korrespondenzschrift. gr. 8. (VIII, 116 S.) Wien 878, (Hölder.) *
Die 1.—3. Aufl. waren nicht im Handel.

Markovits', Ivan, Lehrbuch d. deutschen Stenographie nach Gabelsbergers System. F. d. Schul-, Curs- u. Selbstunterricht neu bearb. u. nach d. Beschlüssen d. V. deutschen Stenographentages in Wien 1895 einger. v. Aug. Hofer. 1. Thl.: Correspondenzschrift. 5. Aufl. gr. 8. (VIII, 118 S.) Wiener-Neustadt 896. Wien, A. Hölder. n. 2. —

Markovits, Ivan, Lehrbuch der deutschen Stenographie nach Gabelsbergers System. Den neuen Schreibweisen u. der neuen Orthographie angepasst v. Armin Vajda. 1. Tl.: Korrespondenzschrift. 8. Aufl. (XVI, 112 S. m. Bildnis.) 8. Budapest 909. L. Toldi. 2. —

Markovits, Nic. v., die Arlbergbahn und die Handelsverbindungen der österreichisch-ungarischen Monarchie. Lex.-8. (46 S. mit 3 Tab. und 2 chromolithogr. Karten.) Wien 880, (Gerold's Sohn.) *

Markovits, Stof., Experimente üb. die Reibung zwischen Öl u. Luft. [Aus: „Sitzungsber. d. k. Akad. d Wiss."] Lex.-8. (12 S. m. 1 Textfig.) Wien 891. (F. Tompsky.) n. — 30

Markovits, Theodor, a. Wien: Zur Kenntnis des as. m- und vic. m- Xylenols, sowie des 3, 5—3', 5'-Tetramethyldiphenochinons. Greifswald 1905: H. Adler. (56 S.) 8°
Greifswald, Phil. Fak., Ref. Auwers, Diss. v. 1. Jan. 1906
[Geb. 12. Jan. 79 Wien; Wohnort: Budapest; Staatsangeh.: Ungarn; Vorbildung: Kadettenschule Wien Reife M. 99; Studium: Wien 4, Greifswald 4 S.; Rig. 23. Nov. 05.]

Markovits-Hofer, Lehrbuch der deutschen Stenographie (System Gabelsberger). I. Teil: Korrespondenzschrift. Wien 1905. Alfred Hölder. Preis, broschiert 2 K 30 h.

Markovsky, Gertscho: Ueber die electromotorische Kraft der Gasketten ... M. e. Taf. Leipzig, J. A. Barth, 1891; 18 S., 1 Bl., 1 Taf. 8.
Leipzig, Phil. Fak., Inaug.-Diss. v [2 Dez.] 1891

Markow, Alexis Die Aus- und Einwanderungen in der preußischen Monarchie und ihren einzelnen Theilen: Provinzen, Bezirken und Kreisgruppen in den Jahren 1824—1885. — in: Markow Das Wachstum der Bevölkerung Tübingen: Laupp 1889. S. 123—218. (Neumann Beiträge zur Geschichte der Bevölkerung in Deutschland. Bd 3.)

Markow, Alexis, (S. Markós), russische Chrestomathie. Sammlung v. Lese- u. Übungsstücken zum Übersetzen aus dem Russ. ins Deutsche, ausgewählt aus den Werken der besten russ. Schriftsteller. 1. Tl. Accentuierter Text m. grammatikal. Anmerkgn. u. e. vollständ. Wörterbuch gr. 8. (XII, 166 S.) Stuttgart 894. C. Malcomes. Kart. n. 2. —

Markow, Alexis Der Frauenbund, s.a Bloch's Ed., Theater-Korrespondenz

[F.] Der Frauenbund. Schwank in 1 Aufz. m. Benutzg e. vorhand. Stoffes v Alexis **Markow.** *Berlin: E. Bloch [1895]* (27 S.) 1 Bd 8.
= Theater-Korrespondenz, Eduard Blochs. No 280. 96. 641

Markow, Alexis (S. Markós), der perfecte Russe, s.a. Cray's, O., Sammlg. v. Sprachführern.

Markós, S., der perfecte Russe. Eine Anleitung, in 14 Tagen Russisch richtig lesen, schreiben und sprechen zu lernen. Mit vollständig beigedr. Aussprache. 16. (132 S.) Berlin 885, Berliner Verlagsanstalt. *

Markós, S. Der perfecte Russe. Eine Anleitg., in 14 Tagen Russisch richtig lesen, schreiben u. sprechen zu lernen. Mit vollständig beigedruckter Aussprache. 2. Aufl. 16. (132 S.) Berl. 889, Berliner Verlagsanstalt. * 1 —

[Russ. u. F.] Nastojaščij Russkij. Der perfecte Russe E. Anleitg ohne Lehrer Russisch richtig lesen, schreiben u. sprechen zu lernen M. vollst. beigefügter Aussprache v. Dr. Alexis **Markow** (S. Markos), Doc. zu Berlin. 4. vollst. umgearb. Aufl. *Schweidnitz & Leipzig C. Lerch 1897.* (223 S.) 1 Bd 8.
= Sammlung, O. Cray's, v. Sprachführern No 2. 97. 7264

– Das Schweigen, s.a Bloch's Ed, Theater-Korrespondenz.

[F.] Das Schweigen. Lustsp. in 1 Aufz. nach d. Russ. v Alexis **Markow.** *Berlin: E. Bloch (1895).* (22 S.) 1 Bd 8.
= Theater-Korrespondenz, Eduard Blochs. No 274. 96. 1073

Markow, A., das Wachstum der Bevölkerung u. die Entwicklung der Aus- u. Einwanderungen, Ab- und Auszüge, s.a. Beiträge zur Geschichte der Bevölkerung in Deutschland seit dem Anfange dieses Jahrhunderts.

Markow, Alexis [Dr.]: Das Wachstum der Bevölkerung und die Entwickelung der Aus- und Einwanderungen, Ab- und Zuzüge in Preussen und Preussens einzelnen Provinzen, Bezirken und Kreisgruppen von 1824 bis 1885. (Ist Beitr. z. Gesch. d. Bevölkerung in Deutschland seit d. Anfange dieses Jahrh. Hrsg. v Friedrich Julius Neumann. Bd. III.) Tübingen, Verl. d. H. Laupp'schen Buchh., 1889; XVI + 218 S. 8°
Tübingen, Staatsw. Fak., Inaug.-Diss. v 1889
(Nicht für den Austausch)

Markow, Dmitrij, die russische u. ukrainische Idee in Oesterreich. (24 S.) gr. 8. Wien 908. C. W. Stern. — 50

Markow, Eugen [aus Tambow (Ost-Russl.)]: Geophysik des Goktschasees ... Freiburg (Baden), Speyer & Kaerner, 1896; 1 Bl., 31 S., 3 Taf., 1 Kt. 4.
Freiburg i. B., Phil. Fak., Inaug.-Diss. v 1896

Markow, S., Taschenbuch der Handelskorrespondenz in russischer u. deutscher Sprache, s.: Pfeiffer, Jul.

Markowich, Joh., s.: Adressenbuch der Papier-, Halbstoff- u Pappenfabriken Oesterreich-Ungarns.

HAUSIERWESEN, Das, in Wien . . . (von *Joh. Markowich*). Wien 1885.
Anon.-Lex V p. 153 (Eigenbericht).

Markowitsch, s. Markovič

Markowitz De summo deo quid existimaverint clarissimi Graecorum poetae 19 S. – Düsseldorf, Progr 1859

Markowitz, Alfred, aus Wien Der internationale Borstenhandel. *Leipzig 1902: Thalacker & Schöffer.* (90 S.) 8°
Leipzig, Phil. Diss. v. [31. Juli] 1902

Markowitz, Paul, Referendar: Erweiterungen und Beschränkungen des Aussonderungsrechtes ⟨§§ 46 und 45 der Konkurs-Ordnung⟩. Breslau 1909: Jungfer. 40 S. 8°
Breslau, Jur. Diss. v. 22. Nov. 1909, Ref. Schott, Fischer
[Geb. 15. Jan. 83 Strelno; Wohnort: Breslau; Staatsangeh.: Preußen; Vorbildung: Johannes-Gymn. Breslau Reife O. 03, Studium: Freiburg i. B. 1, Breslau 2, Berlin 1, Breslau 3 S., Rig. 6. März 07.] [U 10. 513

Markowski, Hermann, aus Halle a. S.: Die innere Reibung von Sauerstoff, Wasserstoff, chemischem und atmosphärischem Stickstoff und ihre Aenderung mit der Temperatur. *Halle a. S. 1903: Wischan & Wettengel.* (41 S.) 8°
Halle, Phil. Diss. v 1903

Markowski, Hieron., de Libanio Socratis defensore, s.a. Abhandlungen, **Breslauer philologische. 40. Heft.**

Markowski, Hieronymus: De Libanio Socratis defensore. Vratislaviae: Marcus 1909. 34 S. 8° ¶(Ersch. vollst. als: Breslauer philol. Abhandlungen. H. 40.)
Breslau, Phil. Diss. v. 2. Juli 1909, Ref. Förster
[Geb. 12. Aug. 83 Ostritz, Kr. Karthaus; Wohnort: Neustadt i. Wpr., Staatsangeh. Preußen, Vorbildung: Gymn. Neustadt Reife O. 04, Studium: Münster 2, Berlin 2, Breslau 6 S.; Rig. 19. Dez. 08.] [U 09. 609

Markowski, Ign. Miroslaus Wärme und Elektricität in ihren gegenseitigen Beziehungen. 43 S. 8. **Progr.** II G *Lemberg* 1883.

Markowski, Stanislaus

Markowski, St., zur Casuistik der Herderkrankungen der Brücke, mit besond. Berücksicht. der durch dieselben verursachten anarthrischen Sprachstörungen. Inaug.-Diss. gr. 8. (68 S. m. 1 Taf.) Dorpat 890. (Karow.) n. 1.50

Markowski, Th., ein Verbannter im Lande der Jakuten, s. Welt, die, der Jugend.

Markowsky, Alex., u. Anton **Rzehak**, Die geolog. Verhältnisse d. Umgebung von Brünn, als Erläuterung zu d. geologischen Karte. (Separ.-Adr.) 8. (III u. 154 S.) Brünn, *Carl Winiker. 1 fl. 20 kr. 1884.

Markowsky, (Car Guil.) Osw (geb. Posen [14. 3.] 1825): De uteri prolapsu adjectis observationibus. Berolini (1864). (32 S.) 8°
Berlin, Med. Diss. v. 21 Okt. 1864

Markranstädt [Schlagwort]

Markranstädt, s.: Leipzig. — Sachsen. Karte. Messtischblätter.

Markrechnung. Rechenknecht für den Geschäftsverkehr in 3 Tabellen. gr. 16. (112 S.) Leipzig 875, Siegismund und Volkening. 50 Pf.; cart.

Markreiter, F., gemeinfaßliche Belehrung üb. d. Schutzblattern. 8. Salzb. Mayr. 812.

Marks, Peter. Ehestandsgeschichte. Leipzig 1779. V: *Wezel, Johann Carl.* (Grisebach)

Marks, Peter, und die wilde Betty, zwey Ehestandsgeschichten (von J. K. Wezel) mit Kupf. von Chodowiecki, 8. Leipz. 779. Dyck. 2 Rthl. 20 ggl.

— — **dasselbe ohne die wilde Betty u. ohne Kupfer. 8. Ebend.**

Marks', Henry, Schreckens-Nacht bei den Schwarzfluß-Indianern. Ein Abenteuer bei den Indianern, erzählt f. die Jugend. 12. (15 S.) Berlin (899). (Berolina-Versand-Buchh.) — 10

Marks und Balke. Das Terrainrelief. Leipzig. 1879.

Marks, A B, s. Marks, Benjamin Ad.

Marks, A. K., der kostbare Tod der Heiligen ꝛc. 4. Augsb. Veit.

Marks, Benj. Ad., Friedenspredigt am 18. Jan. 1816. gr. 8. Halle 816. Gebauer. 3 gr.

Marks, (Benj. Ad.,) akadem. Gedächtnißpredigt bei dem Tode eines hochverdienten Lehrers, Hrn. Ritter, Dr. J. G. E. Maaß. Nebst Abriß des Lebens u. Wirkens des Verewigten von Hrn. Canzler Niemeyer. gr. 8. Halle 824, Waisenhausbuchh. Rthlr.

— die Kirchenverbesserung u. die innern Gefahren d. evangel. Kirche. Drei Predigten. gr. 8. Halle 827. Anton.

— Neujahrsgabe, bestehend in 4 Predigten. gr. 8. Halle 825, Waisenhausbuchh

— Predigt am Dankfeste wegen des Sieges bei Paris u. die darauf erfolgte Einnahme der Stadt durch d. Verbündeten Mächte. gr. 8. Halberst. 814. Vogler in Potsd. 2 gr.

— Predigten bei dem akadem. Gottesdienste zu Halle gehalten. 1r Bd. gr. 8. Halle 825. Waisenhausbuchh. 1 Rthl. 12 gr.

— Schulreden. 8. Halberst. 806.

— die Vatersche Stiftung z. Unterstützung hülfsbedürftiger Studenten auf d. Univ. zu Halle. gr. 8. Halle 827. Waisenhaus-B. 4 gr.

— Trauer u. Freude. Eine Predigt. gr. 8. Halle 825. Waisenhausbuchh. 4 gr.

Marks, D. W., Einweihungs-Rede der West London Synagogue. Gedruckt auf Verlangen des Comites der Begründer. Treue Uebersetzung aus dem Engl. Original. gr. 8. Hamburg 842, Berendsohn. n. 1/6 Rthl.

Marks, E. [Red.], s. Studien. – Leipziger Studien aus dem Gebiete der Geschichte.

Marks, Ernst, Referendar a. Münster i. W.: Die Bestätigung nichtiger und anfechtbarer Rechtsgeschäfte im gemeinen Rechte und im Bürgerlichen Gesetzbuche. Borna-Leipzig 1906: R. Noske. (VI, 52 S.) 8° [F.]
Rostock, Jur. Fak., Ref. Bernhöft, Diss. v. 28. Febr. 1906
[Geb. 6. Juli 81 Münster i. W.; Wohnort: Münster; Staatsangeh.: Preußen; Vorbildung: Realgymn. Münster Reife O. 91; Studium: Freiburg i. B. 2, Münster 1, Berlin 1, Münster 2 S.; Rig. 11. Juli 05.]

Marks, Gttfr. Erdm., der aufrichtige Jäger od. gemeinnützige Enthüllung der untrügl. Vortheile u. Kunstgriffe beim Einfangen der Fischottern, Füchse, Marder, Iltisse, Dachse 2c. ingleichen der schädl. Raubvögel. Mit 4 lith. Abbild. 12. Nordhausen 845, Fürst. 5/12 ℛ — 2. unveränd. Aufl. kl. 8. Ebend. 846. 5/12 ℛ

Marks, Gottfr. Erdm., d. aufrichtige Jäger, od. gemeinnützige Enthüllung d. untrüglichsten Vortheile u. Kunstgriffe beim Einfangen d. Fischottern, Füchse, Marder u. s. w., ingl. d. schädl. Raubvögel. M. e. Anh. üb. die beste u. kürzeste Manier, Hühnerhunde parforce zu dressiren 2c. Aus ein. mehr als 50jähr. Erfahrung mitgeth. 1. Aufl. (5⅓ B.) 845. u. 2., unveränd. Aufl. 8. (8½ B. u. 4 lith. Abbild.) Nordhausen 846, Fürst. Thlr. -

Marks, Karl, Beitrag zur Frage d. Förderg. d. Landespferdezucht d. Prov. Posen. gr. 8. (16 S.) Posen 898. E. Rehfeld. n. — 50

Marks, Laur., Geschichte des katholischen Schullehrer-Seminars zu Breslau. Ein Beitrag zur Geschichte des kathol. Schulwesens in Schlesien. Zur Feier des 100jähr. Bestehens der Anstalt hrsg. gr. 8. (XII und 184 S.) Breslau 865, Aderholz' Buchh. * *

Marks, Paul [Prosektor an d. Tierärztl. Hochsch. zu Berlin]: Aus d. histolog. Institut d. Tierärztl. Hochschule zu Berlin. Untersuchung über die Entwicklung der Haut insbes. d. Haar- u. Drüsenanlagen bei d. Haussäugetieren ... Berlin, Druck v. W. Büxenstein, 1895; 64 S., 4 Taf. 8.
Giessen, Med. Fak., Inaug.-Diss. v. 1895

Marks, Stef., Rosa Burger, das kühne Burenmädchen. Oder: Die Goldgräber v. Transvaal. Roman aus dem Burenkriege. 90 Hfte. gr. 8. (2166 S. m. je 1 Vollbild.) Dresden (900. 901.) R. H. Dietrich. à Hft. — 10

Marks v. Marksfeld, Jos., vierzig Münzen der Normannen, Hohenstaufen und Anjou in Sicilien und Neapel von 1166 bis 1309. Mit 4 (lith.) Taf. Abbildgn. Mailand 858. (Meiners. — München, Franz.) gr. 8. (40 S.) nn. 20 ngr.

Markscheffel, J. E., das Irrlicht im Felde d. Erziehung, od. J. F. von Völderndorf in den 6 Prüfungstagen, in den von Graser organ. Volksschulen in Bayreuth geprüft. 8. Nürnb. 822. Riegel u. W. 6 gr.

Markscheffel, Joh. Aug. Carl, Kritik zur Würdigung d. neuprotestant. u. neukathol. Reaktion. Zugleich eine Kritik z. d. Schrift: Uhlich u. Ronge. Od. die Union d. protest. u. kathol. Lichtfreunde. gr. 8. (7⅝ B.) Leipzig 846, Beyer. *

Markscheffel, Joh. Aug. Carl, Kritik zur richtigen Würdigung der neuprotestant. und neukathol. Reaktion. Zugleich eine Kritik zu der Schrift: Uhlich und Ronge. Oder die Union der protestant. und kathol. Lichtfreunde. 2. Ausg. gr. 8. (III und 116 S.) Erfurt 847, Müller'sche Sortimentsh. *

Markscheffel, Karl, Prof. Dr.: Der Internationale Schülerbriefwechsel. Seine Geschichte, Bedeutung, Einrichtung u. sein gegenwärtiger Stand. ⟨Fremde u. eigene Erfahrungen.⟩ *Weimar 1903: Hof-Buchdruckerei.* (44 S.) 8°
Weimar, großh. RG, OP 1903 (776)

Markscheffel, Karl, der internationale Schülerbriefwechsel. Seine Geschichte, Bedeutg., Einrichtg. u. sein gegenwärt. Stand. (Fremde u. eigene Erfahrgn.) (44 S.) gr. 8. Marburg 903. N. G. Elwert's Verl. n. — 80

[F.] **Markscheffel,** Karl [Dr.]: Berthold Sigismund. Sein Leben und Schaffen als Arzt, Pädagog, Dichter und Volksschriftsteller. Weimar, Druck d. Hof-Buchdr., 1894; 54 S., 1 kl. Bl. 8.
Weimar, RG, OP 1894 (678)

Markscheffel, Karl, Berthold Sigismund. Sein Leben u. Schaffen als Arzt, Pädagog, Dichter u. Volksschriftsteller. Progr. gr. 8. (54 S.) Jena 894. F. Mauke. n. — 60

Markscheffel, Karl [Lehrer am Realgymnasium zu Weimar] Thomas Kyd's Tragödien Weimar, Druck d Hof Buchdr., 1885; 2 + 31 S. 4°.
Jena, Phil. Fak., Inaug. Diss. v. 1885.

Markscheffel, Karl, Thomas Kyd's Tragödien. Diss. Jena 1885, G. Neuenhahn. 4°. 31 S.

Markscheidekunst. Handschriftlich. Eisleben, 1865.

Markscheidekunst, die, und das bergmänn. Planzeichnen, s.a. Schauplatz, neuer, der Bergwerkskunde.

Markscheidekunst, Die, und das Bergmännische Planzeichnen nebst den brauchbarsten Tafeln zur Berechnung der Sohlen und Seigerteufen. Quedlinburg und Leipzig 1845.

Markson, Hippolyt, christliches Glauben u. Leben. Ein vollständ. Jahrgang von Kanzel-Vorträgen. Würzburg 865. Stahel'sche Buchh. gr. 8. (X, 732 S.) n. 2 ℛ 8 ngr.

Markstahler, August [aus Karlsruhe i. B.]: Ueber einseitig trimethylirte Benzophenone . Karlsruhe, Druck d. G. Braun'schen Hofbuchdr., 1886; 37 + 1 S. 8°.
Freiburg i. B., Phil. Fak., Inaug.-Diss. v. 1886.

Markstahler, August. über einseitig trimethylirte Benzophenone. Freiburg i. B. 1886, Fr. Wagnersche Univ.-Buchh. 8°. 37 S.

Markstein (Ein) in der Leidensgeschichte der deutschen Landwirtschaft. Bericht des deutschen Vereins Arbeiterheim über das Geschäftsjahr 1905/6 von F. v. Bodelschwingh. 8°. Bielefeld, Verlagshdlg. d. Anstalt Bethel, 1907. 39 S.

Markstein, E., s.: Berner, Else.

Markstein, Ign., 1200 Stylblüthen zum Gebrauch u. Nachhilfe d. Correspondenz im privaten Verkehr. gr. 8. (95 S.) Wien 899. L. Rosner. n. 2. —

Marksteine aus der Weltliteratur in Originalschriften. Herausgegeben von J Baensch-Drugulin. (224 S) fol Leipzig 1902

Markt, Gustav: Eine Studie über Zugmagnete und deren Verwendung als Magnetbremsen elektrischer Triebwagenzüge. – 1909 28 S., 17 Taf.
Diss. Wien, TH

Märkt, Adolf

Märkt, zur Geschichte d. Waldensergemeinde Pinache in Württemberg, s.: Geschichtsblätter d. deutschen Hugenotten-Vereins VI.

Märkt, Adf., die Waldensergemeinde Serres in Württemberg, s.: Geschichtsblätter des deutschen Hugenotten-Vereins. VIII. 3.

— die württemberg. Waldensergemeinden 1699—1899. Eine Festschrift zur Feier ihres 200jähr. Bestehens. 8. (79 S.) Stuttgart 899. Pinache (Oberamt Maulbronn), Pfarrer Märkt. — 60

Märkt, Adolf Die württembergischen Waldensergemeinden 1699–1899 Eine Festschrift z Feier ihres 200jähr Bestehens von Adolf Märkt, Pfarrer in Pinache Im Selbstverl d Verf Stuttgart 1899 Ch Scheufele (79 S.) 8°

Marktanner-Turneretscher, Glieb., Beschreibung neuer Ophiuriden und Bemerkungen zu bekannten. Lex.-8. (26 S. mit 2 Lichtdr.-Taf.) Wien 887, Hölder. *
Aus: Annalen des k. k. naturhistor. Hofmuseums, besonders abgedruckt.

Marktanner-Turneretscher, Glieb., ausgewählte Blüthen-Diagramme der europäischen Flora. Mit 192 Diagrammen auf 16 photolith. Taf. gr. 8. (IV, 76 S.) Wien 885. Hölder. n. 4. —

Marktanner-Turneretscher, Glieb. Die Hydroiden des k. k. naturhistorischen Hofmuseums. Lex-8. (S. 195—286 m. 5 lithogr. Taf.) Wien 890, Hölder. * 9 —
Aus: Annalen d. k. k. naturhistor. Hofmuseums, besonders abgedruckt.

— zur Kenntniss d. anatomischen Baues unserer Loranthaceen. [Aus dem botan. Laboratorium der techn. Hochschule in Graz.] [Mit 1 (lith.) Taf.] Lex.-8. (12 S.) Wien 885. (Gerold's Sohn.) n.n. — 70

—— zur Kenntniss des anatomischen Baues unserer Loranthaceen. [Aus dem botan. Laboratorium der techn. Hochschule in Graz.] Lex.-8. (12 S. mit 1 lithogr. Taf.) Wien 885, (Tempsky.) **

— die Mikrophotographie als Hilfsmittel naturwissenschaftlicher Forschung. gr. 8. (VIII, 344 S. m. 195 Text-Abbildgn. u. 2 Taf.) Halle a/S. 890. Knapp. n. 8. —

— photometrische Versuche über die Lichtempfindlichkeit verschied. Silberverbindgn. [Aus: „Sitzungsber. d. k. Akad. d. Wiss."] Lex.-8. (16 S.) Wien 887. (Tempsky) n.n. — 30

Marktbericht, wöchentlicher, (über den Zuckerhandel). Beilage zum Wochenblatt „Die deutsche Zuckerindustrie". Red.: J. Görz. Jahrg. 1888. 52 Nrn. (1/2 B.) gr. 4. Berlin, (Friedländer & Sohn). n.n. 16. —

— dasselbe. Red.: R. Hennig. Jahrg. 1889. 1890. à 52 Nrn. (1/2 B.) gr. 4. Ebd. à Jahrg. n.n. 16. —
s.: Bericht, wöchentlicher, f. d. internation. Zuckerhandel.

Marktbericht, wöchentlicher, (über d. Zuckerhandel). Beilage zum Wochenblatt „Die deutsche Zuckerindustrie". Redact.: Rob. Hennig. Jahrg. 1889—1892. à Jahrg. 52 Nrn. (à Nr. 1/2 Bog) gr. 4. Berl., (Friedländer u. Sohn). à Jahrg. ** 16 —

Marktbericht, wöchentlicher, (üb. den Zuckerhandel). Beilage zum Wochenblatt „Die deutsche Zuckerindustrie". Red.: Rob. Hennig. Jahrg. 1891—1894. à 52 Nrn. (1/2 Bog.) gr. 4. Berlin, (R. Friedländer & Sohn). à Jahrg n.n. 16. —

Marktbericht, wöcheutlicher (üb. d. Zuckerhandel). Beilage zum Wochenblatt „D. deutsche Zuckerindustrie". Red.: Rob. Hennig. Jahrg. 1895—1898. à 52 Nrn. (à ca. 8 Sp.) gr. 4. Berlin (R. Friedländer & Sohn). à Jahrg. n.n. 16. —
Kann auch vierteljährlich bezogen werden.

Marktbericht, wöchentlicher, (üb. den Zuckerhandel). Beilage zum Wochenblatt: „Die deutsche Zuckerindustrie". Red.: Rob. Hennig. Jahrg. 1899—1902. à 52 Nrn. gr. 4. (à ca. 12 Sp.) Berlin (R. Friedländer & Sohn.) à Jahrg. n.n. 16. —

Marktbericht, wöchentlicher, (üb. den Zuckerhandel). Beilage zum Wochenblatt „die deutsche Zuckerindustrie". Red.: Rob. Hennig u. seit 1905: Alb. Bartens. Jahrg. 1903—1906. à 52 Nrn. (à 8 Sp.) 4. Berlin (R. Friedländer & Sohn). à Jhrg. n.n 16. —

Marktbericht, wöchentlicher (üb. den Zuckerhandel). Beilage zum Wochenblatt „Die deutsche Zuckerindustrie". Red.: Alb. Bartens. Jahrg. 1907—1910. à 52 Nrn. (à ca. 4 S.) 31×22 cm. Berlin, R. Friedländer & Sohn. à Jahrg. nn 16. —

Markt-Blatt für Urfahr. 1. Jahrg. 1862. Verantw. Redacteur Ph. Kranßlich. 52 Nrn. gr. 4. Linz, Selbstverlag. 1862. 2 fl. 60 kr.

Marktbreit, gem. 1825. grav. 1828. Vom K. St. B. 1:2,500. 1 Bl.

Marktbrunnen

12. Veröffentlichung des Vereins für Kunst und Alterthum in Ulm und Oberschwaben, unter dem Protektorate Sr. Königlichen Hoheit des Kronprinzen Karl von Württemberg. DER MARKTBRUNNEN (sog. FISCHKASTEN) IN ULM. (7 Tafeln.) Ulm, 1858. In Comm. der Stettin'schen Buchhandlung. fol.

Marktbuch

Anonym: „Allgemeines Marktbuch beym Ein- und Verkauf, worin Ein bis Hundert und zehen Pfund, von sechs Pfennigen bis vier, auch sechs und acht Groschen ausgerechnet sind, um ohne Nachrechnen augenblicklich finden zu können, wie viel die gekaufte oder verhandelte Sache beträgt, nebst einem Anhange von Gewicht-, Maass- und Münzsorten, auch Ellen- und Gewichtsvergleichung", Berlin 1792 (Maurer).

Anonym: „Allgemeines Marktbuch beim Ein- und Verkauf, nebst einem Anhang von Gewicht, Maash- und Münzsorten . . . .", Berlin 1805 (Maurer).

Marktbüchel für das neue Geld. Unentbehrlich für Käufer und Verkäufer. *Wien* 1858. Druck und Verl. von *Leop. Grund.* 28 S. kl. 8°.

Unser **Marktgroschen.** Liegnitz: Verl. f. Nationalstenogr. 1905. (16 S.) 8° [Umschlagt. Text stenogr.]
— **Zehnpfennig-Unterhaltungshefte** f. Nationalstenogr. No 10. (ᵒ4. 4544

MARKTHALLE, Die (hrsg. von C. Schving u. Rudolph Chlubna). O. O. u. J (Wien 1861).
So im Anon.-Lex. V p. 203 (Eigenbericht).

Markthallen. – Die städtischen Markthallen in Breslau Denkschrift z. Eröffnung d. Markthallen im Okt. 1908. Hrsg. v Magistrat. (Berlin-Schöneberg) 1908. (Meisenbach, Riffarth & Co.). 63 S. 4° (8°)

Markthallen-Anzeiger, Leipziger. Central-Organ d. ganzen deutschen Marktes u. Handels. Verkehrs-Zeitg. f. Landwirthschaft, Geflügel-, Fleisch- u. Viehhandel, Milchwirthschaft, Gartenbau, Wild- u. Fischhandel u. verwandte Geschäftszweige. Correspondenzblatt d. „Leipziger Markt-Vereins" u. d. „Vereins Hausgewerbe treib. Obst- u. Gemüsehändler Alt-Leipzig". Red.: A. Troffin. 5. Jahrg. 1892. 52 Nrn. (1 1/2 Bog.) Fol. Leipzig, L. Steife. n. 4. —

— dasselbe. 6. u. 7. Jahrg. 1893. 1894. à 52 Nrn. (1 1/2 Bog.) Fol. Leipzig, Adolph Mehnert Buchdr. à Jahrg. n. 4. —

Markthallen - Epos, Breslau's. Breslau 1903. V: *Schäfer, Berthold.* (Kat. d. Druckschr. üb. Breslau. Breslau 1903. S. 434.)

Markthallen-Kalender f. d. J. 1896. gr. 8. (73 S.) Berlin, A. W. Hayn's Erben. — 30
Erscheint nicht mehr.

[**Markthallen-Verwaltung.**] – Markthallen-, Vieh- und Schlachthof-Verwaltung (Sanitätswesen), Sparkasse, Pfandbriefinstitut. Berlin 1906. 8°
(Berliner Gemeinderecht. Bd 9.)

Markthallen-Zeitung, Berliner. Organ für den gesammten Markthallen- und Nahrungsmittel-Verkehr. Redact.: J. Sandmann. 1. Jahrg. 1886. 52 Nrn. (à Nr. 1½ Bog.) Fol. Berlin, Verlag der Berliner Markthallen-Zeitung. *

Markt- Gassen- u. Brauhausordnung, Gothaische. 4. 753.

Markt-Ordnung, die neue (d. Stadt Würzburg). Ortspolizeil. Vorschrift v. 7. IV. 1896. 12. (16 S.) Würzburg 896. Stahel'sche Verlagsanstalt. n. — 20

Markt-Ordnung für die Stadt Nordhausen vom 31. Mai 1853. gr. 8. (8 S.) Nordhausen 853, Büchting.

Marktordnung für die Stadt Reichenberg. Fol. (2 Bog.) Reichenberg. Druck von Philipp Gerzabek. 1855.

—— für die Stadt Torgau. gr. 8. (12 S.) Torgau 854, Wienbrack'sche Buchh. **.

Markt-Ordnung für die Verkaufsplätze am Fischmarkt in Altona (Altona. 1879.) 8° [Kopft.]

[Kopft..] [5.] ... **Marktordnung** für den Wochenmarktsverkehr in Altona. [Nebst] Tarif der Marktabgaben in Altona. *(Altona 1895.)* 2 Bl. 8. [96. 12;:

Marktordnungen, salzburgische. Beiträge zur Kenntniss der mittelalterlichen Gesetzgebung und der früheren Zustände überhaupt. Aus einem dem XVI. Jahrh. angehörigen salzburg. Copalbuche mitgetheilt von A. G. Pichler. Lex.-8. (20 S.) Wien 853, (Gerold's Sohn.) *
Aus: Archiv für Kunde österreich. Geschichtsquellen, besonders abgedruckt.

Marktpreis, der höchste mittle und niedrigste, auf den Getraidemärkten und dessen Aufstellung. Eine Vorlage zur Berathung für die landwirthschaftlichen Vereine des Königr. Sachsen. gr. 8. (23 S.) Dresden 852, am Ende. *

Marktpreis, Der höchste und niedrigste, auf den Getreidemärkten und dessen Aufstellung. Dresden [1852]. V: *Friedrich, Mor. Leberecht.* (Kat. d. stat. Bureaus. Dresden 1890.)

Marktschreier, der; komisches Sgspl. in 1 A. 8. Wien 779. Rehm. 9 K

— Dass. Sgspl. 8. Amsterd. 810. Bellermann.

Marktwesen, das. I. Allgemeiner Theil. Von Ant. von Górski. — II. Die Approvisionierungs-Verhältnisse von 1848—1898. Von Joh. Lichtenstadt. Lex.-8. (60 S.) Wien 899. (M. Perles.) n. 1 20
Sonderabdruck aus: „Geschichte d. österr. Land- u. Forstwirtschaft u. ihrer Industrien 1848—1898".

Berner **Marktzeitung**
⑤ 1894 (evtl. noch 1895, 1. Hälfte) ⑦ halbwöchentlich ⑧ Bern ⑪ BGSZ 12.

Landwirtschaftliche **Marktzeitung**, früher 'Getreidemarkt' Nachrichten z. Regulierung d. Getreidepreise Amtl. Organ f. Deutschland d. Internat. Landwirtschaftl. Vereinigung f. Stand u. Bildung d. Getreidepreise Hrsg. Prof. Dr. G[ustav] Ruhland. Jg. 6. Berlin (Deutsche Tageszeitung) 1905. 4°
Jg. 1 s. u. d. T. Wöchentliche Nachrichten z. Regulirung Jg. 2–5 s. u. d. T. Getreidemarkt. 43. 1455

Markulf der Eisenarm mit dem Riesenschwerte oder der Todtentanz um Mitternacht im Schloss Engelhaus bei Carlsbad. Nach einer engl. und böhm. Volkssage bearb. Wien 1843. V (nicht): *Gleich, Joseph Alois.* (GGR VI/399, Nr. 1/87)

Markulf der Schauermann, oder Die Bluthochzeit der schwarzen Brüder. Leipzig: Rein 1821. 8°

Markulf, ein Fürsteneid und die Gensd'armen, f. Fürsteneid.

Markull, C. G., vgl. Markull, L. G.

Markull, C. G., der Bau der altstädtischen evangelischen Kirche in Thorn. Ein Beitrag zur Geschichte des ehemals poln. Preußens im 18. Jahrhundert. Mit 11 dokumentar Beilagen. Lex.-8. (X und 134 S. mit 2 Stnt.) Thorn 856, (Lambeck.) *

Markull, C. G., die würdige Haltung, welche wir in dieser tiefbewegten Zeit behaupten müssen. Predigt am Sonnt. Okuli 1848 gehalten. gr. 8. (14 S.) Elbing 848, Neumann-Hartmann. 3 ngl.

— die Zeichen der Zeit. Predigten. gr. 8. (IV u. 134 S.) Ebd. 847. 18 ngl.

Markull, F. W.

Markull, der rasende Ajas, } f.: Breitkopf & Härtel's Textbibliothek. Nr. 131. 136.

Markull, F. W., Choralbuch zum evangelischen Gesangbuch für Ost- und Westpreußen. Hrsg. vom königl. Konsistorium dieser Provinzen. qu. gr. 4. (214 S.) Königsberg 887, Gräfe und Unzer. Einfach geb. * *M* 8.—.; elegant geb. **

Markull, F. W. Choral-Buch zum evangelischen Gesangbuch f. Ost- u. Westpreußen. 2. Aufl., revid. v. Alb. Becker. qu. gr. 4. (216 S.) Königsb. i. Pr. 890, Gräfe u. Unzer. einfach. geb. * 8 — Elegant geb. ** 9 —

Markull, F. W., Choral-Buch zum evangelischen Gesangbuch f. Ost- u. Westpreußen. Hrsg. vom königl. Konsistorium dieser Provinzen. 2. Aufl., rev. v. Alb. Becker. 2. Abdr. qu. gr. 4. (216 S.) Königsberg 894. Gräfe & Unzer's Verl. Geb. in Halbfrz. n. 8. —

Markull, F. W., Choralbuch f. den evangel. Gottesdienst 4stimmig bearb. u. ausserdem m. ein. 2. bezifferten Basse versehen. Für Kirche, Schule u. Haus. Lex.-8. (8¾ B.) Danzig 846, (Gerhard'sche Buchh.) *

Markull, F. W., Choral-Melodieen für den evangelischen Gottesdienst. Vierstimmig bearb. u. außerdem mit einem zweiten bezifferten Basse versehen. Für Kirche, Schule u. Haus. 2., gänzlich umgearb. u. verb. Aufl. Danzig 866. Bertling. qu. 4. (VIII, 80 S.) n. 1 ℳ

Markull, F. W., Roland's Horn, } s. Breitkopf und Härtel's Text-Bibliothek Nr. 130, 131.

Markull, G Über Glauben und Wissen, im Anschluss an Kants „Kritik der reinen Vernunft" 16 S. Progr Kö. G Danzig 1884

Markull, G., Westpreußen unter Friedrich dem Großen. Erinnerungsblätter, dem 100jähr. Todestage [17. Aug. 1786] des Königs gewidmet. 8. (31 S.) Danzig 886, Saunier's Buchh. *

Markull, L G, vgl Markull, C G

Markull, L. G., die würdige Haltung, welche wir in dieser tiefbewegten Zeit behaupten müssen. Predigt am Sonnt. Okuli 1848 gehalten. gr. 8. (14 S.) Elbing 848, Neumann-Hartmann.

— die Zeichen der Zeit. Predigten. gr. 8. (IV und 134 S.) Elbing 847, Neumann-Hartmann.

Markull, Wilh., die Gesetze betr. die Bekämpfung übertragbarer Krankheiten vom 30. VI. 1900 u. 28. VIII. 1905, s.a. Taschen-Gesetzsammlung. Nr. 66.

Die Gesetze betr die Bekämpfung übertragbarer Krankheiten vom 30. Juni 1900 u 28. August 1905. Mit Erl. f. d. prakt. Gebr von Dr. Wilhelm **Markull**, Bürgermeister Berlin. C. Heymann 1906. (VIII, 286 S.) 8° [F.]
— **Taschen-Gesetzsammlung** No 66. (07. 346

Die Gesetze betr die Bekämpfung übertragbarer Krankheiten vom 30. Juni 1900 u 28 Aug 1905. Mit Erl f. d. prakt Gebr von Dr Wilhelm **Markull** 2., durchges. u. verm Aufl. Berlin Heymann 1909. VIII, 340 S. 8°
(Taschen-Gesetzsammlung Nr 66.) (09. 1195

Markull, Wilhelm, Referendar: **Die Rechtsverhältnisse zwischen der offenen Handelsgesellschaft und dem einzelnen Gesellschafter.** *Danzig 1901: A. W. Kajemann.* (92 S.) 8°
Rostock, Jur Diss. v [26. Febr.] 1901

Markungs-Karte d. Königr Württemberg 1 35,000. Hrsg v dem k statist. Landesamt. Neue Ausg. 1890. Farbendr. 68×51 cm Stuttg. 890, (Metzler's Sort.). ** – 60
Mit Flurkartennetz 1880 ** 1 20

Markus, s.a. **Marcus**.

Markus, A. F., nach seinem Leben u. Wirken geschildert. Herausgeg. von den Dr. Speyer u. Mark. Mit d. Bildniß des Verstorbenen u. Vorr. von Prof. Klein. gr. 8. Bamberg. Kunz. 817.

Markus von Chumperg.

[Wien 1889.] V: *Markus, Jordan Cajetan.* (EB)

Markus Aurelius Antoninus, s. Marcus Aurelius Antoninus

Markus von Aviano, s. Marco

Markus, A. Gibt es einen persönlichen Gott als Schöpfer und Regierer der Welt und eine Unsterblichkeit der Seele oder nicht? In-8°. 30 S. Zürich, Verlags-Magazin (J. Schabelitz). — 50
1891.

Markus, Adalbert Friedrich

s.: **Marcus, Adalbert Friedrich**

Markus Andreas: Angelus Silesius und die Romantik.
H. 1908 PN 2433 a Diss Wien Univ. 250

Markus, Charles: Ein Fall von angeborener Sakralgeschwulst in Verbindung mit Atresia ani vesicalis, hochgradiger Hypospadie und Nierenmissbildung. *Freiburg i. B. 1898: Ch. Lehmann's Nachf.* (50 S.) 8°
Freiburg i. B., Med. Diss. v 1898

Markus, Curt, s. Markus, Kurt

Markus, David F

Markus, David, aus Nowgorod (Russl.): **Die Associationstheorien im 18. Jahrhundert.** *Bonn 1900: C. Georgi.* (2 Bl.) 8°
¶ [Nur Titelblatt, Vita u. Thesen. — Vgl. die folgende Nummer.]
Bonn, Phil. Diss. v. 30. Nov. 1900
(Nicht für den Austausch)

Markus, David, aus Nowgorod: **Die Associationstheorieen im 18. Jahrhundert.** *Halle a. S. 1901: E. Karras.* (30 S.) 8°
¶ (Erscheint vollst. in: Abhandlungen zur Philos. u. ihrer Gesch., H. 15.) — [Vgl. die vorhergehende Nummer.]
Bonn, Phil. Diss. v. 30. Nov. 1900

Markus, D. F., die Associationstheorieen im 18. Jahrh., s.a Abhandlungen z. Philosophie u. ihrer Geschichte.

Die Associationstheorieen im XVIII. Jahrhundert von D[avid] F **Markus**. *Halle a. S.: M. Niemeyer 1901* (IX, 72 S.) 8°
— **Abhandlungen** z. Philosophie u. ihrer Geschichte. 15. (01. 1136 3

Márkus, Desid., s.: Corpus iuris hungarici.

Márkus, Desider, d. ungar. kirchenpolitischen Gesetze. Ehegesetz. Religion d. Kinder. Staatl. Matriken. Uebers. u. m. Anmerkgn. versehen. 8. (114 S.) Budapest 895. C. Grill. n. 2. —

— das Recht des unehelichen Kindes. (Vortrag, geh. in der Plenarsitzg. des ung. Juristenvereins.) Aus dem Ung. übers. v. ***. gr. 8. (59 S.) Budapest 899. (C. Grill.) n. — 80
Sonderabdruck aus: „Zeitschr. f. ung. öffentl. u. Privatrecht".

Markus, C. A., Entwurf einer speciellen Therapie. 3 Thle. gr. 8. Nrnbg. Campe. (1r 1 Rthlr. 16 gr. 2r 3 Rthlr.)

Markus, C. A., Entwurf einer speciellen Therapie. 3r Band. Auch unt. d. Titel:
Die Exantheme, üb. ihre Erkenntnisse u. Heilung. 1ste Abthl. gr. 8. Nürnb. Fr. Campe. 812.

Markus, Eduard

Markus, Ed., die Bewässerungen in den Departements Bouches du Rhône und Vaucluse [Südfrankreich]. Hrsg. vom k. k. Ackerbau-Ministerium. gr. 8. (VI, 314 S. mit 70 Textfig. und 18 Taf.) Wien 886, Frick. *

Markus, Ed., das landwirthschaftliche Meliorationswesen Italiens. gr. 8. (IV, 431 S. mit 70 Textfig., 14 lithogr. Taf. und 2 Tab.) Wien 881, Frick. *

Markus, E[ugen], Referendar: Der Verlust der deutschen Staatsangehörigkeit durch Aufenthalt im Auslande. Remscheid 1905: H. Krumm. (VIII, 60 S.) 8°
Rostock, Jur. Fak., Ref. Hübner, Diss. v. 28. Febr. 1905
[Geb. 19. März 81 Remscheid; Wohnort: Remscheid; Staatsangeh.: Preußen; Vorbildung: Gymn. Barmen Reife O. 01; Studium: Marburg 2, München 1, Berlin 1, Bonn 2 S.; Rig. 22. Nov. 04.]

Markus, F. C. M., Rapport sur le Choléra-Morbus de Moscou. gr. in-4. (59 B., 4 Tab. u. 1 lith. Plan, Imp.-Fol.) Moscou 832. (Dorpat 837, Severin's Buchh.)

Markus, Fr. Humoreske. Büsch und Zwiebele's Erlebnisse an der schweizer. Landesausstellung in Zürich 1883. In-8°, 67 S. mit Illustr. St. Gallen, Th. Wirth & Cie. 1893. 1 50

Markus, Hermann [aus Arnhem, Adjunkt-Direktor des Schlachthofes in Utrecht]: Beitrag zur pathologischen Anatomie der Leber und der Niere bei den Haustieren. Mit einer Tafel. Epe 1902. 72 + 1 S. 8°.
Bern. Vet.-med. Diss. 1902/1903.

Markus, Herman. Beitrag zur pathologischen Anatomie der Leber und der Niere bei den Haustieren. Diss. Vet.-Med. Bern. [Mit 1 Tafel.] VIII + 73 S. 8. Epe, A. Hooiberg, 1902.

Markus, J

— Handausgabe der allgemeinen Verfügung vom 20. XII. 1899 üb. das Verfahren u. die Gebühren der Dorfgerichte im Geltungsbereiche des allgemeinen Landrechts — f. die Prov. Ostpreussen, Westpreussen, Brandenburg, Pommern, m. Ausnahme des Reg.-Bez. Stralsund, Posen, Schlesien u. Sachsen —. Mit Einleitg., Erläutergn., Beispielen zu dorfgerichtl. Taxen u. Sachregister. gr. 8. (160 S.) Ebd. Kart. 2. —. 1901.

Markus, Jordan Kajetan

Markus, Jord. Kajet., Beiträge zu der für die österreichischen Volksschulen vorgeschriebenen Fibel. Die ersten Lautirübungen und Buchstabentab. 2., veränd. Aufl. 8. (50 S.) Wien 865, Sallmayer und Comp. *

Markus, Jordan Kaj. Führer an der Mühlkreisbahn. Mit 1 Karte. 8. (136 S.) * —.50
Linz: Mareis 1889.

Markus, Jordan Kaj. Geschichts-Notizen für österreichische Volksschüler. 2. vermehrte Auflage. 8. (45 S.) Wien. Sallmayer & Comp. 1868.

Markus, Jordan Kaj., Geschichts-Notizen für österreichische Volksschüler. [4. und 5. Klasse.] 3., verm. Aufl. gr. 8. (51 S.) Wien 870. Sallmayer und Comp. *

Markus, Jordan Kaj., Kremsthal-Bahn. Führer v. Linz nach Kremsmünster im Kremsthale. 12. (46 S.) Linz 881. Ebenhöch. n. — 60

— dasselbe. Führer von Linz nach Kremsmünster, Hall, Kirchdorf — Micheldorf u. Umgebung. 2., verm. Aufl. 12. (104 S.) Ebend. 882. n. 1. —

—— zwei- und dreistimmige Lieder für die Mittel- und Oberklassen der Töchterschulen. 8. (74 S.) Ebendas. 873. *

Markus, Jord. Kaj., zwei- u. dreistimmige Lieder f. die Mittel- u. Oberklassen der Knaben-Bürgerschulen. 2 Abthlgn. 16. Wien 874. Hölder. n. 1. 15
1. (36 S.) n. — 40. — 2. (60 S.) n. — 75.

— dasselbe f. die Mittel- u. Oberklassen der Töchterschulen. 8. (74 S.) Wien 873. Graeser. n. — 80

Markus, Jordan Kaj., die Mühlkreisbahn, s.: Städtebilder u. Landschaften aus aller Welt.

Markus, Jord. Kaj., Mühlkreisbahn. Führer von Urfahr-Linz nach Ottensheim, Neufelden, Haslach, Rohrbach, Aigen-Schlägel und Umgebung bis an die Marken des Böhmerwaldes. 8. (108 S. mit 1 Karte.) Linz 888, (Mareis.) *

—— Oberplan. Plana de monte Vitkonis, Horni plana, Plan. Historische, topograph. und biograph. Schilderungen. gr. 8. (IV, 143 S.) Wien 883, (Graeser.) *

— Pazmansdorf im Viertel unter dem Manhartsberg. Historisch-topograph. Schilderg. 8. (31 S.) Wien 874. Hölder. n. — 40

—— Rechentabellen für Schüler der 1. und 2. Volksschulklasse. 3. Aufl. 8. (15 S.) Wien 870, Sallmayer und Comp.

— Simon Sechter. Biographisches Denkmal. Zum 100. Geburtstage d. berühmten Musikgelehrten u. Landsmannes hrsg. v. Deutschen Böhmerwaldbunde, Gruppe „Wien". gr. 8. (72 S. m. Bild.) Wien 888. (Hölder.) n. 1. 50

Markus, Jordan Kajetan, Adalbert Stifter. Eine Festgabe. gr. 8. (VII, 89 S. mit Stahlst.-Portr. und lithogr. Ansicht des Denkmals.) Wien 877, Hölder. *
—— dass. — Ein Denkmal. 2. illustr. Aufl. gr. 8. (VII, 89 S. mit 5 Holzschntaf. und dem Portr. Stifters in Stahlst.) Ebendas. 879. *

Markus, Josef [Pseud.] s.a. B a r o n t s c h , P. Raphael [wirkl. Name]

Markus, Josef [Wirkl. Name], s.a S a t a n e l l o [Pseud.]

— — Leichtfüssige Histörchen. Ebd., o. J. 8°. (1 Mk. 20 Pfg. H. Hugendubel, München, 1905.)

Markus, J. [Santanello], auf Irrwegen. Skizzen aus dem Leben. Aus dem Ungar. übers. 8. (182 S. m. Illustr. in Buntdr.) Budapest 886. Grimm. n. 2. 50

— Kunterbunt. Aus „Caviar". Pikante u. heitere Blätter, abgedr. Erzählgn. 8. (144 S. m. Illustr. in Buntdr.) Ebd. 888. n. 2. 50

— exotische Pflanzen. Aus d. Ungar. übers. 8. (120 S. m. Illustr. in Buntdr.) Ebd. 886. n. 2. 50

— Seitensprünge. Leichtfüßige Histörchen. 8. (124 S.) Ebd. 888. n. 1. 50

MARKUS, Josef [das ist: P. Raphael Borontsch]. Wenn Amor lacht. Leichte Geschichten. Budapest, G. Grimm (um 1890). 8°.
Verb. d. Ldg. Dresden A. III. 51/91.

Markus, K. W., neue Katechesen üb. sittl.-religiöse Wahrheiten. 8. Lübben, Gorsch. 800.

— — dass. 8. Leipz. Müller.

Markus, K. W., Leitfaden für Confirmanden in den Vorbereitungsstunden zur Confirmation nach Luthers Katechismus. gr. 8. Leipzig, Barth. 819.

* Markus, K. W., kleine katechetische Unterredungen üb. interessante Abschnitte u. Gesch. aus Thieme's Gutmann, od. d. sächs. Kinderfreund. Nebst e. Einleitung üb. einige Vorschläge zu e. zweckmäß. Methode beim Gebrauche aller instruktiven Lesebücher f. Kinder. 2te Ausg. 8. Leipz. Sommer. 806.

— neue kl. katechetische Unterredungen üb. Thieme Gutmann. 8. Meiß. Gödsche. 800.

Markus Karl: Die Prinzipien des Leibniz'schen Rationalismus.
1906 PN 2152 Diss. Wien. Univ. 116

Markus, Kurt

Markus, Curt, das Gesetz der metaphysischen Dimensionen. Ein Beweis f. das Theorem des Fermat. (8 S.) Lex. 8. Zürich 910. P. Stützer. (Nur direkt.) 1. 50

Markus, Ludwig, Gerichtsass.: Der Rechtsfall der lex 62 Digestorum 17,2 im Lichte des Bürgerlichen Gesetzbuchs. Potsdam 1909: Hayn. 61 S. 8°
Rostock, Jur. Diss. v. 20. Jan. 1910, Ref. Bernhöft
[Geb. 12. April 80 Wiesbaden; Wohnort: Charlottenburg; Staatsangeh.: Preußen; Vorbildung: Wilhelms-Gymn. Berlin Reife O. 98; Studium: Berlin 5, Heidelberg 1, Freiburg i. B. 1 S.; Rig. 29. Nov 09.] [U 10. 3864

Markus, M., üb. Elemente d. Exanthematologie. gr. 8. Landshut, Hagen. 806.

Markus, P., Chronik d. ländl. Ortschaften in d. kgl. Amtshauptmannschaft Großenhain, s.: Schuberth, Gust. W.

Markus, Paul: Die Yoga-Philosophie nach dem Rājamārtaṇḍa .... Halle a. S., Heynemann'sche Buchdr. (F. Beyer), 1886; 1 Bl. + 70 S. + 1 Bl. 8°.
Leipzig, Phil. Fak., Inaug.-Diss. v. 7. Aug. 1886.

Markus, Paul, Die Yoga-Philosophie nach dem Rajamartanda. Diss. Leipzig 1886, Gustav Fock. 8° 70 S.

Markus, S(amuel). Geschichte der Schweizerischen Zeitungspresse zur Zeit der Helvetik. 1798—1803. 8. Zürich, Rascher & Cie.
Ausg. A: Teil I. Diss. Phil. I. Univ. Zürich. IV + 214 S. 1909.
Ausg. B, cpl.: Von Dr. S. M' Mit einem Vorwort von Carl Bleibtreu. XXII + 358 S. 1910. [fr. 10. –]

— Die zürcherische Presse in der Zeit der Helvetik, s.: Beiträge zur Geschichte des zürcherischen Zeitungswesens.

Markus, Willy

Choiseul und Voltaire S. 3—20. 4.
Progr Kgl. ev Gymn. *Ratibor* 1910 (291).

Markuse, Georg [aus Soden am Taunus]: Über plötzliche Todesfälle im Kindesalter ... Freiburg i. B., Buchdr. E. Kuttruff, 1896; 33 S. 8.
Freiburg i. B., Med. Fak., Inaug.-Diss. v. 1896

Markuse, Julian [aus Posen]: Die Syphilis- und Smegmabacillen .... Würzburg, Druck d. Ferdinand Röhrl'schen Buchdr., 1888; 24 S. 8°
Würzburg, Med. Fak., Inaug.-Diss. v. 1888

Markuse, Julius, die Syphilis- und Smegmabacillen. Diss. Würzburg 1888, Stahelsche Univ.-Buchh. 8°. 24 S.

Markusfeld, Josef

Markusfeld, J. Uber einige Derivate des 2. 4 Diamido-1-Naphtols und des Oxynaphtochinons. In-8°. 35 S. Bern. These. 1895.

MARKUSFELD, JOSEPH. Ueber einige Derivate des 2 4 Diamido-1-Naphtols und des Oxynaphtochinons. (Bern) Berlin, 1895.

Markusfeld, Samuel (Krakau), De exanthematum et cutis affectionum diagnosi. Diss. med. Berlin (Nietack) 24. X. 1835. 60 S. u. Biogr. (M. Carol. Ebermann.) (3.—) 22190
Oppon.: J. Bruener, C. Lehfeld, F. Jablonowski. — Gew · Casp. Wieloglowski, M. Samelson.

Markuson, Sergei David. Das Pfeffermünzöl. Halle (1877): **Karras.** 66 S. 8°
Halle-Wittenberg, Med. Diss. v 11. Aug. 1877
Geb. Sudargy (Russland, Gouvernement Suwalky, Kr. Wladislawowo) 7 12. [25. 11. alten Stils] 1850. V
Im Diplom hat der Verf die Vornamen Schmerel David.

Markusovßky, Sam., s.: Geschichte der evangel. Kirchengemeinde A. B. zu Pozsony-Preßburg.

Markussen, Jh. Ambros., s. 1) T. Bugge, Versuche. 2) M. P. Cato, Beschreib. eines Wein- u. Oelkelterhauses. 3) A. Gamborg, wie kann man rc. 4) C. F. v. Hellfried, Versuch e. Uebersicht des Kriegszugs d. Briten. 5) J. D. Herholdt, die Luftreinigen. 6) de Lacoudraye, Nutzen. 7) P. v. Löwenörn, üb. den Magnetismus. 8) F. H. Müller, Versuch mit Bronzen u. dessen Steinarten. 9) Fr. Münter, über die vom Himmel gefallenen Steine. 10) J. F. W. Oppen, Beschreib. e. Dendrometers. 11) Rafn, Entwurf. 12) W. Rüsbrigh, üb. das Alter d. Philosophie. 13) Schousboes, Beobachtt. 14) J. G. Wolstein, Anweis. z. Zucht der Füllen.

MARKUSSIEVITS, JOHANN NEPOMUK. Predigt am 23. September 1810 als am 15. Sonntage nach Pfingsten, an welchem Herr Joseph Prybilla Weltpriester des hochlöblichen Graner Erzbistumes seine erste feyerliche Messe hielt, vorgetragen vor einer ansehnlichen Versammlung am Windschacht. Schemnitz 1810. Gedr. m. Sulzerischen Schriften. 26 S. - 8°

Markusy, Herman *(geb. [Lublinitz in Oberschles. 6 5.] 1848).*
Zur Lehre von der progressiven Muskelatrophie und progressiven Bulbärparalyse. Breslau 1874. (33 S.) 8°
Breslau, Med. Diss. v. 1. Aug. 1874

Markwald, Arnold, d. Luxus im Heere m. bes. Berücksicht. d. Einjährig-Freiwilligen. 8. (22 S.) Berlin 895. Leipzig, Arwed Strauch. n. — 60

Markwald, Arnold. Soll die Reichsbank verstaatlicht werden? Eine gemeinverständl. Darstellg. der Reichsbankfrage. gr. 8. (35 S.) Berl. 889, Wilhelmi. * 1 —

Markwald, Arnold, soll die Reichsbank verstaatlicht werden? Eine gemeinverständl. Darstellg. der Reichsbankfrage. 2. unveränd. [Titel-]Aufl. gr. 8. (35 S.) Leipzig [889.] (897). A. Strauch. n. 1. —

Markwald E u F Frank, Üb. Herkommen u Chemie d. Kautschuks. (68 S) Dresden 1904

Markwald, Hans, Zur sozialen Lage der deutschen Steïnarbeiter. (Neue Zeit, Jhrg. $18_{,1}$, 1899/1900.)

Markwald, Richard, Referendar aus Berlin: **Der Begriff der Unwirksamkeit im Bürgerlichen Gesetzbuche.** ***Berlin 1903: J. Sittenfeld.*** (59 S.) 8°
Rostock, Jur. Diss. v. [20. Okt.] 1903

Markwald, Siegbert [aus Berlin]: Zur Therapie der acuten Sublimatintoxication... Würzburg, F. Scheiner's Buchdr., 1896; 20 S. 8.
Würzburg, Med. Fak., Inaug.-Diss. v. 1896

Markwalder, Ernst, med. prakt. aus Baden Kt Aargau, Aus dem pathologischen Institut der Universität Zürich Über die Entstehung und das Wachstum des Mammacarcinoms. Zür Orell Füssli Dr 1895. 22 S., 1 Taf., 1 Bl. 8°
Zürich, Med. Diss. [v. 13. Aug. 1895].

Markwalder, Joseph, a. Baden in d. Schweiz: Einwirkung von Anilin und p-Toluidin auf ω-Brompropylmethylketon. Synthese von N-Phenylierten Pyrrolin- und Pyrrolidinderivaten. Leipzig 1907: J. A. Barth. (40 S.) 8° ¶(Aus: Journal f. prakt. Chemie [2] Bd 75 S. 329—369.)
Erlangen, Phil. Fak., Ref. Fischer, Diss. v. 29. April 1907
[Geb. 9. Sept. 83 Baden (Schweiz); Wohnort: München; Staatsangeh.: Schweiz; Vorbildung: Privatunterr. Bern Reife M. 02, Studium: München Univ 9, T.H. 2 S.; Rig. 6. März 07.]

Markwalder, Dr. phil. **Joseph,** prakt. Arzt, aus Baden im Aargau: Zur Physiologie und Pharmakologie der Diastole. ⟨Aus dem pharmakologischen Institut der Universität Zürich. Prof. Cloetta.⟩ [Mit 13 Figuren im Text.] Leipzig 1910. 24 S. 8°. [5. VIII. 10.]
Zürich, Univ. Med. Diss. 1909/10.

Markwalder, Joseph. Zur Physiologie und Pharmakologie der Diastole. Aus dem pharmakologischen Institut der Universität Zürich... Diss. Med. Univ. Zürich. (Mit 13 Kurven.) 24 S. 8. Leipzig, F. C. W. Vogel, 1910.

Markwalder, [Traugott]. Die schweizerische Kavallerie. Betrachtungen über deren Verwendung und Ausbildung von Oberst M'. IV + 207 S. 8. Aarau, H. R. Sauerländer & Co., 1906. [fr. 4.40]

Markwalder, [Traugott]. Pferdezucht und Militärpferde. Mit besonderer Berücksichtigung der schweizerischen Verhältnisse. Mit 17 Pferdeporträts auf Kunstdruckpapier [Tafeln, und Vignetten]. II + 55 S. 8. Aarau, Emil Wirz, 1905. [fr. 2.50]

Markwalder, [Traugott]. Ueber die Verwendung der schweizerischen Kavallerie. Ein Beitrag zur Revision unserer Militärorganisation. (Sonderabdruck aus der «Schweiz. Monatschrift für Offiziere aller Waffen [Jahrg. 17, 1905, № 3—5]. II + 40 S. 8. Frauenfeld, Huber & Co.

Markwardt, G., das Amt des Schöffen u. das Schöffengericht. Eine klare u. deutliche Erklärung über das Amt u. die Pflichten der Schöffen, das Verfahren bei den Schöffengerichten ꝛc. gr. 8. (23 S.) Landsberg a/W. 881. Volger & Klein. n. — 50

Markwardt, G., Anleitung zur Einziehung der Forderungen. Ein sicherer Rathgeber im neuen Prozeßverfahren, nebst einem Anhang, betr. Gesetz über die Abänderung von Bestimmungen des Gerichtskosten-Gesetzes und der Gebühren-Ordnung für Gerichtsvollzieher. Vom 29. Juni 1881. Deutliche Anleitung für Jedermann, in Rechts-Angelegenheiten sich selbst zu vertreten, ausführliche Erläuterung über das Mahn- und Prozeßverfahren, die Zwangsvollstreckung, die Gerichtskosten ꝛc. Mit vielen Formularen und Tabellen. (Titel-Ausg.) 8. (32; 40; 28; 31; 4 S.) Landsberg a. d. W. 880,81, Volger und Klein. *

Markwardt, G., Anleitung zur Einziehung der Forderungen. Ein sicherer Rathgeber im neuen Prozeßverfahren, nebst e. Anh., betr. Gesetz üb. die Abänderg. v. Bestimmgn. d. Gerichtskosten=Gesetzes u. der Gebühren=Ordng. f. Gerichtsvollzieher. Vom 29. Juni 1881. (Titel=Ausg.) 8. (32, 40, 28, 31 u. 4 S.) Landsberg a/W. 883. Volger & Klein. n. 1. —

Markwardt, G. Die preußische Gesinde-Ordnung. Rechte u. Pflichten d. Herrschaften u. d. Gesindes, nebst ausführl. Erklärgn. u. Erläutergn. 2. Aufl. gr. 8. (31 S.) Landsberg a. W. 890, Volger u. Klein. * — 50

—— Herrschaft und Gesinde, deren Pflichten und Rechte. Die allgemeine preuß. Gesinde-Ordnung, nebst ausführlichen Erklärungen und Erläuterungen. gr. 8. (31 S.) Ebendas. 880. *

—— Miether und Vermiether, deren Rechte und Pflichten. Eine vollständ. Zusammenstellung aller hierauf Bezug habenden Gesetze mit ausführl. Erklärungen, Erläuterungen und Formularen zu Miethsklagen nach der neuen Civil-Prozeßordnung. gr. 8. (31 S.) Ebendas. 880. *

Markwardt, G., Mieter u. Vermieter, deren Rechte u. Pflichten. Vollständige Zusammenstellg. m. ausführl. Er= läutergn. nach den Vorschriften des neuen bürgerl. Ge= setzbuches f. das Deutsche Reich nebst Formularen zu Mietsklagen. 3. gänzlich veränd. Aufl. Inhaltsverzeichnis am Schluß. gr. 8. (20 S.) Landsberg (900). Volger & Klein. n. — 50

—— das neue deutsche Prozeßverfahren vor den Amtsgerichten. Eine deutliche Anleitung für Jedermann, Forderungen von säumigen Schuldnern ohne Rechtsanwalt einziehen zu können. Nebst einem Anhang von Mustern zu amtsgerichtl. Prozeßschriften ꝛc. gr. 8. (40 S.) Ebendas. 880. *

— der Zahlungsbefehl u. das Mahnverfahren vor den Amtsgerichten nach der neuen Civilprozeßordnung. Eine deutliche Anweisung für Jedermann, Forderungen von säumigen Schuldnern ohne vorhergehende Klage u. ohne Rechts=Anwalt einziehen zu können, nebst einem Tarif der betr. Gerichtskosten. Hrsg. u. m. vielen Beispielen versehen. 8. (32 S.) Ebend. 880. n. — 50

— die Zwangsvollstreckung. Eine deutliche Anweisung für Jedermann, rechtkräftig, sowie „vorläufig vollstreckbar" erklärte Forderungen einziehen zu lassen. Mit vielen Formularen versehen u. hrsg. 8. (28 S.) Ebend. 880. n. — 50

Markwart, Gust. Adolph (geb. Charlottenburg 22. 1. 1837) De phimosi variisque ejus curandae methodis. Berolini (1860). (32 S.) 8°
Berlin, Med. Diss. v. 16. März 1860

Markwart, J. D., specimen inaug. med. chirurg. exhibens curationem gangraenae et sphaceli. 4. Götting. 784. Dieterich. 2 ℛ

Markwart, M., Vocabulaire français. Guide de la conversation française et allemande. 16. (181 S.) Berlin 856, Th. Enslin. *

Markwart, M., Vocabulaire français. Guide de la conversation française et allemande. 2e édit. gr. 16. (88 S.) Berlin 870, Th. C. F. Enslin. cart.

Markwart, Otto, die Baugeschichte d. Klosters Muri. Mit e. Plan d. Klosters Muri im J 1888. gr. 8. (VII, 99 S.) Aarau 890. Sauerländer & Co. n. 2. —

(Markwart, Otto.) Professor Dr Heinrich Grob (1812–1889). [Necrolog. A. Progr.] 4. (Zürich 1890.)

Markwart, Otto. Prof. Heinrich Motz (1839—1908). Ein Lebensbild. [Mit 1 Abbildung und 1 Porträt-Tafel.] Beilage zum Kantonsschulprogramm [der K. in Zürich]. II + 38 S. 4. Zürich, Druck Zürcher & Furrer – *Ausg. B, Aufdruck* [Verlag] Rascher & Cie in Z' –, 1908.
Ausg. A. *Ausg. B.* [fr. 1 —]

Markwart, Otto, Willibald Pirckheimer als Geschichtsschreiber. Inaugural-Dissertation. gr. 8. (X, 173 S.) Zürich 886, Meyer und Zeller. **

Markwart von Randeck, s. Glasschroeder, Franz Xaver.

Markwitz, Maximilian, approb. Arzt aus Altkloster ⟨Prov. Posen⟩: Ueber die Geburt missgestalteter Früchte. *Greifswald 1901: F. W. Kunike.* (29 S.) 8°
Greifswald, Med. Diss. v. 8. Mai 1901

Markwitz, Valentin, appr. Arzt, z. Z. Einj. Freiw. Arzt beim 2. Niederschl. Inf.-Reg. Nr. 47 in Posen: Aus der Provinzial-Frauenklinik zu Posen. 5 Fälle von seitlicher Beckendurchsägung. Breslau 1906: Breslauer Genoss.-Buchdr. (30 S.) 8°
Breslau, Med. Fak., Ref. Küster, Diss. v. 17. Febr. 1906
[Geb. 14. Febr. 79 Rakwitz in Posen; Wohnort: Posen; Staatsangeh.: Preußen; Vorbildung: Gymn. Fraustadt Reife O. 00; Studium: Breslau 2, München 1, Breslau 6 S. Coll. 9. Febr. 06; Approb. 9. Sept. 05.]

Markwordt, Jac. Friedr., gründl. theoret.-prakt. Anleitung zur Schön- u. Schnellschreibekunst. 1. Thl. System d. röm. Antiqua u. d. engl. Handschrift; m. 34 in Kpfr. gest. Bl., wie auch verschied. Bemerkn. üb. d. zum Schreiben erforderl. Werkzeuge u. Materialien. gr. 8. (9½ B.) Berlin 829, Plahn. 1 Thlr. 12 Gr., hrbgs. Pr. 20 Gr., Pracht-Ausg.

— Gesang, dem Fürsten Blücher zu Ehren bei dessen Ankunft in Pyrmont d. 20. Juli 1814. gr. 8. Pyrm. 814. Uslar. 2 gr.

— Plan zu e. öffentl. Schreibschule. 8. Berl. 812. Achenwall u. Comp. 4 gr.

— gründl. Selbstunterweisung in drei neuerfund. Zeichnungs-Arten. 8. Berl. 819.

— Trostlied f. deutsche Männer. gr. 8. Pyrm. 814. Uslar. 2 gr.

Markwordt, Jak. Friedr., gründliche Zeichenschule. I. Thl. in welchem zuvörderst eine Anleitung enthalten ist, die Uranfänge dieser Kunst, wie auch sämmtl. Grundgestalten der Meßkunst frei mit der Feder nach allen Richtungen der Forderung entsprechend darstellen zu können ꝛc. Für den Schul- u. Selbstunterricht bearb. u. m. 27 in Kpfr. gest. Musterblättern versehen. qu. gr. 4. (7¼ B. u. 27 Kpfrt.) Berlin 844, Oehmigke's Buchh. *

Markwort, Geo., Vorlegeblätter f. Landschaftszeichner. I. u. II. Curs. Roy.-4. (24 Stnt.) Darmstadt 840, Frommann. à *

Markwort, Geo., (24 lithogr.) Vorlegeblätter für Landschaftszeichner. Neue wohlfeile Ausg. Imp.-4. Darmstadt 852, Beyerle. *

Markwort, J G, s. Markwort, Joh. Christian

Markwort, Jh. Chr. s.a. J. Dorner.

Markworts, J. C., Beweis der Activität des Sinnes des Gesichts. 8. Lpz. Hinrichs. 802.

Markwort, Johann Christian: Erzählungen

— — von romantischem Geschmacke ... (von *Johann Christian Markwort*). Wolfenbüttel 1797.
Anon.-Lex. II. p. 62 (nach Meusel).

— Gesang-, Ton- u. Rede-Vortragslehre. 1r Haupttheil, über Stimm- u. Gehörausbildung ꝛc. gr. 8. Darmst. 827. (Leske). 2 ß

Markwort, Joh. Chr., über Klangveredelung der Stimme, über harmonisch begründete Gehör-Ausbildung, und singweis deutliche Aussprache. gr. 8. (65 S.) Mainz 847, Schott's Söhne.

— Umriß einer Gesammt-Tonwissenschaft überhaupt, wie auch einer Sprach- u. Tonsatzlehre, u. einer Gesang-, Ton- u. Rede-Vortragslehre insbesondere. gr. 8. Darmst. 826. (Leske). 9 gr.

Markwort, Jon. Cph., s. 1) Freier, d. schüchternen. 2) Haß u. Täuschung.

Markwort, W. Biblische Geschichten u. Lernstoffe für die Unter- u. Mittelklassen mehrstufiger Schulen. Zugleich e. Wiederholungsbuch f. Oberklassen. Ausg. A. Mit 56 bibl. Bildern. 8. (IV, 215 S.) Braunschw. 891, Wollermann. geb. * 1 —
—— dass. — Ausg. B. (Ohne Bilder.) 8. (IV, 182 S.) Ebd. 891. geb. * — 70

Markwort, W., biblische Geschichten f. Stadt- u. Landschulen. 2., gänzlich umgearb. Aufl. Mit 56 bibl. Bildern u. 2 Karten. (IV, 220 S.) gr. 8. Braunschweig 903. H. Wollermann. Geb. n. 1. —

Mosel-Weinbau-Karte für den Regierungsbezirk Coblenz. Angefertigt im Bureau d. Kgl. Regierung zu Coblenz durch **Markworth.** Maasst. 1 : 50,000. *Trier: F. Lintz 1897.* (2 Kartenbl. 42 × 71 cm.) 2° [oo. 1869 B

Marl [Schlagwort]

Marl, s.: Preussen. Messtischblätter.

Marlas, Johannes E. [aus Griechenland]: Zur Casuistik über Oberarmschussverletzungen ... Berlin, C. Vogt's Buchdr., *1894;* 29 S., 1 Bl. 8.
Berlin, Med. Fak., Inaug.-Diss. v. 16. März 1894

v. Marlborough, Herzog; Lstspl. 8. Stendal 784. Franzen u. Gr. 2 gr.

MARLBOROUGH, JOHN CHURCHILL, HERZOG VON. Hertzogs von Marlboroughs Leben und Helden-Thaten. Aus Seinen eigenhändig-hinterlassenen Schrifften getreulich ins Teutsche übersetzet, Mit einem Anhang Frankfurt aM., Fr. W Förster, 1723. 8°. *Gestoch. Titelporträt*, gedruckter Titel in Rot und Schwarz, 6 Bl. 397 (gezählt 395) S., 10 Bl. Pgt. d. Z.

Cf. Pohler IV p. 634. Erste deutsche Ausgabe, offenbar vor einer englischen Buchausgabe und fast unmittelbar nach Marlboroughs Tod (27. Juni 1722) erschienen; Pohler kennt nur ein früheres, aus dem Englischen ins Französische übersetztes Werk ähnlichen Inhalts: Memoires de Marlborough trad. de l'angl. Amsterdam 1715. Der erste vollständige Text des schriftlichen Nachlasses des Herzogs, hrsg. von W. Coxe, erschien erst 1818 zu London. Der Anhang enthält lateinische Lobgedichte und Epitaphien auf M. — Der Übersetzer ist unbekannt.

Herzogs Johann v . . . Leben und Denkwürdigkeiten, nebst dessen Original-Briefwechsel. Uebersetzt von F A. v. H. (6 Bde.) 8. Wien 1820—1822.

Marle, de, Ursprung und Entwickelung der sogenannten Indoeuropäischen und Semitischen Sprachen in Begriff und Laut. 2 Thle. 8. (82 Bog.) Berlin 868,66, Selbstverlag. (Henschel.) *

Marle, August, Ansichten eines Kommunisten. 8°. St. Louis 1846.

de Marle, Aug., s. Rom.

Marle, C. M. van, über die Bildung mehrwertiger Alkohole m. Hülfe v. Formaldehyd. Diss. (50 S.) gr. 8. Göttingen 903. (Vandenhoeck & Ruprecht.) n. 1. 20

Marle, Cornelis Marius van, s. Marle, Kornelis Marius van

van Marle, K., de febre flava Indiae occidentalis. 8. Marb. 799. Krieger. 4 gr.

Marle, H. H. van, De fide Herodoti a Plutarcho rejecta. Diss. 1826. 100 S. 4°.

Marle, Joh. de Es giebt keine Monarchie mehr sobald das Zweikammer-System eingeführt wird. Gedruckt bei C. Lindow. 1 Bl. Fol.
Flugblatt. Berlin, Juli 1848.

Marle, Johs. de, wöchentliches literar. Anzeigeblatt, s. Anzeigeblatt.

Marle, Johs. de, meine Beweggründe z. Uebertritt aus d. röm.-kathol. in d. freie evangel.-christl. Kirche. Eine Schrift f. Laien, mit besond. Rücksicht auf d. neuern kirchl. Ereignisse u. d. Bestrebungen d. gegenwärt. Zeit. 2., mit Vorw. u. vielen Anmerkn. verm. Ausg. gr. 8. (4 B.) Leipzig 840, Otto Wigand. *

de Marle, J., s. Bibliographie, allgem., für Deutschland.

—— Börsenblatt f. d. deutschen Buchhandel, s. Börsenblatt.

Marle, J(ohs.) de, Erhebung zu Gott, s. Ich und mein Haus rc.

de Marle, J., siehe: Ich u. mein Haus rc.

—— Lesehalle, s. Lesehalle.

De Marle, Johannes. Mahnung an Se Majestät den König. Am Johannistage 1848. Gedruckt bei C. Lindow. 2 Bl. 8.
Flugblatt. Berlin, 24. Juni 1848.

Herr Johannes de Marle' Sie jagen in einem Mauer-Anschlage — Die wirkliche Welt. Gedruckt bei J. Sittenfeld. 1 Bl. Fol.
Flugblatt. Berlin, Juli 1848.

Marle, Johannes de [Red.], s. Vierteljahrs-Catalog aller neuen Erscheinungen im Felde der Literatur in Deutschland

Marle, Johannes de [Hrsg.], s. Volkszeitung – Preußische Volkszeitung.

Marle, J. de. Wenn das Publikum eines Tages erfährt, man habe gewisse Leute ins Narrenhaus gesperrt. — Druck von Harth u. Schultze. 1 Bl. 4.
Flugblatt. Berlin, 27.Febr. 1849.

Marle, Johannes de Wer und was bringt die Person des Königs in Gefahr? Verlag von S Löwenherz. 1 Bl. Fol.
Flugblatt. Berlin, 30. Juni 1848.

Marle, Kornelis Marius van

Marle, C(ornelis) M(arius) van, aus Hilversum ⟨Holland⟩: Ueber die Bildung mehrwertiger Alkohole mit Hülfe von Formaldehyd. *Göttingen 1903: L. Hofer.* (50 S.) 8°
Göttingen, Phil. Diss. v. [9. Apr.] 1903

Marle, Max (geb. Pless 15. 9. 1845) Drei Fälle von multiplen Exostosen. Berlin (1868). (30 S.) 8°
Berlin, Med. Diss. v. 12. Okt. 1868

Märlein und Liedlein, Altrheinländische . . . Coblenz 1843. H: *Görres, Guido.* (Ba)

Märlein u. Liedlein, altrheinländische, große u. kleine, hübsche u. reine, zarte u. feine, so man von alters her in rhein. Landen aller Enden hört singen u. pfeifen rc. 12. (6 B.) Coblenz 843, Hölscher.

Märlein, Drei hüpsche kurzweilige, Gestellt und beschrieben durch'n Grafen Anton Hamilton. Nunmehr aber . . . [Halle] 1777. Ü: *Mylius, Wilhelm Christhelf Sigmund.* (GGr)

Märlein, Drei schnakische, für seine und der Freunde Kinder. 1883. V: *Wegener, Wilhelm.* (Franz Brümmer, Lexikon der deutschen Dichter des 19. Jahrh. 6. Aufl. Leipz. 1913 ff. VII, 351) (Hdschr. Mitth. von Friedrich Müller, München)

Märlein vom einem, der auszog d. Fürchten zu lernen. (Von Frz. Graf v. Pocci.) 8. (1 1/2 B. u. eingedr. Vignn.) München 839, Franz. 1/4 Thlr., hrbgs. Pr.

—— das, von Hansel u. Gruthel. (Von Frz. Graf v. Pocci.) 8. (1 B. u. Vignn.) München 839, Franz. 1/4 Thlr., hrbgs. Pr.

Märlein, lustige und ernste, Kindern erzählt vom Onkel Ludwig. Mit Bildern von Frz. Jäde. gr. 16. (III und 194 S. mit 9 Stnt. in Tondr.) Weimar 852, Jansen und Comp.

—— das lustige, vom kleinen Frieder mit seinem Vogelrohr u. seiner Geige. (Von Frz. Graf v. Pocci.) 8. (1 1/2 B. m. viel. lith. Vignn.) München 838, (Franz.) 1/4 Thlr., hrbgs. Pr.

Märlein, das lustige, vom kleinen Frieder mit seinem Vogelrohr und seiner Geige. Mit viel. lithogr. Vign. 8. (München 838. Literar.-artist. Anstalt.) 1/4 ß

— das, von Sneewittchen, mit Bildern, den Kindern gewidmet zu Weihnachten 1837 (vom Grafen Frz. v. Pocci). gr. 8. München 836, Franz. n. 1/3 ß

—— das, von Senewittchen, m. Bildern, den Kindern gewid., zu Weihnachten v. Frz. Graf v. Pocci. gr. 8. (1 1/2 B.) München 839, Franz. 9 Gr., hrbgs. Pr.

Märlein, Zwey neue schöne, als 1. von der schönen Melusine einer Meerfey . . . Leipzig [Braunschweig] 1772. V: *Zachariae, Friedrich Wilhelm.* (Ky) (ML)

Mährlein, 2 schöne neue, 1) von der schönen Melussine; 2) von einer untreuen Braut rc. 8. Braunschw. 772. Waisenhaus-Buchh. (Schulbuchh.) 8 gr

Märleinbuch

Mährleinbuch, das, für meine lieben Nachbarsleute, (v. Jh. Gli. Münch). 2 Bdchen. 8. Leipz., Weygand. [1799].

Märleinbuch, Das, für meine lieben Nachbarsleute. Nürnberg 1800. V: *Münch, Johann Gottlob.* (GGr) (Fiker) (MGT) (Ky) *Münch, J. Gottlieb.* (NN)

Marles, de, Geschichte von England, s. Lingard, J.

Marlès, de, Geschichte der Maria Stuart, Königin von Schottland, s.a. Bibliothek f. die reif. christl. Jugend. 1.

—— Geschichte der Marie Stuart, Königin von Schottland. 8. (18 B.) Quedlinburg 842, Basse.

— s. Lingard, J., Geschichte v. England.

Marlet, Mara Cop, s.a. Cop Marlet, Mara

Marlet, Mara Cop, südslavische Frauen. Auf Höhen und Tiefen der Balkanländer. Mit einer Einbegleitung von Jos. Alex. Frhrn. v. Helfert. gr. 4. (64 S. mit 5 heliograv. Illustr. von Geo. Bastagh.) Budapest 888, Grill. *

Marlet, Mara Cop. Südslavische Frauen. Auf Höhen u. Tiefen der Balkanländer. gr. 4. Budap. 888. (Wien, Frick.) * 12 —

Marlet, Marie, s Cop Marlet, Mara. – Marlet, Mara Cop

Marlew, J., die Johannisblume, s.: Wolf, Alex.

Marliani, s Bravo, der

Marliano, Ambr., theatrum politicum, in quo quid agendum sit a principe etc. praescrib. 8. Augsb. Doll, 754.

— — id. lib. 8. Budae, Typ. 772.

— id. lib. 8. Ofen 772. Typ. (Landes in Pressb.) 12 gr.

Mar-Lies und ihr Glück. Eine Erzählung . . . Berlin 1899. V: *Redern, Hedwig v.* (Berl)

Mar-Lies u. ihr Glück. Eine Erzählg. von H. v. R. 12. (48 S.) Berlin 899. Deutsche ev. Buch- u. Tractat-Gesellschaft. n. — 25

Marlin, Jos, Geschichten des Ostens. 1—3. Thl. Attila. 3 Bde. (1: VIII u. 232 S. 2: 216 S. 3: 124 S.) Pesth 847, Heckenast. Leipzig, G. Wigand. n. 4 ₰

— dies. 4 u. 5. Thl. Sulamith. 2 Bde. (215 u. 165 S.) Ebd. 848. n. 2 ₰ 4 ngr

— dies. 6 u. 7. Thl. Jenseit der Wälder. Siebenbürgische Erzählungen. 2 Bde. 8. (1: VIII u. 174 S. 2: 234 S.) Ebd. 850. n. 2 ₰ (1—7: n. 8 ₰ 4 ngr)

Marlinsky, Alex

Marlinski, A., Erzählungen, s.: Taschen-Bibliothek, russische.

Marlinsky, (Bestuschew), Alex., Russische Geschichten u. Erzählungen. Aus dem Russ. übersetzt von H. v. Brackel. br. 8. Riga 841. (Berlin, Voß'sche Buchh.) 1⅓ ₰

Marlinski's (Bestuschew) Alex., gesammelte Schriften. Aus d. Russ. v. Phil. Löbenstein. 4 Bde. 8. Leipzig 845, Thomas. (Berger's Buchh.)
A. u. d. Ttln.:
Bd. 1. Ammalat-Beck. Eine Erzählung aus dem Kaukasus. (17 B.) 1 Thlr.
" 2. Mullah-Nur. Eine Erzählung aus dem Kaukasus. (20 B.) 1 Thlr. 7½ Ngr.
" 3. Skizzen aus dem Kaukasus. (20 B.) 1 Thlr. 10 Ngr.
" 4. Fregatte Nadjeschda. Ein Seeroman. (15¾ B.) 25 Ngr.

Marlinsky, A., russische Geschichten u. Erzählungen. A. d. Russ. übers. v. H. v. Brackel. Breit 8. (14¼ B.) Riga 841. (Berlin, Voßische Buchh.) *

Marlishausen [Schlagwort]

Marlishausen, s.: Preussen, Messtischblätter.

Marlitt, E. [Pseud.]
Wirkl. Name Eugenie John

Marlitt, E., Thüringer Erzählungen. (Die zwölf Apostel. — Der Blaubart.) 1.—3. Aufl. 8. (III, 248 S.) Leipzig 869—74, Keil.

—— Thüringer Erzählungen. 6. Aufl. 8. (242 S.) Leipzig 886, Keil's Nachf. ℳ 4.50.; geb.
—— dass. –s.a. Romanbibliothek der Gartenlaube.

—— das Eulenhaus. Hinterlassener Roman in 2 Bdn. Vollendet von W. Heimburg. 2. Aufl. 8. (VI, 256; 292 S.) Leipzig 888, Keil's Nachf. geb. in 1 Bd. *

—— die Frau mit den Karfunkelsteinen. Roman. 2 Bde. 1. Aufl. (311; 199 S.) 885; 2. Aufl. 8. (315; 201 S.) Ebendas. 886. ℳ 7.50.; geb. in 1 Bd.

Marlitt, E. (Frl. Emilie John), die Frau m. d. Karfunkelsteinen. Roman. 4. Aufl. (398 S.) 8. Stuttgart (909). Union. 3.—; geb. in Leinw. 4. —

Marlitt, E., die zweite Frau, s.a. Romanbibliothek der Gartenlaube.

—— die zweite Frau. Roman. 2 Bde. 1.—4. Aufl. 8. (284; 274 S.) Ebendas. 874,75.

Marlitt, E., die zweite Frau. Roman in 2 Bdn. 5. Aufl. 8. (284; 274 S.) Leipzig 879, Keil.

—— die zweite Frau. Roman in 2 Bdn. 6.—8. Aufl. 8. (284; 272 S.) Ebendas. 878—84.

— die zweite Frau. Roman in 2 Bdn. 7. Aufl. 8. (284 u. 272 S.) Ebend. 884. 7. 50

—— die zweite Frau. Roman in 2 Bdn. 9. und 10. Aufl. 8. (284; 274 S.) Ebendas. 884,88. geb. in 1 Bd.

— die zweite Frau. Roman in 2 Bdn. 10. Aufl. 8. (284 u. 274 S.) Ebd. 888. [7. 50; geb. 8. 50]; 4. 50; geb. in 1 Leinw.-Bd. n. 5. 50

— Die zweite Frau. Roman. 14. Aufl. (387 S.) Ebd. (910). 3.—; geb. in Leinw. 4. —

Marlitt, E · Das Geheimnis der alten Mamsell, s.a. Romanbibliothek der Gartenlaube.

—— das Geheimniß der alten Mamsell. Roman. 2 Bde. 1.—7. Aufl. 8. (499 S.) Ebendas. 868—75.
Schauspiel, vgl.: Wollheim, A. E.

— das Geheimniß der alten Mamsell. Roman. 2 Bde. 8. Aufl. 8. (240 u. 261 S.) Ebend. 877. 6. —

—— das Geheimniß der alten Mamsell. Roman. 2 Bde. 9.—11. Aufl. 8. (238; 262 S.) Ebendas. 879—81.

— das Geheimniß der alten Mamsell. Roman. 2 Bde. 12. Aufl. 8. (238 u. 259 S.) Leipzig 886. Keil's Nachf. 6. —; in 1 Bd. geb. 7. —

—— das Geheimniß der alten Mamsell. Roman. 2 Bde. 12. und 13. Aufl. 8. (238; 259 S.) Leipzig 886,88, Keil's Nachf. ℳ 6.—.; geb. in 1 Bd.

—— Das Geheimniß d. alten Mamsell. Roman. 14. Aufl. 8. (356 S.) Ebd. 892. * 4 50; geb. * 5 50

— Das Geheimnis d. alten Mamsell. Roman. 17. Aufl. (392 S.) kl. 8. Ebd. (908). 3.—; geb. in Leinw. 4. —

—— Reichsgräfin Gisela. 2 Bde. 1.—5. Aufl. 8. (VIII, 343; 324 S.) Ebendas. 870—74.

—— dass. — s.a. Romanbibliothek der Gartenlaube.

—— die Reichsgräfin Gisela. Roman. 2 Bde. 6. Aufl. 8. (VIII. 343; 324 S.) Ebendas. 880.

Marlitt, E., Reichsgräfin Gisela. Roman. 2 Bde. 8. Aufl. 8. (VIII, 343 u. 324 S.) Leipzig 888. Keil's Nachf.
8. —; geb. n. 9. —

Marlitt, E. (E. John), Reichsgräfin Gisela. Roman. 9. Aufl. 8. (454 S.) Leipzig (902). E. Keil's Nachf. 3. —; geb. n. 4. —

Marlitt, E.. Goldelse

—— dass. — s.a. Baensch's Pocket Miscellany.

— dasselbe, s.a. Romanbibliothek der Gartenlaube.

— dasselbe, s.a. Wachler, Auguste, Goldelschen.

Marlitt, E., Goldelse. Roman. 1. und 2. Aufl. 1867. 1 Thlr. 21 Ngr. und 3. Aufl. 8. (399 S.) Leipzig 868, Keil.
geb

—— Goldelse. Roman. 4.—11. Aufl. 8. (399 S.) Ebendas. 869—75.

—— dass. — Illustrirt von Paul Thumann. 1. Aufl. 1871, und 2. Aufl. Lex.-8. (338 S.) Ebendas. 874.
geb. mit Goldschn. *
Schauspiel, vgl.: Gold-Else. — Wollheim, A. E.

— Goldelse. Roman. 7. Aufl. 8. (399 S.) Ebend. 872.
3. —

—— Goldelse. Roman. 12. Aufl. 8. (399 S.) Ebendas. 878.

—— Goldelse. Roman. 13.—17. Aufl. 8. (398 S.) Ebendas. 880—83.

—— Goldelse. Roman. 18.—20. Aufl. 8. (399 S.) Leipzig 885—87, Keil's Nachf. ℳ 3.—.; geb. *

—— Goldelse. Roman. 23. Aufl. 8. (399 S.) Ebd. 890. 3 —
geb. in Leinw. * 4 —

Marlitt, E.: Im Hause des Commerzienrathes, s.a. Romanbibliothek der Gartenlaube.

—— im Hause des Commerzienrathes. Roman. 2 Bde. 8. (313; 312 S.) Ebendas. 877.

—— im Hause des Commerzienrathes. Roman. 2 Bde. 2.—4. Aufl. 8. (314; 312 S.) Ebendas. 877—83.

Marlitt, E., im Hause d. Commerzienrathes. Roman. 2 Bde. 4. Aufl. 8. (313 u. 312 S.) Leipzig 888. E. Keil's Nachf. [8. —; geb. 9. —]; 4. 50;
geb. in 1 Leinw.-Bd. n. 5. 50

— Im Hause des Kommerzienrates. Roman. 6. Aufl. (488 S.) kl. 8. Stuttgart (910). Union. 3. —;
geb. in Leinw. 4. —

Marlitt, E. Das Heideprinzesschen, s.a. Romanbibliothek der Gartenlaube

Marlitt, E., das Haideprinzeßchen. Roman in 2 Bdn. 1.—3. Aufl. 8. (365; 311 S.) Leipzig 872—74, Keil.

—— das Haideprinzeßchen. Roman in 2 Bdn. 4. Aufl. 8. (356; 311 S.) Ebendas. 878.

—— das Haideprinzeßchen. Roman in 2 Bdn. 5.—7. Aufl. 8. (356; 311 S.) Ebendas. 878—84.

— das Haideprinzeßchen. Roman in 2 Bdn. 8. Aufl. 8. (371 u. 328 S.) Ebd. 888. 9. —; geb. n. 10. —

Marlitt, E., Amtmanns Magd, s.a. Romanbibliothek der Gartenlaube.

Marlitt, E., Amtmanns Magd. Roman. 1. u. 2. Aufl. 8. (324 S.) Leipzig 881. Keil.
5. —

Marlitt, E. Amtmanns Magd. 4. Aufl. 8. Lpz. 887, Keil's Nachf.
[5 —] 3 —; geb. 4 —

—— the Princess of the moor, s. Collection of German Authors.

Marlitt's, E., gesammelte Romane und Novellen. Illustrierte Gesamt-Ausg. (In 10 Bdn. oder ca. 70 Lfgn.) 1.—40. Lfg. 8. (1. Bd. 300 S.; 2. Bd. 412 S.; 3. Bd. 392 S.; 4. Bd. 432 S.; 5. Bd. 388 S.) Leipzig 888,89, Keil's Nachf.
à Lfg. 40 Pf.
1.—5. Bd. à ℳ 3.—.
geb. 1.—5. Bd. à * ℳ 4.—. *

Inhalt:
Bd. 1. Das Geheimniß der alten Mamsell.
" 2. Das Heideprinzeßchen.
" 3. Reichsgräfin Gisela.
" 4. Im Schillingshof.
" 5. Im Hause des Kommerzienrates.

Marlitt's, E., gesammelte Romane u. Novellen. Illustr. Ausg. 41.—75. (Schluß.) Lfg. oder 6.—10. Bd. 8. Lpz. 889,90, Keil's Nachf.
à Lfg. — 40; à Bd. 3 —; geb. * 4 —
6. Die Frau mit den Karfunkelsteinen. (326 S.)
7. Die zweite Frau. (336 S.)
8. Goldelse. (345 S.)
9. Das Eulenhaus. (349 S.)
10. Thüringer Erzählungen. (444 S.)
1.—40. Lfg. Ebd. 1888,89. à * — 40.

— dasselbe. 2. Aufl. 10 Bde. 8. Ebd. à 3. —;
geb. in Leinw. à n. 4. —
1. Das Geheimnis der alten Mamsell. Mit Illustr. v. C. Koch. (300 S.) 891.
2. Das Heideprinzeßchen. Roman. Mit Illustr. v. Erdm. Wagner. (416 S.) 892.
3. Reichsgräfin Gisela. Roman. Mit Illustr. v. Jul. Kleinmichel. (400 S.) 892.
4. Im Schillingshof. Roman. Mit Illustr. v. Wilh. Claudius. (432 S.) 892.
5. Im Hause d. Kommerzienrates. Roman. Mit Illustr. v. Heinr Schlitt. (388 S.) 893.
6. Die Frau m. den Karfunkelsteinen. Roman. Mit Illustr. v. Carl Zopf. (326 S.) 893.
7. Die zweite Frau. Roman. Mit Illustr. v. Alex. Zick. (336 S.) 893.
8. Goldelse. Roman. Mit Illustr. v. W. Claudius. (335 S.) 893.
9. Das Eulenhaus. Hinterlassener Roman. Vollendet v. W. Heimburg. Mit Illustr. v. Carl Zopf. (349 S.) 894.
10. Thüringer Erzählungen. (Amtmanns Magd. Die 12 Apostel. Der Blaubart. Schulmeisters Marie.) Anh.: E. Marlitt, biograph. Skizze. Mit Illustr. v. M. Flashar, Aug. Mandlick u. Edm. Berger. (444 S.) 894.

Marlitt's, E., gesammelte Romane u. Novellen. Illustr. Ausg. 2 Aufl. 75 Lfgn. 8. (à 3—4 Bog.) Leipzig 891—894. E. Keil's Nachf. à — 40

— im Schillingshof. Roman in 2 Bdn. 1. u. 2. Aufl. 8. (388 u. 344 S.) Ebend. 880. 9. —

—— im Schillingshof. Roman in 2 Bdn. 3. Aufl. 8. (388; 344 S.) Leipzig 886, Keil's Nachf. geb. in 1 Bd.

—— dass. – s.a Romanbibliothek der Gartenlaube.

Marlo, im Hafen. Lyrische und epische Dichtungen. gr. 8. (XI und 187 S.) Wien 849, (Kaulfuß Witwe, Prandel und Comp.) *

Marlo, Karl

Marlo, Carl, (Winkelblech,) über Maaßsysteme und Geld. gr. 8. (20 S.) Kassel 855, Appel.

Marlo, Carl, (Winkelblech,) Untersuchungen über die Organisation der Arbeit oder System der Weltökonomie. I. Bd.: (Historischer Theil.) 1—10. Heft. gr. 8. (VIII und S. 1—982.) Kassel 848—52, Appel. [1—4. und 6—10. Heft * 15 Ngr., 5. Heft * 20 Ngr.] *

—— dass. — 2. Bd.: Allgemeine Grundsätze der Oekonomie. 1. und 2. Heft. gr. 8. (S. 1—196.) Ebds. 848. à Heft * 15 Ngr. *

—— dass. — 2. Bd.: Allgemeine Grundsätze der Oekonomie. 3—9. Heft. gr. 8. (S. 193—862.) Ebds. 853—56. *
II. Bd. 1. und 2. Heft. Ebendas. 1848. * 1 Thlr.

Marlo, Carl [Winkelblech], Untersuchungen über die Organisation der Arbeit oder System der Weltökonomie. 3. Bd. 1—3. Heft. gr. 8. (S. 1—288.) Cassel 857—59, [Jungklaus.] à Heft * 15 Ngr. *
1. Bd. 12 Hefte und 2. Bd. 1—9. Heft. Ebendas. 1848—56. * 10 Thlr 27½ Ngr.

Marlo, Carl [Winkelbleeh], Untersuchungen über die Organisation der Arbeit oder System der Weltökonomie. 3. Bd 4. Heft. gr. 8. (S. 289—385.) Cassel 859, [Jungklaus.] *
1. und 2 Bd. und 3. Bd. 1.—3. Heft. [Ebendas.] 1848—59. * 12 Thlr 12½ Ngr.

Marlo, Karl, Untersuchungen üb. die Organisation der Arbeit od. System der Weltökonomie. 2. Aufl. 4 Bde. gr. 8. Tübingen 884—86. Laupp. n. 43. —
1. Historische Einleitg. in die Oekonomie. (XVI, 436 S.) n. 9. —
2. Geschichte u. Kritik der ökonom. Systeme. (IX, 630 S.) n. 12. —
3. Allgemeine Grundsätze der Volkswirthschaft. (XV, 782 S.) n. 14. —
4. Allgemeiner prakt. Theil der Volkswirthschaft. (VII, 417 S.) n. 8. —

Marlo, Karl (Karl Geo. Winkelblech), Untersuchgn. üb. d. Organisation d. Arbeit od. System d. Weltökonomie. 2., vervollständ. Aufl. Neue bill. [Titel=] Ausg. 4 Bde. gr. 8. Tübingen (884—886) 898. H. Laupp. n. 21. —
I. Histor. Einleitg. in d. Oekonomie. (XVI, 436 S.)
II. Historischer Thl.: Geschichte u. Kritik d. ökonom. Systeme. (IX, 630 S.)
III. Allgem. Grundsätze d. Volkswirthschaft. (XV, 782 S.)
IV. Allgem. prakt. Theil d. Volkswirthschaft. (VII, 417 S.)
Erschien auch in 28 Lfgn. zum Subskr.-Pr. à n. — 60.

Marlo, S., das Balltuch od. Das Geschenk, s.: Heidelmann's, A., Theaterbibliothek.

— Biedermann als Freier, s.: Heidelmann's, A., Theaterbibliothek.

— Das neue Mädchen, s.: Heidelmann's, A., Theaterbibliothek.

— Kandidat Schnüffels Rede an seine Wähler. Schneidermeister Hannebambel. Ein Entgleister, s.: Heidelmann's, A., Solovorträge.

— Der Spaßmacher, s.: Heidelmann's, A., Solovorträge.

— Das Versprechen, s.: Heidelmann's, A., Theaterbibliothek.

Vortrag bei der geselligen Unterhaltung mit den Schwestern nach der Weihnachts-Bescheerung der „Charitas“ in dem Bankettsaale der Loge am 28. Dec. 1873 gehalten von der Schwester Karoline **Marloff.** Darmstadt 1873: Herbert. 2 Bl. 8° [Umschlagtit.]
Gedicht: „Oft schon, wenn wir im fröhlichen Verein . . .“

Marloh, Ernst, Dr. Beiträge zur Theorie der Gammafunktion. *Hildesheim 1903: Gebr. Gerstenberg.* (22 S.) 4°
Hildesheim, k. G Andreanum, OP 1903 (356)

Marloh, Ernst, Geschichte des Restes der Taylor'schen Reihe. Inaugural-Dissertation. gr. 8. (29 S.) Göttingen 881, (Vandenhoeck und Ruprecht's Verlag.) *

Marloh [Ernst], Prof. Dr.: Analytische Studien über zwei verwandte Gruppen von bestimmten Integralen. Hildesheim 1907: Gebr. Gerstenberg. (24 S.) 8°
Hildesheim, k. G Andreanum OP 1907 (378)

Marloth, J., Lebens-Portefeuille. Gaben der Liebe und Freundschaft. 12. (95 S.) Querfurth 853, Schmid's Buchh.

Marloth, Kurt: Subpektorales Lipom in der Gegend der Mamma bei einem Manne. Borna-Leipzig 1910: Noske. 34 S. 8°
Leipzig, Med. Diss. v. 28. Juli 1910, Ref. Trendelenburg
[Geb. 23. Sept. 82 Dresden; Wohnort: Heidenau; Staatsangeh.: Sachsen; Vorbildung: Kreuz-Gymn. Dresden Reife M. 04; Studium: Leipzig 11 S.; Coll. 5. Aug. 10.] [U 10. 3026

Marloth, Rud., das Kapland, insonderheit das Reich der Kapflora, d. Waldgebiet u. d. Karroo, pflanzengeographisch dargestellt, s.a. Ergebnisse, wissenschaftl., d. deutschen Tiefsee-Expedition. II, 3.

Das Kapland, insonderheit d. Reich d. Kapflora, d. Waldgebiet u. d. Karroo, pflanzengeographisch dargest. von Dr. Rudolf **Marloth.** Mit Einfügung hinterlass. Schriften A[ndreas] F[ranz] W[ilhelm] Schimpers. Mit 8 Karten, 20 Taf. u. 200 Abb. (Jena: G. Fischer 1908.) (436 S.) 4°
= **Ergebnisse**, Wissenschaftl., d. deutschen Tiefsee-Expedition auf d. Dampfer Valdivia 1898–1899. Bd 2, T. 3. [08. 17980

Marlov, Sophie, Katechismus der Kochkunst fur junge Mädchen, woraus sie die ersten Anfangsgrunde der Kocherey leicht und bestimmt lernen können. 8. Meißen, Ekdalm. (Gödsche) 802.

Marlow, Sophie, Katechismus der Kochkunst für junge Mädchen, woraus sie die ersten Anfangsgründe der Kocherei leicht u. bestimmt lernen können. 8. Meiß. 802. (Lpz., Joachim). 20 ℳ

† Marlow, F., (Ludw. Herm. Wolfram,) der deutsche Männergesang, s. Männergesang.

Marlow, F., Dichter-Nachtwege. Novellistische Blätter. 8. Leipzig 839. Bösenberg. 2 ℳ

† Marlow, F., (Ludw. Herm. Wolfram,) Dichter-Nachtwege. Novellist. Blätter. 8. (23¼ B.) Leipzig 839, (Verlags-Magazin.)

Marlow, F. (Ludw. Herm. Wolfram), Faust, s.a. Neudrucke literarhistorischer Seltenheiten.

— Faust. Ein dramat. Gedicht in drei Abtheill. gr. 12. Leipzig 839. Bösenberg. 1¼ ℳ

—, Faust. Ein dramat. Gedicht in 3 Abthln. gr. 12. (10 B.) Leipzig 839, (Verlags-Magazin.)

Marlow, F . F a u s t Ein dramat. Gedicht in 3 Abschn. von F Marlow ‹Ludwig Hermann Wolfram› ‹Leipzig. 1839› Neu hrsg. u. mit e. biogr Einl. versehen von Otto Neurath. T 1 2 [in 1 Bd]. Berlin. E. Frensdorff [1906] (Getr. Pag.) 8°
1 = Ludwig Hermann Wolframs Leben als Einleitung zu s. 'Faust' von Otto Neurath.
Neudrucke literarhistorischer Seltenheiten. No 6

— Gutenberg. Drama in 5 Aufz. gr. 8. Leipzig 840. Bösenberg. n. 1 5/6 ℞

—, Guttenberg. Drama in 5 Aufz. gr. 8. (18 B.) Leipzig 840, (Verlags-Magazin.)

Marlow, Lady Harries, Miß Arabella Bloomville; e. rhapsod. Roman; aus d. Engl. 2 Thle. 8. Weißens. 798. (Weygand in Leipz.) 16 gr

Die geheimen Gebräuche u. Ceremonien der Maurergesellen bei ihren Verbindungen. Nach mündlichen Mittheilungen und Thatsachen an das Licht gestellt von J. E. Marlow. Hamburg: Volksbuchh. [1840]. 40 S. 8°

[Dasselbe.] Nebst kurzer Geschichte der Zunft und deren Institutionen. 6. verm. u. verb. Aufl. Hamburg & Leipzig: Richter 1868. 64 S. 8° [Umschlagtit.:] Die Geheimnisse der Maurergesellen.

Marlowe, s. Friedrich, Jakob.

Marlowe, Christopher, Eduard II., s. Theater, altenglisches.

Marlowe, Chr., Doctor Faust; Tragödie. Aus d. Engl. übers. von W. Chr. Müller. Mit e. Vorrede v. L. Achim v. Arnim. Mit 1 Steindr. 8. Berl. 818. Maurers B. 1 ℞

Marlowe's, Chrph., Doctor Faust (gedichtet um das J. 1588). Und die alte engl. Ballade vom D. Faustus. Deutsch von Adf. Böttger. Nebst einer Einleitung über die Faustsage, über Marlowe und dessen Schriften. gr. 8. (XXVIII und 147 S.) Leipzig 857, Hartung.

Marlowe's, C., Faust, die älteste dramatische Bearbeitung der Faustsage. Uebersetzt u. m. Einleitg. u. Anmerkgn. verseh. v. Alfr. v. d. Velde. gr. 8. (VI, 133 S.) Breslau 870. Gosohorsky. n. 2. —

Marlowe's, Ch., Faustus, s. Sammlung englischer Schriftsteller.

—— Doctor Faustus, s. Universal-Bibliothek Nr. 1128.

—— the tragical History of Doctor Faustus, s. Library, English.

— tragedy of Edward the second with an introduction a. notes by Wilh. Wagner. gr. 8. (XVI, 135 S.) Hamburg 871. Boyes & Geisler. n. 2. —

Marlowe's Werke, s. Sprach- und Literaturdenkmale, englische, des 16., 17. und 18. Jahrh.

Marly, C., buntes Allerlei zur Belehrung und Unterhaltung der Jugend. Unter Mitwirkung mehrerer Jugendfreunde hrsg. gr. 8. (111 S. mit 3 Farbendr.-Bildern und 3 Holzschn.) Mainz 886, Kirchheim. geb.

—— aus dem Pensionat-Leben. Zur Erheiterung und Unterhaltung für junge Mädchen. gr. 8. (100 S. mit 1 Farbendr.-Bild und 1 Stahlst.) Ebendas. 886. geb.

Marly, Hans, Kleider-Album. Erdacht und mit Dichterworten, Sprüchen und Reimen versehen. gr. 4. (VIII, 80 S. mit 7 Bl. gummirten Papiers.) Duderstadt 886, Haensch. geb. *

Marlynski, Ammalat-Beg, s. Lese-Cabinet, neuestes belletristisches.

Marmalle, J. G., s. Jahrbücher der großen Loge Royal York etc.

MARMANN, Johannes (Coblenz): Ueber den atrophischen roten Infarkt der Leber.- München: Kastner & Callwey 1905. 40 S.
26.9.1905 - Chr 1905/06,25; Jv 1905/06,470
Diss. Ingolst.-Landsh.-Mchn.

Marmann, Johannes, Medizinalprakt. a. Coblenz: Aus der Prosektur des Krankenhauses r. I. in München. Ueber den atrophischen roten Infarkt der Leber. München 1905: Kastner & Callwey. (40 S.) 8°
München, Med. Fak., Ref. v. Bollinger, Diss. v. 26. Sept. 1905
[Geb. 6. Juni 78 Coblenz; Wohnort: Coblenz; Staatsangeh.: Preußen; Vorbildung: Kaiserin Augusta-Gymn. Coblenz Reife O. 97 Studium Freiburg i. B. 1, Berlin 1, Bonn 1, Straßburg 1, München 5 S., Coll. 26. Sept. 05; Approb. 15. Sept. 05.]

Marmé, Wilhelm

Marmé, Guilelmus (Henricus Theodorus Ernestus) *(geb. Dierdorf im Rheinl. 19 2 1832)* De lucis vi experimenta nonnulla. Vratislaviae (1857). (42 S.) 8°
Breslau, Med. Diss. v 30. Juni 1857

Marmé, Grundriss der Vorlesungen über Pharmacognosie des Pflanzen- und Thierreichs. 8. (VI, 93 S.) Göttingen 880, Vandenhoeck und Ruprecht's Verlag. *

Marme, Wilh., Lehrbuch der Pharmacognosie des Pflanzen- und Thierreichs. Im Anschluss an die 2. Ausg. der Pharmacopoea germanica für Studirende der Pharmacie, Apotheker und Medicinalbeamte bearb. 2 Hälften. gr. 8. Leipzig, Veit und Comp. [1. Hälfte. (S. 1—272.) 885. *ℳ 5.60.; 2. Hälfte. (XVI, S. 273—684) 886. *ℳ 8.40.] *

Marmering, Siegbert. Die Physiologie der Ehe. 1. u. 2. Tausend. 8. (VII, 232 S.) Berl. 889, Fried u. Comp. * 3 —

Marmet, Wilhelm Anton (Sendenhorst, Westfale), Colicae adumbratio pathol. et therapeutica. Berlin (Th. Brüschcke) 16. VI. 1820. 35 S. mit Biogr. (M.: Maria Kocks). (3.50) 22192
Gew.: Franc. Darup, Bernh. H. Marmet. — Oppon.: Frid. Brümmer, Wilh. Johann Palm, Pielsticker.

Marmetschke, Gustav, prakt. Arzt aus Breslau Aus d. Augusta-Hospital d. Vaterländ. Frauenvereins zu Breslau ‹Dir. Arzt: Prof. Dr. med. Tietze›. Ueber die Scopolamin-Morphin-Narkose. *Leipzig 1904: B. Georgi.* (78 S.) 8°
Leipzig, Med. Diss. v. (26. Apr.) 1904

Marmier, Carl, s. M a r m i e r , Karl

Marmier, Edouard, von Sévaz (Kt. Freiburg)': Über die Darstellung von Chlor nach den Verfahren von Deacon und von Mond. Zür Orell Füssli Dr 1897 66 S., 1 Bl., 7 Tab., 3 Taf. 8°
Zürich, Phil. Diss. [v 18. Jan. 1897].

Marmier, Karl

Marmier, C[arl], aus Friedrichsdorf am Taunus: **Geschichte und Sprache der Hugenottencolonie Friedrichsdorf am Taunus.** *Marburg 1901: R. Friedrich.* (105 S.) 8° ¶(Erscheint gleichzeitig vollst. bei Elwert in Marburg.)
Marburg, Phil. Diss. v. [26. Juli] 1901

Marmier, C., Geschichte u. Sprache der Hugenottencolonie Friedrichsdorf am Taunus. gr. 8. (IV, 136 S.) Marburg 901. N. G. Elwert's Verl. n. 2. 40

Marmier, Xav.

— s. l'Ami des petits enfans.

— s. Choix de fables.

Marmier, X., la grande dame. gr. 16. (214 S.) Leipzig 858, A. Dürr.

Marmier, Xav., Entret avec ses pet. amis, s. **Maitre Pierre.**

de Marmier, X., neueste Erzählungen eines Reisenden, siehe: Bibliothek, Europäische, 782 u. 783. Bd.

— Etudes sur Goethe. gr. in-8. Paris et Strasbourg 835. Levrault. 2½ ℳ

Marmier, X., Feuilles volantes. Souvenirs d'Allemagne. (Gedichte.) 8. (2 B.) Berlin 833, Haude et Spener.

— s. Pierre, ou les suites de l'ignorance.

— s. C. Chr. Rafn, Mémoire sur la découverte de l'Amerique.

Marmier, X., Rußland, Finnland u. Polen. Aus d. Französ. 2 Bde. 8. (35½ B.) Regensburg 844, Manz.

— dass. s. auch Mission, die heilige.

—— Rußland, Finnland und Polen. Schilderungen über Adel, Leibeigenschaft, Polizei, Schul- und Unterrichtswesen rc. Aus dem Französ. 2. (Titel-)Ausg. 2 Bde. 8. (XII und 553 S.) Regensburg 854, Manz.

—— le tentateur. 16. (175 S.) Leipzig 857, A. Dürr.

Marmocchi, F. C., s. Biblioteca dell'Italiano.

Mármol, J., Amalia, s.a. Coleccion de autores españoles.

Mármol, José, Amalia. Ein Bild aus den Schreckenstagen von Buenos-Aires. Dem Span. nacherzählt von H. Breitinger. 3 Bde. 8. (VIII, 234; 257; 255 S.) Jena 873, Costenoble.

Marmolatagruppe [Schlagwort]

Marmolatagruppe, s. Alpen. Aegerter.

Marmon, an account of the minster of Freiburg in Baden. Partly adapted from the German by Berta Bulkeley-Jones and Harriette Blakeley. 12. (XVI, 128 S. mit 1 Lichtdr.) Freiburg i. Br. 886, Herder'sche Verlagsh. *
geb. * ℳ 1.60. und *

— kurze Kanzelvorträge auf die Sonn- u. Festtage d. Jahres, nebst Gelegenheitsreden. Mit e. Anh.: Abschrift e. Predigt d. h. Martyrers Fidelis v. Sigmaringen, welche noch im Manuscripte bei den Pfarrämtern in Sigmaringen enthalten ist. Neue Ausg. 2 Bde. gr. 8. (360 u. 304 S.) Regensburg 886. Verlags-Anstalt. 5. 50

Marmon, Jos., kurze Kanzelvorträge auf die Sonn- und Festtage des Jahres, nebst Gelegenheitsreden. Mit einem Anhang: Abschrift einer Predigt des heil. Martyrers Fidelis von Sigmaringen, welche noch im Manuscripte bei den Pfarrämtern in Sigmaringen enthalten ist. Neue (Titel-)Ausg. 2 Bde. gr. 8. (360; 304 S.) Regensburg (849)886, Verlags-Anstalt, vormals Manz.

Marmon, Jos., Unserer Lieben Frauen Münster zu Freiburg im Breisgau. Mit Ansicht (in Stahlst.) und (lithogr.) Grundplan des Münsters. gr. 16. (VII, 211 S.) Freiburg i. Br. 878, Herder'sche Verlagsh. geb. *

Marmont duc de Raguse, Auguste Frédéric Louis Viesse de

Marmont, des Marschalls, Herzogs v. Ragusa, Denkwürdigkeiten von 1792 bis 1841. Nach dessen hinterlassenem Original-Manuscript. Aus dem Französ. von Ed. Burckhardt. Mit dem Portr. des Herzogs v. Ragusa und Napoleon I. in Stahlst. u. 2 Karten der Illyr. Provinzen u. des Kriegsschauplatzes in Portugal u. Spanien (1811—1812). Vollständ. Ausg. 9 Bde. Halle 857. Heynemann. (Leipzig, Friedlein.) 8. (1. Bd.: 425 S.; 2. Bd.: 326 S.; 3. Bd.: 434 S.; 4. Bd.: 390 S.; 5. Bd.: 324 S.; 6. Bd.: 358 S.; 7. Bd.: 348 S.; 8. Bd.: 355 S.; 9. Bd.: 376 S.) 9 ℳ.

— — Ueber den Geist des Militair-Wesens. Nach dem französischen Orignal-Manuscripte. Uebersetzt von Johann Stäger v. Waldburg, Ober-Lieutenant im k. k. Linien-Infanterie-Regimente Nr. 3. 8. Berlin, Posen, Bromberg und Wien 1845.

— **Memoiren.** Hrsg. nach dessen hinterlassenem Orig.-Manuscript. Aus dem Französ. übers. und mit einer Einleitung von Carl Goldbeck. 4 Bde. gr. 8. Potsdam 857. 58, Riegel'sche Buchh. [1. Bd. (XVI und 431 S.) * 1 Thlr. 20 Ngr., 2. Bd. (532 S.) * 1 Thlr. 7½ Ngr., 3. Bd. (447 S.) * 1 Thlr. 15 Ngr., 4. Bd. (548 S.) * 1 Thlr. 20 Ngr.] *

Marmont, Duc de Ragusa, mémoires, s.a. **Sammlung geschichtlicher Quellenschriften zur neusprachlichen Lektüre im höheren Unterricht.**

— **mémoires de 1792 à 1841. Imprimés sur le manuscrit original de l'auteur.** 9 vols. Halle 857. Exped. der Bibliothèque choisie. 8. (4 Bl., 294; 2 Bl., 255; 2 Bl., 334; 2 Bl., 311; 2 Bl., 255; 2 Bl., 273; 2 Bl., 263; 2 Bl., 267; 2 Bl., 286 S.) Jeder Bd. 1 ℳ.

Marmont, du maréchal, duc de Raguse, mémoires de 1792 à 1841. Inprimés sur le manuscrit original de l'auteur. 9 Vols. 8. (XXXVII und 2529 S.) Paris 857. [Naumburg, Paetz.] à Vol. 1 Thlr.

Mémoires du maréchal (Auguste Frédéric Louis Viesse de) Marmont duc de Raguse (livre XXI (1814–1815)). Précédés de sa note sur les rapports personnels avec Napoléon. Hrsg. u. erkl. von Dr. H[ermann] Lambeck, Prof. zu Coethen. Halle a.S.: M. Niemeyer 1889. (XVIII, 112 S.) 8°
Sammlung geschichtl. Quellenschriften u. neusprachl. Lektüre. Bd 3.

Marmont, Jos., katholische Kanzelvorträge auf die Sonn- und Festtage des Jahres. 2 Bde. gr. 8. (664 S.) Regensburg 849, Manz.

Marmontel, Jean François.
Abendunterhaltungen, a. d. Franz. Göttingen 1797. Ü: *Lehne, Wilh. Frdr.* (GGr VII, 666.)

Marmontel, Abendunterh. a. d. Franz. mit e. Vorrede von K. Reinhard. 8. Göttingen, Schneider. 801.

— — s. auch Lesebibliothek.

Marmontel, Abendunterhaltungen; aus d. Französ. übersetzt v. Lehne, mit e. Vorrede v. K. Reinhard. 8. Götting. 801. (Vandenhöck u. R.) 16 gr. (Erschien bereits 1797 unt. d. T.: Lesebibliothek f. d. Jugend.)

Marmontel, l'ami de la maison. Comédie. 8. Berl., Rottmann. 6 gr.

Marmontel. L'amour mécontent de lui-même. — Les quatre flacons. — Lausus et Lydie. — Heureusement. — Les deux infortunées. Nouv. édit. 12. (139 S.) Berl. 890, Neufeld u. Henius. 1 20

Marmontel, J. F., Bélisaire, s. a. Bibliothek gediegener und interessanter französischer Werke.

— Bélisaire. 8. Nürnb., Schneider u. W. 16 gr.

— Belisaire, av. fig. 8. Lps. Crusius. (F. C. W. Vogel) 791.

— — sans fig. 8. ibid.

— — dass. franz. gr. 12. Ebend. 795.

— — avec. fig. 8. Vien. Doll sen. (Liebeskind, Lps.) 806.

— Belisaire, avec des notes en Allemand, à l'usage des écoles par Sinner. 8. Coburg, Sinner. 806.

— Belisaire. 12. Brschw. et Peterb. Pluchart. 808.

Marmontel, Belisaire, avec des lettres rélatives à Belisaire. (au Contes moreaux Tom. IV.) Edit. nouv. 8. Leips. W. Vogel. 813.

——, Bélisaire. Mit grammatikal. Erläutern. u. e. Wörterbuche. Zum Schul- u. Privatgebr. 8. (10¼ B.) Leipzig 831, Baumgärtner.

Marmontel, Bélisaire. 16. (7¾ B.) Stuttgart 835, Erhard. Thlr.

——, Bélisaire. Mit grammat. Erläutern. u. e. Wörterbuche. Zum Schul- u. Privatgebr. 2., verb. Aufl. gr. 12. (7½ B.) Leipzig 838, Baumgärtners Buchh.

Marmontel, Bélisaire. Mit ein. Wörterbuche versehen. 8. (9 B.) Quedlinburg 845, Basse.

Marmontel, Bélisaire. Mit einem Wörterbuche versehen. 2. Aufl. 8. (155 S.) Quedlinburg 857, Basse.

—— dass. — Enrichi de lettres relatives à Bélisaire, de notes grammaticales et d'un vocabulaire suffisant par Othon Fiebig. 8. (189 S.) Leipzig 857, Voigt und Günther.

Marmontel, Bélisaire. Mit einem Wörterbuche versehen 3., verb. Aufl. gr. 8. (156 S.) Quedlinburg 867, Basse.

Marmontel, Bélisaire. Enrichi de lettres relatives à Bélisaire, de notes grammaticales et d'un vocabulaire suffisant par Othon Fiebig. 2e édit. gr. 8. (189 S.) Dresden 872, Ehlermann. *

MARMONTEL, JEAN FRANÇ. Belisar von dem Herrn Marmontel Mitgliede der franz. Akademie. Aus dem Französischen übersetzt und mit neuen Anmerkungen begleitet. Nebst der glücklichen Familie, einer moralischen Erzählung von ebendenselben Schriftsteller. *Mit [4] Kupfern [nach H. Gravelot von J. F Bause, C. G. Crusius und J. M. Stock].* Leipzig, S. L. Crusius, 1767. 8°. Titel, XIV und 478 S. Etwas beriebenes HLd. d. Z.

Nach Fromm 16411 ist dies die erste deutsche Ausgabe des berühmten Romans, der oft und in vielen Sprachen erschien und noch ca. 100 Jahre später von Gustav Nieritz „für Jugend und Volk" bearbeitet wurde. Das französische Original war nur wenige Monate vorher erschienen. Außer der Übersetzung der Erzählung „L'heureuse famille" sind auf den S. 393—476 noch „Moralische Fragmente" beigegeben. — Schöner Druck der Breitkopfschen Druckerei, jede Seite in hübscher Umrahmung.

— Belisar, mit Anmerkk. 8. Karlsr. 769. (Braun). 12 gr.

— Belisar, mit Anmerkungen. 8. Carlsruhe, Macklot. 769.

— mit Anmerkungen und Kpf. rc. 8. Lpz. Crusius. (F. C. W. Vogel) 770.

— Belisar, eine moralische Erzählung, m. K. 8. Wien, Trendler. 776.

— Belisar, e. moralische Erzählung. Mit Kpf. 8. Wien 776. Trattner. 1 rß

— Belisarius e gallico serm. in lat. traduct. 8. Wien 772. Ghelen. 8 gr.

— Belisarius e gallico. c. fig. 8. Vien. Doll sen. (Liebeskind, Lps.) 806.

— Belisarius e gallico, c. fig. 8. Wien 806. Al. Doll. 10 gr. idem, cum textu origin. gallico e regione posito. 8. Ibid. 806. 14 gr.

— der biedere Bretagner, eine Erzählung, a. d. Franz. 8. Erl. Palm. 792.

— Chef d'oeuvres dramatiques 4. maj. av. fig. Paris, (Rottmann, Berl.) 773.

Marmontel, anciens Contes moraux. Nouv. edit. revue corrigée et accomp. de l'explication des mots et des phrases les plus difficiles, par J. H. Meynier. 8. Coburg 823, Sinner.

— anciens contes moraux. Nouvelle édition revue, corrigée et accompagnée de l'explication des mots et des phrases les plus difficiles, par J. H. Meynier. 8. Coburg 828. Sinner. 1⁵⁄₆ rß

— Contes moraux. III Vol. 12. Amsterd. (Sommer, Lps.)

— — les mêmes. IV Vol. 12 Paris. (Kupferberg à Mayence) 781.

— Contes mor. 4 Tom. 8. Nrnb. Schneider. 789.

— — les mêmes, nouv. Edition. VI Vol. avec fig. Londres ibid. 793.

— Contes mor. II Tom. gr. 12. Hamb. Fauche. 794.

Marmontel, J. F. Contes moraux, mit deutschen Noten ... Coburg 1798. H: *Sinner, Joh. Chn Daniel.* (Ky) »1797« (MGT)

— Contes moraux et Belisaire T. 1–4. av. fig. 8. Lps. Crusius. (F. C. W. Vogel) 803.

— contes moraux et Bélisaire. T. I—IV. av. fig. Nouv. Edit. 8. Leipz. 803. (W. Vogel). 3 rß 8 gr. le mém. et pieces choisies. T. V—VIII. Ibid. 805. 1 rß 12 gr. — sans Bélisaire et fig. III Toms. 8. Ibid. 803. 1 rß 4 gr.

— Contes moreaux. Tomes. III, gr. 12. Weimar, Ind. Comt. 814.

— contes moraux, mit deutschen Noten hrsgg. (v. J. G. D. Sinner). IV. Toms. 8. Coburg 798. Neue Aufl. 823. Sinner. 1 ₰ 20 ℊ

— contes moraux et nouvaux contes moraux. VI Vols. gr. 8. Leipz. 823. Hartleben. 1 ₰ 18 ℊ (Vergl. *Choix* de literature français.)

— — nouveaux, moraux, sont les Cont. T. 5-8.

— Contes, nouv., mor. II Tom. v. Meynier. 8. Cobg. Sinner. 800-10.

— nouv. contes moraux. IV Vols. 12. Braunschw. ... Nouv. edit. 810. Vieweg. 1 ₰

— nouveaux contes moraux. Nouv. édit. revue, corrigé et accompagnee de l'explication allemande des mots et des phrases les plus difficiles en faveur des commencans, par J. H. Meynier. 8. Coburg 812. Sinner. $1^2/_3$ ₰

Marmontel, J. F. Dichtkunst; a. d. Franz. . . . Bremen 1765—66. Ü: *Schirach, Gottlob Benedict von.* (OL) »1766—68« (Ky) (MGT) (Kordes, Schlesw.-holst. u. eutin. Schriftst. Schleswig 1797.)

— Dichtkunst; a. d. Französ., mit Anmerkk. (v. G. B. v. Schirach) 3 Thle. 8. Brem. 766, 68. (Rabenhorst in Leipz.) 1 ₰ 20 ℊ

— über die dramatische Dichtkunst; aus d. Französ. 8. Leipz. 774. Schwickert. 6 ℊ

Marmontel aller neueste moralische Erzählungen, mit Kupf. 8. Daselbst, 766. Crusius. 20 sgl.

— allerneueste moral. Erzählungen. Mit Kpf. 8. Leipz. 766. (W. Vogel). 16 ℊ

— auserlesene moral. Erzählungen, dem Zeitgeiste gemäß bearb. v. H. Müller II. 8. Hamb. 808. (Herold jun.)

Marmontel, Jean François Moralische Erzählungen. übers von C G Schütz, s. Marmontel Sämmtl. pros. Werke

Marmontel, J. F. Moralische Erzählungen. A. d. Franz. Karlsruhe 1762—70. Ü: *Molter, Frdr. Valentin.* (MGT) (Ky)

— moral. Erzählungen; aus d. Französ. (v. Fr. Molter). 5 Thle. 8. Karlsr. 762. (Braun). 2 ₰ 12 ℊ

— moralische Erzählungen, aus dem Franz. 5 Thle. 8. Carlsruhe. Macklott. 769. (à 12 gr.)

— moralische Erzählungen nach der neuesten franz. Ausgabe, übersetzt von J. A. Schmerler, 4 Thle. gr. 8. Nürnberg, 791. Bauer und Mann. 2 Rtl.

Marmontel, J. F., moralische Erzählungen, übersetzt von Schmerler. 1r—3r Thl. gr. 8. Nürnberg. 791. Jetzt Campe.

— moral. Erzählungen; übers. von J. A. Schmerler. 4 Thle. gr. 8. Nürnb. 791. (Fr. Campe; a. Enobloch in Leipz.) 1 ₰ 12 ℊ 4r Thl. oder Belisaire apart. 12 ℊ

— moralische Erzählungen, übersetzt von G. C. Schütz. 2 Bde. 8. Leipzig, Voß. 794-95.

— neue moral. Erzählungen; aus dem Französ. von K. L. M. Müller. 8. Leipz. 801. Tauchnitz. 1 ₰ 4 ℊ

— neue, noch nicht übersetzte, moral. Erzählungen; aus dem Französ. 2 Bdchen. Mit Kpf. 8. Winterth. 791, 93. Steiner. 1 ₰ 12 ℊ

— neue, noch nicht übersetzte, moralische Erzählungen, a. d. Franz. 2 Bdch. m. K. 8. Winterthur, Steiner. 792-93. (à 18 gr.)

—— Essai sur le goût. Destiné à l'usage des classes supérieures des collèges et pourvu d'une table analytique des matières par Othon Fiebig. 8. (IV und 68 S.) Leipzig 857, Thomas.

— — les Figures aux Contes et au Belisaire à part. 8. Lps. F. C. W. Vogel.

— der prächtige Freigebige. Sgspl. nach d. Französ. (v. J. H. Faber). 8. Frankf. 774. Andreä. 6 ℊ

— üb. die Harmonie des Styls; nebst e. Anhang üb. die Leidenschaft; nach d. Französ., mit Zusätzen (v. G. B. v. Schirach). 8. Brem. 768. Cramer. 8 ℊ

— der Hausfreund; Sgspl. in 3 A.; aus d. Französ. (v. J. H. Faber). 8. Ebd. 774. 6 ℊ

— die Hirten d. Alpen; Nachspl. 8. Leipz. 777. Weygand. 4 ℊ

—— les Incas ou la destruction de l'empire du Pérou. Nouvelle édit., revue et corrigée. Hrsg. und mit einem vollständ. Wörterbuche versehen von J. H. Lohmann. 8. (VI und 239 S.) Quedlinburg 864, Basse.

Marmontel, les Incas, ou la destruct. de Pérou. II Vols. 12. Berl. 777. Rottmann. 2 ₰ 16 ℊ

— le même. II Vols. Basel 777. Flick. (Neukirch). 1 ₰

— le même. II Vols. Mit Kpf. 8. Bern, Typ. Soc. 1 ₰ 16 ℊ

— le même. II Vols. 8. Frankf. 809. Brönner. 1 ₰ 8 ℊ

Marmontel, J. F. Die Inkas oder die Zerstörung Peru's. A. d. Franz. Frankfurt a. M. 1783. Ü: *Bode, Johann Joachim Christoph.* (ML) (Ky) (JL)

— die Inkas, od. die Zerstörung des Reichs v. Peru; aus dem Französ. (v. Jh. Joach. Cph. Bode). 2 Thle. Mit Kpf. 8. Frankf. 783. Brönner. 1 ₰ 16 ℊ

— Vergl. Marmontel in den wissenschaftl. Werken.

— die Inkas, oder die Zerstörung des Reichs von Peru, a. d. Franz. 2 Thle. m. K. 8. Frft. Brönner. 784.

Marmontel, J. F. Ἠθικὴ ἱστορία Βελισσαρίου . . . Ἐν Βιέννῃ 1783. Ü: *Bentotes, George.* (BrMm)

— Leben u. Denkwürdigkeiten in d. Zeitraum von 1723—99, von ihm selbst beschrieben; aus d. Französ. v. W. G. Becker u. Stampeel. 4 Bde. Mit Portr. 8. Leipz. 805, 6. Hinrichs. 3 ℛ 18 gr Hbg. Pr. 819. 2 ℛ

— Leben, Schicksale u. Selbstgeständnisse. 4 Bände. 8. Hamb. 805. Vollmer. (Herold). 4 ℛ 12 gr

Marmontel de: Mémoire presenté à l'Academie d'agriculture de St. Petersbourg en 1767. Francf. et Leips. 1775. 62 S. P.

— mémoire sur l'Agriculture. 8. Frankf. a. M. 775. (Fr. Fleischer in Leipz.) 20 gr

— **Miscellen, letzter Theil der hinterl. Werke. 8. Leipzig, Mittler. 808.**

Marmontel, (Jean Franç. de,) Oeuvres choisies. VI Ts. 16. (69¼ B.) Pest 828, Hartleben.
Tom. 1—3. Contes moraux. 1 Thlr. — 4—6. Nouveau Contes moraux. 18 Gr.
Aus „Choix de lecture franç." abgedruckt.

— oeuvres posthumes. T. I—IV. mémoires d'un père p. servir à l'instruction de ses enfans. 8. Leipzig 805. Fr. Fleischer. 2 ℛ 16 gr — T. V, VI. Régence du Duc d'Orléans. 8. Ibid. 1 ℛ 8 gr

— — T. 5. 6. **Régence du Duc d'Orléans. 8. ibid.**

— — **les mêmes. II Vol. 8. Braunschw. Pluchart.**

— opinion sur le livre exercice des cultes. 8. Münst. 807. Theyssing. 2 gr

Marmontel, Recueil de Contes mouraux. Tom. I. 12. Dortmund, Mallinkrodt. 799. Rthlr.

Marmontel, récueil de contes moraux. Tom. I. 12. Dortm 799. (Wundermann in Hamm). 6 gr

—Regence du duc d'Orléans. 2 Vols. gr. in-8. Braunschweig 816. (Leibrock.) 2 ℛ

Marmontel, Jean Francois. Rettung des Theaters. 1766. Ü: *Lindemann, G. F.* (Bärstecher, Taschenbuch für Schauspieler und Schauspielliebhaber 1779, S. 249) (Hdschr. Mitth. von Erich Mennbier, Wien)

— Rettung des Theaters, Zergliederung Rousseau's Br. an d'Alembert üb. Schausp.; aus d. Französ. v. G. F. v. Lindemann. 8. Dresd. 766. (W. Vogel in Leipz.) 7 gr

— Silvain. Comédie. 8. Berl. (Basel, Rottmann). 6 gr

— Silvain; Sgspl., aus d. Französ. (v. J. H. Faber). 8. Frkf. 772. Andreä. 6 gr f. auch Erast u. Lucinde.

Marmontel, J. F. Sylvain; ein Singspiel a. d. Franz. Frankfurt a. M. 1773. Ü: *Faber, Johann Heinrich.* (ML) (GGr) »1772« (Ky)

— Staats- u. Sittenunterricht; aus d. Französ. v. D. W. v. Schrattenbach. 8. Wien 788. Wucherer. 6 gr

— Vertheidigung der freien Religionsübung. 8. Münster 807. Theissing. 4 gr

— sämmtl. prof. Werke; übersetzt von Chr. Gf. Schütz. 2 Bde. Auch u. d. T.: moral. Erzähll. 8. Leipz. 794, 95. Voß. 2 ℛ

— **Zemire et Azor. Comédie. gr. 8. Berl. 773. (Basel, Rottmann). 6 gr**

— f. auch Zemire.

— Zemire u. Azor; Sgspl. in 4 A., aus d. Französ. (v. J. H. Faber). 8. Frankf. 773. Andreä. 6 gr

Marmontel Zemire et Azor comédie-ballet, avec une musique toute nouvelle représentée sur le grand theatre de Stoutgard par les eleves de l'Académie Militaire et de l'Institut d'Education. Stoutgard Cotta 1775.

— Zemire u. Azor; e. kom. Oper, übers. von v. Thümmel. 8. Leipz. 776. Schwickert. 2 gr

Marmor loquens, seu Sanctorum, quorum sculptae imagines in ponte Pragensi visuntur, elogia. Pragae 1716. V: *Freschot, Augustin.* (EB)

Marmor, J[ohann]. Beiträge zur Geschichte der Stadt Constanz, vornehmlich ihre Beziehungen zu der Eidgenossenschaft betreffend ‹1259–1520›, gesammelt und bearb. von Dr. J M'... SA 8 Zürich 1872

Marmor, J[ohann]. St Blasien auf dem Schwarzwalde und seine Umgebungen in topographischer, geschichtlicher und naturgeschichtlicher Beziehung. Mit [1] Kärtchen und [2] Ansichten [auf 1 Tafel]. 2 umgearbeitete und vermehrte Aufl 8 Konstanz 1872

Marmor, J[ohann]. Führer durch das alte und neue Konstanz Aus handschriftlichen Quellen bearbeitet Mit einer lythographirten Ansicht der Stadt K' im 16. Jahrhunderte ... [Tafel]. 8. Konstanz 1857

Marmor, J[ohann]. Führer durch die Insel Mainau und deren Geschichte. Mit 2 Ansichten der Insel aus den Jahren 1647 und 1773 [Tafeln]. 8. Konstanz 1865

—— neuer Führer durch die Stadt Constanz und deren Umgebung. Mit einer kurzen Geschichte und einem (lithogr.) Plane der Stadt. 8. Aufl. gr. 16. (87 S.) Ebendas. 874. *

Marmor, J[ohann]. Geschichte der Stadt Konstanz, mit besonderer Berücksichtigung der Sitten- und Kultur-Geschichte derselben, bis zum Anfall an das Grossherzogthum Baden. Für Schule und Haus 8. Konstanz 1871

Marmor, J[ohann]. Kurze Geschichte der Kirchlichen Bauten und deren Kunstschätze auf der Insel Reichenau Mit neun (*d. i* 8) Steindrucktafeln. 8. Konstanz 1873 (**Umschlag* 1874).

Marmor, J., das Konzil zu Konstanz in den J. 1414—1418. Nach Ulrich v. Richentals handschriftlicher Chronik bearb. Mit 3 lith. Bildern aus Richtental, die Ausführung des Johannes Hus und Hieronymus von Prag zum Scheiterhaufen, so wie den Festumzug Papsts Martin V. darstellend. Konstanz 858. (Emmishofen, Hinterskirch.) 16. (2 Bl., 157 S.) n. 18 *ngr.*

Marmor, J., das Konzil zu Konstanz in den J. 1414—1418. Nach Ulrich v. Richentals handschriftl. Chronik bearb. Mit 8 lithogr. Bildern (in Tondr.) aus Richental, die Ausführung des Johannes Hus und Hieronymus von Prag zum Scheiterhaufen, so wie den Festumzug Papst Martin V. darstellend. br. 8. (III und 157 S.) Konstanz 858, (Meck.) *

Marmor, J., das Concil zu Constanz in den J. 1414—1418. Nach Ulrich v. Richentals handschriftl. Chronik bearb. 2. Aufl. Wohlfeile Ausg. gr. 16. (156 S.) Constanz 874, Fritz. *

Marmor, J[ohann]. Geschichtliche Topographie der Stadt Konstanz und ihrer nächsten Umgebung, mit besonderer Berücksichtigung der Sitten- und Kulturgeschichte derselben Beschrieben von J' M' [Mit 1 Vignette und 3 Tafeln] 8 Konstanz 1860

Marmor, J., die Übergabe der Stadt Konstanz an's Haus Österreich im J. 1548. Aus dem Archive der Stadt Konstanz. Lex.-8. (39 S.) Wien 864, (Gerold's Sohn.) **
Aus: Sitzungsberichte der k. Akademie der Wissenschaften, besonders abgedruckt.

Marmor, J[ohann] Urkunden-Auszuge zur Geschichte der Stadt Konstanz vom Jahr 1155 bis zum Jahr 1406 (*Reihe 4.* 1808). Mitgetheilt von J. M' (4 Reihen [Mit] Anhang) Hrg vom Verein fur Geschichte des Bodensee's und seiner Umgebung gr -8 Lindau 1873[–1878].
[Beilage zu Schriften des Vereins für G des Bodensee's Heft 4–7 u 9]

Marmora Taurinensia dissertat. et not. illustr. II Part. 4. maj. Augsb. Wolf. 743 – 47.

Marmorbad, das, bei Kassel. Mit 1 Stahlst. gr. 8. Kassel 845, Appel. n. 1/4 ß

Marmorbild, Das, in der Rauberhöhle bei Greifenstein oder Andolien der Löwenbändiger. Wien 1843. V (nicht): *Gleich, Joseph Alois.* (GGr VI/399, Nr. 1/87)

Marmorbilder, die Elginischen, von Gelehrten u. Künstlern beschrieben, beurtheilt u. erklärt. A. d. Engl. übers. mit Anmerkn. gr. 8. (6¼ B.) M. 1 Atlas v. LXII Bl. gr. Fol. (1 B. Erklär.) Darmstadt 828, Leske. 7 Thlr. 12 Gr., Vlnp. Thlr.

Marmorburg, die entdeckte goldene Insel. 8. Nordhaus. 773. Nitsche. 10 gr.

Marmordarstellungen. 18 neue Vorlagen z. Darstellg. v. Marmorgruppen. (16 Taf.) 8. Probstheida (902). Leipzig, Rauh & Pohle. n. 1. 50

Marmorek, Alex., der Streptococcus u. das Antistreptokokken-Serum. [Aus: „Wiener mod. Wochenschrift"] gr. 8. (28 S.) Wien 895. M. Perles. n. 1. —

Marmorek, Alex., Versuch e. Theorie der septischen Krankheiten. Auf Grund experimenteller Untersuchgn. gr. 8. (131 S.) Stuttgart 894. F. Enke. n. 4. —

Marmorek, B., Börsen-Technik!!! D. Geheimniß erfolgreicher Börsen-Speculation. E. neues Operations-System z. Sicherg. v. Gewinnen u. z. Schutze vor Verlusten im Fondshandel. M. vielen Tabellen. gr. 8. (70 S.) Hamburg 896. Central-Buchh. v. Th. Nielsen. n. 1. 50

Marmorek, Oskar [Red.], s. Neubauten und Concurrenzen in Österreich und Ungarn

Marmor-Gruppen, die, auf der Schloss-Brücke in Berlin. Imp.-4. (8 Holzschnt. mit Text und eingedr. Holzschn.) Berlin 857, Decker'sche geheime Ober-Hofbuchdruckerei. * Pracht-Ausg. geb. *

Marmorgruppen. 1. u. 2. Heft. 8. Leipzig, Rauh & Pohle. à n. 1. 50
1. (13 Taf. m. 1 Bl. Text.) (902.) — 2. Entworfen u. gezeichnet v. A. Leue. (13 Taf. m. 2 S. Text.) (902.)

Marmorgruppen. 3. u. 4. Heft. 8. Leipzig, Rauh & Pohle. à 1. 50
Krapp, aus dem Reiche der Kunst. Marmorgruppen m. Vorsprachen. Zusammengestellt v. K. Dichtung v. Wilh. Rettig. (15 S. m. 4 Taf.) (907.) (Heft 4.)
— Turnersinn! Marmorgruppen m. Vorsprachen. Zusammengestellt v. K. Dichtung v. Wilh. Rettig. (14 S. m 4 Taf.) (907.) (Heft 3.)

— für Kinder. 14 Vorlagen zur Aufstellg. v. Marmorgruppen f. 3 Kinder im Alter von 8—10 Jahren. (14 Taf. m. 1 Bl. Text.) 16. Probstheida (904). Leipzig, Rauh & Pohle. n. 1. 50

Marmorne, s. Collection of British Authors.

Die Bezeichnungen für Christen und Gnostiker im Talmud und Midraš. Von Dr. A[rthur] **Marmorstein,** Rabb. Skotschau ⟨Öst. Schlesien⟩. Selbstverl. 1910. 82 S. 8°
(Marmorstein · Religionsgeschichtliche Studien. H 1) [11. 3065

Marmorstein, Arthur, a. Miskolcz ⟨Ungarn⟩: Studien zum Pseudo-Jonathan Targum. I. Das Targum und die apokryphe Literatur. Pressburg 1905: A. Alkalay. (39 S.) 8° ¶ (Erscheint vollst. ebenda.)
Heidelberg, Phil. Fak., Ref. Bezold, Diss. v. 18. Dez. 1905
[Geb. 20. Sept. 82 Miskolcz, Ungarn; Wohnort: Szenicz, Ungarn; Staatsangeh.: Ungarn; Vorbildung: Gymn. Miskolcz Reife Juli 01; Studium: Budapest 1, Berlin 5, Heidelberg 1 S.; Rig. 13. Jan. 05.]

Marmorstein, A., Studien zum Pseudo-Jonathan Targum. I. Das Targum u. die apokryphe Literatur. (39 S.) gr. 8. Pozsony (Pressburg) 906. (S. Steiner) n. 1. 20

Marmorstein, Arth., religionsgeschichtliche Studien. 1. Heft: Die Bezeichngn. f. Christen u. Gnostiker im Talmud u. Midraš. (83 S.) gr. 8. Skotschau (Öst. Schlesien) 910. Rabbiner Dr. Marmorstein. 3. 50

Marmorstein, Arthur Religionsgeschichtliche Studien Von Dr – Rabb H 1 2 Skotschau Selbstverl 1910. 8°

— **Talmud u. Neues Testament.** (54 S.) gr. 8. Vinkovci (Slavonien) 908. Skotschau (Öst. Schlesien). Rabbiner Dr. Marmorstein. nn 2. 50

Marmorstein, Berthold· Wettbewerb für den Friedenspalast in Haag. – 1908. Diss. Wien, TH

Marmorum Oxoniensium inscriptiones graecae e Chandleri Exemplar. editae cur. G. Roberts. 12. Oxonii, 791.

Marmorwerke, antike, zum ersten Male bekannt gemacht v. Emil Braun. I. u. 2. Decade. Roy.-Fol. (11½ B. u. 24 Kpfrt.) Leipzig 843, Brockhaus. *

MARMÜLLER, JOHANN BAPT Kurzgefaßte Lebensbeschreibung der am 5. Juni 1862 heiliggesprochenen 23 japanischen Martyrer aus dem Orden des heiligen Franz von Assisi. Von Fr. Benignus Framant Aug. da Osina in italienischer Sprache. Aus dem Italienischen von Johann Marmüller Franziskaner Capistraner Provinz. Komorn 1863: Gebrüder Siegel, 1, VI, 104 S. - 180 mm

MARMÜLLER, JOHANN BAP Die Rückkehr zu Gott. Betrachtungen und Gebete für Katholiken Aus dem Italienischen gesammelt und übersetzt von Johann Cap. Marmüller Pressburg 1869: F R. Mayer. 6, (2), 174 S. - 240 mm

Marn, Fr., praktische Grammatik der kroatisch-serbischen Sprache. [Nebst Wörterbuch.] gr. 8. (218 S.) Agram 887, Suppan. *M 1.80.; geb. *

Marna. Von C. J. Verfasserin von „Aus Schutzengels Tagebuch". Eingeführt durch F. W. Krummacher. Berlin 857. (Wittenberg,) Herrosé. 16. (VII, 128 S. u. 1 Lithogr.) 18 ngr.

Marna. Von C. J., Verfasserin von „Aus Schutzengels Tagebuch." Eingeführt durch F. W. Krummacher. (2 Aufl.) Neu-Ruppin 865. Leipzig, Oehmigke. 8. (98 S. mit 1 Chromolith.) cart. 12 ngr.

Marnach, Antoine Theses Sacrae Scripture, Juris divini, Deum Unum et Trinum seu SS. Trinitatis mysterium ex revelationibus L. N evincentes, quas juvante eodem Juris altefati sapientissimo Conditore Uno et Trino Deo instruente ipsius perfectissimo Consummatore Jesu Christo favente ejusdem adversus haereses potentissima Protectrice Matre et Virgine Maria, assistente electa Sanctorum Omnium Corona, reverendissimo, amplissimo, per-illustri, ac perquam gratioso Domino D Michaeli Hormann Imperialis, immediatae et exemptae Abbatiae ad Divum Clementem Willibrordum celeberrimi Ord S. Benedicti Abbati dignissimo Domino supremo in Dreis, Domino temporali in Oppido Epternacensi, Bollendorf, Ettelbrück, Schengen, Vaabre, Veerd, Ducatus Luxemburgensis Statui etc etc. devotissime inscriptas Praeside Antonio Oehmbs .. in Auditorio majori Vici Tetradiani Treviris solus defendet praenobilis, ornatus ac per-eruditus dominus D Antonius Marnach Viandanus Sacrae Scripturae, Theologiae moralis, et dogmatico-scholasticae auditor die 31 Maji 1769 mane ab 7 ad 8. post meridiem a 1 ad 2. Ex dominis Con-Candidatis ad oppuguandum constituti reverendi, praenobiles, ornati ac per-eruditi Domini D. Scripturae, Theologiae moralis et dogmatico-scholasticae auditor. Augustae Tevirorum [1769]. 4, 12 S. 2°

de *Marné*, G. P. F., d. Eclampsia Infantium. 8. Neubrandenburg 824. L. Dümmler. 4 gl

Marne, J. H., (Jh. Bernh. Hermann,) über die Anzahl der Elemente, ein Beitrag z. Naturlehre. 8. Berl. 786. Rottmann. 10 gl

— über Feuer, Licht u. Wärme, noch ein Beitrag z. Naturlehre. 8. Berl. 786. Rottmann. 18 gl

Marne, N. H , s. Marne, J. H

Marneau, R., die neuesten Erfahrungen und Verbesserungen im Gebiete der Fotografie. 8. (32 S.) Wien 856. (Leipzig, Liebeskind.)

Marneau, R., Kompendium der Fotografie. Auf vieljähr., prakt. Erfahrungen gegründet, nebst den vorzüglichsten Methoden bis neuester Zeit der berühmtesten Chemiker und Fotografen des In- und Auslandes. 8. (III und 112 S. mit Daguerre's lithogr. Portr.) Wien 860, Lechner's Universitäts-Buchh. *

Marneau, R., Kompendium der Fotografie. Auf vieljährige prakt. Erfahrung gegründet, nebst den vorzüglichsten Methoden bis neuester Zeit der berühmtesten Chemiker und Fotografen des In- und Auslandes. 2., mit einem Anh. verseh. Aufl. 8. (118 S. mit Daguerre's Portr.) Wien 862, (Lechner's Universitäts-Buchh.) *

—— die Schule der Fotografie. Vollständige und getreue Anleitung zur Hervorbringung der schönsten fotograf. Bilder mittels Collodion, neueste Methoden zur Bilder-Erzeugung auf Stärke, Eiweiss, Papier etc., positiver Glasbilder auf Gutta-percha-Collodion etc., für Anfänger, Dilettanten und Künstler der Fotografie. 8. (72 S.) Wien 854. (Leipzig, Liebeskind.)

— die Schule der Fotografie. Vollständige und getreue Anleitung zur Hervorbringung der schönsten fotografischen Bilder etc., für Anfänger, Dilettanten u. Künstler der Fotografie. Wien 854. Mayer u. Co. (Leipzig 855. Liebeskind.) 8. (2 Bl., 72 S.) 27 ngr.

Marner, der, hrsg. v. P. Strauch, s.: Quellen u. Forschungen zur Sprache u. Culturgeschichte der germanischen Völker.

Marnet J, Büchersammlung für Gabelsberger'sche Stenographie. Bd 5 Sigel und Abkürzungen. 20. Auflage. Neustadt a. H. (1893)

Marnet, Wilh., s.: Büchersammlung für Gabelsberger'sche Stenographen.

— allerlei Humor, — Liederbuch f. Gabelsberger'sche Stenographen, s.: Büchersammlung f. Gabelsberger'sche Stenographen.

— Portemonnaie-Kalender f. Gabelsberger-Stenographen auf d. J. 1895. Anh.: Eine Fülle f. Stenographen nützl. u. interessanter Notizen. 128. (80 S. m. 1 Bildnis.) Neustadt a/d. H. 894. W. Marnet. n. — 20

— Portemonnaie-Kalender f. Gabelsberger-Stenographen auf d. J. 1896. Anh.: Eine Fülle f. Stenographen nützl. u. interessanter Notizen. 128. (96 S. m. 1 Bildn.) Neustadt a/d. H., W. Marnet. n. — 25
Weiter nicht erschienen.

— die beschlussmässigen Sigel d. Gabelsberger'schen Systems in alphabetischer Ordnung, einige wicht. Abkürzgn., Verbindg. v. Sigeln, Sigelsätze, nebst Anh.: Wie vermuthlich die Gabelsberger'schen stenograph. Zeichen entstanden sind, m. e. Bildnis Gabelsberger's u. dessen „Vermächtnis" in stenograph. Schrift. 12. (4 S.) Neustadt a/d. H. 893. W. Marnet. n. — 10

— sämmtliche Sigel s.a. Büchersammlung f. Gabelsberger'sche Stenographen.

Marnet, W., und Ludw. Hertel, sämmtliche Sigel und gebräuchliche Abkürzungen der Gabelsberger'schen Stenographie. kl. 8. (8 autogr. S.) Neustadt a. d. H. 886, Marnet.

Marnet, Wilh. Verzeichniss der in der Gabelsberger'schen Stenographie in Correspondenz- und Debattenschrift gebräuchlichsten Sigel u. Abkürzungen, nebst e. Anh., Vergleichungs-Tabelle f. die bekannteren Stenographie-Systeme etc. 8. Aufl. 12. (19 S.) Neustadt a. H. 891, W. Marnet. * — 30

Marnet-Bibliothek. 56.—62. Bd. 8. Neustadt a/H., W. Marnet. n. 5. 05; geb n. 8. 45
56. Die schöne Griechin. — Der Amateur-Photograph. 2 Humoresken. Von F. Blotte. Autogr. u. in Gabelsberger-sche Stenographie übertr. v. Carl Creutzburg nach den bei J. J. Weber, Leipzig u. Fr. Pustet, Regensburg erschien. Orig.-Ausgaben. Nach Berliner Schreibweisen. (49 S.) (903.) n. — 80; geb. n. 1. 30
57. Die Alte Novelle. Von Frida Schanz. Autogr. u. in Gabelsbergersche Stenographie übertr. v. Carl Creutzburg nach der bei Rich. Eckstein Nf. erschien. Orig.-Ausg. Nach Berliner Schreibweisen. (47 S.) (903.) n. — 75; geb. n. 1. 25
58. Garnison-Geschichten. I. 3 Humoresken. 1. Doch angeführt. 2. Der Grosse u. der Kleine. 3. Major Nepomuk. Von H. Ferschke. [Aus: „F., Garnison-Gesch."] Autogr. u. in Gabelsbergersche Stenographie übertr. v. Carl Creutzburg. Nach Berliner Schreibweisen. (43 S.) (903.) n. — 70; geb. n. 1. 20
59. Bunte Bilder. I. 3 Humoresken aus dem Militärleben. 1. Der Zug des Herzens. 2. Der junge Mann m. 2 Orden. 3. Die Haar-Tinktur. Von Joh. v. Dewall. [Aus: „D., bunte Bilder".] Autogr. u. in Gabelsbergersche Stenographie übertr. v. Carl Creutzburg. Nach Berliner Schreibweisen. (39 S.) (9 3.) n. — 65; geb. n. 1. 15
60. Garnison-Geschichten. II. 3 Humoresken. 1. Das Schlachtfest. 2. Die verhängnisvolle Bowle. 3. Wilhelm der Eroberer. Von H. Ferschke. [Aus: „F., Garnison-Gesch."] Autogr. u. in Gabelsbergersche Stenographie übertr. v. Carl Creutzburg. Nach Berliner Schreibweisen. (48 S.) (903.) n. — 75; geb. n. 1. 25

61. Bunte Bilder. II. 3 Humoresken aus dem Militärleben. 1. Losung u. Feldgeschrei. 2. General-Marsch. 3 Onkel Zastrow. Von Joh. v. Dewall. [Aus: „D., bunte Bilder".] Autogr. u. in Gabelsbergersche Stenographie übertr. v. Carl Creutzburg. Nach Berliner Schreibweisen. (48 S.) (903.) n. — 80; geb. n. 1. 30
62. „Ueberlistet". Lustspiel f. Stenographen aller Systeme in 1 Akt von Arth. Haupt. (14 S.) (906.) n. — 60; geb. n. 1. —
Erschien früher u. d. T.: Büchersammlung für Gabelsbergersche Stenographen.

Marnet-Bibliothek. 63. Bd. 8. Neustadt a/H., W. Marnet. 1. —
Die beiden Freunde. Eine Erzählg. Von Helm. v. Moltke. Mit Einverständnis d. Erben d. General-Feldmarschalls Grafen v. Moltke hrsg. v. Rud. Herzog. Autogr. u. in Gabelsbergersche Stenographie übertr. v. Carl Creutzburg. Nach Berliner Schreibweisen. (64 S.) (906.) 1. —

Marney, E. A. Toreau de, Grammaire française idéographique. Premier emploi de l'équivalent pour la règle, l'exception. — Französische Grammatik m. suggerier. (ideograph.) Zeichen, nach neuer Methode zusammengestellt. (VII, 136 S.) gr. 8. Leipzig 903. E. Haberland. n. 2. —; geb. in Leinw. n. 2. 50

— Premier pas vers la langue universelle par des signes suggestifs. Sprechübungen f. Anfänger im Anschluss an die Vorfälle des Tages, erläutert durch ideograph. Zeichen. 1. Tl. Deutsch-französisch. (31 S.) gr. 8. Ebd. 902. n. 1. —

— First step to English conversation. Sprechübungen f. Anfänger im Anschluss an die Vorfälle des Tages, erläutert durch ideograph. Zeichen. (32 S.) gr. 8. Ebd. 903. n. 1. —

Marney, Toreau de, toujours prêt. Nouvelle. Avec un abrégé de grammaire et un vocabulaire français-allemand. (Violets Sprachlehrnovellen.) (V, 97 S.) 8. Stuttgart 907. W. Violet. Geb. 1. 20

v. Marnezia, (Marquis,) d. glückl. Familie, a. d. Franz. 8. Halle 793, ist Verl. v. Reinicke u. C.

Marnezia, die glückl. Familie; eine moral. Erzählung aus d. Französ. 8. Leipz., Reinicke in Halle. 5 gr

Marnezia, schöne Gartenkunst, Phantasien u. Grundsätze über die ländliche Natur, nach d. Französ. v. J. G. Grohmann. Nebst K. H. Heydenreich's Abhandlung üb. d. Charakter d. Gartens. Mit Kupfr. 2e Aufl. Halle, ist Verlag von Reinicke u. C.

Marnezia ländliche Natur, s.a. Grohmann, Joh. Gf., schöne Gartenkunst.

Marnezia, ländl. Natur, a. d. Franz. in freien Vers. übers. m. Anm. v. J. G. Grohmann, n. Heydenreichs Abhl. üb. d. höchste Schöne in der Gartenkunst. 8. Leipzig, Reinicke. 792.
Schreibp.

Marnezia, ..., ländl. Natur; aus d. Französ. in freien Versen übers., mit Anmerkk. v. J. G. Grohmann; nebst Heydenreichs Abhandl. üb. d. höchste Schöne in der Gartenkunst. 8. Leipz. 793. 2e Aufl. unt. d. T.: schöne Gartenkunst, Phantasien u. Grundsätze üb. die ländl. Natur 2c. gr. 8. Leipz. 798. Reinicke in Halle. 1 ℛ 12 gr Schrbp. 1 ℛ 20 gr

Marni, Jeanne [Pseud.], s. Marnière, Jeanne

Marnière, Jeanne

— das sind nun die Kinder. Einzig autoris. Übersetzg. aus dem Franz. v. Paul Bornstein. Mit 9 Illustr. von F. v. Reznicek. 8. (125 S.) Ebd. 900. n. 3. 50; geb. n. 4. 50

Marni, Jeanne, Pariser Droschken. Einzig autoris. Übersetzung aus dem Franz. v. Paul Bornstein. Umschlag-Zeichng. u. 13 Illustr. v. Ed. Thöny. 1. u. 2. Aufl. 8. (à 196 S.) München 899 A. Langen. n. 3. 50

Marni, J., das Ende vom Lied. (Comment elles nous lâchent.) Autoris. Uebersetzg. v. Frz. Hofen. 8. (224 S.) Budapest 897. G. Grimm. n. 2. —

— stille Existenzen. Einzig autoris. Übersetzg. aus dem Franz. v. F. Gräfin zu Reventlow. Mit 16 Illustr. v. Adf. Münzer. 8. (239 S.) Ebd. 899. n. 3. 50; geb. n. 4. 50

Fiaker. Illustrationen von E. Heilemann. schmal 8. (178 S.) Ebd. 900. n. 3. 50; geb. n. 4. 50

— die Gattin, s.a. Bibliothek Bard. Bd. 2—4.

Marni, Jeanne (= Jeanne Marnière). Die Gattin. Roman. Einzig autorisirte Übersetzung a. d. Franz. Berlin 1902. Ü: *Möller-Bruck, Hedda & Arthur Möller-Bruck.* (Berl)

Jeanne Marni [d. i. Jeanne Marnière], Die Gattin [La femme de Silva]. Roman. Einzig autor. Übers. aus d. Franz. (von Hedda u. Arthur Moeller-Bruck) Berlin. J. Bard 1902. (258 S.) 8°
Bard, Bibliothek. Bd 2–4

— Großstadtpflänzchen. Einzig berecht. Übersetzg. aus dem Franz. v. Paul Bornstein. Umschlag-Zeichnung u. Illustr. v. Ernst Heilemann. 8. (143 S.) München 901. A. Langen. n. 3. —; geb. n. 4. —

— Herbstzeitlose. Einzig berecht. Übersetzg. aus dem Franz. v. Nelli Zurhellen. Umschlagzeichnung u. Illustr. v. Paul Rieth. 8. (V, 146 S.) Ebd. 901. n. 3. —; geb. n. 4. —

— sündige Liebe, s.a. Bibliothek Bard. 8—10.

Jeanne Marni [d. i. Marnière]. Sündige Liebe [Amour coupable]. Roman. Einzig autor. Übers. aus d. Franz. *Berlin: J. Bard 1902.* (271 S.) 8° [Ant. u. F.]
— Bard, Bibliothek. Bd 8–10.

Manoune. Schauspiel in 3 Akten von J. Marni [d. i. Jeanne Marnière]. Deutsch von [Franz] Wagh. Berlin, Köln, Leipzig: A. Ahn 1903. (VIII, 82 S.) 8° [F.]
— Theater, Französisches. No 4.

Marni, Jeanne, Tagebuch einer Verliebten. Roman. (478 S) kl. 8. Wien 905. Wiener Verlag. n. 3. —; geb. n.n. 4. 50

— wie Frauen sündigen. (Comment elles se donnent.) Autor. Uebersetzg. v. Frz. Hofen. 8. (216 S.) Ebd. 897. n. 2. —

Marnitz, die Central-Dampfheizung und maschinellen Einrichtungen der rheinischen Provinzial-Irrenanstalten. gr. 8. (62 S. mit 19 eingedr. Holzschn.) Berlin 879, Polytechn. Buchh. *
Aus: Der Rohrleger, besonders abgedruckt.

Marnitz, Curt, Ein deutsches Sekthaus, Bacchische Plauderei, m. Abb., Leipzig, 47 S., 8°.

Marnitz, Ludw. v., russisches Elementarbuch m. Hinweisen auf seine Grammatik. gr. 8. (IV, 116 S.) Leipzig 900. R. Gerhard. n. 1. 60; geb. n. 2. —

Marnitz, L. v., russisches Elementarbuch m. Hinweisen auf seine Grammatik. 2. verb. u. verm. Aufl. (IV, 124 S.) 8. Leipzig 908. R. Gerhard. 1.60; geb. n 2. 10

Marnitz, Ludw. v., russische Grammatik auf wissenschaftl. Grundlage, f. prakt. Zwecke bearb. gr. 8. (VII, 144 S.) Leipzig 897. R. Gerhard. n. 2. 80; geb. n. 3. 20

Marnitz, Ludw. v., russische Grammatik, auf wissenschaftl. Grundlage f. prakt. Zwecke bearb. 2. verb. Aufl. (VII, 151 S.) gr. 8. Leipzig 902. R. Gerhard. n. 2. 60; geb. n. 3. —

— Russische Grammatik auf wissenschaftl. Grundlage, f. prakt. Zwecke bearb. 3. verb. Aufl. (VII, 151 S.) 8. Ebd. 909. 2.60; geb. in Leinw. 3. —

— s.: Krieg, russisch-japanischer.

— s.: Methode Toussaint-Langenscheidt, Russisch.

— russische Reisebeschreibungen, s.: Meisterwerke, russische, m. Accenten. Bd. 11. 12.

— russisches Übungsbuch im Anschluß an seine Grammatik. gr. 8. (71 S.) Leipzig 899. R. Gerhard. n. 1. —

Marnitz, P. W., die Delicateß-, Wein- u. Italiener-Waarenkunde, od. Lexicon f. Gutschmecker. Für Kaufleute, Gastwirthe, Restaurateurs, Köche u. Gourmands. Breit 12. (20½ B.) Weimar 840, Voigt.

Marnitz, P. W., die Delicateß-, Wein- und Italiener-Waarenkunde, oder: Lexicon für Gutschmecker, enth. den Ursprung, die Beschreibung, die Kennzeichen 2c. aller Südfrüchte, Tafelobstsorten, Gewürze, Fische 2c. Für Kaufleute, Gastwirthe, Restaurateurs 2c. 2., verm. Aufl. gr. 16. (IV und 516 S.) Weimar 849, Voigt. 1

Marnitz, Ph., Anleitung zur Destillirkunst u. Liqueurfabr., s. Lorenz, Walt.

Marnitz, Phil., Verzeichniss der seit der Handels-Krisis vom 1. December 1857 bis Ende Januar 1859 in Hamburg entstandenen neuen Handels-Firmen und deren Inhaber, nebst den seit dieser Zeit eingetretenen Veränderungen bei noch bestehenden alten Handels-Firmen alphabetisch zusammengestellt nach amtlichen Quellen. Hamburg 859. Verlags-Comptoir. 8. (41 S.) 6 ngr.

Marnix', Philipp van, Herrn v. Sanct-Aldegonde, Lebensbild, s. Alberdingk Thijm, P. P. M.

Marnix, Philippus. Gereinigter Bienenkorb der heiligen Römischen Kirche. A. d. Holländ. Amsterdam [Jena] 1733. Ü: *Huth, Caspar Jacob.* (WR)

Marnix, Phil., gereinigter Bienenkorb d. heil. röm. Kirche. 8. Amst. 733.

Marno der Schreckensvolle und das Mädchen in der Löwenhöhle ... Krems 1803. V: *Gleich, Joseph Alois.* (MGT)

* Marno, der Schreckenvolle, u: das Mädchen in der Löwenhöhle. Ein historisch-romant. Gemälde aus der Geschichte Spaniens, v. Ludw. Dellarosa. 2 Thle. 8. Krems. (Leipz. Schmidt.) 803.

Marno der Schreckenvolle. 2 Thle. m. K. 8. Leipz. v. Kleefeld. 803.

E. Marno's Aufnahme des mittleren Bahr el Abiad und des Bahr el Seraf. Septbr 1879 bis März 1880. 1 : 500 000. Gotha 1881. 1 Bl. c. A. Ff.

E. Marno's Aufnahme des Bahr-el-Chasal im ägyptischen Dampfer »Bordēn« Januar und März bis Juni 1880. 1 : 500 000. Gotha 1882. 1 Bl. c. A.

Marno, Ernst, Bericht über eine Excursion von Zanzibar [Saadani] nach Koa-Kiora. [Jänner—März 1878.] gr. 8. (74 S. mit 1 lithogr. Karte in qu. Fol.) Wien 878, (Gerold und Comp.) *
Aus: Mittheilungen der k. k. geographischen Gesellschaft, besonders abgedruckt.

— Reise in der egyptischen Aequatorial-Provinz u. in Kordofan in den Jahren 1874—1876. Mit 30 Taf., 41 Text-Illustr., 4 Gebirgspanoramen nach Orig.-Skizzen u. 2 Karten. Mit Unterstützung der kaiserl. Akademie der Wissenschaften in Wien. gr. 8. (VIII, 286 u. Anh. 160 S.) Wien 878. Hölder. n. 15. —

— dasselbe. 2. Aufl. gr. 8. (VIII, 286 S.) Ebend. 879. n. 6. —

Marno, Ernst, Reisen im Gebiete des blauen und weissen Nil, im egyptischen Sudan und den angrenzenden Negerländern in den J. 1869 bis 1878. gr. 8. (VI, 516 S. mit 36 lithogr. Taf. in gr. 8. und qu. 4. und Holzschn. nach Orig.-Zeichnungen und 8 lithogr. Karten in qu. gr. 4.) Wien 874, Gerold's Sohn. *

Maro, der lustige Bilder-Onkel. Ein Bilderbuch für artige Kinder. In Wort und Bild — Für Scherz und Ernst. 4. (16 Stnt. mit Text.) Neu-Ruppin 864, Oehmigke. cart. 9 Ngr.; in Buntdr.

Maro, des Benedictiner-Mönchs Antonius, zu Pisa Träume in den zwölf Nächten. Prophezeiungen von 1780 bis 1900. 12. (24 S.) Jena 850, Luden. *

Maro, Bodo

Maro, Bodo, (Marbod von der Lancken), Gedichte. gr. 8. 837, Halle, Colditz'sche B. 5/6 ₰

Maro, Dodo, Gedichte. 8. Berlin 837, (Stackebrandt.) n. 5/6 ₰

Maro, D. H. R., Scherz und Ernst. In Wort und Bild für Kinder. 8. (33 lithogr. Bl. mit Text.) Neu-Ruppin 853, Oehmigke und Riemschneider. Thlr.

Maro, Francis [Pseud.]
Wirkl. Name: Marie Franzos

— Die Wenigen und die Vielen. Neue Essays. Autor. Übertr. v. Francis Maro. — Berlin: S. Fischer 1901. 351 S. 8°

Maro, Publius Vergilius, s. Vergilius Maro, Publius

Marocco [Schlagwort], s. Marokko

Marochetti, theoretisch-prakt. Abhandlung üb. die Wasserscheu, enthalt.: die Präservativkur, mit eigenen Beobachtungen u. prakt. Fällen, so wie mit denen auswärt. Aerzte versehen, u. durch die erfolgreichsten Heilmethoden ergänzt. gr. 8. (8¼ B. u. 1 Stnt.) Wien 843. (Gerold, Verl.) *

Marochetti, J. B., die Theilung der Türkei, nach der 2n Aufl d. Französ. übersetzt v. G. Sellen. (Edw. v. Alvensleben.) 8. Leipz. 828. Magazin f. Ind. 6 gr

Marochetti, (Michel): Theoretisch-praktische Abhandlung über die Wasserscheu, enthaltend: die vom Verfasser im Jahre 1820 mitgetheilte Präservativkur gegen diese Krankheit, mit eigenen Beobachtungen und praktischen Fällen, so wie mit denen auswärtiger Ärzte versehen, und durch die erfolgreichsten Heilmethoden der besten europäischen Praktiker ergänzt. Zum Gebrauche für Ärzte und die von ärztlicher Hülfe entfernten Gutsbesitzer bearbeitet. 122 S., gbd., Abb.

Wien: Strauss & Sommer 1843

JB 5.209

Marock, G(ottfried), Arzt in Schleiden Einige statistische Bemerkungen über die Eclampsiefälle von 1893 bis 1902. *Bonn 1904: J. Trapp.* (28 S.) 8°
Bonn, Med. Diss. v. 17. Febr. 1904

Maróczy, Géza v., kleines Handbuch des Schachspiels, s.: Szemere, Emerich.

Maróczy, Géza, Paul Morphy. Sammlg. der v. ihm gespielten Partien m. ausführl. Erläutergn. Mit 1 Titelbild u. 7 Bildern im Text. (XVI, 436 S.) 8. Leipzig 909. Veit & Co. 10.—; geb. in Leinw. 11. —

Marode, s.a Merode, Graf.

Das Einmachen der Früchte sowie Bereitung d Fruchtsäfte, Gelees .. Von Frau Mary **Marode**. Berlin M Marode [1906]. (63 S.) 8° [F.] 106. 10670

Marokko [Sachliches OW]

Marokko. Land und Volk. Vortrag . . . Düsseldorf 1897. V: *Jost, H. E. Walter.* (Berl)

Marokko [Schlagwort]

Marokko. Fischer, Theob., Reisewege im Atlas-Vorlande von Marokko. Aufgenommen u gezeichnet im Frühjahr 1901. 1:300,000 2 Blatt à 44,5×78,5 cm. Farbdr. Hamburg 902. L. Friederichsen & Co. n. 3. —

Marokko — Generalkarte der Königreiche — Fez, Algier und Tunis. Nach den besten Karten und neuesten Nachrichten. Verfasst von Don Lopez y Vargas etc Geographen des Königs in Spanien etc. Wien, neu herausgegeben von Hrn. F. A. Schraembl 1789. 1:2,800,000. 1 Bl.

Marocco, s.a. Hand- u. Reisekarten. 56. — Seekarten.

Marocco — Karte des Kriegsschauplatzes von — gez. u. lith. von C. Birk. Berlin 1860 bei Simon Schropp. 1 Bl.

Marokko. Langenbucher, K., Karte v. Marokko zur Uebersicht der Verkehrswege u. Botenposten, der deutschen, englischen, französischen u. spanischen Dampferlinien, sowie m. statist. Notizen. 1:2,000,000. 45×54 cm. Lith. Berlin 906. D. Reimer. n. 1. —

Marokko. Langhans, Paul, politisch-militärische Karte v. Marokko. 1:4,000,000. 2. Ausg. 65×57 cm. Farbdr. Nebst: Ergänzungsblatt. 35×22 cm. Farbdr. Gotha (909). J. Perthes. 1. —

Maroccanorum — Statuum. Regnorum nempe Fessani, Maroccani, Tafiletani et Segelomessani, secundum suas Provincias accurate divisorum, Typus generalis novus ex variis recentioris Geographiae adminicul depromptus et designatus à Jo. Chris. Homanno M. D. Norimbergae Anno 1728. 1 : 3,300,000. 1 Bl.

Marokko-Minen-Syndikat. Beantwortung der amtlichen Denkschrift und Aktenstücke über deutsche Bergwerksinteressen in Marokko. Berlin 1910.

Marold, Carl, s. Marold, Karl

Marold, Chrn., sichere Heilung des Milzbrandes der landwirthschaftlichen Hausthiere durch die erprobtesten und untrüglichsten Heil- und Vorbeugungsmittel, wodurch Tausende von Thieren gerettet und Viehbesitzer und Landwirthe vor bedeut. Verlusten bewahrt worden sind. Ein höchst wichtiger und unentbehrl. Rathgeber für Alle, die landwirthschaftl. Hausthiere halten zc. Nach langjähr. Erfahrungen verfaßt. 8. (VII und 42 S.) Leipzig 864, Wilfferodt.

Marold, Chrn., sichere Heilung des Milzbrandes der landwirthschaftlichen Hausthiere durch die erprobtesten und untrüglichsten Heil- und Vorbeugungsmittel. Ein unentbehrl. Rathgeber für Alle, die landwirthschaftl. Hausthiere halten und diese vor dem Milzbrande schützen, sich selbst aber vor erhebl. Schaden bewahren wollen. Nach langjähr. Erfahrung verf. 2. verb. Aufl. 8. (VII, 42 S. Leipzig 881, C. Wilfferodt. *

Marold, Chr., Spergel und Seradella. Zwei der wichtigsten und ertragreichsten Futterpflanzen für jede Bodenart, selbst für den magersten und ärmsten Sandboden, durch deren Anbau sogar in den trockensten Jahren, sowie beim Auswintern und Mißrathen des Klee's eine reichl. Menge eines sehr nahrhaften Futters gewonnen und dadurch dem Futtermangel vorgebeugt wird. Für Landwirthe, besonders für solche, welche Mangel an natürlichen Wiesen haben und deren Areal für den Kleebau sich nicht eignet. Nebst einem Anh. über die Wichtigkeit der Kleegrassaaten. 8. (74 S.) Leipzig 870, Wilfferodt. *

Marold, Friedr., das ABC der deutschen Küche oder Anfangsgründe der Kochkunst für Mädchen und Frauen jeden Alters und Standes. 8. (110 S. mit eingedr. Holzschn.) Leipzig 852, [Graul.] *

Marold, Frdr., das ABC der deutschen Küche oder Anfangsgründe der Kochkunst für Mädchen u. Frauen jeden Alters u. Standes. 8. (110 S. m. eingedr. Holzschn.) Leipzig 852, Renger. n. 1/3 ₰

Marold's, Friedr., Anfangsgründe der Kochkunst. Der vortheilhafte Einkauf beim Fleischer, Geflügel-, Wildprett-, Obst-, Gemüse- und Fischhändler oder wie sorgt die Hausfrau mit Nutzen für Küche und Speisekammer. 2. (Titel-)Ausg. 8. (110 S. mit 8 erklärenden Abbild. in eingedr. Holzschn.) Leipzig (852)59, Voigt. *

Marold, *Hermann Gottfried* Gerhard [aus Skaisgirren]: Über Wirbelfrakturen und ihre Prognose .. Halle a. S., Hofbuchdr. v. C. A. Kaemmerer & C., 1897; 53 S., 1 Bl. 8.
Halle, Med. Fak., Inaug.-Diss. v 5. März 1897

Marold, Karl

Marold, K., s.a. Hartmann v. Aue, Wolfram v. Eschenbach u. Gottfried v. Strassburg.

Hartmann von Aue, Wolfram von Eschenbach und Gottfried von Straßburg Eine Auswahl aus d. höf. Epos m. Anm. u. Wörterbuch von Dr. K[arl] **Marold,** Prof. 2. Aufl. Neudr Leipzig: Göschen 1910. 163 S. 8°
(Sammlung Göschen. 22.) [11. 14573 11

Marold, C Über die gotischen Konjunktionen, welche οὐν und γάρ vertreten. 30 S. Progr. Fr. Koll. *Königsberg* 1881.

Marold, Carl (geb. Pforzheim 14. 3. 1847) Ueber Missstaltung [!] des Beckens nach Gelenkleiden der Unter-Extremität. Berlin (1868). (32 S.) 8°

Berlin, Med. Diss. v. 25. Juli 1868

Marold, *Karl* Die Schriftcitate der Skeireins und ihre Bedeutung für die Textgeschichte der gotischen Bibel. 4 (S. 3—10 = S. 67—74).
In: Festschrift z. Einweihung der neuen Gebäude des Kgl. Friedrichs-Nicht im Tauschverkehr **Progr.** Kolleg. *Königsberg i. Pr* 1892

Marold, Karl [Dr.]: Stichometrie und Leseabschnitte in den gotischen Epistoltexten. Königsberg, Hartungsche Buchdr., 1890; S. 1—18; 4"
Königsberg i. Pr., k. Friedrichs-K, OP 1890 (7)

Marold, Karl [Dr.]: Stichometrie und Leseabschnitte in den gotischen Epistoltexten. Königsberg, Hartungsche Buchdr., 1890; S. 1—18; 4"
Königsberg i. Pr., k. Friedrichs-K, OP 1890

Marold, K., Stichometrie und Leseabschnitte in den gotischen Epistoltexten. gr. 4. (18 S.) Königsberg 890. (Leipzig, Fock.) n. 1. —

— zur handschriftl. Überlieferg. des Tristan Gottfrieds v. Strassburg, s.: Festschrift, z. 70. Geburtstage Oskar Schade dargebracht.

Marold, Ludek

[Marold, L.] L. Marold-Album. Imp.-4. (50 Bl. m. Bildnis.) München 899. Braun & Schneider. Geb. in Leinw. n. 10. —

Marold, Max, das Kärntner Volkslied u. Thomas Koschat. Fest-Gabe zum 8. Aug. 1895. 4. (15 S. m. Bildn.) Leipzig 895. F. E. C. Leuckart. n. — 60

Marold, Otto, Geschichte Preußens, s.: Conrad, Leop.

Marolles, Vict. de, Kardinal Manning. Mit e. Vorrede v. Ferd. Brunetière. Autoris. Übersetzg. v. Sebast. Zeissner. Mit 1 Bildnis d. Kardinals. (XVI, 181 S.) 8. Mainz 910. Kirchheim & Co. 1.80; geb. in Leinw. 2.50

Maron, der Christenknabe aus dem Libanon, s.a. **Aus fernen Landen.**

Maron, der Christenknabe aus dem Libanon. Eine Erzählung aus der letzten grossen Christenverfolgung durch die Drusen. Von A v. B . 6. Aufl. Mit vier Bildern [Tafeln, und illustriertem Umschlag]. VI + 69 S. 8. Freiburg im Breisgau, Herder, (1902). (M. —. 60, geb. M. —. 80)
Aus fernen Landen ... gesammelt von Joseph Spillmann S. J. Bändchen 4....

Maron, der Christenknabe aus dem Libanon.... Von A v. B . 7. u. 8. [Titel-]Aufl. ... VI + 69 S. 8. Freiburg im Breisgau, Herder, (1904) u. (1907). (M. —. 60, geb. —. 80)
Aus fernen Landen .... Bändchen 4.... — 6. Aufl. (1902): R

— el niño cristiano del Líbano, s.: Desde lejanas tierras.

— the christian youth of the Lebanon, s.: Tales of foreign lands.

Maron, David [Assist. d. schweiz. landw. Versuchs-Anstalt Bern]: Beiträge zur Kenntnis von komplexen Chromophoren. Bern 1898. 23 S. 8°.
Bern. Phil. Diss. 1897/98.

Maron, Ernst Wilhelm

Maron, E. W., Anleitung für Privatwald-Eigenthümer, zur eignen Ermittelung des nachhaltigen Material-Ertrages einer Forst, sowie zur eignen Bewirthschaftung derselben nach einfachen practischen Regeln, nebst einer kurzen Anweisung zu den dabei von dem Geometer zu liefernden Arbeiten. gr. 8. (Mit 10 Tab.) Posen 841, Mittler. n. $1^{2}/_{3}$ Thlr — 2. verm. Aufl. gr. 8. Berlin 844. (Mittler.) n. $1^{2}/_{3}$ Thlr

— der gute Forst-Lehrling u. der tüchtige Förster, enthaltend eine deutliche Darstellung von den Licht- u. Schattenseiten des Förster- u. Jägerlebens, der Erfordernisse zum Eintritt in die Lehre, Prüfung als Forstlehrling, Dienstzeit bei den Jägerabtheilungen, Verhalten während der Urlaubszeit bis zur Anstellung, u. demnächst die Dienstpflichten eines Försters, in besond. Beziehung auf den Preußischen Staat. gr. 8. Berlin, Posen u. Bromberg 842. (Mittler.) n. $1^{2}/_{3}$ Thlr

Maron, E. W., Forst-Statistik der sämmtlichen Wälder Deutschlands einschließlich Preußen. Bearb. nach amtl. Quellen. Lex.-8. (VI und 356 S. mit 1 Tab. in Fol.) Berlin (861)62, Springer's Verlag. *

Maron, E. W., Grundzüge und Statut zur Versicherung der Privat- und Communalwälder der Provinz Schlesien gegen Feuersgefahr. gr. 8. (35 S.) Oppeln 865, (Clar's Buchh.) *

Maron, E. W., die Privat-Forstwirthschaft im kurzen Umtriebe mit hohem Geld-Ertrage nebst einer Anweisung zur Bewirthschaftung und Ertrags-Ermittelung der Privat-Forsten durch den Wald-Eigenthümer ohne technische Beihilfe. gr. 8. (XV und 247 S. mit 1 ill. Karte in 4. und 1 Tab. in Fol.) Breslau 848, (Graß, Barth und Comp., Sortimentsh.) *

MARON, Ernst Wilhelm: Reisebilder aus dem Königreich Polen in Bezug auf den Cultur-Zustand des Landes im Allgemeinen und den Zustand, die Bewirthschaftung und die Organisation der dortigen Forsten insbesondere. Posen 1841. 120 S.

Maron, H., Extensiv oder intensiv? Ein Kapitel aus der landwirthschaftlichen Betriebslehre. Oppeln 859. (Breslau,) Clar gr. 8. (31 S.) n. 5 ngr.

Maron, H., der religiöse Fortschritt unserer Zeit mit Beziehung der von Ronge u. Czerski beregten Streitpunkte. gr. 8. Leipzig 845, Engelmann. n. $^{1}/_{6}$ Thlr

Maron, H., mein Freihandel. Ein Separatvotum eines Mitgliedes des berliner Freihandels-Verein's gegen das Programm desselben. 8. (30 S.) Berlin 847. [Leipzig, Baensch.] *

Maron, H., mein Freihandel. Ein Separatvotum eines Mitgliedes des Berliner Freihandels-Verein's gegen das Programm desselben. 8. (30 S.) Berlin 847, A. v. Schröter. n. $^{1}/_{6}$ Thlr

Maron, H., die Gesellschaft und ihre Geisteskranken. Ein Wort für gebildete Laien und für Aerzte. 8. (45 S.) Leipzig 881, Böhme. *

Maron, H. Die Mahl- und Schlachtsteuer. 8°. Berlin 1863.

Maron, H., Materialien zum Zolltarif. Zusammenstellung der auf den Zolltarif bezügl. Anträge und Petitionen sowie der Verhandlung des ersten deutschen Zoll-Parlaments. Im Anh.: Der neue Zolltarif. Lex.-8. (VIII, 328 S.) Berlin 868, van Muyden. *

Maron, Herm., Japan und China. Reiseskizzen, entworfen während der Preuß. Expedition nach Ost-Asien. 2 Bde. 8. (526 S. mit 1 Holzschntaf.) Berlin 863, Janke.

Maron, Oskar, Rechtsprakt.: Das Recht der Vormundschaft im Ober- und Niederbayern bis zum Ausgang des Mittelalters unter besonderer Berücksichtigung der lex Baiuvariorum und der Rechtsbücher Ludwigs des Bayern. Aschaffenburg 1909: Werbrun. 100 S. 8°
Erlangen, Jur. Diss. v. 18. Dez. 1909, Ref. Sehling
[Geb. 2 Febr 85 München; Wohnort: Aschaffenburg; Staatsangeh.: Bayern; Vorbildung Wilhelms-Gymn. München Reife 03, Studium: München 3, Berlin 2, Erlangen 3 S.; Rig. 9. März 09.] [U 10.731

Maroni, F. A., Commentar. de eccles. et episcop. ostiensib. et veliternis, 4. Rom. (Class, H.) 766.
4. maj.

Maroni, Paul: Die gesetzliche Prostitution in ihren Beziehungen zu den Geboten des Christentums und zum positiven Recht. Eine zeitgemäße Studie. — Hildesheim: Borgmeyer 1884. 40 S. 8°

Jacobus Arminius. Een biografie door J[an] H[endrik] Maronier. (Met portr en handteekening.) Amsterdam Rogge 1905. 368 S. 8° [11 13090

Maronius, Melch., Kirchenweihpredigt, bei der Einweihung der ersten Kirche der evangel.-luther. Gemeinde zu Lissa geh. am 1. Adventssonntage 1636. Neu hrsg. am 250jähr. Gedenktage ihrer Zerstörg. von G. Smend. (31 S.) 8. Lissa 906. F. Ebbecke. n. — 25

Marońskі: De auguribus Romanis. 25 S – Neustadt i/W Progr 1859

Maronski: Die stammverwandschaftlichen u. polit Beziehungen Pommerns zu Polen bis zum Ende der ersten polnischen Herrschaft in Pommerellen im J 1227 54 S. – Neustadt i/W, Progr. 1866

Maronski, Staniel., Pieśń o narodzie cierpienia. 8. (39 S.) Gnesen 848. (Lissa, Günther.) *

Maroszy, Steph., ungeschminkte Wahrheit üb. das Liebesdrama des Kronprinzen Rudolf u. der Baronesse Mary Vetsera. (319 S.) 8. Leipzig 903. Leipziger Verlags-Comptoir. n. 2.50

Maroszy, Steph., ungeschminkte Wahrheit üb. das Liebesdrama des Kronprinzen Rudolf u. der Baronesse Mary Vetsera. 2. Aufl. (319 S.) 8. Leipzig 907. Leipziger Verlags-Comptoir. 2.50

Marot, Clement. [Leipzig 1792.] V: *Jacobs, Christian Frdr. Wilhelm.* (NN) (MGT)

Mar'ōt ha-Sobē'ōt. Das Buch wert (Spigl) fun der Welt, fun uns bilich also gemelt |: En Sammling Fabler o. lg. med moraliserende Indhold. (I to Dele). Wandsbeck ([5]478 s. Kronogr. (ɔ: 1718).):|

Marot [Pseud.], s.a. Kritzinger, Friedrich Adolf

Marot, ..., (F. A. Kritzinger,) lustige Plaudereien. 2 Thle. 8. o. O. 776.

Marot, Alex., Keine Flechten und Hautkrankheiten mehr! Aerztliche Anweisung die trockenen u. nässenden Flechten, die rothe Nase, Pickeln 2c. durch ein einfaches u. bewährtes Heilverfahren schnell u. sicher zu beseitigen. Mit Angabe der Heilmittel. 1. u. 2. Aufl. Berlin 864. Mode. 8. (48 S.) 7½ ngr.

Marot, Alex., keine Flechten und Hautkrankheiten mehr! Aerztliche Anweisung die trockenen und nässenden Flechten, die rothe Nase, Pickeln 2c. durch ein einfaches und bewährtes Heilverfahren schnell und sicher zu beseitigen. Mit Angabe der Heilmittel. 1.—5. Aufl. 8. (48 S.) Berlin 865—68, Mode's Verlag.

Marot, Alex., keine Flechten u. Hautkrankheiten mehr Aerztliche Anweisung die trockenen u. nässenden Flechten, die rothe Nase, Pickeln 2c. durch ein einfaches u. bewährtes Heilverfahren schnell u. sicher zu beseitigen. Mit Angabe der Heilmittel. 3—5. Aufl. Berlin 865—68. Mode's Verlag. 8. (48 S.) 7½ ngr.

Marot, Aug., die ernste Bedeutung der bevorsteh. Wahlen und die Pflicht der Wähler. gr. 8. (16 S.) Potsdam 849, Janke. **

— — *Clément Marot's* Epigramme in deutscher, metrischer Uebertragung von Margarete Beutler, herausgegeben und eingeleitet von Herman Friedrich Freksa. Mit 55 zum Theil freien Vignetten von Paul Renner. München und Leipzig, Georg Müller, 1908. Lex.-8°. Privatdruck. Druck u. Ausstattung in gotischem Stil. Ca. 100 S. (In Leder, nach alten Originalen gebdn., Mk. 18—) (20 Mk., Orig.-Prgtbd., Adolf Weigel, 1911)

Marot, Clem., Oeuvres chois. 1 vol. in-18. (Didot) (Leipzig, Barth. auch Fr. Fleischer.)
(papier fin, 12 Gr. papier vélin 1 Thlr. format in 12., pap. vélin, 1 Thlr. 8 Gr.)

Marot, Clement, oeuvres poetiques choises. Mit 2 Portr II Vols. 16. Zwickau 819. Schumann. 16 gr.

Marot, C. Lustige Plaudereien. O. O. 1776. Ü: *Kritzinger, Frdr. Adolph.* (BGE)

Marot, Daniel

Marot, D., damaszirte Arbeiten, s. Meister, alte.

—— Gewebe u. Stickereien. gr. 4. (30 Taf.) Ebd. 892. geb. * 15 —

—— Gobelins, s. Gillot.

Marot, Daniel, das Ornamentwerk, in 264 Lichtdr. nachgebildet. Mit Unterstützg. d. k. Ministeriums f. Handel u. Gewerbe. gr. 4. (15 Blatt Text.) Berlin 892. E. Wasmuth. Geb. in Leinw. n. 120.—

— dasselbe. 7. Abth. Stickereien u. Gewebe apart. gr. 4. (30 Taf. m. 2 Bl. Text.) Ebd. 892. In Leinw. kart. n. 15.—

Marot, Fr., Predigt am Friedensfeste den 18. Jan. 1816. gr. 8. Berlin, Mittler.

Marot, Madeleine, Χαῖρε Ἀφροδίτη. 8. (III, 104 S.) Berlin 902. G. H. Meyer. n. 2.—; geb. n. 3.—

® Marôt, M., *Χαῖρε Ἀφροδίτη.* 902. (KBL 32.) Jetzt: Berlin, F. Wunder.

Marot, Samuel

— Predigt z. Gedächtniß des sel. Joh. Jänicke, gewesenen Predigers an der Böhm. Kirche, gehalten am 12. August 1827. gr. 8. Berl. 827. Enslinsche B. 3 gl

Marot, S., Predigt zum Gedächtniß Friedrich Wilhelm III. gr. 8. Berlin 840. Mittler. 1/6 ₰

Marot, Sam., Predigt z. Gedächtniß Sr. Maj. Friedrich Wilhelm III., Königs v. Preußen. gr. 8. (2 B.) Berlin 840, [Mittler, Brlsh.]

Marot, Sam., Rede bei d. Einführung d. Hrn. Joh. Goßner, als Prediger d. Böhmischen Gemeine, am 12. Apr. 1829. gr. 8. (3/4 B.) Berlin, (Enslin'sche Buchh.)

Marot, S., u. A. Kober, Rede am Sarge und Predigt zum Gedächtniß des selig entschlafenen Pastors an der Neuen Kirche zu Berlin, Doctors d. Gottesgelahrtheit rc., Hrn. Peter Wilh. Heinr. Hoßbach gehalten. gr. 8. Berlin 846, Thome. n. 4 ngl

Marot, Sam., christl. Religionsunterricht für die Jugend. 4e Aufl. 8. Berl. 820. Th. Enslin. 4 gl

Marotsky, Armin Theod. (geb. Rastenburg 3. 9. 1842) De ulcere ventriculi chronico. Berolini (1865). (31 S.) 8°
Berlin, Med. Diss. v. 22. Apr. 1865

Maroussem, Rob. du, causeries parisiennes, s.: Persohier, A.

Marowsky, Alex., das Rhinoceros der Diluvialzeit Mährens als Jagdthier des paläolithischen Menschen. [Aus: „Mitth. der anthropol. Gesellsch. in Wien".] gr. 4. (8 S. m. 1 Taf.) Wien 897. (Brünn, C. Winikor.) n.n 1.—

Marpelt. Der militärische Ideendiebstahl. Ein Bruchstück aus den Werken des grössten Abenteurers der Weltgeschichte und Kritik der Anordnungen und leitenden Ideen, welche er selbst [lui même Louis Napoléon] zur Erhöhung der Vertheidigungsfähigkeit seines Landes als massgebend betrachtet und zu Grunde zu legen insgeheim befohlen hatte. (167) 8. Gotha 1873. 3,00

Marpelt, Officier, attachirt gewesen von 1860 bis 1870 der Gesandtschaft in Paris. Der militairische Ideendiebstahl. Ein Bruchstück aus dem Wirken des grössten Abenteurers der Weltgeschichte und Kritik der neuesten Anordnungen und leitenden Ideen, welche Er selber (Lui-même Louis Napoléon) in Folge der von Ihm dafür angeordneten Conferenzen und nach deren Ergebnissen zur Erhöhung der Vertheidigungs-Fähigkeit Seines Landes für die Folgezeit als massgebend betrachtet und Seinen Instructionen für die Militair-Behörden und höheren Officiere und Beamten zu Grunde zu legen insgeheim befohlen hatte. Zuerst in den Officierskreisen vorgetragen und dann auf Anregung derselben allgemein verständlich aus Manuscripten gedruckt. kl. 8. Gotha (1873.

Marpelt, der militairische Ideendiebstahl. Ein Bruchstück aus dem Wirken des größten Abenteurers der Weltgeschichte und Kritik der neuesten Anordnungen und leitenden Ideen welche er selber [lui-même — Louis Napoléon] in Folge der von Ihm dafür angeordneten Conferenzen und nach deren Ergebnissen zur Erhöhung der Vertheidigungs-Fähigkeit Seines Landes für die Folgezeit als maßgebend betrachtet und Seinen Instructionen für die Militär-Behörden und höheren Offiziere und Beamten zu Grunde zu legen insgeheim befohlen hatte. 8. (167 S.) Gotha 874, Fellmer. *

Marpenbouk, C. W. von. „Project, wie eines Potentaten Einnahme erhöhet, das Commercium gefördert und zulänglicher Credit zuwege gebracht werden möge", Frankfurt a. M. 1760.

Marperger, Bernh. Walth., Abweichungen von den von ihr beschwornen symb. Büch. 8. Dresden, Gerlach. 729.

— de agno ad arae cornua ligando, ad illustr. Psalm 98. 8. ibid. 730. Rthlr.

— Anleitung zur wahren Seelenkur bei Kranken u. Sterbenden 8. Frankf. a. M. 751. Andreä. 6 gl

— Auslegung der ersten Epistel Johannis. 4. Nürnberg. 710.

Marperger, B G De fatis Matheseos Altorfi 1702 4°

MARPERGER, B. W., Gute Gedanken von der bösen Zeit. 2. Auflage. Nürnberg 1792. 8°. (In Zürich.)

Marperger, Bernhard Walther: Gute Gedanken von der bösen Zeit 2. Aufl. 1803. *(frühere Aufl. Nürnberg 1714.)*
Hrsg.: Christian Gottlob Pregizer.

Marperger, B. W., gute Gedanken üb. die böse Zeit. 5. Ausg. eingeleitet v. Oehler. 8. (VIII, 92 S.) Stuttgart 874. Ruper. — 60

— einzige Gewalt, welche die Christen gebrauchen dürfen. 8. Ebend. 728.

Marperger, Bhrd. Walth., Communionbüchlein. 12. Nürnb. 770. Bauer u. Raspe. 12 gl

— Kranken- u. Sterbebette frommer Christen. 2 Thle. 8. Nürnb. 765. Bauer u. Raspe. 1 ₰ 16 gl

— Land, das im Segen Jehova liegt. 4.

— Landtagspredigten. 4. Dresden, Walther. 742.

— wahrer Lehrelenschus, schriftm. betr. 2 Thle. 8. Dresd. Gerlach. 727. und 28.

— de XV. mensis a. b. h. hebraeor. dici expiationis comparato. 8. Dresd. Gerlach. 730.

— Passionspredigten, a. d. Ev. Marco, nach einig. üb. Hiob 14, 2 Thle. 8. Dresd. Walther. 741.

— heilsame Seelenweide an Jesu Leiden. 2 Theile. 8. Dresden, Heckel. 741.

Marperger, Bernhard Walther [Praes.], s. Sonnenmayer, Johann Nikolaus: De fatis matheseos.

— d. große Sühn- und Sündopfer des großen Versöhntages, als ein Vorbild des Leidens und Auferst. Christi. 8. Nrnb. 741.

— das letzte Sündopfer im Gesetz, in Passionsbetrachtungen. 8. Dresden, Heckel. 735.

Marperger, Paul Jakob, s. a. Marberger

Marperger, Paul Jacob, Abbildung Einer, nach allen natürlichen und politischen, auch Policey-, Cammer-, Commercien und Oeconomie Requisitiv wohlbestellten und mehrentheils (so weit es in der weltlichen Unvollkommenheit zu bringen ist) Vollkommenen Republic, ohne dass man dessfalls auf eine Platonische Utopische oder Severambische zu verfallen Ursach habe etc. etc 8⁰ s l. s. a

Marperger, Paul Jacob „Abriss der Commercien und Manufacturen des Churfürstenthums Sachsen und seiner incorporirten Länder ", Dresden und Leipzig 1718. — Vorh. Com. Bibl Hamburg.

— — u. **Christian Erdmann Deyling,** De acquisitione dominii originaria in statu naturae. Leipzig (Langenheim) 16. XII. 1741. 32 S. (4.20) 22194

Marperger, Paul Jak., Ausführliche Beschreibung des in Teutschland weit und weltberühmten Elbstroms. Stück 1. 2. Dresden [1727]. 4. . . . . (D.)

Marperger, Paul Jakob „Eine ausführliche Beschreibung des Haar- und Federhandels und der aus diesen Materialien verfertigten Manufacturen", Leipzig 1715.

Marperger, Paul Jacob „Ausführliche Beschreibung des Haar- und Feder-Handels / und denen aus diesen beyden Materialien verfertigten Manufacturen / Da dann zugleich von unterschiedlichen darinnen arbeitenden Handwerckern gehandelt wird. Ingleichen auch zur Conservation und Verbesserung der Haupt-Haar / viel schöne Experimenta, nebst sonderbaren Anmerckungen gegeben werden", Leipzig 1717 — Vorh. Bücherei der Industrie- u. Handelskammer Leipzig.

Marperger, Paul Jacob „Ausführliche Beschreibung des Haar- und Feder-Handels", Leipzig 1717 — Vorh Bibl. des Oberlandesgerichts Celle — Tc. 665.

Marperger, Paul Jacob „Beschreibung der Banquen, als Land- Lehn- und Deposito- Wechsel- und Giro- oder Kaufmännische Ab- und Zuschreib- wie auch Billets- oder sogenannte Müntz-Zettel- und Actien-Banquen; wo die vornehmsten derselben anzutreffen, mit was vor Statutis und Verordnungen einige darunter versehen seyn, und wie hoch dem Publico daran gelegen, daß in allen großen Residenz-, Reichs- und Handelsstädten, ja auch in ganzen Ländern und Provinzien dergleichen Banquen angelegt würden, wobey zugleich von dem Recht der Banquen und Banquiers gehandelt, ein gewisses Wechsel-Project examiniret, und endlich die sicherste und beste Ordnung, das Finanzwesen eines Landes oder Republic auf guten Fuss zu setzen, gezeiget wird", Halle und Leipzig 1717 (bey Felix der Serre). — Vorh UB Bonn, Halle, Kiel, Greifswald, Preuß. Staatsbibliothek Berlin, Com. Bibl. Hamburg und Bibl des Oberlandesgerichts Celle. — Neue Auflage, 1723, vorh. UB Breslau und Halle.

Marperger, Paul, Jac., Beschr. d. Banken ꝛc. 4. Halle. (Gleditsch, Lpz.) 723.

— Beschreib. des Flachses u. Hanfes. 8. Leipz. 770. Hilscher. 12 gr.

— Beschreibung des Hanfs und Flachses ꝛc. 8. Leipzig, Gleditsch. 710.

Marperger, P. J. Beschreibung Des Hutmacher-Handwercks, Und alles dessen Was sonderlich aber von der Hutmacher Ihren Statutis, Handwercks-Gebräuchen und Rechten zu wissen ist Altenburg, Druck und Verlag Johann Ludwig Richters 1719. 160 S. 8°

Marperger, Paul Jacob „Kurtzgefaste geographische, historische und mercatorische Beschreibung aller derjenigen Länder und Provintzien, welche dem königlich-preussischen und churbrandenburgischen Scepter in Deutschland unterworffen", Berlin 1710. — Vorh. Com. Bibl. Hamburg.

Marperger, Paul Jacob: „Beschreibung der Messen und Jahr-Märckte . Wobey ferner ein in doppelten Posten, oder nach Italiänischer Buchhaltungs-Manier eingerichteter Entwurff einer Leipziger Oster-Mess-Verrichtung gegeben . . .", Leipzig 1711 (Johann Friedrich Gleditsch & Sohn). — Vorh.. UB Königsberg und Göttingen, Com. Bibl. Hamburg und Ind.- und Handelskammer Leipzig.

Marperger, Paul Jak., Beschreibung des Tuchmacher-Handwerks und der aus grob und fein sortirter Wolle verfertigten Tucher, Dresden u. Leipzig 1723. . (D.)

Marperger, Paul Jak., Beschreibung des Zeugmacher-Handwerks. Leipzig & Dresden o. J 4. (D.)

Marperger, Paul Jakob „Deliciae Mercatoriae oder Kauffmännische Ergötzlichkeiten" Ohne Ort und Jahr

Marperger, Paul Jakob „Entwurf einer gewissen Stiftung, Bruderschaft oder Societät, welche in großen Handelsstädten Kauffmannsdiener zur Erhaltung der Nothleidenden machen könnten", Leipzig 1718

Marperger, Paul Jacob: „Erläuterung der Hamburger und Amsterdamer Waren-Preis-Couranten und der Geld- und Wechsel-Cours-Zettel", o. O. 1722.

Marperger, P J (Übers.), s. Felibien Historie .. d. berühmtesten europ. Baumeister

— Fragen über die Kaufmannschaft. 2 Thle. 8. Flensb. 712.

Marperger, Paul Jakob „Nothwendige und nützliche Fragen über die Kauffmannschaft ", Leipzig und Flensburg 1714 (Bey Balthasar Otto Bosseck). — Vorh.. UB Göttingen, Preuß. Staatsbibliothek Berlin. — Eine erste Fortsetzung soll 1715 erschienen sein.

Marperger, Paul Jacob „Nothwendig und nützliche Fragen über die Kauffmannschaft" [Nebst] Fortsetzung 1, Leipzig und Flensburg 1714, 1715. — Vorh. Bibl des Oberlandesgerichts Celle — (an Tc. 663).

Marperger, Paul Jac. Wohlmeinende Gedanken über die Versorgung der Armen, nebst 3 Fortsetzungen. 4. *Dresden.* 1722

Paul Jacob Marpergers ... Getreuer und Geschickter Handels-Diener, In welchem vornemlich Was ein Handels-Diener sey ... gehandelt, durchgehends aber ein reicher Vorrath allerhand heilsamer Lehren und Unterrichtungen, gegeben wird, deren sich Lehrbegierige Handels-Diener sowohl zu Haus, als auf Reisen mit sonderbahren Nutzen bedienen können. Nürnberg und Leipzig, zu finden bey Peter Conrad Monath. An. 1715.

Marperger, Paul Jakob „Neu eröfnetes Handelsgericht", Hamburg 1709 (bey Benjamin Schiller im Thum). — Vorh.: Preußische Staatsbibliothek Berlin, UB Breslau, Bonn, Göttingen, Kiel und Greifswald

Marperger, Paul Jacob „Neu-eröffnetes Handels-Gericht, oder wohl bestelltes Commercien-Collegium, worinnen von dessen Nothwendig- und Nutzbarkeit . und von dem Recht der Kauffleute, auch der Commerciorum selbst, ausführlich gehandelt Welchem annoch mit beygefüget ein stattlicher Vorrath allerhand Praejudicatorum, Responsorum . und unter solchen des berühmten französischen Commercien-Raths Savary längst verlangte Parere", Hamburg (1709). — Vorh. Bibl. des Oberlandesgerichts Celle — La. 165 — Com. Bibl. Hamburg und Bücherei der Industrie- und Handelskammer Leipzig.

Marperger, Paul Jakob: „Der allzeit fertige Handelscorrespondent .", Hamburg bey Benjamin Schillern, Buchhändler im Thum anno 1706 (2 Theile). — Vorh.: UB Göttingen. (Das erste Erscheinungsjahr für den 1. Theil soll 1699, für den 2. Theil 1705 sein. Bis 1717 sollen 4 Auflagen erschienen sein).

— allz. fert. Handelscorrespondent und Kaufmannssecretair. 8. Hamb. Herold. 764.

— der alle Zeit fertige Handelscorrespondent u. Kaufmannssecretair. 8. Hamb. 764. Herold. 1 ℛ 8 gr.

— Historie und Leben der ber. Baumeister. 12. Hamb. 711.

1723. * *Paul Jacob Marpergers*, königl. Pohl. und Chur-Sächs. Hof- und Commercien-Raths und Mitglieds der königl. Preuss. Societät der Wissenschaften, Horologiographia oder Beschreibung der Eintheilung und Abmessung der Zeit, sonderlich der Tages- und der Nachtstunden, und zwar jener bei hellem Sonnenschein durch die Sonnenzeiger, dieser durch die Mond- und Sternenuhren, beyder aber auch durch gewisse (nach andern Merkmalen genommene), stationes und periodos oder auch durch künstliche Machinas, Uhrwerke und Glocken, wobey zugleich ein wohlgemeynter Vorschlag gethan wird, wie in allen Städten, die sich einer guten Policey rühmen wollen, die Zeiger- und Schlaguhren, das nöthige Glocken-Lauten, die anmuthigen Glockenspiele, und die Stadt- und Nacht-Wächter, oder Stundenruffer ordentlich könten eingerichtet und bestellet seyn. Deme hernach noch sonderbare hierzu sich schickende moralia und Devisen, sammt einem Capitel von dem Recht der Uhren und Glokken beigefügt werden. Dresden und Leipzig. In Verlegung des Autoris. 8. 288 S.

Marperger, Paul Jacob: „Erstes Hundert Gelehrter Kauffleut. Nebst Catalogus von des Autoris edirten und zum Druck fertig liegenden Schriften", Dresden und Leipzig 1717. — Vorh.: Preuß. Staatsbibl. Berlin, Com. Bibl. Hamburg, UB Bonn, Breslau, Münster.

Marperger, Paul Jacob: „Historischer Kauffmann oder unterschiedl. . . . . . der wehrten Kauffmannschafft angehende Begebenheiten und Geschichte", Lübeck und Leipzig 1708. — Vorh.. Bibl. des Oberlandesgerichts Celle — Tc. 663 — ferner Com. Bibl. Hamburg, Preuß. Staatsbibl. Berlin, UB Göttingen, UB Greifswald.

Marperger, Paul Jakob: „Moscowitischer Kauffmann . . ", Lübeck 1705 (In Verlegung Peter Böckmann, Buchhändler, Druckts daselbst Samuel Struck). — Vorh.: UB Breslau, Bonn und Göttingen. Eine weitere Auflage soll 1723 erschienen sein.

— Moscow. Kaufmann, od. Beschr. d. moscov. Commercien ꝛc. Lübeck. 723.

Marperger, Paul Jacob: „Schlesischer Kauffmann, oder Ausführliche Beschreibung der Schlesischen Commercien und deren letzigen Zustandes", Breslau und Leipzig 1714. — Vorh.: Bibl. des Oberlandesgerichts Celle — Tc. 664 — ferner Preuß. Staatsbibl. Berlin, UB Breslau, Marburg, Münster, Göttingen.

Marperger, Paul Jakob: „Schwedischer Kauffmann . ", Wissmar und Leipzig 1706 (Verleger Joh. Christ. Schmidt). — Vorh.: Preußische Staatsbibliothek Berlin und UB Breslau, Halle, Marburg, Göttingen und Greifswald.

M(arperger), P(aul) J(acob): „Die Neu-Eröffnete Kauffmans-Börse / Worin Eine vollkommene Connoisance aller zu der Handlung dienenden Sachen und Merckwürdigkeiten / Auch Curieusen und Reisenden Anleitung gegeben wird / was sie davon zu Ihrem Vortheil auff Reisen zu bemercken", Hamburg 1705. — Vorh.. Bücherei der Industrie- und Handelskammer Leipzig.

Marperger, Paul Jakob: „Die Neu-Eröffnete Kauffmans-Börse", Hamburg 1707 (bey Benjamin Schillern, Buchhändler im Thum). — Vorh.: Preußische Staatsbibliothek Berlin. — Andere Auflagen sollen aus den Jahren 1704 und 1706 stammen.

— wohlunterw. Kaufmannsbursche oder Anw. z. d. kaufm. Wissensch. ꝛc. 8. Nürb. Schneider und Weigel.

Marperger, Paul Jakob: „Wohl unterwiesener Kauffmanns-Jung . . . .", Nürnberg 1715 (Johann Leonhard Buggel). — Vorh.: UB Münster und Göttingen.

Marperger, Paul Jak., der wohlunterwiesene Kaufmannsjunge. 8. Nürnb. ... Schneider u. W. 12 gl

Marperger, Paul Jakob: „Kauffmansmagazin. Aus der Medicin, Botanik, Chymie, Droguerie, Bergwerkswissenschaft, insonderheit aber der Kaufmanschaft, in einem alphabetischen Lexikon." Hamburg 1704, 1706, 1708, mit zweitem Teil 1732, 1748 und 1765. (Dieses Werk ist nirgends mehr zu erreichen).

Marperger, Paul Jacob „In Natur- und Kunst-Sachen Neueröffnetes Kaufmanns-Magazin, zum Unterricht und Dienst . . . . insonderheit . . . . der edlen Kaufmannschaft . . . . Beflissenen . . . . in einem beliebten alphabetischen Lexiko", 2. Auflage, 2 Bände, Hamburg 1733, vorh.. Com. Bibl. Hamburg. — 3. verm. und verb. Auflage, 2 Bände, Hamburg 1748, vorh.. Bücherei der Industrie- und Handelskammer Leipzig.

— in Natur- u. Kunstsachen neueröffnetes Kaufmannsmagazin. 8. Hamb. 765. Hereld. 1 ß 8 gl

Marperger, Paul Jakob „Kluger und wohlgeübter Kauffmans-Secretarius oder des allzeit fertigen Handelscorrespondenten 3. und 4. Theil . ", 5. Auflage Hamburg 1764 (Christ. Herolds Wittwe). — Vorh.. Preußische Staatsbibliothek Berlin.
Die erste Auflage soll 1715 erschienen sein.

— gülden Kleeblatt der Kaufmannschaft. 8. Dresd. 723.

Marperger, P. Jac.: Commerziencollegium u. neueröffn. Handelsgericht. *Hamb.* 709. 4.

— vollst. Küch- u. Keller-Dictionar. 4. Hamburg, Herold. 716.

Marperger Paul Jacob: Vollständiges Küch- und Keller-Dictionarium. In welchem allerhand Speisen und Geträncke / Bekannte und unbekannte gesunde und ungesunde / einheimische und ausländische / wohlfeile und kostbare nothwendige und entbehrliche / und andere / wie sie Nahmen haben mögen / mehr beschrieben / Ihr rechter Einkauffs- und Erzielungs-Ort / Zeit und Preiß / wie auch ihre Auslesung / Zubereitung Conservation, nützliche und schädliche Würckung mäßiger und unmäßiger Gebrauch / nach gewissen Monaten Jahrs-Zeiten Witterungen und Ländern / item nach der Menschlichen Leibes-Constitution und Verrichtungen / Alter / Stand und Vermögen gewiesen; Ferner Allerhand nützliche Haushaltungs- Gesundheits- Lebens- und Policey-Regeln / mit Moralischen Anmerckungen / gegeben / Unterschiedlicher Nationen ihre gewöhnliche Speis-Arten und Mahlzeiten erzehlet / . . . Hamburg: Schiller 1716. 1352 S. -- 12° 23.29
[S. 1285-1314 über Wein.]
Bibliotheca oenologica Marberger, Paul Jac.

— Kunst, sein Glück spielend zu machen, od. Nachricht von d. Zahlenlotterie. 4. Hamb. 765. Hertel. 6 gl
NB. Nach Meusels Lex. verstorb. Schriftsteller, hätten vorstehende Bücher weder d. Obigen noch einen anderen Marperger zum Verfasser, u. schreibt er Letzteres sogar den nachfolg. Fr. W. Marpurg zu, was mir jedoch nicht richtig zu sein scheint; denn in den Verlags-Katalogen sind sämmtl. Artikel Obigem, u. wie es scheint, richtiger zugeschrieben.

Des Durch seine Zauber-Kunst Bekannten Christoph Wagners, (Weyland-gewesenen Famuli Des weltberuffenen Ertz-Zauberers D. Joh. Faustens) Leben und Thaten, Zum Spiegel und Warnung allen denen die mit dergleichen verbotenen Künsten umbgehen, von Gott abweichen und dem Satan sich ergeben. Weyland von Friderich Schotus Tolet, in Teutscher Sprach beschrieben, und nunmehro mit einer Vorrede von dem abscheulichen Laster der Zauberey vermehret von P.J.M. ... Berlin, Verlegts Johann Andreas Rüdiger, Privilegirter Buch-Händler gegen dem Königl. Posthaus über. 1712.

Des Durch seine Zauber-Kunst Bekannten Christoph Wagners, (Weyland gewesenen Famuli De Weltberufenen Ertz-Zauberers D. Johann Faustens) Leben und Thaten ... von P.J.M. ... Berlin, Verlegts Johann Andreas Rüdiger, Privilegirter Buchhändler gegen dem Königl. Posthausz über. 1714

Marperger, P. J: Das Neu-Eröffnete Manufacturen-Hauß. Hamburg 1704

Marperger, Paul Jakob „Das neu-eröffnete Manufacturenhaus", Hamburg 1707 (bey Benjamin Schillern, Buchhändler im Thum).

Marperger, Paul Jacob: „Das neu-eröffnete Manufacturen-haus / In welchen Die Manufacturen insgemein / dero differenten Arten / erfoderten Materialien / davon dependirenden Künstler vorgestellet werden / Auch welche Manufacturen einem Lande und Stadt nützlich seyn / wie selbe glücklich zu introduciren und beyzubehalten / wobey auch von denen Handwerckern / deren Zünfften / deren Rechts-Gebräuchen und Mißbräuchen gehandelt wird", Hamburg 1707 — Vorh.. Bücherei der Industrie- u. Handelskammer Leipzig und StB Nürnberg.

Marperger, Paul Jacob, De moneta cuius falsa imitatio ordinaria poena vindicatur. Lpz. (Langenheim) 2. V. 1743. 28 S. (4.—) 22193

Marperger, Paul Jacob: „Montes Pietatis oder Leyh-Assistentz- und Hülffs-Häuser, Lehn-Banqven und Lombards, wie solche in einer jeden Republic, der gemeinen Bürgerschafft / und auch andern Leuten sonderlich aber dem Nothleidenden Armuth zum Besten / höchst nöthig und nützlich anzulegen· Wobey zugleich die Methode gewiesen wird / wie solches in schönster Ordnung ohne Beschwerung des Publici geschehen könne / auch wie die heutiges Tages so sehr übliche Leib-Renten / Braut-, Wittwen- und Todten-Cassen, ingleichen die Lotterien zum Nutzen des Aerarii . . . anzustellen seyn . . . ", Leipzig 1715. — Vorh.. Bücherei der Industrie- und Handelskammer Leipzig, Com. Bibl. Hamburg. — Neue Auflage, herausgegeben von J. H. G. von Justi, Leipzig und Ulm 1760. — Vorh. Bibl. des Kammergerichts Berlin — Qc. 4055.

Marpergers, Paul Jac., Montes Pietatis, Leih-Assistenz und Hülffs-Häuser. 8°. Leipzig, Groschoff, 1715. Neue verb. Aufl., hrsg. v. Joh. Heinr. Gott. v. Justi. 8°. Leipzig 1760.

— montes pietatis, oder Leih- Assistenz- u. Hülfshäuser rc. von Justi. gr. 8. Ulm, Stettin. 759.

Marperger, Paul Jacob „Curieuse Nachricht ' Von Erfindungen und Erfindern / Der Wissenschafften / Künste und Handwercken. Mit Angeführten Autoren in bequemer Kürtze nach Alphabetischer Ordnung eingerichtet", Hamburg 1704 — Vorh. Bücherei der Industrie- u. Handelskammer Leipzig.

Marperger, Paul Jacob „Nutz- und Lustreicher Plantagen-Tractat, Oder Gründlicher Beweiss, Was die Cultur . . . vor Nutzen bringen könne ", Dresden 1722 — Vorh. Bücherei der Industrie- und Handelskammer Leipzig

M(arperger), P(aul) J(acob)· „Probir-Stein Der Buch-Halter, Oder selbst lehrende Buch-Halter-Schul . . . Wobey noch mit angefüget Ein kurtzer Unterricht, wie Kauffleute Bücher beschaffen seyn müssen, wann sie vor Gericht zum Beweise gültig seyn sollen . . .", Ratzeburg 1701 — Vorh.. Bücherei der Industrie- und Handelskammer Leipzig. (= Nachtrag zu lfd. Nr. 402, S. 28).

Marperger, Paul Jakob· „Probirstein der Buchhalter . . . .", 1 Auflage Ratzeburg 1701, 2 Auflage Lübeck und Leipzig 1707 — Vorh. UB Göttingen. — Weitere Auflage 1718. — Vorh. UB Greifswald.

Marperger, Paul Jacob „Sammlung von einzelnen Schriften desselben, enthaltend 1) Von dem Ursprung der Städte, 2) Abbildung einer vollkommenen Republic " (insgesamt 22 Schriften staatsw. Inhalts), Dresden und Leipzig. 4° — Vorh.. Com. Bibl. Hamburg.

Marperger, Paul Jacob: „Auserlesene kleine Schriften, welche allerhand historische, politische, mathematische, zur Gelehrsamkeit sowohl, als zur Kaufmannschaft und Haushaltung dienliche . . Nachrichten und Vorschläge in sich halten. Vormals von ihm selbst einzeln herausgegeben . . .", Leipzig und Rudolstadt 1733. 4°. — Vorh.· Com. Bibl. Hamburg.

— auserl. u. a. kleine Schriften. 2 Thle. 4. Lübeck. 746.

Marperger, Paul Jacob „Trifolium mercantile aureum oder dreifaches, güldenes Kleeblatt der werthen Kaufmannschaft, bestehend in 1 des Autoris Vorschlag von einer neu zu eröffnenden Kaufmanns-Academie, 2. einem vollständigen Collegio über die Wissenschaft der Commercien und 3. einer lehrreichen mechanischen Werkschule", Dresden und Leipzig 1723. — Vorh.. Com. Bibl. Hamburg.

Marperger, P. J. Von dem Unfug des taglich uberhand nehmenden Brand-Bettelns (1722) in der Devischen Sammlung seiner kleinen Schriften.

Marperger, Paul Jak., Vorbericht von den Handwerks-Zünften, Innungen . in Deutschland. O. O. o. J. 4. . . . . (D.)

— — Wohlgemeinter Vorschlag von Verheyrathung armer Bürgers Töchter und Dienst-Mägde, als einer nothwendig anzurichtenden Stifftung, wobey zugleich eine Beschreibung der sogen. Hagestoltzen, Misogamorum oder Ehstands-Verächter Hamburg u. Leipzig, zufinden in Schillerischen Buchladen. 1717 8° (In Breslau, Stadtbibl.)
112 S. (incl. Tit u. 2 Bll Vorr) Rar! Brockhaus' Juni-Auct 1891 Doubl. d. Bresl Stadtbibl. III no. 1112
Beides sehr selten! C A Baader, Lexikon verstorb baier Schriftst I 2 Augsb. u. Lpz. 1824. 8° S 1—2.

— neueröffnete Wasserfahrt auf Flüssen u. Canälen, m. K. 4. Dresden. 723.

Marpha, ou la prise de Novgorod, nouv. historique, p. de Karamzin, trad. d. Russe. Leipz. Rein. 805.

Marpingen. Wahrheit oder Lüge? Dem christl. Volke vorgelegt von einem Unbetheiligten. 1.—14. Aufl. gr. 16. (85 S.) Münster 877,78, Nasse'sche Verlagsh. *

—— dass. — 15. durchgeseh. und verb. Aufl. Nebst den beim Gebrauche des Marpinger Wassers zu verrichtenden Gebeten und 3 (eingedr. Holzschn.-)Bildern, sowie einem kurzen Berichte über die Muttergottes-Erscheinungen in Dittrichswalde und Metten. gr. 16. (96 S.) Ebendas. 879.

—— und seine Gnadenmonate. Mutter-Gottes-Erscheinungen früherer Zeiten kurz erzählt, ausführlich aber die von Marpingen dargestellt in den Ereignissen vom 3. Juli 1876 bis 3. Septbr. 1877 von einem Priester der Diöcese Münster, der wiederholt Marpingen besucht hat. 1.—5. Aufl. 8. (48 S.) Münster 877,78, Fahle. *

Marpinger-Prozeß, der, vor dem Richterstuhle der Vernunft, von einem Unparteiischen. gr. 8. (49 S.) Wien 881, Kirsch.

Marpmann, Geo., Beiträge z. Trinkwasser-Untersuchung, s.: Mitteilungen aus Marpmann's hygien. Laborator.

Marpmann, G., allgemeine Betrachtungen über Spaltpilz-Infections-Krankheiten. Specielle Untersuchungen über Tuberculose und deren Heilung. Für Aerzte und Gebildete aller Stände. gr. 8. (27 S.) Leipzig 887, Verlag des „Reichs-Medicinal-Anzeiger" [K. Belke]. *

Marpmann, Georg: Über die Erreger der Milchsäure-Gährung, s. Centralblatt für allgemeine Gesundheitspflege

— illustrierte Fachlexika der gesammten Apparaten-, Instrumenten- u. Maschinenkunde, der Technik u. Methodik f. Wissenschaft, Gewerbe u. Unterricht, unter Mitwirkg. bewährter Fachmänner hrsg. 1. Bd. Chem.-analyt. Technik u. Apparatenkunde. (In 20 Lfgn.) 1.—13. Lfg. Lex.-8. (S. 1—624.) Leipzig 901. 902. P. Schimmelwitz. à n. 1.50;
(1. Halbbd. geb. in Leinw. n. 17.—)

**Marpmann's, Geo., illustrirte Fachlexika der gesammten Apparaten-, Instrumenten- u. Maschinenkunde, der Technik u. Methodik f. Wissenschaft, Gewerbe u. Unterricht, unter Mitwirkung bewährter Fachmänner hrsg. 1. Bd. Chemisch-analyt. Technik u. Apparatenkunde. 14.—20. Lfg. (S. 625—978 u. XXXV S.) Lex.-8. Leipzig (902—905). P. Schimmelwitz. à n. 1.50
(2. Halbbd. geb. in Leinw. n. 17.—)**

Ⓓ **Marpmann**, Geo., Fachlexika. I. (KBL 94.) Jetzt: Leipzig, Teutonia-Verlag. Geb. 80. —

— dasselbe. II. Bd. Chemisch-techn. Apparaten- u. Maschinenkunde. (In 20 Lfgn.) 1. Lfg. (S. 1—48 m. Abbildgn.) Lex.-8. Leipzig (903). A. H. Payne. n. 1. 50

MARPMANN, G.
Handwörterbuch der chemischen Apparatenkunde und analytischen Technik, enthaltend eine genaue Beschreibung der seit den letzten Jahrzehnten in der chemisch-analytischen Litteratur bekannt gegebenen Apparate und Untersuchungsinstrumente mit Litteraturnachweis und Bezugsquellen. Leipzig, 1900. Roy 8vo. Ill

— Uber e. neue Methode zur Herstellung v. Fluid-Extrakten u. üb. den Druck-Filter-Perkolator v. G. Marpmann, Leipzig. (4 S. m. 1 Abb.) gr. 8. Leipzig 908. Verlag der Monatschrift f. Harnkrankh. — 40
Sonderabdr. aus: „Monatschr. f. Harnkrankh. usw."

— Die Nahrungs- u. Genussmittel. I. Bd. Die Nahrungsmittel aus d. gesamten Tierreich. 1. Abtlg. Milch- u. Molkereiprodukte. 6 Lfgn. (VIII, 297 S. m. Abb.) gr. 8. Leipzig 907. Paltur & Co. à 1. 50

Marpmann, G., die Spaltpilze. Grundzüge der Spaltpilz- oder Bakterienkunde. gr. 8. (V, 193 S. mit 25 eingedr. Holzschn.) Halle 884, Buchh. des Waisenhauses. *

Marpmann, Georg. Typhus-Bacillen im Trinkwasser, s. Centralblatt für allgemeine Gesundheitspflege

Marpmann, G., s.: Zeitschrift f. angew. Mikroskopie.

Marpmann, Karl, die rationelle Rasse-Kaninchenzucht nach ihrer volkswirtschaftlichen u. sportlichen Bedeutung. Ein Handbuch f. angeh. Züchter v. e. erfahrenen Praktiker. Mit 19 Abb. v. Rassekaninchen. (IV, 108 S.) 8. Leipzig (909). Ernst. 1. 25

Marpmann, Karl, das belgische Riesenkaninchen, s.: Starke, Paul.

Marpung, Friedrich Wilhelm

— Abhandl. v. der Fuge, nach d. Grundsätzen u. Exempeln der besten deutschen u. ausländ. Meister; nebst 62 Kpf. 2 Bde. 4. Berl. 753. (Reimer). 4 ℔ — Französ. 4. Ebd. 756. 4 ℔

— Abhandl. von der Fuge, nebst 122 Kupfertabellen. 2 Bde. 4. Berlin. 753.

— — dies. 2 Bde. m. K. 4. Leipz. Kühnel.

Marpurg, Friedrich Wilhelm. Abhandlung von der Fuge. Nebst Exempeln in LXII und LX Kupfertafeln. Neue Ausgabe. Leipzig 1806. [quer 4°.]

— Abhandlung von der Fuge .... 1. 2. Theil. Nach der deutschen und französischen Original-Ausgabe (Berlin 1753—1756) redigirt und herausgegeben von S. W. Dehn. [Nebst] Exempel ... Leipzig 1858.

— s. d'Alembert, systemat. Einleitung.

— Anfangsgründe der theoret. Musik. 4. Leipz. 757. Breitkopf u. H. 12 Ж

— Anfangsgründe der theoretischen Musik. 4. Leipz. Breitkopf u. H. 760.

Marpurg, Friedrich Wilhelm, Anfangsgründe des Progressionalcalculs überhaupt und des figürlichen und combinatorischen besonders u. s. w
Berlin und Stralsund 1774

— Anfangsgründe d. progressionalfigürlichen Zifferkalkuls. Mit 44 Kpft. gr. 8. Berl. 774. (Reimer). 2 ℔

— Anleitung zum Clavierspiel. Mit 18 Kpf. 4. Berlin 755. Haude u. Sp. 14 Ж

— Anleit. zur Musik u. zur Singkunst besonders. 8. Berl. 763. Wever. (Sander). 6 Ж

Marpurg, Frdr. Wilh. (1718—95), Anleitung zur *Singcomposition.* Mit M's Porträt. Berlin, verlegts Gottlieb Aug. Lange. 1758. 4°. — *A. E.*: Leipzig, gedr. bey J. G. J. Breitkopf. Ppb.
6 Bll. u. 106 S. Mit Musiknoten.

— Anleitung zur Singkomposition. 4. Berlin, Lange. 759.

— Anleit. zur Singcomposition. 4 Berl. 759. (Reimer). 1 ℔

— Herrn Georg Andreas Sorgens Anleitung zum Generalbass und zur Composition. Mit Anmerkungen von — Berlin 1760.

Marpurg, F. W., hist. krit. Beyträge zur Aufnahme der Musik. 5 Bde. 8. Berl. Lange. 756-78. Rthlr.

Marpurg, Fr Wilhelm, s. Briefe, Krit., üb. d. Tonkunst.

— Einleit. in d. Geschichte der Musik. 4. Berlin, Lange. 754.

Marpurg, Friedrich Wilhelm. Kritische Einleitung in die Geschichte und Lehrsätze der alten und neuen Musik. Berlin 1759. Reimer

Marpurg, F. W., Fugen-Sammlung. gr. Fol. Berlin. 758. Jetzt Reimer.

— Handbuch bei d. Generalbaß u. d. Composition. 3 Thle. Mit Anh. 4. Berl. 756—60. 2e Aufl. 762. (Reimer). 2 ℔

— Handbuch bey d. Generalbaß u. d. Composition. 4 Thle. 4. Berlin, Lange. 762.

— — Handbuch zum Generalbaß u. Composition. 4 Thle. 2te Aufl. 4. Ebend. 762. Jetzt Ebend.

— Clavierstücke, oder prakt. Unterricht im Clavierspiel rc. 3 Thle. Fol. Ebend. 761-63.

s. a. Kunst, das Clavier zu spielen.

[—] Die Kunst das Clavier zu spielen, von dem Verfasser des kritischen Musikus an der Spree. 4. Auflage. Berlin 1762.

– s. Legende eines Musikheiligen.

— neue Methode, allerlei Arten von Temperaturen dem Clavier am bequemsten mitzutheilen. 4. Berl. 779. (Reimer). 6 Ж

— neue Methode allerley Arten von Temperaturen dem Clavier am bequemsten mitzutheilen. 4. Berlin, Lange. 790.

— geistl. u. weltliche Oden. Fol. Berl. 758. (Reimer). 16 Ж

— principes du Clavecin, av. 20 planch. 4. Berl. 755.

— Singkunst. 8. Berlin, Wever. (Sander). 763.

— traité de la Fugue et du Contrepoint, en II Pts. av. 122 planch. 4. Berlin. 755.

— Versuch üb. die musikalische Temperatur. gr. 8. Bresl. 776. J. F. Korn. 1 ℛ 4 ℊ

Marpurg, Georg Gottfried

Marpurg, G. G., relig. Gedanken, Abhandlungen und Erzählungen zur Erbauung. 8. Riga, Müller. 792.

Marpurg, Geo. Gf., religiöse Gedanken, Abhandlungen u. Erzähll. zum Unterricht, Erbauung rc. 8. Mitau (787.) 12 ℊ

Marpurg, O., Briefe über religiöse Dinge. 1. Folge. Leipzig 870. Duncker u. Humblot. gr. 8. (VII, 70 S.) n. 12 ngr.

Marpurg, O., Briefe üb. religiöse Dinge. 1. Folge. (2. u. 3. Hft.) gr. 8. (III, 65 u. VII, 80 S.) Leipzig 871. 72. Duncker & Humblot. à n. 1. 20

Marpurg, O., das Wissen und der religiöse Glaube. gr. 8. (XVI, 351 S.) Leipzig 869, Duncker und Humblot. *

Marpurg, Otto, Allerlei aus guten u. bösen Tagen. 8. (IV, 75 S.) Cöthen 902. (Leipzig, H. Haessel, Comm.-Geschäft.) n. 1. 50

Festspiel zur Einweihung des neuen Studien-Gebäudes für das Hohere Technische Institut zu Cöthen (Anhalt) von Otto Marpurg. *Cöthen: P. Schettler Erben 1897.* (35 S.) 8° [F.] [illegible]

Tollköpfchen. Volksstück mit Gesang u. Tanz in 4 Acten von Pauline und Otto Marpurg. Musik von Pauline Marpurg. [Text.] *Cöthen 1899: P. Schettler Erben.* (72 S.) 8° [F.] [illegible]

Marquah's, d. Samaritaners, Commentar, s.: Bibliothoca samaritana.

Marquard, s.a. Marquardt

Marquard und Schering, s. Verzeichniss von Werken aus dem Gebiete der Zollgesetzgebung.

Marquard, A von

— über die Benutzung der Tabaksstengel zu Pottasche. 8. Ebend. 798.

Marquard, v., Beschreibung einer Schmelzlampe, durch die Dämpfe des Wassers oder Weingeistes zu löthen. 8. Berlin, W. Oehmigke. 799.

MARQUARD, A.: Das hohe Lied vom Holz. Illustriertes Handbuch der Holzkunde. - Stuttgart o. J. 184 S.

Marquard, A., pflege dich nackt! Eine Anregg. zu künstler. Gymnastik. In 3 Abschnitten: Das Problem d. Nacktheit. Das Problem d. Gesundheit. Das Problem d. Schönheit. (28 S.) 8. Stuttgart (907). (Glaser & Sulz.) — 60

Marquard, Alfred: Der wirtschaftliche Wert von Wasserstrassen in Württemberg. Stuttgart 1909: Stähle & Friedel. 109 S. 8°

Tübingen, Staatswiss. Diss. v. 2. Febr. 1910, Ref. Fuchs

[Geb. 14. Juni 70 Reutlingen; Wohnort: Stuttgart; Staatsangeh.: Württemberg, Vorbildung: Gymn. Rottweil Reife M. 89; Studium: Tübingen 8 S.; Rig. 24. Juli 09.] [U 10. 4217

Marquard, Alfr., der wirtschaftliche Wert v. Wasserstrassen in Württemberg. (109 S.) 8. Stuttgart 909. K. Wittwer. 2. —

Marquard, Alfr., Württemberg und der Brotgetreidezoll. Das Interesse des landwirtschaftlichen Gross- und Kleingrundbesitzes, sowie der nicht-landwirtschaftlichen Bevölkerung Württembergs an den Zöllen auf Brotgetreide. Nach amtl. statist. Material bearbeitet. gr. 8⁰. Stuttgart, O. Gerschel, 1902.

Marquard, A[lfred] Friedrich List und der Handelsvertragsverein Stuttgart Mai 1906

Marquard, Alph., s.: Firmen-Register, Hamburger.

Marquard, Aug., Hilfsb. f. d. Unterricht an allgem. Fortbildungsschulen, s.: Tischendorf, Jul.

Marquard, Aug., Theorie u. Praxis des Fortbildungsschulunterrichtes, s.: Tischendorf, Jul.

Marquard, B., das Tagebuch einer Geschiedenen. Hinterlassene Papiere. (359 S.) 8. Berlin (909). Zehlendorf, R. Eckstein Nachf. 4. —

Marquard, C. W. G., Mens sana in Corpore sano! Ein freimüthiges Wort über die Schrift des M. R. Lorinser: Zum Schutz der Gesundheit rc. gr. 8. Züllichau 836. (Berlin, Posen u Bromberg, Mittler.) n. $^{1}/_{6}$ ℛ

MARQUARD, Christian Benedikt (Pocking): De matris imaginatione in foetus formationem efficaci.- Monachii: Giesser 1837. 16 S.
27.8.1835 - Urk; P 62
Diss. Ingolst.-Landsh.-Mchn.

Marquard, Conrad Theoph, s. Marquard, Konrad Theoph

Marquard, Ferd., die Antwort des Königs v. Preußen an den berliner Magistrat, in Bezug auf die evangel. Synoden. 8. (3 B.) Leipzig 846, Georg Wigand.

Marquard, Ferd., über d. Begriff d. Hamlet v. Shakspeare. Ein Versuch. 8. (2½ B.) Berlin 839, Enslin'sche Buchh. *

Marquard, F., s.a.: Forderung, politische.

— politische Forderung aus der Reform des Kriminalprozesses in Preußen. 1. Anhang zum polit. Katechismus f. Preußen. 16. Leipzig 846, G. Mayer. n. 2 ngl

—— politischer Katechismus v. Preußen, s. Katechismus.

Marquard, Friedrich Wilhelm

Liebknecht, Johann Georg [Präs.] u. Friedr Wilh. Marquard (Laubach) [Resp.] Dissertatio cosmographica de harmonia corporum mundi totalium, nova ratione in numeris perfectis generatim definita.
Giessae-Hassorum Mai 1718: Müller. (6), 42 S. 4°

Marquard, Geo., der wohlerfahrene thierärztliche Rathgeber oder die besten und zuverlässigsten Mittel gegen die Krankheiten der Pferde, des Rindviehes, der Schafe, Schweine, Ziegen, Hunde, des Federviehes und der Stubenvögel. Ein unentbehrl. Handbuch für Oekonomen, Schafmeister ꝛc. 1. Aufl.?, 2. Aufl. 1848. und 3. (Titel-)Aufl. 8. (VIII und 109 S.) Eisenberg 851, (Schöne'sche Buchh.)

Marquard, Heinr., die neuesten und bewährtesten Bereitungsweisen, Aufbewahrungsmethoden und Tauglichkeitsproben der sogenannten Pfund- oder Preßhefe, so wie der verschiedenen Kunsthefen und aller andern, die Gährung fördernden Stoffe. Für Bierbrauer, Branntweinbrenner, Bäcker ꝛc. 8. (VIII und 104 S.) Weimar 859, Voigt.

Marquard, Heinr., die neuesten und bewährtesten Bereitungsweisen, Aufbewahrungsmethoden und Tauglichkeitsproben der sogenannten Pfund- oder Preßhefe, so wie der verschied. Kunsthefen und aller anderen, die Gährung fördernden Stoffe. Für Bierbrauer, Branntweinbrenner, Bäcker ꝛc. 2., verb. und verm. Aufl. 8. (VIII und 78 S.) Weimar 866, Voigt. *

Marquard, Heinr., die neuesten und bewährtesten Bereitungsweisen, Aufbewahrungsmethoden und Tauglichkeitsproben der sogenannten Pfund- oder Preßhefe, sowie der verschied. Kunsthefen und aller andern, die Gährung förd. Stoffe ꝛc. Für Bierbrauer, Branntweinbrenner, Bäcker. 3. verb. und verm. Aufl. 8. (VIII, 106 S.) Weimar 870, B. F. Voigt. *

Marquard, Heinr., die Pfund- oder Preßhefe. Darstellung der neuesten und bewährtesten Bereitungsweisen, Aufbewahrungsmethoden und Tauglichkeitsproben, sowie der verschiedenen Kunsthefen und aller anderen die Gährung fördernden Stoffe. Für Bierbrauer, Branntweinbrenner, Bäcker ꝛc. 4. verm. Aufl. 8. (VIII, 128 S.) Weimar 879, B. F. Voigt. *

Marquard, Heinr., die Pfund- od. Preßhefe. Darstellung der neuesten u. bewährtesten Bereitungsweisen, Aufbewahrungsmethoden u. Tauglichkeitsproben, sowie der verschiedenen Kunsthefen u. aller anderen die Gährg. fördernden Stoffe. Für Bierbrauer, Branntweinbrenner, Bäcker ꝛc. 5., verm. Aufl., hrsg. v. Louis Jost. 8. (X, 132 S.) Weimar 895. B. F. Voigt. 1. 50

Marquard, Jo. Henr.: Disquisitio iur. de vero sensu, rectaque applicatione brocardici juris: agere non valenti non currit praescriptio. Hanoverae 1803.

Marquard, J. H., de vero sensu, rectaq. applicatione brocardici juris: Agere non valenti non currit praescriptio etc. 4. Hannov. 804. Hahn. 6 gr

Marquard, Johann Conrad: De admirando judicii et amoris divini temperamento ...,
s. Bielesfeld, Johann Christoph [Praes.]

Marquard, Konrad Theoph.

1735. * Diss. de Iride, data occasione vbi hyeme apparuit considerata a. j. Henr. *Kesselring* Praes. *Conr. Theoph. Marquard.* Regiom. 2 Bog.

Marquard, Conr. Theoph., philosophia rational. 8. Dans. 733.

Marquard, Laur.: Accurata methodus Instt. imperiall. s. elementa jur. civ., quaestt. amplificata. *Herbipoli*. 710. 8.

Marquard, Matthaeus, a. Marktzeuln: Die pessimistische Lebensauffassung des Altertums. Kempten 1905: J. Kösel. (34 S.) 8°
Erlangen, Phil. Fak., Ref. Falckenberg, Diss. v. 21. Dez. 1905
[Geb. 26. März 57 Marktzeuln; Wohnort: Kempten; Staatsangeh.: Bayern; Vorbildung: Gymn. Bamberg Reife 78; Studium: München 2 1/2, Lyz. Bamberg 5 1/2 S.; Rig. 2. Nov. 05.]

Marquard, Matth[äus]: Paulus, der Völker-Apostel, und seine Stellung zu Simon Petrus, dem Oberhaupte der christlichen Urkirche. ⟨Nach d. Galaterbriefe.⟩ Eine exeget.-kirchengesch. Studie. Kempten 1908: Kösel. 27 S. 8°
Kempten, k. G P 1908* [S 08. 206

Marquard, Matth[äus], Prof. Dr.: Simon Petrus als Mittel- und Ausgangspunkt der christlichen Urkirche. Kempten 1906: J. Kösel. (36 S.) 8°
Kempten, k. G P 1906*

Marquard, Otto, Rechtsprakt.: Die öffentlichen Wassergenossenschaften des neuen bayerischen Wasserrechts. Nürnberg 1910: Sebald. VI, 61 S. 8°
Erlangen, Jur. Diss. v. 17. März 1910, Ref. Rieker
[Geb. 31 Okt. 82 Nürnberg; Wohnort: München; Staatsangeh.: Bayern; Vorbildung: Theresien-Gymn. München Reife 02; Studium: München 8 S.; Rig. 12. Jan. 10.] [U 10. 732

Marquard, Otto, die öffentl. Wassergenossenschaften des neuen bayer. Wasserrechts. (VI, 81 S.) Lex. 8. Nürnberg 910. U. E. Sebald. 2. —

Marquard, Paul (Hrsg.), s. Aristoxenus Harmonische Fragmente

Marqvard, Pavlvs (geb. am 8 Sept. 1836 in Driesen a. d. Netze): De Aristoxeni Tarentini Elementis harmonicis ... Bonnae, (impr Lipsiae typ. Breitkopfi et Haerteli) 1863. 2 Bl., 40 S. 8.
Bonn, Phil. Fak., Diss. v. 8 Juli 1863

[Marquard, Paul:] Ueber nationale Erziehung. Leipzig: Teubner 1872.
Lehrmethode auf Gymnasien u. Universitäten, Realschulen; Mädchenerziehung.

Marquard, R., Formularbuch f. die Rechtsanwalts-Kanzlei. 1. u. 2. verb. Aufl. gr. 8. (VIII, 64 S.) Berlin 892. C. Heymanns Verl. n. 1. —

Marquardt, Theod. Reinhold (geb. Woldenberg 22 2 1840): De diabete mellito. Berolini (1864). (32 S.) 8°
Berlin, Med. Diss. v. 14 März 1864

Marquardsen, Anna

— der Tiere lustiges ABC. gr. 4. (16 S. m. z. Tl. farb. Abbildgn.) Nürnberg (900). Th. Stroefer. 1. 50

Marquardsen, Anna Erzbischof Adalbert von Hamburg-Bremen und sein Geschichtsschreiber. Altona (1908): Gehrcke. S. 1—8. 4°
Altona, st. HM u. st. Lehrerinnen-Sm P 1908 [5] [S 08. 297

Marquardsen, Anna, Bilder ABC f. unsere Lieblinge m. Versen. (24 S. m. farb. Abb.) Lex. 8. Nürnberg (910). Th. Stroefer. Kart. 1. 50

— der Kinder Bildersaal. Ein Bilderbuch m. Verschen u. Erzählgn. gr. 4. (66 S. m. z. Tl. farb. Abbildgn.) Ebd. (901). Geb. 6. —

Marquardsen, Anna, die Familie Bonnet. Geschichten f. Kinder von 8—12 Jahren aus der Zeit „Als der Urgroßvater die Urgroßmutter nahm“. Nach dem Engl. frei erzählt. Geschmückt mit 73 Bildern. (256 S.) gr. 8. Nürnberg (903). Th. Stroefer. Geb. in Leinw. 3. 50

— Fröhliche Fahrt nach Ostereidorf. (14 S. m. z. Tl. farb. Abb.) 21×32 cm. Ebd. (908). Ausgestanzt u. kart. 1. —

Marquardsen, Anna, aus Feld u. Flur! Ein Bilderbuch m. Verschen u. Erzählgn. gr. 4. (27 S.) Nürnberg (901). Th. Stroefer. Geb. 2. —

Marquardsen, Anna, gute Freunde. Ein unzerreißbares Bilderbuch m. Versen. 4. (11 S. m. farb. Abbildgn.) Nürnberg 893. Th. Stroefer. Kart. n. — 75

— Unsere gefiederten Freunde, s.: Collins, Karl.

— Gruß vom Osterhas! schmal Fol. (16 S. m. z. Tl. farb. Abbildgn.) Ebd. (902). Geb. 1. —

— Gruß vom Osterhas! (14 S. m. z. Tl. farb. Abbildgn.) 30,5×20 cm. Nürnberg (910). Th. Stroefer. Ausgestanzt u. geb. — 75

— English historians, s.: Authors, English.

— gute Kameraden. Ausgestanzt. schmal Fol. (16 S. m. z. Tl. farb. Illustr.) Ebd. 892. n. — 75

— für's artige Kind. schmal gr. 8. (12 S. m. z. Tl. farb. Abbildgn.) Ebd. (900). — 50

Marquardsen, Anna. Nur f. ganz brave Kinder. Verse u. Erzählgn. gr. 4. (36 S. m. zum Tl. farb. Bildern.) [Münch. 891.] Nürnb., Stroefer. cart. * 3 —

— nur für ganz brave Kinder! Erzählungen u. Verse. (66 S. m. z. Tl. farb. Abbildgn.) 4. Ebd. (904). Geb. 6. —

— für's Kinderherz. Ein Bilderbuch m. Verschen. gr. 4. (20 S. m. Abbildgn. u. 7 farb. Drehbildern.) Ebd. (901). Geb. 4. 50

— Kinderhort. Ein neues Bilderbuch für's kleine Volk. Mit Erzählgn. u. Versen v. M. gr. 4. (36 S. m. z. Tl. farb. Abbildgn.) Ebd. (902). Geb. 3. —

— für liebe kleine Leute. Ein Buch f. artige Kinder gr. 4. (36 S. m. z. Tl. farb. Abbildgn.) Ebd. (900). Geb. 3. —

— zu Lust u. Freud. Ein Gruß an die Kinderwelt in Wort u. Bild. Erzählungen, Märchen, Gedichte f. Kinder von 8—12 Jahren. 4. (72 S. m. Abb. u. 12 Farbdr.) Ebd. (900). Geb. 6. —

— kleine Mädchen. Schul-, Haus- u. Feriengeschichten v. kleinen Mädchen f. kleine Mädchen. Für das Alter von 8—12 Jahren erzählt. Mit 5 Farbendr.-Bildern nach Originalen v. C. Münch. gr. 8. (III, 194 S.) Berlin (900). H. J. Meidinger. Geb. in Leinw. n. 3. —

— Kleine Mädchen. Schul-, Haus- u. Feriengeschichten v. kleinen Mädchen f. kleine Mädchen. Für das Alter v. 8—12 Jahren erzählt. Mit 5 Farbendr.-Bildern nach Origin. v. C. Münch. (III, 194 S.) 8. Berlin (909). Meidinger's Jugendschriften-Verlag. Geb. in Leinw. 3. —

— Märchengrüße. Neue Märchen f. die Jugend. Mit 3 Farbdr.-Bildern v. C. Liebich. 8. (III, 112 S.) Stuttgart (900). Loewe. Geb. 1. 50

— aus tiefer Not! Eine Erzählg. aus der Reformationszeit. (189 S.) 8. Leipzig 906. E. Ungleich. n. 2. —; geb. n. 2. 80

— zur Osterzeit. (15 S. mit z. Tl. farb. Abbildgn.) schmal Lex.-8. Nürnberg (906). Th. Stroefer. Geb. — 75; ausgestanzt — 75

— Sonnenaufgang s.a. Jugend- u. Volksbibliothek.

Sonnenaufgang. Eine Geschichte aus der Zeit vor hundert Jahren v. Anna Marquardsen. Stuttgart. 1910. 8°

— Für freie Stunden. Ein Gruß an die Kinderwelt in Wort u. Bild. Erzählgn., Märchen u. Gedichte f. Kinder v. 7—10 Jahren. (96 S. m. Abb. u. 6 farb. Taf.) gr. 8. Nürnberg (910). Th. Stroefer. Geb. in Leinw. 3. —

— froehliche Stunden. Ein Bilderbuch für unsere Lieblinge m. Erzählgn. u. Versen. (32 S. m. z. Tl. farb. Abbildgn.) 4. Ebd. (905). Geb. n. 3. —

— Prinz Verkehrt u. andere Märchen. Für Knaben u. Mädchen von 9 bis 13 Jahren erdacht. Mit Bildern v. Ernst Hugelshofer. (219 S.) 8. Basel 907. E. Finckh. Kart. n. 2. 60; geb. in Leinw. n. 3. 20

— verwandle dich! Ein Zauber-Bilderbuch m. Versen. 4. (16 S. m. Abbildgn. u. 5 farb. Klappbildern.) Ebd. (901). Geb. 2. —

— Fürs kleine Volk. (12 [10 farb.] S. m. eingedr. Text, auf Pappe.) Lex. 8. Ebd. (909). Kart. 2.25; in Leporelloform 2. 25

— Bunte Welt f. kleine Leute, m. 16 farb. u. 16 schwarzen Bildern v. Rosa C. Petherich, E. H. Stewart u. Anderen, u. poet. Texten v. M. (32 S.) 31×26 cm. Ebd. (909). Kart. 3. —

Marquardsen, Ernst [aus Erlangen]: Ueber einen neuen Apparat zur Bestimmung der Kohlensäure in der Zimmerluft. Erlangen, k. b. Hof- u. Univ.-Buchdr. v. F Junge, 1890; 36 S., 1 Taf. 8°
Erlangen, Med. Fak., Inaug.-Diss. v. 1890

Marquardsen, E., über e. neuen Apparat zur Bestimmung der Kohlensäure in d. Zimmerluft. Inaug.-Diss. gr. 8. (36 S. m. 1 graph. Taf.) Erlangen 890. (Blaesing.) n. — 80

M[arquardsen], H.: In memoriam! Karl Ad von Vangerow u. Robert von Mohl. Zwei Nekrologe. München 1876.

Marquardsen, Heinr., über Haft und Bürgschaft bei den Angelsachsen. Vorstudie zu einer Geschichte des Habeas Corpus Rechts. Lex.-8. (70 S.) Erlangen 851(52,) Enke's Vrlgsh. *

Marquardsen's Handbuch des öffentlichen Rechts. Reichs-Ausg. Das öffentliche Recht des Deutschen Reiches und der Deutschen Staaten. Unter Mitwirkung von P. Laband, A. Leoni, H. Schulze ꝛc. hrsg. von Heinr. Marquardsen. 3 Thle. Lex.-8. Freiburg i. Br. 888, Mohr. *

Inhalt:

Thl. 1. Deutsches Reich. Reichslande. Preußen. Sachsen. (VIII, 308, 262 S.) * M 16.—.
" 2. Bayern. Württemberg. Baden. Hessen. (VIII, 339; VIII, 307; VIII, 118 S.) * M 24.—.
" 3. Kleinere Staaten. Thüringische Staaten. Hansestädte. (X, 193; VIII, 204; VI, 88 S.) * M 13.—.

Daraus einzeln:

Das Völkerrecht oder das internationale Recht, s. Bulmerincq, A. v.

Marquardsen, Heinr. v., s.a. Handbuch des öffentlichen Rechts der Gegenwart in Monographien.

Marquardsen. Handbuch des öffentlichen Rechts der Gegenwart in Monographien. II Bd. 1 Halbbd Das Staatsrecht der Reichslande Elsass-Lothringen. Von A Leoni etc II Bd 2. Halbbd. Das Staatsrecht des Konigreichs Sachsen. Bearbeitet von C. E. Leuthold etc. III. Bd. 1 Halbbd. 1 Abth. Das Staatsrecht des Konigreichs Bayern. Bearbeitet von Dr M. Seydel etc 2 Abth Das Staatsrecht des Königreichs Württemberg Bearbeitet von Dr L. Gaupp etc. 3. Abth. Das Staatsrecht des Grossherzogthums Baden. Von Dr K. Schenkel etc Das Staatsrecht des Grossherzogthums Hessen. Von Dr Karl Gareis etc III Bd. 2. Halbbd. 1 Abth. Das Staatsrecht von Mecklenburg Schwerin. Mecklenburg Strelitz. Oldenburg. Braunschweig Anhalt, Waldeck Schaumburg Lippe Lippe Bearbeitet von Otto Büsing. H. Becker. A Otto, A. Pietscher, F Böttcher, K Bomers, A Falkmann.

2. Abth. Das Staatsrecht der thüringischen Staaten: Sachsen-Weimar-Eisenach, Sachsen-Meiningen. Sachsen Altenburg, Sachsen Coburg und Gotha, Schwarzburg Rudolstadt. Schwarzburg Sondershausen, Reuss ältere Linie Reuss jüngere Linie. Bearbeitet von Dr Georg **Meyer**, Dr W **Kircher**, K. Th. **Sonnenkalb**, F **Forkel**, K **Klinghammer**, O **Liebmann**, R **Müller**. 3. Abth. Das Staatsrecht der freien und Hanse-Städte Hamburg. Lübeck, Bremen. Bearbeitet von Dr. J **Wolffson**, K. **Klügmann** u. H. **Sievers**. — Siehe T II b. Freiburg i. B u. Tübingen 1883—1884.

Marquardsen, Dr. Heinrich, Prof. in Erlangen, und Dr Max **Seydel**, Prof. in München. Handbuch des öffentlichen Rechts der Gegenwart in Monographien.
(In Fortsetzung.) (25 Bde.)
8. Freiburg i. B. 1883—1895

Marquardsen, Dr Heinrich, Prof. in Erlangen, und Dr Max Seydel, Prof. in München. Handbuch des öffentlichen Rechts der Gegenwart in Monographien. (Fortsetzung.)
(5 Bde.)
8. Freiburg i. B. 1896—1899 und Tübingen 1905

—— der Proceß Manning. Zur Veranschaulichung des engl. Strafverfahrens nach unmittelbaren Aufzeichnungen dargestellt. (Beilageheft zum „Gerichtssaal" Juni 1850.) Lex.-8. (III und 132 S.) Erlangen 850, Enke's Vrlgsh. *

Marquardsen, Heinr., das Oberhaus von England und die Wissenschaft. Rede beim Eintritt in den königl. akadem. Senat der Friedrich-Alexanders Universität am 29. März 1862 gehalten. gr. 8. (31 S.) Erlangen 862, Enke's Verlag. *

Marquardsen, H., das Reichs-Preß-Gesetz vom 7. Mai 1874 mit Einleitung und Kommentar. 8. (IV, 283 S.) Berlin 875, Guttentag. cart. *

—— s. **Spencer**, Herbert, Einleitung in das Studium der Sociologie.

—— der Trent-Fall. Zur Lehre von der Kriegscontrebande und dem Transportdienst der Neutralen. (Mit den Aktenstücken und den Präcedenzfällen.) gr. 8. (XIII und 195 S.) Erlangen 862, Enke's Verlag. *

Marquardsen, Hugo, der Niger-Benuë. Eine historisch-geograph. Beschreibg. der natürl. Verbindg. Nord-Kameruns m. der Küste. (81 S. m Abb., 2 Taf. u. 1 Karte.) gr. 8. Berlin 909. W. Süsserott. 3. —

Marquardsen, Hugo: Oberflächengestaltung und Hydrographie des saharisch-sudanischen abflusslosen Gebietes. Göttingen 1909: Kaestner. VI, 48 S. 8° ¶(Auszug ersch. auch in: Dr. J. A. Petermanns Mitteilungen a. J. Perthes' Geogr. Anst. Jg. 56, Bd 1.)
Göttingen, Phil. Diss. v. 24. Dez. 1909, Ref. Wagner
[Geb. 2. Febr. 69 Porto Allegre; Wohnort: Göttingen; Staatsangeh.: Preußen; Vorbildung: Gymn. Kiel Reife 89; Studium: Göttingen 6 S.; Rig. 18. Nov. 09.] [U 10. 1437

Marquardsen, Ida: Preisgekröntes Flensburger Heimatlied von Ida Marquardsen, Flensburg. Flensburg. Huwald 1909. 2 Bl 8°

Marquardsen, Samuel Ludwig

Marquardsen, S. L., Beitrag zur Characteristik der „Dannevirke," einer in Hadersleben erscheinenden dänischen Wochenschrift. 8. Hadersleben 839. (Altona, Aue.) n. 1/6 ℳ

Marquardsen, S. L., Beitrag z. Characteristik d. „Dannevirke," e. in Hadersleben erschein. dän. Wochenschrift. 8. (2 B.) Hadersleben 839. (Dessau, Aue.) *

⊙ Beitrag zur Characteristik der „Dannevirke", einer in Hadersleben erscheinenden dänischen Wochenschrift v Samuel Ludwig Marquardsen. Hadersleben. 1839. 8°

Marquardt, s.a. Marquard

Marquardt, das Kontrollvereinswesen in der Provinz Ostpreußen, s.a. Arbeiten der Landwirtschaftskammer f. die Prov. Ostpreußen. No. 23.

Das Kontrollvereinswesen in der Provinz Ostpreußen Von Tierzucht-instruktor **Marquardt**-Insterburg Königsberg i. Pr : (Gräfe & Unzer) 1908. (71 S.) 8° [F.]
— **Arbeiten** d. Landwirtschaftskammer f.d. Prov Ostpreußen No 23. (08.17201

Marquardt, s. Sammlung der für die k. preuß. Rheinprovinz seit 1813 rc. ergang. Gesetze rc.

Marquardt, Albert [aus Berlin]: Ueber Verbindungen des Wismuths mit den Alkoholradikalen Aachen, Druck v F N Palm, 1888; 44 S. 8°
Tübingen, Naturw Fak., Inaug.-Diss. v. 1888

Marquardt, Alb., über Verbindungen des Wismuths mit den Alkoholradikalen. Inaugural-Dissertation. gr. 8. (44 S.) Aachen 888. (Tübingen, Fues.) *

Marquardt, Angelika v. [M. Angely], die Königswaldes. Roman. 8. (183 S.) Breslau 882. Schottländer. n. 3. —; geb. n. 4. —

Marquardt, Ant., Kant und Crusius. Ein Beitrag zum richtigen Verständniss der crusian. Philosophie. gr. 8. (53 S.) Kiel 885, Lipsius und Tischer. *

Marquardt, Anton: Aus der chirurg. Klinik zu Greifswald. Ueber Luxatio retroglenoidalis mit besonderer Berücksichtigung eines in der Greifswald. chirurg. Klinik behandelten Falles. *Greifswald 1898: J. Abel.* (35 S. mit Taf.) 8°
Greifswald, Med. Diss. v 15. März 1898

Marquardt, August von

— üb. die Benutzung der Tabaksstengel zu Pottasche. 8. Berl. 798. (Sander). 2 gr.

v. **Marquardt**, Aug., Beschreib. e. Schmelzlampe, durch die Dämpfe des Wassers od. Weingeistes zu löthen. 8. Berl. 799. (Sander). 4 gr.

Marquardt, B., Leitfaden f. den Unterricht in der Chemie an landwirtsch. Lehranstalten. (Landwirtsch. Unterrichtsbücher.) (VII, 86 S. m. 25 Abb.) 8. Berlin 907. P. Parey. Geb. in Leinw. 1. 20

Marquardt, Bruno *Eugen Julius* [aus Posen]: Ueber die Einwirkung einiger Diazoverbindungen auf Cyanessigsäureäthylester ... Leipzig, J. A. Barth, 1895; 22 S., 1 Bl. 8.
Leipzig, Phil. Fak., Inaug.-Diss. v. [22. Aug.] 1895

Marquardt, C., neuester deutscher Briefsteller. Ein Hand- u. Hülfsbuch zur Abfassung aller im geselligen wie geschäftlichen Leben vorkommenden Briefe u. anderer schriftlicher Aufsätze, als: Bittschriften, Gesuche, Bewerbungen rc. Nebst den wichtigsten Regeln der deutschen Sprachlehre, der Rechtschreibung u. des Briefstils, sowie einer Angabe der Titulaturen u. einem Verzeichniß d. gebräuchlichsten Fremdwörter. 10. Aufl. 8. (VIII, 183 S.) Berlin 880. Burmester & Stempell. 1. —

Marquardt, C., kleines bürgerliches Kochbuch, nach selbsterprobten Erfahrungen bearb. gr. 16. (124 S.) Stuttgart 879, Rupfer. cart.

—— neuestes bürgerliches Kochbuch, nach selbsterprobten Erfahrungen in 635 Recepten bearb. gr. 16. (VIII, 240 S.) Ebendas. 879. cart.

Marquardt, C., neuestes bürgerliches Kochbuch nach selbsterprobten Erfahrungen in 640 Rezepten bearb. 5. Aufl. (VI, 303 S.) kl. 8. Stuttgart (910). K. Daser. Geb. in Leinw. 1. 20

Marquardt, Carl, s Marquardt, Karl

Kampmann, Ferdinand Carl: **Brudergruss dem Br. C[arl] F[erdinand] Kampmann bei Gelegenheit der Ausschmückung des Tempels mit seinem Bildnisse. Verfaßt von Ed. v. Marquardt. Breslau 27. Dez. 1888. [Breslau 1888:] Brehmer & Minuth. 2 Bl. 8°. „Führt, Brüder, in den Tempel ein" . . .**

Marquardt, Ed., Eichenblätter. Gedichte. 8. (5 B.) Breslau 836, Friedländer.

Marquardt, Ed., das Treffen bei Schleswig. Gedicht. 8. (17 S.) Schweidnitz 849, Weigmann. *

Marquardt, Aemil. Julius Joan (geb. Berlin 14. 3. 1838) De impulsu apicis cordis. Berolini (1862) (32 S.) 8°
Berlin, Med. Diss. v. 1. Aug. 1862

Marquardt, F. Vide: Volkshalle (Westphälische).

Marquardt, Fel., Handelsinspektoren, s.: Denkschrift, 7., des Verbandes deutscher Handlungsgehülfen.

— die Notwendigkeit von Handelsinspektoren, s.: Schrift, 11., des Verbandes deutscher Handlungsgehülfen.

Der Stettiner Handwerker-Verein. Denkschrift z. Feier d. 50jähr. Bestehens am 18. Juni 1893. Nach chronist. Aufzeichnungen zsgest. vom Mitgliede Ferd. **Marquardt**. Stettin 1893: E. Wegscheider. (45 S.) 8° [F.]

Marquardt, Fr., Was singt unserer Zeit die Wittenberger Nachtigall? oder: Luther und das evang. Chorwesen, insbesondere die Currende. Festschrift zur 400jähr. Luther-Feier. gr. 8. (20 S.) Berlin 883, (Rother.) *

Marquardt, Friedr., und Alex. Fülepp, Geschichte des Metallbergbaues im Banate, s. Fülepp.

Marquardt, G., Miether u. Vermiether, deren Rechte u. Pflichten. Eine vollständige Zusammenstellung aller hierauf Bezug habenden Gesetze mit ausführlichen Erklärungen, Erläuterungen u. Formularen zu Miethsklagen nach der neuen Civil-Prozeßordnung. gr. 8. (31 S.) Landsberg 880. Volger & Klein. n. — 50

Marquardt, G., der Verrat des Judas Ischariot — e. Sage, s.: Studien, kleine.

Marquardt, Georg [aus Friedland, Ostpr.]: Die Historia Hierosolymitana des Robertus Monachus. Ein quellenkrit. Beitr. z. Geschichte d. ersten Kreuzzugs ... (Th. 1.) Königsberg i. Pr., Druck v. M. Liedtke, 1892; 2 Bl., 66 S., 1 Bl. 8.
Königsberg, Phil. Fak., Inaug.-Diss. v. 13. Jan. 1892

Marquardt, Geo. Die historia Hierosolymitana d. Robertus Monachus. Ein quellenkrit. Beitrag zur Geschichte d. ersten Kreuzzugs. Diss. gr 8. (66 S.) Königsb. i. Pr. 892, (Koch). * 1 20

Marquardt, Georg [pract. Arzt]: Ueber Sehnenluxationen . . . Berlin, Druck v. Adolf Knickmeyer (1887); 28 S. 8°
Erlangen, Med. Fak., Inaug.-Diss. v. 23. März 1887

Marquardt, H[ans], Prof. Dr.: Die Inkunabeln der Güstrower Domschul-Bibliothek. Güstrow 1907: C. Michaal. (S. 25 bis 37.) 4°
Güstrow, großh. Dom-S OP 1907 (820)

Marquardt, Hans Zum Pentathlon der Hellenen. Mit zwei Abbildungen des Gesammtkampfes. (Umschlagtitel mit 2 bildlichen Darstellungen des Gesamtkampfes.) 4 (22 S.).
Progr Domsch. *Güstrow* 1886 (592).

Marquardt, Hans, zum Pentathlon der Hellenen. gr. 4. (22 S. mit 2 lithogr. Abbild. des Gesamtkampfes.) Güstrow 886, (Opitz und Comp.) *

Marquordt, Hans: Untersuchungen über Altersveränderungen an der Drusenschleimhaut des Pferdemagens. Bockenem 1909. 33 S., 8 Taf.
Giessen, Vet.-med. Diss. v. 1909.

Marquardt, *Hans* Alphabetisches Verzeichnis der Mecklenburgica der Domschulbibliothek zu Güstrow I. Theil. (Umschlagtitel: Domschulbibliothek.) 4 (23 S.). Domsch. *Güstrow* 1890 (635)
Progr.

Marquardt, *Hans Friedrich Joachim* [Oberl. Dr.]: Alphabetisches Verzeichnis der Mecklenburgica der Domschulbibliothek zu Güstrow. II. Tl. [Forts. d. P-Beil. 1890.] Güstrow, Druck d. Ratsbuchdr. v. C. Michaal & A. Schuster, *1893*; 1 Bl., 1—16 S. 4.
Güstrow Dom-S. OP 1893 (646)

Marquardt, J. F., Handbuch f. See-Schiffer u. Schiffs-Rheder. 2 Thle. 8. (62¾ B. u. 1½ B. Tab.) Danzig 831, Anhuth. à 1 Thlr. 12 Gr.

Marquardt, J. F., Handbuch f. Seeschiffsführer u. Schiffs-Rheeder. 1 Thl. 2., umgearb. Aufl., v. G. W. Bannasch. 8 (29½ B. u. 4 lith. Tab.) Danzig 842, Anhuth

Marquardt, J. Fr., die evangelische Currende oder die geistlichen Singechöre der evangelischen Kirche Deutschlands nach ihrer Idee und Bedeutung. Ein Wort freundl. Mahnung und brüderl. Rathes für geistl. und Schulbehörden, Kirchenpatrone, Geistliche ꝛc. und Alle, welche sonst die Verherrlichung Gottes, unseres Heilandes, suchen. gr. 8. (X und 47 S.) Berlin 858, (Beck.) *

Marquardt, J. Fr., die evangelische Currende oder die geistlichen Singechöre der evangelischen Kirche Deutschlands nach ihrer Idee und Bedeutung. Ein Wort freundlicher Mahnung u. brüderlichen Rathes für geistliche u. Schulbehörden, Kirchenpatrone, Geistliche ꝛc. u. Alle, welche sonst die Verherrlichung Gottes, unsers Heilandes, suchen. Berlin 858. Evangelische Buchhdlg. in Comm. gr. 8. (X, 47 S.) n. 5 *ngr.*

Marquardt, J. Fr., Dr Martin Luther's kleiner Katechismus nebst Luther's Katechismusliedern, häuslicher Gebetsordnung u. einem Anhange. Für die Familie zusammengestellt. 2 verm. Aufl. Berlin 861. Beck. 16. (34 S.) n 2 *ngr.*

— **ausführliche Nachricht über das Evangelische Sing-Institut, den Evangel. Umgangschor (sogenannte neue Currende) und das Lutherstift für Evangel. Jugendpflege in Berlin. Berlin (854.) W. Schultze. gr. 8. (2 Bl., IV, 72 S.) n. 8** *ngr.*

Marquardt, Joachim

Marquardt, J. (II.), S. Cyrillus Hierosolymitanus, baptismi, chrismatis, eucharistiae mysteriorum interpres. gr. 8. (IV, 119 S.) Leipzig 882, Peter's Verlag. *

Marquardt, J., **Cyzicus u. sein Gebiet. Drei Bücher. gr. 8. (12 B. u. 1 Karte.) Berlin 836, Th. Enslin.**

Marquardt, J., Ad Th. Mommsenium epist. de Romanorum aedituis. S.-A. 1877. 10 S. 4°. 1.—

Marquardt, J. (I.), Eros und Psyche. Ein griech. Märchen nach Apuleius. 16. (32 S.) Gotha 881, Thienemann. geb. mit Goldschn. *

— Fundamento israelit. u. jüdischer Geschiche. gr. 8. (VII, 75 S.) Göttingen 896. Ebd. n. 3. —

Marquardt, **Joach., Handbuch der römischen Alterthümer, s.a. Becker, W. A.**

Marquardt, Joach., und Thdr. Mommsen, Handbuch der römischen Alterthümer. 1., 2., 4. und 5. Bd. gr. 8. Leipzig, Hirzel. *

Inhalt:

Bd. 1. 2. Mommsen, Thdr., römisches Staatsrecht. 1. Bd. 1. Aufl. (XVIII, 527 S.) 871. *M 9., und 2. Aufl. (XXII, 682 S.) 876. *M 12.; 2. Bd. 1. Abthl. (XIV, S. 1—697.) 874. *M 12.; 2. Abthl. (X, S. 704—1067.) 875. *M 8.

» 4. 5. Marquardt, Joach., römische Staatsverwaltung. 1. Bd. (XIV, 523 S.) 874. *M 9.; 2. Bd. (XIV, 591 S. mit 1 lithogr. Taf. in qu. 4. und 13 eingedr. Holzschn.) 876. *M 11.

Marquardt, Joach., und Thdr. Mommsen, Handbuch der römischen Alterthümer. 4., 5. Bd. und 7. Bd. 2. Thl. gr. 8. Leipzig, Hirzel.

Inhalt:

Bd. 4. Marquardt, Joach., römische Staatsverwaltung. 1 Bd, 2. Aufl. (XII, 584 S.) 881. *M 11.

» 5. —— dass. — 2. Bd. 2. Aufl. Besorgt von H Dessau und A. v. Domaszewski. (XVI, 621 S. mit 13 Holzschn. und 1 lithogr. Taf.) 884. *M 12.

» 7. 2. Thl.: Marquardt, Joach., das Privatleben der Römer. 2. Thl. (XII, S. 373—858 mit 23 eingedr. Holzschn.) 882. *M 10.

1., 2., 6. Bd. und 7 Bd. 1. Thl. Ebendas. 1876—79. *M 53.; 3. Bd. ist noch nicht erschienen.

Marquardt, Joach., und Thdr. Mommsen, Handbuch der römischen Alterthümer. 1. Bd., 2. Bd. in 2 Abthlgn., 3. Bd. in 2 Abthlgn., 6. Bd. und 7. Bd. in 2 Thln. gr. 8. Leipzig, Hirzel. *

Inhalt:

Bd. 1. Mommsen, Thdr., römisches Staatsrecht. 1. Bd. 3. Aufl, (XXVI, 708 S.) 887. *M 14.—.

» 2. 1. Abthl. —— dass. — 2. Bd. 1. Abthl. 3. Aufl. (XV, 742 S.) 888. *M 14.—.

» 2. 2. Abthl. —— dass. — 2. Bd. 2. Abthl. (XV, S. 743—1171.) 888. *M 9.—.

» 3. 1. Abthl.: —— dass. — 3. Bd. 1. Abthl. (XVIII, 832 S.) 887. *M 15.—.

» 3. 2. Abthl.: —— dass. — 3. Bd. 2. Abthl. (XIV, S. 833—1336.) 888. *M 10.—.

» 6. Marquardt, Joach., römische Staatsverwaltung. 3. Bd. 2. Aufl. Besorgt von Geo. Wissowa. (XII, 596 S.) 885. *M 11.—.

» 7. —— das Privatleben der Römer. 2 Thle. 2. Aufl., besorgt von A. Mau. (XIV, XII, 887 S. mit 2 lithogr. Taf. und 35 Holzschn.) 886. *M 18.—.

4. und 5. Bd. Ebendas. 1881,84. *M 23.—.

Marquardt, J Historiae equitum Romanorum libri IV. 98 S.
Danzig, Progr. 1840

—— Historiae equitum Romanorum lib. IV. 4maj. (12¾ B.) Berolini 840, [Trautwein et Soc.] *

Marquardt, J., alte und neue Lebensansichten. Ein Vortrag gehalten für den Frauenverein zum Besten der Gustav-Adolf-Stiftung. gr. 16. (48 S.) Gotha 869, Thienemann.

Marquardt, J., Galeni locus qui est de horologiis vet. emendat. Pr. 1865. 11 S. 4°. 1.—

Marquardt, J., Galeni locum qui est de horologiis veterum emendabat et explicabat. 4. (11 S.) Gotha 865, (Thienemann.) *

Marquardt, J. Über eine alte Asiatische Münze (Lateinisch) 4 S.–
Posen Fr. W., Progr. 1857

Marquardt, J. Über die Münzsammlung des Danziger Gymnasiums. 14 S.
Danzig, Progr. 1846

— observationes criticae in Cl. Galeni librum περὶ ψυχῆς παθῶν καὶ ἁμαρτημάτων. Leipzig 870. Hirzel. gr. 8. (46 S.) n. 10 ngr.

– – Vgl. Marquardt, Johannes

—— römische Privatalterthümer, s. Becker, W. A., Handbuch der römischen Alterthümer.

Marquardt, Joachim. Das Privatleben der Römer Zweite Auflage besorgt von A. Mau.
Leipzig, Verlag von S. Hirzel 1886.
2 Teile. 8°
I: XIV S., 1 Bl., 388 S. m. 12 Holzschn. 2 Taf. in Lithogr.
II: XII S., S. 387—887 m. 23 Holzschn.
Erschienen als Band 7 von Marquardt & Mommsen, Handbuch der römischen Altertümer; in 1. Auflage 1879—1882.

Marquardt, Joach. Römische Staatsverwaltung. 3 Bde. gr. 8°. Leipzig, Hirzel, 1878—82. 2. Aufl., besorgt von H. Dessau, A. v. Domaszewski u. Geo. Wissowa. 3 Bde. 1884—85. (Bd. 2. Finanzwesen.)

Marquardt, J. Zur Statistik der römischen Provinzen. Ein Nachtrag zu Becker-Marquardt Handbuch der römischen Alterthümer. III. 1—26 S.
Danzig, Progr. 1854

Marquardt, J., zur Statistik der römischen Provinzen. Ein Nachtrag zu Becker-Marquardt Handbuch der römischen Alterthumer. Leipzig 854. Hirzel. gr. 4. (26 S.) n. 10 ngr.

— Untersuchgn. zur Geschichte v. Eran. 1. Hft. [Aus: „Philologus".] gr 8. (VI, 72 S.) Ebd. 896. n. 1. 80

Marquardt, Johs., Observationes criticae in Cl. Galeni librum περὶ ψυχῆς παθῶν καὶ ἁμαρτημάτων. gr. 8. (46 S.) Leipzig 870, Hirzel. *

– – Vgl Marquardt, Joachim

Marquardt, *Johannes* 25 Lieder für dreistimmigen gemischten Chor bearbeitet von J M. 4 (23 S.).
Progr. Städt. Rprg. u. höh. Töchtersch. *Wollin i. Po.* 1892.
Nicht im Tauschverkehr

Marquardt, Julius: De natura hominis physica et morali quid Clemens Alexandrinus docuerit. Part. I. *Brunsbergae 1897: Heyne.* (21 S.) 4°
Braunsberg, Verz. d. Vorl. f. d. W.S. 1897—98

Marquardt, Karl

Marquardt, Karl *Friedrich* [aus Neuenstadt (Württbg.)]: Zur Aetiologie der Dystrophia muscularis progressiva. Berlin, C. Vogts Buchdr., *1896;* 28 S., 2 Bl. 8.
Berlin, Med. Fak., Inaug.-Diss. v 14. Aug. 1896

Marquardt, Carl, der Kampf um u. auf Samoa. Ausführlich dargestellt unter Benutzung amtl. Materials. gr. 8. (48 S.) Berlin 899. H. Walther. n. 1. —

— zur Lösung der Samoafrage. Ein Beitrag z. Kolonialgeschichte. gr. 8. (61 S.) Ebd. 899. n. 1. —

— die Tätowirung beider Geschlechter in Samoa. Mit 19 Taf. in Lichtdr. u. Photolith. nach in Samoa aufgenommenen Orig.-Zeichngn. u. Photogrammen. Fol. (31 S.) Berlin 899. D. Reimer. Geb. in Leinw. n. 20. —

— Verzeichniss e. ethnologischen Sammlung aus Samoa. Zusammengestellt in etwa 20 Jahren. gr. 8. (21 S.) Ebd. 902. n. 1. —

Marquardt, Konrad Theophil [Praes.], s. Sanden, Christian Bernhard von De systemate mundi vero, nunquam determinando Copernico et Seb. Clerico opposita.

Marquardt, L., neuester deutscher Briefsteller. Ein Hand- und Hülfsbuch zur Abfassung aller im gesell. wie geschäftl. Leben vorkomm. Briefe und anderer schriftl. Aufsätze als Bittschriften, Gesuche, Bewerbungen 2c. Nebst den wichtigsten Regeln der deutschen Sprachlehre, der Rechtschreibung und des Briefstils sowie einer Angabe der Titulaturen und einem Verzeichniß der gebräuchlichsten Fremdwörter. 2. Aufl. 8. (183 S.) Berlin 874, Burmester und Stempell.

Marquardt, L., neuester deutscher Briefsteller. Ein Hand- und Hülfsbuch zur Abfassung aller im gesell. wie im geschäftl. Leben vorkommenden Briefe und anderen schriftl. Aufsätze. Nebst den wichtigsten Regeln der deutschen Sprachlehre, der Rechtschreibung und des Briefstils, sowie einer Angabe der Titulaturen und einem Verzeichniß der gebräuchlichsten Fremdwörter. 3. und 4. Aufl. 8. (VIII, 183 S.) Berlin 878, [Hohorst.] Burmester und Stempell.

Marquardt, L., neuester deutscher Briefsteller. Ein Hand- und Hülfsbuch zur Abfassung aller im geselligen wie geschäftl. Leben vorkommenden Briefe und anderen schriftl. Aufsätze, als: Bittschriften, Gesuche, Bewerbungen rc. Nebst den wichtigsten Regeln der deutschen Sprachlehre, der Rechtschreibung und des Briefstils, sowie einer Angabe der Titulaturen und einem Verzeichniß der gebräuchlichsten Fremdwörter. 5.—11. Aufl. 8. (VIII, 183 S.) Berlin 879—82, Burmester und Stempell. *

Marquardt, Lenz, approb. Arzt aus Tüngeda Die Wirkung der Schwitzbäder bei Lebercirrhose nach dem Material der n. med. Klinik in Berlin (Dir.: Geh. Med.-Rat Prof. Dr. Gerhardt). *Halle a. S. 1902: C. A. Kaemmerer & Co.* (51 S.) 8°
Halle, Med. Diss. v. 13. Aug. 1902

Marquardt, Ludw., das geistliche Amt u. die soziale Lage. Welche Aufgaben stellt die soziale Lage insonderheit dem geistl. Amte? Unter Berücksicht. der auf dem Evangel.-sozialen Kongreß zu Berlin im Mai 1890 gepflogenen Verhandlgn. gr. 8. (47 S.) Berlin 891. H. Spamer. n. 1.—

Marquardt, Ludw., die doppelte Buchführung in Anwendung auf den Buchhandel. Ein pract. Leitfaden zur Einrichtung und Führung der Bücher. 8. (VIII, 88 S.) Berlin 875, Marquardt.

—— Charakterzüge u. Anekdoten aus dem Leben Kaiser Wilhelms I. gr. 8. (250 S. m. Bildnis.) Lpz. 890, R. Richter.
* 3 50; geb. * 4 50

Marquardt, Ludw., Friedrich II. der Große. Zum 100jähr. Gedächtnis seines Todes. Ein Büchlein fürs deutsche Volk. gr. 8. (198 S. mit Illustr.) Bromberg 886, (Mittler'sche Buchh.) cart. *
—— dass. — Ein Buch für Schule und Haus. 5. Tausend. 8. (283 S.) [Rostock 887, Verlag der Album-Stiftung.] Danzig, C. Hinstorff's Verlag. *

Marquardt, Ludw., das deutsche Volk in seiner geschichtlichen und kulturgeschichtlichen Entwickelung. Für Haus und Schule. (In 15 Lfgn.) 1.—6. Lfg. gr. 8. (S. 1—480.) Bromberg 883,84. (Berlin, Parrisius.) à Lfg. * 80 Pf. *

Marquardt, M., Die pessimistische Lebensauffassung des Altertums. Pr. 1905. 84 S.

Marquardt, Martha: Der Beruf der weiblichen Hausangestellten und seine Forderungen. — [Berlin-Schöneberg 1904: Sayffaerth]. 8°

Marquardt, Paul Abenteuer auf Palawan, s. Volks-Erzählungen, Kleine

– Fort Buffalo, s. Volks-Erzählungen, Kleine

– Lorana, die indische Fürstentochter, s. a. Volks-Erzählungen, Kleine

Lorana, die indische Fürstentochter. Eine Erzählung von P[aul] **Marquardt.** Mülheim a. d. Ruhr J. Bagel [1905]. (64 S.) 8° [F.]

– Der Malaien-Prinz, s. Volks-Erzählungen, Kleine

Marquardt, Paul, Polyglotte. Neueste Methode zur schnellen u. leichten Erlernung moderner Sprachen. Grammatik — Lektüre — Conversation — Literatur — Correspondenz. Deutscher Tl. (VIII, 70 S. m. 12 Taf.) 8. Salzwedel (905). J. D. Schmidt. n. 1. 50

Polyglotte. Neueste Methode z. schnellen u. leichten Erlernung moderner Sprachen von Paul **Marquardt.** Grammatik, Lektüre, Conversation, Literatur, Correspondenz. Deutscher Teil. Salzwedel E. Weyhe [1905]. (VIII, 70 S.) 8°

– Seeabenteuer, s. Volks-Erzählungen, Kleine

Marquardt, Paul, der Stellmacher-Lehrling s.a. Koepper's, Gust., Handwerkerbibliothek. 11. Bd.

Marquardt P., der Stellmacherlehrling. (92 S.) (Koeppers Handwerkerbibliothek 12) Leipzig 1908

— Tiun-Ling, le pirate chinois. Nouvelle. Traduction de A. Godart. gr. 16. (64 S.) Metz 894. P. Even. — 25

– Tiun-Ling, der chines. Piratenführer s.a. Volks-Erzählungen, Kleine

Marquardt, Paul Tiun-Ling, der chinesische Piratenführer Eine Erzählung von – Mülheim a d R J Bagel [1899] (64 S) 8°

– An den Ufern des Indus, s. Volks-Erzählungen, Kleine

Marquardt, P., s.: Volks-Erzählungen, kleine.

Marquardt, Rudolf, a. Querfurt: Die Beseelung des Leblosen bei französischen Dichtern des XIX. Jahrhunderts. Marburg 1906 [übergeklebt, darunter:] Halle a. S. 1906: E. Karras. (VIII, 95 S.) 8°
Marburg, Phil. Fak., Ref. Wechssler, Diss. v. 6. Juli 1906
[Geb. 2. Okt. 78 Querfurt; Wohnort: Querfurt; Staatsangeh.: Preußen; Vorbildung: Oberrealsch. Hanau Reife M. 04; Studium: Marburg 7 S.; Rig. 16. Mai 06.]

Marquardt, Rud., Erdkunde f. Lehrerbildungsanstalten, s.: Heise, Ernst.

Marquardt, Rudolf Frage und Antwort Hilfsbüchlein f d Harmonieschüler vor, während u nach d Arbeit von – Berlin (Selbstverl [1907]). (36 S.) 8°
[Umschlagt.] Die Nachhilfe Nützlich f d. Harmonieschüler von R Marquardt

— Der Harmonielehrer. Ein Lehrbuch d. Harmonie, hervorgegangen aus e. langjähr. Praxis, welches den Lehrer ersetzt. (VIII, 298 S.) gr. 8. Ebd. (907). Geb. in Leinw. 7. 50

Marquardt, Rudolf Der Lehrer des Kontrapunktes. Ein Lehrbuch z Selbstunterricht f Kontrapunkt, Kanon u Fuge von – Berlin Selbst-Verl (1909) 352 S. 8° [Text lith.]

Marquardt, Rud., Winke zur Modulation. 12. (22 S.) Berlin (900). A. Parrhysius. n. — 50

— Winke zur Modulation. In 2. u. verb. u. erw. Aufl. [Aus: „Der Harmonielehrer".] (S. 161—187.) gr. 8. Ebd. (907). 1.—

Marquardt, Ulr., die Interessengemeinschaften, e. Ergänzungsgeschichte der Zusammenschlussbewegung v. Unternehmungen. (66 S.) 8. Berlin 910. J. Springer. 2.—

Marquardt, Wilhelm, a. Hasselhorst: Der Einfluss Kristians von Troyes auf den Roman „Fergus" des Guillaume Le Clerc. Göttingen 1906: (Heidelberger Verlagsanstalt u. Druckerei, Heidelberg). (66 S.) 8°
Göttingen, Phil. Fak., Ref. Stimming, Diss. v. 23. Mai 1906
[Geb. 16. April 76 Hasselhorst, Kr. Celle; Wohnort: Göttingen; Staatsangeh.: Preußen; Vorbildung: Gymn. Bremen Reife O. 96; Studium: Göttingen 3, Straßburg 2, Göttingen 6 S.; Rig. 29. Nov. 05.]

Marquardt, Wilhelm [Referendar aus Stettin]: Über das Verhältniss des Conductor zum Locator bei Veräusserung der Sache nach römischem Recht .. Stettin, Druck v Herrcke & Lebeling, 1888; 1 Bl. + 39 S. 8°
Göttingen, Jur. Fak., Inaug. Diss v 19. Mai 1888

Marquardt, Wilh., über das Verhältniss des Conductor zum Locator bei Veräusserung der Sache nach römischem Recht. Inaugural-Dissertation. gr. 8. (32 S.) Stettin 888. (Göttingen, Vandenhoeck und Ruprecht.) *

Marquardtiana. Geistesblitze im Gewande der Komik des Geh. Oberschulrates Dr. K. Joachim Marquardt, weil. Direktors des Gymnasium Ernestinum zu Gotha. Mit Portr. u. Wiedergabe der zu Marquardt's Gedächtnis geprägten Gedenkmünze. (44 S.) 8. Gotha (909). P. Hartung. 1.—

Marquart

— s. auch Markart.

Marquart, ..., Beschreib. e. auf Befehl der Regierung gemachten Reise nach d. Norden, enth.: Abhandll. über Gegenstände d. Mineralogie, Ortsbeschreib. v. Moskau ꝛc., mit statist. Bemerkk.; aus d. Französ. übers. u. mit Anmerkk. begl. v. B. G. Rau u. J. Jbig. Mit Kpf. gr. 8. Frkf. a. M. 790.

Marquart, Arthur, aus Benneckenstein (Prov. Sachsen): **Beiträge zur Kenntnis der Lues hereditaria tarda.** *Berlin (1901): H. Schade.* (29 S.) 8°
Berlin, Med. Diss. v. 17. Dez. 1901

Marquart, Bruno, Hund und Pferd. Mittheilungen aus dem Leben der Thiere für Alle, die es mit ihnen gut meinen, insonderheit für die liebe Kinderwelt. Mit Benutzung eines Mscr. des Herrn Pred. Kannegießer bearb. Hrsg. vom Dresdener Thierschutz-Verein. 1. Heft. 16. (106 S.) Dresden 873, (Jeh's Buchh.) *

Marquart, Bruno, Hund und Pferd. Mittheilungen aus dem Leben der Thiere für Alle, die es mit ihnen gut meinen, insonderheit für die liebe Kinderwelt. Mit theilweiser Benutzung eines Mscr. des Hrn. Pred. Kannegießer in Soltnitz bearb. 2. und 3. verm. und verb. Aufl. Hrsg. vom Dresdner Thierschutz-Verein. 8. (159 S.) Dresden 878, (Burdach.)

Marquart, Clamor, s. Marquart, Louis Clamor

Marquart, Felix

Marquart, F Die Einführung von Handelsinspektoren (13 S) (Schriften des Verbandes Deutscher Handlungsgehilfen 7) Leipzig 1903

Die Notwendigkeit von Handelsinspektoren. Eingabe d. Verbandes Deutscher Handlungsgehülfen zu Leipzig an d. Reichstag Im Auftr. d. Vorst bearb. von Felix **Marquart** Leipzig Verb. Deutscher Handlungsgehülfen 1906. (52 S.) 8° [J. u. Ant.]
— **Schrift** d. Verbandes Dtsch. Handlungsgehülfen zu Leipzig. 11 [07. 1102]

Marquart, Friedr., die eßbaren und schädlichen Schwämme beschrieben. Mit 4 color. Taf. (in Imp.-Fol.) gezeichnet u. lithogr. von Ant. Müller. Olmüz 856. Hölzel. Lex.-8. (48 S.) 3 ℛ. 15 ngr.

Marquart, Frdr., Wahrnehmungen über die Rotzkrankheit der Pferde, ihre Ursachen u. Vorbauung. 12. (33 S.) Olmütz 852, Neugebauer. 6 ngr

Marquart, Heinrich, Rechtsprakt. Vergleichende Darstellung des neuen Landtagswahlrechts in Bayern, Württemberg und Baden. München 1909: Schön. VIII, 125 S. 8°
Würzburg, Jur. Diss. v. 20. Jan. 1909, Ref. Piloty
[Geb. 8. Nov. 83 Solnhofen; Wohnort: München; Staatsangeh.: Bayern; Vorbildung: Gymn. München Reife Juli 02; Studium München 8 S.; Rig. 28. Okt. 08.] [U 09. 4068

Marquart, Josef

Marquart, J., d. **Chronologie d. alttürk. Inschriften.** M. e. Vorwort u. Anh. v. W. Bang. gr. 8. (VII, 112 S.) Leipzig 898. Dieterich. n. 4.—

Marquart, J., Ērānšahr nach der Geographie des Ps. Moses Xorenac'i, s.: **Abhandlungen der königl. Gesellsch. d. Wissensch. zu Göttingen. Philol.-histor. Kl.**

Fundamente israelitischer u. jüd. Geschichte. Von J **Marquart.** *Göttingen: Dieterich 1896.* (VI S., 1 Bl., 75 S.) 1 Bd 8. [97. 6667 ..

Marquart, Jos, u. Chr. Haller, Catalog der kathol. Schulstellen sammt Meßnerei u. Organistendiensten u. des sammtl. Lehrerpersonals im Königr. Württmberg. gr. 8. Ulm 836. Rübling. 1/3 ℛ

Marquart, J., osteuropäische u. ostasiatische Streifzüge. Ethnologische u. historisch-topograph. Studien zur Geschichte des 9. u. 10. Jahrh. (ca. 840—940). Mit Unterstützg. der königl. Akademie der Wissenschaften zu Berlin. (L, 557 S.) gr. 8. Leipzig 903. Dieterich. n. 30.—

— **chronologische Untersuchungen. gr. 8. (86 S.) Leipzig 900. Dieterich.** n. 3.—
Sonderabdruck aus: „Philologus", 7. Suppl.-Bd.

Marquart, *Josef:* Untersuchungen zur Geschichte von Eran. Heft 1. (Aus: Philologus, Bd. 54 u. 55.) Göttingen, Dieterich, 1896; VI, 4, 489—527, 212—240 S. 8.
Tübingen, Phil. Fak., Hab.-Schr v 1896
(Nicht für den Austausch)

— **Untersuchungen zur Geschichte v. Eran. 2. Heft. (VIII, 258 S.) gr. 8. Ebd. 905. 10.20 (Vollständig: 12.—)**
Sonderabdruck aus: „Philologus".

Marquart, Louis Clamor

Marquart, L. C., Anleitung zur Anwendung des Wasserglases. 2. Aufl. Eilenburg 856. Offenhauer. 8. (16 S.) nn. 1½ ngr.

Marquart, L. Clamor, **die Farben d. Blüthen. Eine chem.-physiolog. Abhandl. gr. 8. (6 B.) Bonn 835, Habicht.**

— s. Geiger, Ph. Lor., Handbuch d. Pharmacie.

Marquart, Louis Clamor. s Geiger, Ph Lorenz Pharmaceut Mineralogie

Marquart, Louis Clamor, s. Geiger, Ph. Lorenz. Pharmaceut. Zoologie

—— Lehrbuch d. prakt. u. theoret. Pharmacie, mit besond. Rücksicht auf angeh. Apotheker u. Aerzte. 2 Bde. (od. 7 Hfte.) gr. 8. Mainz, Kunze.
Bd. 1. Pharmaceut. Naturgeschichte. (29⅞ B.) 841, 42. 1 Thlr. 21 Gr.
- 2. Pharmaceut. Chemie u. Präparatenkunde. (37⅞ B.) 842, 43. 2 Thlr. 9 Gr.

Marquart, Clamor, Lehrbuch der practischen und theoretischen Pharmacie, mit besond. Rücksicht auf angehende Apotheker und Aerzte. 2. Aufl., bearb. von Ernst Hallier und Herm. Ludwig. 3 Bde. in 18 Heften. gr. 8. Mit eingedr. Holzschn. Mainz 865, Kunze's Nachf. [1.—12. Heft à 20 Ngr., 18. Heft 1 Thlr.]

Inhalt:

Bd. 1. Pharmaceutische Naturgeschichte und Waarenkunde. Von E. Hallier und H. Ludwig. (XX und 511 S.) Einzeln 2 Thlr. 18 Ngr.
» 2. Einführung in die practische Pharmacie und die Kenntniss der pharmaceutisch wichtigen anorganisch-chemischen Präparate. Von H. Ludwig. (XVI und 676 S.) Einzeln 3 Thlr. 12 Ngr.
» 3. Einführung in die organische Chemie und die Kenntniss der pharmaceutisch wichtigen organisch-chemischen Präparate. Von H. Ludwig. (XX und 894 S.) Einzeln 4 Thlr. 9 Ngr.

Marquart, Louis Clamor [Hrsg.], s Verhandlungen d Naturhist Vereins d Preuß. Rheinlande

Marquartstein [Schlagwort]

Marquartstein — Forstwirthschafts-Karte der königlichen Salinen-Waldungen in dem Forstamte — auf allerhöchsten Befehl dd. 14. May 1821, bearbeitet im Jahre 1821. (aus den Steuerblättern reducirt.) Die Gebirge aufgenommen und gezeichnet von J. N. Aulitscheck. Lithogr. 1:10,000. 24 Bl.

Marque, R., der Aeroplan f. Jedermann, s.: Lelasseux, L.

Marques internationales, les. Publication officielle du bureau international de l'union pour la protection de la propriété industrielle. Tome I. 1893—1898. Marques Nr. 1 à 1700. gr. 4. (XIX, 514 S.) Berne 899. (Leipzig, G. Hedeler.) n.n. 8. —

Marqueses de Areais, s.: Areais.

Marquerre F Experimentelle Untersuchungen am polycyklischen Stromverteilungssystem Arnold-Bragstadt-la Cour. (74 S) (Slg. elektr. Vortr. V, 11. 12) Stuttgart 1904

Marques de Rome, le roman de, s. Bibliothek des litterarischen Vereins in Stuttgart CLXXXVII.

Marquet Die österreichischen Eisenbahngesetze, s. Roell

Marquet, Fr., Von der Umwandlung der Domänen in Bauerngüter. 8°. Wien 1769.

Marquidorf, Friedr. Adolph (Königsberg), De theoriis nonnulla electro-chemicam antecedentibus. Halle (Ruff) 19. VIII. 1843. 28 S. u. Biogr. (M.: S. Eggert.) (—.—) 22200
Gew.: Friedr. Philipp Dulk. — Oppon.: J. Sperber, H. Droop.

Marquier, J. A., die Sagen am Bodensee. Erzählend mitgetheilt. 8. (IX, 111 S.) Konstanz 889. (Meck.) n. 2. 40

Ficke, Aug.: [Gedicht.] Zur fünfundzwanzigjährigen Meister-Jubelfeier dem Br.·. Aug. Ficke. [Unterz.:] **Marquier.** [Freiburg i. B. 1866.] 1 Bl. 2° [Kopftit.] „Ist auf Schweigen und Vertrauen . . .“

Marquis v. Sade, s.a. Janin, J.

Marquis von Sade, der, nach d. Franz. v. Jules Janin. gr. 12. Leipzig 835. Michelsen. 1/2 ₰

Marquis, C., nouveau recueil de compliments en vers et en prose pour le jour de l'an et les fêtes. gr. 8. (101 S.) Wien 889. Bauer. n. 1. —

Marquis, Carl, s. Marquis, Karl

Marquis, F., s. Taschenbuch für Theetrinker.

Marquis, F., Du Thé, ou nouveau traité sur sa culture, sa recolte, sa préparation et ses usages, avec planches col. in 8. Paris.

Marquis, Karl

Marquis, Carl Das Knochenmark der Amphibien in den verschiedenen Jahreszeiten. Diss. gr 8 (82 S. m 1 Taf) Jurjew (Dorpat) 1892 (E J Karew)

MARQUISE, Die tolle. Auch keine Heilige. (2 Mk. E. Demuth, Straßb. i. Els., c. 1900.)

MARQUISINN von M**, kein Roman. Danzig, Flörke, 1778. 8° Rar!
Geschichts- u. Romanen-Litt (Cat.) Breslau 1798.

Marquordt, Hans, Tierarzt: Aus d. anat. Inst. d. Tierärztl. Hochsch. zu Hannover. Leiter: Boether. Untersuchungen über Altersveränderungen an der Drüsenschleimhaut des Pferdemagens. Bockenem 1909: (Rehmann). 33 S. 8°
Gießen, Veterinär-Med. Diss. v. 6. Nov. 1909, Ref. Martin
[Geb. 17 Mai 82 Bockenem; Wohnort: Hannover; Staatsangeh.: Preußen; Vorbildung. Realgymn. Hildesheim Reife O. 02; Studium: Hannover Tierärztl. Hochsch. 7 S.; Rig. 21. Mai 09.] [U 10. 1230

Marquordt, Wilhelm, aus Schöppenstedt. Ueber Angina typhosa. *Göttingen 1904: L. Hofer.* (24 S.) 8°
Göttingen, Med. Diss. v. [6. Juni] 1904

Marquordt, Wilh., über Angina typhosa. Diss. (25 S.) 8. Göttingen (904). (Vandenhoeck & Ruprecht) n. — 60

Marr der Zweite

Jeitteles Teutonicus. Harfenklänge aus dem vermauschelten Deutschland von *Marr dem Zweiten.* Bern, Rud. Costenoble, 1879. 8°. Belbd.
62 S. (incl. roth u. schwarz gedr. Titel). Mit eingedr. Holzschnitten.

Marr, Adolph Bernhard. Berufung und Beruf des Landtags. Ein Wort zur Verständigung und Einigung an meine Mitbürger. Berlin, L. Schlesinger 1848. 16 S. 8.

Marr, Adolf Bernhard. Unsre Wahlen. Die wichtigste Tagesfrage für jeden patriotischen Preußen. Berlin, L. Schlesinger 1848 15 S. 8.

Marr, Bernh., der Baum der Erkenntnis. Eine mythologisch-etymolog. Studie. In 2 Tln. u. 1 Anh. (143 S. m. Fig.) 8. Dux (904). (C. Scheithauer.) n. 2. 50

Marr, B., altjüdische Sprache, Metrik u. Lunartheosophie. 1. u. 2. Tl. gr. 8. Dux, K. Scheithauer. à 2. 50
I. Betonung; Metrik; Einzel-Beispiele; Psalm 1 bis 6; Exodus 15; Deborahlied, Lied der Sulamith. (117 S.) 907.
II. Die Geschichte des Königs Hisak-Jahu. (180 S.) 909.

— die Symbolik der Lunation. Von der Entstehungsursache des Sprach- u. Sagenschatzes der Gesamtmenschheit. (X, 151 S. m. Fig.) 8. Ebd. 905. n. 2. 10

Marr, Carl Christian Ludwig, s. Marr, Karl Christian Ludwig

Marr, C., Prinzeß, s. a. Weichert's Wochen-Bibliothek.

Marr, Elisabeth, ein Erinnerungsblatt an das musikalische Kunstgetriebe der fünfziger Jahre in Weimar unter Franz Liszt. gr. 8. (16 S.) München 884, Merhoff's Verlag.

Marr, Friedrich — Gedichte von — —. (Ohne Angabe des Druckortes und des Jahres.) (80 S. 8.) [1856.]

Marr, Friedrich, Gemüth u. Welt. Lyrische Dichtungen. fl. 8. (VI. 146 S.) (Graz.) Wien, Manz & Comp. 1 fl. 50 kr. geb. 2 fl. 40 kr.

Marr, Gust., zwei Fälle von Pseudohypertrophia musculorum. [Myositis interstitialis lipomatosa progressiva paralytica.] Inaugural-Dissertation. gr. 8. (32 S. mit 2 Stnt.) Göttingen 881, (Vandenhoeck und Ruprecht's Verlag.) *

Marr, H., Bajazzo u. seine Familie, s.: Kühlings, A., Volks-Schaubühne.

Marr, H., Zeit u. Stände. Histor. Skizze in 3 Abthln., frei nach Scribe's u. Rougemont's „Avant pendant et après." 8. (8 B.) Hamburg 830, [Berendsohn.]

Marr, Heinr., im Atelier. Dramatisches Gemälde aus dem Künstlerleben, in 3 Acten. gr. 8. (X, 70 S.) Hamburg 868, Hoffmann und Campe.

Marr, Heinz, aus Leipzig: Calvin und die Widerstandsbewegung in Frankreich vom Tode Heinrichs II. bis zum Ueberfall von Amboise. *Dresden 1902: 'Deutsche Wacht'.* (X, 78 S.) 8° [J.] ¶(Teil einer größ. Arbeit.) Leipzig, Phil. Diss. v. [27. Dez.] 1902

Marr, Jakob

Marr, J. Die Freiheit und Unabhängigkeit der Kirche vom Staate. Eine Rede gehalten im Piusverein zu Trier. Trier, J. B. Grach 1849. 16 S. 8.

Marr, Jak., Das Wallfahrten in der kath. Kirche. Trier, Lintz, 1842. 8°. XV, 153 S.

Marr, Joh. Wilhelm

GEDANKEN, Freimüthige, über Bürgerglück, schlechte Zeiten und Sittenverderbnis in Hamburg. (von *Joh. Wilh. Marr*). Hamburg 1803. Anon.-Lex. II p. 152 (nach Goedeke u. Schroeder). — Rarl

Marr, Karl, Gfr. Rode und Rud. Hemmleb, Liederbuch für Schule und Haus. Mit einem Vorwort von Friedr. Polack. 8. (IV, 192 S.) [Berlin 885.] Gera, Th. Hofmann. * geb. **

Marr, Karl, Gfr. Rode und Rud. Hemmleb, Liederbuch für Schule und Haus. Ausg. für kathol. Schulen. 8. (IV, 199 S.) [Berlin 885.] Gera, Th. Hofmann. * 60 Pf.; geb. **

Marr, Karl, Gfr. Rode, u. Rud. Hemmleb, Liederbuch f. Schule u. Haus. Mit e. Vorwort v. Frdr. Polack. 2. Aufl. gr. 8. (IV, 192 S.) Gera 895. Th. Hofmann. Kart. n. — 75

— — — dasselbe. Ausg. f. kathol. Schulen. gr. 8. (IV, 199 S.) Ebd. 895. Kart. n. — 75

Marr, Karl, Gfr. Rode, Mart. Trappe, Liederbuch f. Schule u. Haus. Mit e. Vorwort v. Frdr. Polack. 3. Aufl. 8. (IV, 196 S.) Gera 900. Leipzig, Th. Hofmann. n. — 60; kart. n.n. — 75

— — — dasselbe. Ausg. f. kathol. Schulen. 3. Aufl. 8. (IV, 208 S.) Ebd. 900. n. — 60; kart. n.n. — 75

Liederbuch für Schule und Haus. Zsgest. von Karl Marr, Lehrer, Gottfr. Rode, Lehrer, Martin Trappe, Hauptlehrer. Mit e. Vorw. von Friedrich Polack, Schulrat. 5. Aufl. Leipzig & Berlin. Th. Hofmann 1904. (IV, 200 S.) 8° [J.] [illegible]

Liederbuch für Schule und Haus. Zsgest. von Karl Marr, Gottfr. Rode, Martin Trampe. (Evang. Ausg.) Mit e. Vorw. von Friedrich Polack. 6., verm. u. verb. Aufl. Leipzig & Berlin: B. G. Teubner 1906. (VI, 202 S.) 8° [J.] [illegible]

Marr, Karl Christian Ludwig

Tariffe für den Ein- und Ausfuhrzoll s. w. d. a. in Schleswig und Holstein wie auch in Dänemark nach den Zollverordnungen von 1803 u. 1797 und den späteren Verfügungen bis ultimo Juli 1823 v. Carl Christian Ludwig Marr. Kopenhagen. 1823. 8°.
Angebunden ist dasselbe Werk in dänischer Sprache bei dem der Titel fehlt.

Marr, Otto, Kosten der Betriebskräfte bei 1—24 stünd. Arbeitszeit täglich u. unter Berücksicht. d. Aufwandes f. die Heizung. Für Betriebsleiter, Fabrikanten etc., sowie z. Handgebrauch v. Ingenieuren u. Architekten. gr. 8. (83 S.) München 901. R. Oldenbourg. n. 2. 50

Marr, Otto, die neueren Kraftmaschinen, ihre Kosten u. ihre Verwendung. Für Betriebsleiter, Fabrikanten etc. sowie zum Handgebrauch von Ingenieuren u. Architekten. (III, 66 S.) gr. 8. München 904. R. Oldenbourg. n. 3. —

Marr, Otto, das Trocknen u. die Trockner, s. a. Oldenbourg's technische Bibliothek. 14. Bd.

Das Trocknen und die Trockner. Anleitungen zu Entwurf, Beschaffung u. Betrieb. Für alle Zweige d. mechanischen u. chem. Industrie, f. gewerbl. u. f. landwirtschaftl. Unternehmungen. Von Ing. Otto Marr. Mit 215 Abb. München & Berlin: R. Oldenbourg 1910. IX, 410 S. 8°
(Oldenbourgs Technische Handbibliothek. Bd 14.) [illegible]

Marr, W., Rieschen Blaustrumpf, s.: Theater-Mappe.

Marr, Wilh., Anarchie oder Autorität? 8. (IV und 132 S.) Hamburg 852, Hoffmann und Campe.

⊙ Auch eine Adresse an Schleswig Holsteins Männer der That v. Wilhelm Marr. Hamburg 1846. 8°

Marr, Wilh., der Ausschluß Oesterreichs aus Deutschland ist eine politische Widersinnigkeit. Eine Warnung, welche vielleicht zu spät kommt. 8. (32 S.) Hamburg 866, Schardius.

— Vide Blätter der Gegenwart.

Marr, Wilh., sieben Briefe über den Stein der Weisen. Ein socialist. Essai. gr. 8. (50 S.) Bern 872, Jent und Reinert. *

Marr, Wilh., das junge Deutschland in der Schweiz. Ein Beitrag z. Geschichte der geheimen Verbindungen unserer Tage. 8. (23½ B.) Leipzig 846, Jurany.

— — Buch (Diess) gehört dem Volke.

—— es muß Alles Soldat werden! oder die Zukunft des norddeutschen Bundes. Ein Phantasiegemälde. 8. (32 S.) Hamburg 867, Scharbius. *
Aus: Kosmopolit, besonders abgedruckt.

— die Flagge deckt die Ladung. s.: Flagge, die, rc.

Marr, Wilhelm, antisemitische Hefte. 3 Nrn. O. O. u. J. (Druck von Rich. Oschatz in Chemnitz.) 8⁰. Beibd.
a) Der Judenkrieg u. wie er zu organisiren ist. 32 S.
b) Goldene Ratten u. rothe Mäuse. 32 S.
c) Oeffnet die Augen, ihr deutschen Zeitungsleser! 32 S.

Marr, W. Vide: Helmdörffer, F. X.: Politik und Wucher.
— — Wucher und Intoleranz.

— Katechismus eines Republikaners der Zukunft. 1845.

Marr, Wilh., zur Klärung der Colonialfrage. 16. (40 S.) Barmbeck 885. (Hamburg, Fenkhausen.)

Marr, Wilh., vom jüdischen Kriegsschauplatz. gr. 8. Bern 879. Leipzig, Jul. Brehse * 1 —

Marr, Wilhelm. Vom jüdischen Kriegsschauplatz. Eine Streitschrift. 2.—4. Aufl. In 8⁰. Bern, Rud. Costenoble. 1879. 1 20

Marr, W., Lessing contra Sem. Allen „Rabbinern" der Juden- und Christenheit, allen Toleranz-Duselheimern aller Parteien, allen „Pharisäern und Schriftgelehrten" tolerantest gewidmet. gr. 8. (44 S. mit dem Holzschn.-Bildniss des Verf.) Berlin 885, [M. Schulze.] *

Marr, W., Lessing contra Sem. Allen „Rabbinern" der Juden- u. Christenheit, allen Toleranz-Duselheimern aller Parteien, allen „Pharisäern u. Schriftgelehrten" tolerantest gewidmet. Mit dem (Holzschn.-)Bildniss d. Verf. 2. Aufl. gr. 8. (44 S.) Berlin 885. (Marburg, Verlag d. „Reichsherold".) n. 1. —

Marr, Wilh., der Mensch und die Ehe vor dem Richterstuhle der Sittlichkeit. Nebst einem Anhange: Zur Charakteristik des deutschen Liberalismus. I. Die Republik Karl Heinzens. II. In eigner Angelegenheit. 8. (336 S.) Leipzig 848, Jurany. Thlr.

— nach Jerusalem mit dem Papst! Eine Bergpredigt. 1. u. 2. Aufl. Altona 867,68. Verlags-Büreau. gr. 8. (8 S.) n. 1 ngr.

— öffnet d. Augen, deut. Zeitungsleser! Chemnitz 880

— — Opposition (Die).

— goldene Ratten u. rothe Mäuse, s.a. Hefte, antisemitische.

—— Reise nach Central-Amerika. 2 Bde. gr. 8. (XX und 598 S.) Hamburg 863, O. Meißner.

—— Reise nach Central-Amerika. 2. (Titel-)Ausg. 2 Bde. gr. 8. (XII, 322; VIII, 276 S.) Hamburg (863)70, O. Meißner.

— Die Religion der Zukunft. Volksausgabe. 8⁰. Lausanne. 2. Aufl. 8⁰. Bern, Jenni Sohn, 1846.

— Republikaner der Zukunft. 1846.

—— Selbstständigkeit und Hoheitsrecht der freien Stadt Hamburg sind ein Anachronismus geworden. Eine kurze Beleuchtung hamburg. Zustände. 8. (64 S.) Hamburg 866, (Hoffmann und Campe.)

— der Sieg des Judenthums über das Germanenthum. Vom nicht confessionellen Standpunkt aus betrachtet. 11. Aufl. gr. 8. (48 S.) Bern 879. Costenoble. (?) n. 1. —

Marr, W. Der Sieg d. Judenthums üb. d. Germanenthum. Vom nicht confessionellen Standpunkte aus betrachtet. 2.—6. Aufl. In-8⁰. Bern, Rud. Costenoble. 1879. 1 20

Marr, Wilhelm. Der Sieg des Judenthum über das Germanenthum. Vom nicht confessionellen Standpunkte aus betrachtet. 7. Aufl. In-8⁰. Bern, Rud. Costenoble. 1879. 1 20

Marr, W. Der Sieg des Judenthums über das Germanenthum. Vom nicht confessionellen Standpunkte aus betrachtet. 8. Aufl. In-8⁰. Bern, Rud. Costenoble. 1879. 1 20

— Der Sieg des Judenthums über das Germanenthum. Vom nichtconfessionellen Standpunkte aus betrachtet. 9. 11. Aufl, vermehrt durch ein Wort an Israel. In-8⁰. Bern, Rud. Costenoble. 1879. 1 20

— Streifzüge durch das Koncilium von Trient. Voltaire frei nach erzählt. Hamburg 868. O. Meißner. 8. (35 S.) 7½ ngr.

—— religiöse Streifzüge eines philosophischen Touristen. gr. 8. (198 S.) Berlin 876, Denicke's Verlag. *

Travailler pour le Roi de Prusse. Ein Beitrag zur deutschen Flotte (v. Wilhelm Marr). Der ganze Ertrag ist für den Fond zum Bau einer Separat-Irren-Anstalt bestimmt. Hamburg. 1861. 8⁰

Marr, Wilhelm (Red.), s. Wacht – Die Deutsche Wacht.

—— Wählet keinen Juden! Der Weg zum Siege des Germanenthums über das Judenthum. Ein Mahnwort an die Wähler nichtjüd. Stammes aller Confessionen. Mit einem Schlußwort: „An die Juden in Preußen". 1.—3. Aufl. gr. 8. (48 S.) Berlin 879, Hentze's Verlag. *

—— der Weg zum Siege des Germanenthums über das Judenthum. 4. Aufl. von „Wählet keinen Juden". gr. 8. (48 S.) Berlin 880, Hentze's Verlag. *

—— des Weltunterganges Posaunenstoß. Lieblich begleitet und allen Gläubigen gewidmet. 8. (56 S.) Hamburg 867, Fischer's Buchdruckerei. * –

Marraſt, geheime Geſchichte d. Antheils d. Perier'ſchen Partei an d. franzöſ. Revolution im Jul. 1830. gr. 8. (2 B.) Stuttgart 831, Metzler.
Aus der „Stuttgarter allgem. Zeitung" abgedruckt.

— die Julitage des Jahres 1830. Nach d. Franzöſ. 8. Leipz. 831. Glück. 3 gr

Marre, de la: Von der Fischerei, s. Duhamel

Marre, C Ernst, s. Marre, Ernst C

Marré, Ernſt, s.a. Nicolai, C. v.

Marré, Ernſt C., von der Exiſtenzberechtigung des Chriſtentums, ſ.: Volksſchriften zur Umwälzung der Geiſter.

— die Kolik der Pferde. Winke f. ihre Heilg. u. Verhütg. 12. (52 S.) Leipzig (902). H. Hartung & Sohn. — 80

Marré, Ernſt C., vollſt. kurzgef. Lehrbuch d. prakt. Spiritismus. Einſchließl. e. Anleitg z. Hypnotismus, zur Statuvolenz u. z. Magnetismus u. e. Anh. üb. Abdrücke, Formen u. Bilder v. Aſtralweſen u. ihre Herſtellg. gr. 8. (II, 72 S.) Leipzig 897. M. Spohr. n. 1.50

Marré, Ernst C., vollständ. kurzgef. illustr. Lehrbuch des prakt. Spiritismus. Einschliessl. e. Anleitg. zum Hypnotismus, Statuvolence u. Magnetismus u. e. Erläuterg. über Abdrücke, Formen u. Bilder v. Astralwesen u. ihre Herstellg. Als Anh.: 18 Seiten hochwicht. u. interess. Abbildgn. verbürgt echter Geisterphotographien u. anderer, bei denen jegl. Fälschg. od. Betrug ausgeschlossen ist. 2. verb. Aufl. Bearb. v. Hans Arnold. (II, 103 S.) 8. Leipzig (905). E. Fiedler. 1.50

— die Sprache der Hauſa, s.a. Kunſt, die, der Polyglottie.

Die Sprache der Hausa. Grammatik, Uebungen u. Chrestomathie, sowie hausan.-deutsches u. deutsch-hausan. Wörterverzeichniß von Ernst C. Marré. *Wien, Pest, Leipzig: A. Hartleben [1901].* (x, 176 S.) 8° [F. u. Ant.]
— Kunst d. Polyglottie. T. 70.
(Bibliothek d. Sprachenkunde.) [04. 1991]

Marre, Franz J.

Marre, (Fr. J.) das neue Paradies od. die Macht des Geiſtes Alu. Eine ſehr unterhalt. Geſchichte. 8. Berlin 827, Logier.

Marre, Frz. J., das neue Paradies, od. d. Macht d. Geiſtes Alu. 2. Aufl. 8. (12 B.) Berlin 829, (Natorff u. Comp.)

Marré, Wilhelm, a. Borbeck (Rhld.): Die Entwicklung der Landeshoheit in der Grafschaft Mark bis zum Ende des 13. Jahrhunderts. Rostock 1907: C. Hinstorff. (x, 96 S.) 8° [F.]
Münster, Phil. Fak., Ref. Spannagel, Diss. v. 17. Juni 1907
[Geb. 14. Juni 82 Borbeck; Wohnort: Münster i. W.; Staatsangeh.: Preußen; Vorbildung: Gymn. Neuß Reife O. 02; Studium: Bonn 1, Münster 2, Berlin 1, Münster 5 S.; Rig. 25 Febr. 07.]

Marré, Wilh., die Entwicklung der Landeshoheit in der Grafſch. Mark bis zum Ende des 13. Jahrh. (VIII, 96 S.) gr. 8. Roſtock 907. Dortmund, F. W. Ruhfus. 2.40

MARREL, B., Die Völlerei. Mit vielen pikanten Illustr. von A. Scheiner. Budapest, Grimm, 1904. 8° (Eleg. br. Kr. 3.60.) (3 Kr. 60 H Vict. Eytelhuber, Wien. 1905.)

Marrené, Walerya, der wilde Tom, ſ.: Engelhorn's Roman- u. Novellenſchatz.

Marres, J. L., Dissertatio de Favorini Arelatensis vita, studiis, scriptis. Accedunt fragmenta. 8maj. (X und 146 S.) Trajecti ad Rhenum 853, Kemink et fil. *

Marres, P. H., de iustitia secundum doctrinam theologicam et principia iuris recentioris, speciatim vero neerlandici. [Liber I: De iure in re. Liber II: De iniuria et restitutione.] gr. 8. (447 S.) Roermond 879, Romen und Söhne. **

Marrett, R.R., s.: Anthropologie, die, u. die Klassiker.

Marrhausen, Conrad (ed). Deutsch-anischer Dichterwald. Eine Sammlung von Original-Gdten dt-anischer Verfasser Detroit, 1856.

Marriage, M(ary) Elizabeth Poetische Beziehungen des Menschen zur Pflanzen- und Tierwelt im heutigen Volkslied auf hochdeutschem Boden. *Bonn: P. Hanstein 1898.* (85 S.) 8°
Heidelberg, Phil. Diss. v [3. Nov.] 1898

Marriage, M Eliz., Georg Forsters Frische teutsche Liedlein in 5 Teilen. Halle 1903.
Citirt Otto Schell, p. 189.

Marriage, M. Elizab. s.a. Volkslieder aus der badiſchen Pfalz.

Volkslieder aus der Badischen Pfalz. Gesammelt u. mit Unterstützung d Großh. Badischen Minist. d. Justiz hrsg von Dr M[ary] Elizabeth Marriage. *Halle a. S.: M. Niemeyer 1902.* (XIV, 404 S.) 8° [F.] [03. 7186]

Marriages, two, s. Collection of British authors.

Marriot, der wahre Protestant. Basel 1852—57. 6 Bde. 8.

Marriot, Emil [Pseud.]
s.a. Mataja, Emilie [Wirkl. Name]

Marriot, Emil (Frl. Emilie Mataja), Auferſtehung. Roman. 4. Tauſ. (VII, 312 S.) 8. Berlin 908. G. Grote. 4.—; geb. 5.—

Marriot, Emil (Emilie Mataja), Caritas. D. Roman e. Familie. 8. (284 S.) Berlin 895. Freund & Jeckel. n. 3.—

— junge Ehe. Roman. 8. (380 S.) Ebd. 897. n. 4.—

Marriot, Emil (Frl. Emilie Mataja), junge Ehe. Roman. 6. Tauſ. (V, 380 S.) 8. Berlin 902. G. Grote. n. 4.—; geb. n. 5.—

— Junge Ehe. Roman. 7. Tauſ. (380 S.) 8. Ebd. 909. 4.—; geb. 5.—

Marriot, Emil (Frl. Emil. Mataja), ſchlimme Ehen. Novellen. 8. (V, 226 S.) Berlin 901. G. Grote. n. 2.50; geb. n. 3.50

— Erſtarrung. Stilles Martyrium s.a. Kürſchner's Bücherſchatz.

Erstarrung Novelle Stilles Martyrium. Geschichte e. Mädchens. Von Emil Marriot [d. i. Emilie Mataja]. Mit Ill. von W Roegge Berlin, Leipzig Hillger [1909]. 96 S. 8°
(Kürschners Bücherschatz Nr 657) [09. 6626]

— Meine Frau u. andere Geschichten. 5 Erzählgn. 2., verm. Aufl. (v. „Schlimme Ehen".) (V, 339 S.) 8. Berlin 910. G. Grote. 3.—; geb. in Leinw. 4.—

— anständige Frauen. Roman. (332 S.) 8. Ebd. 906. n. 4.—; geb. n. 5.—

— Anständige Frauen. Roman. 4. Taus. (332 S.) 8. Ebd. 910. 4.—; geb. 5.—

Marriot, E., das ewige Gesetz, s. Was Ihr wollt-Bibliothek.

—— dass. — s. Wolzogen, E. v., die Miether des Herrn Thaddäus.

— Grete's Glück, s.: Theater-Bibliothek, Berliner.

— seine Gottheit. Roman. 3. Aufl. 8. (360 S.) Ebd. 898. n. 5.-

— seine Gottheit. Roman. 4. Aufl. (361 S.) 8. Ebd. 904. n. 5.—; geb. n. 6.—

Marriot, Emil, die Familie Hartenberg. Roman aus dem Wiener Leben. gr. 8. (237 S.) Berlin 883, F. und P. Lehmann. *

Marriot, Emil. Die Familie Hartenberg. Roman aus dem Wiener Leben. 4. Aufl. 8. (237 S.) Berl. 886, Freund u. Jeckel. * 1 50

— d. Familie Hartenberg. Roman. 3. Aufl. 8. (237 S.) Ebd. 895. n. 3.—

Marriot, Emil, moderne Menschen. Roman. 8. (186 S.) Berlin 893. Freund & Jeckel. n. 3.—

— moderne Menschen. Roman. 2. Aufl. 8. (182 S.) Ebd. 900. n. 3.—; geb. n. 4.—

— Menschlichkeit. Roman. 3. Taus. 8. (326 S.) Ebd. 902. n. 4.—; geb. n. 5.—

—— Novellen, u. neue Novellen. (Neue Titel-Ausg. v. „Mit der Tonsur". 1. u. 2. Bd.) 8. (III, 263, III, 187 S.) Ebd. 886,87. à Bd. * 3 —; * 6 —

— Novellen. (Neue Titel-Ausg. v. „Mit der Tonsur".) 8. (III, 268 S.) Berlin 890. Freund & Jeckel. n. 3.—

— Novellen. 2. Aufl. 8. (V, 474 S.) Ebd. 897. n. 5.—

— neue Novellen. (Neue Titel-Ausg. v. „Mit der Tonsur". 2. Bd.) 8. (III, 187 S.) Ebd. 890. n. 3.—

— s.: Novellenbuch.

— die Starken u. die Schwachen u. andere Novellen. 8. (III, 336 S.) Berlin 894. Freund & Jeckel. n. 4.—

— die Starken u. die Schwachen. (Novellen.) 3. Aufl. 8. (V, 326 S.) Berlin 899. [Freund & Jeckel.] G. Grote. n. 4.—
Auch die übrigen bei Freund & Jeckel erschienenen Werke ders. Verf. sind in obigen Verlag übergegangen.

— Sterne. 3 Erzählgn. (V, 381 S.) 8. Ebd. 908. 3.—; geb. in Leinw. 4.—

—— Egon Talmors. Roman. gr. 8. (159 S.) Wien 880, Hartleben's Verlag.

— Thiergeschichten. 8. (VII, 136 S.) Ebd. 899. n. 2.—

—— der geistliche Tod, s.a. Bibliothek für Ost und West.

—— der geistliche Tod. Roman. 2. Aufl. 8. (305 S.) Berlin 888, F. und P. Lehmann. *M 3.—; geb. *

— der geistliche Tod. Roman. 2. Aufl. (Neue Titel-Ausg.) 8. (305 S.) Ebd. 890. n. 3.—

— der geistliche Tod. Roman. 5. Aufl. 8. (278 S.) Ebd. 893. n. 3.—

— der geistliche Tod. Roman. 7. Aufl. (317 S.) 8. Ebd. 904. n. 3.—; geb. n. 4.—

— Der geistliche Tod. Roman. 9. Aufl. (317 S.) 8. Ebd. 907. 3.—; geb. 4.—

— mit der Tonsur. Geistliche Novellen. 8. (263 S.) Berlin 886. F. & P. Lehmann. n. 4.—

—— dass. — 2. Bd. 8. (187 S.) Ebendas. 887. *

— m. der Tonsur. Geistliche Novellen. 2. Bd. 8. (187 S.) Ebd. 887. n. 3.— (1. u. 2.: n. 7.—)

Die Unzufriedenen. Roman aus d. bürgerl. Kreisen von Emil Marriot [d. i. Emilie Mataja]. 3. Taus. Berlin Grote 1908. 496 S. 8° [illegible]

— Die Unzufriedenen. Roman aus den bürgerlichen Kreisen. 3. Taus. (496 S.) 8. Ebd. 908. 3.—; geb. 4.—

— Ein schwerer Verdacht. Vertauschte Rollen, s.a. Kürschner's Bücherschatz.

Ein schwerer Verdacht. Novelle. Vertauschte Rollen. Dem Leben nacherzählt von Emil Marriot (d. i. Emilie Mataja). Mit Ill. von A. Lewin. Berlin, Leipzig: H. Hillger [190?]. (111 S.) 8° [F]
= Bücherschatz, Kürschners. No 559. [illegible]

Marriot, Emil, s. Zehnpfennig-Bibliothek

Marriot, Paul, Auferstehung. Roman. 8. (308 S.) Ebd. 898. n. 4.—

Marriott, das Abendmahl des Herrn oder die Messe. Christenthum und Papstthum, Diamant oder Glas. 8. (276 S.) Stuttgart 852, J. F. Steinkopf.

Marriott, Anekdoten aus dem Hauptwerke des Alphons M. v. Liguori, den in Carlsruhe die Mission abhaltenden Liguorianern gewidmet. gr. 16. (15 S.) Basel 851. (Frankfurt a. M., Völcker.) **

Marriott, Will., a collection of english Miracle-Plays or Mysteries; contain. the drams from the Chester, Conventry, and Towneley series, with two of latter date. To which is prefixed, an historical view of this description of Plays. Lex.-8. (21 B.) Basel 838, Schweighauser. *

Marriow, H., Miß Arabelle Bloomville; aus d. Engl. 2 Thle. 8. Weißenf. 798. Böse. 1½ ℛ

Marro, C. (Notaire, ancien chancelier et ancien président du tribunal). Chronique du Cant. de Fribourg. In-12°, 155 p. Fribourg, Galley. 1878.

Marron, Paul Henri. Ad Bonapartum. Ode an Buonaparte. [Strassburg?] 1801. Ü: *Lamey, Andreas.* (BrMm)

Marron, Paul-Henri. Service funèbre célébré par M. P.-H. M. pour M. Louis Ehinger, de Bâle, ... à Paris, le ... 22 novembre 1809. 4. *s. l.*

Marrot, A., wer will Gesundheit u. Glück? Autoris. deutsche Uebersetzg. v. Gertr. Poerschke. (VII, 96 S.) 8. Halle 903. Gebauer-Schwetschke. n. 2. —

(Marrow.) Die Preußen vor Europens Richterstule .. (wegen) Einbruchs in die Provinz Holland 1787. Aus d. Franz. Cöln 1789. 8°. (Orig. 1789).

Marryat

— allgemeines Signalbuch für die Handels-Marine aller Nationen, nebst einer Auswahl von Gesprächen, anwendbar bei Convoy's, und Systeme geometr., Nacht- und Nebel-Signale von G. B. Richardson. Nach der Ausg. von 1854, mit den Nachträgen der Ausgabe von 1856, ins Deutsche übertragen von Henry A. Tobiesen. Mit 9 gemalten lith. Taf. Hamburg 857. (Leipzig, Rein.) gr. 8. (XIV, 229 Bl.) 6 ℛ

—— allgemeines Signalbuch für die Handels-Marine aller Nationen, nebst einer Auswahl von Gesprächen, anwendbar bei Convoy's, und Systeme geometr. Nacht- und Nebel-Signale. Von G. B. Richardson. 2., verb. und verm. Aufl. von J. L. Stipperger. gr. 8. (XV und 575 S. mit 9 Chromolithogr.) Hamburg 862, Salomon und Comp. geb.

Marryat, Florence [Pseud.]
Wirkl. Name Mrs Francis Lean

– The fair-haired Alda, s. Collection of British authors.

—— Gerald Estcourt's Bekenntnisse. Roman. Aus dem Engl. von Helene Hardt. 3 Bde. Einzige autoris. deutsche Ausg. 8. (VI, 613 S.) Leipzig 868, Schlicke.

Marryat, Florence. Blindfold, s. Collection of British authors.

– The blood of the vampire, s.a. Collection of British authors.

The Blood of the vampire. By Florence **Marryat** [Mrs. Francis Lean]. Copyright ed. Leipzig: Tauchnitz 1897. 318 S. 8°
(Collection of British authors. Tauchnitz Ed. Vol. 3245.)

– A broken blossom, s. Collection of British authors.

– Nelly Brooke, s. Collection of British authors.

– My own child, s. Collection of British authors.

– The confessions of Gerald Estacourt, s. Collection of British authors.

– A daughter in the Tropics, s Collection of British authors.

—— The risen dead, s. Library, the English.

The Dream that stayed. By Florence **Marryat** [Mrs. Francis Lean]. Copyright ed. In 2 vol. Vol. 1 2. Leipzig Tauchnitz 1897 8°
(Collection of British authors. Tauchnitz Ed. Vol. 3185/6.)

– A lucky disappointment, s. Collection of British authors.

– The dream that stayed, s. Collection of British authors.

– Driven to bay, s. Collection of British authors.

– Mad Dumaresq, s Collection of British authors.

– Mount Eden, s. Collection of British authors.

Marryat, Florence. Es giebt keinen Tod [There is no death]. Deutsch von Dr. O. R. Leipzig 1893. Ü: *Reyher, O.* (Berlzu 1918, I, 334)

— es giebt keinen Tod. Deutsch v. O. R(eyher). 8. (VIII, 357 S.) Leipzig 898. A. H. Payne. n. 4. —; auch in 12 Hftn. à n. — 50

— for ever and ever, s. Collection of Brit. Auth.

– A circumstantial evidence, s. Collection of British authors

– With Cupid's eyes, s Collection of British authors.

– Facing the Footlights, s. Collection of British authors.

– Figthing the air, s Collection of British authors

— Lady Diana's Geheimniß. Roman. Einzig autoris. Uebersetzg. v. M. Walter. 8. (286 S.) Mannheim 894. J. Bensheimer's Verl. n. 4. —; Einbd. n.n. 1. —

— d. Geisterwelt. Deutsch v. O. Reyher. gr. 8. (V, 289 S.) Leipzig 895. A. H. Payne. n. 4. —

– Gentleman and courtier, s. Collection of British authors.

– The ghost of Charlotte Cray and other stories, s. Collection of British authors.

— the girls of Feversham, s.: Asher's collection of english authors.

– A harvest of wild oats, s. Collection of British authors.

— a bankrupt heart, s.a. Collection of British authors.

A bankrupt Heart. By Florence **Marryat** [Mrs. Francis Lean]. Copyright ed. In 2 vol. Vol. 1. 2. Leipzig: Tauchnitz 1894. 8°
(Collection of British authors. Tauchnitz Ed. Vol. 2995/6.) [11 8016

– Brave heart and true, s. Library, The English

At Heart a rake. By Florence **Marryat** [Mrs. Francis Lean]. Copyright ed. In 2 vol. Vol. 1. 2. Leipzig: Tauchnitz 1895. 8°
(Collection of British authors. Tauchnitz Ed. Vol. 3083/4.) [11 8084

– The heart of Jane Warner, s. Collection of British authors.

– The heir presumptive, s. Collection of British authors.

—— Hanna Warners Herz, s. Engelhorn's allgemeine Roman-Bibliothek.

– How they loved him, s. Collection of British authors

—— für immer und ewig. Roman. Aus dem Engl. von Helene Hardt. 3 Bde. Einzige autoris. deutsche Ausg. 8. (IX und 731 S.) Leipzig 866, Schlicke. 3

– No Intentions, s. Collection of British authors.

Marryat, Florence, Iris the avenger, s.a. **Collection of British authors.**

Iris the avenger. By Florence **Marryat** [Mrs. Francis Lean]. Copyright ed. Leipzig: Tauchnitz 1899. 295 S. 8°
(Collection of British authors. Tauchnitz Ed. Vol. 3347.) [11. 8166

– Life and letters of Captain Marryat. s. Collection of British authors

– Under the lilies and roses, s. Collection of British authors

– Her lord and master s. Collection of British authors.

—— Love's conflict, s. Collection of British authors.

– A passing madness, s.a. Collection of British authors

A passing Madnes. By Florence **Marryat** [Mrs. Francis Lean]. Copyright ed. Leipzig: Tauchnitz 1897. 279 S. 8°
(Collection of British authors. Tauchnitz Ed. Vol. 3219.) [11. 8174

– The master passion, s. Collection of British authors

– A moment of madness and other stories, s. Collection of British authors.

– Her father's name, s. Collection of British authors

Marryat, Florence [Mrs. Francis Lean], Open! Sesame! s. Asher's Continental Library.

– Peeress and player, s. Collection of British authors.

– Petronel, s. Collection of British authors.

– Phyllida, s. Collection of British authors.

– The poison of asps, s. Collection of British authors.

– The prey of the gods, s. Collection of British authors.

– The root of all evil, s. Collection of British authors

Marryat, Florence

Sesam, öffne Dich! Roman. Aus dem Engl. von Jenny Hirsch. Autor. Ausg. Bd 4.
Stuttgart: Simon 1876. 196 S. 8°

– The nobler sex, s. Library, The English

– A fatal silence s. Library, the English

—— A scarlet sin, s. Collection of British authors.

– My sister the actress, s. Collection of British authors

– The beautiful soul, s.a. Collection of British authors.

The beautiful Soul. By Florence **Marryat** [Mrs. Francis Lean]. Copyright ed. Leipzig: Tauchnitz 1893. 279 S. 8°
(Collection of British authors. Tauchnitz Ed. Vol. 3063.) [11. 8068

– A soul on fire, s.a. Collection of British authors.

A Soul on fire. By Florence **Marryat** [Mrs. Francis Lean]. Copyright ed. Leipzig: Tauchnitz 1898. 287 S. 8°
(Collection of British authors. Tauchnitz Ed. Vol. 3283.) [11. 8220

– Spiders of society. s. Collection of British authors.

– A little stepson. s. Collection of British authors.

– There is no death, s. Library, the English

– The strange transfiguration of Hannah Stubbs, s.a. Collection of British authors

The strange Transfiguration of Hannah Stubbs. By Florence **Marryat** [Mrs. Francis Lean]. Copyright ed. Leipzig: Tauchnitz 1896. 288 S. 8°
(Collection of British authors. Tauchnitz Ed. Vol. 3125.) [11. 8110

– Veronique, s. Collection of British authors.

– Her world against a lie, s. Collection of British authors.

— the spirit world, s.a. **Collection of British authors.**

The Spirit World. By Florence **Marryat** [Mrs. Francis Lean]. Copyright ed. Leipzig: Tauchnitz 1894. 302 S. 8°
(Collection of British authors. Tauchnitz Ed. Vol. 3018.) [11. 8033

– Written in fire, s. Collection of British authors.

Marryat, Frederick

— Abenteuer eines Heimathlosen. Als Anhang zu dem Roman das Geisterschiff. Nach d. Engl. von Georg Lotz. 1e Mittheilung. A. u. d. T.: Die geheimnißvolle Schuld. 8. Hamburg 839. Herold. 1 1/3 ₰

— dass. 2e Mittheilung. A. u. d. T.: Der Seefalke. gr. 12. Ebd. 840. 1 1/6 ₰

— dass. 3e Mittheilung. A. u. d. T.: Der räthselhafte Gast. 8. Ebd. 840. $1\frac{1}{6}$ Rthlr

— dass. 4e Mittheilung. A. u. d. T.: Die geheimnißvolle Sühne. Roman. (Aus d. Engl.) Auch als Fortsetzung der geheimnißvollen Schuld. 2 Bde. 8. Leipzig 840. Kummer. $2\frac{1}{6}$ Rthlr

– Die Ansiedler von Canada, s.a. Ausland, Das belletrist Von K. Spindler. 253.–257 Bdchen.

Marryat, F., die Ansiedler in Kanada, s.a. Universal-Bibliothek für die Jugend.

Marryat, Frederick, die Ansiedler in Kanada, s.a. Von Buch zu Buch.

— die Ansiedler in Canada. Ein Buch für die jüngere Welt. Aus dem Engl. von Th. Oelckers. 8. (Mit 2 Holzschn.) Leipzig 844, B. Tauchnitz jun. $1\frac{3}{4}$ Rthlr

Marryat, Frederick

Die Ansiedler in Canada. Nach dem Engl. bearb. v. Ludwig Hauff. Th. 1-5.
Stuttgart: Franckh 1845. 396 S. 8°

— dasselbe, hrsg. v. E. Paetsch, s.: Authors, English.

Marryat, Frederick: The children of the new forest.

Marryat, the children of the new forest, s.a. Collection of British authors, vol. 140.

— dasselbe, hrsg. v. Gg. Buchner, s.: Klassiker-Bibliothek, französisch-englische. 43. Bdchn.

— The children of the new forest, erkl. v. G. Wolpert, s.: Schulbibliothek, französische u. englische.

—— the Children of the new Forest. Written for young people. Für den Schul- und Privatgebrauch eingerichtet und erklärt von Heinr. Löwe. gr. 8. (VIII, 243 S.) Halle 880, Gesenius. *

Marryat, Frederick, the children of the New Forest, hrsg. v, A. Stange, s.a. Authors, English.

The Children of the New Forest by Captain (Frederick) **Marryat**. Im Auszuge mit Anm. z. Schulgebr. hrsg. von Dr. A[rnold] Stange, Prof zu Minden. [Nebst] Anmerkungen [&] Wörterbuch. *Bielefeld & Leipzig: Velhagen & Klasing 1901.* 3 Bde 8°
— **Sammlung, Velhagen & Klasings,** franz. u. engl. Schulausgaben. English authors. Lfg 2 B. (01. 0-377

— The three cutters, hrsg. v. G. Steinmüller, s.: Authors, English.

— the three cutters, hrsg. v. Geo. Buchner, s.: Klassiker-Bibliothek, französisch-englische. 31. Bdchn.

— dasselbe, hrsg. v. A. Matthias, s.: Rauch's English readings.

— the three cutters, s.: Sammlung gediegener u. interessanter Werke der englischen Litteratur.

— dasselbe. s.a. Schüler-Bibliothek, englische.

— dasselbe, hrsg. v. Reginald Miller, s.a. Schulbibliothek, französ. u. engl. A. 99.

—— the three Cutters. Mit erklärenden Anmerkungen hrsg. von Reginald Miller. (82 S.) 1880. 75 Pf.; 2. gänzlich umgearb. Aufl. gr. 8. (III, 59 S.) Leipzig 883, Renger'sche Buchh.

— the three cutters, hrsg. v. H. W. Glabbach, s.a. Authors, English.

The three cutters by Captain (Frederick) **Marryat.** Hrsg. u. erl. v. H. W[ilhelm] Glabbach, Oberl. . . zu Saarbrücken. M. techn. Abb. e. Kutters. [Nebst] Wörterb. *Berlin: Friedberg & Mode 1897.* 2 Bde 8.
Cutters m. Anm. (XII, 103 S.) Wörterb. (40 S.)
— **Authors,** English, for the use of schools. No 20. (97. 2246

– Mr Midshipman Easy, s Collection of British authors.

— Jakob Ehrlich, s.a. Roth, Rich.

—— Jakob Ehrlich s.a. Universal-Bibliothek für die Jugend.

Marryat, Frederick

Jakob Ehrlich. Ein Seitenstück zu Peter Simpel. Aus dem Engl. v. C. Richard. Th. 1-3.
Aachen, Leipzig: Mayer 1835. 8°

Marryat, Frederick

Erzählungen eines Paschas. Aus dem Engl. v. C. Richard. Bd 1-3.
Aachen, Leipzig: Mayer 1835. 8°

—— Erziehung und Leben, s. Hoffmann, Franz.

— des Seekadetten Hans Leichtfuß Fahrten u. Abenteuer, s.: Ferschke, Herm.

– Jacob Faithful, s. Collection of British authors.

— der Flottenoffizier, s.: Geyer, Alb.

— Newton Forster. Roman. Aus d. Engl. von C. Richard. 3 Bde. 8. Aachen 835. Mayer. (Brüssel, Mayer u. C.) 4 Rthlr

— Seekadett Jack Freimut. Für die Jugend bearb. v. Aug. Hermann. Mit 6 Farbendr.-Bildern v. Willy Stöwer. 2. [Titel-]Aufl. 8. (249 S.) Leipzig [899.] (902). O. Spamer. Geb. n. 2. —

—— das Geisterschiff. Roman. (A. d. Engl.) v. Geo. Loz. Erste vollständ. deutsche Bearbeitung. 3 Thle. 8. (31 B.) Hamburg 839, Herold'sche Buchh.

— siehe: Hoffmann, Frz., Erziehung. — dess., der neue Robinson.

— der fliegende Holländer s.a. Erzählungen, klassische, der Weltlitteratur. 14. Bd.

— der fliegende Holländer, s.a. Hoffmann, Otto.

— Der fliegende Holländer, bearb. v. Wilh. Spohr, s.: Schaffstein's Volksbücher f. die Jugend.

— der fliegende Holländer. Roman. Aus d. Engl. v. C. Richard. 3 Bde. 8. Aachen 837, 39. Mayer. (Brüssel, Mayer u. Somerhausen.) 3 Rthlr

(F) Marryat, Der fliegende Holländer. Aus dem Englischen. [Klassische Erzählungen der Weltliteratur. Bd. 11 Sammlung Prochaska.] 8°. (199 S.) Teschen: Prochaska 1905. geb. K 1.—

— Steuermann Hurtig od. d. Schiffbruch d. Pacific. F. d. Jugend bearb. v. Aug. Hermann. M. 7 Farbenbildern v. Willy Stöwer. 8. (325 S.) Leipzig 898. O. Spamer. Geb. n. 2. —

— Steuermann Hurtig od. der Schiffbruch des Pacific. Für die Jugend bearb. v. Aug. Hermann. 2. Aufl. Mit 7 Farbenbildern v. Willy Stöwer. 8. (325 S.) Leipzig (900). O. Spamer. Geb. n. 2. —

— der arme Jack, s. Bibliothek d. neuesten u. besten Romane d. engl. Literatur. 83r u. 84r Bd.

— ders., aus d. Engl. von E. Brinckmeier. 1r Bd. 1e—5e Lfrg. Mit 14 Abbildd. gr. 16. Braunschw. 840. Meyer sen. à n. 1/3 ₰

— Jack, der lustige Seekadett, s.: Reichhardt, Rud.

— der arme Jacob. Aus d. Engl. von E. Brinckmeier. 6. Lfg. Mit (4) Abbild. nach Stanfield. gr. 16. Braunschweig 840, G. C. E. Meyer sen. (à) 1/3 ₰ — Das Ganze in 3 Bden. u. in verziert. farb. Umschlag geb. 2 ₰

—— der arme Jacob. Aus dem Engl. von E. Brinckmeier. 3 Bde. 2. (Titel-)Aufl. 8. (569 S.) Braunschweig 851, G. C. E. Meyer sen.

– Japhet, s.a. Bibliothek d. neuesten u. besten Romane d. engl. Literatur. Bd. 51.

– s. Japhet, s.a. Collection of British authors.

— Japhet, der einen Vater sucht, s.a Romane, illustrirte, 1. Serie, 5—8. Lfg.

—— Japhet, der seinen Vater sucht, s.a. Universal-Bibliothek Nr. 1831—1834.

— Japhet, der den Vater sucht. Roman. Aus d. Engl. von C. Richard. 3 Bde. 8. Aachen 835, 36. Mayer. (Brüssel, Mayer u. Somerhausen.) 4 ₰

— Percival Keene, s.: Barack, L.

– Percival Keene, s. Collection of British authors.

— die Kinder des Neuwalds, s.a. Ausland, das belletristische, 1814—1820. Bdchn.

Marryat, Frederick

Die Kinder des Neuwalds. Aus dem Engl. v. Karl Kolb. Bd.chen 1-4. 5-7. Stuttgart: Franckh 1852. 8[0]

– The King's Own, s.a. Collection of British authors.

— the King's own. 8. (382 S.) Leipzig 889. Gressner & Schramm. n. 2. —

——, Willy Königs-Eigen. A. d. Engl. v. H. Roberts. 3 Thle. gr. 12. (38 B.) Braunschweig 835, Vieweg u. Sohn.

— die drei Kutter, s.: Universal-Bibliothek.

– Memoiren d. Admirals Sir Sidney Smith, s. Bibliothek d. neuesten u. besten Romane d. engl. Literatur, Bd. 13.–15.

– The Mission, or scenes in Africa, s. Collection of British authors.

— die Mission od. Scenen in Afrika, s.a. Bibliothek ausgewählter neuer Romane, 9 u. 10. Bd.

— die Mission, oder Scenen u. Abenteuer in Afrika. Für die Jugend geschildert. Aus d. Engl. 2. (Titel-)Aufl. 2 Thle. Mit 2 Radirgn. u. 1 (lith.) Karte. 8. (422 S.) Braunschweig (847) 851, Vieweg & Sohn. 1/2 ₰

—— die Mission, oder Scenen und Abenteuer in Afrika. Für die Jugend geschildert. Aus dem Engl. 2. (Titel-)Aufl. 2 Thle. 8. (422 S. mit 2 Radirungen und 1 lithogr. Karte.) Braunschweig 852, Vieweg und Sohn.

– the Pacha of manytales. gr. 8. Brüssel 835. Wahlen; Frankfurt, Fr. Wilmans. n. 1 1/2 ₰

— der Pascha. Aus d. Engl. von H. Roberts. In 3 Theilen. gr. 16. Braunschweig 835. Vieweg u. Sohn. 3 1/2 ₰

— der Pirat, s.a. Hoffmann, Otto.

— dasselbe, bearb. von Wilh. Spohr, s.: Schaffstein's Volksbücher f. die Jugend. 26. Bd.

— Der Pirat, s.a. Volkes, des, Lieblingsbücher.

— der Pirat. Eine Seegeschichte. Für die Jugend bearb. v. Pet. Schlicht. Mit 8 Farbenbildern v. Willy Stöwer. gr. 8. (191 S.) Ebd. (902). Geb. in Leinw. n. 3. —

— dasselbe. See-Roman aus dem Engl. Neueste sorgfältig ausgearb. Uebersetzg. (96 S.) 8. Neuweißensee (905). E. Bartels. 1. —

— der Pirat. Eine Seegeschichte. Für die Jugend bearb. v. Pet. Schlicht. Mit 8 Farbenbildern v. Willy Stöwer. 2. Aufl. (191 S.) 8. Leipzig (906). O. Spamer. Geb. in Leinw. n. 3. —

— dasselbe, s.a. Universal-Bibliothek f. die Jugend.

Der Pirat [The Pirate and the three Cutters]. Nach Kapitän [Frederick] Marryat f. d. reifere Jugend bearb. Mit 6 Abb. von H. Grobel. Stuttgart, Berlin, Leipzig: Union [1906]. (171 S.) 8° [F.]
= Universal-Bibliothek f. d. Jugend. 417–419. [07. 1197

— der Pirat und die drei Kutter. Seebilder. Aus d. Engl. v. C. Richard. 2 Bde. 8. Aachen 836. Mayer. (Brüssel, Mayer u. Somerhausen.) 2 ₰

— auf gefahrvoller Prisenjagd, s.: Stein, Abb.

— The Privaters-Man s. Collection of british Authors.

— Masterman Ready or The wreck of the Pacific, hrsg. v. Ed. Paetsch, s.: Authors, English.

—— Masterman Ready, s.a. Sammlung gediegener und interessanter Werke der englischen Litteratur.

— dasselbe, s.a. Schulbibliothek, französische u. englische.

—— Masterman Ready, s.a. Series for the Young.

— Masterman Ready or the wreck of the Pacific. With a complete vocabulary compiled by E. Amthor. Revised edition. 16. (Mit Marryat's Bildniss.) Leipzig 846, Renger. 12*ngl*

—— Masterman Ready or the Wreck of the Pacific. Written for young people. Zum Schulgebrauch eingerichtet von Karl Bülau. 8. (303 S.) Hamburg 873, Mauke Söhne. *

—— Masterman Ready or the wreck of the Pacific. Written for young people. Mit Erklärungen und einem Wörterbuch für den Schul- und Privatgebrauch hrsg. von C. Th. Lion. 8. (XII, 432 S.) Leipzig 882, Baumgärtner's Buchh. geb.

—— Robinson Ready. Eine Erzählung f. Kinder. 1—3. Bdchn. 8. (35 B., 1 Stahlst. u. 1 lith. Plan.) Stuttgart 843, Neff.

—— Robinson Ready or the wreck of the Pacific. Written for young people. Für die deutsche Jugend mit belehrenden Noten u. e. Wörterbuche versehen. gr. 12. (15½ B.) Leipzig 844, Baumgärtners Buchh. Thlr. –

—— Robinson Ready or the wreck of the Pacific. Written for young people. Für die deutsche Jugend mit belehrenden Noten und einem Wörterbuche versehen. 2. Aufl. 8. (III und 357 S.) Leipzig 857, Baumgärtner's Verlagsbuchh.

Marryat, Robinson Ready or the wreck of the Pacific. Written for young people. Für die deutsche Jugend mit belehrenden Noten und einem Wörterbuche versehen. 3. Aufl. 8. (357 S.) Leipzig 862, Baumgärtner's Buchh. —

—— Robinson Ready or the Wreck of the Pacific. Written for young people. Für die deutsche Jugend mit belehr. Noten versehen. 4. Aufl. 8. (344 S.) Leipzig 870, Baumgärtner's Buchh.

Marryat, Frederick, Reise- u. Seegeschichten. 1.—10. Bd. (à 32 S.) Lex.8. Berlin (909). A. Weichert. à — 20

—- Reisen des Monsieur Violet, s. Ausland, das belletristische. — Bibliothek.

— Violet's Reisen u. Abenteuer in Californien, s. Bibliothek ausgewählter neuer Romane d. Auslandes. Neue Folge. 4.—6. Bd.

— s.a. Robinson, der neue, oder Schiffbruch des Pacific.

—— der neue Robinson, s.a. Hoffmann, Franz.

—— der neue Robinson, s.a. Robinson.

MARRYAT. *Der neue Robinson* oder Schiffbruch des Pacific. Eine Erzählung für die Jugend. Nach dem Englischen des Kapitän Marryat, bearbeitet von FRANZ HOFFMANN. Mit 54 Abbildungen. Stuttgart, Schmidt & Spring, 1843. 1 Bl. 395 S. 4°. Typographisch verzierter Or.-Karton. 22.—

Erste deutsche Übersetzung des „Masterman Ready" (Sigismund Rüstig). Die engl. Orig.-Ausgabe erschien ohne Illustrationen. Die vorliegenden Bilder (auf 28 Tafeln) sind vielleicht englischer Herkunft. Einige Stockfleckchen, Einbd. bestoßen und etwas fleckig.

Marryat's Romane. Neue Ausg. 1.—118. Lfg. 8. (à 5 B.) Berlin 888—890. C. Zieger Nachf. à — 40

Marryat's Romane. Aus dem Engl. Neueste sorgfältigst durchgeseh. Ausg. 119.—135. (Schluß-)Lfg. 8. (à 5 Bog.) Berlin 891. Zieger Nachf. à — 40

— dasselbe. Neueste, sorgfältigst durchgeseh. Ausg. 1.—23. Bd. Aus dem Engl. 8. Ebd. 889. 890. à n. 2. 50; geb. à n. 3. —

1. Der fliegende Holländer. (498 S.) — 2. Königseigen. (464 S.) — 3. Midshipman Easy. (486 S.) — 4. Die Sendung od. Scenen in Afrika. Die drei Kutter. (435 S.) — 5. Peter Simpel. (590 S.) — 6. Japhet, der e. Vater sucht. (488 S.) — 7. Der alte Kommodore. (542 S.) — 8. Percival Keene. (459 S.) — 9. Joseph Rushbrook, der Wilddieb. (452 S.) — 10. Jakob Ehrlich. (474 S.) — 11. Der Kaperschiffer vor 100 Jahren. (398 S.) — 12. Der arme Jack. (443 S.) — 13. Snarleyyow, der Höllenhund. (458 S.) — 14. Newton Forster od. Kaufmannsdienst. (439 S.) — 15. Frank Mildmay, der Flottenoffizier. (457 S.) — 16. Sir Henry Morgan, der Buccanier. (505 S.) — 17. Rattlin, der Reffer. (507 S.) — 18. Der Pascha. (435 S.) — 19. Ardent Troughton od. Abenteuer e. Kaufmanns. (492 S.) — 20. Der Pirat. Kleine Erzählgn. Mit Biographie u. Portr. (XL, 380 S.) — 21. Masterman Ready od. der Schiffbruch d. Pacific. Aus dem Engl. neu übers. von L. Freytag. (X, 432 S.) — 22. Die Ansiedler in Canada. Aus dem Engl. neu übers. v. O. Stieglitz. (396 S.) — 23. Die Kinder d. Neuwaldes. Aus dem Engl. neu übers. v. L. Bamberger. (VII, 396 S.) Der 21—23. Bd. erschien u. d. T. Marryat's Werke.

— Romane. Neueste sorgfältigst durchgeseh. Ausg. 6. u. 10. Bd. 8. Leipzig 901. K. F. Koehler. à 1. 50; geb. à 2. —; erhöht. Pr. à n. 2. —; geb. à n. 2. 50; (kplt. [23 Bde.] n. 40. —; geb. n. 50. —)

6. Japhet, der e. Vater sucht. Roman, aus d. Engl. (488 S.)
10. Jakob Ehrlich. Roman aus dem Engl. (474 S.)

— Romane. Aus dem Engl. Neueste sorgfältigst durchgeseh. Ausg. 3. 5. 11. 12. 21 u. 22. Bd. (Neudr.) 8. Leipzig, K. F. Koehler. à 2. —; geb. à 2. 50 (Vollständig, 23 Bde.: 40. —; geb. 50. —)

3. Midshipman Easy. (486 S.) (904.)
5. Peter Simpel. Roman, aus dem Engl. Neue Ster.-Aufl. (590 S.) (905.)
11. Der Kaperschiffer vor 100 Jahren. (398 S.) (904.)
12. Der arme Jack. Roman, aus dem Engl. Neue Ster.-Aufl. (443 S.) (905.)
21. Masterman Ready od. Der Schiffbruch des Pacific. Aus dem Engl. übers. v. L. Freytag. Neue Ster.-Aufl. (432 S.) 906.
22. Die Ansiedler in Canada. (396 S.) (904.)

— Romane. Aus dem Engl. Neue Ster.-Aufl., 1., 2. u. 13.—19. Bd. 8. Leipzig, K. F. Koehler. à Bd. 2. —; geb. 2. 50

1 Der fliegende Holländer. (498 S.) 909.
2. Königs-Eigen. (Neue [Titel-]Ausg.) (528 S.) [889]. 909.
13. Snarleyyow, der Höllenhund. Roman aus dem Engl. Neue Ster.-Aufl. (458 S.) 909.
14. Newton Forster od. Kaufmannsdienst. (Neue [Titel-]Ausg.) (439 S.) [900] 909.
15. Frank Mildmay, der Flottenoffizier. Roman aus dem Engl. Neue Ster.-Aufl. (457 S.) 909.
16. Sir Henry Morgan, der Buccanier. (Neue [Titel-]Ausg.) (505 S.) [900] 909.
17 Rattlin, der Reffer. (Neue [Titel-]Ausg.) (507 S.) [900] 909.
18. Der Pascha. (Neue [Titel-]Ausg.) (435 S.) [900] 909.
19. Ardent Troughton od. Abenteuer e. Kaufmanns. (Neue [Titel-]Ausg.) (492 S.) [900] 909.

— dasselbe. Neue deutsche Ausg. Umschlagzeichnung nach Orig.-Entwürfen v. Honegger. 8. Magdeburg (909). Magdeburger Verlagsanstalt. à Bd. 1. 50; geb. in Leinw. 2.30; auch in 60 Lfgn. à – 40

Die Ansiedler in Kanada. (318 S.) — Midshipman Easy. (318 S.) — Jakob Ehrlich. (318 S.) — Der fliegende Holländer. (318 S.) — Der arme Jakob. (318 S.) — Japhet, der e. Vater sucht. (318 S.) — Percival Keene. (319 S.) — Der alte Kommodore (318 S.) — Königs-Eigen. (318 S.) — Sir Henry Morgan (der Buccanier). (318 S.) — Der Pirat. Drei Kutter. (316 S.) — Rattlin, der Reffer. (318 S.) — Der Schiffbruch des Pacific. (318 S.) — Die Sendung. (318 S.) — Peter Simpel. (316 S.)

— Midshipman Ruhig. Aus d. Engl. von C. Richard. 3 Bde. 8. Aachen 836. Mayer. (Brüssel, Mayer u. Somerhausen.) 3 rf

– Jos. Rushbrook, s. Bibliothek d neuesten u. besten Rimane d engl Literatur, Bd 100

— Sigismond Rustig, ou le naufrage du Pacifique. Nouveau Robinson. Trad. de l'Angl. par Charl. Brandon. gr. in-16. (19 ½ B. m. 94 Holzschn.) Leipzig 844, Teubner.

- Sigismond Rustig ou le naufrage du Pacifique Nouveau Robinson. Trad. de l'anglais par Charles Brandon. 3. éd. 8. (VIII, 325 S. m. eingedr. Holzschn. u 1 Plan in Holzschn.) Leipzig 876. Teubner. 3. 75

— Sigismund Rüstig, s.a Georg, H. W.

— dasselbe, s.a Im wilden Westen.

— dasselbe, s.a Moritz, Paul.

— dasselbe, s.a Pannwitz, Max.

— dasselbe, s.a Reichhardt, Rud.

— Sigismund Rüstig, der bremer Steuermann, s.a Rüstig, Sigismund.

— Sigismund Rüstig s.a Sigismund.

Marryat [Masterman Ready deutsch]. *Sigismund Rüstig* der Bremer Steuermann .. frei bearbeitet. 18. Aufl. Leipzig, Teubner [c. 1885]. M. 94 Illustr. 8°. Illustr. Orhlwd. 9 —

— Sigismund Rüstig. Der Bremer Steuermann od. d. Schiffbruch d. Pacific. Nach d. engl. Original f. die deutsche Jugend bearb. v. Frdr. Meister. M. 4 Buntbild. u. 30 Text-Illustr. v. E. Klingebeil. 4. Aufl. gr. 8. (335 S.) Leipzig 898. Abel & Müller. Geb. in Leinw. n. 3. —

— Sigismund Rüstig. Der Bremer Steuermann od. der Schiffbruch des Pacific. Nach dem engl. Original. Für die deutsche Jugend bearb. von Frdr. Meister. Mit 4 Buntbildern u. 30 Text-Illustr. v. E. Klingebeil. 5.—7. Aufl. gr. 8. (à 335 S.) Leipzig 899—902. Abel & Müller. Geb. in Leinw. n. 3. —

Sigismund Rüstig oder Der Schiffbruch des Pazifik [Masterman Ready or The Wreck of the Pacific]. Eine Erzählung nach Kapitän [Frederick] **Marryat** f. d. deutsche Jugend bearb. Mit 4 Bild. von W Zweigle u. 1 Pl. d. Insel. 4 Aufl. *Stuttgart, Berlin, Leipzig: Union [1903]* (IV, 239 S.) 8° [3-] [04. 739]

Marryat, Frederick, Sigismund Rüstig. Der Bremer Steuermann od. der Schiffbruch des Pacific. Nach dem engl. Original. Für die deutsche Jugend bearb. v. Frdr. Meister. Mit 4 Buntbildern u. 30 Text-Illustr. v. E. Klingebeil. 8. Aufl. (335 S.) 8. Leipzig 905. Abel & Müller. Geb. in Leinw. n. 3. —

— dasselbe. Volks-Ausg. 9. Aufl. (335 S.) 8. Ebd. 905. Geb. n. 2. —

— dasselbe, od. der Schiffbruch des Pazifik. Eine Erzählg., f. die deutsche Jugend bearb. Mit 4 Bildern in Farbendr. v. W. Zweigle u. e. Plane der Insel. 2. Aufl. (IV, 240 S.) 8. Stuttgart (903). Union. Geb. in Leinw. n. 2. —

— Sigismund Rüstig. Der Bremer Steuermann od. der Schiffbruch des Pacific. Nach dem engl. Original. Für die deutsche Jugend bearb. v. Fr. Meister. Mit 4 Buntbildern u. 30 Text-Illustr. v. E. Klingebeil. 11. Aufl. (335 S.) 8. Leipzig (907). Abel & Müller. Geb. in Leinw. 3. —

— Jakob Ehrlich's Schicksale, s.: Reichner, Klara.

— die Schiffbrüchigen auf den Chincha-Inseln. Merkwürdige Erlebnisse e. Kindes. Deutsch v. L. Freytag. Mit 25 Abbildgn. v. Aug. Braun. 8. (VIII, 432 S.) Leipzig 902. R. Wöpke. n. 3. 60; geb. n. 4. 50

— Die Schiffbrüchigen auf den Chincha-Inseln. Merkwürdige Erlebnisse e. Kindes. Deutsch v. L. Freytag. Mit 10 Vollbildern u. 1 Vignette v. Fel. Schulze. 2. Taus. der 1. Aufl. (398 S.) 8. Leipzig 910. A. König. 3.60; geb. in Leinw. 4. 50

— Newton Forsters Seeabenteuer, s.: Schaffstein's Volksbücher.

— der See-Offizier. Roman. Aus d. Engl. v. E. Richard. 3 Bde. 8. Aachen 835. Mayer. (Brüssel, Mayer u. C.) 4 ₰

— Sesam, öffne Dich! Roman. Aus dem Engl. von Jenny Hirsch. Autoris. Ausg. 4 Bde. 8. (251; 237; 200; 196 S.) [Stuttgart 876.] Herzberg a. H., Simon. *

— the settlers in Canada, hrsg. v. Alb. Benecke, s.: Authors, English.

— The settlers in Canada, hrsg. v. Geo. Steinmüller, s Authors, English.

— dasselbe, s.a. Bibliothèque de voyages.

- The Settlers in Canada, s.a Collection of British authors.

— dasselbe, bearb. v. Jos. Heuschen, s.: Schulbibliothek, französische u. englische. A. 127. Bd.

— the settlers, von M. Theilkuhl, s. Theilkuhl, M.

— dasselbe, s.a Universal-Bibliothek.

— the settlers in Canada. Written for young people. Für den Schul- u. Privatgebrauch eingerichtet u. erklärt v. H. Loewe. 2., verb. Aufl. gr. 8. (VIII, 166 S.) Halle 886. Gesenius. geb. n. 1. 60

— the Settlers in Canada. Written for the young people. Für den Schul- und Privatgebrauch eingerichtet und erklärt von Heinr. Löwe. 8. (VIII, 238 S.) Halle 879, Gesenius' Verlag. *

— the settlers in Canada. Written for young people. Für den Schul- und Privatgebrauch eingerichtet und erklärt von Heinr. Loewe. 2. verb. Aufl. gr. 8. (VIII, 166 S.) Halle 886, Gesenius. geb. *

— Settlers in Canada, ed. by Saure, s.a. Authors, modern English.

Settlers in Canada by Frederick **Marryat**, and The Pathfinder by James Fenimore Cooper. The song of Hiawatha by Henry W(adsworth) Longfellow. Ed. with biogr. sketches and explanat. notes by Prof. Dr. Heinrich Saure. 2. Aufl. [Nebst] Vocabulary. Berlin: F. A. Herbig 1906. 2 Bde 8°
= **Authors**, Modern English. Vol. 2. [06. 9854]

— s. Sigismund Rüstig.

— Peter Simpel, hrsg. v. A. Stange, s.: Authors, English.

— dasselbe, s.a. Bibliothek interessanter Erzählungen.

– Peter Simpel, s.a. Bibliothek d neuesten u besten Romane d engl. Literatur, Bd. 10–12

— dasselbe, s.a. Schneesing, J.

—— Peter Simpel, s.a. Universal-Bibliothek Nr. 2501–2505.

Marryat, Frederick

Peter Simpel Ein humoristischer Roman. Aus dem Engl. v. C. Richard. Bd 1-3.
Aachen, Leipzig: Mayer 1834. 8°

Peter Simpel [Peter Simple]. Seeroman von Kapitän (Frederick) Marryat. Leipzig. Reclam [1900]. 851 S. 8°
(Bibliothek August Scherl. Bd 62–64.) [10. 13650

– Peter Simple, s.a. Collection of British authors.

—— dass. -s.a. Universal-Bibliothek für die Jugend.

—— Peter Simple. Für den Schul- und Privatgebrauch eingerichtet und erklärt von Heinr. Loewe. 2 Tle. gr. 8. (VIII, 200; 179 S.) Halle 881, Gesenius. à Tl. *ℳ 1,80. *

Marryat, Frederick, selections from Peter Simple, hrsg. v. Gust. Krueger, s.: Reformbibliothek, neusprachl.

– a star a. a heart, s.: Collection of brit. authors.

Marryat. Ein Tagebuch in Amerika. Aus dem Englischen von G. N. Bärmann. 6 Theile. Braunschweig 1839—1840. 8°.

Marryat, Frederick. Tagebuch in Amerika . Neu aus dem Englischen von Dr. Carl Kolb. 2v in 1. Stuttgart, 1845.

—— Valerie, s.a. Bibliothek, europäische.

—— Valerie, s.a. Collection of British authors.

Marryat, Frederick

(Valerie. Neu aus dem Engl. v. Karl Kolb.
Stuttgart: Krabbe 1850.) 372 S. 8°
(Marryat's W. XXVII. Valerie.)

S. 1-16 fehlen.

– Monsieur Violet, s. Ausland, Das belletrist. Von K. Spindler. 78.–83. Bdchn.

– Monsieur Violet, s. Collection of British authors.

Marryat, sammtl. Werke, s.a. Bibliothek neuer Romane d Auslandes.

Marryat sämmtl. Werke. (Wohlf. Taschenausg.) 1—59. Bd. Uebers. v. G. N. Bärmann u. H. Roberts, s. Bibliothek d. neuesten u. best. Romane d. engl. Literatur, Bd. 1—42. 77—90. u. Bd. 106—108.

Der 1—42. Bd. erschien selbstständig unt. d. T.: Marryat's sämmtl. Werke. (1835—38.) à 1 Thlr.; die Fortsetzung wurde unt. d. T.: Marryat's, Chamier's, Dr. Harrisson's, Wilson's, James, Morier's u. A. gesammelte Werke, (1839) à 8 Gr. geliefert, von 1840 an aber alle Schriften unter dem Collectivtitel: Bibliothek d. neuesten u. besten Romane d. engl. Lit., vereinigt, die ersten 42 Bde. mit neuen Titeln versehen u. zu gleichem Preise mit den übrigen (à 8 Gr.) ausgegeben.

— sämmtliche Werke. 1r—3r Bd. Willy Königs-Eigen. Aus d. Engl. von H. Roberts. 3 Thle. gr. 16. Braunschweig 835. Vieweg u. Sohn. 3 ℛ

— ders. 4r—6r Bd. Der Pascha. Uebers. von Dems. 3 Thle. 16. Ebd. 835. 1 ℛ

Marryat, Frederick

Captain Marryat's sämmtliche Werke. Bd 1-8.
Aachen, Leipzig: Mayer 1836. 8°

1-4. Peter Simpel, ein humoristischer Roman. Aus dem Engl. von C. Richard. Th. 1.2.3.4.
5-8. Jakob Ehrlich Ein Seitenstück zu Peter Simpel Aus dem Engl. von C. Richard. Th. 1-4

2. Ex. Ott 2393[a] Bd 5-8 Th. 1.2.3.4.

—— sämmtl. Werke. A. d. Engl. v. C. Richard. 1—8. Bd. 16. Aachen 836, Mayer. Thlr.

A. u. d. Ttln.:
Bd. 1—4. Peter Simpel, ein humorist. Roman. (Neue Ausg.) 4 Thle. 1 Thlr.
„ 5—8. Jakob Ehrlich, ein Seitenstück zu Peter Simpel. 4 Thle. 1 Thlr.

— 7r—9r Bd. Frank Mildmai, der Flotten-Offizier. Uebers. v. Dems. 3 Thle. 16. Ebd. 835. 1 ℛ

— 10r—12r Bd. Peter Simpel. Uebers. v. Ks. 3 Thle. 835. 1 ℛ

— 13r—15r Bd. Japhet, der einen Vater sucht. Uebers. von H. Roberts. 3 Thle. 16. Ebd. 836. 1 ℛ

— 16r—18r Bd. Jakob Ehrlich. Uebers. von G. N. Bärmann. 3 Thle. 16. Ebd. 836. 1 ℛ

— ders. 1r—18r. 25r—33r Bd. 2e Aufl. gr. 12. Ebd. 837. 9 ℛ (Jedes einzelne Werk 1 ℛ)

— 19r—21r Bd. Newton Forster. 3 Thle. 12. Ebd. 836. 1 ℛ

Marryat, Frederick

Capt. Marryat's sämmtliche Werke Bd 22-24.
Braunschweig: Vieweg 1836. 236 S. 8°

22-24 Ralph Rattlin Aus dem Engl. v. Georg Nikolaus Barmann. Th. 1-3.

— 25r—27r Bd. Der Pirat und die 3 Kutter. 3 Thle. Ebd. 1 ℛ

— 28r—30r Bd. Mr. Midshipman Easy. Uebers. v. G. N. Bärmann. 3 Thle. 12. Ebd. 1 ℛ

— 31r—33r Bd. Snarleyyow od. d. Höllenhund. 3 T. 836. 1 ℛ

— 34r—36r Bd. Das gespenstische Schiff, od. der fliegende Holländer. Uebers. von G. N. Barmann. 3 Thle. 837—39. 1 ℛ

Marryat, Frederick

Capt. Marryat's sämmtliche Werke. Bd 37-39.
Braunschweig: Vieweg 1838. 8°

37-39. Die Büßung, oder Ardent Troughton. Hrsg. von Capt. Marryat. Aus dem Engl. von Georg Nikolaus Baermann. Th. 1-3.

Marryat, Frederick

Capt. Marryat's sammtliche Werke. Bd 40-42.
Braunschweig Vieweg 1838 8°

40-42. Der alte Commodore. Aus dem Engl. v. Georg Nikolaus Bärmann Th. 1-3.

— Capt. Chamier's, Dr Harriſſon's (Samuel Warren's), Wilſon's, James Morier's u. A. geſammelte Werke. Eine Sammlung der neueſten und ausgezeichnetſten Romane der engl. Literatur. 43r—48r Bd. A. u. d. T.: Mittheilungen aus dem Tagebuche eines Arztes von Dr. Harriſſon (Samuel Warren). 2e Aufl., ſorgſam durchgeſehen u. mit e. Vorworte begleitet von K. H. Hermes 6 Thle. 16. Ebd. 839. 2 ₰ (Vgl. Mittheilungen aus d. Tagebuche eines Arztes.) — 49r u. 50r Bd., ſ. Bibliothek d. n. u. b. Romane d. engl. Literat. 80r - 82r Bd.

— dieſ. 51r—53r Bd. Ben Brace, der Letzte von Nelſon's Agamemnonen. Von Capt. Fred. Chamier. Ueberſ. von G. N. Bärmann. 3 Thle. 2e A. 16. Braunſch. 839. Vieweg u. S. 1 ₰

Marryat's ſämmtliche Werke. 54—56r Bd. Tom Cringle's Schiffs Tagebuch, von Wilſon. Ueberſ von G. N. Bärmann. 3 Thle. 16. Braunſchweig 839. Vieweg u. Sohn. 1 ₰

Marryat, Frederick

Capt. Marryat's, ... u.A. Gesammelte Werke. Eine Sammlung der neuesten und ausgezeichnetsten Romane der englischen Literatur. 1839 Bd. 58-65 70 - 76.

s.a. Dickens, Ch.: Boz's Gesammelte Werke. 1839.

— 57r—62r Bd. A. u. d. T.: Boz's (Charles Dickens) geſammelte Werke. 1r—6r Thl. A. u. d. T.: Die nachgelaſſenen Papiere des Pickwick-Clubbs, enthalt. einen getreuen Bericht der Wahrnehmungen, Gefahren, Reiſen, Abenteuer u. heitern Erlebniſſe der correſpondirenden Mitglieder des Clubbs. Ueberſ. von O. v. Czarnowsky. In 6 Thlen. Mit 6 Federzeichn. nach Phiz. 16. Ebd. 839. 2 ₰

— 63r—65r Bd. Boz's geſammelte Werke. 7r—9r Thl. Oliver Twiſt, oder die Laufbahn eines Waiſenknaben. 3 Thle. Mit 3 Federzeichn. nach Phiz. 16. Ebd. u. Weſtermann. 1 ₰

— 66r—68r Bd. Jack Adams, der Meuterer. Von Frederick Chamier. Dem Engl. nacherzählt von G. N. Bärmann. 3 Thle. 16. Ebd. 839 1 ₰

— 69r—71r Bd. Boz's geſammelte Werke. 10r—12r Thl. Leben u. Abenteuer des Nicolaus Nickleby. Ueberſ. von K. H. Hermes. 3 Thle, 2e Aufl. Mit 3 Federzeichn. nach Phiz. 16. Ebd. 839. 1 ₰

— 72r—76r Bd. A, u. d. T.: Boz's geſammelte Werke. 13r—17r Thl. Leben u. Abenteuer des Nicolaus Nickleby. Ueberſ. von K. H. Hermes. Fortgeſ. von A. Diezmann. 4r—8r Thl. 2e Aufl. Mit 2 Federzeichn. nach Phiz. 16. Ebd. 839, 40. 1 2/3 ₰

— 77r—82r Bd. A. u. d. T.: Ein Tag in Amerika. Von Capt. Marryat. Ueberſ. v. G. N. Bärmann. 6 Thle. 839, 40. 2 ₰

Marryat, Frederick

Capt. Marryat's sämmtliche Werke. Bd 46-48.54-56. 70-72.
Braunschweig: Vieweg 1840-43. 8°

46-48. Ein Tagebuch in Amerika. Aus dem Engl. von Georg Nikolaus Baermann. Th. 4-6. 1840.
54-56. Memoiren des Admirals Sir Sidney Smith. Aus dem Engl. von Georg Nikolaus Baermann. Th. 1-3. 1840.
70-72. Percival, der Bastard. Aus dem Engl. von Georg Nikolaus Baermann. Th. 1-3. 1843.

(Bibliothek der neuesten und besten Romane der engl. Literatur. Bd 80-82.88-90.126-128.)

— ſämmtliche Werke, neu aus d. Engl. übertragen. Mit dem Bildniſſe des Verf. 1.—5. Bdchn. Percival Keene. 1.—4. Bdchn. Aus d. Engl. von Carl Kolb. — Japhet, der einen Vater ſucht. A. d. Engl. von Herm. Kurtz. 1. Bdchn. gr. 16. Stuttgart 843, Krabbe. à 1/6 ₰

— dieſ. 6.—27. Bdchn, Japhet, der einen Vater ſucht. 2.—4. Bdchn. — Jacob Ehrlich. 4 Bdchn. — Der Flotten-Officier. 4 Bdchn. — Der Pirat. 2 Bdchn. — Die drei Kutter. Joſeph Rushbrook, d. Wilddieb. 4 Bdchn. — Peter Simpel. 4 Bdchn. gr. 16. Ebend. 843. à 1/6 ₰

— dieſ. 28.—51. Bdchn. Peter Simpel. 5. Bdchn. Königs-Eigen. 4 Bdchn. Midſhipman Eaſy. 4 Bdchn. Monſieur Violet's Reiſen u. Abenteuer in Californien, Sonora u. dem Weſten v. Texas. 4 Bdchn. Der fliegende Holländer. 4 Bdchn. Newton Forſter oder Kaufmanns Dienſt. 4 Bdchn. Rattlin, der Reffer. 1.—3. Bdchn. gr. 16. Ebend. 843, 44. à 1/6 ₰

— dieſ. 52.—69. Bdchn. Rattlin, der Reffer. 4. Bdchn. Der arme Jack. 4 Bdchn. Der alte Commodore. 4 Bdchn. Snarleyyow, der Höllenhund. 4 Bdchn. Ardent Troughton oder Abenteuer eines Kaufmanns. 4 Bdchn. Olla Potrida. 1. Bdchn. gr. 16. Ebend. 844. à 1/6 ₰

— dieſ. 70.—90. Bdchn. 70.—72. Olla Potrida. 2.—4. Bdchn. 73.—75. Die Anſiedler in Canada. 3 Bdchn. 76. Maſterman Ready, oder der Schiffbruch des Pacific. 77.—80. Jack am Lande. 4 Bdchn. 81.—88. Tagebuch in Amerika. 1.—8. Bdchn. 89. 90. Henry Morgan, der Buccanier. 1. 2. Bdchn. gr. 16. (Mit 2 Karten.) Ebend. 844, 45. à 1/6 ₰

Marryat, Frederick

Capt. Marryat's sämmtliche Werke. 3. Aufl. Bd 10-12. 13-15.22-24.28-30
Braunschweig. Vieweg 1843-44. 8°

10-12. Peter Simpel. Aus dem Engl. von K. --s Th. 1-3. 1843.
13-15. Japhet, der einen Vater sucht Aus dem Engl. von H. Roberts. Th. 1-3 1843.
22-24 Ralph Rattlin Aus dem Engl. von Georg Nikolaus Baermann. Th. 1-3. 1844.
28-30. Mr. Midshipman Easy. Aus dem Engl. von Georg Nikolaus Baermann. Th. 1-3. 1843.

(Bibliothek der neuesten und besten Romane der engl. Literatur. Bd 10-15. 22-24. 28-30.)

Marryat, Frederick

Kapitän Marryat's sämmtliche Werke, in sorgfältigen und vollständigen Übertragungen. Bd 18.
Stuttgart: Krabbe 1844. 592 S. 8°

18. Olla potrida. Neu aus dem Engl. v. Karl Kolb.

Marryat, Frederick

Kapitän Marryat's sämmtliche Werke, in sorgfältigen und vollständigen Übertragungen. Bd 20.
Stuttgart: Krabbe 1844. 560 S. 8°

20. Jack am Lande.

Titelseite fehlt.

Marryat, Frederick

Capt. Marryat's sämmtliche Werke. Bd 63-65.
Braunschweig: Vieweg 1844. 8°

63-65. Herrn Violet's Reisen und Abenteuer. Th. 1-3.

(Bibliothek ausgewählter neuer Romane des Auslandes. Bd 4-6.)

Marryat, Frederick

Kapitän Marryat's sämmtliche Werke, in sorgfältigen und vollständigen Übertragungen. Bd 24.
Stuttgart: Krabbe 1845. 368 S. 8°

24. Die Sendung, oder Scenen un Afrika. Neu aus dem Engl. v. Karl Kolb.

Marryat, Capt., sämmtliche Werke rc. 91.—99. Bdchn. 91. u. 92. Henry Morgan, der Buccanier. 3. u. 4. Bdchn. 93.—95. Die Sendung oder Scenen in Afrika. 3 Bdchn. 96.—99. Der Pascha. 4 Bdchn. 16. Stuttgart 845, Krabbe. à 1/6 ß

— dies. 100.—102. Bdchn. (oder 26. Bd.) Der Caperschiffer vor hundert Jahren. Uebers. von Karl Kolb. 16. Ebend. 846. à Bdchn. 1/6 ß

Marryat's sämmtlich Werke. 103—105. Bdchn. (oder 27. Bd.) A. u. d. T.: Valerie. Neu aus dem Engl. von Carl Kolb. 16. (372 S.) Stuttgart 850, Krabbe. à Bdchn. 5 Ngr.
1—102. Bdchn. Ebendas. 1843—46. 21 Thlr.

Marryat's, sämmtliche Werke, in sorgfältigen und vollständigen Uebertragungen, von Carl Kolb. 1—21. Lfg. gr. 16. Stuttgart 856, Hoffmann'sche Vrlgsh. à Lfg. 4 Ngr
Inhalt:
Lfg. 1—7. Peter Simpel. 2. Aufl. 7 Lfgn. (672 S.)
" 8—12. Percival Keene. 2. Aufl. 5 Lfgn. (508 S.)
" 13—17. Japhet, der einen Vater sucht. Neu aus dem Engl. von Herm. Kurtz. 2. Aufl. 5 Lfgn. (504 S.)
" 18—21. Jacob Ehrlich. Neu aus dem Engl. von Carl Kolb. 2. Aufl. 1—4. Lfg. (S. 1—384.)

Marryat, Frederick

Kapitän Marryat's sämmtliche Werke in sorfältigen und vollständigen Übertragungen. Bd. 10. 2. Aufl. Stuttgart: Hoffmann 1857. 8°

10. Der fliegende Holländer. Neu aus dem Engl. v. Karl Kolb. Th. 1-3.

Marryat's sämmtliche Werke, in sorgfältigen und vollständigen Uebertragungen von Carl Kolb. 22—102. (Schluß-)Bdchn. oder 5—20. Bd. gr. 16. Stuttgart 857, Hoffmann'sche Verlagsh. à Bdchn. 4 Ngr.
Inhalt:
Bdchn. 22. (4. Bd.) Jacob Ehrlich. 2. Aufl. 5. Bdchn. (S. 385—528.)
" 23—27. (5. Bd.) Frank Mildmay, der Flottenoffizier. 2. Aufl. 5 Bdchn. (512 S.)
" 28—30. (6. Bd.) Der Pirat. Die drei Kutter. 2. Aufl. 3 Bdchn. (336 S.)
" 31—35. (7. Bd.) Joseph Rushbrook, der Wilddieb. 2. Aufl. 5 Bdchn. (448 S.)
" 36—41. (8. Bd.) Königs-Eigen. 2. Aufl. 6 Bdchn. (536 S.)
" 42—46. (9. Bd.) Midshipman Easy. 2. Aufl. 5 Bdchn. (516 S.)
" 47—51. (10. Bd.) Der fliegende Holländer. 2. Aufl. 5 Bdchn. (492 S.)
" 52—56. (11. Bd.) Newton Forster oder Kaufmannsdienst. 2. Aufl. 5 Bdchn. (494 S.)
" 57—62. (12. Bd.) Rattlin, der Reffer. 2. Aufl. 6 Bdchn. (572 S.)
" 63—67. (13. Bd.) Der arme Jack. 2. Aufl. 5 Bdchn. (500 S.)
" 68—72. (14. Bd.) Der alte Commodore. 2. Aufl. 5 Bdchn. (528 S.)
" 73—77. (15. Bd.) Snarleyyow, der Höllenhund. 2. Aufl. 5 Bdchn. (519 S.)
" 78—83. (16. Bd.) Ardent Troughton. 2. Aufl. 6 Bdchn. (550 S.)
" 84—89. (17. Bd.) Henry Morgan. 2. Aufl. 6 Bdchn. (560 S.)
" 90—93. (18. Bd.) Die Sendung. 2. Aufl. 4 Bdchn. (368 S.)
" 94—98. (19. Bd.) Der Pascha. 2. Aufl. 5 Bdchn. (484 S.)
" 99—102. (20. Bd.) Der Caperschiffer. 2. Aufl. 4 Bdchn. (400 S.)
1—21. Bdchn. (oder 1—4. Bd.) Ebendas. 1856. 2 Thlr. 24 Ngr.
Bd. 1, 2, 4—8 erschienen 1860 und 1861 in dritter Auflage.

— der Wilddieb, s. Bibliothek d. neuesten Romane d. engl. Literatur.

Marryat, complete Works. XIV Vol. gr. 12. Leipzig, Fr. Fleischer. à * 1 Thlr. •
Vol. I. Peter Simple. 1. edit. 836., new edit. (à 27 B.) 840.
" II. Japhet, in search of a father. (21½ B.) 836.
" III. The Pacha of many tales. (19⅔ B.) 836.
" IV. Newton Forster; or the merchant service. (19¾ B.) 836.
V. Jacob Faithful. (21½ B.) 836.
" VI. The Naval Officer. (20¼ B.) 836.
" VII. The Kings Own. (22⅔ B.) 836.
VIII. The Pirate, and the three Cutters. (12 B. u. M's. Portr.) 836.
IX. Mr. Midshipman Easy. (20⅔ B.) 837.
X. Rattlin, the Reefer. (24 B.) 837.
XI. Snarleyyou, or the dog fiend. (21½ B.) 838.
" XII. The Phantom Ship. (19⅔ B.) 839.
" XIII. Poor Jack. (20 B.) 841.
" XIV. Joseph Rusbrook; or, the Poacher. (14 B.) 842.

Marryat's complete Works. Vol. I. and II, Peter Simple. 836. A new Edit. 839, 40. — Japhet, in search of a father. gr. 12. Leipzig 836, 40. Fr. Fleischer. (à n. 1 ß) 2 ß

— Vol. III. The Pascha of many tales. gr. 12. Ebd. 836. n. 1 ß

— Vol. IV. Newton Forster; or the merchant service. gr. 12. Ebd. n. 1 ß

— Vol. V. Jacob Faithful. gr. 12. Ebd. n. 1 ß

— Vol VI. The Naval Officer. gr. 12. Ebd. n. 1 ß

— Vol. VII. The Kings Own. gr. 12. Ebd. n. 1 ß

— Vol. VIII. The Pirate, and the three Cutters. With the Portrait of the author. gr. 12. Ebd. n. 1 ß

— Vol. IX. Mr. Midshipman Easy. gr. 12. Ebd. 837. n. 1 ß

— Vol. X. Rattlin, the Reefer. gr. 12. Ebd. 837. n. 1 ß

— Vol. XI. Snarleyyou, or the dog fiend. Ebd. 837. n. 1 ß

— Vol. XII. The Phantom Ship. Compl. in one Vol. gr. 12. Ebd. 839. n. 1 ß

— Vol. XIII. Poor Jack. gr. 12. Ebd. 840. n. 1 ß

— complete Works. Vol. XIII. — A. u. d. T.: Poor Jack. gr. 12. Leipzig 841, Fr. Fleischer. (à) n. 1 ß

— Vol. XIV. A diary in America. gr. 12. Ebd. 840. n. 1 ß
— Einzeln kostet jeder Band 1½ ß

— dass. Vol. XIV. — A. u. d. T.: Joseph Rusbrook; or, the Poacher. gr. 12. Ebend. 842. (à) n. 1 ß

Marryat, T., Handbuch der prakt. Arzneikunst, a. d. Engl. gr. 8. Leipz. Gleditsch. 793.

Marryat, Thom., Handb. d. prakt. Arzneiw. f. denkende Aerzte. A. d. Engl. Lpz. 8°.
1793

Mars, s. a Militär-Kalender f. das k. u. k. Heer.

Mars, eine allgemeine Zeitung für Militärpersonen u. Fr. des Militärs. 5 Bde. 8. Berl. Himburg. 805.

Mars, eine allgemeine Zeitung für Militairpersonen. Mit Kupf. 3 Bde. 8. Berlin. 805. Jetzt Liebeskind in Leipzig.

Mars. Oesterreichischer Militär Kalender für 1869. II. Jahrgang. Herausgegeben von Eugen Klutschak. kl. 8. (131 S. u. Notizblätter.) Wien, Seidel & Sohn. Lwbd. 1868. 1 fl. 20 kr.

Mars. Oesterreichischer Militär-Kalender für 1870. 3. Jahrg. Hrsg. von Eugen Klutschak. Mit Gratis-Beilage: Armee-Schema. [Novbr. 1869.] 1. und 2. Aufl. 16. (XXXII, 193 S. und Beilage 47 S.) Wien, Seidel und Sohn. geb. *
—— dass. — für 1871. 4. Jahrg. Mit Gratis-Beilage: Dislocation und Eintheilungsliste der k. k. Landwehr und der k. ungar. Honvéds. [Novbr. 1870.] 16. (III, 136 S. und Beilage 38 S.) Ebendas. geb. *
—— dass. — für 1872—1874. 5.—7. Jahrg. Hrsg. von Eugen Klutschak. 16. (196; XVI, 200; 114 S.) Ebendas. à Jahrg. geb. **
—— dass. — für 1875. 8. Jahrg. Hrsg. von Rud. Leutgeb. gr. 16. (222 S.) Ebendas. geb. *

Mars. Oesterreichischer Militär-Kalender für 1876. 9. Jahrg. Hrsg. von Ludw. Leutgeb. 16. (68, 48, 150 S.) Wien, Perles. geb. *
— dass. — für 1877. 10. Jahrg. Hrsg. von der Redaction der „Oesterreich. Militär-Veteranen-Zeitung". 16. (144, 107 S.) Wien, (Seidel und Sohn.) geb. *
— dass. — für 1878—1880. 11.—13. Jahrg. Hrsg. von Rud. Leutgeb. 16. (142; 293; 180 S) Wien, Perles. geb. à Jahrg. *

Mars. Oesterreichischer Militär-Kalender für 1881. 14. Jahrg. Hrsgbr.: Rud. Leutgeb. 16. (267 S.) Wien, Perles. geb. *
Fortsetzung s. Militär-Kalender, österreichischer, „Mars"

Mars, österreichischer Militär-Kalender für 1882. Neue Folge. 1. Jahrg. 16. (149 u. 128 S.) Wien, Perles. geb. n. 3. —

„Mars", Oesterr Militär-Kalender f. 1883 XVI. Jahrg. (Neue Folge II Jahrg.) 11 veränd. Aufl. Taschenf. (160 S. mit Tageb.) Wien. Moritz Perles. Geb. 1 fl. 6 kr 1883.

Mars, Oesterreichischer Militärkalender f. 1884 XVII. Jahrgang (Neue Folge. 3. Jahrg.) kl. 8. (170 S.) Wien, Moritz Perles. Geb. 1 fl. 60 kr. 1883.

„Mars" Oesterr Militärkalender 1885. XVIII. Jahrg. (Neue Folge. IV Jahrg.) Taschenformat. (186 S.) Wien, Moritz Perles. Geb. 1 fl. 60 kr 1884.

„Mars", österr Militär-Kalender für 1886. XIX. Jahrg. (Neue Folge. V Jahrgang.) Taschenform. (186 S. mit Tagebuch.) Wien, Moritz Perles. Geb. 1 fl. 60 kr., in Leder geb. 2 fl. 1885.

„Mars." Militär-Kalender für das k. k. Heer pro 1897. XXX. Jahrgang. Neue Folge. XVI. Jahrgang 16. (242 S. u. Tagebuch.) In Lnwd. geb. Wien Perles 1896. 1.60

„Mars." Militär-Kalender für das k. u. k. Heer pro 1898. XXXI. Jahrgang. Neue Folge XVII. Jahrgang. 16 (242 S. u. Tagebuch.) In Lnwd. geb Wien Perles 1897 1.60

„Mars." Militär-Kalender für das k. u. k. Heer pro 1899. XXXII. Jahrgang. Neue Folge. XVIII. Jahrgang. 16. (249 S. u. Tagebuch.) In Lnwd geb. Wien Perles 1898. 1.60

Mars accusatus ... Viennae 1743. V: *Pamer*, *Anton*. (Jes) (So)

Mars conjugalibus in vinculis pacificus, seu Hymenaeus Hispano Austriacus ... Graecii 1707. V: *Ernst*, *Ferdinand*. (Jes)

Mars deus in thermis. Apostrophe ad Glaciae comitatum ... Bregae 1765. V: *Stöckel*. (LVS)

— im Flügelkleide. Lose Blätter aus den Flitterwochen des Lieutenantslebens. gr. 8. (59 S. mit 66 eingedr. Holzschn.) Leipzig 877, Schlicke. *

Mars im Flügelkleide. Lose Bilder aus den Flitterwochen d. Lieutnantslebens. gr. 8. (63 S. m. Abbildgn.) Lpz. 890, Elischer Nachf. * 1 20

Mars und Irene. O. O. 1703. V: *Reuter*, *Christian*. (GGr)

Mars in der Masque; eine curieuse u. veritable Vorstellung der bevorstehenden Campagne Caroli XII wider die Nordischen Alliirten. (56.) 4. 1715.

Mars --- , MARS MOSCOVITICUS: // Oder // Das Moscowitische // Krieges-Glück /// Wie es endlich // Ihro Czaarische Majestät // PETRUM ALEXIOWITZ // stattlich secundiret /// Und nach der bey Pultawa // erhaltenen herrlichen Victorie // in Dero // Residentz Moscaw // triumphirlich eingeführet // hat. // Wobey einige glaubwürdige Relationen // von dem Zustand Ihrer Königlichen // Schwedischen Majestät // in Bender. // Mit darzu gehörigen Kupffern // gezieret. // Anno MDCCX.
Mit 2 Kupfertafeln zu Seite 48 und 54. - Titelblatt und 100 Seiten.
B. S. T. 8°.436/1.

— regiert die Stunde, v. Nebukadnezar, s.a. Broschüren-Folge „Continent". Nr. 5.

Mars regiert die Stunde. Rede an den Reichstag v. Nebukadnezar. 8. (72 S.) Berlin, Verlag Continent. 1904. —. 80.
Broschüren-Folge „Continent" No. 5.

Mars, Der verachtete, ein Singgedicht... Copenh. 1764. V: *Darbes*, *Franz*. (Bruun, Bibl. Danica III, 446.)

Mars u. Raban, s.a Blasius Lustig.

Mars, Prosper & Rallan. Blasius Lustig und der verliebte Magister ... a. d. Franz. ... Gotha 1824—25. Ü: *Krug*, *Friedrich*. (Ky)

Mars u. Raban, Blasius Lustig u. d. verliebte Magister. Aus d. Französ. v. Fr. Krug. 2 Bdchn. 8. Gotha 824, Hennings.

MARS u. Raban, Blasius Lustig und der verliebte Magister Aus d. Französ. v. Friedr. Krug. 2 Bdchn Gotha u. Erfurt, Hennings, 1825. 8°. Zahm. 220 u. 220 S.

Mars, s: Brief, der blaue.

Mars, Ant. v., Medianschnitt durch die Leiche e. an Uterusruptur verstorbenen Kreissenden. Eine anatom. Studie. [Uebersetzung der in poln. Sprache v. der Akademie der Wissenschaften in Krakau hrsg. Abhandlg.] gr. 4. (20 S. m. 1 color. u. 3 lith. Taf. in Fol.) Krakau 890. (Krzyżanowski.) In Mappe. n. 20. —

Mars, Ed., das rheinische Frankreich bei dem gepredigten aber nicht aufgeführten Kreuzzuge gegen den Welschen. gr. 8. (16 S.) Straßburg 859, (Treuttel und Würtz.) **

Mars, Fel., „L'empire c'est la paix!" „Das Kaiserreich ist d. Friede!" Aber: „Welche Opfer mußte Deutschland bringen, um Frankreich v. diesem Friedensfürsten, „Napoleon III." zu befreien? 2. IX. 1870. Nach zuverläss Quellen u. nach den Schlachtplänen des großen Generalstabes bearb. gr. 8. (55 S.) Karlsruhe 896. (Leipzig, Verlag d. Verbandes deutscher Kriegs-Veteranen.) n. — 20

Mars, Franciscus Maximilianus de Theses juridicae pro summis in utroque jure honoribus legitime obtinendis. Vratislaviae (1816). (2 Bl.) 4°
Breslau, Jur Thesen v 19. Juni 1816

Mars, B. de, von den republicanischen Gewalthabern, den Parteien ꝛc. in Frankreich, s. Blätter, einige wichtige.

Mars-Fournier u. d'Ennery, Bajazzo u. seine Familie, siehe: Bühnen-Repertoir, Nr. 146. — Theater des In- u. Auslandes, 1. Bd. 3 Hft.

Mars-Mann, Otto Heinrich (Wormsgau/Rheinpfalz), De fictionibus tam hominis quam juris. Präs. Petrus Müller. Jena (J. Z. Nise) 23. X. 1689. 122 Seiten. (5.—) 22210
Widm. v.: Petrus Müller.

— — Dasselbe. Jena (P. Ehrich) 1713. 122 Seiten. (5.—) 22211
Widm. v.: Petrus Müller.

Marsais, Du, s.a. Dumarsais

Marsais, du, Darstellung der Lehre der gallikanischen Kirche, in Hinsicht auf die Forderungen d. röm. Kirche. Aus d. Franz. 8. Stuttgart, Steinkopf. 816.

Marsais, traité des tropes etc. voyez Formey.

Marsais d'Angoulême, A., l'Incendie de Hambourg pendant les 5, 6 et 7 Mai 1842. Poëme. 2me édit. revue et augm. gr. in-8. Hambourg 845, Nestler et Melle. n. 1/4 Thlr.

Marsala, Lilli, Flammenspiel. Gedichte zur Vertong. (72 S.) 8. Berlin (908). E. Bloch. 1.50

— Weihnachtsgaben, s.: Bloch's, Ludw., Kinder-Theater.

— Das Weihnachtslied, s.: Bloch's, Ludw., Kinder-Theater.

— Weihnachtsmorgen bei Frau Holle, s.: Bloch's, Ludw., Kinder-Theater.

— Weihnachtsschmuck, s.: Bloch's, Ludw., Kinder-Theater.

Maršall, Gustav

Maršall, G., die Kunst, die slovakische Sprache durch Selbstunterricht schnell zu erlernen, s.a Kunst, die, der Polyglottie.

Maršall, Gustav, Die Kunst, die Slovakische Sprache durch Selbstunterricht schnell zu erlernen. Mit zahlreichen Uebungen, einem Wörterbuche und einer Auswahl von erklärten Lesestücken. 8. (VIII, 184 S.) Geb. Wien. Hartleben 1890. 1.10

Maršall, Gust, praktisches Lehrbuch der slovakischen Sprache f. den Selbstunterricht, s.a. Kunst, die, der Polyglottie.

Maršall, G., Praktisches Lehrbuch der slowakischen Sprache für den Selbstunterricht. 2. Aufl. [Die Kunst der Polyglottie. 24. Teil.] 8°. (VIII, 181 S.) Wien: Hartleben 1907. geb. K 2.20

Marsall, Gust. Die slovakische Sprache, s. Kunst, die, der Polyglottie.

Marsano, Wilhelm [Pseud.], s.a. Klinger, W

Marsano, Wlh., Aurelio. Ein dramat. Gedicht in 4 Akt. gr. 8. Prag 824. Kronberger u. W. 16 Gr. Französ. Velinp. 1 Thlr. Basler Velinp. 1 Thlr. 8 Gr.

Marsano, (W.,) romant. Dichtungen. Mit 1 Kpfr. gr. 12. Prag 825, Kronberger u. W. 20 gr. — brosch. 1 Rthl. — Velinp. geb. mit Goldschn.

— Marco Doloroso. — Die Abentheuer einer Nacht. Zwei Novellen. 8. Leipz. 832. Brüggemann. 12 Gr.

——, Marco Doloroso. — Die Abentheuer e. Nacht. Zwei Novellen. 8. (6½ B.) Leipzig 832, [Schreck.]

— die unheimlichen Gäste. Novelle. 8. Leipz. 832. Brüggemann. 1 Thlr.

Marsano, Wilh., die unheiml. Gäste. Novelle. 8. (15 B.) Leipzig 832. [Nordhausen, Fürst.] 1 Thlr., hrbgs. Pr.

Marsano, Wlh., die unheimlichen Gäste. Novelle. (N. Ausg.) 8. Nordhausen 836. Fürst. 7/8 Thlr.

Marsano, W., die Helden, s.a. Bühnenfreund, der. — Kühling's, A., Theater-Specialität.

Marsano, Wilh., die Helden, s.a Universal-Biblioth.

— die Helden; e. Lstspl. — Der Phlegmatiker. — Das Spiegelbild; Lstspl., s. A. v. Kotzebue, Almanach. 27r, 28r u. 29r Jahrg.

—— der alte Soufleur, s. Almanach der Novellen u. Sagen ꝛc., 1. Jahrg. 3. Bdchn.

— der Spessart. Trauerspiel in 1 A. 8. Prag 825, Kronberger u. W.

— der Spessart. Trspl. in 1 A. 8. Prag 828. Kronberger u. W. 12 Gr.

Marsauche, L. La Confédération helvétique d'après sa constitution ou études d'économie sociale et politique, précédé d'une lettre de M. Frédéric Passy et d'une introduction de M. Elie Ducommun. 8. (XII, 319 S.) Strassb. 891, Treuttel u. Würtz. * 2 80

Marsberg [Schlagwort]

Marsberg, s.: Preussen. Messtischblätter.

Marsch, der; Lstspl., u. d. Gräfin v. Rocaille; Lstspl., s.a. Lustspiele, zwei.

Marsch, der,. Lustsp., und die Gräfin v. Rocaille. Lustsp. a. d. Franz. 8. Leipz. Beygang. 790. Rthlr.

Marsch der Czarischen Armee nach Riga. 4. 1709.

Marsch, Der, der Franzosen nach Indien . . . Jena 1808. V: *Danz, Johann Traugott Leberecht.* (MGT) (Ky)

Der Marsch der Franzosen nach Ostindien, die nöthigsten Notizen zur Beurtheilung dieses projektierten Zuges. 8. Jena 1808.

Marsch, der, d. Franzosen nach Ostindien ꝛc. 8. Jena, Cröcker. 808.

Marsch der einzelnen Corps der franz. Armee vom 15. August bis zum 4. October nach der Einnahme von Moskau, und Aufstellung der franz. und russ. Armeen an diesem Tage (Gegend von Smolensk bis Moskau) Stuttg u Tubingen 1822. 1 : 2,000,000. 1 Bl. a. vorst. W

Marsch der einzelnen Corps der Franzosen aus der Stellung am 1. August bis zum 20. August und Aufstellung der franz. u. russ. Armee an diesem Tage. (Gegend von Minsk bis Smolensk.) Stuttg. u. Tübingen 1822. 1 : 2,000,000. 1 Bl. a. vorst. W.

Marsch des Dr. Koert längs des Monu vom Wegübergang Aghandi-Bagũ an bis nach Ssadä und die unterwegs festgestellten Goldvorkommen. 1 : 100 000

der Marsch des Mainzer Landsturms, benebst dessen Kriegslied, von e Augenz. (3.) 8. Aschaffenburg 1799.

Marsch, der Marseiller, s.a. **Marseillaise, la.**

—der Marseiller, Original und Uebertragung. gr. 8. Stuttg. 830. (Neff). 3 gr

Marsch, der, nach Paris. Neuerfundenes Gesellschaftsspiel mit geograph. Spieltafel. 8. Nürnb. Bieling. 814.

Der Königlich Preussische Marsch nach Schlesien und was täglich dabey vorgefallen, ausführlich beschrieben, nebst einigen dahin einschlagenden Piecen. Zweyte Continuation 1741. Berlin, J. A Rüdiger, 1741. 4. (16 S.)

MARSCH, Anton (Streubing): De fractura colli femoris.- Monachii: Poessenbacher 1830. 40 S. 23.7.1827 - Urk (Titel: De morborum mentem infestantium causa continente.); F 59
Diss. Ingolst.-Landsh.-Mchn.

Marsch, Emil [aus Holbach, Prov. Sachsen]: Zur Therapie der Coxitis tuberculosa ... Marburg, Buchdr. F. Sömmering, 1897; 117 S., 1 Bl. 8.
Marburg, Med. Fak., Inaug.-Diss. v. 8. Apr. 1897

Marsch, Emm., Hulda, die Spinnerin am Kreuze. 8. Wien 818. K. Haas. 16 gr

Marsch, Emm., die Spinnerinn am Kreuze. Eine österr. Volkssage. Als Beitr. zu d. Gesch. d. Schlosses Rauhenstein bei Baden. 2. Ausg. 8. (7½ B. u. Titlkpfr.) Wien 836, Haas'sche Bh.

— der Thurm zu Rauchenack, od. der Talismann; eine östreich. Volkssage. Mit Kpf. 8. Wien 819. K. Haas. 18 gr

Marsch, (Emm. Friedr.,) d. Blumenstrauß. Eine Samml. v. Geburts-Namenstags- u. Neujahrswünschen rc. A u. d. T.: Tulpen rc. 12. Wien 821; Grund (Fr. Fleischer in L.)

Marsch, E. Fr., Charitas. Ein Taschenbuch f. öffentl. Privatlehrer, enthaltend Geburtstags-, Namenstags- und Neujahrswünsche, Prologe rc. 8. Wien, Wimmer. 821.

— die Rosen. Eine Samml. v. Geburts-Namenstags- u. Neujahrswünschen rc. 12. Wien 820, Grund.

—die Rosen. Eine Samml. von Geburts-, Namenstags- u. Neujahrswünschen. 16. Wien 821. Wimmer. 8 gr bei Grund u. (Fr. Fleischer in Leipz.) 10 gr

—die Tulpen. Eine Samml. von Prologen, Epilogen, Dankreden rc. 16. Wien 820. Grund. (Fr. Fleischer in Lpz.) 12 gr s. auch oben: Blumenstrauß.

Marsch, E. Fr., die Tulpen. Eine Samml. von Prologen, Epilogen, Dankreden rc. 16. Wien, Wimmer. 821.
Rthlr. -

MARSCH, Fr. Johs., Eheſtands-Katechismus für alte Braut-Werber, in einer andächtigen Stunde verfaßt. Mit einem Titelbild. München 1841. 8°. 54 S.
[B. IV, 425.]

Marsch, G. F., Rechenlehre als Stoff zur ersten Uebung im Denken. 8. Züllich. 819. Darnmann. (Hinrichs in Lpz.) 22 gr Hbg. Pr. 16 gr

—Volksschulkunde. Nebst e. Anh. über Confirmation u. Confirmanden-Unterricht v. L. J. Rückert, u. den erforderl. dictet. Regeln von G. W. Groß. 8. Züllich. 819. (Leipz., Baumgärtner). 18 gr Hbg. Pr. 12 gr

Marsch, Ioan. Ern. (geb. Sawade 1804) Operis de rationibus prodromus, quibus mors Berolini est censenda. Berolini (1828). (27 S.) 4°
Berlin, Med. Diss. v. 19. Apr. 1828

Marsch, Otto (Theod. Gust.) (geb. Potsdam 29. 1. 1856): Zur Diagnose des Ascites nebst einem Beitrage zur Kenntniss der durch tuberculöse Ulcerationen bewirkten Darmstenosen. Berlin (1880). (31 (vielmehr 29) S.) 8°
Berlin, Med. Diss. v. 23. Dez. 1880

Marschak, Jehuda, aus Schklow: **Die Restauration der Juden nach dem babylonischen Exil (nach den Ueberlieferungen im Talmud und Midrasch). Materialien zur Geschichte der Restauration. Frankfurt a. M.** 1908. X + 71 S. 8°. [14. VI. 07.]
Bern. Phil. Diss. 1908/09.

Marschak, Leo, Cand. med.. Aus der Kgl. Universitäts-Frauenklinik zu Breslau. Vier Fälle von gutartigen Placentartumoren. Breslau 1906: H. Fleischmann. (30 S.) 8°
Breslau, Med. Fak., Ref. Küstner, Diss. v. 27. Juni 1906
[Geb. 27 Dez. 81 Moskau; Wohnort: Dorogobusk, Gouv Smolensk; Staatsangeh.: Rußland; Vorbildung: Gymn. Smolensk Reife M. 99; Studium: Berlin 4, Breslau 6 S.; Rig. 23. Juni 06.]

Marschal, der, von Luxemburg auf d. Sterbebette. Tragikomöd. 8. Offenb. 789. Weiß. 22 kr

Marschal, Wilh., üb. Landeigenthum, dessen Erwerbung u. Verbesserung. Aus dem Engl. übers. mit e. Vorrede u. Anmerkungen begleitet von Heinr. Burggrafen zu Dohna-Wundlaken. 1r Thl. von d. Werthschätzung, dem Ankauf u. d. Entwässerung d. Ländereien, mit Holzschnitten. gr. 8. Berl. Realschulbuchh. 812.

Marschalch von Bieberstein, Christian (Meissn. Adel), **De Romanis pontificibus ex Germanorum Gente creatis. Präs. Joh. Christoph Wagenseil. o. O. (Schönnerstädt) 29. VIII. 1683. 46 S. (5.50)** **22201**
Mit Widmung.

— — Dasselbe. 1735. 69 S. (5.50) **22202**
Mit Widmung.

Marschalk, Charles, aus Münster i. E.. Zur Kenntnis des Catechins. (Aus dem organisch-chemischen Laboratorium der Universität Bern.) Bern, R. Suter & Cie., 1910. 48 S. 8°. [30. VI. 10.]
Bern. Phil. Diss. 1910/11

Marschalk, E. Frhr. v., zur Geschichte der kgl. Realschule Bamberg. Festschrift zur 50jähr. Jubiläumsfeier der kgl. Realschule vom 5. bis 7. Aug. 1883. gr. 8. (41 S.) Bamberg 883, (Hübscher.) *

Marschalk, E. Frhr. v., die Bamberger Hof-Musik unter den drei letzten Fürstbischöfen. Festschrift zum 50jähr. Jubiläum des Liederkranzes Bamberg. gr. 8. (63 S.) Bamberg 885, Hübscher. *

Fuenf Gedichte aus dem Pierrot Lunaire von Giraud-Hartleben fuer eine Singstimme mit Klavierbegl. komp. von Max **Marschalk** op. 14. No 1–5. *Berlin: Dreililien [1902].* 5 Bde 4°
1. Die Wolken. 2. Eine blasse Waescherin. 3. Colombine.
4. Souper. 5. Nacht. [oa. 8473

Sidselills Lied aus Gerhart Hauptmanns 'Schluck und Jau'. Komp. von Max **Marschalk**. *Berlin: Dreililien [1902].* (6 S.) 4° [J.] [oa. 8475

Maedchenlied und Tanz der Salome aus Hermann Sudermanns Johannes. Komp. u. f. Klavier zu 4 Haenden arrang. von Max **Marschalk** op. 15. *Berlin: Dreililien [1902].* (9 S.) 4° [oa. 8474

Melodramatische Musik zu Gerhart Hauptmanns Traumdichtung Hannele. Komp. von Max **Marschalk** op. 13. *Berlin: Dreililien [1902]* (15 S.) 4° [oa. 8476

Marschalko, Thom. v., Bad Lipik in Slavonien, s.: Bibliothek, balneologische.

Marschalkowitsch, M[eier]. Meniskusverletzungen im Kniegelenk. Diss. Med. Basel. 30 S. 8. Freiburg i. B., Hammerschlag & Kahle, 1909.

Marschalkowitsch, Menia: Über Blasenscheiden- und Blasencervixfisteln. Freiburg i. B.: Hammerschlag & Kahle 1909. 39 S. 8°
Freiburg i. B., Med. Diss. v. 1909, Ref. Krönig
[Geb. 11. Dez. 81 Smela; Wohnort: Freiburg i. B.; Staatsangeh.: Rußland; Vorbildung: Gymn. Odessa Reife 03; Studium: Bern 7, Freiburg i. B. 2 S.; Rig. 23. Juli 09.] [U 09. 957

Marschall, der, von Luxenburg, ein militär. Drama in 3 Aufzügen, nach d. Franz. des Frederic von J. F. Castelli. gr. 8. Augsburg, Jenisch u. Stage. 820.

Marschall, der, von Luxenburg auf dem Sterbebette. Tragikomödie. 8. Offenbach, Weiß. 789.

Marschall Radetzky, der Heldengreis. (16) 16. Graz 1849. 0,30.

— der, von Sachsen. Schausp. in 4 Aufz. von Hch. Zschokke. 8. Bayreuth, Lübeck. 804. -

Marschall von Sachsen. Bayreuth 1804.
Jetzt Schnuphase in Altenberg.

— der, von Sachsen. Schausp. a. d. Franz. des Picard. 8. Celle, Schulze. 806. -

Marschall Vorwärts, od. v. Blüchers Leben, s. Rauschnick, G. P.

Marschall, s.a. Marshall

Marschall, das hohe oder rechte Haus der Marienburg. Mit 1 photogr. Abbild. der Marienburg und 1 (lithogr.) Grundriß derselben nebst Erläuterungen. gr. 8. (VIII, 88 S.) Marienburg 877, Giesow.

v. Marschall, Graf A., s. Abhandlungen aus d. Annalen d. Wiener Museums.

Marschall, Adph. Frhr. v., über Eheschließung und Unterstützungswohnsitz. gr. 8. (14 S.) Freiburg i. Br. 879, Herder'sche Verlagsh.

Marschall, Adph. Frhr. v. Religiöse Weltanschauung. Gedanken üb. Glauben, Religion u. Kirche. 3. vervollständ. Aufl. 8. (XII, 126 S.) Berl. 891, Reuther u. Reichard. * 1 50; geb. * 2 —
1. u. 2. Aufl. anonym, 1883 u. 85 u. d. T.: Religiöse Weltanschauung. Gedanken eines hochbetagten Laien 2c.

Marschall, Adph. Frhr. v., über Wohlthätigkeit und Armengesetzgebung. gr. 8. (17 S.) Freiburg i. Br. 881, Herder'sche Verlagsh. *

Marschall, Arno, städt. Tierarzt in Dresden: Ueber den Einfluss des Nervus vagus auf die Bewegungen des Magens der Wiederkäuer und über das Auftreten einer Antralfurche am Labmagen dieser Tiere. (Aus dem physiologischen und histologischen Institut der Kgl. Tierärztlichen Hochschule zu Dresden. Professor Ellenberger.) Freiberg in Sa. 1910. 62 S. und vier Tafeln. 8°. [4. III. 10.]
Bern, Vet.-med. Diss. 1909/10.

Marschall, August Friedrich Graf

Marschall, A. Fr. Graf. Ansichten über die Einrichtung von naturhistorischen Museen. Wien. 1849. 8.

Marschall, Aug. Friedr. Graf, heidnische Funde im Weichsel-Nogat-Delta, s. Schriften der naturforschenden Gesellschaft in Danzig.

Marschall, A. Fr. Nekrolog des kais. k. Hofrathes Carl Ritter v. Schreibers. (Aus den Verhandl. des zoolog-botanischen Vereines. 2 Vol.) Wien. 1852. 8.

Marschall, Aug. Fr. Comes de, Nomenclator zoologicus continens nomina systematica generum animalium tam viventium quam fossilium, secundum ordinem alphabeticum disposita. Sub auspiciis et sumptibus c. r. societatis zoologico-botanicae. gr. 8. (IV, 482 S.) Vindobonae 873. (Leipzig, Brockhaus' Sortiment und Antiq.) *

—— **und Aug. v. Pelzeln, Ornis Vindobonensis. Die Vogelwelt Wiens und seiner Umgebungen. Mit einem Anhang: Die Vögel des Neusiedler See's. gr. 8. (XX, 192 S. mit 1 chromolithogr. Karte.) Wien 882, Faesy.** *

Marschall, A. Fr. Graf, Personen- Orts- und Sachregister, s. Verhandlungen des zoologisch-botanischen Vereins in Wien.

Marschall, A. Fr. *Graf.* Personen-, Orts- und Sachregister der 5 ersten Jahrgänge (1851—1855) der Sitzungs-Berichte und Abhandlungen des Wiener zoologisch-botanischen Vereines. Herausgegeben vom zoologisch-botanischen Verein. *Wien* 1857. Druck von *Carl Ueberreuter.* In Commission in *W. Braumüller*'s k. k. Hofbuchhandlung. 156 S. 8°.

— Personen-, Orts- u. Sach-Register der zweiten zehnjähr. Reihe [1861—1870] der Sitzungsberichte u. Abhandlgn. der Wiener k. k. zoologisch-botan. Gesellschaft. Hrsg v. der k. k. zool.-bot. Gesellschaft. gr. 8. (III, 484 S.) Ebend. 872. n 6. —

—— Personen-, Orts- und Sach-Register der zweiten zehnjähr. Reihe [1861—1870] der Sitzungsberichte und Abhandlungen der Wiener k. k. zoologisch-botan. Gesellschaft. Hrsg. von der k. k. zoolog.-botan. Gesellschaft. gr. 8. (III, 484 S.) Ebendas. 873. *

Marschall, B. Julian, Wie und warum man liebt. Novellen und Erzählungen. 8. (314 S.) Wien 875, Rosner. *

Marschall, C. F

— Anweis. z. Bereitung aller Arten von Schuhwachs, nebst Anleit. das Oberleder u. d. Sohlen der Schue und Stiefeln wasserdicht zu machen 2c. 8. Leipz. 824, Centr.-Compt.

— gründliche Anweisung zur Verfertigung vortrefflicher Surrogate des Kaffees, Zuckers u. Thees, unschädlicher Schminken, zahnschmerzstillender Pulver, Liqueurs, Tuschen ꝛc. 8. Leipz., Joachim.

— gründliche Anweisung zur Verfertigung verschiedener Arten Feuerctnis, Rauch- u. Schnupftabake, Essige, künstliche Wasser, Oele, Balsame, Arzneien, Lacke, Dinten, wohlriechende Seifen, Farben und viel andere sehr nützl. Sachen. 8. Leip. Joachim. Rthlr.

—Anweis. zur Verfertigung aller Sorten Feuerzeuge u. Feueretuis. (N. A.) Mit 1 Kpf. 8. Leipz. (823.) Centr.-Compt. 8 gr. 2s Hft. fortgesetzt v. . . . Gütle. Mit 1 Kpf. 8. Ebd. 8 gr.

Marschall, (C. F.,) das Einpökeln, Einsäuern, Räuchern u. sonstige Aufbewahrung des Fleisches mit 1 Kupfer. 8. Lpz. 824, Centr.-Compt.

Marschall, C. Fr., Geheimnisse, welche um theure Preise verkauft wurden: Indigo zu machen, der dem von Guatimalo gleich kommt; Französische u. Danziger Liqueurs zu machen; 20jährigen Rheinwein zu machen; aus Franzwein Pontak zu machen; ingleichen ächte Ostindische blaue Druckfarbe, Marsille und and. Sorten ꝛc. 8. Ebend.

— der erfahrne Kittkünstler od. Anweisung d. bewährtesten Steinkitte u. Mörtel zu bereiten. 8. Leipz. 824, Centr.-Comptr.

— geheimes Kunstkabinet für alle Stände, oder Erfahrungen und Vortheile in allerlei Geschäften des gemeinen Lebens; ein nöthiges Hülfsbuch. 1e und 2e Abtheilung. 8. Ebend. (à 12 gr.)

Marschall, C F , s Nachlass eines alten erfahrenen Hausvaters.

Marschall, C. F., dreyßig Recepte für Branntweinbrenner, Bier- u. Essigbrauer. N. A. 8. (Leipzig, Central-Comtoir in Comm.) 820.

— kleines Taschenbuch f. Gold- Silber- u. Metall-Arbeiter, Maler ꝛc. 8. Ebend. 805.

Marschall, C. Fr., Unterricht Bier u. Essig auf die vollkommenste Art zu brauen, ingleichen den Branntwein zu brennen ꝛc. 8. Leipz. Joachim. 805.

— Waarenlager, oder neue gesammelte Beyträge zur Waarenkunde. 8. Ebend.

Marschall, Emma, s.: Laub u. Blüten.

Marschall, Erich Oskar, s. Marschall, Oskar

Marschall, F., der Coupon, s. Gunz, E. E. v.

Marschall, F., gegen Consumvereine, Offiziers- u. Beamten-Waarenhäuser etc. im Sinne des Bauern-, Handels- u. Gewerbestandes. Ein Mahnruf an die Regiergn. Populär gehaltene volkswirthschaftl. Studie. 2. Aufl. gr. 8. (19 S.) Stuttgart 894. Zahn & Seeger Nachf. — 40

Marschall, F J.(Hrsg.), s. Aufruf an alle Christen über die jetzige u. zukünftige Zeit

Marschall Fr. Gr. Nekrolog des k. k. Hofraths Ritter v. Schreibers. Wien, K. Gerold u. S. 1852. 8.

MARSCHALL, FRANZ Schutz und Verteidigungsrede vor dem allerheiligsten Sakramente des Altars. Pressburg 1782 Landerer 16 S. - 220 mm

Marschall, Frz. Lor., von der Castration. 8. Salzburg, Duyle. 791.

Marschall, Fridolin, Dr, Vol.-Assist. am Hygien. Inst.: Ueber die Einwirkung von Hydrazin auf Bakterien. *Heidelberg 1902: J. Hörning.* (128 S.) 8°
Heidelberg, Med. Hab.-Schr. v. 1902

Marschall, Fridolin, zur Casuistik der acuten Phosphorvergiftung. Inaugural-Dissertation. 8. (31 S.) München 885, (Ernst.) *

Marschall, G. N., Ergebnisse des Unterrichts in der elementaren Grammatik mit kurzgefaßter Rechtschreiblehre. gr. 8. (IV, 48 S.) München 880, Expedition des k. Zentral-Schulbücher-Verlags. geb. **
Aus: Lesebuch für höhere Lehranstalten, besonders abgedruckt.

Marschall, G. N., Fibel, s.: Anfangsunterricht nach d. Normalwörter-Methode.

Marschall, G. N., Grundriß der deutschen Sprach- und Rechtschreiblehre, s. Gutmann, Karl A.

—— Die Lehrerbildung m. besond. Rücksichtnahme auf Bayern. gr. 8. (VI, 76 S.) Nürnb. 891, F. Korn. * 1 —

— deutsches Lesebuch, s.: Bauer, L.

— deutsches Lesebuch, s.: Krieger, Ferd.

—— Lesebuch für gewerbliche Fortbildungsschulen. gr. 8. (VIII, 552 S.) München 880, Exped. des k. Zentral-Schulbücher-Verlags. ** M 2,40.; geb. **

—— dass. — Kleine Ausg. gr. 8. (VI, 330 S.) Ebendas. 880. ** M 1,80.; geb. **

Marschall, G. N., Lesebuch für gewerbl. Fortbildungsschulen. 3. durchges. Aufl. gr. 8. (VIII, 552 S.) München 888, Oldenbourg, Abteilung für Schulbücher. geb. *

—— deutsches Lesebuch für höhere Lehranstalten. 2 Bde. gr. 8. München, Expedition des k. Central-Schulbücher-Verlags. ** geb. **

Inhalt:

Bd. 1. Für die unteren Klassen. (264, 32 S.) 877. ** M 1,75., geb. ** M 2.
2. Für die mittleren [bezw. oberen] Klassen. (621 S.) 878. ** M 3., geb. ** M 3,50.

—— dass. — für die Oberklassen der Volksschulen, s. Bauer, L.

—— dass. — für die Mittelklassen der Volksschulen, } s. Krieger, F.
—— dass. — für die Unterklassen der Volksschulen, }

—— deutsches Lesebuch für höhere Lehranstalten. 3 Bde. gr. 8. Nürnberg, Korn'sche Buchh. *

Inhalt:

Bd. 1. Für die unteren Klassen. 2. Aufl. (XII, 280, 48 S.) 880. * M 2.
„ 2. Für die mittleren [bezw. oberen] Klassen. (488, 20 S.) 881. * M 3.
„ 3. Für die oberen Klassen. (VII, 176; IV, 219 S.) 884. ** M 2,60.

—— deutsches Lesebuch für höhere Lehranstalten. 1. und 2. Bd. gr. 8. Nürnberg, Korn'sche Buchh. **

Inhalt:

Bd. 1. Für die unteren Klassen. 4. Aufl. (VIII, 340 S.) 888. ** M 2.—.
„ 2. Für die mittleren [bezw. oberen] Klassen. 3. durchges. Aufl. (XII, 504 S.) 887. ** M 3.—.

— deutsches Lesebuch f. höhere Lehranstalten. 2. u. 3. Bd. gr. 8. Nürnberg, Korn. n.n. 5. 60 (1—3.: n.n. 7. 60)
2. Für die mittleren (bezw. oberen) Klassen. 3. Aufl. (XII, 504 S.) 887. n.n. 3. —; Einbd. n.n. — 50
3. Für die oberen Klassen. 2 Hälften in 1 Bd. (VII, 176 u. VI, 219 S.) 884. n.n. 2. 60

— deutsches Lesebuch f. höhere Lehranstalten. 1. Bd. Für die unteren Klassen. 10. durchgeseh. u. nach dem amtlich hrsg Regelbuche f. die deutsche Rechtschreibg. bearb. Aufl. (VIII, 334 S.) gr. 8. Nürnberg 904. F. Korn. Geb. in Leinw. n. 2. 50

— dasselbe. Unter Mitwirkg. v. J. Hengge, G. Hübsch u. Th. Schneider hrsg. 3. Bd. 3., neu bearb. Aufl. (4, XII, 540 S.) 8. Ebd. 906. Geb. n. 3. 60

— dasselbe f. d. Oberklassen d. Volksschulen,
— dasselbe f. d. 2. u. 5. Schuljahr d. Volksschulen,
} s.: Bauer, L.

Marschall, G. N., Lesebuch für gewerbliche Fortbildungsschulen. Kleine Ausg. gr. 8. (VI, 330 S.) München 880. Exped. d. kgl. Zentral-Schulbücher-Verlags. n.n. 1. 80

— Lesebuch für gewerbliche Fortbildungsschulen. gr. 8. (VIII, 552 S.) München 880. Exped. d. kgl. Zentral-Schulbücher-Verlags. n.n. 2. 40

Marschall, G. N., Lesebuch für gewerbl. Fortbildungsschulen. 3., durchgeseh. Aufl. gr. 8. (VIII, 552 S.) München 888. Oldenbourg, Abteilg. für Schulbücher. geb. n. 3. —

— Lesebuch f. gewerbliche Fortbildungsschulen. 4. Aufl. gr. 8. (VIII, 552 S.) München 891. R. Oldenbourg, Abteilg. f. Schulbücher. Geb. n.n. 3. —

— Lesebuch f. die 2. Klasse der Volksschulen in München, s.: Bauer, L

— Lesebuch f. das 2. Schuljahr der Volksschulen, s.: Bauer, L.

— Lesebuch f. d. Volksschulen in München, s.: Bauer, L.

—— und Karl A. Gutmann, deutsches Sprachbuch. [Sprach- und Rechtschreiblehre.] 2 Abthlgn. 4. neu bearb. Aufl. 8. München 878, Expedition des k. Central-Schulbücher-Verlags. geb. **

Inhalt:
Abthl. 1. Für die unteren Klassen höherer Lehranstalten und für Fortbildungsschulen. (104 S.) ** 90 Pf.
" 2. Für die mittleren und oberen Klassen höherer Lehranstalten. (285 S.) geb. ** M 1,70.

— — dasselbe. 1. Abtlg. 5., durchgeseh. u. der amtlich eingeführten Rechtschreibung angepaßte Aufl. 8. (144 S.) Ebend. 880. n.n. — 80; geb. n.n. — 95

—— und Karl A. Gutmann, deutsches Sprachbuch. [Sprach- und Rechtschreiblehre.] 2 Abthlgn. 5. durchges. und der amtlich eingeführten Rechtschreibung angepaßte Aufl. 8. München, Expedition des k. Zentral-Schulbücher-Verlags. ** geb. **

Inhalt:
Abthl. 1. Für die unteren Klassen höherer Lehranstalten und für Fortbildungsschulen. (144 S.) 880. ** 80 Pf.; geb. ** 95 Pf.
" 2. Für die mittleren und oberen Klassen höherer Lehranstalten. (288 S.) 883. ** M 1,50.; geb. ** M 1,70.

—— und Karl A. Gutmann, deutsches Sprachbuch. (Sprach- und Rechtschreiblehre.) 1. Abtl.: Für die unteren Klassen höherer Lehranstalten und für Fortbildungsschulen. 6. durchges. Aufl. 8. (144 S.) München 887, Oldenbourg. geb. **
2. Abtl. Ebendas. 1883. ** M 1.50.; geb. ** M 1.70.

— u. Karl A. Gutmann, deutsches Sprachbuch. (Sprach- u. Rechtschreiblehre.) I. u. II. Abtlg. 8. München, R. Oldenbourg, Abtlg. f. Schulbücher. Geb. in Leinw. n.n. 3. —
I. F. d. unt. Klassen höh. Lehranstalten u. f. Fortbildungsschulen. 7., durchgeseh. Aufl. (144 S.) 893. n.n. 1. 10
II. F. d. mittl. u. ob. Klassen höh. Lehranst. 7., durchgeseh. Aufl. (VIII, 288 S.) 897. n.n. 1. 90

— u. Karl A. Gutmann, deutsches Sprachbuch. (Sprach- u. Rechtschreiblehre.) I. Abtlg. Für die unt. Klassen höh. Lehranstalten u. für Fortbildungsschulen. 8. Aufl. 8. (144 S.) München 899. R. Oldenbourg. Geb. in Leinw. n.n. 1. 10

— u. Karl A. Gutmann, deutsches Sprachbuch (Sprach- u. Rechtschreiblehre). 2 Abtlgn. gr. 8. München 903. R. Oldenbourg. Geb. in Leinw. n.n. 3. —
I. Für die unteren Klassen höherer Lehranstalten u. f. Fortbildungsschulen. 9., nach der amtlich vorgeschriebenen Schreibweise bearb. Aufl. (VI, 112 S.) n.n. 1. 10
II. Für die mittleren u. oberen Klassen höherer Lehranstalten. 8., nach der amtlich vorgeschriebenen Schreibweise bearb. Aufl. (VIII, 222 S.) n.n. 1. 90

— u. Karl A. Gutmann, deutsches Sprachbuch (Sprach- u. Rechtschreiblehre.) 2 Abtlgn. 8. München, R. Oldenbourg. Geb. nn 3. —
1. Für die unteren Klassen höherer Lehranstalten u. f. Fortbildungsschulen. 10. Aufl. (VI, 112 S.) 908. Geb. nn 1. 10
2. Für die mittleren u. oberen Klassen höherer Lehranstalten. 9., m. der 8. gleichlaut. Aufl. (VIII, 222 S.) (907.) Geb. 1. 90

—— Sprach- u. Rechtschreibübungen. Im Anschlusse an die Ergebnisse d. Unterrichts in der elementaren Grammatik m. kurzgefaßter Rechtschreiblehre bearb. gr. 8. (II, 74 S.) Nürb. 892, Korn. * — 60

— deutsches Stilbuch. 1. u. 2. Kurs. 4., neubearb. Aufl. nach der amtlichen Rechtschreibung. gr. 8. Nürnberg 882. Korn. n. 1. 60
1. Für die unteren Klassen höherer Lehranstalten, sodann für die Oberklassen gehobener Volks- u. für Fortbildungsschulen. (IV, 84 S.) n. — 60
2. Für die mittleren Klassen höherer Lehranstalten. (IV, 148 S.) n. 1.

—— deutsches Stilbuch. 2 Kurse. 4. neubearb. Aufl. nach der amtl. Rechtschreibung. gr. 8. Nürnberg 882, Korn'sche Buchh. *

Inhalt:
Kurs 1. Für die unteren Klassen höherer Lehranstalten, sodann für die Oberklassen gehobener Volks- und für Fortbildungsschulen. (IV, 84 S.) * 60 Pf.
" 2. Für die mittleren Klassen höherer Lehranstalten. (IV, 148 S.) * M 1.

— deutsches Stilbuch. 3. Kurs. Für die oberen Klassen höherer Lehranstalten. 6., verb. u. nach der amtl. Schreibweise u. Interpunktion bericht. Aufl. (VII, 284 S.) 8. Nürnberg 905. F. Korn. n. 1. 80

Marschall, G Nikol. „Rückblick auf die Entstehungsgeschichte der Gewerbschule zu Neumarkt" pg. 12—16. 4° Fedor Pohl
Neumarkt i.O., Progr 1874/75

Marschall, G. Nikol. „Ueber den gegenwärtigen Stand der Industrie und der Gewerbe in Neumarkt O.Pf.". pg. 3—28 8". Fedor Pohl.
Neumarkt i.O., Progr 1889/90

(Marrschall G. R. v.): Wiederlebender Ross-Arzt, anzeigend eine Menge bewehrter u. zeithero meist geheim gehaltener Mittel Aus Churf. Augusti u. Christiani d. 1 Manuscriptis v den letztern Stallmeister zusammen getragen anjetzo z. 2.mahl in Druck befördert v J. C. Schallern. Annaberg 1720. 229 S.
(Regist.= næstsidste Bl. defekt, sidste Bl. mgl.). [Skrevet 1580].

Marschall, Godfr., vom hohen Norden. Aus meinem Tagebuche. gr. 8. (VIII, 214 S.) Wien 877, (Teufen.) *

Marschall, H. v., und H. A. Berlepsch, Schweizerkunde, s. Berlepsch, H. A.

Marschall, Heinrich Georg

—Abhandl. von der Schädlichkeit der Ailhaudischen Pulver. 8. Frankf. 774.

Marschall, Henrich Georg: Geschichte der Hornviehseuche zu Offenbach und der Vorkehrungen dagegen. Offenbach am Main 1778. 76 S.

— Unterricht zur Pflege der Ledigen, Schwangern, Mütter u. Kinder ꝛc. (auch unter d. Titel: die Aerztin für Mädchen Mütter und Kinder) ein Volksbuch. 8. Offenbach, Brede.

Marschall, Hermann

Marschall, H., die Normalwörtermethode im Anschluß an die Winckelmann'schen Anschauungstafeln. Für utraquist. Schulen bearb. Begleitwort zu d. Verf. deutscher Schreib- u. Lese-Fibel f. utraquist. Schulen. 8. (96 S.) Posen 887. Türk. geb. n. — 80

—— deutsche Schreib- und Lese-Fibel. Nach der Normalwörtermethode im Anschluß an die Winckelmannschen Anschauungstafeln für utraquist. Schulen bearb. 8. (IV, 66 S. mit Bildern.) Ebendas. 887. geb. *

—— dass. — 2. verb. und verm. Aufl. gr. 8. (84 S. mit Bildern.) Ebendas. 888. *

Marschall, Herm. Deutsche Schreib- u. Lese-Fibel. Nach der Normalwörtermethode im Anschluß an die Winckelmannschen Anschauungstafeln f. utraquist. Schulen bearb. 3. verb. u. verm. Aufl. gr. 8. (88 S. m. Bildern.) Posen 889, Türk. * — 40; geb. * — 50

Marschall, Herm., deutsche Schreib- u. Lese-Fibel. Nach der Normalwörtermethode im Anschluß an die Winckelmannschen Anschauungstafeln f. utraquist. Schulen bearb. 6., verb. Aufl. 8. (88 S. m. Abbildgn.) Posen 894. L. Türk. n. — 40; geb. n.n. — 50

Marschall, Herm., deutsche Schreib- u. Lese-Fibel. Nach der Normalwörtermethode im Anschluß an die Winckelmannschen Anschauungstafeln f. utraquist. Schulen bearb. 8. verb. Aufl. 8. (88 S. m. Abbildgn.) Posen 898. L. Türk. n. — 40; geb. n.n. — 50

Marschall, Herm., der Schreib- u. Leseunterricht im Anschluß an d. Anschauungs- u. Sprachunterricht f. utraquist. Schulen. 2., erweit. Aufl. der „Normalwörtermethode", bearb. v. Thom. Lewicki. gr. 8. (111 S.) Posen 896. L. Türk. Kart. n. 1. —

Marschall, Humphry, s. Marshall

— Johann Adolph (Thüringer Adel), De vicariatu imperii nostri Romano-Germanici. Präs. Joh. Volk. Bechmann. Jena (Joh. Nise) April 1766. (6.—) 22204

— Johann Christoph (Wurzen), De origine et progressu communis Saxonum manus. Präs. Joh. Gottfried Bauer. Leipzig (G. J. Breitkopf) 31. III. 1746. 82 S. (5.—) 22205

Marschall, John, s. Marshall

Marschall, Joseph, s. Marshall

Marschall's, Josiah T., nordamerikanischen Farmers und Auswanderers Handbuch, ein sicherer und vollständiger Führer für den Auswanderer enthaltend Ankauf des Landes — Urbarmachung des Wald- und Prairie-Bodens — Bewirthschaftung der Farmen ꝛc. Nebst vielen Rathschlägen, Recepten und Tabellen. Nach der neuesten Ausg. aus dem Nordamerikanischen übers. und mit Anmerkungen, Zusätzen und einem Anhang versehen von J. Siemers. 8. (XII und 575 S.) Hamburg 854, Hoffmann und Campe.

vgl. Marshall

Marschall, Karl von

Marschall, Carl von, Zur Erklärung und näheren Bestimmung der Eiszeit. Vortrag. Carlsruhe 1871

Marschall v Sulicki, Karl, k. preuss. General-Major z. D. Der siebenjährige Krieg in Pommern und in den benachbarten Marken. Studie des Detachements- und des kleinen Krieges. Nebst 2 Plänen. 8. Berlin 1867.

Marschall, Cārolus [Heiligenstadensis]: De Q. Remmii Palaemonis libris grammaticis .. Lipsiae, typ. Frankensteini & Wagneri, 1887; 85 + 1 S. + 1 Bl. 8°
Leipzig, Phil. Fak., Inaug. Diss. v. 29. Sept. 1887

Marschall, Karl, de Q. Remmii Palaemonis libris grammaticis. Dissertatio inauguralis. gr. 8. (86 S.) Leipzig 887, (Fock.) *

Marschall LC, der praktische Flachsspinner. Aus dem Englischen von Rechenberger. Mit Atlas. (Schauplatz der Künste und Handwerke 128) Weimar 1888

Marschall, M. F., die Heilquellen von Pöstény (Pöschtin, Pjeſſcany) im Königr. Ungarn. 8. (...) Ofen 838, (Heckenast.)

Marschall, N. G., die Reform des Münchener Volksschulwesens. Mit den beiden Gutachten der Münchener Lehrerschaft. 8. (100 S.) München 870, Oldenbourg. *

Marschall, O., Berlin u. Umgebung, s.a Grieben's Reiseführer.

Marschall, Berlin und Umgebung. Prakt. Reiseführer. 52. Aufl. Berlin 1908. 8°
(Griebens Reiseführer. Bd 6.)

— Nord-Deutschland, s.a. Grieben's Reiseführer.

Marschall, O., Nord Deutschland 15. Aufl., neu bearb. Berlin 1907—1908. 8°.
(Griebens Reiseführer. Bd 28.)

Marschall, *Erich* Oscar [aus Hannover]: Darstellung des Vocalismus in thüringischen und hessischen Urkunden bis zum Jahre 1200. E. Beitr. z. Grammatik d. ältesten thüring. u. hess. Urkundensprache ... Göttingen, Druck v. E. Hofer, 1896; 47 S. 8.
Göttingen, Phil. Fak., Inaug.-Diss. v. [22. Juni] 1896

Marschall, Osc., Darstellg. d. Vocalismus in thüring. u. hess Urkunden bis z. J. 1200. Ein Beitrag zur Grammatik der ältesten thüring. u. hess. Urkundensprache. Diss. gr. 8. (47 S.) Göttingen 896. (Vandenhoeck & Ruprecht.) n. 1. 20

Marschall, Oscar [Die Feier anläßlich der Erweiterung der Realschule zu einer Oberrealschule.] S. 7—13. 4.
Progr. Städt. Oberrealschule (i. E.) *Rixdorf* 1909 (181).

Marschall, Osc. v., in Bitsch gefangen. 8. (174 S.) Bremen 871, Kühtmann und Comp. *

—— Liebes-Skizzen. 8. (VII, 253 S.) Hannover 872, Rümpler.

Marschall, Oswald: Über Rotations- und Fluoreszenzerscheinungen bei Chinaalkaloiden. Jena 1910: Neuenhahn. 69 S. 8°
Jena, Phil. Diss. v. 12. Aug. 1910, Ref. Rabe
[Geb. 27. Nov. 84 Kaltennordheim; Wohnort: Kaltennordheim; Staatsangeh.: Sachsen-Weimar; Vorbildung: Realgymn. Eisenach Reife O. 05; Studium: Jena 2, Kiel 4, Jena 4 S.; Rig. 8. Juni 10.] [U 11 2489

Heimat. Gedicht z. Aufführung in 4 Akten von Otto **Marschall**. Berlin: Berg 1910. IV, 136 S. 8° [11. 933

Marschall, Otto, Monologe. I. [Rhapsodie vom Glück. Lohengrin, ein Seelendrama. Drei Seelenscenen: Liebesentsagung. Minnepsalm. Frieda.] gr. 8. (102 S.) Köln 877, DuMont-Schauberg'sche Buchh. *

Marschall, Otto, Irings Vermächtnis. Konservatives Gedicht. (94 S.) 8. Berlin 905. Herm. Walther. n. 2. –

[**Marschall**, dictus Margraff, Phil. Ern.: De modis acquirendi, alienandi et amittendi dominii.]
[Titelblatt fehlt.]

Marschall, Rob., 3 Weihnachts-Abende aus Luthers Leben. Festspiel. (82 S.) 8. Essen a/R. (W.) 902. (M. O. Hülsmann.) n. 2. —; erm. Pr. n. 1. 50

Marschall, W., das evangel. Geheimniß der Heiligung in Anweis. an d. Engl. 8. Glogau, Fr. Günther. 777.

Marschall, W., das evangelische Geheimniß der Heiligung; in Anweisungen. Aus d. Engl. 8. Glogau 777. (N. Aufl.) 825. Chr. Fr. Günther. 16 Ngr

Marschall, W., das evangel. Geheimniß der Heiligung in verschied. prakt. Anleitungen. Aus d. Engl. Neue Ausg. gr. 8. (21½ B.) Glogau 844, Günther'sche Buchh.

Marschall, William, s. Marshall

Marschall v. Biberstein, s.a. **Biberstein.**

Marschall von Biberstein: Die Deutsche Civilprozeßordnung in vergleichender Gegenüberstellung der entsprechenden bis zum 1. Okt. 1879 im Gebiete der preuß. allgem. Gerichtsordnung in Geltung gewesenen Gesetzesbestimmungen. Berlin 1881.

Juristische Daten. Nach Rechtsgebieten – unter Beifügung e. besonderen biogr. Abschnitts – chronol. zsgest. u. mit Citaten vers. von A **M**[arschall] v. Biberstein. 3. Aufl. *Berlin: H. W. Müller 1901* (147 S.) 8° [F.] [01. 19766

Marschall v. Bieberstein, Eisenbahnen u. Geldverhältnisse mit besond. Beziehung auf die sächs.-bayr. Eisenbahn u. die Schriften von ...... u u. A. v. Thielau. Dem außerordentl. Landtage 1847 vorgelegt. gr. 8. (VI u. 72 S.) Dresden 847, Adler u. Dietze. n. ¼ ß

Marschall v. Bieberstein, Frhr., kleine Geschichte v. Metz. Zusammengestellt f. Unteroffiziere u. Mannschaften. Mit e. Ansicht v. Metz u. 1 Karte der Stadt u. Umgebg. 2. Aufl. 4.–6. Taus. (32 S.) 16. Metz 905. G. Scriba. n. — 25

—— Rede über die neuesten Zeitereignisse sowie einige Ursachen und Abhilfsmittel des Nothstandes gehalten im Gymnasialverein zu Dresden den 6. März 1848. gr. 8. (24 S.) Dresden 848, (Adler und Dietze.) *

— tableau des provinces situées sur la côte occidentale de la mer Caspienne entre les Fleuves Terek et Kour. gr. in-4. St. Pétersbourg 798. (Leipzig, Voss.) n. ⅔ ß

Marschall v. Bieberstein, Er., theoret. u. prakt. Anweisung z. Situations-Zeichenkunst. Auf einfachen Lehrsätzen begründet rc. Mit 13 Kpft. 4. Berl. 818. Maurers B. 2 ß 12 Ngr

—die Taktik, hergeleitet aus der Kriegscombinationslehre. Für Personen aller Volksbewaffnungsklassen rc. Mit 5 Kpft. gr. 8. Magdeb. 816. Heinrichshofen. 1 ß 6 Ngr

—über die Verwandtschaft d. militär. Wissenschaften. Eine kriegskünstler. Abhandlung. 8. Bresl. 817. W. G. Korn. 1 ß

—Vorschriften zu militär. Situations-Zeichnung. 4. Berl. 802. N. A. 819. Maurers B. 1 ß 16 Ngr

Marschall v. Bieberstein, Er. Frz. Ldw., Untersuchungen üb. d. Ursprung rc., s. K. W. Marschall v. Bieberstein.

Marschall v. Bieberstein, Fr. Aug., Beschreib. d. Länder zwischen d. Flüssen Terek u. Kur am Kaspischen Meere. gr. 8. Frankf. a. M. 800. (Schäfer). 20 Ngr

Marschal a Bieberstein, L. B. Frider., Centuria plantarum rarior. Rossiae meridionalis, praesertim Tauriae et Caucasi, iconibus descriptionibusque illustr. Ps. II. Dec. I. Imper. Fol. (10 Bl. Text u. 10 lith. Kpfrt. Fol.) Petropoli 832. (Lipsiae, Voss.)
Ps. I. ist verschollen.

Marschall a Bieberstein, L. B. Frid., Centuria plantarum rariorum Rossiae meridionalis praesertim Tauriae et Caucasi, iconibus descriptionibusque illustrata. Partis II. Decas II. et III. Imp.-Fol. (Mit 8 schw. u. 12 col. Kpfrt.) Petropoli 843. (Lipsiae, L. Voss.) baar à 6 ß

Marschall v. Bieberstein, L. B. Fr., flora Taurico-Caucasica. Tom. I—III. 4maj. Charkow. 808 u. 9. (Tubing.) v. Cotta. 8 ß 8 Ngr

Marschall von Bieberstein, Fritz Freiherr: 'Armeebefehl und Armeeverordnung' in der staatsrechtlichen Theorie des 19. Jahrhunderts. Berlin 1910: Unger. XI, 84 S. 8° ¶ (Vollst. u. d. T.: Verantwortlichkeit u. Gegenzeichnung b. Anordnungen d. obersten Kriegsherrn, b. Vahlen, Berlin 1911.)
Heidelberg, Jur. Diss. v. 18. Okt. 1910, Ref. Anschütz
[Geb. 11. April 83 Karlsruhe i. B.; Wohnort: Heidelberg; Staatsangeh.: Baden; Vorbildung: Gymn. Karlsruhe Reife Juli 01; Studium: Genf 2, Berlin 1, München 2, Heidelberg 2 S.; Rig. 10. Mai 05.] [U 11 2065

Marschall von Bieberstein, Karl Wilhelm

– s. Darstellung d. in Lüttich vorgefall. Begebenheiten

Marschall v. Bieberstein, Karl Wlh., über den Sayn-Hachenburgischen Successionsfall. 4. Stuttg. 788. v. Cotta. 9 Ngr

—u. Er. Frz. Ldw., Untersuchung üb. den Ursprung u. die Ausbildung d. gegenwärt. Anordnn. d. Weltgebäudes. 8. Darmst. (Gießen). 803. Heyer. 16 Ngr

Marschall v. Bieberstein, Osc., s.: Briefe Napoleon I. an seine Gemahlin Josephine.

Marschall v. Nibelung, Ludw., wirthschaftlich-socialer Neubau d. Staates auf d. besteh., monarch. Fundament. Krieg gegen zwei Fronten, s.a. Wort, das.

Marschall v. Nibelung, Ludw., Wirtschaftlich socialer Neubau des Staates auf dem bestehenden, monarchischen Fundament. Krieg gegen zwei Fronten (Das Wort, Heft 5) gr. 8⁰. Wiesbaden 1895.

Marschall von Sulicki, Karl, s. Marschall

Marschälle, die drei. Herr v. St. Arnaud. — Magnan. — Castellane. Von einem Prinzen in der Verbannung. Aus dem Französ. 8. (28 S.) Hamburg 853, Heller.

Marschall-Gruppe [Schlagwort]

Marschall-Gruppe, s.: **Seekarten.**

Marschall'sche Fibel, s. Anfangsunterricht nach der analytisch-synthetischen Methode.

Marschallstab (erfunden von Josef Glanz), sein Ehrensäbel und das Signalhorn des 10. Feld Jäger Bataillons. Beilage zur „Austria" 1851 (3 Abbild mit 6 Seiten erklärenden Text) 8. (Wien 1851)

Marschan, Jos. Wilh. *Montanist.* Die Bildung des Goldes in den Diluvialschichten und dessen gewinnreiches Aufbringen auch in der österr. Monarchie. *Wien* 1858. Druck bei den *Edlen v. Ghelen'schen Erben.*

Marschan, Jos. Wilh., der Transport im Allgemeinen, u. Plan z. vortheilhaftesten Anlage d. Eisen- u. Häuserbahnen. gr. 8. (4¼ B. u. 1 Stnt.) Preßburg 836, C. F. Wigand.

Marschan, Jos. Wilh. — **Das Vorkommen des Waschgoldes in Ungarn, wie am Ural, in Brasilien und in Kalifornien.** Finanziell, geologisch, technisch und industriell dargestellt von — —. 8. (62 S. Wien. Druck und Verlag von L. C. Zamarski. 1855.

MAR(S)CHAND, A.: Über die Entwaldung der Gebirge. Denkschrift an die Direktion des Innern. - Bern 1849. 59 S.

Marschatka, Franz

— — Beiheft zum Handbuche „Die Manipulations-Schule", enthaltend sämmtliche zur Erlernung der Unterabtheilungs-Manipulation nöthigen Fragen und Antworten. Gr.-8. (40 S.) —.20
Temesvár Trautmann 1895

— — Die Stempelpflicht im k. u. k. Heer. Alphabetische Zusammenstellung aller hierauf Bezug habenden Bestimmungen. 2. vervollständigte Auflage. 8. (79 S. mit 7 Tabellen) —.40
Temesvár Trautmann 1895

— — Die Unterabtheilung im Felde. Darstellung der ökonomisch-administrativen Thätigkeit derselben während des Mobilitäts- und Kriegs-Verhältnisses, dann bei der Demobilisirung. Gr.-8. (XVI, 150 S. mit 7 Beilagen) 1.80
Temesvár Trautmann 1895

— — Der länger dienende Unterofficier. Chronologische Zusammenstellung aller auf die Begünstigungen, Versorgung und Anstellung im öffentlichen Dienste, sowie auch auf die Familie desselben Bezug habenden Gesetze, Verordnungen, Erlässe u. Vorschriften. 8. (XVI, 184 S.) —.80
Temesvár Trautmann 1895

Marsch-Dienst, Aufklärungs- und Sicherheits-Dienst nach der „neuen Feldbienst-Ordnung". Nachtrag zu den Dienst-Unterrichtsbüchern der Infanterie. 8. (24 S.) Berlin 886, Liebel'sche Buchh.

Märsche

Altpreussische- und **Armee-Märsche.** Lieblingsmärsche Sr. Maj. d. Kaisers u. Königs Wilhelm II. ausgew. u. f. Orchester neu bearb. v. C. Frese, kgl. Musikdir im Garde-Füsil.-Regim. , f. d. Pianof. zu 2 Händen einger. v. Ferdinand Hummel. H. I—III. *Berlin: R. Schultz [1892?]* 3 Bde 4.
I (10 S.) II (9 S.) III (12 S.) 9⁶ 4123

Über Märsche und Kriegsmärsche von V. R. Berlin 1882 8°

Ub. **Märsche** u. Kriegsmärsche u. vielgenannten Mustern. Bearb. v W R. Berl. 1882

Märsche, Die, und der Marschsicherungsdienst mit Rücksicht auf die neuesten reglementarischen Bestimmungen, nebst einem Anhange von Beispielen . . . Potsdam 1873. V: *Krokisius* (*Hauptmann*). (Russell IX, 297)

Märsche, die, und der Marschsicherungsdienst mit Rücksicht auf die neuesten reglementarischen Bestimmungen, nebst einem Anhang von Beispielen. Dargestellt zum Gebrauch für jüngere Infanterie-Officiere. gr. 8. (80 S. mit 4 lithogr. Taf.) Potsdam 873, Stein's Verlagsb. *

Maersche für türkische Musik zum Gebrauch der preuß. Armee. Stück 1--11. Berlin o. J. 2⁰

Marscheider, Rich., Beiträge zur Kurzschriftmethodik, s.a. **Bausteine, pädagogische. 28. Hft.**

Beiträge zur Kurzschriftmethodik. Hrsg von Richard **Marscheider**, Cöthen. Berlin: Gerdes & Hödel 1905. (32 S.) 8°
= **Bausteine,** Pädagogische. H. 28. 07. 4396 11

— Uebersicht der vereinfachten deutschen Kurzschrift nach Stolze-Schrey. 1.—3. Taus. (4 S.) 8. Berlin 904. Buchh. des Stenographenverbandes Stolze-Schrey. n. — 15

Übersicht der Vereinfachten deutschen Kurzschrift nach Stolze-Schrey. Entworfen von Richard **Marscheider** in Cöthen. 4. Taus. Berlin: Gerdes & Hödel 1905. (2 Bl.) 8° [F.] 07. 13904

Marschen, die ostfriesischen, und die Veränderungen der ostfriesischen Küste. (Von C. Ubbelohde.) Lüneburg 861. Engel. 8. (45 S.) 7½ ngr.

Marschgesang für die Herzogl. Braunschweigischen Truppen. Braunschweig 1814. V: *Geitel, Carl Aug. Gottfr.* (Mitth. Dr. H. Bäsecke.)

Marschhausen, J. H., Lehrbuch der deutschen Geschichte. 8. Halle, Waisenh. 799.

Marschik, Sam., Geist u. Seele. Eine kinet. Theorie des Geistes. (105 S.) gr. 8. Berlin 906. P. Nitschmann. n. 1. 50; geb. n. 2. 50

Geist und Seele. Eine kinetische Theorie d. Geistes. Von Samuel **Marschik**. 3. Aufl. Berlin: Nitschmann 1907. 105 S. 8° (10. 2,74

MARSCHIK, Samuel: Die Kettenspannungsverhältnisse am mechanischen Webstuhl. — 1908.
Diss. Wien, TH

— **Physikalisch-technische Untersuchungen v. Gespinsten u. Geweben.** (III, 70 S. m. 29 Abbildgn.) gr. 8. Wien 904. (C. Gerold's Sohn.) n. 2. —

Marschkarte

Marsch-Karte von Galizien. Eine übersichtliche Darstellung aller Militär-Marsch-Routen in dieser Provinz nebst verschiedenen wissenswerten Bemerkungen. (1 : 1 152.000.) [Wien 1847]. *(Lithographien)*.

Marsch- u. Unterkunfts-Karte f. die Königs-Manöver 1891. 1 : 50,000. Photolithogr. 58,5×79,5 cm. Münch. 891, Literar.-artist. Anstalt. ** 1 —; kleine Ausg. 37×44 cm. ** — 50

Marschke, Ernst, approb. Arzt Aus d. Kgl. Universitäts-Augenklinik zu Breslau. Beiträge zur pathologischen Anatomie der Myopie und des Hydrophthalmus. *Breslau 1901: Bresl. Genoss.-Buchdr.* (26 S.) 8°
Breslau, Med. Diss. v. 19. Okt. 1901

Marsch- und Kriegslied der Boznerischen Tyrolischen Landes-Vertheidigungs-Truppen. In Musik gesetzt von Abbé Bihler. Grätz 1796. V: *Remich, Anton von.* (Margr) (BiblPort)

Marschlieder

Marsch- und Kriegs-Lieder, deutsche, gegen die Wälschen. Feldzug 1870. 16. (32 S.) Leipzig 870, Lißner.

[F.] Marsch- u. Lagerlieder für Deutschlands Heer und Landwehr. *Filehne: H Kaisler 189.* (64 S.) 1 Bd 8. (98. 4221

Marschlieder, Preussische, im May 1790. Halberstadt. V: *Gleim, Joh. Wilhelm Ludwig.* (Ky) (MGT)

Marschlieder, preuß., im May 1790. (v. Gleim) 8. Halberstadt, Vogler.

Marschlieder für Schleswig-Holstein. Hrsg. von einem Officier der ehemal. Schleswig-Holstein'schen Armee. 2., verm. Aufl. 16. (64 S.) Hamburg 864, O. Meißner. *

Marsch- u. Turnlieder, 6, f. Schulen. Ergänzg. zu jedem Liederbuche. 8. (8 S.) Hamm 898. E. Griebsch. n. — 05

Marschliederbuch, allgemeines. 32. (V und 108 S.) Frankfurt a. M. 864, Boselli's Buchh. *

Marschliederbuch für die königl. preußische Armee. Eine Zusammenstellung der beliebten alten und neuen Soldaten-, Gesellschafts-, Liebes- und Trinklieder von F. v. K. 32. (192 S.) Berlin 861, Schlesier.

Marschliederbuch für die Zehner. 16. (32 S.) Neu-Ulm 875, Helb's Sortiment.

Märschlin Salis, s. Salis.

Marsch-Manöver zwischen der Donau und der Thaya vom 28. Aug. bis 7. Septbr. 1876. Nach den amtl. Relationen bearb. gr. 8. (124 S. mit 1 lithogr. Karte in Imp.-Fol.) Wien 877, (Seidel und Sohn.) *
Aus Organ der militär-wissenschaftlichen Vereine, besonders abgedruckt.

Marschner, die Einheit des Handelsrechts durch das Bundes-Oberhandelsgericht. gr. 8. (III, 71 S.) Leipzig 870, Roßberg'sche Buchh. *

Marschner, A., Gleichstromdynamo f. Zimmerbeleuchtung, Galvanoplastik etc., s.: Wie baue ich mir selbst?

Marschner, A. E., s. Studentenlieder.

Marschner, Amalie, Andeutungen über Erziehung. Ein Leitfaden für Mütter u. Erzieherinnen nebst Vorschlägen zu einer zeitgemäßen Bildung der Töchter, bei Vereinfachung des jetzt üblichen Schulunterrichts. 8. (IV u. 162 S.) Leipzig 850, G. Mayer. 1/2 ꝛß

Marschner, Amalie, Die erziehlichen Einflüsse des Lebens auf die Armen, oder Was muss geschehen, dass es mit ihnen besser werde. 8°. Leipzig, Gust. Mayer, 1851.

Marschner, Amalie: Der Erziehungsberuf der Frauen in seiner Wirksamkeit von sonst u. jetzt. Eine Gabe f. Schule u. Haus. — Dresden: Kuntze 1858. IV, 178 S. 8°

Marschner, Amalie, der Verein zum Frauenschutz, seine Entstehung und die Gründung und Entwickelung seiner Anstalten in Dresden. Nebst einigen tabellarischen Uebersichten von H. Riedel. gr. 8. (III und 90 S.) Leipzig 852, G. Mayer. Thlr *

Marschner, Carl, s. Marschner, Karl

Marschner, Carl Friedrich, s. Marschner, Karl Friedrich

Marschner, Carl Wilhelm, s. Marschner, Karl Wilhelm

— **Christoph Gustav** (Dresden), De potestate principis circa auferenda jura et bona civium recte definienda. Leipzig (C. Ph. Melzer) 6. VI. 1822. 67 S. (4.—) 22209
Gew.: Ernst Friedrich Carl Emil von Werthern, Georg August Ernst von Manteuffel.

Marschner, Ed., Coligny, Admiral v. Frankreich. Trspl. in 5 Akten. gr. 8. Leipz. 820. Baumgärtner. 1 ꝛß 8 gr

Marschner, Ed., König Heinrich VIII. u. Anna Boleyn. Trauersp. in 5 Akt. gr. 8. (13¼ B. u. A. Boleyn's Bildn.) Leipzig 831, Fest.

Marschner, Ed., Lehrbuch d. Waffenlehre zum Gebrauche an d. k. u. k. Militär-Akademien u. z. Selbststudium f. Officiere aller Waffen. 2 Bde. gr. 8. Wien u. Prag, F. Tempsky. — Leipzig, G. Freytag. n. 15. 20
1. Allgem. Waffenlehre. 2. Aufl. (X, 355 S. m. 180 Abb.) 895. n. 8. —
2. Specielle Waffenlehre. (V, 287 S. m. 185 Abb.) 896. n. 7. 20

Marschner, Ed., Lehrbuch der Waffenlehre z. Gebrauche an den k. u. k. Militär-Akademien u. zum Selbststudium f. Officiere aller Waffen. 2. Bd.: Specielle Waffenlehre. 2., verb. Aufl. gr. 8. (V, 344 S. m. 210 Abbildgn.) Wien 899. F. Tempsky. — Leipzig, G. Freytag. n. 7. 20; (kplt. n. 15. 20)

Marschner, Eduard, Lehrbuch der Waffenlehre zum Selbststudium f. Offiziere aller Waffen. 2. Bde. gr. 8. Wien, F. Tempsky. Geb. in Leinw. n. 18. 40
I. Allgemeine Waffenlehre. 3. Aufl. (VIII, 349 S. m. 179 Abbildgn.) 903. Geb. n. 10. —
II. Spezielle Waffenlehre. 3. verm. Aufl. (304 S. m. 233 Abbildgn.) 905. Geb. n. 8. 40

Marschner, Eduard, Leitfaden f. den Unterricht in der Waffenlehre an den k. u. k. Militärbildungs- u. Erziehungsanstalten. Im Auftrage des k. u. k. Reichs-Kriegsministeriums bearb. (231 S. m. 148 Abbildgn.) gr. 8. Wien 908. F. Tempsky. Geb. in Leinw. 6. 60

— Leitfaden f. den Unterricht im Waffen- u. Schiesswesen an den k. u. k. Cadettenschulen. Im Auftrage des k. u. k. Reichs-Kriegs-Ministeriums bearb. gr. 8. (VII, 375 S. m. 212 Abbildgn.) Wien 896. F. Tempsky. Geb. in Leinw. n. 5. 60

Marschner, F., Hilfsbuch für den Einjährig-Freiwilligen Mediziner im ersten Halbjahre. 3. Aufl. [Militärärztliche Publikationen. Nr. 127.] 8°. (120 S.) Wien: Šafář 1909. K 2.—

Marschner, Fr.: Welche Forderung stellt die Gegenwart an die Volksschule und wie wird die Schule diesen Anforderungen gerecht? 7 S. 8⁰ Prag d. LBA, Progr. 1870.

Marschner, Fr. A.: Zur Charakteristik des an der prager k. k. d. Lehrerinnen-Bildungsanstalt in Anwendung stehenden Zeichensystems. 10 S. 4⁰ – Prag d. Ln. BA., Progr. 1873.

Marschner, Frz., Entwurf e. rationellen Neugestaltung der Theorie u. Praxis des kunstgemässen Anschlags. Ein Beitrag zur Technik des orchestralen Klavierspiels. [Aus: „Musikal. Rundschau".] 8. (36 S.) Wien 888. A. Rosé. n. 1. —

Marschner, Frz. Kritik der Geschichtsphilosophie J. G. Fichte's in Bezug auf deren Methode. 34 S. 8. Progr. OR. II. B. Wien 1884.

Marschner, Frz. V. A., kurzgefaßte Geschichte und Geografie des Königr. Böhmen. Für Volks- und Bürgerschulen bearb. gr. 8. (32 S. mit 2 lithogr. Karten in qu. 4.) Leipzig 872, Hirschfeld. *

—— Heimatskunde zur Würdigung und genaueren Kenntniß des Kronlandes Böhmen. 5. Aufl. 8. (65 S. mit 2 lithogr. Karten in qu. 4., wovon 1 color.) Prag 871, Reichenecker. [Leipzig, Hirschfeld.] *

Marschner, Franz V. A.

Marschner, F. V. A.: Die Leibesübungen in der Volksschule. Bes. Abdruck des Aufsatzes: Die Gymnastik der Kleinen. Leitmeritz 1857. 50 S.

Marschner, Frz. V. A., Leitfaden einer fisikalischen Anschauungslehre. Ein einleitender u. vorbereitender Cursus beim ersten zusammenhängenden Unterrichte in der Naturlehre. Leitmeritz 856. Schnürlein. gr. 8. (VIII, 96 S.) n. 10 ngr.

Marschner, Frz. V. A., Leitfaden einer fisikalischen Anschauungslehre. Ein einleitender und vorbereitender Cursus beim ersten zusammenhängenden Unterrichte in der Naturlehre. gr. 8 (VIII und 96 S.) Leitmeritz 856(59). [Prag, Mercy.] *

Marschner, Frz. V. A., Leitfaden einer fisikalischen Anschauungslehre. Ein einleit. und vorbereit. Cursus beim ersten zusammenhäng. Unterrichte in der Naturlehre. 2., umgearb. Aufl. gr. 8. (IV und 100 S.) Tetschen 862, Stopp. *

—— Leitfaden einer fisikalischen Anschauungslehre. Ein einleit. und vorbereit. Kursus beim ersten zusammenhäng. Unterrichte in der Naturlehre. 3. umgearb. Aufl. gr. 8. (IV, 108 S. mit 95 in den Text gedr. Holzschn.) [Ebendas.] 871. *

—— die erste Stufe der freien Auffassung und Darstellung räumlicher Gegenstände, oder die Elemente der geometr. Formenlehre in ihrer Beziehung zum Darstellen in der Luft, zum Stäbchen- und Täfelchenlegen, Falten, Verschränken 2c. Für Lehrer- und Lehramtskandidaten bearb. 1. Aufl. (62 S. mit 264 Fig.) 1869, und 2. umgearb. Aufl. gr. 8. (86 S. mit 269 in den Text gedr. Fig.) [Ebendas.] 871. *

Marschner, G., Anleitung zur Vertheidigung d. peinl. Angeschuldigten durch e. Rechtsbeistand während d. Teutschen, auf d. peinl. Gerichtsordn. Karls V. gegründ. Untersuchungsverfahrens, mit besond. Rücksichtnahme auf d. Königr. Sachsen. gr. 8. (13½ B.) Dresden 828, Arnold.

Marschner, Gust., Betrachtungen über Umgestaltung des Civil-Prozesses im Königreich Sachsen nach den Grundsätzen der Mündlichkeit und Oeffentlichkeit. gr. 8. (IV und 126 S.) Leipzig 849, B. Tauchnitz.

Marschner, Gust. Karl, die Anfechtungen der neueren Civilgesetzbücher. Ein Beitrag zum Verständniß. Dresden 853. Meinhold. gr. 8. (48 S.) 7½ ngr.

Marschner, H., u. R. **Marschner**, Gesichtsmassage zur Erreichung e. gefälligen Gesichtsausdrucks, hauptsächlich im Profil. (24 S. m. Abbildgn.) 8. Stuttgart (903). (Pirmasens, Lützel & Co.) n. — 90

Friedrich zum Weissen Pferde. Festgruss zum Stiftungsfeste 1865 vorgetragen vom Br. Albert Niemann. Musik von Heinr. **Marschner** [Text von Theod. Colshorn.] [Hannover 1865]: Culemann. 2 Bl. 8⁰ [Umschlagtit.]
Lied ohne Noten: „Wer ist der Magus hochgeehrt, . . .

Marschner, Heinrich August: Hans Heiling, s.a. Breitkopf und Härtel's Text-Bibliothek Nr. 225

Marschner, Heinr. Aug., Hans Heiling, s.a. Hendel's Operntexte.

Marschner, H.: Hans Heiling, s.a. Mode's Opern-Text-Bibliothek.

Marschner, Heinrich August u. Phpp. Ed. Devrient: Hans Heiling, s.a. Universal-Bibliothek.

Marschner, Heinr., Hans Heiling. Romantische Oper in 3 Acten, nebst e. Vorspiele v. Ed. Devrient. Musik v. M. Für das k. k. Hofoperntheater in Wien eingerichtet. Textbuch. 8. (50 S.) Wien 894. A. W. Künast. — 50

Marschner, Heinr., König Hiarne und das Tyrfingschwert. Oper etc., s. **Grothe, W.**

Marschner, (Heinrich,) Polyhymnia, s. Polyhymnia.

—— der Templer und die Jüdin. Große romant. Oper, s.a. Breitkopf und Härtel's Text-Bibliothek Nr. 183.

—— dass. — s.a. Templer, der, und die Jüdin. (Textbuch.)

– Der Templer u. die Jüdin, s.a. Mode's Opern-Text-Bibliothek.

Marschner, Heinrich August u. Wilh. Aug. Wohlbrück D. Templer u. d. Jüdin, s.a. Universal-Bibliothek.

— der Templer u. die Jüdin. Große romant. Oper in 3 Acten. Nach Walter Scott's Roman „Ivanhoe" frei bearb. v. Wilh. Aug. Wohlbrück. Musik v. M. Text der Gesänge. Für das k. k. Hofoperntheater in Wien. 8. (40 S.) Ebd. 894. — 50

[Ant. u. F.] Der Templer und die Jüdin. Grosse romantische Oper in 3 Acten. Text nach Walter Scott's Roman 'Ivanhoe' frei bearb. v. W[ilhelm] A[ugust] Wohlbrück. Mus. v. Heinrich Marschner. Clavierausz. mit Text, Recitationen u. Dialog Nach d. Part. berichtigt u. neu bearb. v. Richard Kleinmichel. *Leipzig. B. Senff [1895?].* (238 S.) 1 Bd 4. [96. 9734

—— s.a. Vampyr, der. (Textbuch.)

Marschner, Heinrich August Der Vampyr, s.a. Breitkopf und Härtel's Text-Bibliothek Nr 227

— Der Vampir, s.a. Hendel's Operntexte.

– Der Vampyr, s.a. Mode's Opern-Text-Bibliotehk

– – Der Vampyr, s.a. Universal-Bibliothek

Marschner, Heinr., d. Vampyr. Große romant. Oper in 3 Acten v. W. A. Wohlbrück. In Musik gesetzt v. M. F. d. k. u. k. Hof-Operntheater in Wien. Textbuch. 8. (56 S.) Wien 895. A. W. Künast. — 50

Der Vampyr Romant. Oper in 2 Akten von W. A. Wohlbrück Musik von H[einrich] Marschner. Text d. Gesänge. *Leipzig: Breitkopf & Härtel [1898].* (31 S.) 8° [F.]
= Toxtbibliothek, Breitkopf & Härtels. No 356. [99. 11718

Der Vampir. Romant. Oper in 4 Akten von Wilhelm August Wohlbrück. Musik von Heinrich August **Marschner**. Halle a. S. Hendel [1910]. 67 S. 8°
(Hendels Operntexte. 35.) [11. 7144 3

Marschner, Joh., Hilfsbuch, 2. Aufl., s.: **Hilfsbuch f. den einjährig-freiwilligen Mediziner.**

Marschner, J., Hilfsbuch f. den Einjährig-freiwilligen Mediziner im ersten Halbjahre, s.a. Publikationen, militärärztliche. Nr. 127.

Marschner, Joh., Hilfsbuch f. d. einjährig-freiwilligen Mediciner im 1. Halbj. Unter Benützg. der in Kraft steh. einschlägig. Dienstbücher u. Vorschriften nach der Instruction für die Truppenschulen des k. u. k. Heeres, I. Thl., § 37, zusammengest. u. m. Bewillig. d. k. u. k. Reichs-Kriegs-Ministeriums, Erlass Abth. 14, Nr. 228 v. 14. II. 1901 hrsg. 12. (IV, 111 S.) Marburg a/Dr. (901.) W. Blanke Nachf. n. 1. 50

Marschner, Karl

Marschner, Carl. Die Horatier. Trauerspiel in 2 Aufzügen. 8. (45 S.) Dresd. 890, Pierson. * 1 —

Marschner, Karl Friedrich

Marschner, Carl Friedrich (Pretzsch-Weissenfels), **Variae juris observationes. Präs. Christian Gottlieb Hommel. Wittenberg (Tzschiedrich) 23. XII. 1791. 16 S. (4.—)** 22208
Gew.: Carl August v. Schoenberg, Ernst Friedrich v. Marschall.

Marschner, Karl Wilhelm

Domina Drago. Romant. Drama in 3 Aufz. von Carl Wilhelm Marschner Karlshorst-Berlin Aesculap 1910. 90 S. 8° A 11. 5478

Marschner, Carl Wilh., ich hab's gewagt! Ein deutsches Drama in 5 Aufzügen. Die zur Handlg. gehör. Musik v. Vict. Hausmann. 8. (206 S.) Berlin 893. E. Rentzel. n. 3. —

Marschner, Carl Wilh., d. Ruhm v. Roßbach. Vaterländ. Festspiel in 1 Aufzug nebst e. Prolog u. Epilog. Der Feier deutscher Siegestage gewidmet. gr. 8. (46 S.) Berlin 895. E. Rentzel. n. 1. 50

Marschner, L., Leitfaden f. Fleischbeschauer, s.: **Roschel, Otto.**

Marschner, L., Leitfaden f. Laien-Fleischbeschauer, s.: **Roschel, Otto.**

Marschner, Ludwig, städt. Oberticrarzt zu Breslau **Beiträge zur Anatomie und Physiologie des Herzens und der grossen Gefässstämme der Wassersäugetiere.** *Schmalkalden 1901: F. Wilisch.* (49 S.) 8°
Breslau, Phil. Diss. v. 3. Apr. 1901

Marschner, Osw., Takt u. Ton. Plaudereien üb. d. feinen Takt u. guten Ton im gesell. Verkehr. Winke u. Ratschläge für die gute Lebensart in der Oeffentlichkeit, in der gebildeten Gesellschaft u. im eigenen Hause. gr. 8. (VIII, 686 S.) Leipzig 901. O. Maier.
Geb. in Leinw. 6. —

Marschner, Osw., Takt u. Ton. Plaudereien üb. den feinen Takt u. guten Ton im gesell. Verkehr. Winke u. Ratschläge f. die gute Lebensart in der Öffentlichkeit, in der gebildeten Gesellschaft u. im eigenen Hause. (VIII, 519 S.) 8. Berlin 907. Neufeld & Henius. Geb. in Leinw. 6. —

Marschner, R., Gesichts-Massage. Beseitigung v. Verkrümmgn. der Nase, der Ohrmuschel, zu früher Falten u. sonst. abnormer Gesichtsbildgn. durch Selbstbehandlg. 2.—4. Taus. (31 S. m. 17 Abbildgn.) 8. Pirmasens (907). (Lützel & Co.) 1. —

Marschner, Richard, Kammergerichtsref. **Die Stellung des Testamentsvollstreckers im Prozeß und während der Zwangsvollstreckung** *Rostock 1904: C. Hinstorff.* (84 S.) 8° [F.]
Rostock, Jur. Diss. v. [30. März] 1904

Marschner, Rich., Weingesetz vom 7. IV. 1909, s.. Günther, Adj.

Marschner, Robert, Bauet Kleinwohnungen mit staatlicher Kredithilfe. 8⁰. Prag, J. C. Calve, 1911. (Sammlung gemeinnütziger Vorträge, Nr. 398. 399.)

Marschner, Rob., die rechtlichen Beziehungen der Dienstgeber u. Dienstnehmer zu den Landesstellen des Pensionsversicherungsgesetzes. (X, 61 S.) gr. 8. Wien 908. Manz. 1. 30

Marschner, Rob., die Stellung des Unfallversicherungsgesetzes zum privaten Schadenersatzrechte. gr. 8. (32 S.) Wien 899. Prag-Carolinenthal, Selbstverlag. — 50
Sonderabdruck aus: „Juristische Blätter".

Marschner, Rob., die Unfallversicherg. in Oesterreich, s.a. Sammlung gemeinnütz. Vorträge.

Marschner, Robert, Die Unfallversicherung in Oesterreich. Sammlung gemeinnütziger Vorträge, Nr. 213. gr. 8⁰. Prag 1897.

Marschoff, Aron. Über das Verhalten der Milz bei Carcinom. Diss. Med. Basel. 29 S. 8. Basel, Friedrich Reinhardt, 1907.

Marschoffer, A., freimüth. Gedanken üb. die Wirkungen des Christenthums, od. das Christenthum a posteriori betrachtet. 8. Olmütz 801. (Gastl in Brunn). 8 gr.

Marschordnung e. mob. Fuß- oder reitenden Batt. u. d Kolonnen. Berlin 1850.

Marschroute

—— des k. s. XII Armee-Corps im Feldzuge gegen Frankreich 1870—71 M. 1 200000 Weimar Geogr Institut. 1871 Imp.-Fol. Chromolith.

HÜBLERS, Des Malers —, Marschroute nach dem Heirathstempel. Ein komischer (sehr liederlicher) Roman. Leipzig, bey Joh. Glo. Heinr Richter 1806. 8⁰ Tit. u. 410 S (1 Rthl. Lippert, Halle, vor 1870, 4 Mk Heinr. Lesser, Breslau, 1875.)

Marschroute, Schlachten und Gefechte des k. s. [XII.] Armee-Corps im Feldzuge gegen Frankreich 1870—1871. 1:200,000. Fol. Weimar 871, Geograph. Institut.

Marschroutenkarte

Marsch-Routenkarte des Königreiches Galizien und Lodomerien und des Herzogtums Bukowina Hrsg. v k u k Militärgeogr Inst 11 Bl (1 288.000) Wien Militärgeogr Inst 1868.

Marsch-Sicherungen. Zur Benutzung für die Instruktion der Unteroffiziere und älteren Soldaten der Infanterie. Von M. A. 12. (15 S.) Rathenow 886, Babenzien. *

—— unter besond. Berücksicht. der Feldbienstordnung 1887. Zur Benutzung für die Instruktion der Unteroffiziere und älteren Soldaten der Infanterie. Von M. A. 2. Aufl. 12. (15 S.) Ebendas. 887. *

Marschütz, C., & Co.: Preisliste der Nürnberger Velocipod-Fabrik. Hercules-Fahrräder. Nürnberg 1897

Marsciano, Franciscus Onuphrius de

Der unterwiesene Anfänger in der Chymie.Hermetisches Sendschreicen von Comite Francisco Onuphrio de Marsciano an seinen auserwehlten Schüler in der Kunst überschicket.Anno 1744 zu Cöln auf Kosten dieses seines Schülers gedrucket... Wienn:Krauß 1751. 56 ungez.Bl.,182 S. 8⁰

Angeb.an: Grasshoff, Johann: Philosophia Salomonis. Augsburg 1753.

Marscianus, Franciscus Onuphrius Comes. Lux hermetica clarificata seu circulus quadratus sapientium, opus hermeticum de vero, ac probato lapide philosophico. Clagenturti, Kleinmayr, 1742. Quart. 288 S.

Marsden, Fred [aus Manchester '(Engl.)']: I. Zur Kenntnis des Acetylens. II. Über die Reduktion des Benzolazoorthokresetols ... Heidelberg, Univ.-Buchdr. v. J. Hörning, 1892; 37 S. 8.
Heidelberg, Naturw.-math. Fak., Inaug.-Diss. v. [29. Juli] 1892

Marsden, Kate, Reise zu den Aussätzigen in Sibirien. Übers. v. Marie Gräfin zu Erbach-Schönberg, geb. Prinzessin v. Battenberg. 1 u. 2. Aufl. gr 8. (V, 168 S. m. Abbildgn u. Bildnissen) Leipzig 894. W. Friedrich. n. 6. —; geb. n. 8. —

Marsden, Kate, Reise zu den Aussätzigen in Sibirien. Übers. v. Marie Gräfin zu Erbach-Schönberg, geb. Prinzessin v. Battenberg. 3. Aufl. gr. 8. (V, 168 S. m. Abb. u. Bildn.) Leipzig 895. W. Friedrich. n. 6. —; geb. n. 8. —

— e. Reise nach Sibirien. Übers. v. Marie, Gräfin zu Erbach-Schönberg, geb. Prinzessin v. Battenberg. Neue, wohlf. [Titel-] Ausg. gr. 8. (V, 168 S. m. 26 Bild.) Ebd. (895) 897. n. 3. —; Einbd. n.n.n. — 90

Marsden, Wilhelm

Marsden, W., natürl. u. bürgerl. Beschreib. der Insel Sumatra in Ostindien; aus d. Engl. Mit 1 Karte. gr. 8. Leipz. 785. Schwickert. 1 ℔ 8 gr

Marsden, W., Beschr. der Insel Sumatra in Ostindien, a. d. Engl. gr. 8. Leipz. Schwickert. 785.

Marseillaise, la, par R(ouget) Delisle. — Der Marseiller Marsch. Original u. Uebertragung. gr. 8. (½ B.) Stuttgart 830, (Neff.)

Marseillaise. Der Dessauer Marsch. Bremen 1848. V: *Kirchner.* (Kat. d. Druckschr. üb. Breslau. Breslau 1903. S. 48.)

—— la. — Die Marseillaise. Französ. und deutscher Text. 8. (3 S.) Zürich 818, Industrie- und Literatur-Comptoir.

Marseillaise, la. Chant patriotique et national. Augmentée d'une notice littéraire sur Rouget de l'Isle et la marseillaise par Felix Pyat. gr. 8. (7 S.) Cassel 850, Raabé und Comp.

Marseille, Atlas vom Mittelmeer mit Karten von Michelot et Bremond, 1715–23. Marseille [1723]. Imp Fol.

Marseille, Gotthold: Beschreibung der ägyptischen Altertümer des Bismarck-Gymnasiums. Pyritz, Druck d. Backe'schen Buchdr., 1890, S. 1–14, 1 Taf. 4⁰
Pyritz, l. Bismarck-G, OP 1890 (134)

Marseille, Gotthold: **Tagebuchblätter eines hessischen Offiziers (Karl Ludwig Frh. v. Dörnberg) aus der Zeit des nordamerikanischen Unabhängigkeitskrieges, (geschrieben in den Jahren 1779—1781).** T. 1. *Pyritz 1899: Backe.* (29 S.) 4° [F.]
Pyritz, k. Bismarck-G, OP 1899 (149)

Marseille, Gotthold, Prof.: **Tagebuchblätter eines hessischen Offiziers** (Karl Ludwig Frh. v. Dörnberg) **aus der Zeit des nordamerikanischen Unabhängigkeitskrieges, (geschrieben in den Jahren 1779—1781).** T. 2. *Pyritz 1900: Backe.* (24 S.) 4° [F.] ¶[Forts. d. P-Beil. 1899.]
Pyritz, k. Bismarck-G, OP 1900 (151)

Marseille, Gustav: Studien zur kirchlichen Politik des Pfalzgrafen Wolfgang Wilhelm von Neuburg. *Marburg 1898: E. Lantz, Düsseldorf.* (135 S.) 8°
Marburg, Phil. Diss. v [4. Mai] 1898

Marseille, [Gustav], Dr.: Die Urbilder der Frauengestalten in Lessings Meisterdramen. Putbus 1904: R. Decker. (S. 1—26.) 4°
Putbus, k. Pd OP 1904 (169)

Marseille, H. Ueber die Handschriften-Gruppe E, M, P, X der Geste des Loherains. Diss. Marburg 1884. 46 S.

Marseille, Martin (Karl) (geb. Rottenow in Pomm. 17. 1. 1857): Ein Fall von Hernia inguino-properitonealis. Berlin (1881). (32 S.) 8°
Berlin, Med. Diss. v. 10. März 1881

Marsellus, Sincerus

Marsellus, S. Des Heil. Römischen Reichs wohl eingerichteter Kriegs-Staat. Franckfurt 1741. 534 S.

Marsell, Sincer., Mars teutonicus, oder des Röm. Reichs Kriegsstaat. 4. Frankf. 741.

Marsen, die griechische Schule in Beziehung auf Lehren u. Lernen in Genossenschaft. Rendsburg. 4. 25 S.
Schul-/Univ.-Schrift 1865.

Marsfeld, A., einige Fragen an Hunde-Feinde. 8. (20 S.) Wien 863, (F. Klemm.) *

Marsh, Mrs, s. Marsh - Caldwell, Anne

Marsh, Ebenezer, Pimelinic acid and some of its compounds. Inaugural dissertation. gr. 8. (81 S.) Göttingen 857, (Vandenhoeck und Ruprecht's Verlagsh.) **

Marsh, H., Anm. u. Zusätze zu J. D. Michaelis Einleitung in die Schriften des N. Bundes, a. d. Engl. 2 Thle. 4. Göttingen, Vandenhök. 795–803. (1r 2 Rthlr. 4 gr. 2r 1 Rthlr. 16 gr.)

Marsh, Herbert

Marsh's, H., vergl. Darstellung d. protestant.-englischen u. römisch-katholischen Kirche, oder: Prüfung d. Protestantismus u. Katholicismus rc. Aus d. Engl. übers. und mit Anmerk. u. Beylagen versehen von Dr. J. C. Schreiter. Sulzbach, Seidel. 821.

Marsh, Herbert, vergleichende Darstellung der englischen und römischen Kirche. Mit einem Anhange über Kirchenautorität, über das Wesen des Schisma und den Felsen, auf welchen Christus, nach seiner Erklärung, seine Kirche gründen wollte. Aus dem Engl. übertr. von Friedr. Eisele. gr. 8. (XVI und 238 S.) Grimma 848, Verlags-Comptoir.

Marsh, Herb., hist. Uebersicht der Politik Engl. u. Frankr. von der Conferenz zu Pillnitz, bis zur Kriegserklärung gegen England. gr. 8. Leipz. Dyk. 799.
Schreibp.

Marsh, Howard, Gelenkkrankheiten. Deutsche autoris. Ausg. von W. Kindervater. 12. (VIII, 504 S. mit 64 in den Text gedr. Abbild.) Leipzig 888, **Arnoldische Buchh. geb.** *

Marsh, Howard, Gelenkkrankheiten. Deutsche autoris. Ausg. v. W. Kindervater. 2. (Titel-)Ausg. Mit 64 in den Text gedr. Abbildgn. 12. (VIII, 504 S.) Leipzig 891. E. Haberland. Geb. in Leinw. n. 5. —

Marsh, Rich., das unheimliche Haus. (Ein Mysterium.) Autoris. freie Übersetzg. v. Gust. Müller-Mann. (157 S.) 8. Leipzig (909). G. Müller-Mann. 1. 50

— Mord?, s.: Kriminal-Romane aller Nationen.

Marsh, Rich., der Skarabäus. Ein Mysterium in 4 Büchern. Autoris. Übersetzg. v. R. O. Mahlo. gr. 8. (VI, 393 S. m. Titelbild.) Leipzig (900). G. Müller-Mann. n. 5. —; geb. n. 6. —

Die Totenhand. Kriminalroman von Richard **Marsh**. *Leipzig: Leipz. Roman-Verl. [Erfurt: F. Bartholomäus 1901]* (128 S.) 8° [F.]
(Kollektion Kriminal. No 41.) [03. 365

Marsh, Sydney: Untersuchungen über die Charakteristiken eines mit einer Wehneltkathode versehenen Geisslerschen Rohres und über die Potentialverteilung in der Nähe der Anode. Mit 2 Taf. Leipzig: J. A. Barth 1909. 76 S. 8° ¶(Aus: Annalen d. Physik. F. 4, Bd 32, H. 7. 8. 1910.)
Göttingen, Phil. Diss. v. 29. Nov. 1909, Ref. Riecke
[Geb. 1. Sept. 84 Cardiff; Wohnort: Cardiff, Staatsangeh.: Großbritannien, Vorbildung: Univ. Coll. Cardiff B. Sc. Juni 05, Studium Univ. of Wales 6, München 1, Göttingen 4 S., Rig. 9. Juni 09.] [U 10. 1438

Marsh, Wm., Songs and poetical dottings dedicated to the ladies of America. 16. (116 S.) Hamburg 864, J. P. F. E. Richter. geb. mit Goldschn. *

Marsh, Wm., Songs and Poetical Dottings dedicated to the Ladies of America. [**Neue Ausg.**] **16. (116 S.) Hamburg 868, Richter.** *
geb. *

—— Wegweiser für Auswanderer nach den Vereinigten Staaten von Nord-Amerika. Nach officiellen Documenten. 1.—4. Ausg. gr. 16. 53 S.) Altona 866,67, (Mentzel.)

Marsh-Caldwell, Anne

— Aubrey, s.a. Collection of British Authors.

Marsh, Mrs., Aubrey. Ein Roman. Aus dem Engl. übers. von Ernst Susemihl. 3 Bde. 8. (873 S.) Leipzig 854, Kollmann.

Marsh, Mrs., Aubrey. Ein Roman. Aus dem Engl. übers. von Ernst Susemihl. 4 Bde. Leipzig 854. Kollmann. 8. (222; 213; 215; 223 S.) 2 Rthlr. 20 ngr.

—— Schloß Avon, s.a. Ausland, das belletristische.

Marsh-Caldwell, Anne

Schloß Avon. Aus dem Engl. v. C. Büchele. Bdchn 1-5, 6-9.
Stuttgart: Franckh 1853-54. 8°

— die Erbin von Haughton, oder: Das Geheimniß der Mutter. (Fortsetzung von Aubrey.) Ein Roman. Aus dem Engl. übers. von Ernst Susemihl. 3 Bde. Leipzig 855. Kollmann. 8. (252; 261; 264 S.) 2 Rthlr.

— die Erbin von Haughton, oder: Das Geheimniß der Mutter. (Fortsetzung von Aubrey.) Ein Roman. Aus dem Engl. übers. von Ernst Susemihl. 4 Bde. 8. (777 S.) Leipzig 855, Kollmann.

Marsh, Mrs., Erzählungen zweier alten Herren. Die Tochter des Admirals. Der Verwachsene. Nach dem Engl. von Louise Marezoll. 2 Bde. 2. Aufl. gr. 16. (XVI und 297 S.) Leipzig 864, Schrag's Verlag. [Gebhardt.]

— the heiress of Haughton, s. Collection of british authors.

— Adelaide Lindsay. Nach dem Engl. von Louise Marezoll. 2 Bde. 2. Aufl. gr. 16. (313 S.) Leipzig 864, Schrag's Verlag. [Gebhardt.]

— Eveline Marston. Aus dem Engl. übers. von Marie Heine. 3 Bde. gr. 16. (704 S.) Leipzig (861)62, Kollmann.

—) the rose of Ashurst, s.a. Collection of british authors.

— die Rose von Ashurst. Ein Roman. Deutsch von Ernst Susemihl. 3 Bde. gr. 16. (718 S.) Leipzig 860, Kollmann.

— gesammelte Werke. Aus dem Engl. Hrsg. von Louise Marezoll. 1. Lfg. Erzählungen zweier alten Herren. Die Tochter des Admirals. Der Verwachsene. 1. Bd. gr. 16. (VIII und 151 S.) Leipzig 856(57,) Friedlein. *

Marsh's, Mrs., gesammelte Werke. Aus dem Engl. Hrsg. von Louise Marezoll. 2—4. Lfg. gr. 16. Leipzig 857—59, [Schrag's Verlag.] à Lfg. * 10 Ngr.

Inhalt:
Lfg. 2. Erzählungen zweier alten Herren. Die Tochter des Admirals. Der Verwachsene. 2. Bd. (144 S.)
" 3., 4. Adelaide Lindsay. 2 Bde. (313 S.)

— Emilie Wyndham s.a. Ausland, das belletristische.

Marsh-Caldwell, Anne

Emilie Wyndham. Aus dem Engl. v. Franz Kottenkamp. Bdchn 1-5. 6-11.
Stuttgart: Franckh 1853. 8°

Marshal, Andrew

s.: Marshall, Andrew

Marshal H.: Beschreibung d. wildwachsenden Bäume u. Staudengewächse in den Vereinigten Staaten v Nordamerika. Aus d. Engl., m. Anmerk. u. Zusätzen durch C F Hoffmann. Leipz. 1788. (10) 344 S.

Abriss einer Gedåchtniss-Mûnze, auf das am 4. Sept. 1747 zu Friedrichsburg, in Seeland, hôchst feierlich begangene Salbungsfest Ihro kôniglichen Majestât des Allerd. Grosm. [!] Monarchen und Herrn, Herrn Friedrich des Fûnften, von Gottes Gnaden souverainen Kônigs etc. und Ihro kôniglichen Majestât, der gleichfalls Allerd. Grossmâchtigst. Kônigin und Frauen Louise, Kônigin zu Dennemark [!] etc. aus pflichtschuldigster Devotion, in tiefster Ehrfurcht allerunterthânigst angegeben durch Heinr. Wilh. Marshalch. Leipzig: Breitkopf [1747].
Abgedr. in: Schröder, F. L.: Materialien z. Gesch. d. Frmrey seit d. Wiederherst. d. gr. L. i. London. 1 (o. J.) S. 202—206.

Marshall, Alfr., Handbuch der Volkswirtschaftslehre. 1. Bd. Nach der 4. Aufl. des engl. Originals m. Genehmigg. des Verf. übers. v. Hugo Ephraim u. Arth. Salz. Mit e. Geleitwort v. Lujo Brentano. (XXIX, 717 S.) gr. 8. Stuttgart 905. J. G. Cotta Nachf. n. 12.—; geb. in Leinw. n. 13.50; in Halbfrz. n. 14.—

Marshall, Andrew: Untersuchungen des Gehirns im Wahnsinn und in der Wasserscheu, nebst einigen Abhandlungen über die Pathologie dieser Krankheiten. Aus den hinterlassenen Schriften ...hrsg.von S(alomon) Sawrey. (The morbid Anatomy of the brain in mania and hydrophobia, with the pathology of these two diseases, as collected from the papers...and edited by S. Sawrey. Dt.) Übers.und mit Anmerkungen begleitet von M(oritz Heinrich) Romberg. 239 S., gbd.

Berlin: Nicolai 1820

JB 4.513

Marshall, C., De Q. Remmii Palaemonis libris grammaticis. Diss. 1887. 86 S.

Marshall, Emma

- Life's Aftermath, s. Collection of British authors.

- Lady Alice, s. Collection of British authors.

Marshall, Emma. Alma, s. Collection of British authors.

Marshall, Emma, on the banks of the Ouse, s. Collection of British Authors.

- Benvenuta, s. Collection of British authors.

Marshall, Emma. Blauglöckchen. Eine Kindergeschichte aus unserer Zeit. Frei nach dem Englischen von *Emmy von Feilitzsch*. Mit Vorwort von *O. Kraus*. In-8°. 246 S. Basel, Ad. Geering. 3 —; geb. 4 —
Emma Marshall ist seit Anfang der Achtziger Jahre in Deutschland um ihrer vortrefflichen Familiengeschichten willen mit Recht hochgeschätzt. Auch „Blauglöckchen" ruht auf dem Boden christlicher Lebensanschauung und Lebenserfahrung.

Marshall, Emma, Blauglöckchen. Eine Kindergeschichte aus uns. Zeit. Frei nach d. Engl. v. Emmy v. Feilitzsch. Mit Vorwort v. O. Kraus. 8. (V, 246 S.) Basel 898. A. Geering. n. 2.40; geb. in Leinw. n. 3.20

— die Botschaft der Lilien. Eine Erzählung für Jung und Alt. Aus dem Engl. übers. von A. Hornung. 12. (60 S. mit 4 Bildern.) Herborn 886, Buchh. des Nassauischen Colportage-Vereins. *

Marshall, Emma, die Botschaft der Lilien. Eine Erzählg. f. Jung u. Alt. Aus dem Engl. übers. v. A. Hornung. 2. Aufl. gr. 16. (54 S. m. 4 Bildern.) Herborn 892. Buchh. d. Nassauischen Colportagevereins. n. —20

— Bristol bells, s.a. Collection of British authors.

Bristol Bells. A story of the days of Chatterton. By Emma Marshall. Copyright ed. Leipzig: Tauchnitz 1892. 263 S. 8°
(Collection of British authors. Tauchnitz Ed Vol. 2847.)

– In the choir of Westminster Abbey, s.a. Collection of British authors.

In the Choir of Westminster Abbey. A story of Henry Purcell's days. By Emma Marshall. Copyright ed. Leipzig Tauchnitz 1898. 278 S. 8°
(Collection of British authors. Tauchnitz Ed. Vol. 3286.)

—— In the city of flowers, s. XVIII. Bd. 1. Abthl. S. 286: Collection of British authors.

– Dayspring, s. Collection of British authors.

Marshall, Emma, under the dome of St. Paul's, s.a. **Collection of British authors.**

Under the Dome of St Paul's. A story of Sir Christopher Wren's days. By Emma Marshall Copyright ed. Leipzig Tauchnitz 1899. 288 S. 8°
(Collection of British authors Tauchnitz Ed. Vol. 3348.)

– The end crowns all, s. Collection of British authors.

—— die Erbin von Ashton Court. Eine Erzählung für die Frauenwelt. Deutsche autoris. Ausg. von Marie Morgenstern. 8. (VII, 280 S.) Itzehoe 883, Nusser. * geb. *

– Magdalena Wydvilles Erinnergn. (Under Salisbury Spire.) E. Erzählg. aus d. Zeit d. Bürgerkriege Englands. Autor. Uebersetzg. v. Marie Morgenstern. 8. (238 S.) Berlin 896. Buchh. d. Deutschen Lehrer-Zeitg. n. 2. —; geb. n. 2. 50

– errungen s.a. Hausbibliothek, kleine.

—— Errungen. Eine Erzählung aus dem Quäkerleben. Deutsch von Marie Morgenstern. 8. (III, 371 S.) Leipzig 886, Hinrichs'sche Buchh., Verlag. ℳ 3.60.; geb. *

—— ausgewählte Erzählungen. 1.—5. Bd. 8. Stuttgart, J. F. Steinkopf. *ℳ 13,30.; geb. *

Inhalt:
Bd. 1. Höhen und Tiefen. „Ad Coelum". Deutsche autoris. Ausg. von Marie Morgenstern. (318 S.) 881. *ℳ 3.; geb. *ℳ 4.
„ 2. Ein Frauen-Tagebuch. Aus dem Englischen. (198 S.) 881. *ℳ 1,80.; geb. *ℳ 2,80.
„ 3. Benvenuta. Erzählung. Deutsche autoris. Übertragung von Marie Morgenstern. (286 S.) 882. *ℳ 3.; geb. *ℳ 4.
„ 4. Eine Lilie unter Dornen. Erzählung. Autoris. deutsche Uebertragung. (244 S.) 883. *ℳ 2,50.; geb. *ℳ 3,50.
„ 5. Tagesanbruch. Eine Geschichte aus den Tagen des Reformators und Märtyrers William Tyndale. Autoris. deutsche Uebertragung. (286 S.) 884. *ℳ 3.; geb. *ℳ 4.

—— ausgewählte Erzählungen. 6. Bd.: Christabel Kingscote oder geduldig in Hoffnung. Autorisi. deutsche Uebertragung. 8. (240 S.) Stuttgart 886, J. F. Steinkopf. * geb. *

1.–5. Bd. Ebendas. 1881—84. *ℳ 13.30.; geb. ℳ 18.30.

– An escape from the tower, s.a. Collection of British authors.

An Escape from the Tower. A story of the Jacobite Rising of 1715. By Emma Marshall. Copyright ed. Leipzig: Tauchnitz 1896. 271 S. 8°
(Collection of British authors. Tauchnitz Ed. Vol. 3165.)

A Haunt of ancient peace ... A Story. By Emma Marshall. Copyright ed. Leipzig Tauchnitz 1897. 287 S. 8°
(Collection of British authors. Tauchnitz Ed. Vol. 3202.)

—— Unter vier Herrschern. Aus den Erinnergn. Althea Allinghams 1785—1842. Autoris. Übersetzg. 8. (V, 274 S.) Gotha 890, F. A. Perthes. geb. * 4 —

Marshall, Emma, Höhen u. Tiefen. „Ad coelum". Aus dem Engl. 2. Aufl. (291 S.) 8. Stuttgart 907. J. F. Steinkopf. 3.—; geb. in Leinw. 4. —

—— in the east country with Sir Thomas Browne, s. Collection of British Authors.

— Mrs. Mainwaring's journal, s.: Collection of british authors.

– Winifrede's journal of her life at Exeter and Norwich in the days of Bishop Hall, s.a Collection of British authors.

Winifrede's Journal of her life at Exeter and Norwich in the days of Bishop Hall. By Emma Marshall Copyright ed. Leipzig Tauchnitz 1892 311 S. 8°
(Collection of British authors. Tauchnitz Ed Vol. 2804.)

— Dr. Ken u. seine Schüler. (Winchester meads.) Eine Erzählg. Autoris. Uebersetzg. v. Marie Morgenstern. 8. (V, 307 S.) Bremen 892. M. Heinsius Nachf. n. 3. —; geb. n. 4. —

– Kensington Palace in the days of Queen Mary II, s.a. Collection of British authors.

Kensington Palace in the days of Queen Mary II. A story. By Emma Marshall. Copyright ed. Leipzig: Tauchnitz 1895. 286 S. 8°
(Collection of British authors. Tauchnitz Ed. Vol. 3057.)

– The white king's daughter, s.a. Collection of British authors.

The white king's Daughter. A story of the Princess Elizabeth. By Emma Marshall. Copyright ed. Leipzig: Tauchnitz 1895. 270 S. 8°
(Collection of British authors. Tauchnitz Ed. Vol. 3091)

— Königstöchter. Eine Erzählg. Mit ausschließl. Ermächtigg. der Verf. ins Deutsche übertr. v. Marie Morgenstern. 8. (III, 316 S.) Bremen 890. Heinsius Nachf. n. 3. —; geb. n. 4. —

Marshall, Emma, die Liebe höret nimmer auf. Eine Erzählg. aus d. Zeit d. Bürgerkriege Englands. Mit einiger Freiheit übertragen v. Marie Morgenstern. 8. (161 S.) Herborn 901. Buchh. des nass. Colportagevereins. n. —80; in Bibliotheksbd. n. 1. 20; geb. in Leinw. n. 1 40

– Eventide light, or, passages in the life of Dame Margaret Hoby, s. Collection of British authors.

– A lily among thorns, s.a. Collection of British authors.

A Lily among thorns. By Emma Marshall. Copyright ed. Leipzig Tauchnitz 1893. 295 S. 8°
(Collection of British authors. Tauchnitz Ed. Vol. 2948.)

— Johann Marbeck. Eine Erzählung aus der Zeit der Reformation. Autoris. Uebersetzg. nach der 2. Aufl. des Originals v. Marie Morgenstern. 12. (159 S.) Ebd. 900. n. —60; in Bibliotheksbd. n. —90; eleg. geb. n. 1.—

– The master of the musicians, s.a. Collection of British authors.

The Master of the musicians. A story of Handel's days. By Emma **Marshall**. Copyright ed. Leipzig: Tauchnitz 1896. 272 S. 8°
(Collection of British authors. Tauchnitz Ed. Vol. 3119.) [11 8100

Castle Meadow, s.a. Collection of British authors.

Castle Meadow. A story of Norwich, a hundred years ago. By Emma **Marshall**. Copyright ed. Leipzig: Tauchnitz 1897. 295 S. 8°
(Collection of British authors. Tauchnitz Ed. Vol. 3238.) [11 8189

Marshall, Emma No XIII, or the story of the lost Vestal, s. Collection of British authors.

— the Parson's daughter, s.a Collection of British authors.

The parson's Daughter. Her early recollections, and how Mr. Romney painted her. A story. By Emma **Marshall**. Copyright ed. Leipzig: Tauchnitz 1899. 287 S. 8°
(Collection of British authors. Tauchnitz Ed. Vol. 3309.) [11 8306

Penshurst Castle in the time of Sir Philip Sidney, s.a. Collection of British authors.

Penshurst Castle in the time of Sir Philip Sidney. By Emma **Marshall**. Copyright ed. Leipzig: Tauchnitz 1894. 304 S. 8°
(Collection of British authors. Tauchnitz Ed. Vol. 2971.) [11. 7597

- The young queen of hearts, s.a Collection of British authors.

The young Queen of hearts. A story of the Princess Elizabeth and her brother Henry, Prince of Wales. By Emma **Marshall**. Copyright ed. Leipzig: Tauchnitz 1898. 286 S. 8°
(Collection of British authors. Tauchnitz Ed. Vol. 3309.) [11 8240

-- Die Rätsel d. Lebens. Eine Erzählg. Deutsch v. Marie Morgenstern. 8. (III, 208 S.) Lpz. 892, Ungleich. * 2 40; geb. ** 3 40

— in four reigns, s.: Collection of British authors.

— Rex and Regina, s.: Series for the young.

—— the Rochemonts, s. Asher's Collection of English Authors.

—— eine Rose ohne Dornen. Eine Erzählung für Jung und Alt. 12. (56 S.) Herborn 887, Buchh. des Nassauischen Colportagevereins. *

—— Rubine und Perle, s. Sammlung von Kinderschriften.

— under Salisbury spire in the days of George Herbert, s.: Collection of British Authors.

- In the service of Rachel Lady Russel, s. Collection of British authors.

In the Service of Rachel Lady Russel. A Story by Emma **Marshall**. Copyright ed. Leipzig: Tauchnitz 1893. 318 S. 8°
(Collection of British authors. Tauchnitz Ed. Vol. 2898.) [11 7946

Marshall, Emma, Helenens Tagebuch oder vor 30 Jahren. Aus dem Engl. in's Deutsche übertragen von Elise Krause. Brandenburg 865. Wiesike. 8. (265 S.) n. 20 ngr; cart. n. 22½ ngr; geb. n. 1 ℛ

— der alte Thorweg. Eine Erzählg. Deutsch v. Marie Morgenstern. 8. (268 S.) Leipzig 889. Böhme Nachf. n. 3. 25; geb. n.n. 4. 25

— von Herzen treu, s.a. Hausbibliothek, kleine.

—— von Herzen treu. Eine Familiengeschichte. Deutsch von Marie Morgenstern. 8. (III, 355 S.) Leipzig 885, Hinrichs'sche Buchh., Verlag. ℳ 3.60.; geb. *

— eigene Wege. Autoris. Uebersetzung des Werkes „Dorothy's Daughters" v. Marie Morgenstern. 8. (III, 241 S.) Basel 888. [Schneider] Geering. n. 2. —; geb. n. 3. —

- Winchester meads, s. Collection of British authors.

— zuletzt. Eine Erzählung. Deutsche autoris. Ausg. von Marie Morgenstern. 8. (348 S.) Hamburg 882. Grädener & Richter. n. 3. 60; geb. n. 4. 80

Marshall, Franz, a. Weimar: Untersuchung der bei der Einwirkung von Methendijodür auf Natriumbenzoylessigester entstehenden Produkte. Leipzig 1904: Metzger & Wittig. (43 S.) 8°
Leipzig, Phil. Fak., Ref. Hantzsch u. Ostwald, Diss. v 10. Okt. 1904
[Geb. 14. März 79 Weimar; Wohnort Leipzig; Staatsangeh Sachsen; Vorbildung Realgymn. Leipzig bis Oberprima M. 98, Studium Leipzig 11 S.; Rig. 3. Mai 04.]

Marshall, H. E., s.: Hood, Robin, stories.

Marshall, Hans, einsame Blumen. 8. (69 S.) Dresden 895. A. Zschuppe. n. 1. 60; geb. n. 2. 40

Marshall, Humphry. Beschreibung der in Nordamerika wildwachsenden Bäume und Stauden; a. d. Engl. . . . Leipz. 1788. Ü: *Hoffmann, Chn Frdr.* (Ky)

MARSHALL, Humphry 1722 - 1801
Beschreibung der wildwachsenden Bäume und Staudengewächse in den vereinigten Staaten von Nordamerika von Humphry Marshal.
Aus dem Englischen, mit Anmerkungen und Zusätzen durch Christian Fridrich Hoffmann.
Leipzig: Crusius. 1788. XVI, 352 S. 8°
Zentralbibliothek Zürich
Übers. v Arbustrum Americanum. the American Grove, Philadelphia 1785.
Christian Friedrich Hoffmann, nach 1760-1820

Marschall, Humphry, Beschreib. der in Nordamerika wild wachsenden Bäume u. Stauden, a. d. Engl. mit Anmerk. 8. Leipz. Crusius. (F. C. W. Vogel). 788.

Marshall, Humphry, Beschreib. d. Landwirthschaft in d. Grafschaft Norfolk; aus d. Engl. v. Graf. v. Podewils. 2 Thle. gr. 8. Berl. 799. Maurer. (Heinemann in Stolp.) 2 ℛ

—Beschreib. d. Landwirthschaft in Yorkshire; aus d. Engl. v. Graf. v. Podewils. 2 Thle. gr. 8. Berl. 800, 801. Maurers B. 2 ℛ 8 gr

***Marsolier*, Adolphe et Clara, ou les deux prisonniers. Braunschw. u. Petersb., Pluchart. 6 gr**

Marshall, J., Die wichtigsten deutschen Ballspiele, m. Abb., Leipzig, 53 S., 8°.

Marshall, J., Der Fußballsport, Technik u. Taktik desselben, m. genauer Berücksichtigung d. Fußballregeln u. Anh. Das Rugbyspiel, m. Abb., Leipzig, 44 S., 8°.

MARSHALL, JOHN The Determination of the Spectro-photometric Constants, and the Molecular Weight of Carbonic Oxide Haemoglobin. Tübingen, 1882

• Marschall, J., Leben Washington, s.a. Washington.

Washington — Marshall, John, Oberrichter — Georg , Ober Generals der amerikanischen Truppen während des Krieges für die Unabhängigkeit seines Vaterlandes, und Ersten Präsidenten der Vereinigten Staaten. Lebensbeschreibung Nach den Original-Papieren unter der Aufsicht des Herrn Bushrad . . zusammengetragen und mit einer historischen Darstellung der englischen Niederlassungen in Nordamerika. 1 Th. Geschichte Amerikas 1498—1757 2. Th. 1757—1776. 3. Th. 1776—1778. IV Th. 1778—1783. Aus dem Englischen übersetzt. (4 Theile in 2 Bdn.) 8. Hamburg 1805.

Marschall, J., Lebensbeschreib. G. Washingtons, nach d. Originalpapieren zusammengetragen u. mit e. histor. Darstellung d. engl. Niederlassungen in Nordamerika begl.; aus d. Engl. 4 Thle. Mit W. Bildn. gr. 8. Hamb. 805, 6. (Campe). 6 ₰

Marshall, John Sayre, die chirurgischen Krankheiten des Gesichts, der Mundhöhle u. der Kiefer. Autoris. deutsche Uebersetzg. (XVI, 771 S. m. Abbildgn.) Lex.-8. Berlin 899. The S. S. White Dental Manufacturing Co. Geb. in Leinw. n. 16.—

Marshall, John Willis, s. Marshall, Willis

Marshall, Joseph. Reise durch Holland, Flandern, Teutschland ... A. d. Engl. Danzig 1773—78. Ü: *Turner, Samuel Wilhelm.* (MGT)

Marschall, J., Reise durch Holland, Flandern, Deutschland, Dänemark rc. in die Jahre 1768-70, a. d. Engl. 4 Bde. 8. Danz. (Jacobäer in Leipz.) 773-78.

Marshall's, Josiah T., nordamerikanischen Farmers und Auswanderers Handbuch, ein sicherer und vollständiger Führer für den Farmer und den Auswanderer enthltd.: Ankauf des Landes — Urbarmachung des Wald- u. Prairie-Bodens — Bewirthschaftung der Farmen — Kultur der Acker- u. Garten-Früchte — Behandlung des Viehes rc. Nebst vielen Rathschlägen, Recepten u. Tabellen. Nach der neuesten Ausg. aus dem Nordamerikanischen übers. u. mit Anmerkungen, Zusätzen u. einem Anh. versehen von J. Siemers. Hamburg 854. Hoffmann u. Campe. 8. (XII, 575 S.) 2 ₰.
vgl. Marschall

Marshall, Leslie C., der praktische Flachsspinner. s.a. Schauplatz, neuer, der Künste und Handwerke.

Marshall, L. C., der praktische Flachsspinner. Ein Handbuch f. die Flachs- u. Wergspinnerei. Aus dem Engl. übers. v. O. Rechenberger. Mit e. Atlas, enth. 10 Foliotaf. u. 14 in den Text eingedr. Abbildgn. gr. 8. (VIII, 471 S.) Leipzig 888. B. F. Voigt. 12.—

Marshall, Newton H(erbert): Die gegenwärtigen Richtungen der Religionsphilosophie in England und ihre erkenntnistheoretischen Grundlagen. *Halle a. S. 1901: (A. W. Hayn's Erben, Berlin & Potsdam).* (VII, 57 S.) 8°
Halle, Phil. Diss. v. 1901

Marshall, Newton H., die gegenwärtigen Richtungen der Religionsphilosophie in England u. ihre erkenntnistheoret. Grundlagen. gr. 8. (VII, 136 S.) Berlin 902. Reuther & Reichard. n. 4.50

Marshall, T. W. M.

—— die christlichen Missionen. Ihre Sendboten, ihre Methode und ihre Erfolge. Mit Autorisf. des Verf. aus dem Engl. übers. 3 Bde. in 12 Lfgn. 8. (III und 599 S., III und 648 S., III und 543 S.) Mainz 862,63, Kirchheim. à Lfg. 7½ Ngr.

Marshall, T. W. M., die christlichen Missionen. Ihre Agenten, ihre Methode und ihre Resultate. Aus dem Engl. übers. von Carl B. Reiching. 3 Bde. gr. 8. Regensburg 863, Manz. [1. Bd. (IV und 383 S.) 27 Ngr., 2. Bd. (431 S.) 1 Thlr. 3 Ngr., 3. Bd. (374 S.) 27 Ngr.]

— — Ihre Sendboten, ihre Methode und ihre Erfolge. Mit Autorisation des Verf. aus dem Engl. übers. 3 Bde. Mainz 862—64. Kirchheim. 8. (599 S.; 648 S.; 543 S.) 3 ₰

Marshall, W., die Lehre v. d. Rechtfertigung. Eine Predigt. A. d. Engl. Nebst e. Vorw. v. G. D. Krummacher. Lex.-8. (2 B.) Elberfeld 832, Büschler.

Marshall, Wilh., neueröffnetes, wundersames Arzeneikästlein, darin allerlei gründl. Nachrichten, wie es unsere Voreltern m. den Heilkräften der Thiere gehalten haben, zu finden sind. 8. (VII, 127 S.) Leipzig 894. A. Twietmeyer. n. 2.—

Marshall, Wilhelm: Über das Haushaltungsvieh als Pferde, Hornvieh, Schafe und Schweine und über die Vervollkommnung dieser Vieharten nach dem gegenwärtigen Verfahren in den mittelländischen Grafschaften in England. Aus d. Engl. Göttingen 1793. VIII, 221 S. Dieterich.

Marshall, W „Ueber Landeigenthum, dessen Erwerbung und Verbesserung", aus dem Englischen übersetzt und mit einer Vorrede und Anmerkungen begleitet von H. Burggrafen zu Dohna-Wundlaken. 1. Teil: „Von der Werthschätzung, dem Ankauf und der Entwässerung der Ländereien", Berlin 1812 (Realschulbuchhandlung).

Marshall, Wilh., Ueber Landeigenthum, seine Erwerbung und Verbesserung; aus dem Engl. v. Hnr. Grafen zu Dohna-Wundlaken. 1. Thl. gr. 8⁰. Berlin, Reimer, 1812.

Marshall, Will., Agilardiella radiata, eine neue Tetractinellidenform mit radiärem Bau. gr. 4. (15 S. mit 1 chromolithogr. Taf.) Berlin 884, (Dümmler's Verlagsh.) cart. *
Aus: Abhandlungen der k. preuss. Akademie der Wissenschaften zu Berlin, besonders abgedruckt.

Marshall, Will., Agilardiella radiata, e. neue Tetractinellidenform m. radiärem Bau. Mit 1 (chromolith.) Taf. gr. 4. (15 S.) Berlin 884. (G. Reimer) cart. n. 1.50

— and Henry H. Severin, über die Anatomie der Gespenstheuschrecke, Diapheromera femorata, Say. (III u. S. 215—244 m. 6 Taf.) Lex. 8. Berlin 906. (R. Friedländer & Sohn.) nn 6.—
Sonderabdruck aus: „Archiv f. Biontologie".

Marshall, W., s.: Anleitung zur deutschen Landes- u. Volksforschung.

Marshall, W, Atlas der Tierverbreitung, s. Berghaus' physikalischer Atlas

Marshall, William, d. Bau d. Vögel. 8. (VIII, 462 S. m. 229 Abb.) Leipzig 895. J. J. Weber. Geb. in Leinw. n. 7.50

— spongiologische Beiträge. Festschrift zur 70. Wiederkehr d. Geburtstages v. Rudolf Leuckart. Imp.-4. (36 S. m. 8 z. Tl. farb. Tafeln u. 8 Bl. Erklärgn.) Leipzig 892. C. F. Winter. Kart. n. 15.—

— Bilder-Atlas zur Zoologie der Fische, Lurche u. Kriechtiere. M. beschreib. Text. M. 208 Holzschn. nach Zeichngn. v. G. Mützel, C. Schmidt, Rob. Kretschmer u. a. gr. 8. (152 S.) Leipzig 898. Bibliograph. Institut. Geb. in Leinw. n. 2. 50

— dasselbe d. Säugetiere. M. beschreib. Text. M. 258 Holzschn. nach Photographien u. nach Zeichngn. v. G. Mützel, Fr. Specht, Rob. Kretschmar u. a. gr. 8. (VIII, 198 S.) Ebd. 897. Geb. in Leinw. n. 2. 50

Marshall, William, Bilder-Atlas z. Zoologie der nied. Tiere. Mit beschreibend. Text. Mit 292 Holzschn. nach Zeichngn. v. F. Etzold, R. Koch, H. Morin u. a. gr. 8. (134 S.) Leipzig 899. Bibliograph. Institut. Geb. in Leinw. n. 2. 50

Marshall, William, Bilder-Atlas zur Zoologie d. Vögel. M. beschreib. Text v. M. M. 238 Holzschn. nach Zeichngn. v. G. Mützel, Fr. Specht, Rob. Kretschmer u. a. Lex.-8. (194 S.) Leipzig 898. Bibliograph. Institut. Geb. in Leinw. n. 2. 50

— Charakterbilder aus der heimischen Tierwelt. gr. 8. (III, 402 S. m. Abbildgn.) Leipzig 903. A. Twietmeyer. n. 5. —; geb. in Leinw. n. 6. —

Marshall, William, etliche Dutzend Duzfreunde aus der fröhlichen Jugendzeit. 1. Bd. (138 S. m. Abbildgn.) 8. Leipzig (907). A. Twietmeyer. 1.50; geb. n 2. —

—— die Entdeckungsgeschichte der Süsswasser-Polypen. Antrittsvorlesung. gr. 8. (31 S.) Leipzig 885, Quandt und Händel. *

Marshall, William, der zoologische Garten, s.: Eschner, Max.

— Geflügelzüchter, Tierärzte, Menschenärtze u. zoologische Wunder. gr. 8. (29 S.) Stuttgart 901. E. Schweizerbart. n. — 60
Sonderabdruck aus: „Zeitschrift f. Naturwissenschaft".

— Katechismus der Zoologie (2. Aufl. des C. G. Giebel-schen Katechismus), s.: Weber's illustr. Katechismen.

MARSHALL, William: Leben und Treiben der Ameisen. - Leipzig 1889 144 S.

———— Die deutschen Meere und ihre Bewohner. Leipzig 1895. 8. — Desgl. Kleine Ausgabe. Leipzig 1897. 8.

— die deutschen Meere u. ihre Bewohner. Lex.-8. (VII, 839 S. m. Abb. u. 4 farb. Taf.) Leipzig 896. A. Twietmeyer. Geb. in Halbfrz. n. 28. —
Erschien auch in 24 Lfgn. à n. 1. —.

— Naturgeschichte des Tierreiches. Nach Thdr. Wood f. die heranwachs. Jugend dargestellt. (Wohlfeile Geschenkausg.) (564 u. IX S. m. 358 Abb. u. 11 farb. Taf.) gr. 8. Nürnberg (906). E. Nister. Geb. in Leinw. 6. —

Marshall, William · Die Papageien (Psittaci). Leipzig 1889. 64 S. 1 Krt. 8°

— Plaudereien u. Vorträge. Mit Zeichngn. v. Etzold, E. de Maes, Alex. Reichert u. A. 1. u. 2. Sammlg. gr. 8. (253 u. 271 S.) Leipzig 895. A. Twietmeyer. Geb. in Leinw. à n. 7. 50

— Plaudereien u. Vorträge. Mit Zeichngn. v. Etzold, E. de Maes, Alex. Reichert u. A. 1. u. 2. Sammlung. 2. [Titel-] Aufl. gr. 8. (253 u. 271 S.) Ebd. [895.] (899). à n. 4. —; geb. à n. 5. —

— zoologische Plaudereien. Mit Zeichngn. v. Etzold, E. de Maes u. A. 1. u. 2. Reihe. 3. u. 4 Sammlg. der Plaudereien u. Vorträge. gr. 8. (245 u. V, 243 S.) Leipzig (899. 901). A. Twietmeyer. à n. 4.—; geb. à n. 5.—

— die Raubvögel Mitteleuropas, s.: Kleinschmidt, O.

Marshall, William, aus Ann Arbor. Mich.: The asymptotic representation of the elliptic cylinder functions. Baltimore 1909. II + 26 S. 4°. [22. VI. 09.]
Zürich. Phil. Diss. II. S. 1908/09.

—— Spaziergänge eines Naturforschers. Mit Zeichnungen von Alb. Wagen in Basel. gr. 8. (VII, 341 S.) Leipzig 888, Verlag des Litterar. Jahresberichts (A. Seemann). cart. *M 8.—.; geb. *

Marshall, William. Spaziergänge e. Naturforschers. Mit (z. Th. farb.) Zeichngn. v. Alb. Wagen in Basel. 2. verb. Aufl. gr. 8. (VII, 341 S.) Lpz. 890, A. Seemann. cart. * 8 —; geb. * 10 —
—— dass. — Kleine Ausg. Für Schule u. Haus bearb. v. F. Terks. gr. 8. (III, 143 S. m. Illustr.) Ebd. 890. * 2 —; geb. * 3 —
In 4 Heften (Frühling, Sommer, Herbst u. Winter) à * — 50

— Spaziergänge e. Naturforschers. Mit Zeichngn. v. Alb. Wagen. 3., verm. u. verb. Aufl. gr. 8. (V, 382 S.) Leipzig 896. E. A. Seemann. n. 7. —; geb. n. 9. —

Spaziergänge eines Naturforschers. Von William Marshall, Prof. Mit Zeichn. von Albert Wagen. 4. verb. Aufl. Leipzig E. A. Seemann 1900. (382 S.) 8° [F.] (08. 1989 6

— Spaziergänge e. Naturforschers. Kleine Ausg. 2. Aufl. Nach der 4. Aufl. der großen Ausg. f. Schule u. Haus bearb. vom Verf. (III, 172 S.) gr. 8. Leipzig 907. E. A. Seemann. 2.25; geb. 3. —

— dasselbe. (2. Reihe.) Mit Zeichngn. v. Marie Gey-Heinze. (VII, 385 S.) gr. 8. Ebd. 907. 5.—; geb. 6. —

— dasselbe. 3. Reihe. (Mit Zeichngn. v. Fed. Flinzer.) (V, 345 S.) gr. 8. Ebd. (908). 6.—; geb. 7. 50

MARSHALL, William: Die Spechte (Pici). - Leipzig 1889. 76 S., 1 Kt. - (Zoolog. Vorträge H. 2)

— die Thalsperre, s.: Candèze, Ernest.

— Herrn Grillens Thaten u. Fahrten zu Wasser u. zu Land, s.: Candèze, Ernest.

— die Tiefsee u. ihr Leben. Nach den neuesten Quellen gemeinfasslich dargestellt. Mit 4 Tontaf. u. 114 Abbildgn. gr. 8. (343 S.) Leipzig 888. Hirt & Sohn. n. 7. 50; geb. n. 9. —

— die Tiere der Erde. Eine volkstüml. Uebersicht üb. die Naturgeschichte der Tiere. 3 Bde. (Die Erde in Einzeldarstellgn. II. Abtlg. 1.—3. Bd.) Lex.-8. Stuttgart, Deutsche Verlags-Anstalt. Geb. in Leinw. à n. 12. —; auch in 50 Lfgn. à n. — 60
I. (VII, 328 S. m. 378 Abb. u. 7 farb. Taf.) 903.
II. (V, 325 S. m. 285 Abb. u. 8 farb. Taf.) 903. 904.
III. (V, 377 S. m. 534 Abb. u. 9 farb. Taf.) (904.)

— gesellige Tiere, s.: Hochschul-Vorträge f. Jedermann. 23.—28.

— die niederen Tiere, s.: Schmidt, Osk.

— s.: Tierfreund, deutscher.

— die Tierwelt Chinas. gr. 8. (26 S.) Stuttgart 900. E. Schweizerbart. n. — 40
Sonderabdruck aus: „Zeitschrift f. Naturwissenschaft."

— die Thierwelt Cubas. [Aus: „Zeitschr. f. Naturwiss."] gr. 8. (18 S.) Leipzig 898. C. E. M. Pfeffer. n. — 30

— Deutschlands Vogelwelt im Wechsel der Zeiten, s.a. Sammlung gemeinverständlicher wissenschaftlicher Vorträge.

Marshall W. Deutschlands Vogelwelt im Wechsel der Zeit. (Sammlung gemeinverständlicher wissenschaftlicher Vorträge Neue Folge I, 16) Hamburg 1886

— — die Vorfahren der Säugetiere in Europa, s.: Gaudry, Alb.

— Vortrag, s.: Götze, W., aus der Lehrerbildungsanstalt d. deutschen Vereins f. Knabenhandarbeit.

— s Vorträge, zoologische.

— zoologische Vorträge. 1.—4. Hft. gr. 8. Leipzig 889. Freese. à n. 1. 50
1. Die Papageien [Psittaci]. Mit 1 Karte. (63 S.)
2. Die Spechte [Pici]. Mit 1 Karte. (76 S.)
3. 4. Leben u. Treiben der Ameisen. (144 S.)

— d. Wanderungen d. Tiere, s.a. Hochschul-Vorträge f. Jedermann.

Die Wanderungen der Tiere. Vortrag, geh. von Dr. William Marshall, Prof., Leipzig Leipzig Seele 1897 24 S. 8°
(Hochschul-Vorträge f. Jedermann. H. 1)

— im Wechsel d. Tage. Monatl. Tierbelustiggn. 8. (611 S.) Leipzig 897. 898. A. Twietmeyer. Geb. n. 9. 50
Erschien auch in 4 Vierteljahrsheftn. à n. 2. —.

Marshall, William Stanley [aus Milwaukee, Wis., U. S. A.] Beiträge zur Kenntnis der Gregarinen .. M. e. Taf. (Aus Arch. f. Naturgesch., 1893.) Berlin, Nicolai, 1892; 23 S., 1 Taf. 8.
Leipzig, Phil. Fak., Inaug.-Diss. v [18. Jan.] 1893

Marshall, *John* Willis [Thornton '(Engl.)']: **Beiträge zur Kenntnis der Azoverbindungen des Phenyl- und p-Tolyl-β-Naphtyamins [!] ...** Marburg, Univ.-Buchdr. '(R. Friedrich)', 1895; 30 S., 1 Bl. 8.
Marburg, Phil. Fak., Inaug.-Diss. v [6. Febr.] 1895

Marshall Hall, s.a. Hall.

— Abhandlungen über das Nervensystem. Aus d. Engl. mit Erläuterungen u. Zusätzen von G. Kürschner. Mit 1 Steintafel. gr. 8. Marburg 840. Elwert. 1 ₰

Marshall Hall, Beobachtungen u. Vorschläge aus dem Gebiete d. practischen Medizin. Deutsch bearb. v. L. Posner. gr. 8. (13¼ B.) Leipzig 846, Kollmann.

—— dass 2. Sammlung. Deutsch bearb. v. L. Posner. gr. 8. (15½ B.) Ebds. 847.

Marshall Hall's, Dr., über Blutentziehung. Deutsch bearb. v. H. Bressler. gr. 8. Berlin 837. Förstner. 5/6 ₰

— Darstellung der Verrichtungen des Nervensystems, insbesond. des eigentlichen Rückenmarksystems. Aus d. Engl. von C. Dieffenbach. Mit 3 lithogr. Tafeln. gr. 8. Hamburg 840. Hoffmann u. Campe. 1 ₰

—— Grundzüge der innern Krankheiten, s. Bibliothek von Vorlesungen üb. Medizin. XXVIII. Bd.

—— von den Krankheiten des Nervensystems. Aus d. Engl. Mit einigen kritischen Bemerkungen v. J. Wallach. gr. 8 (30 B. u. 8 Taf. Abbild.) Leipzig 842, Otto Wigand.

— das Nervensystem und dessen Krankheiten. Deutsch bearb. v. e. prakt. Ärzte. gr. 8. Berlin 836. Plahn'sche B. (Nitze.) 3/4 ₰

— on the mutual relations between anatomy, physiology and therapeutics, and the practice of medicine. Being the gulstonian lectures for MDCCCXLII. Illustr. by III. engraved plates. gr. 8. London 842; Leipzig, T. O. Weigel. n. 2 ₰

— neue Untersuchungen über das Nervensystem. Aus d. Engl. übertragen von Adolf Winter. Mit 5 Original-Tafeln der engl. Ausgabe. gr. 4. Leipzig 844. T. O. Weigel. n. 2⅓ ₰

Der Marshall County Courier: Jahrgang 1 19 no 26, May 1905 Apr 12, 1912
Independent weekly an edition of Der Herold (Wichita Kans). Edited & published by John Hoenscheidt
Marysville, KS

Marshall-Inseln [Schlagwort]

Marshall-Inseln, s.: Kolonialkarten.

Marshall-Inseln, s.: Seekarten.

Marshalltown Beobachter: 1879?—1914?
Weekly Independent, 1880 85 Democratic, 1886 1914 Circulation 1880 750 1890, 960 1900, 850 1910 528. Edited & published by J W Weippert, 1879 82 by Neuhaus & Widl 1883 by Carl A. Neuhaus, 1884 by Frank S. Widl, 1884—1902 edited by Charles Beck & published by John Schnellbacher 1903—07 edited & published by Charles Beck, 1908—14.
Marshalltown, IA

Marsham, Thom., Entomolog. britannic. sist. insect britann. indigen. etc. Tom. I. coleopt. London. (Schmidt, Lips.) 802.

Marshfield Times and Wood County Herold: 1879? 1880?
Weekly published in English and German. Title varies Wood County Herold 1880? Circulation 1880 400
Marshfield, WI

Marshfield Wochenblatt 1881? 1927
Democratic weekly Title varies Gazette und Wochenblatt 1881 2) Marshfield Demokrat 1884 Jan 1920 Wochenblatt Jan 1920 Nov 1927 Then English as Marshfield Journal Circulation 1882, 900 1890 600 1900 605 1910 1750 1915 1400 1920 1560 Edited by L C Herr & published by Marshfield Publishing Co 1881 83 edited & published by J. W Kohl & A C Pankow 1884 86 by H. J. Pankow 1886 1902 edited by H. J. Pankow, 1903 07 by H J & A C Pankow 1908—14 published by Demokrat Publishing Co 1903 - 14 edited & published by Hankow & Witt 1915 19 by John Witt & Jacob Rebsteck 1920 - 26 by Jacob Rebsteck 1927 28
Marshfield, WI

MARSICH, Johannes Aeneae Silvii (Pii II) relatio ad motus antipapales sui aevi speciatim quoad quaestionem de superioritate concilii supra pontificem. — (1907) 156 S. 4° Diss. 944
Diss. Wien, Univ.

Marsick, Liebeszauber. Ein Beitrag zum deutschen Volksglauben. 8. (VII, 48 S.) Halle a/S. 893 C. A. Kaemmerer & Co. n. — 60

Marsiliis, Hippol. de: **Practica criminalis. Averolda nuncupata, iudicibus, caeterisque in foro versantibus. Ed. rec. Coloniae Agripp. 1581.**

Marsillac, Jean

Marsillac, Leben W. Penns, Stift. von Pensilv. a. d. Frz. 8. Heidelberg, Pfähler. (Braun). 793.

v. Marsillac, T., Leben W. Penns, Stifters v. Pensilvanien aus d. Französ. v. K. Jul. Friedrich. 8. Straßb. 793. (Braun in Karlsr.) 20 ℊ

MARSILLAC, Jean
Leben Wilhelm Penns des Stifters von Pensylvanien
aus dem Französischen des Herrn D. Marsillac von [Karl Julius] Friedrich.
Straßburg: Spach. 1793. X, 324 S. 8°
Stadtbibliothek Trier
Übers. v La Vie de Guillaume Penn, Paris 1791.
Sabin 44821 Baginsky 1173.
William Penn 1644–1718
Karl Julius Friedrich, 1756–

Marsilnie, d. heilige Mädchen aus Theben; od. Arasmeno d. weise Seher. Ein Blatt aus den Zeiten der Mysterien. 8. Erfurt, Hennings. 804.

Marsilui, das heilige Mädchen aus Theben. 8. Erfurt u. Gotha 804. Hennings. 1 ℛ 4 ℊ

Marsing, die Irrenanstalt. Allg. Verwaltungsbericht u. statist. Uebersicht. In-8°, 34 S. mit Tabellen. Freiburg, L. Fragnière. 1880

Marski, Ladislaus Qui fontes ad historiam interregni post mortem Joannis III praecipue pertineant. Halis Saxoniae 1870 (Lange in Berlin) 63 S. 8°
Halle-Wittenberg, Phil. Diss. v 4. April 1870
Geb. Rogasen (Kr Obornik, Posen) [14. 6. 1842]. V

Marsolleau, L., u. M. **Soulié**, der König ist verliebt (Lo roi galant), s.a. Theater, französisches. Nr. 15.

Der König ist verliebt (Le Roi galant). Lustspiel in 4 Aufz. von L[ouis] **Marsolleau** u. M[aurice] Soulié. In deutschen Versen von Ernst Huldschinsky Berlin, Köln, Leipzig A. Ahn [1907]. (121 S.) 8° [ß. u. Ant.]
= **Theater**, Französisches. No 15. 108. 1030.

(**Marsollier**) Historie von dem Staatsministerio des Cardinals Ximenes. A d. Französ. 8. Hamburg 1719.

Marsollier, das Schloß Limburg, oder die beiden Gefangenen. Lustspiel in 2 Aufzügen. Nach d. Französ. frei bearbeitet. 2. Aufl. gr. 8. Wien 843, Wallishausser. 1/4 ℛ

Marsollier, Jacques. Leben des heiligen Franz von Sales . . . A. d. Franz. Wien 1838. Ü: *Silbert, Johann Peter.* (Th)

Marsollier, v., Leben d. heil. Franz v. Sales, Fürstbischofs v. Genf, Stifter d. geistl. Ordens Mariä-Heimsuchung. A. d. Franz. 3 Bde. 8. (59¾ B.) Wien 838, Mechitaristen-Congreg.-Buchh.

Marson, Jh. Gabr., († ...) Trois coup d'essai géométriques contenant des pièces sublimes en Géométrie, av. fig. 4. Paris u. Strassb. 770. König. 1 ℛ
élémens philosophiques de la Science du Calcul. 4. Berl. 778.

Marsop, Paul, die **Aussichten** der Wagner'schen Kunst in Frankreich. 8. (46 S.) Leipzig 887, Reinboth. *
Aus: Richard Wagner-Jahrbuch, besonders abgedruckt.

Marsop, Paul, d. Aussichten d. Wagner'schen Kunst in Frankreich. 887. (KBL 26.) Jetzt: Leipzig, G. Esseger.

der **Einheitsgedanke** in der deutschen Musik. Eine kritisch-aesthet. Studie. 8. (54 S.) [Berlin 885, Th. Barth.] Leipzig, Junne. *

Marsop, Paul, musikalische Essays. gr. 8. (VIII, 287 S.) Berlin 899. E. Hofmann & Co. n. 4. 50; geb. in Halbfrz. n. 6. 20

unsere **Illusionen!** Offene Briefe an Hrn. Gottlieb Zwinkerlein, Vorsitzenden des Richard-Wagner-Vereins zu Klein-Brktztlwitz. 8. (48 S.) München 886, Aibl. *

neudeutsche **Kapellmeister-Musik.** Eine zeitgemässe Betrachtung. 8. (20 S.) [Berlin 885, Th. Barth.] Leipzig, Junne. *

der Kern der **Wagner-Frage.** Museumskunst od. Bühne der Lebenden? gr. 8. (37 S.) München 902. (Leipzig, E. F. Steinacker.) n. — 75
Sonderabdruck aus: „Allgemeine Zeitung, Beilage".

Marsop, Paul, die soziale Lage der deutschen Orchestermusiker. (114 S.) 8. Berlin 905. Schuster & Loeffler. n. 1. —

Studienblätter e. Musikers. (475 S.) gr. 8. Ebd. 903. n. 5. —; geb. n. 6. —

Weshalb brauchen wir die Reformbühne? Ein Versuch. (31 S.) 8. München 907. G. Müller. — 60

Gutachtlicher Bericht der Königlichen Prüfungsanstalt für Wasserversorgung und Abwässerbeseitigung in Sachen betr. die Untersuchung über die Verunreinigung des Mains. Erstattet im Auftr. d. Minist. ... Berichterstatter: Prof. Dr. M[aximilian] **Marsson**, Berlin. Als Ms. gedr. (Berlin 1904.) (178 S.) 8° [Kopft.]
[Umschlagt.] Gutachtlicher Bericht betr. d. Verunreinigung d. Mains. 108. 1435

Marsson, Rich., die Außerkurssetzung der Inhaberpapiere nach preußischem Recht. Unter Berücksicht. des übrigen partikularen und des gemeinen deutschen Rechts, nebst Abdruck der §§ 45—53 des A. L. R. I. 15, des Gesetzes vom 16. Juni 1835, der beiden Gesetze vom 4. Mai 1843 und der kgl. Verordnung vom 16. Aug. 1867. 8. (XV, 152 S.) Berlin 887, Vahlen. *

Geschichte der Familie Marsson von Richard **Marsson**. Bd 1 Als Hs. gedr Frankfurt a. M. 1909 Vogt in Papiermühle. 4°(8°) 109. 3400

Marsson, Rich.: Die Natur der Vertragsofferte. Diss. Greifswald 1879.

Marsson, Th., die Bryozoen der weissen Schreibkreide der Insel Rügen, s. Abhandlungen, palaeontologische.

Marsson, Th. Fr., Flora von Neu-Vorpommern und den Inseln Rügen und Usedom. gr. 8. (XXXII, 650 S.) Leipzig 869, Engelmann. *

Marstadt, Mittermaiers Grundsätze v. Schrifteigenthum. Heidelb. 831.

Marstall, der, Journal z. Unterhalt. u. Belehr. f. Pferdebesitzer u. Pferdeliebhaber. Hrsg. v. Otto v. Corvin-Wiersbitzky u. S. v. Tennecker. 1. Jahrg. 1830. Oct.—Dec. od. 3 Hfte. u. 2—4. Jahrg. 1840—42. à 12 Hfte. gr. 8. Leipzig, Hartknoch. [1. * 2 Thlr., 2—4. à * 8 Thlr.] Thlr. *

Marstaller, J. C., Gedanken von d. Unsterblichkeit d. Seele. gr. 8. Quedlinb. 761. Ernst. 2 ℊ

Marstaller, Johann Jacob (Neustadt / Franken), Tenuia quaedam fila et prima quasi stamina commentationum super moralitate legum ceremonialium et forensium. Präs. Christoph Sonntag. Altdorf (J. W. Kohl) 9. XII. 1706. 16 Seiten. (5.—) 22212

Marstatt, M., Wechsellehre nach den Bestimmungen der Schulordnung f. Realschulen. [Aus: „Wollingers Lehrb. d. deutschen Sprache, 8. Aufl.“] gr. 8. (35 S.) Regensburg 902. F. Pustet. — 15

Marstatt, Max „Geschichtliche Beleuchtung der Wucherfrage“. pg. 3 – 39. 8°. Anton Fellerer.
Freising, Progr. 1892/93

Marston od. Geheimnisse eines Staatsmannes, s.a. Bibliothek, Europäische, 1. 2 u. 66. Bd.

Marston, oder Geheimnisse e. Staatsmannes, s.a. Sammlung der neuern und besten Romane der Franzosen, Briten, Italiener rc. 2. Bd.

Marston, oder Geheimnisse e. Staatsmannes. Deutsch v. A. Kretzschmar. 1.—3. Thl. 8. Grimma 845, 46, Verlags-Compt. à n. 1/2 ₰

—— or, the memoirs of a statesman, s. Collection of british Authors. — Portfolio.

Marston, Evelyn, s. Collection of british authors.

Marston, James Edward [wirkl. Name],
s.a. Peregrinus pedestris [Pseud.]

Des Hamburgischen Dampf-Boots Gefährte, bei Lustfahrten **auf** der Nieder-Elbe. Von d. Verf. d. Holsteinischen Touristen [d. **i. James** Edward **Marston.**] — Hamburg: Perthes u. Besser 1834 **IV, 256** S. 8°

—engl. u. deutsche Gespräche; e. Erleichterungsmittel für Anfänger; nach J. Perrin. Nebst e. Samml. v. Redensarten. 8. Hamb. 802. (Auch u. d. T.: English and German Dialogues; a Guide to conversation in both languages.)

—theoret.-prakt. Grammatik der engl. Sprache f. Schulen u. zum Privatgebrauch. gr. 8. Hamb. 831. Perthes u. B. 1 ₰ 20 gr.

Marston, J. E., theoret.-pract. Grammatik d. Engl. Sprache f. Schulen u. zum Privat-Gebr. gr. 8. (42 B.) Hamburg 831, Perthes u. Besser.

Marston, J. C., neues englisches Lesebuch für Schulen. 8. Hamburg, Perthes u. Besser. 816.

Marston, Jak. E., neues englisches Lesebuch f. Schulen. 8. Hamb. 816. 2e Aufl. 829. Perthes u. B. 1 ₰

—— neues Engl. Lesebuch f. Schulen. — Modern Readings for the use of Schools. 2., verm. u. verb. Aufl. 8. (24 B.) Hamburg 829, Perthes u. Besser.

Der Holsteinische Tourist oder Wegweiser für Fussreisende in der Umgegend von Hamburg. Von Peregrinus pedestris [d. i. James Edward **Marston**]. Ausgabe von 1836 mit 28 neuen Zeichnungen auf Stein. Hamburg. (1836.) 8°

Marston's, John, Trauerspiele, s. Scholten, Wilhelm von.

Marston, Louise, Jeß, der Krüppel, od. die Tochter d. Hopfenpflückers. Frei nach dem Engl. v. A. Näf-Hüny. 8. (164 S.) Winterthur 892. C. Hirsch. n. — 60; geb. in Leinw. n. 1. 20

Marston, Louise, Jeß, der Krüppel oder die Tochter des Hopfenpflückers. Frei nach dem Engl. v. A. Näf-Hüny. 2. Aufl. 12. (136 S. m. 4 Farbdr.) Konstanz (899). C. Hirsch. Geb. — 75

Marston, Louise, das Töchterchen d. Herrn Bartholomäus Aus dem Engl. übers. v. A. Näf-Hüny. 8. (111 S.) Zürich 893. Fäsi & Beer. Kart. n. 1. 35

Marstrand-Mechlenburg, K., das japanische Prisenrecht in seiner Anwendung im japanisch-russischen Kriege. Eine Sammlg. der japan. Prisenrechtsbestimmgn. u. der Entscheidgn. der japan. Prisengerichte. Übers. u. m. Unterstützg. des Auswärt. Amts u. des Reichs-Marine-Amts hrsg. (VI, 937 S.) Lex. 8. Berlin 908. E. S. Mittler & Sohn. 18.—; geb. 20. —

Marstrand Mechlenburg, Karl, Referendar u. bacc iur aus Kiel: **Voraussetzungen** und Gründe des Eigentumserwerbs durch Specifikation im römischen ⟨gemeinen⟩ und bürgerlichen Recht. [Nebst] Nachtrag. *Kiel 1901(—1902): P. Peters.* 2 Bde 8°
Leipzig, Jur. Diss. v. 1901

de Marsy, de pictura carmina, s. *Dufresnoy.*

[MARSY, François Marie de - Adrien RICHER]
Neuere Geschichte der Chineser, Japaner, Indianer, Persianer, Türken, Russe und Amerikaner etc. als eine Fortsetzung von Rollins ältern Geschichte.
Aus dem Französischen übersetzt [von Friedrich Wilhelm Zachariä].
Neunzehnter [- Sechs und zwanzigster] Teil [= Geschichte der Amerikaner].
Berlin: Voß. 1775 [- 1777]. 8°
Lippische Landesbibliothek Detmold
Tl. 1 [1755] - 11 von Marsy, Tl. 12-30 [1778] von Richer.
2. Ausg. v Bd. 19-26 u. d. T. Neuere Geschichte von Amerika, 1778, s. Nr. 193.
Übers. v Histoire moderne des Chinois . [Paris 1755-1778].
Palmer: mit Verfasser- u. Übersetzerangabe.
François Marie de Marsy, 1714-1763
Adrien Richer, 1720-1798
Justus Friedrich Wilhelm Zachariä, 1726-1777

Marta, digesta noviss. totius iuris univ. scientiae. fol. Frcf. et Lips. 705.

Zoppot. Sein Bad u. s. Umgebung. Zur Orientierung f. d. Fremden u. als Handbuch f. d. Einheimischen. Geschildert von Franz **Marta.** 2. verm. u. verb. Aufl. Zoppot Groddeck 1909. 116 S. 8° (10.1.4.73) 10

Martagno, Gräfin Dianora, Rinaldo Rinaldini's Geliebte. Ein romant. Gemälde in 2 Thlen od. 8 Büchern. Anhang zu Rinaldo Rinaldini. Mit Kupf. 8. Leipz., Joachim. 1 ₰ 8 gr.

3153 Die auswärtige Politik der Reichsstadt Lindau von 1530—1532 — Von Dr Joh. Marte, R.-L. — 1905, Ludwigshafen a. Rh., Jul. Waldkirch & Co. — P. 1—105.
Progr Ludwigshafen a. Rh., K. Realschule

Marte, J. D., K. Reallehrer zu Ludwigshafen: Die auswärtige Politik der Reichsstadt Lindau von 1530—1532. Alsenz [1904]: Ph. Pfeiffer. (105 S.) 8°
Heidelberg, Phil. Fak., Ref. Marcks, Diss. v. 13. Sept. 1904
[Geb. 22. Juni 72 Enzisweiler (Bayern); Wohnort: Ludwigshafen a./Rh.; Staatsangeh.: Bayern; Vorbildung: Gymn. Dillingen Reife 93; Studium: München 6 S., Rig. 11 Juni 04.]

Marteau, P. A., theor. u. prakt. Abhandl. von den Bädern, a. d. Franz. von Held. 8. Leipz. Böhme. 777.

Marteau, P. A., theoret. u. prakt. Abhandl. von den Bädern; aus d. Französ. v. Held. 8. Lpz. 777. (Knobloch). 16 gr.

Marteau, Pierre, Politik u. Zustände in den drei altpreussischen Grosslogen u. der Kampf des christlichen m. dem humanistischen Prinzip. Kritische Studien zur Reform der Freimaurerei. (V, 295 S.) 8. Frankfurt a/M 906. Mahlau & Waldschmidt. n. 2. 50

(Marteilhe Jean) Auf den Galeeren Memoiren eines Hugenotten Nach dem Französischen bearb. von F[rederic] Bettex [Mit 1 Tafel] 2 Aufl 8 Calw & Stuttgart 1896
Calwer Familienbibliothek Band 8.

Martel, Edouard Alfred

Martel, E. A., les grandes Alpes, s.: Lorria, Aug.

Martel, E.-A. Deux ascensions dans le massif du Mont-Blanc. ([S.-A.] Jahrbuch des Schweizer Alpen-Clubs. Jahrg. 23. 1887.) Berne 1888. 16 S., 1 Tf. 8°.

Martel, M. E. A., Les katavothres du Péloponèse. S.-A. 1892. 21 S. 1.—

Martel. Édouard-Alfred Die Tarn-Schlucht und Alt-Montpellier ([S.-A.] Oesterreichische Alpen-Zeitung. No. 201, 202 und 203. Jahrg. 8.) Wien 1886. 8 S., 2 Tf. 8°

Martel, Just. Gf., geogr. Beschreibung des Fürstenthums Anhalt-Bernburg. 8. Dessau. (Gräff in Leipzig). 783.

Martel, Just. Gf., († 1795.) geograph. Beschreib. des Fürstenthums Anhalt-Bernburg. 8. Köth. 783. 3 gr

—geograph. Beschreib. d. Fürstenth. Anhalt-Dessau. 8. Köth. 784. 7 gr

—geograph. Beschreib. d. Fürstenth. Anhalt-Köthen. 8. Köth. 782. 4 gr Neue verm. Aufl. in 4 Hften. 8. Ebd. u. Lpz. 788.

— — — Anhalt-Zerbst u. der Grafschaft Jevern. 2 Hefte. 8. Ebend. 782.

—geograph. Beschreib. d. belgisch. Provinzen, Deutsch-Burgund, od. der östreich. Niederlande. 3 Thle. 8. Köth. 790, 91. 14 gr

—geograph. Beschreib. d. Fürstenth. Zerbst u. der Grafschaft Jevere. 2 Hfte. 8. Köth. 782. 4 gr

—Vorschläge zur Erziehung, in Rücksicht auf Bildung d. Verstandes u. d. Religion. gr. 8. Köth. 789.

Martel, K., des Herzogs u. d. Prinzessin Barsine Liebesgesch., a. d. Franz. 8. Laugensalze, Martini. (Linke in Leipz.) 777.

Martel, M., s. Martell, Ludwig August Wilhelm

Martel, Pierre s. Windham, William, and Martel, Pierre.

Martel de Janville, Gabrielle Gräfin de, geb. de Riqueti de Mirabeau, s.a. Gyp.

GYP (ps. für Baronin *Martel*), Rund um die Ehe. Roman aus dem Pariser Leben. Leipzig, o. J. (19**). Gr. 8°. 288 S. (Mk. 2,40.) (1 Mk. 20 Pfg., Frdr. Klüber, 1904.)

Martelanz, C. H., Deutsch-Italienische (alphabetisch geordnete) Handels-Phraseologie. Laibach 856. v. Kleinmayr u. Bamberg. 8. (92 S.) n. 12 ngr.

Martell, Benj., über Freibord. [Vortrag, gehalten in der am 27. März 1874 stattgehabten 15. Sitzung des Marine-Architecten-Vereins in London.] Mit Genehmigung des Verf. in's Deutsche übers. von Emil Padderatz. gr. 4. (26 S. mit 1 Stnt.) Hamburg 875, Friederichsen und Comp. *

Martell, B. Über die Ursachen der Seeuntüchtigkeit von Dampfschiffen der Handelsflotte. Hamburg: 1882.

Martell, Carl, s. Martell, Karl

Martell, E., s. Bismarck-Bund.

Martell, Edward (Hrsg.), s. Arndt, Ernst Moritz Über den deutschen Studentenstaat.

Martell, G. [app. Arzt in Ober-Ingelheim]: Zur Therapie der Wundtuberculose. . Würzburg, k. Universitätsdr v. H. Stürtz, 1891; 31 S. 8°
Würzburg, Med. Fak., Inaug.-Diss. v 1891

Martell, Karl

Martell, Carl. Der letzte Jude. Antisemitischer Roman. 1. u. 2. Lfg. gr. 8. (80 S.) Groß-Lichterfelde 892. (Berl., Dewald.) à Lfg. * — 50; * 1 —

Martell, Carl, der letzte Jude. Antisemitischer Roman. 5 Lfgn. gr. 8. (210 S.) Groß-Lichterfelde 893. (Berlin, G. A. Dewald.) à n. — 50

Martell, Ludw. Aug. Wilh., Erinnerungen an meine Zeit. 1. Bdchn. Aus d. franz. Revolution. 8. (13 B.) Leipzig 829, Lehnhold.

Martell, Ludw. Aug. Wilh., Leipzigs Gefahr und Errettung in den Schlachttagen vom 14. bis 19. Octbr. 1813. 8. (IV und 90 S.) Leipzig 863, Merseburger.

— s. Morgen- u. Abendblatt.

—spielen wir heute nicht? s.a. J. J. Funke, Carl d. Tausendkünstler.

Martell, Ludwig August Wilhelm. Spielen wir heute nicht? Eine Sammlung einfacher ... Belustigungen ... 6. Ausg. O. O. 1824. II: *Kerndörfer, Heinrich August.* (StAt I, 23)

— 3. Weg durch Rußland nach Ostindien.

Martell, O., um d. Gewissens willen. Roman. gr. 8. (240 S.) Schwerin 894. W. Bahn. n. 3. 60; geb. n. 4. 60

Martell, Wilh., Marie Remy, s.: Dasbach's Novellenkranz.

†Martell, Wilh., (Karl Heinr. Wilh. v. Pochhammer,) Schloß Sternberg. 2 Thle. gr. 12. (19 B.) Breslau 828, Max u. Komp.

—Victor u. Claudine. Ein Roman. 3 Thle. 8. Berl. 826. Reimer. 2 rthl 20 gr

Martelleur: Plan der Umgegend von Hanau, s. Humbert, v

Martelli di Siena, D., praktisch-theoretischer Lehrgang der italienischen Schrift- und Umgangssprache nach der Robertson-schen Methode. Nach der 3. Originalaufl. zum Schul- und Selbstunterricht Gebildeter deutsch bearb. von F. Booch-Arkossy. 1. Aufl. (XIV und 313 S.) 1852. 1 Thlr. und 2., durchges. und verb. Aufl. gr. 8. (VIII und 314 S.) Leipzig 854, Arnoldische Buchh.

Martelli di Siena, D., Lehrgang der italienischen Sprache nach der Robertson'schen Methode. Nach d. 3. Aufl. des franz. Orig. zum Schul- u. Selbstunterricht für Deutsche bearb von F. Booch-Arkossy. gr. 8. (XIV u. 313 S) Leipzig 852, Arnold. n. 1 ₰

Martels, Frhr. v., Düngerlehre. Ueber Stallmist, dess. Behandl., Aufbewahr. u. Verwendung; Ersatzmittel d. gewöhnl. Düngers, namentl.: Knochenmehl, grüne Düngung, Moder; mineral. Dünger, Feuerdünger, Brache u. atmosphär. Dünger; Ent- u. Bewässerung. Zur Belehr. d. westfäl. Landmannes auf Veranlass. d. landwirthschaftl. Vereins zu Münster bekannt gemacht. 8. (9 B.) Münster 835, Wundermann'sche Buchh.

Martels, Heinr. v., Briefe üb. d. westl. Theile d. vereinigten Staaten v. Nordamerika. M. 1 Charte v. Missouri-Staate (Nov.-4.). 8. (12¾ B.) Osnabrück 834, Rackhorst.

Marten: Die Rolllinien und die Brennlinie durch Zurückwerfung. 18 S. u. Taf – Ostrowo, Progr 1869

Marten, A., Leben u. Schriften d. Schulinspektors Friedr. Krancke, Weil. Lehrer am königl. Schullehrer-Seminar u. an der Stadt-Töchterschule in Hannover. Zum 150-jähr. Jubiläum des Seminars zu Hannover dargeboten. gr. 8. (73 S. m. 1 Bildn.) Hannover 901 Hahn. n. —75
Sonderabdruck aus: „Festschrift z. 150 jähr. Jubelfeier des kgl. Lehrerseminars zu Hannover".

— u. H. **Sundermeyer,** Lehr- u. Aufgabenbuch f. das Linearzeichnen in Lehrerbildungsanstalten. Zirkel- u. Projektionszeichnen. Elemente der Schattenkonstruktion u. Perspektive. (100 S. m. 132 Fig.) gr. 8. Breslau 904. F. Hirt. Kart. n. 2. 25

Marten, Raumlehre m. besond. Berücksicht. d. geometrischen Zeichnens f. Mittelschule u. mehrklassige Volksschulen. Mit 82 Fig. im Text u. 6 Steindr.-Taf. gr. 8. (IV, 88 S.) Hannover 891. Norddeutsche Verlagsanstalt. Geb. n. 1. 20

Marten, Realienbuch, s.: Hüttmann.

Marten, A., Turnspiele, s.: Kohlrausch, E.

— Weltkunde, s.: Hüttmann, J. F.

Marten, Arnold. (Gerhard.) (geb. Münster in Westf. 18. 1. 1831) De inflammationis origine. Berolini (1853). (26 S.) 8°
Berlin, Med. Diss. v. 12 Aug. 1853

Marten, F. E., über die Verbesserung der Stubenöfen. 8. Halberstadt, Groß.

Marten sen., H., das Haus-Wassergeflügel, seine Zucht u. Pflege zu Nutz- u Ausstellungszwecken. Nach dem Engl. des Henry Digby bearb. (IV, 112 S. m. 11 Abbildgn.) gr. 8. Leipzig 904. Expedition der Geflügel-Börse. n. 2.—

Marten, H., Kennzeichen d. Taubenracen. qu. Fol. (VI, 81 S. m. 1 Abb.) Leipzig 895. Exped. d. Geflügelbörse. n. 1. 50

Marten, Ludwig, a. Flensburg: Die Altersverhältnisse der Mütter der ehelich und unehelich neugeborenen Kinder. Flensburg 1906: J. B. Meyer. (44 S.) 4°
Göttingen, Phil. Fak., Ref. Lexis, Diss. v. 21. Sept. 1906
[Geb. 14 Juli 79 Flensburg; Wohnort: Flensburg; Staatsangeh.. Preußen, Vorbildung: Oberrealsch. Flensburg Reife O. 99; Studium: Heidelberg 1, Berlin 1, Göttingen 8 S.; Rig. 30. Juli 06.]

Marten, Ludw., die Altersverhältnisse der Mütter der ehelich u. unehelich neugeborenen Kinder. Diss. (45 S.) 31,5×24 cm. Flensburg 906. (G. Soltau). 3. —

— Drei Untersuchungen in der Geburten-Statistik. Über die ehel. Fruchtbarkeit nach dem Alter der Mutter. Die unehelich Geborenen der Mütter unter 20 Jahren. Ein Wort zur ehel. Fruchtbarkeitsmessg. (32 S.) gr. 8. Ebd. 907. 1. 50

Marten, Wilhelm

Marten, W., üb. die Kälterückfälle im Juni, s. a. Abhandlungen des königl. preuss. meteorolog. Instituts. II, 3.

Marten, Wilhelm, aus Winkelshütten Ueber die Kälterückfälle im Juni. *(Berlin 1902: A. W. Schade.)* (20 S.) 4°
Berlin, Phil. Diss. v. 3. Dez. 1902

Ueber die Kälterückfälle im Juni Von W Marten Mit 3 Taf. *Berlin A Asher & Co. 1902* (20 S.) 4°
= Abhandlungen d. K. Preuß. Meteorol. Instituts. Bd 2, No 3.

Maerten, H R

— Früchte der deutschen Poesie. 2 Thle. 8. Halberstadt. 731.

Maerten, H. R., vindiciae divinae de divina S. S. literarum inspiratione. 4. Ienae. 724.

Märten, Joh. Leitfaden zum Entwurf der detaillirten Lehrpläne f. ein- bis sechsclassige Volksschulen. 8. (39 S.) Reichenberg 891, Fritsche. * — 60

Märten, Lu, Bergarbeiter. Schauspiel in 1 Akt. (45 S.) 8. Stuttgart 909. J. H. W. Dietz Nachf. 1. —

— Meine Liedsprachen. Gedichte. (94 S.) kl. 8. Berlin-Schöneberg (907). Verlag der „Hilfe". Geb. in Leinw. 1.50

— Torso. Das Buch e. Kindes. (311 S.) 8. München 909. R. Piper & Co. 4.—; geb. 5. —

Martens, der Fahrstuhlführer, s.: Generlich.

Martens, Predigt über den barmherzigen Samariter Luc. 10, 23—27, gehalten zu Westerland auf Sylt, am 3. Septbr. 1882. gr. 8. (15 S.) Altona 883, (Harder.) *

Rede bei der Einweihung des Logenhauses in Greifswald vom Br. **Martens.** 1811. 8°
Kl. 1168.

Martens, von der Wiege bis zur Bahre. Zehn Predigten. gr. 8. (IV, 135 S.) [Itzehoe 886.] Rostock, Nusser. *

Martens, Adolf

Martens, A., Bericht über die Ergebnisse von Festigkeits-Versuchen mit gelötheten Drahtseilen und Drähten, s. a. Mittheilungen aus den königl. technischen Versuchsanstalten zu Berlin.

Bericht über die Ergebnisse von Festigkeits Versuchen mit gelötheten Drahtseilen und Drähten. Im Auftr d. Minist d. öffentl. Arb erstattet von A[dolf] Martens. Mit 2 Taf. Berlin J Springer 1888. (63 S.) 4° [F.]
= Mittheilungen aus d. Königl. techn. Versuchsanstalten zu Berlin. Jg 6, Erg H 2
05. 2056

Bericht über die im Auftrage des Herrn Ministers für Handel und Gewerbe ausgeführten Untersuchungen von Seilverbindungen für Fahrstuhlbetrieb. Ergebniß d. Untersuchungen f. ruhende Belastung erstattet von A[dolf] Martens. Th. 1 [Mehr nicht erschienen.] Berlin J. Springer 1888. (48 S.) 4° [F.]
= Mittheilungen aus d. Königl. techn. Versuchsanstalten zu Berlin. Jg 6, Erg H 5
05. 2059

—— Bericht über vergleichende Untersuchungen von Seilverbindungen für Fahrstuhlbetrieb, s. a. Mittheilungen aus den königl technischen Versuchsanstalten zu Berlin.

—— über Druckpapiere der Gegenwart, s. a. Mittheilungen aus den königl. technischen Versuchsanstalten zu Berlin.

Ueber Druckpapiere der Gegenwart Von A[dolf] Martens. Berlin J Springer 1887 (16 S.) 4° [F.]
= Mittheilungen aus d. Königl. techn. Versuchsanstalten zu Berlin Jg 5, Erg H 4
05. 2052

—— Ergebnisse der Prüfungen von Apparaten zur Untersuchung der Festigkeitseigenschaften von Papier, s. a. Mittheilungen aus den königl. technischen Versuchsanstalten zu Berlin.

Ergebnisse der Prüfungen von Apparaten zur Untersuchung der Festigkeitseigenschaften von Papier von A[dolf] Martens. Mit 1 Taf. Berlin J Springer 1887 (S. 13-44.) 4° [F.]
= Mittheilungen aus d. Königl. techn. Versuchsanstalten zu Berlin Jg 5, Erg H 3, 2
05. 2054

—— die Festigkeitseigenschaften des Magnesiums, s. a. Mittheilungen aus den königl technischen Versuchsanstalten zu Berlin.

Die Festigkeitseigenschaften des Magnesiums von A[dolf] Martens. (Mit 3 Taf.) Berlin J. Springer 1887 (40 S.) 4° [F.]
= Mittheilungen aus d. Königl. techn. Versuchsanstalten zu Berlin. Jg 5, Erg H. 1
05. 2051

— Festigkeitsuntersuchungen m. Zinkblechen, s. a. Mittheilungen aus den königl. technischen Versuchsanstalten zu Berlin.

Festigkeitsuntersuchungen mit Zinkblechen der schlesischen Aktien Gesellschaft für Bergbau und Zinkhüttenbetrieb zu Lippine O.-S. Von A[dolf] Martens. Mit 2 Taf. Berlin J Springer 1884. (32 S.) 4° [F.]
= Mittheilungen aus d. Königl. techn. Versuchsanstalten zu Berlin. Jg [illegible] Erg H 4
05. 2062

Martens, A., Handbuch d. Materialienkunde f. d. Maschinenbau. 1. Thl. Materialprüfungswesen, Probirmaschinen u. Messinstrumente. Mit 514 in d. Text gedr. Abb. u. 20 Taf. Lex.-8. (XXXIV, 515 S.) Berlin 898. J. Springer. Geb. in Leinw. n. 40. —

Das Königliche Materialprüfungsamt der Technischen Hochschule Berlin auf dem Gelände der Domäne Dahlem beim Bahnhof Gross-Lichterfelde West. Denkschrift zur Eröffnung bearb. von d. Dir. A[dolf] **Martens**, Prof., u. d. Bauleitenden M[ax] **Guth**, Kgl. Landbauinspektor. Mit zahlreichen Textfig. u. 6 Taf. Berlin: Springer 1904. IV, 380 S., 5 Taf. 4°

Die Meßdose als Kraftmesser in der Materialprüfmaschine Mitteilung aus d. Kgl. Materialprüfungsamt in Groß-Lichterfelde Von A[dolf] Martens. (Berlin J Springer in Komm. 1907.) (45 S.) 4°(8°) [Kopft.]
= Mitteilungen über Forschungsarbeiten auf d. Geb. d. Ingenieurwesens. H. 38.
07 9038

— s.: Mittheilgn. aus d. mechanisch-techn. Laboratorium d. k. techn. Hochschule in München.

Martens, A., Nachruf auf J. Bauschinger, s.: **Bauschinger, J.**, Mittheilungen aus dem mechanisch-technischen Laboratorium etc.

Martens, A., Prüfung der Druckfestigkeit v. Beton. Mitteilung aus der königl. mechanisch-techn. Versuchsanstalt zu Charlottenburg. (3 S. m. 3 Fig.) 82,5×23.5 cm. Stuttgart 900. (Freiburg i/B., J. Bielefeld.) — 75
Sonderabdruck aus: „Baumaterialienkde."

—— Schmierölunterſuchungen, s. a. Mittheilungen aus den königl. technischen Versuchsanstalten zu Berlin.

Schmierölentersuchungen ausgeführt im Auftr d. Minist f. Handel u. Gewerbe von A[dolf] Martens. Mit 5 Taf. [Nebst] Forts. Berlin J Springer 1888 89. 2 Bde 4° [F.]
= Mittheilungen aus d. Königl. techn. Versuchsanstalten zu Berlin. Jg 6, Erg H. 3. Jg 7, Erg H. 5.
05. 2057

Martens, A., Die Stulpenreibung und der Genauigkeitsgrad der Kraftmessung mittels der hydraulischen Presse. Berlin, 1903. 13 S. mit 10 Abb.

— Untersuchungen mit Eisenbahnmaterialien, s. a. Mittheilungen aus den königl technischen Versuchsanstalten zu Berlin.

Untersuchungen mit Eisenbahnmaterialien, ausgeführt im Auftr d. Minist. d öffentl Arbeiten. Von A[dolf] Martens. Mit 5 Taf Berlin J Springer 1890. (203 S.) 4° [F.]
= Mittheilungen aus d. Königl. techn. Versuchsanstalten zu Berlin. Jg 8, Erg H 2
05. 2065

—— Untersuchungen über Festigkeitseigenschaften und Leitungsfähigkeit an deutschem und schwedischem Drahtmateriale, s. a. Mittheilungen aus den königl. technischen Versuchsanstalten zu Berlin.

Untersuchungen über Festigkeitseigenschaften und Leitungsfähigkeit an deutschem und schwedischem Drahtmateriale. Im Auftr. d. Minist. f. Handel u. Gewerbe von A[dolf] Martens. [Nebst] Ergänzungen. Berlin J. Springer 1887–88. 2 Bde 4° [F.]
Untersuchungen. 1887
Erg. 1 Bestimmung d. elektr Leitungswiderstandes von Metalldrähten. Von A[dolf] Paalzow, Prof. Mit 1 Taf. 2. Zusammenhang zwischen d. chem. Zusammensetzung u. d. Kleingefüge einerseits u. d. Leitungsgüte d. Telegraphendrahtes andrerseits. Unter Benutzung amtl. Materialien von Dr H[ermann] Wedding. Mit 7 Taf. 1888.
= Mittheilungen aus d. Königl. techn. Versuchsanstalten zu Berlin. Jg. 5, Erg H. 2 Jg 6, Erg H 1
05. 2053

—— Untersuchung japanischer Papiere, s. a. Mittheilungen aus den königl. technischen Versuchsanstalten zu Berlin.

Untersuchung japanischer Papiere. Im Auftr. d. Minist. f. Handel u. Gewerbe von A[dolf]Martens. Mit 3 Taf. Berlin J. Springer 1888. (18 S.) 4°[F.]
— Mittheilungen aus d. Königl. techn Versuchsanstalten zu Berlin. Jg. 6, Erg.H. 4. 05. 2038

— u. E. Heyn, über e. Vorrichtung zur vereinfachten Prüfung der Kugeldruckhärte u. üb. die damit erzielten Ergebnisse, s.: Mitteilungen üb. Forschungsarbeiten auf dem Gebiete des Ingenieurwesens. 75. Heft.

Martens, A., Zustandsänderungen der Metalle infolge v. Festigkeitsbeanspruchungen. (S. 209—220 m. 9 Fig.) Lex. 8. Berlin 910. G. Reimer. —50
Sonderabdr. a.: „Sitzungsber. d. preuss. Akad. d. Wiss."

Urania z. Unsterblichkeit: Freimaurer-Gruss den gel. Bundesbrüdern zum neuen Jahre 1860 gewidmet vom Br. A[lbert] Martens. Berlin [1860: Martens]. 4 Bl. 8° [Umschlagtit.]
Gedicht.

[Gedicht.] Den gel. Brüdern zum neuen Jahre 1862. [Von] A[lbert] Martens. Berlin [1862: Martens]. 2 Bl. 8° [Umschlagtit.]
Tt. 2529. „Hoch — Mittag erglänzt — und zum Feste geschmückt . . ."

[Gedicht.] Den gel. Brüdern zum neuen Jahre 1863. [Von] A[lbert] Martens. Berlin [1863: Martens]. 2 Bl. 8° [Umschlagtit.]
Tt. 2530. „Johannis Tag ruft wiederum die Brüder . . ."

Martens, A(lfred), aus Frankfurt a. O.: Untersuchungen über Wielands Don Sylvio mit Berücksichtigung der übrigen Dichtungen der Biberacher Zeit. *Halle a. S. 1901: E. Karras.* (VI, 132 S.) 8°
Halle, Phil. Diss. v. 2. März 1901

Martens, Alfr., de L. Annaei Senecae vita et de tempore, quo scripta ejus philosophica, quae supersunt, composita sint. gr. 8. (62 S.) Altona [Leipzig] 871, Mentzel. *

Martens, Alwin, über das deutsche Turnen. Aufsätze und Vorträge, gehalten der Leipziger Vorturnerschaft. Mit einer biograph. Skizze des verstorb. Verf. hrsg. von Guido Reusche. gr. 8. (XVI und 112 S.) Leipzig 862, Friese. *

Martens, Alwin, über das deutsche Turnen. Aufsätze und Vorträge, gehalten der Leipziger Vorturnerschaft. Mit einer biograph. Skizze des verstorbenen Verf., hrsg. von Guido Reusche. 2. Aufl. Mit dem (Holzschn.)-Bildniß von A. Martens. 8. (XVI, 112 S.) Leipzig 884, Strauch. *

Martens, Andreas Ehrenfried

Martens, A. E., das Hamburg. Criminal-Gefängniß, genannt das Spinnhaus, u. die übrigen Gefängnisse der Stadt Hamburg nach ihrer innern Beschaffenheit u. Einrichtung beschrieben, nebst e. Ansichten u. Ideen üb. Verbesserung ähnl. Anstalten überhaupt. Mit des Verf. Bildn. 1 Kpf. u. 1 Steindr. gr. 4. Hamb. 823. Campe. 3 ∦

Martens, (A. E.) das Hamburg. Criminal-Gefängniß genannt das Spinnhaus u. die übrigen Gefängnisse d. Stadt Hamburg nach ihrer innern Beschaffenheit u. Einrichtung beschrieben, nebst einigen Ansichten u. Ideen über Verbesserung ähnlicher Anstalten überhaupt. Mit des Verf. Bildn. 1 Kpfr. u. 1 Steindr. gr. 4. Hamb. 824, Hoffmann u. C.

Martens, Andreas Ehrenfried:
Das hamburgische Kurhaus und dessen Einrichtungen. Beschrieben von Andreas Ehrenfried Martens. Hamburg: Hoffmann & Campe 1822. 59 S.

MARTENS, A[NT.] N[IC.], Die erste Verkündigung und Einführung der christlichen Religion in Dithmarschen. Itzehoe. 1826.

Martens, A. N., Ziel u. Weg eines evangel. Predigers, der sein Amt redlich ausrichtet. Eine Predigt. gr. 8. Hamb. 826. Hoffmann u. Campe. 3 ∦

Martens, B., Vorschlag zu einer heiligen Allianz, oder fromme brüderl. Vereinigung für wahre Freiheit und Gleichheit. Allen edelmüthigen Bürgern und Regenten, besonders aber unserer Regierung gewidmet. 16. (105 S.) Allentown, Pa. 861. (Philadelphia, Schäfer und Koradi.) geb. *

Martens, Berndt, im Dämmerland. Gedichte. (1897—1900). 8. (107 S.) München (Amalienstr. 35.) 900. Selbstverlag. n. 1. —

Martens, Carl von, s. Martens, Karl von

Martens, Charles de, s. Martens, Karl von

Martens, Chr. v., d. Gottesgericht vom J. 1812, s.: Familien-Bibliothek, Calwer.

Martens, C(hrn.) v., vor 50 Jahren. I. und II. gr. 8. Stuttgart 862,63, Schaber. à Thl. 1 Thlr.

Inhalt:

Thl. 1. Tagebuch meines Feldzuges in Rußland 1812. (III und 260 S. mit 4 lithogr. Plänen in gr. 8. und 4.)
" 2. Tagebuch meines Feldzuges in Sachsen 1813. (VI und 208 S. mit 4 lithogr. Plänen.)

Martens, Eduard von

Martens, E. v., s.: Archiv f. Naturgeschichte.

Martens, E. v., Beiträge zur Meeresfauna der Insel Mauritius und der Seychellen, s. Möbius, K.

Martens, E. v. Bemerkungen über einige Saugethiere in geographischer u. historischer Beziehung. 1856.

—— s. Bericht über die wissenschaftlichen Leistungen im Gebiete der Entomologie.

—— s. Bericht über die wissenschaftlichen Leistungen in der Naturgeschichte der niederen Thiere.

Martens, E. v., die Binnenmollusken Venezuela's. [Aus: „Festschrift zur Feier d. 100jähr Bestehens d. Gesellsch. naturforsch. Freunde zu Berlin."] Mit 2 Taf. in Steindr. (wovon 1 chromolith.) Fol. (69 S.) Berlin 873. Dümmler's Verl. n. 6. —

Martens, E. v., über vorderasiatische Conchylien nach den Sammlgn. d. Prof. Hausknecht. [Mit 9 (chromolith.) Taf. Abbildgn.] gr. 4. (127 S.) Kassel 874. Fischer. n. 36. —
Erschien auch als Suppl. zu Pfeiffer's novitates conchologicae.

—— und Bernh. Langkavel, Donum Bismarckianum. Eine Sammlung von Südsee-Conchylien. gr. 4. (VI, 74 S. mit 4 chromolithogr. Taf.) Berlin 871, Berggold. *

Martens E v, die preussische Expedition nach Ostasien. I, 2. Berlin 1876

Martens, E. v., u. Joh. Thiele, die beschalten Gastropoden der deutschen Tiefsee-Expedition, s.a. Ergebnisse, wissenschaftliche, der deutschen Tiefsee-Expedition. VII, 1.

Die beschalten Gastropoden der deutschen Tiefsee Expedition 1898 1899. Von Prof. [Eduard] v **Martens** u. Dr (Joh.) Thiele. A. B. Mit 9 Taf. u. 1 Abb. *(Jena: G. Fischer 1903)* (179 S.) 4°
A Systemat.-geogr T von Martens.
B Anat.-systemat Untersuchungen einiger Gastropoden. Von Thiele
= **Ergebnisse**, Wissenschaftliche, d. Deutschen Tiefsee-Expedition. Bd 7. Lfg 1

v. **Martens**, E Ist Helix pomatia in Norddeutschland einheimisch? Abdruck Berlin. 1888

— u. Fr. **Wiegmann**, Land- u. Süsswasser-Mollusken der Seychellen, s.a. Mitteilungen aus der zoolog. Sammlg. d. Museums f. Naturkunde in Berlin.

Land- und Süsswasser-Mollusken der Seychellen v E(d) v **Martens** u. Fr(iedr) Wiegmann. *Berlin: In Komm. b. R. Friedländer & Sohn 1898.* (1 Bl., 94 S., 1 Bl., 4 Taf.) 8.
= **Mitteilungen** a d. Zoolog Sammlung d Museums f Naturkunde in Berlin. Bd 1 H. 1

Martens, E. v., die Landschnecken, s. Expedition, die preussische, nach Ostasien.

—— s.a. Mittheilungen, conchologische.

— conchologische Mittheilungen, als Fortsetzung der Novitates conchologicae hrsg. 1. Bd. 6 Hfte. gr. 8. (IV, 101 S. m. 19 Steintaf.) Kassel 880. 81. Fischer. à n. 2. —; m. color. Taf. à n. 4. — (1 Bd. cplt. color. n. 22. —)
Das 4. Hft. ist nur mit schwarzen Taf. erschienen.

— dasselbe. 2. Bd. 1. u. 2. Hft. gr. 8. (S. 103—128 m. 5 zum Th. color. Steintaf.) Ebend. 882. à n. 4. —

— conchologische Mittheilungen, als Fortsetzg. der Novitates conchologicae hrsg. 2. Bd. 3—6. Hft. gr. 8. (IV u. S. 129—213 m. 12 Steintaf.) Kassel 883. 86. Fischer. à n. 2. —; color. à n. 4. —

— conchologische Mittheilungen, als Fortsetzung der Novitates conchologicae hrsg. 3. Bd. 1. u. 2. Hft. gr. 8. (S. 1—19 m. 6 color. Steintaf.) Cassel 889. Fischer. à n. 4. —

Martens, E. v., Mollusken, s.: Anleitung zu wissenschaftl. Beobachtungen auf Reisen.

Martens, Ed. v., Mollusken aus Australien u. dem malayischen Archipel, s.: Denkschriften der medicinisch-naturwissenschaftlichen Gesellschaft zu Jena.

Martens, Ed[uard] von. Die lebenden Mollusken in den Kantonen Appenzell und St Gallen SA. 8 [St Gallen 1891]

— die Mollusken der Maskarenen u. Seychellen. Auf Grund der von Karl Möbius daselbst gesammelten Mollusken zusammengestellt. Mit 4 (lith. u.) color. Taf. [Aus: „Beiträge zur Meeresfauna der Insel Mauritius u. der Seychellen, bearb. von K. Möbius, F. Richters u. E. v. Martens".] gr. 4. (176 S.) Berlin 880. Gutmann. cart. n. 20. —

— ostafrikan. Mollusken, s.a. Mitteilungen aus dem naturhistor. Museum in Hamburg.

Ostafrikanische Mollusken gesammelt von Herrn Dr F Stuhlmann 1888 und 1889. Von E[duard] v **Martens**, Prof in Berlin. *Hamburg 1897. (Berlin: D. Reimer 1901).* (8 S.) 4°(8°)
Aus: Mitth aus d. Naturhist. Mus. 14.
= **Ergebnisse**, Zoolog., einer ... in d Küstengebiete von Ost Afrika unternomm. Reise Bd 2, No 13.

—— über centralasiatische Mollusken, s. Mémoires de l'Académie impériale des sciences de St.-Pétersbourg.

— die Gattung Navilla. — Die Gattungen Nerita u. Neritopsis. — Die Gattung Neritina, s.: Martini u. Chemnitz, systematisches Conchylien-Cabinet. II, 10a. II, 10 u. II, 11.

Martens, E. v. Über einen neuen Polyeden aus dem Yantsekiang und über die sog. Glaspolypen. 1861.

— Purpur u. Perlen, s.a. Sammlung gemeinverständl. wissenschaftl. Vorträge.

Martens (E. v.), Purpur und Perlen. (Virchow und Holtzendorff Sammlung gemeinverständl. wissensch. Vorträge, Ser. IX. 1874.) Berlin 1874. 8.

Martens, Ed. v., Sammeln und Beobachten von Mollusken, s. Anleitung zu wissenschaftlichen Beobachtungen auf Reisen.

Martens, E. v., Symbolae physicae, s.: Hemprich, Frider Guilelm, et Chrn. Godofr. Ehrenberg.

— das Tierreich, s.: Hausschatz d. Wissens.

Martens E v Über die Verbreitung der europäischen Land- und Süsswasser Gasteropoden Tübingen 1855.

— beschalte Weichthiere Deutsch-Ost-Afrikas. Mit zahlr. Text-Abb. u. 7 Taf., nach d Natur gezeichn. v. Hedwig v. Zglinicka. [Aus: „Deutsch-Ost-Afrika".] Lex.-8. (V, 308 S.) Berlin 897. D. Reimer. n. 28. —

— dasselbe, s.a. Deutsch-Ost-Afrika.

—— die Weich- und Schaltiere, gemeinfaßlich dargestellt. 8. (IV, 327 S. mit 205 eingedr. Abbild.) Prag 883, Tempsky. — Leipzig, Freytag. *ℳ 5.; geb. *

Martens, Elisabeth, Was ist das Leben? Eine Erzählung frei nach dem Dänischen von Adele M. Hamburg 858. Harder 16. (3 Bl., 335 S.) n. 1 ₰.

Martens, Emma, deutsches Lesebuch, s.: Gaudig, H.

Martens, Ernst, a. Hannover: Entstehungsgeschichte von Burkard Waldis Esop. Göttingen 1907: E. A. Huth. (84 S.) 8°
Göttingen, Phil. Fak., Ref. Schröder, Diss. v. 9. Marz 1908
[Geb. 17. Febr. 83 Hannover; Wohnort. Hannover; Staatsangeh.: Preußen; Vorbildung: Kaiser-Wilhelms-Gymn. Hannover Reife O. 03; Studium: Göttingen 2, Heidelberg 2, Göttingen 5 S., Rig. 3. Juli 07.]

Martens, Franz *Friedrich Ulrich* [aus Loitz]: Beitrag zur Kenntnis der therapeutischen Wirkung des Copaivabalsams ... Greifswald, Druck v. F. W. Kunike, *1892;* 24 S., 1 Taf. 8.
Greifswald, Med. Fak., Inaug.-Diss. v 5. Aug. 1892

Martens, Franz Heinrich

— Abbildung u. Beschreibung einer sehr bequemen in der Rocktasche tragbaren Voltaischen Säule rc. m. 2 K. 4. Lpz. Baumgärtner. 803.

—Abhandl. über den Galvanismus, als Heilmittel u. in Krankheiten anwendbar. (Aus d. Französ. übersetzt.) gr. 8. Leipz. 803. Hinrichs. 12 gr.

Martens, F. H., u. W. Reblich's Abhandlung zur Prüfung der Beer'schen Methode, den grauen Staar mit der Kapsel auszuziehen. gr. 8. Leipz. Hinrichs. 803.

— s. Albini, Versuch.

Martens, Franz Heinrich: Vollständige Anweisung zur therapeutischen Anwendung des Galvanismus. Nebst einer Geschichte dieses Heilmittels in Hinsicht auf die medizinische Anwendung vom ersten Ursprunge der Entdeckung bis auf die neuesten Zeiten... 336 S., gbd.

Weißenfels u.Leipzig: Böse 1803

JB 2.670

* Martens, Anweisung z. therapeut. Anwendung des Galvanismus; ist jetzt Verlag d. Dykschen Buchhandl. in Leipzig.

—Beleuchtung der neuen Fiebertheorie Dr. Reichs. 8. Leipz. 802. Hinrichs. 6 gr

— Beschreibung und Abbildung der venerischen Krankheit. lat. u. franz. m. 24 col. K. Fol. Leipz. Ind. C. 805.

—Beschreib. u. Abbild. e. sonderbaren Mißgestaltung männl. Geschlechtstheile an Maria Dorothea Derrier zu Berlin rc. Mit 2 ill. Kpf. 4. Leipz. 803. Baumgärtner. 12 gr

Martens, Franz Heinrich:

Critice forcipum nonnullarum in arte obstetricia usitatarum. Jenae (1800:) Goepferdt. 2 Bl. 8

Jena, Med. Diss. v. 5. Juli 1800 [nur Thesen]

—Diss. inaug. medico-obstetricia sistens criticen forcipum nonnullarum in arte obstetricia usitatarum. Cum tab. aenea. 8maj. Jena. (Schmid). 6 gr

Martens, (Franz Heinrich): Leichtfassliche Darstellung der Theorie des Gehirn- und Schädelbaues und der daraus entspringenden physiognomischen und psychologischen Folgerungen des Herrn Dr. Gall in Wien. Mit Rücksicht auf die bisher darüber erschienenen Schriften. 100 S., gbd. (Titelblatt fehlt!)

Leipzig: Leo 1803

JB 4.184

- s. Desmortiers Untersuchung

— Etwas über die Physiognomik als Beytrag rc. zu Galls Theorie rc. 8. Leipz. Supprian. (Mittler). 802. 60 S.

Martens, Fr H. Ueber den Galvanismus, oder Beantwortung der Frage: Was hat der Galvanismus bisher als Heilmittel geleistet? (Aus d. Paradoxien.) Leipzig. 1803. 8.

— üb. den Galvanismus, als Heilmittel u. in Krankheit. anwendbar. gr. 8. Leipz. Hinrichs. 803.

- s. Chr Fr Geiger, Abhandl. üb. d. Galvanismus.

- s. Guyton-Morveau, Abhandlung.

—Handbuch zur Kenntniß u. Kur der venerischen Krankheiten z. Gebrauch für angeh. Aerzte u. Wundärzte. 2 Abthll. 8. Lpz. (805.) Magazin f. Ind. 3 rthl Hbg. Pr. 2 rthl

Martens, Franz Heinrich:

Ueber eine sehr complicirte Hasenscharte oder e. sogenannten Wolfsrachen, mit e. an denselben Subjekte befindlichen merkwürdigen Misstaltung der Hände und Füße. Operirt von Johann Gottlob Eckoldt. Abgebildet u. beschrieben von Franz Heinrich Martens. Leipzig: Steinacker 1804. 23 S. 2

— üb. Hasenscharten, s. J. G. Eckolb.

—krit. Jahrbuch zur Verbreitung der neuesten Entdeckungen rc. in der Geburtshülfe rc. 1r Bd. Mit Kpf. 8. Leipz. 802. Breitkopf u. H. 1 rthl 12 gr

Martens, Franz Heinrich:

Icones symptomatum venerei morbi [Lat.u.franz.] ad naturam delineavit, aeri incidit atque publici juris fecit Franciscus Henricus Martens. Assunto in delineandis tab. socio Guilielmo Theophilo Tilesius [Wilhelm Gottlieb Tilesius von Tilenau]. Adsunt 24 Tab. Lipsiae, Baumgartner [1804]. 24 Tab. mit je 1 Erl.Bl. 4

[Nebent.:] Martens: Tableaux des symptômes de la maladie vénérienne.

- s. Rentisch, Briefe.

—Kritik der neuesten Geburtszangen; nebst Abbild. e. verbess. Geburtszange. 8. Jena 800. (Schmid). 10 gr

— Kritik der neuſten Geburtszangen, m. K. 8. Jena, Stahl. 800.

- s J. P Maygrier, neue Methode

s. J. A Millot, Kunst, beim Beischlaf rc.

—Paradoxien. Eine Zeitschrift. 3 Bde. gr. 8. Leipz. 801—4. Hinrichs. 4 rthl

- s Robert, ..., Versuch.

- s. Scarpa, Abhandlung.

— vollst. System der theor. u. prakt. Geburtshülfe, nebst einem neuen Plan zum Handbuch bey Vorlef. bearb. gr. 8. Hamb. Vollmer. (Liebeskind in Leipz.) 802.

— geburtshülfliche Tabellen. Qu. Fol. Jena, Cröcker. 805.

—tabellar. Uebersicht d. prakt. Entbindungskunst in Hinsicht auf die verschied. Lagen des Kindes rc. qu. Fol. Jena 805. Cröker. 16 gr

—Versuch e. vollständ. Systems d. prakt. u. theoret. Geburtshülfe, nach e. neuen Plan z. Handbuch bei Vorlesungen bearb. gr. 8. Leipz. 802. Liebeskind. 2 rthl 6 gr

Martens, Friedr., die Anfänge der französischen Synonymik. gr. 8. (VII, 37 S.) Oppeln 887, Franck's Buchh. *

Martens, F Die Anfänge der französischen Synonimik gr 8. Oppeln 887 Berl, Gronau. * 1 20

Martens, F., Elementarbuch der deutschen Sprache für die polnische Jugend. A. u. d. T.: Książka elementarna języka niemieckiego dla młodzieży polskiéj. gr. 12. (XIV und 306 S.) Lissa 856, Günther. *

Martens, F., Elementarbuch der deutschen Sprache für die polnische Jugend. 2., unveränd. Aufl. 12. (XV und 306 S.) Lissa [Breslau] 865, Günther's Verlag. *

Martens, F., étude historique sur la politique russe dans la question d'Orient. [Aus: „Revue de droit international".] gr. 8. Gand 877. Berlin, Puttkammer & Mühlbrecht. n. 1 —

v. Martens, Frhrr. Fr., Geist d. preuß. Civilprocesses, dargestellt in e. Anleitung zum rechtl. Verfahren nach d. Vorschriften der allgem. Gerichtsordnung f. die preuß. Staaten. 8. Halberst. 802. Dölle. 12 gl

Martens, Friedrich [aus Stralsund]: Geschichte der französischen Synonymik. Teil I: Die Anfänge der französischen Synonymik. Stralsund, K. Regierungs-Buchdr., 1887; 5 Bl. + 37 S. + 1 Bl. 8°
Greifswald, Phil. Fak., Inaug.-Diss. v. 18. Aug. 1887

Martens, F., das Consularwesen und die Consularjurisdiction im Orient. Mit Ergänzungen des Autors übersetzt von H. Skerst. gr. 8. (VI, 594 S.) Berlin 874, Weidmann'sche Buchh. *

—— Materialien zur Einübung der polnischen Aussprache, nebst einem kleinen nach den Deklinationen und Konjugationen geordneten Vokabularium. gr. 12. (47 S.) Lissa 856, Günther. *

Martens, Fr., Materialien zur Einübung der polnischen Aussprache, nebst einem kleinen nach den Deklinationen und Konjugationen geordneten Vokabularium. 2., verb. Aufl. 8. (47 S.) Lissa 869, Günther's Verlag. *

Martens, F., der Peru-Guano, s.: Merkblätter, landwirtschaftliche.

—— die russische Politik in der orientalischen Frage. Eine histor. Studie. gr. 8. (46 S.) St. Petersburg 877, Röttger. *
Aus Russische Revue, besonders abgedruckt.

— s. Puccini, über den Zustand d. schönen Künste in Toskana.

Martens: Über einige besonders schwierige Punkte der polnischen Conjugation 18 S. – Lissa, Progr 1864

—— s. a. Recueil de traités et conventions, conclus par la Russie avec les puissances étrangères.

Martens, F., recueil des traités et conventions conclus parla Russie avec les puissances étrangères. Tome I et II. Traités avec l'Autriche 1648—1762. Lex.-8. (XXIII, 324 u. XV, 517 S.) St. Petersburg 874. 75. Devrient. à n. 9. 60

— recueil des traités et conventions conclus par la Russie avec les puissances étrangères publié d'ordre du Ministère des affaires étrangères. Tome III et Tome IV, Partie 1. Traités avec l'Autriche 1808—1849. gr. 8. (XIII, 549 u. XVIII, 601 S.) St. Pétersbourg 876. 78. Devrient. à n. 9. 60

— Russland u. England in Central-Asien. [Aus. „Russ. Revue".] gr. 8. (81 S.) St. Petersburg 880. Röttger. n. 1 50

Martens, Frdr. v. (Univers.-Prof. in St. Petersb.), Völkerrecht. Das internationale Recht der civilisirten Nationen. Deutsche Ausgabe (aus d. Russ. übers.) von Carl Bergbohm (Docent a. d. Univers. Dorpat). 2 Bde. Berlin 1883. 85. Gr. 8°. Eleg. Hfrzbde. Weidmann.
1. XVIII - 430 S. 2. XIV - 604 S.

Martens, Friedrich Franz [aus Christinenhof]: Die magnetische Induction horizontaler, im Erdfelde rotirender Scheiben. Berlin, *Buchdr. G. Schenck Sohn*, 1896; 42 S., 3 Bl. 8.
Berlin, Phil. Fak., Inaug.-Diss. v. 8. Aug. 1896

Martens, Fritz, praktisches Vieharzneibuch, oder die Thierheilkunst in ihrem ganzen Umfange. Ein zweckmäßig eingerichtetes und sehr leicht faßl., schnell Rath gebendes Hülfsbuch für jeden Viehbesitzer; zunächst aber für den meist ohne Rath und Hülfe dastehenden Landmann, wonach er seine erkrankten Pferde, Rinder, Schafe rc. mit geringen Kosten selbst heilen kann. Resultate, auf mehr als 30jähr. Erfahrung und sorgsames Studium der Natur der Thiere gegründet. 8. (XVII und 262 S.) Hamburg 864, B. S. Berendsohn. cart.

Martens, G., ausgeführte Mobilien zunächst bestimmt für Schreiner und Metallarbeiter. 1—3. Heft. Kiel 859—62 Akademische Buchhdlg. gr. Fol. Jedes Heft (à 6 lith. Taf.) n. 24 ngr.

Martens, G. H., Vögel, s.: Ergebnisse der Hamburger Magalhaensischen Sammelreise.

Martens, G T von, s. Martens, Georg Friedrich von

Martens, Georg von

Martens, G. v., und L. Rabenhorst, Algae marinae siccatae, s. Algae.

Martens (G. von): Die preussische Expedition nach Ostasien. Botanischer Theil. Die Tange. Berlin, 1866. 8°

Martens, Geo. v., Flora von Würtemberg, s. a. Schübler, Gust.

— u. Carl Alb. Kemmler, Flora von Württemberg u. Hohenzollern. 2., ganz umgearb. Aufl. der Flora von Württemberg von Schübler u. v. Martens. 2 Abthlgn. Tübingen 865. Osiander'sche Buchh. 8. (958 S.) n. 2 *ℳ* 24 ngr.

—— und Carl Alb. Kemmler, Flora von Württemberg und Hohenzollern. 2. ganz umgearb. Aufl. der Flora von Württemberg von Schübler und v. Martens. [Neue Ausg.] gr. 16. (CXIV, 844 S. mit lithogr. Karte der Umgebung von Töbingen und der schwäb. Alb.) Heilbronn 872, Scheurlen's Verlag. *ℳ 8,40.; geb. *

Martens, Geo. v., und Carl Alb. Kemmler, Flora von Württemberg und Hohenzollern. 3. Aufl., aufs neue durchges. von Carl Alb. Kemmler. 2 Thle. 8. (CXXV, 296; 412 S.) Heilbronn 882, Gebr. Henninger. geb.

Martens, Geo. v., die Gartenbohnen. Ihre Verbreitung, Cultur und Benützung. gr. 4. (VIII und 92 S. mit eingedr Holzschn. und 12 Stnt. in Farbendr.) Stuttgart 860, Ebner und Seubert. *

Martens, Geo. v., die Gartenbohnen. Ihre Verbreitung, Cultur und Benutzung. 2. verm. Ausg. gr. 4. (VIII, 106 S. mit 13 lithogr. Taf. in Farbendr.) Ravensburg [Stuttgart] 869, Ulmer. geb. *

v. Martens, Geo., Italien. In 3 Bden. oder 18 Liefg. Mit 16 Stahlst. u. 13 Plän. Lex.-8. Stuttg. 844—46, Scheible, Rieger u. Sattler. (à ½ ℛ) 9 ℛ

von Martens, Georg. Das malerische und romantische Italien historisch, physisch und topographisch geschildert. In drei Bänden mit 12 Stadtplänen und 40 Ansichten in Stahlstich. Bd. 1. 2. 3. Stuttgart (o. J.) (1845). 2 Bde. XVI, 333. 674. 705 S. 8°

von Martens, Georg. Reise nach Venedig. Th. 1. Von Stuttgart über Ulm, Wien und Triest nach Venedig. Mit einem Kupfer und einer Charte. Th. 2. Venedig. Euganeen. Alpen von Belluno. Tirol. Baiern. Naturgeschichtlicher Anhang. Mit zwei Kupfern und sieben lithographirten Abbildungen. Ulm 1824. 2 Bde. XIV, 472. VI, 664 S. 8°

Martens, G. v., die Tange, s. Expedition, die preussische, nach Ostasien.

Martens, Georg Friedrich von

Ders.: Abriss d. Staatsrechts d. vornehmsten europ. Staaten. 1. Th. 1. Abschn. Dänemark, Schweden u. Grossbritannien. *Berlin*, Mylius. 794. gr. 8. (12 Gr.)

—Abriß des Staatsrechts der vornehmsten europ. Staaten. 1r Thl. 1e Abthlg. gr. 8. Götting. 794. Dieterich. 12 gl.

Martens, Georg Friedrich von. Betrachtungen über das Memoire vom 1. Februar . . . an den Congress zu Rastadt. A. d. Franz. Hannover 1798. V: *Duve, Johann Friedrich Wilhelm von.* (Ky) (EngJ)

—Betrachtt. über das Memoire v. 1. Febr. u. den dazu gehör. Nachtrag v. 19. März 1798 rc. des Hrn. v. Berlepsch an den Congreß zu Rastadt; aus d. Französ. (v. J. F. W. v. Duve). 8. Hannov. 798. Hahn. 9 gl.

de MARTENS, G. F.: Cours diplomatique, ou tableau des relations extérieures des puissances de l'Europe tant entr'elles qu'avec d'autres états dans les div parties du globe. T. I et II. Guide diplom. ou Repertoire 1. des princip. loix des puissances de l'Europe et des états unis de l'Amérique relat. au commerce et aux droits des étrangers en tems de paix et de guerre; 2. des Traités et autres actes publ. qui ont eu lieu dans les relations particul. de ces puiss., tant entre elles qu'avec d'autres états dans les div. parties du globe, depuis le commencement de ces relat. dipl. jusqu'à la fin du 18me siècle. T. III. c. dipl., ou tableau des relations extér. etc. *Berlin*, Mylius, u. *Strassburg*, Levrault. 801. gr. 8. (7 Thl. 12 Gr.)

—ebauche d'un cours politique et diplomatique sur les rapports conventionels de premières puissances de l'Europe tant entre ellés qu'avec d'autres états dans les diverses parties du globe. gr. 8. Götting. 796.

MARTENS, G. F.: Einleit. in d. positive Europ. Völkerrecht, auf Verträge u. Herkommen gegründet. *Gött.*, Dieterich. 796. gr. 8. (1 Thl. 8 Gr.)

— über die Erneuerung der Verträge in d. Friedensschl. der Europ. Mächte. gr. 8. Gött. Dieterich. 797.

v. MARTENS, G. F.: Ueb. d. Erneuerung d. Verträge in d. Friedensschlüssen d. europ. Mächte. *Göttingen*, Rosenbusch. 797. 8. (2 Gr.)

Martens, G. F von: „Erzählung merkwürdiger Fälle des neueren europäischen Völkerrechts, in einer praktischen Sammlung von Staatsschriften aller Art, in deutscher und französischer Sprache; nebst einem Anhang von Gesetzen und Verordnungen, welche in einzelnen Staaten über die Vorrechte der Gesandten ergangen sind", 2 Teile, Göttingen 1800 bis 1802 (Schröder).

v. Martens, Geo. Fr., (†d. 21. Febr. 1821.) essai concern. les armateurs, les prises et surtout les reprises; d'après les loix, les traités et les usages de puissances maritimes de l'Europe. gr. 8. Götting. 795. Dieterich. 12 gl.

DE MARTENS, Geo. Fr.: Essai sur la légitimation des Envoyés de la part des comtes de l'empire à la diète des Ratisbonne, particulièrement de l'envoyé d'aujourdhui du collège des comtes de la Francaise après la mort du directeur de ce collège. *Gottingue*, Dieterich. 782. 8. (3 Gr.)

— über die Existenz eines positiven Europ. Völkerrechts. 8. Ebend. 787.

— Georg Friedrich (Hamburg), De foro S. R. J. principum cum subditis suis litigantium. Göttingen (J. Chr. Dieterich) 11. I. 1780. 65 Seiten. (4.50) 22214

— Geist des preuß. Prozesses oder Lehrbuch des bürgerlichen Rechtsverfahrens rc. 1s Bdchn. gr. 8. Halberstadt, Dölle. 802.

Martens, Georg Friedrich von „Gesetze und Verordnungen der einzelnen europäischen Mächte über Handel, Schiffahrt und Assecuranzen seit der Mitte des 17 Jahrhunderts, mit erläuternden Anmerkungen", Göttingen 1802 (Röwer). 1 (einziger) Teil. (Auch unter französischem Titel).

v. MARTENS, G. Fr.: Gesetze u. Verordnn. d. einz. europ. Mächte üb. Handel, Schifffahrt u. Assecuranzen, seit d. Mitte d. 17. Jahrh. Mit ein. erläut. Anmerkk. 1. Bd. Frankreich. (deutsch u. franz.) *Gött.*, Vandenhoeck u. Ruprecht. 802. gr. 8. (12 Gr.)

Martens, G. T. von. „Grundriss einer diplomatischen Geschichte der europäischen Staatshändel und Friedensschlüsse seit dem Ende des 15. Jahrhunderts bis zum Frieden von Amiens", Berlin 1807 — Vorh. Com. Bibl. Hamburg. Mylius.

Martens, Georg Friedrich von: „Grundriss des Handelsrechts, insbesondere des Wechsel- und Seerechts", Göttingen 1798 (Dieterich). — Vorh. Bibl. des Kammergerichts Berlin — Fa. 1155 —. 2. verb. Auflage, Göttingen 1805, vorh.. Bibl. des Kammergerichts Berlin — Fa. 1155[2] — Com. Bibl. Hamburg, Büch. der Industrie- und Handelskammer Leipzig. — 3. Auflage, Göttingen 1820, vorh. Kam. Ger. Berlin — Fa. 1155[3] — Oberlandesgericht Celle — La. 168[a] — Com. Bibl. Hamburg und Bücherei der Industrie- und Handelskammer Leipzig.

Martens, (G. F. v.), Handelsrecht, s.: Morstadt, C E.

Martens. Plan der gegenseitigen Position an der Maas und Waal, der französischen Armee, und der Affairen bei Thuil und Büren während des Winterfeldzugs in Holland von 1794 auf 95. 1802.

Martens, G F „Primae lineae juris gent. Europ. pract., in us. audit. adumbr, acc praecipuor quorund foed ab anno 1748 inde percussorum index et repertorium", Göttingen 1785 (Dieterich).

Martens, G F de „Loix et ordonnances des diverses puissances européennes concernant le commerce, la navigation et les assurances depuis le milieu du 17 siècle", T I (unique), Göttingen 1802. — Vorh Com. Bibl. Hamburg.

Ders.: Précis du droit des Gens moderne de l'Europe fondé sur les traités et l'usage. *Eb.* (789 — 801. 12.) 3me Ed. *Eb.* 822. 8. (2 Thl. 8 Gr.)

Martens, G F „Précis du droit des gens modernes de l'Europe, fondé sur les traités et l'usage, pour servir d'introduction à un cours politique et diplomatique Nouv édit., avec des notes de S. Pinheiro-Ferreira", 2 tms., Paris 1831 — Dasselbe Werk, „Nouv édit., revue, accompagnée des notes de Pinheiro-Ferreira, précédée d'une introduction et complétée par l'exposition des doctrines des publicistes contemporains et suivie d'une bibliographie raisonnée du droit des gens par C. Vergé", 2 tms., Paris 1858 — Vorh. Com. Bibl. Hamburg

Martens, G F de Précis du droit des gens moderne de l'Europe. Augmenté des notes de Pinheiro Ferreira. Précédé d'une introduction et complété par l'exposition des doctrines des publicistes contemporains et suivi d'une bibliographie raisonnée du droit des gens par M. Ch. Vergé, avocat, docteur en droit. 2e édition, enrichie de nouvelles notes et mise au courant des événements contemporains. (2 Bde.) kl. 8. Paris 1864.

— s. Puttmann, Wechselrecht.

Martens, G. Fr. de, s.: Recueil, nouveau, général de traités et autres actes relatifs aux rapports de droit international.

— Recueil des traités, conventions et transactions des puissances d'Europe et d'autres parties du globe. Table générale chronologique et alphabetique. 2e Partie. gr. in-8. Ebend. 843. $2^1/_3$ ℛ (1. 2.: $4^1/_3$ ℛ)

Martens, G. Fr. de, s.: Recueil des traités et conventions, conclus par la Russie avec les puissances étrangères.

Martens, Geo. Frédr. de, Recueil des Traités etc.,
—— nouveaux Supplémens au Recueil des Traités etc } s. Recueil.

Martens, [Ge. Friedr.] de: Recueil des principaux traités d'alliance, de paix ... conclus par les puissances de l'Europe tant entre elles qu'avec les puissances et états dans d'autres parties du monde depuis 1761 (jusqu' à présent). T. 1—7. Gottingue 1791—1801. 7 Bde
— Suppl T. 1—20. Gottingue 1802—42. 23 Bde
T. 5—20. Nouveau recueil de traités d'alliances . depuis 1808 jusqu'à présent. (T. 6.:) continué par Charles de Martens, (T. 6-9) par Fréd. Saalfeld, (T. 10 ff.:) par Fréd. Murhard. T. 1-16. 1817-42.
— Nouv. Suppl depuis 1761 jusqu' à présent .. continué par Fréd Murhard. T 1-3. 1839—42. 3 Bde
Table générale chronol. et alphab. du Recueil des traités. P. 1. 2. 1838. 43. 2 Bde.

de MARTENS (G. F.): Recueil des principaux traités d'alliance, de paix, de trève, de neutralité, de commerce, d'échange, de limites, de garantie, conclus par les puissances de l'Europe tant entre elles qu'avec les puissances et les états d'autres parties du monde dep. 1761 jusqu'à présent. *Gött.*, Dieterich. gr. 8. T. 1. 1761—78. T. 2. 1779—86. (beide gedr.) 790. T. 3. 1787—90. (gedr.) 791. T. 4. Suppl. 1761—90. (gedr.) 795. T. 5. 1791—94. (gedr.) 795. T. 6. supplémens et continuation jusqu'aux préliminaires de Léoben. 800. T. 7. et dernier, suppl. et contin. jusqu'à la paix de Luneville. 801.
2e édit. revue et augmentée. *Ebend.* 817—835. T. I. 1761—70 incl. 2e éd. 817. (2 Thl. 8 Gr.) T. II. 1771—79 incl. 2e éd. 817. (2 Thl. 8 Gr.) T. III. 1780—84 incl. 2e éd. 818. (2 Thl. 16 Gr.) T. IV. 1785—90 incl. 2e éd. 818. (2 Thl.) T. V. 1791—95. avec les suppl. des IV. prémiers voll. 2e éd. revue et augmentée par Charles de MARTENS. 826. (2 Thl. 8 Gr.) T. VI. 1795—99. 2e éd. rev. et augm. p. Ch. de MARTENS. 829. (2 Thl. 16 Gr.) T. VII. 1800—3. 2e éd. rev. et augm. p. Ch. de MARTENS. 831. (2 Thl. 16 Gr.) T. VIII. 1803—8. 2e éd. rev. et augm. p. Ch. de MARTENS. 835. (3 Thl.)
[T. 5—8 in d. 1n Ausgabe auch mit d. Tit.: *Le même*: Supplément au recueil des principaux traités etc. précédé des traités du 18e siècle antérieurs à cette époque et qui ne se trouvent pas dans le corps universel diplomatique de Mrs. *Dumont* et *Rousset* et autres recueils généraux de traités. 4 Th. *Ebend.* 802—8. gr. 8. (9 Thl. 8 Gr.)]
Le même: Nouveau recueil de traités etc. depuis 1808 jusqu'à présent. Tiré des copies publiées par autorité, des meilleurs collections particulières de traités et des auteurs les plus éstimés. Tom. I—XII. *Ebend.* 817—37. gr. 8. (45 Thl. 12 Gr.) T. I. 1808—14 Avr. incl. 817. (3 Thl.) T. II. 1814—15 incl. 818. (3 Thl.) T. III. 1808—18 incl. 818. (3 Thl. 8 Gr.) T. IV. 1808—19 incl. 820. (3 Thl.) T. 5. 1808—22. cont. p. Ch. de MARTENS. 824. (3 Thl. 14 Gr.) Supplémentaire au 5ème Tom. 1815—22. cont. p. Fr. SAALFELD. 829. (2 Thl. 6 Gr.) T. VI. P. 1. 2. 1822—26 incl. cont. p. Fr. SAALFELD. 828. (5 Thl. 16 Gr.) T. VII. P. 1. 2. 1820—28. cont. par Fr. SAALFELD. 829. 30. (4 Thl. 12 Gr.) T. VIII. 1825—30 incl. cont. p. Fr. SAALFELD. 831. (2 Thl.) T. IX. 1827—31. cont. p. Fr. SAALFELD. 833. (3 Thl. 8 Gr.) T. X. 1826—32. cont. p. Fr. MURHARD. — A. u. d. T.: Nouvelle Série. T. I. 836. (3 Thl.) T. XI. 1830—34. cont. p. Fr. MURHARD. — A. u. d. T.: Nouv. Série. T. II. 837. (4 Thl. 12 Gr.) T. XII. 1827—35. cont. p. Fr. MURHARD. — A. u. d. T.: Nouv. Série. T. III. 837. (4 Thl. 8 Gr.) — T. I—XII. a. u. d. T.: Supplém. au recueil etc. T. V—XVI.
Le même: Table générale chronolog. et alphabétique du recueil des traités, conventions et transactions des puissances de l'Europe et d'autres parties du globe, servant à la connaissance des relations étrangères des états dans leur rapport mutuel. Commencé par Geo. Fréd. de MARTENS et continué jusqu'à nos jours. 1e Partie. *Ebend.* 837. gr. in-8. (2 Thl.)

— remarques sur la loi de l'épargne contre de Maupertuis. 4. Amst. (Fr. Günther, Glogau.)

v. MARTENS, G. F.: Sammlung d. wichtigsten Reichsgrundgesetze, Erbvereinig., Capitulationen, Familienvertrr., auch Gesetze, Verordnn., Privilegien u. s. f., zur Erläut. d. Staatsrechts u. d. pragmat. Gesch. d. vornehmst. europ. Staaten. 1. Th. Dänemark, Schweden, Grossbrittannien. *Gött.*, Dieterich. 794. gr. 8. (2 Thl. 16 Gr.)

Martens, Georg Friedrich von. „Versuch einer historischen Entwickelung des wahren Ursprungs des Wechselrechts, als Beitrag zur Geschichte des Handels des Mittelalters. Nebst einer Sammlung alter und neuer, bisher in Teutschland wenig bekannter, insonderheit italienischer, spanischer, portugiesischer und englischer Wechselgesetze und einigen anderen Urkunden, mit nöthigen Uebersetzungen", Göttingen 1797 (Dieterich). — Vorh. Bibl. des Kammergerichts Berlin — Ff. 20 — Bücherei der Industrie- und Handelskammer Leipzig und Com. Bibl. Hamburg.

Martens, G F „Versuch über die Existenz eines positiven Völkerrechts und den Nutzen dieser Wissenschaft", Göttingen 1787 (Dieterich).

Versuch üb. Caper, feindl. Nehmungen u. Wiedernehmungen, nach d. Gesetzen, Vertrr. u. Gebrr. d. Europ. Seemächte. *Eb.* 795. gr. 8. (12 Gr.)

Martens, Gustav [pr. Arzt aus Christinenhof i. M. Sch.]: Aus d. Patholog. Institut d. Univ. Greifswald. Zwei Fälle von Aorten-Atresie. Greifswald, Druck v. Julius Abel, 1889; 38 S. 8°
Greifswald, Med. Fak., Inaug.-Diss. v. 30. Nov. 1889

Martens, Gustav Ludolph

Martens, G. L., Tagebuch eines Freiwilligen des v. d. Tann'schen Corps. gr. 4. (VI und 70 S. mit 4 erläut. lithogr. Plänen, 1 lithogr. Titelblatte und dem lithogr. Portr. des Obristlieut. v. d. Tann.) Hamburg 848, (Hoffmann und Campe.)

Martens, H. Offener Brief an die Kreuzgemeinde zu Hermannsburg, s. Söhnholz, H.

Martens, H., Notenschreibheft zum Üben der gebräuchlichsten musikalischen Schriftzeichen f. den Schulgesang. (24 S.) 16,5×24,5 cm. Altona-Ottensen 909. Th. Christiansen. —50

Martens, H, Rechenbuch f. Gewerbe- u. Bauschulen, sowie f. gewerbliche Fortbildungsschulen, s.: Frank, F.

Martens, H. William, enthülltes Geheimniß, e. sehr schönen aromat. u. äußerst billigen Rum sammt Cognac auf e. sehr leichte Art zu fabriciren, verbunden mit d. Anweis. z. Bereit. e. dazu erforderl. fein. Spiritus u. der z. Färbung nöth. Couleur. Magdeburg 837, [Baensch.] Versiegelt

Martens, H. William, enthülltes Geheimniß, einen sehr schönen aromatischen und äußerst billigen Rum sammt Cognac auf eine sehr leichte Art zu fabriciren, verbunden mit der Anweisung zur Bereitung eines dazu erforderl. feinen Spiritus und der zur Färbung nöthigen Couleur. Ein versiegeltes Couvert. Magdeburg 837 (Richter.) 2 ₰

— landwirthschaftl. Miscellen, Schleswig-Holsteinische Rindviehzucht u. Milchwirthschaft betreffend. Mit Anmerkungen erfahrner Landwirthe. 8. Oldenburg 844, Fränckel. (Leipzig, Böhme.) 1 ₰

Martens, Hans [pr. Arzt in Hohenwestedt]: Aus d. Laboratorium d. pharmakognost. Sammlung in Kiel. Beitrag zur Kenntnis der Wirkung des Coniin ... Kiel, Druck v. A. F. Jensen, 1893; 21 S., 1 Bl. 8.
Kiel, Med. Fak., Inaug.-Diss. v [25. März] 1893

Martens, Hans, Referendar: Die Lohnaufrechnung im gewerblichen Arbeitsvertrage. Borna-Leipzig 1909: Noske. IX, 63 S. 8°
Jena, Jur. Diss. v. 24. Dez. 1909, Ref. Rosenthal
[Geb. 18. April 86 Altona; Wohnort: Altona; Staatsangeh.: Preußen; Vorbildung Gymn. Altona Reife O. 05; Studium: Freiburg i. B. 1, München 2, Kiel 3 S., Rig. 9. Nov 09.] [U 10. 2256

Martens, Hans A[lfred], Kgl. Eisenbahn-Bauinsp.: Grundlagen des Eisenbahnsignalwesens für den Betrieb mit Hochgeschwindigkeiten unter Berücksichtigung der Bremswirkung. Wiesbaden: Kreidel 1909. XII, 82 S., 13 Taf. 4° ¶ Auch als Buch; Ausz. in: Dinglers Polytechn. Journal. Jg. 90. Bd 324.
Darmstadt, Dr.-Ing.-Diss. v. 8. 11. 1909

Erinnerungsblätter aus der Geschichte der St. Johannes-Loge zum Oelzweig und der älteren Logen in Bremen. Von Heinr. **Martens.** (Hs. f. Brr.) Bremen: v. Halem 1888. XII, 396 S. 8°
Chronik, Beamten- u. Mitglverzeichn. unter Benutzung von Merzdorfs „Beiträge z. aelteren Logengeschichte Bremens" 1877. (Nr 7471.)

Martens, Heinr. (I.), skandinavische Hof- und Staatsgeschichten des 19. Jahrh. Nach den schwed. Quellen des A. Ahnfelt. gr. 8. (IV, 254 S.) Stuttgart 887, F. Frommann. *

Martens, Heinr., die schleswig-holstein'sche Landwehr im Kriege gegen Frankreich 1870—71. Mit e. Anh.: die officiellen Kriegsdepeschen. gr. 8. (VII, 115 S.) Altona 871. Uflacker. n. t. 20

Martens, Heinr., neun Monate unter dem Dannebrog! Erlebnisse im 15. dänischen Bataillon. Kiel 864. Schröder & Co. 12. (66 S.) n. 8 ngr.

Martens, Heinr., die nordfriesischen Inseln Sylt, Föhr u. Amrum u. d. Halligen. Vortrag. 12. (98 S. m. 1 Karte u. 1 Fahrplan.) Meldorf 896. H. Bremer. n. 1. —

Martens, Heinr., wenn Deutschland thäte, was Deutschland müßte! gr. 8. (III und 64 S.) Hamburg 863, Falcke. *

Martens, Heinrich, a. Curslack: Zubehör beim Grundstück nach gemeinem Recht und dem bürgerlichen Gesetzbuch. Rostock 1906: H. Winterberg. (120, 70 S.) 8° [F.]
Rostock, Jur. Fak., Ref. Matthiaß, Diss. v. 31. März 1906
[Geb. 10. Juni 75 Curslack, Hamburg; Wohnort: Rostock; Staatsangeh.: Preußen, Hamburg; Vorbildung: Gymn. Düsseldorf Reife O. 98; Studium: Kiel 1, Leipzig 3, Greifswald 5, Rostock 3 S.; Rig. 14. Dez. 05.]

Martens, Herb., Leben u. Traum. (95 S.) 8. Berlin (910). Schuster & Loeffler. 3.—; geb. 4. —

Liederbuch für einklassige und Halbtag Schulen Hrgg v J. Martens u Th. Plügge. Ausg B Segeberg 1895 8°

Liederbuch für Volks- und Mittelschulen und die unteren Klassen höherer Lehranstalten Hrgg v J. Martens u Th Plügge. Ausg. A H. 1 2 Segeberg 1895. 8°

Martens, J. F., das Zunftwesen in Hamburg im Conflict mit der Gesellschaft. gr. 8. (20 S.) Hamburg 847, Hoffmann & Campe. ⅙ ₰

Martens, J. H., Beschreibung e. neuen freien Chronometer-Hemmung m. Ruhecylinder u. Schutz gegen unzeitgemässe Auflösung. Mit 4 lith. Taf. (in qu. Fol.) gr. 8. (VII, 46 S.) Freiburg i/Br 875. Schmidt in Comm. n.n. 5. -

Martens, J. H., Beschreibung einer neuen freien Chronometer-Hemmung mit Ruhecylinder u. Schutz gegen unzeitgemässe Auslösung. Neue, mit Nachtrag verm. Ausg. gr. 8. (59 S. m. 5 Steintaf.) Freiburg i/Br. 877. (Leipzig, Schlag.) n. 2. 50

Martens, J. H., Beschreibung einer neuen freien Chronometer-Hemmung mit Ruhecylinder und Schutz gegen unzeitgemässe Auflösung. (VII, 46 S. mit 4 lithogr. Taf. in qu. Fol.) 1875. ** M. 5.; neue mit Nachtrag verseh. Ausg. gr. 8. (59 S. mit 5 Stnt.) Freiburg i. Br 877, (Schmidt's Buchh.) *

Martens, J. H., Beschreibung e. neuen freien Chronometer-Hemmung m. Ruhecylinder u. Schutz gegen unzeitgemässe Auslösung. Neue billige Ausg m. Nachtrag. gr. 8. (VII, 60 S. m. 5 lith. Taf.) Berlin 891. Kühl. n 2. 50

Martens, J. H., Beschreibung der Hemmungen der höheren Uhrmacherkunst. Anleitung zur Anfertigung dieser Hemmungen u. die Kunst Edelsteine zu jeglichem Gebrauche für Uhren zu bearbeiten. Nebst 1 Atlas von 24 (lith.) Taf. mit Zeichngn. (in Fol.). Furtwangen 858. (Leipzig, Friedlein.) 8. (XXIV, 248 S.) n. 5 ₰. 10 ngr.

Martens, J. H., Beschreibung der Hemmungen der höheren Uhrmacherkunst. Anleitung zur Anfertigung dieser Hemmungen und die Kunst Edelsteine zu jeglichem Gebrauche für Uhren zu bearbeiten. gr. 8. (XXIV und 248 S. nebst einem Atlas von 24 Stnt. mit Zeichnungen in qu. gr. 4.) Furtwangen 858. (Braunschweig, Neuhoff und Comp.) * *

Martens, J. H., Rathgeber für Uhrenbesitzer. Belehrung über die Behandlung der Taschenuhr und das Reguliren derselben. 16. (IV und 28 S.) Lahr 866. (Freiburg im Br., Schmidt's Buchh.) *

Martens, J. L., Denkbuch f. meine Confirmanden. 8. Helmstädt, Fleckeisen. 800.

Martens, *Jacob Carl* [app. Arzt aus Neustadt i. H.]: Aus d. chirurg. Klinik zu Kiel. Ein Beitrag zur Darmausschaltung ... Kiel, Druck v. A. F. Jensen, 1895; 20 S., 1 Bl., 1 Taf. 8.
Kiel, Med. Fak., Inaug.-Diss. v [12. Aug.] 1895

Martens, Johann Daniel

Martens J. D.: Apologie d. schleswig-holstein. Feldbefriedigungen. Kiel 1818. 94 S.

Martens, J. D., landwirthschaftl. Miscellen, schleswig-holsteinische Rindviehzucht u. Milchwirthschaft betreffend. Mit Anmerkungen erfahrner Landwirthe. 8. (11 B.) Oldenburg 844, Fränckel. Thlr.

Martens J. D.: Die Rindviehzucht, die Meiereiwirthschaft u. die damit verbundene Schweinezucht auf den adeligen Höfen d. Herzogthümer Schleswig u. Holstein Berl. 1830. (16) 442 S.
— — (Nachtrag, m. Tit.) Landwirthschaftliche Miscellen, schleswig-holsteinische Rindviehzucht u. Milchwirthschaft betreffend Oldenb. 1844. 160 S.
— — 2. verb. u. stark verm. Anfl. Sst. 1850. 360 S. 1 Tvl.

Martens, J. D., die Rindviehzucht, die Meiereiwirthschaft und die damit verbundene Schweinezucht auf den adeligen Höfen der Herzogthümer Schleswig und Holstein. Mit Anmerkungen mehrerer erfahrener Landwirthe. 3. Aufl. Mit dem (lith.) Grundrisse einer 1844 erbauten Meierei u. Abbildgn. mehrerer Meiereigegenstände (in Fol.). Oldenburg in Holst 853. (Leipzig, Brauns.) gr. 8. (XV, 360 S.) 1 ₰ 15 ngr.

—— die schleswig-holsteinische Rindviehzucht u. Milchwirthschaft, so wie die damit verbund. Schweinezucht. Im Auszuge aus dess. größerem Werke über diese Gegenstände f. Inhaber kleiner Landbesitze dargestellt. 8. (15½ B.) Berlin 842, Rücker u. Püchler

Martens, Joh. Heinr Niederdeutsche Passionsgeschichte nach dem Evangelium Johannis. 19 S. **Progr.** Altst. Rsch. *Bremen* 1883.

Martens, Johannes, aus Döbeln. Die letzte **Kaiserkrönung** in Rom 1452. *Leipzig 1900: M. Hoffmann.* (85 S.) 8° [J.]
Leipzig, Phil. Diss. v [8. Apr.] 1900

Martens, Jos. Wilh., de formula concordiae. Dissertatio historico-dogmatica. gr. 8. (III und 78 S.) Münster 860, (Theissing'sche Buchh.) *

Martens Julius (geb Glückstadt in Holst 7. 10. 1847)) Thesen. Berlin (1870) (2 Bl.) 8°
Berlin, Med Thes. v. 29. Juli 1870

Martens, K. A., s Märtens, Karl August

Martens, Karl, prakt. Anleitg., d. deutsche Sprache durch Selbstunterr. in kurzer Zeit richtig sprechen u. schreiben zu lernen, s.: Meisterschafts-System, das.

— s. Annuaire diplomatique.

Ders.: Annuaire diplomatique p. 1822. *Ebend.* 12. (1 Thl. 12 Gr.)

Martens. Charl. de, Causes célèbres du droit des gens. s. Causes.

—Causes célèbres du droit des Gens. II Voll. gr. 8. Leipz. 827. Brockhaus. 4 ₰ 12 gr

Martens, Baron Charles de, Causes célèbres du droit des gens. 2. Édition, revue, corrigée et augmentée par l'auteur. 5 Tomes. gr. 8. Leipzig, Brockhaus. [Tome 1. und 2. (XXVII und 962 S.) 858. * 5 Thlr., Tome 3. (VI und 580 S.) 859. * 2 Thlr. 20 Ngr., Tome 4. (VI und 400 S.) 859. * 2 Thlr. 10 Ngr., Tome 5. (VIII und 631 S.) 861. * 3 Thlr. 10 Ngr.] *

de Martens, Charl., s. Causes célèbres, nouvelles, du droit des gens.

Martens, baron Charles de, ministre-résident de S. A. R. le grande-duc de Saxe, etc. Nouvelles causes célèbres du droit des gens, rédigées par (2 Bde.) 8. Leipzig, Paris **1843**.

Martens, Carl v. (II.), Denkwürdigkeiten aus dem kriegerischen und polit. Leben eines alten Offiziers. Ein Beitrag zur Geschichte der letzten 40 Jahre. br. 8. (X und 300 S.) Leipzig 848, Arnoldische Buchh. Thlr.

Martens, Carl [Dr.]: Die Formula Visitationis Ecclesiae Erfurtensis aus dem Jahre 1557 u. ihre Bedeutg f. d. Erfurter Kirchen- u. Schulgeschichte. Gratulationsschrift z. Einweihg d. neuen Schulhauses d. Kgl. Gymn. zu Erfurt am 3. Juli 1896. Erfurt, Druck v. F. Bartholomäus, *1897*; 1 Bl., 22 S. 8.
Erfurt, k. RG, P 1897 (268)

Martens, Karl [Dr.]: Die Fürsorge des Erfurter Rates für das Dorfschulwesen während des dreissigjährigen Krieges. Erfurt, Druck v. F. Bartholomäus, 1894; 1 Bl., 1—10 S. 8.
Erfurt, k RG, Festschr **1894 (262)**

Martens, C. v., allgem. Geschichte d. Türken-Kriege in Europa, v. 1356 b. 1812. 2 Bde. 8. (33 B.) Stuttgart 829, [Beck u. Fränkel.]

—allgem. Geschichte d. Türkenkriege in Europa v. 1356—1812. 2 Bde. 8. Stuttg. 829. Löflund u. S. 2 ₰

—— Geschichte der innerhalb der gegenwärtigen Gränzen des Königr. Württemberg vorgefallenen kriegerischen Ereignisse vom Jahre 15 vor Christi Geburt bis zum Friedensschlusse 1815. gr. 8. (XVI und 845 S.) Stuttgart 847, Hofbuchdruckerei Zu-Guttenberg.

Martens, Carl v., Geschichte von Hohentwiel. Hrsg. unter Vermittlung des königl. statistisch-topograph. Bureau's. gr. 8. (VIII und 267 S. mit 1 lithogr. Ansicht von Hohentwiel in qu. 4.) Stuttgart 857, Metzler'sche Buchh. Verlags-Conto. *

Martens, baron Charles de. Guide diplomatique. Contenant 1er Consideration sur l'étude de la diplomatie. 2° Precis des droits et des fonctions des agens diplomatiques. 3° Traité sur le style des compositions en matière politique. 4° Bibliothèque diplomatique choisie, suivie d'un catalogue de cartes de géographie moderne. 5° Recueil d'actes et d'offices à l'appui du traité sur le style des compositions en matière politique. (2 Bde) 8. Leipsic 1832.

de Martens, Baron Charles, **le guide diplomatique. Précis des droits et des fonctions des agents diplomatiques et consulaires; suivi d'un traité des actes et offices divers qui sont du resort de la diplomatie, accompagné de pièces et documents proposés comme exemples, et d'une bibliothèque diplomatique choisie. 4. édition, entièrement refondue par l'auteur, avec la collaboration de Ferd. de Wegmann. 2 vols. gr. 8. (XL u. 1119 S.) Leipzig 851, Brockhaus. n. 4 ₰ 16 ngr**

Martens, Baron Charles de, le Guide diplomatique. Précis des droits et des fonctions des agents diplomatiques et consulaires; suivi d'un traité des actes et offices divers qui sont du ressort de la diplomatie, accompagné de pièces et documents proposés comme exemples. 5. édit., entièrement refondue par F. H. Geffcken. 2 Tomes en 3 parties. gr. 8. (XXXV und 996 S.) Leipzig 866, Brockhaus. *

Martens, Carl v., Handbuch der Militär-Verpflegung im Frieden und Krieg. 2. Aufl. Mit Unterstützung des Königl. württemberg. Kriegs-Ministeriums und nach den besten Quellen neu bearb. von Th. Wundt, A. v. Gaisberg, Aug. Habermaas, Ed. Bartholomaei. 3 Thle. in 7 Lfgn. gr. 8. (VII und 188 S., 236 S., 188 S., mit eingedr. Holzschn. und 1 chromolithogr. Karte in gr. Fol.) Stuttgart 862—64, Rieger'sche Verlagsh.

— — Handbuch der Mil.-Verpflegung im Frieden u. Krieg. 2 Aufl. T. 1—3. Mit Hlzschn. u. 1 Krt. Stuttgart 1864.
I Militärischer u. strategischer Teil.
II Der technische Teil.
III. Der administrative Teil.

Martens, K. v. Vor fünfzig Jahren. Bd 1. 2. Mit Bl. Stuttgart 1862. 1863.
Bd 1 Tagebuch meines Feldzuges in Rußland 1812.
Bd 2. Tagebuch meines Feldzuges in Sachsen 1813.

v. Martens, C., Lehre der Militär-Verpflegung u. ihrer Verbindung mit den Operationen; aus d. Werke: Ueber die Militär-Oekonomie rc. gezogen. Mit 7 lithogr. Tafeln u. 4 Tabb. gr. 8. Stuttg. 824. Brodhag. 1 ℛ 18 g̃ℛ

Martens, K. v. Lehre der Mil.-Verpflegung u. ihrer Verbindung mit den Operationen. Mit Taf. Stuttgart 1824. 196 S

Martens, C. v. Lehre der Militärverpflegung und ihrer Verbindung mit den Operationen. Stuttgart 1824. 8°. (Aus: Cancrin, G. Graf: Über die Militärökonomie im Frieden und Krieg.) Frankh.
Dass. u. d. T.: Handbuch der Militär-Verpflegung im Frieden und Krieg. 2. Aufl. bearb. von Th. Wundt, A. v. Gaisberg u. a. 1862.
Dass. 1864.

Martens, Carl, approb. Arzt aus Neuburg (Meckl.) Über Lipaemie. *Schwerin (Meckl.) 1899: Sandmeyer.* (18 S.) 8° [Umschlagt.]
Rostock, Med. Diss. v. [8. Sept.] 1899

de Martens, Charles: Manuel diplomatique ou précis des droits et des fonctions des Agens publics. *Leipsic*, Brockhaus. 822. gr. 8. (3 Thl. 18 Gr.)

—Manuel diplomatique. gr. 8. Leipz. 823. (Brockhaus). 2 ℛ 12 g̃ℛ

Martens, Karl, Rechtschreibebuch. Methodisches Lehr- und Übungsbuch für den Unterricht in der deutschen Rechtschreibung. In konzentr. Kreisen bearb. Ausg. B. in 2 Heften: für Volks- und Bürgerschulen. 8. (IV, 56; 64 S.) Braunschweig 888, Wollermann. cart. à Heft *
—— dass. — Ausg. C. in 1 Hefte. 8. (V, 96 S.) Ebendas. 888. cart. *
Ausg. A. ist nicht erschienen.

— Rechtschreibebuch. Method. Lehr- u. Uebungsbuch f. d. Unterr. in d. deutschen Rechtschreibg. In konzentr. Kreisen bearb. Vorkursus. 8. (16 S.) Braunschweig 895. H. Wollermann. Kart. n. — 20

— dasselbe. Für die Hand d. Schüler bearb. Ausg. A. (Größ. Ausg.) 2. Hft. (F. d. oberen Klassen.) 2., umgearb. Aufl. 8. (96 S.) Ebd. 896. Kart. n. — 60

Martens, Karl, Rechtschreibebuch. Methodisches Lehr- u. Übungsbuch f. den Unterricht in der deutschen Rechtschreibg. Für die Hand der Schüler bearb. Ausg. A in 3 Hftn. (Größere Ausg.) 1. u. 2. Hft. 8. Braunschweig 902. H. Wollermann. n — 70
I. 2., nach d. neuen amtl. Rechtschreibg. verb. Aufl. (32 S.) n. — 30
II. 3. Aufl. (56 S.) n. — 40

Martens, Karl, Rechtschreibebuch. Methodisches Lehr- u. Uebungsbuch f. den Unterricht in der deutschen Rechtschreibg. Für die Hand der Schüler bearb. Ausg. A: in 3 Heften. (Größere Ausg.) 3. Heft. 3. Aufl. (96 S.) gr. 8. Braunschweig 903. H. Wollermann. n. — 50

— dasselbe, für die oberen Klassen der Bürger-, Mittel- u. Mädchenschulen, sowie f. Fortbildungsanstalten. Ausgabe C: in 1 Hefte. 3. Aufl. (96 S.) gr. 8. Ebd. 903. n. — 50

Martens, Ch. de, *sa* Recueil manuel et pratique de traités et conventions.

Martens, Ch. et Cussy, Ferd. de: Recueil manuel et pratique de traités, conventions et autres actes diplomatiques sur lesquels sont établis les relations et les rapports existant aujourd'hui entre les divers états souverains du globe, depuis l'année 1760 jusqu' à l'époque actuelle T. 1—4. Leipzig 1846. 4 Bde

Recueil manuel et pratique de traités et conventions, sur lesquels sont établis les relations existant aujourd'hui entre les divers états souverains du globe, depuis l'année 1760 jusqu'à l'époque actuelle. Par de Martens et de Cussy. Série I. 7 tomes. Série II. par Geffcken. 3 tomes. Leipzig 846—88.

— et Ferd. de Cussy, recueil manuel et pratique de traités, conventions et autres actes diplomatiques, sur lesquels sont établis les relations et les rapports existant aujourd'hui entre les divers états souverains du globe, depuis l'année 1760 jusqu'à l'époque actuelle. Tome VI et VII. Leipzig 856, 57. Brockhaus. gr 8. (3 Bl., 735; 2 Bl., 619 S.) Jeder Bd. n. 3 ℛ 15 ngr.

de Martens, de Cussy et Geffcken, Recueil manuel et pratique des Traités, Conventions, etc., depuis 1760 jusqu'à ce jour 10 vols. Göttingen 886—89.

Martens, K., deutsches Sprachbuch. Methodisch geordnete Beispiele, Lehrsätze u. Übungsaufgaben f. Grammatik u. Orthographie in konzentr. Kreisen. (In 5 Hftn.) 1—3. Hft. 8. (40 S.) Goslar 885. Koch. cart. n. 1. 70
1. (40 S.) n. — 35. — 2. (72 S.) n. — 50. — 3. (130 S.) n. — 85

Martens, K. Deutsches Sprachbuch. Methodisch geordnete Beispiele, Lehrsätze u. Übungsaufgaben f. Grammatik u. Orthographie in konzentr. Kreisen. 1.—3. Heft. 2. Aufl. 8. Goslar 889, Koch. [1. Heft. (40 S.) * — 40; 2. Heft. (72 S.) * — 50; 3. Heft. (130 S.) * — 90.] cart. * 1 80

— deutsches Sprachbuch. Method. geordnete Beispiele, Lehrsätze u. Uebungsaufgaben f. d. Unterr. in d. deutschen Sprachlehre. In konzentr. Kreisen bearb. 1. u. 2. Hft. 3., umgearb. Aufl. gr. 8. Goslar 895. L. Koch. n. — 55
1. (II, 22 S.) n. — 25. — 2. (36 S.) n. — 30.

— dasselbe. Hft. II b. (4. Schulj.) 3., umgearb. Aufl. 8. (52 S.) Ebd. 897. n. — 40

— deutsches Sprachbuch. Methodisch geordnete Beispiele, Lehrsätze u. Übungsaufgaben f. den Unterricht in der deutschen Sprachlehre. Hft. III a. 3. umgearb. Aufl. gr. 8. (64 S.) Goslar 899 [L. Koch.] Braunschweig, H. Wollermann. n. — 50

— dasselbe. Hft. III b. (Schlußheft d. 5teil. Ausg.: Ausg. A.) 3., umgearb. Aufl. gr. 8. (96 S.) Ebd. 900. n. — 60

— deutsches Sprachbuch. Lehr- u. Uebungsstoffe f. Sprachlehre u. Rechtschreibg. (in 5 u. 6 Heften). Für Bürger-, Mittel- u. höh. Mädchenschulen bearb. 1.—5. Heft. 4., verb. Aufl. gr. 8. Ebd. 903. n. 1. 85
1. (2. Schulj.) (20 S.) n. — 25. — 2. (3. Schulj.) (36 S.) n. — 30. — 3. (4. Schulj.) (60 S.) n. — 40. — 4. (5./6. Schulj.) (68 S.) n. — 40. — 5. (88 S.) n. — 50.

Martens, Karl, deutsches Sprachbuch. Lehr- u. Übungsstoffe f. Sprachlehre u. Rechtschreibg. (in 5 u. 6 Heften). Für Bürger-, Mittel- u. höhere Mädchenschulen. I.—V. Heft. 8. Braunschweig, H. Wollermann. 1. 85
I. (2. Schulj.) 7. Ster.-Aufl. (20 S.) (910.) — 25
II. (3. Schulj.) 7. Ster.-Aufl. (36 S.) (910.) — 30
III. (4. Schulj.) 7. (Ster.-)Aufl. (60 S.) (910.) — 40
IV. (5./6. Schulj.) 7. Ster.-Aufl. (68 S.) (910.) — 40
V. 5. (Ster.-)Aufl. (88 S.) (910.) — 50

—— deutsche Sprachlehre. Ein Lehr- und Übungsbuch für die oberen Klassen der Bürger-, Mittel- und höheren Töchterschulen, sowie für Fortbildungsanstalten. Zugleich 4. [abschließender] Tl. des „Deutschen Sprachbuchs". gr. 8. (IV, 204 S.) Ebendas. 887. *ℳ 1.20.; geb. *

Martens, Karl, deutsche Sprachlehre. Lehr- u. Uebungsstoffe f. die oberen Klassen der Mittel- u. höheren Mädchenschulen, sowie f. Fortbildungsanstalten. Zugleich 6. Heft des „Deutschen Sprachbuchs". 3., verb. Aufl. (IV, 116 S.) gr 8 Braunschweig 903. H. Wollermann. Kart. n. — 80

Martens, Karl. Deutsche Sprachübungen. Methodisch geordnete Übgn. im richt. Sprechen u. Schreiben. Für Volks- u. Bürgerschulen bearb. 1. u. 2. Heft. gr. 8. Hannov.-Linden, Manz u. Lange. * — 70
1. Unterstufe. (32 S.) 891. * — 30.
2. Mittelstufe. (56 S.) 892. * — 40.

— deutsche Sprachübungen. Methodisch geordnete Übgn. im richt. Sprechen u. Schreiben. Für Volks- u. Bürgerschulen bearb. 1. Hft. 2. u. 3. Aufl. gr. 8. (à 32 S.) Hannover 892. Braunschweig, H. Wollermann. n. — 30

— dasselbe. Ausg. A in 1 Hfte. (f. einfache Schulverhältnisse). 4. verb. Aufl. gr. 8. (64 S.) Braunschweig 903. H. Wollermann. n. — 40

— dasselbe. Ausg. B in 3 Hftn. f. mehrklass. Schulen. gr. 8. Ebd. n. 1. 10
1. (Unterstufe.) 4. verb. Aufl. (32 S.) 902. n. — 30
2. (Mittelstufe.) 4. verb. Aufl. (64 S.) 902. n. — 40
3. (Oberstufe.) 3. verb. Aufl. (60 S.) 901. n. — 40

— Deutsche Sprachübungen. Methodisch geordnete Übgn. im richt. Sprechen u. Schreiben. Für Volks- u. Bürgerschulen bearb. Ausg. B: in 3 Heften f. mehrklass. Schulen. 8. Ebd. 1. 10
1. (Unterstufe.) 5. Aufl. (32 S.) (907.) — 30
2. (Mittelstufe.) 5. Aufl. (64 S.) (907.) — 40
3. (Oberstufe.) 5. Aufl. (80 S.) (909.) — 40

de Martens, Charl., s. G. F. de Martens, Supplément au Recueil etc. T. XVII.

— Übungen im richtigen Sprechen u. Schreiben. Für einfache Schulverhältnisse bearb. Ausg. in 2 Hftn. gr. 8. (56 u. 60 S.) Ebd. 892. 894. à n. — 40

— Übungen im richtigen Sprechen u. Schreiben. Für einfache Schulverhältnisse bearb. Ausg. in 2 Hftn. 2. Hft. 2. Aufl. gr. 8. (60 S.) Hannover 897. Braunschweig, H. Wollermann. n. — 40

Martens, Kurt, der Freudenmeister, Komödie in 4 Akten. (V, 148 S.) 8. Berlin 907. E. Fleischel & Co. 2.—; geb. 3. —

Martens, Kurt. Kaspar Hauser. Drama in 4 Akten. Berlin, F. Fontane & Co., 1903. 8°. 133 S.

— — Dasselbe. Berlin, Egon Fleischel & Co., 1903. 8°. 133 S.

— Katastrophen. Novellen. (VII, 192 S.) 8. Ebd. 904. n. 2. —; geb. n. 3. —

— Kreislauf der Liebe. Eine Geschichte vom besseren Menschen. (205 S.) 8. Ebd. 906. n. 2. —; geb. n. 3. —

— Literatur in Deutschland. Studien u. Eindrücke. (V, 193 S.) 8. Ebd. 910. 2.—; geb. 3. —

— Drei Novellen v. adeliger Lust. (VII, 161 S.) 8. Ebd. 909. 2.—; geb. 3. —

Martens, Kurt, Roman aus d. Décadence. 8. (286 S.) Berlin 898. F. Fontane & Co. n. 3. 50; geb. n. 5. —

Martens, Kurt, sinkende Schwimmer. Novellistische Skizzen aus dem Strudel der Zeit. 8. (121 S.) Berlin 892. M. Hochsprung. 1. 50

— die gehetzten Seelen. Novellen. 8. (VII, 152 S.) Ebd. 897. n. 2. —; geb. n.n. 3. —

Martens, Kurt, aus d. Tagebuche e. Baronesse v. Treuth u. andere Novellen. 8. (V, 178 S.) Berlin 899. [F. Fontane & Co.] E. Fleischel & Co. n. 2.—; geb. n. 3.—

Die Vollendung. Roman von Kurt **Martens**. *Berlin: F. Fontane & Co. 1902.* (316 S.) 8° [F.] [01. 12767

Wie ein Strahl verglimmt. Drama in 1 Akt von Kurt **Martens**. Leipzig: C. Wild [1895]. (40 S.) 8° [F.] [06. 10634

Martens, Ludwig: Antrittsrede [nebst] Rede bei der Entlassung der Abiturienten. Duisburg 1909: Ewich. S. 3—10. 4°
Duisburg, k. G u. VS P 1909 (587) [S 09. 311

Martens-Elberfeld, L., die Aufgaben des Evangelischen Bundes. Vortrag, gehalten in der Versammlung des Elberfelder Ortsvereins des Evangel. Bundes am 4. Novbr. 1888. 8. (13 S.) Barmen 888, Wiemann.

Martens, Ludwig: Bericht über die Feier des 350jährigen Bestehens der Schule und der Einweihung des neuen Schulgebäudes. Duisburg 1910: Irmscher & Fringa. S. 1—15. 4°
Duisburg, k. G u. VS P 1910 (596) [S 10. 278

Martens, L., der evangelische Bund u. die ihm verwandten evangelischen Vereine, s.: Schriften f. das evangelische Volk.

Martens, L., s.: Klapp, Ludw., über Religion.

Martens, Lvdovicvs ⟨geb. am 5 Sept. 1852 in Hamburg⟩: De libello περὶ ὕψους ... Bonnae, typ. C. Georgi 1877. 1 Bl., 39 S., 1 Bl. 8. ¶ Erschien zugleich selbständig bei Strauss in Bonn.
Bonn, Phil. Fak., Diss. v. 14 März 1877

Martens Ludwig Die Platolektüre im Gymnasium. 1 Bl., 65 S. 8. **Progr.** Gymn. *Elberfeld* 1906 (zu 543).
Die Bedeutung der Platolektüre im Gymnasium. Die Persönlichkeit des Sokrates. Die Genauigkeit im Wortgebrauch. Der Dialog „Gorgias" Kriton. Laches. Euthyphron. Apologie und Phaidon. Die Ideenlehre und der Eros. Schlußwort. *

Martens, Ludwig, Prof. Dr.: **Die Platolektüre im Gymnasium.** Elberfeld (1906): A. Fastenrath. (65 S.) 8° [F.]
Elberfeld, G P 1906 (543)

Martens, Ludw., die Platolektüre im Gymnasium. (IV, 65 S.) gr. 8. Elberfeld 906. (A. Martini & Grüttefien) n. — 80

Martens, Ludwig Rede bei der Entlassung der Abiturienten. S. 7 bis 10. 4. **Progr.** Kgl. Gymn. u. verb. Vorschule *Duisburg* 1909 (587).

Martens, L. v., der Sieg u. andere Novellen. (177 S.) 8. Straßburg 906. J. Singer. n. 3. —

Martens, Martin Bernhard

Martens, Mt. Bhrd., Jeversches Predigergedächtniß, od. Verzeichniß der Prediger, welche seit d. Reformation d. evangel.-luther.-Gemeinen in d. Stadt u. Herrschaft Jever das Evangelium Christi verkündigt haben. kl. 8. Aurich 783.

— s. Verzeichniß aller Prediger in Kniephausen.

Martens, Max, über den Bau u. die Einrichtung mod. Operationsräume. (26 S. m. 6 Abbildgn.) gr. 8. Berlin 906. A Hirschwald. n.n. — 50
Sonderabdruck aus: „Berliner klin. Wochenschr."

Martens, Max *Albrecht Heinrich* [aus Christinenhof (Mecklenb.-Schw.)]: Die Fixation der beweglichen Niere, Leber und Milz. Berlin, Buchdr. v. G. Schade, *1891*, 28 S., 2 Bl. 8°
Berlin, Med. Fak., Inaug.-Diss. v 28. Febr 1891

Martens, M., die Verletzungen u. Verengerungen der Harnröhre, s. a. Bibliothek v. Coler. 12.

Die Verletzungen und Verengerungen der Harnröhre und ihre Behandlung. Auf Grund des König'schen Materials von 1875 1900 bearb von Dr M[ax] **Martens**, Stabsarzt an d Kais Wilh Akad Mit e Vorw von Geh Med R Prof Dr [Franz] König. *Berlin: A Hirschwald 1902* (138 S.) 8°
— Coler v. Bibliothek Bd 12

Martens, Max Geo., Lehrbücher der deutschen Bekleidungs-Akademie zu Frankfurt a. M., Lehrinstitut ersten Ranges f. das Schneidergewerbe. 1. Bd., 1. Thl., u. 2. Bd. Zum Selbstunterricht verf., gezeichnet u. hrsg. Mit vielen Abbildgn. Lex.-8 Frankfurt a/M. 891. (Jaeger's Verl.) Geb. in Leinw. à n. 16. —
I, 1. Das Zuschneiden der Herren- u. Knaben-Garderobe. (In 4 Thln.) 1 Thl. Die Bekleidg. d. Oberkörpers. 4., verm. u. verb. Aufl. (224 S.)
II. Das Zuschneiden der Damen-Garderobe. (2 Thle. in 1 Bd.) 1 Costüm-Branche. 2 Mäntel-Branche (190 S.)

Martens, Max Geo., Lehrbücher der deutschen Bekleidungs-Akademie zu Frankfurt a/M. I. Bd. D. Zuschneiden d. Herren- u. Knaben-Garderobe. 2.—4. Tl. Zum Selbstunterr. verf., gezeichn. u. hrsg. M. vielen Abb. 4., verm. u. verb. Aufl. Lex.-8. Frankfurt a/M. (Jaeger's Verl). n. 19. —
(1. Bd. kplt. geb. in 2 Bde.: n. 27. —)
2. D. Zuschnitt d. Beinkleider. (74 S.) 892. n. 6. 25
3. D. Knaben-Garderobe. (80 S.) 892. n. 5. 25
4. Uniformen, Amtstrachten, Sportbekleidg., Livreen. (112 S.) 895. n. 7. 50

Martens, Maximilian, Referendar a. Altona: Form und Wirkung des Widerrufs eines gemeinschaftlichen Testamentes. Wandsbek-Hamburg 1907. A. B. Ueberwasser. (51 S.) 8° [F.]
Rostock, Jur. Fak., Ref. Matthiaß, Diss. v. 10. April 1907
[Geb. 20. Jan. 83 Westerland auf Sylt; Wohnort: Altona; Staatsangeh.: Preußen; Vorbildung Gymn. Altona Reife 3 01; Studium: München 1, Genf 1, Berlin 3, Kiel 1 S.; Rig. 23. Febr 07.]

Martens, O. Ueber den sogenannten deutschen Unterricht auf Gymn. und ähnlichen Lehranstalten. 8 S. . . . .
Progr. Bielefeld 1826

Martens, Osc., ein Caligula uns. Jahrhunderts. gr. 8. (VI, 70 S.) Berlin 896. G. Reimer. n. 1. —

[F.] Die Einwirkungen des Werte-Verkehrs mit dem Auslande auf das Volksvermögen und den Volkswohlstand '[Generalbilanz d. Volkswirtschaft]'. E. Beitr. zu d. Fragen d. Handels- u. d. Zahlungsbilanz, d. Wechselkurses u. d. Währg v. Dr. Oscar **Martens**. *Berlin: Th. Schoenfeldt 1897*. (VII, 54 S.) 1 Bd 8.

— e. sozialistischer Grossstaat vor 400 Jahren. D. geschichtl., soziale u. polit. Grundlage d. Reiches Tahuantinsuyu, d. Staatswesen d. Incas, auf d. südamerikan. Hochlande. 2. Aufl. gr. 8. (84 S.) Berlin 895. E. Streisand. n. 1. 50

Martens, Oscar [aus Martenshöhe]: Die geschichtliche Grundlage und die Hauptzüge in den politischen und socialen Zuständen des Incareiches Tahuantinsuyu auf dem südamerikanischen Hochlande ... Berlin, Druck v. E. Streisand, 1895; 94 S., 1 Bl. 8.
Rostock, Phil. Fak., Inaug.-Diss. v [9. Aug.] 1895

Zum Kampf ums Preußische Wahlrecht Zeitgemäße Randglossen z. Wahlrechtsgeschichte von Syndikus Dr Oscar **Martens**-Dortmund (3. Aufl.) Berlin Deutsche Zeitungs-Verl.-Anst 1908 (40 S.) 8° [F.]
Aus Deutsche Volkswirtschaftl Correspondenz

Martens, Osc., Zum Kampf ums Preussische Wahlrecht Zeitgemässe Randglossen zur Wahlrechtsgeschichte Aufsätze a. d. Deutschen Volkswirtschaftlichen Correspondenz. (4. Aufl.) Berlin 1908. 8°

Martens, Osc., unsere Kriegsflotte, wie sie sein soll u. wie sie ist. Aufsätze aus der deutschen volkswirtschaftl. Correspondenz. (2. Aufl.) (24 S.) 8. Berlin 909. Deutsche Zeitungs-Verlags-Anstalt. — 60

— [Red], s Protokoll der Arbeitsnachweis-Konferenz.

Martens, O., Verkehrswege und Verkehrsentwicklung in der Grafschaft Mark. Dortmund, 1909. 14 S.

Martens, Otto, s. Sophocles Philoktetes.

MARTENS, OTTO FRID., Morborum prostatæ expositio brevis. Diss. inaug. Kiliæ. 1836. 4. P.

Martens, Otto Guilelmus De legato debiti Halis Saxonum (1852) Schmidt 48 S. 8°
Halle-Wittenberg, Jur Diss. v 13. März 1852
Geb. [Danzig 30. 1 1831]

Martens, P., Festblüthen aus den Sonntags- und Festtags-Evangelien des Kirchenjahres. 1. Thl.: Vom 1 heil. Advent bis zum heil. Osterfeste. (Gedichte.) gr. 16. (V, 205 S) Kiel 879, v. Maack's Buchh. *

Martens, Paul, aus Lübeck Über die **o-Xylolphtaloylsäure** und die Phtaloylphtalsäure. *Greifswald 1900: J. Abel.* (38 S.) 8°
Greifswald, Phil. Diss. v 12. März 1900

Vaterländisches Lesebuch. Zum Gebrauch in den Schulen der danischen Monarchie hrgg. v Peter **Martens**. Schleswig und Flensburg 1855. 8°

Des Glaubens Pracht hervorleuchtend bei der am 16. April d J an Carsten Hinrich Hinz vollzogenen Hinrichtung Eine Predigt, geh an dem darauf folgenden Sonntage v **P. Martens**. Tönning 1844 8°

MARTENS, P[T.], Predigt über Joh. 3. v. 16 zum Abschiede gehalten in der Kirche St. Marien zu Flensburg [und Antrittspredigt über Joh. 21. v. 15—17 gehalten in der Kirche des heil. Laurentius zu Tönning]. Husum. 1837. P.

Offner Protest in Sachen des Landes v Peter **Martens**. Flensburg 1850 8°

Ein Votum zur Gewissensfrage der schleswig-holsteinischen Geistlichkeit v Peter **Martens**, Pastor zu Neukirchen in Angeln. Flensburg 1850. 8°

Martens, Peter Christoph

Martens, P. Ch., praktische Anleitung zur gesamten kaufmännischen Schriftführung. (Abfassung, Herstellg., Absendg. usw. aller Arten v. Schriftstücken.) Gemeinverständl. bearb. f. Schule, Kontor u. Selbstbelehrg. (Ludw. Huberti's mod. kaufm. Bibliothek.) gr. 8. (VIII, 144 S.) Leipzig 900. Dr. L. Huberti.
Geb. in Leinw. n. 2. 75

Martens, Pet. Christ., s.: Auf schmalem Wege.

Martens, P. Ch. Offene pädagogische Briefe. Nr. 1 u. 2. 16. Hamb., Martens. à Nr. * — 20; * — 40
1. Die Volkserziehung. (S. 1—15.) 889.
2. Recht u. Rechtskunde in der Schule. (S. 17—31.) 890.

— internat. Buchführungs-Recht, s.: Huberti, Ludw.

— praktische Einführung in d. gesamte kaufmännische Buchführung. Unter Berücksicht. der neusten Gesetzgebg. gemeinverständlich bearb. f. Schule, Kontor u. zur Selbstbelehrg. (Ludw. Huberti's mod. kaufm. Bibliothek.) 2., neubearb. u. verb. Aufl. gr. 8. (VI, 115 S.) Ebd. (901). Geb. in Leinw. n. 2. 75

Martens, P. Ch., kurzer Entwurf e. crudistischen Sittenlehre. 8. (11 S.) Hamburg 893. P. Ch. Martens. n. — 20

— Ernst u. Scherz fürs junge Herz. Erzählungen, Parabeln, Fabeln, Gedichte u. Lieder. gr. 4. (36 S.) Bitterfeld 902. F. E. Baumann. — 60

Martens, P. Ch., Fibel zu einem leichten und sichern Stenographie-Unterricht nach dem Stolze'schen System. 8. (16 S.) Hamburg 887. (Leipzig, Robolsky.) **

Martens, Pet. Christ., Geld, Geldanlage u. Geldverkehr Ein Ratgeber f. alle Interessenten. (VIII, 129 S.) 8. Berlin 906 E. Eißelt. n. 1 50; geb. n. 2.—

—— der Geschäfts-Stenograph. Eine Handreichung für Stenographen in Kontor und Bureau, nebst Stolze'schen Special-Kürzungen. 8. (15 S. mit 8 autogr. Taf.) Hamburg 886, Martens. *
Vergriffen.

Martens, Pet. Christoph, s. a.: Harten, C.

— Johannes der Täufer, s.a Biographien u. Lehren v. Philosophen usw. I.

Johannes der Taufer Von Peter Christoph Martens *Bitterfeld & Leipzig F E Baumann [1902]* (16 S.) 8° [F.]
= Biographien u Lehren von Philosophen, Theosophen u Schauenden aller Zeiten 1 [03 12307

— Katechismus der einfachen, doppelten u. amerikanischen Buchführung. Hand-, Lehr- u. Wiederholungsbuch f. jeden, der die Buchführg. erlernen od. Vergessenes wieder auffrischen will. (64 S.) 8. Hamburg (909). Paustian Gebrüder. bar 1. 20

— das deutsche Konsular- & Kolonialrecht. Unter Berücksicht. der neuesten Gesetze u. Verordngn. gemeinverständlich bearb. f. Schule, Kontor u. Selbstbelehrg. (Ludw. Huberti's mod. kaufm. Bibliothek.) gr. 8. (VIII, 122 S.) Leipzig (900). Dr. L. Huberti. Geb. in Leinw. n. 2. 75

— das deutsche Konsular- u. Kolonialrecht. Unter Berücksicht der neuesten Gesetze u Verordnungen gemeinverständl. bearb. f. Schule, Kontor u. Selbstbelehrg. (Dr Ludw. Huberti's moderne kaufmänn. Bibliothek.) (VIII, 122 S.) 8. Leipzig (904). [Dr L. Huberti.] Verlag der mod. kaufmänn. Bibliothek. Geb. in Leinw. n. 2 75

Martens, P. Ch., Stolze'sche Kürzungen für angehende Stenographen. 8. (4 S.) Hamburg 885, Martens.
Vergriffen.

— am Lebenswege. (Theosophisches Brevier.) 160 kurze Betrachtgn., der denk. Mitwelt gewidmet. 8. (88 S.) Ebd. 900. — 60

Lehrbriefe für Kontoristinnen. Prakt. Einführung in d. kaufmänn. Beruf nach empirisch-method. Grundsätzen: Buchführung ... nebst Stenogr. u. Schönschrift von P[eter] Ch[ristoph] **Martens**, Handelslehrer. Brief 1-16. Berlin-Friedenau: E. Gerdes (1906). (131 S.) 4° [Kopft. F.] [06.13100

Martens, Pet. Chrph., Mahn-, Trost- u. Denkworte. 12. (28 S.) Hamburg 896. P. Ch. Martens. n. — 40

— Paulus, der Heidenapostel, s.a. Biographien u. Lehren von Philosophen usw. II.

Paulus, der Heidenapostel. Von Peter Christoph Martens. *Bitterfeld & Leipzig F E Baumann [1902]* (16 S.) 8° [F. u. Ant]
= Biographien u. Lehren von Philosophen. 2 [02. 11480 3

— Praktischer Ratgeber f. Jedermann, s.: Sattler's interessante Bibliothek.

— Rechenschule f. das praktische Leben, nebst Raumberechnung, s.a. Hillger's illustr. Volksbücher.

Rechenschule für das praktische Leben nebst Raumberechnung von P[eter] Ch[ristoph] **Martens**, Lehrer Mit 10 Ill. Berlin, Leipzig H. Hillger [1904]. (77 S.) 8° [F.]
= Volksbücher, Hillgers illustrierte. Bd 7 c5. 10065

— richtig sprechen u. schreiben! Ein Lern- u. Nachschlagebuch f. jedermann u. methodisch-prakt. Unterweisg. (60 S.) kl. 8. Berlin (906) (Gerdes & Hödel.) n. 1. —

Martens, P. Ch., die gesamte Schriftführung der Gewerbetreibenden. Briefe, Scheine, Eingaben, Bekanntmachgn. u. Formulare aus dem Gewerbebetrieb, nebst angefügten Erläutergn. üb. die Schriftführg., gesetzl. Bestimmgn., das Verkehrs-, Bank- u. Versicherungswesen, Klagen u. s. w. (Ludw. Huberti's prakt. gewerbl. Bibliothek.) gr. 8. (VIII, 168 S.) Ebd. 902. Geb. in Leinw. n. 3. —

— aus der Seelenkunde u. verwandten Gebieten. Kurze Erörtergn. 1. Hft. 8. (16 S.) Ebd. 893. n. — 20

— aus d. Seelenkunde u. verw. Gebieten. Kurze Erörtergn. 1 Hft. 8. (16 S.) Ebd. 896. n. — 20

— Sein u. Werden. Kurze Erörterg. der ewigen Welträtsel. 8. (24 S.) Ebd. 894. n. — 40

— Sinnsprüche. 12. (14 S.) Ebd. 892. n. — 20

Martens, P. Ch., Skizzen-Atlas für Blinde. 6 gepresste Karten. Fol. Mit Begleitwort. gr. 8. (2 S.) Hannover 878, (Wolff.) geb. *

Martens, P. Ch., Skizzen-Atlas für Blinde. 2., verm. u. verb. Aufl. Fol. (7 Bl. in Reliefdr.) Mit Begleitwort. gr. 8. (3 S.) Hannover 879. (Wolff.) geb. n. 6. —

— s.: Theosophie, christliche.

— methodische Unterrichtsbriefe f. das Selbststudium der Buchführung. 12 Briefe. 4. (48 S.) Hamburg 888. P. Ch. Martens. n. 3. —

— dasselbe. Deutsche Sprache. 24 Briefe. 4. (1.—13. Brief 52 S.) Ebd. 888. n. 6. —

— dasselbe. Das Rechnen. 12 Briefe. 4. (48 S.) Ebd. 888. n. 3. —

— was muß man von der Buchführung wissen? Eine faßl., klare Darstellg. aller Buchführungsarten f. Kaufleute, Gewerbetreibende, Vormünder, Beamte u. Privatpersonen. gr. 8. (72 S.) Berlin (902). H. Steinitz. n. 1.—

— Was muß man v. der Buchführung wissen? Eine faßl., klare Darstellg. aller Buchführungsarten f. Kaufleute, Gewerbetreibende, Vormünder, Beamte u. Privatpersonen. 3. Aufl. (72 S.) 8. Berlin (908). H. Steinitz. 1.—

— was muß man von der deutschen Litteratur wissen? In 100 kurzen Artikeln dargestellt. gr. 8. (80 S.) Berlin (902). H. Steinitz. n. 1.—
Aus dem Handel gezogen.

— wie kann man e. guter Buchhalter werden?, s.: Erlach, G. v.

Wie komme ich zu Gesundheit, Wohlstand und Macht? Gründl. Unterweisung dazu u. Leitung d. Übung d. Kräfte. Von P[eter] Ch[ristoph] Martens. (In 10 Briefen.) Berlin Selbstverl. [1904]. (100 S.) 8° [05.0040]

— wie komme ich zu Gesundheit, Wohlstand u. Macht? Gründliche Unterweisung dazu u. Leitung der Uebung der Kräfte. 10 Briefe. (160 S.) 8. Berlin (904). (B. Staar.) n. 3.—

Martens, P Chr Wie prüft man Kurszettel und Bilanzen? Leichtverständlicher Führer und Lehrmeister für sorgsame Kapitalisten und alle Leser der täglichen Börsen- und Handelsberichte. 1 Auflage. Wiesbaden 1910.

— wie regulieren Sie? Eine gemeinverständl. Darstellg. der Wege zur Begleichg. der Verbindlichkeiten, Einziehg. der Fordergn., sowie alles Wissensnötigen üb. Wechsel, Schecks, Bankwesen etc. etc., nebst bezügl. Schriftstücken. (Ludw. Huberti's prakt. gewerbl. Bibliothek.) gr. 8. (VIII, 70 S.) Leipzig 902. H. Klasing. Geb. in Leinw. n. 2.40

— wie wird man e. tüchtiger Stenograph? Faßliche, leichte u. prakt. Unterweisg. zur Erlerng. u. Ausübg. dieser f. Tausende unentbehrl. u. nützl. Fertigkeit unter spezieller Berücksicht. des Systems Stolze-Schrey. Zum Selbstunterricht. 8. (72 S.) Berlin (902). H. Steinitz. n. 1.—

Wie wird man ein tüchtiger Stenograph? Fassliche, leichte u. prakt Unterweisung z. Erlernung u. Ausübung dieser Fertigkeit, unter spez Berücks. d. Systems Stolze-Schrey Zum Selbstunterr von P[eter] Ch[rist] Martens, Lehrer d. Stenogr Berlin H Steinitz (1902). (72 S.) 8° [ß.] [02.301]

Martens, Rich. Die Absetzung des Konigs August II von Polen. Mit Benutzung handschriftlicher Quellen des danziger Ratsarchives. Erster Abschnitt. 2, 36 SS Rg. Pet Danzig 1876.
Progr

Martens, Rich. Danzig im nordischen Kriege. Nach ungedruckten Quellen des Danziger Ratsarchivs. I. Irrungen während des Jahres 1704. 24 S. Progr Kö. G. Danzig 1883.

Martens, Richard *Gedächtnisfeier für S. Maj. Kaiser Wilhelm I* 4 (9 unpag. Seiten der Schuln.). Progr. G. *Marienburg* 1888 (35).

Martens, Dr Richard, königl. Gymnasial-Director in Marienburg, Westpr. Neugestaltung des Geschichtsunterrichtes auf höheren Lehranstalten. Sonder-Abdruck aus dem: „Gesammtbericht für die XIII. Directorenversammlung in den Provinzen Ost- und Westpreussen", Memel Juni 1892. 8. Leipzig 1892.

Martens, Richard Sophokles' Oedipus auf Kolonos. Verbindender Text zur Aufführung der Chöre in Mendelssohn's Musik. 4 (15 S.). Progr. G. *Marienburg* 1888 (35).

Martens, Richard [Dr., Dir.]: *Direktor Dr. Max Töppen, gest. am 3. Dezember 1893.* Elbing, Buchdr. R. Kühn, 1894. 18—20 S. 4.
Elbing, k. G, OP 1894 (30)

Martens, Rich. Wie ist der Unterricht in der Geschichte auf den höh. Lehranstalten zu handhaben u. seinem Stoffe nach auf die einzelnen Klassen zu verteilen, damit die Geschichte der neuesten Zeit u. die Kulturgeschichte in ausreichendem Maße Berücksichtigung finden? (Neugestaltung d. Geschichtsunterrichts auf höheren Lehranstalten.) Gesamtbericht f. die XIII. Direktorenversammlg. in den Provv. Ost- u. Westpreußen (Memel, Juni 1892). [Aus dem Gesamtbericht.] gr. 8. (VI, 118 S.) Lpz. 892, W. Engelmann. * 1 50

— Wie komme ich mit meinem Gehalt aus?, s.: Bibliothek des jungen Kaufmanns. 14. Bd.

— Wie man sein Geld vermehrt. Geld-, Geldanlage u. Geldverkehr. Ein Ratgeber f. Privatleute, die ihre Kapitalien nutzbringend u. sicher anlegen wollen. 3. verm. u. verb. Aufl. (142 S.) 8. Wiesbaden (910). Verlagsanstalt Emil Abigt. 1.80; geb. n 2.40

— Wie prüft man Kurszettel u. Bilanzen? Leichtverständlicher Führer u. Lehrmeister f. sorgsame Kapitalisten u. alle Leser der tägl. Börsen- u. Handelsberichte. (40 S.) 8. Wiesbaden 910. Verlagsanstalt E. Abigt. 1.—

— 100 Winke f. den praktischen Geschäftsmann. Ein prakt. Wegweiser f. jeden Geschäftsmann, Handwerker, Angestellten etc. (40 S.) 8. Leipzig (908). E. Marré. 1.—

Martens, Rolf Wolfg., befreite Flügel. 12. (54 S.) Berlin 899. J. Sassenbach. 2.—

(B) Martens, R. W., befreite Flügel. 899. (SB2 32.) Jetzt: München, R. Piper & Co.

Martens, Rolf Wolfg., Störtebecker. Tragödie in 5 Akten. (149 S.) 8 Berlin 903. J. Sassenbach. n. 2.—

Martens, Sophie, die Vorrathskammer d. erfahrnen Hausfrau. Nach eigener Erfahrung. 8. (...) Hamburg 835, Niemeyer.

Martens, T. D., am Wege Gepflücktes. Gedichte, Ernst und Scherz. 8. (328 S.) Leipzig 875, [Menzel.] A. Krüger. * geb. *

Martens, Thom., s. C. T. Jones, Engl. System 2c.

Martens, Wilh., vier kleine Aufsätze zur Musik u. Dichtkunst. (Als Mscr. gedruckt.) 8. (207 S.) München 898. J. J. Lentner. Geb. in Leinw. n.n. 3.60

Martens, Wilhelm [app. Arzt aus St. Johann a/Saar]: Beitrag zur Kenntnis der Gangrène foudroyante '(Maisonneuve)' ... Saarbrücken, Druck v. Gebr. Hofer, 1894; 28 S., 1 Bl. 8.
Freiburg i. B., Med. Fak., Inaug.-Diss. v 1894

Beleuchtung der neuesten Controversen über die Römische Frage unter Pippin und Karl dem Grossen v. Wilhelm Martens, Dr. d. Theol. u. Rechte *München: C. H. Beck 1898.* (VIII, 158 S.) 1 Bd 8. [97.7803]

Martens, Wilh. (II.), die Besetzung des päpstlichen Stuhles unter den Kaisern Heinrich III. und Heinrich IV. gr. 8. (VII, 340 S.) Freiburg i. Br. 886, Mohr. *
Aus: Zeitschrift für Kirchenrecht, besonders abgedruckt.

Martens, Wilh., die Beziehungen der Ueberordnung, Nebenordnung und Unterordnung zwischen Kirche und Staat. Historisch-krit. Untersuchungen mit Bezug auf die kirchenpolit. Fragen der Gegenwart. gr. 8. (VI, 485 S.) Stuttgart 877, Cotta'sche Buchh. *

Martens, Wilh., neue Erörterungen über die römische Frage unter Pippin und Karl dem Grossen. gr. 8. (VII, 31 S.) Stuttgart 882, Cotta'sche Buchh. *

—— die römische Frage unter Pippin und Karl dem Grossen. Eine geschichtl. Monographie. gr. 8. (XI, 379 S.) Ebendas. 881.

Martens, Wilhelm Fortsetzung des Katalogs der Anstaltsbibliothek. 4 (S. 6—12 d. Schuln.). **Progr.** Grofsh G *Konstanz* 1894 (609).

Martens, W., Großherzog Friedrich v. Baden. Eine Festgabe zur Erinnerg. an d. 50jähr. Regierungsjubiläum. gr. 8. (64 S m. Abb.) Karlsruhe 902. J. Lang. n. — 50

Martens, W., Großherzog Friedrich I. v. Baden (1852—1907). Ein Gedenkblatt f. Badens Volk. (40 S. m. Abbildgn.) kl. 8. Karlsruhe 907. J. Lang. — 35

Martens, W., die falsche General-Konzession Konstantin's d. Grossen [sogenannte Konstantinische Schenkung]. gr. 8. (VI, 130 S.) München 889. Stahl sen. n. 3. 20

— **Badische Geschichte.** (VI, 314 S. m. 1 farb. Karte.) 8. Karlsruhe 909. G. Braun'sche Hofbuchdr. Geb. nn 8.—

—— politische Geschichte des Langobardenreichs unter König Liutprand [712—744]. gr. 8. (71 S.) Heidelberg 880, (Koester.) *

Martens, W., Geschichtswiederholungen hauptsächlich zur Vorbereitung auf Geschichtsprüfungen. (282 S.) qu. 16. Hannover 904. Manz & Lange. n. 1. 70; geb. in Leinw. n.n 2. —

— Gregor VII., sein Leben u. Wirken. 2 Bde. gr. 8. (XVI, 351 u. VIII, 373 S.) Leipzig 894. Duncker & Humblot. n. 16. —

Martens, Wilh., Grundriss zu Vorlesungen über das heutige katholische Kirchenrecht mit Rücksicht auf die Verhältnisse der preussischen Monarchie im Allgemeinen u. der Diöcese Culm im Besonderen. Danzig 868. Weber. 8. (III, 175 S.) n. 20 *ngr.*

Johann Gutenberg und die Erfindung der Buchdruckerkunst Ein kulturgeschichtl. Bild z. 500j. Gedenkfeier von Gutenbergs Geburtstag von Prof Dr W **Martens**. *Karlsruhe: J. Lange 1900.* (46 S.) 8° [F.] [illegible]

—— über Caspar Hauser. Ein Vortrag. gr. 8. (IV, 34 S.) Danzig 875, Bertling. *

—— **Heinrich IV. und Gregor VII. nach der Schilderung von Ranke's Weltgeschichte. Kritische Betrachtungen. gr. 8. (91 S.) Danzig 887. Weber.** *

—, Wilh. Historia de sancto Gregorio papa. Eine Prosaerzählung nach dem Gregorius Hartmanns von Aue. Nach einer heidelberger Handschrift des XV Jahrhunderts (cod. pal. N. 119). I. Teil: Text der Handschrift. 14 S. **Progr.** *Tauberbischofsheim* 1883.

Martens, Wilh., über Concurrenz und Collision der römischen Civilklagen. gr. 8. (V und 115 S.) Leipzig 856, B. Tauchnitz.

Martens, W., Lehrbuch der Geschichte f. die oberen Klassen höherer Lehranstalten. (In 3 Tln.) 1. u. 2 Tl. gr. 8. Hannover-Linden, Manz & Lange. n. 5. —
1. Geschichte d. Altertums. (VI, 326 S. m. 5 Karten.) 893. n. 3. 40
2. Geschichte d. Mittelalters. (III, 160 S.) 894. n. 1. 60

Martens, W., Lehrbuch d. Geschichte f. d. oberen Klassen höh. Lehranst. (In 3 Tln.) 1. Tl. Geschichte d. Altertums. M. 5 Karten. (Ausg. B. bearb. f. Anstalten m. einjähr. Kurs.) gr. 8. (IV, 200 S.) Hannover 896. Manz & Lange. n. 2. 80; Einbd. n.n. — 45; Ausg. ohne Karten n. 2. 20; Einbd. n. — 40

— dasselbe. 3 Tle. (Ausg. ohne Karten.) gr. 8. Ebd. n. 7. —; Einbde. à n. — 40
1. Geschichte d. Altertums. (VI, 326 S.) 892. n. 3. —
2. Geschichte d. Mittelalters. (III, 160 S.) 894. n. 1. 40
3. Geschichte d. Neuzeit. (III, 293 S.) 895. n. 2. 60

— Lehrbuch der Geschichte f. die oberen Klassen höherer Lehranstalten. 2., verb. Aufl. (In 3 Tln.) 1. Tl.: Geschichte des Altertums. (Ausg. f. Anstalten m. zweijähr. Unterricht in der alten Geschichte.) gr. 8. (VIII, 356 S.) Hannover 899. Manz & Lange. n. 2. 80; geb. in Leinw. n. 3. 20

— dasselbe. 2., verb. Aufl. 2. u. 3. Tl. gr. 8. Ebd. 899. à n. 2 —; geb. in Leinw. à n. 2. 40; Ausg. m. Karten à n. 2. 20; geb. à n. 2. 60
2. Lehrstoff d. Unterprima. (IV, 224 S. m. 3 farb. Karten.)
3. Lehrstoff d. Oberprima. (IV, 239 S. m. 2 farb. Karten.)

— dasselbe, 1. Tl.: Geschichte des Altertums. (Ausg. [a] f. Anstalten m. 2jähr Unterricht in d. alten Geschichte.) (VIII, 356 S.) 8. Ebd. 904. n. 2. 80; geb. n. 3 20; m. 4 farb. Karten n. 3. 20; geb. n. 3. 65

— Lehrbuch der Geschichte für die oberen Klassen höherer Lehranstalten. 3. verb. Aufl. 3 Tle. 8. Ebd. à n. 2. —; geb. à n. 2 40
1. Geschichte des Altertums (bearb. f. Anstalten m. einjähr. Kurs). (IV, 221 S.) 906 n. 2. —; geb. n 2. 40
2. Lehrstoff der Unterprima. 3., verb Aufl. (IV, 230 S) 904. 2 —; geb 2. 40; m. 3 Karten 2. 30; geb. 2. 70
3. Lehrstoff der Oberprima. 3., verb. Aufl. (IV, 242 S.) 905. 2. —; geb. 2. 40; m. 2 Karten 2. 20; geb. 2. 60

— Lehrbuch der Geschichte f. die oberen Klassen höherer Lehranstalten. 4. verb. Aufl. (In 3 Tln.) 8. Hannover, Manz & Lange. 6.80; geb. n 8. —
1. Geschichte des Altertums (bearb. f. Anstalten m. 1jähr. Kurs). (V, 240 S.) 910. 2.20; geb. n 2.60; Karten — 40
2. Lehrstoff der Unterprima. (III, 282 S.) 909. 2.20; geb. n 2.60; Karten — 30
3. Lehrstoff der Oberprima. (III, 308 S.) 909. 2.40; geb. n 2.80; Karten — 20

— dasselbe. 5., verb. Aufl. (In 3 Tln.) 1. Tl.: Geschichte des Altertums. (Ausg. f. Anstalten m. zweijähr. Unterricht in der alten Geschichte.) (VIII, 358 S.) 8. Ebd. 908. 2.80; geb. 3.20; Karten — 40

— Leitfaden der badischen Geschichte. (90 S. m. 1 farb. Karte.) 8. Karlsruhe 909. G. Braun'sche Hofbuchdr. Kart. 1. 20

— Leitfaden d. Geschichte f. d. mittl. Klassen höh. Lehranst. 2. Tle. gr. 8. Ebd. 896. n. 4. 40
1. Geschichte d. Altertums. (IV, 155 S. m. 4 farb. Karten.) n. 1.60
2. Geschichte d. Mittelalters u. d. Neuzeit. (328 S. m. 5 farb. Karten.) n. 2. 80; Einbd. n.n.n. — 35; Ausg. nur f. bad. Verhältnisse n. 2. 80

— dasselbe. 2 Tle. (Ausg. ohne Karten.) gr. 8. Ebd. 896. n. 3. 40; Einbde. n.n. — 70
1. Geschichte d. Altertums. (IV, 155 S.) n. 1. 20; Einbd. n.n. — 30
2. Geschichte d. Mittelalters u. d. Neuzeit. (328 S.) n. 2. 20; Einbd. n. — 40

— Leitfaden der Geschichte f. die mittleren Klassen höh. Lehranstalten. 2., verb. Aufl. 2 Tle. gr. 8. Ebd. 900. n. 3. 40; geb. n.n. 4. 10
1. Geschichte des Altertums. (160 S.) n. 1. 20; geb. n.n. 1. 50
2. Geschichte des Mittelalters u. der Neuzeit. (353 S.) n. 2. 20; geb. n. 2. 60

Martens, W., Leitfaden der Geschichte f. die mittleren Klassen höh. Lehranstalten. 3., verb. Aufl. 2 Tle. gr. 8. Hannover 903. Manz & Lange. n. 3. 40; geb. in Leinw. n.n. 4. 10
1. Geschichte des Altertums. (IV, 160 S.) n. 1. 20; geb. nn. 1. 50
2. Geschichte des Mittelalters u. der Neuzeit. (Ausg. f. Baden.) (353 S.) n. 2. 20; geb. n. 2. 60

— Leitfaden der Geschichte f. die mittleren Klassen höherer Lehranstalten. 5., verb. Aufl. Mit e. Bilderanh. v. H. Luckenbach. 2 Tle. 8. Ebd. 3.70; geb. in Leinw. 4.40; Karten 1. —
1. Geschichte des Altertums. (IV, 167 u. XV S.) 907. 1.30; geb. 1.60; Karten — 40
2. Geschichte des Mittelalters u. der Neuzeit. (353 u. XII S.) 907. 2.40; geb. 2.80, Karten — 60

Martens, W(ilhelm), (Prof. Dr.) Erster Nachtrag zum Katalog der Großh. Gymnasiumsbibliothek zu Konstanz. ⟨Zuwachs von 1893 bis 1902.⟩ *Konstanz 1902: F. Stadler.* (38 S.) 8°
* [Der 'Katalog' von Otto Kunzer erschien 1893, eine Forts. im Progr. 1894.]
Konstanz, großh. G, MP 1902 (682)**

— u. G. Rieger, Präparation zu den Lebensbeschreibungen des Cornelius Nepos. 1.—3. Hft. 8. Gotha 893. F. A. Perthes. Kart. n. 1. 60
1. Miltiades. — Themistokles. — Aristides. — Pausanias. — Cimon. — Lysander. (46 S.) n. — 50
2. Alcibiades. — Thrasybul. — Konon. — Iphikrates. — Chabrias. — Timotheus. — Datames. (40 S.) n. — 50
3. Epaminondas. — Pelopidas. — Agesilaus. — Eumenes. — Phocion. — Timoleon. — Hamilkar. — Hannibal. (72 S.) n. — 60

— u. G. Rieger, Präparation zu den Lebensbeschreibungen des Cornelius Nepos. 1. Heft: Miltiades. — Themistokles. — Aristides. — Pausanias. — Cimon. — Lysander. 2. Aufl. (46 S.) 8. Gotha 907. F. A. Perthes. — 50

— Skizze zu e. praktischen Aesthetik der Baukunst u. der ihr dienenden Schwesterkünste, in e. neuen Systeme zusammengestellt. gr. 8. (63 S.) Ebend. 885. n. 2. —

— s.: Vademecum f. die deutsche Jugend.

— das Vaticanum u. Bonifaz VIII. Eine Auseinandersetzg. m. Hrn. Berchtold. gr. 8. (36 S.) München 888. Stahl sen. n. 1. 20

***Martens**, Wilhelm [Prof. Dr.]: Verzeichnis der seit dem Schuljahr 1893/94 für die Anstaltsbibliothek gemachten Neuanschaffungen.* (Vgl. P-Beil. 1894.) Konstanz, Druck v. F. Stadler, 1896; 6—8 S. 4.
Konstanz, grossh. G, P 1896 (620)

***Martens**, Wilhelm [Prof. Dr.]: Verzeichnis der seit Fertigstellung des neuen Bücherkatalogs für die Anstaltsbibliothek erworbenen Werke.* Konstanz, Druck v. F. Stadler, 1894; 6—12 S. 4.
Konstanz, grossh. G, P 1894 (609)

Martens, W., alphabetisch-etymologisches Vokabular zu den Lebensbeschreibungen d. Cornelius Nepos. gr. 8. (IV, 63 S.) Gotha 886. F. A. Perthes. n. — 80

Martens, Wilh., war Gregor VII. Mönch? Beleuchtung der diese Frage bejah. herrsch. Meing. gr. 8. (52 S.) Danzig 891. (L. G. Homann.) — 65

— Weltgeschichte. Ein Handbuch f. d. deutsche Volk 3 Tle. in 1 Bd. gr. 8. (IX, 299; 160 u. 294 S. m. Vollbild.) Ebd. 895. n. 8. —; geb. n. 10. —
Erschien auch in 16 Lfgn. à n. — 50.

— Weltgeschichte. Ein Handbuch f. das deutsche Volk. 2. Aufl. gr. 8. (IX, 239, 160 u. 294 S. m. 3 Vollbildern.) Hannover 900. Manz & Lange. Geb. in Leinw. n. 4. —

Martens, W., geschichtlich-geographisches Wörterbuch. Ein Hülfsmittel f. den Geschichtsunterricht an höheren Lehranstalten. gr. 8. (175 S.) Breslau 888. F. Hirt. n. 2. 50

Martens, William [app. Arzt aus Hamm bei Hamburg, Assist. am physiolog. Inst.]: Aus d. physiolog. Institute zu Kiel. Ueber das Verhalten von Vocalen und Dyphthongen [sic!] in gesprochenen Worten. Untersuchung mit dem Sprachzeichner. . München, Druck v. R. Oldenbourg, 1888; 2 Bl. + 39 S. u. 1 Taf. 8°
Kiel, Med. Fak., Inaug.-Diss. v. 17. Nov. 1888

Martens-Elberfeld, L., s. Martens, Ludwig

Märtens, ..., s. E. Pabel, Rußland in der neuesten Zeit.

Märtens, Uebersichtskarte der Bergisch-Märkischen Eisenbahn, Elberfeld-Dortmund. 1 Blatt. Elberfeld. 1846. ⅔ Thlr

Märtens, Ob.-Ing., Uebersichtskarte und Nivellement der Bergisch-Märkischen, Elberfeld-Dortmunder Eisenbahn, mit den Nachbarbahnen und den project. Anschluß-Bahnen von Dortmund über Münster nach Rheine u. von Elberfeld durch das untere Wupperthal nach Cöln mit Zweigbahnen nach Solingen u. Remscheid Lennep. Lith. Roy.-Fol. (Elberfeld 846, Löwenstein u. Comp.) n. 2/3 ℳ

Märtens, Carl August, s. Märtens, Karl August

Märtens, Fr. Cph., († d. 7. Aug. 1797.) Bemerkk. u. Vorschläge üb. die Verbesserung der Stubenöfen. 8. Halberst. 786. Groß. 3 ℊ

Märtens, Friedrich, Ansichten über Fachschulen für Baugewerbe und über Lehrmethoden nebst Jahresbericht und Programm über die von der hohen k. k. niederösterreich. Statthalterei concessionirte Fachschule für Bau- und Kunstgewerke und für Maschinisten in Wien, Mariahilf, Bienengasse Nr. 2. 8. (VIII und 23 S.) Wien 866, (Wallishausser'sche Buchh.) *

Maertens, H., s. Maertens, Hermann

Märtens, Heinrich Richard

Auserlesene // Früchte // Der // Deutschen Poesie /// Auf den Musen-Bergen /// und an andern Orten /// In Ober- und Nieder-Sachsen /// mit Fleiß zusammen getragen. // Andere Sammlung /// oder // Sommer-Früchte // von 1731. // Halberstadt /// In der Schoppischen Buch-Handlung. - 6 Blatt (nicht paginiert) Titelblatt, Widmung, Vorbericht und Register. - 260 S.
Auf dem Vorblatt steht in beiden Bänden die Widmung:
Der
Deutschen Gesellschaft
in Leipzig
gantz gehorsamst

B. S. T. 8°.434b.

Martens, Heinrich Richard, Auserlesene // Früchte // Der // Deutschen Poesie /// Auf den Musen-Bergen /// und an andern Orten /// in Ober- und Nieder-Sachsen /// mit Fleiß zusammen getragen. // Erste Sammlung /// oder // Frühlings-Früchte // von 1731. // Leipzig und Wolffenbüttel/ // In der Meißnerischen Buchhandlung. - 14 Blatt (nicht paginiert) Titelblatt, Widmung, Vorrede und Register. - 196 S.
B. S. T. 8°.434a.

Maertens, Hermann

Maertens, H., Anleitung f. den Rechen- u. Raumlehre-Unterricht in der Volksschule, s.: Büttner, A.

—— praktische Aesthetik der Baukunst und der gewerblichen Künste, als Compendium bearb. 2. gänzlich umgearb. und verm. Aufl. gr. 8. (IV, 117 S.) Bonn 887, Cohen und Sohn. *

[F.] Maertens, Hermann: Mathematische Aufgaben für die erste Klasse der Realschulen und Realprogymnasien und die entsprechende Klasse der Realgymnasien und Oberrealschulen. Aus den bei Reifeprüfgn gestellten Aufgaben ausgewählt. Naumburg a/S., Druck v. A. Rietz & Sohn, *1897;* 46 S. 8.
Naumburg a/S., st. R, RPG u. VS, OP 1897 (274)

Maertens, H., der Baucontract oder Rathgeber für Bauherren, Verwaltungsbeamte und ungeübte Bauführer bei Vereinbarungen mit Bau-Technikern, Bau-Unternehmern, Handwerkmeistern, Lieferanten etc. bezüglich Ausführung von privaten und öffentl. Gebäuden. hoch 4. (VIII und 94 S.) Cöln 863, Frühbuss. *

Maertens, Herm., die deutschen Bildsäulen-Denkmale des XIX. Jahrh., nebst e. Abhandlg üb. die Grössenverhältnisse, die Materialienwahl, die Gruppierg., die Aufstellungsweise u. die Kosten derart. Monumente. 60 Lichtdr.-Taf. v Mart. Rommel & Co. in Stuttgart. 15 Hfte gr. Fol. (à 4 Lichtdr. u. 4 Bl. Erklärgn. m. 65 S. Text.) Stuttgart 892—894. J. Hoffmann. à n. 3.— (kplt. geb. m. Goldschn.: n. 60.—)

Maertens, H., über Deutlichkeit und Harmonie der Druckschriften mit ihren pflanzlichen und figürlichen Ornamenten. Für Buchdrucker und Freunde des rationellen Buchdrucks bearb. gr. 8. (23 S. mit 1 Tab.) Bonn 881, Cohen und Sohn.

—— zwei Elementarpunkte der Kunstbetrachtung und Kunstübung, bearb. für Laien. gr. 8. (47 S.) Ebendas. 881.

Ueber die Gr[illegible] u. über den Stil des in Berlin am „Lustgarten" zu erbauenden Domes. ([illegible] Manuscript gedruckt 1888.) 8.

— Kopfrechenschule, s.: Büttner, A.

—— Optisches Maass f. den Städte-Bau. gr. 8. (43 S. m. 1 Fig.) Bonn 890, Fr. Cohen. * 1 —

Maertens, H., der Optische Maassstab oder die Theorie und Praxis des ästhet. Sehens in den bildenden Künsten. Auf Grund der Lehre der physiolog. Optik für Architekten, Maler, Bildhauer etc. bearb. Imp.-4. (XVI, 146 S. mit 14 Tab. 63 eingedr. Holzschn. und 4 lithogr. Taf.) Bonn 877, [Cohen und Sohn.] Selbstverlag des Verfassers. cart. *

—— der optische Maassstab oder die Theorie und Praxis des ästhetischen Sehens in den bildenden Künsten. Auf Grund der Lehre der physiolog. Optik für die Ateliers und Kunstschulen der Architekten, Bildhauer etc. 2. gänzlich umgearb. Aufl. Imp.-4. (XIII, 434 S. mit 73 Holzschn. und 1 lithogr. Taf.) Berlin 884, Wasmuth. geb. *

— Rechenfibel, s.: Büttner, A.

— Rechenhefte, s.: Büttner, A.

Maertens, H., Skizze zu einer praktischen Aesthetik der Baukunst und der ihr dienenden Schwesterkünste, in einem neuen Systeme zusammengestellt. gr. 8. (63 S.) [Berlin 885, Wasmuth.] Bonn, Cohen und Sohn. *

Maertens, Karl Andreas August, s. Märtens, Karl August

Märtens, Karl August

Märtens, Karl Andr. Aug., Antwort auf d. Sendschreiben d. Hrn. Kirchenrath Schott über d. Theophanes. 8. Halberst. 821. Helm. 16 gr

—üb. die symbolischen Bücher der evangel.-lutherisch. Kirche, ihre Entstehung, Geltung u. Vereinigung mit den evangelisch-reformirten Symbolen. — Eine ausführliche doch gemeinfaßliche Erörterung. gr.8. Halberst.830. Brüggemann. 1 Rthlr 12 gr

Märtens, Karl Andr. (Aug.), über d. symbol. Bücher d. evangel.-luther. Kirche, ihre Entstehung, Geltung u. Vereinigung mit d. evangel.-reform. Symbolen. — Eine ausführl., doch gemeinfaßl. Erörterung rc. gr. 8. (24½ B.) Halberstadt 830. [Leipzig, Weinedel.]

—Eleutheros, od. Untersuchung üb. die Freiheit unsers Willens mit Anwendung auf d. gegenwärt. Streit üb. d. Prädestination. gr. 8. Magdeb. 823. Creutz. 16 gr

—Erleichterung eines gründl. u. nützl. Studiums der Mathematik, vorzüglich als Bildungswissenschaft. 8. Halberst 805. Groß. 14 gr N. A. Mit 1 Holzschn. 8. Ebd. 811. (Brüggemann). 12 gr

Märtens, K. Andr. Aug., Erleichterungen eines gründlichen Studiums der Mathematik, vorzüglich als Bildungswissenschaft. Neue Ausg. Mit 1 Holzschnitt. 8. (Leipzig 811. Schreck.) ½ Rthlr

— Erleichterungen eines gründl. Studiums d. Mathematik, vorzüglich als Bildungswissenschaft. 8. Ebendas. 812.

—Jesus auf dem Gipfel seines irdischen Lebens, eine den Urkunden seiner Geschichte durchaus treue u. angemessene Erzählung, nebst einigen Anhängen üb. Wunder u. andere wichtige Gegenstände. 8. Halberst. 812. (Vogler in Potsd.) 18 gr

—der Konisektor, ein Instrument, die Kegelschnitte zu verzeichnen. Mit 3 Kpft. gr. 8. Halberst. 820. Vogler in Potsd. 12 gr

Maertens, Karl August:
Der Konisektor ein Instrument die Kegelschnitte zu verzeichnen. Erfunden und beschrieben von Karl August Märtens. Halberstadt: Vogler 1821. 60 S. 8°

Märtens (K. A.), Der Konisektor, ein Instrument, die Kegelschnitte zu verzeichnen. Halberstadt 1828. 8.

— Leitfaden zum Unterrichte der Katechumenen a. d. Lande. 8. Halberst, Bürgermeister f. Lit. u. Kunst. 800.

—Leitfaden zum Unterricht der Katechumenen auf dem Lande. 8. Halberst. 800. (Vogler in Potsd.) 4 gr

— s. M. Luther gegen Harms Behauptung.

— über Pietismus, sein Wesen und seine Gefahren. gr. 8. Halberstadt 826. (Leipzig, Schreck.) 1/6 ß

—üb. Pietismus, sein Wesen u. seine Gefahren. gr. 8. Halberst. 827. Brüggemann. 4 gr

—— Predigt am 8. Jubelfeste d. augsburg Glaubensbekenntn. am 25. Juni 1830 geh. gr. 8. ... Halberstadt. [Leipzig, Schreck.]

—Predigt am 3n Jubelfeste d. Augsb. Glaubensbekenntnisses d. 25. Juni 1830 gehalten. gr. 8. Leipz. 830. Brüggemann. 3 gr

—Predigt am Martinifeste u. am Feste der Rückkehr deutscher Freiheit. 8. Halberst. 813. Vogler in Potsd. 2 gr

—Protestation wider den Bannstrahl, welchen d. Diaconus Harms rc. 8. Halberst. 818. Vogler in Potsd. 10 gr

—Rede in d. Stunde der Friedensverkündigung in Halberstadt d. 11. Juni 1814. 8. Halberst., Vogler in Potsd. 1 gr

—Theophanes, od. üb. die christl. Offenbarung. gr. 8. Halberst. 819. Brüggemann in Leipz. 1 ß

— Theophanes, oder über die christliche Offenbarung. gr. 8. Halberstadt 819. (Leipzig, Schreck.) 1 ß

K. A. Märtens: Theophanes, od. üb. d. christl. Offenbarung. *Halberst.*, Vogler. 819. gr 8° 1 ß

—neuer Versuch üb. die Wahrheit unsrer Erkenntniß. 8. Braunschweig 803. Pluchart, 12 gr (W. Rauck in Leipz.) 14 gr

— neue Versuche über die Wahrheit unsrer Erkenntniß. 8. Braunschw. Pluchart. 803.

— — dass. 8. Leipz. Sommer. 803.

Märtens, Karl Andr. Aug., noch ein Wort in Angelegenheit. d. evangel. Kirche, gegen Hrn. van Eß. gr. 8. Halberst. (817.) Vogler in Potsd. 2 gr

Märtens, Max [aus Bonn]: Die Entwicklung des Knorpelgerüstes im Kehlkopf von Rana temporaria ... Göttingen, Druck d. Dieterichschen Univ.-Buchdr., 1895; 44 S. 8.
Göttingen, Med. Fak., Inaug.-Diss. v. [2. Febr.] 1895

Märtens, Max, d. Entwicklg. d. Knorpelgerüstes im Kehlkopf v. Rana temporaria. Diss. gr. 8. (44 S.) Göttingen 895. (Vandenhoeck & Ruprecht.) n. 1. 20

Märtens, O., Ergebnisse e. Enquête üb. wirtschaftl. u. materielle Leistgn. d. Reservekasse d. schweizer. Gewerkschaftsbundes, sow. s. Verbände u. Sektionen. 8. (38 S.) Zürich 896. (Buchh. d. schweiz. Grütlivereins.) — 30

Märtens, P., Süd-Amerika unt. bes. Berücksicht. Argentiniens. Nach d. neuesten amtl. Quellen u. auf Grund eig. Anschaug. M. Illustr. u. e. Karte in Farbendr. 8. (VIII, 284 S.) Berlin 899. J. Räde. n. 4. —; geb. n. 5. —

Märtens, Paul Zur Lanzelotsage. Eine litterarhistorische Untersuchung. (Separat-Abdruck aus den Romanischen Studien, hrsg. von Eduard Boehmer) Bonn, Eduard Weber's Verlag (Julius Flittner), 1880. 8. S. 557—648. (92 S.)

Märtens, W., A. Meyer und J. Schäkel, deutsches Schulliederbuch für Stadt und Land. 8. (84 S.) Celle 868, Schulze'sche Buchh.
Ausg. mit Noten. (100 S.)

Märtens, W., A. F. Meyer und J. Schäkel, deutsches Schulliederbuch für Stadt und Land. (Ohne Noten.) 2.—4. verb. Aufl. 8. (82 S.) Celle 870—74, Schulze'sche Buchh.

Märtens, W., A. F. Meyer und J. Schäkel, deutsches Schulliederbuch für Stadt und Land. Ausg. ohne Noten. 5. Aufl. 8. (32 S.) Celle 878, Schulze'sche Buchh. *

Märtens, W., A. F. **Meyer** u. J. **Schäkel**, deutsches Schulliederbuch f. Stadt u. Land. Ausg. m. Noten. 3. Aufl. 8. (90 S.) Celle 884. Literar. Anstalt. n. — 60; Ausg. ohne Noten. 6. Aufl. (32 S.) 886. n. — 15

Martensen, H., s. Martensen, Hans Lassen

Martensen, H. L., allgem. Signalbuch, enth. eine Samml. von Signalen z. Gebrauch f. Kaufmannsschiffe rc. Mit Kpf. gr. 8. Kopenh. 822. (Gyldendal). 16 gr

Martensen, Hans Lassen

Martensen, H., Jacob Böhme. Theosoph. Studien. Autoris. deutsche Ausg. von A. Michelsen. gr. 8. (VI, 271 S.) Leipzig 882, J. Lehmann.

—— s. a. Briefwechsel zwischen M. und J. A. Dorner.

Briefwechsel zwischen H. L. Martensen und J. A. Dorner **1839—1881. Hrgg. aus deren Nachlaß Bd** 1. 2 Berlin 1888 **8°**

Martensen, H., den christelige Daab betragtet med Hensyn paa det baptistiske Spørgsmaal. 2. Oplag. gr. 8. (X u. 86 S.) Kopenhagen 847, Reitzel. n. 12 ngr

— die christliche Dogmatik. Aus d. Dän. In 2 Abthlgn. gr. 8. (551 S.) Kiel 850, Schröder & Co. (1: n. 1 5/12 ß 2: n. 1 1/2 ß) n. 2 11/12 ß

— die christliche Dogmatik. Aus dem Dänischen. 2. verb. Aufl. 853. (549 S.) n. 2 ß. 27 1/2 ngr — 3. verb. Aufl. 855. (549 S.) n. 2 ß. 27 1/2 ngr — 4. verb. Aufl. Kiel 858. Schröder u. Co. gr. 8. (422 S.) n. 1 ß. 15 ngr

Martensen, H., die christliche Dogmatik. Vom Verf. selbst veranstaltete deutsche Ausg. Berlin 856. Schlawitz. gr. 8. (XI, 460 S.) n. 1 ß. 15 ngr

Martensen, H., die christliche Dogmatik. Aus dem Dän. 4., verb., mit einem Vorwort verm. Aufl. gr. 8. (422 S.) Kiel 858, Schröder und Comp. *

Martensen, Bischof H., die christliche Dogmatik. Vom Verf. selbst veranstalt. deutsche Ausg. Neuer Abdr. gr. 8. (XI, 460 S.) Berlin 870, Schlawitz. [Leipzig, Hinrichs' Verlag.] *
geb. *

Martensen, H., die christliche Dogmatik. Vom Verf. selbst veranstaltete deutsche Ausg. 3. Abdr. gr. 8. (X, 460 S.) Leipzig 886, Hinrichs'sche Buchh., Verlag. *
geb. *

Martensen, H., die christl. Dogmatik. V. Verf. selbst veranst. deutsche Ausg. 4. Abdr. gr. 8. (X, 397 S.) Leipzig 897. J. C. Hinrichs' Verl. n. 4. 50; geb. in Leinw. n.n. 5. 50

Martensen, H., Mester Eckart. Et Bidrag til at oplyse Middelalderens Mystik. stor 8. Kjöbenhavn 840. Reitzel, Universitetsboghandel. 5/6 ß

—— Meister Eckart. Eine theolog. Studie. gr. 8. (8¼ B.) Hamburg 842, Fr. Perthes.

Zur täglichen Erbauung [Praedikener, Ausz.]. Auszüge aus d. Predigten des † Bischofs H[ans Lassen] **Martensen**. Autor. deutsche Ausg. von H. Hansen, Pastor emer in Ploen. 2., billige Ausg Halle a. S. R Mühlmann 1905. (317 S.) 8° [F.] [06. 1507]

Martensen, H., zur täglichen Erbauung Auszüge aus den Predigten. Autoris. deutsche Ausg. von H. Hansen. 2., billige [Titel-]Ausg. (III, 317 S.) gr. 8. Halle [903] 906. R Mühlmann's Verlag. n. 2. —; geb. n. 3. —

—— die christliche Ethik. Allgemeiner Theil. Deutsche vom Verf. veranstaltete Ausg. 1. Aufl. (VIII, 652 S.) 1871. *ℳ 8., und 2. verb. Aufl. gr. 8. (X, 601 S.) Gotha 873, Besser. *

Martensen, H., die christliche Ethik. Allgemeiner Theil. Deutsche vom Verf. veranstaltete Ausg. 3. verb. Aufl. gr. 8. (X, 601 S) Gotha 878, Besser. *

—— dass. — Specieller Theil. 2 Abthlgn.: Die individuelle und die sociale Ethik Deutsche vom Verf. veranstaltete Ausg. (X, 508; VI, 473 S.) 1878; 2. Aufl gr. 8. (X, 508; VI, 478 S.) Ebendas. 879. *

—— die christliche Ethik. Allgemeiner Theil. Deutsche vom Verf. veranstaltete Ausg. 4. Aufl. gr. 8. (X, 601 S.) Karlsruhe 883, Reuther.

— dasselbe. [2., spezieller Thl.] Deutsche vom Verf. veranstaltete Ausg. 3. Aufl. (In 10 Lfgn.) 1. Lfg. gr 8. (1. Bd. S. 1—112) Ebend. 886. n. 1 —

— die christliche Ethik. Deutsche, vom Verfasser veranstaltete Ausg. 2 Thle. gr. 8. [Karlsruhe.] Berlin, Reuther. n. 24. —; geb. in 3 Bde. n. 28. 50
1. Allgemeiner Theil. 5. Aufl. (X, 601 S.) 887. n. 9. —
2. Spezieller Theil. 2 Abthlgn. [1. Individuelle Ethik. 2. Soziale Ethik.] 3. u. 4., durchgeseh. Aufl. (X, 508; VI, 478 S. m. dem Bildniß d. Verfassers.) 887. 888. n. 15. —
Beide Theile erschienen in 9, bez. 15 Lfn. à n. 1. —

Martensen, H., die christliche Ethik. (1.) Allgemeiner Thl. Deutsche vom Verf. veranstaltete Ausg. 6., durchgeseh. Aufl. gr. 8. (XII, 601 S.) Berlin 892. Reuther & Reichard. n. 9. —; geb. n. 10. 50

— dasselbe. (2.) Spezieller Tl. Individual- u. Sozial-Ethik. 2 Bde. Deutsche, vom Verf. veranstalt. Ausg. 2., bill. Ausg. 5., verb. Aufl. gr. 8. (1. Bd. X, 508 S.; 2. Bd. VI, 478 S. m. rad. Bildnis.) Ebd. 894. n. 15. —; geb. n. 18. —

Zur täglichen Erbauung. Auszüge aus d. Predigten d. † Bischofs H[ans Lassen] **Martensen**. Autor deutsche Ausg von H. Hansen, Pastor em. in Ploen. *Halle a. S.: R. Mühlmann 1903.* (317 S.) 8° [F.] [03. 7797 3]

— der Gedankeninhalt der Predigten Meister Eckarts. (13 S.) gr. 8. Lorch 904. K. Rohm. n.n. — 15

H.. Martensen's Grundr. d. Systems d. Moralphilosophie; z. Gebr. f. akad. Vorless.; a. d. Dän. *Kiel*, Bünsow. 845. 8° 12gl

Martensen, H., Grundriß des Systems d. Moralphilosophie. Zum Gebrauch f. akadem. Vorlesungen. Aus d. Dänischen. 8. (7¼ B.) Kiel 845, [Naeck.]

—— Hirtenspiegel. Zwanzig Ordinationsreden. Deutsch von Al. Michelsen. 1. und 2. Sammlung. Autoris. Ausg. 8. (VIII, 194; IV, 224 S.) Gotha 870,72, Schloeßmann. à Sammlung *ℳ 1,80. *

— Hirtenspiegel. Ordinationsreden. Deutsche autorisirte Ausg. 2. (Titel-)Aufl. Mit dem (Lichtdr.-) Bildniß des Verfassers. 8. (IX, 193 u. 224 S.) Gotha (1872) 879. Schloeßmann. n. 3. —; geb. n. 4. —

Martensen, Bischof H., Katholicismus und Protestantismus. Ein evangel. Zeugniß. Aus dem Dän. gr. 8. (IV, 182 S.) Gütersloh 874, Bertelsmann's Verlag. *

—— aus meinem Leben. Mittheilungen. Aus dem Dänischen von A. Michelsen. 3 Abthlgn. 8. Karlsruhe, Reuther. [1. Abthl.: 1808—1837. (VII, 267 S.) 883. *ℳ 4.; 2. und 3. Abthl. in 1 Bde.: 1837—1883. Mit dem (Holzschn.-)Bildniß des Verf. (VII, 176; III, 260 S.) 884. *ℳ 4,50.] *

—— Aus meinem Leben. Mittheilungen. 3 Abthlgn. in 1 Bde. Mit dem Bildnis d. Verf. Deutsche, vom Verf. autoris. Ausg. 2. verb. Aufl. gr. 8. (VIII, 396 S.) Ebd. 891. * 4 —; geb. * 5 —

—— die Leidensgeschichte Jesu Christi. Zwölf Predigten. Deutsch von Al. Michelsen. gr. 8. (IV, 154 S.) Gotha 876, Besser. *

— d. Leidensgeschichte Jesu Christi. 12 Predigten. 2., durchgeseh. Aufl. gr. 8. (VII, 138 S.) Berlin 895. Reuther & Reichard. n. 2. 40; geb. n.n. 3. —

— die Leidensgeschichte Jesu Christi. 12 Passionspredigten. 3. u. 4. Doppelaufl. (VII, 192 S.) 8. Berlin 903. Reuther & Reichard. n. 2. 40; geb. in Leinw. n. 3. —

— Prædikener. gr. 8. (271 S.) Ebd. 847. — 2. Oplag. gr. 8. (270 S) Ebd. 847. n. 1⅓ ß

—— Predigten. Aus dem Dän. gr. 8. (VIII und 109 S.) Kiel 849, Schröder und Comp. *

Martensen, H., Predigten. Deutsch von J. C. Jacobsen. Gotha 858. F. A. Perthes. gr. 8. (2 Bl., 308 S) n. 1 ß 18 ngr.

—— Predigten. Deutsch von J. C. Jacobsen. gr. 8. (IV und 308 S.) Gotha 859, F. A. Perthes. *

—— Sendschreiben an den Hrn. Oberconsistorialrath Nielsen in Schleswig. (Ein Wort über den Amtseid und die schleswig-holstein. Geistlichkeit.) 2. Aufl. gr. 8. (31 S.) Kopenhagen 850, Reitzel's Buchh.

Martensen, H., Socialismus und Christenthum. Uebers. von Th. Jörgensen. 2. Aufl. 8. (62 S.) Kiel 875, Leipzig, Böhme. *

—— Socialismus und Christenthum. Aus dem Dän. übers. von Th. Jörgensen. 1. und 2. Aufl. 8. (62 S.) Kiel 875, (v. Wechmar.) *

— dasselbe. Ein Bruchstück aus der speziellen[?] Ethik. Deutsche vom Verf. autoris. Ausg. v. Al. Michelsen. gr. 8. (VI, 60 S.) Gotha 875. Besser. n. 1. —

— die christl. Taufe u. die baptistische Frage. gr. 8. Hamburg u. Gotha 843, Fr. u. A. Perthes. ½ ß

—— die christliche Taufe und die baptistische Frage. 2. Aufl 12. (XVI und 124 S.) Gotha 860, F. A. Perthes. *

—— Traurede, s. Denkstein der Vermählung des Herzogs Ernst August von Cumberland und zu Braunschweig und Lüneburg mit der Prinzeß Thyra von Dänemark.

—— die Verfassungsfrage der dänischen Volkskirche. Aus dem Dän. gr. 8. (88 S.) Kiel 851(52,) Schröder und Comp. *

Wasser des Lebens. Tägliche Andachten aus d. Predigten d. † Bischofs Dr. H[ans Lassen] Martensen übers. von H[ulda] Prehn, mit Gebeten u. Liederversen vers. von Th. Brandin u. e. Vorw. von D. Reinhold Seeberg. *Berlin: Schriftenvertriebsanst.* 1903. (366 S.) 8° [F.] [04. 11 11

Wasser des Lebens [Praedikener, Ausz.]. Tägl. Andachten aus d. Predigten d. Bischofs Dr H(ans Lassen) Martensen, übers. von H Prehn mit Gebeten u. Liederversen versehen von Th[eodor] Brandin u e Vorw von D. Reinhold Seeberg Berlin Schriftenvertriebsanst 1903. (306 S.) 8° [F.] [05. 11305

Martensen, Heinrich

—— Freundes-Grüße. Eine Sammlung geistl. Lieder für Seelen, die Jesum lieben. 1. und 2. Aufl. (VI, 64 S.) 1876. * 30 Pf.; 3. Aufl. 16. (VI, 74 S.) [Bredstedt 878.] Breklum, Christl. Buchh. *

—— Freundes-Grüße. Eine Sammlung geistl. Lieder für Seelen, die Jesum lieben. 4. Aufl. 16. (90 S.) Breklum 884, Christl. Buchhandlung.
geb. mit Goldschn. *

Martensen, Heinr. Freundes-Grüße. Gedichte. 5. verm. Aufl. 16. (VI, 112 S.) Breklum 890, Christliche Buchh. geb. m. G. * 1 —

Martensen, Heinr., Gedenke mein! Eine Sammlung von Gedenkversen und Bibelsprüchen für's Album. Eigenes und Fremdes. 8. (64 S.) Breklum 888, Christl. Buchhandlung. *

—— Gedenke mein! Eine Sammlg. v. Gedenkversen u. Bibelsprüchen fürs Album. Eigenes u. Fremdes. 2. verm. Aufl. 12. (93 S.) Ebd. 891. * — 50

Martensen, Ioh., de Autonomia conscientiae sui humanae, in theolog. dogmat. nostri temporis introducta. 8. (9 B.) Hauniae 837, (Reitzel.) *

Martensen, J., die Autonomie des menschl. Selbstbewußtseins in der dogmatischen Theologie unsrer Zeit. Aus d. Latein. gr. 8. Kiel 844, Bünsow. 1/2 ℳ

Martensen, Joh., die Autonomie des menschl. Selbstbewußtseins in der dogmatischen Theologie unsrer Zeit. Aus d. Latein. gr. 8. (6⅝ B.) Kiel 844, [Naeck.]

Martensen, Max, Zahnarzt aus Hamburg: Ein Fall von heterogener Doppelbildung bei einem Hunde. Borna-Leipzig 1909. 34 S. und vier Tafeln. 8° [5 V 09]
Bern. Phil. Diss. 1908/09.

Märtens-Gans, Die, Wird von ihrer Geburth an, bis zum Ende Ihres Lebens, in einfältiger Kürtze beschrieben, und Auff die Hochzeit, Welche Tit. Herr Gregorius Bernhard, der Arzney Kunst Gekrönter und fleissiger Krankken Besucher in denen beyden Churfürstl. Brandenburgischen Residentz und Haubt-Städten Berlin und Kölln an der Spree Mit Jungfer Ursulen Marien Hostmanns Titt: Herrn David Hoffmann, Rathsverwandtens In Berlin, dritten Tochter am 9. November war der Tag vorm Gänse-Fest 1668 zum Berlin uf der Stralowischen Strassen hielt und beging, Gebrathen. Kölln an der Spree. V: *Peukker, Nicolaus.* (BGE I², 278)

Der Elch. Von A[ugust] **Martenson**. Mit 2 Vollbild. u. 16 Taf. *Riga: J Deubner 1903.* (174 S.) 8° [F.] [04. 2646

Martenson, Aug., Jagdbilder aus Rußland. gr. 8. (VII, 263 S.) Riga 901. J. Deubner. n. 6. —

Martenson, Aug., Lieder u. Märchen. 8. (IV, 100 S.) Reval 895. (F. Kluge.) n. 3. —

— Uebersicht über das jagdbare u. nutzbare Haarwild Rußlands. (XII, 151 S.) gr. 8. Ebd. 905. n. 3. 50

Martenson, A., Wald, Wild u. Jagd in d. russ. Ostseeprovinzen. 8. (III, 131 S.) Neudamm 899. J. Neumann. n. 3. —

Martenson, J. F., Ueber Brechweinsteine und ihre Verbindungen mit Nitraten. Mag. Diss. Dorpat. 8° 36 pp. 1869

Marter, Predigt nach d. in Weida erfolgten Hinrichtung e. Mörders. gr. 8. (1 B.) Neustadt a. d. O. 833, Wagner.

MÄRTER, Franz Josef: Über das Bedürfniss einer, den gegenwärtigen Zeitumständen angemessenen ausserordentlichen und vermehrten Holzproduction durch Errichtung und zweckmässige Verwendung einer National-Baumschule. - Wien 1810. XVI, 384 S., 1 Taf.

Märter F. J.: Über das Bedürfniss einer vermehrten Holz-Production durch Errichtung u. zweckmässige Verwendung v National-Baumschulen. Wien u. Triest 1820. (10) 384 S. 1 Tvl.

—Charakteristik u. Kultur des Mahaleb- oder Parfümir-Kirschenbaumes, ein Beitrag zur Forstbotanik. Mit Kpf. 8. Wien 813. Geistinger. (Gerold). 1 ℛ Hbg. Pr. 12 gℛ

— Charakteristik u. Cultur d. Mahaleb- od. Parfümeriekirschenbaumes, mit Versuchen auf ausserordentl. Holzcultur Färberei, Gerberei etc. Mit Kpf. gr 8. Wien, 1813. (Gerold.) — 15

MÄRTER, Franz Josef: Entwurf einer Theorie über die natürliche Entstehung sowohl, als künstliche Produktion des Maserholzes, nebst beigefügter Erfindung regelmäßig gebildetes Holz durch zweckmässige Zerlegung in Maserform umzuwandeln - Wien 1815

—Entwurf einer Theorie üb. die natürl. Entstehung sowohl, als künstl. Production des Maserholzes. Mit 3 ill. Kpf. 8. Wien 815. Geistinger. (Gerold). 1 ℛ Hbg. Pr. 16 gℛ

— fundam. et termini botanici, congesta, sec. meth. Car. a Linné. 8. Francf. Varrentrapp. 789.

Märters, F. J., Cultur des Mahaleb- od. Parfümirkirschen-Baumes, mit Versuchen auf außerordentliche Holzkultur, Färberei, Gerberei, Liqueurbrennerei u. Pharmaceutik. Mit K. gr. 8. Wien, Geistinger. (Leipz. Weygand.) 813.

Märter, Frz. Jos., Naturgeschichte d. Bataten süssen od. spanischen Kartoffeln. Mit 1 ill. Kpf. gr 8. Wien, 1791 Schaumburg u. C
— 12½

Märter F. J.: Naturgeschichte d. Bataten, süssen od. spanischen Kartoffeln. Nebst Bemerkungen u. Versuchen üb. die Cultur derselben. Wien 1797. 52 S. 1 kol. Tvl. P.

— Naturgesch. d. Bataten, süßen od. span. Kartoffeln. gr. 8. Wien, Schaumburg. 797.

— der Obstbaumzucht, verm. von C. Baumann. 8. Wien, Gerold. 795.

—Verzeichniß aller Bäume, Stauden und Buschgewächse. 8. Leipz. Barth. 734.

MÄRTER, Franz Josef: Verzeichniß der österreichischen Bäume, Stauden und Buschgewächse mit kurzgefaßten Anmerkungen aus der Natur- und ökonomischen Geschichte derselben. - Wien 1781 212 S. - 2. Aufl. ebd. 1785. - 3. Aufl. ebd. 1796

Märter, Frz. Jos., Verzeichniss d. in d. grossen systemat. Baumschule z. Hernals bei Wien cultivirten etc. Tafelobst-Sorten. gr 8. Wien, 1805 Schaumburg. 253 S. 1 --

— — Dass. a. u. d. T. d. Obstbaumzuchten, nebst d. Verzeichniss aller Bäume Stauden u. Buschgewächse. Mit kurzgefassten Anmerk. aus d. Natur u. ökonom. Geschichte ders. 3. Aufl. Wien, 1795 Gerold. — 25

— Vorstellung e. ökonom. Gartens etc., nach d. Grundsätzen d. angewandten Botanik gr 8 Mannheim, 1782. (Wien Krauss.) – 7½

Fuenf Marter-Jahre. Schicksale eines deutschen Soldaten in Spanien u. Sizilien. Weimar 1834. 127 S.

Marter-Jahre, fünf, Schicksale e. deutschen Soldaten in Spanien u. Sicilien. Schmal gr. 12. (5½ B.) Weimar 834. [Leipzig, Böhme.]

Marter-Jahre, fünf, Schicksale e. deutschen Soldaten in Spanien u. Sicilien. schmal gr. 12. Weimar 834. Hoffmann. 1⅓ß

Marterl, Votivtafeln, Bildstöcke, Grabschriften, Feldkreuze, Leichenbretter, Haussprüche, Armeseelenbilder in Tirol, Vorarlberg, Bayr Wald, Vorgebirge u. Altbayrischen. (2: in der Schweiz, Oesterreich u. bayr. Hochland). Gesammelt von mehreren Touristen. Samml. [1.] 2. Regensburg Stahl [1898]. 8°
1 Ill. Ausg. 2. Aufl. [11. 3/99]

— Votivtafeln, Bildstöcke, Grabschriften, Feldkreuze, Leichenbretter, Haussprüche, Armeseelenbilder in Tirol, Vorarlberg, Bayr. Wald, Vorgebirge u. Altbayrischen. Gesammelt v. mehr. Touristen. 2. Aufl. (Illustr. Ausg.) 12. (39 S.) Ebd. 898. n. 1. —

— dasselbe. 2. Sammlg. In d. Schweiz, Oesterreich u. bayr. Hochland. 12. (40 S.) Ebd. 898. — 30; illustr. Ausg. (40 S.) n. 1. —

Marterl, Votivtafeln, Grabschriften, Feldkreuze, Leichenbretter, Haussprüche, Armeseelenbilder in Tirol, Vorarlberg, Bayr. Wald, Vorgebirge u. Altbayrischen. Gesammelt v. mehr. Touristen. 12. (34 S.) Regensburg 898. München, Aug. Schupp's Verlag. n. — 30

Marterlegenden, Thebaische, oder vollständige Geschichte von dem heiligen Blutzeugen Christi, S. Mauritio ... Ingolstadt 1760. V: *Schmid, Ignaz Dom. Cyr.* (Ky)

Marterln (Votivtafeln und Feldkreuze, Aufschriften und Inschriften in Tirol, Vorarlberg und dem übrigen Österreich ... Meran-Mais [1909]. V: *Pleticha, Friedrich.* (margr)

Marterln (Votivtafeln u. Feldkreuze), Aufschriften u. Inschriften (Wirtshausschilder u. Haussprüche), Grabschriften in Tirol, Vorarlberg u. dem übrigen Oesterreich. Mit e. Anh. (48 S.) 8. Meran-Mais (909). (Leipzig, A. Twietmeyer.) — 90

Märters, F J, s. Märters, Franz Josef

Marterstek, Jh. Klem., Bonnischer Flora 1r Thl. od. Verzeichniß aller hier wildwachsend. Arzneipflanzen ꝛc. 8. Bonn 782. (Dänzer in Düsseld.) 1 rß 4 K

Marterstek, J. C., Bonn. Flora. 1r Theil. 8. Bonn, (Dänzer. Duisb.) 792.

Martersteig, Max (Hrsg.), s. Almanach für bildende Kunst und Kunstgewerbe

— s.: Jahrbuch der bildenden Kunst.

Martersteig, Max, Jelta u. Ruben. 12. (89 S.) Leipzig 881. Liebeskind. n. 2. —

Martersteig, Max, Werner v. Kuonefalk. Dichtung. 8. (IV, 142 S. mit Illustr.) Leipzig 886, Liebeskind. * geb. **

Martersteig, Max, im Pavillon. Lustspiel in 1 Aufzuge. 8. (31 S.) Weimar 878, [Dittmar's Buchh.] Zuckschwerdt. *

Martersteig, Max. Die Protokolle d. Mannheimer Nationaltheaters unter Dalberg aus den J. 1781 bis 1789. gr. 8. (XIX, 468 S.) Mannh. 890, Bensheimer. * 10 —

Max Martersteig Der Schauspieler. Ein kunstler. Problem. Leipzig Diederichs 1900. 81 S. 8° [09. 1911 11]

— Giovanni Segantini, s.a. Kunst, die. 21. Bd.

Martersteig, Max. Giovanni Segantini. Mit zwölf Vollbildern [Tafeln] in Tonätzung. VIII + 76 S. 8. Berlin, Julius Bard, [1904]. (cart. M. 1.25, geb. 2.50)
Die Kunst. (Sammlung illustrierter Monographien.) Hrg. von Richard Muther. (Band 21.)

— das deutsche Theater im 19. Jahrh. Eine kulturgeschichtl. Darstellg. (XVI, 735 S.) Lex.-8. Leipzig 904. Breitkopf & Härtel. n. 15. —; geb. n. 16. 50

Martersteig, Max, aus Hessens Vorzeit. Festspiel mit lebenden Bildern zum 50jähr. Jubiläum des Vereins für hess. Geschichte und Landeskunde. Die lebenden Bilder entworfen und gestellt von Louis Katzenstein. gr. 8. (36 S.) Kassel 884, Freyschmidt. *

—— Pius Alexander Wolff. Ein biograph. Beitrag zur Theater- und Literaturgeschichte. Mit dem (radirten) Portr. Wolff's nach der Wichmann'schen Büste. gr. 8. (XII, 327 S.) Leipzig 879, Fernau. *

Martersteig, Willib., das Ende der Bären-Indianer, } s.: Jugend- u. Volksbibliothek

— die Goldgräber v. Mexiko, } s.a. Jugend- u. Volksbibliothek

Die Goldgräber von Mexito [!]. Erzählung von Willibald **Martersteig**. *Berlin A. Weichert [1901].* (32 S.) 8° [J.]
= Indianer- u. Volksbibliothek. 309. [03. 4-38]

— die Kindesräuber der Prairie, } s.: Jugend- u. Volksbibliothek

Marterthum, das, der hl. Cäcilia, s.: Dilettantenbühne, kathol.

Märterthum

— das entlarvte, d. sogenannten Aebtissin Mieczislawska u. ihrer vergeblichen Leidengenossen. gr. 8. München 846, Franz. 2 ngl

—— dass. Franz. gr. 8. (¾ B.) Ebds. 846.

Märterthum der Oberin Irena Macrina Mieczyslawska und ihrer Leidensgefährtinnen. Aus d. Franz. Mit e. Vorw. d. Oberin Miezyslawska. gr. 8. (3 B. u. M's. Bildn.) Augsburg 846, Schmid'sche Buchh.

Der **Martertod** des Judenknaben von Prag. Bunte Kleinigkeiten. *Trier. Paulinus-Dr. [1899?].* (192 S.) 8° [J.]
= Novellenkranz Hrsg. v Dasbach. Bdch. 19. [-0. 426. 5]

Marterwerkzeuge, die, Jesu Christi, eine Andacht zum bittern Leiden unsers Herrn. Von einer armen Magd Gottes. Mit einem Vorwort von Wilh. Löhe. Nürnberg 869. Löhe. 16. (VIII, 32 S.) n. 5 ngr; cart. mit Goldschn. n. 7½ ngr.

Martfeld, C., Vorschlag zu e. königl. Reformationscommission für Oekonomie. 8. Kopenh. 772. Pelt. 4 gr

Martfeld, Christian: Ueber das Mästen des Rindviehes insonderheit der Kälber und der Schweine; über das Einsalzen des Fleisches und der Butter in England und Irland; und über die Räucherungsmethode des Rindfleisches in Hamburg. Gekr. Preisschr. Ilmenau 1823. XVI, 104 S. **Voigt.**

Marth, Albert, Assistenzarzt im Pomm. Füs.-Reg. No 34 in Bromberg: Ueber einen Fall von Thrombose der vena cava inferior nach Pneumonie mit ausgedehntem Collateralkreislauf. *Leipzig 1904: B. Georgi.* (43 S.) 8°
Leipzig, Med. Diss. v. (20. Juni) 1904

Marth, *Albert* Die Verteilung des Turnlehrstoffes an den Geräten für die einzelnen Klassen des Domgymnasiums zu Naumburg a. S. 8 (52 S.). **Progr.** Domg. *Naumburg a. S.* 1888 (228).

Marth, Chr., Predigt, geh. am Bußtage, den 18. XI. 1903. (14 S.) 8. Lübeck 903. R. Quitzow. n. — 30

Marth, Franz [Cand. med. aus Bamberg]: Über Prostata-Abscesse ... Bamberg, Druck d. Humann'schen Offiz., 1893; 2 Bl., 24 S. 8.
Erlangen, Med. Fak., Inaug.-Diss. v. 19. Dez. 1892

***Marth*, J. D., exemples d'écriture français. 4. Berl. 798. Lagarde, (Köchly). 2 ß**

Martha

— s. a. Winke f. Leiterinnen v. Bewahranstalten.

—— oder haus- u. landwirthschaftl. Taschenbuch f. alle d. Küche u. Haushaltung befliss. deutschen Hausfrauen in Städten u. auf d. Lande, auch f. Bäcker u. Branntwein-Destillatoren. Ein nützl. Rathgeber in 666 Vorschriften. gr. 12. (14⅔ B.) Leipzig 830, Rauck.

Martha, oder Die Mischmonder-Markt-Mägde-Mietung, in 3 A. (aufgeführt am 25. Jan. 1848). V: *Nestroy, Johann.* Vgl. N.s Werke, hgbn. v. Rommel 1 (1908), S. XC. (DARP)

Martha. Eine zuverlässige Rathgeberin in der Kochkunst u. in den meisten anderen Zweigen der Hauswirthschaft. Enthltd.: 500 erprobte Kochrezepte, das ganze Gebiet der Kochkunst umfassend, sowie zuverläss. Anweisungen zum Einmachen von Früchten, zur Behandlung der Wäsche, zu wirthschaftl. Einrichtungen ꝛc. Graudenz 866. (G. Röthe.) 8. (XIV, 324 S.) cart. 25 ngr; geb. 1 ß

Martha, eine zuverlässige Rathgeberin in der Kochkunst und in den meisten andern Zweigen der Hauswirthschaft. Enthaltend: Erprobte Koch-Recepte, das ganze Gebiet der Kochkunst umfassend, sowie zuverlässige Anweisungen zum Einmachen von Früchten, zur Behandlung der Wäsche, zu wirthschaftl. Einrichtungen, zur Zucht und Pflege von Hausthieren und sonstigen wirthschaftl. Verrichtungen ꝛc. Hrsg. vom Kuratorium des Waisenhauses für evangel. Mädchen in Graudenz. 2. Aufl. (356 S.) 1874; 3. Aufl. 8. (XXV, 361 S.) Graudenz 881, (G. Röthe.) geb.

Martha, eine zuverlässige Rathgeberin in der Kochkunst und in den meisten andern Zweigen der Hauswirthschaft. Enthaltend: Erprobte Koch-Recepte, das ganze Gebiet der Kochkunst umfassend, sowie zuverlässige Anweisungen zum Einmachen von Früchten, zur Behandlung der Wäsche, zu wirthschaftlichen Einrichtungen, zur Zucht und Pflege von Hausthieren und sonstigen wirthschaftlichen Verrichtungen ꝛc. Hrsg. vom Kuratorium des Waisenhauses für evangel. Mädchen in Graudenz. 4. Aufl. 886; 5. Aufl. 8. (XIX, 350 S.) Thorn 889, W. Lambeck. geb.

Martha. Eine zuverlässige Rathgeberin in der Kochkunst u. in den meisten andern Zweigen der Hauswirthschaft. Hrsg. v. Minna Hoof. 6. Aufl. 8. (XIX, 350 S.) Thorn 890, Walter Lambeck. geb. 3 —

Martha. Eine zuverläss. Rathgeberin in d. Kochkunst u. in d. meisten and. Zweigen d. Hauswirthschaft. Hrsg. v. Minna Hoof. 9. Aufl. 8. (XIX, 350 S.) Thorn 895. E. Lambeck. Geb. in Leinw. 3. —

Martha. Eine zuverläss. Rathgeberin in der Kochkunst u. in den meisten anderen Zweigen der Hauswirthschaft. Hrsg. von Minna Hooff. Enth.: Erprobte Kochrecepte, das ganze Gebiet der Kochkunst umfassend, sowie zuverläss. Anweisgn. zum Einmachen von Früchten, zur Behandlg. der Wäsche, zu wirthschaftl. Einrichtgn., zur Zucht u. Pflege v. Hausthieren u. sonst. wirthschaftl. Verrichtgn. 15. Aufl. 8. (XXI, 328 S.) Thorn 901. E. Lambeck. Geb. in Leinw. n. 3. —

Martha. Eine zuverläss. Ratgeberin in der Kochkunst u. in den meisten anderen Zweigen der Hauswirtschaft. Hrsg. v. Minna Hooff. Enth.: Erpropte Kochrecepte, das ganze Gebiet d. Kochkunst umfassend, sowie zuverläss. Anweisgn. zum Einmachen v. Früchten, zur Behandlung der Wäsche, zu wirtschaftl. Einrichtgn., zur Zucht u. Pflege von Haustieren u. sonst. wirtschaftl. Vorrichtgn. 17. Aufl. (XXI, 328 S.) 8. Thorn 906. E. Lambeck. Geb. in Leinw. 3. —

Martha oder die Mägdeherberge em wiesse Pähdge. Original-Carnevals-Posse mit Gesang in 3 Akten. (Musik v. Flotow). 6. Jubel-Ausg. Koeln 1873. 8. 32 S. In Koelner Mundart. (75 Pfg. R. Bertling, 1892.)

Martha. Eine Wochenschrift f. die Hausfrau, die Töchter u. weibl. Angestellten des Hauses. In Verbindg. m. mehreren Fachschriftstellerinnen hrsg. v. Ernst Evers. 2. Jahrg. 1894. 52 Nrn. (Bog. m. Abbildgn.) gr. 4. Berlin, Buchh. der Berliner Stadtmission. n. — 75

— e. Wochenschrift f. d. Hausfrau, d. Töchter u. weibl. Angestellten d. Hauses. In Verbindg. m. mehr. Fachschriftstellerinnen hrsg. v. Ernst Evers. 3.—6. Jahrg. 1895—1898. à 52 Nrn. (Bog. m. Abb.) gr. 4. Berlin, Buchh. d. Berliner Stadtmission. à Jahrg. n. 3. —
Kann auch vierteljährlich bezogen werden.

Martha. Eine Wochenschrift f. die Hausfrau, die Töchter u. weibl. Angestellten des Hauses. Nebst Beilage: Fürs kleine Volk. In Verbindg. m. mehreren Fachschriftstellerinnen hrsg. u. red. v. Ernst Evers. 7.—10. Jahrg. 1899—1902. à 52 Nrn. gr. 4. (à ca. 8 S. u. 8 S. in Lex.-8. m. Abbildgn.) Berlin, Vaterl. Verlags- u. Kunstanstalt. à Jahrg. 3. —

Martha. Eine Wochenschrift f. die Hausfrau, die Töchter u. weibl. Angestellten des Hauses. Nebst Beilage: Fürs kleine Volk. In Verbindg. m. mehreren Fachschriftstellerinnen hrsg. u. red. v. Curt Nicklas. 11.—14. Jahrg. 1903—1906. à 52 Nrn. (à 8 S. m. Abbildgn.) Lex.-8. Berlin, Vaterländ. Verlags- u. Kunstanstalt. à Jhrg. n. 3. —; geb. n. 4. 50
Jhrg. 11 ist noch von E. Evers redigiert.

— Eine Wochenschrift f. die Hausfrau, die Töchter und weibl. Angestellten des Hauses. In Verbindg. m. mehr. Fachschriftstellerinnen hrsg. v. d. Berliner Stadtmission. Schriftleiter: Ernst Bunke. 15.—18. Jahrg. 1907—1910. à 52 Nrn. (à ca. 8 S. m. Abbildgn.) Lex. 8. Berlin, Vaterländ. Verlags- u. Kunstanstalt. à Jahrg. 3. —

Die Geschaftige Martha 1838 1842? Baltimore, MD
Weekly Organ of Die Vereinigten Bruder in Christo

Die Geschaeftige Martha 1838—1841 & 1851– 1854
Dayton, OH

Martha, eine Gespenstergeschichte. [Die Sonntagsblätter hgbn. v. L. A. Frankl. Wien 1848. S. 107 ff.] S.-A. V: *Lyser, Joh. Peter.* (Friedrich Hirth: J. P. Lyser. München u. Leipzig 1911. S. 549)

Martha, die Haushälterin, wie sie seyn soll. Ein Angebinde f. Haushälterinnen kathol. Geistlichen u. f. and. weibl. Domestiken. Von F. H. 16. (2 1/4 B. u. 1 Stndr.) Ulm 834, Ebner.

Martha, die lahme. Erzählungen aus dem Dorf-Leben. gr. 16. (102 S. m. 1 Holzschntaf.) Basel 874. Spittler. n. — 70

— u. **Maria**, od. den Demütigen giebt Gott Gnade, s.: Edelweiß.

— u. **Maria**. Eine Monatsschrift f. christl. Mütter u. Töchter. 25. Jahrg. 1907. 12 Nrn. (à ca. 16 S.) gr. 8. Kassel, (J. G. Oncken Nachf.) 1. 75
Erscheint nicht mehr.

Martha Reed. Eine wahre Lebensgeschichte, s. Schillings-Bücher.

Martha, schäfftige. Dat ys: Eentfoldige Beschriving wo ydt m. dem Honnigsöten Fryten vor- u. by der Köst thogeydt. In de Fedder gefatet un upgedrücket dörch Jeckel van Achtern, Herr up Lik. Derbkomisches plattdeutsches Gedicht aus dem 17. Jahrh. 12. (12 S.) Köln 890, Teubner. — 75

Martha, die Stiefmutter, s. Schillings-Bücher ꝛc.

Martha die Stiefmutter. Eine Dorfgeschichte. (Von Maria Nathusius.) 1. Aufl. (59 S.) 1849. und 2. Aufl. 12. (60 S.) Hamburg 851, Agentur des Rauhen Hauses.

Martha die Stiefmutter. Eine Dorfgeschichte (von Marie Nathusius). 4. Aufl. 12 (60 S.) Hamburg 854, Agentur des Rauhen Hauses.

Martha

— **Schwester, die Prüfung des Glaubens. Nebst 5 andern christl. Erzählungen. .. Aachen ... Cremersche Buchh. (Cazin.) 1 1/4 ℛ**

Martha, Mutter, der Wohlstand durch die Sparsamkeit. Den verständ. Arbeiterinnen gewidmet. 8. (118 S.) Mülhausen i/E. 892. E. Detloff. Kart. n. — 50

Martha, N., Arithmétique élémentaire,
—— Éléments d'algèbre,
—— Éléments de géometrie et trigonometrie,
} s. Bodson, N.

Martha, Nicolas, u. Michel Weyer· Bericht über den Stand der Gemeinde-Angelegenheiten der Stadt Luxemburg vom 1 September 1874 bis zum 31 August 1875 (Artikel 20 des Gesetzes vom 24. Februar 1843) Luxemburg: J Joris [1875]. 30 S. 4°

Martha-Kalender, d., auf d. J. 1899. Ein Jahrbuch f. Frauen u. Jungfrauen. In Verbindg. m. Fachschriftstellerinnen hrsg. v. Ernst Evers. 8. (96 S. m. Abb. u. 1 Farbdr.) Ebd. — 25

Martha-Kalender, der, auf d. J. 1903. Ein Jahrbuch f. Frauen u. Jungfrauen. In Verbindg. m. dem Vorstände-Verband der evangel. Jungfrauenvereine Deutschlands hrsg. v. Ernst Evers. (6. Jahrg.) 8. (98 S. m. Abbildgn. u. Wandkalender.) Berlin, Vaterländ. Verlags- u. Kunstanstalt. n. — 25

Martha-Kalender, der, auf d. J. 1907. Ein Jahrbuch f. Frauen u. Jungfrauen. In Verbindung m. dem Vorstände-Verband der evangel. Jungfrauenvereine Deutschlands hrsg. von Curt Nicklas. (10. Jahrg.) (XXXII, 80 S. m. Abbildgn. u. Wandkalender.) 8. Ebd. n. — 25

Martha-Kalender, der, auf das J. 1910. Ein Jahrbuch für Frauen u. Jungfrauen. (13. Jahrg.) (XXXII, 78 S. m. Abbildgn. u. Wandkalender.) 8. Berlin, Vaterländ. Verlags- u. Kunstanstalt. — 25

Marthaler, Caspar, s. Marthaler, Kaspar

Marthaler, Harald, zur Bernischen Armengesetzreform. [Aus: „Helvetia".] 8. (61 S.) Bern 896. (Michel & Büchler.) n. — 60

Marthaler, H., s. Beiträge, Berner, zur Geschichte der schweizerischen Reformationskirchen.

Marthaler H. Erster Bericht über die Bernische Trinkerheilstätte „Nüchtern" bei Kirchlindach, abgelegt der Hauptversammlung am 24. März 1892 (umfassend die Zeit bis zum 31 Dezember 1891). 8° 36 S. Bern. 1892.

Erster Bericht über die Bernische Trinkerheilstätte „Nüchtern" bei Kirchlindach. Bern 1892. (Weitere Berichte erschienen alljährlich bis 1899.)

Marthaler, Harald. Charakterbildung und Alkoholismus. 3.—4. Tausend. IV + 16 S. 8. Basel, Schriftstelle des Alkoholgegnerbunds (Fr. Reinhardt, [1901]). fr. —. 10
Alkoholgegnerbund. ⟨Internationaler Verein zur Bekämpfung des Alkoholgenusses.⟩ [Flugschriften.] Nr. 27.

Marthaler, H. A. Harald, Charakterbildung u. Alkoholismus. Neue, durchgeseh. Aufl. 7. u. 8. Tauf. (16 S.) 8. Basel (910). Schriftstelle d. Alkoholgegnerbundes. — 10

Marthaler, Harald, und Weiss, [Wilhelm]. Zehnter internationaler Kongress gegen den Alkoholismus, abgehalten zu Budapest im September 1905. Oeffentliche Berichterstattung ... zu Bern den 27. Oktober 1905 von Pfarrer H' M' in Bern ⟨Gesamtübersicht⟩ und Sekundarlehrer W' in Zürich ⟨Schule und Erziehungsfragen⟩. Hrg. vom Alkoholgegnerbund Bern. 40 S. 8. Bern, Buchdr. «Berner Tagblatt», 1906.

Marthaler, Harald, die Temperenzbewegung im Lichte des Evangeliums gr. 8 (92 S.) Bern 893. H. Koerber. n. — 75

Die Trinkerheilanstalten der Schweiz. Lehmann. Zürich. 1900.

Marthaler, Harald. Die Trinkerheilstätten der Schweiz, nach Angaben der Anstaltsleitungen zusammengestellt. 1 S. fol. [Bern 1901.]

Marthaler, H. Ein Wort über Gründung einer Trinker-Heilanstalt im Kanton Bern. Im Auftrage des Ausschusses für kirchliche Liebesthätigkeit. In-8°. 71 S. (Biel) Bern, Comm.-Verlag von Huber & Cie., 1889. — 60

Marthaler, J[acob]. Aufgabensammlung zur Einführung in die Einfache und doppelte Buchhaltung. Bearb. von J. Marthaler.... Im Selbstverlag hrg. vom Kaufmännischen Verein Bern. 128 S. 8. Bern, Lack Aeschlimann & Jost, 1902. ([cart.] per Ex. fr. 2. —, per Dutzend fr. 21.60)

Marthaler, Jak., Lehrbuch der einfachen u. doppelten Buchhaltung f. kaufmänn. Fortbildungs- u. Handelsschulen. Mit ausgeführten Beispielen u. Aufgabensammlg. (Lehrmittelsammlung des schweiz. kaufmänn. Vereins.) (XIII, 374 S.) 8. Zürich 908. Schulthess & Co. Geb. in Leinw. 5. —

Marthaler, J[acob]. Lösungen zur Aufgabensammlung für Einfache und doppelte Buchhaltung. Bearb. von J. Marthaler.... Im Selbstverlag hrg. vom Kaufmännischen Verein Bern. 87 S. 8. Bern, Stalder & Sieber, 1903. [fr. 3. 50]
Aufgabensammlung .. 1902 *s. Bulletin 1901, S. 274:* N 576.

Marthaler, Kaspar

Marthaler, K., Gebete, Lieder und Sprüche für die Jugend, besonders auch zum Gebrauche in Kinder-Sonntagsschulen. 8. (59 S. mit Holzschn. im Texte.) Zürich 880, Schultheß. * cart. *

Marthaler, K., Gebete, Lieder u. Sprüche f. d. Jugend, besonders auch zum Gebrauch in Kinder-Sonntagsschulen. Mit Holzschn. im Texte. 2., verm. Aufl. gr. 8. (68 S.) Zürich 889. Schulthess. n. — 60; cart. n. — 80

Marthaler, K., über Zwingli's Lehre vom Glauben. Vortrag gehalten vor der asket. Gesellschaft in Zürich den 18. Juni 1878. gr. 8. (36 S.) Zürich 878, Schultheß.

Marthaler, K., die Sonntagsfrage. Synodalproposition, geh. vor der Synode der zürcher. Geistlichkeit auf dem Rathhause in Zürich den 6. Novbr. 1883. gr. 8. (42 S.) Zürich 883. Schultheß. n. — 60

Martha's Weihnachtsfest. Von der Verf. von „Mathildens Genesung". 1. und 2. Aufl. (40 S.) 1868,76; 3. Aufl. gr. 16. (38 S.) Basel 877, Spittler. *

Martha's Weihnachtsfest. Von der Verf. von „Mathilden's Genesung". 4. Aufl. 12. (38 S.) Basel 880, Spittler. *

Marthe. Schwester M' (Anne Biguet). Ein Muster christlicher Liebe 8 Basel • / [1830/50].

Marthe, Schwester, ein Muster christl. Liebe. 12. Luzern 816. Anich. 2e Aufl. Münch., Giel. 1 gl

Marthe, zur Geschichte der russischen Gymnasien Berlin 4 44 S. Schul-/Univ.-Schrift 1865

Marthe, F., s.: Anleitung zur Schreibung u. Aussprache der geographischen Fremdnamen.

Marthe, F., Was bedeutet Carl Ritter für die Geographie? Festrede zur Säcularfeier am 11. Octbr. 1879. Mit einer Zusatz-Anmerkung. gr. 8. (51 S.) Berlin 880, D. Reimer. *
Aus: Zeitschrift der Gesellschaft für Erdkunde, besonders abgedruckt.

Marthe, Fridericus: *De legibus Romanorum agrariis. 69 S. 4° (2°)
Halle-Wittenberg, Phil. Diss. v 28. Febr. 1856
Geb. [Niemegk (Kr Zauch-Belzig) 17 7 1832]

Martheen, experimentelle Untersuchungen üb. Antisepsis bei Augenoperationen u. die Bakteriologie des Conjunctivalsackes. [Aus: „Beiträge zur Augenheilkunde".] gr. 8. (108 S.) Hamburg 893. L. Voss. n. 3. —

Marthen, Georg [aus Sorau-Lausitz]: Über blauen Eiter und den Bacillus pyocyaneus. . . . Berlin, Buchdr. v. Gustav Schade (Otto Francke) (1890); 38 S. + 1 Bl. 8°
Berlin, Med. Fak., Inaug.-Diss. v. 25. Jul. 1890

Marthen, W., s.: Diemar, Adamine v.

Martheray, Ludwig (Bern), De jure censuum seu annuorum redituum privatorum. Basel (Fr. Ludius) 8. I. 1710. 19 S. (4.—) 22220

Marti, die Jurabahnfrage u. ihre Bedeutung für Biel. Antwort auf die sachbezügl. Schrift des Herrn G. Blösch. Biel 869. (Steinheil.) 8. (55 S.) n. 5 *ngr.*

Marti, Arnold, üb. subconjunctivale Kochsalzinjectionen u. ihre therapeutische Wirkung bei destructiven Hornhautprocessen. gr. 8. (V, 35 u. IV S.) Basel 895. C. Sallmann. n. 1. —

Marti, C., Rechnungs-Beispiele aus der Bruchlehre. 1. und 2. Kreis. 8. Zürich, Orell, Füssli und Comp., Verlag. [1. Kreis. 2. umgearb. Aufl. (36 S.) 887. ** 25 Pf.; 2. Kreis. 3. unveränd. Aufl. (64 S.) 889. ** 35 Pf.] **

Marti, C., Rechnungsbeispiele aus der Naturlehre. Zum Gebrauche in Primar-, Sekundar- und Handwerkerschulen. 8. (69 S.) Bern 882, Wyß. *
—— dass. — Schlüssel. 8. (65 S.) Ebendas. 882. *

Marti, Carl, s. Marti, Karl

Marti, Caspar, s Marti, Kaspar

Marti, C[hristian]. The weather-forces of the planetary atmospheres. Printed as manuscript [With figures.] 29 p. 8. Nidau, E. Weber, 1905. [fr. -. 40]

Marti, C[hristian]. Die Wetterkräfte der Planetenatmosphären. Von C. Marti, Sekundar-Lehrer in Nidau, Schweiz. (Sonder-Abdruck aus dem 15. Jahresbericht des Naturwissenschaftlichen Vereins zu Osnabrück.) 21 [+ *Tabellen* 42] S. 8. Osnabrück, A. Liesecke, 1902

Marti, C[hristian]. Die Wetterkräfte der strahlenden Planetenatmosphären. (2. Aufl.) [Mit Figuren.] 40 S. 8. Nidau, E. Weber, 1904. [fr. —. 70]

Marti, C., die Wetterstrahlungen der Planeten. 2., neu durchgearb. Aufl. (56 S. m Fig.) 8. Bern 910. K. J. Wyß. 1. —

Marti, C[hristian]. Die Wetterstrahlungen der Planeten-Atmosphären. [Mit Figuren und 1 graphischen Tafel.] 41 S. 8. Bern, K. J Wyss, 1906. [fr. 1. —]

Marti, E., Bundesgesetz betr. Kranken- u. Unfall-Versicherung m. Einschluß der Militärversicherung. Darlegung der Hauptbestimmgn. m. besond. Berücksicht. der für den Stand der Landwirthe wicht. Punkte. 8. (49 S.) Bern 900. (K. J. Wyß.) n. — 40
Sonderabdruck aus: „Schweizer Bauer".

Marti, E(rnst). Am Grabe unserer Lieben. Trostworte für Trauernde ausgewählt von E. Marti, Pfarrer in Grossaffoltern. XII + 148 S. 8. Lyss, A. Wenger-Kocher, 1903. [geb. fr. 3. —]

Marti, E[rnst]. Lyss, Aarberg, Büren. Wanderskizzen aus der «Arbeitsstube des Bernbietes» (**Umschlag* Wanderungen durch das bernische Seeland). Mit 25 Illustrationen [und illustriertem Umschlag]. 64 S. 8. Lyss, Verlag «Helvetia» ⟨A. Wenger-Kocher⟩, [1907]. [fr. 1. —]

Marti, E[rnst]. Versicherungskunde für Fortbildungsschulen. Im Auftrage und unter Mitwirkung der Herausgeber des «Fortbildungsschülers» bearb. von Pfr. Emil [*d. i.* Ernst] M' in Grossaffoltern. [Mit 1 Figur und 1 Porträt.] Gratisbeilage zum Jahrg. 21 [1900/01] des «Fortbildungsschülers». IV + 32 S. 8. Solothurn, Gassmann, Sohn, [1901]. *sep.* im Buchh. fr. — 50, direkt —. 25

Marti, Fr., im Bergwirtshaus. Touristenbild m. Gesang in 1 Aufz. Musik v. J. R. Krenger. 8. (45 S.) Aarau 898. H. R. Sauerländer & Co. n. — 60

— eingeschneit. Touristenbild m. Gesang in 1 Aufz. 12. (36 S.) Ebd. 896. n.n. — 60

Marti, Frdr., gegen den Alkohol. Versuch e. Antialkohol-Unterrichts. (16 S.) gr. 8. Bern 904. (Stämpfli & Co.) n. — 20

— der menschl. Körper. Sein Bau u. seine Pflege. 2., verm. u. verb. Aufl. (64 S. m. 15 Holzschn.) gr. 8. Zürich 903. Th. Schröter Nachf. n. — 80; kart. n. 1 —

Marti, Friedr[ich]. Rechenaufgaben für die I. Seminarklasse der Neuen Mädchenschule Bern. An den Patentexamen gesammelt. II + 31 S. 8. Bern, Büchler & Co., 1901. [fr. —. 60]

Marti, Fritz, Lebensbild d. Seminardirektors Dr. Franz Dula. M. Vorwort v. C. Küttel u. d. Portr. d. Verstorb. in Lichtdr. gr. 8. (VII, 270 S.) Zürich 898. F. Schulthess. n. 3. —

— die Perle, s.: Verein f. Verbreitg. guter Schriften, Zürich.

Marti, Fritz. Schmerzenskinder. Versuche. 12. (375 S.) Glarus 889, (Baeschlin). * 3 —

Marti, Fritz, die Schule der Leidenschaft. Roman. (368 S.) 8 Berlin 906. Gebr Paetel n. 6. —; geb. in Leinw. n. 6. —

— d. Schützengesellschaft d. Stadt Zürich. Festschrift z. Einweihg. ihrer neuen Schießstätte in Albisgütli. Juni 1898. Im Auftr. d. Vorstandes d. Gesellschaft verf. gr. 8. (102 S. m. 7 Taf. u. 1 Fksm.) Zürich 898. (C. Schmidt.) n. 1. —

[F.] Sonnenglauben. Neue Schweizeridyllen v. Fritz Marti *Berlin: O. Janke [1896]* (3 Bl., 135 S.) 1 Bd 8.
(Collection Otto Janke.) [96. 4770

[F.] Das Vorspiel des Lebens. E. Erzählg in Kindergeschichten v. Fritz Marti *Berlin. O. Janke (1897).* (2 Bl., 247 S.) 1 Bd 8. [97. 1450

(Marti, Johannes) Denkschrift auf die Jubelfeier der Erinnerung an den hundertjährigen Bestand der Kirche in Ennenda im Herbst 1874 ([Mit einem Nachruf auf den Verfasser von] D J [und Beiträgen, worunter 1 Tabelle, von] Heinrich Hefti.) 4. Glarus 1874

Marti, Karl, das Buch Daniel, s. a. Hand-Kommentar, kurzer, zum alten Testament. 12. Lfg.

Marti, Carl. Das Buch Daniel. Erklärt von D. Karl Marti, ord. Professor... in Bern. XXIV + 98 S. 8. Tübingen und Leipzig, J. C. B. Mohr, 1901. (Preis im Einzelverkauf [br.] M. 2. 35, geb. M. 3. 35)

Kurzer Hand-Commentar zum Alten Testament... hrg. von D. Karl Marti.... Abteilung 18....

Marti, Karl, das Dodekapropheton, s. a. Hand-Kommentar, kurzer, zum Alten Testament. 20. Lfg.

Marti, Carl. Das Dodekapropheton. Erklärt von D. Karl M', ord. ... Professor ... in Bern. XVI + 492 S. 8. Tübingen, J. C. B. Mohr 1904. (im Einzelverkauf M. 8. —, geb. 9. —)

Kurzer Hand-Commentar zum Alten Testament .. hrg von D. Karl Marti . Abteilung 13.

Marti, Karl, der Einfluß der Ergebnisse der neuesten alttestamtl. Forschungen auf Religionsgeschichte u. Glaubenslehre Vortrag, am 29. Aug. 1893 in St. Gallen auf der 50. Jahresversammlg. der schweizer. Predigergesellschaft geh. [Aus: „Verhandlgn. der schweiz. reform. Predigergesellsch.“] gr. 8. (59 S.) Braunschweig 894. C. A Schwetschke & Sohn n. — 75

Marti, Karl, Geschichte d. israelitischen Religion. 3., verb. Aufl. v. August Kayser's Theologie d. Alten Testaments. gr. 8. (XII, 330 S.) Strassburg 897. F. Bull. n. 4. —

— Geschichte der israelitischen Religion. 4. verb. Aufl. v. Aug. Kayser's Theologie des Alten Testaments. gr. 8. (XII, 330 S.) Strassburg 903. F. Bull. n. 4. —

Marti, Karl, Geschichte der israelitischen Religion. 5. verb. u. verm. Aufl. v. Aug. Kayser's Theologie d Alten Testaments. (X, 358 S.) gr. 8. Strassburg 907 F. Bull. 4. 40

— kurzgef. Grammatik d. biblisch-aramäischen Sprache, s. a. Porta linguarum orientalium.

Kurzgefasste Grammatik der biblisch-aramäischen Sprache. Litteratur Paradigmen, kritisch berichtigte Texte u. Glossar v. D. Karl Marti, o. Prof an d. Univ Bern. *Berlin Reuther & Reichard 1896.* (XIV, 134. 89 S.) 1 Bd 8.
= Porta linguarum orientalium. P 18. [96. 4451

— s.: Hand-Kommentar, kurzer, z. Alten Testament.

Marti, K., der Prophet Jeremia v. Anatot. gr. 8. (IV, 67 S.) Basel 889. [Detloff.] Reich. n. 1. 20

— das Buch Jesaja, s. a. Hand-Kommentar, kurzer, zum Alten Testament. 10. Lfg.

Das Buch Jesaja erklärt von D Karl Marti, Prof. in Bern. *Tübingen, Freiburg i. B., Leipzig: J C. B. Mohr 1900.* (XXVI, 428 S.) 8°
= Hand-Kommentar, Kurzer, z. Alten Testament. Abt. 10. [00. 5113 7

— die Religion des Alten Testaments unter den Religionen des vorderen Orients. (Zugleich Einführg. in den „Kurzen Hand-Commentar zum Alten Testament“.) (VII, 88 S.) Lex.-8. Tübingen 906. J. C. B. Mohr. n. 2. —; geb. n. 3. —

Marti, Karl, der Prophet Sacharja, der Zeitgenosse Serubbabels. Ein Beitrag zum Verständnis d. Alten Testamentes. gr. 8. (VIII, 124 S.) Freiburg i/B. 892. J C. B. Mohr. n. 3. —

— der richtige Standpunkt zur Beurtheilung der abweichenden theologischen Anschauungen. Vortrag. [Aus: „Theolog. Zeitschr. aus d. Schweiz“.] gr. 8. (III, 26 S.) Basel 890. Jenke. n. — 70

— Theologie des Alten Testaments, s.: Kayser, Aug.

Marti, Carl. Ursprung und Bedeutung der Toleranz, vom Standpunkt der Religionsgeschichte aus betrachtet. Von Professor D. K' M' in Bern. (Separat-Abdruck aus ([Jahrg] 21,) Heft 5 der Zeitschrift für Missionskunde und Religionswissenschaft.... II S. + S. 129—140. 8. (Heidelberg, Evangelischer Verlag, 1906.)

— s.: Zeitschrift f. die alttestamentliche Wissenschaft.

Marti, Kaspar

Marti, Casp., Glarus. Dissertatio inauguralis medico-chirurgica de loco praeternaturali orificii ductus salivalis Stenoniani sanato. 1490

Basel: med Diss. 1746

Marti, Marta: „Gottes Zukunft“ von Heinrich von Neustadt. Quellenforschungen. Tübingen, H. Laupp jr., 1911. IV, 124 S. 8°. Die Arbeit erscheint gleichzeitig als 7. Heft der Sammlung „Sprache und Dichtung“ im Verlage von J. C. B. Mohr (Paul Siebeck) in Tübingen. [8. VII. 10.]

Bern. Phil. Diss. 1910/11.

Marti, Paul: Fletcher's play: The Night-Walker and Shadwell's comedy: The Woman-Captain. Berne, Gustav Grunau, 1910. 76 p. and one table. 8°. [4. III. 10.]

Bern. Phil. Diss. 1910/11.

Marti, S[amuel]. Ein neues Stadtkasino für Bern. Separatabdruck aus dem Guckkasten des Berner Männerchor. 12 S. 8. Bern, Stalder & Sieber, 1902. fr. —. 20

Marti, U. Die Elemente der hauswirtschaftlichen Chemie, f. Koch- u. Haushaltungsschulen, sowie f. den Selbstunterricht bearb. 16. (74 S.) Bern 891, Schmid, Francke u. Comp. cart. * — 80

Martial, roman pastoral, imité d'Estelle de Florian, par Bruguière, fig. au 3: III Vol. 18. Berlin, Rottmann. 795.

Martialis. – Marcus Valerius Martialis, s. Dau, Albrecht

Marcus Valerius Martialis als Mensch und Dichter Nebst Andeutungen zur Kenntniss einiger von den Epigrammen desselben vorhandenen Uebersetzungen in deutscher und französ. Sprache. Berlin, C G Ende, 1843. 8°. 2 Bll. u. 156 S. (In Berlin Wk 7990, in München: A. lat. a. 974.)

Martialis, Gargilii, s. *Gargilius*.

Martialis, Gargilius. Curae boum ex corpore Gargilii Martialis. Alter rätselhafter neugestalteter Text mit krit. wie sachl. Bemerk. a. d. Gebiete d. Altertumskunde u. Naturwissenschaft u. gelegentl. Verbesserung verdorbener Stellen b. d. Alten von C. T. Schaei Pr. 1857. 47 S.

Martialis, Gargilius: Curae boum. (Curante Jo(hann) Matthias Gesner.) 6 S.(S.305 - 310). Mannhemii: 1781

s.: Vegetius, (Publius) Renatus: Artis veterinariae sive mulomedicinae libri quatuor curante J.M.Gesner.

JB 5.874

Martialis, Gargilii, quae supersunt. E Cod. Neapolitano et Vaticanis eruit Ang. Majus. Edit. in Germania prima. 8. (2½ B.) Lunaeburgae 832, Herold et Wahlstab.

Martialis, Marcus Valerius

Martialis s. Bibliothek d. Übersetzungen

—— Buch der Schauspiele. Mit Anmerkungen von Ludw. Friedlaender. gr. 4. (22 S.) Königsberg 884, Hartung'sche Verlagsdruckerei. *

- Epigrammata

— — in us. Delphini numismatis exorn. Lud. Smids. 8. Amst. 701.

— — Lib. XII 12. Augsb. Wolf. 730.

Martialis, M. Val., Epigrammata, c. not. Thom. Farnabii. 12. Leid. (Bresl. Meyer). 744.

Martialis, Marc. Val., epigrammata lib. XIV. interpretatione et notis illustr. Vincentius Collesso in usum Delphini. 8. Ofen 757. Typ. (Landes in Pressb.) 1 ℔

Martialis, M. Val., Epigrammata, ad opt. codices Parisiis nuper recensit. et castigat. II Tmi. 8. Mannh. Acad. Handl. (Löffler). 782. (I. 9 gr. II. 8 gr.) Rthlr. Postp.

—id. lib. opt. editt. collatis. II Voll. 8maj. Biponti 783. (Treuttel u. W. in Strassb.) 22 gl. Schrb. 1 ℔ 4 gl.

—epigrammata. II Tom. 8. Wien 804. (Armbruster). 16 gl. Schrbp. 1 ℔ Velinp. 4 ℔ 16 gl.

— — II Tmi. 8. Vien. Degen. 804. Schreibp. Velinp.

Martialis, (M. Val.,) Epigrammata ad apt. libror. sid. accur. edita. Edit stereotypa 16. Lips. 824, Tauchnitz.

— epigrammata. Ad opt. libr. fidem accurate edita. Nova editio stereot. 16. Leipzig 845, K. Tauchnitz. 8¾ ngl Vel. P. ½ ℔

Martialis, M. Valerii, epigrammata. Ad optimorum librorum fidem accurate edita. Nova edit. ster. C. Tauchnitiana. Nova impressio. Leipzig 867. Holtze. 16. (406 S.) 9 ngr.

Martialis, Marci Valerii, epigrammata, recognovit brevique adnotatione critica instruxit W. M. Lindsay. (XXVIII, 466 S.) 8. Oxford (902). Clarendon Press. n.n. 5. —

Martial, M. Val., funfzig Epigrammata, ins Deutsche übertr. u. mit zeitgemäßen Zusätzen begleitet. Von J. G. Dießling. 8. (3½ B.) Frankfurt a. M. 835, (Boselli.)

Martialis, M. Val., epigrammaton libri. Edidit D. F. G. Schneidewin. II Vol. 8maj. Grimae 842, Gebhardt. n. 5 ℔

Martialis, M. Val., epigrammaton libri. Ex recensione sua denuo recognita ed. F. G. Schneidewin. 8. (XVI und 379 S.) Lipsiae 853, Teubner. Thlr.

Martialis, M. Valer., Epigrammaton librum I., rec., commentariis instruxit. Joa. Flach. gr. 8. (XXIV, 119 S.) Tübingen 881, Laupp'sche Buchh. *

— epigrammaton libri. Mit erklär. Anmerkungen v. Ludw. Friedlaender. 2 Bde. gr 8. (523 u. 546 S.) Leipzig 886. Hirzel. n. 18. —

— dasselbe. Recognovit Walther Gilbert. 8. (XXXIV, 407 S.) Leipzig 886. Teubner. 2. 40

M. Valerii Martialis Epigrammaton libri. Recogn. Walther Gilbert. Ed. stereot. emendatior. *Lipsiae: B G Teubner 1896* (XL, 407 S.) 1 Bd 8. (Bibliotheca script. Graec. et Rom. Teubneriana.) [illegible]

M[arci] Valerii Martialis Epigrammaton libri Recogn. Walther Gilbert. Ed. ster. em. Lipsiae Teubner 1907 XL, 407 S. 8° (Bibliotheca scriptorum Graec. et Rom. Teubneriana.) [illegible]

- Epigramme

—— übers. von Alex. Berg, s. Bibliothek, Langenscheidt'sche sämmtl. griech. und röm. Klassiker.

—— Epigramme, s. Sammlung griechischer und römischer Classiker.

§ * — — Die Epigramme des *Marcus Valerius Martialis* in den Versmassen des Originals übers. u. erläut. von Dr. Alex. Berg Stuttgart, Krais u. Hoffmann, (1864) —1865. 8° (2½ Rthl.) (2 Mk. 50 Pfg. Eckard Mueller, Halle, 1894, 3 fr 50 cts. Schneider, Basel, vor 1900.)
VI—538 SS. — Sammlung griech. u. lat Classiker Nr 166, 167, 173, 180, 194—196

— Epigramme. In den Versmaßen des Originals übers. u. erläutert v. Alex. Berg. 1.—3. Lfg. 2. Aufl., rev. v. E. A. Bayer. (VI u. S. 1—96.) kl. 8. Berlin-Schöneberg (906. 906). Langenscheidt's Verl. à n. — 35

Martialis, Marcus Valerius, Epigramme. In den Versmaßen des Originals übers. u. erläutert v. Alex. Berg. 4.—6. u. 10.—16. Lfg. 2. Aufl. (S. 97—192 u. 289—541.) kl. 8. Berlin-Schöneberg (907. 08). Langenscheidt's Verl. à Lfg. — 35

Epigrammenlese a. Martial (v. E. Zimmermann). Frkf. 808. 8. 8gr.

— – Gedichte, s. Universal-Bibliothek Nr. 1611.

§ * — — *Marcus Valerius Martialis*, in einem Auszuge, lateinisch und deutsch. Aus den poetischen Übersetzungen verschiedener Verfasser gesammelt. Nebst einem Anhange aus dem *Catullus*. Von Karl Wilhelm Ramler. 5 Bde. 8° Mit 5 TVign., gez von B. Rode, gest von J W Meil, Geyser u. E Henne. Leipzig, bey Weidmanns Erben und Reich (in der Weidmannischen Buchhandlung) 1787—91. 8° (In Berlin 2 Expll.. Wk 7640, B Dz 8° 2376—78.) (15 Mk. alte Hldrbde., Adolf Weigel, 1906.)
* — — Dasselbe. Anhang zum Ersten Theile Von K W Ramler. Ebd. 1793. 8° (In Berlin Wk 7644.)
* — — Dasselbe. Nachlese von K. W Ramler. Berlin 1794. 8° (In Berlin Wk 7646.)

Martialis, M. Valerius. In e. Auszuge, latein. u. deutsch gesammelt v. K. W. Rammler. 5 Bde. 8. Leipz. 787—793. Weidmann. 5 ₰ 18 gr. Holl. P. 10 ₰ Anh. zum In Thl. dess. 793. 8 gr. Nachlese zu denselb. 8. Berl. 794. Franke. 12 gr. Holl. P. 14 gr.

— — Dasselbe (Nachdruck), titulo *Marcus Valerius Martialis* in einem Auszuge. Aus den poetischen Übersetzungen verschiedener Verfasser gesammelt, und mit eignen Übersetzungen heraus gegeben von Carl Wilh. Ramler. 5 Thle. Wien, 1793—94. Auf Kosten der Herausgeber (sic!). 8° (In Schaffhausen, Cantonsbibl.) (2 fl., Hldr., Gilhofer & Ranschburg, Wien, c 1888.)
Anon. Lex. III p. 118 (nach Meusel, Goedeke, Scriba)
I: Tit., 5 Bll. Leben des M., 245 (die letzten 5 S falsch numer.) S. II Tit u. 255 S. III: Tit u. 267 S. IV:

— s. Posthumus.

Der Posthumus des Martial. Eine Antike gefunden, nebst mehrern andern und mit Erklärungen von J. G. C. Klotzsch. Meissen 798. 8.

Martialis, M. V. Sinngedichte; metrisch übersetzt. Frankf. a. M. 1783. Ü: *Zimmermann, Christian Heinrich.* (MGT) (GGr) (HS) nicht: *Zimmermann, Johann Georg.* (Degen) (Ebert)

Martialis, M. Valer., Sinngedichte, metrisch übersetzt (von J. G. Zimmermann. 8. Frkf. a. M. 793. Varrentrapp. 9 gr.

Martialis, de spectaculis libellus I. ed. F Schmieder. Pr. 1887. 19 S. 4°.

§ * — — Des *Marcus Valerius Martialis* Werke, verdeutscht von Dr. Willmann. Köln am Rhein, Pet. Schmitz, 1825. 8° XII—300 S. (In Berlin Wk 7660, in München A lat. a. 967.)

Martianus Capella

***Martiani*, Min. Felicis Capella, s. *Capella*.**

Martianus Capella. Recensuit Franc. Eyssenhardt. Accedunt scholis in Caesaris Germanici Aratea. 8. (LXVI und 490 S.) Leipzig 866, Teubner.

Martiani Minei Fel. Capellae, de nuptiis etc., s. Capellae.

Martianus, Capella, de nuptiis, a I. A. Goetz. 8. Nürnb. Monath. 794.

— — ex edit. Walthardi. 8. Bern. Typ. 764.

Martiau, Ignaz

— das Buch von der Nachfolge Christi neu übersetzt. 8. Ebend. 802.

Martiau, Ign., kleines Gebetbuch für fromme Knaben u. Mädchen. 18. Augsb. Wolf. 802.

Martičević Stephan: Zur Grundlegung der Logik. 1906 PN 2184 Diss. Wien Univ 117

Marticke, E., und A. Weiß, praktisches Kochbuch, s. Weiß, Auguste.

MARTIENSEN, JOHS. CHR. (autor), Diss. solemnis de lapidis microcosmici genesi. Kilonii. 1744. 4. P. [Praes. Gottl. Henr. Kannegiesser]. (M. Progr.).

Martiensen, Julius Anton (Grabow/Meckl.), De probatione exceptionis non numeratae pecuniae. Präs. Ernst Jo. Fried. Mantzel. Rostock (J. J. Adler) 18. IV. 1747. 25 S. (5.—) 22221
Widm. v.: Ernst Jo. Fried. Mantzel.

Martienßen, H. Th. Chr., Predigten u. Altarreden zur dritten Jubelfeier der Augsburg. Confession. Nebst e. Bußtagspredigt gr. 8. Rostock u. Schwerin 830. Stiller. 6 gr.

Martienssen, Oscar H.: Methoden zur Messung von Phasendifferenzen von Wechselströmen gleicher Periode. M. 1 Taf. *Leipzig: J. A. Barth 1897.* (58 S. mit Taf.) 8°
München, Phil. Diss. v. 1897

Martig, C., s. Martig, Emanuel

Martig, Emanuel

Martig, E., Anschauungs-Psychologie mit Anwendung auf die Erziehung. Für Lehrer- und Lehrerinnen-Seminarien. 8. (VIII, 293 S.) Bern 888, Schmid, Francke und Comp. *

Martig, E., Anschauungs-Psychologie m. Anwendung auf die Erziehung. Für Lehrer- u. Lehrerinnen-Seminare, sowie zum Selbstunterricht. 2., verb. Aufl. gr. 8. (XI, 310 S.) Bern 891. Schmid, Francke & Co. n. 3. —; kart. n. 3. 20

Martig, E.. Anschauungspsychologie mit Anwendung auf die Erziehung. Für Lehrer- und Lehrerinnen-Seminare, sowie zum Selbstunterricht. 3. verbesserte Auflage. In-8°. 286 S. Bern, Schmid, Francke & Co. 1895. 3 50
— — Dasselbe cartonniert. 3 75

Martig, E., Anschauungs-Psychologie m. Anwendg. auf d. Erziehg. Für Lehrer u. Lehrerinnen-Seminare, sow. z. Selbstunterr. 4., verb. Aufl. gr. 8. (X, 301 S.) Bern 897. Schmid & Francke. n. 3. —; kart. n. 3. 20

Martig, Eman., Anschauungs-Psychologie m. Anwendung auf die Erziehung. Für Lehrer- u. Lehrerinnen-Seminare, sowie zum Selbstunterricht. 5. Aufl. gr. 8. (XII, 304 S.) Bern 901. A. Francke. n. 3. —; geb. in Leinw. n. 3. 50

Martig, Eman., Anschauungs-Psychologie m. Anwendung auf die Erziehung. Für Lehrer- u. Lehrerinnen-Seminare, sowie zum Selbstunterricht. 6. Aufl. (XII, 303 S.) gr. 8. Bern 903. A. Francke.
Geb. in Leinw. n. 3. 20

Anschauungs-Psychologie mit **Anwendung auf die Erziehung.** Für Lehrer- u. Lehrerinnen-Seminare sowie z. Selbstunterricht. Von Emanuel **Martig** Seminardir 7. Aufl. **Bern Francke 1907.** XII, 304 S. 8°
[II. 4885

— **Geschichte** der Erziehung in ihren Grundzügen m. besond. Berücksicht. der Volksschule, nebst e. Anh. üb. die Entwickelung des Volksschulwesens in der Schweiz. Für Lehrer- u. Lehrerinnen-Seminare, sowie zum Selbstunterricht. gr. 8. (VI, 348 S.) Ebd. 901.
n. 3. 60; geb. in Leinw. n. 4. 20

Martig, Emanuel. Geschichte des Bernischen Lehrerseminars zu Hofwil und Bern von 1883 bis 1905. Festschrift zum Einzug in das neue Oberseminar im Herbst 1905. IV + 110 S. 8. Biel, W Gassmann, **1905.**

Martig, E., Geschichte des Lehrerseminars in Münchenbuchsee [Kanton Bern]. Zur Feier des 50jähr. Bestehens der Anstalt. gr. 8. (VII, 175 S.) Bern 883, [Dalp'sche Buchh.] Schmid, Francke und Comp. *

— **Lehrbuch der Pädagogik.** Für Lehrer- u. Lehrerinnen-Seminarien, sowie zum Selbstunterricht. gr. 8. (VII, 167 S.) Ebd. 890. cart. n. 1. 80

— **Lehrbuch der Pädagogik.** Für Lehrer- u. Lehrerinnen-Seminare, sowie zum Selbstuntorricht. 2., verb Aufl. gr. 8. (VIII, 189 S.) Ebd. 892. n. 1. 80

— **Lehrbuch der Pädagogik.** Für Lehrer- u. Lehrerinnen-Seminare, sowie zum Selbstunterricht. 3., verb. Aufl. gr. 8. (VIII, 183 S.) Ebd. 900. n. 2.—; geb. n. 2. 40

— **Lehrbuch der Pädagogik** Für Lehrer- u. Lehrerinnen-Seminare, sowie zum Selbstunterricht. 4., verm. u. verb. Aufl. (VIII, 195 S.) 8. Ebd. 906.
Geb. in Leinw. n. 2. 80

Martig, Eman., Lehrbuch f. den confessionslosen Religionsunterricht in der Volksschule. Vom schweizer. Verein f. freies Christenthum mit dem 1. Preise gekrönt. 8. (XIII, 144 S.) Bern 876. Dalp. n. 1. —

—— Lehrbuch für den Religionsunterricht in der Volksschule. Vom schweizer. Verein für freies Christenthum mit dem ersten Preise gekrönt. 2. und 3. Aufl. Mit 1 (chromolithogr.) Karte von Palästina. 8. (XII, 159 S.) Ebendas. 878,79. cart. *

— **Lehrbuch für den Religionsunterricht in der Volksschule.** 13. Aufl. 8. (XII, 159 S. mit 1 Karte von Palästina.) Ebd. 888. n. — 70

— **Lehrbuch** f. den Religionsunterricht in der Volksschule. Vom schweizer. Verein f. freies Christentum m. dem 1. Preise gekrönt. 14., neu durchgeseh. Aufl. (35. u. 36. Taus.) 8. (XII, 159 S. m. 1 farb. Karte.) Ebd. 893. Kart. n.n. — 75

Martig, Emanuel. Lehrbuch für den Religionsunterricht in der Volksschule. Vom schweizerischen Verein für freies Christentum mit dem ersten Preise gekrönt. 15., neu durchgesehene Aufl. Mit einer Karte von Palästina. XII + 160 S. 8. Bern, A. Francke, 1903. [cart. fr. —. 85]

Martig, C., der Religionsunterricht in der Unterschule nach dem Unterrichtsplan für die Primarschulen des Kantons Bern. Ein Wegweiser für Lehrer, Lehrerinnen und Mütter. gr. 8. (VIII, 60 S.) Bern 880, [Dalp'sche Buchh.] Schmid, Francke und Comp. *

Martig, E., (Pfr. in Huttwyl), Unterweisungen in der christlichen Lehre nach biblischen Abschnitten. 65 Stn. 8. **Bern, J. Dalp'sche** Buchh. —. 80
1872.

— **Unterweisungen in der christlichen Lehre nach biblischen Abschnitten.** Von der evangelisch-reformierten Kirchensynode des Kantons Bern m. e. Preise bedacht. 6., umgearb. Aufl. 8. (VI, 71 S.) Ebd. 894. Kart. n. — 50

— **Unterweisgn. in d. christlichen Lehre nach bibl. Abschnitten.** V. d. evang.-reform. Kirchensynode d. Kantons Bern m. e. Preise bedacht. 7. Aufl. 8. (VI, 71 S.) Ebd. 895. Geb. n. — 50

Martig, E[manuel]. Unterweisungen in der christlichen Lehre nach biblischen Abschnitten. Von der evangelisch-reformierten Kirchensynode des Kantons Bern mit einem Preise bedacht. 11. Aufl. VI + 71 S. 8. Bern, A. Francke, 1904. [cart. fr. —. 50]

Martig, E[manuel]. Unterweisungen in der christlichen Lehre nach biblischen Abschnitten. Von der evangelisch-reformierten Kirchensynode des Kantons Bern mit einem Preise bedacht. 12. u. 13. [Titel-]Aufl. VI + 71 S. 8. Bern, A. Francke, 1905 u. 1906. [je cart. fr. —. 50]
11. Aufl. 1904: N 3078

Martig, W., Beiträge zur Chirurgie der Gallenwege, s.: Mitteilungen aus Kliniken u. medicinischen Instituten der Schweiz.

Martignac, das Kloster von Santa Maria im Walde, s. Balzac, v.

Martignoli, Leitfaden der Elektro-Homöopathie. Vade-Mecum oder neues und leichtes Mittel, sich in jeder Krankheit selbst zu heilen. Nach dem Französ. Einzig autoris. Uebersetzung. 8. (63 S. mit 1 Stnt.) Regensburg 883, (Manz.)

Martigny-Gd [Sachliches OW]

Martigny Gd. St Bernard Combin. [Carte d'excursions. Transport lithographique d'une partie des feuilles 525, 526, 527, 525bis, 529, 530, 532, 532bis de l'Atlas topographique Siegfried.] Echelle 1: 50000. [Publié par le] Service topographique fédéral, Berne. Report sur pierre **1905.** 720/874 mm. 1 feuille fol.-obl.
Ed. A: non collée. fr 3. —
Ed. B collée sur toile 8; *titre (avec croquis):* Atlas topographique de la Suisse Report sur pierre. Martigny—Combin. 1:50,000. Berne, Service topographique fédéral, *Aufdruck* 1905. collée sur toile fr. 5.—

Martigny-Gd [Schlagwort]

Martigny-Gd., s.: Schweiz. Atlas.

Martjanow und Snegirew, Russische Alterthümer aus dem Gebiete der Kirchen- und Civilbaukunst. (Russkija stariny w pamjatnikah zerkownago i graždanskago zoitschestwa). Moskau. 1850. Fol.

Martiis, s.: Cognetti de Martiis.

Martin, Anton. Nekrolog. Wien 1882. V: *Lukas, Franz.* (EB)

Martin, der arme, eine wahre Geschichte für Christenkinder. Besonders abgedruckt aus den „Beschäftigungen für die Jugend." gr. 12. Stuttgart 838. Balz'sche Buchh. 1/8 ß

Martin, der arme. 18. Straßburg 841, Levrault. cart. mit schw. Kpfr. 1/8 ß color. 1/8 ß

— der arme. Eine wahre Geschichte für Christenkinder. Neue Ausg. m. 4 Bild. gr. 16. Stuttg. 846, Bechers Verlagsb. 1/4 ℛ

Martin, der arme. Eine wahre Geschichte für Christenkinder. Neue Aufl. mit 2 (lithogr. und ill.) Bildern. gr. 16. (48 S.) Stuttgart 855, Thienemann's Verlag.

— Bauer, d. Mörder; e. Roman v. Fliberk. 8. Leipzig, Göschen. 803.

Martin, Herr, der Beobachter. Aus d. Franz. d. Pigault-le Brun. 8. Berlin, Schlesinger. 820.

Martin, Bruno, der Mörder; ein Roman ... Leipzig 1803. V: *Kähler, Ludw. August.* (MGT)

Martin, der gute, e. Gesch. vom Verf. des Hofnarren. 8. Berlin, Mösle. 775.

Martin, Der gute. Wien 1785. V: *Hegrad, Friedrich.* (Ky)

Martin, der gute, (v. Fr. Hegrad). 8. Wien 785. N. A. 811. v. Mösle. 8 gr

Martin, der gute. Eine Geschichte. 8. Wien, v. Mösle. (Leipz. Kummer in Comm.) 811.

Martin, Der heilige, und seine Verehrer ... [Einsiedeln] 1828. V: *Bodenmüller, Elisa geb. Lavater.* (Cat. d. Stadtbibl. Zürich. Zürich 1864—97.)

Martin, Dr. Konr., Bischof von Paderborn, im Leben und im Tod, s. Schreiber, A.

Martin, Pächter, über die moralische Anwendung der Französischen Revolution ... Göttingen 1796. V: *Demme, Hermann Christian Gottfried.* (MGT)

—der Pächter, über die moral. Anwendung der französ. Revolution. 8. Götting. 796. Dieterich. 8 gr

Martin, Der Pächter, und sein Vater. Leipzig 1792—93. V: *Demme, Hermann Christoph Gottfried.* (Ky) (BrMm) (GGr) (MGT)

— der Pächter, und sein Vater, 2 Theile, mit 1 Kupfer, zweyte Auflage, 8. Daselbst, 794. Göschen. 1 Rthl. 28 gl.

Martin, der Pächter, u. sein Vater, (v. H. C. G. Demme). 3 Thle. 8. Leipz. 792—802. 3e Aufl. 802. Göschen. 3 ℛ 4 gr

Martin Plever, der Kreuzfahrer wider Willen, s. H. Walden, Zöglinge froher Laune, 3s Bdchen.

Martin, Sarah, von Groß-Yarmouth, ein Lebensbild aus der Geschichte der inneren Mission. Hrsg. von der Wupperthaler Traktat-Gesellschaft. [2. Aufl.] gr. 16. (27 S.) Barmen 871, (Klein.) *

Martin, Sarah, aus Groß-Yarmouth, ein Lebensbild aus der Geschichte der inneren Mission. gr. 16. (27 S.) Barmen 879, (Wiemann.) *

Martin, Sarah, und Elisabeth Inchbald, s. Frauenspiegel.

Martin, der selige. Posse in 2 Akt. v. Verf. d. Amerikanerin. 8. Leipz. Solbrig.

Martin Singestett; e. Nachtwächtergeschichte, (v. A. F. Geisler d. Jüng.) 8. Werthheim u. Leipz. 783. Brückner. 12 gr

—Spitzbauch; e. satyr.-kom. Roman in Versen; hrsgg. v. G. L. 8. Duisb. 805. (Leipz., Rein). 14 gr

Martin Stollberg u. seine Familie oder die Gefahren der Schwatzhaftigkeit. 16. (4¾ B. u. 1 Ttkpfr.) Straßburg 846, Levrault'sche Buchh.

Martin, Vater. Eine Weihnachtserzählg. f. Jung u. Alt. Aus dem Französ. übers. von W. R. 8. (15 S. m. Abbildgn.) Hannov. 890, (Feesche). * — 40

Martin de Alpartil's chronica actitatorum temporibus Domini Benedicti XIII., veröffentlicht v. Fr. Ehrle, S. J., s.: Quellen u. Forschungen aus dem Gebiete der Geschichte.

Martin v. Bracara's Schrift de correctione rusticorum, s. Caspari, C. P.

Martin von Cochem, s. Cochem, Martin von

Martin

Martin [Pseudon.] s. Martinet, Martin.

— s. a. **Martini.**

— s. auch Saint-Martin.

†Martin, [Lange], am Bache. Lieder aus dem Tagebuche. 8. (XVI, 127 S.) Halle 872, Fricke. ℳ 1,50.; geb.

Martin's, Vater, Briefe an seinen kleinen Michel. 5.—10. Taus. (120 S.) 8. Charlottenburg 909. H. Netto. Kart. 1.50

Martin, Bruder, die unbefleckte Empfängnis der Päpste. Aus dem Span. v. Osk. Panizza. gr. 8. (XII, 108 S.) Zürich 893. Verlags-Magazin. n. 1. 60

Martin, ..., s. *Fénelon*, les aventures de Telemaque.

Martin. Siehe *Gallerie* und Lens.

— im Grund, diesseits u. jenseits der Alpen. Erlebtes u. Erdachtes. Erzählungen, Sagen u. Lieder. 8. (VIII, 315 S.) Münster 874. Russell. 3. —

Martin, s.: Handels-Hochschule, die, in Mannheim.

Martin, Kräuterbuch, s.: Höchstetter, Ferd.

Martin, manuel de l'officier de santé. III Vol. gr. 8. Strasbourg, König.

Martin, (I.), der Erzengel Raphael als blauer Mann, s. Weidemann.

Martin, (II.), unter den Sternen. Lieder aus dem Tagebuche. 8. (XIV und 433 S. mit 1 lithogr. Titelbilde.) Halle 863, Fricke.

Martin, A., s.a Cless, Martin, Alfred

Martin A, die doppelte Buchführung im kleinsten Massstab praktisch angelegt. (119 S) Pforzheim 1893

Martin, A L' eclat de rire, s. Arago, Jacques

Martin, A., l'éclat de rire, Drame, s. Théâtre franç. mod. Sér. V. Liv. 7.

Martin, A., Leben, das, des Labrador-Eskimos, s.: Von der Wiege bis zum Grab. 2. Hft.

Martin, A., s.: Sammlung deutscher Lehrbücher.

— s.: Sänger, Max.

Martin, A. Die militärischen Verhältnisse der Züricher Scherer und Nachricht über Fel. Wirtz. (S.-A.) Berlin 1907.

Martin, A., Welt u. Ton. Ein nützl. Bildungsbuch z. Eintritte in d. feine Gesellschaft. Mit Andeutungen u. Regeln f. d. gewöhnl. u. besond. Beziehungen d. Lebens, nebst Winken üb. Anstand, Benehmen, feine Sitten, Etikette, Unterhaltung 2c. u. alle gesell. Verhältnisse. N. d. Franz. Mit neuen Erläutern. u. e. Anh. v. Aphorismen, Stammbuchblättern u. Blumendeutn. v. J. C. Claudius. 1. Aufl. gr. 12. (13 B.) 829. 18 Gr., 2., verm. u. verb. A. 16. (20 B.) Prag 833, Kronberger u. Weber.

Martin, A G E, s Martin, Anton

Martin, Ad

Martin, Ad., s. Bibliothek, ausgewählte, d. Classiker d. Auslandes, 36.—38. Bd.

Martin, (A.,) vollst. nach Grundsätzen separirte Concursacten. 4. Jena 827, Cröker.

Martin, Ad., Ordnung, provisor., des gemeinschaftl. Ober-Appellations-Gerichtes zu Jena.

Martin, Ad.: Provisorische Ordnung des gemeinschaftlichen Ober-Appellations-Gerichtes zu Jena für die Großherzogl. u. Herzogl. Sachsen-Ernestinischen auch Fürstlich Reußischen Lande. Jena 1830

Martin, Adf., Briefe der Königin Luise von Preußen. 8. (III, 95 S. mit 1 Portr. der Königin in Holzschn.) Berlin 887, [F. Luckhardt.] Otto Hentze's Verlag.
geb. mit Portr. in Stahlst. *

Martin, Adolph (Giessen)
Das Chinin als Antiphlogisticum.
Giessen: Keller 1868. 24 S. u. 1 Taf. 2 Bl. Thesen.
Diss. med. 28.8.1868. vorh. 7.

Martin, Adf., vollständiges Kontor-Lexikon über sämmtliche Waaren und Handelsgegenstände mit Beifügung ihrer officinellen und chemischen Bezeichnungen nebst Angabe der üblichsten Handels-Usancen 2c.; über sämmtliche europäische u. die wichtigsten außereuropäischen Städte, Flecken, Dörfer 2c. Ein Nachschlagebuch für Kaufleute, Fabrikanten 2c. Nach den neuesten Quellen bearb. 1. Bd. 1–3. Liefg. Halle 861, 62. Hendel. gr. 8. (S. 1—240.) Jede Liefg. 6 ngr.

Martin, Adf., Martha, die Stiefmutter, Marie, s.: Volksschriften.

Martin, Adf., die Pflanzennamen der deutschen Flora mit den wichtigern Synonymen in alphabet. Ordnung etymologisch erklärt. gr. 8. (IV und 122 S.) Halle 851, Schmidt. *

— Vater, Sohn u. Enkel u. andere Erzählungen, s.: Nathusius, Marie.

Martin, Albert [prakt. Arzt aus Schlesien]: Angioma cavernosum am Hinterkopfe ... München, Druck v. Joh. Aschenbrenner (1887); 17 S. 8°.
München, Med. Fak., Inaug.-Diss. v. 1887

Martin, Albert, Angioma cavernosum am Hinterkopfe. Diss. München 1887, A. Buchholz. 8°. 17 S.

Martin, Alex., Handbüchlein f. Austernliebhaber. Deutsche, mit e. Vorwort, mit Zusätzen, mit d. Darstellung d. Philosophie d. Chinesen verm. Ausg. v. R. Schmidt. M. 2 Stndr. 16. (10 B.) Leipzig 828, Rein.

Martin, Alex., Perlen aus Jerusalem. Ein kathol. Gebetbuch. Mit 3 lith. Ansichten aus Jerusalem. Bruneck 854. (Innsbruck, Wagner.) 18. (X, 296 S. u. lith. Titel.) n. 9 ngr.

Martin, Alexandre, (Prof. à l'université de Genève). Rapport présenté à la Société suisse des juristes dans sa réunion à Genève, 19 et 20 août 1878. In-8°. 39 p. Genève et Bâle, Georg. 1878

Martin, Alfred, s.a Cless, Martin Alfred

Martin, Alfred. L'abus du droit et l'acte illicite. Extrait de la «Zeitschrift für schweizerisches Recht, N. F [Band] 25 [Heft 1].» p. 21—60. 8. [Basel, Helbing & Lichtenhahn, 1906.]

Martin, A. (Alfr. Cless.), weitere Aufsätze. Mit e. Anh.: Schiller u. der Anarchismus oder Auszug aus Schillers „Über die ästhet. Erziehg. des Menschen. In e. Reihe v. Briefen". (VII, 49 S.) gr. 8. Dresden 907. E. Pierson. 1. —

Martin, Alfr, deutsches Badeleben in vergangenen Tagen. Nebst e. Beitrage zur Geschichte der deutschen Wasserheilkunde. Mit 159 Abbildgn. nach alten Holzschnitten u. Kupferstichen. (II, 448 S.) Lex.-8. Jena 906 E. Diederichs. n. 14. —; geb. in Halbfrz. n. 17.—

Martin, Alfred. Deutsches Badewesen in vergangenen Tagen. [Von] A' M' [Privatdozent an der Universität Zürich]. Nebst einem Beitrage zur Geschichte der deutschen Wasserheilkunde. Mit 159 Abbildungen [wovon 2 Tafeln] nach alten Holzschnitten und Kupferstichen. IV + 448 S. gr.-8. Jena, Eugen Diederichs, 1906. [Subscr. M. 11. —, geb. 14. —; im Buchh. 14. —, geb. 17. —]

Martin, Alfred [Assistenzarzt f. physikalische Heilmethoden an der medizin. Klinik zu Zürich]: Aus der medizin. Klinik der Universität Zürich. (Direktor: Prof. Dr. Hermann Eichhorst.) Beiträge zur Lehre über den Einfluss thermischer Anwendungen auf das Blutgefässsystem. (S.-A. a. d. Zeitschr. f. diätetische und physikalische Therapie. 1903 1904. Bd. VII.) Berlin 1903. 36 S. 8°. [8. I. 04]
Zürich. Med. Hab.-Schr. 1903 1904

Martin, A., Code civil suisse: Des successions. Exposé du livre III de l'Avant-projet. Comparaison de ses principales solutions avec celles du droit français et du droit allemand. 183 p. 8. Genève, Ch. Eggimann & Cie. 1901.

Martin, A. Commentaire de la loi fédérale concernant l'état civil et le mariage. In-12⁰. 252 p. Genève, Ch. Eggimann & Cie. 1897. 4 –

Martin, Alfred. Die Darstellung des Planeten Luna von Hans Sebald Beham ⟨1500–1550⟩ in medizinisch-historischer Hinsicht. Von Dr. A' M' ... in Zürich. [Mit 1 Abbildung.] Sonderabdruck aus der «Deutschen Medizinischen Wochenschrift» [Jahrg. 33,] 1907, No. 13.... 4 S. 8. (Berlin, Druck G. Bernstein.)

Martin, Alfred: Ueber die Darstellung von metallischem Wolfram. 1908. 62 S. 8⁰ ¶ Vgl. Zeitschrift f. anorgan. Chemie. Bd 65. 1910.
München, Dr.-Ing.-Diss. v. 6. 12. 1907

Martin, Alfred: Aus der medizinischen Klinik zu Jena. Ueber den Einfluss künstlich erhöhter Körpertemperatur auf die Art des Eiweisszerfalles. *Leipzig 1898: J. B. Hirschfeld.* (11 S.) 8° [Umschlagt.]
Jena, Med. Diss. v [9. Febr.] 1898

Martin, Alfred (Avocat à Genève). Étude de la loi fédérale sur la capacité civile du 22 Juin 1881. In-8⁰, 107 p. Genève, Bâle, Lyon, H. Georg. 1882. 2 —

Martin, A. Étude des lois fédérales sur la responsabilité civile. In-12⁰. 149 p. Genève, Bâle, Lyon, H. Georg. 1890. 2 50

Martin, Alf. Étude sommaire du projet de loi fédérale sur la poursuite pour dettes et la faillite. In-8⁰, 24 p. Genève et Bâle, H. Georg. —1888.

Martin, A. Exposé de l'ancienne législation genevoise sur le mariage. In-8⁰. 76 p. Genève, Bâle, Lyon, H. Georg. 1891. 2 —

Martin, Alfred: Über die Frage des Beginnes der Legislaturperiode des deutschen Reichstags und des preuß. Landtags. Borna-Leipzig 1906: R. Noske. (XIII, 90 S.) 8°
Breslau, Jur. Fak., Ref. Brie-Dahn, Diss. v. 20. März 1906
[Geb. 24. Juli 83 Breslau; Wohnort: Rothenburg O.-L.; Staatsangeh.: Preußen; Vorbildung: Gymn. Görlitz Reife O. 01, Studium: Lausanne 1, Tübingen 3, München 1, Breslau 2 S.; Rig. 19. Jan. 06.]

Martin, Alfred [aus Kiew]: Die phonolithischen Gesteine des Laacherseee-Gebiets und der hohen Eifel. . . (Aus Zeitschr. d. Deutsch. geolog. Ges. Bd. XLII.) Halle a. S., *J F Starcke, Berlin,* 1890; 1 Bl. + S. 181–216 + 1 Bl. 8⁰
Halle, Phil Fak., Inaug.-Diss. v 23. Jul. 1890

Martin, Alfred. Historisches aus dem Badewesen. Von Dr. med. A' M' ... in Zürich.... (Vortrag, gehalten in der ... balneologischen Gesellschaft zu Berlin.) ⟨Sonderabdruck aus der Berliner klin. Wochenschr. [Jahrg. 44], 1907, No. 14.⟩ II + 11 S. 8. (Berlin, L. Schumacher.)

Martin, Alfred. Historisches zur Frage des Einzelkelches beim Abendmahl. Von Dr. A' M', Privatdozenten in Zürich. Separatabdruck aus der Münchener medizinischen Wochenschrift. [Jahrg. 53,] No. 11, 1906. 3 S. 8. [München, J. F. Lehmann.]

Martin, A., Loi fédérale sur la poursuite pour dettes et la faillite. VIII+413 p. 8. Lausanne, Payot & Cie. 1908 fr. 5.

Martin, Alfr., Recours de droit civil au tribunal fédéral après l'introduction du code civil, s.: Verhandlungen des schweizerischen Juristenvereins 1910. Heft 3.

— physikalische Therapie der akuten Infektionskrankheiten, s.a. Therapie, physikalische, in Einzeldarstellungen.

Physikalische Therapie der akuten Infektionskrankheiten. Bearb. von Dr A[lfred] Martin, Privatd., Zürich. Mit 5 Textabb. Stuttgart F Enke 1906. (123 S.) 8°
= Therapie, Physikalische, in Einzeldarstellungen. H. 14. [07. 5998

Martin, A., s. Verhandlungen des schweizer Juristenvereins.

Martin, Alfred. Von [Theophrastus] Paracelsus bis (Johann Jakob) Scheuchzer. Ein Beitrag zur Geschichte der Balneo- und Hydrotherapie in der Schweiz. Separat-Abdruck aus dem Zentralblatt für Physikalische Therapie und Unfallheilkunde ... [Band 1, Heft 3]. 5 S. 8. Wien und Berlin, Urban & Schwarzenberg, [1904].

Martin, Aloys

— und Ludw. Binswanger, das Chloroform in seinen Wirkungen auf Menschen und Thiere. Nach grösstentheils eigenen Erfahrungen bearb 8. (148 S.) Leipzig 848, Brockhaus. *

— Philipp Leopold Dermoplastik und Museologie oder das Modelliren der Thiere und das Aufstellen und Erhalten von Naturalien-Sammlungen 2 Auflage Weimar 1880 8° und Fol.

Martin, A(loys) sen. (Hrsg.):

s.: Haeberl, Fr(anz) X(aver): System einer vollständigen Lufterneuerung in Kranken= u. Versorgungshäusern, Irrenanstalten etc. für den Winter und Sommer... München: 1840

JB 2.851

Martin, Alois, Haupt-Bericht über die Cholera-Epidemie, s.a. **Haupt-Bericht.**

Martin, Aloys, Haupt-Bericht über die Cholera-Epidemie des Jahres 1854 im Konigreiche Bayern. München 1856, 1857

Martin, Aloys, die Hunyadi János Bittersalz-Quelle zu Ofen. Ihre Entstehungs-Verhältnisse, chem. Bestandtheile, physiolog. wie therapeut. Wirkungen und Anwendungs-Weise. 2. Aufl. 8. (34 S.) München 872, Th. Ackermann.

Martin, Aloys, Philipp Franz v. Walther's Leben und Wirken, s. Journal für Chirurgie etc.

Martin, Aloys u. Wilh. Kuby. Die Medizinalgesetzgebung im Königr. Bayern. Sammlung der Reichs- u Landesgesetze, Verordngn., generalisirten Ministerial-Entschließgn., wicht. oberstrichterl. Erkenntnisse u. Entscheidgn. d. Reichsversicherungsamtes. Hrsg. u. m. Erläutergn. anerkannter Commentatoren versehen. 3. Bd. Mit systemat., chronolog. u. alphabet. Register. gr. 8. (XXXII, 511 S.) Münch. 891, Th. Ackermann's Verlag. * 12 —
Bildet die Fortsetzung zu: Martin, A. Das Civil-Medicinalwesen im Königr. Bayern. 1. u. 2. Bd. Ebd. 1884,87. * 36 —, u. Kuby, W. Die Medizinalgesetzgebung im Königr. Bayern. 1. u. 2. Bd. Augsb. 1883,87 Gebr Reichel. * 37 —.

— zur Physiologie und Pharmakodynamik des Aetherismus. Inaug.-Abhandlung. gr. 8. (115 S.) München 847, Franz.

Martin, Aloys, die Salzsäuerlinge von Neuhaus, bei Neustadt an der fränk. Saale. gr. 8. (31 S.) München 856, Kaiser. *

Martin (Al.), Die Säuerlinge von Neuhaus, bei Neustadt an der fränkischen Saale. München 1856. 8.

Martin, Alois, Schematismus der im Königr. Bayern zur Praxis berechtigten Civil- und Militär-Aerzte, s. Schematismus.

Martin, Aloys, das Civil-Medicinalwesen im Königr. Bayern. Vollständ. Sammlung aller hierauf bezügl. und zur Zeit gültigen Reichs- und Landes-Gesetze, Verordnungen, Entschließungen, sowie der dazu gehör. Instructionen und oberstrichterl. Erkenntnisse. Nach amtl. Quellen gesammelt, systemat. geordnet und erläutert. 1. Bd. gr. 8. (IV, 844 S.) München 884, Th. Ackermann. *

Martin, Aloys, das Civil-Medicinalwesen im Königr. Bayern. Vollständ. Sammlung aller hierauf bezügl., zur Zeit geltenden Reichs- und Landesgesetze, Verordnungen, Entschließungen, sowie der dazu gehör. Instructionen und oberstrichterl. Erkenntnisse. Nach amtl. Quellen gesammelt, systemat. geordnet und erläutert. 2. Bd. gr. 8. (VIII, 1025 S.) München 887, Th. Ackermann. *
1. Bd. Ebendas. 1884. *ℳ 16.—.

Martin, Anaïs, die Freundin der weibl. Jugend, s. Freundin.

Martin, Ans., geschichtl. Darstellung d. Kranken- u. Versorgungsanstalten zu München, mit medizin.-administrat. Bemerkn. aus d. Gebiete d. Nosokomialpflege. gr. 12. (13 B.) München 834, Franz.

Martin, Anselm, die neue Gebär-Anstalt in München, ihre Geschichte und Erfahrungen. Mit Bemerkungen über bauliche und innere Einrichtungen von Hospitälern. gr. 8. (IX und 194 S. mit 3 Stahlst. in qu. gr. 8. und qu. gr. 4.) München 856(57,) Franz.

—— Geburtshilfe für Hebammen. 12. (820 S.) München 858 [Grubert.]

— Geburtshülfe für Hebammen. München 858. Palm. 12. (192, 124 S.) n. 1 ℛ︎.

—— über die Geburtshilfe auf der Höhe der Wissenschaft. Verfaßt und vorgetragen bei der öffentl. Preise-Vertheilung des Hebammen-Lehrkurses 1853 zu München. gr. 8. (15 S.) München 853, Palm's Hofbuchh.

—— Geschichte und Lehr-Methode der k. Hebammen-Schule, dann Jahres-Bericht der Gebär-Anstalt in München. Verfaßt und vorgetragen bei der öffentl. Preise-Vertheilung am Schlusse des Hebammen-Lehrkurses 1848. gr. 8. (48 S.) München 848, (Palm's Hofbuchh.)

— s. Haeberl, F. X., System einer Lufterneuerung in Kranken- &c. Anstalten.

—— Jahres-Bericht der Kreis- und Lokal-Gebär-Anstalt zu München 1850. gr. 8. (23 S.) München 850, Palm's Hofbuchh. *

—— Kopf- und Beckenmesser (Kephalo-pelvimeter). gr. 8. (8 S. mit 1 lithogr. Abbild.) München 854, Palm's Hofbuchh. *

Martin, Dr. Anf., die Kranken- u. Versorgungs-Anstalten zu Wien, Baaden, Linz u. Salzburg in medicinisch-administrativer Hinsicht betrachtet. Nebst e. Vorrede v. F. X. v. Häberl. gr. 12. Münch. 832. Franz. 1 ℛ︎ 12 gℊ

—die Kunst den Kranken zu pflegen; Leitfaden f. Krankenwärter u. Krankenwärterinnen. 2e A. 8. Münch. 832. Franz. 5 gℊ

—— Lehrsätze über den Mechanismus und die Dynamik der natürl. Geburt. Zur Erinnerung seiner Vorträge. gr. 16. (38 S.) München 850, (Palm's Hofbuchh.) *

— Leitfaden bei der Behandlung der natürlichen Geburt u. gesunden Wochenzeit. Zur Erinnerung seiner Vorträge. München 853. (Palm.) 16. (72 S.) n. 8 ngr.

—— Leitfaden bei der Behandlung der regelwidrigen Schwangerschaft, Geburt und Wochenzeit, dann geburtshilfliche Operationslehre für Hebammen. Zur Erinnerung seiner Vorträge. 12. (128 S.) München 854, Palm's Hofbuchh. *

—— Leitfaden bei der geburtshülfl. Untersuchung, s. Leitfaden.

—— Leitfaden bei der geburtshilflichen Untersuchung und Behandlung der gesunden Schwangern. Zur Erinnerung seiner Vorträge. 2., verm. Aufl. 12. (29 S.) München 854, Palm's Hofbuchh. *

—— die Mittel, die Luft bei epidemischen miasmatischen Krankheiten, insbesondere der Cholera, in ganzen Städten und bewohnten Räumen zu verbessern. gr. 8. (21 S.) München 854, Palm's Hofbuchh. *

—— über die Privat-Gebär-Zimmer der Hebammen. Verfaßt und vorgetragen bei der öffentl. Preise-Vertheilung des Hebammen-Lehrkursus 1855. gr. 8. (22 S.) München 855, (Palm's Hofbuchh.) *

—— über die Schattenseite der geburtshilflichen Praxis, dann Jahresbericht der Gebär-Anstalt zu München 1852. Verfaßt und vorgetragen bei der öffentl. Preise-Vertheilung des Hebammen-Lehrkurses 1852. gr. 8. (32 S.) München 852, (Palm's Hofbuchh.) Thlr. *

—— sind Hebammen nothwendig? dann Jahresbericht der Gebär-Anstalt in München 1851. Verfaßt und vorgetragen bei der öffentl. Preise-Vertheilung des Hebammen-Lehrkurses 1851. gr. 8. (30 S.) München 851, (Palm's Hofbuchh.) *

Martin, Anselm, sind klinische Lehranstalten mit städtischen Krankenhäusern ohne Nachtheil vereinbar? Mit Rücksicht auf ihre gegenseitigen Verhältnisse in München u. zugl. als Widerlegung der von dem k. b. Geh. Rathe Phil. v. Walther dem allgem. Krankenhause zu München angeschuldigten Mängel. Nebst e. Briefe üb. d. Waltherischen Anschuldigungen von Frz. X. v. Häberl. gr. 8. München 846, Palm's Hofbuchh. n. 1/3 ℛ︎

Martin, Anselm (Dr. phil. & med., prakt. u. Armen-Arzt d. Vorstadt Au etc.), Topographie u. Statistik d. kgl. bayer. *Landgerichts Au bei München*, mit Berücks. d. medizin. Verhältnisse desselben. Mit 1 Ansicht d. neuen Pfarrkirche in der Vorstadt Au u. 1 Uebersichtskarte des kgl. Landgerichts-Bezirks Au. München, G Franz 1837. 8⁰ Hübscher Ppb.
Titelbild, VIII—171 S., 1 Bl. Inh. 1 Bl Franz scher Verlag (über München). 1 Karte

Martin, Anselm, über den geburtshilflichen Unterricht, dann Jahresbericht der Gebär-Anstalt in München 1854. Verfaßt und vorgetragen bei der öffentl. Preise-Vertheilung der k. Hebammen-Schule. gr. 8. (31 S.) München 854, Palm's Hofbuchh. *

Martin, Anton

Martin Anton Bericht über den Erfolg seiner photographischen Arbeiten auf Papier. S. 1 58 vgr
Separatabdruck

Martin, A.: Die Emailphotographie. 4. Aufl. von K. Schwier. Leipzig 1902

Martin, A., Handbuch der Emailphotographie, s. Schauplatz, neuer, der Künste und Handwerke. 279. Bd.

Martin, A., Handbuch der Emailphotographie und der Phototypie, oder Anleitung zur Erzeugung von Photographieen auf Email und Porzollan etc. Weimar 1867. 8⁰

Martin, A., Handbuch der Emailphotographie u. der Phototypie od. d. Lichtdruckes. Eine Anleitg. zur Erzeugg. v. Photographien auf Email u. Porzellan, v. Photolithographien, Photometallographien &c. 2. verm. Aufl. 8. (X, 346 S. m. 1 Photoxylogr.) Weimar 872. B. F. Voigt. 3. 75

Martin A Handbuch der Emailphotographie. 3. Aufl. von K. Schwier. Weimar 1885

—— Handbuch der Photographie, oder: Vollständige Anleitung zur Erzeugung von Lichtbildern auf Papier, Glas und auf Metall, Talbotypie, Niepçotypie, Daguerreotypie. 2. Aufl. (X und 373 S.) 1851. 1 Thlr. 15 Ngr. und 3., umgearb. und mit den neuesten Erfindungen verm. Aufl. gr. 8. (XII und 392 S. mit eingedr. Holzschn.) Wien 852, Gerold, Verlag. *

Bildet die 2. und 3. Aufl. des Vorstehenden.

Martin, A., Handbuch der gesammten Photographie. 4. verb. u. mit besond. Berücksichtigung der Collodiumbilder verm. Aufl. Mit Holzschn. (im Text). 854. — 5. Aufl. Unveränd. Abdr. Wien 857. Gerold. gr. 8. (VII, 408 S.) n. 2 ₰.

—— dass. — 2. Bd. Mit Holzschn. A. u. d. T.: Neuestes Repertorium der gesammten Photographie. gr. 8. (VII und 376 S.) Ebds. 856. *

Martin A. Handbuch der gesammten Photographie. V. Aufl. Unveränderter Abdruck. Mit Holzschnitten. *Wien* 1857. Bei *C. Gerold's S.* VIII. und 407 S. 8°. mit in den Text gedruckten Holzschnitten. n. 2 Thlr.

Martin, Ant., Handbuch der gesammten Photographie, mit besond. Berücksichtigung ihres Verhältnisses zur Wissenschaft, zur Kunst und zum Gesetz. 6., vollständig neu bearb. Aufl. gr. 8. (X und 533 S. mit eingedr. Holzschn.) Wien 865, Gerold's Sohn. *

— Individualismus. (VII, 82 S.) 8. Ebd. 908. 1.50

Martin, Ant., Katalog der Bibliothek des k. k. polytechn. Institutes in Wien, s.a. Katalog.

Martin, A. Katalog der Bibliothek des k. k. polytechnischen Institutes in Wien. Wien 1850.

Martin, A. G. E., Katalog der Bibliothek des k. k. polyt. Instituts in Wien. 2. neu geordnete u. vermehrte Aufl. Wien 1868. 4° (In duplo.) Hiezu: Erster Nachtrag Wien 1873.

Max Stirners Lehre. Mit e. Ausz. aus (Max Stirners) 'Der Einzige u. s. Eigentum' Von A[uton] **Martin**. Leipzig. O. Wigand (1906). (62 S.) 8° [F.]

Martin, A., über natürliche, staatenlose Oekonomie. Aufsätze. (26 S.) 8. Dresden 906. E. Pierson. n. — 60

— Über Photographie S 4 II ngr Separatabdruck

—— Repertorium der Galvanoplastik und Galvanostegie oder der Metallreduction auf nassem Wege in dicken und dünnen Schichten, mit besond. Berücksichtigung der Galvanographie, Glyphographie, Chemitypie und der speciellen Anwendung auf das Vergolden, Versilbern 2c. (In 2 Bdn.) 1. Bd. Die Galvanoplastik. gr. 8. (VI und 298 S. mit eingedr. Holzschn.) Wien 856, Gerold's Sohn.

—— dass. — 2. (letzter) Bd. Die Galvanostegie. gr. 8. (III und 201 S.) Ebds. 856.

— Neuestes Repertorium der gesamten Photographie. Wien 1856

Martin, A., Repertorium der Photographie. I. Vollständ. Anleitung zur Photographie auf Papier. II. Literatur der Photographie auf Metall. 12. Wien 846, Gerold. 2/3 ₰ pp. viii-134.

Martin, A., Repertorium der Photographie. 2. Bdchn. A. u. d. T. Vollständige Anleitung zur Photographie auf Metall nebst den neuesten Fortschritten der Photographie auf Papier. gr. 12. (VIII und 164 S.) Wien 848, Gerold, Verlag.

1. Bdchn. Ebendas. 1846. 20 Ngr.

Martin, Ant. (Mart. Boreas), s.: Wahrheit.

Martin, Arnold [Assistenzarzt am städt. Krankenh. r. d Isar]: Zwei Fälle von Carcinom des processus vermiformis ... München, Buchdr. Kastner & Lossen, 1896; 32 S. 8. München, Med. Fak., Inaug.-Diss. v 1896

Martin, Arnold, approb. Arzt aus Stadtamhof. Über physikalisch-chemische und physiologische Wirkungen einiger Alkaloide auf Zellen. *Erlangen 1903: Junge & Sohn.* (28 S.) 8° Erlangen, Med. Diss. v. 8. u. 9. Mai 1903

Martin, Arth., der Vorabend der Ewigkeit. Ein Tag der Betrachtung. Nach dem Französ. Mainz 864. Kirchheim. 16. (131 S.) n. 5 ngr.

Martin, August

Martin, A. Ueber die Alkohol-Therapie bei Puerperalfieber, s. Klinik, Berliner

Martin, A., s.: **Arbeiten aus d. Gebiete d. Geburtshülfe u. Gynaekologie.**

Martin, A., Diagnostik der Bauchgeschwülste, s.a. **Chirurgie**, deutsche. Lfg. 45a.

Diagnostik der Bauchgeschwülste von Prof. Dr. A[ugust] **Martin** in Greifswald. Mit 26 Abb. *Stuttgart: F. Enke 1903.* (XVIII, 224 S.) 8° — Chirurgie, Deutsche. Lfg 45a. [03. 11736]

Martin, A., die Drainage bei peritonealen Operationen, s. Sammlung klinischer Vorträge.

Martin, (Aug.), Geburtshülfe u. Gynäkologie im 1. Jahrh. der Berliner Hochschule 1810—1910. (28 S.) gr. 8. Berlin 910. S. Karger. 2.— Sonderabdruck aus: „Monatsschrift für Geburtsh. und Gynäkol."

Geschichte der Gesellschaft für Geburtshülfe und Gynäkologie zu Berlin 1844—1894 von d. Schriftführern A[ugust] **Martin** u. J[ohann] Veit. Nebst Sachreg (1869 bis Jan. 1894) u. Autorenreg (1844—1894) über d. Verhandlungen d. Gesellsch. von R Schaeffer Stuttgart 1894: Union. (CLX S.) 8° [07. 1660 9]

— **Gesundheitspflege d. Wochenbettes**, s.a. **Volksschriften, hygienische.**

Gesundheitspflege des Wochenbettes. Von Prof. Dr A[ugust] **Martin**, Dir. in Greifswald. *Berlin: Vogel & Kreienbrink 1903.* (16 S.) 8° [F.] = Volksschriften, Hygienische. No 11 [04. 3004]

—— das extraperitoneale periuterine Hämatom. gr. 8. (49 S. mit 1 lithogr. Kurventaf.) Stuttgart 882, Enke. *

— s.: **Handbuch der Krankheiten der weiblichen Adnexorgane.**

— s.: **Hilfe, erste ärztliche, bei plötzl. Erkrankungen u. Unfällen.**

Martin, A., Hygiene des Wochenbettes u. Pflege des Neugeborenen. Jungen Müttern gewidmet. 8. (29 S.) Berlin 902. Vogel & Kreienbrink. n. — 50

— s.a. **Krankheiten, die, des Beckenbindegewebes**

Die Krankheiten des Beckenbindegewebes und des Beckenbauchfells. Unter Mitw. von J[osef] A[lbert] Amann jr.-München, O[tto] Busse-Posen u. Ph[ilipp] Jung-Greifswald hrsg. von A[ugust] Martin, Greifswald. Mit 24 Abb. u. 11 Taf. Berlin S. Karger 1906. (VII, 300 S.) 8°
— Handbuch d. Krankheiten d. weibl. Adnexorgane. Bd 3. [06. 1675

— die Krankheiten d. Eierstöcke, — d. Krankheiten d. Eileiter, s.: Handbuch d. Krankheiten d. weibl. Adnexorgane.

Martin, A., üb. Kraurosis vulvae, s.: Sammlung klinischer Vorträge.

— Lage u. Bandapparat d. Eierstocks, s.: Arbeiten aus d. Gebiete d. Geburtshülfe u. Gynaekologie.

Martin, A., die an derselben Person wiederholte Laparotomie. [Aus: „Ztschr. f. Geburtshülfe u. Gynäkol."] gr. 8. (IV, 48 S.) Stuttgart 888. Enke. n. 1. 20

Martin, Aug., Lehrbuch der Geburtshilfe f. praktische Ärzte u. Studirende. gr. 8. (X, 394 S. m. 119 Holzschn.) Wien 891. Urban & Schwarzenberg. n. 10. —; geb. n. 12. —

Martin, A., Leitfaden der operativen Geburtshülfe. gr. 8. (VIII, 346 S.) Berlin 877, Hirschwald. *

— Die vaginalen Methoden in der Geburtshilfe u. Gynäkologie, s.a. Sammlung klinischer Vorträge.

Die vaginalen Methoden in der Geburtshilfe und Gynäkologie. Von [Prof.] A[ugust] Martin [Geh. Med. R.], Berlin. Leipzig J. A. Barth 1910. 20 S. 8°
(Sammlung Klinischer Vorträge. N. F. Nr 605.) [10. 17189

— s.: Monatsschrift f. Geburtshülfe u. Gynaekologie.

Martin, Aug. Ueber partielle Ovarien- u. Tubenexstirpation, s. Sammlung klinischer Vorträge.

Martin, Aug., Pathologie und Therapie der Frauen-Krankheiten. Nach den in den Feriencursen gehaltenen Vorträgen bearb. gr. 8. (XII, 419 S. mit 164 Holzschn.) Wien 885, Urban und Schwarzenberg. * M 10.—.; geb. *

— Pathologie u. Therapie der Frauen-Krankheiten. Nach den in den Feriencursen f. Aerzte geh. Vorträgen bearb. Mit 210 Holzschn. 2., umgearb. Aufl. gr. 8. (VIII, 536 S.) Wien 887. Urban & Schwarzenberg. n. 10. —; geb. n. 12. —

— Pathologie u. Therapie der Frauen-Krankheiten, nach den in den Feriencursen f. Ärzte geh. Vorträgen bearb. 3., umgearb. Aufl. gr. 8. (XII, 515 S. m. 204 Holzschn.) Ebd. 893. n. 10. —

A[ugust] Martin. Pathologie und Therapie der Frauenkrankheiten. In 4. Aufl. umgearb. von A[ugust] Martin u. Philipp Jung in Greifswald. Mit 185 Abb. Berlin & Wien Urban & Schwarzenberg 1906. (XVI, 524 S.) 8° [06. 14092 9

— Die Pflege u. Ernährung des Neugeborenen, s.: Fragen des Lebens. 1.

— Pflege u. Ernährung der jungen Mutter, s.: Fragen des Lebens. 2.

Rede des Herrn Prof Dr. [August] Martin, geh. in d. Eroffnungs-Sitzung d. Ver. 'Wöchnerinnen-Heim' 1897 im Langenbeckhause. *Berlin: F v. Perbandt & Co. 1897.* (11 S.) 8° [F.] [02. 13162 9

—— über den Scheiden- und Gebärmuttervorfall, s. Sammlung klinischer Vorträge.

— zum Spätbefinden Ovariotomirter, s.a. Sammlung klinischer Vorträge.

Zum Spätbefinden Ovariotomirter von A[ug.] Martin *Leipzig: Breitkopf & Härtel 1899.* (12 S.) 8°
— Sammlung Klinischer Vorträge. N. F. No 255. [?1

— Ueberblick üb. die Entwicklung der modernen gynäkolog Operationstechnik, s.a. Sammlung klinischer Vorträge.

Überblick über die Entwicklungen der modernen gynäkologischen Operationstechnik. Vortrag, geh. auf d. Versammlung d. American gynecolog. Soc. in Philadelphia ⟨1908⟩ von Dr A[ugust] Martin, Berlin. Leipzig J. A. Barth 1908. (10 S.) 4°(8°) [Umschlagt.]
— Sammlung klinischer Vorträge. N. F. No 490. [08. 11381

—— das Verhalten des Cervix uteri während der letzten Schwangerschaftsmonate. gr. 8. (79 S. mit 2 lithogr. Taf.) Stuttgart 877, Enke. *
Aus Zeitschrift für Geburtshülfe und Gynäkologie, besonders abgedruckt.

Martin, A., u. C. Ruge, üb. das Verhalten v. Harn u. Nieren der Neugeborenen. Mit 2 lith. Taf. (in gr. 8. u. Imp.-4.) [Aus: „Zeitschr. f. Geburtsk. u. Frauenkrankh."] gr. 8. (VII, 50 S.) Stuttgart 875. Enke. n. 1. 20

— Verhalten u. Pflege der werdenden Mütter, s.: Fragen des Lebens. 4.

Martin, August Julius Robert, s. Martin, Robert

Martin, Benj., Einleit. in die Newtonian. Naturlehre; aus d. Engl., mit Anmerkk. von J. J. Ebert. Mit Kpf. gr. 8. Berl. 779. Stahlbaum. (Schöne). 20 gr

—philosophia britannica, oder Lehrbegriff der Newtonischen Weltweisheit, Sternkunde ꝛc. Aus d. Engl. Mit e. Vorrede u. Bemerkk. von A. G. Kästner. 3 Thle. 8. Leipz. 778. (W. Vogel). 5 ℔ Schrbp. 6 ℔ 18 gr

Martin, Bernhard, a. Berlin: Beitrag zur Tuberkulose der weiblichen Genitalien und des Bauchfells. Greifswald 1907: J. Abel. (34 S.) 8°
Greifswald, Med. Fak., Ref. Jung-Schultze, Diss. v. 16. Juli 1908
[Geb. 12. Juli 83 Berlin; Wohnort: Berlin; Staatsangeh.: Preußen; Vorbildung: Gymn. Greifswald Reife O. 02; Studium: Jena 3, Greifswald 2, Freiburg i. B. 1, Greifswald 3, Göttingen 1 S.; Coll. 17 Mai 07; Approb. 30. Juni 08.]

Martin, Br., s. Martin, Bruno Richard

Martin, Br Emil, s. Martin, Emil

Martin, Bruno Richard [cand. theol. aus Wurzen]: Leibnizens Ethik. . . Wurzen, Buchdr. v. Gustav Jacob (1886); 2 Bl. + 47 S. 8°
Erlangen, Phil. Fak., Inaug.-Diss. v Sept. 1886

Martin, Br., Karl Christian Friedrich Krause's Leben, Lehre und Bedeutung. Mit Krause's (Lichtdr.-)Bildniss nach Hähnel's Büste. gr. 8. (IV, 236 S.) Leipzig 881, [Findel.] Heinrichs. *

Martin, Br., Karl Christian Friedrich Krause's Leben, Lehre und Bedeutung. Neue (Titel-)Ausg. gr. 8. (IV, 236 S. mit Krause's Lichtdr.-Bildniss nach Hähnel's Büste.) Leipzig 885, Heinrichs. *

Martin, C., s.a. Martin, Christoph Reinhard Dietrich

Martin, C., die juristische Beurteilung des studentischen Schlägerduells. Diss. Erlangen 1887, Th. Blaesing. 8° 41 S.

Martin, C Die juristische Beurteilung des studentischen Schläger-duells . . Speyer, *Jäger'sche Buchdr.*, 1887; 41 S. 8°
Erlangen, Jur. Fak., Inaug.-Diss. v 1887

Martin, C., prakt. Modellbuch für Büchsenmacher, Gewehrfabrikanten u. Jagdliebhaber. Mit 32 (lith.) Taf. u. erklär. Text. gr. Fol. Weimar 844, Voigt. 2½ ℛ

Martin C Der Weinbau im Oberrheinkreise des Großherzogthums Baden Mit 1 Kt [Verf C Martin.] Freiburg i. Br. Herder 1844. 31 S. -- 25°

BJ Der Weinbau im Oberrheinkreise . . . , Martin, C Der Weinbau . . -- Bibliotheca oenologica Der Weinbau im Oberrheinkreis Baden. -- Dochnahl: Der Weinbau im Oberrheinkreise · Heinsius und Kayser Der Weinbau im Oberrheinkreise -- Simon: Bibliotheca vinaria Der Weinbau im Herrheinkreise [ ] Badens. Freiburg 1848; Martin. C Der Weinbau im Oberrheinkreise des Grossherzogt Baden Freiburg 1844. Der Weinbau im Oberrheinkreise d. Grossherzogth. Baden. Freiburg 1844.

Martin, C. A , s.a. M a r t i n , E. A.

Martin, C A , s.a. M a r t i n , Kajetan Anselm

MARTIN, C. Aloys (Bamberg): Ueber das Urokyanin und einige andere Farbstoffe im Menschenharne. Pathologisch-chemische Inaugural-Abhandlung.- München/ Wild 1845. 24 S.
23.8.1843 Urk (Titel: Über einige seltene Farbstoffe aus dem menschlichen Harne.); F 66
Diss. Ingolst.-Landsh.-Mchn.

M a r t i n , C. F.: „Martins Tafeln, oder allgemeiner Regulator für alle Rechnungen in doppelter Buchhaltung. Neu erfundenes Werk, um auf eine sichere Weise alle wechselseitigen Verhältnisse des neuen Systems der Gewichte und Maasse aller Länder, sowie auch diejenigen der Franken, Livres, Tournois und aller fremden Münzen zu finden", übersetzt nach der 2. Auflage, Paris 1824. — Vorh.: Bibl. des Reichsbankdirektoriums Berlin.

Martin, C L St , s. M a r t i n , K L St

Martin, Camille: La Maison de ville de Genève. [Avec 18 figures dans le texte et 26 planches hors texte.] Genève 1906. XVI + 140 S. 4°. Extrait des Mémoires et documents p. p. la société d'histoire et d'archéologie de Genève. Sér in-4° T. 3.
Freiburg i. Schw Phil. Diss. 1905/1906.

Martin, Can., Harte Kokos für confessionslose Schul-Nuß Knacker. Bedenkliche Thatsachen gegen über einem gedankenlosen Geschrei. 8. (149 S.) Wien 889, Mayer u. Comp. —.60

Martin, Carl, s. M a r t i n , Karl

Martin, Carl Eduard, s. M a r t i n , Karl Eduard

Martin, Ch., nouveau Dictionnaire de la langue française, d'après la dernière édit. de l'Academie, précédé des Participes réduits à une seule règle par V. A. Vanier. Edit. originale. kl. 16. Leipzig 841, Weber. n. ½ ℛ

Martin, Ch.-Ed., Le „Boletus subtomentosus" de la région genevoise, s.a. B e i t r ä g e zur Kryptogamenflora der Schweiz. II. 1.

M a r t i n , Ch[arles]-Ed[ouard]. Le «Boletus subtomentosus» de la région genevoise. Essai de monographie. Avec 18 planches. X + 39 p. gr.-8. [fr. 10. —]
M a t é r i a u x pour la flore cryptogamique suisse... . Vol. 2, Fascicule 1 (— A. u. d. T.: B e i t r ä g e zur Kryptogamenflora der Schweiz... Band 2, Heft 1) Berne, K.-J. Wyss, 1903.

M a r t i n . Charles-Edouard s.a. C h o d a t , Robert. et M a r t i n , Charles-Edouard.

Martin, Christoph Reinhard Dietrich

— Anleitung zu dem R e f e r i r e n über Rechtssachen. 8. Gött. Schneider. 809.

— — Anleitung zu dem R e f e r i r e n über Rechtssachen. 2te verb. Aufl. 8. Ebend. 819.

M a r t i n , Chrstph. Reinha. Dietr., Anleitung zu d. Referiren üb. Rechtssachen. 3., verb. Aufl. Nebst d. Anh.: Relationen nach d. Separations-Methode, ausgearb. v. (G.) Ad. Martin. 2., sehr verm. u. verb. Aufl. gr. 8. (22 B.) Heidelberg 829, Winter.
Vgl. M a r t i n , (Gust.) Ad.

— Anleit. zum Referiren. Ist jetzt Verl. v. Vandenhöck in Göttingen.

—selectarum dissertat. et commentationum juris criminalis collectio. Vol. I. 8maj. Jena 822. Bran. 1 ℛ 18 ℊ

— s. J a h r b ü c h e r der deutschen Gesetzgebung.

—prolusio de indole contumaciae in caussis civilibus contentiosis. 4. Götting. 803.

—Diss. inaug. de juste suspendendo judicio de expensis, seu von Aussetzung d. Kostenpunkts. 4. Götting. 796. Dieterich. 2 ℊ

M a r t i n , Chrph., über die Competenz der landständischen Kammern des Königr. Sachsen in Kirchensachen. gr. 8. (19 S.) Leipzig 849, Hinrichs'sche Buchh.

—Lehrbuch des deutschen gemeinen Criminal-Processes. gr. 8. Götting. 812. Schneider. 1 ℛ 16 ℊ 2e Aufl. gr. 8. Heidelb. 820. 1 ℛ 16 ℊ 3e A. Ebd. 831. Winter. 2 ℛ 8 ℊ

— Lehrbuch des Criminalprozesses. Ist Verlag v. Vandenhöck in Göttingen.

—— Lehrbuch d. Teutschen gem. Criminal-Processes, mit besond. Rücksicht auf d. im J. 1813 public. Straf-Gesetzbuch f. d. Königr. Baiern ausgearb. 3., bedeut. verm. u. verb. Ausg. gr. 8. (29½ B.) Heidelberg 831, Winter.

—— Lehrbuch d. teutschen gemein. Criminal-Processes, mit besond. Rücksicht auf das im J. 1813 public. Straf-Gesetzbuch f. d. Königreich Baiern ausgearb. 4., bedeut. verm. u. verb. Ausg. gr. 8. (23½ B.) Heidelberg 836, C. F. Winter.

M a r t i n , Chrph., Lehrbuch des teutschen gemeinen Criminal-Processes mit besond. Rücksicht auf die neueren in Teutschland geltenden Strafprozeßgesetze. 5. Ausg., ergänzt und beendigt von J. D. H. Temme. gr. 8. (XXXII und 599 S.) Leipzig 857 C. F. Winter'sche Verlagsh.

M a r t i n , Ch., Lehrbuch d. deutschen gemeinen C r i m i n a l - R e c h t s , mit besonderer Rücksicht auf das neue Strafgesetzbuch für das Königreich Baiern. 1ste u. 2te Abth. gr. 8. Heidelberg, Mohr u. W. 820. Rthlr.

Martin, Cph. Reinh. Dietr., Lehrbuch des deutschen gemeinen Criminal-Rechts, mit besond. Rücksicht auf das neue Strafgesetzbuch für das Königr. Baiern. 2 Theile. gr. 8. Heidelb. 821—25. Winter. 3 ℛ 2e verb. Aufl. gr. 8. Ebd. 829. 4 ℛ

M a r t i n , Chrstph. Reinha. Dietr., Lehrbuch d. Teutschen gem. Criminal-Rechts, mit besond. Rücksicht auf d. im J. 1813 public. Strafgesetzbuch f. d. Königr. Baiern. 2., verb. u. verm. Ausg. gr. 8. (52 B.) Heidelberg 829, Winter. Thlr.

—Lehrbuch des deutschen gemeinen bürgerl. Processes. gr. 8. Götting. 800. 2e A. 805. 3e A. 809. 1 ℛ 16 ℊ bis 1826 9 Aufl. 10e A. gr. 8. Heidelb. 827. 11e A. 833. Winter. 2 ℛ 16 ℊ

Martin, Chr., Lehrbuch des deutschen gemein bürgerl. Prozesses. 4te Aufl. gr. 8. Götting. Schneider. 812.

— — Lehrbuch des deutschen gemeinen bürgerlichen Prozesses. 6te verb. Aufl. gr. 8. Göttingen, Schneider. 819.

Martin, Christoph, Lehrbuch d. Teutschen gemeinen bürgerl. Processes. 9. verbess. Ausgabe. Heidelberg 1826. 8°. Hlwdb.
LI—548 S. – Die früheren Ausgg. erschienen 1800, 1805, 1809, 1812, 1817, 1819, 1821, 1824.

—— Lehrbuch d. Teutschen gem. bürgerl. Prozesses. 10., verb. Aufl. (39 B.) 827., 11., verb. A. (41 B.) gr. 8. Heidelberg 834, Winter. à

Martin, Chrstph., Lehrbuch d. teutschen gemein. bürgerl. Processes. 12., verb. Ausg. gr. 8. (42⅓ B.) Heidelberg 838, C. F. Winter.

Martin, Chrph., Lehrbuch des deutschen gemeinen bürgerlichen Processes. Hrsg. nach dessen Tode von Thdr. Martin. 13., verb. Aufl. gr. 8. (LIV und 718 S.) Leipzig 862, C. F. Winter'sche Verlagsh. *

— Magazin für den gemeinen deutschen bürgerlichen Prozeß, s. Magazin.

Martin, (Chrph.): Rechtsgutachten über den rechtlichen Einfluß auf die Regierung der reichsgräflich v. Bentinckschen Herrschaft Kniphausen und auf die damit in Verbindung stehenden Rechtsverhältnisse. (Mügeln) 1845.

— Rechtsgutachten u. Entscheidungen des Spruchcollegium der Universität Heidelberg. 1r Bd. gr. 8. Heidelberg, Mohr u. Z. 808.

—Rechtsgutachten u. Entscheidungen des Spruchcollegiums der Universität Heidelberg. 1r Bd. gr. 8. Heidelb. 808. Winter. 1 ℛ 16 gr

Martin, Chr., s. Schmidt's. Jh. Ldw., Lehrbuch von gerichtl. Klagen.

Martin, Chrph., Vorlesungen über die Theorie des deutschen gemeinen bürgerlichen Processes, gehalten auf den Universitäten Göttingen, Heidelberg und Jena. Hrsg. unter dessen Mitwirkung von seinem Sohne Thdr. Martin. 1. Bd. gr. 8. (XV und 584 S.) Leipzig 855, Brockhaus. *

—— Vorlesungen über die Theorie des deutschen gemeinen bürgerlichen Processes gehalten auf den Universitäten Göttingen, Heidelberg und Jena. Hrsg. unter dessen Mitwirkung von seinen Sohne Thdr. Martin. 2. Bd. (Schluß.) gr. 8. (507 S. Leipzig 857, Brockhaus. 4
1. Bd. Ebendas. 1855. * 2 Thlr. 15 Ngr.

Martin, Conrad, s. Martin, Konr.

Martin, Dav., s. Martini.

Martin, E., Hildegards Opfer, s.: Kinderfreund, der.

Martin, Prof. E., die Kunst des Fleckausbringens, u. gewebte Stoffe wie neu herzustellen. Uebersetzt von P. H. R****. 8. Leitmeritz 832. Medau. (Prag, Calve). 7 gr

Martin, E. A., der Drechsler. Ein Handbuch f. Werkstatt u. Schule. 8. vollständig neubearb. Aufl., hrsg. v. C. Marggraf. (XII, 402 S. m. 724 Abbildgn.) Lex.-8. Leipzig 905. B. F. Voigt. 10.—; geb. 12.—

Martin, E. A., s.: Drechsler-Kalender, allgem.

Martin, E. A., und C. Spitzbarth, die Kunst des Drechslers in ihrem ganzen Umfange. Mit Berücksicht. der neuesten Erfindungen und Verbesserungen im Gebiete der Maschinen- und Werkzeugtechnik, gründl. Anweisung zur Kenntniß der Materialien, welche der Drechsler verarbeitet, zur Anwendung der nöth. Werkzeuge und Instrumente; insbesondere aber gründl. Darstellung der verschiedensten Zweige der Drehkunst, der Holz-, der Horn-, Schildpatt-, Elfenbeinwaaren, Metall- und Spielwaaren- ꝛc. ꝛc. Fabrikation, sowie der Verschönerung aller auf der Drehbank gefertigten Arbeiten durch Schleifen, Beizen, Poliren, Lackiren, Bronciren, Aetzen ꝛc. 7. Aufl. von Fürbringer's „Kunst des Drechslers in ihrem ganzen Umfange", vollständig neu bearb. Mit 1 Atlas von 16 (lithogr.) Foliotaf., enth. 464 Fig. (und 4 S. Text.) gr. 8. (XVI, 286 S.) Weimar 879, B. F. Voigt.

– s. Zeitschrift für Drechsler, Elfenbeingraveure, Holzbildhauer

Martin, Ed., s.a. Martin, Eduard Arnold

Martin, Ed.

Martin, E., ed E. Labiche, la gamba del capitano Tic, s. Emporeo drammatico.

Martin, E., eine rasche Hand, s. Labiche, E.

Martin, E., ed E. Labiche, Mani e manine, s. Emporeo drammatico.

—— —— la poudre aux yeux, s. Labiche.

Martin, Ed., Perrichon's Reise, s.: Labiche, E.

Martin, E., Sand in die Augen, s. Theater-Repertoir, Wiener.

Martin, Eduard, aus Berlin. Ein Lithokelyphos. *Greifswald 1904: J. Abel.* (30 S.) 8°
Greifswald, Med. Diss. v. 28. Jan. 1904

Martin, Eduard Anton: De lithogenesi praesertim urinaria. 121 S., gbd.

Jenae: Frommann 1833

JB 3.777

Martin, Eduard Arnold

Martin, Ed., über die künstliche Anästhesie bei Geburten durch Chloroformdämpfe. gr. 8. (VI und 50 S.) Jena 848, Frommann.

—— jenaische Annalen für Physiologie etc., s. Annalen.

Martin, Ed., über die Eierstockwassersuchten insbesondere deren Erkenntniss und Heilung nebst einem neuen Regulativ für die Ovariotomie. Nach eigenen Erfahrungen. gr. 8. (VIII und 104 S.) Jena 852, Mauke. *

— Fragebuch zu dem Lehrbuch der Geburtshülfe für Hebammen. gr. 8. (IV und 52 S.) Erlangen 856, Enke's Vrlgsh. *

Martin, Ed., Fragebuch zu dem Lehrbuch der Geburtshülfe für Hebammen. 2. Ausg. gr. 8. (IV und 54 S.) Erlangen 867, Enke's Verlag. *

—— zur Gynäkologie. Beiträge. I. Heft. A. u. d. T.: Die Gebäranstalt und die geburtshülfl. Kliniken der Universität Jena. gr. 8. (XVIII und 148 S.) Jena 848, Frommann. *
Mit 4 Stnt. *

—— dass. — 2. Heft. A. u. d. T.: Ueber die äussere Wendung und ein neues geburtshülfl. Phantom. gr. 8. (X und 112 S.) Ebds. 849. *

Martin, Ed., Hand-Atlas der Gynäkologie und Geburtshülfe Lex.-8. (VIII und 163 S. mit 71 Stnt., wovon 2 in Buntdr. Berlin (861)62, A. Hirschwald. *

Martin, Ed., Hand-Atlas der Gynaekologie u. Geburtshülfe, hrsg. von A. Martin. 2., umgearb. u. verm. Aufl. Mit 94 (lith.) zum Theil color. Taf. 4. (XVII, 188 S.) Berlin 878. Hirschwald. cart. n. 20. —

Martin, Ed., die dynamischen Heilmethoden. Ein therapeut. Versuch. (Besond. Abdruck aus der Hygea. Bd. VIII. 6. Hft.) gr. 8. Karlsruhe 838. Groos; Jena, Frommann. 1/3 ₰

Martin, E., s.: Krankenhaus, das evangelische, Cöln.

—— Lehrbuch der Geburtshülfe für Hebammen. gr. 8. (XII und 247 S. mit 20 eingedr. Holzschn.) Erlangen 854, Enke's Vrlgsh. *

—— Lehrbuch der Geburtshülfe für Hebammen. 2. Aufl. gr. 8. (XII und 271 S. mit 23 in den Text gedr. Holzschn.) Erlangen 867, Enke's Verlag. *

Martin, Ed., Lehrbuch der Geburtshülfe für Hebammen. 3. Aufl. gr. 8. (XX, 284 S. mit 23 eingedr. Holzschn.) Stuttgart 874, Enke. *

Martin, Ed., Lehrbuch der Geburtshülfe für Hebammen. Umgearb. und in 4 Aufl. hrsg. von A. Martin. gr. 8. (XIV, 293 S. mit 26 eingedr. Holzschn.) Stuttgart 880, Enke. *

—— die Neigungen und Beugungen der Gebärmutter nach vorn und hinten. Klinisch bearb. gr. 8. (VI und 234 S.) Berlin 866, A. Hirschwald. *

—— die Neigungen und Beugungen der Gebärmutter nach vorn und hinten. Klinisch bearb. 2. verm. Aufl. gr. 8. (X, 275 S.) Berlin 870, Hirschwald. *

Martin, Ed. Arn., de pelvi oblique ovata c. ancylosi sacro iliaca Programma. Imp.-4. (2½ B. u. 1 Stnt.) Jenae 841, Frommann. *

—— duo sectionis caesareae in instituto policlinico obstetricio Jenensi peractae exempla. Programma quo ad audiendam orationem qua munus professoris ordinarii in ordine medicorum Jenensium sibi de mandatum die XIII. m. Novembris MDCCCL rite auspicaturus est observantissime invitat. 4maj. (16 S.) Jenae 850, Mauke. *

Martin, Ed., über Selbstamputation beim Fötus. Beobachtungen u. Bemerkungen. [Abgedr. aus den Jenaischen Annalen f. Physiologie u. Medicin 1. Bd. 3. Hft.] gr. 8. (30 S. m. 1 lith. u. color. Taf.) Jena 850, Mauke. 1/3 ₰

—— über die Transfusion bei Blutungen Neuentbundener gr. 8. (IX und 93 S. mit 1 Stnt.) Berlin 859, A. Hirschwald.

Martin, Eduard August (geb. Jena 14. . 184 .). Ein während der Geburt erkanntes querverengtes Becken mit Ankylose beider Ileosacralgelenke. Berlin 1870. 45 S. 8°.
Berlin, Med. Diss. v. 15. Juli 1870.

Martin, Emil [approb. Arzt aus Köln a. Rh.]. Über die Anlage der Urniere beim Kaninchen. (Aus Archiv f. Anat. u. Phys. 1888 Anat. Abthlg.) Leipzig, Veit & Comp., 1888; 17 + 18 u. 1 Taf. 8.
Marburg, Med. Fak., Inaug.-Diss. v. [11. Apr.] 1888.

Martin, Emil (Hrsg.), s. Krankenhaus – Das Evangelische Krankenhaus, Cöln.

Martin, E., deutsches Lesebuch f. Seminare u. andere höhere Lehranstalten. 2 Bde. gr. 8. Leipzig 905. J. Klinkhardt. Geb. in Leinw. n.n. 11. —
1. Von Wulfila bis zur Sturm- u. Drangzeit. (XIV, 584 S.) 4.50
2. Von Goethe bis zur Gegenwart. (XXVIII, 904 S.) 6.50

Martin, Dr. Emil, erstes Lesebuch, s.: Klauwell, Adf.

— das deutsche Lesestück in d. Volksschule. Method. Grundzüge m. Sacherklärgn. u. etymolog. Ausblicken. gr. 8. (IV, 98 S.) Leipzig 898. F. Fleischer, Verl. n. 1.60; geb. n. 1.80

— der Religionsunterricht in der Volksschule. Methodische Grundzüge m. Wort- u. Sacherklärgn. gr. 8. (149 S. m. eingedr. Karten.) Leipzig 900 R. Voigtländer. n. 2. —; geb. n. 2.40

— erstes Schulbuch. M. 47 Bild. nach Orig.-Zeichngn. v. Wilh. Graf Bülow v. Dennewitz u. Otto Vollrath. 3. Aufl. 8. (128 S.) Ebd. 898. Geb. n.n. — 55

— erstes Schulbuch. Ausg. A. Mit neuer Rechtschreibg. 7. Aufl. 8. (128 S. m. Abbildgn.) Leipzig 902. Dürr'sche Buchh. Geb. n. — 60

— dasselbe. Ausg. B. Mit neuer Rechtschreibg. 5. Aufl. 8. (128 S. m. Abbildgn.) Ebd. 903. Geb. n. — 60

Martin, Emil, erstes Schulbuch. Ausg. A. Mit Leipz. Schreibschrift. 11. Aufl. (128 S. m. Abbildgn.) 8. Leipzig 908. Dürr'sche Buchh. Geb. — 60

— dasselbe. Neubearbeitung. Mit Seminar-Schreibschrift u. Kinderzeichngn. 3. Aufl. (152 u. 8 S. m. Abbildgn.) 8. Ebd. 910. Geb. — 75

— dasselbe. Ausg. B. Mit Plauener Schreibschrift. 12. Aufl. (128 S. m. Abbildgn.) 8. Ebd. 910. Geb. — 60

— d. erste Schulunterricht. Method. Bausteine auf geschichtl. Grundlage. D. Lehrer d. Kleinen gewidmet. gr. 8. (IV, 84 S.) Ebd. 897. Geb. n. 1.60

Martin, Emilie, Lent, s.: Vergißmeinnicht-Erzählungen.

Martin, Ernst

—— Bemerkungen zur Kudrun. gr. 8. (22 S.) Halle 867, Buchh. des Waisenhauses. *

Martin, Ernst, s. Bibliothek des litterarischen Vereins in Stuttgart CXXXVII.

Martin, Ernst, ungedruckte Briefe von und an Joh. Gg. Jacobi, s. Quellen und Forschungen zur Culturgeschichte der german. Völker.

Martin, Ernst Ueber Cerasinose, eine neue Zuckerart aus Kirschgummi. (Jena) Lössnitz, 1878.

Martin, Ernst, Rechtspraktikant a. Ensisheim: Das Chikaneverbot des Bürgerlichen Gesetzbuches. Borna-Leipzig 1907: R. Noske. (93 S.) 8°
Würzburg, Jur. Fak., Ref. v. Burckhard, Diss. v. 21. Jan. 1907
[Geb. 25. Juli 82 Ensisheim; Wohnort: Freiburg i. B.; Staatsangeh.: Baden; Vorbildung: Gymn. Freiburg Reife Juli 01; Studium: München 3, Berlin 1, Würzburg 1, Freiburg i. B. 3 S.; Rig. 12. Dez. 06.]

Martin, Ernst, König Dietrich von Bern und seine Genossen. Nach der Thidrekssaga erzählt. 8. (XII und 175 S.) Halle 867, Buchh. des Waisenhauses. cart.

— examen critique des manuscrits du roman de Renart. gr. 8. (43 S.) Basel 872. Schweighauser. n. 1. 20

Martin, Ernst, s. Folz, Hans, Spruch von der Pest 1482.

Martin, Ernst, neue Fragmente des Gedichts van den Vos Reinaerde und das Bruchstück van bere Wisselauwe, s. Quellen und Forschungen zur Sprach- und Culturgeschichte der germanischen Völker.

Martin, Ernst, Geschichte der deutschen Litteratur, s.: Wackernagel, Wilh.

—— Goethe in Straßburg, s.a. Sammlung gemeinverständl. wissenschaftl. Vorträge.

Martin E, Goethe in Strassburg. (Samml. wissensch. Vorträge 135) Berlin 1871

Martin, Ernst, zur Gralsage, s.a. Quellen und Forschungen zur Sprach- und Culturgeschichte der germanischen Völker.

Martin, Ernst, Zur Gralsage. Strassburg 1880. 8.
Ist: Quellen u. Forsch. 42. . . . . . . (D.)

—— Grammatik und Glossar zu der Nibelunge Nôt für den Schulgebrauch zusammengestellt. gr. 8. (36 S.) Berlin 865, Weidmann'sche Buchh. *

—— mittelhochdeutsche Grammatik nebst Wörterbuch zu der Nibelunge Nôt und zu den Gedichten Walthers v. der Vogelweide. Für den Schulunterricht ausgearb. 3. Aufl. der Grammatik und des Glossars zu der Nibelunge Nôt. gr. 8. (94 S.) Berlin 867, Weidmann'sche Buchh.

— — 4. verb. Aufl. Ebend. 869. 8. (98 S.) n. 8 ngr

—— mittelhochdeutsche Grammatik nebst Wörterbuch zu der Nibelunge Nôt und zu den Gedichten Walthers von der Vogelweide. Für den Schulunterricht ausgearb. 4. Aufl. 1869. * 80 Pf.; 5. Aufl. (98 S.) 872, und 6. verb. Aufl. 8. (102 S.) Berlin 875, Weidmann'sche Buchh. *

Martin, Ernst, mittelhochdeutsche Grammatik nebst Wörterbuch zu der Nibelunge Nôt, zu den Gedichten Walthers von der Vogelweide und zu Laurin. Für den Schulgebrauch bearb. 7. und 8. verb. Aufl. gr. 8. (102 S.) Berlin 876,78, Weidmann'sche Buchh. *

— dasselbe. 10., verb. Aufl. gr. 8. (104 S). Ebend. 882. n. 1. —

Martin, Ernst. Mittelhochdeutsche Grammatik, nebst Wörterbuch zu der Nibelunge Nôt, zu den Gedichten Walthers v. der Vogelweide u. zu Laurin, f. den Schulgebrauch ausgearb. 11. verb. Aufl. gr. 8. (104 S.) Berl. 889, Weidmann, * 1 —

Martin, Ernst, mittelhochdeutsche Grammatik, nebst Wörterbuch zu D. Nibelunge Nôt, zu d. Gedichten Walthers v. d. Vogelweide u. zu Laurin. F. d. Schulgebrauch ausgearb. 12., verb. Aufl. 8. (106 S.) Berlin 896. Weidmann. n. 1. —

Martin, Ernst, mittelhochdeutsche Grammatik, nebst Wörterbuch zu der Nibelunge Nôt, zu den Gedichten Walthers v. der Vogelweide u. zu Laurin. Für den Schulgebrauch ausgearb. 13. verb. Aufl. (107 S.) 8. Berlin 906. Weidmann. n. 1. —

— s.: Gudrun.

Martin, E., Zur Handschrift u. zum Text der carmina Bur S. A. 1892. 18 S.

—— s. Heldenbuch, deutsches.

Martin, Ernst [app. Arzt aus Tauberbischofsheim]: Ueber Influenza der Pferde und Grundwasserschwankung. . . . (Aus: Deutsche Zeitschr. f. Thiermed. u. vergl. Pathol. XIV Bd.) Leipzig, Druck v. J. B. Hirschfeld, 1888; 2 Bl. + 18 S. 8°
München, Med. Fak., Inaug.-Diss. v. 1888

— Kudrun, s.: Handbibliothek, germanistische.

Martin, Ernst, d deutsche Lexicographie im Elsass. gr. 8. (S. 29—38.) Strassburg 901. K. J. Trübner. n.n. — 50
Sonderabdruck aus: „Strassb. Festschrift z. 46. Versammlg. deutscher Philologen u. Schulmänner".

Martin, de la métrique chez les Syriens, s.: Abhandlungen für die Kunde des Morgenlandes.

Die Nachkommen von Jean Pierre Martin '(1674—1750)'. (Unterz.: Ernst **Martin,** Prof. [in] Strassburg.) *Strassburg i. E.: Buchdr. Ch. Müh & C. 1896.* (20 S.) 1 Bd 4. [96. 9991

—— Observations sur le Roman de Renart, suivies d'une table alphabétique des noms propres. Supplément de l'édition du Roman de Renart. gr. 8. (121 S.) Strassburg 887, Trübner. *

— s.: Quellen u. Forschungen zur Sprach- u. Culturgeschichte der germanischen Völker.

Martin, Ern. (geb. Jena 5. 5. 1841) De responsionibus diverbii apud Aeschylum. Berolini (1862) (71 S.) 8°
Berlin, Phil. Diss. v. 25. Okt. 1862

—— s. Roman de Renart.

Martin, Ernst: Das Staatsfinanzwesen des Herzogtums Sachsen-Altenburg im 19. Jahrhundert. Halle a. S. 1909: (Bonde, Altenburg). XII, 78 S. 8° ¶ (Ersch. vollst. als Buch ebd.)
Halle, Phil. Diss. v. 22 Nov. 1909, Ref. Conrad
[Geb. 17. März 81 Altenburg S. A.; Wohnort Altenburg; Staatsangeh.: Sachsen-Altenburg; Vorbildung: Realgymn. Altenburg Reife O. 01; Studium: Jena 1, Leipzig 2, Halle 8 S.; Rig. 18. Dez. 08.] [U 10. 1774

—— das historische Studium der neueren Sprachen und seine Bedeutung für den Schulunterricht zunächst in Baden. gr. 8. (24 S.) Freiburg i. Br. 872, Wagner'sche Buchh. *

Martin, Ernst, der Versbau des Heliand u. der altsächsischen Genesis, s.a. Quellen u. Forschungen zur Sprach- u. Culturgeschichte der germanischen Völker. 100. Heft.

Der Versbau des Heliand und der Altsächsischen Genesis von Ernst **Martin.** Strassburg: K. J. Trübner 1907 (VIII, 80 S.) 8°
— **Quellen** u. Forschungen z. Sprach- u. Culturgeschichte d. german. Völker. H. 100. [07. 8079

—— s. Wackernagel, Wilh., Geschichte der deutschen Litteratur.

— Wolfram v. Eschenbach. Rede, zur Feier des Geburtstages Sr. Maj. des Kaisers am 27. I. 1903 in der Aula der Kaiser-Wilhelms-Universität Strassburg geh. (23 S.) gr 8. Strassburg 903. J. H. E. Heitz. n. 1.—

- [Hrsg.], s. Wolfram von Eschenbach: Parzival und Titurel.

[F.] Das Wörterbuch der elsässischen Mundarten. Vortr. v. Prof. Ernst **Martin**. S.-A. der 'Strassburger Neuesten Nachrichten' *Strassburg: Dr. d. 'Strassb. Neuesten Nachr.' 1895.* (15 S.) 1 Bd 8 [96. 299]

— u. H. **Lienhart**, Wörterbuch d. elsäss. Mundarten. Im Auftrage d. Landesverwaltung v. Elsass-Lothringen. 1.—4. Lfg. gr. 8. (XVI u. S. 1—624.) Strassburg 897. 98. K. J. Trübner. à n. 4.—

— u. H. **Lienhart**, Wörterbuch der elsässischen Mundarten. Im Auftrage der Landesverwaltg. v. Elsass-Lothringen. 5. Lfg. gr. 8. (1. Bd. S. 625—799.) Strassburg 899. K. J. Trübner. à n. 4.— (1. Bd. kplt. geb. in Halbfrz. n. 22. 50)

— u. H. **Lienhart**, Wörterbuch der elsässischen Mundarten. Im Auftrage der Landesverwaltung v. Elsass-Lothringen. II. Bd 6 Lfgn. Mit e. alphabet. Wörterverzeichnis u. e. Mundartenkarte v. Hans Lienhart. (V, 1160 S.) Lex.-8. Strassburg 904—907. K. J. Trübner. n. 32.—; geb. in Halbfrz. n. 35.— (vollständig n. 52.—; geb. n. 57.—)

Martin, Ernst, die Zerstörung Breisachs durch die Franzosen 1793. Historische Skizze. Mit 1 lithogr. Plane aus Merian, Alsatia 1644. gr. 8. (22 S.) Freiburg 874, Scheuble. [Baader und Comp.] (* 80 Pf.) *

Martin, Ernst August, approb. Arzt aus Nordhausen: *Zur Pathologie der Placenta. Leipzig: A. Georgi 1901.* (31 S.) 8° Halle, Med. Diss. v. 15. Juni 1901

Martin, F., kurze Geschichte des königl. Lehrerseminars zu Eisleben. Nach den Akten bearb. 8. (VII, 141 S.) Eisleben 888, Kuhnt'sche Buchh. *

Martin, F., Geschichte der Lohnkämpfe der Buchdrucker von 1848—1890. 8°. Basel 1890.

Martin's (H.) allgemeine Naturgeschichte der drei Reiche, f. die Jugend bearb. Mit 16 kolor. Taf. u. vielen in den Text gedr. Holzschn. gr. 8. (XV, 232 S.) Berl. 891, Norddeutsches Verlags-Institut. cart. * 4 —; geb. * 6 —

Martin's allgemeine Naturgeschichte der drei Reiche, f. die Jugend bearb. gr. 8. (XV, 232 S. m. Abbildgn. u. 16 farb. Taf.) Dresden (900). M. Fischer. Geb. 3.—

Martin, F., Naturgeschichte für die Jugend beiderlei Geschlechts. Mit 198 Abbild. auf 24 (lith.) Tafeln. breit 8. Stuttgart 844, Schmidt u. Spring. 3/4 Thlr — Mit illum. Abbild. geb. 1 1/2 Thlr

Martin, F., Naturgeschichte für die Jugend beiderlei Geschlechts. Mit 218 Abbildungen. 2., verm. und verb. Aufl. br. 8. (III und 560 S. mit 28 Stnt.) Stuttgart 851(52,) Schmidt und Spring. Mit ill. Taf.

Martin, F., Naturgeschichte für die Jugend beiderlei Geschlechts. Mit 218 Abbildgn. auf 28 (lith.) Taf. 2. verm. (Titel-)Aufl. 2. Abdr. Stuttgart (851.) 854. Schmidt u. Spring. 8. (2 Bl., 560 S.) 27 ngr; color. 1 Thlr. 15 ngr

Martin. *Naturgeschichte* etc. Mit 262 [handkolor.] Abbildungen auf 32 Tafeln. 3. verm. u. verbess. Aufl. Stuttgart, Schmidt & Spring, 1856. 2 Bl. 564 S. Kl.-4°. Schöner, grün illustr. Or.-Karton. 45.—
Ganz reizend illustriert: Tiere, Pflanzen, Mineralien. Gutes Ex.

Martin, F., Naturgeschichte für die Jugend beiderlei Geschlechts. 4., verm. und verb. Aufl. br. 8. (VIII und 519 S. mit 262 Abbild. auf 32 ill. Stnt.) Stuttgart 861, Schmidt und Spring. Thlr.

Martin, F., Naturgeschichte für die Jugend beiderlei Geschlechts. Mit 300 color. Abbildungen (auf 32 Steintaff.) u. 20 (eingedr.) Holzschn. 6. Aufl., umgearb. u. verm. von C. F. A. Kolb. Stuttgart 869. Schmidt & Spring. gr. 8. (X, 586 S.) geb. 1 Thlr 15 ngr

Martin, F., Naturgeschichte für die Jugend beiderlei Geschlechts. Mit 300 color. Abbild. (auf 32 Stnt.) und 20 (eingedr.) Holzschn. 6. Aufl. umgearb. und verm. von C. F. A. Kolb. (X, 586 S.) 1869, und 7. Aufl. verm. und verb. von C. F. A. Kolb. br. 8. (XV, 623 S.) Stuttgart 872, Schmidt und Spring. geb.

Martin's F., Naturgeschichte f. die Jugend beiderlei Geschlechts. Bearb. u. verm. v. C. F. A. Kolb. 8. Aufl. Mit 300 Abbildgn. (auf color. Steintaf.) u. 20 (eingedr.) Holzschn. 8. (XI, 633 S.) Stuttgart 876. Schmidt & Spring. geb. 4. 50

Martin's, F. (II.), Naturgeschichte für die Jugend. Von C. F. A. Kolb. 9. und 10. Aufl. 8. (XII, 634 S. mit 321 Abbild. und 32 color. Stnt.) Stuttgart 880,84, Schmidt und Spring. geb.

Martin's, F., Naturgeschichte. Große Ausg. Neu bearb. v. M. Kohler. Mit üb. 1600 farb. u. schwarzen Abb. gr. 8. (VIII, 990 S.) Stuttgart 901. E. Barth. Geb. in Halbfrz. 25.—

Martin, F. R., s. Martin, Fredrik

Martin, Ferd., d. klimatische Höhen-Curort St. Wolfgang-Fusch, s.: Fuchshofer, Joh.

Martin, Ferdinand-Paul: Aus d. Physiol. u. Histiol. Inst. d. Tierärztl. Hochsch. zu Dresden. Vergleichend-histiologische Untersuchungen über das Oberflächen- und Drüsenepithel der Darmschleimhaut der Haussäugetiere. Mit 16 Abb. Dresden 1910: Henkler. 130 S. 8°
Leipzig, Veterinär-Med. Diss. v. 24. Febr. 1910, Ref. Ellenberger
[Geb. 15. Juli 84 Dresden; Wohnort: Dresden; Staatsangeh.: Sachsen; Vorbildung: Kreuz-Gymn. Dresden Reife O. 04; Studium: Dresden Tierärztl. Hochsch. 9 S.; Coll. 5. März 10; Approb. 30. Juli 08.] [U 10. 3027

Martin, Fr., 40 Blatt Muster-Zeichnungen zu Grabdenkmälern, Grabkreuzen, Denktafeln, Embleme für Grabmonumente, Weihwasserbecken, Altären und Taufsteinen, fr. Kaminen, Ruhe-Bänken, Brunnen und Plattenböden. Fol. (40 Stnt., wovon 3 in Buntdr., und 4 S. Text.) Wiesbaden 864, Limbarth. *

Martin, François. Die Arbeitseinstellung der Berliner Buchdrucker im Jahre 1848. Basel.

Martin, François. Das tolle Jahr 1848. Novelle. Basel.

Martin, François. Die Lohnkämpfe der Buchdrucker von 1849 bis auf die heutigen Tage. Basel und München.

Martin, François. Luxemburger National Kalender für das Schaltjahr 1896. Erster Jahrgang. Chicago [1895]. 80, 16 S. 4°

Martin, François. Souvenir an den Besuch des Bischofs Koppes von Luxemburg in St. Paul, Minn 1901

Martin, Franz (Pseud.). s. Baumann, Franz Martin

MARTIN, Fr.: Erfahrungen über die vorzüglichsten Gegenstände des praktischen Jagdwesens und über die nöthigsten Kenntnisse des Jägers in der niedern Klasse. - München 1816. 88 S.

—Erfahrr. über die vorzügl. Gegenstände des prakt. Jagdwesens u. über die wichtigsten Kenntnisse des Jägers in der niedern Klasse. gr. 8. Münch. 817. (Finsterlin). 14 gr

MARTIN, Franz: Praktische Erfahrungen und Grundsätze über die richtige Behandlung und Kultur der vorzüglichsten teutschen Holzbestände mit forstgeschichtlichen Ansichten. - München 1815. 191 S. - 2. Aufl. ebd. 1816. 191 S.

—prakt. Erfahrungen u. Grundsätze über die richtige Behandl. u. Kultur der vorzügl. deutschen Holzbestände mit forstgeschichtl. Ansichten. gr. 8. Münch. 815. 2e A. 817. (Finsterlin). 16 gr

Martin, Frz., Gedichte. 16. (VIII und 200 S.) Altona 859, Mentzel. * 18 Ngr.; geb. mit Goldschn. *

MARTIN, Franz: Die Gabbrogesteine in der Umgebung von Ronsperk in Böhmen
Prag Diss. 1894/95

Martin, Frz., Tabellen des Forst- u. Jagdwesens. gr. Fol. Münch. 817. (Finsterlin). 1 ₰ 8 gr, Hbg. 20 gr

Martin, Fr., Tabellen des Forst- und Jagdwesens. gr. Fol. München, Fleischmann (in Comm.) 817.

— 6 Forst- u. Jagdwissenschaftl. Tabellen. Fol. jent, Finsterlin.

Martin, Frz., Urkundenbuch, Salzburger.

Martin Franz: Die kirchliche Vogtei im Erzstifte Salzburg. Diss. Wien, Univ.
D: Mitteilungen der Gesellschaft für Salzburger Landeskunde.
1905 PN 1945 916

MARTIN, Franz Xaver (München): Dissertatio inauguralis medica sistens systema positionum infantis ad partum naturalem.- Monachii: Fleischmann 1828. 40 S., 1 Taf.
14.7.1828 - Urk: F 99
Diss. Ingolst.-Landsh.-Mchn.

Martin, Frédéric. L'Exécution des Peines d'après le Projet de Code Pénal Suisse. Rapport présenté à la réunion de la Société Suisse pour la Réforme Pénitentiaire et de l'Association intercantonale des Sociétés Suisses de Patronage, à Genève. [Extrait de: Verhandlungen des Schweizerischen Vereins für Straf- und Gefängniswesen... 23. Versammlung.] 38 p. 8. Aarau, H.-R. Sauerländer & Cie, 1904. [fr. —. 80]

Martin, Fredrik

Martin, F. R., schwedische königl. Geschenke an russische Zaren 1647—1699. Silberschätze in der kaiserl. Schatzkammer zu Moskau. gr. Fol. (VII, 44 u. XLII S. m. Abbildgn. u. 51 Lichtdr.-Taf.) Stockholm 900. (F. Hey'l.) Geb. in Leinw. n. 100.—

Martin, F. R., moderne Keramik v. Centralasien in d. Sammlg. F. R. Martin. 15 (z. Tl. farb.) Taf. m. Text. gr. 4. (9 S. u. 15 Bl. Erklärgn. m. Abb.) Stockholm 897. Leipzig, K. W. Hiersemann. Kart. n.n. 25. —

— ältere Kupferarbeiten aus dem Orient. (74 Lichdr.-Taf.) Imp.-4. Stockholm 902. (Leipzig, K. W. Hiersemann.) Geb. in Leinw. n. 75.—

— die Sammlung F. R. Martin. Ein Beitrag zur Kenntniss d. Vorgeschichte u. Kultur sibir. Völker. M. Unterstützg. d. schwed. Staates hrsg. 35 Taf. in Lichtdr., nebst e. reich illustr. Textbd. Fol. (V, 44 S. m. 36 Fig. u. 35 Bl. Erklärgn.) Ebd. 895. 97.
In Leinw.-Mappe n.n. 50. —; erhöhter Preis f. d. kplte. Werk n. 60. —

Die persischen Prachtstoffe im Schlosse Rosenborg in Kopenhagen von F. R. Martin. *Stockholm: G. Chelius in Comm., Leipzig: K. W. Hiersemann 1901* (14 S., 9 Taf.) 2° (4°) [01. 9150

F. R. Martins Sammlungen aus dem Orient in der allgemeinen Kunst- und Industrie-Ausstellung zu Stockholm 1897. *Stockholm 1897. P. A. Norstedt & Söner* (8 S., 8 Taf.) 4° [01. 7680

— Dänische Silberschätze aus der Zeit Christians IV. Aufbewahrt in der kaiserl. Schatzkammer zu Moskau. gr. Fol. (20 S. m. Abbildgn. u. 21 Taf.) Stockholm 900. (F. Hey'l.) Geb. in Leinw. n. 40.—

— Stickereien aus dem Orient aus der Sammlung F. R. Martin. Fol. (12 S. m. 18 Lichtdr.-Taf.) Stockholm 899. (Leipzig, K. W. Hiersemann.) Kart. n. 20.—

Martin Fredrik: Figurale persische Stoffe aus dem Zeitraum 1550 bis 1650. Diss. Wien, Univ
D: Stockholm. 1899.
1901 PN 1393 1879

— Figurale persische Stoffe aus dem Zeitraum 1550—1650. Fol. (23 S. m. 30 Abbildgn. u. 10 Taf.) Ebd. 899. Kart. n. 30.—

Sammlung F. R. Martin. Morgenländisch Stoffe. 15 Taf. nebst Text v. F. R. Martin. (A. d. Schwed. übs. v. C. O. Nordgren, Lehrer zu Stockholm.) *Stockholm: G. Chelius in Komm., (Buchdr. P. A. Norstedt & söner) 1897* (12 S., 15 Taf.) 1 Bd 2. [98 134

Sammlung F. R. Martin. Thüren aus Turkestan. 5 Taf. nebst Text von F. R. Martin. *Stockholm 1897. Kgl. Buchdr.* (13 S., 5 Taf.) 2° [01. 7679

— the Persian lustre vase in the Imperial Hermitage at St. Petersburg and some fragments of lustre vases, found near Cairo at Fostât. Fol. (7 S. m. 5 Fig., 5 Taf. u. 5 Bl. Erklärg.) Ebd. 899. n. 10. —

Martin, Friedl, unsere Kolonien, deren Verwaltung u. Werth. Kritische Abhandlg. gr. 8. (53 S.) München 902. A. Schupp. n. 1.—

Martin, Friedl, afrikanische Skizzen. gr. 8. (VIII, 136 S.) München 893. J. Lindauer. n. 2. 50

Martin, Friedrich, a. Karlsruhe: Die produktiven Abstraktsuffixe des Mittelenglischen. Straßburg i. E. 1906: M. DuMont-Schauberg. (VI, 79 S.) 8°
Straßburg, Phil. Fak., Ref. Koeppel, Gröber, Ziegler, Diss. v. 16. Juni 1906
[Geb. 30. Dez. 83 Weingarten, Baden; Wohnort: Karlsruhe; Staatsangeh.: Baden; Vorbildung: Realgymn. Karlsruhe Reife S. 02; Studium: Straßburg 4, Heidelberg 1, Straßburg 2 S.]

Martin, Frdr., theoretisch-praktische Anweisung zur Behandlung deutscher Lesestücke, s.: Kehr, C.

Martin, Friedr. [kgl. bayer. wirkl. Rat]: Über die Aussichten der kolonialen Bestrebungen Deutschlands ... München, J. Lindauer'sche Buchh., 1894; 46 S. 8.
München, Staatswirtsch. Fak., Inaug.-Diss. v. 1894

Martin: Beiträge zur Kritik des Velleius. 16 S. – Prenzlau, Progr. 1862. 4°

Martin, Friedrich (Giessen)
Ueber die peristaltischen Bewegungen des Darmkanals.
Giessen: Brühl 1859. 28 S. 2 Bl. Thesen.
Diss. med. 2.3.1859. vorh. 7. Δ

Martin, Fr. De aliquot Horatii carminibus commentatio critica. 21 S. [I, 1, 1—2. 35—36. II, 13. III, 29. IV, 4. IV, 6. IV, 9. IV, 15.] . . .
Posen, Fr. W., Progr 1844

(Friedrich) **Martin**-(W[alter]) Vorbrodt Deutsche Elementar Grammatik für Präparandenanstalten. 1. Aufl. d. neubearb. u. erw Form von Martins Schulgramm. 2. durchges. Abdr *Breslau F Hirt 1903.* (XII, 144 S.) 8° [F.]
— **Martin** Schulgrammatik d. deutschen Sprache. T 1 [04. 8340

Martin, Friedrich (Posen), De Horatii Carm. II, 1 et I, 28., Epistola ad Frid. Ritschelium. — De aliquot locis Aeschyli Supplicum et Sophoclis Tragoediarum. Posen (W. Decker) 30. III. 1858. 39 Seiten. (3.—) 22222

—— **de Horatii carminum lib. II, 1. et I, 28. Epistola ad Frid. Ritschelium. — De aliquot locis Aeschyli supplicum et Sophoclis tragoediarum. gr. 4. (40 S.) Posen 858. (Berlin, Mittler und Sohn.)** *

Martin, Frdr. u. H. Jahrenhusen, Hilfsbuch f. d. deutschen Unterricht an höheren Mädchenschulen, Lyzeen u. Studienanstalten. Nach den ministeriellen Lehrplänen f. das höh. Mädchenschulwesen vom 12. XII. 1908. (In 3 Tln.) 2. Tl. gr 8. Breslau 910. F. Hirt. Geb. 2. 50
2. Tl. Deutsche Schulgrammatik f. die Oberstufe höh. Mädchenschulen. Auf Grundlage der 14. Aufl. der Schulgrammatik der deutschen Sprache v. M. neu bearb. v. J. (XII, 180 S.)

(Friedrich) **Martin**-(W[alter]) **Vorbrodt** Lautlehre, Mundarten und Sprachgeschichte für Seminare. Mit 1 Karte u. Taf. mit erl. Abb. 1 Aufl. d. neubearb. u. erw Form von Martins Schulgramm. ***Breslau: F Hirt 1903*** (XII, 140 S.) 8° [F.]
= **Martin** Schulgrammatik d. deutschen Sprache T 2. [04. 8303

Martin, Friedr **De aliquot locis Aeschyli Supplicum et Sophoclis tragoediarum.** 24 S.
Posen, Fr. W., Progr. 1858

Martin, Friedr. [prakt. **Arzt in Meiderich (Rheinprovinz)]:** Über Microphthalmus **Ruhrort, Andreae & Co. (1888); 47 + 1 S. 8°**
Erlangen, Med. **Fak., Inaug.-Diss. v. 1888**

Martin, Friedr[ich]: Vier Oxydationsstufen des Platins. 1909. 61 S. 8° ¶ Vgl. Berichte d. Deutschen Chem. Gesellschaft. Jg. 42. Karlsruhe, Dr.-Ing.-Diss. v. 16. 6. 1909

Martin, F. (I.), die Psalmen Davids. Kurze Erklärung von 54 ausgewählten Psalmen. Nebst einem Anhang: Dr. M. Luthers Summarien über die Psalmen. gr. 8. (III, 176 S.) Bunzlau 882, Kreuschmer. *

Martin, Frdr., die Psalmen Davids. Kurze Erklärg. v. 54 ausgewählten Psalmen. Nebst e. Anh.: M. Luthers Summarien üb. die Psalmen. 2. Aufl. gr. 8. (III, 162 S.) Bunzlau 891. Kreuschmer. n. 2. —

— **die Psalmen Davids. Kurze Erklärg. v. 54 ausgewählten Psalmen. Nebst e. Anh.: Dr. M. Luthers Summarien üb. die Psalmen. 3. Aufl. gr. 8. (VI, 138 S.) Bunzlau 901. G. Kreuschmer. n. 2. —; Einbd. n.n.n. — 25**

— — **De aliquot Horatii carminum ratione antistrophica et interpolationibus. Epistola ad Fridericum Ritschelium. Posen (J. J. Heine), Berlin (S. Calvary) 1865. 37 S. (3.—) 22223**

Martin, **Frid., de aliquot Horatii carminum ratione antistrophica et interpolationibus. 4. (37 S.) Posen 865, (Jagielski.)** *

Martin, J. F. **Observationes crit. in Aeschyli Orestam, et comment. crit. de Hor carm. IV. 8. v. 15—19. 31 S.** . .
Posen, F W., Progr. 1837

Martin. Observat. crit. in Aeschyli Oresteam. et comment. de Horat. Carm. lib. IV 8. V 15—19. Pr 1837 35 S. 4° 2.—

Martin, Fried., de Horatii epodorum ratione antistrophica et interpolationibus. gr. 4. (20 S.) Posen 860, (Heine.) *

—— Die Schulbibelfrage, s. Sammlung pädagogischer Vorträge.

—— **Schulgrammatik der deutschen Sprache. gr. 8. (VIII 120 S.) Breslau 880, F. Hirt.** *

Martin, F., Schulgrammatik der deutschen Sprache. 2. Aufl. gr. 8. (VIII, 128 S.) Breslau 883. F. Hirt. n. 1. 25; geb. n. 1. 50

—— **Schulgrammatik der deutschen Sprache. 3. erweit. Aufl. gr. 8. (159 S.) Breslau 888, F. Hirt. *ℳ 1.25.; geb. ***

—— Schulgrammatik der deutschen Sprache. 4. Aufl. (164 S.) 890; 5. durchgeseh. Aufl. gr. 8. (167 S.) Bresl. 892, F. Hirt. geb. * 1 50

Martin, Frdr., Schulgrammatik der deutschen Sprache. 6., durchgeseh. Aufl. (20.—29. Tauf.) gr. 8. (X, 167 S.) Breslau 894. F. Hirt. Geb. in Halbleinw. n. 1 50

Martin, Frdr., Schulgrammatik d. deutschen Sprache. 8. Aufl. gr. 8. (167 S.) Breslau 899. F. Hirt. Geb. in Halbleinw. n. 1. 50

— Schulgrammatik der deutschen Sprache. 9. Aufl. gr. 8. (167 S.) Breslau 901. F. Hirt. Geb. in Halbleinw. n. 1. 50

Schulgrammatik der deutschen Sprache Bearb. von Friedrich **Martin.** Schulrat in Kassel **10., nach d. neuen Rechtschreibung geänd. Aufl.** ***Breslau F Hirt 1903.*** (175 S.) 8° [F.] [04. 7691

(Friedrich) **Martin-W[alter]** Vorbrodt Schulgrammatik der Deutschen Sprache. Bearb. von Friedrich Martin, Schulrat in Cassel. 11. Aufl., neu bearb. u. erw. nach den preuß. Lehrpl. v. 1. Juli 1901 im Verein mit W. Vorbrodt, Sem.Oberl. 2. T. in 1 Bde. Mit 1 Karte d. Sprachen u. Mundarten Deutschlands u. 2 Taf. 2., durchges. Abdr. Breslau. F. Hirt 1903. (Getr. Pag.) 8° [F.]
1 Elementar-Grammatik f. Präparandenanstalten.
2. Lautlehre, Mundarten u. Sprachgeschichte f. Seminare. [06. 848

Schulgrammatik der deutschen Sprache. Bearb. von Friedrich **Martin,** Schulrat, Kassel. 12. ⟨Ster.⟩ Aufl. Breslau. F. Hirt 1904. (175 S.) 8° [F.] [06. 903

— **dasselbe. 13. Aufl. Neu bearb. u. erweiterte Form nach den Lehrplänen f. die königl. preuß. Präparandenanstalten u. Lehrerseminare vom 1. VII. 1901, hrsg. im Verein m. W. Vorbrodt. In 2 Tln. gr. 8. Ebd. 905. Geb. n. 3. 40; in 1 Bd. geb. n. 3. —**
1. Deutsche Elementar-Grammatik f. Präparandenanstalten. 2., durchgeseh u. verb. Aufl. 19.—27. Tauf. der neu bearb. u. erweiterten Form. (XII, 136 S.) Geb. n. 1. 60
2. Lautlehre, Mundarten u. Sprachgeschichte f. Seminare. Mit 1 farb. Karte der Sprachen u. Mundarten Deutschlands u. 2 schwarzen Taf. erläut. Abbildgn. zur Lautlehre. 2., durchgeseh. u. verb. Aufl. 12.—17. Tauf. der neu bearb. u. erweit. Form. (XII, 148 S.) Geb. n. 1. 80

Martin, Frdr., Schulgrammatik der deutschen Sprache. 14. (Ster.-)Aufl. (176 S.) gr. 8. Breslau 906. F. Hirt. Geb n. 1. 50

Martin, Frdr., Schulgrammatik der deutschen Sprache. 15. Aufl. Neu bearb. u. erweit. Form nach den Lehrplänen f. die königl. preuß. Präparandenanstalten u. Lehrerseminare v. 1. VII. 1901, hrsg. im Verein m. W. Vorbrodt. In 2 Tln. gr. 8. Breslau, F. Hirt. Geb. 3.40; in 1 Bd. geb. 3. —

1. Deutsche Elementar-Grammatik für Präparandenanstalten. 3., durchges. u. verb. Aufl. 28.—43. Taus. der neu bearb. u erweiterten Form. (XII, 130 S.) 907. Geb. 1 60
2. Lautlehre, Mundarten u. Sprachgeschichte f. Seminare. Mit 1 farb. Karte der Sprachen u. Mundarten Deutschlands u. 2 schwarzen Taf. erläut. Abbildgn. zur Lautlehre. 4., durchgeseh. u. verb. Aufl. 24.—32. Taus. der neu bearb. u. erweit. Form. (XII, 156 S.) 908. Geb. 1. 80

Martin u. **Vorbrodt**, Schulgrammatik d. deutschen Sprache. 2 Tle. in 1 Bde. I. Tl.: Elementar-Grammatik f. Präparandenanstalten. II. Tl.: Lautlehre, Mundarten und Sprachgeschichte f. Seminare. Mit 1 farb. Karte der Sprachen u. Mundarten Deutschlands u. 2 schwarzen Taf. erläut. Abbildgn. zur Lautlehre. 16. Aufl. 4., durchgeseh. u. verb. Aufl. der Neubearbeitg. (X, 144 u. VIII, 156 S.) gr. 8. Breslau 910. F. Hirt. Geb. 3.—; I. Tl. einzeln geb. 1. 60

Martin, J. F. Lect. Sophoclearum specim. (In Ajac., Electr., Oed. Reg., Antig., Trachin., Philoct.) 26 S. . . . .
Posen, F W, Progr. 1832

Martin (Ill). Wie schützen wir unsere Kinder vor Impfschäden? Vortrag, geh. im Duisberger Impfzwanggegner-Verein am 26. April 1892. gr. 8. (20 S.) Ruhrort 892, Andrae u. Comp. * — 20

Martin, Friedr. Wilh., die richtigen Dimensionen der dresdner Scheffelmaaßgefäße in Tabellen zum prakt. Gebrauche für Behörden, Aichbeamte, Landwirthe sowie für einen Jeden, dem die Kenntniß von den Maaßverhältnissen des dresdner Scheffels wichtig ist berechnet und zusammengestellt. gr. 16. (20 S.) Annaberg 855, Rudolph und Dieterici. *

Martin, G. Der Abt v. St. Gallen. Operette in 1 Akt f. Männergesangvereine. Text nach Bürger. [Musik v. Ed. Sachs.] Text- u. Regiebuch. 8. (40 S.) Lpz. 889, C. F. W. Siegel. * — 50

Martin, G. Vollständige Anweisung zu der Verfertigung der Wettergläser. 2. Aufl
Frankfurt und Leipzig 1775

Martin, G., Blut. Ein Beitrag zur Prophylaxis d. Blut- u. Blutkreislauferkrankungen, insbesondere der Blutarmut, Krampfadern, Hämorrhoiden, Aderverkalkung u. Herzfehler. (61 S.) 8. Leipzig (907). O. Borggold. — 80

Martin, G. (Red.), s. Export

Martin, G., Frauenleiden u. Männersünden. Mit 15 in den Text gedr. Fig., f. die Hand des Mannes bearb. 2. Aufl. (4. Taus.) gr. 8. (40 S.) Leipzig 901. O. Borggold. n. — 80

— Gedankenkräfte. Ihre Wirkg. auf uns u. andere, ihre Macht über Tod u. Leben. Eine Anleitung zu psych. Körperkultur, Lebensverschönerg. u. Lebensverlängerg. (80 S.) gr. 8. Ebd. (910). 1. 50

— das Geschlechtsleben des Menschen. 1. Das Geheimnis der Zeugg. u. die Zelle. gr. 8. (24 S.) Ebd. (900). n. — 50

Martin-Zschommler, G., Gesundheitspflege des Kindes während der Schulzeit, s. a. Volksbücher, gesundheitliche.

Gesundheitspflege des Kindes während der Schulzeit. Ein Mahnwort an d. Eltern von G. **Martin**-Zschommler. *Berlin: Deutscher Bund [1903].* (71 S.) 8° [F.]
— **Volksbücher**, Gesundheitliche. No 3. [03. 1730]

Martin, G., mein Harn als Erkennungszeichen v. Krankheiten, sowie die dazu gehörigen hygienischen Verhaltungsmassregeln, allgemeinverständlich dargestellt. Kritisch durchgesehen von e. prakt. Arzte. (56 S.) 8. Leipzig 903. O. Borggold. n. 1. —

— der Heilmagnetismus, seine Praxis u. deren Wunder. Auf wissenschaftl. Basis gemeinverständlich dargestellt. gr. 8. (80 S. m. Abbildgn.) Ebd. (901). n. 1. 20

— Ansteckende Kinderkrankheiten. Masern—Scharlach—Diphtheritis. Für die Hand der Eltern bearb. (39 S.) gr. 8. Ebd. (907). 1. —

— die naturgemäße Lebens- u. Heilweise. Eine log. u. physiolog. Begründg. 2. Aufl. gr. 8. (52 S.) Ebd. (901). n. 1. —

— Lichtkuren. 3 Abtlgn. gr. 8. Ebd. n. 5. —; in 1 Leinw.-Bd. n. 6. —

1. „Sonnenlichtkuren". Nach wissenschaftl. Quellen bearb. u. allgemein verständlich dargestellt. (147 S. m. Abbildgn.) (901.) n. 2. —
2. Farblichtkuren. (IV u. S. 149—196 m. Abb.) (902.) n. 1. —
3. Elektrische Kuren. (II u. S. 201—331 m. Abb.) (902.) n. 2. —

— Schädigungen durch Hypnose u. hypnotische Suggestion. (32 S.) 8. Ebd. (905). n. — 60

Martin-Zschommler, G., unsere Wohnungen, s. a. Licht-Luft-Wasser. 36. Hft.

Unsere Wohnungen. Von G. Martin-Zschommler. *Berlin: W Möller [1899]* (37 S.) 8°
= Licht! Luft! Wasser! Bd 2, H 36

Martin, G. Ant., Bilder und Skizzen aus der Naturkunde. Gesammelte populäre Aufsätze. 1. Aufl. 1869. *M.* 3,75., und 2. Aufl. gr. 8. (VII, 286 S. mit 50 eingedr. Holzschn.) Wien 870, Lechner's Verlag. *

Martin, G. A., Elemente der Maschinenlehre, zunächst für Ober-Real- und höhere Gewerbe-Schulen, so wie zum Selbstunterrichte. Brünn 856. Buschak u. Irrgang. gr. 8. (1. Hälfte: S. 1—192 m. Holzschn. im Text.) n. 1 ₰. 24 ngr.

Martin, G. Ant., Handbibliothek für die Bildung der weiblichen Jugend. (I.) Elemente der Fisik, bearb. für die weibliche Jugend. 2 Bdchn. Wien 860, 61. Gerold. 8. (IX, 204 S.; 203 S. m. Holzschn.) Jedes Bdchn. n. 1 ₰

Martin, G. R., Industrie und Handel im Kaiserth. Oesterreich, s. Brodhuber.

Martin, Geoffrey, B. Sc ⟨Lond.⟩ a. Dover in England: Über das Affinitätsgesetz in dem periodischen System. Kiel 1906: C. H. Jebens. (31 S.) 8°
Rostock, Phil. Fak., Ref. Kümmel, Diss. v. 15. Jan. 1906
[Geb. 31. Jan. 81 Dover; Wohnort: Kiel; Staatsangeh.: England; Vorbildung: Technical College Bristol 00; Studium: London 5, Berlin 1, Kiel 6 S.; Rig. 20. Dez. 05.]

Martin, Georg, approb. Arzt aus Rottweil Ein Fall von Nabelschnurstrangulation bei einem 3 Monate alten missbildeten Embryo. *Rudolstadt [1901]: F. Mitzlaff.* (14 S.) 8° ¶ (Aus Baumgarten's Arbeiten, 4.)
Tübingen, Med. Diss. v. 1901

Martin, Geo., die deutsche Flotte, s.: Lindner, Ferd.

Martin, Georg A. Christliche Bibliothek Ephrata, Pa, 1792.

Martin, Georg Heinrich, s. Martini

[Martin, Gottfried Joseph.] Außführlich und Gründliche Vier Beschreibungen / Erstens Deß Einzugs / Welchen Carolus Der Sechste Mit Dero Gemahlin Elisabetha Christina. In die Königliche drey Prager-Stätte gehalten. Andertens Der dem Kayser als König zu Böheim abgelegten Erb-Huldigung. Drittens deß Kaysers Und Viertens der Kayserin Anno 1723. vorbeygegangenen Königlichen Böhmischen Crönungen. Prag gedruckt bey Wolffgang Wickhart [1723].
Haupttit. 1 Bl. Sondertit. 11 Bl. Sondertit. 7 Bl. Sondertit. 35 Bl. Sondertit. 20 Bl. 4°

Martin, Gustav, aus St. Ingbert ⟨Pfalz⟩: **Geschichtliche Entwicklung der Kartellbildung in der deutschen Sprengstoff-Industrie.** *Heidelberg 1903: K. Rößler.* (130 S.) 8°
Heidelberg, Phil. Diss. v. 1903

Martin, Gustav, appr. Tierarzt: Praktische Erfahrungen mit der intrakutanen Tuberkulin-Reaktion bei Schweinen und bei Rindern. Würzburg: Kabitzsch 1910. 54 S. 8° ¶ (Aus: Beiträge z. Klinik d. Tuberkulose. Bd 16, H. 1.)
Gießen, Veterinär-Med. Diss. v. 6. April 1910, Ref. Pfeiffer
[Geb. 30. Juni 81 Preungesheim; Wohnort: Langen b. Darmstadt; Staatsangeh.: Hessen; Vorbildung: Gymn. Gießen Reife Juli 09; Studium: Gießen 5, Berlin Tierärztl. Hochsch. 1, Gießen 1 S.; Rig. 28. Dez. 09.] [U 10. 1231

Martin, Gustav Adolph

— — (Jena), Corpus juris canonici recognovit, brevibusque adnotationibus criticis et locis parallelis instructum. Zwickau (Schumann) 1830. (2.—) 22225
Ankündigung des Werkes.

—Grundriß d. juristischen Literair-Geschichte, wissenschaftl. geordnet u. mit Nachweis. versehen. gr. 8. Heidelb. 824. Winter. 16 gr.

Martin, (Gust.) Ad., Grundriß d. landesgesetzl. Civil-Proceß-Theorie in d. zu d. Oberappellationsgerichten zu Jena u. Zerbst verbund. Staaten. gr. 8. (2 B.) Jena 827, Cröker.

—— Jahrbücher der Gesetzgebung u. Rechtspflege in Sachsen, s. Jahrbücher rc.

Martin, Gust. Ad., († d. 20. Oct. 1831.) vollständ. nach Grundsätzen separirte Concoursacten. 4. Jena 827. Cröker. 12 gr.

Martin, (G.) Ad.: Juristische Literärgeschichte im Grundrisse, wissenschaftlich geordnet und mit Nachweis. versehen. *Heidelb.*, Winter. 824. 8. (16. Gr.)

Martin, Gust. Ad.: Bartoli de Saxoferrato tractatus de ordine judiciorum nunc primum separatim editus. (Progr.) Jenae 1826.

Martin, (Gust.) Ad., provis. Ordnung d. gemeinschaftl. Ober-Appellat.-Gerichts zu Jena, s. 8. Bd.: Ordnung.

—— Relation, nach d. Separationsmethode ausgearb. Als Anh. zu seines Vaters Chr. R. D. Martins „Anleit. z. Referiren." 2., verb. u. verm. Aufl. gr. 8. ... Heidelberg 829, Winter.

Martin, Gust. Ado.: Relationen, nach d. Separationsmethode ausgearb. Als Anh. zu seines Vaters *Cph. R. D. Martin's* „Anleit. z. Referiren." 2e verb. u. verm. Aufl. *Heidelberg*, Winter. (824.) 829. gr. 8. (16 Gr.)

— **Gustav Adolph** (Göttingen), Specimen historiae studiorum et meritorum quibus in theoria ordinis judiciorum privatorum per Germaniam excolenda tam legislatores quam jureconsulti nostrates excelluerunt. Jena (Frommann u. Wesselhoeft) März 1823. 71 S. (4.—) 22224
Gew.: Christoph Reinhard Theodor Martin (Vater).

—über landständ. Verfassung mit besond. Anwendung auf Kurhessen. 8. Götting. 824. Vandenhöck u. R. 6 gr.

MARTIN, Gustav Friedrich (Frankfurt): De confessione qualificata. (Titel nach der Urkunde)
4.8.1852 - Urk; F 48
Diss. Ingolst.-Landsh.-Mchn.

Martin, H., das Beerenobst, s.: Lucas, E.

Martin, H. Kritische Beleuchtung des Aktienprinzipes in der Lebensversicherung. Motive zur Gründung von Lebensversicherungs-Gesellschaften auf Gegenseitigkeit. Berlin 1876.

Martin, H., Rolf u. Erika, s.: Sonntagsbibliothek.

Martin, Mrs. H., „Schön-Lesley", s. Britannia-Bibliothek.

Martin, H. (II.), a personal sketch of the late lamented Sir Robert Peel, as a parliamentary speaker and party leader in the british house of Commons etc. With a lith. portrait of him, taken twenty years ago, and considered one of the best. gr. 8. (24 S.) Hamburg 850, Nestler und Melle. *

Martin, H. (I.), die kurhessischen Verordnungen vom 4. 7. und 28. Septbr. 1850. Ein Beitrag zur rechtl. Beurtheilung der Zeitfragen. gr. 8. (80 S.) Marburg 851, (Elwert'sche Universitäts-Buchh.)

Martin, H.: Wie kann unsere Frauenwelt bei der nothwendigen Reform des Hebammenwesens helfend eingreifen? — Berlin: Enslin 1888. 33 S. 8°

Martin, H. F., s. Martin, Helena Faucit

Martin, H. R., kurzer Bericht über den Erfolg der am 8. Septbr. d. J. in Sachen der hessischen Kirchenverfassung in Guntershausen beschlossenen Rechtsverwahrung mit einigen weiteren Erörterungen zur Sache. Kassel 870. (Leipzig, Luckhardt.) gr. 8. (51 S.) 7½ ngr.

Martin, H. R., kurzer Bericht über den Erfolg der am 8. Septbr. d. J. in Sachen der hessischen Kirchenverfassung in Guntershausen beschlossenen Rechtsverwahrung mit einigen weiteren Erörterungen zur Sache. gr. 8. (51 S.) Leipzig und Berlin 870, Luckhardt'sche Verlagsh.

Martin, H. R., weiterer Bericht in Sachen d. Rechts der hessischen Kirche unter Berücksicht. der neuesten Gesetzesvorlagen Königl. Staatsregierg. gr. 8. (54 S.) Berlin 871. Luckhardt. n. 1. — (1. 2.: n. 1. 75)

Martin, H. R., die christliche Kirche und der preußische Staat. Ein Beitrag zur Würdigung dieses Verhältnisses aus meinem Amtsleben. gr. 8. (88 S.) Kassel 886, Klaunig. *

Martin, (I.), die Rechtsverbindlichkeiten landesherrlicher Verordnungen gegenüber dem Erfordernisse landständischer Zustimmung zum Erlasse von Gesetzen, mit besond. Berücksichtigung der kurfürstlich-hess. Verordnung vom 26. Jan. 1854, die Aufhebung der Jagdgerechtsame betr. gr. 8. (VII und 152 S.) Cassel 866, Krieger'sche Buchh. *

Martin, Heinr., Aphorismen. Ein Buch der Weisheit und Wahrheit. 1. und 2. Aufl. 16. (260 S.) Dresden 868, Jaenicke's Verlag.
—— dass. — 3.—11. Aufl. 16. (VIII, 252 S.) Ebendas. 870—72.
geb. mit Goldschn.

Martin, Heinr., Aphorismen. 19. Aufl. 8. (VIII, 224 S.) Dresden 879, Jaenicke. geb. mit Goldschn. *

Martin, Heinrich [aus Penig, Sachsen]: Beiträge zur experimentellen Grundlegung der Pschychophysik. Zürich 1902. 80 + 1 S. 8°.
Zürich. Phil. Diss. I. S. 1902/1903.

—— ein Buch der Weisheit und Wahrheit. 12.—18. Aufl. 8. (VII, 224 S.) Ebendas. 872—74. *
geb. mit Goldschn. **

—— ein zweites Buch der Weisheit und Wahrheit. 1000 didakt. Gedichte. 8. (VIII, 223 S.) Ebendas. 872.
geb. mit Goldschn. **

—— dichterische Erzählungen. 1. Bd.: Linos. Paramythien. 16. (125 S.) Ebendas. 869.

Martin, H., die Folgerungen der Bodenreinertragstheorie f. die Erziehung u. die Umtriebszeit der wichtigsten deutschen Holzarten, bearb. in Verbindg. m. mehreren Fachgenossen u. hrsg. v. H. M. 1. Bd., enth. 1. Nationalökonomische Grundlagen. — 2. Untersuchungen üb. Umtriebszeit, Boden- u. Waldrenten in reinen Buchen-Hochwaldgn. vom Herausgeber. gr. 8. (VIII, 281 S.) Leipzig 894. B. G. Teubner. n 6 —

Martin, H., d. Folgergn. d. Bodenreinertragstheorie f. d. Erziehg. u. d. Umtriebszeit d. wichtigsten deutschen Holzarten. Bearb. in Verbindg. m. mehr. Fachgenossen u. hrsg. von M. 2.—4. Bd. gr. 8. Leipzig, B. G. Teubner. à n. 6. —
2. Enth.: 3. Volks- u. staatswirthschaftl. Zusätze. — 4. D. Weißtanne. (VIII, 282 S.) 895.
3. Enth.: 5. Zoll- u. Beförderungs-Politik. — 6. Die Kiefer. (XII, 249 S.) 896.
4. Enth.: 7. D. Eiche im Hochwaldbetrieb. (VIII, 274 S.) 898.

Martin, H., die Folgerungen der Bodenreinertragstheorie f. die Erziehung u. die Umtriebszeit der wichtigsten deutschen Holzarten. 5. (Schluß-)Bd., enth. 8. Die Fichte. 9. Sonstige Holz- u. Betriebsarten. 10. Die Aufgaben der forstl. Statik. gr. 8. (IX, 272 S.) Leipzig 899. B. G. Teubner. à n. 6. —

Die Forsteinrichtung. Ein Grundriß zu Vorlesungen mit besond. Berücks. d. Verhältnisse Preußens. Von Dr. H[einrich] Martin, Forstmeister Berlin: J. Springer 1903. (66 S.) 8° [F.] 03. 4124

Martin, H., die Forsteinrichtung. Ein Grundriß zu Vorlesgn. u. e. Leitfaden f. Praktiker. 2., erweit. Aufl. (VII, 136 S.) 8. Berlin 906. J. Springer. n. 2. 60
1. Aufl. (66 S.) 903. n. 1. 20.

Martin, H., die Forsteinrichtung. 3. erweit. Aufl. (XV, 281 S. m. Fig. u. 11 z. Tl. farb. Taf.) gr. 8. Berlin 910. J. Springer. 9.—; geb. in Leinw. n 10. —

MARTIN, Heinrich: Die Forstwirthschaft des isolirten Staates und ihre Beziehungen zur forstlichen Praxis. - Leipzig 1881 52 S., 1 Taf. - Diss. Phil. Fak.

Martin, H., die Forstwirthschaft des isolirten Staates und ihre Beziehungen zur forstlichen Praxis. gr. 8. (52 S. mit 1 Stnt.) Münden 882, Augustin. *

Martin, Heinr., Gedichte. 16. (227 S.) Dresden 866, [Jaenicke's Verlag.] * 1 Thlr.; geb. mit Goldschn. *

—— Gedichte. 2.—4. Aufl. 8. (XI, 228 S.) Ebendas. 868—72.
geb. mit Goldschn. **

Die ökonomischen Grundlagen der Forstwirtschaft. Ein Grundriß zu Vorlesungen von Dr. H[einrich] Martin, Forstmeister. Berlin. J. Springer 1904. (59 S.) 8° [F.] 05. 1135

Martin, Heinr., die spanische Hofdame. 1—5. Liefg. Dresden 870. Jaenicke. 8. (1. Bd. S. 1—240.) Jede Liefg. 3 ngr.;

—— die spanische Hofdame. 2 Bde. in 12 Lfgn. 8. (540 S.) Ebendas. 869,70. à Lfg. 30 Pf.

MARTIN, Heinrich (München): Laryngotyphus.- München: Weiss 1853. 20 S.
9.8.1852 - Urk (Titel: De laryngotypho.); F 67
Diss. Ingolst.-Landsh.-Mchn.

—— Linos. Paramythien [dichter. Erzählungen] für deutsche Frauen und Jungfrauen. 2. Aufl. 8. (VI, 147 S.) Ebendas. 878.
geb. mit Goldschn.

Martin, Heinr., Linos. Paramythien [dichter. Erzählungen] für deutsche Frauen und Jungfrauen. 3. Aufl. 8. (VII, 147 S.) Dresden 880, Jaenicke. geb.
geb. mit Goldschn.

—— Novellen. 1.—6. Bd. 8. Dresden, [Jaenicke's Verlag.] 6
Inhalt:
Bd. 1. Das Gelöbniß. Novelle aus dem Volksleben. (228 S.) 866. * 1 Thlr.
" 2. Der Flüchtling. Novelle aus den Adelskreisen. (309 S.) 866. * 1 Thlr. 7½ Ngr.
" 3. Die Sühne. Novelle. (347 S.) 867. 1 Thlr. 7½ Ngr.
" 4. Der Blinde. Novelle. (342 S.) 867. 1 Thlr. 7½ Ngr.
" 5. 6. Die Hofdame. Novelle. 2 Thle. (280 und 203 S.) 869. 2 Thlr.

MARTIN u STADTMÜLLER: Forstlich-charakteristische Skizze der Waldungen auf dem bunten Sandsteingebirge der Pfalz, welche hier unter dem Namen "Pfälzerwald" bezeichnet werden und Hauptwirtschaftsregeln für dieselben. Speyer 1845 V 84 S.

—— Sonnenblumen und Nachtschatten. Spruch-Gedichte 16. (256 S.) Dresden 865, [Jaenicke's Verlag.] *
geb. mit Goldschn. *

Martin, Heinr., Stammbuchverse für Jung und Alt und Groß und Klein. 1. Bdchn. 16. (64 S.) Dresden 886, Jaenicke. *
Aus: Sonnenblumen und Nachtschatten, besonders abgedruckt.

— die forstliche Statik. Ein Handbuch f. leit. u. ausführ. Forstwirte sowie zum Studium u. Unterricht. (XII, 361 S.) gr. 8. Ebd. 905. n. 7. —;
geb. in Leinw. n. 8. 20

MARTIN, Heinrich: Der höhere forstliche Unterricht mit besonderer Berücksichtigung seines gegenwärtigen Zustandes in Preussen. - Leipzig 1897. III, 46 S.

—— Otto v. Walter. Ein Künstlerleben aus der Dachstube bis in den Palast. 3 Bde. 8. (832 S.) Dresden 865, [Jaenicke's Verlag.]

—— Wegnetz, Eintheilung und Wirthschaftsplan in Gebirgs-Forsten. Eine Darstellung der in der Prov. Hessen-Nassau unter Leitung des Forstmeisters Kaiser zu Kassel gegenwärtig zur Ausführung kommenden Forsteinrichtungs-Arbeiten. gr. 8. (VI, 84 S. mit 2 lithogr. und color. Plänen.) Ebendas. 882.

—— dramatische Werke. 1. und 2. Bd. gr. 8. Ebendas. à Bd. * M 1,50. *
Inhalt:
Bd. 1. Die Bettlerin. Schauspiel in 4 Aufzügen. (95 S.) 867.
2. Fürst und Hirten. Schauspiel in 4 Aufzügen. (159 S.) 870.

Martin, Heinr., gesammelte Werke. 1. Bd. 1—6. Lfg. 8. Dresden 874. Jaenicke. à — 50
Otto v Walter. Ein Künstlerleben aus der Dachstube bis in den Palast 1 u. 2. Bd. (235 u. 249 S.)

—— philosophische Werke. 1. und 2. Bd. 8. Ebendas. 881. geb. mit Goldschn. à Bd. *M 4. *
Inhalt:
Bd. 1. Aphorismen. 20. Aufl. (VIII, 224 S.) 880.
" 2. Sonnenblumen und Nachtschatten. Spruch-Gedichte. 8. Aufl. (VIII, 222 S.)

Martin, Helena Faucit

—— Ueber einige von Shakespeares Frauen Charakteren. gr 8. Münster 885 Lpz., Fock * 1 —

Martin, Helena Faucit, über einige von Shakespeare's Frauen-Charakteren. Mit Genehmigung der Verf. übers. von Karl Lentzner. gr. 8. (30 S.) Münster 885. (Breslau, Koebner.) *
Aus: Jahrbuch der Shakespeare-Gesellschaft, besonders abgedruckt.

Martin, H. F Ophelia u. Porzia. Lex -8. Lpz 890, Fock *

Martin, Helena Faucit, Ophelia u. Porzia. Zwei Shakespeare'sche Frauen-Charaktere. Nach Briefen ins Deutsche übertr. v. Karl Lentzner. Lex.-8 (63 S.) Leipzig 890. Reisland. n. 1. 60

Martin, Henri, prakt. Arzt aus Peseux-Neuchâtel: Aus der pathologisch-anatomischen Anstalt der Universität Basel. (Vorsteher: Prof. E. Kaufmann.) Ueber einen Fall von Kystoma ovarii multiloculare pseudomucinosum mit breiter (durch Druckatrophie bedingter) Perforation in Blase und Rectum und mit fistulösen Durchbrüchen in Ileum und Flexura sigmoidea. Mit 2 Abbildungen. Berlin 1905. 22 S. 8°. S.-A. a. d. Monatsschr. f Geburtshülfe u. Gynäkol. Bd. 22.
Basel. Med. Diss. 1905/1906.

Martin, Henri, Rußland und Europa. Deutsche vom Verf. durchgeseh. und verm. Ausg. Uebersetzt und eingeleitet von Gfr. Kinkel. gr. 8. (XXXII, 455 S.) Hannover 869, Rümpler. *

Martin, Henriette, geb. Biedermann, Taschenbuch für Mädchen u. angehende Hausfrauen. Unterweisung zur Einrichtung u. Führung des Haushaltes. 8. Leipzig 846, Brauns. ½ ℳ in Leinw. geb. ⅔ ℳ

Martin, Henriette, geb. Biedermann, Taschenbuch für Mädchen und angehende Hausfrauen. Unterweisung zur Einrichtung und Führung des Haushaltes. 8. (VIII und 198 S.) Leipzig 847, Brauns. Thlr.

Das Wahlrecht in Deutschland und Das Unrecht in Sachsen von Hermann **Martin**, Rechtsanw in Leipzig *Berlin: E. Hofmann & Co. 1903.* (78 S.) 8° [F.] (03. 837)

Martin, (J.,) nouveau Dictionnaire de Poche, français-allemand et allemand-français. — Neues französ.-deutsches u. deutsch-französ. Taschenwörterbuch. 9e Aufl. 16. Leipzig 823, Breitkopf et H.

Martin, J., nouveau Dictionnaire de Poche Français-Allemand et Allemand-Français. — Neues Franz.-Deutsches u. Deutsch-Franz. Taschenwörterbuch. 15—20., durchges. u. verm. Ausg. (à 37 B.) 16. Leipzig (830—35), Breitkopf u. Härtel. à

Martin, J., nouveau Dictionnaire de poche français-allemand et allemand-français. 21—23. edit. revue et augm. — Neues französ.-deutsch. u. deutsch-französ. Taschenwörterbuch. 21—23., durchgesch. u. verm. Ausg. 16. (à 38¼ B. u. 1 Tab.) Leipzig 836—41, Breitkopf u. Härtel. à

Martin, J., nouveau Dictionnaire de poche français-allemand et allemand-français. — Neues französisch-deutsches u. deutsch-französisches Taschenwörterbuch. 24. Aufl. 843. u. 25., verm. Aufl. 16. (38 B. u. 1 Tab.) Leipzig 845, Breitkopf u. Härtel. à -

Martin, J., nouveau dictionnaire de poche français-allemand et allemand-français. 26. Édition revue et augmentée. — Neues französisch-deutsches und deutsch-französisches Taschenwörterbuch. 26., durchgeseh. und verm. Ausg. gr. 16. (IV und 602 S. mit 1 Tab. in qu. 8.) Leipzig 849, Breitkopf und Härtel.

Martin, J. (I.), nouveau dictionnaire français-allemand. 27. Édition entièrement refondue. A. s. l. t.: Neues Wörterbuch der französischen und deutschen Sprache. 27., gänzlich umgearb. Aufl. gr. 16. (IX und 622 S.) Leipzig 856, Breitkopf und Härtel.

Martin et Brown, Dictionnaire de poche anglais et français, s. Brown.

Martin, Dictionnaire de Poche français-allemand et allemand-français. en 2 part. 5me édit. in 12. Leips., Breitkopf et H. 817.

Martin, J., zur Frage der Stromrichtungen des Inlandeises. gr. 8. (27 S.) Hamburg (902). L. Friederichsen & Co. n. 1. 20
Sonderabdr. a.: „Mitteilgn. d. geogr. Gesellsch. in Hamburg".

Martin, J., der kleine Holz-Taullenzer oder Ermittelung des Preises für laufende Meter von beschlagenen oder geschnittenen Bauhölzern, von 3 Centim. Breite und 3 Centim. Höhe bis zu 30 Centim. Breite und 30 Centim. Höhe, und von Mark 20. — bis Mark 103. — für den Kubikmeter. Ein nothwend. Hilfsbüchlein bei Anfertigung von Kostenvoranschlägen, Preisverzeichnissen und Rechnungen rc. gr. 8. (III, 96 S) Augsburg 879, Schmid'sche Verlagsh. *

Martin, J. (I.), neues Wörterbuch der französischen und deutschen Sprache. — Nouveau dictionnaire français-allemand et allemand-francais. 28. Aufl. gr. 16. (VIII und 622 S.) Leipzig 868, Breitkopf und Härtel. -

Martin, J. (II.), neues Wörterbuch der französischen und deutschen Sprache. — Nouveau dictionnaire français-allemand et allemand-français. 29. Aufl. 1871, und 30. Aufl. 16. (VIII, 622 S.) Leipzig 875, Breitkopf und Härtel.

Martin, J., neues Wörterbuch der französischen und deutschen Sprache. 31. Aufl. 12. (VIII, 622 S.) Leipzig 888, Breitkopf und Härtel. *M 2.25.; geb. **

Martin, J. E. A., das offene Polar-Meer, s. Bibliothek geograph. Reisen.

Martin, J. E. A., Urkundenbuch der Stadt Jena und ihrer geistlichen Anstalten, s. Geschichtsquellen, thüringische.

Martin, J F, s. Martin, Friedrich

Martin, J. Ph., mein Herz und seine Heimsuchung. Gedichte. 16. (VII, 123 S.) Mainz 874, Kupferberg.

Martin, Jacques, das Gebet des Herrn. Ein Erbauungsbuch f. Alle, alles Volk, alle Christen. Nach der 4. Aufl. des franz. Orig. deutsch wiedergegeben von G. Schilling. 16. (VI u. 260 S.) Leipzig 852, H. Schultze. ⅓ ℳ; in Engl. Einb. n. ⅔ ℳ

Martin, J(acques), das Werk der Erlösung. Ein Erbauungsbuch in einer Reihe christlich religiöser Betrachtungen für die Gebildeten jedes Standes. Deutsch wiedergegeben von G. Schilling. gr. 8. (XII und 252 S. mit 1 Stahlst.) Nürnberg 850, Fr. Campe.

Martin, J., das Werk der Erlösung. Ein Erbauungsbuch in einer Reihe christlich religiöser Betrachtungen für die Gebildeten jedes Standes. Deutsch wiedergegeben von G. Schilling. Mit 1 Stahlst. 2. (Titel-)Aufl. Nürnberg (850.) 857. Lotzbeck. gr. 8. (XII, 252 S.) 25 ngr.

Martin, (J.) H., das Werk der Erlösung. Ein Erbauungsbuch in einer Reihe christlich religiöser Betrachtungen für die Gebildeten jedes Standes. Deutsch wiedergegeben von G. Schilling. 2. (Titel-)Aufl. gr. 8. (XII und 252 S. mit 1 Stahlst.) Nürnberg 856(57,) Lotzbeck.

Martin, Jo. B. (Resp.): De tussi convulsiva strictim agitur, s. Brendel, Jo. Gttf. (Praes.)

Martin, Jodok, das große Donnerwetter. Orig.-Posse in 1 Aufzuge. gr. 8. (16 S.) Wien 877, Massanetz und Comp. *

Martin, Jodok, Einer der ein Anderer ist. Posse in 1 Aufz. 8. (16 S.) Wien, Carl Fritz. 20 kr. 1885.

Martin, Jodok, einer, der ein Anderer ist. Posse in 1 Aufzug. 8. (16 S.) Wien 885, Neidl. *

—— gemeinsame Trennung. Schwank in 1 Akt. 8. (16 S.) Ebendas. 885. *

Martin, Johann

— P F Laurentii, von Schnüffis . Mirantisches Flötlein Oder Geistliche Schäfferey, In welcher Christus unter dem Namen Daphnis, die in dem Sunden-Schlaff vertieffte Seel Clorinda zu grosser Heiligkeit führet. Dritte Auflage Darinnen alle Melodien zu drey Stimmen samt einem Ritornello aufgesetzet, Zugleich ein Anhang Neuer Liedern und dienl. Register beygefugt worden von M. J. P M. O. & Org. Pr Frankfurt aM., Emanuel & Rob. Thurneysen, 1711. Kl. 8° *Titelkupfer*, 8 Bl. 366 S. *mit vielen Musiknoten*, 1 Bl. *Mit 30 hübschen Kupfern von Melch. Küsell nach J G. Glückher*. Etwas beriebener schlichter Ldbd. d. Z.

G. III. 196; 10. 2. Eitner VI 78. FdF 1073 und Hirsch III. 916 zitieren die ganz ähnlich gedruckte Frankfurter Ausgabe von 1739.

Martin, Joh., Glarus. Dissertatio inauguralis medica de siti.
Basel; med. Diss. 1766

Martin, Johann Baptist

Martin, J. B., kurze Anleitung z. Erlern. d. neugriech. Dialektes f. Solche, welche d. altgriech. Grammatik kundig sind. 8. (4¾ B.) Passau 833, Pustet.

Martin, Joh. Baptista, s.: Collectio conciliorum recentiorum ecclesiae universae.

Martin, J. B., Erziehet zur Wahrheit! Ein Mahnruf an Eltern und Erzieher in sieben religiös-pädagog. Vorträgen über Wahrheit und Lüge, Eid und Meineid. gr. 8. (III, 41 S.) Würzburg 883, Bucher. *

Ueber die moralisch-religiöse Tendenz bei dem Studium der Geschichte. Von J. B. Martin. — 1828. Ebend. — S. 3—8.
Progr. Passau.

Martin, J. B., allerneueste Verketzerungsgeschichte im J. 1821. 8. Nürnb. 822. Eichhorn. 8 gl.

Martin, Jh. Chr.

—Nachricht von der Synode Homberg, mit Bezieh. auf die Reformation in Hessen. 8. Cass. 805. (Luckhardt). 18 gl.

— s. Nachr. von Niederhessen.

Martin, J. C., typogr.-stat. Nachr. von Niederhessen. 1r u. 2r Bd. zu 5 Heften. 8. Helmst. Fleckeisen. 791–96. (à 7 gr.)

— — desselben 3n Bds 1s Heft. 8. Cassel, Griesbach. 797.

Martin. Jh. Chr., Predigten nach bibl. Grundsätzen. 8. Cassel 797. (Luckhardt). 20 gl.

Martin, Joh. Geo., Kinderklänge. Eine Auswahl kleiner Denkverse u. Liedchen für Kinder von 4—9 Jahren. Gesammelt u. componirt. 12. (5⅙ B.) Coburg 845. (Riemann'sche Buchh.) *

—— neue zweistimm. Lieder f. Schule, Haus u. Leben. gr. 8. (3⅞ B.) Coburg 843, Riemann'sche Buchh.

Martin, Joh. Heinr., „Vor unserer Thüre sind allerlei edle Früchte. Mein Freund, ich habe dir beide heurige und fernige behalten." (Hohel. 7, 13. Matth. 13, 52.) Dreißig Predigten und Betrachtungen. gr. 8. (IV und 370 S.) Basel 851, Schneider.

Martin, Joh. Heinr., Zeugnisse d. Wahrheit z. Gottseligkeit in 21 Predigten. gr. 8. (18¼ B.) Basel 838, Schneider.

MARTIN, Johann Nepomuk (Eickhausen): De anxietate et angustia humana.- Monachii: Wolf 1831. 20 S.
26.8.1830 - Urk; F 60
Diss. Ingolst.-Landsh.-Mchn.

MARTIN, Johann Nicolaus: Compendium brevissimum, großer Potentaten und Herrn Forst- und Jagd-Gerechtigkeit / Wie solche so wohl ex iure divino / als auch civili, contra rigorem juris naturae zu defendiren. Sambt einem nutzlichen Anhang / wie die jura foresti zu conserviren. - Ulm 1720. 40 S.

Martin, Joh. Nicol. „Compendium brevissimum, Großer Potentaten und Herrn Forst- und Jagd-Gerechtigkeit / Wie solche so wohl ex jure divino / als auch civili, contra rigorem juris naturae zu defendiren. Sambt einem nutzlichen Anhang / wie die jura foresti zu conserviren", Ulm 1720 (Wohler). — Vorh. StB Nürnberg.

MARTINI, J. Nikolaus: Methode, wie ein grosser Herr das Forst- und Waldwesen zu bestellen habe. - Ulm 1731. 6 Bog.

Martin J. N.: Methodus wie ein grosser Herr das Forst- u. Wald-Wesen nöthig durch dazu qualificirte Subjecta zu bestellen In Frag u. Antwort gestellet. Ulm 1731 (84) S.

Geschichtliche Darstellung der St. Johannis-Freimaurer-Loge gen. Zu den drei Todtengerippen in Breslau bei ihrer Säkular-Feier den 18. Mai 1841. [Von Joh. Sam. Martin.] Breslau [1841]: Grass, Barth & Co. 20, 7 S. 1 Taf. 4°
Abgedr. in: SL. 4 (1884) S. 18—19, 21—22, 25—27, 29—31, 33—34, 37—42.
Im Anh. ein Mitglverzeichn. für 1841—1842.

[Gedicht?] Zur 150jähr. Jubelfeier . . . von den drei vereinten Logen: Zu den drei Todtengerippen, Zur Säule, Zur Glocke in Breslau, brüderlichst dargebracht. [Von Joh. Sam.? Martin.] Breslau [1891]: Grössel. 2 Bl. 4°

Martin, Johannes [aus Oldenburg i. Gr.]: Beiträge zur Kenntniss der optischen Anomalien einaxiger Krystalle. . . . (Aus: N. Jahrb. f. Mineral. Beil.-Bd. VII. H. 1.) Stuttgart, E. Schweizerbart'sche Verlagsh. (E. Koch), 1890; 3 Bl. + 54 S. + 1 Bl. u. 2 Taf. 8°
Göttingen, Phil. Fak., Inaug.-Diss. v. 12. März 1889

Martin, Johannes, Prof. Dr.: Bildung und Sprachunterricht. Kleine vergleichende Betrachtungen bes. hinsichtlich d. Pflege d. neueren Sprachen an d. hum. Gymnasien Bayerns. Erlangen 1906: Junge & S. (46 S.) 8°
Erlangen, k. G P 1906*

Martin, Johs., Bildung u. Sprachunterricht. Kleine vergleich. Betrachtg. besond. hinsichtl. der Pflege der neueren Sprachen an den hum. Gymnasien Bayerns. Progr. (46 S) 8. Erlangen 906. (M. Mencke.) n — 60

Martin, Johannes [Dr.]: Die Proverbes au Conte de Bretaigne nebst Belegen aus germanischen und romanischen Sprachen. Erlangen, k. b. Hof- u. Univ.-Buchdr. v. F. Junge, 1892; 37 S. 8.
Erlangen, k. StA, P 1892*

Martin, Johannes [kgl. Gymnasiallehrer zu Erlangen]: Les Proverbes au Conte de Bretaigne. Neu hrsg. ... [= 1 -22 S. d. Progr v. Erlangen 1892.] Erlangen, k. b. Hof- u. Univ.-Buchdr. v. F. Junge, 1892; 22 S. 8.
Erlangen, Phil. Fak., Inaug.-Diss. v. 1892

Martin, Johs., die Proverbes au Conte de Bretaigne, nebst Belegen aus german. u. roman. Sprachen. Progr gr. 8. (37 S.) Erlangen 892. (Th. Blaesing.) n. — 80

— systematisches Verzeichnis der Programmabhandlungen etc. auf dem Gebiete der romanischen u. englischen Philologie etc., s.: Varnhagen, Herm.

Martin, John J., a. Chicago: Shaftesbury's und Hutcheson's Verhältnis zu Hume. Halle a. S. 1905: C. A. Kaemmerer & Co. (124 S.) 8°
Halle, Phil. Fak., Ref. Riehl, Diss. v. 8. März 1905
[Geb. 10. Febr. 70 Carnkie, England; Wohnort: Halle; Staatsangeh.: Vereinigte Staaten; Vorbildung: College of Liberal Arts Albion Baccalaur. M. 00; Studium: Chicago 0, Halle 4 S.; Rig. 23. Febr. 05.]

MARTIN, JOSEF: Denkwürdigkeiten der Pfarre und Kirche zu Szentfülöp (Philippowa). Verfaßt von Josef Martin. Hodschag 1908: S. J. Raab 18 S. · 8°

Martin Josef: Gedenkrede auf Joh. Gottfried von Herder. (4). Aussig. 04.

Martin, Jos., S. J., die Heiligkeit d. kathol. Kirche, s.: Volksbibliothek, kathol. Nr. 8.

Martin, Jos., S. J., Leben des hochwürdigen P. Petrus Johannes Beckx, Generals d. Gesellschaft Jesu. (Frei nach d. fläm. Lebensbeschreibg. von A. M. Verstraeten, S. J.) gr. 8. (199 S. m. Bildn.) Ravensburg 897. Dorn. n. 2. —

— Präses-Büchlein der marian. Kongregationen. 12. (79 S.) Ebd. 898. n. — 60

— Präsesbüchlein f. die Kongregationen vom „guten Tod". 16. (59 S. m. Titelbild.) Kevelaer 899. Butzon & Bercker. Geb. in Leinw. n. — 50

— dasselbe. (Neue Aufl.) 12. (63 S.) Ravensburg 902. Dorn. n. — 60

Martin Josef: Die Redeübungen. (Erfahrungen und Meinungen). (27). Aussig 04.
Progr.

Johann Philipp Roothaan, s.: Thym, J. A.

Martin, Jul., bei dir ist die lebendige Quelle u. in deinem Lichte sehen wir das Licht. Ein Predigtjahrg. Aus s. Nachlasse zusammengest. gr. 8. (VIII, 518 S. m. Bildn.) Kassel 897. E. Röttger. n. 6. 50; geb. n. 8. —

Martin, Jul., Erinnerung an d. Lehren von d. Sünde, von d. Erlösung u. von d. Schicksal d. Menschen nach d. Tode. Für gebild. Laien kurz dargestellt. gr. 8. (1¼ B.) Marburg 840, Elwert's Univ.-Buchh.

Martin, Jul. (II.). Handbuch üb. die Unfallversicherung der Bauarbeiter im Königr. Bayern. Nach Maßgabe d. Unfallversicherungsgesetzes vom 6. Juli 1884, d. Bauunfallversicherungsgesetzes vom 11. Juli 1887 u. d. genossenschaftl. Nebenstatuts hrsg. 8. (VI, 58 S.) Ansbach 889, Brügel u. Sohn. * — 70

Martin, Jul., Motive zur ornamentalen Eisenconstruction, insbesond. für Schmiedeeisen. 1.—4. Heft. (à 8 lithogr. Taf.) gr. 4. Halle 869—72, Knapp's Verlag. à Heft * ℳ 2,40. *

Martin, J. (I.), die Opposition gegen das durch die Allerhöchsten Erlasse vom 13. Juni 1868 und vom 24. April 1873 zu Cassel errichtete Consistorium für den Regierungsbezirk Cassel. gr. 8. (24 S.) Cassel 873, (Hühn.) *

— Ornamente der Renaissance. 1—3. Heft. Dresden 865. Martin's Selbstverlag. qu. Fol. Jedes Heft (12 Steintaff.) n. 1 ℛ

— — 1—3. Heft. Halle 868. Knapp's Verlag. qu. 4. Jedes Heft (12 Steintaff.) n. 24 ngr.

Martin J, Ornamente (in Umrissen und schattiert) in verschiedenen Stilen für den Zeichenunterricht. 4 Hefte in 1 Bd fol Karlsruhe

Martin, Jul., Prüfet die Geister. Predigt in der Hof- u. Garnisonskirche zu Kassel gehalten. gr. 8. (1 B.) Kassel 845, Bohné.

[J.] Die hessische Rechtspartei im Wahlkampfe 1898. – Vortr. d. Rechtsanw. Julius Martin. *Melsungen: W. Hopf 1898.* (54 S.) 1 Bd 8.
(Aus der hessischen Rechtspartei.) 99. 4745 4

Zur Stellung der Hessischen Rechtspartei. Vortrag geh. auf d. Parteitage d. Hess. Rechtspartei 1892 zu Guntershausen von Julius **Martin**, Rechtsanw. *Melsungen: W. Hopf 1892.* (29 S.) 8° [J.]
(Aus d. Hessischen Rechtspartei.) [03. 9829 4

Martin, (I.), der Umfang des landesrichterlichen Prüfungsrechts hinsichtlich des Entstehens gült. Gesetze und Verordnungen in den constitutionellen deutschen Bundesstaaten nach allgemeinen und hannoverschen Rechten. gr. 8. (VIII und 104 S.) Celle 865, Schulze'sche Buchh.

Martin, J., der Untergang der kurhessischen Selbständigkeit im J. 1866. Vortrag. 2. Aufl. 8. (40 S.) Melsungen 890. (Hannover u. Celle, Schulbuchhandlg.) n. — 40

Martin, J. (II.), die Versetzung des Metropolitans Vilmar von Melsungen nach Sand und das Verhalten der kurhess. Geistlichkeit bei derselben. gr. 8. (26 S.) Cassel 867, Krieger'sche Buchh. *

Martin, Jul., d. Wahrheit üb. den Fürsten Bismarck. Vortrag, geh. in d. Versammlg. d. Hessischen Rechtspartei zu Kassel am 28. März 1895. 12. (32 S.) Melsungen 895. W. Hopf. n. — 20

[J.] Die Wahrheit über den Fürsten Bismarck. Vortr., geh. in d. Versamml. d. Hess. Rechtspartei zu Kassel am 28. März 1895 v. Julius **Martin**. 2 unveränd. Aufl. *Melsungen: W. Hopf [1899?]* (32 S.) 1 Bd 8.
(Aus der hessischen Rechtspartei.) [99. 4746 4

Die Wahrheit über den Fürsten Bismarck. Vortrag geh. in d. Versammlung d. Hess. Rechtspartei zu Kassel 1895 von Julius **Martin**, Rechtsanw. 3. unveränd. Aufl. *Melsungen: W. Hopf [1901].* (34 S.) 8° [J.]
(Aus d. Hessischen Rechtspartei.) [03. 9828 4

— einige Worte der Erwiderung auf die Schrift des Prof. Dr. Vilmar: Die Gegenwart und Zukunft der niederhess. Kirche. Zunächst für die Geistlichen der Diöcese Cassel bestimmt. gr. 8. (26 S.) Cassel 867, Krieger'sche Buchh. **

Martin, Jul., allgemeine Zeichenschule. Ornamente (in Umrissen und schattirt) in verschiedenen Stilen für den Zeichen-Unterricht entworfen. 4 Hefte. Fol. (à 6 Stnt.) Karlsruhe 877, Veith. à Heft ℳ 4.

Martin, Jul., über die nächste Zukunft der evangel. Kirche in Kurhessen. Mit Rücksicht auf die Beschlüsse einer am 14. Febr. d. J. in Jesburg abgehalt. kirchl. Konferenz. gr. 8. (32 S.) Kassel 849, (Kriegersche Buchh.) *

Martin, K. Mangelhafte Beweismethode der monophyletischen Abstammungslehre. (Gegen die Auswüchse des Darwinismus.) 13 S. Progr. *Quakenbrück* 1876

Martin, K., Dewin u. Hammersee. Eine heimathl. Sage in Versen. 12. (67 S.) Prag 886. Dominicus. n. 1. 60; geb. m. Goldschn. n. 2. 60

Martin, K: Erfahrungen über das elektromagnetische Heilverfahren System »Salus« im Freiburger Diakonissenhaus. München 1907

Martin, K., Grundriß der deutschen Sprachlehre, s.: Sütterlin, Ludw.

Martin, K: Katalog über landwirthschaftliche Maschinen und Geräthe. Offenburg (Baden) (1897?)

Martin, K., Lehrbuch der französischen Sprache, s.: Metzger, Fr., u. O. Ganzmann.

Martin, K: Teleobjektive mit unveränderlicher Brennweite. [Leipzig] 1908

Martin, K: Teleobjektive für Projektionszwecke. Halle a. S. 1908

Martin, K Untersuchungen über die Organisation von Cyclo clypacus Casp. und Orbitoides d'Orb.

Martin, K. L. St.

Martin, C. L. St., vom Bedürfnisse d. Kirchenzucht u. v. ihrer Ausführbarkeit, mit besond. Rücksicht auf d. Presbyterial-Verfassung. gr. 8. (2 B.) Berlin 831, Trautwein.

Martin, K. L. St., von der Gott mißfälligen Rechtgläubigkeit. Predigt, gehalten am 14. Sonnt. n. Trinit. 1842. 8. Berlin 842, Plahn'sche Buchh. n. 1/12 ₰

Martin, C. L. St., von der Wohlthat Gottes, die den Armen durch die Predigt des Evangelii widerfährt. gr. 8. Berlin, Gädike. 817.

Martin, K. W., Vor hundert Jahren. 2 Thle; s. Album, Bibliothek deutscher Originalromane

Martin, Kajetan Anselm

Martin, C. A., de ligatura funiculi umbilicalis, qua causa morborum. Dissert. medico-obstetricia. 8maj. Münch. 829. (Fleischmann). 8 gr

MARTIN, Cajetan Anselm (München): De ligatura funiculi umbilicalis qua causa morborum.- Monachii Possenbacher (1830). 40 S.
5.7.1830 - Urk; F 60 Diss. Ingolst.-Landsh.-Mchn.

Martin, C. A., de ligatura funiculi umbilicalis, qua causa morbor. Dissertat. med.-obstetr. 8maj. (2½ B.) Monachii 831, (Fleischmann.)

Martin, Cajetan Anselmus (München)
Diss. med. obst. Ligatura funiculi umbilicalis qua causa morborum.
Monachi: Possenbacher o.J. (1831)
Diss. med. Giessen 15.11.1834. vorh. 4.

Martin, Karl, appr. Arzt a. Blieskastel, Rheinpfalz: Über den pathologischen Affekt. Freiburg i. Br. 1906: U. Hochreuther. (34 S.) 8°
Freiburg i. B., Med. Fak., Ref. Emminghaus, Diss. v. 10. Febr. 1906
[Geb. 13. Juni 77 Blieskastel; Wohnort: Landstuhl; Staatsangeh.: Bayern; Vorbildung: Gymn. Zweibrücken Juli 96; Studium: Straßburg 2, Freiburg i. B. 2, München 2, Berlin 1, Freiburg i. B. 3 S.; Coll. 7. Febr. 02; Approb. 18. Juli 01.]

Martin Karl Über die Amylumkörner der Kartoffel S. 6. 350 vgr
Separatabdruck

Martin, Carl Beckenmessung an verschiedenen Menschenracen. Mit 3 Abbildungen u. 1 Tabelle. ([S.-A.] Monatsschrift für Geburtskunde. 1866. Bd. 28. Heft 1.) (Leipzig 1866.) 36 S. 8°

MARTIN, Carl (Speyer): Ueber die Bedingungen zur Heilung der Necrose und Caries.- München: Deschler 1840. 14 S
4.8.1840 - Urk (Titel: De conditione ad sanationem cariei et necrosis.); F 65
Diss.Ingolst.-Landsh.-Mchn.

Martin, Carl, e. Beitrag zur Kenntniss fossiler Euganoïden. Inaugural-Dissertation Mit e. (lith.) Taf. (in qu. gr. 4.) [Aus: „Zeitschr. d. deutschen geolog. Gesellsch."] gr. 8. (37 S.) Berlin 873. (Göttingen, Vandenhoeck & Ruprecht's Verl.) n. 1. —

Martin, K., s.: Beiträge zur Geologie v. Niederländisch Westindien.

—— und A. Wichmann, Beiträge zur Geologie Ost-Asiens und Australiens, s.: Sammlungen des geologischen Reichs-Museums in Leiden.

Martin und Wichmann, Beiträge zur Geologie Ostasiens und Australiens (Samml. d. geol. Reichsmuseums in Leiden). Band 1. Leiden 1881—83. 8. Desgl. Band 2. 1882—87. Desgl. Band 3. 1873—78.

Martin, Karl Beiträge zur Geschichte Bruno's I von Köln. 14 S. Progr. *Wesel* 1878.

Martin, Karl, Beiträge zur Geschichte Bruno's I. von Köln. Inaugural-Dissertation. 8. (31 S.) Jena 878, Neuenhahn.

Martin, K. (I.), Bericht über eine Reise ins Gebiet des oberen Surinam. gr. 8. (76 S. mit 4 Stnt.) Haag 886, Nijhoff. *
Aus: Bijdragen tot de Taal-, Land- en Volkenkunde van Nederlandsch-Indië, besonders abgedruckt.

—— Bericht über eine Reise nach Niederländisch West-Indien und darauf gegründete Studien. Hrsg. mit Unterstützung von „Het Nederlandsch aardrijkskundig Genootschap te Amsterdam". 2 Bde. Lex.-8. (186 S. mit 22 Taf.; 238 S. mit 4 color. Karten, 4 Taf. und 41 Holzschn.) Leiden 887, Brill. **

Martin, Karl, gründl. Bilderbuch z. Schönschreiben. 2 Hfte. gr. 4. Leipz. 822. (Hinrichs). 1 ₰ 16 gr

— die Eintheilung der versteinerungsführenden Sedimente v. Java, s.: Sammlungen d. geolog. Reichs-Museums in Leiden.

Martin, Carl (Carl Müller), das Evangelium vom neuen Menschen. (118 S.) 8. Leipzig (904). C G. Naumann n. 3. —; geb. n. 4. —

— die Fauna der Mĕlawigruppe, e. tertiären (eocänen) Brakwasser-Ablagerung aus dem Innern v. Borneo, s.: Sammlungen des geol. Reichs-Museums in Leiden.

Die Fauna der Melawigruppe, e. tertiären '(eocänen?)' Brakwasser-Ablagerg. a. d. Innern v. Borneo. Von K. Martin. *Leiden E. J. Brill 1899.* (257–324 S. 2 Taf.) 8.
= Beiträge z. Geologie Ost-Asiens u. Australiens. Bd v. H. 6
= Sammlungen d. geologischen Reichsmuseums in Leiden. No 24b.
9 1133

Martin, K., die Fossilien v. Java, s. a. Sammlungen d. geologischen Reichs-Museums in Leiden

Die Fossilien von Java auf Grund einer Sammlung von Dr. R. D. M. Verbeek und von anderen bearb. durch Dr. K[arl] **Martin**, Prof. zu Leiden. Bd 1. Leiden. E. J. Brill 1891–1906. 2°(4°)
= **Sammlungen** d. Geol. Reichs-Museums in Leiden. N. F. Bd 1, Abth. 1
[07. 788

— dasselbe, s. a. Sammlungen d. geologischen Reichs-Museums in Leiden.

— über tertiaere Fossilien v. den Philippinen, s.: Sammlungen d. geolog. Reichs-Museums in Leiden.

Martin, Karl, Gerichtsassessor zu Straßburg i. E. Die Grundzüge der Erbschaftsklage nach dem Bürgerlichen Gesetzbuche für das Deutsche Reich unter Berücksichtigung des gemeinen und des französischen Rechtes. *Straßburg i. E. 1904: M. Du Mont-Schauberg.* (92 S.) 8°
Rostock, Jur. Diss. v. [20. Juni] 1904

Martin, Karl, Konversationsunterricht im Italien. I. Bd. D. vier Jahreszeiten f. d. italien. Sprechstunde nach Hölzels Bildertafeln im genauen Anschluss an „The four seasons by E. Towers-Clark". 1.—4. Hft. gr. 8. (M. je 1 Bild.) Giessen 896. E. Roth. à n. — 40; in 1 Bd. geh. n. 1. 20; geb. n.n. 1. 40
1. Der Frühling (La Primavera). (27 S.)
2. Der Sommer (L'Estate). (24 S.)
3. Der Herbst (L'Autunno). (31 S.)
4. Der Winter (L'Inverno). (33 S.)

— dasselbe. 5.—8. Hft. 2. Bd. gr. 8. (Mit je 1 Bild.) Ebd. 896. à n. — 40; in 1 Bd. n. 1. 20; geb. n.n. 1. 40
5. Die Stadt. (La Città). (34 S.)
6. Der Wald (Il Bosco). (26 S.)
7. Das Hochgebirge (La Montagna). (27 S.)
8. Der Bauernhof (Il Podere). (24 S.)

— dasselbe. 9. u. 10. Hft. 3. Bd. Italien. Sprachlehre. Im Anschluss an d. Sprachstoff in Eseroizi per le lezioni di conversazione italiana secondo i quadri di Hoelzel. M. vollständ. Wörterbuch. gr. 8. (IV, 93 S.) Ebd. 897. n. — 80; geb. n.n. 1. —

Martin, C., die Krankheiten im südlichen Chile. gr. 8. (VI, 85 S. mit 1 chromolithogr. Karte von Süd-Chile.) Berlin 885, Hirschwald. *

—kalligraph. Kunstblätter in mehrern Schriftarten. 17 Blatt. gr. Fol. Leipz. 820. Verf. (Hinrichs). 8 ß

Martin, Carl, Landeskunde v. Chile. Aus dem Nachlass. Für den Druck durchgesehen von Paul Stange. Mit e. Lebensumriss u. 1 Porträt des Verf., 73 Abb. auf 56 Taf. u. 1 (farb.) Karte v. Chile. (Publikation des geograph. Instituts d. Universität Jena.) (XXVII, 777 S.) Lex. 8. Hamburg 909. L. Friederichsen & Co. 20.—; geb. 22. —

Martin, Carl, durchschnittliche geburtshülfliche u. gynäkologische Maasse u. Gewichte in Centimetern u. Zollen, sowie in Grammen u. Zollpfunden. Nach Messungen in der geburtshülfl. u. gynäkolog. Klinik zu Berlin unter der Leitung des Geh. Med.-R. Dr. Martin zusammengestellt. 1 Tab. Berlin 867. A. Hirschwald. Imp.-Fol. n. 10 ngr

— Neues üb. d. Tertiär v. Java u. d. mesozoischen Schichten von West-Borneo, s. a. Sammlungen des geol. Reichs-Museums in Leiden.

Neues über das Tertiär von Java und die mesozoischen Schichten von West Borneo von K[arl] Martin. *Leiden: E. J. Brill 1895.* (S. 23–51.) 8°
= Sammlungen d. Geolog. Reichs Museums in Leiden. Serie 1. Bd 5, H 2.
[ov. 1904

— Notiz üb. den Lias v. Borneo. s. a. Sammlungen des geol. Reichs-Museums in Leiden.

Notiz über den Lias von Borneo. Von K[arl] Martin (*Leiden. E. J. Brill 1898*) (S. 253–256.) 8°
= Sammlungen d. Geolog. Reichs Museums in Leiden. Serie 1 Bd 5, H 5, (2.)
[10. 1906

Martin, Carl, über eine Quelle des Zustandekommens der mehr complicirten Nervenzufälle und deren Deutung am Krankenbette. Eine patholog. Skizze. 8. (106 S.) Speyer 855, Lang.

— Reisen in den Molukken, in Ambon, den Uliassern, Seran (Ceram) u. Buru. Eine Schilderg. v. Land u. Leuten. Mit 50 Taf., 1 Karte u. 18 Textbildern. Hrsg. m. Unterstützg. der Niederländ. Regierg. Lex.-8. (XVIII, 404 S.) Leiden 894. E. J. Brill. n.n. 21. —

— Reisen in d. Molukken, in Ambon, den Uliassern, Seran (Ceram) u. Buru. Geolog. Tl. 1. Lfg.: Ambon u. d. Uliasser. M. 3 Karton, 5 Taf. u. 20 Textbild. Nebst e. Profillinie d. nördl. Halmahera. Hrsg. m. Unterstützg. d. niederländ. Regierg. Lex.-8. (VIII, 98 S.) Leiden 897. Buchh. u. Druckerei vorm. E. J. Brill. n.n. 5. — (Reisebeschreibg. u. geol. Thl. 1. Lfg. n.n. 26. —)

— Reisen in den Molukken, in Ambon, den Uliassern, Seran (Ceram) u. Buru. Geologischer Thl. 2. Lfg.: Seran u. Buano. Mit 2 Karten, 3 Taf. u. 20 Textbildern. Nebst e. Nachtrag zu Ambon u. den Uliassern. Hrsg. m. Unterstützg. der niederländ. Regierg. (S. 99—199.) Lex.-8. Leiden 902. Buchh. u. Druckerei vorm. E. J. Brill. n.n. 5. —; (Reisebeschreibg. u. geolog. Thl. 1. u. 2. Lfg. n.n. 31. —)

Martin, K., Reisen in den Molukken, in Ambon, den Uliassern, Seran (Ceram) u. Buru. Geologischer Thl. 3. Lfg.: Buru u. seine Beziehgn. zu den Nachbarinseln. Mit 1 Karte, 7 Taf. u. 2 Textbildern. Hrsg. m. Unterstützg. der niederländ. Regierg. (IX u. S 201 bis 296.) Lex.-8. Leiden 903. Buchh. u. Druckerei vorm. E. J. Brill. n.n. 5. — (Roisebeschreibg. u. geolog. Thl. 1.—3. Lfg.: n.n. 36 —)

Martin, K., niederländische u. nordwestdeutsche Sedimentärgeschiebe, ihre Uebereinstimmung, gemeinschaftliche Herkunft u. Petrefacten. gr. 8. (106 S. m. 3 Steintaf.) Leiden 878. Brill. n. 2. 80

— Sedimente Timors, s.: Sammlungen des geolog. Reichs-Museums in Leiden.

Martin, Karl: Die Silatgruppe . . ., s. Icke, H.

Martin, K., westindische Skizzen. Reise-Erinnerungen. Mit 22 Taf. u. 1 Karte. [Sep.-Ausg. d. 1. Thls. von: K. Martin, Bericht über e. Reise nach Niederländisch-West-Indien, u. darauf gegründete Studien.] Lex.-8. (VII, 186 S.) Leiden 887. Brill. n.n. 15. —

— üb. neue Stegodon-Reste aus Java. Veröffentlicht durch die königl. Akademie der Wissenschaften in Amsterdam. [Aus: „Natuurk. Verh. der konigl. Akademie".] gr. 4. (13 S. m. 3 Taf.) Amsterdam 890. Johs. Müller. n.n. 1. 25

Martin, Karl Geologische Studien über Niederländisch West-Indien, auf Grund eigener Untersuchungsreisen. Lfg 1 Curaçao, Aruba und Bonaire. Mit 4 col. Karten, 2 Tafeln und 36 Holzschnitten. (Separatausgabe des 2ten Theils von K. Martin Bericht über eine Reise nach Niederländisch West-Indien und darauf gegründete Studien.) Leiden 1887 238 S. 8°

—— die Tertiärschichten auf Java. Nach den Entdeckungen von Fr. Junghuhn bearb. Paläontologischer Theil. 1. Lfg.: Univalven. Imp.-4. (III, 89 S. mit 14 Stnt.) Ebendas. 879. **

—— die Tertiärschichten auf Java. Nach den Entdeckungen von Fr. Junghuhn bearb. 2.—4. (Schluss-)Lfg.: Bivalven und Crustaceen, Korallen, Foraminiferen. Fol. (Paläontolog. Theil. VI, XI, S. 89—164 mit 12 Stein- und 2 Lichtdr.-Taf. nebst 1 geolog. Karte; Allgemeiner Thl. 51 S.; Anhang 6 S.) Leiden 880, Brill.
2. und 3. Lfg. à ** ℳ 8,50.; 4. Lfg. ** ℳ 6,90. ** compl. cart. **
1. Lfg. Ebendas. 1879. ** ℳ 17.

Martin, Karl [aus Emmendingen]: Theoderich der Grosse bis zur Eroberung Italiens. . . . Freiburg i. B., Univ.-Buchdr. v. Chr Lehmann, 1888; 70 S. 8°
Freiburg i. B., Phil. Fak., Inaug.-Diss. v. 1888

Martin, Karl, Theoderich der Grosse bis zur Eroberung Italiens. Inaugural-Dissertation. gr. 8. (70 S.) Freiburg i. Br. 888, (Ragoczy.) *

— geologische Theorien der Jetztzeit mit einleitenden Bemerkungen aus der Vorgeschichte der Geologie. Rede, geh. beim Antritt seines Lehramts an der Universität zu Leiden. gr. 8. (30 S.) Ebend. 877. n.n. — 70

Martin, Karl, Referendar in Cassel Die Verwandlung bestehender Schulden in Darlehnsschulden ⟨B.G.B. § 607 Abs. 2⟩. *Marburg 1903: L. Döll in Cassel.* (69 S.) 8° [J.]
Marburg, Jur. Diss. v. [4. Aug.] 1903

Martin, Karl, die Verwandlung bestehender Schulden in Darlehensschulden (B. G. B. § 607 Abs. 2.) (IV, 69 S.) gr. 8. Marburg 903. N G. Elwert's Verl n. 1. 20

—— über das Vorkommen eines gemengten Diluviums, s. Abhandlungen, hrsg. vom naturwissenschaftl. Verein zu Bremen.

Martin, Karl, Prof.: Das Wesen der Toleranz. Kreuznach 1904: R. Voigtländer. (S. 1—11.) 4°
Kreuznach, k. G OP 1904 (527)

Martin, Karl Bernold, Blutarmut u. Bleichsucht, s.: Arzt, der, als Erzieher.

Martin, Karl Eduard

Martin, Car Eduard. (geb. Jena [16. 9.] 1838) Ansa fili metallici, nova methodus haemostatica. Berolini (1861). (48 S.) 8°
Berlin, Med. Diss. v. 10. Okt. 1861

MARTIN, Karl Ludwig: Der Wälder Zustand und Holzertrag, wie derselbe mit seinen naturgesetzlichen und thatsächlichen Grundlagen aufzufassen, darzustellen und zu beurtheilen ist. Zum Gebrauche für Alle, welchen es um genaue Kenntniß, gute Pflege, Erhaltung und Bewirthschaftung von Wäldern zu thun ist; insbesondere für Forstmänner, Eigenthümer größerer Waldungen, Oekonomie-, Kameral- und Polizei-, auch Justizbeamte und Anwälte. - München 1836. XVI, 176 S.

Martin, Karl Ludw., der Wälder Zustand u. Holzertrag, wie ders. mit seinen naturgesetzl. u. thatsächl. Grundlagen aufzufassen, darzustellen u. zu beurtheilen ist. Zum Gebr. f. Alle, welchen es um genaue Kenntniß, gute Pflege, Erhaltung u. Bewirthschaftung v. Wäldern zu thun ist rc. gr. 8. (12¼ B. u. 5 Stnt.) München 836, [Königl. Hofbuchh. v. Bayer.] (Leipzig, Müller.)

Martin, Bischof Konrad, die Arbeiten des Vatikanischen Concils. 3. unveränd. Aufl. gr. 8. (144 S.) Paderborn 873, Schöningh.

Martin, Conr., s.: Aus der Briefmappe des Bischofs Dr. Conrad Martin.

Martin, Konr., das Ave Maria für fromme Marien-Verehrer, nach dem „Marien-Spiegel" des heil. Bonaventura frei bearb. 16. (VIII und 262 S.) Mainz 865, Kirchheim.

Martin, C., Beitrag zu e. zeitgemäß. Katechismus f. d. Erzdiözese Freiburg. gr. 8. (16⅛ B.) Freiburg 837, Herder'sche Bh.

Martin, Conrad, approb. Arzt Aus d. Kgl. Med. Klinik zu Breslau. Ein Beitrag zur Kenntnis der Nachkrankheiten nach Angina tonsillaris. *Leipzig 1903: B. Georgi.* (50 S.) 8°
Leipzig, Med. Diss. v. (16. Nov) 1903

Martin, Konr., Blicke in die Gegenwart u. Vergangenheit. 8. (110 S.) Münster 877. Aschendorff. — 40

— Blicke in's Jenseits. 1. u. 2. Aufl. 8. (176 S.) Mainz 878. Kirchheim. 1 50

Martin, Dr. Konr. (Bischof v. Paderborn). Blicke in's talmudische Judenthum. Nach den Forschungen von —, dem christl. Volke enthüllt von Prof. Dr. *Jos. Rebbert.* Nebst einer Beleuchtung d. neuesten Judenvertheidigung. Paderborn, Bonifacius-Druckerei, 1876. 8°. 96 S. Cart.

— Blumen aus dem Garten der heil. Gertrudis. Nach dem Tode d. Verf. aus dessen schriftl. Nachlasse hrsg. v. Chrn. Stamm. 8. (116 S.) Paderborn 880. F. Schöningh. n. — 80

Aus der Briefmappe des hochseligen Bischofs Dr. Conrad Martin von Paderborn. Von Dr Christian Stamm, Domcapitular *Paderborn: Junfermann 1902* (XX, 563 S.) 8° [G.]

— die heil. Cäcilia. Ein Glorienbild aus dem 2. Jahrh. 8. (136 S.) Mainz 878. Kirchheim. 1. 20

— der freie, wahrhaft ökumenische Charakter d. vatikanischen Concils. 4. (10 S.) Paderborn 870. (Junfermann.) n. — 15

Martin, Konr., Christentum u. Papsttum. Hirtenwort an meine Diöcesanen als Festgabe zur 18 Säkularfeier des Martyriums des hl Petrus. Paderborn, Schöningh, 1869, gr. 8°, 40 S., 30 Pf

—— omnium Concilii vaticani, quae ad doctrinam et disciplinam pertinent, documentorum collectio. gr. 8. (VI, 266 S.) Paderborn 873, Schöningh. *

Ad audiendam ... orationem de theologorum philosophorumque de peccato erroribus pro aditu muneris prof. ord. in ordine theol. cath. Bonnensi d. XXVI m. Ian. ... habendam ... invitat **Conradus Martin** ... — Inest commentatio de consiliis, quae vocantur, perfectionis. Bonnae, typ. C. Georgii 1850. 1 Bl., 12 S. 4.

—— de Petri denegatione, qua inquiritur, de hujus criminis ethica natura et luculentioribus effectibus. Dissert. inaug. 8maj. (2¼ B.) Monasterii 835, libr. Coppenrath.

Martin, Konrad, Auch eine Enthüllung, oder ein altes Buch gegen die neuen Irrungen. Mainz, Kirchheim, 1871, 8°, XV, 78 S., 1.—3. Aufl., 1 Mk.
Deutsche Übersetzung eines im J. 1787 in Italien von einem ungenannten Verf. erschienenen Büchleins u. d. T.: „Das Bündnis der modernen Theologie mit der Philosophie zum Verderben der Kirche Jesu Christi." Über den Inhalt des Buches vgl. die Beleuchtung desselben in den Hist.-pol. Blätt. Bd. 69, S. 161—81 („Ein verloren gegangener Kriegsplan aus dem großen Generalstabe unserer Gegner").

—— Die Harmonie des Alten und Neuen Testamentes. Ein Beitrag zur Erklärung der biblischen Geschichte. Mainz, Kirchheim, 1877, 8°, 262 S., 2 Mk.

— die Hauptpflicht des katholischen Deutschland. 1. und 2. veränd. Aufl. 8. (86 S.) Paderborn 868, Schöningh.

— Hirtenbrief an seine Diöcesanen über das bittere Leiden. 1.—3. Aufl. gr. 16. (40 S.) Paderborn 873, Bonifacius-Druckerei.

Martin, C., Hirtenbriefe d. hochwürdigsten Bischofs von Paderborn C. M. Gesammelt u. hrsg. v. Chr. Stamm. [7. Bd. der „Kanzelvorträge".] gr. 8. (IV, 603 S.) Paderborn 890. Junfermann. n. 5.— (1—7.: n. 36.10)

— Ein Hirtenwort. Was uns das vatikanische Konzil über den Papst zu glauben vorstelle? Mit der beigefügten ersten dogmat. Konstitution von der Kirche Christi nach der approbierten Übersetzung des Domkapitulars Dr. Molitor. Daselbst, Bonifatius-Druckerei, 1871, kl. 8°, 2. Aufl., 20 Pf. (Vergriffen.)

— drei Jahre aus meinem Leben. 1.—3. Aufl. 8. (170 S.) Ebendas. 877.

— Irrthum und Wahrheit in den großen Fragen der Gegenwart. 1. und 2. Aufl. 8. (VIII, 190 S.) Ebendas. 876.

— Irrthum u. Wahrheit in den großen Fragen der Gegenwart. 2 Aufl. 8. (VIII, 190 S.) Mainz 876. Kirchheim. 1. 50

— Kanzelvorträge. Gesammelt und hrsg. von Chrn. Stamm. 1.—4. Bd. gr. 8. Paderborn, Bonifacius-Druckerei.

Inhalt:
Bd. 1. Sonntägliche Predigten für die heil. Advent-, Epiphanie-, Fasten- und Osterzeit. (VIII, 783 S.) 882. ℳ 7,50.
" 2. Sonntägliche Predigten für die heil. Pfingstzeit. (575 S.) 882. ℳ 5.
" 3. Fest- und Gelegenheitsreden. (627 S.) 883. ℳ 6.
" 4. Festreden. (III, 385 S.) 884. ℳ 3,60.

Martin, Konr., Kanzelvorträge. Gesammelt und hrsg. von Chrn. Stamm. 5. und 6. Bd. gr. 8. Paderborn, Bonifacius-Druckerei.

Inhalt:
Bd. 5. Gelegenheitsreden. (441 S.) 885. ℳ 4.20.
" 6. Fastenpredigten. (546 S.) 886. ℳ 4.80.
1.—4. Bd. Ebendas. 1882—84. ℳ 22.10.

Martin, Konr. Kanzelvorträge. Gesammelt u. hrsg. v. Chr. Stamm. 7. Bd.: Hirtenbriefe. gr. 8. (IV, 603 S.) Paderb. 890, Junfermann. * 5 —

1.—6. Bd. Paderb. 1882—86, Bonifacius-Druckerei. * 31 10.

— christkathol Katechismus für die mittlere u. obere Klasse der Elementarschule, die Sonntagsschüler u. Christenlehrlinge, zur Förderung des Vollkommnern im Religionsunterrichte. 8. Freiburg 838. Herder. 1/3 ß

— Katechismus des römisch-katholischen Kirchenrechts. gr. 8. (IV, 240 S.) Münster 874, Aschendorff'sche Buchh. *

— Katechismus der kirchlichen Pflichten, od. d. Katholik, wie er sein soll. Nach dem Tode des Verf. aus dessen schriftl. Nachlasse hrsg. v. Chrn. Stamm. 8. (80 S.) Paderborn 880. F. Schöningh. n. — 40

— der wahre und der falsche Katholicismus. Ein Abschiedswort an seine Heerde. 4. (16 S.) Paderborn 874, Bonifacius-Druckerei.

— das Kirchenjahr in seinen Festen und festlichen Zeiten. Nach dem Tode des Verf. aus dessen schriftl. Nachlasse hrsg. von Chrn. Stamm. 8. (XIII, 360 S.) Ebendas. 880. *

— das christliche Leben. 1. und 2. Aufl. 8. (VIII, 341 S.) Mainz 875, Kirchheim.

— das unfehlbare Lehramt des Papstes. Hirtenschreiben. 1.—4. Aufl. gr. 8. (20 S.) Paderborn 870, (Junfermann'sche Buchh.) *

Martin, Konr., Lehrbuch der katholischen Glaubens- und Sittenlehre für die oberen Klassen der höheren Lehranstalten Oesterreichs. 3 Thle. gr. 8. Mainz 859, Kirchheim.

Inhalt:
Thl. 1. Die allgemeine katholische Glaubenslehre. (XVI und 368 S.) 1 Thlr.
" 2. Die besondere katholische Glaubenslehre. (VIII und 300 S.) 20 Ngr.
" 3. Die katholische Sittenlehre. (VIII und 200 S.) 15 Ngr.

Martin, Konr., Lehrbuch der katholischen Moral. 1. Aufl. (XVI und 694 S.) 1850. 2 Thlr. 20 Ngr. und 2., umgearb. und verm. Aufl. gr. 8. (XVI und 756 S.) Mainz 851, [Kirchheim.]

Martin, Conr., Lehrbuch der katholischen Moral. 3., verm. und verb. Aufl. gr. 8. (XXIV und 808 S.) Mainz 855, Kirchheim.

— Lehrbuch der katholischen Moral. 4., verm. und verb. Aufl. gr. 8. (XXIV und 808 S.) Mainz 859, Kirchheim.

— Lehrbuch der katholischen Moral. 5., verm. und verb. Aufl. gr. 8. (XXIV und 816 S.) Mainz 865, Kirchheim.

Martin, Konr., Lehrbuch der kathol. Religion für höhere Lehranstalten, zunächst f. die oberen Klassen der Gymnasien. 2 Thle. 1. Aufl. 844. u. 2., unveränd. Aufl. gr. 8. (50 B.) Mainz 845, Kirchheim, Schott u. Thielmann. [1. (26½ B.) 2. (23½ B.)] à Aufl. Thlr.

— Lehrbuch der katholischen Religion für höhere Lehranstalten, zunächst für die oberen Klassen der Gymnasien. 2 Thle. (Allgemeiner Theil. — Besonderer Theil.) 4. Aufl. 1850. und 5. Aufl. gr. 8. (XXXIV und 729 S.) Mainz 851, [Kirchheim.]

— Lehrbuch der katholischen Religion für höhere Lehranstalten, zunächst für die oberen Klassen der Gymnasien. 2 Thle. 7. Aufl. 2. (Titel-)Abdr. gr. 8. (XXXIV und 729 S.) Mainz 856, Kirchheim.

— Lehrbuch der katholischen Religion für höhere Lehranstalten, zunächst für die oberen Klassen der Gymnasien. 2 Thle. 8—10., gänzlich umgearb. Aufl. gr. 8. Mainz 857—60, Kirchheim.

Inhalt:
Thl. 1. Allgemeiner Theil. (XXIV und 424 S.) 1 Thlr. 5 Ngr.
2. Besonderer Theil. (XVI und 535 S.) 1 Thlr. 10 Ngr.

— Lehrbuch der katholischen Religion für höhere Lehranstalten, zunächst für die oberen Klassen der Gymnasien. 2 Thle. 11. Aufl. 1862. und 12. Aufl. gr. 8. (XL und 959 S.) Mainz 866, Kirchheim.

— Lehrbuch der katholischen Religion für höhere Lehranstalten, zunächst für die oberen Klassen der Gymnasien. 13. Aufl. 2 Thle. gr. 8. Mainz 869, Kirchheim.

Inhalt:
1. Allgemeiner Thl. (XXIV, 424 S.) ℳ 3,50.
2. Besonderer Thl. (XVI, 535 S.) ℳ 4.

— dass. — 14. umgearb. Aufl. 1871, und 15. Aufl. 2 Thle. gr. 8. Ebendas. 873. à Thl. * ℳ 3. *

Inhalt:
1. oder allgemeiner Thl. (XXIV, 343 S.)
2. oder besonderer Thl. (XV, 416 S.)

Martin, Dr. Konrad, Katolická mravouka pro VII. třídu gymnasijní a pro VI. třídu škol realných. 4. Auflage. Uebersetzt von F. Hackl, bearbeitet von Josef Kyselka. Prag. Storch Sohn. (Min.-Erl. v. 22. Nov. 1895, Z. 26927) 1. — 1895.

— katolická mravověda pro vyšší učebné ústavy rakouské. Přeložil Matěj Procházka. Prag 864. Kober. gr. 8. (X, 184 S.) n. 23 ngr.

—— die neueren kirchlichen Officien vom bitteren Leiden, bearb. für das christl. Volk. 1. und 2. unveränd. Aufl. gr. 16. (168 S.) Münster 878, Aschendorff'sche Buchh.

Martin, Konrad, Die evangelischen Parabeln theologisch-praktisch erklärt. Nach dem Tode des Verfassers aus dessen handschriftlichem Nachlasse herausgegeben von Christian Stamm. Paderborn, Junfermann, 1880, 8°, 290 S., 2 Mk.

— unsere gegenwärtige Pflicht. Ein Aufruf an die geliebten deutschen Glaubensbrüder. 8. (48 S.) Münster 878. Aschendorff. — 25

— nicht Revision, sondern Aufhebung der Maigesetze. 3., unveränd. Aufl. 8. (54 S.) Ebend. 877. — 30

— die Schönheiten des Herzens Mariä. 8. (152 S.) Mainz 879. Kirchheim. 1. 50

—— die Schönheiten des Rosenkranzes. 8. (VIII, 184 S.) Ebendas. 876.

—— die Schulfrage. gr. 8. (28 S.) Berlin 878, Germania.

—— die acht Seligkeiten. Zwölf erbaul. Vorträge. Nach dem Tode des Verf. aus dessen schriftlichen Nachlasse hrsg. von Chrn. Stamm. 8. (128 S.) Paderborn 881, F. Schöningh. *

—— der wahre Sinn der vatikanischen Lehrentscheidung über das unfehlbare päpstliche Lehramt. 1.—3. Aufl. gr. 8. (59 S.) Paderborn 871, Schöningh.

—— s. Stamm, Chrn.

Martin, Konr., letzte Strafrede Jesu nach Matthäus Cap. XXIII. Mit besond. Hinsicht auf d. wahren Geist d. Pharisäismus exeget. bearb. gr. 8. (5 B.) Köln 835, Du Mont-Schauberg. Thlr.

—— Theophilus oder Unterweisungen über die sonn- und festtägl. Evangelien des Kirchenjahres für das christl. Volk. 1. Aufl. 2 Bde. 1862. 1 Thlr. 25 Ngr. und 2. Aufl. gr. 8. (XV und 640 S.) Paderborn 863, Schöningh.

Martin, Konr., Theophilus oder Unterweisungen über die sonn- u. festtägl. Evangelien des Kirchenjahres für das christliche Volk. 3. Aufl. gr. 8. (XII, 639 S.) Paderborn 876. F. Schöningh. n. 5. —

—— Trauerrede auf den hochseligen Bischof von Fulda Christoph Florentius gehalten bei Gelegenheit seiner Beerdigung im Dome zu Fulda am 17. Octbr. 1873. gr. 16. (19 S.) Fulda 873, (Maier.)

—— Trost- und Lichtbilder für die Gegenwart. 1. und 2. unveränd. Aufl. 8. (84 S.) Münster 876, Aschendorff'sche Buchh.

—— die Wahrheit über Alles. 1.—3. unveränd. Aufl. 8. (64 S.) Ebendas. 879.

— die Wahrheit über Alles. 3., unveränd. Aufl. 8. (64 S.) Münster 879. Aschendorff. — 30

—— was uns das vatikanische Concil über den Papst zu glauben vorstelle. Ein Hirtenwort. Mit der beigefügten ersten dogmat. Konstitution von der Kirche Christi nach der Uebersetzung von Molitor. 1. und 2. Aufl. gr. 8. (31 S.) Paderborn 871, (Junfermann'sche Buchh.) *

— philosophische Werke. 1. u. 2. Bd. 8. Ebend. 880. 81. geb. m. Goldschn. à n. 4. —
1. Aphorismen. 20. Aufl. (VIII, 224 S.)
2. Sonnenblumen u. Nachtschatten. Spruch-Gedichte. 8. Aufl. (VIII, 222 S.)

—— die Wissenschaft von den göttlichen Dingen. Dargestellt in einer Reihe von Lehrstunden für gebildete Stände. gr. 8. (VIII und 579 S.) Mainz 855, Kirchheim.

—— die Wissenschaft von den göttlichen Dingen. Dargestellt in einer Reihe von Lehrstunden für gebildete Stände. 2. Aufl. gr. 8. (XII und 579 S.) Mainz 857, Kirchheim.

—— die Wissenschaft von den göttlichen Dingen. Dargestellt in einer Reihe von Lehrstunden. 3., fast unveränd. Aufl. gr. 8. (VIII, 489 S.) Mainz 869, Kirchheim.

—— ein bischöfliches Wort an die Protestanten Deutschlands, zunächst an diejenigen meiner Diöcese, über die zwischen uns besteh. Controverspunkte. 1.—3. Aufl. 2 Thle. 1864. 1 Thlr. und 4., unveränd. Aufl. 12. (410 S.) Paderborn 866, Schöningh. *

— ein bischöfliches Wort an die Protestanten Deutschlands, zunächst an diejenigen meiner Diöcese, über die zwischen uns besteh. Controverspunkte. 4. unveränd. Aufl. Paderborn 866. Schöningh. 12. (410 S.) n. 12 ngr.

—— Volksausgabe. 1866, 12°, 410 S., 5. unveränd. Aufl., 1,20 Mk.
Recenss. Sion 1864, Kathol. Littblätt. S. 159—60. Hist. pol. Bl. Bd. 55, S. 25—32 („Der irenische Versuch des Bischofs von Paderborn"). Katholik 1864, Bd. 2 S. 222—6.

— ein letztes Wort an die Protestkatholiken zunächst an diejenigen meines Sprengels. 2. Aufl. 8. (31 S.) Paderborn 873. Bonifacius-Druckerei. — 15

—— noch ein Wort an das christliche deutsche Volk in Sachen des Bonifacius-Vereins. 2. unveränd. Aufl. 8. (IV, 164 S.) Paderborn 872, (Junfermann'sche Buchh.) *

—— zweites bischöfliches Wort an die Protestanten Deutschlands, zunächst an diejenigen meiner Diöcese, über die zwischen uns besteh. Controverspunkte. 8. (284 S.) Paderborn 866, Schöningh.

Martin, Konr., Zweites bischöfliches Wort an die Protestanten Deutschlands, zunächst an diejenigen meiner Diöcese über die zwischen uns bestehenden Kontroverspunkte. Ebendas. 1866, 296 S., 8°, 1 u. 2. unveränd. Aufl., 1,80 Mk.
Recenss. (Wiener) Allg. Littztg 1866, S. 259—60 (Wilden). Sion 1866, Littblätt. S. 269. Litt. Handw. 1866, S. 167

Martin, Konr., die 7 Worte Christi am Kreuze. Nach dem Tode d. Verf. aus dessen schriftl. Nachlasse hrsg. v. Chrn. Stamm. 2. Aufl. 8. (72 S.) Paderborn 892. Bonifacius-Druckerei. — 40

—— Wozu noch die Kirchenspaltung? Ein freies Wort an Deutschlands Katholiken und Protestanten mit Bezug auf das päpstliche Schreiben vom 13. Septbr. 1868. 1.—3. Aufl. 8. (150 S.) Paderborn 869, Schöningh.

—— Wozu noch die Kirchenspaltung? Ein freies Wort an Deutschlands Katholiken u. Protestanten mit Bezug auf das päpstliche Schreiben vom 13. Sept. 1868. Das. 1870, 8°, 152 S., 4. Aufl., 1 Mk.

—— Zeitbilder oder Erinnerungen an meine verewigten Wohlthäter. 1. und 2. Aufl. 8. (192 S.) Mainz 879, Kirchheim.

— die christliche u. die Civilehe. Ein Wort an das christl Volk. 8. (63 S.) Mainz 874. Kirchheim. — 40

Martin, Kurt: **Industrie und Handel Berlins und der Provinz Brandenburg** 1889—1902 **unter dem Einfluß der Handelspolitik.** *o. O. u. J.* (117 S.) 8°
München, Staatswirtsch. Diss. v. 1904

MARTIN, Kurt: Industrie und Handel Berlins und der Provinz Brandenburg 1889-1902 unter dem Einfluss der Handelspolitik. (1904) 117 S.
5.3.1904 - Chr 1903/04,14; Jv 1903/04,317
Diss. Ingolst.-Landsh.-Mchn.

Martin, Kurt, die Schweizer Reise, s.: Siebenburg's Sammlung v. Einakteru. Nr. 4.

Martin, L. [Pseudon.] s. Martin, Frau Lina.

Martin, L., et Larcher, Anthologie satirique, s. Anthologie.

— et Larcher, anthologie satirique. Le mal que les poètes ont dit des femmes. Ebend. 858. 12. (248 S.) n. 1 ℳ.

Martin, L., bunte Blätter. Gedichte. 8. (IV, 64 S.) Dresden 901. E. Pierson. n. 1. 50; geb. n. 2. 50

— — les femmes jugées par les méchantes langues dans tous les temps et dans tous les pays. 12. (346 S.) Leipzig 858, A. Dürr. *

— — les femmes peintes par elles-mêmes, s. Larcher.

— — les hommes jugés par les femmes, s. Larcher.

Martin L., Katalog zur Ausstellung urweltlicher Tiere, versteinerter Überreste, Gipsabgüsse solcher und geologischer Charakterbilder. Stuttgart (1866)

Martin, L., Helene. Aus Liebe, s.: Engelin's Roman- u. Novellenschatz.

Martin, L., Mensch und Thierwelt im Haushalt der Natur, s. Volks-Bibliothek, neue.

Martin, L., Miethe u. Pacht nach dem bürgerl. Gesetzbuche. gr. 8. (25 S.) Erlangen 899. F. Junge. — 30

Martin, L., le Passe-temps littéraire, s. Passe-temps.

Martin, L., Predigt über Psalm 124. Am eidgenöss. Bettage, den 19. Sept 1852, gehalten. 8. (12 S.) Chur 852, Grubenmann'sche Buchh.

Martin, L. Cl. de St., s. Saint Martin.

Martin, Leop., Wegweiser f. Erholungsbedürftige. Bearb. m. Unterstützg. v. vielen Behörden, Kur- u. Badeverwaltgn. Ein prakt. Nachschlagebuch zur Auswahl geeigneter Sommerfrischen etc. (148 S. m. Abbildgn.) kl. 8. Leipzig (Brühl 69) (906). C. Koch & Co. Kart. n. — 50

Martin, Leop., Wegweiser f. Erholungsbedürftige u. Reiselustige. Bearb. m. Unterstützg. vieler Behörden, Kur- u. Badeverwaltgn. Prakt. Nachschlagebuch zur Auswahl geeigneter Bäder, Sommerfrischen, Kurorte, Sanatorien etc. (3. Aufl.) (161 S. m. Abbildgn.) kl. 8. Leipzig (908). C. Koch & Co. Kart. — 50

Martin, Lillie J., u. G. E. Müller, zur Analyse der Unterschiedsempfindlichkeit. Experimentelle Beiträge. gr. 8. (VI, 233 S.) Leipzig 899. J. A. Barth. n. 7. 50

— soll die christliche Frau studieren? s.: Hefte der freien kirchlich-sozialen Konferenz.

Martin, Frau Lina s. Familienbibliothek, Schweizer. Nr. 105

Martin, Louis, Rapport sur le groupe 12 de l'exposition nationale suisse à Zurich 1883: Orfèvrerie et bijouterie. gr. 8. (11 S.) Zürich 884, Orell, Füssli und Comp. *

Martin, Louis, die Schule als e. Werkstätte d. heil. Geistes. Ein Vortr. in e. Lehrer-Conferenz geh. u. auf mehrseit. Verlangen hrsg. Mit e. Vorw. v. Treibmann. 8. (2 B.) Döbeln 838, (Thallwitz.) *

Martin, Louis Aimé

Martin, L. A., esprit moral du 19me siècle. 3. édit. Leipzig 858. A. Dürr. 12. (XII, 476 S.) n. 1 ℳ

Martin, Louis Aimé. Lettres à Sophie sur la physique, la chimie et l'histoire naturelle. Avec des notes par M. Patrin. Cinquième édition. 4 Bde. Paris 1818. 8°.

Martin, L[ouis Aimé-]: Die Civilisation des Menschengeschlechts durch die Frauen oder Erziehung der Hausmütter. [Éducation des mères de famille ou de la civilisation du genre humain par les femmes; 1834.] Ein v. d. Akademie Frankreichs gekröntes Werk. 2., neu durchges., verb. u. um 12 Kap. vermehrte Ausg. Übertr. v. S. Leutbecher. M. Vorw. u. Anm. v. Fr. Nösselt. — Breslau: Schulz (1846). XXXIV, 699 S. 8°

Martin, Louis Claude de Saint, s. Saint-Martin, Louis Claude de

Apostrophe an die hochselige Königin Luise von Preussen gesprochen in der Loge Libanon zu den drei Cedern in Erlangen zur Feier des hundertjährigen Geburtsfestes Seiner Majestät des höchstseligen Königs und Kaisers Wilhelm I. am 28. März 1897 von L[udw.] Martin. [Erlangen 1897.]
Gedicht.
[Will, F.: Gesch. d. L. Libanon z. d. 3 Cedern, Erlangen. 1907 S. 289.]

Martin, Ludw. Aerztliche Erfahrungen üb. die Malaria der Tropenländer. gr. 8. (VI, 65 S.) Berl. 889, Springer. * 1 60

Fest-Vortrag zum 139. Stiftungsfeste der Loge Libanon zu den drei Cedern im Or. Erlangen, gesprochen von Ludw. Martin am 1. Nov. 1896. [Erlangen 1896.] 2 Bl. 4° [Kopftit.]
Abgedr. in: Bh. 40 (1897) S. 38—39.
Gedicht, der Schönheit gewidmet: „Folgt mir zurück zu jenen grauen Tagen, . . ."

Hat sich der Freimaurerbund überlebt? Eine Stimme aus der Loge „Libanon zu den 3 Cedern“ in Erlangen. [Von Ludw. **Martin.**] [Frankfurt a. M. 1896: Mahlau & Waldschmidt.] 2 Bl. 4° [Kopftit.]
Aus: Bh. 39 (1896) S. 201—204.

Martin, Ludw., die Hauschlagsourven des Mühlsteines. [Aus den Sitzungsber. der k. Akad. der Wiss.] Wien 867. (Gerold's Sohn.) Lex.-8. (23 S. mit eingedr. Holzschn.) 3 *ngr.*

Martin, Ludwig [Dr., z. Z. pr. Arzt auf Sumatra]: Zur Casuistik der transitorischen hæmorrhagischen Diathese. . . München, M. Rieger'sche Univ.-Buchh., 1889; 1 Bl. + 88 S. 8°
München, Med. Fak., Inaug.-Diss. v. 1889

MARTIN, Ludwig (München): Die Compression der aorta abdominalis als Blutstillungs-Mittel bei heftigen Gebärmutter-Blutflüssen.- München: Deschler 1839. 40 S.
10.6.1837 - Urk (Titel: De aortae abdominalis compressione, chirurgiae et artis obstetriciae gradum.); P 63
Diss. Ingolst.-Landsh.-Mchn.

MARTIN, Ludwig (München): De morbo maculoso Werlhofii. (Titel nach der Urkunde)
28.12.1881 - Urk; Chr 1881/82,7
Diss.Ingolst.-Landsh.-Mchn.

Martin, Ludw., der nordamerikanische Freistaat Texas. Ein Handbuch für solche, die dahin, insbesond. aber nach dem der deutschen Colonisationsgesellschaft für Texas angehörigen, in der County Bexar gelegenen Landbezirk auswandern wollen. Nachricht über die Geschichte, Verfassung, Lage, Klima 2c. des Landes 2c. br. 8. (VII und 55 S.) Wiesbaden 848, Schellenberg'sche Hofbuchh.

Weihegedicht zur Trauerfeier der Loge Libanon zu den drei Cedern im Or. Erlangen am 20. Jan. 1895. [Von Ludw. **Martin.**] [Erlangen 1895]: Junge & S.
[Will, F.: Gesch. d. L. Libanon z. d. 3 Cedern, Erlangen. 1907 S. 289.]

Martin, Ludw., der Centrifugalflügel. [Aus d. Sitzungsber. der k. Akad. der Wiss.] Wien 867. (Gerold's Sohn.) Lex.-8. (50 S.) n. 8 *ngr.*

Martin, M.: „Der Buchhalter", Berlin 1740.

Martin, M., der kleine Deutsche. Anleitung die Muttersprache in kürzester Frist ohne Hilfe des Lehrers correct sprechen und schreiben zu lernen. Richtige Anwendung der Wörter: mir und mich, dir und dich, Sie und Ihnen 2c. 13. völlig umgearb. Aufl. 16. (42 S.) Hamburg 878, B. S. Berendsohn.

Martin, M., Heiteres und Ernstes für den Polterabend. Gedichte, Aufführungen und scherzhafte Scenen für Polterabende. Für eine und mehrere Personen in poet. und prosaischer Form. 16. (IV und 155 S.) Hamburg 861, B. S. Berendsohn.

Martin, M: Fabricate der Mühlenbauanstalt, Maschinenfabrik und Eisengießerei. Halle a. S. (1891?)

—— Scherz und Ernst für den Polterabend. Gedichte, Aufführungen und scherzhafte Scenen für Polterabende in poet. und prosaischer Form. 2. Aufl. 16. (IV, 156 S.) Ebendas. 869. cart.

Martin, M., Scherz und Ernst für den Polterabend. Gedichte, Aufführungen und scherzhafte Scenen für Polterabende, in poet. und prosaischer Form. 3. und 4. Aufl. 8. (IV, 175 S.) Hamburg 877, Berendsohn. cart. *

—— Vivat! Hoch soll er leben! Toaste, Tischreden, Tafellieder für Hochzeiten, Geburtstage, Polterabende, Kindtaufen, Jubiläen, Familien- und öffentl. Feste. 8. (150 S.) Ebendas. 874. cart. *

—— Vivat! Hoch soll er leben! Toaste, Tischreden, Tafellieder für Hochzeiten, Geburtstage, Polterabende 2c. 2. Aufl. 8. (VIII, 152 S.) Ebendas. 876. cart. *

Martin, Marie: Die weiblichen Bildungsbedürfnisse der Gegenwart. M. e. Nachw. v. Reinhold Seeberg. — Berlin: Trowitzsch 1906. 72 S. 8°

Martin, Marie, die Frau als Gehilfin bei sozialen Zeitaufgaben. Vortrag auf dem 13. evangel.-sozialen Kongreß in Dortmund am 23. V. 1902. gr. 8. (24 S.) Göttingen 902, Vandenhoeck & Ruprecht. n. — 50

— wahre Frauenbildung. Ein Mahnwort an die Gebildeten. (Lebensfragen, Schriften u. Reden, hrsg. von Heinr. Weinel.) (IV, 44 S.) 8. Tübingen 905. J. C. B. Mohr. n. — 50

— dasselbe, s. a. Lebensfragen.

— Lehrbuch der Mädchenerziehung f. Lehrerinnenbildungsanstalten u. z. Selbstunterricht. Bd 1: Allgemeine Erziehungslehre. Lehre vom Menschen mit bes. Berücks. d. weibl. Natur ⟨Psychologie⟩. [Mehr nicht ersch.] — Leipzig: Dürr 1903. VIII, 188 S. 8°

Martin, Marie, s.: Mädchenbildung, die höhere.

— die höh. Mädchenschule in Deutschland, s. a. Aus Natur u. Geisteswelt.

Martin, M[arie]: Die höhere Mädchenschule in Deutschland. — Leipzig: Teubner 1905. VI, 130 S. 8° (Aus Natur u. Geisteswelt. Bdch. 65.)

Die doppelte Moral und die Mädchenerziehung. Von Marie **Martin.** Berlin: Deutsche Sittlichkeitsvereine [1906]. (24 S.) 8° [J.]
Aus Martin: Aus d. Welt d. deutschen Frau. [06. 11636 B

— Die doppelte Moral u. die Mädchenerziehung. Aus: „Aus der Welt der deutschen Frau". (24 S.) kl. 8. Leipzig (907). H. G. Wallmann. — 20

Die doppelte Moral und die Mädchenerziehung. Sonderabdruck mit freundlicher Erlaubnis der Verlagsbuchhandlung C. A. Schwetschke & Sohn Berlin, aus Aus der Welt der deutschen Frau Von MARIE MARTIN 3 Auflage Plotzensee Verlag Geschäftsstelle des Deutschen Sittlichkeitsvereins kl. 8°

— Die Psychologie der Frau. Vortrag, gehalten ... auf d. Generalvers. d. Deutsch-Evang. Frauenbundes zu Bonn. — Leipzig: Teubner 1904. 18 S. 8°
Aus: Frauenbildung. Jg. 2.

Martin, Marie: Soll die christliche Frau studieren? — Berlin: Buchh. d. Berliner Stadtmission 1901. 49 S. 8° (Hefte d. Freien Kirchl.-soz. Konferenz. 17.)

— Aus der Welt der deutschen Frau. — Berlin: Schwetschke 1906. 189 S. 8°

Martin, Max, die Anästhesie in der ärztlichen Praxis. (IV, 36 S.) gr. 8. München 906. J. F. Lehmann's Verl. n. 1. —

Martin, Max, pract. Arzt Aus d. pharmakol. Institut d. Universität Greifswald. Ein Beitrag zur Kenntnis der Pharmakodynamik des Lycopodiums. *Greifswald 1901: J. Abel.* (31 S.) 8°
Greifswald, Med. Diss. v. 14. März 1901

Martin, Max, aus Nürnberg. Johann Landtsperger. Die unter diesem Namen gehenden Schriften u. ihre Verfasser. *Augsburg 1902: Th. Lampart.* (IV, 116 S.) 8°
Erlangen, Phil. Diss. v 6. März 1901

From the Nachtigal infirmary at Togo The Lullus Spring for endemic diseases of tropical climates By Dr Max Martin Gov Physician Hersfeld 1906 Hoehl. 8 S. 8° [Umschlagt.] [illegible] 4

Martin, Max, städt. Tierarzt am Schlachthof in Karlsruhe Aus d. Physiol. Institut d. Kgl. Tierärztl. Hochsch. zu Stuttgart. Prof. Dr. Gmelin. Was hat man von der quantitativen Glykogenbestimmung zum Nachweis von Pferdefleisch nach dem Reichsfleischbeschaugesetz vom 1. April 1903 zu halten? Berlin. J. Springer 1906. (20 S.) 8°
Gießen, Med. Fak., Ref. Geppert, Diss. v. 3. April 1906
[Geb. 25. Aug. 77 Herboltzheim; Wohnort: Karlsruhe; Staatsangeh.: Baden; Vorbildung. Realgymn Karlsruhe Juli 98, Studium: München Tierärztl. Hochsch. 2, Gießen 1, Stuttgart Tierärztl. Hochsch. 5 S.; Rig. 15. Nov 05].

Martin, R., der Bau von Hopfendraht-Anlagen, leichtfaßlich dargestellt. 8. (27 S. mit Abbild. auf 1 Stnt. in Fol.) Tübingen 865, (Osiander'sche Buchh.) *

Martin, R., Maria meine Liebe und meine Zuversicht. Vollständiges kathol. Gebetbuch für die eifrigen Verehrer der allerreinsten und allzeit unbefleckten Jungfrau und Gottesmutter Maria. 16. (XXIV und 583 S. mit 1 Stahlst.) Regensburg 858, Manz. —

Martin, N., der Personalstatus der Gymnasien etc. im Königr. Bayern, s.: Stapfer.

Martin, Nikolaus, s. Martini

Martin, Odilon, der Typhus u. seine physikalisch-diätetische Behandlung, s.: Bücherei, freie hygienische. Nr. 9.

MARTIN, Otto (Speyer): Die Anwendung des Chloroforms als diagnostisches Mittel im Bereiche der Frauenkrankheiten.- München: Weiss 1863. 18 S.
31.10.1862 - Urk (Titel: De chloroformylo ad diagnosum in gynaecologia adhibendo.); F 70
Diss.Ingolst.-Landsh.-Mchn

Martin, Otto, appr. Arzt a. Schwabenheim a. S.: Aus d. chirurg. Klinik in Gießen. Beiträge zur Frage der Splenectomie. Gießen 1905: v. Münchow. (24 S.) 8°
Gießen, Med. Fak., Ref. Poppert, Diss. v. 23. Dez. 1905
[Geb. 22. Febr. 79 Worms; Wohnort: Schwabenheim; Staatsangeh.: Hessen; Vorbildung: Gymn. Darmstadt Reife O. 99; Studium: Gießen 5, München 1, Gießen 4 S.; Coll. 30. Nov. 05; Approb. 15. Febr. 04.]

Martin, Otto, Polizeitierarzt aus Hamburg: Beiträge zur Kenntnis der Verbreitung und Entwicklung des Sklerostomum edentatum Looß. Mit einer Tafel und zwei Kurven im Text Berlin, L. Schumacher, 1910. 50 S und eine Tafel. 8° [12. XI. 09.]
Bern. Vet Med. Diss 1910/11.

Martin, Otto, im Kampf m. Meuterern u. Piraten, s.: Volks- u. Jugend-Erzählungen.

Martin, Otto, wissensch. Hilfsarb. d. Handelskammer: Die Kartelle nach dem bürgerlichen Gesetzbuch. Straßburg: Straßb. Dr. u. Verlagsanst. 1910. 44 S. 8°
Heidelberg, Jur. Diss. v. 21. Dez. 1910, Ref. Heinsheimer
[Geb. 2. Sept. 79 Oppenheim; Wohnort; Bochum; Staatsangeh.: Hessen; Vorbildung: Lyz. Straßburg Reife O. 99; Studium: Straßburg 9 S.; Rig. 11. Nov 10.] [U 11. 2067

Martin, Otto, der Kommandant d. „Rächer", s.: Volks- u. Jugend-Erzählungen.

Martin, Otto [aus Halle a. S.] Das Patois in der Umgebung von Baume-Les-Dames. Halle a. S., Carl Colbatzky's Buchdr., 1888; 63 + 1 S. 8°
Halle, Phil. Fak., Inaug.-Diss. v [8. Nov] 1888

Martin, P., Abhandlung üb. d. Migräne u. and. Arten v. Kopfschmerz, nebst deren Heilmitteln. N. d. Franz. frei bearb. u. verm. v. J. C. Fleck. gr. 12. (3½ B.) Ilmenau 830, [Weimar,] Voigt.

Martin, P., der Anschauungsunterricht in der Raumlehre nach Formgemeinschaften, s.: Bausteine, pädagogische. 9. Hft.

Der Anschauungsunterricht in der Raumlehre nach Formengemeinschaften. Von P Martin, Mittelschullehrer in Dessau. Vortrag, geh. im Dessauer Lehrerver *Dessau: Oesterwitz & Voigtländer [1899].* (24 S.) 8°
— Bausteine, Pädagogische. H. 9. [03. 148]

— s. Bibliothek, internationale.

Martin, P., chronique de Sosué le Stylite, s.: Abhandlungen f. die Kunde d. Morgenlandes.

Martin, P. Zur Frage der Konzentration d. Volksschulunterrichts. Eine Würdigg. v. Fr. Polacks „Lehrplan m. Pensenverteilg., Lehrbericht u. s. w." gr. 8. (24 S.) Gotha 891, Behrend. * — 40

Ⓢ **Martin,** P., zur Frage der Konzentration d. Volksschulunterrichts. 891. (KBl. 28.) Jetzt: Sachsa, H. Haacke.

— Grundlagen zur naturgemässen Umgestaltung des gesamten Volksschulwesens, s.: Wigge, H

Martin, P. Isaak Jogues aus der Gesellschaft Jesu, erster Apostel der Irokesen. Mit Gutheißung des Verf. übers. von St. Dosenbach. 8. (XII, 304 S. mit 1 Holzschntaf.) Regensburg 875, Pustet.

Martin, P., für d. Lebensgemeinschaften — wider die Konzentration?, s.: Bausteine, pädagog.

Für die Lebensgemeinschaften – wider die Konzentration? Eine krit. Studie von P **Martin**. Antwort auf d. Broschüre d. Herrn Rektor Laass-Gera 'Welches ist d. Ziel d. naturwiss. Unterrichts etc.' *Dessau-Leipzig: R. Kahle (1898).* (40 S.) 8°
Aus. Pädag. Monatsblatt. 1898, H. 4. 6. 7
— **Bausteine**, Pädagogische. H. 1 [03. 1473

Martin, P., } s. a **Abhandlungen für die Kunde des Morgenlandes.**
—— de la métrique chez les Syriens, }

— — De la Metrique chez les Syriens. [= Abhandlungen für die Kunde des Morgenlandes VII 2.] Leipzig 1879.

Martin, P., u. O. Schmidt, Raumlehre. Nach Formengemeinschaften bearb. Vereinfachte Ausg. (Ausg. B.) 3 Hefte. gr. 8. Berlin (903). Gerdes & Hödel. n. 1. 65
1. Der Wohnort. Mit 39 Fig. (45 S.) n. — 50
2. Die Feldmark. Mit 57 Fig. (63 S.) n. — 60
3. Kulturstätten. Mit 37 Fig. (54 S.) n. — 55

— u. O. Schmidt, Raumlehre f. Mittelschulen, Bürgerschulen u. verw. Anstalt. 1.—3. Hft. 8. Dessau 896—898. Berlin, Gerdes & Hödel. n. 2. 50
1. (D. Wohnort.) (VIII, 80 S. m. 65 Fig.) n. — 60
2. (D. Feldflur.) (VIII, 123 S. m. 104 Fig.) n. 1. 20
3. (Kulturstätten.) (VII, 96 S. m. 61 Fig. u. 1 Tab.) n. — 70

— u. O. Schmidt, Raumlehre f. Mittelschulen, Bürgerschulen u. verw. Anstalten. Nach Formengemeinschaften bearb. 1.—3. Hft. gr. 8. Dessau, Anhalt. Verlagsanstalt. n. 2. 50
1. (D. Wohnort.) (VIII, 80 S. m. 65 Fig.) n. — 60
2. (D. Feldflur.) (VIII, 128 S. m. 104 Fig.) 897. n. 1. 20
3. (Kulturstätten.) M. 61 Fig. (VII, 96 S. m. 1 Tab.) 898. n. — 70

— — ſoll d. Raumlehre im Anſchluß an einheitl. Sachgebiete behandelt werden? E. Begleitwort z. Raumlehre f. Mittelſchulen, Bürgerſchulen u. verw. Lehranſt., nach Formengemeinſchaften bearb. gr. 8. (16 S.) Deſſau 896. Anhalt. Verlagsanſtalt. — 25

Martin, P., der gegenwärtige Stand der Geometrie-Methodik — e. Rückstand?, s. a. Bausteine, pädagogische. 20. Hft.

Der gegenwärtige Stand der Geometrie-Methodik – ein **Rückstand**? Antikritik von P. **Martin** in Dessau. *Berlin. Gerdes & Hödel 1903.* (40 S.) 8°
— **Bausteine**, Pädagogische. H. 20. [04. 734

Martin, P., Studien auf dem Gebiete d. griechischen Sprichwortes. gr. 4. (34 S.) Plauen i/V. 889. (Leipzig, Fock.) n. 1. —

Martin, P. (I.), und K. W. Schlampp, klinische Terminologie der Tierheilkunde. Sammlung der in den tierärztl. Kliniken gebräuchlichsten techn. Ausdrücke. 8. (XXII, 266 S.) Wiesbaden 887, Bergmann. geb. *

—— u. K. W. Schlampp. Klinische Terminologie der Tierheilkunde. Sammlung der in den tierärztl. Kliniken gebräuchlichsten techn. Ausdrücke. Neue (Titel-) Ausg. 8. (XXII, 266 S.) Wiesb. 891, Bergmann. geb. * 4 60

Martin, P. (II.), die Unnatur der modernen Schule, s. Wigge, H.

Martin, P.-J., les bonnes bêtises du temps nouveau et du temps passé. gr. 12. (388 S.) Leipzig 859, A. Dürr. *

—— l'Esprit de tout le monde. gr. 12. (342 S.) Leipzig 859, A. Dürr. *

—— la morale universelle. Les moralistes italiens. Pensées, maximes, sentences et proverbes tirés des meilleurs écrivains de l'Italie recueillis et mis en ordre alphabétique. gr. 12. (360 S.) Leipzig 859, A. Dürr. *

—— les moralistes espagnols. Pensées, maximes, sentences et proverbes tirés des meilleurs écrivains de l'Espagne recueillis et mis en ordre alphabétique. gr. 12. (381 S.) Leipzig 859, A. Dürr. *

Martin, P. J., petites tribulations de la vie humaine. Répertoire des cent mille déboires, déconvenues et infortunes qui affligent à toute heure l'humanité. Ebend. 858. 12. (250 S.) n. 1 ₰.

Martin, Pankratius, Reiſe-Skizze des bayeriſchen Pilgerzuges nach Lourdes. 1894. 12. (IV, 75 S.) Augsburg 894. Literar. Inſtitut v. Dr. M. Huttler. n.n. — 30

Martin, Paul, aus Görlitz: Die **Bank** von England nebst Beiträgen zu ihrer Diskontopolitik seit dem Jahre 1844. *Berlin: M. Günther 1899.* (119 S.) 8°
Würzburg, Jur. Diss. v. 1899

Martin, Paul, Prof. a. d. Tierarzneischule Zürich (von München): Bogenfurche und Balkenentwickelung bei der Katze. Mit 1 Tafel [Nicht beigegeben] und 13 Figuren im Text. (S. A aus Jenaische Zeitschrift für Naturwissenschaft, Bd 29, N F 22, S. 221—246, mit Tafel II]. Jena G Fischer 1894. 28 S. 8°
Zürich, Phil. Diss. [v. 11. Oct. 1894].

Martin, Paul, die Entwicklung d. Wiederkäuermagens u. -Darmes. [Aus: „Festschr. zur Feier d. 50jähr. Doctor-Jubiläums der Herren v. Nägeli u. v. Kölliker"] Imp.-4. (22 S. m. 1 Taf. u. 28 Textfig.) Zürich 891. A. Müller's Verl. n 3. —

Martin, Paul u. O. Thiergen, En France. Guide à travers la langue et le pays des Français. In Frankreich. Ein Führer durch die Sprache u. das Land der Franzoſen, m. deutſcher Ueberſetzg., e. grammat. Anh. u. e. phonet. Wörterverzeichniſſe. (IV, 219 S. m. 3 Plänen.) 8. Leipzig (906). E. Haberland. Geb. in Leinw. n. 3. —

Martin, Paul, Rechtsprakt.: Die Haftung des Erben für die Nachlassverbindlichkeiten. Leipzig 1909: Greßner & Schramm. VIII, 112 S. 8°
Erlangen, Jur. Diss. v. 17. Febr. 1909, Ref. Binder
[Geb. 4. Sept. 83 St. Ingbert i. Pfalz; Wohnort: St. Ingbert; Staatsangeh.: Bayern; Vorbildung: Gymn. Speier Reife 02; Studium: München 5, Bonn 1, Erlangen 2 S.; Rig. 21. Mai 08.] [U 09. 717

Martin, Paul, die Haftung des Erben f. die Nachlassverbindlichkeiten. (VIII, 112 S.) gr. 8. Leipzig 909. A. Deichert Nachf. 2. 40

— – Handbuch der Anatomie der Haustiere von L. Frank. (V.) 2. Bd. Stuttgart 92/94. Schickhardt & Ebner. M. 37.—

Martin, Paul, Luther's Leben. Neue Ausg., ſ. a. Rabe, Mart.

Martin, Paul, Dr. Martin Luthers Leben, Thaten und Meinungen, dem deutſchen Volk erzählt. 1.—68. Heft. gr. 8. (1. Bd. V, 772 S.; 2. Bd. IV, 746 S. mit 10 Chromolithogr.) Neuſalza 884,85, Oeſer. à Heft
à Bd. ℳ 3,50.
geb. à Bd. ℳ 4,50.
Ausg. auf beſſerem Pap. à Bd. ℳ 4,50.
geb. à Bd. ℳ 6.

†Martin, Paul [Martin Rabe], Dr. Martin Luthers Leben, Thaten und Meinungen, dem deutſchen Volke erzählt. 69.—103. (Schluß-) Heft. gr. 8. (3. Bd. VI, 770 S. mit Chromolithogr.) Neuſalza 886,87, Oeſer. à Heft 10 Pf.
geb.
Ausg. auf beſſerm Papier ℳ 4.50.; geb.
1.—68. Heft oder 1. und 2. Bd. Ebendaſ. 1884,85, zu gleichen Preiſen. Vgl.: Rabe, Martin.

Martin, Paul, Lehrbuch der Anatomie der Haustiere. (An Stelle der IV. Aufl. des Francke'schen Handbuches d. Anatomie d. Haustiere.) (In ca. 10 Lfgn.) 1.—8. Lfg. gr. 8. Stuttgart 901. 902. Schickhardt & Ebner. n. 31. —
1—6. I. Bd. Vergleichende Anatomie u. Histologie der Haustiere. Dargestellt auf Grund der Entwickelungsgeschichte. Mit 601 Textfig. (VII, 888 S.) n. 23. —
7. 8. II. Bd. (S. 1—320 m. Abbildgn.) à n. 4. —

Martin, Paul, Lehrbuch der Anatomie der Haustiere. (An Stelle der IV. Aufl. d. Franck'schen Handbuches der Anatomie der Haustiere.) 9.—13. Lfg. II. Bd.: Beschreibende Anatomie der einzelnen Haustierarten. Mit 533 Textfig. (XI u. S. 321—1217.) gr. 8. Stuttgart 904. Schickhard & Ebner. n. 23. — (2. Bd. 31. —; kplt. n. 54. —; geb. in Halbfrz. n. 60. —)

MARTIN, PAUL Ueber Solanin und seine Zersetzungsproducte Erlangen, 1877

Martin, Paul Studien auf dem Gebiete des griechischen Sprichwortes. 4 (34 S.).
Progr. Verein Gymnasialanstalten *Plauen i. V* 1889 (517).
I Erklärungen von παροιμία bei den griechischen Schriftstellern. II Thatsächlicher Gebrauch der Parömie seitens der griechischen Autoren. III Darlegung der Grundsätze welche bei der Bestimmung des wirklichen Sprichwortes maſsgebend gewesen sind IV Bemerkungen über die bei der Auswahl der Sprichwörter zu Grunde gelegten Sammlungen vornehmlich über die Sammlung des Apostolios. V Verzeichnis von eigentlichen Sprichwörtern und sprichwörtlichen Redensarten nebst erläuternden Bemerkungen.

Martin, Paul [aus Plauen i Vogtl] Studien auf dem Gebiete des griechischen Sprichwortes Plauen i V., Druck v F E. Neupert, 1889, 1 Bl. + 34 S. 4°
Erlangen, Phil. Fak., Inaug Diss v 1889

Martin, Paul (I.). Studien auf dem Gebiete d. griechischen Sprichwortes. gr 4. (34 S.) Plauen i. V 889. (Lpz., Fock.) * 1 —

Martin, Paul *Emanuel Karl* [aus Berlin]: Untersuchungen über die wahrscheinlichste Bahn des Cometen 1825.I. und über seine Identität mit dem Cometen 1790.III . . Göttingen, Druck d. Dieterich'schen Univ.-Buchdr., 1893; 82 S., 1 Bl. 4.
Göttingen, Phil. Fak., Inaug.-Diss. v [18. Dez.] 1893

Martin, Paul, Untersuchungen üb. die wahrscheinlichste Bahn des Cometen 1825. I. u. üb. seine Identität m. dem Cometen 1790. III Diss. gr 4. (82 S.) Göttingen 893. (Vandenhoeck & Ruprecht.) n. 3 60

Martin P.: Die Vereinheitlichung d. veterinäranatomischen Nomenklatur (Dat. Zürich 1895). 5 S. P.

Martin, Verfahren des Nachlassgerichts bei Erbauseinandersetzungen nach deut. Recht An Beispielen dargestellt. **Erlangen 899**.

Martin, Philipp, der Husarenritt, s.: **Thalia**.

— Marineblau, s.: **Thalia**.

— Reinecke Fuchs, s.: **Thalia**.

Martin, Phpp. Leop., das Leben der Hauskatze und ihrer Verwandten. Eine Schilderung ihrer Abstammung und Geschichte, ihrer Rassen und Varietäten, Lebensweise, Nutzen und Schaden, Krankheiten, Pflege und Erziehung etc. gr. 8. (XII, 122 S. mit Illustr. in eingedr. Holzschn.) Weimar 877, B. F. Voigt.

Martin, Phpp. Leop., das Leben der Hauskatze und ihrer Verwandten. Eine Schilderung ihrer Abstammung und Geschichte, ihrer Rassen und Varietäten; Lebensweise, Nutzen und Schaden, Krankheiten, Pflege und Erziehung etc. 2. wohlfeilere (Titel-)Aufl. gr. 8. (XII, 122 S. mit eingedr. Illustr.) Weimar 883, B. F. Voigt. *

—— illustrirte Naturgeschichte der Thiere. In Verbindung mit Friedr. Heincke, Friedr. Knauer und Eug. Rey. Mit Separatbildern und zahlreichen in den Text gedr. Abbild. in Holzschn. nach Zeichnungen von H. Braune, R. Friese, A. Göring, R. Kretschmer, L. Martin jun., E. Schmidt, F. Specht, A. Thieme u. A. 60 Hefte oder 2 Bde. gr. 8. Leipzig, Brockhaus. à Heft 30 Pf.
geb. in Leinw.

Inhalt:

Bd. 1. 1. Abthl.: Säugethiere. Bearb. von Phpp. Leop. Martin. (LVI, 631 S. mit 19 Separatbildern und 322 in den Text gedr. Abbild. in Holzschn.) 882. ℳ 5.; geb. ℳ 6,50.
„ 1. 2. Abthl.: Vögel. Bearb. von Phpp. Leop. Martin. (XVIII, 632 S. mit 14 Separatbildern und 218 in den Text gedr. Abbild. in Holzschn.) 884. ℳ 5.; geb. ℳ 6,50.
„ 2. 1. Abthl.: Kriechthiere und Lurche. Bearb. von Friedr. Knauer. Fische. Bearb. von Friedr. Heincke. (VIII, 566 S. mit 13 Separatbildern und 315 in den Text gedr. Abbild. in Holzschn.) 882. ℳ 4.; geb. ℳ 5,50.
„ 2. 2. Abthl.: Insekten, Tausendfüßer und Spinnenthiere. Bearb. von Eug. Rey. Krebse und niedere Thiere. Bearb. von Friedr. Heincke. (XXXVI, 645 S. mit 12 Separatbildern und 664 in den Text gedr. Abbild. in Holzschn.) 884. ℳ 4.; geb. ℳ 5,50.

Martin, Phil. Leop., die **Praxis** der Naturgeschichte. Ein vollständ. Lehrbuch über das Sammeln lebender und todter Naturkörper; deren Beobachtung, Erhaltung und Pflege im freien und gefangenen Zustand, Konservation, Präparation und Aufstellung in Sammlungen etc. Nach den neuesten Erfahrungen bearb. 2 Thle. gr. 8. Weimar, B. F. Voigt.

Inhalt:

Thl. 1. Taxidermie oder die Lehre vom Beobachten, Konserviren, Präpariren und Naturaliensammeln auf Reisen, Ausstopfen und Aufstellen der Thiere, Naturalienhandel etc. 3. Aufl. von C. L. Brehm, „die Kunst, Vögel als Bälge zu bereiten etc.“ in gänzl. Umarbeitung. (XVI, 160 S. mit 5 lithogr. Taf. in qu. gr. 4. nach Zeichnungen von Friedr. Specht.) 869. ℳ 4,50. — 2., nach den neuesten Erfahrungen verm. und verb. Aufl. unter Mitwirkung von Hodek, v. Koch, Schmelz u. A. (X, 216 S. nebst einem Atlas in 10 lithogr. Taf. in gr. 4. nach Zeichnungen von L. Martin jun. und Friedr. Specht.) 876. ℳ 6.
» 2. Dermoplastik und Museologie oder das Modelliren der Thiere und das Aufstellen und Erhalten von Naturaliensammlungen. Unter Mitwirkung von Bauer, Gust. Jäger, Steudel, Paul Meyerheim und Friedr. Specht. (XVIII, 240 S. mit 6 lithogr. Taf. in qu. Fol.) 870. ℳ 6,75.

—— die Praxis der Naturgeschichte. Ein vollständ. Lehrbuch über das Sammeln lebender und todter Naturkörper; deren Beobachtung, Erhaltung und Pflege im freien und gefangenen Zustand; Konservation, Präparation und Aufstellung in Sammlungen etc. Nach den neuesten Erfahrungen bearb. 3. Thl. 1. Hälfte. A. u. d. T.: Naturstudien. Die botan., zoolog. und Akklimatisationsgärten, Menagerien, Aquarien und Terrarien in ihrer gegenwärt. Entwickelung; nebst Vorschlägen und Entwürfen für die Anlegung von Naturgärten in kleineren Verhältnissen und grösserer Centralgärten für Natur- und Völkerkunde. Unter Mitwirkung der Direktoren zoolog. Gärten, wie A. A. van Bemmelen, H. Bolau, Max Schmidt und A. Schöpf. Nebst 1 erläut. Atlas von 12 (lithogr.) Taf. (in qu. gr. 4.), gezeichnet von Leop. Martin jun. gr. 8. (XII, 253 S.) Ebendas. 878.
1. und 2. Thl. Ebendas. 1870,76. ℳ 12,75.

Martin, Phpp. Leop., die **Praxis** der Naturgeschichte. Ein vollständ. Lehrbuch üb. das Sammeln leb. u. todter Naturkörper: deren Beobachtg., Erhaltg. u Pflege im freien u. gefangenen Zustand, Konservation, Präparation u. Aufstellg. in Sammlgn. etc. Nach den neuesten Erfahrgn. bearb 1. Thl. Taxidermie od. die Lehre vom Beobachten, Konserviren, Präpariren u. Naturaliensammeln auf Reisen, Ausstopfen u. Aufstellen der Thiere etc. 2., nach den neuesten Erfahrgn. verm. u. verb Aufl. unter Mitwirkg v. Hodek, v. Koch, Schmelz u. A Nebst e Atlas in 10 (lith.) Taf. (in gr 4.) nach Zeichngn. v L. Martin jun. u. Frdr Specht. gr 8. (X, 216 S.) Weimar 876. B. F. Voigt. 6. —

— die **Praxis** der Naturgeschichte. Ein vollständiges Lehrbuch über das Sammeln lebend. u. todter Naturkörper; deren Beobachtung, Erhaltung u. Pflege im freien u. gefangenen Zustand; Konservation, Präparation u. Aufstellung in Sammlungen etc. Nach den neuesten Erfahrungen hrsg. 2. u. 3. Thl. gr. 8. Weimar 878—82. B. F. Voigt. 20. — (cplt.: 26. —)
II. Dermoplastik u. Museologie oder das Modelliren der Thiere u. das Aufstellen u. Erhalten von Naturaliensammlungen. Unter Mitwirkung v. Gust. Jäger, Steudel u. Paul Martin hrsg. 2., nach den neuesten Erfahrgn. verm. u. verb. Aufl. Nebst einem Atlas von 10 (lith.)

Taf. (in qu. gr. 4.) nach Zeichnungen v. Paul Meyerheim, Fdr. Specht u. L. Martin jun. (XVI, 295 S.) 7. 50

III. 1. Naturstudien. Die botan., zoolog. u. Akklimatisationsgärten, Menagerien, Aquarien u. Terrarien in ihrer gegenwärtigen Entwickelung; nebst Vorschlägen u. Entwürfen für die Anlegung von Naturgärten in kleineren Verhältnissen u. grösserer Centralgärten für Natur- u. Völkerkunde. Unter Mitwirkung der Direktoren zoolog. Gärten, wie A. A. van Bemmelen, H. Bolau, Max Schmidt u. A. Schöpf. Nebst einem erläut. Atlas von 12 (lith.) Taf. (in qu. gr. 4.), gezeichnet von Leop. Martin jun. (XII, 253 S.) 7. 50

2. Naturstudien. 2. Hälfte. Allgemeiner Naturschutz, Einbürgerung fremder Thiere u. Gesundheitspflege gefangener Säugethiere u. Vögel. Bearb. v. Ph. L. Martin u. Sohn. Die Pflege gefangener Reptilien u. Amphibien, nebst Pflege u. Züchtung der Makropoden, bearb. von Bruno Dürigen. (XV, 210 S.) 5. —

Martin, Phpp. Leop., die Praxis der Naturgeschichte. Ein vollständ. Lehrbuch über das Sammeln lebender und toter Naturkörper; deren Beobachtung, Erhaltung und Pflege im freien und gefangenen Zustande; Konservation, Präparation und Aufstellung in Sammlungen. Nach den neuesten Erfahrungen bearb. 1. Tl.: Taxidermie oder die Lehre vom Präparieren, Konservieren und Ausstopfen der Tiere und ihrer Teile; vom Naturaliensammeln auf Reisen und dem Naturalienhandel. 3. verb. Aufl., revid. von Leop. und Paul Martin unter Mitwirkung von Hodek. gr. 8. (XVI, 185 S. mit Ph. L. Martins Lichtdr.-Bildnis und 1 Atlas, enthaltend 10 Taf. nach Zeichnungen von L. Martin.) Weimar 886, B. F. Voigt.

2. Tl. und 3. Tl. in 2 Hälften. Ebendas. 1880—82. ℳ 20.—.

Martin, Phpp. Leop., die Praxis der Naturgeschichte. E. vollständ. Lehrbuch üb. d. Sammeln leb. u. toter Naturkörper; deren Beobachtg., Erhaltg. u. Pflege im freien u. gefang. Zustande, Konservation, Präparation u. Aufstellg. in Sammlgn. Nach den neuesten Erfahrgn. bearb. 1. Tl.: Taxidermie enth. d. Lehre v. Sammeln, Präparieren, Konservieren u. Ausstopfen d. Tiere u. ihrer Teile; nebst e. Anh. üb. Sammeln v. Pflanzen, Mineralien u. Petrefakten. 4., verb. Aufl., neu bearb. v. Leop. Martin u. Paul Martin. Mit Ph. L. Martins Bildnis u. e. Atlas v. 10 Taf. (in qu. gr. 4) u. mehr. Textabb. gr. 8. (X, 163 S.) Weimar 898. Leipzig, B. F. Voigt. 6. —

—— unsere Sänger in Feld und Wald. Eine kurze Belehrung über den nothwend. Schutz der Singvögel im Freien und deren richt. Pflege in der Gefangenschaft. Im Auftrag des Vereins der Vogelfreunde in Württemberg. 16. (24 S.) Stuttgart 873, Levy und Müller.

—— Vogelhaus und seine Bewohner, s. Brehm, Chr. L.

—— das Vogelhaus und seine Bewohner oder die heutigen Aufgaben in der Pflege und Züchtung gefangener, wie der des

Schutzes bedürftigen freien Vögel. 4. verb. und verm. Aufl. gr. 8. (X, 148 S.) Weimar 883, B. F. Voigt.

Martin, Phpp. Leop., das Vogelhaus u. seine Bewohner, od. die heut. Aufgaben in der Pflege u. Züchtg. gefangener, wie der d. Schutzes bedürft. freien Vögel. 5. (Titel-)Aufl. gr. 8. (X, 148 S.) Weimar 893. B. F. Voigt. 2. —

— Philipp Petrus (Homburg), De kali sulphurati in organismum animalem efficacia experimentis illustrata. Berlin (Brüschcke) 7. VIII. 1830. 45 S. mit Biogr. (M.: Stachelroth.) (4.—) 22226
Oppon.: C. Krügermann, C. Dolnet, G. Schwengber. — Gew.: J. Christ. Stachelroth, J. Carl Stachelroth.

Martin, R., Klapperstorch. Eine Novelle in Versen. (58 S.) kl. 8. Leipzig 909. J. Hentschel. 1.—; geb. 2. —

Martin, R. Montgomery, die Britischen Colonien, nach ihren geschichtl., phys., statist., administrat., finanziellen, merkant. u. übrigen socialen Beziehungen. A. d. Engl. bearb. v. Paul Frisch. 1—3 Lfg. gr. 8. Leipzig, Hinrichs'sche Bh. à 1⅙ Thlr.

Lfg. 1. Asien. (10 B. u. 1 Tab.) 835.
" 2. Westindien, } (26 B.) 836.
" 3. Nordamerika. }

De necessitate Credendi et Credendorum seu de fide salutari. Dissertatio theolog. quam pro gradu Lectoris S. Theologiae in Ord. Praedic. consequendo scripsit Fr. Raimundus-Maria **Martin**. Lovanii: A. Uystpruyst-Dieudonné, Paderbornae: F. Schöningh 1906. (140 S.) 8° 106. 3079

Martin, Rich., die letzten Elemente der Materie in den Naturwissenschaften u. in Herbart's Metaphysik Ein Beitrag zur Naturphilosophie. gr. 8. (IX, 71 S.) Crimmitschau 875. Burkhardt in Comm n. 1. —

Martin's, Kriegserinnerungen. Kleine Ausg. M. d. Porträt d. Autors u. e. Vorwort hrsg. v. Frdr. Bücker. 8. (VIII, 219 S.) Wiesbaden 898. R. Bechtold & Co. n. 1. 50; kart. n. 2. —

Martin, Rich., Kriegserinnerungen e. 105ers. gr. 8. (VI, 232 S. m. 1 Taf. in Lichtdr.) Plauen i/V. 896. M. Wieprecht. n. 3. —; geb. n. 4. —

[F.] **Martin**, Richard [Dir. Dr.]: Organisation der Realschule mit Handelsabteilung. — Der zukünftige Beruf unserer Realschüler. — Die Vorkenntnisse *für die Aufnahme in die einzelnen Klassen.* Sonneberg, Gräbe & Hetzer, 1893; 1—5 S. 4.
Sonneberg, herz. R. m. Handelsabt., OP 1893 (707)

[F.] **Martin**, Richard [Dir. Dr.]: Verzeichnis der bisher mit dem Zeugnis der Reife von hier entlassenen Schüler. Sonneberg, Gräbe & Hetzer, 1893; 26—28 S. 4.
Sonneberg, herz. R. m. Handelsabt., OP 1893 (707)

— Richard Wilhelm, De dysenteria. Göttingen (Dieterich) 30. XII. 1835. 32 S. (3.—) 22227
Gew.: Joh. Fr. Blumenbach, Richard Martin (Vater).

Martin, *August Julius* Robert [Marine-Assistenzarzt II. Kl.]: Aus d. patholog. Institut zu Kiel. Drei Fälle von primärer acuter flegmonöser Faryngitis und Laryngitis. . . Kiel, Druck v. A. F. Jensen, 1890; 24 S., 2 Bl. 8°
Kiel, Med. Fak., Inaug.-Diss. v. [18. Dez.] 1890

Martin, Rob., über Gelenkmuskeln beim Menschen. Erste von der medicin. Facultät der Hochschule Strassburg preisgekrönte Abhandlung. gr. 8. (58 S.) Erlangen 874, Palm und Enke. *

Martin, Roland, Institutiones neurologicae s. de nervis corporis humani tractatio. Praemissa est oratio de proprietatibus nervorum generalioribus. Ed. altera. Latine reddita, recentiorum obs. aucta et priori emendatior. 2. P. Sect. prior: Physiologica. 123 pp. Holm et Lps. 8°. Sect. sec.: Anatomica. 250 pp. II Tab. Holm et Lps. 1781. 8°.

Martin, Roland: Oratio de proprietatibus nervorum generalioribus, publice habita in Regia Academia Scientiarum Suecana.

s.: Martin, R.: Institutiones neurologicae, sive de nervis corporis humani tractatio. (Om nervernas allmänna Egenskaper i menniskans kropp jemte nervernas särskilda anatomiska beskrifning. Lat.) Editio altera. Sectio prior physiologica. Holmiae et Lipsiae: 1781

JB 686/1

Martin, Roland: Sciagraphia nervorum. 11 Tab.

s.: Martin, R.: Institutiones neurologicae, sive de nervis corporis humani tractatio. (Om nervernas allmänna Egenskaper i menniskans kropp jemte nervernas särskilda anatomiska beskrifning. Lat.) Editio altera. Sectio secunda anatomica. Holmiae et Lipsiae: 1781

JB 686/2

Martin, Rudi [aus Zürich] Kants philosophische Anschauungen in den Jahren 1762–1766. Freiburg i. B., Univ.-Buchdr. v. Chr. Lehmann, 1887; 54 S. 8°
Freiburg i. B., Phil. Fak., Inaug. Diss. v. 1887

Martin, Rudi, Kants philosophische Anschauungen in den Jahren 1762—1766. Diss. Freiburg i. B. 1887, Fr Wagnersche Univ.-Buchh. 8°. 54 S.

Martin, Rudolf Physische Anthropologie d. Schweizer Bevölkerung, s. Anthropologie und Vorgeschichte

— physische Anthropologie der schweizer. Bevölkerg., s.: Bibliographie d. schweizer. Landeskunde. V. 2.

Martin, Dr Rudolf: Zur physischen Anthropologie der Feuerländer Mit 19 Abbildungen und zwei Tafeln S. A (Archiv für Anthropologie XXII Bd. 3. Heft [S. 155–218]). Braunschweig F Vieweg u. S. 1891. 2 Bl., 64 S., 2 Taf 4°
Zürich Phil. Fac II S., Habilitationsschrift.

Martin, Rudolf, und Heierli, Jacob. Anthropologie und Vorgeschichte: Physische Anthropologie der Schweizerischen Bevölkerung. Zusammengestellt von Dr. Rudolf Martin... . — Urgeschichte der Schweiz. Zusammengestellt von Jakob Heierli. VI + 138 S. 8. 1901. [fr. 2.50]
[Ausg. A] *mit deutschen Titeln*. Bern, K J Wyss. — Bibliographie der Schweizerischen Landeskunde... . Fascikel V 2.
[Ausg. B] *mit französ. Titeln:* Anthropologie et Préhistoire: Anthropologie physique.. Elaborée par le Dr Rodolphe Martin... - Histoire des Temps préhistoriques... Elaborée par Jacques Heierli... Berne, K. J Wyss. -- Bibliographie nationale suisse... Fascicule V 2.

Martin, Rud., Anthropologie als Wissenschaft u. Lehrfach. Eine akadem. Antrittsrede. gr. 8. (30 S.) Jena 901. G. Fischer. n. — 80

Martin, Rudolf: Die Ausschliessung der verheirateten Frauen aus der Fabrik. Eine Studie an der Textil-Industrie. — Tübingen: Laupp 1897. 77 S. 8°
Aus: Zeitschrift f. d. ges. Staatswissenschaft 1896. H. 1 u. 3.

Martin, Rud. Weitere Bemerkungen zur Pithecanthropus-Frage. Zürich 1896.

Martin, Rud., Berlin-Bagdad. Das deutsche Weltreich im Zeitalter d. Luftschiffahrt 1910—1931. 1.—10. Taus. (160 S.) gr. 8. Stuttgart 907. Deutsche Verlags-Anstalt. 2.50; geb. 3. —

— Fürst Bülow u. Kaiser Wilhelm II. (288 S.) 8. Leipzig-Gohlis 909. B. Volger. 4.—; geb. 5. —

— Deutschland u. England. Ein offenes Wort an den Kaiser. 1.—4. Taus. (94 S.) 8. Hannover 908. A. Sponholtz Verl. 1.50

Martin, Rud., die Eisenindustrie in ihrem Kampf um den Absatzmarkt. Eine Studie üb. Schutzzölle u. Kartelle (IX, 332 S.) gr. 8. Leipzig 904. Duncker & Humblot. n. 7. —

— Die Eroberung der Luft. Kritische Betrachtgn. üb. die Motorluftschiffahrt. (87 S. m. 5 Abbild.) 8. Berlin 907. G. Siemens. 1. —

— u. Gust. **Schalk**, die Eroberg. der Luft. Ein Luftschifferbuch. Mit 22 Tonbildern. (III, 188 S.) gr. 8. Berlin (909). Verlag Jugendhort. Geb. in Leinw. 6.50

— Billiges Geld. Positive Reformvorschläge. (IX, 75 S.) gr. 8. Berlin 908. Concordia. 1. —

Martin, Rud., die Inlandstämme der malayischen Halbinsel. Wissenschaftliche Ergebnisse e. Reise durch die vereinigten malayischen Staaten. (XIV, 1052 S. m. 137 Abbildgn., 26 Taf. u. 1 Karte.) Lex.-8. Jena 905. G. Fischer. Kart. n. 60. —

— Die wirtschaftl. Krisis der Gegenwart. (80 S.) gr. 8. Leipzig 907. Dr. W. Klinkhardt. 1. —

— Luftpiraten u. andre Fluggeschichten. 1.—10. Taus. (169 S.) 8. Berlin 910. W. Wertheim. 1.—; geb. 1.50

— Deutsche Machthaber. 1.—3. Aufl. (VII, 561 S.) 8. Berlin 910. Schuster & Loeffler. 6.—; geb. 7. —

Martin, Rudolf [aus Basel]: Die vergleichende Osteologie der Columbiformes unter besonderer Berücksichtigung von Didunculus strigirostris. Ein Beitrag zur Stammesgeschichte der Tauben. (Mit 2 Tafeln.) [= Zoolog. Jahrbücher Systematik. Bd. 20. H. 3.] Jena (auf Umschlag u. Titel Basel) 1904. 186 S. 8°. [13. VII. 04.]
Basel. Phil. Diss. 1903/1904.

Unter dem Scheinwerfer von Rudolf Martin. 1.–4 Aufl. Berlin & Leipzig Schuster & Loeffler 1910. 378 S. 8° [10. 13919

Martin, Rudolph, Referendar in Hamburg: Schiffsgläubigerschaft am eigenen Schiff? Borna-Leipzig 1907: R. Noske. (VI, 50 S.) 8° [J.]
Heidelberg, Jur. Fak., Ref. Schroeder, Diss. v. 1907
[Geb. 4. Juli 84 Hamburg; Wohnort: Hamburg; Staatsangeh.: Hamburg; Vorbildung: Wilhelms-Gymn. Hamburg Reife M. 02; Studium: Lausanne 1, Leipzig 2, Berlin 1, Freiburg i. B. 1, Berlin 1 S.; Rig. 6. März 07.]

Martin, Rud., Stehen wir vor e. Weltkrieg? (XI, 145 S.) gr. 8. Leipzig 908. F. Engelmann. 2.—; geb. 2.80

— Der Verlust des Luftkreuzers. Eine Anklage. (VII, 53 S.) gr. 8. Stuttgart 908. W. Kohlhammer. —80

— — Von Ikarus bis Zeppelin. Ein Luftschifferbuch f. die Jugend. (IV, 164 S. m. 16 Taf.) gr. 8. Berlin (908). Brandus. Geb. in Leinw. 4.—

— Wandtafeln f. den Unterricht in Anthropologie, Ethnographie u. Geographie. — Planches murales pour l'enseignement de l'anthropologie, de l'ethnographie et de la géographie. (Kleine Ausg., od. grosse Ausg. 1. Serie.) (8 farb. Taf.) 88×62 cm. Nebst Text. gr. 4. (3 S. u. 8 Bl.) Zürich (902). Art. Institut Orell Füssli. In Mappe n.n. 28.—

— Wandtafeln für den Unterricht in Anthropologie, Ethnographie u. Geographie. — Planches murales pour l'enseignement de l'anthropologie, de l'ethnographie et de la géographie. Grosse Ausg. 2 u. 3. Serie. (Je 8 farb. Taf. je 88×62 cm.) Nebst Text. (Je 8 Bl.) gr. 4. Zürich (903). Art. Institut Orell Füssli. In Mappe n n. 36.— (Vollständig: n n. 64.—)

— Der Weltkrieg in den Lüften. (236 S.) 8. Leipzig-Gohlis 909. B. Volger. 3.—; geb. 4.—

— Kaiser Wilhelm II. u. König Eduard VII. (95 S.) 8. Berlin 907. Verlag Dr. Wedekind & Co. 2.—; geb. 3.—

— Wright u. Zeppelin. (22 S.) kl. 8. Berlin (909). Mickisch, Segler & Co. —20

— Das Zeitalter der Motorluftschiffahrt. (VIII, 101 S. m. Abb.) gr. 8. Leipzig 907. Th. Thomas. 3.—; geb. 4.—

Martin, Rudolf Ziele und Methoden einer Rassenkunde der Schweiz. SA. 8. Zürich 1896.

— Die Zukunft Deutschlands. Eine Warng. (XV, 153 S.) gr. 8. Leipzig 908. C. L. Hirschfeld. 3.—

— die Zukunft Rußlands. 1.—5. Tauf. (VIII, 176 S.) gr. 8. Leipzig 906. Dieterich. n. 2.40; geb. n. 3.40

— die Zukunft Rußlands u. Japans. Die deutschen Milliarden in Gefahr. (Soll Deutschland die Zeche bezahlen?) 1.—3. Aufl. (Je VIII, 258 S.) gr. 8. Berlin 905. C. Heymann. n. 4.—; geb. n. 5.—

Martin, Rud. Carl, de fontibus Zosimi. Dissertatio inauguralis. gr. 8. (34 S.) Berlin 866, (Wreden und Borstell.) *

Martin, S.

Martin, Grundlinien ein. Verwaltungs-Ordnung f. Kurhessen. gr. 8. (2½ B.) Kassel 835, Kriegersche Buchh.

Martin, S., über d. Verfassungs-Urkunde Kurhessens. Einige Worte an meine Mitbürger. gr. 8. (2 B.) Kassel 831, (Bohné.)

Martin, St., der wahre Pariser Koch, od. allerneuestes franz. Kochbuch f. herrschaftl. u. bürgerl. Tafeln, besond. aber f. Gourmands. N. d. vorzügl. franz. Köchen: Véry, Beauvilliers, Viard, Carbelly bearb. A. d. Franz. übers. u. geprüft v. Caroline Fodor. 12. (12 B.) Kaschau 831, [Leipzig,] G. Wigand.

Martin, Stephan Das Procemium zu den Erga des Hesiodos. *Würzburg 1898: H. Stürtz.* (65 S.) 8° [= Inauguraldissertation v. München 1898.]
Würzburg, k. altes G, P 1898

Martin, Stephan Das Procemium zu den Erga des Hesiodos. *Würzburg 1898: H. Stürtz* (65 S.) 8°
München, Phil Diss. v 1898

Martin, Stephanus: Quatenus Hesiodeae rationis vestigia in carminibus Homericis reperiantur. I. De Odyssea et Theogonia. Speier, Jäger'sche Buchdr (1889); 1 Bl., 71 S. 8°
Speier, k. StA, P 1889 •

Martin, T C Nikola Tesla's Untersuchungen über Mehrphasenströme und über Wechselströme hoher Spannung und Frequenz. Deutsch von H. Maser. Halle a. S. 1895

Martin, Th., Im Fluge. Italienische Reiseerinnerungen. 8. (178 S.) Konstanz 882, (Sartori.) *

Martin, T H., Sur un ouvrage faussement attribué a Aristarque de Samos. S.-A. 1871. 6 S 4° —.50

Martin, Th. H., la Prométhéide. Étude sur la pensée et la structure de cette trilogie d'Eschyle. gr. 4 (74 S.) Paris 875. Vieweg. n. 4.—

Martin, Thdr, s.: Gesetzsammlung d. deutschen Reiches.

Martin, Thdr., Heiligenberg einst und jetzt. Zum Gedächtniß 600jähr. Bestandes. gr. 16. (VIII, 136 S. mit 1 lithogr. Karte in gr. 4.) Lindau 876, Stettner. cart. *

Martin, Theodore, das Leben des Prinzen Albert, Prinz-Gemahls der Königin von England. Mit Genehmigung Ihrer Maj. der Königin von England übers. von Emil Lehmann. 1.—3. Bd. gr. 8. Gotha, F. A. Perthes. [1. Bd. (X, 521 S.) 876. * *M* 10.; 2. Bd. (XV, 599 S.) 878. * *M* 12.; 3. Bd. (XVI, 547 S.) 879. * *M* 11.] *

Martin, Theodore, das Leben des Prinzen Albert, Prinz-Gemahls der Königin von England. Mit Genehmigung Ihrer Maj. der Königin Victoria übers. von Emil Lehmann. 4. und 5. (Schluss-)Bd. gr. 8. (XV, 525; XV, 492 S.) Gotha 881, F. A. Perthes. à Bd. * *M* 11.
1.—3. Bd. Ebendas. 1876—79. à * *M* 11.

Martin, Theodor —. Melina, oder: die Nymphe des Thales. Großes Ballet in vier Akten und sechs Tableaux. Erfunden und in Scene gesetzt vom Balletmeister Herrn — —. Musik von den Herren Panizza, Bajetti und Strebinger. Wien. 1855. Gedr. bei A. Pichler's Witwe und Sohn. (16 S. 8.)

Martin, Thdr., s.: Monatsschrift, Leipziger, f. Textil-Industrie.

— s.: Textil-Exporteur, der.

Martin, Th., die Uebertretungen in den Staaten der Thüringer Gerichts-Gemeinschaft. gr. 8. Jena 872. Leipzig, Abel. *

— die Uebertretungen in den Staaten der Thüringer-Gerichts-Gemeinschaft. Zusammenstellung der f. die strafrechtl. Competenz der Einzelrichter maßgeb. Gesetze des deutschen Reiches, d. Großherzogth. Sachsen, der Herzogth. Sachsen Coburg u. Gotha, der Fürstenth. Reuß u. Schwarzburg. gr. 8. (VII, 374 S.) Jena 872. Deistung. n. 4.—

— Verfassung u. Grundgesetze d. deutschen Reiches. Zum prakt. Gebrauche nach authent. Quellen zusammengestellt gr 8. (VII, 352 S.) Jena 871. Mauke. n. 3. —

Martin, Thdr., die Verfassung des Großherzogth. Sachsen. Eine Festgabe zur Feier ihres 50jähr. Bestehens. Weimar 866. Böhlau. 8. (56 S.) n. 5 ngr.

– s. Zeitschrift für allgemeine Textilindustrie

— **Theophil** (Genf), Lancem saturam discriminum inter legatorum fideicommissorumque species quasdam obtinentium sistens. Göttingen (J. Chr. Dieterich) 29. VIII. 1787. 79 S. (6.—) 22228
Gew.: Jo. Manas. Cramer.

Martin, Thomas. Encyklopädie der mechanischen Künste und Manufacturen, nach dem neuesten Zustande derselben in England. Die englische Uhrmacherkunst. Mit 3 Kupfertafeln. Die englische Baumwollen- und die Wollenzeug-Manufactur nebst der Weberei. Mit 2 Kupfertafeln. Aus dem Englischen übersetzt von J. H. M. Poppe, Prof. der Technologie zu Tübingen etc. Mit Kupfern. (2 Bde.) 8. Pesth 1819.

Martin, Thomas

Martin, Th., Encyklopädie der mechan. Künste u. Manufakturen, nach dem neuesten Zustand derselben in England; aus d. Engl. übers. v. J. H. M. Poppe. Mit Kpf. 1r Thl. Auch u. d. T.: die englische Uhrmacherkunst, oder Anweis., dieselbe nach ihrem in England zur höchsten Vollkommenheit gebrachten Zustande auszuüben. gr. 8. Pesth 819. Hartleben. 1 ₰ 4 gr — 2r Thl. Auch u. d. T.: die englische Baumwollen- u. Wollenzeugmanufaktur nebst der Weberei ꝛc. in Beziehung auf das in England zur höchsten Vollkommenheit gebrachte Maschinenwesen. Mit 2 Kpf. gr. 8. Ebd. 819. 1 ₰ — 3r Thl. Auch u. d. T.: die englische Drehbank für Arbeiter in Holz, Metall u. Horn. Nebst e. besond. Anweis., wie der Kammmacher Horn u. Schildpatt am vortheilhaftest. zu sägen, zu beizen u. zu löthen hat. Mit 2 Kpf. gr. 8. Ebd. 820. 21 gr

Martin, Thomas Commerford, Untersuchgn. üb. Mehrphasenströme, s.: Tesla, Nikola.

Martin, Thomas Ign., Geschichte, s. Geschichte.

Martin, Victor [pract. Arzt in Pratteln bei Basel]: Ueber paralytische Luxationen. Mit vier in d. Text gedruckten Abbildungen. Stuttgart 1902. 25 S. 8°.
Basel, Med. Diss. 1902/1903.

Martin, W., üb. die Einführung der Presbyterial- u. Synodal-Verfassung in die evangelische Kirche d. vormaligen Kurfürstenth. Hessen. gr 8. (36 S.) Kassel 872. Kay. n. — 75

Martin, W., s.: Miniaturen der lateinischen Galenos-Handschrift d. kgl. öffentl. Bibliothek zu Dresden.

Martin, W., auf e. Schulprüfung, s.: Familien-Bibliothek.

Martin, W C. Linnäus

— Die Geschichte des Pferdes, sein Ursprung, seine körperliche und physische Charakteristik, seine Varietäten und Stammverwandten. Nebst einem Anhang W. Youatts über die Krankheiten des Pferdes. Aus dem Engl. von Dr. F. M. Duttenhofer. 8. Stuttgart 52. Rieger. M. —.60

Martin's, W. C. Linnäus, Naturgeschichte des Menschen mit einer Einleitung über den innern Bau des Menschenkörpers im Vergleich mit dem Körper der Säugethiere. Aus d. Engl. übers. v. G. Moritz u. C. Thomä. Durch 239 Abbildgn. erläutert. gr. 8. (23 B.) Wiesbaden 844, [Frankfurt a. M., St. Goar.] 2 Thlr. Hrbges. Pr. *

Martin, Werner [aus Rengelrode, Prov. Sachsen] Beitrag zur Prognostik der Uvealsarcome Halle a. S., Druck v. Ehrhardt Karras, 1885: 24 S. 4°
Halle, Med. Fak., Inaug.-Diss. v. 17. Dez. 1885.

Martin, Werner, Beitrag zur Prognostik der Uvealsarcome. Diss. Halle 1885, Lippertsche Buchh. 4°. 24 S.

Martin, Wilhelm

— Bau u. Zucht des Rinds, s.: Landmanns, des, Winterabende.
Tritt an die Stelle v.: Lehnert, E., Tont, der Schweizer.

Martin, Wilh., d. deutsche Bauer in d. Vergangenheit u. in d. Gegenwart, s. a. Landmann's, des, Winterabende.

Martin, W., Der deutsche Bauer in der Vergangenheit u. Gegenwart. 8°. Stuttgart, Ulmer, 1902.

Martin, Wilh., s.: Farbenskala der drei Grundfarben Gelb, Roth, Blau.

Martin, Wilh., die Feldbereinigungsfrage in Württemberg. Ein Versuch zu ihrer Klärung, nebst dem Entwurf eines Gesetzes und einer Vollzugsverordnung. gr. 8. (IV, 92 S. mit 3 lithogr. Plänen.) Stuttgart 876, Ulmer. *

— die Fütterung des Rinds, s.: Landmanns, des, Winterabende
Tritt an die Stelle v.: Lehnert, E., Tont, der Verwalter.

Martin, Wilh., Geographie f. Landwirte. Für landwirtschaftl. Schulen, landwirtschaftl. Vereine, Schul- u. Ortsbibliotheken u. zum Privatgebrauch. gr. 8. (VIII, 190 S.) Stuttgart 894. E. Ulmer. Kart. n. 2. 40

Martin, Wilh., Handbuch der Landwirtschaft, s. Zeeb, Heinr.

— u. Zeeb, Handbuch der Landwirtschaft. 4., umgearb. Aufl. Von Wilh. Martin. gr. 8. (VIII, 949 S.) Stuttgart 895. E. Ulmer. n. 6. 70; geb. in Halbfrz. n.n. 8. —
Die 3. Aufl. erschien 1889 u. d. T.: Zeeb, H., u. W. Martin, Handbuch der Landwirtschaft.

— u. Zeeb, Handbuch der Landwirtschaft. 5., umgearb. Aufl. Von Wilh. Martin. gr. 8. (IX, 803 S. m. 385 Abbildgn.) Stuttgart 900. E. Ulmer. n. 6. 70; geb. n. 7. 70

— u. Zeeb, Handbuch der Landwirtschaft. 6., umgearb. Aufl. Von Wilh. Martin. Mit 45 farb. Abbildgn. auf 4 Doppeltaf. u. 400 in den Text gedr. Abbildgn. (VIII, 783 S.) gr. 8. Stuttgart 907. E. Ulmer. Geb. in Leinw. p 8. —

—— und Heinr. Zeeb, populäres Handbuch der Landwirthschaft. 10 Lfgn. gr. 8. (XII, 832 S. mit über 150 eingedr. Holzschn. und 45 chromolithogr. Plänen in qu. 4.) Ebendas. 871–73. à Lfg. 75 Pf.

—— die Hauptlehren der neueren Landwirtschaft, s. a. Bibliothek landwirtschaftlicher Lehrbücher.

— dasselbe, s. a. Bibliothek, prakt. Lehrbücher.

Martin, Wilh., die Hauptlehren der neueren Landwirthschaft. Ein Leitfaden zum Unterricht an niederen landwirthschaftlichen Schulen und zum Selbststudium für angehende Landwirthe. 1. Aufl. (VIII, 212 S.) 1869. *M* 2,25., und 2. verb. und verm. Aufl. gr. 8. (XII, 305 S. mit 8 eingedr. Holzschn. und 2 lithogr. Plänen in Buntdr.) Ravensburg [Stuttgart] 871, Ulmer. *

Martin, Wilh., die Hauptlehren der neueren Landwirtschaft. Ein Leitfaden zum Unterricht an mittleren u. niederen landwirtschaftlichen Schulen. 4., umgearb. Aufl. gr. 8. (XII, 310 S.) Stuttgart 881. Ulmer. n. 3. 60

Martin, Wilh., die Hauptlehren der neueren Landwirtschaft. Ein Leitfaden zum Unterricht an mittleren und niederen landwirtschaftl. Schulen, sowie zum Selbststudium. 5. verm. Aufl., bearb. von Ernst Lehnert. gr. 8. (XII, 340 S.) Stuttgart 887, Ulmer. **M* 3.60.; geb. *

Martin, Wilh. Die Hauptlehren der neueren Landwirtschaft. Ein Leitfaden zum Unterricht an niederen u. mittleren landwirtschaftl. Schulen. 6. umgearb. Aufl. gr. 8. (VIII, 348 S.) Stuttg. 891, Ulmer. * 3 60; geb. ** 3 85

— die Hauptlehren der neueren Landwirtschaft. Ein Leitfaden zum Unterricht an niederen u. mittleren landwirtschaftl. Schulen. 7. Aufl. gr. 8. (VIII, 364 S.) Ebd. 893. n. 3. 30; geb. in Halbleinw. n.n 3. 55

— der Landmann in der Familie, s.: Landmanns, des, Winterabende.

—— das tägliche Leben, s. a. Bibliothek landwirtschaftlicher Lehrbücher.

— das tägliche Leben. 3. Aufl. des Lesebuchs für Fortbildungsschulen, Haushaltungsschulen, Orts-Lesevereine u. für das Haus. gr. 8. (V, 144 S.) Stuttgart 881. Ulmer. n. 1. 60

Martin, Wilh., kurzes Lehrbuch d. Landwirtschaft, zugl. 8. Aufl. d. Schrift: D. Hauptlehren der neueren Landwirtschaft. Ein Leitfaden z. Unterr. an nied. u. mittl. landwirtschaftl. Schulen. gr. 8. (VIII, 394 S. u. 15 S. Tabellen.) Stuttgart 899. E. Ulmer. Geb. n. 3. 80

— kurzes Lehrbuch der Landwirtschaft, zugleich 9. Aufl. der Schrift: Die Hauptlehren der neueren Landwirtschaft Ein Leitfaden zum Unterricht an niederen u. mittleren landwirtschaftl. Schulen. (VIII, 400 S.) gr 8. Stuttgart 903. E. Ulmer. Geb. n. 3. 80

—— Lesebuch für Fortbildungsschulen, } s. a. Bibliothek landwirthschaftl. Lehrbücher.

— dasselbe, s. a. Bibliothek f. prakt. Lehrbücher.

Martin, Wilh., Lesebuch für Fortbildungs-Schulen, Ortslese-Vereine, landwirthschaftliche Schulen und für das Haus. gr. 8. (VII, 271 S. mit 32 in den Text gedr. Holzschn.) Ravensburg [Stuttgart] 873, Ulmer. *

Martin, Wilhelm De Sophoclis Trachiniarum parodo. *Cassel 1900: L. Döll.* (22 S.) 4°
Höchst a. M., PG nebst RPG i. Entwickl., OP 1900 (423)

— die Pflege des Rinds in Gesundheit u. Krankheit, s.: Landmanns, des, Winterabende.
Tritt an die Stelle v.: Lehnert, E., Herr Hoffmann. Eine Geschichte v. der Viehzucht.

— die Rechnung d. Landwirths in stufenweisem Gang. Eine Anleitg. zu der landwirthschaftl Rechnungsführg. nach den drei Hauptsystemen der Inventarisirg., Journalführg. u. Hauptbuchführg. 4. (VIII, 185 S.) Stuttgart 871 Ulmer. n 3 60

— das Rind, dessen Bau, Zucht, Fütterung u. Pflege. Für den Landmann bearb. 12. (VI, 136; 144 u. 138 S. m. 43 Abbildgn.) Stuttgart 895. E. Ulmer. Geb. in Halbleinw. n. 3. 60
Die Gesamt-Ausg. der drei Einzelschriften üb. das Rind.

Martin, Wilh., pflanzliche u. tierische Schädlinge, s.: Landmanns, des, Winterabende.

Martin, Willy: Urheberrecht an unsittlichen Werken der Literatur und der Tonkunst. Borna-Leipzig 1910 Noske. VI, 53 S. 8°
Jena, Jur. Diss. v. 3. Juni 1910, Ref. Fehr
[Geb. 2 Jan. 85 Ensisheim Wohnort Freiburg i. B. Staatsangeh.: Baden; Vorbildung Oberrealsch. Freiburg Reife M. 03. Studium. Freiburg i. B. 1, München 2 Berlin 1, Marburg 2, Jena 2 S. Rig. 15. März 10.][U 10. 2357

Martin, Xav., Darstellung d. herrsch. Krankheits-Characters in München. (Eine lithogr. u. z. Thl. ill. Tab.) gr. Fol. München 836, Franz.

Martin Du Pan, Charles, médecin diplômé de la Confédération suisse, assistent à la Clinique chirurgicale de Berne Contribution à l'étude du traitement du cancer du rectum. (Résultats obtenus à la Clinique chirurgicale de l'Université de Berne et à la Clinique privée du Professeur Kocher.) Paris 1905. IV + 122 S. 8°.
Bern Med. Diss. 1905/1906.

Martin-Hoefer, O., Don Pedro I. v. Castilien. Ein Trauerspiel in 3 Aufzügen. (68 S.) 8. Hamburg 908. Verlagsanstalt u. Druckerei-Gesellsch. 2. —

Martin-Sains, L. C., s. Saint-Martin, Louis Claude de

Martin-Wismar, K., Untersuchungen über die Organisation von Astylospongia, Ferd. Roem. u. Bemerkgn. üb. die Natur der Wallsteine, Meyn. [Aus: „Arch. d. Ver. d. Freunde der Naturgesch. in Mecklenburg".] gr. 8. (32 S. m. 1 Steintaf.) Neubrandenburg 877. (Wismar, Hinstorff's Verl.) n. 1. —

Martin-Zschommler, G., s. Martin, G

Martina, die Friseurin, s.: Schul- u. Vereinsbühne, christl.

Martinak, Eduard

Martinak, Ed. Fünf Wochen Hospitierung an Berliner Gymnasien. Vortrag, geh. am 10. Octbr. 1891 im Vereine „Innerösterreich. Mittelschule" in Graz. gr. 8. (20 S.) Wien 892, Hölder. — 80
Aus Oesterr Mittelschule, besonders abgedruckt.

Martinak, Eduard, der Kanon d. altsprachlichen Lektüre an österreich. Gymnasien, s.: Kukula, R. C.

Martinak, Ed., zur Logik Lockes. John Lockes Lehre von den Vorstellungen, aus dem Essay concerning human understanding zusammengestellt und untersucht. gr. 8. (35 S.) Graz 887, Leuschner und Lubensky. *

Martinak Dr E.: Zur Logik Locke's. John Lockes Lehre von den Vorstellungen. 33. Leoben 87. **Progr.**

-- die Logik John Locke's, zusammengestellt u. untersucht. gr. 8. (VII, 151 S.) Halle 894. M. Niemeyer. n. 3. —

— über Prüfen u. Klassifizieren vom Standpunkte der Praxis. (Schlussreferat, erstattet in der 3. Vollversammlung des IX. deutsch-österr. Mittelschultages. Wien, Ostern 1906.) (29 S.) Lex.-8. Wien 906. A. Hölder. n. — 60
Sonderabdruck aus: „Oest. Mittelschule".

Martinak, Ed., zur Psychologie des Sprachlebens. M. ein. Anwendgn. auf d. Unterrichtspraxis. [Aus: „Zeitschr. f. d. österr. Gymn."] gr. 8. (22 S.) Wien 898. (C. Gerold's Sohn.) n. — 80

— über ein. logische Schwierigkeiten in den Sprachlehrbüchern uns. Volks- u. Bürgerschulen. Vortrag, geh. im Grazer Lehrervereine. [Aus: „Pädagog. Ztschr."] gr. 8. (11 S.) Graz 898. (Leuschner & Lubensky.) n. — 35

Psychologische Untersuchungen zur Bedeutungslehre. Von Dr. Eduard Martinak, Prof in Graz. *Leipzig: J. A. Barth 1901.* (VI, 98 S.) 8° [01. 10050

— psychologische Untersuchungen über Prüfen u. Classificieren. Vortrag, geh. in der ersten Vollversammlg. des VII. deutsch-österreichischen Mittelschultages, Wien, Ostern 1900. gr. 8. (19 S.) Wien 900. A. Hölder. n. — 50
Sonderabdruck aus: „Österr. Mittelschule".

— zur pädagogischen Vorbildung f. das Lehramt an Mittelschulen. (19 S.) 8. Wien 904. (C. Gerold's Sohn.) — 50
Sonderabdruck aus: „Ztschr. f. d. öst. Gymnasien".

Martinak, (Eduard), Wesen u. Aufgabe e. Schülerkunde, s.a. Beiträge zur Kinderforschung u. Heilerziehung.

Wesen und Aufgabe einer Schülerkunde. Von Dr E[duard] Martinak, Prof, Graz. Langensalza H Beyer & Söhne 1907 (18 S.) 8°
= Beiträge z. Kinderforschung u. Heilerziehung H. 25. [07. 13315

— s.: Zeitschrift f. Kinderforschung.

Martin County Zeitung 1893: 1917:
Independent weekly Circulation 1900 1080 1910 1200 1915 656 Edited & published by William Roll 1893–95 by Martin County Democrat Co 1896 1904 edited by M Eyrich 1905 08 by F J Bode 1909 13 by O H Zemke 1914 17 published by Independent Zeitung Co 1915 17
Fairmont, MN

Martindale, William Harrison. Beiträge zur Kenntnis des Corydalins. *Marburg 1898: J. Hamel.* (90 S.) 8°
Marburg, Phil Diss. v [23. Febr] 1898

†Martine, F. [Henry Fitzhardinge Maxse], Roger Dumenoir, s. Universal-Bibliothek Nr. 1582.

Martineau, Religion in ihrer Stellung zum modernen Materialismus. Rede. Aus dem Engl. übers. von Ad. Sydow. gr. 8. (XIV, 38 S.) Berlin 878, G. Reimer. *

Martineau, **Mrs. Harriet**, die Ansiedler im eigenen Hause. Hrsg. v. W. Häring. (†Wilib. Alexis.) 8. (18½ B.) Berlin 846, [Adolf u. Comp.]

Martineau, Mrs. H., die Ansiedler im eigenen Hause. Herausgeg. von W. Häring (W. Alexis). 8. Berlin 846, Buchh. des Berliner Lesekabinets. 1⅓ ℛ

Martineau, Harriet, der Bauer u. der Fürst. [Abgedr. aus d. Jugend-Bibliothek v. Gust. Nieritz.) 8. (178 S.) Berlin 850, Simion. ⅓ ℛ (siehe auch: Jugend-Bibliothek von Nieritz, 10. Jahrg. 6. Bdchn.)

Martineau, H., der Bauer u. der Fürst. 3. Aufl. (121 S. m. Titelbild.) kl. 8. Gütersloh (904.) C. Bertelsmann, Sep.-Cto. n. — 60; kart. — 70; in Bibliotheksbd. n. — 80; geb. in Leinw. n. — 90

Martineau, Henriette, Erläuterungen d. Staatswirthschaftslehre durch allgem. verständl. Erzähln. A. d. Engl. No. 1. — A. u. d. T.: Leben in d. Wüsteneien. Eine Erzähl. 16. (10½ B.) Leipzig 834, Baumgärtner.

—— dass. No. II. — A. u. d. T.: Der Hügel u. d. Thal. Eine Erzähl. 16. (10½ B.) Ebds. 834.

Martineau, Harriet, Geschichte England's während des dreißigjährigen Friedens von 1816 bis 1846. Aus dem Engl. übers. von Carl Jul. Bergius. 4 Bde. 8. Berlin 853, Besser's Verlag. [1. (XIV und 356 S.) 2. (VI und 317 S.) 3. (V und 311 S.) 4. (VI und 316 S.) à Bd. 1 Thlr.] Thlr.

Martineau, Harriet, die Gesellschaft und das sociale Leben in Amerika. Nach d. Engl. von E. Brinkmeier. 2 Thle. 8. Cassel u. Leipzig 838. Fischer. 3 ℛ

—— die Holländer in England. Eine Erzählung für Familienkreise. gr. 16. (227 S.) Stuttgart 856(57,) Chelius. *

Martineau, Harriet, the hour and the man. An historical romance. 8. (382 S.) Leipzig 887, Gressner und Schramm. geb. *

—— Jerusalem. Eine Sage aus der Zeit des Erlösers. Aus dem Engl. übers. von Carl Löffler. 8. (VI und 122 S.) Berlin 850, Brandis.

— life in the wilds. A tale intended to promote practical knowledge. A new edition carefully adapted to (german real-) schools and private reading. 8. Stuttgart 845, Neff. n. ⅙ ℛ

—— la Mer enchantée ou les exilés polonais. Histoire dediée à la jeunesse. 8. (8 B.) Stuttgart 846, Neff.

— der Neger von St. Domingo. Ein histor. Roman, aus dem Zeitalter der Revolution. 2 Bde. 8. Leipzig 842, R. Beyer. 2½ ℛ

—— der Neger von St. Domingo. Ein histor. Roman, aus d. Zeitalter d. Revolution. 2 Bde. 8. (30 B.) Leipzig 842, [Orthaus.]

—— Rolf und Erika, oder: Aberglaube des Nordens. Hrsg. von W. Häring. (W. Alexis.) 8. (307 S.) Berlin 847, Adolf und Comp.

Martineau, Henriette, die Schule in Crofton. Eine Erzählung für Kinder von 10 bis 14 Jahren. 8. (248 S. mit 4 lithogr. und ill. Bildern in Tondr.) Stuttgart 858, Chelius.

Martineck, s.a. Martinek, Otto

Martineck, Otto: Ueber die Unterscheidung des Todes durch Erhängen und durch Erdrosseln. *Berlin (1898): E. Ebering.* (38 S.) 8°
Berlin, Med. Diss. v 15. März 1898

Martineit, H., Anleitung zur Waldwertsberechnung u. Bonitierung v. Waldungen. gr. 8. (VIII, 164 S.) Berlin 892. P. Parey. n. 4. —

Martineit, H., Das preussische Rentengutsgesetz vom 7. Juli 1891 als Mittel zur Besserung der landwirthschaftlichen Besitz- und Arbeiterverhältnisse. gr. 8°. Berlin, P. Parey, 1893. (IV, 109 S.)

Martinek Adolf: Bauernfelds Lustspiel „Krisen" auf seine Quellen hin untersucht.
II. 1909 PN 2736 Diss. Wien, Univ. 307

Martinek, Fr., Auflösungen der im 5. Rechenbuche f. österreichische allgemeine Volksschulen von 1—5 Classen enthaltenen Aufgaben. gr. 8. (128 S.) Trebitsch 889. (Wien, F. Grottendiek.) n. 1. 20

Martinek, Fr., Auflösungen der im fünften Rechenbuche für österr. allgemeine Volksschulen von 1 bis 5 Classen enthaltenen Aufgaben. 8. (121 S.) In Comm. 1893. —.60

Martinek, Heinr., die deutsche und italienische Fach-Rechnung [doppelte Buchhaltung]. Lehrbuch zur schnellen und pract. Erlernung derselben. gr. 8. (111 S.) Wien 885, Vetter. *

Martinek, Josef: Die neu erfundene k. k. privil. erste österr. Dampfziegelschlag-Maschine und ihre Vortheile, s. Karliczek, Josef

Martinek, Jos., neueste allgemeine, mathematisch-physische, politisch-statistische Erdbeschreibung. Mit besond. Berücksicht. Deutschlands und der allerneuesten polit. Eintheilung des österreichischen Kaiserstaates. Ein unentbehrl. Handbuch für den Unterricht und das Selbst-Studium. gr. 8. (VIII und 200 S.) Wien 857, Wenedikt.

Martinek, Jos., Organisirungs-Projekt der k. k. Staats-Baubehörden mit Rücksicht auf die autonome Stellung der Kronländer. 2. Aufl. mit einem Anh. die pol. administr. Organisirung der obersten Central-Behörden betr. Lex.-8. (VI und 14 S.) Wien 862, (Wenedikt.)

Martinek, Otto

Martineck. Militärärztl. Betrachtungen üb. d. D. A. z. Beurt. d. Militärdienstfähigkeit v. 13. 10. 1904. (Abdruck.) Posen 1905.

Einführung in das Preußische Seuchengesetz vom 28. Aug 1905 nebst e. Anh. über die sich daraus ergebenden Rechte u. Pflichten d. prakt. Arztes. Von Dr [Otto] **Martinek**, Oberarzt, Posen. Berlin, Wien Urban & Schwarzenberg 1906. (83 S.) 8° [07. 939

Martinelli, nouveau Dictionnaire de poche Française-Italien (et Italiano-Franceso), rédigé d'après l'Academje de la Crusca, Alberti, Bottarelli, Barotti, Cormon et Buttura, l'Academie française, Lavaux et Boiste; avec l'accent à tous les mots italiens pour la prononciation. Nouv. Edit, précédée d'un extrait du guide de la conversation, en 6 langues, publ. sous la direction de M. Nunèz de Taboada. II Tomes. 12. Paris (et Leipzig) 833. Bossange père. 2 ₰

Martinelli, dictionnaire de poche, franç. et ital. 2 Vol. Strasb. König. 797.

Martinelli. D., s.: Barockpaläste, Wiener.

Martinelli, Jeannot, d. große illustr. Dichter- u. Künstlerbuch. Ein Dichter-Album m. zahlr. Portraits u. Orig.-Beiträgen bedeut. Autoren der Gegenwart. Fol. (60 S.) Berlin 896. J. Martinelli. n. 5. 50; Einbd. n.n.n. — 50; ermäß. Preis geb. 1. 50

Martinelli, Jeannot, „Das große illustrierte Dichter- u. Künstlerbuch". Herbstfolge 1900. Fol. (S. 61—120 m. eingedr. Bildnissen.) Berlin 900. J. Martinelli. n. 1.—; geb. 1. 50; (kplt. in Bd. n. 1. 75; kart. n. 3.—; geb. in Leinw. 5.—)

Martinelli, Jeannot, zündende Repertoir-Couplets u. Vorträge v. erprobter Wirkung. Hrsg., theils Original, theils m. neuen Versen. 8. (59 S.) Riga 894. J. Martinelli. n. — 80

MARTINELLI, Mart., Nutzreiche Ergötzlichkeiten. D. i. (24) Wälsche und Teutsche Gespräch-Ubungen (so!) .... (Ital. u. deutsch.) Saltzburg . . 1749. Zu bekommen bey dem Authore. 4°. 6 Bll., 192 S. (à 2 Col.), 1 Bl. Inh.

Martinengo, Fr., der Maimonat auf dem Lande. Eine erbauliche Erzählung für die reifere Jugend und das Volk. Nach dem Italienischen frei bearb. von R. Faber. 8. (200 S. mit 20 eingedr. Holzschn.) Einsiedeln 881, Gebr. Benziger. geb.

Martinengo-Cesaresco, Gräfin Eveline, italienische Patrioten. Einzige berecht. deutsche Ausg. (VII, 348 S.) gr. 8. Leipzig 903. G. Wigand. n. 5.—; geb. n. 6. 50

The Place of animals in human thought. By the C^tess Evelyn Martinengo Cesaresco. London, Leipsic: Unwin 1909. 376 S. 8° [09. 7239

MARTINET, Anfangsgründe der Tanzkunst. Aus dem Französischen übersetzt. Mit Kpfrn. Leipzig, Herzog.
— Anfangsgründe der Tanzkunst. Aus dem Französischen. Mit Kpfrn. Leipzig, Leupold, 1798. 8°.
Beides bei Bartholomäus p. 16 (das 1 ohne Formatsangabe).

Martinet, ..., Anfangsgründe d. Tanzkunst; aus d. Französ. Mit Kpf. 8. Leipz. 798. (Klein). 12 gl.

Martinet, Emanuel oder das Heilmittel für all' unsere Uebel. Nach der 2. Aufl. des französ. Orig. übers. von Ant. Weißkopf. 8. (IV und 233 S.) Sigmaringen 862. [Regensburg, Coppenrath.] *-

Martinet, A., die moderne Gesellschaft vor dem Concil. Aus dem Französ. 8. (XVI, 256 S.) Mainz 870, Kirchheim.

Martinet, Lösung großer Fragen, allgemein faßlich dargestellt. Nach der 4., vom Verf. neu durchgesehenen, verm. und verb. Aufl. aus dem Französ. übers. von Ant. Weiskopf. 4 Bde. 8. Tuttlingen, Kling. à Bd. 18 Ngr.

Inhalt:

Bd. 1. Erste Frage: Kann man noch Mensch sein, ohne Christ zu sein? (III und 330 S.) 858.
" 2. Zweite Frage: Kann man noch Christ sein, ohne Katholik zu sein? (371 S.) 859.
" 3., 4. Dritte Frage: Kann die menschliche Gesellschaft sich retten, ohne wieder katholisch zu werden? (759 S.) 859.

Martinet, A., die Philosophie des katholischen Katechismus. Eine gründl. und populäre Erklärung und Rechtfertigung der kathol. Glaubens- und Sittenlehre mit besond. Berücksichtigung der wichtigsten Fragen und Entwürfe der Gegenwart. Nach dem Französ. von einem Pfarrer der Diöcese Limburg. gr. 8. (XII und 539 S.) Mainz 866, Kirchheim.

Martinet, was kann uns helfen, s.: Rohrbacher.

Martinet, Adam

Die Bedeutung der Philosophie für die Gegenwart. Von Adam Martinet, P. der Philos. — 1833. Ebend. — S. 3—18.
Progr. Bamberg

Martinet, A., Hebräische Chrestomathie der biblischen u. neuern Litteratur Bamberg, Schmidt, 1837, gr. 8°, 4 Mk.
Recens. v. Welte, Tüb. Theol. Quartalschr. 1838, S. 135

Quellenmäßige Geschichte der Stiftung und feierlichen Eröffnung der alma Academia Ottoniana, des gegenwärtigen Kön. Bay. Lyceums zu Bamberg. Einladungsschrift zur zweiten Säcularfeier desselben im J. 1848. Von Dr. Adam Martinet, P. der Philos. u. Ephor. — 1847. Bamberg, Gärtner. — S. 3—50 mit 1 lithogr. Taf.
Progr. Bamberg

Historia Academiae novae s. tertiae in Graecia florentis. Particula I. Carneadis Dialectica. Auctore Dr. Ad. Martinet, Philos. P. — 1839. Ibid. — S. 3—20.
Progr. Bamberg

Reisetagbuch des Rabbi Binjamin von Tudela. Ein Beitrag zur Kenntniß der Juden in der Diaspora während des XII. Jahrhunderts. Von Dr. A. Martinet, P. der bibl. Exeg. u. orient. Spr. am k. L. — 1858. Bamberg, Gärtner. — S. 3—28.
Progr. Bamberg

—— hebräische Sprachschule, s. Riegler, G.

Martinet, Adam, vollst. Tabellen aller Zeitwörter, Substantive u. Partikeln der hebr. Sprache, nebst einer beispielweisen Anleitung zum Gebrauche der §§. 1—29 der hebräisch. Sprachlehre. gr. 4. (Bamberg 835.) Lachmüller. 1/2 ₰ (Vgl. G. Riegler u. Martinet, hebr. Sprach-Schule.)

—— vollständ. Tabellen aller Zeitwörter, Substantive u. Partikeln d. hebrä. Sprache, nebst e. beispielweisen Anleit. z. Gebr. d. §. §. 1—29 d. hebrä. Sprachlehre. gr. 4. (4½ B.) Bamberg 837, Lachmüller.

Martinet, Adam, Tif'eret Jisräël, oder Hebräische Chrestomathie der biblischen und neuern Literatur. Bamberg 1837

Martinet, Adam, תפארת ישראל od.: Hebräische Chrestomathie d. bibl. u. neueren Literatur. gr. 8. (26¼ B.) Bamberg 837, Lachmüller. (Bayreuth, Seligsberg.)

Martinet, Jean
[Expériences nouvelles sur les propriétés de l'alcali volatil fluor. Deutsch:] Neue Erfahrungen über die Eigenschaften des flüchtig-flüßigen Alkali. Von [Jean] Martinet. Aus d. Franz. übers. u. mit Anm. begleitet von C.L.S. Strasburg: König 1789. VI, 72 S. 8°

Martinet, Jean Florent. Hausbuch für vaterländische Familien . . . Leipz. 1795. H: *Hüther, Nicolaus.* (Ky) (MGT)

—Hausbuch für Familien; aus d. Holländ. (v. N. Hüther). gr. 8. Zütphen 795. Thieme. (Brockhaus in Leipz.) 1 ₰ 6 gl

Martinet, J. F. Kleiner Katechismus der Natur . . . Leipzig 1780. Ü: *Ebert, Johann Jacob.* (Ky)

—kleiner Katechismus d. Natur, zum Gebrauche f. die Jugend eingericht. (v. J. J. Ebert). 8. Leipz. 780. N. A. 790. Weidmann. 14 gl

—Katechismus der Natur; aus d. Holländ. von J. J. Ebert. 4 Thle. Mit Kpf. gr. 8. Leipz. 779—82. Weidmann. 4 ₰ 4 gl

—der Katechismus d. Natur, zum Gebrauche f. junge Leute. Nach der 12. Ausg. aus d. Engl. übers. 8. Leipz. 826. Baumgärtner. 9 gl

Martinet, L(ouis): Kurze Abhandlung der klinischen Beobachtung und Diagnostik. (Manuel de clinique, des méthodes d'exploration en médecine, et des signes diagnostiques des maladies; contenant un précis d'anatomie pathologique. Dt.) Übers. von (Wilhelm Leopold) Brehme. 380 S., gbd., 1 Tab.

Weimar: Landes-Industrie-Comptoir 1826

JB 1.093

—über die Anwendung des Terpenthinöls in dem Hüftweh u. einigen andern Nervenschmerzen in den Gliedmaßen; aus dem Französ. gr. 8. Leipz. 824. Magazin f. Ind. 10 gl

Martinet, (M.): Das Arsenik und der flüchtige Salmiakgeist als specifische Mittel gegen den Krebs. (Remède éprouvé pour guérir radicalement le cancer... Dt.) Weimar: 1784

s.: Lefèbure (de Saint-Ildefont, Guillaume René)

JB 3.055/1

Martinet, (M.): Medicinisch-chemische Beobachtungen über den Krebs. Aus dem Französischen übers. von Johann Gottfried Pfähler. 66 S. (S. 37 - 102), gbd.

Weimar: Hoffmann 1784
(Zwey specifische Mittel gegen den Krebs. 2)

JB 3.055/2

Martinet, Viktor [app. Arzt aus Coburg]: Ueber Fettdegeneration des Herzmuskels. Eine aetiologische und statistische Untersuchung. . . . München, Druck v. M. Ernst, 1888; 53 S. 8°
München, Med. Fak., Inaug.-Diss. v. 1888

Martineum, das, in Breklum u. die Gründg. von freien christl. Privatgymnasien. Von Ungenannt. gr. 8. (25 S.) Breklum 898. (Christl. Buchh.) n. — 30

Martinez, od.: Die besiegte Nachbegierde, s.: Vereins-Theater, kathol.

Martinez, A., und F. E. Rumpel, die Haller Mauern. Eine topographisch-tourist. Studie mit naturhistor. Beiträgen von Gabriel Strobl. gr. 8. (155 S. mit 3 Stnt.) Graz 878, Leuschner und Lubensky. **

Amtliche Veröffentlichung im Auftr. d. Kommission d. Jahrhundertfeier. Die argentinische Republik bei ihrer ersten Jahrhundertfeier 1810–1910. Statist.-geogr. Schilderung d. Republik u. ihrer Hilfsquellen als ein f. europäische Einwanderer unter jedem Gesichtspunkte günstiges Land. Von Alberto B. **Martinez.** Buenos-Aires 1910. 15 S. 4° [10. 1614] 7

Martinez, C. v., die Chiemgauer. 16. (74 S.) Dresden 882. Pierson. n. 1. 50

—— der Dämon des Südens. Histor. Roman. 3 Bde. 8. (197; 202; 205 S.) Leipzig 883, (O. Wigand.) *

—— errare est humanum. 8. (200 S.) Bremen 882, [Kühtmann und Comp.] Heinsius.

* *Martinez, E.* Einiges aus der Praxis der Unfallschaden-Regulierung. Wien 1902.

Martinez, C. v., der Schwanenritter. Roman. 8. (189 S.) Mannheim 889. Bensheimer's Verl. n. 3. —

Martinez, Don M. Florentino, método-Berlitz para la enseñanza do idiomas modernes. Parte española, s.: Borlitz, M. D.

Martinez, Don Franc., le nouveau Sobrino, ou grammaire de la langue espagnole; réduite a XXIII leçons. Edit. rev. corr. et augm. gr. in-8. (22¼ B.) Hamburg 835, [Schuberth u. Comp.]

Martinez, Franz (Hrsg.), s. Almanach des k. ständ. Theaters zu Prag.

Martinez de la Rosa auserles. Schriften. N. d. span. Urschrift frei bearb. v. Aug. Schäfer. 2 Bde. gr. 12. (...) Heidelberg 835, Groos.

Martingale, Hawser, Salt Water Bubbles, s. Library, English.

Martingans, Die. Schäferspiel. O. O. 1745. V: *Naumann, Gottlob (Chn Nicol.).* (Euph. III. 514) (GGr) (ML) (Heitmüller, Uhlich. Holländ. Komöd. Hamb. 1894.) (VLBS I, S. 1ff.)

Martini, Anton Stephan Ritter v., k. k. Feldzeugmeister. Nekrolog. hoch 4. (29 S.) Wien 863, (Gerold's Sohn.) *
Aus: Oesterreichische militärische Zeitschrift, besonders abgedruckt.

Martini, Dem scheidenden Bruder Martini. Oppeln. am 17. Aug. 1861 8. 2 Bl.

Martini (Red.), s. Abendblatt der Gratzer Zeitung.

Martini, kurzer Abriß der Geschichte des 1. Rheinischen Infanterie-Regiments Nr. 25 seit 1813. Eine Erinnerungsschrift für die Mannschaften des Regiments zur Feier des 50jähr. Regiments-Jubiläums zusammengestellt. Berlin 865. (Mittler & Sohn.) 8. (21 S. mit 1 Tab. in 4.) 3 ngr.

Martini (Red.), s. Aufmerksame, Der.

Martini, Diss. de daemonomania. Vienn. 8°. 1782

Grund-Lehren, Die, des Christenthums, wie selbige A° 1713 von Pastor Martini dieser Gemeine mitgetheilet worden. Ietzo etwas vermehrter indem vorn an der kleine Catechismus Lutheri angehänget. Mit einer neuen Vorrede ans Licht gebracht durch Ernst Leop. Frid. Behm. Ploen. 1729.

Martini, amtliches Gutachten betr. die Ueberschwemmungsgefahr des Hafens und der kaiserl. Werft zu Danzig als Entgegnung auf die Denkschrift der Stadt Danzig zum Projecte der Weichsel-Regulirung. Nebst Anhang, enthaltend drei ältere technische Gutachten. gr. 8. (48 S.) Danzig 883, Kafemann.

Martini, ..., geograph.- u. politisch-statist. Uebersicht der europäischen Saaten, 2 Tabb. Med.-Pap. St. Petersb. 830. Briefe. 4 ß

Martini, was ist Cholera und auf welchen Wegen ist ihre Heilung möglich? gr. 8. (128 S.) Augsburg 850, Rieger'sche Buchh.

Martini, Wehrpflicht u. Nährpflicht. Ein ernstes Wort in letzter Stunde. (21 S.) 8. Leipzig 908. Dieterich. — 50

Martini, Diss. de zinco medico recent. observ. Helmst. 4°.
1780

Martini, A. v., Allzeit voran! Roman aus d. modernen Leben. 8. (249 S.) Leipzig 897. R. Maeder. n. 3. 50

Martini, A. J. F., Beitrr. z. Kenntniß d. Bibliothek d. Klosters St. Michaelis in Lüneburg. gr. 8. Lüneb. 827. Herold u. W. 9 gl

Martini, Adam. Drei geistliche Lieder, der bekümmerten evangelischen Kirche zum Troste. Hamb. 1722. H: *Neumeister, Erdmann.* (schr)

Martini, Adolf, Gerichtsassessor in Rostock: Die Klage der Frau auf Aufhebung der allgemeinen Gütergemeinschaft. Rostock 1908: Adlers Erben. (x, 90 S.) 8°
Rostock, Jur. Fak., Ref. Lehmann-Wachenfeld, Diss. v. 10. März 1908
[Geb. 14. März 81 Rostock, Wohnort. Rostock; Staatsangeh.. Mecklenburg-Schwerin; Vorbildung: Gymn. Schwerin Reife O. 99; Studium: Tübingen 4, Münster 1, Rostock 2 S., Rig. 26. Okt. 07.]

Martini's, Adf., Rundschrift f. Schul- u. Selbstunterricht. 3 Hefte u. 1 Übungsheft. 8. Nürnberg, C. Koch. — 95
1.—3. (24, 24 u. 16 S.) (908.) à — 25
Übungsheft. (24 S. m. Linienbl.) (908.) — 20.

Martini, Alb. F., ars inveniendi, seu philosophia enucleata 8. Halae. 739.

MARTINI, Alphons (Saulbau): Von den Hornhautwunden und ihren Folgen. Ein Beitrag zur Pathologie des Auges.- Augsburg: Volkhart 1851. 28 S.
22.8.1850 - Urk (Titel: De vulneribus corneae transparentis et eorum consequentiis.); F 67
Diss. Ingolst.-Landsh.-Mchn.

Martini, Aemygdius, s.: Catalogus codicum astrolog. graecorum.

— et Dominicus Bassi, Catalogus codicum graecorum bibliothecae Ambrosianae. 2 tomi. (V, LI, 1297 S.) gr. 8. Mailand 906. U. Hoepli. n.n. 40. —

Martini, Armin (Berth. Rud.) (geb. Liebau in Schles. 3. 7. 1849 [vielmehr 1829]) De remediorum quorundam diaeteticorum in medicina usu. Berolini 1866. (31 S.) 8°
Berlin, Med. Diss.
nachgeliefert v. dem am 28. Juli 1866 auf Grund gedruckter Thesen promov. Verf.

Martini, August

Martini, A., Lactantii carmen de Phoenice. 1825. 109 S.

Martini, Aug., Goethe in Koblenz u. Umgegend. Festrede zur Goethe-Feier, in Gegenwart Ihrer königl. Hoheiten des Erbgroßherzogs u. der Frau Erbgroßherzogin v. Baden, geh. im städt. Festsaal zu Koblenz am 8. XI. 1899. gr. 8. (40 S.) Koblenz (899). W. Groos. n. — 80

Martini, August [Dr.]: Die Politik des älteren Dionys. Coblenz, Buchdr. v. H. L. Scheid, 1890, S. 3–31, 4°
Coblenz, st. RG, P 1890 (465)

Martini, A., Quaest. crit. de rebus ad historiam Aureliani pertinentibus. I. De b[...]
Palmyreno. Diss. 1884. 85 S.

Martini, Aug., Schiller. Festrede zur Schiller-Feier der Residenzstadt Coblenz; geh. im großen Saale der städt. Festhalle zu Coblenz am 30. IV. 1905. (23 S.) gr. 8. Coblenz (905). W. Groos. n. — 50

Martini, B., das moderne Automobil, s.a. Bibliothek autotechnische.

Das moderne Automobil Konstruktion u Behandlung. Von B. **Martini.** 2. durchges. Aufl Mit 181 Abb u. 2 Taf Berlin. R. C. Schmidt 1909. 256 S. 8°
(Autotechnische Bibliothek. Bd 33.)

Das moderne Automobil. Konstruktion und Behandlung. Von B. **Martini.** 3. verb. Aufl. Mit 194 Abb. Berlin: R. C. Schmidt 1910. 261 S. 8°
(Autotechnische Bibliothek. Bd 33.) [10. 13823]

Das Buch vom Auto, s.: **Lehmbeck**, Thdr.

Praktische Chauffeurschule, s.a. **Bibliothek**, autotechn.

aktische Chauffeurschule Von B Martini. Mit 174 Abb Berlin R C Schmidt 1909 259 S. 8⁰ (Autotechnische Bibliothek Bd 34.)

Kleine Wagen (Volksautomobile), s.a. **Bibliothek**, autotechnische.

leine Wagen. (Volksautomobile.) Von B. Martini Zwung Mit 115 Abb. u. 3 Taf. Berlin R C. Schmidt 1908. 189 S. 8⁰
utotechnische Bibliothek Bd 27)

artini (B.), Kleine Wagen. (Volksautomobile). 2e Aufl. (215 S. u. Abb.) (Autotechnische Bibl. no. 27) kl. 8⁰. Berlin. 1910. geb. M. 2.80

lartini, C. B. De Agathone, poeta tragico. 9 S. . . . . .
Deutsch-Crone, Progr. 1839

artini, C. B., Ueb Caesar s bell. gall. VII 23. Pr 1862. 16 S. 4⁰

artini, Cl. Bon. De tragoedia Agathonis pauca quaedam disputavit et menta poetae edidit. 12 S.
utsch-Crone, Progr. 1846

lartini, C. G., Handbuch f. Kunstliebhaber, s. Mch. Huber.

lartini, C. Sam., epistol. Hausprediger, od. Erklär. aller Sonn- u. Festt.-Episteln. 4. Dresd. Gerlach. 741.

- comment. in epist. Iudae.

blutige Schaubühne des leidenden Jesu. 4. Ebendas. 714.

artini, C W, s. Martini, Karl Wilhelm von

lartini, Chr. Fr., († d. 9. Oct. 1795.) das Ablegen der Bienenstöcke nach den neuesten Erfahrr. erklärt. Mit 2 Kpf. 8. Leipz. 781. Barth. 8 gr.

-gemeinnütziges Rechenbuch, f. den Unterricht d. Jugend. 8. Dresd. 783. Barth. 12 gr. N. Ausg. unt. d. T.: kurzes, aber vollständ. Rechenbuch, welches e. gründl. Anweisung zu den 4 Rechnungsarten rc. enthält. 8. Ebd. 806. Reinicke u. C. in Halle. 12 gr.

- kurzes aber vollständiges Rechenbuch. 8. Leipz. Reinicke. 806.

artini, (C. F.,) kurzes aber vollständiges Rechnenbuch, welches eine gründliche u. deutliche Anweisung z. d. vier Rechnungsarten, d. Brüchen u. d. Regel Detri enth. Neue Ausg. 8. 806, ist Verl. v. Reinicke u. C. in Halle.

artini, Carl, s. Martini, Karl

artini, Caspar, s. Martini, Kaspar

artini, Chr Lebr

s. 1) Liebhaber, der, ein Schriftsteller. 2) Rhynholt und Sapphira.

lartini, Chr. Lebr., († d. 23. Nov. 1801.) deutsche Schauspiele. 8. Dresd. 765. Gerlach. 6 gr.

Martini, Christian

Martini, C., auserl. Freudensprüche der heil. Schrift, nach Anl. d. Evang. erkl. 8. Dresd. 710.

Martini, Christian, Prof. Nachricht aus Russland 1 Kirchen-Geschichte **Hubert.** 8. Frankfurt und Leipzig 1731.

— 35 Passionsandachten. 8. Basel. 708.

— positiones identicae logicae. 8. Bresl. 737.

Martini, Christian Friedem. (Grünh. / Meißen), **De diebus canicularibus. Präs. Christian Friedrich Kranewitter. Wittenberg (Chr. Gerdes) 29. VIII. 1708. (5.—)** 22230

Martini, Christoph David August

—Persequutionis Christianorum sub imperatoribus romanis causae et effectus. Comment. III. 4. Rostock. 802—3.

Martini, **Cph. Dav. Aug., († d. 1. Sept. 1815.) comment. philolog.-critica in locum Esaiae 52, 13 et 53, 12. 8maj. Rostock 791. Stiller. 12 gr.**

Martini, C. D. A., comment. in Esaiae 52, 13—53, 12. 8. maj. Rost. (Hoffmann, H.) 792.

Martini, C. D. A., Diss. Eusebii de divinitate Christi sententia. P. I. Rostoch. 795. 4.

—über die Einführung der christl. Religion als Staatsreligion im röm. Reiche durch den Kaiser Konstantin. 4. Münch. 813. (Franz). 5 gr.

— s. a. Eusebii caesar. de divinitate Christi.

—über den Geschichtschreiber Luitprand, besonders über dessen histor. Glaubwürdigkeit; eine Abhandlung. 4. Münch. 810. (Franz). 16 gr.

– s Lehrbuch d. allgem. Weltgeschichte.

—Rede vom Geiste des ächten Patriotismus. 4. Rostock 797.

—Versuch einer pragmat. Geschichte des Dogma von der Gottheit Christi in den ersten 4 Jahrh. nach Christi Geburt. gr. 8. Rostock 800. Stiller. 1 Thlr.

—Progr. De orationum Christi ad animos audientium vi et efficacia. 4. Rostock 794.

Martini, David

— Abhandl. v d. naturl. Religion. 8. Leipzig. 736.

Martini, Dav., Beweis, daß das Zeugniß Josephs von Jesu Christo nicht unterschoben sei. 8. Halle 752. Gebauer. 4 gr.

Martini, Dav., historia jugis. 8. Vien. 755.

Martini, E., s. C. G. Carus, Erläuterungstafeln, 18 Hft.

Martini, E., Heimatkunde der Stadt Magdeburg, s.: Henze, Th.

Martini, E. Günth.: Jurisprudentia civilis et criminalis ad Justiniani Institutt. libb. IV. Acc. ejusd. tr. de pupillari substitutione. Ed. II. *Wernigerode.* 715. fol.

Martini, Ed.

Martini, E., Reichenhall und seine Umgebung [Salzburg, Berchtesgaden, Königssee etc.]. 4. Aufl. Fol. München 872, J. A. Finsterlin. •

Martini, Ed., Sulzburg. Eine Stadt-, Bergwerks- und Waldgeschichte. Nach größtenteils handschriftl. Quellen und Erforschungen an Ort und Stelle zusammengestellt. Mit 5 artist. Beilagen. gr. 8. (192 S.) Freiburg i. Br. 880, (Ragoczy.)

Martini, Ed. Chrn., Geschichte des Klosters u. der Pfarrei St. Georgen auf dem Schwarzwald mit Rücksicht auf die Umgegend. Ein historischer Versuch. Mit 3 lith. Abbildungen. St. Georgen 859. (Stuttgart, Oetinger.) gr. 8. (VI, 310 S.) n. 1 *ℛ* 6 *ngr.*

Martini, Edgar, Dr. Analecta Laertiana. (P. 1.) *Leipzig 1899: J. B. Hirschfeld.* (S. 75—175.) 8° ¶(Aus Leipziger Studien, 19.)
Leipzig, Phil. Hab.-Schr. v. 16. Juni 1899

Martini, Edg., Grundriss der Geschichte der römischen Literatur, Neubearbeitg. des Max Zoeller'schen Werkes, s.a. Sammlung v. Kompendien f. das Studium u. die Praxis. I, 3.

Grundriss der Geschichte der römischen Literatur. Unter teilw. Benutzung d. gleichbetitelten Werkes von Max Zoeller Bearb. von Dr. Edgar **Martini**, Prof. T. 1. Münster i. W.: H. Schöningh 1910. 8°
(Sammlung von Kompendien f. d. Studium u. d. Praxis. I, 3.) [11. 11380

Martini, Edgar: Lucubrationes Posidonianae. Spec. 1. *Leipzig 1897.* in: Beiträge, Philologisch-histor., C. Wachsmuth z. 60. Geburtstage überreicht. [97. 3344

Martini, *Henricus* Edgarus [Lusaticus]: Quaestiones Posidonianae ... (Aus: Leipz. Stud. z. class. Philol., xvII.) Lipsiae, typ. I. B. Hirschfeldi, 1895; 3 Bl., 341—404 S. 8.
Leipzig, Phil. Fak., Inaug.-Diss. v. [9. Jan.] 1896

— Philhellenismus u. Turkophilie. Ein Wort zur Aufklärg. (37 S.) gr. 8. Leipzig 910. E. Gräfe. 1. —

— Zur hs. Überlieferung des Laertios Diogenes. S.-A. 1900. 13 S.

MARTINI, Eduard (Münster): Ueber das Zurückbleiben von Eihaut- und Placentaresten bei vor- und rechtzeitigen Geburten.- München: Finsterlin 1888. 2 Bl.,28 S.- S.-Abdr.aus: Münchener Medizinische Wochenschrift.
27.7.1888 - Chr 1888/89,18; Jv 1888/89,216
Diss. Ingolst.-Landsh.-Mchn.

***Martini*, Em.**, oratio pro crepitu ventris hab. ad patres crepitant. 32. Cosmopoli 768. (Strassb., König). 4 *gl* Pott in Lausanne. 2 *gl*

Martini, Gr. With., wie wird ein Jüngling seinen Weg unsträflich wandeln? wenn er sich hält nach seinen Worten. Eine Confirmationsrede. gr. 8. Leipz. 832. Sühring. 2 *gl*

Martini, E(rich), Dr. phil., a. Rostock: Beobachtungen an Arcella vulgaris. Leipzig: W. Engelmann 1906. (48 S.) 8° ¶(Aus: Zeitschrift für wissensch. Zoologie Bd 79, H. 4.)
Rostock, Med. Fak., Ref. Barfurth, Diss. v. 20. Juli 1906
[Geb. 19. März 80 Rostock; Wohnort: Rostock; Staatsangeh.: Preußen; Vorbildung: Gymn. Fridericianum Schwerin Reife O. 99; Studium: Rostock 4, München 1, Tübingen 1, Rostock 3 S.; Coll. 17. Jan. 06; Approb. 28. Juni 06.]

— vergleichende Beobachtungen üb. Bau u. Entwickelung der Tsetse- u. Rattentrypanosomen, s.: Festschrift zum 60. Geburtstage v. Robert Koch.

Martini, Erich, s.: Berichte üb. die Wertbestimmg. des Pariser Pestserums.

Martini, Erich, Darwinismus u. Zellkonstanz. (10 S.) gr. 8. Rostock 909. H. Warkentien. — 80
Sonderabdruck aus: „Sitzungsber. u. Abhandlgn. der naturforsch. Gesellsch. zu Rostock."

Martini, Erich, aus Rostock Aus d. Zool. Institut d. Universität Rostock. Über Furchung und Gastrulation bei Cucullanus elegans Zed. Mit 3 Taf. u. 8 Fig. im Text. *Leipzig: W. Engelmann 1903.* (60 S.) 8° ¶(Aus Zeitschr. f. wiss. Zool., Bd 74, H 4.)
Rostock, Phil. Diss. v. [29. Nov.] 1902

Martini, Erich, Insekten als Krankheitsüberträger, s.a. Bibliothek, moderne ärztliche 11. Hft.

Insekten als Krankheitsüberträger. Von Dr. Erich **Martini**, Marine-Oberstabsarzt. *Berlin: L. Simion Nf 1904.* (39 S.) 8°
= Bibliothek, Moderne ärztliche H. 11 [04. 1400

Martini, E[rich], Dr. phil. et med., a. Rostock: Über Subcuticula und Seitenfelder einiger Nematoden nebst Bemerkungen über determinierte Entwicklung. Leipzig: W. Engelmann 1908. 166 S. 8° ¶(Aus: Zeitschr. f. wiss. Zool. Bd 86.)
Rostock, Med. Hab.-Schr. v. 1908

— Symptome, Wesen u. Behandlung der Malaria (Wechselfieber). Im amtl. Auftrage bearb. (39 S. m. 25 Fig.) 8. Berlin 904. R. Schoetz. n. 1. —

Martini, E., Trypanosomenkrankheiten (Schlafkrankheit) u. Kala-azar. (III, 52 S. m. 63 Abb. u. 3 Taf.) gr. 8. Jena 907. G. Fischer. 1. 20

Martini, Erich [aus Neuenburg (Westpreussen)] Untersuchungen über die Pulswellengeschwindigkeit. Berlin, Buchdr. v. Gustav Schade (Otto Francke) (1889). 31 1 S. 8°
Berlin, Med. Fak. Inaug. Diss. v. 1. Aug. 1889

— s.: Volksseuchen.

Das Wechselfieber (Malaria), seine Verhütung und Bekämpfung. Im amtl. Auftr. gemeinverständl. dargest. von Dr. Erich **Martini**, Marinestabsarzt. *Berlin: R. Schoetz 1903.* (11 S.) 8° [Š.] [04. 8647

— über die Wirkung des Pestserums bei experimenteller Pestpneumonie an Ratten, Katzen, Meerschweinchen u. Kaninchen. gr. 8. (40 S.) Jena 902. G. Fischer. n. 1. —

Martini, Ernst With., wie wird e. Jüngling seinen Weg unsträflich wandeln? Wenn er sich hält nach deinen Worten. Eine Confirmations-Rede. gr. 8. (1 B.) Meißen 830. (Leipzig, Klinkhardt.)

Martini, F: Ueber Dampfkessel-Explosionen, deren zum Theil unbekannte Ursachen und Mittel zu ihrer Verhütung. Vortrag. Elberfeld 1876

Martini, F., Schuld u. Sühne, s.: Lese-Cabinet, neues belletristisches.

Martini, F., am Strom, s.: Bibliothek der fremden Zungen.

Martini, F., neue Vorlagen f. elegante u. einf. Dekorationen zum prakt. Gebrauche f. Dekorateure, Möbel- u. Ausstattungsgeschäfte, Architekten etc. Mit genauen Materialberechngn. Orig.-Entwürfe. 5 Lfgn. Fol. (à 10 Taf. m. 4 S. Text in Lex.-8.) Düsseldorf 898. F. Wolfrum. à 5. — (kplt. in Mappe: n. 25. —)

Martini, F. W., prakt. Rechenbuch f. Kaufleute u. Geschäftsmänner. 2 Thle. gr. 8. Breslau, Buchheister.

Martini, Ferd. (geb. Fraustadt in Posen 20. 3. 1846) Beiträge zur Geschichte der Lehre vom Herzen und den Herzkrankheiten von den frühesten Zeiten einer wissenschaftlichen Medicin bis zur Begründung der Lehre von den Herzkrankheiten durch Senac. Berlin (1869. 45 S.) 8°
Berlin, Med. Diss. v. 14. Aug. 1869

Martini, Fd., († d. 21. März 1794.) Beitrr. zur Verbesserung der Heilkunst. 16 Stck. 8. Sorau 767.

Martini, Ferdinand:
Ein Dutzend Beobachtungen, welche das Hirn betr. von Ferdinand Martini. Kopenhagen: Rothe 1768. 48 S. 8°

—, Ein zweytes Dutzend Beobachtungen, welche das Hirn betreffen. Kopenh. 8°. *Haller*, Bibl. chir. II, 499. 1769

Martini, Ferdinand
Ferdinands Martini Betrachtungen in der Lehre von den Kopfwunden. Th. [1] - 6. Hamburg: Herold 1780-1786. 3 Bde 8°
[Th. 1:] 1780.
Th. 2: 1781.
Th. 3. 4: 1782.
Th. 5: 1784.
Th. 6: 1786.

—Betrachtt. in der Lehre von d. Kopfwunden. 6 Thle. 8. Hamb. 780—86. (Schubothe in Kopenh.) 3 ℛ

—Briefe aus dem Englischen. 8. Flensb. 769.

Martini, Ferdinand [aus St. Georgen (Schwarzwald)] Ueber (3) Bromcymol und seine Sulfoderivate. Freiburg i. Baden, Univ.-Buchdr. v. H. M. Poppen & Sohn, 1888. 55 + 1 S. + 1 Bl. 8°
Freiburg i. B., Phil. Fak., Inaug. Diss. v. 1888

s. H. Caltisen, versp. Antwort.

Martini, Ferdinand, approb. Arzt: Zur Differentialdiagnose der Magentumoren. *Würzburg 1893 [vielm. 1901/02]: Neue Bayerische Landeszeitung.* (21 S.) 8°
Würzburg, Med. Diss. v. 1893

Martini, Ferd., das Dreieck und seine Parallelogramme, von einem neuen Gesichtspunkt betrachtet, und im Wesentlichen aus Einem Satz abgeleitet. gr. 8. (24 S. mit 11 Stndrtaf.) Biberach 864, (Dorn'sche Buchh.) *

Martini F.: Freymüthig geäusserte Einfälle, veranlasst durch den Schriftstellerstreit üb. die Gerechtsame d. Landmannes u. d. Volkes. Hadersleben 1787. 176 S.

—freimüthig geäußerte Einfälle, veranl. durch den Streit über Gerechtsame des Landmannes. 8. (Kopenh.) 787. (Brummer). 8 ℊ

Martini, Ferd., von dem Einflusse der Secretions-Flüssigkeiten auf den menschl. Körper im Allgem. u. insbesond. von d. Einflusse der Thränen auf das menschl. Auge. Ein Beitrag z. Kenntniss der animalischen Gifte. 1. (allgemeiner) Thl. u. 2. (specieller) Thl. 1. u. 2. Hälfte. gr. 8. Belle-Vue, Verlags- u. Sort.-Buchh. [1. Thl. ($37\frac{1}{2}$ B.) 844. * 3 Thlr. 10 Ngr., 2. Thl. 1. ($16\frac{1}{2}$ B.) 43. * 1 Thlr. $12\frac{1}{2}$ Ngr., 2. (30 B.) 44. * 2 Thlr. $17\frac{1}{2}$ Ngr.] *

- s. Glaubensbekenntniß e. Actenstück.

Martini, Ferd., die Krümmung ebener Curven, nebst einleitender Betrachtung in die geometr. Grundanschauungen. gr. 4. (59 S.) Rottweil 877. (Tübingen, Fues'sche Sortimentsb.) *

Martini, Ferdinand:
Spuhr [Spur] zum Begriffe von der Erschütterung des Hirns. Von Ferdinand Martini. Kopenhagen & Leipzig: Rothe & Profft 1764. 44 S. 8°

—Spuren zum Begriffe der Erschütterung des Hirns. 8. Kopenhag. 764. (Brummer). 2 ℊ

Martini, F., chirurg. Streitschriften. gr. 8. Kopenh. 764. Jetzt Bonnier.

—chirurg. Streitschriften. gr. 8. Kopenh. 764. (Brummer). 10 ℊ

— chirurg. Streitschriften. gr. 8. Kopenhagen, Profft. 764.

Martini, Ferdinand:
Chirurgische Streitschriften, welche statt des gewöhnlichen Examens, zur öffentlichen Vertheidigung unter dem Vorsitze des Hrn. Prof. Hennings, ... im kgl. Hörsaale der Wundärzte zu Copenhagen aufgesetzet sind von Ferdinand Martini. Kopenhagen: Rothe (1764). 182 S. 8°

—an Tode. 8. Kopenh. 785. Profft. 6 ℊ

—Uebersetzung u. Anmerkk. einer Recension der beiden jüngsten Streitschreiften vom Jahre 1785 für die dänischen Wundärzte. 8. (Kopenh.) 786. (Brummer). 8 ℊ

—Untersuchung der Frage: ob das ausgetretene Blut wieder aufgenommen, u. dem Triebe des Herzens wieder unterwürfig gemacht werden könne? 8. Kopenh. 770. (Brummer). 2 ℊ

Martini, Ferd., Versuche u. Erfahrungen üb. d. Empfindlichkeit der Sehnen. 54 S. Kopenh. 8°. *Haller*, Bibl. anat. II, 606. 1770

—neue chemische Versuche u. Erfahrr. 1s—4s Hundert. 8. Lpz. 767. (Brummer in Kopenh.) 770. 2 ℊ

Martini, Ferd., d. Zeichen der Ergießungen zwischen Schädel u. Hirnhaut. 8. Flensb. Iversen. 770.

v. Martini, Fr., Erklärung d. Lehrsätze des allgem. Völkerrechts. gr. 8. Wien 791. v. Mösle. 16 ℊ

Martini, Fr. v., Lage der Doppelbilder beim binokularen Sehen. gr. 8. (32 S. mit 17 Fig. auf 2 Taf.) Frauenfeld 888, Huber. *
Aus: Mittheilungen der Thurgauischen naturforschenden Gesellschaft, besonders abgedruckt.

Martini, Fr. Leop. Die Wissenschaft des Seekrieges. Nach ihren neuesten Ansichten und Haupt-Momenten dargestellt. Mit 2 Kupfertafeln. Neue Ausgabe. — Beigebunden zu „Kriegskunst etc." (Donation Liechtenstein.)
8. Wien und Krems 1823.

Martini, Friedrich Heinrich Wilhelm

— s. M. Andanson, Nachr. von seiner Reise.

- s. Briefe, gesammelte, von verschiedenen Verfassern u. setze hinzu: (von F. H. W. Martini).

Martini, (Friedrich Heinrich Wilhelm) (Übers.):

s.: Buffon, (Georges Louis Leclerc Comte) de: Naturgeschichte der Vögel. (Histoire naturelle des oiseaux. Dt.) Bd 1-4. Brünn: 1787

JB 79

—Einleit. in die Naturlehre. 8. Berl. 778. (Haller in Bern). 20 gr

—Etwas f. meine Freunde u. Freundinnen in vermischten Schriften. 8. Nürnb. 766.

— der Frühling im Thal, edirt v. C. Tiebel. 8. Magdeb. Scheidhauer. (Hessenland.) 796.

- s. Geoffroy, Abhandl. von Konchylien.

Martini, Friedrich Heinrich Wilhelm:

Friedrich Heinrich Wilhelm Martini. Allgemeine Geschichte der Natur in alphabetischer Ordnung... nach Bomarischer Einrichtung. Th.1-4. Berlin & Stettin: Pauli 1774-78. 5 Bde 8°

Th.1: Von Aa bis Alaun. 1774.
Th.2: Von Alaun bis Aovai. 1775.
Th.3: Von Apa bis Aufsteigung. 1777.
Th.4: Von Au bis Bachsteinbrech. 1778.
Tafelbd m. 32 kolor. Tafeln, vermutlich zu diesem Werke gehörig.

Martini, Fr. Hnr. Wlh., allgem. Geschichte der Natur in alphabet. Ordnung, fortgesetzt von e. Gesellschaft Gelehrten u. hrsgg. v. F. W. Otto u. J. G. Krünitz. 1r—11r Bd. Mit 556 Kpf. gr. 8. Berl. 774—93. (Reimer). 44 ℛ 20 gr Hbg. Pr. 29 ℛ 6 gr bei Schlesinger das. 22 ℛ 10 gr Mit illum. Kpf. 69 ℛ 6 gr Hbg. Pr. 49 ℛ 16 gr

Martini, F. H. W., Geschichte der Natur. 11 Bde. gr. 8. Berlin. 773—793. Jetzt Schlesinger. Mit schw. Kupf.

—neues system. Konchyliencabinet. 11 Bde. 4r—11r Bd. fortgesetzt v. J. H. Chemnitz. Mit 216 ill. Kpf. qu. 4. Nürnb. 769—95. Bauer u. R. 210 ℛ — 12r Bd. fortgesetzt v. G. H. Schubert u. J. A. Wagner. 1e Abtheil. Mit 24 ill. Kpft. u. Titelkpf. gr. 4. Ebd. 829. 12 ℛ — Vollständ. Generalregister über die ersten 10 Bde. von J. S. Schröter. gr. 4. Ebd. 788. Ebd. 1 ℛ 16 gr

Martini, F. H. W., neues system. Conchyliencabinet, fortges. von J. H. Chemnitz. 11 Bde m. 215 illum. Kupf. 4. Nürnb. Rajpe. 769—95. (1r u. 2r à 16 Rthl. 3r 25 Rthl. 4r 19 Rthlr. 5r—9r à 18 Rthlr. 10r 20 Rthlr. 11r 24 Rthlr.) 21

— — vollständ. Generalregister üb. die ersten 10 Bde. von Schröter. gr. 4. Ebend. 788.

Martini, (F. H. W.,) u. (J. H.) Chemnitz, neues systemat. Conchylien-Cabinet, fortges. v. G. H. Schubert u. J. A. Wagner. 12. Bd. 1. Abthl. M. 24 ill. Kpfrt. Roy. = 4. (26 B. u. ill. Ttlkpfr.) Nürnberg 829, Bauer u. Raspe.

1—11. Bd. 1769—95. 210 Thlr. — Vollständ. alphab. Namenregister üb. d. 1—10. Bd., v. J. S. Schröter. 1788. 1 Thlr. 16 Gr. Ebendas.

Martini u. Chemnitz, systemat. Conchylien-Cabinet. Fortges. v. G. H. v. Schubert u. J. A. Wagner. Neu hrsg. u. vervollständ. v. H. C. Küster. 1—37. Lfg. Mit viel. f. ill. Kpfrt. gr. 4. Nürnberg 837—42, Bauer u. Raspe. à *

Da diese Lieferungen noch keine fortlaufende Bändereihe, sondern meistens nur abgerissene Theile von Bänden bilden, so kann eine genauere Angabe auch nur erst nach Vollendung des Ganzen erfolgen.

Martini, (Friedr. Wilh. Heinr.) u. (Joh. Hieron.) Chemnitz, systemat. Conchylien-Cabinet neu hrsg. u. vervollständigt v. H. C. Küster. Mit Beiträgen v. Held, Philippi u. J. F. Schmidt. 38—69. Lfg. gr. 4. (194 ill. Taf. u. 77½ B. Text.) Nürnberg 842—47, Bauer u. Raspe. à Lfg. * 2 Thlr. *

Lfg. 1—37. Ebendas. 1837—42. (a * 2 Thlr.) * 74 Thlr. — Eine nach Bänden u. Inhalt geordnete Uebersicht kann erst beim Schlusse des Werkes folgen.

Martini (Friedr. Wilh. Heinr.) und (Joh. Hieron.) Chemnitz, systematisches Conchylien-Cabinet. Neu hrsg. und vervollständ. von H. C. Küster. Mit Beiträgen von Mehreren. 70—115. Lfg. gr. 4. (à Lfg. 6 ill. Kpfrt. und à 24—48 S. Text.) Nürnberg 847—52, Bauer und Raspe. à Lfg. *

Vgl. 10. Bd. 2. Abthl. S. 12.

Martini und **Chemnitz**, systematisches Conchylien-Cabinet. Fortges. von G. H. v. Schubert und J. A. Wagner. In Verbindung mit Philippi, L. Pfeiffer u. Duncker neu herausg. u. vervollständigt von H. C. Kuester. 116—165. Liefg. (oder 1. Bd.: 48—71. Liefg. — 2. Bd.: 15—19. Liefg. — 3. Bd.: 11—21. Liefg. — 7. Bd.: 6—8. Liefg. — 9. Bd.: 7—14. Liefg.) Nürnberg 853—58. Bauer u. Raspe. gr. 4. Jede Liefg. mit 6 color. Kpfrtaf. u. 2—4 Bgn. Text Subscr.-Pr. n. 2 ℛ; einzeln à n. 2 ℛ 15 ngr.

Martini u. **Chemnitz**, systematisches Conchylien-Cabinet. Neu herausg. von H. C. Kuster 166—184. Liefg. (oder 1 Bd.: 72—77. Liefg. — 3. Bd.: 22—26. Liefg. — 9. Bd.: 14—22. Liefg. —, 10 Bd.: 1. u. 2. Liefg.) Nürnberg 859—63. Bauer & Raspe. gr. 4. Jede Liefg. (à 6 color. Kpfrtaf. u. 2—4 Bgn. Text.) Subscr.-Preis n. 2 ℛ; einzeln à n. 2 ℛ 15 ngr.

Martini u. Chemnitz, systematisches Conchylien-Cabinet. Neu hersg. von H. C. Küster. 185—200. Liefg. III. Bd. 26—28. Heft, V. Bd. 4. Abthl. 1. Heft, VII. Bd. 10. Heft, VIII. Bd. 4. Abthl. 1. Heft, X. Bd. 3—8. Heft, XI. Bd. 1—3., 5—7. Heft. Nürnberg 865—70. Bauer & Raspe. gr. 4. Jedes Heft (ca. 30—40 S. mit 6 color. Kpfrtaff.) n. 2 ℛ

Martini u. Chemnitz, systematisches Conchylien-Cabinet. In Verbindg. m. Philippi, L. Pfeiffer, E. Römer u. Duncker neu hrsg. u. vervollständigt v H. C. Küster. 201—219. Lfg. gr 4. (502 S. m. 103 color. Kpfrtaf.) Nürnberg 871—73. Bauer & Raspe. à n. 6. —

— dasselbe. 220—253. Lfg. 4. (1805 S. m. 211 color. Kpfrtaf.) Ebend. 874. 75. à n. 9. —

Martini u. Chemnitz, systematisches Conchylien-Cabinet. In Verbindung mit Philippi, L. Pfeiffer, Dunker etc. neu hrsg. u. vervollständigt v. H. C. Küster, nach dessen Tode fortgesetzt v. W. Kobelt u. H. C. Weinkauff. 254—318. Lfg. 4. (2282 S. m. 400 color. Steintaf.) Nürnberg 877—82. Bauer & Raspe. à n. 9. —

Martini u. Chemnitz, systematisches Conchylien-Cabinet. In Verbindg. m Philippi, L. Pfeiffer, Dunker etc. neu hrsg. u. vervollständigt v. H. C. Küster, nach dessen Tode fortgesetzt v. W. Kobelt u. H. C. Weinkauff. 319—341. Lfg. gr 4. (713 S. m. 102 color. Steintaf.) Nürnberg 883—86. Bauer & Raspe. à n. 9. —

Martini u. Chemnitz, systematisches Conchylien-Cabinet. In Verbindg. m. Philippi, L. Pfeiffer, Dunker etc. neu hrsg. u. vervollständigt v H. C. Küster, nach dessen Tode fortgesetzt v. W. Kobelt. Lfg. 342—381. gr. 4. (1157 S. m. 232 color. Steintaf.) Nürnberg 887—890. Bauer & Raspe. à n. 9. —

Martini u. Chemnitz, systematisches Conchylien-Cabinet. In Verbindg. m. Philippi, Pfeiffer, Dunker etc. neu hrsg. u. vervollständigt v. H. C. Küster, nach dessen Tode fortgesetzt v. W. Kobelt. 382.—410. Lfg. gr. 4. (774 S. m 173 color. Steintaf.) Nürnberg 891—894. Bauer & Raspe. à n. 9 —

Martini u. Chemnitz, systematisches Conchylien-Cabinet. In Verbindung m. Philippi, L. Pfeiffer, Dunker etc. neu hrsg. u. vervollst. v. H. C. Küster, nach dessen Tod fortgesetzt von W. Kobelt. 411.–439. Lfg. gr. 4. (1057 S. m. 171 farb. Taf.) Nürnberg 895–898. Bauer & Raspe. à Lfg. n. 9. —

Martini u. Chemnitz, systematisches Conchylien-Cabinet. In Verbindg. m. Philippi, L. Pfeiffer, Dunker etc. neu hrsg. u. vervollständigt von H. C. Küster, nach dessen Tode fortgesetzt von W. Kobelt. 440.—477. Lfg. gr. 4. (1561 S. m. 214 farb. Taf.) Nürnberg 898—902. Bauer & Raspe. à n. 9. —

Martini u. Chemnitz, systematisches Conchylien-Cabinet. In Verbindg. m. Philippi, L. Pfeiffer, Dunker u. a. neu hrsg. u. vervollständigt von H. C. Küster, nach dessen Tode fortgesetzt v. W. Kobelt. 478. bis 514. Lfg. (1358 S. m. 219 z. Tl. farb. Taf. u. 3 Bildnissen.) gr. 4. Nürnberg 902—906. Bauer & Raspe. à n. 9. —

Martini u. Chemnitz, systemat. Conchylien-Cabinet. In Verbindung m. Philippi, L. Pfeiffer, Dunker u. a. neu hrsg. u. vervollständigt v. H. C. Küster, nach dessen Tode fortges. v. W. Kobelt. 515.—546. Lfg. (1010 S. m. 190 [184 farb.] Taf.) Lex. 8. Nürnberg (907—10). Bauer & Raspe. à Lfg. 9. —

Martini u. Chemnitz, systematisches Conchylien-Cabinet. In Verbindg. m. Philippi, L. Pfeiffer, Dunker etc. neu hrsg. u. vervollständigt v. H. C. Küster, nach dessen Tode fortgesetzt v. W. Kobelt. gr. 4. Nürnberg, Bauer & Raspe.

Seit dem Jahre 1838 fertiggestellte Monographien:

Küster, H. C., Argonauta, Nautilus, Spirula und Sepia. [Bd. I. Abth. 1.] (2 Bog. Text u. 7 Taf.) 868. n. 7. 50
Clessin, S., Ancylea. [Bd. I. Abth. 6.] (10 Bog. Text u. 9 Taf.) 882. n. 20. —
Küster, H. C., Umbrellacea. [Bd. I. Abth. 7.] (1 Bog. Text u. 1 Taf.) 862. n. 1. 50
Pfeiffer, L., Vitrina u. Succinea. [Bd. I. Abth. 11.] (8 Bog. Text u. 6 Taf.) 854. n. 8. —
— Helicea. [Bd. I. Abth. 12.] (116 Bog. Text u. 162 Taf.) 846—855. n. 210. —
— Bulimus u. Achatina. [Bd. I. Abth. 13.] (51 Bog. Text u. 70 Taf.) 845—855. n. 90. —
Küster, H. C., Clausilia. [Bd. I. Abth. 14.] (46 Bog. Text u. 38 Taf.) 847—862. n. 54. —
— Pupa, Megaspira, Balea u. Tornatellina. [Bd. I. Abth. 15.] (25 Bog. Text u. 21 Taf.) 852. n. 30. —
Pfeiffer, L., Cylindrella. [Bd. I. Abth. 16a.] (9 Bog. Text u. 10 Taf.) 862. n. 13. 50
Küster, H. C., Auriculacea. [Bd. I. Abth. 16.] (10 Bog. Text u. 10 Taf.) 844. n. 13. 50
Clessin, S., Physa u. Planorbis. [Bd. I. Abth. 17.] (55 Bog. Text u. 55 Taf.) 886. n. 100. —
Küster, H. C., Limnaeus. [Bd. I. Abth. 17b.] (10 Bog. Text u. 12 Taf.) 862. n. 15. —
Pfeiffer, L., Helicina. [Bd. I. Abth. 18.] (10 Bog. Text u. 10 Taf.) 846. n. 13. 50
— Cyclostomacea. [Bd. I. Abth. 19.] (51 Bog. Text u. 51 Taf.) 846—854. n. 60. —
Philippi, R. A., Ampullaria. [Bd. I. Abth. 20.] (10 Bog. Text u. 22 Taf.) 851. n. 24. —
Küster, H. C., Paludina. [Bd. I. Abth. 21.] (12 Bog. Text u. 14 Taf.) 852. n. 18. —
Weinkauff, H. C., Rissoina, Rissoa. [Bd. I. Abth. 22.] (26 Bog. Text u. 29 Taf.) 885. n. 56. —
Küster, H. C., Truncatella, Paludinella. [Bd. I. Abth. 23.] (3 Bog. Text u. 2 Taf.) 855. n. 4. 50
Brot, A., Melania und Melanopsis. [Bd. I. Abth. 24.] (61 Bog. Text u. 49 Taf.) 874—879. n. 100. —
— Paludomus. [Bd. I. Abth. 25.] (7 Bog. Text u. 8 Taf.) 880. n. 15. —
Philippi, R. A., Natica, Amaura. [Bd. II. Abth. 1.] (21 Bog Text u. 20 Taf.) 846. n. 27. —
— Turbo. [Bd. II. Abth. 2.] (12 Bg. Text u. 20 Taf.) 846. n. 21. —
— Trochus. [Bd. II. Abth. 3.] (47 Bog. Text u. 49 Taf.) 846—851. n. 60. —
— Delphinula, Scissurella, Globulus. [Bd. II. Abth. 4.] (8 Bog. Text u. 8 Taf.) 853. n. 12. —
— Phasianella, Bankivia, Lakuna. [Bd. II. Abth. 5.] (6 Bog. Text u. 7 Taf.) 853. n. 9. —
— Adeorbis, Solarium und Risella. [Bd. II. Abth. 6. 7. 8.] (9 Bog. Text u. 6 Taf.) 853. n. 10. 50
Weinkauff, H. C., Litorina. [Bd. II. Abth. 9.] (13 Bog. Text u. 14 Taf.) 882. n. 28. —
Martens, E. von, Neritina. [Bd. II. Abth. 10.] (38 Bog. Text u. 24 Taf.) 879. n. 60. —
— Navicella. [Bd. II. Abth. 10a.] (7 Bog. Text u. 8 Taf.) 881. n. 16. —
— Nerita. [Bd. II. Abth. 11.] (19 Bg. Text u. 16 Taf.) 889. n. 30. —
Küster, H. C., Janthina u. Recluzia. [Bd. II. Abth. 12.] (2 Bog. Text u. 2 Taf.) 860. n. 3. —
— Buccinum und Purpura. [Bd. III. Abth. 1a.] (30 Bog. Text u. 44 Taf.) 858. n. 48. —
Kobelt, W., Buccinum II. Thl. [Bd. III. Abth. 1c.] (14 Bog. Text u. 23 Taf.) 883. n. 38. —
Küster, H. C., Cassis, Cassidaria, Oniscia, Dolium, Epurnea u. Harpa. [Bd. III. Abth. 1b.] (13 Bog. Text u. 35 Taf.) 857. n. 40. 50
— Ricinula. [Bd. III. Abth. 1e.] (5 Bog. Text u. 5 Taf.) 862—869. n. 7. 50
— u. W. Kobelt, Murex, Ranella, Triton und Trophon. [Bd. III. Abth. 2.] (42 Bog. Text u. 83 Taf.) 878. n. 100. —
Kobelt, W., Turbinella u. Fasciolaria. [Bd. III. Abth. 3a.] (21 Bog. Text u. 35 Taf.) 876. n. 48. —
— Pyrula und Fusus, mit Ficula, Bulbus, Tudicla, Busycon, Neptunea und Euthria. [Bd. III. Abth. 3b.] (31 Bog. Text u. 70 Taf.) 881. n. 100. —
Küster, H. C., Strombea. [Bd. IV. Abth. 1.] (15 Bog. Text u. 30 Taf.) 845. n. 40. 50
Weinkauff, H. C., Conea. [Bd. IV. Abth. 2.] (54 Bog. Text u. 71 Taf.) 875. n. 96. —
— u. W. Kobelt, Pleurotoma. [Bd. IV. Abth. 3.] (31 Bog. Text u. 43 Taf.) 887. n. 72. —
Löbbecke, Th., Cancellaria. [Bd. IV. Abth. 4.] (14 Bog. Text u. 24 Taf.) 887. n. 48. —
Weinkauff, H. C., Oliva. [Bd. V. Abth. 1.] (22 Bog. Text u. 42 Taf.) 878. n. 66. —
— Ancillaria. [Bd. V. Abth. 1a.] (6 Bog. Text u. 12 Taf.) 878. n. 20. —
Küster, H. C., Volutacea. [Bd. V. Abth. 2.] (30 Bog. Text u. 56 Taf.) 861. n. 60. —
Weinkauff, H. C., Cyprea, Ovula. [Bd. V. Abth. 3.] (29 Bog. Text u. 54 Taf.) 881. n. 85. —
— Marginella und Erato. [Bd. V. Abth. 4.] (21 Bog. Text u. 26 Taf.) 879. n. 50. —
Weinkauff, H. C., Sigaretea. [Bd. VI. Abth. 1.] (7 Bog. Text u. 11 Taf.) 883. n. 20. —
— Haliotis. [Bd. VI. Abth. 1b.] (11 Bog. Text u. 30 Taf.) 883. n. 42. —
Küster, H. C., u. W. Kobelt, Pecten. [Bd. VII. Abth. 2.] (37 Bog. Text u. 73 Taf.) 888. n. 96. —
Dunker, W., Avicula. [Bd. VII. Abth. 3.] (11 Bog. Text u. 27 Taf.) 872—880. n. 40. —
Clessin, S., Mytilacea. [Bd. VIII. Abth. 3.] (22 Bog. Text u. 36 Taf.) 889. n. 56. —
Dunker, W., Lithophaga. [Bd. VIII. Abth. 3a.] (4 Bog. Text u. 6 Taf.) 882. n. 10. —
Küster, H. C., Tridacna u. Hippopus. [Bd. VIII. Abth. 4.] (1 Bog. Text u. 3 Taf.) 868. n. 4. —
Clessin, S., Chama. [Bd. VIII. Abth. 5.] (7 Bog. Text u. 20 Taf.) 889. n. 28. —
— Anodonta. [Bd. IX. Abth. 1.] (36 Bog. Text u. 89 Taf.) 838—876. n. 120. —
Küster, H. C., Unio. [Bd. IX. Abth. 2.] (40 Bog. Text u. 101 Taf.) 851—862. n. 108. —
Clessin, S., Cycladea. [Bd. IX. Abth. 3.] (36 Bog. Text u. 46 Taf.) 879. n. 80. —
— Carditacea. [Bd. X. Abth. 1.] (8 Bog. Text u. 13 Taf.) 888. n. 20. —
Löbbecke, Th., u. W. Kobelt, Crassatella. [Bd. X. Abth. 1a.] (6 Bog. Text u. 9 Taf.) 886. n. 16. —
Römer, E., Cardiacea. [Bd. X. Abth. 2.] (16 Bog. Text u. 14 Taf.) 869. n. 18. —
— Donax. [Bd. X. Abth. 3.] (16 Bg. Text u. 22 Taf.) 869. n. 24. —
— Tellinidae. [Bd. X. Abth. 4.] (38 Bog. Text u. 51 Taf.) 871—875. n. 60. —
Pfeiffer, L., Veneracea. [Bd. XI. Abth. I.] (37 Bog. Text u. 42 Taf.) 869—872. n. 54. —
Weinkauff, H. C., Mactracea. [Bd. XI. Abth. 2.] (16 Bog. Text u. 36 Taf.) 884. n. 54. —
Clessin, S., Solenacea. [Bd. XI. Abth. 3.] (14 Bog. Text u. 25 Taf.) 888. n. 40. —

— — grosses Conchylienwerk. Neue reich verm. Ausg., in Verbindung mit Philippi, Pfeiffer, Dunker u. A. hersg. von H. C. Küster. 1. Section. 4. Ebend. 868 cart. Jede Sect. n. 6 ₰

1. Sect. Brachyopoda. (84 S. mit 18 color. Kpfrtaff.)

—— —— grosses Conchylienwerk. Neue reich verm. Ausg. in Verbindung mit Philippi, Pfeiffer, Dunker u. a. hrsg. von H. C. Küster. 55.—74. Section. 4. Ebendas.
55.—66. Section à *ℳ 18. *
67.—74. Section à *ℳ 27. *

Inhalt:

Sect. 55. Die Gattungen Argonauta, Nautilus, Spirula, Umbrella, Tylodina, Janthina, Recluzia, Ricinula, Tridacna und Hippopus. (69 S. mit 18 Kpfrt.) 868.
» 56. Die Familie der Venusmuscheln, Veneracea nebst einem Anhang enth. die Chemnitz'schen Lucinen, Galateen und Corbis. I. Bearb. von L. Pfeiffer. (S. 1—56 mit 18 color. Kpfrt.) 869.
» 57. Römer, Ed., die Familie der Herzmuscheln, Cardiacea. (124 S. mit 14 color. Kpfrt.) 869.
» 58. Gattung Murex. II. (S. 37—110 mit 13 color. Kpfrt.) 869.
» 59. Die Familie der Venusmuscheln, Veneracea nebst einem Anhang enth. die Chemnitz'schen Lucinen, Galateen und Corbis. II. Bearb. von L. Pfeiffer. (S. 57—224 mit 18 color. Kpfrt.) 870.
» 60. Römer, Ed., die Familie der Dreiecks- oder Stumpfmuscheln, Donacidae. (122 S. mit 22 color. Kpfrt.) 870.
» 61. Gattung Murex. III. (S. 111—174 mit 18 color. Kpfrt.) 871.
» 62. Roemer, Ed., die Familie der Tellmuscheln, Tellinidae. (S. 1—64 mit 18 color. Kpfrt.) 871.
» 63. —— dass. — (S. 65—184 mit 18 color. Kpfrt.) 872.
» 64. —— dass. — (S. 185—291 mit 16 color. Kpfrt.) 872.
» 65. Dunker, Wilh., die Gattung Avicula in Abbildungen nach der Natur mit Beschreibungen. (S. 1—56 mit 18 color. Kpfrt.) 873.
» 66. Conea II. (S. 105—220 mit 17 color. Kpfrt.) 873.
» 67. 68. Anodonta. (S. 63—152 mit 36 color. Stnt.) 874.
» 69. Turbinella. I. (64 S. mit 18 color. Kpfrt.) 874.
» 70. Conea III. (S. 221—230 mit 17 color. Kpfrt.) 874.
» 71. Anodonta IV. (S. 153—216 mit 15 color. Kpfrt.) 874.
» 72. 74. Pyrula und Fusus. I. II. (S. 1—88 mit 34 color. Kpfrt.) 874.
» 73. Conus IV. (S. 301—413 mit 18 color. Kpfrt.) 874.

1.—54. Section (à *ℳ 18.) *ℳ 972.

— — grosses Conchylienwerk. Neue reich verm. Ausg., in Verbindung mit Philippi, L. Pfeiffer, Dunker etc. hrsg. von H. C. Küster. 75.—78. Sect. gr. 4. Ebendas. cart. à Sect. * ℳ 27. *

Inhalt:

Sect. 75. Melania I. (S. 1—144 mit 18 color. Stnt.) 876.
» 76. Pleurotoma I. (S. 1—72 mit 18 color. Stnt.) 876.
» 77. Anodonta V. (71 S. mit 18 color. Stnt.) 876.
» 78. Turbinella und Fasciolaria II. (100 S. mit 17 color. Stnt.) 876.

— — dasselbe. 79—102. Sect. gr. 4. Ebend. 877—82. à n. 27. —

79. Murex u. Triton. IV. (64 S. m. 18 color. Steintaf.)
80. Mollusca gasteropoda. Involuta. Rollschnecken. (64 S. m. 18 color. Steintaf.)
81. Cycladea I. (112 S. m. 18 color. Steintaf.)
82. Melania II. (S. 145—352 m. 18 color. Steintaf.)
83. Oliva II. (S. 65—120 m. 18 color. Steintaf.)
84. Cycladea II. (S. 113—176 m. 18 color. Steintaf.)
85. Oliva (Schluss). (S. 121—172 m. 6 color. Steintaf.). Ancillaria (43 S. m. 12 color. Steintaf.)
86. Neritina I. (192 S. m. 18 color. Steintaf.)
87. Marginella I. (96 S. m. 18 color. Steintaf.)
88. Cycladea [Schluss]. Veneracea [Schluss]. (S. 177—282 m. 10 color. Steintaf. u. S. 225—302 m. 6 color. Steintaf.)
89. Cypraea. I. (64 S. m. 18 color. Steintaf.)
90. Pyrula u. Fusus. II. (S. 89—168 m. 18 color. Steintaf.)
91. Melania III. (S. 361—488 m. 13 color. Steintaf.) Paludomus. (52 S. m. 8 color. Steintaf.)
92. Neritina II. (S. 193—304 m. 6 color. Steintaf.) Murex V. (S. 239—336 m. 11 color. Steintaf.)
93. Marginella u. Avicula [Schluss]. (S. 97—166 m. 8 color. Steintaf. u. S. 57—84 m. 9 color. Steintaf.)
94. Pyrula u. Fusus IV. (S. 169—274 m. 17 color. Steintaf.)
95. Mactracea I. (52 S. m. 18 color. Steintaf.)
96. Cypraea II. (S. 65—128 m. 18 color. Steintaf.)
97. Helix XI. (S. 523—620 m. 16 color. Steintaf.)
98. Rissoina I. (80 S. m. 17 color. Steintaf.)
99. Cypraea u. Ovula. (S. 129—230 m. 18 color. Steintaf.)
100. Ancylus u. Navicella. (80 u. 56 S. m. 17 color. Steintaf.)
101. Buccinum III. (72 S. m. 17 color. Steintaf.)
102. Litorina. (180 S. m. 20 color. Steintaf.)

— — dasselbe 103—112. Sect. gr. 4. Ebend 883—86. à n. 27. —

103. Physa u. Planorbis I. (94 S. m. 17 color. Steintaf.)
104. Sigaretus u. Haliotis. (66 S. m. 16 color. Steintaf.)
105. Haliotis. II. (64 S. m. 18 color. Steintaf.)
106. Haliotis. Buccinum. Lithophaga. (Schluss.) 96 S. m. 17 color. Steintaf.)
107. Mactra. II. (S. 53—124 m. 18 color. Steintaf.)
108. Planorbis. II. (S. 95—182 m. 16 color. Steintaf.)
109. Planorbis. III. (S. 183—310 m. 17 color. Steintaf.)
110. Planorbis. IV u. Rissoina II. (S. 311—430 m. 5 color. Steintaf. u. S. 81—205 m. 11 color. Steintaf.)
111. Cancellaria. I. (56 S. m. 15 color. Steintaf.)
112. Pleurotoma. II. (S. 73—184 m. 18 color. Steintaf.)

— — dasselbe. Sect. 113—125. gr. 4. Ebd. 887—890. à n. 27. —

113. Mytilacea I. (60 S. m. 18 color. Steintaf.)
114. Pecten III. (S. 113—176 m. 18 color. Steintaf.)
115. Pleurotoma III u. Cancellaria II. (64 u. 54 S. m. 16 color. Steintaf.)
116. Pecten IV. (80 S. m. 16 color. Steintaf.)
117. Cardita u. Crassatella. (92 S. m. 22 color. Steintaf.)
118. Solenacea I. (48 S. m. 17 color. Steintaf.)
119. Arca I. (64 S. m. 18 color. Steintaf.)
120. Nerita. (147 S. m. 16 color. Steintaf.)
121. Chamidae. (56 S. m. 20 color. Steintaf.)
122. Arca II. (S. 65—136 m. 17 color. Steintaf.)
123. Mytilacea II. (S. 61—170 m. 18 color. Steintaf.)
124. Cirithium I. (88 S. m. 18 color. Steintaf.)
125. Malleacea I. (64 S. m. 19 color Steintaf.)

— — dasselbe. Sect. 126—134. gr. 4. Ebd. à n. 27. —

126. Bulimus [Neue Folge]. (72 S. m. 18 color. Steintaf.) 891.
127. Malleacea. II. (80 S. m. 19 color Steintaf.) 891.
128. Malleacea III. u. Solenaea II. (S. 81—108 u. 49—106 m. 20 color. Steintaf.) 891.
129. Bulimus. Neue Folge II. (S. 73—142 m. 14 color. Steintaf.) 891.
130. Arca III. u. Pecten V. (S. 137—238 u. 257—296 m. 26 color. Steintaf.) 891.
131. Columbella. I. (128 S. m. 18 color. Steintaf.) 892.
132. Tholadidae. I. (64 S. m. 18 color. Steintaf.) 893.
133. Achadinidae. I. (56 S. m. 18 color. Steintaf.) 893.
134. Helix. XII. (64 S. m. 17 color. Steintaf.) 894.

— — dasselbe. Sect. 135—146. gr. 4. Ebd. à Sect. n. 27. —

135. Gastrochaena I. (48 S. m. 18 farb. Taf.) 895.
136. Achatinidae II. (76 S. m. 18 farb. Taf.) 895.
137. Helix XIII. (88 S. m. 18 farb. Taf.) 895.
138. Cerithium II. (112 S. m. 18 farb. Taf.) 895.
139. Bullacea I. (120 S. m. 18 farb. Taf.) 896.
140. Columbella II. (152 S. m. 18 Taf.) 896.
141. Dentaliidae u. Gastrochaena (Schluss). (82 S. m. 17 Taf.) 896.
142. Helix. IV. (97 S. m. 16 Taf.) 897.
143. Scalaria. (76 S. m. 18 Farbdr.) 897.
144. Turritella I. (64 S. m. 18 Farbdr.) 897.
145. Auriculacea II. (152 S. m. 18 farb. Steindr.) 898.
146. Cerithium III. u. Columbella III. (161 S. m. 19 farb. Steindr.) 898.

— — dasselbe. 1. Bd. 9., 10., 12. u. 27. Abth. 2. Bd. 13. Abth., 3. Bd. 1. Abth. d., 6. Bd. 5. Abth. u. 11. Bd. 4. Abth. a. gr. 4. Ebd. n. 403. —

I. 9. Die Familie Bullidae. Bearb. v. Wilh. Kobelt. (190 S. m. 23 Taf.) 896. n. 40. —
10. Die Genera Livinhacia, Pseudachatina, Perideris, Limicolaria u. Homorus. Bearb. v. W Kobelt. (132 S. m. 35 Taf.) 895. n. 56. —
12. Die Familie d. Heliceen. Von Wilh. Kobelt. 4. Abth. (859 S. m. 67 Taf.) 897. n. 120. — (1—4: n. 330. —)
27. Die Gattung Turritella Lam. Von Wilh. Kobelt. (81 S. m. 21 Taf. 897. n. 35. —
II. 13. Die Familie der Scalariidae. Von S. Clessin. (76 S. m. 18 Farbdr.) 897. n. 30. —
III. 1. Die Familie d. Columbelliden. Von W. Kobelt. (344 S. m. 44 Taf.) 897. n. 70. —
VI. 5. D. Familie Dentaliidae. Bearb. von S. Clessin. (48 S. m. 11 Taf.) 896. n. 20. —
XI. 4a. Die Familie Gastrochaenidae. Bearb. von S. Clessin. (57 S. m. 21 Taf.) 895. n. 32. —

— — dasselbe. Sect. 147—157. gr. 4. Ebd. à n. 27. —

147. Bulimus V. (160 S. m. 18 farb. Steintaf.) 899.
148. Aplysiacea I u. Bulla II. (128 S. m. 17 farb. Steintaf.) 899.
149. Helix XV. (80 S. m. 18 farb. Steintaf.) 899.
150. Eulimidae I. (96 S. m. 18 Steintaf.) (900.)
151. Eulimidae II. (S. 97—152 m. 17 farb. Steintaf.) 900.
152. Bulimus VI. (S. 557—724 m. 18 farb. Steintaf.) 901.
153. Helix XVI. (88 S. m. 18 farb. Steintaf.) 901.
154. Bulimus VII. (112 S. m. 18 farb. Kpfrtaf.) 901.
155. Pleurotomaria. (104 S. m. 16 farb. Kpfrtaf.) 901.
156. Auriculacea III. Turritella II. Eulimidae III. (210 S. m. 15 farb. Kpfrtaf. 897—902.
157. Bulimus VIII. (215 S. m. 10 farb. Kpfrtaf.) 902.

— — dasselbe. Sect. 158—171. gr. 4. Ebd. à n. 27. —

158. Chitonidae I. (56 S. m. 18 farb. Kpfrtaf.) 903.
159. Helix XIX. (88 S. m. 18 farb. Kpfrtaf.) 903.
160. Chitonidae II. (48 S. m. 18 farb. Kpfrtaf.) 903.
161. Helix XX. (64 S. m. 18 farb. Kpfrtaf.) 904.
162. Agnatha. (128 S. m. 18 farb. Kpfrtaf.) 904.
163. Chitonidae III. Vermedidae I. (155 S. m. 20 farb. Kpfr.-taf.) 904.
164. Agnatha II. (163 S. m. [2 farb.] Kpfrtaf.) 904.
165. Helix XVII. (88 S. m. 18 farb. Taf.) (904.)
166. Agnatha III. (130 S. m. 18 farb. Taf.) 905.
167. Helix XVIII. (110 S. m. 18 farb. Taf.) 905.
168. Helix XXI. (72 S. m. 18 farb. Taf.) 905.
169. Helix XXII. (48 S. m. 18 farb. Taf.) 906.
170. Cirripedia. (82 S. m. 14 z. Tl. farb. Taf.) 906.
171. Agnatha IV. (147 S. m. 18 farb. Taf.) 906.

— — dasselbe. I. Bds. 12. Abth. 5. u. 6. Thl.; I. Bds. 12. Abth. B. 1 u. 2. Thl., VI. Bds. 4. Abth. u. XI. Bds. 5. Abth. gr. 4. Ebd. n. 454. —

I. 12. V. Die Familie der Heliceen. Von W. Kobelt. 5. Abth. (S. 861—1226 m. 72 farb. Taf.) 905. n. 120. —
VI. Dasselbe. 6. Abth. (376 S. m. 78 farb. Taf.) 906. n. 130. —; (1—6 n. 580. —)
B. 1. Die Raublungenschnecken (Agnatha). Von O v. Moellendorff. 1. Abth. Rhytitidae & Enneidae. Begonnen von v. M., weitergeführt u. beendigt v. W. Kobelt. (362 S. m. 42 farb. Taf.) 905. n. 70. —
2. Die Raublungenschnecken (Agnatha). Von W. Kobelt. 2. Abth. Streptaxidae u. Daudebardiidae. (211 S. m. 30 Taf.) 906. n. 50. —
VI 4. Die Familie Chitonidae. Von S. Clessin. (135 S. m. 41 farb. Kpfrtaf.) 904. n. 60. —
XI 5. Die Ordnung der Cirripedien. Von C. Schmalz. (82 S. m. 15 z. Tl. farb. Taf.) 906. n. 24. —

— — dasselbe. Sekt. 172—181. Lex. 8. Ebd. à 27. —
172. Cyclostomacea IV. (136 S. m. 17 farb. Taf.) (907.)
173. Paludina II. (64 S. m. 18 farb. Taf.) (907.)
174. Paludina III. (80 S. m. 18 farb. Taf.) (908.)
175. Helicinacea II. (104 S. m. 18 farb. Taf.) (908.)
176. Cyclostomacea V. (80 S. m. 18 farb. Taf.) (908.)
177. Cyclostomacea VI. (87 S. m. 18 farb. Taf.) (908.)
178. Helicinaceae III. (80 S. m. 18 farb. Taf.) (909.)
179. Paludina IV (104 S. m. 18 farb. Taf.) (909.)
180. Paludina V (Schluss) u. Helix XXII! (Schluss). (122 S. m. 16 farb. Taf.) (909.)
181. Helicinacea IV. (68 S. m. 18 farb. Taf.) (910.)

- s. Mart. Lister, Naturgeschichte d. Spinnen.

— (Hrsg.), s. Magazin, Berlinisches.

— (Hrsg.), s. Sammlung, Berliner, zur Beförderung der Arzneiwissenschaft, der Naturgeschichte

- s. Unterredungen, jugendl., z. Unterricht d. Kinder.

—Verzeichniß einer auserles. Samml. (d. Hofr. Stahl). von Naturalien u. Kunstsachen. 8. Berl. 774. Pauli. 6 gr

Martini, Friedrich Wilh., Gottes sonderbahre Geneigtheit gegen sein nach Babel geführtes Volk, in Verheissung ihrer Erlösung und des grossen Guts des Friedens, . . . am angeordneten Lob- und Danck-Feste zu Berlin . . als am 8. Juli 1742 über den zwischen . . Friedrich II. und Maria Theresia . . . Nach Wunsch getroffenen Frieden. Berlin 1742. 4.

— Fried. Wilhelm (Westfalen), Hydrophobiae contagiosae monographia. Halle (Orphanotroph.) 10. VII. 1866. 36 S. mit Biogr. (M.: M. Kruse.) (—.—) 22233
Gew.: Heinrich Kropff.

Martini, Geo. C., orator. Lexicon. 4. Frankf.

Martini, G. J. v., De L. Annaeo Cornuto philosopho stoico. Diss. 1825. 103 S.

[Martini, G. L.] L'Amant Auteur et Valet. Der Liebhaber als ein Schriftsteller und Bedienter. A. d. Französ. übs. Altona & Leipzig 1755. 48 S.

Martini, Georg Heinrich

— s. a. Abhandl. v. den Odeen d. Alten.

Martini, G. H., Abhandlung von Odeen der Alten. Leipz. 767. 8. 10 gr.

— Abhandl. von den Sonnenuhren der Alten rc. m. K. gr. 8. Leipzig, F. G. W. Vogel. 777.

Martini, G. H., Conjecturae in aliquem Xenophontis (Apol. §. 4.) locum. Annab. 763. 4.

— — Coniecturas in aliquot Livii loca edit. Annaberg (Fries) 15. et 28. IV. (4. IV. 1762). Mit Namen. (3.—) 22237

- s. Descriptio Musei Franciani.

Martini, G. H., Einleitung in die alte Geographie, Leipz. 766. Th. I. 8. 16 gr.

- s. J. A. Ernesti, Archaeologia.

- s. Euripides, Phoenissae.

— **Georg Heinrich,** De foedere secundo Carthaginiensium cum pop. R. Annaberg (Fries) 16. X. (4. X. 1761). Mit Namen. (3.—) 22235

— — De foedere III, IIII que Carthaginiensium cum pop. R. Annaberg (Fries) 8. et 15. X. (1762). Mit Namen. (3.—) 22236

- s. D. Forbes, Betrachtt.

Martini, Geo. Hnr., († d. 23. Dec. 1794.) die ersten Gründe der griech. Sprache, nebst den nothwend. syntakt. Regeln. 8. Leipz. 789. Schwickert. 5 gr

Martini, Geo. Hch., d. erst. Grundf. der griech. Sprache. 8. Leipzig, Schwickert. 789.

- s. W. Harte, Leben Gustav Adolfs.

Martini, G. H., Super marmoris cuiusdam vetusti inscriptione. Pr. 1773. 16 S. 4°

— interpret. unius de pompeianis inscriptionib. 8. ibid. 780.

- s. A. Lens, Kostüm.

- s. Lesebuch f. d. ersten Anfänger d. latein. u. griech. Sprache.

Martini's, G. H., Lesebuch für die ersten Anfänger der latein. und griech. Sprache. Leipzig 783. 8. 12 gr.

— griech. u. latein. Lesebuch, s. Lesebuch f. Anf.

- s. Luciani, Dialogi selectiores.

Martini, Georg Heinrich [Praes.], s. Moeckel, Karl Friedrich. De thuris in vet. Christ. Sacr. usu.

— — De Spartiatarum mora prolusio. Regensburg (Zunkel) 11. III. 18. III. 1771. 22 S. (4.—) 22238

- s. Jh. L. v. Mosheim, de Beghardis.

- s. Ogilvie, Tag des Gerichts.

- s. v. Piles, Einleitung.

—das gleichsam auflebende Pompeji, oder Versuch e. Geschichte dieser Stadt. gr. 8. Leipz. 779. Weidmann. 1 ℛ 8 gr

—Propemticon, quo de Pompejanis inscriptionibus unam interpretatur. 8maj. Leipz. 779. (W. Nauck). 8 gr

— — Propempticon quo tres juvenes nobilissimos disciplinae nuper suae alumnos prosequitur ac de Pompeianis inscriptionibus unam simul interpretatur. Leipzig (Sommer) (Sept. 1779). 86 S. (5.—) 22239
Gew.: Carl Heinrich C. G. F. Winkler, Christian Friedrich Ruldiger, Johann Gottfr. Quandt.

- s. D. Superville, Predigten.

—antiquor. monumentor. sylloge. II Ptes. c. fig. 8. Leipz. 783, 87. (List in Berl.) 1 ℛ 8 gr

— — (Tannenberg), (Resp.) **Carl Friedrich Moeckel** (Annaberg), De Thuris in vet. Christ. Sacris usu. Leipzig (Stopffel) 23. IX. 1752. 54 S. (6.—) 22240

Martini, G. H., de thuris. in vett. Christian. sacris usu. Lips. 1754. 4.

Martini, Georg Heinrich. Akademische Vorlesungen über die Litterair-Archäologie ... Altenburg 1796. H: *Harles, Gottlieb Christoph.* (MGT) (ErschDL) (BrMm)

— akadem. Vorlesungen üb. Ernestis Lehrbuch der Literar-Archäologie. gr. 8. Altenburg. (Akad. Bhdl. in Jena.) 796.

—akadem. Vorlesungen über Ernesti's Lehrbuch der Literär-Archäologie, durchgesehen u. mit Anmerkk. vergl. v. G. C. Harles. gr. 8. Altenb. 796. (Hennings in Neisse). 1 ℔ 12 ℊ

Die Jubelfeier der ger.·. u.·. vollk.·. Joh.·.-Loge „Der Pilger" No 238. Or.·. London am 1. Oct. 1879. Bericht des Br.·. G[eorg] W[ilh.] **Martini.** Gedr. auf Beschluss der Conferenz I. Gr.·.'s der ger.·. u.·. vollk.·. Joh.·.-Loge „Zur Einigkeit" [in Frankfurt a. M.] vom 22. Oct. 1879. Frankfurt a/M. 1879: Mahlau & Waldschmidt. 31 S. 8⁰ [Umschlagtit.]
Tt. 2116. Bericht üb. die Säkularfeier, eingel. durch histor. Notizen üb. die Loge.

Martini H Beitrag zur Frage der Eigenbeweg. des Sonnensystems. 1882 8
Diss. Leipzig

— **Heinrich Bernhard,** Disputatio juridica inaug. de mandato. o. O. o. J. 17 S. (4.—) 22246
Gew.: Anton Martini, Paul Buys, Wilhelm Buys.

Martini, Heinrich Edgar, s. Martini, Edgar

Martini, Hermann [Hrsg.], s. Correspondenz, Kaufmännische

Martini, Herm., Ventilations-Heizung mit Central-Selbstregulirung. Concessionslose Niederdruck-Dampfheizung Patent System Martini. gr. 4. (12 S. mit Fig.) Chemnitz 885, (Bülz.) *

Martini, Hugo

Martini, s. a. Aufsatzschule zum Selbstunterricht.

Aufsatzschule zum Selbstunterricht. Von **Martini**, Hauptl. Samml. 1. *Berlin: Liebel [1901]* 8° [F.] [04. 6557

Aufsatzschule zum Selbstunterricht Von [Hugo] Martini, Hauptl. (2 von Th[eobald] Kolbe, stadt Lehrer). Samml. 1 2 (in 1 Bde). *Berlin. Liebel [1902].* (200 S.) 8° [02 14333

Martini, Hugo, der neueste Impfapostel u. seine Abfertigung. E. syn-Löhnert'scher Anti-Wolffberg Lex.-8. (154 S.) Leipzig 881. Scholtze & Klemm. n. 1. 50

Martini, Hugo, der Impfzwang in seiner moralischen und wissenschaftlichen, insbesondere juristischen Unhaltbarkeit. Ein ernstes Wort in ernster Zeit. gr. 8. (VIII, 143 S.) Leipzig 879, (Scholtze.) *

Martini, H., **Commentar zu dem Reichs-Impfgesetze vom 8. Apr. 1874. Mit Berücksicht. der Motive u. der Entstehungsgeschichte, sowie der Judicatur u. unter Hinweis auf die Verstöße in einzelnen Ausführungs-Verordngn. bearb. Mit Sachregister. gr. 8. (XII, 148 S.) Leipzig 894. Roßberg. n. 3. 20; geb. in Leinw. n.n. 4. —**

Martini, Hugo, Notenlese-Schule zur schnellen u. sicheren Erlernung der Noten im Violin- u. Bassschlüssel. (11 S.) qu. schmal Fol. Leipzig (903). Reichenbach. n. — 50

Martini, H. Das Reichsimpfgesetz u. die Polizeibehörde in Hildesheim. Ein Stück modernen deutschen Rechtslebens. Nach den amtlichen Aktenstücken authentisch dargestellt u. versehen m. Vor- u. Nachwort, sowie e. Anh.: Zum Verständnis d. Impfgesetzes. gr. 8. (108 S.) Lpz. 889, Scholtze. 1 20

Martini, J., Weltprst. Zur Congruafrage d. katholisch. Seelsorger-Clerus in Oesterreich. 8. (295 S., Graz, Verlagsbuchh. Styria. 80 kr 1883.

Martini, J, Weltpr, Zur Congruafrage d. kath. Seelsorger-Clerus in Oesterreich. 3. Aufl. 8. (27 Bg.) Graz, Verlagsbuchh. Styria. 1 fl 50 kr 1883

Martini, J Wltprst (Fürstbischof Missa von Laibach.) Zur Congruafrage des kathol. Seelsorge-Clerus in Oesterreich. 8. (415 S.) Graz, Verlagshandlung Styria. 1 fl. 80 kr 1884

[MARTINI (J B)] Diss. epistolaris, qua de oleo wittnebiano seu Kaiuput [Wolfenbuettel, 1751] 4°
Published under initials which have been conjectured to stand for D[ominus Johannes Bernardus] M[artinus] C[ollegii] M[edici Wolfenbuttelani] A[rchiater]. It is catalogued at the British Museum under A., (D M C M)

Martini, I. C., Corpus iuris portatile. 8. Francof. Lochner. 724.

Martini, (J. F.,) Auctoris incerti, s. Auctoris.

Martini, J. G., malerische Ansichten d. denkwürdigsten Städte, Bergschlösser, Denkmäler u. Ruinen im Thüringischen. Mit geschichtl. Nachrr. 4 Bl. mit Text. qu. Fol. Rudolst. 825. Verf. (Hennings in Gotha). 2 ℔ 16 ℊ

—die Ruinen Thüring. Klöster u. Burgen nach d. Natur gezeichnet, nebst histor. Nachrr. v. L. F. Hesse. 1r Bd. 1e—4e Lief. in Fol. (1e u. 2e Lief. Kloster Paulinerzelle. — 3e Lief. Schloß Blankenburg. — 4e Lief. d. Rothenburg). — Rudolst. 816—818. (Hofbuchhdlg.) 10 ℔ 16 ℊ. Hbg. Pr. 6 ℔

Martini, J Nic, s. Martin, Johann Nikolaus

Martini, Jac., Gott wohlgefäll. u. gesegnete Ehe. 4. Basel. 724.

— **Jakob Gottlieb** (Leipzig), De officio tutorum et curatorum. Leipzig (Langenheim) 7. III. 1743. 28 S. (4.—) 22247
Gew.: Jakob Born.

Martini, Johann, a. Leer in Ostfriesland · Beiträge zur Kenntnis des Quarzes. Stuttgart E. Schweizerbart 1905 (S. 43—78). 8° (Aus N Jahrbuch für Mineralogie, 1905 Bd 2.)
Kiel, Phil Fak., Ref Brauns, Diss. v 25. Nov. 1905
[Geb 26 Mai 80 Leer, Wohnort Leer Staatsangeh Preußen, Vorbildung Realgymn. Leer Reife O. 99, Studium Kiel 3, Göttingen 2, Kiel 7 S., Rig 28 Juli 05]

Martini, Joan (geb Winterberg in Westf. 1816) De tabe dorsali Berolini (1841) (29 S.) 8°
Berlin, Med. Diss. v 6 Aug. 1841

— **Johann Benjamin** (Rudolstadt), Diss. inaug. med. de dysenteriae natura et indole ac curatione. Jena (Fiedler) 19. XII. 1798. 20 S. (4.—) 22248

— **Johann Christian** (Lübeck), Observationes quasdam de vulneribus inflictis in bellogesto inde ab anno 1810 usque ad annum 1814. Göttingen (Chr. Herbst) 1817. 24 S. (—.—) 22251

Martini, Johann Christoph

—Abhandl. von einer besondern Art Kronen, womit man die Römer, theils zum Zeichen der Unterwürfigkeit, theils zum Zeichen der Hochachtung rc. zu beschenken pflegte. 4. Altdorf 762. 2e Aufl. ... 3e Aufl. 791. (Autor in Kerkhofen). 4 gl.

— Anw. z. alten u. neuen Staatsgeogr. m. K. 8. Nürnberg. 752.

—histor.-geograph. Beschreibung des ehemal. Frauenklosters Engelsthal im Nürnbergischen Gebiete. Aus Urkunden u. sichern Nachrr. gr. 8. Nürnb. 762. Neue umgearb. Aufl. 798. Bauer u. M. 10 gl.

—aufrichtige Beurtheilung u. gründl. Widerlegung der lächerlichen u. boshaften Erzählung, die Blainville in seinen Reisen von Nürnberg gemacht hat. 4. Frankf. u. Leipz. 765.

—Einleit. in die alte Erdbeschreibung zum bessern Verstand der griech. u. latein. Schriftsteller u. zum Gebr. der Gymnasien u. Schulen. 1r Thl. gr. 8. Leipz. 766. (Heinsius). 16 gl.

—et B. F. Hummelii epistola ad omnes politioris humanitatis aestimatores de edendis et recudendis a Paulo Columbano bibliopola Veneto Diss. Schwartzianis. 4. Altdorf 768.

— f. 1) J. Konr. Füßlin, Kirchen- u. Ketzerhistorie. 2) Dessen Leben Castellio. 3) Dessen Leben Bodenstein.

– s. Geschichte der vornehmsten Reiche u. Staaten rc.

—Diss. inaug. de Jacobo de Misa, primo eucharistici calicis per eccles. Bohem. vindice. 4. Altd. 753.

Martini, Jh. Cph., († d. 5. Mai 1804.) thesaurus dissertationum, quibus historia, geographia et antiquitates tam sacr. quam profanae illustr. III Tom. in 6 Thlen. (T. I. N. edit. 767.) 8maj. Nürnb. 763—69. Felssecker. 4 rf

—de vita fatisque Palladii Helenopolitani, Origenismi et Pelagianismi injuste accusati. 4. Altd. 754.

Martini, Johann Ehrenfried

— **Jo. Ehrenfried** (Grünhain/Meißen), **Collationem prisci juris Saxonici cum jure Romano et moribus hodiernis instituent. Präs. August Leyser.** Wittenberg (Gerdes) 11. X. 1709. (6.—) **22252**

— — **Collationem prisci juris Saxonici cum jure Romano et moribus hodiernis instituent.** (Oder: **Eine Vergleichung des alten Sächsischen Gesetzes mit dem Römischen / wie auch mit denen heutigen Gebräuchen.**) Präs. **August Leyser.** Wittenberg (Schlomach) 11. X. 1709 (1736). S. 1—56. (5.—) 22254

— — **Collationem prisci juris Saxonici cum jure Romano et moribus hodiernis.** (Oder: **Eine Vergleichung des alten Sächsischen Gesetzes mit dem Römischen / wie auch mit denen heutigen Gebräuchen.**) **Präs. August Leuser.** Wittenberg (Schlomach) **Sept.** 1711. (1736.) S. 57—116. (5.—) 22255

Martini, Johann Ehrenfried [Praes.], s.a. Krueger, Gottfried: De pacto retrovenditionis. Selectas observat

— — u. (Resp.) **Gottfried Krüger** (Herzberg), **De pacto retrovenditionis observationes.** Wittenberg (Koberstein) 15. X. 1711. (5.—) 22259
Widm. v.: Mich. Heinr. Gribner, August Leyser.

— — **Dasselbe.** Wittenberg (Koberstein) 15. X. 1711. (5.—) **22260**
Gew.: Otto Wilhelm Graf von Schönburg. — Widm. v.: Mich. Heinr. Gribner, August Leyser.

— — **De terris juris Saxonici. Von Denen Landen des Sächs. Rechts / Und Denen in das Sächsische Vicariat gehörenden Enden.** Präs. **Mich. Heinr. Gribner.** Wittenberg (Gerdes) 13. X. 1711. 47 S. mit Biogr. (M.: A. D. Cruse.) (6.—) 22256
Gew.: Adolph Graf von Hoym. — Widm. v.: Caspar Heinr. Horn.

— — **Dasselbe.** 47 S. Ohne Biogr. (5.—) 22257
Gew.: Adolph Graf von Hoym. — Widm. v.: Caspar Heinr. Horn.

— — **Dasselbe.** Wittenberg. 13. XI. 1711. 1741. 62 S. (6.—) 22258
Widm. v.: Caspar Heinr. Horn.

— **Johann Ehrenfried** (Grünh. / Meißen), **De usu exiguo actionis ad palinodiam.** Präs. **Johann Gottlieb Becker.** Halle/Magdebg. (Chr. Henckel) **Sept. 1708.** 30 S. (5.—) 22261
Widm. v.: Samuel Stryklus, Jo. Samuel Stryklus.

Martini, Johann Friedrich

Martini, Io. Frid., Observationes criticae in Aeschyli Oresteam, et commentatio crit. de Horatii carminum lib. IV. Od. VIII. vv. 15—19., Programma scholast. 4maj. (6⅓ B.) Berolini 837, (Mittler.)

— Joh. Georg (Stettin/Pommern), De venditione rei alienae, Occasione legis 28. ff. d. Contrah. empt. Präs. Johann Schack. Greifswald (D. B. Starck) Aug. 1710. 18 S. (4.—) 22262

— Joh. Gotthelf (Leipzig), De Barbara Celeiense Sigismundi imp. altera conjuge. Präs. Joh. Gottlob Böhm. Leipzig (Breitkopf) 30. V. 1759. 32 Seiten. (4.—) 22264
Widm. v.: Joh. Gottlob Böhm.

— — (Dresden), Lithotomiae Pajolianae exposito. Part. I. Leipzig (Staritz) 25. VI. 1825. 11 Seiten. (3.50) 22267
Widm. v.: Rud. Jul. Alb. Martini.

— — De modis praecipuis quibus nobilitas amitti dicitur specimen praemissa ad amicum epistola. Leipzig (Breitkopf) 1760. 16 S. (4.—) 22265
Gew.: Johann Gottfried Bauer.

— — Monita ad nemesin Carolinam proponens. Specimen jur. Leipzig (Breitkopf) 2. IX. 1762. 30 S. (4.—) 22266

(—). — Memoriam **Johann Gotthelf Martini** (Dresden). — Inest: Quaestionum chirurgicarum. Part. V. De prognosi in morbis chirurgicis cautissime sistenda, Part. I. Leipzig 5. VI. 1830. 15 S. (3.50) 22268

[Martini, Joh. Jac.] Bilder Geographie, s.a[Dillinger].

• **[Martini, Joh. Jacob.]** Neu-eingerichtete und vermehrte Bilder-Geographie. Von Europa, Asia, Africa und America. Worinnen Alle Nationen nach ihrem Habit in saubern Figuren, Anbey die Länder vorgestellet werden [Verfasser nennt sich am Schluß der Vorrede: Joh. Jacob Martini.] Erffurth. Verlegt von Johann Michael Funcken 1738.
Titelbild in Holzschn., Tit., 6 Bl. 592 S., 23 Bl. Register, 1 leeres Bl., 4 Bl. Supplementa m. 192 blattgrossen Trachtenbildern in Holzschn. 8°
Neue um 45 Holzschnitte vermehrte Auflage des vorigen Werkes; der Text von Joh. Jac. Martini umgearbeitet.

Martini, J. Jac., neu u. wohl eingericht. histor. Kirchenkalender. 8. Erfurt. 744.

* Martini, Joh. Leonh., Brieffe oder Sendschreiben vornehmer und gelehrter Leute, welche die Verspottung der Wünschelruthe vorstellen. Frkf. a. M. 700. 8.

Martini, Johann Matthias

Martini, J. Mthl.: Abh. v. d. Lehnsverjähr nach Mecklenb. Gesetzen. *Bützbach*, Bödner. 765. 4. (4 Gr.)

Martini, Jh. Matth., Abhandl. von d. Lehnsverjährung nach Mecklenburg. Gesetzen. 8. Wism. 766. Bödner. 4 gr

1756. * De Affectionibus, quae omnis generis Functionum, praecipue si tres vel adeo quatuor involvant variabiles, differentialibus cõmpetunt, si eorum integrale sit possibile, commentatio publice defensa praes. M. *Wencesl. Jo. Gustavo Karsten* et Respondente *Jo. Matthia Martini*. LL. Cult. Rostochiens. Rostochii litteris Adlerianis. 4. 33 S.

Martini, Johann Matthias [Praes.], s. H a c k e r, Jo. Dan.: De judice cauto in determinandis poenis arbitrariis.

— Johann Matthias, Meditatio de origine et ratione votorum hodiernorum Serenissimae familiae Mecklenburgicae in comitiis competentium Bützow (20. IX.) 1763. 12 S. (4.—) 22269

Martini, Jo. Matthias: R e g u l a s pro differentiandis functionibus duarum variabilium, s. K a r s t e n, Wenzeslaus Johann Gustav

Martini, Johann Matthias [Praes.], s. R e i n e c k e, Johann Heinrich: De jure circa votum.

Martini, Johann Matthias [Praes.], s. T a r n o w, Joachim Christian: De cautione criminali.

—die Vormundschaftslehre, besond. nach d. Mecklenburg. Recht. 4. Rostock 802. Stiller. 16 gr (4 Progr. welche 1800 und 1801. erschienen sind.)

Martini, Johann Matthias [Praes.], s. W e b e r, Adolph Dietrich: De sententiis et re iudicata, intuitu principis ac legis novae.

Martini, Johann Matthias [Praes.], s. Z o c h, Joachim Friedrich: De favore liberorum naturalium secundum principia religionis nostrae non extendendo multo minus ad adulterinos et incestuosos applicando libellus academicus.

Martini, Jh. Nikol., († d. 29. Aug. 1791.) 10 Predigten über d. 4e Kap. d. Evangelii Johannis. 8. Leipz. 765.

Martini, Jh. Thom., kurzgef. latein. Sprachlehre. 8. Ansp. 792. Gassert. 8 gr

—latein. u. deutsche Uebersetzungs-Uebungen f. unt. Classen. 8. Ansp. 798. Gassert. 8 gr

Martini, Jh. Thom., Uebungen z. Uebersetzen in d. latein. u. deutschen Sprache. 8. Ansp. 792. Gassert. 3 gr

— Julius Otto (Wurzen), De balneis Elisteranis. Wurzen (Ph. Th. Meltzer) 10. IX. 1852. 26 S. mit Biogr. (M.: Th. Wapler.) (3.—) 22270

Martini, Car. (Frid.) (geb. Liebau in Schles. 23. 9. 1837) De aquis mineralibus earumque usu therapeutico. Berolini (1865). (32 S.) 8°
Berlin, Med. Diss. v. 31. Juli 1865

Martini, Carl: Der Inhalt der parlamentarischen Unverantwortlichkeit nach § 11 des deutschen Reichsstrafgesetzbuches. *Breslau: Schletter 1898.* (XII, 44 S.) 8°
Breslau, Jur. Diss. v. 23. Mai 1898

Martini, Karl, aus Augsburg: Zur Lage der Augsburger Fabrikarbeiter. *Augsburg [1902]: J. P. Himmer.* (117 S.) 8°
Freiburg i. B., Rechts- u. staatswiss. Diss. v. 1902

Martini, Carolus (Fridericus) *(geb. Liebau in Schles. 23. 9. 1806 [vielmehr 1836])* De organicarum conjunctionum origine ac formatione. Vratislaviae 1862. (24 S.) 8°
Breslau, Phil. Diss. v. 2. Aug. 1862

Martini, Karl, einige Worte über d. Vorkommen d. Schwarzkohlen im festen Erdkörper, u. über deren zweckmäßigste Aufsuchung, Untersuchung und Bebauung. Mit mehrern Steindr. gr. 8. Annab. 822. Freyer. 12 gr

v. Martini, Frhrr. Karl Ant., († d. 8. Aug. 1800.) über die Anlage der Natur u. ihre verbess. Ausbildung. 8. Wien 783. Hartmann. 6 gr

MARTINI (zu Wasserberg, Karl Anton) Freiherr: Kurzgefaßte Geschichte des römischen Rechts, . . s. Geschichte.

—de lege naturali exercitatt. sex. 4. Wien 770. Ed. II. 776. (Heubner). 20 gr

— de lege naturali exercitation. sex. 4. Vien. Kurzböck. (Camesina.) 776.

— — id. l. 4. Salzb. Mayr. 776.

— — id. l 4. Budae, Typogr. 800.

— Lehrbegriff d. Naturrechts. Neue vom Verf. selbst veranstalt. Uebersetzung. gr. 8. Leipz. 797. (W. Rauck). 20 gl

— Lehrbegr. d. Naturrechts. gr. 8. Leipzig, Sommer. 797.

Martini, Carl Anton Freih. von. Lehrbegriff des Natur-, Staats- und Völkerrechts; a. d. Latein. Wien 1784. Ü: *Hiltenbrand, Anton.* (Ky) (EngJ) (MGT)

— Lehrbegr. d. Natur= Staats= u. Völkerrechts; aus d. Latein. (v. A. Hiltenbrand). gr. 8. Wien 784. (v. Mösle). 1 rl 8 gl

K. Ant. Frhn. v. **Martini's** Lehrbegriff d. Natur-, Staats- u. Völkerrechts, a. d. Lat. v. Fr. X. **Sonnleithner.** *Wien*, Hörling. (784.) 787-88. 4 Bde. gr 8° 1 rl 8 gl

Ders.: Lehrbegriff d. Natur-, Staats- u. Völkerrechts, aus d. Lat. v. Fr. Xav. Sonnleithner. *Eb.* (784.) 787—88. 4 Bde. gr. 8. (1 Thl. 8 Gr.) — ganz neue, v. Verf. selbst veranstalt. Uebers. *Wien.* 797. 8. — übers. v. Hiltenbrand. *Wien*, Mösle u. Braum. 799. 8. (16 Gr.)

Martini, [Karl Ant.] v.: Lehrbegriff der allgemeinen Rechte. Aus d. Latein. übers. von [Karl v.] Zalheim. Bd 1. Wien 1771.

— Lehrbegr. d. allgem. Rechte. 8. Wien 771. (Heubner). 8 gl

— Lehrbegr. d. allgem. Rechte. 8. Wien, Kurzböck. (Camesina.) 771.

— Lehrbegr. d. natürl. Rechts. 8. Wien 787. (Compt. f. Lit. in Leipz.) 12 gl

— f. 1) Merillii observationum. 2) Oldendorpii elementaria

— ordo historiae juris civilis. 8maj. Wien 755. N. A. 757 u. 770. Trattner. 8 gl

de Martini, K. Ant.: Ordo historiae jur. civ. *Wien* u. *Prag*, Trattner. (Ed. 1—3a. 755—70.) Ed. 4a. 779. 8. (8 Gr.)

— — id. l. 8. maj. Salzb. Mayr.

— positiones de jure civitatis. 8maj. Wien 768. N. A. 774, 76, u. 78. Trattner. 10 gl

— positiones de jure civitatis. 8. maj. Vien. Kurzböck. (Camesina.) 789.

— — id. l. 8. Budae, Typogr.

— de lege naturali positiones. 8maj. Wien 772. Kurzböck. 12 gl (Heubner) 778. 6 gl Ofen 795 Typ. 12 gl

Martini, K. a, de lege naturali positiones. 8. Vien. Tendler. 778. Rthlr.

— — id. l. 8. Budae, Typogr. 795.

— allgem. Recht d. Staaten. Neue vom Verf. selbst veranstalt. Uebersetzung. gr. 8. Leipz. 797. (W. Rauck.) 1 rl

— allgem. Recht der Staaten. gr. 8. Leipz. Sommer. 797.

Martini, Car. Ant. de: „Allgemeines Recht der Staaten", Wien 1797.

MARTINI (Karl Anton Frh. zu Wasserberg). Des Freyherrens von Martini Sechs Uebungen über das Naturrecht. Aus dem Lateinischen übersetzt von Franz Sonnleithner. Sonnleithnerische Buchhandlung, Wien 1783. A 528. 1 vol. 1 Bl. + 464 S.

Freih. v. Martini, K. Ant.: Sechs akad. Uebungen üb. d. Naturrecht, aus d. Lat. v. *Dems. Wien*, Hörling. 783. gr. 8. (1 Thl.)

— sechs akadem. Uebungen über d. Naturrecht; aus d. Latein. v. F. X. Sonnenleithner. Wien 784. Hörling. (Haslinger in Linz). 1 rl

— de usu auctoritatis in jurisprudentia naturali. 4. Wien 759.

— Völker= u. Staatenrecht ic. gr. 8. Wien, von Mösle. 799.

— über einige Vorzüge des Naturrechts. gr. 8. Wien, Trattner. (Tendler.) 774.

Martini, Karl Wilhelm von

Martini, C. W., s. Album. Hrsg. von J. L. Kober.

Martini, K. W., Bilder aus dem Honvedleben, } s. Album. Bibliothek deutscher Originalromane ic.

M(artini), K. W. Bilder aus dem Honvédleben. 8. Wien 1851 4,20. 2. Aufl. (341) 8. Leipzig 1854 3,00

Martini, K. W., vor 100 Jahren, s. Album. Bibliothek deutscher Originalromane.

Martini, Karl Wilhelm Rr v.
Vor hundert Jahren. Ein deutsches Lebens- u. Sittenbild. Th. 1.2.
Wien: Markgraf 1864. 8°
(Album. Bibliothek dt. Originalromane. Bd 18.)

— Pflanzer und Soldat,
— Stillleben eines Grenz=Officiers, } s. Album. Bibliothek deutscher Originalromane ic.

Martini, Karl Wilhelm Friedrich

— Diss. de natura et indole dotis aestimatae ex jure Romano. 4. Helmst. 809. Fleckeisen. 4 gl

Martini, K. W. F., Predigten. gr. 8. Lüneb. Lemke. 784.

Martini, Karl Wilh. Fr., vier Predigten bei Veränderung d. Amts. gr. 8. Lüneb. 784. (Stiller in Rostock.) 8 gl

Martini, Kaspar

Martini, Casp., Iansenius exarmatus, contra Mod. Iansenismi errores etc. 4. Soloth. 720.

Martini, Kurt, Referendar: Anerkenntnis der unehelichen Vaterschaft und Alimentenversprechen in vormundschaftsgerichtlicher vollstreckbarer Urkunde. Heidelberg 1909: Hörning. 70 S. 8°
Heidelberg, Jur. Diss. v. 16. Febr 1909, Ref. Heinsheimer
[Geb. 15. Febr. 80 Berlin; Wohnort Zehlendorf; Staatsangeh. Preußen; Vorbildung: Gymn. Steglitz Reife O. 99; Studium Tübingen 3, Berlin 4 S.; Rig. 22. Jan. 09.] [U 09. 1853

Martini, Lud., die Heilkräfte der Gemüse, so wie der einheimischen Obstfrüchte, Gewürzkräuter u. Getreidearten, od. die Kunst, durch geschickte innere u. äußere Anwendung der Nahrungsmittel aus d. Pflanzenreiche rc. ohne weitere Arzneien fast alle Krankheiten zu heilen u. sich davor zu bewahren. 8. (8 B.) Nordhausen 843, Fürst.

Martini, Ludolf, die Heilkräfte der Gemüse, so wie der einheim. Obstfrüchte, Gewürzkräuter und Getreidearten, oder: Die Kunst durch geschickte innere und äußere Anwendung der Nahrungsmittel aus dem Pflanzenreiche rc. fast alle Krankheiten zu heilen, und im gesunden Zustande vor allen Krankheiten sich zu bewahren. 2. (Titel-)Aufl. 16. (XIV und 152 S.) Quedlinburg 849, Ernst'sche Buchh.

Martini, Ludw., die Anschwellungen und Verhärtungen der Gebärmutter sind nicht unheilbar. 1. Aufl. (12 S.) 1871. 80 Pf., und 2. verm. Aufl. gr. 8. (36 S.) Augsburg 874, Schmid's Verlag.

—— dass. — Richtigstellung der Lehre der Schule. 3. verm. Aufl. gr. 8. (69 S.) Ebendas. 875. *

Martini, Ludw., die Anschwellungen und Verhärtungen der Gebärmutter sind nicht unheilbar. Richtigstellung der Lehre der Schule. 4. verm. Aufl. gr. 8. (95 S.) Augsburg 876, Schmid'sche Verlagsh. *

Martini, Ludw., die Unfruchtbarkeit des Weibes. Fingerzeige zu ihrer gedeihl. Behandlung. gr. 8. (61 S.) Erlangen 860, Enke's Verlagsbuchh. *

Martini, Ludw., die Unfruchtbarkeit des Weibes. Fingerzeige zu ihrer gedeihlichen Behandlung. 860. (61 S.) — 2. verm. Aufl. Erlangen 864. Enke. gr. 8. (68 S.) n. 10 ngr.

Martini, Lud. Gunth.: Commentarius forensis in Ducis Saxoniae, Johannis Georgii I. ordinationem processus judiciarii. Ed. 2. Goslariae 1694.

— Ed. 3. [Nebst] Processus continuatus. Francofurti et Lipsiae 1710. 2 Bde

— comment. forens. in ordinationem processus judiciarii etc. II Tm. fol. Dresd. Walther. 710.

Martini, Ludwig Günther [Praes.], s. Haberkorn, Christoph Friedrich: An legatum debiti puri creditori absq. interusurio relictum utile ac validum sit?

Martini, Ludov. Günth., Jurisprudentia civil. et criminalis ad instituta. fol. Werninger. (Iunius, Lips.) 715.

Martini, Marie, Bilder-Lieder-Buch f. singende u. spielende Kinder. Mit leichter Klavierbegleitg. u. farb. Bildern. 3. Tausf. (84 S.) 4. Zwickau (904). Verlag „Unserer Heimat". Geb. n. 3.—

Martini, Marie, Bilder-Lieder-Buch f. singende u. spielende Kinder. Mit leichter Klavierbegleitg. u. farb. Bildern. (34 S.) 31×23 cm. Wesel (907). W. Düms. Kart. 3. -

Martini, Markus

Martini, Marc., d. vermehrte vorsichtige Bankier u. accurate Wechsler, nebst d. Anh. zur 2ten Aufl. 8. Berlin, Lange. 744. 47.

Martini, M. „Verbesserter und geschickter Haushalter und fertiger Kaufmann", Berlin, 1748. — Neue Auflage, ebenda 1758. — Abermals verbesserte und „mit Interessen-Tabelle von 1—10 000 Thaler zu 2—6% vermehrte" Auflage, Berlin 1795, 1797 (Lange). — Erneuerte Auflage, Berlin 1816 (Reimer).

Marcus Martini's Haushalter und Kauffmann. **Berlin.** 1767.

1776. — gr. 8.

—verbesserter u. geschickter Haushalter, od. d. sogenannte faule Rechenknecht. gr. 8. Berl. 804. 6e A. 816. Reimer. 1 ℛ 12 g.

Martini, Marcus: „Der Richtige Capitalist und Fertige Wechseler . . Tabellen, Darinnen die Interessen zu finden ", Berlin 1728. — Vorh.. Büch. der Industrie- und Handelskammer Leipzig.

Marcus Martini's Capitalist und fertiger Wechsler, nebst der Wechselrechnung, zweyter und vielvermehrter Druck. Berlin. 8. 1758.

Martini, Marc., verm. richtiger Capitalist u. fertiger Wechsler. 8. Berl. 776. (Reimer). 12 g.

Ders.: Der Capitalist u. fertige Wechsler. *Eb.* 750. 8.

—der kunstreiche Münzmeister u. Münzwardein. 8. Berl. 752. (Reimer). 16 g.

— Unterredung zum Unterr. lehrbegier. Kinder. 1s bis 8s Gespräch. 8. Berlin, Eisfeld. 776.

Marcus Martini der getreue Arithmetische Wegweiser, wie alle zu der Rechenkunst gehörige Sachen etc. aufs kürzeste auszurechnen. Eine neue Aufl. Berl. gr. 8. 1776.

— arithmet. Wegweiser, od. Anweis. zur Rechenkunst. 8. Berlin, Lange. 776.

Martini, Maternus, neueste Lösung der Städtereinigungsfrage. Zwei die bisherigen Mängel vollständig beseitigende Systeme. 1. und 2. Aufl. gr. 8. (32 S. mit in den Text gedr. Illustr. und 2 grossen Stnt.) Frankfurt a. M. 881, Melbeeck's Verlag. *

Martini, Matth., armer Krankenrath, od. Arzneybuch. 8. Frankfurt.

Martini, Mch. Kováts

— moral. Erzählungen f. Kinder u. ihre Freunde. 8. Jena, Akadem. Bhdl. 809.

Martini, Mch. Kováts, († im Juni 1810.) moral. Erzähll. für Kinder und ihre Freunde. 8. Jena 809. (Hennings in Neisse.) 16 g.

–fragmenta literaria rerum Hungaricarum ex codicibus Mss. nec non rarioribus quibusdam libris bibliothecarum exoticarum eruta. II Vol. 4maj. Jena 808, 9. Hennings in Neisse). 1 ℔ 8 gr.

--Pathogomik, od. wie kann ich errathen was ein anderer denkt? Etwas über d. Umgang mit Menschen. 8. Leipz. 809. (Hennings in Neisse)· 18 gr.

Martini, M. K., Wie kann ich errathen was ein anderer denkt? Etwas üb. den Umgang mit Menschen. 8. Görring. Röwer in Commiss. 809.

— **Moritz Gustav** (Pirna), De fili serici usu in quibusdam viarum lacrymalium morbis. Diss. path.-chir. Leipzig (Staritz) 19. IV. 1822. 47 S. (3.50) 22280
Gew.: Heinrich Theophil Schmalz.

Martini, Nicolaus

— Disp. juridica de advocatis ad lib. ff. 3. Tit. 1. Kilonii. 1704. 4. P. [Resp. Joh. Henr. Archenholtz].

Martini, Nikolaus [Praes.], s. Archenholtz, Johann Heinrich De advocatis.

Martini, Nikolaus [Praes.] s Arpe, Pet Friedrich De feriis et dilationibus.

Martini, Nikolaus [Praes], s. Burchard, Joachim. De infamia.

— Disp. jur. de cautionibus judicialibus ad lib. ff. 2. Tit. 8 & 3 seqv. Kilonii. 1701. 4. P. [Resp. Paul. Hintze].

— **Nicolaus** (Riga-Livland), De prudenti virium medicamenti exploratione. Präs. Friedrich Hoffmann. Halle (J. Gruner) 23. II. 1703. 48 Seiten. (5.—) 22281

— Disp. juridica de feriis et dilationibus ad lib. ff. 2. Tit. 12. Kilonii. 1702. 4. P. [Resp. Pt. Frid. Arpe].

Martini, N. Habentne exercitationes poeticae aliquam pro studiosa juventute utilitatem? 10 S. . . . .
Progr. Trier 1834

Martini, Nikolaus [Praes.], s. Hannemann, Christian, Friedrich De pactis ad lib ff II tit XIV

Martini, Nikolaus [Praes.], s. Heick, Adolph August De transactionibus ad lib. ff II. tit. XIV

Martini, Nikolaus [Praes.] s. Hintze, Paul: De cautionibus judicialibus, ad lib. ff. 2. tit. 8 & tres seqq.

— Disp. juridica de infamia ad lib. ff. 3. Tit. 2. Kilonii. 1707. 4. P. [Resp. Joach. Burchardus].

Martini, Nikolaus [Praes.], s. Kortholt, Joel Johann: De in jus vocatione.

— Disp. juridica de libello ad lib. ff. 2. Tit. 13. Kilonii. 1703. 4. P. [Resp. Chr. Singelmann].

— Disp. juridica de pactis ad lib. ff. 2. Tit. 14. Kilonii. 1704. 4. P. [Resp. Chr. Frid. Hannemann].

Martini, Nicol., Predigten über die Kirchengebote nebst einem Anhange von Predigten verschied. Inhalts. Lex.-8. (XVIII und 180 S.) Trier 851, Gall's Vrlgsh.

Martini, Nikolaus [Praes.], s. Singelmann, Christian De libello, ad lib ff 2. tit. 13

— Disp. juridica de transactionibus ad lib. ff. 2. Tit. 14. Kilonii. 1703. 4. P. [Resp. Adolph Aug. Heick].

Martini, Nikolaus [Praes.], s. Volckmar, Theodor Friedrich Thesium selectarum, ex universa juris privati prudentia decerptarum, specimen inaugurale.

Martini, P., größeres Krankenbuch. 12. Breslau, W. G. Korn. 747.

Martini, Rich., die Trierer Bischofswahlen vom Beginn des 10. bis zum Ausgang des 12. Jahrh., s.a. Studien, histor. 72. Heft.

Martini, Richard: Die Trierer Bischofswahlen vom Beginn des 10. bis zum Ausgang des 12. Jahrhunderts. ⟨Teildruck, die Wahlen bis zum Jahre 1066 enth.⟩ (Berlin 1909: Ebering.) 38 S. 8° ¶(Ersch. vollst. in: Historische Studien.)
Berlin, Phil. Diss. v. 14. Aug. 1909, Ref. Schäfer
[Geb. 5. Jan. 86 Gladau, Pr. Sachsen; Wohnort: Wernigerode; Staatsangeh.: Preußen, Vorbildung Gymn. Wernigerode Reife O. 04; Studium: Tübingen 3, Berlin 5 S., Rig 15. Juli 09.] [U 09. 230

Die Trierer Bischofswahlen vom Beginn des zehnten bis zum Ausgang des zwölften Jahrhunderts. Von Dr Richard Martini. Berlin Ebering 1909. 102 S. 8°
Ein T erschien als Inaug Diss Berlin 1909
(Historische Studien. H. 72.) [09. 14911 2

— **Rudolph Julius Albert** (Leipzig), Rariorem erysipelatis exitum elephantiasin simulantem sistens. Präs. Christian Gotthold Eschenbach. Leipzig (G. Naumann) 17. XII. 1824. 28 S. (3.50) 22283
Gew.: Carl Gottlob Kühn.

Martini, Rudolf Julius (Hrsg.):
s.: Magazin für die Staatsarzneikunde. Bd 1-5/1 Leipzig: 1842-46.
JB 6.147

Martini, R. J. A., et J. C. Horack, Observationes rarioris degenerationis cutis in cruribus Elephantiasin simulantis. Acced. tab. aen. (et pict.) II. 4maj. (8 B.) Lipsiae 829, Voss. Thlr.

Martini, S., Extract aus Papotzkry's Böhmischer Chronik von dem uhralten Wapen und Geschlecht derer Freyherrn von Seydlitz. Dresden 1701. fol.

Martini, S. F., geb. Fersen, Gedichte. 8. Mind. (Hahn in Hannov.) 794.

Martini, Salvatore, der Franke in Rom im Beginne des 4. Jahrh. Autoris. Uebers. von Marie v. Büller. 8. (543 S.) Kempten 879, Kösel'sche Buchh.

— **Samuel Benjamin,** Specimen explosi consensus quem Paulino Nolano cum Romanensium coetu affingit Celeb. Lud. Anton Muratorius. Wittenberg (E. G. Eichsfeld) (Nov. 1756). 32 Seiten. (4.—) 22284
Gew.: Johann Gotthelf von Globig.

— **Samuel Gottfried (Elbing),** Ex cygno ante mortem non canente Qualis fuerit spiritus, qui non diu ante obitum Hottingeri tabulae pensili inscripsit versum: Carmina iam moriens, canit exequialia Cygnus. Präs. Esdras Heinrich Edzard. Wittenberg (Gerdes) 1722. 16 S. (4.—) 22285

Martini, Frau Selma, s. a. Bauer, Mart.

[F.] Gräfin Erika. Roman v. Martin Bauer [d. i. Selma **Martini**]. *Breslau: Schles. Buchdr., Kunst- u. Verl.-Anst. 1892.* (359 S.) 1 Bd 8. [96. 5710

[F.] Herzensirren. Roman v. Martin Bauer [d. i. Selma **Martini**]. *Breslau(-Leipzig): Schles. Buchdr., Kunst- u. Verl.-Anst. 1891.* (317 S.) 1 Bd 8. [96. 5711

Evelyn's Lehrjahre! Roman von Martin Bauer [d. i. Selma **Martini**]. Bd 1. 2. *Breslau: S. Schottlaender; Leipzig: E. F. Steinacker 1901.* 2 Bde 8° [F.] [01. 9023

[F.] Die Rechte. Roman v. Martin Bauer [d. i. Selma **Martini**]. Bd 1. 2. *Breslau: S. Schottlaender 1898.* 2 Bde 8.
1 (361 S.) 2. (394 S.) [98. 6605

[F.] Die Schwestern. Roman v. Martin Bauer [d. i. Selma **Martini**]. Bd 1. 2. *Breslau: Schles. Buchdr., Kunst- u. Verl.-Anst. 1894.* 2 Bde 8.
1 (319 S.) 2. (350 S.) [96. 5713

[F.] Um den Namen. Roman in 2 Bdn v. Martin Bauer [d. i. Selma **Martini**]. Bd 1. 2. *Breslau: Schles. Buchdr., Kunst- u. Verl.-Anst. 1892* (a. d. Umschl.: *1893*). 2 Bde 8.
1 (310 S.) 2. (277 S.) [96. 5712

Zug um Zug. Ein Lebensbild von Martin Bauer [d. i. Selma **Martini**]. *Breslau: S. Schottlaender 1901* (236 S.) 8° [F.] [01. 909

Martini, Thomas Matthias: De partibus ac juribus fiscalium in processu singularibus ..., s. a. Hartmann, Johann Zacharias (Präs.)

— **Thomas Matthias** (Schwerin), De partibus ac juribus fiscalium in processu singularibus. Diss. jur. Präs. Jo. Zachar. Hartmann. Kiel (Gottfr. Bartsch) 20. XI. 1736. 40 S. (5.—) 22286

Martini, Walther, a. Augsburg: Die Wandlungen im Parteiprogramm der Sozialdemokratie seit 1875. Erlangen 1908: Junge & Sohn. (IX, 160 S.) 8°
Erlangen, Phil. Fak., Ref. v. Eheberg, Diss. v. 18. April 1908
[Geb. 2. Mai 82 Augsburg; Wohnort: Augsburg; Staatsangeh.: Bayern; Vorbildung: Realgymn. Augsburg Reife 03; Studium: München 5, Erlangen 4 S.; Rig. 28. Febr. 08.]

Martini, Werner Theodor [Praes.], s. Horn, Kaspar Heinrich: De mercibus illicitis s. contrabandis.

Martini, Wilh. Aug., neueste Erfahr üb. Anzucht u. Wartung d. Levkojen mit besond. Rücksicht auf d. bewährtesten Methoden, gefülltblühende Stöcke v. prächtigstem Farbenschmelz z. erzielen, sowie auch z. jeder Jahreszeit e. Levkojenflor z. haben. 8. Quedlinburg, 1842. Basse. (2 B.) — 10

— **Wilhelm Ludwig,** De absolutione innocentis â delicto Obvenientes. Präs. Joh. Heinrich Meier. Erfurt (Grosch) 28. V. 1709. (5.—) 22293
Gew.: Philipp Wilhelm Graf von Boineburg.

— — Thesaurus in fundo emto cum moneta viginti annorum excusa inventus, ad venditorem potius quam emtorem pertineat. Erfurt (Grosch) 31. V. 1709. (4.—) 22294

Martini, Wolfgang: Die Grundzüge der Aesthetik des Heinrich von Stein. Bayreuth 1910. (Ellwanger). 37 S. 8° ¶ (Aus: Bayreuther Blätter. Jg. 33, H. 4/6.)
München, Phil. Diss. v. 8. März 1909, Ref. Lipps
[Geb. 22. Febr 85 Berlin; Wohnort: Metz; Staatsangeh.: Preußen; Vorbildung: Wilhelms-Gymn. Königsberg i. P. Reife O. 05; Studium: Königsberg 3, München 5 S.; Rig. 8. März 09.] [U 10. 3676

Martini, Wolfgang, a. Leipzig: Victor Hugos dramatische Technik nach ihrer historischen und psychologischen Entwicklung. Berlin, Leipzig, Chemnitz: W. Gronau 1905. (131 S.) 8° ¶ Zugleich ersch. in: „Zeitschr. f. franz. Sprache und Litteratur" Bd 27, H. 5 u. 7, Bd 28, H. 1, 3, 5, 7.
Leipzig, Phil. Fak., Ref. Birch-Hirschfeld u. Wundt, Diss. v. 8. Aug. 1905
[Geb. 17 Febr. 79 Leipzig; Wohnort: Leipzig, Staatsangeh.: Sachsen, Vorbildung: Thomasgymn. Leipzig Reife O. 98, Studium: Berlin 2, Leipzig 9 S.; Rig. 17 Juli 03.]

Martini de la Balme, s. Balme.

Martiniere, Dictionnaire géograph. et critique. IX Tom. fol. Lips. 726–40.

— — le même. IX Vol. gr. fol. Berne, Haller.

Martinière, ..., Dictionaire géographique et critique. VI Vol. gr. Fol. Paris 768. (Schubothe in Copenh.) 38 ₰

— — le même. VI Vol. gr. fol. Paris. (Sommer à Leips.)

— Einleit. z. Historie v. Asien, Afrika u. Amerika. 1r Thl. Asien. 8. Leipzig. 739.

— geograph. u. krit. Lexicon, od. Beschreib. d. ganzen Erdkreises, aus d. Französ. 13 Bde Fol. Leipz. 743—53. Heinsius (Brockhaus). 65 ₰. (bei Heymann in Glogau. Hbg. Pr 18 ₰)

— geogr. u. krit. Lexikon, od. Beschreib. des ganzen Erdkreises, a. d. Franz. 13 Bde. Fol. Leipz. Heinsius. (Gleditsch.) 743—53.

— nouveau portefeuille historique et littéraire. 8. Amsterd. (Pott et Comp. à Lausanne.) 755.

Martinikirche, Die, in Breslau und das von Rechenberg'sche Altarwerk in Klitschdorf. Breslau 1883. V: *Salzmann, M. & Carl Frdr. Herm. Luchs.* (Nent)

DIE MARTINIKIRCHE IN BRESLAU UND DAS VON RECHENBERGSCHE ALTARWERK IN KLITSCHDORF (KR. BUNZLAU). Festschrift zu dem 25jährigen Jubiläum des Museums schlesischer Altertümer am Festtage den 12. Januar 1883 herausgegeben von dem Verein für das Museum schlesischer Altertümer. (Mit 4 Tafeln.) Breslau. Druck von Robert Nischkowsky. 4°.

Martinikirche, die, in Breslau und das v. Rechenbergsche Altarwerk in Klitschdorf [Kr. Bunzlau]. Festschrift zu dem 25jähr. Jubiläum schles. Altertümer, am Festtage den 12. Jan. 1883 hrsg. von dem Verein für das Museum schlesischer Altertümer. gr. 4. (35 S. mit 4 Taf.) Breslau 883, (Trewendt.) *

— zu Heiligenstadt. Reise-Aufnahme von Studirenden der Architectur an der techn. Hochschule zu Hannover, unter Leitung von C. W. Hase. gr. Fol. (13 autogr. Taf. mit 6 S. Text.) Hannover 1880, Schmorl und v. Seefeld. *

Martinique [Schlagwort]

Martinique — Carte de l'Jsle de la — Dressee par M. Bellin, Ingenieur du Roy de France et de la Marine communiquée au Public par les Heritiers de Homann a Nuremberg en l'an 1762. 1 : 175,000. 1 Bl.

Martinique — Représentation la plus nouvelle et exacte de L'Jle — la première des Jles de l'Amerique Antilles, Nommees Barlovento aux depens de Matthieu Seutter etc Augsbourg 1728? 1 : 185,000. 1 Bl.

Martinis, Raph. de, iuris pontificii de propaganda fide partes I et II. 31,5×22 cm. Rom (Piazza Capranica 102). (F. Ferrari.) 39, 20

I. Complectens bullas, brevia, acta s. s. a congregationis institutione ad praesens iuxta temporis seriem disposita auspice emo ac rmo dño s. r. e. card. Ioanne Simeone s. r. e. de propaganda fide praefecto. 7 voll. (in 8 Bdn.) (XV, 484; 546, 811, 771, 454, 474, 474 u. 449 S.) 31,5×22 cm. 878—898. 31. 20

II. Complectens decreta, instructiones, encyclicas, literas etc. ab eadem congregatione lata auspice emo ac rmo dño s. r. e. card. Miecislao Ledóchowski, r. e. de propaganda fide praefecto, nunc primum collecta cura et studio M. (768 S.) 909. 8. —

Martinius, C., Ueber die Fragestellung in den Dialogen Plato's u. üb. eine besond. E tümlichkeit derselben. Pr. 1871. 20 S. 4°.

Martinius, C., das Land der Hegelingen, wiedergefunden im ostfriesischen Harlingerlande. Beiträge zur Erklärung des Gudrungedichtes. gr. 8. (36 S.) Norden 879, Soltau's Verlag. *

Martinius, Emil, Behauptungs- u. Beweislast bei der Negative u. dem bedingten Vertrage. gr. 8. (63 S.) Berlin 902. C. Heymann. n. 1. 20

Martinius, Gustav **Emil**: Der mehrfache Verkauf derselben Sache. Halle (1873) Plötz. 40 S. 8°

Halle-Wittenberg, Jur Diss. v 18. Apr 1873

Geb. Halle a. d. S. 23. 1 1831 V

Im Buchhandel in Halle bei Reichardt.

Martinius, Gust. Emil, der mehrfache Verkauf derselben Sache nach gemeinem Recht. gr. 8. (40 S.) Halle 873 Reichardt in Comm. 1 —

Martinius, Nikolaus

Martinii, Nic., poemata latine et germanice scripta. Collegerunt et ediderunt Nic. Haas et Ernest. Pütz. Accessit Martinii commentatio de exercitationum poeticarum utilitate. gr. 8. (XI und 88 S. mit lithogr. Portr.) Trier 862, Gall's Verlag.

Martinius, Paul, Kaiser Wilhelm d. Große. E. Gedächtnißblatt f. d. deutsche Volk. gr. 8. (77 S.) Berlin 897. W. H. Osterwald. n. — 50

Martino di Castrozza [Schlagwort],
s. San Martino di Castrozza [Schlagwort]

Martino, R. de, 6 Seestücke (in Farbendr.). 4. Teplitz 892. Willner & Pick. n. 2. —; einzelne Blätter — 50

Martinoff, Russische Baudenkmäler. (23 Bl 23 T) fol In Mappe. Moskau 1848

Martinoff, Wallfried, a. Riga ⟨Livland⟩: Über einige Kondensationsprodukte der Benzilsäure und über ein Dinitrobenzil. Königsberg i. Pr. 1908: O. Kümmel. (51 S.) 8°

Königsberg, Phil. Fak., Ref. Klinger, Diss. v. 30. Juli 1908

[Geb. 17 Jan. 80 Riga; Wohnort Königsberg i. Pr; Staatsangeh. Rußland; Vorbildung Larinsches Gymn. Petersburg Reife 01, Studium Dorpat 7, Königsberg 3 S. Rig 22. Juli 08]

Martinovics, Ignaz Josef

—Diss. physica de altitudine Atmosphaerae ex observationibus astronomicis determinata. 4. Lemb. 785.

Martinovics, Ign. Jos., Diss. de harmonia naturali inter etc. Leopoli 783. (Eggenberger in Pest). 5 ℛ

—Diss. physica de Iride et Halone. 8. Leopoli 781. (Eggenberger in Pest). 5 ℛ

—Diss. de micrometro, ope cuius unus digitus geometricus dividitur 2,985,984 puncta quinti ordinis. c. Fig. 4. Lemberg 784. Eggenberger in Pesth. 5 ℛ

—praelection. physicae experimentalis. T. I. c. Fig. 8maj. Lemb. 787. Strohmeyer in Pesth. 20 ℛ

Martinovics, Ign. Jos., († d. 20 Mai 1795.) theoria gener aequation. omnium graduum. 8. Ofen 780. (Eggenberger Pest). 8 ℛ

Martinowitz, R., s.: Ask-Embla.

Martinowsky, Michael

Martinowsky Eine Welt im Kleinen.(Tellurium). 3 S. 8°
–Rakonitz OR, Progr 1856

Martins (C. F. P. von). Ueber die Pflanzen-namen in der Tupisprache. Muenchen, 1858. 8°

Martins, Charles, naturwissenschaftliche Abhandlungen. Autorisirte Uebersetzung von Steph. Born. Wohlf. (Titel-)Ausg. gr. 8. (III, 291 S.) Basel (1880) 882. Schweighauser. n. 4. —

— gesammelte kleinere Schriften naturwissenschaftlichen Inhalts. Autoris. Uebersetzung von Steph. Born. 1. Bd. gr. 8. (VII, 291 S.) Ebendas. 880. *

Martins, Charl. (Prof. d. Naturgesch. a. d. medizin. Fakultät zu Montpellier, etc.) Gesammelte kleinere Schriften. I. Bd. Basel, H. Richter.
*** Bd. 2 erscheint im Herbst d. J.

Martins, Charles. Gesammelte kleinere Schriften naturwissenschaftlichen Inhaltes. Autor. Uebersetzung von Stephan Born. I. Band. In-8°. Basel, Schweighauser. 10 —

Martins, Ch., von Spitzbergen zur Sahara, s. Bibliothek geograph. Reisen.

Martins, Charles Von Spitzbergen zur Sahara. Stationen eines Naturforschers in Spitzbergen. Lappland. Schottland. der Schweiz. Frankreich. Italien, dem Orient, Aegypten und Algerien. Autorisirte und unter Mitwirkung des Verfassers übertragene Ausgabe für Deutschland. Mit Vorwort von Carl Vogt. Aus dem Französischen von A Bartels. Bd. 1, 2. Jena 1868. 1 Bd. XI, 354, VI, 333 S. 8°

Martins, Charles, von Spitzbergen zur Sahara. Stationen eines Naturforschers in Spitzbergen, Lappland, Schottland, der Schweiz, Frankreich, Italien, dem Orient, Aegypten und Algerien. Autorisirte und unter Mitwirkung des Verf. übertragene Ausg. für Deutschland. Mit Vorwort von Carl Vogt. Aus dem Französ. von A. Bartels. 2 Bde. gr. 8. (XXVI und 687 S.) Jena 868, Costenoble. *

Martins, Ch., Von Spitzbergen zur Sahara. Stationen eines Naturforschers in Spitzbergen, Lappland, Schottland, der Schweiz, Frankreich, Italien, dem Orient, Aegypten u. Algerien. Autorisirte u. unter Mitwirkung des Verfassers übertragene Ausgabe für Deutschland. Mit Vorwort von C. Vogt. Aus dem Franz. von A. Bartels. 2. Aufl. 2 Abtheil. in 1 Bd. Jena 1872. 8°

Martins, Charles, neue Vergleichung der Becken und Brustglieder der Menschen und der Säugethiere, von der Drehung des Oberarmbeins hergeleitet. gr. 8. (75 S. mit 1 Stnt. in qu. gr. 4.) Giessen 860, Ferber'sche Universitäts-Buchh. *
Aus: Untersuchungen zur Naturlehre des Menschen und der Thiere, hrsg. von Jac. Moleschott, besonders abgedruckt.

Martins, Fridericus. Quaestiones Plautinae. De Captivorum, Amphitruonis, Poenuli, Rudentis fabularum prologis. De Capt. vss. 93. 94 et 77. Captivi duo in Captivis per primum actum non in scaena versantur. Halis Saxonum (1879): Haack in Berlin. 35 S. 8°
Halle-Wittenberg, Phil. Diss. v. 9. Juli 1879
Geb. Berlin 3. 8. 1855. V.
Im Buchhandel Halis Sax. (Berlin Mayer & Müller) 1879

Martins, (Hans Otto Phil.), Bemerkungen über die neuesten Bergwerksgesetz-Entwürfe f. den Preuß. Staat, das Königreich Sachsen u. den Oestreichschen Kaiserstaat, mit Bezug auf die f. das Herzogth. Anhalt-Bernburg entworfene Berg-Ordnung. gr. 8. (116 S.) Halle 850, Anton. 1/2 ß

Martins, H., Die in der Kgl. Preußischen Rheinprovinz gültigen französischen Bergwerksgesetze, Dekrete und Instruktionen in deutscher Sprache und mit den vor und während der Kgl. Preußischen Verwaltung erlassenen abändernden und ergänzenden Gesetzen und Verordnungen, nebst einem das Gesetz und die Instruktionen über Dampfmaschinenpolizei enthaltenden Anhange. Koblenz, 1836. 211 S.

Martins, die in d. k. preuß. Rheinprovinz gült. franz. Bergwerks-Gesetze, Decrete u. Instructionen in deutscher Sprache u. mit den, vor u. während d. k. preuß. Verwaltung erlass., abändernden u. ergänz. Gesetzen u. Verordnn., nebst einem, d. Gesetz u. d. Instructionen üb. Dampfmaschinen-Polizei enthalt., Anhange. gr. 8. (14 1/4 B.) Koblenz 836, Bädeker. *

Martins. Ueber das Rüdersdorfer Kalksteingebirge und die jüngste Preisherabsetzung der Rüdersdorfer Kalksteine. Mit Bezug auf das Sendschreiben der Dorfgemeinde Rüdersdorf an die Stadtverordneten Versammlung in Berlin. Berlin. 1830. 8.

Martins, Heinrich v. (Hrsg.), s. Abhandlung über die Geburtshülfe.

Martins, Julius Ewald (Berlin), De morbis activis. Berlin (Brüschcke) 6. V. 1829. 40 S. mit Biogr. (M.: H. Hippel.) (3.—) 22297
Oppon.: F. Hawer, C. Quinke, L. Martins. — Gew.: Carl Sundelin, Johann Martins (Vater)

Martins, Frau Martha, s.: Frohmut, M.

Martins, M., warum?, s.: Schillingsbücher.

Martins, Oswald [aus Breslau]: Über einen Fall von Cocosnussgrossem Atherom am Perineum . . . Berlin, Buchdr. v. Gustav Schade (Otto Francke) (1887), 28 S. + 2 Bl. 8°
Berlin, Med. Fak., Inaug. Diss. v. 17. Dez. 1887

Martins, Paul *Ernst Franz* [aus Kyritz (Prov. Brandenb.)]: Beiträge zur Kenntnis der Prostatahypertrophie ... Greifswald, Buchdr. C. Sell, 1896; 31 S., 1 Bl. 8.
Greifswald, Med. Fak., Inaug.-Diss. v. 17. Jan. 1896

Martins-Matzdorff J, die interessantesten Erscheinungen der Stereoskopie in 36 Figuren mit erläuterndem Text. Berlin 1868

Martinsbruck [Schlagwort]

Martinsbruck, s.: Schweiz. Atlas.

Martinsbühel, Schloss, (Burgstall Martinsberg) nächst Innsbruck im Oberinnthale in Tirol . . . Innsbruck 1888. V: *Obrist, Johann Georg.* (MARGR)

Martinsen, Ottocar, a. Reval ⟨Rußland⟩: Über die Einwirkung des Phosphortribromids auf Pyrazolone und Bispyrazolone. Parchim 1906: H. Freise. (48 S.) 8°
Rostock, Phil. Fak., Ref. Stoermer, Diss. v. 26. Febr. 1906
[Geb. 20. Aug. 80 Reval; Wohnort: Stuttgart; Staatsangeh.: Rußland; Vorbildung: Realgymn. Stuttgart O 00; Studium: Stuttgart T.H. 4, Rostock 6 S., Rig. 21 Febr. 06.]

Martinsen, Woldemar [Amanuensis a. d. Großherzogl. Universitätsbibliothek zu Gießen]: Goethes Singspiele im Verhältnis zu den Weissischen Operetten . . . Dresden, Johannes Päßler, Buch- u. Steindr., 1887. VIII, 51 S. + 1 Bl. 8°.
Giessen, Phil. Fak., Inaug. Diss. v. 1887.

Martinsen, Wold., Goethes Singspiele im Verhältnis zu den Weissischen Operetten. Inaugural-Dissertation. gr. 8. (VIII, 51 S.) Dresden 887. (Giessen, Ricker'sche Buchh.) *

Martinsgänse, die,. Nachsp. von G. Hagemann. 8. Eisenach, Wittekind. 804. -

Martins-Kirche, die, zu Darmstadt. Erinnerungsblätter an den 10. Novbr. 1883 und den 11. Novbr. 1885. 8. (VI, 71 S. mit 8 Abbild., gezeichnet von A. v. Kauffmann und L. Noack, in Holz geschn. von Heinr. Weber.) Darmstadt 886, Zernin. *

Martinslieder hin und wieder in Deutschland gesungen von Alten und Jungen zu Ehren des bescheidnen Manns . . . Bonn 1846. H: *Simrock, Carl Jos.* (GGr)

Martinslieder hin u. wieder in Deutschland gesungen von Alten u. von Jungen zu Ehren des bescheidnen Manns (bei einer wohlgebratnen Gans) mit zweien Vorberichten, die manches Dunkle lichten in Druck gegeben säuberlich durch Anserinum Gänserich. 16. Bonn (846), Marcus. n. 1/6 ß

Martinslieder hin und wieder in Deutschland gesungen von Alten und von Jungen zu Ehren des bescheidnen Manns (bei einer wohlgebratnen Gans) mit zweien Vorberichten, die manches Dunkle lichten, in Druck gegeben säuberlich durch Anserinum Gänserich. 16. (XVIII und 53 S.) Bonn 848, Marcus. *

Martinson, Conr., über die Häufigkeits- und Abhängigkeitsverhältnisse des Pannus bei Trachom. Inaugural-Dissertation. gr. 8. (63 S.) Dorpat 886, (Karow.) *

Martinsthal, Das Dorf, eine historische Novelle; a. d. Engl. . . . Leipz. 1797. Ü: *Ronnenberg, Johann Gottlieb Ferdinand.* (Ky) (MGT)

Martinsthal, das Dorf, hist. Novelle. 8. Leipz. Graffé. (a. Joachim.) 797.

Martinsthal, das Dorf; histor. Novelle, (von Jh. Gli. Fd. Ronnenberg). 8. Leipz. 797. Graffé. 1 ß

Martinsthal, das Dorf, eine historische Novelle, mit 1 Kupf. 8. Daselbst, 797. Müllers. 1 Rthl.

MARTINU, Johann. Waldesier und die hussitische Reformation in Böhmen. — (1906) XV, 207 Bl. 4° (Handschr.) Diss. 923
Diss. Wien, Univ.

Martinu, Joh., die Waldesier u. die husitische Reformation in Böhmen. (X, 137 S.) Lex. 8. Wien 910. H. Kirsch. 6. —

Μαρτίνυ, 'P: 'Ωιδὴ ἐπιτάφιος. Berlin, gedr. in d. K. Hofbuchdr. v. E. S. Mittler & Sohn, 1890, S. 17; fol.
Berlin, k. Friedrich-Wilhelms-G u. k. VS, Festzeitung 1890 **

Martinucci, Pio, Manuale sacrarum caeremoniarum in libros octo digestum. Edit. altera emendata et auctior. Liber 1. Vol. 1. gr 8. (XIV, 365 S.) Romae 879, Spithoever. **

Martinucci, Pio, Manuale sacrarum caeremoniarum in libros octo digestum. Edit. altera emendata et auctior. Vol. II—VI. (finis). gr. 8. (320; 260; 355; 573; 712 S.) Romae 879,80, Spithoever. **
Vol. I Ebendas. 1879. **, M 5.

Martinus, Der heilige, Bischof von Tours. Eine Legende aus dem vierten Jahrhundert. Zur Erbauung für Jung und Alt von einem katholischen Landpfarrer. Regensburg 1846. V: *Stützle, Johann Nepomuk.* (Russell IX, 630)

Martinus, der heilige, Bischof von Tours. Eine Legende aus d. 4. Jahrhund. Zur Erbauung f. Jung u. Alt von e. kathol. Landpfarrer. 12. (2½ B.) Augsburg 846, Kollmann'sche Bh.

Martinus, der heilige, Bischof von Tours. Eine Legende aus dem vierten Jahrhunderte. Zur Erbauung für Jung und Alt von einem kathol. Landpfarrer. 2. verm. Ausg. 8. (86 S.) Regensburg 886, Verlags-Anstalt.

Martinus de Fano, Formularium, s.: Quellen zur Geschichte des römisch-kanonischen Processes im Mittelalter.

Das Formularium des **Martinus** de Fano. Hrsg. von Dr Ludwig Wahrmund, Prof. Innsbruck: Wagner 1907. (XV, 136 S.) 8°
= **Quellen** z. Geschichte d. römisch-kanon. Processes im Mittelalter. Bd 1, H 8. [07. 6669 B

Martinus de Fano, Ordo iudiciorum, s.: Quellen zur Geschichte des römisch-kanonischen Processes im Mittelalter.

Der ordo iudiciorum des **Martinus** de Fano. Innsbruck: Wagner 1906. (XV, 20 S.) 4°(8°)
= **Quellen** z. Geschichte d. römisch-kanon. Processes im Mittelalter. Bd 1, H. 7. [06. 13308 B

Martinus Papa

Regestum Martini Papae IV [Hrsg: Isidoro Carini.] [Bogen 1–8, mehr nicht erschienen.] o. O. [um 1899]. (64 S.) 4°
[Titel in der Norm, Kopft.:] Regestum litterarum anni primi Domini Martini Papae IV [05. 5517

Martinus Polonus. Codex saec. XIII. Teplenus, collatus cum codice Nicolai Hane, edito per Joannem Caesar, Coloniae Agrippinae 1616. Evulgatusque in usum studiosae juventutis pro adornandis in codicem commentariis a Phil. Klimeš. Lex.-8. (III und 160 S.) Prag 859, Credner's Verlags-Conto.

Martinus a San Brunone

Martini a S. Brunone, Vertumnus vanitatis in XXIV metror. Schemata Poësis moral. et insup. 33 fig. 12. Norimb. Schneider et W.

MARTINUS a S. BRUNONE. Vertumnus Vanitatis, In XXIV metrorum schemata poesi morali trigesies transformatus. Editio posterior priore amplissimè auctior, et insuper XXXII. figuris aeneis illustrata. Augsburg, J. A. Pfeffel, Druck: J. J. Lotter, 1725. 12° *Allegorisches, gestochenes Frontispiz,* 18 Bl. 292 S. 2 Bl. (letztes leer), *mit 1 ganzseitigen und 31 halbseitigen emblematischen Kupfern nach Anton Hommer.* Leicht beriebener Ldbd. d. Z.
FdF 691 Praz² p. 414

Martinus, O. S. F., der Christ im Ehestand. Wegweiser u. Gebetbuch f. christl. Eheleute. (476 S. m. 1 Stahlst.) 16. Kevelaer (907). Butzon & Bercker. Geb. in Leinw. 1.50

Der Ehestand. Zur Beherzigung f. Braut- u. Eheleute hrsg. von P. **Martinus,** Apost. Miss. d. Franziscanerordens. 11.–15. Taus. *Dülmen: A. Laumann 1902.* (30 S.) 8° [F.] [03. 1660 B

Der Ehestand. Zur Beherzigung f. Braut- u. Eheleute hrsg. von P. **Martinus,** Apost. Miss. d. Franziscanerordens. 16.–20. Taus. *Dülmen: A. Laumann 1902.* (30 S.) 8° [F.] [03. 1660 B

— Ein falscher Freund! Zur Beherzigg. f. Männer u. Jünglinge. (24 S.) 16. Dülmen (908). A. Laumann. p — 15

Das Gebet der christlichen Jungfrau. Ein Lehr- u. Andachtsbuch. (463 S. m. 1 Stahlst.) 16. Kevelaer (908). Butzon & Bercker. Geb. in Leinw. 1.65

— s.: Missionsbüchlein f. Eheleute.

— s.: Missionsbüchlein f. Jünglinge u. Jungfrauen.

— Wegweiser f. christliche Eheleute. Lehr- u. Andachtsbuch f. christl. Hausmütter. (476 S. m. 1 Stahlst.) 12,5 ×7,7 cm. Kevelaer (907). Butzon & Bercker. Geb. von 1.50 bis 15. —

Martinus, Gottfr., s.: Beyhl, Jak.

— Friede auf Erden. Eine deutsche Weihnachtsdichtg. Festspiel m. leb. Bildern f. Bühnen u. Vereine. (81 S.) 8. Leipzig 904. Sigismund & Volkening. n. — 60

Martinus, Ludwig Günther, s. Martin, Ludwig Günther

Martinuzzi oder das Leben eines geistlichen Parvenus, in Beziehung auf neuere Erscheinungen erzählt. Vom Verf. des Moriz. Weimar 1790. V: *Schulz, Joach. Chph. Fch.* (BGE IV²/429) (Pk 2/682) (BiblPort) (Bresl 31, S. 151) (GGr V/374, Nr. 24/14)

Martinuzzi, od. Leben eines geistlichen Parvenüs, v. Fr. Schulz. 8. Weimar, Hoffmann. 790.

Martiny, Ad., s. Gosse, L. A., das Pönitentiärsystem.

Martiny, Benno, Aberglaube im Molkereiwesen. Ein Beitrag zum Verständnis d. Aberglaubens u. zur Geschichte d. Molkereiwesens. gr. 8. (42 S.) Bremen 891. M. Heinsius Nachf. n. 1.50

Die Aufrahmung. Geschichte ihrer Entwicklung von d. frühesten Zeiten bis z. Gegenwart. Von Benno **Martiny.** Mit 3 Vollbild. u. 151 Abb. Leipzig: Heinsius 1909. Getr. Pag. 4°
(Martiny. Geschichte d. Rahmgewinnung. T. 1.) [09. 13344

Martiny, Benno, Bericht üb. die Hauptprüfung der Milchflaschen-Spülmaschinen u. Vorprüfung neuer Molkereigeräte, Stuttgart 1908, s. a. Arbeiten der deutschen Landwirtschafts-Gesellschaft.

Bericht über die Hauptprüfung der Milchflaschen-Spülmaschinen und Vorprüfung neuer Molkereigeräte, Stuttgart 1908. Von Benno Martiny-Gr.-Lichterfelde. Berlin Deutsche Landwirtsch.-Gesellsch. 1909. 76 S. 8°
(Arbeiten d. Deutschen Landwirtsch.-Gesellschaft. H. 156.) [09. 10433

Martiny, Benno, Bericht üb. die erste österreichische Molkerei-Ausstellung zu Wien vom 13. bis 17. Dezbr. 1872. [Aus: „Milch-Zeitung."] gr. 4. (30 S.) Danzig 873. Kafemann. 1 50

Martiny, Benno, die Butterversorgung Berlins durch d. Eisenbahn im 1. Halbjahr 1899, } s.a. Arbeiten der deutschen Landwirtschafts-Gesellschaft.

Die Butterversorgung Berlins durch die Eisenbahn im ersten Halbjahr 1899. Im Auftr. d. Deutschen Landw.-Gesellsch, auf Grund bahnamtl. Erhebungen dargest. von Benno Martiny *Berlin 1901: (Gebr. Unger).* (34 S.) 8° [F.]
= Arbeiten d. Deutschen Landwirtsch.-Gesellschaft. H. 58. [01. 6006

— Geschichte der Rahmgewinnung. 1. Tl. Die Aufrahmg. Geschichte ihrer Entwicklg. v. den frühesten Zeiten bis zur Gegenwart. Mit 8 Vollbildern u. 151 Abb. im Text. (X, 155, 51 u. 34 S.) Lex. 8. Leipzig 909. M. Heinsius Nachf. Geb. in Leinw. 18. —

— dasselbe. II. Tl. Die Milchschleuder. 1.—3. Lfg. (S. 1—160 u. 1—8 m. Abb.) Lex. 8. Ebd. 910. à 2. 80

Martiny, Benno, Geschichte des Möllthaler Rindviehschlages. gr. 8. (VI, 94 S. mit 1 Chromolithogr.) Klagenfurt 880, v. Kleinmayr. *

—— s. Herdbuch, deutsches.

— s.: Jahre, fünfzig, der Landwirthschaft Westpreußens.

Martiny, Benno, vor 100 Jahren. Darstellung der Milchwirtschaft Groß-Britanniens um d. J. 1800. Ein Vorbild f. die gegenwärt. Entwicklg. der deutschen Milchwirtschaft. (XII, 217 S.) Lex.-8. Leipzig 904. M. Heinsius Nachf. n. 6. —; geb. n. 8. —

Martiny, Benno, das Käsigwerden des Rahms. (Gekrönte Preisschrift.) gr. 8. (40 S. mit 6 eingedr. Holzschn.) Schleswig 862, Heiberg's Buchh.

— die Kennzeichng. v. Zuchttieren, s.a. Arbeiten der deutschen Landwirtschafts-Gesellschaft.

Die Kennzeichnung von Zuchttieren Zweck, Aufgaben u. bisher in Anwend. gebrachte oder vorgeschlag Mittel, Zuchttiere wiedererkennbar zu machen. Im Auftr d. Deutschen Landw.-Ges. zsgest von Benno Martiny *Berlin 1899: Gebr. Unger.* (VIII, 32 S.) 8° [F.]
= Arbeiten d. Deutsch. Landwirtschafts-Gesellschaft H. 46. [00. 3810

— Kirne u. Girbe. Ein Beitrag zur Kulturgeschichte, besonders zur Geschichte der Milchwirtschaft. Mit 5 Vollbildern u. üb. 400 Abbildgn. im Text. 5 Lfgn. 4. (1. Lfg. 48 u. 20 S.) Berlin 894. R. Heinrich. n. 25. —

Martiny, Benno, Kirne u. Girbe. E. Beitrag z. Kulturgeschichte, besond. zur Geschichte der Milchwirtschaft. 4. (XVI, 324 u. 80 S. m. Abb. u. Taf.) Berlin (sw, Kreuzbergstr. 10) 895. Selbstverlag. Geb. in Halbfrz. n.n. 30. —

— die Milch, ihr Wesen u. ihre Verwerthung. Mit üb. 150 in den Text gedr. Holzschn. u. 2 lith. Taf. 2 Bde. gr. 8. (VII, 440 u. 445 S.) Danzig 871. Kafemann. n. 16. 20

—— die Milch, ihr Wesen und ihre Verwerthung. Mit über 150 in den Text gedr. Holzschn. und 2 lithogr. Taf. 2 Bde. in 9 Lfgn. gr. 8. Danzig 871, Kafemann. [1. Bd. oder 1.—5. Lfg. (VII, 440 S.); 2. Bd. oder 6.—9. Lfg. (445 S.)] à Lfg. *M 1,80. *

— die Milchversorgung Berlins. Im Auftrag der deutschen Landwirtschafts-Gesellschaft auf Grund besonderer amtl. Erhebgn. dargestellt. Mit e. vom kgl. preuß. Eisenbahnverkehrsamt zu Berlin entworfenen Karte. 8. (18 S.) Berlin 894. P. Parey. In Ledertuch kart. — 50

Martiny, Benno, die Milchviehzucht. Preisgekrönte Lösung einer von der Koppe-Stiftung gestellten Aufgabe. gr. 8. (III, 58 S.) [Danzig 877, Kafemann.] Bremen, Heinsius. geb. *

— s.: Milch-Zeitung.

— s.: Milch-Zeitung. s.: Arbeiten der deutschen Landwirtschafts-Gesellschaft.

Martiny B.: Nützlichkeit eines zu errichtenden Bundes milchwirtschaftlicher Fachleute aller Länder. U. St. o. A. 5 S. P.
(Congrès international de laiterie). [Tysk og fransk].

— Preisausschreiben des deutschen milchwirtschaftlichen Vereins betr. holländische Aufstallverfahren, s.a. Schriften des deutschen milchwirtschaftlichen Vereins. Nr. 34.

Martiny, B: Preisausschreiben des Deutschen Milchwirtschaftlichen Vereins, betreffend das holländische Aufstallverfahren. Leipzig 1908

— Prüfung der „Thistle"-Melkmaschine, s.a. Arbeiten der Deutschen Landwirtschafts-Gesellschaft.

[F.] Prüfung der 'Thistle'-Melkmaschine. Auf Veranl. d. Deutschen Landwirtschafts-Gesellschaft ausgeführt Bericht v. Benno Martiny. *Berlin Dr v. Gebr Unger 1899.* (VII, 117, 83 S.) 1 Bd 8
= Arbeiten d. Deutschen Landwirtschafts Gesellschaft H. 37 [99. 3023

— sechs Prüfungen milchwirtschaftlicher Geräte, s.a. Arbeiten der deutschen Landwirtschafts-Gesellschaft. 92. Hft.

Sechs Prüfungen milchwirtschaftlicher Geräte. Berichte über Vorprüfungen d. Wanderausstellung Hannover 1903, erstattet von B[enno] Martiny-Berlin. *Berlin: Deutsche Landwirtsch.-Gesellsch. 1904.* (29 S.) 8°
= Arbeiten d. Deutschen Landwirtsch.-Gesellschaft. H. 92. [04. 810

Martiny, Benno, der mehrblütige Roggen. Eine Pflanzenkulturstudie. Mit einer phot. Taf. Danzig 870. Kafemann. 4. (14 S.) n. 10 ngr.

— die Schlachtausbeute bei verschied. Rinderschlägen, s.: Arbeiten d. deutschen Landwirtschafts-Gesellschaft, Nr. 18.

—— das Southdown-Schaf. Anfangsgründe seiner Züchtung und Nutzung. gr. 8. (VIII, 37 S.) Ebendas. 869.

— s.: Taschenbuch, milchwirtschaftliches.

Martiny B.: Verbot d. Herstellung butterähnlicher Nachahmungen. U. St. og A. 3 S. P
(Congrès international de laiterie). [Tysk og fransk].

Martiny B.: Fjords Verfahren d. Milchprüfung u. d. Unterschiedsberechnung z. Bezahlung d. Milch nach deren Rahmergibigkeit. Hildesheim 1888. 21 S. 1 Tab. (Særtr.). P

Martiny, Benno, die Versorgung Berlins m Vorzugs-Milch. An der Hand der Geschichte dargestellt. gr. 8. (28 S.) Bremen 891 M. Heinsius Nachf n. 1 —

— Vorprüfung neuer milchwirtschaftlicher Geräte, s. a. Arbeiten der deutschen Landwirtschafts-Gesellschaft.

Vorprüfung neuer milchwirtschaftlicher Geräte 1906/1907 Berichte erstattet von Benno **Martiny** Berlin Deutsche Landwirtsch.-Gesellsch. 1907. (120 S.) 8° [F.]
— **Arbeiten** d. Deutschen Landwirtschafts-Gesellschaft H. 126. [07. 13565

Vorprüfung neuer Molkereigeräte Leipzig 1909 u. Nachweisung der in d. Jahren 1887/1909 als neu ausgestellten u. beschriebenen Molkereigeräte Von Benno **Martiny** Berlin: Deutsche Landwirtsch. Ges. 1910. 151 S. 8°
(Maschinenprüfungen. H. 2.)
(Arbeiten d. Deutschen Landwirtsch.-Gesellschaft H. 172.) [11. 859

— **Vorprüfung neuer Molkereigeräte der Wanderausstellung zu Danzig 1904 bezw. zu München 1905, s. a. Arbeiten der deutschen Landwirtschafts-Gesellschaft. 110. u. 122. Hft.**

Vorprüfung neuer Molkereigeräte der Wanderausstellung zu Danzig 1904. Berichte erstattet von B[enno] **Martiny**-Berlin. Berlin: Deutsche Landwirtsch.-Gesellsch. 1905. (79 S.) 8° [F.]
— **Arbeiten** d. Deutschen Landwirtsch.-Gesellschaft. H. 110. [05. 14333

Vorprüfung neuer Molkereigeräte der Wanderausstellung zu München 1905. Berichte erstattet von B[enno] **Martiny** Berlin. Berlin Deutsche Landwirtsch.-Gesellsch. 1906. (49 S.) 8° [F.]
— **Arbeiten** d. Deutschen Landwirtsch.-Gesellsch. H. 122 [07. 616

—— und Wilh. Biernatzki, Was heißt Viehzüchten und was sollen die Viehzuchtvereine? Ein Wort für deutsche Züchter und Zuchtvereine. 12. (21 S.) Kiel 883, Verlagsanstalt des „Norddeutschen Landwirth". *

—— die pariser Weltausstellung von 1867 in ihrer Bedeutung für die Landwirthschaft, insbesondere Westpreußens. Reisebericht. Lex.-8. (42 S.) Danzig 867, Kafemann. *

Martiny B.: Wörterbuch d. Milchwirtschaft. Eine Sammlung auf Molkereiwesen u. damit verwandte Viehzucht bezüglicher Ausdrücke Brem. 1891 38 S. P

— Wörterbuch der Milchwirtschaft aller Länder. Eine Sammlg. auf Molkereiwesen u. damit verwandte Viehzucht bezügl. Ausdrücke. 2. Aufl. (XI, 142 S.) gr. 8. Leipzig 907. M. Heinsius Nachf. 5.—; geb. n 6. —

— u. Wilh. **Biernatzki,** die Zuchtbuchführung für Rindvieh, an e. Beispiel aus der Praxis erläutert. Lex.-8. (VII, 79 S.) Ebend. 882. n. 2. 50; geb. n. 3. 50

—— die Zucht-Stammbücher aller Länder. Eine Untersuchung ihrer Eigenarten zwecks Beantwortung der Frage: Wie sind Zucht-Stammbücher einzurichten? Auf Veranlassung des Ausschusses der deutschen Viehzucht- und Herdbuch-Gesellschaft und mit Unterstützung des deutschen Reichskanzler-Amtes und des königl. preuss. Ministeriums für Landwirtschaft, Domänen und Forsten ausgeführt von dem Geschäftsführer der Gesellschaft B. M. gr. 8. (XV, 414 S. mit Tab. und Formularen.) Bremen 883, Heinsius. *

Martiny, Eduard

Martiny, Eduard (Übers., Comm. u. Hrsg.):

s.: Baudelocque, A(uguste) C(ésar): Monographie der Scrophelkrankheit in ihren Formen, Verzweigungen, Ursachen, Kennzeichen, ihrer Heilung und Verhütung... (Études sur les causes, la nature et le traitement de la maladie scrophuleuse... Dt.) Weimar: 1836

JB 2.518

— s. Breschet, das Lymphsystem

— s. Demangeon's, J. B., Theorie der Zeugung d. Pflanzen.

Martiny, Ed., Encyklopädie d. medic.-pharmaceut. Naturalien, s. a. Martiny, J.

— und Jul. **Martiny**, Encyklopädie der medicinisch-pharmaceutischen Naturalien- und Rohwaarenkunde. Mit besond. Rücksicht auf historische u. genetische Verhältnisse rc. 2. Bd 4. (letztes) Heft. Quedlinburg 854 Basse. gr. 8. (VI, S. 609—864.) 1 rp. 5 ngr.

Martiny, Ed., die Influenza od. Grippe, e. contagiös-epidem. Krankheit; in Hinsicht ihrer Gesch., ihrer Entsteh. u. Verbreit., ihres Wesens, Verlaufs u. ihrer Behandl., f. Aerzte u. Laien geschildert. 1. Aufl. 835., u. 2. Ausg. gr. 8. (à 3¼ B.) Weimar 841, Voigt. à Thlr.

— s. Lepelletier, die Hämorrhoiden.

s. C. A. Maisonabe, die Verkrümmung d. Rückgraths.

Martiny, **Eduard**, Naturgeschichte der für die Heilkunde wichtigen Thiere, mit besond. Rücksicht auf Pharmacologie, Pathologie und Toxicologie. Mit 222 grossentheils ill. Abbildungen. gr. 8. (XVI und 584 S. mit 30 Kpfrt.) Darmstadt 847, Leske. *

—— dass. — 2., wohlf. Ausg. ohne Kpfr. gr. 8. (XVI und 584 S.) Ebda. 850. *

Martiny, Ed., Naturgeschichte der für die Heilkunde wichtigen Thiere, mit besonderer Rücksicht auf Pharmacologie, Pathologie und Toxicologie entworfen. 2. (Titel-)Ausg. Mit 222 Abbild. gr. 8. (XVI und 584 S. mit 30 ill Stnt.) Giessen 854, Ferber'sche Universitats-Buchh *

— s. Téallier, P. F. S., über die Ursachen rc. des Gebärmutterkrebses.

—— Theorie d. Zeugung d. Pflanzen rc., s. Demangeon, J. B.

—— populär medicin. Vorlesungen f. Damen, üb. d. eigenthüml. gesunden u. krankhaften Zustände d. weibl. Lebens u. üb. d. Pflege u. erste Erzieh. d. Kinder. Eine Darstell. aller Besonderheiten, regelmäß. Verrichtungen u. Krankheiten d. weibl. Körpers. 1. Aufl. 836. u. 2. Ausg. 8. (à 15¾ B.) Weimar 842, Voigt. à

Martiny, Ed., einige Worte über die Cholera, zur Belehrung und Beruhigung an das Volk gerichtet. 8. (15 S.) Lauterbach 850. (Fulda, Henkel's Buchh.) **

Martiny, Emil, aus Berlin Wirkung magnetischer Querkräfte auf einen Gleichstromlichtbogen mit gradliniger Strombahn. *Rostock 1904. H Winterberg* (58 S.) 8°
Rostock. Phil. Diss. v. [20. Febr.] 1904

Martiny, Fr. Wilh., Handb. f. Reisende nach d. Schles. Riesengebirge u. d. Grafsch. Glatz, od. Wegweiser durch die interess. Parthien dies. Gegenden. 8. Bresl. 2e A. 818. 3e Aufl. m. 7 Kpf. 8. Ebd. 827. W. G. Korn. 1 rß 8 gl Ausg. mit 10 Kpf. 1 rß 20 gl

—prakt. Rechenbuch f. Kaufleute. u. Geschäftsmänner. 2 Thle. gr. 8. Bresl. 806 u. 7. Buchheister. 3 rß

Martiny, Friedrich Paul Adolf Rudolf,
s. Martiny, Rudolf

Martiny, Jul., u. Ed. Martiny, Encyklopädie d. medicin.-pharmaceut. Naturalien- u. Rohwaarenkunde. Mit besond. Rücksicht auf histor. u. genet. Verhältnisse u. auf phys. u. chem. Eigenschaften. Für Aerzte, Apotheker u. Droguisten. 1. Bd. 1—3. Hft. Acetum—Fabae Ignatii. gr. 8. (36 B.) Quedlinburg 838—41, Basse. à

Martiny, Jul., u. Ed. Martiny, Encyklopädie der medicinisch-pharmaceut. Naturalien- u. Rohwaarenkunde rc. 1. Bd. 4. u. 5. Hft. nebst Nachtrag u. 2. Bd. 1. Hft. (Fabae Pichurim—Herba.) gr. 8. (34⅝ B. u. 4 Tab.) Quedlinburg 843, 47, Basse.
1. Bd. 1—3. Hft. Ebendas. 1838—41. 2 Thlr. 15 Ngr.

Martiny, Jul., und Ed. Martiny, Encyklopädie der medicin.-pharmaceut. Naturalien- und Rohwaarenkunde. Für Aerzte, Apotheker und Droguisten. 2. Bd. 2. und 3. Heft. Herba galli albi — Radix Sigilli Salomonis. gr. 8. (S. 209—608.) Quedlinburg 847—52, Basse. à Heft 25 Ngr.
1. Bd. und 2. Bd. 1. Heft. Ebendas. 1843—47. 2 Thlr. 5 Ngr.

Martiny, Jul., und Ed. Martiny, Encyklopädie der medicinisch-pharmaceutischen Naturalien und Rohwaarenkunde. 2. Bd. 4. (letztes) Heft: Radix sisari — Zincum sulphur. gr. 8. (VIII und S. 609—864.) Quedlinburg 854, Basse.
1. Bd. (5 Hefte und Nachtrag) und 2. Bd. 1—3. Heft. Ebendas. 1843—52. 6 Thlr. 10 Ngr. — Die Angabe im 11. Bde. ist hiernach zu berichtigen.

Martiny, Rud., das neue Dienstgebäude des Staatsarchivs zu Breslau, s.a. Mitteilungen der k. preuss. Archivverwaltung. (Meinardus, Otto.)

Das neue Dienstgebäude des Staatsarchivs zu Breslau und die Gliederung seiner Bestände v Otto Meinardus u Rudolf Martiny. Mit 7 Fig u 1 Vollbild Leipzig 1909 8° = Mitteilungen der K Preuss. Archivverwaltung. H 12.

[F.] **Martiny,** *Friedrich Paul Adolf* Rudolf [aus Bad Liebenstein in Sachsen-Mein.]: Der Grundbesitz des Klosters Corvey in der Diöcese Osnabrück .. (Aus: Mitth. d. hist. Ver. zu Osnabrück, Bd XX.) Marburg i. H., *Druck v. J. G. Kisling in Osnabrück,* 1895; 75 S., 1 Bl. 8.
Marburg, Phil. Fak., Inaug.-Diss. v [19. Okt.] 1895

— **Kulturgeographie des Koblenzer Verkehrsgebietes,** s.a. Forschungen zur deutschen Landes- u. Volkskunde. XVIII, 5.

Kulturgeographie des Koblenzer Verkehrsgebietes von Dr Rudolf Martiny in Berlin. Mit 2 Beil. Stuttgart: Engelhorn 1909. IV, 90 S. 8°
(Forschungen z. deutschen Landes- u. Volkskunde. Bd 18, H. 5.)

Martiny, Stef. Der Tiefbau am Dreifaltigkeitsschacht in Vihnye, s. Mittheilungen a. d. Jahrb. der königl. ungar. geolog. Anstalt.

Martinz, Frz., die Preblauer Quelle im Lavanthale. Klagenfurt 865. (Leon's Buchh.) 8. (26 S.) n. 6 ngr.

Mártires, los, de Uganda, s.: Desde lejanas tierras. XXV.

Martitz, Ferd. v., Betrachtungen über die Verfassung des norddeutschen Bundes. 8. (IV, 143 S.) Leipzig 868, Haessel. *

Martitz, Ferd. v., der staatlich verliehene Ehrentitel, s.a. Festgabe der Berliner juristischen Fakultät f. Otto Gierke.

Martitz, Ferd. v.: Der staatlich verliehene Ehrentitel. E. Beitr. zur Lehre von d. Ehrenhoheit deutscher Landesherren. Breslau 1910.

Martitz, Ferd. v., das eheliche Güterrecht des Sachsenspiegels und der verwandten Rechtsquellen. Mit einer Einleitung über die Quellen des sächs. Rechts. gr 8. (XVI und 376 S.) Leipzig 867, Haessel. *

Martitz, F[erdinand] von: Die Monarchie als Staatsform. *Berlin 1903: G. Schade.* (30 S.) 4°
Berlin, Rede am Geburtstage d. Kaisers 1903

Martitz, F. v., das Recht der Staatsangehörigkeit im internationalen Verkehr. Mit Rücksicht auf die deutsche Gesetzgebg. erörtert. [Aus: „Annalen d. deutschen Reichs."] gr 4. (102 Sp.) Leipzig 875. (Hirth.) n. 3 .—

Martitz, F. v., internationale Rechtshilfe in Strafsachen. Beiträge zur Theorie des positiven Völkerrechts der Gegenwart. Mit einer Sammlung von Auslieferungs- und Fremdengesetzen. Nebst einem Repertorium der modernen Auslieferungsverträge. 1. Abthl. gr. 8. (XII, 468 S.) Leipzig 888, Haessel. *

Martitz, F. v., internat. Rechtshilfe in Strafsachen. Beiträge zur Theorie d. positiven Völkerrechts d. Gegenwart. M. e. Sammlg. v. Auslieferungs- u. Fremdengesetzen. Nebst e. Repertorium d mod. Auslieferungsverträge. 2. Abth. gr. 8. (XVI, 896 S.) Leipzig 897. H. Haessel. n. 30. — (Kplt.: n. 42. —)

Martitz, F. v., s.: Rechtswissenschaft, systematische.

— die Verträge d. Königr. Württemberg über internationale Rechtshilfe. [Aus: „Festgabe der Universität Tübingen zum 25. Juni 1889"] gr. 4. (30 S.) Tübingen 889. Laupp. n. 2. —

Martius [Sachliches OW]

Martius, O. F. Ph. v. Eine biographische Skizze. Regensburg 1869. V: *Eichler, Aug. Wilh.* (Hauptkat. d. Univ.-Bibl. Tübingen. K. Nachtr. 24.)

Martius [Verfasser]

MARTIUS: Die in der Königl. Preuss. Rheinprov. gült. französ. Bergwerks-Gesetze, Decrr. u. Instructt. in deutsch. Sprache u. mit den, vor u. während der Königl. Preuss. Verwaltung erlass., abändernden u. ergänz. Gesetzen u. Verordn., nebst ein. das Gesetz u. die Instructt. über Dampfmaschinen-Polizei enthalt. Anh. *Coblenz*, Bädeker. 836. gr. 8. (1 Thl. 8 Gr.)

Martius und Nickau, Karte des Kreises Görlitz, nach den Gemarkungskarten entworfen und gezeichnet. 1 50,000. Bl 1 (Garnisonkarte). Chromolithogr. gr Fol Görlitz 887, (Sattig) ** 2 50
Auf Leinw in Etui ** 3 —

Martius, Natural- u. Geldunterstützung, s.: Kayser.

Martius, über die gegenwärtige Stellung des Adels in Oestreich. Briefe an den Grafen Heinr. A********. 1. und 2. Heft. 8. (97 S.) Wien 848, [Volke's Sohn.] * -

Martius, wie man in München Zeitungen schreibt! Eine zeitgemäße Studie. gr. 8. (11 S.) München 893. Dr H. Lüneburg. — 30

Martius, Alexander: Über die rechtliche Natur der Licenzerteilung durch den Patentinhaber. *Berlin 1897: (Deutscher Verl.).* (74 S.) 8° [F.]
Greifswald, Jur Diss. v 1897

Martius, Ancus, aus Berlin Irrtum in den Beweggründen bei letztwilligen Verfügungen nach römischem und nach neuem deutschen bürgerlichen Recht. *Berlin 1898: W. Issleib.* (63 S.) 8°
Erlangen, Jur Diss. v 10. Okt 1898

Martius, Ancus: Zur Lehre von der Verwendung des Futurs im Alt- und Neufranzösischen. *Göttingen 1904: Dieterich.* (59 S.) 8°
Göttingen, Phil. Diss. v. [2 März] 1904

Martius, Ancus, zur Lehre v. der Verwendung des Futurs im Alt- u. Neufranzösischen. Diss. (67 S.) 8. Göttingen 904. (Vandenhoeck & Ruprecht.) n. 1.40

Martius, C, s.a. Martius, Karl

Martius, C A, s Martius, Karl Alexander

Martius, C F Ph, s Martius, Karl Friedrich Philipp

Martius, C G Ph

—— u Simon, Jahresbericht etc. s. Dierbach, J. H.

Martius, C. G. Ph. v., Sendschreiben über die Kartoffelkrankheit. Mit e. Vorrede v. Prof. Bergsma in Utrecht. gr. 8. (1 ¼ B.) Utrecht 846. [Düsseldorf.] Bötticher'sche Buchh. *

Martius, Ch., s.a Bravais, L. u. A.

Martius, Ch., von Spitzbergen zur Sahara, s.: Bibliothek geograph. Reisen.

Martius, Eduard, die zwei Gehirne in einem Januskopf. Ein Beitrag zur Anatomie der Missbildungen. Diss. München 1886, A. Buchholz. 8°. 16 S. mit 4 Taf.

Martius, Ernst Wilhelm

—Anweis., Pflanzen nach d. Leben abzudrucken. Mit Kpfn. 8. Wetzl. 784. Winkler. 6 gr.

Martius, E. W., Anweis. Pflanzen nach dem Leben abzudrucken, m. K. 8. Wetzlar, Winkler. 785. Rthlr.

Martius, Ernst Wilh.: Erinnerungen aus meinem neunzigjährigen Leben. Von Ernst Wilh. **Martius.** Leipzig: Voss 1847. XVI, 321 S. 8°
S. 182—190: Mein Eintritt in die Freimaurerei 1798. KB.

Erinnerungen aus dem neunzigjährigen Leben von Ernst Wilhelm Martius. *(Berlin 1895: H Feyl & Co.)* (138 S.) 4° [F.]
—Martius, Karl Friedr Phil v: Geschichte d. Familie Martius. [96. 11389 3

— Etwas üb. Weine u. ihre Verfälschung. 8. Regensburg, Montag u. W. 789.

—icones plantarum, quas adjecta cel. Linnei nomenclatura ordine alphabetico digessit. Cent. I — VI. Fol. Regensb. 780.

Martius, E. W., Nachr. üb. d. macassarischen Giftbaum. gr. 8. Erlang. Breuning. 792.

Martius, Ern. Wilh., Nachrr. über den macassarischen Giftbaum. gr. 8. Erlang. 792. (Heyder.) 6 gr.

Ueber die Ordnung. Einige Worte, zur Feier des letzten Abends des Jahres 1814 gesprochen in d. g. u. v. Loge Libanon zu den drei Cedern [in Erlangen] vom Br. Ernst Wilh. Martius. Erlangen [1814: Junge]. 12 S. 8° [Umschlagtit.]

—Wanderr. d. Franken u. Thüringen, in Briefen an e. Freund. 8. Erlangen 795. Breuning; (Heyder.) 20 gr. Schreibp. 1 ℛ

Martius, Friedrich

Achylia gastrica, ihre Ursachen u. ihre Folgen v. Prof. F[riedr.] **Martius,** Rostock. M. e. anatom. Beitr. v. Prof O[tto] Lubarsch, Rostock. M 6 Abb. im Text u. 1 lith. Taf. *Leipzig & Wien: F. Deuticke 1897.* (3 Bl., 170 S., 1 Bl., 1 Taf.) 1 Bd 4.(8.) [97. 2272

Martius, Beiträge zur Lehre vom Hirnabszess. s.: Veröffentlichungen üb. Krankengeschichten u. Leichenbefunde aus den Garnisonlazarethen.

Martius, Frdr., neurasthenische Entartung einst u. jetzt. Tröstliche Betrachtgn. e. Kulturoptimisten. (48 S.) 8. Wien 909. F. Deuticke. 1.—

Martius, Fr., wahre u. falsche Heilkunst. Vortrag, geh. am 8. II. 1902 in der Aula d. Universität Rostock. gr. 8. (32 S.) Wien 902. F. Deuticke. n. —80

Martius, F., der Herzstoss des gesunden u. kranken Menschen, s. Sammlung klinischer Vorträge

Krankheitsanlage und Vererbung. Von Prof Dr F[riedrich] **Martius.** Leipzig & Wien: Deuticke 1905. 39 S. 8° [11. 6396 11

Krankheitsursachen und Krankheitsanlage Vortrag geh. in Düsseldorf 1898 von Prof Dr Friedr **Martius.** Leipzig & Wien Deuticke 1898 31 S 8°

Martius, F. u. J. Lüttke. Die Magensäure d. Menschen. Kritisch u. experimentell bearb. gr. 8. (VI, 193 S.) Stuttg. 892, Enke. * 5 —

Martius, F., die Methoden zur Erforschung des Faserverlaufs im Centralnervensystem, s. Sammlung klinischer Vorträge.

— über Nervosität, s.a Sammlung gemeinverständlicher wissenschaftlicher Vorträge.

Martius F über Nervosität. (Slg wissenschaftl. Vortr. N F 207) Hamburg 1895

Pathogenese innerer Krankheiten. Nach Vorlesungen f. Studirende Ärzte von Prof. Dr F[riedrich] **Martius,** Rostock. H 1—4. Leipzig & Wien F Deuticke 1899-1909. 4 Bde 4°(8°)
1 Infectionskrankheiten u. Autointoxicationen (1). 1899.
2. Enterogene Intoxicationen. Constitutionsanomalien u. constitutionelle Krankheiten. 1900.
3. Functionelle Neurosen. 1903.
4. Das pathogenet. Vererbungsproblem. 1909. [06. 1961

Martius, F., die Principien der wissenschaftlichen Forschung in der Therapie, s.: Sammlung klin. Vorträge.

— **allgem. Prophylaxe, s.: Handbuch d. Prophylaxe**

Martius, Professor Dr., Der Schmerz. Akademischer Vortrag, gehalten in der Aula der Universität Rostock. 8. (24 S.) —.48
Wien: Deuticke 1898.

— Tachycardie. Eine klin. Studie. gr. 8. (V, 96 S.) Stuttgart 895. F. Enke. n. 4.—

Martius, Friedr (geb. Erxleben 7. 9. 1850) Die prophylactische Tracheotomie im Felde. Berlin (1874). (32 S.) 8°
Berlin, Med. Diss. v. 4. Aug. 1874

— was ist die Basedow'sche Krankheit?, s.a. Klinik, Berliner.

Was ist die Basedow'sche Krankheit? Klinisch untersucht v. Prof. F[riedr.] **Martius**, Rostock. *Berlin: Fischer 1896.* (10 S.) 1 Bd 8.
= **Klinik, Berliner** II. 95. [96. 3422

— **Uber anaemische Zustände, insbes. üb. schwere Anaemieen gastrointestinalen Ursprungs.** [Aus: „Aerztl. Monatschr."] gr. 8. (18 S.) Leipzig 898. H. Hartung & Sohn. n. — 60

Martius, Georg, Referendar in Ploen: Der Bergführervertrag. Ein Beitrag zur Lehre vom Dienstvertrag und Werkvertrag des Bürgerlichen Gesetzbuches. Berlin 1906: W. Pilz. (VIII, 102 S.) 8° [F.]
Heidelberg, Jur. Fak., Ref. Endemann, Diss. v. 21. Sept. 1906
[Geb. 7 Mai 84 Bonn; Wohnort: Ploen, Staatsangeh.: Preußen; Vorbildung: Städt. Gymn. Bonn, Kgl. Gymn. Kiel Reife O. 02; Studium: Oxford 1, Heidelberg 3, Berlin 4 S.; Rig. 8. Aug. 06.]

Der Bergführervertrag Ein Beitrag z. Lehre v Dienstvertrag u. Werkvertrag d. BGB. Von Dr. iur. Georg **Martius**, Referendar Berlin. Struppe & Winckler 1906. (VIII, 101 S.) 8° [F.]
[Erschien auch als Inaug.-Diss. Heidelberg 1906.] [07. 3349

Martius, Georg [Dr.]: Ueber Primären Krebs der Gallenblase. . .
München, akad. Buchdr. v. F. Straub, 1891, 29 S. 8°
München, Med. Fak., Inaug. Diss. v. 1891

Martius, Geo., pharmakologisch-medicinische Studien über den Hanf. Inaugural-Abhandlung. gr. 8. (92 S.) Leipzig 855(56,) Voss. *

Martius, Geo., pharmakologisch-medicinische Studien über den Hanf. Inaugural-Abhandlung. Leipzig 856. Voss. gr. 8. (92 S.) n. 12 ngr.

Die Verbindung der öffentlichen Armenpflege mit der Vereins- und Privat-Wohltätigkeit. Begleitschrift zu d. Vorschlägen d. Breslauer Armen-Direktion wegen Errichtung e. Verbandes d. kommunalen, kirchl. Stiftungs-, Vereins- u. privaten Armenpflege u. Wohltätigkeit zu Breslau. Vom Vorsitzenden d. Armendirektion Stadtr. [Georg] **Martius.** (Breslau 1905: Graß, Barth & Co.) (28 S.) 4° [F.] [06. 3600

Martius, Geo. Konr., Europ. Ingenieur- od. Kriegsbaukunst. N. Aufl. besorgt v. Wiedeburg. M. 50 Kpf. 8. Nürnb. 754. Riegel u. W. 2 ℳ

Martius, Georg Conrad. Neu aufgeführter europäischer Ingenieur, oder Kriegskunst, wie solche mit allem, was dazu erfordert wird, in Europa üblich gewesen und zumalen annoch ist In sich haltend 1. Eine vollständige Geometrie mit aller Zubehör etc. 2. Eine ausführliche Fortification, nemlich von Offensiv und Defensiv-Wercken auch andern Militair-Gebäuden, auf aller Europäischen Völker Art, theils kürtzlich, theils in den üblichen ausführlich, allenthalben mit Vernünfftigen jedermann vor Augen ligenden Gründen, sowohl in Theoria als Praxi, vorgestellt und mit nöthigen (50) Kupffern versehen. 4. Nürnberg 1687.

— — 3. Auflage In welcher nicht allein unzehlige Druck und einige andere eingeschlichene Fehler verbessert, sondern auch zur Geometrie ein kurtzer Anhang von Wasserwägen, zur Fortification aber die Vaubanische und Rimplerische Manier beigefüget worden (2 Bde.) 8. Nürnberg 1719.

Martius, Geo. Sam., Trauerblumen, od. Denk- u. Dankreden. 8. Jena. 708.

Martius, Götz, s.: Beiträge z. Psychologie u. Philosophie.

Martius, Götz, Joh. Gottl. Fichte. Rede zur Feier d. Geburtstages Sr. Maj. des deutschen Kaisers, Königs v. Preussen Wilhelm II., geh. an der Christian-Albrechts-Universität am 27. I. 1909. (24 S.) gr. 8. Kiel 909. Lipsius & Tischer. — 60

— Kant. Zum Gedächtnis seines 100jähr. Todestages. Akademische Rede, geh. am 12. II. 1904 in der Aula der Christian-Albrechts-Universität. (27 S.) gr. 8. Kiel 904. (Lipsius & Tischer.) n. — 60

Martius, Goetz (geb. am 7 März 1853 in Erxleben Rgbz. Magdeburg): Zur Lehre vom Urtheil .. Bonn, Druck v. J. F. Carthaus (1877). 2 Bl., 57 S., 1 Bl. 8. ¶ Erschien zugleich selbständig bei Strauss in Bonn m. d. Zusatz: Ein Beitrag zur Erkenntnisstheorie und Logik.
Bonn, Phil. Fak., Diss. v. 15 Okt. 1877

Martius, Goetz, zur Lehre vom Urtheil. Ein Beitrag zur Erkenntnisstheorie u. Logik. gr. 8. (57 S.) Bonn 877. Strauss. n. 1. 20

— Leib u. Seele. Rede, beim Antritt des Rektorats der kgl. Christian-Albrechts-Universität am 5. III. 1910 geh. (26 S.) gr. 8. Ebd. 910. — 60

Martius, Götz, Prof. Dr., z. Rektor d. Univ. Kiel: Die Seeburg. Kiel: Lipsius & Tischer in Komm. 1910. 22 S. 8°
Kiel, Rede z. Einweihung d. Studenten- u. Professorenhauses Seeburg am 12. Nov. 1910 [U 11. 2682

Martius, Götz, über die Ziele und Ergebnisse der experimentellen Psychologie. Vortrag, gehalten im academ. philosoph. Verein zu Bonn. gr. 8. (24 S.) Bonn 888, Strauss. *

Martius, Heinr. v., Abhandlung üb. d. Frostbeulen u. deren ärztl. Behandlung. 8. (6¼ B.) Berlin 831, Herbig. Thlr.

—Abhandlung über d. Geburtshülfe; aus d. Chinesisch. gr. 8. Moskau 812. N. Ausg. m. Anmerkk. 8. Freyberg 820. Craz u. G. 8 gr.

— — Abhandlung über die krimmsche Krankheit und deren ärztl. Behandlung. gr. 8. Ebend. 819. -

v. **Martius,** Hnr., († d. 4. Aug. 1831.) Kloster Altenzelle. Ein Beitrag zur Kunde d. Vorzeit. 8. Frberg 820. Craz u. G. 16 gr. 2r Bd. 8. Nossen 823. (Ebd.) 20 gr.

v. **Martius,** (H.,) Kloster Appenzelle, ein Beitr. zur Kunde der Vorzeit. 2 Bde. 8. Nossen 822—23, (Freiberg, Craz u. Gerlach.) 1r Bd. 16 gr. 2r Bd. 20 gr.

—— Beschreibung e. äusserst merkwürd. Huhns mit menschenähnl. Profil. M. 1 (ill.) Kpfr. gr. 8. (1 B.) Berlin 829, Reimer.
Aus d. „Journal d. Chirurgie, hrsg. von v. Gräfe u. v. Walther" abgedruckt.

—— über d. Blasenausschlag od. Pemphigus. 8. (9 B.) Berlin 829, Reimer.

Martius, Heinr., ein Fall v. operiertem Rückenmarkshauttumor, s. a. Mitteilungen aus den hamburgischen Staatskrankenanstalten. XI, 8.

Martius, Heinrich, Medizinalprakt.: Aus d. allg. Krankenh. Eppendorf in Hamburg. Direktorialabt.: Lenhartz. Ein Fall von operiertem Rückenmarkshauttumor. Hamburg & Leipzig: Voss 1910. 22 S. 8° ¶ (Aus: Jahrbücher d. Hamburg. Staatskrankenanstalten. Bd 15.)
Rostock, Med. Diss. v. 26. Juli 1910, Ref. Müller
[Geb. 2. Jan. 85 Berlin; Wohnort: Hamburg; Staatsangeh.: Mecklenburg-Schwerin; Vorbildung: Gymn. Rostock Reife O. 04; Studium: Freiburg i. B. u. Leipzig zus. 4, Rostock 6 S.; Coll. 3. Mai 10; Approb. 14. Mai 10.] [U 10. 3914

—Hebe; Taschenb. z. Erhaltung d. Gesundheit u. Schönheit; ein Toilettengeschenk f. gebildete Frauen. 8. Meißen 822. Gödsche. 21 gr.

—Diss. inaug. de lepra taurica. 8. Leipz. 816. Magaz. f. Ind. 6 gl. — Dass. deutsch u. d. T.: Abhandlung über d. krimmsche Krankheit u. deren ärztl. Behandlung. gr. 8. Freiberg 819. Craz u. G. 16 gl.

— **Heinrich von** (Moskau), De lepra taurica. Präs. Adam Michael Birkholz. Leipzig (W. Staritz) 2. VIII. 1816. 44 S. (3.50) 22299

—Prodromus florae Mosquensis. 8. Moskau 812. Editio altera cum calendario florescentiae plantarum et indice completo. 8. Leipz. 816. Magaz. f. Industr. 1 ℛ 8 gl.

—— Radeberg u. seine Umgebungen. Eine histor. Skizze. 8. (13¼ B.) Bautzen 823, Weller.

— s. Tacitus, Germanen.

Martius, J., Sammlung von 1000 d. geistreichsten u. ansprechendsten Stellen aus d. Werken uns. besten Schriftsteller. Hrsg. v. Heinr. v. Hessen. 8. (17½ B.) Potsdam 835, (Vogler. ?)

Martius, Jh. Fr., Festlieder für Schulen nach Kirchen- und eigenen Melodien. 8. Nürnb. 824. Riegel u. W. 10 gl.

—Liederbuch f. Schulen. 1s u. 2s Bdchn. 8. Nürnb. Riegel u. W. à 4 gl. 8 gl. Mit Melodien 17 gl.

—Melodien zu d. Liedern u. Gesängen des deutschen Kinderfreundes v. F. P. Wilmsen. 3. Erlang. 806. Palm. 3 gl.

—Samml. v. Religionsgesängen, Chören u. Duetten, als Text zum Gebr. bei Kirchenmusik. 8. Erlang. 792. Palm. 6 gl.

—Taschenbuch f. Freunde u. Freundinnen der Musik. 8. Nürnberg 786.

— **Joh. Georg** (Präs.) u. **Joh. Heinrich Martius** (Resp.) (Mittweida, Brüder), De fuga literatorum ob singularia divinae providentiae documenta memorabili. Leipzig (Fleischer) 5. III. 1705 (4.—) 22300

Martius, Johann Heinrich

— — (Wittenberg), De poetis, morum magistris, mentem exponit suam, in simulque rectorem academiae magnificum illustrissimos comites, perillustres LL. Barones, patres conscriptos, . . . ad orationem professioni poeseos ordinariae, clementissime sibi demandatae. (Wittenberg) Eichsfeld) 9. XI. (1736). (4.—) 22304

Martius, Johann Nikolaus

Martius, J. N., De magia naturali, ejusque usu medico ad magice et magica curanda. 44 pp. Erf. 4°.

1700

Martius, Jo. Nic., Diss. de magia naturali, ejusque usu medico revisa et variis notis illustrior iterum edita. Erf. 4°. 78 pp.

1705

Martius, Jo. Nic., De magia naturali ejusque usu medico ad magice et magica curandum. Ed. prin. Erf. 1712. Lps. 1715. 4°. (Deutsch Lpz. 1718. 8°. Umgearbeitet von Chr. *Wiegleb*. Brl. 1782. 8°.)

Martius, Jo. Nic., De magia naturali ejusque usu medico ad magica curandum. Lps. 4°.

1715

Martius, Jo. Nic., diss. de magia naturali ejusq. usu medico ad magice et magica curandam. Ed. prim. Erfordiae 712 Lips. 715. 4. Teutsch ebd. 718. 8. Umgearb. von J. Chr. Wiegleb. Berlin 782. 8.

Martius, Joh. Nik., Schriften üb. natürl. Magie, s. a. **Poppe**, J. H. M.

Martius, J. Nic., gesammelte Schriften über natürliche Magie. Ausgew. von J. H. M. v. **Poppe**. Stuttgart 1839. II. Bde. 12. (auch als Bd. I. u. II. v. dess. Neuer Wunder-Schauplatz der Künste und interessantesten Erscheinungen im Gebiete der Magie, Alchymie, Chemie, Physik, Geheimnisse und Kräfte der Natur, Magnetismus, Sympathie und verwandte Wissenschaften. N. d. Aufschlüssen der bekanntesten Forscher von Theophrastus Paracelsus b. a. d. neueste Zeit volksfaßlich bearbeitet.)

Martius, J. Nic., Unterricht v. d. Magia naturali u. derselben med. Gebrauch, beygefügt e. neues Kunstkabinet u. A. *Miraldi* hundert curieuse Kunststücke. Frkf. 1731. 4°. 1740. 8°.

1731

Martius, J. Nic., Unterr. in d. natürl. Magie od. zu allerhand nützl. Kunststücken, umgearb. von Wiegleb u. Rosenthal. 20 Bde m. K. gr. 8. Berlin, Nicolai. 786–805. (1r 1 Rthlr. 12 gr. 2r 1 Rthlr. 4 gr. 3r—18r à 1 Rthlr. 8 gr. 19r u. 20r 2 Rthlr.)

Martius, Jo. Nic., Unterricht von der wunderbaren Magie und derselben medicinischen Gebrauch; auch von zauberischen und miraculosen Dingen: Sympathie, Spagyrik, Astrologie ꝛc. Welchem beygefügt Ein Neu-eröffnetes Kunst-Cabinet in 178 Artikeln Und Antonii *Mizaldi* Hundert curiouse Kunst-Stücke. Frkf. 368 S. u. Lpz. 1719. 16°. (lat. Erf. 1696.) 36 pp. 4°.

1719

Martius, Johannes Festpredigt zur Feier des 90. Geburtstagsfestes Sr. Majestät des Kaisers. (Umschlagtitel: Festpredigt am 22. März 1887.) 4 (S. 3–8). Klostersch. *Rossleben* 1887 (232). Progr.

Martius, Karl

Martius, Carl, die Combinationsverhältnisse des Krebses und der Tuberculose. gr. 8. (46 S.) Erlangen 853, Palm und Enke.

Martius, C., d. Krankheits- u. Sterblichkeits-Statistik der Infektionskrankheiten des J. 1894 im Reg.-Bez. Mittelfranken, s.: Zeitschrift des kgl. bayerischen statist. Bureau.

Martius, Karl, Assistenzarzt beim Westfälischen Dragoner-Reg. No. 7: (Aus der Poliklinik des Herrn Prof. Dr. Strauss zu Berlin). Vergleichende Untersuchungen über den Wassergehalt des Gesamtblutes und des Blutserums. Berlin 1906: L. Schumacher. (16 S.) 8°

Berlin, Med. Fak., Ref. Kraus, Diss. v. 26. März 1906

[Geb. 2. Mai 79 Merseburg; Wohnort: Metz; Staatsangeh.: Preußen; Vorbildung: Gymn. Merseburg Reife O. 99; Studium: Berlin Kaiser Wilh.-Akad. 10 S., Coll. 14. März 06, Approb. 2. Juni 05.]

Martius, Carl, Versuch einer Monographie der Sennesblätter. Habilitationsschrift. Leipzig 857. Voss. gr. 8. (VIII, 159 S.) n. 24 ngr.

Martius, Karl Alexander

Martius, C. A. und Wichelhaus, H., Bericht über das Festmahl der Deutschen Chemischen Gesellschaft in Berlin zu Ehren Aug. Wilh. Hofmanns 1870.

Martius, Carl Alex., über die Cyanverbindungen der Platinmetalle. Inaugural-Dissertation. gr. 8. (75 S. mit 1 Stnt. in qu. 4.) Göttingen 860, (Vandenhoeck und Ruprecht's Verlagsh.) **

Materialien zur Beurtheilung der Frage der Interessenvertretung in Industrie und Handwerk. Zsgest f die v Verein z Wahrung d. Interessen d. chem. Industrie Deutschlands behufs Berathung dieser Frage eingesetzte Commission von Dr C[arl] A Martius. (Berlin 1894 Dtsch Verl.- u Buchdr A G) Getr Pag. 4°

Martius, C. A., Verzeichniss der chemischen Fabriken Deutschlands. Im Auftrage des Vereins zur Wahrung der Interessen der chem. Industrie Deutschlands hrsg. hoch 4. (42 S.) Berlin 880, Springer. **

Martius, Karl Friedrich Philipp

— Abhandlungen rc., s. Hoppe's, Dav. Hm., Jubelfeier.

Martius, Car. Frider. Phil. de, Amoenitates botan. Monacenses. — Auswahl merkwürd. Pflanzen d. K. botan. Gartens zu München in Abbildn. u. Beschreibn., nebst Anleit. rücksichtl. ihrer Cultur. 1—4. Lfg. gr. 4. (4 B. deutscher, franz. u. lat. Text u. 16 ill. Stnt.) Frankfurt a. M. 829—31, [Schmerber.]

Martius, Carl Friedr Phil. v., Amoenitates botanicae Monacenses; Auswahl merkwürdiger Pflanzen d. k. botan. Gartens z. München in Abb. u. Beschreib., nebst Anleit. rücksichtlich ihrer Cultur. (Auch französ.) 4 Lief gr 4 Frankfurt, 1829—31 (Leipzig, O. A. Schultz.) (5. 20) 1. —

Martius, Carl Friedr. Phil. v., Beiträge zur Ethnographie und Sprachenkunde Amerika's zumal Brasiliens. 2 Bde. gr. 8. Leipzig 867, Fr. Fleischer. *

Inhalt:

Bd. 1. Zur Ethnographie Amerika's zumal Brasiliens. (IX und 802 S. mit 1 chromolithogr. Kärtchen über die Verbreitung der Tupis und die Sprachgruppen, in hoch 4.) * 3 Thlr.

» 2. Wörtersammlung brasilianischer Sprachen. Glossaria linguarum brasiliensium. — Glossarios de diversas lingoas e dialectos, que fallao os Indios no imperio do Brazil. (XXI und 548 S.) * 1 Thlr. 15 Ngr.

— Bemerkungen über die wissenschaftliche Bestimmung und die Leistungen unserer Gewachshauser Regensburg 1853.

— s. Charte géographique.

Martius, Car. Frider. Phil. v., Conspectus regni vegetabilis etc. — Uebersicht d. Classen, Ordnn. u. Familien d. Gewächsreiches nach morpholog. Grundsätzen, unt. besond. Rücksicht auf d. Fruchtbau, mit Angabe von Beispielen u. von den in d. Medicin, Technik u. Oekonomie besond. wicht. Pflanzen, zunächst als Leitfaden bei seinen akadem. Vorlesn. entworfen. gr. 8. (5¾ B.) Nürnberg 835, Schrag.

– s. H. Davy's Betrachtt.

—— Delectus animal. articulator., quae in itinere per Brasiliam an. 1817—20 jussu et auspiciis Max. Jos. I. Bavar. Reg. Augustiss. peracto collegerunt J. B. de Spix et de Martius. Digessit, descripsit, pingenda cur. Max. Perty. III Fasc. Acced. Dissertat. de Insector. in America meridion. habitant. vitae genere, moribus et distributione geograph. Cum 40 tab. (lith. et col.) Fol. (89¼ B.) Monachii 830—34. (Lipsiae, Fr. Fleischer; Voss.)

MARTIUS, CARL FRIEDRICH PHILIPP VON. Denkrede auf J J. Berzelius. München, 1848. 4to.

Martius, Carl Fried. Phil. v., Denkrede auf Alexander v. Humboldt. Gelesen in der öffentlichen Sitzung der K. Bayer. Akademie der Wissenschaften am 28. März 1860. München 860. (Franz.) 4. (40 S.) n. 16 ngr.

v. Martius, Carl Frdr. Phil., Denkrede auf Heinrich Friedrich Link, gehalten in der öffentl. Sitzung der Königl. Bayer. Akademie der Wissenschaften am 28. März 1851. [Abgedr. aus d. gelehrten Anzeigen 1851. Nr. 59 bis 69.] gr. 4. (32 S.) München 851. (Franz.) n. ⅓ rf

– Denkrede auf Franz von Paula von Schrank München 1836

MARTIUS, CARL FRIEDRICH PHILIPP VON. Denkrede auf Johann Salomo Christoph Schweigger, gehalten in der öffentlichen Sitzung der königl. bayr. Akademie der Wissenschaften am 28 November, 1857. München, 1858. pp. 11, 4to.

—— Denkrede auf Joh. Andreas Wagner. Gehalten in der öffentl. Sitzung am 28. Novbr. 1862. gr. 4. (16 S.) München 862, (Franz'sche Buchh.) *

—— Denkrede auf Christian Samuel Weiß, gehalten in der öffentlichen Sitzung der königl. bayer. Akademie der Wissenschaften am 28. Nov. 1856. 4. (22 Sp.) München 857, (Franz.) *
Aus: Bulletin der Gelehrten Anzeigen, 1857, besonders abgedruckt.

—— Denkrede auf Joseph Gerhard Zuccarini. Gelesen in der öffentl. Sitzung der k. bayer. Akad. der Wissenschaften am 28. März 1848. gr. 4. (32 S.) München 848, (Franz.) *

—— akademische Denkreden. gr. 8. (X und 619 S.) Leipzig 866, Fr. Fleischer. *

Martius v.: Denkreden auf Mitglieder d. math.-phys. Classe gehalten in d. öffentlichen Sitzung d. K B. Akademie d. W am 28. März 1868. 1868. [Rostr Saml.].
(Biografier over: C. G. C. v Staudt, J. Pelouze, M. Faraday, P Flourens, C Daubeny, D. Brewster, J. van der Hoeven).

- s. J. Döllinger, de vasis.

—— Erinnerung an Mitglieder der mathematisch-physikalischen Classe der k. bayr. Akademie der Wissenschaften. Eine Rede, vorgetragen in der öffentl. Sitzung zur Feier des akadem. Saecularfestes am 29. März 1859. gr. 4. (74 S.) München 859, (Franz.) *

—Palmarum familia ejusque genera denuo illustrata. 4maj. München 824. G. Franz. 5 rf

—— Flora Brasiliensis, s.a. Endlicher, Steph.

s.a. Meissner, C. F.

s.a. Schramm, H.

—— Flora Brasiliensis, seu enumeratio plantar. in Brasilia tam sua sponte quam accedente cultura provenientium, quas in itinere auspiciis Max. Jos. I., Bavar. Reg., an. 1817—20 peracto collegit, partim descripsit. Vol. I. Ps. I. et Vol. II. Ps. I. 8maj. Stuttgartiae, Cotta.

Vol. I. Ps. I. Algae, Lichenes, Hepaticae. Exposuerunt Martius, Eschweiler, Nees ab Esenbeck. (24¾ B.) 833. 2 Thlr.

- II. - I. E. s. t.: C. G. Nees ab Esenbeck, Agrostologia Brasiliensis, seu descriptio graminum in Imp. Brasil. hucusque detectorum (38½ B.) 829. 3 Thlr.

Martius, Car. Frid. Phil. de, Flora Brasiliensis sive enumeratio plantarum in Brasilia hactenus detectarum. Fasc. X.: Verbenaceae auctore Joan. Conr. Schauer. Fol.maj. (III und 70 S. mit 24 Stnt., wovon 4 in Tondr.) Vindobonae 851, libr. universit. Beck. (Lipsiae, Fr. Fleischer.) *

—— id. — Fasc. XI.: Chloranthaceae et Piperaceae, exposuit F. A. Guil. Miquel. Fol. maj. (III und 76 S. mit 25 Stnt., wovon 1 in Tondr.) Ibid. 852. *

— Flora Brasiliensis sive enumeratio plantarum in Brasilia hactenus detectarum quas cura Musei Caes. Reg. Palat. Vindobonensis suis aliorumque botanicorum studiis descriptas et methodo naturali digestas etc. edidit. Acced. cura Ed. Fenzl. Fasc. XII—XXI. Lipsiae 853—58. Fr. Fleischer in Comm. gr. Fol. n. 107 ß. 28 ngr.

XII.: Urticineae, expos. F. A. Guil. Miquel. (Sp. 77—222. u. 46 lith. Taf.) n. 12 ß. 10 ngr.

XIII. et XIV.: Salicineae, expos. F. Leybold, et Podostemaceae, expos. L. Ren. Tulasne. Polygonaceae, Thymelaeaceae, Proteaceae, expos. C. F. Meisner. (XIII.: Sp. 225—270; XIV.: Sp. 1—100, 46 lith. Taf., u. Explicatio tab. physiognom. Sp. LXXXV—C.) n. 14 ß.

XV.: (Contin. fasc. VIII.) (Sp. 165—270 u. 24 lith. Taf. mit Explicatio tab. physiognom. Sp. CI—CVIII.) n. 9 ß. 10 ngr.

XVI. (Contin. fasc. IX.) u. XVII.: (Sp. 257—324 u. 36 lith. Taf.; Sp. 1—36 u. 33 lith. Taf.) n. 14 ß.

XVIII. pars 1—3: Myrtaceae. Expos. Otto Berg. (Sp. 1—556, 87 lith. Taf. u. 1 lith. Karte.) n. 41 ß. 14 ngr.

XIX. XX.: Cordiaceae, Heliotropieae et Borragineae. Expos. Geo. Fresenius. (64 Sp. u. 13. lith. Taf.) — Lacistemaceae. Expos. Adalb. Schnizlein. (Sp. 277—288.) — Monimiaceae. Expos. Lud. Renatus Tulasne. (Sp. 289—328 u. 9 lith. Taf.) n. 7 ß. 10 ngr.

XXI.: Malpighiaceae expos. A. H. Rud. Grisebach. (Sp. 1—124, 24 lith. Taf. u. 1 lith. u. color. Karte.) n. 9 ß. 14 ngr.

— Flora Brasiliensis sive enumeratio plantarum in Brasilia hactenus detectarum etc. Acced. curae etc. Ed. Fenzl. (Mit vielen Kpfr- u. lith. Taf.) — Fasc. XXII—XL. Lipsiae 859—65. Fr. Fleischer in Comm. Gr. Fol. n. 169 ß 6 ngr.

XXII.: Labiatae. Expos. J. A. Schmidt. (Sp. 65—204.) — Cordiacear., Heliotropiar., Borraginear. et Labiatarum geographia et usus. Expos. Martius. (Contin. post fasc. XIX.) 858. (1 Bl., Sp. 205—226 u. 25 Taf.) n. 9 ß 24 ngr.

XXIII.: Ophioglosseae, Marattiaceae, Osmundaceae, Schizaeaceae, Gleicheniaceae, Hymenophylleae. Expos. J. Guil. Sturm. (Contin. fasc. I. post Lycopodineas.) 859. (1 Bl., Sp. 137—304 u. 12 Taf.) n. 8 ß 10 ngr.

XXIV.: Leguminosae: I. Papilionacearum tribus I—VIII. expos. Geo. Bentham. 859. (1 Bl., Sp. 1—216. u. 66 Taf.) n. 18 ß 20 ngr.

XXV. XXVI.: Santalaceae et Myristicaceae. Expos. Alph. de Candolle. Contin. fasc. XIV. post Proteaceas. (1 Bl., Sp. 101—136 u. 8 Taf.) — Apocynaceae. Expos. Joa. Müller. 860. (1 Bl., Sp. 1—180. u. 53 Taf.) n. 20 ß 16 ngr.

XXVII. XXVIII.: Antidesmeae. Expos. R. C. Tulasne. (Contin. fasc. XX. post Monimiaceas.) (1 Bl., Sp. 329—336 u. 4 Taf.) — Begoniaceae. Expos. Alph. de Candolle. (1 Bl., Sp. 337—396. u. 11 Taf.) — Celastrineae, Ilicineae et Rhamneae. Expos. Sgfr. Reissek. 861 (1 Bl., Sp. 1—124 u. 41 Taf.) n. 16 ß

XXIX.: Leguminosae: I. Papilionacearum tribus IX. Dalbergieae et Tribus X. Sophoreae. Expos. Geo. Bentham. (Continuatio fasc. XXIV. cum voluminis de Papilionaceis indice.) 862. (1 Bl., Sp. 217—350 u. 71 Taf.) n. 20 ß

XXX.: Scrophularinae. Expos. J. A. Schmidt. (1 Bl., Sp. 229—330 u. 18 Taf.) — Geographia et usus, auct. Martio. (Continuatio fasc. XXII.) 862. (Sp. 331—340.) n. 6 ß 25 ngr.

XXXI et XXXII.: Dilleniaceae. Expos. A. Guil. Eichler. (Continuatio fasc. II. post Anonaceas.) 863. (1 Bl., Sp. 65—120. u. 13 Taf.) — Sapoteae. Expos. F. A. Guil. Miquel. (Continuatio fasc. XVII. post Symplocaceas.) 863. (1 Bl., Sp. 36—118 u. 32 Taf.) n. 13 ß 5 ngr.

XXXIII—XXXV.: Eriocaulaceae. Expos. F. Koernicke. (Contin. fasc. XV. post Commelinaceas.) 863. (1 Bl., Sp. 273—508.) — Gentaceae. Expos. L. C. Tulasne. (1 Bl., Sp. 397—408 u. 6 Taf.) — Cycadeae et Coniferae. Expos. A. Guil. Eichler. (Contin. fasc. XXVII. post Begoniaceas.) 863. (1 Bl., Sp. 409—452 u. 8 Taf.) — Index voluminis (Sp. 453—472.) — Ericaceae. Expos. C. F. Meissner. (Contin. fasc. XXXII. post Sapoteas.) 863. (1 Bl., Sp. 119—182 u. 17 Taf.) n. 22 ß 26 ngr.

XXXVI—XXXVIII.: Gesneraceae. Expos. Joa. Hanstein. (Contin. fasc. XXX. post Scrophularinas.) (1 Bl., Sp. 341—428 u. 10 Taf.) — Salsolaceae. Expos. Ed. Fenzl. (Contin. fasc. XXV. post Myristicaceas.) (1 Bl., Sp. 137—160 u. 5 Taf.) — Magnoliaceae, Winteraceae, Ranunculaceae, Menispermaceae, Berberideae. Expos. Aug. Guil. Eichler. (Contin. fasc. XXXI. post Dilleniceas.) 864. (1 Bl., Sp. 121—236 u. 25 Taf.) n. 18 ß 18 ngr.

XXXIX et XL.: Capparideae, Cruciferae, Papaveraceae, Fumariaceae. Expos. Aug. Guil. Eichler. (Contin. fasc. XXXVIII. post Berberideas.) (1 Bl., Sp. 237—344 u. 15 Taf.) — Apocynacearum geographia, mantissa et usus, auct. C. F. Ph. de Martius. (1 Bl., Sp. 181—196 u. 1 Taf.) — Gentiaceae. Expos. Aug. Progel. (Contin. fasc. XXVI. post Apocynaceas.) (1 Bl., Sp. 197—248 u. 12 Taf.) — Acced. Argumentum fasc. I—XL. 865. (32 Sp.) n. 14 ß 12 ngr.

— Flora Brasiliensis sive enumeratio plantarum in Brasilia hactenus detectarum. Fasc. 41—49. (Ebend.) gr. Fol. n. 95 ß 25 ngr.

XLI. Lauraceae et Hernandiaceae. Exposuit. C. F. Meissner. (Sp. 137—308. u. 63 Taff.) 868. n. 17 ß 5 ngr.

XLII. et XLIII. Rosaceae. Exposuit J. D. Hooker. (75 Sp. u. 22 Taff.) — Combretaceae. Exposuit A. G. Eichler. (52 Sp. u. 13 Taff.) 867. n. 12 ß 18 ngr.

XLIV. Loranthaceae. Exposuit A. G. Eichler. (136 Sp. u. 44 Taff.) 868. n. 16 ß

XLV. et XLVI. Loganiaceae. Exposuit A. Progel. (51 Sp. u. 16 Taff.) — Oleaceae et Jasmineae. Exposuit A. G. Eichler. (28 Sp. u. 8 Taff.) — Syriaceae. Exposuit M. Seubert. (15 Sp. u. 5 Taff.) 868. n. 9 ß 22 ngr.

XLVII. Balanophoreae. Exposuit A. G. Eichler. (74 Sp. u. 16 Taff.) — Tabulae physiognomicae 56—59. 869. n. 8 ß

XLVIII. Convolvulaceae. Exposuit C. F. Meissner. (164 Sp. u. 58 Steintaff.) 869. n. 14 ß 10 ngr.

XLIX. Cyathaceae et Polypodiaceae. Exposuit J. G. Baker. (320 Sp. u. 51 Steintaff.) 870. n. 18 ß

Martius, Carl Frdr. Phil. v., Flora Brasiliensis sive enumeratio plantarum in Brasilia hactenus detectarum, quas suis aliorumque botanicorum studiis descriptas et methodo naturali digestas partim icone illustratas ed. Martio defuncto successor Aug. Guil. Eichler Fasc. 50—70. gr. Fol. Leipzig 871—76. Fr. Fleischer in Comm. n. 705. 75 (1—70: n. 2101. 35)

50. Leguminosae II. Swartzieae et Caesalpineae. Exposuit G. Bentham. (Sp. 1—254 u. Taf. 1—66.) n. 57. —
51. Gramineae I. Oryzeae et Phalarideae. Exposuit J. C. Doell. (Sp. 1—32 u. Taf. 1—11.) n. 9. —
52. Convulvulaceae, geographia et usus. Exposuit C. F. Meissner. (Sp. 363—370) — Cuscutaceae. Exposuit Aug. Progel. (Sp. 371—390 u. Taf. 125—128.) Hydroleaceae et Pedulineae. Exposuit. Alf. Guil. Bennet. (Sp. 391—406 m. Taf. 129—131) — Index (Sp. 407—424) n. 12. —
53. Irideae. Exposuit Fr. Guil. Klatt (Sp. 509—548 u. Taf. 46—71) — Index. (Sp. 549—566.) n. 12. —
54. Escallonieae, Cunoniaceae. Exposuit Adph. Engler. — Connaraceae, Ampelideae. Exposuit Jv. Gilb. Baker. (Sp. 173—230 u. Taf. 41—52) n. 18. —
55. Violaceae, Sauvagesiaceae, Bixaceae, Cistaceae, Canellaceae. Exposuit Aug. Guil. Eichler. (Sp. 345—526 u. Taf. 69—105) n. 36. —
56. Tropaeolaceae, Molluginaceae, Alsinaceae, Silenaceae, Portulacaceae, Ficoidaceae, Elatinaceae. Exposuit Paul Rohrbach. (Sp. 221—324 u. Taf. 53—72) n. 20. —
57. Passifloraceae. Exposuit Maxw. T. Mastres. (Sp. 529—628 u. Taf. 106—128) — Index (Sp. 629—654) n. 24. —
58. Phytalaccaceae. Nyctagineae. Exposuit I. A. Schmidt. (Sp. 325—376 u. Taf. 73—88) — Crassulaceae, Droseraceae. Exposuit A. G. Eichler. (Sp. 377—398 u. Taf. 89—91.) Index (Sp. 407—418) n. 20. —
59. Equisetaceae. Exposuit Jul. Milde. (Sp. 629—644 u. Taf. 71—77.) n. 6. —
60. Olacineae, Icacineae. Zygophylleae. Exposuit Ad. Engler. (47 Sp. u. Taf. 1—13.) n. 14. 25
61. Euphorbiaceae. Exposuit Joa. Müller. Pars. I. Phyllanteae et Crotoneae. (291 Sp. u. 42 Taf.) n. 48. —
62. Compositae. Tom. I. Vesuoniaceae. Exposuit J. G. Baker. (180 Sp. u. 50 Taf.) n. 47. —
63. Polygaleae. Exposuit A. G. Bennett. (82 Sp. u. 30 Taf.) n. 29. —
64. Euphorbiaceae. Exposuit J. Müller. Pars. II. Acalypheae, Hippemoreae, Dalechampieae. Euphorbieae. (Sp. 293—725 u. 102 Taf.) n. 85. —
65. Rutaceae, Simarubaceae, Burseraceae. Exposuit A. Engler. (Sp. 77—294 u. 47 Taf.) n. 52. 50
66. Aristolochiaceae. Exposuit Maxw T Masters. (Sp. 77—114 u. 10 Taf.) n. 11. —
67. Callitrichineae. Exposuit F. Hegelmaier. (16 Sp. u. 1 Taf.) — Vochysiaceae et Trigonieae. Exposuit Eug. Warming. (Sp. 17—144 u. 26 Taf.) — Onagraceae. Exposuit M. Michelis. (Sp. 145—152 u. 11 Taf.) n. 43. —
68. Amarantaceae. Exposuit M. Seubert (Sp. 161—263 u. Taf. 50—75.) n. 30. —
69. Eupatoriaceae. Exposuit J. G. Baker. (Sp. 181—398 u. Taf. 50—102.) n. 57. —
70. Leguminosae III. Mimosae. Exposuit Georgius Bentham. (Sp. 257—520 u. Taf. 57—138.) n. 75. —

Martius, Carl Frdr. Phpp. v., et Aug. Guill. **Eichler,** Flora Brasiliensis sive enumeratio plantarum in Brasilia hactenus detectarum, quas suis aliorumque botanicorum studiis descriptas et methodo naturali digestas, partim icone illustratas. Fasc. 71—88. gr. Fol. Leipzig 876—82. Fr. Fleischer in Comm. n. 670. 35 (1—88: n. 2780. 5)

71. Ochnaceae, Anacardiaceae, Sabiaceae, Rhizophoraceae. Expos. A. Engler. (S. 297—432 u. Tab. 62—91.) n. 34. —
72. Gramineae II, Paneceae. Expos. C. Doell. (S. 33—342 u. Tab. 12—40, u. Index voluminis S. 343—358.) n. 57. —
73. Lythraceae. Expos. Ae. Koehne. (S. 187—380 u. Tab. 39—67.) n. 37. 50
74. Humiriaceae et Lineae. Expos. Ign. Urban. (S. 433—472 u. Tab. 92—100.) Oxalideae, Geraniaceae, Vivianiaceae. Expos. A. Prögel. (S. 473—528 u. Tab. 102—118.) n. 30. —
75. Hippocrateaceae. Expos. Ioa. Peyritsch. (S. 125—164 u. Tab. 42—49.) Meliaceae. Expos. Cas. de Candolle. (S. 165—228 u. Tab. 50—65.) Hederaceae. Expos. El. Marchal. (S. 229—258 u. Tab. 66—71.) n. 34. —
76. Lemnaceae. Expos. Frdr. Hegelmaier. (S. 1—24 u. Tab. 1.) Araceae. Expos. Ad. Engler. (S. 25—224 u. Tab. 2—52.) n. 56. —
77. Rafflesiaceae. Expos. Herm. Comes a Solms-Laubach. (S. 117—126 u. Tab. 27.) Nymphaeaceae. Expos. Rob. Caspary. (S. 129—184 u. Tab. 28—38.) n. 22. 75
78. Cucurbitaceae. Expos. Alfr. Cogniaux. (S. 1—126 u. Tab. 1—38.) n. 38. 15
79. Gramineae III, Stipaceae, Agrostideae, Arundiaceae, Pappophoreae, Chlorideae, Avenaceae, Festucaceae. Expos. J. Chr. Doell. (S. 1—160 u. Tab. 1—43.) n. 45. —
80. Lobeliaceae. Expos. Aug. Kanitz. (S. 129—158 u. Tab. 39—45.) Plumbagineae et Plantagineae. Expos. Jo. Ant. Schmidt. (S. 161—176 u. Tab. 46 u. 47.) n. 11. 20
81. Erythroxylaceae. Expos. Io. Peyritsch. (S. 125—180 u. Tab. 23—32.) Hypericaceae. Expos. Henr. Guill. Reichardt. (S. 188—212 u. Tab. 33—39.) Marcgraviaceae. Expos. Ludov. Wittmack. (S. 213—258 u. Tab. 40—51.) n. 33. —
82. Umbelliferae. Expos. J. Urban. (S. 261—354, Tab. 72—81 u. Index voluminis S. 357—370.) n. 25. 20
83. Gramineae IV. Expos. J. Chr. Doell. (S. 161—242 u. Tab. 44—58.) n. 18. 20
84. Rubiaceae I. Expos. Joannes Mueller. (S. 1—470 u. Tab. 1—67.) n. 88. 55
85. Cyclanthaceae et Palmae. Pars I. Expos. Osc. Drude. (S. 225—460 u. Tab. 53—106.) n. 58. 80
86. Palmae. Pars II. Expos. Osc. Drude. (S. 461—584, Tab. 107—134 u. Index voluminis S. 585—610.) n. 34. —
87. Compositae III. (Asteroideae et Inuloideae.) Expos. J. G. Baker. (Sp. 1—134 m. 44 Steintaf.) n. 43. —
88. Halorageae Expos. Aug. Kanitz. (Sp. 373—396 u. 9 Taf.) n. 4. —

Martius, Carl Frdr. Phpp. v., et Aug. Wilh. **Eichler,** Flora Brasiliensis. Enumeratio plantarum in Brasilia hactenus detectarum, quas suis aliorumque botanicorum studiis descriptas et methodo naturali digestas, partim icone illustratas edd. Fasc. 89—97. gr. 8. Fol. Monachii. (Leipzig, F. Fleischer.) n. 358. — (1—97.: n. 3138. 5)

89. (208 Sp. m. 48 Steintaf.) 883. n. 52. —. — 90. (98 Sp. m. 16 Steintaf.) 883. n. 21. — — 91. (86 Sp. m. 18 Steintaf.) 883. n. 20. —. — 92. (68 Sp. m. 5 Steintaf.) 884. n. 8. —. — 93. (306 Sp. m. 64 Steintaf.) 884. n. 72. —. — 94. (306 Sp. m. 60 Steintaf.) 885. n. 68. —. — 95. (202 Sp. m. 57 Steintaf.) 885. n. 60. —. — 96. (114 Sp. m. 24 Steintaf.) 886. n. 27. —. — 97. (120 Sp. m. 27 Steintaf.) 886. n. 30. —

Martius, C. F. Ph. v., A. W. **Eichler** et Ign. **Urban,** flora brasiliensis. Enumeratio plantarum in Brasilia hactenus detectarum quas suis aliorumque botanicorum studiis descriptas et methodo naturali digestas, partim icone illustratas edd. Fasc. 98—108. gr. Fol. Monachii. (Leipzig, F. Fleischer.) n. 419. — (1—108.: n. 3557. 5)

98. (134 Sp. m. 26 Steintaf.) 887. n. 30. —
99. (212 Sp. m. 45 Steintaf.) 887. n. 60. —
100. (186 Sp. m. 34 Steintaf.) 887. n. 40. —
101. (149 Sp. m. 26 Steintaf.) 888. n. 32. —
102. (110 Sp. m. 32 Steintaf.) 888. n. 32. —
103. (260 Sp. m. 51 Taf.) 888. n. 60. —
104. (346 Sp. m. 58 Taf.) 889. n. 72. —
105. (52 Sp. m. 2 Taf.) 889. n. 5. —
106. (60 Sp. m. 9 Taf.) 889. n. 12. —
107. (172 Sp. m. 50 Taf.) 890. n. 50. —
108. (162 Sp. m. 63 Taf.) 890. n. 36. —

Martius, Carl Frdr Phpp. v., Aug. Wilh. **Eichler** et Ign. **Urban,** flora brasiliensis. Enumeratio plantarum in Brasilia hactenus detectarum quas suis aliorumque botanicorum studiis descriptas et methodo naturali digestas, partim icone illustratas edd Fasc 109—116 gr Fol. Monachii (Leipzig, F Fleischer.) n. 252 50

109 (103 Sp m. 80 Taf.) 891 n. 40 — 110 (114 Sp. m. 12 Taf.) 891 n. 18. — 111. (VII S. u. 168 Sp. m 31 Taf.) 892 n. 38. — 112. (150 Sp. m. 18 Taf.) 892 n. 25. —. — 113. (122 Sp. m. 25 Taf.) 893 n 26. 50 — 114 (160 Sp. m. 34 Taf.) 893 n. 38. — 115. (210 Sp. m. 34 Taf.) 894. n. 42 — 116. (181 Sp. m. 14 Taf.) 894 n. 25 —

Martius, Carl Frdr Phpp. v., Aug. Wilh. **Eichler** et Ign. **Urban,** flora brasiliensis. Enumeratio plantarum in Brasilia hactenus detectarum quas suis aliorumque botanicorum studiis descriptas et methodo naturali digestas, partim icone illustratas edd. Fasc. 117—123. gr. Eol. Monachii. (Leipzig, F. Fleischer, Verlag.) n. 271. — (1—123: n. 4070. 05)

117. (166 Sp. m. 41 Taf.) 895. n. 42. —
118. (248 Sp. m. 28 Taf.) 896. n. 45. —
119. (178 Sp. m. 24 Taf.) 896. n. 32. —
120. (180 Sp. m. 34 Taf.) 896. n. 40. —
121. (224 Sp. m. 25 Taf.) 897. n. 38. —
122. (122 Sp. m. 19 Taf.) 897. n. 24. —
123. (188 Sp. m. 49 Taf.) 898. n. 50. —

Martius, Carl Frdr. Phpp. v., Aug. Wilh. **Eichler** et Ign. **Urban,** Flora brasiliensis. Enumeratio plantarum in Brasilia hactenus detectarum quas suis aliorumque botanicorum studiis descriptas et methodo naturali digestas, partim icone illustratas edd. Facs. 124—126 gr. Fol. München (R. Oldenbourg). n. 128. —

124. (Sp. 465—680 m. 24 Taf.) 900. n. 36. —
125. (Sp. 181—384 m. 32 Taf.) 901. n. 40. —
126. (Sp. 381—664 m. 38 Taf.) 902. n. 52. —
Fasc. 1—123 jetzt Ebd. n. 4070. 05.

Martius, Carl Frdr. Philipp v., Aug. Wilh. **Eichler** et Ing. **Urban,** Flora brasiliensis. Enumeratio plantarum in Brasilia hactenus detectarum quas suis aliorumque botanicorum studiis descriptas et methodo naturali digestas, partim icone illustratas edd. Fasc 127—130. (Schluss.) gr. Fol. München. Leipzig, K. W. Hiersemann. n. 181. —; erh. Pr. n. 276. — (Vollständig n. 4379. 05; erhöht. Pr. n.n. 6000. —)

127. Orchidaceae VIII. Exposuit Alfr. Cogniaux. (Sp. 1—202 m. 42 Taf.) 904. n. 50. —; erh. Pr. n. 76. —
128. Orchidaceae IX. Exposuit Alfr. Cogniaux. (Sp 197—390 m. 87 Taf.) 905. n. 48. —; erh. Pr. n. 72. —
129. Orchidaceae X. Exposuit Alfr. Cogniaux. (VI u. Sp. 381—604 m. 41 Taf.) 906. n. 55. —; erh. Pr.. n. 84. —
130. Tabulae physiognomicae explicatae, p. CIX et CX. Vitae itineraque collectorum botanicorum. notae collaboratorum biographicae, florae Brasiliensis ratio edendi chronologica, systema, index familiarum. Exposuit Ign. Urban (CIX u. CX u. 267 S.) 906. n. 28. —; erh. Pr. n. 44. —

—**Flora Cryptogamica Erlangensis,** sistens Vegetabilia e classe ultima Lin. in agro Erlangensis hucusque detecta. Acced. Tabb. II. aeneae, muscos nonnullos, et IV. lapidi incisae, Jungermannias germanicas foliosas illustr. 8maj. Nürnb. 817. Schrag. 2 ℔ 16 Kr

—— zum Gedächtniss an Jean Baptiste Biot. Gesprochen in der öffentl. Sitzung der k. b. Akademie der Wissenschaften am 28. März 1862. gr. 4. (20 S.) München 862, (Franz'sche Buchh.) *

Martius (C. F. P. von). Nova genera et species plantarum . . Monachii, 1824-32. 3 vols. fol.

—— nova genera et species plantarum quas in itinere per Brasiliam an. 1817—20 suscepto collegit et descripsit. III Vol. (9 Pts.) Cum 300 tab. (lith.) Inest Monographia Gesnerearum. Fol. ... Monachii 827—32. (Lipsiae, Fr. Fleischer; Voss.) 129 Thlr. 16 Gr., ill. 2

—— selecta genera et species piscium, quos in itinere per Brasiliam an. 1817—20 colleg. et pingendos cur. J. B. de Spix etc. Digessit, descrip. et observationibus anatom. illustr. L. Agassiz. II Vol. Fol. Monachii. (Lipsiae, Fr. Fleischer.) [I. (22 B., 51 ill. u. 4 schw. Stnt.) 829. * 40 Thlr., II. (19½ B., 36 ill. u. 9 schw. Stnt. n. v. Spix lith. Bildn.) 831. * 33 Thlr.] *

—genera et species Palmarum, quas in itinere per Brasil annis 1817—20, depingi cur. Cum tabb. sen. lithograph. et color. V. Fasc. Imp. Fol. Münch. 824—29. (Leipz., Fr. Fleischer). 114 ₰ 6 gr. illum. 226 ₰ 5 gr.

—— Genera et species palmarum, quas in itinere per Brasiliam an. 1817—20 suscepto collegit et descripsit. Fasc. V. Imp.-Fol. (26 B., 16 schw. u. 9 ill. Stnt.) Monachii 834. (Lipsiae, Fr. Fleischer; Voss.) 18 Thlr. 12 Gr., ill.
Fasc. I—IV. Ebendas. 1824—26. 67 Thlr., ill. 133 Thlr.

—— Genera et species palmarum, quas in itinere per Brasiliam an. 1817—1820 suscepto collegit et descripsit. Fasc. VI et VII. (ult.) Roy.-Fol. Monachii. (Lipsiae, Fr. Fleischer.) [VI. (17 B. u. 31 Stnt.) 837. * 24½ Thlr., col. * 43 Thlr., VII. (40 B. u. 41 Stnt.) 839. * 32 Thlr., col. * 65⅓ Thlr.] * 56⅓ Thlr., col. *]
Fasc. I—V. Ibid. 1824—34. * 85 Thlr. 12 Gr., col. * 169 Thlr. 16 Gr.

Martius, Car. Frid. Phil. de, Genera et species Palmarum, quas in itinere per Brasiliam Annis 1817—1820 jussu et auspiciis Maximiliani Josephi I. Bavariae regis suscepto collegit, descripsit et iconibus illustravit etc. Fasc. VIII. Imp. Fol. (59 B. u. 14 Stnt.) München 845. (Leipzig, Fr. Fleischer.) * 23 Thlr., * ill.
Fasc. I—VII. Ibid. 1824—39. * 56 Thlr. 15 Ngr.; ill. * 108 Thlr. 10 Ngr.

—— Genera et species Palmarum, quas in itinere per Brasiliam annis 1817—1820 suscepto collegit. Fasc. IX. Imp.-Fol. (64 Bog. und 26 Stnt.) Monachii 849. (Lipsiae, Fr. Fleischer.) * * ill. * *
Fasc. I—VIII. Ibid. 1824—45. * * 165 Thlr., ill. * * 317 Thlr. —

Martius, Carl Friedr. Phil. v., genera et species Palmarum quas in itinere per Brasiliam a. 1817—1820 jussu et auspiciis Maximiliani Josephi I. Bavariae Regis Augustissimi suscepto collegit descripsit et iconibus illustravit. 3 vol. (10 fasc. mit 245 Kpfrtaf. im Text.) (Neue Titel-Ausg.) Leipzig (824—37.) 856, 57. T. O. Weigel. gr. Fol. n. 196 ₰.; color. n. 328 ₰. 20 ngr.
Fasc. I—III.: à n. 15 ₰.; color. à n. 30 ₰.; IV.: n. 22 ₰.; color n. 43 ₰.; V.: n. 18 ₰. 15 ngr.; color. n. 36 ₰. 20 ngr.; VI., n. 24 ₰. 15 ngr.; color. n. 43 ₰.; VII.: n. 32 ₰, color. n. 65 ₰. 10 ngr.; VIII.: n. 23 ₰; color n. 29 ₰.; IX.: n. 34 ₰. 7½ ngr.; color. n. 45 ₰. 20 ngr. X: n. 14 ₰.

Geschichte der Familie Martius. Geschrieben in d. Jahren 1858 bis 1863 von Carl Friedrich Philipp v. **Martius**, fortgeführt, erg. u. in Druck gegeben von Carl Alexander Martius. Th. 1–3. *Berlin 1895–96 (H. Feyl & Co.).* 3 Bde 4° [J.]
1 1895
2 — Stammbaum d. Martius Aegidius u. s. Nachkommen 1896
3 — Martius, Ernst Wilh. Erinnerungen aus d. neunzigjahr. Leben 1895.
[01. 1987 3]

——— Herbarium florae brasiliensis. Monachii, 1837[–40]. 8°

Martius (K. F. P. von). Das Koenigliche Herbarium zu Muenchen. Muenchen, 1850. 4°

Martius (C. F. P.) Historia naturalis Palmarum. Monachii, 1823–50. fol.

— Historia naturalis Palmarum. Opus tripartitum, cujus vol. I. Palmas generatim tractat, vol. II. Brasiliae Palmas singulatim descriptione et icone illustrat, vol. III. ordinis familiarum generum characteres recenset, species selectas describit et figuris adumbrat adjecta omnium synopsi. Accedunt tab. CCXLV. Fasc. IX. X. ult. Imp. Fol. (110 Bl., 26 lith. Taf. u. 1 lith. Portrait.) Monachii 849. 50. Lipsiae, T. O. Weigel. IX.: baar n. n. 34 ₰ 8 ngr; color. baar n. n. 45⅔ ₰ X.: n. 14 ₰ (cplt. n. 196 ₰; color. n. 328⅔ ₰)

—— Historia naturalis Palmarum. Opus tripartitum, cujus vol. I. Palmas generatim tractat, vol. II. Brasiliae Palmas singulatim descriptione et icone illustrat, vol. III. ordinis familiarum generum characteres recenset, species selectas describit et figuris adumbrat adjecta omnium synopsi. Accedunt tab. CCXLV. Fasc. X. (ultimus.) Imp.-Fol. (LIII und 39 S. mit lithogr. Portr. auf chines. Pap.) Monachii 853. (Lipsiae, T. O. Weigel.) *
Fasc. I—IX. jetzt ebendas. 1824—49. Preis des vollständ. Werkes ist * 196 Thlr., mit ill. Taf. * 328 Thlr. 20 Ngr.

Martius (C. F. P. von) Hort. bot. regiae acad. Monacensis, Monachii, 1825 4°
Afterwards issued in conjunction with F. P. Schrank, 1829.

—Hortus botanicus R. Academiae Monacensis, cum tab. lithogr. 4. Münch. 825. G. Franz. 16 Gr.

[Martius (C. F. P. von)?] Hortus regius monacensis seminifer. Monachii, 1839 4°
The only copy known to me is in the Lindley Library, and that is imperfect.

—— Icones selectae plantar. cryptogamicar., quas in itinere per Brasiliam an. 1817—20 suscepto collegit de descripsit. IV Fasc. Fol. (36 B., 70 ill. u. 2 schw. Stnt. u. 6 buntgedruckte Kpfrt., theils gr. Fol.) Monachii 827—34. (Lipsiae, Fr. Fleischer; Voss.)

Martius, Carl Friedr. Phil. v., die Kartoffel-Epidemie der letzten Jahre, od. die Stockfäule u. Räude der Kartoffeln, geschildert u. in ihren ursächlichen Verhältnissen erörtert. gr. 4. (9 B. u. 3 ill. Stnt.) München 842, (Franz.) Thlr. *

Martius (C. F. P. von). Ueber die diesjaehrige Krankheit der Kartoffeln. Muenchen, 1845. 8°

—— die Pflanzen u. Thiere d. tropischen America. gr. 4. (6¼ B. u. 4 lith. Taf. Imp.-Fol.) München 831. (Leipzig, Fr. Fleischer; Voss.)
Als Einleitung u. Anhang zu dess. „Reise in Brasilien, 8 Thle."

— die Physiognomie des Pflanzenreiches in Brasilien, eine Rede. gr. 4. Münch. 824, Lpz., Fr. Fleischer.)

—fasciculus plantarum herbarii academici aut plane nondum aut minus bene descriptarum. Mit 8 Kpf. gr. 4. Münch. 820. (Franz) 8 gr. (Auch in den Denkschriften der Acad. d. W.)

Martius, C. F. P., Plantarum horti academici Erlangensis. 8maj. Erlangae, Palm. (in Comm.) 814.

—Plantae nonnullae horti academici monacensis etc. mit 4 Lith. Taf. gr. 4. Münch. 817. (Franz). 8 gr. (Auch in d. Denkschriften d. Acad. d. W.)

—— von d. Rechtszustande unt. d. Ureinwohnern Brasiliens. Eine Abhandl. gr. 4. (14 B.) München 832. (Leipzig, Fr. Fleischer; Voss.)

—— Rede bei Eröffnung der Sitzung der k. bayer. Akademie der Wissenschaften am 28. März 1848 als ihrem 89. Stiftungstage. gr. 4. (4 S.) München 848, Franz. *

Martius, Karl Fr. Ph. v., Reden u. Vorträge üb. Gegenstände aus d. Gebiete d. Naturforschung. gr. 8. (19¼ B.) Stuttgart u. Tübingen 838, Cotta'sche Buchh.

— Reise in Brasilien, s. a. v. Spix, Jh. Bapt.

(——) Reise in Brasilien, auf Befehl Sr. Maj. Max. Jos. I. Königs v. Baiern, in d. J. 1817—20 gemacht v. weil. J. B. v. Spix u. v. Martius. 3 Thle. M. 1 Karte vom Amazonenstrome (Imp.-Fol.). gr. 4. (178 B.) München 823—31. (Leipzig, Fr. Fleischer; Voss.)
Ausg. auf Roy.-Vlnp. Nebst 3 Atlassen (Imp.-Fol.), 53 theils schw. theils ill. Abbildn. u. Charten enth. u. 1 Hft. Lieder. 66 Thlr.
- - Imp.-Vlnp. Nebst dens. Atlassen etc. (welche jedoch mehr ill. Tafeln zählen als die vorherg.) 85 Thlr. 12 Gr.

Geograph. Anhang hierzu, s. Desberger, Fr. Ed. [Die angeführte Schrift ist nicht mit deutschen, sondern mit lat. Lettern gedr. u. enth. 6¼ B., was a. a. O. beigefügt werden kann.]

Naturhistor. Anhang hierzu, s. oben dess. die „Pflanzen u. Thiere d. tropischen America."

Martius (C. F. P. von). Vermischte Schriften botanischen Inhalts . . . Muenchen, 1860. 8°

Martius, Car. Frider. Phil. de, Soemmerringia, novum plantarum genus, s. Doellinger, Jgn.

—Specimen materiae brasiliensis. 4 maj. Manch. 825. (Franz.) 8 gl. (Auch in d. Denkschriften d. Acad. d. W.)

Martius (C. F. P. von). Die Stockfaeule und Raeude der Kartoffeln. Muenchen, 1842. 4°.

—— Systema materiae medicae vegetabilis Brasiliensis. 8maj. (11½ B.) Lipsiae 843, Friedr. Fleischer. •

Martius (K. F. P. von). L. [*i.e.* 50] tabulae vegetationis in Brasilia physiognomiam illustrantes. [Lips. ?] 1856. fol.

—— Versuch eines Commentars über die Pflanzen in den Werken von Marcgrav und Piso über Brasilien, nebst weiteren Erörterungen über die Flora dieses Reiches. I.: Kryptogamen. gr. 4. (60 S.) München 853, (Franz.) •
Aus: Abhandlungen der k. bayr. Akademie der Wissenschaften, 2. Classe, 7. Bd. 1. Abthl., besonders abgedruckt.

— Wegweiser f. die Besucher d. K. botanischen Gartens in München, nebst einem Verzeichnisse der in demselben vorhandenen Pflanzengattungen. 12. (VI u. 169 S. m. 1 lith. Taf. in qu. Imp. Fol.) München 852, Kaiser. n. 22 gl.

Martius, Karl Heinrich

Martius, Carl Heinrich (Meißen), De licita judicis corruptela. Präs. August von Leyser. Wittenberg (E. G. Eichsfeld) Okt. 1749. 20 S. (4.—) · 22298

Martius, Kurt von, a. Berlin: Vergleichende Versuche über die Kondensationsfähigkeit cyklischer Ketone. Berlin 1908: G. Schade. (62 S.) 8°
Göttingen, Phil. Fak., Ref. Wallach, Diss. v. 18. Juli 1908
[Geb. 28. Jan. 83 Berlin; Wohnort: Berlin; Staatsangeh.: Preußen; Vorbildung: Wilhelms-Gymn. Berlin Reife M. 01; Studium: München 2, Berlin 3, Oxford 3, Berlin 1, Göttingen 2 S.; Rig. 3. Juni 08.]

Martius, Frau Martha, s.: Frohmut, M.

Martius, Mor., s.a. Volksbücher, neue.

Martius, Mor., Arpudo, der weiße Häuptling der Osagen, oder das Geheimniß des Farmers. Eine Erzählung aus dem Indianerleben. Ster.-Ausg. 8. (63 S.) Reutlingen 884, Enßlin und Laiblin's Verlagsb.

Martius, Mor., Arpudo, der weiße Häuptling der Osagen, oder das Geheimnis des Farmers. Eine Erzählung aus dem Indianerleben. 8. (63 S.) Reutlingen 885, Enßlin und Laiblin.

Der Halbmond vor Wien Geschichtliche Erzählung aus der Belagerung Wien's durch die Türken im Jahre 1863 Von Moritz **Martius.** Stereotyp-Ausgabe Reutlingen Druck und Verlag von Enßlin und Laiblin o. J. (1883), 64 S., 164x109, U.-Fig. „Allah il Allah!" tönte es hinter ihnen , 60x72. auf dem U. oben Festgabe zum 200jährigen Jubiläum LBS d. D. oct K 3374

An der Indianergrenze Eine Geschichte aus dem vormaligen Indianergebiete Michigan's frei nach Cooper von Moritz **Martius.** Neue Stereotyp-Ausgabe Reutlingen Druck und Verlag von Enßlin und Laiblin (= Neue Volksbücher, 199 n.). o. H. (1886), 61 S. + 3 S. Anzeigen, 166x109, U.-Fig. Lockwell begrüßte die Ankömmlinge freundlichst 72x82 LBS d. D. oct K 3458

Auf der Kriegsfährte oder das Fort am Champlain-See Eine Indianergeschichte vom Hudson aus der Zeit des nordamerikanischen Freiheitskrieges von Moritz **Martius.** Stereotyp-Ausgabe Reutlingen Druck und Verlag von Enßlin und Laiblin. (= Neue Volksbücher, 199) o. J., 62 S. + 2 S. Anzeigen, 166x109. U.-Fig. Aus dem Walde trat eben einer der Mingo's hervor , 67x83
LBS d. D. oct K 3519

—— Leben und Wirken des großen Reformators Dr. Martin Luther. Dem Volke erzählt. Ster.-Ausg. 8. (47 S.) Ebendas. 883.

—— die Mormonen-Karawane oder der Kampf an der Felspyramide. Eine Indianergeschichte. Ster.-Ausg. 8. (62 S.) Ebendas. 884.

—— Oceola, der Häuptling der Seminolen-Indianer. Eine Erzählung aus dem Vertheidigungskampfe der Indianer Florida's gegen die Nordamerikaner. Frei nach Mayne Reid. 8. (64 S.) Ebendas. 884.

— Satan Gold od. in den Schluchten der Sierra-Nevada. Eine Erzählg. aus Kalifornien [frei nach Hendrick Conscience]. Neue Ster.-Ausg. 8. (64 S.) Ebend. 886. n — 20

— Satan Gold od. in den Schluchten der Sierra-Nevada. Eine Erzählung aus Kalifornien [frei nach Hendrick Conscience]. Neue Ster.-Ausg. 8. (64 S.) Reutlingen 887. Enßlin & Laiblin. — 25

—— bei den Schwarzfüßen oder im Lager des grauen Bären. Eine Indianer- und Jagdgeschichte. Ster.-Ausg. 8. (62 S.) Ebendas. 884.

—— bei den Schwarzfüßen oder im Lager des grauen Bären. Eine Indianer- und Jagdgeschichte. [Neue Ausg.] 8. (62 S.) Ebendas. 885.

—— Treuherz, der Trapper, oder die Wege des Herrn sind wunderbar. Eine Erzählung aus Mexiko und dem Indianergebiet in Arkansas. Frei nach Aimard. Ster.-Ausg. 8. (64 S.) Ebendas. 884.

—— Treuherz, der Trapper oder die Wege des Herrn sind wunderbar. Eine Erzählung aus Mexiko und dem Indianergebiet in Arkansas. Frei nach Aimard. [Neue Ausg.] 8. (64 S.) Ebendas. 885.

Martius, S. G. Ph. von

— s. Jahresbericht über die Fortschritte der Pharmacie etc.

v. Martius, G. G. Ph., Sendschreiben über die Kartoffelkrankheit. Mit einer Vorrede von Prof. Bergsma in Utrecht. gr. 8. Utrecht u. Düsseldorf 846, Bötticher'sche B. n. 1/6 ₰

Martius, Theodor, Medizinalprakt.: Ein neuer Fall von Ovarialgravidität mit intrafollikulärer Ei-Implantation. Erlangen 1909: Junge. 27 S. 8°
Erlangen, Med. Diss. v. 21. Dez. 1910, Ref. Jung
[Geb. 16. Mai 85 Windsbach; Wohnort Hirschau b. Amberg; Staatsangeh.: Bayern, Vorbildung: Gymn. Ansbach Reife 04, Studium: Erlangen 5, München 3, Erlangen 2 S., Coll. 20. Nov 09; Approb. 5. Dez. 10.] [U 11 903

Martius, Theod. Wilh. Chrstn., Adreßbuch sämmtl. Apothekenbesitzer in Bayern, diesseits u. jenseits d. Rheines. 8. (5 B.) Erlangen 838, F. Enke.

—— Beleuchtung d. neuesten bayer. Apotheker-Ordnung u. d. darauf bezügl. Instruction z. Untersuch. d. Apotheken im Königr. Bayern, so wie üb. einige Gebrechen d. Apothekerwesens. gr. 8. (12⅛ B.) Erlangen 838, Palm'sche Vrlsbuchh.

—— Entwurf e. Arznei-Taxe. 1. Aufl. 840., u. 2., umgearb. Aufl. gr. 8. (à 7 B.) Erlangen 842, F. Enke. à *
Aus: Pharmaceut. Correspondenz-Blatt f. Süddeutschland, besond. abgedruckt.

Martius, Th. Wilh. Chr., Grundriss d. Pharmakognosie d. Pflanzenreiches, z. Gebr. bei akadem. Vorlesn., so wie f. Aerzte, Apotheker u. Droguisten entworfen. Lex.-8. (30 B.) Erlangen 832, Palm u. Enke.

—— Lehrbuch d. pharmaceut. Zoologie f. Apotheker, Gerichtsärzte, Medicin-Studirende, Droguisten u. alle diejen., welche sich d. Studium d. Pharmacie widmen wollen. gr. 8. (11¾ B. u. 3 Taf. Abbild.) Stuttgart 838, [Becher, Vrlsb.]

—— das Neueste aus d. Pharmacognosie, s. Guibourt, N. J. B. G., pharmaceut. Waarenkunde, 3. Abthl.

Martius, Thdr. Wilh. Chrn., die ostindische Rohwaarensammlung der Friedrich-Alexanders-Universität zu Erlangen, beschrieben und erläutert. gr. 8. (III und 55 S.) Erlangen 853, Palm und Enke. *

Martius, (Th. W. Chr.,) System einer Arznei-Taxe nach Procenten. gr. 8. Erlangen 826, Palm u. E.

Martius, Wilhelm

Martius Die Alkoholgefahr der erwerbsarbeitenden Jugend und ihre Abwehr Bericht über den VIII intern. Kongr gegen den Alkoholismus, abgeh. in Wien, 9.–11. April 1901 Gr 8° 1 Bd. 591 S. F Deuticke Leipzig und Wien. 1901

Martius, Wilh., die speziellen Aufgaben der inneren Mission in dem neuerwachten Kampfe gegen die Trunksucht. gr. 8. (52 S.) Magdeburg 884, Baensch jun.
Aus: Kirchliche Monatsschrift, besonders abgedruckt.

— Die Behandlung der Trunksuchtsfrage in Deutschland. 8°. Halle 1890.

— Die Branntweinpest. Ein Mahnruf zur Bekämpfung der Trunksucht. Leipzig 1885. Mit 4 Bildern. Mk. – 10

— Ersatz f. Branntwein u. andere starke Getränke. Hrsg. vom deutschen Verein gegen den Mißbrauch geist. Getränke. gr. 8. (16 S.) Hildesheim 894. Gerstenberg. n. — 20

— Ersatzgetränke für Branntwein. 8°. Hildesheim 1894.

Martius, Wilhelm —. Grabrede bei Beerdigung des Herrn Georg Schwarz ... auf dem evangelischen Friedhofe in Prag den 10. Jänner 1854, von — —. 8. (8 S.) Prag. K. K. Hofbuchdruckerei von Gottlieb Haase Söhne. 1854.

Martius, Wilh. Handbuch d. deutschen Trinker- u. Trunksuchtsfrage. Ein Beitrag zur sozialen Reform. gr. 8. (VII, 392 S.) Gotha 891, F. A. Perthes. * 6 —
Vgl.: Flugschriften-Sammlung der internationalen Monatsschrift zur Bekämpfung der Trinksitten, Nr. 1 u. 2.

Martius, Wilh., die schulentlassene u. erwerbsarbeitende Jugend u. der Alkohol. 2., verm. Aufl. (76 S.) gr. 8. Berlin 903. Mäßigkeits-Verlag. n. — 75
Sonderabdruck aus: „Schriften der Zentralstelle für Arbeiter-Wohlfahrtseinrichtungen".

—— der Kampf gegen den Alkoholmißbrauch. Mit besond. Berücksicht. des „Deutschen Vereins gegen den Mißbrauch geistiger Getränke" dargestellt. gr. 8. (VIII, 348 S.) Halle 884, Strien Verlag. *

Martius, Wilh., das rote und blaue Kreuz. 8. (32 S.) Leipzig 887, Fr. Richter. *

Martius, Wilh., Locus dogmaticus de testimonio spiritus sancti historice et systematice explicatur. Dissertatio inauguralis. gr. 8. (54 S.) Halis Sax. 875. (Jena, Deistung's Buchh.) *

—— die jetzigen deutschen Mäßigkeitsbestrebungen und ihre Vertretung durch Fachblätter. Eine krit. Übersicht. gr. 8. (47 S.) Gütersloh 888, Bertelsmann. *
Aus: Monatsschrift für innere Mission, besonders abgedruckt.

Martius, Dr Wilh. Die jetzigen Mässigkeitsbestrebungen in Deutschland, Oesterreich, Russland und Norwegen. Ein Zeitbild. (Sonderabdruck aus „Kirchl Monatsschrift). Magdeburg 1894. 47 S.

Martius, Wilh., die ältere deutsche Mässigkeits- u. Enthaltsamkeitsbewegg. (1838—1848) u. ihre Bedeutg. f. die Gegenwart. Ein Wort zur Verständigg. zwischen Mässigen u. Enthaltsamen. gr. 8. (VII, 112 S.) Dresden (901). O. V. Böhmert. n. 1. 80

—— die zweite deutsche Mäßigkeitsbewegung, s. a. Zeitfragen des christlichen Volkslebens.

— Die zweite deutsche Mässigkeitsbewegung. gr. 8°. Heilbronn 1886.

Martius, Wilh., die innere Mission, ihre Bedeutung u. ihr Wesen, ihr Verhältnis zu Kirche u. Staat. Ein Wort zur Orientierung u. zur Mahnung. 8. (VIII, 192 S.) Gütersloh 882. Bertelsmann. n. 2. —

—— die christliche Nüchternheit. Eine Schrift- und Zeitbetrachtung. gr. 8. (44 S.) Gütersloh 888, Bertelsmann. *
Aus: Beweis des Glaubens, besonders abgedruckt.

Martius, Wilh. D. erweckliche Predigt, e. Bedürfnis uns. Zeit, s. a Zeitfragen d christl Volkslebens.

[F.] Die erweckliche Predigt, ein Bedürfnis unserer Zeit. Von Dr. Wilhelm Martius. *Stuttgart: Ch. Belser 1897* (49 S.) 8.
= Zeitfragen d. christlichen Volkslebens. Bd 22. H. 5. [97. 4910

Martius, Wilhelm — Predigt am dreihundertjährigen Jubelfeste des Augsburger Religionsfriedens, am 16ten Sonntage nach Trinitatis, den 23. September 1855 in der Kirche der deutschen evangelischen Gemeinde in Prag. Gehalten von — —. Prag, 1855. In Friedrich Ehrlichs Buchhandlung. Hofbuchdruckerei von Gottlieb Haase Söhne. (19 S. 8.)

—— Die Rettung der Trinker, s.a. Zimmer's Handbibliothek der praktischen Theologie.

— Die Rettung der Trinker Theson. 1889.

— Die Rettung der Trinker und die Bekämpfung der Trunksucht. (Zimmer's Handbibliothek der prakt. Theologie, Abt. 32.) gr. 8°. Gotha, Perthes, 1892.

— Der gegenwärtige Stand der deutschen Mässigkeitsbewegung. Dommitzsch 1890. Mk. —.25.

Martius, Wilh., deutsche Trinkerheilstätten. Geschichte u. Aufgaben des Verbandes v. Trinkerheilstätten des deutschen Sprachgebiets. (VI, 81 S.) 8. Berlin 908. Mäßigkeits-Verlag. 1. —

– Trunksucht u Unzucht, s.a. Zeitfragen d. christl. Volkslebens.

[F.] Trunksucht und Unzucht. E. offenes Wort f. d. gebildete Männerwelt v. Dr. Wilhelm Martius. *Stuttgart: Ch. Belser 1886.* (48 S.) 8.
— Zeitfragen d. christlichen Volkslebens. Bd 21. H. 4. [96. 446]

MARTIUS, W., Trunksucht und Unzucht. Stuttgart 1896. 8°. (60 Pfg. R. Kaufmann, Stuttg., 1898.)

— Trunksucht u. Unzucht. 2. völlig umgearb. Aufl. von G. v. Rohden. (63 S.) gr. 8. Stuttgart 910. Ch. Belser. — 90

— Trunksuchtsfrage in Deutschland. 8°. Halle 1890.

Der Deutsche Verein gegen den Mißbrauch geistiger Getränke und die Abstinenz. Von Wilhelm Martius. *Hildesheim: Deutscher Ver. gegen d. Mißbr. geist. Getränke; [Berlin: Mäßigkeits-Verl. in Komm.] 1902.* (24 S.) 8° [Umschlagt. F.] [02. 2009]

Martius, Wilh. Was sagt das Blaue Kreuz v. sich selbst? Geschichte, Grundsätze u. Praxis d. Mäßigkeitsvereins vom Blauen Kreuz, sowie die gegen denselben erhobenen Einwände, aus den Vereinsschriften übersichtlich dargestellt. gr. 8. (64 S.) Gotha 891, F. A. Perthes. * — 40

Martius-Matzdorff, J., die körperliche Ecke od. der Raumwinkel in verallgemeinerter Auffassg. u. m. stereoskop. Darstellg. der betr. Raumformen. Mit 14 in den Text gedr. Holzschn. hoch 4. (IV, 33 S.) Berlin 872. Winkelmann & Söhne. n. 1. 60

— die Elemente der Krystallographie m. stereoskop. Darstellg. der Krystallformen f. höhere Lehranstalten u. zum Selbststudium. Mit 118 in den Text eingedr. Fig. (in Holzschn.) Lex.-8. (XI, 105 S.) Braunschweig 871. Vieweg & Sohn. n. 5. —

Martius-Matzdorff, J., die interessantesten Erscheinungen der Stereoskopie in 36 Figg. mit erläut. Text (auf 12 Steintaff.) u. 6 in den Text gedr. Holzschn. populär dargestellt. Berlin 868. Springer'sche Buchh. Lex.-8. (24 S.) 24 ngr.

Martius-Matzdorff, J., die interessantesten Erscheinungen der Stereoskopie, in 36 Figuren m. erläut. Text u. 6 in den Text gedr. Holzschn. populär dargestellt. 2., durchgeseh. Aufl. qu. gr. 8. (36 Taf. m. 35 S. Text.) Berlin 889. Winckelmann & Söhne. In Carton. n. 6. —

— über explodirende u. erstickende Gase, s.a. Vorträge, populär-naturwissenschaftl.

Martius-Matzdorff, über explodierende und erstickende Gase. (Vorträge, Populär-naturwissenschaftliche 7) Kreuznach 1871

—— Katechismus der Galvanoplastik, s.a. Weber's illustrirte Katechismen.

MARTIUS-MATZDORFF, J.
Katechismus der Galvanoplastik. Leipzig, 1868. pp. viii–104, 12mo.

—— über unsichtbares Licht, s. Vorträge, populär-naturwissenschaftliche.

—— die neuen metrischen Maasse und Gewichte. Nach der Maass- und Gewichts-Ordnung für den norddeutschen Bund vom 17. Aug. 1868 und der Eich-Ordnung vom 17. Juli 1869 bildlich und tabellarisch veranschaulicht für den Schulgebrauch und zur Selbstbelehrung. Imp.-Fol. Ebendas. 870.

— die neuen metrischen Maaße u. Gewichte u. ihre Vergleichung mit den alten preußischen. Berlin 870. Springer'sche Buchh. Imp.-Fol. 5 ngr.

—— das Maaß- und Gewichts-System des deutschen Kaiserreiches nebst den Verhältnißzahlen zur Umwandlung der bisher. Maaße und Gewichte sämmtl. deutscher Staaten einschließlich der drei freien Städte sowie Deutsch-Oesterreichs und Englands in die neuen deutschen Maaße und Gewichte. Zum Gebrauche für die Behörden, Eichungsämter und Unterrichtsanstalten aller deutschen Bundesländer, so wie zum Privatgebrauche in 39 Tabellen nebst einem Anhang, einige internationale und geograph. Daten enth., meist auf Grund amtl. Feststellungen bearb. gr. 8. (IV, 48 S.) Berlin 871, Springer'sche Buchh.

Martius-Matzdorff, J., das Maaß- u. Gewichts-System d. deutschen Kaiserreichs nebst den Verhältnißzahlen zur Umwandlg. der bisher. Maaße u. Gewichte sämmtl. deutscher Staaten einschließlich der drei freien Städte sowie Deutsch-Oesterreichs u. Englands in die neuen deutschen Maaße u. Gewichte. Zum Gebrauche f. die Behörden, Eichungsämter u. Unterrichtsanstalten aller deutschen Bundesländer, so wie zum Privatgebrauche in 39 Tabellen nebst e. Anh., einige internationale u. geograph. Daten enth., meist auf Grund amtl. Feststellgn. bearb. gr. 8. (IV, 48 S.) Berlin 871. Winckelmann & Söhne. 1 —

Maertl, Jos., im Kampfe um die Macht. Eine Erzählg. aus dem modernen Arbeiterleben. 8. (85 S.) Berlin (901). Vaterl. Verlags- u. Kunstanstalt. Geb. n. 1. —

Marton [Sachliches OW]

Marton, Peter, eines gebornen Franzosen, Leben, von ihm selbst aufgesetzt. 8. Leipz. u. Görlitz. 737

Marton [Verfasser]

Marton, Gabr., wirthschaftl. Bienenzucht; aus d. Ungar. übers. Mit Kpf. 8. Pesth 818. Hartleben. 10 gr.

Marton, Josef

— s.a. Farkas.

Marton, Jos., Atlas Hungaricus, seu regnorum Hungariae, Croatiae et Slavoniae comitatuum, privilegiatorum, districtuum et confiniorum generales et particulares mappae geographicae. Mit geogrph. statist. Erklärungen in ungar., latein. u. deutscher Sprache. Fol. Wien 802—11. (Gerold) 10 ℔
(jetzt auch Fr. Fleischer in Leipzig.) 10 ℔

Márton, J. v., kleine leichtfaßl. theoret.-prakt. Grammatik d. ungarischen Sprache f. Schüler d. unt. Classen. gr. 8. (...) Wien 838, Pichler's sel. Wwe.

— leichtfaßl. theoret.-prakt. Grammatik d. ungar. Sprache für Schüler d. unt. Klassen. gr. 8. Wien 838. Pichler. 7/12 ℔

Marton, Jos. von, Grammatik, ungarische, wodurch d. Deutsche die ungarische Sprache erlernen kann, nach J. Farkas. 8te Aufl. 8. Wien, Gerold. 812.

Marton, Jos., Nemet Grammatika, od. deutsche Grammatik f. Ungarn n. deutsches Lesebuch u. deutsch-ungar. Wörterbuch. gr. 8. Wien, Ant. Doll. (a. Liebeskind in Leipzig.) 803.

— 11 Ausg. Wien Pichler 1835

—— német Grammatika, ahozvaló gyakorlásokkal. Német olvasókönyvel és Szókönyvel együtt. 13. Kiadas. gr. 8. (...) Wien 840, Pichler's sel. Wwe.

— Ungarisches Lesebuch, f. Farkas ungar. Grammatik.

Marton, (J.) deutsch-ungrisch-latein. Lexicon. 2 Bde. 2r Thl. u. d. Tit.: Lexici trilingue. gr. 8. Wien 823, Bauer.

— Lexicon d. ungar. Sprache, 2 Thle. gr. 8. Wien 800 u. 801, 2e A. 812. N. A. unt. d. T.: Ungarisches-Deutsches u. Deutsch-Ungarisches Lexicon. Lexicon trilingue latino-hungar.-german. ad ductum lexici scholast. Schelleriani et Kirschiano-Borniani elaboratum, ac vocab. medii aevi, termin. scientiar. technicis ubique distinctis, auctum. Addito terminor. juridic., inprimis in jure hungarico usitatorum glossario. Pars Ima et IIa. 8maj. Wien 818. Pichler. 5 ℔

Marton, Jos., Lexicon trilingue latino-hungarico-germanicum, vocabulis medii aevi terminisque scientiarum technicis auctum. Vienn. 817. P. I. (A-L).

Marton, Joseph v., Prof. etc. Ungarisch-deutsches und deutsch-ungarisches Lexikon. Mit den Namen der ungarischen und siebenbürgischen Städte, Marcktflecken und Dorfer. (2 Bde.)
8. Wien 1810—1811

— ungrisch-deutsches, u. deutsch-ungrisches Lexikon, od. Wörterbuch. 2te verb. u. verm. Aufl. 2 Bde. gr. 8. Wien, Pichler. (Leipz. Fleischer.) 812.

Marton, J. v., Ungrisch-Deutsches u. Deutsch-Ungrisches Lexicon. Lexicon trilingue latino-hungarico-germanicum, ad ductum lexici scholast. Schelleriani et Kirschiano-Borniani elaboratum, ac vocab. medii aevi, termin. scientiar. technicis ubique distinctis, auctum. Addito terminor. juridic., inprimis in jure hungarico usitatorum glossario. Pars Ima et IIa. 8maj. Wien, Pichler. 819. (Leipzig, Liebeskind.)

Márton, J. v., gyönyörködtetve Tanitó Magyar Olvasókönyv különösen á Magyar Nyelvet Tanúlók számokra. gr. 8. (...) Wien 840, Pichler's sel. Wwe. Thlr.

— Pannonia; eine Zeitschr. f. Freunde d. ungar. Sprache und Lit. 1r Hft. 8. Wien. 809.

Marton, Jos. v., prakt. ungar. Sprachlehre f. Deutsche; nebst dazu gehörigen Aufgaben u. Uebungsstücken u. e. ungar. Lesebuche. 5. Aufl., mit e. ungar.-deutschen u. deutsch-ungar. Wörterbuche. gr. 8. ... Wien 828, Pichler.

— — 8, umgearb Aufl Wien Pichler 1836 8°

—— prakt. ungar. Sprachlehre f. Deutsche, nebst dazu gehör. Aufgaben u. Uebungsstücken, wie auch mit e. ungar. Lesebuche. 9., nach e. leichtfaßl. Lehrmethode ganz umgearb. u. verb. Aufl. gr. 8. (...) Wien 840, Pichler's sel. Wwe.

v. Márton, Jos., ungarische Sprachlehre auf 12 Tafeln dargestellt. Fol. Pesth 844, Verlags-Magazin; jetzt Haendel in Leipzig. In Futteral 1/3 ℔

— deutsch-ungar u. ungar.-deutsches Wörterbuch, nach Holzmann, Scheller, Páriz-Papai, 2 Bde. gr. 8. Pesth 827, Hartleben.

Mártonen, Martin v. u. Dr. Adolf Pechuun, Geographie. I. Theil. Für die IV. Classe der Volksschulen. 8. (51 S.) Geb. —.24
— II. Theil. Für die V. und VI. Classe der Volksschulen. 8. (95 S.) Geb. —.36
Budapest Rob Lampel, K u K Hofbuchhdl 1891

Martonffy, Fréd., Dictionnaire complet des langues française et hongroise. Tome I: Partie française-hongroise. gr. 8. (VIII, 568 S.) Budapest 879. (Leipzig, Haessel.) *
Tome II. (Partie hongroise-française), s. Babos, Coloman.

MARTONFI VON CSIK-MINDSZENTI, JOSEPH Trauerrede auf Marien Theresien Kaiserin Königin Großfürstin von Siebenbürgen etc. bei dem feyerlichen Leichenbegängnisse welches die Hohen Stände Siebenbürgens zum Andenken Ihrer Hochseligen Monarchin in der Hermannstädter Pfarrkirche am 15. 16. und 17. Jenner 1781 veranstalteten. (Cum Castro doloris et inscript.) Hermannstadt (1781) Hochmeister 9 f. 380 mm

Dass. Neudruck in Denkmäler dem unsterblichen Andenken Marien Theresiens gewidmet Prosaischer Theil S 59-65 Wien 1785 bei Johann Thomas Edlen von Trattner 312 S 405 mm

Mártonfy, Mart. v. u. Adf. Pechány. Geografie. 1. u. 2. Thl. 8. Budapest 891, Lampel. cart. * 1 20
1 Für die IV Klasse der Volksschulen. (52 S.) * — 48.
2 Für die V u VI Klasse der Volksschulen. (96 S. m. Fig.) * — 72.

Martony de Koszegh, Carl. Major im k. k. Ingenieur Corps. Versuche über den Seitendruck der Erde 4. Wien 1828.

Martrob, F. L., Bad Cudowa, s.a. Wanderbilder, europäische.

Martreb, F L Bad Cudowa (Provinz Schlesien) .. Hrg. und bearb. von F. L. M. Mit 28 Illustrationen [wovon 8 Tafeln] und einer Karte (Europäische Wanderbilder N° 121 122) 8. Zurich ([18]87)

Martschinck, Friedr. Ernst, Kaiser Heinrich I. in Deutschland. Gedicht in zwölf Gesängen. 8. (370 S.) Zittau 884, (Pahl'sche Buchh.)

Martschinck, Frdr. Ernst, der Staat. In seiner philosophischen u. praktischen Bedeutung. 8. (144 S.) Bautzen 849, Reichel. n. 1/2 ℔

Martschke, Theodor, approb. Arzt aus Weißenberg (Sachs.): Ueber das Vorkommen von Carcinom auf der Basis von Lupus und Geschwüren. *Göttingen 1904: Dieterich* (36 S.) 8°
Göttingen, Med. Diss. v [7 Apr] 1904

Martschke, Thdr., über das Vorkommen v. Carcinom auf der Basis v. Lupus u. Geschwüren. Diss. (36 S.) 8. Göttingen 904. (Vandenhoeck & Ruprecht.) n. — 80

v. Martschläger, Edler Matth. Fd., (b. 27. Dec. 1792.)
s. Codex Austriacus.

Supplement des Cod. Austr., oder chronolog. Samml. aller v. 20. Oct. 1740 bis ultimo Dec. 1780 in publicis-polit. erlassenen Generalien, Patente u. s. w. (v. M. F. v. Martschläger.) *Wien*, Trattner. (13 Thl. 8 Gr.) — Samml. d. ältern k. k. Gesetze u. Verordnn. in publico eccles. 1e Abth. v. 1718 bis 1740. 2e Abth. v. 1740 bis 1767. *Eb.* 783. v. 1767 bis 1782. *Eb.* 783. v. 1782 bis 1783. *Eb.* 784. fol.

Martus, Hermann C. E.

Martus, H. C. E., 50 Aufgaben aus der Körperlehre zur Einübung u. zum Gebrauche bei der Abschlussprüfung in Untersekunda. Ergänzung d. 2. Tls. der Raumlehre f. höhere Schulen. gr. 8. (8 S.) Bielefeld 893. Velhagen & Klasing. n. — 20

Martus, H. C. E., mathematische Aufgaben zum Gebrauche in den obersten Classen höherer Lehranstalten. Aus den bei Abiturienten-Prüfungen an preuß. Gymnasien u. Realschulen gestellten Aufgaben ausgewählt u. mit Hinzufügung der Resultate zu einem Uebungsbuche vereint. 2 Hefte. Greifswald 865. Koch's Verlag. gr. 8. Jedes Heft n. 28 ngr.
1. Heft. Aufgaben. (XII, 187 S.)
2. „ Resultate. (196 S.)

— — 2. neu bearb. u. durch Einführung des Metermaaßes verm. Aufl. 2 Thle. Ebend. 869. gr. 8. n. 2 ₰ 10 ngr.
1. Thl. Aufgaben. (XVI, 200 S.) n. 1 ₰
2. „ Resultate. (XII, 268 S.) n. 1 ₰ 10 ngr.

Martus, H. C. G., mathematische Aufgaben zum Gebrauche in den obersten Classen höherer Lehranstalten. Aus den bei Abiturienten-Prüfungen an preuß. Gymnasien und Realschulen gestellten Aufgaben ausgewählt und mit Hinzufügung der Resultate zu einem Uebungsbuche vereint. 2 Thle. gr. 8. Leipzig, Koch's Verlag. *
Inhalt:
Thl. 1. Aufgaben. 2., verm. und durch Einführung des Metermaßes neu bearb. Aufl. 1869. *M 3., und 3. Aufl. (XVI, 210 S.) 873. *M 3,50.
„ 2. Resultate. 2. Aufl. (III, 268 S.) 1869, und 3. verm. und verb. Aufl. (265 S.) 875. *M 4.

Martus, H. C. E., mathematische Aufgaben zum Gebrauche in den obersten Klassen höherer Lehranstalten. Aus den bei Abiturienten-Prüfungen an preuß. Gymnasien und Realschulen gestellten Aufgaben ausgewählt und mit Hinzufügung der Resultate zu einem Uebungsbuche vereint. 2 Thle. gr. 8. Leipzig, C. A. Koch's Verlag. [1. Thl. Aufgaben. 4. Aufl. (XVI, 210 S.) 1878. *M 3,60.; 2. Thl. Resultate. (285 S.) 880. *M 4,20.] *

Martus, H. C. E., mathematische Aufgaben zum Gebrauche in den obersten Klassen höherer Lehranstalten. Aus den bei Abiturienten-Prüfungen an preußischen Gymnasien u. Realschulen gestellten Aufgaben ausgewählt u. mit Hinzufügung der Resultate [II. Thl.] zu einem Uebungsbuche vereint. 2 Thle. gr. 8. Leipzig 880. 81. C. A. Koch. n. 7. 80
1. Aufgaben. 5. Aufl. (XVI, 210 S.) n. 3. 60
2. Resultate. 4. Aufl. (285 S.) n. 4. 20

Martus, H. C. E., mathematische Aufgaben zum Gebrauche in den obersten Klassen höherer Lehranstalten. Aus den bei Entlassungsprüfgn. an preuß. Gymnasien u. Realgymnasien gestellten Aufgaben ausgewählt u. m. Hinzufügg. der Resultate [II. Tl.] zu e. Übungsbuche vereint. 1. Tl.: Aufgaben. 6. Aufl. gr. 8. (XVI, 210 S) Leipzig 884. C. A. Koch. n. 3. 60; 2. Thl. Resultate. 5. Aufl. (283 S.) 883. n. 4. 20

Martus, H. C. E., mathematische Aufgaben zum Gebrauche in den obersten Klassen höherer Lehranstalten. Aus den bei Reifeprüfungen an preuß. Gymnasien und Realgymnasien gestellten Aufgaben ausgewählt und mit Hinzufügung der Ergebnisse [II. Tl.] zu einem Übungsbuche vereint. 2. Tl.: Ergebnisse. 6. veränd. Aufl. gr. 8. (301 S.) Leipzig 887, C. A. Koch's Verlag. *
1. Tl. Ebendas. 1884. *M 3.60.]

— mathematische Aufgaben zum Gebrauche in den obersten Klassen höherer Lehranstalten. Aus den bei Entlassungsprüfungen an preuß. Gymnasien und Realgymnasien gestellten Aufgaben ausgewählt und mit Hinzufügung der Resultate [II. Tl.] zu einem Übungsbuche vereint. 1. Tl.: Aufgaben. 7. Aufl. gr. 8. (XVI, 210 S.) Ebendas. 888. *
2. Tl.: Resultate. Ebendas. 1880. *M 4.20.

— Mathematische Aufgaben zum Gebrauche in den obersten Klassen höherer Lehranstalten. Aus den bei Reifeprüfgn. an preuß. Gymnasien u. Realgymnasien gestellten Aufgaben ausgewählt u. m. Hinzufügg. der Ergebnisse [II. Tl.] zu e. Übungsbuche vereint. gr. 8. Lpz., C. A. Koch. * 8 40
1. Aufgaben. 8. Aufl. (XVI, 204 S.) 890. * 3 60
2. Ergebnisse 7 Aufl. (289 S.) 891. * 4 80.

Martus, H. C. E., mathematische Aufgaben zum Gebrauche in den obersten Klassen höherer Lehranstalten. Aus den bei Entlassungsprüfgn. an preuß. Gymnasien u Realgymnasien gestellten Aufgaben ausgewählt u. m. Hinzufügung der Resultate [II. Tl.] zu e. Übungsbuche vereint. 2 Tle. gr. 8. Leipzig, C. A. Koch. n. 8. 40
1 Aufgaben. 8. Aufl. (XVI, 204 S.) 890. n. 3. 60
2. Ergebnisse. 6. Aufl. (301 S.) 887 n. 4. 80

Martus, H. C. E., Mathemat. Aufgaben zum Gebrauche in d. obersten Klassen höh. Lehranst. Aus d. bei Reifeprüfgn. an preuss. Gymnasien u. Realgymnasien gestellten Aufgaben ausgew. u. m. Hinzufügg. d. Ergebnisse (II. Tl.) zu e. Übungsbuche vereint. 2 Tle. gr. 8. Dresden 897. C. A. Koch. n. 8. 40; geb. in Leinw. n. 9. 20
1. Aufgaben. 10. Doppelaufl. (XVI, 194 S.) n. 3. 60; geb. n. 4. —
2. Ergebnisse d. Aufgaben d. I. Teiles. 9. u. 10. Aufl. (276 S.) n. 4. 80; geb. n. 5. 20

Martus, H. C. E., mathematische Aufgaben zum Gebrauche in den obersten Klassen höherer Lehranstalten. Aus den bei Reifeprüfgn. an deutschen höh. Schulen gestellten Aufgaben ausgewählt u. m. Hinzufügg der Ergebnisse (IV. Tl.) zu e. Übungsbuche vereint. 3. u. 4. Tl. gr. 8. Dresden 901. C. A. Koch. à n. 4. —; geb. in Leinw. à n. 4. 50
3. Aufgaben. (VIII, 172 S.)
4. Ergebnisse der Aufgaben des III. Tls. (182 S.)

Martus, H. C. E., mathematische Aufgaben zum Gebrauche in den obersten Klassen höherer Lehranstalten. Aus den bei Reifeprüfungen an deutschen höheren Schulen gestellten Aufgaben ausgewählt u. m. Hinzufügg. der Ergebnisse zu e. Uebungsbuche vereint. 1.—4. Tl. 8. Dresden, C. A. Koch. n. 17 80; geb. in Leinw n. 19. 40
1. Aufgaben. 11. Doppelaufl. (XVI, 195 S.) 903. n. 3. 60; geb. n. 4. —
2. Ergebnisse der Aufgaben des I. Tls. 11. Doppelaufl. (280 S.) 903. n. 4. 80; geb. n. 5. 20
3. Aufgaben. 2. Doppelaufl. m. vermehrten Aufgaben. (VIII, 180 S.) 904. n. 4. 20; geb. n. 4. 60
4. Ergebnisse der Aufgaben des III. Tls. 2. Doppelaufl. m. den hinzugefügten Aufgaben u. sehr vielen neuen Bemerkgn. Mit e. Bildnis des Verf. (245 S.) 906. n. 5. 20; geb. n. 5. 60

Martus, Herm. C. E., mathematische Aufgaben zum Gebrauche in den obersten Klassen höh. Lehranstalt. Aus den bei Reifeprüfgn. an preuss. Gymnasien u. Realgymnasien gestellten Aufgaben ausgewählt u. m. Hinzufügg. der Ergebnisse (II. Tl.) zu e. Übungsbuche vereint. gr. 8. Dresden, C. A. Koch. Geb. 9. 20
I. I. Tl. Aufgaben. 12. Doppelaufl. (XVI, 195 S.) 909. 3.60; geb. 4. —
II. Ergebnisse der Aufgaben des I. Tles. 12. Aufl. (280 S.) 910. Geb. in Leinw. 5. 20

Entstehungsweise der Monde der Planeten. Von Prof Hermann **Martus**. Mit 6 Fig.Taf Dresden & Leipzig. C A Koch 1909 52 S 8⁰

— **astronomische Erdkunde. Ein Lehrbuch angewandter Mathematik. Kleine Ausg. 2. Aufl. gr. 8. (XII, 127 S.) Ebd. 902.** n. 2. 80

Astronomische **Erdkunde**. Ein Lehrbuch angewandter Mathematik von Prof. H[ermann] C[arl] E[berhard] **Martus**, Geh. Reg R in Berlin. Große Ausg mit 100 Fig 3., neu durchgearb. Aufl. *Dresden & Leipzig: C. A. Koch 1904* (XVI, 473 S.) 8° [04. 3055

Martus, H. C. E. Astronomische Geographie. Ein Lehrbuch angewandter Mathematik. Mit 96 in den Text gedruckten Figuren. Leipzig 1880 VIII, 348 S 8⁰

— **dasselbe. Mit 80 Fig. im Texte. Schul-Ausg. gr. 8. (VI, 162 S.) Ebend. 881.** n. 2. 60

—— **astronomische Geographie. Ein Lehrbuch angewandter Mathematik. 2. Aufl. mit vielen Zusätzen. gr. 8. (XVI, 388 S. mit 100 Fig. im Texte.) Ebendas. 888.** *

— Leitfaden f. den Unterricht in der Raumlehre 1. u. 2 Tl. gr. 8. Bielefeld, Volhagen & Klasing n. 3 —
1. Ebene Figuren. (IV, 96 S. m. Fig.) 893. n. 1. 20
2. Dreiecksrechnung u. Körperlehre (V, 138 S. m Fig.) 893. n. 1. 80, geb n n 2 10

Martus, H. C. E., Maxima und Minima. Ein geometr. und algebraisches Uebungsbuch für die Schüler höherer Lehranstalten. gr. 8. (VIII und 127 S. mit 1 lithogr. Fig.-Taf. in qu. gr. 4.) Berlin 861, Th. Chr. Fr. Enslin. *

— **Maxima u. Minima. Ein geometr. u. algebr. Uebungsbuch. Mit 1 Fig.-Taf. 2. unveränd. Abdr. (IV, 127 S.) gr. 8. Hamburg 903. H. Grand.** n. 1. 80

—— **Kegelschnittkantige Pyramiden und curvenkantige Prismen, von krummen Seitenflächen begrenzte Körper, welche sich kubiren lassen. 4. (VII und 55 S. mit 8 lithogr. Fig.-Taf.) Berlin 863, Springer's Verlag.** cart.

Martus, H. C. E. Raumlehre f. höhere Schulen. 2 Tle. gr. 8. Bielef. 890, Velhagen u. Klasing. * 5 50
1 Ebene Figuren. (VII, 159 S. m. 154 Fig.) 890. * 2 —
2 Dreiecksrechnung u. Körperlehre. (VIII, 260 S. m. Fig.) * 3 50; geb. * 4

— Raumlehre f. höhere Schulen. 2. Tl. Dreiecksrechnung u. Körperlehre gr. 8. (VIII, 260 S. m. Fig.) **Ebd. 892.** n. 3. 50; geb. n 4 —
(1 u. 2.: n. 5. 50, geb. n 6. 40)

Martus, *Hermann* [Dir. Prof.]: Rückblick auf das 25jährige Bestehen der Schule. Berlin, Druck v. C. H. Müller, 1893; 27—31 S. 4.
Berlin, Sophien-RG, OP 1893 (69)

Martus, H Das Stereoskop (Progr.-Abhandl.) Berlin 1868

Marty, A., De Quintilianeo usu et copia verborum cum Ciceronianis potissimum comparat Diss. 1885. 63 S. 8.

Marty, Ant., die Frage nach der geschichtlichen Entwickelung des Farbensinnes. Nebst zwei Anhängen: I. Ueber die Begriffe Helligkeit und Intensität der Gesichtsempfindungen. II. Ueber Befähigung und Berechtigung der Poesie zur Schilderung von Farben und Formen. gr. 8. (VI, 160 S.) Wien 879, Gerold's Sohn. *

—— **Kritik der Theorien über den Sprachursprung. Inaugural-Dissertation. gr. 8. (60 S.) Würzburg 875. (Göttingen, Vandenhoeck und Ruprecht's Verlag.)** *

Marty, Ant., zur Sprachphilosophie. Die „log.", „lokalist." u. andere Kasustheorien. (XI, 135 S.) gr. 8. Halle 910. M. Niemeyer. 4. —

Untersuchungen zur Grundlegung der allgemeinen Grammatik und Sprachphilosophie. Von Dr Anton **Marty**, Prof., Prag Bd 1 Halle a. S. M. Niemeyer 1908. 8° [08. 10840 3

—— **über den Ursprung der Sprache. gr. 8. (VIII, 150 S.) Würzburg 875, Stuber.** *

Marty, A., Was ist Philosophie? Inaugurationsrede, geh. in d. Aula Carolina zu Prag b. Antritt d. Rectorates d. k. k. deutschen Carl-Ferdinands-Universität am 16. XI. 1896. gr. 8. (35 S.) Prag 897. J. G. Calve. n. — 80

Marty, E[mil]. Predigt zur Einweihung des neuen Geläutes. Gehalten in der Kirche zu Maienfeld 3. Februar 1901 von E. Marty, Pfarrer. II + 9 S. 8. Chur, Manatschal Ebner & Cie., 1901. fr. —. 30

Marty, Johann Baptist

Marty, J., die Anforderungen der Gesundheit an die Volksschule. gr. 8. (30 S. mit Illustr. in 3 Stnt.) Einsiedeln 874, Gebr. Benziger.

Marty, J[ohann Baptist]. Illustrirte Schweizer Geschichte für Schule und Haus. [Mit 1 Doppel-Karte.] 3. (*Umschlag u. Vortitel* 6.) Aufl. 8. Einsiedeln... (1890).

Marty, J., kleine schweizer Geschichte in Wort u. Bild f. Primarschulen. Auszug aus der Illustrirten schweizer Geschichte. 8. (102 S. m. eingedr. Holzschn. u. farb. Titel.) Einsiedeln 884. Benziger. cart. n.n. — 50

Marty, J[ohann Baptist]. Histoire illustree de la Suisse pour les écoles et les familles, par J. M... Traduction française par le chanoine (J[oseph]) Schneuwly... 8. Einsiedeln... 1884

Marty, J. Histoire illustrée de la Suisse pour les écoles et les familles. Traduction française par le Chanoine Schneuwly. Avec 23 illustr. et frontispice. In-8⁰, 268 p. Einsiedeln, C. & N. Benziger. 1893. **Cart. 1 50**

Marty, J., die Rekruten-Prüfungen. Referat f. die Jahresversammlung der schweizer. gemeinnützigen Gesellschaft zu Schwyz den 26. Sept. 1876. (Separatabdruck aus der schweiz. Zeitschr. f. Gemeinnützigkeit.) 153 S. 8. Zürich, J. Herzog. 1876.

Marty, J., illustrirte Schweizergeschichte für Schule und Haus. 8. (224 S. mit eingedr. Holzschn. und 2 chromolithogr. Karten.) Einsiedeln 880, Gebr. Benziger. *
cart. *

Marty, J. Illustrierte Schweizer Geschichte f. Schule u. Haus. 7. Aufl. Mit farb. Titelbild u. 1 Karte. In-8⁰. 224 S. Einsied., Benziger & Co. Cart. 1 25 1896.

Illustrirte Schweizer Geschichte für Schule u. Haus von J. **Marty**, Dir. d. Schwyzerischen Lehrer-Sem. 8. Aufl. *Einsiedeln, Köln: Benziger & Co. [um 1902]* (224 S.) 8° [F.] [03. 13804

—— **kleine Schweizergeschichte in Wort und Bild für Primarschulen. Auszug aus der Illustrirten schweizer Geschichte. 8. (102 S. mit eingedr. Holzschn. und farb. Titel.) Ebendas. 884.** cart. **

Marty, J. Kleine Schweizer-Geschichte in Wort u. Bild. In-8⁰. Einsiedeln, Gebr. Benziger. 1893 cart. — 60

Kleine Schweizer Geschichte in Wort und Bild für Primarschulen. Ausz. aus d. Ill. Schweizer Geschichte von J. **Marty**, Sem.-Dir. *Einsiedeln, Köln: Benziger & Co. 1901.* (106 S.) 8° [F.] (03. 13805)

— **storia illustrata della Svizzera ad uso delle scuole e delle famiglie. Voltata in italiano dall' originale tedesco per Martino Pedrazzini. 8. (253 S.) Einsiedeln 885, Benziger und Comp. cart. ***

Marty, J[ohann] J[acob]. Affoltern am Albis und seine Umgebung. Führer durch Gemeinde und Bezirk A'. Mit ca. 50 Illustionen [wovon 1 Tafel, sowie 1 Panorama] und 2 Karten. Hrg. vom Verschönerungsverein Aff' a. A. Geschildert von J. J M'... 8. Affoltern a. A. [1896].

Marty, J[ohannes]. Zur Erinnerung an die Jubiläumsfeier der Kirche in Meilen am 11. und 12. August 1895. Der Gemeinde gewidmet von J M', Pfarrer 1495. 1895 8. Meilen 1895.

Marty, J[oseph]. Die Entwicklung der Gerichtsverfassung a. im Bezirke Schwyz; b. im B' Gersau. [Mit 1 Vignette.] VIII + 50 S. 8. Schwyz, Caspar Triner, 1909. [fr. —. 40]

Marty, J[oseph]. Die Gerichtsorganisation im Bezirk Höfe bis zur Helvetik. II + 16 S. 8. Wollerau, M. Theiler-Helbling, 1907. [fr. —.10]

Marty, J[oseph]. Die Gerichts-Organisation der Landschaft March. Bis zum Jahre 1833. 42 S. 8. Lachen, A. Kessler, 1908. [fr. —. 30]

Marty, Martin

Marty, M., et M. Waser. Schwyz et ses environs. Esquisse. Avec 67 illustr. et 1 carte. In-8⁰. 71 p. Einsiedeln, Benziger & Co. 1891. 1 25

Marty, M. u. M. Waser. **Schwyz u. seine Umgebung in Wort u. Bild. Mit 1 Karte u. 50 Holzschn.-Illustr. 12. (72 S.) Einsiedeln 891, Benziger u. Comp. * 1 —; französ. Ausg. * 1 —**

Marty, P. Martin, Das Vereinswesen und die studirende Jugend. Einsiedeln 1858. Progr.

Marty, P. Martin, „Wie man vor tausend Jahren lehrte", dargestellt von einem Zeitgenossen des hl. Meinrad Walafried Strabo. Einsiedeln 1857. Progr.

Marty, Rud., Friedensbilder aus dem deutsch-französischen Kriege 1870—71. 1.—3. verm. und verb. Aufl. 16. (168 S.) Amberg 872, Habbel.

Marty, P. Rud., S. J., Friedensbilder aus dem deutsch-französischen Kriege 1870—71. 3. Aufl. (159 S.) kl. 8. Regensburg (910). J. Habbel. Geb. in Leinw. 1. 20

Marty, Walt., Tableau der schweizerischen Schützenthaler 1842/1892, in Reliefprägung hrsg. 48×37 cm. St. Gallen 892. (Busch & Co.) n. 2. —

Martyn, (H.,) Leben der Missionairs in Persien. gr. 8. Basel 825, Neukirch.

Martyn, Johann

—Abbild. u. Beschreib. seltener Gewächse; neu übers. mit Anmerkk. v. G. W. F. Panzer; mit Kpf. Nürnb. 791. Fleischer. 2 ℔ 12 ℊ

Martyn, Jh., historia plantarum rariorum, ob praestantiam denuo edita studio ac opera Jo. Dan. Meyeri pictoris. Fol. Nürnb. 752. Latein. u. deutsch; (die deutsche Uebersetz. ist von G. L. Huth.)

Martyn, s. Miller, Phil., Gärtnerlexicon.

Martyn, Th., le conchyliologiste, siehe: Chenu, J. C., bibliothèque conchyliologique. I. série. Tome 2.

Martyni-Laguna, J A

- s. Cicero epistolae.

Martyni-Laguna, (J. A.,) Elegie ad generosissimum comitem P. E. G. de Alta-Valle. 8maj. Lips. 823, Cnobloch.

—epistola ad C. G. Heyne. 8maj. Leipz. 787. Ed. n. 795. Voss. 10 ℊ Velinp. 16 ℊ

- s. J. Pr. Falk, Reise in Rußland.

Martyni-Laguna, J. A., Hinc illae lacrymae, od. Schuld u. Unschuld; als Verwahrung gegen theol. Anmaßung in Nr. 116 d. Intelligenzblattes d. Leipz. Litt.-Zeitung von 1815 ꝛc. Dresden, Verfasser. 816.

—Hymne d. Confirmanden an Jesus Christus. gr. 8. Dresd. 815. Walther. 5 ℊ

Martyni-Laguna, (J. A.,) geistl. Lieder u. Oden. gr 12. Leips. 825, Hartmann. Rthlr.

—geistl. Lieder u. Oden. gr. 12. Leipz. 825. (Lehnhold). 10 ℊ

—Wingolf, nach Klopstock. Erstes Lied, gesungen bei Reinhard's Genesung zu Dresd. im Juni 1811. M. erläuternd. Anmerkk. gr. 4. Dresd., Walther. 6 ℊ

Martynow, E. J., die Ursachen der russischen Niederlagen. Nach dem Russ. von Osk. v. Schwartz. (127 S.) gr. 8. Berlin 907. K. Siegismund. 2. 50

Martynowicz, O. I. Historische Zeugnisse über die ältesten Beherrscher und Einwohner der Bukowina und der Moldau. In: BR, 1887 Sonderdruck Czernowitz Pardini 1887

Martyr, Iustin., **Opera omnia. III Tmi. 8. maj. Würzb. Stahel.**

MARTYR, Petrus

(F) Die St. Antonius-Kapelle in Söllheim bei Salzburg. Für Pilger nach Söllheim und für alle Verehrer des hl. Antonius v. P verfasst von P. Petrus Martyr O. F. M. Mit oberhirtlicher Approbation und Erlaubnis der Oberen. Salzburg. [1899] Pustet. 32°. 96 S. mit 1 Tafel. fl. — 12

Martyrer, die hl. v. Osino, s.: Vereinstheater, neues.

Märtyrer, die. s. a. Chateaubriand, F. A. v.,

Märtyrer (Die) von Chicago. Kurze Skizze ihres Wirkens und Duldens mit ihrem Portrait. 8⁰. London, Redaction der „Autonomie", s. a.

Märtyrer, drei, der evangelischen Kirche, s.: Hausfreund, Hamburger.

Märtyrer, der, d. Freiheit u. Gleichheit; ein komi-tragisches Theaterstück. 8. Frankf. 790. Gebhardt n. K. 16 ℊ

Märtyrer, ein, der Gegenwart. Märzfrüchte aus dem kleinen aber glücklichen Altenburg. Der Preßproceß und das Schicksal des zu 1¾jähr. Kerker verurtheilten Buchhändlers Jul. Helbig in Altenburg. 8. (32 S.) Gera 850, Illgen's Erben.

Märtyrer der Gesellschaft Jesu in Japan, welche in den Jahren 1617 bis 1632 für den heiligen Glauben das Leben geopfert und am 7. Mai 1867 vom Papst Pius IX. feierlich selig gesprochen worden sind. 5. Aufl. Regensburg 1868. V: *Patiss, Georg.* (Russell IX, 675) Wien Sartori 1868

Märtyrer von Gorkum, s.a. Bericht.

Märtyrer, die, von Gorkum. Eine Darstellung der religiösen Verfolgungen gegen 19 kathol. Niederländer, welche am 19. Juli 1572 in der Nähe von Brille gemartert wurden. Aus dem Französ. übersetzt von C. F. Trippe Soest 865. Nasse's Verl. 12. (32 S.) ¾ ngr.

Märtyrer, die heiligen, der evangel. Kirche. Ein Volksbuch für evangel. Christen. Auf's Neue bearb. u. herausgeg. von Leonh. Volkert u. Gli. Wlh. Hnr. Brock. 1. u. 2. Hft. gr. 8. Erlangen 845, Heyder. à ⅙ ß

– in Japan s. Bericht

—— die, der protestantischen Intoleranz im Vergleiche zu den Opfern der spanischen Inquisition. Von der Nothwehr abgedrungene histor. Sittenbilder, Herrn Direktor v. Kaulbach gewidmet. 1. und 2. Aufl. gr. 8. (28 S.) Augsburg 870, Kranzfelder'sche Buchh. *

—die jungen, e. Erbauungsbüchl. f. christl. Jünglinge; aus d. Französ. v. J. C. Pfister. Mit 1 Titelkpf. 12. Würzb. 826. Etlinger. 9 gr. Post-Pap. 12 gr.

Märtyrer, die, von Carthago. Ein dramatisches Gedicht. Leipzig 863. Bredt. 8. (104 S.) 12 ngr.

—— die, der christlichen Kirche in den ersten Jahrhunderten. 5. Aufl. (Ster.-Ausg.) 8. (32 S.) Barmen 866. (Berlin, Beck.)

—— die, der christlichen Kirche in den ersten Jahrhunderten. 6. Aufl. Hrsg. von der Wupperthaler Traktat-Gesellschaft. 8. (32 S.) Barmen 873, Wiemann.

—— insbesondere der evangel. Kirche. In Verbindung m. Mehreren hrsg. v. J. H. Wichern. 1. Hft. Heinrich von Zütphen. 8. (2¼ B.) Hamburg 845, Agentur des Rauhen Hauses. *

Märtyrer insbesondere der evangel. Kirche. In Verbindung mit Mehreren hrsg. von J. H. Wichern. 2. Heft: Giles Tillmann in Brüssel. Leonhard Kayser in Bayern. Pietro Carnesecchi in Italien. 8. (VI und 42 S.) Hamburg 849, Agentur des Rauhen Hauses.
1. Heft. Ebendas. 1845. * 3 Ngr.

Die Märtyrer der Evangelisch-Lutherischen Kirche : 185? / St. Louis, MO
Bi-monthly. Edited by the Rev. C. J. H. Fick

— der kathol. Kirche in der neuesten Zeit. Aus den Annalen d. Verbreitung des Glaubens möglichst wortgetreu ausgezogen u. herausgeg. von einem Priester in Vorarlberg. 1. u. 2. Bdchn. 8. Innsbruck 844, 45, Wagner'sche Buchh. 1. Bdchn. ⅙ ß 2 Bdchn. ¼ ß

Märtyrer, Die, der Liebe. [Roman.] Berlin 1805. V: *Schuderoff, Johann Georg Jonathan.* (Ky) (KE) (GGr) (NN)

Märtyrer, der, der Liebe; herausgg. von J. S. (Schuderoff). 8. Berl. 805. Sander. 1 ß

— der, der Mode; e. Gesch. satyrischen Inhalts. 8. Wesel, 779.

—der, der Mode, e. Geschichte satyr. Inhalts (v. K. A. Kortum). 8. Wesel 778. Heinsius. 7 gl.

Märtyrer aus d. Muhammedanern, s.: Hefte zum Christlichen Orient. II, 1.

— politische. 1. A. u. d. T.: Alexander Andrayne. Der polit. Gefangene in den Kerkern zu Mailand u. auf dem Spielberg. Ein Beitrag zur Geschichte der österr. Herrschaft in Italien. Von J. G. Günther. 8. (63 S.) Leipzig 847, Blum & Co. (jetzt: Friese). 6 ngr

—— politische. I. A. u. d. T.: Alexander Andrayne. Der polit. Gefangene in den Kerkern zu Mailand und auf dem Spielberg. Ein Beitrag zur Geschichte der österr. Herrschaft in Italien. Von J. G(ünther). 8. (63 S.) Leipzig 847, [Matthes.]

Märtyrer, protestantische. gr. 16. (96 S. mit eingedr. Holzschn. und 2 Holzschnt.) Cincinnati 859. (Philadelphia, Schäfer und Koradi.) geb. *

—— protestantische, und Vorkämpfer. Ein evangel. Volksbuch. 8. (VI, 414 S.) Halle 874, Schwetschke'scher Verlag. *

—— ein, aus dem Soldatenstande. 16. (4 S.) Barmen 872, (Wiemann.)

— die, v. Tyburn. Eine Erzählg. aus den Tagen der Königin Elisabeth. Nach dem Engl. Hrsg. v. der St. Josef-Bücherbruderschaft. (240 S.) kl. 8. Klagenfurt 908. Buch- u. Kunsth. d. St. Josef-Vereines. Kart. 1.20; geb. 1.80

Märtyrer, der, seines Versprechens u. die Konnexionen. 2 Novellen, v. K. A. Seidel. 2te Ausg. 8. Leipz. Hinrichs. 813.

— der Wahrheit, e. charakterist.-romant. Geschichte, (von Sph. Siegm. Grüner). 2 Thle. 8. Danzig 795. Troschel. 1 ß 4 gr (Centr.-Compt.) 1 ß 12 gr

— der, der Wahrheit. 8. Leipz. Sommer. 807.

Märtyrer, die 2 königl., od. Charakter Karls I. und Ludwigs XVI. (von C. K. L. v. Scheler.) 8. Heilbr. 793. Claß. 1 ß

— zwei literarische, u. deren Frauen, (v. J. Tim. Hermes). 2 Bde. 8. Leipz. 789. Gleditsch. (Brockhaus). 20 gr A. u. d. T.: Meines Herren Grundlegers u. unserer Frauen Geschichte. 2 Thle. Ebd. 798. Schrbp. 1 ß 20 gr

Märtyreracten, ausgewählte, s.a. Acta martyrum selecta.
— dasselbe, hrsg. v. Rud. Knopf, s.a. Sammlung ausgewählt. kirchen- u. dogmengeschichtl. Quellenschriften.

Ausgewählte **Märtyreracten** hrsg. von Lic. Rudolf Knopf, Privatd. zu Marburg. *Tübingen & Leipzig: J. C. B. Mohr 1901.* (IX, 120 S.) 8°
= **Sammlung** ausgewählter kirchen- u. dogmengesch. Quellenschriften. Reihe 2, H. 2. [01. 8941

Märtyrerakten . . . Uebs. v. E. Klein, Pfarrer in Lichtenrade – Berlin. [No] 1. Berlin Buchh. d Berliner Stadtmiss. (1898) 8°
= Schatzkammer, Aus der, heiliger Väter H. 2.

Märtyrerin, die, auf dem Kaiserthrone. Von Gräfin . . . Mit 1 Bildnis der Kaiserin Elisabeth v. Österreich. 8. (IV, 323 S.) Zürich 900. C. Schmidt. n. 4. —

Märtyrerthum, Das christliche, oder Geschichte von dem Leben . . . der christlichen Märtyrer . . . Nach d. Engl. des J. Fox und J. Milner. Leipzig 1817 —18. V: *Bergk, Johann Adam.* (NN) (Ky) (MGT)

Märtyrerthum, das christliche, oder Geschichte von dem Leben, den Leiden und dem Tode der christlichen Märtyrer in allen Theilen der Erde. Nach dem Engl. des John Fox u. des John Milner. 2 Thle. Mit Kpfrn. gr. 8. Leipzig, Baumgärtner. 817. 18. à 1 Thlr. 16 Gr.

Martyrertod des Denis August Affre, Erzbischofs von Paris. Gestorben den 27. Juni 1848. Nach französ. Berichten. gr. 16. (30 S.) Stuttgart 848, [Quack.] Thlr.

Martyrertod des Denis August Affre, Erzbischofs von Paris. Gestorben den 27. Juni 1848. Nach franz. Berichten. gr. 16. (30 S.) Stuttgart 848, Rümelin. 2 ngl

Märtyrervolk. Ein M' ohnegleichen; oder: Die Waldenser und ihre Geschichte. [Illustriert.] 8.

In: Jahrbuch für christliche Unterhaltung. Hrg. von der Diakonissen-Anstalt zu Kaiserswerth. Jahrg. 66. 1907. Kaiserswerth am Rhein, Verlag der D'-A'. (Christlicher Volks-Kalender 1907. Jahrg. 66. Hrg. von der D'-A' zu K' am Rhein. Im Verlage der D'-A'. Druck von Breitkopf & Härtel in Leipzig. [M. —.40.] [Teil 2.]) S. 2—67.

Märtyrinnen, die jungen, e. Erbauungsbüchlein für christl. Jungfrauen; nach d. Französ. v. J. G. Pfister. Mit 1 Titelkpf. 12. Würzb. 826. Etlinger. 9 gr Post-Pap. 12 gr

Martyrium Arnoldi Archiepiscopi Moguntini, s. Fontes rerum Germanicarum.

Ein **Martyrium** in Köln im Jahre 1529. Hrsg von W(ilhelm) Rotscheidt. Köln: Westdeutscher Schriftenver. 1904. (101 S.) 8° [F.]
= **Tagen**, Aus der Väter. Bdch. 1. [06. 6370

Martyrium, das, der Madonna. (Von Moses Maria.) (7 S.) Lex.-8. Leipzig (Kurprinzstr. 5, H. Funke) 904. Verlag der Schriften Moses Maria. n. 1. —

Martyrium, das, Philipps d. Großmüthigen, s. Flugschriften, katholische.

Martyrologicum, s. Martyrologium

Martyrologien, die drei ältesten. Hrsg. v. Hans Lietzmann. (Kleine Texte f. theolog. Vorlesgn. u. Uebgn. Hrsg. v. Hans Lietzmann.) (16 S.) 8. Bonn 903. A. Marcus u. E. Weber. n. — 40

Martyrologium Bohemicum, od. d. Böhmische Verfolgungsgeschichte v. J. 894—1632 ꝛc. übers. v. Jh. Gli.' Elsner. 8. Berl. 766. Reimer. 14 gr

Das **Martyrologium** des Nürnberger Memorbuches. Im Auftr. d. histor. Commission f. Gesch. d. Juden in Deutschl. hrsg. v. Dr. Siegmund Salfeld. *Berlin L. Simion 1898.* (XXXIX, 520 S.) 1 Bd 4.(8.)
= **Quellen** z. Geschichte d. Juden in Deutschland. Bd III. 98 838

—Romanum. 8maj. (Wesché in Frankf.) 1 ₰ 20 gr

Martyrologium Romanum. 8. maj. Antwerp. (Göbhard, Bamb.) 746.

—— romanum Gregorii XIII. jussu editum, Urbani VIII. et Clementis X. auctor. recogn. ac deinde anno MDCCXLIX. Benedicti XIV. labore et studio auct. et castig. Edit. noviss., juxta exemplar Romae impress. MDCCCXLV. SS. D. N. Gregorio XVI. Pont. Max. auspice et patrono, in qua Sanctorum et Beatorum extant elogia pro ordinibus etiam regularibus a sac. rit. congr. ad haec usque tempora approbata. gr. Lex.-8. (41 3/4 B.) Mechliniae 846. (Moguntiae, Kirchheim, Schott et Thielemann.) *

Martyrologium romanum Gregorii VIII. jussu editum, Urbani VIII. et Clementis X. auctoritate recogn. ac deinde anno MDCCXLIV. Benedicti XIV. labore et studio auct. et castig. Edit. noviss. SS. D. N. Gregorio XVI. Pont. Max. auspice et patrono, in qua Sanctorum et Beatorum extant elogia, pro ordinibus etiam regularibus a sac. rit. congr. ad haec usque tempora adprobata. Juxta exemplar Romae excusum. 8maj. (48 B.) Ratisbonae 846, Manz.

Martyrologicum romanum Gregorii XIII. jussu editum, Urbani VIII. et Clementis X. auctoritate recognitum ac deinde anno MDCCXLIX Benedicti XIV. labore et studio auctum et castigatum. Editio novissima SS. D. N. Pio Papa IX. auspice et patrono. gr. 4. (LXII, 232 S.) Romae 873. (Regensburg, Pustet.) **

—— dass. — In qua sanctorum et beatorum exstant elogia pro ordinibus etiam regularibus a. s. rituum congregatione ad haec usque tempora adprobata. gr. 4. (LXII, 474 S.) Romae 873. (Regensburg, Pustet.) **

Martyrologium romanum, Gregorii XIII. jussu editum, Urbani VIII. et Clementis X. auctoritate recognitum ac deinde anno 1749 Benedicti XIV. labore et studio auctum et castigatum. Edit. novissima ss. d. n. Pio Papa IX. auspice et patrono. Juxta exemplar. Romae excusum. gr. 8. (CXVI, 570, 81 S.) Regensburg 874, Manz.

Martyrologium, das römische. (VIII, 220 S.) gr. 8. Innsbruck 907. H. Schwick. 1.50; geb. in Leinw. 2. —

Martyrologium, römisches, von Benedict XIV. übersehen u. verbess. sammt beygefügt. besond. Matyrologien verschied. Ordensgeistlichen. 4. Cöln, Rommerskirchen. 801. Schreibp.

Martyrologium, Seraphisches. Salzburg 1860. V: *Singer, Peter.* (Hr)

Martyrum, sanctorum, acta selecta, s. Patrum, sanctorum, opuscula selecta.

Martz, Eduard [aus Stuttgart Assist. am chem.-technol. Laborat. d. kgl. techn. Hochschule Stuttgart]: Zur Kenntnis der Dinitroterephtalsäuren . . . Stuttgart, Druck v. Stähle & Friedel, 1893; 29 S. 8.
Tübingen, Naturw. Fak., Inaug.-Diss. v. 1893

Martz, Ernst. Methylation des acides oxy-benzoïques et synthèse de l'acide sinapique. Thèse Sci. Genève. 54 p. 8. Bâle, Kreis, 1903.

Martz, Fr Leber, s. K F D Moser, Bemerkungen zu Wielands Uebersetzung d. Briefe Cicero's.

Marx, L., die evangel. Geschichte, od. d. Leben Jesu. Eine vollständ. u. nach d. Zeitfolge geordn. Vereinigung d. vier Evangelien nach Luthers Uebersetz. Mit e. Einleit., Anmerkn. u. e. Anh. üb. d. Leben u. Wirken d. Apostel 2c. f. d. Gebr. in Schulen u. Familien bearb. 8. (21 B.) Stuttgart 837, J. F. Steinkopf.

Martzeller, Bernhard, De morbis e suppressa cutis functione oriundis. Berlin (Nietack) 12. I. 1837. 31 S. mit Biogr. (M.: A. M. Broeckmann.) (3.50) 22309

Oppon.: G. Boisserée, W. König, L. Schütz. — Gew.: Seinen Eltern (Vater: Franz Josef Martzeller).

Martzen, J G „Unterricht und Generalerklärung des sogenannten italienischen kaufmännischen Buchhaltens in 260 Fragen und Antworten bestehend", Danzig 1703.

Martzloff, G., Wörterbuch der französischen u. deutschen Sprache, s.: Daniel, R.

Marucchi, Orazio

Marucchi, O., **Escursioni archeologice in Roma. I. Foro Romano.** 1895. 186 S u. 2 Taf. 2.50

Marucchi, Orazio, die Katakomben u. der Protestantismus. Aus dem Ital. übers. v. Jos. Rudisch. C. Ss. R. (106 S.) 8. Regensburg 905. F. Pustet. n. — 60; geb. in Leinw. n. 1. —

Marufke, Willy: Entstehungsort und Entstehungszeit des ältesten englischen Marienhymnus, On god Ureisun of ure Lefdi. Leipzig: Quelle & Meyer 1907. (49 S.) 8° ¶ (Erscheint vollst. u. d. T.: „Der älteste englische Marien-Hymnus" in: „Breslauer Beiträge zur Literaturgeschichte" Bd 13.)

Breslau, Phil. Fak., Ref. Sarrazin, Diss. v. 7. Aug. 1907

[Geb. 18. Nov. 84 Gurkau, Kr. Groß-Glogau i. Schl.; Wohnort: Bromberg; Staatsangeh.: Preußen; Vorbildung: Realgymn. Bromberg Reife O. 03; Studium: Breslau 9 S.; Rig. 8. Mai 07.]

Marufke, Willy, der älteste englische Marienhymnus „On god Ureisun of ure Lefdi", s.a. **Beiträge,** Breslauer, zur Literaturgeschichte. N. F. 3.

Der aelteste Englische Marienhymnus 'on god Ureisun of ure Lefdi' von Dr. Willy **Marufke**. Leipzig: Quelle & Meyer 1907. (74 S.) 8°
[Ein T erschien als Inaug.-Diss. Breslau 1906.]
— **Beiträge,** Breslauer, z. Literaturgeschichte. 13. [07. 18140

1754. *J. Frid. Marrulin* Disp. de Intensitate Lucis, Praes. *Godofr. Ploucquet.* Tubing. 2 Bogen.

Marum, Alfred, Referendar: Der Begriff des Leistungsortes. Borna-Leipzig 1909: Noske. VIII, 36 S. 8°
Leipzig, Jur. Diss. v. 3. Nov. 1909
[Geb. 13. Jan. 85 Cöln, Wohnort Cöln, Staatsangeh. Preußen; Vorbildung: Marzellen-Gymn. Cöln Reife O. 03 Studium Gent 1, München 2, Berlin 1, Bonn 2 S. Rig. 1. Jan 06] [U 10. 2701

Marum, Artur: Über den Verbrauch von Chloroform und Äther mittelst des Roth Draegerschen Apparates. ⟨Nach König [! so st. Krönig] modifiziert.⟩ Mit und ohne vorhergegangene Morphium Skopolamininjektion. Straßburg i. E.: J. Singer 1906. (70 S.) 8°
Freiburg i. B., Med. Fak., Ref. Krönig, Diss. v. 1906
[Geb. 5. Juli 83 Cöln a. Rh.; Wohnort: Straßburg; Staatsangeh.: Preußen; Vorbildung: Goethe-Gymn. Frankfurt a. M. Reife O. 01; Studium: Berlin 2, Straßburg 1, Freiburg i. B. 6 S.; Coll. 23. Febr. 06; Approb. 17. Jan. 06.]

Marum, Martinus von

van Marum, Abhandl. üb. d. Electrisiren; aus d. Holländ. v. J. W. Möller. Mit Kpf. 8. Gotha 778. Ettinger. 8 gl.

Marum, M. van, naturhist. Abhandl. der batav. Gesellsch. d. Wissensch. zu Harlem, a. d. Holl. m. ill. u. schw. K. gr. 8. Leipz. Jacobäer. 802.

Marum, M van, Dr, Eine Beobachtung über das Entstehen des holländischen Torfs. Aus einem Briefe an Faujas-Saint Fond. 1803.

—Beobachtt. u. Versuche üb. Rettungsmittel Ertrunkener; a. d. Holländ. mit e. Vorrede v. E. B. G. Hebenstreit. 8. Leipz. 796. Schäfer; (Kühn) 12 gl.

—Beschreib. e. ungemein großen Elektrisirmaschine u. d. damit angestellt. Versuche; aus d. Holländ. v. H. E. W. Eschenbach. 3 Thle. Mit Kpf. gr. 4. Leipz. 786—98. Schwickert. 5 rf 6 gl.

—lettre à M. A. Volta, contenant des experiences sur la colonne electrique. gr. 8. Harlem 801.

Marum, Martinus v., Dr., Schreiben des — an Herrn Alex. Volta, Prof. zu Pavia, über die Versuche mit der electrischen Säule, welche er und der Prof. Pfaff in dem Teyler'schen Laboratorium zu Harlem im Nov 1801 angestellt haben. (Aus der Handschrift des Herrn Dr. van Marum übersetzt vom Herausgeber.) (Ann. der Phys., Bd. 10, St. 2, J 1802, St. 2.)

Marung, Karl Erich, approb. Arzt: Über das **Verhalten** des Jod zum Harn. *Rostock 1900: C. Boldt.* (53 S.) 8°
Rostock, Med. Diss. v. [9. Mai] 1900

Marung, Maximil. (geb. Woldegk in Meckl. 28. 3. 1839) De lue congenita, ratione habita inprimis oculorum affectionum Berolini (1861). (51 S.) 8°
Berlin, Med. Diss. v. 8. Mai 1861

De sancta Nicaena synodo. Syrische Texte des **Maruta** von Maipherkat nach e. Hs. d. Propaganda zu Rom übs. v. Dr. Oscar Braun, Prof. a. d. Univ. Würzburg *Münster i. W.: H. Schöningh 1898.* (2 Bl., 128 S.) 1 Bd 8.
— **Studien,** Kirchengeschichtliche. Bd IV. H III. [98. 9631 Bo

Marval, Franz von von Neuenburg Der englische Schweiss mit besonderer Berücksichtigung der Symptomatologie und der vierten Epidemie im Jahre 1529 Zür F Schulthess 1849 2 Bl., 76 S., 1 Bl 8
Zurich Med Diss v 23. Juni 1849

Marval, Karl

Marval, Carl v., Leitfaden f. Samariter. Taschenbuch der gebräuchlichsten Verbände u. der ersten Hilfe bei Unglücksfällen u. plötzl. Erkrankgn. Mit e. Vorwort v. W. Sahli. (VIII, 96 S. m. 53 Abbildgn. u. 6 farb. Taf.) kl. 8. Neuchâtel (906). Gebr. Attinger. Kart. n. 2.—

Marval, C. de [pract. Arzt aus Neuchâtel]: Ueber Mortalität und Morbidität des Puerperalfiebers an der geburtshülfl. Klinik zu Basel während des Decenniums 1887—1896 incl. Basel 1897. 25 S. 8°. 4 Tabellen.
Basel. Med. Diss. 1896/97

Marvel, Jk., Dream life, s. Dürr's collection of standard american authors.

—— **Reveries of a bachelor, s. Dürr's collection of standard american authors.**

Marvel, J., Traumbilder, s.a. **Hausbibliothek, kleine, für die Jugend.**

— Traumbilder. Erzählung. Für die Jugend bearb. 12. (54 S.) Leipzig 893. Greßner & Schramm. Kart. n — 50

Marvel, J., Träumereien eines Junggesellen, s.a. **Classiker des In- und Auslandes.**

—— Träumereien eines Junggesellen oder ein Buch des Herzens. Aus dem Engl. von Ch. ...... 8. (VIII und 212 S.) Hannover 856, Meyer. *

Marvel, J., Träumereien eines Junggesellen oder ein Buch des Herzens. Deutsch von Herm. Otto. 1. und 2. Aufl. 8. (XIV, 310 S.) Norden 872,83, Fischer Nachf. *

— **Träumereien e. Junggesellen ob. e. Buch d. Herzens. Aus dem Engl. v. Ch. ...... Mit 4 Lichtdr.-Bildern u. zahlreichen Text-Illustr. v. F. Jüttner. gr. 4. (147 S.) Berlin 888. Hofmann & Co. geb.** n. 10. —

Marvel, J., Träumereien eines Junggesellen. Illustr. gr. 4. Berlin 888. Hamburg, Verlagsanstalt und Druckerei, A.-G. geb. * 10 —

—— Traumleben. Ein Bild der Jahreszeiten. Aus dem Engl. von Ch. ...... 8. (IV und 224 S.) Hannover 856, Meyer. *

Marvel, John. The splendid spur, s. **Library, the English.**

Marvell, s.: Collection of British authors.

Marvin, Charles, die russische Annexion von Merw. Ihre Bedeutung und nächsten Folgen. Deutsche autoris. Uebersetzung, nebst einer kurzen Einleitung über die central-asiat. Frage von M. v. Lahdow. Entfernung der russ. Vorposten von Herat 140 engl. Meilen. Entfernung der engl. Vorposten von Herat 514 engl. Meilen. Wer hält also den „Schlüssel von Indien"? 8. (32 S. mit 1 lithogr. Karte.) Odessa 885, Verlag des Russ. Merkur. *

Marvin, Walt. T., die Giltigkeit unserer Erkenntnis der objectiven Welt, s.a. **Abhandlungen z. Philosophie u. ihrer Geschichte. 11. Hft.**

Marvin, Walter T., aus New-York Die Giltigkeit unserer Erkenntnis der objektiven Welt. *Halle a. S. 1898: E. Karras.* (31 S.) 8° • [Vgl. 1897/98 Bonn No. 110.]
Bonn, Phil. Diss. v. 2. Aug. 1898

Die Giltigkeit unserer Erkenntnis der objektiven Welt v. Walter T. **Marvin.** Halle a.S.: M. Niemeyer 1899 (VI, 96 S.) 1 Bd 8°
= Abhandlungen z. Philosophien u. ihrer Geschichte. [H.] 11

Marvin, Walter T.: Über die Giltigkeit des objektiven Urteils. *Bonn 1898: C. Georgi.* (2 Bl.) 8° • [Nur Titelblatt, Vita und Thesen.]
Bonn, Phil. Diss. v. 2. Aug. 1898
(Nicht für den Austausch)

Marwedel, E[mma]: Warum bedürfen wir weiblicher Gewerbeschulen? und wie sollen sie angelegt sein? Erl. vom socialen Standpunkte unserer Zeit. — Hamburg: Grüning 1868. 30 S. 8°

Marwedel, Geo., Grundriss u. Atlas der allgemeinen Chirurgie, s.a. **Lehmann's medizin. Handatlanten. XXXIV.**

Grundriß und Atlas der allgemeinen Chirurgie. Von Prof. Dr. Georg **Marwedel.** Mit 28 Taf. u. 171 Abb. von Maler Arthur Schmitson. München: J. F. Lehmann 1905. (XVIII, 414 S.) 8°
= **Handatlanten**, Lehmann's Medizinische. Bd 34. [05. 13055 9

Marwedel, G., s.: Jahresbericht der Heidelberger chirurg. Klinik.

Einladung zur öffentlichen Probe-Vorlesung, welche Dr. med. Georg **Marwedel** zur Erlangung der Venia legendi bei der medicinischen Facultät der Ruprecht-Carls-Universität zu Heidelberg Samstag, d. 10. Juli 1897 .. abhalten wird. Thema: Die Pathologie und Therapie der Wurmfortsatzentzündungen. *Heidelberg,* Druck v. J. Hörning, *1897;* 1 Bl. 8.
(Nicht für den Austausch)

Marwedel, *Georg* [app. Arzt u. Assist. d. chir. Klinik in Heidelberg]: Über Prostata-Tuberkulose (Aus Beitr. z. klin. Chir., Bd. IX Heft III.) Tübingen, H. Laupp, 1892; 2 Bl., 40 S. 8.
Heidelberg, Med. Fak., Inaug.-Diss. v. [28. Juli] 1892

Marwedel, Georg Die morphologischen Veränderungen der Knochenmarkszellen bei der eiterigen Entzündung. *(Naumburg a S. [1897] Lippert & Co.)* (82 S. mit Taf.) 8° • (Aus Beiträge zur pathologischen Anatomie und zur allgemeinen Pathologie, Bd 22.)
Heidelberg, Med. Hab.-Schr. v. [10. Juli] 1897

Marwedel, Heinr., Fritz Reuter's Himmelfahrt oder: Wat sick Sündag, den twölften Juni 1874 in'n Himmel todrägen däh. 4. Aufl. 8. (7 S.) Varel 878. Bültmann & Gerriets Nachf. in Comm. — 10

Marwedel, *Johann Eduard* [aus Frankenthal '(Rheinpfalz)']: Zur Kenntnis des Pseudocumenols ... Heidelberg, Univ.-Buchdr. v. J. Hörning, 1895; 73 S. 8.
Heidelberg, Naturw.-math. Fak., Inaug.-Diss. v. [30. Nov.] 1895

Marwedel, Joh. Ed., zur Kenntnis des Pseudocumenols. Diss. gr. 8. (73 S.) Heidelberg 895. (J. Hörning.) n. 1. 50

Marwege, Hans, Referendar Der **contractus aestimatorius** nach römischem und heutigem Recht unter besonderer Berücksichtigung des buchhändlerischen Konditionsvertrages. *Rostock 1904: Adlers Erben.* (124 S.) 8°
Rostock, Jur. Diss. v. [10. Juni] 1904

Marwin, Alexey, Befreiung. Drama. (V, 29 S.) 8. Dresden 905. E. Pierson. n. 1. —

Marwitz [Sachliches OW]

Marwitz, Friedrich August Ludwig v. der. Ein märk. Edelmann im Zeitalter der Befreiungskriege. Hrsg. v. Frdr. Meusel. 1. Bd.: Lebensbeschreibung. (LVII, 736 S. m. 3 Taf.) gr. 8. Berlin 908. E. S. Mittler & Sohn. 12.—; geb. 14. —

Marwitz, die von der, im brandenburgisch-preußischen Heere, s. Maerter.

Marwitz [Schlagwort]

Marwitz, s.: **Preussen. Messtischblätter.**

Marwitz [Verfasser]

Marwitz, v. der, s.a. Redern, H. v.

v. d. Marwitz, s.a. Beschreibung d. Treffens bei Hagelsberg.

(Marwitz, v. der) Beschreibung des Treffens von Hagelsberg unweit Beltzig. Berlin 1817. 8°.

Maurerische Reden von v. d. [Marwitz]. Gedr. f. Brr. des Ordens. [Berlin ca. 1870: Trowitzsch & S.] 15 S. 8⁰ [Umschlagtit.]
4 Reden.

Marwitz, Bruno, jungliberale Abhandlungen, s.: Dix, Arth.

Marwitz, Bruno, der Bühnenengagementsvertrag. Ein Handbuch f. Juristen u. Laien. Unter Berücksicht. d. Rechtsprechg. des Bühnenschiedsgerichts. gr. 8. (VIII, 222 S.) Berlin 902. R. L. Prager. n. 4. —; geb. in Leinw. n. 5. —

Marwitz, Bruno, s.: Hammacher-Festschrift, Berliner jungliberale.

Marwitz, Friedr. Aug. Ludw. v. d., Nachlaß, s.a. Aus dem Nachlasse ꝛc.

v d **Marwitz**. Aus dem Nachlasse Friedrich August Ludwigs v d Marwitz auf Friedersdorf, königl preussischer General-Lieutenant a D I Lebensbeschreibung II Militärische Aufsätze. Politische Aufsätze. 2 Bde (XX 924) 8. Berlin 1852 14,25.

v. d. Marwitz, Frdr. Aug. Ludw., († d. 6. Decbr. 1837), die Zäumung mit der Kandare. Aus seinem Nachlasse. Mit 29 lith. Abbildgn. gr. 8. (VIII u. 48 S. m. 12 Taf.) Berlin 852, Mittler & Sohn. 24 Sgr.

— Friedrich Wilhelm von (Brandenburg. Adel). De justitia poenae in absentes vel mortuos statuendae, atque in effigie exequendae. Präs. Heinrich Cocceius. Frankfurt/Oder (J. Chr. Schwartz) 26. II. 1711. 45 S. (5.—) 22311

Marwitz, Luise v. d., vom Leben am preußischen Hofe, s.: Rochow, Caroline v

Marwitz, Marie v. d., eingeregnet,
— die kleinen Hausgeister,
— der kluge Onkel,
— die Schneewichtel,
s.: Bloch's, Ludw., Kinder-Theater

Marwitz, Willy

Marwitz, W., das Urtheil in bürgerl. Rechtsstreitigkeiten, s.a. Hilfsbücher f. die gerichtl. Praxis.

Das Urtheil in bürgerlichen Rechtsstreitigkeiten nach d. Civilprozeßordnung f. d. Deutsche Reich in d. Fassung v. 20. Mai 1898. Von Dr. W[illy] **Marwitz**, Landger.R. *Berlin: O. Häring 1902.* (x, 163 S.) 8° [
— Hülfsbücher f. d. gerichtliche Praxis. 6.

Marwood, der, Bekenntnisse; aus ihren hinterlass. Papieren gesammelt. 8. Halle 784. Gebauer. 6 Gr.

van Marwyk Kooy, Johannes [aus Montreux]: Über Paratolylsulfocarbazinsäure ... Erlangen, k. b. Hof- u. Univ.-Buchdr. v. F. Junge, 1896; 34 S., 1 Bl. 8.
Erlangen, Phil. Fak., Inaug.-Diss. v. 10. Juni 1896

Marx [Sachliches OW]

Marx und Freund, Präparationen zum Alten Testament, s. Freund.

Marx, Karl. (8 S. m. Bildnis u. 1 farb. Taf.) gr. 4. Wien (903). Wiener Volksbuchh. n. — 20

Marx, Karl, vor d. Kölner Geschwornen. Prozeß gegen d. Ausschuß d. rhein. Demokraten wegen Aufrufs z. bewaffn. Widerstand (9. Febr. 1849). [Aus: „Neue rhein. Zeitg."] M. e. Vorwort v. Frdr. Engels. (Neudr.) 8. (32 S.) Berlin 895. Buchh. d. „Vorwärts". n. — 20

Marx, Karl, vor den Kölner Geschwornen. Process gegen den Ausschuss der rheinischen Demokraten wegen Aufrufs zum bewaffneten Widerstand (9. Febr. 1849). Aus der „Neuen Rheinischen Zeitung". Mit einem Vorwort von Fr. Engels. 8⁰. Hottingen-Zürich, Volksbuchhdl., 1885. (Socialdemokrat. Bibliothek. 2.)

Marx, Karl, Studie über ihn, s. Groß, G.

— od. Lassalle? Eine Entscheidung v. grundleg. Bedeutg. f. die Arbeiterpolitik der Gegenwart v. Politikus. (54 S) gr. 8. Görlitz 903. R. Dülfer. n. — 60

Marx [Verfasser]

Auf zum Taunus. Unternehmung z. Hebung d. Verkehrs u. Förderung d. Besiedelung im südl. Taunus. Hrsg von Landrat v **Marx**. Frankfurt a. M. Schirmer & Mahlau 1908. (XII, 150 S.) 4°

Marx: Beitrag zur Kenntnis der Kettenlinie. 24 S. und 2. Tab. — Clausthal, Progr 1869

Marx: Die Einrichtungen zur Reinigung städtischer Kanalwässer. Vortrag. Bonn (1887)

Marx (I.), General-Statistik der katholischen Vereine Deutschlands. Im Auftrage der 20. General-Versammlung zu Düsseldorf [1869] bearb. gr. 8. (VII, 96 S.) Trier 871, Lintz' Verlag. *

Marx, Geschichte d. Infanterie-Regiments Kaiser Friedrich, König v. Preußen (7. Württemberg.) Nr. 125. 1809—1895. Auf Befehl d. kgl. Regts. zusammengest. M. Abb., Karten u. Skizzen. gr. 8. (VIII, 287 S.) Berlin 895. E. S. Mittler & Sohn. n. 6. —

Marx, der Kampf gegen die öffentliche Unsittlichkeit. s.: Charitas-Schriften.

Marx, Manöveranleitung f. d. Feldartilleristen, s.: Görbitz, Edler v.

— s.: Psychiatrie etc.

Marx, Präparationen zum Alten Testament, s. Freund, W.

Marx, alphabet. Register der bis 1831 erlass. Edicte. Wiesbaden 832.

Marx, die Wanderlager. Eine volkswirthschaftl. Studie. 2. Aufl. Bonn 886.

Marx, A., Ausführung v. Neubauten des Hochbaus, s.: Tolkmitt, G., Bauaufsicht u. Bauführung. (Brüstlein, U.)

— Ausführliche Entwürfe u. Kostenanschläge, s.: Tolkmitt, G., Bauaufsicht u. Bauführung. (Brüstlein, U.)

Marx, Absalon F., Erinnerungen ein. Lehrers an seine Zöglinge am Tage ihrer Confirmation. 8. Leipz. Crusius. (F. C. W. Vogel.) 791.

—Religionsvortrr. für Christen; nebst homilet. Fragmenten. gr. 8. Leipz. 790. (W. Nauck). 8 Gr.

— Religionsvortr. u. homilet. Fragmente. gr. 8. Leipz. Sommer. 790.

Marx, Adf. Bernh., Anleitung zum Vortrag Beethovenscher Klavierwerke. Lex.-8. (IV und 156 S.) Berlin 863, Janke. *

Marx, Adf. Bernh., Anleitung zum Vortrag Beethovenscher Klavierwerke. 2. Aufl., hrsg. von Gust. Behncke. Lex.-8. (VIII, 156 S.) Berlin 875, Janke. *

Marx, Adf. Bernh., Anleitg. zum Vortrag Beethovenscher Klavierwerke. 3. Aufl., hrsg. v. Gust. Behncke. gr. 8. (VIII, 156 S.) Berlin 898. O. Janke. n. 3. —; geb. n. 4. —

Marx, Adf. Bernh., Anleitung zum Vortrag Beethovenscher Klavierwerke. Neue Aufl., hrsg. v. Rob. Hövker. [Aus: „L. van Beethoven's Leben u. Schaffen".] (VIII, 167 S.) gr. 8. Leipzig (903). [Deutsche Verlags-actiengesellschaft] Gebr. Reinecke. 2. —; geb. in Leinw. 3. —

Marx, Adf. Bernh., Ludwig van Beethoven Leben und Schaffen. 2 Thle. mit Beilagen und Bemerkungen über den Vortrag Beethovenscher Werke. gr. 8. (XIV und 709 S. mit Anhang LIX S. und 6 lithogr. Facs. in gr. 8. und 4.) Berlin 859, Janke. *

Marx, Adf. Bernh., Ludwig van Beethoven Leben und Schaffen. In 2 Thln., mit autograph. Beilagen. 2., völlig umgearb., verm. und verb. Aufl. Lex.-8. (XVII und 734 S. mit 9 Stnt. in Lex.-8. und qu. 4.) Berlin 863, Janke. *

— Ludwig van Beethoven. Leben u. Schaffen. In 2 Thln. m. chronolog. Verzeichniss der Werke u. autograph. Beilagen. 3. Aufl., mit Berücksicht. der neuesten Forschgn. durchgesehen u. verm. v. Gust. Behncke. Lex.-8. (XIX, 365 u. VII, 456 S.) Ebend. 875. n. 14. —

Marx, Adf. Bernh., Ludwig van Beethoven. Leben und Schaffen. Mit chronolog. Verzeichniss der Werke und (10) autogr. Beilagen. 4. Aufl., mit Berücksicht. der neuesten Forschungen durchges. und verm. von Gust. Behncke. 15 Lfgn. oder 2 Bde. gr. 8. (XXIV, 407; VIII, 540 S.) Berlin 884, Janke. à Lfg. *M 1.; compl. * geb. *

— dasselbe. In 2 Thln. m. chronolog. Verzeichniss der Werke u. autograph. Beilagen. 5. Aufl., m. Berücksicht. der neuesten Forschgn. durchgeseh. u. verm. v. Gust. Behncke. gr. 8. (XXVII, 399 u. VIII, 562 S.) Berlin 901. O. Janke. n. 16. —; geb. in Leinw. n. 18.20
Erschien auch in 13 Lfgn. à n. 1. —.

Marx, Adf. Bernh., Ludwig van Beethovens Leben u. Schaffen. In 2 Tln m. autograph. Beilagen u. Bemerkgn. üb. den Vortrag Beethovenscher Werke. gr. 8. (VI, 285; VII, 283 u. XLIII S.) Leipzig 902. Bibliograph. Anstalt A. Schumann. Auf Büttenpap. n. 10.—; geb. n. 12.50

(B) Marx, Ad. B., Ludw. von Beethovens Leben u. Schaffen. 902. (KBL 32.) Jetzt: Leipzig, Gebr. Reinecke.

Ludwig van Beethoven. Leben u. Schaffen. Von Adolph Bernhard Marx. In 2 T. mit chronolog. Verzeichnis d. Werke u. autograph. Beilagen. 6. Aufl., mit Berücks. der neuesten Forschungen durchgesehen u. verm. von Dr. Gustav Behncke. T. 1. 2. Berlin: Janke 1908. 8°

Marx, Adph. Bernh., Berufung und Beruf des Landtags. Ein Wort zur Verständigung und Einigung an meine Mitbürger. gr. 8. (16 S.) Berlin 848, [Grobe.]

Marx, Ad. Bernh., evangel. Choral- u. Orgelbuch. 235 Choräle mit Vorspielen, zunächst in Bezug auf d. neue berliner Gesangbuch. qu. Fol. (70 B.) Berlin 832, Reimer.

Marx, Ad. Bernh., evangel. Choral- und Orgelbuch. 235 Choräle mit Vorspielen, zunächst in Bezug auf das neue Gesangbuch. Neuer Abdruck. qu. 4. Berlin 841, Reimer. n. 3 ß

—— vollständige Chorschule. Mit Uebungssätzen in Partitur. gr. Lex.-8. (XVI und 288 S.) Leipzig 860, Breitkopf und Härtel.

—— Erinnerungen. Aus meinem Leben. 2 Bde. 8. (VIII und 508 S.) Berlin 865, Janke. *

Marx, A. B. Die Form in der Musik. (Die Wissenschaften im 19. Jahrhundert. Bd. II, Heft 2. Sondershausen 1859.)

—— über d. Geltung Händelscher Sologesänge f. uns. Zeit. Ein Nachtr. zu d. Kunst d. Gesanges. gr. 4. (2 B.) Berlin 828, Schlesinger.

—— Gluck und die Oper. 2 Bde. in 11 Lfgn. Lex.-8. (464 S., 470 S., mit dem Portr. Gluck's in Holzschn., lithogr. Autographen in qu. Fol. und vielen Musik-Beilagen.) Berlin 862, Janke. Subscr.-Pr. * Ladenpr. *

—— das Ideal und die Gegenwart. br. 8. (XVI und 260 S.) Jena 867, Costenoble. *

Marx, A. B., musikalische Kompositionslehre, praktisch, theoretisch. 5., unveränd. Aufl. 3. Thl. gr. 8. (XIV, 633 S.) Leipzig 879. Breitkopf & Härtel. 12. —

—— musikalische Kompositionslehre, praktisch-theoretisch. Neu bearb. von Hugo Riemann. 4. Thl. 5. Aufl. gr. 8. (XII, 612 und Musikbeilage 30 S.) Ebendas. 888. * geb. *
2. und 3. Thl. Ebendas. 1878,68. *M 22.50.; geb. *M 25.50.

Marx, Ad. Bernh., die Kunst d. Gesanges, theoret.-practisch. gr. 4. Berl. 826. Schlesinger. 4 ß

— Gluck's Leben u. Schaffen. 2. (Titel-)Aufl. von: „Gluck u. die Oper." 2 Bde. in 11 Liefgn. Ebend. 866. Lex.-8. (464 S., 470 S., mit dem Portr. Gluck's, Autographen u. vielen Musik-Beilagen.) n. 4 ß

Marx, Adolph Bernhard. Die Lehre von der musikalischen Komposition. 1. 2. 3. 4. Band. Leipzig 1837 1838. 1845. 1847.

Marx, Ad. Bernh.: Die Lehre von der musikalischen Komposition, prakt.-theoret., zum Selbstunterricht, oder als Leitfaden bei Privatunterweisung u. öffentl. Vorträgen 2 Bde ar 8 Leipzig 1837, 38 Breitkopf u Härtel 6

Marx, Ad. Bernh., die Lehre v. d. musikal. Komposition, prakt.-theoret., z. Selbstunterr., od. als Leitfaden bei Privatunterweisung u. öffentl. Vorträgen. 2 Bde. 1. u. 2., verm. u. verb. Aufl. gr. 8. Leipzig, Breitkopf u. Härtel. [1. 1. Aufl. (29 B.) 837., 2. A. (33 1/4 B.) 841.; 2. 1. Aufl. (37 1/2 B.) 838., 2. A. (39 B.) 842. à 3 Thlr.]

Marx, Ad. Bernh., die Lehre von der musikalischen Komposition praktisch-theoretisch. 1., 3. u. 4. Thl. gr. 8. Leipzig, Breitkopf u. Härtel. [1. (37½ B.) 846, 3. (38 B.) 45. 1. (38⅛ B. u. 2 B. Musikbeil.) 47. à 3 Thlr.]
2. Thl. (2. Aufl.) Ebendas. 1842. 3 Thlr.

— die Lehre von der musikalischen Komposition praktisch-theoretisch. 1. Thl. 4. verb. Ausg. gr. 8. (XXIV u. 601 S.) Leipzig 852, Breitkopf & Härtel. — 2. Thl. 3., verm. u. verb. Ausg. gr. 8. (XVI u. 620 S.) Ebd. 847. — 3. Thl. 2. Aufl. (XVI u. 622 S.) Ebd. 848. — 4. Thl. gr. 8. (XIV u. 595 S. m. 30 S. Musikbeilagen.) Ebd. 847. — 4. Thl. 2. Ausg. gr. 8. (XVI u. 590 S. m. 30 S. Musikbeilagen.) Ebd. 851. (à 3 ß) 4 Thle. cmplt. 12 ß

Marx, Adf. Bernh., die Lehre von der musikalischen Komposition, praktisch theoretisch. 4., verm. und verb. Ausg. 2. Thl. gr. 8. (XVI und 616 S.) Leipzig 855(56,) Breitkopf und Härtel.
1 Thl. (4. Aufl.) Ebendas. 1852. * 3 Thlr.

—— die Lehre von der musikalischen Komposition, praktisch theoretisch. 1. Thl. 5., verb. Ausg. gr. 8. (XIV und 626 S.) Leipzig 858, Breitkopf und Härtel.

— — 2. Thl. 4. verm. etc. Ausg. Ebend. 856. gr. 8. (XVI, 616 S.) 3 ß.

—— dass. — 3. Thl. 3. Aufl. gr. 8. (XIV und 634 S.) Ebendas. 857.

—— dass. — 4. Thl. 3. Aufl. gr. 8. (XVI, 600 S. und Musik-Beilage 30 S.) Ebendas. 860.

—— die Lehre von der musikalischen Komposition, praktisch theoretisch. 1. Thl. 6., verb. Ausg. 863. 3 Thlr. und 7. Aufl. gr. 8. (XV und 620 S.) Leipzig 868, Breitkopf und Härtel.

— — 2. Thl. 5. verb. Ausg. Ebend. 864. gr. 8. (XVI, 616 S.) 3 ß

—— dass. — 3. Thl. 4., unveränd. Aufl. gr. 8. (XIV und 633 S.) Ebendas. 868.

—— die Lehre von der musikalischen Komposition praktisch-theoretisch. 4 Thle. gr. 8. Leipzig, Breitkopf und Härtel. [1. Thl. 8. unveränd. Aufl. (XIV, 620 S.) 875.; 2. Thl. 6. unveränd. Aufl. (XVI, 616 S.) 873.; 3. Thl. 4. unveränd. Aufl. (XIV, 633 S.) 868.; 4. Thl. 4. unveränd. Aufl. (XVI, 600 S. mit 30 S. musikal. Beilagen in Lithogr.) 871.]
1. Thl. ℳ 12.; 2.—4. Thl. à ℳ 10,50.

Marx, Adf. Bernh., die Lehre von der musikalischen Komposition, praktisch, theoretisch. 5. unveränd. Aufl. 3. Thl. gr. 8. (XIV, 633 S.) Leipzig 879, Breitkopf und Härtel. geb. *
1., 2. und 4. (Schluss-)Thl. Ebendas. 1871—75. *ℳ 33.; geb. *ℳ 37,50.

Marx, A. B., die Lehre von der musikalischen Komposition, praktisch-theoretisch. Neu bearb. von Hugo Riemann. 1. Thl. 9. Aufl. gr. 8. (XII, 632 S.) Leipzig 887, Breitkopf und Härtel. *ℳ 12.—.; geb. *
4. Thl. u. d. T.:

Marx, Adf. Bernh. Die Lehre v. der musikalischen Komposition, praktisch-theoretisch. Neu bearb. v. Hugo Riemann. 2. Thl.: Die freie Komposition. 7. Aufl. gr. 8. (XIII, 634 S.) Lpz. 890, Breitkopf u. Härtel. * 12 —; geb. * 13 50
1., 3. u. 4. Thl. Ebd. 1868—89. * 34 50; geb. * 39 —.

— die Lehre v. der musikalischen Komposition, praktisch theoretisch. Neu bearb. v. Hugo Riemann. 1. Tl. 10. Aufl. (XII, 632 S.) gr. 8. Leipzig 903. Breitkopf & Härtel. n. 9. —; geb. in Leinw n. 10. 50

— die Lehre von der musikalischen Komposition, theoretisch-praktisch. 2. verm. u. verb. Ausg. gr. 8. Leipzig 841, Breitkopf u. Härtel. 3 ß — 2. verm. u. verb. Aufl. 2. u. 3. Thl. gr. 8. Ebend. 842, 45. à 3 ß — 3. verb. Aufl. 1. Thl. gr. 8. Ebend. 846. 3 ß

—— über Malerei in d. Tonkunst. Ein Maigruß an d. Kunstphilosophen. Im Mai 1828. M. 2 Stndr. gr. 8. (4½ B.) Berlin, Fincke.

Marx, Adolf Bernh. Melodienbuch 235 Choralmelodien nach d. evangel. Choral- u Orgelbuch, alle im neuen Berliner Gesangbuch erforderten Melodien in sich fassend, zum Gebrauch beim Gottesdienst und häuslicher Andacht gr 8. Berlin 1833 Reimer

—— die Musik des 19. Jahrhunderts und ihre Pflege. Methode der Musik. gr. 8. (VIII und 572 S.) Leipzig 855, Breitkopf und Härtel. *

Marx, Adf. Bernh., die Musik d. 19. Jahrhunderts u. ihre Pflege. Methode der Musik. 2. unveränd. Aufl. gr. 8. (VIII, 392 S.) Leipzgi 872. Breitkopf & Härtel. 8. --

—— die Musik des 19. Jahrhunderts und ihre Pflege. Methode der Musik. 2. unveränd. Aufl. gr. 8. (VIII, 392 S.) Ebendas. 873.

—— allgem. Musiklehre. Ein Hülfsb. f. Lehrer u. Lernende in jed. Zweige musikal. Unterweisung. 1. Aufl. (23 B.) 839., 2., verm. u. verb. Ausg. gr. 8. (25¼ B.) Leipzig 841, Breitkopf u. Härtel. à

—— allgemeine Musiklehre. Ein Hülfsbuch f. Lehrer u. Lernende in jedem Zweige musikal. Unterweisung. 3., verm. u. verbess. Aufl. gr. 8. (26 B.) Leipzig 846, Breitkopf u. Haertel.

Marx, A. B Allgemeine Musiklehre Ein Hülfsbuch für Lehrer u Lernende in jedem Zweige musikalischer Unterweisung. gr. 8. Leipzig 1839, Breitkopf u. Härtel.

—— allgemeine Musiklehre. Ein Hülfsbuch für Lehrer und Lernende in jedem Zweige musikal. Unterweisung. 4., verb. Aufl. gr. 8. (VIII und 416 S.) Leipzig 850, Breitkopf und Härtel.

—— allgemeine Musiklehre. Ein Hülfsbuch für Lehrer und Lernende in jedem Zweige musikal. Unterweisung. 5. Aufl. (VIII und 416 S.) 1853. und 6., verb. Aufl. gr. 8. (VIII und 428 S.) Leipzig 856(57,) Breitkopf und Härtel.

—— allgemeine Musiklehre. Ein Hülfsbuch für Lehrer und Lernende in jedem Zweige musikal. Unterweisung. 7. Aufl. 1863. 2 Thlr. und 8. Aufl. gr. 8. (XI und 436 S.) Leipzig 869, Breitkopf und Härtel.

—— allgemeine Musiklehre. Ein Hülfsbuch für Lehrer und Lernende in jedem Zweige musikal. Unterweisung. 9. Aufl. gr. 8. (XI, 436 S.) Ebendas. 875.

—— allgemeine Musiklehre. Ein Hülfsbuch für Lehrer und Lernende in jedem Zweige musikal. Unterweisung. 10. Aufl. gr. 8. (XI, 436 S.) Leipzig 884, Breitkopf und Härtel. * geb. *

—— die alte Musiklehre im Streit mit unserer Zeit. gr. 8. (11½ B.) Leipzig 841, Breitkopf u. Härtel.

Aus Adolf Bernhard Marx' litterarischem Nachlass. E. Gedenkbl. z. hundertj. Geburtstage des weil. Kgl. Univ.-Musikdir. u. Prof. in Berlin Dr A. B. Marx, dargereicht v. Gustav F Selle, Kgl. Musikdir. in Freienwalde a/O. *Berlin: O. Janke 1898.* (63 S.) 1 Bd 8. [98. 983]

— Die Organisation des Musikwesens im preussischen Staate. Berlin 1848.

Marx, Albert [(Dr.) aus Nürnberg]: Ueber die geburtshilfliche Bedeutung der übermässigen Entwicklung neugeborener Kinder Nürnberg, Buchdr. v. H. Heckel, 1893; 31 S. 8.
Erlangen, Med. Fak., Inaug.-Diss. v. März 1893

Marx, Alex., pittoreske Ansichten des Ludwig-Donau-Main-Kanals. qu. 4. (28 Stahlst., 1 in Stahl gest. Karte und 8 S. Text.) München 852, Franz. *

Marx, Alex., Heizung u. Lüftung in Bezug auf die Feuersicherheit der Theater. Vortrag, geh. in der freien Vereinigg. Berliner Heizungsingenieure. (50 S.) 8. Leipzig 910. F. Leineweber. 1. —
Sonderabdruck aus: „Gesundheit".

Marx, Alex., aus Berlin Über die **Messung von Luftgeschwindigkeiten.** *München 1904: R. Oldenburg.* (61 S.) 8°
Rostock, Phil. Diss. v. [23. März] 1904

Marx, Alexander: Seder 'Olam (Cap. 1—10) nach Handschriften und Druckwerken herausgegeben, übersetzt und erklärt. *Berlin 1903: H. Itzkowski.* (XXXIV, 35, 21 S.) 8°
Königsberg, Phil. Diss. v. 15. Juni 1903

Marx, Alex., Untersuchungen zum Siddur des Gaon R. Amram. I. Die handschriftl. Ueberlieferg. (28 u. 38 S.) gr. 8. Berlin 908. M. Poppelauer. 2. —
Sonderabdruck aus: „Jahrb. d. jüdisch-literar. Gesellsch."

Marx, Alfred, a. Frankfurt a. M.: Aus der Frauenklinik der Universität Heidelberg. Direktor: Geheimrat Prof. Dr. A. Edler v. Rosthorn. Ein Beitrag zur Kenntnis der Cysten des kleinen Labiums. Berlin: S. Karger 1905. (14 S.) 8°
Heidelberg, Med. Fak., Ref. v. Rosthorn, Diss. v. 3. März 1905
[Geb. 29. März 80 Frankfurt a. M.; Wohnort: Frankfurt a. M.; Staatsangeh.: Preußen; Vorbildung: Lessing-Gymn. Frankfurt a. M. Reife O. 00; Studium: Heidelberg 5, Kiel 1, Berlin 1, Heidelberg 3 S.; Coll. 3. März 05; Approb. 27. April 06.]

Marx, Aloys, 80 beliebte Weihnachts-Lieder f. Weihnachtsfeiern in Familien, Schulen, Gesellschaften u. Vereinen. 16. (20 S.) Essen 902. Fredebeul & Koenen. n.n. — 10

Marx, Anton. Geschichte des 53. ung. L.-Inft.-Reg. 8. Wien 1838.

Marx, Ant., Hülfsbüchlein für die Aussprache der lateinischen Vokale in positionslangen Silben. Mit einem Vorwort von Frz. Bücheler. Wissenschaftl. Begründung der Quantitätsbezeichnungen in den latein. Schulbüchern von Herm. Perthes. gr. 8. (XII, 80 S.) Berlin 883, Weidmann'sche Buch. *

Marx, Ant. Hülfsbüchlein f. die Aussprache der lateinischen Vokale in positionslangen Silben. Mit e. Vorwort v. Frz. Bücheler. Wissenschaftliche Begründg. der Quantitätsbezeichngn. in den latein. Schulbüchern v. Herm. Perthes. 2. Aufl. gr. 8. (XII, 84 S.) Berl. 889, Weidmann. * 2 40

Marx, Ant., Hülfsbüchlein f. die Aussprache der lateinischen Vokale in positionslangen Silben. Mit e. Vorwort v. Frz. Bücheler. Wissenschaftl. Begründg. der Quantitätsbezeichngn. in den latein. Schulbüchern v. Herm. Perthes. 3. Aufl. gr. 8. (XVI, 93 S.) Berlin 901. Weidmann. n. 3. —

—— de S. Propertii vita et librorum ordine temporibusque. Dissertatio inauguralis. gr. 8. (84 S.) Leipzig 884, (Fock.) *

Marx, A[nton] M[aria] 23. März Professor Franz Bauer †. — 21 Juni Professor Anton Pischek †. S. 46—48. 8.
Progr. K. k. Staats-Obergymn. *Prag-Neustadt*, Stephansgasse 1901.

— Professor Dr Anton Benedict † [14. Oktober 1907]. S. 24 bis 25. 8.
K. k. Staats-Gymn. mit deutscher Unterrichtssprache *Prag*,
Progr. *Neustadt*, Stephansgasse 1908.

— Feier des fünfzigjährigen Regierungsjubiläums Sr. k. u. k. Apostolischen Majestät, unseres Allergnädigsten Kaisers Franz Josef I. 8 (S. 69). **Progr.** K. k. Staats-Oberg. *Eger (Böhm.)* 1899

— 17 April Professor Richard Kotyka † S. 30—31. 8.
K. k. Staats-Gymn. mit deutscher Unterrichtssprache *Prag*,
Progr. *Neustadt*, Stephansgasse 1905.

Marx, Ant. Maria Über das persönliche Verhältnis zwischen Aischylos und Sophokles. 26 S. 8 **Progr.** *Landskron* 1879.

Marx, A. M., über das persönliche Verhältniss zwischen Aischylos und Sophokles. Eine Untersuchung der hieraufbezügl. Ueberlieferungen. gr. 8. (26 S.) Landskron 879. (Prag, Haerpfer's Buchh.) *

Marx, *Anton Maria.* Weihe der Kaiser Jubiläums Kapellenfahne 8 (S. 68—69).
Progr.

Marx, Arnold [aus Kwasniow '(Russ. Polen.)']: Über den Fieberverlauf beim Typhus abdominalis ... Erlangen, Druck v. A. Vollrath's k. b. Hofbuchdr., 1891; 32 S., 1 Bl., 1 Taf. 8.
Erlangen, Med. Fak., Inaug.-Diss. v. 11 Juli 1891

Marx, Arthur, Ref. a. Cöln a. Rh. Der Schutz des Namenrechts durch § 12 des Bürgerlichen Gesetzbuchs. Borna-Leipzig 1906 R. Noske (VI, 57 S.) 8°
Leipzig, Jur. Fak., Diss. v. 16. Juni 1906
Geb. 11 April 79 Cöln a. Rh. Wohnort Cöln, Staatsangeh.: Preußen, Vorbildung Gymn. zu den Aposteln Cöln Reife O. 98 Studium München 1. Berlin 1, Freiburg i. B. 1 Berlin 1 Bonn 2 S. Rig. 1 Aug. 01.

Marx, August Griechische Märchen von dankbaren Tieren und Verwandtes. Stuttgart, Verl. v. W. Kohlhammer, 1889, 2 Bl. + 150 S. + 1 Bl. 8°
Heidelberg, Phil. Fak., Inaug.-Diss. v. [6. Febr.] 1888

Marx, August [Lehramtsprakt. Dr.]: Turnen und Bewegungsspiel am Karlsruher Gymnasium. Karlsruhe, Druck d. G. Braun'schen Hofbuchdr., 1894; 30 S. 4.
Karlsruhe, grossh. G., MP 1894 (608)

Marx, Aug. F., ABC- u. Leseb., m. 22 ill. Kpf. gr. 8, Leipz. 804. Baumgärtner. 1 ℛ 12 g

—D. Gellers u. einiger and. competenten Richter Erklär. üb. das neue Leipz. Gesangbuch, im Auszuge mitgeth. u. m. Anmerkk. begl. 8. Leipz. 797

—Joujou f. Kinder. Ein kleines ABC- u. Lesebuch, mit 24 ill. Kpf. 12. Leipz. 807. Magaz. f. Ind. 1 ℛ 8 g Hbg. Pr. 827. 1 ℛ

— Joujou f. Kinder. Ein ABC- u. Lesebuch, m. color. K. 12. Leipz. Ind. Comt. 809.

Marx, (A. F.) Joujou. Ein unterhalt. ABC- u. Lesebuch f. Knaben u. Mädchen. Neue Aufl. mit 24 ill. Kupf. 12. Leipz. 827, Magazin f. Ind.

— f. Katechismus z. Gebr. f. alle Kirchen des französ. Reichs.

—die vier Menschenalter, ein Unterhaltungsbuch f. Kinder von 6—10 Jahr. 16—36 Bdchn. Mit ill. Kpf. 12. Leipz. 804. u. 805. Kühn. (1. kindl. Alter, 2. Jüngl.-Alter, 3. männl. Alter. à 1 ℛ 6 g) 3 ℛ 18 g

—Predigt üb. d. landesherrl. Abschaffung d. Bettelns in Kursachsen. 8. Leipz., Kühn. 3 g

Marx, B. A., Rede z. Feier d. Geburtstages unsers Königs, Friedr. Wilh. III. am 3. Aug. 1814 zu Duderstadt unter freiem Himmel gehalten. gr. 8. Helmst. 814. Fleckeisen. 4 g

Marx, Bernh., S. J., s.a. Dekret, das, üb. die öftere u. tägliche Kommunion.

Das Dekret über die öftere und tägliche Kommunion und die Stimme der katholischen Bischöfe Mit e Einl von Bernhard Marx. Saarlouis Hausen 1909 78 S. 8°

Marx, Bernh., 20 der neuesten u. besten Orig.-Couplets, Soloscenen u. Witze, s.: Humor ist die Würze des Lebens.

— der Witzonkel! Probates Mittel gegen Schwermut u. schlechte Laune. Für Reisetouren bestens empfohlen. Ueber 100 der besten u. neuesten Orig.-Witze. Erdachtes u. Erlebtes von M. u. einigen Reiseonkels. (24 S.) 8. Leipzig (905). O. Dietrich. n. — 50

Marx, Beyfus (Wetzlar, Judaeus)
Disputatio medica de dolore capitis.
Giessae 1749: E. H. Lammers u. Joh. Jac. Braun. (2), 29, (1) S. 4°
pro licentia impetrandi privilegia doctoralia.

Marx, C. C. L., Tarife f. d. Ein- u. Ausfuhrzoll f. w. d. a. in Schleswig u. Holstein, wie auch in Dänemark, nach d. Zollordnung v. 803—823. gr. 8. Kopenh. 824. (Bonnier). 1 ℛ 16 gℓ

Marx, C F H, s Marx, Karl Friedrich Heinrich

Marx, C M Ph, s.a Marx, Karl Michael

— s. Ephori Cumaei.

Marx, C. M., Griechische Grammatik in 32 Tabellen. Carlsruhe 820. 4.

Marx, C. M., Lehrgang der griech. Sprache in drei Abtheilungen. Carlsruhe u. Baden 822. 4. 1 rthlr. 8 gr.

Marx, C. M. Ph., Lehrgang d. griechischen Sprache in 4 Abthl. 1) Anleitung d. Griech. mit d. Odyssee zu beginnen. 21 gℓ — 2) Der Frösche u. Mäusekrieg. 21 gℓ — 3) Homer, Hymnen, z. Uebersetzen ins Griechische. 4) Gesetzlehre d. griechischen Sprache in 32 Tafeln. 12 gℓ gr. 4. Karlsr. 822. Marx. Alle 4 Abthlgn. 1 ℛ 21 gℓ

Marx, C. M., geognost. Skizze d. Umgegend v. Baden im Grossherzgth. 18. (72 Seit. u. 6 Stnt.) Carlsruhe 835, [Baden,] Marx.

Marx, Chr., Fastenandachten. 2e Aufl. 8. Rottenb. 820. Hoch.

Marx, Ch. Clipeum Achillis secundum Hom. Il. XVIII. 478 — 608 delineavit. 23 S. nebst Abbildung.
Coesfeld, Progr. 1843

Die Entwickelung des ärztlichen Standes seit den ersten Dezennien des 19. Jahrhunderts. Von Christoph Marx. Berlin. Struppe & Winckler 1906. (IX, 164 S.) 8° [F.] [07. 1766, II

Die Entwickelung des ärztlichen Standes seit den ersten Dezennien des 19. Jahrhunderts. Von Christoph Marx. Berlin: Struppe & Winckler 1907 (IX, 164 S.) 8° [F.] [07. 3330

Marx, Chr., Geschichte d. Gymnasiums in Coesfeld. gr. 8. (11 B.) Coesfeld 829, [Riese.]

Marx, Ch. De locis in Platonis Menone mathematicis. 10 S.
Coesfeld, Progr. 1836

Marx, Christophorus (Koesfeld)
De Mimnero poeta.
Koesfeld 1831. 44 S.
Diss. phil. Giessen 30.10.1831. vorh. la.
(In: Dritter Jahresbericht über das königl. Gymnasium in Koesfeld in dem Schuljahre 1830-31.)

Marx, Ch. Ossa temporibus Homericis esse diis oblata. 14 S.
Coesfeld, Progr 1850

Marx. Ossa temporibus Homericis esse diis oblata. 14 S.
Coesfeld, Progr. 1851

Marx, Christoph, a. Hanau a. M.: Die öffentlich-rechtliche Stellung der Ärzte nach § 29 der RGewO. Borna-Leipzig 1907: R. Noske. (57 S.) 8° [F.]
Tübingen, Staatsw. Fak., Ref. Fleiner, Diss. v. 19. Dez. 1907
[Geb. 5. Aug. 83 Hanau; Wohnort: Kesselstadt; Staatsangeh.: Preußen; Vorbildung: Oberrealsch. Obersekunda 99; Studium: Handels-Hochsch. Leipzig, Univ Tübingen 7 S.; Rig. 28. Febr 07.]

Marx, D. M., Ephori Cymaei Reliquiae historicae et geographicae etc. 8maj. Carlsruhe, Marx, 815.

(Marx, D. R.,) Handbuch f. Leih-Bibliotheken, s. Handbuch etc.

Die Burgkapelle zu Iben in Rheinhessen. Aufgenommen von Studirenden der Architektur an der Technischen Hochschule zu Darmstadt unter Leitung von E. MARX. (Text und Tafeln.) Darmstadt. 1882. A. Bergsträsser. ***) 8° und fol.

Marx, Emil, aus Schweinfurt (Bayern): Ueber das Nitril der Methylacetessigsäure und das 1-Phenyl-3,4-dimethyl-5-aminopyrazol. *Heidelberg 1903: K. Rößler.* (72 S.) 8°
Heidelberg, Naturw.-math. Diss. v. 1903

Marx, Emma, was die alte Kirchhofslinde mir erzählte, s.: Haus u. Herd.

Marx, Erich, über wahre u. scheinbare Abweichungen vom Ohmschen Gesetz, s.a. Hinden, Heinr., üb. deformierte Wechselströme.

Ueber wahre und scheinbare Abweichungen vom Ohmschen Gesetz von Dr Erich Marx in Leipzig. Mit 3 Abb. *Stuttgart: F. Enke 1903.* (S. 407—480.) 8°
— Sammlung Elektrotechn. Vorträge Bd 4, H. 11/12. [03. 19-88

Marx, Erich, zweite Durchführung der Geschwindigkeitsmessung der Röntgenstrahlen, s.a. Abhandlungen der königl. sächsischen Gesellschaft d. Wissenschaften. Mathem.-physikal. Klasse. 32, II.

Zweite Durchführung der Geschwindigkeitsmessung der Röntgenstrahlen Experimentaluntersuchung von Erich Marx. Mit 14 Fig. u. 10 Kurventaf Leipzig. Teubner 1910. S. 81—159 4° (8°)
(Abhandlungen d. K. Sächs. Gesellschaft d. Wiss. Math.-phys. Kl. Bd 32, Nr 2.)

— die Geschwindigkeit der Röntgenstrahlen, s.a. Abhandlungen der königl sächs. Gesellschaft der Wissenschaften. Math.-physik. Klasse. 29. VI.

Die Geschwindigkeit der Röntgenstrahlen. Experimentaluntersuchung von Erich Marx. Mit 6 Fig. Leipzig: B. G. Teubner 1906. (S. 445—491.) 4°(8°)
— Abhandlungen d. K. Sächs. Gesellschaft d. Wiss. Math.-phys. Kl. Bd 29, No 6. [06. 13860 9

— Grenzen in der Natur u. in der Wahrnehmung vom Standpunkte der Elektronentheorie u. des elektromagnetischen Weltbildes. Akademische Antrittsvorlesg., geh. am 2. XI. 1907. Mit e. Vorbemerkg., Zusätzen u. Literaturangaben. (31 S.) 8. Leipzig 908. B. G. Teubner. 1. —

Marx, Erich: Zur Kenntniss der Dispersion im electrischen Spectrum. Mit 2 Taf. *Leipzig: J. A. Barth 1898.* (56 S.) 8°
Göttingen, Phil. Diss. v. [12. Aug.] 1898

Marx, Erich, Dr. Über die Kondensatorentladung in verzweigten Systemen bei Periodenzahlen 10^{-7}—10^{-8} und das dielektrische Verhalten einiger Flüssigkeiten in diesem Frequenzbereich. *Leipzig: J. A. Barth 1903.* (48 S.) 8°
Leipzig, Phil. Hab.-Schr. v. 20. Mai 1903

Marx, E., Mitteilungen aus der prüfungstechn. Praxis, s.: Festschrift zum 60. Geburtstage v. Robert Koch.

Marx, Erich: Unternehmungsformen des deutschen Seerechts. Essen-Ruhr [1909]: Fredebeul & Koenen. VIII, 55 S. 8°
Heidelberg, Jur. Diss. v. 12. Jan. 1910, Ref. Schröder
[Geb. 5. April 88 Essen a. R.; Wohnort: Essen; Staatsangeh.: Preußen; Vorbildung: Gymn. Essen Reife O. 06; Studium: Bonn 1, Berlin 3, Bonn 3 S.; Rig. 12. Nov 09.] [U 10. 1936

Marx, Ernst [aus Mannheim] Die Anfänge des niederländischen Aufstandes '(1555—1564)' ... (Erscheint vollst. als Heft 1 d. 3. Bds von: Leipz. Stud. aus d. Geb. d. Gesch.) Leipzig, Duncker & Humblot, 1896; 2 Bl., 58 S., 1 Bl. 8.
Leipzig, Phil. Fak., Inaug.-Diss. v [2. Juli] 1896

Marx, E., die experimentelle Diagnostik, Serumtherapie u. Prophylaxe der Infectionskrankheiten, s.a. Bibliothek v. Coler. 11. Bd.

Die experimentelle Diagnostik, Serumtherapie und Prophylaxe der Infectionskrankheiten. Von Stabsarzt Dr E[rnst] **Marx** (Frankfurt a.M.). Mit 1 Fig. u. 2 Taf Berlin A. Hirschwald 1901 (VI, 296 S.) 8°
= Coler, v., Bibliothek. Bd 11

Die experimentelle Diagnostik, Serumtherapie und Prophylaxe der Infektionskrankheiten. Von Stabsarzt Prof. Dr. E[rnst] **Marx**. 2. Aufl. Mit 2 Taf. Berlin: A. Hirschwald 1907. (IV, 398 S.) 8°
= Coler-Schjerning, v., Bibliothek. Bd 11. [07. 1000

Marx, Ernst, Studien zur Geschichte des niederländ. Aufstandes, s.a. Studien, Leipziger, a. d. Gebiet der Geschichte. III. 2.

Studien zur Geschichte des niederländischen Aufstandes. Von Dr Ernst **Marx**, Privatd., Stuttgart Leipzig. Duncker & Humblot 1902 (482 S.) 8°
= Studien, Leipziger, aus d. Geb. d. Geschichte. Bd 3, H. 2.

Marx, Ernst [aus Potsdam]: Untersuchungen über den Patellarreflex, insbes. bei Lues ... Berlin, C. Vogt's Buchdr., 1893; 37 S., 1 Bl. 8.
Berlin, Med. Fak., Inaug.-Diss. v 17 Nov 1893

Marx, Erwin

— u. Ed. **Schmitt**, Koch-, Spül-, Wasch- u. Bade-Einrichtungen, s.: Handbuch der Architektur

Marx, Erwin, Konstruktionselemente in Stein, s.: Handbuch der Architektur. III. Tl. 1. Bd.

Marx, Erwin, u. Hugo Koch, Sicherungen gegen Einbruch, s.: Handbuch der Architektur 3. Tl.

— massive Steindächer, s.: Handbuch d. Architektur.

— Wände u. Wandöffnungen, s.: Handbuch d. Architektur. 3. Thl. 2. Bd. 1. Hft.

Marx, *Eugen* [Konrekt.]: Einiges aus dem mathematischen Unterrichte in Prima. Friedland i. M., Druck v. W. Walther, 1892; 1—19 S. 4.
Friedland (i. M.), G, P 1892 (658)

Marx, E[ugen]: Geometrisches. *Friedland i. Meckl. 1898: W. Walther.* (1—11 S. mit Taf.) 4°
Friedland, G, P 1898 (700)

Marx, [Eugen], Prof.: Über winkelhalbierende Linien des Dreiecks. Friedland i. M. 1905: W. Walther. (S. 1—17.) 4°
Friedland, G P 1905 (800)

Marx, Eugen Über einige geometrische Örter 14 S u. Taf. *Friedland* 1880
Progr.

Marx, Eugen Über einige Trisektionskurven. 4 (S. 35—50, 4 Taf.).
In Progr z. 50jähr Amtsjub. des Prof A. Dühr
Progr. G *Friedland* 1886 (603).

Marx, F: Beiträge zur Frage der Zusammensetzung der Kuhmilch. Diss. Leipzig. Löbau i. S. 1903

Marx, F., Heimatskunde des Kreises Mittelfranken. 1. und 2. verb. Aufl. 8. (20 S.) Fürth 885, [Eßmann.] Schmittner. *

Marx, F., Heimatskunde d. Kreises Mittelfranken 3 Aufl. 12. (20 S.) Fürth 894 A Schmittner n.n. - 10

Marx, F., Heimatskunde d. Kreises Mittelfranken. 4. Aufl. 12. (20 S.) Fürth 898. A. Schmittner. n.n. — 10

Marx, F., s.: Studien, Wiener.

— s.: Zeitschrift f. d. österr. Gymnasien.

Marx, Felix, appr. Arzt a. Gießen: Aus d. pathol. Institut zu Gießen. Über Agnathie. Gießen 1905: v. Münchow. (37 S.) 8°
Gießen, Med. Fak., Ref. Bostroem, Diss. v. 4. Okt. 1905
[Geb. 11 Juni 77 Eupel; Wohnort: Gießen; Staatsangeh.: Preußen; Vorbildung Gymn. Gießen Reife O. 97; Studium: Gießen 4, Berlin 1, Gießen 5 S.; Coll. 31 Juli 03; Approb. 13. Dez. 02.]

Marx, Ferd

Marx, F., Anweisung zur Anlage von Turnplätzen und Turnhallen und Herstellung von Turngeräthen. Anhang zum „Leitfaden für den Turnunterricht in den Volksschulen". 8. (23 S.) Bensheim 878, Lehrmittelanstalt Ehrhard und Comp. *

Marx, Ferd., die Entwicklung des Schulturnens im Großherzogtum Hessen, dargestellt auf Grund amtl. Bekanntmachungen und Verordnungen, nebst einem Anhang: Zur Geschichte des Darmstädter Turnlehrer-Vereins. Zur Feier des 25jähr. Bestehens desselben. Im Auftrage des Vereins zusammengestellt. gr. 8. (87 S.) Bensheim 888, Lehrmittelanstalt Ehrhard und Comp. *

Marx, Ferdinand, Gerichtsreferendar a. Erwitte in Westf.: Die Fürsorge der Herrschaft für ihr krankes Gesinde, nach der preußischen Gesindeordnung vom 8. Nov. 1810 und dem Bürgerlichen Gesetzbuche. Borna-Leipzig 1907: R. Noske. (34 S.) 8°
Heidelberg, Jur. Fak., Ref. Schroeder, Diss. v. 1907
[Geb. 28. Dez. 80 Erwitte i. Westf., Wohnort: Hamm i. W.; Staatsangeh.: Preußen; Vorbildung: Gymn. Paderborn Reife O. 99; Studium: Freiburg i. B. 1, München 1, Marburg 4 S.; Rig. 19. Dez. 06.]

Marx, Handbüchlein der Krankenpflege zu Hause u. im Hospitale, zugleich ein Unterrichtsbuch f. angeh. Krankenpflegerinnen 3., verb. Aufl. d. „Unterrichtsbuches f angeh Krankenpflegerinnen". 8 (X, 138 S. m 16 Holzschn.) Paderborn 893. F. Schöningh (Geb. in Leinw. n. 1.80

Marx, Handbüchlein der Krankenpflege zu Hause u. im Hospitale, zugleich e. Unterrichtsbuch f. angeh. Krankenpflegerinnen. 4. verb. Aufl., besorgt durch Alfr. Russell. 8. (X, 144 S. m 16 Abbildgn.) Paderborn 902. F. Schöningh. Geb. in Leinw. n. 1.80

Marx, Handbüchlein der Krankenpflege zu Hause u. im Hospitale, zugleich e. Unterrichtsbuch f. angeh. Krankenpflegerinnen. Bearb. v. Alfr. Russell. 5. Aufl. (X, 144 S. m. 16 Abbildgn.) 8. Paderborn 905. F. Schöningh. Geb. in Leinw. n. 1.80

Marx, Ferd., Handbüchlein der Krankenpflege zu Hause u. im Hospitale, zugleich e. Unterrichtsbuch f. angeh. Krankenpflegerinnen. Bearb. v. Frdr. Marx. 6. Aufl. (X, 157 S. m. 16 Abb.) 8. Paderborn 909. F. Schöningh. Geb. in Leinw. 2. —

Marx, F., d. Knabenturnen in d. Schule. E. Leitfaden f. d. Turnunterr in d. Volksschulen. 6., verb. u. verm. Aufl. (9. u. 10. Tauf.) gr. 8. (VIII, 176 S.) Bensheim 896. Lehrmittelanstalt J. Ehrhard & Co. geb. n. 2. —

Marx, F., Leitfaden für den Turnunterricht in Volksschulen, m. Abb., 1., u. 2., 3., 5. verm u. verb. Aufl., Darmstadt 1866, Bensheim 1875, 1879, 1896, VI u. 66, XII u. 94, XVI u. 140, VIII u. 176 S., 8°. 4 Bde.

—— Leitfaden für den Turnunterricht in den Volksschulen. 1. und 2. verm. und verb. Aufl. (XII, 96 S. mit vielen eingedr. Holzschn.) 1876. * ℳ 1.; 3. verm. und verb. Aufl. gr. 8. (XVI, 140 S. mit vielen eingedr. Holzschn.) Ebendas. 878. *

Marx, F, Leitfaden f. den Turnunterricht in den Volksschulen. 3. verm. u. verb. Aufl. Mit vielen (eingedr) Holzschn gr 8. (XII, 96 S.) Bensheim 876. Lehrmittelanstalt. n. 1. —

Marx, F., Leitfaden f. den Turnunterricht in den Volksschulen. 4. verb. Aufl. Mit 65 in den Text gedr. Holzschn. gr. 8. (VIII, 172 S.) Bensheim 887. Lehrmittelanstalt J. Ehrhardt u. Co. n. 1. 60

Marx, F. Das Mädchen-Turnen in der Schule. Ein Wegweiser u. Ratgeber f. Mädchen-Turnlehrer. 8. Bensheim, Lehrmittelanstalt, Ehrhard u. Comp. * 3 30; geb. * 4 30
1 Turnübungen f. Mädchen von 8—12 Jahren. Mit Abbildgn. (VIII, 133 S.) 889. * 1 50 geb. * 2 —
2. Turnübungen f. Mädchen von 12—16 Jahren. (IV, 167 S.) 890. * 1 80, geb. * 2 30.

Marx, Ferd., Pastoral-Medizin, s.. Handbibliothek, wissenschaftliche.

Marx, F., Die Schul-Turnanstalten im Großherzogtum Hessen, 6 S., 4°.

Marx, F., Die Gießener sogen. „Schwarzen" als Verbreiter des Turnwesens, S. Abdr. a. d. Jahrb. d. dtsch. Turnkunst 1881, 22 S., 8°

Marx (III.), Unterrichtsbuch für angehende Krankenpflegerinnen. 8. (X, 125 S. mit 15 Abbild. im Text.) Paderborn 888, F. Schöningh. cart. *

Marx (II.). Unterrichtsbuch f. angehende Krankenpflegerinnen. Mit 15 Abbildgn. im Text. 2. Aufl. 8. (X, 125 S.) Paderb. 880, F. Schöningh geb. * 1 80

Marx, Ferd. August [aus Köln am Rhein]: Untersuchungen über die Zellen der Oscillarien, und zwar I. Prüfung der Oscillarien auf das Vorhandensein eines Kernes, und das Verhalten der sämtlichen Inhaltskörper gegen Färbemittel und Reagentien. II. Künstliche Veränderungen im Inhalt der Oscillarienzellen durch Nährlösungen ... Schwelm, Druck v. G. Meiners, 1892. 24 S. 1 Bl., 1 Taf. 8.
Erlangen, Phil. Fak., Inaug.-Diss. v. 1892

Marx, Franz Lothar, Sind die Vorschriften der Kirche in Ansehung des Verbotes, die heil. Schrift in der Landessprache zu lesen, mit Grund ärgerliche päpstliche Verordnungen zu nennen? Frankfurt, Andreä, 1820, gr. 8°, 3 Mk. (Fehlt.)

Marx, Frdr., s.: Auctoris, incerti, de ratione dicendi ad C. Herennium libri IV.

Marx, F., Der Bildhauer C. Avianius Euander u. Ciceros Briefe. S.-A. 1898. 12 S. 4°.

Marx, Friedrich, Arzt a. Erwitte (Westf.): Beiträge zur Diagnose der Zeit der Schwangerschaft. Halle a. S. 1905: C. A. Kaemmerer & Co. (25 S.) 8°
Halle, Med. Fak., Ref. Veit, Diss. v. 22. Juli 1905
[Geb. 7. Sept. 82 Erwitte i. Westf.; Wohnort: Erwitte i. Westf.; Staatsangeh: Preußen; Vorbildung: Gymn. Paderborn Reife O. 00; Studium: Marburg 1, München 1, Marburg 2, Würzburg 1, Berlin 2, Halle 2 S.; Coll. 22. Febr. 05; Approb. 16. Juni 05.]

Marx, Friedrich, aus Löbau i. Sa. Beiträge zur Frage der Zusammensetzung der Kuhmilch. *Löbau i. Sa.: J. G Walde 1903.* (59 S., 21 Tab.) 8°
Leipzig, Phil. Diss. v. [20. Juni] 1903.

— Chauvinismus u. Schulreform im Altertum. Rede, geh. zur Feier d. Geburtstages Sr. Maj. d. Königs u. Kaisers am 27. Jan. 1894 in der Aula der Universität Breslau. gr. 8. (22 S.) Breslau 894. W. Koebner n. — 60

Marx, Friedr., Clarisse. Novelle. 8. (40 S.) [Wien 878.] Neutitschein, Enders. *

Marx, F., Virgils IV. Ecloge. S.-A. 1898. 24 S.

Marx, F, Die neueren Forschungen über die bürgerliche Stellung und die Lebensschicksale des Dichters Plautus. S.-A 1898. 15 S.

Marx, Friedr., Gemüth und Welt. Lyrische Dichtungen. br. 8. (VI und 246 S.) Graz 862. (Wien, Manz'sche Buchh.) *

— Gemüth u. Welt. Gedichte. 3., um die Hälfte verm. Aufl. 16. (XIII, 316 S.) Leipzig 877. Abel. n. 3. —; geb. m. Goldschn. n. 4. —

Marx, Friedrich, *k. k. Oberlieut.* Vaters Heimgang. Gedicht. *Wien* 1858. Gedr. bei *L. Sommer.* 12 S. 8°.
Auf den Tod des FM. Radetzky. (Wird nicht berechnet.)

— F., Interpretationum hexas. 1888/89.

Index lectionum in academia Rostochiensi sem. hib. a. 1889/90 ab d. XVI m. Oct. publice privatimque hab. -- Interpretationum hexada alteram Fridericus Marx praemisit *Rostochii*, typ. acad. Adlerianis (1889), 18 S. 4°

Marx, Friedr., Jakobäa von Bayern, s. Universal-Bibliothek.

Index scholarvm in vniversitate litteraria Gryphiswaldensi per sem. hib. a. 1892—1893 ... habendarvm. — Praemissae svnt Friderici **Marx** interpretationes Latinae. Gryphiswaldiae, typ. J. Abel, 1892; XVIII, 21 S. 4.

Marx, Friedr., *k. k. Oberlieutenant.* Erste Lieder. *Wien* 1858. Druck und Papier von *L. Sommer.* 66 S., kl. 8°.
Nicht berechnet.

Marx, F., Luciliana. S-A. O. J 8 S.

Marx. F., Der Dichter Lucretius. S.-A. 1899. 17 S. 1.50

—— König Nal. Dramatisches Gedicht in 1 Aufzuge nach dem Italien. des Angelo De-Gubernatis. [Den Bühnen gegenüber Mscr.] gr. 16. (64 S.) Hamburg 870. Richter. *

—— Olympias, s.a. Universal-Bibliothek.

—— Olympias. Geschichtliches Trauerspiel. 8. (IV und 178 S.) Wien 863, Markgraf und Müller. *

R e d e zum Gedächtnis Curt Wachsmuths gesprochen auf d. Trauerkommers am 22. Juni 1905 von Friedrich **Marx**. Leipzig 1905 (Engelhardt). 12 S. 8°

Index scholarum . . . per sem. aest. a. 1891 a d. XV m. Apr. habendarum. — Inest Friderici **Marx** de Rhetorica ad Herennium commentatio critica. Gryphiswaldiae, typ. F. G. Kunike, 1891; XIX, 19 S. 4°

Marx, F., Aristoteles Rhetorik. Ak. 1900. 88 S.

Marx, F., Das sogenannte Stadium auf dem Palatin. S.-A. 1895 8. m. Abb. 4°.

Marx, Frdr., ein Stück unabhängiger Poesie d. Plautus. gr. 8. (34 S.) Wien 899. (C. Gerold's Sohn.) n. — 80
Sonderabdruck aus: „Sitzungsber. d. k. Akad. d. Wiss."

Marx, Fridericvs ⟨geb. am 22 Apr. 1859 in Bessungen bei Darmstadt⟩: Stvdia Lvciliana . . . Bonnae, typ. C. Georgi 1882. 2 Bl., 102 S. 8.
¶ In Komm. bei Behrendt in Bonn.
Bonn, Phil. Fak., Diss. v. 16 Dez. 1882

Marx, Friedr., Studia Luciliana. Dissertatio philologica. gr. 8. (100 S.) Bonn 882, (Behrendt.) *

— s.: **Studien**, Leipziger, zur class. Philologie.

Marx, Friedrich, k. k. Oberst i. R. Die Freiherrn von T e u f f e n b a c h in Steiermark. Mit 2 Wappenabbildungen. (Aus:) „Oesterreichische-ungarische Revue." Wien 1896.

Marx, F., Die Zeit der Schrift vom Erhabenen. S.-A. 1898. 86 S.

Marx, Friedrich Georg: De H e r m a p h r o d i t i s in universum, specatim vero respectu medicinae forensis. Gottingae 1823· Herbst 27 S. 8°
Göttingen, Med. Diss. v 24. Sept. 1822

Marx, Friedrich Julius (Bergzabern [Bayern]), Oratio de Tabernis montanis veteris olim comitatus, nunc ducatus, Bipontini oppido. Zweibrücken (G. Nicolai) 4. X. 1730. 26 S. (4.—) 22313
Gew.: Georg Friedrich Marx, Friedrich Joachim Marx.

— **Friedrich Ludwig** (Benninghausen / Westfalen), De medullae spinalis vitiis organicis. Berlin (Brüschcke) 24. I. 1862. 31 S. mit Biogr. (M.: G. Schlodtmann.) (3.50) 22314
Oppon.: J. Beckers, J. Gerlach, M. Tyrell. — Gew.: Seinen Eltern (Vater: Friedrich Marx).

Marx, Fritz, die Buchführung und deren Wichtigkeit im Maler- und Anstreichergewerbe. gr. 8. (16 S.) Köln 885. (Leipzig, Scholtze.) *

—— praktisches Recepten-Taschenbuch zum Gebrauche für Anstreicher, Lackirer, Vergolder, Decorateure, Holz-, Marmor- und Schildermaler, sowie alle angrenz. Gewerbetreibende. Wichtig und unentbehrl. für jeden tücht. Gehülfen und Geschäftstreibenden. Enth. eine Anzahl Recepte, Vorschriften, Mittheilungen, prakt. Winke und Geheimnisse. gr. 8. (47 S. mit 1 Bl. Zeichnungen.) (Ebendas.) 885. *

Marx, F., praktisches Recepten-Taschenbuch zum Gebrauche f. Anstreicher, Lackirer, Vergolder, Decorateure, Holz-, Marmor- u. Schildermaler, sowie alle angrenz. Gewerbetreibende. 2. Thl. gr. 8. (51 S.) Köln 887. (Leipzig, Scholtze.) n. 2. — (1. u. 2.: n. 5. —)

Marx, Fritz, a. Frankfurt a. M.: Untersuchungen in der Zuckerreihe. (Berlin: J. Springer 1907.) (34 S.) 8°
Berlin, Phil. Fak., Ref. Gabriel, Diss. v. 29. Juni 1907
[Geb. 5. Dez. 82 Königstein i. T; Wohnort. Frankfurt a. M., Staatsangeh.: Preußen; Vorbildung. Goethe-Gymn. Frankfurt a. M Reife O. 01; Studium. München 6, Berlin 4 S., Rig. 16. Mai 07]

Marx, G., jüdisches Fremdenrecht, antisemitische Polemik und jüdische Apologetik, s. S c h r i f t e n des Institutum Judiacum in Berlin.

Marx, G., De antiquae Graeciae situ, solo, incolis. Pr. 1866. 10 S. 4°

—— die Tötung Ungläubiger nach talmudisch-rabbinischem Recht, s. S c h r i f t e n des Institutum Judaicum in Leipzig.

Marx, G. F. J., de morbi caerulei exempl. memorabili c. 1 tab. aen. 4maj. Berl. 821. Dümmler. 4 gr

Marx, Georg, Assistenzarzt beim Leib-Grenad.-Reg. König Friedrich Wilhelm III. ⟨1. brand.⟩ No 8: Die Spätresultate der Myopieoperation nach dem Materiale der Rostocker Universitäts-Augenklinik. Rostock 1905: Adler. (43 S.) 8°
Rostock, Med. Fak., Ref. Peters, Diss. v. 5. Okt. 1905
[Geb. 6 Mai 79 Küstrin; Wohnort Frankfurt a. O.; Staatsangeh.. Preußen; Vorbildung. Gymn. Küstrin Reife M. 96; Studium. Kaiser Wilh.-Akad. Berlin 9 S. Coll. 27 Juli 05, Approb. 7 Juni 04.]

Marx, Geo., die Spinnen Amerikas, s.. K e y s e r l i n g, Graf E.

Marx, Georg, Med.-Prakt.: Aus d. Psychiatr. u. Nervenklinik in Kiel. Über das Vorkommen und die Bedeutung katatonischer Erscheinungen bei Amentia. Kiel 1909. Fiencke. 30 S. 8°
Kiel, Med. Diss. v. 9. Nov 1909, Ref. Siemerling
[Geb. 24. April 70 Kamen i. W, Wohnort Remscheid, Staatsangeh.: Preußen, Vorbildung Gymn. Minden Reife O. 03, Studium: Berlin 1, Würzburg 1, München 4, Berlin 1, Kiel 3 S.; Coll 23. Okt. 09. Approb. 19. Juli 09.]
[U 10. 2456

Marx, Gertr., Gedichte. (196 S.) 8. Berlin 907. C. Freund. 2.—; geb. n 3. —

Marx, Gustav: Über die Wortstellung bei Joinville. I. Theil. Stellung einzelner Redetheile. (Separat-Abdruck aus den Französischen Studien, herausgegeben von G. Körting und E. Kochwitz. Verlag von Gebr. Henninger in Heilbronn.) Altenburg, Pierer'sche Hofbuchdruckerei. Stephan Geibel & Co., 1881. 8. 26 S.

Marx, Gust., über die Wortstellung bei Joinville. 1. Thl.: Stellung einzelner Redetheile. Abhandlung. gr. 8. (26 S.) Heilbronn 881, Gebr. Henninger. *
Aus: Französische Studien, besonders abgedruckt.
Fortsetzung ist enthalten in: Französische Studien.

Marx, Gust. Herm., Traditio rabbinorum veterrima de librorum veteris testamenti ordine atque origine illustrata. gr. 8. (60 S.) Leipzig 884, Drescher. *

Marx, Gust. Am., Traditio rabbinorum veterrima de librorum veteris testamenti ordine atque origine illustr gr 8. Leipzig 884, Wilh. Weber [M 1.60.] * — 80

Marx, H, s.a. M a r x, Johann Hermann

Marx, H., s.: N a c h p r ü f u n g des v. Neisser u. Sachs angegebenen Verfahrens zur forensischen Unterscheidung v. Menschen- u. Tierblut.

Marx, H Der evangelische Religionsunterricht in seiner Bedeutung für höhere Schulen, insbesondere für die Realschule I O. S. 15—40 **Progr.** Wöhl. Sch. *Frankfurt a M* 1880

– De s t r u c t u r a atque vita venarum, s. M a r x, Karl Friedrich Heinrich

Marr, H., Urningsliebe. Die sittl. Hebung des Urningthums und die Streichung des §. 175 des deutschen Strafgesetzbuches. Ein Wort an das deutsche Volk, die Männer der Wissenschaft und die Mitglieder des deutschen Reichstags. gr. 8. (17 S.) Stuttgart 875, Marr Selbstverlag. *

Marx H., Der verbesserte Wurzelschnitt u. die beste Pflanzzeit unserer Obstbäume Lüben 1904. 22 S. P

Marx, Hans, a. Viersen (Rheinland): Ueber die thermischen Bildungsbeziehungen zwischen Ozon, Stickoxyd und Wasserstoffsuperoxyd. (Leipzig 1907: A. Hoffmann.) (69 S.) 8°

Berlin, Phil. Fak., Ref. Fischer, Diss. v. 10. Aug. 1907

[Geb. 22 Dez. 79 Viersen (Rheinland), Wohnort: Eberswalde, Staatsangeh.: Preußen; Vorbildung: Gymn. Emmerich Reife O. 99; Studium: T.H. Darmstadt 1, Braunschweig 4, Univ. Jena 3, Straßburg 1, Berlin 3 S.; Rig. 31 Jan. 07.]

Marx, Hans, appr. Arzt: Aus d. dermatol. Klinik d. Univ. Leipzig. Dir.: Rille. Über Simulation von Hautkrankheiten. Borna-Leipzig 1910: Noske. 110 S. 8°

Leipzig, Med. Diss. v. 20. Juni 1910, Ref. Hoffmann

[Geb. 3. April 78 Döbeln; Wohnort: Leipzig; Staatsangeh.: Sachsen; Vorbildung: Annenschule Dresden Reife O. 98; Studium: Dresden Techn. Hochsch. 12, Med. Leipzig 7, München 1, Leipzig 2 S.; Coll. 29. Juni 10; Approb. 1. Juni 10.] [U 10. 3028

Marx, Heinrich (geb. am 4 Okt. 1846 in Rheinbach): Ueber Pes varus. Bonn, gedr bei J. F. Carthaus (1870). 33 S., 1 Bl. 8.

Bonn, Med. Fak., Diss. v. 26 Febr. 1870

Marx, Herm., der Befreiungskrieg vom Joch der Türken. Illustrirte Chronik der neuesten Ereignisse im Orient. 1—6. Lfg. gr. 4. (S. 1—96 m. je 2 color. Steintaf.) Löbau 876. Walde. à — 30

Marx, Herm., der Befreiungskrieg vom Joch der Türken. Illustrirte Chronik der neuesten Ereignisse im Orient. 7—35. (Schluß-)Lfg. 4. (1. Abth. S. 97—256 u. 2. Abth. 304 S. m. je 2 color. Steintaf.) Löbau 877—79. Walde. à — 30

Marx, Herm., die Bergpredigt, s.: Hilfsmittel zum evang. Religionsunterricht. Heft 1. (Evers, M.)

Marx, Hermann, Dr. med.: Einladung zur öffentlichen Probe-Vorlesung ... zur Erlangung der Venia legendi bei der Medizinischen Fakultät der Ruprecht-Carls-Universität zu Heidelberg ... d. 24. Februar 1909. Thema: Die Beziehungen der Erkrankungen der Nase und des Ohres zu den Erkrankungen des Auges. Heidelberg (1909): Hörning. 1 Bl. 8°

Heidelberg, Med. Hab.-Schr. v. 1909 [U 09. 2062

(Nicht für den Austausch)

Marx, Hermann, approb. Arzt aus Worms: Ueber **Fettgewebs-Nekrose** und Degeneration der Leber bei Pankreatitis haemorrhagica. *Berlin 1901: G. Reimer.* (56 S.) 8 ¶(Aus: Virchow's Archiv f. pathol. Anat. u. Physiol., Bd 165.)

Heidelberg, Med. Diss. v. 1901

— Die Gleichnisse Jesu, s.: Hilfsmittel zum evang. Religions-Unterricht. Heft 2. 3. (Evers, M.)

Marx u. Tenter, Hilfsbuch f. den evangelischen Religionsunterricht an höheren Mädchenschulen u. weiterführenden Bildungsanstalten f. Mädchen. 7 Hefte. 8. Frankfurt a/M., Kesselring. Geb. 8. —

1. Lehrstoff f. Klasse VII. Bearb. v. Alfr. Theile. (IV, 96 S. m. Abb. u. 3 farb. Karten.) 909. Geb. 1. 25
2. Lehrstoff f. Klasse VI. Bearb. v. Alfr. Theile. (IV u. S. 97—176 m. Abb. u. 2 farb. Karten.) 909. Geb. 1. 25
3. Lehrstoff f. Klasse V. Bearb. v. Paul Siebert. (IV u. S. 179—274 m. Abb. u. 3 farb. Karten.) 909. Geb. 1. 25
4. Lehrstoff f. Klasse IV. Bearb. v. Paul Siebert. (V, 168 S. m. Abb. u. 1 farb. Karte auf dem Einbd.) 910. Geb. 1. —
5. Lehrstoff f. Klasse III. Bearb. v. Paul Siebert. (IV u. S. 67—154 m. Abb. u. 1 farb. Karte auf d. Einbd.) 910. Geb. 1. 25
6. Lehrstoff f. Klasse II. Bearb. v. Paul Siebert. (IV u. S. 155—238 m. 1 Abb.) 910. Geb. 1. —
7. Lehrstoff f. Klasse I. Bearb. v. Paul Siebert. (VI u. S. 239—296 m. 1 Abb.) 910. Geb. 1. —

Marx, Herm., Kausalität der Unterlassung u. Schadensersatzpflicht aus Unterlassungen nach § 823 des BGB. (43 S.) gr 8. Berlin 908. H. Bahr. 1. 20

Marx, Hermann, Gerichtsassessor: Kausalität der Unterlassung und Schadensersatzpflicht aus Unterlassungen nach § 823 des Bürgerlichen Gesetzbuches. Borna-Leipzig 1909: Noske. 43 S. 8°

Göttingen, Jur. Diss. v. 10. Mai 1909, Ref. Titze

[Geb. 12 Nov 79 Wanfried a. d. Werra; Wohnort: Fulda; Staatsangeh. Preußen; Vorbildung: Gymn. Fulda Reife O. 98; Studium Bonn 2, Berlin 2, Marburg 2 S. Rig. 17 März 09] [U 09. 1180

Marx, [Hermann]: Direktor Dr. [Arthur] **Kortegarn**. † Montag, 26. Juli 1897. *Frankfurt a. M. 1898: Gebr. Knauer.* (3 5 S.) 4°

Frankfurt a. M., Wöhler-S (RG nebst Handels-S), OP 1898 (420)

Marx, Hermann [Prof.]: Reform des Elementarunterrichts in der Vorschule und Abschluss dieses Unterrichts in der deutschen Sexta. E. pädagog.-krit. Studie. Frankfurt a. M., Druck v. R. Mahlau, 1897; 3—20 S. 4.

Frankfurt a. M., Wöhler-S (RG nebst Handels-S), OP 1897 (421)

Marx, Herm (geb. Camen in Westf. 16. 2. 1838) Symbolae ad enterostenosin et enterocleisin. Berolini (1861). (32 S.) 8°

Berlin, Med. Diss. v. 5. Aug. 1861

Marx, Hermann, Dr., I. Assist. d. Universitätsklin. f. Ohren-, Nasen- u. Kehlkopfkr. zu Heidelberg: Aus d. Universitätsklinik f. Ohren-, Nasen- u. Kehlkopfkr., Heidelberg, Dir.: Kummel. Untersuchungen über experimentelle Schädigungen des Gehörorganes. Mit 2 Abb. u. Taf. I—VI. Wiesbaden: Bergmann 1909. 89 S. 8° ¶(Aus: Zeitschrift f. Ohrenheilk. Bd 59.)

Heidelberg, Med. Hab.-Schr. v. 1909 [U 10. 2214

Marx, Hugo: Über die klinische Bedeutung des Digitoxinum crystallisatum. *Strassburg i. E. 1898: C. & J. Goeller.* (62 S.) 8°

Strassburg, Med. Diss. v. 1898

Marx, Hugo, Einführung in die gerichtl. Medizin f. prakt. Kriminalisten. 4 Vorträge. (VII, 130 S. m. 14 Abb.) 8. Berlin 907. A. Hirschwald. 2. 40

Marx, H(ugo), Arzt a. Werther i. Westf.: **Ein Fall von Malum suboccipitale mit Brown-Séquard'schem Symptomenkomplex. Aus d. chirurg. Universitätsklinik Bonn. Bonn 1908: J. Trapp.** (41 S.) 8°

Bonn, Med. Fak., Ref. Garrè, Diss. v. 24. Jan. 1908

[Geb. 9. Okt. 76 Frankfurt a. M.; Wohnort: Werther; Staatsangeh.: Preußen; Vorbildung: Kaiser-Friedrich-Gymn. Frankfurt a. M. Reife O. 94; Studium: München 2, Freiburg i. B. 2, München 1, Berlin 4 S.; Coll. 24. Jan. 08; Approb. 15. Dez. 99.]

Marx, H., Praktikum der gerichtlichen Medizin. Ein kurzgefasster Leitfaden der besond. gerichtsärztl. Untersuchungsmethoden, nebst e. Anlage: Gesetzesbestimmungen u. Vorschriften f. Medizinalbeamte, Studierende u. Kandidaten der Kreisarztprüfg. (VII, 146 S. m. 18 Fig.) 8. Berlin, A. Hirschwald. 1907 Geb. in Leinw. 3. 60.

Marx, J. G., Fr. Leop. Graf zu Stolberg, religiöser Geist. s. Stolberg, Fr. Leop. Graf zu.

Marx, J. Jac., neuverbesserte Materialienkammer. 8. Nürnberg. 709. Rthlr.

Marx, J M., Geschichte der Crystallkunde, s. Marx, Karl Michael

Marx, Jakob

Marx, J., Adreßbuch der Stadt Trier, s. Adreßbuch.

Marx, J., die Ausstellung des heil. Rockes in der Domkirche zu Trier im Herbste 1844. gr. 8. (12¾ B. u. Titkpfr.) Trier 845, Lintz'sche Buchh. *

Marx, J., der Bilderstreit d. byzantin. Kaiser. Eine histor.-crit. Abhandl. gr. 8. (7⅓ B.) Trier 839, Lintz'sche Buchh.

Marx, J., Denkwürdigkeiten der Dreifaltigkeits- oder Jesuitenkirche des bischöflichen Seminars zu Trier. Eine Festschrift zur Erinnerung an die Restauration u. Wiederbeziehung der genannten Kirche durch das Seminar in dem Sommer des Jahres 1860. Trier 860. Lintz. gr. 8. (VI, 80 S.) 12 ngr.

Marx, J., Erinnerungen an Trier d. i. merkwürdige Scenen und Züge aus der röm., fränk. und deutschen Periode seiner Kirchengeschichte. Ein Nachruf an die 17. Generalversammlung der kathol. Vereine Deutschlands zu Trier im Septbr. 1865. gr. 8. (VII und 133 S.) Trier 866, Lintz' Verlag. *

Marx, Jak., Geschichte des Armen-Hospitals zum h. Nikolaus zu Cues. (IV, 272 S. m. 7 Taf. u. 2 Plänen.) gr. 8. Trier 907. Paulinus-Druckerei. 4.—; geb. n 5.25

— Geschichte des heil. Rockes in der Domkirche zu Trier. Bearb. auf Veranlassung des Herrn Bischofs von Trier als Einleitung der öffentl. Ausstellung dieser heil. Reliquie im Herbste des Jahres 1844. 8. Ebend. 844. n. 5/12 ₰

—— Geschichte des Erzstifts Trier d. i. der Stadt Trier und des trier. Landes, als Churfürstenthum und als Erzdiöcese, von den ältesten Zeiten bis zum J. 1816. (In 8 Abthlgn.) 1. Abthl.: Die Geschichte der Stadt Trier und des trier. Landes von der Zeit der römischen Herrschaft in demselben bis zum Beginne der Regierung des letzten Churfürsten. 1. und 2. Bd. Lex.-8. Trier 858. 59, Lintz' Verlag. [1. Bd. (XV und 544 S.) 2. (XV und 538 S.) à Bd. * 2 Thlr.] *

—— dass. — (3. Bd.) 2. Abthl.: Enthaltend die Geschichte der Abteien, Klöster und Stifte. 1. Bd.: Die Abteien des Benediktiner- und Cisterzienserordens. Lex.-8. (X und 593 S.) Ebendas. 860. *

—— dass. — (4. Bd.) 2. Abthl.: Enthaltend die Geschichte der Abteien, Klöster und Stifte. 2. Bd.: Die Stifte und Klöster. Lex.-8. (VII und 568 S.) Ebendas. (861)62. *

— Geschichte des Erzstifts Trier d. i. der Stadt Trier u. des Trierischen Landes, als Churfürstenthum u. als Erzdiöcese, von den ältesten Zeiten bis zum Jahre 1816. Ebend. 859—64. Lex.-8.
1. Abth. 2. Bd.: Die Geschichte der Stadt Trier ꝛc. (XV, 538 S.) n. 2 ₰
2. Abth. Enthaltend die Geschichte der Abteien, Klöster u. Stifte. 1. Bd.: Die Abteien des Benediktiner- u. Cisterzienserordens. — 2. Bd.: Die Stifte u. Klöster. Ebend. 860, 62. (X, 593 S.; VII, 568 S.) Jeder Band n. 2 ₰ 7½ ngr.
3. Abth. Enthaltend die Geschichte des Trierischen Landes seit dem Regierungsantritt des letzten Churfürsten Clemens Wenceslaus [1768] bis zum Jahre 1816. (IX, 584 S.) n. 2 ₰ 10 ngr.

—— Geschichte des Erzstifts Trier d. i. der Stadt Trier und des Trier. Landes, als Churfürstenthum und als Erzdiöcese, von den ältesten Zeiten bis zum J. 1816. (5. Bd.) 3. Abthl. Enth. die Geschichte des Trier. Landes seit dem Regierungsantritt des letzten Churfürsten Clemens Wenceslaus (1768) bis zum J. 1816. Lex.-8. (IX und 584 S.) Trier 864, Lintz' Verlag. *

compl. *

Marx, Jacob, Rechtsprakt.: Beschränkte Haftung des deutschen Handels- und Schiffahrtsrechts. Bruchsal 1904: D. Weber. (VIII, 73 S.) 8°

Heidelberg, Jur. Fak., Ref. Schröder, Diss. v. 26. Sept. 1904

[Geb. 13. Febr. 80 Heidelsheim; Wohnort: Bruchsal; Staatsangeh.: Baden; Vorbildung: Gymn. Bruchsal Juli 98; Studium: Heidelberg 3, Berlin 1, Straßburg 1, Heidelberg 2 S.; Rig. 2. Dez. 03.]

Marx, J., die vereinigten Hospitien oder das Bürgerhospital zu Trier nach ihrer Geschichte und ihrem Rechte katholisches Stiftungsvermögen. Eine Denkschrift zur Wahrung des Rechtes der Katholiken zu Trier auf ihr Wohlthätigkeitsvermögen. Neuer Abdr. 8. (79 S.) Trier 866, Braun's Verlag. *

Marx, J., Das Kirchenvermögensrecht m. bes. Berücksicht. d. Diözese Trier. gr. 8. (VIII, 329 S.) Trier 897. Paulinus-Druckerei. n.n. 3.—; geb. in Halbfrz. n.n. 4.—

Lehrbuch der Kirchengeschichte. Von J[akob] **Marx**, Prof., Trier *Trier Paulinus-Dr. 1903.* (XII, 785 S.) 8° [03. 6174

Lehrbuch der Kirchengeschichte. Von Dr. theol. & phil. J[akob] **Marx**, Prof., Trier. 2. u. 3. Aufl. Verb. u. verm. Trier: Paulinus-Dr. 1906. (XVI, 903 S.) 8° [06. 6833

— Lehrbuch der Kirchengeschichte. 4. verb. Aufl. (XV, 920 S.) gr. 8. Ebd. 908. 9.—; geb. n 11.—

— Nikolaus v. Cues u. seine Stiftungen zu Cues u. Deventer. (115 S. m. 8 Taf.) Lex.-8. Ebd. (906). n. 2 —
Sonderabdr. a.: „Festschrift z. Bischofs-Jubiläum Trier 1906".

—— Caspar Olevian od. d. Calvinismus in Trier im Jahre 1559. Ein Beitrag z. Geschichte d. Reformation in Deutschland. gr. 8. (11 B.) Mainz 846, Kirchheim, Schott u. Thielmann.

Marx, J., die Ringmauern und die Thore der Stadt Trier. Nebst einer Lebensskizze des Verf. 8. (XVII, 147 S.) Trier 876, Lintz'sche Buchh.

— Trevirensia. Literaturkunde zur Geschichte der Stadt Trier. s.a. Archiv, trierisches. 10. Erg.-Heft.

Trevirensia Literaturkunde z. Geschichte d. Trierer Lande Hrsg von Dr theol et phil J[akob] Marx, Prof Trier Lintz 1909 154 S. 8°
=Trierisches Archiv Eg.H. 10.

Marx, Jak., die Ursachen d. schnellen Verbreitung d. Reformation, zunächst in Deutschland. Aus Quellen dargest., u. mit d. vollständ. Beweisstellen belegt gr. 12. (8½ B.) Mainz 834, Kupferberg.

Verzeichnis der Handschriften-Sammlung des Hospitals zu Cues bei Bernkastel a./Mosel. Bearb. von Dr. J[akob] **Marx**, Prof. Trier Selbstverl. d. Hospitals 1905. (XII, 332 S.) 8°

Marx, Jakob [aus d. Rheinprovinz] Die vita Gregorii IX quellenkritisch untersucht Berlin, Verl. v. Speyer & Peters (1889); 31 + 1 S. 8°
Berlin, Phil. Fak., Inaug.-Diss. v. 30. Jul. 1889

—— das Wallfahrten in der kathol. Kirche. Histor.-kritisch dargestellt nach den Schriften der Kirchenväter u. den Concilien von den ersten christl. Jahrhunderten bis auf die neuere Zeit. gr. 8. (12½ B.) Trier 842, Lintz'sche Buchh. -

Marx, Johann Hermann

—ein Büchlein v. der Ehe, od. Anleit. zur häusl. Glückseligkeit im ehelichen Leben. 8. Münch. 822. Giel. 6 ₰

Marx, J. Herm., Gebet-Buch in allgemeinfaßl. Sprache f. kathol. Christen. 3. Aufl. 8. (24 B.) Münster 838, Coppenrath'sche Buchh. ⅓ Thlr., Schrbp. ⅔ Thlr., Velinp.

Marx, Jh. Herm., Gebetbuch in gemeinfaßlicher Sprache f. katholische Christen. Mit Titelkpfr. gr. 8. Münst. 829. 2e Aufl. 831. Coppenrath. 8 gGr Schreibp. 12 gGr

— Homilien od. christl. Betrachtt. f. Christen üb. die Evangelien auf alle Sonn- u. Festtage durchs ganze Jahr. 2 Thle. 8. Münster 817. 2e Aufl. 824. Coppenrath 1 Rthlr 12 gGr Schreibp. 2 Rthlr

— Katechismus d. christkathol. Lehre ꝛc., z. Gebr. der Stadt- u. Landschulen. 8. Münst. 806. N. A. 809. Aschendorf. 4 gGr

— das gute andächtige Kind vor dem allerbesten Vater Gott. Ein Gebetbüchl. für Kinder. 12. Münst. 795. N. Aufl. 828. Aschendorf 4 gGr

— Religionsgeschichte d. alten Testaments, e. Lese- u. Lehrbuch f. die Jugend, in Bürger u. Landschulen. 8. Münster 809 Aschendorf. 9 gGr

— größeres kathol. Religionslehrbuch f. Lehrer u. Kinder in katholischen Bürger- u. Landschulen ꝛc. 2 Thle. 8. Osnabrück 802 u. 3. Blothe. 2 Rthlr 4 gGr

Marx, H., Vers. der Geschichte d. Apostel Jesu. 8. Münster, Aschendorff. 794.

— Versuch e. Geschichte der Apostel Jesu; ein Lesebuch ꝛc. 8. Münst. 796. Aschendorf. 7 gGr N. A. 824. Ebd. 8 gGr

— Versuch d. Geschichte Jesu von Nazareth. 8. Münst. 789. 2e A. 793. 3e A. 796. 4e u. 5e A. ... 6e A. 812. 10e A. 830. Aschendorf. 8 gGr.

— — dasselbe. 8. Cöln, Fabricius. 795.

— — Versuch d. Geschichte Jesu v. Nazareth. 9te Aufl. 8. Münster, Aschendorf. 821.

Marx, (J. H.,) Versuch e. Gesch. Jesu v. Nazareth. Ein Lese- u. Sittenbuch f. Kinder. 10e Aufl. 8. Münster 822, Aschendorf.

—— Versuch d. Geschichte Jesu v. Nazareth, e. Lese- u. Sittenbuch f. Kinder. 14., verb. rechtmäß. Aufl. 8. (18½ B.) Münster 881, Aschendorff.

Maurerische Lieder, zunächst zum Gebrauche für die Loge „Zur Deutschen Burg" im Or.·. zu Duisburg. [Von Ignaz Wilh. **Marx** u. Karl v. Renesse.] Duisburg 1856: Nieten. 79 S. 8° [Umschlagtit.]

[Dasselbe.] 2. veränd. u. verm. Aufl. Ebendas. 1864. 74 S. 8°

Tt. 2307. 40 bzw. 42 Lieder von J. W. Marx, 14 bzw. 10 von K. v. Renesse. Ohne Noten. Der 2. Aufl. ist ein Lied von Weinhagen (Toast auf die Schwestern) beigefügt.
1. Aufl. in 439; 2. in 3.

Marx, Ioannes (geb. am 22 Febr. 1839 in Köln): De tabe dorsvali et posteriorvm medvllae spinalis fvnicvlorvm atrophia degenerativa '(Friedreichii)' ... Bonnae, typ. F. Krvegeri (1864). 29 S., 1 Bl. 8.
Bonn, Med. Fak., Diss. v. 18 Aug. 1864

Marx, Joseph, approb. Arzt aus Gebweiler i. E. **Beitrag zur Casuistik der Complication von Placenta praevia und Hydramnios.** *Strassburg i. E. 1900: Ch. Müh & Co.* (61 S.) 8°
Strassburg, Med. Diss. v. 1900

MARX, Josef (Kaiserslautern): Die katarrhalische Diphtherie in ihren Beziehungen zu den schweren Formen der Diphtherie. Leipzig: Hirschfeld 1880. 1 Bl.,24 S.,Taf.
19.12.1879 - Urk (Titel: De diphtheria catarrhali.); Chr 1879/80,14
Diss. Ingolst.-Landsh.-Mchn.

Marx, Josef, appr Arzt a. Landstuhl: Ein Fall von papillärem Cystoadenom der Vulva. München 1905 C. Wolf. (27 S.) 8°
München, Med. Fak., Ref. v. Bollinger, Diss. v. 2. Juni 1906
[Geb. 25. April 81 Landstuhl, Pfalz; Wohnort Landstuhl; Staatsangeh.: Bayern, Vorbildung Gymn. Kaiserslautern Reife Juli 00, Studium München 2, Erlangen 2, München 1, Berlin 2, München 3 S.; Coll. 2 Juni 06, Approb. 1 Mai 06.]

Marx, Josef [app. Arzt aus Rottweil, Württemb.]: Über Cystenbildung im Brustcarcinom ... Würzburg, Druck d. Stahel'schen k. Hofbuchdr., 1892; 22 S. 8.
Würzburg, Med. Fak., Inaug.-Diss. v. 1892

Marx, K. Zur Beurteilg d. Werts u. d. Bedeutg d. medizin. Zahlenlehre. Götting. 1863. 4

Marx K. Zur Würdigung des Theophrastus von Hohenheim. Göttingen 1842. 4.

Marx, Karl

— s.a. Engels. Fr

Marx, Karl, a. Gebweiler i. E.: Die Bruns'sche Amputationsmethode des Unterschenkels und ihre Resultate. Straßburg i. E. 1907: C. Müh & Cie. (48 S.) 8°
Straßburg, Med. Fak., Ref. Madelung, Diss. v. 18. März 1907
[Geb. 2. Sept. 81 Gebweiler (Els.); Wohnort: Straßburg i. E.; Staatsangeh.: Elsaß-Lothringen; Vorbildung: Gymn. Gebweiler Reife Juni 00, Studium: Straßburg 4, München 1, Kiel 1, Straßburg 4 S.; Coll. 20. Dez. 06; Approb. 9. Juli 05.]

Marx, Karl, 1. Gesammelte Aufsätze. Hrsg. von H. Becker. 1. (einz.) Heft. 8°. Köln 1851.
Bemerkungen über die neueste preuss. Censurinstitution, Dec. 1841. — Die Debatten des 6. Rhein. Landtages über Pressfreiheit und Publication der landständischen Verhandlungen. 80 pp. (Bricht mitten im Satze ab. Vollständig?)

Marx, Karl [aus Frankfurt a. M.]: Beitrag zur Lehre vom Lichen ruber planus der Schleimhäute Frankfurt a. M., Druck v. Gebr. Knauer, 1893; 19 S. 8.
Würzburg, Med. Fak., Inaug.-Diss. v. 1893

Marx, Karl, s.: Briefe u. Auszüge aus Briefen von Joh. Phil. Becker usw.

Marx, Karl, der 18. Brumaire des Louis Bonaparte. 2. Ausg. gr. 8. (VI, 98 S.) Hamburg 869, O. Meißner.

— Der 18. Brumaire. 3. Aufl. gr. 8°. Hamburg, O. Meissner, 1883.

Marx, Karl, der 18. Brumaire des Louis Bonaparte. 4. Aufl. (110 S.) 8. Hamburg 907. O. Meißner's Verl. 1. —

— **Bürgerkrieg** (Der) in Frankreich. Adresse des Generalraths der internationalen Arbeiter-Association an alle Mitglieder in Europa und den Vereinigten Staaten. Neuer Abdr. 8°. Leipzig, Genoss. Buchdr., 1876. 3. deutsche Aufl., verm. durch die beiden Adressen des Generalrathes über den deutsch-französ. Krieg und durch eine Einleitung von Fr. Engels. gr.-8°. Berlin, Verlag des „Vorwärts", Berliner Volksblatt, 1891.

— der Bürgerkrieg in Frankreich (1870—1871). (In russ. Sprache.) (112 S.) 8. Berlin (903). H. Steinitz. n. 2. —

— Das Elend der Philosophie. Antwort auf Proudhon's „Philosophie des Elends". Autorisirte Uebersetzung aus dem Französ. Mit Vorrede und Anmerkungen von Fr. Engels. Mit 2 Anhängen: 1) Auszug aus der Marx'schen Schrift: Zur Kritik der polit. Oekonomie. 1859. 2) Rede über die Frage des Freihandels, geh. am 9. Jan. 1849 in der Demokrat. Gesellschaft zu Brüssel von K. Marx. 8°. Stuttgart, Dietz, 1885.

Marx, Karl. Das Elend der Philosophie. Antwort auf Proudhon's „Philosophie d. Elends". Deutsch v. E. Bernstein u. K. Kautsky. Mit Vorwort u. Noten v. Friedr. Engels. 2. Aufl. 8. (XXXIII, 188 S.) Stuttg. 892, Dietz. * 1 50; geb. 2 —

Marx, Karl, d. Elend d. Philosophie. Antwort auf Proudhon's „Philosophie d. Elends". Deutsch v. E. Bernstein u. K. Kautsky. M. Vorwort u. Noten v. Frdr. Engels. 3., unveränd. Aufl. gr. 8. (XXXIV, 188 S.) Stuttgart 895. J. H. W. Dietz Nachf. n. 1.50; geb. n. 2. —

Das Elend der Philosophie [Misère de la philosophie]. Antwort auf Proudhon's 'Philosophie d. Elends' von Karl **Marx**. Deutsch von E[duard] Bernstein u. K[arl] Kautsky. Mit Vorw. u. Noten von Friedrich Engels. 4 unveränd. Aufl. Stuttgart Dietz xxxiii, 188 S. 8° 1907. [illegible]

— Enthüllungen über den Kommunisten-Process zu Köln. 1. Aufl. 1852. Neuer Abdruck, mit Einleitung von Fr. Engels und Documenten. 8°. Hottingen-Zürich, Volksbuchhdlg., 1885. (Socialdemokrat. Bibliothek. 4.)

Marx, Karl, Enthüllungen über den Kommunisten-Prozeß zu Köln. Neuer Abdr. 8. (67 S.) Leipzig 875, Genossenschaftsbuchdruckerei.

— Enthüllgn. üb. d. Kommunisten-Prozeß zu Köln. Neuer Abr., m. e. Einleitg. v. Frdr. Engels, u. Dokumenten. 8. (88 S.) Hottingen-Zürich 885. Berlin, Buchh. d. Vorwärts. n. — 25

Marx, Karl, a. Euskirchen: Innere Erkrankungen als Indication zu operativer Beendigung der Geburt. Würzburg 1905 V. N. Seubert. (44 S.) 8°

Würzburg, Med. Fak., Ref. v Rindfleisch, Diss. v. 21. Okt. 1905

[Geb. 20. Juli 81 Euskirchen; Wohnort. Würzburg; Staatsangeh. Preußen; Vorbildung Gymn. Siegburg Reife O. 00, Studium: Würzburg 9 S.; Coll. 15. März 05, Approb. 23. Febr. 05.]

Marx, Karl, die heilige Familie, s. Engels, Fr.

— über Feuerbach, s.: Engels, Frdr., Ludw. Feuerbach.

Marx, Carl, das Kapital. Kritik der politischen Oekonomie. (In 3 Bdn.) 1. Bd. Buch I: Der Produktionsprocess des Kapitals. gr. 8. (XII und 784 S.) Hamburg 867, O. Meissner.

Marx, Karl, das Kapital. Kritik der polit. Oekonomie 1 Bd. 1. Buch.: Der Produktionsprocess d. Kapitals. 2 verb. Aufl. gr. 8. (830 S.) Hamburg 873. O. Meissner. n. 9. —

— das Kapital. Kritik der polit. Oekonomie. 1. u. 2. Bd. gr. 8. Hamburg, O. Meissner n. 17. —
1. Buch I.: Der Produktionsprocess d. Kapitals. 3. Aufl. (XXXIII, 808 S.) 883. n. 9. —
2. Buch II.: Der Cirkulationsprocess d. Kapitals. Hrsg. v. Frdr. Engels. (XXIV, 526 S.) 885. n. 8. —

— Das Kapital. Kritik der polit. Oekonomie. 1. Bd. 1. Buch: Der Produktionsprocess d. Kapitals. 4. durchgeseh. Aufl Hrsg. v. Friedr Engels. gr 8. (XXXII, 739 S.) Hamb. 890, Meissner's Verlag. * 9 —

— das Kapital. Kritik der polit Oekonomie. 2. Bd. Buch II: Der Cirkulationsprocess des Kapitals. 2. Aufl Hrsg. v. Frdr Engels. gr 8. (XVII, 500 S.) Hamburg 893. O Meissner's Verl. n. 8. —; geb. in Halbfrz. n.n. 9. 60

— dasselbe. 3. Bd., 2 Thle. Buch III Der Gesammtprocess der kapitalist Produktion. Hrsg. v. Frdr Engels. gr. 8. (XXVIII, 448 u. IV, 422 S) Ebd 894 n. 10. — (I—III: n. 27 —; 4 Halbfrz.-Einbde. à n n 2. —)

— das Kapital. Kritik der polit. Oekonomie. Hrsg. v. Frdr. Engels. 3 Bde. gr. 8. Hamburg, O. Meissner's Verl. n. 27. —; 4 Halbldr.-Einbde. à n.n. 2. —
1. Buch I. Der Produktionsprocess des Kapitals. 5. Aufl. (XXXII, 739 S.) 903. n. 9. —
2. Buch II. Der Cirkulationsprocess des Kapitals. 3. Aufl. (XXVII, 500 S.) 903. n. 8. —
3. Buch III. Der Gesammtprocess der kapitalist. Produktion. 2 Thle. 2. Aufl. (XXVI, 448 u. IV, 422 S.) 904. n. 10. —

Marx, K., Das Kapital. Kritik der polit. Oekonomie. II Bd. 2. Buch Der Cirkulationsprocess des Kapitals. 4. Aufl. Hrsg. v. F. Engels. (XXVII, 500 S.) gr. 8. Hamburg, O. Meissner's Verl. 1910. 8. —

— d. Klassenkämpfe in Frankreich 1848—1850. [Aus: „Neue Rhein. Zeitung", politisch-ökonom. Revue, Hamburg 1850.] M. Einleitg. v. Frdr. Engels. gr. 8. (112 S.) Berlin 895. Buchh. d. „Vorwärts". n. 1. —

— wissenschaftl. u. philosophische Krise innerhalb des gegenwärtigen Marxismus. Wien 898.

Marx, Carl, zur Kritik der politischen Oekonomie. 1. Heft. gr. 8. (X und 170 S.) Berlin 859, [Franz Duncker.] *

— Zur Kritik d. politischen Oekonomie. Hrsg. v. Karl Kautsky. 8. (XIV, 203 S.) Stuttgart 897. J. H. W. Dietz Nachf. n. 3. 50

— zur Kritik der politischen Oekonomie. Hrsg. v. Karl Kautsky. 2. Aufl. (XIV, 203 S.) 8. Stuttgart 903. J. H. W. Dietz Nachf. n. 3. 50

Marx, Karl, zur Kritik der politischen Ökonomie. Hrsg. v. Karl Kautsky. 2., verm. Neuausg. (LVIII, 203 S.) 8. Stuttgart 907. J. H. W. Dietz Nachf. 2. —; geb. 2. 50

Marx Karl, okonomische Lehren. Gemeinverständlich dargestellt von K Kautsky. 4. Auflage. Stuttgart 1893

— Lohn, Preis u. Profit. Vortrag, geh. im Generalrat der „Internationale" am 26. VI. 1865. Uebers. v. E. R. Bernstein. 1.—3. Aufl. (47 S.) gr. 8. Frankfurt a/M. (908. 10). Buchh. Volksstimme. —20

Marx, Karl. Lohnarbeit u. Kapital. Mit e. Einleitg. von Friedr. Engels. gr. 8. (36 S.) Berl. 891, Verlag d. „Vorwärts", Berliner Volksblatt. — 20
Aus: Neue Rhein-Zeitg., besonders abgedruckt.
Vgl. Brentano, Lujo. Meine Polemik m. K. M.

— Lohnarbeit u. Kapital. Neu hrsg. v. K. Kautsky. Mit e. Einleitg. v. Frdr. Engels. (40 S.) 8. Berlin 907. Buchh. Vorwärts. — 25; bessere Ausg. — 75
Sonderabdruck aus „Neue rhein. Zeitg." vom J. 1849.

Marx, Karl, s.a Manifest, das kommunistische.

Das Kommunistische Manifest. 7. autor deutsche Ausg. Mit Vorr. von Karl **Marx** u. Friedrich Engels u. e. Vorw von Karl Kautsky. Berlin: Vorwärts 1900. (46 S.) 8° [F.] [06. 10839

— Mehrwertstheorien. Hrsg. von Prof. Sheleznow. 8⁰. Kiew 1907.

Marx, Karl, misère de la philosophie. Réponse à la philosophie de la misère de M. Proudhon. Lex. 8. (182 S.) Bruxelles 847, Vogler. 1 1/3 ₰

Marx, K., s.a. Aus dem literar Nachlass.

Aus dem literarischen Nachlass von Karl **Marx**, Friedrich Engels u Ferdinand Lassalle Hrsg von Franz Mehring 1–4 Stuttgart J H W Dietz Nachf 1902 4 Bde 8⁰
1–3 = Marx K u Engels. F Gesammelte Schriften 1841 bis 1850 Bd 1–3
4 = Lassalle F Briefe an K Marx u F Engels.

— Zwei Reden über die Freihandels- und Schutzzollfrage. Aus dem Französ. von J. Weydemeyer. 8⁰. Hamm, Schulz, 1848.

[F.] Revolution und Kontre-Revolution in Deutschland. Von Karl **Marx**. Ins Deutsche übertr v K[arl] Kautsky. *Stuttgart J. H W. Dietz 1896.* (XXX S., 1 Bl., 141 S.) 1 Bd 3. [96. 4465

Revolution und Kontre-Revolution in Deutschland. Von Karl **Marx**. Ins Deutsche übertr von K[arl] Kautsky 2. Aufl. Stuttgart J H W Dietz Nachf. 1907 (XXX, 141 S.) 8° [F.]
= **Bibliothek**, Internationale 24 [06. 13303 9

— Der Ritter vom edelmüthigen Bewusstsein. (Gegen August Willich.) 1853.

— u. Frdr. Engels, gesammelte Schriften, s.a Aus dem literarischen Nachlaß v. Karl Marx usw.

Gesammelte Schriften von Karl **Marx** u Friedrich Engels 1841 bis 1850 Bd 1–3 Stuttgart J H W Dietz Nachf 1902 3 Bde 8⁰
1. Von März 1841 bis März 1844
2 Von Juli 1844 bis Nov 1847
3 Von Mai 1848 bis Oct. 1850.
= Marx Aus d. litterar Nachlass. 1–3

Marx, Karl: Studien über die Tautomerie des Succinylchlorides. 1907. 42 S. 8⁰ ¶ Vgl. Berichte d. Deutschen Chem. Gesellschaft. Jg. 41. 1908.
Braunschweig, Dr.-Ing.-Diss. v. 28. 1. 1907

— Theorien üb. den Mehrwert, s.: Bibliothek, internationale.

Theorien über den Mehrwert Aus d. nachgelass. Ms 'Zur Kritik d. polit Ökonomie' von Karl **Marx** hrsg von Karl Kautzky (Bd) 1–3. Stuttgart Dietz 1905–10. 8°
1 Die Anfänge d. Theorie vom Mehrwert bis Adam Smith 1905
2 T 1 2 David Ricardo. 1905 3. Von Ricardo zur Vulgärokonomie. 1910.
(Internationale Bibliothek Bd 35. 36 37 37 a) [10. 10159

— über die Verdienste der Aerzte um das Verschwinden der dämonischen Krankheiten. [Aus den Abhdlgn der k. Gesellsch. der Wissensch. zu Göttingen.) Ebend. 859 gr 4 (66 S.) n. 20 ngr.

—— Herr Vogt. gr. 8. (VII und 192 S.) London 860, Petsch und Comp. [Leipzig, Kell.] *

[Russ.] Karl Marks (**Marx**). Graždanskaja vojna vo Francii ⟨1870–71⟩. [The civil war in France. Address of the General Council of the International Working-Men Association, russ.] *Berlin: G Štejnic (1903).* (112 S.) 8°
[Auf d. Umschl.] Karl Marx, Der Bürgerkrieg in Frankreich.
(Sobranie lučšich russkich proizvedenij. Č. 45.) [03. 10606

— über die Wirksamkeit der Gottingischen gelehrten Anzeigen u. meine Theilnahme an denselben. Ebend. 863. gr. 8. (58 S.) n. 8 ngr.

Marx, Karl Friedrich Heinrich

Marx, Karl Fr. Hnr., über die Abnahme der Krankheiten durch die Zunahme der Civilisation. Aus dem 2. Bde. der Abhandlungen der Königl. Gesellschaft der Wissenschaften zu Göttingen. gr. 4. Göttingen 844, Dieterich'sche B. n. 2/3 ₰

Marx, D. Abteilg. zur Heilg. u. Erforschg. d. Tollwut am Institut f. Infektionskrankheiten zu Berlin. [Aus: „Klin. Jahrb."] gr. 8. (6 S.) Jena 898. G. Fischer. n. — 50

—— Akesios. Blicke in die ethischen Beziehungen d. Medicin. gr. 8. (10 B.) Göttingen 844, Vandenhoeck u. Ruprecht.

Marx, Karl Friedr. Heinr., zum Andenken an Joh. Friedr. Blumenbach. Eine Gedächtniss-Rede, geh. in d. Sitzung d. k. Societät d. Wissensch. d. 8. Febr. 1840. gr. 4. (6 3/4 B.) Göttingen, Dieterichsche Buchh. *

—— zum Andenken an Dr. Johann Stieglitz, kgl. hannovr. Obermedicinalrath u. Leibarzt. gr. 8. (11 B. u. Facsim. v. St's. Handschrift.) Göttingen 846, Dieterich'sche Buchh. *

Marx, K. F. H., zur Anerkennung d. Arztes u. Schulmanns Dr. Georg Henisch [Aus: „Abhandlungen d. k. Ges. d Wiss. zu Göttingen."] gr 4 (39 S.) Göttingen 875. Dieterich's Verl. n 1 60

— zur Anerkennung d. braven Arztes Dr Daniel Ludwig, d. Reformators der Pharmakologie u Pharmacie. [Aus: „Abhandlgn. d. k. Ges. der Wiss. zu Göttingen."] gr. 4. (32 S.) Ebend. 874. 1. 20

Marx, K. F. H., über die Anfälle mit dem Gefühle des Verscheidens, den intermittirenden chronischen Herzschmerz, das Leiden des Philosophen Lucius Annäus Seneca. gr. 4. (44 S.) Göttingen 871, Dieterich's Verlag. *
Aus: Abhandlungen der k. Gesellschaft der Wissenschaften zu Göttingen, besonders abgedruckt.

—— gegen nicht zu billigende Angewöhnungen und Richtungen der jetzigen Aerzte. gr. 8. (34 S.) Ebendas. 874. *

Marx, K. F. H., übersichtliche Anordnung der die Medicin betreffenden Aussprüche d. Philosophen Lucius Annaeus Seneca. [Aus: „Abhandlgn. d. k. Ges. d. Wiss."] gr. 4. (66 S.) Göttingen 877. Dieterich's Verl. n. 3. —

— Aphorismen über Thun u. Lassen der Aerzte u. des Publikums. gr. 8. (III, 122 S.) Stuttgart 877. Enke. n. 2. 80

—— Aussprüche eines Heilkundigen über Vergangenes, Gegenwärtiges und Künftiges. gr. 8. (IV, 143 S.) Göttingen 876, Dieterich'sche Verlagsh. *

Marx, K. F. H., Franz Bacon u. das letzte Ziel der ärztlichen Kunst. (Aus den Abhdlgn. der k. Gesellsch. der Wissensch. zu Göttingen.) Göttingen 861. Dieterich. gr. 4. (39 S.) n. 12 ngr

Marx, Carl Friedr. Heinr., über Begriff und Bedeutung der schmerzlindernden Mittel. gr. 4. (40 S.) Göttingen 851, Dieterichsche Buchh. *
Aus: Abhandlungen der kgl. Gesellschaft der Wissenschaften zu Göttingen. 5. Bd., besonders abgedruckt.

Marx, Carl Friedr. Heinr., Beiträge zur Beurtheilung von Personen, Ansichten u. Thatsachen. Göttingen 868. Dieterich. gr. 8. (VI, 180 S.) n. 24 ngr

—— Bemerkungen über inneres und äusseres Leben als Winke zur Einsicht und Vorsicht. Nebst einem Gespräche über die Stellung der Aerzte in der Gegenwart und Zukunft. gr. 8. (IV, 141 S.) Ebendas. 875. *

Marx, Bericht über die Thätigkeit der Abteilg. zur Heilung u. Erforschg. der Tollwut am Institut f. Infektionskrankheiten zu Berlin im J. 1898. (Dir.: R. Koch.) gr. 8. (10 S.) Jena 899. G. Fischer. n. —50

— dasselbe im J. 1899. gr. 8. (11 S.) Ebd. 900. n. —50
2 Sonderabdrucke aus: „Klin. Jahrb."

Marx, K. F. H., zur Beurtheilung einer Kupferstichsammlung Göttingen. [illegible]
Schul-/Univ.-Schrift 1867

Marx, Carl Friedr. Heinr., zur Beurtheilung einer Kupferstichsammlung. gr. 8. (84 S.) Göttingen 867, Dieterich'sche Buch. *

— zur Beurtheilung d. Arztes Christian Franz Paullini. [Aus: „Abhandlgn. d. Ges. der Wiss. zu Göttingen."] gr. 4. (39 S.) Ebend. 872. n. 1. 60

—— zur Beurtheilung des Arztes Christian Franz Paullini. gr. 4. (39 S.) Ebendas. 878. *

—— zur Beurtheilung des Werthes und der Bedeutung der medicinischen Zahlenlehre. gr. 4. (66 S.) Göttingen 863, Dieterich'sche Buchh. *
Aus: Abhandlungen der k. Gesellschaft der Wissenschaften, besonders abgedruckt.

Marx, Karl Fdr. Heinr., über die bisherige Beurtheilungs- u. Anwendungsweise der ableitenden Methode. [Aus d. IV. Bd. d. Abhandlungen der K. Gesellsch. d. Wiss. zu Göttingen.] gr. 4. (99 S.) Göttingen 848, Dieterich. n. 1⅓ ℛ

— über die Beziehungen der darstellenden Kunst zur Heilkunst. (Aus den Abhdlgn. der k. Gesellsch. der Wissensch. zu Göttingen.) Ebend. 861. gr. 4. (74 S.) n. 24 ngr

—— über die Beziehungen der darstellenden Kunst zur Heilkunst. gr. 4. (74 S.) Göttingen 861, Dieterich'sche Buchh. *

Karl Friedrich Heinrich Marx

Geschichtliche Darstellung der Giftlehre. Von K[arl] F[riedrich] H[einrich] Marx. Abth. 1. 2. Göttingen: Dieterich 1827-29. 8°

(= Marx: Die Lehre von den Giften. Bd 1.)

— zur Erinnerung der ärztlichen Wirksamkeit Hermann Conrings. [Aus: „Abhandlgn. d. Ges. der Wiss. zu Göttingen."] gr. 4. (51 S.) Ebend. 872. n. 2. —

—— zur Erinnerung der ärztlichen Wirksamkeit Herman Conrings. gr. 4. (51 S.) Ebendas. 873. *

—— Erinnerungen an England. 1841. gr. 8. (20 B.) Braunschweig 842, G. C. E. Meyer sen.

Marx, K. F. H., die Erkenntniss, Verhütung u. Heilung d. ansteck. Cholera. gr. 8. (24¾ B.) Carlsruhe 831, Marx.

—de Euthanasia medica, prolusio academica. gr. 4. Carlsr 827. Marx. 6 gl

—Göttingen in medicinischer, physischer u. historischer Hinsicht geschildert. Mit 1 Vign. gr. 8. Götting. 824. Dieterich. 1 ℛ 18 gl

— Grundzüge der Arzneimittellehre. gr. 8. (X, 71 S.) Stuttgart 876. Enke. n. 1 60

—— Grundzüge z. Lehre v. d. Krankheit u. Heilung. gr. 8. (28¾ B.) Carlsruhe 838, [Baden,] Marx.

—— Herophilus. Ein Beitr. z. Gesch. d. Medicin. 8. (7 B.) Carlsruhe 838, [Baden,] Marx.

— Kasper Hofmann, e. deutscher Kämpfer f. den Humanismus in der Medizin. [Aus: „Abhandlgn. der k. Gesellsch. der Wiss. zu Göttingen."] gr 4. Göttingen 873. Dieterich's Verl. n. 2. –

— ärztlicher Katechismus. Ueber die Anfordergn an die Aerzte. gr. 8. (III, 80 S.) Stuttgart 876. Enke n. 2. –

— allgemeine Krankheitslehre. gr. 8. Göttingen 833. Vandenhoeck u. Ruprecht. 1¼ ℛ

— lassen od. thun? Eine ärztliche Kunst- u. Gewissensfrage. [Aus „Abhandlgn. der k. Ges. der Wiss. zu Göttingen."] gr. 4. (43 S.) Göttingen 872. Dieterich's Verl. n. 2.

Marx, K. F. H., die Lehre v. d. Giften, in medicin., gerichtl. u. polizeilicher Hinsicht. I. 1. 2. Auch u. d. T.: Geschichtl. Darstellung d. Giftlehre. 1e u. 2e Abthlg. gr. 8. Götting. 827—29. Dieterich. 3 ℛ 22 gl

—— zur Lehre v. d. Lähmung d. untern Gliedmaßen. gr. 12. (6½ B.) Carlsruhe 838, [Baden,] Marx.

—— Gottfried Wilhelm Leibniz in seinen Beziehungen zur Arzneiwissenschaft. gr. 4. (84 S.) Göttingen 859, Dieterich'sche Buchh. *

—— über Marc' Antonio della Torre und Leonardo da Vinci, die Begründer der bildlichen Anatomie. gr. 4. (20 S.) Göttingen 849, Dieterichsche Buchh. *
aus: Abhandlungen der kgl. Gesellschaft der Wissenschaften zu Göttingen. 4. Bd., besonders abgedruckt.

—— Mittheilungen über Zwecke, Leiden und Freuden der Aerzte. Geschichtliches und Gedachtes. Ein Lesebuch f Kranke und Gesunde. gr. 8. (VIII und 171 S.) gen 867, Dieterich'sche Buchh.

C F H. Marx origines contagii. Carlsruhe et Baden 1824. 8. — Ejusd. Additamenta ad origines contagii. Ibid. 1826. 8. — *Uterque liber sub novo et communi titulo:* Origines contagii cum additamentis Ibid 1827 8

—— de Paralysi membrorum inferiorum. 4maj. (7 B. u. 1 Stnt.) Gottingae 840, libr. Dieterich. *

—— Konrad Victor Schneider und die Katarrhe. gr. 4. (48 S.) Ebendas. 874. *
aus: Abhandlungen der k. Gesellschaft der Wissenschaften zu Göttingen, besonders abgedruckt.

—Diatribe Anatomico-Physiologica de structura atque vita venarum. 8maj. Karlsr. 809. Marx. 22 gr

Marx, H., Diatribe Anatomico-Physiologica de Structura atque Vita venarum. gr. 8. Carlsruhe, Marx. 819. -

—— über die Verdienste der Aerzte um das Verschwinden der dämonischen Krankheiten. gr. 4. (66 S.) Göttingen 859, Dieterich'sche Buchh. *
aus: Abhandlungen der k. Gesellschaft der Wissenschaften zu Göttingen, besonders abgedruckt.

—— zur Verständigung des stärkenden Verfahrens. gr. 8. (53 S.) Ebendas. 874. *

— de Herophili celeberrimi medici vita, scriptis atque in medicina meritis. 4maj. Gottingae 840, libr. Dieterich. n. 2/3 ß

— über das Vorkommen u. die Beurtheilung der Hundswuth in alter Zeit. [Aus „Abhandlgn. d. k. Ges. d. Wiss. zu Göttingen."] gr. 4. (56 S.) Ebend. 872 n. 2. 40

Marx, K. F. H., Über das Vorkommen und die Beurteilung der Hundswut in alter Zeit. gr 4°. (56 S.) Göttingen 72. Dieterich. M. 2.40

—— über die Wirksamkeit der Göttingischen gelehrten Anzeigen und meine Theilnahme an denselben. gr. 8. (58 S.) Göttingen 863, Dieterich'sche Buchh. *

—— zur Würdigung des Theophrastus von Hohenheim. gr. 4. (18 B.) Göttingen 842, Dieterichsche Buchh. *

Marx, Karl Heinrich

Marx, Carl Heinr., offene Antwort auf: Offenes Sendschreiben des Joh. Jos. Süß an Hrn. Abgeordneten v. Beckerath, betreffend dessen Amendement: „Soll die Ausübung der ständischen Rechte an keinerlei Art von religiösen Bekenntnissen gebunden sein?" gr. 8. (76 S.) Crefeld 847, (Funcke'sche Buchh.) *

Marx, Karl Michael

Marx, Karl Michael Geschichte der Crystallkunde Von C[arl] M[ichael] Marx Carlsruhe & Baden Marx 1825 XIV, 313 S 8°

Marx, C Geschichte der Krystallographie Dresden, 1825.

Marx C M Ueber die Krystallisation des Wassers. (Aus Schweigger's Jahrbuch d. Chemie u. Physik) Halle 1828 8.

Die Physikalische Sammlung des Herzoglichen Collegii Carolini in Braunschweig, beschrieben von Dr. C(arl) M(ichael) Marx, ord. Prof. d. Physik u. Chemie am Collegio Carolino u. am anatom.-chirurg. Institute daselbst. Mit Abb. Braunschweig: Vieweg 1831. XII, 134 S., 1 Taf. 8°

Marx, Carl Michael.
Chemische Tabellen. Braunschweig, 1831.

Ueber das Verhältniß der Mischung zur Form. Eine Einladungsschrift zu seinen Vorlesungen über Physik und Chemie von Dr. Carl Michael Marx, ord. Prof. am Collegio Carolino u. am anatom.-chirurg. Institute in Braunschweig. 1824. 10 S. 8°

Marx, L., der alte Postillon, s. Volksbibliothek des Lahrer Hinkenden Boten.

Marx, Leonhard „Ueber Chronologie". pg. 3 - 32. 4°. Mit Textfiguren. Fr Campe & Sohn.
Nürnberg, Progr. 1861/62

Marx, L. W. Geschichte der Reichsstadt Nürnberg 8 M 15 Taf Nurnberg 1871 2. Aufl. ib 1872 6,00

Marx, L. W., Geschichte der Reichsstadt Nürnberg. 2. Aufl. 8. Nürnberg 872, Heerdegen. (M 5,40.) *

—— Trachtenbuch hierzu. 4. (14 meist color. Bl.) Ebendas. 872.

Marx, [Leonhard]. Trachten-Buch zur Geschichte der Reichsstadt Nürnberg von Marx Nürnberg, Fr Heerdegen (Barbeck) 1873.
Tit 14 Taf. in Kupferst. davon 10 kol. 8°
Benutzt die Taf. der Mayer schen Publikation.

Marx, Leopold [Gerichtsref. in Hechingen]: Die gerichtlichen Exemtionen der Staaten, Staatshäupter und Gesandten im Ausland ... Mannheim, Druck d. Mannh. Vereins-Dr., 1895; 4 Bl., 64 S. 8.
Tübingen, Jur. Fak., Inaug.-Diss. v. 1895

Marx, Lion, aus Darmstadt Ueber Combination von Syphilis und Tuberculose. *Würzburg 1902: J. B. Grunwald.* (32 S.) 8°
Würzburg, Med. Diss. v. 1902

Marx, Loth. Frz. (Phil.), († d. 22. Oct. 1831.) Anweis. für Kinder, welche das heil. Altar-Sacrament zum erstenmal empfangen; mit Gebeten. Mit Kpf. 8. Frankf. 819. 2e Aufl. 821. 3e Aufl. 828. Andreä. 10 gr

Marx, Lothar Frz. (Phil.), Anweisung f. Kinder, welche d. heil. Altarsakrament z. erstenmal empfangen, mit Gebeten, welche ihnen auch in d. Folgezeit noch dienlich sind. 3., verb. u. verm. Ausg. M. 1 Kpfr. 8. (13 B.) Frankfurt a. M. 828, Andreä.

—die Bekenntnisse d. heil. Augustinus, mit einigen Anwendungen auf unsere eigene Lebensgeschichte in fünf Fastenbetrachtungen. gr. 8. Frankf. a. M. 820. Andreä. 16 gGr.

— s. Briefe, zweier Katholiken.

Marx, (Loth. Frz.,) Delectus precationum piarum pro devotione privata juvent. litterar. studiosae. 18. mit 1 Kpfr. Francof. 824, Andreae.

Marx, Lothar. Franc., Delectus precationum piarum pro devotione privata juventutis litterarum studiosae. Edit. aucta et emend. 18. (482 Seit. u. Tlbild.) Francofurti ad M. 836, libr. Andreae.

—ein Dutzend kurzer Lebensgeschichten heilig. Bürger, Handelsleute u. Wirthe, ein Geschenk für junge Christen rc. gr. 12. Frankf. 822. Andreä. 8 gGr.

—ein Dutzend kurzer Lebensgeschichten heil. Dienstboten weibl. Geschlechts rc. Mit 1 Kpf. gr. 12. Frankf. 822. 2e Aufl. 830. Andreä. 6 gGr.

—ein Dutzend kurzer Lebensgeschichten heil. Dienstboten männl. Geschlechts. 12. Frankf. 823. Andreä. 4 gGr.

—ein Dutzend kurzer Lebensgeschichten heilig. Handwerker; nebst e. Anhange kurzer Morgen-, Abend-, Meß-, Beicht- u. Communion-, auch anderen Gebeten. Mit 1 Kpf. gr. 12. Frkf. a. M. 822. Andreä. 8 gGr.

—ein Dutzend kurzer Lebensgeschichten junger Heiligen u. Heiliginnen Gottes. Mit 1 Kpf. 12. Frankf. a. M. 820. Andreä. 4 gGr. 2e Aufl. 822. 3 gGr.

— s. K. v. Eckartshausen, Gott ist die reinste Liebe.

—Fastenbetrachtt. üb. d. unnützen Bußen vieler Christen u. d. Worte Jesu am Kreuze. gr. 8. Frankf. 823. Andreä. 1 Thlr.

—Fastenbetrachtt. üb. d. Sündenfall u. die wahre Bekehrung des heil. Apostelfürsten Petrus, u. üb. das falsche Gewissen u. dessen höchst traurige Folgen. gr. 8. Frankf. 825. Andreä. 1 Thlr. 8 gGr.

—kathol. Gebetbuch f. erwachsene Christen. Mit 2 Kpf. 8. Frkf. 822. Andreä. 20 gGr. Schrbp. 1 Thlr. 8 gGr. Ausg. mit größerer Schrift. gr. 8. 20 gGr. Schrbp. 1 Thlr. 12 gGr.

Marx, Lothar Frz., kathol. Gebetbuch für erwachsene Christen, auch zum besonderen Gebrauche für Aeltern, denen das Wohl ihrer Kinder am Herzen liegt. 2e Aufl. Mit 2 Kpfr. (Ausg. mit größerer Schrift. gr. 8. Frankfurt 833. Andreä. 1 Thlr. — 6e verb. Aufl. 8. Ebd. 837. 2/3 Thlr. — dass. mit kleinerer Schrift. 8. Ebd. 1 Thlr.

—kathol. Gebetbuch f. gottesfürchtige Dienstboten. Mit 1 Kpf. 8. Frankf. 823. Andreä. 16 gGr. Schrbp. 1 Thlr.

Marx, Lothar Frz., katholisches Gebetbuch für andächtige Kinder Gottes. 8., gänzlich umgearb. Aufl. 24. (XV und 500 S. mit 1 Stahlst. und lithogr. Titel.) Paderborn 859, Schöningh.

—kathol. Gebetbuch f. gefühlvolle Kinder Gottes. Mit 4 Kpf. 8. Frankf. a. M. 820. 2e A. 823. 3e A. 825. 4e A. 828. 5e A. mit 3 Kpf. Ebd. 832. Andreä. 10 gGr. Schreibp. 16 gGr.

— Dass. in poln. Sprache. Mit 1 Titelkpf. 12. Bresl. 821. W. G. Korn. 1 Thlr. 4 gGr.

Marx, Lothar Frz., kathol. Gebetbuch für gefühlvolle Kinder Gottes. 7. Aufl. Mit 4 Lithogr. in Farben- u. Golddruck. 8. Frankfurt a/M. 841, Andreäische Buchh. 2/3 Thlr.

— — Xiążka do Nabożeństwa dla młodych katolikow płci oboicy z niemieckiego. (katholisches Gebetbuch.) Mit 1 Titelkpf. 12. Breslau, W. G. Korn. 821.

—kurze Lebensgeschichte heil. Künstler u. Handwerker. 8. Frankf. 829. Andreä. 16 gGr.

—— Lebensgeschichten heil. Eheleute u. Familien. 2. Lfg. 8. (39 B.) Frankfurt a. M. 827, Andreä.
1 Lfg. Ebendas. 1827. 20 Gr.

—kurze Lebensgeschichten, wundervoll oft mitten in ihrem Sündenleben von Gott zur Buße Berufener, u. heilig gestorbener Büßer u. Büßerinnen. 2 Liefer. gr. 8. Frankf. 826. Andreä. 16 gGr.

—— kurze Lebensgeschichten heil. Dienstboten d. weibl. Geschlechtes. Ein Geschenk f. junge Christen, f. Mädchen insbesond., die zu diesem Stande herangebildet werden. 2., verm. u. verb. Aufl. 18. (9 B.) Frankfurt a. M. 830, Andreä.

—kurze Lebensgeschichten heiliger Kinder. 1e u. 2e Lief. 18. Frkf. 825 u. 27. Andreä. (à 3 gGr.) 6 gGr.

Marx, Lothar Franz. Kurze Lebensgeschichten heiliger Kunstler und Handwerker Frankfurt a. M. 1829 8°.

—kurze Lebensgeschichten heil. Landleute u. Hirten. 1e u. 2e Lief. gr. 8. Frankf. a. M. 824. Andreä. 12 gGr.

—Lebens- u. Martergeschichten heil. Krieger. 1e u. 2e Liefer. gr. 12. Frankf. a. M. 824. Andreä. 12 gGr.

—Livre de prières, pour la jeunesse catholique. Trad. de l'allemand par l'Abbé Robert. 12. Frankf. 826. Andreä. 12 gGr.

—— Livre de prières pour la jeunesse catholique. Trad. de l'allem. p. Robert. 18. (398 Seit. u. Tlkpfr.) Francfort s. le M. 840, le même.

Marx, Loth. Franç., Livre de prières pour la jeunesse catholique. Traduit de l'Allemand par Robert. 2. Edit. 18. (XVI und 397 S. mit 1 Stahlst.) Trèves 850, libr. Lintz.

—über Schauspiele überhaupt u. insbesond. über Darstellung d. Heiligen auf d. Schaubühne. 8. Frankf. a. M. 816.

—sind die Vorschriften der röm.-kathol. Kirche in Ansehung des Verbots, die heil. Schrift zu lesen, mit Grund ärgerl. päpstl. Verordnn. zu nennen? gr. 8. Frankf. a. M. 820. Andreä. 1 Thlr.

Marx, Lothar Frz., († d. 22. Oct. 1831), Tempel der Andacht. Katholisches Gebetbuch f. erwachsene Christen. 2. (Titel-)Aufl. Mit (3) color. Kpfrn. 8. (XXIV u. 541 S.) Constanz (833) 851, Meck. 24 Ngr.; Lederbd. mit Goldschnitt u. Futteral n. 1 1/2 Thlr.

Marx, M., praes. Ph. Fr. **Meckel,** Diss. sistens brevem pathologiae, tam nervosae, quam humoralis, delineationem, cum recensione methodi medendi hodiernae pathologiae nervosae superstructae, quatenus a praxi, olim pathologiae humorali accomodata. 40 pp. Hal. 8°. 1793

Marx, M., hebräischer Elementar-Unterricht. 1. Stufe. 3. vielfach verb. und erweiterte Aufl. 8. (63 S.) Gleiwitz 886, Raschdorff. geb. *

Marx, M. Ueber die während der Schwangerschaft u. im normalen Wochenbette vorkommenden funktionellen Herzgeräusche. Diss. gr. 8. (16 S.) Heidelb. 891, (Hörning). – 60

Marx, M., Charles Georges Leroy u. s. „Lettres philosophiques". E. Beitrag zur Geschichte d. vergleich. Psychologie d. XVIII. Jahrh. gr. 8. (VIII, 99 S.) Strassburg 898. J. Singer. n. 2. —

Marx, Marx Jakob

—Abhandl. v. d. Schwind- u. Lungensucht, u. den Mitteln wider dieselben. gr. 8. Hannov. 784. Hahn. 16 gl.

Marx, M(arx) J(akob): Abhandlung von der Schwind-Lungensucht und den Mitteln wider dieselbe. Eine von der Königl. Societät der Aerzte zu Paris mit Beifall aufgenommene Schrift. 240 S., gbd.

Hannover: Schmidt 1784

JB 2.205

Marx, M(arx) J(akob): Anweisung wie man Blatternpatienten auf eine einfache und wenig kostbare Art behandeln solle. 32 S., gbd.

Hannover: Schmidt 1784

JB 5.061

Marx, Marc. Jac., üb. die Beerdigung der Todten. 8. Hannov. Hahn. 788.

Marx, Marx Jakob [Observationum medicarum pars Deutsch] Vermischte Beobachtungen Aus d. Lat übers. von B[enedict] Boehm, nebst Anm d Verf Samml 1 Berlin & Hannover Schmidt 1786 8°
Samml. 1 1786

—verm. medicin. Beobachtt.; aus d. Latein. v. B. Böhm, mit Anmerkk. des Verfassers. 3 Sammlungen. gr. 8. Hannov. 786, 87. Hahn. 1 ₰ 3 gl.

—Geschichte der Eicheln, u. Erfahrr. üb. die Diät u. medicin. Gebrauch derselben. 8. Dessau 784. Mit n. Titelbl. Leipz. 788. (Compt. f. Liter.) 5 gl.

—bestätigte Kraft der Eicheln. 8. Hannov. 787. Hahn. 3 gl.

MARX, Markus Jacob: Bestätigte Kräfte der Eicheln, in einem Schreiben an Herrn D Leopold Auenbrugger in Wien Hannover 1776 68 S

Marx, M. J., Bestätigte Kräfte der Eicheln. Haun. 8°. 1781

— observata quaed. medica. c. fig. 8. maj. Berol. Himburg. 772.

—observationum medicarum pars I. 8maj. Hannover 774. Hahn. 8 gl.

— **Marx Jakob** (Bonn-Cöln), De spasmis sive motibus convulsivis optimaque iisdem medendi ratione, tam generali, quam speciali. Halle/Magdeburg (J. Chr. Hendel) 17. IV. 1765. 60 S. (5.—) 22315

Widm. v.: Andreas Elias Büchner.

Marx, Max [aus Altdorf (Rheinpfalz)] Über Reduktion von Trimethylgallamid und über Acetylgallamide. . Würzburg, k. Universitätsdr. v. H. Stürtz, 1891 24 S. 8°
Würzburg, Phil. Fak., Inaug.-Diss. v. 1891

Marx, Max, aus Biebrich a. Rh. Über die **Verwendung** des Extractum filicis maris als Heilmittel. *Würzburg 1903: C. J. Becker.* (24 S.) 8°
Würzburg, Med. Diss. v. 1903

Marx, Moritz, approb. Arzt aus Biebrich am Rhein Zur **Lehre** von der partiellen Farbenblindheit. *Strassburg i. E. 1898: C. & J. Goeller* (40 S.) 8°
Freiburg i. B., Med. Diss. v. 1898

Marx, *Moses* [pr. Arzt, Worms] Über die während der Schwangerschaft und im normalen Wochenbette vorkommenden funktionellen Herzgeräusche .. Heidelberg, Univ.-Buchdr. v. J. Hörning, 1891; 16 S. 8.
Heidelberg, Med. Fak., Inaug.-Diss. v. [4. Aug.] 1891

Marx, Moses: Charles Georges Leroy und seine „Lettres philosophiques". Ein Beitrag zur Geschichte der vergleichenden Psychologie des XVIII. Jahrhunderts. *Strassburg i. E.: J. Singer 1898.* (VIII, 99 S.) 8°
Würzburg, Phil. Diss. v. 1898

Marx, Nathan, aus Sandhausen Die Tabaksteuer und die Entwicklung der Tabakbesteuerung in Deutschland. *Mannheim 1898: J. Katz.* (42 S.) 8° [Umschlagt.]
Heidelberg, Phil. Diss. v. [7. Sept.] 1898

Marx, Otto [app. Arzt aus München]: Über einen Fall von professioneller combinirter Armnervenlähmung bei einem Alkoholisten ... München, Buchdr. Kastner & Lossen, 1895; 39 S. 8.
München, Med. Fak., Inaug.-Diss. v. 1895

Marx, P., die praktischen Aufgaben der Humanität im Krieg und Frieden. Ein Entwurf zur Reorganisation der freiwill. Militär-Krankenpflege etc. gr. 8. (XVI, 263 S. mit 1 Uebersichtstab. in qu. gr. 4. und 1 lithogr. Taf. in Farbendr. in Fol.) Berlin 869, Janke. *

Marx, P. J., der Eid und die jetzige Eidespraxis. Theologisch-juristische Abhandlung. Eine gekrönte Preisschrift. gr. 8. (VI und 211 S.) Regensburg 855, Pustet.

Marx, Paul [aus Camen, Reg.-Bez. Arnsberg (Westf.)]: Fremdkörper in der Orbita als Erreger von Tetanus . Berlin, Buchdr. v. G. Schade, *1893;* 31 S. 8.
Berlin, Med. Fak., Inaug.-Diss. v. 5. Mai 1893

Marx, Paul, Doktor der Staatswissenschaften: Die Unternehmerorganisationen in der deutschen Buchbinderei. Ein Beitrag zur Frage der freien Interessenvertretungen im deutschen Erwerbsleben. Tübingen: J. C. B. Mohr 1905. (XV, 259 S.) 8°
Tübingen, Staatsw. Fak., Ref. v. Schönberg, Diss. v. 27. Okt. 1905
[Geb. 24 Juni 75 Sacasgrün Wohnort Tübingen Staatsangeh. Sachsen, Vorbildung: Lehrerseminar Oschatz Reife O 95, Studium: Leipzig Handelshochsch. 5, Tübingen 4 S.; Rig. 27 Juli 05.]
(Nicht für den Austausch)

MARX, Pepo: Über die Funktion von Intervall, Harmonie und Melodie beim Erfassen von Tonkomplexen. — 1909. VI, 166 Bl. Diss. Graz, Univ.

Marx, Petrus Iosephus (geb. am 25 Apr 1829 in Wintrich a. d Mosel): De adiudicatione et de iudiciis divisoriis ... Bonnae, form. I. F. Carthaus (1855). 2 Bl., 46 S., 1 Bl. 8.
Bonn, Jur. Fak., Diss. v. 2 [nach d. Akten v 10] Aug. 1855

Marx, Petrus Josephus De denuntiatione juris canonici. Fasc 1 Vratislaviae 1858 (31 S.) 8° *(Vollst 1859 bei Hurter in Schaffhausen.)*
Breslau, Jur. Fak Hab.-Schr. v [11 Dez] 1858

Marx, R., s. Handbuch für Leihbibliotheken.

Marx, Robert, appr. Arzt: Ueber Pancreascysten nebst einem kasuistischen Beitrag. München 1909: Kastner & Callwey. 44 S. 8°
München, Med. Diss. v. 25. Febr. 1909, Ref. v. Bollinger
[Geb. 22. Nov 79 Gaaden b. Wien Wohnort München, Staatsangeh. Hessen, Vorbildung Altes Gymn. Würzburg Reife Juli 00, Studium: München 5, Leipzig 1, München 7 S., Coll. 25. Febr 09, Approb. 30. Juni 08.] [U 09. 3300

Marx, Robert, Kammergerichts-Referendar: Die Wirkungen des Erbverzichts auf deutschrechtlicher Grundlage, im gemeinen Recht und Bürgerlichen Gesetzbuch. Berlin (1908): G. Schade. (108 S.) 8°
Berlin, Jur. Fak., Ref. Brunner, Diss. v. 17. Febr. 1908
[Geb. 8. April 83 Berlin, Wohnort. Südende b. Berlin; Staatsangeh.: Preußen; Vorbildung: Wilhelms-Gymn Berlin Reife O. 01; Studium Freiburg i. B. 1, Genf 1, Berlin 5 S. Rig. 14 Jan. 08.]

Marx, Roger

Marx, R., Die französischen Medailleure uns. Zeit. E. Sammlg. v. 500 Medaillen u. Plaquetten, hrsg. u. m. e. Vorwort vers. (In 8 Lfgn.) 1. Lfg. Fol. (4 Lichtdr.-Taf. m. IV S. Text.) Stuttgart 898. J Hoffmann. n. 3. —

Marx, Roger, die französischen Medailleure unserer Zeit. Eine Sammlg. v. 442 Medaillen u. Plaquetten, hrsg. u. m. e. Vorwort verseh. 2.—8. Lfg. (24 Lichtdr.-Taf.) Stuttgart 898. J. Hoffmann. à n. 3. —; (kplt. in Mappe n. 25. —)

Die modernen **Medailleure** auf der Pariser Weltausstellung von 1900. Eine Samml. von 327 Medaillen u. Plaquetten verschied. Länder auf 32 Lichtdrucktaf. hrsg u. mit e. Vorr vers. von **Roger Marx**, Gen.Insp., Paris. *Stuttgart: J Hoffmann [1901]* (VII S., 32 Taf.) 2° [01. 11946

Marx, Rudolf, Referendar in Dresden: Die Haftung des Kommanditisten den Gesellschaftsgläubigern gegenüber während des Bestehens der Gesellschaft. Borna-Leipzig 1908: R. Noske. (VIII, 57 S.) 8° [J.]
Leipzig, Jur. Fak., Diss. v. 2. April 1908
[Geb. 22. Juli 80 Döbeln (Sachsen); Wohnort: Dresden; Staatsangeh.: Sachsen; Vorbildung Gymn. z. heil. Kreuz Dresden Reife O. 01; Studium: Freiburg i. B. 1, Leipzig 8 S.; Rig. 17 Juli 05.]

Marx, S., Die Wanderlager. Eine volkswirthschaftliche Studie. 1. u. 2. Aufl. gr. 8°. Bonn, Hanstein, 1886.

Marx, Siegfr., Adam u. Eva, s.: Hochzeits-Album.

— Kleostra. Ein morgenländ. Drama. (46 S.) 8. Leipzig 909. Modernes Verlagsbureau. 1.50

Marx, Sigismund, das Erlöschen von Servituten und Pfandrecht durch Verzicht. Ein Beitrag zur Lehre von den subjektlosen Rechten. Diss. Würzburg 1886, Stahel-sche Univ.-Buchh. 8°. 38 S.

Marx, Th

— **England in Indien**, s.a. **Sammlung gemeinverständl. wissenschaftl. Vorträge.**

Marx Th, England in Indien. (40 S) (Slg wiss. Vortr. NF 234) Hamburg 1895

Marx, Th. Der dichterische Entwicklungsgang Shakespeare's, s.a Sammlung gemeinverständl wissenschaftlicher Vorträge

Marx Th, der dichterische Entwicklungsgang Shakespeare's. (Sammlung gemeinverständlicher wissenschaftlicher Vorträge Neue Folge 211) Hamburg 1895

Marx, Th., nicht geheilt u. doch erhört. 2. Korinth. 12, 9. Predigt, geh. in Herrnhut, den 2. II. 1902. 8. (15 S.) Herrnhut (902). Missionsbuchh. n. — 15

— **der Graf v. Zinzendorf. Jubelbüchlein zur Erinnerg. an den Tag seiner Geburt v. 200 Jahren. gr. 8. (24 S. m. Abbildgn.) Gnadau 900. (Unitäts-Buchh.) n. — 10**

Marx, Theodor. Über Ammoniakalische Chromrhodanverbindungen. Diss. Phil. [II.] Univ. Zürich. 69 S. 8. Zürich, Gebr. Leemann & Co., 1906.

Marx, Thdr., die Elendesten der Elenden im hl. Lande. Das Aussätzigen-Asyl „Jesus-Hilfe" in Jerusalem. (39 S. m. 10 Abb.) gr. 8. Herrnhut 906. (Missionsbuchh.) n. – 35

Marx, Thdr., die Erben des Wahnsinns. Roman. 2 Bde. 8. (212 u. 235 S.) Berlin 879. Janke. n. 7. —

Marx, Therese, Abs. Bernh. Marx' Verhältniß zu Felix Mendelssohn-Bartholdy in Bezug auf Ed. Devrient's Darstellung berichtigt. Leipzig 869. Dürr'sche Buchh. 8. (24 S.) 6 ngr.

Marx, Victor: Die Stellung der Frauen in Babylonien gemäss den neubabylonischen Kontrakten aus der Zeit von Nebukadnezar bis Darius (604—485). *Leipzig 1898: A. Pries.* (30 S.) 8° ¶ (Erscheint vollständig in: Beiträge zur Assyriologie und semitischen Sprachwissenschaft, Bd 4.)
Breslau, Phil. Diss. v 9. März 1898

Marx, W., Bilder u. Skizzen aus der Landwirtschaft, s.a. **Archiv f Landwirtschaft.**

Bilder und Skizzen aus der Landwirtschaft. Von W **Marx**, Red. Mit 33 Abb. Wien R. & H Hitschmann 1907 (405 S.) 8°
— **Archiv** f. Landwirtschaft. 42 [07. 8080

MARX, W., **Hummel-Honig. Eine zuckersüsse Geschichte. Mit Illustrationen. Hirschberg, o. J. (c. 1890?). 8°. (70 Pfg. G. Priewe, 1895.)**
— — **Dasselbe. 2. Aufl. Ebd., o. J. 8°. (2 Mk. S. Calvary & Co., Berlin, c. 1898.)**

Marx, W., Wegweiser für die untere Bergstrasse vom Frankenstein bis Bensheim. Maasstab 1 : 25000. Lith. u. color. Darmstadt 865. (Frankfurt a. M., Boselli'sche Buchh.) gr. Fol. Mit Text. (8 S. in gr. 16.) n. 8 ngr.

Marx, Walfried, über eine Fläche vierter Ordnung mit reellem Doppelkegelschnitt und ihre Anwendung zur Lösung der Aufgabe: „Drei gegebene Gerade im Raume nach einem Dreieck mit vorgeschriebenen Winkeln zu schneiden". Inaugural-Dissertation. gr. 4. (21 S. mit 3 autogr. Taf.) München 880. (Nürnberg, Korn'sche Buchh.) *

—— Lehrbuch der darstellenden Geometrie. 1. Abschnitt: Die Methode der rechtwinkligen Projektionen und ihre Anwendung zur graph. Bestimmung von Punkten, Geraden, Ebenen und der von ihnen begrenzten Körper, sowie zur Lösung von Aufgaben über die gegenseitige Lage dieser Objekte. 3. umgearb. und durch Beifügung von Aufgaben verm. Aufl. des 1. Bandes von F. A. Klingenberg's Lehrbuch der darstellenden Geometrie. gr. 8. (XVI, 311 S. mit 11 lithogr. Taf.) Nürnberg 884, Korn'sche Buchh. *

Marx, Wilh., Das Gesetz, betr die Unterhaltung der öffentlichen Volksschulen vom 28. Juli 1906. Gemeinverständl. dargest. 2. verb. Aufl. Köln 1908. 8° (Flugschriften d. Rhein. Zentrumspartei. H. 3.)

Marx, Wilhelm. Über Sparteïn. Mit einem Anhang über Versuche in der Tropinreihe. Diss. Phil [II.] Univ. Zürich. 51 S. 8. München, Dr. C. Wolf & Sohn, 1905.

— **Wilhelm Franz Ignatius** (Heiligenstadt), **Morbi caerulei exemplum memorabile.** Berlin (Brüschcke) 8. XII. 1820. 24 S. mit Biogr. (M.: M. Huebner.) (3.50) 22316
Oppon.: A. Hirschel, W. Lessmann, C. Karsten. — Gew.: Franz Huebner.

Marx-Aveling, Eleanore, Die Arbeiterclassen-Bewegung in England. Uebers. von Gertrud Liebknecht. Mit einem Vorwort von W. Liebknecht. (Sep.-Abdr. aus Bd. 2 des Volkslexikons.) 8°. Nürnberg, Wörlein u. Co., 1895.

Marxen, C., die Grundlage des Rechts, nachgewiesen. gr. 8. (VIII, 66 S.) Itzehoe 882. Nusser. n. 1. 50

Marxen, Gust., das deutsche Wahlsystem vom Standpunkte der Verfassung. gr. 8. (76 S.) Leipzig 882. O. Wigand. n. 1. —

Marxen, K., die Urgeschichte des Menschen, s.: Keerl, Ph. Fr.

Jesus als der Vernichter des Sozialismus Von Karl Marxen. Elmshorn D Feddersen jun. 1904 (15 S.) 8°

Marxen, Karl, die Sozialdemokratie in ihrer eigenen Literatur. (16 S.) gr. 8. Elmshorn 904. D. Feddersen jr. n. —30

Marxer, A[lfred]. Durch's Tösstal in's Zürcher Oberland. Hrg. vom Verband der Verkehrsvereine des Tösstals. [20 Mono-Karten,] in *Umschlag,* 8. (Winterthur, Internationale Mono-Gesellschaft, 1909.) [fr. 2. 50]

Marxer, Anton. Beitrag zur Frage des Bakteriengehaltes und der Haltbarkeit des Fleisches bei gewöhnlicher Aufbewahrung. Diss. Vet.-Med. Bern. 46 S. 8. Strassburg, Els.-Lothr. Druckerei & Lithographie-Anstalt, 1903.

Marxer, Otto, zur spätmittelalterlichen Choralgeschichte St. Gallens, s.a. **Veröffentlichungen** der gregorianischen Akademie zu Freiburg (Schweiz). 3. Heft.

Marxer, Otto. Zur spätmittelalterlichen Choralgeschichte St. Gallens. Der Cod. 546 der St. Galler Stiftsbibliothek. Mit [Melodien und] 10 photographischen Tafeln. Diss. Phil. Freiburg ‹Schweiz›. VIII + 248 S. 8. St. Gallen, Buchdr. «Ostschweiz», 1908.

Marxer und Roth, 46 zwei- und dreistimmige Schullieder, s. Roth.

Marxhausen, Konrad

Marxhausen, deutsch-amerikanischer Dichterwald, s.a. Dichterwald.

Marxhausen, Conrad. Deutsch-Amerikanischer Dichterwald: Eine Sammlung von Original-Gedichten deutsch-amerikanischer Verfasser. Detroit. Verlag von August & Conrad Marxhausen, 1856. The first anthology of German-American poetry. DLC, GSP, UC

Marxhausen, Conr., Knospen. Eine Sammlung Gedichte. gr. 16. (VI und 111 S.) Cassel 852, Hotop.

Marxheimer, Marx, Referendar. Das obligatorische Vorkaufsrecht des Bürgerlichen Gesetzbuches. Marburg a. d. L. 1909: (Knauer, Frankfurt a. M.). X, 122 S. 8°
Marburg, Jur. Diss. v. 18. Aug. 1909, Ref. André
[Geb. 3. Juni 83 Langenschwalbach, Wohnort Frankfurt a. M.; Staatsangeh.: Preußen, Vorbildung Gymn. Wiesbaden Reife O. 02, Studium Heidelberg 3, Berlin 1, Marburg 2 S.; Rig 1 Juli 09.] [U 10. 3307

Marxsen, C. D., zwei Reden. Geh. bei Entlassung d. Confirmanden. 8. (2 B.) Hamburg 838, Heroldsche Buchh. *

MARXSEN, C[HR.] D[ETLEF], Kleines Choral-Melodienbuch für die Schleswig-Holsteinischen Schulen. Altona. U. A. [1835].

MARXSEN, C[PH.] H[EINR.], De Asthmate Millari commentatio inaug. Kiliæ. 1823. P.

Bismarck und Luther unsere größten deutschen Männer Vortrag gehalten im Bürgerverein zu Heiligenhafen im Oktober 1892 v. [Harald] Marxsen. Heiligenhafen i H. 1893. 8°

Die griechische Schule in Beziehung auf Lehren und Lernen in Genossenschaft. v [Peter Christian] **Marxsen.** Rendsburg 1865 4° Real-Gymn.-Progr

Ueber das Verhältniss des platonischen Symposiums zu den Thesmophoriazusen des Aristophanes v [Peter Christian] **Marxsen.** Rendsburg' 1853 4°

Marxsen, Sophus, aus Altona Ueber eine allgemeine Gattung irrationaler Invarianten und Covarianten für eine binäre Form ungerader Ordnung. *Göttingen 1900: Dieterich.* (50 S.) 8°
Göttingen, Phil. Diss. v [4. Nov] 1900

Marxsen, Sophus, über e. allgem. Gattung irrationaler Invarianten u. Covarianten f. e. binäre Form ungerader Ordnung. Diss. gr. 8. (50 S.) Göttingen 900. (Vandenhoeck & Ruprecht). n. 1. 20

Marxsen, Theodor [approb. Arzt aus Segeberg]: Aus dem Pathologischen Institute zu Kiel. Ein seltener Fall von Anomalie der Tricuspidalis . Mit 2 Abbildungen. Kiel, Druck v. Schmidt & Klaunig, 1886; 12 S. + 2 Bl. u. 1 Taf. 8°
Kiel, Med. Fak., Inaug. Diss. v. 19. Jun. 1886.

Marxsen, Thdr., ein seltener Fall von Anomalie der Tricuspidalis. [Aus dem patholog. Institute zu Kiel.] Inaugural-Dissertation. gr. 8. (12 S. mit 1 Stnt.) Kiel 886, (Lipsius und Tischer.) *

Marx-Studien. Blätter zur Theorie u. Politik des wissenschaftl. Sozialismus. Hrsg. von Max Adler u. Rud. Hilferding. 1. Bd. (X, 433 S.) gr. 8. Wien 904. Wiener Volksbuchh. n. 7. —

Marx-Studien. Blätter zur Theorie u. Politik des wissenschaftl. Sozialismus. Hrsg. v. Max Adler u. Rud. Hilferding. 2. u. 3. Bd. gr. 8. Wien, Wiener Volksbuchh. 16. 80
Bauer, Otto, die Nationalitätenfrage u. die Sozialdemokratie. (VIII, 576 S.) 907. (Bd. 2.) 8. 40
Hilferding, Rud., das Finanzkapital. — Grigorovici, Tatiana, die Wertlehre v. Marx u. Lassalle. (XII, 575 S.) 910. (Bd. 3.) 8. 40

Marxzell [Schlagwort]

Marxzell, s.: Touristenkarten.

Mary Barton, (by Mrs. Gaskyll), siehe Ausland, das belletristische.

Mary Barton, s. Collection of British authors.

Mary und Jerome oder Liebe und Betrug, mehr als Roman ... Quedlinburg 1815. V: *Nicolai, Carl.* (MGT)

Mary u. Jerome, oder Liebe u. Betrug, mehr als Roman, v. W. v. Heinsburg. 2 Thle. 8. Quedlinburg, Basse. 815.

Mary, J.: Neue Kinderbibliothek, s. Gaheis, Franz Anton de Paula

Mary, Jules, schuldig, od. nicht? s.: Collection Hartleben, 4. Jahrg.

Mary, Louis [in Strassburg]: Beitrag zur Lehre von der Dystrophia muscularis progressiva. (Erbe) Strassburg: Univ. Buchdr. v. J. H. Ed. Heitz (Heitz & Mündel) 1889. 54 S. 8.
Strassburg, Med. Fak., Inaug.-Diss. v. 1889.

Maryan, M. Das Erbe von Montligné, s. Familienfreund

Maryan, M., Lady Frida, s.: Familienfreund.

—— das Heim des Junggesellen, s. Familienfreund.

Maryan, M., Heimatlos, s.: Familienfreund

Maryan, M., Marcia de Laubly, s.: Hausschatz-Bibl.

– Paula's Erbe, s. Familienfreund

— un plan matrimonial; une soirée, hrsg. v. Bertha Schmidt, s.: Prosateurs français.

— Hotel Sankt Franziskus. Novelle. Frei nach dem Franz. 8. (138 S.) Paderborn 891. F. Schöningh. n 1. 80

Maryan, M., die Schattenseiten e. reichen Mitgift, s.: Familienfreund.

— des Vaters Schuld, s.: Familienfreund.

Maryla Alexa, s.: Tuma v. Waldkampf, Marianne.

Maryland Staatszeitung: 1833?–1836? Baltimore, MD
Weekly. Edited & published by Johann T. Hanzsche & Gustav Adolf Neumann.

Maryland Staatszeitung: Nov. 1869–1871?
Democratic daily evening. Continued from Der Neue Correspondent. Merged with Der Deutsche Correspondent. Circulation: 1870: 1800 (est.). Edited by Eduard F. Leyh & published by F. Polmeyer & Co.
Baltimore, MD

Maryna Mniszchówna, Tragiedya. Poezye Panniejsze Piotra Dahlmanna. 8. Breslau 841. (Hirt.) 5/6 ₰

Marynia czyli Rozmowy o pierwszych zasadach Świętéj Religii ułozone dla pozzytku polskich dzieci przez *** 8. (15½ B.) Posen 846, Zupański. *

Marynski, Maryan, Bericht üb. die Fälle der Urogenitalfisteln des Weibes, die in den J. 1893—1908 an der Münchener Universitäts-Frauenklinik zur Beobachtg kamen. (Diss.) (79 S.) gr. 8. Berlin 910. R. Trenkel. 2. —

Marysia święta. Obrazek dramatyczny osnuty na tle wydarzeń nad Narwią w. r. 1861. 16. (71 S.) Leipzig 862, (Brockhaus' Sortiment und Antiquarium.) *

Marysiuk Franz: Zur Frage der Union der Ruthenen mit Rom.
II. 1906 PN 2208 Diss. Wien, Univ 956

Marysville Post: July 22, 1881–Dec. 27, 1901?
Weekly. Independent 1881–87. Democratic 1888–98. Independent 1899–1901. Issued Sonntagsbeilage, large quarto, each 4 pages. Circulation: 1890: 750; 1900: 960. Edited & published by William Becker, July 22, 1881–Mar. 1891; by Eck & White, Apr. 1891–May 1891; by Ernst Denner, June 5, 1891–1901.
Marysville, KS

Marz, Joseph, approb. Arzt aus München: Ueber genuine eitrige Colitis und eitrige Peritonitis ohne Darmperforation. *München 1902: C. Wolf & Sohn.* (40 S.) 8°
München, Med. Diss. v. 1902.

März [Sachliches OW]

März. Halbmonatsschrift f. deutsche Kultur. Begründet v. Alb. Langen. Hrsg.: Ludw. Thoma, Herm. Hesse, Kurt Aram. Red.: Otto Wolters, f. Österreich-Ungarn: Adf Schlesinger. 1.—4. Jahrg. 1907—1910. à 24 Hefte. (à ca 2½—3 Bog.) Lex. 8. München, A. Langen. à Jahrg. 24. —

Zum 18. März. (Ernste Trauerlieder.) Druck von E. Lauter. 1 Bl. Fol.
Flugblatt. Berlin, 1848/49.

[Kopft.] Zum 18ten März (Hamburg: R. Seiffert 1896.) (8 Bl.) 1 Bd 2.

Der 18. März und der 15. Oktober. Der Geburtstag der Freiheit und des Königs. Vereinsbuchdruckerei. 1 Bl. Fol.
Flugblatt. Berlin, 14. Okt. 1848

März, Der dritte, des Jahres 1460, die Feststellung der Schleswig-Holsteinischen Staatsverfassung bei der Wahl Christian I. und der Zustand rechtloser Willkür. 1860. Braunschweig 1860. V: *Bremer, Jürgen.* (A)

März, der dritte, des J. 1460. Die Feststellung des schleswigholsteinischen Staatsrechts bei der Wahl Christians I. vor vierhundert Jahren und der Zustand rechtloser Willkür im J. 1860. gr. 8. (61 S.) Braunschweig 860, Schwetschke und Sohn.

März, Der 3., des Breslauer Theaters. [Breslau 1801.] V: *Heinrich, Carl Friedrich.* (LS)

Zum 21 März (1865). Hamburg (1865) 8 S. 8°
[Flugschrift] Hrsg. vom engern Ausschuss der Schleswig-Holsteinischen Vereine

März [Verfasser]

März, Agnellus

—arbor scientiae boni et mali secundum sacras et ecclesiae, ac magni patriarchae Augustini doctr. exposita. 4. München 765.

März, Agnell., († d. 30. Juni 1784) Schema systematicum Philosophiae eclecticae in propositionès disputabiles digestum. Fol. Münch. 758.

— s.a Urtheil ohne Vorurtheil.

URTHEIL ohne Vorurtheil über die wirkende und thätige Hexerey (von *Agnellus März*). Sterzingen 1766.
Anon.-Lex. IV p. 277 (nach Baader, Meusel, Grässe, Hayn u. der Allg. dtsch. Biogr 36, 125).

— s.a. Vertheidigung wider die Vertheidigung &c.

— — Vertheidigung wider die geschwulstige Vertheydigung der betrügenden Zauberkunst (von *Agnellus März*). O O (München) 1767.
Anon. Lex. IV p. 315 (nach Graesse, Baader u. Kayser).

—vires intellectus humani circa cognitionem rerum naturalium. 4. Münch. 761.

Maers, *Andreas*: Décollement traumatique de la peau et des couches sous-jacentes. Die traumat. Ablösg d. Haut v. d. tieferliegenden Schichten durch Lymphe ... Erlangen, k. b. Hofbuchdr. v. A. Vollrath, 1894; 28 S. 8.
Erlangen, Med. Fak., Inaug.-Diss. v. 1894

März, Angelus

—kurze, doch gründl. Abhandl. von dem heil. Kreuz Christi u. dessen wunderthätigem Partikel, welcher zu Scheyern verehrt wird. 4. Freising. 770.

—Angelus contra Michaelem, seu crisis apologetica adversus Kuen praepositi Wengensis Joa. de Canabeo. Freisingen 761.

—crisis in anticrisin Ad. de Kempis C. R. (Mich. Kuen). 8. Münch. 761.

—von dem Benediktinerkloster und nachmaligen welt. Chorherren-Stifte Ilmmünster in Oberbaiern. Münch. (G. Franz). 12 kr.

März, Angelus, († d. 3. Febr. 1784.) Diss. crit., qua libri IV. de imitatione Christi etc. 8. Freising. 760.

Maerz, Angel., De oraculis paganorum epistola ad P. Marianum Pruggborger O. S. B. in Tegernsee. 1765 (?), 4°
Clavier, Memoires sur les oracles des anciens. Paris 1819.

—s.a. Verantwortung über die von Sterzinger gestellten Fragen.

März, P. Angelus, Verantwortung über die vom P. Don Ferdinand Sterzinger bey dem hochfürstl. hochlöbl. geistlichen Rath zu Freysing freywillig wider ihn gestellten Fragen. Mit Genehmigung der Obern. Ingolst. 767. 4.

— s.a. Vertheidigung der thät Hexerei.

— — Vertheidigung, Kurze, der thätigen Hexerey und Zauberey, wider eine dem heil. Kreuz zu Scheyern nachtheilige akademische Rede. (Vf.: *Agnellus März.*) Freysing 1766.
Anon.-Lex. IV p. 316 (nach Kayser u. Baader).

März, Christian, Berg u. Tal der Heimat. Geologisch-geograph. Wandergn. in der Amtshauptmannsch. Löbau. (70 S.) 8. Löbau 905. J. G. Walde. n. — 80

März, Christian, Berg u. Tal der Heimat. Geologisch-geograph. Wandergn. in der Amtshauptmannsch. Löbau. Im Auftrage des pädagog. Vereines zu Löbau. 2. veränd. Aufl. (79 S.) 8. Löbau 908. J. G. Walde. 1.20

März, Christian: Das Diluvium der Sächsischen Oberlausitz. Eine Übersicht seiner geol. Verhältnisse u. landschaftl. Bedeutung. Dresden (1909): Heinrich. S. 3—37. 4°
Dresden-Neustadt, Drei-König-S, Reform-RG OP 1909 (751)
[S 09. 308

— die Oberlausitz, s.: Beyer, O.

— **der Seenkessel der Solern, e. Karwendelkar,** s.a. Veröffentlichungen, wissenschaftl., des Vereins f. Erdkunde zu Leipzig.

März, Christian, aus Löbau i. S. Der Seenkessel der Soiern, ein Karwendelkar. Mit 1 Tiefenkarte, 7 Profilen und 4 Lichtbildern. *Leipzig: Duncker & Humblot 1903.* (102 S.) 8° ¶(Aus. Wissenschaftl. Veröffentlichungen d. Vereins f. Erdkunde zu Leipzig, Bd 6.)
Leipzig, Phil. Diss. v 1903

März, J., und H. **Buschmann** Handbuch der sicheren und gewinnbringenden Kapitalanlage. Eine unparteiische Darstellung der verschiedenen Arten, kleine und große Kapitalien ertragbringend anzulegen mit besonderer Berücksichtigung der Börse und der Börsengeschäfte 2. Auflage. Leipzig 1907

März, J [Hrsg.], s. Wahrheitsfreund, Katholischer.

März, Johs., Cook der Weltumsegler. Leben, Reisen u. Ende des Kapitäns James Cook, f. Jugend u. Volk erzählt. (261 S. m. 68 Abbildgn.) gr. 8. Leipzig 908. O. Spamer. 3.—; geb. in Leinw. 4. —

März, Johs., die Fayencefabrik zu Mosbach in Baden, s.a. Abhandlungen, volkswirtsch. u. wirtschaftsgeschichtl. N. F. 7. Hft.

März, Johannes, a. Dresden: Die Fayencefabrik zu Mosbach in Baden. Jena: G. Fischer 1906. (85 S.) 8° ¶(Erschien vollst. in Volkswirtschaftl. u. wirtschaftsgesch. Abhandlungen N. F. H. 7.)
Leipzig, Phil. Fak., Ref. Stieda, Seeliger, Diss. v. 8. Aug. 1906
[Geb. 7 Juni 78 Dresden; Wohnort Dresden; Staatsangeh.: Sachsen; Vorbildung: Gymn. Wurzen Reife O. 03; Studium: Leipzig 6 S.; Rig. 1. März 06.]

März, Johs., u. Harry Buschmann, Handbuch der sicheren u. gewinnbringenden Kapitalanlage. Eine unparteiische Darstellg. der verschiedenen Arten, kleine u. grosse Kapitalien ertragbringend anzulegen, m. besond. Berücksicht. der Börse u. der Börsengeschäfte. 2., verm. Aufl. (XIV, 284 S.) Lex. 8. Leipzig 907. H. Buschmann. 5.—; geb. n 6. 50

März, Johs., Christoph Kolumbus u. die Entdeckung der neuen Welt. Mit 46 Text-Abbildgn. u. 1 Karte zu den Reisen des Kolumbus. (174 S.) gr. 8. Leipzig 906. O. Spamer. n. 3. —; Geb. in Leinw. n. 4. —

— David Livingstone. Ein Pionier des schwarzen Erdteils. Für Jugend u. Volk erzählt. (VIII, 270 S. m. 43 Abb. u. 1 Karte.) 8. Ebd. 911. 3.—; geb. in Leinw. 4.—

— Francisco Pizarro u. die Eroberung v. Peru. Für Jugend u. Volk geschildert. (III, 282 S. m. 42 Abb. u. 1 Karte.) gr. 8. Ebd. 905. n. 4. 50; geb. in Leinw. n. 5. 50

— Francisco Pizarro u. die Eroberung v. Peru. Für Jugend u. Volk geschildert. 2. [Titel-]Aufl. (III, 282 S. m. 42 Abbildgn. u. 1 Karte.) gr. 8. Ebd. [905] (910). 3.—; geb. in Leinw. 4.—

März, Ludw., Leitfaden f. Gaskonsumenten unt. Berücksicht. and. Beleuchtungsarten. gr. 8. (65 S.) Leipzig 895. H. Schlag Nachf. 1.—

März, Ludw., eine Weihnachtsgeschichte. Die große englische Puppe, Märchen-Novelle für Groß und Klein. 8. (86 S.) Oldenburg 850, Schmidt. *

Maerz, Matthias, appr. Arzt a. Schweich a. d. Mosel: ⟨Aus der ophthalmologischen Klinik zu Gießen.⟩ Bericht über 4 Fälle von Exophthalmus. Insterburg 1905: A. Quandel. (31 S.) 8°
Gießen, Med. Fak., Ref. Vossius, Diss. v. 12. Aug. 1905
[Geb. 14. Apr. 80 Schweich a. d. Mosel; Wohnort Schweich a. d. Mosel; Staatsangeh. Preußen; Vorbildung: Kaiser Wilhelm-Gymn. Trier, Reife O. 00; Studium: Bonn 1, München 1, Gießen 3, Berlin 2, Gießen 3 S.; Coll. 20. März 05; Approb. 26. Jan. 05.]

Maerz, Ulr. R., s.: Jahrbuch u. Kalender f. Schlosser u. Schmiede

Maerz, Ulr. R., elementare Maschinenlehre für den Unterricht in Fachschulen, sowie zum Selbst-Studium für Kaufleute, Fabrikanten, selbstständ. Gewerbtreibende und jeden Gebildeten über Maschinen im allgemeinen. gr. 8. (VIII, 65 S. mit 76 Abbild. im Text.) Berlin 883, Verlag der Eisen-Zeitung. *

Maerz, Ulr. R., s.: Schlosser- u. Schmiede-Kalender, deutscher.

März, Viktor —. (Pseudonym für Viktor Münzberg.) Zeitlosen. Gedichte von — —. 16. (128 S.) Wien. Gedruckt bei Jos. Stöckholzer von Hirschfeld. 1854.

Marzadro, O. Enrico, Legge 6. III. 1906, B. L. I. No. 58, sulle società a garancia limitata e legge 3. IV. 1906, B. L. I. No. 84, sull' assegno bancario (check) colle relative ordinanze, s.: Raccolta di leggi ed ordinanze della monarchia austriaca. IX.

— Leggi fondamentali dello stato e leggi ad esse relative, s.: Raccolta di leggi ed ordinanze della monarchia Austriaca. 1.

Marzahn, Rich., Materialienkunde f. den Kautschuk-Techniker. Ein Hand- u. Nachschlagebuch. 12 Lfgn. (VI, 416 S.) gr. 8. Dresden 906. Steinkopff & Springer. n. 12.—; geb. in Leinw. n. 13. 50

Marzall, J., kleine Erdbeschreibung mit besonderer Berücksichtigung der Pfalz. Für die Hand der Schüler bearb. Landau 863. Kaußler. gr. 8. (40 S.) n. 3 ngr.

Marzall, J., kleine Erdbeschreibung mit besonderer Berücksichtigung der Pfalz. Für die Hand der Schüler bearb. 2., verb. Aufl. 865. 3 ngr. u. 3., verb. Aufl. Landau 868. Kaußler. 8. (53 S.) n. 4 ngr.

Marzall, Johann „Ein Kapitel aus der physikalischen Geographie" (Die Vulkane Asiens und ihre technische Benutzung.) pg. 1—10. 4°. Ed. Kaussler.
Landau, Progr. 1860/61

Märzbach, Alex., die Türkischrothfärberei nach allen vorhandenen Methoden und mit Benutzung der neuesten Erfindungen und Verbesserungen theoretisch und praktisch dargestellt. 8. (104 S.) Quedlinburg 851, Basse.

Marzbân-nâmah. Liber Arabicus Fākihat al-ḫulafā' wa-mufākahat az-ẓurafā' seu Fructus imperatorum et iocatio ingeniosorum auctore Ahmede filio Mohammedis cognominato Ebn-Arabschah, quem edidit Georg. Guil. Freytag. Pars I. II. 2 voll. Bonnae 1832—1852. 4°

Märzblümchen. Ein bunter Strauß, d. Andenken Kaiser Wilhelms des Großen gewidmet. Für d. deutsche Jugend zum 22. III. 1897. Hrsg. v. d. Red. d. „Kindergärtchen". 12. (32 S. m. Bildern.) Zuzella 897 (Groß-Strehlitz, A. Wilpert.) — 15

[Umschlagt.] [F.] Märzblümchen. E. bunter Strauss, d. Andenken Kaiser Wilhelms d. Grossen gewidmet. F. d. deutsche Jugend z. 22. März 1897. *Zuzella O./S.: 'Kindergärtchen' Dr. v. F. Lindner Ratibor (1897)* (32 S.) 1 Bd 8.

März-Blüthen! Eine Sammlung volksthümlicher Aufsätze, Novellen u. Dichtungen aus der Neuzeit von bekannten Volksschriftstellern. [Abdr. aus der Frauen-Zeitung.] 2. Aufl. 12. (139 S.) Großenhain 851, Haffner. 1/2 ₰

März-Blüthen oder kurze Andachtsübungen zu Ehren des heil. Joseph auf jeden Tag des Monats März. 24. (31 Bl.) Dülmen 880, Laumann'sche Verlagsh. *

Maerzdorff, Wilh.: Beitrag zur Casuistik der Blasenhernien der letzten 10 Jahre. *Greifswald 1897: J. Abel.* (42 S.) 8°
Greifswald, Med. Diss. v. 20. Aug. 1897

Marzell, zur Schulhygiene, s. Rohmeder.

Marzell, Heinr., Grundzüge der Warenkunde f. Handelsschulen u. verwandte Lehranstalten sowie zum Selbstunterricht. Sonder-Ausg. f. Bayern. (VIII, 190 S.) 8. Leipzig 908. (München, M. Kellerer.) Kart. 2. 30

Marzell, Heinr., Grundzüge der Warenkunde f. Handelsschulen u. verwandte Lehranstalten sowie zum Selbstunterricht. Mit e. Anh.: Aufgaben-Sammlung nebst Hinweisen auf physikalisch-mikroskop. u. chem Warenuntersuchgn. Mit 36 Abbildgn. nach Orig.-Zeichngn. (Moderne kaufmänn. Bibliothek.) (VIII, 190 S.) 8. Leipzig (908). Verlag der modernen kaufmänn. Bibliothek. Geb in Leinw. 2. 75

Marzell, Heinr., die Pflanzenwelt der Alpen, s.a. Wegweiser, naturwissenschaftliche. A. 7.

Marzell, Heinrich. Die Pflanzenwelt der Alpen. Eine Einführung in die Kenntnis und die Lebensverhältnisse unserer häufigsten Alpenpflanzen. Mit 2 farbigen, 3 schwarzen Tafeln und 13 Textabbildungen, nach der Natur gezeichnet von E[mil] R[udolf] Pfenninger, sowie 3 Textabb' nach Photographien [und illustriertem Umschlag]. 1.—4. Tausend. VIII + 96 S. 8. Stuttgart, Strecker & Schröder, (1909). (M. 1. —, geb. 1. 40)
Naturwissenschaftliche Wegweiser. Sammlung gemeinverständlicher Darstellungen. Hrg von Prof Dr Kurt Lampert. Serie A Band 7

MARZELL, Heinrich: Über einige durch Pilze verursachte Zersetzungsprozesse des Holzes. - München 1882. 21 S., 3 Taf. - Diss Univ Erlangen 1882

Marzell, Josef, aus Aschaffenburg a. Main (Bayern): I. Ueber Methinammonium-Farbstoffe. II. Ueber M-Nitro-Phenyl Indazolon. III Ueber Derivate des Acenaphtenons. Basel, Frobenius A.-G., 1911 48 S. 8° [9. XII. 10.]
Basel. Phil. Diss. 1910/11

Marzen, Peter [aus Trier] Über Entwickelung und Wert der gegen den Scheidengebärmuttervorfall gerichteten Operationen Würzburg Anton Boegler'sche Buchh., 1888. 31 S. 8°
Würzburg, Med. Fak., Inaug. Diss. v. 1888

Marzenado, s. Santa=Cruz.

Märzenbüchel, das. Eine Unterweisung für unstudirte Leute über die Proklamation vom 6. März. Nebst einem Anhange über die französ. Glückseligkeit. 2. Aufl. 12. (34 S.) Augsburg 848, Schmid'sche Buchh.

Märzenfeiertage andächtige, zu Ehren des am Kreuze sterbenden Erlösers. 8. Augsburg 770. M. Rieger. 1/16 ℛ

März-Erinnerungen, Breslauer. Breslau 1890. V: *Weiss, Friedrich Gustav Adolph.* (Kat. d. Druckschr. üb. Breslau. Breslau 1903. S. 37.)

März-Feier, d. Frankfurter, z. Gedächtnisse d. Beweg. d. J. 1848, abgeh. in Frankfurt a. M. am 26. u. 27. III. 1898. Bericht des Fest=Ausschusses. gr. 8. (64 S.) Frankfurt a/M. 898. (R. Hülsen.) n. 1.—

Märzfeier 1901 u. 1902. Red.: Hugo Heller. gr. 4. (à 8 S. m. 1 farb. Taf.) Wien (901. 902). Wiener Volksbuchh. à n. —20

Märzfeld, C Alfred und Annie.
s. a. Jugend-Bücherei des Vereins katholischer deutscher Lehrerinnen.

Märzfeld, C., Alfred u. Annie. Eine Erzählung aus der Regierungszeit der Königin Elisabeth. Für die Oberstufe. (Jugend=Bücherei des Vereins kathol deutscher Lehrerinnen.) (160 S. m. 1 Abbildg.) 12. Münster 904. Alphonsus=Buchh. Geb. n. —80

— Antitop od. Das Testament des Cylinderfeindes. Lustspiel in 2 Akten. (31 S.) kl. 8. Paderborn 905. Junfermann. n. —60

Märzfeld, C. (Josepha [Agnes] Böhnert), Blumen am Himmelswege. Tugendbeispiele u. Gebete f. Kinder. (304 S. m. Titelbild.) 11,5×7 cm. Kevelaer (907). Butzon & Bercker. Geb. von 1.— bis 3.75

Festspiel für Mädchenschulen zur Silberhochzeit des deutschen Kaiserpaares. Von C. **Märzfeld.** Andenken an d Schulfeier am 27. Febr. 1906. Paderborn: Junfermann 1906. (15 S.) 8° [F.] [06. 3686

— Festspiel f. Mädchenschulen zur Geburtstagsfeier des Kaisers. (15 S.) 16. Paderborn 908. Junfermann. p —20

Der gerettete Jüngling Schauspiel in 5 Akten. Von C. **Märzfeld.** Paderborn Junfermann [1906]. (68 S.) 8° [F.] [07. 4370

Das Opfer einer Königin. Schauspiel in 3 Akten von C. **Märzfeld.** Münster in W.: Alphonsus-Buchh. 1906. (65 S.) 8° [F.] [06. 10669

Der Sieg des Kreuzes. Schauspiel in 3 Akten von C. **Märzfeld.** Münster in W Alphonsus-Buchh. 1906. (68 S.) 8° [F.] [06. 10670

— die Traumkönigin. Märchenspiel in 3 Akten. (42 S.) kl. 8. Paderborn (905). Junfermann. n. —60

Märzfeld, C., Weihnachts=Erstkommunion, s.: Erzählungen f. Schulkinder IV. 12.

— Der schwarze Windmüller, s.. Bachem's Jugend=Erzählungen. 38.

— der Zauberlehrling. Lustspiel in 1 Akt. 12. (16 S.) Paderborn 902. Junfermann. n. —40

März-Gedenkschrift. 1904. (8 S. m. Abbildgn. u. 1 farb. Taf.) gr. 4. Wien (904). Wiener Volksbuchh. —20

Märzheuser, Joseph, appr. Arzt a. Wissen (Sieg): Aus der Universitäts-Frauenklinik zu Gießen. Zur Kenntnis der Lithopädien. Gießen 1907: v. Münchow. (24 S., 2 Taf.) 8°
Gießen, Med. Fak., Ref. Pfannenstiel, Diss. v. 6. Mai 1908
[Geb. 20. Febr. 81 Wissen; Wohnort: Gießen; Staatsangeh.: Preußen; Vorbildung Gymn. Attendorn Reife O. 02; Studium: Bonn 6, München 1 Berlin 1, Gießen 2 S.; Coll. 8 Aug. 07; Approb. 15 April 08.]

Marzi, Jos., Gedichte. (VII, 93 S.) 8. Dresden 906. E. Pierson. 1.50; geb. n 2.50

Marziani-Raiser, Führer durch Taormina u. Umgebg (32 S. m. Abbildgn., 1 Taf. u. 1 Panorama.) 8. Giessen (903). E. Roth. n. 1.—

Marzipan, Lübecker. Ein süßes Bilderbuch für unser kleines Volk. gr. 4. (12 chromolithogr. Taf.) Lübeck 873, Bolhoevener. cart.

März-Jubelfeier, Hamburgs. Gedenkblätter an die Feier des 18. März 1813, 1838 und 1863 in Hamburg. 2. Aufl. Hamburg 1863. V: *Richter, Gottlob Christian Friedrich.* (schr)

Marzohl, Jos., u. Jos. Schneller, Liturgia sacra, od. die Gebr. u. Alterthümer d. kathol. Kirche sammt ihrer hohen Bedeutung, nachgewiesen a. d. heil. Büchern, a. d. Schriften d. frühesten Jahrh., u. aus and. bewährten Urkunden u. selt. Kodizen. 1. u. 2. Thl. gr. 8. Lucern. (Augsburg, Kollmann.) [1. (21 B.) 834. 1 Thlr. 16 Gr., 2. (16 B.) 835. 1 Thlr. 8 Gr.]

Marzohl, Jos., und Jos. Schneller, Liturgia sacra, oder die Gebräuche und Alterthümer der kathol. Kirche sammt ihrer hohen Bedeutung, nachgewiesen aus den heil. Büchern, aus den Schriften der frühesten Jahrhunderte, u. aus andern bewährten Urkunden und seltenen Kodizen. gr. 8. Luzern 834. (Gebr. Räber; (Scheitlin u. Zollikofer.) 1 2/3 ℛ — 2r u. 3r Thl. à 2 Hälften u. 4r Thl. 1e Hälfte. gr. 8. Ebd. 837—41. (Ebd.) (2r Bd. 1r Thl. 1 1/3 ℛ 2r Bd. 2r Thl. 1 1/2 ℛ 3r Bd. 1r Thl. 1 ℛ 3r Bd. 2r Thl. 1 2/3 ℛ 4r Bd. 1r Thl. 1 1/3 ℛ) 6 5/6 ℛ — dass. bei (Kollmann in Augsburg.) I—IV. 8 1/2 ℛ

Marzohl, Jos., u. Jos. Schneller, Liturgia sacra, od. d. Gebräuche u. Alterthümer d. kathol. Kirche sammt ihrer hohen Bedeutung 2c. 2. Thl. (2. Hälfte.) — 4. Thl. à 2 Hälften. Lex.=8. (110 1/4 B.) Luzern 836—41. (Augsburg, Kollmann'sche Buchh.)
1. u. 2. Thl. (1. Hälfte.) Ebendas. 1834, 35. 3 Thlr.

Marzohl, Jos., u. Jos. Schneller, Liturgia sacra, od. die Gebräuche u. Alterthümer der kathol. Kirche sammt ihrer hohen Bedeutung, nachgewiesen aus d. heil. Büchern, aus den Schriften der frühesten Jahrhunderte, u. aus andern bewährten Urkunden u. seltenen Codicen. 5. Thl. (1. u. 2. Hälfte.) gr. 8. (71 1/8 B.) Lucern 844. Augsburg, Kollmann'sche Buchh.
1—4. Thl. Ebendas. 1834—41. 10 Thlr. 3 3/4 Ngr.

Marzolf, Georg [pr. Arzt aus Zœbersdorf]: Ueber Kieferklemme ... Strassburg i. E., Buchdr. C. Gœller, 1894; 46 S. 8.
Strassburg, Med. Fak., Inaug.-Diss. v 1894

Marzoll, Fritz, Anleitung zur Gewichts-Berechnung technischer Gummiwaren sowie zur Ermittelung der spezif. Zahlen. (39 S.) kl. 8. Dresden 904. Steinkopff & Springer. Geb. in Leinw. n. 1.50

Marzoll, Fritz, Anleitg. zur Gewichtsberechnung technischer Gummiwaren, sowie zur Ermittelung der spezifischen Zahlen. 2. Aufl. (39 S. m. Fig.) kl. 8. Berlin (909). Union, Zweigniederlassg. Geb. in Leinw. 1.50

— Schaufenster-Dekorationen f. Gummiwaren-Geschäfte. Anregungen f. Geschäfte u. Handlgn. m. techn., chirurg. u. Gummi-Kurz- u. Spielwaren, Sport-Artikeln, Asbest-Fabrikaten, Treibriemen, Guttaperchawaren, Celluloidartikeln, Linoleum u. Wachstuchen, Oelen, Fetten u. Armaturen. (85 Bl. m. 17 Abbildgn. u. 6 S. Text.) Lex. 8. Ebd. (909). In Mappe 3.50

— Warenkunde f. den Gummiwarenhändler. Ein Hand- u. Nachschlagebuch. (177 S.) gr. 8. Ebd. (908). Geb. in Leinw. 6.—

Marzoll, F: Warenkunde für den Gummiwarenhändler. Berlin (1908)

Marzolph, Carl [aus Wollmesheim bei Landau, Pfalz]: Zur Behandlung der malignen Lymphosarkome mit Arsenik. Strassburg, Universitäts-Buchdruckerei von J. H. Ed. Heitz, 1882. 8. 35 S.

Marzorati, Leop., Italien in zwei Monaten. Reisehandbuch. Mit (lithogr.) Stadtplänen, Ansichten (in Holzschn.) und grossem (chromolithogr.) Plan von Rom. (Imp.-Fol. in Leinw.-Carton.) 2 Bde. 12. (LXXIV, 1017 S.) Würzburg 880, Woerl. geb. *

Marzorati, Leop., Rom. Ein Führer durch die ewige Stadt in sieben Wanderungen. Mit 4 (lithogr.) Plänen. 12. (XXXV, 307 S.) Würzburg 880, Woerl. geb. *

März-Revolution, die berliner, s.a. **Revolutionen, die, der Gegenwart.**

Die berliner Märzrevolution. Eine genaue und zusammenhängende Darstellung von ihrem ersten Ursprung an. Nebst Altenstücken u. s. w. hrsg. von Mitkämpfern und Augenzeugen. Berlin, Hempel 1848. 2 Hefte, 180 S. (mit 2 Lithographien.) 8. (Siehe „Die Revolutionen der Gegenwart." Lieferung 4 und 5.)

Märzrevolution, die, in Kopenhagen und die schleswig-holsteinische Armee. gr. 8. (16 S.) Kiel 850, Schröder und Comp. Thlr. *

Märzroth, s.a. Märzroth, M.

Märzroth, Dr., Wiener Bilderbogen. Skizzen aus dem neuen und alten Wien. 1. 2. Heft. kl. 8. (S. 1—32.) Wien, Prandel 1869 à 20 kr.
3—8. Heft. kl. 8. (S. 33—56 u. 57—72.) Ebd.

Märzroth, er bringt seine Frau, s.: Bibliothek, humorist., f. Stolzesche Stenographen.

—— **Feder-Zeichnungen** aus den Salzburger Alpen. Land, Leute und Leben in Albumblättern. 1. Abthl.: Salzburg und seine nächste Umgebung. 1. Lfg. qu. gr. 8. (8 S. mit 3 Photogr.) Salzburg 880, [Glonner.] Kerber. *
Fortsetzung wird nicht erscheinen.

— — Geister und Gestalten aus dem alten Wien. Bilder, Geschichten und Erinnerungen. Ebd. 1868. 8⁰. (3 Kr. Gilhofer & Ranschburg, 1909.)
l. c. no. 4635.

Märzroth, Geister und Gestalten aus dem alten Wien. Bilder, Geschichten und Erinnerungen. 16. (194 S.) Wien 868, Prandel. *

— lachende Geschichten, s.: Universal-Bibliothek.

Märzroth, Satans Leier. 16. (130 S.) Prag 860. [Hamburg, J. F. Richter.] geb. *

— — Der Marquis s. Theater-Repertoir Wiener.

— — Mysterien eines Jagdgewehrs s. Theater-Repertoir, Wiener.

Märzroth, Neu-Decameron. Allerlei Geschichten. 8. (III, 279 S.) Leipzig 887. Friedrich. n. 8.—

— — Schattenspiele aus dem alten und neuen Wien. 2 Thle. Ebd. 1872. 8⁰. (1 Mk. C. Winter, Dresden. 1895.)

Märzroth, Spottvögel. Eulenspiegeleien, Fallstaffiaden und demokrit. Launen. 8. (III und 100 S. mit eingedr. Holzschn.) Wien 864, Markgraf und Müller. *

— — Zur Statistik der Frauen s. Theater-Repertoir Wiener

— — s. Unterhaltungs-Bibliothek für Eisenbahn-Reisende.

— kleine Wahrheiten. Aus dem Leben — für's Leben. 16. (64 S.) Salzburg 880. Dieter. cart. n. 1.—

Märzroth, L., die Eisenbahn Wien-Aspang u. ihre Gebirgs-Umgebung, s.: Touristen-Führer.

Märzroth [M.], Alt-Wien. Bilder und Geschichten. 8. (III, 186 S.) Leipzig 885, Friedrich. *

Märzroth, bitt' gar schö' — Singa lass'n! Gedichte in Salzburger Mundart. gr. 16. (IV, 75 S.) Salzburg 878. Dieter. n. 1 60

Märzroth, Bitt' gar schö' — Singa lass'n! Gedichte in Salzburger Mundart. 2. verm. Aufl. 12. (IV, 76 S.) Salzburg 883, Dieter. *

— Ernst u. Scherz, s.: National-Bibliothek, deutsch-österreichische.

Märzroth, (M. Barach-), Lieder, Bilder und Geschichten. Gedichte in niederösterreichischer Mundart. Berlin 854. Janke. 16. (2 Bl., 83 S.) 20 ngr.

— Liederbuch ohne Goldschnitt. Dresden 856. Schaefer. (Prag, Kober u. Markgraf.) 16. (2 Bl., 175 S.) n. 15 ngr.

—— Neu-Decameron. Allerlei Geschichten. 8. (III, 279 S.) Leipzig 887, Friedrich. *

— Weltlust. Historietten, Schwänke u. Lieder e. heitern Vaganten. 12. (164 S.) Leipzig 883. Liebeskind. n. 2.40

Märzschrift 1906, gewidmet dem Sänger der Revolution Ferdinand Freiligrath. Red.: Vict. Stein. (8 S. m. 1 Taf.) gr 8. Wien, Wiener Volksbuchh. n. — 20

Märzschrift 1908. Red.: Vikt. Stein. (8 S. m. 1 farb. Taf.) 36,5×27 cm. Wien (908). Wiener Volksbuchh. — 20

— 1909. Red. v. Steph. Grossmann. (8 S. m. 1 Abbildg. u. 1 farb. Taf.) 36×27 cm. Ebd. (909). — 20

Märzschrift 1910. Red. v St. Grossmann. (8 S. m. Abbildgn u. 1 farb. Taf.) Wien, Wiener Volksbuchh 1910. —. 20.

Märztage, Die, 1848. Kiel 1851. V: *Lobedanz, Edmund.* (Collin, Anonymer. Kiobenh. 1869.)

Die Märztage 1848 in Kopenhagen. Stimmungen und Erlebnisse eines Augenzeugen. Hrsg. und mit einer politischen Nachschrift versehen von einem Schleswiger. Kopenhagen 1851. 8.

Märztage, Die Berliner. Vom militairischen Standpunkte aus geschildert. Zweite Aufl. Berlin 1850. V: *Arnim-Boytzenburg, Adolph Heinrich Graf von.* (BrMm)

Märztage, die berliner. Vom militair. Standpunkte aus geschildert. gr. 8. (120 S.) Berlin 850, Mittler und Sohn.

— die drei. 1848. Würdiger als denkbar. Nicht beschrieben nur besprochen. 8. (16 S.) Wien 848, Gerold, Verlag.

Die Märztage des Jahres 1798. (Umschlagt. Bern 1798.) Kriegsgeschichtl. Darstellg d. Ereignisse im Kampfe Berns m. d. französ. Armeen. M. 2 geograph. Übersichtskt. u. d. Truppenstellgn im Febr. u. März 1798 v. Major Dr. Badertscher in Bern, nebst e. Einl. u. e. Anh., enth. verschied. Berichte v. Augenzeugen. Ill. v. Hans Beat Wieland, Kunstmaler in München. Hrsg. v. Dr. Hans Balmer, in Bern. *Bern: Schmid & Francke 1898* (2 Bl., 133 S., 4 Taf., 2 Kt.) 1 Bd 4. [94. 1078]

Märztage, Die, Münchens. Nebst Aktenstucken. München 1848. 8° 16 S. (1 Mk. 50 Pfg. Rich Hartel, Dresden, 1909.)

— die, Münchens. Nebst Aktenstücken. gr. 8. (16 S.) München 848, Kaiser. 3 ngr

Märzveilchen. Eine Samml. v. Novellen rc. Von Emmy ..... (Emilie Marie Zanini.) Als Denkmal ihren Manen gestiftet. (Mit e. Vorw. v. F. W. Jaggi.) 1. u. 2. Bdchn. gr. 12. (13¹⁄₂ u. 14 B.) Wien 834, Tendler. à

Märzveilchen — dargebracht der Königin des Himmels, Maria, durch den Marien-Verein der Gymnasial-Schüler zu Tyrnau. Von J. L., Religionslehrer. 24. (32 S.) Druck von S. Winter. 1854.

Märzveilchen. Gedichte von J. K. 16. (231 S.) Augsburg 883, Kranzfelder'sche Buchh.

Marzy, J. H., orthograph.-deutsches Wörterbuch, welches den Grundregeln der moral. Sprachlehre gemäß verfert. wurde. 8. Iglau 794. (Gastl, Brünn). 1 rf

Mas, Christian [Praes.], s. Boedecker, Johann Eubert Cogitata de disciplinarum moralium limitibus accuratius constituendis.

Masius, Christian (Cammin/Pommern), Disputatio juridica tertia selectiora juris principia. Präs. Jo. Tobias Richter. Leipzig (Langenheim) 6. III. 1748. 16 S. (4.—) 22351

Mas, Christian [Praes.], s. Rudel, Gotthard Karl Wilhelm: De historiae patriae utilitate

— — u. **Jo. Christian Lange** (Chemnitz / Meißen), De consiliorum controversias tollendi vanitate. Leipzig (Langenheim) 22. V. 1754. 50 S. (5.—) 22352

Maes, Bonif., kurzgef. geistl. Wissenschaft göttl. Dinge. 8. Ausgsb. 770. J. Wolf. 3 ß

Maes, C., die Geschlechtskrankheiten, s.: Engel-Reimers, Jul.

Maes, Chr Ein Beitrag zur Aetiologie der Myopie Kiel 1884

Maes, F., Bonif., Vocabular. Psalterii David. fol. Gandavi. 706.

— kurzgef. geistl. Wissenschaft göttl. Dinge. 8. Augsb. J. Wolf. 770.

Maes, Conr. Henr., De coxalgia. Diss. inaug. med. Kiliæ. 1812. (U. B.).

Maes, Nicolas, Träumerei, s.: Blätter, bunte, aus aller Welt.

Masaccio's Biographie und Charakteristik, s. Woermann, K.

Masaccio, s. Meisterbilder von Paolo Uccello

Masagniello furioso oder: Die neapolitanische Fischer-Empörung. Musicalisches Schau-Spiel . . . 1706 . . . Hamburg. V: *Feind, Barthold.* (Schr)

Masaidek, Franz

Gimpelmeyer's Fahrt zur Krönung nach Pest. Von Franz Masaidek Illustrirt v. C. v. Stur. 8. (46 S.) Wien, Waldheim. 1867. 25 kr

Masaidek, Frz., Gimpelmeyer beim Konzil. Illustr. von C. Juch. Wien 870. v. Waldheim. 8. (48 S. mit eingedr. Holzschn.) n. 5 ngr

Masaidek, Frz., Gimpelmeyer beim Konzil. Illustr. v. C. Juch. gr. 16. (48 S. m. eingedr. Holzschn.) Wien 871. v. Waldheim. n. — 50

Masaidek, Franz Friedrich

Masaidek, F. F. Lose Gedanken. (2. Aufl.) 8. (IV. 72 S.) Wien 892, (Lesk). 1 —
Aus Ostdeutsche Rundschau, besonders abgedruckt

— Herzerfrischungen. [Erinnerungen an Ludw. Anzengruber Adf. Glaßbrenner. Wienerisches. Humoristische Figuren. Kunterbunt. Lose Gedanken.] 12. (VIII, 157 S.) Ebd. 893. n. 1. 40; geb. n. 2. —

Herzerfrischungen von F[ranz] F[riedrich] **Masaidek.** Wien: Lesk & Schwidernoch 1893. (VIII, 157 S.) 8° [S.] [96. 1070]

Masaidek, F. F., Georg Schönerer u. d. deutschnationale Bewegung. gr. 8. (39 S. m. 1 Bild.) Wien 898. F. Schalk. n. 1. —

Geflugelte Worte aus und über Oesterreich. Von Argus [d. i. Franz Friedrich **Masaidek**]. Ein Suppl. zu Büchmann's 'Geflügelten Worten.' *Wien: F Schalk 1896.* (64 S.) 8° [F.] (ow. 3355

Mašák, Wenzel St., Unsere Standespflichten. Erläut. u. an geschichtl. u. kriegsgeschichtl. Beispielen d. österreichisch-ungar. Monarchie u. d. k. u. k. Heeres dargethan. gr. 8. (208 S.) Wien 898. (L. W. Seidel & Sohn.) n. 3. —

Mašák, Wenzel Stefan, k. k. Oberlieut. des Reg. Die tapferen und ausgezeichneten Thaten des k. k. Inft.-Reg. Nr. 11. Seit seinem Errichten 1629 bis zum Jahre 1887. Mit Einflechtung der zum Verständniss nöthigen historischen Notizen. (Mit 1 Titel-Illustration.) 8. Prag 1887.

Masal, Hans: Entwicklung der Reihen der Gyldén'schen Störungstheorie bis zu Gliedern zweiter Ordnung . . München, Druck d. akad. Buchdr. v. F. Straub, 1892; 68 S. 4.
München, Phil. Fak., Inaug.-Diss. v 1892

Masali, Prinzess. u. ihr Erkohrner rc., s.a. Meisterskizzen illum. v. K. Langbein. 1ste Lief.

Masali, Prinzeß, u. ihr Erkohrner. Eine abentheuerl. Liebesgeschichte; aus d. Persischen gedollmetscht von Karl Langbein. 8. Zeitz 812. Webel. 1 ℔

Masaniello

— — s. auch Gallerie merkw. Menschen rc.

Masaniello, a. d. Ital. des Alex. Giraffi. 8. Augsburg, Klett. 776.

Masaniello von A. G. Meißner, 8. Leipzig, 784. Breitkopf. 13 sgl.

Masaniello, oder 8 Tage in Neapel. Ein Revolutions- und Volksgemälde des 17n Jahrhunderts; aus d. Französ. v. *r. (G. W. Becker). 2 Bdchn. 8. Leipz. 824. Kollmann. 2 ℔ 6 gr

Masaniello, od. d. Volksaufstand zu Neapel 1647. (Geschichtl. Factum, welches Scribe's Oper: „die Stumme v. Portici," zum Grunde liegt. Frei nach d. Franz. v. A. Diezmann. 16. (6¼ B.) Leipzig 830, Baumgärtner.

Masaniello von Neapel. Original-Trauerspiel in fünf Aufzügen. Berlin 1789. V: *Albrecht, Johann Friedrich Ernst.* (BrMm)

Masaniello v. Neapel. Trauersp. in 5 Aufz. v. Albrecht. 8. Berlin, Himburg. 790.

— — dasselbe, neue Aufl. 8. Leipz. Liebeskind. 799.

Masao Hirai: Ueber die landwirtschaftlichen Verhältnisse Japans m. Berücks. d. Grundsteuer u. d. landwirtschaftlichen Kredites. Diss. Jena 1890. 77 S.

Jos. Ferd. Masarei diss. sist. argumentum, morbos venereos esse morbos antiquos. Vienn. 1837. 8.

Masarey, Arnold. Kasuistische Beiträge zur Kenntnis des Haematoma vulvae et vaginae. Diss. Med. Basel. 31 S. 8. Basel, Emil Birkhäuser, 1909.

Masařik, Jos., böhmische Schulgrammatik. Für deutsche Mittelschulen und Lehrerbildungsanstalten bearb. gr. 8. (VIII, 348 S.) Prag 878, Tempsky. *

Masařik, böhmische Schulgrammatik. Für deutsche Mittelschulen und Lehrerbildungsanstalten bearb. 2. verb. Aufl. (VIII, 375 S.) 1880; 3. verb. Aufl. gr. 8. (VIII, 401 S.) Prag 883, Tempsky. — Leipzig, Freytag. *

Masařik, Jos., böhm. Schulgrammatik. Für deutsche Mittelschulen u. Lehrerbildungsanstalten. 4. Aufl. gr. 8. (VIII, 311 S.) Prag 886. Tempsky. n. 2. 40; Einbd. n.n. — 40

Masařik, Jos., böhmische Schulgrammatik. Für deutsche Mittelschulen u. verwandte Lehranstalten sowie zum Selbstunterricht, 6., zum böhm. nach analytisch-direkter Methode verf. Übungs- u. Lesebuche veränd. Aufl. gr. 8. (V, 256 S.) Prag 902. G. Neugebauer. Geb. in Leinw. n. 2. 80

Sloveso české ve svých tvarech a časich. Das böhmische Verbum in seinen Formen und Zeiten. Jos. **Masařík**. (In 18 Heften.) v Praze A. Haase [1902–05]. (XX, 671 S.) 8° (o. 7831

— Übungs- u. Lesebuch samt Wörterverzeichnis zur böhmischen Schulgrammatik. gr. 8. (VI, 250 S.) Ebd. 902. Geb. in Leinw. n. 2. 80

— das böhmische Verbum in seinen Formen u. Zeiten. (In böhm. u. deutscher Sprache.) 1. u. 2. Hft. gr. 8. (XX u. S. 1—48.) Prag (902). A. Haase. à n. — 70

Masařik, Jos., das böhmische Verbum in seinen Formen u. Zeiten. (In böhm. u. deutscher Sprache.) 3.—18. (Schluß-)Heft. (S. 49—672.) gr. 8. Prag (903—905). A. Haase. à n. — 70; (kplt. n. 12. — ; Einbd. n.n.n. 1. —)

Masaryk Thomas: Das Wesen der Seele bei Plato. 1876 PN 46 Diss. Wien. Univ.

Masaryk, Thomas Garrigue

Masaryk, T. G., die Bedeutung des Polnaer Verbrechens f. den Ritualaberglauben. gr. 8. (III, 94 S.) Berlin 900. H. S. Hermann. 1. —

Masaryk, Thom. G., Ethik u. Alkoholismus. Vortrag, geh. auf der Jahresversammlung v. Deutschlands Grossloge II des Guttempler-Ordens I. O. G. T. in Danzig am 22. VII. 1905. (20 S.) Flensburg 906. Deutschlands Grossloge II. n. — 25

MASARYK, Th. G.
Die philosophischen und sociologischen Grundlagen des Marxismus. Studien zur socialen Frage von Th. G. Masaryk. Wien. 1899. Konegen. Gr.-8°. XV, 600 S. fl. 7.20

Masaryk, Th. G., der Agramer Hochverratsprozess u. die Annexion v. Bosnien u. Herzegowina. 2., ergänzte Aufl. (XII, 128 S.) 8. Wien 909. C. Konegen. 1. 50

— die Ideale der Humanität. Ins Deutsche übertr. v. Heinr. Herbatschek. gr. 8. (48 S.) Wien 902. C. Konegen. n. 1. —

— Palacký's Idee des böhmischen Volkes. 8. (74 S.) Prag (Weinberge 856) 898. Jul. Aug. Žalud. 1. —

— ein Katechetenspiegel. Autoris. Uebersetzg. aus dem Tschech. I. Die Masarykprozesse. II. Wissenschaft u. Religion, Religion u. Schule. III. Der Katechetenspiegel. (128 S.) gr. 8 Frankfurt a/M. 906. Neuer Frankfurter Verlag. (Für Oesterreich: Wien, C. W. Stern.) n. 1 20

Masaryk, Th. G., D. wissenschaftl. u. philosoph. Krise innerhalb d. gegenwärt. Marxismus. [Aus: „Die Zeit".] gr. 8. (24 S.) Wien 898. Administration „Die Zeit". n. 1. —

— die Nothwendigkeit der Revision des Polnaer Processes. (Interpellation Kronawetter im Abgeordnetenhause am 9 XI. 1899.) gr. 8. (31 S.) Wien 899. Administration „Die Zeit". n. — 20
Sonderabdruck aus: „Die Zeit".

Masaryk, Thom. Garrigue, der Selbstmord als sociale Massenerscheinung der modernen Civilisation. gr. 8. (XV, 245 S.) Wien 881. Konegen. n. 6. —

Masaryk, Thom. Garrigue, Dav. Hume's Skepsis und die Wahrscheinlichkeitsrechnung. Ein Beitrag zur Geschichte der Logik und Philosophie. gr. 8. (16 S.) Wien 881, Konegen.

Masaryk, Thom. G., Versuch einer concreten Logik. [Classification und Organisation der Wissenschaften.] gr. 8. (XVI, 318 S.) Wien 887, Konegen. *

Masaryk, Th. G., Freie wissenschaftliche u. kirchlich gebundene Weltanschauung u. Lebensauffassung. Die kirchenpolit. Bedeutg. der Wahrmund-Affäre. (V, 98 S.) 8. Wien, C. Konegen. 1908. 1. —

Masatsch, Jh., Enthüllungen für den Landwirth u. Gärtner von unnennbarem Nutzen. I. Bereitung eines wunderbar wirkenden Wassers. — II. Eine Düngung des Erdbodens. — III. Die beste Art der Reinigung der Bäume v. Ungeziefer. 8. Wien 846, Jasper'sche Buchh. verklebt. n. 1/3 ₰

Masatsch, Joh., Enthüllungen f. d. Landwirth u. Gärtner v. unnennbarem Nutzen. 1. Bereitung e. wunderbar wirkenden Wassers. 2. Eine Düngung d. Erdbodens. 3. Die beste Art d. Reinigung d. Bäume v. Ungeziefer. 8. Wien 1846. (Fr. Manz.) — 10

Masbaum, G., Fibel oder erstes Schulbuch. Paderborn 862. Junfermann. 8. (32 S.) n. 1 ngr.; geb. n. 2 ngr.

Masbaum, G., Fibel oder erstes Schulbuch. 2., für die Schreib-Lese-Methode eingerichtete Aufl. Paderborn 867. Junfermann'sche Buchh. 8. (40 S.) n. 1⅓ ngr.

Masbaum, G., Fibel oder erstes Schulbuch. 3., für die Schreib-Lese-Methode eingerichtete Aufl. gr. 8. (40 S.) Paderborn 870, Junfermann'sche Buchh. *

Masbaum, G., s.: Lehrer-Adress-Kalender für die Consistorial-Bezirke Osnabrück u. Hildesheim etc.

Masbaum, G., Lesebuch für Unter- und Mittel-Klassen in katholischen Volksschulen. 8. (128 S.) Paderborn 861, Junfermann'sche Buchh. *

—— Lesebuch für Unter- und Mittel-Klassen der katholischen Volksschulen. 2., verm. Aufl. 8. (128 S.) Paderborn 864, Junfermann'sche Buchh. *

Masbaum, G., Rechenbuch für Volksschulen mit besonderer Rücksicht auf das Königr. Hannover. 1. Heft. 2. Aufl. und 2. Heft. 8. (IV und 123 S. und Antworten 36 S.) Osnabrück 853. 54, Overwetter. *

—— dass. — 2. Heft. Neue, nach den gesetzl. Bestimmungen über Münze und Gewicht veränd. und sehr verm. Aufl. 8. (IV und 124 S.) Ebendas. 859. * * 4 Ngr.; geb. * *

— Rechenbuch für Volksschulen. 1. Heft. 4., nach den gesetzlichen Bestimmungen über Münze u. Gewicht veränd. u. verb. Aufl. Osnabrück 860. Overwetter. 8. (IV, 76 S.) n. 2⅓ ngr.

—— Rechenbuch für Volksschulen. 1. Heft. [Rechenfibel.] 8. (48 S.) Osnabrück 869, Overwetter. * 20 Pf.; geb. *

—— dass. — Kopf- und Tafelrechnen. 2. Heft. 7., gänzlich umgearb. Aufl. 8. (96 S.) Ebendas. 870. *

— Rechenbuch f. Volksschulen. Kopf- u. Tafelrechnen. 3. Hft. 1. Thl. 4. Aufl. Gänzlich umgearb., unter Zugrundlegg. der neuen Maß- u. Gewichtsordng. 8. (IV, 64 S.) Osnabrück 871 Overwetter geb. n.n. — 40; Antworten dazu. 8. (18 S.) n.n — 15

Masbaum, G., Thierschutz. Ein Büchlein für Jedermann, besonders für die Jugend. 8. (24 S. mit 12 eingedr. Holzschn.-Abbild.) Osnabrück 879, Veith.

Masbaum, G., Thierschutz. Ein Büchlein für Jedermann, besonders für die Jugend. 2. und 3. Aufl. 8. (24 S. mit 12 eingedr. Holzschn.-Abbild.) Osnabrück 880, Veith.

Masbaum, G., Tierschutz. Ein Büchlein f. jedermann, besonders f. die Jugend. 4., verb. Aufl. gr. 8. (24 S. m. 12 Abbildgn.) Paderborn 894. Junfermann. n. —20

Masberg, Hermann: Goethes Lyrik, ihre Behandlung auf der Oberstufe. Lissa 1906: A. Schmädicke. (31 S.) 8° [F.]
Lissa, k. Comenius-G OP 1906 (201)

Masberg, J., französische Elementar-Grammatik zunächst f. sechsklassige Schulen. 2. umgearb. Aufl. (XI, 234 S.) 8. Berlin (889). Stuttgart, Union. (Urspr.-Pr. 2. 80)

Masberg, J., französische Grammatik für sechsklassige Schulen. gr. 8. (X, 297 S.) Stuttgart 883, Spemann. *

Masberg, J., premier livre de lectures en prose et en vers. 8. (X, 226 S.) Düsseldorf 893. A. Schneider Kart. n. 1. 50

—— kurzgefaßte französische Syntax. [II. Tl. der französ. Grammatik für sechsklass. Schulen.] gr. 8. (VIII, 70 S.) Ebendas. 886. *

— Erstes Übungsbuch zur französischen Elementar-Grammatik. (VI, 107 S.) 8. Ebd. 889. (Urspr.-Pr. 1. 60)

—— Übungsbuch zur französischen Syntax. gr. 8. (VIII, 150 S.) Ebendas. 885. *

Masberg, [Jakob], Dir. Prof. Bericht über die Einweihungsfeier. Düsseldorf 1904 A. Bagel. (Sp. 29—44.) 4°
Düsseldorf, st. Reform-RG P 1904 (500)

Masberg, *Jakob* [Dir. Prof.]: Bericht über die Einweihungsfeier *des neuen Realschulgebäudes an der Prinz-Georg-Strasse.* Düsseldorf, E. Lintz, 1897; 10—17 S. 4.
Düsseldorf, st. R an d. Prinz-Georg-Strasse, OP 1897 (514)

Lieder .. von Johannes Masberg. (Hrsg. Kurt v Scholten.) Bd[1.] 2. *Bethel b. Bielefeld: Anst. Bethel 1902.* 2 Bde 4° [F.]
[1.] Lieder f. 1 Singstimme nebst Duetten u. Terzetten mit Pianofortebegl.
2. Lieder u. Motetten f. gem. Chor, 3 oder 4 Frauenstimmen. [03. 3879 G

Mascagni, Paolo

— Beschreib. der einsaugenden Gefäße rc. s. Cruikshank, Geschichte der Saugadern. 2r Bd.

Mascagni, Paolo [Vasorum lymphaticorum corporis humani Historia et ichnographia. Deutsch] Geschichte und Beschreibung der einsaugenden Gefäße oder Saugadern des menschlichen Körpers. Aus d. Lat. Mit einigen Anm u Zusätzen verm hrsg. von Christian Friedrich Ludwig. Leipzig Weidmann 1789 XII, 179 S. 8°
(= Cruikshank u. Paul Mascagni: Geschichte und Beschreibung der Saugadern des menschlichen Körpers. Bd 2)

— **vasorum lymphaticorum corporis humani. hist. et ichnographia. fol. maj. Senis. 787.**

Mascagni, Paolo, Prodromo della grande Anatomia. Seconda Opera postuma. Posta in ordine e publicata da Franc. Antommarchi. con 20 tavole in rame. Fol. gr. Firenze, 819. (Vienna, Volke.) 6

Mascagni, Paolo [Vasorum lymphaticorum corporis humani Historia Deutsch:] Neue Theorie der Absonderungen durch unorganische Poren u. dessen Geschichte der Lymphgefäße. Aufs neue hrsg. u. mit e. 2 Th. worin [Vasorum minorum Vindicatio & secretionum per poros inorganicos refutatio. Deutsch:] Das Daseyn [Dasein] der Gefäße der zweyten Art behauptet u. die Absonderung durch unorganische Poren widerlegt wird, verm. von Peter Lupi. Aus d. Lat. übers. [Übers. Christian Friedrich Ludwig.] Th. 1 2 Leipzig: Weidmann 1799 8°

Mascagni, Pietro. Cavalleria rusticana [sicilianische Bauernehre]. Oper in 1 Aufzuge. Dem gleichnam. Volksstück v. G. Verga entnommen v. G. Targioni-Tozzetti u. G. Menasci. Nach der deutschen Bearbeitg. v. Osc. Berggruen f. das k. k. Hofoperntheater in Wien eingerichtet. Musik v. P. M. Textbuch. 8. (30 S.) Berl. 891, Bote u. Bock. * — 50
Vgl. Dwelshauvers-Dery. F V

Mascagni, Pietro, Freund Fritz. Lyr. Lustspiel in 3 Acten v. P. Suardon (nach Erckmann u. Chatrian). Deutsch v. Max Kalbeck. Musik v. M. Textbuch. 8. (52 S.) Mailand 893. (Berlin, E. Bote & G. Bock.) — 75

Freund Fritz. Lyrisches Lustsp. in 3 Akten von P. Suardon (nach Erckmann u. Chatrian). Deutsch von Max Kalbeck. Musik von Pietro **Mascagni**. *Mailand: E. Sonzogno 1893.* (52 S.) 8° [oo. 4839

— d. Rantzau. Oper in 4 Acten v. G. Targioni-Tozzetti u. G. Menasci. (Nach Erckmann u. Chatrian.) Deutsch v. Max Kalbeck. Musik v. M. Textbuch. 8. (52 S.) Berlin (892). E. Bote & G. Bock. — 75

William Ratcliff von Heinrich Heine. Musik von Pietro **Mascagni**. Der deutsche Text ist nach d. Uebers. von Maffei mit möglichster Beibehaltung des Heine'schen Originals von Emil Taubert bearb. worden. [Textbuch.] *Berlin E. Bote & G Bock [1895].* (52 S.) 8° [oo. 5649

— **Santuzza, s. Freyhold, Edm. v.**

— **aus dunklen Tagen. 12. (100 S. m. Abbildgn.) Wien 893. J. Dirnböck. Geb. in Leinw.** n. 2. —

Mascamp, H., tabulae chronol., in quib universae hist. compend. exhib. fol. Lips. Weidmann. 717.

Mascardus, Josef

— **conclusiones practicae probationum omnium, cum Addition. et Repertorio. IV Vol. Francof. Andreae.**

Mascardus, Jos Conclusiones probationum omnium quibusvis in utroque foro versantibus practicabiles . in quatuor vol. distinctae Hisce canonicae, civiles, feudales, criminales, atque materiae ordine alphab distinctae, continentur Iisdemque additiones Jo Aloys. Ricii et Barth Nigri in fine annexae sunt. Ed ultima. T 1–4. Francofurti ad M 1703. 2 Bde fol

Mascard, Ios., conclusiones probationum omnium, quibus via in utroq. foro versantibus, practicabiles, utiles, necessariae, in IV Tom. distrib. fol. Francof. 731.

Mascari, Pet., Rede v. dem körperl. Unterschiede zwischen Thier u. Mensch. 8. Gött. Vandenhök. 771.

Mascart, E., Handbuch der statischen Elektricität. Deutsche Bearbeitung von Ign. G. Wallentin. Mit in den Text eingedr. Holzschn. (In 2 Bdn.) 1. Bd. 2 Abthlgn. gr. 8. Wien, Pichler's Wwe. und Sohn. [1. Abthl. (V, S. 1—539.) 883. *M 14.; 2. Abthl. (VI, S. 541—930.) 885. *M 9.] *

Mascart, E., Handbuch der statischen Elektricität. Deutsche Bearbeitung von Ign. G. Wallentin. Mit in den Text eingedr. Holzschn. 2. Bd. 2 Abthlgn. gr. 8. Wien, Pichler's Wwe. und Sohn. [1. Abthl. (S. 1—391.) 886. *M 9.—.; 2. Abthl. (S. 393—690.) 887. *M 7.—.] *
1. Bd. 2 Abthlgn. Ebendas. 1883,85. *M 23.—.

— **u. J. Joubert, Lehrbuch der Elektricität u. d. Magnetismus. Autoris. deutsche Uebersetzg. v. Leop. Levy. (In 2 Bdn.) 1. Bd. Mit 127 in den Text gedr. Abbildgn. gr. 8. (XVIII, 592 S.) Berlin 886. Springer.** n. 14. —

— **u. J. Joubert, Lehrbuch der Elektricität u. d. Magnetismus. Autoris. deutsche Uebersetzung von L. Levy. 2. Bd. Mit 137 in den Text gedr. Abbildgn. gr. 8. (XII, 716 S.) Berlin 888. Springer.** n. 16. —; geb. n. 17. 20 (cplt.: n. 30 —; geb. n. 32. 40)

MASCAU, JOH. AUG., Gedancken von dem Glücke. 1. Theil. Hamburg und Lpz. 1749.

Masch [Sachliches OW]

Masch, Carl, d. gefürcht. Bandit d. Mark, od. Zehn Jahre in Höhlen verlebt. Sein vielbewegtes Leben, Gefahren u. Abenteuer, s. seltsamen Erlebnisse, Raubzüge u. schauerl. Ende. Kriminal-Roman aus d. Vergangenheit. 1. bis 84. Hft. gr. 8. (2016 S. m. je 1 Bild.) Berlin 897. 98. Weichert. à — 10

Masch, Carl, der gefürchtete Bandit der Mark, od. Zehn Jahre in Höhlen verlebt. Sein vielbewegtes Leben, Gefahren u. Abenteuer, seine seltsamen Erlebnisse, Raubzüge u. schauerl. Ende. Kriminal-Roman aus der Vergangenheit. 85.—100. (Schluß-)Hft. gr. 8. (S. 2017—2400 m. je 1 Bild.) Berlin 899. A. Weichert. à — 10

Masch [Verfasser]

Masch, holsteinische und lauenburgische Siegel des Mittelalters, s. Siegel des Mittelalters aus den Archiven der Stadt Lübeck.

Masch und C. J. Milde, meklenburgische Siegel des Mittelalters, s. Siegel des Mittelalters aus den Archiven der Stadt Lübeck.

Masch, A., Grundzüge der Witterungskunde für prakt. Landwirthe und Studirende der landwirthschaftl. Lehranstalten. 1. Aufl. (128 S.) 1871. *ℳ 2,60., und 2. verb. Aufl. gr. 8. (VIII, 133 S.) Wien 875, Faesy und Frick. *

Masch, A., Polyglotton medicum, c. Anleit. z. Verständigung d. Arztes mit d. Kranken in sechs Sprachen, mit Rücksicht auf die Hauptsprachen d. Völker d. österr. Kaiserstaates, Deutsch, Böhmisch, Polnisch, Ungarisch, Italienisch, Französisch, enth.: eine systemat. Zusammenstell. v. Fragen, Antworten u. a. kurzen Aeußerungen nach d. Forderungen d. Diagnose, Prognose u. Therapie. qu. gr. 8. (5 B.) Wien 839, Gollinger.

Masch, A., landwirthschaftliche Thierheilkunde. Ein Leitfaden des thierärzl. Unterrichtes an ökonom. Lehranstalten. 2., verb. Aufl. gr. 8. (VIII und 418 S.) Wien 857, Braumüller's Verlags-Conto. *

Masch, A., landwirthschaftliche Thierheilkunde. Ein Leitfaden des thierärztlichen Unterrichtes an ökonom. Lehranstalten. 3. verb. Aufl. Wien 868. Braumüller. gr. 8. (VIII, 424 S.) n. 2 ₰

Masch, A., landwirthschaftliche Thierheilkunde auf anatomisch-physiologischen Vorbegriffen. Leitfaden des thierärztl. Unterrichtes an landwirthschaftl. Lehranstalten. 4. verb. Aufl. gr. 8. (VIII, 416 S.) [Wien 880, Braumüller.] Berlin, Parey.

Masch, Andr Gli

—Abhandl. von d. Ehegesetzen u. den verbotenen Graden. 8. Rost. 760.

—Abhandl. v. der Grundsprache des Evangel. Matthäi. gr. 8. Halle 755. (Hahn in Hann.) 6 gr.

—Abhandl. von d. Religion d. Heiden u. Christen. 3 Thle. 8. Halle 748—53. Schwetschke u. S. (1r 6 gr., 2r 4 gr., 3r 12 gr.) 22 gr. bei Gebauer. 1 ₰ 9 gr.

— — dass. 3 Thle. 8. Halle, Hemmerde u. Schw. 748-53. (1r 6 gr. 2r 4 gr. 3r 12 gr.)

Masch, Andr. Gli., († d. 26 Oct. 1807.) theolog. Abhandll. 4 Thle. 8. Rostock 756—63. (Bödner in Schwerin). 1 ₰ 2 gr.

—Abhandl. von Vertheilung d. Hebungen des Gnadenjahrs u. d. Berechn. d. Wittwengehalts. 8. Neubrandenb. 792.

—die gottesdienstl. Alterthümer der Obotriten, aus d. Tempel zu Rethra am Tollenzer See, erläutert, mit Kpf. gr. 4. Berl. 771. (Breitkopf u. H. in Leipz.) 10 ₰

s. Baumgarten, S. J., Ausleg. d. Briefe Pauli.

—Beitrr. z. Erläuter. d. obotritischen Alterthümer. 4. Schwer. 774. Bödner. 12 gr.

MASCH, A. G., Beyträge zur Geschichte merkwürdiger Bücher. Stück 1—8 (soviel ersch.?). Bützow u. Wismar 1769—1774. 8°. (In Rostock, Landesbibl.) Selten!

—Beitrr. z. Geschichte merkw. Bücher. 9. Stück. 8. Schwerin 769—76. Bödner. 1 ₰ 2 gr.

Masch, Andr. Gli., Betracht. üb. die vorbild. Bedeutungen d. Aufopferung Isaacs. 8. Bützow 783. Bödner. 3 gr.

— Betracht. üb. d. Aufopferung Isaacs. 8. Wismar, Bödner. 763.

— s. Bibliotheca sacra.

—der Gerechtsame d. Kirche u. ihres Lehrbegriffs. 8. Halle 789. Gebauer. 9 gr.

Masch, A. G., von der Grundsprache des Ev. Matth. Halle 1755. 8.

— s. F. W. Kraft, theolog. Bibl.

—Lehre v. Christo, dem Heiland d. Welt, in einigen Predigten abgeh. 2 Thle. 8. Rost. 759—61. (Bödner in Schw.) 18 gr.

—die Lehre v. Jesu Christo d. Erlöser. 2 Thle. gr. 8. Leipz. 763 u. 64. Breitkopf u. H. 1 ₰

— s. Leland Abhandl.

—Predigten 1s u. 2s Zehend 8. Rost. 762 u. 63.

— Predigten üb. Evangel. bey Amtsveränder. 8. Rostock. (Bödner, Schwer.) 757.

—5 Predigten. 8. Rost. 758. (Bödner in Schwer.) 4 gr.

—Predigten in d. Hofkapelle zu Neustrelitz gehalt. gr. 8. Halle 782. Gebauer. 18 gr.

— Predigten üb. auserles. Stellen d. heil. Schrift auf alle Sonn- u. Festt. 4. Frankf. Garbe. 776.

—Prüfung d. Uebersetz. d. N. Test. mit Anmerkk. f. denkende Leser. 2 Thle. 8. Bützow u. Wism. 765—67. Bödner. 16 gr.

—die Rechte d. Gewissens bei d. Lehrvorte. in d. protest. Kirche. 8. Halle 791. Gebauer. 18 gr.

—Religion, Glaube u. Tugend, im Verhältn. gegen einander betr. 8. Schwer. 788. Bödner. 12 gr.

— Rettung d. Ehre Gottes u. der Unschuld Abrahams bey d. Aufopfer. Isaacs. 8. Rost. Berger. 755.

— Unters. v. d. Lehre v. d. Entäußerung des Erlösers nach der Schrift. 8. Rostock, Berger. 755.

—das Verhältniß des Judenthums u. Christenthums ꝛc. 8. Neustrel. 800. Albanus. 6 gr.

— Versuch d. Nothwendigk. d. nähern Offenbar. zu erweisen ꝛc. 8. Halle, Gebauer. 747.

— — dasselbe. 8. Halle, Hemmerde u. Schw. 747.

—ein Versuch üb. die symbol. Offenbar. Gottes in den verschied. Verfass. seines Reichs. gr. 8. Halle 776. Gebauer. 12 gr.

— s. Vertheidigung Luthers u. d. Reformationsgeschichte.

Masch, F. W., Anleit. z. Erkenntniß d. christl. Religion. 8. Hamb. (Stiller in Rostock.) 777.

Masch, G. M. C., Einleitung in die Genealogien der Fürstenhäuser Europa's u. Beschreibung ihrer Wappen. 8. Lübeck 824. Aschenfeld. 16 gr.

Zur ältesten Geschichte der Domainen im Fürstenthum Ratzeburg v G. M. C. Masch. Schönberg 1852. 8°

Masch, G. M. C., Geschichte d. Bisthums Ratzeburg. gr. 8. (49¾ B.) Lübeck 835, Aschenfeldt. Thlr. *

Masch, G. M. C., Geschichte und Urkunden der Familie v. Kardorff. gr. 8. (XIV und 351 S. mit 5 Stnt., wovon 2 ill., und 1 Tab. in gr. Fol.) Schwerin 850, (Stiller'sche Hofbuchh.) *

Masch, G. M. C., Geschlechts-Tabellen u. Wappenbeschreibungen z. Wappen-Almanach d. souver. Regenten Europa's. gr. 4. (22 B. u. 1 lith. Plan.) Rostock 842, Tiedemann.

Gesetze, Verordnungen und Verfügungen, welche für das Fürstenthum Ratzeburg erlassen sind. Hrgg. v. **G. M. C. Masch.** Schönberg. 1851 4°

MASCH, G. M. C., Das Jahr der Stiftung des Bisthums Ratzeburg. Schönberg. 1834. P.

Die Siegel des Dom-Capitels zu Ratzeburg v **G. M. C. Masch.** Schönberg i. Meckl. (1866.) 8°

— s. Wappen-Almanach der souver. Regenten Europa's.

Masch, Karl

Masch, Carl, Assist. am physikal. Inst.: **Intensität und atmosphärische Absorption aktinischer Sonnenstrahlen.** *Kiel 1901: Schmidt & Klaunig.* (43 S.) 8° ¶(Aus: Schriften d. Naturw. Vereins f. Schleswig-Holst., Bd 12, H. 2)
Kiel, Phil. Diss. v. [11 Dez.] 1901

Masch, Carl, a. Berlin: Die Voraussetzungen des kaufmännischen Zurückbehaltungsrechts bei normaler Vermögenslage des Schuldners (§ 369 HGB.). Borna-Leipzig 1906: R. Noske. (VIII, 38 S.) 8° [F.]
Leipzig, Jur. Fak., Diss. v. 18. Sept. 1906
[Geb. 22. Aug. 77 Demmin i. P.; Wohnort: Charlottenburg; Staatsangeh.: Preußen; Vorbildung: Gymn. Sangerhausen Reife O. 00; Studium: Berlin 2, Bonn 1, Berlin 1, Kiel 1, Berlin 2 S.; Rig. 21 Dez. 05.]

Masch, Carl Friedrich (Meckl.), De vulnerum tum fortuitorum tum operationibus illatorum curatione et de iis quae operationibus praemittenda sunt. Jena (Schlotter) 2. VIII. 1805. 31 S. (4.—) 22317
Gew.: Andr. Theoph. Masch, Behm.

Ernst MASCHA Über die Schwungfeder
Diss., Prag 1902/1903

Mascha, Ottok., Félicien Rops u. sein Werk. Katalog seiner Gemälde, Orig.-Zeichngn., Lithographien, Radiergn., Vernis-mous, Kaltnadelblätter, Heliogravüren usw. u. Reproduktionen. Mit 50 Abbildgn., wovon 37 noch nicht reproduziert worden sind, in Heliogr., Lichtdr., Drei- u. Vierfarbenautotypie u. Strichätzg., dann 5 Tab. m. Wasserzeichen u. Sammlermarken. (XVI, 436 S.) Lex. 8. München (910). A. Langen. Geb. in Leinw. 60. —

***Maschao*, Rem. et Joa. Walbrecht, resolutiones ex utroque jure, alias separatim editae, nunc simul collectae. (a D. Hofmann). 4. Augsb. 752. (Rieger). 2 fl 16 xr**

Maschat, R., et I. Walbrecht, resolut. quaest. amplius D. C. in utroq. j. controvers. etc. III pts. 4. Augsb. Rieger. 762.

Maschat, Remig. a s. Erasmo, Collationes theologicae super difficilioribus ss. Scripturarum locis VIII. (Druckort u. Jahr unbekannt.)
Über den Verf., welcher 1747 zu Leipnik in Mähren starb, siehe Wurzbach, a. a. O. Bd. 17, S. 76—77

Masche [Sachliches OW]

Masche, Die tausend und eine, ein blaues Märchen in Versen ... O. O. [17??]. V: *Böttger, Gfr. Conr.* (ML)

Masche [Verfasser]

Masche, Rudolf (Mitarb.), s. a. Reichsgesetz über die Zwangsversteigerung und Zwangsverwaltung

Masche, R., u. H. Balla, Reichsgesetz üb. die Zwangsversteigerung u. Zwangsverwaltung vom 24. III. 1897 nebst Erläuterungen. Handbuch zum prakt. Gebrauch. 12. (118 S.) Berlin 899. F. Dümmler's Verl. n. 1. 50

Masche, Walther: Physikalische Übungen. Ein Leitfaden für d. Hand d. Schülers. T. 1. (Berlin 1910: Hayn.) 47 S. 8°
Berlin, k. Kaiser-Wilhelms-RG OP 1910 (110) [S 10. 279

Mascheck, Franz Xaver Johann, s. Maschek, Franz Xaver Johann

Mascheck, H., Der Charakter des Aias in dem gleichnamigen Drama des Pr. 1878. 52 S. Wien.

Mascheck, *Heinrich* Utrum in satiris an in epistulis Horatii sententiae inveniantur crebriores. 8 (40 S.).
Progr. K. k Ober-G zu d. Schotten *Wien* 1887

Maschek Alois Über Nervenermüdung bei elektrischer Reizung. S. 95 III. 109 . —36
Separatabdruck

Maschek, Alois, über Nervenermüdung bei elektrischer Reizung. Lex.-8. (18 S.) Wien 887, (Tempsky.) *
Aus: Sitzungsberichte der k. Akademie der Wissenschaften, besonders abgedruckt.

Maschek, Alois, geographisch-statistisches Repertorium der bewohnten Orte im Königr. Dalmatien. Auf Grund amtl. Daten bearb. hoch 4. (XXXIII, 286 S.) Zara 888. (Internationale Buchh.) n.n. 4. —

Maschek, Camillo, *Lehrer a. d. Musikschule zu Laibach.* Cäcilia. Musikalische Monatshefte für Landorganisten, Schullehrer u. Beförderer der Tonkunst auf dem Lande. Herausg. mit besond. Berücksicht. derjen. Landpfarren, in welchen die sloven. Sprache die herrschende ist. *Laibach.* Lithogr. bei *J. Blasnik.* 9 Hefte. S. 1—71. 4°. Prän.-Pr. pr. Heft 15 kr. — Ladenpr. 20 kr.

Maschek, Camillo, deutsch-slovenische Kindergesangschule für Normal- und Trivialschulen. II. Thl.: Uebungen und Lieder für untere Classen enthaltend. 8. (... S.) Laibach 860, Giontini.

Maschek, Franz Xav. Joh. — Neue Theorie der allgemein als der zweckmäßigsten, vollkommensten und wohlfeilsten anerkannten nordamerikanischen Brücken-Konstruktionen, nach Town's, Long's und Howe's System, wie auch ihrer in der neuesten Zeit erfundenen Vereinfachung und Verbesserung von Neville und Clark auf eine originelle, leicht faßliche Weise (ohne höhere Mathematik) dargestellt von — —.

1tes Heft mit einer Kupfertafel, enthält: Allgemeine Grundsätze zur Berechnung der Tragfähigkeit hohler Träger (Tragwände) mittelst gestatteter, in den Gränzen vollkommener Elasticität liegenden Belastungen, nebst Angabe der wechselseitigen Abhängigkeit der Ausdehnung, Zusammenpressung, Biegung (des Pfeiles), und Lage der neutralen Achse „von dem Modul der Elasticität," und die Theorie der Town'schen Gitterwerk-Brücken. Prag, 1857. Druck von Johann Spurny. (56 S. 4)

Maschek, Franz Xav. Joh. — Neue Theorie der allgemein als der zweckmäßigsten, vollkommensten und wohlfeilsten anerkannten nord-amerikanischen Brücken-Konstruktionen, nach Town's, Long's und Howe's System, wie auch ihrer in der neuesten Zeit erfundenen Vereinfachung und Verbesserung von Neville und Clark auf eine originelle, leicht faßliche Weise (ohne höhere Mathematik) dargestellt von — — 2tes Heft mit einer Kupfertafel. (S. 57–112. 4.) 1857

Maschek, Frz. Xav. Jh., neue Theorie des Holzbrücken-Baues nach Modellen, der zufolge sich für alle Spannweiten die Tragfähigkeit der Brücken aus Versuchen an Modellen mit genügender Sicherheit ergiebt. Aus Anlaß der Controverse über Raneks Brückenmodell verfaßt. 8. (Mit 1 Steintaf.) Prag 843. (Kronberger u. Rziwnatz.) n. 1⅙ ß

—— (neue) Theorie d. menschl. u. thierischen Kräfte (welche die wesentl. Mängel der besten üb. diesen Gegenstand aufgestellten Formel völlig beseitigt). Mit ein. Anh. über den Erdendruck u. die Strebepfeiler. 8. (1. Lfg. 8 B.) Prag 842. (Kronberger'sche Buchh.) *

Mascheck, F. X. J., neue Theorie der Stoßkraft des Wassers. Prag. 1848. 4. 2 Thlr.

Maschek, Frz. Xav. Jos., neueste Theorie der allgemein als der zweckmässigsten, vollkommensten und wohlfeilsten anerkannten nord-amerikanischen Brücken-Konstruktionen, nach Town's, Long's, Howe's System, und aller auf dieses Princip basirten in der neuesten Zeit erfundenen Brückenträger nebst ihrer Vereinfachung und Verbesserung von Neville und Clark etc. 4. (XII und 264 S. mit 5 Stnt. in Fol.) Prag 860, (Rziwnatz.) *

Maschek, Frz. Xav. Joh., Wasser- u. Dampfkraft in ihren mannigfaltigen Anwendungen. I. Bd.: Neue Theorie der Stosskraft des Wassers u. der complicirten Vertheilung des Wassers in Röhrenleitungen nebst Anwendung auf Wasserthürme, Röhrenleitungen etc., worin zugleich die nöthigen Vorkenntnisse aus der Hydrostatik, Aërostatik u. Hydraulik od. Hydrodynamik mit der möglichsten Kürze u. Deutlichkeit vorgetragen werden. gr. 4. (6 u. 98 S. m. 3 lith. Taf.) Prag 848, Rziwnatz in Comm. n. 2 ß

Maschek, Frdr., kurzer Abriß d. Geschichte Reichenbergs f. Schule u. Haus. 8. (31 S. m. 2 Abb.) Reichenberg i. B. 893. R. Gerzabek & Co. n.n. — 30

Maschek, F., Anwendung der Aquarellmalerei auf Holz m. Rücksicht auf Farben u. Farbenwirkung [mit 8 Musterbl.]. gr. 8. (16 S.) Troppau 888. (Gollmann.) n. 1. —; m. color. Musterblättern n. 1. 70

Maschek, F., symmetrische Elementarformen als verwandte ebene Systeme in einem neueren Sinne für den Unterricht im Freihandzeichnen. 1—3. Lfg. Fol. (à 6 Steintaf. m. zus. 2 S. Text.) Troppau 880. Buchholz & Diebel. à n. 1 20

Maschek, F., symmetrische Elementarformen als verwandte ebene Systeme in einem neueren Sinne für den Unterricht im Freihandzeichnen. Für den Gebrauch des Lehrers. 2., unveränd. Aufl. Fol. (15 Steintaf. m. 2 S. Text.) Troppau 881. Buchholz & Diebel. n. 3. 60

Maschek, Friedr., Geschichten aus dem Isergebirge. Unter Mitwirkung von heim. Schriftstellern hrsg. gr. 8. (94 S.) Reichenberg 888, Fritsche. *

—— Doctor Kittel. Eine nordböhm. Faustsage. Nach schriftl. und mündl. Quellen hrsg. gr. 8. (III, 28 S.) Reichenberg 882, (Jannasch.) *
Aus: Mittheilungen des nordböhmischen Excursions-Clubs, besonders abgedruckt.

— das Kopfzeichnen nach einfachen Gesetzen der räumlichen Symmetrie. Fol. (6 Steintaf. m. 1 Bl. Text.) Troppau 881. Gollmann in Comm. n. 3. 60

Maschek Fl.: Das Kopfzeichnen nach einfachen Gesetzen der Symmetrie. 4. Troppau R. 83. Progr.

—— das Lebensende Rafael Sanzio's. Dramat. Scenen. 8. (23 S.) Reichenberg 887, Fritsche. *

Maschek, Frdr., deutsches Lehr- u. Lesebuch f. die oberen Classen der Realschule nach dem neuen Lehrplane f. die Realschulen Böhmens. Für die 5. Classe. gr. 8. (IV, 348 S.) Reichenberg 876. Schöpfer n. 3. 40

Maschek, Frdr., e. neuer Maecenas. Humoristische Novelle. 8. (300 S.) Leipzig 885. Mutze. n. 3. —

— Reichenberg u. d. Jeschken-Isergau. E. illustr. Erinnerungs-Buch f. Einheim. u. Fremde. gr. 8. (VIII, 134 S. m. 1 Plan.) Ebd. 893. n.n. 1. 15

—— Goethe's Reisen. 2 Thle. Lex.-8. Ebendas. [1. Thl. (S. 1—58.) 887. *ℳ 1.20.; 2. Thl. (S. 59—79.) 888. * 80 Pf.] Reichenberg. *

Maschek F: Studien über die veränderte Bedeutung u. Formenbildung der m h. d. und n. h. d. verba praeterito-praesentia. 12. Reichenberg 74. Progr.

—— ein bezähmter Wagnerianer. Humorist. Novelle. 8. (205 S.) Leipzig 883, Mutze. *
geb. *

Maschek, H, s. Mascheck, Heinrich

Maschek, Joh. Ergebnisse der meteorologischen Beobachtungen in den Jahren 1879–1881 (sowie für 1881/82 bis 1888/89). 7 S. (bzw. je 4 S.) Leitmeritz, R., P 1881 (bzw 1882–1889)

Maschek J.: Quellenmessungen. 7. 7. Leitmeritz R. 85. 86. Progr.

Maschek, J.: Theorie und Praxis der Desinfection. 64 S. – Leitmeritz, Progr. 1889.

Maschek J.: **Bacteriologische Untersuchungen der Leitmeritzer Trinkwässer. 79. Leitmeritz R. 87. Progr.**

Maschek J. Übersichtliche Zusammenstellung der wesentlichsten meteorol. Beobachtungen in Leitmeritz. je 1. Leitmeritz R. 90—94. **Progr.**

Maschek, L. Geographisch-statist. Repertorium sämmtl. bewohnten Ortschaften im Königr. Dalmatien. Lex.-8. (XXXII. 286 S.) Zara 888, (Internationale Buchh.). ** 4 —

Maschek, Mathias. Beschreibung der Krönungs-Ceremonie. 8. (29 S.) Budweis, Zdarssa. 1861 12 kr.

Nördl. Oetzthaler- und Stubaier Alpen, nordwestl. Kalkalpen ‹Lermoos, Zirl, Vent, Reschen-Scheideck, Arlberg-Pass, Landeck.› Touristen-Karte v R[ud.] **Maschek** sen., bearb v J[ulius] Meurer Nachträge 1900. [Nebst] Verzeichnis d. Touristen-Stationen u. Schutz-Hütten Wien Artaria & Co 1900. Dr von Th. Bannwarth. (1 Kartenbl. 55x51 cm mit Legende, 5 Bl) 8° [kol]
Meurer Artaria's Touristenkarten d. Österr Alpen Bl 6

Südl. Oetzthaler- und Ortler- Alpen, Presanella-Gruppe. ‹St Valentin a. d. Heide, Meran, Bozen, Campiglio, Bormio.› Touristen-Karte von Rud **Maschek** sen., bearb. von J(ulius) Meurer Rev im Inst d Verlagshandl Massst 1 130,000 [Nebst] Verzeichnis d. Touristen-Stationen u. Schutz-Hütten Wien. Artaria & Co. (1902), Dr von Th. Bannwarth (1 Kartenbl 55x51 cm mit Legende, 4 Bl) 8° [kol.]
-Meurer Artaria's Touristenkarten d. Österr. Alpen. Bl. 9

Zillerthaler Alpen, westl. Hohe Tauern, Riesenferner-Gruppe. Achen-See. ‹Wörgl, Neukirchen im Pinzgau, Bruneck, Brenner Pass, Innsbruck.› Touristen-Karte v R[ud] **Maschek** sen , bearb von J(ulius) Meurer Rev im Inst d. Verlagsh. Masst 1 130,000 [Nebst] e Verzeichnis d Touristen-Stationen u. Schutz-Hütten Wien Artaria & Co 1902 Dr von Th Bannwarth (1 Kartenbl. 55x52 cm mit Legende, 8 Bl) 8° [kol]
-Meurer Artaria's Touristenkarte d. Österr Alpen Bl. 7

Dolomit-Alpen ‹Bruneck, Cortina d'Ampezzo, Auronzo, S. Martino di Castrozza, Bozen.› Touristen-Karte von Rud **Maschek** sen., bearb v. J[ulius] Meurer. Nachträge 1901 [Nebst] Bergtouren in d Dolomit-Alpen mit d Stationen, Gebirgstouren 11 rev u erw Aufl. Wien Artaria & Co 1901 Dr v. Th. Bannwarth. (1 Kartenbl 55x51 cm mit Legende, 8 Bl.) 8° [kol.]
-Meurer Artaria's Touristenkarten d. Österr Alpen. Bl. 10.

Maschek, Rud., topografischer Führer in den Alpen von Oesterreich, Ober-Steiermark, Salzburg, eines Theiles von Kärnten u. Tirol. Mit Angabe aller Orte im Gebirge, den zerstreuten Gemeinden, Schlössern, Ruinen etc. Wien 861. Lechner. (1 lith. u. color. Bl. in gr. Fol.) n. 1 af 8 ngr.

Maschek, Rud., topografischer Führer in den Alpen von Oesterreich, Ober-Steiermark, Salzburg, eines Theiles von Kärnten und Tirol. Mit Angabe aller Orte im Gebirge, den zerstreuten Gemeinden, Schlössern etc. Fol. Wien 870, Lechner's Verlag. *
aufgez. in Carton *

Maschek, Rud., topografischer Führer in den Alpen von Oesterreich, Ober-Steiermark, Salzburg, eines Theiles von Kärnten und Tirol. Mit Angabe aller Orte im Gebirge, der zerstreuten Gemeinden, Schlösser, Ruinen, Berge, Thäler, Bäche, einzelnen Höfe und jener Objecte, welche zur Orientirung genau dienen. 1:432,000. Ergänzt bis Aug. 1875. Fol. Wien 875, Lechner's Verlag. *

Garda-See, Adamello-Gruppe ‹Pinzolo, Trient, Schio, Garda, Idro, Arco, Riva.› Touristen-Karte von Rud **Maschek** sen , bearb von J(ulius) Meurer Rev im Inst d Verlagshandl 1902. Massst 1 130,000 [Nebst] Verzeichnis d Touristen-Stationen u Schutzhütten Wien Artaria & Co (1902). Dr v Th Bannwarth (1 Kartenbl 55x52 cm mit Legende, 3 Bl) 8° [kol]
-Meurer Artaria's Touristenkarten d. Österr Alpen. Bl 11

Maschek's, R., Karte von Mittel- und West Kärnten und dem nördlichen Krain etc 2 Bl 1 150,000. Chromolithogr. gr Fol. Wien 882, Artaria und Comp In Carton * 5 40
Einzeln à Bl. * 3 —
Inhalt
1 West Kärnten mit den Tiroler und Ital Grenzgebieten Umgebung von Pontafel, Lienz und Heil. Blut Die südl Tauern, die Gailthaler und Karnischen Alpen. — II Mittel Kärnten und das nördl Krain, Umgebung von Klagenfurt und Villach mit der Villacher Alpe, dem Terglou und den westl Karawanken

Maschek's, R, Karte vom Salzkammergut, enth die Umgebung v Gmunden, Ischl, Hallstatt u. Aussee, Salzburg, Hallein, Zell am See Berchtesgaden und Reichenhall 1 150.000. Ausg 1886. Chromolith Imp Fol. Wien, Artaria & Co In Carton fl 1.80.

Maschek sen., R., Karte der Umgebung von Maria-Zell in Steiermark und dem Berge Oetscher in Niederösterreich. 1 : 64,800. Ausg 1886. Lithogr gr. fol Wien, Artaria & Co. fl 1.—

Maschek's deutsch-französische Kriegskarte, mit statist Notizen. Farbendruck. kl. Folio. In gr. 8. gelegt. Wien. Rud. Lechner's k. k. Univ.-Buch. 1870. 30 kr.

Maschek, R.· Der Berg Oetscher und die Umgebung von Maria Zell Massstab 1 Wr. Zoll = 900 Wr Klafter Hochfolio. Schwarz. Ebd. Gefalzt in Schmal-8° 1 fl. 1886.

Salzkammergut, Dachstein, Ober-Österreichische Seen Touristen-Karte von Rud. **Maschek** sen., bearb von J[ulius] Meurer Rev im Inst d Verlagshandl 1902 Massst 1 130,000 [Nebst] Verzeichnis d Touristen-Stationen u Schutz-Hütten Wien Artaria & Co 1902, Lith Th Bannwarth. (1 Kartenbl. 44x59 cm mit Legende, 8 Bl) 8° [kol]
-Meurer Artaria's Touristenkarten d. Österr Alpen Bl 2

Die Hohen Tauern, vom Ankogel bis zum Venediger ‹Saalfelden, Zell am See, Mittersill, Gastein, Lienz, Prägraten.› Touristen-Karte von R[ud] **Maschek** sen., bearb. von J(ulius) Meurer Rev im Inst d Verlagshandl. 1902 Massst. 1 130,000 [Nebst] Verzeichnis d Touristen-Stationen u. Schutz-Hütten Wien Artaria & Co. (1902) Dr von Th. Bannwarth (1 Kartenbl 55x51 cm mit Legende, 8 Bl) 8° [kol]
-Meurer Artaria's Touristenkarten d Österr Alpen. Bl. 8

Maschek sen., Rud., Touristenkarte. 1:129,600. 2.—5. Bl. Fol. Wien 875, Artaria und Comp. **à Bl.**
Inhalt:
Bl. 2. Umgebung von Gmunden, Ischl, Hallstadt, Aussee.
» 3. Umgebung von Steyer, Waidhofen, Windischgarsten, Admont.
» 4. Umgebung von Maria Zell-Weichselboden-Eisenerz.
» 5. Umgebung von Baaden-Gutenstein-Mürzzuschlag.

Maschek, R Touristenkarte Blatt X. Dolomitalpen 1 130.000 auf Leinwand in Mappe K 3 – Wien Artaria 1910

Maschek's, R., Touristen-Karte des Herzogth. Kärnten, sammt Nord Krain, West Steiermark etc 1 150,000. 3. (Schluss-)Bl Ost-Kärnten mit den steir und krain. Grenzgebieten, Umgebung von Unter Drauburg, Wolfsberg und Eisenkappel, die östl Karawanken und Sannthaler Alpen, sowie Kor und Sau-Alpe. Chromolithogr gr Fol. Wien 886, Artaria und Comp 2 —

R(ud.) **Maschek's** (sen.) Touristen-Karte des Herzogthums Kärnten sammt Nord-Krain u. West-Steiermark mit d. Tiroler u. Italien. Grenzgebieten. 3 Bl., Massst = 1 150,000. Rev im Inst. d. Verlagsh. Nachträge 1907 Wien · Artaria & C° 1898–1907, Kartogr Anst. Th. Bannwarth. (1 Kartenbl. in 3 Bl.) 8° [lith.] [kol.]
Westl. Bl. 1 West-Kärnten mit d. Tiroler u. ital. Grenzgebieten.
Mittelbl. 2. Mittel-Kärnten u. d. nördl. Krain.
Östl. Bl. 3. Ost-Kärnten mit d. steir. u. krain. Grenzgebieten. 07. 14058

Maschek, Rud., neueste Touristen-Karten. 1 : 129,600. Bl 1, 6, 6a und 10. Lithogr Imp. Fol. Wien 876—78, Artaria und Comp. à Bl. 2 —

Inhalt

Bl. 1. Umgebung von Salzburg, Berchtesgaden, Reichenhall, Kitzbuchl
„ 6 Umgebung von Zell am See, Gastein und den Gross-Glockner
„ 6a Umgebung von Innsbruck, der Achen-See, das Ziller-Thal und der Venediger
„ 10. Dolomiten von Süd Tirol, Bruneck, Bozen, Ampezzo etc.

Maschek sen., R., neueste Touristen-Karten 1 129,600. Bl 1—3, 6, 9—11 Neue Aufl. Lithogr. Imp.-Fol. Wien 880—83, Artaria und Comp. à Nr. 2 —

Inhalt

1. Salzburg, Berchtesgaden, Reichenhall etc — 2. Gmunden, Ischl, Hallstadt, Aussee etc — 3. Steyr, Waidhofen, Admont etc — 6. Oetzthaler Ferner [nordl. Theil], Landeck, Nauders etc. — 9. Oetzthaler Ferner [südl. Theil], Meran, Ortler-Gruppe etc. — 10. Umgebung von Bruneck, Bozen, Cortina d'Ampezzo und Agordo. — 11. Riva am Garda-See etc.

Maschenbauer, J. And. Erd., kurioser u. in all. Wissensch. nützl. Dollmetscher, od. allgem. Zeitungshandbuch, mit 30 illum. Landcharten. 4. Augsb. 748.

Maschenbauer, Jh. Andr. Erdm., († d. 17. März 1773.), s.a. Referendarius, der wohlversuchte.

REFERENDARIUS, Der aus dem Reiche der Wissenschaften wohl versuchte, oder auserlesene Sammlungen von allerhand wichtigen Abhandlungen aus der Naturlehre, Arzeneywissenschaft (verfasst von *Joh. Andreas Erdmann Maschenbauer*). Augsburg 1750—69.
Anon.-Lex. III. p. 346 (nach Kayser u. F B. Weber's Handbuch d. ökonom. Litt.). — Sehr selten cplt.!

MASCHENBAUER, Joh. Andr Erdm., Der aus dem Reiche der Wissenschaften wohlversuchte Referendarius Th. 6—10 Mit (dreitheiligen curiosen) Kpfrn Augsburg 1755 (od. 1756)—1761 4⁰ (20 frcs., 10 Thle., 1750[!]—61, Adolf Geering, Basel, 1905.)
VI (175*) Von den Kleidern, u. der daher rührenden Kleidermode (S. 44—49).
VI (175*) Vertheidigung der Schnürbrüste, von einer Jungfer, u. dagegen gemachte gründliche Widerlegung (S. 220—22). — Kleidercritik, od. Medicinische Kleiderordnung (S. 233—46).
VII. (1757) Von der Mode des Degentragens (S. 113—15). — Von den Kleider Gesezen (!) der Teutschen u. Römer (S. 131—35). — Traum üb. d. Zergliederung eines Kleidernarren (S. 156—57). — Beweis, daß das Haar abschneiden zuweilen der Gesundheit zuträglich sey (S. 242—43).
IX (1761) Vom Ursprunge des Parukentragens, u. dessen Erläuterung (S. 31—33).
X (1761) Die Schminke (S. 9—14). — Von der Eitelkeit im Kleidertragen (S. 137—51).

Mascher, August Wilhelm (Rückmarsdorf), De argento nitrico cristallisato eiusque usu interno. Leipzig (W. Staritz) 30. IX. 1844. 24 S. (3.—) 22320

Mascher, H. A., der preußische Dorf-Schulze (Richter, Scholz). Eine systemat. Zusammenstellung aller den Geschäftskreis dieses Beamten betreffenden Gesetze und Verordnungen rc. Zum Gebrauch für Gemeindevorsteher, deren Vorgesetzte, sowie jeden Bewohner des platten Landes. 1—3., durch einen Nachtrag verm. Aufl. gr. 8. (VII und 803 S.) Halle 857. 58. Pfeffer. *

— Dorfschulzen-Instruktion. Formular-Buch für Preuß. Dorfschulzen, [Landgemeindevorsteher, Ortsrichter rc.] zur Anfertigung aller in ihr Amt einschlagenden schriftlichen Arbeiten, oder: Praktische Anleitung, wie die Dorfschulzen ihren Obliegenheiten in der bezeichneten Richtung gründlich, nach den für jeden einzelnen Fall gegebenen Mustern, genügen können. Potsdam 863. Döring. gr. 8. (VIII, 415 S.) n. 1 ₰ 25 ngr.

Mascher, H. A., die Feld-Polizei-Ordnung vom 1. Novbr. 1847, gültig für die Landestheile, in denen das allgemeine Landrecht Gesetzeskraft hat, mit Ausschluß der Kreise Rees und Duisburg, nach der neuesten Gesetzgebung dargestellt und erläutert für Polizeibeamte, Polizeirichter und Landwirthe. gr. 8. (31 S.) Naumburg 856, Garcke. *

— Gast- und Schankwirthschaft, sowie Getränke-Kleinhandel. Systematische Zusammenstellung aller den Gewerbebetrieb der Gast- und Schankwirthe, sowie Getränke-Kleinhändler, betreffenden gesetzl. Bestimmungen, für Polizei- u. Ortsbehörden, Gast- und Schankwirthe, Getränke-Kleinhändler rc. 855. n. 20 ngr. — 2. (Titel-)Aufl. Naumburg 855. (Garcke.) 8. (VIII, 131 S.) n. 10 ngr.

—— der Gemeinde-Vorsteher für Rheinland und Westfalen. Eine systemat. Zusammenstellung aller den Geschäftskreis dieses Beamten betreffenden Gesetze und Verordnungen rc. Zum Gebrauch für die Gemeindebeamten (Ortsvorsteher, Gemeinderäthe, Gemeindeverordnete) und deren Vorgesetzte rc. in den gedachten Provinzen. gr. 8. (VII und 324 S.) Potsdam 859, [Döring.] *

Mascher, H. A., das Gesetz vom 27. März 1867, betr. die privatrechtl. Stellung der Erwerbs- u. Wirthschafts-Genossenschaften in Preußen nebst Ministerial-Instruktion. Nach Geschichte, Recht u. Volkswirthschaft dargestellt u. erläutert. Potsdam 868. Döring. gr. 8. (V, 142 S.) n. 22½ ngr.

— allgemeine Gesinde-Ordnung vom 8. Novbr. 1810, für die Theile des Preuß. Staats, in denen das Allgem. Landrecht Gesetzeskraft hat, nebst den gesetzlichen Vorschriften über die gegenseitigen Rechte u. Pflichten: der Herrschaften, Handwerksmeister rc. systematisch zusammengestellt u. erläutert. 856. (IV, 81 S.) — 2. Aufl. Naumburg 857. Garcke. gr. 8. (IV, 84 S.) n. 10 ngr.

—— allgemeine Gesinde-Ordnung, vom 8. Novbr. 1810, für die Theile des preuß. Staats, in denen das allgemeine Landrecht Gesetzeskraft hat, nebst den gesetzl. Vorschriften über die gegenseitigen Rechte und Pflichten: der Herrschaften, Handwerksmeister, Lehr- und Fabrikherrn, der Hausoffizianten, Erzieher rc. systematisch zusammengestellt und erläutert. 2. Aufl. gr. 8. (IV und 84 S.) Naumburg 857. [Tauerschmidt.] *

—— die Gewerbe-Ordnung Preußens in ihrer neuesten Gestalt. gr. 8. (IV und 320 S.) Potsdam (861)62, Döring. *

—— die Gewerbesteuer-Gesetzgebung Preußens in ihrer neuesten Gestalt. 1. Aufl. 1863. und 2., verm. Aufl. gr. 8. (VIII und 239 S.) Potsdam 868, Döring. *

— Das deutsche Gewerbewesen von der frühesten Zeit bis auf die Gegenwart. Nach Geschichte, Recht, Nationalökonomie und Statistik. gr. 8⁰. Potsdam, Döring, 1866.

Mascher, H. A., das deutsche Grundbuch- und Hypothekenwesen. gr. 8. (XII, 806 S.) Berlin 869. Kortkampf. *

—— die Grundsteuer-Regelung in Preußen auf Grund der Gesetze vom 21. Mai 1861. Dargestellt nach Geographie, Geschichte, Statistik und Recht. gr. 8. (VIII und 269 S.) Potsdam (861)62, Döring. *

Mascher, H. A., Handbuch zum praktischen Gebrauch der Kreis- u. Amts-Ordnung, sowie der Landgemeinde- u. Polizei-Ordng. f. die preuß. Provinzen Preußen, Brandenburg, Pommern, Posen, Schlesien u. Sachsen. Systematische Zusammenstellg. aller die Verfassg. u. Verwaltg. der Kreise, Aemter u. Landgemeinden, sowie der Polizei in den gedachten Provinzen betreff. Gesetze, Verordngn. Instruktionen u. Normativ-Verfüggn. f. Landräthe, Regierungsräthe, Amtsvorsteher, Bürgermeister rc. Lex.-8. (XXIV, 735 S.) Eisenach 873. Bacmeister. n. 9. —

— dasselbe. 2. verm. u. verb. Aufl. gr. 8. (XXVIII, 853 S.) Ebend. 874. n. 12. 75

—— Handbuch zum praktischen Gebrauch der Kreis- und Amts-Ordnung, sowie der Landgemeinde- und Polizei-Ordnung für die preuß. Provinzen Preußen, Brandenburg, Pommern, Posen, Schlesien und Sachsen. Systematische Zusammenstellung aller die Verfassung und Verwaltung der Kreise, Aemter und Landgemeinden, sowie der Polizei, in den gedachten Provinzen betreff. Gesetze, Verordnungen, Instruktionen und Normativ-Verfügungen für Landräthe, Regierungsräthe, Amtsvorsteher, Bürgermeister rc. 1. Aufl. (XXIV, 735 S.) 1873. *ℳ 9., und 2. verm. und verb. Aufl. gr. 8. (XXVIII, 853 S.) Eisenach 875, Bacmeister. *

geb. *

— Handbuch für die Preußischen Offiziere u. für die Militair- u. Civilbeamten bei einer Mobilmachung der Armee. Systematische Zusammenstellung. 2. u. 3. verm., verb. u. gänzlich umgearb. Aufl. Potsdam 859. Horvath. (Döring) 8 (V, 97 S.) n. 15 ngr.

—— Handbuch der Polizei-Verwaltung, sowie der Kreis-, Amts- und Landgemeinde-Ordnung für die sechs östl. Provinzen Preußens. Zum Gebrauche für Polizei-Beamte, Bürgermeister, Amtsvorsteher rc. Neue ergänzte Ausg. der Kreis- und Amts-Ordnung rc. 2. bedeutend verm. und verb. Aufl. gr. 8. (XXVIII, 853 S.) Ebendas. 875. *

Mascher H A. Handbuch der Polizei-Verwaltung sowie der Kreis-, Amts- und Landgemeinde-Ordnung für die 6 östlichen Provinzen Preussens. 2. Aufl. Neue ergänzte Ausg. Eisenach Bacmeister 1875.

—— Handbuch für die preußischen Civil- und Militär-Beamten und Staatsbürger bei einer Mobilmachung der Armee. Eine Zusammenstellung der Gesetze, Instruktionen, Rescripte rc. über die Kriegsleistungen und deren Vergütungen; Unterstützung der bedürftigen Familien zum Dienste einberufener Reserve- und Landwehr-Mannschaften, so wie der Militärfamilien; Familienzahlungen und endlich Behandlung der militärpflichtigen Civil-Beamten. Nebst einem Anhang enthaltend das Reglement zur Gestellung, Auswahl und Abschätzung der Mobilmachungs-Pferde in der Provinz Sachsen. 8. (96 S.) Merseburg 854, Garcke'sche Buchh. *

— Das Institut der Landräthe in Preussen. Historisch, juristisch und national-ökonomisch skizzirt. gr. 8°. Berlin, Kortkampf, 1868.

—— Instruktions- und Formularbuch für die Landgemeindevorsteher in Rheinland und Westfalen, zur Anfertigung aller in ihr Amt einschlagenden schriftl. Arbeiten, oder: prakt. Anleitung, wie die Gemeindevorsteher ihren Obliegenheiten in der bezeichneten Richtung gründlich, nach den für jeden einzelnen Fall gegebenen Mustern, genügen können. gr. 8. (VIII und 324 S.) Potsdam 865, Döring. *

— die städtische Kommunal-Verfassung, oder der städtische Kommunal-Beamte Preußens. Dargestellt für städtische Gemeindebeamte, Stadtverordnete u. Stadtbürger. Mit 1 lith. Taf. 1. u. 2. Aufl. Potsdam 859. Horvath. (Döring.) gr. 8. (VIII, 528 S.) n. 2 ℛ 10 ngr

—— die städtische Kommunal-Verfassung, oder der städtische Kommunal-Beamte Preußens. Dargestellt für städtische Gemeindebeamte, Stadtverordnete und Stadtbürger. 1. Aufl. 1858. und 2. Aufl. 14 Lfgn. gr. 8. (VIII und 528 S. mit 1 Steint.) Potsdam 860, [Döring.] à Lfg. * 5 Ngr. *

—— norddeutsches Kriegs-Handbuch zum amtlichen Gebrauch für die Civilverwaltungsbehörden und Civilbeamten [Landräthe, Amtmänner, Bürgermeister und Ortsschulzen rc.] sowie für die Offiziere und Militairbeamten Norddeutschlands im Mobilmachungsfalle. 4. verm. und gänzlich umgearb. Aufl. 8. (V, 105 S.) Potsdam 870, Döring. *

—— Landgemeinde-Ordnung der sechs östlichen Provinzen des preußischen Staates. Systematische Zusammenstellung der, die Kommunal-Verfassungen der Landgemeinden in den gedachten Provinzen bildenden, gesetzlichen Bestimmungen und Verwaltungs-Normen. gr. 8. (XXXI und 371 S.) Naumburg 856, Garcke. *

Mascher, H. A., die preußisch-deutsche Polizei. Polizeigesetzbuch für den prakt. Gebrauch systemat. zusammengestellt. A. u. d. T.: Die Polizei-Verwaltung des preuß. Staates in Verbindung mit der des Deutschen Reiches. 4. und 5. [Doppel-] Aufl. (Neue [Titel-]Ausg.) gr. 8. (LI, 252, 844 S.) Berlin 885, R. L. Prager. *

geb.

—— Polizei-Straf-Prozeß-Ordnung, s.a. Polizei-Straf-Prozeß-Ordnung.

— Polizei-Straf-Prozeß-Ordnung. Zusammenstellung der das Untersuchungs-Verfahren wegen Uebertretungen betr. Gesetze u. Verordnungen. Zum Gebrauch f. Polizeibehörden rc. Merseburg 855. Garcke'sche Buchhdlg. in Comm. 8. (XXIV, 226 S.) n. 1 ℛ.

Mascher, H. A., die Polizei-Verwaltung des Preußischen Staates. Handbuch für Verwaltungsbeamte und Juristen. 3. gänzlich umgearb. Aufl. 4 Lfgn. gr. 8. (LI, 252; 844 S.) Bernburg 884, Bacmeister. *

—— die Polizei-Verwaltung des Preußischen Staates. Handbuch für den prakt. Gebrauch systematisch zusammengestellt. 4. und 5. [Doppel-]Aufl. gr. 8. (LI, 252; 844 S.) Bernburg 884, Bacmeister. *

—— der landwirthschaftliche Real- und Gewerbekredit oder: Wie kann den Klagen der preuß. Landwirthe über Geld- und Kreditmangel abgeholfen werden? gr. 8. (VIII und 174 S.) Potsdam 863, Döring. *

Mascher, Registraturplan f. Ortsobrigkeiten. Bielefeld 875.

—— Registratur-Plan für Ortsobrigkeiten. Anleitung zur Einrichtung, Umarbeitung und Fortführung der Registraturen der Magistraturen der Städte, ländl. Orte und Sammtgemeinden [Aemter, Bürgermeistereien]. Lex.-8. (64 S.) Eisenach 875, Bacmeister. *

Mascher, H. A., Registratur-Plan f. Ortsobrigkeiten. Anleitg. zur Einrichtg., Umarbeitg. u. Fortführg. der Registraturen der Magistraturen der Städte, ländl. Orte u. Sammtgemeinden (Aemter, Bürgermeistereien). 2. (Titel-)Ausg. gr. 8. (64 S.) Bielefeld 894. A. Helmich. n. 2. —; geb. n. 2. 40

Bewohner des platten Landes. 4. Aufl. 4 Lfgn. 1863,64. und 5., verb. und verm. Aufl. 4 Lfgn. gr. 8. (VIII und 313 S.) Halle 867, Pfeffer. à Lfg. * 10 Ngr. *

— das deutsche Schulwesen nach seiner historischen Entwickelung u den Forderungen der Gegenwart, s.a. Studien, pädagogische.

Mascher, H. A., Das deutsche Schulwesen nach seiner historischen Entwickelung u. den Forderungen der Gegenwart. Vom Standpunkte der Staats- u. Gemeindeverwaltung sowie der Nationalökonomie dargestellt u. beleuchtet. Wien 1876. 8. Int.: Paedagogische Studien. H. 4.

— das preußische Schulzenbuch. Der preuß. Dorf-Schulze [Richter, Scholz]. Eine systematische Zusammenstellung aller den Geschäftskreis dieses Beamten betreffenden Gesetze u. Verordnungen rc. Zum Gebrauch für Gemeindevorsteher, deren Vorgesetzte, sowie jeden Bewohner des platten Landes. 4. verb. u. verm. Aufl. Halle 863. Pfeffer. gr. 8. (VIII, 304 S.) n. 1 ℛ 10 ngr.

Mascher, H. A., das preußische Schulzenbuch. Der preußische Schulze (Richter, Scholz). Eine systemat. Zusammenstellung aller, den Geschäftskreis dieses Beamten betr. Gesetze u. Verordnungen ꝛc. Zum Gebrauche für Gemeindevorsteher, deren Vorgesetzte, sowie jeden Bewohner des platten Landes. 5., verb. u. verm. Aufl. Halle 867 Pfeffer. gr. 8. (VIII, 313 S.) n. 1 ℛ 10 ngr.

— Staats- und Orts-Angehörigkeit; Armenverpflegung, sowie Verfahren mit den Bettlern, Landstreichern und Arbeitsscheuen in Preußen. Systematische Zusammenstellung aller diese Materialien betreffenden Gesetze, Ministerial-Rescripte ꝛc. für preußische Polizei-, Orts- und Justiz-Behörden und Beamte ꝛc. 855. (XXXII, 292 S.) — 2. Aufl. Naumburg 856. Garcke. gr. 8. (XXXVI, 294 S.) n. 1 ℛ. 10 ngr.

— das Staatsbürger-, Niederlassungs- u. Aufenthaltsrecht, sowie die Armengesetzgebung Preußens. Potsdam 868. Döring. gr. 8. (VIII, 456 S.) n. 2 ℛ 10 ngr.

— die Stadt- u. Amtsverwaltung Westfalens, deren Mängel — so wie Vorschläge zu ihrer Beseitigg im Interesse d. gemeinen Wesens. Denkschrift. Lex.-8. (IV, 60 S.) Eisenach 874. Bacmeister. n. 1. 20

— die Preußischen direkten Steuern (mit Ausschluß der Grundsteuer). Systematische Zusammenstellung der die Klassen-, klassifizirte Einkommen- und Gewerbesteuer betr. Gesetze, Verordnungen, Staatsverträge, Ministerial-Instruktionen, so wie aller dieselben ergänzenden und erläuternden Vorschriften. Merseburg 857. Garcke'sche Buchhdlg. gr. 8. (LVIII, 362 S.) n. 2 ℛ.

—— die preußischen direkten Steuern (mit Ausschluß der Grundsteuer). Systematische Zusammenstellung der die Klassen-, klassifizirte Einkommen- und Gewerbesteuer betreffenden Gesetze, Verordnungen, Staatsverträge, Minist.-Instruktionen, so wie aller dieselben ergänzenden und erläuternden Vorschriften. 6 Lfgn. gr. 8. (LVIII und 862 S.) Merseburg 857, [Stollberg.] *

—— die Ursachen der jetzigen Theuerung und Betrachtungen über die Mittel zu ihrer Abhilfe. Denkschrift. 8. (84 S.) Naumburg 855, (Garcke.) *

Mascher, H. A., das Versammlungs- u. Vereinsrecht Deutschlands. Systemat. zusammengest. 8. (IV, 126 S.) Berlin 888. J. J. Heine. cart. n. 1. 80

Mascher, H. A. Das Versammlungs- u. Vereinsrecht Deutschlands. Systemat. zusammengestellt. 2. verb. u. verm. Aufl. 12. (IV, 144 S.) Berl. 892, Heine. cart. * 2 —

—— das Viehseuchenwesen des preußischen Staates. Systematische Zusammenstellung aller den Milzbrand, die Maul- und Klauenseuche, die Lungenseuche, den Rotz [Wurm], die Schafpocken, die Beschälseuche, den Bläschenausschlag, die Tollwuth und die Rinderpest betr. veterinär-polizeil. Vorschriften, für Verwaltungsbehörden und Beamte, Eisenbahnverwaltungen ꝛc. 1. Aufl. 1877. * ℳ 2,25.; 2. unveränd. Aufl. gr. 8. (VIII, 128 S.) Eisenach 878, Bacmeister. *

—— Wesen und Wirkungen des Schlachthauszwanges. Vortrag, gehalten auf dem 13. westfäl. Städtetage zu Witten am 8. Juni 1888. gr. 8. (VIII, 50 S.) Dortmund 888, Köppen'sche Buchh. *

Mascher, H. A., der preußische Civil-Staatsdienst oder systematische Darstellung der Rechte u. Pflichten der unmittelbaren u. mittelbaren Civil-Beamten in Preußen. Ein Handbuch für die preuß. Civil-Staatsdiener aller Klassen u. alle die, welche solche werden wollen. Nordhausen 861. Büchting. (Leipzig, Wilfferodt.) gr. 8. (VIII, 222 S.) 1 ℛ 5 ngr.

Mascher, H. A., der preußische Civil-Staatsdienst oder systemat. Darstellung der Rechte und Pflichten der unmittelbaren und mittelbaren Civil-Beamten in Preußen. Ein Handbuch für die Preuß. Civil-Staatsdiener aller Klassen und alle die, welche solche werden wollen. 2., verm. Aufl. gr. 8. (VIII und 251 S.) Leipzig 863, Wilfferodt. *

Mascher, Joh. Aug., Morgen- u. Abendgebete f. Hospitaliten. 8. (2¾ B.) Halle 832, Gebauer.

Mascher, K., ist in Sachsen Religionsfreiheit? Ein Beitrag zu dieser Frage. 8. (56 S.) Hamburg 898. Dresden (Camelienstr. 16 I) Selbstverlag. Kostenlos.

Mascher, *Johann* Sigismund [app. Arzt aus Naumburg a. S.]: Aus d. patholog. Institut zu Kiel. Ein Fall von beginnendem Prostatakrebs . Kiel, Druck v. C. Jansen, 1895; 22 S., 1 Bl. 8.
Kiel, Med. Fak., Inaug.-Diss. v [7 Juni] 1895

Mascheron, L., adnotat. ad calculum integral. Euleri. 4. maj. Lips. Gleditsch. 790.

— — id. l. II pts. 4. maj. Ticini. (Weidmann, Lips.) 793.

Mascheroni, L., Gebrauch d. Zirkels; a. d. Italien. ins Französ. übers. durch H. A. M. Carette. Ins Deutsche übers., verm. mit d. Theorie v. Gebr. d. Proportionalzirkels v. J. P. Grüson. Mit 18 Kpft. gr. 8. Berl. 825. Schlesinger. 4 ℛ 12 𝒢

Maschine, die z. Boden gestürzte, oder Nachr. v. d. Leben und Ende des Arztes de la Metrie, a. d. Frz. Frankf. u. Leipz. 750.

Magneto-elektrische Maschine (System Gramme) zur Erzeugung konstanter Strome Wien 1878.

Maschine, über Müllers redende, überhaupt. 8. Nürnb. 788. Grattenauer. 2 𝒢

Maschinen, die zur Versorgung der Städte und anderer bewohnter Orte mit fließendem Wasser angewendeten, namentlich Dampfmaschinen. Ein Hand- und Hülfsbuch für Architekten, Maschinenbauer und Communalbeamte. gr. 8. (96 S. mit 7 Stnt. in qu. Fol.) Leipzig (861)62, E. Schäfer. *

Maschinen, die neuesten u. zweckmäßig ökonomischen Werkzeuge, Geräthschaften u. Vorrichtungen. Mit 82 Figur. gr. 8. Quedlinb. 824. Basse. 1 ℛ 16 𝒢

Maschinen u. Geräte, landwirtsch., s.: Miniatur-Bibliothek.

Maschinen, hydraulische. (11 Bl) Zeichnungen von Kienzle etc. von der Baugewerkschule Stuttgart. Imp Stuttgart 1869-70

Maschinen, Landwirtschaftliche, und Geräte. Jg. 6—27. Artern (Prov. Sachsen.) 1906—27. Seit 1925: **Landmaschinen** und Geräte

Maschinen, die neuesten und zweckmäfsigsten ökonomischen. Quedlinburg. 1824. 8. 1¼ Thlr.

Maschinenalter, das. Zukunftsvorlesungen üb. unsere Zeit. Von Jemand. gr. 8. (IV, 297 S.) Zürich 889. Verlags-Magazin. n. 4. —

Maschinenalter (Das). Zukunftsvorlesungen über unsere Zeit. Von Jemand. (Bertha von Suttner.) gr. 8°. Zürich, Verlags-Magazin, 1891. 2. Aufl. 8°. Berlin 1892. 3. Aufl. 8°. Dresden, E. Pierson, 1898.

Maschinenalter, das, 3. Aufl., s.a. **Suttner, Bertha, v.,** das Maschinenzeitalter.

Maschinen-Ausstellung die, im Deutschen Buchgewerbehaus zu Leipzig als deutscher Maschinenmarkt. (22 S.) 4° Leipzig 1899

Maschinenbau-Aktiengesellschaft, Ascherslebener (vorm. W. Schmidt & Co.): Tabellen über zu entwerfende Condensations- und Kühl-Anlagen. Aschersleben a. H. (1904?)

Maschinenbau-Aktien-Gesellschaft, Berlin-Anhaltische: Übersicht über neuere Apparate für das Gasfach. Berlin und Dessau 1891

Maschinenbau-Aktien-Gesellschaft, Berlin-Anhaltische: Veröffentlichungen betr. Gasversorgung. Seit 1909 u. d. T.: Übersicht über neuere Apparate des Gasfaches. 1897 ff. Berlin

Maschinenbau-Aktien-Gesellschaft, Berlin-Anhaltische: Liste über Aufzüge für Riemenbetrieb. Berlin 1898

Maschinenbau-Aktien-Gesellschaft, Berlin-Anhaltische: Nachtrag 1899 zur Übersicht über neuere Apparate für das Gasfach. Berlin und Dessau 1899

Maschinenbau-Actien-Gesellschaft, Berlin-Anhaltische: Preisliste über Dohmen Leblanc'sche Reibungskupplungen. (1901?)

Maschinenbau-Aktien-Gesellschaft, Berlin-Anhaltische: Preisliste über Dessauer Sparlager. Dessau (1901?)

Maschinenbau-Actien-Gesellschaft, Berlin-Anhaltische: Neuestes Reklamebuch über Transmissionen. Dessau (1901?)

Maschinenbau-Aktien-Gesellschaft, Berlin-Anhaltische Nr. 340 Triebwerke (Transmissionen). Dessau und Berlin (1903)

Maschinenbau-Actien-Gesellschaft, Berlin-Anhaltische. Gas-Fern-Versorgungs-Anlagen. Berlin . . . 1906

Maschinenbau-Aktien-Gesellschaft, Berlin-Anhaltische: Listenverzeichnis. Berlin, Dessau und Benrath b. Düsseldorf 1907

Maschinenbau-Actien-Gesellschaft, Duisburger, vorm. Bechem & Keetman. Förderkorb-Zwischengeschirre Duisburg a. Rh. (1905)

Maschinenbau-Aktien-Gesellschaft, Hannoversche: Drucksachen. Nr 10. 1905 ff Hannover-Linden

Maschinenbau-Aktien-Gesellschaft Humboldt in Kalk bei Deutz am Rhein. Bonn, 1878.

Maschinenbau-Actien-Gesellschaft, Kölnische: Prospekte betreffend Konstruktionen aus dem Maschinenbau, dem Gasfach und der Röhrengießerei. Köln-Bayenthal 1897—1899

Maschinenbau-Aktiengesellschaft vormals Starke & Hoffmann, Hirschberg i. Schlesien. (Katalog.) (111 S. m. Abbild.) 19×29 cm. Hirschberg 906. (H. Springer.) Geb. in Leinw. 6. 60

Maschinenbau-A.-G., Stettiner, »Vulcan«: Technisches Informationsmaterial. 1906 ff. Stettin

Maschinenbau-Anstalt, Braunschweigische: Katalog für Alkohol-Industrie Braunschweig 1896—1898

Maschinenbau-Anstalt, Braunschweigische: Katalog für Zuckerindustrie. Braunschweig 1896—1899

Maschinenbau-Anstalt Humboldt in Kalk bei Köln a. Rh. Maschinen und Apparate für Erzaufbereitung.

Maschinenbau-Anstalt Humboldt: Die Bleierz-Aufbereitung der Grube »Arrayanes« in Spanien. Kalk b Köln (1899)

Maschinenbau-Anstalt Humboldt: Die neu ausgeführte Kohlenwäsche auf Zeche Cadeby bei Doncaster, England. Kalk b. Köln (1899)

Maschinenbau-Anstalt Humboldt: Die Phosphat-Wäsche in St. Symphorien bei Mons, Belgien. Kalk b. Köln (1899)

Maschinenbau-Anstalt Humboldt: Katalog über Kesselschmiede Kalk b. Köln (1901)

Maschinenbau-Anstalt Humboldt: Prospekte über Versuchsresultate bezgl. Kühl- und Eismaschinen, Luftkühlungen. Kalk b. Köln 1901/1902

Maschinenbau-Anstalt Humboldt: Kälte-Erzeugungsmaschinen. Kalk b. Köln 1902. Fol.

Maschinenbau-Anstalt Humboldt: Catalog 1895—1902. Kalk b. Köln (1903)

Maschinenbau-Anstalt Humboldt: Katalog über Brücken- und Eisenhochbau. Kalk b. Köln (1902)

Maschinenbau-Anstalt Humboldt: Katalog über Kühl- und Eismaschinen (Kohlensäure-Compressions-System, Patent Sedlacek). Solingen 1902

Maschinenbau-Anstalt Humboldt: Preisliste über moderne Zierbleche. Kalk b. Köln (1902)

Maschinenbau-Anstalt Humboldt: Versuchsstation für Zerkleinerung und Aufbereitung. Kalk b. Köln (1902)

Maschinenbau-Anstalt Humboldt: Catalog über gelochte Bleche. Kalk b. Köln 1903

Maschinenbauer, der. Illustrirte Zeitschrift für mechanische Technik und Organ für Fabrikanten, Gewerbtreibende und Techniker. 1. und 2. Jahrg. 1866 und 1867. à Jahrg. 52 Nrn. (Bog. mit eingedr. Holzschn.) à Jahrg. 12 Stnt. gr. 4. Leipzig, Payne. à Jahrg. *

Maschinenbauer, der. Illustrirte Zeitschrift für mechan. Technik. Organ für Fabrikanten, Gewerbtreibende und Techniker. Redact.: Thdr. Schwartze. 3.—9. Jahrg. 1868—1874. à Jahrg. 52 Nrn. (Bog. mit eingedr. Holzschn. und Stnt.) gr. 4. Leipzig, Payne. à Heft * 50 Pf.; à Jahrg. *

Maschinenbauer, der. Illustrirte Zeitschrift für mechan. Technik und Organ für Fabrikanten, Gewerbtreibende und Techniker. Redact.: Thdr. Schwartze. 10. und 11. Jahrg. 1875 und 1876. à Jahrg. 52 Nrn. (Bog. mit eingedr. Holzschn. und Stnt.) gr. 4. Leipzig, Payne. à Jahrg.
—— dass. — 12.—14. Jahrg. 1877—1879. à Jahrg. 26 Hefte. (à 2 Bog. mit eingedr. Holzschn. und 1 Stnt.) gr. 4. Ebendas. à Heft 50 Pf.; à Jahrg.

Maschinenbauer, der. Illustr. Zeitschrift für mechan. Technik. Organ für Fabrikanten, Gewerbtreibende und Techniker. Redact.: Thdr. Schwartze. 15.—17. Jahrg. 1880—1882. à Jahrg. 26 Hefte. (à Heft 2 Bog. mit eingedr. Holzschn. und 26 Stnt.) gr. 4. Leipzig, Payne. à Heft à Jahrg.

—— Illustr. Zeitschrift für mechan. Technik. Organ für Fabrikanten, Gewerbtreibende und Techniker. Hrsgbr. und Redact.: Thdr. Schwartze. 18. Jahrg. 1883. 26 Hefte. (à Heft 2 Bog. mit eingedr. Illustr.) gr. 4. Leipzig, [Knapp.] Verlag des Maschinenbauer. à Heft * à Jahrg. *
—— dass. — 19. Jahrg. 1884. 26 Hefte. (à Heft 2 Bog. mit eingedr. Illustr. und Taf.) gr. 4. Ebendas. à Heft * Jahrg. *

Maschinenbauer, der. Illustrirte Zeitschrift für mechan. Technik. Organ für Fabrikanten, Gewerbtreibende und Techniker. 20. Jahrg. 1885. 26 Hefte. (à Heft 2 Bog. mit eingedr. Illustr. und Taf.) gr. 4. Leipzig, Verlag des Maschinenbauer. à Heft * 50 Pf. *

—— dass. — Redact.: Rhold. Werther und Emil Nowák. 21. und 22. Jahrg. 1886 und 1887. à Jahrg. 26 Hefte. (à Heft 2 Bog. mit eingedr. Illustr. und Taf.) gr. 4. Ebendas. à Heft * 50 Pf.; à Jahrg. *

—— dass. — Redact.: E. O. Jahn und Emil Nowák. 23. Jahrg. 1888. 26 Hefte. (à Heft 2 Bog. mit eingedr. Illustr. und Taf.) gr. 4. Ebendas. à Heft * 50 Pf. *

Maschinenbauer, der. Illustr. Zeitschrift f. mechan. Technik. Organ f. Fabrikanten, Gewerbtreibende u. Techniker. Red.: R. Werther u. E. Nowák. 22. u. 23. Jahrg. 1887. 1888. à 26 Hfte. (2 B. m. eingedr. Illustr. u. Taf.) gr. 4. Leipzig, Verlag d. Maschinenbauer. à Hft. n. — 50

— dasselbe. Red.: E. O. Jahn u. E. Nowák. 24. u. 25. Jahrg. 1889. 1890. à 26 Hfte. (2 B. m. eingedr. Illustr. u. Taf.) gr. 4. Ebd. à Hft. n. — 50

Maschinenbauer, der. Illustrirte Zeitschrift f. mechan. Technik. Organ f. Fabrikanten, Gewerbetreibende u. Techniker. Hrsg. v. E. Nowák. Red.: Gust. Brauns u. Emil Nowák. 26.—29. Jahrg. 1891—1894. à 26 Hfte. (2 Bog. m. Illustr. u. Taf.) gr. 4. Leipzig, Verlag d. Maschinenbauer à Hft. n. — 50

Maschinenbauer, der. Illustr. Zeitschrift f. mechan. Technik. Organ f. Fabrikanten, Gewerbetreibende u. Techniker. Hrsg. v. E. Nowák. Red.: A. Härtel u. Emil Nowák. 30.—32. Jahrg. 1895—1897. à 26 Hfte. (à ca. 12 S. m. Abb.) gr. 4. Leipzig, M. Hoffmann. à Hft. n. — 50

Maschinenbauer. Illustr. Zeitschrift f. d. Interessen d. ges. Maschinenbaues. Organ f. Fabrikanten u. Techniker aller Industriezweige. Hrsg.: Max Hoffmann. Red.: Max Hartmuth. 33. Jahrg. 1898. 24 Hfte. (à ca. 12 S.) gr. 4. Ebd. n. 7. —
Kann auch halbjährlich bezogen werden.

Maschinenbauer, der. Illustrierte Zeitschrift f. die Interessen des gesamten Maschinenbaues. Organ für Fabrikanten u. Techniker aller Industriezweige. Red.: Max Hartmuth. 34. u. 35. Jahrg. 1899 u. 1900. à 24 Hfte. gr. 4. (à ca. 12 S.) Leipzig, M. Hoffmann. à Jahrg. n. 7. —

Maschinenbauer, der landwirthschaftliche. Illustrirte Mittheilungen über landwirthschaftl. Maschinen und Geräthe, so wie über andere Zweige der landwirthschaftl. Technik. Redig. von Carl Pflug und J. F. Matthias. 1—8. Bd. Jahrg. 1859—61. Jahrg. 1859. April bis Decbr. 18 Nrn., 1860 und 1861 à 24 Nrn. (Bog. mit eingedr. Holzschn.) hoch 4. Berlin, Th. Grieben. [Jahrg. 1859. * 1 Thlr., 1860. * 1 Thlr. 10 Ngr., 1861. * 2 Thlr.] *
Der 1. und 2. Jahrg. sind von Carl Pflug allein redigirt.

Maschinenbauer- u. Schlosser-Kalender pro 1886. Hrsg. v. Carl Pataky etc. Mit vielfach verm. Text. Reich illustrirt. gr. 16. (IV, 112 u. 152 S.) Berlin 885. Pataky. geb. in Leinw. n. 2. —; in Ldr. n. 2. 50

Maschinenbauer- und Schlosser-Kalender pro 1886—1889. Hrsg. von Karl Pataky etc. Mit vielfach verm. Text. Reich illustrirt. gr. 16. (à Jahrg. 260—270 S.) Berlin, Pataky. geb. in Leinw. à Jahrg. * geb. in Leder à Jahrg. *

Maschinenbauer- u. Schlosser-Kalender f. 1891. Hrsg. v. Carl Pataky, unter Mitwirkg. v. E. Dalchow, Foehr, G. Langbein u. vieler anderer Praktiker. 11. Jahrg. gr. 16. (XIII, 104, 261 u. VII S. m. Abbildgn.) Berlin 890. Pataky. geb. n. 2. —

Maschinenbauer- u. Schlosser-Kalender f. 1893. Hrsg. v. Carl Pataky, unter Mitwirkg. v. E. Dalchow, Foehr, G. Langbein u. A. 13. Jahrg. 2 Tle. gr. 16. (XV, 128, 160; III, 122 S. m. Abbildgn.) Berl., Pataky. geb. u. geh. * 2 —, in Ldr * 2 50

Maschinenbauer- und Schlosser-Kalender für 1894. Herausgegeben von Pataky. Reich illustrirt. XIV. Jahrg. 16. (176 S., mit Notizblättern.) In Lnwd. geb. Wien. Perles 1.30

Maschinenbauer- u. Schlosser-Kalender f. 1895. Hrsg. v. Carl Pataky, unter Mitwirkg. vieler Fachleute. 15. Jahrg. 2 Tle. gr. 16. (XV, 128, 160 u. 120 S. m. Abbildgn.) Berlin, C. Pataky. Geb. in Leinw. u. geh. n. 2. —

Maschinenbauer- und Schlosser-Kalender für 1895. Herausgegeben von Pataky. Reich illustrirt. XV. Jahrg. 16. (160 S., mit Notizblättern.) In Lnwd. geb. Wien Perles 1894 1.30

Maschinenbauer- und Schlosser-Kalender für 1896. Herausgegeben von Pataky. Reich illustrirt. XVI. Jahrg. 16. (176 S., mit Notizblättern.) In Lnwd. geb. 1.30
Wien Moritz Perles, 1895

Maschinenbauer- und Schlosser-Kalender für 1897. Herausgegeben von Carl Pataky. Reich illustrirt. XVII. Jahrgang. 16. (176 S., mit Notizblättern.) In Lnwd. geb. 1.30
Wien. Perles 1896

Maschinenbauer- und Schlosser-Kalender für 1898. Herausgegeben von Carl Pataky. Reich illustrirt. XVIII. Jahrgang. 16. (176 S., mit Notizblättern.) In Lnwd. geb. 1.30
Wien Perles 1897

Maschinenbauer- u. Schlosser-Kalender f. 1899. Hrsg. v. Carl Pataky unt. Mitwirkg. vieler Fachleute. 19. Jahrg. 2 Tle. 12. (XV, 128, 192 u. 116 S. m. Fig.) Berlin, C. Pataky. Geb. in Leinw. u. geh. n. 2. —

Maschinenbauer- und Schlosser-Kalender für 1899. Herausgegeben von Carl Pataky. Reich illustrirt. XIX. Jahrgang 16. (176 S., mit Notizblättern.) In Lnwd. geb 1.30
Wien Perles 1898.

Maschinenbauer- und Schlosser-Kalender für 1900. Herausgegeben von Carl Pataky unter Mitwirkung vieler Fachleute. Reich illustrirt. XX. Jahrgang. Wien. Perles. 8°. 176 S. Geb. fl. 1.30

Maschinenbauer- und Schlosser-Kalender für 1901. Herausgegeben von Carl Pataky unter Mitwirkung vieler Fachleute. Reich illustrirt. XXI. Jahrgang. Wien. Perles. 8°. 176 S. Geb. K 2.60

Maschinenbauer- und Schlosser-Kalender für 1902. Herausgegeben von Carl Pataky unter Mitwirkung vieler Fachleute. Reich illustrirt. XXII. Jahrgang. Wien. Perles. 8°. 176 S. Geb. K 2.60

Maschinenbauer- u. Schlosser-Kalender f. 1903. Hrsg. v. Carl Pataky unt. Mitwirkg. vieler Fachleute. 23. Jahrg. 12. (XV, 128 u. 192 S. m. Fig.) Berlin, C. Pataky. Geb. in Leinw. n. 2. —

Maschinenbauer- und Schlosserkalender für 1904. 24. Jahrg. 8°. (ill. 176 S.) Wien Perles 1903 geb. K 2.60

Maschinenbauer- u. Schlosser-Kalender für 1906. Hrsg. v. Carl Pataky unter Mitwirkg. vieler Fachleute. 26. Jahrg. (XV, 128 u. 200 S. m. Fig.) kl. 8. Berlin, C. Pataky. Geb. in Leinw. n. 2. —

Maschinenbauer- u. Schlosser-Kalender f. 1911. Hrsg v. Carl Pataky unter Mitwirkg. vieler Fachleute. 31. Jahrg. (XV, 128 u. 176 S. m. Fig.) kl. 8. Ebd. Geb. in Leinw. 2. —

Elsässische Maschinenbau-Gesellschaft, Mühlhausen i. E. Baumwoll-Spinnerei-Maschinen. — (Straßburg o. J. [um 1900]: Fischbach.) 113 S. 4°

Maschinenbau-Gesellschaft in Lübeck. Lübeck (1895?)
Prospect 1. Excavatoren für Trockenbaggerung.
Prospect 2. Neuerungen an Excavatoren.
Prospect 3. Die Verwendung von Excavatoren (Trockenbagger) im Tagebergbau.

Lübecker Maschinenbau-Gesellschaft (Lübeck) — Berlin: Eckstein [1909]. 29 S. 2° [Kopft.] (Dt. Industrie, dt. Kultur 7, 10.) 1. 38 A.

Maschinenbau- u. Metall-Arbeiter-Kalender f. 1893. Hrsg. v. Carl Pataky unter Mitwirkg. v. E. Dalchow, Foehr, G. Langbein u. a. 13. Jahrg. 2 Tle. gr. 16. (XIII, 128, 112; III, 122 S. m. Abbildgn.) Berl., Pataky. geb. u. geh. * 1 —
Frühere Jahrge. à * 2 —

Maschinenbau- u. Metall-Arbeiter-Kalender f. 1895. Hrsg. v. Carl Pataky, unter Mitwirkg. vieler Fachleute. 15. Jahrg. 2 Tle. gr. 16. (XV, 128, 184 u. 120 S. m. Abbildgn.) Berlin, C. Pataky. Geb. in Leinw. u. geh. n. 1. —

Maschinenbau- u. Metall-Arbeiter-Kalender f. 1899. Hrsg. v. Carl Pataky unt. Mitwirkg. vieler Fachleute. 19. Jahrg. 2 Tle. 12. (XV, 128, 207 u. 116 S. m. Fig.) Berlin, C. Pataky. Geb. in Leinw. u. geh. n. 1. —

Maschinenbau- u. Metall-Arbeiter-Kalender f. 1903. Hrsg. v. Carl Pataky unter Mitwirkg. vieler Fachleute. 23. Jahrg. 12. (XV, 128 u. 192 S. m. Fig.) Ebd. Geb. in Leinw. n. 1. —

Maschinenbau- u. Metall-Arbeiter-Kalender f. 1906. Hrsg. v. Carl Pataky unter Mitwirkg. vieler Fachleute. 26. Jahrg. (XV, 128 u. 200 S. m. Fig.) kl. 8. Ebd. Geb. in Leinw. n. 1. —

Maschinenbau- u. Metall-Arbeiter-Kalender f. 1911. Hrsg. v. Carl Pataky unter Mitwirkg. vieler Fachleute. 31. Jahrg. (XV, 128 u. 202 S. m. Fig.) kl. 8. Berlin, C. Pataky. Geb. in Leinw. 1. —

Maschinenbauschule. System Karnack-Hachfeld. Unterrichtsbriefe f. d. Selbststudium d. ges. Maschinenbauwesens. Bearb. v. hervorrag. Fachleuten. Red. v. O. Karnack (Müller). Der Maschinen-Konstrukteur. Gemeinverständl. Handbuch zur Ausbildg. v. Maschinentechnikern u. -Konstrukteuren. M. Beigaben, enth. e. Vorlagewerk prakt. bewährter Ausführgn. d. Maschinenbaues u. -Betriebes, d. Bedürfn. d. Maschinenkonstrukteurs entsprech., sow. m. vielen hundert Text-Illustr. u. kolor. Abb. 1.—104. Hft. gr. 8. (III, 2882 S. m. 91 Taf.) Potsdam 896—98. Bonneß & Hachfeld. Subskr.-Pr. à — 60; Einzelpr. à — 90

— dasselbe. Der Monteur, Vorarbeiter u. Maschinist. Gemeinverständl. Handbuch zur Einführung in d. Maschinenbaukunde. Mit Beigaben, enth. e. Vorlagewerk prakt. bew. Ausführgn. d. Maschinenbaues u. -Betriebes, sow. m. vielen hundert Textillustr. u. kolor. Abb. 1.—89. Hft. gr. 8. (III, 2568 S. m. 78 Taf.) Ebd. 896—898. Subskr.-Pr. à — 60; Einzelpr. à — 90

— dasselbe. Der Werkmeister. Gemeinverständl. Handbuch zur Ausbildg. v. Werk- u. Maschinenmeistern, Betriebsleitern u. s. w. M. Beigaben, enth. e. Vorlagewerk prakt. bewährter Ausführgn. d. Maschinenbaues u. -Betriebes, d. Bedürfnissen d. Werkmeisters entsprech., sow. m. vielen hundert Text-Illustr. u. kolor. Abb. 1.—103. Hft. gr. 8. (III, 2854 S. m. 80 Taf.) Ebd. 896—898. Subskr.-Pr. à — 60; Einzelpr. à — 90

— dasselbe. Der Monteur, Vorarbeiter u. Maschinist. Gemeinverständliches Handbuch zur Einführung in die Maschinenbaukunde. Mit Beigaben, enth. e. Vorlagewerk praktisch bewährter Ausführgn. des Maschinenbaues u. -Betriebes, sowie m. vielen hundert Textillustr. u. kolor. Abbildgn. 90.—114. Hft. gr. 8. (837 S. m. 14 Taf.) Potsdam (899—901). Bonneß & Hachfeld. Subskr.-Pr. à — 60; Einzelpr. à — 90

Maschinenbauschule. System Karnack-Hachfeld. Unterrichtsbriefe f. das Selbststudium des gesamten Maschinenbauwesens. Bearb. v. hervorrag. Fachleuten. Red. von O. Karnack (Müller). Der Maschinen-Konstrukteur. Gemeinverständl. Handbuch zur Ausbildg. v. Maschinentechnikern u. -Konstrukteuren. Mit Beigaben, enth. e. Vorlagewerk praktisch bewährter Ausführgn. d. Maschinenbaues u. -Betriebes, den Bedürfnissen des Maschinenkonstrukteurs entsprechend, sowie m. vielen hundert Text-Illustr. m. kolor. Abbildgn. 105.—166. Hft. gr. 8. (1905 S. m. 32 Taf.) Potsdam (899—902). Bonneß & Hachfeld. Subskr.-Pr. à — 60; Einzelpr. à — 90

Maschinenbauschule. System Karnack-Hachfeld. Unterrichtsbriefe f. das Selbststudium des gesamten Maschinenbauwesens. Bearb. v. hervorrag. Fachleuten. Red. von O. Karnack (Müller). Der Werkmeister. Gemeinverständl. Handbuch zur Ausbildg. v. Werk- u. Maschinenmeistern, Betriebsleitern u. s. w. Mit Beigaben, enth. e. Vorlagewerk praktisch bewährter Ausführgn. des Maschinenbaues u. -Betriebes, den Bedürfnissen d. Werkmeisters entsprechend, sowie m. vielen hundert Text-Illustr. u. kolor. Abbildgn. 105.—146. Hft. gr. 8. (1242 S. m. 22 Taf.) Ebd. (899—902.) Subskr.-Pr. à — 60; Einzelpr. à — 90

Maschinenbauschule. System Karnack-Hachfeld. Unterrichtsbriefe f. das Selbststudium des gesamten Maschinenbauwesens. Bearb. v. hervorrag. Fachleuten. Red. v. O. Karnack (Müller). Der Maschinen-Konstrukteur. Gemeinverständl. Handbuch zur Ausbildg. v. Maschinentechnikern u. -Konstrukteuren. Mit Beigaben, enth. ein Vorlagewerk prakt. bewährter Ausführgn. des Maschinenbaues u. -Betriebes, den Bedürfnissen des Maschinenkonstrukteurs entsprechend, sowie m. vielen hundert Text-Illustr. u. kolor. Abbildgn. 167—169. Heft. (72 S.) gr. 8. Potsdam (903). Bonneß & Hachfeld. Subskr.-Pr. à — 60; Einzelpr. à — 90

Maschinenbau-Zeitung, schweizerische. Red.: S. Herzog. 1.—3. Bd. Oktbr. 1907—Septbr. 1910. à 26 Nrn. (à ca. 12 S. m. Abbildgn.) 34,5×25 cm. Aarau, H. R. Sauerländer & Co. à Jahrg. 10. 40

— dasselbe. Organ f. die gesamte schweizer. Eisen- u. Metall-Industrie sowie verwandte Gebiete. Red.: S. Herzog. 4. Bd. Oktbr. 1910—Septbr. 1911. 26 Nrn. (à ca. 16 S. m. Abbild.) 31,5×23 cm. Aarau, A. Trüb & Co. 10. 40
Erscheint nicht mehr.

Maschinenbericht, Illustrirter. Monatsschrift . . . Jg. 6. 7. 1880—81. Hamburg

Maschinen - Constructeur, Der. Gemeinverständliches Handbuch zur Ausbildung von Maschinen-Technikern . . . Potsdam, Leipz. u. Berl. [1896]. Red.: *Karnack, O. (= Müller) & Hugo Güldner.* (Berl)

Maschinen-Constructeur, der praktische, s.a Maschinen-Konstrukteur

Maschinen-Constructeur, der practische. Zeitschrift für Maschinen- und Mühlenbauer, Ingenieure und Fabrikanten unter Mitwirkung practisch bewährter Ingenieure des In- und Auslandes, sowie der Lehrer des Technicum zu Frankenberg, hrsg. von Wilh. Heinr. Uhland. 1.—3. Jahrg. 1868—1870. à Jahrg. 24 Hefte. (à ca. 2 Bog. mit eingedr. Holzschn. und lithogr. Beilagen.) gr. 4. Leipzig, Baumgärtner's Buchh.
1868 und 1869. à Heft 75 Pf.; à Jahrg. 1870 *

—— dass. — Mit Beiblatt: „Industrielle Rundschau, Correspondenzblatt für Industrie, Gewerbe und Landwirthschaft." Unter Mitwirkung bewährter Ingenieure und anderer Fachmänner des In- und Auslandes hrsg. von Wilh. Heinr. Uhland. 4.—7. Jahrg. 1871—1874. à Jahrg. 24 Hefte. (à ca. 2 Bog. mit Holzschn. und Stnt. und Beiblatt „Industrielle Rundschau" ½ Bog.) gr. 4. Ebendas. 1871—1873 à * 1874 *

Maschinen-Constructeur, der praktische. Zeitschrift für Maschinen- und Mühlenbauer, Ingenieure und Fabrikanten. Mit Beiblatt: „Technische Rundschau, Correspondenzblatt für Industrie, Gewerbe und Landwirthschaft." Unter Mitwirkung bewährter Ingenieure und anderer Fachmänner des In- und Auslandes hrsg. von Wilh. Heinr. Uhland. 8. Jahrg. 1875. 24 Hefte. (à ca. 2 Bog. mit Holzschn. und Stnt. und Beiblatt „Industrielle Rundschau" ½ Bog.) gr. 4. Leipzig, Baumgärtner's Buchh. (* *M.* 27.) *

—— dass. — Zeitschrift für Maschinen- und Mühlenbauer, Ingenieure und Fabrikanten. Unter Mitwirkung bewährter Ingenieure und anderer Fachmänner des In- und Auslandes hrsg. von Wilh. Heinr. Uhland. 9.—12. Jahrg. 1876—1879. à Jahrg. 24 Hefte. (à ca. 2—3 Bog. mit eingedr. Holzschn. und Stnt.) gr. 4. Ebendas. Jahrg. 1876 (* *M.* 27.) * Jahrg. 1877—1879 à Jahrg. *

Maschinen-Constructeur, der praktische. Zeitschrift für Maschinen- u. Mühlenbauer, Ingenieure u. Fabrikanten. Unter Mitwirkung bewährter Ingenieure u. anderer Fachmänner des In- u. Auslandes hrsg. von Wilh. Heinr. Uhland. 10—14. Jahrg. 1877—1881. à 24 Hfte. (à 2—3 B. m. eingedr. Holzschn. u. autogr. Taf.) gr 4. Leipzig, Baumgärtner. n. 27. —

— dasselbe. 15. Jahrg. 1882. 24 Hfte. (à 2—3 B. m. eingedr. Holzschn. u. autogr. Taf.) gr. 4. Ebend. n. 32. —

Maschinen-Constructeur, der practische. Zeitschrift f. Maschinen- u. Mühlenbauer, Ingenieure u. Fabrikanten. Unter Mitwirkg. bewährter Ingenieure u. anderer Fachmänner d. In- u. Auslandes hrsg. v. Wilh. Heinr. Uhland. 16—19. Jahrg. 1883—1886. à 24 Hfte. (à 2—3 B. m. eingedr. Holzschn. u. autogr. Taf.) gr. 4. Leipzig, Baumgärtner à Jahrg. n. 32. —

Maschinen-Constructeur, der praktische. Zeitschrift für Maschinen- und Mühlenbauer, Ingenieure und Fabrikanten. Unter Mitwirkung bewährter Ingenieure und anderer Fachmänner des In- und Auslandes hrsg. von Wilh. Heinr. Uhland. 18. und 19. Jahrg. 1885 und 1886. à Jahrg. 24 Hefte. (à Heft 2—3 Bog. mit eingedr. Holzschn. und autogr. Taf.) gr. 4. [Leipzig, Baumgärtner's Buchh.] Dresden, Kühtmann. à Jahrg. *

Maschinen-Constructeur, der praktische. Zeitschrift f. Maschinen- u. Mühlenbauer, Ingenieure u. Fabrikanten in Verbindg. m. „Uhland's Wochenschrift f. Industrie u. Technik". Hrsg. v. Wilh. Heinr. Uhland. 20. Jahrg. 1887. 12 Hfte. (3 B. m. Illustr. u. Taf.) Nebst „Uhland's Wochenschrift". 1. Jahrg. 1887. 52 Nrn. (à 2—2½ B. m. Illustr. u. Taf.) gr. 4. [Leipzig, Baumgärtner.] Dresden, Kühtmann. n. 32. —; ohne „Uhland's Wochenschrift" n. 20. —

— dasselbe. 21. Jahrg. 1888. Januar — Septbr. 9 Hfte. (3 B. m. Illustr. u. Taf.) Nebst „Uhland's Wochenschrift". 2. Jahrg. 1888. Januar — Septbr. 39 Nrn. (à 2—2½ B. m. Illustr. u. Taf.) gr. 4. Ebd. n. 24. —; ohne „Uhland's Wochenschrift" n. 15. —

— dasselbe. 22. u. 23. Jahrg. Octbr. 1888 — Septbr. 1890. [Gesammt-Ausg. m. „Uhland's industrieller u. techn. Rundschau".] à 52 Nrn. gr. 4. (à 2—3 B. m. 2—3 Taf. u. 1—2 Skizzenblättern.) Leipzig, Bureau d. „Prakt. Maschinen-Constructeur" à Jahrg. n. 32. —

— dasselbe. 22. u. 23. Jahrg. Octbr. 1888 — Septbr 1890. [Ausg. ohne „Uhland's industrielle u. techn. Rundschau".] à 26 Nrn. gr. 4. (à ca. 8 S. m. 2—3 Taf.) Ebd. à Jahrg. n. 16. —
s.: Uhland's, W. H., Wochenschrift.

—— dass. — 22. Jahrg. Octbr. 1888—Septbr. 1889. [Gesammt-Ausg. mit „Uhland's industrieller und technischer Rundschau".] 52 Nrn. gr. 4. (à Nr. 2—3 Bog. mit 2—3 Taf. und 1—2 Skizzenblättern.) Leipzig, Bureau des Prakt. Maschinen-Constructeur. *

—— dass. — 22. Jahrg. Octbr. 1888—Septbr. 1889. [Separat-Ausg. ohne „Uhland's industrielle und technische Rundschau".] 26 Nrn. gr. 4. (à Nr. 8 S. mit 2—3 Taf.) Ebendas. *
Vgl.: Uhland's Wochenschrift für Industrie und Technik.

Maschinen-Constructeur, Der praktische. Zeitschrift für Maschinen- u. Mühlenbauer, Ingenieure und Techniker aller Industriezweige. Herausgegeben von W. H. Uhland, Civilingenieur. Gesammtausgabe für Industrie und Technik, technische Rundschau und industrielle Rundschau XXII. Jahrg. 1889. 52 Nrn. Gr.-4 (Nr. 13) pro II. Quartal in Comm. * 5.—
Wien Spielhagen & Schurich 1889

Maschinen-Constructeur, der praktische. Zeitschrift f. Maschinen- u. Mühlenbauer, Ingenieure u. Techniker aller Industriezweige. Hrsg. v. Wilh. Heinr. Uhland. 23.—25. Jahrg. gr. 4. Lpz., Bureau d. Prakt. Maschinen-Constructeur. [23. Jahrg. 1889/90. 26 Hefte. (208 S. m. 309 Illustr. u. 5 Taf.); 24. Jahrg. Octbr. 1890—Septbr. 1891. 26 Hefte. (210 S. m. 426 Illustr u. 65 Taf.); 25. Jahrg. Octbr. 1891—Decbr. 1892. 32 Hefte. (à Heft 2—2½ Bog. m. Illustr. u. Taf.) à Jahrg. * 16 —

—— dass. — Gesammtausgabe in Verbindg. m. Uhlands Wochenschrift f. Industrie u. Technik. 4. u. 5. Jahrg. Octbr. 1889—Septbr. 1891. à Jahrg. 52 Nrn., u. 6. Jahrg. Octbr. 1891—Decbr. 1892. 65 Nrn. gr. 4. (à Nr. ca. 20 S. m. Illustr. u. Taf.) Ebd.
4. u. 5. Jahrg. à * 32 —; 6. Jahrg. * 40 —
Vgl.. Uhland's, H. W., industrielle Rundschau, — technische Rundschau, — Verkehrs-Zeitg. u. industr. Rundschau, — Wochenschrift f. Industrie u. Technik.

Maschinen-Constructeur, Der praktische. Zeitschrift für Maschinen- und Mühlenbauer, Ingenieure und Techniker aller Industriezweige. Hrsg. v. Civil-Ingenieur Wilh. Heinr. Uhland. Gesammtausgabe in Verbindung mit Uhland's Wochenschrift für Industrie und Technik. 5. Jahrg. 1890/91. 52 Nrn. Gr.-4. (Nr. 14: 14 S. m. Illustrationen u. 2 Taf.) II. Quartal 5.—
— — ohne Uhland's Wochenschrift für Industrie und Technik. 5. Jahrgang. 1890/91. 52 Nrn. Gr.-4. Nr. 14. Pro II. Quartal 2.50
Wien. Spielhagen & Schurich 1891.

— dasselbe. 25. Jahrg. Oktbr. 1891 — Decbr. 1892. 32 Hfte. gr. 4. (à Hft. ca. 10 S. m. Illustr. u. Taf.) Ebd. n. 20.—

— dasselbe. 26. u. 27. Jahrg. 1893. 1894. à 26 Hfte. gr. 4. (à Hft. ca. 10 S. m. Illustr. u. Taf.) Ebd. à Jahrg. n. 16.—

— dasselbe. Gesammtausg. in Verbindg. m. Uhlands Wochenschrift f. Industrie u. Technik. 5. Jahrg. Oktbr. 1890—Septbr. 1891. 26 Hfte. u. 52 Nrn. gr. 4. (à Hft. u. Nr. ca. 3 Bog. m. Illustr. u. Taf.) Ebd n. 32.—

Maschinen-Constructeur, d., praktische. Zeitschrift f. Maschinen- u. Mühlenbauer, Ingenieure u. Techniker aller Industriezweige. Hrsg. v. W. H. Uhland. 28.—31. Jahrg. 1895—1898. à 26 Hfte. (à ca. 10 S. m. Abb. u. Taf.) gr. 4. Leipzig, Bureau d. Prakt. Maschinenconstructeur. à Jahrg. n. 16.—
Kann auch vierteljährlich bezogen werden.

— dasselbe. Gesammtausg. in Verbindg. m. Uhlands Wochenschrift f. Industrie u. Technik. 28.—31. (9.—12.) Jahrg. 1895—1898. à 26 Hfte. (à ca. 10 S. m. Abb. u. Taf.) u. 52 Nrn. (à ca. 2 Bog.) gr. 4. Ebd. à Jahrg. n. 32.—
Kann auch vierteljährlich bezogen werden.

Maschinen-Encyclopädie, allgem., im Verein mit G. Altmütter, A. Burg, Th. Fischer, M. F. Gätzschmann, C. G. Hummel, K. Karmarsch, F. Reich, J. Schneider, J. A. Schubert, E. Weinlig, A. Weinlig, J. Weisbach hrsg. v. Jul. Ambr. Hülsse. 1—9. Lfg. od. 1. Bd. (6 Lfgn.) u. 2. Bd. 1—3. Lfg. Lex.-8. Leipzig, Voss. [1. (60 B.) 839—42., 2. 1—3. (B. 1—30.) 842. à L. * 1 Thlr.] *

— Atlas hierzu. 1e u. 2e Lfrg (Kupfertafel 1—13. u. 16—22.) qu. Fol. Ebd. 839, 40. n. $1^{1}/_{3}$ ℔

Maschinen-Encyclopädie, allgemeine, im Vereine mit mehreren Technikern herausgeg. von Jul. Ambr. Hülsse. — Text. 3.—12. Liefg. (1. u. 2. Bd.) Lex.-8. Leipzig 841—44, Voß. à n. 1 ℔

— dass. Atlas. 3.—16. Liefg. Fol. Ebend. 841—45. (à n. $1^{2}/_{3}$ ℔) 1.—16. Liefg. n. 26 ℔

Maschinen-Encyclopädie, allgemeine, hrsg. v. Jul. Ambr. Hülsse. Text. 10—12. Lfg. (od. 2. Bd. 3—5. (Schluss-) Lfg.) (Bog. 31—58.) Lex.-8. Leipzig 843, 44, Voss. à * 1 Thlr. *

—— dass. Atlas hierzu. 10—16. Lfg. (od. 2. Bd. 4—10. Lfg.) Fol. (Enth. Taf. 76—78. 92—95. 97—99. 101—113. u. 115—156. nebst Ttl. u. Inhalt d. 2. Bds.) Ebds. 843, 44. [Lfg. 10—14. à 1 Thlr. 20 Ngr., Lfg. 15., 16. * 2 Thlr. 20 Ngr.] *
Lfg. 1—9 des Textes. à * 1 Thlr., u. Atlas Lfg. 1—9. Ebendas. 1839—42. à * 1 Thlr. 20 Ngr.

Maschinen- & Armatur-Fabrik vormals Klein, Schanzlin & Becker: Kataloge. 1910 ff Frankenthal

Maschinenfabrik Augsburg-Nürnberg A.-G.: [Veröffentlichungen] 1902ff. [Augsburg]

Maschinenfabrik Augsburg-Nürnberg A. G: Catalogue général. Berlin (1908)

Maschinenfabrik Augsburg-Nürnberg A. G: Haupt-Katalog. 2. Aufl. Berlin 1909

Maschinenfabrik Augsburg-Nürnberg A. G: M. A. N.-Dampfmaschinen mit Lentz-steuerung. (Augsburg und Nürnberg) 1909

Maschinenfabrik Augsburg-Nürnberg A.-G.: M. A. N.-Wasserrohrkessel. Augsburg und Nürnberg 1909

Maschinenfabrik, Badische, und Eisengießerei, vormals G. Sebold und Sebold & Neff Maschinen zur Fabrikation der Zündhölzer. Durlach 1894

Maschinenfabrik, Badische, und Eisengießerei: Kataloge über Zerkleinerungsmaschinen usw. Durlach 1895. 1896. 1897

Maschinenfabrik, Badische, und Eisengießerei, vormals G. Sebold und Sebold & Neff: Hilfsmaschinen für den Gießereibetrieb. 2. Ausg. Durlach 1895

Maschinenfabrik, Badische, und Eisengießerei, vorm. G. Sebold und Sebold & Neff. Preislisten über Filterpressen usw. 1896 ff. Durlach

Maschinenfabrik, Badische, und Eisengießerei, vorm. G. Sebold und Sebold & Neff: Maschinen und vollständige Einrichtungen für Gerbereien und Leder-Fabriken. Durlach 1903

Maschinenfabrik, Badische: Teilkatalog 2: Gießerei-Maschinen. Abt. 3. Formmaschinen. Durlach 1908

Maschinenfabrik Baum: Neues Waschverfahren. Herne-Westf. 1902

Benrather Maschinenfabrik, Benrath bei Düsseldorf. — Berlin: Eckstein [1909]. 35 S. 2° [Kopft.] (Dt. Industrie, dt. Kultur 7, 2.) 1. 38 A.

Maschinenfabrik, Bielefelder, vorm. Dürkopp & Co.: Spezial Nähmaschinen. Bielefeld 1909

Maschinenfabrik Bruchsal, A.-G., vorm. Schnabel & Henning: Stellwerks-Einrichtungen für Signale und Weichen, System Henning. Bruchsal 1899

Maschinen-Fabrik Bruchsal A.-G., vorm. Schnabel & Henning: Mechanische und elektrische Sicherungsanlagen für den Eisenbahnbetrieb. Bruchsal 1906

Maschinenfabrik Bruchsal A.-G., vorm. Schnabel & Henning: Musterbuch 1908 [über] mechanische und elektrische Sicherheitseinrichtungen für Weichen und Signale. Mit Atlas. Bruchsal 1908. Atl. Fol.

Maschinenfabrik Buckau Einrichtung von Braunkohlen- und Torf-Brikettfabriken. Magdeburg 1902

Maschinenfabrik und Eisengiesserei vormals J. Rauschenbach, Schaffhausen (Schweiz). Katalog Nr. 57. Preis-Verzeichnis über Landwirtschaftl. Maschinen und Geräte. [Illustriert.] *2 Ausgaben. je* 14 S. 8. Schaffhausen, H. Meier & Cie., [1901].
([Ausg. A:] Preis-Liste.) — ([Ausg. B:] Export-Preisliste.)

Maschinenfabrik und Eisengiesserei Schaffhausen vormals J. Rauschenbach. Nro. 58. Spezial-Katalog von Landwirtschaftlichen Maschinen und Geräten. [Illustriert.] 77 S. 8. Schaffhausen, H. Meier & Cie., 1901.

Maschinenfabrik Eßlingen in Eßlingen.
Dynamos und Elektromotoren

Maschinenfabrik Grevenbroich (vorm. Langen & Hundhausen): Vollständige Einrichtungen für Rüben- und Rohrzucker-Fabriken usw. Grevenbroich bei Köln 1894—1899

Maschinenfabrik Grevenbroich (vorm. Langen & Hundhausen): Kataloge und Prospekte 1905 (?) ff. Grevenbroich

Maschinenfabrik, Johannesfelder: Schlacht-Instrumente für Groß- und Kleinvieh Erfurt (1904?)

Maschinenfabrik Kempewerk Nürnberg: Handliste über Stereotypie-Apparate, Sägen, Hobelmaschinen usw Nürnberg 1900

Maschinenfabrik Kempewerk Nürnberg: Haupt-Preisliste über Pressen, Stereotypie Apparate usw Nürnberg 1900

Maschinenfabrik Kempewerk Nürnberg. Preisliste über Stereotypie-Apparate und Stereotypie-Materialien usw Nürnberg 1902

Maschinenfabrik Kempewerk Nürnberg: Kempe-Stereotypie-Papiere und Matrizentafeln Nürnberg (1903?).

Maschinenfabrik Kempewerk Nürnberg: Widder-Stereotypie-Apparate. Nürnberg 1906

Maschinenfabrik Moenus A. G., (vorm. Deutsch-Amerikanische Maschinen-Gesellschaft) Kataloge über Maschinen für Schuhfabriken, Gerbereien, Treibriemenfabriken usw 1901 ? ff. Frankfurt a. M

Nordhäuser Maschinenfabrik und Eisengießerei Schmidt, Kranz & Co. in Nordhausen.
Hebezeuge.

Maschinenfabrik Oerlikon. Periodische Mitteilungen No 10—105. Oerlikon 1902—1921

Maschinenfabrik Oerlikon: Veröffentlichungen betr. elektrische Apparate usw. 1910 ff Oerlikon

Maschinenfabrik, Sächsische, vorm. R. Hartmann: Verzeichniß der Theile des mechanischen Webstuhles. 2. Aufl. Chemnitz 1890

Maschinenfabrik, Sächsische, vorm. R. Hartmann: Beschreibung und Verzeichniß der Theile des mechanischen Webstuhles. Chemnitz 1892

Maschinenfabrik, Sächsische, vorm. R. Hartmann: Verzeichniß der Theile zum Patent-Ruthen-Webstuhle für plüschartige Gewebe (Moquettes). Chemnitz 1893

Maschinenfabrik, Sächsische, vorm. R. Hartmann: Erläuternde Beschreibung und Verzeichniß der Theile des mechanischen Webstuhles. 10. Aufl. Chemnitz 1895

Maschinenfabrik, Sächsische, vorm. R. Hartmann: Die Scheer-, Leim-, Trocken- und Aufbäummaschinen. 3. Aufl. Chemnitz 1895

Maschinenfabrik, Sächsische, vorm. R. Hartmann: Kataloge über Lokomotivbau. Chemnitz 1900. 1902

Maschinenfabrik, Sächsische, vorm. R Hartmann: Katalog über Turbinenbau. Chemnitz 1901

Maschinenfabrik, Sächsische, vorm. R. Hartmann: Preisverzeichnisse über Centrifugaltrockenmaschinen. Chemnitz (1901?)

Maschinenfabrik, Sächsische, vorm. R. Hartmann: Prospekt über Tuchrahmen und Trockenmaschine mit Röhrenheizung und Luftabsaugung. Chemnitz (1901?)

Maschinenfabrik, Sächsische, vorm. R. Hartmann: Prospekt über Watten-, Leim- und Trockenmaschine. Chemnitz (1901?)

Maschinenfabrik, Sächsische, vorm. R. Hartmann: Prospekte über Garntrockenmaschinen. Chemnitz (1901?)

Maschinenfabrik, Sächsische, vorm. R. Hartmann: Wolltrockenmaschine und Wolltrocken-Anlage. Chemnitz (1901?)

Maschinenfabrik, Sächsische, vorm. R. Hartmann: Jll. Preis-Courant über Werkzeugmaschinen. 18. Aufl. Bd 1—4. Chemnitz 1902

Maschinenfabrik, Sächsische, vorm. R. Hartmann: Verzeichniß ausgeführter Dampfhämmer usw. Chemnitz 1902—1903

Maschinenfabrik, Sächsische, vorm. R. Hartmann: Schieber-Dampfmaschinen (Rider-Steuerung). Chemnitz (1903)

Maschinenfabrik, Sächsische, vorm. R. Hartmann: Verzeichnis über Kokerei Maschinen. Chemnitz (1903)

Maschinenfabrik, Sächsische, vorm. R. Hartmann: Katalog über Webstuhlbau. Chemnitz (1904?)

Maschinenfabrik, Sächsische, vorm. R. Hartmann: Leach's mechanischer Feuerungs-Apparat. Chemnitz (1904?)

Maschinenfabrik, Sächsische, vorm. R. Hartmann: Maschinen für Streichgarn-Spinnerei usw. Chemnitz (1904?)

Maschinenfabrik, Sächsische, vorm. R. Hartmann: Universal-Schrägrost. Chemnitz 1904

Maschinenfabrik, Sächsische, vorm. R. Hartmann: Ventil-Dampfmaschinen. Chemnitz (1904?)

Maschinenfabrik, Sächsische, vorm. R. Hartmann: Webstühle. Chemnitz (1904?)

Maschinenfabrik Sack, G. m. b. H: Hydraulische Steuerapparate mit Manschettenkolben für Drücke bis 70 Atm. Düsseldorf-Rath 1902

Maschinenfabrik Schlettau: Allgemeines Verzeichniß und Preisliste der landwirthschaftlichen Maschinen und Geräthe eigener Bauart. Schlettau (Erzgeb.) (1897?)

Maschinenfabrik, Vereinigte, Augsburg und Maschinenbaugesellschaft Nürnberg A. G: Mitteilung 1. 1902 ff. Augsburg

Maschinenfabrik Weingarten
Gedenkblatt 1855 1905 06. (29 S) Ulm 1906

Maschinenfabrik Weingarten vormals Hch Schatz A.-G. Album (24 Phot.) qu 4° und Preislisten 1-6. Geschäftsbericht 1907 08. 4° Weingarten 1908

Maschinenfabrik Wiesbaden: Neue Zettelkapsel für Bibliotheken. Construirt von F Zinßer. Wiesbaden 1901

Maschinen- u. Waagen- Fabriks Actiengesellschaft in Simmering (vormals H D Schmid) Dampfmaschinen, Gebläse u. Brückenwaage. 5 Blatt Zeichnungen nebst erlaut Text. (Manuskript) [In Mappe]

F. L. Die Nordenfelt'schen Maschinen Geschütze. Ihre Einrichtung und Verwendungsfähigkeit für die Zwecke der Kriegs-Marinen und der Land Armeen. Mit 2 Tafeln.
8. Wien und Bukarest 1885.

Maschinen-Gesellschaft, Deutsch-Amerikanische: Katalog über Schuhmaschinen usw. Frankfurt a. M. (1908?)

Maschinen-Industrie, die deutsche, s.: Deutschland's Industrien, I. Tl.

Maschinen-Industrie und -Handel in Europa. Herausgegeben v. M Bürgel. I. Deutschland. 1906-08. (142, 560 S) Berlin 1906

Maschinen-Industrie, die landwirtschaftliche. Ein Adressbuch der Händler u. Fabrikanten nebst Bezugsquellen-Verzeichnis (Abt. III.) Ausg. 1907/08. 2. Aufl. (XVI, 492 S.) Lex. 8. Sangerhausen (907). Alb. Vogt. (Nur direkt.) Geb. in Leinw. nn 30. —

Maschinen-Informator, der. Polytechn. Journal. Unt. Mitwirkg. v. Karl Zickler. Red. u. Hrsg.: Ant. Skrobanek. 1. Jahrg. 1895. 9 Nrn. (à ca. 20 S. m. Abb.) gr. 4. Brünn. (Wien, Spielhagen & Schurich.) n. 5. 60
Weiter nicht erschienen.

Maschinen-Journal (f. Dampfschiffe). qu. 4. (180 S.) Hamburg 889. Leckband. geb. n. 4.50

Maschinen-Konstrukteur, der praktische, s.a. Maschinen-Constructeur

Maschinen-Konstrukteur, der praktische. Zeitschrift f. Maschinen- u. Mühlenbauer, Ingenieure u. Techniker aller Industriezweige. Hrsg. v. W. H. Uhland. 32.—36. Jahrg. 1899—1903. à 26 Hfte. gr. 4. (à ca. 24 S. m. Abbildgn. u. Taf.) Leipzig, Bureau d. prakt. Maschinenkonstrukteur. à Jahrg. n. 16.—

— dasselbe. Gesamtausg. in Verbindung m. Uhlands Wochenschrift f. Industrie u. Technik. 32.—36. (13.—17.) Jahrg. 1899—1903. à 26 Hfte. u. 52 Nrn. gr. 4. (à ca. 32 u. 12 S. m. Abb. u. Taf.) Ebd. à Jahrg. n. 32.—

Maschinen-Konstrukteur, der praktische. Zeitschrift f. Maschinen- u. Mühlenbauer, Ingenieure u. Techniker aller Industriezweige. Hrsg. v. W. H. Uhland. 37.—39. Jahrg. 1904—1906. à 26 Hefte. (VI, 208; VI, 212 u. VI, 208 S. m. Abbildgn. u. je 65 Taf.) gr. 4. Leipzig, Uhlands techn Verl. à Jhrg. n. 16.—

— dasselbe. Gesamtausg. in Verbindung m. Uhlands Wochenschrift f. Industrie u. Technik. 37.—39. (18.—20.) Jahrg. 1904 bis 1906. à 26 Hefte u. 52 Nrn. (XXXX, 768; XXXII, 634 u. XXXII, 624 S. m. Abb. u. 129, 117 u. 117 Taf.) gr. 4 Ebd. à Jhrg. n. 32.—

Maschinen-Konstrukteur, der praktische. Zeitschrift f. Maschinen- u. Mühlenbauer, Ingenieure u. Techniker aller Industriezweige. Begründet v. W. H. Uhland. Red.: F. Wilcke. 40.—43. Jahrg. 1907—1910. à 26 Hefte. (à Jahrg. ca. 200 S. m. Abbildgn. u. Taf.) 32×24 cm. Leipzig, Uhlands techn. Verlag. à Jahrg. 16.—; erm. Pr. à 12.—

— dasselbe. Gesamt-Ausg. in Verbindg. m. Uhlands Wochenschrift f. Industrie u. Technik. 40.—43. Jahrg. 1907—1910. à 26 Hefte u. 52 Nrn. (à ca. 600 S. m. Abbildgn. u. Taf.) 32×24 cm. Ebd. à Jahrg. 32.—; erm. Pr. à 24.—

Maschinenkunde. Leitfaden f. die Divisionsschule der Werftdivisionen. (Maschinistenmaaten-Klasse.) Nebst Skizzen. 2 Tle. (IV, 109 u. 76 S.) 8. Wilhelmshaven 909. C. Lohse's Nachf. 2.75

Maschinen-Laboratorium, das, am eidgenössischen Polytechnikum in Zürich. (24 S. m. Abbildgn. u. 6 Taf.) gr. 4. Zürich 904. Rascher & Co. n. 2.— Sonderabdruck aus: „Schweiz. Bauztg."

Maschinenlehre, oder theoretisch-praktische Darstellung des Maschinenwesens bei Eisenberg-, Hütten- und Hammerwerken. Berlin
Bd 1. Theoretische Grundlehren von E. Nordwall. Deutsch von J. G. L. Blumhof.
Abth. 1. Mechanik und Hydrostatik. 1804
Abth. 2. (1. beigeb.) Hydraulik. 1804
Bd 2. Die Beschreibung und Abbildung der Maschinen von S. Rinman. Deutsch von J. G. L. Blumhof. 1806

Maschinenmarkt, der. Fachzeitschrift f. die Interessen der gesammt. Maschinen-Industrie. Red.: Otto Oertel. Jahrg. 1892. 1893. à 24 Nrn. (Bog.) gr. 4. Dülmen, A. Laumann. à Jahrg. n. 5.—

Maschinenmarkt, der. Fachzeitschrift f. d. Interessen d. ges. Maschinenindustrie. Red.: Otto Oertel. Jahrg. 1895. 24 Nrn. (Bog. m. Abb.) gr. 4. Dülmen, A. Laumann. n. 5.—

Maschinen-Markt, Landwirtschaftlicher, und Ausstellungs-Anzeiger. Jg. 11—13. 1904—1906. Pösneck i. Th.

Maschinenmarkt, der österreichisch-ungarische, technisch-industrieller und landwirthschaftlicher allgemeiner Preiskatalog für die österreichisch-ungar. Monarchie, für Bosnien, Herzegowina, Serbien, Bulgarien und Rumänien, verbunden mit einem allgemein geschäftl. Universal-Anzeiger für alle Gebiete des Handels, der Künste und Gewerbe, redig. von Jac. Munk. 1. Jahrg. 1. Bd. 1. und 2. Heft. gr. 4. (VIII, 85 S. mit Illustr.) Wien 887, Gottlieb. à Heft *ℳ 1.—. *

Maschinenmeister, der, an der Schnellpresse. Eine prakt. Anleitg. f. den Druck u. f. die Behandlg. der Maschine. (112 S. m. Abbildgn. u. 2 Taf.) kl. 8. Leipzig 905. J. Mäser. Geb. in Leinw. n. 3.—

— der, an der Tiegelpresse. Eine Beschreibung der Tiegelpresse, sowie eine Anleitg. zum Druck u. zur Behandlg. der Maschine. Mit e. Anh. üb. das Giessen der Walzen. (120 S. m. Abbildgn.) kl. 8. Ebd. 905. Geb. in Leinw. 3.—

Maschinenprüfungen, s.a. Arbeiten der deutschen Landwirtschafts-Gesellschaft.

Maschinenpruefungen. (Geräteprüfungen.) [Wird fortges.]

Maschinenprüfungen. H 1 Berlin Deutsche Landwirtschafts-Ges. 1909 8°
(Arbeiten d. Deutschen Landwirtschafts-Gesellschaft. H. 163)

Maschinenraum, der, des Dampfschiffes, und der Indicator und seine Anwendung bei Schiffs-Maschinen. Von „einem alten Practicus". Mit Genehmigung des Verf. aus dem Engl. in's Deutsche übers. von H. Taube. Nebst einer Beschreibung des W. v. Essen'schen Dampf-Kesselrohr-Reinigungs-Apparats. gr. 8. (32 S. mit 13 Stnt. in gr. 8. und qu. gr. 4.) Hamburg 875, Friederichsen und Comp. *

Maschinen-Skizzen. Hrsg. unter Leitg. d. A. Riedler v. den Hörern d. II. Curses Maschinenbau an der k. k. techn. Hochschule in Wien. 1. Hft. Luft-Compressions Maschinen. gr. 4. (15 S. m. 18 Steintaf. in qu. gr. Fol.) Wien 875. (Helf's Sort.) n.n. 4.—

Maschinen-Skizzen vorzugsweise für Berg- u. Hüttenwesen. Bericht über die wissenschaftlichen Excursionen, unternommen während der Studienjahre 1873—1874 u. 1874—1875 mit den Hörern der Maschinen-Bauschule an der k. k. techn. Hochschule in Wien, bearb. von den Excursions-Theilnehmern unter Leitung des Hrn. A. Riedler. 2. Ausg. Mit einem Atlas von 75 (autogr.) Taf. (in qu. gr. Fol.). 6 Lfgn. gr. 4. (42 S.) Wien 877. Spielhagen & Schurich. à n. 4.—

Maschinentafel in Farben, eine Dampf-Maschine darstellend. Für höhere u. niedere Lehr-Anstalten (in gr. Imp.-Fol.) Mannheim 842, Bassermann. Auf Leinw. m. Holzstäb. *
—— Erklärung dazu. 4. ($1\frac{1}{3}$ B. u. 1 Stnt.) Ebds. 843.

Maschinentafel in Farben, eine Dampf-Maschine darstellend. Für höhere u. niedere Lehr-Anstalten (in gr. Imp.-Fol.). Mannheim 843, Bassermann. Auf Leinwand mit Holzstäben. n. 4 ℛ
— Erklärung dazu. 4. (Mit 1 Steindrucktaf.) Ebend. 1/8 ℛ

Maschinentechnik, moderne. Gesamtübersicht üb. die einschläg. deutschen Patente. Fach- u. Handelsblatt f. Ingenieure, Techniker, Fabrikanten usw. Red.: Wilh. Boehm. Juni—Aug. 1909. 11 Nrn. (à ca. 16 S. m. Abbildgn.) 31×23,5 cm. Berlin, (C. Hause). 5.35
Mit Nr. 11 wieder eingegangen.

Maschinen-Techniker, der. Zeitschrift f. die Interessen der gesammten Maschinen-Industrie. Haupt-Organ f. Maschinenbau, Berg- u. Hüttenwesen, Brauereien, Brennereien, Spinnereien, Webereien, Metallwaren-, sowie chemische u. andere Fabriken, m. der Beilage: Der Maschinen-Markt, Central-Insertionsorgan der gesamten Eisen-Industrie u. deren Nebenzweige. Hrsg. u. Red.: H. Kühn; f. den techn. Teil W Häntzschel. 1. Jahrg. 1895. 26 Nrn (Bog.) m. Abbildgn. u. Taf.) gr 4. Leipzig-R., G. Klötzsch. n. 8. —

Maschinen-Techniker, der. Illustr. Zeitschrift f. die Interessen d. gesamten Maschinen-Industrie u. Technik, m. der Beilage: Der Maschinen-Markt, Central-Insertionsorgan d. ges. Eisen-Industrie u. deren Nebenzweige. Jahrg. 1896. 26 Nrn. (à ca. 6 S. m. Taf.) gr. 4. Leipzig 896. G. Klötzsch. n. 8. —

Maschinen-Verzeichniss, illustrirtes, von A. Burg und Sohn, Ackerbau-Maschinen-Fabrikanten in Wien. gr. 4. (IV und 81 S. mit 44 Stnt.) Wien 857, (Gerold's Sohn.) *

Maschinenwesen, das, und die darüber verbreiteten Vorurtheile. gr. 8. Leipzig 846, O. Wigand. 1/6 ₰

— dass. gr. 8. Leipzig 846. (Bamberg.) n. 4 ngl

Maschinen- u. Geräte-Zeitschrift, landwirtschaftliche. Red.: Wilh. Rathke u. vom 3. Jahrg. an Alb. Vogt. 1.—3. Jahrg. April 1900—März 1903. à 24 Nrn. gr. 4. (à ca. 8 S. m. Abbildgn.) Magdeburg-Wilhelmstadt, W. Rathke. à Jahrg. n. 3. —

Maschinen- u. Geräte-Zeitschrift, landwirtschaftliche. 4. Jahrg. April 1903—März 1904. 24 Nrn (à ca. 8 S. m. Abbildgn.) gr. 4. Magdeburg-Wilhelmstadt, W. Rathke. n. 3. —
Erscheint nicht mehr.

Maschinen-Zeitung. (Beilage zur illustr. landwirtschaftl. Zeitg.) Red.: Feldmann. 2.—4. Jahrg. 1904—1906. à 24 Nrn. (à ca. 12 S. m. Abbildgn.) gr. 4. Berlin, Deutsche Tageszeitg. à Jhrg. n. 4. —

Maschinen-Zeitung. (Beilage zur illustr. landwirtschaftl. Zeitg.) Red.: Feldmann. 5.—8. Jahrg. 1907—1910. à 24 Nrn. (à Jahrg. 288 S. m. Abbild.) Lex. 8. Berlin, Deutsche Tageszeitg. à Jahrg. 4. —

Maschinen- u. Metallindustrie-Zeitung m. der Beilage: Oesterreichische Eisenhändler Zeitung. Zeitschrift f. Maschinen- u. Metallindustrie, Eisen- u. Metallhändler, Mechaniker, Eisen-, Stahl- u. Walzwerke, Dampfkessel-, Armaturen- u. Werkzeugfabriken, Installationsetablissements f. Dampf-, Gas- u. Wasserleitgn. sowie f. elektrotechn. Anlagen. Red.: Frz. Steidl. 13. Jahrg. 1908. 26 Nrn. (à ca. 8 u. 4 S.) 34×26 cm. Wien (VI, 1 Magdalenenstr. 10), Administration. nnn 12. —
Nicht mehr im Buchhandel.

Maschinenzölle, die, in den wichtigsten Kulturstaaten der Welt nach dem Stande vom 1. I. 1908. Hrsg. vom Verein deutscher Maschinenbau-Anstalten Düsseldorf. (84 S.) Lex. 8. Berlin 908. J. Springer. 5. —

Maschinist u. Heizer. Zeitschrift f. die Maschinisten u. Heizer, sowie Berufsgenossen Deutschlands, Oesterreich-Ungarns u. der Schweiz. Red.: H. Rudolph. 3. Jahrg. 1900. 52 Nrn. gr. 4. (à ca. 10 S.) Frankfurt a/M. (Holzgraben 9), H. W. Rudolph. 2. —

Maschinist u. Heizer, deutscher. Fachzeitschrift f. die ges. Praxis d. Betriebstechnik. Organ d. Verbandes d. Maschinisten u. Heizer sowie Berufsgenossen Deutschlands. Red.: E. Dalchow, K. Kirschnick. 3. Jahrg. 1898. 12 Nrn. (à ca. 20 S. m. Fig.) gr. 4. Berlin. Leipzig, P. Schimmelwitz. 3. —
Kann auch halbjährlich bezogen werden.

— — deutscher. Fachzeitschrift f. die gesammte Praxis der Betriebstechnik. Organ des Verbandes der Maschinisten u. Heizer, sowie Berufsgenossen Deutschlands. Red.: K. Kirschnick. 4. u. 5. Jahrg. 1899 u. 1900. à 12 Nrn. gr. 4. (à ca. 20 S. m. Fig.) Berlin. (Leipzig, P. Schimmelwitz.) à Jahrg. 3. —

— — dasselbe. 6. Jahrg. 1901. 24 Nrn. gr. 4. (à ca. 16 S. m. Fig.) Ebd. 6. —
Nicht mehr im Buchhandel.

Maschinist und Heizer Deutscher. 1901-07 4° Berlin 1901-07

Maschinist und Heizer deutscher 1908-11 4° Berlin 1908-11

Maschinsky, Franz [aus Breslau]: Über den Einfluss der Spannungsänderung auf die Verkürzung des Muskels ... Würzburg, Druck d. Bonitas-Bauer'schen k. b. Hofbuchdr., 1895; 24 S. 8.
Würzburg, Med. Fak., Inaug.-Diss. v. 1895

Maschitzki, A., im Feuer. Novelle. (In russ. Sprache.) (141 S.) 8. Berlin (906). H. Steinitz. n. 2. 50

Maschitzki, A., Zum Krieg' (In russ. Sprache.) (130 S.) 8. Berlin, H Steinitz 1906. 2 50.

Maschka, G., Demostene ed Eschine considerati nell' adempimento dei loro doveri di cittadini ateniesi rimpetto a Filippo di Macedonia. Pr. 1861. 27 S. 1.—

Maschka, Josef

Maschka, J., s.a. Handbuch der gerichtlichen Medicin.

Maschka, Handb. d. gerichtl. Medicin. 4 Bde. Tübingen 881—83.

Maschka, J Die Conjugation der neumailändischen Mundart 49 S – Feldkirch OG, Progr 1870

Maschka, J., Sammlung gerichtsärztlicher Gutachten, s.a. Sammlung.

Maschka, Jos., Sammlung gerichtsärztlicher Gutachten der Prager medicinischen Facultät. Zusammengestellt u. herausg. in Vollmacht der Facultät. Prag 853. André. Lex.-8. (304 S.) 1 ₰. 24 ngr.

— Sammlung gerichtsärztlicher Gutachten aus den Verhandlungen der Prager medicinischen Facultät u. nach eigenen Erfahrungen. 2. Folge. Ebend. 858. Lex.-8. (2 Bl., 356 S.) 1 ₰. 24 ngr.

Maschka, Dr Josef Sammlung gerichtsärztlicher Gutachten aus den Verhandlungen der Prager medicinischen Facultät und nach eigenen Erfahrungen. III. Folge der in den Jahren 1853 und 1858 erschienenen gerichtsärztlichen Gutachten der Prager medicinischen Facultät. gr 8. (VIII u. 352 S.) Prag. Reichenecker 1867

— Etymologische Studien über die mailändische Mundart. Mitterburg, G., 1879. 26 S. Progr.

Maschke: Karte der deutschen Wasserstraßen s. Sympfer

Maschke, kgl. preuss. Oberst z. D. Feldmarschall Graf Radetzky und die k. u. k. österreichische Armee in Italien in den Jahren 1848/49 (Aus.) „Streulleurs österr. milit. Zeitschrift" Jhrg. 1895, 1. Bd. 1. Heft 8 Wien 1895.

Maschke, Bogislaw, ein Sonntagnachmittag in der Kaserne, s.a. Bloch's, Ludw., Militär-Festmappe. 62. Hft.

Ein Sonntagnachmittag in der Kaserne. Pantomime von Bogislaw Maschke. *Berlin. E. Bloch (1900).* (12 S.) 8° [J.]
— Militär-Festmappe, Ludwig Blochs, f. vaterl. Gedenktage. H. 62, [1]

Maschke, Bogis, Urlaubsstreiche, s.: Bloch's, Ludw., Militär-Festmappe.

Maschke, E., die politische u. militärische Lage des Herzogthums Preußen in den J. 1675—1679. gr. 8. (38 S.) Berlin (900). Militär-Verlagsanstalt. n. — 80

Maschke Eduard: Untersuchungen zum Papstwahldekret vom Jahre 1059.
H. 1895 PN 922 Diss.Wien Univ 773

Maschke, Erich [aus Berlin]: Fieber bei Nephritis Würzburg, k. Universitätsdr. v. H. Stürtz, 1888; 27 S. 8°
Würzburg, Med. Fak., Inaug. Diss. v. 1888

Maschke, Erich, Fieber bei Nephritis. Diss. Würzburg 1888, Stahelsche Univ.-Buchh. 8°. 27 S.

Maschke, Erich, a. Göttingen: Die Stephanoceras-Verwandten in den Coronatenschichten von Norddeutschland. Alfeld [1907]: P. Dobler. (38 S.) 8° ¶(Erscheint vollst. an anderer Stelle.)
Göttingen, Phil. Fak., Ref. v. Koenen, Diss. v. 26. Juli 1907
[Geb. 9. Jan. 76 Göttingen; Wohnort: Göttingen; Staatsangeh.: Preußen; Vorbildung: Realgymn. Quakenbrück Reife M. 97; Studium: Göttingen 12 S.; Rig. 28. Nov 06.]

Gustav Adolf. Für Chor, Solostimmen, Orchester u. Orgel von Max Bruch. Op. 73. Erl. u. mit Notenbeispielen versehen von Ernst Maschke. Berlin. Simrock [um 1898]. 18 S. 8°
(Musikalische Erläuterungen u. Einführungen. Nr 1)

Maschke, Ernst (geb. Berlin 1. 5. 1849). Ueber den Kaiserschnitt. Berlin (1874). (32 S.) 8°
Berlin, Med. Diss. v. 9. Dez. 1874

Maschke, Georg. Zur Bildung der primitiven Choane, des Jacobson'schen Organs und der Stenson'schen Gänge. Ein Beitrag zur Entwicklungsgeschichte der ersten Stadien des Geruchsorgans bei Säugetieren. Diss. Phil. Bern. [Mit 2 Tafeln.] 42 S. 8. Berlin, H. Kayser, 1904.

Maschke, Hans, d. Heiderose. E. Sang aus d. Sudeten. 12. (72 S.) Freudenthal 895. J. M. Thiel. n. 1. 20; geb. n. 1. 70

Maschke, Hans, aus Oesterreichisch Schlesien. Gedichte in schles. Mundart. 16. (IV, 104 S.) Teschen 881, Prochaska. *

Maschke, Hans, aus Oesterreichisch-Schlesien. Gedichte in schles. Mundart. 2. verm. Aufl. (IV, 120 S.) 12. Freudenthal (904). W. Krommer. n. 1. —; geb. n. 1. 70

Maschke, Heinr., über ein dreifach orthogonales Flächensystem, gebildet aus Flächen dritter Ordnung. Inaugural-Dissertation. gr. 4. (20 S.) Halle 880. (Göttingen, Vandenhoeck und Ruprecht's Verlag.) *

Maschke L., ein Gerbversuch. Beitrag zur Kritik der Gerbstoffbestimmungsmethoden. (24 S 2 T) Berlin (1893)

Maschke, Leo [prakt. Zahnarzt in Berlin]: Über die Nervenendigungen in den Speicheldrüsen bei Vertebraten und Evertebraten. Berlin 1900. 29 S. 1 Taf. 8°.
Bern. Phil. Diss. 1899/1900.

Maschke, Leopold [aus Pr. Stargard] I. Ein Beitrag zur Kenntniss des β Naphtylamins. II. Ueber einen neuen Kohlenwasserstoff. Berlin, Buchdr. v. Gustav Schade (Otto Francke) (1886), 37 + 2 S. 8°
Berlin, Phil. Fak., Inaug. Diss. v. 21. Jul. 1886.

Maschke, Leopold, I. Ein Beitrag zur Kenntniss des β-Naphtylamins. II. Ueber einen neuen Kohlenwasserstoff. Diss. Berlin 1886, Mayer & Müller. 8°. 37 S.

Maschke, Max [pract. Arzt]: Ein Beitrag zur Lehre der Aderhautsarkome. Königsberg i. Pr., Druck v. H. Herrmann (1887); 2 Bl. + 33 + 1 S. + 1 Bl. u. 1 Taf. 8°
Königsberg, Med. Fak., Inaug.-Diss. v. 22. Dez. 1887

Maschke, Max, ein Beitrag zur Lehre der Aderhautsarkome. Inaugural-Dissertation. gr. 8. (33 S. mit 1 Taf.) Königsberg i. Pr. [887], (Koch's Antiqu.) **

Maschke, Max, die augenärztliche Unfallpraxis. Ein Hilfsbuch f. die Feststellg. der Unfall-Erkrankgn. des Auges u. der Unfall-Renten. 8. (XII, 120 S. m. 1 Tab.) Wiesbaden 899. J. F. Bergmann. Geb. in Leinw. n. 3. 60

Maschke, R., Die Antike in der Gegenwart. S. A. 1890. 25 S.

Maschke, R., s. Festgabe, Kieler.

Maschke, (Richard): Cap. 24 und 26 der lex Francorum Chamavorum. Ein Beitrag zur Geschichte des Strafrechts. *Königsberg i. Pr. 1898: Hartung.* (32 S.) 8°
Königsberg, Jur. Diss. v. 5. Mai 1898

[J.] Das Eigenthum im Civil- und Strafrechte. Untersuchgn z. organ. Structur d. Sachenrechte v. Dr. R[ichard] Maschke *Berlin & Leipzig: G. Wattenbach 1895.* (VIII, 290 S.) 1 Bd 8.

Maschke, R., der Freiheitsprozess im klassischen Altertum, insbesondere der Prozess um Verginia, s.a. **Untersuchungen, historische.**

Maschke, Richard. Der Freiheitsprocess im classischen Alterthum, insbesondere der Process um Verginia. Aus: „Histor. Untersuchungen", herausgegeben von J. Jastrow 8. Heft.
8. Berlin 1888.

Maschke, Ricardus (geb. Bischofsburg in Ostpr. 6. 12. 1862). De magistratuum Romanorum iure iurando. Berolini (1884). (31 S.) 8°
Berlin, Phil. Diss. v. 5. Juli 1884

Maschke, Rich., die Persönlichkeitsrechte des röm. Iniuriensystems, s.a. Studien zur Erläuterung des bürgerl. Rechts. 10. Hft.

Die Persönlichkeitsrechte des römischen Injuriensystems von Richard Maschke. *Breslau. M. & H. Marcus 1903.* (103 S.) 8°
= Studien z. Erläuterung d. bürgerl. Rechts. H. 10.

— zur Theorie u. Geschichte der römischen Agrargesetze. (VII, 116 S.) gr. 8. Tübingen 906. J. C. B. Mohr. n. 2. 40

Maschke, Rich., aus dem Urteilsbuch des geistl. Gerichts Augsburg, s.: Festgabe der Kieler Juristen-Fakultät, Albert Hänel dargebracht.

Maschke, die realistische Vorbildung u. das Rechtsstudium. (58 S.) gr. 8. Berlin 907. F. Vahlen. 1. 40

Maschke, Rud., der Harzer Kanarienvogel. Beitrag zu seiner Kenntniß, Pflege und Zucht. 1. Aufl. (31 S.) 1874, und 2. Aufl. gr. 16. (IV, 32 S.) Leipzig 875, C. H. Reclam sen. *

Maschke, Rud., der Harzer Kanarienvogel. Beitrag zu seiner Kenntniß, Pflege u. Zucht. 2. Aufl. gr. 16. (IV, 32 S) Leipzig 875 Bauer. n. — 50

Maschke, Rud., der Harzer Kanarienvogel von St. Andreasberg. Beitrag zu seiner Kenntniß, Pflege und Zucht. 3. Aufl. gr. 16. (37 S.) St. Andreasberg 879. (Leipzig, Bauer.) *

Maschke, Rud., der Harzer Kanarienvogel von St. Andreasberg. Beitrag zu seiner Kenntniß, Pflege und Zucht. 2 Thle. 12. St. Andreasberg 881. (Leipzig, Bauer.) [1. Thl. 4. verb. Aufl. (35 S.); 2. Thl. (36 S.) à Thl. * 50 Pf.] *

Maschke, Theodor *(geb. Breslau 13 1 1855)* Ueber das Problem der Bestimmbarkeit der Cremona schen Transformation 3ter Ordnung. Breslau 1879. (42 S.) 8° *[Im Buchhandel 1879 bei Koebner in Breslau.]*
Breslau, Phil. Diss. v. 5. Juli 1879

Maschke, Thdr., Schul-Physik, s.: Trappe.

Maschke, Walther Ottwin, a. Kiel: Über gutartige Duodenalstenosen. Freiburg i. Br.: Speyer & Kaerner 1906. (48 S.) 8°
Freiburg i. B., Med. Fak., Ref. Kraske, Diss. v. 1906
[Geb. 15. Jan. 82 Kiel, Wohnort: Straßburg, Staatsangeh.: Preußen; Vorbildung: Gymn. Essen a. Ruhr Reife O. 00, Studium: Göttingen 4, Königsberg 2, Straßburg 3, Freiburg i. B. 1 S., Coll. 2 Marz 06.]

Maschke Wilhelm: De Posidonii Rhodii vita et historiis.
H. 1910 PN 2991 Diss Wien, Univ. 1672

Guil. Theod. Maschke (praes. Ph F Meckel) diss. inaug. qua historia litis de loco venaesectionis in pleuritide, saeculo XVI imprimis habitae, ventilatur Halae 1793. 8 (Sprengelii opus dicitur; cfr quoque *Spr Geschichte der Arzneikunde* 3 Aufl. III 172 sq.)

Maschklappen, Justus Gottfried (Quedlinburg), De suspectis conventionum formulis. Präs. Justus Henning Boehmer. Halle/Magdeburg (J. F. Grunert) 17. VII. 1737. 38 S. (5.—)
Gew.: Heinrich Carl von Marwitz. — Widm. v.: Justus Henning Boehmer, Johann Tobias Carrach, Anton Friedrich Reimers, Johann Heinr. Zeiz, Gerold Ghersi.

Maschler, Jos. W, Chronik der Maiser Volksschule. Nach hauptsächlich im Maiser Pfarrarchiv vorgefundenen Aufschreibgn. zusammengestellt. (72 S.) kl. 8. Obermais-Meran. (904). (Meran, C. Jandl.) n. — 70

Maschmeier, C. Addison's Beiträge zu den moralischen Wochenschriften. Güstrow, G., 1872 28 S. 4. Progr.

Maschmeier, Addisson's Beiträge zu den moralischen Wochenschriften. gr. 4. (28 S.) Güstrow 872. (Berlin, Calvary und Comp.) *

Maschner, Marie, tschechische Konversations-Grammatik (Česká konversační mluvnice) zum Schul- u. Privatunterricht. (Methode Gaspey-Otto-Sauer.) (XI, 416 S.) 8. Heidelberg 908. J. Groos. Geb. in Leinw. 5.—; Schlüssel. (42 S.) Kart. 1. 60

Maschner, Marie, kleine deutsche Sprachlehre f. Tschechen. (Methode Gaspey-Otto-Sauer.) (VII, 192 S. m. 1 Karte u. 1 Plan.) 8. Heidelberg 906. J. Groos.
Geb. in Leinw. n. 2. —

Mascho, Fr Wilhelm

— Beantw. der Fr.: Wie die Jugend z. Universität bereit. werde. 8. Halle, Curt. 771.

Mascho, Fr. Wlh.,(† d. 31. Oct. 1784.) kurze Beantwortung d. Frage: Wie die Jugend in d. Schulen ohne Zuverlässigkeit zur Universität zubereitet wird? 8. Halle 771. (Laue in Berl.) 2 gr.

—Beleucht. d. neuesten Angriffe auf d. Religion Jesu, besonders d. Schrift: Von d. Zweck Jesu u. seiner Jünger. 8. Halle 778. Reuß in Hamb. 5 gr.

Mascho, F. W., Beleucht. der neust. Angriffe auf d. Religion Jesu, besond. der Schrift v. Zweck rc. 8. Hamburg, Reuß. 779.

—kurzer Entwurf d. christl. Religion. 2 St. gr. 8. Hamb. 770. 2e verm. Aufl. unt. d. T.: Anleit. z. Erkenntniß d. christl. Religion. 8. Ebd. 777. (Stiller in Rost.) 6 gr.

— kurz. Entw. der christl. Religion. 2 Stck. gr. 8. Hamb. Herold. (Stiller in Rostock.) 776.

—Gedanken von d. Verbesser. d. deutschen Schulen, besonders auf dem Lande. 8. Halle, 774. Hendel. 12 gr.

Mascho, F. W., Predigten von der Religion. gr. 8. Hamburg, 780. Jetzt Hoffmann u. Campe.

— Predigten v. d. Religion und von der heil. Schrift. 8. Hamburg, Bohn. 780.

—Predd. von der Religion u. von d. heil. Schrift. 8. Hamb. 780. (Campe). 1 ß

—Schreiben, betreffend d. Unterr. f. Lehrer in deutschen Schulen. gr. 8. Hamb. 780. Bohn. 3 gr.

—Unterr., daß ein Gott verhanden ist, f. die nachdenk. Jugend aufgesetzt. 8. Halle 772. Hendel. 2 gr.

—Unterr. v. den bibl. Tropen u. Figuren. Halle 774. Hendel. 9 gr.

—Vertheidigung d. geoffenbarten christl. Religion. 2 St. gr. 8. Hamb. 778 u. 79. Reuß 1 ß

—Vorschläge z. e. Schulverbesser. 8. Hamb. 780. Reuß. 3 gr.

—Vorschläge, wie d. Religionsunterr. d. Jugend einzurichten ist. 8. Halle 771. Hendel. 2 gr.

Maschona-Land, s.: Afrika, Herrich, A.

Maschor. Die sämmtlichen Festgebete in gottesdienstlichen Dichtungen der Israeliten. Uebersetzt und mit Anmerkungen begleitet von Dr. M. Letteris. 3. Aufl. (Ausgabe in fünf Bänden.) 3. Bd. 8. (432 S.) Prag, Haase Söhne. 1861. 1 fl. 30 kr.

MASCIUCH, Basilius. De origine iuris patronatus realis speciatim in terris Polonicis. — (1903) 104 S. 4° (Handschr.) Diss. 885
Diss. Wien, Univ.

Mascke, G. H., üb. die Bedeutungen der Sprachlaute u. die Bildung der Wortbegriffe. gr 8. (105 S.) Göttingen 893. (Akadem. Buchh.) n. 3. —

Masclaux, Pierre, die Annäherung zwischen Deutschland u. Frankreich. Ein Vortrag. Übers. v. Jos. Jellinek. (31 S.) gr. 8. Berlin 910. Verlag Dr. Wedekind & Co. 1. —
Sonderabdruck aus: „Journal d'Allemagne".

— Le Faust, s.: Goethe, Joh. Wolfg. v.

Masco, Elias, De judicio summario peregrinorum, Germ. Vom Gast-Recht. Präs. Carl Heinrich Möller. Rostock (J. J. Adler) 7. III. 1733. 28 S. (4.—) 22324
Gew.: Jakob Carmon, Franz Albert Aepin, Ern. Johann Friedrich Mantzel. — Widm. v.: Carl Heinrich Möller.

Mascof, s. Mascov

Mascon, A. A. v Abhandlung über die Weinbereitung nach E. Gervais. Aus d. Franz übers. Grätz 1821. -- [Zit. nach Katalog der Bibliothek der königlich württembergischen Centralstelle für die Landwirthschaft bis 1. Juli 1868. Stuttgart 1868]

Mascon, Ant. Alb. Frhr v, s. Clemente, Sim. Roxas.

Mascoutah Anzeiger : Jan 1876—1912.
Independent weekly. Circulation 1880, 874, 1890, 675; 1900, 800; 1910, 800. Edited & published by Friedrich Dilg, [associated with Philip Leibrock, for six months], 1876—89; by Bocquet & Winkler, 1889; by John Winkler, 1889—90; by C. J. Lischer, 1891 1912
Mascoutah, IL

Mascov

— s. a. **Masco.**

Mascov, E., evangel. Glaubens-, Lehr-, Warnungs- rc. Gedanken. 8. Königsb. 716.

Mascov, C., de publica lapsorum cum ecclesia reconciliatione. Regiom. 1723. 4.

Mascov, Christian De Insula natante Gerdaviensi, vulgo Schwimmbruch [Resp.] Christianus Fridericus Rast Regiomonti (1707): Reusner 24 S. 8°
Königsberg, Phil. Diss. v Febr 1707

Mascov, Elias

— — De libero arbitrio juridico, vom Rechtsgültigen freyen Willen. Präs. Fried. Gottlieb Struve. Kiel (G. Bartsch) 5. III. 1749. 62 S. (5.—)

Mascov, Elias, De regiminis et libertatis nexu seu majori regentium potestate cum magna civium libertate indivisibili. Hamburg (Piscator) 22. II. 1748. 55 S. (5.—)
Gew.: Heinrich Balemann.

— — (Stockholm), Discursus panegyricus de unione unius et plurium. Hamburg (J. G. Piscator u. Sohn) 24. VII. 1749. 22 S. (—.—)

MASCOV, Dr. Elias, Vergnügung eilfertiger Gedanken. Stunde 1—5 (soviel ersch.?). Hamburg 1753. — *A. E.* von Stück 5: Gedr. m. Spieringkschen Schriften.

— — Oratio de virtutibus candidati libero ex arbitrio licentiam doctoratus promerentis. Hamburg (Piscator) 5. III. 1749. 11 S. (4.—)

Mascov, Gottfried

SARMATORIUS GABALEO, Com. Jos., (MASCOVIUS, Gfr.): Ad legem Juliam de ambitu commentatio. *L.* (743.) 744. 4.

Mascovii, G, sive J. F. Rivini, Diss. ad Modestini Casus enucleatos. Lips. 727. 4.

— — De eo, quod singulare est in demonstrationibus juris civilis prolusio praemissa lectionibus aestivis. (Göttingen 22. IV.) 1739. (3.50) 22335

— Erinner. v. d. Seelen Unsterblichkeit und der Seelen Zust. nach dem Tode. 8. Kopenhagen. 707.

Mascovius, Gottfr De matrimonio putativo Von Schein-Ehen. Prolusio. Gottingae 1738.

— — (Harderwijk [Niederl.]), Oratio de modestia veterum ictorum. Leipzig (Langenheim) 15. VI. 1729. 1741. 32 S. (4.—) 22341

MASCOV, Gfr.: Notitia juris et judic. Brunsv. Luneburgicor., access. not. jur. Osnabrug. et Hildeshemiensis. *Gottingae*, Vandenhoeck u. Ruprecht. 738. 8. (12 Gr.)

Mascovii, G., Opera juridica et philologica. Cur. J. L. E. Püttmannus. Lips. 776. 8. 1 rthl. 6 gr.

Mascov, Gf., († d. 5. Oct. 1760.) opuscula jurid. et philolog. rec. etc. J. L. E. Püttmann. 8maj. Leipz. 776. Weidmann. 1 ℔ 6 𝒦 ch. script. 1 ℔ 12 𝒦

— Gottfried, De paroemia juris Germanici Längst Leib längst Guth. Prolusio praemissa exercitationibus disputatoriis aestivis ad Illustris Boehmeri librum de actionibus. Göttingen (A. Vandenhoeck) (18. IV.) o. J. 8 S. (3.50) 22330

Mascovius, Gfrd. Prolusio de paroemia juris germanici Längst Leib längst Guth. Gottingae o. J. (1735.) 4 . (D., BRG.)

— — De procuratore Caesaris. Altdorf (J. W. Kohle) Okt. 1724. 24 S. (4.—) 22332

— — Prolusio ad L. Aemilius, XXXVIII. Pr. D. de minoribus. Leipzig (Langenheim) 1754. XVI S. (4.—) 22339

– (Hrsg.), s. Pufendorf, Samuel von. De iure naturae et gentium.

— — Quaestiones selectas juris naturae et gentium inter Grotium et Pufendorfium controversas expendit, simulque ad orationem aditialem pro jurisprudentia adversus nuperam Cl. Muratorii censuram in auditorio juridico. Leipzig (Langenheim) 20. III. (1748). 28 S. (4.50) 22336

— — Quaestiones selectas juris naturae et gentium inter Grotium et Pufendorfium controversas expendens ad orationem aditialem qua in auditorio juridico vindicias jurisprudentiae adversus nuperam Cl. Ludovici Antonii Muratorii censuram suscipiet decenter invitat. Leipzig (Langenheim) 20. III. (1748). 28 S. (4.50) 22337

— — De rationibus decidendi, quae sententiis et responsis juris submitti solent, prolusio, praemissa disputationibus publicis ad illustris Böhmeri doctrinam actionum. Göttingen (A. van d. Hoeck) (23. VI. 1738). 8 S. mit Namen. (3.50) 22334

Mascovius, Gottfr De redhibitione equorum, vom Ruck-Kauff der Pferde Prol. acad. Gottingae 1738.

— — De redhibitione equorum, Vom Rück-Kauff der Pferde, prolusio. Göttingen (J. Fr. Hager) Editio nova 1756. (4.—) 22340

— — De saltu Leucadio prolusio. Leipzig (Langenheim) (Okt.) 1754. 23 S. (4.—) 22338

Mascov, Gottfried [Praes.], s. Schrader, Martin Heinrich Exercitatio iuridica sistens electa doralia.

— — De sectis Sabinianorum et proculianorum in jure civili. Altdorf (W. Kohle) 20. VII. 1724. 83 S. (5.—) 22331
Widm. v.: C. G. Schwarz.

— de Sectis Sabinianorum et Proculianorum in iure civili. 8. Lips. Breitkopf. 728.

Mascov, Gottfried [Praes.], s. Uhl, Johann Ludwig De censu Iudaico

— — De usu juris cum scientia eiusdem coniungendo prolusio praemissa lectionibus in academia Gottingensi hibernis. Göttingen (A. Vandenhoeck) (17. X. 1735). 14 S. (3.50) 22333

— — Oratio de usu et praestantia historiae Augustae in jure civili. Geldern u. Zutphen (J. Rampe) 19. VI. 1731. 25 S. (4.—) 22342
Mit schöner Vignette.

— — Oratio de usu et praestantia historiae Augustae in jure civili praefatus est et animadversiones nonnullas adiecit J. L. E. Püttmann. Leipzig (S. L. Crusius) (19. VI. 1731) (März) 1774. XVI, 32 S. (5.—) 22343

—Oratio de usu et praestantia historiae Augustae in jure civili c. animadvers. J. L. E. Püttmann. 8maj. Leipz. 774. (W. Vogel.) 2 Rf

* Beweis, daſs einem geiſtlichen Redner eine mathematiſche Erkenntniſs nicht nöthig ſey, geführt von M. *Joh. Aug. Maſcov.* Altona. Korte. 1749. 8.

Mascov, Jh. Jak., († d. 21. Mai 1761.) Abriß einer vollſtänd. Hiſtorie d. deutſchen Reichs bis auf gegenwärtige Zeit. 4. Lpz. 722, 30 u. 37. Vermehrt u. d. T.: Einleit. zu d. Geſchichten d. röm. deutſchen Reichs, bis zum Abſterben Kaiſer Karls VI. in 10 Büchern. 4. Ebd. 747. N. A. 752. u. 763. Breitkopf u. H. 16 Rf

Mascov, Johann Jakob [Praes.], s. Anckelmann, Jo. Julius. De expectativis in feuda imperii.

Mascov, Johann Jakob [Praes.], s. Bismarck, Levin Friedrich von De jure foederum in S. R. Imperio.

Mascov, Johann Jakob [Praes.], s. Born, Jacob Heinrich De jure stapulae nundinarum civitatis Lipsiae

— Einl. z. d. Geſchichten des Röm. deutſch. Reichs, b. z. Abſterb. K. Carls VI. in 10 Büch. 4. Ebend. 763.

Mascov, J. J., In Q. Horatii Flacci satiram exercitatio posterior. Diss. 1714 u. 16. 28, 28 S. 4°.

Mascov, Johann Jakob [Praes.], s. Fincke, Johann Paul: Conspectum bibliothecae chronologico-diplomaticae.

Mascov, Johann Jakob [Praes.], s. Fincke, Johann Paul· Laudes Hamburgi exponit et viro Johann Diederich Winckler prof eloquent et philos. pract in gymnasio Hamburgensi gratul.

Mascov, Joh. Jac. (Praes.) „De Foederibus commerciorum . ", Autor et resp. Chr Siegfr de Plessen, Lips (1735). — Vorh. StB Nürnberg.

Mascov, Johann Jakob [Praes.], s. Fritsch, Thomas: De jure imperii in Magnum Ducatum Etruriae.

— Geschichte der Teutschen bis zu Abgang der Merovingischen Könige in 6 Büchern fortgesetzet. Leipzig 1737 4. . . . .

Mascov, J. J., Geschichte der Deutschen bis zum Abgang der Merovingischen Könige. Mit Karten. Leipzig 750. 2 Theile. 4. 2 rthl.

—Geſchichte d. Deutſchen z. Anfang d. fränk. Monarchie. 4. Leipz. 726. 2e Aufl. Mit Kart. 750. 3e bis zu Abgang der Merovingiſch. Könige. fortgeſ. Aufl. 2 Thle. mit Landk. 4. Ebd. 757. Breitkopf u. H. 2 ß

Mascov, Johann Jakob [Praes.], s. Hopffgarten, Friedrich Abraham von. De bello solenni imperii.

Mascov, Johann Jakob [Praes.], s, Joecher, Georg Wilhelm De jure circa rem monetariam in terris circuli Saxoniae superioris praesertim Saxonico-Electoralibus.

— — (Präs.) u. **Justus Gottfried Rabener** (Leipzig), De jure auspicii apud Romanos. [Leipzig] (J. Titius) 17. IV. 1721. 70 S. (5.—) 22349
Gew.: Abrah. Christoph Platz.

Mascov, J. Jac.: De jure feud. in imp. rom germ. liber. *Lpz.*, Breitkopf. (Ed. 1—2a. 750—54.); Ed. 3a. 763 8. (16 Gr.)

—de jure feudorum in Imp. Rom.-Germ. 8maj. Leipz. 753. Ed. II. auct. 754. Ed. III. 763. Breitkopf u. H. 10 Rf

Mascovius, Joh. Jac. De jure circa rem monetariam in terris circuli Saxoniae superioris, praesertim Saxonico-Electoralibus. 4°. Lips. 1723 et it. 1729.

Mascov, Johann Jakob [Praes.], s. M a g e r , Joh. Friedr
De primatibus, metropolitanis, et reliquis episcopis eccles. Germanicae

Mascov, Johann Jakob [Praes.], s. O l e n s c h l a g e r , Johann Daniel: Origines juris publici imperii Romano-Germanici illustratae ex rebus imperatorum Saxonicorum.

— Jo. Jakob (Leipzig), De originibus officiorum aulicorum S. R. J. Halle / Magdeburg (St. Orban) 22. VIII. 1718. 56 S. (4.—) 22344
Gew.: Christoph Heinrich von Matzdorff.

— — Dasselbe. Leipzig (G. Trog) 22. VIII. 1718. 56 S. (4.—) 22345
Gew.: Christoph Heinrich von Matzdorff.

— — Dasselbe. Leipzig (Langenheim) 22. VIII. 1718. Editio sexta. 1744. 64 S. (4.—) 22346

— — De ortu et progressu juris publici in Germania. Leipzig (A. Zeidler) 9. VIII. 1719. 12 S. (3.50) 22347

— — Dasselbe. Leipzig 1719. 1736. 24 S. (3.50) 22348

Mascov, Johann Jakob [Praes.], s. P l e s s e n , Christian Siegfrid von: De foederibus commerciorum.

Mascov, J. J., de primatibus, metropolitanis et episcopis eccl. germanicae Lips. 1741. 4.

—principia juris publ. imp. Rom. - German etc. med. 8. Lpz. 729. Ed. II. 738. Ed. III. 744 Ed. IV. auct. et emend. 750. Ed. V. 761. Ed. VI.; multis accessionibus et emendatt. Andr. Hnr. Gli. Frankii. 8maj. ibid. 769. Breitkopf u. H. 1 ℔ 8 gr

—commentarii de rebus Imperii Rom.- German. a Conrado I. usq. ad obitum Henrici III. 4. Leipz. 741. Ed. auct. et emend. 757. Breitkopf u. H. 2 ℔

— Comment. de r e b u s imperii Rom. German. a Conrado I. usq. ad obitum Henrici III. 4. ibid. 751.

Mascov, Joh. Jac. Commentarii de rebus imperii Romano-Germanici sub Henrico IV et Henrico V 8. Lipsiae 1748.

— — — sub Lothario II. et Conrado III. 4. ibid. 753.

Mascov, Johann Jakob [Praes.], s. S e y f f e r t i z , Gottl. Adolph Frh. von: De regali imperialique Augustorum Germaniae Augustarumque coronatione.

Mascov, Johann Jakob [Praes.], s. V o l c k m a r , Kaspar
De nexu regni Burgundici cum imp. Romano–Germanico.

Mascov, Johann Jakob [Praes.], s. W a g n e r , Thomas: De his qui sibi adscribunt in testamento ad explicationem sc. Liboniani et edicti D. Claudii.

Mascov, Johann Jakob [Praes.], s. Z e c h , August Ferdinand von. De paribus curiae.

Mascov, Johann Jakob [Praes.], s. Z e c h , Ludwig Adolph Frh. von: De legitima electione et coronatione potentissimi Poloniarum regis Augusti III

Mascov, Peter [Praes.], s. B e n e k e n d o r f , Joh. Adam De impensis in rem alienam a. b. et m. f possessore factis.

Mascov, Peter [Praes.], s. B e r g h o l t , Andr Mich.
De jure majestatis ecclesiastico.

Mascov, Peter [Praes.], s B ü t z o w , Carl Friedrich
Examen poenitentiae civilis.

— Peter (Greifswald), De clamore violentiae, vulgo Vom Zetter-Geschrey. Greifswald 1746. 32 S. (4.—) 22350

Mascov, Peter [Praes.], s. F r i e s e , Bernhard
De clamore violentiae, vulgo Zetter=Geschrey./ Discurs. jurid.

Mascov, Peter [Praes.], s. G e r d e s , Philipp Balthasar:
De remediis subsidiariis.

Mascow, O.: Ueber d geod. L i n i e a d. abgeplatteten Rot.-Ellipsoid 1873 8°
Diss. Greifswald

Mascow, Otto Über den meteorologischen Unterricht auf Gymnasien. 16 S. Progr. Pyritz 1881.

Masdea, Th. A., Gefangennehmung, Haft, Todesurtheil rc. Joach. Mürats. s. J. Tommasini Spaziergang.

Masdevall, Don Jos., Bericht üb. d. Epidemien in Catalonien, nebst d. Heilmethode; aus dem Span. von K. H. Spohr. 8. Braunschw. 792. Schulbuchhandl. 10 gr

Masecov, Christian [Praes.], s. G r o e b e n , Otto Heinrich von De antipathia gentium in illius causas inquirens.

Masecov, Christian [Praes.], s H o l t z , Gottfried:
De antipathia gentium, inquirens, an et in quantum ea vitari, aut si orta jam est, rursus tolli possit'

Masecov, Christian [Praes.], s. K l e i n , Jakob Theodor·
De antipathia gentium, ex historia concinnata.

Mašek Ritter v. Bosnadol, Ivan, die freiwillige Krankenpflege im Kriege, nach den Vorträgen, gehalten im Kloster der Magdalenerinnen in Agram im Frühjahr 1881. gr. 8. (XI, 217 S.) Agram 882, (Suppan's Universitäts-Buchh.) *

Masel, Sarah: Zur Pathogenese und Ätiologie der Placenta praevia. Freiburg i. B.: Hammerschlag & Kahle 1910. 32 S. 8°
Freiburg i. B., Med. Diss. v. 1910, Ref. Krönig
[Geb. 25. Mai 84 Wilna; Wohnort: Freiburg i. B.; Staatsangeh.: Rußland; Vorbildung: Gymn. Kowna Reife 01; Studium: Freiburg i. B. 3, Bern 7 S.; Rig. 8. April 10.] [U 10. 987

Maselj Johann: De ablativi separativi vel proprii usu Taciteo comparato cum usu Ciceronis, Caesaris, Sallustii, Livii.
II. 1897 PN 1034 Diss. Wien, Univ. 1536

Masen, Jakob

Masenius, J. Anima historiae huius temporis, i. e. Historia Caroli V. et Ferdinandi I. 4. Coloniae 1672. — 4. ib. 1684. — 4. ib. 1709.

Masen, J., und Chr. Brower, Metropolis ecclesiae Treviricae, s. Brower.

Palaestra Oratoria Praeceptis, & Exemplis Veterum lectissimis instructa, Et nova methodo in Progymnasmata Eloquentiae atque Exercitationes Rhetorum propias ... distributa ... Autore R.P. Jacobo Masenio è Societate Jesu. Editio novissima prioribus auctior & emendatior ... Coloniae Agrippinae, Apud Jacobum Promper, Bibliopolam, 1706.

Masenii, Jac., Sarcotis et Caroli V. panegyris. Acc. de heroica poesi tractatus. Paris. 557. 12. Basil. 780. 8. 8 gr. Auch Lat. u. Deutsch. Basel 780. 8. 14 gr.

— Sarcodis, carmen. 8. Bas. Flick. 780.

Masenii, Jacobi, Sarcotis, tradita novis typis a Ludolfo Henze. — A. u. d. T.: Sarkotis von Jakob Masenius, metr. übers. v. L. Henze. gr. 12. (6⅞ B.) Göttingen 839, Vandenhoeck u. Ruprecht.

Maser, Fr., Adelgunde. Ein Sang aus Schwabens Vergangenheit. kl. 8. (154 S.) Stuttgart 888, Jung's Verlag.

Maser, Fr., Adalgunde. Ein Sang aus Schwabens Vergangenheit. 2. Aufl. 16. (IV, 151 S.) Stuttgart 889. Jung. geb. m. Goldschn. n. 3. —

—— Die Nordlandskönigin. Trauerspiel in 5 Aufzügen. 8. (123 S.) Ebd. 889. * 1 50, geb. * 2 25

—— Vorspiel zur Fest-Vorstellung zu Ehren d. Geburtsfestes Sr. Maj. d. Königs Karl I. v. Württemberg am 7. März 1889 im Stadt-Theater zu Tübingen. 8. (12 S.) Ebd. 889. — 50

Maser, Fritz, Jubelschrift zur 25jähr. Feier d. Einführg. d. Odd-Fellow-Ordens in Europa. Im Auftrag d. Württemberg-Loge No. 1 in Stuttgart unt. Benützg. d. Archivs dieser Loge bearb. gr. 8. (72 S.) Leipzig 895. Th. Leibing. Kart. n. 2. —

Maser, G., geographische Faustzeichnungen, s. Kaufmann, G.

Maser, H (Hrsg.), s. Abel, Niels Henrik Abhandlungen üb. die algebraische Auflösung der Gleichungen.

Maser, Herm., Paul Richert u. Alex. Kühns, die Physik, s.a. Hausschatz des Wissens.

Die Physik von Hermann **Maser**, Berlin, Dr Paul Richert, Oberl., Berlin, Dipl. Ing. Alexander Kühns, Charlottenburg. In 2 Bden. Bd 1. Neudamm J. Neumann (1904). 8° [F.]
= **Hausschatz** d. Wissens. Abt. 2 (Bd 3). (c: 6954

Maser, Joh. Jacob [Praes.], s. Dequed, Georg Werner von· Observ. pract. jur publ. de jure statuum imperii circa suos consiliarios.

Mäser, das Gesinde-Recht, od. d. Rechte u. Pflichten d. Herrschaften u. d. Gesindes, mit besond. Berücksichtigung auf Berlin. Nach d. Gesinde-Ordn. u. d. später erlass. Rescripten u. Verordn. üb. d. Gesinde-Wesen dargest. gr. 8. (2 B.) Berlin 831, Hayn.

Mäser, G. F., die Lyra an dem Spaten, vermischte Gedichte. gr. 8. (XIV und 337 S.) Leipzig 847, Arnoldische Buchh. *

Mäser, Heinr., s. Kochrecepte, 181

— · Lehrbuch der Geschichte der Medicin u. der epidemischen Krankheiten. 2. gzl. umgearb. Aufl. Bd. 1—2. Ebda 1859—68. 8.
—— —— 3. Aufl. Bd. 1—3. Jena 1875—82. 8. (D.)

Mäser's, Jul., Farbenlehre f. Buchdrucker. Auf Grund langjähr. prakt. Erfahrungen zusammengestellt. Mit 1 Farbenkreise u. 8 Farbentaf. gr. 8. (64 S.) Leipzig (902). J. Mäser. Geb. in Leinw. n. 5. —

Mäser's Farbenlehre f. Buchdrucker. Auf Grund langjähr. prakt. Erfahrgn. zusammengestellt. Mit 1 Farbenkreise u. 8 Farbentaf. 2. Aufl. (64 S.) gr. 8. Leipzig (903.) J. Mäser. Geb. in Leinw. n. 5. —

Mäser, Jul., s.: Jahrbücher, typographische.

Mäser's Muster-Sammlung f. Buchdrucker. Eine Auswahl von 50 Beilagen aus früheren Jahrgängen der typograph. Jahrbücher. Lex.-8. Leipzig 892. J. Mäser. In Mappe. n. 3. —

— u. Otto Westram, der Titelsatz u. seine Entwicklung bis zur Gegenwart. Mit vielen instruktiven Beispielen. gr. 8. (58 S.) Ebd. (901). n. 1. —

— s.a. **Tonplattenschnitt, der.**

Maser, J. Der Tonplatten-Schnitt. Leipzig (1903)

Masern, Scharlach u. Röteln, s.: Miniatur-Bibliothek.

Mashafa tomar Das Aethiopische Briefbuch herausgegeben und übersetzt von F. Praetorius. Leipzig 1869

Masickij, A., s. Maschitzki, A.

Masje, Arnold, aus Mohilew in Russland (Aus der medicinischen Klinik in Zürich.) Untersuchungen über die Wärmestrahlung des menschlichen Körpers. Mit einer Tafel. (S. A. aus. Virchow's Archiv f. pathol. Anatomie u. Physiologie Bd 107 [S. 17—71, 267—290].) Berl. (G. Reimer) 1887. 1 Bl., 78 S., Taf. I, 1 Bl. 8°
Zürich, Med. Diss. [v. 30. Juli 1887].

Masii, Hect. Gttfr., kurzer Bericht von dem Unterschied der wahren Evangelisch-Luther. u. der Reformirten Lehre, nebst einem Anhang u. Erörterung folgender Fragen: I. Ob zwischen den Lutheranern u. Reformirten eine Religions-Einigkeit u. Brüderschaft zu hoffen? II. Ob nicht die Reformirten Gewissenshalber verbunden sind, kraft ihrer eigenen Lehrsätze, zu uns zu treten? Neue Ausg. gr. 8. Wandsbeck 842, auch 843. (Hamburg, Niemeyer.) n. ⅓ ß

Masin, O., Frontofficier, Nicht-Frontofficier u. Militärbeamter. Ein Wort zur Grenzregulierungs-Frage. 8. (22 S.) Wien 899. (J. Deubler.) n. — 50

Masing, Arth., ein Beitrag zur Kenntniss der antiseptischen und physiologischen Eigenschaften des Brenzcatechins. Inaugural-Dissertation. gr. 8. (78 S.) Dorpat 882, (Schnakenburg's Verlag.) *

Masing, C. (I.), Charles Dickens. Vortrag, gehalten am 21. Febr. 1885. 12. (61 S.) St. Petersburg 885, Ricker. *

Masing, E. (II), Elemente der pharmaceutischen Chemie. Ein Leitfaden für den Unterricht. gr. 8. (164 S.) Dorpat 885. (St. Petersburg, Ricker.) *

—— die Luft in ihrem Einfluss auf unsere Gesundheit. Vortrag, gehalten in der Palme am 25. Jan. 1888. gr. 8. (34 S.) St. Petersburg 888, Ricker. *

Masing, Emil Die Verbindungen des Cantharidins mit anorganischen Basen. Dorpat, 1866.

Masing, Ernst, Rig., Beiträge zur Albuminometrie Diss. Dorpat. 8° 56 pp. mit einer Curventafel 1867.

Masing, F., Lautgesetz und Analogie in der Methode der vergleichenden Sprachwissenschaft. gr. 8. (54 S.) St. Petersburg 883, (Kranz.) *

Masing, F., deutsche Sprachlehre f. mittlere Lehranstalten, s.: Brehme, A.

Masing, Ferd., das Verhältniss der griechischen Vokalabstufung zur Sanskritischen, nebst Einleitung über die Frage nach dem Ursprung und dem Wesen der Vokalabstufung im Indogermanischen. Inaugural-Dissertation. gr. 8. (X, 101 S.) St. Petersburg 878. (Leipzig, Hartmann.) *

Masing, Georg: Über die Bildung von Legierungen durch Druck und über die Reaktionsfähigkeit der Metalle im festen Zustande. Mit 2 Taf. Hamburg & Leipzig: Voss 1909. 47 S. 8° (Aus: Zeitschrift für anorgan. Chemie. Bd 62.)
Göttingen, Phil. Diss. v. 10. Juni 1909, Ref. Tammann
[Geb. 2. Febr. 85 Petersburg; Wohnort: Petersburg; Staatsangeh.: Rußland; Vorbildung: 2. Gymn. Petersburg Reife O. 03; Studium: Petersburg Technol. Inst. 3, Göttingen 7 S.; Rig. 9. Juni 09.] [U 09. 1380

Masing, Leonhard

Masing, L., die Hauptformen des serbisch-chorwatischen Accents, s.a. Mémoires de l'académie impériale des sciences de St.-Pétersbourg.

Masing, Leonhard, Die Hauptformen des serbisch-chorwatischen Accents. [= MAP VIIe Serie Tome XXIII, No 5.] St.-Petersbourg 1876. 4°

Masing, Leonh., zur Laut- u. Akzentlehre der macedoslavischen Dialekte. Ein Beitrag zur Kritik derselben. Lex.-8. (VII, 146 S.) St. Petersburg 891. (Eggers & Co.) n.n. 4. —

Masing, Osk., serbische Trochäen, s.a. Probefahrten.

Masing, Oskar: Serbische Trochäen. Eine Stiluntersuchung. Leipzig: R. Voigtländer 1906. (50 S.) 8° [J.] ¶[= Probefahrten Bd 10.]
Leipzig, Phil. Fak., Ref. Köster-Sievers, Diss. v. 20. Dez. 1906
[Geb. 12/24. März 74 Arensburg (Livland, Rußland); Wohnort: Dorpat; Staatsangeh.: Rußland; Vorbildung: Gymn. Dorpat Reife Juni 93; Studium: Dorpat 5, Leipzig 6 S.; Rig. 1. Aug. 06.]

Masing, P. G. A., Beiträge für den gerichtlich-chemischen Nachweis des Strychnins und Veratrins in thierischen Flüssigkeiten und Geweben. Mag. Diss. Dorpat 8° 35 pp. 1868.

Masing, Rud., de mutationibus spiritus vini in corpus ingesti. Dissert. inaug. Dorpati Liv. 854. (Mitau, Reyher.) gr. 8. (1 Bl., 35 S.) 10 ngr.

Masing, Wold., über ein Goethe'sches Lied. Vortrag. gr. 8. (32 S.) Leipzig 872, Bidder. *

Masing, Woldem., sprachliche Musik in Goethes Lyrik, s.a. Quellen u. Forschungen zur Sprach- u. Culturgeschichte der germanischen Völker. 108. Heft.

Sprachliche Musik in Goethes Lyrik von Woldemar Masing. Strassburg Trübner 1910 79 S 8°
(Quellen u Forschungen z Sprach- u Culturgeschichte d. german Völker H. 108)

—— die tragische Schuld, s.a. Sammlung gemeinverständl. wissenschaftl. Vorträge.

Masing W, die tragische Schuld. (Sammlung wissenschaftlicher Vorträge 162) Berlin 1872

Masion, Lambert, und Lucian Anslaux, praktisches Handbuch über die Fabrikation des Puddeleisens und Puddelstahls, s. Anslaux, Lucian.

Masius' Rundschau. Blätter f. Versicherungswissenschaft, Versicherungsrecht u. bemerkenswerthe Vorgänge im Versicherungswesen. Neue Folge. 1—3. Jahrg. 1889—1891. Hrsg. v Herm. Oesterley 4. Jahrg. 1892, redig. v. Wilh. Bär. à Jahrg. 12 Hefte. (à Heft 2 Bog.) gr. 8. Lpz., An der Pleisse 9g Verlag der Rundschau-Expedit., bei Jul. Winterling. à Jahrg. * 20 —
Das bisher nicht katalogisirte Blatt wurde im J 1851 v E. A. Masius begründet u. nach dessen Tode v Herm. Oesterley fortgesetzt.

— dasselbe. Red.: Wilh. Bär. Neue Folge. 4.—6. Jahrg. 1892—1894. à 12 Hfte. (2 Bog.) gr. 8. Ebd. à Jahrg. n. 20. —

Masius' Rundschau. Blätter f. Versicherungswissenschaft, Versicherungsrecht u. bemerkenswerte Vorgänge im Versicherungswesen. Red.: Wilh. Bär. Neue Folge. 7.—10. Jahrg. 1895—1898. à 12 Hfte. (à ca. 2 Bog.) gr. 8. Leipzig (an d. Pleisse 9 g bei Jul. Winterling), Verlag d. Rundschau-Expedition. à Jahrg. n. 20. —; einz. Hfte. à n. 2. —

Masius' Rundschau. Blätter für Versicherungswissenschaft, Versicherungsrecht u. bemerkenswerte Vorgänge im Versicherungswesen. Red.: Wilh. Bär. Neue Folge. 11.—14. Jahrg. 1899—1902. à 12 Hfte. gr. 8. (à ca. 40 S.) Leipzig, W. Winterling. à Jahrg. n.n. 20.—

Masius' Rundschau. Blätter f. Versicherungswissenschaft, Versicherungsrecht u. bemerkenswerte Vorgänge im Versicherungswesen. Red.: Wilh. Bär. Neue Folge. 15.—18. Jahrg. 1903—1906. à 12 Hefte. (1906: VI, 386 S.) gr. 8. Leipzig, W. Winterling. à Jhrg. n n. 20.—

Masius' Rundschau. Blätter f. Versicherungswissenschaft, Versicherungsrecht u. bemerkenswerte Vorgänge im Versicherungswesen. Red.: Wilh. Bär. Neue Folge. 19.—22. Jahrg. 1907—1910 à 12 Hefte. (VI, 384; VI, 388; VI, 382 u. V, 380 S.) gr. 8. Leipzig 907. W. Winterling. à Jahrg. nn 20. —

Masius, A., üb. die Stellung d. Kamaldulensers Ambrogio Traversari zum Papst Eugen IV. u. zum Basler Konzil. gr. 4. (22 S.) Döbeln 888. (Schmidt.) n.n. 2. 50

Masius, Andr., Briefe, s. Publikationen der Gesellschaft für rheinische Geschichtskunde.

Masius, Christian, s. Mas

Masius, E. A., systematische Darstellung des gesammten Versicherungswesens. Handbuch für höhere Unterrichtsanstalten, Handels- und Realschulen und angehende Versicherungsbeamte. gr. 8. (XII und 128 S.) Leipzig 857, (Thomas.) Thlr. *

Masius, E. A., Handbuch für Versicherungs-Agenten oder solche welche es erst werden wollen nebst einer Anleitung zu einer zweckmäßigen vereinfachten doppelten Buchführung. gr. 8. (VIII und 96 S. mit 6 Tab. in 4. und Fol.) Leipzig 847, Fest'sche Vrlgsb.

Masius, E. A., Lehre der Versicherung u. statist. Nachweisung aller Versicherungs-Anstalten in Deutschland; nebst Hinweisung auf den hohen Einfluß dieser Institute auf Nationalwohlstand, u. die Gesetze darüber in den verschied. Staaten. Kritisch bearb. gr. 8. (Mit 4 Tab.) Leipzig 846, Fest'sche Verlagsbuchh. 3 ₰

—— Rundschau der Versicherungen, s.a. Rundschau.

— Rundschau der Versicherungen. V Jahrgang. Leipzig 1855

Masius, Versicherungslehre u. Nachweis d. deut. Versich.-Anst. Leipz. 846.

— s. Versicherungs-Zeitung.

Masius, *Heinrich Eugen* Erich: Die paedagogischen Ansichten Montaignes. Leipzig, Druck v. B. G. Teubner, 1890; 36 S., 1 Bl. 8° Leipzig, Phil. Fak., Inaug. Diss. v. [15. Jan.] 1891

Masius, Geo. Hnr., Almanach f. Aerzte u. Nichtärzte auf d. J. 1813 bis 16. 8. Rost. Stiller. (Maurers B. in Berl.) à 1 ₰ — f. d. J. 1817 u. 1818. 8. Leipz. F. Fleischer. à 1 ₰ 12 gl

—Almanach f. medicin. Polizei, gerichtl. Arzneiwissenschaft u. Volksarzneikunde f. d. J. 1797. 8. Schwerin 797.

—medicin. Bemerkk. üb. einige ältere u. neuere Gesetze n. d. Code Napoleon. 2 Hfte. 4. Rost. 811. Stiller. 12 gl

Masius, G. H., medizinische Bemerkungen üb. Gesetze u. den Code Napoleon. 4. Rostock, Stiller. (Berl. Maurer'sche Buchh. in Comm.) 814.

—Bruchstücke e. Medicinalgesetzgebung in Mecklenburg-Schwer. 4. Rost. 812. Stiller. 6 gl

— Bruchstücke ein. Medizinalgesetzgebung in Mecklenburg-Schwerin. 4. Ebend. 814.

—Grundriß anthropol. Vorlesungen f. Aerzte u. Nichtärzte. gr. 8. Altona 812. Hammerich. 16 gl

—Handb. d. gerichtl. Arzneiwissenschaft. 1r. Bd. 1e—3e Abthlg. gr. 8. Stendal 821—23. Franzen u. Gr. 3 ₰ 20 gl II. 1. 2. Abthl. v. K. L. Klose. 1823 u. 31. 2 ₰ II. 3e Abthlg. v. K. L. Klose. 832. 2 ₰ 12 gl

Masius, Geo. Heinr., Handbuch d. gerichtl. Arzneiwissenschaft. Zum Gebr. f. gerichtl. Aerzte u. Rechtsgelehrte. 2. Thl. 2. Abthl. Von C. L. Klose. gr. 8. (15½ B.) Stendal 831, Franzen u. Grosse.
1. Thl. (3 Abthln.) u. 2. Thl. 1. Abthl. Ebendas. 1821—23. 4 Thlr. 20 Gr

—Handb. d. Volksarzneikunde. 8. Rost. 818. (Leipz. Fr. Fleischer). 1 ₰ 14 gl

—die Hundetollheit, ihre Folgen u. Verhütung. 8. Stralf. 815. Löffler. 3 gl

—die Hundetollheit u. Wasserscheu, eine f. junge Aerzte geschriebene Abhandl. 2e Aufl. 8. Rost. 815. Stiller. 12 gl

—Journal f. populaire Thierarzneikunde. 1s Hft. 8. Neubrandenb., L. Dümmler. 4 gl

— medizinischer Kalender f. Aerzte u. Nichtärzte auf das Jahr 1813, 14 u. 15. 8. Rostock, Stiller. (Berl. Maurer'sche Buchh. in Comm.) (à 1 Rthlr.)

Geo. Heinr. Masius medicinischer Kalender für Aerzte u. Nichtärzte. Mit besonderer Rucksicht auf die Herzogthümer Schwedisch-Pommern und Mecklenburg. Berlin 1813—1816. 8. — Almanach für Aerzte und Nichtärzte Rostock und Leipz. 1817. 1818. 8

—Lehrbuch d. gerichtl. Arzneikunde f. Rechtsgelehrte. 2 Bde. gr. 8. Altona 810. 2e verm. A. 812. Hammerich. 1 ₰ 16 gl (2r Thl. Auch unt. d. T.: System d. gerichtl. Arzneikunde.)

Masius, G. H., System d. gerichtl. Arzneikunde. gr. 8. Altona, Hammerich. 810.

Masius, Ge. Heinr: System der gerichtlichen Arzneykunde für Rechtsgelehrte. Rostock u. Altona 1810.

—Theses inaugurales. 8. Götting. 795.

—Unterr. üb. Behandl. der Scheintodten, nebst e. Plan z. Errichtung eines Leichenhauses. 4. Schwer. 797. (Wienbrack in Leipz.) 3 gl

—Untersuchung u. Beobacht. üb. natürl., zufällige u. geimpfte Kuhpocken rc. 8. Leipz. 803. (Wienbrack). 16 gl

Masius, Prof., Vandalia. s. Vandalia.

Masius, G. H., Comm. med.-psychol. de vesania in genere et praesertim de insania universali. 127 pp. Gott. 4°. Gött. Anz. 1797, p. 123. Salzb. med. chir. Zt. 1798, IV, 204.
1796

—Diss. inaug. de vesaniis in genere et praesertim de insania universali. 8. Götting. 796. Dietrich. 6 gl

MASIUS, [GEO. HEINR.], Einige Worte über Anthropologie in Beziehung auf Volksarzneykunde und Pastoralmedizin. Altona. 1807. P.

Masius, Gf. Lebr., (eigentl. Meese, Jh. Nik. Lebr.) Antikatholicismus, oder vertheid. Verwahrungsweg wider d. geheime Pabstthum rc. 8. Leipz. 786. Glandenberg. 12 gl

—von d. Aufrichtigkeit in Lehre u. Leben; e. Gedächtnißschr. auf Fr. Jm. Schwarz. 8. Leipz. u. Köthen 787.

— das tägl. Aufsehen auf Gott, b. all. Schicksal. und Vorfäll. d. Menschen. 2 Thle. 8. Ebend. 787.

—Aussichten der Seele, zwei Lieder in Prosa. 8. Leipz. 785. Verfasser. 12 gl

—— s. Becker's, C. F., Erzählungen aus der alten Welt für die Jugend.

—christl. Bekenntniß v. einem dreieinigen Gott. 8. Leipz. 781. Barth. 4 gl

— s. Beiträge zur Predigerbibliothek.

— s. Buch der Vereinigung

—— s. Echtermeyer, Thdr., Auswahl deutscher Gedichte.

—Gesang vom Triumph Friedrichs II. und seines Fürsten von Anhalt. 8. Cöthen 790. Glandenberg. 4 gl

—apostol. Handbuch, od. tägliches Aufsehen auf Gott, bei allen Schicksalen u. Vorfällen d. Menschen. 2 Thle. 8. Leipz. 787. Glandenberg. 1 ₰ 12 ℊ

Masius, Gf. Lebr., Handbüchelchen bei d. Präparation, Confirmation u. Kommunion d. Katechumenen. rc. 4 Thle. gr. 8. Köthen. 787.

—s. Handlexicon f. Prediger.

— s. Vi. Lesbring. Grunde.

—Magazin d. Lästerungen, Verfolgg. u. Unterdrückk. unschuldiger Personen. 16 Stück. 8. Köthen u. Leipz. 790.

— s. Sendschreiben eines französ. Bischofs.

—Sendschreiben an die kathol. Glaubensgenossen. 8. Leipz. 785. Verfasser. 4 ℊ

— apost. Tagebuch — ist dass. tägl. Aufsehen a. Gott.

—vollständ. Zeitrechnung aller göttl. Schriftsteller. 8. Hamb. 786. Bachmann. 14 ℊ

—Zergliederungskunst u. Katechetik in Praxi, durch deren Gebrauch jeder Schulmeister d. Examen bestehen kann. 3 Thle. gr. 8. Köthen. 787.

Masius, H., Bruchstück römischer Geschichten Pr. 1861. 20 S 1.20

Masius, Hect. Gottfr., kurzer Bericht von dem Unterschied der wahren evangel.-lutherischen u. der reformirten Lehre, nebst e. Anh. u. Erörterung folgender Fragen: I. Ob zwischen den Lutheranern u. Reformirten eine Religions-Einigkeit u. Brüderschaft zu hoffen? II. Ob nicht die Reformirten Gewissenshalber verbunden sind, kraft ihrer eigenen Lehrsätze, zu uns zu treten? Neue Ausg. gr. 8. (12½ B.) Wandsbeck 843. (Hamburg, Niemeyer.) Thlr. *

Masius, Hect. G., kurzer Bericht von dem Unterschied der wahren Evangelisch-Lutherischen und der Reformirten Lehre. Neuer Abdruck. 8. (IV, 184 S.) Gütersloh 868, Bertelsmann's Verlag. *

Masius, Hect. Gfried., kurzer Bericht von dem Unterschied der wahren evangelisch-lutherischen und der reformirten Lehre, nebst einem Anhang und Erörterung zweier Fragen. Neuer Abdr. 8. (IV und 184 S.) Stuttgart 868, S. G. Liesching. *

Masius, Hect. Gfr., kurzer Bericht von dem Unterschied der wahren evangelisch-lutherischen und reformierten Lehre. Neuer Abdr. 8. (167 S.) Gütersloh 1880, Bertelsmann. *

— Bericht v. d. Unterschiede d. evangel. und reform. Lehre. 8. Offenbach, Schulz. 766. .

Masius, Hect. Gf., christl. Betracht. für Communicanten. 8. Copenh. Proft. 716. .

— dissertationes academ. II Tmi. 4. Hamb. 719.

— Passionsgedanken. 8. Copenh. Proft. 707.

— evangel. Unterr. v. d. wahr. Selbstverläugnung. 8. Ebend. 716.

— Vertheidig. d. evang.-luther. Religion wid. d. röm.-kathol. Lehrer. 8. Frankfurt. 734.

Masius, Heinrich. ELIESER. // Die // Preiß-würdigste // Hand GOttes /// In seiner // Heiligen Vorsehung /// auch // Väterlichen Güte und Hülffe /// Nach Anleitung // Des Edlen Danck-Spruchs / Sir. L, 24. // Nun dancket alle GOTT / etc. // In Form einiger // Seligen Gedancken und Hertzens- //Gespräche über LIII. erlesene Sprüche // Heiliger Schrifft /// Bey seligen Blicken ins Heiligthum/ // in vergönneten und GOtt-geheiligten // Neben-Stunden/ // Seinem Schöpffer zu gelobter Danck- //Abstatung / und zu Christ-geziemender // Seelen-Labung / erwogen // und mit einem nöthigen Register außgefertiget // von // HENRICO MASIO, Rectore // der Hoch Fl. Cathedr. Schulen zu Schwerin. // Lübeck / bey Peter Böckmann. // Ratzeburg /// Gedruckt durch Sigismund Hoffmann. 17oo. - 23 Blatt (nicht paginiert) Titelblatt, Widmung und Register. - 11o4 Seiten.

Auf dem Einbanddeckel steht in Golddruck:

G. CASP. BLUMBACH.
SOC. PHILO: TEUT. POET.
D. D. D.
1 7 2 4.

B. S. T. 8°.437.

Masius, Herm. Andeutungen zu einer Physiognomik der Bäume 1. St. 21 S.
Salzwedel, Progr. 1849

Masius, Herm. Bunte Blätter. Altes u. Neues. gr. 8. (VII. 384 S.) Halle a. S. 892, Buchh. d. Waisenhauses. * 6 40

—— s. Jahrbücher, neue, f. Philologie u. Pädagogik

Masius, Karl Wilhelm Hermann: Laudatio G. D. Scharnhorstii. (Preisschrift.) Halle 1842.

Hallische gekrönte philosophische Preisschrift von 1841
Geb. [Trebnitz bei Könnern 7 1 1818]
Angeführt bei W Haan, Sächs. Schriftst.-Lex 1875 S. 209
Ein Exemplar nicht nachweisbar.
Ms in den phil Dekanatsakten *Scribatur laudatio Scharnhorstii ut ejus et vita narretur et quomodo de Borussia et de Germania omni atque de re militari meritus sit exponatur 22 Bl 2°

Masius, Herm., deutsches Lesebuch f. höhere Unterrichtsanstalten. 1. u. 2. Thl. gr. 8. Halle 846, Buchh. des Waisenhauses. *
Thl. 1. Für untere Klassen. (30 B.)
" 2. Für obere Klassen. (43 B.)

Masius, Herm., Deutsches Lesebuch f. höhere Unterrichtsanstalten. 2 Thle. [Für obere u. f. untere Klassen.] gr. 8. (1: XII u. 470 S. 2: X u. 664 S.) Halle 847, Buchhandlung d. Waisenhauses. (1: n. 1 ₰ 2: n. 1½ ₰) n. 2½ ₰

Masius, Herm., deutsches Lesebuch für höhere Unterrichts-Anstalten. 1. Thl.: Für untere Klassen. 2., verb. und verm. Aufl. (XVI und 596 S.) 1857. * 1 Thlr. und 3., verb. und verm. Aufl. gr. 8. (XVI und 575 S.) Halle (861)62, Buchhandlung des Waisenhauses. *

—— dass. — 2. Thl.: Für obere Klassen. 2., verb. und verm. Aufl. gr. 8. (XII und 800 S.) Ebendas. 858. *

Masius, Herm., deutsches Lesebuch für höhere Unterrichts-Anstalten. 2 Thle. 3. verb. u. verm. Aufl. Halle 862, 64. Buchhdlg. des Waisenhauses. gr. 8. (XVI, 575 S.) n. 1 ₰ 25 ngr
1. Thl.: Für untere Klassen n. 25 ngr — 2. Thl.: Für mittlere Klassen n. 1 ₰

Masius, Herm., deutsches Lesebuch für höhere Unterrichts-Anstalten. 3 Thle. Halle, Buchh. des Waisenhauses. gr. 8.
1. Thl. Für untere Klassen. 4. u. 5., verb. u. verm. Aufl. 866,69. (XIV, 591 S.) n. 25 ngr
2. Thl. Für mittlere Klassen. 3. u. 4., verb. Aufl. 865,68. (X, 540 S.) n. 1 ₰
3. Thl. Für obere Klassen. 1. u. 2. Aufl. 867,70. (X, 694 S.) n. 1 ₰ 10 ngr

Masius, Herm., deutsches Lesebuch für höhere Unterrichts-Anstalten. 3 Thle. gr. 8. Halle, Buchh. des Waisenhauses. *
Inhalt:
Thl. 1. Für untere Klassen. 5. und 6. verb. Aufl. (XVIII, 601 S.) 869,72. *ℳ 2,50.
" 2. Für mittlere Klassen. 4.—6. verb. Aufl. (XII, 548 S.) 868—75. *ℳ 3.
" 3. Für obere Klassen. 2. und 3. verb. Aufl. (X, 731 S.) 870,74. *ℳ 4.

Masius, Herm., deutsches Lesebuch für höhere Unterrichts-Anstalten. 1. Thl. Für untere Klassen. 7. verb. Aufl. (XVIII, 616 S.) 1874; 8. Aufl. gr. 8. (XVIII, 638 S.) Halle' 877, Buchh. des Waisenhauses. *
2. und 3. Thl. Ebendas. 1874,75. *ℳ 7.

Masius, Herm., deutsches Lesebuch für höhere Unterrichts-Anstalten. 3 Thle. gr. 8. Halle, Buchh. des Waisenhauses. *
Inhalt:
Thl. 1. Für untere Klassen. 9. und 10. Aufl. (XVIII, 638 S.) 880,84. *ℳ 2,50.
" 2. Für mittlere Klassen. 7. Aufl. (XIV, 574 S.) 880. *ℳ 3.
" 3. Für obere Klassen. 4. Aufl. (X, 731 S.) 880. *ℳ 4.

Masius, Herm., deutsches Lesebuch f. höhere Unterrichts-Anstalten. 1. u. 2. Tl. Für untere Klassen. 10. Aufl. gr. 8. (XVIII, 638 S.) Halle, Buchh. d. Waisenhauses. n. 5. 50
1. Für untere Klassen. 10. Aufl. (XVIII, 638 S.) 884. n. 2. 50
2. Für mittlere Klassen. 8. Aufl. (XIV, 574 S.) 885. n. 3. —

Masius, Herm., deutsches Lesebuch f. höhere Lehranstalten. 1. u. 3. Tl. gr. 8. Halle a/S., Buchhandlg. d. Waisenhauses. n. 6. 50; geb. n. 7. 35
1. Für untere Klassen. 11. Aufl. (XX, 650 S.) 890. n. 2. 50; geb. n. 2. 95
3. Für obere Klassen. 5. Aufl. (XII, 744 S.) 889. n. 4. —; geb. n. 4. 40

—— geographisches Lesebuch. Umrisse und Bilder aus der Erd- und Völkerkunde. 1. Bd. 1. Abthl.: Zur physischen Geographie. gr. 8. (X, 280 S.) Ebendas. 874. *

—— s.a. Luftreisen.

— Luftreisen v. J. Glaisher, C. Flammarion, W. v. Fonvielle u. G. Tissandier. Mit e. Anh. üb. die Ballonfahrten während der Belagerg. v. Paris. Frei aus dem Franz. Mit zahlreichen Illustr. (in eingedr. Holzschn., auf 12 Holzschntaf. u. 1 Chromolith.) Lex.-8. (VIII, 339 S.) Leipzig 872. Brandstetter. geb. n. 9. —

— Mußestunden. Ein Album für die reifere Jugend. Mit 9 Illustr. Nach Zeichnungen von W. Georgy, R. Kretschmer 2c. Leipzig 868. Brandstetter. gr. 8. (IV, 484 S. mit eingedr. Holzschn. u. 4 Holzschntaff., 2 Stahlst. u. 3 Steintaff., wovon 2 color.) geb. n. 3 ℛ

Masius, Herm., Mußestunden. Ein Album für die reifere Jugend. 2. Bd. gr. 8. (III, 515 S. mit 8 Illustr., eingedr. Holzschn., 3 Holzschntaf., 4 Stahlst. und 1 color. Stnt. in 4.) Leipzig 870, Brandstetter. geb. *
1. Bd. Ebendas. 1868. ℳ 9.

— Naturstudien. Skizzen aus der Pflanzen- u. Thierwelt. gr. 8. (X u. 159 S.) Leipzig 852, Brandstetter. — 2. unveränderter Abdr. gr. 8. (X u. 158 S.) Ebd. 852. 27 ngr

—— dass. — 2. Sammlung. br. 8. (V und 218 S.) Ebds. 856(57.)

—— Naturstudien. Skizzen aus der Pflanzen- und Thierwelt. 8., verb. Aufl. gr. 8. (XIII und 414 S. mit 18 Illustr. in eingedr. Holzschn. und Holzschnt. sowie 1 Titelbilde in Farbendr.) Leipzig 857, Brandstetter.

—— dass. — 1. Sammlung. 4., verb. Aufl. gr. 8. (XII und 184 S. mit 1 lithogr. Titelbilde in Tondr. von W. Georgy.) Ebendas. 858.

—— Naturstudien. Skizzen aus der Pflanzen- und Thierwelt. 5. Aufl. 4. (VIII und 317 S. mit 14 Illustr. von Wilh. Georgy in Holzschn.) Leipzig 863, Brandstetter. * geb. *

— Naturstudien. Skizzen aus der Pflanzen- u. Thierwelt. 1. Bd. 6. Aufl. (VIII, 434 S.) 1865, u. 7. durchgeseh. Aufl. Ebend. 869. gr. 8. (VIII, 448 S. mit 1 lith. Titelbilde von W. Georgy.) 2 ℛ 7½ ngr; geb. 2 ℛ 22½ ngr.

—— Naturstudien. Skizzen aus der Pflanzen- und Thierwelt. 1. Bd. 7. durchgeseh. Aufl. 1868, und 8. verb. Aufl. gr. 8. (VIII, 448 S. mit 1 lithogr. Titelbilde in Tondr. von W. Georgy und 1 Holzschntaf.) Ebendas. 874. ℳ 6,75.; geb.
—— dass. — 2. Bd. gr. 8. (VI, 298 S. mit 4 Illustr. nach Zeichnungen von Wilh. Georgy in Holzschn. und Stahlst. und 1 lithogr. Karte des Nil.) Ebendas. 868. ℳ 4,50.; geb. *

—— Naturstudien. Skizzen. 2 Bde. gr. 8. Leipzig, Brandstetter. [1. Bd. 9. verb. Aufl. Mit 1 (lithogr.) Titelbild von Wilh. Georgy. (VIII, 471 S. mit Holzschn.-Titel.) 880. ℳ 5,50.; geb. *ℳ 7.; 2. Bd. 2. Aufl. Mit Illustr. (Holzschntaf. und 1 Stahlst.) nach Zeichnungen von Wilh. Georgy und 1 (lithogr.) Karte des Niles. (VII, 320 S.) 877. ℳ 4,50.; geb. *ℳ 6.] ℳ 10.; geb. *

Masius, Herm., Naturstudien. Skizzen. 2 Bde. gr. 8. Leipzig 900. J. Brandstetter. 12.—; Einbde. in Leinw. à n.n. 1.50
1. 10. Aufl. Mit dem Bildnisse des Verf. u. 14 Holzschn.-Illustr. nach Zeichngn. v. W. Georgy. (VIII, 384 S.) 7.—
2. 3. Aufl. Mit 2 Stahlst. u. 2 Holzschn.-Illustr. nach Zeichngn. v. W. Georgy. (III, 290 S.) 5.—

—— Rede zur Schiller-Feier in Halberstadt. gr. 8. (16 S.) Glogau 869, Flemming's Verlag.

Masius, Herm., die Schiffbrüchigen, s.: Raynal, F. Ed.

—— die Thierwelt. Charakteristiken. 1. und 2., unveränd. Aufl. Lex.-8. (IV und 807 S. mit 169 in den Text gedr. Holzschn.) Essen (861)62, Bädeker. * 1 Thlr. 15 Ngr.; geb.*

-- die Thierwelt. Charakteristiken. Mit 171 in den Text eingedr. Holzschn. 3., verm. Aufl. gr. 8. (420 S.) Essen 880. Bädeker. n. 6. 50; geb. n. 8. —

—— deutscher Wald und Hain, s. Fischbach, J.

Masius, Jean Baptiste Nicolas Voltaire, u. C Vanlair Ueber einen neuen Abkömmling des Gallenfarbstoffs im Darminhalt Berlin 1871 3 S. 8°

Masius, Johann Nikolaus Leberecht (wirkl.Name), s. Aredisda, Aresparep (Pseud)

Masius, Johannes Der Gläubigen größeste Freude im Leben und Tode . . . [Leichenpredigt auf Henrich von Buchwaldt, Erbherr auf Pronstorff u. Land-Rath, † 30. März 1717] — [Plön] 1717 Reuss. 56 S. 4° (2°)

Masius, L., Aussichten der Seele. Ein Lied in Prosa. Lpz. 4°. 1785

Masius, Max (geb. Breslau 24 8. 1859) Experimentelle Untersuchungen über die Wirkungen gewisser Arzneistoffe, insbesondere des Jod und Alkohols, auf die Nieren. Breslau 1882. (34 S.) 8° (Breslauer gekr Preisschr.) [Im Buchhandel 1882 bei Köhler in Breslau.]
Breslau, Med. Diss. v 20. Mai 1882

Masius, Morton: Über die Adsorption in Gemischen. Borna-Leipzig 1908: Noske. 53 S. 8°
Leipzig, Phil. Diss. v. 22. Sept. 1908, Ref. Le Blanc, Hantzsch
[Geb. 6. Okt. 83 Egg Harbor, Wohnort: Gautzsch; Staatsangeh. Vereinigte Staaten, Vorbildung: Thomassch. Leipzig Reife O. 02; Studium. Leipzig 12 S.; Rig. 16. Juli 08.] [U 09. 3017

Masius, Richard Über den Gebrauch des Konjunktiv in unabhängigen Sätzen bei Homer 30 S. **Progr.** Ev G *Glogau* 1885.

Maška J. K.: **Über homogene Coordinatensysteme. 52 25. Znaim R. 77 78. Progr.**

Maška, Karl J. Lössfunde bei Brünn u. der diluviale Mensch. Eine krit. Studie. gr. 4. (20 S.) Wien 889. (Neutitschein, Hölzel's Nachf.) 1 —
Aus: Mittheilgn. d. anthropolog. Gesellsch. in Wien, besonders abgedruckt

Maška, Karl J., der diluviale Mensch in Mähren. Ein Beitrag zur Urgeschichte Mährens. gr. 8. (109 S. mit 51 Abbild. im Texte.) Neutitschein 886, (Hosch.) *

Maskardi, Augustin. Beschreibung der Zusammenverschwörung des Grafen Ludwigs v. Fliski (Fiesco Giovanni Luigi de Fieschi Graf v. Lavagna). Aus dem Italiänischen übersetzt von Johan Heinrich David Gobel. 4. Lemgo 1767.

Maske [Sachliches OW]

Maske, die; Trspl. (v. A. Klingemann). 8. Braunschw. 791. Schröder. 14 gl

Maske, Die. Schauspiel in drei Aufzügen. [Nach Boissy.] Wien 1791. V: *Arnstein, Benedict David.* (GGr)

Maske, Die. Ein Trauerspiel in vier Aufz. Braunschw. 1797. V: *Klingemann, Ernst August Frdr.* (GGr) (MGT) (Ky)

Maske, die,. Trauersp. 8. Braunschw. Schröder. 797.

— die eiserne, od. Begebenheiten des Vaters u. Sohns. 8. Breslau. 747.

Maske, Die eiserne. [Berlin u. Leipzig 1783.] V: *Meyer, Friedrich Ludw. Wilhelm.* (MGT)

Maske, Die eiserne, eine schottische Geschichte. Leipzig 1792. V: *Rambach, Friedrich Eberhard.* (R-N)

— die eiserne; e. schottische Gesch., v. Ottokar Sturm. 8. Lpz. Barth. 792.

Maske, Die eiserne. Ein Trauerspiel. Österr. Monatsschrift. Hg. von Alxinger. Wien 1793. 1./3. Bd. V: *Schreyvogel, Joseph.* Vgl. GGr IX, 7 f. (DARP)

Maske s. Maske, s.a. Liebhabertheater, 4. Hft.

— für Maske. Lustsp. nach Marivaux von Jünger. 8. Leipzig, Göschen. 794.
Schreibp.

Maske, die gläserne, von G. Fr. Hänle. 8. Frankf. a. M., Sauerländer. 820.

— die, Nr. 1. Harlekins Wiedergeburt (v. A. Wahlmann). 8. Leipz. 803. Gleditsch. (Brockhaus). 16 gl

Maske [Verfasser]

Maske, A., die neuen Bahnhofs-Anlagen in Lüneburg. Vortrag gehalten in der gemeinschaftl. Sitzung der städt. Collegien zu Lüneburg am 8. April 1873. gr. 8. (40 S.) Lüneburg 873, Herold und Wahlstab'sche Buchh.

Maske, Aemil. (geb. Konitz in Westpr. 16. 12. 1840) De abscessu hepatis. Berolini (1864). (31 S.) 8°
Berlin, Med. Diss. v. 1. Aug. 1864

Maske, Aug., Beleuchtung des Projects der Bergbau- und Hüttengesellschaft zu Peine zur richtigen Würdigung dieses Unternehmens, insbesondere als Erwiederung der unter dem 27. Jan. d. J. von dem Hrn. Fabrikanten Georg Egestorff zu Linden gegen die Rentabilität desselben veröffentlichten Beleuchtung. Für alle Freunde des industriellen Fortschritts. gr. 8. (24 S.) Celle 857, Capaun-Karlowa'sche Buchh.

Maske, G., die Herrlichkeit unsrer Erlösung. Für Bibelleser zusammengestellt. (16 S.) 8. Striegau (904). Th. Urban. n. — 15

Hoherpriester, Haupt und Hirte. Zur Anregung f. gemeinsames Bibellesen zsgest. von G. **M[aske]**. (H.) 2, Striegau: R. Urban [1905]. (20 S.) 8° [F.]
[H. 1 nicht erschienen.] [06. 11308

Maske, Richard (*geb. Breslau 20 6 1849*) Irreducible, chronische, puerperale Inversion des Uterus, Galvanocaustische Abtragung desselben, Genesung. Breslau 1872. (27 S.) 8°
[Im Buchhandel 1872 bei Gosohorsky in Breslau.]
Breslau, Med. Diss. v. 31. Juli 1872

Masken. (Hrsg. vom Schauspielhaus Düsseldorf.) Oktbr. bis Dezbr. 1905. 13 Nrn. (à ca. 16 S. m. Abbildgn.) gr. 8. Düsseldorf (Schmitz & Olbertz). 3. —; erm. Pr. 1.20

— dasselbe. Düsseldorfer Wochenschrift. Hrsg. vom Schauspielhaus. Red.: W. Schmidtbonn. 1. Jahrg. 2.—4. Viertelj. Jan.—Septbr. 1906. 39 Nrn. (à ca. 16 S.) 8. Ebd. n. 3. 60

— dasselbe. Wochenschrift des Düsseldorfer Schauspielhauses. Red.: W. Schmidtbonn. 2. Bd. Septbr. 1906—Aug. 1907. 52 Nrn. (à ca. 16 S.) 8. Ebd. n. 4. 80

Masken. Wochenschrift des Düsseldorfer Schauspielhauses. Hrsg.: Wilh. Schmidtbonn. 3. Bd. Aug. 1907—Juni 1908. 44 Nrn. (IV, 752 S.) 8. Düsseldorf, (Schrobsdorff). à Nr. — 20

— dasselbe. Red.: Konr. Müller-Kaboth u. seit 1910: Reinh. Bruck. 4.—6. Jahrg. Septbr. 1908—Aug. 1911 à 52 Hefte. (4. u. 5. Jahrg. 714 u. 688 S.) 8. Ebd. à Jahrg. 8. —

MASKEN, Alte noch immer brauchbare, aus einer zur beliebigen Auswahl für das J. 1797 überschickten Musterkarte eines Kunsthändlers in Verona. O. O. 1797. 8°. 4 Bll.
Rares Curiosum! — Haydinger's Bibl. I 2. no. 741.

Masken zum Friedensjahr 1815 Erinnerung vergangener Zeiten, in 6 color Kpfrtaf. mit Erklärung. 16 Berlin. (Leipzig, Fr Fleischer.)

Masken der Liebe. Herausg. v. E. Moritz. 8. Lpz. Hinrichs. 803.

MASKEN, so wie sie noch immer zu sehen sind. (12 zahme satyr Aufsätze u. Erzählgn.) Berlin u. Leipzig, bei George Jac. Decker, 1780. 8° (10 Mk. E. Frensdorff, 1909.) Selten!
XXIV (incl. Tit m. Druckermarke) u. 261 SS

Masken, so wie sie noch immer zu sehen sind. 8. Berl. 780. Rottmann. 18 gGr.

Über die **Masken** und das Theaterkostum der Alten Neustrelitz 1826 gedruckt bei Heinrich Korb.
36 S. 8°

Masken-Album. (12 farb. Bl.) gr. 4. Leipzig (906). Hoffmann & Ohnstein. In Mappe n. 6. —; einz. Bl – 60

Masken-Album des „Berliner Modenblatt", s.a. Ebhardt, Frz.

Masken-Album des „Berliner Modenblatt". 1. u. 2. Hft. Fol. (à 6 color. Kpfrtaf.) Berlin 881. Berliner Modenblatt. à n. 3. —

Masken- u. Volksfest-Almanach f. d. J. ...
1812.
1813. 1 Bl., 188 S. M. Titelk., 36 ill. Fig. u. 2 Bl. Mus. München. Goed. VIII, 79, 149.

Masken und Volksfeste Almanach für d. Jahr 1812, 1813 (2. Jahrgg., soviel ersch.?). München 1812–13. 8° (Jahrg 2, mit 36 illum. Figg u. 2 Musikbeilagen 20 Mk. K W Hiersemann, 1905)

Masken- u. Volksfeste-Almanach f. die Jahre 1812 u. 1813, mit illum. Maskenfiguren u. Musikbll. 1r u. 2r Jahrg. 12. Münch. 812 u. 13. (Lindauer). (à 1 ß 4 gGr.) 2 ß 8 gGr.

Masken- und Volksfeste-Almanach für das Jahr 1813. München. H: *Progel, J. H.* (Bücher-Samml. d. hist. Ver. v. u. f. Oberbayern. München 1867.)

Masken-Anzüge,
neueste, in sechs color. Kpfrtaf. Enthaltend 18 Figuren. 1e Sammlung. gr. 4. Leipzig 840. Expedition der Eilpost für Moden. Meißner. n. 1/2 ß

—— neueste. 1. Samml. In 6 col. Kpfrt. enth. 18 Figuren. gr. 4. Leipzig 840, [Thomas.] *

Masken-Anzüge, neueste, in 6 col. Kpfrt. 2. Sammlung. qu. 4. Leipzig 843, Thomas. *
1. Samml. Ebendas. 1840. * 15 Ngr.

Masken-Anzüge, neueste u. geschmackvollste, in 12 color. Blättern, enthaltend 37 Anzüge. 1e Sammlung. qu. gr. 4. Leipzig 833. Industrie-Comptoir. n. 2/3 ß — 2e Aufl. u. 2e Sammlung. In 24 color. Bl. enthalt. 81 Anzüge. qu. gr. 4. Ebd. 839. à n. 2/3 ß

Masken-Anzüge, neueste u. geschmackvollste. 1. Samml. 2. Aufl. u. 2. u. 3. Samml. In 32 col. Blättern, enth. 121 Anzüge. qu. gr. 4. Leipzig 839, Baumgärtners Buchh. à *

Masken-Anzüge, neueste u. geschmackvollste, 3.—6. Sammlung, jede in acht color. Blättern. qu. gr. 4. Leipzig 841—46, Baumgärtner's Buchh. à n. 2/3 ß

Masken-Anzüge, neueste und geschmackvollste. 7—9. Sammlung. qu. gr. 4. (à Heft 8 ill. Kpfrt. enth. 79 Anzüge.) Leipzig 851—52, Baumgärtners Buchh. à Samml. 12 Ngr.
1–6. Sammlung. Ebendas. 1842—46. à * 20 Ngr.

Masken-Anzüge zu Polter-Abenden u. Bällen. 4. (24 Bl. u. 1/2 B. Text.) Berlin 831, [Gropius.]

Maskenball, ein Kostüme-Bilderbuch für Alt u. Jung. Mit 8 Kpf. gr. 4. Berl. 809. Dümmler. 2 ß mit 8 illum. Kpf. 3 ß

Masken-Ball, der, ein angenehm unterhaltendes Gesellschaftsspiel für jedes Alter, von M. G. D. H****. Aus 12 color. Täfelchen auf Carton, 1 color. Spielplan u. 3 Würfeln bestehend. Lithogr. 32. Neuhaldensleben 833. Eyraud. In Etuis 2/3 ß

Maskenball, d. große, in Berlin, m. 1 schwarz. und 9 illum. K. gr. 4. Berl. Hitzig. geglätt. Velinp.

Der grosse **Maskenball** in Berlin zur Feyer des Geburtstages der regierenden Königin von Preußen am 12ten März 1804 im Königlichen Nationaltheater veranstaltet. Mit Kupfern. Berlin 1805. Bei Ludwig Wilhelm Wittich.
Tit., IV + 28 S. 10 Taf. (9 kol.) in Kupferst nach Zeichnungen von Dähling gest. von Jügel u. Clar 4°
Abb. 144

—der große, in Berlin, z. Feier d. Geburtstags d. Königin v. Preußen am 12 März 1804. im K. National-Theater veranstaltet. Mit 1 schwarzen u. 9 illum. Kpf. gr. 4. Berl. 818. Wittig. 5 ß

Maskenball, Der grosse X'sche, mit allen seinen Vorkommnissen... Grimma 1851. V: *Bloch, Ernst.* (KY)

Maskenball, der große X'sche, mit allen seinen Vorkommnissen und sonstigen Erscheinungen wahrheitsgetreu in erbaul. Reimen ꝛc. geschildert von E. B. 32. (16 S.) Grimma 851, (Bloch's Selbstverlag.) *

Maskenball, ein, im Colosseum, s.a. Rante Strumpfs hinterl. Papiere.

COLOSSEUM. — Ein **Maskenball** im **Colosseum.** Berlin 1838. 8°. (1 Mk. 50 Pfg. Emil Hirsch, München, 1904.)
Berliner Lokalposse mit zahlreich eingestreuten Lokalausdrücken u. witzigen Bemerkungen in Berliner Mundart.

Maskenbälle, über die. 8. Nürnberg. Zeh. 785.

Die Lumplinger **Maskenfahrt** und Tollramus mit dabei. Ein Fastnachtsmärchen f. verständige Kinder *Paderborn: Bonifacius-Dr. [1996].* (32 S.) 8° [F.]
= [**Märchenbücher** f. Kinder] No 10. [00. 13294

Maskenfest, das große, in Köln am Rhein 1825. Beigefügt ist: die officielle Carnevals-Zeitung No. 1—9, nebst ihren Beiwagen. Mit Vign. gr. 4. Köln 825. Du-Mont-Schauberg. 9 gGr.

Masken-Costüme. 70 Costüm-Entwürfe für Damen- u. Kinder-Masken nebst Erläuterungen und Beschreibungen Verlag Bazar-Actien-Gesellschaft, Berlin [1883]. [Umschlagtit.]
16 Taf. in Holzschn. u. kol. Kupferst. 2°

Maskensaal, Der neue geistige. Räthsel und Charaden. 1829. V: *Motherby, R.* (GGR) (Zeitschr. f. Büch. N. F. 15, 1923, S. 116)

Maskenzug. Zum 30. Januar 1809. [Weimar 1809.] V: *Goethe, Johann Wolfgang von.* (BrMm) (Mn)

Maskenzug, Der. Eine Vision. Altenburg [1835]. V: *Hocker, Anton Hnr. Wilhelm Andreas.* (Schr)

Mannheimer **Maskenzug** im Jahr 1841. Lithg. v. W. Beier u. Ph. Hausser in Mannheim o. J. [Umschlagtit.]
84 Taf. m. 1 Bl. Verzeichnis in Lithogr., 1 Bl. Programm. 4°
Unvollständige Ausg.

Maskerade, die, ein kurzweil. Lotteriespiel. 8. Alt. Jversen. 765.

Maskerade, Die, oder die dreyfache Heyrath, Lustspiel in 1 Aufz. nach Destouches. Gotha 1773. V: *Gotter, Frdr. Wilhelm.* (VLBS VI, 302)

MASKERADE. Ein Nachtrag zu jener so gerühmten Schlittenfahrt im Lande der Hinkenden. O. O. 1778. 8°. Sehr selten! (2/3 Rthl. Lippert, Halle, c. 1870; jetzt theurer!)

Maskerade, die, oder d. dreifache Heirath, Nachspl. 8. Gotha 778. Ettinger. 4 gr

Maskerade, Die. Ein Gesellschaftsstück. Hamburg 1781. V: *Hanker, Garlieb.* (Schr) (MGT)

— die,. Gesellschaftsstück von Cyheu. 8. Hamburg. (a. Linke in Leipz.) 781.

— die,. Posse v. Verf. des Postzugs. 8. Wien, Schalbacher. 791.

— die, eine Geschichte in Briefen. 8. Cöthen 799. Aue. 12 gr

— die,; od. d. neue griechische Theatertanz. Posse. 8. Wien, Pichler. 803.

— die,. Schausp. nach höherer Ansicht v. Petz. 8. Insbruck, Wagner. (Barth in Leipz.) 809.

Maskerade d. Lebens. Ein Roman aus dem heut. Orient v. *,*. 8. (367 S.) Lpz. 889, W. Friedrich. * 6 —

Maskerade, die merkwürdige, od. der seltene Tausch, (v. Fr. Aug. Wenzel). 2 Thle. 8. Posen 806. Kühn. (Centr.-Cpt. in Leipz.) 3 ℛ 20 gr

MASKERADEN, Die. (Satire.) O. O. 1764. 8° 22 S. Rar! Goedeke IV, 24, 18.

MASKERADEN, oder was euch beliebt, von dem Verfasser der Elisa Warwick. Aus dem Englischen. 4 Teile in 2 Bänden. Mit Titelvignette. Leipzig 1782. Kl. 8°.

Maskeraden, od. was euch beliebt, a. d. Engl. 4 Thle. 8. Lpz. Schwickert. 782—84.

Maskeraden, die,. Schausp. von Kühne, a. d. Engl. 4. Braunschw. (Fleckeisen in Helmst.) 792.

Maskeraden, od. was euch beliebt; aus d. Engl. 4 Thle. 8. Leipz. 792—94. Schwickert. 2 ℛ 20 gr

Maskeraden, Die, oder der neue griechische Theatertanz. Posse. Wien 1803. So Kayser, Schauspiele, S. 63a (vorher noch: Die Maskerade. Posse vom Verf. des Postzugs. Wien 1791). V zweifellos: *Ayrenhoff, Corn. Hermann v.* (DARP)

Maskov, s. Mascov

Maskow, s. Mascov

Maskus, Karl, Geschichtsbilder f. den Unterricht in den Volksschulen. Mittel- u. Oberstufe. Nach dem Lehrplane der königl Regierung zu Breslau bearb. gr. 8. Habelschwerdt 893. J Franke's Verl. n. — 90
Mittelstufe. (30 S.) n. — 20. — Oberstufe. (IV, 96 S. m. Bild.) Kart. n. — 70.

Maskus, Karl, Geschichtsbilder f. d. Unterricht in Volksschulen. 2 Tle. 2. Aufl. 8. Habelschwerdt 897. Franke. n. — 80
1. F. d. Mittelstufe mehrklass. u. d. Oberstufe einklass. Schulen. (30 S.) n. — 20
2. F. d. Oberstufe mehrklass. Schulen. (IV, 96 S. m. Kaiserbild.) Kart. n. — 60

Geschichtsbilder für d. Unterricht in Volksschulen. Bearb. von Dr. Karl **Maskus**, Reg.- u. Schulr. (1.) 2. Habelschwerdt: Franke 1900—11. 8°
(1.) Für d. Mittelstufe mehrklass. u. d. Oberstufe einklass. Schulen. 3. Aufl. 1900. [2.] Für d. Oberstufe mehrstuf. Schulen. 4. Aufl. 1911 (11. 1461

— dasselbe. Für die Oberstufe mehrstuf. Schulen. 3. Aufl. (IV, 122 S. m. 11 Taf.) 8. Ebd. 909. Kart. — 70

Maskus, Karl, Geschichtsbilder f. den Unterricht in Volksschulen. I. Für die Mittelstufe mehrklass. u. die Oberstufe einklass. Schulen. 5., verm. Aufl. (40 S. m. Abb.) 8. Habelschwerdt 910. Franke. — 25

Maskus, Carl [aus Ohlau] Bischof Otto I von Bamberg als Bischof, Reichsfürst und Missionar Breslau, Druck v Brehmer & Minuth. 1889 3 Bl 102 S + 1 Bl 8°
Breslau, Phil. Fak Inaug Diss v 10. Aug 1889

Maslo Slavko: Ueber die Sprache der altfranzösischen Chanson de geste Gui de Nanteuil.
H. 1905 PN 1900 **Diss.** Wien, Univ. 2262

Maslon, Wenzesl., Lehrbuch d. Gregorian. Kirchengesanges. gr. 4. (29 1/2 B.) Breslau 839, G. P. Aderholz. •

Maslovskij. Der siebenjährige Krieg nach russ. Darstellung. von A. v. Drygalski. Bd 1—3. Berlin 1888—93. 8°

Maslowskij, D., Generalstabs-Oberst. Der Linien- und Feld-Dienst der russischen Truppen zur Zeit des Kaisers Peter des Grossen und der Kaiserin Elisabeth. Historische Untersuchung. (Aus der: „Geschichte der Kriegskunst in Russland in der ersten Hälfte des 18. Jahrhunderts".) (Mit 10 Taf.) (In russischer Sprache) gr 8. Moskau 1882.

Masłowski, Valentinus *(geb. Krieuen in Pos 11 2 1828)* De vita et poesi Clementis Janicii. Vratislaviae 1857 (63 S.) 8°
Breslau, Phil. Diss. v 13. Aug. 1857

Masmenin, keine Unterleibsbeschwerden mehr! 8. (... S.) Nordhausen 845, [Büchting.] —

Masmünster [Schlagwort]

Masmünster, s.: Preussen. Messtischblätter.

Masmünster-Thann, s.: Vogesen.

Masnadieri J. — Dramma tragico in quattro parti. Musica di Giuseppe Verdi. 8. (32 S.) Vienna. Impresso nella tipografia Pichler. 1855

Masner, Karl (Hrsg.), s. Alt-Breslau Schlesisches Museum für Kunstgewerbe und Altertümer

Masner, Karl, d. Ausstellg. graphischer Original-Arbeiten d. Gegenwart im J 1895 (18. X.—14. XII). [Aus: „Die graph. Künste".] Fol. (30 S m. 23 Abb. u. 13 Taf.) Wien 897. Gesellschaft f. vervielfältig. Kunst. n. 15. —

Das Einfamilienhaus des Kunstgewerbevereins für Breslau und die Provinz Schlesien auf d. Ausstellung f. Handwerk u. Kunstgewerbe in Breslau 1904. (Verf. Prof Karl **Masner**.) Berlin E. Wasmuth 1905 (56 S.) 4° (Die Architektur d. 20. Jahrhunderts. [Sonderh. 6.] 04. 0036

Masner, Karl, s.a. Jahrbuch des schlesischen Museums f. Kunstgewerbe u. Altertümer.

K k Oesterreich Museum f Kunst u. Industrie Katalog der Special-Ausstellung Mittelalterlichen Hausraths, 17 Dec 1892 bis 28 Febr 1893 (Verf Dr Karl **Masner**.) Mit e hist Einl (von) J[akob] v Falke). Wien K K Museum 1892 (57 S) 4° (8°)

Masner, Karl, die Costümausstellung im k.k. österreichischen Museum 1891. Ihre wichtigsten Stücke, ausgewählt u. beschrieben. In Lichtdr, hrsg. v. J. Löwy. 5 Lfgn. qu. Fol. (60 Licht- u. 2 Steindr.-Taf. m. 2 Hülftstaf. u. 16 Bl. Text.) Wien 892. 893. J. Löwy. à 20. —

— s.: Künste, die graphischen.

— häusliche Kunstpflege, s.a. Flugschriften des schlesischen Museums f. Kunstgewerbe u. Altertumer. 1. Hft.

Häusliche Kunstpflege Von Prof Dr Karl **Masner**, i Dir d. Schles. Mus Vortrag im Kindergartenver 1903. *Breslau. Trewendt & Granier 1903* (16 S.) 8° [S.]
= Flugschriften d Schlesischen Museums f. Kunstgewerbe u. Altertumer II 1 01. 5777

Masner Karl: Der Leukippidenraub in der antiken Kunst.
1885 PN 402 **Diss.** Wien U. 2580

—— Die Sammlung antiker Vasen u. Terracotten im k. k österreich. Museum f Kunst u. Industrie. Katalog u. histor. Einleitg. Mit 10 Lichtdr - u. 1 Steindr.-Taf., sowie 36 Abbildgn. im Text Imp.-4. (XXV, 104 S.) Wien 892, Gerold's Sohn. cart. * 20 —

— s.: Schlesiens Vorzeit in Bild u. Schrift.

Masner, Karl. Die schlesischen Stammbücher und ihre kunstlerische Ausschmuckung Breslau 1907
S 137—170 m. 13 Abb. 4 Taf. 4°
Aus: Jahrbuch des Schlesischen Museums für Kunstgewerbe und Altertümer Bd. 4

Masoch, Saccharin, s.a Damen m. Juchtenparfüm.

[S.] Damen mit Juchtenparfüm. Novellen u. Gedichte nach weltberühmtem Vorbild v Saccharin **Masoch**. M. e. höchst aufregenden Einleitg u. e. erbaul. Schlussw v. Stefan Ulkowitsch Parodiewski. *Hagen i. W., H Risel & C. 1897.* (56 S.) 1 Bd 8. 97. 7824

Masolino, Meisterbilder, s.: Weicher's Kunstbücher Nr. 37. (Orcagna, Andrea.)

Mason, Anweisung z. Verfertigung d. neuerfund. eisernen Wagenachsen. A. d. Engl. bearb. u. mit Zusätzen verm. Mit Abbild. (auf 1 lith. Bog.) 8. (1½ B.) Quedlinburg 834, Basse.

The Courtship or Morrice Buckler A romance. Being a record of the growth of an English gentleman during the years 1685–1687 ... written some while afterwards in his own hand, and now ed. by A[lfred] E[dward] W[oodley] **Mason**. Copyright ed. In 2 vol. Vol. 1. 2. Leipzig Tauchnitz 1904. 8°
(Collection of British authors. Tauchnitz Ed. Vol. 3714/5) 11. 8541

— **The four feathers**,
s.a. Collection of British authors

The four Feathers By A[lfred] E[dward] W[oodley] **Mason**. Copyright ed. In 2 vol. Vol. 1. 2. Leipzig: Tauchnitz 1903. 8°
(Collection of British authors. Tauchnitz Ed. Vol. 3630/1) 11. 8479

— **Miranda of the balcony**,
s.a. Collection of British authors

Miranda of the Balcony A story By A[lfred] E[dward] W[oodley] **Mason**. Copyright ed. Leipzig Tauchnitz 1903. 295 S. 8°
(Collection of British authors. Tauchnitz Ed. Vol. 3673.) 11. 8509

Mason, A. E. W., the broken road, s.a. Collection of British authors.

The broken Road. By A[lfred] E[dward] W[oodley] **Mason**. Copyright ed. Leipzig: Tauchnitz 1907. 336 S. 8°
(Collection of British authors. Tauchnitz Ed. Vol. 4007.) 11. 8755

— At the villa rose, s.a. Collection of British authors.

At the villa Rose. By A[lfred] E[dward] W[oodley] **Mason**. Copyright ed. Leipzig Tauchnitz 1910. 279 S. 8°
(Collection of Brit. Authors. Tauchnitz Ed Vol. 4210.) 10. 14046

— **The truants**,
s.a Collection of British authors

The Truants. By A[lfred] E[dward] W[oodley] **Mason**. Copyright ed. In 2 vol. Vol. 1. 2. Leipzig Tauchnitz 1904. 8°
(Collection of British authors. Tauchnitz Ed. Vol. 3777/8.) 11. 8585

— **The watchers**,
s.a. Collection of British authors

The Watchers. By A[lfred] E[dward] W[oodley] **Mason**. Copyright ed. Leipzig: Tauchnitz 1905. 296 S. 8°
(Collection of British authors. Tauchnitz Ed. Vol. 3828.) 11. 8617

— Running water, s.a. Collection of British authors.

Running Water. By A[lfred] E[dward] W[oodley] **Mason**. Copyright ed. Leipzig: Tauchnitz 1907. 303 S. 8°
(Collection of British authors. Tauchnitz Ed. Vol. 3958.) 11. 8715

Mason, Arthur T., Associate of the Institute of chemistry of Great Britain and Ireland [von Bolton, England]: Contributions to our knowledge of ethylene diamine. Manchester Emmott & Co. (1886). 27 S. 8°.
Zürich, Phil. Diss. [v 23. Juli 1886].

Mason, C J

Mason, C., Alice Sherwin, s. Sammlung unterhalt. Schriften der neuern engl. Literatur.

Mason, C. J., Scenen aus dem Leben in London. s. Sammlung unterhalt. Schriften der neuern engl. Literatur.

Mason, Charles Max, aus Madison, Wisconsin: **Randwertaufgaben** bei gewöhnlichen Differentialgleichungen. *Göttingen 1903: Dieterich.* (IV, 75 S.) 8°
Göttingen, Phil. Diss. v. [18. Mai] 1903

Mason, Charles Max, Randwertaufgaben bei gewöhnlichen Differentialgleichungen. Diss. (IV, 75 S.) gr. 8. Göttingen 903. (Vandenhoeck & Ruprecht.) n. 2.—

Mason, Charlotte M., The counties of England, s.a. Schulbibliothek französischer u. englischer Prosaschriften. II. 27.

The counties of England by Ch. M **Mason.** Ausgewählt u. Erklärt v Dr Otto Badke, Oberl. zu Stralsund. Rechtmässige Ausg M. 5 Abb. . [Nebst] Wörterb. *Berlin: R. Gaertner 1898.* 2 Bde 8.
Counties. (VI S., 1 Bl., 188 S., 5 Taf.)
Wörterb. Bearb. v Dr Karl Köhler (54 S.)
= **Schulbibliothek** französ. u. engl. Prosaschriften aus d. neueren Zeit. Abt. II. Bdch. 27. [94. 11365

The counties of England. By Ch[arlotte] M. **Mason.** Ausgewählt u. erkl. von Dr. Otto Badke, Prof. in Stralsund. Rechtmäßige Ausg. 2., sorgfältig durchges. Aufl. [Text.] Berlin: Weidmann 1904. 8°
= **Schulbibliothek** franz. u. engl. Prosaschriften aus d. neueren Zeit. Abt. 2, Bdch. 27. [05. 8008

— **Erziehung im Hause.** Nach der 4. durchgeseh. u. erweit. Aufl. deutsche Bearbeitg. v. E. Kirchner. I. Die Erziehg. v. Kindern unter 9 Jahren. (XXVIII, 264 S.) 8. Karlsruhe 906. G. Braun'sche Hofbuchdr. Geb in Leinw. n. 3. 50

Mason, Charlotte M., **Erziehung im Hause.** Nach der 3. durchgeseh. Aufl. deutsche Bearbeitg. v. E. Kirchner. II. u. III. 8. Karlsruhe, G. Braun'sche Hofbuchdr. Geb. in Leinw. à 3. 50
II. Eltern u. Kinder. (XXIV, 250 S.) 907.
III. Erziehung während der Schulzeit. (XXI, 288 S.) 909.

Mason, Edward Daniel, B. Sc. ⟨Lond.⟩ aus Birmingham ⟨Engl.⟩: Über die **Bestimmung** des praeexistierenden Zuckers im Malze und seine Entstehung bei der Keimung. *München 1902: V. Höfling.* (51 S.) 8°
München, Phil. Diss. v 1902

Mason, Franziscus, Beschreibung der Insel St. Miguel aus dem Englischen Hamburg 1781 [= NSR. Theil 2.]

Mason, Francis, der Karenen-Apostel; oder Nachrichten von Ko Thah-Byu, dem ersten Karenen-Bekehrten, mit Notizen, seine Nation betreffend. Aus dem Engl. 16. (IV und 162 S. mit 1 Titlkpfr.) Berlin 855, Schlawitz. –

Mason, Francis, Nachrichten von Ko Thah-Byu, dem ersten Karenen, mit Notizen, seine Nation betr. Aus dem Engl. 2. Ausg. gr. 16. (IV, 162 S.) Leipzig 875, Hinrichs' Verlag. geb.

MASON, FRANCIS P Zur Constitution des Gentisins. (Bern) Frankfurt a. M., 1896.

Mason's, George, grammaire angloise, s.a. Neudrucke frühneuenglischer Grammatiken. I.

George **Mason**'s Grammaire angloise nach den Drucken von 1622 und 1633 hrsg. von Dr. Rudolf Brotanek, Privatd. Halle a. S.: M. Niemeyer 1905. (LII, 117 S.) 8°
= **Neudrucke** frühneuenglischer Grammatiken. H. 1 [05. 1510 3

Mason, J., ächte Perlen, s. Perlen, ächte.

Mason, James, Fra Angelico, s.a. Meisterbilder in Farben.

Fra Angelico. Von James **Mason.** Übers. von Alice Fliegel. Ill. durch 8 Reprod. Berlin: Harmonie [1910]. 80 S. 8°
(Meisterbilder in Farben.) [10. 13499

Mason, John

Mason, J., Selbsterkenntniß, a. d. Engl. 8. Leipzig, Hilscher. (Compt. für Litt.) 765.

Mason, John. Von der Selbsterkenntniss, a. d. Engl. . . . Leipzig 1766. 2. Aufl. 1775. Ü: *Rogler, Joh. Bartholomaeus.* (Fiker) (ML)

Die Selbsterkenntniss, worinnen die Natur und der Nutzen dieser wichtigen Wissenschaft und die Mittel, darzu zu gelangen, gezeiget werden; mit eingestreuten Betrachtungen und Anmerk. über die menschliche Natur von Joh. Mason. Aus d. Engl. übers. von J. B[arth.] R[ogler]. 2. Aufl. Leipzig: Hilscher 1775. 251 S. 8°

[Dasselbe.] N. Aufl. Ebendas. 1782. 251 S. 8°
Kl 400. Die 1. Aufl. der deutsch. Übers. erschien 1774.

Die Selbstkenntniss, worinnen die Natur und Nutzen dieser wichtigen Wissenschaft und die Mittel, darzu zu gelangen, gezeigt werden; mit eingestreuten Betrachtungen und Anmerk. über die menschliche Natur von Joh. **Mason.** Aus d. Engl. übers. von J. B[arth.] R[ogler]. 4. verb. Aufl. Leipzig: Hilscher 1795. 251 S. 8°.
Vgl. W. 42489.
Sehr selten.

—Student u. Priester, od. Anweis., wie sie sich verhalten sollen. 8. Leipz. 768. (Brockhaus). 6 gr

— Student und Priester, oder Anw., wie sie sich verhalten sollen. 8. Leipzig, Heinsius. (Gleditsch.) 768.

John Mason: Der Weg zur Selbsterkenntniss. Nach der 13. Aufl. übers. von Adolf Wagner. Leipzig u. Sorau: Fleischer 1822. XII, 228 S. 8°

Mason, L., ausführliches Lehr- und Lesebuch zum fertigen Sprechen und Schreiben der englischen Sprache, s. Booch-Arkossy, F.

Mason, L. W., K. L. Zeidler u. K. Unglaub. Neue Gesangschule. Mit Gutachten v. Alb. Becker, Herm. Kretzschmar, Osc. Paul, Carl Reinecke u. a. 1 Heft. [1. u. 2. Schulj.] qu. 12. (VIII, 54 S.) Lpz. 892, Breitkopf u. Härtel. cart. * — 50

Mason, L. W., K. L. Zeidler, K. Unglaub, neue Gesangschule. 2. u. 3. Hft. qu. 12. Leipzig, Breitkopf & Härtel. Kart. n. 3. — (1.—3.: n. 3. 50)
2. 3. u. 4. Schulj. (VI, 80 S.) 893. n. — 50
3. 5. u. 6. Schulj. 2. Aufl. (VII, 181 S.) 898. n. 1. —
4. (VIII, 235 S.) 896. n. 1. 50

— — — dasselbe. Notenkarten z. 1.—4. Hft. à 85,5 × 116 cm. Zinkdr. Ebd. Mit Rahmen à n. 15. —
1. 26 Taf. 892. — 2. 24 Taf. 893.
3. 24 Taf. 896. — 4. 24 Taf. 896.

— — — dasselbe. Handbuch f. Lehrer. gr. 8. (V, 64 S.) Ebd. 897. n. — 50

Mason, L. W., K. L. Zeidler u. K. Unglaub, neue Gesangschule. 1.—4. Hft. Ausg. f. die Schweiz. qu. 12. Breitkopf & Härtel. Kart. n. 3. —
I. II. 1. u. 2. resp. 3. u. 4. Schulj. (VIII, 54 u. VI, 85 S.) 898. n. 1. —
III. 5., 6. u. 7. Schulj. (VII, 191 S.) 897. n. 1. —
IV. 2. Aufl. (VIII, 235 S.) 901. n. 1. —

Mason, L. W., K. L. Zeidler, K. Unglaub, neue Gesangschule. 1. u. 2. Heft. Ausg. f. die Schweiz. 2. Aufl. (VIII, 54 u. VI, 85 S.) qu. 16. Leipzig 902. Breitkopf & Härtel. In 1 Bd. kart. n. 1. —

— — — dasselbe mit Gutachten v. Alb. Becker, Herm. Kretzschmar, Osc. Paul, Carl Reinecke u. a. 3. Heft. (5., 6. u. 7. Schulj.) Ausg. f. die Schweiz. (VII, 192 S.) qu. 16. Ebd. 905. Kart. n. 1. —

Mason, L. W., K. L. Zeidler, K. Unglaub, neue Gesangschule. 1. u. 2. Heft. Ausg. f. die Schweiz. 8. Aufl. (VIII, 54 u. VI, 85 S.) 11,5×15,5 cm. Leipzig 906. Breitkopf & Härtel. In 1 Bd. kart. 1. —

Mason, Leland, Taschenbuch der Handelskorrespondenz in deutscher u. englischer Sprache, s.: Taschenbücher der Handelskorrespondenz I Abtlg. (Vogel, Chr.)

Mason, Miss Marian, on the utility of exercise [London 1827]; die erste Schrift e. Turnlehrerin. Mit e. deutschen Übersetzg. v. Karl Wassmannsdorff. gr. 8. (X, 32 S. m. 1 Lichtdr.) Heidelberg 890. K. Groos. n. — 80

Mason, R. G., mexikanische Bilder, s.a. Jenseits des Oceans.

Mason R G Mexikanische Bilder Aus dem Englischen von M B Lindau In 1 2 (Jenseits des Oceans Beiträge zur Kunde amerikanischen Lebens 4 u 5.) Dresden 1853 1 Bd VIII, 239 IV 205 S 8°

Mason, William

Mason, W d. englische Garten, e Gedicht. Aus d. Engl. (v. Chr Fr Weisse) 8. Leipzig. 1773, 79 u. 83. Schwickert. (— 17½) — 7½

Mason, W., der engl. Garten. Ein Gedicht in 4 Büchern; a. d. Engl. (v. Chr. Fr. Weiße) .8. Leipz. 783. Schwickert. 14 gr

Mason, Will., s.a. Hausandacht für Mitglieder der neuen Kirche.

Mason Good, J. Üb. Krankhn d. Gefängnisse u. Armenhäuser. A. d. Engl. Wien 1798

Masonenlied, s. Bischoff, Diedrich

Masonia. Organ für die Interessen der Freimaurerei in den Ver. Staaten von Nord-Amerika. [Jg. 9, No 393—397:] Wochenschrift für maurerische, humane und gesellschaftliche Interessen. [Jg. 9, No 398ff.:] Organ des 28. Deutschen Distriktes von New York. Jg. 1—12. Red. von J[os.] J[ul.] Burian, [Jg. 9ff.:] von W[ilh.] Thiese. New York 1884—1894: Hittorff. 2° [Kopftit.]
1. [1882—1883] 208 S. 1884; 2. [1883—1884] üb. 240 S. 1885; 3—8.; 9. S. 1569—1892 1891 [unvollst.]; 10. S. 1909—2020 1892 [unvollst.]; 11. S. 2021—2500 1893 [unvollst.]; 12. 416 S. 1894 [unvollst.].
cf. L. 6 (1883) S. 93—96 (R. Maennel), abgedr. in: SL. 3 (1883) S. 111—115; M. 1 (1882—1883) S. 154—155, 159.
Tt. 204. Jg. 1 mit Beil. (Nr 1—52) erzähl. Inhalts.

Masonia im Kampf der Zeit, s.a. Bischoff, Diedrich

Masonia im Kampf der Zeit. Weckruf zur Chemnitzer Heerschau des Vereins deutscher Freimaurer 3. u. 4. Sept. 1910. »Masonia, du Heimatland . . .« Leipzig 1910. V: *Bischoff, Diedrich.* (wolfstieg II, 746)

Masonia im Kampf der Zeit. Weckruf zur Chemnitzer Heerschau des Vereins deutscher Freimaurer. 3. u. 4. September 1910. Leipzig [1910]: Zechel. 1 Bl. 8°.
„Masonia, du Heimatland" . . .

Masonnerie [!] mystique. Trois grades. [Hrsg. u. m. Anm. vers. von Joh. Joachim Christoph Bode.] [Weimar ca 1792: Bode.] 52 S. 8°
Abgedr. in: Lenning, C.: Encyclopädie d. Frmrei. 2 (1824) S. 563—576.
cf. L. 23 (1864) S. 112 (G. Merkel).
Kl. 1934. Sehr selten. Ritual der betr. Hochgrade.

Masotti, Franz

Masotti, Francesco. Betrachtungen für die Weltpriester . . . Augsburg 1783. Ü: *Winterl, Joseph.* (Jes)

—-Betracht. f. die Weltpriester. 8. Augsb. 783. Wolf. 12 gr

Masotti, F. Predigten . . . Augsburg 1778. Ü: *Winterl, Joseph.* (Jes)

Masotti, Frz., Predigten, 9 Bände. 8. Augsb. 778. Wolf. 4 ß 12 𝔛

Maspero, Etymologische Fortschritte. [Separatabdruck aus „Deutsche Revue“ XII. Jahrgang — II. Band 1887 p. 368—370.]

Maspero, Gaston. Ägypten u. Assyrien. Geschichtliche Erzählgn. f. Schule u. Haus. Mit Genehmigg. d. Verf. u. Verlegers ins Deutsche übertr. v. D. Birnbaum. Mit 190 in den Text gedr. Abbildgn. nach Zeichngn. v. Faucher-Gudin. 8. (XII, 401 S.) Lpz. 891, Teubner. * 5 —; geb. in Leinw. * 6 —

Maspero's, G., Geschichte der morgenländischen Völker im Altertum. Nach der 2. Aufl. des Originals und unter Mitwirkung des Verf. übers. von Rich. Pietschmann. Mit einem Vorworte von Geo. Ebers, vollständ. Register und 1 lithogr. (und color.) Karte (in qu. gr. 4.). gr. 8. (XI, 644 S.) Leipzig 877, Engelmann. *

Maspero, G., ägyptische Kunstgeschichte. Deutsche Ausg. v. G. Steindorff. Mit 316 Abbildgn. im Text. gr. 8. (IX, 336 S.) Leipzig 889. Engelmann. n. 9. —; geb. n.n. 11. —

Maspero, G., mémoire sur quelques papyrus du Louvre. gr. 4. (123 S. m. 15 Steintaf.) Paris 875. Vieweg n. 20. —

Maspero, Gaston, s.: Musée, le, égyptien.

— Papyrus grecs d'époque byzantine, s.: Catalogue général des antiquités égyptiennes du musée du Caire. vol. 51.

— Sarcophages des époques persane et ptolémaïque, s.: Catalogue général des antiquités égyptiennes du musée du Caire. vol. 41.

Maspes, Adolfo, Frauenherzen, s.a. **Bibliothek, naturalistische.**

[F.] Frauenherzen. Von Adolfo **Maspes**. Autoris. Uebs. a. d. Italien. v. Hans Jürgens. *Berlin: H. Steinitz (1897).* (150 S.) 1 Bd 8.
— **Bibliothek**, Naturalistische. Bd 16. [97. 5393

Maspes, Adolfo: Orientalische Träume. Berlin: Vita [1899]. (S. 00–96.) 8° [F.]
— **Geschichten**, Kurze. 2, 1, [3.] [03. 3338

Maspoli, Enrico, lic. jur.: La legge Ticinese del 28 Gennaio 1886 sulla libertà della chiesa cattolica e sull' amministrazione dei beni ecclesiastici. Lugano 1905. 175 p. 8°.
Freiburg i. Schw. Jur. Diss. 1904 1905.

Masque, le, enlevé, ou les secrets découverts sur l'armoire mystérieuse et sur les séances dans les ténèbres des frères Davenport et Fay communiqué par Mr. B. gr. 16. (16 S.) Leipzig 867, Schrey' Separat-Conto. Verklebt.

Masque, Friedrich. Chirurgische Novellen Hrsg. von Friedrich Masque. Wien. von Ghelen 1783 109 S 8°

Ueber die Masquen-Bälle, ein Büchelgen, das sich der Lesewelt empfiehlt. Frkf. u. Lpz. 1785. 8°. VIII u. 24 S. (In Berlin an Db 6310.) (½ Rthl. Lippert, Halle, c. 1870; jetzt theurer!)

MASQUERADE, Die, eine (zieml. zahme) Geschichte in Briefen. Mit TKpf. Cöthen, Aue, 1799. 12°.
167 SS. (165 ist Druckf.). — Auch ein Druck von 1816 vorhanden?

Masquerade, Wunderseltsame. Anfangs des Jahres 1792 zu Halle im Saalkreise. In zierliche Reime gebr v V. P., kais. belorbeerten Poeten. Frankfurt und Leipzig, o. J 8° Rar!
Carl Beck, Lpz., Anz. 2 (1907), in einem Sammelbde über Halle.

Masquerades, the, Comedy by Kühne. 8. Helmstädt, Kuhnlin. 783.

Abriss der griechischen Metrik [Traite de métrique grecque] von P[aul] **Masqueray**, Prof. Ins Deutsche übers. von Dr. phil. Br[uno] Pressler, Oberl. Leipzig: B. G. Teubner 1907 (XII, 243 S.) 8° [07. 9011

Masqueray, Paul., de tragica ambiguitate apud Euripidem. Thesis. gr. 8. (71 S.) Paris 895. C. Klincksieck. n.n. 2. —

Masques, les, arrachés, ou vie privée de van der Noot, et van Eupen, du Card. de Malines etc. par J. le Sieur. II Vol. 13. Leips. Sommer.

Maß [Sachliches OW]

Mass . . ., s. a.: Maass . . .

Maß u. Gewicht, metrisches. 2. Aufl. Ansbach 870. Junge. qu. Fol. 3 ngr.

—— —— metrisches. gr. Fol. (1 Bl. in Farbendr.) Straßburg [Lahr] 873, Schauenburg.

—— und Gewicht, das metrische. Methodisch bearb. für Volksschulen. gr. 8. (V, 16 S.) Klagenfurt 874, (Bertschinger und Heyn.)

— **u. Gewicht**, das metrische. Methodisch bearb. f. Volksschulen gr 8. (V, 16 S.) Klagenfurt 875. (Bertschinger & Heyn) — 60

Maß und Gewicht, das metrische, verglichen mit den bisherigen schweizer. Maßen und Gewichten und umgekehrt, nebst den dazu gehör. Reduktionstabellen und der Preis-Angabe einzelner Waaren. gr. 16. (31 S.) Luzern 876, Gebr. Räber. *

—— —— das neue, in vergleichender Zusammenstellung mit dem alten Maß und Gewicht. Zum Gebrauche für Schule und Haus. 2. Aufl. 16. (20 S.) Passau 871, Waldbauer's Buchh.

—— —— das neue, in der Brieftasche für Jedermann im Königr. Bayern. Erläuterung und Vergleichung der alten Maße mit den neuen und umgekehrt in systemat. Darstellung ohne Anwendung der Decimalbrüche. 4. Aufl. 16. (19 S.) München 872, Beck. *

—— —— unser neues, für's Portemonnaie. [Nach dem Wortlaute des Gesetzes.] 128. (16 S. mit 1 Photogr.) Wien 875, Perles. geh. mit Goldschn. *
In Metalldeckel *
In Metalldeckel mit Email *
In Juchten- oder Chagrinleder *

Maß, das metrische, in Hauswirthschaft, Kleinhandel und Marktverkehr. Preistabelle A—E. gr. Fol. Brünn 875, Buschak und Irrgang. à 20 Pf.
Inhalt:
A. Gewicht. — B. Flüssigkeits-Maß. — C. Trocken-Maß. — D. Fuß-Maß. — E. Ellen-Maß.

—— dass. — Umwandlungs-Tafel A—E. gr. Fol. Ebendas. 874. à 10 Pf.
Inhalt:
A. Gewicht. — B. Flüssigkeits-Maß. — C. Trocken-Maß. — D. Fuß-Maß. — E. Ellen-Maß.

Maß, das, der Staatsdienerbesoldungen, geprüft nach den Forderungen der Wissenschaft und des praktischen Bedürfnisses, und mit Hinblick auf die Verhältnisse in Thüringen und im Königr. Sachsen. gr. 8. (44 S.) Jena 865, Fr. Frommann. *
Aus: Blätter für Rechtspflege in Thüringen und Anhalt, besonders abgedruckt.

Mass, Zweierlei, oder der Consistorialrath Prof. Dr. Krabbe und der Prof. Dr. Baumgarten vor dem akademischen Gericht in Rostock. Kiel 1865. V: *Baumgarten, Michael.* (A)

Maß, Geschichte des Ulanen-Regiments Graf Haeseler (2. brandenb.) Nr. 11. v. Schönings Geschichte des 2. brandenburg. Ulanen-Regiments Nr. 11 von seiner Stiftg. bis zum 1. I. 1885 auf Befehl des königl. Regiments neu bearb. u. bis 1906 weitergeführt. Mit 3 Bildern, 9 Karten u. Plänen in Steindr. u. 3 Textskizzen. (XII, 307 S.) Lex.-8. Berlin 906. E. S. Mittler & Sohn. n. 9.—; geb. n. 11.—

Maß, Wie kann unsere schulentlassene Jugend national erzogen werden? 12 S., 8°

Maß [Verfasser]

Mass, A., s. Maass

Mass, Georgius Henricus De dissolutione membranarum ventriculi seu de digestione sic dicta ventriculi post mortem. Halae (1820). Schimmelpfennig 32 S. 8°
Halle-Wittenberg, Med. Diss. v. 9 Okt. 1820
Geb. Koblenz bei Pasewalk (Pomm.) 5. 7. 1798. V

Mass, Heinrich, a. Wapelfeld in Holstein: Die Entwicklung der lateinischen Infinitivausgänge -c-āre und -g-āre im Französischen. Kiel 1905: Lüdtke & Martens. (75 S.) 8°
Kiel, Phil. Fak., Ref. Körting, Diss. v. 25. März 1905
[Geb. 21. März 81 Wapelfeld, Kr. Rendsburg; Wohnort: Broklande b. Neumünster; Staatsangeh.: Preußen; Vorbildung: Realgymn. Flensburg Reife O. 01; Studium: Kiel 7 S., Rig. 14. Jan. 05.]

Mass, Karl *Jacob Marcellus* [pr. Arzt aus Kolheim]. Statistischer Beitrag zur Behandlung der Anaemie und Chlorose. . Kiel, Druck v. L. Handorff, 1891; 22 S., 1 Bl. 8°
Kiel, Med. Fak., Inaug. Diss. v. [2. März] 1891

Mass, Carolus Guilelmus Victor *(geb. Podelzig bei Frankfurt a. O. . 9. 1832)* De caussis et natura dolorum praeter solitum vehementium in partu. Vratislaviae (1858). (32 S.) 8°
Breslau, Med. Diss. v. 22. März 1858

Maß, Konr., dörch Blaumen un Nettel. (209 S.) 8. Stettin 903. P. Niekammer. n. 2.—

Maß, Konr., pommersche Geschichte. gr. 8. (X, 283 S. m. 1 Stammtaf.) Stettin 899. L. Saunier. n. 5.—; geb. n. 6.—

Maß, Konr., vom Glauben u. Glaubenszwang, s.: Abhandlungen, religionswissenschaftliche. 4. Heft.

Maß, Konr., der Goldschmuck v. Hiddensee. Erzählung aus Pommerns Vergangenheit. (68 S.) Stettin 902. L. Saunier. n. —50

— der Mönch v. Pudagla. Erzählung aus Pommerns Vergangenheit. (Um 1280.) (114 S.) 8. Stettin 904. L. Saunier. n. 1.50; geb. n.n. 2.50

Mutterliebe Novelle von Konrad Maß. Stettin Saunier 1908 54 S 8°

— Die Praxis des Gewerbegerichts Stettin. Hrsg. v. dessen ehemal. Vorsitzenden M. (IV, 185 S.) gr. 8. Berlin 907. F. Siemenroth. 2.50

Das Haus Stavenhagen Erzählung aus Pommerns Vergangenheit (Um 1761) Von Konrad Mass. Stettin L. Saunier 1902 (204 S) 8°

Maß, Konr., Sylvia. Erzählung aus Pommerns Vergangenheit. (Um 1660.) (120 S.) 8. Stettin 903. L. Saunier. n. 1.50

Vom Meeresstrande. Novellen von Konrad Maß. Stettin L. Saunier 1908. (257 S.) 8° [F.] [07. 1908]

— Zum Licht. Roman. (209 S.) 8. Leipzig 910. Leipziger Verlags- u. Kommissions-Buchh. 3.—; geb. in Leinw. 4.—

Maß, Th., s.: Archiv f. deutsche Lehrerbildung.

Maß, Th., pädagogische Aufsätze. 1. Hft. 8. Kappeln 895. Frankfurt a/M., J. Rosenheim. n. —60
I. 1. Was kann d. Lehrer thun, um d. Pünktlichkeit in s. Schule zu fördern. — 2. D. Schulmethodus Herzog Ernst d. Frommen in s. Bedeutg. f. d. Entwickelg. d. Schule. — 3. D. Recht d. Individualität in e. Lehrerkollegium. — 4. Welche Aufgaben stellt d. Einheitlichkeit d. Unterrichtsverfahrens d. Leiter e. Schule m. e. großen Zahl v. Lehrkräften? (29 S.) n. —60

[F.] Pädagogische Aufsätze Hrsg. v. Th. Mass. H. 1. *Kappeln a. d. Schlei: Selbstverl., (Dr v. G. A. Brodmann in Erfurt [1895]).* 8. [96. 34]

Maß, Thdr., Erziehungs- u. Unterrichtslehre nebst Psychologie u. Logik. (Die Vorbereitg. auf die Lehrerprüfgn. [1. u. 2. Lehrerprüfg., Mittelschulen u. Rektorprüfg.]) gr. 8. (VIII, 146 S.) Leipzig 900. [C. E. M. Pfeffer.] Kappeln, Lehrer Th. Maß. Kart. n. 1.40

Maß, Thdr., Handbuch der bibl. Geschichte. (VII, 870 S.) Lex. 8. Leipzig 908. Dörffling & Franke. 4.50; geb. n. 5.50

— Handbuch der deutschen Literatur. Biographien der Dichter nebst Erläutergn. u. Inhaltsangaben ihrer Hauptwerke. Hilfs- u. Vorbereitungsbuch zu den Prüfgn. an Seminaren u. höh. Schulen, sowie zum Selbststudium. 2., verm. Aufl. (VIII, 516 S.) gr. 8. Weinheim 907. F. Ackermann. n. 3.50; geb. n. 4.50

— Hilfs- u. Vorbereitungs-Bücher f. die Prüfungen an höheren Lehranstalten. Für Gymnasiasten, Realschüler, Seminaristen, Präparanden etc. I. Repetitorium d. Weltgeschichte. gr. 8. (136 S.) Dresden (902). E. Pierson. n. 1.25; geb. n. 2.—

— Hilfs- u. Vorbereitungs-Bücher f. die Prüfungen an höh. Lehranstalten. Für Gymnasiasten, Realschüler, Seminaristen, Präparanden usw. II. gr. 8. Dresden [E. Pierson.] Weinheim, F. Ackermann.
n. 3.50; geb. n. 4.50; erm. Pr. n. 2.50; geb. n. 3.—
Handbuch der deutschen Literatur. Biographie der Dichter nebst Erläuterg. u. Inhaltsangabe der Werke derselben. Ein Hülfsbuch f. Seminaristen u. Schüler höh. Lehranstalten, sowie f. Lehrer, die sich auf Prüfgn. vorbereiten. (III, 477 S.) 903. I. Jetzt Ebd. 90x. Erm. Pr. —80; geb. 1.20.

— s.: Hilfs- u. Schreibkalender f. Präparanden, bezw. f. Seminaristen.

— Lehrproben aus allen Unterrichtsfächern. 1. Bdchn. (Die Vorbereitg. auf die Lehrerprüfgn. [1. u. 2. Lehrerprüfg., Mittelschul- u. Rektorprüfg.]) gr. 8. (VII, 202 S.) Leipzig 900. [C. E. M. Pfeffer.] Kappeln, Lehrer Th. Maß. Kart. n. 1. 75

— Lehrproben. Zur Vorbereitg. auf die Lehrerprüfg. (VII, 242 S.) Lex.-8. W.-Jena (904). [Thüringer Verlags-Anstalt.] Leipzig, G. H. Wigand. n. 2. 50

— Methodik u. Geschichte der Methodik. (Die Vorbereitg. auf die Lehrerprüfgn. [1. u. 2. Lehrerprüfg., Mittelschul- u. Rektorprüfg.]) gr. 8. (III, IV, 115 S.) Ebd. 900. Kart. n. 1. 40

— prakt. Ratgeber f. Landwirte. 8. (III, 352 S.) Kappeln 899. Leipzig, Fritzsche & Schmidt. Geb. in Leinw. n. 3. 60

— dasselbe 2. durch e. ausführl. Register verm. Aufl. 8. (XVI, 352 S.) Berlin (901). W. Möller. Geb. in Leinw. n. 1. 50

— Schulpraxis. (Die Vorbereitg. auf die Lehrerprüfgn. [1. u. 2. Lehrerprüfg., Mittelschul- u. Rektorprüfg.]) gr. 8. (VII, 126 S.) Leipzig 901. [C. E. M. Pfeffer.] Kappeln, Lehrer Th. Maß. Kart. n. 1. 40

— die Vorbereitung auf die erste Lehrerprüfung. (In 8 Bdn. zu je 4—6 Lfgn.) 1.—11. Lfg. 8. Leipzig 905. G. H. Wigand. à n. — 30
1—5. Repetitorium der Kirchengeschichte. (VI, 150 S.)
6—11. Repetitorium d. Geschichte d. Reiches Gottes. (XI, 201 S.)

— die Vorbereitung auf d. zweite Lehrerprüfung. Mittelschul- u. Rektorprüfg. 4 Bde. 2. [Titel-]Aufl. 8. Ebd. [900] (904). à n. 1. 50: geb. à n. 2. —
1. Schulpraxis. (VII, 126 S.) — 2. Erziehungs- u. Unterrichtslehre nebst Psychologie u. Logik. (VIII, 146 S.) — 3. Lehrproben aus allen Unterrichtsfächern. (VII, 202 S. m. Fig.) — 4. Geschichte des Unterrichts. (VIII, 96 S.)

— die Vorbereitung auf die Lehrerprüfungen in der Religion. I. Repetitorium der Geschichte des Reiches Gottes. gr. 8. (XI, 201 S.) Leipzig 902. R. Wöpke. n. 2. 40; geb. n. 2. 80

— Die Vorbereitung auf die Lehrerprüfungen. (Bd.-Ausg.) I u. II. 8. Leipzig, G. H. Wigand. 3. 50
I. Repertorium der Geschichte des Reiches Gottes. (XI, 201 S.) (906.) 2. —
II. Repetitorium der Kirchengeschichte. (II, 150 S.) (907.) 1. 50

Maß, Th., Zeittafel zur Geschichte der Pädagogik, nebst Grundsätzen u. Inhaltsangabe der Hauptwerke der bedeutendsten Pädagogen. Ein Repetitionsbüchlein f. Seminaristen u. Lehrer, die sich auf Prüfgn. vorbereiten. 8. (22 S.) Segeberg 889. (Barez.) n. — 40

— Zeittafel zur Geschichte der Pädagogik, nebst Grundsätzen u. Inhaltsangabe der Hauptwerke der bedeutendsten Pädagogen. Ein Hülfsbuch f. Seminaristen u. Lehrer, die sich auf Prüfgn. vorbereiten. 6. Aufl. gr. 8. (95 S.) Kappeln 893. Selbstverl. d. Verf. (Garding, H. Lühr & Dircks.) 1 20

— Zeittafel zur Geschichte der Pädagogik nebst Grundsätzen u. Inhaltsangabe d. Hauptwerke d. bedeutendsten Pädagogen. E. Hülfsbuch f. Seminaristen u. Lehrer, d. sich auf Prüfgn. vorbereiten. 7., verm. u. verb. Aufl. gr. 8. (III, 124 S.) Frankfurt a/M. 898. J. Rosenheim. n. 1. 20; kart. n.n. 1. 40

Massa, Ant. Mar., familiarium Observationum ad Decisiones Flaminii Chartarii libri III. II Tom. fol. Lips. Junius. 730.

Massa, Carl, der perfecte Kartenkünstler. Eine Sammlung der interessantesten u. ergötzlichsten Kartenkunststücke leicht ausführbarer Art für Alt u. Jung. 8. (64 S.) Hamburg 879. Kramer. n. — 50

Massae, Simon, Chronicon, s. Chronicon.

Massacres, die russischen. Protestversammlung zu Berlin in der Tonhalle am 25. VI. 1906. Hrsg. v. der Red. der Russischen Correspondenz. (31 S.) gr. 8. Berlin-Schöneberg 906. Verlag der Hilfe. n. — 20

Massaglia, die Fahrräder u. ihre künftige Verwendung im Kriege. [In's Deutsche übers. v. B. aus „Rivista militare italiana".] 12. (32 S.) Leipzig 892. [L. Weber, Sport-Verl.] W. Malende. n. — 50

Massalongo, A. B., Specimen photographicum animalium quorumdam plantarumque fossilium agri Veronensis. Maurit. Lotze photographice expressit. — Saggio fotografica di alcuni animali e piante fossili dell' agro Veronese. — Cum tabb. XL. Imp.-4. (101 S.) Verona 859,63, (Münster.) cart. *

Massalongo, Abramo

— osteologia degli Orsi fossili del Veronese, s.: Abhandlungen, naturwissenschaftl., hrsg. v. W. Haidinger, IV. Bd.

Massalongo, Abramo, ricerche sull' Autonomia dei Licheni crostosi e materiali pella loro naturale ordinazione. Con 400 figure. Lex. 8. (XIV u. 207 S. m. 64 lith. Taf.) Verona 852. (H. F. Münster.) n. 6 ₰

Massaloup, Joh. Vinc., Alfaime, od.: die Belagerung v. Malaga. Eine histor.-romant. Erzähl. a. d. letzten Hälfte d. 15. Jahrh. 8. (16 B.) Nordhausen 833, Fürst.

Massaloup, J. V., Anleitung zur Anlage, Behandlung und Benutzung von Eichenschälwaldungen. Nach den neuesten darüber gemachten Erfahrungen zusammengestellt. gr. 8. (72 S.) Breslau 851, Graß, Barth und Comp., Verlagsb. *

— der Corregidor. Histor. Roman aus der Mitte des 17. Jahrhunderts. gr. 12. Magdeburg 835, Bühler. 7/8 ₰

Massaloup, J. V., der Corregidor. Histor. Roman aus d. Mitte d. 17. Jahrh. gr. 12. (8⅓ B.) Magdeburg 835, [Inkermannsche Buchh.]

—— Magdeburg's Fall. Ein histor.-romant. Trauersp. in 6 Aufz. 12. (8½ B.) Berlin 831, (Fincke.)

—— der Hochmuthsteufel. Eine kom. Erzähl. gr. 12. (10⅓ B.) Magdeburg 834, Bühler.

—— logarithmisch-trigonometrische Hülfstafeln. Ein zur Horizontalprojection der auf schiefen Ebenen gemessenen Längen, wie auch zu nivellitischen und markscheiderischen Arbeiten unentbehrl. Handbuch für Geometer, Markscheider, Ingenieure, Chaussee- und Wasserbaubeamte. Lex.-8. (XII und 667 S.) Leipzig 847, Brockhaus. *

—— der Kardinal, od. d. Schreckensnacht auf Arezzo. Romant. Erzähl. aus d. letzt. Hälfte d. 16. Jahrh. 2 Bde. 8. (37½ B.) Magdeburg 832, Rubach.

Massaloup, J. V., Katechismus der Forstbotanik. Für Forstmänner und Solche, die es werden wollen. 8. (X und 243 S. mit 40 in den Text gedr. Abbild. in Holzschn.) Leipzig 852, Weber. *

—— über die Nothwendigkeit und Ausführbarkeit, die Eisenbahnen vor den Störungen im regelmäßigen Betriebe während schneereicher Winterstürme durch anzulegende Bewehrungen der Einschnitte zu schützen 2c. gr. 8. (29 S.) Berlin 847, Hayn.

Massaloup, J. V., Quadrat-Tafeln zur leichten Ermittelung der beim Eisenbahnbau zu bewegenden Erdmassen sowohl bei Dammschüttungen wie auch beim Ausschachten von Einschnitten für eingeleisige und zweigeleisige Bahnen. Auf Grund der neuesten Vereinbarungen des Vereins deutscher Eisenbahn-Verwaltungen bearb. 16. (XIV, 99 S.) Eilenburg 878, Offenhauer.

—— der Zigeuner. Histor. Roman aus d. Mitte d. 17. Jahrh. 3 Thle. 8. (40¼ B.) Leipzig 834, [Böhme.]

Massalski, K P

— Katechismus der Forstbotanik. Für Forstmänner u. Solche, die es werden wollen. Mit 40 in den Text gedr. Abbildungen (in Holzschn.) 8. (X u. 243 S.) Leipzig 852, Weber. n. ⅔ ℳ

Massalski, K. P., zwei Leutnants, s. Taschen-Bibliothek, russische.

Massar, Th., Kampf. Schauspiel in 5 Akten. (74 S.) 8. Leipzig-Gohlis 909. B. Volger. 1.—

de *Massarello*, P. G., Chrestomathia peguana, portuegezza. 8. Hamb. 810. Nestler. 1 ℳ 8 𝔤𝔯

Massarellos, G. de, Frawort, der Berggeist der südtiroler Alpen. Eine Legende der Kupfer-, Eisen- und Arsenikhaltigen Heilquellen des Bades Levico in Süd-Tirol. 8. (30 S. mit Illustr.) München 884, Th. Ackermann. *

—— das Bad Levico in Süd-Tirol und seine berühmten arsenikhaltigen Eisenquellen. Eine Skizze als Wegweiser für Leidende und Freunde alpiner Naturschönheiten. 8. (48 S. mit 12 Illustr.) Ebendas. 884. *

Massarellos, Fr. G. de, das Bad Levico in Süd-Tirol und seine berühmten kupfer-, eisen- und arsenikhaltigen Mineralquellen. Ein Wegweiser für Leidende und Freunde alpiner Naturschönheiten. 2. umgearb. Aufl. 8. (48 S. mit Illustr.) München 885, Th. Ackermann's Verlag. *

de Massarellos, (P. G.,) Tableau des principaux Pavillons actuellement en usage chez les Puissances maritimes, et des Cocardes de differens Etats. Elif. Form. Nürnberg 824, Campe.

Massarellus, Angelus, de concilio Tridentino diarium, s.: Concilium Tridentinum.

Massari, Ant., Ideen über die Reform der Universität. Nebst dem vom Collegium der Professoren der medizinisch-chirurgischen Studien der k. k. wiener Hochschule entworfenen und dem Ministerium des Unterrichts überreichten Plane einer zeitgemäßen Reform der österreich. Universitäten. gr. 8. (61 S.) Wien 848, (Hölzl.)

Massari, Jos., Cavour. Biographische Erinnerungen an Graf Camillo di Cavour. Vom Verf. und Verleger autoris. und mit Geschichtstabellen ausgestattete Uebersetzung von Ernst Bezold. Nebst einem einleit. Vorworte von Fr. v. Holtzendorff. gr. 8. (XXXII, 384 S. mit Cavour's Portr. in Stnt.) Leipzig 874, Barth.

—— Graf Cavour's Leben und Wirken. Aus dem Italien. mit zahlreichen histor. Erläuterungen und einem alphabet. Sachregister. Nebst einem Anhang: Cavour's Ende von Gräfin Alfieri. Vollständige deutsche Ausg. von Ed. Rüffer. gr. 8. (XXVIII, 563 S. mit Portr. in Stnt.) Jena 874, Costenoble.

Massart, Amédée, conservative Chirurgie, oder Entwickelung der Grundsätze und Mittel, die Amputation und Resection von Knochen zu vermeiden und die chirurg. Kunst mit der fortschreitenden Wissenschaft des Menschen, sowie mit der Civilisation und Humanität in Uebereinstimmung zu bringen. Eine von der königl. Academie Belgiens gekrönte Preisschrift. Deutsch bearb. von H. E. Flies. gr. 8. (XX und 302 S.) Weimar 855, Voigt. Thlr.

Massaruti, Felix, das durchbohrte Herz Jesu an das Herz der Ordensperson. 33 Betrachtungen zur Erneuerung des Geistes der Vollkommenheit. Aus dem Italien. der 2. verb. Ausg. von Frz. Schmid. 16. (332 S.) Brixen 886, Weger's Buchh. *

Massaruti, Fel. Das durchbohrte Herz Jesu an das Herz der Ordensperson. 33 Betrachtgn. zur Erneuerg. d. Geistes der Vollkommenheit. Aus dem Italien. der 2. verb. Aufl. v. Frz. Schmid. 2. Aufl. 12. (332 S. m. 1 Stahlst.) Brixen 890, Weger. * 1 20

Massarutti, Fel., S. J., das durchbohrte Herz Jesu an d. Herz d. Ordensperson. 33 Betrachtgn. zur Erneuerg. d. Geistes d. Vollkommenheit. Aus d. Ital. d. 2. verb. Ausg. v. Frz. Schmid. 3. Aufl. gr. 16. (332 S. m. 1 Stahlst.) Brixen 898. A. Weger. n. 1.20

Massarutti, Fel., S. J., das durchbohrte Herz Jesu an das Herz der Ordensperson. 33 Betrachtgn. zur Erneuerg. des Geistes der Vollkommenheit. Aus dem Ital. der 3. verb. Ausg. v. Frz. Schmid. 4. Aufl. (358 S. m. Titelbild.) 16. Brixen 907. A. Weger. 1.20

Massau, v., Gebetbuch für einen jeden frommen Christen, auf alle Fälle zu gebrauchen. 8. Berlin.

Massau, C. J., Predigten, nach seinem Tode herausgeg. 8. Leipz. Hilscher. (Compt. f. Litt.) 783.

Maß- u. Notizbuch, allgemeines, s. Schneider m. praktischen Vordrucken f. Maßnotirungen, sowie Notizblättern, nebst e. Anh., enth. 1 Anleitg. f. Calculation, 1 Rechnungstabelle, 1 Auszug der gesetzl. Bestimmgn. üb. Buchhaltg., 1 Anleitg. f. Fleckenreinigg., 1 Abriß üb. Fachliteratur, 1 Bezugsquellentafel 2c. gr. 16. (73 S.) Dresden 891. Exped. der Europ. Modenzeitg. Kart. n. — 60

Maßbuch für Herrenkleiderverfertiger, enth. das Maßnehmen, woraus das Zeichnen der Kleidungsstücke großer Arbeit hervorgeht und das gewöhnl. Maßnehmen für kleine Arbeit. 8. (106 S., wovon 94 lithogr.) Basel 849, Bureau für technische Literatur. *

Maßbuch f. Schuhmacher. 2. Aufl. 8. (VIII, 156 S.) Berlin (902). Rosenbaum & Hart. Geb. in Leinw. n. — 60

Maßbuch des Schuhmachermeisters. Mit einem Inseraten-Anhange, enth. Bezugsquellen für Schuhmacher. 12. (164 S.) Neudamm 886, Neumann. geb. **

Maßbuch des Schuhmachermeisters. 13. u. 14. Taus. 10. Aufl. 12. (164 S.) Neudamm 897. J. Neumann. Geb. in Leinw. n. — 80

— des Schuhmachermeisters... (Einbd.: Schuhmachermaßbuch.) (Ausg. A.) 11. Aufl. 15. u. 16. Taus. 12. (164 S.) Neudamm (902). J. Neumann. Geb. in Leinw. n. — 80

— dasselbe. (Ausg. B.) 12. Aufl. 12. (136 S.) Ebd. (902). Geb. in Wachstuch, 10 Stück n. 5. 25

— dasselbe. Kleine Ausg. (C.) 16. (122 S.) Ebd. (902). Geb. in Wachstuch, 25 Stück n. 6. 50

Masse u. Gewichte. Hrsg. v. der Lehrmittelsammelstelle Aussha. (1 Taf.) 99×69 cm. Wien (906). Allgem. öst. Lehrmittel-Anstalt. Mit Oesen n. 1. 20

— — die metrischen, (in graphischer Darstellung). Taf. in Farbendr. 78 × 105 cm. Freising 894. F. P. Datterer. n. 2. 50; m. Leinw.-Streifen u. Stäben n.n. 3. 50; auf Leinw. m Stäben n.n. 4. 50

Masse u. Gewichte, die metrischen. Wandtafel zum Unterricht in Volks-, Mittel- u. Bürgerschulen, Real- u. Lateinschulen etc. 100×100 cm. Stuttgart (900). K. G. Lutz. Auf Leinw. m. Stäben n. 4. —

Maße und Gewichte, die neuen, zum prakt. Gebrauche für Jedermann, nebst den wichtigsten Bestimmungen über das Material, die Form und Aichung der neuen Maße und Gewichte, nebst Anhang: eine Zinsenberechnungs-Tabelle bearb. von einem Sachverständigen. 16. (48 S.) Mohrungen 871, Rautenberg. *

Masse u. Gewichte f. das Deutsche Reich. Taf. in Farbendr. 118×58 cm. Leipzig 892. Leipziger Schulbilderverl., F. E. Wachsmuth. n. 2. —; Leinw.-Rand m. Oesen n.n.n. — 20

Massé, Arth., les plaisirs du jeudi. Promenades historiques dans les rues de Genève. Illustré de 20 vignettes (Holzschn.). 8. (202 S.) Basel 874, Georg. *

Massé, J., Epilepsie, Flechten und Scrofeln, drei angeblich unheilbare Krankheiten, ihre Behandlung und Heilung. Nach dem Französ. von J. Schwabe. 12. (XXIV und 845 S.) Weimar 859, Voigt. -

Masse, J. N., vollständ. Hand-Atlas der menschl. Anatomie. Deutsch bearb. von Friedr. Wilh. Assmann. 22 Lfgn. 8. (27 B. u. 112 Kpfr.) Leipzig 844, Brockhaus u. Avenarius. à Lfg. * 11¼ Ngr.; mit ill. Kpfrn. à * 17½ Ngr.; compl. * 8 Thlr. 7½ Ngr.; ill. *

Masse, J. N., vollständiger Hand-Atlas der menschlichen Anatomie. Deutsch bearb. v. Frdr. Wilh. Assmann. 2. verm. u. verb. Aufl. (In 15 Lfgn.) 1—5. Lfg. 8. (VIII S. u. S. 1—114 m. 37 Kpfrtaf.) Leipzig 852, Brockhaus. à n. ½ ₰) n. 2½ ₰ color. (à n. 22 ngr) n. 3⅔ ₰

Massé, J. N., vollständiger Hand-Atlas der menschlichen Anatomie. Deutsch bearb. von Friedr. Wilh. Assmann. Mit 112 Taf. 2. Aufl. 6—15. (letzte) Liefg. Leipzig 853, 54. Brockhaus. 8. (S. 115—422. u. 75 Kpfrtaf.) Jede Liefg. n. 15 ngr; color. n. 22 ngr

מסכת דרך ארץ זוטא (Massecheth Derech Erez Sutta.) Eine Samml. d. reinsten u. kernhaftesten Sitten- u. Anstandslehren d. ältesten Rabbinen, als e. würd. Anh. zu d. Sprüchen d. Väter (Pirke Aboth) u. als e. vortreffl. Sittenbüchlein f. d. israelit. Jugend. Hrsg. mit e. getreuen Uebersetz. u. erläut. Anmerkn. v. J. Harburger. gr. 8. (3½ B.) Bayreuth 839, (Seligsberg.)

Massei, Ferd., über das primäre Erysipel des Kehlkopfs. Uebers. von Vinc. Meyer. gr. 8. (62 S.) Berlin 886, Hirschwald. *

Massel, F., die Intubation des Kehlkopfes bei Kindern u. bei Erwachsenen. Deutsche Ausg. v. Eman. Fink. Lex.-8. (44 S. m. 24 Abbildgn.) Wien 893. F. Deuticke. n. 2. —

Massei, F. Pathologie u. Therapie d. Rachens, der Nasenhöhle u. d. Kehlkopfs m. Einschluss der rhinoskopischen u. laryngoskopischen Technik. Nach der 2. Aufl. ins Deutsche übertr. v. Eman. Fink. 2 Bde. gr. 8. Lpz., Felix. * 26 –
1 Rachen- u. Nasenhöhlen. In 2 Lfgn. [1. Lfg. (S. 1—240.) 892. * 7 – 2. Lfg. (VIII, S. 241—374 m. Abbildgn.) 892. * 5 –] * 12. –
2. Kehlkopf (VII, 490 S. m. Abbildgn. u. 1 Kpfrtaf.) 893. * 14 –

Massei, Gius., Leben Paolo Segneri's (aus d. Gesellsch. Jesu), des Predigerfürsten Italiens u. Missionärs. A. d. Italiän. übers. v. Frz. Jos. Schermer. 8. (14 B.) Regensburg 838, Manz.

Masselt, L. A., wie bewahrt sich der Amateur-Photograph vor Enttäuschungen? Ausgewählte Kapitel aus der photograph. Praxis f. fortgeschrittene Amateure. II Tl. des Leitfadens: „Wie lerne ich schnell gut photographieren". (64 S. m. Abbildgn.) 8. Berlin (908). W. Vobach & Co. Geb. in Leinw. 1. 20

Masselt, L. A., wie lerne ich schnell gut photographieren? (105 S. m. Abbildgn.) 8. Berlin (905). W. Vobach & Co. Geb. in Leinw. n. 1. 20

van der Maessen, Alex., üb. d. Nothwendigkeit d. Sorgfalt für Zahnfleisch u. Zähne. 8. Weimar 800. Hoffmann. 6 gr

— dasselbe. 8. Cassel 800. Luckhardt. 2 gr

— der Zahnarzt f. alle Stände. 8. Leipz. 802. N. Aufl. 806. Hinrichs. 8 gr

Massenaustritt, der, aus der Kirche, aufs neue beleuchtet v. Desiderius. gr. 8. (10 S.) Erfurt 890. (Kenser.) n. — 10

v. Massenbach, Aug. Ldw.; eine biographische Skizze seiner Schicksale, Anschuldigungen u. Vertheidigungsgründe. 8. Heidelb. 818. Oswald. 1 ₰ 8 gr

Massenbach, Christian Frh. v. Denkschrift seine Verweisung aus Heidelberg betreffend der teutschen Bundes-Versammlung überreicht am 12. Aug. 1817 Frankfurt Andreä [1817].

Der Obriste Christian v. Massenbach, biographische Skizze seiner Schicksale, Anschuldigungen und Vertheidigungsgründe. 8 s. l. December 1817. — 8 Heidelberg 1818

(Massenbach, v.) Nähere Beleuchtung des dem k. k. Obersten und Chef des Generalstabs, Freiherrn v. Mack, zugeschriebenen Operations-Plans für den Feldzug 1794 des österreichisch-französischen Krieges. Mit Plänen. (3 Bde.) 8. Berlin 1795.

(Massenbach, v.) Nähere Beleuchtung des dem K. K. Obersten v. Mack zugeschriebenen Operationsplanes für 1794. Bd 1—3. Berlin 1796—97 8°.

Massenbach, Frhr. v., s.: Koblenz, der Reg.-Bez.

— — Friedrichs des Großen Unterredungen mit mir im J 1782 Die Lage der Welt u. Preussens seit dem Tode Friedrichs d. Gr Zwey Fragmente aus den Rückerinnerungen an grosse Männer Amsterdam (ebd.) 1809. 8° (2 Mk. 50 Pfg. die vorige Firma, 1907)

von Massenbach, A. Frhr. [Referendar]: Die Collationspflicht der Enkel. Göttingen, Druck d. Univ.-Buchdr. v. W. F. Kaestner, 1891; 35 S. 8°
Göttingen, Jur. Fak., Inaug.-Diss. v. [21. Apr.] 1891

Massenbach, A. Frhr. v., die Collationspflicht der Enkel. Diss. gr. 8. (35 S.) Göttingen 891. (Vandenhoeck & Ruprecht.) n. 1 —

Massenbach, August Ludwig, s.a. M a s s e n b a c h , Christian

— s.a. Anfangsgründe d. Differential. 2c.

1784. * Anfangsgründe der Differenzial- und Integralrechnung, zum Gebrauch des Ingenieurs u. Artilleristen von einem preussischen Officier (*A. L.* von *Massenbach.*) Halle, Gebauer. 190 S. m. 2 Kupft. gr. 8.

— s. Anfangsgründe d. Mechanik.

v. Massenbach, Aug. Ldw., vollständiger Bericht von den Operationen d. Königl. Preuß. Armee, in dem Feldz. 1816 unter d. Befehlen des Fürsten n. Hohenlohe 2c. mit Situat. Chart. u. Planen. gr. 8. Hamb. u. Leipz. 808. histor. polit. milit. Institut (a. Sander in Berl.) 16 gr.

v. Massenbach, A. L. Ausführl. Beschreibung des Kriegsschauplatzes zw. Rhein, Nahe u. Mosel; nebst Betrachtungen über ein. merkwürd. Begebenheiten auf diesem Kriegsschauplatz 1793 u. 94. 2 St. 8. M. Pl. Berlin 1798—99. 19,50.

s. Beschreibung d. Kriegsschauplatzes.

— Betrachtungen über die Ereignisse d. Jahre 1805. und 1806, und neueste Aufschlüsse über den Feldzug von 1806. Ein Anhang zu dem ersten Bande der Lichtstrahlen. (siehe Lichtstrahlen.) 8. Frankf. und Leipz. (Sander in Berlin.) 808.

s. Bezaut üb. die Kugelbahn

—histor. Denkwürdigkeiten z. Geschichte d. Verfalls d. Preußischen Staats 2c. 2 Thle. Mit 4 Kart. u. Pl. 8. Amsterd. 809. (Brockhaus in Leipz.) 4 Rthl. ohne Kart. 2 Rthl. 12 gr.

— historische Denkwürdigkeiten zur Gesch. des Verfalls des preußischen Staates 2c. 2 Thle. m. Chart. 8. Amsterd. Kunst und Ind. Comt. 809.

ohne Chart.

—Erläuterungen einiger Punkte des Bombardier Prüßien. 4. Halle. 785. Gebauer. 9 gr.

—über Fürstenerziehung in repräsentativen Verfassungen. gr. 8. Heidelb. 1e u. 2e A. 817. Winter. 8 gr.

GALLERIE preußischer Charaktere. Aus der französischen Handschrift (des *August Ludw. Massenbach* u. *Paul Ferd. Friedr Buchholz*) übersetzt Germanien (Berlin, Sander) 1808 8° (Geh. 2 Rthl., Schweizerp. 2⅓ Rthl., Velinp. 2⅔ Rthl.)

Anon.-Lex. II p 136 (nach Forschungen z. Brandenb. u. Preussischen Geschichte 12,2, S. 257) — Weller nennt als Verf Joh. Wilh. L o m b a r d u. F F B u c h h o l z. — Daß *Friedrich Buchholz* der Verfasser ist, weist Franz S c h n o r r v o n C a r o l s f e l d in den Grenzboten II 1871 S. 417—420 nach. Vgl. auch Ludwig v O m p t e d a , Politischer Nachlass I, 362.

- s. Herrenschwand üb. d. Mittel 2c.

— Ideale, Mark Aurel und Sülly. gr. 8. Berlin, Himburg. (a. Hinrichs, Leipz.) 806.

—Ideale, Mark Aurel und Sülly. gr. 8. Berl. 806. Reimer. 18 gr.

—die Lage der Welt u. Preußens, seit dem Tode Friedrich d. Großen, (ein Fragment aus d. Rückerinnerungen 2c.) 8. Amsterd. 808. (Brockhaus in Leipz.) 12 gr.

— die Lage d. Welt und Preußens, seit d. Tode Friedrichs d. Großen, (e. Fragment a. d. Rückerinnerungen 2c.) 8. Amsterd. Kunst und Ind. Comt. 809.

— Lobrede auf Ferdinand, Herz. v. Braunschw. gr. 8. Berlin, Himburg. 806.

—Lobrede auf Ferdinand, Herz. v. Braunschweig. gr. 8. Berl. 806. (Reimer; auch Dyck in Leipz.) 10 gr.

v. Massenbach, Aug. Ldw., Lobrede auf Joh. Joach. von Ziethen. gr. 8. Berl. 805. (Reimer). 8 gr.

v. Massenbach, A. L. Mark Aurel 8 Berlin 1806.

—Memoiren z. Geschichte d. Preuß. Staaten unter d. Regierung Friedrich Wilhelm II. u. III. 3 Bde. Mit 20 Karten u. Pl. gr. 8. Amsterd. 809, 10. (Brockhaus in Leipz.) 6 Rthl.

Massenbach, August Ludwig von [Hrsg.], s. Militärische M o n a t s s c h r i f t , Teil 5

—Rede an d. Ständeversammlung Würtembergs an dem Tage ihrer gewaltsamen Auflösung d. 5. Juni 1817. 8. Jena 817. Cröker. 6 gr.

—Rückerinnerungen an große Männer. gr. 8. Amsterd. 808. (Brockhaus in Leipz.) 1 Rthl. 12 gr.

— — Dasselbe. 2 Thle. Hamburg 1808 8°. (In Rostock, Landesbibl.)

— Rückerinnerungen an große Männer. gr. 8. Ebend. 809.

kl. 8.

—drei Sendschreiben an d. Generallieut. v. Blücher u. v. Rüchel u. an d. geheimen Cabinetsrath Lombard; nebst dessen Erklär. üb. d. Buch: Gallerie Preuß. Charaktere. 8. Frankf. u. Leipz. 808. (Berl., Sander). 16 gr.

M a s s e n b a c h (Obrist) „Den Thronen, Pallästen und Hütten Teutschlands", 3 Hefte, Teutschland 1817 — Heft 1 „Was ist ein constitutionelles oder gesetzmässiges Fürsten- oder Königthum?" Heft 2: „Was für eine Stellung gebührt dem Adel in den neu zu constituirenden Staaten Teutschlands?" Heft 3 „Von der Verwaltung der Volkshülfsgelder in den neu zu constituirenden Staaten Teutschlands" — Vorh. Preuß. Staatsbibl. Berlin.

— — den Thronen, Palästen und Hütten Deutschlands. 3 Abtheil. Heidelberg, Mohr u. W. 817.

—den Thronen, Palästen u. Hütten Deutschlands. 3 Abthll. Heidelb. 817. Winter. 20 gr.

(Massenbach, A. L. v.) Übersicht der beyden merkwürdigen Feldzüge am Rhein 1795 und 1796. Deutschland (d. i. Berlin) 1797 8°

v. Massenbach, A. L. Uebersicht des merkwürdigen Feldzuges am Rhein 1796. 8. Deutschland. (Frankfurt a. M.) 1797.

(Massenbach, v) Kurze Uebersicht des Feldzuges im Jahre 1793 z w i s c h e n dem R h e i n und der S a a r.

8. Frankfurt und Leipzig 1793.

(v. Massenbach, A. L.) Kurze Uebersicht des Feldzuges am Rhein 1793 u. 94. 2 St. 8. Frankfurt u. Berlin 1795.

— Verf. e. Lobrede a. Joh. Joach. v. Ziethen. 8. Berlin, Una r. 805.

—zwei Vota in der Würtemb. Ständeverfassung. gr. 8. Heidelb. 817. Winter. 6 gr

Massenbachs, Freiherr C v., zwei Vota abgelegt in der Ständeversammlung Württembergs am 2 und 4. Juli 1847 nebst der darauf erfolgten ständischen Adresse an S. M. den König vom 4 Juni, und den königl. Auflösungsrescripten von eben diesem Tage Beigefügt sind noch: die Abstimmung des Freiherrn v Varnbüler, die des Repräs. Feuerlein und die Erklärung von 36 altwürttembergischen Repräsentanten Auszug aus dem 38 Heft der Verhandlungen der württemb. Ständeversammlung 1817
kl. 8. Stuttgart 1817.

Massenbach, Ch. K. A. L. v. Betrachtungen u. Aufschlüsse über die Ereignisse der Jahre 1805 und 1806. Frankfurt 1808. 206 S.

Massenbach, Christian, s.a. Massenbach, August Ludwig

Historische Denkwürdigkeiten zur Geschichte des Verfalls des preussischen Staats seit dem Jahre 1794 nebst seinem Tagebuche über den Feldzug von 1806. Von [Christian] von Massenbach. In zwei Theilen. Mit 4 Situationskarten und Plänen. Amsterdam. 1809. 8°

Massenbach, C. v., über Fürstenregierungen in repräsentativen Verfassungen. 2te Aufl. gr. 8. Heidelberg, Mohr u. W. 817. *

Massenbach, (Christian von). An alle teutsche Männer. Schreiben (1), 2. Teutschland 1817. 30, 55 S. 8.

— — an alle deutsche Männer. 2te Aufl. gr. 8. Heidelberg, Mohr u. W. 817.

—an alle deutsche Männer. 2e Aufl. gr. 8. Heidelb. 817. Winter. 6 gr, 2s Heft. gr. 8. Ebd. 817. 8 gr.

Memoiren über meine Verhältnisse zum preussischen Staat und insbesondere zum Herzoge von Braunschweig. Von [Christian] von Massenbach. Bd. 1–3. Mit 3 Plänen und 1 Karte. Amsterdam. 1809.
Beim Erscheinen des 2. Bandes wurde der Titel umgeändert in
Memoiren zur Geschichte des preussischen Staats unter den Regierungen Friedrich Wilhelm II und Friedrich Wilhelm III. Bd. 1–3. Amsterdam. 1809. 8°

v Massenbach, Christ. Rückerinnerungen an grosse Männer. 8. Leipzig 1817

— Drei Sendschreiben an die Herren Generallieutenants von Blücher und von Rüchel und an den Geheimen Cabinetsrath Herrn Lombard. Nebst Erklärung über das Buch: Gallerie Preußischer Charaktere. Frankfurt und Leipzig 1808. 143 u. 32 S. 8.

a Massenbach, (Car. Frid.) Edm. (geb. Potsdam 24. 8. 1828). De processus vermicularis perforatione. Berolini (1853). (54 S.) 8°
Berlin. Med. Diss. v. 12. Apr. 1853

Massenbach, Edm. v., die Verbreitung der Aerzte und Apotheker im preußischen Staate nebst Hinweisung auf einige Mängel des preuß. Medicinalwesens. gr. 8. (IV und 168 S. mit 1 Tab. in qu. gr. Fol.) Leipzig 860, C. F. Winter'sche Verlagsh. *

Massenbach, Edm. v., die Visitationen der Apotheken und Droguen-Handlungen. Zusammenstellung der darüber in Preussen gelt. Gesetze und allgemeinen Verordnungen. gr. 4. (70 S.) Sigmaringen 872, (Liebner.) *

Massenbach, Frz. Frhr. v., s.a. Gemmingen v. Massenbach.

Massenbach, F. Frh. v. Deutschland und seine Nachbarstaaten. Ein Beitrag zur Militärgeographie Mitteleuropas. München 1861. 357 S.

Massenbach, Frz. Gemmingen v., Elemente der Befestigung im Allgemeinen und der Feldbefestigung insbesondere. Ein Leitfaden für den Unterricht. gr. 8. (VIII und 88 S. mit 3 Stnt. in qu. gr. 4.) München 855, Literarisch-artistische Anstalt. *
— — 2. Aufl. 1865.

Massenbach, F. Frh. v. Leistungsfähigkeit des k. b. Kriegsbrückenmateriales. (Lith.) München 1854. 18 S. 4°

v. Massenbach, F. Gemmingen. Leitfaden für den Vortrag des Pionierkurses. (216) 8. M. 3 Figurentfln. u. 3 Tab. München 1857. 3,60

(Massenbach, F. Gemmingen Frhr v.) Ursachen und Wirkungen der bayer. Kriegführung im Feldzuge 1866. München 1866. 8°

Maßl, (Frz.) Xav., Fest- und Gelegenheits-Predigten. 2. Thl. A. u. d. T.: Patroziniums-, Kirchweih- und Aerndte-Dankfest-Predigten. 2., durchgeseh. Aufl. gr. 8. (VII und 420 S.) Schaffhausen 857, Hurter'sche Buchh.

—— dass. — 3. Thl. A. u. d. T.: Bruderschafts- und Geschichts-Predigten vermischten Inhalts, Trauer- und Grabreden. 2. Aufl. gr. 8. (VII und 647 S.) Ebendas. 861.
1. Thl. 2. Aufl. Ebendas. 1853. 1 Thlr. 18 Ngr.

—— der Kreuzweg des Herrn in seinen Geheimnissen und lehrreichen Anwendungen, mit Rücksicht auf unsere Zeitverhältnisse in Abendandachts-Kanzelvorträgen. I—III. (Heft.) 2., durchgeseh. Aufl. gr. 8. Schaffhausen, Hurter'sche Buchh. à Heft * 10 Ngr. *

Inhalt:

Heft 1. Die Verurtheilung Jesu zum Tode. Sieben Abendandachts-Kanzelvorträge. (XII und 123 S.) 858.
" 2. Die Ausführung Jesu zur Kreuzigung. Sieben Abendandachts-Kanzelvorträge. (VIII und 124 S.) 859.
" 3. Die Kreuzigung Jesu. Sieben Abendandachts-Kanzelvorträge. (XVIII und 120 S.) 860.

—— Kurz und gut in Frühlehren für die Festtage des katholischen Kirchenjahres. Hrsg. von einem Priester in der Diözese Regensburg. 8. (VIII und 492 S.) Regensburg 857, Manz.

—— Kurz und gut in Frühlehren auf die Sonn- und Festtage des kathol. Kirchenjahres. 1. Bd. A. u. d. T.: Kurz und gut über die sonntäglichen Evangelien des ganzen Jahres. Frühlehren. 3. Aufl. 8. (XII und 478 S.) Regensburg 858, Manz. Thlr.

Massenbach [Pinne], Geo. Frhr. v., praktische Anleitung zur Rimpau'schen Moordammcultur. gr. 8. (30 S. mit 11 eingedr. Abbild.) Berlin 883, Parey. *
Vergriffen.

Massenbach, Geo. Frhr. v., praktische Anleitung zur Rimpau'schen Moordammkultur. 2. durchgeseh. Aufl. gr. 8. (31 S. mit 11 Textabbild.) Berlin 887, Parey. *

Massenbach, Geo. Frh. v., praktische Anleitung zur Rimpauschen Moordammkultur. 3., durchgeseh. Aufl. von Karl Frhrn. v. Massenbach. (39 S. m. 11 Abbildgn.) gr. 8. Berlin 904. P. Parey. n. 1.—

Massenbach, Frhr. Geo. v., s. Aus dem Leben 2c.

Massenbach, H. Frh. v., Geschichte der reichsunmittelbaren Herren und des kurpfälzischen Lehens von Massenbach 1140—1806. Als Manuscript gedruckt. Mit 4 Tfln. Stuttgart. 1891. 8. Nicht im Handel

Massenbach, Frhr. Herm. v., Amberg u. Würzburg 1796. Ein Säkulär-Beitrag zur Kriegsgeschichte. gr. 8. (III, 126 S. m. 4 Plan-Skizzen.) München 896. Th. Ackermann. n. 2. 40

Massenbach, Hilmar Freiherr von: Das Recht des Schecks nach dem Gesetz vom 11. März 1908. Düsseldorf 1908: Voß. XIV, 139 S. 8°
Würzburg, Jur. Diss. v. 26. Okt. 1908, Ref. Mayer
[Geb. 17 Sept. 77 Düsseldorf; Wohnort: Cöln; Staatsangeh.: Preußen; Vorbildung: Gymn. Düsseldorf Reife O. 96; Studium: Freiburg i. B. 1, München 1, Leipzig 2, Bonn 2 S.; Rig. 20. Juli 08.] [U 09. 4069

Massenbach, M. v., Schicksal. Dramat. Dichtg. (25 S.) 8. Leipzig 906. Modernes Verlagsbureau. n. 1. —

Massenet, Jules

Massenet, J., der Cid (Oper), s. D'Ennery, Ad., L. Gallet und Ed. Blau.

Der Gaukler unsrer lieben Frau [Le jongleur de Notre Dame]. Mirakel in 3 Akten. Dichtung von Maurice Léna, Musik von J[ules] **Massenet**. Deutsch von Henriette Marion. [Text.] *Paris. Hengel & Cie; Berlin, Köln, Leipzig A. Ahn 1894* (31 S.) 8°
— **Operntext-Bibliothek**, Ahns. No 86. [03. 12444

Der Gaukler unserer lieben Frau [Le jongleur de Notre Dame]. Mirakel in 3 Akten. Dichtung von Maurice Léna. Musik von J[ules] **Massenet**. Deutsch von Henriette Marion. Klavierausz
Paris Hengel & Cie 1902 (160 S.) 4°

Massenet, J, das Glockenspiel [Le carillon]. Ballet in e. Aufzuge v. C. de Roddaz u. E. van Dyck. Musik v. J M. 12. (16 S.) Wien 892. A. W. Künast. n — 40

Griseldis Oper in 3 Akten u. e Vorspiel von Armand Sylvestre u. Eugen Morand. Musik von M. [Jules] **Massenet**. Deutsch von Alex Ehrenfeld. Berlin, Köln, Leipzig. A. Ahn [1904] (40 S.) 8°
= Operntext-Bibliothek, Ahns. No 104

—— **Herodias (Oper), s. Milliet, P., und H. Gremont.**

Massenet, J., der König von Lahore, s. Gallet, L.

Das Mädchen von Navarra [La Navarraise]. Lyrische Episode in 2 Akten. Dichtung von J[ules] Claretie u. H[enri] Cain. Musik von J[ules] **Massenet**. Deutsch von Max Kalbeck. [Text.] *Paris: Heugel & Cie; Berlin, Köln, Leipzig: A. Ahn 1894.* (29 S.) 8°
— **Operntext-Bibliothek**, Ahns. No 87.

—— **Manon (Oper), s. Meilhac, Henri, und Phpp. Gille.**

Don Quichotte. Komische Oper in 5 Akten. Dichtung von Henry Cain, deutsch von Ernst Huldschinsky. Musik von J[ules] **Massenet**. [Textbuch.] Bonn, Cöln [usw.]: Ahn 1910. 39 S. 8°
Ahns Text-Bibliothek. Nr 151.) [11. 11598

—— Werther. Lyr. Drama in 3 Acten u. 4 Bildern (nach Goethe) v. Ed. Blau, Paul Milliet u. Georges Hartmann. Für die deutsche Bühne übertr. v. Max Kalbeck. Musik v. J. M. kl. 8. (54 S.) Berl. 892. (Fürstner.) * — 50

Massenez, J: Zur Klassifikation von Eisen und Stahl. Berlin 1878

Massenez, J., Mitteilungen über den Entphosphorungsprozeß im Konverter. Dortmund, o. J. 30 S.

Massenez, Karl

Massenez, Carl, a. Cöln a. Rh.: Ueber die Darstellung von Ozon durch Elektrolyse. (Berlin 1906: E. Ebering.) (66 S.) 8°
Berlin, Phil. Fak., Ref. Fischer, Diss. v. 4. Aug. 1906
[Geb. 27 Juni 83 Cöln a. Rh., Wohnort: Cöln; Staatsangeh.: Preußen; Vorbildung: Gymn. Cöln Reife O. 02. Studium München 5, Berlin 3 S.; Rig. 23. Juli 06.]

Massenheere. Wie operiren die heutigen Massenheere? Zur Orientirg. auch f. Laien v. F. R... . gr. 8. (30 S.) Berlin 893. H. Peters. n. — 60

Massenmord, e., um Jesu willen. Eine herzergreifende Erzählg. nach Matth. 2, 16. [Aus: „Gemeinschaftsblatt" u. „Stadtmissionar".] 1.—4. Aufl. gr. 8. (18 S.) Emden 887—889. Gerhard. n. — 12

Massenmord, der, der heutigen Schlachten, e. unverantwortliches, weil vermeidbares Hindernis des Sieges. Ein Beitrag zur Beurteilg. der Militär-Vorlage. Von Hauptmann a. D. ***. (39 S.) gr. 8. Stuttgart 905. [Nationaler Verlag.] Berlin. I. Singer & Co. — 40

Massenstreik, der politische, u. die Sozialdemokratie, s.a. **Agitations-Bibliothek, sozialdemokratische. V.**

Der politische **Massenstreik** und die Sozialdemokratie. Berlin: Vorwärts (1906). (63 S.) 8° [F.]
Aus. Verhandlungen auf d. Parteitage in Jena.
— **Agitations-Bibliothek**, Sozialdemokratische. 8. [06. 1309

Massentafeln z. Bestimmung des Inhalts d. vorzüglichsten teutschen Waldbäume aus d. Durchmesser auf Brusthöhe u. d. ganzen Länge, nebst Beschreibung des bei Ausarbeitung d. Tafeln eingehaltenen Verfahrens u. Zusammenstellung der denselben z. Grunde liegenden Reductionsfactoren f. die verschiedenen Alters-Durchmesser u. Höhenklassen. Bearb. im Forst-Einrichtungs-Bureau d. k. bayer. Finanzministeriums. kl. Fol. (12½ B.) München 846, Palm's Verl. *

Masser, Frz., s.: **Erbfolge-Krieg,** österreich.

Masser, Wilhelm, Rechtsprakt. a. Würzburg: Der § 9 des Depotgesetzes (Gesetz betreffend die Pflichten der Kaufleute bei Aufbewahrung fremder Wertpapiere vom 5. Juli 1896). Würzburg 1906: Drescher & Reichart (54 S.) 8°
Würzburg, Jur. Fak., Ref. Oetker, Diss. v. 8. Febr. 1906
[Geb. 12. Juli 81 Würzburg; Wohnort: Würzburg; Staatsangeh.: Bayern; Vorbildung: Altes Gymn Würzburg Reife Juli 00; Studium: Würzburg 6, Berlin 1 S.; Rig. 20. Dez. 05.]

Masserano, J. M. Lebensbeschreib. und Wunder Pater Leonhards.

Masserberg, s.: **Geologische Karten.** Karte (Preussen).

Masserell, Georg (Mainz)
Das Hygrom der bursa subdeltoidea.
Giessen: W. Keller 1864. 22 S. (in Δ mit „Thesen")
Diss. med. 20.12.1864. vorh. 26. 7. Δ.

Masseusen-Unwesen, das, in Berlin. Von Castor & Pollux. gr. 8. (12 S.) Berlin 899. Dr. R. Wrede. n. 1. —

Massey, C., God save the Queen. Für die erste Schullektüre geschrieben v. M. u. hrsg. v. L. Fries. Mit e. Plan v. London. 8. (VI, 140 S.) Leipzig (898). P. Spindler. Geb. n.n. 1.40; Wörterbuch (51 S.) n. — 40

Massey, C., God save the Queen. Für die erste Schullektüre geschrieben v. M. u. hrsg. v. L. Fries. Mit e. Plan v. London. 3. Aufl. (VI, 140 S.) 8. Leipzig (903). O. R. Reisland. Geb. n.n. 1. 40; Wörterbuch (51 S.) n. — 40

Massey, C., s.: Methode Schliemann zur Erlernung der englischen Sprache.

— **in the struggle of life.** Ein Lesestoff zur Einführg. in die Lebensverhältnisse u. in die Umgangssprache des engl. Volkes. Für den Schulgebrauch bearb. v. Alb. Harnisch. Mit e. Anh.: Englisches Leben, Bemerkgn. üb. Land u. Leute. 8. (VII, 111 S.) Leipzig 892. P. Spindler. Kart. n. 1. —; Wörterbuch (32 S.) n. — 25

— **in the struggle of life.** Ein Lesestoff zur Einführg. in die Lebensverhältnisse u. in die Umgangssprache des engl. Volkes. Für den Schulgebrauch bearb. von Alb. Harnisch. Mit e. Anh.: Englisches Leben, Bemerkgn. über Land u. Leute u. 1 Plan von London. 5. Aufl. 8. (VII, 133 S.) Leipzig 902. P. Spindler. Geb. n. 1.50; Wörterbuch. (32 S.) n. — 30

— **in the struggle of life.** Ein Lesestoff zur Einführg. in die Lebensverhältnisse u. in die Umgangssprache des engl. Volkes. Für den Schulgebrauch bearb. v. Alb. Harnisch. Mit e. Anh.: Englisches Leben, Bemerkgn. üb. Land u. Leute u. 1 Plan v. London. 6. m. der 5. übereinstimm. Aufl. (VII, 133 S.) 8. Leipzig 903. O. R. Reisland. Geb. n. 1.50; Wörterbuch. (32 S.) n. — 30

Massey, C., in the struggle of life. Ein Lesestoff zur Einführg. in die Lebensverhältnisse u. die Umgangssprache des engl. Volkes. Für den Schulgebrauch bearb. v. Alb. Harnisch. Mit e. Anh.: Engl. Leben, Bemerkgn. üb. Land u. Leute u. 1 (farb.) Plan von London. 9. Aufl. (VIII, 136 S.) 8. Leipzig 909. O. R. Reisland. Geb. 1.50; Wörterbuch (32 S.) — 30

Massfeller, August: Einige mathematische Aufgaben aus dem Unterrichtsstoffe der Obersecunda und Prima des Gymnasiums. *Montabaur (1901): G. Sauerborn.* (S. 3—12.) 4° [Ant. u. J.]
Montabaur, Kaiser Wilhelms G, OP 1901 (433)

Masslas, Friedr., die deutschen Versicherungsanstalten und ihre Mängel. Für Land- und Hauswirthe, Verwaltungs- und Versicherungsbeamte, Kammermitglieder rc. 8. (100 S.) Leipzig 864, Wilfferodt. *

Massias, N., der Gefangene in Spanien, od. Blicke auf die Provinzen Catalonien u. Granada; aus d. Französ. 2 Thle. 8. Zurich 799. Ziegler u. S. 20 gr

Massig, Paul, Schlachthofdirektor in Erfurt: Aus dem physiologischen und histologischen Institut der tierärztlichen Hochschule zu Dresden. Geh. Med.-Rat Prof. Dr. Ellenberger. Ueber die Verbreitung des Muskel- und elastischen Gewebes und speziell über den Verlauf der Muskelfasern in der Wand der Wiederkäuermägen. (Erfurt [1907]: Bussjäger.) (50 S.) 8°
Gießen, Veterinär-Med. Koll., Ref. Martin, Diss. v. 1. Juni 1907
[Geb. 17. Mai 65 Summin (Kr. Pr.-Stargard); Wohnort: Erfurt; Staatsangeh.: Preußen; Vorbildung: Realgymn. Elbing Reife M. 85; Studium: Roßarztschule Berlin 7 S.; Rig. 28. Juli 06.]

Mäßigkeit, die. Zeitschrift zur Aufklärg. üb. den Alkohol u. zur Verhütg. e. ungesunden Lebensweise. Organ f. die kathol. Mäßigkeitsbewegg. in Süddeutschland. Red.: Dan. Ochs. 1. Jahrg. März 1899—Febr. 1900. 26 Nrn. gr. 8. (à ca. 8 S.) Stuttgart, Süddeutsche Verlagsbuchh. n. 1.20

Aus unserer **Mässigkeitsarbeit.** Gesammelte Vorträge v. [Johannes] Bockendahl, [Carl] Boie u. a. hrgg. v. Kieler Ortsverein gegen den Missbrauch geistiger Getränke. Kiel. (1896—97.) 8°.

[J.] Aus unserer **Mässigkeitsarbeit.** Gesammelte Vorträge von Bockendahl, Boie, Dannmeier, Lesser, Lund, Meyer, Peters, Stubbe u. A hrsg v. Kieler Ortsverein gegen d. Missbrauch geistiger Getränke. (Vorr [Christian] Stubbe.) *Kiel: Kommiss. v. Lipsius & Tischer, Dr. v. Chr. Donath [1897]* (2 Bl., 16, 19, 28, 16, 48 S.) 1 Bd 8. 97. 9.85 K

Mässigkeitsbewegung in Deutschland seit 1882. Bremen 1890.

Mäßigkeitsblätter

s. a.: Mitteilungen.

Mässigkeitsblätter. Mittheilungen des Deutschen Vereins gegen den Missbrauch geistiger Getränke. Hrsg. von Dr. W. Bode. 1. — 12. Jhrg. 1884 — 1895 à 12 Nrn. gr. 8°. Hildesheim, Gerstenberg in Komm.

Mäßigkeits-Blätter. Mitteilgn. d. deutschen Vereins gegen d. Mißbrauch geist. Getränke. Hrsg. v. W. Bode. 13.—15. Jahrg. 1896 – 1898. à 12 Nrn. (à ca. 1 Bog.) gr. 8. Hildesheim, Mäßigkeits-Verlag. à Jahrg. n. 2. —

Mäßigkeits-Blätter. Mitteilungen des deutschen Vereins gegen den Mißbrauch geist. Getränke. Hrsg. v. Ernst Just. 16.—19. Jahrg. 1899—1902. à 12 Nrn. gr. 8. (à ca. 16 S.) Hildesheim. Berlin, Mäßigkeits-Verlag. à Jahrg. 2. —
Der 16. Jahrg. ist v. W. Bode redigiert.

Mäßigkeits-Blätter. Mitteilungen des deutschen Vereins gegen den Mißbrauch geist. Getränke (E. V.). Schriftleiter: J. Gonser. 20.—23. Jahrg. 1903—1906. à 12 Nrn. (IV, 200; IV, 196; IV, 196 u. IV, 212 S.) gr. 8. Berlin, Mäßigkeits-Verlag. à Jhrg. n. 2. —

Mäßigkeits-Blätter. Mitteilungen des deutschen Vereins gegen den Mißbrauch geist. Getränke (E. V.). Schriftleiter: J. Gonser. 24.—27. Jahrg. 1907—1910. à 12 Nrn. (IV, 216; IV, 200; IV, 204 u. IV, 192 S.) 8. Berlin, Mäßigkeits-Verlag. à Jahrg. 2. —

— **katholische**, zur Förderung der Mäßigkeitsbestrebgn. im katholischen Deutschland. Hrsg. vom Vorstand des Charitasverbandes für das kathol. Deutschland. Beilage zur „Charitas“. Red.: L. Werthmann. Jahrg. 1899—1902. à 6 Nrn. gr. 8. (à ca. 8 S.) Freiburg i/B., Geschäftsstelle des Charitas-Verbandes f. das kathol. Deutschland. à Jahrg. n. — 50

— **katholische**, zur Förderung der Mäßigkeitsbestrebungen im katholischen Deutschland. Hrsg. vom Vorstand des Charitasverbandes f. das kathol. Deutschland. Beilage zur „Charitas“. Red.: Frz. Keller. Jahrg. 1903 u. 1904. à 6 Nrn. (à ca. 8 S.) Lex.-8. Freiburg i/B., Geschäftsstelle des Charitas-Verbandes. à Jhrg. n. — 50
Fortsetzg., s.: Rundschau in der Alkoholfrage.

Mäßigkeits-Fibel, neue, f. alte Mädchen u. Knaben, die in d. Jugend nicht gelernt haben; doch auch f. Kinder nebenbei, damit sie vielen nützlich sei. Zu Nutz u. Frommen m. 34 Bildern geschmückt. 8. (3 B.) Hannover 845, Hahn'sche Hofbuchh. (Berlin, J. A. Wohlgemuth, Verl.) *

Mäßigkeitsfreund. Hrsg. und redig. von E. Gebhardt. 2.—5. Jahrg. 1885—1888. à Jahrg. 12 Nrn. (à Nr. ½ Bog.) gr. 4. Bremen, Verlag des Tractathauses. à Jahrg.
Der 1. Jahrg. erschien u. d. T.: Freiheits-Posaune, die. — Vgl. XVII. Bd. 1. Abthl. S. 462.

Mäßigkeitsfreund. Hrsg. u. redig. v. E. Gebhardt. 6.—9. Jahrg. 1889—1892. à Jahrg. 12 Nrn. (à Nr. ½ Bog.) gr. 4. Brem., Verlag d. Tractathauses. à Jahrg. - 60

Mäßigkeitsfreund. Erste deutsch-europ., christl. Zeitschrift m. dem Grundsatz gänzl. Enthaltsamkeit v. allen berausch. Getränken Hrsg. u. red. v. E. Gebhardt. 8.—11. Jahrg. 1891—1894. à 12 Nrn. (½ Bog.) gr. 4. Bremen, Verlag d. Tractathauses. à Jahrg. n. — 60

Mäßigkeitsfreund. Erste deutsch-europ., christl. Zeitschrift m. d. Grundsatz gänzl. Enthaltsamkeit v. allen berausch. Getränken. Hrsg. u. red. v. E. Gebhardt. 12.—15. Jahrg. 1895—1898. à 12 Nrn. (à 4 S.) gr. 4. Bremen, Verlag d. Tractathauses. à Jahrg. — 60

Mäßigkeitsfreund. Erste deutsch-europ. christl. Zeitschrift m. dem Grundsatz gänzl. Enthaltsamkeit v. allen berausch. Getränken. Hrsg. u. Red.: A. J. Bucher. 16.—19. Jahrg. 1899—1902. à 12 Nrn. gr. 4. (à ca. 4 S.) Bremen, Verlag des Tractathauses. à Jahrg. n.n. — 60

Mäßigkeitsfreund. Erste deutsch-europ., christl. Zeitschrift m. dem Grundsatz gänzl. Enthaltsamkeit v. allen berausch. Getränken. Hrsg. u. Red.: A. J. Bucher 20. bis 23. Jahrg. 1903—1906. à 12 Nrn. (à 4 S.) gr. 4. Bremen, Buchh. u. Verlag des Tractathauses. 1903. 1904 à n.n. — 60; 1905 n.n. — 50 u. 1906 n. — 75

Mäßigkeitsfreund. Erste deutsch-europ., christl. Zeitschrift m. dem Grundsatz gänzl. Enthaltsamkeit v. allen berausch. Getränken. Hrsg. u. Red.: A. J. Bucher. 24. Jahrg. 1907. 12 Nrn. (à 4 S.) Lex. 8. Bremen, Buchh. u. Verlag des Traktathauses. — 75
Fortsetzg., s.: Abstinent, der christliche.

Mäßigkeitsgesellschaften, die. 8. Nürnberg 838, Raw'sche Buchh.

Der Mässigkeits-Herold. Band 1—3, no 8, Apr 1835–Nov 1837
Monthly Motto „Gänzliche Enthaltsamkeit von allen berauschenden Getränken ist das einzige unfehlbare Mittel gegen Trunkenheit.“ Quarto, each issue 8 pages, illustrated, including cartoons. Editor's name not found. Printed by J. G. Wesselhöft, Apr 1835–Mar 1836, by Schelly & Lescher Apr–Sept 1836, by Edmund P. Schelly Oct 1836–Nov 1837
Philadelphia, PA

Mäßigkeits-Herold, der, hrsg. von d. ausübenden Committee d. Pensylvan. Mäßigkeits-Gesellschaft. 1. Bd. 12 Nrn. (Bog.) Mit Vign. gr. 4. Philadelphia 835. (Bremen, Kaiser.) *

Mäßigkeits-Herold, der, f. die preuß. Staaten. 5. Jahrg. 1845. Redact.: La Roche. 12 Nrn. (Bog.) Mit Beilagen. gr. 4. Posen. Berlin, J. A. Wohlgemuth, Berl. *
1—4. Jahrg.? Fortsetzung s. Generalblatt f. die Mäßigkeits-Reform in Deutschland.

Mäßigkeits-Journal f. Deutschland. Hrsg. v. E. Schmaltz. 1. Hft. gr. 12. (1 B.) Leipzig 837, [Schmaltz.]

Mäßigkeits-Journal für Deutschland (Heft 1) „Freund, lieber Mann, guter Sohn' hör' auf zu trinken!“ oder über die großen Nachtheile, selbst des mäßigen Trinkens spirituöser Getränke, nebst den Mitteln, sich und seine Nebenmenschen von diesem großen Uebel zu befreien. Ueber die Mäßigkeitsvereine und über Familienmäßigkeitsgesellschaften. Herausg. von E. Schmaltz. gr 12 Leipzig 1837 Schmidt.

—— dass. — Hrsg. v. dems. 2—13. Hft. 8. (...) Quedlinburg 837—39, Basse. [2—12. à ⅛ Thlr., 13. ⅙ Thlr.]
Vgl. Centralblatt f. Mäßigkeitsangelegenheiten ꝛc. (I—V. ist mit dem 2—7. Hfte. des vorsteh. gleich. — VI—IX. od. des obigen 8—11. Hft. vgl. Organ d. Mäßigkeitsvereine.)

– dass. 13s Heft Nachrichten über Entstehung, Hindernisse u Fortgang d Enthaltsamkeits- u Mäßigkeitsvereine im Königl. Preuß. Regierungsbezirk Erfurt 8 Quedlinburg 1839 Basse 2s u 4s – 7s Heft, s. Central-Blatt f d. Mäßigkeits-Angelegenheit in Deutschland 8s–13s Heft, s. Organ der deutschen Mäßigkeits-Vereine

Deutscher Mässigkeits-Calender 1836 ?
Published by Georg W. Mentz und Sohn. One of the few German publications devoted to temperance specifically
Philadelphia, PA

Mäßigkeits-Lieder, hildesheimsche. 1. Hft. 3. Aufl. 2. u. 3. Hft. 2. Aufl. 8. (3 B.) Hildesheim 845, Gerstenberg'sche Buchh.

Mäßigkeits-Schriften, Berliner. Nr. 1—9. Berlin, Elsner, (L. Wohlgemuth.) 5 ℳ

Mäßigkeitsverein

—— der, Memorabilien f. Unmäßige u. Nüchterne. 1. Hft. gr. 12. (3½ B.) Berlin 840, Burmeister. (?)

Mässigkeitsverein (Der) in allen seinen Beziehungen. 8⁰. Riga, Götschel, 1840.

Mäßigkeitsverein, der, und die evangel. Geistlichen. Als provocirtes Gutachten eines evangel.-protest.-luther. Predigers. gr. 8. Kiel 844, Bünsow. ⅛ ℳ

Mäßigkeitsverein, der, u. die evangel. Geistlichen. Als provocirtes Gutachten ein. evang.-protest.-luther. Predigers. gr. 8. (2 B.) Kiel 844. [Naeck.]

Mässigkeitsverein, Unser. Seine Ziele, Organisation und Grundsätze nebst einigen Notizen über die Trunksucht und das Wirthshausleben. Bern 1884. V: *Lauterburg-Jäggi, G.* (BSchwLk V, 9 j)

Mässigkeitsverein, unser. Seine Ziele, Organisation und Grundsätze nebst einigen Notizen über die Trunksucht und das Wirthshausleben. In-8⁰, 16 S. Bern, K. J. Wyss. 1893. — 10

Mäßigkeitsvereine, die, s.a. Wochenbände.

Mässigkeitsvereine. Aus dem Engl. von Kottenkamp. 8⁰. Stuttgart 1846.

Mäßigkeits-Vereine, die oldenburgischen, an das Publikum. 8. (1½ B.) Oldenburg 843, Stalling.

Mäßigkeits-Zeitung. Hrsg. v. d. Comité d. Mäßigkeits-Vereins in Stade. 1—3. Jahrg. 1840—42. à 12 Nrn. (Bog.) gr. 4. Stade. (Hamburg, Niemeyer.) à J. *

—— Ostfriesische, 1. Jahrg. 1841. Oct. ꝛc. 12 Nrn. (Bog.) 4. Leer, (Prätorius u. Seyde.) *

Massillon, das Ablaß-Jubiläum. Predigt. Hrsg. von St. M. A. Franke. gr. 8. (15 S.) Berlin 852, (Stuhr'sche Buchh.) *

—— das Ablaß-Jubiläum. Predigt. Im Hinblick auf die gegenwärtige Jubiläumsfeier neu wieder hrsg. von St. M. A. Franke. 2. Aufl. gr. 8. (16 S.) Villingen 854, Förderer.

Masillon, Jean Baptiste

Massillon. Petit Carême, 1 vol. in-18. Paris, Didot. (Leips. Fr. Fleischer.)
(papier fin, 12 Gr. papier vélin, 1 Thlr. format in-12., papier vélin, 1 Thlr. 8 Gr.)

—Denkwürdigkt. der Minderjährigk. Ludwig XV.; a. d. Französ. 8. Greiz 794. Henning. 18 gr

MASSILLON (JEAN BAPTISTE): Fastenpredigt, welche vor dem Könige in Frankreich Ludwig dem Funfzehnten gehalten wurde. Aus dem Französischen übersetzt. Pressburg 1764. Bey Joh. Mich. Landerer. 37 S. 1 t. - 8°

Massillon, Joh. Bapt., zwölf auserles. Fastenpredigten, als Muster d. Kanzelberedsamkeit. A. d. Franz. neu übers. v. Joh. Geo. Pfister. 2., unveränd. Aufl. 830. 18 Gr., u. neue, unveränd. Ausg. Mit M's. Portr. (à 18½ B.) 8. Würzburg 834, [Etlinger'sche Brlsh.]

— zwölf auserlesene Fastenpredigten, als Muster der Kanzelberedsamkeit. Aus d. Franz. neu übersetzt v. Joh. Georg Pfister. Neue unveränd. Ausg. Mit Massillon's Portrait. 8. Würzburg 835. Etlinger'sche Verlagsbuchh. ⅔ rthl

—— zwölf auserles. Fastenpredigten (Petit-Carême) als Muster d. Kanzelberedsamkeit. A. d. Franz. neu übers. v. J. G. Pfister. 3., verb. Aufl. 8. (17 B.) Würzburg 841, Etlinger'sche Brlsh.

Massillon's, J. B., zwölf auserlesene Fastenpredigten als Muster der Kanzelberedsamkeit. Aus dem Französ. übers. von J. G. Pfister. Neu durchgesehen u. zum allgemeinen Gebrauche eingerichtet von einem Priester der Diöcese Augsburg. 4., sehr verb. Aufl. Regensburg 866. Manz. 8. (IV, 252 S.) 22½ ngr.

Massillon, J. B., Conferenz- und Synodalreden v. d. vornehmst. Pflichten der Priester. 2 Bde. 8. Augsb. Doll. (a. Daisenberger.) 787.

Massillon, Joh. Bapt., Conferenz- u. Synodalreden üb. d. vornehmsten Pflichten d. Geistlichen. Ins Deutsche übertr., bevorw. u. hrsg. v. Karl Ed. Reineck. 2 Thle. gr. 8. Magdeburg, [Inkermann'sche Bh.] [1. (11¼ B.) 835. * ⅔ Thlr., 2. (12¼ B.) 836. * ⅚ Thlr.]

Massillon, J. B. Memoiren über die Minderjährigkeit Ludwigs XV. A. d. Franzos. 8. Greiz 1794

Massillon, J. B. Mémoires de la minorité de Louis XV, publ. par J. L. Gir Loulavie. 8. Berlin 1792 — 8. ib. 1805.

— die vorzüglichsten Pflichten der Geistlichen, od. von der Weise, wie sie das Seelenheil der Gläubigen am segenreichsten fördern können. Zur Beherzigung besonders bei jährl. Geisteserneuerung in deutscher Uebersetzung aus d. Conferenz- u. Synodal-Reden in genannter Absicht geordnet von einem kathol. Geistlichen. 8. (VIII u. 178 S.) Straubing 848, Schorner. ¼ rthl

—Predigten; ausgewählt u. übersetzt v. Verf. d. Schrift: Ueber den Geist u. d. Folgen d. Reformation rc. 1r Bd. Mit einer Abhandl. üb. geistl. Beredsamkeit. gr. 8. Münch., Lentner. 1 rthl 5 gr

— Predigten. 15 Thle. a. d. Franz. übers. gr. 8. Prag. (Dresden, Walther.) 756—59.

— — dieselb. 15 Thle. 8. Kempten, Kösel. 785—87.

— — dieselb. a. d. Franz. 15 Thle. 8. Wien, Tendler. 785-787.

Massillon's ausgewählte Predigten, s.a. Bibliothek theologischer Klassiker.

Massillon, Bischof v. Clermont, ausgewählte Predigten, s.a Predigt, die, der Kirche.

Massillon, Jean Baptiste. Ausgewählte Predigten. München 1822. Ü· *Kerz, Friedrich von.* (ADB)

—— ausgewählte Predigten. Hrsg. von Jos. Lutz. gr. 8. (XXII und 639 S.) Tübingen 848, Laupp'sche Buchh.

Massillon, J. B. Sämmtliche Predigten a. d. Franz. . . . Prag u. Dresden 1753—59. Ü: *Heyde, Johann Daniel.* (ML)

—sämmtl. Predigten, welche vor d. Könige v. Frankreich Ludwig XV. gehalten worden. 15 Thle. Aus d. Französ. übers. gr. 8. Prag 756—59. (Dresd., Walther) 7 rthl 12 gr — Dies. 15 Thle. 8. Kempten 785—87. Kösel. 5 rthl 14 gr — Dies. 15 Thle. Aus d. Französ. 8. Wien 785—87. Trattner. 8 rthl 4 gr

—12 Reden an u. für d. Großen. (Petit Carême.) Aus dem Französ. neu übers. v. J. G. Pfister. Mit Massillons Bildn. 8. Würzb. 826. 2e unveränd. Aufl. 830. Etlinger. 18 gr

— Sermones ad ecclesiasticos. 3 Tmi. 8. Vien. 795.

—sermons sur divers textes de l'écriture sainte. XIII. Vols. gr. 12. Basel 770. Schweighäuser. 3 rthl 18 gr

Massillon, Joh. Bapt., Thuet Buße! Eine Jubiläums-Predigt. Aus dem Französ. von Wilh. Schneider. Eine zeitgemäße Ergänzung zu allen Jubiläums-Büchlein. gr. 8. (19 S.) Berl 879, Stein'sche Buchh.

Massimo, d'Azeglio, meine Erinnerungen. Frankfurt a/M. 1869. 8.

Massimo di Trajano, die Vermählungsfeier d. Herzogs Wilhelm V. von Bayern, mit Renata, der Tochter des Herzogs Franz I. von Lothringen, zu München im Jahre 1568. Aus d. Italien. frei übers. v. Friedr. Würthmann. gr. 8. (8 B.) München 842. (Fleischmann.)

Massin [Schlagwort]

Massin, s.: Geologische Karten. Karte (Preussen).

Massing, Heinrich, a. Griesheim (Kreis Darmstadt): Die Geistlichkeit im altfranzösischen Volksepos. Darmstadt 1904 C. F. Winter. (159 S.) 8°
Gießen, Phil. Fak., Ref. Behrens, Diss. v. 15. Sept. 1904
[Geb. 1. Jan. 77 Griesheim, Kr. Darmstadt; Wohnort: Alzey, Staatsangeh. Hessen, Vorbildung: Realgymn. Darmstadt Reife O. 97, Studium: Gießen 5, Straßburg 2, Berlin 1 S., Rig. 12. Dez. 03.]

Massing, Wilh., nach vielen Jahren, s.a. Vereinstheater. neues.

Nach vielen Jahren. Ritter-Schauspiel aus d. Zeit d. Kreuzzüge in 5 Akten von Wilhelm **Massing**. Essen-Ruhr: Fredebeul & Koenen [1906]. (47 S.) 8° [J.]
= Vereinstheater, Neues. No 70.

Massinger, Georg, s.: Bibliothek f. die reifere Jugend.

Massinger, Ph., der Großherzog von Florenz, s. Theater, altenglisches.

Massinger, Philip, der Herzog v. Mailand, s.a. Bücher der Weisheit u. Schönheit.

Der Herzog von Mailand Tragödie in 5 Akten von Philip Massinger Frei bearb von Hermann Conrad. (Stuttgart Greiner & Pfeiffer 1904) 132 S 8°
(Bücher d Weisheit u Schönheit.)

Massinger, Ph., neues Recept, alte Schulden zu zahlen, s. Gätschenberger, S.

—— new Way to pay old Debts, s. Library, English.

Massinger, Php. (1584—1640), ein neuer Weg, alte Schulden zu bezahlen. Komödie in 5 Akten. Aus dem altengl. übers. u. bearb. v. M. Otto. gr. 8. (100 S.) Berlin 902. A. Hofmann & Co. n. 1. 50

Massinger, Rich., geometrische Anschauungslehre, s.: Holzmann, Aug.

Massini, Paul, aus Basel Untersuchungen in der Dinaphtylmethanreihe und in der Trinaphtylmethanreihe Oerlikon 1909. VIII + 80 S. 8° [20 VIII 09]
Zürich Phil Diss II S 1908 09

Massini, Rudolf, chem. Assistent am Institut für experimentelle Therapie zu Frankfurt a. M, z. Z. Assistenzarzt der medizinischen Klinik des Basler Bürgerspitals Aus dem Kgl Institut für experimentelle Therapie zu Frankfurt a. M (Direktor: Geh. Rat Prof. Dr P Ehrlich.) Über einen in biologischer Beziehung interessanten Kolistamm (Bacterium coli mutabile) Ein Beitrag zur Variation bei Bakterien. Mit einer Tafel. München 1907 47 S 8° S.-A a. d. Archiv f Hygiene. Bd 61 Heft 3
Basel Med Diss 1906 1907

Massini, Rudolf. Über einen in biologischer Beziehung interessanten Kolistamm ⟨Bacterium coli mutabile⟩. Ein Beitrag zur Variation bei Bakterien. Diss. Med Basel. [Mit Figuren und 1 Tafel.] (Sonderabdruck aus dem «Archiv für Hygiene», Bd. 61) *Kopftitel:* Aus dem Kgl. Institut für experimentelle Therapie zu Frankfurt a. M ⟨Direktor: Geh. Rat Prof. Dr. P[aul] Ehrlich.⟩ 47 S. 8. München, R. Oldenbourg, 1907.

Massini, die Pharmacopoea helvetica Editio III, im Vergleich m. der Editio II u. dem deutschen Arzneibuch [Aus: „Correspondenzbl. f. schweiz. Aerzte".] gr. 8. (29 S.) Basel 894 (B. Schwabe.) n. — 80

Massini, Rud., Pharmacopoea policlinices Basiliensis. 12. (211 S.) Basel 900. B. Schwabe.
Geb. in Leinw. n. 3. 20

Massink (A). Krankheiten der Tazetten und Hyacinthen. Oppeln, 1876. 4°.

Massino, Johannes, a. Berlin: Gregor VII. im Verhältnis zu seinen Legaten. Greifswald 1907: H. Adler. (78 S.) 8°
Greifswald, Phil. Fak., Ref. Bernheim, Diss. v. 13. Febr. 1907
[Geb. 27 Juni 82 Berlin; Wohnort: Greifswald; Staatsangeh.: Preußen; Vorbildung: Gymn. Berlin Reife M. 03 Studium: Berlin 5, Greifswald 1 S.; Rig. 19. Dez. 06.]

Mass- und Gewichts-Kalender, allgemeiner, 1874—1876. Ausführliche Umwandlungs-Tabellen sämmtl. in Oesterreich-Ungarn gebräuchl. alten und neuen Masse und Gewichte. Berechnet und zusammengestellt von einem Fachmanne. gr. 16. (XVI, 207 S. mit 15 Holzschn. auf 3 Taf.) Wien, Fromme. geb. *

Mass- und Gewichts-Kalender, allgemeiner. Mit Tagemarken für 1877 und 1878. schm.-8. (XVI, 207 S.) Wien, Fromme. geb. in Leinw. *
Ausg. für 1879 und 1880 nicht erschienen.

Mass- und Gewichts-Kalender, allgemeiner. 1881 und 1882. gr. 16. (à Jahrg. ca. 220 S.) Wien, Fromme.
geb. in Leinw. à Jahrg. *
Fortsetzung u. d. T.: Mass- und Gewichts-Taschenbuch.

Maßkow, A., die biblische Geschichte, s. Nürnberg, L.

Maßkow, A., der religiöse Unterrichtsstoff in der Volksschule, s.: Nürnberg, L.

Masskow, Ernst: Muskel-Hypertrophie nach Venenthrombose. *Berlin (1897): E. Ebering.* (34 S.) 8°
Berlin, Med. Diss. v 22. Nov. 1897

Maßl, Frz. Xav., Altarreden, eines ehrwürdigen Landdechanten kurze und vertrauliche, s. Altarreden.

Maßl, Frz. Xav., die Aufgabe des Pfarrers in unsern Tagen. Antritts-Predigt. 8. (2½ B.) Passau 846, Ambrosi's Bh. *

Maßl, (Frz.) Xav., der Eifer für die Religion und Kirche. Predigt an der 200jähr. Jubiläumsfeyer der marian. Congregation der Herren und Bürger in Passau, gehalten den 21. März 1847. 8. (24 S.) Passau 847, Ambrosi's Buchh. *

— über Einfluß u. Anwendung der Lebensbeschreibungen der Heiligen Gottes, oder ihres Wandels auf unser eignes Leben. (Aus dessen Vorrede zu P. Matth. Vogels Lebensbeschreibungen der Heiligen Gottes besonders abgedruckt.) gr. 8. Ebend. 841. 2 ngl

—— Endzweck und Nothwendigkeit der Tugendbündnisse für christl. Jungfrauen. Predigt bei der Einführungs-Feier der Tugendbündnisse in Passau. 8. (19 S.) Passau 851, Elsässer und Waldbauer. *

—Erklärung d. heil. Schriften d. A. u. N. Testaments nach d. berühmten u. bewährten ältern u. neuern Schriftauslegern, Karl Schwarzel u. a. m. Mit e. vollständ. Sachregister u. e. entsprechenden deutschen Concordanz verbund. 1r Bd. 1e u. 2e u. 2r Bd. 1e Abthl. A. u. d. T.: Le Maistre de Sacy, Erklär. der heil. Schriften des N. Testaments nach den heil. Vätern u. a. bewährten Schriftstellern d. Kirche, in e. Auszuge bearb. v. Maßl. gr. 8. Straubing 831, 32. Schorner. (à 10 gl) 1 ℛ 6 gl

Maßl, Frz. Xav., Erklärung der heil. Schriften des Neuen Testamentes nach den berühmt. u. bewährt. älteren und neueren Schriftauslegern rc. 2r Bd. 2e bis 6r Bd. 1e u. 2e Abthl. gr. 8. Straubing 833—40. Schorner'sche Buchh. 4¹⁄₁₂ ℛ (1—VI, 1. 2. 5¹⁄₃ ℛ)

— Erklärung der heil. Schriften des Neuen Testamentes, nach den heil. Vätern u. a. gelehrten u. frommen ältern u. neuern Auslegern u. kathol. Schriftstellern bearbeitet u. mit einem vollständ. Sachregister u. einer entsprech. deutschen Concordanz verbunden. 1. Bd. 1. u. 2. Abthl. 3. unveränd. Aufl. Lex.-8. Straubing 841, Schorner. ¹¹⁄₁₂ ℛ — dass. 4., 5. u. 7. Bd. 3. unveränd. Aufl. Lex.-8. Ebend. 841. à ¹¹⁄₂₄ ℛ — dass. 8.—10. Bd. à 2 Abtheil. u. 11. Bd. 1. Abtheil. Lex.-8. Ebend. 842—46. 8. Bd. ¹¹⁄₁₂ ℛ 9. u. 10. Bd. à Abthl. ½ ℛ 11. Bd. 1. ½ ℛ

—— Erklärung der heil. Schriften des neuen Testaments nach den heil. Vätern u. andern gelehrten u. frommen Schriftauslegern u. kathol. Schriftstellern, verbunden mit ein. vollständ. Sachregister u. ein. entsprechenden deutschen Concordanz. 9—11. Bd. à 2 Abthlgn. Lex.-8. Regensburg, Manz. à Abthl.
*** 15 Ngr.** *

Bd. 9. Abthl. 1. Die Briefe an die Galater u. Epheser. (16 B.) 843.
» 2. Die Briefe an die Philipper, Colosser u. Thessalonicher. (13¼ B.) 844.
» 10. » 1. Die Briefe an Timotheus. (14⅝ B.) 845.
» 2. Der Brief an Titus, Philemon u. an die Hebräer I—VI. (15⅝ B.) 845.
» 11. » 1. Der Brief an die Hebräer. VII—XIII. (15¼ B.) 846.
» 2. Die Briefe der Apostel Jakobus u. Petrus. 1, 1—5. (14¼ B.) 847.
1—8. Bd. Straubing 1831—42, Schorner. 7 Thlr. 10 Ngr., vgl. 9. Bd. 2. Abthl. S. 15.

— Erklärung der heil. Schriften des Neuen Testamentes. 11. Bd. 1. Abth.: Der Brief an die Hebräer VII—XIII. gr. 8. (244 S.) Regensburg 846, Manz. n. 1/2 ℛ — 11. Bd. 2. Abth.: Die Briefe der Apostel Jakobus u. Petrus. I, 1—5. gr. 8. (226 S.) Ebd. 847. n. 1/2 ℛ — 12. Bd. 1. Abth.: Der Brief des Apostels Petrus II, 1—3. — Die Briefe der Apostel Johannes u. Judas. gr. 8. (194 S.) Ebd. 847. n. 1/2 ℛ — 12. Bd. 2. Abth.: Die Offenbarung Johannis I—IX. gr. 8. (233 S.) Ebd. 848. n. 1/2 ℛ — 13. Bd 1. Abth.: Die Offenbarung Johannis X—XXII. gr. 8. (309 S.) Ebd. 849. n. 2/3 ℛ — 13. Bd. 2. Abth.: Sachregister u. Concordanz zur Erklärung der heil. Schriften des Neuen Testamentes. gr. 8. (IV u. 265 S.) Ebd. 850. n. 7/12 ℛ (I—XIII: 12 7/12 ℛ) (Bd. 1—8. Straubing, Schorner. à n. 11/12 ℛ)

—— Erklärung der heil. Schriften des neuen Testamentes. 12. und 13. Bd. à 2 Abthlgn. gr. 8. Regensburg, Manz. *

Bd. 12. Abthl. 1. Der Brief des Apostels Petrus II, 1—3. — Die Briefe der Apostel Johannes und Judas. (194 S.) 847. * 15 Ngr.
„ „ 2. Die Offenbarung Johannis I—IX. (233 S.) 848. * 15 Ngr.
„ 13. „ 1. Die Offenbarung Johannis X—XXII. (309 S.) 849. * 20 Ngr.
„ „ 2. Sachregister und Concordanz zur Erklärung der heil. Schriften des neuen Testamentes. (III und 265 S.) 850. * 17 1/2 Ngr.
Vgl. 10. Bd. 2. Abthl. S. 14.

— die letzten Ermahnungen. Abschied-Predigt gehalten am Feste Mariä Lichtmeß zu Cham. gr. 8. Cham 846. (Regensburg, Manz.) 1/12 ℛ

—— Fest- u. Gelegenheits-Predigten. 2 Thle. gr. 8. Schaffhausen, Hurter'sche Buchh. *

A. u. d. Ttln.:

Thl. 1. Festpredigten auf alle Festtage des Herrn, der sel. Jungfrau Maria u. der Heiligen Gottes. (35 3/4 B.) 846. * 1 Thlr. 20 Ngr.
„ 2. Patroziniums-, Kirchweih- u. Aerndtedankfest-Predigten. (26 3/4 B.) 847. * 1 Thlr. 5 Ngr.

—— Fest- und Gelegenheits-Predigten. 3—5. Thl. gr. 8. Schaffhausen, Hurter'sche Buchh. *

Auch unter den Titeln:

Thl. 3. Bruderschafts-, Geschichts- und Predigten vermischten Inhaltes, Trauer- und Grabreden. (651 S.) 848. * 1 Thlr. 18 Ngr.
„ 4. Die Festtage des Herrn in ihren Geheimnissen, dargestellt durch allgemein faßl. Predigten für Stadt und Land. 1. Aufl. (VIII und 285 S.) 1848. * 26 1/4 Ngr. und 2. Aufl. (XVI und 390 S. mit Portr. in Stahlst.) 851. * 1 Thlr.
„ 5. Die Festtage Mariä und der Heiligen Gottes in ihrer Bedeutung für das Festhalten im Glauben rc. dargestellt durch allgem. faßl. Predigten. 1. Aufl. (VIII und 400 S.) 1849. * 1 Thlr. 7 1/2 Ngr. und 2. Aufl. (XVI und 432 S.) 851(52.) * 1 Thlr. 5 Ngr.
1. und 2. Thl. Ebendas. 1846—47. * 2 Thlr. 25 Ngr.

— Fest- und Gelegenheits-Predigten. 2. Thl. A. u. d. T.: Patroziniums-, Kirchweih- und Aerndte-Dankfest-Predigten. 2. durchges. Aufl. Schaffhausen 857. Hurter. gr. 8. (VII, 420 S.) 1 ℛ. 5 ngr.

Maßl, Xav., Fest- u. Gelegenheits-Predigten. 3. Thl. A. u. d. T.: Bruderschafts- u. Geschichts-Predigten vermischten Inhalts, Trauer- u. Grabreden. 2. Aufl. Schaffhausen 861. Hurter. gr. 8. (VII, 647 S.) 1 ℛ 22 1/2 ngr.

Maßl, X. Fest- u. Gelegenheitspredigten. 4. Tl.: Die Festtage d. Herrn in ihren Geheimnissen, dargestellt durch allgemein faßl. Predigten f. Stadt u. Land. 2. verm. Aufl. gr. 8. (VIII, 352 S.) Regensb. 890, Verlagsanstalt. 3 —

1.—3. Bd. Ebd. 1853—61. 13 75.

Maßl, Frz. Xav., Fest-Predigten an das christliche Volk. Aus dessen Nachlasse herausg. von seinen Verwandten. 3 Bde. Schaffhausen 853. Hurter. gr. 8. Jeder Bd. 27 ngr.
1. Bd.: Predigten an das christl. Volk auf die vorzüglichsten Feste des Herrn. (VIII, 316 S.)
2. Bd.: Predigten an das christl. Volk auf die verschiedenen Feste Mariä, der Erzbruderschaft ihres heiligsten Herzens und der Heiligen. (VII, 352 S.)
3. Bd.: Ablaß-, Kirchweih- u. Predigten vermischten Inhalts, nebst einigen Trauerreden. (VII, 292 S.)

Maßl, (Frz.) Xav., des Priesters Furcht und Hoffnung beim Antritte seines erhabenen Berufes in unseren Tagen. Primizrede bei der Feier des ersten heil. Meßopfers des Hrn. Jos Putz in Passau am 25. Aug. 1850. gr. 8. (22 S.) Passau 850, Elsässer und Waldbauer. Thlr. *

—— mein Gebetbuch. Das Nöthigste zur Andacht, in ausgewählten Gebeten und Betrachtungen auf alle Zeiten und Feste des Jahres. Mit Betrachtungen, Morgen- und Abendgebeten, und Gewissenserforschungen auf alle Tage in der Woche. gr. 16. (III und 427 S. mit 1 Stahlst.) Passau 848, Ambrosi's Buchh.

Maßl, Frz. Xav., mein Gebetbuch. Ein Führer auf dem Wege zum Himmel. 2., umgearb. Aufl. gr. 16. (VIII und 308 S. mit 1 Stahlst.) Passau 862, Elsässer und Waldbauer.

Maßl, Frz. X., Edmunds u. Julianens Geburtstag; od. Gott leitet die Seinen auf sichern Wegen. Eine Erzähl. f. die Jugend. gr. 12. Straubing 824. (Leipz., Herbig). 4 gl

Maßl, Frz. Xav., Geschichte d. wunderb. hochheil. Hostien in d. Gnadenkirche zu Deggendorf, mit e. eigenen Hauptstücke üb. Entstehung d. Wallfahrten im Allgem., u. d. Art u. Weise, sie nützl. zu besuchen. 8. ... Passau 828, [Regensburg,] Pustet.

—— Gesinnung und Haltung treuer Bürger und guter Christen den großen Bewegungen der Zeit gegenüber. Rede am Passionssonntage in Passau. Zur Feyer der Thronbesteigung des Königs von Bayern, Maximilian II. gr. 12. (22 S.) Passau 848, Ambrosi's Buchh. *

—— das Heil d. Seele, das erste u. wichtigste Geschäft d. Menschen. Abschieds-Pred. 8. (2 B.) Straubing 827, Schorner.

—— Ihr braucht Priester, Ihr braucht gute Priester rc. Ein Wort an die Gläubigen bei der Primizfeier des Hrn. Joh. Ellmann am 22. April 1845 zu Cham. 8. (1 1/2 B.) Regensburg. (Manz.)

—— der Kampf der Finsterniß gegen das Licht und unser Verhalten bei diesem Kampfe. 2 Predigten gehalten zu Passau. 8. (36 S.) Schaffhausen 848, Hurter'sche Buchh.

Aus des Verf.: Fest- und Gelegenheits-Predigten. 5. Bd., besonders abgedruckt.

— der Kampf der Finsterniß gegen das Licht u. unser Verhalten bei diesem Kampfe. 2 Predigten gehalten zu Passau. (Aus d. Fest- u. Gelegenheits-Predigten, 4. Thl. abgedr.) 8. (36 S.) Schaffhausen 849, Hurter. 1/8 ℛ

—— der Kreuzweg des Herrn. (Nr.) I. Die Verurtheilung Jesu zum Tode in ihren Geheimnissen und sittlichen Anwendungen, mit Rücksicht auf unsere Zeitverhältnisse. Sieben Abendandachts-Kanzelvorträge. gr. 8. (X und 123 S.) Schaffhausen 849, Hurter'sche Buchh. —

—— dass. — (Nr.) II. Die Ausführung Jesu zur Kreuzigung in ihren Geheimnissen und sittl. Anwendungen, mit Rücksicht auf unsere Zeitverhältnisse. Sieben Abendandachts-Kanzelvorträge. gr. 8. (VIII und 121 S.) Ebds. 850. —

—— dass. — (Nr.) III. Die Kreuzigung Jesu in ihren Geheimnissen und sittl. Anwendungen, mit Rücksicht auf unsere Zeitverhältnisse. Sieben Abendandachts-Kanzelvorträge. gr. 8. (XVII und 120 S.) Ebds. 851. —

—— dass. — (Nr.) IV—VII. A. u. d. T.: Das Leiden und Sterben Jesu Christi. 1—4. Jahrg. gr. 8. Ebds. 852. [1. Jahrg. (... S.) 2. (104 S.) 3. und 4. (192 S.) à Nr. 7 1/2 Ngr.]

— der Kreuzweg des Herrn. Herausg. von den Verwandten des selig Verschiedenen. VIII—X. (Liefg.) A. u. d. T.: Das Leiden u. Sterben Jesu Christi. 5—7. Jahrg. Schaffhausen 853. Hurter. 8. Jede Liefg. 7 1/2 ngr.

Inhalt: VIII. Jesus in Jerusalem vor Pilatus und Herodes. (2 Bl., 90 S.) — IX. Jesus in Jerusalem in seinen körperlichen Leiden. (2 Bl., 94 S.) — X. Jesu Ausführung zur Kreuzigung und Jesu Kreuzigung in sieben einzelnen Passionsreden. (2 Bl., 95 S.)

—— der Kreuzweg des Herrn.

in seinen Geheimnissen u. lehrreichen Anwendungen, mit Rücksicht auf unsere Zeitverhältnisse in Abendandachts-Kanzelvorträgen. I. A. u. d. T.: Die Verurtheilung Jesu zum Tode. Sieben Abendandachts-Kanzelvorträge. 2. durchges. Aufl. Schaffhausen 858. Hurter. 8. (XII, 123 S.) 10 ngr.

— der Kreuzweg des Herrn in seinen Geheimnissen u. lehrreichen Anwendungen mit Rücksicht auf unsere Zeitverhältnisse in Abendandachts-Kanzelvorträgen. II. u. III. 2. durchgeseh. Aufl. Schaffhausen 859, 60. Hurter. gr. 8. Jedes Heft n. 10 ngr.
II.: Die Ausführung Jesu zur Kreuzigung. Sieben Abendandachts-Kanzelvorträge. (VIII, 124 S.)
III.: Die Kreuzigung Jesu. Sieben Abendandachts-Kanzelvorträge. (XVIII, 120 S.)

Maßl, F. Xav., der Kreuzweg des Herrn. 4.—6. Heft. Hrsg. von den Verwandten des selig Verschiedenen. A. u. d. T.: Das Leiden und Sterben Jesu Christi. 1.—3. Jahrg. 2. Aufl. gr 8. Regensburg 877, Manz. à Heft 75 Pf.
Inhalt
Heft 4. Allgemeine Darstellung der Geschichte des bittern Leidens und Sterbens unsers Herrn Jesu Christi. (96 S.)
" 5. Vorbereitungen zum Leiden und Sterben Jesu Christi von Seite seiner Feinde und seiner selbst. (100 S.)
" 6. Jesu am Oelberge. (98 S.)
1.—3. Heft Ebendas. 1859—62. à Heft M. 1.

Maßl, F. Xav., der Kreuzweg des Herrn. Hrsg. von den Verwandten des selig Verschiedenen. 2. Aufl. 9. und 10. Heft. gr. 8. Regensburg 883, Manz. à Heft 75 Pf.
Inhalt:
Heft 9. Jesus in Jerusalem in seinen körperlichen Leiden oder das Leiden und Sterben Jesu Christi. 6. Jahrg. (94 S.)
" 10. Jesu Ausführung zur Kreuzigung und Jesu Kreuzigung in sieben einzelnen Passionsreden oder das Leiden und Sterben Jesu Christi. 7. Jahrg. (98 S.)
1.—8. Heft Ebendas. 1852—77. à 75 Pf.

Maßl, F. Xav., der Kreuzweg des Herrn. 7. und 8. Heft. A. u. d. T.: Das Leiden und Sterben Jesu Christi. 4. und 5. Jahrg. 2. Aufl. Hrsg. von den Verwandten des selig Verschiedenen. gr. 8. Regensburg 887, Verlags-Anstalt. à Heft 75 Pf.
Inhalt:
Heft 7. Jesus in Jerusalem vor Annas und Kaiphas. (103 S.)
" 8. Jesus in Jerusalem vor Pilatus und Herodes. (90 S.)
1.—6. und 9. und 10. Heft. Ebendas. 1859—83. à 75 Pf.

—— Kurz und gut über die sonntäglichen Evangelien des ganzen Jahres. Frühlehren. 1. Aufl. 1852. und 2. Aufl. 8. (VIII und 475 S.) Regensburg 853, Manz.

Maßl, Frz. Xav., kurz u. gut über die sonntägl. Evangelien d. ganzen Jahres. Frühlehren. 4. Aufl., besorgt v. J. Ziegler. gr. 8. (VIII, 319 S.) Regensburg 896. Nationale Verlagsanstalt. 3.—

Maßl, Frz. Xav., Kurz und gut in Frühlehren für die Festtage des kathol. Kirchenjahres. Herausg. von einem Priester in der Diöc. Regensburg. Regensburg 867. Manz. 8. (VIII, 492 S.) 1 Thlr. 5 ngr.

— kurz und gut in Frühlehren auf die Sonn- u. Festtage des kathol. Kirchenjahres. 1 Bd. A. u. d. T.: Kurz u. gut über die sonntäglichen Evangelien des ganzen Jahres. Frühlehren. 2. Aufl. 852. (VIII, 475 S.) — 3. Aufl. Regensburg 858. Manz. 8. (XII, 473 S.) 1 Thlr. 5 ngr.

Maßl, Frz. Xav., Kurz und gut in Frühlehren auf die Sonn- und Festtage des katholischen Kirchenjahres. Hrsg. von einem Priester der Diöcese Regensburg. 2. Bd. A. u. d. T.: Kurz und gut in Frühlehren auf die Festtage des kathol. Kirchenjahres. 2. Aufl. 8. (VIII und 492 S.) Regensburg 866, Manz.
1. Bd. 3. Aufl. Ebendas. 1858. * 1 Thlr. 5 Ngr.

—Lasset die Kleinen zu mir kommen; denn ihnen ist das Himmelreich. Ein vollständ. Gebet- u. Erbauungsbuch für die kathol. Jugend v. 10—20 Jahren. gr. 12. Landsh. 827. Thomann. 8 gr.

—— lasset d. Kleinen zu mir kommen; denn ihnen ist d. Himmelreich! Ein vollständ. Gebet- u. Erbauungsb. f. d. kathol. Jugend v. 10 — 20 Jahren in Städten wie auf d. Lande. (Neue Aufl.) M. 5 Stndr. gr. 12. (14 B.) Landshut 833, Thomann.

—das bittere Leiden u. Sterben Jesu Christi, in 8 Betrachtungen als Miß- u. Fasten-Andacht. gr. 12. Landsh. 827. Thomann. 4½ gr.

—— der Ordensstand u. unsere Zeit. Predigt. gr. 12. (1 B.) Straubing 845, Schorner.

— ausführliche katechetische Predigten über den ganzen katholischen Katechismus in fünf vollständ. Jahrgängen auf die Sonn- und Festtage des Kirchenjahres. Oder: Gründliche Unterweisung in der christkathol. Religion. Nach seinem Tode herausg. von e. Priester d. Diöz. Regensburg. 5 Bde. Regensburg 855. gr. 8. 9 Thlr. 8½ ngr.
1. Bd.: Erklärung d. kathol. Glaubensbegriffes. Das apostolische Glaubensbekenntniß. Mit übersichtl. Zusammenstellung d. sämmtl. Katechesen zum Behufe ihrer Anwendung auf den großen, mittleren u. kleinen Katechismus von J. Deharbe. 2. Aufl. (XII, 521 S.) 1 Thlr. 10 ngr.
2. Bd.: Fortsetzung u. Schluß der Lehre vom Glauben. Die christl. Hoffnung. (596 S.) 1 Thlr. 10 ngr.
3. Bd.: Die christl. Liebe u. die Gebote. (920 S.) 2 Thlr. 7½ ngr.
4. Bd.: Die heil. Sakramente ɪc. (782 S.) 2 Thlr. 5 ngr.
5. Bd.: Die christl. Gerechtigkeit ɪc. (834 S.) 2 Thlr. 6 ngr.

—— ausführliche katechetische Predigten über den ganzen katholischen Katechismus in fünf vollständigen Jahrgängen auf die Sonn- und Festtage des Kirchenjahres. Oder: Gründliche Unterweisung in der christkatholischen Religion. Nach seinem Tode hrsg. von einem Priester der Diözese Regensburg. 5 Bde. 2 Aufl. gr. 8. Regensburg 855, Manz.
Inhalt
Bd 1 Erklarung des kathol. Glaubensbegriffes. Das apostol. Glaubensbekenntniß. (XII und 521 S.) 1 Thlr. 10 Ngr.
" 2. Fortsetzung und Schluß der Lehre vom Glauben. Die christl. Hoffnung. (596 S.) 1 Thlr. 10 Ngr.
" 3. Die christliche Liebe und die Gebote (920 S.) 2 Thlr. 7½ Ngr.
" 4. Die heil. Sacramente. (782 S.) 2 Thlr. 5 Ngr.
" 5. Die christliche Gerechtigkeit. (550 S.) 2 Thlr. 6 Ngr.

—— Predigten und Homilien an das christliche Volk über sonntägliche und andere Evangelien. Aus dessen Nachlasse hrsg. von seinen Verwandten. gr. 8. (VII und 359 S.) Schaffhausen 853, Hurter'sche Buchh.

— Priester u. Volk. Eine Reihe Primiz-Predigten. gr. 8. Regensburg 846, Manz. 1⅙ Thlr.

— der Schaden unserer Zeit u. seine Heilung. Zwei Predigten, gehalt. bei d. achttägigen Michaeli-Ablaß in der Ilzstadt-Passau. 8. (36 S.) Passau 849, Elsässer & Waldbauer. 3 ngr.

— christliche Tugendschule, oder Unterweisung in den christlichen Tugenden. Kanzel-Vorträge an Monatsonntagen. Ein Beitrag zum Damme gegen die hohe Fluth der Entsittlichung unserer Zeit. Allen christl. Familien gewidmet. 1. Cursus; Die drei göttlichen Tugenden: Glaube, Hoffnung, Liebe. br. 8. (XVI u. 420 S.) Schaffhausen 850, Hurter. — 2. Cursus. Die vier Cardinaltugenden: Klugheit, Gerechtigkeit, Starkmuth, Mäßigkeit. 8. (411 S.) Ebd. 851. (à 1 Thlr.) 2 Thlr.

— christliche Tugendschule, oder Unterweisungen in den christl. Tugenden. Kanzel-Vorträge auf die Sonntage. Ein Beitrag zum Damme gegen die hohe Fluth der Entsittlichung unsrer Zeit ɪc. Fortgesetzt von e. Mitarbeiter der Würzburger Predigt-Bibliothek. 3—5. Cursus. Schaffhausen 854, 55. Hurter. 8. Jeder Cursus 1 Thlr.
3. Cursus. Die Tugenden des kirchlichen Lebens. (XV, 522 S.)
4. " Die Tugenden des bürgerlichen Lebens. (XV, 522 S.)
5. " Die Tugenden des häuslichen Lebens. (VIII, 555 S.)

—— christliche Tugendschule oder Unterweisungen in den christlichen Tugenden. Kanzel-Vorträge an Monatsonntagen. Ein Beitrag zum Damme gegen die hohe Fluth der Entsittlichung unserer Zeit. 1. Bd.: Die drei göttl. Tugenden: Glaube, Hoffnung, Liebe. 2. Aufl. 8. (XVI, 420 S.) Regensburg 883, Pustet.

— Unterweisung in der christkatholischen Religion. Nach seinem Tode herausg. von einem Priester der Diözese Regensburg. 5 Bde. Regensburg 853, 54. Manz. gr. 8. 9 rthl 8½ ngr.
1. Bd.: Lehre vom christl. Glauben, oder vollständige Unterweisung in dem, was ein kathol. Christ glauben muß. 1. Bd. Erklärung des kathol. Glaubensbegriffes. Das apostolische Glaubensbekenntniß. (XII, 521 S.) 1 rthl. 10 ngr.
2. Bd.: Lehre vom christlichen Glauben und der christlichen Hoffnung, oder vollständige Unterweisung in dem, was ein katholischer Christ glauben und hoffen muß. 2. Bd. Fortsetzung und Schluß der Lehre vom Glauben. Von der Hoffnung und dem Gebete. (596 S.) 1 rthl. 10 ngr.
3. Bd.: Lehre von der christlichen Liebe und den Geboten, oder vollständige Unterweisung in dem, was ein kathol. Christ lieben und thun oder unterlassen muß. 3. Bd. Von der christlichen Liebe und den Geboten. (920 S.) 2 rthl. 7½ ngr.
4. Bd.: Lehre von den heiligen Sakramenten, oder vollständige Unterweisung über die Gnadenmittel, die ein katholischer Christ gebrauchen muß. 4. Bd. Von den heiligen Sakramenten. (782 S.) 2 rthl. 5 ngr.
5. Bd.: Lehre von der christl. Gerechtigkeit, oder vollständige Unterweisung über das, was ein katholischer Christ meiden u. thun muß. 5. Bd. Von der christl. Gerechtigkeit. (834 S.) 2 rthl. 6 ngr.

—— Haus Wittelsbach. Festrede am 4. Septbr. gr. 8. (1¼ B.) Regensburg 845, Manz.

—— Würde u. Werth d. kathol. Kirche. Eine Primiz-Rede. 8. ... Landshut 828, Thomann.

– unsere Zeit in ihrer Vergangenheit, Gegenwart und Zukunft s.a. Altarreden, eines ehrwürdigen Landdechanten kurze und vertrauliche.

—— unsere Zeit in ihrer Vergangenheit, Gegenwart und Zukunft. Predigt bei der Jahresschluß-Andacht 1848 in Passau. gr. 8. (20 S.) Regensburg 849, Manz.
Aus des Verf.: Fest- und Gelegenheits-Predigten. 5. Bd., besonders abgedruckt.

—der Zeitgeist in unsern Tagen in religiös sittlicher Hinsicht. Eine Predigt. 8. Landsh. 827. Thomann. 2½ gr

Massler, Th.: Steinmetzarbeiten aus der Marienkirche zu Gelnhausen. Hannover 1878. Kl. Fol.

Maßlieb, W., Peter Schöffer u. die Erfindung der Buchdruckerkunst, s.: Oehmigke's Jugendbibliothek.

— George Stephenson u. die Entstehung der Eisenbahnen, s.: Oehmigke's Jugendbibliothek.

Masslow, Oskar: Bibliographie zur deutschen Geschichte. 1898 ff. Leipzig 1898 ff. 8°

Maßlow, Pet., die Agrarfrage in Rußland. Die bäuerl. Wirtschaftsform u. die ländl. Arbeiter. Eine Untersuchg. Autoris. Übersetzg. v. M. Nachimson. (XIII, 265 S.) 8. Stuttgart 907. J. H. W. Dietz Nachf. 2.50; geb. 3.—

Maßlowski. Der 7jähr. Krieg nach russ. Darstellung. Übs. u. mit Anm. vers. v. A. v. Drygalski. T. 1—3. Mit Krt. Berlin 1888—1893.

Masslowski. Der siebenjährige Krieg nach russischer Darstellung. Mit Autoris. d. Verf. übers. u. m. Anmerkgn. versehen v. A. v. Drygalski. 3 Tle. gr. 8. Berl., Eisenschmidt. * 39 —
1. Der Feldzug Apraxin's in Ostpreussen 1756—1757 (XVI, 358 S. m. 4 Karten u. 1 Tab.) 889. * 12 —.
2. Der Feldzug d. Grafen Fermor in den östl. Gebieten v. Preussen (1757—1759). Mit 4 Plänen u. 1 Schema. (XV, 391 S.) 891. * 12 —.
3. 1759—1762. Die Feldzüge d. Grafen P. S. Ssaltykow I. u. A. B. Buturlin s. Die Operation d. Grafen Sachar Tschernyschew gegen Berlin. Die Belagerung Kolberg's durch den Grafen Rumjanzew. (XV, 476 S. m. 6 Plänen.) 893. * 15 —.

Maßmann, (Hrsg.), s. Abschwörungsformeln. – Abschwörungs-, Glaubens-, Beicht- u. Betformeln, die deutschen

Massmann, Alexander, approb. Arzt aus Neustrelitz Aus d. medicin. Universitäts-Klinik zu Kiel. Zur Casuistik der diffusen Ponsgliome. *Kiel 1898: P. Peters.* (27 S.) 8°
Kiel, Med. Diss. v [19. Okt.] 1898

Massmann, Berthold Walter (geb. Berlin 11. 7. 1846) Beiträge zur Casuistik der Transfusion des Blutes. Berlin (1870). (50 S.) 8°
Berlin, Med. Diss. v. 24. Mai 1870

Massmann, (Joan. Car.) Franc. (Ferd.) (geb. Osterburg in d. Altm. 21. 11. 1829) De rhachitide craniotabe osteomalacia. Berolini (1851) (38 S.) 8°
Berlin, Med. Diss. v. 21. Aug. 1851

Maßmann, Friedrich, approb. Arzt aus Königswinter Aus d. Kgl. chirurg. Universitäts-Klinik zu Kiel. Zwei Fälle von Gangrän des Colon transversum nach Pylorusresektion. *Kiel 1904: H. Fiencke.* (17 S.) 8°
Kiel, Med. Diss. v [10. Aug.] 1904

Maßmann, Hans Ferd., Altes und Neues vom Turnen, s. Altes.

Maßmann, H. F., Anweisung für Vorturner zur zweckmäßigen Leitung der Übungen, 1817, Hs., kl.-8°.

Maßmann, H. F., der 2. April 1813 und Johanna Stegen, das Mädchen von Lüneburg. Zur 50jähr. Jubelfeier in's Gedächtniß gerufen. Ein Buch für das gesammte deutsche Volk! gr. 8. (VIII und 72 S. mit Bild in Holzschn.) Lüneburg 863, Herold und Wahlstab'sche Buchh. *

—— Armin, Fürst d. Cherusker u. Befreier Deutschlands v. röm. Joche im neunten Jahre n. Christ. Geburt. gr. 8. (9½ B.) Lemgo 839, Meyersche Hofbuchh. *

Massmann, Hans Ferd., Arminius Cheruscorum Dux ac decus, liberator Germaniae. Ex collectis veterum locis composuit. 8maj. (11½ B.) Lemgoviae 839, Meyer. *

—— Armin's-Lieder. Nebst e. Anh. and. Gedichte. gr. 8. (4¼ B.) München 839, Franz. *

Maßmann, H. F., Skeireins aiwaggeljons þairh Iohannen. — Auslegung d. Evangelii Johannis in gothischer Sprache. Aus röm. u. mayländ. Handschriften nebst latein. Uebersetzung, belegenden Anmerkn., geschichtl. Untersuch., gothisch-lat. Wörterbuche u. Schriftproben. Im Auftrage Sr. Kgl. Hoh. d. Kronprinzen Maximilian v. Bayern erlesen, erläut. u. zum ersten Male hrsg. v. rc. gr. 4. (25 B. u. 1 lith. Fac-simile d. Handsch. ½ gr. Fol.) München 834, Jaquet. 2 Thlr. 12 Gr., Blnp.
Die gothischen Typen des Textes u. der Anmerkungen wurden hierzu in zwei Gattungen besonders geschnitten u. gegossen. Eine deutliche Ansicht der zweiten, kleinern Gattung, welche der erstern in der Form gleichen, gewähren die oben mit Orig.-Typen gedr. Haupttitelworte.

Massmann, H. Fr., s. Bibliothek des litterarischen Vereins in Stuttgart XLII

—— Denkmäler deutsch. Sprache, s.a. Denkmäler.

Maßmann, H. F., Denkmäler deutscher Sprache u. Literat. aus Handschriften d. 8. bis 16. Jahrh. 1s Hft. gr. 8. Münch. 827. (Jaquet). 1 rthl 12 gr

— Denkmäler deutscher Sprache u. Literatur, aus Handschriften des 8. bis 16. Jahrh. 1s Heft. gr. 8. München 827, Michaelis.

Maßmann, Hans Ferd., Deutsch u. Welsch, od. der Wettkampf der Germanen u. Romanen. Ein Rückblick auf unsere Urgeschichte zur tausendjähr. Erinnerung an den Vertrag zu Verdun. gr. 4. (8 B.) München 843. (Franz.) *

—— d. Egerstein in Westfalen. Nebst getreuen (eingedr.) Abbild. gr. 4. (9½ B. u. 3 Stnt.) Weimar 846, Landes-Industr.-Compt.

Maßmann, H. F., Erläuterungen zum Wessobrunner Gebet d. 8. Jahrhunderts. Nebst 2 noch ungedruckten Gedichten d. 14. Jahrh. 8. Berl. 824. L. Oehmigke. 12 gr.

—— Erläuterungen z. Gesch. u. Bedeutung d. Holbeinischen Todtentanzes, s. Holbein, H.

Maßmann, Hans Ferd., Ernstes u. Heiteres z. Pestalozzi-Feste 12. 1. 1846, Berlin 1846, 27 S., 8°.

—— die Feier des 100. Geburtstages Pestalozzi's, s. Diesterweg, A. F. W., u. Kalisch.

—— Kaiser Friedrich im Kiffhäuser. Vortrag, gehalten am Stiftungsfeste der berlinischen Gesellschaft für deutsche Sprache. (17. Jan. 1850.) gr. 8. (45 S.) Quedlinburg 850, Basse.

— deutsche Gedichte des 12. Jahrhunderts, s. Bibliothek der gesammten deutschen National-Literatur. 3r Bd. 1r Thl. — s. auch das. 7r Bd.

—— Geschichte d. mittelalterl., vorzugsweise d. deutschen Schachspieles. Nebst vollständ. u. fortlauf. Literatur d. Spieles u. Registern. gr. 8. (14½ B. u. Abbildn. auf 4 B. Fol. u. gr. Fol.) Quedlinburg 839, Basse.

— s. H. Holbeins Todtentanz.

—das vergangene Jahrzehend der deutschen Literatur. gr. 8. Münch. 827. Lentner. 14 gr.

Massmann, Hans Ferd., Vollständiger alphabetischer Index zu dem althochdeutschen Sprachschatze von E. G. Graff. A. u. d. T. Gedrängtes althochdeutsches Wörterbuch oder vollständiger Index zu Graff's althochdeutschem Sprachschatze. Berlin 1846. 4.

(——) Leibes-Uebungen, s.a. Leibes-Uebungen.

Maßmann, Dr. H. F. Leibes-übungen. H. 1. Zur Militär-Gymnastik. (Mehr nicht erschienen.) Landshut 1830. 178 S.

Massmann, Hans Fd., (auch Jh. Fd.,) Libellus Aurarius, sive tabulae ceratae et antiquissimae et unicae Romanae in fodina Auraria apud Abrudbaniam, Oppidulum transsylvanum, nuper repertae quas nunc primus enucleavit, depinxit, edidit. Insunt plurimae figurae et lithographicae et xylographicae. 4maj. (Mit 4 Steintaf., wovon die letzte 1½ Elle lang u. ½ Elle breit ist.) Lipsiae 841, T. O. Weigel. n. 4 ℔

—— Lieder f. Knaben u. Mädchen. Mit Singweisen v. Frz. Graf v. Pocci. 16. (4½ B. u. 9 Musikbeil. 4.) München 832, Jaquet.

—— Literatur d. Todtentänze, Beitrag z. Jubeljahre d. Buchdruckerkunst. gr. 8. (8½ B. u. 1¾ B. Tab., gr. Fol.) Leipzig 840, T. O. Weigel. *
Aus dem: Serapeum, besond. abgedruckt.

—— zur Mitfeyer d. göttinger Jubelfestes am 17. Sept. 1837. In goth. (u. deutsch.) Sprache. Roy.-4. (5¾ B.) München 837, Franz. *

—— Bayer. Sagen; geschichtl. beleuchtet. 1. Bdchn. — A. u. d. T.: Die Untersberg bei Salzburg. 12. (4 B.) München 831, [Jaquet.]

—Baierische Sagen; geschichtlich beleuchtet. 1s Bdchn. A. u. d. T.: der Untersberg bei Salzburg. 12. Münch. 832. Jaquet. 9 gr.

H. F. MASSMANN, Zum Schillerfeste 1859 in der Berlinischen Gesellschaft für deutsche Sprache. Berlin. s. a. Druck von J. F. Starcke. 8°.

– (Hrsg.), s. Ulfilas Die heiligen Schriften alten und neuen Bundes.

Maßmann, H. F., die hohe Schule. Ein Traum. Den Jugendfreunden zum Willkommen und Andenken bei der 300jähr. Jubelfeier Jena's. 8. (V und 66 S.) Berlin 858, F. Schneider. *

—— die baseler Todtentänze, s.a. Scheible, Schatzgräber.

Massmann, Prof. Dr. H. F., die *Baseler Todtentänze in getreuen Abbildungen.* Nebst geschichtlicher Untersuchung, sowie Vergleichung mit den übrigen deutschen Todtentänzen, ihrer Bilderfolge u. ihren gemeinsamen Reimtexten. Sammt e. *Anhang*: Todtentanz in Holzschnitten des XV Jahrh. Mit *Atlas*, enth. 81 Abbild. auf 22 Kpftaf., u. mit 27 lithogr. Bll. Stuttgart 1847 Verlag d. Herausgebers. Leipzig: Exped. d. Klosters. Kl. 8°. Atlas (dessen Titelbl. fleckig u. ausgebess.) in gr.-4°. Hsrsbde.
127 S. u. Beilagen. – Auch m. d. Titel „Der Schatzgräber in den literar. u. bildl. Seltenheiten, Sonderbarkeiten etc. hauptsächl. des deutschen Mittelalters. Hrsg. von J. Scheible. Th. 5." – Vergriffen'

—— die öffentl. Turnanstalt zu München. Nebst Beilage üb. Einrichtung v. Turnanstalten, u. Beiträgen z. Geschichte älterer deutsch. Leibesübungen. gr. 12. (4 B.) München 838, Lindauer'sche Buchh.

—— ΚΡΑΒΑΝΙΤΑΒΕΚΟΣ od. d. goth. Urkunden v. Neapel u. Arezzo. Roy.-Fol. (5 B. u. 2 Stnt.) Wien 838, Beck'sche Univ.-Buchh. *

— die Völker des Mittelmeers u. der Ostsee als Träger der menschheitlichen Bildung. Vortrag, auf Veranlassung des Berliner Hülfs-Vereins für das Germanische Museum zu Nürnberg, gehalten am 23. März 1859. Berlin 859. Rauh. gr. 8. (44 S.) n. 7½ ngr.

Massmann, H. F., Gothisches Wörterbuch, Sprachlehre, sieh Ulfilas. 1857.

Maßmann, Hans Fd., (auch Jh. Fd.,) Wunderkreis u. Irrgarten. Für Turnplätze u. Gartenanlagen. Mit 2 lith. Tafeln. gr. 8. Quedlinburg 844, Basse. ⅓ ℔

—— die Xylographa d. k. Hof- u. Staatsbibliothek sowie d. k. Universitätsbibliothek in München. Lex.-8. (2½ B., 1 Tab. u. 2 Stnt.) Leipzig 841, T. O. Weigel. *
Aus dem: Serapeum, besond. abgedruckt.

Massmann, H. F., das Zeitbuch des Eike von Repgow in ursprünglich niederdeutscher Sprache und in früher lateinischer Uebersetzung, s. Bibliothek des litterarischen Vereins in Stuttgart, Bd. 42.

Maßmann, J., s.: Gesetzbuch, das bürgerliche.

Massmann, J., die Orgelbauten des Grossherzogth. Mecklenburg-Schwerin. 1. Thl. A. u. d. T.: Die Orgelbauten der Residenzstadt Schwerin. Nebst einem Verzeichniss der von Fr. Ladegast und Fr. Friese erbauten Orgelwerke. gr. 8. (X, 147 S. mit 5 lithogr. Taf.) Wismar 875, Hinstorff'sche Hofbuchh. *

Massmann, Johannes Carolus Descriptio osteologica cranii myrmecophagae tetradactylae. Berolini (1823) Starck. 24 S. 4°
Berlin, Med. Diss. v 18. Nov 1823

Maßmann, Julius: Kaisersgeburtstag in der Vorschule. Oldesloe 1905: J Schüthe. (S. 3—10.) 4° [F.]
Oldesloe, RP 1905 (349)

Massmann, Wilhelm, appr. Arzt a. Kessebüren i. Westf.: Ein Beitrag zur Vaccine-Ophthalmie. Bonn 1908: J. Bach Wwe. (39 S.) 8°
Bonn, Med. Fak., Ref. Saemisch, Diss. v. 30. Juni 1908
[Geb. 24. Nov. 80 Kessebüren; Wohnort: Coblenz; Staatsangeh.: Preußen; Vorbildung: Archigymn. Soest Reife O. 00; Studium: Berlin 1, Bonn 4, München 1, Bonn 4 S.; Coll. 30. Juni 08; Approb. 1. Sept. 07.]

Massmann, *Friedrich* Wilhelm *Maria* [aus Telgte '(Westf.)']: Die Laparotomie bei Schussverletzungen des Abdomens ... Berlin, C. Vogts Buchdr., *1895*; 28 S., 2 Bl. 8.
Berlin, Med. Fak., Inaug.-Diss. v 28. März 1895

Maßnahmen der Behörden f. den Fall d. Auftretens der asiatischen Cholera. Nebst e. Anweisg. zur Ausführg. der Desinfection. Nach den Berathgn. der Commission im Reichsamt d. Innern am 27 u. 28. Aug. 1892. (Deutscher Reichs- u. Preuß. Staatsanzeiger Nr 204 u. 205 vom 30 u. 31. Aug. 1892.) 16. (13 S. m. 1 Plakat.) Berlin 892. R. v. Decker. n. — 20

Deutsches Reich. **Maßnahmen** zur Bekämpfung des Typhus (Unterleibstyphus) Berlin 1904 Paul 58 S 8°

Massnahmen, Die, des Bundes zur Hebung der schweizerischen Pferdezucht. St. Gallen 1884. V: *Stüssi, Hnr.* (BSchwLk V, 9 ab)

Maßnahmen gegen die Cholera. Amtliche Handausg f. das Großherzogt. Hessen. gr. 8. (30 S.) Darmstadt 892. (G. Jonghaus.) n. 20

— gegen die Cholera. Vom Reichskanzler im J. 1893 festgestellt. [Aus: „Veröffentlichgn. des kais. Gesundheitsamtes".] hoch 4. (12 S.) Berlin 893. J. Springer. n.n.n. — 10; 10 Expl. n. 1. —; 50 Expl. n. 5. —; 100 Expl. n. 8. 70; 1000 Expl. n. 80. —

Maßnahmen und Einrichtungen betr die Feuer- und Verkehrssicherheit in den Warenhäusern der Stadt Leipzig. Leipzig 1900.

Massnahmen, empfehlenswerte, bei Bränden. Aufgestellt vom Verbande deutscher Elektrotechniker auf der Jahresversammlg. zu Dortmund-Essen 1905. (4 S.) kl. 8. Berlin 905. J. Springer. 10 Stück n.n. — 25; Plakatausg. 10 Stück n. 3. —

Massnahmen zur Förderung der Pferdezucht in der Rheinprovinz Bonn. Landwirtschaftskammer 1909 30 S. 8°
(Veröffentlichungen d. Landwirtschaftskammer f. d. Rheinprovinz. 1909, No 2.)

Maßnahmen zur Förderung der Viehzucht. Niederschrift üb. d. Sitzung d. ständ. Komm. d. Kgl. Landes-Ökonomie-Kollegiums am 18. u. 19. Nov. 1910 in Berlin. Berlin 1910. 8°

Maßnahmen, forst- und wasserpolizeiliche. gr. 8. (10 S.) Klagenfurt 886, (v. Kleinmayr.) **
Aus: Beilage zum kärntner Gemeindeblatt, besonders abgedruckt.

Maßnahmen, die, auf d. Gebiete der landwirthschaftlichen Verwaltg. in Bayern 1890—1897. Denkschrift, ausgearb. im kgl. bayer. Staatsministerium d. Innern. Lex.-8. (VIII, 351 S.) München 897. R. Oldenbourg. n. 3. —

— die, auf dem Gebiete der landwirtschaftlichen Verwaltung in Bayern 1897—1903. Denkschrift, hrsg. vom königl. bayer. Staatsministerium des Innern. (XIII, 485 S.) Lex.-8. München 903. (R. Oldenbourg.) n. 3. —

Massnahmen (Gesetzliche) gegen den Grundstückswucher. Verhdlgn. d. 34. Plenarversammlung d. deutschen Landwirtschaftsrats. 8°. Berlin, P. Parey, 1906.

Massnahmen (Gesetzliche) gegen den Grundstückswucher. (Verhandlungen d. 36. Plenarversammlung des deutschen Landwirtschaftsrates.) (Aus: „Archiv des deutschen Landwirtschaftsrats".) Lex.-8°. Berlin, P. Parey, 1907.

— gegen den Kontraktbruch landwirtschaftl. Arbeiter. (Verhandlgn. der XXXV. Plenarversammlg. d. deutschen Landwirtschaftsrats. 1907.) (S. 475—510.) Lex. 8. Ebd. (907). nn — 50

—— sanitäre, gegen die Weiterverbreitung ansteckender Krankheiten. Mit Erlass der k. k. Bezirkshauptmannschaft Freiwaldau vom 20. Novbr. 1887, Z. 19, 999, allen Gemeindevorständen des polit. Bezirkes Freiwaldau zur Durchführung aufgetragen. 12. (26 S.) Freiwaldau 887, Blažek. *

Maßnahmen der deutschen Städteverwaltungen f. die Fleischversorgung der Bevölkerung. Notierung d Schlachtvieh- u. Fleischpreise. (Verhandlgn. d. XXXVIII Plenarversammlg. d. deutschen Landwirtschaftsrats 1910.) (S. 212—230.) Lex. 8. Berlin 910. P. Parey. nn — 75

— zur weiteren Steigerg. d. deutschen Vieh- u. Fleischproduktion u. zur Verbilligung der deutschen Fleischversorgung. (Verhandlgn. d. XXXV. Plenarversammlg. d. deutschen Landwirtschaftsrats. 1907.) (S. 385—445.) Lex. 8. Ebd. 907. bar nn — 50
4 Sonderabdr. aus „Archiv d. deut. Landwirtschaftsrats"

Massnehmekunst, oder: die Kunst, sich ohne fremde Beihilfe das Kleidermass regelrecht und gründlich nach einer ganz neuen, höchst einfachen und leichtfasslichen Methode selbst nehmen zu können etc. etc. Von einem Schneidermeister. *Neutitschein* 1858. *J. N. Enders.* 12 S. 1 Bl. Tab. kl. 8°.

Massner, Thomas s. La Chapelle, Jean de, et Massner, Thomas

(Massner, Thomas) [Apologia, das ist kurzgefaßte Schutzschrift.] 4. *o O* [1711].
12 S — cf Haller, Bibl 5, No 1855

(Massner, [Thomas].) [Bittschrift an seine] Gnadig-gebietende Herren und Obere &c. (Chur, den 12/23 Decembr. 1710.) 4. *o. O.*
cf Haller, Bibl 5, No 1801

Massner Thomas Schutz-Schrifft von Th' Masner Einem Hoch-ansehnlichen Congress einzugeben, mit gehorsamer Bitt, solche denen Löbl Gemeinden auch zu communicieren. (Chur den 14 Febr 1711) 4 o O

Maß-Notizbuch, neues, für Damenkleidermacher mit Rubriken für alle beim Maßnehmen vorkommenden Bemerkungen über Schnitt und Façon der bestellten Gegenstände, über etwaige Eigenthümlichkeiten in der Haltung des Körpers &c. Bearb. nach dem vollständ. „Lehrbuche der modernen Bekleidungskunst für Damen" v. C. Kawisch und H. Klemm jun. 4. Aufl. 16. (200 S.) Dresden 863, Klemm's Verlag. cart.

Maß-Notizbuch, neuestes, für Damenkleidermacher; mit besondern Rubriken für alle beim Maßnehmen vorkommenden Bemerkungen über Schnitt und Façon der bestellten Gegenstände &c. Bearb. nach dem vollständigen „Lehrbuche der modernen Bekleidungskunst für Damen" von C. Kawisch und H. Klemm jun. gr. 16. (96 S.) Dresden 852, Klemm's Verlag.

Massnotizbuch, neuestes praktisches, f. Herrenschneiderei. Tabellarisch geordnet u. m. prakt. Rubriken f. alle Vorkommnisse u. nöth. Bemerkgn. beim Massnehmen. Begründet v H. Klemm, neu bearb. v. Alb. Thiel. Speciell zu H. Klemm's neuestem „Handbuch der Bekleidungskunst f. Herren" u. anderen Körpermasssystemen zu benützen 21 Aufl. qu. 12. (8 S. u. Formulare) Dresden 892. H. Klemm's Verl. Geb. n. 2. 25

Maßny, Wilhelm

Massny, W., üb. die Bestimmung der Fallbeschleunigung g. Einige Transformationsmethoden zur Untersuchung der Eigenschaften ebener Curven. 4 (16 S.) Gross-Strehlitz 888. (Wilpert.) n. 1.—

Massny, Wilhelm Über einen besonderen Fall quadratischer Formation in der Ebene. 4 (20 S.). Progr. G. *Gross-Strehlitz* 1887 (195)

Maßny, Wilhelm Krümmung von Curven auf zylindrischen und konischen Rotationsflächen. *Beuthen O.-S. (1902): G. Sowinna.* (17 S.) 8°
Beuthen O.-S., k G, OP 1902 (192)

Massny, Wilhelm: Über ebene Curven, die bei circularer Inversion sich selbst zugeordnet sind. [o. O.], *1896;* 14 S. 4.
Beuthen O.-S., k. G, OP 1896 (170)

Masson, Ode, d. Gründung der Republik, deutsch v. Lassaulx mit dem französischen Grundtext. 4. Coblenz, Lassaulx. 802.

Masson, s. a Le Masson.

Masson, Major, geheime Denkwürdigkeiten über Rußland, s. a Bibliothek ausgew. Memoiren des XVIII. u. XIX. Jahrhunderts.

Masson's, Major, geheime Denkwürdigkeiten über Russland. Mit einer Einleitung Russische Geschichten im XVIII und XIX Jahrhundert. (Aus „Pipitz und Fink. Bibliothek ausgewählter Memoiren des XVIII. und XIX. Jahrhunderts". Mit geschichtlichen Einleitungen und Anmerkungen. 2. Bd.) 8. Belle-Vue, bei Constanz 1844.

Masson, le Colonel de, les Sarrasins en France. Poëme en XV themes. 2 Vol. gr. 8. Nuremberg, Campe. 816.

Masson, Al. le — die Grenzen Frankreichs. (les limites de la France). Uebersetzt und mit Randglossen versehen vom Verfasser der Schrift: „Der neue Kaiser der Franzosen." 8. (74 S.) Wien, Jasper's Witwe und Hügel 1853.

***Masson*, C. F. Ph., annuaire statistique du departement de Rhin et Moselle pour l'an 1808.** 8 Coblenz 809. Hölscher. 12 gr

Masson, C F. Ph. („ehemals Premier Major in russischen Diensten u. geheimer Sekretär des Grosfürsten [!] Alexander Pauloides"), Briefe eines Franzosen an einen Deutschen, zur Beantwortung des merkwürdigsten Jahrs des Hrn. v. Kotzebue, und als Anhang zu den geheimen Nachrichten über Rußland, nebst der Geschichte der Deportation und Flucht des Verfassers (Masson's). Basel, in der Deckerschen Buchhdlg., und (gedr.) Koblenz, bei Bgr (!) Lassaulx. Jahr 10—1802. 8°.
Tit., 385 S., 1 S. Druckf. — „Masson's Abwehr Kotzebue'scher Verunglimpfungen am Schluss (Bd. II, 2. Hälfte) des folg. Buches." Letzterer hatte M als Verf. der „Mémoires secrets de la Russie" denunzirt, wofür K. im vorliegenden Buche (S 3) als „bezahlter Scribler", und seine Angriffe als „feiler und pöbelhafter Ausfall" (S 4) bezeichnet werden.

—**Briefe e. Franzosen an e. Deutschen z. Beantwortung d. merkwürdigen Jahres v. Kotzebue.** 8. Basel 802. Decker. (Lassaulx in Andernach). 1 ℛ 8 gr (A. u. d. T.: Geheime Nachrichten üb. Rußland. 4r Thl. (vergl. *Lettres* d'un français.)

— — dies. 8. Coblenz, Pauli u. Comp. 802.

— — dies. franz. 8. Ebend. 802.

— — dies. 8. Basel. (Levrault, Straßb.) 800.

Masson, C. F. Ph., les Helvétiens, en 8 chants. 12 Paris. (Tourneisen, Cassel.) 800.

—geheime Nachr. üb. Rußland unt. d. Regierung Katharina II. u. Pauls I. 3 Thle. 8. Straßb. 800, 801. Levrault. 4 ℛ 8 gr. 4r Thl., s. oben Briefe e. Franzosen &c. (a. Treuttel u. W.)

Masson, Carl, s. Masson, Karl

Masson, E. De la littérature française depuis le 11me jusqu'au 16me siècle, sa formation, son esprit, son caractère. Chemnitz, Handelslehranstalt, 1863. 38 S. Progr.

Masson, F., des matières colorantes du groupe Indigo. 8. Berne, Huber & Co. 1875? —. 75

Masson, Frdr., die verstoßene Josephine, Gemahlin Napoleons I., s. a. Napoleon I.

Masson, Frdr., die verstoßene Josephine, Gemahlin Napoleon I. (1809—1814.) Uebertr. von Osk. Marschall v. Bieberstein. gr. 8. (VIII, 278 S. m. Abbildgn.) Leipzig 902. H. Schmidt & C. Günther. n. 6.—; geb. n. n. 7. 50

Masson, Frdr., Napoleon I. u. d. Frauen. Uebertr. v. Osk. Marschall v. Bieberstein. 1.—4. Aufl. gr. 8. (V, 274 S. m. 11 Bilder-Taf.) Leipzig 895. H. Schmidt & C. Günther. n. 3. 60; geb. n. n. 4. 60

Masson, Friedrich Napoleon I und die Frauen. Mit 49 Abbildungen und 2 Briefen in Facsimile. Uebertragen von Oskar Marschall von Bieberstein. 7 Auflage 8 Leipzig 1899

Wenigstens die neunte Auflage.
— — Dasselbe. Ebd. 1903. 8°. (Origlwd. Mk. 5,60.) (2 Mk. 50 Pfg. J. Eckard Mueller, Halle, 1907.)

— Napoleon I. u. die Frauen. Mit 51 Abbildgn. u. 2 Briefen in Fcsm. Uebertr. v. Osc. Marschall v. Bieberstein. 9.—11. Tausend. (312 S.) gr. 8. Leipzig 905. H. Schmidt & C. Günther. n. 2. —; geb. n. 3. —

Masson, Friedrich. Napoleon I zu Hause. Der Tageslauf in den inneren Gemächern der Tuilerien. Uebertragen und bearbeitet von Oskar Marschall von Bieberstein. Mit 12 Original Vollbildertafeln von F. von Myrbach. 8. Leipzig (1894).

— Napoleon I. zu Hause. D. Tageslauf in den inn. Gemächern der Tuilerien. Uebertr. u. bearb. von Osk. Marschall v. Bieberstein. M. 12 Orig.-Vollbildertaf. von F. v. Myrbach. gr. 8. (III, 303 S.) Ebd. 895. n. 4. 60; geb. n.n. 5. 60

— — Napoleon I. zu Hause. Der Tageslauf in den inneren Gemächern der Tuilerien. Mit 12 Vollbildern von F. v Mirbach. Leipzig 1903. 8°. (Origlwd. Mk. 5,60.) (2 Mk. 50 Pfg. J. E. Mueller, Halle, 1907.)

— Napoleon I. zu Hause. Der Tageslauf in den inneren Gemächern der Tuilerien. Uebertr. u. bearb. von Osk. Marschall v. Bieberstein. Mit 12 Orig.-Vollbildertaf. von F. v. Myrbach. 4.—5. Tausend. (III, 303 S.) gr. 8. Leipzig 904. H. Schmidt & C. Günther. n. 4. 60

— dasselbe. — Napoleon I. u. die Frauen, s.: Napoleon I.

Masson, H. N., Appendix zu Schiller's Wilh. Tell oder nothwend. Reisebegleiter in die Schweiz, wenn man die durch Schiller verherrlichten und zu klass. Punkten geschaffenen Oertlichkeiten und Gegenden mit höherem Genuss und besserem Verständniss betreten und beschauen will. gr. 16. (VIII, 52 S. mit 5 feinen Stahlst.) Frankfurt a. M. 870, Hess. *

Masson, I., Q. Horatii Fl. vita, ord. chronol. delin. 8. Leyden. 708.

— C. Plinii sec. vita. 8. Amst. 709.

Masson, J. F., ein Schweizer-Herz. Deutsch von Gottlob Fink. 16. (150 S.) Baden 851, Zehnder.

Masson, Joh. Bapt., erweiterte Dispositionen f. d. Kanzel. I.—III. gr. 8. München, M. Kellerer. à 1. —
I. Die Sonntage des Kirchenjahres. (47 S.) 909.
II. (Neue Folge.) Die Feste des Herrn, Mariens u. der Heiligen. (46 S.) 910.
III. Grabreden. (40 S.) 910.

Masson, Karl

Masson, Carl, geheime Denkwürdigkeiten üb. Rußland, s. Bibliothek ausgewählt. Memoiren.

Masson, Carl, Reisen in Beludschistan rc., s. Weltpanorama, 7.—15. Thl.

(Masson, L., F Th.) Geheime Nachrichten über Russland unter der Regierung Katharinens II. und Pauls I. Ein Gemälde der Sitten des Petersburger Hofes gegen Ende des XVIII. Jahrhunderts. (4 Bde.) 8. Paris 1800—1802.

Masson, Ludovic, die Seele des Frauenmörders. Bekenntnisse eines Entarteten. Ein Beitrag zur Psychologie des Sexualverbrechers. (172 S.) 8. Berlin-Friedenau 908. Columbus-Verlag. 2. 50

† Masson, Mich. (Michael Raymond,) Albertine, nach d. Französ. v. Wilh. Widder. 3 Bdchn. in 1 Bde. 8. (15 ½ B.) Stuttgart 846, Hallberger'sche Vrlgsh.

—— und A. Luchet, die Auferstehung vom Tode. N. d. Franz. Frei bearb. v. L. Kruse. 3 Thle. 8. (60 ½ B.) Leipzig 838, Kollmann.

—— Basilius. Nach d. Franz. v. Wilh. Ludw. Wesché. 2 Thle. 8. (42 B.) Leipzig 842, Kollmann.

Masson, Mich., das Königshaus Bayern genealogisch bearb. und mit historisch-biograph. Notizen erläutert. gr. 8. (X und 174 S. mit eingedr. Holzschn.) München 854, (J. A. Finsterlin.) geb. mit Goldschn.

— et E. Scribe, Didier l'honnête homme, s.: Théâtre Français publié par C. Schütz. Série IX, 4. livr.

† Masson, Mich., (Michael Raymond,) Eine Dornenkrone. A. d. Franz. übertr. v. L. Kruse. 3 Thle. 8. (52 ½ B.) Leipzig 837, Kollmann.

—— Erinnerungen eines Mannes aus d. Volke. Erzähln. A. d. Franz. (1—4. Thl.) v. L. Kruse. u. (5—8. Thl.) von L. v. Alvensleben. 8 Thle. 8. (168 ¼ B.) Leipzig 839—42, Kollmann. [1—7. à 1 ¼ Thlr., 8. 1 ½ Thlr.]

— u. A. Bourgeois, die Geheimnisse des Carnevals, siehe: Bourgeois, A.

— Rosa Himmel. Aus d. Französ. von Karl Frey. gr. 12. Braunschweig 843, G. C. E. Meyer sen. 1 ₰

† Masson, Michel, die berühmten Kinder, s. Kinder.

—— die berühmten Kinder, s. Zoller, A.

—— die eiserne Lampe. Deutsch v. L. v. Alvensleben. 2 Thle. 8. (33 ¾ B.) Leipzig 835, [Friedlein u. Hirsch.]

— u. J. B. P. Lafitte, die drei Marien. Aus d. Französ. von Wlh. Ldw. Wesché. 2 Bde. kl. 8. Leipzig 841, Kollmann. 3 ¾ ₰

† Masson, Mich., s. Raymond, Mich.

— s. Werkstatts-Erzählungen

Masson, Mor., die Weisheit des Volks. Einiges aus dem Sprichwörterschatz der Deutschen, Russen, Franzosen und anderer ihnen stammverwandten Nationen. Gesammelt und nach der Analogie gruppirt. br. 8. (VIII, 390 S.) St. Petersburg 868, (Hoppe.) *

de Masson, Pt. Konr., les Sarrasins en France. Poeme en XV them. gr. 8. Nürnb. 816. Campe. 3 ₰

Masson-Forestier, das Gewissen des Advokaten. Autoris. Übersetzg. v. Ernst Peters. 8. (155 S.) Berlin (901). H. Steinitz. Kriminal-Bibliothek. Neue 5. n. 2. —

Masson-Forrestier, eine Sühne, s.: Engelin's Roman- u. Novellenschatz.

Masson de Pezay s. Pezay

Massoni, Alessandro, s.: Aktenstücke, kirchliche.

Massonius, Marian. Ueber Kant's transcendentale Aesthetik. Eine krit. Untersuchg. Diss. gr. 8. (XI, 178 S.) Lpz. 890, (Fock). * 2 40

Massorah Die Massorah der östlichen und westlichen Syrer in ihren Angaben zum Propheten Jesaia nach fünf Handschriften des British Museum in Verbindung mit zwei Tractaten über Accente herausgegeben und bearbeitet von Gustav Diettrich London 1899

Massordnung für das Grossherzogtum Baden. 2. Ausgabe. Karlsruhe 1857

Maß- und Gewichtsordnung, die. Gesetz vom 29. April 1869. 8. (7 S.) Würzburg 869, Stahel'sche Buchh.

—— —— vom 17. August 1868 und Eich-Ordnung vom 16. Juli 1869 für das deutsche Reich. Erläutert und für den prakt. Gebrauch bearb. 2. vervollständ. Aufl. gr. 8. (VIII, 120 S.) Berlin 872, Kortkampf. cart. *

—— —— dass. — Nachträge. gr. 8. (IV, 88 S.) Ebendas. 873. *

Mass- und Gewichtsordnung für den Norddeutschen Bund vom 17.8.68. Aus den Materien erläutert. Mit Anhang Zusammenstellung der Verhältniszahlen der alten Masse u Gewichte zu den neuen u d. Anweis. f. Eichungsstellen. Berlin 1869

Mass- und Gewichtsordnung, die, des Deutschen Reiches. Amtliche Ausgabe für Württemberg, veranstaltet durch die Königliche Zentralstelle für Gewerbe und Handel. Stuttgart 1871

Maß- und Gewichts-Ordnung, die, des Deutschen Reiches mit den zugehörigen Verordnungen, Bekanntmachungen und Instruktionen. Neue amtl. Ausg. für das Königr. Württemberg, veranstaltet durch die königl. württemberg. Zentralstelle für Gewerbe und Handel. gr. 8. (VII, 628 S. mit eingedr. Fig. und 2 Taf.) Stuttgart 886, Kohlhammer. * geb. *

—— —— dass. — Ausg. für die Faßaichanstalten. gr. 8. (V, 157 S.) Ebendas. 886. *ℳ 1.20.; geb. *

Massoreth Hammassoreth, d. Elias Levita, ins Deutsche übers. v. Chr. G. Meyer, mit e. Vorrede v. Semler. 8. Halle 772. Schwetschke u. S. 16 gGr

Massot, Wilh., kurze Anleitung zur Appretur-Analyse. gr. 8. (VIII, 95 S. m. 2 Fig. u. 1 Tab.) Berlin 900. J. Springer. Geb. in Leinw. n. 2. 60

Massot, Wilhelm [aus Darmstadt]: Über Condensationsversuche von Ketonen mit Malonsäure und die dabei entstehenden Säuren . Leipzig, Metzger & Wittig, 1893; VI, 54 S., 1 Bl. 8.
Leipzig, Phil. Fak., Inaug.-Diss. v [18. Dez.] 1893

Massot, Wilh., Textil-Industrie, s.a. Sammlung Göschen.

Massot W. Textilindustrie. III. Wäscherei, Bleicherei, Färberei und ihre Hilfsstoffe. (152 S) (Sammlung Göschen 186) 16° Leipzig 1904

Massoulle, Ant., auserlesene Betrachtungen. 8. Augsb. J. Wolf.

— meditationes. 8. ibid. 737.

Massow, Julie v. †. 8. (8 S.) Augsburg 901. Literar. Institut v. Dr. M. Huttler. n.n. — 10
Sonderabdruck aus: „Augsb. Postzeitg., Beilage".

Massow, A. v., Völlerei, Unzucht, Hazard. Ein Wort an seine Kameraden in der deutschen Armee. (20 S.) gr. 8. Leipzig 903. H. G. Wallmann. n. — 80

Massow, Clara, s. Massow, Klara

Massow, Conrad, s. Massow, Konrad

Massow, E. v. Vide: Münsterberg, E.

Massow

Massow, Eberhard Jul. Wilhelm Ernst von

v. Massow, Ebh. Jul. W. E.: Anleit. z. prakt. Dienst d. Königl. Preuss. Regierungen, Landes- u. Unter-Justiz-Collegien, Vormundschaftscollegien u. s. w. *Berl. u. Stett.*, Nicolai. 792—98. 2 Thle. 8. (2 Thl. 16 Gr.) 2e nach d. Zustande bis 1. Decbr. 815 umgearb. A. *Ebend.* 816. 3 Thle. gr. 8. (2 Thl. 8 Gr.)

v. Massow, Ebhd. Jul. Wlh. Er. († d. 22. Juli 1816.) Anleit. zum prakt. Dienst d. Königl. Preuß. Regier. Landes- u. und Unterjustizkollegien, Consistorien 2c. 2 Thle. gr. 8. Berl. 792. 2e Aufl. in 3 Bänden. gr. 8. Ebd. 816. Nicolai. 2 ß 8 gGr

[Massow, Eberh. Jul. Wilh. Ernst v.]: Auszug der neueren Gemein-Preußischen Gesetze u. Verordnungen vorzügl. in Regierungs- Hoheits- Justiz- Consistorial- Schul- u. Vormundschafts-Sachen seit dem 1. Juny 1794. H. 1—6. Stettin 1797—99.

— **Eberhard Jul. Wilhelm Ernst von,** Regii Joachimici examen publicum in diem trigesimum primum Martii et sequentes constitum studiis et frequentia concelebrent Senatum scholasticum amplissimum spectatissimum . . . . Berlin (J. C. Fr. Rellstab) 1880. 27 S. mit Namen. (4.50) 22359

—Handbuch d. Literatur 2c. 2 Thle u. Anh. gr. 8. Berl. 794. Nicolai. 3 ß

— Handbuch d. K. Preuß. Stempelgesetze. gr. 8. Stettin, Autor. 795.

van Massow, G. J. C., commentatio de publiciana in rem actione. 4maj. Leyd. 818. (Leipz., Weigel). 9 gGr

— **Johann Christian** (Wolgast / Pommern), De poenitentia philosophica. Präs. Joach. Ehrenf. Pfeiffer. Jena (J. Chr. Croeker) April 1742. 36 S. (4.—) 22360

Massow, Julie v., Abendgebete zum Psalter. gr. 8. (XIV, 150 S.) Gotha 877. Schloeßmann. n. 2. —; geb. n. 2. 80

Massow, Julie v., geb. v. Behr, Abendgebete zum Psalter, bestimmt zur Abend-Andacht für Psalmenfreunde, insbesondere für die Mitglieder des „Psalmenbundes" U. O. U. 3. Aufl. zum XXV. Jubiläum des Psalmenbundes. Hrsg. von Max Huttler. 16. (XXX, 300 S.) Augsburg 888, Literar. Institut von Dr. M. Huttler.

—— Dorotheen-Körblein. Beiträge zur Reunionsfrage. Aus der Zeitschrift „Ut omnes unum" (o. S. 8). Mit Erlaubnis der Verfasserin herausgeg. von Joseph Beer. Das. 1895, 16°, 757 S. mit Titelbild, 3,20 Mk.

Massow, Julie v., geb. v. Behr, Dorotheen-Körblein. Beiträge zur Reunionsfrage a. d. Zeitschrift „Ut omnes Unum", m. Erlaubnis d. Verf. hrsg. v. Jos. Beer. gr. 16. (XI, 757 S. m. Titelbild.) Augsburg 896. Literar. Institut v. Dr. M. Huttler. n.n. 3. 20

Massow, Julie v., geb. v. Behr, s.: Friedensblätter.

—— Gebets- und Aufnahmeformular für den Psalmenbund. 32. (4 S.) Ebendas. 888. 100 Stück *

—— dass. — für den Gebetsverein Ut omnes unum. 32. (4 S.) Ebendas. 888. 100 Stück *

— s.: Kalender f. den Psalmenbund.

— Leben u. Lieben im Liede. Gesammelte Lieder. Hrsg. v. M. Huttler. 1. u. 2. Thl. 16. Ebd. à 1. 50
1. (XVI, 312 S.) 888. — 2. (S. 313—539.) 889.

Massow, Julie v., geb. v. Behr, Leben u. Lieben im Liede. (2. Bd.) 3. u 4. Thl. Hrsg v. Dr. M. Huttler's Nachf.: Mich. Seitz. 16. (XLVI u. S. 541—950.) Augsburg 889. Literar. Institut v. Dr. M. Huttler n. 2. — (1—4.: n. 4. 70
2. Thl. (1889.) n. 1. 20. Berichtigung der Preisangabe in Bd. XXVI d. Bücher-Lexikons.

— Liedermappe f. das christliche Haus. I u. II. Lex.-8. Ebd. à n. 3. —
I. Siehe doch, wie ich dich liebe! (VII, 75 S. in Mappe.) 888. — II. Zum Feierabend. (VII, 47 S.) 894. Kart.

Massow, Julie v., Ut omnes unum sint! Eine Herde u. ein Hirt. Augsburg. Litt. Institut (Huttler, jetzt Seitz). 1894, 8°, 24 S.
Unter dem Titel versendet die „Psalmenmutter" ihr rotes Heftchen für 1894, enthaltend d. Encyclica Leos XIII. v. 20. Juni 1894 (s. vorstehend) . . . mit entsprechender Einl., Litanei u Gebeten. M. Höhler, Linzer Th.-pr. Quartalschr. 1895, S 485. Über die edle Konvertitin u. ihre Bestrebungen s. a. a. O. 1892, S. 770—2.

—— s. Psalmenbund-Kalender.

—— hundert Weihnachtsbildchen nach den Meistern Ludw. Richter, Joh. Klein und Altmeister Martin Schongauer mit Liedertexten für Kinder. 32. Ebendas. 886. In Enveloppe (100 Stück) *

— s.: Weihnachtsglöcklein.

Massow, Klara v

Massow, Clara v., geb. v. Kamecke, das Stiftsfräulein. Socialer Roman. 2 Thle. 8. (339 S.) Leipzig 856, Kollmann.

Massow, Konrad v

Massow, C. v., Bericht aus der Praxis über die Einrichtung von Unterstützungs-Stationen für bedürftige Wandersleute. (14 S.); 2. Aufl. gr. 8. (16 S.) Uelzen 884, Starcke. **

Massow, C. v., Andreas Graf v. Bernstorff, Wirklicher Geheimer Oberregierungsrat, Vorsitzender d. Berliner Vereins zur Fürsorge f. die weibl. Jugend. Heimgegangen am 21. IV. 1907. Gedächtnisrede, geh. bei der v. Verein veranstalteten Trauerfeier am 14. V. 1907. (16 S.) gr. 8. Hamburg (907). (Agentur d. Rauhen Hauses.) — 40

Massow, C. v., die Gottheit Christi. Erwiderung e. Laien auf die Schrift d. Hrn. Professor Adolf Harnack: Das apostol. Glaubensbekenntnis. gr. 8. (77 S.) Gütersloh 893. C. Bertelsmann. n. 1. —

Massow, C. v., d. soziale Frage v. konservativen Standpunkt, s.a Zeitfragen d. christl. Volkslebens.

Massow, C. v., Die soziale Frage vom konservativen Standpunkt. (Zeitfragen d. christl. Volkslebens, Heft 175.) gr. 8°. Stuttgart 1899.

— d. Fürsorge f. Obdachlose in d. Städten, s.: Münsterberg, E.

Massow, C. v., das preußische Fürsorgeerziehungsgesetz v. 2. VII. 1900 u. die Mitwirkung der bürgerlichen Gesellschaft bei seiner Ausführung auf Grund der Ausführungsbestimmgn. v. 18. XII. 1900 bearb. gr. 8. (72 S.) Berlin 901. Nicolai's Verl. n. 1.—

Massow, C von Das Gesetz über den Unterstützungs-Wohnsitz vom 6 Juni 1870 und die Natural-Verpflegungsstationen in Nieder-Oesterreich Von C von Massow Wustrau. 1888 8°

— der Mord an Justizrat Levy u. die Grossstadt-Jugend. Vortrag, geh. in e. v. Ostdeutschen Jünglingsbund veranstalt. Versammlg. am 23. Oktbr. 1896 zu Berlin im Saale des Handwerker-Vereins. gr. 8. (24 S.) Berlin 896. Buchh. d. Ostdeutschen Jünglingsbundes. n. — 50

Massow, Nachrichten über das Geschlecht Derer v. Massow. Mit dem (chromolith.) Familien-Wappen, dem (Lichtdr.-)Bildnisse des Paul Herm. Adph. v. Massow u. einer lith. Stammtaf. Lex.-8. (VIII, 376 S.) Berlin 878. Mittler & Sohn. n. 12. —

—— über die Naturalverpflegungs-Stationen, deren Fortschritte im Deutschen Reich und über ihre Wirkung, insbesondere über die Mängel, welche sich bei ihnen herausgestellt haben und wie dieselben zu heben. Ueber ein gleichmäß. Verfahren gegen die armen Wanderer an Sonn- und Festtagen. Ausarbeitung eines in der 2. Versammlung der Mitglieder des Centralvorstandes deutscher Arbeiter-Kolonien zu Berlin am 18. Febr. 1885 erstatteten Referats. 3. Aufl. gr. 8. (46 S.) Bielefeld 886, Schriften-Niederlage Bethel. *

Massow, C. v., die Naturalverpflegungs-Stationen und die Nothwendigkeit ihrer Reform als Voraussetzung ihres Fortbestehens. Bericht der Commission des Central-Vorstandes deutscher Arbeiterkolonien für die Februarsitzung 1887. 8. (45 S.) Bethel bei Bielefeld 887, Schriften-Niederlage. *

—— die Naturalverpflegungsstationen. Referat, erstattet auf der XXIII. Jahresversammlung der südwestdeutschen Conferenz für innere Mission in Karlsruhe am 3. Mai 1887. 8. (16 S.) Karlsruhe 887, Evangel. Schriftenverein für Baden. *

— d. Reform uns. polit. Parteilebens. M. e. Nachwort: Deutsches Parlament, deutsche Nation u. Bismarcks 80. Geburtstag. (Fortsetzg. v. „Reform od. Revolution!") gr. 8. (III, 61 S.) Berlin 895. O. Liebmann. n. 1. —

— Reform od. Revolution! gr. 8. (IX, 291 S.) Berlin 894 O. Liebmann. n. 4. —

— Reform oder Revolution! 2., veränd. Aufl. 3. bis 7. Taus. gr. 8. (VIII, 245 S.) Ebd. 895. n. 2. —; geb. n. 3. —

– die Reform der Vereinsbestrebungen auf d. Fürsorgegebiet. Beilage zu d. Protokoll d. Sitzg. d. Centralvorstandes deutscher Arbeiterkolonien v. 18. III. 1897. gr. 8. (39 S.) Bielefeld-Gadderbaum 897. Bethel bei Bielefeld, Buchh. der Anstalt Bethel. n. — 30

— Statistik der Naturalverpflegungsstationen in Deutschland im J. 1890. [Aus: „Arbeiter-Kolonie".] gr. 8. (22 S.) Gadderbaum 891. W. Bertelsmann. (Bielefeld, Schriften-Niederlage der Anstalt „Bethel".) n. — 20

Massow, C. v., das Verfahren in Verwaltungs-Streitsachen. Handbuch für den pract. Gebrauch. 1. Abthl.: Das Verfahren im Allgemeinen. gr. 8. (IV, 120 S. und Anlagen 38 und 36 S.) Berlin 876, Puttkammer und Mühlbrecht. *
Nicht weiter erschienen.

Massow, Marion von

Massow, M. v., junge Sehnsucht. Gedichte. (Buchschmuck v. Ernst Hanneck.) (IV, 104 S.) kl. 8. Hanau (904). Clauß & Feddersen. n. 2.40; geb. n. 3. —

Junge Sehnsucht, Gedichte von M. v Massow Hanau Clauß & Feddersen [1905]. (104 S.) 8° [F.] 05. 9749 4

Massow, Marion v., junge Sehnsucht. Gedichte. 2. Aufl. (Buchschmuck v. Ernst Hanneck.) (IV, 106 S.) kl. 8. Hanau (907). Claus & Feddersen. 2.40; geb. in Lw. 3. —

Junge Sehnsucht Gedichte von M. v Massow 2. Aufl. Hanau Clauss & Feddersen [1908]. (106 S.) 8° [F.] 08. 13743 4

— Die schwarze Sirene. Aus d. Leben e. Offiziersfrau. (216 S.) 8. Leipzig (908). J. Püttmann. 3. —;
Aus dem Buchhandel zurückgezogen. geb. in Leinw. 4. —

Massow, Paul Herm. Adph. v., und Ewald Ludw. Val. v. Massow, Nachrichten über das Geschlecht Derer v. Massow. Mit dem (chromolithogr.) Familien-Wappen, dem (Lichtdr.-) Bildnisse des Paul Herm. Adph. v. Massow und 1 lithogr. Stammtaf. Lex.-8. (VIII, 376 S.) Berlin 878, Mittler und Sohn. *

Massow, Wilh v., s. Bülow's, Fürst, Reden.

Massow, Wilh. v., aus Krim u. Kaukasus. Reiseskizzen. Mit 1 Titelbilde u. 37 Abbildgn. im Text, sowie 1 Übersichtskarte. gr. 8. (VIII, 142 S.) Leipzig 902. G. Wigand. n. 3. 60; geb. in Leinw. n. 4. 80

— Militarismus od. Milizsystem?, s. a Bücherei, burschenschaftliche. I. 3.

Militarismus oder Milizsystem? Von Wilhelm v. Massow Berlin: C. Heymann 1900. (55 S.) 8° [F.]
— Bücherei, Burschenschaftliche. Bd 1, H. 3.

— d. Polen-Not im deutschen Osten. Studien z. Polenfrage. gr. 8. (IV, 429 S.) Berlin 903. A. Duncker. n. 5. —

— Die Polennot im deutschen Osten. 2., umgearb. Aufl. (VII, 427 S.) 8. Berlin 907. Schöneberg, A. Duncker. 3. —; geb. 4. —

Maßregeln

MASSREGELN gegen die Augenentzündung der Neugeborenen. (Ohne bes. Titelblatt. – Ph. Gehly. Köln.) 8°.
Die Augenentzündung der Neugeborenen. Von SAEMISCH. Bonn, den 20. September 1883. (Ohne bes. Titelblatt. — Ph. Gehly. Köln.) 8°.

— gegen die Cholera. Die amtl. Erlasse Bayerns u. Preussens betreffs der Cholera, sowie die Beschlüsse der Reichs-Cholera-Commission in Berlin. gr. 8 (16 S.) München 892 J F Lehmann's Verl. n. — 20

Massregeln zur Errichtung einer Wittwen- und Waisenkasse durch Friedrich Karl Joseph, Erzbischof zu Mainz, 1. Oct. 1784. fol.

MASSREGELN gegen die Folgen der Ueberschwemmung in gesundheitlicher Beziehung. (Ohne bes. Titelblatt. — Druck von M. DuMont-Schauberg in Köln.) 4°.

Massregeln. – Die Massregeln zur Herbeiführung einer grösseren Zuverlässigkeit der Ernte-Berichte Karlsruhe 1870 fol Aut

Maßregeln, die neuesten vom Deutschen Reiche m. den Bundesregierungen vereinbarten, gegen die Cholera. Nach den Beschlüssen der Cholera-Kommission vom 27. u. 28. Aug. 1892. Lex.-8. (7 S.) Berl. 892, Springer. ** — 10; 10 Stück * 1 —
Aus Veröffentlichungen d kaiserl. Gesundheitsamtes, besonders abgedruckt.

Massregeln gegen die Reblaus (preuss. Gesetz-Sammlung Nr 8557). 1878. 4°

Maßregeln gegen die Reblauskrankheit. Sammlung der in Geltg. befindl. reichs- u. landesgesetzl. Vorschriften, sowie e. Anzahl ergangener Vollzugsverfüggn. Amtliche Ausg. gr. 8. (III, 47 S.) Darmstadt 886. (Jonghaus.) n.n. — 50

— gegen die Reblauskrankheit. Sammlung der in Geltg. befindl. reichs- u. landesgesetzl. Vorschriften, sowie e Anzahl ergangener Vollzugsverfüggn. Amtliche Ausg. 2. Aufl gr. 8. (II, 66 S.) Darmstadt 894. (G. Jonghaus.) n. — 60

Maßregeln gegen die Rinderpest. 4. (8 S.) Linnich 872, Quos.

Maßregeln gegen die Rinderpest. 4. (8 S.) Linnich 873. Quos. — 7

[F.] Die sanitätspolizeilichen Massregeln bei den ansteckenden menschlichen Krankheiten Textausg. m. Anm. u. Sachreg. E. Hand- u. Nachschlageb. v. W[ilhelm] Assmann, Polizei-Commissar zu Bochum. *Arnsberg: F. W Becker 1896.* (4 Bl., 199 S.) 1 Bd 8. 97. 149

— gegen Verbreitung der Schwindsucht. Plakat. 32,5 × 21 cm. Berlin 891 Hayn's Erben.
Für 100 Expl. n.n. 2. —

Mass-System, einheitliches, für Deutschland. Bearbeitet vom Vorstande des Architekten- u Ingenieur-Vereins für das Königreich Hannover Hannover 1860

Mass- u. Gewichtssystem, das metrische, gegründet auf 1 Meter = $\frac{1}{10{,}000{,}000}$ des Meridianquadranten. 65 × 50 cm. Neuwied (901). Heuser's Verl.
Auf Leinw. m. Stäben n. 1. 60

Maß- u. Gewicht-System, das metrische, nebst Vergleichg. m. den bisher üblichen Maßen u. Gewichten u. den dazu gehör. Reduktionstab. Ein Hülfsbüchlein f. Jedermann bei Einführg. der neuen Maße u. Gewichte. Bearb. v. G. L. 8. (20 S.) Thun 871. Stämpfli. n. — 25; geb. — 35

Mass- und Gewicht-System, das metrische, nebst Vergleichungen mit den bisher üblichen Massen und Gewichten und den dazu gehörenden Reduktionstabellen. Thun, E. Stämpfli. 1876. —. 40

Mass- und Gewichtstabelle. Auf Leinw. mit Ösen K 1.20
Wien Sirk & Spadinger 1906

Maß-, Gewichts- und Münz-, nebst anderen Hilfs-Tabellen für Kaufleute, Fabrikanten, Gewerbtreibende, dann Lehrer und Schüler an Gewerbs- und Handelsschulen. Lex.-8. (88 S. mit 2 Tab. in gr Fol.) Nürnberg 856, v. Ebner'sche Buchh. [Verlags-Cento.]

Masstabellen f. die Schuhfabrikation. (23 S.) Lex.-8. Berlin (904). Kampffmeyer'scher Verlag. n. 1. —
Sonderabdruck aus: „Schuh & Leder".

Mass- und Gewichts-Taschenbuch, Fromme's allgemeines. Ausführliche Umwandlungs-Tabellen sämmtl. in Oesterreich-Ungarn gebräuchl. alten und neuen Masse und Gewichte. Berechnet und zusammengestellt von einem Fachmanne. 7. Jahrg. von Fromme's Mass- und Gewichts-Kalender. 1880. gr. 16. (224 S.) Wien, Fromme. geb. in Leinw.
Jahrg. 1881 und 1882 s. Mass- und Gewichts-Kalender, allgemeiner.

—— —— dass. — 1883—1885. gr. 16. (à Jahrg. ca. 230 S.) Ebendas. geb. in Leinw. à Jahrg. *

Mass- u. Gewichts-Taschenbuch, Fromme's allgemeines. Ausführliche Umwandlungs-Tabellen sämmtl. in Oesterreich-Ungarn gebräuchl. alten u. neuen Masse u. Gewichte. 8. Jahrg. v. Fromme's Mass- u. Gewichts-Kalender. gr. 16. (224 S.) Wien 890, Fromme. geb. * 2 —

Massute, Alb., fürs Kinderherz. Gedichte für Kinder. Mit 6 (chromolith.) Bildern von Fed. Flinzer. 4. (VIII, 47 S.) Glogau 882. Flemming. geb. 2. 50

Massute, Ernst [aus Cüstrin]: Das Dörr-Gemüse in seiner volkswirthschaftlichen Bedeutung. . (Aus: Journal f. Landwirthsch. Bd. XXXIX, H. 2.) Göttingen, Druck d. Dieterich schen Univ.-Buchdr., 1891, 3 Bl., 32 S., 1 Bl. 8°
Leipzig, Phil. Fak., Inaug.-Diss. v [10. Aug.] 1891

Massute, Friedrich [aus Cüstrin] Beiträge zur Kenntnis der chemischen Bestandteile von Quassia amara L. und Picraena excelsa Linds. . . . Berlin, Druck d. Norddeutsch. Buchdr. u. Verlagsanst., 1890; 29 S. + 1 Bl. 8°
Erlangen, Phil. Fak., Inaug.-Diss. v. 1890

Massute, Paul

— die Selbsteinschätzung d. Buchhändlers auf Grund d. neuen preussischen Einkommenstouer-Gesetzes vom 24. Juni 1891. gr 8. (26 S.) Ebd. 892. n.n.n. — 75

— welchen Werth hat mein Geschäft? Die Beurtheilg. u. Werthbestimmg. v. reinen Sortiments-Geschäften u. Sortiments-Geschäften m. Nebenzweigen [Buch-, Kunst-, Musikalien- u. Papierhandlgn.]. Nebst e. vollständ. Handlungs-Unkosten-Aufstellg. in Tabellenform u. e. alle wicht. Geschäftswerthpunkte berücksicht. Fragebogen. 1. u. 2. Aufl. gr. 8. (55 S. m. 2 Tab.) Ebd. 891. Geb. in Leinw. n.n.n. 2. —

Massute, Paul, wie richte ich meinen Journal-Lesezirkel praktisch u. gewinnbringend ein? Die Gewinnberechng. u. Einrichtg. v. Journal-Lesezirkeln jeden Umfanges, an zahlreichen Musterformularen u. Tabellen erläutert. gr. 8. (22 S. m. 3 Formularen.) Frankfurt a/O. 893. L. Massute. Geb in Leinw. n.n.n. 1. 50

—— Wieviel verdiene ich jährlich? Eine neue prakt. u. einfache Buchhaltg. [nebst Inventur u. Bilanz] f. reine Sortiments-Geschäfte u. Sortiments-Geschäfte m. Nebenzweigen. 1. u. 2. Aufl. gr. 8. (44 S.) Ebd. 891. geb. 1 50

Maßwesen

(F) Das Mass- und Gewichtswesen und der Aichdienst in Oesterreich. Sammlung der auf diesen Gegenstand bezüglichen Gesetze, Verordnungen und Normal-Erlässe. Mit einer historischen Einleitung, einem chronologischen und einem Sachregister Mit Genehmigung des k. k. Handelsministeriums und mit Benützung der amtlichen Quellen herausgegeben von Dr. Georg Ritter v. Thaa. 2., vermehrte und revidierte Auflage. Wien. 1900. Manz. XXVIII, 426 S. mit 2 Tafeln. K 4.40, geb. K 5.40

(F) Supplementheft II zu dem Werke Das Maß- und Gewichtswesen und der Aichdienst in Oesterreich. Sammlung der auf diesen Gegenstand bezüglichen Gesetze, Verordnungen, Normal-Erlässe und oberstgerichtlichen Entscheidungen. Mit Genehmigung des k. k. Handelsministeriums und mit Benützung der amtlichen Quellen herausgegeben von Dr. Georg Ritter von Thaa. [Manz'sche Gesetz-Ausgabe XIII. Bd.] Wien. 1899. Manz. 8°. Paginirt S. 584—763 mit 12 Tafeln. fl. 2.20

Massys', Quentin, Biographie und Charakteristik, s. Eisenmann, O.

Mast, die vortheilhafteste, der Ochsen ꝛc., s. Belehrungen über die gesammten Zweige der Viehzucht.

Mast, Heinrich

Mast, H., d. Astrophaeriden, s. a. Ergebnisse, wissenschaftl., der deutschen Tiefsee-Expedition 1898—99. XIX, 4.

Mast, Heinrich, a. Untertürkheim: Die Astrosphaeriden der Deutschen Tiefsee-Expedition. Mit 3 Taf. Naumburg a. d. S. 1910: Lippert. 68 S., 8 Taf. m. je 1 Erl.Bl. 4° ¶ (Auch als: Wissensch. Ergebnisse d. dtsch. Tiefsee-Expedition. Bd 19, H. 4.)
Tübingen, Naturwiss. Diss. v. 5. März 1909, Ref. Blochmann
[Geb. 7. Juli 80 Strümpfelbach; Wohnort: Tübingen; Staatsangeh.: Württemberg; Vorbildung: Realanst. Kannstatt Reife Juli 04; Studium: Stuttgart Techn. Hochsch. 2, Tübingen 3, Stuttgart Techn. Hochsch. 3, Tübingen 1 S.; Rig. 5. März 09.]

Mast, J., dogmatisch-historische Abhandlung über die rechtl. Stellung der Erzbischöfe in der kathol. Kirche. gr. 8. (IV und 238 S.) Freiburg 847, Herder'sche Vrlgsh.

Mast, Jos. Exercitien zur Vorbereitung auf den Empfang der heiligen Weihen. 12. (IV, 304 S. m. 1 Stahlst.) Regensb. 891, Pustet. 1 20

Mast, P. du, Jaques Callot. gr. 4. (32 S.) Nancy 875. Berger Levrault & Co. n. 4. —

MAST, Rudolf: Über das Carmen saeculare des Q. Horatius Flaccus. — 1891. 74 S. Diss. Graz, Univ.

Mastaller, *Dr., membre de la faculté de médecine de Vienne etc.* Aperçu physique, chimique et thérapeutique des eaux d'Ischel. *Vienne* 1858, imp. de l'établiss. typ.-litt.-art. *(L. C. Zamarski, C. Dittmarsch & C.)* 30 S. 8°.

Mastalier, A. C. — Ischl's Heilapparat. Von — — (Separat-Abdruck aus der österr. Zeitschrift für praktische Heilkunde Nr. 17. 1857.) Wien, 1857. Druck von L. C. Zamarski. (14 S. 8.)

Mastalier, E., Ischl als klimatischer Alpenkurort. gr. 8. (32 S.) Wien 860, Typographisch-literarisch-artistische Anstalt. *

Mastalier, Joseph Johann, s. Mastalir

Mastalier, Karl, († d. 6. Oct. 1795.) Gedichte; nebst Oden aus d. Horaz. mit Vign. 8. Wien 774. 2e Aufl. 782. (von Mößle). 16 gr

Mastalier, K., Gedichte nebst Oden, a. d. Horaz. m. Vign. 8. Wien, Ghelen. 782.

—Lied eines Kürassiers auf d. Erzherzog Leopold. Wien, Trattner. 2 kr

—Ode an Deutschland, wegen ihres Kaisers. Wien, Trattner. 2 kr

—Trauerrede auf Franz I. Röm. Kaiser. Fol. Wien 765. Trattner. 4 kr

—Trauerrede auf Maria Theresia. gr. 8. Wien 781. Trattner. 8 kr

Mastalir, Joseph Johann

Mastalier, Jos. Jh., († d. 8. Nov. 1793.) Abhandl. üb. die beste und leichteste Art, die zarten Säuglinge zu ernähren. 8. Wien 787. Kaulfuß. 3 kr

—praktische Abhandl. üb. den Wichtelzopf. 8. Wien 790.

Mastalir, Joseph Johann: Ueber die beßte, und natürlichste Art die zarten Säuglinge zu ernähren. 54 S., gbd.

Wien: Wucherer 1787

JB 4.071

Mastalir, Joseph Johann (Comm.u.Hrsg.):

s.: Stunzer, Johann Kaspar: Uiber die goldene Ader für Unerfahrne in der Arzneiwissenschaft... Wien: 1788

JB 3.062

Mastalir, Joseph Johann (Übers.):

s.: Sydenham, Thomas: Medizinische Werke. (Opera universa. Dt.) Wien: 1786 - 1787

JB 1.747

Mastalirz J.: Dissertatio inauguralis medica de api mellifica ejusque morbis. Viennæ 1783. 23 S. P

Mastbaum, Hugo (geb. Kreuzburg in Schles. 30 ? 1859) Ueber stickstoffhaltige Derivate des Flavopurpurins. Berlin (1882) (32 S ?) 8°
Berlin Phil. Diss. v. 14 Jan. 1882

Mastbaum, Otto, die Ursache der Immunität, die Heilung v. Infectionskrankheiten, speciell d. Rothlaufs der Schweine u. e. neues Schutzimpfungsverfahren gegen diese Krankheit, s.: Emmerich, Rud.

Masthaum, Otto [app. Arzt aus Cöln a. Rh.] Veränderung der Resorption von salicylsaurem Natron durch verschiedene Lösungsmittel. München, Buchdr. v. M. Ernst, 1889, 22 S. 8°
München, Med. Fak., Inaug.-Diss. v. 1889

Masterman, J. Schwer geprüft, s. Engelhorn's allgem. Roman-Bibliothek.

Mastermann, A. T., memorandum on the vitality of trawl-caught-fish, s.: Publications de circonstance du conseil permanent international pour l'exploration de la mer. Nr. 42.

Master-Piece of Good Writing . . . oder neue Englische Chrestomathie. Stuttgart 1780. H: *Gosse, Joseph.* (Ky)

Master-Piece of Good Writing coll. from the best Engl. Autors, od. neue Engl. Chrestomathie. 1r Thl. (von Jos. Gosse.) gr. 8. Stuttg. 780. u. Frankf. a. M. 797. Jäger. 1 ß

Masterpieces of the Royal Collection. Munich 1899. H: *Law, Ernest.* (Berl)

Masterpieces of Grosvenor-House. 15 photograv. reproduced directly from the original paintings. With introduction by S. Arth. Strong. (English private collections. Part. 1.) Imp.-Fol. (12 S. Text.) London (900). Berlin, Photograph. Gesellschaft. In Mappe 150.—

Masterpieces of english literature intended for the use of high schools. With notes by Otto Fiebig. Vol. (Nr.) 1 und 2. gr. 8. Leipzig 859, Gräbner. à Vol. * 10 Ngr. *

Inhalt:

Nr. 1. Romeo und Juliet. A tragedy by William Shakspeare. (IV und 100 S.)
» 2. Julius Caesar. A tragedy by William Shakspeare. (IV und 96 S.)

—— dass. — Nr. 3—6. With historical and other explanatory notes founded on the best english commentators. gr. 8. Ebendas. 861. à Nr. * 7½ Ngr. *

Inhalt:

Nr. 3. King Richard III. A tragedy by William Shakspeare. Edited by R. H. Westley. (II und 114 S.)
» 4. The merchant of Venice. A comedy by William Shakspeare. Edited by R. H. Westley. (II und 82 S.)
» 5. The school for scandal. A comedy by Rich. Brinsley Sheridan. With explanatory notes. Edited by R. H. Westley. (82 S.)
» 6. King Lear. A tragedy by William Shakspeare. With explanatory notes founded on the best commentators. Edited by R. H. Westley (113 S.)

Master-Pieces of Good Writing coll. from the best engl. Authors, oder neue Engl. Chrestom. 2 Thle. gr. 8. Frankf. Jäger. 797. 98. (à 1 Rthlr.)

Masters, Maxwell T., Pflanzen-Teratologie. Eine Aufzählung der hauptsächl. Abweichungen vom gewöhnl. Bau der Pflanzen. Für die deutsche Uebersetzung vom Verf. revid. und mit vielen Nachträgen versehen. Ins Deutsche übertr. von Udo Dammer. gr. 8. (XVI, 610 S. mit zahlreichen Abbild. in Holzschn. von E. M. Williams und 1 lithogr. Taf.) Leipzig 886, Haessel. *

Masterton, Heinrich, s.a. Heinrich.

Masterton, Heinrich, oder Abentheuer eines jungen Cavaliers a. d. Engl. v. Ch. Fischer. Leipzig 1833. V: *James, George Payne Rainsf.* (EE)

Masterton. – Heinrich Masterton, oder Abentheuer eines jungen Cavaliers. Vom Verfasser von „Kardinal Richelieu," „Darnley" . Uebersetzt aus d. Engl. von Ch. Fischer 3 Bde 8 Leipzig Kollmann 1833

Mastiaux u. seine Recensenten, oder üb. d. Geist, den Zweck u. die Mittel ihrer Literaturzeitung für kathol. Religionslehrer. (A. d. kritischen Journal 2r Bd. 1s Heft besond. abgedr.) 8. Rotweil. 821. Herder. (Barth in Leipz.) 9 kr

v. Mastiaux, (C. A. F.) katholisches Gesangbuch, zunächst f. die Schulen im Königr. Baiern. 8. Münch. 824, (Landshut, Krüll.)

v. Mastiaux, Ksp. Ant., histor.-geograph. Beschreibung des Erzstifts Köln. s. Beschreibung, u. setze hinzu (v. K. A. v. Mastiaux.)

—Karl Borromäus, Kardinal d. Röm. Kirche u. Erzbischof v. Mailand. Eine Skizze. 8. Augsb. 796.

– s. Charwoche, die heil., nach d. Ritus d. röm. kathol. Kirche ꝛc. u. setze hinzu (v. K. A. v. Mastiaux).

—über Chorals u. Kirchengesänge. s. Choral u. Kirchengesänge, u. setze hinzu: (v. K. A. v. Mastiaux.)

—Gesangbuch d. Königl. Elementarvolksschulen zu München. M. Kpf. 8. Landsh. 817. Krüll. 9 gl Melodien dazu 2 Abthll. 2 ₰ 8 gl — Dass. 8. (Regensb., Pustet). 6 gl Melodien dazu 1e u. 2e Abthl. qu. 4. Ebd. 16 gl

—kathol. Gesangbuch, zunächst f. d. Schulen im Königr. Baiern. gr. 8. Münch. 810. (Thomann). — Dass. 8. Münch. 824. (Landsh. Krüll). 8 gl

—christl. Lieder. 8. Erfurt 786.

— Literaturzeitung für kathol. Religionslehrer. s. Literaturzeitung.

—Religionsprincip, über das negative, der Neufranken. 8. Dilling 793.

– s. Sammlung der besten alten u. neuen Melodien.

—de veterum Ripuariorum statu civili et ecclesiastico. Commentat. hist. 8maj. Bonn 784.

v. Mastiaux, Max. Fr., s. Versuch einer Darstell. d. ungar. Constitution.

Mastiaux v.: Zwei Worte über die weltlichen Zehnten und die Ungerechtigkeit ihrer Zernichtung, ohne die Berechtigten entschädigt zu haben. Köln 1814.

Mastix tergo stultorum qui facti sunt vani in conclusionibus suis. Lunaeburgi 1741. V: *Marcusen, Mog. Chr. Marquard.* (Bruun Suppl. 172)

Mastriani, Francesco, die Blinde von Sorrent, s. Bibliothek, europäische.

— mein Leichnam. Zeitroman. Aus dem Italien. von Jul. Ebersberg. 2 Bde. Leipzig 856. Kollmann. 8. (222; 200 S.) 1 ₰. 10 ngr.

— Friedrich Lennois. Zeitroman. (Fortsetzung des Romans „Mein Leichnam.") Aus dem Italien. übertr. von Jul. Ebersberg. 2 Bde. Leipzig 858. Kollmann. 8. (244; 216 S.) 2 ₰.

Mastrich, Pet., theologia Cartesiana detecta s. Cangraena Cartesiana. 4. Daventr. 716.

— theologia theoret. pract. 4. Amst. 724.

Mastricht, Gerh. v.: Historia juris ecclesiastici et pontificii, seu de ortu, progressu, incrementis, collectionibus, auctoribusque juris ecclesiastici et pontificii tractatio. Cum praef. Chr. Thomasii de neglectu studii juris canonici ejusque usu frequente et methodo. Halae 1705.

Mastricht, G. v., de susceptoribus infantum ex baptismo, eorum origine, usu et abusu. Duisb. 1670. 8; rec. Lips. 1727. 4.

Mastricht, Gerhard von, Susceptor seu de susceptoribus infantium ex baptismo, eorum origine usu et abusu schediasma ad consultissimum virum Paul Fuchs, antecessorem. Frankfurt u. Leipzig (J. J. Vogt) 1727. 84 S. (5.—) 22362

Mastrofini, siehe: Beweisführungen, zwei neue, für das Dasein der göttl. Trinität.

Mastropasqua, J., Martin Luther, s.: Universal-Bibliothek.

Mastrosini, M., Teoria e Prospetto ossia Dizionario critico de' verbi italiani conjugati, specialmente degli anomali e malnoti nelle cadenze. 2 Tomi. 4. magg. Roma. (Lipsia, Weigel in comm.) 816.

Mast's, Des großen Capitäns Hans Jürgen, Leben, Robinsonaden etc (v J F Albrecht). Hamb., Vollmer 8° (Herold jun.)

Mästung, über die vortheilhafte, u. Benutzung der Gänse, od. erprobte Mittel ꝛc. Nebst Belehrungen, das häufige Sterben der jungen Gänse zu verhüten. 4. Aufl. qu. 8. Quedlinburg 848, Ernst. Verklebt 3 ngr

Mästung, Zucht u. Krankheiten, die, d. Schweine. 8. (4½ B.) Nordhausen 828, Fürst.

Masuccio v. Salerno, Novellen. Zum erstenmal übertr. v. Paul Sakolowski. 2 Bde. (VII, 178 u. VII, 260 S.) 8. Altenburg 905. Th. Unger. à n. 2 50

Masuch, Jh Jac Nöthige Belehrungen und Erinnerungen an seine Mitbürger mit Rücksicht auf die Zerrüttungen in Frankreich 8 Berlin, Leipzig Künzel 1794

Masuch, Jh. Jak., nöthige Belehrr. u. Erinnerr. an s. Mitbürger, mit Rücksicht auf die Zerrüttungen in Frankreich. 8. Berl. 795. (Königsb., Michelsen; a. L. Schumann in Leipz.) 6 gl

Masuch, J. J., nöthige Belehrungen an s. Mitbürger m. Rücks. a. Frankr. 8. Königsb. Nicolov. 797.

Masuero, G

Masuero, G Aegyptische Kunstgeschichte Deutsche Ausgabe von Georg Steindorff Leipzig 1889 8°

Masüger, Anton. Über Osteomalacie. Diss. Med. Basel. *Kopftitel:* Aus dem kant. Krankenhaus in Liestal. Oberarzt Dr. [Ludwig] Gelpke. 38 S. 8. Zürich, Art. Institut Orell Füssli, 1903.

Masugi, Atsuhiko, pract. Arzt ⟨Japan⟩, z. Z. Volontärassist. an d. Kgl. Univ.-Augenklinik zu Breslau Experimentelle Untersuchungen über den Heilungsvorgang bei perforirenden und nicht perforirenden Hornhautwunden mit besonderer Berücksichtigung der Cocaïn-Einwirkung. *Stuttgart 1901: Hoffmann.* (24 S.) 8°
Breslau, Med. Diss. v 14. Okt. 1901

Masur, Arthur. Beiträge zur Histologie und Entwickelungsgeschichte der Schmelzpulpa. Diss. Phil. Bern. Mit 16 Abbildungen auf Tafeln 1/6. [Sep.-Abdr. aus: Anatomische Hefte. Band 35, Heft 1.] 32 S. gr.-8. Wiesbaden, J. F. Bergmann, 1907.

Masur, Erich, Kammergerichtsrefer.: Wieweit kann der Vater eines erbberechtigten nasciturus nach § 1912 BGB. wirksame Verfügungen über Nachlassgegenstände vornehmen, sofern kein lebendes Kind geboren wird? (Berlin: Borngräber [1909].) 47 S. 8°
Heidelberg, Jur. Diss. v. 11. Nov. 1909, Ref. Endemann
[Geb. 8. Jan 86 Berlin, Wohnort Schöneberg b. Berlin, Staatsangeh.. Preußen; Vorbildung Falk-Realgymn. Berlin Reife O. 05; Studium: Freiburg i. B. 1, Berlin 4, Halle 1 S.; Rig. 13. Juli 09.] [U 10. 1937

Masur, Kurt B(runo), Referendar: Die Haftung der Aufsichtspersonen nach § 832 BGB. Borna-Leipzig 1908: R. Noske. (IX, 97 S.) 8°
Breslau, Jur. Fak., Ref. Meyer-Schott, Diss. v. 15. Febr. 1908
[Geb. 29. Jan. 85 Breslau; Wohnort: Breslau; Staatsangeh.: Preußen; Vorbildung Gymn. Ohlau Reife O. 04; Studium: München 1, Berlin 3, Breslau 2 S., Rig. 20. Dez. 07.]

Masur, Leo, Tierarzt: Aus d. Chir. Inst. d. Tierärztl. Hochsch. zu Dresden. Über den Hydrops des Sprunggelenkes beim Rinde. Mit 3 Abb im Text. Dresden-A. 1909: Klemich. 32 S. 8°
Leipzig, Veterinar-Med. Diss. v. 1. Juli 1909, Ref. Röder
[Geb. 20. Nov 85 Fraustadt, Wohnort: Dresden; Staatsangeh.: Preußen; Vorbildung Elisabeth-Gymn. Breslau Reife O. 05; Studium: Berlin Tierärztl. Hochsch. 8 S., Coll. 26. Juli 09; Approb. 12. März 09.] [U 09. 2830

Masur, Mart., über Aspirin. Diss. gr. 8. (31 S.) Freiburg i/B. 900. Speyer & Kaerner. n. — 80

Masur, **Tobias:** Über die Bildung einiger neuer Akridinfarbstoffe aus Abkömmlingen des Diaminodiphenylmethans. 1908. 36 S. 8°
Braunschweig, Dr.-Ing.-Diss. v. 21. 7. 1908

Masuren [Schlagwort]

Masuren, s.a **Ostpreussen. Sieker.**

Masuren. Liebenow, W., Spezialkarte v. Masuren u. der Umgegend v. Lyck. 1:300,000. 28,5×38 cm. Farbdr. Lyck (909). E. Wiebe. — 60

Masuren [Sachliches OW]

Für **Masuren** Festschrift z. 10j. Bestehen d. Gesellschaft z. Erleichterung d. Personenverkehrs auf d. Masurischen Seen zu Lötzen. Mit Beiträgen von ... Hrsg von C. E. Lack. *Lötzen. Masur Dampferkomp 1900* (100 S.) 8° [F.] [00. 5650 10

Masuren oder der junge Werther. Ein Trauerspiel aus dem Illyrischen. Frankfurth und Leipzig 1775. V: *Goué, August Siegfried von.* (schstr S. 153) (Appel S. 334) (GGr IV) (Meyer, Fr., Verz. e. Goethe-Bibl. Lpz. 1908. Nr. 92)

Masuren oder der junge Werther. Ein Trauerspiel a. d. Illyrischen. Frankf. u. Leipzig 1775. V: *Goué, August Friedrich (Siegfried) von.* (GGr) (ML) (Ky) (Appel) (VI.BS VI, 148) (Rotermund, Gel. Hannover. Bremen 1823.)

Masuren, oder d. junge Werther. Trspl. (v. A. F. v. Goue). 8. Nürnb. 775. Bauer u. R. 8 gr

Masuren; od. der junge Werther. Trauerspiel. 8. Nürnberg. Raspe. 775.

Masurenko, D[imitry] P Untersuchungen einiger chemisch-physikalischen Eigenschaften der Abschlämmprodukte des Podsol- uud Lößbodens. *München 1903: M. Ernst.* (73 S.) 8°
München, Staatswirtsch Diss. v 1903

Masurin, Constantin, s.a. M a z u r i n , Konstantin

Masurin, Konst., aus Herzens Grund. Ausgewählte Gedichte. Frei aus dem Russ. von Rich. Zoozmann. 8. (VIII, 119 S.) Leipzig 898. P. Friesenhahn. n. 3. —; geb. in Leinw. m. Goldschn. n. 4. —

Masurin, Konst., die Jugend. Ein Poëm. Frei aus d. Russ. v. Rich. Zoozmann. M. illustrativem Schmuck von W. Leo Arndt. Lex.-8. (123 S.) Berlin 898. O. Elsner. Geb. n. 9. —

— Traumland. Zwei episch-lyr. Dichtgn. Frei aus d. Russ. durch Rich. Zoozmann. Mit Bildern u. Vignetten v. Wilh. Roegge jr. gr. 8. (62 S.) Berlin 900. O. Elsner. Kart. n. 2. —

Masurische Seen [Schlagwort]

Masurische Seen. Ule, Willi, Tiefen-Karten einiger Masurischen Seen. Mit ergänz. Text hrsg. vom ostpreuß. Fischereiverein zu Königsberg in Pr. 4. (2 S. m. 8 Karten.) Königsberg 895. (W. Koch.) n. — 60

Masurke, A. [pr. Arzt] Vier Fälle von Ischias scoliotica. .. Königsberg in Pr., Druck v. R. Leupold, 1891, 47 S., 1 Bl. 8°
Königsberg, Med. Fak., Inaug.-Diss. v. 27. Apr. 1891

Masurke, A. Vier Fälle v. Ischias scoliotica. Diss. gr. 8. (47 S.) Königsb. i. Pr. 891, (Koch). * — 80

Masuyer, sur la Doctrine de Brown et sur les différens systèmes de médecine. 8. Strasb. Levrault. 802.

Maszak H. Wegweiser für den Elementar-Zeichenunterricht (in bulgarischer, rumänischer, serbischer und ungarischer Sprache). Je 1 Bd 4° Budapest 1871. 73

MASZAROVITS, Stephanus Relatio evangelii sancti Matthaei ad V T. speciali respectu habito ad vaticinia Messiana in evangelio allegata. — (1905) 126 S. 8° (Handschr.) Diss. 957
Diss. Wien, Univ.

Matabele-Land [Schlagwort]

Matabele-Land, s.: Afrika, Herrich, A.

Matador-Zeitung. Red.: Joh. Korbuly. Jahrg. 1906. Ca. 4 Nrn. (à ca. 16 S. m. Abbildgn.) 8. Wien, (Leipzig, Arno Schmidt Nachf.) n. 1. —

Mataja, Emilie, s.a **Marriot, Emil.**

Mataja, Emilie A u f e r s t e h u n g Roman v Emil Marriot [d i. Emilie Mataja]. Berlin: Freund & Jeckel 1898. (2 Bl., 308 S.) 1 Bd 8

Mataja, Emilie Junge E h e Roman v. Emil Marriot [d. i. Emilie Mataja]. Berlin Freund & Jeckel 1897 (380 S.) 1 Bd 8

[F.] Grete's Glück. Schausp. in 3 Akten v. Emil Marriot [d. i. Emilie **Mataja**]. *Berlin: Freund & Jeckel 1897.* (64 S.) 1 Bd 8.
= **Theater-Bibliothek,** Berliner. No 11. [97. 5580

[F.] Seine Gottheit. Roman v. Emil Marriot [d. i. Emilie **Mataja**]. *Berlin: Freund & Jeckel 1896.* (2 Bl., 328 S.) 1 Bd 8. [96. 6485

Mataja, Emilie Der H e i r a t h s m a r k t Sittenb in 3 Akten v Emil Marriot [d.i Emilie Mataja]. Berlin Freund & Jeckel 1895 (3 Bl , 120 S) 1 Bd 8

[F.] Novellen v. Emil **Marriot** (d. i. Emilie **Mataja**). 2. Aufl. *Berlin: Freund & Jeckel 1897.* (3 Bl., 474 S.) 1 Bd 8. (98. 2457

Mataja, Emilie. Die S t a r k e n und die Schwachen von Emil Marriot [d.i. Emilie Mataja]. 3 Aufl. Berlin Freund & Jeckel 1899 (326 S.) 8°

Mataja, Emilie T h i e r g e s c h i c h t e n v Emil Marriot [d. i. Emilie Mataja]. Berlin Freund & Jeckel 1899 (4 Bl , 136 S) 1 Bd 8

Mataja, Vict., das arbeitsstatistische Amt, s.: Verwaltung, sociale, in Oesterreich. I. 2.

Mataja, Dr. Victor,

— Ueber Arbeitsvermittlung. Vortrag, geh. im n.-ö. Gewerbeverein. gr. 8°. Wien, Gewerbeverein, 1890.

Mataja, Vict. Großmagazine u. Kleinhandel. gr. 8. (VIII, 105 S.) Lpz. 891, Duncker u. Humblot. * 2 40

— Grundriß d. Gewerberechts u. der Arbeiterversicherg., s.a. Grundriß des österr. Rechts. III. 5.

Mataja, Victor G r u n d r i s s des Gewerberechts und der Arbeiterversicherung. Von Dr. Victor Mataja, k k Ministerialrat. Leipzig. Duncker & Humblot 1899 (VI, 137 S.) 1 Bd 4 (8.)
Grundriss d. Österreich. Rechts in systemat Bearbeitung. Bd III Abt 5

Mataja, Vict., das Recht des Schadenersatzes vom Standpunkte der Nationalökonomie. gr. 8. (XI, 204 S.) Leipzig 888, Duncker und Humblot. *

— die Regelung der Valuta in Österreich-Ungarn. Vortrag, geh. in der Versammlg. des volkswirtschaftl. Vereins in Innsbruck am 28. März 1892. gr. 8. (22 S.) Innsbruck 892. (Wagner.) n. — 60

Mataja, Vict., die Reklame. Eine Untersuchg. üb. Ankündigungswesen u. Werbetätigkeit im Geschäftsleben. (VI, 489 S.) gr. 8. Leipzig 910. Duncker & Humblot. 10. —

Mataja, Vict., der Unternehmergewinn. Ein Beitrag zur Lehre v. der Gütervertheilg. in der Volkswirthschaft. gr. 8. (III, 216 S.) Wien 884. Hölder. n. 5. 60

Matamoros, Don Manuel.

2. Aufl. Berl. 1863. V: *Böhmer, Eduard.* (Cat. d. Stadtbibl. Zürich. Zürich 1864—97.)

Matamoros, Don Manuel. 2., umgearb. Aufl. 8. (40 S.) Berlin 863, F. Schulze's Buchh. *

Matane, I., Dialog. de ordine minorum S. Francisci. 8. Augsb. Wolf. 744.

***Matani*, Ant., de anevrysmaticis praecordiorum morbis animadvers. juxta Exempl. Liburnium recusae. 8. Fnkf. a. M. 766. Andreä. 8 gr**

—de osseis tumoribus observationes. 8. Colon. 765. Metternich. 3 gr

Matani, Antonio: Wahrnehmungen von Pulsadergeschwülsten der Herzgegend. (De aneurysmaticis praecordiorum morbis animadversiones. Dt.) Aus dem Lateinischen nach der andern Italiänischen verbess.und verm.Ausg.übers. 224 S., gbd.

Frankfurth u.Leipzig: Andreä 1766

JB 3.027

Matanino — Insula — vulgo Martanico; in lucem edita per Nicolaum Visscher 1728? 1 : 150,000. 1 Bl.

Matanowitsch, Stanko, aus Ceklici ⟨Montenegro⟩: Über die in den letzten 10 Jahren an der Heidelberger chirurgischen Klinik beobachteten Fälle von Spontangangrän. *Tübingen: H. Laupp 1901.* (52 S.) 8° ¶(Aus Beiträge zur klinischen Chirurgie, Bd 29, H. 3.)
Heidelberg, Med. Diss. v 1901

Mataeologia Fanatica, oder Ausführlicher Bericht von der Neuen Propheten ... Religion, Lehr und Glauben ... Dresden 1708. V: *Hunnius, Nicolaus.* (BrMm)

Matarazzo, Francesco, Chronik v. Perugia 1492–1503, s.a Zeitalter, das, der Renaissance. I. Bd.

Francesco **Matarazzo.** Chronik von Perugia 1492–1503 [Cronaca della città di Perugia dal 1492 al 1503]. Übers. u. eingeleitet von Marie Herzfeld. (Jena Diederichs) 1910. LVI, 258 S. 8°
(Das Zeitalter d. Renaissance. Ser 1, Bd 1) (11. 1437 11

Mataré, Franz. Über eine neue Tetracotyle im Hirn von Phoxinus laevis. Diss. Phil. ⟨II.⟩ (München). [Mit Figuren.] (Sonderabdruck aus: »Zeitschrift für wissensch. Zoologie« Bd. 94 Heft 3.) 56 S. 8. Leipzig, Wilhelm Engelmann, 1909 [M. 1. 50]
(Die .. untersuchten Fische stammen aus einem Gewässer der Lenzer Heide bei Chur.)

Matauschek, Frz. Adf., neue Zinsrechenschule. Prakt. Anleitg. zur blitzschnellen u. sich. Zinsberechng. nach Grundsätzen e. selbsterfund. Systemes f. Selbstbelehrg. u. Selbstunterricht. (30 S.) kl. 8. Dresden 905. (G. Pietzsch.) n. — 75

Matauschek, Timotheus Anton

Matauschek: Trigonometrisches Elementarbüchlein. 28 S. 8° und Fgt – Braunau, Progr 1861

Jahresbericht über das Braunauer öffentliche katholische Gymnasium des Brevnov-Braunauer Benediktinerstiftes am Schlusse des Schuljahres 1856/57. Veröffentlicht von P. Timotheus Anton Matauschek. Prag, 1857. Dr. und Papier von Karl Bellmann. (35 S. 8.)
Enthält: Eine Abhandlung über die Bezeichnung des Produktes zweier Faktoren, von Timotheus Matauschek.

Matauschek, Timotheus Anton: Geschichte des Gymnasiums der Benediktiner in Braunau, zugleich ein Umriß der Gymnasial-Lehrverfassung seit 1775 in den dt.-slavischen Königreichen und Ländern des Kaiserthumes Oesterreich. Nach amtl. Daten verf. — Prag: Selbstverl. d. Verf. 1863. 205 S.

Matauschek: Die Kreisfläche u. ihr Quadrat, A nach Archimedes; B nach Adrian Metius. 4 S 8° – Braunau, Progr. 1859

Matauschek, Timoth. Ant., Lehrbuch der Geometrie, nach dem Organisations-Entwurfe für die österreich. Gymnasien u. Real-Schulen gemeinverständlich verfaßt. 1. Buch. Mit 11 lith. Taf. (in 4.) Prag 854. (Credner.) gr. 8. (3 Bl., II, 97 S.) n. 16 *ngr.*

Mataufchek, Timoth. Anton —. Lehrbuch der Geometrie nach dem Organisations-Entwurfe für die österreichischen Gymnasien und Realschulen gemeinverständlich verfaßt von — —. Erstes Buch. 8. (100 S. u. 9 Taf.) Prag. Druck der k. k. Hofbuchdruckerei von Gottlieb Haase Söhne. 1854.

Jahres-Bericht über das Braunauer Gymnasium am Schlusse des Schuljahres $18^{53}/_{54}$. Mit einem Programme vom Gymnasiallehrer Prokop Krotkovsky. 4. (34 S.) Trautenau. Druck von Ladislav Pospišil. 1854.

Inhalt: Ueber die Methode bei der Bildung der sogenannten Zeitformen griechischer Zeitwörter, veröffentlicht vom Direktor des Gymnasiums Timotheus Ant. Matauschek. — Schulnachrichten.

Matauschek, Timoth. Ant., Normallen-Nachschlagebuch für Lehrer und Direktoren der oesterreichischen öffentlichen Gymnasien. Lex.-8. (XI und 828 S.) Prag 857, Bellmann's Verlag. *

— dass. — Supplement-Heft. Lex.-8. (59 S.) Ebendas. 859. *

Matauschek, Timoth. Ant., Normalien-Nachschlagebuch für Lehrer und Directoren der österreichischen öffentlichen Gymnasien. 2. Suppl.-Heft. Lex.-8. (84 S.) Prag 862, Bellmann's Verlag. *
Vgl. XIII. Bd. 2. Abthl. S. 82.

Matauschek, Timoth. Ant., Normalien-Nachschlagebuch für Directoren u. Professoren der österreichischen öffentlichen Gymnasien. Suppl.-Hft. zur 3. Ausg. Prag 869, Bellmann. gr. 8. (III, 130 S.) n. 27 ngr.

Matauschek: Logische und arithm Richtigkeit der Lehrsätze A Zwei gleichbezeichnete Faktoren geben ein positives. B Zwei ungleich bez. Faktoren geben ein negat Produkt 15 S 8°-Braunau, Progr. 1857

Matauschek: Wann wird das Studium der Mathematik aufhören, vielen gehässig zu sein? 13 S -Braunau, Progr 1850

Matějka, Boh., Raudnitzer Schloss, s.: Topographie der histor u. Kunst-Denkmale im Kgr. Böhmen. (Dvořák, Max.)

Matcovich, Johann: Ueber Derivate des Dimethyl-p-toluidins. *Berlin (1898): E. Ebering.* (46 S.) 8°
Berlin, Phil. Diss. v. 30. Juli 1898

Matczyński, Stanislaus (geb. Tarnowo in Posen 28 11 1849) Ueber die progressive perniciöse Anämie. Berlin (1875). (32 S.) 8°
Berlin, Med. Diss. v. 6. Aug. 1875

Mateckl, Theodor Theophil, Die neuesten Heilmethoden der Verkrümmungen des menschlichen Körpers und des Schielens, A. d. Poln. übers. v. R. Lippmann, Posen 1840, 28 S., 8°

Mateckl, Theod(orus) Theoph(ilus) *(geb. Posen 25 4. 1810)*: De ungue humano. Vratislaviae (1837). (48 S.) 8°
Breslau, Med. Diss. v. 4. Nov. 1837

Matěj z Janova

Matthiae de Janov dicti Magister Parisiensis regulae Veteris et Novi Testamenti. Primum in lucem ed. Vlastimil Kybal. Vol. 1 Oeniponte Wagner 1908. 4°(8°) 08. 1018.

Matějka, Boh., Topographie der histor. u. Kunstdenkmale im polit. Bez. Raudnitz, s.a **Topographie** der etc. Denkmale im Königr. Böhmen. IV.

Topographie der historischen und Kunst-Denkmale im politischen Bezirke Laun. Vf. v. Dr Bohumil **Matějka**. M. 3 Lichtdruckbild. u. 88 Textfig. *Prag: Archaeol. Comm. b. d. böhm. Akad. f. Wiss. 1897.* (5 Bl., 105 S., 3 Taf.) 1 Bd 4.(8.)
= **Topographie** d. histor u. Kunst-Denkmale im Kgr Böhmen. [No] II. 98. 1460

Topographie der historischen und Kunst-Denkmale im politischen Bezirke Raudnitz. Verf. von Dr Boh **Matějka**. Mit 9 Taf u. 148 Textfig. *Prag Böhm. Akad f. Wiss. 1900* (201 S.) 4°(8°)
= Topographie d. histor u. Kunst-Denkmale im Kgr Böhmen. 4. 00. 8779

Matejka, Jos., der marianische Pilger. Glaubwürdig den Ursprung des Gnadenbildes zu Maria-Schoßberg od. Sassin in Ungarn darstellend. 8. (5½ B. u. 1 Abbild.) Tirnau 843, Wachter'sche Buchh.

MATEJKA, JOSEPH; HREBICSEK, STEFAN: Marianischer Pilger für das dreihundertjährige Jubiläum des Gnadenbildes zu Maria Schossberg oder Sassin in Ungarn 1864. Gran 1864. Druck v Egidius Horak. 80 S. 3 t. 160 mm

Matejko, Jan, s.a Polen's Könige u. Herrscher.

Matejko, Jan, Polens Könige und Herrscher. Porträtgallerie in 40—50 Heliogravüren nach Originalzeichnungen. Mit historischer Einbegleitung von Professor Dr. St. Smolka. Lieferung I. (2 Portr. u. 2 S.) 4. 1.—
Dasselbe, Luxus-Ausgabe auf Chinapapier (erste Drucke). Heft I 1.80
Wien: Perles 1890.

Matejko, J., Polens Könige und Herrscher. Porträtgallerie in 40—50 Heliogr. nach Originalzeichnungen. Mit historischer Einbegleitung von Prof. Dr. St. Smolka. Liefg. 2. (2 Portr. und 4 S.) 4. Wien: Perles 1890. 1.—
Dasselbe. Luxus-Ausgabe auf Chinapapier. (Erste Drucke) 1.80
(Beide Ausgaben erscheinen auch mit polnischem Text.)

Matejko, J., Polens Könige und Herrscher. Porträt-Gallerie in 40—50 Heliogravuren nach Original-Zeichnungen. Mit historischer Einbegleitung von Prof. Dr. St. Smolka. Lieferung 3. (2 Portr. u. 4 S.) 4. 1.—
Dasselbe. Luxus-Ausgabe auf Chinapapier. (Erste Drucke) Wien: Perles 1890. 1.80
(Beide Ausgaben erscheinen auch mit polnischem Text.)

Matejko, J., Polens Könige und Herrscher. Porträtgallerie in Heliogravüren nach Originalzeichnungen. Mit historischer Einbegleitung von Prof. Dr. St. Smolka. Liefg. 4. (2 Porträts und 4 S.) 4. Wien: Perles 1890. 1.—
Dasselbe. Luxus-Ausgabe auf Chinapapier. (Erste Drucke) 1.80
(Beide Ausgaben erscheinen auch mit polnischem Text.)

Matejko, J., Polens Könige und Herrscher. Porträtgallerie in Heliogravüren nach Originalzeichnungen. Mit historischer Einbegleitung von Prof. Dr. St. Smolka. Lieferung 5. (2 Portr. u. 4 S.) 4. Wien: Perles 1890. 1.—
Dasselbe. Luxus-Ausgabe auf Chinapapier. (Erste Drucke) 1.80
(Beide Ausgaben erscheinen auch mit polnischem Text.)

Matejko, Jan, Polens Könige und Herrscher. Porträt-Gallerie dargestellt in Heliogravuren nach Orig.-Zeichnungen. Mit historischer Einbegleitung von Prof. Dr. St. Smolka. Liefg. 6. (2 Portr. und 4 S.) Fol. 1.—
Dasselbe. Luxus-Ausgabe auf Chinapapier. (Erste Drucke) Wien: Perles 1890. 1.80
(Beide Ausgaben erscheinen auch mit polnischem Text.)

Matejko, J., Polens Könige und Herrscher. Porträtgallerie, dargestellt in Heliogravuren nach Originalzeichnungen. Mit histor. Einbegleitung von Prof. Dr. St. Smolka. Lfg. 7 (2 Porträts u. 4 S) 4. Wien: Perles 1890. 1.—
Dasselbe. Luxus-Ausgabe auf Chinapapier (Eisb.-Drucke) 1.80
(Beide Ausgaben erscheinen auch mit polnischem Text.)

Matejko, J., Polens Könige und Herrscher. Porträt-Gallerie, dargestellt in Heliogravuren nach Original-Zeichnungen. Mit historischer Einbegleitung von Prof. Dr. St. Smolka. Lieferung 16. (2 Portr und 4 S.) Fol. 1.—
Dasselbe. Luxus-Ausgabe auf China-Papier. (Erste Drucke) Wien: Perles 1892. 1.80
[Beide Ausgaben erscheinen auch mit polnischem Texte.]

Matejko, J., Polens Könige und Herrscher. Porträt-Gallerie, dargestellt in Heliogravuren nach Original-Zeichnungen. Mit historischer Einbegleitung von Prof. Dr. St. Smolka Lieferung 17. (2 Portr. u. 4 S.) Fol. 1.—
Dasselbe. Luxus-Ausgabe auf China-Papier. (Erste Drucke) Wien: Perles 1892. 1.80
[Beide Ausgaben erscheinen auch mit polnischem Texte.]

Matejko, J., Polens Könige und Herrscher. Porträt-Gallerie, dargestellt in Heliogravuren nach Original-Zeichnungen. Mit historischer Einbegleitung von Prof. Dr. St. Smolka Lieferung 18. (2 Portr. u. 4 S.) Fol. 1.—
Dasselbe Luxus-Ausgabe auf China-Papier. (Erste Drucke) Wien: Perles 1892. 1.80
[Beide Ausgaben erscheinen auch mit polnischem Texte.]

Matejko, J., Polens Könige und Herrscher. Porträt-Gallerie, dargestellt in Heliogravuren nach Original-Zeichnungen. Mit historischer Einbegleitung von Prof. Dr. St. Smolka Lieferung 19. (2 Portr. u. 4 S.) Fol. 1.—
Dasselbe Luxus-Ausgabe auf China-Papier. (Erste Drucke) Wien: Perles 1892. 1.80
[Beide Ausgaben erscheinen auch mit polnischem Texte.]

Matejko, J., Polens Könige und Herrscher. Porträtgallerie dargestellt in 40—50 Heliogravuren nach Originalzeichnungen. Mit histor Einbegleitung von Prof Dr. St. Smolka. Liefg. 22. (2 Portr. u. 4 S.) Fol. 1.—
Dasselbe. Luxus-Ausgabe auf Chinap. (Erste Drucke) Wien: Perles 1892. 1.80
(Beide Ausgaben erscheinen auch mit polnischem Text.)

— Resultate der Aufgaben in Močnik-Spielmanns Lehrbuch der Geometrie f. die oberen Klassen der Mittelschulen. Ausg. f. Gymnasien. (IV, 128 S.) 8. Ebd. 905. Kart. n. 2.40;
Ausg. f. Realschulen. (134 S.) Kart. n. 2.40

Matek, L., Resultate zur Aufgabensammlung, s. a. Močnik, Lehrbuch der Arithmetik u. Algebra.

Matek, B., Resultate zur Aufgabensammlung in Močnik's Lehrbuch der Arithmetik und Algebra für die oberen Classen der Mittelschulen. 2. Aufl. Gr.-8. (119 S.) Cart. Wien: Gerold 1892. — 90

Matek, B., Resultate zur Aufgabensammlung in Močnik's Lehrbuch der Arithmetik u. Algebra f die oberen Classen der Mittelschulen. 3. Aufl. gr. 8. (III, 119 S.) Wien 894. C. Gerold's Sohn. Kart. n. 1.80

Matek, B., Resultate zur Aufgabensammlg. in Močnik's Lehrbuch d. Arithmetik u. Algebra f. d. oberen Classen d. Mittelschulen. 4. Aufl. gr. 8. (III, 119 S.) Wien 896. C. Gerold's Sohn. Kart. 1.80

Matek, Bl., Resultate zur Aufgabensammlung in Močnik-Neumanns Lehrbuch der Arithmetik u. Algebra für die oberen Classen der Mittelschulen. 5., umgearb. Aufl. gr. 8. (III, 126 S.) Wien 898. C. Gerold's Sohn. Kart. n. 2.—

Matek, Bl., Resultate zur Aufgabensammlung in Močnik-Neumanns Lehrbuch der Arithmetik u. Algebra f. die oberen Klassen der Mittelschulen. Ausg. f. Gymnasien. 6., umgearb. Aufl. (159 S.) gr. 8. Wien 904. C. Gerold's Sohn. Kart. n. 2.40;
Ausg. f. Realschulen. (159 S.) n. 2.40

Matenaers F. F.: Campbells Anleitung z. zweckmässigsten Bodenbearbeitung als Grundlage f. alle Fruchtbarkeit. Bearb. nach den Forschungen d. Professors H. W. Campbell in Lincoln, Nebraska, sowie nach den sonst in Nordamerika gemachten praktischen Erfahrungen. Berl. 1908. 137 S.

Matenaers, F. F., Campbells Anleitung zur zweckmäßigsten Bodenbearbeitg. als Grundlage f. alle Fruchtbarkeit. Bearb. nach den Forschgn. des Professors H. W. Campbell in Lincoln, Nebraska, sowie nach d. sonst hiermit in Nordamerika gemachten prakt. Erfahrgn. 2., neubearb. u. verm. Aufl. (XI, 152 S. m. 33 Abb.) 8. Berlin 909. P. Parey. Geb. in Leinw. 4.—
1. Aufl. (IX, 187 S. m. 22 Abb.) 908. Geb. 4.—.

— Moderne Futtersilos, Silage-Bereitung u. Silage-Verfütterung. Nach den in Nordamerika gemachten Erfahrgn u erzielten Erfolgen bearb. (XII, 207 S. m. 60 Abb.) 8. Ebd. 910. Geb. in Leinw. 4. 80

Mater, Alma, Salisburgensis metropolitana sedes ... S. l. [c. 1710]. V: *Woller, Franz Ignaz.* (EB)

Mater dolorosa ... Tyrnaviae 1739. V: *Kelecseni, Ignaz.* (Jes)

Mater dolorosa. D schmerzhafte Mutter Gottes Maria. Ein Gebet- u. Betrachtungsbüchlein f. das gläub. Volk. Nach verschied. Quellen verf. v. e. Benedictiner-Ordenspriester d. Diöcese Gurk. Hrsg. v. d. St. Josefs-Bücher-Bruderschaft zu Klagenfurt. gr. 16. (280 S. m. Titelbild.) Klagenfurt 895. (A. Raunecker.) n.n. — 60

Mater Gratiae, seu Augusta Virgo Deipara a labe originali ... vindicata. Tyrnaviae 1707. V: *Sigrai, Andreas.* (Jes)

Mater Stillwell, Mrs. van, die Kupferprinzeß, s.a Kürschner's Bücherschatz.

Mater Stillwell van Die Kupferprinzeß Ein Roman aus d Amerikan von Mrs. – Mit Ill von A Lewin Berlin, Leipzig Hillger [1909] 111 S 8°
(Kurschners Bücherschatz Nr 673)

Materia Medica, od. Gesch. der Arzneien des Pflanzenreichs, aus Hrn v. Hallers Beschreib. gezogen; a. d. Französ. 2 Thle. gr. 8. Leipz. 782. Barth. 1 ℛ 12 ℊ

Materia et modus, Publicorum gaudiorum; sub natalem Friderici ducis Saxoniae ... Gothae 1721. V: *Vockerodt, Gottfried.* (Cat. d. Stadtbibl. Zürich. Zürich 1864—97.)

Materia, Sacrae Supellectilis, Mensura Propria et Nitor apposita nova mensura metrica ... Viennae 1877. V: *Hammer, Ladislaus.* (EB)

Material der gezogenen 8 cm Kanonen. Bern 1869. 2°

Material zur Apotheker-Gewerbefrage. Ein Beitrag zur Lösung der Frage: „Apotheken-Schutz, oder Apotheken-Freiheit?" Von einem Fachmanne. gr. 8. (15 S.) Berlin 872, (Kühn.) *

Material zur Apothekergewerbefrage. Berlin 1874

MATERIAL zur Ausarbeitung von erklärenden Vorträgen zu den Lichtbildern der Deutschen Kolonialgesellschaft über Deutsch-Ostafrika. Als Manuskript gedruckt. Berlin (1895). (Gedruckt bei Julius Sittenfeld.) 8°

Material. – Material der Batterien gezogener 4-Pfd - Kanonen der schweizerischen Eidgenossenschaft Aarau 1862 fol

*Material zur Beantwortung der Frage, ob den preußischen Feuersozietäten ein Privilegium auf die Versicherung der Immobilien zu gewähren ist. Anlagen zu der Denkschrift des Verbandes deutscher Privat-Feuerversicherungs-Gesellschaften, betr die Agitation für Verleihung des Gebäudeversicherungs-Monopols an die preußischen Feuersozietäten. Berlin 1886 und 1887.

Material betreffend Besoldungsrekurs der eidg. Postangestellten. Hrg. in deren Auftrag vom Zentralkomitee des Vereins schweiz. Post-, Telegraphen- und Zollangestellter. [Mit 5 Tabellen.] II + 47 S. 8. Zürich-Riesbach, Steiger & Tschopp, (1903).

Material zur Denkschrift der galizischen Russen über die Massregeln, welche ... die griechisch-katholische Kirche Galiziens in ihrem Bestande gefährden ... Wien 1885. V: *Dobrjanskij, Adolph Ivanović.* (Levicki, Bibliographie des publications ruthen.)

Das Material d. Feld-Art. Abt. 2. 5. (Mehr nicht vorhanden.) Berlin 1894.

Material (Das gesamte) zur Reform der Arbeiterversicherung in Deutschland, gesammelt u. gesichtet von Hans Seelmann. 8°. Frankfurt a. M., Ed. Schnapper, 1906. (Krankenkassenbibliothek, Heft 6.)

Material zum ostpreussischen Heerdbuch f. in Ostpreussen gezogenes rothbuntes Vieh der Breitenburger- u. Whilstermarsch-Rasse. 1. Hft., enth. die Eintraggn. v. 537 angekörten Heerdbuchthieren. Hrsg. vom landwirthschaftl. Central-Verein f. Littauen u. Masuren durch die Verwaltg. d. Heerdbuches. gr. 8. (XVI, 111 S. m. 1 Abbildg.) Berlin 892. P. Parey. n. 2. —

Material. – Material für Reden in Versammlungen des Volksvereins für das katholische Deutschland Als Ms. gedr 3 Aufl H 1 München-Gladbach Centralstelle d. Volksver 1901 8°

Material. – Soziales Material für Akademiker Nr 1 Mai 1907 M.Gladbach Volksverein f d. kath Deutschland (1907) 4°

Material, Soziales, für Akademiker. Nr 1 2. M.-Gladbach 1907—1909. 4° u. 8°

Material zu Sprechübungen über Vorkommnisse des täglichen Lebens. Ausg. E. Berlin 1904. V: *Plötz, Gust.* (Berl)

Material zu einer allgemeinen Statistik Livlands und Oesels. Riga 1863—66. H: *Jung-Stilling, Frdr. v.* (Kat. d. stat. Bureaus. Dresden 1890.)

Material zur Statistik der Geburten, Sterbefälle u. Ehen der Stadt Riga in d. J. 1881—85. Zusammengestellt u. hrsg. aus d. Material d. statist. Commission d. Stadt Riga v. Fr. v Jung-Stilling. 4. (VII, 241 S.) Riga 887, (Jonck u. Poliewsky). * 5 —

— zur braunschweigischen Thronfolgefrage. gr. 8. (31 S. m. 1 Stammtaf.) Braunschweig 893. A. Limbach. n.n. — 75

Material, urkundliches, zur Geschichte und Genealogie der Grafen v. Schauenburg, s. Codex diplomat. historiae comit. Schauenburgensium.

Material, urkundliches, aus den BrandenburgerSchöppenstuhlsakten. Unter Mitwirkg. v. Ernst Deichmann u. Vict. Friese hrsg. v. Adf. Stölzel. 4 Bde. in 3 Tln. gr. 8. (VI, 745, 785, 243 u. X, 332 S.) Berlin 901. F. Vahlen. n. 40. —; geb. n n. 46. —

Material-Erfordernis-Aufsatz zur Erzeugung einer zweispännigen Fuhrwesens-Feldschmiede mit eisernen Achsen. (Lithographirt.) Fol

Materiali per la carta geologica della Svizzera, pubblicati della Commissione geologica della Società elvetica di Scienze naturali a spese della confederazione. In-4°, 232 p. Bern, J. Dalp. 1880. 20 —
, Il canton Ticino meridionale ed i paesi finitimi. Spiegazione del foglio XXIV. Duf. colorito geologicamente da Spreafico, Negri e Stoppani per Torquato Taramelli.

Materialia gesammelt in feierlichen Abendstunden in der Kirche St. Wimmerius Simp. Mit bescheidenen Anfragen und Bemerkungen versehen von einem aufmerksamen Zuhörer. [2. Aufl.] Bremen 1852. V: *Mindermann, Marie.* Vgl. Brü 2 (1877), S. 45. (DARP)

Materialia gesammelt in feierlichen Abendstunden in der Kirche St. Wimmerius Simp. Mit bescheidenen Anfragen und Bemerkungen versehen von einem aufmerksamen Zuhörer. (2. Aufl.) 8. (29 S.) Bremen 852, Geisler.

Materialien. Ulm 1768. V: *Korn, Christoph Heinrich.* (ML) (Ky)

Materialien. 8. Ulm 768. Bartholomäi. 8 gr.

Materialien u. Abhandlungen zum neusten deutschen Staatsrecht u. Reichsgeschichte 1778. 6 Bd. 8. Berlin 1778—80.

Materialien zu dem dritten Abschnitte des Entwurfes eines Einführungsgesetzes zum Bürgerlichen Gesetzbuche. '(Verh. d. Bürgerl. Gesetzb. zu d. Landesgesetzen.)' Auszüge aus d. Motiven d. Entw. erster Lesg u. aus d. Protok. zweiter Lesg. Berlin. J Guttentag 1896 (135 S. 1 Bd 8

Materialien und Andeutungen zur sog. Steuerfrage im Grossherzogtum Hessen. fol. Darmstadt 1872.

— zu Antirevolutionspredigten. 8. Nürnb. 796. (Eichhorn, auch Lauffer in Leipz.) 8 gr.

— z. Antirevolutionspredigten. 8. Nürnb. Grattenauer. 796.

Materialien zu den Anträgen, betreffend die Einführung der Achtstundenschicht und die Verlängerung der Sonntagsruhe beim [österr.] Bergbau, nebst Nachweisungen über die Durchschnittsleistungen der Grubenarbeiter beim Kohlenbergbau Österreichs in den Jahren 1901 und 1903—1907 und die Arbeiterlöhne beim österreichischen Bergbau in den Jahren 1901—1906. Nebst einem Nachtrag, die Arbeiterlöhne im Jahre 1907 umfassend. Zsgest. im Ackerbauministerium im April und Juni 1908. Wien, 1908. 78 S.

Materialien zur Arbeiterfrage. Das russ. Gesetz u. die Arbeiter. Denkschrift des russ. Finanzministeriums üb. die Revision der Strafgesetze, betr. Arbeitseinstellgn. u. Kontraktbruch, sowie üb. die Nützlichkeit v. Arbeiterorganisationen zum Zwecke der Selbsthilfe. Mit e. Vorrede vom Hrsg. P. v. Struve. (In russ. Sprache.) 8. (VI, 46 S.) Stuttgart 902. J. H. W. Dietz Nachf. n. — 80

Materialien z. Arbeiterfrage. 902. (KBL 82.) Jetzt: Paris, A. Schulz.

Materialien zu einem zu errichtenden Armen-Institute. Münster 1793. V: *Hüffer, H. G. Wilhelm.* (Ky)

Materialien zu einem zu errichtenden Armeninstitute. 8°. Münster, Aschendorf, 1793.

— des preußischen Ausführungsgesetzes zum bürgerl. Gesetzbuch. 2 Hfte. gr. 8. (VIII, 990 S.) Berlin 899. C. Heymann's Verl. n. 8. —

— des preußischen Ausführungsgesetzes zum Handelsgesetzbuche. 2 Hfte. gr. 8. (III, 115 S.) Berlin 899. C. Heymann's Verl. n. 2. —

— des preußischen Ausführungsgesetzes zum Reichsgesetz üb. die Zwangsversteigerung u. Zwangsverwaltung. 2 Hfte. gr. 8. Ebd. 899. n. 1. 60
1. Entwurf u. Begründg. (36 S.) n. — 60
2. (III u. S. 37—72.) n. 1. —

— des preußischen Ausführungsgesetzes zur Reichs-Grundbuchordnung. 2 Hfte. gr. 8. Ebd. 899. n. 1. 60
1. Entwurf u. Begründg. (36 S.) n. — 60
2. (III u. S. 37—87.) n. 1. —

— zu den sächsischen Ausführungsgesetzen zum bürgerl. Gesetzbuch, s. a. Archiv, sächs. f. bürgerl. Recht u. Prozeß. 7. Beil.-Hft.

Materialien zu den sächs. Ausführungsgesetzen zum bürgerl. Gesetzbuch v. 18. VIII. 1896. 1. u. 2. Hft. gr. 8. (S. 1—246.) Leipzig 898. Roßberg. n. 6. 50; f. d. Abonnenten d. „Sächs. Archivs f. bürgerl. Recht u. Prozeß" n. 4. 90

Materialien. – Materialien zu den Sächsischen Ausführungsgesetzen zum Bürgerlichen Gesetzbuch. (In 7 H) Leipzig Rossberg & Berger (1898–)1902 (XI, 1370 S) 8°
Archiv, Sächsisches, f Bürgerl Recht u Prozess. Beil Bd [1]

Materialien zum Bankgesetz (1875). Verhandlungen und Drucksachen des Deutschen Reichstages. 2. Legislatur-Periode, II. Session 1874.

Materialien zur Bankgesetznovelle von 1899. (Gesetz, betreffend die Abänderung des Bankgesetzes vom 14. März 1875. Vom 7 Juni 1899. Verhandlungen und Drucksachen des Reichstages, 10. Leg. Per I. Session 1898/99.

Materialien zur Bankgesetznovelle von 1909. (Gesetz, betreffend Änderung des Bankgesetzes. Vom 1 Juni 1909. Verhandlungen und Drucksachen des Reichstages, 12 Leg.-Per I. Session 1907/09.

— zur Beantwortung der Bittschrift an d. hohen Gesandtschaften auf d. deutschen Bundestage zu Frankf. a. M.: „Die Rechte d. alten Geschlechter der Adeligen Gewerbschaft Alt-Limpurg zu Fr. a. M. auf die Besetzung e. best. Zahl von Stellen des das. Senats rc. betreffend." 8. Frankf. a. M. 816. (Brönner). 6 gr.

Materialien zur Beantwortung der Frage, soll das Heer den Verfassungs-Eid leisten, oder nicht. München 1821. 37 S.

Materialien zur Beantwortung der künftigen Preisfrage: Soll man Kinder mit in Gesellschaft nehmen? Leipz. 1794. V: *Schuderoff, Georg Jonathan.* (NN) (Ky) (MGT) (ErschDL) »1794—98« (Krusche)

—zur Beantwortung d. künftigen Preisfr.: soll man Kinder mit in Gesellschaft nehmen? 8. Jena 794. (Cnobloch in Leipz.) 16 gr

Materialien zur Beförderung der Welt- und Menschenkunde. Eine Zeitschrift [richtiger: Ein Serienwerk] in zwanglosen Heften. Von Adam Weishaupt. Th. 1, H. 1—3. Gotha: Steudel 1810. 502 S. 8°
193.

Materialien zur Beförderung der Welt- und Menschenkunde Zeitschrift f. Aufklärung über soz. u. ethische Fragen. Hrsg. v. Kustosamt d Illuminaten-Ordens, E. V. in Berlin. Jg 1. 2 Berlin: Illuminaten-Orden 1909–10. 8°
Forts. s. 'Das Wort' 1911 [11. 10834

Materialien zur technischen Begründung eines Entwurfes von Vorschriften über den Verkehr mit Petroleum. Nebst einer Anlage von Zeichnungen. Bearb. vom Kaiserlichen Gesundheitsamte. Berlin 1880. Fol.

—zu allgem. Beichtreden. (v. K. Chr. Seltenreich.) 2 Bde. zu 3 Stück. 8. Leipz. 800—803. Fr. Fleischer. 3 ℔ 2 gr, Schrp. 4 ℔ 12 gr

Materialien zu allgemeinen Beichtreden. Leipzig 1801—2. V: *Seltenreich, Carl Christian.* (Ky) (MGT) (Winer) »1800—2« (NN)

Materialien. – Materialien und B e i t r ä g e zur älteren und neueren Geschichte wie auch zum Staats und Privatrecht des westfälischen Kreises von Friedr Wilh Cosmann hrsgeg. Bd 1, T 1 Paderborn W Jungfermann 1789 8°

Materialien. – Materialien und B e y t r ä g e zur Geschichte, den Rechten und deren Litteratur von Carl Friedr Häberlin. hrsgeg. St 1-3 Erlangen Palm 1784-86. 8°

Materialien und deren Benutzung im Grossherzogthum Baden. Karlsruhe 1819. V: *Gysser (Gyser), Carl A.* (Ky) (MGT)

Materialien zur Berathung über die Einwirkung des Communal-Abgabengesetzes vom 14. Juli 1893 auf die Finanz-Verhältnisse von Breslau. O. O. 1894. V: *Körte, Siegfried.* (Kat. d. Druckschr. über Breslau. Breslau 1903. S. 120.)

—zu bevorsteh. Berathungen üb. d. Ausführung e. Credit-Vereins. gr. 8. Münch. 824. Finsterlin. 6 gr

Materialien zu bevorstehenden Berathungen über die Ausführung e. Credit-Vereins. gr. 8. München 825, Finsterlin. Rthlr.

Materialien zur Besprechung des Lehrerbesoldungsgesetzes. Bern 1909 s. [Trösch, Ernst].

—— betr. die Besserung der gewerblichen und socialen Verhältnisse. 1. und 2. Heft. gr. 8. Berlin 879, C. Heymann's Verlag. à Heft * 20 Pf. *

Inhalt

Heft 1. Circular an sämmtliche königl. Regierungen und Landdrosteien die Anregung zur Errichtung von Innungen zur Förderung gemeinsamer gewerblicher Interessen der Handwerker betr., vom 4. Jan. 1879, nebst den Statuten der Schuhmacher-Innung zu Osnabrück. (13 S.)
" 2. Hiltrop, zur socialen Frage. (18 S.)

Materialien, betr. die Besserung der gewerblichen und socialen Verhältnisse. 3. und 4. (Schluß-)Heft. gr. 8. Berlin 881, C. Heymann's Verlag. *

Inhalt:

Heft 3. Verordnung, betr. die Errichtung eines Volkswirthschaftsraths. Vom 17. Novbr. 1880. (8 S.) 15 Pf.
" 4. Hiltrop, zum Unfallversicherungsgesetz. (14 S.) * 20 Pf.
1. und 2. Heft. Ebendas. 1879. à * 20 Pf.

Materialien zur B e s t e u e r u n g der Versicherung. Berlin 1904 8°
(Veröffentlichungen d. Deutschen Ver f Versicherungs-Wissenschaft hrsg. von Alf Manes. H. 3)

Materialien zur Beurtheilung der Frage der Interessenvertretung in Industrie und Handwerk zsgest. f. die vom Ver z. Wahrg d. Interessen d. chem. Industrie Deutschlands behufs Berathg dieser Frage eingesetzte Commission v. Dr. C. A. Martius. *(Berlin: Dr d. Dtsch. Verl.- u. Buchdr A. G. [1895].)* (2 Bl., 34, 6, 5, 8, 3, 4, 5, 2, 7, 8, 4, 2, 6, 14, 4, 8, 3 S.) 1 Bd 4. [96. 1913

— zur Beurtheilung der Frage über die Zulässigkeit der Einmündung städtischer Cloaken-Wasser in die Flüsse. Veröffentlicht vom landwirthschaftl. Bezirks-Comité der Stadt München. gr 8. (56 S.) München 878. Oldenbourg. n. — 60

Materialien zur Beurtheilung der, den Ständen d. Königr. Sachsen vorzulegenden Fragen üb. die Nützlichkeit u. Räthlichkeit von Credit-Instituten, nebst dem Entwurfe einer Hypothekenbank f. die Oberlausitz, von ein. Mitgliede der Ständeversammlung. 8. (4¼ B.) Dresden u. Leipzig 842, Arnoldische Buchh. *

— zur Beurteilung des Gewerkschaftsstreites unter d. deutschen Katholiken. 1. u. 2. Heft. gr. 8. Berlin, Verl „Der Arbeiter". 1 50
Windolph, J., das Christentum d. christlichen Gewerkschaften 1.—10. Taus. (187 S.) 910. (Heft 2.) — 50
-- Der deutsche Protestantismus u. die christl. Gewerkschaften 1.—10. Taus. (104 S.) 909. (Heft 1.) 1 —

Materialien zur richtigen Beurtheilung der wesentlichen Rechtsverhältnisse zwischen Hamburg und Frankreich . . . 1815. Hamburg. V: ***Amsinck, Wilhelm.*** (CBH) (schr)

Materialien zur Beurtheilung der Strassburger Tabaksmanufaktur. Von der süddeutschen Abtheilung des Vereins deutscher Tabakfabrikanten und Händler. 4°. s. l. s. a.

—zur Beurtheilung d. Verhältnisse zwischen Hamburg u. Frankreich. 8. Hamb. 815. (Kummer in Leipz.) 9 gr

Materialien zur Beurtheilung d. Verhältnisse zwischen Hamburg u. Frankreich. 8. Hamb. Nemnich. 815.

Materialien zur Beurteilung der W o h l s t a n d s e n t w i c k l u n g D e u t s c h l a n d s im letzten Menschenalter. Zusammengestellt im Reichsschatzamt. Berlin, 1908. 132 S. mit 1 Taf.

Materialien f. die Bildung d. Gewerbegenossenschaft. u. genossenschaftl. Krankencassen im Bezirke d. Brünner Handels- u. Gewerbekammer. 8. (30 S. mit 2 Tab.) Brünn, C. Winkler. 80 kr. 1885

Als Ms. gedruckt. **Materialien** zum Börsen- und Depot-Gesetzentwurf. Auszüge aus d. amtl. stenogr. Berichten d. Börsenenquete-Kommission ... (Vorr.: [Hermann] Graf Arnim-Muskau.) Berlin 1896: (Wolff). 166 S. 8° [11. 9401

Materialien zu einer Chronik der Herzogthümer Schleswig und Holstein ... [Schleswig 1822.] V: *Böhme, Andreas Ludwig von.* (Schr)

Materialien zu einer vaterländischen Chronik des Kantons Appenzell VR v. **Avis-Blatt** für Herisau und die umliegende Gegend (II).

Materialien zu einer vaterländischen Chronik des Cantons Appenzell ... Herisau 1809—13. H: *Schäfer.* (MGT) »1810« (AarK) (Ky)

Das Intelligenz-Comtoir (Kurfürstl. Akad. d. Wissensch., J. F. v. Kohlbrenner), Materialien zum Dienste des Landmannes, zur Ausbreitung nützlicher Kenntnisse usw.
Die landwirtschaftlichen Berichte von Franz v. Paula Schrank (Siehe Nr. 913). Enthält Mitteilungen der Landw. Akademie zu Burghausen.
München 1773. u. ff.

—z. Diktiren. Ein Hülfsbüchlein f. Kinderlehrer. 8 Leipz. 817. (W. Rauck). 6 Gr.

— — zum Diktiren. Ein Hülfsbüchlein für Kinderlehrer. 8. Leipzig, Sommer. 817.

Materialien zu einem Denkmal Herrn Eberhard Friedrichs Freyherrn von Gemmingen ... Frankfurt a. M. 1791. V: *Kazner, Johann Friedrich Aug.* (Heyd) (Mn)

Materialien zur Einführung der Gemeindekrankenpflege. [Hrg vom Centralkomitee für Gemeindekrankenpflege im Kanton Bern Juli 1901. — Nr.] I ... — V.... (*zus.* 12 S.) 8.
Mit Begleitcircular... [2 S.] 4.

Materialien für Elektriker. Halle 1788—90. H: *Böse, Chn H. & Lebrecht Traugott Albanus.* (Ky) (MGT)

—für Elektriker (v. Lebr. Tgt. Albanus u. Chr. H. Böse.) 2 Liefrr. 8. Halle 788, 90. Schwetschke u. S. 18 Gr.

—die willkührl. Entlassung d. Patrimonial-Gerichtsverwalter in Kursachsen betr. gr. 8. Leipz. 805. Hartknoch 12 Gr. weiß Pap. 16 Gr.

Materialien zur katechetischen Erklärung biblischer Sprüche. Glogau 1808—17. V: *Meissner, E. G.* (Ky)

—zu katechet. Erklär. biblisch. Sprüche. (v. Meißner.) 3 Bdchn. 8. Glogau 808—17. C. F. Günther. 1 Rthl. 14 Gr.

Materialien zu katechet. Erklär. biblischer Sprüche. (v. Meißner.) 3 Bdchn. 8. Glogau, C. F. Günther. 817. (1s 10 Gr. 2s 12 Gr. 3s 16 Gr.)

—zu e. neuen Erklärung d. hohen Liedes; a. d. Engl. 2 Stück m. Anhang. gr. 8. Halle 778, 79. Gebauer. (à 12 Gr. u. d. Anh. 6 Gr.) 1 Rthl. 6 Gr.

Materialien zur wissenschaftlichen Erklärung der ... preussischen Landes-Gesetze. Halle 1799—1807. H: *Siewert, Friedrich Gotthilf.* (Wa) (Ky) (EngJ) (MGT) (Schletter, Handb. d. jurist. Litt. Grimma 1843. S. 198.)

—zur wissenschaftl. Erklärung d. neuesten Preuß. Landesgesetze (v. F. G. Siewert.) 1s—8s Hft. 8. Halle 799—807. Renger. 6 Rthl. 14 Gr.

Materialien. – Materialien zur wissenschaftlichen Erklärung der neuesten allgemeinen preußischen Landesgesetze [Hrsg Friedr Gotth Siewert] H 1–8 Halle 1800–07 4 Bde

Materialien zur Erörterung der Frage: Wie kann die Französische Kontribution umgelegt werden? Stuttgart 1796. V: *Kapff, Johann Wilhelm.* (MGT) (Ky)

—zur Erörterung d. Frage: Wie kann d. franzöſ. Kontribution umgelegt werden? (v. J. W. Kapff). 8. Stuttg. 796.

— z. Erweiterung der Naturkunde, s. K. W. G. Kaestner.

Materialien und Forschungen zur Wirtschafts und Verwaltungsgeschichte von Ost- und Westpreussen. Hrsg v. d. Ver. f. d. Gesch. d. Provinzen Ost- u. Westpreussen. [No] 1. *Leipzig Duncker & Humblot 1897.* 8.
(Publikation d. Vereins f. d. Geschichte d. Prov. Ost- u. Westpreussen. [No 10.]) [98. 369

— u. **Forschungen** zur Wirtschafts- u. Verwaltungsgeschichte v. Ost- u. Westpreussen. Hrsg. v. d. Verein f. d. Geschichte d. Provv. Ost- u. Westpreussen. I. gr. 8. Leipzig, Duncker & Humblot. n. 3. 60
Die Finanzverwaltg. des Herzogt. Preussen von 1640—1646. Nach d. archival. Quellen dargest. Von Jul. Triebel. (VIII, 156 S.) 897.

— u. **Forschungen** zur Wirtschafts- u. Verwaltungsgeschichte v. Ost- u. Westpreussen. Hrsg. von dem Verein für die Geschichte der Provv. Ost- u. Westpreussen. II. gr. 8. Leipzig, Duncker & Humblot. n. 8. 80
Geschichte des Kreises Strasburg in Westpreussen. Von Hans Plehn. (XXVII, 369 S.) 900.
I Ebd. 897. n. 3. 60.

Materialien zur Frage der Brausteuer-Erhöhung im norddeutschen Brausteuergebiet, s. a. Veröffentlichungen usw. des Vereins „Versuchs- u. Lehranstalt f. Brauerei" in Berlin. 1. Hft.

Materialien zur Frage der Brausteuer-Erhöhung im Norddeutschen Brausteuergebiet. Hrsg auf Veranlassung d. Wirtschaftl. Ausschusses d. Versuchs- u. Lehranst. f. Brauerei in Berlin. Berlin P Parey 1905. (VII, 70 S.) 8° [F.]
— **Veröffentlichungen** d. Wirtschaftl. Abteilung d. Vereins 'Versuchs- u. Lehranstalt f. Brauerei in Berlin' H. 1 [08. 3701

Bankenquete 1908/09. **Materialien** zur Frage des Depositenwesens ⟨Punkt VI des Fragebogens⟩. Für d. Zwecke d. Bankenquete bearb. in d. Statist. Abt. d. Reichsbank. Berlin: (Mittler) 1910. VIII, 304 S. 4° [11. 7578

Materialien zu legislativen Fragen des böhmischen Landtages. Hrsg. von Frz. Seidl. 1. (Lfg.): Freitheilbarkeit oder Bodengebundenheit? Verhandelt beim böhm. Landesausschusse in Folge Landtagsantrags des Abgeordneten L. Sadil. 8. (XI und 251 S.) Prag 863, Calve'sche Universitäts-Buchh. *

Materialien für Freimaurer. Bd 1. 2. Als Ms. gedr. f. Brr. [Altenburg: Literatur-Comptoir] 1804—1805. 8⁰
1. X, 642 S. 1804; 2. 652 S. 1805.
Gleichen Inhalts mit AJ. Bd. 1. 2. **193.**

Materialien zu einem Führer durch das künstlerische Berlin. Zsgest. im Auftr d. Deutschen Werkbundes. (Berlin-Schöneberg 1910: Scholem.) 33 S. 8° [11. 6,526]

— zu dem deutschen Fürstenbund u. zu einem italien. Staatenbunde. 8. Leipz. Baumgärtner. 814.

Materialien. – Materialien zum nützlichen G e b r a u c h für denkende Kaufleute 2 Bde Leipzig Gräff 1787–88
Hrsgeg. von Johann Andreas Engelbrecht

Materialien zur diplomatischen Genealogie des Adels der österreichischen Monarchie. Prag 1812. H: *Pilat, Casp.* (EB)

Materialien zur diplomatischen Genealogie des Adels der österreichischen Monarchie. Prag 1812. V: *Schönfeld, Joh. Ferd. Ritter von.* (GGr VI/732, Nr. 26/12) (Kat. der n.ö. Landesbibliothek, S. 149) S. a. III, 3936.

—zur diplomat. Genealogie d. Adels d. österreich. Monarchie. gr. 8. Prag 812. Schönfeld. 1 ß

Materialien zur Geologie Russlands. Bd. 1—14. Bd. 16—19. St. Petersburg 1869—90 und 1893—99. Nebst Atlas in 4° zu Bd. 8 u. 9. (In russ. Sprache.)

— zur Geologie Russlands. Hrsg. v. d. kaiserl. mineralog. Gesellschaft. (In deutscher u. russ. Sprache.) 18. Bd. (M. 6 Taf. u. 1 [farb.] geolog. Karte.) gr. 8. (III, 264 S. m. 6 Bl. Erläutergn.) St. Petersburg 897. (Eggers & Co.) n.n 10. — (I.—XVIII. n.n. 180. —)

— dasselbe, Register, s.: Swerintzew, L.

— zur Geologie Russlands. Hrsg. von der kaiserl. mineralog. Gesellschaft. (In deutscher u. russ. Sprache.) 19. u. 20. Bd. gr. 8. St. Petersburg (Eggers & Co.) à n.n. 10. —
19. Mit 9 Taf. (III, 266 S. m. 9 Bl. Erläutergn.) 899.
20. Mit 1 Karte u. 15 Taf. (III, V, 262 S. m. 9 Bl. Erläutergn.) 900.

Materialien zur Geologie Russlands. Hrsg. v. der kaiserl. mineralog. Gesellschaft. (In deutscher u. russ. Sprache.) 24. Bd. (III, 536 u. IV S. m. 6 Taf. u. 4 Bl. Erklärgn.) gr. 8. St. Petersburg 909. (Eggers & Co.) nn 11. —

Materialien zur Geologie von Turkestan. Lief. 1—3. Siehe: Romanowski, Materialien etc.

Chronol. geordnete Materialien zu einer Geschichte der Familie Gropius. Berlin 1839. 4.

—— die gesammten, des preußischen Ausführungsgesetzes zu dem deutschen Gerichtsverfassungsgesetze Nach den amtl. Quellen. 3 Lfgn. gr. 8. Berlin, v. Decker's Verlag. *
Inhalt:
Lfg 1. Entwurf und Motive. (S. 1—92.) 877. *ℳ 1,80
" 2. Verhandlungen des Hauses der Abgeordneten mit Kommissionsbericht und Anlagen. (S. 93—448.) 878. *ℳ 6,60.
" 3 —— dass. — (XI, S. 449—764.) 878. *ℳ 6.

Materialien. – Die g e s a m m t e n Materialien zum Gerichtsverfassungsgesetz u dem Einführungsgesetz zu demselben vom 27 1 1877 Auf Veranlassung des Kaiserl. Reichs-Justizamts hrsg. von C Hahn. Abth. 1 2 Berlin 1879
(Die ges. Materialien zu d. Reichs-Justizgesetzen hrsg. von Hahn. Bd 1)

[F.] Die gesammten **Materialien** zu den das Bürgerliche Gesetzbuch und seine Nebengesetze betreffenden bayerischen Gesetzen und Verordnungen nebst d. einschlägigen Ministerialerlassen hrsg. v. Heinrich Becher Lfg 1 *München J Schweitzer (1898)*. 8. [98. 3486]

Materialien. – Die g e s a m m t e n Materialien zur Konkursordnung u. dem Einführungsgesetz zu derselben vom 1 2 1877, sowie zu dem Gesetze, betr die Anfechtung von Rechtshandlungen eines Schuldners außerhalb des Konkursverfahrens, vom 21 7 1879 Auf Veranlassung des Kaiserl Reichs- Justizamts hrsg von C Hahn Berlin 1881
(Die ges. Materialien zu d. Reichs- Justizgesetzen hrsg. von Hahn Bd 4)

—— die gesammten, zu den Reichs-Justizgesetzen, s.a. Hahn, C.

Materialien. – Die g e s a m m t e n Materialien zu den Reichs-Justizgesetzen Auf Veranlassung des Kaiserl Reichs-Justizamtes hrsg. von C Hahn, (Bd 5 ff) fortges. von B. Mugdan. Berlin: Decker 1889–98. 10 Bde
Bd 1 zu dem Gerichtsverfassungsgesetz. Abth. 1 2 1879
Bd. 2 zur Civilprozeßordnung. Abth. 1 2 1880.
Bd. 3. zur Strafprozeßordnung. Abth. 1 2. 1880. 81
Bd. 4 zur Konkursordnung sowie zu dem Gesetze, betr die Anfechtung von Rechtshandlungen eines Schuldners außerhalb des Konkursverfahrens, vom 21 Juli 1879 1881
Bd 5 zum Gesetz über die Zwangsversteigerung u. die Zwangsverwaltung u zur Grundbuchordnung. 1897
Bd 6 zum Handelsgesetzbuch. 1897
Bd 7 zum Gesetz über die Angelegenheiten der freiw Gerichtsbarkeit Materialien zum Gesetz, betr Änderungen der Konkursordnung. nebst Einführungsgesetz. 1898.
Bd 8 zum Gesetz betr. Aenderungen d. Civilprozeßordnung, Gerichtsverfassungsgesetz u Strafprozeßordnung. 1898
– 2 Aufl hrsg. von Ed Stegemann Bd 2 1881 Bd 3 1885 86 4 Bde

Materialien. – Die g e s a m m t e n Materialien zur Strafprozeßordnung und dem Einführungsgesetz zu derselben vom 1 Febr 1877 Auf Veranlassung des Kaiserl Reichsjustizamts hrsg. von C Hahn. Abth 1 2 Berlin 1880 81 2 Bde (-3)

Die gesammten **Materialien** zur Civilprozeßordnung u. dem Einführungsgesetz zu derselben vom 30. 1. 1877. Auf Veranlassung des Kaiserl. Reichs-Justizamts hrsg. von C. Hahn. Abth. 1. 2. Berlin 1880.
(Die ges. Materialien zu d. Reichs-Justizgesetzen hrsg. von Hahn. Bd 2.)
— 2. Aufl., hrsg. von Ed. Stegemann. 1881. 2 Bde

Materialien zur Geschichte des deutschen Bauern-Krieges in Franken, in Schwaben und Thüringen . . . Chemnitz 1792—94. V: *Waldau, Georg Ernst.* (Pr) (Ky) (Will) »1791—94« (Dn)

—zur Geschichte d. Bauernkriegs in Frankreich, Hessen, Schwaben und Thüringen im Jahre 1525. 3 Stück. (v. G. E. Waldau). 8. Chemn. 792—94. (Starke.) 14 gr

— z. Geschichte des Bauernkrieg. in Frank., Schwab. Thüring. im J. 1525. 3 Stck. 8. Chemn. Hoffmann. (Mauke.) 793. 94. (I. 4 gr. II. III. à 5 gr.)

—zu einer Geschichte d. Buchhandels. (v. J. Chr. Fr. Roch). 8. Leipz. 794. (Brockhaus). 10 gl

— zu ein. Gesch. des Buchhandels. 8. Leipzig, Gleditsch. 794.

Materialien zu einer Geschichte des Buchhandels. Leipzig 1795. [1794.] V: *Roch, Johann Christian Friedrich.* (Adel) (Petz) (cb) (MGT) (Ky) »1834« (Merk)

Materialien zur Geschichte der Freimaurerei seit ihrer Entstehung bis 1723. Jena 1814. V: *Schröder, Frdr. Ludw.* (Kl)

Materialien zur Geschichte der Freimauerei seit der Wiederherstellung der Grossen Loge 1806. O. O. u. J. V: *Schröder, Friedrich Ludwig.* (Kl)

Materialien zur Geschichte der Jahre 1805, 6 u. 7. s.a. *Materiau.r.*

Materialien zur Geschichte der Jahre 1805, 6, 7. Berlin 1808. V: *Lombard, Johann Wilhelm.* (Ky)

— z. Geschichte d. Jahre 1805, 6. und 7. seinen Landsleuten zugeeignet, von einem Preußen. gr. 12. Berlin, Nicolai. 808.

Materialien zur Geschichte Herzogs Johann des jüngern . . . Kiel 1786—89. V: *Christiani, Wilh. Ernst.* (Bruun, Bibl. Danica III, 803.)

— zur Geschichte des rabbinischen Kalenders und zum Uebergange aus dem Mosaismus in Rabbinismus. 8. Prag 844. (Leipzig, C. L. Fritzsche.) n. 1/4 ß

— zur Geschichte des großen Kampfs f. Europens Befreyung. 2te Sammlung. gr. 8. Berl. Petsch. 813.

—zur Geschichte d. großen Kampfs f. Europa's Befreiung. 2 Hefte. Mit 1 Kpf. gr. 8. Berl. 813. Stuhr. 1 ß 12 gl

Materialien zur Geschichte des Kriegs in Schwaben im Jahr 1796—97. O. O. V: *Pahl, Joh. Gottfried von.* (MGT) (NN) (Ky)

—zur Gesch. d. Kriegs in Schwaben, (v. J. G. Pahl). 1e—3e Lfrg. 8. Nördl. 796, 97. Beck. 1 ß 16 gl

Materialien zur Geschichte des Krieges in Schweden. [1788—91.] 8. 1794.

Materialien zur Geschichte polnischer Landestheile unter preussischer Verwaltung. Nach authent. Quellen und Darstellungen preuss. Beamten und deutscher Geschichtsforscher. 1. Heft: Aeltere Zeit bis zum Frieden von Tilsit 1807. br. 8. (V und 236 S.) Leipzig 861, Librairie étrangère. *

Materialien zur Geschichte der oesterreichischen Landesvertheidigung . . . Wien 1809. V: *Groppenberger von Bergenstamm, Alois.* (Feil)

—zur Geschichte der Oesterr. Landesvertheidigung 2c. 8. Wien 809. Rehm. 12 gl

—— zur neueren Geschichte. Hrsg. von G. Droysen. Nr. 1—3. 8. Halle 880, Niemeyer. à Nr. *M 1,20.

Inhalt:

Nr. 1. Gedruckte Relationen über die Schlacht bei Lützen. (46 S.)
» 2. Zeitgenössische Berichte über die Eroberung der Stadt Rom 1527 (64 S.)
» 3. Haarer's, Peter, Beschreibung des Bauernkrieges 1525. Nebst einem Anhang: „Zeitgenössisches über die Schlacht bei Frankenhausen". (111, 17 S.)

Materialien zur neueren Geschichte, hrsg. von G. Droysen. Nr. 4—6. 8. Halle 885, Niemeyer. *

Inhalt:

Nr. 4. Gedruckte Relationen über die Schlacht bei Nördlingen 1634. (69 S.) *M 1.20.
» 5. 6. Thomas Carve's Itinerarium. Eine Quellenschrift zur Geschichte des 30jähr. Krieges. (III, 149 S.) *M 2.40.
Nr. 1—3. Ebendas. 1880. à M 1.20.

—zur neuern Geschichte Frankreichs. 2 Thle. 8. Quedlinb. 809. Basse. 3 ß

—zur Oettingischen ältern und neuern Gesch. (v. J. P. Lang). 5 Bde. 8. Wallerstein 771—74. (Beck in Nördl.) 4 ß 8 gl

Materialien zur Oettingischen altern und neuern Geschichte . . . Wallerstein 1771—75. V: *Lang, Jacob Paul.* (Ky) (Heyd) (MI) Spöckenberger

Materialien zur Geschichte der kritischen Philosophie . . . Leipzig 1793. V: *Hausius, Carl Gottlob.* (Ky) (ErschDL) (MGT) (ErGr) (ADB)

—zur Gesch. d. krit. Philosophie. (v. K. G. Hausius.) 3 Thle. gr. 8. Leipz. 793. Breitkopf u. H. 3 ß

H. v. C. Materialien zur Geschichte von Polen in den neuesten Zeiten. Mit besonderer Rücksicht auf die preussische, russische und österreichische Staatsverwaltung in Polen. Gesammelt und herausgegeben von H. v. C. 8. Germanien 1811.

Materialien zur Geschichte der neuesten Politik. Stuttg. 1847. H: *Widenmann, Gustav.* (HThPP)

Materialien zur Geschichte der neuesten Politik. I. Meinungsäußerung eines Conservativen gegen den Ultramontanismus in Bayern. II. Denkschrift über den polit. Einfluß der ultramontanen Partei in Bayern vom J. 1838 bis zu Ende des Landtags 1846. gr. 8. (128 S.) Stuttgart 847, Metzler'sche Buchh.

—— zur Geschichte der Regentschaft in Preußen. Anfang Oktober bis Ende Dezember 1858. gr. 8. (IV und 128 S.) Berlin 859, Springer's Verlag. *

Materialien zur Geschichte des österreichischen Revolutionssystems. O. O. 1809. V: *Aretin, Joh. Chph Ant. Maria* (?). (Mitth. Dr. Karl Wagner-Wien.)

Materialien zur Geschichte des Österreichischen Revoluzionirungs-Systems [Nürnberg] 1809. V: *Hörmann, Josef von.* (margr) Vgl. VI, 6575.

—z. Geschichte d. Oesterreich. Revolutionssystems. 3 Hfte gr. 8. Nürnb. 809 (Stein). 1 ß.

— zur Russischen Gesch. seit d. Tode Peters d. Gr. (v. Chph. v. Schmidt-Phiseldeck.) 3 Thle. 8. Riga 777—90. (Hartknoch in Leipz.) 3 ß 10 gℓ

Materialien zu der Geschichte der Schlacht von Austerlitz. Gesammelt von einem Militär. O. O. 1806. V: *Carl August, Herzog von Sachsen-Weimar.* (HHBD IX, 23) V: *Stutterheim, Carl Freih. v.* (KA)

—zur Gesch. d. Schlacht bei Austerlitz. Gesammelt v. einem Militair. M. 1 Karte u. 1 Plan. gr. 8. Weim. 806. Ind. Compt. 1 ß 6 gℓ. — Dass. Französ. Ebd. 1 ß 6 gℓ

Materialien zur Geschichte Sipka's. [Russisch.] (116) 8. M. 1 Krte. S. Peterburg 1880. 5.00.

Materialien zur Geschichte des Sokratismus. O. O. 1788. V: *Göchhausen, Ernst August Anton von.* (MGT)

— zu e. Geschichte der Sprachen u. Litteraturen des vorderen Orients. Hrsg. v. Mart. Hartmann. 1. u. 2. Hft. gr. 8. Heidelberg, C. Winter. n. 11. —
1. Kurdische Studien. Von Hugo Makas. 1. Eine Probe des Dialektes v. Diarbekir. 2. Ein Gedicht aus Gäwar. 3. Jezidengebete. (VII, 54 S.) 900. n. 4. —
2. Čaghataisches. — Die Grammatik ussi lisâni turkî des Mehemed Sadiq. Von Mart. Hartmann. (XIX, 85 S.) 902. n. 7. —

Materialien zu e. Geschichte der Sprachen u. Litteraturen des vorderen Orients. Hrsg. v. Mart. Hartmann. 3. Heft. gr. 8. Heidelberg, C. Winter, Verl. n. 9. —
Recherches sur les Rubâʿiyât de ʿOmar Ḫayyâm. Par Arth Christensen. (III, 174 S.) 905.
Hft. 1 u. 2 Ebd. 900. 902. n. 11.—.

— — zur Geschichte d. Nord. Staaten (v. J. Gadebusch). gr. 8. 791. 92. Ist Verlag v. Reimer in Berlin.

Materialien zur Geschichte und Statistik der nordischen Staaten ... Berlin 1791—92. V: *Gadebusch, Thomas Heinrich.* (Ky) (MGT)

—zur Gesch. u. Statistik d. nordischen Staaten, besond. Schwedens, (v. Th. G. Gadebusch). 2 Stücke. gr. 8. Berl. 791, 92. Lange. 1 ß

Materialien zu der Geschichte, Statistik und Topographie der teutschen Reichsgrafschaften. 1. Bd. H. 1—4. Frankfurt a. M. 1791—92. H: *Hoeck, Johann Daniel Habrecht.* (stri) (NN) (MGT)

—zur Gesch., Statistik u. Topographie d. deutschen Reichsgrafschaften, (v. J. D. A. Höck). 4 Hefte. 8. Frankf. 791, 92. Pech. 1 ß 12 gℓ

Матеріалы для исторіи упраздненія крѣпостнаго состоянір помѣщичбихъ крестбянъ въ Россіи въ царствованіе императора Александра II. (Materialien zur Geschichte des Unterthanengesetzes der Bauern in Russland zur Zeit der Regierung Alexanders II.) Vol. I. 1855 до 1858. 8. (416 S.) Berlin 860, F. Schneider. *

—— dass. — Vol. II. (Schluss.) 1859 и 1860. 8. (478 S.) Ebendas. 861. *

Матеріалы для исторіи упраздненія крѣпостнаго состоянія помѣщичьихъ крестьянъ въ Россіи въ царствованіе императора Александра II. (Materialien zur Geschichte des Unterthanengesetzes der Bauern in Russland zur Zeit der Regierung Alexanders II.) Vol. III. 1860 и 1861. 8. (271 S.) Berlin 862, [Behr's Buchh.] *
compl. *
Vgl. XIII. Bd. 2. Abthl. S. 82.

Materialien zur Geschichte des Vaterlandes ... München 1782. V: *Kohlbrenner, Johann Franz Seraphin Edler von.* (ML) (MS) (Weber) (Ky) Vötters Erben

Materialien zur Geschichte der Verfolgung v. Studenten unter Alexander II. (In russ. Sprache.) 8. (183 S.) Leipzig 899. E. L. Kasprowicz. n. 2. 50

— zur Geschichte der Verfolgung v. Studenten unter Alexander II. (1838). (In russ. Sprache.) 2. Aufl. (183 S.) 8. Leipzig (901). E. L. Kasprowicz. n. 2. 50

Materialien zur Geschichte des Standes Zürich. Strasburg 1797—98. V: *Billeter, Johann Caspar.* (MGT) (Ky)

—zur Gesch. d. Standes Zürich, (v. J. K. Billeter). 2 Hfte. 8. Strasb. 797, 98.

— zu dem Gesetz v. 1. VI. 1909 betr. Änderungen des Gerichtsverfassungsgesetzes, der Zivilprozeßordng., des Gerichtskostengesetzes u. d. Gebührenordng. f. Rechtsanwälte, s. a. Rechtsprechung die, der Oberlandesgerichte auf d. Gebiete des Zivilrechts

Materialien. – Materialien zu dem Gesetz vom 1 Juni 1909 betr Änderungen des Gerichtsverfassungsgesetzes, der Zivilprozeßordnung, des Gerichtskostengesetzes und der Gebührenordnung für Rechtsanwälte Leipzig Veit 1909 262 S 4° (8°)
(Rechtsprechung d. Oberlandesgerichte in Zivilsachen Beih 3)

— zu d. Gesetz v. 30. V. 1908 betr. Änderung des § 833 d. bürgerlichen Gesetzbuchs, s.a. Rechtsprechung d. Oberlandesgerichte auf dem Gebiete des Zivilrechts

Materialien zu dem Gesetz vom 30 Mai 1908 betr Änderung d. § 833 d Bürgerl Gesetzbuchs. Leipzig Veit & Co 1908. (64 S.) 4° (8°)
Rechtsprechung d. Oberlandesgerichte auf d. Geb. d. Zivilrechts. Beih. 2

Materialien zu dem Gesetz vom 5. Juni 1905 betreffend Änderungen der Zivilprozeßordnung Leipzig. Veit & Co 1905. (130 S.) 4°(8°) [J.]
= Rechtsprechung d. Oberlandesgerichte in Zivilsachen. Beih. 1

— zu dem Gesetz vom 5. VI. 1905 betr. die Aenderungen der Zivilprozeßordnung. (II, 130 S.) Lex.-8. Leipzig 906. Veit & Co. n. 3. —

— dasselbe, s.a. Rechtsprechung, die, der Oberlandesgerichte auf dem Gebiete des Zivilrechts. Beiheft 1.

Materialien zum Gesetz betr. Aenderungen der Civilprozeßordnung, Gerichtsverfassungsgesetz u. Strafprozeßordnung. Berlin 1898.
(Die ges. Materialien zu d. Reichs-Justizgesetzen hrsg. von Mugdan. Bd 8.)

Materialien zum Gesetz über die Angelegenheiten der freiw. Gerichtsbarkeit. Materialien zum Gesetz, betr. Aenderungen der Konkursordnung nebst Einführungsgesetz. Berlin 1898.
(Die ges. Materialien zu d. Reichs-Justizgesetzen hrsg. von Mugdan. Bd 7.)

Bank von Frankreich. Materialien zum Gesetz, betreffend die Erneuerung des Privilegiums der —, vom 17 November 1897.

Belgische Nationalbank. Materialien zum Gesetz, betreffend die Erneuerung des Privilegiums der —, vom 16. März 1900.

[S.] Die **Materialien** zu dem Gesetze über das Postwesen des Norddeutschen Bundes v. 2. Nov. 1867, d. Ges. üb. d. Postwesen d. Deutschen Reichs v. 28. Oct. 1871 u. d. Ges. v. 20. Dec. 1875, betr. d. Abänderg des § 4 des Ges. üb. d. Postwesen des Deutschen Reichs v. 28. Oct. 1871 '(Eisenbahn-Postgesetz)'. Auf Grund der Stenogr. Berichte üb. die Verhandlgn des Reichstages d. Nordd. Bundes bezw. d. Deutschen Reichstages zsgest. v. C[arl] Gattermann, kgl. Postdir. 2. Aufl. *Berlin: Rosenbaum & Hart [1896].* (4 Bl., 390 S., 1 Bl.) 1 Bd 8.

Materialien zu dem Gesetz üb. die Presse. Vom 7 Mai 1874. [Aus: „Dr. Goltdammer's Archiv f. deutsches Strafrecht."] gr. 8. (55 S.) Berlin 874. v. Decker. n. 1. 20

— des preußischen Gesetzes üb. die freiwillige Gerichtsbarkeit. 2 Hfte. gr. 8. (IV, 404 S.) Berlin 899. C. Heymann's Verl. n. 5. —

[**Materialien** zum Gesetz, betreffend den Verkehr mit Nahrungsmitteln, Genussmitteln und Gebrauchsgegenständen.] O. O. u. J. [1879.] 169 S. 4°
(Deutscher Reichstag. 4. Leg.-Per., 2. Sess. 1879. Drucksache Nr 7.)

Materialien. – Materialien zum Gesetz über die Zwangsversteigerung u die Zwangsverwaltung u zur Grundbuchordnung. Berlin 1897 5)
(Die gesammten Materialien zu den Reichs-Justizgesetzen hrsg. von Mugdan. Bd 5)

Materialien zu den die Ausführung der Reichs-Justizgesetze betreffenden hessischen Gesetzen. 1—5. Bd. gr. 8. Darmstadt 878. 79. Jonghaus. n.n. 13. —

1. Materialien zu dem Gesetz: Die Ausführung des deutschen Gerichtsverfassungsgesetzes betr. (335 S.) n.n. 2. 60
2. Materialien zu dem Gesetz: Die Ausführung der deutschen Civilprozeß- u. Konkurs-Ordnung betr. (545 S.) n.n. 4. 20
3. Materialien zu den Gesetzen: 1) das Verfahren in Sachen der nichtstreitigen Gerichtsbarkeit betr.; 2) Die Uebertragung v. Grundeigenthum u. die Fortführung der Grundbücher in der Prov. Rheinhessen betr.; 3) das Notariat in der Prov. Rheinhessen betr.; 4) Die Ausführung des deutschen Gerichtskostengesetzes u. der deutschen Gebührenordnungen für Gerichtsvollzieher u. für Zeugen u. Sachverständige betr. (339 S.) n.n. 2. 60
4. Materialien zu den Gesetzen: 1) Die Ausführung der deutschen Strafprozeßordnung betr; 2) das Verfahren in Forst- u. Feldrügesachen betr. (201 S.) n.n. 1. 60
5. Materialien zu den Gesetzen: 1) Die Rechtsverhältnisse der Richter betr; 2) Die Bildung u. Zuständigkeit des obersten Verwaltungsgerichts betr. (267 S.) n.n. 2. —

— zur peinl. Gesetzgebung in Baiern. 1r Thl. gr. 8. München 803. Fleischmann. 18 gr

Materialien. – Materialien für die preußische, staatswirthschaftliche Gesetzgebung Hrsg. von Friedr v Cölln. H [1]-3 Leipzig, (H 3) Berlin 1811–12 3 Bde.

Materialien für Gottesgelahrtheit und Religion. Gera 1784—85. V: *Weise, Johann August.* (Ky) (MGT)

—f. Gottesgelahrtheit u. Religion, (v. Jh. A. Weise). 4 Sammlungen. 8. Gera 784, 85. Beckmann. 1 ₰ 12 gr

Materialien zu Grundzügen einer Hamburger Landgemeindeordnung. Hamburg 1849. V: *Schröder, C. W.* (Ky) (Wa) (EngJ)

— zu Grundzügen einer hamburgischen Landgemeindeordnung. (Von C. W. Schröder.) 12. (X und 14 S.) Hamburg 849. Hoffmann und Campe.

Materialien zum Antrage Hammerstein betr. Selbstständigkeit u. Dotation der evangel. Kirche. gr. 8. (VIII, 315 S.) [Brandenb. a. H. 889, Evangel. Buchh.] Halle a. S., Krause. 2 50

Materialien zum Handelsgesetzbuch. Berlin 1897.
(Die gesammten Materialien zu den Reichs-Justizgesetzen hrsg. von Mugdan. Bd 6.)

— z. deutschen Handelsgesetzbuche u. d. Einführungsgesetze. 2 Lfgn. gr. 4. (IV, 422 S.) Berlin 897. C. Heymann's Verl. n. 6. —
1. n. 2. —. — 2. n. 4. —.

Materialien zu einem Handelsgesetzbuch für die Stadt Frankfurt. Frankfurt 1811. V: *Schlosser, Johann Friedrich Heinrich.* (Kn)

[J.] Materialien zum Handelsgesetzbuche für das Deutsche Reich u. d. Einführungsgesetze. *Berlin: C. Heymanns 1897.* (IV, 422 S.) 1 Bd 4. [97. 3581

— f. d. deutsche Handelspolitik. Hrsg. v. deutschen Landwirthschaftsrath. 1. u. 2. Hft. gr. 8. Berlin, P. Parey. n. 7.—
1. Zum Schutz der deutschen Pferdezucht im landwirthschaftlichen u. militärischen Interesse. Ein Handbuch f. Landwirthe, Abgeordnete u. Volkswirthe. Von Heinr. Dade. (IX, 136 S.) 900. n. 4.—
2. Über Kornerträge in der Landwirtschaft. I. Kann die deutsche Landwirtschaft dem deutschen Volke das zu seiner Ernährg. erforderliche Brotkorn liefern? II. Zur Wirtschaftsgeschichte der Landgüter Tellow u. Roggow in Mecklenburg. Von H. Schumacher. (IV, 112 S.) 901. n. 3.—

Handelsvertragsverein Verband zur Förderung des deutschen Aussenhandels. Berlin — MATERIALIEN zu den neuen deutschen Handelsverträgen mit den Vereinigten Staaten von Amerika und Argentinien. Berlin, 1905. Druck von Liebheit & Thiesen. gr 8°

Materialien zur Heimatskunde. Ein Leitfaden f den 1. Unterricht in der Geographie. 2. Aufl. 8. (31 S.) Crefeld 894. Kramer & Baum Kart. n —30

Materialien zum Hypothekenbankgesetz vom 13. Juli 1899 und zum Gesetz betreffend die gemeinsamen Rechte der Besitzer von Schuldverschreibungen vom 4. Dezember 1899. Verhandlungen und Drucksachen des preußischen Abgeordnetenhauses und Herrenhauses.

Materialien. – Materialien des Intelligenz-Comtoirs 16 Hfte München Stage 1773 Hrsgeg. von J F S von Kohlbrenner

Materialien zum Kanzelvortrag. Altdorf u. Nürnberg 1774. V: *Döderlein, Johann Christoph.* (BB) (ML) »zu Kanzelvorträgen« (Ky) (MGT)

—zu Kanzelvorträgen, (v. J. C. Döderlein). 8. Altdorf 774. Felsecker in Nürnb. 4 *gr*

Materialien zu Kanzelvorträgen, oder Predigtentwürfe der besten Kanzelredner . . . Erlangen 1790—97. V: *Roth, Johann Georg Leonhard.* (MGT)

—zu Kanzelvorträgen od. Predigtentw. d. besten Kanzelredner. Herausgg. v. Jo. G. L. Roth. 4 Bde. zu 3 Stück. gr. 8. Erlang. 790—99. Palm. 5 *ß* 13 *gr*

— — zu Kanzel- u. Amtsvorträgen. s. Kiefeter, B.,

—— zu einem Katechismus der Sozialreform. Gesammelte Aufsätze. Hrsg. von Rudolph v. Mosch. 8. (XIV, 556 S.) Berlin 888, Aktiengesellschaft „Pionier". *

—zu Katechismuspredigten, od. Entwürfe u. Sätze zu Kanzelvortrr. n. Luthers Katechismus. 2 Hfte. Leipz. u. Dünkelsb. 792, 93. Schmeißer, (Joachim). 6 *gr*

Materialien zur Kenntnis der livländischen Agrarverhältnisse mit bes Berücks. der Knechts- und Tagelöhner-Bevölkerung. Veröffentl. von dem livländischen Landraths-Collegium. [Lfg 1—3]. — Riga 1883—1885 Müller 4°

Materialien zur Kenntniss der livländischen Agrarverhältnisse mit besond. Berücksicht. der Knechts- und Tagelöhner-Bevölkerung. Veröffentl. von dem livländ. Landraths-Collegium. Lex.-8. (VI, 244 S.) Riga 885, (Jonck und Poliewsky.) **

Materialien zur Kenntniss der livländischen Bauer-Verhältnisse. Veröffentlicht von dem livländischen Landraths-Collegium. 4°. Riga 1883.

—— zur Kenntniss des evangelisch-lutherischen Landvolksschulwesens in Livland. Veröffentlicht von dem livländ. Landraths-Collegium. Lex.-8. (XXI, 162 S. mit Tab.) Riga 884, (Jonck und Poliewsky.) **

Materialien zur Kenntnis des evangel.-lutherischen Landvolksschulwesens in Livland. Veröffentlicht von dem livländischen Landraths-Collegium – Riga 1884: Müller XXI, 160 S., 2 Pl. 4°

Tiflis, Physikalisches Observatorium, Materialien zu einer Klimatologie des Kaukasus. (In russ. und deutscher Sprache.) Gesammelt und herausgegeben von A. Moritz, J Mielberg. Abtheil. I. Meteorologische Beobachtungen. Bd 1. 1871—75. Bd. 2. Tiflis 1876—79, 1880—86.
Tiflis 1877, 80—83, 85, 86, 88.

[Materialien zum Köhlbrandvertrage. 1909.] Sammelband. 4°.

—zu d. nächst kommen sollenden geistl. Concordaten zwischen d. Röm. Stuhle u. d. deutschen Fürsten rc. 8. Sulzb. 803. v. Seidel. 5 *gr*

[J.] Die **Materialien** zur Konkursordnung. (In 2 Heften.) *Berlin: C Heymanns 1898.* (3 Bl., 373 S) 1 Bd 8.
= Materialien zu d. Reichs-Justizgesetznovellen. Bd 2
= Zeitschrift f deutschen Civilprozess. Bd 24. Beil. 2 u. 4. [98. 688

Materialien zur Kreisordnung, zusammengestellt v. Brauchitsch. (Amtlich.) 4 Bde. Berl. 882.

Materialien zur Kriegsgeschichte des Jahres 1809. (Sonderabdruck aus dem XXXI. Bde. der „Verhandlungen des historischen Vereines von Oberpfalz und Regensburg".) 8. Stadtamhof 1876.

— z. Kritik d. Nationalökonomie u. Staatswirthschaft. 1s Heft. Was ist Geld? gr. 8. Berl. 827, Mittler.

Materialien zur Kritik d. Nationalökonomie u. Staatswirthschaft. 2. Hft. Was ist Werth u. Preis? gr. 8. (5½ B.) Berlin 829, Mittler.
1. Hft. Ebendas. 1827 8 Gr.

— zur Kunde des älteren englischen Dramas, unter Mitwirkg. v. F. S. Boas, A. Brandl, R. Brotanek u. a. begründet u. hrsg. v. W. Bang. I.—VI. Bd.. VII. Bd. 1. Tl. VIII.—XIV. Bd. u. XV. Bd. 1. Tl. gr. 8. Louvain, Leipzig, O. Harrassowitz. Subskr.-Pr. n.n. 104. 70; Einzelpr. n.n. 128. 50
Barnes, Barnabe, The devil's charter. Edited from the quarto of 1607 by R. M. Mc Kerrow. (XXIII, 144 S.) 904. (Bd. VI.) Subskr.-Pr. n.n. 5. 60; Einzelpr. n.n. 6. 80
Chettle, Henry, u. John Day, The blind beggar of Bednall Green. Nach der Q 1659 in Neudr. hrsg. v. W. Bang. (X, 60 S.) 902. (Bd. I.) Subskr.-Pr. n. 3. 60; Einzelpr. n. 4. 40
Crawford, Ch., A concordance to the works of Thomas Kyd. (V, 200 S.) 4. 906. (Bd. XV, 1.) Subskr.-Pr. n.n. 16. —; Einzelpr. n.n. 20. —
Enterlude, a new, of godly queene Hester, ed. from the quarto of 1561 by W. W. Greg. (XVI, 62 S.) 904. (Bd. V.) Subskr.-Pr. n.n. 3. —; Einzelpr. n.n. 4. —
-- the, of youth. Nebst Fragmenten des Playe of Lucres u. v. Nature, hrsg. v. W. Bang u. R. B. Mc Kerrow. (XXIV, 108 S. m. Abbildgn.) 905. (Bd. XII.) Subskr.-Pr. n.n. 8. 50; Einzelpr. n.n. 11. 20
Everyman, reprinted by W. W. Greg from the edition by John Skot, preserved at Britwell Court. (32 S. m. 2 Abb.) 904. (Bd. IV.) Subskr.-Pr. n.n. 1. 40; Einzelpr. n.n. 1. 80
Fraunce, Abraham, Victoria, a Latin comedy. Ed. from the Penthurst manuscript by G. C. Moore Smith, M. A. (XL, 130 S. m. 1 Taf.) 906. (Bd. XIV.) Subskr.-Pr. n.n. 6. 40; Einzelpr. n.n. 8. —
Heywood, Tho., Pleasant dialogues and dramma's. Nach der Octavausg. 1637 in Neudr. hrsg. v. W. Bang. (XII, XV, 380 S.) 903. (Bd. III.) Subskr.-Pr. n.n. 12. —; Einzelpr. n.n. 14. 50

Jonson's, Ben, Dramen. In Neudr. hrsg. nach der Folio 1616 v. W. Bang. 1. Tl. (XII, 276 S. m. 2 Taf.) 905. (Bd. VII, 1.) Subskr.-Pr. n.n. 20. —; Einzelpr. n.n. 24. —
— every man in his humor, reprinted from the quarto 1601 by W. Bang and W. W. Greg. (88 S.) 905. (Bd. X.) Subskr.-Pr. n.n. 4. —; Einzelpr. n.n. 4. 80
— Sad Shepherd with Waldron's continuation ed. by W. W. Greg. (XXV, 99 S.) 905. (Bd. XI.) Subskr.-Pr. n.n. 5. 60; Einzelpr. n.n 6. 80
King and Queenes, the, entertainement at Richmond. Nach der Q 1636 in Neudr. hrsg. v. W. Bang u. R. Brotanek. (IX, 35 S.) 903. (Bd. II.) Subskr.-Pr. n.n. 1. 40; Einzelpr n.n. 1. 80

Koeppel, E., Studien üb. Shakespeare's Wirkung auf zeitgenössische Dramatiker. (XI, 103 S.) 905. (Bd. IX.) Subskr.-Pr. n.n. 4. 80; Einzelpr. n.n. 5. 60
Pedantius, a Latin comedy formerly acted in Trinity College, Cambridge, ed. by G. C. Moore Smith, M. A. (L, VI, 164 S.) 905. (Bd. VIII.) Subskr.-Pr. n.n. 8. —; Einzelpr. n.n. 9. 60
Queen, the, or the excellency of her sex. Nach der Quarto 1653 in Neudr. hrsg. v. W. Bang. (IX, 8 u. 60 S.) 906. (Bd. XIII.) Subskr.-Pr. n. 4. 40; Einzelpr. n. 5. 20

— zur Kunde d. älteren englischen Dramas, unt. Mitwirkg. v. F. S. Boas, A. Brandl, R. Brotanek u. a. begründet u. hrsg. v. W. Bang. 7. Bd. II. Tl., 15. Bd. II. u. III. Tl., 16.—26. Bd., 27. Bd. I. Tl., 29. u. 30 Bd. Louvain. Leipzig, O. Harrassowitz. Subskr.-Pr. 274.30; Einzelpr. 337. 40

Bale s Kynge Johan nach d. Handschrift in d. Chatsworth-Collection in Fksm. hrsg. v. W. Bang. (67 Taf. m. VI S. Text.) 39,5×29 cm. 909. (Bd. XXV.) Subskr.-Pr. 80.—; Einzelpr. 100. —
Brewer's, Anthony, the love-sick king ed. from the Quarto of 1655 by A. E. H. Swaen. (XV, 64 S.) Lex. 8. 907. (Bd. XVIII.) Subskr.-Pr. 4.—; Einzelpr. 4. 80
Crawford, Ch., a concordance to the works of Thomas Kyd. 2. Tl. (S. 201—400.) 30,5×23,5 cm. 907. (Bd. XV, 2.) Subskr.-Pr. 16.—; Einzelpr. 20. —
— dasselbe. III. Tl. (S. 401—690.) 30,5×23,5 cm. 906—10. (Bd. XV, 3.) Subskr.-Pr. 20.—; Einzelpr. 24. —
Dekker, Thom., Satiro-Mastix or the untrussing of the humorous poet. Hrsg. nach den Drucken v. 1602 v. Hans Scherer. (XVI, 136 S.) Lex. 8. 907. (Bd. XX.) Subskr.-Pr. 6.50; Einzelpr. 8. —
Documents relating of the office of the revels in the time of Queen Elizabeth. Ed., with notes and indexes by Alb. Feuillerat. (XVII, 513 S.) Lex. 8. 908. (Bd. XXI.) Subskr.-Pr. 40.—; Einzelpr. 48. —
Eckhardt, Eduard, die Dialekt- u. Ausländertypen d. älteren englischen Dramas. I. Tl.: Die Dialekttypen. (XV, 163 S.) Lex. 8. 910. (Bd. XXVII, 1.) Subskr.-Pr. 8.—; Einzelpr. 10. —
Everyman, reprinted by W. W. Greg from the ed. by John Skot in the possession of A. H. Huth. (VIII, 22 S. m Abb.) Lex 8. 909. (Bd. XXIV.) Subskr.-Pr. 1.40; Einzelpr. 1. 80
Forde's, John, dramatische Werke. In Neudr. hrsg. v. W Bang. 1. Bd. Mit e. einleit. Essay: Forde's contribution to the decadence of the drama v. S. B. Sherman u. e. Neudr. v. Dekkers Penny-Wise, Pound-Foolish. (XIX, VIII, 210 S. m. 3 Taf.) Lex. 8. 908. (Bd. XXIII.) Subskr.-Pr. 14.40; Einzelpr. 18. —
Goosecappe, Sir Gyles. Nach der Quarto 1606 in Neudr. hrsg. v. W. Bang u. R. Brotanek. (V, 75 S.) Lex. 8. 909. (Bd. XXVI.) Subskr.-Pr. 3.60; Einzelpr. 4. 40
Jonson's, Ben, Dramen. In Neudruck hrsg nach der Folio 1616 v. W. Bang. 2. Tl. (S. 277—552.) Lex. 8. 908. (Bd. VII, 2.) Subskr-Pr. 20.—; Einzelpr. 24. —
— The fountaine of self-loue or Cynthias revels. Nach der Quarto 1601 in Neudruck hrsg. v. W. Bang u. L. Krebs. (V, 92 S.) Lex. 8. 908. (Bd. XXII.) Subskr.-Pr. 4.80; Einzelpr. 5. 60
Jonson's, Every man out of his humor, reprinted from Holme's Quarto of 1600 by W. Bang and W. W. Greg (VIII, 128 S.) Lex. 8. 907. (Bd. XVI.) Subskr.-Pr. 6.40, Einzelpr. 8. —
— dasselbe, reprinted from Linge's Quarto of 1600 by W. Bang and W. W. Greg. (V, 128 S.) Lex 8. 907. (Bd. XVII.) Subskr.-Pr. 6.40; Einzelpr. 8. —
Maas, Herm., äussere Geschichte der engl. Theatertruppen in d. Zeitraum von 1559 bis 1642. (X, 283 S.) Lex. 8. 907. (Bd. XIX.) Subskr.-Pr. 14.40; Einzelpr. 18. —
Richard's, Nathanael, tragedy of Messalina, the Roman emperesse. Edited by A. R. Skemp. (XV, 160 S.) Lex. 8. 910. (Bd. XXX.) Subskr.-Pr. 10.40; Einzelpr. 12. 80
Stopes, Mrs. C. C., William Hunnis and the revels of the chapel royal. A study of his period and the influences, which affected Shakespeare. (XIV, 363 S. m. 1 Taf.) Lex. 8. 910. (Bd. XXIX.) Subskr.-Pr. 18.—; Einzelpr. 22. —

— f. Landesorganisation u. Gesetzrevision. 1ste Samml. 8. Leipz. Benj. Fleischer. 814.

Materialien d. allgem. Landrechts, v. Simon u. v. Strampff, s. Zeitschrift f. wissensch. Bearb. d. preuß. Rechts.

— f. Landschulmeister u. f. Lehr. in Volks- und Bürgerschul., z. Dictir. und Vorlesen. 8. Leipzig, Sommer. 805.

Materialien zu einem künftigen Landtage in Bayern. gr. 8. München, Fleischmann. 800. Rthlr. -

Materialien zu Zinnendorfs maurerischen Laufbahn und dessen System, als Beilage der Geschichte der Freymaurerey seit 1717. Rudolstadt [ca. 1803]. V: *Schroeder, Friedrich Ludwig.* (wolfstieg I, 978) Vgl. III, 3965.

— f. Lehrer an Volksschulen zur Verhütung der Thierquälerei. Gesammelt u. hrsg. v. der Schullehrer-Konferenz-Gesellschaft zu Potsdam. Mit ein. Vorw. v. Striez. 3. Aufl. 8. (4¼ B.) Potsdam 843, Riegel's Vrlasb. *

Materialien zu einem festen Lehrgebäude der Philosophie . . . Berlin 1830. V: *Vorpahl, Carl Ludwig.* (Ky)

— zu e. festen Lehrgebäude d. Philosophie, nebst e. Kritik d. bisher. Philosophie u. Offenbarung. (Von K. L. Vorpahl.) 8. (23½ B.) Berlin 830, Rücker.

— für Lesestücke u. mündl. Vorträge, s. Gedichte, Naturschilderungen &c.

Materialien zu Lese- und Verstandesübungen . . . Ulm 1817. 2. Aufl. 1820. V: *Trossel.* (MGT) (Ky)

—zu Lese- u. Verstandesübungen f. das reifere Alter. 2e Aufl. 8. Ulm 820. Ebner. 16 gr.

Materialien. – Materialien zur Liquidation zwischen dem Königreiche Dänemark und den Herzogthümern Schleswig-Holstein August 1864 Hektographirt Fol

— f. d. Marforius Vindobon. z. Forts. s. Ambrosien &c. 16 gr. 8. Ingolstadt. (Akadem. Buchhandlung in Jena.) 795.

Materialien für Maurer. [Hrsg. von Joh. Günth. Karl Werdermann.] Stück 1—3. Züllichau: Frommann 1787—1788. 8⁰

1. 114 S. 1787; 2. 100 S. 1788; 3. S. 101—202 1788.
Recens: 1. Goué. A. S. v.: Notuma. 3 (1789) S. XIX—XXI; °Hamburg. unparth. Corresp. 1787 St. 8; °Erfurter gel. Ztg. 1787 St. 44; 1789 St. 24; °Goth. gel. Ztg. 1787 St. 96; 1788 St. 83; °ALZ. 1788 No 9; D. neuesten Religionsbegebenheiten. 12 (1789) S. 344—349.
Kl. 507, Tt. 1835. Nach d. Hdb. d. Frmrei. 2. Aufl. 3 (1867) S. 464 ist Prof. Joh. Günth. Konr. Werdermann Hrsg.; die Goth. gel. Ztg. 1787 S. 824 nennt den Regimentsquartiermeister Werdermann in Schweidnitz; D. gelehrte Deutschland: „Joh. Günth. Karl Werdermann“.

—— zur neuen Medizinalverfassung Preussens. Aus den Acten des Ministeriums hrsg. von M. Kalisch. 1. Heft. A. u. d. T.: Die amtl. Verhandlungen über einen Medicinal-Congress. Aus den Acten des Ministeriums zusammengestellt und gutachtlich besprochen von M. Kalisch. gr. 8. (VIII und 104 S.) Berlin 849, A. Hirschwald.

—— dass. — 2. Heft. A. u. d. T.: Die amtlichen Verhandlungen über dringliche Medicinal-Reform-Gesuche im J. 1848. gr. 8. (VIII und 80 S.) Berlin 849, Gebauer'sche Buchh. *

— zur Militärstrafgerichtsordnung. 2 Hfte. gr. 4. (IV, 213 S.) Ebd. 897. 98. à n. 2. —

[F.] Materialien zur Militärstrafgerichtsordnung. (In 2 Heften.) *Berlin C. Heymanns 1898* (2 Bl., 213 S.) 1 Bd 4. [98. 6683

Materialien (Motive, Kommissionsber. u. Kammerverhdlgn.) zu der Verordnung v 3/1. 49 u. d. Gesetze v. 3/5. 52 betr. Schwurgerichte. Berlin 852. (4. 50)

Materialien zu der Münz-Geschichte überhaupt . . . Schmalkalden 1770. V: *Kraut*, *Franz Nicolaus*. (ML) (Stri) (Ky)

— für Münzgesetzgebung und dabei entstehende Erörterungen. Staatsmännern u. Rechtsgelehrten zur Beherzigung. gr. 8. Frankf. a. M. 822. Andreä. 2 ß 12 gl

— zum Nachdenken üb. Religion, Offenbarung u. Christenthum für Freunde der Wissenschaften rc. 8. Leipz. 792. Hilscher. 16 gl

— neue, zu Vorschriften. Ein Handbuch beim Schreibunterricht f. Bürger- u. Landschulen. 8. Lpz. 818. Cnobloch. 6 gl — Dass. auf einer Seite gedruckt zum Aufkleben. Ebd. 10 gl

— neueste, z. Staatskunde, vd. d. jetztlebend. Mecklenb., Schwerin. Anth. 1792. 1r und 2r Thl. 8. Schwer. Bärensprung. (Gräff, Leipz.) 792.

— zu e. Neu-Gestaltung des Gesetzes betr. das Urheberrecht an den Werken der bildenden Künste. Hrsg. von der „Werkstatt der Kunst". Organ f. die Interessen der bild. Künstler. 12. (92 S.) München 902. Verlag der „Werkstatt der Kunst". — 80

Materialien zu einer ornis balcanica. Herausgegeben vom bosnisch herzegovinischen Landesmuseum in Serajewo. IV. Montenegro. Von Othmar Reiner und Ludwig v. Führer. Mit 2 Tafeln in Farbendruck und einer Karte. Lex.-8. (X, 149 S.) Geb. Wien Gerold 1897 5.—

Materialien für die gesammte Physikats-Geschäftsführung. In 10 Abthlgn. Fol. (223 lithogr. S.) Nördlingen 853, Beck'sche Buchh. *

— — 11. Abth. General-Impf-Conspecte. — Revaccinations-Tabellen. (Nördlingen 854. Beck.) Fol. (3 Bgn. lith. Tab.) n. 4 ngr.

— für Prediger, 1s Hft. gr. 8. Potsd. 795. Horvath. 8 gl

—— zur siebenbürgischen Rechtsgeschichte enth.: 1. Merkwürdige Municipal-Constitutionen. 2. Die Regulativ-Punkte. 3. Die wichtigsten Verfassungsgrundgesetze. 4. Die Landtagsartikel vom J. 1848. Das 1. und 3. Stück ins Deutsche übers. und mit erklärenden Noten versehen von Friedr. Schuler v. Libloy. 8. (IV und 485 S.) Hermannstadt 862, Steinhaussen's Buchh. geb.

Materialien zur Reformation des höhern katholischen Klerus in Ungarn. O. O. 1790. V: *Molnár*, *Johann*. (Pk)

— zur Regierungsgeschichte Friedrich Wilhelms IV. vom 7. Juni 1840 bis zum 18. October 1842. gr. 8. Königsberg 842. Voigt. n. $1/2$ ß

— dass. 2. Heft. Von der Eröffnung der Versammlung der vereinigten ständischen Ausschüsse in Berlin den 18. October 1842 bis zum Schlusse des rhein. Provinzial-Landtags den 20. Juli 1843. gr. 8. Ebend. 843. n. $1/2$ ß

— dass. 3. Heft. Vom 20. Juli 1843 bis zum 26. Juli 1844. (1.—3. Hft. a. u. d. T.: Die 4 ersten Regierungsjahre Friedrich Wilhelms IV. Vom 7. Juni 1840 bis zum 26. Juli 1844.) gr. 8. Ebend. 844. n. $1/3$ ß

Materialien zur Reichsgesetzgebung [1] Reichstagssession 1903/4. H. 1 [Mehr nicht erschienen.] Berlin W Baensch 1904. (80 S.) 8° [F.] [07. 4376

— zur Reichsgesetzgebung. Reichstagssession 1903/4. 1. Heft. (IV, 80 S.) gr. 8. Berlin 904. A. Duncker. n. 1.50

Materialien zu den Reichsjustizgesetzen, hrsg. v **Hahn**. 4 Thle. in 7 Bdn.
I. Gerichtsverfassungsgesetz. 2. Aufl. v. **Stegemann**. Berl. 883. 2 Bde. (34. 80).
II. Civilprozessord. 2. Aufl. v. **Stegemann**. Berl. 881. 2 Bde. (34. —)
III. Strafprozessord. 2. Aufl. v. **Stegemann**. Berlin 885. 2 Bde. (48. —)
IV Konkursordnung. 881 vergriffen!

— zu den Reichs-Justizgesetznovellen 1897—1898. 1.—5. Hft. gr. 8. Ebd. 898. n. 15. 30
1. Civilprozeßordnung. 1. Lfg. (296 S.) n. 2. 50
2. Gesetzentwurf betr. Aenderung d. Konkursordnung. 1. Lfg. (80 S.) n. — 80
3. Civilprozeßordnung. 2. Lfg. (S. 297—792.) n. 4. 50
4. Gesetzentwurf betr. Aenderung d. Konkursordnung. 2. (Schluß-) Lfg. (V u. S. 87—373.) n. 2. 50
5. Civilprozeßordnung. 3. (Schluß-) Lfg. (VI u. S. 793—1336.) n. 5. —

Materialien. – Materialien zur Reichspolitik Im Hinblick auf die bevorstehenden Reichstagswahlen hrgg. von dem Bureau der Deutschen Reichs- und freikonservativen Partei. Berlin. 1884 8°

Materialien zur österreichischen Reichratswahlordnung. 1907. Sammelband. 4°

—— der deutschen Reichs-Verfassung. Sammlung sämmtl. auf die Reichs-Verfassung, ihre Entstehung und Geltung bezügl. Urkunden und Verhandlungen, einschließlich insbesondere derjenigen des constituir. norddeutschen Reichstages 1867. Auf Veranlassung und Plangebung von Fr. v. Holtzendorff hrsg. von E. Bezold. 3 Bde. gr. 8. Berlin, Habel. [1. Bd. (XII, 774 S.) 873. *M 10.; 2. Bd. (VIII, 718 S.) 873. *M 10.: 3. Bd. (XV, 1278 S.) 873. *M 16.] *

Materialien. – Materialien zur evangelischen Religionsgeschichte in Oberschlesien Breslau Korn 1770–73 Hrsgeg. von Gli Fuchs.

— z. christkathol. Religionsunterricht für die Jugend. 8. Wien, Tendler. 801.

— zum christkathol. Religionsunterricht f. die Jugend. 8. Wien 801. Trattner. 8 gl

— zum christl. Religionsunterricht rc., f. Lehrbuch der christl. Religion, hauptsächlich f. die reifere Jugend.

Materialien z. Religionsvorträgen bei Beerdigungen s.a. : **Taschenbuch, Homiletisches.**

— z. Religionsvorträg. bey Begräbn. 1r—4r Bd. zu 2 Stck. gr. 8. Chemn. Mauke. 800—809. (à 1 Rchlr.)

—zu Religionsvorträgen bei Begräbnissen, v. G. J. Petsche u. Weikert. 4 Bde. à 2 Stcke. gr. 8. Chemnitz 800—9. (Starke). (à 1 ℛ) 4 ℛ — 5r Bd. 1s u. 2s Stck. Auch u. d. T.: Neue Materialien. 1r Bd. 1s u. 2s Stck. gr. 8. Ebd. 819 u. 820. (à 14 ℊ) 1 ℛ 4 ℊ

—— zur Revision der rheinpreuß. Straf-Proceß-Ordnung. gr. 8. (VI und 441 S.) Köln 848, Du Mont-Schauberg'sche Buchh.

Materialien für den Schulunterricht zu Erweckung des Nachdenkens . . . Brandenburg 1799. V: *Thümmel, J. Ch.* (Ky)

— f. d. Schulunterr. z. Erweck. des Nachdenk. e. Lesebuch für Schul., v. J. Ch. Thümmel. 8. Brandenb. Leich. (Hessenland in Magdeburg.) 799.

—für d. Schulunterricht zur Erweckung des Nachdenkens, e. Lesebuch f. Schulen, (v. J. Ch. Thümmel). 8. Brandenb. 799. Leich. (Wiesike). 8 ℊ

—— für das neuenglische Seminar. Hrsg. von Ernst Regel. Nr. 1—3. 6. 8. gr. 8. Halle, Niemeyer. à Nr. * ℳ 1.20. *

Inhalt:

Nr. 1. Thackeray, W. M., lectures on the english humourists of the 18th century, mit bibliogr. Material, litterar. Einleitung und sachl. Anmerkungen für Studirende hrsg. von Ernst Regel. 1. Heft: Swift. (IV, 79 S.) 885.
» 2. —— dass. — 2. Heft: Congreve und Addison. (96 S.) 887.
» 3. —— dass. — 3. Heft: Steele. (84 S.) 886.
» 6. —— dass. — 6. Heft: Sterne und Goldsmith. (100 S.) 885.
» 8. Byron's Prisoner of Chillon und Siege of Corinth. Mit bibliograph. Material, litterar. Einleitung und sachl. Anmerkungen für Studirende hrsg. von J. G. C. Schuler. (VII, (94 S.) 886.

Nr. 4 und 5 sind noch nicht erschienen.

—— für das neuenglische Seminar. Hrsg. v Ernst Regel. Nr. 4 u. 5. gr. 8. Halle, Niemeyer. à Nr. * 1 20; * 2 40
4. Thackeray's lectures on the English humourists of the 18th century, m. bibliograph. Material, litterar. Einleitg. u. sachl. Anmerkgn. f. Studierende hrsg. v Ernst Regel. IV Prior, Gay u. Pope. (104 S.) 891
5. —— dass. V Hogarth, Smollett u. Fielding. (89 S.) 889.
Nr 1—3., 6. u. 8. Ebd 1885,86. * 6

— f. d. Sittenlehre, s.a. Kohlbrenner.

Materialien für die Sittenlehre, Litteratur, Kenntniss der Produkte . . . München 1773—74. II: *Kohlbrenner, Joh. Franz Seraphin Edler von.* (ML)

„Materialien für die Sittenlehre, Literatur und Landwirthschaft, zur Kenntniss der Producte und für die Geschichte", herausgegeben von dem Intelligenzcomptoir zu München, durch J. F S. Kohlbrenner, 2 Bände, Augsburg 1774, 1780.

Materialien. – Materialien zur Sprachenfrage in Österreich. Hrsg. von Dr Alfred Fischel. Brünn F Irrgang 1902. (VIII, 344 S.) 8°

Materialien, alphabetisches Sprech- und Sachregister hierzu, s. Bezold, Ernst.

— f. d. Staatsarzneyk. s.a. Mezger.

Materialien für die Staatsarzneykunde und Jurisprudenz. Königsberg 1792—95. V: *Metzger, Johann Daniel.* (Adel) (MGT)

— f. die Staatsarzneiwissenschaft u. prakt. Heilkunde, s.a. Schlegel.

Materialien für die Staatsarzneiwissenschaft und praktische Heilkunde. Hrsg. von Julius Heinrich Gottlieb Schlegel. Samml. 1 - 3. 5 - 7. Jena: Goepferdt 1800 - 07. 4 Bde 8°

Samml. 1: 1800.
Samml. 2: 1801.
Samml. 3: 1803.
Samml. 5. 6: 1806.
Samml. 7: 1807.

— zur Standes- u. Landesgeschichte Gem. III Bünde (Graubünden) 1468—1803. Mit Unterstützg. v. Bund, Kanton, Stadt Chur u. Privaten hrsg. v. Fritz Jecklin. I. u. II. Tl. Lex. 8. Basel 907. Basler Buch- u. Antiquariatsh. (vorm. A Geering). à 12. —
I. Regesten. (XII, 686 S.) 907
II Texte (IV, 571 S.) 909.

Materialien zur alten und neuen Statistik von Böhmen. Prag 1787—94. V: *Riegger, Joseph Anton Stephan von.* (EngG) (ML) (CBH) (weber)

—zur alten u. neuen Statistik v. Böhmen. 12 Stcke. Mit Kpf. gr. 8. Prag 787—94. Widtmann. 8 ℛ

— zur dänischen Statistik. 3 Thle. gr. 8. Flensburg. 783—90. Jetzt Hammerich in Altona.

Materialien zur geist- und weltlichen Statistik des niederrheinischen und westphälischen Kreises . . . Erlangen 1781—83. V: *Eichhof, Johann Peter.* (MGT) (Ky) (EngJ)

—zur geistl. u. weltl. Statistik des niederrhein. u. westphälischen Kreises, (v. Jh. Pt. Eichhof). 2 Jahrgg. gr. 8. Erlang. 781, 82. Palm. (1r Jahrg. in 12 Stcken. à 8 ℊ 2r Jahrg. in 2 Bden. 1r 1 ℛ 2r 18 ℊ) 5 ℛ 18 ℊ

Materialien zur Statistik u. Geschichte d. Oran.-Nassauischen Lande, (von Jh. H. Steubing). gr. 8. Marb. 790. Krieger. 1 ℛ (Auch u. d. T.: Topographie der Stadt Herborn. 8. Ebd. 792.)

Materialien zur Statistik und Geschichte der Oranien-Nassauischen Lande. Marburg 1792. V: *Steubing, Johann Hermann.* (MGT) (Ky)

Materialien zur Statistik des niederrheinischen und westphälischen Kreises. Erlangen 1781—83. V: *Eichhof, Joh. Peter.* (Hauptkat. d. Univ.-Bibl. Tübingen. F. S. 325.)

— z. Statistik der dänisch. Staaten, a. Urkund. u. beglaubt. Nachr. 2 Thle. n. Anh. u. 3r Thl. gr. 8. Flensb. (Christiani, Schlesw.) 783—90.

Materialien zur Statistik der dänischen Staaten . . . Flensb. u. Leipzig 1784—90. H: *Hennings, August Adolf Friedrich.* (MGT) (MS) (Ky) »1784—91« (BrMm) (CBH) (Bruun, Bibl. Danica II, 712.)

—zur Statistik d. dänischen Staaten; aus Urkunden u. beglaubigt Nachr. (v. A. Hennings). 2 Thle. Nebst Anh. u. 3r Thl. gr. 8. Flensb. 784—90. (Hammerich in Altona). 4 ℛ 12 ℊ

Materialien der Stereochemie in Form von Jahresberichten bearb. von C[arl] A. Bischoff. Bd 1. *Braunschweig F. Vieweg & Sohn 1904.* 8° [04. 10350

— — zur Taktik, Strategie u. strategischen Fortification, nebst Nachrichten und Glossen über diese Künste. 8. Züllichau, Darnmann. 819.

—zur Taktik, Strategie u. strategischen Fortification, nebst Nachrichten u. Glossen über diese Künste. 8. Züllichau 819. (Henning in Greiz). 10 ℊ

— f. alle Theile der Amtsführung e. Lehrers in Bürger- und Landschul. ꝛc. 1r Bd. 4 Stck. u. 2n Bds 1s u. 2s Stck. 8. Camb. Rößler. 800—803. (à 8 gr.)

Materialien für alle Theile der Amtsführung eines Predigers . . . Leipzig 1796—1805. H: *Rullmann, Georg Wilhelm & Christian Ludwig Funk.* (MGT) »1797—1804« (Winer)

—f. alle Theile der Amtsführung e. Predigers. In Verbindung mit andern hrsgg. von Chr. L. Funk u. G. W. Rullmann. 8 Bde. zu 4 Stück. gr. 8. Leipz. 797—805. Barth. 10 ℛ 16 ℊ Hbg. Pr. 6 ℛ

—— zum Übersetzen ins Französische. Hrsg. von A. Wiemann. 1. und 2. Bdchn. 16. Gotha, Schloeßmann. à Bdchn. * 60 Pf.

Inhalt:
Bdchn. 1. Geschichte Preußens von 1640—1786. Zum Übersetzen ins Französ. bearb. von A. Wiemann. (VIII, 95 S.) 882.
» 2. Geschichte Frankreichs von 1589—1774. (108 S.) 884.

—zum Uebersetzen in die latein. Sprache. 5 Stücke. 8. Stuttg. 779—85. Sattler. 20 ℊ — Dass. 8. Stuttg. 786—89. Löflund. 20 ℊ

Materialien zur Übersetzung in die latein. Sprache. Stuttg. 790. 5 Stucke. 8. 20 gr.

Materialien zur Uebung im Declamiren . . . Stuttgart 1810. V: *Bindwald (Bindewald), Christian Wilhelm.* (MGT) (Ky)

—zu Uebungen im Deklamiren, mit Anmerkk. üb. d. Deklamation f. Land- u. Bürgerschulen. (Von Chr. Wilh. Bindewald.) Mit 1 Kpf. 8. Stuttg. 810. Steinkopf. 12 ℊ

— zu Unterredungen üb. Glaubens ꝛc., s.a. Dinter.

Materialien zu Unterredungen über Glaubens- und Sittenlehren . . . Neustadt a. d. O. 1804. N. A. 1815. V: *Dinter, Gustav Friedrich.* (MGT)

—— für den Unterricht in der Geographie nach der konstruktiven Methode. [16 (chromolithogr.) Skizzen und 16 (lithogr.) Netze.] Methodisch zusammengestellt und hrsg. vom Bezirks-Lehrerverein München. gr. 4. (1 Bl. Text.) München 885, (Kellerer.) **

2. Aufl. u. d. T.:

—— für den Unterricht in der Geographie nach der zeichnenden Methode. Methodisch zusammengestellt und hrsg. vom Bezirks-Lehrer-Verein München. [16 (chromolithogr.) Skizzen und 16 (lithogr.) Netze.] 2. Aufl. 3 Tle. qu. gr. 4. München 886, Kellerer. **

Inhalt:
Tl. 1. (3 Skizzen und 3 Netze mit 1 Bl. Text.) Einzelpreis ** 30 Pf.
» 2. (6 Skizzen und 6 Netze mit 1 Bl. Text.) Einzelpreis ** 60 Pf.
» 3. (7 Skizzen und 7 Netze mit 1 Bl. Text.) Einzelpreis ** 70 Pf.

Materialien für den geographischen Unterricht. Berlin 1795. V: *Wilmsen, Friedrich Philipp.* (Hitzig)

Materialien zum Unterricht im Katechisiren, Briefschreiben . . . Landshut 1807. V: *Kraus, Joseph.* (MGT) (Ky) (GGr) »1807—11« (schmal)

—zum Unterricht im Katechisiren, Briefschreiben, Kopf- u. Tafelrechnen ꝛc., (v. Jos. Kraus). 2 Bde. 8. Landsh. 807. Thomann. 1 ℛ 12 ℊ

—— zum Unterricht in der Orthographie für Mittel- und Oberklassen der Volksschule. Von einem württemberg. Volksschullehrer. 8. (58 S.) Wiesensteig 849, Schmid'sche Buchh.

Materialien, Urkundliche, zur Geschichte der Kollegien in Salzburg. Salzb. 1892. V: *Pirkmayer, Friedrich.* (Strakosch-Grassmann, Bibliogr. zur Gesch. d. österr. Unterrichtswesens. Wien 1902. II. 428.)

—— vollständige, zu der Verordnung vom 3. Jan. 1849 und dem Gesetze vom 3. Mai 1852, betr. die Einführung des mündl. und öffentl. Verfahrens mit Geschworenen in Untersuchungssachen. (Motive, Kommissionsberichte und Kammer-Verhandlungen.) gr. 8. (VII und 912 S.) Berlin 852, Deckersche geheime Ober-Hofbuchdr *

—zur Vorbereitung auf Katechisation. 3 Lieferr. jede zu 2 Hftn. 8. Berl. 808, 9. Weiß. 4 ℛ

Materialien zu Vorschriften . . . Salzburg 1792—94. V: *Neukomm, Dav.* (Ky)

—zu Vorschriften. Auch u. d. T.: moral. Lesebuch für Kinder, (v. Dav. Neukomm). 2 Bdchen. 8. Salzb. 792, 94. 2e—5e A. 796, 802 u. 8. 6e A. 811. Duyle. (1s 4 ℊ 2s 3 ℊ) 7 ℊ

Materialien zu Vorschriften oder kurze Erzählungen . . . Leipzig u. Dresden 1801. V: *Richter, Friedrich Gotthelf.* (OL) (Ky)

—zu Vorschriften, od. kurze Erzählungen zur Bildung des Verstandes u. Herzens, (v. Fr. G. Richter). Leipz. 801. Arnold. 6 ℊ Hbg. Pr. 4 ℊ

— zu Vorschriften, oder kurze Erzählungen zur Bildung des Verstandes und Herzens. 8. Leipzig, Barth (in Comm.) 801.

Weisheit, Schönheit, Stärke. Materialien zu freim. Vorträgen. Hrsg. von dem Rhein. - Westf. Logen - Verbande. Gekr. Preisschr. [T. 1—3.] Berlin: Wunder 1907. XVI, 378 S. 8°

[1.] [Von Theod. Förster u. Friedr. Wilh. Schröder.] 248 S.
[2.] [Von Friedr. Blencke.] S. 250—321.
[3.] [Von Rich. Bartolomäus.] S. 325—378.

[Dasselbe.] 2. verb. Aufl. Ebendas. 1910. XVI, 384 S. 8°

[1.] 253 S.; [2.] S. 255—327; [3.] S. 329—384.
cf. f. 1. Aufl.: Al. 33 (1907) S. 186; Bh. 50 (1907) S. 383 (C. Gotthold); Brh. 4 (1907) S. 163 (W. Kunis); Bbl. 21 (1907) S. 601 (G. Diercks); FZ. 61 (1907) S. 361 (R. Bachmann); L. 30 (1907) S. 356; S. 14 (1907) S. 112—118 (F. Rackhorst); BZC. 36 (1907) S. 667—675 (F. Seckt); BayrBbl. 8 (1907 bis 1908) S. 62; DrL. 38 (1907—1908) S. 98—99 (G. v. Gersdorff); ML. 36 (1907—1908) S. 64 (O. Henckel); Z. 38 (1907—1908) S. 32 (H. Glücksmann); BstF. 17 (1908) S. 151—152 (A. Feld); BstUJ. 10 (1908) S. 3—5, 18; R. 35 (1908) S. 55 (G. Schauerhammer);
f. 2. Aufl.: Bbl. 23 (1909) S. 763 (G. Diercks); S. 16 (1909) S. 121 (F. Rackhorst); Bh. 53 (1910) S. 7—8.

—— **Warnungen** u. Winke der politischen Consolidirung nord-deutscher Bundesstädte gewidmet. gr. 8. (4¼ B.) Bonn 845, Marcus.

Materialien zu einem vollständigen und systematischen Wechselrecht ... Hamburg 1792. V: *Sieveking*, *Gg Heinrich.* (CBH) (Schz) (MGT)

—zu e. vollständ. u. systemat. **Wechselrecht**, mit besond. Rücksicht auf Hamburg, s. a. G. H. Sieveking.

— betr. den mitteleurop. **Wirtschaftsverein**, hrsg. v. Jul. Wolf, s.: **Veröffentlichungen** des mitteleurop. Wirtschaftsvereins. 1. Hft.

[F.] **Materialien** zu den neuen österreichischen Civilprocessgesetzen. Hrsg v. k. k. Justizministerium. Bd I. II. *Wien: Commv. d. Manz'schen k. u. k. Hof Verlags- . Buchh. 1897.* 2 Bde 8.
I (XII, 1004 S.) II (3 Bl., 1022 S.) [97. 3435

[F.] Die **Materialien** zur Civilprozessordnung. (In 3 Heften.) *Berlin: C. Heymanns 1898.* (3 Bl., 1330 S.) 1 Bd 8.
= Materialien zu d. Reichs-Justizgesetznovellen. Bd 1
= **Zeitschrift** f. deutschen Civilprozess. Bd 24. Beil. 3 u. 5. [98. 6881

— zum **Zolltarif**, hrsg. vom Bund der Landwirte. 1—12. Hft. gr. 4. Berlin '01, W. Issleib. 7 —
1. Tarifentwurf, der, der Regierung. (22 S.) —. 50. — 2. 3. Anträge des Bundes der Landwirte zum neuen deutschen Zolltarife. (Eingabe des Gesamtvorstandes u. Ausschusses des Bundes der Landwirte an den Bundesrat des Deutschen Reiches u. den deutschen Reichstag zum Entwurf des neuen Zolltarifs.) (VIII, 154 S.) 2. —. — 4. Leistungsfähigkeit, die, der deutschen Landwirtschaft. 45 S.) —. 50. — 5. Rentabilität, die, der deutschen Landwirtschaft. (22 S.) — 50. — 6. Interesse, das, der Kleinbauern u. Landarbeiter am Getreidepreise. (31 S.) — 50. — 7. Wer zahlt den Zoll? (14 S.) —. 50. — 8. Futtermittelzölle (20 S.) —. 50. — 9. Brotwucher. (22 S.) —. 50. — 10. Zollschutz, der, des Auslandes. Auszug aus den „Nachrichten vom deutschen Landwirtschaftsrat" (31 S.) —. 50. — 11. Hahn, D., Landwirtschaft u. Industrie. (23 S.) —. 50. — 12. Seite, die nationale, der deutschen Agrarfrage. (15 S.) —. 50.

Materialien Ausmasse (G. 61. 70.) (Zu Abth. 7. Nr. 1065 von 1897.) (Lithographiert) Fol. (Wien) 1897.

Materialien Ausmasse (G—61, 20) zu den Laboratorien Arbeiten bei der Erzeugung der Munition für das Feld- und Gebirgs-Artillerie Material M. 1875, dann der Brandcilinder aus kaltem Brandsatze. 1878. Beigeb. Berichtigung vom Jahre 1884 I. Nachtrag. 1888. (Lithogr.) Fol. (Wien 1876—1888.)

Materialien Ausmasse (G—61, 19) zu den Werkstätten-Arbeiten bei der Erzeugung der Munition für das Feld und Gebirgs Artillerie Material M. 1875. (Lithogr.) Fol. (Wien 1878.)

Materialien- und Naturalien-Magazin, Neu-eröffnetes. [A. d. Franz.] Leipzig 1727. V: *Pomet, Pierre.* (CBH)

Materialiensammlung, kurzgefaßte alphabetische, zum Gebrauche für Prediger, Katecheten und Beichtväter, wie auch zur Belehrung und Erbauung für Jedermann. Unter Mitwirkung mehrerer Priester hrsg. von Jos. Alverà. 1.—3. Bd. gr. 8. Brixen, Theologische Verlags-Anstalt. [1. Bd. (430 S.) 864. * 26 Ngr., 2. Bd. (427 S.) 865. * 26 Ngr., 3. Bd. (411 S.) 868. * 1 Thlr] *

Materialiensammlung, kurzgefaßte alphabetische, zum Gebrauche für Prediger, Katecheten und Beichtväter, wie auch zur Belehrung und Erbauung für Jedermann. Unter Mitwirkung mehrerer Priester hrsg. von Jos. Alverà. 4. Bd. gr. 8. (451 S.) Brixen 868, Theolog. Verlags-Anstalt. *
1.—3. Bd. Ebendas. 1864—68. * M 8,20.

—— dass. — Redig. von Frz. Mulgg. 5.—9. Bd. gr. 8. Ebendas. [5. Bd. (576 S.) 869. * M 4,40.; 6. Bd. (446 S.) 870. * M 3.; 7. Bd. (447 S.) 871. * M 3.; 8. Bd. (S. 1—480.) 873. * M 4,60.; 9. Bd. (S. 481—1178.) 874. * M 5.] *

—— kurzgefaßte, zum Gebrauch für Prediger, Katecheten und Beichtväter, wie auch zur Belehrung und Erbauung für Jedermann. Unter Mitwirkung mehrerer Priester hrsg. von Jos. Alverà. Sep.-Ausg. aus der „Cassianea." (2. Jahrg. der tirol. Zeitschrift für Kanzelberedsamkeit.) Jahrg. 1864. 6 Hefte. (à 6 Bog.) gr. 8. Brixen, Weger's Buchh.

Materialismus u. Atheismus, oder der Unglaube der Gegenwart, eine Folge falscher Religionslehren. Ein Beitrag zu der Kulturfrage unserer Zeit von einem Arzte, der weder bei der Staatsmedizin, noch bei der Staatstheologie Befriedigung gefunden hat. 8. (40 S.) Tübingen 878. Lindenmaier. — 75

Materialismus od. Christenthum? Eine Frage an den gesunden Menschenverstand. 8. (137 S.) Freiburg i/Br. 875. Herder. 4. —

—— der, der Gegenwart, vom Standpunkte des Rationalismus betrachtet. gr. 8. (24 S.) Frankfurt a. M. 875, Auffarth. *

Materialismus und Irrthum in der materialistischen Weltanschauung ... 2. Aufl. Berlin 1906. V: *Müller*, *Gustav Ferd.* (EB)

Materialist, der, oder: Praktische Anleitung, diesen Handelszweig mit dem größtmöglichsten Nutzen zu betreiben 2c. Hrsg. von einem prakt. Geschäftsmann. 8. (VIII und 335 S.) Crimmitschau 847. (Altenburg, Helbig.) Thlr. *

Materialist, Der Hannover Hein 1879—1900 Red W Dieckmann.

Ostdeutscher **Materialist**. Fachblatt f. Kolonial-, Materialwaren- u. Delikatessen-Geschäfte. No 1—39. [Mehr nicht erschienen.] Lyck (A Glanert) 1904. (284 S.) 4° [Kopft. F.] [05. 4116 10

Materialpreisbuch. – Material-Preisbuch des k und k S e e - A r s e n a l s zu Pola für das Triennium 1899–1901 Beigeb Anhang I 2 (1900) 4 Pola 1899–1900
– – Für das Triennium 1904–1906 1 2 Teil (2 Bde) 4 Pola 1903

Materialprufungsamt Kgl., der Technischen Hochschule zu Berlin. Bericht 1908 („Mitteilungen" s. *Technologie*) Berlin 1909

Materialregister über der Stadt Bern erneuerte Gerichtssatzung. **Bern 1764.** V: *Gruner, Gottlieb Sigmund.* (ML)

Materialregister der Gesetze . . . der vier Italienischen Vogteyen . . . Bern 1787. V: *Gruner, Abraham.* (MGT) (ML)

Material Register über die Handvesti der Stadt Biel von Anno 1352 Samt denen neueren Zusáz 8 o O 1768

Materialregister über die Handfeste d. Stadt Biel. 8. Basel 768. Turneisen. 8 ℛ

Material-Regulativ nebst Kostenberechnung f. Reitzeugstücke, Geschirr- u. Stallsachen :c z. Ausrüstung d. Dienst-Pferde :c u f Offiz.-Reit-Equipagenstücke. München 1885. 4°

Materialstand der Feld Artillerie-Abtheilungen (Wien 1890) 4°

Material-Stände der Train-Truppe. Im Frieden und im Kriege. [Mit Ausschluß des Gebirgs-Trains.] 2 Thle. 8. Wien 881, Hof- und Staatsdruckerei. *

Inhalt:

Thl. 1. Train-Eskadronen, Train-Abtheilungen und Train-Reserve-Anstalten. (212 S.) *ℳ 2.
" 2. Train-Divisionen und Train-Regimenter (539 S.) *ℳ 4,40.

Material-Stände der Train Truppe. Wien 1883 8°

Materialvorschriften der deutschen Kriegsmarine. Ausg. 1905. (Vorschriften f. die Lieferg. u. Abnahmeprüfg. der hauptsächl. Materialien u. Apparate des Kriegsschiffs- u Torpedobootsbaus.) (V, 147 S.) Lex.-8. Berlin 905. (E. S. Mittler & Sohn.) Kart. n. 3.60

Materialvorschriften der dtschn. Kriegsmarine. Ausg. 1908. (Vorschriften f. die Lieferg. u. Prüfg. d. hauptsächlichsten Materialien u. Apparate des Kriegsschiffs- u. Torpedobootsbaus.) (D. E. Nr. 313.) (V, 181 S.) Lex. 8. Berlin 908. (E. S. Mittler & Sohn.) Kart. 5. —

(Materialij.) Матеріалы для исторіи упраздненія крѣпостнаго состоянія помѣщичьихъ крестьянъ въ Россіи въ царствованіе императора Александра II. Vol. I. 1855—58. — Vol. II. 1859—60. — Vol. III. 1860—1861. Berlin 860—62. F. Schneider. 8. (416 S; 478 S.; 271 S.) n. 5 ℛ 15 нгр.

Матеріалы къ ближайшему познанію произрастеній Россійской имперіи, siehe: Beitrage zur Pflanzenkunde des Russ Reiches

[Russ.] **Materialy** po Finljandskomu voprosu Vysočajšij Manifest ot 3/15. Febr 1899 g Official'nye dokumenty, reljacii, gazetnyja i žurnal'nyja stat'i i pr *Berlin Štur 1901* (VI, 123 S.) 8°
[Auf d. Umschl] Materialien zur finnischen Frage (o. 8135 11

Matériaux pour la carte géologique de la Suisse, s.a Beiträge zur geolog. Karte d. Schweiz.

Matériaux pour la carte géologique de la Suisse. 22e livraison: *G. Ischer, E. Renevier, E. Favre* et *H. Schardt.* Territoires des cantons de Berne, Vaud, Fribourg, Valais et du Chablais, contenus dans la feuille XVII.
I. *E. Favre* et *H. Schardt.* Description géologique des Alpes du canton de Vaud et du Chablais jusqu'à la Dranse et de la chaîne des Dents du Midi formant la partie ouest de la feuille XVII, avec une carte géologique et un atlas de 18 planches. Texte et atlas 40 — 1888. Feuille XVII, seule 15 —

Matériaux pour la carte géologique de la Suisse, VIII. livr. 1. Supplt: *Bollier, Louis.* Structure et histoire géologique de la partie du Jura central comprise entre le Doubs, le Val de Delémont, le lac de Neuchâtel et le Weissenstein. Berne 1893. In-4°. VII, 286 S. Berne, Schmid, Francke & Co. 1895. 15 —

Matériaux pour le carte géologique de la Suisse. Publié par la commission géologique do la société helvétique des sciences naturelles aux frais de la confédération suisse. 28. livr. gr. 4. Bern (A. Francke). n. 2. 40
Texte explicatif de la carte du phénomène erratique et des anciens glaciers du versant nord des alpes suisses et de la chaîne du Mont-Blanc. Par Alph. Favre. Précédé d'une introduction par Ernest Favre et suivi d'une biographie de Léon du Pasquier par Maurice de Tribolet. Avec les portraits de Alph. Favre et de Léon du Pasquier. (V, 77 S.) 898.

— dasselbe. Nouvelle série: 8. livr. 38. livr. du recueil. (Jointe à la 2. éd. de la feuille 7.) gr. 4. Ebd. n. 12. —
Deuxième supplément de la description géologique de la partie jurassienne de la feuille VII de la carte géologique de la Suisse au 1:100,000. Par Louis Rollier. Avec 2 cartes géologiques au 1:25,000, 5 planches de coupes et profils, dont 2 coloriées, et nombreuses zinkograv. dans le texte. (XVI, 206 S.) 898.

— dasselbe. Nouvelle série: 13. livr. gr. 4. Ebd. n. 12. —
Étude geologique de la Côte-aux-Fées et des environs de Ste.-Croix et Baulmes. Par Th. Rittener. Avec carte au 1:25,000, profils et croquis. (VI, 116 S.) 902.
Vergl.: Beiträge zur geologischen Karte der Schweiz.

Matériaux pour la Carte géologique de la Suisse. Publiés par la Commission géologique de la Société helvétique des sciences naturelles, aux frais de la Confédération. (Beiträge zur geologischen Karte der Schweiz.) Nouvelle Série: 13e Livr (Des ganzen Werkes Liefg. 43.) VI + 116 p. 4. Berne, Comm. Schmid & Francke, 1902. (fr. 15. —)
s. Rittener, Th[éophile].
Avec appendice: Publikationen der Schweizerischen geologischen Kommission... [Verzeichnis] 1902. IX S. 4.

Matériaux pour la Carte géologique de la Suisse. Publiés par la Commission géologique de la Société helvétique des sciences naturelles, aux frais de la Confédération (= Beiträge zur geologischen Karte der Schweiz). Nouvelle Série: 19e Livr; 49e Livr. de la collection complète. IV + 33 p. 4. Berne, comm. A. Francke, Impr. Stæmpfli & Cie., 1904. (fr. 5. —)
s. Collet, Léon-W(illiam).
Avec appendice Publikationen der Schweizerischen geologischen Kommission... [Verzeichnis] 1904. [Mit Karte.] X S. 4

Matériaux pour la Carte géologique de la Suisse. Publiés par la Commission géologique de la Société helvétique des sciences naturelles, aux frais de la Confédération suisse. 29e Livraison. 1re partie. — *A. u. d. T.:* Beiträge zur geologischen Karte der Schweiz. Hrg. durch die geologische Kommission der Schweiz. Naturforschenden Gesellschaft, auf Kosten der Eidgenossenschaft. Liefg. 29. Teil 1. XLVIII + 541 p. 4. Berne, comm. A. Francke; Impr. Aschmann & Scheller, Zurich = Berne, Komm. A. Franke; Buchdr. A' & Sch', Zürich, 1907 [fr. 20. —]
s. Rollier, Louis.

Matériaux pour la carte géologique de la Suisse. Publiés par la Commission géologique de la Société helvétique des sciences naturelles, aux frais de la Confédération suisse. 29e Livraison. 2 parties. — *A. u. d. T.*: Beiträge zur geologischen Karte der Schweiz. Hrg. durch die geologische Kommission der Schweiz. Naturforschenden Gesellschaft, auf Kosten der Eidgenossenschaft. Liefg. 29. 2 Teile. XLVIII + II + IV + 1025 p. 4. Berne, comm. A. Francke; Impr. Aschmann & Scheller, Zurich = Bern (*Teil I* Berne), Komm. A. Fr'; Buchdr Aschm' & Sch', Zürich, 1907—1908. [*je* fr. 20. —]
s. Rollier, Louis.

Matériaux pour la Carte géologique de la Suisse. Publiés par la Commission géol' de la Société helvétique des sciences naturelles, aux frais de la Confédération. Nouvelle Série: 25e Livr.; 55e Livr. de la collection entière. 4. Berne, comm. A. Francke, Impr. Stæmpfli & Cie., 1910. (fr. 8. —)
s. Rollier, Louis.
Avec appendice: Publikationen der Schweizerischen geologischen Kommission... [Verzeichnis] 1911. [Mit Karte.] XIV S. 4.

— **les, de construction,** s.: **Baumaterialienkunde.**

Matériaux pour compléter l'écrit, intitulé: Sur la Confédération Suisse.... 1814 *s.* [Fischer, Emanuel Friedrich von].

— **pour la flore cryptogamique suisse,** s.a. **Beiträge zur Kryptogamenflora der Schweiz.**

Matériaux pour la flore cryptogamique suisse. Publiés... par une commission de la Société helvétique des sciences naturelles... Vol. 1, Fascicule 3. (— *A. u. d. T.*: Beiträge zur Kryptogamenflora der Schweiz.... Band 1, Heft 3.) gr.-8. Berne, K.-J. Wyss, 1902. [fr. 10.—]
s. Chodat, R[obert].

Matériaux pour la flore cryptogamique suisse. Publiés ... par une commission de la Société helvétique des sciences naturelles.... Vol. 2, Fascicule 1. (— *A. u. d. T.*: Beiträge zur Kryptogamenflora der Schweiz.... Band 2, Heft 1.) gr.-8. Berne, K.-J. Wyss, 1903. [fr. 10. —]
s. Martin, Ch[arles]-Ed[ouard].

Matériaux pour la flore cryptogamique suisse. Publiés ... par une commission de la Société helvétique des sciences naturelles.... Vol. 3, Fascicule 1.... (— *A. u. d. T.*: Beiträge zur Kryptogamenflora der Schweiz.... Band 3, Heft 1....) 8. Berne, K.-J Wyss, 1908.
s. Lendner, Alf[red].

Matériaux pour servir à l'histoire des années 1805, 6, 7. [Berlin] 1808. V: *Lombard, Johann Wilhelm.* (MGT) (Ky) (Dn)

Matériaux **pour servir à l'histoire des années 1805, 6, 7. (par J. W. Lombard). gr. 12. Berl. 808. Nicolai. 1 ß — Dass. ins Deutsche von ihm selbst übersetzt: Materialien zur Geschichte d. J. 1805, 6, 7. gr. 12. Ebd. 808. 1 ß 4 gr**

Materiaux pour servir a l'histoire de la bataille d'Austerlitz recueillis par un Militaire. V: ***Stutterheim*, General. (Riedlers Oesterr. Arch. f. Gesch. 1832, S. 207)**

Matériaux pour servir à l'histoire du Khanat de Criméo, extraits, par ordre de l'Académie Impériale des sciences, des archives centrales du Ministère des affaires étrangères, à Moscou et publiés par V. Véliaminof-Zernof. St.-Pétersbourg 864. (Leipzig, Voss.) gr. 4. (IX, 941 S.) n. 8 ß

Materiaux pour la paléontologie suisse ou recueil de monographies sur les fossiles du Jura et des Alpes publié par F. J. Pictet. 5. Serie. 1—11 livr gr 4 Basel 871 Georg. n.n. 77 20
1-3. 6-11 Déscription des fossiles du terrain crétacé de Sainte-Croix par F. J Pictet et G Campiche. 4. partie. Nr 1—9. (S. 1-352 m. 55 Steintaf.) à n n. 6. 80
4 5. Mémoire sur les animaux vertébrés du terrain sidérolithique du canton du Vaud. Supplément. Par F. J. Pictet et A. Humbert. (S 125—197 m. 15 Steintaf.) n. n. 16. —

— le même. 6. Serie. 1—10 Livr. gr. 4. Ebend. 873. n.n. 68. 80
1—3. Description des fossiles du terrain crétacé de Saint-Croix par F J. Pictet. 5 partie. (IV, 158 S. m. 14 Steint.) n. 20. 80
4—10. Description des échinides des terrains crétacés de la Suisse par. P. de Loriol 1. u. 2. Livr. (S. 1—398 m 33 Steintaf.) n. 48.

Matériaux pour la paléontologie suisse ou recueil de monographies sur les fossiles du Jura et des Alpes publié par F. J. Pictet. 5e série 11 livr. et 6e série 1re—10e livr. gr. 4. Basel 871—73, Georg. **
Inhalt:
Série 5. Livr. 1—3, 6—11. Pictet, F. J., et G. Campiche, Description des fossiles du terrain crétacé de Saint-Croix. 4e partie. Nr. 1—9. (S. 1—352 mit 55 Stnt.) à Nr. ** M 6,80. — Livr. 4 et 5. Pictet, F. J., et A. Humbert, Mémoire sur les animaux vertèbrés du terrain sidérolithique du canton du Vaud. Supplément. (S. 125—197 mit 15 Stnt.) ** M 16.
» 6. Livr. 1—3. Pictet, F. J., Description des fossiles du terrain crétacé de Saint-Croix. 5e partie. (IV, 158 S. mit 14 Stnt.) ** M 20,80. — Livr. 4—10. Loriol, P. de, Description des échinides des terrains crétacés de la Suisse. 1re et 2e livr. (S. 1—398 mit 33 Stnt.) * M 48.

Matériel exposé par la Compagnie du chemin de fer du Gothard à l'Exposition Internationale de Milan 1906. (... Description [et] 7 Planches.) II + 18 p. 4. Lucerne, C. J. Bucher, 1906.

Materielles der großherzogl. badischen Feld-Artillerie. Mit 1 Tab. Karlsruhe 1855. 53 Taf.

Materienregister zu den neun Bänden der Gesetzessammlung des Kant. Basel-Landschaft 1832 bis Ende 1873. XV, 174 Stn. gr. 8. Liestal, Druckerei A. Brodbeck.

Maeterlinck, Maurice, Aglavaine u. Selysette. Drama in 5 Akten. Einzig autoris. Ausg., in die deutsche Sprache übertr. durch Claudine Funck-Brentano. Hrsg. von Fr. v. Oppeln-Bronikowski. 8. (IV, 93 S.) Leipzig 900. E. Diederichs. n. 3. —; geb. n. 4. —; ermäss. Pr. n. 2. —; geb. n. 3. —

— drei Alltagsdramen. Deutsch von Frdr. v. Oppeln-Bronikowski. Autoris. Ausg. (Der Eindringling. — Die Blinden. — Zu Hause.) 8. (90 S.) Ebd. 901. n. 3. —; geb. n. 4. —; ermäss. Pr. n. 2. —; geb. n. 3. —

Maeterlinck, Maurice, drei Alltagsdramen. Deutsch von Frdr. v. Oppeln-Bronikowski. Autor. Ausg. 2. Aufl (Der Eindringling. — Die Blinden. — Im Innern.) (90 S.) 8. Leipzig 904. Jena, E. Diederichs. 2. —; geb. n 3. —

Maeterlinck, Maurice Ariane u. Blaubart, s. Dukas, Paul

Maeterlinck, Maurice, die Blinden. Aus d. Franz. von Leop. v. Schlözer. 12. (74 S.) München 897. A. Langen. n. 1. 50; auf Büttenpap. n. 2. 50

— die Blinden. Aus dem Franz. von Leop. v. Schlözer. 2. Aufl. 8. (74 S.) München 902. A. Langen. n. 1. —; geb. n. 2. —

Maeterlinck, Maurice, der Eindringling. Die Blinden, s.a. Universal-Bibliothek.

Maeterlinck, Maurice, der Eindringling. [L'intruse.] Übers. v. Rob. Fischer. 12. (32 S.) Wien 892. L. Weiß. n. — 60

[F.] Maurice Maeterlinck. Der Eindringling. Aus d. Französ. v Leopold v Schloezer *München. A. Langen 1897* (64 S.) 1 Bd 8. 98. 9607 Gr

— der doppelte Garten. Autoris. Ausg. In das Deutsche übertr. v. Frdr. v. Oppeln-Bronikowski. Mit Schmuckleisten u. Initialen v. Wilh. Muller-Schoenefeld. 1. u. 2. Taus. (194 S.) 8. Jena 904. E. Diederichs. n. 4. 50; geb. n. 5. 50

— Gedanken üb. Sport u. Krieg. (79 S.) 8. Leipzig (907). Grethlein & Co. 2.— ; geb. in Leinw. 2.80; in Ldr. 3. 80

— Gedichte. Verdeutscht v. K. L. Ammer u. Frdr. v. Oppeln-Bronikowski. (70 S.) 8. Ebd. 906. n. 2. —; geb. n. 3. —

— Die Intelligenz der Blumen. Autoris. Ausg., in das Deutsche übertr. von Frdr. v. Oppeln-Bronikowski. Mit Schmuckleisten u. Initialen v. Wilh. Müller-Schönefeld 1. u. 2. Taus. (198 S.) 8. Jena 907. E. Diederichs. 4. 50; geb. 5. 50

— Joyzelle. Schauspiel in 5 Aufzügen. Deutsch von Frdr. v. Oppeln-Bronikowski. Autoris. Ausg. (IV, 80 S.) 8. Leipzig 903. Jena, E. Diederichs. n. 2. —; geb. n. 3. —

— Joyzelle. Schauspiel in 5 Aufzügen. Deutsch von Frdr. v. Oppeln-Bronikowski. Autoris. Ausg. 4.—5 Taus. (IV. 80 S.) 8 Leipzig 904. Jena, E. Diederichs 2. —; geb. n 3 —

— das Leben der Bienen. Autoris. Ausg. In das Deutsche übertr. von Frdr v. Oppeln-Bronikowski. Mit Schmuckleisten u. Initialen von Wilh. Müller-Schönefeld. 8. (256 S.) Leipzig 901. E. Diederichs. n. 4. 50; geb. n. 5. 50

Maeterlinck, Maurice, das Leben der Bienen. Autoris. Ausg. In das Deutsche übertr. von Frdr. v. Oppeln-Bronikowski. Mit Schmuckleisten u. Initialen v. Wilh. Müller-Schoenefeld. 2. erweit. u. 3. Aufl. Preisgekrönt v. der Académie française. (264 S.) 8. Jena 903. 905. E. Diederichs. n. 4. 50; geb. n. 5. 50

— Das Leben der Bienen. Autoris. Ausg., in das Deutsche übertr. von Frdr. v. Oppeln-Bronikowski. Mit Schmuckleisten u. Initialen v. W. Müller-Schönefeld. 11. u. 12. Taus. (264 S.) 8. Jena 908. E. Diederichs. 4.50; geb. 5. 50

Maeterlinck, Maurice Prinzess Maleen Ins Deutsche übertr von George Stockhausen. Berlin F Schneider & Co 1900 (104 S) 8°

— Prinzeß Maleen. Ins Deutsche übertr. v. Geo. Stockhausen. 2. verm. Aufl. 8. (XVI, 104 S.) Berlin 902. F. Schneider & Co. n. 1. 50; geb. in Leinw. n. 2. 50

— Prinzeß Maleine. Uebers. v. Herm. Hendrich. 8. (218 S.) Berlin 892. S. Fischer, Verl. n. 2. —; geb. n. 3. —

— Prinzessin Maleine. Deutsch von Frdr. v. Oppeln-Bronikowski. Autoris. Ausg. Mit Vorrede u. Bildnis des Verf. 8. (122 S.) Leipzig 902. E. Diederichs. n. 3. —; geb. n. 4. —; ermäss. Pr. n. 2. —; geb. n. 3. —

— Maria-Magdalena. (In russ. Sprache.) (111 S.) gr.8. Berlin-Halensee (909). R. Streltzow. 1. —

— dasselbe. Drama in 3 Aufzügen. Autoris. Übersetzg. von Frdr. von Oppeln-Bronikowski. 1.—3. Taus. (II, 79 S.) 8. Jena 909. E. Diederichs 2.—; geb. 3. —

Maeterlinck, Maurice Pelleas u Melisande, s.a. Debussy, Claude

— Pelleas u. Melisande. Autor. Uebersetzg. v. George Stockhausen, eingeleitet durch e. Essay v. Max. Harden. 8. (XXXV, 126 S.) Berlin 897. F. Schneider & Co. n. 3. —

Maeterlinck, Maurice, Pelleas u. Melisande. Eingeleitet durch 12 Lieder. Deutsch von Frdr. v. Oppeln-Bronikowski. Autoris. Ausg. 8. (88 S.) Leipzig 902. E. Diederichs. n. 3. —; geb. n. 4. —; ermäss. Pr. n. 2. —; geb. n. 3. —

— Pelleas u. Melisande. Deutsch v. Frdr. v. Oppeln-Bronikowski. Autoris. Ausg. 2. Aufl. (74 S.) 8. Ebd. 903. n. 2. —; geb. n. 3. —

— der Schatz der Armen. In die deutsche Sprache übertr. durch Frdr. v. Oppeln-Bronikowski. 4. (106 S.) Florenz 898. Leipzig, E. Diederichs. n. 6. —

— der Schatz der Armen. Autoris. Ausg. In d. Deutsche übertr. von Frdr. v. Oppeln-Bronikowski. Mit Schmuckleisten u. Initialen v. Wilh. Müller-Schoenefeld. 2. verb. Aufl. 8. (170 S.) Ebd. 902 n. 4. —; geb. n. 5. —

— der Schatz der Armen. Autoris. Ausg. In das Deutsche übertr. v. Frdr. v. Oppeln-Bronikowski. Mit Schmuckleisten u. Initialen v. Wilh. Müller-Schoenefeld. 3. Aufl. (170 S.) 8. Ebd. 906. n. 4. —; geb. n. 5. —

— Von der inneren Schönheit. Auszüge u. Essays. Hrsg. v. Maria Kühn. (1.—25. Taus.) (204 S.) 8. Düsseldorf (909). K. R. Langewiesche. 1. 80

— zwei Singspiele. Deutsch von Frdr. v. Oppeln-Bronikowski. Autoris. Ausgabe. Blaubart u. Ariane. Schwester Beatrix. 8. (82 S.) Ebd. 901. n. 3.—; geb. n. 4.—; ermäss. Pr. n. 2. —; geb. n 3. —

— Zwei Singspiele. Deutsch von Frdr. v. Oppeln-Bronikowski. Autoris. Ausg. 2. verb. Aufl. Blaubart u. Ariane od. Die vergebl. Befreig. Schwester Beatrix. Nach e. alten Klosterlegende. (86 S.) 8. Jena 904. E. Diederichs. 2.—; geb. n 3. —

Maeterlinck, Maurice [Russ. u Ant] Sinjaja ptica Morica Meterlinka [L'oiseau bleu]. (Der blaue Vogel von Maurice Maeterlinck.) Berlin-Halensee Streltzow (1908). 118 S. 8°

— drei mystische Spiele. Deutsch von Frdr. v. Oppeln-Bronikowski. Autoris. Ausg. (Die sieben Prinzessinnen. Alladine u. Palomides. Der Tod des Tintagiles.) 8. (104 S.) Ebd. 900. n. 3. —; geb. n. 4. —; ermäss. Pr. n. 2.—; geb. n. 3. —

Maurice **Maeterlinck**, Der begrabene Tempel [Le temple enseveli]. Autor. Ausg. in d. Deutsche übertr. von Friedrich v. Oppeln-Bronikowski. Mit Schmuckleisten u. Initialen von Wilh. Müller-Schoenefeld. *Leipzig: E. Diederichs 1902.* (229 S.) 8° [03. 8368 11

— der Tod des Tintagiles. — Daheim. Zwei kleine Dramen für Puppenspiel. Autoris. Uebersetzg. von George Stockhausen. 8. (VI, 101 S.) Berlin 899. F. Schneider & Co. n. 2. —

Maeterlinck, Maurice, der Ungebetene. (L'intruse.) (Schauspiel.) Deutsch v. Otto Erich Hartleben. gr. 8. (47 S.) Berlin 898. E. Bloch. n. 1. 50

— Monna Vanna. Schauspiel in 3 Aufzügen. Deutsch von Frdr. v. Oppeln-Bronikowski. Autoris. Ausg. 3.—5. Taus. 8. (94 S.) Leipzig 903. E. Diederichs. n. 2.—; geb. n. 3. —

Maurice **Maeterlinck**. Monna Vanna. Schauspiel in 3 Aufz. Deutsch von Friedrich v. Oppeln-Bronikowski. Autor. Ausg. 11.–13. Taus. Leipzig: E. Diederichs 1903. (94 S.) 8° [06. 4816 4

Maeterlinck, Maurice Monna Vanna Schauspiel in 3 Aufz deutsch von Friedrich v. Oppeln-Bronikowski. Autor.Ausg. 14 –17. Taus. Leipzig: E. Diederichs 1903. (94 S.) 8°

— Monna Vanna. Schauspiel in 3 Aufzügen. Deutsch von Frdr. v. Oppeln-Bronikowski. Autoris. Ausg. 18. bis 20. Taus. (94 S.) 8, Leipzig 904. Jena, E. Diederichs. 2.—; geb. n 3. —

Maeterlinck, Maurice, der blaue Vogel. (In russ. Sprache.) (119 S.) gr. 8. Berlin-Halensee (908). R. Streltzow. 2. 50

— dasselbe. **Ein Märchenspiel in 5 Aufzügen u. 12 Bildern. (Die deutsche Übertragg. ist v. Steph. Epstein.) (223 S.) 8. Berlin (910). E. Reiss. 3.—; geb. n 4. 50**

— Weisheit u. Schicksal. Autoris. Ausgabe. In das Deutsche übertr. von Frdr. v. Oppeln-Bronikowski. Mit Schmuckleisten u. Initialen von Wilh. Müller-Schoenefeld. 2. verb. Aufl. 8. (IV, 230 S.) Ebd. 902. n. 4. 50; geb. n. 5. 50

— Weisheit u. Schicksal. Autoris. Ausg., in d. Dtsche. übertr. von Frdr. v. Oppeln-Bronikowski. Mit Schmuckleisten u. Initialen v. Wilh. Müller-Schoenefeld. 6. u. 7. Taus. (IV, 230 S.) 8. Jena 908. E. Diederichs. 4.50; geb. 5. 50

Maeterlinck, Maurice: (Maurice) Maeterlinck, Gesammelte Werke übers. von Friedrich v. Oppeln-Bronikowski. 1 Dramat Werke Bd 1 (Leipzig: E. Diederich 1902) 8°

— das Wunder des hl. Antonius. Satirische Legende in 2 Aufzügen. Deutsch von Frdr. v. Oppeln-Bronikowski. Autoris. Ausg. (45 S.) 8. Ebd. 904. n. 1. —

Matern Simon, der furchtbare Räuber. Gemälde d. Vorzeit in 5 Akt. v. C. Stein, m. Kpf. 8. Posen, Kühn. 805.

Matern, A. **De adverbiis graecis, quibus dativus jungi potest. I. et II. 11 S. u. 12 S.** . . . .
Lissa, Progr. 1833,40

Matern Beiträge zu practischen lateinischen Stilubungen, unter dem Titel Loci nonulli ex historia gentium sumti latino sermone expositi in litteras latinas discentium usum. 18 S. . . . .
Lissa, Progr 1849

Matern, A. **De episodiis in Iliadis orbem insertis. 9 S.** . . .
Lissa, Progr 1829

Matern, A., ausführlicher Lehrplan nebst specieller Pensenverteilung für die einklassige, zweiklassige und Halbtagsschule. Auf Grund der ministeriellen „Allgemeinen Bestimmungen vom 15. Oktbr. 1872" und unter besond. Berücksicht. der Landschulen bearb. gr. 8. (119 S.) Breslau 886, F. Hirt. *

Matern. De ratione ea, qua Cicero in oratione pro L. Murena habita cum Stoicos tum M. Catonem tractarit subjunctis duabus quaestionibus, altera de fide Ciceroni et oratori et philosopho habenda, altera de sapiente Christiano. sive de Stoicorum universe atque singillatim de M. Catonis Uticensis moribus de fideque Ciceroni et oratori et philosopho habenda adjuncta sapientis Christiani descriptio. 31 S.
Lissa, Progr. 1854

Matern, Anton

Matern, A., die Alkoholfrage. Wesen, Wirkgn. u. Bekämpfg. des Alkoholismus u. Alkoholmißbrauchs. (24 S.) gr 8. Braunsberg (909). H. Grimme. — 25

— Geschichte der Kirche u. des Kirchspiels Schalmey. Mit 2 Grundrissen, 8 Abb. u. Kopfleisten. (IV, 136 S.) 8. Ebd. 909. 2. —

— Wegweiser durch das Gebiet der christl. Charitas. (48 S.) 8. Braunsberg 906. Bender's Buchh. n. — 60

Wegweiser durch das Gebiet der christlichen Charitas. Von Domherr [Anton] **Matern**, Frauenburg Braunsberg H. Grimme 1906. (40 S.) 8° [F.] [07. 1526 10

Wegweiser durch das Gebiet der christlichen Charitas. Von A[nton] **Matern**, Domherr. 2., gänzl. umgearb. Aufl. Braunsberg. H. Grimme 1908. (130 S.) 8° [F.] [08. 3081

Matern, Arnoldus (Joannes) *(geb Lissa in Pos 1 5 1841)*
De locis geometricis, quae formationibus projectivis qualibet sitis gignuntur ternis, imprimis de duabus superficiebus quarti ordinis hoc modo generatis disquisitiones syntheticae Vratislaviae (1865). (35 S.) 8°
Breslau, Phil. Diss v 9 Dez 1865

Matern, Arnold Probleme aus der Theorie über Maxima und Minima mit Nebenbedingungen. 24 S u. Taf Job Rg. *Hamburg* 1876
Progr.

Matern, Aug., u. Fr. Liekefett, Rechenbuch f. Volksschulen. Methodisch. Handbuch f. Lehrer u. Seminaristen. 1. Hft. Für die Unterstufe der Volksschule. gr. 8. (174 S. m. Fig.) Hildesheim 899. L. Steffen. Geb. in Leinw. n. 1.90

— — dasselbe. Schülerausg. f. d. Unterstufe d. Volksschule. 1. u. 2. Hft. 8. (47 S. m. Fig. u. 39 S.) Ebd. 899. à n. — 20; kart. à n.n. — 30

— — u. A. **Meinberg,** Rechenbuch f. Volksschulen. Nr. 5—9. gr. 8. Ebd. n.n. 4. 90; geb. od. kart. n.n. 6. 20
5. Schülerausg. für die Mittelstufe mehrklassiger Volksschulen, bearb. v. Aug. Matern u. A. Meinberg. 1. Hft. (52 S.) 900. n.n. — 20; kart. n. — 40
6. Dasselbe. 2. Hft. (65 S.) 900. n.n. — 30; kart. n.n. — 40
7. Methodisches Handbuch für Lehrer u. Seminaristen. 2. Hft. Für die Mittelstufe mehrklass. Volksschulen, bearb. v. Aug. Matern u. A. Meinberg. (316 S.) 900. n. 3.—; geb. n. 3.50
8. Schülerausg. f. die Mittelstufe einklass. Volksschulen, bearb. v. Aug. Matern u. A. Meinberg. (48 S.) 901. n.n. —20; kart. n.n. — 30
9. Methodisches Handbuch für Lehrer u. Seminaristen. 2. Hft. Für die Mittelstufe einklassiger Volksschulen, bearb. v. Aug. Matern u. A. Meinberg. (120 S.) 901. n. 1.20; geb. n. 1.60
Nr. 4 ist noch nicht erschienen.

— u. Fr. **Lickefett,** Rechenbuch f. Volksschulen. Nr. 4, 4a u. 10—16. gr. 8. Hildesheim, L. Steffen. n.n. 9. 65
4. Schülerausg. f. die Unterstufe einklassiger Volksschulen. (50 S.) 903. n.n. — 20; kart. n.n. — 30
4a. Methodisches Handbuch f. Lehrer u. Seminaristen. 1. Heft Für die Unterstufe der einklass. Volksschule. (99 S.) 903. n. 1.—; geb. in Leinw. n. 1. 40
10. Schülerausg. f. die Oberstufe mehrklassiger Volksschulen. 1. Heft. (68 S.) (903.) n.n. — 30; kart. n.n. — 40
11. Schülerausg. f. die Oberstufe mehrklassiger Volksschulen. 2. Heft. (80 S.) 903. n.n. — 35; kart. n.n. — 45
12. Methodisches Handbuch f. Lehrer u. Seminaristen. 3. Heft. Für die Oberstufe mehrklass. Volksschulen. (192 S.) 902. n. 1. 0
13. Schülerausg. f. die Oberstufe einklassiger Volksschulen. (80 S.) 903. n.n. — 30; kart. n.n. — 40
14. Methodisches Handbuch f. Lehrer u. Seminaristen. 3. Heft. Für die Oberstufe einklass. Volksschulen. (233 S.) 902. n. 2.50; geb. in Leinw. n. 3. -
15. Schülerausg. f. die Oberstufe mehrklass. Volksschulen. Raumlehre. (44 S.) 904. n.n. — 20; kart. n.n. — 30
16. Raumlehre f. mehrklass. Volksschulen. Method. Handbuch f. Lehrer u. Seminaristen. (183 S.) 904. n. 3 —; geb. in Leinw. n. 3. 50

Matern, Aug., u. Fr. **Liekefett,** Rechenbuch f. Volksschulen. Nr 4, 10 u. 11. 8. Hildesheim, L. Steffen. Kart. nn 1. 25
4. Schülerausg. f. die Unterstufe einklassiger Volksschulen. (Neue Ausg.) (52 S. m. Fig.) (907.) Kart. nn — 30
10 Schülerausg. f. die Oberstufe mehrklassiger Volksschulen. 1 Heft. (Neue Ausg.) (68 S.) 907. Kart. nn — 40
11. Dasselbe. 2. Heft. (Neue Ausg.) (96 S.) 907. Kart. nn — 55

Matern, A., Übungsgruppen f. d. Turn-Unterr. Zusammengest. auf Grund d. Leitfadens f. d. Turn-Unterr. in d. preuß. Volksschulen 1895. 16. (106 S.) Hildesheim 897. F. Borgmeyer. Geb. n. — 80

Matern, Aug., Uebungsgruppen f. den Turnunterricht. Zusammengestellt auf Grund des Leitfadens f. den Turnunterricht in den preuß. Volksschulen 1905. 2. verm. Aufl. (263 S.) kl. 8. Hildesheim 906. F. Borgmeyer. Geb. n. 1. 50

Matern, C

Fest-Rede, bei der feierlichen Einbringung des Lichtes in das neu erbaute Logen-Gebäude Friedrich zur aufgehenden Sonne im Or. zu Brieg am 9. Febr. 1868 gehalten vom Br C. Matern. Auf den Wunsch der gel. Obbr und Fest-Theilnehmer dem Druck übergeben. Oppeln [1868]: Raabe. 9 S. 8° [Umschlagtit.]
Üb. das Symbol des Lichts. 358.

Matern, Franz — Preis Verzeichniß pro 1857—1858 über Topf- und Freiland-Pflanzen, so auch der exotischen Gehölze und Obstbäume, welche um beigesetzte Preise in C. M. (20 Gulden Fuß) zu haben sind bei — — Kunst- und Handelsgärtner zu Gratz in Steiermark. Gratz, 1857. Aus der C. Tanzerschen Buchdr. (1 Bl. 49 S. 8.)

Matern, Georg *Julius Gustav* [aus Willenberg '(Ostpr.)']: Aus dem Revocativum memoriae des Johannes de Sancto Amando. '(XIII. Jahrhundert.)' Die drei Bücher des Galen über die Temperamente ... (Bildet d. Forts. d. Berliner Dissertationen v. Otto Paderstein 1892, Carl Eicksen 1893 u. Rich. Reichel 1894; wird fortges. durch d. Berliner Diss. v. Friedr. Gust. Arth. Müller-Kypke 1893 u. Friedr. Petzold 1894.) Berlin, gedr. bei L. Schumacher, 1894; 25 S., 2 Bl. 8.
Berlin, Med. Fak., Inaug.-Diss. v. 4. Dez. 1894

Matern, Geo., die katholische Diaspora in Ostpreußen. Vortrag, geh. auf der 1. ermländ. Katholiken-Versammlg. zu Heilsberg am 18. I. 1909. (44 S.) 8. Braunsberg 909, H. Grimme. — 50

Matern, Georg Geschichte der Kirche und des Kirchspiels Schalmey Von Pfarrer Dr [Georg] Matern Mit 2 Grundrissen, 8 Abb Braunsberg (Grimme in Komm) 1909). 136 S 8°
Aus Zeitschrift f d Geschichte u Altertumskunde Ermlands. Bd 17, H 2

Aus dem alten Handwerksleben. Von Pfarrer Dr [Georg] **Matern**. Braunsberg 1904 Ermländ. Zeitungs- & Verlagsdr (81 S.) 8° [F.]
Aus Ermländ. Zeitung. [05. 7371 10

Matern, die Hospitäler in Ermland. (IV, 88 S.) Lex.-8. Freiburg i/B. 906. Geschäftsstelle des Charitasverbandes n. 1. 20
Sonderabdr. a.: „Ztschr. f. d. Gesch. u. Altertumskde. Ermlands"

Matern, Georg Katholizismus und Protestantismus in Ostpreußen, einst u jetzt Von Dr Warmiensis [d i Dr Georg Matern, Pfarrer]. Braunsberg E Bender 1898 (97 S) 8° 8°

— Dr. Andreas Thiel, Bischof v. Ermland. Ein Lebensbild. Mit dem Bilde des Verewigten. (46 S.) kl.8. Ebd. 908. — 50

Matern, Geo., die katholisch. Wohlthätigkeits-Anstalten u. -Vereine, sowie d. kathol.-soziale Vereinsleben in d. Diöcese Ermland, s.: Charitas-Schriften. 6. Hft.

Aus der guten alten Zeit. Altermländische Industrie. Von Pfarrer Dr [Georg] **Matern**. *Braunsberg 1903 Ermländ Zeitungs- u. Verlagsdr.* (22 S.) 8° [F.]
Aus Ermländ. Zeitung. [04. 036 10

Aus d. guten alten Zeit. Etwas vom Pauern. Von Pfarrer Dr. [Georg] **Matern**. *Braunsberg 1904 Ermländ. Zeitungs u. Verlagsdr.* (23 S.) 8° [F.]
Aus Ermländ. Zeitung. [04. 8117 10

Matern, J., die volkswirthschaftliche Aufgabe der landwirthschaftlichen Hypotheken-Kredit-Institute u. Grundzüge für die nothwendige Reorganisation derselben. Berlin 868. Wiegandt & Hempel. gr. 8. (V, 110 S.) n. 20 ngr.

Matern, J., die Bodenrechts-Reform. (77 S.) 8. Berlin 908. G. Simons. 1. —

Matern, J: Entwurf und Begründung eines rationellen Systems fabrikmäßiger Torfgewinnung. Wien 1880

Matern, J. Um Milliarden. Das internationale Währungs- und Geldsystem der Zukunft. Leipzig 1896.

Matern, J: Die Neugestaltung des Schloßteiches zu Königsberg i. Pr. Königsberg 1875

Matern, Joh., sichere Heilung der Lungentuberkulose in jedem Stadium. Bewährtes Verfahren des Dr. G. M. Carasso, Ober-Stabsarzt u. Militär-Sanitäts-Inspektor in Mailand, v. demselben beschrieben f. Aerzte u. Kranke. Mitgetheilt v. M. Lex.-8. (47 S.) Wien 900. (Leipzig, Roßberg'sche Buchh.) n.n. 3. —

— Lueger! Lueger! gib uns die weggeworfenen Millionen wieder! Oeffentliche Anklage gegen den Bürgermeister u. seine Mitschuldigen. — Die Gasbeleuchtg. im Vergleich mit der elektr. Beleuchtg. u. der Heizgasversorgung der Zukunft f. die Zimmerheizg., Küchenfeuerg. u. Beleuchtg. Anh.: Sichere Heilg. der Lugentuberkulose! gr. 8. (VIII, 196 S.) Ebd. 900. n.n. 3. —

Matern, Joh., um Milliarden! D. internat. Währungs- u. Geldsystem der Zukunft. gr. 8. (XIX, 397 S.) Leipzig 896. Rossberg. n. 6. —

Die Vernunftwidrigkeit und Gemeingefährlichkeit des bestehenden Geld- und Währungswesens und seine Reform von J[ohannes] **Matern.** Berlin. G. Simons (1908). (47 S.) 8° [F.] [08. 17851]

Matern, Jul., Die Industrie-Kartelle als Entwickelungsstufe der berufsgenossenschaftlichen Organisation der nationalen Güterproduction. gr. 8⁰. München, Dr. E. Wolff. — Berlin, H. Bahr's Buchhandlung, 1896.

[F.] Die Industrie-Kartelle als Entwickelgsstufe d. berufsgenossenschaftl. Organisation der nation. Güterproduktion v. Julius **Matern**, Fabrikdir. *München: E. Wolff; Berlin: K. Hoffmann 1897* (106 S.) 1 Bd 8. [97. 101]

Matern, Karl *Friedrich* Erich [aus Willenberg '(Ostpr.)'] Ein Fall von Tetanie bei Magenerweiterung .. Berlin, Buchdr. v. G. Schade, *1892*; 28 S., 2 Bl. 8.
Berlin, Med. Fak., Inaug.-Diss. v 10. Aug. 1892

Matern, Otto Karl Geschichte der Kirche und des Kirchspiels Schalmey Von Pfarrer Dr. [Otto Karl] Matern. Mit 2 Grundrissen, 8 Abb. u 4 Kopfleisten. Braunsberg 1909 Ermländ. Zeitungs- & Verl.-Dr. 130 S. 8⁰
Erw aus: Zeitschrift f d. Geschichte u Alterthumskunde Ermlands. Bd 17

Materna, H., der politische Bezirk Sternberg, s. Nitsche, Frz.

Materna, Hedw. H., Richard Wagners Frauengestalten (138 S. m. Abbildgn. u. Bildnis.) gr. 8. Leipzig (904) Berlin, Verlag der Frauen-Rundschau. n. 2. —

Materne's erster Religionsunterricht f. Kinder evangelischer Christen. Mit Abbildgn. Nach d. Verf. Tode neu bearb. v. Postler. Ausg. A: für den Lehrer. 4. Aufl. gr. 8. (IV, 148 S.) Leipzig 884. Reichardt. n. 1.60; Ausg. B: für die Kinder. 4. Aufl. (IV, 108 S.) n. — 60; cart. — 90

Materne's erster Religionsunterricht f. Kinder evangelischer Christen. Mit Abbildgn. Nach d. Verf. Tode neu bearb. v. Postler. Ausg. B f. die Kinder. 5 Aufl. gr. 8. (IV, 108 S.) Leipzig 891. G. Reichardt. n. — 60; geb. n. — 80

Materne's erster Religionsunterricht f. Kinder evangelisch. Christen. Nach des Verf. Tode neu bearb. v. Postler. Ausg. B: f. die Kinder. 6. Aufl. 8. (IV, 108 S. m. Abb.) Leipzig 899. G. Reichardt. n. — 60; geb. n. — 80

Materne's erster Religionsunterricht f. Kinder evangel Christen. Nach des Verf. Tode neu bearb. v. Postler. Ausg. B: f. die Kinder. 7. Aufl. (IV, 108 S. m. Abbildgn.) 8. Leipzig 905. G. Reichardt Geb. n. — 80

Materne, Adalbert

Materne, A., Anleitung zur leichteren Erlernung der Kassen-, Buch- und Registerführung der preußischen Haupt-Zoll- und Haupt-Steuerämter, sowie der denselben untergeordneten Hebestellen. Ein Repertorium in Frage und Antwort. Für Steuer-Supernumerare und Anwärter. In 2. Aufl. bearb. von Alb. Schneider. gr. 8. (56 S.) Breslau 885, Korn. *

Materne, Adb., Gesetz üb. die Pensionirung der Reichs- u. Staatsbeamten verbunden m. den erforderlichen Tabellen zur Berechnung der Pensionsbeträge f. die Zeit vom zurückgelegten 10. bis 50. Diensthjahre u. die Gehaltsbeträge von 600 bis 12000 Mark nebst durchschnittl. Wohnungsgeldzuschuß. gr. 8. (24 S.) Breslau 876. Köhler. n. 1. —

— die Kassen-, Buch- u. Registerführung der preuß. Haupt-Zoll- u. Haupt-Steuerämter, sowie der denselben untergeordneten Hebestellen. Zum prakt. Gebrauch f. Kassen-Revisoren, Hauptamts-Rendanten, Hauptamts-Controleure, Assistenten, Steuer- u. Zoll-Einnehmer, verbunden m. e. Anleitg. zur leichteren Erlerng. der gedachten Buchführungen f. Steuer-Supernumerare u. Anwärter gr. 8 (XXII, 401 S.) Breslau 873. Korn. n. 7. -

—— die Kassen-, Buch- und Registerführung der preußischen Haupt-Zoll- und Haupt-Steuerämter, sowie der denselben untergeordneten Hebestellen. Zum prakt. Gebrauch für Kassen-Revisoren, Hauptamts-Rendanten, Hauptamts-Kontroleure, Assistenten, Steuer- und Zoll-Einnehmer, verbunden mit einer Anleitung zur leichteren Erlernung der gedachten Buchführungen für Steuer-Supernumerare und Anwärter. 2. Aufl., nach Maßgabe der neuen amtl. Anweisungen vollständig umgearb. von Alb. Schneider. gr. 8. (VIII, 614 S.) Ebendas. 885. *

—— Steuer-Examinatorium. Enth. die Bestimmungen über das Branntweinsteuer-Gesetz, das Brausteuer-Gesetz und die Gesetze über die Erhebung der Salz-, Rübenzucker- und Tabacksteuer. 8. (VIII, 168 S.) Breslau 874, Mälzer. [Gera, Reisewitz' Verlag.] geb. *

Materne, A., Steuer-Examinatorium. Enthaltend: Die Bestimmungen über das Branntweinsteuergesetz incl. des Gesetzes über die Steuerfreiheit des Branntweins zu gewerbl. Zwecken, das Brausteuergesetz und die Gesetze über die Erhebung der Salz-, Rübenzucker- und Tabakssteuer. 2. umgearb. und verm. Aufl. 8. (VIII, 208 S.) Gera 880, Reisewitz. *

—— Steuer-Examinatorium. 3 Thle. Bearb. von E. Heukeshoven. 8. Gera, Reisewitz' Verlag. *

Inhalt:

Thl. 1. Das Brausteuergesetz und die Gesetze über Erhebung der Salz-, Tabak- und Rübenzuckersteuer, sowie das Gesetz über die Steuerfreiheit des Branntweins zu gewerbl. Zwecken. 3. verm. und verb. Aufl. (VIII, 145 S.) 886. [* ℳ 1.50.]

Neuer Abdruck der 3. Aufl. u. d. T.:

—— Das Gesetz betr. die Erhebun der Brausteuer vom 31. Mai 1872. Gesetz, betr die Erhebung einer Abgabe vom Salz. Gesetz, betr. die Besteuerung des Tabaks vom 16. Juli 1879. Der 3. Aufl 2. Abdr. (VIII, 108 S.) 888. * ℳ 1.40.

Thl. 2. Das Branntweinsteuergesetz vom 24. Juni 1887 nebst Ausführungsbestimmungen. Die jetzt noch gültigen Bestimmungen des Gesetzes betr. die Besteuerung des Branntweins ꝛc. vom 8. Juli 1868. Anweisung zur Erhebung der Branntweinsteuer im Königr. Preußen vom 18. Sept. 1887. Gesetz betr. die Steuerfreiheit des Branntweins zu gewerbl. Zwecken. Branntwein-Niederlage-Regulativ. Regulativ für Gewerbsanstalten, in denen unter steuerl. Controle stehender Branntwein gereinigt werden darf. (VIII, 150 S.) 888. * ℳ 1.60.

" 3. Das Gesetz, betr. die Besteuerung des Zuckers vom 9. Juli 1887 mit den Ausführungsbestimmungen und dem Zucker-Niederlage-Regulativ. (IV, 82 S.) 888. * ℳ 1.20.

— Steuer-Examinatorium. III. Thl., enth. Gesetz vom 31. Mai 1891, die Besteuerg d. Zuckers betr., nebst den vom Bundesrath erlassenen Ausführungsvorschriften u. den Bestimmgn. üb. die Zuckerstatistik, sowie e. Einleitg. üb. die wichtigeren Zuckerarten, die Herstellg. d. Rübenzuckers u. die Entwickelg. der Zuckersteuer. Bearb. v. E. Heukeshoven. 8. (X, 122 S.) Leipzig 892. A. Reisewitz. n. 1. 60

—— Tabellen zur Berechnung der Branntweinsteuer nach dem Litermaße des Maischraums und zwar: A. Nach dem Satze von 30 Pf. für 22,0 Liter bis 400,063,0 Liter; B. nach dem Satze von 25 Pf. für 22,0 Liter bis 81,945,5 Liter. In Mark und Pfennigen berechnet. gr. 8. (160 S.) Breslau 875, Korn. cart. *

—— deutscher Vereins-Zolltarif, nebst alphabetisch geordnetem Waarenverzeichniß, verbunden mit einer tabellar. Uebersicht der Abgaben und Tarasätze sämmtl. Artikel, sowie der wichtigsten Rechnungstafeln, für den prakt. Gebrauch systematisch zusammengestellt. gr. 8. (III, 466 S.) Breslau 880, Köhler. geb. *

—— der preußische Zoll- und Steuerbeamte. Handbuch zum prakt. Gebrauch für Beamte der Zoll- und Steuer-Verwaltung, Supernumerare und Militär-Anwärter. gr. 8. (XV, 388 S.) Ebendas. 875. *

— der preußische Zoll- u. Steuer-Beamte. Handbuch zum prakt. Gebrauch f. Beamte der Zoll- u. Steuer-Verwaltg., Supernumerare u. Militair-Anwärter 2. verm. Ausg., durch Nachträge ergänzt bis Ende October 1876. gr 8. (XVII, 388 u. Nachtrag 16 S.) Ebend. 876. n. 6. —

—— Zoll-Examinatorium. Enth. das Vereinszollgesetz mit dem Zolltarif und dem amtl. Waaren-Verzeichniß, das Begleitschein-Regulativ, die Niederlage-Regulative ꝛc. gr. 16. (VIII, 164 S.) Breslau 873, Korn. *

—— Zoll-Examinatorium. Enthaltend das Vereinszollgesetz mit dem Zolltarif und dem amtl. Waarenverzeichniß, das Gesetz, betreffend die Statistik des Waarenverkehrs, das Begleitschein-, Eisenbahn- und Post-Regulativ, die Niederlage-Regulative, das Kredit-Reglement, die Dienst-Anweisung für Ober-Grenz-Kontroleure und Grenz-Aufseher, sowie das Gesetz über den Waffengebrauch der Grenz-Aufsichts-Beamten u. a. m. In 2. verm. und verb. Aufl. bearb. von E. Henkeshoven. 8. (XIII, 240 S.) Breslau 883, Korn. geb. *

Materne's Zoll-Examinatorium. Enth. d. Vereinszollgesetz, nebst d. Anweisg. zur Ausführg. desselben, d. Zolltarif, d. Zolltarifgesetz nebst Ausführungsbestimmgn. u. Tarabestimmgn., d. Gesetz, betr. d. Statistik d. Waarenverkehrs m. d. Auslande nebst Ausführungsbestimmgn., d. Begleitschein-, Eisenbahn- u. Post-Regulativ, d. Niederlageregulativ, d. Kredit-Reglement, d. Dienstanweisg. f. Ober-Grenz-Kontroleure u. f. Grenzaufseher, das Gesetz üb. d. Waffengebrauch d. Grenzaufsichtsbeamten u. a. m. In 3., verm. u. verb. Aufl. bearb. v. E. Henkeshoven. 8. (VIII, 288 S.) Breslau 897. W. G. Korn. Geb. n. 3. —

Materne, K(onr.), Erörterungen über die Liturgie und die Ordnung des evangelischen Hauptgottesdienstes überhaupt. Eine Handreichung für evangel. Volksschullehrer. gr. 8. (44 S.) Eisleben 855, Reichardt.

—— christliche Glaubens- und Sittenlehre nach Ordnung des lutherischen Katechismus. Ein Hilfsbuch zur Fortbildung evangel. Religionslehrer. 1. Aufl. (843 S.) 1854. und 2. Aufl. gr. 8. (XV und 831 S.) Eisleben 855, Reichardt.

Materne, Konr., christliche Glaubens- und Sittenlehre nach Ordnung des lutherischen Katechismus. Ein Hilfsbuch zur Fortbildung evangel. Religionslehrer. 3 Thle. 3. Aufl. gr. 8. Eisleben, Reichardt's Verlag. *

Inhalt:

Thl. 1. Einleitendes und das erste Hauptstück. (XVI und 228 S) 863 * 20 Ngr.

" 2. Das zweite Hauptstück. (392 S.) 864. * 1 Thlr.

" 3. Das dritte, vierte und fünfte Hauptstück und die Abschnitte über die Beichte und über das Amt der Schlüssel. (219 S.) 865 * 20 Ngr.

Materne, Konr., christliche Glaubens- u. Sittenlehre nach Ordnung des lutherischen Katechismus. Ein Hülfsbuch zur Fortbildung evangel. Religionslehrer. 3 Thle. Eisleben, Reichardt's Verlag. gr. 8. n. 2 ℛ 10 ngr.

1. Thl. Einleitendes u. das erste Hauptstück. 4. Aufl. (XVI, 231 S.) 869. n. 20 ngr.

2. Thl. Das zweite Hauptstück. 4. Aufl. (392 S.) 870. n. 1 ℛ

3. Thl. Das dritte, vierte u. fünfte Hauptstück u. die Abschnitte über die Beichte u. über das Amt der Schlüssel. 3. Aufl. (219 S.) 865. n. 20 ngr.

— der erste Religionsunterricht für Kinder evangelischer Christen. Mit besonderem Anschluß an die „Erläuternden Bestimmungen zur Anwendung der Grundzüge, betr. Einrichtung und Unterricht der evangel. einklassigen Elementarschulen" der Königl. Regierung zu Merseburg vom 2. Jan. 1855. Eisleben 855. Reichardt. 8. (187 S.) 15 ngr.

—— der erste Religionsunterricht für Kinder evangelischer Christen. Mit besond. Anschluß an die „Erläuternden Bestimmungen zur Anwendung der Grundzüge, betr. Einrichtung und Unterricht der evangel. einklassigen Elementarschulen" der königl. Regierung zu Merseburg vom 2. Jan. 1855. Ausg. A.: Für den Lehrer. 2. Aufl. gr. 8. (147 S.) Eisleben 865, Reichardt's Verlag.

—— dass. — Ausg. B.: Für die Schüler. gr. 8. (74 S.) Ebendas. 865. *

Materne, K., der erste Religions-Unterricht f. Kinder evangelischer Christen. Mit besond. Anschluß an die „erläut. Bestimmgn. zur Anwendung der Grundzüge, betr. Einrichtg. u. Unterricht der evangel einklass. Elementarschulen" der königl. Regierg. zu Merseburg vom 2. Januar 1855. Ausg. A.: Für den Lehrer. 3. Aufl. gr. 8. (140 S.) Eisleben 872. Reichardt. 1 50

Materne, K., der erste Religionsunterricht f. Kinder evangelischer Christen. Ausg. B.: Für die Schüler 2. Aufl gr. 8. (64 S.) Ebend. 872. n. — 30

Materne, K., der erste Religionsunterricht für Kinder evangelischer Christen. Ausg. B.: Für die Schüler. 3. Aufl. gr. 8. (64 S.) Leipzig 877. Reichardt's Verl. n. — 40

Materne's, [K.], erster Religionsunterricht für Kinder evangelischer Christen. Mit Abbild. Nach des Verf. Tode neu bearb. von Postler. Ausg. A: für den Lehrer. 4. Aufl. gr. 8. (IV, 148 S.) Leipzig 884, Reichardt Verlag. *

Ausg. B: für die Kinder. 4. Aufl. (IV, 108 S.) * cart.

Materne, R., ausländische Kulturpflanzen, s.a. **Mück's praktische Taschenbücher. Nr. 5.**

Materne, R., Ausländische Kulturpflanzen. [Mücks praktische Taschenbücher Nr 5.] 8°. (VI, 127 S. mit 8 Tafeln) K — 80 Wien. Szelinski 1904.

Materne, R., der Obstbau, s.: Miniatur-Bibliothek.

— der Obstbau, s.: Mück's praktische Taschenbücher. Nr. 2.

— unsere wichtigsten Pilze, s.a. **Mück's prakt. Taschenbücher. 6.**

Materne, R, Unsere wichtigsten eßbaren Pilze. [Mücks praktische Taschenbücher. Nr. 6.] 8°. (62 S mit 8 Tafeln)
Wien. Szelinski 1904. K — 80

Materne, R., Der Praktiker in Garten, Hof und Haus. Obstbau. 1. Teil. [Mücks praktische Taschenbücher. Bd. 2.] 8°. (168 S.)
Wien: Szelinski 1904. K 1.—

Materne, R., Der Praktiker in Garten, Hof und Haus. Obstbau. II. Teil. [Mücks praktische Taschenbücher 8.] 16°. (VIII, 218 S.) Wien. Szelinski 1905 K 1.—

— **ärztliche Zimmergymnastik, s.: Schreber, Daniel Glob. Mor.**

***Materni*, Jul. Firm., libellus etc., s. *Opera* omn. sanctor. patr. latinor. T. V.**

Mateweis, Johann Christoph (Halle / Magdeburg), **De usu theoretico et practico quaestionis; quatenus filius juste exheredatus in computatione legitimae inter liberos connumerandus sit, nec ne? Präs. Gebhard Christian Bastineller. Halle/ Magdeburg (Chr. Henckel) 3. XI. 1712.** 44 Seiten. **(5.—)** 22363

Matfus, Israel, aus Lemberg Zur Kenntniss der Reaction zwischen Hydroxylamin und ungesättigten Ketonen. *Berlin (1899): G Schade.* (45 S.) 8°
Berlin, Phil. Diss. v 26. Juli 1899

Math, Johann Nepomuk

Math, J. N., sieben Fastenpredigten üb. die sieben Worte Jesu am Kreuz. 8. Grätz, Ferstl. 815.

Math, Jh. Nep. Sieben F a s t e n p r e d i g t e n über die sieben Worte Jesu am Kreuze 2e Aufl gr 8 Grätz Kienreich 1820

Math, Jh. Nep., Passionspredigten. 8. Linz 791. Haslinger. 4 gl

– R e d e bei d. am 24 April 1814 wegen der Befreiung Sr päpstl Heiligkeit Pius VII. gehaltenen Dankfeste gr 8 Grätz Kienreich 1814

Matha, s. Mattha.

Matha, Joh. de, s. Jäggle, Predigt.

de **Matha Wastl, Johann F** -e. geistlicher Rat Professor Leonhard Deutner †. S. 25—30. 8.
K. k. Carl Ludwig-Gymn. im XII. Bezirke *Wien* (*Unter-Meidling*) 1906.
Progr.

— Professor Leopold Hirsch †. Nekrolog. S. 15—17. 8.
K. k. Carl Ludwig-Gymn. im XII. Bezirke *Wien* (*Unter-Meidling*) 1910.
Progr.

— Professor Gustav Hübner †. S. 101—104. 8.
K. k. Carl Ludwig-Gymn. im XII. Bezirke *Wien* (*Unter-Meidling*) 1908.
Progr.

— Die Jubelfeier vom 2. Dezember 1908 (mit der Festrede des Prof. Dr. Michael Maria **Rabenlechner**). S. 31—34. 8.
Progr.

— Die Jubelfeier vom 12. Mai 1908. S. 77—100, 4 Bilder. 8.
Progr.

— [Professor Karl Maly tritt in den Ruhestand.] S. 35—36. 8.
K. k. Carl Ludwig-Gymn. im XII. Bezirke *Wien* (*Unter-Meidling*) 1909.
Progr.

— Bezirksschulinspektor Professor Dr Martin Manlik †. (Umschlagtitel Nekrolog.) S. 29—31. 8.
K. k. Carl Ludwig-Gymn. im XII Bezirke *Wien* (*Unter-Meidling*) 1902
Progr.

— Chronologischer Rückblick auf das erste Vierteljahrhundert des Bestandes der Lehranstalt. S. 3—76, 4 Bilder, 3 Pläne. 8.
Progr.

de **Matha Wastl**, Johann Die patriotische Schulfeier vom 4. Oktober 1900. (Umschlagtitel mit der Festrede des Dr. Arthur **Petak**.) S. 3—8. 8.
K. k. Carl Ludwig-Gymn. im XII. Bezirke *Wien* (*Unter-Meidling*) 1901
Progr.

M a t h a c, M.G.F., Paraphrasis Psalmor elegiaca. Lips. 780. 8. 3gr.

Mathaei

— s. a. **Matthaei.**

Mathai, Geo., wendische Grammatik. 8. Budiß. 721.

Mathaei, Ant., de c r i m i n i b u s libri IV. 4. maj. Laus. Grasset. 761.

— Commentar. ad libr. 47. et 48. digest. de c r i m i n i b. 4. Colon. 727.

Mathaei, Peter (Mainz), Ihrer Röm. Kayserl. Majestät Caroli VII. Wahl-Capitulation. Sambt derselben in Margine beygefügten Summarischen Innhalt, auch deutlicher Anzeigung, worin diese mit der letztern Weyland Caroli VI. Wahl-Capitulation unterschieden seye. Danzig (J. H. Rüdiger) 1742. 98 S. (—.—) **22365**

MATTHAEI, **Pet.: Ihr. Röm. kaiserl. Maj. Francisci Wahlcapitulation; nach den Originalien selbsten zum fleissigsten collationirt und zum Druck befördert u. s. w.** *Mainz.* **745. 4.**

Mathanarias, Chef d'oeuvre d'un Inconnu. 2 Vol. av. fig. Laus. Pott. 758.

Mathanasius d. Jüng., (Karl Edw. Muzel,) neue Entdeckungen d. Teufels durch Jasmin u. Schießpulver. 8. o. O. 770.

MATHANASIUS, CHR. Neuer critischer Sack-Schreib- und Taschen Allmanach auf das Schalt-Jahr 1744. Winterthur, auf Kosten der critischen Gesellschaft. 8°. 26, 21 S. Br. 35.—

Mathar, Ludwig: Carlo Goldoni auf dem **deutschen Theater des XVIII. Jahrhunderts.** Montjoie 1910: Weiss. 218 S. 8°
München, Phil. Diss. v. 10. Dez. 1910, Ref. Muncker, H. Paul
[Geb. 5. Juni 82 Montjoie; Wohnort: Montjoie; Staatsangeh.: Preußen; Vorbildung: Kaiser-Karls-Gymn. Aachen Reife O. 03; Studium: Freiburg i. B. 1, München 2, Paris Sorbonne 1, Bonn 5 S.; Rig. 10. Dez. 10.] [U 11 3816

Mathar, Tilmann, gepr. Arzt: Morbidität und Mortalität nach manueller Placentar- und Eihautlösung. Freiburger Universitäts-Frauenklinik 1896—1906. Montjoie 1906: P. Weiss Erben. (32 S.) 8°
Freiburg i. B., Med. Fak., Ref. Krönig, Diss. v. 1907
[Geb. 1. Jan. 81 Montjoie; Wohnort. Montjoie, Staatsangeh.: Preußen; Vorbildung: Gymn. Münstereifel Reife O. 01, Studium: München 1, Freiburg i. B. 8 S., Coll. 26. Jan. 06, Approb. 19. Dez 05.]

Mathaeucci, Aug., opus dogmat. advers. Heterodoxos. 4. Colon. (Wolf in Augsb.) 716.

Mathé, Bertha, geb. Hüffell. Mein liebstes G e b e t. Beiträge edler Männer u. Frauen der Gegenwart, bestch. in Gebeten, Liedern, Dichtgn., Predigten, Betrachtgn. 2c. Mit e. Einleitungs-Gedicht v. Jos. Knapp. 12. XII, 322 S. m. Facims. Stuttg. 892, Schwabacher.
geb. m. Goldschn. 5

Mathé, Bertha, geb. Hüffell, Jungfrauenbrevier. Gebete in Freud' u. Leid für Sonn- u. Festtage. Nebst einer Auslese religiöser Dichtungen. 16. (VIII, 174 S.) Stuttgart 879. Levy & Müller. geb. m. Goldschn. n. 3. 60

Mathé, Bertha, geb. Hüffell, Lebenswege. Geschichte zweier Pensionsfreundinnen. Für erwachsene Töchter erzählt. 8. (326 S.) [Karlsruhe 886.] Berlin, Reuther. *ℳ 3.25.; geb. *

Mathé, Bertha Lebenswege. 8. Karlsr 886 Stuttg, Greiner u. Pfeiffer * 3 25, geb. * 4 —

— Martha-Dienst u. Maria-Sinn. Ein Leitstern auf dem Lebenswege für confirmirte Töchter aller Stände. 16. (VIII, 152 S. m. eingedr. Holzschn.-Initialen.) Ebend. 878. geb. m. Goldschn. n. 3. 60

Mathé, Bertha, geb. Hüffell, Martha-Dienst u. Maria-Sinn. Ein Leitstern auf dem Lebenswege f. konfirmierte Töchter aller Stände. 2. Aufl. 12. (VI, 160 S. m. Illustr.) Stuttgart 890. Levy & Müller. geb. m. Goldschn. n. 3.—

Martha Dienst u. Maria Sinn Ein Leitstern auf dem Lebenswege f. konfirmierte Töchter aller Stände. 4. Aufl. 16. (VI, 160 S.) Stuttg. 891. [Levy u. Müller] Schwabacher. geb. m. Goldschn. * 3 —

Mathé, Bertha, geb. Hüffel, Mathilde oder geprüft und bewährt. Für erwachsene Töchter. 2. Aufl. 8. (XIII, 295 S.) Stuttgart 882, [Kunstverlag.] Bonz' Erben. ℳ 2,40.; geb. *

— Mathilde oder geprüft und bewährt. Für erwachsene Töchter. 3. Aufl. 8. (XI, 254 S.) Stuttgart 890. Greiner & Pfeiffer. n. 2.—; geb. n. 3.—

—— drei Schwestern. (2 Thle. in 1 Bd.) 8. (267; 280 S.) Stuttgart 875, Kunstverlag. geb.

— drei Schwestern. 2 Bde. 2. (Titel-)Aufl. 8. (267 u. 280 S.) Ebend. (1875) 881. 4. 50

Mathé, Bertha, drei Schwestern. 8. (IV, 323 S. m. 1 Farbendr.) Stuttgart 896. Greiner & Pfeiffer. Geb. in Leinw. n. 3. 50

Mathe, Carl Theodor Albert, s. Mathe, Karl Theodor Albert

Mathé, Ernest. Ueber Einwirkungsproducte von Diazokörpern auf Phenylhydrazine. Ueber einige beizenziehende Orthochinolinderivate. Ueber einige neue Orthotoluchinolinderivate. Diss. Phil. Basel, 78 S. 8. Colmar, Colmarer Druckerei, G. m. b. H., 1901.

Mathé, Ernst [app. Arzt aus Lichtenstein '(Sachsen)']: Tetanus traumaticus . München, Druck d. E. Mühlthaler'schen kgl. Hofbuchdr., 1892; 41 S. 8.
München, Med. Fak., Inaug.-Diss. v. 1892

Mathé, Frz., Karl Fr. Gauss, s.a. Männer der Wissenschaft. 6.

Karl Friedrich Gauss. Von Franz Mathé, Prof. Leipzig W. Weicher 1906. (30 S.) 8°
= Männer d. Wissenschaft. H. 6. 07. 11374

Mathé, K., s.: Stühlen's, P., Ingenieur-Kalender.

Mathe, Karl Theodor Albert

Mathe, Carl Theodor Albert (Dresden), Nonnulla de pulsu vibrante et sonante. Präs. G. B. Guenther. Leipzig (C. P. Melzer) 12. V. 1860 23 S. mit Biogr. (M.: D. Richter.) (2.—) 22366
Gew.: Carl Munde. — Advers.: Pinther, Ernst, Stolper.

Mathée, Bertha, Mathilde oder geprüft und bewährt. Für erwachsene Töchter. 8. (XII, 304 S.) Stuttgart 874, H. Müller's Kunstverlag. geb.

Mathée, K., s.: Stühlen's, P., Ingenieur-Kalender.

Matheus, A., zwei nette Jungen, s. Gerichts-Scenen, komische.

Mathees, L. K., Wormser Humor. Allerhand luschtige Geschichtcher in Wormser Mundart. 12. (91 S. m. Abb.) Worms 895. H. Fischer. n. 1.—

Mathematik. Leitfaden f. die Divisionsschule der Werftdivisionen. (Maschinistenmaaten-Klasse.) (VIII, 104 S. m. Fig.) gr. 8. Wilhelmshaven 908. C. Lohse's Nachf. 1.25

Mathematik, angewandte, auf einen Theil der Elementartaktik für die Infanterie ꝛc. 1e Samml. Mit Kpf. 8. Glogau 806. Neue Günther'sche B. 1 ℔ 8 gl

Mathematik und Naturwissenschaft an den neugeordneten höheren Mädchenschulen Preussens. Wie erhalten wir die erforderlichen Lehrkräfte? Denkschrift verf. vom Deutschen Ausschuss f. d. math. u. naturwiss. Unterricht. [Nebst] Zusatz. — Leipzig & Berlin: Teubner 1909. 8° (Schriften d. Deutschen Ausschusses f. d. math. u. naturwiss. Unterricht. [Folge 1.] H. 2. 3.)
Aus: Zeitschrift f. math. u. naturwiss. Unterricht. Jg. 40.

Mathematiker, der, s. compend. Bibliothek.

Mather, Cotton, die Wunder d. unsichtbaren Welt, s. Baxter, R., Geschichten aus d. Geisterwelt ꝛc.

Mather jr., Frank Jewett, the conditional sentence in Anglo-Saxon. Diss. gr. 8. (XIV, 88 S.) Munich 893. (Berlin, Mayer & Müller.) n. 1 60

Maether, Ernst, approb. Arzt aus Gaarden Die Resultate der Sehnennaht aus der Königlichen Chirurgischen Klinik zu Kiel 1899 -1902. Kiel 1903: P. Peters. (30 S.) 8°
Kiel, Med. Diss. v. [1 Apr] 1903

Mathern, Fritz, s.: Jäger-Kalender f. das Großherzogt. Hessen usw.

Mathers, E. P., Reise nach Süd-Afrika mit der Castle-Linie. Nach dem engl. Text bearb. v. A. Feldmann. 8. (VIII, 239 S. m. Abbildgn. u. 1 Karte.) Hamburg 890. (Leipzig, Hinrichs' Sort.) cart. — 75

Mathers, Helen [Mrs. Henry Reeves], as he comes up the Stair, s. Collection of British Authors.

— das Bäschen vom Lande (The lovely Malincourt), s.: Engelhorn's allgem. Romanbibliothek, 14. Jahrg.

Mathers, Helen, Becky, s.a.: Collection of British authors.

Becky. By Helen **Mathers** [Mrs. Henry Reeves]. Copyright ed. In 2 vol. Vol. 1. 2. Leipzig: Tauchnitz 1900. 8°
(Collection of British authors. Tauchnitz Ed. Vol. 3422/3.) [II. 8394

Mathers, H., „Cherry ripe", s. Collection of British Authors.

– Cinders, s.a. Collection of British authors.

Cinders. A novel. By Helen **Mathers** [Mrs. Henry Reeves]. Copyright ed. Leipzig: Tauchnitz 1901. 312 S. 8°
(Collection of British authors. Tauchnitz Ed. Vol. 3508.) [II. 8384

—— Comin' thro' the Rye, s. Asher's Continental Library.

Mathers, Helene [Mrs. Henry Reeves], Eyre's acquittal, s.: Collection of British authors.

†Mathers, Helen [Mrs. Henry Reeves], the fashion of this world. A story. Copyright ed. 12. (159 S.) Leipzig 886, B. Tauchnitz. *

Mathers, Helen, The ferryman, s.a. **Collection of British authors.**

The Ferryman. By Helen **Mathers** [Mrs. Henry Reeves]. Copyright ed. Leipzig: Tauchnitz 1905. 287 S. 8°
(Collection of British authors. Tauchnitz Ed. Vol. 3831.) [II. 8830

—— found out, s. Collection of British Authors.

Gay Lawless. By Helen **Mathers** [Mrs. Henry Reeves]. Copyright ed. Leipzig: Tauchnitz 1908. 287 S. 8°
(Collection of British authors. Tauchnitz Ed. Vol. 4072.) [II. 8806

— Griff of Griffithscourt, s.a. **Collection of British authors.**

Griff of Griffithscourt. By Helen **Mathers** [Mrs. Henry Reeves]. Copyright ed. Leipzig: Tauchnitz 1903. 328 S. 8°
(Collection of British authors. Tauchnitz Ed. Vol. 3683.) [II. 8319

– „Honey", s. Collection of british authors.

'Honey'. By Helen **Mathers** [Mrs Henry Reeves]. Copyright ed. Leipzig: Tauchnitz 1902. 280 S. 8°
(Collection of British authors. Tauchnitz Ed. Vol. 3600.) [II. 8437

—— My Jo, John. s. Library, the English.

Mathers, H., blind justice and „who, being dead, yet speaketh", s.: Collection of British authors.

— my Lady Green Sleeves, s.: Collection of british authors.

– „Land o' the Leal", s. Collection of british authors.

Mathers, Helen, love the thief, s.a. **Collection of British authors.**

Love the Thief. By Helen **Mathers** [Mrs. Henry Reeves]. Copyright ed. Leipzig: Tauchnitz 1909. 302 S. 8°
(Collection of British authors. Tauchnitz Ed. Vol. 4142.) [II. 8861

—— murder or manslaughter, s. Collection of British Authors.

– The mystery of Nr 13, s. Library, The English.

— Jock o' Hazelgreen; „who maketh the deaf to hear", s: Collection of british authors.

— Pigskin and petticoat, s.a. **Collection of British authors.**

Pigskin and Petticoat. By Helen **Mathers** [Mrs. Henry Reeves]. Copyright ed. In 2 vol. Vol. 1. 2. Leipzig: Tauchnitz 1907. 8°
(Collection of British authors. Tauchnitz Ed. Vol. 4010/11.) [II. 8759

Mathers, Helen [Mrs. Henry Reeves], Story of a Sin, s. Asher's Continental Library.

— Sams sweetheart, s.: Collection of British authors.

— Tally ho!, s.a. **Collection of British authors.**

Tally Ho! By Helen **Mathers** [Mrs. Henry Reeves]. Copyright ed. In 2 vol. Vol. 1. 2. Leipzig: Tauchnitz 1900. 8°
(Collection of British authors. Tauchnitz Ed. Vol. 3908/9.) [II. 8679

— The new lady Teazle, and other stories and essays, s.a. **Collection of British authors.**

The new Lady Teazle, and other stories and essays. By Helen **Mathers** [Mrs. Henry Reeves]. Copyright ed. Leipzig: Tauchnitz 1904. 286 S. 8°
(Collection of British authors. Tauchnitz Ed. Vol. 3748.) [II. 8363

Mathers, Helen (Mrs. Henry Reeves), what the glass told and A study of a woman, s.a. **Collection of British authors.**

What the glass told, and A study of a woman. By Helen **Mathers** (Mrs. Henry Reeves). Copyright ed. Leipzig: Tauchnitz 1893. 271 S. 8°
(Collection of British authors. Tauchnitz Ed. Vol. 2945.) [II. 7980

Mathers, Helen, Bam Wildfire, s.a. **Collection of British authors.**

Bam Wildfire. A character sketch. By Helen **Mathers** [Mrs. Henry Reeves]. Copyright ed. In 2 vol. Vol. 1 2. Leipzig: Tauchnitz 1898. 8°
(Collection of British authors. Tauchnitz Ed. Vol. 3316/7.) [II 8035

—— who maketh the deaf to hear, s. Collection of British Authors.

Mathes, s.a. Matthes

Mathes F, Lehrbuch der einfachen Buchführung zum Selbstunterricht für Gewerbetreibende und Kleinhändler. Mannheim 1888

Mathes, J. G., Versuch e. Real- u. Verbal-Liederconcordanz. gr. 8. Altenb. 760. (Hennings in Neisse). 12 gr

Mathes, Jos., Tugendsterne Deutschlands seit d. Glaubensspaltung. Ein Beitrag z. Germania sacra. gr. 8. (336 S. m. Abbildgn.) Steyl 902. Missionsdruckerei. Geb. in Leinw. n. 4. —

Mathes, Isolin, s. Matthes

Mathes, Karl Ritter v., u. Eug. v. Krassay, Schiffbarkeit d. Donau samt Nebenflüssen, s.: Verbandsschriften d. deutsch-österreichisch-ungar. Verbandes f. Binnenschiffahrt.

Mathes, P., Katalog aller Gelegenheitsmarken. Enth. alle bis Ende 1901 erschienenen: Ausstellungs-, Jubiläums-, Kongress-, Gedächtnis- u. Festmarken, polit., patriot. u. agitator. Gelegenheitsmarken u. dergl. in chronolog. Reihenfolge. Nebst e. Anh. enth.: Die span. „Sellos patrioticos" (Marken der freiwill. patriot. Kriegssteuer) u. die Marken der span. Separationsbestrebgn. (catalon. Union, Autonomie-Propaganda etc.). Hrsg. unter Mitwirkg. hervorrag. Sammler. (108 S.) gr. 8. Stolberg (Rhld.) (903). J. Mathes. n. 1. 50
Sonderabdruck aus: „Das blaue Blatt".

Mathes, Paul, Hebammenlehrbuch. (X, 237 S. m. 49 Abb.) gr. 8. Wien 908. Urban & Schwarzenberg.
Geb. in Leinw. 6. —

Mathes, Peter Katalog aller Gelegenheitsmarken Enth alle bis Ende 1901 (Nachtr bis Ende 1903) erschienenen Ausstellungs- u Festmarken in chronol Reihenfolge Nebst e Anh Hrsg. unter Mitw hervorragender Sammler von P(eter) Mathes, Stolberg (Rheinl.) [Nebst] Nachtrag. (Stolberg P Mathes [1903–04]) 2 Bde 8°
Aus Das Blaue Blatt

Mathes, Rich., Instructionsstunde d. Krähwinkler Feuerwehr, s.a Danner's, G., Herren-Bühne.

Instructionsstunde der Krähwinkler Feuerwehr Schwank mit Gesang in 1 Akt von Richard **Mathes**. *Mühlhausen i. Thür : G Danner [1895].* (15 S.) 8° [F.]
— Herrenbühne, G. Danners No 5. (oo. 844)

Mathes, Rudolf: Über die elektrolytische Reduktion von Halogensubstitutionsprodukten der Benzolreihe. 1904. 55 S. 8°
München, Dr.-Ing.-Diss. v. 7. 7. 1904

Mathes, Viktor, Ass. Arzt d. Sanat. „Villa Maria" in Kudowa (Schles.) a. Hirschhorn u. H. am Neckar. Über die heutigen Anschauungsweisen über Theorie und Therapie der Basedow'schen Krankheit mit kasuistischen Beiträgen. Halle a. S. 1904. C. A. Kaemmerer & Co. (69 S.) 8°
Halle, Med. Fak., Ref. Weber, Diss. v. 1. März 1905
[Geb. 23. Dez. 78 Hirschhorn i. Hessen. Wohnort Kudowa (Schlesien) Staatsangeh. Hessen. Vorbildung Gymn. Bensheim Reife O. 99. Studium Heidelberg 1, Gießen 3, Halle 6 S. Coll. 22. Febr. 05. Approb. 25. März 04.]

Mathes von Bilabruck, Karl

Mathes v. Bilabruck, C. Ritter, einige taktische Aufgaben, gestellt und besprochen an der k. k. Kriegsschule. Mit 5 Karten u. 9 Oleaten. 1. u. 2. Aufl. gr. 8. (IX. 103 S.) Wien 889. Seidel & Sohn. n. 4. —

Mathes v. Bilabruck, Carl Ritter, über das Gefecht. Reglements-Studie. gr. 8. (76 S.) Wien 884, Seidel und Sohn. *

Mathes v. Bilabruck, Karl Ritter, die Schiessversuche bei Bruck an der Leitha. gr. 8. (41 S. mit 1 Taf.) Wien 886, (Seidel und Sohn.) *

Mathes v. Bilabruck, Carl Ritter, taktische Studie üb. die Schlacht v. Custozza im J. 1866. gr. 8. (VII, 145 S. m. 2 Taf., 1 Karte u. 1 Plan.) Wien 891. L. W. Seidel & Sohn. n. 4. —

Matheseophilus

* Otia mathematica seu Opusculum tripartitum I. De Horologiis Sciathericis II. De Optica Delineatoria III. De Optica mechanica, sive de Arte terendi Vitra ad Tubum servientia, compositum et in Lucem editum a Mathesiphilo, cum multis figuris aeri incisis, *Salisburgi*, sumptibus *Wolffgangi Mauritii Endteri*. 8. 1 Titelk., 8 Bl. Tit., 232 Seiten mit 25 Kupfertafeln. 1719.

Matheseophili problemata mathematica quadraturam circuli et quae hinc dependent et consequuntur theoremata positionesque concernentia, Aug. Vindel. et Lipf. ap. Jac. Schuster, 8. 13 B. 2. u. 3 Viertelb. K. (8 ggr.) 1733.

Mathesis Wolfiana in usum iuventutis, c. fig. 8. Viennae, 776.

Mathesius, s a Matthesius

Mathesius, die Kayser'schen Wolkenhöhen-Messungen der J. 1896 u. 1897. Nebst e. Vorworte v. A. Momber. (S. 49—137.) Lex. 8. Danzig 907. (Leipzig, W. Engelmann.) 2. 60
Sonderabdr. a.: „Schriften d. naturforsch. Gesellschaft in Danzig".

Mathesius, C H, s. Matthesius, Christoph Heinrich

Mathesii, C. L., Diss. de Aristarcho. Jen. 725. 4.

Mathesius, Carl Friedrich, s. Matthesius, Karl Friedrich

— **Christian Gottfried,** De obedientia Christi activa. Leipzig (Langenheim) 18. III. 1751. 51 S. (5.—) 22369

Mathesius, Cph. Gf., Betrachtung üb. Nutzbarkeit der Trübsale. 2 Thle. gr. 8. Gotha 763. Ettinger. 1 ß 8 gl

— **Friedrich Ernst** (Königsberg), Nonnulla de utero humano eiusque haemorrhagiis dynamicis. Berlin (Nietack) 7. XII. 1833. 47 S. mit Biogr. (3.—) 22370
Oppon.: P. E. Jablonsky, F. Braunschweig, E. H. Schwarz. — Gew.: Jos. Büttner, A. Stockmarr.

Mathesius, Joh. M. „Bergpostille oder Scripta, darin von allerlei Bergwerk und Metallen ...", Nürnberg 1578. — Vorh.: StB Nürnberg.

Mathesius, Johannes

Matthesii, J., Altes und Neues v. d. Gebr. u. Mißbrauch des Weins. 8. Cob. Ahl. 738.

Matthesius, Johannes Altes und Neues von dem Gebrauch und Mißbrauch Des Weins. Oder Des sel. Johannis Matthesii, ehemaligen Pfarrers in St. Joachimsthal, Predigt Von dem zuläßigen Gebrauch des Weins / Auf das neue heraus gegeben, Und mit Historischen und Moralischen Anm. vermehret von Julio Bernhard von Rohr. Coburg: Steinmarck 1738. 144 S. -- 12°. Frei 100°
BJ: Mathesius, Joh. -- Bibliotheca oenologica: Predigt von Gebrauch und Missbrauch des Weins. . . . -- Boehmer: Mathesius, Joh. -- Heinsius: Rohr, Jul. Bernh. v.: Vom Gebr. u. Mißbr. des Weins. -- Thienemann: Mathesius, Joh. -- Weber: Matthaesii, J.

Mathesius, des alten Joh., schöne Fabel vom alten u. jungen Sperling. Aus den Jugendblättern v. Barth u. Hänel. Jahrg. 1837. 12. (12 S.) Basel 897. (Missionsbuchh.) n. — 20

Mathesius, des alten Mag. Joh., andächtige u. christl. gemeine Gebetbüchlein für alle Noth d. Christenheit. 4. Nürnberg 836. Raw. ²/₃ ₰ jetzt ¹/₈ ₰

Mathesius, Joh., kurze Hausgebetlein. Ein einfält. Gebetbuch für christl. Eheleute und ihre Hausgenossen mit Bedacht auf die verschiedenen Vorkommnisse und Verhältnisse des ird. Lebens. Zur Ergänzung anderer Gebetbücher neu hrsg. und mit einigen Anmerkungen versehen. 8. (23 S.) Breclum 881, Christl. Buchhandlung. *

—Historien von dem Leben Luthers, in 17 Predigten beschrieben. (Auch u. d. T.: Geist u. Kraft altdeutscher Kanzelberedsamkeit. 1r Thl.) gr. 8. Leipz. 806. (Brockhaus). 1 ₰ 12 gr.

Mathesii, Joh., Historien von Dr. Martin Luthers Leben in zeitgemäßer Bearbeitung. Besorgt von Abthl. II. der Gesellschaft für innere Mission nach dem Sinne der luther. Kirche. Nr. 13—16. gr. 8. (VI und 240 S.) Nördlingen 854, Beck'sche Buchh. Thlr. *

Mathesius, Joh., Historien von Dr. Mart. Luther's Leben in zeitgemäßer Bearbeitung. Wohlfeile Ausg. gr. 8. (VII und 240 S.) Nördlingen 857, Beck'sche Buchh.

Mathesius, J., Leben Martin Luthers. 8. Frkft. u. Leipz. 724.

Mathesius, J., Martin Luther's Leben in 17 Predigten, s.a. Universal-Bibliothek.

Mathesius, Jh., Leben Dr. Martin Luthers, in 17 Predigten. Neu herausgegeben, mit erläut. Anmerkungen u. einem biograph. Anhange versehen von A. J. D. Rust. Mit einem einleit. Vorwort von Aug. Neander. gr. 8. Berlin 841, Crantz. 1½ ₰

— dass. Mit Vorwort von G. H. v. Schubert. 8. Stuttgart 841, Liesching. ¼ ₰ — 4. unveränd. Aufl. 842. ¼ ₰ — 5. u. 6. Aufl. 843. ⅓ ₰ Mit 3 Kupf. ¼ ₰ — 7. unveränd. Aufl. 846. 3 ngr Mit 3 Kupf. ¼ ₰ geb. ⁵/₁₂ ₰

Matthesius, Joh., Dr. Martin Luthers Leben. In siebzehn Predigten dargestellt. gr. 8. (XIV und 362 S.) Berlin 855, (J. A. Wohlgemuth.) *

—— Dr. Mart. Luthers Leben. In 17 Predigten dargestellt. Hrsg. vom evangel. Bücher-Verein. gr. 8. (XIV und 362 S.) Berlin (861)62, (Wiegandt und Grieben.) *

—— Dr. Martin Luthers Leben. Neue, nach den Orig.-Drucken revid., mit einem vollständ. Register verseh. Ausg. Festgabe für das Jubelj. 1883. 4. (XVI, 367 S.) St. Louis, Mo. (Dresden, H. J. Naumann.) *

Mathesius, Joh., Dr. Martin Luthers Leben. In 17 Predigten dargestellt. Mit einem Vorworte von Büchsel. Hrsg. vom Evangel. Bücher-Verein. 3. Aufl. gr. 8. (VI, 362 S. mit Holzschn.-Portr.) Berlin 883, Evangelischer Bücherverein. *

—— Dr. Martin Luthers Leben. In 17 Predigten dargestellt. Mit einem Vorworte von Büchsel. Hrsg. vom Evangel. Bücher-Verein. 2. Aufl. gr. 8. (VI, 362 S. mit Holzschn.-Portr.) Berlin 883, (Wiegandt und Grieben.) *

—— und Nikol. Herman's, geistliche Lieder, s. Sänger, geistliche, der christlichen Kirche deutscher Nation.

—Predigten über die Historien von dem ehrwürdigen, in Gott seligen u. theuren Mann Gottes Dr. M. Luther, dessen Anfang, Lehre, Leben u. Sterben; mit Anmerkt. u. biograph. Notizen neu herausg. von Rust. Nebst e. Vorwort von Aug. Neander. gr. 8. Berlin, Crantz 2 ₰

Mathesius, d. alten Hrn Mag. Jh., Predigten üb. die Historien von des ehrwürdigen, in Gott seligen theuren Mannes Gottes, Dr. M. Luthers, Anfang, Lehre, Leben u. Sterben; hrsgg. von v. Arnim. Mit d. Bildn. Luthers u. Melanchthons. gr. 4. Berl. 817. Maurers B. 16 gr Schrbp. mit guten Abdrücken. 1 ₰ 8 gr

Mathesius, (Johann). Mathesius' Predigten über Luthers Leben. Mit Erläuterungen. Dem evangelischen Volke dargeboten von D. Georg Buchwald, Pfarrer ... [Mit Porträt-Tafel und] Buchschmuck von E[rwin] Laiblin. [Titel Ausgabe.] XIV + 249 S. 8. Basel, Ernst Finckh, [1905] (*Umschlag* Stuttgart, Paul Rocholl, [1904]). [M 3 50, geb. 4 50]

Mathesius, J Sarepta oder Bergpostill. Nürnberg 1762. fol

—— Tischreden Luthers u. Aussprüche Melanthons, s. Loesche, Geo. Analecta Lutherana et Melanthoniana

Matthesius, Johs., bei dem Tode einer heil. Pfarrfrau. Leichenrede, 1569 seinen Kindern bei dem Hingang ihrer Mutter Sybille gehalten. Hrsg. von Ritter. gr. 8. (16 S.) Stuttgart 862, (S. G. Liesching.) *

Mathesius, Johs., ausgew. Werke, s.a. Bibliothek deutscher Schriftsteller aus Böhmen.

Mathesius, Johs., Luthers Leben in Predigten (Werke 3. Bd.), s.: Bibliothek deutscher Schriftsteller aus Böhmen. 9.

Mathesius, Johannes: Ausgewählte Werke. In Auswahl hrsg. v. Georg Loesche. Bd 1—4. Wien 1896—'04. (Bibliothek dt. Schriftsteller aus Böhmen. 4. 6. 9. 14.)
— — 2. Aufl. Bd 1. 3. '06—08.

Mathesius, Johs., ausgewählte Werke, 1. Bd.: Leichenreden, s.a. Bibliothek deutscher Schriftsteller aus Böhmen. IV.

Mathesius, Karl Friedrich

Mathesius, Carl Friedrich (Waldheim/Meißen), In syphiliticam blennorrhagiae virulentae originem. Präs. Friedrich Ludwig Kreysig. Wittenberg (A. Chr. Charisius) 28. V. 1802. 28 S. (4.—) 22368

Mathesius, W[alter]: Die Entwicklung der Eisenindustrie in Deutschland. [1910.] 24 S. 4° ¶ Aus: Stahl u. Eisen. Jg. 30.

Die Imponderabilien des Hochschulstudiums. Rede zum Antritt des Rektorates der Kgl. Technischen Hochschule zu Berlin geh. am 1. Juli 1909 von W[alter] Mathesius. 8 S. 4°

Matheson, George, Herzensklänge. Meine Bestrebungen. Aus dem Engl. übers. v. e. Ungenannten. 16. (VII, 145 S.) Hamburg 892. (Agentur d. Rauhen Hauses.) Geb. n. — 60

Matheson, Johann, s. Mattheson

Matheus, Emil, approb. Arzt aus Erpolzheim (Rheinpfalz). Ueber Hodentuberkulose. *Würzburg 1893 [vielm. 1901/02]: Neue Bayerische Landeszeitung.* (21 S.) 8°
Würzburg, Med. Diss. v. 1893

Matheus, Jacob [aus Erpolzheim] Ueber einige neue Azofarbstoffe des α- und γ-Oxychinolins. Erlangen, Druck d. Univ.-Buchdr. v. Junge & Sohn, 1887; 25 S. 8°
Erlangen, Phil. Fak., Inaug.-Diss. v. 1887

Matheus, Salo [aus Rawitsch]: Beiträge zur pathologischen Histologie der Lymphdrusen. Würzburg, Becker's Univ.-Buchdr., 1890; 17 S. 8°
Würzburg, Med. Fak., Inaug. Diss. v. 1890

Matheus, Siegfr., das Generalbuch-System. Eine verbessernde Umgestaltung der italienisch-doppelten Buchführg. Vereinfachtes Kontrol- u. Calculations-System f. die ganze Geschäftswelt m. erläut. Taf. gr. 8. (VIII, 99 S.) Berlin 876. R. Kühn. n. 3 -

Mathew, P., Apostel Irlands, s.: Unterhaltungs-Bibliothek. Steyler. Nr. 11.

Mathew, J., s. Matthew, Johann

Two representative Tribes of Queensland. With an inquiry concerning the origin of the Australian race. By John **Mathew**. With an introd. by A[ugustus] H[enry] Keane, and a map and 6 ill. London, Leipsic: Unwin 1910. 256 S. 8° [10. 11455

Mathews, Charles, s. Matthews

Mathews, Charles Edward. The Annals of Mont Blanc. A monograph, with a chapter on the geology of the mountains by *T. G. Bonney*. 8°. 365 p. with a map and numerous illustrations. London, Fisher-Unwin; pour la Suisse, Georg & Co., Genève et Bâle. 1898 cart. toile 20 —

Mathewson, Champion Herbert, Ph. B. a. Boston: Über die Legierungen des Natriums mit Zinn, Blei, Aluminium, Magnesium, Zink, Kadmium, Wismut und Antimon. Leipzig 1906: Metzger & Wittig. (59 S.) 8° ¶[Aus: Zeitschrift f. anorgan. Chemie Bd 46. 48. 50.]
Göttingen, Phil. Fak., Ref. Tammann, Diss. v. 27. Aug. 1906
[Geb. 7 Okt. 81 Essex Co., Verein. Staaten; Wohnort Boston; Staatsangeh.: Vereinigte Staaten; Vorbildung: Bachelor Yale University New Haven; Studium: Boston Massachusetts Institute of Technology 4, Göttingen 4 S.; Rig. 26. Juni 06.]

Mathey, s.a. Matthey

Mathey, Emanuel, kaufmännische Arithmetik. Zum Selbststudium sowie zum Gebrauche an Handelslehranstalten. Mit Berücksicht. aller neuen Verhältnisse. Mit vollständ. und verlässl. Münz-, Mass- und Gewichtskunde der vorzüglichsten Staaten und Städte. gr. 8. (VI, 160 S.) Wien 873, Hölder. *

—— neueste Münz-, Mass- und Gewichts-Kunde der vorzüglichsten Staaten und Städte. Mit besond. Rücksicht auf das metr. System. Unentbehrlich für jeden Rechner, besonders für Kaufleute und Handelsschüler. Mit verlässl. Daten erklärend dargestellt. 2. unverb. Aufl. *M 1,20., und 3. Aufl. gr. 8. (34 S.) Ebendas. 878. *

Mathey, Félicien

Mathey, F., Coupes géologiques des tunnels du Doubs. gr. 4. (21 S. mit 3 lithogr. und color. Taf.) Zürich 883, (Basel, Georg.) **
Aus: Neue Denkschriften der allgemeinen schweizer. Gesellschaft für die gesammten Naturwissenschaften, besonders abgedruckt.

Mathey. F[élicien]. Coupes géologiques des tunnels du Doubs. [Avec 2 planches.] (N. Denkschr. Schweizer Ges. für Naturwiss. Band 29.) 4. (Zürich 1885.)

Mathey, J. A.

—**Anweisung zur Erlernung der französ. Schreibekunst.** gr. Fol. Heilbr. 804. Claß. 1 ℛ 8 gℊ — Dass. Französisch. 1 ℛ 8 gℊ

Mathey, J. A., Exercice dans l'Ecriture franç. Fol. Heilbronn, Class, 796.

Mathey, J. A., deutsche Schreibeübungen. Fol. Mannh., Löffler. 1 ℛ 12 gℊ

Mathey, J. A., deutsch, latein. u. franz. Schreibübungen. 4. Frankf. Hermann. (in Comm.) 814.

—**neue deutsche, lateinische u. französische Schreibeübungen.** 25 Blatt. 4. Karlsr., Müller. 1 ℛ

Mathey, Louis

Matthey, L., Anleitung zur Anfertigung aller Arten von Oel- u. Wasser-Farben zum Malen u. Anstreichen, so wie der dazu nöthigen Farben, Oel- u. Lackfirnisse rc. Verbessert u. mit Zusätzen herausg. von Th. Weiß. 2e Aufl. 8. Leipzig ... (jetzt Melzer.) 5/12 ℛ

Mathey's, Louis, Anleitung zur Anfertigung aller Arten von Oel- u. Wasserfarben zum Malen u. Anstreichen, sowie der dazu nöthigen Farben, Oel- u. Lackfirnisse rc., nebst Anweisungen über das Beizen, Poliren u. Vergolden des Holzes; über die Kunst, auf Glas u. Porzellan zu malen rc., wie auch über die Anfertigung von Wachsleinwand. Eine nützliche Schrift für Jedermann. 2. Aufl. Verb. u. mit Zusätzen hrsg. von Th. Weiß. 8. (VI u. 74 S.) Quedlinburg 851, Ernst. 5/12 ℛ

Mathey's, Louis, Anleitung zur Anfertigung aller Arten von Oel- und Wasserfarben zum Malen und Anstreichen, sowie den dazu nöthigen Farben, Oel- und Lackfirnissen rc., nebst Anweisungen über das Beizen, Poliren und Vergolden des Holzes; über die Kunst, auf Glas und Porzellan zu malen und Zubereitung dieser Farben, wie auch über die Anfertigung von Wachsleinwand. Eine nützl. Schrift für Jedermann. 3. Aufl. Verb. und mit Zusätzen hrsg. von Th. Weiß. gr. 16. (IV, 60 S.) Quedlinburg 870, Ernst'sche Buchh. *
—— dass. — Ein nützl. Buch für Anstreicher, Lackirer und Dekorationsmaler. 4. verb. Aufl. Verb. und mit Zusätzen hrsg. von Th. Weiß. gr. 16. (IV, 59 S.) Ebendas. 871. *

Mathey's, Louis, Anleitung zur Anfertigung aller Arten von Oel- und Wasserfarben, zum Malen und Anstreichen der Zimmer, Läden und Wohngebäude nach neuester Methode durch Oel- und Wasserfarben, wie auch durch Platinmasse und Wasserglas. Nebst Anweisungen zur Bereitung der Firnisse und Lacke, über das Beizen und Poliren des Holzes, Bereitung verschiedener Kitte, über Vergolbung und die Kunst auf Glas und Porzellan zu malen. 5. verb. Aufl. 8. (XIV, 166 S.) Quedlinburg 879, Ernst'sche Buchh.

Mathey's, Louis, Anleitg. zur Herstellg. u. Anwendg. aller Arten v. Oel- u. Wasserfarben zum Malen u. Anstreichen unt. Berücksicht. d. chem. u. mechan. Einflüsse, die sich bei der Anwendg. der Kalkanstriche, d. Casein-, Wasserglas-, Fresko-, Sgrafitto-, Leimfarben-, Tempera- u. Oelfarbentechnik, sow. d. Mineral-, Glas- u. Porzellanmalerei geltend machen. Nebst Anweisgn. üb. d. Bereitg. v. Beizen u. Polituren d. Holzes, verschied. Kitte, über Vergoldgn. rc. 6. Aufl., unt. Wahrg. d. prakt. Gesichtspunktes neu bearb. v. Emil Ebelin. 8. (XII, 182 S.) Halberstadt 896. Leipzig, Ernst. 1.50

Mathey, Louis, praktische Anleitung zur Selbstausführung aller Maler- u. Anstreicher-Arbeiten m. Leim-, Kasein-, Teer-, Oel- u. Lackfarben. Nebst erprobten Rezepten üb. das Beizen des Holzes, üb. das Polieren, Vergolden, Bronzieren, Lackieren &c., üb. die Zubereitung v. Kitten, das Reinigen der Decken u. Wände, üb. das Beseitigen v. Wasserflecken, die Bekämpfg. des Hausschwammes usw. 7. Aufl., neu bearb. v. E. Kiesling. (VI, 124 S.) 8. Leipzig (908). Ernst. 1. 50

Mathey, (L.,) die Kunst, in unglaublich kurzer Zeit die Oelmalerei nebst Anfertigung u. Versetzung der hierzu nöthigen Farben ohne Praktik zu erlernen. 8. Leipz. 827, Fr. Fleischer.

Mathi, Joseph [Dir.]: Die Ilias im deutschen Unterrichte der Realanstalten. Hoechst a. M., Buchdr. A. A. Wagner, *1893*; 22 S. 4.
Höchst a. M., st. RPG u. PG, OP 1893 (394)

Mathia: E i n i g e s über Platon und die Nützlichkeit seiner Schriften zur Förderung der wissenschaftlichen und religiössittlichen Bildung an Gymnasien. 17 S – Kremsier, Progr 1856

Mathiae, C , s.a. M a t t h i a e

Mathiae, C., Conciliatio dictorum s. scripturae. 4. Stettin. 726.

Mathiae, Georg, s. M a t t h i a e

Mathiae, W L., s. M a t t h i a e , Wolf Christian

Mathiae, Wf. C , s. M a t t h i a e Wolf Christian

Mathias Corvinus, s. Fessler.

Mathias Corvinus, s. M a t t h i a s Corvinus.

Mathias von Neuenburg

Matthiae Neoburgensis chronica cum continuatione et vita Berchtholdi de Buchegg, ep. Arg. — Die Chronik des Matthias v. Neuenburg. Nach der Berner- und Strassburger-handschrift mit den Lesarten der Ausg. von Cuspinian und Urstisius hrsg. im Auftrag der allgem. schweizer. geschichtsforsch. Gesellschaft von G. Studer. gr. 8. (LII und 252 S.) Bern 867. (Zürich, Höhr.) *

Mathias v. Neuenburg, Chronik, s.a. Geschichtschreiber, die, der deutschen Vorzeit. 84. Bd.

M a t t h i a s von Neuenburg. Die Chronik des Mathias von N' übersetzt von Georg Grandaur Mit Einleitung von Ludwig Weiland. 8. Leipzig 1892.
Die G e s c h i c h t s c h r e i b e r der deutschen Vorzeit XIV Jahrhundert Band 6.

[J.] Die Chronik des **Mathias** v. Neuenburg [N e o b u r g e n s i s] übs. v. Georg G r a n d a u r. M. Einl. v. Ludwig W e i l a n d *Leipzig Dyk (1899)*. (XXVIII, 292 S.) 1 Bd 8.
— **Geschichtschreiber**, Die, d. deutschen V o r z e i t. 2 Gesamtausg XIV Jh. Bd 6. (= Bd 84.) [+9. 1098

— litterar. Thätigkeit, s. Weiland, Ludw.

Mathias, s.a. **Matthias**.

Mathias, Adolph (Hrsg.), s. N o t h n a g e l , Walther Beschränkte Haftung.

Mathias, Adph., der Wille des Gesetzes. Vortrag, geh. in der Plenarversammlg. der Wiener jurist. Gesellschaft v. 31. I. 1900. gr. 8. (14 S.) Wien 900. Manz. n. —40
Sonderabdruck aus: „Allgemeine österreich. Gerichts-Zeitung".

MATHIAS, Andreas (Kappel): Ueber die Radical-Operation bei Herniotomien.- München: Wolf 1880. 40 S.
16.3.1880 - Urk (Titel: De operatione herniotomiae radicali.); Chr 1879/80,14
Diss.Ingolst.-Landsh.-Mchn.

Mathias, Andreas Heinrich (Helmstedt), De juribus procerum imperii majestaticis. Präs. Jo. Wilhelm Goebel. Helmstedt (H. D. Hamm) Nov. 1718. 80 S. (5.—) 22372

Mathias, Carl, s. M a t t h i a s , Karl

Mathias, Fr. X., die Choralbegleitung. (52 S.) 8. Regensburg 905. F. Pustet. n. — 60

Mathias, Fr. X., s.: C o m m u n e sanctorum.

— **Einführung** in die vom elsässischen Cäcilienverein hrsg. Choralbegleitung. (36 S.) gr. 8. Straßburg 904. (F. X. Le Roux & Co.) n. —40

— die **historische Entwickelung** der Choralbearbeitung f. Orgel, in 2 Orgelvorträgen beleuchtet. (16 S.) gr. 8. Ebd. (905). n.n. — 25

— s.: E p i t o m e ex editione vaticana gradualis romani.

Mathias, F. X., Dr. phil., Organist am Münster zu Straßburg: Der Straßburger Chronist Königshofen als Choralist. Sein Tonarius wiedergefunden von Martin Vogeleis, ehem. Musiklehrer am bischöfl. Progymnasium in Zillisheim. Graz 1903: „Styria". (XII, 191 S.) 8°
Straßburg, Kath.-theol. Fak., Ref. Ehrhard, Diss. v. 2. März 1907
[Geb. 16. Juli 71 Dinsheim (Unt.-Els.), Wohnort Straßburg i. E.; Staatsangeh.: Elsaß-Lothringen; Vorbildung Progymn. Oberehnheim u. Zillisheim, bischöfl. Gymn. Straßburg Reife 92; Studium: Straßburg 7 S., Leipzig Dr. phil. 01, Straßburg 4 S., Rig. 22.—26. Febr. 07]

Der Straszburger Chronist Königshofen als Choralist. Sein Tonarius wiedergefunden von Martin Vogeleis, ehem. Musikl. am bischöfl. Progymn. in Zillisheim. Hrsg. von Dr. F. X **Mathias**, Organist zu Straszburg. *Graz: 'Styria' in Komm. 1903.* (XII, 191 S.) 8° [+3 307

— s.: K y r i a l e seu ordinarium missae.

— die **Musik** im Elsaß. (42 S.) gr. 8. Straßburg 905. F. X. Le Roux & Co. n. — 60

— Officium pro defunctis cum missa et absolutione nec non exsequiarum ordine, quod iuxta editionem Vaticanam hodiernae musicae signis tradidit M. (III, 104 S.) 8. Regensburg 910. F. Pustet. — 60; geb. in Leinw. 1 —

Mathias, Fr. X., Organum comitans ad commune sanctorum gradualis romani quod juxta editionem Vaticanam harmonice ornavit M. (124 S.) Lex. 8. Regensburg 909. F. Pustet. 3. 20

— **phototypische Wiedergabe** des Königshofenschen Tonarius in C. XI. E. 9 der Prager Universitätsbibliothek, hergestellt im Auftrag des Finders M. Vogeleis (ehem. Musiklehrer am bischöfl. Progymnasium in Zillisheim), hrsg. v. M. (23 Taf.) gr. 4. Graz (903). Styria. n n. 6. 40

Mathias, F(ranz) X(aver): Die Tonarien. *Graz: 'Styria' in Komm. 1903* (55 S.) 8° ¶ [Teil der 1903 in gleichem Verlage erschienenen Arbeit Königshofen als Choralist Sein Tonarius] Leipzig, Phil. Diss. v [22 Dez] 1902

Mathias, Hermann, approb. Arzt aus Gassen (N.-L.): Zwei neue Fälle von Akromegalie. *Halle a. S. 1904: C. A. Kaemmerer & Co.* (40 S.) 8°
Halle, Med. Diss. v. 11. Juni 1904

Mathias, Herm. Alfr., Naturgeschichte v. Bitterfeld. 12. (26 S.) Bitterfeld 901. W. Meißner. n.n. — 25

Mathias, Jean Paul

— s. Allioli, J. F., bibl. Geschichte.

Mathias, Jean Paul, Bilder- Buchstabir- u. Lesebuch für die kleinere Jugend. 10. verm. u. verb. Aufl. 12. (106 S. mit eingedr. Holzschn.) Köln 847, Mathieux. n. 2 ngr

— Bilder- Buchstabir- u. Lesebuch, enthaltend die nöthigsten Kenntnisse u. einige Bildungsmittel f. die kleinere Jugend. 11 verm. u. verb. Ausg. [Mit der vom Brühler Seminar angenommenen Orthographie.] 12. (72 S. m. eingedr. Holzschn.) Ebd. 850. n. 2 ngr — 12. verm. u. verb. Ausg. 12. (106 S. m. eingedr. Holzschn.) Ebd. 852. n. 2 2/3 ngr

– s v. Felbiger, J. J., kathol. Katechismus.

—— vollständ. Gebet- u. Gesangbuch f. d. gemeins. Gottesdienst, zunächst f. kathol. Elementarschulen, Gemeinden u. Familienkreise, in welchen man durch d. Wechselgebet d. häusl. u. öffentl. Andacht zu heben sucht. 1. u. 2. Aufl. 12. (à 10 B.) Köln 839, 41, Mathieux. à *

—— vollständiges Gebet- u. Gesangbuch f. den gemeinsamen Gottesdienst kathol. Pfarrschulen ꝛc. 8. (16 5/8 B.) Cöln 845, Mathieux
In Parthien wohlfeiler.

—— vollständiges Gebet- und Gesangbuch für den gemeinsamen Gottesdienst kathol. Pfarrschulen, für Gemeinden ꝛc. 4. Aufl. gr. 12. (264 S.) Köln 848, Mathieux. *

— Gebet- Betrachtungs- u. Gesangbüchlein für die kirchliche und häusliche Feier der ersten heil. Kommunion der Kinder. Mit 3stimmigen Gesängen zur kirchl. Feier. Mit 5 Musikbeil. 12. Köln 838. Mathieux. n. 2 2/3 gr — 2e Aufl. Ebd. 841. 1/8 rthl

Mathias, Jean Paul, Gebet-, Betrachtungs- u. Gesangbüchlein f. d. kirchl. u. häusl. Feier d. ersten heil. Communion d. Kinder M. Choral-Gesängen z. kirchl. Feier, welche auch 3stimmig gesungen werden können. 2. Aufl. (3 B.) 842. * 3 1/4 Ngr. u. 3. Aufl. 12. (3 5/12 B.) Köln 846, (47,) Mathieux. *

—— biblische Geschichte f. Kinder. Ein verbess. Auszug aus d. größ. Werke d. Ch. Schmid. Mit Zusätzen u. Liedern stark verm.; mit d. verb. Ausg. d. Katechismus v. Overberg, u. f. d. trierer Diöcese mit d. verb. Ausg. d. felbiger Katechismus in e. innige Verbindung gebracht u. von e. der jugendl. Fassungskraft angemess. Katechetik begleitet. 2 Thle. 8—13. Orig.-Aufl. 8. (à 10 B. u. Stnt.) Köln 836—41, Mathieux. à *

—— biblische Geschichte f. Kinder. Ein verbess. Auszug aus d. größern Werke des H. Ch. Schmid. Mit Zusätzen u. Liedern stark vermehrt u. v. einer der jugendl. Fassungskraft angemess. Katechetik begleitet. 2 Thle. (1. u. 2. Thl. des Gesammtelementarwerks.) 14. u. 15. Aufl. 8. (à 10 B. u. 2 Stnt.) Köln 842, 43, Mathieux. à *
100 Exempl. roh ** 10 Thlr. 25 Ngr.

—— biblische Geschichte für Kinder. Ein verb. Auszug aus dem größern Werke des H. Ch. Schmid. Mit Zusätzen und Liedern stark verm.; mit den verb. Ausg. der Katechismen von Overberg und Felbiger in eine innige Verbindung gebracht ꝛc. 2 Thle. (1. und 2. Thl. des Gesammtelementarwerkchens.) 19. Aufl. 1848. und 21. Orig.-Aufl. gr. 12. (VI und 154 S. mit 2 Stnt.) Köln 852, Mathieux. *

Mathias, Jean Paul, [Joh. Paul Mathieux], biblische Geschichte für Kinder. Ein verbesserter Auszug aus dem größern Werke des H. Ch. Schmid. 2 Thle. 24. Orig.-Aufl. 8. (140 S.) Köln 861, Mathieux. Thlr. *

—— bibl. Geschichte f. d. kathol. Volksschulen Deutschlands, e. Ausz. aus d. Uebersetz. d. heil. Schrift v. J. F. Allioli. Mit Anmerkn., Liedern u. e. Katechese versehen. (Der Schrifttext ist in dies. Auszuge überall durch größ. Typen ausgezeichnet.) gr. 8. (19 1/2 B., 1 Karte, 2 Plänen u. 1 Nachweisetab.) Köln 840, Mathieux.

—— biblische Geschichte f. die kathol. Volksschulen Deutschlands nach der vom heil. Stuhle einzig genehmigten Uebersetzung der heil. Schrift v. J. F. Allioli bearb. u. m. Anmerkgn., Liedern u. ein. Katechese versehen. 2. Aufl. 842 u. 3. Aufl. mit 1 Nachweisetabelle üb. die sonn- u. festtägl. Lectionen u. Evangelien. gr. 8. (à 19 1/2 B., 1 Charte u. 2 Plänen.) Köln 844, Mathieux. à *

—— biblische Geschichte für die kathol. Volksschulen Deutschlands nach der Uebersetzung der heil. Schrift von J. F. Allioli bearb. und mit Anmerkungen, Liedern und 1 Katechese versehen. 5. Aufl. gr. 8. (VIII und 304 S. mit 1 Charte, 2 Plänen auf 1 Stnt. in Fol. und einer Nachweisetabelle über die sonn- und festtägl. Lectionen und Evangelien.) Köln 849, Mathieux. *

—— biblische Geschichte für die katholischen Volksschulen Deutschlands nach der Uebersetzung der heil. Schrift von J. F. Allioli bearb. und mit Anmerkungen, Liedern und einer Katechese versehen. 7. Aufl. mit einer Karte, 2 Plänen und einer Nachweisetabelle über die sonn- und festtäglichen Lectionen und Evangelien. gr. 12. (VIII und 304 S.) Köln 853, Mathieux. *

Mathias, Jean Paul, biblische Geschichte für die katholischen Volksschulen Deutschlands nach der vom heil. Stuhle einzig genehmigten ꝛc. Übersetzung der heil. Schrift von Dr. J. F. Allioli bearb. u. mit Anmerkungen, Liedern und einer Katechese versehen. 7. (8.) Aufl. mit 1 (lith.) Karte (in 4.), 2 (lith.) Plänen und einer Nachweisetabelle über die sonn- und festtäglichen Lectionen und Evangelien. Köln 857. Mathieux gr. 8. (VIII, 304 S.) n. 10 ngr

—— biblische Geschichte für die katholischen Volksschulen Deutschlands nach der Uebersetzung der heil. Schrift von J. F. Allioli bearb. und mit Anmerkungen, Liedern und einer Katechese versehen. 8. Aufl. 1857. und 9. Aufl. mit 1 (lithogr.) Karte (in 4.), 2 (lithogr.) Plänen und einer Nachweisetab. über die sonn- und festtägl. Lectionen und Evangelien. 8. (VIII und 304 S.) Köln (861)62, Mathieux. *

Mathias, J. P. (Joh. Paul Mathieux), biblische Geschichte für die katholischen Volksschulen Deutschlands nach der Uebersetzung der heil. Schrift von Dr. J. F. Allioli bearb. und mit Anmerkungen, Liedern und einer Katechese versehen. 11. Aufl. 8. (VIII und 304 S. mit 1 lithogr. Karte, 2 lithogr. Plänen und 1 Nachweisetab. über die sonn- und festtägl. Lexionen und Evangelien.) Köln 864, Mathieux. *

—— kathol. Katechismus, s. Felbiger, J. J.

— Katechismus der christkathol. Lehre, für Elementarschulen, in welchen der Overberg'sche Katechismus eingeführt ist. Nach Overberg's kleinem u. großem Katechismus ꝛc. ꝛc. bearbeitet. (3r Thl. des Gesammtelementarwerkchens.) 4e Aufl. Mit 1 Holzschnitt. gr. 12. Köln 836. Mathieux. 1/8 rthl — 7e Aufl. 838. n. 3 1/2 gr — 9e Aufl. 840. 1/8 rthl geb. 1/6 rthl

— Katechismus der christkathol. Lehre für Elementarschulen, in welchen der Overberg'sche Katechismus eingeführt ist. 10. Aufl. (Mit Titelbild.) gr. 12. Ebend. 841. n. 3 1/3 ngr — 11. Aufl. 843. n. 3 1/4 ngr

— ders. Mit Hinweisungen ꝛc., wodurch dieser Katechismus mit der von demselben Verf. bearb. bibl. Geschichte in einer innig lebendigen Verbindung steht. (3. Thl. des Mathias-schen Elementarbuches.) 12. Ebd. 843, auch 846. n. 3 1/4 ngr

— ders. mit Hinweisung auf Schmid's biblische Geschichte. 14. Aufl. gr. 12. Ebend. 846. baar 3 1/2 ngl

— Katechismus der christkatholischen Lehre f. Elementarschulen, in welchen der Overberg'sche Katechismus eingeführt ist. Nach Overberg's kleinem u. großen Katechismus ꝛc. bearb. u. m. Liederversen, welche die Hauptmomente der Christenlehre dem Gedächtnisse leicht einprägen, verm. 15. Aufl. [3. Thl. d Elementargesammtwerkes f. die kath. Volksschulen.] 12. (VIII u. 124 S.) Ebd. 847. n. 3 1/3 ngl — 17. Aufl. 12. (VIII u. 124 S. m. 1 Holzschn.) Ebd. 850. n. 3 1/3 ngl — Mit Hinweisgn. ꝛc. auf die nach F. Allioli bearb. bibl. Geschichte ꝛc. 19. Aufl. 12. (IV u. 128 S.) Köln 852, Mathieux. n. 2 2/3 ngl

Mathias, Jean Paul, Katechismus der christkathol. Lehre ꝛc. Mit Hinweisungen ꝛc. auf des Verf. verb. Auszug aus Schmid's bibl. Geschichte ꝛc. 19. Aufl. 12. (VI u. 124 S. m. 1 Holzschn.) Ebd. 852. n. 2 2/3 ngl

—— Kern der heil. Geschichte des alten und neuen Bundes, oder: Biblische Geschichte für die kathol. Volksschulen Deutschlands. Nach der Uebersetzung der heil. Schrift von Allioli bearb. und mit Anmerkungen versehen. 8. (246 S.) Köln 850, Mathieux. *

Mathias, Jean Paul, der Kinderfreund. Ein Lesebuch nach F. E. von Rochow, zunächst für die kathol. Bürger- und Landschulen in Rheinland-Westphalen bearbeitet. (4r—7r des Gesammtelementarwerkchens.) 10e stark verm. Aufl., mit 3 Stichen, 2 Karten u. mehr. Abbildd. (auf 3 lithogr. Blätter). 8. Köln 836. Mathieux. n. 1/2 Thlr — 14e verm. Aufl. Ebd. 840. n. 7 ngl geb. 1/3 Thlr

— der Kinderfreund, ein Lese- u. Lehrbuch nach F. E. v. Rochow, zunächst für die kathol. Landschulen in Rheinland-Westphalen bearbeitet. 15. mit einer Landwirthschafts-Lehre stark verm. Aufl., mit 3 Stichen, 2 Charten u. mehr. Abbild. 8. Köln 841, Mathieux'sche Buchh. 8 3/4 ngl

— ders. ein Lese- u. Lehrbuch für die oberen Klassen der kathol. Land-Elementarschulen der Preußischen Provinz Schlesien. 4 Thle. (In 1 Bde.) 4.—7. Thl. des Elementargesammtwerkchens. 16. umgearb. u. verm. Aufl. Mit 3 Stahlst. u. 2 Karten. 8. Ebend. 843, auch 846. n. 1/3 Thlr

—— der Kinderfreund, ein Lese- und Lehrbuch, für die obern Klassen der kathol. Land-Elementarschulen. 4 Thle. (4—7. Thl. des Elementar-Gesammtwerkes.) 18. Aufl. (370 S.) 1847. und 20., neuerdings verb. und mit einer Sprachlehre nach Becker's Grundsätzen verm. Aufl. gr. 12. (364 S. mit 3 Stnt. in 8. und 4., 2 lithogr. Karten in 4. und mehrern in den Text gedr. Abbildungen in Holzschn.) Köln 852, Mathieux. *

—— dass. — Ausg. für den Kreis und das Fürstenth. Neuwied. 18. Aufl. 4 Thle. gr. 8. (404 S. mit 3 Stnt., 2 lithogr. Karten und mehrern eingedr. Abbildungen.) Ebds. 848. *

—— der Kinderfreund, ein Lese- und Lehrbuch für die oberen Klassen katholischer Land-Elementarschulen. 22—24., neuerdings verb., mit einer vollständ. Landwirthschaftslehre und mit einer nach Becker's Grundsätzen bearb. Sprachlehre verm. Aufl. 8. (IX und 349 S. mit 4 in Holz geschn. Taf., 2 lithogr. Karten in 4. und mehreren in den Text gedr. Abbild. in Holzschn.) Köln 857—61, Mathieux. *

Mathias, J(ean) P(aul), Biblische- und Kirchen-Geschichte für die katholischen Schulen. In 3 Thln. Ein Anhang enthaltend die Evangelien auf sämmtliche Sonn- und Festtage des Kirchenjahres. 8. (II und 310 S.) Köln 854, Mathieux. *

—— kurzgefaßte Kirchengeschichte für die katholischen Volksschulen, ein Anhang zu jeder biblischen Geschichte. 2. Aufl. 8. (66 S.) Köln 856, Mathieux. **

—— kurzgefaßte Kirchengeschichte für die katholischen Volksschulen, ein Anhang zu jeder bibl. Geschichte. 3. Aufl. 8. (66 S.) Köln 861, Mathieux. *
Vgl.: Mathieux, Joh. Paul.

— Lese- u. Lehrbuch für die obern Klassen der kathol. Land-Elementarschulen. Bearb. unter Mitwirkung mehrer prakt. Schulmänner u. Oekonomen herausgeg. Mit einer vollständ. Landwirthschaftslehre. 4 Thle. 4.—7. des Elementargesammtwerkchens. Mit 3 Stichen, 2 Charten u. mehren in den Text gedr. Abbild. 8. Ebend. 843. n. 8 3/4 ngl

— deutscher Liederkranz, eine Sammlung von mehr als 250 der beliebtesten deutschen Volkslieder, mit Vermeidung alles Anstößigen u. einem Anhange kölnischer Lieder. 8. verm. u. verb. Aufl. Ebend. 859. 36. (XII, 204 S.) n. 5 ngr

— die ersten Umgebungen des Kindes: Gott, Haus, Wohnort und Landkreis, ein Lesebuch für die untern u. mittlern Klassen kathol. Volksschulen ꝛc. (Zugleich Einleitung zum Elementargesammtwerkchen.) 8. Köln 838. Mathieux. n. 5 1/3 ngl — 2e Aufl. Mit 1 Steintaf. u. 1 Karte. 8. Ebd. 840. n. 1/6 Thlr

—— die ersten Umgebungen d. Kindes: Gott, Haus, Wohnort u. Landkreis, e. Leseb. f. d. unt. u. mittl. Klassen kathol. Volksschulen, nach d. Stufenfolge d. Leseschwierigkeit u. des sich allmählig erweit. Gesichtskreises d. Kindes, mit Bezugnahme auf die Katechismen d. Diözesen: Köln, Trier u. Münster geordnet. 2. Aufl. 8. (9 B. u. 1 Stnt. u. 1 Karte.) Köln 841, Mathieux. *

—— dass. f. den Kreis Simmern. 3. Aufl. 8. (8 B.) Ebds. 841. *
Vgl. Matthias.

—— die ersten Umgebungen des Kindes: Gott, Haus, Wohnort u. Landkreis, ein Leseb. f. die unteren u. mittleren Klassen kathol. Volksschulen. (Zugl. Einleitung z. Elementargesammtwerk.) 3. Aufl. (7 1/2 B.) 842 u. 4., verm. Aufl. 8. (7 5/8 B.) Köln 846, Mathieux. à *
Eine Steintafel, die Abbildung des innern menschl. Körpers, wird auf Verlangen gratis zugegeben.

—— dass. f. den Kreis Mayen bearb., s. 9. Bd. 2. Abthl. S. 16.

—— dass. — Ausg. für den Kreis Rees. 3., verm. Aufl. (Zugleich Einleitung zum Elementargesammtwerkchen dess. Verf.) 8. (144 S. und 1 Stnt.) Köln 848, Mathieux. *

—— die ersten Umgebungen des Kindes; Gott, Haus, Wohnort und Landkreis, ein Lesebuch für die untern und mittlern Klassen kathol. Volksschulen verfaßt und nach der Stufenfolge der Leseschwierigkeit ꝛc. geordnet. Ausg. für den Kreis Simmern. 3., verm. Aufl. 8. (138 S.) Köln 849, Mathieux. *

Mathias, Karl

Mathias, C[arl]. Chemiker [von Offenbach an der Glan, Preussen] Ueber Derivate der Phosphenylsäure. Zür. Orell Füssli Cie Dr 1875. 32 S. 8°
Zürich, Phil. Diss [v. 23. Febr 1875].

Mathias, Ludwig. Über das unterschiedliche Verhalten der drei Toluidine gegenüber Mucobrom- und Mucochlorsäure und deren Estern. Diss. Math.-Naturw. Freiburg in der Schweiz. 80 S. 8. Berlin, Gustav Schade, 1907.

Mathias, Mathias (geb. Glogau 1815) De prosopalgia adjuncta morbi quem sustinuit auctor, historia. Berolini (1842). (36 S.) 8°
Berlin, Med. Diss. v. 5. Juli 1842

Mathias, Samuel [pr. Arzt] Ueber das Vorkommen des Urobilins im Harn von Gesunden und Kranken. . Würzburg, Druck d. F. Röhrl'schen Buchdr. 1890; 14 S., 1 Bl. 8°
Würzburg, Med. Fak., Inaug. Diss. v. 1890

Mathias, W. H. Neueste Postkarte von Deutschland. Berlin 1801 und 1810. 1 Bl. c K

MATHIAS, Wolfgang, Brutalitäten. Eine kriminal-psychologische Studie. Berlin, W. Reuter (c 1904).
Confiscirt 1905

— die Sittlichkeitsverbrechen m. besond. Berücksicht. der Verirrungen des Geschlechtstriebs. (Umschlag: Die Sittlichkeitsverbrechen u. Entartungen des Geschlechtslebens.) Eine kriminal-psycholog. Studie. (III, 84 S.) 8. Ebd. (905). n. 1 50

[Mathias-Vogeleis]. Der Strassburger Chronist Königshofen als Choralist. Sein Tonarius wiedergefunden von Martin Vogeleis, herausgegeben von F. X. Mathias. Graz 1903

Mathias, Wolfg., sofort Hypnotiseur! Praktische Anleitg. zum Hypnotisieren. 2 Tle. (45 u. 37 S.) gr. 8. Berlin (905). W. Reuter. à n. — 80

Mathiasch, Vict., Tabellen zur cubischen Berechnung d. Schnittmaterials, d. bezimmerten od. geschnittenen Bauholzes, der runden Baustämme u. Klötze, nebst stehenden Waldbäumen, nach Metermaass, m. Hilfs-Tabellen zur Preisberechng. u. Anh. üb. das neue metr. Maass u. Gewicht zum pract. Gebrauche f. Waldbesitzer, Forstbeamte u. Holzhändler. 2., verm. Aufl. gr. 16. (XI, 139 S.) Trebitsch 881. (Wien, F. Grottendiek.) Geb. n. 3. —

Mathies

—le Compere ou bigarures de l'esprit humain. III Vols. Frankf., Hermann. 1 ß 12 ℊ

Mathies, der Gevatter, aus d. Französ. (von J. J. Logan). 3 Thle. 8. Berl. 779. N. A. 789 u. 90. (Reimer). 2 ß 6 ℊ

Mathies, Alfred, Medizinalpraktikant a. Hamburg: Aus d. chirurgischen Klinik zu Kiel. Zur Behandlung der Arthritis gonorrhoica. Kiel 1907: Schmidt & Klaunig. (41 S.) 8°
Kiel, Med. Fak., Ref. Helferich, Diss. v. 25. Juni 1907
[Geb. 27 Sept. 80 Hamburg, Wohnort: Hamburg; Staatsangeh.: Hamburg; Vorbildung: Gelehrtensch. d. Johanneums Hamburg Reife M. 99; Studium: Tübingen 6, Kiel 10 S., Coll. 14 Aug. 06, Approb. 24. Apr. 07.]

Mathies, C., Eisenbahn-Handbuch für den Güter-Transport. Zum prakt. Gebrauch für Kaufleute, Spediteure und Eisenbahn-Beamte. Nach officiellen Quellen bearb. und hrsg. Lex.-8. (XXIV und 156 S.) Hannover 855, Gebr. Jänecke. *

[Ant. u. J.] Mathieu, C. [Dr. iur., z. Z. Referendar bei d. Kgl. Amtsger. Saarlouis]: In welchen Fällen und in welcher Weise ist die Not civilrechtlich von Bedeutung? . . Saarlouis, Druckerei d. Saar-Zeitg, 1894; 40 S. 8.
Erlangen, Jur. Fak. Inaug.-Diss. v. 1894

Mathieu, C., die besten Kirschen, Pfirsiche usw., s.: Kunze, Fel.

Mathis, Carl, s. Mathis, Karl

Mathies, Erwin, Referendar: Die Stellung der Ehefrau als Kommanditistin unter besonderer Berücksichtigung der §§ 1366, 1367, 1405 des Bürgerlichen Gesetzbuches. Bielefeld 1909: Eilers. VII, 43 S. 8°
Göttingen, Jur. Diss. v. 3. Nov. 1909, Ref. Titze
[Geb. 31 Juli 86 Hamburg, Wohnort: Hamburg, Staatsangeh.: Hamburg; Vorbildung: Gelehrtensch. d. Johanneums Hamburg Reife O. 05; Studium: Tübingen 3, Berlin 3 S. Rig. 3 Aug. 09.] [U 10. 1340

Mathies, Hermann

Mathies, der Hafen v. Dortmund. Denkschrift zur Feier der Hafeneinweihg. am 11. VIII. 1899. Für die Stadt Dortmund bearb. Fol. (III, 83 S. m. Abbildgn. u. 20 Taf. u. Karten.) Dortmund (899). (F. W. Ruhfus.) Geb. in Leinw. n. 20. —

Mathis, Karl

Latomia-Blätter. Eine Sammlung maurerischer Reden und Vorträge von C[arl] Mathies. Gotha 1866: [Selbstverl.]. IV, 90 S. 8°
Recens: Bh. 10 (1867) S. 62 (J. G. Findel). Tt. 1891. 9 Vorträge. 23.

Mathies, Otto, Referendar: Das Schiffsgläubigerrecht, insbesondere das Schiffsgläubigerrecht am eigenen Schiff. Hamburg 1909: Franke & Scheibe. 68 S. 8°
Heidelberg, Jur. Diss. v. 23. Sept. 1909, Ref. Schröder
[Geb. 19. Sept. 86 Hamburg, Wohnort: Hamburg; Staatsangeh.: Hamburg; Vorbildung: Gelehrtensch. d. Johanneums Hamburg Reife O. 05; Studium: Grenoble 1, Freiburg i. B. 2, München 1, Berlin 2 S., Rig. 7 Aug. 09.] [U 10. 1938
21

Mathies, Baron Paul de, s. a. Albing, Ansgar.

— Dein Wille geschehe! 8 zeitgemäße Erwäggn. üb. die wahre Frömmigkeit. (54 S.) 16. Einsiedeln (909). Verlagsanstalt Benziger & Co. — 25

Epistulae redivivae. Aus d. Papierkorb gerettete Briefe von Ansgar Albing [d. i. Msgr. Bn Dr Paul de Mathies, Geheimkämmerer]. Osnabrück: G. Pillmeyer 1908. (310 S.) 8° [08. 6447

— Epistulae redivivae. Reisebriefe e. Konvertiten. 2. Ausg. (XI, 310 S.) 8. Freiburg i/B. (910). Herder. 4.—; geb. in Leinw. 5. —

Mathies, Paul de. Gedichte. Von Ansgar Albing [d. i. Bn Paul de Mathies]. Als Ms. gedr. Freiburg i. Br.: Herder 1905. VIII, 172 S. 8°

Mathies, Paul de. Ist die Religion lehrbar und voraussetzungslos? Worte e. Laien an apostolisch gesinnte Laien. Von Ansgar Albing (Baron Paul de Mathies). Hamm i. W.: Breer & Thiemann 1902. (36 S.) 8°
Broschüren, Frankfurter zeitgemässe. N. F. Bd 21, H. 5

— Predigten u. Ansprachen zunächst f. die Jugend gebildeter Stände. 1. u. 2. Bd. 8. Ebd. 5. 50; geb. in Leinw. 6. 60
1. Predigten vom 1. Adventssonntag bis zum weissen Sonntag nebst 11 Gelegenheitsreden. (X, 222 S.) 909. 2.50; geb. 3. —
2. Predigten vom 2. Sonntag nach Ostern bis zum Feste Peter u. Paul nebst 16 Gelegenheitsreden. (X, 285 S.) 910. 3.—; geb. 3. 60

Wir Katholiken und die — andern. Apologetische Randglossen z. Borromäus-Enzyklika-Entrüstung. Von Msgr. Dr. Paul Bn de Mathies (Ansgar Albing). Freiburg i. Br. [usw.]: Herder 1910. 121 S. 8° [10. 15918

— Wir Katholiken u. die — andern. Apologetische Randglossen zur Borromäus-Enzyklika-Entrüstg. (121 S.) 8. Ebd. 910. 1. 30

Mathies, Peter, Referendar in Schwerte: Unvermögen zur Erfüllung bei gegenseitigen Verträgen nach dem Rechte des Bürgerlichen Gesetzbuches. Borna-Leipzig 1905: R. Noske. (VIII, 48 S.) 8°
Leipzig, Jur. Fak., Diss. v. 14. Febr. 1905
[Geb. 30. Juli 80 Berlin; Wohnort: Schwerte a. Ruhr; Staatsangeh.: Preußen; Vorbildung: Gymn. Dortmund Reife O. 00; Studium: Königsberg 3, Berlin 1, Kiel 2 S.; Rig. 8. Juli 03.]

Mathiesen, das Bogenlicht, s.: Körting.

Mathiesen, Frz., Beiträge zur Kenntnis d. Podostemaceen, s.: Bibliotheca botanica. 68. Heft.

M[ATHIESEN], J. C., Bey der feyerlichen Einweihung der neu erbaueten Stadtkirche zu Altona. Altona. 1743. 4. P.

Mathiessen, Häuser u. Hütten f. Feld, Wald u. Heide, s.: Kugelberg.

Mathiessen, Erhard Adolf, s. Matthiessen.

Mathieu, Alb., s.: Archiv, internationales, f. Schulhygiene.

Mathieu, Carl, s. Mathieu, Karl

Mathieu, Emile. Freyhir. Cantate ... Leipz. [1894]. Ü: *Fremery, Frdr.* (Berl)

Mathieu, Emile Freyhir. Cantate f. Soli, Chor u. Orchester Dichtg u. Mus. von – ⟨Deutsche Uebers. v. Friedr. Fremery.⟩ Leipzig Breitkopf & Härtel [1894]. 12 S. 8°
Textbibliothek, Breitkopf & Härtel's. No 310.

Mathieu, E., Theorie des Potentials u. ihre Anwendgn. auf Electrostatik u. Magnetismus. Autoris. deutsche Ausg. v. H. Maser. gr. 8. (X, 374 S.) Berlin 890. Springer. n. 10. —

Mathieu, J. C., Darstellung des Land- und Seekriegs, für Dilettanten bearb. 1. Abthl.: Organisation der Heere. Waffenlehre. Taktik. Strategie und Verpflegung. gr. 8. (226 S. mit 19 Holzschn., 1 Chemitypie und 2 Stnt.) Weimar 848, Landes-Industrie-Comptoir. Thlr.

Mathieu, J. C., Darstellung des Land- u. Seekriegs, f. Dilettanten bearb. 2 Abthlgn. 1. Abthl. Organisation der Heere. Waffenlehre. Taktik. Strategie u. Verpflegung. Mit 19 Holzschnitten, 1 Chemitypie u. 2 Lith. 2. Abthl. Die Befestigungskunst u. der Festungskrieg. Anhang: Der Seekrieg. Mit 76 Glyphographien u. 1 Lith. gr. 8. (VIII u. 472 S.) Weimar 849, Landes-Industrie-Compt. (1: 1 ℛ 9 ngr 2: 1 ℛ 21 ngr) 3 ℛ In Engl. Einb. 3 1/4 ℛ

Mathieu, J. C., Darstellung des Land- und Seekriegs, für Dilettanten bearbeitet. Neue unveränd. (Titel-)Ausg. Mit 99 Abbildgn. (Holzschn. im Text.) Weimar (850.) 854. Landes-Industrie-Comptoir. gr. 8. (VIII, 472 S.) 1 ℛ. 15 ngr

—— Liederkranz, s. Liederkranz.

Mathieu, Jacob. Beitrag zu den Tumoren des Limbus. Mit 4 histologischen Abbildungen auf einer Doppeltafel. ***Kopftitel:*** **⟨Aus der patholog.-anatomischen Anstalt ⟨Prof. [Eduard] Kaufmann⟩ und der ophthalmologischen Klinik ⟨Prof. [Carl] Mellinger⟩ der Universität Basel.⟩ 24 S. 8. Wiesbaden, J. F. Bergmann.**
Ausg. A: **Diss. Med. Basel ... von J' M' aus Remüs ⟨Graubünden⟩. [Sep.-Abdr. aus: Archiv für Augenheilkunde, Band 55, Heft 3.]** V Bas
Ausg. B: **Von J' M' aus Remüs ⟨Gr'⟩. Sonderdruck aus: Archiv für Augenheilkunde.... Band 55. Heft 3. ⟨1906.⟩**

Mathieu, Joh., aus Langweiler ⟨Kr. Jülich⟩: Ueber die **Capillarität** der Lösungen. *Bonn a. Rh. 1902: S. Foppen.* (62 S.) 8°
Bonn, Phil. Diss. v. 11. Juni 1902

Mathieu, J(ohannes) Cl(audius) Ferdinand ⟨geb. am 25 Okt. 1846 in Kastellaun⟩: Über Pylephlebitis ... Bonn, Druck v. C. Georgi 1868. 30 S., 1 Bl. 8.
Bonn, Med. Fak., Diss. v. 23 Mai 1868

Mathieu, Karl

Mathieu, C., Nomenclator pomologicus. Verzeichnis der im Handel u. in Kultur befindl. Obst-Arten mit ihren Synonymen oder Doppelnamen. gr. 8. (VIII, 538 S.) Berlin 889. Parey. geb. n. 10. —

Mathieu, C., Verzeichniss d. im Handel u. Kultur befindl. Rosen u. d. Rechtschreibg. ihrer Namen. gr. 8. (95 S.) Berlin (894). Gebr. Radetzki. Geb in Leinw. n. 2. —

Mathieu, C., Verzeichniss der im Handel u. Kultur befindlichen Rosennamen u. deren Rechtschreibung. (Umschlag: Verzeichnis der usw. Rosen u. die Rechtschreibung ihrer Namen.) (Billige Ausg.) (95 S.) gr. 8. Berlin (904). Gebr. Radetzki. **n. 1. —**

Mathieu, Carl B (Hrsg.), s. Schröteler, F J Blüthen christlicher Andacht

Mathieu, M. P. F., Auto-Photographie. Oder: Anweisung, ohne Anwendung des Daguerreotyps vermittelst des Lichtes Zeichnungen, Lithographieen, Kupferstiche rc. wieder zu erzeugen. Aus dem Französ. 8. (13 S.) Quedlinburg 847, Basse.

Kölner-Blut. Marsch f. Klav. zu 2 Händen aus L. Schillings gleichnam. Posse. Musik von **Max Mathieu,** Kapellmeister. *Köln: P. J. Tonger [1900?]* (3 S.) 4° [01. 6007 B

Mathieu, Peter, Assistenzarzt an d. chirurg. Privatklinik von Prof. Dr. Kolliker zu Leipzig. Aus d. Universitäts-Poliklinik f. orthopäd. Chirurgie zu Leipzig. Die rhachitischen **Deformitäten** des Vorderarmes im Röntgenbilde. *Leipzig 1903: B. Georgi.* (20 S.) 8°
Leipzig, Med. Diss. v. 18. Aug. 1903

Mathieu de Dombasle C. J. A.: Landwirthschafts-Kalender od. Handb. f. den pract. Oeconomen . . aus d. Franz. übers. u. m. Anmerk. vers. v F. K. Medicus. 2 Th. (1 Vol.). Karlsruhe u. Freiburg 1844.
(1 Kalender 272 S., 2 er »gesonderte Aufsätze« 199 S. 4 Tvl.).

Mathieux, Jean Paul, malerische Beschreibung der Eisenbahn zwischen Köln u. Aachen u. der von ihr durchschnittenen Gegend, deren Sagen u. geschichtl. Erinnerungen, nebst einem Führer durch Aachen u. Köln u. 1 Spezialkarte des Schienenweges. 3. Aufl. 8. (Mit 1 Tabelle.) Köln 842, Mathieux'sche Buchh. n. 5/12 ℛ

—— malerische Beschreibung des großen Schienenweges von Köln bis Berlin, nebst einem Führer durch Berlin, Potsdam, Brandenburg, Magdeburg, Braunschweig, Hannover, Minden, Herford, Bielefeld, Hamm, Dortmund, Essen, Duisburg, Düsseldorf und Köln und einer Specialkarte sämmtl. Eisenbahnen zwischen Maaß und Spree. 12. (198 S. mit 3 lithogr. und ill. Bl. à 18" Breite und 6" Höhe.) Köln 848, Mathieux. *

—— Beschreibung des Kreises Schleiden. 12. (57 S.) Cöln 851, Mathieux.

—— Geschichte der Stadt Köln. 12. (10 1/2 B.) Köln 846, Mathieux. *

Mathieux, Johann Paul

Mathieux, J. P., Anleitung zu den Waffenübungen der Bürgergarde zu Fuß, s. Anleitung.

Mathieux, Joh. Paul, der Kinderfreund, s. Mathias, Jean Paul.

Mathieux, J. P., deutscher Liederkranz, s. im 11. Bde.: Liederkranz, deutscher.

— Schilderung der Pulverexplosion zu Mainz am 18. Novbr. 1857 und die Verpflichtung Deutschlands diesem Unglücke gegenüber. 8. (16 S.) Köln 857, Mathieux.

Paul Mathiex. Mit Ausschluss der Öffentlichkeit. Sittenroman. Gr.Lichterfelde P Langenscheidt [1906]. (XIV, 197 S.) 8°
(Dr P Langenscheidt's Bibliothek d. Zeit.) [07. 12041

Mathilde, ein Schauspiel von L. F. München 1774. V: *Fronhofer, Ludwig.* (GGr IV, 1, 112) (Oberbayr. Archiv 51, 2, 1902) (Zeitschr. f. Büch. N. F. 15, 1923, S. 116)

Mathilde; ein rührendes Schspl. in 3 Aufz. 8. Münch. 774. J. Lindauer. 4 gl

— ein rührendes Schausp. von Fraihofern. 8. München, Lindauer. 775.

Mathilde. Par l'Auteur du Journal de Lolotte, avec fig. 8. Gotha, Perthes. 803.

Mathilde [par l'auteur du Journal de Lolotte] ... Gotha 1804. V: *Wiesenhütten, Friederike Henriette Freiin von geb. von Forstner.* Ü: *Kröber, Caroline von geb. von Urff.* (schl) (Ky) (GGr) (MGT)

- Dass aus d Französ (v Karoline Kröber geb Urff) Mit Kpf 8 Gotha Perthes 1804

— Geschichte a. d. Zeiten d. Kreuzzüge, nach Madame Cottin, frey f. Deutsche bearb. v. N. P. Stampeel. 4 Bde. m. K. 8. Leipz. Hinrichs. 806
Velinpap.

Mathilde, histoire tirée des croisades. Par Mad. Cottin. 4 Vol. 12. Pesth, Hartleben. 815.

Mathilde; der Park zu Elvas; Marine Falieri; der Graf v. Geldern. Vier geschichtl. Erzählungen in romant. Gewande v. Maria (aus den Schneeglöckchen besond. ausgez.) 8. Hamb. 822, Herold.

Mathilde. Eine Begebenheit unserer Tage; a. d. Engl. ... Leipz. 1827. Ü: *Becker, Gottfried Wilhelm.* (Ky)

Mathilde. Eine Begebenheit ... 1827. II. (III, 3773.) V: *Phipps, Marquis von Normanby, C. H.* Ein Nachdruck des engl. Orig., mit dem Namen des Verf., erschien Frankfurt a. M. 1827. (DARP)

Mathilde

Mathilde. Begebenheit unserer Tage. Aus dem Engl. nach der 4. Aufl. von *r. Th. 1.2. 1827
s. Becker, Gottfried Wilhelm [Übers.]

Mathilde. Eine Begebenheit unserer Tage, aus d Engl nach d 4n Aufl von * v (Becker) 2 Thle 8 Leipzig Focke 1827
Gallerie auserles Familien-Gemälde Bd 4 u 5

Mathilde. Drama in 5 Aufz. N. d. Französ. d. Eugen Sue, frei bearb. v. L. W. G. gr. 8. Karlsruhe 843, Macklot. 5/12 ℔

Mathilde v Altenstein, oder d Bärenhöhle Ein ritterl Schspl in 5 A 1 München Lentner 1793

Mathilde von Asseburg. Eine wahre Begebenheit, histor.-romant. dargest. 8. (2 1/4 B.) Elbing 839, Neumann-Hartmann.

MATHILDE von Austrasien, eine alte Geschichte so gut wie neu. 2 Thle Berlin, Akademie, 1792-93. 8° (1 Rthl.) Rar!

Mathilde und Eleonore von Norfolk ... [Prag 1786.] V: *Lee, Sophie.* Ü: *Naubert, Christiane Benedicte Eugenia.* (Ersch, Handbuch II, 2, 1840, Nr. 2453) (Zeitschr. f. Büch. N. F. 15, 1923, S. 116)

Mathilde und Eleonora von Norfolk ... [Prag 1786.] V: *Naubert, Christiane Benedicte Eugenia geb. Hebenstreit.* (schl)

Mathilde und Elisabeth ... A. d. Engl. Leipzig 1799. Ü: *Liebeskind, Dor. Marg. vorm. Forkel geb. Wedekind.* (MGT) (Ky) (schl)

— u. Elisabeth, v. Verf. d. Honorie Sommerville, a. d. Engl. 4 Thle. 8. Lpz. Böhme. 799.

Mathilde und Elisabeth Vom Verf d. „Honorie Sommerville" aus d Engl (von Dor Marg Liebeskind). 4 Thle 8 Leipzig Cnobloch 1799

— Gräfin von Giesbach. Trauersp. in 5 Aufz. von Ziegler. 8. Wien, Wallishaußer.

Mathilde, Gräfin v. Giesbach, oder die Blutrache. Eine höchst romant. Rittergeschichte. Nach weil. F. W. Ziegler dem Volke erzählt von B. Dom. gr. 16. (55 S.) Urfahr-Linz 877, Kraußlich.

Mathilde, Gräfinn v Oldenburg, Gemahlinn d Kaisers Heinrich d Ersten. Eine Gesch. d Alterthums. neu erzählt f jedes Alter, besond. f d christl Jugend 8 (10 B. u. Ttlkpfr.) Augsburg Doll 1832

Mathilde, Gräfin v. Oldenburg, Gemahlin des Kaisers Heinrich d. Ersten. Eine Geschichte des Alterthums; neu erzählt für jedes Alter, besonders f. die christl. Jugend. 8. Augsb. 832. (Landsh., Krüll). 6 gl

Mathilde, Gräfinn von Oldenburg, Gemahlinn d. Kaisers Heinrich d. Ersten. Eine Gesch. d. Alterthums; neu erzählt f. jedes Alter, besond. f. d. christl. Jugend. 2. Aufl. 8. (9 B. u. Ttlkpfr.) Augsburg 836. (Regensburg, Manz.)

Mathilde, Prinzessin, Herzogin zu Sachsen, Kgl. Hoh., bunte Blätter vom sächsischen Hof. 24 Dreifarbendr. nach Orig.-Gemälden. 4 Lfgn. (2 S. Text.) 36,5×29 cm. Dresden (908). Römmler & Jonas. 12.—

Mathilde v. Hohenburg. 2 Thle. 8. (28¼ B.) Leipzig 828, Wienbrack.

Mathilde, der Königin, Leben, s.: Geschichtschreiber, die, der deutschen Vorzeit.

— die Magdeburgerinn; od. d. Wiederkehr a. d. Gruft, v. Ch. F. Wehrhan, m. K. 8. Magdeb. Creutz. 800.

Mathilde, die Magdeburgerin, oder die zweimalige Rückkehr aus der Todtengruft. Schauspiel in 2 Theilen. Neustadt a. d. O. 1810. V: *Chladenius (Chladni), Carl Gottfried Theodor.* (GGr) (Ky)

Mathilde, d. Magdeburger. Schausp. in 2 Thln. v. Chladenius. 8. Neustadt, Wagner. 810.

— von Merfeld, ein Roman, von K. L. Woltmann. 2 Thle. 8. 799. Ist jetzt Verl. v. Schnuphase in Altenb. u. d. Preis

Mathilde et Mina, ou les suites de l'éducation, s. Schmid, Cph. de.

Mathilde, die Königin, ein Muster christlicher Frömmigkeit. 8. (16 S.) Berlin 852, (J. A. Wohlgemuth.) **

Mathilde von Rapperschwyl, od. d. Rachegespenst. Eine Geistergesch. aus d. Zeiten Kaisers Otto d. Großen. 8. (8 B. u. Titkpfr.) Wien 840, C. Doll.

Mathilde von Rapperschwyl, oder das Rachegespenst. Eine Geistergeschichte aus den Zeiten Kaiser Otto des Großen. 8. Wien 841, C. Doll. ⅔ ₰

MATHILDE, Die schöne, oder Leben und Abenteuer einer jungen Modistin. Rom u. Paris. („Als Mspt. zu betrachten".) O. J. (c. 1880). 12°. 102 S. (Mk. 4—.) (5 Mk. Gust. Klötzsch, Lpz., 1885.)
Sotadisches Machwerk; bereits selten in diesem Erstdruck.
— — Dasselbe. Chicago, gedr. auf Kosten guter Freunde (189*). 12°. 62 S. (incl. Titel).

MATHILDE, Die schöne, oder Leben und Abenteuer einer jungen Unschuld. Rom und Paris, o. J. (189*).
Verboten v. L.-G. Wien, 1. II. 1898. § 516. — Mit vorigem identisch?

MATHILDE, Die schöne, oder Leben und Abenteuer einer jungen Modistin. London 1902. Printed for the German, o.J. (um 1895). Kl. 8°. 64 S.

Mathilde, die schöne Ueberall und nirgends, oder der Schutzgeist der Unglücklichen ... Chemnitz 1802. V: *Kühn, Friederike Henriette.* (GGr) (schl)

— d. schöne, überall u. nirgends, od. d. Schutzgeist der Unglücklichen. Eine Geistersage aus d. 9ten u. 10ten Jahrh. 8. Chemnitz, Jacobäer. (Mauke.) 802.

Mathilde, die schöne, überall u. nirgends, oder der Schutzgeist der Unglücklichen. Eine Geistersage aus dem 9ten u. 10ten Jahrh. neue Aufl. m. 1 K. 8. Chemnitz, Starke. 814.

Mathilde, Kaiser Otto II. Schwester oder das Schachspiel, eine Geschichte. Wien 1793. V: *Hegrad, Fch.* (Ky 8/60) (GGr V/506, Nr. 8/10) (Hdschr. Mitth. von Gustav Gugitz, Wien) (BiblPort)

Mathilde von Villanegas, oder der weibliche Faust. Berlin[Hamburg] 1799. (Kayser: 1800) V des Orig.: *Lewis, Matthew Gregory* (»The Monk«). Vgl. Deutsche Arbeit. Prag. 9. Jg. (1910), S. 328 f. (DARP)

Mathilde und Wilhelmine, die ungleichen Schwestern. Eine Erzählung von dem Verfasser der Ostereier. Regensburg 1846. V: *Schmid, Christoph.* (Russell IX, 634)

Mathilde u. Wilhelmine, die ungleichen Schwestern. Eine Erzählung v. d. Verf. d. Ostereier. 8. (8¼ B. m. Stahlst.) Regensburg 846, Manz. Thlr.

Mathilde und Wilhelmine, die ungleichen Schwestern. Erzählung von dem Verf. der Ostereier. Neue illustr. Orig.-Aufl. 8. (132 S. mit 1 Stahlst. und feinen eingedr. Holzschnittbildern.) Regensburg 871, Manz.

— od. d. gelöste Zauber. Fortsetzung u. Beschluß v. C. H. Spießens Geistergesch. das Petermännchen, v. C. Haller. (b. a. d. Tit.: Spieß, d. Petermännchen 3r Thl.) 8. Leipz. Joachim. 802.

Mathildens Bekenntnisse. Aus d. Schwed. v. Carl Eichel. 2 Bde. 8. (251 u. 272 S.) Leipzig 848, Kollmann. 2⅓ ₰

Mathildens Carriere üb. Land u. Meer, durch Inquisition u. Serail, bis in die Arme ihres Vielgeliebten, m. K. 3 Thle. 8. Halle, Hendel. 802—03. (I. II. à 20 gr. III. 16 gr.)

Mathildens Genesung. Eine Erzählung aus einem Kinder-Spital von A. B. 16. (38 S. mit 1 Stnt. in Tondr.) Basel 868, Spittler. cart. *
—— dass. — 2. Aufl. 16. (28 S.) Ebendas. 876. *

Mathildens Genesung. Eine Erzählung aus einem Kinder-Spital von A. B. 3. Aufl. 16. (32 S.) Basel 877. Spittler. n. — 20

Mathilden's und Elsbeth's Lieblingsgeschichten erzählt von Tante Sophie. Für Kinder von 8 bis 12 Jahren. 8. (104 S.) Weimar 855, Böhlau. *

Mathildis, Gräfin von Adelingen. Leipzig 1795. V: *Kerndörffer, Heinrich August.* (MGT) (GGr) (NN) (Ky)

Mathildis, Gräfin v. Adelfingen, Gemälde der Barbarei aus d. Vorzeit, (von H. A. Kerndörfer). 8. Leipz. 795. (Aue in Altona). 20 ℊ

Mathildis, Gräfin von Adelingen, ein Gemählde der Barbarey der Vorzeit, 8. Leipzig, 795. Jacobäer. 25 sgl.

Iathioli, . L'avenir dévoilé. ou Prophéties intéressantes de l'hermite italien M', concernant les années remarquables de 1859, 1860 et 1861 qui suivent l'année de la Comète 1858. Traduit de l'italien ([par] J F N). 8. Fribourg 1859.

Iathiowitz, Johannes Thomas (Wetzlar)
chediasma juridicum inaugurale de fundamento praejudiciorum.
Gissae 29. Jan. 1767: Braun. 16 S. 4°
ro licentia summos in utroque jure honores et privilegia doctoralia rite obtinendi.

Iathis, s.a. Matthies.

Mathis, Adreßbuch der Stadt Pforzheim, s. Adreßbuch.

Mathis, s.a. Monatsschrift.

Mathis, ..., allgem. jurist. Monatsschrift für die Preuß. Staaten, 11 Bde. u. Register, ist jetzt Verlag v. Thome u. d. Pr. 2 ℳ

Mathis, A., großes illustr. Kochbuch, s.: Ehrhardt, Mathilde.

Mathis, Br., Rechenbuch f. Baugewerkschulen, s.: Kosahl, Ad.

Mathis, C., die preußischen Grundbuchgesetze mit Anmerkungen. Handbuch zum prakt. Gebrauch. gr. 8. (XVI, 310 S.) Berlin 884, Vahlen. cart.

Mathis, C., d. preuß. Grundbuchgesetze m. Anmerkgn. Handausg. z. prakt. Gebrauch. 2., umgearb. Aufl. 8. (XIX, 328 S.) Berlin 895. F. Vahlen. n. 6. —; geb. n.n. 6. —

Mathis, Emil [Kammergerichtsref.]: Besteht nach gemeinem Recht bei der Werkverdingung eine kontraktliche Haftpflicht des Werkmeisters für das Verschulden seiner Gehilfen? ... Berlin, Druck v. Trowitzsch & Sohn, 1896; 1 Bl., 70 S. 8.
Erlangen, Jur. Fak., Inaug.-Diss. v. 1896

Iathis, Emile: Die Stellung des Staatsoberhauptes im Staatsdienst. (Zugleich e. Beitr. z. Darstellung d. Beamtenrechts.) Tübingen 1910: Laupp. VIII, 59 S. 8° ¶ (Soll später erweit. ersch.)
Würzburg, Jur. Diss. v. 15. Aug. 1910, Ref. Piloty
[Geb. 20. Juni 84 Druse; Wohnort: Hoechingen; Staatsangeh.: Preußen; Vorbildung: Französ. Gymn. Berlin Reife O. 03; Studium: Freiburg i. B. 1, Bonn 1, Berlin 6 S.; Rig. 26. Jan. 10.] [U 11. 4518

Mathis, Frz., „Jesus Christus, gestern u. heute, u. derselbe auch in Ewigkeit". Predigten. Aus dem Nachlaß gesammelt. (V, 88 S.) gr. 8. Berlin 903. M. Warneck. Kart. n. 1. 20

Mathis, Hnr. Fr., († d. 7. Nov. 1812.) s. Monatsschrift, jurist., für die Preuß. Staaten.

Mathis, Jos., S. J., das Leben im Ordensstande, s.: Saint Jure, J. B.

Mathis, Joseph Anton —. Beschreibung eines konzentrisch-periodischen Triebapparates, oder der Hebelübersetzung zu einem geregelten Getriebe, unter dem Titel: Das Rad am Hebel, in mehrfacher Anwendung, mit lithographirten Zeichnungen. Herausgegeben im Juni 1854 von den Erfindern desselben und Privilegiums-Inhabern — — und Joh. Jos Suderell in Hohenems. 12. (16 S. und 1 Taf.) Bregenz. Gedruckt bei J. N. Teutsch.

Mathis, L. G., Preußens deutsche Politik u. ihre Gegner. Geschrieben Ausgangs September 1849. gr. 8. (VI u. 105 S.) Berlin 849, G. Reimer. 1/2 ℳ

Mathison, s.a. Matthisson.

Mathisson, Jac. Louis, wichtige Mittheilungen langjähr. prakt. Erfahrungen in d. Seifen- u. Lichtfabrikation. 1. u. 2. Hft. gr. 8. (2 u. 2½ B.) Breslau 834, 35, Richter'sche Buchh. Versiegelt à
Vgl. Matthisson.

Mathon, les deux manières, Comédie-Vaud., s. Répertoir du Théâtre fr.

Mathon: Über die Natur der Wärme. 17 S. – Fiume, Progr. 1855.

Mathon: Organisation neuer und Reorganisation schon bestehender Unterrealschulen. S. 20-23. –Brünn C.UR., Progr. 1861.

Mathon, J., die chirurgische Nachbehandlung. Nach klin. Erfahrgn. f. prakt. Ärzte u. Studirende zusammengestellt. gr. 8. (95 S. m. 3 Fig.) Wien 894. J. Šafář. n. 2. 20

Mathos, C., d. ges. Quartier- u. Naturalleistungs-Vorschriften f. d. bewaffnete Macht im Frieden. Enth. d. Quartier- u. Naturalleistungs-Gesetze m. allen Vollzugsvorschriften in neuer Fassung, allen Liquidationsformularen u. e. Anleitg. z. Aufstellg. d. Liquidationen, nebst neuer vollständ. Servisberechnungstabelle (gilt. seit 1. IV. 1897). Bearb. f. Staats- u. Gemeindebehörden auf Grund amtl. Materials in 2., verb. Aufl. (2 Tle. in 1 Bd.) gr. 8. (64 u. 71 S.) Bretten 897. Berlin (A. Frantz). n. 2. —; kart. n. 2. 60

Mathos, C., die gesammten Quartier- u. Naturalleistungs-Vorschriften f. die bewaffnete Macht im Frieden. Enth. die Quartier- u. Naturalleistungs-Gesetze m. allen Vollzugsvorschriften in neuer Fassg., allen Liquidationsformularen u. e. Anleitg. zur Aufstellg. der Liquidationen, nebst e. vollständ. Servisberechnungstabelle. Bearb. f. Staats- u. Gemeindebehörden auf Grund amtl. Materials in 3. verm. u. verb. Aufl. (VI, 147 S.) gr. 8. Karlsruhe (902). Kanzleisekr. Mathos. Kart. n. 3. 20

— der badische Rechtspraktikant. Neueste Vorschriften üb. d. theoret. u. prakt. Vorbereitg. d. Rechtspraktikanten f. den höh. öffentl. Dienst in d. Justiz u. d. inn. Verwaltg. Bearb. auf Grund amtl. Materials. 8. (55 S.) Karlsruhe 898. K. Scherer. n. 1. —

Mathos, C., d. badischen Sporteln, Taxen u. Gebühren in Staats- u. Gemeinde-Verwaltungssachen, m. Zusätzen, Erläutergn. u. normativen Entscheidgn., nebst e. Anh.: D. Quartier- u. Naturalleistungsgesetze f. d. bewaffn. Macht im Frieden, m. allen Vollzugsvorschriften, sow. Hilfstabellen z. Berechng. d. Servisvergütgn. Für Staats- u. Gemeindebehörden auf Grund amtl. Materials bearb. gr. 8. (X, 483 S.) Bonndorf 895. J. A. Binder's Nachf. Geb. in Leinw. n.n. 7. 50

— die badischen Verwaltungsgebühren. Ein neues prakt. Handbuch f. Staats- u. Gemeindebehörden. Enth. sämmtl. auf d. Verwaltungsgebiete maßgeb. Kosten- u. Gebührenvorschriften m. allen einschläg. Bestimmgn., Erläutergn. u. normativen Entscheidgn., nebst e. Anh.: D. Fürsorgegesetz f. die Gemeindebeamten zc. m. Vollzugsverordng. u. Erläuterungserlassen, sow. e. Sammlg. sonst. wicht. neuer Gesetze u. Verordngn. Auf Grund amtl. Materials bearb. 2., verm. u. verb. Aufl. gr. 8. (VIII, 569 S.) Karlsruhe 897. Bretten, Selbstverlag. Geb. in Leinw. n. 6. —

— die badischen Verwaltungsgebühren. Ein prakt. Handbuch f. Staats- u. Gemeindebehörden. Enth. sämtl. auf dem Verwaltungsgebiete maßgebenden Kosten- u. Gebührenvorschriften m. allen einschläg. Bestimmgn., Erläutergn. u. normativen Entscheidgn., nebst e. Anh.: Die Kosten in Angelegenheiten der freiwill. Gerichtsbarkeit (Kostenverordng.), sowie einige andere neue wicht. Gesetze u. Verordngn. Auf Grund amtl. Materials bearb. 3. durchaus verm. u. verb. Aufl. (XI, 625 S.) 8. Ebd. 906. Geb. in Leinw. n n. 8. —

Mathot, Ludw., Belgien unter Maria Theresia, s. Belgien ꝛc.

Mathurin von der Verfasserin des Walther von Montbarry. Gotha 1809. V: *Naubert, Christiane Benedicte Eugenie geb. Hebenstreit.* (Ky) (EE) (MGT) (Schl)

Mathurin, v. d. Verf. d. Montbarry. 8. Gotha, Steudel. 809. –

Mathurin Lantara, ein Künstlerleben, u. Oskar Vernier. A. d. Franz. übers. v. † Theod. Hell. 8. (9½ B.) Dresden u. Leipzig 835, Arnoldische Buchh.

Mathuse, Otto, a. Berlin: Über abnormales sekundäres Wachstum von Laubblättern, insbesondere von Blattstecklingen dicotyler Pflanzen. (Burg b. M. 1906: A. Hopfer.) (51 S.) 8°

Berlin, Phil. Fak., Ref. Schwendener, Diss. v. 13. Jan. 1906 [Geb. 30. Juni 83 Berlin; Wohnort: Berlin; Staatsangeh.: Preußen; Vorbildung: Luisenstädt. Oberrealsch. Berlin Reife M. 01. Studium: Berlin 7 S. Rig. 10. Juli 05.]

Mathy, Gefechtsaufgaben f. das Bataillon gemäß Exerzir-Reglement f. die Infanterie II. Thl. A. Hierzu die Pläne des Sandes v. Mainz (M) u. des Truppen-Uebungsplatzes v. Darmstadt (D), sowie 25 Gefechts-Skizzen. gr. 8. (60 S.) Berlin (902). R. Eisenschmidt. n. 2. —

Mathy, Jh. Arn., Ehrenrettung einer unschuldig vor d. Welt Verläumdeten. 8. Danz. 797. Brückner. 12 gr

— s. Fastenpredigten, 6.

Mathy, Jh. Arn., Friede mit A. Keck, u. Fehde mit d. Teufel, in einigen Predigten). 8. Mannh. 792. 7 gr

Mathy, Jos. Adelb., Briefe üb. wichtige Gegenstände d. Therapie. 1e Samml. Mit Kpf. 8. Berl. 801. Maurers B. 1 ß

—Dystherapeusie, oder Schwierigkeiten bei Behandl. d. Krankheiten u. ihrer Uebel, nebst Angabe d. Art u. Weise, jenen abzuhelfen. gr. 8. Bresl. 806. J. F. Korn. 1 ß 16 gr

Mathy, J. A., Distherapeusie, od. Schwierigkeiten bei Behandlung d. Krankheiten ꝛc. gr. 8. Breslau, Korn d. ält. 812.

Mathy, Joseph Hyazinth Adalbert (Danzig). De inflammationi genesi et natura melethemata methodo aphoristica digesta. Präs. Johann Caspar Gutberlet. Würzburg (Fr. E. Nitribitt) 10. XII. (22. XI.) 1794. 95 S. (5.—) 22373

Mathy, K. Einführung einer gerechten Vermögenssteuer in Baden. 8°. Karlsruhe 1821.

Mathy, K., s. Freytag, Gust.

— s. Grellet-Wammy, Handbuch d. Gefängnisse.

— s. Honek, M., das Buch für Winterabende.

– s Huhn, E. H. Th.

– s Zeitung, badische, für Politik.

(Mathy, Karl,) über d. Beitritt Badens zu d. deutschen Zollverein, s. Betrachtungen üb. d. Beitritt ꝛc.

(Mathy, Karl) „Betrachtungen über den Beitritt Badens zu dem deutschen Zollverein. Veranlasst durch die Denkschrift für den Beitritt Badens von C. F. Nebenius" (Aus der Zeitschrift „Der Zeitgeist"), Karlsruhe 1834. — Vorh. Büch. der Industrie- und Handelskammer Leipzig.

Mathy, Carl. K' Mathys Briefe an Dr. J[ohann] R[udolf] Schneider in Bern ⟨1837—1842⟩. Hrg. durch Gustav Tobler. (Separatabdruck aus der Basler Zeitschrift für Geschichte und Altertumskunde. Band 6, [Heft] 1.) II + 95 S. 8. [Basel, Gasser & Cie., 1906.]

Mathy, Karl, die Forderung der Statthalterschaft von Schleswig-Holstein an deutsche Regierungen für Verpflegung ihrer Truppen im J. 1849. gr. 8. (40 S.) Frankfurt a. M. 850, Brönner. 6 ngr

Mathy, Karl, aus dem Leben e. Schullehrers, s.a. Volksbücher, Wiesbadener. Nr. 49.

Mathy, Carl. Aus dem Leben eines Schullehrers. Von K' M'. (Abgedruckt aus «Gustav Freytag, Bilder aus der deutschen Vergangenheit,» Band 4, [2]2. Aufl. Leipzig 1898. [Mit] Einleitung [von] Friedrich von Weech.) 1. Aufl. 1.—20. Tausend. 41 S. 8. Wiesbaden, Verlag des Volksbildungsvereins, Geschäftsstelle: Heinrich Staadt, 1904. (M. —. 10)

Wiesbadener Volksbücher Nr. 49.

Mathy, Carl. Aus dem Leben eines Schullehrers. Von K' M' ([Mit] Einleitung [von] Friedrich von Weech.) 21.—40. Tausend. 41 S. 8. Wiesbaden, Verlag des Volksbildungsvereins, Geschäftsstelle Heinrich Staadt, 1906. (M. —. 10)

Wiesbadener Volksbücher Nr. 49.

—— der Militärgeschäftsstyl, als Leitfaden zu schriftl. Aufsätzen u. Eingaben im Militärdienste, f. Offiziere d. k. k. österr. Armee. Erläutert durch 169 Beispiele u. 93 Formularien. gr. 8. (16 B. incl. Tab.) Prag 830, Enders. Thlr.

Mathy, Karl, aus d. Nachlaß. Briefe aus d. J. 1846—1848, m. Erläutergn. hrsg. v. Ludw. Mathy. gr 8. (VII, 523 S.) Leipzig 898. S. Hirzel. n. 9. —; geb. n.n. 11. —

Mathy, Karl, die Verfassungsfeier in Baden, s. Hefte, vaterländ., 2. Bd.

—— Vorschläge üb. d. Einführung e. Vermögensteuer in Baden. gr. 8. (3¾ B.) Karlsruhe 831, Müller.

Mathy, K.,
— Der Zehent, wie er war, wie er ist und wie er nicht mehr sein wird. 8°. Biel 1838.

Mathy, Ludwig [Bericht über die 300jährige Jubelfeier der Anstalt.] S. 3—8 der Schuln. 4. Großh. Gymn. *Konstanz* 1905 (733). Progr.

Mathy, L., Studien zur Geschichte der bildenden Künste in Mannheim im 18. Jahrh, m. Skizzen v. Th. Walch. 1. Tl. Architektur u. Sculptur. Vereinsgabe d Mannheimer Altertums-Vereins. gr. 4. (128 S.) Mannheim 894. (T. Löffler.) n. 2. —

Mathy, *Ludwig* [Prof.]: Studien zur Geschichte der bildenden Künste in Mannheim im 18. Jahrhundert. M. Skizzen v. Thomas Walch, Architekt. Tl 1: Architektur u. Sculptur Mannheim, Druck v. J. Ph. Walther, 1894, 1 Bl., 128 S., 1 Bl. 4.
Mannheim, grossh. G, P 1894 (612)

Mathys, U., Bestimmung der Umtriebszeit und des Haubarkeitsalters der Bestände für Betriebsregelung. gr. 8. (24 S.) Davos 886, Richter. *

Mathysen, A., Abhandlung über den Gypsverband. Aus dem Französ. übers. von P. B. Bergrath. gr. 8. (39 S. mit Holzschn. im Texte.) Leipzig 860, T. O. Weigel. *

—— der Gyps-Verband und seine Anwendung bei Knochenbrüchen. Nach dem Französ. frei bearb. von J. Neuhausen. gr. 8. (XI und 81 S. mit 11 in den Text gedr. Fig. in Holzschn.) Crefeld 857, (Kühler.) *

Matić, Milian

Matić, M., Sachverzeichnis zur Schießinstruktion für die Infanterie und die Jägertruppe vom Jahre 1905. 8°. (30 S.) †
Wien Seidel 1907 K — 60

Matić, Milian, Sachverzeichnis zur Schiessinstruktion f. die Infanterie u. die Jägertruppe vom J. 1905. Mit Tabellen (A, B, C) zum Ablesen der Trefferprozente. (30 S.) 8. Triest 906. (Wien, L. W. Seidel & Sohn.) — 60

Matić Tome: L'A de Moliére et ses devanciers.
II 1895 PN 947 **Diss.** Wien, Univ. 2234

Matice dêlnická. Journ. Wien, 10. Juni 1896 ff.

Matičević, Steph., zur Grundlegung der Logik. Ein Beitrag zur Bestimmg. des Verhältnisses zwischen Logik u. Psychologie. (VII, 192 S.) 8. Wien 909. W Braumüller. 3. —

Matics, Emerich, Anleitung die ungarische Sprache möglichst schnell zu erlernen. Preßburg 859. (Harms.) gr. 8. (146 S.) n. 12 ngr.

—— vollständige Grammatik der ungarischen Sprache mit genauer Berücksicht. aller vorzügl. Grammatiken dieser Sprache für deutsche Gymnasien und Realschulen sowie für den Selbstunterricht verfaßt. 8. (312 S.) Preßburg 859, [Harms.]

Matics Imre, Magyar-Német-Franczia Társalkodás Segédkönyve etc. — Hülfsbuch bei der Conversation in ungrischer, deutscher u. franzöſ. Sprache. Mit einem Anhange, eigenthümliche Redensarten, Sprichwörter u. Titulaturen enthaltend. Aus den neuesten u. besten Hülfsmitteln der Deutschen u. Franzosen zusammengestellt u. mit ungr. Texte vers. v. Emmerich Matics. br. 12. Preßburg 843, Wigand. 1 ℔

Bericht über die Untersuchung der Gebeine Tycho Brahe's. Erstattet von Dr Heinrich **Matiegka**. Mit 2 Textfig. Vorgelegt in d. Sitzung d. kgl böhm. Ges. d. Wiss. Prag Böhm. Ges. d. Wiss. 1901 (14 S.) 8° [-s.-] 8

Matiegka, Heinr., Bericht üb. die Untersuchung der Gebeine Tycho Brahe's. gr. 8. (14 S. m. 2 Abbildgn.) Prag 901. (F. Řivnáč.) n. — 50

Matiegka, Heinr., Crania bohemica. 1. Thl. Böhmens Schädel aus dem VI.—XII. Jahrh. gr. 8. (III, 159 S. m. 4 lith. Taf. u. 5 Tab.) Prag 891. (Haerpfer) n. 6. —

Matiegka, Heinr., über e. Fall v. partieller Zweiteilung des Scheitelbeins beim Menschen. (8 S.) Lex.-8. Prag 905. (F. Řivnáč.) n. — 20
Sonderabdr. aus: „Sitzungsber. d. böhm. Gesellsch. d. Wiss."

— über das Hirngewicht, die Schädelkapacität u. die Kopfform, sowie deren Beziehungen zur psychischen Thätigkeit des Menschen. gr. 8. (75 S.) Ebd. 902. n. 1. 10
Sonderabdruck aus: „Sitzungsber. der böhm. Gesellsch. der Wissenschaften."

— über die an Kammbildungen erinnernden Merkmale des menschlichen Schädels. (81 S. m. 1 Taf.) gr. 8. Wien 906 (A. Hölder.) n. 2. 25
Sonderabdruck aus: „Sitzungsber. d. k. Akad. d. Wiss."

Matiegka, Heinr. über Schädel u. Skelette v. Santa Rosa (Santa Barbara-Archipel bei Californien). (123 S. m. 3 Tab.) Lex.-8. Prag 904. (F. Řivnáč.) n. 1 90
Sonderabdr. aus: „Sitzungsber. d. böhm. Gesellsch. d. Wiss."

Matievic, Marcus, Anleitg. z. Gebrauche d. Faßmessers u. d. Viehmessbandes z. Berechng. d. Rauminhaltes der Körper u. Gefäße u. z. Bestimmg. d. Lebendgewichtes d. Rinder 2. Aufl. M. erläut. Beispielen, 21 Fig. u. 53 Aufgaben, sammt Lösungen. 8. (44 S. m. Fig.) Klagenfurt 896. F. v. Kleinmayr. n. - 96

Matievič, Markus. Anleitung zum Gebrauche des Messbandes zur Lebendgewichtsbestimmung von Rindern. Klgft., St. Hermagoras-Druck., 1895. 13 S. — 2. geänd. Aufl. 1906. 15 S.

Matievic, Marcus. Anleitung zum Gebrauche d. Viehmeßbandes u. d. Faßmessers zur Bestimmg. d. Lebendgewichtes der Rinder u. zur Berechng. d. Rauminhaltes der Körper u. Gefäße. Mit erläuternden Beispielen, 21 Fig. u. 50 Aufgaben sammt Lösgn. 8. (40 S.) Klagenf. 889, (v. Kleinmayr). * — 96

Matijević, N., De Q. Horatii Flacci carminum I, 3. 4., II 2 exteriori, quae dicitur, forma. Pr. 1896. 42 S.

Matyjów J.: Der polnisch-ungarische Streit um Galizien und Lodomerien. 48 Lemberg II. 86. **Progr.**

Matyjow, Johann Der polnisch-ungarische Streit um Galizien und Lodomerien (Ein Beitrag zur österreichischen Geschichte.) 8 (S. 3—50) **Progr.** K k zweites Oberg *Lemberg* 1886

Matilde. In valle Mesolcina ... s. [Motta,] Matilde.

Matile, Geo. Aug., s. **Miroir, le, de Souabe.** — **Monuments** de l'Histoire de Neuchâtel.

Matinée, une, aux bains, ou voilà ma Constitution, par M. L. de B. gr. 8. Frankf. a. M. 818. (Gebhard in Grimma). 16 gr

Matinée, une, aux bains, ou voilà ma Constitution. gr. 8. Francf. sur M., Wilmans. 818.

Matinée, une, du Philosophe de Sans-Souci. Comédie en 1 Act. p. Patono. 8. Berlin, Quien. (Dunker et H.) 790.

Matinee im Stadttheater zur Feier d. silbernen Hochzeit Sr. Maj. d. Kaisers u. Königs u. Ihrer Maj. d. Kaiserin u. Königin veranst. v. Officier-Corps d. Landwehr-Bezirks Königsberg ... am 27. Febr 1906. Prolog u. Geleitworte. Königsberg i. Pr. (1906): R. Leupold. (10 S.) 8° (o4. 391) 10

— la, et la Veillée villageoise; ou le sabot perdu. Divertiss. en 2 Actes v. Barré. 8. Brswg. Pluchart. 806.

Matinées, mes, à Paris, ou voyage d'un Allemand à Paris et retour par la Suisse. gr. 8. Winterthur 800. Steiner. 1 ℔ 8 gl

— — los mém. 8. Paris. (Typ. Berne.) 801.

Matinées, les, Liégeoises, ou l'art de prendre le Thé en s'amusant. II Tom. 8. Berl. (Kaffke, Stettin.) 780.

— mes, à Paris. gr. 8. Lpz. Schmidt.

Matinées, Les, du Roi de Prusse écrites par lui-même. Berlin 1766. V: *Bonneville* (?). (HHBD IX, 105) Dagegen: (Barb)

—royales, ou entretiens sur l'art de regner. 8. Leipz. 766. Hartknoch. 4 gl

Mating-Sammler, Textbuch zu den Schwind'schen Fresken des Landgrafensaales der Wartburg. 4. (18 S.) [Rochlitz, Pretzsch.] Werdau 886, Anz. [60 Pf.] *

Mating-Sammler, Alfr., zur Geschichte des Handwerks der Lein- und Zeugweber in Frankenberg i. Schl. gr. 4. (21 S.) Frankenberg 878, (Rossberg.)

Mating-Sammler, Alfr., der Kampf der kursächsischen Leinweber um die Ehrlichkeit ihres Handwerks. 4. Rochlitz 879. Werdau i. S., Anz. [75 Pf.] * — 60

— der Kampf der kursächsischen Leinweber um die Ehrlichkeit ihres Handwerks. 4. (25 S.) Rochlitz 879. Bode in Comm. n. — 75

Mating-Sammler, A Karl IV von Lützelburg. I (36) 8 Jena, Chemnitz, 1872

Mating-Sammler, *Alfred* Schwind's Wartburg Album als Lehrmittel 4 (22 S.). **Progr.** Rsch. mit Prg. *Rochlitz* 1886 (532).

Matisch, H., Jaufre Rudel u. verm. Gedichte. 12. (VII, 132 S.) Wien 897. (C. Konegen.) n. 2. —

Matke, J. T. C., Lehrbuch der ebenen Trigonometrie. Mit 1 Kpf. 8. Berl. 813. 2e Aufl. 820. (Voß). 12 gl

Matkovic, Anton, cand. med. aus Verbagno (Dalmatien): Ein Beitrag zur Kenntniss der Dilatationsgrenzen der Urethra bei Blasenstein-Operationen. *Würzburg 1899: P. Scheiner.* (32 S.) 8°
Würzburg, Med. Diss. v 1899

Matković, Dr Peter Kroatien Slavonien nach seinen physischen und geistigen Verhältnissen. Denkschrift zur Wiener Weltausstellung 1873. Zufolge Aufforderung der hohen kön. kroat. slavon. Landesregierung verfasst. (Aus dem Croatischen übersetzt.)
8. Agram 1873.

Matković, Peter, Reisen durch die Balkan-Halbinsel während des Mittelalters. Nach der kroat. Orig.-Abhandlung von Jos. Armin Knapp. gr. 8. (163 S.) Wien 880, (Gerold und Comp.)
Aus: Mittheilungen der k. k. geographischen Gesellschaft, besonders abgedruckt.

MATKOVICH, PHILIPPUS P Das Reich des Priesters Johannes. Ein Beitrag zur Geschichte der geographischen Entdeckungen In Programm d. k. k. Gymnas. zu Agram am Schlusse d. J. 1859, S. 23 ff. Agram 1859. L. Gaj. 4°

Matkovich: Das Reich des Priesters Johannes. Ein Beitrag zur Geschichte der geographischen Entdeckungen 21 S. –Warasdin, Progr. 1859

Matkovich: Alte handschriftliche Schifferkarten in der kais. Hof-Bibliothek in Wien. Mit 2 Karten von der Westküste Afrikas. 34 S. –Warasdin, Progr. 1860

Matkowsky, Adalbert

— außer meinem König — Keiner! Drama in 3 Akten, nach d. Span. d. Don Francisco de Rojas, f. d. deutsche Bühne bearb. 8. (96 S.) Ebd. 896. n. 2. —

Matkowsky, Adb., Eigenes, Fremdes. 8. (149 S.) Berlin 895. F. Schneider & Co. n. 2. 50

— dasselbe. M. des Verf. Jugendbildniß. 2. Aufl. 8. (149 S.) Ebd. 896. n. 2. 50; geb. in Leinw. n. 3. 50

Matkowsky, Adb., Erotisches. 8. (107 S. m. Bildnis.) Berlin 895. F. Schneider & Co. n. 2. —

Matlekovits, Alex. v., Geschichte des ungarischen Staatshaushaltes 1867—1893. [Aus: „Zeitschr. f. Volkswirtsch., Socialpolitik u. Verwaltg."] Lex.-8. (51 S.) Wien u. Prag 895. F. Tomsky. — Leipzig, G. Freytag n. 2. —

Die Landwirtschaft Ungarns. Von Dr Alexander v **Matlekovits**, K. u. K. Geh.R. *Leipzig Duncker & Humblot 1900.* (VII, 412 S.) 8°
Aus Matlekovits Das Königr Ungarn. (co. 6723) 11

Matlekovitz, Alex. v., das Königr. Ungarn. Volkswirtschaftlich u. statist. dargestellt. 2 Bde. gr. 8. (XXXVI, 616 u. VIII, 959 S.) Leipzig 900. Duncker & Humblot. n. 36. —

Matlekovits, Alex., die Zollpolitik der österreichisch-ungarischen Monarchie von 1850 bis zur Gegenwart. Vom Verf. autoris. Uebersetzung. gr. 8. (VIII, 230 und CLXII S.) Budapest 877. (Leipzig, Hässel.) *

Matlekovits, Alex. v. Die Zollpolitik der österreichisch-ungarischen Monarchie u. d. Deutschen Reiches seit 1868 u. deren nächste Zukunft. gr 8. (VIII, 963 S.) Lpz. 891, Duncker u. Humblot. 21 -

Matlekovitz, Alexander von, s. Matlekovits

Matlis, Löw R Josef Loksch [Auch russischer Titel.] Warschau 1882

Matlock, E. Mehr als 100 Gründe, warum Gen U S. Grant am 5 Nov 1872 z Präsidenten der VS wiedererwählt werden sollte. Phila, 1872.

Matly, Jos., Flavius. Tragödie. 12. (118 S.) Aachen 882, Cremer'sche Buchh. *

—— der Prinz im Incognito. Lustspiel in 3 Aufzügen. 12. (119 S.) Ebendas. 882. *

Maton de La Varenne

— le siècle de Louis XV. ouvr. posth. d'Arnoux Laffrey. II Vol. gr. 8. Strasb. König. 796.

Maton de la Varenne, P. A. L., die Verbrechen Marats u. anderer Bürger; aus d. Französ. 8. Chemn. (795). (Starke). 16 gr

Maton de la Varenne, P. A. L., d. Verbrechen Marats u. and. Bürger, a. d. Frz. 8. Chemn. Hofmann. (Mauke.) 796.

Matosch, Anton

Matosch, A., s.: Aus dá Hoamát.

Matosch, Anton Bericht über die Feier des 50-jährigen Jubiläums , s Tietze, Emil

Matosch, Ant., Gedichte in oberösterreich. Mundart. (168 S. m. Bildnis.) 8. Linz 910. (Wien, Schworella u. Heick.) Geb. in Leinw. 3. 50

Matosch, Ant., General-Register der Bde. XXXI—XL. des Jahrbuches u. der Jahrgänge 1881—1890 der Verhandlungen der k. k. geologischen Reichsanstalt. (Jahrbuch der k. k. geolog. Reichsanstalt 1891, XLI Bd., 4. Hft.) Lex.-8. (VI, 206 S.) Wien 894. A. Hölder. n. 6. —

Matosch, Ant., General-Register der Bände XLI—L des Jahrbuches u. der Jahrgänge 1891—1900 der Verhandlungen der k.-k. geologischen Reichsanstalt. Mit Anh: Autoren-Register der Abhandlgn. der k.-k. geolog. Reichsanstalt. Bd. I—XX. (1850—1904) u. Autoren-Register der Erläutergn. zur geolog. Karte der im Reichsrate vertretenen Königreiche u. Länder der österr.-ungar. Monarchie; Lfg. I—V (1898—1904; 17 Hefte) u. zu den Probekarten (3 Hefte). (210 S.) Lex.-8. Wien 905. (R. Lechner's Sort.) n.n. 6. —

Matosch, A., s. Jahrbuch der K K Geologischen Reichsanstalt

Matosch, A (Hrsg.), s. Schosser, Anton Aus da Hoamat.

Matosch, Anton (Bearb.), s Stelzhammer, Franz Ausgewählte mundartliche Dichtungen

***Matosch** Ant.*: Studie zur Methodenfrage der Kantischen Philosophie. 40. Wien R. Meixn. 79. Progr.

Matosch, A (Hrsg.), s. Zötl, Hans: Jugendausgabe

Ma-Touan-Lin, ethnographie des peuples étrangers, s.: Atsume Gusa.

Matouschek. Frz., Beiträge zur Moosflora v Oberösterreich. I. Tl. (22 S.) gr. 8. Linz a/D. 904. Museum Francisco-Carolinum. (Nur direkt) n. — 25

Matouschek Franz: Bryologisch-floristische Mitteilungen aus Niederösterreich mit bes. Berücksichtigung der Moosflora von Seitenstetten und Umgebung. 34. Reichenberg 05 Progr.

Matoušek, Jos., einige Zeitfragen der Prager medizinischen Fakultät. gr. 8. (63 S.) Prag 869, (Dominicus.) *

Matranga, P., Anecdota graeca, s. Anecdota

Matras, Ferd., die Studentenschwester! Volksschauspiel in 1 Vorspiel u. 4 Akten. (IV, 156 S.) gr. 8. Prag 909. C. Bellmann. 3. 50

MATRESSE, s.a. Maitresse.

Mätresse, Die. Ein Lustspiel in fünf Aufzügen. Berlin 1780. V: *Lessing, Karl Gotthelf.* (Less 112)

MATRESSEN in Berlin. Intimitäten aus hohen Kreisen. (190*) 8°. (1 Mk. 50 Pfg. O. Rauthe, Berlin, 1909, ohne Orts- u. Jahresangabe.)

Matricularum regni Poloniae summaria, excussis codicibus, qui in chartophylacio maximo Varsoviensi asservantur, contexuit indicesque adiecit Thdr. Wierzbowski. Pars I—IV. Warschau, E. Wende & Co. 27.70; auf Velinpap. 35. 70

I. Casimiri IV regis tempora complectens (1447—1492). (IV, 191 S.) 30,5×19,5 cm. 905. 6.50; auf Velinpap. 8. 70

II. Johannis Alberti regis tempora complectens (1492—1501). (VIII, 191 S.) 30,5×19,5 cm. 907. 6.50; auf Velinpap. 8. 70

III. Alexandri regis tempora complectens (1501—1506). (III, 303 S.) 30,5×19,5 cm. 908. 8.70; auf Velinpap. 10. 80

IV. Sigmundi I regis tempora complectens (1507—1548). Vol. I. Acta cancellariorum, 1507—1548. (VII, 479 S.) Lex. 8. 910. 6.—; auf Velinpap. 7. 50

Die Matrikel des Gymnasiums Bayreuth 1664-1813. [Von] Otto Veh.

1947/48 Bei. = T. 1. 1664-1700. 1948.
1948/49 " = " 2. 1701-1750. 1949.
1949/50 " = " 3. 1751-1813. 1950.

Ein 2. Ex. aufgestellt am Fach = Ltg. A II, 1164

(Jahresbericht. Wiss. Beil. zu 1947/48. 1948/49. 1949/50.)

Matrikel. die, der Universität Dillingen, bearb. v. Thom Specht, s.a. Archiv f. die Geschichte des Hochstifts Augsburg. II. Bd.

Matrikel. – Die Matrikel der Universität Dillingen Bearb. von Dr Thomas Specht, Prof Lfg 1 Dillingen Selbstverl 1909 8°
(Archiv f d. Geschichte d. Hochstifts Augsburg. Bd 2.)

— die, der Universität Freiburg i. Br. von 1460—1656. Im Auftrag der akadem. Archivkommission bearb. u. hrsg. v. Herm. Mayer. 2 Bde. Lex. 8. Freiburg i/B. 907. Herder. 50. —

I. Einleitung u. Text. (XCIV, 943 S.) 907. 30. —

II. Tabellen, Personen- u. Ortsregister. (VII, 362 S.) 910 20. —

Matrikel, die, der Universität Gießen 1608—1707. Hrsg. v. Ernst Klewitz u. Karl Ebel. [Aus: „Mitteilgn. d. oberhess. Geschichtsvereins".] gr. 8. (IV, 228 S.) Gießen 898. J. Ricker. n. 3. 50

Matrikel, die, d. akademischen Gymnasiums in Hamburg 1613—1883. Eingeleitet u. erläutert v. C. H. Wilh. Sillem. Hrsg. v Bürgermstr. Kellinghusen's Stiftg. 4. (V, XXXII, 238 S.) Hamburg 891. (L. Gräfe & Sillem.) n. 10. —

Matrikel, die, des Hornbacher Gymnasiums 1559—1630, hrsg. v. Rud. Buttmann, s.: Mitteilungen des historischen Vereins der Mediomatriker f. die Westpfalz. III.

Die **Matrikel** der Universität Heidelberg. Theil 4 von 1704 bis 1807 bearb. von Gustav Toepke. Hrsg. von Paul Hintzelmann. Nebst einem Anhange. *Heidelberg: C. Winter 1903.* (XII, 656 S.) 8° ¶ [T 1—3 erschien 1884 86. 93.]
Nur in beschränkter Zahl für den Austausch)

— die, der Universität Königsberg i. Pr. I. Bd. Die Immatrikulation von 1544—1656. 2 Hefte. Hrsg. v. Geo. Erler. (Publikation des Vereins f. die Geschichte v. Ost- u. Westpreussen.) (CLI, 551 S.) gr. 8. Leipzig 908. 10. Duncker & Humblot. 17. —

Matrikel, die, der Universität Leipzig, hrsg. v. Geo. Erler, s. a. **Codex diplomaticus Saxoniae.**

Matrikel. – Die Matrikel der Universität Leipzig Im Auftr d Kgl Sächs. Staatsregierung hrsg. von Georg Erler Mit Taf Bd 1-3 Leipzig Giesecke & Derrient 1895–1902 3 Bde 4°
1 Die Immatrikulationen von 1409–1559 1895
2 Die Promotionen von 1409–1559 1897
3 Register 1902
Codex diplomaticus Saxoniae Regiae Hauptth. 2. Bd 16–18

Die jungere **Matrikel** der Universität Leipzig 1559–1809. Als Personen- u Ortsregister bearb. u. durch Nachträge aus d. Promotionslisten erg Im Auftr d. Kgl Sachs. Staatsregierung hrsg von Georg Erler Bd 1–3 Leipzig Giesecke & Devrient 1909. 4°
1 Die Immatrikulationen v Wintersem. 1559 bis z. Sommersem 1634.
2 v Wintersem 1634 bis z. Sommersem 1709.
3 v Wintersem 1709 bis z. Sommersem 1809 [m. 1967]

— die, der ungarischen Nation an der Wiener Universität 1453—1630. Hrsg. v. Karl Schrauf. Mit 2 Schrifttaf. gr. 8. (XCII, 537 S.) Wien 902. (A. Holzhausen.) n. 10. 80

Matrikel, die, der Universität Rostock. I. Mich. 1419 — Mich. 1499. Mit Unterstützung des grossherzogl. Mecklenburg-Schwerinschen Ministeriums und der Ritter- u. Landschaft beider Mecklenburg hrsg. von A. Hofmeister. gr. 4. (XXXII, 296 S.) Rostock 889. (Stiller.) n. 20. —

— dasselbe. II, 1. Mich. 1499 — Ost. 1563. Hrsg. v. A. Hofmeister. 4. (148 S.) Ebd. 890. n. 10. —

— die, der Universität Rostock. II, 2. Ost. 1563— Ost. 1611. Mit Unterstützg. d. grossherzogl. Mecklenburg-Schwerinschen Ministeriums u. der Ritter- u. Landschaft beider Mecklenburg hrsg. v. Adph. Hofmeister. gr. 4. (XXIV u. S. 149—304. Rostock 891. (Stiller.) n. 10. — (I u. II.: n. 40. —)

— dasselbe. III, 1. Ost. 1611—Ost. 1651. gr. 4. (168 S.) Ebd. 893. n. 10. —

— die, d. Universität Rostock. III, 2. Mich. 1652 b. Mich. 1694. M. Unterstützg. d. grossherzogl. Mecklenburg-Schwerinschen Ministeriums u. d. Ritter- u. Landschaft beidor Mecklenburg hrsg. v. Adph. Hofmeister. gr. 4. (XX u. S. 169—320) Rostock 895. (Stiller.) n. 10. — (I—III, 2.: n. 60. —)

— die, der Universität Rostock. IV, 1. Mich. 1694— Ostern 1747. Mit Unterstützg. des grossherzogl. Mecklenburg-Schwerinschen Ministeriums u. der Ritter- u. Landschaft beider Mecklenburg hrsg. v. Adph. Hofmeister. gr. 4. (240 S.) Rostock 901. (Stiller.) n. 15. —; (I—IV, 1 n. 75. —)

— die, der Universität Rostock. IV, 2. Ost 1747— Ost 1789 Anh.: Die Matrikel der Universität Bützow. Mich. 1760—Ost. 1789. Mit Unterstützg. des grossherzogl. Mecklenburg-Schwerinschen Ministeriums u. der Ritter- u. Landschaft beider Mecklenburg hrsg. v. Adph Hofmeister. (XXIII u. S. 241—391.) gr. 4. Rostock 904. (Stiller) 12. — (I—IV : 87. —)

— die, der hohen Schule u. des Pädagogiums zu Herborn, hrsg. v. Gottfr. Zedler u. Hans Sommer, s. a. **Veröffentlichungen der histor. Kommission f. Nassau. V.**

Matrikel. – Die Matrikel der hohen Schule und des Paedagogiums zu Herborn hrsg. von Gottfried Zedler u Hans Sommer Wiesbaden Bergmann 1908 XIV. 734 S 4° (8°)
(Veröffentlichungen d. Histor Kommission f Nassau 5)

Matrikel, Die, der Wiener Universität. Wien 1889. H: *Hartl, Wenzel & Carl Schrauf.* (Erman & Horn, Bibliogr. d. dtsch. Universitäten. 2. Leipz. u. Berl. 1904.)

Das **Matrikelbuch** der Universitæt Ingolstadt-Landshut-München. Rectoren, Professoren, Doctoren 1472—1872, Candidaten 1772—1872. Hrsg. von *Frz. Xav. Freninger* aus München. München 1872. Druck u. Verlag von A. Eichleiter in Friedberg. Gr. 8°. Eleg. Hschwaldrb. m. Rothschnitt.
440 S. Lat. Lett. — S. 3—10 Abdr des Stiftungsbriefes der Universität Ingolstadt (de dato 1472), aus Annales Ingolstadiensis Academiae Ed. Joh. Nep. Mederer P IV codex diplomaticus Ingolst 1782. 4° pag. 42—57.

Matrikeln, die alten, der Universität Strassburg 1621 —1793, bearb. v. Gust. C. Knod, s. a **Urkunden u. Akten der Stadt Strassburg. III.**

Die alten **Matrikeln** der Universität Strassburg 1621 bis 1793. Bearb. von Gustav C. Knod. Bd 1–3. *Strassburg K. J. Trübner 1897 1902.* 3 Bde 8°
1 Die allg. Matrikeln u. d. Matrikeln d. phil. u. theol. Facultät 1897
2. Die Matrikeln d. med. u. jur Facultät 1897 3. Personen- u. Ortsregister 1902
= **Urkunden** u. Akten d. Stadt Strassburg. Abth. 3, [1 3.] [01. 1947

Matrikeln, die, der Universität Tübingen. Im Auftrag der württemberg. Kommission f. Landesgeschichte hrsg. v. Heinr. Hermelink. 1. Bd.: „Die Matrikeln v. 1477—1600. (VIII, 760 S.) gr. 8. Stuttgart 906. W. Kohlhammer. 16. —

Matrikenvorschriften. Sammlung der auf die Führung der Geburts-, Trauungs- und Sterberegister bezüglichen Normen. Wien 1891. H: *Hermann, Albert Ritt. v.* (WFM)

Matrikenvorschriften. Sammlung der auf die Führg. d. Geburts-, Trauungs- u. Sterberegister bezügl. Normen. 12. (IV, 152 S.) Wien 891, Manz. * 1 20

Matrisalus, den Frauen Schutz! Bewahret Euch vor Enttäuschg. u. vor Schaden! Für Aerzte u. gebildete Laien. gr. 8. (38 S. m. 5 Abb.) Leipzig 895. M. Spohr. n. 1. —

Matrone, Die. Eine Wochenschrift. Hamburg 1728—30. H: *Hamann, Johann Georg.* (Schr) »1728—29.« (Jacoby, Moral. Wochenschr. Hamburg 1888.)

Matrone, e. moral. Schr. 3 Jahrg. 8. Hamb. 728 — 30.

Matrone. – Die Matrone Von Joh Georg Hamann hrsgeg. Bd 1-3. Hamburg. Chr W Brandt 1728-30. 8°

Matrone von Ephesus. Lustsp. 8. Frankf. Garbe. 766.

Matrone, Die, von Ephesus; ein Lustspiel in einem Act. Leipzig 1767. V: *Weisse, Christian Felix.* (MGT) (Ky)

— Dass., (v. Chr. Fel. Weiße). 8. Leipz. 767. Dyck. 2 gl

— die, von Ephesus, oder sind alle Wittwer so? e. Lstspl. in Versen in 1 Aufz. 8. Wien 770 Trattner. 2 gl

Matrone. – Die Matrone von 19 Jahren Nr 1-8 Eisleben 1725

MATRONE, Die unruhige, von Pfyrt. Seitenstuck zum alten Ueberall und Nirgends. 3 Thle. Mit Titelkpfrn. Prag 1795—96. 8⁰ ($2^1/_3$ Rthl.)
Nicht von Spiess. — Einiges etwas frei. (Kayser hat „Leipzig, Liebeskind, 1795—96")
— Dasselbe (Nachdruck). 2 Thle. Mit Titelkpfrn. Frankfurt und Leipzig 1795 8⁰
Kuranda s Wiener Marz Auct 1878, no. 831, wo „Pfyrt" als Verfasser (nicht als Ortsbezeichnung) genannt ist

Matrone, die unruhige, von Pfyrt. 3 Thle. 8. Prag 795, 96. Neureutter. (Leipz., Liebeskind). 2 ₰ 8 gl

Matrose, der, od. Schicksale u. Abentheuer rc., s.a. Jugend-Bibliothek, unterhaltende rc. 1. Bd.

Matrose, Der, oder Schicksale und Abentheuer eines durch Seelenkäuferei auf einen Ostindiendampfer gerathenen Jünglings ... Eine Erzählung. Nürnberg 1842. V: *Körber, Philipp von.* (Heindl, Galerie I, 423) (Zeitschr. f. Büch. N. F. 15, 1923, S. 116)

Matrose, der, od. Schicksale u. Abentheuer eines durch Seelenkauferei auf einen Ostindienfahrer gerathenen Jünglings, in d. Kriegsjahren 1805—1807. Eine Erzählung z. Belehrung u. Unterhaltung f. d. Jugend u. ihre Freunde. Vom Verfass. des jungen Seefahrers. M. der color. Abbild. einer ostind. Kauffahrteifregatte. 16. (24 B.) Nürnberg 842. [Lotzbeck.]
Vgl. 1. Bd. Jugendbibliothek, unterhaltende.

Matrose, der, oder Schicksale und Abentheuer eines durch Seelenkäuferei auf einen Ostindienfahrer gerathenen Jünglings, in den Kriegsjahren 1805—1807. Eine Erzählung zur Belehrung u. Unterhaltung f. die Jugend u. ihre Freunde. Vom Verf. des jungen Seefahrers. Mit der color. Abbild. einer ostind. Kauffahrteifregatte. (Aus der „Jugend-Bibliothek.") 16. Nürnberg 842, Zeh'sche Buchh. 1 ₰

Matrose, Der kleine. Ein Singspiel in einem Aufzuge. Hannover 1799. V: *Pigault-Lebrun, Guillaume Charles Antoine Pigault de l'Epinoy dit.* (BrMm)

Matrose, der kleine. Sgspl. in 1 A. 8. Hannov. 799. (Leipz., Barth). 6 gl

Matrose, der kleine,. Singsp. 8. Hannov. Pockwitz. 799.

— der kleine. Oper in 1 A., aus d. Französ. 8. Wien 806. Wallishausser. 5 gl

—— der kleine, der Spaziergang. Das Vogelnest. Drei Erzähln. f. d. liebe Jugend. 1. u. 2. Aufl. 12. ($3^1/_2$ B. u. 8 ill. Bild.) Wesel 837, 41, Bagel.

Matrose, der kleine. (Ausgestanzt.) 12 (8 S. m. z. Tl. farb. Abbildgn.) Weimar 894. A. Karrer. — 10

Matrosen, Die. Schauspiel, mit Gesang. Neuwied 1787. V: *Buri, Ernst Carl Ludwig Ysenburg von.* (Ky)

Matrosen, die. Schspl., mit Gesang (v. E. K. L. J. v. Buri). 8. Neuwied 787. 2e A. 791. Gehra. 6 gl

Matrosen, die,. Schauspiel mit Gesang. 8. Neuwied, Gehra. 788.

Matrosen, die neuen, unter Felders Commando. 8. Landsh. 819. Weber in Münch. 2 gl

Matrosenkind, das. gr. 16. (56 S. m. 6 Bild.) Elberfeld 896. R. Brockhaus (durch J. Faßbender). n. — 20

Matrosenkind, das. 2. Aufl. 12. (56 S. m. 6 Abbildgn.) Elberfeld 900. R. Brockhaus (durch J. Faßbender). n. — 20

Matrosenlied. Den Siegern von Lissa gewidmet. 8. (4 S.) Triest 866. Literarisch-artistische Anstalt. *

Matrosen-Tanz. Tanz f. 8 Paare. (6 S. m. Fig.) kl. 8. Dresden (907). E. Neumann & Co. — 50

Matrowitz, Frz., Dornröschen. Monistisches Märchen. (145 S. m. Bildnis.) 8. Magdeburg (910). Monistischer Verlag. 4.—; geb. 5.—

— dasselbe. 2. Aufl. (190 S. m. Bildnis.) 8. Ebd. (910). 4.—; geb. in Leinw. 5.—; Volksausg., kart. 3.—

— Philosoph Kitty. Monistisch-philosophische Novelle. (328 S.) kl. 8. Ebd. (910). 3.50; Luxus-Ausg. n 4.50; geb. in Leinw. n 5.50

v. Mats, Jos., s. richtiger v. Metz.

Matsch, Franz, und Gebr. Klimt, die malerische Ausschmückung des neuen Stadttheaters in Carlsbad. Fol. (6 Bl. Photographien.) Wien 887, Anton Schroll und Comp. In Mappe *

Matsch, Frz., u. Brüder Ernst u. Gust. Klimt, die Deckengemälde in d. grossen Stiegenhäusern d. k. k. Hofburgtheaters in Wien. In 8 Radirgn. v. Wilh. Wörnle. (M. Text v. Jos. Bayer.) qu. Fol. (4 S. Text.) Wien 897. Gesellschaft f. vervielfältig. Kunst. In Mappe n. 15.—

Matsch, Frz., bildende Kunst u. deren Schule. 4. (20 S.) Wien 900. A. Schroll & Co. n. — 50

Matsch, Frz., Zwickelbilder im Stiegenhause des k. k. kunsthistorischen Hofmuseums zu Wien, s.: Klimt, Ernst.

Matscheck, Hermann Aus d. Zool. Inst. d. Techn. Hochsch. Stuttgart u. d. Univ Tübingen. Über Eireifung und Eiablage bei Copepoden. Leipzig W. Engelmann 1910. S. 37—119. 8° (Aus: Archiv f. Zellforschung. Bd 5.) Tübingen, Naturwiss. Diss. v. 2. Aug. 1909, Ref. Blochmann
(Geb 4 Juli 84 Stuttgart Wohnort: Tübingen, Staatsangeh. Württemberg; Vorbildung Oberrealsch Eßlingen Reife M 05 Studium Stuttgart Techn. Hochsch. 6, Tübingen 2 S; Coll. 2 Aug. 09.) [U 10 4248

Matschek, Friedrich Doctor Kittel Eine nordböhmische Faustsage. Nach schriftl. und mündl. Quellen hrsg. — Reichenberg: Jannasch in Komm. 1882. 28 S. Aus: Mitteilungen des nordböhmischen Excursions-Clubs. Jg 5.

Matschenz, Hermann

Matschenz. Geschichte des pommerschen Train-Bataillons Nr 2. Auf dienstl. Veranlassung bearb. Mit Abbildgn. (VIII, 289 S.) gr. 8. Berlin 903. E. S. Mittler & Sohn. n. 7. —; geb. n n. 8. 50

Matschenz, H., Lehrbuch der deutschen Volks-Kurzschrift. Ganz vereinfachte Arendssche Stenographie. (27.—37000.) 16. (32 S.) Berlin 898. (Leipzig, J. H. Robolsky.) n. —10

Matschenz, H., vollständiges Lehrbuch der ganz vereinfachten Arends'schen Volks-Kurzschrift od. Stenographie zum Selbstunterricht. 2. u. 3., verb. Aufl. gr. 8. (32 u. 8 autogr. S.) Berlin 891. 892. (Leipzig, J. H. Robolsky.) n. 1. 25

Matschenz, H., vollständ. Lehrbuch d. ganz vereinf. Arends'schen Volks-Kurzschrift od. Stenographie. Zum Selbstunterr. 10. Aufl. gr. 8. (32 u. 10 S.) Berlin 897. (Leipzig, J. H. Robolsky.) n. 1. 50

Zum Selbstunterricht. Vollständiges Lehrbuch der Deutschen Volks-Kurzschrift. Ganz vereinfachte Arendssche Stenographie Von H[ermann] **Matschenz.** 16. Aufl. *Berlin Selbstverl. (1900).* (34 S.) 8° [F.] [01. 337

— vollständiges Lehrbuch der deutschen Volks-Kurzschrift. Ganz vereinfachte Arendssche Stenographie. (Zum Selbstunterricht.) 16. Aufl. gr. 8. (34 u. VIII S.) Ebd. (902). n. 1. 50

Matschenz, H., Lehrgang der deutschen Volks-Kurzschrift. Ganz vereinfachte Arendssche Stenographie. 13. Aufl. (37.—39000.) gr. 8. (16 S.) Berlin 899. (Leipzig, J. H. Robolsky.) n. — 75

Matschenz, H., Lehrgang der deutschen Volks-Kurzschrift. Ganz vereinfachte Arendssche Stenographie. 18. Aufl. (59—61000). (18 S.) 8. Berlin (905). (Leipzig, J. H. Robolsky.) n. — 75

Matschenz, H., Lesebuch f. Arendssche Stenographie. Zugl. Schlüssel f. das vollständ. Lehrbuch der ganz vereinf. Arendsschen Volks-Kurzschrift od. Stenographie. 8. Aufl. gr. 8. (II, 18 S.) Berlin 897. (Leipzig, J. H. Robolsky.) n.n. — 50

Lesebuch für Arendssche Stenographen von H[ermann] **Matschenz.** Zugleich Schlüssel f. d. vollständige Lehrbuch d. Deutschen Volks-Kurzschrift. 10. Aufl. *Berlin: Selbstverl. [1900].* (24 S.) 8° [F.] [01. 338

— Lesebuch f. Arendssche Stenographen. Zugleich Schlüssel f. das vollständ. Lehrbuch der deutschen Volks-Kurzschrift, der ganz vereinfachten Arendsschen Stenographie. 10. Aufl. gr. 8. (24 S.) Ebd. (902). n.n. — 75

— Lese- u. Übungsbuch f. Arends'sche Stenographen. Zugleich Schlüssel f. das vollständ. Lehrbuch etc. gr. 8. (16 autogr. S.) Ebd. 892. n. — 35

[F.] Die Vereinfachung des Arendsschen Stenographiesystems v. H. **Matschenz.** *Berlin: 'Apollobund' 1896.* (30 S.) 1 Bd S. [97. 5394

Matschie, Friedr., Perlen. Funfzig zwei- und dreistimm. Lieder und Gesänge. Für seine Schülerinnen ausgewählt. gr. 8. (42 S.) Brandenburg 861, Müller. *

Matschie, Friedr., Perlen. Eine Auswahl ein-, zwei- und dreistimm. Lieder, Canons und Gesänge für Schule und Haus. 1. und 2. Heft. gr. 8. [Brandenburg 878, Müller.] Berlin, Eisenschmidt. à Heft 60 Pf. *
Inhalt:
Heft 1. 146 ein- und zweistimm. Lieder und Canons. (100 S.)
„ 2. 97 zwei- und dreistimm. Lieder und Canons. 2. stark verm. Aufl. (92 S.)

Matschie, Friedr., Brandenburger Schul-Choralbuch. 8. (28 S.) Brandenburg 864, Müller. *

Matschie, Paul, Bilder aus dem Tierleben. Eine Sammlg. v. Schildergn. aus der Tierwelt aller Erdteile. Mit 1 farb. Kunstbeilage u. 482 Abbildgn. nach Originalen hervorrag. Künstler. (IV, 476 S.) 4. Stuttgart (903. 904). Union. n. 15. —; geb. n. 18. —
Erschien auch in 30 Lfgn. à n. — 50

— die Chiropteren, Insectivoren u Muriden der Semonschen Forschungsreise, s.: Denkschriften der medicinisch-naturwissenschaftlichen Gesellschaft zu Jena VIII. 6.

Matschie, Paul, die Fledermäuse d. Berliner Museums f. Naturkunde. 90 unter Leitg. v. W. Peters u. Paul Matschie gezeichnete u. lith. Taf. Bearb. u. durch Verbreitungskarten u. Bestimmungstabellen f. alle bekannten Arten ergänzt. 1. Lfg. Die Megachiroptera. gr. 8. (VIII, 102 S. m. 14 Taf. u. 2 Verbreitungskarten.) Berlin 899. G. Reimer. Kart. n. 24. —

— s.: Handwörterbuch der Zoologie etc.

— die Kennzeichen der deutschen Enten-, Schnepfen- u. Raubvögel, s.: Reichenow, Ant.

— A. **Reichenow,** G. **Tornier,** P. **Pappenheim,** Mammalia, aves, amphibia, pisces, s.: Süsswasserfauna, die. Deutschlands. 1.

Matschie, Paul Die Megachiroptera des Berliner Museums für Naturkunde 14 Taf Bearb von – Berlin G Reimer 1899 (VIII, 102 S.) 4° (8°)
Matschie Die Fledermäuse d. Berliner Museums f Naturkunde Lfg 1

— s.: Natur u. Haus.

— Säugethiere, s.a Ergebnisse d. Hamburger Magalhaens. Sammelreise.

Säugethiere bearb. von Paul **Matschie**, Kustos am Mus. f. Naturk zu Berlin. Mit 1 Taf. *Hamburg L. Friederichsen & Co. 1898.* (29 S.) 4°(8°)
= Ergebnisse d. Hamburger Magalhaens. Sammelreise. Lfg 3. [99. 4-88

— **die Säugetiere der v. W. Kükenthal auf Halmahera, Batjan u. Nord-Celebes gemachten Ausbeute. Mit 3 Taf., 1 Abbildg. im Texte u. 1 Kartenskizze. gr. 4. (S. 247—296.) Frankfurt a/M. 900. (M. Diesterweg.)** n. 7. —
Sonderabdruck aus: „Abhandlgn. d. Senckenberg. naturforsch. Gesellschaft".

(8) **Matschie,** Paul, Säugetiere d. v. Kükenthal gemachten Ausbeute. 900. (KBL 32.) Jetzt: Frankfurt a/M. (Viktoria-Alle 7), Senckenberg. naturforsch. Gesellsch. Erm. Pr. nn 3. —

Die Säugetiere der von W Kükenthal auf Halmahera, Batjan und Nord-Celebes gemachten Ausbeute. Bearb. von Paul **Matschie.** Mit 3 Taf., 1 Abb u. 1 Kartenskizze. (Frankfurt a. M. M. Diesterweg in Komm. 1901.) (S. 247–296.) 4°
— Ergebnisse e. zool. Forschungsreise in d. Molukken u. Borneo. T. 2, Bd 3, H 2, [1]
— **Abhandlungen** hrsg v. d. Senckenbergischen naturforschenden Gesellschaft. Bd 25, H. 2, [1] (01. 59)

Matschie, Paul, d. Säugethiere Deutsch-Ost-Afrikas. M. 75 in d. Text gedr., schwarzen Abb., zum. nach d. Leben gezeichnet v. Anna Held. [Aus: „Deutsch-Ost-Afrika".] Lex.-8. (XXVIII, 157 S.) Berlin 895. D. Reimer. n. 8.40; geb. in Leinw. n. 10.40

— dasselbe, s.a Deutsch-Ost-Afrika.

- Dasselbe s.a Tierwelt, Die, Ostafrikas Lfg. 1

— Symbolae physicae, s.: Hemprich, Frider. Guilelm., et Ehrenberg, Chrn. Godofr.

— das Tierreich, s.: Hausschatz d. Wissens.

— s.: Verhandlungen des V. internationalen Zoologen-Congresses.

Matschka, C. G., Ideen zu einer allgem. Staatskrankenpflege. 8, Breslau, Holäufer. 817.

Matschke, Alfred [aus Breslau]: Ueber zwei Fälle von Pemphigus vulgaris malignus und Pemphigus gangraenosus. . . Berlin, Buchdr. v G. Schade, *1890*, 30 S., 1 Bl 8°
Berlin, Med. Fak., Inaug Diss. v 30. Aug. 1890

Matschke, C Gottlieb, s. Matsche, Karl Gottlieb

Matschke, Hermann: Aus d. chemischen Institut d. Universität Breslau. Ueber die Einwirkung einiger Aldehyde auf p-Methylchinaldin. Breslau 1905: H. Fleischmann. (60 S.) 8°
Breslau, Phil. Fak., Ref. Ladenburg, Diss. v. 6. März 1905
[Geb. 21 Nov 77 Gnadenfeld, Kr. Kosel O./S.; Heimatsort: Gnadenfeld; Staatsangeh. Preußen; Vorbildung: Friedr.-Werd. Oberrealschule Berlin Reife O. 99, Studium: Breslau 12 S.; Rig. 8. Febr. 05.]

Matschke, J., s. Leitfaden für den geograph., geschichtl., naturgeschichtl. und physikal. Unterricht in Volksschulen.

Matschke, Julius. Die Ophthalmo-Reaktion zur Erkennung der Tuberkulose bei Rindern im Vergleich mit der subkutanen Tuberkulin-Injektion und der Konjunktivalprobe mit Tuberkulin-Präparaten verschiedener Herstellung und Zusammensetzung. Diss. Vet.-Med. Bern. [Mit 4 Tabellen.] 52 S. 8. Neustadt a. Rbge., W Sicius, 1910.

Matschke, Karl Gottlieb

Jdeen zu einer allgemeinen Staats- Krankenpflege. ... von C. G[ottlieb] Matschke. Landeshut: Verf.; Breslau: Holäufer in Comm. 1816. 247 S. 8°

Matschke, K(arl) G(ottlieb): Ideen zu einer allgemeinen Staatskrankenpflege. Jedem Menschenfreunde zur Beherzigung vorgelegt. 248 S., gbd.

Landeshut: Selbstverlag } 1816
Breslau: Holäufer }

JB 5.451

Matschke, Carl Theophil (Schlesien), De stabilienda hypochondriae et hysteriae notione. Halle (Schimmelpfennig) 29. III. 1806. 30 S. (3.50) 22374
Gew.: Ernst Wilhelm Heller, Christ. Theod. Kanold, Fried. Erdmann Tischer.

Matschke, Wilh., die Kultur der Ficus elastica, s.: Radetzki, gärtnerische Kultur-Anweisungen. 22. Heft.

Maetschke, E(rnst), Dr.: **Frequenztabelle** der Realschule und des Realgymnasiums zum heiligen Geist von 1849—1899. *Breslau (1899): Grass, Barth & Co.* (1 Bl.) 8°
Breslau, RG zum heiligen Geist, Festschr. 1899**

Maetschke, Ernst [Schlesier]: Geschichte des Glatzer Landes vom Beginne der deutschen Besiedelung bis zu den Hussitenkriegen. (Mit einer Karte.) . . . Habelschwerdt, Druck v. J. Franke (1888); 2 Bl. + 72 S. + 1 Bl. u. 1 Karte 8°
Breslau, Phil. Fak., Inaug.-Diss. v. 9. Mai 1888

Maetschke, Ernst, Geschichte des Glatzer Landes vom Beginne der deutschen Besiedelung bis zu den Hussitenkriegen. Historische Inaugural-Dissertation. gr. 8. (72 S. mit 1 Karte.) Habelschwerdt 888. (Breslau, Köhler.) *

Maetschke, E(rnst), Dr. Vorgeschichte und Geschichte des Realgymnasiums zum heiligen Geist in Breslau 1538—1899. *Breslau (1899): Grass, Barth & Co.* (S. 1—92.) 8°
Breslau, RG zum heiligen Geist, Festschr. 1899**

Mätschke, Oscar [aus Fraustadt, Pr. Posen]: Die Nebensätze der Zeit im Altfranzösischen . . . Kiel, Druck v. A. F. Jensen, 1887; 65 + 1 S. + 1 Bl. 8°
Kiel, Phil. Fak., Inaug.-Diss. v 22. Dez. 1887

Maetschke, W., Anweisung üb. Einrichtung u. Gebrauch des Selbstdiktierers D. R. G. M. 334, 852, zur selbständ. Einprägung d. grundlegenden Rechtschreibestoffes. Nebst: a) Übungsstoff in phonet. Glieder., b) 42 Aufgaben f. die ersten selbständ. freien Niederschriften (Min.-Erl. 31. I. 1908). 1. u. 2. Aufl. (27 S.) gr. 8. Lissa 909. 10. O. Eulitz. — 60

— Die Bedeutung, Einrichtung u. Führung v. Schülercharakteristiken (Personalbogen). (12 S.) 8. Breslau 907. Priebatsch. — 40

-- Leitfaden f. den Unterricht in der Kulturgeographie v. Deutschland, s.a. Bamberg, Frz., Schulwandkarte zur Kultur- usw. Geographie v. Deutschland, im Anhang Karten u. Pläne.

— Leitfaden f. den Unterricht in d. Kulturgeographie v. Deutschland. Zugleich Kommentar zu Franz Bambergs Wandkarte zur Kultur-, Wirtschafts- u. Handelsgeographie v. Deutschland, der Schweiz u. dem angrenz. Österreich. (18 S.) gr. 8. Berlin (907). C. Chun. — 10

— Die ersten freien Niederschriften. (Min.-Erl. v. 31. I. 1908.) 100 orthograph., grammat. u. stilist. Übgn. im Anschluß an Meinhold's Anschauungs-Bilder als prakt. Schul- u. Hausaufgaben f. das 2., 3. u. 4. Schulj. (31 S.) 8. Langensalza 910. Schulbuchh. — 60

— Selbstdiktierer f. stille Beschäftigung zur selbständigen Einprägg. d. grundlegenden Rechtschreibstoffes. (D. R. G. M. 334, 852.) 3. Aufl. (10 Bl. m. Block.) 8. Lissa 910. O. Eulitz. nn — 60

— dasselbe. Anh. Bilderfibel f. die ersten (selbständ.) Niederschriften (Min.-Erlaß vom 31. I. 1908.) 2. Aufl. (8 S.) gr. 8. Ebd. 910. — 35

Matschky, Theodor, Dir.: Bemerkungen zur Lektüre des Horaz. Krotoschin 1904: Kosmäls Buchdr. (22 S.) 4°
Krotoschin, k. Wilhelms-G OP 1904 (190)

Matschky, Theodor: Bericht über den Bau und die Einweihung des neuen Gymnasiums. *Fraustadt 1898: L. S. Pucher.* (3—14 S.) 4° [F.]
Fraustadt, k. G, OP 1898 (162)

***Matschky**, Theodor [Oberl.]:* Nachtrag zum Katalog der Schüler-Bibliothek des K. Friedrich-Wilhelms-Gymnasiums zu Posen. Posen, Merzbach'sche Buchdr., 1889; 42 S. 8°
Posen, Friedrich-Wilhelms-G, OP 1889 (161)

Matschnig, Albin, deutsch-österreichisches Feuerwehr-Liederbuch. Klagenfurt 870. J. & F. Leon. 16. (131 S.) 9 ngr.

Matschnig, Albin, deutsch-österreichisches Feuerwehr-Liederbuch. 16. (131 S.) Klagenfurt 871, J. und F. Leon's Buchh.

Matschnig, Alwin. Neue Feuerwehrlieder. Klgft., v. Kleinmayr, 1869. 8 S.

Matschoß, der kleine Katechismus Martin Luthers, s.: **Beißenherz.**

Matschoss, Alexander, aus Bunzlau. Die Luxemburger Frage von 1867. T. 1. *Breslau 1902: H. Fleischmann.* (95 S.) 8° ¶ (Gekr. Preisschr. — Soll fortgesetzt werden.)
Breslau, Phil. Diss. v. 21. Juni 1902

Matschoss, A., die Kriegsgefahr v. 1867. Die Luxemburger Frage. (IV, 185 S.) gr. 8. Bunzlau 908. G. Kreuschmer. 3. —

— Die preussischen Provinzial-Instruktionen f. die Direktoren, Ordinarien u. Oberlehrer der höh. Schulen (1856—1885). Neuhrsg. u. m. e. Sachregister versehen. (X, 189 S.) gr. 8. Ebd. 909. 2.—; ern. Pr. 1. —

Matschoss, Conrad, s. Matschoss, Konrad

Matschoß, Herm., nur selig! Epistelpredigten üb. freie Texte f. d. ganze Kirchenjahr. gr. 8. (VIII, 680 S.) Cottbus 895. Gotthold-Expedition. 4. 25; geb. 5. —

Matschoß, H., die Schönheit der Kirche, s. a. Saatkörner aus der evangelisch-luther. Kirche. Nr. 3.

Die Schönheit der Kirche. Kurze Beschreibung unserer Ev.-Luth. Kirche in Preussen von H[ermann] **Matschoss**, Pastor. *Elberfeld: Luth. Büchervérein 1895.* (48 S.) 8° [F.]
— **Saatkörner** aus d. Evang.-Luth. Kirche No 3. [oo. 6200 5

Matschoss, Konrad

Matschoss, Conr., s.: **Beiträge zur Geschichte der Technik u. Industrie.**

Franz Dinnendahl. Ein 100jähr. Dampfmaschinen-Jubiläum. Von Conrad Matschoss. — Berlin (1903): Springer 9 S. 4° [Umschlagt.] Aus: Ztschr. d. Vereins dt. Ing. Jg. 47.

Matschoß, K. F. Dinnendahl. Das Lebensbild eines deutschen Kunstmeisters. Essen-Ruhr, 1905 52 S. mit 1 Bldn

Matschoß, Conrad: Der Einfluß der Technik auf die Entwicklung Berlins im ersten Jahrhundert der preußischen Städteordnung. Vortrag. Berlin 1909

Matschoss, Conrad. Die Entwicklung der Dampfmaschine. Eine Geschichte der ortsfesten Dampfmaschine und der Lokomobile, der Schiffsmaschine und Lokomotive. Im Auftrage des Vereins deutscher Ingenieure bearbeitet. 2 Bände. gr. 8. Berlin, Julius Springer, 1908. [geb. *zus.* Lwd. M 24. —, Hldr. 27. —]
Band 1. Mit 780 Textfiguren und 32 Bildnissen [Tafeln]. XVI + 834 S.
Band 2. Mit 1078 Textfiguren und 6 Bildnissen [Tafeln]. VI + 732 S.
Darin vieles die Schweiz u. Schweizer *Betreffende; s. z. B. Bd. 1. S. 213—219 (mit 3 Porträt-Tafeln), ferner S. 73. 396/9. 674 ff. 684. 687. 722/6. 739. 756 f etc., Bd. 2, S. 30/49. 60/3. 92 f. 116. 223 f. 545. 612 f. 620 f. 717 etc.*

Die geschichtliche Entwicklung der Allgemeinen Elektricitäts-Gesellschaft (A E G) in den ersten 25 Jahren ihre Bestehens. Von Conrad Matschoss. — (Berlin: Springer 1909) 20 S. 4° [Umschlagt.] Aus Beitr. z. Gesch. der Technik u. Industrie Jb. des VDI 1

Matschoss, Conr., Geschichte der Dampfmaschine. Ihre kulturelle Bedeutg., techn. Entwicklg. u. ihre grossen Männer. Mit 188 Abbildgn. im Text, 2 Taf. u. 5 Bildnissen. gr. 8. (XII, 451 S.) Berlin 901. J. Springer. Geb. in Leinw. n. 10. —

Matschoss, Conrad. Geschichte der Firma Gebrüder **Sulzer**, Winterthur und Ludwigshafen a. Rh. [Illustriert.] (Sonderabdruck aus Beiträge zur Geschichte der Technik und Industrie. Jahrbuch des Vereines deutscher Ingenieure, hrg. von C. M. 1910: Band 2.) 94 S. gr.-8. Berlin, Julius Springer, 1910.

50 Jahre Ingenieur-Arbeit in Oberschlesien. Eine Gedenkschrift z. Feier d. 50jähr. Bestehens d. Oberschles. Bezirksvereins Deutscher Ingenieure. Im Auftr. d. Vereins u. unter Mitarb. s. Mitglieder bearb. von C[onrad] **Matschoss**. Mit 145 Textfig. u. 1 Titelbild. Berlin: Springer (1907). VIII, 286 S. 4°(8°) [11. 14630

— s. Landeskunde der Prov. Brandenburg.

Matschoß, K., Die Maschinen des deutschen Berg- und Hüttenwesens vor 100 Jahren. Berlin, 1909. 35 S. mit 70 Abb.

Matschtett, zweite Wahrheit, s.: **Bibliothek der fremden Zungen.**

Matschull, Heinrich. Vaterländisches Geschichtsbuch für evang. Volksschulen Preussens von Heinrich Matschull, Lehrer zur Friedland. Friedland, Ostpr. E. Wenzel 1894 (99 S.) 8°

Matschull, Heinrich. Ostpreußens Lehrer am Scheidewege. Nicht die Waffen nieder! 2 Vorträge z. Gleichstellungsbewegung von – Marienwerder Wpr. 1909. Groll 56 S. 8°

Matsen, Gust., Wander-, Wein- und Liebes-Lieder. 12. (VIII, 98 S.) Hamburg 883, Hoffmann und Campe. geb.

Matsen, Nikolaus (Hamburg), De caussis immunitatis commentatio academica. Hamburg 1766. 43 S. (5.—) 22375

— — Theses praecipuas ex materia de causis immunitatis. Präs. Franziskus Burmann. Utrecht (J. Broedelet) 31. VII. 1766. 6 S. (3.50) 22376

— — Theses juris Selectae. Gießen (J. J. Braun) 2. V. 1788. 8 S. (3.50) 22377

Matsijs, Quinten. 3 Lfgn. gr. Fol. (84 Lichtdr.-Taf. u. 8 S. Text m. 2 Abbildgn.) Haarlem (899—902). H. Kleinmann & Co. à n. 12. —; Mappe dazu 12. 50

Matske, C. G., Ideen zu einer allgem. Staatskrankenpflege. 8. Bresl. 817. Holäufer. 1 ℳ 3 gℓ

Matsko, Jh. Matth., († d. 19. Nov. 1796.) Andenken an die Verdienste des Fürsten Friedrichs II, Landgraf v. Hessen, um die Sternkunde. 4. Cassel 786.

—Anzeige des bevorsteh. Durchgangs d. Venus durch die Sonne. 4. Cassel 769.

—Beobachtung des Saturns am 20. Oct. 1789. 8. Cassel 789.

—s. R. Cotes, opuscula.

—examen quaestionis, utrum leges mechanicae motus veritates sint necessariae an contingentes, epist. grat. 4. Rinteln 762.

* Generaliores meditationes de machinis hydraulicis proponit atque ad audiendam orationem de probabili infantiae astronomiae historia philosophica, qua munus mathesin publice docendi auspicabitur, reverenter invitat. *Joh. Mathias Matsko.* P. P. O. Lemgoviae typis Meyerianis. 4. 16 Seit. 1761.

—Gründe der Differentialrechnung u. einige Anwendungen derselben. 4. Cassel 768.

* Lectiones quas semestri futuro recitaturus est indicat atque theoriam virium generalem proponit, cujus exemplo a motu fluidorum petito usum monstrat. *Jo. Mathias Matsko* Prof. Mathem. D. 6. Aug. Rintelii, typis J. G. Enax, A. T. 4. 17 Seit. 1765.

—methodus radices aequationum inveniendi. 4. Rint. 766.

—Nachricht von einer großen Schnellwage im Casselschen Zeughause. 4. Cassel 781.

* De projectione globorum majorum ignariorum disserit atque lectiones suas indicat *Jo. Math. Matsko* P. Mathem. P. O. Rintelii. 4. 12 Seit. 1762.

—theoria virium, quas mechanica considerat. 4. Rint. 765.

Matsper, v., Bilder für u. von Mecklenburg. 2. Bild. gr 8. (3 B.) Leipzig 846, Otto Wigand. *
Das 1. Bild ist noch nicht erschienen.

Matsper, Bilder für u. von Mecklenburg. 2. Bild. gr. 8. (46 S.) Leipzig 847, O. Wigand. n. ⅓ ℳ (Das 1. Hft. bildet: Matsper, das verkleinerte Grundeigenthum. 8. Ebd. 845. n. ⅓ ℳ)

v. Matsper, das verkleinerte Grundeigenthum in Beziehung auf Gewerbindustrie. gr. 8. Leipzig 845, O. Wigand. n. ⅓ ℳ

Matsubara, S., Special-Katalog für die japanische Abtheilung der internationalen Fischerei-Ausstellung zu Berlin 1880. gr. 8. (71 S.) Berlin 880, (Stuhr'sche Buchh.) * *

Matsudaira, Yorikadzu v., die völkerrechtlichen Verträge des Kaiserth. Japan in wirthschaftlicher, rechtlicher u. politischer Beziehung. gr. 8. (XV, 527 S.) Stuttgart 890. Deutsche Verlags-Anstalt. n. 12. —

Matsumoto, Cho [aus Tokio '(Japan)']: Über Atrophie und Hypoplasie des Kleinhirns und Mikrogyrie des Grosshirns ... Freiburg i. B., Universitätsbuchdr. v. Ch. Lehmann, 1892; 66 S., 1 Bl. 8.
Freiburg i. B., Med. Fak., Inaug.-Diss. v. 1892

Matsumoto, Hyakunosuke, aus Kagawaken (Japan). Über die Giftwirkung des Paraphenylendiamins. *Würzburg 1901: V. N. Seubert.* (40 S.) 8°
Würzburg, Med. Diss. v. 1901

Matsumura, J., and B. Hayata, enumeratio plantarum in insula Formosa sponte crescentium hucusque rite cognitarum, adjectis descriptionibus et figuris specierum pro ragione novarum. (II, 704 S. m. 17 Taf., 17 Bl. Erklärgn. u. 1 farb. Karte.) Lex. 8. Tokyo 906. (Leipzig, Th. O. Weigel.) nn 18. —
Sonderabdr. aus: „Journal of the science college, imp. univ., Tōkyō“.

MATSUNAGA, Mosuke (Shizuoka-Ken): Ueber Tabes und Aortenerkrankungen.- München: Kastner & Callwey 1910. 50 S.
27.1.1911 - Chr 1910/11,25; U 11.3688
Diss. Ingolst.-Landsh.-Mchn.

Matsunami, Eitaro, a. Gifuken in Japan: Aus d. chirurg Klinik d. Univ. Greifswald. Zwei Fälle von primären Muskelangiom. Greifswald 1908: H. Adler. (42 S.) 8°
Greifswald, Med. Fak., Ref. Payr, Diss. v. 27 Juli 1908
[Geb. 9. Juni 70 Gifu (Japan); Wohnort: Gifu, Staatsangeh.: Japan; Vorbildung: Gymn. Gifu (Japan) Reife M 90; Studium: Okayama in Japan 8, Greifswald 3 S., Rig. 15. Juli 08.]

Matsuno, Genkichi, appr Arzt: 'Basedow'sche Krankheit und Epilepsie'. München 1908. Wolf. 40 S. 8°
München, Med. Diss. v. 9. Juni 1909, Ref. v. Bauer
[Geb. 10. März 72 Gifu, Wohnort: Gifu, Staatsangeh.: Japan; Vorbildung: Provinzialmittelsch. Gifu Reife März 92, Studium: Nagoya Prov.-Medizinsch. 8, München 2 S., Rig. 9. Juni 09.] [U 09. 3361

Matsuo, Motojiro, appr. Arzt: Ueber die Fraktur des Oberkiefers. München 1909: Kastner & Callwey. 43 S. 8°
München, Med. Diss. v. 1. Juli 1910, Ref. v. Angerer
[Geb. 10. Sept. 75 Aomori; Wohnort: Tokio; Staatsangeh.: Japan; Vorbildung: Mittelsch. Taisei Tokio Reife Juni 95; Studium: Chiba Med. Akad. 9, München 2 S.; Rig. 1. Juli 10.] [U 10. 3544

Matsuura, Shinobu, aus Chiba-Japan: Ueber ausgedehnte Resektion der langen Röhrenknochen wegen maligner Geschwulst. *Erlangen 1902: E. Th. Jacob.* (21 S.) 8°
Erlangen, Med. Diss. v. 7. Jan. 1902

Matsuyama, Yotaro, pract. Arzt aus Tokio, Japan: Zwei Fälle von acuter käsiger Pneumonie. *Strassburg i. E. 1898: C. & J. Goeller.* (21 S.) 8°
Strassburg, Med. Diss. v. 1898

Matt, praktische Hydrotherapie, s.: Weiner.

Matt, B., der Dienst auf Vorposten u. im Felde. In Fragen u. Antworten zum Gebrauche der Unterofficiers der Infanterie. 16. Wien 827. Geistinger. 6 gℓ (bei Gerold in Wien. 8 gℓ)

—der Militärgeschäftsstyl als Leitfaden zu schriftl. Aufsätzen u. Eingaben im Militärdienste, für Officiere der k. k. östreich. Armee. Erläutert durch 169 Beispiele u. 93 Formularien. gr. 8. Prag 830. Enders. 1 ℳ 8 gℓ

Matt, Casp Ant von, s. Matt, Kaspar Anton von

Matt, H. von siehe: *Rundschau.*

Matt, Hans von (Hrsg.), s. Anzeigeblatt für die katholische Geistlichkeit in der dt. Schweiz.

Hans von Matt & Co. [Antiquariat] in Stans in der Schweiz. Antiquarischer Anzeiger. Nr. 12. 16 S. 8. [1902.]

Matt, Hans von. ÷ Kantonsgerichtspräsident Dr Karl von Deschwanden (1823–1889). Ein Lebensbild [Mit Porträt.] (S A.) 8. Stans 1889

Matt, Hans von. Fabiola. Drama in fünf Akten. 100 S. 8. Stans, Hans von Matt & Co., 1902. [fr. 1. 50]

Matt, Hans von. Fabiola. Drama in fünf Akten. 2. Aufl. 100 S. 8. Stans, Hans von Matt & Co., 1902. [fr. 1. 50]

Hans von Matt u. Co., (Antiquariat) in Stans in der Schweiz. Antiquarischer Catalog Nr. 50 u. Nr. 52. 8. Stans, Paul von Matt, [1902].

Nr. 50. Bibliotheca Ascetico-Mystica. Abteilung 1 (A–K) IV + 96 S.
Nr. 52. Bibliotheca Catholico-Theologica et Philosophica. Abteilung 1 (A–G.) II + 114 S.

Hans von Matt & Co., (Antiquariat,) in Stans in der Schweiz. Antiquarischer Catalog Nr. 51. Helvetica. Aus verschiedenen Fächern. II + 66 S. 8. Stans, Paul von Matt, [1901].

Matt, Hans v, aus jungen Tagen. Gedichte. 12. (VIII, 68 S. m. Bildn.) Heiligenstadt 896. F. W. Cordier. Geb. in Leinw. m. Goldschn. n. 2. 40

Matt, Jos. Aloys an der, s.a. An der Matt.

an der Matt, Jos. Alois, der Braut Christi Vereinigung u. Verbleiben mit ihrem göttl. Bräutigam. Predigt bei einer öffentl. Profession im ehrwürdigen Gotteshause Wonnenstein den 21. Aug. 1844 gehalten. gr. 8. St. Gallen 845, Scheitlin u. Zollikofer. 1¾ ngr

Matt, Kaspar Anton von

Matt, Casp. Ant. von, Stans. Disputatio inauguralis medica de mediastino et eius morbis.
Basel, med. Diss. 1736

Matt, Ludwig [app. Arzt aus Speyer] Aus d. hygien. Institut d. Univ Würzburg. Experimentelle Beiträge zur Lehre von der Einwirkung giftiger Gase auf den Menschen. Ludwigshafen a. Rh., Buchdr v Julius Waldkirch, 1889, 30 S. 8°
Würzburg, Med. Fak., Inaug.-Diss. v 1889

Matt, W., und C. Hähn, Naturlehre für Volksschulen. Nach den Bestimmungen der pfälz. Lehrordnung verfaßt und in schulgemäßer Behandlung dargestellt. 8. (VI, 37 S.) Ludwigshafen 888, Lauterborn. *

— u. C. Hähn, Naturlehre f. Volksschulen. Nach d. Bestimmgn. d. pfälz. Lehrordng. verf. u. in schulgem. Behandlg. dargest. (Neue Ausg.) gr. 8. (32 S.) Ludwigshafen 895. F. Baumgartner. n.n. – 25

Matt, W., s.a. Uebungs-Aufgaben z. mündl. u. schriftl. Rechnen.

—— Lehmann, Roth, Demolet und Hähn, Uebungsaufgaben zum mündlichen und schriftlichen Rechnen. 2 Hefte. 8. Ebendas. 888. *

Inhalt:
Heft 1. Zahlenraum von 1–10. (28 S.) * 15 Pf.
" 2. Zahlenraum von 10–50. (48 S.) * 20 Pf.

Matt, Wilhelm, Regierungspraktikant von Speier: Rückwirkung des BGB für das deutsche Reich auf das Landesverwaltungsrecht mit einer Spezialuntersuchung für das franz. pfälz. Verwaltungsrecht. *Speier 1900: Jäger.* (64 S.) 8°
Erlangen, Jur. Diss. v. 30. Okt. 1899

Mattachich, Géza, aus den letzten Jahren. Memoiren. (VIII, 207 S.) 8. Leipzig 904. [Kultur-Verlag]. Wien, C. W. Stern. n. 3. 50; geb. n. 4. 50

Mattar, Stephan Der Asphaltkitt Ein Beitrag zur Bauhygiene Leipzig-Plagwitz (1906).

Mattar, Steph., Dachpappe u. Holzcement. Praktische Anleitg. zur Herstellg. der Dachpappen-, Holzcement- u. Kiespapp-Dächer u. deren Materialien. gr. 8. (40 S. m. Abbildgn.) Wiesbaden 902. P. Plaum. n — 75

Mattauch Josef: Eine windschiefe Fläche dritten Grades. 13. Böhm. Leipa R. 01.
Progr.

Mattauch Josef. Lehr und Aufgabenbuch der darstellenden Geometrie für Oberrealschulen. Wien 1910. A Pichlers Witwe & Sohn Geb. K 4.—.

Mattauschek, Wenzel, der praktische Forstmann. Lehrbuch für das techn. Hilfs- und Forstschutz-Personale in den k. k. österreich. Staaten mit besond. Berücksichtigung Böhmens. gr. 8. (X und 298 S.) Prag 865, Grebner. *

Mattawey [Schlagwort]

Mattawey — Plan der Bay und des Fleckens — 1: 2400
1 Bl. a. d. W. „Neue Reise um die Welt von Otto von Kotzebue."

Mattcke, R., u. Rich. Zimmermann, die Buchführung der Krankenkassen. Insbes. die Aufstellg. u. Prüfg. d. Krankenkassen-Abschlüsse. M. Erläutergn. aus d. Praxis. 8. (VIII, 60 S.) Berlin 896. Siemenroth & Troschel. Kart. n. 1. 50

Matte, Chr. Karl, geistliche Gedichte. 12. Wernigerode. Halberstadt 844. (Lindequist u. Schönrock.) n. ½ ℛ

Matte, Chrn. Karl, der Katechismus der christlichen Kirche, nach seiner Eintheilung und seinem organ. Zusammenhange im Ganzen und Einzelnen dargestellt. Quedlinburg 855. Basse. 8. (88 S.) 10 ngr.

— Kern der Katechismuslehre, nebst einem Katechismus in Versen. 8. Ebend. 841. ⅓ ℛ

Matte, F., s.: Pathologie d. Gehörorgans.

Matte, Friedrich *Wilhelm* [aus Halle a. S.]: Ein Beitrag zur Function der Bogengänge des Labyrinths ... Halle a. S., Druck v. Beyer & Ronnger, 1892; 2 Bl., 43 S., 1 Bl. 8.
Halle, Med. Fak., Inaug.-Diss. v 5. Aug 1892

Matte, Heinr., der Criminal-Prozeß. Schauspiel, s. Blüthen, dramat., in Mittheiln. deutscher Dichter, 5. Bdchn.

Matte, Wilhelm [cand. med., aus Delligsen (Braunschw.)] Ueber Meningitis im Kindesalter. Aus d. medizin. Universitätsklinik zu Göttingen. Göttingen, Druck d. Dieterich'schen Univ.-Buchdr., 1897; 34 S. 8.
Göttingen, Med. Fak., Inaug.-Diss. v [6. März] 1897

Mattei, Graf Cesare, s.: Anweisung, kurze, f. Alle, die sich m. der Electro-Homöopathie selbst behandeln wollen.

Mattei, Graf Cesare, elektro-homöopathische Arzneiwissenschaft oder neue auf Erfahrung begründete Heilkunde. Einzig autoris. deutsche Übersetzung. gr. 8. (XXIII, 536 S. mit 2 autotyp. Portr. und 1 Stnt.) Regensburg 884, (Manz.) **

Mattei, Graf Cesare, elektro-homöopathische Arzneiwissenschaft oder neue auf Erfahrung begründete Heilkunde. Einzig autoris. deutsche Übersetzung. 2. durchges. und nach den neuesten Erfahrungen verb. Aufl. gr. 8. (XXIII, 682 S. mit 1 Portr. und 1 Taf.) Regensburg 888, (Verlags-Anstalt.) **ℳ 7.50.; geb. **

Mattei, Graf Cesare, Electro-homöopathische Arzneiwissenschaft oder neue auf Erfahrung begründete Heilkunde. Einzig autoris. deutsche Ausg. 3., durchgeseh. u. nach den neuesten Erfahrgn. verb. Aufl. Hrsg. v. Mario Venturoli Mattei. Mit e. Portr. gr. 8. (XXIV, XVI, 500 S. m. 2 Taf.) Leipzig 899. [W. Friedrich.] A. Strauch. n. 6.—

Mattei, Graf Caesar, s.: Blätter f. Elektro-Homöopathie.

—— Elektro-Homöopathie. Grundsätze einer neuen Wissenschaft. Vom Verf. einzig autoris. deutsche Ausg. 2. verb. Aufl. (IV, 276 S. mit 1 Stnt.) 1881; 3. verb. Aufl. 8. (IV, 283 S. mit 1 Stnt.) Stadtamhof 883, (Regensburg, Manz.) * *

—— dass. — 4. verb. Aufl. 8. (287 S. mit 1 Stnt.) Regensburg 884, (Manz.) *

—— Elektro-Homöopathie. Grundsätze einer neuen Wissenschaft. Vom Verf. einzig autoris. deutsche Ausg. 5. verb. Aufl. 8. (VII, 304 S. mit 1 Stnt.) (Ebendas.) 885. *

— die Elektro-Homöopathie. Grundsätze e. neuen Wissenschaft. Einzig autoris. deutsche Ausg. Nach den neuesten Erfahrgn. bearb. u. verm. von Thdr. Krauß. 7. verb. Aufl. gr. 8. (VII, 296 S. m. 2 [1 farb.] Taf.) Ebd. 898. n. 3. 30

— Elektro-Homöopathie. Die neue Heilwissenschaft, e. Gottesgabe f. das körperl. Gedeihen u. Wohlsein der Menschen. 2., bedeutend verm. Aufl. 12. (83 S.) Leipzig (899). A. Strauch. n. 1. 50

—— s.a Heil-Methode, elektro-homöopathische.

— electrohomöopathische Heil-Methode des Grafen Cesare Mattei. Neue Methode, welche das Blut bessert, den Organismus heilt, zum Wohl der Völker veröffentlicht, deren Heilung mittelst Electro-Homöopathie die meisten Aerzte verweigern. (2. Aufl.) 8. (189 S. m. 1 Steintaf.) Stuttgart 880. E. Hahn. geb. n. 3. —

Mattei, Graf Cesare, electrohomöopathische Heilmethode des Grafen Cesare Mattei. 3. Aufl. 8. Stuttgart 882, Zahn und Seeger geb. * 3 —

Mattei, Graf, s. Heilmittel, elektro-homöopathische.

- üb. den Krebs, s.a Krauss, Thdr, das electro-homöopathische ABC.

Mattei, Graf Cesare. Der Krebs u. die vorbeugende u. heilende Behandlung desselben, nebst e. Anzahl v. Heilgn., die durch elektro-homöopath. Mittel erzielt wurden 8. (67 S.) Regensb. 891, (Verlags-Anstalt). * * — 80
Aus Blätter f. Elektro-Homöopathie besonders abgedruckt

— der Krebs u. d. vorbeug. u. heil. Behandlg. desselben durch d. electro-homöopath. Mittel d. M. Autor. deutsche Ausg. 2. Aufl. gr. 8. (44 S.) Leipzig 898. [W. Friedrich.] A. Strauch. n. — 80

— der Krebs u. d. vorbeug. u. heil. Behandlg. desselben durch d. electro-homöopath. Mittel d. M., nebst e. großen Zahl v. Heilgn., die durch diese Mittel erzielt wurde. Autor. deutsche Ausg. II., verb. Aufl. gr. 8. (44 S.) Leipzig 898. W. Friedrich. n. — 80

— s.: Monatsschrift f. Electro-Homöopathie.

— Vade-Mecum d. Electro-Homöopathie od. kurze Anleitg. f. e. Jeden, welcher sich selbst verm. d. Electro-Homöopathie kuriren will. Nach d. neuesten Erfahrgn. bearb. u. verm. v. Thdr. Krauß. Einz. autor. deutsche Ausg. III. Aufl. gr. 8. (69 S. m. 1 Taf.) Leipzig 898. W. Friedrich. n. 1. —

— Vade-Mecum d. Electro-Homöopathie. Autor. deutsche Ausg. 3. Aufl. gr. 8. (69 S. m. 1 Taf.) Leipzig 898. [W. Friedrich.] A. Strauch. n. 1. —

— die neue Wissenschaft. Geschichte d. Electro-Homöopathie. (Wissenschaftl. Testament.) 8. (214 S. m. 2 Taf.) Detmold 893. (Leipzig, F. Pfau.) n. 1. —

Matteides, L Über Xylol u synth Methyltoluol 1867

Mattel, J V Ueber die Vortheile, die eine weise Erziehung den Eltern und Erziehern selbst gewährt 10 S. – Kremsier, Progr 1852

Mattel, J V Über den Vorzug der öffentlichen Lehranstalten vor dem Privatstudium. 9 S. – Leitomischl, Progr 1851

Mattel, Victor Die griechischen Lyriker und deren Verwertung im Gymnasial-Unterrichte. 8 (29 S.).
Progr. K k. zweites deutsch. Oberg Brünn 1892

Mattel, V De origine et variis linguae latinae temporibus. 10 S. – Kremsier, Progr 1853.

Mattel Viktor Eine Reise nach den Kykladen 18 S 8
Progr. K k II deutsches Staats-Gymn. Brünn 1903.

Mattelier, Gust., aus dem Kasino. Ein Sittenbild aus e. Vorstadt Cölns. Roman. (135 S.) 8. Straßburg 907. J. Singer. 2. —

Mattenheimer, A., kurzgefaßte Mythologie oder Götterlehre der Griechen und Römer, bearb. mit vorzüglicher Rücksichtsnahme auf die christl. Moral, nach einem französ. Originalwerke. 8. (VIII und 120 S.) Augsburg 851, (Kollmann'sche Buchh.) —

Mattenheimer, Hauptm. A., die Patronen der Rückladungs-Gewehre. Ein Beitrag zur Handfeuer-Waffenlehre. gr. 8. (VII, 35 S. mit 2 lithogr. und color. Taf. in Fol.) Darmstadt 868, (Zernin.) *

Mattenheimer, A., die Rückladungs-Gewehre. Fragmente ihrer Entstehungs- und Entwickelungs-Geschichte in lithogr. und color. Blättern. (Beitrag zur Handfeuerwaffen-Lehre.) 4 Hefte. 66 Blatt. qu. Fol. Darmstadt 867,69, (Zernin.) [1.—3. Heft à * 20 Ngr., 4. Heft * 10 Ngr.] *

—— die Rückladungs-Gewehre. Fragmente ihrer Entstehungs- und Entwickelungs-Geschichte in 102 lithogr. und color. Blättern. Beitrag zur Handfeuerwaffen-Lehre. Nach den Orig.-Waffen, Photogr. und Orig.-Zeichnungen bearb. 5. und 6. Heft. qu. Fol. (Ebendas.) 869. [5. Heft. (Blatt 67—92.) *ℳ 3,75.; 6. Heft. (Blatt 93—102.) *ℳ 2,40.] *
1.—4. Heft. Ebendas. 1867,68. *ℳ 7,75.

—— dass. — Neuer Abdruck. qu. Fol. (102 lithogr. und color. Blätter mit Text.) Ebendas. 871,76. In Carton *

Mattenheimer, A., die Rückladungs-Gewehre. Fragmente ihrer Entstehungs- und Entwickelungs-Geschichte in 102 lithogr. und color. Blättern. Beitrag zur Handfeuerwaffen-Lehre. Nach den Orig.-Waffen, Photogr. und Orig.-Zeichnungen bearb. Neuer Abdr. 6. Lfg. qu. Fol. (10 color. Stnt. mit 2 Bl. Text.) Darmstadt 876, Zernin. *
1.—5. Lfg. Ebendas. 1867—69. *ℳ 13,90.; compl. in Carton *ℳ 15.

Mattenheimer, A. Die Rückladungs-Gewehre. Fragmente ihrer Entstehungs- u. Entwickelungs-Geschichte in 111 lithogr. u. color. Blättern. Beitrag z. Handfeuerwaffenlehre. Nach d. Orig.-Waffen, Photographieen u. Orig.-Zeichngn. bearb. Neue Folge. qu. Fol. (Bl. 103--111 m. 2 Bl. Text.) Darmst. 890, Zernin. * 2 80
Hauptwerk. Ebd. 1869—76. * 15 —

Mattenheimer, A., die Stadtmauern Nürnbergs. Wie solche noch im Ganzen bestanden, zur Erinnerung nach eygenen Aufzeichnungen verfertiget. qu. 12. (23 Lichtdr.-Taf.) Nürnberg 882, (Schrag's Kunstverlag.) In Mappe *
color. in Mappe *

Mattenheimer, Albin, Tegernseer Skizzen. (3. Ausg.) qu. 12. (20 color. Taf.) München 886. Mangelsdorf. In Mappe. n. 6. —

Mattenklodt, Ernst, a. Steele-Ruhr: Dielektrische Untersuchungen an Glimmer. Greifswald 1908 (Steele-Ruhr: F. W. Lohmann). (37 S., 6 Tab.) 8°
Greifswald, Phil. Fak., Ref. Mie, Diss. v. 20. Juli 1908
[Geb. 5. Aug. 82 Steele (Rheinprovinz); Wohnort: Bergisch-Gladbach; Staatsangeh.: Preußen; Vorbildung: Realgymn. Elberfeld Reife O. 02; Studium: Greifswald 2, Göttingen 2, Bonn 1, Greifswald 7 S.; Rig. 27 April 08.]

Matteoschat, Adolf [aus Tilsit]: Beiträge zur Kenntniss des o-Oxychinolins und seiner Derivate ... Freiburg i. B., Univ.-Buchdr. v. Chr. Lehmann, 1892; 42 S., 1 Bl. 8.
Freiburg i. B., Phil. Fak., Inaug.-Diss. v. 1892

Matter, A., die christliche Lehre. M. Genehmigg. des Verf. in d. Deutsche übertr. v. G. Holtey-Weber. 1. Bd. gr. 8. (VII, 284 S.) Gütersloh 898. C. Bertelsmann. n. 4. —; geb. n. 4. 80

Matter, A., die christliche Lehre. Mit Genehmigg. d. Verf. in das Deutsche übertr. von G. Holtey-Weber. 2. Bd. gr. 8. (III, 343 S.) Gütersloh 901. C. Bertelsmann. n. 4. 80; geb. n. 5. 70
1. Bd. Ebd. 898. n. 4. —; geb. n. 4. 80.

Mattern, Adolf: Die Typhusepidemie in der Kgl. Heilanstalt Winnental im Herbste 1908. Würzburg 1909: Becker. 17 S. 8°
Würzburg, Med. Diss. v. 17. Juli 1909, Ref. v. Leube
[Geb. 7 Juni 73 Mainz; Wohnort Winnental; Staatsangeh. Bayern; Vorbildung: Gymn. Wertheim Reife Juli 93; Studium München 2, Würzburg 8 S.; Coll. 30. Juni 09; Approb. 27 Jan. 99.] [U 09. 4131

Matter, Alfr., der große Krach an der Wiener Börse im Mai 1873. Mahnruf aus der Schweiz an Oesterreich u. Deutschland. 8. (11 S.) Chur 873. Kellenberger. n. — 30

Matter, Bernhard, geb. zu Muhen (Aargau) 1822. Vom h. aargauischen Obergericht unterm 3. Mai 1854 zum Tode verurtheilt und den 24. Mai in Lenzburg hingerichtet. Darstellung seines Lebens mit Zugrundlegung der bezüglichen Akten. gr. 8. (40 S. mit B. M's. lithogr. Portr.) Aarau 854, Christen. *

Matter, E., Ueber scheinbare (relative) Bewegung. Muri 1870.
Progr.

Matter, med. pract. Emil, von Kölliken '(Aargau)', in Rorbas '(Zürich)'
Aus der medicinischen Klinik des Herrn Prof. Dr. H. Eichhorst in Zürich. Ueber Pericarditis nach Beobachtungen auf der Züricher medicinischen Universitätsklinik des Herrn Professor Dr H. Eichhorst 1. Januar 1884 bis 1. April 1892. Uster-Zür. A. Diggelmann Dr. 1892. 87 S., 1 Taf. 8°
Zürich, Med. Diss. [v. 6. Aug. 1892].

Mattern, Hermann Albert

Matter, H. A., die Friedensbürgschaft, s. a. Beiträge, Züroher, zur Rechtswissenschaft.

Matter, H[ermann] A[lbert]. Die Friedensbürgschaft. XIV + 154 S. 8. Aarau, H. R. Sauerländer & Co.
Ausg. A: Diss. Staatsw. Univ. Zürich. 1909.
Ausg. B: Von Dr H A M' 1910. [fr. 3. —.] — Zürcher Beiträge zur Rechtswissenschaft .... [Heft] 28.

Matter, Jaques

Matter, Jac., über d. Einfluß d. Sitten auf d. Gesetze u. d. Gesetze auf d. Sitten. Eine v. d. französ. Akad. mit d. außerordentl. Preis v. 10,000 Franken gekr. Preisschr. A. d. Franz. übers., u. mit theils erklär., theils beurtheil. Anmerkn. begl. v. F. J. Buß. gr. 8. (32 B.) Freiburg 833, Herder.

Matter, J., Essai historique sur l'Ecole d'Alexandrie. 2 vol. gr. in 8. A Paris, Levrault. 820.

Matter, J., de l'état moral, politique et littéraire de l'Allemagne. 2 vols. gr. 8. (VIII u. 677 S.) Paris 847. (Leipzig, Michelsen.) n. $5^1/_3$ ℳ

—— krit. Geschichte d. Gnosticismus u. seines Einflusses auf d. relig. u. philosoph. Sekten d. 6 ersten Jahrh. d. christl. Zeitrechn. Eine zu Paris gekr. Preisschr. A. d. Franz. übers. v. Ch. H. Dörner. 2 Bde. Mit d. Diagramma d. Ophiten in Stndr. (Fol.) gr. 8. ($38^1/_4$ B.) Heilbronn 833, Drechsler.

Matter, Jac., Histoire de l'école d'Alexandrie, comparée aux principales écoles contemporaines, ouvrage couronné par l'Institut. 2. édit., entièrement refondue. Tome I. Topographie. Musées, Bibliothèques, Syssities. Didascalées. gr. in-8. (24 B. u. 1 Karte.) Leipzig 840, Brockhaus et Avenarius. Thlr. *

Matter, M. Jacques, histoire critique du Gnosticisme, et de son influence sur les sectes religieuses et philosophiques des 6 premiers siècles de l'ère chrétienne. Ouvrage couronné par l'Académie royale des inscriptions et belles-lettres. 2. édit. revue et augm. Avec 3 planches. Tome I—III. gr. in-8. Strasbourg 843, 44, Ve. Levrault. I. II. 5 ℳ III. $2^1/_2$ ℳ

Matter, J., Politik, Literatur u. Leben in Deutschland. Aus dem Franz. von A. Kaiser. 2 Bde. gr. 8. (1: X u. 299 S. 2: IV u. 287 S.) Leipzig 848, O. Wigand. 3 ℳ

Matter, Karl [von Kölliken (Aargau)]: Die den Bernoulli'schen Zahlen analogen Zahlen im Körper der dritten Einheitswurzeln. Zürich 1900. 38 S. 8°.
Zürich. Phil. Diss. II S. 1900/1901

Matter, Otto, aus Hochfelden i. Els. Zur Kenntnis der Azlactone und ihrer Umwandlungsprodukte. *Straßburg 1903: C. Müh & Co.* (37 S.) 8°
Straßburg, Math.-naturw. Diss. v. 1902

Matter, P., ein Künstler u. ein Christ. Lebensbild des Malers Ludwig Richter. (48 S. m. Abbildgn. u. 1 Bildnis.) gr. 8. Berlin (904). F. Zillessen. n. — 80

Matter, Paul, ein Winter auf Capri. Reisebilder. 8. (148 S.) Stuttgart 899. J. Fink. (Nur direkt.) n. 1. 20

Matter, Rud., über das Fuchsvergiften. (Prakt. Ausg.) 2. verb. Aufl. 8. (45 S.) Gross-Kanizsa 898. (Ph. Fischel.) n.n. 1. 20

Auszug aus dem Bücherverzeichnis der Joh. Loge Dankward zum rauhen Stein im Or. Braunschweig. Den Brrn. gewidmet von Mattern. Braunschweig 1907. 5 Bl. 8° 65.

Mattern, E. Die Ausnutzung der Wasserkräfte. Technische und wirtschaftliche Grundlagen — Neuere Bestrebungen der Kulturländer. Mit 66 Abbildungen im Text. VIII + 260 S. 8. Leipzig, Wilhelm Engelmann, 1906. [M. 7. —]
Vielfach auf die Schweiz *Bezug nehmend.*

Mattern, E. Die Ausnutzung der Wasserkräfte. Technische und wirtschaftliche Grundlagen — Neuere Bestrebungen der Kulturländer. 2., sehr vermehrte Aufl. Mit 256 Abbildungen im Text X + 652 S. 8. Leipzig, Wilhelm Engelmann, 1908 [M. 24 —]

Der Thalsperrenbau und die Deutsche Wasserwirthschaft. Eine techn. u. wirthsch. Studie über d. Frage der Niedrigwasservermehrung d. Ströme aus gemeinsamen Sammelbecken f. Hochwasserschutz, Kraftgewinnung, landwirtschaftl. Bewässerung u. Schiffahrtszwecke von E. Mattern, Reg.-Baum. *Berlin A. Schlegel 1902* (VI, 100 S.) 4°(8°) [02. 8136

Mattern, E., der Thalsperrenbau u. d. deutsche Wasserwirthschaft. Eine techn. u. wirthschaftl. Studie über die Frage der Niedrigwasservermehrg. d. Ströme aus gemeinsamen Sammelbecken f. Hochwasserschutz, Kraftgewinnung, landwirthschaftl. Bewässerung u. Schiffahrtszwecke. Lex.-8. (VII, 100 S.) Berlin 902 Polytechn. Buchh. A. Seydel. n. 3. —; geb. in Leinw. n. 3. 75

Mattern, Jos., Friedrich's des Großen Wirksamkeit in Schlesien. Inaugural-Dissertation. gr. 4. (34 S.) Gleiwitz 875. (Jena, Deistung's Buchh.) *

Mattern, Julius, Das Hausiergewerbe in Schlesien. Schriften d. Vereins f. Sozialpolitik, Bd. 82. gr. 8°. Leipzig 1899.

Mattern, Julius [app. Arzt] Ueber die Verwendung der Borsäure zur Conservirung von Nahrungsmitteln München, M. Pössenbacher'sche Buchdr. (Eigenthümer Carl Franz), 1889 28 S. 8°
München, Med. Fak., Inaug.-Diss. v. 1889

MATTERN, Julius: Ueber die Verwendung der Borsäure zur Conservirung von Nahrungsmitteln.- München: Franz 1889. 28 S.
29.7.1889 - Chr 1889/90,27; Jv 1889/90,226
Diss. Ingolst.-Landsh.-Mchn.

Mattersdorf, Arthur [pr. Arzt in Hermsdorf u. Kynast]: Ueber Castration wegen Atresie der Genitalien Breslau, Druck v. Grass, Barth & Comp. (W. Friedrich) 1890, 30 S. + 1 Bl. 8°
Breslau, Med. Fak., Inaug.-Diss. v. 25. März 1890

Mattersdorf, Eduard Isr. (geb. Brieg 1799) De epilepsia. Berolini 1823. 31 S. 8°
Berlin, Med. Diss. v. 8. März 1823

Mattersdorf, Eduard Israel (Schlesien), De epilepsia. Berlin (J. Fr. Starck) 8. III. 1823. 32 S. mit Biogr. (3.—) 22380
Oppon.: A. Herzog, F. Scholz, B. Friedlaender.

Mattersdorf, Georg [pr. Arzt] Allgemeines Oedem der Frucht und der Placenta ... Breslau, Druck v. Th. Schatzky, 1891; 25 S., 3 Bl. 8.
Breslau, Med. Fak., Inaug.-Diss. v. 22. Dez. 1891

Mattersdorf, Herm. (geb. Brieg 4. 8. 1810) De anencephali cum novissimi casus anencephali post partum vivi expositione. Berolini (1830) (20 S.) 4°
Berlin, Med. Diss. v. 13. Febr. 1830

Mattersdorf Selig (geb. Brieg 1801) De catalepsi (Berolini 1823.) 27 S. 8°
Berlin, Med. Diss. v. 9. Okt. 1823

Mattersdorf, W(olfius): • De Cassio Severo Oratore. 124 S. 8° (4°)
Halle-Wittenberg, Phil. Diss. v 25 April 1860
Geb. Neumarkt (Schles.) 5. 5. [18..]. V

Mattersdorff, Wilhelm

Mattersdorff, W., die Bahnmotoren f. Gleichstrom, s.: Müller, M.

Mattersdorff, (Wilh.), die Berliner Strassenbahn-Verkehrsnot. (30 S. m. 5 Abbildgn. u. 3 farb. Taf.) Lex. 8. Berlin 908. J. Springer. 2. 40

Mattersdorff, Wilhelm: Untersuchung der den städtischen Verkehr bestimmenden Einflüsse und Nutzanwendung der Ergebnisse bei Verkehrsschätzungen. (Berlin: Springer) [1907]. 42 S., 4 Taf. 4°
¶ Buchausg. u. d. T.: Städtische Verkehrsfragen. Untersuchung der ...
Berlin, Dr.-Ing.-Diss. v. 28. 6. 1907

— Städtische Verkehrsfragen. Untersuchung der den städt. Verkehr bestimm. Einflüsse u. Nutzanwendg. der Ergebnisse bei Verkehrsschätzgn. Mit 34 Fig. auf 4 lith. Taf. (III, 42 S.) Lex. 8. Ebd. 907. 2. 40

Matterstock, G. K., Beiträge zur Lehre von der Percussion des Herzens, s. Festschrift zur dritten Saecularfeier der Alma Julia Maximiliana.

—— die Krankheiten der Verdauungsorgane, s. Handbuch der Kinderkrankheiten.

Matterstock, über den Syphilisbacillus. gr. 8. (3 S.) Würzburg 886, Stahel. *
Aus: Sitzungsberichte der physikalisch-medicinischen Gesellschaft zu Würzburg, besonders abgedruckt.
Vergriffen.

Mattes, Fr. W., Realienbuch, s. Hüffner, J.

Mattes, Franz, Medizinalprakt. a. Ravensburg: Über Darminvagination infolge von Darmtumoren nebst e. kasuist. Beitr. aus d. chir. Univ.-Klinik zu Freiburg i. B. Freiburg i. B. 1909: Caritas-Dr. 92 S. 8°
Freiburg i. B., Med. Diss. v. 1909, Ref. Kraske
[Geb. 31 Jan. 83 Horb a. N.; Wohnort Freiburg i. B.; Staatsangeh.: Württemberg; Vorbildung Gymn. Ravensburg Reife Juli 02; Studium: Freiburg i. B. 6, München 4, Heidelberg 1 S., Coll. 26. Febr. 09.] [U 10. 988

Mattes, Hugo, Gerichtsaccessist in Worms Das Gemeinschaftliche Testament nach dem Bürgerlichen Gesetzbuche. *Worms 1902: H. Fischer.* (84 S.) 8°
Giessen, Jur. Diss. v. 1902

Mattes, Karl, ist die Amortisation e. Urkunde zulässig, die der Antragsteller selbst, absichtlich od. unabsichtlich vernichtet hat? Ein Beitrag zur Lehre der Kraftloserklärg. von Urkunden. gr. 8. (IV, 48 S.) Stuttgart 899. W. Kohlhammer. n. 1. —

Mattes, Wenzeslaus, was ist der Priester? Predigt zur Primizfeier des Hochwürd. Herrn Paul Mattes gehalten den 8. Septbr. 1845. gr. 8. Tübingen 846. Laupp. n. 1/4 ℔

Mattes-Jaworska, Emma, diätetische Küche f. Kranke u. Gesunde. Nebst e. Anh. über die Wirkg. u. Verwendg. der Speisen am Krankenbette v. W. Jaworski. gr. 8. (XIV, 511 S.) Wien 899. F. Deuticke. n. 5. 50; geb. n. 6. —

(Ch. Matteucci), Quelques considerations addressées par un Italien à l'assemblée nationale à Francfort. Au sujet des négociations sur l'Italie. Francfort s. l. M., Ch. Horstmann, 1848. 15 S. 8°.

Matth, s. Math.

Mattha, Gust. Fr., († d. 21. Sept. 1801.) erleichterte Anweisung zur Erlernung des latein. Genus, zum Gebrauch der Schulen. 8. Leipz. 779. ((Joachim). 2 gl

—metaphrasis Psalmorum elegiaca. 8. Leipz. 780. Heinsius. 3 gl

—versio Psalmorum elegiaca. Sect. I. 8. Torgau 796. (Feind, Leipz.) 5 gl

Matthaei, s.a. M a t t h a e u s

Matthaei, der Alkohol als Störenfried in den Kolonien u. daheim, s.: Tages- u. Lebensfragen. 26.

— die Erhöhung der Kriegstüchtigkeit e. Heeres durch Enthaltung vom Alkohol. Ein Vortrag vor den Offizieren der Garnison Danzig. gr. 8. (16 S.) Dresden 901. O. V. Böhmert. n. — 20
Sonderabdruck aus: „Der Alkoholismus".

Matthaei, die Förderung der Enthaltsamkeitsbewegung durch die Arbeiter od. Der Ausstand gegen den Alkohol, s.: Antialkohol-Schriften. I.

— die Milderung der modernen Entartung durch Beschützung der Jugend vor der Alkoholgewöhnung. (12 S.) 8. Flensburg 906. Deutschland Großloge II. — 15

— die Schädlichkeit mäßig. Alkoholgenusses, s.a. Tages- u. Lebensfragen. 25.

Matthaei, Dr., Oberstabsarzt. Die Schädlichkeit mässigen Alkoholgenusses. Leipzig 1900. 31 S. Mk. —.50.

— nicht Trinksitten, sondern Alkoholkrankheit, s.: Antialkohol-Schriften. 2. Hft.

Matthäi zu Verden, Dr. jur., einige Worte über Eisenbahnen, in besond. Beziehung auf das Königreich Hannover. gr. 8. Hannover 838. Helwing. 1/4 rf

Freude, holdes Götterkind. [Komp. von] A. Matthäi. o. O. u. J. 1 Bl. 4°. [Kopftit.]
Mit Noten. **21.**

Matthaei, A. L. (Bearb.), s. B i d p a i : Weisheit d. Indier in Fabeln.

Matthäi, Adm. Rud. Geo. Cph., (als Jude, Simon,) († d. 15. Jan. 1779.) Abhandl. von d. Verläumdung, was von derselben in d. heil. Schrift u. in d. Talmud. u. Rabbin. Schriften angetroffen wird. 4. Nürnb. 765.

—Beschreib. des jüd. Jom Chippur, d. i. Versöhnungsfestes. 4. Nürnb. 760.

Matthaei, A. R. G. Ch., Beschreibung des jüdischen Neujahrsfestes. Nürnb. 1753. 4.

—Beschreib. des jüd. Neujahrsfestes. 4. Nürnb. 755. 8 gl

—Beschreib. des jüd. Purimfestes, nach ihrer Lehre u. gewöhnl. Gebräuchen. 4. Nürnb. 758.

—Beschreib. des jüd. Sabbaths. Mit Jh. Jak. Pfitzers Vorrede. 4. Nürnb. 750. Haueisen. 5 gl

Matthaei, A. G. C., Beschreibung d. jüd. Sabbats. Nürnb. 1751. 4.

— — d. jud. S a b b a t h s. 4. Nrnb. Haueisen. 754.

—Samml. Talmud. Lehrsätze von d. Fürtrefflichkeit e. friedfertigen Lebens der Menschen auf Erden ꝛc. 4. Schwabach 763.

—das Verderbniß des heutigen Judenthums. Aus d. Talmud. u. Rabbin. Schriften gezogen. 4. Nürnb. 752. Haueisen. 4 gl

— — — und Verderbniß des Judenthums zusammengedruckt. 4. Anspach. 754.

Matthaei, Adelbert Zu dem Artikel „Hans Gudewerdt's A l t a r für Dänischenhagen v Dr Gustav Brandt" Von –. Ausschnitt aus: Kieler Zeitung, Gr Ausg., Nr 17779,1 vom 5 Februar 1897 Fol., in 8° gebunden

Matthaei, Adelb., deutsche Baukunst seit dem Mittelalter bis zum Ausg. des 18. Jahrh., s.a. A u s Natur u. Geisteswelt.

Deutsche Baukunst im Mittelalter Von Prof. Dr. Adelbert Matthaei. Leipzig B. G. Teubner 1899. (IV, 155 S.) 8° [F.]
= Natur, Aus, u. Geisteswelt. Bdch. 8. 08. 1804 3

Deutsche Baukunst seit dem Mittelalter bis zum Ausgang des 18. Jahrhunderts. Von Dr. Adelbert Matthaei, Prof. Mit 62 Abb. u. 3 Taf. Leipzig · Teubner 1910. IV, 131 S. 8°
(Aus Natur u. Geisteswelt. Bdch. 326.) 10. 13510

Matthaei, Adelbert [Dr.]: Beiträge zur Baugeschichte der Cistercienser Frankreichs und Deutschlands m. bes. Berücks. d. Abteikirche zu Arnsburg in d. Wetterau ... '(M. 8 Taf. u. mehr. Abb. im Text.)' [Ohne d. Taf.] Darmstadt, A. Bergstræsser, 1893; 4 Bl., 67 S. 8.
Giessen, Phil. Fak., Hab.-Schr. v 1893

Matthaei, Adb., Didaktik u. Methodik d. Zeichenunterrichts u. d. künstler. Erziehung in höheren Schulen. [Aus: „A. Baumeister's Handbuch der Erziehungs- u. Unterrichtslehre f. höh. Schulen".] gr. 8. (95 S.) München 895. C. H. Beck. n. 2. —

— dasselbe, s.: Handbuch d. Erziehungs- u. Unterrichtslehre f. höh. Schulen.

— Die baukünstlerische Entwicklung D a n z i g s vom Ausgang des 18. Jahrh. bis zur Gegenwart, m. e. Rückblick auf die früheren Epochen. Vortrag, geh. am 15. XI. 1907 in dem Danziger Verein f. Kunst u. Kunstgewerbe. (23 S.) gr. 8. Danzig 908. A. W. Kafemann. — 50

Kurzer Führer durch die Burg Rheinstein und ihre Sammlungen. (Verf. A[delbert] M[atthaei].) Kiel 1905. Schmidt & Klaunig (63 S.) 8° 08. 3301

Matthaei, Adelbertus Die Haendel Ottos II mit Lothar von Frankreich (978—980) nach den Quellen dargestellt mit besonderer Beruecksichtigung Richers. Halis Saxonum 1882 Ploetz. 55 S. 8°
Halle-Wittenberg, Phil. Diss. v [6. Jan.] 1882
Geb. Heide-Gersdorf (Kr Bunzlau) 4. 7. 1859. V

— z. Kenntnis d. mittelalterl. Schnitzaltäre Schleswig-Holsteins, s.a Beiträge zur Kunstgeschichte Schleswig-Holsteins.

Zur Kenntnis der mittelalterlichen Schnitzaltäre Schleswig-Holsteins. M. e. Verzeichnis der aus d. Zeit bis 1530 im Thaulow-Museum in Kiel vorhandenen Werke d. Holzplastik. Von Dr Adelbert Matthaei, a.o. Prof. an d. Christ. Albr.-Univ. Gedr auf Kosten d. Thaulow-Mus. in Kiel. *Leipzig: E. A. Seemann 1898.* (200 S., 1 Bl., 1 Kt.) 1 Bd 4. (8.)
= Beiträge z. K u n s t g e s c h i c h t e Schleswig-Holsteins. [Bd] 1 93.6471 K.

Matthaei, Adelbert Die bildende Kunst (in Schleswig-Holstein) Von · Sonderabdruck aus „Schleswig-Holstein meerumschlungen" Kiel 1897 4⁰

— die bildende Kunst u. das Volksleben in Deutschland. schmal gr. 8. (68 S.) Kiel 902. Lipsius & Tischer. n. 1. —

Die Lage der Baukunst in der Gegenwart und die Erziehung zum Architekten an unseren technischen Hochschulen. Rede, geh. bei Übernahme d. Rektorats d. Kgl. Techn. Hochschule Danzig 1. Juli 1909 von Adelbert Matthaei. Danzig: John & Rosenberg 1909. 23 S. 8° [09. 14978 10

Schillers Ringen um eine Weltanschauung. Rede zum Gedächtnis des 100jährigen Todestages Friedrich Schillers, geh. am 9. Mai 1905 in der Aula der Kgl. Technischen Hochschule zu Danzig von Adelbert Matthaei. Danzig: Kafemann 1905. 28 S. 8⁰

Die Sammlungen auf Burg Rheinstein, nach ihrem wesentl. Inhalt dargest. von Adelbert Matthaei. Kiel 1903 (Schmidt & Klaunig). (45 S.) 4° [08. 5906

— Moritz v. Schwind. Rede, geh. bei der vom Direktorium des schleswig-holstein. Kunst-Vereins in der Aula der Universität zu Kiel am 21. I. 1904 veranstalteten Feier des 100-jähr. Geburtstages des Meisters. Mit e. Verzeichnis der wichtigsten Arbeiten Schwinds. (53 S.) gr. 8. Kiel 904. Lipsius & Tischer. n. 1. —

— das bewußte Sehen in der Schule. Ein Lehrbuch d Zeichenunterrichts f. Gymnasien, unter Berücksicht. der Beschlüsse der Berliner Schulconferenz vom Dezbr 1890 I Die Verfassg. d. Zeichenunterrichts II. Der Lehrstoff gr 8 (VII, 55 S) Gießen 891 J Ricker n — 80

Die Stellung der bildenden Kunst im Volke während der wichtigsten Epochen unserer Kunstgeschichte. Vortrag, auf Veranlassung des Direktoriums des Schleswig-Holsteinischen Kunstvereins geh am 28 Februar 1895 in der Aula der Universität zu Kiel v Adelbert Matthäi. Kiel 1895 8°

— die städtische Verwaltung u. die Pflege d. bildenden Kunst in Schleswig-Holstein. Referat auf d. Schleswig-Holstein'schen Städtetag v. 5. VI. 1901 in Oldesloe. gr. 8. (32 S.) Ebd. 901. n. — 80

Matthaei, Adelbert Kurzgefasster vorläufiger Wegweiser durch die Sammlungen des kunstgewerblichen Thaulow-Museums zu Kiel Kiel 1896 8⁰

— Werke der Holzplastik in Schleswig-Holstein bis zum J. 1530. Ein Beitrag zur Entwicklungsgeschichte der deutschen Plastik. Mit Text u. 46 Taf. in Lichtdr. 2 Bde. Leipzig 901. Seemann & Co. n. 60. —
1. Text. Lex.-8. (IX, 249 S. m. 1 Karte.) Geb. in Leinw.
2. Tafeln. gr. Fol. (IV S. Text.) In Leinw.-Mappe.

Matthaei, Adelbert [Dr.]: Der Zeichenunterricht am humanistischen Gymnasium und sein Verhältnis zu den übrigen Unterrichtsfächern. (Gießen, Druck v. W. Keller, 1890); 17 S. 4°
Gießen, großh. G, OP 1890

Matthaei, Abb. Der Zeichenunterricht am humanistischen Gymnasium u. sein Verhältnis zu den übrigen Unterrichtsfächern. 4. (17 S.) Lpz. 890, Fock. * — 80

Matthaei, Adph., de dialecto Pythagoreorum. Inaugural-Dissertation. 8. (48 S.) Göttingen 878, (Vandenhoeck und Ruprecht's Verlag.) *

Matthaei, Adolf Lebenserinnerungen von Johann Diedrich Rohde ⟨1842—1864⟩ Nebst 2 Anh. v. Prof. [Georg] Hindrichson und Dir Dr. K[arl] Lohmeyer. (Cuxhaven 1909: Rauschenplat) 63 S. 8°
Kuxhaven, h. Staats-S, G i. E. u. R P 1909 (979) [S 09. 312

Matthaei, Adf., s.a. Rohde, Joh. Diedr., Lebenserinnergn.

Matthaei, Adf., über den Zusammenhang im dritten Artikel des apostolischen Symbols. gr. 4. (14 S.) Hamburg 884, (Nolte.) **

Matthaei, Albert

Matthaei, A., Fürchtet euch nicht! Gedichte. 12. (X, 159 S.) Stuttgart 890. Deutsche Verlags-Anstalt. n. 2. —; geb. n. 3. —

Matthaei, Alb. Fürchtet euch nicht! Gedichte. 12. (X, 159 S.) Stuttg. 891, Deutsche Verlags-Anstalt. * 2 —; geb. * 3 —

Matthäi, Alb., Gedichte. (224 S.) 8. Stuttgart 904. J. G. Cotta Nachf. n. 3. —; geb. in Leinw. n. 4. —

[Lied.] Den Schwestern gesungen in der Loge Minerva zu den drei Palmen am 20. März 1831 von W[ilh.] Gerhard und A[ug.] Matthaei. [Leipzig 1831.] 1 Bl. 8⁰ [Kopftit.]
Ohne Noten: „Wer ein heitres Liedchen singt, . . ." 281.

Matthaei, August Gottfried

— — De quaestione an nominatio socii criminis sub tortura fieri debeat? Occas. const. crim. art. XXXI. Präs. Christ. Gottfried Hoffmann. Frankfurt/Oder (T. Schwartz) 20. IV. 1726. 46 S. (4.—) 22383
Gew.: Heinrich von Bunau, Heinrich von Bunau (Sohn). — Widm. v.: Christ. Gottfried Hoffmann.

— — De quaestione an nominatio socii criminis sub tortura fieri debeat? Präs. Christ. Gottfried Hoffmann. Frankfurt/Oder (T. Schwartz) 20. IV. 1726. 1756. 48 S. (—.—) 22384

Matthaei, August Gottfried (Dresden), Sigismundum, Romanorum Imperatorem, Germaniae, Hungariae, Bohemiae Regem. Präs. Carl Wilh. Gaertner. Leipzig (Fleischer) 10. VII. 1723. 70 S. (4.—) 22381

— — Dasselbe. Leipzig (Fleischer) 10. VII. 1723. 70 S. (4.—) 22382
Gew.: Georg Gottlieb Ritter u. M. Gaertner von Carl Wilhelm Gaertner.

Matthaei, Carl Anton, s Matthaei, Karl Anton

Matthaei, Carl Chr. s. Matthaei, Karl Chr

Matthaei, Carl Heinrich, s. Matthaei, Karl Heinrich

Matthaei, Christian Friedrich

— — **Animadversiones in II. Homilias Chrysostomi. Wittenberg (A. Chr. Charisius) 18. X. 1801. 30. IV. 1802. 32 S. (4.—)** 22390

Matthaei, C. F., Animadversiones in quatuor homilias J. Chrysostomi. Witteb. 795. 8.

Matthaei, Christian Friedrich [Praes.], s. B e y e r, Johann Christian: De homine utrum animantibus brutis corpore praestet?

v. *Matthäi*, Chr. Fr., († d. 26. Sept. 1811.) *Βικτορος πρεσβυτερου Αντιοχειας* etc. catena patrum graecor. in Marcum. II Voll. 8maj. Moskau 775. 3 ℛ 8 𝔤𝔯

Matthaei, C.F. de, *Βικτορος πρεσβυτερου Αντιοχειας* etc. catena patrum graecor. in Marcum. 2 Vol. 8. maj. Rigae, Hartknoch. 775.

Matthaei, Christian Friedrich [Praes.], s. C h a r i t i u s, Carl Christian Ernst: De Theophane Ceramico disputatio pars I: de Theophane interprete.

— f. C h r y s o s t o m u s.

- s. **C o d e x** graecus.

—commentatio in libellum Plutarchi περὶ δυσωπίας. 4. Moskau 777.

—curiae Variscorum. 8maj. ... 804.

— — **De Dionysio Halicarnassensi. Wittenberg (C. Chr. Dürr) 9. VII. 1789. 20 S. (4.—)** 22389

Matthaei, C. F., Progr. de Dionysio Periegete. Misn. 788. 4.

- s. **E u t h y m i u s.**

- s.a. **G l o s s a r i a** graeca.

— **G l o s s a r i a** graeca minora et alia anecdota. 4. Rigae, Hartknoch. 774.

- s. **G r e g o r i i** Nazianz.

- s. **G r e g o r i i** Thessalon.

—index codicum Msptorum graecor. bibliothecarum Mosquensium etc. 4. Leipz. 780. Hartknoch. 1 ℛ 6 𝔤𝔯

- s. **I s o c r a t i s.**

Matthaei, Christian Friedrich [Praes.], s. K r a u s e, Johann Friedrich: Vindiciae capitis ultimi evangelii Joannis.

Matthaei, C. F.,

— Lectiones Mosquenses, in quibus opuscula varia nunc primum evulgantur. Graece. Lips. 779. 2 Vol. 8. 14 gr.

—lectiones Mosquenses. II Voll. 8maj. Leipz. 779. Schwickert. 14 𝔤𝔯

— griechisches Lesebuch für Anfänger. 8. Wittenb. Zimmermann. 791.

Matthaei, Christian Friedrich [Praes.], s. L o b e c k, Christian August Dii veterum adspectu corporum examinium non prohibiti.

- s. **N e m e s i u s** Emesenus.

v. *Matthäi*, Chr. Fr., notitia codicum Msptor. graecor. bibliothecar. Mosquensium etc. Fol. maj. Moskau 776. 1 ℛ 12 𝔤𝔯

—accurata codicum graecorum Mss. bibliothecarum Mosquensium sanctissimae synodi notitia et recensio etc. II Voll. 8maj. Leipz. 805. Joachim. 2 ℛ

— Progr. in quo Dionysii Perieg. locus tractatur. Misn. 788. 4.

—über die sogenannten Recensionen, welche Bengel, Semmler u. Griesbach in d. griech. Text d. Neuen Test. wollen entdeckt haben. gr. 8. Ronneb. u. Zwickau 804. Schumann. 9 𝔤𝔯

— **Christian Friedrich, Annuam memoriam Beneficii Vitzthumiani solemniter celebrandam indicit .... Insunt scholia inedita ad Iliad. T. Dresden (H. W. Harpeter) 26. I. 1786. 14 S. mit Namen. (4.—)** 22387

— — **Ineditorum scholiorum ad Il. T. continuatio et finis. Dresden (H. W. Harpeter) 21. XII. 1786. 8 S. mit Namen. (4.—)** 22388

—syntaxis latina, in usum juventutis Russicae, ad normam. grammaticae Marchicae majoris conformata. 8maj. Moskau 780.

- s. **S y n t i p a e** Persae.

- s.a. **T e s t a m e n t u m** nov. graece.

— nov. **Testam.** XII tomis distinct. graece et lat. P. I. Apostolorum septem epistolae catholicae. 8. maj. Riga. (Hartknoch, Lips.) 781.
S. P.

— — P. II. S. Lucae Acta Apostolor. 8. maj. ibidem. 781.
S. P.

Matthaei, C. F. de, nov. **Testam.** XII tomis distinct. gr. et lat. P. III. D. Pauli Epist. ad Rom., Tit. et Philemon. 8. maj. Rigae, Hartknoch. 782. Rthlr.
S. P.

— — P. IV. Epist. I. et II. ad Corinthios. 8. maj. ibid. 783.
S. P.

— — P. V. Epist. P. ad Hebraeos et Coloss. 8. maj. ibid. 784.
S. P.

— — P. VI. Epist. P. ad Calatos, Ephesios et Philippens. 8. maj. ibid. 784.
S. P.

— — P. VII. P. Epist. ad Thessalonicens. et ad Timoth. 8. maj. ibid. 785.
S. P.

— — P. VIII. Ioann. Apocalypsis. 8. maj. ibidem. 785.
S. P.

— — P. IX. Lucae Evangel. 8. maj. ibid. 786.
S. P.

— — P. X. Ioannis Evangel. 8. maj. ibid. 786.
S. P.

— — P. XI. Evangel. Matthaei. 8. maj. ibid. 788.
S. P.

— — P. XII. Evang. Marci. 8. maj. ibid. 788.
S. P.

—vetustum ecclesiae graecae Constantinop. ut videtur. 8maj Leipz. 791. Breitkopf u. H. 8 Gr.

s Jos. Xiphilini.

— **Christian Gottlob** (Annaberg), De successione filiorum in res utensiles maternas ex juribus civitatum Dresdensis ac Lipsiensis. Präs. August Friedrich Schott. Leipzig (Langenheim) 15. IV. 1767. 32 S. (4.—) 22391

Gew.: Hanns Gotthelf von Globig. — Widm. v.: August Friedrich Schott.

Matthäi, E., Rom u. die Humanität, oder der gegenwärtige Kampf in Schlesien. gr. 8. Leipzig 844, O. Wigand. n. 1/3 Thlr.

— **Eduard** (Anhalt/Bernburg), De nostalgia. Halle/Sachs. (Heynemann) 6. IV. 1844. 32 S. u. Biogr. (M.: J. Eisfeld.) (3.—) 22392

Advers. partes suscep.: J. Herdtmann, F. Isermann. — Gew.: Seinem Vater (Chr. Phil. Matthaei), Aug. Matthaei, Carl Matthaei (Brüder).

Matthaei, Fr., s. Euthymii Zigabeni Commentarius in IV. Evangel.

Matthaei, Fr Jos Trauer-Rede ueber den hochseligen Hintritt weiland des hochwürdigen in Gott andächtigen gnädigen und hochgelehrten Herrn Benedictus Haas, des berühmten Benediktiner-Klosters Maria-Munster in der Haupt-Stadt Lützemburg würdigsten Abten und Herrn zu Rodenborn, Enschringen, Entringen, Sprinkingen, Holzem etc. etc., der Landes-Ständen des Herzogthums Lützemburg Mitgliedes, und auf viele Jahre Deputirten Gesprochen bey feyerlichem desselben Leich-Begängnisse in dem Abteilychen Gottes-Hause unserer Lieben Frauen Maria-Münster den 12 und 13 Aprilmonates 1771 Lützemburg Wittib J B. Kleber 1771 22 S in fol

Matthäi, Friedr., die deutschen Ansiedelungen in Rußland. Ihre Geschichte und ihre volkswirthschaftl. Bedeutung für die Vergangenheit und Zukunft. Studien über das russ. Kolonisationswesen und über die Herbeiziehung fremder Kulturkräfte nach Rußland. gr. 8. (XV und 391 S.) Leipzig 866, Fries.

Matthaei, Friedr., Beiträge zur landwirthschaftlichen Organisation Ungarns. gr. 8. (VII und 288 S.) Leipzig 857, Voigt und Günther. *

Matthäi, Friedr., der auswärtige Handel Russlands. gr. 8. (254 S.) St. Petersburg 874, Röttger. *

Matthaei, Friedr., die wirthschaftlichen Hülfsquellen Russlands und deren Bedeutung für die Gegenwart und die Zukunft. 17 Lfgn. oder 2 Bde. gr. 8. (VIII, 423 S. mit 2 Tab.; VIII, 531 S.) Dresden 883,84, Baensch. à Lfg. * ℳ 1. *

—— die Industrie Russlands in ihrer bisherigen Entwickelung und in ihrem gegenwärtigen Zustande mit besond. Berücksicht. der allgemeinen russ. Manufaktur-Ausstellung im J. 1870. Industrielles Handbuch für das Gesammtgebiet des russ. Reiches. 2 Bde. gr. 8. Leipzig, Fries. [1. Bd. (XVI, 409 S.) 872. * ℳ 8.; 2. Bd. (VII, 23 S.) 873. * ℳ 11.] *

Matthäi, Friedrich. Verzeichniss der Königlich Sächsischen Gemälde-Galerie. Dresden 1837. 8°.

Matthaei, Friedrich Ant Levin

– s Berquins Tagebuch.

Matthäi, Fr. Ant. Levin, der Besuch auf d. Lande, od. moral. Erzähll. f. d. Jugend. 8. Götting. 817. Vandenhöck u. R. 18 Gr.

Matthäi, Friedr. Ant. Levin, Confirmationsrede. gr. 8. (2 B.) Göttingen 836, Kübler. (?) *

– s. Lieder für Freimaurer.

Matthäi, Friedr. Ant. Levin, die Offenbarung Johannes a. d. Griech. übers., u. mit e. vollständ. Erklär. begl. 2 Thle. (1. Thl. Uebersetzung. 2. Thl. Erklärung.) gr. 8. (14 B.) Göttingen 828, Dieterich.

—die Offenbarung Johannis aus d. Griech. übersetzt u. mit einer vollständ. Erklärung begleitet. 1r Thl. Uebersetzung. 2r Thl. Erklärung. gr. 8. Götting. 830. Dieterich. 16 Gr.

— Pilpai, Weisheit d. Indier, s. Pilpai.

—— Hellenikos mytholog.-maler. Reisen durch Griechenland, den Archipelagus, Sicilien u. Unter-Italien, mit steter Rücksicht auf Wissenschaft, Kunst u. Sitte d. ält. u. neu. Zeit. Enth. die Sagen d. Vorzeit d. Griechen u. Römer, nach den Gegenden erzählt u. erklärt, welche d. Schauplatz derselben waren, nebst e. Nachricht von d. dadurch veranlaßten Werken d. Bildhauerei u. Malerei. Für junge Frauenzimmer u. Jünglinge aus d. gebild. Ständen. Zur Bildung ihres guten Geschmacks u. e. richt. Urtheils üb. Kunstgegenstände, so wie z. Beförderung d. bess. Verständnisses d. Werke d. schönen Literatur verfaßt. 2 Thle. (à 2 Lfgn.) Lex.-8. Leipzig, Baumgärtners Buchh. [1. 1. (8½ B., 9 Kpfrt. u. 5 Holzsch.), 2. (8 B., 4 Kpfrt. u. 3 Holzsch.) 835., 2. 1. (9 B., 7 Kpfrt. u. 6 Holzsch.) 835., 2. (10¾ B., 9 Kpfr. u. Holzschn.) 836. à L. * 1 Thlr] *

—Samml. merkwürd. Reisen f. die Jugend. 2 Bde. Mit Kpf. 8. Hannov. 807—10. Hahn. 1 Thlr. 16 Gr. (1r Bd. enth. John Turnbulls Reise um die Welt f. die Jugend. Mit 2 Kpf. 2r Bd. enth. Vivant Denons Reise f. d. Jugend. Mit 1 Kpf. 20 Gr.)

—Spaziergänge mit meinen Zöglingen. 2 Bdchn. 12. Hannov. 805, 6. Hahn. 18 Gr.

—prakt. deutsche Sprachlehre, oder Anweis., das Deutsche auf eine leichte Art richtig zu lernen. 8. Götting. 821. Vandenhöck u. R. 16 Gr.

—suchet in der Schrift, od. Anleit., die Bibelsprache üb. die christl. Glaubens- u. Sittenlehre, welche im Hannövrischen Landes-Katechismus enthalten sind, richtig zu verstehen u. auf das Leben anzuwenden. gr. 8. Hannov. 827. Helwing. 12 Gr. Mit 1 Kpf. 16 Gr.

Matthaei, G. A., Diss. med. inaug. de consensu etc. 8maj. Götting. 808. Dieterich. 3 gl

Matthaei, G[eorg], Prof. Dr.: Beiträge zur Geschichte der Siegfriedssage. (Groß-Lichterfelde) 1905: (J. Unverdorben.) (34 S.) 8°
Groß-Lichterfelde, G u. RG OP 1905 (82)

Matthaei, Georg · [Direktor Dr. Otto Hempel † 25. Jan. 1903.] S. 30—35. 4. Progr. Gymn. *Groß-Lichterfelde* 1903 (83).

Matthäi, Geo., die Klosterpolitik Kaiser Heinrichs II. Ein Beitrag zur Geschichte der Reichsabteien. Inaugural-Dissertation. gr. 8. (107 S.) Grünberg 877, Levysohn. *

Matthaei, Georg, Prof. Dr [Nachruf und Gedächtnisfeier für den Direktor Dr. Otto Hempel.] *Gr.-Lichterfelde (1903): J. Unverdorben.* (S. 30—36.) 4°
Groß-Lichterfelde, G, P 1903 (83)

Matthaei, Georg [Oberl. Dr.]: Die lombardische Politik Kaiser Friedrichs I. und die Gründung von Alessandria. Gross-Lichterfelde, Hofbuchdr. Gebr. Radetzki, Berlin, 1889; S. 3—37; 4°
Gross-Lichterfelde, PG, OP 1889 (76)

Matthaei, Georg Christian Rudolph

Matthäi, Geo. Chrstn. Rud., Auslegung d. Evangeliums Johannes z. Reform d. Auslegung desselben. 1. Bd. Enth. d. vorbereit. Gegenstände, darunter d. Begründ. d. Reform u. d. Auslegung von 1, 1—14. gr. 8. (25 B.) Göttingen 837, Kübler. (?)

Matthäi, Geo. Chrstn. Rudo., neue Auslegung d. Bibel, zur Erforschung u. Darstell. ihres Glaubens begründet; mit Charakteristik d. neuesten theolog. Grundsätze, Richtungen u. Parteien. gr. 8. (45 B.) Göttingen 831, Vandenhoeck u. Ruprecht.

Matthäi, G. C. R., die Auslegung des Vaterunser nach dem höchsten Grundsatze der Auslegung des neuen Testaments. gr. 8. (XIV und 162 S.) Göttingen 853, Wigand. *

Matthaei, Geo[rgius] Ch[ristia]n[us] Rud[olphus], Theol. et phil. Dr Doctrina Christi de jurejurando. Halae 1847 Schwetschke. VIII, 46 S. 8°
Halle-Wittenberg, Theol. Hab.-Schr [und Nostrif.-Abhdlg.] v 9. Jan. 1847
Geb. [Hameln 28. 9. 1798]
Im Buchhandel Braunschweig Schwetschke.

—— die Lehre v. Geiste, wider ihre Gegner allseitig gerechtfertigt. gr. 8. (14½ B.) Göttingen 834, Vandenhoeck u. Ruprecht.

—— die Macht u. Würde d. Fürsten, auf christl. Standpunkte; Mit Rücksicht auf die Gegenwart. gr. 8. (27 B.) Leipzig 841, Fr. Fleischer.

—— der Mysticismus, nach seinem Begriffe, Ursprunge u. Unwerthe; f. alle höher Gebildeten zuerst streng wissenschaftl. dargest. u. geschichtl. erläut. 8. (13 B.) Göttingen 832, (Vandenhoeck u. Ruprecht.)

Matthaei, (G. C. R.,) de origine mali, praemissa placitorum praecipuor. apud veteres graecos philosophos principes occurent. brevi censura. 8 maj. Göttingae 824, Vandenhöck et R.

—der Religionsglaube d. Apostel Jesu, nach seinem Inhalte, Ursprunge u. Werthe. 1r u. 2r Bd. 1e Abthlg. gr. 8. Götting. 826 u. 830. Vandenhöck u. R. 6 ℳ 8 gl

—— der Religionsglaube d. Apostel Jesu, nach seinem Inhalte, Ursprunge u. Werthe. 2. Bd. 1. Abthl. gr. 8. (55½ B.) Göttingen 829, Vandenhoeck u. Ruprecht.
1. Bd. Ebendas. 1826. 3 Thlr.

—Synopse d. vier Evangelien, nebst Kritik ihrer Wundererzählungen gr. 8. Götting. 826. Vandenhöck u. R. 12 gl

—— Uebersicht d. Fehler d. neutestamentl. Exegese, u. Anfang d. Kritik d. drei neuesten Commentare z. Evangelium Johannes; als Ankündigung e. „Neuen Ausleg. d. Evangeliums Johannes." gr. 8. (3¾ B.) Göttingen 835, Vandenhoeck u. Ruprecht.

—— das Verhältniß des Christenthums zur Politik nach akadem. Vorträgen. Nebst Fragmenten aus seiner Lehrwirksamkeit. gr. 8. (XX und 155 S.) Göttingen 850, Vandenhoeck und Ruprecht. *

—— Vorträge üb. d. Geist. **1. Hft. 8. (4¼ B.) Göttingen 833, (Vandenhoeck u. Ruprecht.)**

— Gottlob (Laub./Laus.), De malis eruditorum uxoribus. Diss. histor.-morales. Präs. Gottfried Boettner. Leipzig (J. A. Zschau) 19. XII. 1705. (4.—) 22393

— — De malis eruditorum uxoribus, (vulgo) Von den bösen Weibern der Gelehrten. Dissert. histor.-morales. Präs. Gottfr. Boettner. Leipzig (Brandenburger) 19. XII. 1705. (4.—) 22394

— — De malis eruditorum uxoribus. Dissert. moralis. Präs. Gottfried Boettner. Leipzig (J. A. Zschau) 21. XII. 1705. (4.—) 22395

— — De malis eruditorum uxoribus, (vulgo) Von den bösen Weibern der Gelehrten. Dissert. moralis. Präs. Gottfr. Böettner. Leipzig (Brandenburger) 21. XII. 1705. (4.—) 22396

Matthaei, Guido, Referendar: Die Erfüllungsweigerung vor Fälligkeit bei gegenseitigen Verträgen. (Hamburg [1909]: Schröder & Jeve.) 82 S. 8°
Rostock, Jur Diss. v. 30. Nov. 1909, Ref. Fischer
[Geb. 25. Nov 85 Hamburg; Wohnort Hamburg, Staatsangeh.: Hamburg, Vorbildung: Gelehrtensch. d. Johanneums Hamburg Reife M. 03 Studium: Lausanne 2, Leipzig 2, Berlin 1, Göttingen 1 S., Rig. 25 Sept. 09.]
[U 10. 3865

Matthaei, Heinrich Rudolf

— s. Cicero, oratio pro Sexto Roscio Am.

—Handbuch d. Moral u. Religion zur Erläuter. d. Lehrbuchs d. Moral u. Religion, v. J. W. Olshausen. 3 Bde. 8. Schlesw. 800—803. (Altona, Hammerich). 4 ℳ

Matthäi, Hnr. Rud., Nachr. von d. Abschaffung des Beicht- u. Leichengeldes, u. von dem, den Kirchen- u. Schullehrern dafür ausgemittelt. Aequivalente rc. 8. Hannov. 804. Hahn. 10 gl

—die Rettung d. Menschen aus d. Gefahr. Eine Predigt. gr. 8. Hannov. 800. Hahn. 2 gl

Matthaei, Hermann, aus Kölln Die Totenmahldarstellungen in der altchristlichen Kunst. *Magdeburg 1899: Faber.* (46 S.) 8°
Erlangen, Phil. Diss. v. 28. Juli 1897

Matthaei, J. F., Griechisches Lesebuch für Anfänger. Wittenb. 791. 8. 5 gr.

Matthäi, Jh. Chr. Fr., Betrachtt. üb. das Studium der Rechtsgelehrsamkeit. 8. Bresl. 771. Gutsch. 8 gl

Matthaei, Johann Conrad Gottlieb, s M a t t h a e i, Johann Konrad Gottlieb

— Johann Friedrich (Dresden), Exercitatio juridica quaestionem Utrum fideiussor ante solutionem praestitam, contra debitorem ad liberandum agere possit continens. Präs. Fried. Gottlieb Zoller. Leipzig (Langenheim) 1. V. 1771. 15 S. (4.—) 22398
Gew.: Hieronymus Friedrich Stammer.

Matthaei, Jh. Konr. Gli., Diss. inaug. med. de plethorae abdominalis causis et sequelis. 4. Götting. 789. Dieterich. 3 ggr

— Johann Conrad Gottlieb (Calenberg/Hannover), De plethorae abdominalis caussis et sequelis. Tentamen inaug. med. Göttingen (H. M. Grape) 28. VI. 1790. 38 S. (4.50) 22397

Matthaei, Karl Anton

— Carl Anton (Rodenberg/Hessen), De vegetabilibus ad diaetam spectantibus. Diss. inaug. med. Marburg (Nova Typogr. Acad.) 25. X. 1794. 48 S. (4.—) 22385

Matthaei, Karl Chr

M a t t h a e i, Carl Chr., medicin.-psycholog. Gutachten üb. d. Verurtheil. d. Lieutenants Emil de la Roncière vor den Assisen in Paris im J. 1835. gr. 8. (5½ B. u. 1 Abbild.) Hannover 836, Helwing'sche Hofbuchh.

Matthäi, Karl Chr., Handbuch der von Joh. Brown zuerst vorgetragenen Erregungs-Theorie, nach den neuest. Beobachtungen einfach dargestellt. gr. 8. Götting. 801. Röwer. 1 Thlr 8 ggr

—üb. die epidem. Ruhr. 8. Hannov. 797. Hahn. 12 ggr

—Untersuchung über das gelbe Fieber, Beantwort. der von d. Regierung des Herzogthums Oldenburg im J. 1824 aufgegebenen Fragen, die von d. medicin. Facultät in Berlin des Preises würdig erklärt ist. 2 Bde. Mit 1 Uebersichtskarte. gr. 8. Hannov. 827. Helwing. 6 Thlr 12 ggr

Matthäi, Karl Chr., üb. Andr. Röschlaubs Werth als Schriftsteller, Arzt und Mensch, nebst einigen d. Erregungs-Theorie betreffenden Untersuchungen. 8. Frankf. a. M. 802. Fr. Wilmans. 1 Thlr

Matthaei, Karl Heinrich

— Carl Heinrich (Verden), De commercio inter lienem et febrem intermittentem. Göttingen (Fr. E. Huth) 19. V. 1830. 56 S. (3.50) 22386
Gew.: Carl Christ. Matthael (Vater).

Matthaei, Kurt, a. Gotha: Das „weltliche Klösterlein" und die deutsche Minne-Allegorie. Marburg 1907 (Gotha: Engelhard-Reyher). (86 S.) 8°
Marburg, Phil. Fak., Ref. Vogt, Diss. v. 31. Okt. 1907
[Geb. 4. Jan. 85 Gotha; Wohnort: Gotha; Staatsangeh.: Sachsen-Coburg-Gotha; Vorbildung: Realsch. u. Realgymn. Gotha Reife O. 03; Studium: Leipzig 2, Bonn 2, Marburg 4 S.; Rig. 26. Juni 07.]

Matthaei, L., einige Worte üb. Eisenbahnen, in besond. Bezieh. auf d. Königr. Hannover. gr. 8. (5¾ B.) Hannover 838, Helwing'sche Hofbuchh.

Matthäi, M., die Stereometrie, f. den Schulunterricht bearb. Mit 2 (lith.) Figurentaf. (in qu. gr. 4.) gr. 8. (IV u. 43 S.) Breslau 852, Trewendt & Granier. ¼ Thlr

Matthaei, Max [Assistenzarzt im 2. Chevaulegers-Reg. „Taxis"]
Ein Fall von Ringfractur der Schadelbasis durch Sturz vom Pferde
Erlangen, Druck d. Univ.-Buchdr. v. E. Th. Jacob, 1886; 19 S. u. 1 Taf. 8°
Erlangen, Med. Fak., Inaug. Diss. v. 1886.

Matthaei, Moritz

Matthäi. Andeutungen für den Unterricht im Rechnen als Vorstufe des mathematischen Unterrichts. 8 S.
Liegnitz, G., Progr. 1855

Matthäi. Einige Hauptmomente aus der Lehre von der harmonischen Theilung. 8 S. und Figurt.
Liegnitz, G., Progr. 1859

Matthäi, Mor. Über Kettenbrüche und ihre Anwendung auf Ausziehung der Quadratwurzel. 16 S. . . .
Liegnitz, G., Progr. 1844

Derselbe Über die vornehmsten Lehren in der Theorie der specifischen und latenten Wärme. 14 S. . . .
Liegnitz, G., Progr. 1845

Matthäi, Mor. Einige wesentliche Momente fur die Erklärung der Dampfmaschine. 14 S. . . . .
Liegnitz, G., Progr. 1850

Matthaei, Peter, s. M a t h a e i

Matthaei. R.. Der Philoktet d. Sophokles. Pr. 1874. 29 S. 4°. 1.—

Matthäi, R., chronologische Uebersicht der Weltgeschichte. Zum Schulgebrauch. 2. durchges. u. verm. Aufl. Grünberg 868. Weiß. gr. 8. (24 S.) 3 ngr.

Matthaei, R., chronologische Uebersicht der Weltgeschichte. Zum Schulgebrauch. 3. wesentlich verm. Aufl. gr. 8. (26 S.) Grünberg 885, Weiß' Nachf., Verlag. **

Matthaei, Richard [aus Hecklingen in Anhalt]: Über die Percussion des Magens . . . Berlin, Buchdr. v. Gustav Schade (Otto Francke) (1888); 20 + 1 S. + 1 Bl. 8°
Berlin, Med. Fak., Inaug.-Diss. v. 28. Jul. 1888

Matthaei, T Die wirthschaftlichen H i l f s q u e l l e n Russlands und deren Bedeutung für die Gegenwart und Zukunft 2 Theile Dresden 1883 und 1885

M a t t h ä i, W., üb. d. Geschlechtsregister beim Matthaeus. Hannov. 1794. 4

Matthaei, Walter: Das Recht des debitor cessus, dem Cessionar gegenüber mit Forderungen gegen den Cedenten zu kompensieren. *Erlangen 1897: F. Junge.* (91 S.) 8°
Erlangen, Jur. Diss. v. 9. Nov. 1897

Matthaei, Walter: Ueber neuere Vorschläge zur Kaiserschnitt-Operation. Bonn 1910: Foppen. 73 S. 8°
Bonn, Med. Diss. v. 28. Juni 1910, Ref. Fritsch
[Geb. 16. Sept. 83 Nienburg a. W.; Wohnort: Hamm i. W.; Staatsangeh.: Preußen; Vorbildung: Gymn. Hamm Reife O. 04; Studium: Göttingen 5, Marburg 1, Bonn 4 S.; Coll. 26. Mai 09; Approb. 18. Mai 10.] [U 10. 320

Matthäi, Wilh., s. Gang üb. d. Schlachtfeld v. Wörth. Genaue Beschreibg. d. Schlachtfeldes, d. Denkmäler u. d. wichtigsten Kämpfe, nebst Nachrichten üb. d. bei d. Denkmälern ruh. Gefallenen. 12. (IV, 116 S. m. 1 Karte.) Strassburg 895. J. H. E. Heitz. n. 1. —

— dasselbe, s.: Streifzüge u. Rastorte im Reichslande.

Matthäi, Wlh., über das Geschlechtsregister beim Matthäus; ein Beitr. zur Kritik d. N. Test. 8. Hannov. 794.

— deutsche Sprachlehre für Unstudirte. 1s Hft. 8. Hannov. 797.

Matthaei, Wilh. Einhards Translatio SS. Marcellini et Petri in kulturgeschichtlicher Beziehung. 1 Teil. 28 S. **Progr** *Laubach* 1881

Matthaei, Wilhelm O[tto]: Kritische Beleuchtung der Yachtmessverfahren. 1907. 91 S., 1 Taf. 8°
Berlin, Dr.-Ing.-Diss. v. 31. 5. 1907

Matthäikirche, unsere, in 4 Jahrhunderten. 1494—1894. Ein Denk- u. Jubelbüchlein zur Feier ihres 400jähr. Jubiläums (18. Novbr 1894). 8. (44 S. m. Abbildgn. u. Titelbild.) Leipzig 894. A. Deichert Nachf. n.n.n. — 50

Matthaiopoulos, Georg Th aus Piraeus (Griechenland) Zur Kenntniss der α-Halogenketoxime Athen Buchdr Hestia Dr 1897 36 S. 8°
Zürich, Phil. Diss [v 15. Juni 1897].

Matthäus, Hugo, s.: Dekorationen f. Innen- u. Aussen-Architektur.

Prozess Matthaus. Nach stenogr. Aufzeichnungen hrsg. von *F. Steinkirchner* (München 18[illegible]) Druck von G. Schuh 8° Cart. [illegible]
[illegible] Matthaus, Photographensfrau, [illegible] wurde durch Urtheil des Münchner Schwurgerichts wegen zweier Verbrechen des Mordversuchs an ihren Kindern Otto u. Frieda, zu [illegible] J. Zuchthaus verurtheilt.

Matthäus. Organ für die Interessen des Matthäi-Logenbundes. Leipzig, Böhme & Lehmann. 4°.
Jg. III. 1900/01 Nr. 5—12; IV. 1901/02 Nr. 2—6, 10—13; V. 1902/03 Nr. 2, 4, 5.

Matthäus. Organ für die Interessen der Frmrei jüngeren Datums. Hrsg. von der Grossmeisterschaft der Gr. Fr.-L. v. D. [d. h. Grosse Freimaurerloge von Deutschland]. 4°.
Jg. VI. 1903 Nr. 12.

Matthäus, d. Apostel, s.a **Evangelium.**

Matthaeus. Mad-t'ā-yis yi-ger bkod-pai ,p'rin-bzan żes-bya-ba bżugs-so. [Berlin o. J.]

The Gospel according to Saint-Matthew [**Matthaeus** apostolus] w. an explan. a. crit. commentary by Rev. A. J. Maas, S. J., Woodstock Coll., MD. *Freiburg i. B.: B. Herder 1898.* (XLI, 317 S.) 1 Bd 4.(8.)
[98. 6606

Evangelium secundum **Matthaeum** cum variae lectionis delectu ed. Fridericus Blass. *Leipzig: B. G. Teubner 1901.* (XVIII, 110 S.) 8° [01. 2693

Ilivangeli [Evangelium, Nyika-Nyasa] lya ku Mataji [**Matthaeus** apostolus]. Xinyiha. Berlini Ixivanza xya [Brit. and Foreign Bible Soc.] 1904. 103 S. 8°
A 12. 8384

Das Evangelium **Matthaei** übers. u. erkl. von J[ulius] Wellhausen. *Berlin: G. Reimer 1904.* (152 S.) 8° [04. 6738

Matthaeus de Aquasparta, O. F. M., Quaestiones disputatae selectae. Tom I. Quaestiones de fide et de cognitione. (XVI, 480 S.) gr. 8. Ad Claras Aquas (Quaracchi) 903. (Freiburg i/B., Herder.) n.n. 6. —

— dasselbe, s.a **Bibliotheca Franciscana scholastica medii aevi.**

Matthäus v. Paris, Auszüge aus der größ. Chronik, s.a Geschichtschreiber, die, d. deutschen Vorzeit. Nr. 73.

Matthaus von Paris Auszüge aus der grösseren Chronik des M' von P' Nach der Ausgabe der Monumenta Germaniae übersetzt von G[eorg] Grandaur und W[ilhelm] Wattenbach. 8 Leipzig 1890
Die Geschichtschreiber der deutschen Vorzeit XIII Jahrhundert Band 5

[ỹ.] Auszüge aus der grösseren Chronik des **Matthäus** v Paris [Parisiensis]. Nach d. Ausg d. Monum. Germ. übs. v G[eorg] Grandaur u. W[ilh.] Wattenbach. (2. Ausg) *Leipzig: Dyk 1896.* (IX, 311 S.) 1 Bd 8.
= **Geschichtschreiber,** Die, d. deutschen Vorzeit. 2 Gesammtausg XIII. Jh. Bd 5. (= Bd 73.)

Matthaei Vindocinensis Tobias. Ad fidem librorum mss. et impressorum recensuit prolegomenis instruxit Fr. Aug. Guil. Mueldener. 8maj. (104 S.) Gottingae 855, libr. Dieterich. *

Matthaeus. Ein Beytrag zur Geschichte der Kleidermoden, s Reichard, Elias Kasp

Matthaeus, Ant.: De probationibus liber. Joh. Sam. Entrup rec., et praef. adjecit. Traject. ad Rh. et Neomag. Batav. 1750.

Matthäus, C. L. H., die Grenzen der civilgerichtlichen und administrativen Zuständigkeit nach den Erkenntnissen des Competenzconfliktssenates am obersten Gerichtshofe in Bayern, s. Blätter für administrative Praxis und Polizeigerichtspflege.

Matthaeus, Dr. C., die Reichsgesetze über die sachlichen Leistungen für die Landesvertheidigung, nebst Vollzugsverordnungen. Kirchheimbolanden 1876. 8.

— — Neuaufl. Ansbach 1889. 361 S.

Matthäus, C. L. H., das Reichsgesetz betr die Gewerbegerichte vom 29. Juli 1890 Mit Erläutergn, Vollzugsvorschriften u. Statutenentwurf. 8. (III, 126 S.) Ansbach 891. C. Brügel & Sohn. Kart. n. 2 —

— die Reichsgesetze über die sachlichen Leistungen für die Landesvertheidigung nebst Vollzugsverordnungen. gr. 8. (V, 194 S.) Kirchheimbolanden 876. (Grünstadt, Schäffer.) *

— s. Reichsgesetzgebung, die, betr die persönlichen u. sachlichen Leistungen f. Militärzwecke.

Matthaeus, Christian Friedrich, s. Matthaei

Matthaeus, Eduard, appr. Arzt: Ueber einen Fall von traumatischem entzündlichem Bauchdeckentumor. München 1908: Kastner & Callwey. 27 S. 8°
München, Med. Diss. v. 20. Nov. 1908, Ref. v. Angerer
[Geb. 13. Sept. 78 Nürnberg, Wohnort: Nurnberg; Staatsangeh.: Bayern; Vorbildung: Realgymn. Nurnberg Reife Juli 00, Studium: München 6, Würzburg 1, München 3 S.; Coll. 20. Nov 08; Approb. 11 Sept. 08.]
[U 09. 3362

Matthäus, Gerhard

Matthäus, G., „Hinabgestiegen in's Todtenreich", nicht: „Niedergefahren zur Hölle" oder die Predigt Christi bei den Todten und der Zwischenzustand. Für die Gebildeten in der Gemeinde und für Theologen. Ein biblisch-theolog. Versuch. gr. 8. (44 S.) Biedenkopf 882, Stephani. *

Matthäus, Gerh., Sedanfest-Predigt. 8. (16 S.) Barmen 874, Klein. *

—— Spruchbuch zum Vater-Unser, nebst Erläuterungen. 16. (22 S.) Ebendas. 882. *

Matthaeus, Jo. David [Praes.], s. M e h l, Melchior Gottlob Pterelaum Samsonis symbolum

Matthaeus, Jo. David (Haynau / Schles.), Nisum Samsonis symbolum. Präs. Friedrich Strunz. Wittenberg (Gerdes) 20. XII. 1724. 22 S. (4.—)
Widm. v.: Friedrich Strunz. 22400

Matthäus, Joh. Chrph., die evangel. Pericopen des christl. Kirchenjahrs. Ausgelegt u. in ihrem Zusammenhange dargestellt. 2 Thle. gr. 8. Ansbach, Gummi.
Thl. 1. Die evangel. Pericopen in der Festhälfte des Kirchenjahres. (20 B.) 844. 1 Thlr. 15 Ngr.
" 2. Die evangel. Pericopen in der 2. od. festlosen Hälfte des Kirchenjahres. (18¼ B.) 846. 1 Thlr. 11¼ Ngr.

Matthäus, Johannes Ein Beitrag zur Lehre der renalen Albuminurie. *Erlangen 1897: F. Junge.* (33 S.) 8°
Erlangen, Med. Diss. v. [18. Dez.] 1896

Matthäus, Wilhelm, a. Duisburg: Über formal bedeutsame Text-Änderungen der Hs. Q an dem Texte des Lothringerliedes, insbesondere über die von Q eingeführten archaischen Reihenschlüsse. Greifswald 1905: F. W. Kunike. (44 S.) 8°
Greifswald, Phil. Fak., Ref. Stengel, Diss. v. 14. Aug. 1905
[Geb. 3. Juli 81 Duisburg, Wohnort Greifswald; Staatsangeh. Preußen; Vorbildung: Realgymn. Duisburg Reife O. 01; Studium Marburg 3, Paris 2, Greifswald 3 S.; Rig. 14. März 05.]

Matthaeuskirche, Die, zu Frankfurt am Main. [Frankfurt a. M. 1908.] V: *Kayser, Konrad & Friedrich Pützer.* (StB Frankf I, 104)

Matthäus-Passion, deutsch, mit Chören, ein- oder mehrstimmig zu singen. Zum Gebrauche in der kathol. Kirche. 4. Aufl. 8. (40 S.) Speyer 868, Kleeberger.

Matthäus-Passion, deutsch m. Chören, ein- od. mehrstimmig zu singen. Zum Gebrauche in der kathol. Kirche. 6. u. 7. Aufl. 16. (40 S.) Speyer 889,91, Kleeberger. * — 50

Matthäus-Passion, deutsch m. Chören, ein- od. mehrstimm. zu singen. Zum Gebrauche in d. kathol. Kirche. 8. Aufl. 12. (40 S.) Speyer 898. Jäger. n. — 50

Matthäus-Passion, deutsch m. Chören, ein- u. mehrstimmig zu singen. Zum Gebrauche in der kathol. Kirche. 9. Aufl. gr. 16. (40 S.) Speyer 901. Jäger. n. — 50

Matthäus-Passion, deutsch m. Chören, ein- od. mehrstimmig zu singen. Zum Gebrauch in der kathol. Kirche. 10. Aufl. (40 S.) 12. Speyer 904. Jäger. n. — 50

— deutsch m. Chören, ein- od. mehrstimmig zu singen. Zum Gebrauch in der kathol. Kirche. 11. Aufl. (40 S.) kl. 8. Speyer 907. Jäger. — 50

Matthäus-Passion. Textbuch. 2. Aufl. (20 S. m. 1 Abbildg.) kl. 8. Aachen 909. J. Schweitzer. — 10

Matthaey, C., s. M a t t h a e y, Karl Ludwig

Matthaey, Carl Ludwig, s. M a t t h a e y, Karl Ludwig

(Matthaey, Friedrich.) Beschreibung der neu errichteten Sammlung vaterländischer Prospecte von **Alexander Thiele und Canaletto.** Dresden 1834. 8°.

Matthaey, Heinr., kleine Akademie der bildenden Künste. Ein Lehrbuch für praktische Ausübung der zeichnenden Kunst; durch Vorbildung, akademisches Studium, dessen Hülfswissenschaften, philosophische Kunstbildung u. fernere Fortbildung im selbstständigen Studium des Malers. 2 Thle. Weimar, B. F. Voigt. gr. 8. Jeder Bd. 2 ℛ 22½ ngr.;
1. Thl. Das akademische Studium des Malers, seine Vorbildung u. seine Hülfswissenschaften. Für junge Künstler, Dilettanten u. Kunstfreunde. 3., gänzlich umgearb. Aufl. von „Hertels kleiner Akademie der zeichnenden Künste." Mit e. Atlas (in qu. 4.) enthltd. 24 (lith.) Taff. (wovon 1 in Buntdr.) 868. (XII, 256 S.) 868.
2. Thl. Das selbstständige Studium des Malers an der Staffelei u. in den betreff. Wissenschaften. Für angehende Künstler, Dilettanten, Kunstfreunde u. Zeichnenlehrer. 2., durchaus neu bearb. Aufl. von „Hertels Oelmalerei." Mit e. Atlas (in qu. gr. 4.), enthltd. 16 (lith.) Taff. u. e. tabellarisch-chronolog. Uebersicht der alten Völker- u. Kunstgeschichte. (18 S.) 870. (XIV, 322 S.) 870.

Matthäy, Heinr., Böhmen in malerischen Ansichten und heitern Reisebildern. 1. Lfg. Lex.-8. (16 S. und 2 Stahlst.) Leitmeritz 848, Pohlig. *

Matthaey, Hnr., Deutschland, das maler. u. romantische. — Böhmen in maler. Ansichten. Nach Zeichnungen mit Text in 20 Liefg. mit 40 Ansichten. ... Leitmeritz ..., Pohlig. à n. ⅓ ℛ 6⅔ ℛ

Matthaey, Heinr., Hohenzollern, Habsburg und Frankreich für und gegen Deutschland! und welche Gestalt wird Deutschland nun erhalten? Ein offenes Wort für Volk und Fürsten über Krieg, Frieden und deutsches Parlament. Dem deutschen Volke gewidmet. gr. 8. (52 S.) Lübeck 866. Leipzig, J. C. Poenicke.

Matthaey, Heinr., kleines Landschafts-Zeichnenbuch für Volks- u. Elementar-Schulen und zum Selbst-Unterricht in 30 (lith.) Vorlegeblättern zur Uebung der Hand und Bildung des Geschmackes. 3 Hefte. Braunschweig (853.) Oehme u. Müller. 4. Jedes Heft von 10 lith. Bl. 5 ngr.

Matthaey, Heinr., deutsche Lieder. gr. 16. (XVI und 96 S.) Winterthur 847, Literarisches Comptoir von Hegner, älter. Thlr.

Matthaey, Heinr., des Künstlers erste Schule, od. neuestes Lehrbuch d. Kopf-, Figuren-, Thier-, Blumen-, Baum- u. Landschafts-Zeichenkunst z. Privat- u. Selbstunterr. f. angeh. Künstler u. Dilettanten. 4 Hfte. gr. 4. (3½ B. u. 50 Stnt.) Ilmenau 833, [Weimar,] Voigt.
Hft 1. Zeichnung d. menschl. Körpers in 22 Vorlegebl. 16 Gr.
" 2. Thierzeichnung in 8 Vorlegebl. 6 Gr.
" 3. Blumenzeichnung in 8 Vorlegebl. 6 Gr.
" 4. Baum- u. Landschaftszeichnung in 12 Vorlegebl. 8 Gr.

Matthaey, Heinr., des Künstlers erste Schule, od. neuestes Lehrbuch d. Zeichnenkunst. Figuren-, Thier-, Landschafts-, Blumen- u. Frucht-Zeichnung, zum Privat- u. Selbstunterricht f. angehende Künstler u. Dilettanten. 4 Hfte. 2., gänzl. umgearb. u. verm. Aufl. 4. (66 lith. Vorlegeblätter u. 6 B. erklär. Text.) Weimar 838, Voigt.

—— des Künstlers erste Schule. Neuestes Lehrbuch der Kopf- und Figuren-, Thier- rc. Zeichenkunst. 4 Hefte und 50 lithogr. Vorlegeblätter mit erklär. Texte. 4. Weimar, Voigt.
Heft 1. Zeichnung des menschl. Körpers in 28 Taf. 3. Aufl. Neu gezeichnet und theilweis umgearb. von Aug. Monnet. (28 S.) 848. 22½ Ngr.
" 2. Thier-Zeichnung in 10 Taf. 3. Aufl. Neu gezeichnet und theilweis umgearb. von Aug. Monnet. (4 S.) 848. 10 Ngr.
" 3. Blumenzeichnung in 12 Taf. 3. Aufl. Neu gezeichnet und theilweis umgearb. von Aug. Monnet. (7 S.) 847. 12½ Ngr.
" 4. Landschaftszeichnung in 16 Taf. (6 S.) 15 Ngr.

Matthaey, Heinr., Zeichnen-Schule. 1. Abthl. 1. Heft, 2. Abthl. 2 Hefte und 3 Abthl. 1. Heft. qu. gr. 8. Leipzig 852—53, Friese. à Heft 15 Ngr.

Inhalt:

Abthl. 1. Heft 1. Wiesen-Blumen. (28 lithogr. Vorlegeblätter zum Nachzeichnen mit 20 S. botan. Text.)
" 2. " 1., 2. Alexander, der kleine Landschaft-Zeichner. 2 Hefte. (10 lithogr. landschaftl. Vorlegeblätter und 21 S. Text.)
" 3. " 1. Staffagen-Buch des kleinen Landschaft-Zeichners. (30 lithogr. Vorlegeblätter für meine kleinen Schüler, so wie auch zur Anwendung für Nichtzeichner und 6 S. Text.)

— Zeichnenschule. 1—3. Abth. Leipzig (854.) Friese. qu. gr. 8. Jedes Heft von 6 lith. Bl. 3 ngr.
1. Abth.: Wiesenblumen. 5 Hefte. (Text 20 S.) — 2. Abth.: Alexander der kleine Landschaft-Zeichner. 10 Hefte. (Text 21 S.) — 3. Abth.: Staffagenbuch ꝛc. 10 Hefte. (Text 20 S.)

Matthaey's, (H.), Zeichnen-Schule in 48 Vorlegeblättern von geradlinigen Figuren, Ornamenten, Blumen, Landschaften, Köpfen und Thieren. 4 Hefte. 4. Aufl. gänzlich umgearb. und neu gez. von Gust. Johler. 4. (à 12 Stnt.) Weimar 864, Voigt. à Heft 12 Ngr.

— Zeichnen-Schule in 48 Vorlegeblättern von geradlinigen Figuren, Ornamenten, Blumen, Landschaften, Köpfen u. Thieren. 4 Hefte. Gänzlich umgearb. u. neu gezeichnet von Gust. Johler. 4. Aufl. [Neue (Titel-)Ausg. Ebend. (864) 869. 4. Jedes Heft (12 Steintaf.) 12 ngr.
1. Geradlinige Figuren, Ornamente, Blumen. — 2. Landschaften. — 3. Köpfe. — 4. Thiere.

Matthäy, Johann Gottlob. Verzeichniss der im königl. sächs. Mengs'ischen Museum enthaltenen antiken und modernen Bildwerke in Gyps. Dresden und Leipzig 1831. 8°. 2 Exemplare.

Matthäy, J. G., Verzeichniss d. im kgl. sächs. Mengs'schen Museum enthalt. antiken u. modernen Bildwerke in Gyps. (M. 1 Ansicht.) 8. (7 B.) Dresden 831, Arnold.

Matthaey, Karl Ludwig

Matthaey, Carl Ludw., Abbildung u. Beschreib. d. modernsten Formen f. Künstler u. Handwerker. 4 Hfte. Jedes m. 20 (lith.) Taf. 4. ($4\frac{1}{2}$ B. Text.) Ilmenau 831, 32, [Weimar,] Voigt. à 18 Gr.

Matthäy, Karl Ldw., Abbildung und Beschreibung der modernsten Formen für Künstler und Handwerker. 3s u. 4s Heft. Jedes mit 20 Tafeln. (à 1 B. Text.) 4. Weimar 835. Voigt. (à $\frac{3}{4}$ Thlr.) $1\frac{1}{2}$ Thlr. (1s u. 2s H. kosten auch à $\frac{3}{4}$ Thlr.)

Matthaey, Carl, Abbildungen d. neuesten Façons f. Porzellan-, Steingut- u. Töpferwaaren. Nebst e. erklär. Texte. 1. Lfg. Fol. (8 Stnt. u. $1\frac{1}{2}$ B. Text.) Weimar 841, Voigt.

— Beschreibung u. Abbildung des transportabeln Wärm-, Heiz-, Koch-, Brat-, Reise- u. Sparofens, für Reich und Arm, der Pyrferon oder Griechische Ofen genannt ꝛc. Mit genauen u. mit dem Maßstab versehenen Zeichnungen auf 5 Taf. Aus der „Zeitung für Blecharbeiter" abgedruckt. 8. Leipzig 843, Schmaltz. n. $\frac{5}{12}$ Thlr.

Matthaey, Carl L., der vollkommene Dachdecker, s.a. Schauplatz, neuer, der Künste ꝛc. 61. Bd.

— der vollkommene Dachdecker, oder Unterricht in allen bisher bekannten vorzüglichst anwendbaren und mit unsern Dachconstructionen u. Bauverordnungen vereinbaren Dachbedeckungsarten. Mit 34 lithogr. Tafeln. .. Ilmenau 833. Voigt. $1\frac{1}{2}$ Thlr. — Vgl. Schauplatz der Künste u. Handw. 61r Bd.

Matthaey, C. L: Der vollkommene Dachdecker. 2. Aufl. von A. W. Hertel. Mit Atlas. Weimar 1868. Atl. Fol.

Matthaey, C. L., der vollkommene Dachdecker. 8. Aufl., s. Jeep, W., die Eindeckung der Dächer.

—— Entwürfe zu öffentl. Denkmälern, namentl. zu Trauer-Monumenten. Für alle nur denkbaren Fälle u. im verschiedenart. Style. Nebst e. Samml. v. 65 auserles. Grabschriften aus d. besten deutsch. Dichtern. 4. (40 Stnt. u. $2\frac{1}{2}$ B. Text.) Weimar 841, Voigt.

—— Gewerbe-Zeitung f. Tischler, s. Gewerbe-Zeitung.

—— prakt. Handbuch f. Maurer u. Steinhauer, s.a. Schauplatz, neuer, d. Künste ꝛc., 22. u. 23. Bd.

— Handbuch f. Maurer u. Steinhauer in allen ihren Verrichtungen. 2 Bde. Mit 1 Atlas v. 40 Bl. 8. Ilmen. 826. Voigt. 2 Thlr. 18 Gr. ill. 6 Thlr. (Vgl. Schauplatz der Künste u. Handwerke. 22r—23r Bd.)

— praktisches Handbuch für Maurer u. Steinhauer in allen ihren Verrichtungen. 2 Thle. Mit 49 Steintaf. 2e sehr verm. u. verb. Aufl. 8. Weimar 837. Voigt. $2\frac{3}{4}$ Thlr. Vgl. Schauplatz der Künste u. H. 22r u. 23r Bd.

Matthaey, C., praktisches Handbuch für Maurer und Steinhauer. 2 Thle. Lehre von den Baumaterialien. Die Arbeiten des Maurers, 3te Aufl. von Hampel. Weimar. 1843.

Matthaey, Carl, theoretisch-practisches Handbuch für Zimmerleute, s. Schauplatz, neuer, der Künste ꝛc. 49. Bd.

—— Handbuch f. Zimmerleute ꝛc., s.a. Schauplatz d. Künste ꝛc., 47—49. Bd.

— Handbuch f. Zimmerleute in allen ihren Verrichtungen. 3 Bde. Mit 149 Kpft. 8. Ilmenau 829, 30. Voigt. 5 Thlr. (Vergl. Schauplatz der K. u. H. 47r—49r Bd.)

— Handbuch für Zimmerleute in allen ihren wesentlichen Verrichtungen. 3 Thle, 2e verb. u. verm. Aufl. Mit 27 Taf. 8. Weimar 840. Voigt. 5 Thlr. Vgl. Schauplatz d. Künste u. H. 47r—49r Bd.

—— Ideenmagazin f. Gold-, Silber- u. Bronzearbeiter, enth. Elemente zu antiken u. symbol. Blätterverzierungen, Leisten u. Rosetten, Ornamente zu Kron- u. Fußgesimsen, Einfassungen, Vasen u. Randmustern, Juwelenschmuck in reichster Auswahl ꝛc. Fol. (33 Stnt. u. 4 B. Text.) Weimar 840, Voigt.

—— neuestes Ideenmagazin f. Luxus, Ameublement u. Draperie. Ein Musterb. f. Tapezierer, Dekorateur, Meubleurs, Sattler, Polsterer u. alle Freunde d. fortschreit. guten Geschmacks u. schöner häusl. Einrichtung. Fol. (20 Stnt. u. 2 B. Text.) Weimar 841, Voigt.

—— die Kunst d. Bildhauers ꝛc., s.a Schauplatz d. Künste ꝛc., 52. Bd,

— die Kunst des Bildhauers in allen ihren Zweigen ꝛc. Mit 15 Steintaf. 8. Ilmen. 830. Voigt. 1 Thlr. 12 Gr. (Vergl. Schauplatz der K. u. H. 52r Bd.)

— des Künstlers erste Schule. 3. Hft. Blumenzeichnung in 12 Taf. 3. Aufl. Neu gezeichnet u. theilweis umgearb. von Aug. Monnet. 4. Ebend. 840. $\frac{5}{12}$ Thlr.

— dass. 4. Hft. Landschaftszeichnung in 16 Taf. 4. Ebend. 846. $\frac{1}{2}$ Thlr.

—— neuestes Lehr-, Modell- u. Ornamentenbuch f. Ebenisten, Bau- u. Möbelschreiner, Holzschneider u. andere d. bildenden Kunst verwandte Gewerbe, z. Beförderung eigner Erfindung u. z. Erreichung u. Verbreit. d. reinen u. veredelten Geschmacks bei allen hierbei in Betracht kommenden, d. Mode unterworf. Arbeiten. Nach höh. Gesichtspunkten u. d. Grundsätzen d. verschönernden Architektur u. d. Antike. Fol. (60 Stnt. u. 9 B. Text.) Weimar 840, Voigt.

— neuestes Lehr-Modell- und Ornamentenbuch für Ebenisten, Bau- und Möbelschreiner, Holzschneider und andere, der bildenden Kunst verwandte Gewerbe zur Beförderung eigener Erfindung und zur Erreichung und Verbreitung des reinen und veredelten Geschmacks rc. Nach höheren Gesichtspuncten und den Grundsätzen der verschönernden Architectur und der Antike. 2. ganz umgearb. und modernisirte Aufl. Nach dem Tode des ersten Verf. herausg. von A. W. Hertel. Mit 60 lith. Foliotaf. Weimar 858. Voigt. Fol. (2 Bl., 34 S.) 2 ₰. 15 ngr.

—— neuestes Lehr-, Modell- und Ornamentenbuch für Ebenisten, Bau- und Möbelschreiner, Holzschneider rc. zur Beförderung eigener Erfindung und zur Erreichung und Verbreitung des reinen und veredelten Geschmacks bei allen hierbei in Betracht kommenden, der Mode unterworfenen Arbeiten. 2. Aufl. 1858. und 3., ganz umgearb. Aufl. Nach dem Tode des Verf. hrsg. von A. W. Hertel. Fol. (IV und 43 S. mit 60 lithogr. Fol.-Taf.) Weimar 861, Voigt.

—— neuestes Lehr-, Modell- und Ornamentenbuch für Ebenisten, Bau- und Möbelschreiner wie für die der Kunsttischlerei verwandten Gewerbe rc. Nach höheren Gesichtspunkten und den Grundsätzen der verschön. Architektur und der Antike. 4., ganz umgearb., dem neuesten Geschmack und Bedürfniß angepaßte Aufl. von A. W. Hertel. gr. 4. (VI und 43 S. mit 48 lithogr. Groß-Foliotaf.) Weimar 866, Voigt.

Matthaey, Carl, neueste Musterblätter f. Holz-, Horn- u. Bein-Drechsler, Metall- u. Galanterie-Arbeiter u. a. hiermit verwandte Künstler. Eine reiche Auswahl d. Neuesten u. Schönsten f. Luxus, Mode u. Bedürfniß im verschiedenart. Geschmacke. Fol. (25 Stnt. u. 3 B. Text.) Weimar 841, Voigt. Thlr.

Matthaey, Karl, neueste Musterzeichnungen für Glaser. Mit 17 Taf. in (Halb-)Folio. Weimar 842, Voigt. 1½ ₰

—— der Ofenbaumeister u. Feuermechanist rc., s.a. Schauplatz d. Künste rc., 51. Bd.

—der Ofenbaumeister u. Feuermechanist rc. Mit 24 Kpft. 8. Ilmen. 830. Voigt. 1 ₰ 6 gr (Vergl. Schauplatz d. K. u. H. 51r Bd.)

Matthaey, Carl Der Ofenbaumeister u. Feuermechanist 3 Aufl. Weimar 1847 8⁰

Matthaey, K Der Ofenbaumeister, oder: Technik der Feuerungskunde, Heizungsmethoden und Kocheinrichtungen. 4. Aufl. von A. W. Hertel. Mit Atlas. Weimar 1862. Atl. Fol.

— faßl. u. gründl. Unterricht im Ofenbau für Jeden, der sich selbst über die vortheilhaft. Einrichtung aller Feuerungsanlagen u. die Grundsätze belehren will, welche dabei in Anwendung kommen. 8. (Mit 2 Steintaf.) Leipzig 842. (Schmaltz.) ⅙ ₰

—— Stein- oder Damm-setzer, s.a. Schauplatz, neuer, der Künste und Handwerke. 26. Bd.

—der Stein- u. Dammsetzer, od. Unterricht in d. zweckm. Construction u. Pflasterung in den Städten. Mit 18 Taf. 8. Ilmenau 827. Voigt. 1 ₰ 8 gr (Vergl. Schauplatz der K. u. H. 26r Bd.)

Matthé, Franz, s. Mathé

Matthée, K., Ingenieur-Kalender, s.: Stühlen, P.

Matthei, Otto, appr. Arzt: Aus d. Chir. Univ.-Klinik. Über Obturationsileus. Halle a. S. 1910: Kaemmerer. 25 S. 8°
Halle, Med. Diss. v. 29. Dez. 1910, Ref. v. Bramann
[Geb. 6. Dez. 81 Rodenberg, Kr. Rinteln; Wohnort: Bernburg; Staatsangeh.: Preußen; Vorbildung: Gymn. Weilburg Reife O. 03; Studium: Jena 3, Kiel 2, Halle 5 S.; Coll. 13. Dez. 10; Approb. 12. April 10.] [U 11. 1780

Mattheides, L. [pr. Arzt in Hamburg]: Versuch den sogenannten Globus hysterious in einzelnen Fällen durch Dislocation des Magens zu erklären. . . Erlangen, k. b. Hof- u. Univ.-Buchdr. v. Fr. Junge (Junge & Sohn), 1890; 16 S. 8⁰
Erlangen, Med. Fak., Inaug.-Diss. v. 1890

MATTHEIDES, L. Ueber Xylol und synthetisches Methyltoluol. Göttingen, 1867

Matthes, s.a. Mathes

[Matthes]: Zweiter Entwurf eines vorläufigen Arbeitsplanes betreffs »Untersuchung üb. den Bau d. Wurzelkörpers, dessen Wachstumsgang, sowie üb. die physiolog. Bedeutung d. Wurzelsystems«. U St [1906]. (8) S. P

Matthes, Predigt üb. Josua 24, 14—16 u. 21 b., geh. bei Gelegenheit des Familientages des Geschlechts derer v. Witzleben am 4. Sonntage nach Trinitatis 1894 in der Kirche zu Kloster Roßleben. gr 8. (9 S.) Leipzig 894. J. C. Hinrichs' Verl. n. — 20

Matthes, wie kann jeder Grundbesitzer ohne alle Vorkenntnisse und ohne kostspielige Apparate sich in wenigen Stunden in den Stand setzen, den Flächen-Inhalt seiner Grundstücke mit Zuverlässigkeit selbst zu finden? Nebst Entwickelung der dazu erforderl. einfachen Rechnungsarten und geometrischen Lehrsätze gr. 8. (64 S. und 4 Stnt.) Eisleben 848, Kuhnt.

Matthes, A., Entfesselung gebundener Kräfte. Den Prov.-Synoden zur Erwägg. (24 S.) 8. Berlin 902. (Vaterländ. Verlags- u. Kunstanstalt.) n. — 20
Sonderabdruck aus: „Reformation".

Matthes, A., Geheilt! Prakt. Winke u. Ratschläge für Lungenkranke. Nach eig. Erfahrgn. zusammengest. gr. 8. (89 S.) Zittau 898. P. Haeckel's Nachf. n.n. 1. —

Matthes, A., s.: Kraut u. Rüben.

— die alttestamentlichen Lektionen, nach Festsetzung der Eisenacher Konferenz, in Predigten. (Was der alten Väter Schar höchster Wunsch u. Sehnen war.) (XII, 456 S.) gr. 8. Leipzig 905. A. Deichert Nachf. n. 4. 50; geb. n. 5. 50

— die epistolischen Lektionen nach Festsetzung der Eisenacher Konferenz in Predigten. (XII, 481 S.) gr. 8. Ebd. 906. n. 5. —; geb. n.n. 6. —

— die evangelischen Lektionen nach Festsetzung der Eisenacher Konferenz in Predigten. (Es ist das Heil uns kommen her von Gnad u. lauter Güte.) (XI, 506 S.) gr. 8. Ebd. 907. n. 5. —; geb. n n. 6. —

Matthes, A., Mignon. Goethes Herz. Ein Seelenaufschluss in 3 Tln.: Herzensaufschluss, Dichtungsaufschluss u. Lebensaufschluss. Mit e. Titelbild u. 6 in den Text gedr. Illustr. nach z. T. unbeachteten Originalen. gr. 8. (VIII, 152 S.) Schkeuditz 900. W. Schäfer. n. 4. 50; geb. in Leinw. n. 5. 50; erm. Pr. n. 3. —; geb. n. 4. —

Matthes, A., absolute Offenbarung od. religionsgeschichtl. Entwicklung? (40 S.) 8. Leipzig 907. A. Deichert Nachf. — 60

Matthes, A. Reisebilder aus dem Morgenlande. 8. (VII, 356 S.) Gütersloh 891, C. Bertelsmann. * 3 60; geb. * 4 50

Matthes, A., das Urbild Christi. In 4 Tln.: Lehre, Charakter, Leben u. Nachwirkg. bis in die Gegenwart. Nebst e. Einleitg. in d. Verständn. d. Quellen, bes. d. neuen Testaments. Nach d. Ergebnissen d. Wissenschaft u. eig. Forschgn. Mit 1 Bildn. Christi, 1 Karte von Palästina mit Nebenkarte von Jerusalem, 1 Zeittaf. des Lebens Jesu u. and. Beigaben u. Tabellen. gr. 8. (XVI, 431 S.) Berlin 897. S. Calvary & Co. n. 4. 50; geb. n. 5. 50

Matthes, Alfons: Das Bild der Welt. Von e. Menschen. (Verf.: Alfons Matthes.) Als Ms. gedr H. 1 Einl. [Mehr nicht ersch.] (Berlin [1893] Ullstein.) 14 S. 8°

Das Bild der Welt Von einem Menschen. (Verf. Alfons **Matthes**.) Als Ms. gedr. H. 1. *(Berlin [1894]: Ullstein & Co.)* 8° [F.] 103. 7595

Matthes, Alf. Diotima. Drei Bücher der Liebe. Wahrheit u. Dichtung. 8. (XV, 288 S.) Lpz. 891, W. Friedrich. * 3 —

Festpredigt bei der Hundertjahrfeier der Befreiung Kolbergs am 2 Juli 1907 im Mariendom zu Kolberg gehalten von Dr [August] **Matthes**, Superint. (Kolberg 1907 J Courtois.) (4 Bl.) 8° [F.] 107 1438: 9

Festpredigt am Jahrestage der Befreiung Kolbergs bei der Einweihung des Nettelbeck-Gneisenau-Denkmals, d. 2 Juli 1903 von Dr. [August] **Matthes**, Superint. Kolberg (1903) C F Post. (9 S.) 8° [F.] 107 6236

Matthes, B. F: Einige Eigenthümlichkeiten in den Festen und Gewohnheiten der Makassaren und Buginesen. Tiré du vol. II des Travaux de la 6e session du Congrès international des Orientalistes a Leide. Leide 1884.

Matthes, B. F., Boeginesche Sprakkunst. gr 8. (XVI, 305 S.) Haag 875. Nijhoff. n. 9. —

— kort Verslag angaande allemij in Europa bekende Makassaarsche en Boeginesche Handschriften. gr. 8. (VIII, 101 S.) Ebend. 875. n. 2. —

— boegineesch-hollandsch woordenboek met hollandsch-boeginesche woord enlijst en verklaring van een tot opheldiring bijgevoegden etnographischen Atlas (24 lith. Taf. in gr. Fol.) gr. 8. (VIII, 1180 S.) Ebend. 874. n. 44. -

Matthes, Benno, Betrachtungen über Wirbelthiere, deren Seelenleben und die Stellung derselben zum Menschen. Ein Beitrag zur Förderung der Wissenschaft und Humanität. 8. (XII und 272 S. mit 7 Stnt.) Dresden 861, Zeh. Thlr. *

Matthes, Benno, Betrachtungen über Wirbelthiere, deren Seelenleben u. die Stellung derselben zum Menschen. Ein Beitrag zur Förderung der Wissenschaft u. Humanität. 2. (Titel-)Aufl. Dresden (861)66. Zeh. 8. (XII, 272 S. mit 7 Steintaff.) n. 16 ngr.

— über die Mittel, wahrhaft humane Gesinnungen gegen die Thierwelt heranzubilden. Vortrag, gehalten in der Dresdner Thierschutz-Vereinssitzung am 29. Dezbr. 1860. 1—3. Aufl. Ebend. 861. gr. 8. (30 S.) n. 4 ngr.

— Reise-Bilder. Bilder aus Texas. 8. (VII und 104 S.) Dresden 861, Zeh. *

Matthes, Carl, s. Matthes, Karl

Matthes, Carl Christian August, s. Matthes, Karl Christian August

Matthes, *Ernst* [aus Göhren]: Einfluss der Länge des zwischen zwei Melkungen liegenden Zeitraumes auf die Menge und die Zusammensetzung der Milch ... Neisse, Druck v. A. Letzel, 1896; 52 S., 2 Taf., 11 Bl. Tab. 8.
Leipzig, Phil. Fak., Inaug.-Diss. v. [20. Jan.] 1897

Matthes, Ernst, Pariser Szenen. 10 (farb.) Orig.-Lithographien. 67×53,5 cm. Leipzig 907. Insel-Verlag. In Mappe 80. —

Matthes, Ewald

Matthes, *Paul Christian* Ewald [aus Farnroda]: Die Unsterblichkeitslehre des Benedictus Spinoza ... Heidelberg, Univ.-Buchdr. v. J. Hörning, 1892; 2 Bl., 63 S. 8.
Heidelberg, Phil. Fak., Inaug.-Diss. v. [25. Juli] 1892

Matthes, Ewald. Die Unsterblichkeitslehre d. Benedictus Spinoza. Diss. gr. 8. (III, 63 S.) Heidelb. 892, (J. Hörning). * 1 50

Matthes, F., das tausendjährige Reich, nach Anleitung von Offenbar. Joh. 20, 1—6. 8. (104 S.) Stavenhagen 885, Beholtz'sche Buchh. *

Matthes, F (Hrsg.), s. Schulzeitung, Neue deutsche.

Matthes, Ferd., Lieder und Seelenklänge. 16. (72 S.) Rostock 863, Stiller'sche Hofbuchh. *

Matthes, Fr., zur Frage der Neuordng. d. Gemeinderechnungswesens, d. geschäftl. Entlastg. d. Ortsvorsteher u. d. Neuorganisation des Verwaltungsaktuariats in Württemberg. gr. 8. (VI, 62 S.) Stuttgart 891. Glaser & Sulz. n. 1. —

Matthes, (Fr.) Karl, Philipp Melanchthon. Sein Leben u. Wirken, aus d. Quellen dargestellt. gr. 8. (27¾ B.) Altenburg 841, Helbig.

— Philipp Melanchthon. Sein Leben u. Wirken aus d. Quellen dargestellt. 2., verm. Ausg. gr. 8. (28 B.) Altenburg 846, Helbig *

Matthes, Franz (Hrsg.), s. Anzeiger, Pädagogischer Berlin

Matthes, Frz., Lorbeer-Reiser. 1864. 1866. Patriotische Gesänge für Schule und Volk. qu. 4. (15 S.) Berlin 868, (W. Schultze.) *

Matthes, Frz., illustr. Naturgeschichte der drei Reiche f. Schule u. Haus. Nach dem neuesten Stande unsres Wissens bearb. Mit 500 farb. Abbildgn. nach Aquarellen v. J. Kißling u. 370 Textillustr. 26 Lfgn. Fol. (1 Bd. 212 u. 2. Bd. 177 S. m. farb. Taf.) Stuttgart 893. 894. G. Weise. 15. —; kart 17. 50; geb. in Halbfrz. 20. —

Matthes, Frz., illustr. Naturgeschichte für d. Jugend. M. 500 farb. Abb. auf 47 Taf. u. 300 Textillustr. gr. 8. (IV, 403 S.) Stuttgart 895. G. Weise. Geb. in Leinw. 7 50

Matthes, Frz., Schul-Atlas über alle Theile der Erde. In 18 Karten nach Reliefs. Imp.-4. Weimar 874. (Leipzig, Friese.) *
in 24 Karten * *M.* 5.; in 44 Karten * *M.* 8.; geb. *

Matthes, Frz., die Staats-Schule. Ein offenes Wort an Jedermann. Im Auftrage des Central-Bureau zur Agitation für Staatsschulen hrsg. gr. 8. (87 S.) Berlin 877, Salewski. *

Matthes, Frz., 1866. Deutschlands Wiedergeburt. 1. Act. Ein Liederkranz, gewebt aus den tapfern Thaten unseres ruhmreichen Heeres. Spremberg 866. (Erbe.) 16. (54 S.) 5 ngr.

Matthes, G., Festpredigt bei Einweihung der 2. Baptisten-Kapelle „Bethel" geh. am 9. Oct. 1887 in Berlin. gr. 8. (15 S.) Bonn 887. (Scheraens.) n. — 15

Matthes, G. A., Phantom des Schenkelringes und Leistenkanales in 3 Blättern. gr. Fol. (3 ill. Stnt. und 4 Blatt Text.) Leipzig 862, C. F. Winter'sche Verlagsh. In Mappe. *

[F.] **Matthes,** *Georg* [Dr., Dir.]: *Bericht über seine Einführung als Director.* Witten, Druck v. C. L. Krüger, 1893; 17—21 S. 4.
Witten, RG, P 1893 (380)

Matthes, Georg [(Dr. med.) aus Ober-Glogau (Prov. Schles.)]: Beitrag zur geburtshilflich. Statistik. Bericht über 1000 Geburten aus der Kgl. Universitäts-Frauenklinik zu Würzburg .. Leobschütz, Druck v. W. Witke, 1894; 41 S. 8.
Würzburg, Med. Fak., Inaug.-Diss. v. 1894

[F.] **Matthes,** *Georg* [Dr., Dir.]: Kurze Mitteilungen über die Ordnung der Reifeprüfungen und der Abschlussprüfungen. Witten, Druck v. C. L. Krüger, 1893; 28—30 S. 4.
Witten, RG, P 1893 (380)

Matthes, *Georg* † Direktor Dr Karl Zerlang. Geboren den 13 November 1830 gestorben den 1 Januar 1891. 4 (S. 19—20). Rg. *Witten* 1891 (366).
Progr.

Matthes, Gottl., Festpredigt bei Einweihung der 2. Baptisten-Kapelle „Bethel" gehalten am 9. Oct. 1887 in Berlin. gr. 8. (15 S.) Bonn 887, (Schergens.) *

Matthes, Gustav: Über den erdkundlichen Unterricht in der Sexta. Magdeburg, Druck v. E. Baensch jun., 1894; 1 Bl., 12 S. 4.
Magdeburg, st. R, OP 1894 (270)

— Gustav Felix (Preuße), De rariore quodam morbi casu elephantiasis speciem exhibente. Diss. med. Halle (Scharre) 19. III. 1836. 29 S. u. Biogr. (M.: Zierold.) 2.50) 22402
Oppon.: B. Heineke, R. Lehmann. — Gew.: Seinem Vater.

Matthes, H. J., Begrip der godheid by de Grieken. S.-A. 28 S. 1.

Matthes, Hans (geb. Hermsdorf in d. Neum. 22. ... 1856): Ueber Icterus epidemicus. Berlin (1880). (28 S.) 8°.
Berlin, Med. Diss. v. 18. März 1880

Matthes, Hedw., stille Grüße. Dichtungen. 8. (196 S.) Dresden 900. F. Richter. Geb. in Leinw. n. 3.—

— dasselbe. 2. Bd. 8. (V, 188 S. m. Bildnis.) Ebd. 902. Geb. in Leinw. n. 2.50

Matthes, Heinr., Aussichten u. Aufgaben der evangelischen Landeskirchen in der Gegenwart, s.a. **Studien zur prakt. Theologie. III, 1.**

Matthes, Heinrich, Prof., Seminaroberl.: Aussichten und Aufgaben der evangelischen Landeskirchen in der Gegenwart. Gießen 1909. (Röder, Leipzig). 50 S. 8° ¶(Ersch. vollst. als: Studien z. prakt. Theol. Bd 3, H. 1.)
Gießen, Theol. Diss. v. 6. Aug. 1909, Ref. Schian
[Geb. 1. Okt. 68 Ober-Ramstadt, Wohnort: Darmstadt; Staatsangeh.: Hessen; Vorbildung: Ludwig-Georgs-Gymn. Darmstadt Reife M. 87; Studium: Halle 4, Gießen 4 S.; Rig. erlassen.] [U 09. 1084

Aussichten und Aufgaben der evangelischen Landeskirchen in der Gegenwart. Von Prof. Lic. Heinrich Matthes. Gießen: Töpelmann 1909. 96 S. 8°
(Studien z. prakt. Theologie. Bd 3, H. 1.) [09. 14790

— Neue Bahnen f. d. Unterricht in Luthers Katechismus. (22 S.) gr. 8. Berlin (909). Reuther & Reichard. —40
Sonderabdruck aus: „Monatsschr. f. Pastoraltheol."

— Die Passionsgeschichte u. unsere Erlösung. Ein Beitrag zum Verständnis des 2. Artikels des christl. Glaubens. (46 S. m. Titelbild.) 8. Darmstadt 908. J. Waitz. —70

— Der evangelische Religionsunterricht im Dienst d. Erziehung innerhalb der religiösen Gemeinschaft, s.a. **Bibliothek, religionspädagogische. Nr. 5.**

Der evangelische Religionsunterricht im Dienst der Erziehung innerhalb der religiösen Gemeinschaft. Zugleich e. Darstellung d. Grundzüge e. zeitgemäßen Methodik von Prof. Lic. Heinrich **Matthes,** Seminaroberl. Göttingen: Vandenhoeck & Ruprecht 1910. 83 S. 8°
(Religionspädagogische Bibliothek Nr 5.) [10. 14121

Matthes, Hermann, Dr: **Beiträge zur Kenntnis der Hydramine.** *Jena 1899: G. Neuenhahn.* (75 S.) 8°
Jena, Phil. Hab.-Schr v. 1899

Matthes, Hermann: **Ueber Methylaethanolamin, Methyldiaethanolamin** und **1-Methylmorpholin.** *Jena 1898: G. Neuenhahn.* (31 S.) 8°
Jena, Phil. Diss. v. [18. Dez.] 1897

Matthes, Herm., die Nahrungsmittelverfälschung u. die Maßregeln zu ihrer Bekämpfung. (13 S.) gr. 8. Weimar 905. H. Böhlau's Nachf. n. —30
Sonderabdruck aus: „Weimar. Zeitg."

Matthes, Hermann, aus Schönau O.-S.: **Die gemischte Schenkung** nach neuem Recht. *Beuthen O.-S. 1904: W. Kamm.* (71 S.) 8°
Rostock, Jur. Diss. v. [31 Juli] 1904

Johannisrede 5822 von J. P. Matthes in der L. Wilh. z. silb. Kreuz in Varel. Leer 1824. 24.

Rede des Br.·. J. P. **Matthes,** ausgesprochen in der □ Wilhelm zum silbernen Kreuz, im Or.·. von Varel Johanni 5822. Leer 1824: Lamberti. 30 S. 8°
[Umschlagtit.]
Selten. Thema: Die wahre echte Mrei, das Band, welches d. Menschen vereint. Beigefügt 2 Lieder ohne Noten. 3

Matthes, Johann Georg

—s.a. **Entwürfe zu Predigten** *zc.* **über d. Neue Testament.**

Matthes, Joh. Geo., u. J. M. Koch, Entwürfe zu Predigten u. Homilien üb. d. ganze Testam. Ein Hand- u. Hilfsb. f. Geistliche u. Candidaten, bearb. v. mehr. Geistlichen. 12 Bdchn. gr. 12. (à 6 B.) Gotha u. Erfurt 835—39, Hennings u. Hopf. à ⅓ Thlr.
Das 3. u. 7. Bdchn. ist v. Koch herausgegeben.

Matthes, J. G., dreizehn Fastenpredigten, s. Sammlung von Fest-, Gelegenheits- u. andern Predigten.

Matthes, J. Geo., Harfenklänge aus Zion. Eine Sammlung geistl. Gesänge und Dichtungen. 8. Erfurt u. Langensalza 845, Körner. n. ⅔ ₰

Matthes, J. G., Jesus in Bethanien, in e. Reihe v. Fastenpredigten. 8. Hamm 827. (Schulz). 12 gr

—— das evangel. Kirchenjahr in ein. Reihe v. christl.-relig. Liedern. 8. (14½ B.) Leipzig 830, Fr. Fleischer.

Matthes, Josephus: De fistula sacci lacrimalis. [Vratislaviae] (1814.) (31 S.) 4° (*Praeses Traugott Wilhelm Gustav Benedict.*)
Breslau, Med. Diss. v. 20. Aug. 1814

Matthes, Isolin Der zweite Römerzug Kaiser Karls IV 1368—69. Halle a/S. 1880 (Schmidt in Reudnitz-Leipzig) 88 S 8°
Halle-Wittenberg, Phil. Diss. v [25. Okt] 1880
Geb Vollmershain (Sachs.-Altenb.) 3. 6. 1857 V

Matthes, Isolin [Dr.]: Die Volksdichte und die Zunahme der Bevölkerung im Ostkreise des Herzogtums Sachsen-Altenburg in dem Zeitraume 1837—1890. Altenburg i. S.-A., Pierer'sche Hofbuchdr., 1892; 21 S. 4.
Altenburg, herz. RPG, OP 1892 (683)

Matthes, Isolin, die Volksdichte u. d. Zunahme d. Bevölkerung im Ostkreise d. Herzogt. Sachsen-Altenburg in d. Zeitraume 1837—1890. I. Progr. 4. (22 S. m. 3 farb. Karten.) Altenburg 892. (Schnuphase.) n.1.—

Matthes, Isolin, die Volksdichte u. die Zunahme der Bevölkerung im Ostkreise d. Herzogt Sachsen-Altenburg in dem Zeitraume 1837—1890. Progr. 4. (22 S. m. 1 farb. Karte.) Altenburg 892. (Schnuphase.) n. 1.—

Matthes, Isolin [Dr.]: Die Volksdichte und die Zunahme der Bevölkerung im Westkreise des Herzogtums Sachsen-Altenburg in dem Zeitraume 1837—1890. [Vgl. P-Beil. 1892.] Altenburg i. S.-A., Pierer'sche Hofbuchdr., 1894; 17 S. 4.
Altenburg, herz. RG, OP 1894 (687)

Matthes, Isolin [Dr.]: Die Volksdichte und die Zunahme der Bevölkerung im Westkreise des Herzogtums Sachsen-Altenburg in dem Zeitraume 1837—1890. [Vgl. P-Beil. 1892.] Altenburg i. S.-A., Pierer'sche Hofbuchdr., 1894; 17 S. 4.
Altenburg, herz. RG, OP 1894 (687)

[F.] **Matthes, K.** [Dr., Oberl. u. stellv. Dir.]: Direktor Dr. Karl Zerlang . Geb. d. 13. Nov. 1810; gest. d. 1. Jan. 1891. Witten, Druck v. C. L. Krüger, 1891; S. 19 20; 4°
Witten, RG, P 1891 (366)

Matthes, K. C. A., die edessenische Abgarsage, auf ihre Fortbildung untersucht. gr. 8. (77 S.) Leipzig 882, Hinrichs'sche Buchh. *

Matthes, Karl

Matthes, Carl, kurze Betrachtung über die neueste Bekanntmachung der in Evangelicis beauftragten Hrn. Staatsminister im K. Sachsen. 8. (2 B.) Altenburg 845, Helbig. Thlr *

Matthes, Karl, kurze Betrachtung über die neueste Bekanntmachung der in Evangelicis beauftragten Herren Staatsminister im K. Sachsen. 8. Altenburg 846, Helbig. n. 1/6 ₰

Matthes, K., s. a. Chronik, allgemeine kirchliche.

Matthes, Carl, allgemeine kirchliche Chronik. 1. Jahrg: das J. 1854. br. 8. (VIII und 136 S. mit 1 Holzschnt.) Leipzig 855, Löschke.

Matthes, Carl, allgemeine kirchliche Chronik. 3—7. Jahrg. die J. 1856—60. br. 8. (à Jahrg. ca. IV und 164 S.) Leipzig. [Altona, G. Mayer's Verlag.] à Jahrg. * 12 Ngr. *

Matthes, Carl, allgemeine kirchliche Chronik. 8.—11. Jahrg., die J. 1861—64. br. 8. [1861. (IV und 164 S.) 1862. (IV und 160 S.) 1863. (IV und 160 S.) 1864. (IV und 160 S.)] Altona, [Händcke und Lehmkuhl.] à Jahrg. *

— dass. — Fortgesetzt von Ernst Osw. Schmidt. 12. Jahrg., das J. 1865. br. 8. (VI und 162 S.) Ebendas. *

— — Fortgesetzt von Mor. Herm. Schulze. 13—16. Jahrg., die J. 1866—69. Ebend. br. 8. Jeder Jahrg. (ca. VI, 174 S.) n. 12 ngr.

— Allgemeine kirchl. Chronik, fortgesetzt von August Werner u. Stichart. Jahrg. 1876, 77, 78 Hambg. 8.

— comparative Symbolik aller christlichen Confessionen vom Standpunkte der evangelisch-luther. Confession. Das ist vergleichende Darstellung der öffentlichen Lehre der Lutheraner, Katholiken und Griechen, der Reformirten, Socinianer, Mennoniten, Quäker rc. Aus den Quellen bearb. 8. (X und 616 S.) Leipzig 854, Löschke.

Matthes, Karl Christian August

[F.] **Matthes,** *Carl Christian August* [Dr., Klosterpfarrer]: Aktenstücke zur Geschichte der Schule und Kirche Kloster Rossleben. I. Aus d. Superintendenturarchiv zu Sangerhausen. Hrsg. Görlitz, Druck d. Akt.-Ges. Görl. Nachr. u. Anzeiger, 1894; 3—17 S. 4.
Rossleben, Kloster-S, P 1894 (249)

[F.] **Matthes,** *Carl Christian August* [Dr., Klosterpfarrer] Aktenstücke zur Geschichte der Schule und Kirche Kloster Rossleben. II. Die älteste Schulordng u. Schulandachten. Hrsg. [Forts. d. P-Beil. 1894.] Görlitz, Druck d. Akt.-Ges. Görl. Nachr. u. Anzeiger, 1895; 3—26 S. 4.
Rossleben, Kloster-S, P 1895 (251)

[F.] **Matthes,** *Carl Christian August* [Dr., Klosterpfarrer '(jetzt Superint. u. Oberpfarrer am Mariendome zu Kolberg)']: Aktenstücke zur Geschichte der Schule und Kirche Kloster Rossleben. III. Das Verzeichnis d. Lehrer u. Schüler v. Gründg d. Schule an bis zu ihrer einstweil. Auflösg. 1554—1639. Hrsg. (Forts. d. P-Beil. 1894. 95.) Görlitz, Druck d. Akt.-Ges. Görl. Nachr. u. Anzeiger, 1896; 1—57 S. 4.
Rossleben, Kloster-S, P 1896 (252)

[F.] **Matthes,** *Carl Christian August* [Klosterpfarrer Dr] Rede am Sarge des verstorbenen Rektors Prof. *Julius* Neumann, geh. am 21. Aug. 1892 ... Görlitz, Druck d. Akt.-Ges. Görl. Nachr. u. Anzeiger, 1893; 3—5 S. 4.
Rossleben, Kloster-S, P 1893 (250)

Matthes, Carl Theocar (Haselbaco-Montanus), De vi naturae medicatrice in phthisi. Diss. med. Leipzig (Staritz) 2. VIII. 1839. 28 S. (3.50) 22401 Gew.: Carl August Oehme.

Matthes, Kurt, a. Gaunitz, Amtshauptmannschaft Oschatz: Ueber den Blutdruck bei Tuberkulose. Leipzig 1905: B. Georgi. (35 S.) 8°
Leipzig, Med. Fak., Ref. Curschmann, Diss. v. 13. Febr. 1906
[Geb. 14 Febr 79 Gaunitz; Wohnort Dresden; Staatsangeh Sachsen, Vorbildung Gymn Grimma Reife O. 00; Studium Leipzig 4, Göttingen 1, Breslau 5 S. Coll 8 Nov 05, Approb 13 Febr 05.]

Matthes, Margar., Gedichte. Hrsg. m. e. Geleitwort v. Carl Biberfeld. (84 S. m. Bildnis.) 8. Breslau 905. Preuß & Jünger. Geb. n. 1.—

— Herbstnebel u. Anderes. Erzählung f. junge Mädchen. (182 S.) 8. Ebd. 906. Geb. n. 2.—

Matthes, Margar., Kochbuch f. Haushaltungs- u. Fortbildungsschulen. 2. verm. u. verb. Aufl. (63 S.) 8. Duisburg-Meiderich (Auf d. Damm 50) (909). Haushaltgs.-Lehrerin Matthes. Geb. nn —50

Matthes, Margarete, Kochbüchlein f. Haushaltungsschulen. Nahrungsmittellehre u. Kochrezepte f. Schule u. Haus. (VIII, 112 S.) kl. 8. Düsseldorf (904). L. Schwann. Kart. n. —50

Matthes, Margar., Lebenssehnsucht. Gedichte. 2. aus dem Nachlaß vervollständ. Ausg., unter Mitwirkg. d. Mutter der Verf. hrsg. v. Alfons Matthes. Mit dem farb. Portr., e. Kinderbildnis, e. Handschriften-Fksm. u. e. Komposition der Verf. (XVI, 118 S.) gr. 8. Berlin (S.W. 47, Lichterfelderstr. 5) 907. Verlag Humanitas (A. Matthes). 2.—; geb. 3.—

— **Mollaccorde.** Novellen. (144 S. m. Bildnis.) 8. Ebd. 906. Geb. in Leinw. n. 2.—

Matthes (Max), die Behandlungsmethoden des chronischen Magengeschwürs, s.a. Sammlung zwangloser Abhandlgn aus dem Gebiete der Verdauungs- u. Stoffwechsel-Krankheiten. II, 4.

Matthes, Max Die Behandlungsmethoden des chronischen Magengeschwürs. Von Prof Dr – Halle a. S. Marhold 1910. 56 S. 8°
(Sammlung zwangloser Abhandlungen aus d. Geb. d, Verdauungs- u. Stoffwechsel-Krankheiten. Bd 2, H 4)

Matthes, Max, Lehrbuch der klinischen Hydrotherapie f. Studierende u. Aerzte. Mit Beiträgen v. Paul Cammert, Ernst Hertel u. Fel. Skutsch. gr. 8. (XII, 410 S. m. 55 Abb.) Jena 900 G. Fischer. n. 8.—; geb. n. 9.—

Matthes, Max, Lehrbuch der klinischen Hydrotherapie f. Studierende u. Aerzte. Mit Beiträgen v. Paul Cammert, Ernst Hertel u. Fel. Skutsch. 2. umgearb. Aufl. (XII, 480 S. m. 68 Abbildgn.) gr. 8. Jena 903. G. Fischer. n. 9.—; geb. n. 10.—

— Die akute allgemeine **Peritonitis**, s.: Klinik, Berliner. (Graff, H.)

Matthes, Max Über Sulfonal München, Buchdr v M. Ernst, 1889. 43 S. 8°
München, Med. Fak., Inaug.-Diss. v 1889

Matthes, Max [Dr., Assistenzarzt d. med. Klinik zu Jena]: Untersuchungen über die Pathogenese des Ulcus rotundum ventriculi und über den Einfluss von Verdauungsenzymen auf lebendes und todtes Gewebe Jena, G. Fischer, 1893; 1 Bl., 56 S., 1 Bl., 1 Taf. 8.
Jena Med Fak., Hab.-Schr v 1893

Sommerfelder Adress-Buch bearb. u. hrsg von Otto **Matthes**. *Sommerfeld, Guben 1900 H. Scholz* (138 S.) 8° [Ant. u. F.] [co. 10833

Matthes, Otto, a. Dresden: Ueber α, γ-Dioxyglutarsäuren. Freiburg ⟨Baden⟩ 1907: E. Kuttruff. (30 S.) 8°
Freiburg i. B., Phil. Fak., Ref. Gattermann, Diss. v. 1907
[Geb. 17. Juni 80 Dresden; Wohnort: Freiburg i. B.; Staatsangeh.: Sachsen; Vorbildung: Oberrealsch. Freiburg i. B. Reife Juni 05; Studium: Freiburg i. B. 6 S., Rig. 4. Mai 07.]

Student Bummel. Eine gemuthl. Gerichtsscene in Schöppenstedt. Schwank in 1 Akt von Otto **Matthes**. *Sommerfeld 1897 P Hinke.* (20 S.) 8° [F.] [co. 10546

Student Bummel. Eine gemütl. Gerichtsszene in Schöppenstedt. Schwank in 1 Akt von Otto **Matthes**. Mülheim a. d. Ruhr J. Bagel [1904]. (22 S.) 8° [F.]
= **Liebhaber-Theater**. Bdch. 100. [sd. 3080

Matthes, Otto, Einquartierung, s.: Bloch's, Ludw., Militär-Festmappe.

Matthes, Otto: In Feindesland Volksstück in 1 Akt von – Sommerfeld 1902 H. Mertsching. (23 S.) 8°

In Feindesland. Volksstück in 1 Akt von Otto **Matthes**. Mülheim a. d. Ruhr: J. Bagel [1904]. (32 S.) 8° [F.]
= **Liebhaber-Theater**. Bdch. 97. [sd. 3077

Drei Freiwillige. Schwank in 1 Akt von Otto **Matthes**. *Sommerfeld 1897: P Hinke.* (26 S.) 8° [F.] [co. 10547

Drei Freiwillige. Schwank in 1 Akt von Otto **Matthes**. Mulheim a. d. Ruhr: J. Bagel [1903]. (24 S.) 8° [F.]
— **Liebhaber-Theater**. Bdch. 94. [sd. 3074

Matthes, Otto, Gedichte. 8. (64 S.) Wien (902). Verlag neue Literatur. 1.—

Matthes, Otto, Humoresken. (72 S.) kl. 8. Leipzig 906. Verlag f. Literatur, Kunst u. Musik. n. 2.—; geb. n. 3.—

Matthes, O., beim Justizrath. Schwank in 2 Akten. gr. 8. (31 S.) Sommerfeld 888. Paul Hinke. n. 1.—

— s.: Liebhaber-Theater.

Matthes, Otto, die Lützower. Historisch-patriotisch. Festspiel. (23 S.) 8. Berlin-Friedenau (910). Bureau Fischer. — 50

Der geheilte Major Lustspiel in 1 Akt von Otto **Matthes**. *Sommerfeld (1896). P Hinke* (22 S.) 8° [F.] [co. 10548

Der geheilte Major. Lustspiel in 1 Akt von Otto **Matthes**. Mülheim a. d. Ruhr. J. Bagel [1904]. (35 S.) 8° [F.]
= **Liebhaber-Theater** Bdch. 101. [sd. 3081

– „Mobil", s.a. Bloch's, Ludwig Militär-Festmappe.

— **Mobil.** Schwank in 1 Akt. gr. 8. (15 S.) Ebd. 888. n. 1.—

Matthes, Otto, aus Neustadt a. d. Orla **Naturbeschreibung** bei Wordsworth. *Leipzig 1902: E. Glausch.* (85 S.) 8°
Leipzig, Phil. Diss. v [22 Febr] 1902

Zwei Onkel. Posse mit Gesang in 1 Akt von Otto **Matthes**. *Sommerfeld [1900?] P Hinke.* (12 S.) 8° [Umschlagt. F.] [co. 10549

Bursche Radowsky Posse in 1 Akt von Otto **Matthes**. *Sommerfeld [1900?]: P. Hinke.* (18 S.) 8° [F.] [co. 10550

Bursche Radowsky. Posse in 1 Akt von Otto **Matthes**. Mülheim a. d. Ruhr J. Bagel [1904]. (32 S.) 8° [F.]
= **Liebhaber-Theater** Bdch. 99. [sd. 3079

—— **Dr. Schlau.** Lustspiel in 1 Akt. gr. 8. (16 S.) Ebendas. 888. *

Dr Schlau. Lustspiel in 1 Akt von Otto **Matthes**. Mülheim a. d. Ruhr: J. Bagel [1904]. (30 S.) 8° [F.]
— **Liebhaber-Theater**. Bdch. 98. [sd. 3078

—— **Musketier Spitz**, s. Theater-Album, militärisches.

Spukmüller Posse in 1 Akt von Otto **Matthes**. Mülheim a. d. Ruhr: J. Bagel [1903]. (32 S.) 8° [F.]
= **Liebhaber-Theater**. Bdch. 95. [sd. 3075

Beim Hauptmann Tourno. Schwank in 1 Akt von Otto **Matthes**. *Sommerfeld [1900?] P Hinke.* (10 S.) 8° [Umschlagt. F.] [co. 10551

Beim Hauptmann Tourno. Schwank in 1 Akt von Otto **Matthes**. Mülheim a. d. Ruhr J. Bagel [1903]. (24 S.) 8° [F.]
— **Liebhaber-Theater**. Bdch. 93. [sd. 3073

Matthes, P. Im großen Hauptquartier 1870/1871. Feldbriefe in die Heimat. Mit Bildern v. H. Albrecht. 8. (VIII, 173 S.) Münch. 892. Beck. * 2 50; geb. * 3 50

Matthes, Paul [aus Hohen-Carzig bei Friedeberg N/M.]: Ueber Azoderivate secundärer β-Naphtylamine und deren Verhalten bei der Oxydation. . . . Marburg, Buchdr. Fr Sömmering, 1889; 37 S. + 1 Bl. 8°
Marburg, Phil. Fak., Inaug.-Diss. v. [12. März] 1889

Matthes, Paul, aus Berlin. 6 Orig.-Radiergn. (6 Bl.) 25×33 cm. Berlin (908). Grauert & Zink. In Umschl. 5.—

— Aus Dresden. 6 Orig.-Radiergn. (6 Bl.) 25×33 cm. Ebd. (908). In Umschlag 5. —

Matthes, Paul, appr. Arzt: Ein seltener Fall von phlegmonöser Darmentzündung. Leipzig 1905: B. Georgi. (22 S.) 8°
Leipzig, Med. Fak., Ref. Marchand, Diss. v. 31. Juli 1905
[Geb. 24. Mai 73 Wszedzin, Prov Posen; Wohnort: Dresden; Staatsangeh.: Preußen; Vorbildung: Gymn. Freienwalde Reife O. 92; Studium: Berlin 6, Freiburg i. B. 4 S.; Coll. 4. Aug. 05; Approb. 22. Nov. 97.]

— Aus Frankfurt a. M. 12 Orig.-Radiergn. (12 Bl.) 25×33 cm. Ebd. (908). In Umschlag 10. —

— Aus Leipzig. 6 Orig.-Radiergn. (6 Bl.) 25×33 cm. Ebd. (908). In Umschlag 5. —

— Aus München. 12 Orig.-Radiergn. (12 Bl.) 25×33 cm. Ebd. (908). In Umschlag 10. —

— Aus Nürnberg. 12 Orig.-Radiergn. (12 Bl.) 25×33 cm. Ebd. (908). In Umschlag 10. —

Matthes, Paul [aus Eisenach]: Über das Verhalten der Milz bei Pneumonie. . . . Berlin, Buchdr. v. Gustav Schade (Otto Francke) (1890); 30 S. + 1 Bl. 8°
Berlin, Med. Fak., Inaug.-Diss. v. 11. Jul. 1890

Matthes, Paul Christian Ewald, s. Matthes, Ewald.

Matthes, Pepi, Gedichte u. Gedanken. (87 S.) kl. 8. Leipzig (908). Verlag f. Literatur, Kunst u. Musik. 1. 50

— Herodes. Drama in 5 Aufzügen. (96 S.) kl. 8. Leipzig 908. (M. Spohr.) 1. 20

— Der Jünglingsredakteur. Tagebuchaufzeichngn. (312 S.) kl. 8. Leipzig 908. Verlag f. Literatur, Kunst u. Musik. 4.—; geb. n 5 —

— Frau Marion. Schauspiel in 5 Aufzügen. (101 S.) kl. 8. Leipzig (909). Leipziger Verlags- u. Kommissions-Buchh. 2. —

— Wenn Kinder beichten. Eine Anklage. (40 S.) kl. 8. Ebd. 908. 1. —

Matthes, Rich., Amor in der Sommerfrische, s.: Glaser's, Conr., Theater-Bibliothek.

— Die Aepfeldiebe, s.: Kinderfestspiele f. Schule u. Haus.

Matthes, Rich., ein April-Scherz, s.: Glaser's, Conr., Theater-Bibliothek.

— Arm u. Reich beim Kerzenstrahl, s.: Mädchen-Bühne.

— der alte Barbarossa, s.: Kinderfestspiele f. Schule u. Haus.

— Bäumchen, was singst du?, s.: Kinderfestspiele f. Schule u. Haus.

— Bekehrt, s.: Glaser's, Conr., Theater-Bibliothek.

— 300 Mark Belohnung, s.: Glaser's, Conr., Theater-Bibliothek.

— Der Blaubart wider Willen, s.: Glaser's, Conr., Theaterbibliothek.

— der Blick in die Zukunft, s.: Glaser's, Conr., Theater-Bibliothek.

— Bocksprünge, s.: Glaser's, Conr., Theater-Bibliothek.

— Der eingeschriebene Brief, s.: Glaser's, Conr., Theater-Bibliothek.

— Der verhängnisvolle Brief, s.: Zwie- u. Dreigespräche.

— Der Herr Bürgermeister, s.: Glaser's, Conr., Theater-Bibliothek.

— Der letzte Christbaum, s.: Glaser's, Conr., Theater-Bibliothek

— d. Christfest e. Junggesellen, s.: Glaser's, Conr., Theater-Bibliothek.

— Christfest im Walde, s.: Mädchen-Bühne.

— Der Waisenkinder Christgeschenk, s.: Kinderfestspiele f. Schule u. Haus.

— Weihnachtsengels Christgeschenk, s.. Glaser's, Conr., Theater-Bibliothek.

— Spielers Christnacht, s.: Glaser's, Conr., Theater-Bibliothek.

— Diabolo, s.: Glaser's, Conr., Theater-Bibliothek.

— unsere Dienstboten, s.: Glaser's, Conr., Theater-Bibliothek.

— Donnerwetter — tadellos! Neueste Sammlg. heiterer Deklamationen. (48 S.) 8. Leipzig (909). C. Glaser. 1. 50

— O du selige, o du fröhliche, s.: Glaser's, Conr., Theater-Bibliothek.

— Ehre sei Gott in der Höhe, s.: Kinderfestspiele f. Schule u. Haus.

— Der Eisenbahnräuber, s.: Glaser's, Conr., Theater-Bibliothek

— Endlich allein!, s.: Glaser's, Conr., Theater-Bibliothek.

— Er wird Luftschiffer, s.. Glaser's, Conr., Theater-Bibliothek.

— Der belehrte Erbonkel, s.: Kinderfestspiele f. Schule u. Haus.

— der Erbschleicher, s.: Glaser's, Conr., Theater-Bibliothek.

— Das Erdbeben, s.: Glaser's, Conr., Theaterbibliothek.

— es brennt!, s.: Glaser's, Conr., Theater-Bibliothek.

— Die Ferienreise, s.: Kinderfestspiele f. Schule u. Haus.

— Das Fest der Rose, s.: Kinderfestspiele f. Schule u. Haus.

— der Feuerwehrtag, s.: Glaser's, Conr., Theater-Bibliothek.

— Frühlingsläuten, s.: Kinderfestspiele f. Schule u. Haus.

— Der Fund am Weihnachtsabend, s.: Kinderfestspiele f. Schule u. Haus.

— Die junge Garde, s.: Kinderfestspiele f. Schule u. Haus.

— in e. kleinen Garnison, s.: Glaser's, Conr., Theater-Bibliothek.

— Großmütterchens Geburtstag, s.: Kinderfestspiele f. Schule u. Haus.

— Kaisers Geburtstag, s.: Glaser's, Conr., Theater-Bibliothek.

— Die kleinen Geburtstags-Gratulanten, s. Glaser's, Conr., Kinderbibliothek.

— Ein süßes Geheimnis, s.: Zwie- u. Dreigespräche

Matthes, Rich., s.: Glaser's, Conr., Theater-Bibliothek.

— Glückauf, du neues Jahr!, s.: Mädchen-Bühne.

— der kluge Hans, s.: Glaser's, Conr., Theater-Bibliothek.

— Hänsel u. Gretel, s.: Kinderfestspiele f. Schule u. Haus.

— Das bemooste Haupt od. Der lange Israel, frei nach R. Benedix, s.: Glaser's, Conr., Theater-Bibliothek.

— Heil dem Kaiser u. der Kaiserin. Fantastisches Kinderfestspiel m. Gesang u. einem Schlußbilde zur Feier der Silberhochzeit unseres Kaiserpaares. (13 S.) kl. 8. Leipzig (905). C. Glaser. n. 2. —

— Heil dir, du junges Paar! s.: Mädchenbühne.

— Heil dir im Siegerkranz, s.: Kinderfestspiele f. Schule u. Haus.

— Heil, Kaiser, Dir! s.: Mädchen-Bühne.

— die Heinzelmännchen, s.: Kinderfestspiele f. Schule u. Haus.

— der Herzensdieb, s.: Kinderfestspiele f. Schule u. Haus.

— die Hochzeitsreise, s.: Glaser's, Conr., Theater-Bibliothek.

— Nach 25 Jahren, s.: Glaser's, Conr., Theater-Bibliothek.

— Die vier Jahreszeiten, s. Mädchen-Bühne.

— Johanniszauber, s.: Mädchen-Bühne

— Dem Kaiser Heil!, s.: Kinderfestspiele f. Schule u. Haus.

— Der Kaiser kommt!, s.: Glaser's, Conr., Theater-Bibliothek.

— das Kaisermanöver, s.: Glaser's, Conr., Theater-Bibliothek.

— Das Kasperletheater. 6 humorvolle Aufführgn. m. e. Ansprache Kasperles. (56 S.) 8. Leipzig (909). C. Glaser. 1.20

— der Kegelklub, s.: Glaser's, Conr., Theater-Bibliothek.

— Beim Kerzenglanz, s.: Glaser's, Conr., Theater-Bibliothek.

— das eiserne Kreuz, s.: Kinderfestspiele f. Schule u. Haus.

— Durch das „rote Kreuz", s.: Glaser's, Conr., Theater-Bibliothek.

— Kriegskameraden am Weihnachtstisch, s.: Glaser's, Conr., Theater-Bibliothek.

— Geschiedene Leute, s.: Glaser's, Conr., Theater-Bibliothek.

— ihr Leutnant, s.: Glaser's, Conr., Theater-Bibliothek.

— Das versunkene Märchenreich, s.: Mädchenbühne.

— Stille Nacht, hl. Nacht!, s.: Kinderfestspiele f. Schule u. Haus.

— König Nußknacker, s.: Kinderfestspiele f. Schule u. Haus.

— die neue Pensionärin, s.: Glaser's, Conr., Theater-Bibliothek.

Der Protzenbauer Volksstück mit Gesang u. Tanz in 3 Aufz. von Richard Matthes. Musik von Fritz Lorenz. Op. 134. Leipzig: Glaser [1910]. 92 S. 8° [11. 7612

Matthes, Rich., der Prozeßagent. Ein Leitfaden für Rechtskonsulenten. 8. (V, 20 S.) Leipzig 900. Roßberg'sche Verlagsbuchh. n. — 50

— in der Puppenklinik, s.: Kinderfestspiele f. Schule u. Haus.

— Der Blumen Rache, s.: Mädchen-Bühne.

Matthes, Rich., der Radlerfeind, s.: Glaser's, Conr., Theater-Bibliothek.

— Radler-Weihnacht, s.: Glaser's, Conr., Theaterbibliothek.

— Rechtsfreund f. den Kaninchenzüchter. (67 S.) 8. Leipzig (909). Dr. F. Poppe. 1. —

— der Regimentstambour, s.: Glaser's, Conr., Theater-Bibliothek.

— die Rettungsmedaille, s.: Glaser's, Conr., Theater-Bibliothek.

— Rübezahl, s.: Kinderfestspiele f. Schule u. Haus.

— Die Rück-Compagnie, s.: Glaser's, Conr., Theater-Bibliothek.

— Tante Julchen's Scheuerfest, s.: Glaser's, Conr., Theater-Bibliothek.

— Im Schlaraffenland, s.: Kinderfestspiele f. Schule u. Haus.

— das Schmerzensgeld, s.: Glaser's, Conr., Theater-Bibliothek.

— Schneewittchen u. die 7 Zwerge, s.: Kinderfestspiele f. Schule u. Haus.

Matthes, Rich., die verdeckte Schüssel, s.: Kinderfestspiele f. Schule u. Haus.

— Sommer-Lust, s.: Kinderfestspiele f. Schule u. Haus.

— Onkel Stenograph als Weihnachtsengel, s.: Glaser's, Conr., Theater-Bibliothek.

— Das Stiftungsfest, s.: Glaser's, Conr., Theater-Bibliothek

— Hans Stolprian, s.: Kinderfestspiele f. Schule u. Haus.

— Die relegierten Studenten, frei nach R. Bendix, s.: Glaser's, Conr., Theater-Bibliothek.

— Die Studienreise nach Deutsch-Afrika, s.: Glaser's, Conr., Theater-Bibliothek.

— am Sylvester-Abend,
— Turner am Weihnachtsabend,
— Turnerstreiche od. Hiller u. Müller,
— Turnwart's Jubeltag,
} s.: Glaser's, Conr., Theater-Bibliothek.

Matthes, Richard, Der Turner im Freiquartier, Schwank in 1 Aufz., Leipzig, 24 S., 8°

— Die zärtlichen Verwandten, frei nach R. Benedix, s.: Glaser's, Conr., Theater-Bibliothek.

— der Weiberfeind, s.: Benedix. Roder.

— Weihnachten im Bahnwärterhaus, s.: Glaser's, Conr., Theater-Bibliothek.

— Glückliche Weihnachten, s.: Glaser's, Conr., Theater-Bibliothek.

— Weihnachten im Pensionat, s.: Mädchen-Bühne.

— Weihnachten auf hoher See. s.: Kinderfestspiele f. Schule u. Haus.

— Feuerwehrmann's Weihnachtsengel, s.: Glaser's, Conr., Theater-Bibliothek.

— Die Weihnachts-Fee, s.: Mädchen-Bühne. Nr. 1.

— Feuerwehrmanns Weihnachtsfest, s.: Glaser's, Conr., Theater-bibliothek.

— die Weihnachtsgans, s.: Glaser's, Conr., Theater-Bibliothek.

— Frau Holle's Weihnachtsgäste, s.: Kinderfestspiele f. Schule u. Haus.

— unverhofftes Weihnachtsglück, s.: Kinderfestspiele für Schule u. Haus.

— Krieger's Weihnachtsheiligabend, s.: Glaser's, Conr., Theater-Bibliothek.

— Weihnachtspech, s.: Glaser's, Conr., Theater-Bibliothek.

— die Weihnachtspost, s.: Kinderfestspiele f. Schule u. Haus.

– Die Weihnachtspräsente, s. Glaser's, Conr., Theater-Bibliothek.

— Im Weihnachtswald, s.: Kinderfestspiele f. Schule u. Haus.

– Der erfüllte Weihnachtswunsch, s. Glaser's, Conr., Theater-Bibliothek.

— wenn die Weihnachtsglocken klingen, s.: Glaser's, Conr., Theater-Bibliothek.

– Doktor Wespe, s. Glaser's, Conr., Theater-Bibliothek.

— Wir machen e. Hochzeits-Zeitung!, s.: Zwie- u. Dreigespräche.

– Der Wunderdoktor, s. Glaser's, Conr., Theater-Bibliothek.

Matthes, Siegfried, approb. Arzt aus Seifhennersdorf i. S. Über Menière'sche Krankheit bei chronischer progressiver[!] Schwerhörigkeit (sog. Sklerose). *Straßburg i. E. 1902: C. Müh & Co.* (16 S.) 8°
Straßburg, Med. Diss. v. 1902

Matthes, V. W.

Matthes, V. M., Spätblutungen ins Hirn nach Kopfverletzungen, ihre Diagnose u. gerichtsärztl. Beurtheilung, s.a. Sammlung klinischer Vorträge.

Spätblutungen ins Hirn nach Kopfverletzungen, ihre Diagnose u. gerichtsärztliche Beurtheilung von V. M. (vielm. V. W.) **Matthes**, (Cassel). *Leipzig: Breitkopf & Härtel 1901* (S. 275–298.) 8°
= Sammlung Klinischer Vorträge N. F. No 322 [illegible]

Matthes, Valerie, italienische Dichter der Gegenwart. Studien u. Übertraggn. 8. (XII, 318 S.) Berlin 899. C. Duncker. n. 4.—; geb. n.n. 5.25

Matthes, Victor Wilhelm [pr. Arzt aus Birstein]: Ueber angeborene, noch nicht verheilte, umschriebene Hautdefecte bei Neugeborenen . . Marburg, Univ.-Buchdr. '(R. Friedrich)', 1894; 26 S., 1 Bl. 8.
Marburg, Med. Fak., Inaug.-Diss. v. 27 Febr. 1894

Matthes, W., aufgestellt werden sie doch! Lustspiel in 1 Akte. (17 S.) kl. 8. Leipzig (904). Leipziger Bienenzeitg. n. — 60

— spaßige Leute. Lustspiel in 1 Aufzug. (14 S.) kl. 8. Ebd. (904). n. — 60

— Line u. Biene. Ein lust. Stücklein aus dem Immenleben. (11 S.) kl. 8. Ebd. (904). n. — 50

W. F. Matthes doctrinae medicae quam Stablius finxit rationes. Hal. 1802. 8.

Matthes, W(alther) (geb. Gross-Salze bei Magdeburg 19. 8. 1861). Ein Fall von Kaiserschnitt bei kypho-scoliotisch-rhachitischem Becken. Berlin (1885). (31 S.) 8°
Berlin, Med. Diss. v. 31 Jan. 1885

Matthes, Walter G., Ref.: Irrtum und Mißverständnis in ihren Beziehungen zueinander nach den §§ 119, 155 des Bürgerlichen Gesetzbuches. Borna-Leipzig 1905: R. Noske. (VIII, 72 S.) 8° [F.]
Leipzig, Jur. Fak., Diss. v. 1 Nov. 1905
[Geb. 23. Aug. 81 Cöln a. Rh., Wohnort: Erfurt, Staatsangeh.: Preußen, Vorbildung: Friedr.-Wilh.-Gymn. Cöln Reife O. 00; Studium Freiburg i. B. 1, Kiel 1, Leipzig 2, Halle a S., Rig 24 Okt. 03.]

Matthes, Wilh., der Hahn im Korbe. Schwank in 1 Aufzuge. (20 S.) 8. Camburg (909). (M. Schreyer Nachf.) — 50

— Die Mauer. Trauerspiel in 4 Akten. (44 S.) 8. Ebd. (910). — 50

Matthesius, A., Lehrgang des Sprachunterrichts für die Mittel- und Oberstufe der Volksschule im Anschluß an den Kinderfreund von Preuß und Vetter. Bevorwortet von Herbst. gr. 4. (III und 32 S.) Eckartsberga 859, Eckartshaus. *

Matthesius, Carl, s. Matthesius, Karl

Matthesius, Carl August, s. Matthesius, Karl August

Matthesius, Christ. Lorenz [Praes.], s. Heumann, Johann David De Aristarcho Grammatico. Exercit. philol.

Matthesius, Christ. Lorenz: Diss. de mutatione formarum in vestibus, s. Löber, Christ. Wilhelm [Praes.]

Matthesius, Christoph Heinrich

— Lehrbuch f. angehende Landprediger, wie ihre Wirthsch. am nützlichsten einzurichten sei. 8. Ebend. 790.

Matthesius, Cph. Hnr., Lehrbuch f. angehende Landprediger, wie ihre Wirthschaft am nützl. einzurichten sei. Mit e. Vorrede von Demler. 8. Jena 791. Cröker. 12 gr.

latthesius, C. H. „Ueber die Theorie der Landwirthschaft .", ena 1791 (Cröker)

-über die Theorie der Landwirthschaft u. einige neuere Grundsätze derselben. 8. Jena 792. Cröker. 12 gl.

– Gotthelf (Großhartmannsdorf/Meißen), Meditationes philosophicas de precum necessitate et efficacia. Präs. Christoph Ludwig Obbarius. Wittenberg (Hake) 29. VIII. 1733. (4.—) 22404
Gew.: Christoph Ludwig Obbarius.

Matthesius, Gtthlf. Benj., s. Euripides, Hekuba.

Matthesius, Jakob, s. Hannchen Robert.

latthesius, Johannes, s Mathesius

latthesius, Karl

Matthesius, C., das Ganze der Lohgerberei, s.a Schauplatz, neuer, der Künste und Handwerke. 79.

Matthesius, Carl, das Ganze der jetzigen Lohgerberei oder specielle Anleitung zur Bereitung der american., sowie europäischen schweren Rindshäute zu Sohl-, Brandsohl-, Baches- und Maschinenriemen-Leder, auch der leichten Rinds-, Kyps- und Roßhäute zu Ober- und Verdeckleder rc. Für Gerbereibesitzer und als Norm bei Meisterprüfungen. 8. (X und 109 S.) Weimar 859. Voigt.

atthesius, C: Das Ganze der jetzigen Lohgerberei. 2. Aufl. von N. Graeger Weimar 1873

latthesius, Karl August

latthesius, Carl August (Neukirch), De virginitate eiusque signis. Diss. med. Leipzig (F. A. Brockhaus) 12. IX. 1857. 14 S. u Biogr. (M.: J. Chr. Oertel.) (2.50) 22403

latthesius, Oscar: Russische Eisenbahnpolitik im 19. Jahrhundert, 1836—1881, d. h. von den ersten Anfängen bis zum Ende des reinen Privatbahnsystems. — 1. Periode: 1836—1855. *Berlin: J. Springer 1903.* (34 S.) 8° ¶ (Erscheint vollst. in Archiv f. Eisenbahnwesen.)
Berlin, Phil. Diss. v 15. Aug. 1903

latthesius, Siegm Immanuel

- die geprüfte Bruderliebe. Lstspl. 8. Chemnitz 785. (W. Nauck in Leipz.) 5 gl.

- die Herrschaft d. Weiber; Nachspl. 8 Chemnitz 768. N. A. 784. (Leipz., Andrä). 4 gl.

latthesius, Siegm Im., s.a. Kloster u. Welt.

LOSTER und Welt, oder Welt und Kloster, wie ian will; eine Geschichte im echten Verstande. (Zahme iegwartiade von *Siegm. Imman. Matthesius,* aus Clodra bei Veida, Advokat in Annaberg, geb. 1727, † 1811). Lübeck, Ch. Donatius, 1785. 8° 480 S. (3 Mk. 50 Pfg. Taussig, 1907.)
Anon.-Lex. II p. 365 hat „1784" (nach Kayser).

— Dasselbe. Augsburg 1785. 8°. (5/6 Rthl. Scheible, c. 1870.)

latthesius, Siegm. Imm., († d. 12. Febr. 1811.) s. Kriegs- u. Siegslieder.

Matthesius, Siegm. Imm., vier Lustspiele. 8. Chemnitz 785. (W. Nauck in Leipz.) 13 gl.

— der Rangstreit; Operette. 8. Chemnitz 784. Stößel. 3 gl.

— die zärtliche Tochter. Lstspl. 8. Ebd. 767. 3 gl.

Mattheson, Jh., († d. 17. April 1764.) wahrer Begriff des harmon. Lebens. 2e Dosis d. Panacea. 8. Hamb. 750.

— Behauptung der himmlischen Musik. 8. Ebendaselbst. 747.

Mattheson, Johann. Des // Ritters Ramsay // Reisender // CYRUS, // welcher // die höchste Weißheit seiner Zeiten, // sowol in Staats-Sachen, als Philoso- //phischen und Übernatürlichen Dingen, // erforschet. // Dem beigefüget eine Abhandlung // von der // Gottes-Gelahrtheit und // Dicht-Kunde der Alten. // Aus dem Engländischen verteutschet // durch // Mattheson. // HAMBURG, // Gedruckt und verlegt von seel. Thomas von Wierings Erben, // im güldnen A.B.C. bey der Börse. 1728. // Ist auch in Leipzig bey Philip Hertel zu bekommen. - 12 Blatt (nicht paginiert) Titelblatt, Widmung und Vorrede.- 416 S. -
Auf dem Vorblatt steht die Widmung:
Der Löbl. Deutschen Gesellschaft Büchervorrathe wiedmet dieses Joh. Christ. Gottsched. P. P. O. 1734.
B. S. T. 8°.555.

— Ehrenpforte der tüchtigsten Capellmeister, Componisten rc. worin deren Leben und Verdienste beschrieben. 4. Hamb. 740.

—neuangelegte Freudenakademie. 2 Thle. 8. Hamb. 751,53. 1 rf

— neu angelegte Freudenakademie. 2 Theile. 8. Ebend. 755.

MATTHESON, JOH Freundschafft im Tode, durch Zwantzig Briefe von den Verstorbenen an die Lebendigen vorgestellet. Aus dem Engländischen übersetzt von Mattheson. Hamburg, Th. von Wierings Erben. 1 34 Kl. 8° 4 Bl. 92 S. Brosch.

— große Generalbaßschule. 4. Hamb. 731.

— kleine Generalbaßschule. 4. Hamb. 735.

—7 Gespräche der Weisheit u. Musik. 3e Dosis d. Panacea. 8. Hamb. 751. 1 rf 8 gl.

Mattheson, Johann

Mattheson, J. Grundlage einer Ehren-Pforte. Hamburg 1740.

Mattheson, (Joh.), Grundlage e. Ehren-Pforte, woran der tüchtigsten Capellmeister, Componisten, Musikgelehrten, Tonkünstler rc. Leben, Wercke, Verdienste rc. erscheinen sollen. Zum fernern Ausbau angegeben. Hamburg, 1740. In Verlegg. des Verf. Vollständiger, orig.-getreuer Neudr. m. gelegentl. bibliograph. Hinweisen u. Matthesons Nachträgen, hrsg. v. Max Schneider. (XLIV, 444 u. 51 S. m. 1 eingeklebten Wappen.) Lex. 8. Berlin 910. L. Liepmannssohn. nn 17.50

— neuentdeckte großbrittannische Hauptverrätherei. 4. Hamb. Herold. 725.

Matheson, J., vollkommener Capellmeister. Fol. Breslau, W. G. Korn. 739.

— Kern melodischer Wissenschaften, bestehend in den Grundlehren der musikalischen Setzkunst od. Compositionals Vorläufer d. vollkommnen Capellmeisters. 4. Hamb. 737.

—Mithridat wider d. Gift e. welschen Satyre, genannt la Musica. 8. Hamb. 750. 1 ₰

– s. Niedt

— Das neu-eröffnete Orchestre. — Das beschützte Orchestre. — Das forschende Orchestre. Hamburg 1713. 1717 1721.

— Exemplarische Organisten-Probe im Artikel vom General-Bass. Hamburg 1719.

—bewährte Panacea, als e. Zugabe zu seinem Mithridat. 1e Dosis. 8. Hamb. 750, 51. 14 gl

Mattheson, Joh. Der musikalische Patriot. [Von den Psalmen-Überschriften.] Hamburg 1728.

—plus ultra, ein Stückwerk neuer u. mancherlei Art. 1r—4r Vorrath. 8. Hamb. 754. 20 gl

Mattheson, J. Plus ultra, ein Stückwerk von neuer und mancherley Art. 1. 2. 3. Vorrath. Hamburg 1754. 1755. 1755.

— erläut. Selah, nebst einigen Anmerkungen üb. Lob und Liebe. 8. Hamb. Herold. 745.

—philolog. Tresespiel, als e. Beitrag zur krit. Geschichte d. deutschen Sprache. 8. Hamb. 752. 6 gl

— Versuch einer systematischen Klanglehre. 8. Hamburg, 748.

Matthess, Leopold, aus Lehesten Aus d. Medicin. Klinik zu Jena. Epilepsie und Herzerkrankung. *Lehesten 1899: E. Neumeister.* (32 S.) 8°
Jena, Med. Diss. v. (18. Apr.) 1899

Mattheus, Fritz, approb. Arzt aus Görlitz Ueber Wochenbetts-Erkrankungen nach geburtshülflichen operativen Eingriffen. *Würzburg 1900: A. Boegler.* (45 S.) 8°
Würzburg, Med. Diss. v 1900

Mattheus, H., Festschrift zum 50jähr. Bestehen der Bremer Turngemeinde (D. T.), Bremen 1909, 48 S., 8°.

Matthew, Henry

Matthews, (H.) Tagebuch e. Invaliden rc., s.a. Tagebuch.

Matthew's, Hnr., Tagebuch e. Invaliden auf einer Reise durch Portugal, Italien rc. in d. J. 1817—19; aus d. Engl. von Fr. Schott. 2 Thle. 8. Dresd. 825. Hilscher. 2 ₰ 16 gl (Wien, Gerold). Hbg. Pr. 2 ₰

Matthew, Jh., Reise nach d. Flusse Sierra Leone, auf d. Küste von Afrika in d. J. 1785—87; aus d. Engl. gr. 8. Leipz. 789. Weidmann. 10 gl

Matthews, Charles

Matthews, Ch., der Geburtstag; — die Schwiegermutter, s. Bühnen-Repertoir, Bd. XII.

— the ring doves, s. Theatre the modern english. —

—— Who killed Cock Robin? s. Theatre, the modern English comic.

Mathews, Charles, why did you die?, s.: Theatre, modern English comic.

Matthews, F. E., I. Ueber die Verbindungen der Blausäure mit den Halogenwasserstoffsäuren. II. Ueber Condensationen einiger Aldehyde mit Acetessigäther und substituirten Acetessigäthern. Inaugural-Dissertation. gr. 8. (42 S.) Bonn 882. (Göttingen, Vandenhoeck und Ruprecht's Verlag.) *

Matthews, James Brander

Matthews, Brander, Erzählungen, s.: Lutz' Kriminal- u. Detektiv-Romane.

Matthews, John Nachrichten von Sierra Leone auf der westlichen Küste von Africa und dessen Handel, Produkten, ingleichen den Sitten und Gebräuchen der dortigen Neger. Aus dem Englischen [A voyage to Sierra Leone. London 1788] übersetzt in Beiträge zur Völker und Länderkunde Th 9 S. 131—258. Leipzig 1789. 8°

Matthey, s.a. Mathey

Matthey, . . ., über die Gehirnwassersucht; aus d. Französ. übers. von G. Wendt. 8. Leipz. 821. Magaz. f. Ind. u. Lit. 1 ₰ 8 gl

Matthey, A. Edw., Anleit. zur Anfertigung aller Arten v. Oel- u. Wasserfarben zum Malen u. Anstreichen, so wie der dazu nöthigen Farben, Oel- u. Lackfirnisse rc., nebst Anweis. über das Beizen, Poliren u. Vergolden des Holzes, üb. d. Kunst, auf Glas u. Porzellan zu malen u. Zubereitung dieser Farben rc. Verbess. u. mit Zusätzen hrsgg. von Th. Weiß. 8. Leipz. 823. (Reimann). 10 gl

—— Anleitung zur Anfertigung aller Arten v. Oel- u. Wasserfarben z. Malen u. Anstreichen, so wie d. dazu nöth. Farben, Oel- u. Lackfirnisse rc., nebst Anweisn. üb. d. Beizen, Poliren u. Vergolden d. Holzes, üb. d. Kunst auf Glas u. Porzellan zu malen u. Zubereit. dieser Farben, üb. d. Färben v. wollenen, baumwoll., seid. u. lein. Stoffen, so wie d. Papiers, u. üb. d. Bleichen dieser Stoffe. Eine nützl. Schrift f. Jedermann. Verbess. u. mit Zusätzen hrsg. v. Th. Weiß. 8. (5½ B.) Leipzig 832, [Reimann.] Ernst A. Thlr.

Matthey, A. Edw., die Kunst, in unglaubl. kurzer Zeit die Oelmalerei nebst Anfertigung u. Versetzung der hierzu nöthigen Farben ohne Praktik zu erlernen. 8. Leipz. 828. 2e A. 829. Fr. Fleischer. 12 gl

Matthey, A. Ludw., die Kunst, in unglaubl. kurzer Zeit d. Oelmalerei u. d. Anfertigung u. Versetzung d. hierzu nöth. Farben ohne Practik zu erlernen; zugleich auch anwendbar, um auf Glas zu malen. Nebst e. Anweis., wie Handzeichn. etc. auch auf Holzarbeiten übertragen werden können; u. e. Anleit. z. Verfert. d. Lacke. 2. Aufl. qu 8. Leipzig 829, (Fr. Fleischer.) Versiegelt.

Matthey, A. Ludw., neuerfund. Methode, Filz u. Felbelhüte, sowie Filzschuhe zu lackiren u. wasserdicht zu machen. Nebst Anweisn., Stroh- u. a. geflochtene Hüte, sowie natürl. u. künstl. Blumen in verschied. Farben zu lackiren. 8. (1½ B.) Quedlinburg 832, Basse.

—— die Schnellmalerei, od. neueste u. faßlichste Methode, in sehr kurzer Zeit auf Leinwand, Papier u. Glas mit Oelfarben malen zu lernen. Nebst Anweis., Zeichnungen u. Gemälde mit leichter Mühe u. sicherm Gelingen auf Tische, Toiletten rc. vorzügl. schön zu übertragen; Verfert. u. Versetzung d. Oel- u. Pastellfarben rc. gr. 8. Magdeburg 829, Rubach. Verkbt.

—die Schnellmalerei, od. neueste u. faßl. Methode, in sehr kurzer Zeit auf Leinwand, Papier u. Glas mit Oelfarben malen zu lernen. Nebst Anweis., Zeichnungen u. Gemälde mit leichter Mühe u. sicherm Gelingen auf Tische, Toiletten rc. vorzügl. schön zu übertragen rc. gr. 8. Magdeb. 830. Rubach. 12 gl

Matthey, Carl, s. Matthey, Karl

Matthey (F.), Schlackensteine und ihre Eigenschaften. (Ohne Ort und Jahr.) 8.

Matthey, Frz., Zeugnisse über die Kuren rc., s. Zeugnisse

Matthey, Georges. Recherches synthétiques dans la série des Rosindulines. Thèse Sci. Genève. 55 p. 8. Berne, Stæmpfli & Cie., 1906. [fr 1.20]

Matthey, H., s. Littérature, la, par les textes.

Matthey, Heinrich [aus Berleburg (Westfalen)]: Zur Casuistik und Operation der sogenannten Fetthernien in der Linea alba Würzburg, Becker's Univ.-Buchdr., 1887; 41 S. 8°
Würzburg, Med. Fak., Inaug.-Diss. v. 1887

Matthey, Heinrich, zur Casuistik und Operation der sogenannten Fetthernien in der Binea alba. Diss. Würzburg 1887, Stahelsche Univ.-Buchh. 8° 41 S.

Matthey, J., Abrégé de la grammaire françoise. 18. Bamberg, Goebhard. 806.

Matthey, **J., abrege de la grammaire française. 18. Bamb. 806. (Wesché in Frankf.) 12 gl**

Matthey, Karl

Matthey, Carl, aus Davenport, Iowa Temperaturbeobachtungen in der Schwangerschaft. Davenport H. Matthey & S. Dr 1880. 34 S., 1 Bl., 3 Tab. 8°.
Zürich, Med. Diss. [v. 25. Juni 1880].

Matthey, L., voir: *Ewald, C.*

Matthey, L., s Mathey, Louis

Matthey, M., siehe: *Hauszeitung.*

Matthey, Maja, von Alltag u. Sonntag. Gedichte 1899—1901. (160 S.) 8. Berlin 902. F. Wunder. n. 2.—; geb. n. 3.—

Matthey, Maja. Von Alltag und Sonntag. Gedichte 1899—1901 160 S. 8. Leipzig und Berlin, Georg Heinrich Meyer, 1902. [M. 2.—, geb. M. 3.—]

Matthey, Maja. Claudine. Episch-lyrische Dichtung in Gesängen. 88 S. 8. Bellinzona und Leipzig, B. Beuttner & Comp., 1902. [fr. 2.50]

Matthey, Maja Die guten Willens sind. Tessiner Roman. [Umschlag illustriert.] 239 S 8. Bern, A Francke, 1910 [fr. 3.75, geb. 5.—]

— Hartwiga. Ein Spiel in 2 Aufzügen. 8. (21 S.) Basel 898. Bellinzona, R. Wirz-Baumann & Co. n. 1.—

— junge Lieder u. Bilder. 8. (111 S.) Basel 899. Bellinzona, R. Wirz-Baumann & Co.
Geb. in Leinw. m. Goldschn. 3.—

Matthey, Maja, neue Lieder. 8. (X, 136 S. m. Bildnis.) Dresden 900. E. Pierson. n. 2.—; geb. n. 3.—

— Tessiner Novellen. (392 S.) 8. Ravecchia-Bellinzona 906. Verlag „Libertà" n. 4.—; geb. in Leinw. n. 5.—

Matthey, Frau Maria = Maidorf, Marianne [Autorname].

Matthey, Otto, 1. Assistenzarzt am grossh. Landeshospital Hofheim Ueber die Behandlung kropfleidender Geisteskranker mit Schilddrüsenpräparaten und frischer Drüsensubstanz. *Leipzig (1899): A. Edelmann.* (30 S.) 8°
Leipzig, Med. Diss. v. 6. Febr. 1899
(Nur in beschränkter Zahl für den Austausch)

Matthey-Guenet, Ernest, das neue oesterreichische metrische Maass und Gewicht laut amtl. Angaben nach den Original-Modellen der k. k. Normal-Aichungs-Commission in Wien. 1 Blatt. Chromolithogr. Fol. Graz 874, Matthey's Verlag. *
Dasselbe ist auch in böhmischer, italienischer, kroatischer, polnischer, ruthenischer und serbischer Ausgabe zu gleichem Preise zu haben.

Matthéy-Guenet, Ernest, Das neue österr. metrische Mass u. Gewicht laut amtl. Angaben n. d. Originalmodellen der k. k. Normal-Aichungscommission. 4. Aufl. Plac.-Form. Wien, Sallmayer & Cie. gef. 1886.

Matthiae, August (Heinrich)

- s. Alcaei reliquiae.

— Spicilegium observationum de anacoluthis in Cicerone. Gel. 1810. 9 S. 4°.

—animadvers. in hymnos Homericos cum Prolegomenis de cujusque consiliis, partibus, aetate. 8maj. Leipz. 800. Weidmann. 1 rf 18 gl Schrbp. 2 rf 12 gl

— — Animadversiones in loca nonnulla libri primi Ciceronis de Finibus bon. et mal. Altenburg (Aulic) 3. II. o. J. 14 S. mit Namen. (—.—) 22411

— — Animadversiones in loca nonnulla libr. secundi et tertii Ciceronis de Fin. bon. et mal. Altenburg (Aulic) 9. II. (1804). 12 S. mit Namen. (—.—) 22414

— — Animadversiones in loca nonnulla libr. quarti et quinti Ciceronis de Fin. bon. et mal. Ronneburg (Hahn) 9. XII. (1805). 10 S. mit Namen. (—.—) 22418

Matthiae, Aug., Carmina sel. graeca. 8. Altenb. Schnuphase. 802.
S. P.

Matthiae, Aug., Progr. de carmine Theocriteo XXIX. Altenb. 815. 4. (10 S.)

— — De Tyrtaei carminibus. Altenburg (Aulic) 9. XII. (1820). 14 S. mit Namen. (—.—) 22425

- s. Cicero epistolae select.— Orationes VII — Orationes XII — oratio pro Plancio.

Matthiä, Aug., *Ἐκλογὰς ποιητικάς*, seu carmina sel. graeca in us. scholar. coll. et indice verbor. instruxit. 8. Altenburg 802. Schnuphase. 10 gl Schrbp. 12 gl

Matthiä, Aug., Encyklopädie u. Methodologie d. Philologie. gr. 8. (11 B.) Leipzig 835, Weidmann'sche Buchh.

—Entwurf e. Theorie des latein. Styls. gr. 8. Leipz. 826. W. Vogel. 10 gl

— — De erroribus quibusdam Cornelii Nepotis. Altenburg (Aulic) 9. XII. (1819). 6 S. mit Namen. (—.—) 22424

– s. Euripidis tragoediae et fragmenta.

— Eloquentiae latinae exempla e M. A. Mureti, J. A. Ernesti, Ruhnkenii. Accedit D. Ruhnkenii praef. sexto Schelleriano praemissa. gr. 8. Altenburg 821, Hartmann in Leipz.

—Eloquentiae latinae exempla e M. A. Mureti, J. A. Ernesti, Ruhnkenii opp. Accedit D. Ruhnkenii praef. lexico Schelleriano praemissa. 8maj. Altenb. 821. Ed. II. 8maj. Leipz. 832. Lehnhold. 1 ℛ 6 gℓ

—griech. Formenlehre f. Anfänger. gr. 8. Leipz. 814. W. Vogel. 8 gℓ

— — Gedanken über die Wahl der lateinischen und griechischen Autoren in den oberen Classen gelehrter Schulen. Altenburg (Hofbuchdruckerei) 1. IV. 1805. 10 S. (—.—) 22417

—Progr. de Pherecydis fragmento. 4. Altenb. 815. (Schnuphase). 3 gℓ

—ausführl. griech. Grammatik. gr. 8. Leipz. 807. 2 ℛ 16 gℓ 2e Aufl. 2 Thle. Mit Register. gr. 8. Ebd. 825—27. W. Vogel. 4 ℛ

Matthiae, August Heinrich. Ausführliche griechische Grammatik . . . Dritte . . . Aufl. Leipzig 1835. II: *Matthiae, Constantin.* (BrMm)

—— ausführl. griech. Grammatik. 3 Thle. 3., durchaus verb. u. verm. Aufl. gr. 8. (114¾ B.) Leipzig 835, Vogel.

— griech. Grammatik z. Schulgebrauch. gr. 8. Leipz. Crusius. (F. C. W. Vogel.) 808.

— griech. Grammatik z. Schulgebrauch. 2e verm. u. bericht. Aufl. gr. 8. Lpz. 824, W. Vogel.

— Grundriß d. Geschichte d. griech. u. röm. Literatur. 8. Jena, Frommann. 815.

— Grundriß der griech. u. röm. Literatur. 2e Aufl. 8. Jena 822, Frommann.

—— Grundriss d. Geschichte d. griech. u. röm. Litteratur. 3., durchaus umgearb. Aufl. 8. (16 B.) Jena 834, Frommann.

— Handbuch d. griech. u. röm. Literatur. 8. Ebend. 815.

— Historiae graecae capita praecip. s. excerpta ex Herodoto, Thucydide, Xenophonte. gr. 8. Altenb. (Hinrichs, Lips.) 804.

S. P.

— Historiae graecae capita praecipua, seu Excerpta ex Herodoto, Thucydide, Xenophonte. Altenb. 804. 8. 1 rthlr. 12 gr. Ib. 808. 8. 1 rthlr. 12 gr.

Matthiä, August (Altenburg), Historia literarum Graecarum secundum aetates ac tempora sua descripta. Altenburg (Aulic) 2. II. o. J. 12 S. mit Namen. (—.—) 22410

– s. Homeri hymni et Batrachomyomachia.

(A. Matthiae): Hugo; e. Beitrag zur Würdig. d. Herderschen Metakritik. *Gotha*, J. Perthes. 799. 8° 9 gℓ

—Lehrbuch für den ersten Unterricht in der Philosophie. gr. 8. Leipz. 823. 2e Aufl. 827. Brockhaus. 20 gℓ

—— Lehrbuch f. d. ersten Unterr. in d. Philosophie. 3., verb. Aufl. gr. 8. (13½ B.) Leipzig 833, Brockhaus.

A. Matthiä's Lehrb. f. d. ersten Unterr. in d. Philos. *Lpz.*, Brockhaus. (823-33.) 4e vb. A. 844. gr 8° 20 gℓ

—— und Konst., griech. Lesebuch f. d. unt. Klassen e. Gymnasiums. 2 Thle. gr. 12. (17⅓ u. 13¾ B.) Leipzig 833, 35, Weidmann. à 18 Gr.

—Lesebuch f. die mittlern Klassen gelehrter Schulen; mit einem griech.-deutschen Wortregister u. beständ. Hinweis. auf sein Wortregister. (Auch u. d. T.: Lucians ausgewählte Gespräche ꝛc.) gr. 8. Leipz. 809. W. Vogel. 18 gℓ

— Lexikon, s. Gesner.

— — Loca nonnulla e primo libro Tuscul. disputt cum locis Aeschinis et Plutarchi comparantur. Altenburg (Aulic) 9. XII. (1808). 10 S. mit Namen. (3.—) 22421

Matthiae, Aug., Progr. de locis nonnullis Horatii. Altenb. 818. 4. (8 S.)

— — De locis nonnullis Pindari. Altenburg (Aulic) 4. XII. (1823). 7 S. mit Namen. (1.50) 22427

— Progr. de loco quodam Cicer. Catil. III. 1. Altenb. 812. 4.

— — De loco quodam Pindari, tum de Babrii fabulis. Altenburg (Aulic) 4. XII. (1822). 7 S. mit Namen. (—.—) 22426

Matthiä, Aug., in seinem Leben u. Wirken zum Theil nach seiner eigenen Erzählung dargestellt von seinem Sohne Konstantin. Nebst einem lebensgeschichtl. Abriß seines Bruders Chr. Fr. Matthiä. gr. 8. Quedlinburg 845. (Basse.) n. 1⅓ ℛ

— — Memoriam Augustanae confessionis simulque gymnasii natalitia die XXVI M. Jun. in ill. Fridericiano post horam X matutinam. Altenburg (Aulic) 1830. 15 S. mit Namen. (—.—) 22429

— — Über die Methode bey Erklärung der alten Autoren in den obern Classen gelehrter Schulen. Altenburg (Hofbuchdruckerei) 24. III. 1806. 8 S. (2.—) 22419

—miscellanea philologica II Voll. P. I—III. à 2 Hfte. 8maj. Altenb. 802—9. (Hinrichs in Leipz.) (à Heft 12 gℓ) 3 ℛ

—te—13e Nachricht von d. Gymnasium zu Altenburg. 4. Altenb. 820. Schnuphase. (à 3 gℓ) 1 ℛ 15 gℓ

— fünfte u. sechste Nachricht von d. Gymnasium zu Altenburg. 4. Altenb. Schnuphase. 812 u. 13. (à 3 gr.)

— — Nachricht von dem Gymnasium zu Altenburg auf das Schuljahr Ostern 1807 bis dahin 1808. Altenburg (Hofbuchdruckerei) 4. IV. 1808. 20 S. mit Namen. (2.—) 22420

— — Nachricht von dem Gymnasium zu Altenburg während des fünfundzwanzigjährigen Zeitraums von 1802 bis 1827. Altenburg (Hofbuchdruckerei) 30. I. 1827. 16 S. mit Namen. (—.—) 22428

— — Vierte Nachricht von dem Gymnasium zu Altenburg auf das Schuljahr Ostern 1810 bis dahin 1811. Altenburg (Hofbuchdruckerei) 1. IV. 1811. 12 S. mit Namen. (2.50) 22423

— — 24. Nachricht von dem Gymnasium zu Altenburg auf das Schuljahr Ostern 1830 bis dahin 1831. Vorausgeschickt ist ein Aufsatz über den Begriff, den Zweck und den Umfang der Philologie. Altenburg (Hofbuchdruckerei) 21. III. 1831. 17 S. mit Namen. (2.—) 22430

— — Zweyte Nachricht von dem Gymnasium zu Altenburg auf das Schuljahr Ostern 1808 bis dahin 1809. Altenburg (Hofbuchdruckerei) 20. III. 1809. 16 S. mit Namen. (2.—) 22422

— sacra natalitia s. D. s. G. A. Aemil. Leop. Augusti, in. ill. gym. Fried. Altenb. d. 19. Debr. De Licentia a proposito digrediendi vetustissimorum scriptorum. 4. ibid. 812.

—observationes criticae in tragicos, Homerum, Apollonium, Pindarum. 8. Gotting. 789. Vandenhöck u. R. 3 gl

— Observationes de nonnullis locis l. 1. Cic. de nat. deor. Progr. Altenb. 816. 4. (7 S.)

— — Observationes de nonnullis locis librorum Ciceronis de oratore. Altenburg (Aulic) 9. XII. o. J. 9 S. mit Namen. (1.50) 22413

— — Oratio in sacris parentalibus Gymnasii Alteburgensis in memoriam Ludovici Ernesti sereniss. Ducis Saxon. Goth. et Alteb. Altenburg (Bink) 29. VI. 1804. 16 S. (1.50) 22416

—oratio in sacris parentalibus gymnasii Altenburgensis in memoriam Lud. Ernesti. 4. Leipz. 804. Hinrichs. 4 gl

— — Sacra parentalia in memoriam serenissimi principis ac domini Ludovici Ernesti Ducis Saxon. Gothan. et Altenb. in ill. Gymnasio Fridericiano. Altenburg (Aulic) 27. VI. 1804. 8 S. (1.50) 22415

—programmata. 4. Altenb. 803—832. Schnuphase. à 3 gl

—de rationibns ac momentis. 4maj. Götting. 789. Vandenhöck u. R.; (auch Dieterich). 3 gl

—— vermischte Schriften in latein. u. deutscher Sprache. gr. 8. (20½ B.) Altenburg 833, Schnuphase.

— vermischte Schriften in lateinischer u. deutscher Sprache. 2. wohlfeil. Ausg. gr. 8. Altenburg 842, Schnuphase'sche Buchh. ½ rß

— — De usu Futuri exacti Latinorum. Altenburg (Aulic) 4. XII. o. J. 12 S. mit Namen. (—.—) 22412

—de usu Futuri exacti Latinorum. Progr. 4. Altenb. 825. Schnuphase. 2 gl 12 S.

A. Matthiä's Vers. üb. d. Ursachen d. Verschiedenhh. in d. Nationalcharakteren; e. Preisschrift. *Lpz.*, Fleischer. 802. gr8° 18gl

—Zeitafel zur allgem. Geschichte. 4. Leipz. 814. Lit.-Compt. in Altenb. 6 gl

Matthiae, Bernh., offner Brief an die im Jahre 1846 in Jena sich versammelnden Philologen. gr. 8. Jena 846, Mauke. 4½ ngl

Matthiä, Bernh., die Denkformenlehre und ihr organischer Zusammenhang mit Schule und Wissenschaft. Im Grundriß entworfen. gr. 8. (VIII und 182 S.) Jena 847, Mauke.

Matthiae, Bernhard. Lexicon Euripideum, s. Matthiae, Konstantin

Matthiae, C., das Baurecht. Ein Leitfaden für Vorträge in der Baugewerkschule zu Holzminden. Leipzig 857. O. Wigand. gr. 8. (VI, 42 S.) 5 ngr

Matthiä, C., De critica in Xenophontis Anabasi factitanda. Pr. 1858. 14 S. 4°.

Matthiae (Bearb.), s.a Controversen-lexicon d. röm. Civilrechts.

Matthiae, C.: Controversen-Lexikon des römischen Civilrechts. E. Hülfsbuch für prakt. Juristen derjenigen Länder, in welchen röm. Recht gilt. Leipzig. 3 Bde

Th. [1.] 1856.
„ 2. Das Erbrecht. 1859.
„ 3. Der Civilprozeß. 1864.

Matthiae, C., Controversen-Lexicon des römischen Civilrechts. Ein Hülfsbuch für prakt. Juristen derjenigen Länder, in welchen römisches Recht gilt. 1. und 2. (letzte) Abthl. hoch 4. Leipzig 856, O. Wigand. [1. Abthl. (IV und 482 S.) und 2. Abthl. (507 S.)] *

Matthiae, C., Controversen-Lexikon des römischen Civilrechts. Ein Hülfsbuch für praktische Juristen derjenigen Länder, in welchen römisches Recht gilt. 2. Theil: Das Erbrecht. 2 Abthlgn. Leipzig 859. O. Wigand. 4. (290, 299 S.) n. 5 rß

Matthiae, C., Controversen-Lexikon des römischen Civilrechts. Ein Hülfsbuch für prakt. Juristen derjenigen Länder, in welchen röm. Recht gilt. 3. Thl.: Der Civilprozeß. 1. Abthl. 6 Lfgn. und 2. Abthl. 5 Lfgn. hoch 4. (1. Abthl. 458 S. und 2. Abthl. III und 384 S.) Leipzig 868, O. Wigand. à Lfg. * 20 Ngr. *
1. und 2. Thl. Ebendas. 1856,59. * 13 Thlr.

—— die Polizeigesetze des Herzogth. Braunschweig. Nach systematischer Ordnung zusammengestellt. 12. (VIII und 55 S.) Holzminden 852. (Braunschweig, Leibrock.) Thlr. *

— die Praxis des Baurechts. Ein Handbuch zur Selbstbelehrung vorzüglich für Nichtjuristen, insbesondere für Baumeister, Baubeflissene, Architekten 2c. Zugleich als Hilfsbuch bei Vorträgen über Baurechtswissenschaft auf Baugewerkschulen 2c. Braunschweig 861. Schwetschke & Sohn. Lex.-8. (XI, 288 S.) n. 1 rß 6 ngr

Matthiae, C. F., Observationes nonnullae in Senecae epistalas. Progr. Francof. 808. 4.

Matthiae, Chr

— Antilogiæ biblicæ s. conciliationes dictorum S. S. in speciem inter se pugnantium, nunc primum in lucem protulit JOHS. SCHELHAMMER. Hamburg. 1700. 4.

Matthiae, Constantin, s. Matthiae, Konstantin

Matthiae, Diet. Wilh.: Diss. jur. de testimonio coeci et surdi in testamento. Defensa a Diet. Eberh. Stüve Erfurti 1693. Giessae 1775.

Matthiae, E., Bilder aus Südafrika. Reise-Skizzen. gr. 8. (41 S.) Zürich 887, Schröter und Meyer. *

— Elias (Pewesin, Meso-March) De certo mortis in morbis praesagio. Diss. med. Präs. Friedrich Hoffmann. Halle/Magdeburg (Chr. Henckel) 16. III. 1720. 38 S. (4.75) 22433
Widm. v.: Johann Georg Schadorff, Johann George Berger (deutsch).

Matthiae, Ernestus Aug[ustus], Wollishofenensi-Turicensis De nonnullis vitiis renum congenitis. Tur ex offic. Zürch. et Furr. 1839. 30 S., 1 Bl. 8°
Zürich, Med. Diss. v 20. Juli 1839.

Matthiae, F(riedrich): Der Schatzfund nach dem Deutschen Bürgerlichen Gesetzbuch. (§ 984 B.G.B.). *Jena 1898: G. Neuenhahn.* (44 S.) 8°
Greifswald, Jur Diss. v 1898

Matthiae, Friedrich Christian

Matthiae, Fr. Chr. — Siehe *Alterthumer der Romer.*

– s. Arati Phaenomena.

— — Bemerkungen zu den Livianisch-Polybischen Beschreibungen der Schlacht bey Cannae und der Belagerung von Syrakus. Frankfurt/Main 26. 27. 28. u. 31. VIII. 1807. 31 S. mit Namen. (3.50) 22435

Matthiae, F. C., Bemerkungen zu 8 Stellen im Herodot, Cicero u. Livius. Pr. 1810. 8. 4°.

– s. G. Berlola, ub. die Philosophie d. Geschichte u. verbess. Aug. in Fr. Chr. Matthiä.

— — Einladungsschrift zu der auf den 24. IX. 1818 festgesetzten Progressionsfeyerlichkeit im Gymnasium zu Frankfurt am Main. Frankfurt / Main 24. IX. 1818. 30 S. mit Namen. (3.50) 22438
Enthält: Kurze Übersicht des römischen und griechischen Maaß-, Gewicht- und Münzwesens.

Matthiä, Fr. Chr., Einladungsschrift zu den auf d. 18n, 20n u. 23n März 807 festgesetzten Prüfungen u. Feierlichkeiten 2c. 4. Frankf. a. M. 807. Varrentrapp. 3 gr

– s. Gregorius aus Cypern, Selbstbiographie.

—memoire sur les moyens de retablir l'instruction publique dans le Departement du Mont-Tonnerre. gr. 8. Mainz 801.

—Nachricht von Jak. Ludolfs noch vorhand., meist literar. Briefwechsel, nebst 3 daraus mitgetheilten Schreiben des N. Heinsius. 4. Frankf. 818. Hermann. 4 gr

Matthiae, F C., Nachträge zu den neuesten Bearbeitungen des Lehrgedichts Aetna Pr 1822. 10 S. 4° 1.

– s. Ovidii N. fastorum.

—Prolegomena zu Cicero's Gesprächen vom Redner, für meine Schuler. (Ein Progr.) 4. Frankf. a. M. 812.

— — Revision der Untersuchungen über die wahre Länge des altrömischen Fußes. Frankfurt/Main 28. 29. 30. VIII. u. 2. IX. 1811. 20 S. (2.50) 22437

– s. Ripault, kurze Beschreibung.

Matthiae, F. C., Der Rückzug der zehntausend Griechen nach John Macdonald Kinneir. Progr. Frankf. 819. 4. (12 S.)

– s. Senecae ad Lucilium epistolae.

— Friedrich Christian (Frankfurt/Main), De sirona Dea prolusio I. Frankfurt/Main 27. 28. 29. VIII. u. 1. IX. 1806. 22 S. mit Namen. (3.50) 22434

— — Kurze Übersicht des römischen und griechischen Maaß-, Gewicht- und Münzwesens. Frankfurt/Main 30. u. 31. VIII., 1. u. 4. IX. 1809. 28 S. (3.50) 21436

Matthiae, F C., Kurze Uebersicht d. röm. u. griech. Maas-, Gewicht- u. Münzwesen Pr 1869. 28 S. 4°. 1.

Matthiä, Fr. Chr., einige Vorschläge zur Verbesserung im Homerischen Hymnus auf Apoll. 8. Worms 791.

Matthiae, F C., Progr. Einige Vorschläge zu Verbeserungen im Homerischen Hymn. auf den Apoll. Grunst. 792 8.

Matthiä, Fritz, Pfarrer in Diebzig b. Lödderitz ⟨Anhalt⟩ **Ist eine religionslose Moral möglich? Theologisch beantwortet** *Altenburg 1902: Pierer.* (39 S.) 8° ¶(Forts. u. Schluss in: Zeitschrift f. wiss. Theol., 45, H. 2.)
Jena, Theol. Diss. v. 1902

Matthiae, Geo., († d. 9. Mai 1773.) conspect. historiae medicorum chronologicus. 8. Götting. 761. Vandenhöck u. R. 1 ß 16 gr

Matthiae, G., de habitu medicinae ad religionem. Hal. 1734. 4.

Matthiae, Georg [Praes.], s. Houth, M. F De vera sanitatis humanae notione.

Geo. Matthiae progr. de laude Dei ex Hippocrate. Gotting. 1755. 4.

—novum locupletissimum manuale Lexicon, latino-germanicum et germ.-latin. II Partes. Cum praefatione J. M. Gesneri. 8maj. Halle 748. Ed. IV. 775. Kümmel. 3 ß

Geo. Matthiae (resp. Seb. Chr. Kortholt) diss. de Corn. Celsi medicina. Gotting. 1766. 4.

Matthiae, G., De virgine quae dolore capitis et tumefacta utraque gena laboravit. Gött. 4°.

1742

Matthiä, H. C., radicale Heilung der Steinkrankheit, so wie aller andern Harnbeschwerden. 8. Nordhausen 812, Fürst. ½ ß

Matthiä, J. A. M., Beschreib. u. Abbild. der neuesten Erfindungen u. Verbesserungen in Betreff der Oelfabrikation, insbesondre der Oelmühlen u. Oelpressen. Nach d. neuesten, bewährtesten engl., französ. u. deutschen Erfindungen. Mit 15 Abbild. 8. Quedlinb. 828. Basse. 16 ℛ

Matthiä, Konstant., über die Bedeutung des vierzigsten Jahres in der brandenburgisch-preuß. Geschichte. Eine Festrede zur Geburtstagsfeier Sr. M. des Königs von Preußen am 15. Okt. 1847 gehalten und als Beitrag zur deutschen Oberhaupts-frage nebst einem Nachwort hrsg. 8. (24 S.) Quedlinburg 849, Franke.

Matthiä, Konst. Beitrag zur Lehre von den Griechischen Partikeln γε. ἄρα, μέν, δέ, ἄν. 16 S. . . .
Quedlinburg, Progr. 1845

Matthiae, Const Beiträge zur Erklärung der Antigone von Sophokles. S 10-34 – Schleusingen, Progr 1871

Matthiae, Const. Epistola ad Ludovicum Breitenbachium Gymn. Viteb. Subrectorem de critica in Xenophontis anabasi factitanda. 14 S.
Quedlinburg, Progr. 1853

Matthiae: Zur Frage über den deutschen Unterricht 19 S. – Quedlinburg, Progr 1862

Matthiae, Konst., griech. Lesebuch etc., s. **Matthiae, Aug.**

—— Lexicon Euripideum, confecerunt Constantinus et Bernhardus Matthiae Augusti filii. Vol. I. *Α—Γ.* 8maj. (44 B.) Lipsiae 841, Fr. Fleischer. 3¾ Thlr., Vlnp. *

Matthiä, Konstantin, Aug. Matthiä in seinem Leben ꝛc., s. **Matthiä, A.**

—— Quaestiones Sophocleae. 8maj. (12 B.) Lipsiae 832, Weidmann.

Matthiä, Konstantin, die Deutsche Sprache u. die Deutschen Schulen. Ein Beitrag zur Verständigung über den Deutschen Unterricht. gr. 8. Quedlinburg 844, Basse. ⅔ ß

Förtsch (Rector), Zu der öffentlichen Prüfung sämmtlicher Classen des Domgymnasiums zu Naumburg. 14.—17. III. 1842. — Inhalt: 1. Matthiae, Constantin, Ueber den deutschen Unterricht auf Gymnasien. 2. Schulnachrichten. Naumburg a. S. (K. A. Klaffenbach) 1842. 19, XVIII S. (4.—) 9174

Matthiä, O. Characteristics of Lord Byron. Berlin, Wilh.-G., 1875. 23 S. 4. Progr.

Matthiae, Otto: La gloire posthume de Béranger. Berlin 1908: Trowitzsch. S. 107—119. 8°
Berlin, k. Wilhelms-G, in Festschr. z. 50j. Jubil., P 1908** [S 08. 298

Matthiae, Otto, observationes criticae in L. Annaeum Senecam. Dissertatio inauguralis. gr. 8. (42 S.) Berlin 865, (Calvary und Comp.) *

Matthiä, Wolf Chr

—Anweis. f. d. Schulmeister auf d. Lande u. in den Städten. 8. Flensb. 776.

Matthiä, Wolf Chr., († d. 29. Jan. 1787.) Beschreib. der Kirchenverfassung in Schleswig u. Holstein. 2 Theile. gr. 8. Flensb. 778—86. (Hammerich in Altona). 2 ß 4 ℛ

Mathia, Wf. C., Betracht. üb. das Leiden und Sterben Jesu Christi. 8. Flensb. (Christiani, Schlesw.) 786.

—Betrachtt. üb. das Leiden u. Sterben Jesu Christi. 8. Flensb. 786. (Hammerich in Altona). 5 ℛ

— s. Lebenslauf, Adam Struensee.

—Passionspredigten. 8. Hamb. 768. Herold. 6 ℛ

—Predigten von dem Beistande d. heil. Geistes. 4. Hamb. 777. (Hammerich in Altona). 4 ℛ

—Samml. einiger Predigten über epistol. Texte. 4. Schlesw. 764. Hansen. 6 ℛ

—über die Toleranz in den dän. Staaten. 8. Flensb. 780.

Matthias Corvinus, König der Ungarn, oder die Belagerung von Breslau im Jahr 1474. Schauspiel in fünf Aufzügen. Breslau 1811. V: *Wenzel, Frdr. Aug.* (Ky)

Matthias Corvinus, König der Hungarn und Großherzog von Schlesien . . . Breslau 1793—94. V: ***Feßler, Ignaz Aurel.*** (HHBD IX, 207)

Mathias Corvinus, König der Hungarn und Herzog von Schlesien. 1. Th. Neu verbess. Aufl. Mit 1 Abbild. 2. Th. Vom Verfasser des Marc Aurels. Mit 1 Abbild. (2 Bde.) 8. Breslau 1794—1796.

Matthias, der Gevatter. 2 Thle. 8. Berlin, Lange. 789. u. 90. (Reimer.)

Matthias v. Bremscheid, O. Cap. (Matthias Lay), der christliche Arbeiter. Seine Würde, Bedeutg. u. Pflicht. 2. Aufl. 16. (83 S.) Mainz 901. F. Kirchheim. Kart. n. — 40

— die sociale Bedeutung der katholischen Kirche. 2. Aufl. 8. (VII, 149 S.) Ebd. 899. n. 1. 20

— die christliche Familie. Worte der Unterweisung u. Ermahng. f. das christl. Volk. 4. Aufl. 12. (VIII, 232 S.) Ebd. 899. Geb. in Leinw. n. 1. 80

Matthias v. Bremscheid, O. Cap. (Matthias Lay), die christliche Familie. Worte der Unterweisg. u. Ermahng. f. das christl. Volk. 5. Aufl. (VIII, 232 S.) kl. 8. Mainz 910. Kirchheim & Co. Geb. in Leinw. 1. 80

— Fastenpredigten in 3 Zyklen m. je e. Karfreitagspredigt. (IV, 283 S.) kl. 8. Ebd. 910. 2.—; geb. in Leinw. 2. 70

Matthias v. Bremscheid, O. Cap., (Matth. Lay), kurze Festtagspredigten f. das ganze katholische Kirchenjahr. 1. u. 2. Aufl. (à VI, 176 S.) 8. Mainz 906. Kirchheim & Co. n. 1.50; geb. in Halbleinw. n. 2.20

— Kurze Festtagspredigten f. d. ganze kath. Kirchenjahr. (I. u. II. Zyklus.) kl. 8. Ebd. 3.30; geb. in Halbleinw. 4.70
1. Zyklus. 3. u. 4. Aufl. (VI, 176 S.) 908. 10. 1.50; geb. 2.20
2. Zyklus. 1. u. 2. Aufl. (VI, 209 S.) 907. 08. 1.80; geb. 2.50

— Fluch des Unglaubens, s.: Volksbibliothek, katholische. II, 10.

— Der Freund des christl. Jünglings. Ein Büchlein f. uns. männl. Jugend. 1. u. 2. Aufl. (VIII, 316 S.) kl. 8. Ebd. 909. Geb. in Leinw. 2.20

Matthias v. Bremscheid (Matthias Lay), O. Cap., d. christliche Jungfrau in ihrem Tugendschmucke. 3. Aufl. 12. (III, 103 S.) Mainz 896. F. Kirchheim. Geb. in Leinw. n. -- 80

— die christliche Jungfrau in ihrem Tugendschmucke. 4. Aufl. 12. (III, 103 S.) Ebd. 899. Geb. in Leinw. n. — 80

— die christliche Jungfrau in ihrem Tugendschmucke. 5. Aufl. (III, 103 S.) 16. Mainz 904. Kirchheim & Co. Geb. in Leinw. n. — 80

— Die christl. Jungfrau in ihrem Tugendschmucke. 6. Aufl. (III, 103 S.) kl. 8. Ebd. 907. Geb. in Leinw. — 80

— Leitstern f. christl. Frauen u. Mütter. (VIII, 345 S.) kl. 8. Ebd. 909. Geb. in Leinw. 3. —

— der christliche Mann in seinem Glauben u. Leben. 3. Aufl. 12. (VII, 240 S.) Ebd. 901. Geb. in Leinw. n. 1.80

— Der christliche Mann in seinem Glauben u. Leben. 4. Aufl. (VII, 240 S.) kl. 8. Ebd. 909. Geb. in Leinw. 1.80

— kurze Sonntagspredigten f. das ganze katholische Kirchenjahr. 1. u. 2. Aufl. (à VIII, 338 S.) kl. 8. Ebd. 905. 906. n. 2.80; geb. in Leinw. n. 3.50

— Kurze Sonntagspredigten f. das ganze kathol. Kirchenjahr. (1. u. 2. Zyklus.) kl. 8. Ebd. 5.80; geb. in Halbleinw. 7.50
1. 4. Aufl. (VIII, 338 S.) 909. 2.80; geb. 3.50
2. 3. Aufl. (VIII, 412 S.) 907—10. 3.—; geb. 4.—

— Thorheit des Unglaubens, s.: Volksbibliothek, kathol. II, 6.

Matthias Corvinus. Epistolae ad pontifices, imperatores, reges . . . datae . . . Cassoviae 1743. II: *Kelcz (Kelz), Emerich.* (Jes) (SO) (Barbier) (WBL)

Mathiae Corvini Hungariae regis, epistolae ad romanos pontifices datae et ab eis acceptae, s.: Monumenta Vaticana Hungariae.

Matthias de Janov, s. Matěj z Janova

Matthias von Neuenburg, s. Mathias.

Matthias Schell, s. Schell.

Matthias, s.a Galli Matthias.

Matthias. Bemerkungen zu den livianisch polybianischen Beschreibungen der Schlacht bei Cannae und der Belagerung von Syrakus. 8 Frankfurt a O 1807

Matthias, (Regierungs-Bau-Conducteur,) Darstellung einer zum Transport-Betriebe auf der Berlin-Potsdamer Eisenbahn im Gebrauch befindlichen Locomotive aus der Fabrik des Herrn Norris in Philadelphia. Mit Genehmigung Einer Wohllöbl. Direction der Berlin-Potsdamer Eisenbahn-Gesellschaft herausgegeben. Roy.-Fol. (4 Steintaf. u. Text.) Berlin 841, Reimer. n. 2 ℳ

Matthias, s. Gesetzgebung, sozialpolit.

Matthias, Handbüchlein des Krankenbesuches, wie man ihn nützlich macht für Leib und Seele des Kranken. Allen Freunden der Kranken, besonders den wohlthät. christl. Frauen und Jungfrauen, sowie allen Pflegevereinen gewidmet. 8. (III, 152 S.) Trier 887, Paulinus-Druckerei. ℳ 1.50.; geb. *

Matthias, ..., größere Handfiebel, oder Elementarbuch zum Lesenlernen, nach Stephani. N. A. Mit 25 Abbildd. 8. Cöln 832. Mathieux. Das Dutzend geb. in Pappe. 22 gl

—kl. Handfiebel, od. Elementarbuch zum Lesenlernen, nach Stephani. N. verm. u. verb. Aufl. 8. Cöln 833. Mathieux. Das Dutzend geb. 12 gl

Matthias: Noch einmal über das 3 Cap des Galaterbriefes v 20. 38 S. 8⁰ – Cassel, G., Progr 1870.

—der Kinderfreund; ein Lesebuch nach Fr. Eberh. v. Rochow. Neu umgearb. f. kathol. Bürger- u. Landschulen in den Rheinlanden u. Westphalen. 6e Aufl. Mit 5 Steintaf. u. vielen Fig. 8. Cöln 832. Mathieux. 10 gl

Matthias, s.: Wohnungsaufsicht u. Wohnungsfürsorge nach der hessischen Gesetzgebung.

Matthias, A., der kleine Engländer oder die Kunst, die englische Sprache in kurzer Zeit verstehen, lesen, schreiben und sprechen zu lernen. Enthaltend einen kurzen Abriß der Grammatik, engl. und deutsche Gespräche, welche im tägl. Leben, im Geschäftsverkehr, auf der Reise, in Gesellschaft 2c. vorzukommen pflegen. Mit durchgeh. Angabe der Aussprache des Englischen. Ein Handbuch für alle nach England und Amerika Reisende. 16. (IV, 178 S.) Berlin 881,84, Friedberg und Mode. ℳ 1,25.; geb.

Matthias, A. Der kleine Engländer od. die Kunst, die engl. Sprache in kurzer Zeit verstehen, lesen, schreiben u. sprechen zu lernen. 4. Aufl. 16. (IV, 178 S.) Berl. 893, Friedberg u. Mode. 1 25; cart. 1 50

Matthias, A., der kleine Engländer od. die Kunst, d. engl. Sprache in kurzer Zeit verstehen, lesen, schreiben u. sprechen zu lernen. Enth. e. kurzen Abriß d. Grammatik, engl. u. deutsche Gespräche, welche im tägl. Leben, im Geschäftsverkehr, auf d. Reise, in Gesellschaft 2c. vorzukommen pflegen. M. durchgeh. Angabe d. Aussprache d. Englischen. Ein Hülfsbuch f. alle nach England u. Amerika Reisende. 6. Aufl. gr. 16. (IV, 178 S.) Berlin 897. Friedberg & Mode. 1.25; kart. 1 50

Matthias, A., der kleine Engländer od. die Kunst, die engl. Sprache in kurzer Zeit verstehen, lesen, schreiben u. sprechen zu lernen. Enth. e. kurzen Abriß der Grammatik, engl. u. deutsche Gespräche, welche im tägl. Leben, im Geschäftsverkehr, auf der Reise, in Gesellschaft ꝛc. vorzukommen pflegen. Mit durchgeh. Angabe der Aussprache des Englischen. Ein Hülfsbuch f. alle nach England u. Amerika Reisende. 7. Aufl. gr. 16. (IV, 178 S.) Berlin (901). Friedberg & Mode. n. 1. 25; kart. 1. 50

— der perfekte Engländer od. praktischer Unterricht in der engl. Umgangssprache für jedermann, auch ohne Vorkenntnis des Englischen. Enth. einen kurzen Abriß der Grammatik, engl. u. deutsche Gespräche, welche im tägl. Leben, im Geschäftsverkehr, auf der Reise, in Gesellschaft ꝛc. vorzukommen pflegen, nebst einem kleinen Wörterbuche f. den alltägl. Verkehr. Mit durchgeh. Angabe der Aussprache des Englischen. 12. (IV, 291 S.) Berlin 881. Friedberg & Mode. 2. —; geb. 2. 50

Matthias, A., der perfekte Engländer oder praktischer Unterricht in der engl. Umgangssprache für jedermann, auch ohne Vorkenntnis des Englischen. Enthaltend einen kurzen Abriß der Grammatik, engl. und deutsche Gespräche, welche im tägl. Leben, im Geschäftsverkehr, auf der Reise, in Gesellschaft ꝛc. vorzukommen pflegen, nebst einem kleinen Wörterbuche für den alltägl. Verkehr. Mit durchgehender Angabe der Aussprache des Englischen. 3. Aufl. 8. (IV, 291 S.) Berlin 888, Friedberg und Mode. cart.

— der perfekte Engländer od. prakt. Unterricht in der engl. Umgangssprache f. jedermann, auch ohne Vorkenntnis des Englischen. 5. Aufl. 12. (IV, 291 S.) Ebd. 893. 2 —; kart. 2. 25

— der perfekte Engländer od. prakt. Unterricht in d. engl. Umgangssprache f. jedermann, auch ohne Vorkenntnis d. Englischen. Enth. e. kurzen Abriß d. Grammatik, engl. u. deutsche Gespräche, welche im tägl. Leben, im Geschäftsverkehr, auf d. Reise, in Gesellschaft ꝛc. vorzukommen pflegen, nebst e. kleinen Wörterbuche für den alltägl. Verkehr. M. durchgeh. Angabe d. Aussprache d. Englischen. 7. Aufl. 12. (IV, 291 S.) Ebd. 897. 2. —; kart. 2. 25

— der perfekte Engländer od. prakt. Unterricht in der engl. Umgangssprache f. jedermann, auch ohne Vorkenntnis des Englischen. Enth. e. kurzen Abriß der Grammatik, engl. u. deutsche Gespräche, welche im tägl. Leben, im Geschäftsverkehr, auf der Reise, in Gesellschaft ꝛc. vorzukommen pflegen, nebst e. kleinen Wörterbuche f. den alltägl. Verkehr. Mit durchgeh. Angabe der Aussprache des Englischen. 9. Aufl. 12. (IV, 291 S.) Ebd. (901). Kart. n. 2.25

Matthias, A., der perfekte Engländer od. prakt. Unterricht in der engl. Umgangssprache f. jedermann, auch ohne Vorkenntnis des Englischen. Enth. e. kurzen Abriß der Grammatik, engl. u. deutsche Gespräche, welche im tägl. Leben, im Geschäftsverkehr, auf der Reise, in Gesellschaft ꝛc. vorzukommen pflegen, nebst e. kleinen Wörterbuche f. den alltägl. Verkehr. Mit durchgeh. Angabe der Aussprache des Englischen. 10. Aufl. (IV, 291 S.) 12. Berlin (903). Friedberg & Mode. Kart. n. 2. 25

Matthias, A., der perfekte Engländer od. prakt. Unterricht in der engl. Umgangssprache f. jedermann, auch ohne Vorkenntnis des Englischen. Enth. e. kurzen Abriß der Grammatik, engl. u. deutsche Gespräche, welche im tägl. Leben, im Geschäftsverkehr, auf der Reise, in Gesellschaft ꝛc. vorzukommen pflegen, nebst e. kleinen Wörterbuche f. den alltägl. Verkehr. Mit durchgeh. Angabe der Aussprache des Englischen. 13. Aufl. (IV, 291 S.) kl. 8. Berlin (908). Friedberg & Mode. Kart. 2. 25

—— Handbuch der englischen Umgangssprache oder praktische Anleitung, sich im Englischen richtig und geläufig auszudrücken. Enthaltend Grammatik, Gespräche und Wörterbuch, nebst durchgeh. Angabe der Aussprache. Zugleich ein Vademecum für Reisende. 2. Aufl. 12. (IV, 291 S.) Ebendas. 884. geb.

—— Handbuch der englischen Umgangssprache oder prakt. Anleitung, sich im Englischen richtig und geläufig auszudrücken. Enthaltend Grammatik, Gespräche und Wörterbuch, nebst durchgehender Angabe der Aussprache. Zugleich ein Vademecum für Reisende. 3. Aufl. 8. (IV, 291 S.) Ebendas. 888. geb.

Matthias, A., Handbuch der englischen Umgangssprache od. prakt. Anleitg., sich im Englischen richtig u. geläufig auszudrücken. 5. Aufl. 12. (IV, 291 S.) Berlin 893. Friedberg & Mode. 2 —; geb. in Leinw. 2. 50

— Handbuch d. englischen Umgangssprache od. prakt. Anleitg., sich im Englischen richtig u. geläufig auszudrücken. Enth. Grammatik, Gespräche u. Wörterbuch, nebst durchgeh. Angabe d. Aussprache. Zugl. e. Vademecum f. Reisende. 7. Aufl. 12. (IV, 291 S.) Ebd. 897. 2. —; geb. in Leinw. 2. 50

— Handbuch der englischen Umgangssprache. Eine prakt. Anleitg., sich im Englischen richtig u. geläufig auszudrücken. Enth. Grammatik, Gespräche u. Wörterbuch, nebst durchgeh. Angabe der Aussprache. Zugleich ein Vademecum f. Reisende. 9. Aufl. 12. (IV, 291 S.) Ebd. (901). Geb. in Leinw. 2.50

— Handbuch der englischen Umgangssprache. Eine prakt. Anleitg., sich im Englischen richtig u. geläufig auszudrücken. Enth. Grammatik, Gespräche u. Wörterbuch, nebst durchgeh. Angabe der Aussprache. Zugleich e. Vademecum f. Reisende. 10. Aufl. (IV, 291 S.) 12. Ebd. (903). Geb. in Leinw. n. 2.50

— Handbuch der englischen Umgangssprache. Eine prakt. Anleitg., sich im Englischen richtig u. geläufig auszudrücken. Enth. Grammatik, Gespräche u. Wörterbuch, nebst durchgeh. Angabe der Aussprache. Zugleich e. Vademecum f. Reisende. 13. Aufl. (IV, 291 S.) kl. 8. Berlin (908). Friedberg & Mode. Geb. in Leinw. 2. 50

—— Handbuch der italienischen Umgangssprache oder praktische Anleitung, sich im Italienischen richtig und geläufig auszudrücken. Enthaltend Grammatik, Gespräche und Wörterbuch, nebst durchgeh. Angabe der Aussprache. Zugleich ein Vademecum für Reisende. 12. (VI, 262, 65 S.) Ebendas. 884. geb.

— Handbuch der italienischen Umgangssprache od. prakt. Anleitg., sich im Italienischen richtig u. geläufig auszudrücken. 2. Aufl. 12. (XI, 262 u. 55 S.) Ebd. 893. 2. —; geb. in Leinw. 2. 50

— Handbuch der italienischen Umgangssprache od. prakt. Anleitg., sich im Italien. richtig u. geläufig auszudrücken. Enth. Grammatik, Gespräche u. Wörterbuch, nebst durchgeh. Angabe d. Aussprache. Zugl. e. Vademecum f. Reisende. 3. Aufl. 12. (VI, 262 u. 55 S.) Ebd. 895. 2. —; geb. in Leinw. 2. 50

— Handbuch der italienischen Umgangssprache od. prakt. Anleitg., sich im Italienischen richtig u. geläufig auszudrücken. Enth. Grammatik, Gespräche u. Wörterbuch, nebst durchgeh. Angabe der Aussprache. Zugleich e. Vademecum f. Reisende. 4. Aufl. 12. (VI, 262 u. 55 S.) Ebd. (901). Geb. in Leinw. 2.50

— Handbuch der italienischen Umgangssprache oder prakt. Anleitg., sich im Italienischen richtig u. geläufig auszudrücken. Enth. Grammatik, Gespräche u. Wörterbuch, nebst durchgeh. Angabe der Aussprache. Zugleich e. Vademecum f. Reisende. 6. Aufl. (VI, 262 u. 55 S.) 12. Ebd. (903). Geb. in Leinw. n. 2. 50

— Handbuch der italienischen Umgangssprache od. prakt. Anleitg., sich im Italienischen richtig u. geläufig auszudrücken. Enth. Grammatik, Gespräche u. Wörterbuch, nebst durchgeh. Angabe der Aussprache. Zugleich e. Vademecum f. Reisende. 7. Aufl. (VI, 262 u. 55 S.) kl. 8. Ebd. (907). Geb. in Leinw. 2. 50

— der kleine Italiener od. die Kunst, die ital. Sprache in kurzer Zeit verstehen, lesen, schreiben u. sprechen zu lernen. gr. 16. (IV, 210 S.) Ebd. 893. 1. 25; kart. 1. 50

— d. kleine Italiener od. d. Kunst, d. italien. Sprache in kurzer Zeit verstehen, lesen, schreiben u. sprechen zu lernen. Enth. e. kurzen Abriß d. Grammatik, italien. u. deutsche Gespräche, welche im tägl. Leben, im Geschäftsverkehr, auf d. Reise, in Gesellschaft 2c. vorzukommen pflegen. Mit durchgeh. Angabe der Aussprache d. Italienischen. Ein Hülfsbuch f. alle nach Italien Reisende. 3. Aufl. gr. 16. (IV, 210 S.) Ebd. 897. 1. 25; kart. 1. 50

— der kleine Italiener od. die Kunst, die italien. Sprache in kurzer Zeit verstehen, lesen, schreiben u. sprechen zu lernen. Enth. e. kurzen Abriß der Grammatik, italien. u. deutsche Gespräche, welche im tägl. Leben, im Geschäftsverkehr, auf der Reise, in Gesellschaft 2c. vorzukommen pflegen. Mit durchgeh. Angabe der Aussprache des Italienischen. Ein Hülfsbuch f. alle nach Italien Reisende. 4. Aufl. gr. 16. (IV, 210 S.) Ebd. (901). n. 1. 25; kart. 1. 50

— der perfekte Italiener od. prakt. Unterricht in der italien. Umgangssprache f. jedermann, auch ohne Vorkenntnis d. Italienischen. 12. (VI, 262 u. 55 S.) Ebd. 893. Kart. 2. 25

— der perfekte Italiener od. prakt. Unterricht in der italien. Umgangssprache f. jedermann, auch ohne Vorkenntnis d. Italienischen. Enth. e. kurzen Abriß d. Grammatik, italien. u. deutsche Gespräche, welche im tägl. Leben, im Geschäftsverkehr, auf d. Reise, in Gesellschaft 2c. vorzukommen pflegen, nebst e. kleinen Wörterbuche für den alltägl. Verkehr. M. durchgeh. Angabe d. Aussprache d. Italienischen. 4. Aufl. 12. (VI, 262 u. 55 S.) Ebd. 897. Kart. 2. 25

— der perfekte Italiener oder prakt. Unterricht in der italien. Umgangssprache f. jedermann, auch ohne Vorkenntnis des Italienischen. Enth. e. kurzen Abriß der Grammatik, italien. u. deutsche Gespräche, welche im tägl. Leben, im Geschäftsverkehr, auf der Reise, in Gesellschaft 2c. vorzukommen pflegen, nebst e. kleinen Wörterbuche f. den alltägl. Verkehr. Mit durchgeh. Angabe der Aussprache des Italienischen. 5. Aufl. 12. (VI, 262 u. 55 S.) Ebd. (900). Kart. 2. 25

— der perfekte Italiener od. prakt. Unterricht in der italien. Umgangssprache f. jedermann, auch ohne Vorkenntnis des Italienischen. Enth. e. kurzen Abriß der Grammatik, italien. u. deutsche Gespräche, welche im tägl. Leben, im Geschäftsverkehr, auf der Reise, in Gesellschaft 2c. vorzukommen pflegen, nebst e. kleinen Wörterbuche f. den alltägl. Verkehr. Mit durchgeh. Angabe der Aussprache des Italienischen. 6. Aufl. (VI, 262 u. 55 S.) 12. Ebd. (903) Kart n. 2. 25

— Der perfekte Italiener od. prakt. Unterricht in der italien. Umgangssprache f. jedermann, auch ohne Vorkenntnis des Italienischen. Enth. e. kurzen Abriß der Grammatik, italien. u. deutsche Gespräche, welche im tägl. Leben, im Geschäftsverkehr, auf der Reise, in Gesellschaft 2c. vorzukommen pflegen, nebst e. kleinen Wörterbuche f. den alltägl. Verkehr. Mit durchgeh. Angabe der Aussprache des Italienischen. 8. Aufl. (VI, 262 u. 55 S.) kl. 8. Ebd. (907). Kart. 2. 25

Matthias, A., üb. die Merkurialkrankheit, od. genaue Darstell. d. Geschichte u. der wesentl. Beschaffenheiten aller, sich durch Quecksilbermißbrauch im menschl. Körper erzeugenden Uebelseinsformen 2c.; nach d. 3n engl. Originalausg. übersetzt v. H. Robbi. gr. 8. Pesth 822. Hartleben. 2 ₰ Hbg. Pr. 12 ℊ

— Praktika frazaro, s.: Esperanta biblioteko internacia. Nr. 9.

Matthias, A., englische Taschen-Grammatik. Mit durchgeh. Angabe der Aussprache des Englischen u. allen unregelmäßigen Verben. 16. (57 S.) Berlin 881. Friedberg & Mode. n. — 50

—— neues ausführliches Taschenwörterbuch der englischen und deutschen Sprache. Mit besond. Berücksicht. aller modernen und technischen Ausdrücke und durchgehender Angabe der Aussprache. 2 Tle. in 1 Bd. 16. (VIII, 745; 746 S.) Ebendas. 888. *ℳ 3.60.; geb. **

— neues ausführliches Taschenwörterbuch der englischen u. deutschen Sprache. Mit besond. Berücksicht. aller modernen u. techn. Ausdrücke u. durchgeh. Angabe der Aussprache hrsg. 2 Tle. in 1 Bde. 2., verb. Aufl. 16. (VIII, 745 u. 746 S.) Ebd. 892 Geb. in Halbfrz. n. 4. 50

— neues ausführl. Taschenwörterbuch d. englischen u. deutschen Sprache. M. bes. Berücksicht. d. mod. u. techn. Ausdrücke u. durchgeh. Angabe der Aussprache 2 Tle. Englisch-Deutsch u. Deutsch-Englisch. 3. Aufl. 16. (VIII, 745 u. 746 S.) Berlin 896. Friedberg & Mode. à n. 1. 80; in 1 Halbfrzbd. n.n. 4. 50

— neues ausführliches Taschenwörterbuch d. englischen u. deutschen Sprache. Mit besonderer Berücksicht. aller modernen u. techn. Ausdrücke u. durchgeh. Angabe der Aussprache. 2 Tle. Englisch-Deutsch u. Deutsch-Englisch. 5. Aufl. gr. 16. (VIII, 745 u. 746 S.) Ebd. 902. à n. 1. 80; in 1 Halbfrzbd. n.n. 4. 50

— neues ausführliches Taschenwörterbuch der englischen u. deutschen Sprache. Mit besond. Berücksicht. aller mod. u. techn. Ausdrücke u. durchgeh. Angabe der Aussprache. 2 Tle. in 1 Bde. 6. u. 7. Aufl. (VIII, 745 u. 746 S.) 16. Ebd. 904. 905. 3. 60; geb. in Halbfrz. n.n. 4 50

— Neues ausführl. Taschenwörterbuch der englischen u. deutschen Sprache. Mit besond. Berücksicht. aller modernen u. techn. Ausdrücke u. durchgeh. Angabe d. Aussprache. 2 Tle. in 1 Bde. 8. Aufl. (VIII, 745 u. 746 S.) 16. Ebd. 907. Geb. in Halbfrz. nn 4. 50

Matthias, A., das deutsche Volkslied, s.: Velhagen & Klasing's Sammlung deutscher Schulausgaben.

Matthias, Ad., Handbuch z. Neuen Testament. I. Das Evangelium nach Matthäus zum Gebrauche f. Geistliche, Lehrer, höh. Schulen u. Studirende. gr. 8. (III, 146 S.) Halle 895. J. Krause. n. 3. —

Matthias, Ad., Handbuch z. Neuen Testament. III. Das Evangelium nach Lucas, f. gebildete Bibelleser ausgelegt. gr. 8. (150 S.) Halle 899. J. Krause. n. 2.40

— dasselbe. V. Auslegg. der Apostelgeschichte f. gebildete Bibelleser. gr. 8. (209 S.) Ebd. 896. n. 3.50
II—IV erscheinen später.

Ⓑ Matthias, Ad., Handbuch zum Neuen Testament. 895—899. (KBL 30 62) Jetzt: Halle, L. Göllner.

Matthias, Adf., die Bedeutung der höheren Bürgerschule für unsere Volksbildung und für unser höheres Schulwesen, s. Zeitfragen, soziale.

Matthias, Adf., die soziale u. politische Bedeutung der Schulreform v. J. 1900. Vortrag, geh. am 25. XI. 1904 in der Vereinigg. f. staatswissenschaftl. Fortbildung in Berlin. (36 S.) 8. Berlin 905. A. Duncker. n. — 75
Sonderabdr. a.: „Deutsche Monatsschr. f. d. ges. Leben d. Gegenwart".

—— Beiträge zur Kritik und Erklärung von Xenophons Anabasis, s.a. Festschrift des städt. Realgymnasiums zu Düsseldorf zur 50jährigen Gedenkfeier.

Matthias, *Adolf* Beiträge zur Kritik und Erklärung von Xenophons Anabasis 8 (S. 171—184).
In Festschrift zur 50jährigen Gedenkfeier der Begründung des Rg. (mit G.-Kl.) *Düsseldorf* 1888 (zu 448).
Progr.

—— Festrede, gehalten bei Gelegenheit des 50jähr. Jubiläums am 28. Mai 1888 in der Aula des Realgymnasiums. Ein prakt. Beitrag zur Realschulfrage. gr. 8. (12 S.) Düsseldorf 888, Voß und Comp.

Matthias. *Adolf* Zur Geschichte der Gymnasialabteilung. 8 (S. 145—158).
In Festschrift zur 50jährigen Gedenkfeier der Begründung des Realg. (mit Gklassen) *Düsseldorf* 1888 (zu 448)
Progr.

Matthias, Adf., Geschichte des deutschen Unterrichts, s.a. Handbuch d. deutschen Unterrichts an höh. Schulen.

Matthias, Adolf. Geschichte des Deutschen Unterrichts. VIII + 446 S. gr.-8. Muenchen, C. H. Beck, 1907 (M. 9. —, geb. 10. —) —
Handbuch des Deutschen Unterrichts an höheren Schulen. In Verbindung mit Prof. Dr Ernst Elster ⟨Marburg⟩, Gymn. Prof. Dr. Paul Geyer ⟨Brieg⟩, .. Prof. Dr. Ludwig Sütterlin ⟨Heidelberg⟩ hrg. von Dr. Adolf Matthias .. Band 1, Teil 1...
Darin S. 8/10. 165/7. 196/8. 300. 428. etc. die Schweiz *und Schweizer betr*

– Franz Grillparzer, die Ahnfrau, s.a. Dichter, deutsche, des 19. Jahrh. 12. Bdchn.

Franz Grillparzer Die Ahnfrau. Von Dr Adolf Matthias, Geh. Reg.R *Leipzig & Berlin B. G. Teubner 1904.* (43 S.) 8° [F.]
— Dichter, Deutsche, d. neunzehnten Jahrhunderts. Bdch. 12. [04. 6391

– s.: Grundlagen, die allgem., der Kultur der Gegenwart.

– s.a. Handbuch des deutschen Unterrichts an höh. Schulen.

Matthias, Adolf Handbuch des deutschen Unterrichts an höheren Schulen. In Verbind. mit hrag. Bd 1 ff. München 1906 ff. 4° (8°).
1 Tl 1—3 1906—1907.
2 Tl 1 1906.
3 Tl 1—3: 1906—1908.
4 Tl 2 1909.

—— die Heilung des Orest in Goethes Iphigenie, eine religiös-sittliche Lösung im Geiste des Christentums. Zur Erinnerung an das erste Erscheinen von Goethes Iphigenie im J. 1787. gr. 8. (48 S.) Ebendas. 887. *

Matthias, Adf., Hilfsbuch f. den deutschen Sprachunterricht auf den 3 unteren Stufen höherer Lehranstalten. 8. (160 S.) Düsseldorf 891. Schmitz & Olbertz Kart. n. 1.50

Hilfsbuch für den deutschen Sprachunterricht auf den drei unteren Stufen hoherer Lehranstalten. Von Dr Adolf Matthias, Prov.Schulr zu Coblenz 2. vielf. verb. Aufl. *Düsseldorf E. Blasius 1899* (159 S.) 8° [F.] [00. 1198 B

Matthias, Adf., Hilfsbuch f. den deutschen Sprachunterricht auf den drei unteren Stufen höherer Lehranstalten. 3. verb. Aufl. gr. 8. (159 S.) Düsseldorf 902. E. Blasius. Kart. n. 1.50

Hilfsbuch für den deutschen Sprachunterricht auf den drei unteren Stufen höherer Lehranstalten von Dr Adolf Matthias, vortr Rat, Berlin. 4., durchges. Aufl. Dusseldorf E. Blasius 1903. (159 S.) 8° [F.] [03. 1781 B

– Hilfsbuch f. den deutschen Sprachunterricht auf den drei unteren Stufen höh. Lehranstalten. 5., durchgeseh. Aufl. (159 S.) 8. Düsseldorf 905. E. Blasius. Kart. n. 1.50

— Hilfsbuch f. den deutschen Sprachunterricht auf den drei unteren Stufen höh. Lehranstalten. 7. durchgeseh., unveränd. Aufl. (159 S.) 8. Düsseldorf 910. E. Blasius. Kart. 1.50

Matthias, Ad. [Dir. Dr]: Die fünfzigjährige Jubelfeier des Realgymnasiums am 27., 28. und 29. Mai 1888. Düsseldorf, gedr. bei L. Voß & Cie., k. Hofbuchdr., 1889; S. 3–16, 4°
Düsseldorf, st. RG u. G, OP 1889 (450)

Matthias, *Adolf* Die fünfzigjährige Jubelfeier des Realgymnasiums am 27., 28. und 29 Mai 1888. (Umschlagtitel Bericht über die Realgymnasiums.) 4 (S. 3—16). Rg. u. G *Düsseldorf* 1889 (450).
Progr.

Matthias, Adf. Drei Kaiser. Fest- u. Gedächtnisreden zu Ehren Kaiser Wilhelms I., Kaiser Friedrichs u. Kaiser Wilhelms II., geh. in der Aula d. Realgymnasiums zu Düsseldorf. gr. 8. (30 S.) Essen 889, Baedeker. * — 60

Matthias, Adf., Kommentar zu Xenophons Anabasis. Im Anschluß an die Schulgrammatiken von v. Bamberg u. Koch u. d. Verf. Wortkunde bearb. 3 Hfte. gr. 8. Berlin 883. 84. Springer. cart. n. 3.80
1. Kommentar zu Buch I. (VII, 63 S.) n. 1. —
2. Kommentar zu Buch II. III. IV. (V, 86 S.) n. 1.40
3. Kommentar zu Buch V. VI. VII. (III, 84 S.) n. 1.40

— Latet-Patet. Ein Jahrgang Predigten üb. die v. C. J. Nitzsch ausgewählten alttestamentl. Perikopen. gr. 8. (VIII, 396 S.) Halle 899. C. A. Kaemmerer & Co. n. 7.—

Matthias, Ad., Latet-Patet. Ein Jahrgang Predigten üb. die v. C. J. Nitzsch ausgewählten alttestamentl. Perikopen. 2. [Titel-]Aufl. m. e. Vorwort v. E. Kautzsch. (VIII, 396 S.) gr. 8. Halle [899] 903. C. A. Kaemmerer & Co. n. 6.—

Matthias, Adolf Lehrplan für den deutschen Unterricht. 11 S. *Lemgo* 1885
Progr.

Spezielle Lehrpläne des Progymnasiums zu Linz a/Rh. 20 S.
Progr. *Linz a/Rh* 1878

Matthias, Adolf De lituris et correctionibus, quae inveniuntur in Xenophontis Anab. codice C (Parisino 1640). 16 S. G. *Bochum* 1882.
Progr

— d. patriot. Lyrik d. Befreiungskriege, s.a. Velhagen & Klasing's Sammlg. deutscher Schulausgaben.

Die patriotische Lyrik der Befreiungskriege. Hrsg. v Dir Dr Ad[olph] **Matthias.** *Bielefeld & Leipzig: Velhagen & Klasing 1897* (IV, 142 S.) 1 Bd 8.
— **Sammlung,** Velhagen & Klasings, Deutscher Schulausgaben Lfg 78. [98. 1631

— s.: Monatsschrift f. höhere Schulen.

Matthias, Adf., prakt. Pädagogik f. höh. Lehranst., s.a **Handbuch der Erziehungs- u. Unterrichtslehre f. höh. Schulen.**

Matthias, A. Praktische Pädagogik für höhere Lehranstalten. München 1895. 397 S. (Handbuch d. Erziehungs- u. Unterrichtslehre f. höh. Schulen. Bd. 2. Abt. 2.)

Praktische **Pädagogik** für höhere Lehranstalten von Dr Adolf **Matthias,** Geh. Reg.R. 2. umgearb. u. verm. Aufl. *München: C. H. Beck 1903.* (VIII, 264 S.) 8°
— **Handbuch** d. Erziehungs- u. Unterrichtslehre f. höh. Schulen. Bd 2, Abt. 2, Hälfte 1. [03. 8635

Matthias, Adolf: Praktische Pädagogik für höhere Lehranstalten. Von Dr – 3. vielfach verb. u. verm. Aufl. München: C. H. Beck 1908. IX, 277 S. 8°
(Handbuch d. Erziehungs- u. Unterrichtslehre f. höh. Schulen. Bd 2, Abt. 2, H. 1)

Aus Schule, Unterricht und Erziehung. Gesammelte Aufsätze von Dr Adolf **Matthias,** Geh. Reg.R. zu Berlin. *München: C. H. Beck 1900.* (X, 476 S.) 8° [F.] [00. 10836

— aus Schule, Unterricht u. Erziehung. Gesammelte Aufsätze. gr. 8. (X, 476 S.) München 901. C. H. Beck. n. 8. —; geb. n.n. 9. 50

Matthias, Adolf, Cand. phil., aus Posen **Untersuchungen** über die deutsche Übersetzung des alten Testaments in der Münchener Handschrift Cg. 341 aus dem XIV. Jh., besonders über Prolog, Genesis und Exodus. *Greifswald 1902: F. W. Kunike.* (133 S.) 4°(8°)
Greifswald, Phil. Diss. v. 28. Juli 1902

— das deutsche Volkslied, s.: Velhagen & Klasing's Sammlung deutscher Schulausgaben.

— s.: Wandbilder zur deutschen Götter- u. Sagen-Welt.

— wie erziehen wir uns. Sohn Benjamin? E. Buch f. deutsche Väter u. Mütter. 2., verm. u. verb. Aufl. 8. (X, 274 S.) München 898. C. H. Beck. n. 3. —; geb. n. 4. —

— wie erziehen wir unsern Sohn Benjamin? Ein Buch f. deutsche Väter u. Mütter. 4. verb. Aufl. 8. (XIV, 274 S.) Ebd. 902. n. 3. —; geb. in Leinw. n. 4. —

Matthias, Adf., wie erziehen wir unsern Sohn Benjamin? Ein Buch f. deutsche Väter u. Mütter. 5. u. 6. verb. Aufl. (à XVI, 297 S.) 8. München 904. 907. C. H. Beck. Geb. in Leinw. n. 4. —

Matthias, Adf., wie erziehen wir unsern Sohn Benjamin? Ein Buch f. deutsche Väter u. Mütter. 7. verb Aufl. (XVI, 297 S.) 8. München 910. C. H. Beck. Geb. in Leinw. 4. –

Matthias, Adf., wie werden wir Kinder des Glücks? 2. durchgeseh. Aufl. 8. (VII, 220 S.) München 902. C. H. Beck. n. 3. —; geb. in Leinw. n. 4. —

Wie werden wir Kinder des Glücks? Von Dr Adolf **Matthias,** Wirkl. Geh. Oberreg.R. 3., stark veränderte u. erw. Aufl. München: C. H. Beck 1910. IX, 250 S. 8° [10. 17547

Matthias, Adf., griechische Wortkunde, im Anschluß an Xenophons Anabasis für Gymnasien entworfen. gr. 8. (VIII, 86 S.) Berlin 881, Springer. *

—— griechische Wortkunde, im Anschluß an Xenophons Anabasis für Gymnasien entworfen. 2. vielfach verb. Aufl. gr. 8. (X, 94 S.) Berlin 886, Springer. *

Matthias, Adolf (Hrsg.), s. Xenophon Anabasis.

Matthias, Amalie, die Nadelarbeit für den Hausbedarf. Ein anregendes Wort zur Würdigung des Handarbeitsunterrichtes auf dem Lande, nebst einer prakt. Anleitung zur Anfertigung der im Haushalte unentbehrl. Handarbeiten. Mit besond. Berücksichtigung des Handarbeitsunterrichtes in Dorfschulen. 8. (X und 138 S. mit eingedr. Holzschn.) Berlin 867, Nicolai's Verlag. *

Matthias, Amalie, die Nadelarbeit für den Hausbedarf. Praktische Anleitung zur Anfertigung der im Haushalte unentbehrl. Handarbeiten. Mit besond. Berücksicht. des Handarbeitunterrichtes in Stadt- und Landschulen. 2. Ausg. gr. 8. (X, 138 S. mit eingedr. Holzschn.) Berlin 873, Nicolai's Verlag. *

Matthias, Bernhard

Matthias, B., s. Studien, Rostocker

Matthias, Bernh.: Die Vererbung des Besitzes. **(Rostock 1904.)**
(In: Festschrift der Rostocker Jur.-Fak. f. v. Amsberg.)

Matthias, C., Benedicti Spinosae doctrina ex ethica ejus recensita. Dissertat. inaug. 8maj. (3 B.) Marburgi 829. (Cassel, Krieger.)

Matthias, C., der Feldzug von Waterloo und die Braunschweiger unter Herzog Friedrich Wilhelm. Ein Beitrag zur 50jähr. Gedächtnißfeier des J. 1815. gr. 8. (VI und 100 S. mit 1 lithogr. Uebersichtskarte des Kriegsschauplatzes.) Braunschweig 865, Wagner. *

—— über wahre Freiheit. Zuruf an d. Hessische Volk beym Beginne d. J. 1831. gr. 8. (2 B.). Kassel, Krieger.

(B) **Matthias, C.,** Reise nach Neu-Guinea. 899. (KBL 32.) Jetzt: Berlin. Meidinger's Jugendschr.-Verl. Erm. Pr. 2. 50

– Mit vollen Segeln. (Kamerad-Bibliothek.) 8. Aufl. (V, 340 S. m. Abbild. u. Titelbild.) kl. 8. Stuttgart (909). Union. Geb. in Leinw. 3. —

Matthias, C. H. Friedrich Wilhelm v. Seydlitz, der Sieger bei Rossbach. (VIII. 263) 8. Leipzig 1859. 3,00.

Matthias, C. H., der Sieger von Roßbach Frdr. Wilh. v. Seydlitz, s. **Geschichtsbibliothek,** neue.

Matthias, Carl, s. Matthias, Karl

Matthias, Daniel Heinrich (Anklam), De peccatore et peccato in spir. S. Quaestionem Theologicarum Trigam: I. Utrum Peccator in Spiritum S. sit in statu gehennali? II. Utrum Christus non solum pro Peccatore, sed etiam Peccato in Spiritum S. satisfecerit? III. Utrum Sententia de statu Peccatoris in Sp. S. gehennali sit problema, de quo in utramque partem libere possit disputari? Mod. Joh. Fried. Mayer. Präs. Justus Wessel. Rumpaeo. Wittenberg (A. Heber) 20. XII. 1704. Rec. 1718. 40 S. (—.—) 22440

Matthias, E., Das Fragment des Aristodemos. Pr. 1874. 21 S. 4°. 1 —

Matthias, E., der Nürnberger Meistersänger Kunz Has, s. Mittheilungen des Vereins für Geschichte der Stadt Nürnberg.

Matthias, Ernst

Matthias, (Ernst), Prof. Dr. **Beiträge zur Erklärung der germanischen Gottesurteile.** *Burg 1900: A. Hopfer.* (S. 3—22.) 4°
Burg, k. Viktoria-G, P 1900 (245)

Matthias, *Gustav Ernst* Beiträge zur Geschichte der Realschule und des Gymnasiums. Festschrift zur Feier des 50jährigen Bestehens der höheren Lehranstalt in Burg. Zusammengestellt von E M (Umschlagtitel Festschrift Burg). 8 (106 S., 7 Autotypien). Burg b. M Druck und Verlag von A. Hopfer 1894 *M* 1 — **Progr** Kgl. Victoria-G *Burg* 1894
Nicht im Tauschverkehr

Matthias, E, Beiträge zur Geschichte der Realschule u. des Gymnasiums Festschrift zur Feier des 50jähr. Bestehens der höheren Lehranstalt in Burg. 8. (106 S. m. 7 Autotyp.) Burg 894. A. Hopfer n. 1 —

Matthias, Ernst: Der Essener Oberhof Brockhausen. Ein Beitr. z. westfäl. Wirtschaftsgeschichte. Essen ⟨Ruhr⟩ 1910: Fredebeul & Koenen. 75 S., 1 Kt. 8°
Münster, Phil. Diss. v. 15. Dez. 1910, Ref. Meister
[Geb. 10. Juli 86 Düsseldorf; Wohnort: Münster i. W.; Staatsangeh.: Preußen; Vorbildung: Gymn. Essen Reife O. 06; Studium: Münster 3, Berlin 2, Münster 3 S.; Rig. 16. Juli 10.] [U 11. 3974

Matthias, Ernestus De scholiis Iuvenalianis. Halis Saxonum (1875) Karras 49 S. 8°
Halle-Wittenberg, Phil Diss v 16. [vielmehr 20.] Okt. 1875
Geb Merseburg 8. 4. 1853 V
Ersch. u d T De scholiis in Iuvenalem auch in Dissertationes philologicae Halenses. Vol. 2. Halis 1876. S. 235—305.

Matthias, Ernst, Prof. Dr **Übersicht** über den Inhalt der bisher erschienenen Programme. (1562—1900.) *Burg 1900: A. Hopfer.* (S. 1—2.) 4°
Burg, k. Viktoria-G, P 1900 (245)

Matthias, Eugen, Vorbilder für das Barrenturnen, m. Abb., Zürich 1910, 63 S., 8°

Matthias, F., Canäle in Norddeutschland. Ein neuer Entwurf. gr. 8. (23 S. mit autogr. Uebersichtskarte und Längenprofilen. Münster 884, Brunn's Buchdruckerei. *

Matthias, Ferd. (geb. Herford 1824). De telangiectasia. Berolini (1850). (31 S.) 8°
Berlin, Med. Diss. v. 14 Jan. 1850

Matthias, Fr. H. K., neues berlin. Handbüchlein f. Jedermann, enth. den alphabet. Wohnungeanzeiger sämmtl. königl. u. städtischen Behörden, öffentl. Anstalten ꝛc. gr. 8. Berl. 821. Mittler. 14 *K*

Matthias, Fr. H. K., Kopenhagen und seine Umgegend. Ein genauer Wegweiser für alle, welche diese Gegenden besuchen wollen. Mit 1 Grundrisse der Stadt Kopenhagen. 16. Stettin 836. Morin. (Saunier.) 2/3 *ℛ*

Matthias, Franz, aus Labes (Pommern) **Über Angioma cavernosum der Mamma.** Ein Beitrag zur Lehre von d. Blutgefässgeschwülsten. *Würzburg 1897: Becker.* (30 S.) 8°
Würzburg, Med. Diss. v. 1897

Matthias, Franz, Dr. **Über Pytheas von Massilia und die** ältesten Nachrichten von den Germanen. ⟨T. 1.⟩ *Berlin 1901: W. Pormetter.* (47 S.) 8°
Berlin, k. Luisen-G, OP 1901 (62)

Matthias, Franz, Dr **Über Pytheas von Massilia und die** ältesten Nachrichten von den Germanen. ⟨T. 2.⟩ *Berlin 1902: W. Pormetter.* (S. 49—90.) 8° ¶ [Schluß d. P-Beil. 1901.]
Berlin, k. Luisen-G, OP 1902 (64)

Matthias, Frz., über Pytheas v. Massilia u. d. ältesten Nachrichten v. d. Germanen. 2 Tle. Progr. (90 S.) 8. Berlin 901.02. (Mayer & Müller.) 1. 80

Matthias, Franciscus Quaestionum Blandinianarum capita tria Halis Saxonum 1482 [vielmehr 1882] o. Dr 72 S. 8°
Halle-Wittenberg, Phil. Diss v 20. Dez. 1882
Geb. Berlin 8. 2. 1861 V
Im Buchhandel Halis Sax (Berlin Mayer & Müller) 1882.

Matthias, Frz., Quaestionum Blandinianarum capita III. Dissertatio inauguralis philologica. gr. 8. (72 S.) Halis Sax. 882. (Berlin, Mayer und Müller.) *

Matthias, Franz, Dr.: Über die Wohnsitze und den Namen der Kimbern. Berlin 1904: W. Pormetter. (49 S.) 8°
Berlin, k Luisen-G OP 1904 (68)

Matthias, Frz., über die Wohnsitze u. den Namen der Kimbern. Progr. (49 S.) gr. 8. Berlin 904. (Mayer & Müller). n. 1. —

Matthias, *Friedrich* [pr Arzt] Ueber graphische Darstellung der Actionsstrome des Muskels, besonders am lebenden Menschen. Konigsberg i. Pr., Druck v M Liedtke, 1891. 1 Bl., S. 5—35, 1 Bl., 2 Taf 8°
Königsberg, Med Fak., Inaug Diss. v 29. Jul. 1891

Matthias, F., üb. graphische Darstellung der Actionsströme d. Muskels, besonders am lebenden Menschen. Diss. gr. 8 (34 S. m. 2 Taf) Königsberg i/Pr. 891. (W Koch.) n. 1. —

Matthias, G. W., der Abschnitt des Galaterbriefes Cap. III, 15—22 mit besond. Rücksicht auf Vers 20 ausgelegt. Eine exeget. Monographie. gr. 8. (54 S.) Cassel 866, Krieger'sche Buchh. *

— **der Galaterbrief griechisch und deutsch nebst einer Erklärung seiner schwierigen Stellen und einer Abhandlung über Cap. III. 20. Ein Beitrag zur Kritik und „Exegese dieses Briefes.“ gr. 8. (XIII und 213 S.) Cassel 865, Krieger'sche Buchh.** *

Matthias, G. W., das dritte Capitel des Briefes an die Römer übers. und ausgelegt. Ein exeget. Versuch. gr. 8. (IV und 110 S.) Cassel 857, Fischer.

— **G. W.**, Observationes in D. J Juvenalis satiram I. cum versione metrica. Pr. 18 IV, 40 S. 4°. 1 -

Matthias, George, neues prakt. Gartenbuch. Anleitg. z. Erziehg. d. gangbarsten Küchengewächse, Obstsorten u. Zierpflanzen. 8. (87 S.) Berlin 898. A. Weichert. — 50

Matthias, Geo., der Küchen-, Obst- und Blumengarten. Neues prakt. Gartenbuch zur Erziehung der gangbarsten Küchengewächse, Obstarten und Zierpflanzen, nach den Regeln, welche von bewährten Gärtnern aufgestellt und mit Nutzen angewendet worden. 12. (VII und 82 S.) Berlin 854, Trowitzsch und Sohn.

Matthias, Gust. Adolph, Bürgerbuch f. die Bewohner Schlesiens, der Mark Brandenburg u. des alten Polens. Volksthümliche Geschichte der Stämme u. Völkerschaften, d. Städte, Flecken, Burgen u. Klöster, der Stiftungen u. Institutionen dieser Landestheile; Biographien ihrer Fürsten u. Herren, u. populaire Darstellung der politischen Welthändel der ältesten bis auf die neueste Zeit, soweit dieselben jene Provinzen berühren. Unter besonderer Berücksichtigung der Stadt Crossen in der Neumark. Mit erläut. Anmerkungen herausg. von Carl Range. 1—6. Lfg. gr. 8. (S. 1—384.) Crossen 847 48, Range. (à n. 1/6 ₰) n. 1 ₰

Matthias, Gustav Ernst, s. Matthias, Ernst

Matthias, Hermann [app. Arzt aus Siebeldingen (Rheinpfalz)]: Zur Casuistik der Tumoren der Prostata. . . . München, k Hof- u. Univ.-Buchdr. v. Dr. C. Wolf & Sohn, 1889; 24 S. 8°
München, Med. Fak., Inaug.-Diss. v 1889

Matthias, J. Anleitung zum Einlegen der Metalle in Holz nach e. indischen Kunstweise. Ein Lehr- u. Musterbuch f. Holzindustrie- u. Handfertigkeitsschulen, Lehrwerkstätten, sowie für den Selbstunterricht. Mit 42 Taf., enth. Originalentwürfe u. Darstellgn. nach ausgeführten Gegenständen. gr. 8. (VIII, 57 S.) Lpz. 889, [Zehl.] Haberland. * 4 20

—— Anleitung zu indischen Intarsia Arbeiten od. Tar-Kashi. Eine Unterweisg. im Einlegen verschiedener Metalle in Gegenstände v. Holz. 8. (40 S. mit 43 Abbildgn. auf 8 Taf.) Lpz. 892, E. A. Seemann. * 1 —

Matthias, J. (II.), die Formensprache des Kunstgewerbes. Ueber die Bedeutung, Gestaltung und Anwendung der ornamentalen Formen, Typen und Symbole auf dem Gebiete der techn. Künste. Zum Gebrauche für Gewerbeschulen, Industrieschulen, Kunstschulen, Abendzeichenschulen und ähnl. Lehranstalten, sowie für den Selbstunterricht. Lex.-8. (XII, 159 S. mit 41 lithogr. Taf. Abbild.) Liegnitz 875, Cohn. *

Matthias, J., die Formensprache des Kunstgewerbes. Lex.-8. Liegnitz 875. Leipzig, Haessel. geb. * 9 —

Matthias, J., das Naturzeichnen. Eine kurze Anleitung zum Selbstunterrichte für Töchter. gr. 8. (55 S. mit 51 Abbild. auf 16 Stnt.) Leipzig 883, Haessel. geb. *

Matthias, J., die Regel vom goldenen Schnitt im Kunstgewerbe. Ein Handbuch für Werkstatt, Schule und Haus. gr. 8. (VIII, 102 S. mit 212 Abbild. und Konstruktionen auf 19 Taf.) Leipzig 886, Haessel. *ℳ 8.—.; geb. *

Matthias, J., d. Regel v. goldenen Schnitt im Kunstgewerbe. E. Handbuch f. Werkstatt, Schule u. Haus. M. 212 Abb. u. Konstruktionen auf 19 Taf. 2., wohlf. [Titel-] Aufl. gr. 8. (VIII, 102 S.) Leipzig (886) 896. G. H. Meyer. n. 3.—; geb. in Leinw. n. 4.—

Matthias, J., der menschliche Schmuck. Form, Farbe und Anwendung. Ein Beitrag zur Bildung des Geschmacks in häusl. und gewerbl. Kreisen. Mit 16 (lithogr.) Taf. Abbild. 1. Ausg. 1870. *ℳ 8., und 2. bill. Ausg. Lex.-8. (XV; III, 114 S.) Liegnitz 875, Cohn. *

Matthias, J. Der menschliche Schmuck. Form, Farbe und Anwendung. Ein Beitrag zur Bildung des Geschmacks in häuslichen und gewerblichen Kreisen Liegnitz 1871, Verlag von Max Cohn.
Tit., XVII + 114 S., 16 Taf. in Lithogr. 4°

Matthias, J. (I.), Telegraphen-Tarife für Depeschen nach sämmtlichen Ländern der Erde, verbunden mit einem Auszug aus dem Telegraphen-Reglement nebst Verzeichniß sämmtlicher württemberg. Telegraphenstationen. Zum Handgebrauch für das telegraphir. Publikum Württembergs zusammengestellt. gr. 16. (24 S.) Ulm 875, Ebner'sche Buchh.

—— neueste Telegraphen-Tarife und Verordnungen für die telegraph. Correspondenz mit sämmtl. Ländern der Erde, nebst einer Erläuterung über Abfassung der Telegramme sowie über das telegraph. Geldanweisungs-Verfahren und einem Verzeichniß sämmtl. bayer. Telegraphenstationen zum Handgebrauch für das telegraphir. Publikum Bayerns. 16. (44 S.) Stuttgart 876, Bach und Kitzinger. *

—— dass. — und einem Verzeichniß sämmtl. württemberg. Telegraphenstationen zum Handgebrauche des telegraphir. Publikums Württembergs. 16. (40 S.) Ebendas. 876. *

Matthias, J. Ch., kunstgewerbliches Modell- und Musterbuch Eine Sammlung charakterist. Beispiele der decorativen und ornamentalen Kunst aller Völker und Zeiten. Zunächst im Anschluß an das Museum Minutoli hrsg. und erläutert. 8 Lfgn. gr. 8 (24 Chromolithogr. und Text 38 S.) Leipzig 866,67, Seemann à Lfg. * 20 Ngr. cart. *
Große Ausg. in 4. mit Mappe. *

Matthias, J. F., Nachtrag zu den berliner Polizei-Silhouetten. Von W. Eichhoff. 8. (VI und 78 S.) Berlin 861. (Leipzig, Fernau.) *

— Berliner Silhouetten. Flugschriften in zwangslosen Heften. H. 1 Berlin 1861 23 S 8.

⊙ Die Verhandlungen des deutschen Zollparlaments. Nach stenographischen Aufzeichnungen hrgg. v J. F Matthias. Bd 2 II Session. Berlin. 1869 8°

Matthias, J. J., der Werth des Christenthums in Predigten u. Reden an Festtagen u. bei andern Gelegenheiten. 8. Mainz 823. Kupferberg. 14 gl

Matthias, J. J. Chr., allgemeine Formenlehre für Kunst und Gewerbe oder das Wesen und die Anwendung der tekton. Grund- und Kunstformen, erläutert durch Beispiele. Zum Gebrauche beim Unterrichte in techn. Lehranstalten und zum Selbstunterrichte für Techniker, Künstler und Kunstfreunde bearb. gr. 8. (VIII und 47 S. mit 36 lithogr. Bildtaf.) Liegnitz 865, Krumbhaar.

Reil, Joan. Christian., praes., Matthias, Jac. Frid., [resp.]: De diversis morborum localium formis ad contracturae genus revocandis. Berolini (1811). (40 S.) 8°
Berlin, Med. Diss. v. 23. Nov. 1811

Matthias, Johann Andreas

Matthias, Jh. Andr., Anleit. zur Erfindung u. Ausführung elementargeometrischer Beweise u. Auflösungen. Für das gründliche Studium d. Geometrie auf Schulen. Planimetrie. Mit 7 Kpf. gr. 8. Magdeb. 811. Heinrichshofen. 20 gl

—Auszug aus Robert Simsons latein. u. engl. Uebers. d. ersten 6, u. des 11n u. 12n Buchs, die Elemente des Euklides enth. Mit Kpf. gr. 8. Magdeb. 799. (Heinrichshofen). 20 gl

—Erläuterungen zu dem Leitfaden f. einen heuristischen Schulunterricht. 3 Thle. gr. 8. Magdeb. 814 u. 15. Heinrichshofen. 2 ₰ 12 gl 4r Thl. Zusätze zu den Erläuterungen. 1r — 3r Thl. u. Erläuterr. zu den Abänderungen u. Vermehrr. in der 4n Ausg. des Leitfadens. Mit 1 Steindr. gr. 8. Ebd. 828. Ebd. 16 gl

Matthias, Joh. Andr., Erläuterungen zu d. „Leitfaden f. e. heurist. Schulunterr. üb. d. allgem. Größenlehre ꝛc." 4. Thl. Zusätze zu d. Erläutern. 1—3. Thl. u. Erläutern. zu d. Abänderungen u. Vermehrn. d. 4. Ausg. d. Leitfadens. M. 1 Stndr. gr. 8. ($9\frac{1}{2}$ B.) Magdeburg 828, Heinrichshofen.
1–3. Thl. Ebendas. 1814–16. 2 Thlr. 12 Gr.

—Leitfaden für einen heurist. Schulunterricht über die allgem. Größenlehre der Elementargeometrie 2c. Mit 2 Kpf. gr. 8. Magdeb. 813. 2e A. 819. 3e A. ... 4e A. 827. 5e A. Mit 7 Steindr. 830. Heinrichshofen. 1 ℳ

—— Leitfaden f. e. heurist. Schulunterr. üb. d. allgem. Größenlehre u. d. gem. Algebra, d. Elementargeometrie, ebene Trigonometrie u. d. Apollon. Kegelschnitte. 5. u. 6., revid. Aufl. (à 20 B. u. 7 lith. Taf. qu. ½ gr. Fol.) Magdeburg 830, 34, Heinrichshofen. à

Erläuterungen hierzu, s. vorsteh. Schrift.

Matthias, Joh. Andr., Leitfaden f. ein. heurist. Schulunterricht üb. d. allgem. Arithmetik u. d. gemeine Algebra, d. Elementargeometrie, ebene Trigonometrie u. Apollonischen Kegelschnitte. 7. Aufl., nach d. Tode d. Verf. revid. u. hrsg. v. J. Hennige. (3 Hfte.) gr. 8. (20 B. u. 7 Stnt.) Magdeburg 839, 40, Heinrichshofen.

Vgl. Mathias.

Matthias, Jh. Andr., Leitfaden für einen heuristischen Schulunterricht in der allgem. Arithmetik u. niederen Algebra der Elementargeometrie, ebenen Trigonometrie u. den Apollonischen Kegelschnitten. 8. Ausg. oder 2. Aufl. der Ueberarbeitung von Prorector u. Prof. J. Hennige. Mit 8 Figurentaf. gr. 8. Magdeburg 845, Heinrichshofen. 1¼ ℳ

Matthias, Joh. Andr., Leitfaden für einen heuristischen Schulunterricht in der allgemeinen Arithmetik und niederen Algebra, der Elementargeometrie, ebenen Trigonometrie und den apollonischen Kegelschnitten. 9. Ausg., oder 3. Aufl. der Ueberarbeitung von J. Hennige 1853. und 10. Ausg. gr. 8. (XV und 454 S. mit 9 Stnt.) Magdeburg 856, Heinrichshofen'sche Buchh.

Matthias, Joh. Andr., Leitfaden für einen heuristischen Schulunterricht in der allgemeinen Größenlehre und niederen Algebra, der Elementargeometrie, ebenen Trigonometrie und den Apollonischen Kegelschnitten. Neu bearb. von H. Leitzmann und F. O. Müller. 11. Ausg. gr. 8. (X und 297 S. mit eingedr. Holzschn. und 9 lithogr. Fig.-Taf. in qu. 4.) Magdeburg 867 Heinrichshofen'sche Buchh.

—s.a. Mittheilungen, pädagogische.

—pädagog. literar. Mittheill., nebst Nachrichten über das Dom-Gymnasium zu Magdeburg. 1s—3s Stck. 1821—27. gr. 8. Magdeb., (Heinrichshofen). (à 6 gr) 18 gr

—— Worte d. Glaubens, d. Liebe u. d. Hoffnung. Vor seinen theuern Schülern auf d. Domgymnasium zu Magdeburg gesprochen. gr. 8. (9½ B.) Magdeburg 834, Heinrichshofen.

— Johann Peter (Schmalkalden/Hessen), De testamento holographo reciproco. Diss. jur. Präs. Christian Wildvogel. Jena (Müller) 2. VIII. 1702. 42 S. (5.—) 22441
Gew.: Gustav Georg von Halcken, Nicolaus Wilhelm Goeddeo.

— — **De testamento holographo reciproco.** Lincua vernacula: **Wie ein selbst-geschriebenes Testament, auch ein Vermächtnis und Gegenvermächtnis Rechts-gültig einzurichten ist.** Diss. jur. Präs. Christian Wildvogel. Huic accedit Wilh. Hieron. Bruckner, De libertate testandi. Jena (J. B. Heller) 2. VIII. 1702. 1755. 58 Seiten. (5.—) 22442

— Johann Philipp (Schmalkalden / Hessen), De differentiis possessorii ordinarii et summarissimi. Diss. inaug. Moder. Wilhelm Hieronymus Bruckner. Jena (Müller) 4. VI. 1707. (3.50) 22443
Gew.: Joh. Peter Matthias (Vater).

Matthias, Johannes, a. Nordhausen: Beiträge zur Geschichte Ludwigs des Bayern während seines Romzuges. Halle a. S 1908 E. Karras. (79 S.) 8°
Halle, Phil. Fak., Ref. Lindner, Diss. v. 15. Mai 1908
[Geb. 21 Sept. 85 Nordhausen, Wohnort Halle a. S. Staatsangeh. Preußen, Vorbildung. Viktoria-Gymn. Burg b. Magdeburg Reife O. 04; Studium Halle 8 S., Rig. 17 Dez 07.]

Matthias, K., aus Schule und Leben, s. Aufsätze und Vorträge aus verschiedenen Wissensgebieten.

Matthias, K. G. W., die Idee d. Freiheit im Individuum, im Staate u. in d. Kirche. Mit Hinsicht auf d. geschichtl. Entwickelung d. Freiheit in d. genannten Beziehn. wissenschaftl. dargest. gr. 8. (25 B.) Marburg 834, Elwert.

Matthias, Karl [aus Hannover]: Die Behandlung der Geisteskranken. Eine historisch-medicinische Abhandlung. Marburg, C. L. Pfeil'sche Univ.-Buchdr., 1887; 38 S. + 1 Bl. 8°
Marburg, Med. Fak., Inaug.-Diss. v. [10. Dez.] 1887

Matthias, Karl, die Behandlung der Geisteskranken. Eine historisch-medicinische Abhandlung. Diss. Marburg 1887, N. G. Elwertsche Univ.-Buchh. 8°. 38 S.

Matthias, Carl, im Eise des Nordens. Aus den hinterlassenen Papieren e. Schiffsjungen. Der reiferen Jugend erzählt. Mit 4 Autotyp. nach Originalen v. O. Meyer-Wegner. gr. 8. (III, 280 S.) Stuttgart (902). Levy & Müller. Geb. in Leinw. n. 4. 50

Matthias, Karl [Dr.]: Die Erwerbung der Königskrone durch Friedrich I. und die preussische Politik in den ersten Jahren des spanischen Erbfolgekrieges. Schlawe, Druck v H. Moldenhauer & Sohn, 1891, S. 3–25, 4°
Schlawe, st. PG, P 1891 ••

Matthias, Carl [aus Schlawe]: Die mecklenburger Frage in der ersten Hälfte des 18. Jahrhunderts und das Dekret des Kaisers Karls VI. vom 11. Mai 1728. Halle, *Druck v. H. Moldenhauer i. Schlawe,* 1885. 4 + 58 + 2 S. 8°
Halle Phil. Fak., Inaug. Diss. v. 5. Okt. 1885.

Matthias, Carl, die mecklenburger Frage in der 1. Hälfte des 18. Jahrh. und das Dekret des Kaisers Karl VI. vom 11. Mai 1728. Inaugural-Dissertation. 8. (57 S.) Halle 886. (Posen, Jolowicz.) *

Matthias, Carl, der Freund des Delawaren. Eine Erzählg. f. die Jugend aus dem nordamerikan. Freiheitskriege. Mit 4 Autotyp. nach Originalen v. Fritz Bergen. (299 S.) gr. 8. Stuttgart (903). Levy & Müller. Geb. in Leinw. n. 4. 50

— das Geheimnis des Brasilianers. Eine Erzählg. f. die Jugend. Mit 4 Autotyp. nach Originalen v. Fritz Bergen. 2. Aufl. (288 S.) 8. Stuttgart (904). Levy & Müller. Geb. in Leinw. n. 4. 50

— das Geheimnis des Kreuzganges. Roman. (235 S.) 8. Gotha (905). Verlagsanstalt u. Druckerei (H. Bartholomäus.) n. 1.—

— die Goldgräber v. Transvaal. Eine Erzählg. f. die reifere Jugend. Mit 4 Autotyp. nach Originalen von Walth. Zweigle. gr. 8. (290 S.) Ebd. (900). Geb. in Leinw. n. 4. 50

— der Goldtambour. Eine Erzählg. f. die reif. Jugend. Mit 4 Autotypien nach Originalen v. Walth. Zweigle. gr. 8. (V, 280 S.) Ebd. (901). Geb. in Leinw. n. 4. 50

Matthias, Carl, Kampf u. Schrecken im Reiche d. Mahdi. Nach authent. Quellen erzählt. M. 5 Illustr. nach Originalen v. Geo. Schöbel. gr. 8. (IV, 236 S.) Berlin 898. H. J. Meidinger. Geb. in Leinw. n. 4.—

— Komödiantenliebe, s.a. Weichert's Wochen-Bibliothek.

[F.] Komödiantenliebe Humorist Erzählg v. C[arl] Matthias. M 3 Vollbild. *Berlin A. Weichert [1898]* (96 S., 3 Taf.) 1 Bd 8.
= Wochen-Bibliothek, Weichert's Bd 47. [99. 407]

— unter dem roten Kreuz, s.: Weber's moderne Bibliothek.

— die Reise nach Neu-Guinea. Erzählung f. die Jugend. Mit 5 Autotyp. nach Originalen v. Mart. Räniке. gr. 8. (V, 200 S.) Berlin (899). H. J. Meidinger. Geb. in Leinw. n. 3.50

— mit vollen Segeln, s.a. Kamerad-Bibliothek. 6.

Matthias, Karl: Mit vollen Segeln. 2. Aufl. Stuttgart. Berlin, Leipzig: Union [1901]. (340 S.) 8°
Kamerad-Bibliothek. 6.

Matthias, Ludwig Christian, s. Organ der Taubstummen- und Blinden-Anstalten in Deutschland.

Matthias, Ludw. Chrn., Religionsbuch für evangelische Taubstumme. 2. Thl.: Erbauungsbuch. gr. 8. (90 S.) Friedberg 861, Bindernagel und Schimpf. *
Der 1. Thl. soll später erscheinen.

Matthias, Ludw. Chrn., Religionsbuch für evangelische Taubstumme. 2 Thle. gr. 8. Friedberg, Bindernagel und Schimpff. *
Inhalt:
Thl. 1. Geschichtsbuch. (147 S.) 863. * 10 Ngr.
" 2. Erbauungsbuch. 2., durchgeseh. Aufl. (90 S.) 866. * 8 Ngr.

Matthias, Ludw. Chrn., Religionsbuch für evangelische Taubstumme. 1. Thl.: Geschichtsbuch. 2. vielfach verb. Aufl. gr. 8. (147 S.) Friedberg 877, Bindernagel. *
2. Thl. Ebendas. 1866. * 80 Pf.

Matthias, L. Chr., Vater Roller. Ein Lebensbild zur Erinnerung an den am 27. Febr. 1857 selig Entschlafenen für dessen Freunde gezeichnet von seinem Schwiegersohne rc. (Als Manuscript gedruckt und als Extrabeilage zu Nr. 5 des Organs von 1857 den Lesern desselben freundlichst dargeboten.) Friedberg 857. gr. 8. (54 S.) s. Organ der Taubstummen- u. Blinden-Anstalten in Deutschland rc.

Matthias, Ldw. Chr., die Taubstummensache im Großherzogthum Hessen. Eine historisch-statistische Abhandlung, mit vielen das Taubstummenwesen überhaupt u. die Methode des Taubstummen-Unterrichts insbesondere betreffenden Bemerkungen. Nebst 4 lithogr. Blättern u. einem Anhange. gr. 8. Friedberg 845, Bindernagel. n. 12 ngl

—— die landständischen Verhandlungen im Großherzogth. Hessen über die Erwerbung eines Hauses für das großherzogl. Taubstummen-Institut zu Friedberg. Mit Einleitungen, Anmerkungen und Zusätzen hrsg. gr. 8. (III und 77 S.) Friedberg i. d. W. 859, Bindernagel und Schimpf.

Matthias, Max, Kammergerichtsref. in Berlin: **Rechtswirkungen der clausula rebus sic stantibus und der Voraussetzung rebus sic stantibus im Reichscivilrechte.** *Merseburg 1902: F. Stollberg.* (VIII, 60 S.) 8°
Jena, Jur. Diss. v. (10. Dez.) 1901

Matthias, Mos., Diss. inaug. med. de restringendo usu roborantium proprie sic dictorum in debilitate morbosa. 4. Götting. 782. Dieterich. 2 gl

Matthias, Otto: Observationes criticae in L. Annaeum Senecam. Berolini 1865 (40 S.).

Matthias, R., d. Stadtkirche in Schmalkalden, s.a. Zeitschrift d. Vereins f. henneberg. Geschichte u. Landeskunde.

Die Stadtkirche in Schmalkalden (Vf R Matthias, Apotheker) *Schmalkalden & Leipzig: Commv. v. Otto Lohberg; Dr. v. F. Wilisch 1896.* (4 Bl., 227 S., 2 Taf.) 1 Bd 8.
= Zeitschrift d. Vereins f. Hennebergische Geschichte u. Landeskunde in Schmalkalden. H. 13. [97 3816]

Matthias, Thdr., Aufsätze aus Oberklassen. Gesammelt. (VI, 322 S.) 8. Leipzig 905. B. G. Teubner. n. 2.80; geb. n 3.20

Matthias, Thdr., Aufsatzsünden. Warn. Beispiele, zu Nutz u. Frommen d. deutschen Schuljugend u. zur Erspatg. vieler roter Tinte ges. u. erläut. 2.—10. Taus. u. 2. Zehntaus. 8. (77 S.) Leipzig 897. R. Voigtländer. n. —60

Matthias, Thdr., Aufsatzsünden. Warnende Beispiele, zu Nutz u. Frommen der deutschen Schuljugend u. zur Ersparg. vieler roter Tinte gesammelt u. erläutert. 2., verb. Aufl. 21.—30. Taus. 8. (81 S.) Leipzig 901. R. Voigtländer. n. —60

Matthias, Thdr., Aufsatzsünden. Warnende Beispiele, zu Nutz u. Frommen der deutschen Schuljugend u. zur Ersparg. vieler roter Tinte gesammelt u. erläutert. 3., verb. Aufl. 31.—40. Taus. (85 S.) 8. Leipzig 907. R. Voigtländer. —80

— [Bericht über seine Einführung als Rektor der Anstalt.] S. 57—65 des Jahresberichtes. 4.
Progr. Städt. Realgymn. mit Realschule *Plauen i. V* 1906 (693)

Matthias, Th[eodor] [Bericht über die Einweihung des neuen Realgymnasiums.] S. 38—51 4. Realgymn. *Plauen i. V* 1910 (770).
Progr.

— Bismarck als Künstler nach den Briefen an seine Braut u. Gattin. Eine sprachlich-psycholog. Skizze. 8. (XII, 234 S.) Leipzig 902. F. Brandstetter. n. 3.—; geb. n. 3.80

— Wilhelm Heinrich v. Riehl's „Fluch der Schönheit", „Quell der Genesung", „Gerechtigkeit Gottes", s.: Dichter, deutsche, des 19. Jahrh. 5. Bdchn.

Matthias, Th., De Apollonii Dyscoli epirrhematici et syndesmici forma genuina. Diss. 1883. 28 S. 1.—

— Gedrängtes, vollständ. Fremdwörterbuch, s.: Hoffmann, P. F. L.

—— **zu alten Grammatikern.** gr. 8. (50 S.) Leipzig 887, Teubner. *
Aus: Jahrbücher für classische Philologie, 15. Suppl.-Bd., besonders abgedruckt.

— die Grundzüge der Meditation, s.: Schulz, Ferd.

— Handbuch der deutschen Sprache f. höh. Schulen. I. u. II. Tl. 8. Leipzig, Quelle & Meyer. 3.60
I. Vorstufe. Methodischer Lehrgang f. den Deutschunterricht der Unterklassen. (VII, 114 S.) 908. Kart. 1.20
II. 2., darstell. Tl. (IX, 258 S.) 908. Geb. 2.40

— dasselbe. Auf Grund der neuen Lehrpläne f. das höh. Mädchenschulwesen vom 12. XII. 1908 bearb. v. R. Le Mang. (2. Ausg.) 3 Hefte. 8. Ebd. 909. 1.85; in 1 Bd. (X, 145 u. 28 S.) kart. u. geh. 1.60
1. (S. 1—76 m. Fig.) — 80. — 2. (S. 77—105.) — 30. — 3. (S. 107—145 u. 28 S.) — 75.

— Katechismus d. guten Deutsch, s.: Hesse's, Max, illustr. Katechismen.

-- Deutsches Leben im Spiegel deutscher Schulreden. Veröffentlicht zur Einweihg. des neuen städt. Realgymnasiums zu Plauen am 5. X. 1909. (107 S.) gr. 8. Dresden 909. L. Ehlermann. 1.60

– s. Lesebuch, deutsches, f. sächsische Gymnasien.

— Meditationen s.: Schulz, Ferd.

Matthias, Theod., emendationes ad L. Annaei Senecae opera, s.a. **Commentationes Philologae quibus Ottoni Ribbeckio congratulantur Discipuli Lipsienses.**

Matthias, T. Emendat. ad L. Annaei Senecae opera. S.-A. 11 S.

— s.: Regeln f. die deutsche Rechtschreibung.

Wilhelm Heinrich v Riehl. Fluch der Schönheit. Quell der Genesung. Gerechtigkeit Gottes. Von Dr. Th[eodor] **Matthias**, Zwickau. *Leipzig & Berlin: B. G. Teubner 1903.* (46 S.) 8° [F.]
= **Dichter**, Deutsche, des neunzehnten Jahrhunderts. Bdch. 5. [03. 11466]

Matthias, Th[eodor] [Skizze des Lebens und Wirkens des aus dem Amte scheidenden Rektors Dr Achmed Scholtze.] S. 55—57 des Jahresberichtes. 4.
Progr.

Matthias, Thdr., Sprachleben u. Sprachschäden. Ein Führer durch die Schwankgn. u. Schwierigkeiten d. deutschen Sprachgebrauchs. gr. 8. (VIII, 465 S.) Leipzig 892. R. Richter. n. 6. 50

— Sprachleben u. Sprachschäden. E. Führer durch die Schwankgn. u. Schwierigkeiten d. deutschen Sprachgebrauchs. 2., verb. u. verm. Aufl. gr. 8. (XIV, 484 S.) Leipzig 897. F. Brandstetter. n. 6. 50; geb. n.n. 6. 30

— Sprachleben u. Sprachschäden. Ein Führer durch die Schwankgn. u. Schwierigkeiten des deutschen Sprachgebrauchs. 3., verb. u. verm. Aufl. (XII, 488 S.) 8. Leipzig 906. F. Brandstetter. n. 6. 50; geb. in Leinw. n. 6. 30

Matthias, Theodor [Dr.] Zur Stellung der griechischen Frau in der klassischen Zeit [Forts. in Fleckeisens Jahrb. f Phil. u. Pädag Bd 147 Heft 4 5 u. d. T.: Urteile griech. Prosaiker d. class. Zeit über d Stellg d. griech. Frau.] Zittau, Druck v. M. Böhme, 1893; 1 28 S. 4.
Zittau, k RG m h Handels-S. OP 1893 (555)

Theodor **Storm** als Novellist v Th. Matthias. Ausschnitt aus: Zeitschrift für deutschen Unterricht, Jg. 13, H. 8. Leipzig. 1899. 8°

– **zum deutschen Unterricht, s.: Schriften der pädagogischen Gesellschaft. 2. Hft.**

— kleiner Wegweiser durch d. Schwankgn. u. Schwierigkeiten d. deutschen Sprachgebrauchs. gr. 8. (144 S.) Ebd. 896. Geb. in Leinw. n. 1. 25

— dasselbe. Für österreich. Schulen bearb. v. M. Manlik. gr. 8. (VII, 152 S.) Ebd. 898. Geb. in Leinw. n. 1. 70

— kleiner Wegweiser durch die Schwankungen und Schwierigkeiten des deutschen Sprachgebrauchs. 2. verb. Aufl. gr. 8. (XII, 154 S.) Leipzig 899. F. Brandstetter. Geb. in Leinw. n. 1. 40

— Kleiner Wegweiser durch die Schwankungen u. Schwierigkeiten des deutschen Sprachgebrauchs. 3. verb. Aufl. (VIII, 160 S.) 8. Leipzig 906. F. Brandstetter. Geb. 1. 40

Matthias, Th[eodor] [Worte am Grabe des am 15. Okt. 1906 verstorbenen Rektors a. D. Oberstudienrats Prof. Dr Scholtze.] S. 46 bis 47 4. Städt Realgymn. mit Realschule *Plauen* i V 1907 (698).
Progr.

– Vollst. kurzgef. Wörterbuch d. deutschen Rechtschreibung, s.a. Hesse, Max Illustr Katechismen.

Matthias Th, vollst. kurzgef. Wörterb. d. dtschen Rechtschreibung (356 S) Leipzig 1899

— vollständiges kurzgefaßtes Wörterbuch der deutschen Rechtschreibg., m. zahlreichen Fremdwortverdeutschgn. u. Angaben über Herkunft, Bedeutg. u Függ. der Wörter. 2., vollständig veränd. Aufl. 8. (XXXI, 356 S.) Leipzig 902, M. Hesse. Geb. n. 1. 30

Matthias, W., D. Athleten-König, Humoristische Soloszene. Musik v Otto Teich, Berlin, 2°

Matthias, W., praktische Singschule, oder Anleitung für Lehrer zur Ertheilung des Gesangunterrichts in Schulen. Nebst einem Text und Melodieenbuch. 8. (XVI und 117 S.) Berlin 860, F. Schneider.
Texte und Melodieen. (87 S.) einzeln *

Matthias, Wilh., Tambach u. Dietharz. Ein Führer in ihren Wäldern. (X, 73 S. m. Abbildgn.) 8. Eisenach 903. (Tambach, Th. Mosche.) n. 1. 40

Matthias Wilhelm. Vergleichende histologische Untersuchungen über den Bau der Darmzotten und Versuch einer Berechnung ihrer Oberflächen bei verschiedenen Haustieren. Aus dem veterinär-anatomischen Institut der Universität Bern. Diss. Vet.-Med Bern. [Mit 3 Tafeln. 36 S 8 Bonn Heinrich Ludwig. 1910

Matthias, Wilhelm Heinrich

Matthias, W. H., Darstellung des Postwesens in den königl. preuß. Staaten. 1r Bd. 8. Berl. Dieterici. 812.

Matthias, Wlh. Hnr., Darstell. des Postwesens in den königl. preuß. Staaten. 1r—3r Thl. gr. 8. Berl. 812—17. Mittler. 4 ₰

W H Matthias. Darstellung des Postwesens in den Königl Preußischen Staaten. Berlin. 1812 3 Bde 2 Ausg. 1820 2 Bde

Matthias, W H Meilenzeiger von Berlin. Breslau. Cassel u. s. w nach den bekanntesten Städten in Europa In Neuer Hand und Schreibkalender für alle Stände Berlin 1809 12 (RPA)

Matthias, Wilhelm Heinrich „Ueber Posten und Post-Regale, mit Hinsicht auf Volksgeschichte, Statistik, Archäologie und Erdkunde", 2 Teile in einem Bande, Berlin, Posen und Bromberg 1832 — Vorh.. Büch. der Industrie- und Handelskammer Leipzig und Com. Bibl. Hamburg.

Matthias, Wilh. Heinr., üb. Posten u. Post-Regale, mit Hinsicht auf Volksgeschichte, Statistik, Archäologie u. Erdkunde. 2 Bde. gr. 8. (44½ B.) Berlin 832, (Mittler.)

Matthias, W H., Neueste Postkarte von Deutschland. Berlin 1801. Kupf. u. kolor. (RPA.)

W H Matthias. Post-Stationen in Westfalen und Niederrhein. Handschrift in der Bibliothek des General-Postamtes zu Berlin.

—Verzeichniß der sämmtl. Postämter, Postwärterämter, Briefsammlungen u. Stationen bis zum 30. Octbr. 1817. gr. 8. Berl. 818. Mittler. 8 Gr.

Matthias, Willi, zwei Feste, s.: Jugend- u. Volksbücher, thüringische. 4. Bd.

Matthias, Willib., s.: Deutschlands Liederschatz.

Matthias-Tendering, auch e. Hohenzoller. Vaterländisches Schauspiel in 5 Akten. 8. (99 S.) Berlin 892. Freund & Jeckel. n. 2 —

Matthiasch, Georg, De jure personarum ducatus Oppoliensis et Rattiboriensis. Präs. Samuel Friedrich Willenberg. Frankfurt / Oder (T. Schwartz) 11. IX. 1700. 46 S. (—.—) 22445
Gew.: Georg Adam Franz von Gaschin, Franz Eusebius von Oppersdorff, Albert Leopold Paczinsky. — Widm. v.: J. P. Schoppach, Carl Samuel von Jordan, Theodor von Sommerfeld, Maximilian Ferdinand von Fürst (dtsch., schles. Adel).

St. Matthias-Insel, s.: Seekarten.

Matthias-Kapelle, Die, auf der obern Burg bei Cobern an der Mosel ... Koblenz 1837. V: *Dronke, Ernst Friedrich Johann* & *Joh. Claudius von Lasaulx.* (Gd)

Matthiaſs, Darstellung e. zum Transport-Betriebe auf d. Berlin-Potsdamer Eisenbahn im Gebr. befindl. Locomotive aus d. Fabrik d. Hrn. Norris in Philadelphia. Roy.-Fol. (1 Stnt. u. 1 Bl. Text.) Berlin 841, Geo. Reimer. *

Matthiaß, Bernh., die Entwicklung des deutschen bürgerlichen Rechts, s.a. Bibliothek der Rechts- u. Staatskunde. 4. Bd.

Matthiaß, B., Die Entwicklung des deutschen bürgerlichen Rechts in gemeinverständlicher Darstellung. Stuttgart, 1905. 103 S.

Matthiass, Bernh., die Entwicklung des römischen Schiedsgerichts. [Festgabe der Rostocker Juristenfakultät zum 50jähr. Doktorjubiläum von Bernh. Windscheid.] Lex.-8. (151 S.) Rostock 888, (Stiller'sche Hof- und Universitäts-Buchh.) *

Matthiass, Bernh., das foenus nauticum u. die geschichtliche Entwicklung der Bodmerei. gr. 8. (IV, 132 S.) Würzburg 881. (Stuber's Verl.) n. 3. —

Matthiass, Bernh., zur Geschichte u. Organisation der römischen Zwangsverbände. [Aus: „Festschrift der Rostocker Juristenfakultät zum 50jähr. Doctorjubiläum Dr. v. Buchka's".] 4. (41 S.) Rostock 891. (Stiller.) n. 1. 50

— die römische Grundsteuer u. das Vectigalrecht. gr. 8. (III, 84 S.) Erlangen 882. Deichert. n. 2. —

Matthiass, Bernhard: Lehrbuch des Bürgerlichen Rechtes v. Dr. – Prof. a. d. Univ. Rostock 2., unveränd. Aufl. Bd 1 2. Berlin: O. Häring 1899. 2 Bde 8°
1 Die allgem. Lehren u. d. Recht d. Schuldverhältnisse. (X, 647 S.)
2. Das Sachrecht, d. Persönlichkeits- u. Immaterialgüterrecht, d. Familienrecht u. d. Erbrecht. (X, 545 S.)

Matthiaß, Bernh., Lehrbuch des bürgerlichen Rechtes. 2 Bde. 3., erweit. u. verb. u. 4. m. der 3. übereinstimm. Aufl. gr. 8. Berlin 900. O. Häring. n. 25. —; geb. n. 29. —
1. Die allgemeinen Lehren u. das Recht der Schuldverhältnisse. (à XI, 727 S.)
2. Das Sachenrecht, das Persönlichkeits- u. Immaterialgüterrecht, das Familienrecht u. das Erbrecht. (à X, 653 S.)
1. u. 2. Aufl. (à X, 647 u. X, 545 S.) 899. n. 22. —; geb. n. 26. —

Matthiaß, Bernh., Lehrbuch des bürgerl. Rechtes m. Berücksicht. des gesamten Reichsrechtes. 5. verb. u. ergänzte Aufl. (XVI, 800 S.) Lex. 8. Berlin 910. O. Häring. 20.—; geb. 23. —

Matthiaß, Bernh., Rechtsfälle u. Rechtsfragen, im Anschluß an das Lehrbuch des bürgerl. Rechtes (5. Aufl. 1910) zusammengestellt. I. Allgemeine Lehren. (III, 136 S.) 8. Berlin 910. O. Häring. 2. —

— s.: Studien, Rostocker rechtswissensch.

Matthiaß, E., der nächste allgemeine Strike der deutschen Bergarbeiter u. seine rationelle Bekämpfung. 8. (61 S.) Ratibor 890. (Schmeer & Söhne.) n. 1. 20

Matthiass, Oswald, approb. Arzt Ueber einen Fall von Hydrocele muliebris. *Leipzig 1903: B. Georgi.* (28 S.) 8°
Leipzig, Med. Diss. v (9. Aug. 1892)

Matthies, Der Gevatter, oder die Ausschweifungen des menschlichen Geistes. [A. d. Franz.] Berlin 1779. V: *Dulaurens, Henry Joseph.* (BGE) Ü: *Logan, Johann Zacharias.* (MGT) (EE)

Matthies, der Gevatter, od. d. Ausschweifungen d. menschlichen Geistes. 3 Thle. m. K. 8. Leipz. Lange. 790.

Matthies, d. deutsche Gevatter, v. J. Richter. 2 Thle. m K. Wien, Mößle. 792. Rthlr.

Matthies, der lange, von Halberstadt. Schausp. 8. Quedlinb. Reußner. (Ernst.) 778.

Matthies, s.a. Mathies

Matthies, Carl, s. Matthies, Karl

Matthies, Conrad Stephan, s. Matthies, Konrad Stephan

Matthies, E., Azimut-Tabellen. [Aus: „Nautische Tafeln".] (V u. S. 127—265 m. 2 Fig.) gr. 8. Emden 905. W. Haynel. n. 4. —

Matthies, E., nautische Tafeln f. Nord- u. Ostsee. gr. 8. (VIII, 72 S.) Emden 897. W. Haynel. Geb. in Leinw. n. 2. 50

— Nautische Tafeln f. die Nord- u. Ostsee u. den Englischen Kanal, nebst Azimut-Tabellen. 3. Ausg. (XII, 265 S. m. 2 Fig.) gr. 8. Ebd. 905. Geb. in Leinw. n. 7. 50

Matthies, E., nautische Tafeln f. die Nord- u. Ostsee u. den engl. Kanal. 2. verb. u. verm. Aufl. (XII, 127 S. m. 1 Abb.) gr. 8. Emden 910. W. Haynel. Geb. in Leinw. 4. —

Matthies, Friedrich

—— prakt. Anleitung, alle Sorten v. Strohhüten f. Damen zu bleichen u. zu appretiren, ihre Schaden auszubessern u. ihre verschied. Formen zu verändern. 8. (1 B. u. Abbild.) Quedlinburg 836, Basse.

Matthies, Friedr., die Aëronautik in ihrer höchsten Vollkommenheit! od. Beschreib. u. Abbild. e. neuerfund., höchst einfachen Maschine, wodurch d. unumstößl., sonnenklare Beweis geliefert wird, daß d. Luftschifffahrt in jeder belieb. Richtung nicht nur auszuführen ist, sondern auch binnen einem halben Jahre ausgeführt werden wird. gr. 12. (2 1/6 B. u. 2 Stnt.) Nürnberg 835, Korn'sche Buchh.

Matthies, Friedr., wichtiger Entwurf stehende Kanäle in entgegengesetzten Richtungen fliessend zu machen. In besond. Rücksicht auf d. Verbindungs-Kanal zwischen d. Donau u. d. Maine u. d. daraus zu erhebenden sehr beträchtl. Nutzen. gr. 8. (2 B. u. 1 Stnt.) Bamberg 836, Dresch. Thlr.

Matthies, Friedr., wie verhält sich Kants „Religion innerhalb der Grenzen der bloßen Vernunft" zu der lutherischen Kirchenlehre? gr. 4. (24 S.) Neustadt a. d. Orla 888. (Leipzig, Fock.) *

Matthies, G., fliegende Blätter. Das deutsche Volk, sein Recht auf ein deutsches Strafgesetz und der norddeutsche Reichstag. gr. 8. (24 S.) Berlin 870, Vossische Buchh.

Matthies, Heinr., Heidbalt'n. Allerhand Löög u. Töög' upp oldmärk'sch Dart. (VII, 66 S.) 8. Stendal 903. E. Schulze. n. 1. —

Matthies, J., das Volksschulwesen u. das Lehrerbildungswesen im Deutschen Reich, s.: Giżycki, P. v.

Matthies, Karl

Matthies, Carl, Walpurgis. Am Quell der Zeiten, s.: Barnick, Eug.

Matthies, Konrad Stephan

Matthies, Conr. Steph., Erklärung d. Briefes Pauli an d. Epheser. Mit besond. Berücksichtig. d. neuesten Commentare. gr. 8. (13 B.) Greifswald 834, Koch.

—— Erklärung d. Briefes Pauli an d. Galater. (Mit besond. Berücksichtigung d. Commentars v. Winer.) gr. 8. (9 B.) Greifswald 833, Koch.

—— Erklärung d. Briefes Pauli an d. Philipper. Mit besond. Berücksichtig. d. neuesten Commentare. gr. 8. ($9^1/_4$ B.) Greifswald 835. [Berlin, Gsellius'sche Buchh.]

— Erklärung des Briefes Pauli an die Philipper. Mit besond. Berücksichtigung der neuesten Commentare. gr. 8. Greifswald 835. Mauritius. $^7/_8$ ₰

—— Erklärung d. Pastoralbriefe, mit besond. Bezieh. auf Authentie u. Ort u. Zeit d. Abfassung derselben. gr. 8. ($37^1/_2$ B.) Greifswald 840. [Berlin, Gsellius'sche Buchh.]

— Erklärung der Pastoralbriefe, mit besond. Beziehung. auf Authentie und Ort und Zeit der Abfassung derselben. gr. 8. Greifswald 840. Mauritius. $3^1/_6$ ₰

Matthies, Conr. Steph., Baptismatis expositio bibl. histor. dogmatica. (Commentat. a theologor. ord. Berolinensi S. V. ornata praemio auct. nunc denuoque prorsus elaborata.) 8 maj. ($24^1/_4$ B.) Berolini 831, Laue. Thlr.

Matthies, Conr. Stephan., Baptismatis expositio bibl. histor. dogmat. Edit. nova. (Commentatio a Theologor. ord. Berolin. s. v. ornata praemio aucta nunc novisque curis recognita.) 8maj. ($24^1/_4$ B.) Berolini 840, Schroeder.

—— Propaedeutik d. Neutestamentl. Theologie. gr. 8. ($25^1/_8$ B.) Greifswald 836. [Berlin, Gsellius'sche Buchh.]

— Propädeutik der Neutestamentlichen Theologie. gr. 8. Greifswald 836. Mauritius. $2^1/_4$ ₰

Matthies, Conr. Steph. Theses theologicae. Berolini (1831). (2 Bl.) 4°
Berlin, Theol. Thes. v. 16. Sept. 1831

Matthies, Paul: Über die Huntingtonsche Chorea. *Leipzig 1897: R. Hahn.* (51 S.) 8°
Leipzig, Med. Diss. v. 28. Okt. 1897

Matthies-Masuren, F., s. Atelier, das, des Photographen.

Matthies, Paul, Veilchenstrauß. Neue Gedichte. 8. (48 S.) Berlin 872, Volksbuchh. *

Matthies, Steph., über die platonische und aristotelische Staatsidee. Rede bei der Feier des Geburtstages S. M. des Königs Friedrich Wilhelm IV. zu Greifswald den 15. Octbr 1847 gehalten. gr. 8. (32 S.) Greifswald 848, Koch's Vrlgsh.

Matthies, Wilhelm, a. Altona: Über Potentialmessungen bei der Glimmentladung in den Halogenen Chlor, Brom, Jod. Erlangen 1906: Junge & Sohn. (41 S.) 8°
Erlangen, Phil. Fak., Ref. Wiedemann, Diss. v. 9. Febr. 1906
[Geb. 27 Okt. 81 Altona; Wohnort: Erlangen; Staatsangeh.: Preußen; Vorbildung: Oberrealsch. Hamburg Reife O. 03; Studium: Erlangen 6 S.; Rig. 8. Jan. 06.]

— s. Bildnis, das.

Matthies-Masuren, F., Gummidrucke v. Hugo Henneberg-Wien, Heinrich Kühn-Innsbruck u. Hans Watzek-Wien. (20 Gravuren m. 24 S. illustr. Text u. 8 Taf.) Fol. Halle (902). W. Knapp. In Leinw.-Mappe n.n. 40. —; Liebhaberausg. n.n. 70. —

Gummidrucke von Hugo Henneberg, Wien, Heinrich Kühn, Innsbruck und Hans Watzek, Wien. Hrsg. von F. **Matthies**-Masuren. *Halle a. S.: W. Knapp [1903]* (24 S.) 2° [F.] [03. 7588 8

— s.: **Kunst, die photographische.**

— s.a. **Photographie, die bildmässige.**

F. **Matthies**-Masuren. Bildmässige Photographie. Mit Benutzung von B. H. [vielm. H. P.] Robinsons Der malerische Effekt in d. Photographie. Mit 40 Abb als Anh. *Halle a. S.: W. Knapp 1903* (X, 88 S.) 4° [03. 6846 8

Die bildmässige Photographie. Eine Sammlung von Kunstphotographieen mit begleit. Text in deutscher u. holländ. Ausg., hrsg. von F[ritz] **Matthies** Masuren in Halle a. S. (1. u. W. H. Idzerda in 's Gravenhage). Lfg 1–4. Halle a. S.: W. Knapp (1904–06). (99 S., 61 Taf.) 4° [F.]
1. Die Landschaft. (1904.) 2. Das Bildnis. (1905.) 3. Figur u. Staffage. (1905.) 4. Architektur u. Strassenaufnahmen. (1906.) [07. 13169

— **Künstlerische Photographie,** s.a. **Kunst, die.**

Künstlerische Photographie. Entwicklung u. Einfluß in Deutschland von Fr[itz] **Matthies**-Masuren. Vorw. u. Einl. von Prof. Alfred Lichtwark. Mit 1 Grav. u. 30 Tonätzungen. (Berlin) Marquardt & Co. [1907]. (117 S.) 8°
= **Kunst.** Die. Bd 59. 60. [07. 18118

— **s.: Rundschau, photographische.**

Matthies-Masuren, F., s.: Vorlage-Blätter für Photographen.

Matthiesen, B.. Ueber die Bahn des Planeten (107) Camilla 1886. 8°
Diss. Kiel

Matthiesen, Christian

⊙ Bittschrift der Älterleute von 11 Züuften in der Stadt Schleswig in Betreff des der Schleswigschen Ständeversammlung vorgelegten Entwurfs einer Gewerbeordnung, Erörterungen über die Grundlage des Entwurfs enthaltend, verf. v Christian **Matthiesen.** Schleswig. 1844. 8°

Matthiesen, Schutzzoll oder Freihandel? Vortrag, gehalten am 5. Octbr. 1878 im Saale der „Harmonie" zu Kiel. 8. (19 S.) Kiel 878, (Lipsius und Tischer.)
Aus. Schleswig-Holsteinisches Tageblatt, besonders abgedruckt.

Matthiesen, Franz: Beiträge zur Kenntnis der Podostemaceen. Stuttgart: E. Schweizerbart 1908. (50 S.) 4° ¶ (= Bibliotheca Botanica H. 68, 1908 — ohne d. Taf.)
München, Phil. Fak., Ref. Goebel, Diss. v. 13. Mai 1907
[Geb. 5. Juni 78 Metz; Wohnort: Metz; Staatsangeh.: Elsaß-Lothringen; Vorbildung: Gymn. Metz Reife Juli 98; Studium: München 7 S.; Rig. 13. Mai 07.]

Matthiesen, Franz (Missionar). Theodora. Ein Lebensbild aus der Mädchenanstalt in Kalikut (Indien). Kl. in-8°, 40 S. Basel, Missionsbuchhandlung. 1880. — 50

Matthiesen, J. J. N.: De delirio tremente. D. Kiliae. 1828.

Matthiesen, Johannes Christian: T. R. Malthus' Hauptlehren der politischen Ökonomie. Plön 1908: Kaven. 157 S. 8°
Kiel, Phil. Diss. v. 9. Sept. 1908, Ref. Bernhard
[Geb. 16. Juli 77 Steinfeld; Wohnort: Ackeby b. Lindaunis; Staatsangeh.: Preußen; Vorbildung: Oberrealsch. Kiel Reife M. 99; Studium: Kiel 1, Göttingen 1, Leipzig 3, Kiel 10 S.; Rig. 13. Juli 07.] [U 09. 2324

Matthiesen, Ludwig, s. Feier, Die, des Geburtstages des Königs Frederik's VII. ..

Matthiesen, P[t.] F[riedr.] C[hr.], Die holsteinischen adlichen Marschgüter Seestermühe Grosz- und Klein-Collmar. Eine historisch-statistische Skizze mit 15 Beilagen, als Beitrag zur Kunde des Vaterlandes. Itzehoe. 1836.

Die Familien **Matthiessen, Lübbes** und **Reincke** in Altona. nach den von weiland Eduard Reincke gesammelten Nachrichten (hrgg. v. Johann Julius Reincke). Als Manuscript gedruckt 2. Aufl. mit einem Anhang. Hamburg. 1887. 4° k.

Matthiessen, die väterliche Aussage nach schleswig-holsteinischem Recht. (71 S.) gr. 8. Berlin 906. F. Vahlen. n. 1. 80
Sonderabdr. aus: „Festgabe z. XXVIII. deut. Juristentage".

Matthießen, A., Rechenhelfer zum schnellen u. sichern Multipliciren u Dividiren der Zahlen von 1 bis 1000. 8. (VI, 200 S.) Dudweiler 892. A. Matthießen. Geb. n. 3. 50

Matthiessen, B.: Ueber die Bahn des Planeten (107) Camilla Kiel, Druck v. C. F. Mohr, 1886, 84 S. 8°.
Kiel, Phil. Fak., Inaug.-Diss. v. 28. Jul. 1886.

Matthiefsen, C. Ueber Macaulay als Essayisten. Husum, G., 1871. 18 S. 4. Progr.

Matthiessen C. M. A.: Die Käseproduction in Eiderstedt im 17. Jahrhundert. [1890]. (22) S. (Særtr.). P.

Matthiessen, Carl Markus Andreas,
s. Matthiessen, Karl Markus Andreas

Einige Andeutungen über die Richtung und den Einfluss der Isokrateischen Schule v Christian **Matthießen.** Ploen 1865 4°
Gymn Progr

Palais Mazarin et Palais de l'Élysée v Christian **Matthiessen.** Husum. 1885. 4° Gymn.-Progr

Matthiessen, Chr Palais de l'Élysée. Pariser Stadt- und Staatspaläste, überhaupt wie oft das Élysée seinen Namen und seinen Inhaber gewechselt hat. S. 9—15. Progr. *Husum* 1885.

Matthiessen, Enno Über den Einfluss des Prozentgehaltes und der Temperatur auf das Brechungsvermögen von reinen Zuckerlösungen. *Rostock 1898. C. Boldt.* (34 S.) 8°
Rostock, Phil Diss. v [10. März] 1898

Matthiessen, Erhard Adolf

MATTHIESSEN, Ehrhard Adolf (geb. 7 Oct. 1763 in Altona, Rathsherr u. Mitgl. d. Commerz-Colleg., † 18**), Lieder, launige Erzählungen, gereimte Einfälle und Scherze. Altona, 1823. Gedr bey C G. Pinckvoß. Gr 8°. (In Hamburg, Stadtbibl.) (3 Mk. 50 Pfg. Gust. Fock, Lpz., 1909.)
236 S. (incl. Tit. u. 4 S. Inh.). Lat. Lett — Kam nicht in den Handel.

Lieder, launige Erzählungen, gereimte Einfälle und Scherze v. Ehrhard Adolph **Matthiessen.** Altona 1825 8°

— Gemeine Logarithmen der natürlichen Zahlen von 1 bis 10000 geordnet, revidirt und stereotypirt. Altona. 1823. Fol. (2 Tabeller).

Matthiessen, (E. A.,) gemeine Logarithmen d. natürlichen Zahlen von 1 bis 10,000 Stereotypirt. 2 Tab. in gr. Fol. Altona 824, Busch. Rthlr.

Matthiessen, Erhrb. Ab., († d. 1. Nov. 1831.) gemeine Logarithmen d. natürlichen Zahlen von 1 bis 10,000. Stereotypirt. 2 Tabb. gr. Fol. Altona 824. Aue. 7 gr

Tafel zur bequemern Berechnung des Logarithmen der Summe oder Differenz zweyer Größen, welche selbst nur durch ihre Logarithmen gegeben sind. [Aufgest. v. (E)rhard (A)dolf (**Matthiessen**).] Altona. 1817 8°
Auch u. d. T
Tabula ad expeditiorem calculum logarithmi summae vel differentiae duarum quantitatum, per logarithmos tantum datarum. [Aufgest. v (E)rhard (A)dolf (**Matthiessen**).] Altonae. 1818. 8°

Chronik der Familie **Matthiessen.** Entw v H. Christian Matthiessen. Mit 1 Übersichtstaf. Kiel. 1904 8°.
Sonderabdruck aus Bd. 34 der Zeitschrift der Gesellschaft f. Schlesw.-Holst. Geschichte.

Matthiessen, Hans [app. Arzt aus Hamburg]: Aus d. patholog. Institute zu Kiel. Eine Anomalie der Trikuspidalis ... Kiel, Druck v. H. Fiencke, 1896; 14 S., 1 Bl. 8.
96 Kiel, Med. Fak., Inaug.-Diss. v [20. Juni] 1896

Matthiessen, Hans *August Heinrich* [Referendar]: In welchem Umfange sind die Vorschriften im allgemeinen Teil des Strafgesetzbuchs für die Landesgesetze bindend? ... Kiel, Druck v. Schmidt & Klaunig, 1894; 45 S., 1 Bl. 8.
Kiel, Jur. Fak., Inaug.-Diss. v. [13. Nov] 1894

Matthiessen, Johann August (Altona), De ficto quodam Marchionatu Slesvicensi et in illum inique praetenso S. R. G. Imperii jure. Diss. inaug. Präs. Alb. Phil. Frick, Helmstedt (J. Drimborn) 19. IX 1766. 46 S. (—.—) 22448
Gew.: Johann Hartwig Ernst von Bernstorff, Detlev von Reventlau, Albert Philipp Fricke. — Widm. v.: H. J. Graf von Ahlefeldt (franz.), Franz Dominicus Haeberlin, M. Jacobsen (dtsch.), Anastasius Sigismund Cuno.

Matthiessen, K., Geschichte des brandenburgisch-preußischen Staates unter den Hohenzollern. Bearb. f. den preuß. Soldaten 12. (40 S.) Berlin 895. K. Siegismund. n. — 30

Matthiessen, Karl Markus Andreas

Die Käseproduktion in Eiderstedt im 17. Jahrhundert v. Carl Marcus Andreas **Matthiessen.** (Separat-Abdruck aus der Zeitschrift der Gesellschaft für Schleswig-Holstein-Lauenburgische Geschichte. Bd. 20. Kiel. 1890.) 8°

Matthiessen, Ludw., über die Anordnung der Electricität auf isolirten Leitern von gegebener Form und die Methoden der Messung der Bindungscoefficienten mit dem electr. Verstärkungsapparate. Eine experimentelle Untersuchung. 4. (24 S. mit 1 Stnt.) Jever 861, Mettcker und Söhne. *

Beiträge zur Dioptrik der Krystall-Linse Von Prof. Dr Ludwig **Matthiessen** in Rostock [Nebst] Folge 1-4 *Wiesbaden J F Bergmann 1887-93* 5 Bde 8°
Aus Zeitschr f vergl. Augenheilkunde. 4-6. [04. 16552 11

Matthiessen, L., s.: Beiträge zur Psychologie u. Physiologie der Sinnesorgane.

Matthiessen, Ludwig, Dr, Neue Beobachtungen über den animalischen Ursprung der Sternschnuppen. Kiel 1866.

Die astigmatische Brechung der Sonnenstrahlen im Regenbogen. Mit Anwendung von Kettenbruch-Determinanten dargest. von Prof. Dr Ludwig **Matthiessen**. Mit 9 Abb. *Rostock 1903 C. Boldt* (14, 7 S.) 4°
= **Publikationen** d. astronom.-meteoronom. Observatoriums zu Rostock. [Jg. 1] [04 16515

– Dasselbe, s.a. Publikationen

— die neueren Fortschritte in unserer Kenntnis v. dem optischen Baue d. Auges der Wirbeltiere. [Aus: „Beiträge zur Psychologie u. Physiologie der Sinnesorgane".] gr 8. (63 S. m. 2 Taf.) Hamburg 891 L. Voss. n 3 —

—— über die Gleichgewichts-Figuren homogener freier rotirender Flüssigkeiten. gr. 8. (76 S. nebst 1 lithogr. Figurentaf. in qu. 4.) Kiel 857, [Homann.]

Matthiessen, Ludw., über die Gleichgewichts-Figuren homogener freier rotirender Flüssigkeiten. Nebst 1 (lith.) Figurentaf. (in 4.) Kiel 857 Schwers. gr. 8. (76 S.) n. 15 ngr.

—— Grundriss der Dioptrik geschichteter Linsensysteme. Mathematische Einleitung in die Dioptrik des menschlichen Auges. gr. 8. (VIII, 276 S.) Leipzig 877, Teubner. *

—— Grundzüge der antiken und modernen Algebra der litteralen Gleichungen. gr. 8. (XVI, 1001 S.) Ebendas. 878. *

Matthiessen, Ludw., Grundzüge d. antiken u. modernen Algebra d. litteralen Gleichgn. 2., wohlf. (Titel-) Ausg. gr. 8. (XVI, 1001 S.) Leipzig (878) 896. B. G. Teubner. n. 8. —

Matthiessen, Ludw., Commentar zur Sammlung von Beispielen und Aufgaben aus der allgemeinen Arithmetik und Algebra von Prof. Dr. Ed. Heis. Für die Schüler von Gymnasien, Realschulen, höheren Bürgerschulen rc. bearb. gr. 8. (VI, 168 S.) Köln 870, DuMont-Schauberg'sche Buchh. *

— Kommentar zur Sammlung von Beispielen u. Aufgaben aus der allgemeinen Arithmetik u. Algebra von Ed. Heis. Für die Schüler von Gymnasien, Realschulen, höheren Bürgerschulen u. Gewerbschulen bearb. 3., verb. Aufl. gr. 8. (VII, 204 S.) Köln 881. Du Mont-Schauberg. n. 2. —

Matthiessen, Ludw., Kommentar zur Sammlg. v. Beispielen u. Aufgaben aus der allgemeinen Arithmetik u. Algebra v. Eduard Heis. Für die Schüler v. Gymnasien, Realgymnasien, Oberrealschulen u. Gewerbschulen bearb. 4. verb. Aufl. gr. 8. (VIII, 180 S.) Köln 902. M. Du Mont-Schauberg. n. 2. 50

Matthiessen, Ludw., die algebraischen Methoden der Auflösung der litteralen quadratischen, cubischen und biquadratischen Gleichungen. Nach ihren Principien und ihrem innern Zusammenhange dargestellt. 1. Serie: enth. Substitutions-Methoden. gr. 8. (VII und 46 S.) Leipzig 866, Teubner.

Das Potential eines Ringes auf den Mittelpunkt eines Querschnitts. Bedingungen d. Gleichgewichts e. rotierenden flüssigen Ringes. Kosmische Ringnebel. Saturnringe. Von Prof. Dr Ludwig **Matthiessen** Mit 3 Abb. Rostock 1905: C. Boldt. (15 S.) 4°
= **Publikationen** d. astronom.-meteoronom. Observatoriums zu Rostock. Jg. 3 [08. 15125 9

Matthiessen, Ludw., Sammlung der Resultate zum Uebungsbuch für den Unterricht in der Arithmetik und Algebra an höheren Bürgerschulen, Gewerbeschulen, Progymnasien und Realschulen II. Ordnung. 2 Hefte. gr. 8. Köln 882, DuMont-Schauberg'sche Buchh. à Heft ** 60 Pf. **
Inhalt:
Heft 1 Die Arithmetik § 1—§ 50. (IV, 58 S.)
" 2. Die Algebra § 51—§ 65. (45 S.)

Matthiessen, Ludw., Schlüssel zur Sammlung v. Beispielen u. Aufgaben aus der allgemeinen Arithmetik u. Algebra v. Ed. Heis Practischer Leitfaden f. Lehrer u. Studierende. 2 Bde. 8. Köln 872. Du Mont Schauberg. n. 13. —
I. Allgemeine Arithmetik. Gleichungen vom ersten und zweiten Grade (§§. 1—72). (XII, 514 S.)
II Gleichungen [Fortsetzung]. Progressionen, Combinationen, höhere Gleichungen und Anwendung der Algebra auf Geometrie u. s. w. (§§. 73—109.) (VIII 563 S m. 4 Steintaf

—— Schlüssel zur Sammlung von Beispielen und Aufgaben aus der allgemeinen Arithmetik und Algebra von Dr. Ed. Heis. **Praktischer Leitfaden für Lehrer und Studierende. 2 Bde. 8. Köln 873, DuMont-Schauberg'sche Buchh.** *
Inhalt:
Bd. 1. Allgemeine Arithmetik. Gleichungen vom ersten und zweiten Grade. (§§. 1—72.) (XII, 514 S.)
2. Gleichungen [Fortsetzung]. Progressionen, Combinationen, höhere Gleichungen und Anwendung der Algebra auf Geometrie u. s. w. (§§. 73—109.) (VIII, 563 S. mit 4 Stnt.)

Matthiessen, Ludw., Schlüssel zur Sammlung von Beispielen und Aufgaben aus der allgemeinen Arithmetik und Algebra von E. Heis. Praktischer Leitfaden für Lehrer und Stubirende. 2. verb. Aufl. 2 Bde. gr. 8. Köln 878, DuMont-Schauberg'sche Buchh. *
Inhalt:
Bd. 1. Allgemeine Arithmetik. Gleichungen vom ersten und zweiten Grade. (§§. 1—72.) (XVI, 582 S.)
" 2. Gleichungen [Fortsetzung]. Progressionen, Combinationen, höhere Gleichungen und Anwendung der Algebra auf Geometrie u. s. w. (§§. 73—109.) (VI, 536 S. mit 6 Stnt.)

Matthiessen, Ludw., Schlüssel zur Sammlung von Beispielen und Aufgaben aus der allgemeinen Arithmetik und Algebra von E. Heis. Prakt. Leitfaden für Lehrer und Studierende. 3. verb. und verm. Aufl. 2 Bde. gr. 8. (XVI, 610; VI, 546 S. mit 6 Stnt.) Köln 886, Du Mont-Schauberg'sche Buchh. *

Matthiessen, Ludw., Theorie der atmosphär. Refraction u. Totalreflexion der Schallwellen u. ihre Bedeutung f. die Nautik, s.a. Acta, nova, academiae etc. naturae curiosorum. 74. Bd. Nr. 4.

Theorie der atmosphärischen Refraction und Totalreflexion der Schallwellen und ihre Bedeutung für die Nautik. Von Ludwig **Matthiessen**, Rostock. *Halle; Leipzig: W Engelmann in Comm. 1899.* (13 S.) 4°
= **Acta**, Nova, Academiae Caes. Leopold.-Carol. German. naturae curiosorum. T. 74. No 4. [09. 7497

—— Übungsbuch für den Unterricht in der Arithmetik und Algebra. Nach der Aufgabensammlung von Heis für höhere Bürgerschulen, Gewerbeschulen, Progymnasien und Realschulen II. Ordnung bearb. gr. 8. (VI, 252 S.) Ebendas. 882. *

—— Übungsbuch für den Unterricht in der Arithmetik und Algebra. Nach der Aufgabensammlung von Heis für höhere Bürgerschulen, Gewerbeschulen, Progymnasien und Realschulen II. Ordnung bearb. 2. verb. Aufl. gr. 8. (VII, 254 S.) Ebendas. 888. *

Matthiessen, Ludw., Übungsbuch f. den Unterricht in der Arithmetik u. Algebra. Nach der Aufgabensammlg v. Heis f. höhere Bürgerschulen, Gewerbeschulen, Progymnasien u. Realschulen II Ordng. bearb. 3. Aufl. gr. 8. (VII, 254 S.) Köln 893. M. Du Mont-Schauberg. n. 2. —

— Übungsbuch f. d. Unterricht in d. Arithmetik u. Algebra. Nach d. Aufgabensammlg. v. Heis f. Realschulen, Progymnasien, Realprogymnasien u. gleichsteh. Lehranst. bearb. 4. Aufl. gr. 8. (VII, 253 S.) Köln 897. M. Du Mont-Schauberg. n. 2. —

— Übungsbuch f. den Unterricht in der Arithmetik u. Algebra. Nach der Aufgabensammlg. v. Heis f. Realschulen, Progymnasien, Realprogymnasien u. gleichsteh. Lehranstalten bearb. 5. Aufl. gr. 8. (VII, 253 S.) Köln 902. M. Du Mont-Schauberg. n. 2. —

Matthiessen, Ludw., Uebungsbuch f. den Unterricht in der Arithmetik u. Algebra. Nach der Aufgabensammlg. von Heis f. Realschulen, Progymnasien, Realprogymnasien u. höhere Fachschulen bearb. 6. Aufl. (VII, 253 S.) gr. 8. Köln 905. M. Du Mont-Schauberg. n. 2. —

Matthiessen's, Ludw., Übungsbuch f. den Unterricht in der Arithmetik u. Algebra. Nach der Aufgabensammlung v. Heis f. Realschulen, Progymnasien, Realprogymnasien u. höh. Fachschulen bearb. v. C. H. L. Schmidt. 7. Aufl. (VII, 253 S.) gr. 8. Köln 910. M. Du Mont-Schauberg. Geb. 2. 50

Matthiessen, Ludw., neue Untersuchungen über frei rotirende Flüssigkeiten im Zustande des Gleichgewichts. Ein Beitrag zur mathemat. Physik. 4. (70 S. mit 1 Stnt.) Kiel 859, (Akademische Buchh.) Thlr. *

Matthiessen, Otto *Friedrich Wilhelm* [aus Tettenborn] Beiträge zu einer Monographie des Harzrindviehs . . (Erscheint vollst. im gl. Verl.) Halle a. S., *M. Heinsius Nf. in Bremen*, 1893; 35 S., 1 Bl. 8.
Halle, Phil. Fak. Inaug.-Diss. v. 12. Juni 1893

Matthiessen, Otto, Beiträge zu e. Monographie d. Harzrindviehs. 4. (VI, 110 S.) Bremen 894. M. Heinsius Nachf. n. 3. —

Matthiessen, P. F. C., die Holsteinischen adlichen Marschgüter Seestermühe, Groß- und Klein-Collmar. Eine historisch-statistische Skizze mit 15 Beilagen. gr. 8. Altona 836. Aue. n. 2 ¼

Matthiessen, Ulrich, Referendar in Hamburg: Die Schuldhaftung des Erben nach § 27 H.G.B. Borna-Leipzig 1908: R. Noske. (VI, 45 S.) 8° [F.]
Leipzig, Jur. Fak., Diss. v. 6. April 1908
[Geb. 11. Nov 83 Hamburg; Wohnort: Hamburg; Staatsangeh.: Hamburg; Vorbildung: Matthias-Claudius-Gymn. Wandsbek Reife O. 03; Studium: Jena 4, Kiel 2 S., Rig. 29. Sept. 06.]

Matthieu (de la Drôme), Predisioni pel 1866. (Prophezeiungen für 1866.) 16. (81 S.) Triest 866. Coen. *

—— Wetter-Prophezeiungen für das J. 1865. 8. (16 S.) Zürich 865, Verlags-Magazin. *

Matthieu, A., sermons sur divers textes de l'Ecriture sainte, 11 Tom. 8. Frcf. Andreä. 767. 68.

Matthieu, Eug., das Glaubensbekenntniss der französisch-reformirten Kirche [Confessio Gallicana] vom J. 1559. Zur 200jähr. Gedächtnissfeier des Edicts von Potsdam in deutscher Uebersetzung hrsg. gr. 8. (25 S.) Angermünde 885, Windolff.
—— dass. — 2. Aufl. gr. 8. (27 S.) Ebendas. 885. *

Matthieu, Eug., Wie heilig ist diese Stätte! Rede gehalten bei der Einweihung des neuen Kirchhofes zu Rossow, den 4. November 1859. Pasewalk 860. Braune. gr. 8. (11 S.) n. 2½ ngr.

Matthioli, P. A., neu vollkommenes Kräuterbuch. Hsggb. v. B. Verzascha. Mit vielen Abbild. Basel 1678. Pgtbd. fol. Etw. gebraucht. 1872. 7. 50

Matthiolius, Tagebuchblätter aus dem Boerenkriege 1899—1900. Mit 1 Karte. 8. (V, 169 S.) Leipzig 900. F. C. W. Vogel. Geb. in Leinw. n. 3. —

Matthiolius, Fritz Max (geb. Potsdam 29. 5. 1857) Ueber Gesetz und Freiheit. Ein Beitrag zur Erläuterung der kantischen Freiheitslehre. Berlin (1886) (55 S.) 8°
Berlin, Phil. Diss. v. 18. Dez. 1886
(Verf. wurde laut Diplom u. Fakultäts-Album am 17. Dez. promoviert.)

Matthiolius, [H.]: Sanitätsbericht über die Thätigkeit der Expeditionen der dtn Vereine vom Rothen Kreuz im Boerenkriege 1899 1900. Bln '00. 70 S. Aus: Dt. Militärärztl. Zs. 1900.

Tagebuchblätter aus dem Boerenkriege 1899 1900. Von Dr. [H.] **Matthiolius**, Marine-Stabsarzt. Mit 1 Karte. *Leipzig: F. C. W. Vogel 1900.* (V, 169 S.) 8° [F.] [oo. 1158

Matthiolius, Heinrich [aus Potsdam] Über Lähmungen der Extremitäten nach Kopfverletzungen. Berlin, Buchdr. v. Gustav Schade (Otto Francke) (1887); 30 S. + 1 Bl. 8°.
Berlin, Med. Fak., Inaug. Diss. v. 23. Jul. 1887

Matthiolius, Heinrich, über Lähmungen der Extremitäten nach Kopfverletzungen. Diss. Berlin 1887, Mayer & Müller. 8° 30 S.

Matthis, A. Materialen-Sammlung für Zeichner Elberfeld. Fol.

Matthis, Carl, s. Matthis, Karl

Matthis, Charles

Matthis, Charles: Karte der Umgebung des Wasgaubades Niederbronn i. E. u. d. Wörther Schlachtfeldes. Von –. (Nach d. Messtischbl. 1 25.000 gezeichnet u. auf 1 50 000 reduziert 1903-4. Massst. 1 50 000. Niederbronn i. E. Selbstv. 1904, Kunstanst. A. Trüb & Co., Aarau & Lausanne.) (1 Kartenbl. 44x35 cm mit Legende.) 8° [Kopft. lith.] [kol.] [Umschlagt.] Führer u. Karte zu d. Sehenswürdigkeiten d. Wasgaubades Niederbronn von Ch. Matthis.

Matthis, Charles, die Wasenburg. Eine elsäss. Ritterburg im 14. Jahrh. u. e. röm. Merkurtempel. (32 S. m. Abbildgn., 2 Taf. u. 2 Plänen.) 8. Strassburg 906. J. H. E. Heitz. n. 1. —

Matthis, Ch., aus Niederbronns alten Zeiten. Seine Vorgeschichte, seine röm. Bäder u. deren Entdeckg. im J. 1593. Illustriert v. Leo Schnug. 8. (60 S.) Strassburg 901. J. Noiriel. n. 1. 50

Matthis, Friedrich, Referendar im Bez. d. Kgl. Preuss. Oberlandesgerichts Köln Christian **Thomasius.** Seine Lehre u. seine Bedeutung f. d. Rechtswissenschaft unter besond. Berücks. d. strafrechtl. Seite seiner Lehre *Barmen (1901): H. Wandt.* (54 S.) 8° [Ant. u. F.]
Freiburg i. B., Rechts- u. staatswiss. Diss. v. 1901

Matthis, Gustav

Matthis, G., Bilder aus der Kirchen u. Dörfergeschichte der Grafsch. Saarwerden (zugleich 2. Bd. v.: „Die Leiden der Evangelischen in der Grafsch. Saarwerden"). gr. 8. (VII, 310 S.) Straßburg 894. J. H. E. Heitz. n. 3. —

Matthis, G., Jost Holler, der Pfarrer zu Bockenheim, s.: Lebensbilder, evangelische, a. d. Elsaß. 3.

Matthis, Gust., die Leiden der Evangelischen in der Grafschaft Saarwerden [Kantone Saar-Union und Drulingen im Elsaß]. Reformation und Gegenreformation 1557—1700, nach den Quellen erzählt. gr. 8. (VIII, 272 S. mit 1 Karte der Grafschaft Saarwerden.) Straßburg 888, Heitz. *

Matthis, G., d. geschlechtlich-sittl. Verhältnisse d. evang. Landbewohner in Elsaß-Lothringen, s.a. Verhältnisse, d. geschlechtlich-sittl. etc.

Matthis, d. geschlechtl. sittlichen Verhältnisse der evangelischen Landbewohner in Elsass-Lothringen, dargestellt. Leipzig 897.

Matthis, Karl

Matthis, Carl, Jacob, der letzte der Lichtenberger u. die schöne Bärbel. 2 geschichtl. Bilder aus dem Hanauer Länd'l. 8. (20 S. m. Abbildgn.) Strassburg 902. J. H. E. Heitz. n. — 50

Matthison, Carl, s. Matthison, Karl.

Matthison, Fr., die glückliche Familie. Schspl. 8. Dessau 783. ... 4 ℊ

Matthison, Friedrich, s. Matthisson

Matthison, Karl

Matthison, Carl. Zwei Entlassungsreden der Abiturienten. 14 S.
Brieg, Progr. 1853

Matthison, Carl. Vortrag bei der Feier des Geburtstages Sr. Majestät des Königs am 15. October 1856. 4 S.
Brieg, Progr. 1857

Matthison, L., s. Spaziergang nach Ermalnville.

Matthissen, Theodora. Ein Bild aus d. ind. Kindesleben. 2. Aufl. 8. (32 S. m. Abb.) Basel 898. Missionsbuchh. n. — 10

Matthissen, Christian Gotthilf Weigele, Basler Missionar in Südmahratta. 8. (94 S.) Basel 879, Missionsbuchhandlung. *

Matthissen, F., Priscilla, die Sklavin. Eine Geschichte aus der Basler Mission in Indien. 1. u. 2. Aufl. 8. (16 S. m. Abbildgn.) Basel 892. 894. Missionsbuchh. n. — 10

Matthissen, F., Priscilla, die Sklavin. Eine Geschichte aus der Basler Mission in Indien. 3. Aufl. 8. (16 S. m. Abbildgn.) Basel 900. Missionsbuchh. n. — 10

Matthissen, Frz., Theodora. Ein Lebensbild aus der Mädchen-Anstalt in Kalikut [Indien]. 8. (40 S. m. eingedr. Holzschn.) Basel. 880. Missionsbuchh. n. — 40

Matthissen, Heinrich Georg. De vinis lithargyrio infectis, et colica paretico convulsiva exhaustu eorundem oriunda .... o.O. Struck 1745. 23 S. [Greifswald,] Med. Diss. v. April 1745 -- 12*

Matthissen, L. Ueber die Gleichgewichts-Figuren homogener freier rotirender Flüssigkeiten. 1857. 8°
Diss. Kiel

Matthisson, Friedrich von

—Alins Abenteuer. gr. 8. Tübing. 799. v. Cotta. 18 ℊ

— s. Anthologie, lyrische etc.

—Basreliefs am Sarkophage des Jahrhunderts. 4. Tübing. 798. v. Cotta. 8 ℊ

– s. K. V. v. Bonstetten Schriften u. dess. Briefe an Brunn.

—Briefe. 2 Thle. gr. 8. Zürich 795, 96. N. A. 800. Orell. 2 ℛ Velinpap. 3 ℛ 8 ℊ

Matthisson, Friedrich. Briefe. (2.) Verbesserte Aufl. [Mit Vignetten.] 8. Zürich 1802

Matthisson F. v.: Das Dianenfest bei Bebenhausen. Zürich 1813. 38 S. (7) S. m. Noder.

—das Dianenfest bei Bebenhausen. Mit Kpf. u. Musik. gr. 4. Zürich 814. Orell. 1 ℛ 16 ℊ, fein Velinp. 2 ℛ

—Erinnerungen. 5 Theile. Mit latein. Lettern u. Vign. gr. 8. Zürich 810—16. Orell. 10 ℛ Velinp. 13 ℛ 8 ℊ

—Erinnerungen. 3 Thle., (welche d. 1n—5n Thl. d. größern Ausgabe enthält). Mit deutschen Lettern. Wohlf. Ausg. 8. Zürich 811—16. Orell. 4 ℛ

Matthisson, Friedrich von. Erinnerungen. Neueste Ausgabe. Wien 1815—17. II: *Füssli, Johann Heinrich.* (BrMm)

Matthisson, F. v., Gedichte, s.a. Bibliothek der Gesamt-Litteratur d. In- u. Auslandes.

— dasselbe, s.: Bibliothek der deutschen Nationalliteratur d. 18. u. 19. Jahrh.

— dasselbe, s.a. Meyer's Volksbücher.

Matthisson, F. v., Gedichte, s.a. Universal-Bibliothek.

— Gedichte. 8. Mannheim, Akadem. Buchh. 787. Schrtp.

—Gedichte. 8. Mannh. 787. Löffler. 16 ℊ

Matthisson, Fr. Gedichte. Herausg. von J. H. Füssli. Verm. Aufl. Zürich 1792.

— Nachtrag zu s. Gedichten. 8. Ebend. 799. Velinp.

—u. J. G. v. Salis Gedichte. 2 Bdchen. 12. Zürich 808. Orell. 2 ℛ Schrbp. 2 ℛ 8 g Velinp. 3 ℛ 8 g N. Aufl. in 1 Bde. 12. Ebd. 823—30. 2 ℛ

— — Gedichte, neueste Auflage. 8. Ebend. 809.

— — Dieselben. 5te verb. Aufl. gr. 8. Ebend. 815.

— — Gedichte. Ausg. letzter Hand. gr. 12. Ebend. 821. Postpap.

—Gedichte. Ausg. letzter Hand. 12. Zürich 822. 12e Aufl. 12. Ebd. 830. Orell. 20 g Postp. 1 ℛ 4 g Velinp. 1 ℛ 16 g

— u. J. G. v. Salis, Gedichte in einem Bande. Neue Ausg. Mit Kupf. gr. 8. Zürich 823, Orell. Postvelinp.

Matthisson, Friedr. v., Gedichte. 12. Aufl. gr. 12. (13⅓ B. u. Ttlvign.) Zürich 831, Orell, Füßli u. Comp.

Matthisson, Friedr. v., Gedichte. 13. Aufl. gr. 12. (13⅓ B.) Zürich 838, Orell, Füßli u. Comp.

Matthison, Friedr. v., Gedichte. 14. Aufl. 16. (20 B. u. Ttlvign.) Zürich 846, 47, Orell, Füßli u. Comp.

Matthisson, Friedr. v., Gedichte. 15. Aufl. 16. (VIII und 319 S.) Zürich 851, Orell, Füßli und Comp.

Matthisson, Friedr. v., Gedichte. Vollständige neue Ausg. 8. (XI, 259 S.) Stuttgart 876, Cotta'sche Buchh. * geb. *

—auserlesene Gedichte; herausgg. v. H. H. Füßli. gr. 8. Zürich 791. 2e A. ... 3e A. 794. 4e A. 797. 5e A. 802. 6e A. 808. Orell. 20 g Schrbp. Mit Kpf. 2 ℛ Velinp. Mit Kpf. 2 ℛ 16 g Nachtrag zu seinen Gedichten. 8. Ebend. 799. 8 g Velinp. 1 ℛ

—sämmtliche Gedichte. 2 Theile. gr. 8. Tübing. 811. b. Cotta. 3 ℛ Schrbp. 4 ℛ

Lebensabriss des höchstseligen Königs F. v. W. verewigt den 30. Oct. 1816 ... Stuttg. 1816. V: *Matthisson*, *Friedrich von*. (ADB) (Heyd)

—Lieder. 8. Bresl. 781. 2e A. 8. Dessau 783. (W. Rauck u. Wienbrack in Leipz.) 4 g

Matthisson, F. v. Literarischer Nachlass ... Berlin 1832. H: *Schoch*, *Frdr. R.* (ErschDL) (Ky) (BrMm)

—literar. Nachlaß nebst e. Auswahl v. Briefen seiner Freunde. (Herausgeg. v. F. R. Schoch in Wörlitz.) Ein Supplement zu allen Ausgaben sein. Schriften. 4 Bde. gr. 12. Berl. 832. Mylius. 2 ℛ 16 g Postpap. 3 ℛ 8 g Velinp. 4 ℛ

— Reliquien ein. Freydenkers. 8. Berlin, Hesse. (Müller.) 781.

—Reliquien ein. Freidenkers. 8. Berl. 781. Hesse (Stuhr). 5 g

— s. J. G. v. Salis Gedichte.

v. Matthisson, Fr., († d. 12. März 1831.) Schriften. 8 Bde. Ausg. letzter Hand. Mit Portr. u. Vign. gr. 12. Zürich 825—29. Orell. 6 ℛ Postpap. 8 ℛ 4 g Velinpap. 10 ℛ 8 g

—— Schriften. 7. u. 8. Bd. Ausg. letzt. Hand. gr. 12. (27 B. u. 2 Ttlvign.) Zürich 829, Orell, Füßli u. Comp. 1 Thlr. 12 Gr., Postp. 2 Thlr. 8 Gr., Vlnp. 1—6. Bd. Ebendas. 1825. 4 Thlr. 12 Gr., Postp. 6 Thlr. 20 Gr., Vlnp. 7 Thlr. 8 Gr.

—— dass. — Supplementbd. — A. u. d. T.: Fr. v. Matthisson's Leben. N. d. zuverläss. Quellen bearb. v. Heinr. Döring. gr. 12. (12⅓ B.) Ebds. 833. 16 Gr., Postp. 20 Gr., Vlnp.

Matthisson, Johannes [aus Baben (Altmark)] Zur Casuistik der Zwerchfellrupturen Berlin, Buchdr v Gustav Schade (Otto Francke) (1889). 30 S. + 1 Bl. 8°
Berlin, Med. Fak., Inaug.-Diss. v 17 Apr 1889

Matthisson, K. E. G. Antrittsrede des Dir. K. E. G. Matthisson, am 17. Juli. 11 S.
Brieg, Progr. 1839

Matthisson, K. E. G. Ueber den wissenschaftlichen Geist der Zeit. Eine Schulrede, gesprochen am 20. Decbr. 1825. 20 S. . . . . . .
Brieg, Progr. 1828

Matthisson, K. E. G. Leichenrede f. d. verstorb. Gymn. Lehrer F. G. Weigand. 3 S.
Progr. Brieg 1840

Matthisson, K. E. Momente aus der Geschichte des Königlichen Gymnasiums zu Brieg. Georg In Form der Rede. 13 S. . .
Brieg, Progr 1842

Ders. Rede bei der Gedächtnißfeier des am 30. Febr. 1840 gestorbenen Gymnasiallehrers F. G. Weigand. 3 S. . .
Brieg, Progr. 1840

Matthisson, K. Ueber d. Studium d. deutsch. Nationallitteratur auf gelehrten Schulen. I., II. (Ueb. d. Stud. d. Altdeutschen.) 15 u. 18 S.
Progr. Brieg 1831, 1836

Matthisson, K. E. Vortrag, gehalten bei der Leichenfeier für den hochseligen König, am 3. Aug. 1840. 6 S. . . . .
Brieg, Progr. 1840

Matthisson, K. E. Worte gesprochen bei der Feier des Geburtstages Sr Majestät Georg des Königs am 15. October 1841. 4 S. .
Brieg, Progr 1842

Matthisson, K. E. G. Worte der Liebe, bei d. Gedächtnißfeier des am 30. Aug. 1838 verstorb. Dir. Schmieder, gespr. am 6. Okt. 1838. 9 S.
Brieg, Progr. 1839

Matthisson, L., Spaziergang nach Ermonville, s. in Romanen.

Matthys, Emma, gesammelte Gedichte. Mit dem Portr. der Verf. in Lichtdr. gr. 16. (XX, 251 S.) Bern 891. Nydegger & Baumgart. n. 3. —; geb. n. 4. —; m. Goldschn. n. 4. 50

— berndeutsche Verschen u. Lieder f. Kinder, s.: Haller, Frz.

Matti, Hermann, Assistenzarzt der chirurg. Klinik Aus der chirurgischen Klinik und Privatklinik des Herrn Professor Kocher in Bern. Beiträge zur Chirurgie des Magenkrebses. Über 97 Magenresektionen wegen Carzinom mit Berücksichtigung der Fernresultate hinsichtlich Radikalheilung und Wiederherstellung der Magenfunktionen. Leipzig 1905. 94 S. 8°. [9 XI 04.]
Bern. Med. Diss 1904/1905

Matti, Hermann. Beiträge zur Chirurgie des Magenkrebses: Über 97 Magenresektionen wegen Carcinom, mit Berücksichtigung der Fernresultate hinsichtlich Radikalheilung und Wiederherstellung der Magenfunktionen. Diss. Med. Bern. [Mit 1 Figur. Sep.-Abdr. aus Deutsche Zeitschrift für Chirurgie. Band 77, Heft 1—3.] *Kopftitel:* Aus der chirurgischen Klinik und Privatklinik des Herrn Professor (Th[eodor]) Kocher in Bern. 94 S. 8. Leipzig, J. B. Hirschfeld, 1905.

Mattiat, D., das Feldmessen, Nivelliren und die Höhenmessung für die Hand des praktischen und angehenden Landwirths bearb. gr. 8. (VII, 64 S. mit eingedr. Holzschn.) Berlin 877, [Wiegandt, Hempel und Parey.] Parey. *

Mattiat, D., biblische Geschichte f. Schulen in Stadt u. Land. Nebst e. Anh.: I. Bilder aus d. Kirchengeschichte, II. Beschreibg. d. evang. Kirchenjahres, III. Luthers kleiner Katechismus. 2., erweit. u. verb. Aufl. gr. 8. (IV, 143 S.) Gera 897. Th. Hofmann. n. — 50; kart. n.n. — 60

Mattiat, D., vaterländische Geschichte zum Schulgebrauch in Stadt u. Land. 8. (96 S.) Königsberg 893. E. Rautenberg. Geb. n. — 50

Vaterländische Geschichte zum Schulgebrauch in Stadt u. Land hrsg. von D. Mattiat. 2., verm. u. verb. Aufl. (Vorr. B[ernhard] Plockhorst, Prof.) *Tilsit J. Reyländer & Sohn 1903.* (125 S.) 8° [F.] 10

Mattiat, D., biblische Geschichten für Volksschulen. Nebst einer kurzen Beschreibung des evangel. Kirchenjahres und Luthers kleinem Katechismus. 8. (136 S.) Berlin 882. Th. Hofmann. cart. *

— vaterländischer Geschichtskalender. Tabelle. 66,5 × 88,5 cm. Ebd. 893. n. — 20

—— Himmelskunde und mathematische Geographie. Zum Gebrauch für Lehrer an Volksschulen und Freunde der Natur. Mit einem Vorwort von A. Bernstein. gr. 8. (VIII, 76 S.) Leipzig 878, F. Duncker. * ℳ 1,60.; cart. *

— Himmelskunde u. mathematische Geographie. Zum Schulgebrauch u. f. Freunde der Natur hrsg. Mit e. Vorwort v. A. Bernstein. 2., erweit. u. verb. Aufl. gr. 8. (XII, 93 S. m. Fig. u. 1 Sternkarte) Leipzig 893. G. Lang. n. 1. 50

—— die Raumlehre in der Volksschule. Als Leitfaden für Lehrer und Wiederholungsbuch für Schüler hrsg. Bevorwortet von A. Görth. 8. (VIII, 55 S.) [Wittenberg 877, Herrosé's Verlag.] Berlin, Th. Hofmann. *

Mattiat, D., die Raumlehre in der Volksschule. Als Leitfaden für Lehrer u. Wiederholungsbuch für Schüler hrsg. 2., verm. u. verb. Aufl. Mit 124 in den Text gedr. Holzschn. gr. 8. (VIII, 75 S.) Berlin 880. Th. Hofmann. cart. n. — 75

Mattiat, D., die Raumlehre in der Volksschule. Als Leitfaden für Lehrer und Widerholungsbuch für Schüler hrsg. Bevorwortet von A. Görth. 3. verm. und verb. Aufl. 8. (VIII, 87 S. mit 144 in den Text gedr. Holzschn.) Berlin 885, Th. Hofmann. cart. *

Mattiat, D. Die Raumlehre in der Volks- u. Fortbildungsschule. Als Leitfaden u. Wiederholungsbuch hrsg. Bevorwortet v. A. Görth. 4. erweit. u. verb. Aufl. gr. 8. (VIII, 90 S. m. 144 Holzschn.) Gera 892, Hofmann. cart. * — 75

— die Raumlehre in der Volks- u. Fortbildungsschule. Als Leitfaden u. Wiederholungsbuch hrsg. Bevorwortet v. A. Görth. 5., erweit. u. verb. Aufl. Nach neuester Orthographie. (VIII, 90 S. m. 144 Holzschn.) 8. Leipzig 904. [Th. Hofmann.] B. G. Teubner. Kart. n. — 80

—— Schul-Grammatik der deutschen Sprache. Als Leitfaden für Lehrer und Wiederholungsbuch für Schüler. 8. (IV, 67 S.) Insterburg 880, Roddewig's Buchh. *

Mattiat, D., der Spiritusberechner als Rechenkontrolleur. Für Fortbildungsschulen u. zum Selbstunterricht. Leichtfaßliche Belehrg. üb. Literprozent, Kursnotierg., Kaufpreis u. die verschiedenartigsten Mischgn. Auch zum Selbstunterricht f. angeh. Kaufleute in der Spiritusbranche, wie f. Gastwirte. 12. (32 S.) Tilsit (902). J. Reyländer & Sohn. — 80

Der Spiritusberechner und Rechenkontrolleur. Für Fortbildungsschulen u. z. Selbstunterr. von D. Mattiat. 2. Aufl. *Tilsit: J. Reyländer & Sohn [1902]* (32 S.) 8° [Umschlagt. F.] 10

— deutsche Sprachlehre f. Volksschulen. Als Leitfaden u. Wiederholungsbuch hrsg. 2., erweit. u. verb. Aufl. (IV, 67 S.) 8. Tilsit 903. J. Reyländer & Sohn. Kart. n. — 40

Programm des k. k. Militargrenz-Obergymnasiums zu Zengg, veröffentlicht am Schlusse des Schuljahres 1857. Triest, 1857, Buchdruckerei des österr. Lloyd. (23 S. 4.)
Enthält: Tacitus historicorum princeps. Vom Prof. Thomas Mattić.

Mattick, Paul, prakt. Arzt a. Vetschau N. L.: Ueber einen Fall von Maul- und Klauenseuche beim Menschen. Leipzig 1907: B. Georgi. (13 S.) 8°
Leipzig, Med. Fak., Ref. Hoffmann, Diss. v. 21. Febr. 1908
[Geb. 7. Dez. 74 Vetschau; Wohnort: Berlin; Staatsangeh.: Preußen; Vorbildung: Gymn. Guben Reife O. 96; Studium: Jena 3, Berlin 10 S.; Coll. 18. Febr. 08; Approb. 15. Aug. 03.]

Matties: Deduktion in der Revisionsinstanz für den Geh. Zoll- und Accise-Rath Serre zu Kalisch, den Kommerzien-Rath Garvignes zu Halle und den Stadt-Inspektor Serre zu Danzig, Revidenten, wider die Ober-Hof-Bau-Amts-Kasse, Revisen in dem über die Hauskaufgelder des Kriegerschen Hauses eröffneten Liquidationsprozesse. Berlin 1805.

Mattiesen, Emil Ueber philosophische Kritik bei Locke und Berkeley. *Jurjew (Dorpat) 1897: C. Mattiesen.* (VIII, 133 S.) 8°
Leipzig, Phil. Diss. v. [22. Aug.] 1897

Mattiesen, Erich, aus Dorpat Ein Beitrag zur Embryologie der Süßwasserdendrocölen. *Leipzig: W. Engelmann 1904.* (90 S.) 8° [(Aus Zeitschr. f. wiss. Zoologie Bd 77, H. 1. 2.)
Leipzig, Phil. Diss. v. 1904

Mattiesen, Ernst [aus Dorpat] Ein Beitrag zur Pathologie, pathologischen Anatomie und chirurgischen Behandlung des Morbus Basedowii ... Erlangen, Druck d. Univ.-Buchdr. v. E. Th. Jacob, 1896; 66 S. 8.
Erlangen, Med. Fak., Inaug.-Diss. v. 31. Jan. 1896

[Hebr. u. F.] Ham-**Mattif.** Hamattif. Eine Sammlung von Predigten zeitgenössischer Kanzelredner. Hrsg. von Rabb. Dr. [Aron] Ackermann. T. 1. Berlin: Itzkowski 1900. 8°

Mattig, Karl, aus Grossenlupnitz: Zur Casuistik der Tubo-Abdominalschwangerschaften. *Würzburg 1899 [vielm. 1900/1901]: N. Seubert.* (32 S.) 8°
Würzburg, Med. Diss. v. 1899

Mättig, Johannes, aus Annaberg: Ueber den Einfluss der heimischen volkstümlichen und litterarischen Litteratur auf Rabelais. *Leipzig 1900: O. Schmidt.* (56 S.) 8°
Leipzig, Phil. Diss. v. [21. Dez.] 1900

Mattigmoosbad, Das — nächst Mattighofen in Oberösterreich im Innkreis, seine Heilkräfte, Wirkungen und Umgebung. 8. (32 S) Salzburg, Mayr's Buchhandlung, Druck von Zaunrith, 1853.

Mattil, Julius: Actio Publiciana und Anspruch aus § 1007 des Bürgerlichen Gesetzbuchs. Heidelberg 1908: D. Straus. (51 S.) 8°
Heidelberg, Jur. Fak., Ref. Buhl, Diss. v. 1908
[Geb. 16. März 82 Pirmasens; Wohnort: Heidelberg; Staatsangeh.: Bayern; Vorbildung: Gymn. Landau (Pfalz) Reife Juli 02; Studium: München 4, Heidelberg 2, Würzburg 1, Heidelberg 2 S.; Rig. 27 Febr. 07]

Mattioli, Hector. Souvenir de France. Marche Militaire [pour Piano]. 5 p. 4. Paris, Leipzig, Neuchâtel, Sandoz, Jobin & Cie: [Edition] № 753, ⟨1905⟩. [fr. 1 50]

Mattis, wie Jakob Sten hier in der Welt in die Höhe kam, s. Universal-Bibliothek, Nr. 2289.

Mattis, C

— Schloß Fürstenstein u. seine Parthien. Mit 4 Ansichten. 4. Hirschb. 827, (Grüson u. C. in Breslau.)

—Schloß Fürstenstein u. seine Parthien. Mit 4 Ansichten. 4. Hirschb. 827. (Hentze in Bresl.) 16 gr

Mattis, (C.,) das Riesengebirge u. dessen merkwürd. Parthien. Mit 22 Ansichten. 4. Breslau 827, Grüson u. C.

Mattis, C., das Riesengebirge u. dessen merkwürd. Parthien Mit 22 Ansichten. 4. Bresl. 827. (Hentze.) 2 ₰

Mattis, C., das Riesen-Gebirge u. dessen nächste Umgebungen. Durch 25 Ansichten ausgeschmückt u. mit einer Charte sowohl als einer Profil-Ansicht begleitet. 4., verm. Ausg. 8. (2 B.) Hirschberg 844. (Liegnitz, Kuhlmey.) *

— die Ruinen d. Burg u. Veste Kynast, mit 6 Ansichten. qu. 8. Hirschb. 825, (Grüson u. C. in Bresl.)

—die Ruinen d. Burg u. Veste Kynast. Mit 6 Ansichten. qu. 8. Hirschb. 825. (Hentze in Bresl.) 11 gr

Mattis, Hans, Bolivien, s.: Vacano, Max Jos. v.

Mattissen, Jacob (geb. am 2 Aug 1854 in Lövenich Kr. Erkelenz) Aus d. pathol. Institut in Bonn. — Ein Fall von multiplem melanotischem Sarkom . . . Bonn, Univ.-Buchdr. v. C. Georgi 1879. 26 [vielm. 30] S., 1 Bl. 8.
Bonn, Med. Fak., Diss. v 16 Aug 1879

Mattisson. Max Apotheker aus Wusen Synthese von Azoxinderivaten durch Einwirkung von Orthoaminophenol auf die Orthodiketone (Phenanthrenchinon). — Ueber ein Nitrat des Phenanthrenchinons. — Beitrag zur Kenntnis der Oxydationsprodukte des Orthoaminophenols. — Ueber die Einwirkung von Chlor- und Bromkönigswasser auf α- und β-Naphtol sowie auf die 3 Orthoxynaphtoësäuren. Genf 1904. 78 S. 8°.
Lausanne These sc 1903 1904.

Mattius, Coronistas, Mimiamborum fragmenta, s.: Herondas.

Matti-Löwenkreuz, Baronin Emanuela, Schwester Monica. Roman. (351 S.) kl. 8. Wien 905. Wiener Verlag. n. 3.—; geb. n.n. 4.50

Matti-Löwenkreuz, Baronin, im Reiche Kaiser Meneliks, s.: Kulmer, Frdr. Frhr. v.

Mattner, der heil. Vinzenz v. Paul der Vater der Armen. Ein Jubelvortrag zur Feier des 300jähr. Gedenktages der Geburt des heil. Vinzenz. gr. 8. (15 S.) Breslau 876, Görlich's Verlag. *
Aus: St. Hedwigsblatt, besonders abgedruckt.

Mattner, Const., Grabreden. Gesammelt und hrsg. gr. 8. (V, 487 S.) Breslau 881, Goerlich's Verlag.

— die Kirche als das Reich Gottes. 6 Fastenpredigten. [Aus: „St. Hedwigsblatt".] gr. 8. (52 S.) Ebend. 880. —75

—— dogmatische Predigten über die göttliche Tugend des Glaubens. gr. 8. (IV, 244 S.) Ebendas. 880.

—— dogmatische Predigten. 2. Thl. A. u. d. T.: Predigten über die Sünden gegen den Glauben. gr. 8. (VI, 248 S.) Ebendas. 881.

Mattner, Const., Trauungsreden. Gesammelt u. hrsg. gr. 8. (V, 314 S.) Breslau 883. Goerlich. 3.—

Matton, Curt, aus Bojanowo, Posen Beitrag zur Chemie der Stilbencarbonsäuren. Zürich 1909. VIII + 61 S. 8°. [17. VII. 09.]
Zürich Phil Diss II S 1908/09

Matton, Curt. Beitrag zur Chemie der Stilbencarbonsäuren. Diss. Phil. [II.] Univ. Zürich von K' M'... VIII + 61 S. 8. Zürich, J. J Meier, 1909.

Mattos, s.a. Teixeira de Mattos.

de Mattos, Jhr. Eduard Teixeira [pr. Arzt aus Rotterdam] Zur Casuistik des primären Pleuraendothelioms und über die Diagnose des Pleurakrebses Leiden, E. Ijdo, 1894; 4 Bl., 94 S., 1 Taf. 8.
Freiburg i. B., Med. Fak., Inaug.-Diss. v 1894

Matts Störenfried u. Paulinchen Süßkind. Eine Geschichte zur Warnung u. Belehrung f. Knaben u. Mädchen v. 8 bis 12 Jahren, in Reime gestellt von einem Kinderfreunde. 4. (38 S. m. 15 lith. u. color. Taf.) Aschersleben 852, Fokke. n. 1 ₰

Matt's Störenfried und Paulinchen Süßkind. Eine Geschichte zur Warnung und Belehrung für Knaben und Mädchen von 6 bis 8 Jahren, in Reime gestellt von einem Kinderfreund. 1. Aufl. 1852. 1 Thlr. und 2. Aufl. 4. (38 S. mit 15 ill. Stnt.) Aschersleben 853, Fokke.

Mattschas, Heinrich, Referendar: Der Vergleich im Zivilprozeß. (Schwedt a. O. 1909: Volkmann.) 55 S. 8° [Umschlagt.]
Jena, Jur. Diss. v. 29. April 1909, Ref. Löning
[Geb. 1 Nov 85 Berlin, Wohnort: Wilmersdorf; Staatsangeh.: Preußen; Vorbildung: Dorotheenstädt. Realgymn. Berlin Reife O. 04; Studium: Marburg 1, Berlin 6 S.; Rig. 23. Febr 09.] [U 09. 2107

Mattsee, Das weltpriesterliche, Kollegiatstift. Eine Denkschrift zur 1100jähr. Säcularfeier im Jahre 1877 . . . Salzburg 1877. V: *Kaserer, Matthias.* (EB)

Mattsen, Henni, Weltfremd. Gedichte. Hrsg. v. Karl Schrattenthal. M. d. Bild d. Dichterin. 8. (IX, 79 S.) Kappeln 896. W. G. Heide's Erben.
Geb in Leinw. m. Goldschn. 3.—

Mattsperger, Melchior

Geistliche Herzens-Einbildungen in Zwey Hundert und Fünfzig Biblischen Figur-Sprüchen angedeutet ... auf dasz neue heraus gegeben, von Johann Christian Leopold Kupfferstecher und Kunstverleger in Augsburg. (1717.) (Printed title page:) Die Geistliche Hertzens-Einbildungen In zwey hundert und fünfft zig Biblischen Figur-Sprüchen vorgestellet. Erster Theil (-Deren Fünffhundert Geistliche Hertzens-Einbildungen, Andrer Theil). Zu fir finden bey Johann Christian Leopold, in Augspurg.

[MATTSPERGER, MELCHIOR]. *Geistliche Herzens-Einbildungen.* Inn Zweihundert und Fünfzig Biblischen Figur-Sprüchen angedeutet. Allen andächtigen Herzen u. der Tugent-Liebenden Jugent, zu einer Gottseligen Belustigung .. auf daß neue heraus gegeben, von JOHANN CHRISTIAN LEOPOLD, Kupfferstecher und Kunstverleger in Augsburg. [1732]. 7 Bl. Text, ein schöner gestoch. Titel mit allegor. Umrahmung und 250 Kupfer auf 83 Tafeln. Quer-gr 8°. Etw beschäd. alter Halbpgt. 115.—

Berühmtes Rebusbuch. Die Bilder — Bibelsprüche — sind mit hübschen Ornamenten verziert. Breitrandiges aber etw. benutztes Ex. Besonders die Ränder der Textbll. z. T. ziemlich eingerissen oder löcherig, einmal sogar mit Textverlust, teilw. etwas grob repariert und fleckig. Die Kupfertaf. sind gut erhalten, jedoch z. T randfleckig, einige wenige sind am Innenrand leicht beschäd. und geklebt. Besitzeintrag: Catharina Bernoully, 1746.

Mattulick, (Carl,) theoret. u. prakt. Anweis. z. Kopfrechnung. 2e Aufl. Wien 822, Grund.

Mattulik, Karl, theoret. u. prakt. Anweis. z. Kopfrechnung. 2e Aufl. 8. Wien 823. Grund. (Fr. Fleischer in Leipz.) 1 ₰

—Lehren d. Weisheit u. Tugend, in auserles. Beisp., Geschichten, Erzähll., Fabeln u. Gesprächen. 8. Wien 819. Grund. (Fr. Fleischer in Leipz.) 10 gl

—prakt. Rechnungsaufgaben, mit gemeinnütz. Anmerkk. 2Bdchn. 8. Wien 808. Al. Doll. 16 gl

—nützliche u. belehr. Unterhaltungsblätter als Verstandes- u. Gedächtnißübungen. Mit Kpf. 12. Prag u. Wien, (Haas; a. Grund) 818. (Fr. Fleischer in Leipz.) 12 gl

Mattusch, Jos., Gedichte. (X, 158 S.) 8. Dresden (906). E. Pierson. n. 2. —; geb. n. 3. —

Mattuschka, H. G von, s. Matuschka, Heinrich Gottfried von

Mattuschka, Henri, s. Matuschka, Heinrich Gottfried von

Mattuschka, J., s. Matuschka, Ign A

Matty

— Vide: Kröncke, C.: Erwiderung auf die Schrift.

Matty, Die Witwenkasse der evangelischen Geistlichen in Rheinhessen. Eine Replik auf Herrn Dr. Kröncke's: Ueber die geistlichen Witwenkassen im Grossherzogthum Hessen. 8°. Mainz 1842.

Mattyassowsky de Felsö-Mattyasóc, Historia Mileyanae, s. Historia.

Máttyus, Isid. v., Italiens staatliche Umgestaltung mit besond. Rücksicht auf Süditalien. Eine polit., sociale, kirchl. und militär. Studie. gr. 8. (91 S.) Wien 866, Hartleben's Verlag. *

Ma-Tuan-Lin, Ethnographie des peuples étrangers, s. Atsume Gusa.

Matuella, K., Sommer-Fahrplan f. Tirol, s.: Ferrari.

Matulewicz, Georgius B.: Doctrina Russorum de statu justitiæ originalis dissertatio. Cracoviae 1903. 236 + 1 p. 8°.
Freiburg i. Schw. Theol. Diss. 1903/1904.

Matulewicz, Georgius B., Doctrina Russorum de statu justitiae originalis. (Diss.) (V, 237 S.) gr. 8. Cracoviae 903 (Freiburg i/B., Herder.) n.n. 4. 50

Matull, Kurt, s.a. Berns, Kurt

Matull-Berns, Kurt, unter den Bogenlampen. Roman aus dem Berliner Leben. (Dekamerone v. Berlin.) (146 S.) 8. Berlin (908). H. Seemann Nachf. (Urspr. Pr. 1.—)

Unter den Bogenlampen (der Friedrichstrasse). Roman aus d. Berliner Leben von Kurt Matull. 2 Aufl Berlin & Leipzig: H. Seemann [1908]. 146 S. 8°
(Dekamerone von Berlin. Bd 1.)

Unter den Bogenlampen Roman aus d. Berliner Leben von Kurt **Matull**. 3 Aufl. Berlin & Leipzig: H. Seemann [1908]. 146 S. 8°
(Dekamerone von Berlin. Bd 1.)

Kurt **Matull**. Fata Morgana. Roman. Berlin C. Duncker (1910). 202 S. 8° [11. 14015

Matull, Kurt, der Fürst der Bretter. Humorist. Roman aus dem Berliner Theaterleben. (170 S.) 8. Berlin 907. H. Seemann Nachf. (Urspr. Pr. 1.—)
(Dekamerone von Berlin [3.])

Der Fürst der Bretter Humorist. Roman aus d. Berliner Theaterleben von Kurt **Matull**. 2 Aufl. Berlin & Leipzig. H. Seemann [1908]. 169 S. 8°
(Dekamerone von Berlin. 3.)

— Großstadt-Typen. Gesammelt u. bearb. 1. Bd. Franz Kelle's Werdegang, v. ihm selbst geschrieben. (161 S.) 8. Leipzig (910). J. Püttmann. 1.50

Matull, Kurt, Licht. Kurze Schilderg. des Lichtheilverfahrens u. seiner Erfolge. Ein Mahnwort an Gesunde u. Kranke. 8. (34 S.) Berlin (899). W. R. Berndt. — 50

Licht. Kurze Schilderung d. Lichtheilverfahrens u. seiner Erfolge Ein Mahnwort an Gesunde u. Kranke von Kurt **Matull**. *Berlin. F. Mieser Nachf [1902]* (34 S.) 8° [F.] [02. 7140

— Ophir. Börsen-Roman. (306 S.) 8. Berlin (909). C. Duncker. 3.50

— Josef Petrosino, Chef der italienischen Abteilung der New Yorker Kriminalpolizei, gen.: Der italien. Sherlock Holmes, s.: Bibliothek, aktuelle. 3. Bd.

Kurt [**Matull-**] Berns. Der rote Pfarrer. Drama in 4 Akten aus d. amerikan. Kohlenfeldern. Berlin: F. Harnisch [1907]. (98 S.) 8° [F.] [07. 13408

Matull-Berns, Kurt, Rosenkönigs Tochter. Roman. 1. u. 2. Tauf. (170 S.) 8. Charlottenburg (906). Berlin, F. Harnisch & Co. n. 2.—; geb. n. 3. –

— Der große Unbekannte. Komödie in 4 Akten. (79 S.) 8. Berlin (907). C. Duncker. 1.50

Kurt **Matull** 'Wir' Roman Berlin C Duncker [1908]. (215 S.) 8° [F.] (08. 3083

— John Workmann, der Zeitungsboy, s.: Dominik, Hans.

— Aus dem Wunderland des Westens, s.: Kürschner's Bücherschatz.

Aus dem Wunderland des Westens. Von Kurt **Matull**. Mit Ill. von H. Binde. Berlin, Leipzig: H. Hillger [1908]. (112 S.) 8° [F.]
= **Bücherschatz**, Kürschners. No 603. (08. 11076

Matull-Berns, Kurt, s. Matull

Matunci: Von der Polarisation des Lichtes. 24 S. – Agram, Progr 1856

Maturafragen aus der Geschichte. Wien 1902. H: *Liebhart, J. L.* (EB)

Maturin, Melmoth der Wanderer, aus d. Engl. v. C. v. F. 3 Thle. 8. Arnst. 822. (Fr. Fleischer in Leipz.) 3 ℛ

Maturin, die Verstoßene, frei nach den Engl. v. L. M. v. Wedel. 2 Thle. 8. Berlin 824, Burchhardt.

— die Verstoßenen; nach d. Engl. von L. M. v. Wedel. 2 Thle. 8. Berl. 823. (Krause). 1 ℛ 16 ℊ

Maturin, R. C., Bertram. Romant. Drama, eingeführt durch W. Scott u. Lord Byron. Freie, metrische Uebersetzung v. Dr. C. Iken. gr. 8. Bremen 818. Kaiser. 16 ℊ 2e verm. Ausg., nebst e. Anh., enthalt. eine kurze Geschichte d. dramat. Dichtkunst d. Engländer. 8. Bremen 830. Geisler. 8 ℊ

Maturin, (R. C.,) Bertram. Romant. Drama, eingeführt durch W. Scott u. Lord Byron. Ueber 20 mal nach einander aufgeführt auf d. Drurylanetheater in London. Freie metr. Uebersetz. v. C. Iken. 2., verm. Ausgabe nach d. 7. Aufl. d. Orig. Nebst e. Anh., enthalt. e. kurze Gesch. d. dramat. Dichtkunst d. Engländer, u. e. Anleit. z. leichteren Aufführung dieses Stücks. 8. (11¼ B.) Bremen 830, Geisler.

Maturitätsprüfungs-Instruktion auf Grund v. § 22 des XXX. G.-A. v. 1883 hinausgegeben v. k. u. Minister f. Cultus u. Unterricht unt. Z. 10288. 1884. gr. 8. (13 S.) Hermannstadt 884. (L. Michaelis.) n. — 40

Preis-Verzeichnis direkter Eisenbahnfahrkarten von Station Görlitz mit Angabe der Schnellzug- und Gepäckzonen sowie der Telephongebühren. Bearb. von A. **Matusch**. Görlitz: Verkehrs-Ver. 1908. (95 S.) 8° (08. 18349

Matusch, (Eman. Felix (geb. Berlin 3. 1856) Ueber die Erosionen an der Portio vaginalis Berlin (1881) (30 S.) 8°
Berlin, Med. Diss. v 8. Juli 1881

Matusch, Johannes, approb. Arzt aus Frankfurt a. O.. **Uterusruptur nach Metreuryse.** *Leipzig 1902: B. Georgi.* (29 S.) 8°
Leipzig, Med. Diss. v (24. Nov) 1902

Matuschek, Joh

Matuschek J.: Die praktische und theoretische Bedeutung der Studien über „niedere und extrem niedere Temperaturen." 17. Trautenau R. 01.
Progr.

Matuschek Dr Joh.: Kurze Darstellung der historischen Entwicklung der Explosivstoffe, deren Herstellung und Anwendung. 12. Trautenau R. 01.
Progr.

Matuschek J.: Übersichtliche Darstellung des Wachstums der Pflanzen, ihrer Organe, Gewebe und Zellen 12. Trautenau R. 02.
Progr.

MATUSCHEK, Johann: Über eine Methode zur Herstellung von Nitriten. — 1902. 19 S. Aus: Die chem. Industrie. Diss. Wien, TH

Matuschius, Reinholdus De investiendi de feudis et iurisdictionis exercendae potestate vicariorum imperii Romani. Halae 1858 Hendel. 26 S. 8°
Halle-Wittenberg, Jur Diss. v 14. Mai 1858
Geb. [Strehlen (Schlesien) 16. 11 1830]

Matuschka, [Balthasar] Anweisung zum nützlichen Weinbau, in den nördlichen Gegenden von Deutschland, Preußen und andern kalten Ländern, sowohl in Gärten als in Weinbergen, nebst der Kunst, Wein zu machen, aus eigener Erfahrung. Berlin: Unger 1802 XVI, 320 S -- UB Wien*
Thienemann Mattuschka Bth. 1801 1802. 1803. - Weber Mattuschka 1801

—Anweis. z. nützl. Weinbau in d. nördl. Gegenden v. Deutschl. rc. 8. Berl. 802. Unger 1 ℛ (Brandenb.) Hbg. Pr. 12 ℊ

Matuschka, Balthas., († d. 17. Mai 1807.) Beitr. z. Kenntniß d. Bienen u. ihrer Zucht. 2 Thle. 8. Züllich. 805. Darnmann (Michelsen in Leipz.) 3 ℛ 6 ℊ

—neuer Bienenkalender f. alle Gegenden. (A. u. d. T.: Taschenbuch f. Bienenliebhaber) auf 1807. 8. Berl. 807 16 ℊ (Brandenburg). Hbg. Pr. 6 ℊ

Matuschka, neuer Bienenkalender rc. 8. Berlin, 807. Jetzt Sommerbrodt.

—neue Entdeck. u. Beobachtt. üb. d. Bienen u. ihre Zucht. 1s Stück. Mit 1 Kpf. 8. Berl. 802. Unger. 20 ℊ

—neues Lehrgebäude d. Bienenzucht, eine Fortsetz. des vorherg. od. d. neuen Entdeck. rc. 2r Thl. oder 2s bis 9s Stück. 8. Berl. 805. Unger. (Christiani). 2 ℛ

— u. Oelschlägers Mittel, Länder z. bevölkern rc. 8. Züllich. Darnmann. 805.

—u. Oelschläger's, Mittel, Länder z. bevölkern rc. 8. Züllichau 805. (Seerig in Leipz.) 10 ℊ

—Raupen- u. Schmetterlingstabellen f. Insektensammler rc. 8. Leipz. 805. Joachim 18 ℊ (Vergl. Kunst- u. Litt.-Avisen rc. 15s Stck.)

Matuschka, Charlotte Gräfin v., geb. v. Ahlefeld, nach d. span. Amerika. Eindrücke u. Erinnergn. (126 S.) gr. 8. Berlin 908. Puttkammer & Mühlbrecht. 2.40; geb. in Leinw. 3.50

Matuschka, Heinrich Gottfried von

—Anzeige d. Beobachtt. f. d. Landwirth, e. nützl. Naturkalender z. verfassen. 4. Sagan 773. (Hilscher in Dresd.) 6 ℊ

— Beobacht. f. d. Landwirth, e. nützl. Naturkalender z. verfass. 4. Sagan. (Compt. f. Litt. in Lpz.) (a. Hilscher in Dresd.) 773.

—enumeratio stirpium in Silesia sponte crescent. (Auch als 3r Thl. d. flora Silesiaca.) 8maj. Bresl. 779. W. G. Korn. 20 Gr.

MATTUSCHKA H G Graf v : Flora Silesiaca oder Verzeichnis der in Schlesien wild wachsenden Pflanzen. - Breslau 1776 u. 1777 2 Tl. - Botanisches Geschlechts- und Nahmens-Register zur Erläuterung des Grafens von Mattuschka Flora silesiaca ebd 1789 102 p.

v. Matuschka, Graf Hnr. Gf., († d. 19. Nov. 1779.) flora Silesiaca, od. Verzeichn. der in Schlesien wildwachsenden Pflanzen. 2 Thle. gr. 8. Bresl. 777, 78. W. G. Korn. 2 Thlr. 20 Gr.

—Geschlechtsregister z. flora Silesiaca. gr. 8. Bresl. 789. W. G. Korn. 8 Gr.

Mattuschka, Henri et Jean Comtes de, Chanoine de l'eglise cathedralle de Breslau. Traité de l'art militaire, dans la fortification, l'attaque et la defense de places selon la méthode de Mr le maréchal de Vauban (Mit 5 Taf.) 8. Breslau 1750.

—traité de l'art militaire dans la fortification, l'attaque et la defense des places, selon la methode de Mr. le Marechall de Vauban. 8. Bresl. 750. 8 Gr.

Matuschka, Ign. A., († d. 17. Dec. 1819.) Antikritiken d. Recensionen sein. Werks, über Blatternausrottung etc. 8. Prag 804. Barth (Taubert in Leipz.) 12 Gr.

—üb. Blatternausrottung, Blattern- u. Kuhpockenimpfung. 8. Prag 803. Barth. 16 Gr.

Matuschka, Ludw., der Türken-Krieg 1716—18, s. a. Feldzüge d. Prinzen Eugen v. Savoyen.

Matuschka, L. Der Türkenkrieg 1716—18. Bd 1. 2. (Mit) Atl. Wien 1891. 8° u. 2°.

Matuschka, Michael Graf v., Referendar: Die parlamentarische Redefreiheit und Zeugenpflicht. Borna-Leipzig 1910: Noske VII, 56 S. 8°
Breslau, Jur. Diss. v. 3. Dez. 1910, Ref. Brie, Gretener
[Geb. 29. Sept 88 Schweidnitz, Wohnort Breslau, Staatsangeh Preußen Vorbildung Matthias-Gymn. Breslau Reife O. 07, Studium Lausanne 1, München 2 Berlin 1, Breslau 2 S Rig. 19. Juli 10.] [U 11 628

Matuschka von Toppolczan, Franz Graf [aus Breslau]: Die Dachschiefer von Berleburg . Göttingen, Druck d. Dieterichschen Univ.-Buchdr W Fr Kaestner, 1886 2 Bl. + 35 S. 8°.
Göttingen, Phil. Fak., Inaug.-Diss v 1886.

Matuschka v. Toppolczan, Frz. Graf, die Dachschiefer von Berleburg. Inaugural-Dissertation. gr. 8. (35 S.) Göttingen 886, (Vandenhoeck und Ruprecht.) *

Matuschulan, A. Die evangel.-lutherische Gemeinde zu Minsk. — Mitau: Steffenhagen 1908. 40 S.

Matusewicz, Jadwiga. Isolirte Verkalkung der Elastica interna bei Arteriosclerose. Diss. Med. Univ. Zürich. *Kopftitel* Aus dem pathologischen Institut der Universität Zürich. — [Mit 2 Tafeln.] 16 S. 8. Jena, Gustav Fischer, 1902.

Matusiak, Simon, Namen u. Wohnsitze der Lugiervölker. Ein Beitrag zur Urgeschichte der Slaven u. Germanen. gr. 8. (63 S.) Bochnia 889. (Pisz.) n.n. 1 —

Matusik, Andr., Alphabetum et Orthographia universalis. Ex naturae et artis observatt. deducta ac elaborata. 8maj. Roznaviae 837. (Pragae, Haase fil.) 1/2 Thlr. bei Heubner in Wien n. 1/3 Thlr. bei Schaumburg u. Comp. 1/3 Thlr.

Matusik, Andr., Alphabetum et Orthographia universalis. Ex naturae et artis observationibus deducta ac elaborata. 8maj. (5 1/8 B.) Roznaviae 837. (Vindobonae, Heubner; Schaumburg et Soc.) •

Matuszewicz, Graf, Vortrag üb. das Finanzgesetz f. d. Herzogth. Warschau. gr. 8. Leipz. 812. Hartknoch. 6 Gr.

Matuszewska, Waleska, s.: Gruß aus Polen.

Matuszewski, Severin, a. Schmiegel (Prov. Posen): Über absteigende Hinterstrangsdegeneration. Berlin 1905: G. Reimer. (16 S.) 8° ¶ [Aus Archiv f. patholog. Anatomie Bd 179, S. 1—15.]
München, Med. Fak., Ref. v Bollinger, Diss. v. 24. Jan. 1905
[Geb. 11 Sept 79 Schmiegel, Prov Posen, Wohnort Schmiegel; Staatsangeh Preußen, Vorbildung Mariengymn Posen Reife O. 99; Studium: Berlin 7, München 2 S., Coll. 18 Jan. 05, Approb. 13. Febr. 04]

Matuszkiewicz, Felix. Die mittelalterliche Gerichtsverfassung des Fürstentums Glogau unter besonderer Berücksichtigung der Justizreform Herzog Sigismunds von Polen-Glogau (1505). Breslau 1910: Nischkowsky. VI, 46 S. 8° ¶ (Vollst als: Darstellungen u. Quellen z. schles. Gesch. Bd 13.) 1911.
Breslau, Jur. Diss. v 16. Sept. 1910, Ref. H. Meyer, Schott
[Geb. 11 Jan. 85 Sprottau Wohnort. Sprottau, Staatsangeh.: Preußen; Vorbildung Gymn. Sagan Reife O. 03, Studium Heidelberg 1, Leipzig 1, Greifswald 1, Breslau 3 S., Rig. 18. Febr. 10.] [U 11 629

Matuszynski, J., über d. Natur u. Behandlung d. Weichselzopfes. gr. 8. (2 1/2 B.) Tübingen 834, Osiander.

Matutin u. Laudes an den letzten drei Tagen der Charwoche u. die Matutin am heil. Osterfeste. gr. 8. (42 S.) Freising 881. Datterer. n. — 60

Matz, Fürst vom Wasserlande; od. der Regent in der Einbildung. Ein Lust-, Leid-, Schau- und Freudenspiel in 3 Aufz. 8. Quedlinb. Basse. 810.

Matz, die Eindeichung u. Entwässerung des Memeldeltas, s.: Danokwerts.

Matz, Albert (Emil Rudolf) (Potsdam), Zur Therapie des Abortus. Inaug.-Diss. Berlin (G. Schade (O. Francke)) 24. VII. 1860. 38 S. u. Biogr. (2.—) 22451
Oppon.: Hermann Bergius, Alfred Schröder, Georg Violet. — Gew.: Seinen Eltern.

Matz, Bernhard: Die Verpflichtung zur Unterhaltung der zur Ausübung einer Grunddienstbarkeit gehörenden Anlage auf dem belasteten Grundstücke. Nach gemeinem Rechte und dem Rechte des Bürgerlichen Gesetzbuches. Greifswald 1910: Adler. 54 S. 8°
Greifswald, Jur. Diss. v. 4. Juni 1910, Ref. Pescatore
[Geb. 31 Okt. 83 Demmin; Wohnort: Demmin; Staatsangeh.: Preußen, Vorbildung Gymn. Demmin Reife O. 05, Studium: München 4, Greifswald 4 S. Rig. 20. Jan. 10.] [U 10. 1534

Matz, Conrad, s. Matz, Konrad

Matz, E., die Eisenbahnen der österr.-ungarischen Monarchie mit Nachträgen bis August 1872. Wien 1873. 8.

Matz, Elsa-Lina, a. Friedrichsort: Formelhafte ausdrücke in Wolframs Parzival. Kiel 1907: H. Fiencke. (VIII, 109 S.) 8°
Kiel, Phil. Fak., Ref. Kauffmann, Diss. v. 18. Juli 1907
[Geb. 7. Mai 81 Friedrichsort; Wohnort: Neumünster; Staatsangeh.: Preußen Vorbildung: Gymn. Kiel Reife O. 05; Studium: Kiel 10 S.; Rig. 1. Juni 07.

Matz, Fr

Matz, F., Nachtrag zum alphabetischen Sachregister, enth. die vom 1. Jan. 1870 bis 11. Juli 1871 durch das Armee-Verordnungs-Blatt publicirten Gesetze, allerhöchsten Verordnungen und die Erlasse des königl. Kriegs-Ministeriums. gr. 8. (10 S.) Anklam 871. (Dietze's Buchh.) *

Matz, Fr., Nachtrag zum alphabetischen Sachregister, enth. die vom 1. Jan. 1870 bis 11. Juli 1871 durch das Armee-Verordnungs-Blatt publicirten Gesetze allerhöchsten Verordngn. u. die Erlasse d. königl. Kriegs-Ministeriums. gr. 8. (10 S.) Anklam 871. Pöttcke. n. — 30

Charte des Areals der Stadt Flensburg, vermessen in den Jahren 1833 und 1834 und lithogr. v. Franz von Matz. o.O. 1 Bl. Fol., 54,5/61,5 cm. Aufgez. a. Leinen.

Matz, Friedrich

— Antikensammlungen in England. S.-A. 1878. 16 S. 4°

Matz, Frdr., antike Bildwerke in Rom m. Ausschluss der grösseren Sammlungen, beschrieben. Nach des Verf. Tode weitergeführt u. hrsg. von F. v. Duhn. Gedruckt mit Unterstützung des kaiserl. deutschen archäolog. Instituts. 3 Bde. gr. 8. Leipzig 881. 82. Breitkopf & Härtel. n. 33. —
1. Statuen, Hermen, Büsten, Köpfe. (XVIII, 532 S.) n. 12. —
2. Sarkophagreliefs. (VII, 484 S.) n. 12. —
3. Reliefs u. Sonstiges. Mit Registern u. (2 lith. u. chromolith.) Karten. (VI, 348 S.) n. 9. —; geb. n.n. 10. 50

Matz, Fridericvs (geb. am 18 Okt. 1843 in Lübeck): De Philostratorvm in describendis imaginibvs fide. Spec. privs ... Bonnae, typ. C. Georgi 1867. 2 Bl., 26 S., 1 Bl. 8. ¶ Erschien vollständig in dems. J. bei Marcus in Bonn.
Bonn, Phil. Fak., Diss. v. 10 Aug. 1867

Matz, Friedr., de Philostratorum in describendis imaginibus fide. Bonn 867. Marcus. gr. 8. (III, 139 S.) n. 25 ngr

— Mitteilungen üb. Sammlungen älterer Handzeichnungen nach Antiken. 1872. 28 S.

Matz, Friedrich, aus Steinhorst (Kreis Hzgt. Lauenburg), Referendar am Kgl. Landgericht zu Altona: Die rechtliche Natur der Reederei. *Wandsbek 1900: F. Puvogel.* (65 S.) 8°
Erlangen, Jur. Diss. v. 7 Juni 1899

— rec. Das Parthenon ed. Ad. Michaelis. S.-A. 1871. 80 S.

Matz, F., I rilievi del proscenio del teatro di Bacco in Atene. 1870. 10 S. u. 1 Taf.

— Il rilievo di Mantheos della collezione Pembroke in Wiltonhouse. S.-A. 1874. 10 S. u. 2 Fig.

Matz, F., Ueber eine dem Herzog von Coburg-Gotha gehörige Sammlung alter Handzeichnungen nach Antiken. Ak. 1871. 58 S.

Matz, F., Sui sarcofaghi con rappresentanze delle dodici fatiche di Ercole. 1868. 16 S. u. 4 Taf.

— Sarkophag aus Patras. Gel. 1872. 8 S. u. 1 Taf. 4°.

— Zwei Scenen aus dem Lycurgosmythos auf Pompejanischen Wandgemälden. Gel. 1869. 8 S. u. 1 Taf. 4°.

— H. Brunn's zweite Verteidigung der Philostratischen Gemälde. S.-A. 1871. 46 S.

Matz, Georg, aus Sonnenburg i. M: Einwirkung von aromatischen Amidohalogenketonen auf Benzamidin. *Rostock 1901: C. Hinstorff.* (35 S.) 8°
Rostock, Phil. Diss. v. [12. Mai] 1901

Matz, H., die Reformation und der Staat. Ein Vortrag im Breslauer Protestanten-Verein am 6. März 1876. gr. 8. (17 S.) Breslau 876, Trewendt und Granier's Buchh. *

Matz, Herm., der protestantische Geist ein Geist der Furchtlosigkeit. Festpredigt gehalten am XV. deutschen Protestantentage in der Nicolaikirche zu Hamburg am 27. Mai. gr. 8. (16 S.) Berlin 885, Haack.
Aus: Verhandlungen etc., besonders abgedruckt.

Matz, Hermann, a. Parchim: Aus der Universitäts-Frauenklinik zu Rostock. Zur Lehre von der Placenta praevia. Rostock 1905. Adlers Erben. (119 S.) 8°
Rostock, Med. Fak., Ref. Schatz, Büttner, Diss. v 20. Mai 1905
[Geb. 16. Okt. 81 Ribnitz; Wohnort: Rostock; Staatsangeh.: Mecklenburg-Schw.; Vorbildung: Gymn. Parchim Reife O. 00; Studium: Rostock 1, München 2, Jena 2, Rostock 4 S.; Coll. 16. Jan. 05; Approb. 10. Jan. 05.]

Matz, H[erm.]: Weiherede bei d. Einweihg d. renovierten St. Barbara-Kirche in Breslau am Sonntag Invocavit, d. 27. Febr. 1898. *Breslau 1898.*
in St. Barbara in Breslau [illegible]

Matz, Jul. zwei Bräute. Ein sociales Trauerspiel in 5 Acten. 8. (VII, 80 S.) Königsberg 872. Braun & Weber. n. 2. 40

— Immortellen. Ein Erinnerungskranz f. das Grab unserer gefallenen Brüder 1870/71. gr. 16. (32 S.) Königsberg 876. Bon's Sort. n. — 50

—— Louise, Deutschland's Schutzgeist. Dichtung. 8. (13 S.) Königsberg 875, Hausbrand's Verlag. *

Matz, Jul., Tilly. Historisches Trauerspiel in 5 Akten. Königsberg 869. Braun & Weber. 8. (VIII, 98 S.) 20 ngr.

Matz, Konrad

Matz, Conrad, approb. Arzt aus Deutsch-Krone: Aus d. Universitäts-Augenklinik zu Kiel. Ein Fall von geheilter sympathischer Ophthalmie. *Kiel 1900: H. Fiencke.* (20 S.) 8°
Kiel, Med. Diss. v. [27. Aug.] 1900

Matz, Martin: Konrad Celtis und die rheinische Gelehrtengesellschaft. Beitrag z. Gesch. des Humanismus in Deutschland. *Ludwigshafen a. Rh. 1903: A. Lauterborn.* (43 S.) 8°
Ludwigshafen a. Rh., k. humanist. G., P 1903*

Matz, Otto, aus Neukalen: Krystallinische Leitgeschiebe aus dem mecklenburgischen Diluvium. Ein Beitrag zur Kenntnis d. Bewegungsrichtung d. diluvialen Inlandeises. *Güstrow 1902: C. Michaal.* (45 S.) 8°
Leipzig, Phil. Diss. v. [30. Okt.] 1902

Matz, Paul [pr. Arzt]: Ein Geburtsfall bei durch Fractur verengtem Becken. Königsberg in Pr., Druck v. A. Hausbrand's Nachf., 1894; 18 S., 2 Bl. 8.
Königsberg, Med. Fak., Inaug.-Diss. v. 19. März 1894

Matz, Paul, e. Geburtsfall bei durch Fractur verengtem Becken. Diss. gr. 8. (18 S.) Königsberg 894. (W. Koch.) n. — 80

Matz, R., bauliche und wirthschaftliche Einrichtung des Untersuchungs-Gefängnisses Alt-Moabit 11/12, Berlin. gr. 8. (32 S. mit 19 Zeichnungen.) Berlin 887, (R. Kühn.) geb. **

Matz, R.: Bauliche und wirthschaftliche Einrichtung des Untersuchungs-Gefängnisses Alt-Moabit 11/12 Berlin. Berlin 1887.
— 2. Aufl. 1887.

Matz, Richard Paul Franz [aus Bonn]: Über die Einwirkung von Schwefelsäure auf Benzilsäure. Ein Beitr. z. Kenntnis d. α-Oxysäuren ... Leipzig-Reudnitz, Druck v. O. Schmidt, 1891; 50 S., 1 Bl. 8.
Leipzig, Phil. Fak., Inaug.-Diss. v. [25. Sept.] 1891

Matz, Rud., der deutsche Aufsatz in der Volksschule, s. Lehrer-Prüfungs- und Informations-Arbeiten.

Matz, Rud., Geschichte der deutschen Litteratur. Ein Hilfsbuch zum Memorieren und Repetieren. Für den Schul- und Privatgebrauch in tabellar. Übersicht zusammengestellt. 8. (VIII, 95 S.) Langensalza 883, Schulbuchh. von Greßler.

—— Geschichte des deutschen Männergesangs. 8. (III, 44 S.) Ebendas. 881.

—— Nach welchen Grundsätzen ist der Unterricht in der Muttersprache zu erteilen, s. Lehrer-Prüfungs-Arbeiten.

—— Rätselbuch. Enthaltend 760 der verschiedenartigsten Rätsel. Nebst einem Anhang: Rösselsprünge, Quadrat- und Diamanträtsel. Zum Gebrauche in Schule und Haus gesammelt und geordnet. 12. (IX, 165 S.) Leipzig 883, Laudien. cart. *

—— über die Spiele der Kinder, s. a. Lehrer-Prüfungs-Arbeiten.

Matz, Rud., Über die Spiele der Kinder, Welche Bewegungsspiele im Freien sind leicht ausführbar und den Kindern interessant? (Lehrerprüfungsarbeiten H. 2), Minden 1883, 36 S., 8°

Matz, W. J. De causis belli inter Adolfum reg. Roman. et Albertum ducem Austriae gesti. 8. Regiomonti 1858. 0 7 ½

Matz, Wilhelm, a. Liepnicken: Untersuchungen über die landwirtschaftlichen Betriebsverhältnisse im Kreise Fischhausen, Ostpreußen. Königsberg i. Pr. 1906: R. Leupold. (122 S.) 8°
Königsberg, Phil. Fak., Ref. Albert, Stutzer, Diss. v. 23. Febr. 1906
[Geb. 1 Jan. 82 Liepnicken, Kr. Pr.-Eylau. Wohnort: Königsberg i. Pr.; Staatsangeh. Preußen, Vorbildung Friedr.-Koll. Königsberg i. Pr. Reife O. 00, Studium: Königsberg 8 S.; Rig. 9. Febr. 06.]

Mätz: Die siebenbürgisch-sächsische Bauernhochzeit. Ein Beitrag zur Sittengeschichte. 101 S. 8° – Schässburg, Progr. 1860

Matzat, H., Entwurf e. neuen Schulordnung f. die preussischen Landwirthschaftsschulen. [Aus: „Landw. Jahrbb."] Lex.-8. (28 S.) Berlin 891. P. Parey. n. 1. —

Matzat, H., Aus der Vorgeschichte unseres Kalenders. Pr. 1882. 18 S. 4°.

— römische Zeitrechnung für die J. 219 bis 1 v. Chr. gr. 4. (VIII, 300 S.) Ebd. 889. n. 16. —

Matzat, H., Kritische Zeittafeln f. d. Anfang d. 2. punisch. Krieges. Pr 1887
32 S. 1.2l

Matzat, Heinr., Anweisung zum Unterricht in der Heimatskunde, s.: Finger, Fr. Aug.

Matzat, Heinr., römische Chronologie. 1. und 2. Bd. gr. 8. Berlin, Weidmann'sche Buchh. à Bd. * ℳ 8. *
Inhalt:
Bd. 1. Grundlegende Untersuchungen. (XII, 354 S.) 883.
» 2. Römische Zeittafeln von 506 bis 219 v. Chr., nebst zwei Nachträgen zum 1. Bde. (VIII, 424 S.) 884.

Matzat, Heinr., Erdkunde. Ein Hilfsbuch für den geograph. Unterricht. 2. umgearb. Aufl. 8. (VIII, 312 S. mit 28 Fig. im Text.) Berlin 886, Parey. cart. **

— Erdkunde. Ein Hilfsbuch f. den geograph. Unterricht. 3. Aufl. 8. (VIII, 320 S. m. 28 Fig.) Ebd. 893. Geb. in Leinw. n.n. 2. 50

Matzat, Heinr., Erdkunde. Ein Hilfsbuch f. den geograph. Unterricht. 4. Aufl. (VIII, 323 S. m. 28 Fig.) 8. Berlin 905. P. Parey. Geb. in Leinw. n.n. 2. 50

Matzat, Heinr., zeichnende Erdkunde. Ein Leitfaden für den geograph. Unterricht. 8. (VI, 299 S.) Berlin 879, [Wiegandt, Hempel und Parey.] Parey. *

Matzat, Heinr. Geographie von Westasien und der griechischen Halbinsel. In schulmäfsiger Behandlung nach einer zeichnenden Methode. 30 S. Progr. *Sorau* 1876.

—— Grundzüge der Geschichte. Ein Hilfsbuch für den histor. Unterricht in höheren Schulen. 1. Tl.: Alte Geschichte. gr. 8. (VII, 164 S.) Berlin 881, Parey. *

Matzat, Heinr., Grundzüge d. Geschichte. Ein Hilfsbuch f. d. histor. Unterr. in höh. Schulen. 2. Tl. 8. Berlin 895. P. Parey. n. 2. — (1. u. 2.: n. 3. 50)
Deutsche Geschichte bis z. Ausgang d. Mittelalters. (VI, 178 S.)

—— Methodik des geographischen Unterrichts. gr. 8. (X, 382 S. mit 36 lithogr. Taf.) Ebendas. 885. *

— Philosophie der Anpassung m. besond. Berücksicht. des Rechtes u. des Staates, s. a. Natur u. Staat. 1. Tl.

Philosophie der Anpassung mit bes. Berücks. d. Rechtes u. d. Staates. Von Heinrich **Matzat**. Dir. in Weilburg. *Jena: G. Fischer 1903.* (XI, 323 S.) 8°
— Natur u. Staat. Beiträge z. naturwiss. Gesellschaftslehre. T. 1, [2.] [03. 670]

— Rechts- u. Staatslehre f. deutsche Schulen. (VIII, 135 S.) gr. 8. Berlin 904. P. Parey. Geb. in Leinw. n. 1. 80

— Deutsche Schulethik. 2 Tle. Berlin, P. Parey. Geb. 4. 60
1. Rechts- u. Staatslehre f. deutsche Schulen. 2. neubearb. Aufl., hrsg. v. Geo. Evert. (XI, 134 S.) 910. Geb. 1. 80
2. Pflichtenlehre f. deutsche Schulen. (X. 212 S.) 909. Geb. 2. 80

Matzat, Heinrich. Die Überfüllung der gelehrten Fächer und die Schulreformfrage. Mit e. Vorw. von H[ugo] *Thiel*. Berlin 1889. 8°

—— Die Überfüllung d. gelehrten Fächer u. die Schulreformfrage. Mit e. Vorrede v. H. Thiel. gr. 8. (VIII, 80 S.) Berl. 889, Weidmann. * 1 20

—— chronologische Untersuchungen zur Geschichte der Könige von Juda und Israel. 4. (24 S.) Weilburg 880, (Appel.) *

Matzdorf, Ernst, ein seltenerer Fall von Missbildung. Diss. Berlin 1887, Mayer & Müller. 8°. 29 S.

Matzdorf, Paul, Aschenbrödel, s.: Jugend- u. Volksbühne.

— Dornröschen, s.: Jugend- u. Volksbühne.

— Fahnenweihe, s.: Jugend- u. Volksbühne.

— Germania, s.: Jugend- u. Volksbühne.

— Hänsel u. Gretel, s.: Jugend- u. Volksbühne.

— **Jugend- u. Volksbühne.** 1. u. 2. Bdchn. 8. Eberswalde (906). (Langewiesche & Thilo.) —40
1. 2. Weihnachtsspiele f. Schule u. Haus. 1. Rübezahl als Knecht Ruprecht od. Die erlösten Zwerge. 2. Pechmarie u. Goldmarie. (7 u. 8 S.)

Matzdorf, Paul, Jungbrunnen d. deutschen Volkes. E Beitrag z. Förderg. nationaler u. socialer Gesinng. u Erziehg. gr. 8. (IV, 66 S. m. 1 Abb.) Leipzig 895. R. Friese, Sep.-Cto. n. 1.—

— s.: Märchen-Kalender.

— Fru Pastern up det „Rangbewuß" u. De Webb, s.: Reuter, Fritz.

— Rübezahl als Knecht Ruprecht, Goldmarie u. Pechmarie, s.: Jugend- u. Volksbühne.

— s.: Sagenkalender, deutscher, f. Kinder.

— Das tapfere Schneiderlein, s.: Jugend- u. Volksbühne.

Matzdorf, Paul, Sechse kommen durch die ganze Welt, s.a. Bloch's, Ludw., Kinder-Theater. Nr. 105.

Sechse kommen durch die ganze Welt. Märchenspiel von Paul **Matzdorf.** Berlin: E. Bloch [1905]. (14 S.) 8° [F.]
= **Kinder-Theater,** Ludwig Blochs. No 105. [c6. 98n

— s.: Selbst ist der Mann.

— Siebenschön, s.: Jugend- u. Volksbühne.

— **Wander- u. Spielbüchlein** f. Schüler u. Schülerinnen. (48 S. m. Abb.) kl. 8. Leipzig 910. A. Strauch. —10

Matzdorf, Paul, Wander- u. Spielbüchlein f. Schüler u. Schülerinnen. (Ausg. B f. Lehrer.) Ratgeber f. Wandergn. u. Schulfeste. (Einbd.: Mit ca. 100 Abb. nach Photographien u. Zeichngn. u. e. Anh.: Reigenspiele u. turner. Vorführgn. f. Knaben u. Mädchen v. L. Schützer.) (164 S.) kl. 8. Leipzig (910). A. Strauch. Geb. 1.20

— O wandern, wandern meine Lust, s.: Jugend- u. Volksbühne.

— u. Karl **Scholz,** Wegweiser f. Volksunterhaltungsabende. (112 S.) gr. 8. Leipzig (910). A. Strauch. 1.50; geb. n 2.50

— Deutsche Weihnacht vor 1000 Jahren, s.: Jugend- u. Volksbühne.

— Schneewittchens Weihnacht u. Der Hirten Weihnachtsfreude, s.: Jugend- u. Volksbühne.

— Weihnacht in der Waldklause u. Der Weihnachtsstern u. die Weisen, s.: Jugend- u. Volksbühne.

— Wie leite ich meine Jugend- u. Volksbühne? (Neue Ausg.) (18 S.) gr. 8. Leipzig (907). A. Strauch. —25

— Wie Schäfers Franz e. Forscher wurde. (103 S.) 8. Leipzig (909). A. Strauch. Kart. 1.20

— Wir Sechse kommen durch die ganze Welt, s.: Jugend- u. Volksbühne.

— Die drei Wünsche. Der kleine Däumerling, s.: Jugend- u. Volksbühne.

Matzdorff, Alb

— Generalregister, s.: Handwörterbuch d. Chemie.

Matzdorff, A., Repetitorium f. Chemie, Physik, Pharmakognosie u. Botanik, s.: Herzfeld, H.

Matzdorff, A(lbert): Aus dem chemischen Institut der Universität Breslau. [I.] Beiträge zur Synthese sauerstoffhaltiger Pyridin- und Piperidinderivate. [II.] Das Picolylaethylalkin und einige seiner Derivate. *Breslau 1898: Dr. R. Galle.* (31 S.) 8°
Breslau, Phil. Diss. v 23. Juli 1898

Matzdorff, C , s.a. Matzdorff, Karl

Matzdorff, C Über die Färbung von Idotea tricuspidata Desm Jena 1882.

Matzdorff, Ernst [pract. Arzt aus Berlin]: Ein seltenerer Fall von Missbildung .. Berlin, Buchdr v. Gustav Schade (Otto Francke) (1887); 29 + 1 S. + 1 Bl. 8°
Berlin, Med. Fak., Inaug.-Diss. v. 26. Febr 1887.

Matzdorff, G[eorg], Magistratsbaurat: Beschreibung des neuen Schulgebäudes. Frankfurt a. M. 1909: Kumpf & Reis. S. 3—20. 4°
Frankfurt a. M., R u. HM d. isr Gemeinde Philanthropin OP 1909 (561) [S 09. 313

Matzdorff, Hans [app. Arzt aus Berlin]: Über amyotrophische Lateralsklerose ... Berlin, Comm.-V. v. Mitscher & Röstell, *1892*, 39 S. 8.
Leipzig, Med. Fak, Inaug.-Diss v 15. Dez 1891

Matzdorff, Karl

Matzdorff, Carl [Dr.]. Über lebende Anschauungsmittel im naturwissenschaftlichen Unterricht. Berlin, R. Gaertner 1893; 30 S. 4.
Berlin, Lessing-G, OP 1893 (62)

— s: Bericht üb. die wissenschaftlichen Leistungen in der Naturgeschichte der niederen Thiere.

Matzdorff, C., die Lebensbeziehungen u. Gewohnheiten der Tiere. (Oekolog.-etholog. Wandtafeln zur Zoologie.) Originale v. Paul Flanderky. Taf. III u. IV. Je 90×119 cm. Farbdr. Mit je 1 Bl. Text. Lex. 8. Esslingen (908). J. F. Schreiber. à 4.—; auf Leinw. m. Stäben à 6.—; u. lackiert à 6.50
III. Leuchtende Tiere der Flachsee.
IV. Lebensgemeinschaften.

— Die Lehre vom Bau der Tiere. (Wandtafeln zur vergleich. Morphologie u. Anatomie der Tiere.) Taf. I u. II. Je 92×123,5 cm. Farbdr. Ebd. (908). Mit Leinw.-Rand u. Oesen à 4.—; auf Leinw. m. Stäben à 6.—; u. lackiert à 6.50; begleitender Text. (6 S. m. Abbildgn.) Lex. 8. nn —30
I. Vogelschnäbel. — II. Säugetierschädel.

Matzdorff, [Karl]: [Rede bei der Gedächtnisfeier für den am 29. Mai 1906 verstorbenen Professor Dr. Wilhelm Riese.] S. 26 bis 28. 4. **Progr**, Lessing-Gymn. *Berlin* 1907 (69).

— **Tierkunde** f. den Unterricht an höheren Lehranstalten. Ausg. f. Realanstalten, auf Grund der preuß. Lehrpläne v. 1901 bearb. (In 6 Tln.) 1.—4. Tl. gr. 8. Breslau 908. F. Hirt. Kart. n. 4. 15
1. Lehrstoff der Sexta. Mit 29 Abb. in Schwarzdr. (IV, 64 S.) n. — 60
2. Lehrstoff der Quinta. Mit 39 Abb. in Schwarzdr. (78 S.) n. — 80
3. Lehrstoff der Quarta. Mit 78 Abb. in Schwarz- u. Farbendruck. (136 S.) n. 1. 25
4. Lehrstoff der Unter-Tertia. Mit 67 Abb. in Schwarzdr. u. 2 Taf. in vielf. Farbendr. (164 S.) n. 1. 50

Matzdorff, C., Tierkunde f. den Unterricht an höheren Lehranstalten. Ausg. für Realanstalten, auf Grund der preuß. Lehrpläne v. 1901 bearb. (In 6 Tln.) 5. u. 6. Tl. gr. 8. Breslau 903. F. Hirt. Kart. n. 2. 80
5. Lehrstoff der Ober-Tertia. Mit 49 Abbildgn. in Schwarzdr. u. 1 Karte in vielfachem Farbendr. (171 S.) n. 1. 50
6. Lehrstoff der Unter-Sekunda. Mit 85 Abbildgn. in Schwarzdr., sowie 3 Taf. u. 1 Karte in vielfachem Farbendr. (127 S.) n. 1. 30

— **Tierkunde** f. den Unterricht an höh. Lehranstalten. Ausg. f. Gymnasialanstalten. 5 Tle. in 3 Bdn. gr. 8. Breslau 907. F. Hirt. Geb. 6. 50
1. Lehrstoff der Sexta u. Quinta. (Die Wirbeltiere.) Mit 134 Abbildgn. in Schwarz- u. Farbendr. (255 S.) 2. 20
2. Lehrstoff der Quarta u. Untertertia. (Die Wirbellosen.) Mit 118 Abbildgn. in Schwarzdr. sowie 2 Taf. u. 1 Karte in vielfachem Farbendr. (320 S.) 2. 80
3. Lehrstoff der Obertertia. (Der Mensch.) Mit 85 Abbildgn. in Schwarzdr. sowie 5 Taf. u. 1 Karte in vielfachem Farbendr. (127 S.) 1. 50

— Biologisches Unterrichtswerk, s.: Loew, E.

— ökologisch-ethologische **Wandtafeln** zur Zoologie. 2 farb. Taf. nach Originalen v. Paul Flanderky. Je 92×123 cm. Mit je 1 Bl. Text in 4. Esslingen (905). J. F. Schreiber. à n. 4. —; auf Leinw. m. Stäben à n. 6. — u. lackiert à n. 6. 50

— Wandtafeln f. den urkundl. Unterricht, s.: Engleder, Frz.

[Worte.] Zur maurerischen Jubelfeier des Br. F. Ph. Rosenstiel. [Unterz.:] [Karl Aug.] **Matzdorff.** Berlin, den 10. Febr. 1831. [Berlin 1831]: Amelang. 6 S. 8⁰ [Umschlagtit.]

Kluge, Karl Alex. Ferd.: Worte des Herzens am 58sten Stiftungsfeste der Loge zu den drei Seraphinen bei Aufstellung des Bildn. ihres vorsitzenden Meisters, des Br. Kluge, gesprochen vom Br. [Karl Aug.] **Matzdorff.** Berlin, den 19ten Aug. 1831. 7 S. 4⁰ [Umschlagtit.]

Matzdorff, Otto, aus Züllichau: Ueber die Einwirkung von Hydrazinhydrat auf Acetophenonacetessigester ⟨Phenacylacetessigester⟩ und Acetophenonaceton ⟨Phenacylaceton⟩. Erlangen 1905: E. Th. Jacob. (49 S.) 8°
Erlangen, Phil. Fak., Ref. Paal, Diss. v. 27. Juli 1904
[Geb. 31. Jan. 75 Züllichau; Staatsangeh.: Preußen; Vorbildung: Friedrich-Wilhelm-Gymn. Kottbus Reife (für Obersekunda) O. 93; Studium: Polytechnikum Braunschweig 4, Erlangen 7 S.; Rig. 27. Juli 04.]

Matzdorff, Otto, Wertbestimmung des Rhizoma Felicis. gr. 8. (24 S.) Berlin (901). (Erlangen, Th. Blaesing.) n. 1. —
Sonderabdruck aus: „Apotheker-Zeitung".

Matzdorff, Paulus (Bernhard. Anton) (geb. Berlin 16. 5. 1824): De successione mulierum. Berolini (1849). (37 S.) 8°
Berlin, Phil. Diss. v. 13. Juni 1849

Matzek: Die Methoden der orthographischen Parallelperspektive oder der Axonometrie. 52 S. – Brünn OR., Progr. 1865.

Matzek, Frz., Beitrag zur Construction von Berührungsebenen an Rotationsflächen. [Mit 1 (lith.) Taf. (in qu. 4.)] [Aus d. Sitzungsber. d. k. Akad. d. Wiss.] Wien 868. (Gerold's Sohn.) Lex.-8. (5 S.) n. 5 *ngr.*

Matzek Franz: Beitrag zur Konstruktion von Berührungsebenen an Rotationsflächen (mit 1 Taf.) S. 58. II. 44 . . . . —.50
Separatabdruck

Matzek, Frz., Grundzüge der zeichnenden Geometrie, als Anleitung zur perspektiv. Aufnahme geometr. Formen nach der Beurtheilung, mit freiem Auge und mit freier Hand, zunächst für die 1. Klasse der Realschulen und der Realgymnasien. gr. 8. (IV und 159 S. mit 177 in den Text eingedr. Fig. in Holzschn.) Brünn 864, Winiker. *

—— Construction der Curven bestimmter Beleuchtungsintensität an Rotationsflächen mit Benützung berührender Kugelflächen. Lex.-8. (5 S. mit 1 lithogr. Taf.) Ebendas. 868.
aus: Sitzungsberichte der k. Akademie der Wissenschaften, besonders abgedruckt.

— Konstruktion der Kurven bestimmter Beleuchtungsintensität an Rotationsflächen mit Benutzung berührender Kugelflächen (mit 1 Taf.) S. 58. II. 49 . . . . —.30
Separatabdruck

—— Lehrbuch der Arithmetik für Unter-Realschulen. 2 Thle. gr. 8. Brünn 862,63, Winiker. à Thl. * 18 Ngr. *
Inhalt:
Thl. 1. Für die 1. Unterrealklasse. (III und 180 S.)
» 2. Für die 2. Unterrealklasse. (VII und 168 S.)

Matzek, Frz., siebenstellige gemeine Logarithmen. Ster.-Ausg. 4. (XVII und 619 S.) Brünn 861, Winiker's Buchh. *

Matzek, Franz, Siebenstellige gemeine Logarithmen. I. Tafel. Logarithmen der Zahlen von 1—100.000. — II. Tafel. Sinus u. Tangenten für 0°0'0" bis 4°, dann der Cosinus u. Cotangenten für 86°—90° von Secunde zu Secunde. — III. Tafel. Logarithmen der trigonometrischen Functionen aller Winkel des Quadranten von 10 zu 10 Secunden. Alle Proportionaltheile berechnet. Stereotyp-Ausg. kl. 4. (XVI. 619 S.) Brünn, Winiker. 1862. 1 fl. 50 kr.

Matzek, Carol. Anton. Epiph. *(geb. Schossnischowitz [d. i. Kieferstädtel] in Oberschles. 5. 2. 1810)*: Necrophororum monographiae part. I. Vratislaviae (1839). (61 S., 4 Taf.) 8°
Breslau, Phil. Diss. v. 6. Febr. 1839

Matzel, Richard, appr. Arzt a. Peitz, Kr. Cottbus, Assistent am Kgl. Physiol. Inst. d. Univ. zu Halle a. S.: Zur Pharmakologie der ätherischen Öle. Halle a. S. 1905: Heynemann. (35 S.) 8°
Halle, Med. Fak., Ref. Harnack, Diss. v. 2. Aug. 1905
[Geb. 23. Dez. 78 Peitz, Kr. Cottbus; Wohnort: Peitz; Staatsangeh.: Preußen; Vorbildung: Gymn. Guben Reife O. 00; Studium: Halle 10 S.; Coll. 28. Juli 05; Approb. 16. Juli 05.]

Ansgar, der Apostel des Nordens ⟨v. **Matzen**⟩. Ein Gedenkblatt zu seinem elfhundertjährigen Geburtstage. ⟨2. Aufl.⟩ Breklum 1901. 8⁰

Matzen, Ansgar, der Apostel des Nordens. Ein Gedenkblatt f. den Missionar unseres Heimatlandes. 3. Aufl. (24 S. m. Abbildgn.) gr. 8. Breklum 903. (Christl. Buchh.) n.n. — 10

Matzen, Asmus, approb. Arzt aus Esgrusschauby (Schlesw.-Holst.) Ein Fall von Scirrhus der Glandula thyreoidea. *München 1903: C. Wolf & Sohn.* (22 S.) 8°
München, Med. Diss. v. 1903

Matzen, Henning, das Indigenatrecht im Wiener Frieden. Widerlegung der Schrift des Hrn. Oberlandesgerichtsrats Dr. Otto Brandt in Kiel. (154 S.) 8. Kopenhagen 906. G. E. C. Gad. nn 2.50

Matzen, Henning, die nordschleswigsche Optantenfrage. (III, 204 S.) 8. Kopenhagen 904. Gyldendal. n. 3. —

Matzen, Jens, approb. Arzt aus Loitwitt Aus d. med. Klinik zu Kiel. Ein Beitrag zur Kasuistik des Tetanus. *Kiel 1903: Schmidt & Klaunig.* (19 S.) 8°
Kiel, Med. Diss. v. [7 Apr] 1903

Matzen, N.

— eine notwendige Stütze im Kampfe gegen den Alkohol. Beitrag zur Reform der Getränke. (20 S.) gr. 8. Dresden (904). (O. V. Böhmert). n. — 30

Die Berufskrankheiten der Lehrer nach Ursachen, Verhütung u. Behandlung. Von Dr. med. N[iels] **Matzen**. 1. Aufl. *Radebeul: 'Lumen'-Verl. (1902).* (94 S.) 8°

Matzen, N., die Berufskrankheiten der Lehrer nach Ursachen, Verhütung u. Behandlung. (94 S.) gr. 8. Radebeul (903). Rottmannshöhe, Lumen-Verlag. n. 2. —

Die Berufskrankheiten der Lehrer nach Ursachen, Verhütung u. Behandlung. Von Dr med. N[iels] **Matzen**, Rottmannshöhe. 3. Aufl. Langensalza: F. G. L. Gressler 1907. (93 S.) 8°

Matzen, N., die Berufskrankheiten der Lehrer nach Ursachen, Verhütung u. Behandlung. 3. Aufl. (93 S.) gr. 8. Langensalza 907. Schulbuchh. 2. —

Matzen, Niels [aus Tondern (Schleswig-Holstein)]: Über seltene Localisation von Dermoidcysten. München, Buchdr v Julius Fuller, 1889; 22 S. 8°
München, Med. Fak., Inaug.-Diss. v. 1889

Matzenauer, Carlos, Bolivia in histor., geograf. u. cultureller Hinsicht. gr. 8. (VII, 98 S.) Wien 897. (L. Weiss.) n. 1.50; geb. n. 2. —

Matzenauer, Engelb., Erdmagnetismus und Nordlicht. Ein Versuch ihren Zusammenhang mit Zugrundelegung der P. T. Meißner'schen Wärmelehre zu erklären. 1. u. 2. verm. Aufl. Innsbruck 861. (Wagner.) Lex.-8. (31 S.) n. 12 ngr.

Matzenauer, Engelb., der menschliche Geist hier und jenseits, gefolgert aus Prof. Paul Traugott Meißner's Wärmelehre. gr. 8. (19 S.) Wien 865, (Czermak.) *

—— ist die Sonnenscheibe ein Komet? Ein Versuch, diese Frage mit Zugrundelegung der P. T. Meißner'schen Wärmelehre zu beantworten. Lex.-8. (14 S. mit 1 eingedr. Holzschn.) Wien 868, Gelch. [Helf.] *

—— Kometen und Sonnenlicht, eine Wirkung der Attraktion aus Prof. Meißner's Wärmelehre gefolgert. gr. 8. (12 S.) Wien 865, Czermak. *

—— Planeten, Monde und Meteore. Nachtrag zu der Brochüre: Vortrag über Kometen und Sonnenlicht. gr. 8. (16 S.) Wien 865, (Czermak.) *

—— Urzeugung (Generatio äquivoca) durch Condensirung elektrischer Auflösungen aus Prof. Paul T. Meißner's Wärmelehre gefolgert. gr. 8. (23 S.) Wien 865, (Czermak.) *

—— Vortrag, am 14. Jänner 1865 im Vereinssaale des österreich. Ingenieur- und Architektenvereins über Kometen und Sonnenlicht, nebst einer Reflexion, betr. den Ring des Saturns, und der Folgerung: Die Weltkörper vermehren sich durch einen elektr. Zeugungsakt, wie die Geschöpfe der organ. Natur 2c. gr. 8. (16 S. mit 6 Abbild. auf 2 Stnt.) Wien 865, (Czermak.) *

Matzenauer, Engelbert, Vortrag über Kometen- und Sonnenlicht, nebst einer Reflexion, betreffend den Ring des Saturns, und der Folgerung: die Weltkörper vermehren sich durch einen elektrischen Zeugungsakt wie die Geschöpfe der organischen Natur. gr. 8. Mit 2 Tafeln. (16 S.) Wien, Czermak in Comm. 1865. 40 kr.

Matzenauer, Rudolf

Matzenauer, Rud., s.: Beiträge zur Dermatologie u. Syphilis.

Matzenauer, Rud., die Hautkrankheiten, s.: Jarisch, A.

— Impetigo contagiosa. gr. 8. (III, 86 S. m. 4 lith. Taf.) Wien 900. F. Deuticke. n. 5. —
Sonderabdruck aus: „Neumann-Festschrift".

Matzenauer, Rud., Lehrbuch der venerischen Erkrankungen. 1. Tl. (V, 285 S.) gr. 8. Wien 904. M. Perles. n. 5.40

— Lehrbuch der venerischen Erkrankgn. 2. (Schluss-) Tl. (IX, 389 S.) gr. 8. Wien 907. M. Perles. 7.60;
I. Tl. Ebd. 904. 5.40 (Kplt. geb. n 14. —)

— die Vererbung der Syphilis. Ergänzungsheft zum „Archiv für Dermatologie u. Syphilis". (III, 216 S.) gr. 8. Wien 903. W. Braumüller. n. 4. —

Matzerath, Chr. J., Gedichte. 8. (22 B.) Stuttgart u. Tübingen 838, Cotta'sche Buchh.

Matzerath, Chrn. Jos., nachgelassene Gedichte. gr. 8. (VIII, 181 S.) Köln 877, DuMont-Schauberg'sche Buchh. *

—— und K. Simrock, rheinisches Jahrbuch 2c., s. Jahrbuch.

—— Meditationen ein. rhein. Katholiken üb. d. sociale u. nationale Seite d. kölner Frage. Eine Flugschrift. 8. (5 B.) Köln 838, Du Mont-Schauberg.

Matzig, Otto, die Entstehung der Heuscheuer und des böhmisch-glatzischen Quadersandstein-Gebirges. Ein Blatt aus der Geschichte der Schöpfung. 12. (37 S. mit 1 Karte.) Reinerz 888. (Langenbielau, Stiebler.)

— Führer durch die Grafschaft Glatz. Handbuch f. Touristen. Mit Abbildgn. u. 1 Karte der Grafsch. Glatz. 8. (VI, 240 S.) Reinerz 889. (Freiburg i/Schl., Heiber.) geb. n. 2. —

Mätzig, ..., prakt. Anleitung z. Ausmessung u. kubischen Berechnung verschied. Räume, so wie z. richtigen Beurtheil. u. Ausmittel. d. Produktionsfähigkeit e. jeden Branntweinbrennerei u. Bierbrauerei. 8. Hirschb. 820. 2e A. 823. Krahn (Leipz. Mag. f. Ind.) 16 gr. Hbg. Pr. 12 gr.

—vollständ. tabell. gegenseitige Vergleichungen d. neuen Preuß., Breslauer u. Berliner Maße u. Gewichte, wie auch d. vorzügl., außer den letztgenannten, in Europa gebräuchl. Maße u. Gewichte mit d. Preußischen, nebst e. Tabellen. Fol. Hirschb. 819. Krahn. 1 // Hbg. 12 𝒳

— große vollst. Vergleichungstabellen des neuen Preuß. Gewichtes u. Maaßes, mit dem Berliner u. Breslauer u. and. Länder. Hirschberg, Krahn.

Matzinger, Albert Wilhelm

Matzinger, A. W., zur Geschichte der niederen Vereinigung, s.a. Studien, schweizer., zur Geschichtswissenschaft. II.Bd.

Matzinger, Albert W(ilhelm). Zur Geschichte der niederen Vereinigung. 8. Zürich-Selnau, Gebr. Leemann & Co., 1910.
Ausg. A: Diss. Phil. Basel ... von Albert W M'... II + 594 S.
Ausg. B: Von Dr phil. A.W M'. 2 Teile. II + VI + 592 S. — Teil 1: Der erste Bund. II + 284 S. [fr. 4.50]; Teil 2: Der zweite B'. VI S. + S. 285--592. [fr 4.75.] — Schweizer Studien zur Geschichtswissenschaft ... Band 2. Heft 2 *u.* 3.

Matzinger, Sebastian [Gymnasialassist.]: Des hl. Thascius Caecilius Cyprianus Tractat „De bono pudicitiae" ... Nürnberg, gedr. bei U E. Sebald, 1892; 1 Bl., 47 S. 8.
München, Phil Fak Inaug.-Diss. v [11 Mai] 1892

Matzinger, Sebastian [Dr., Gymn.-Assist.]: Des hl. Thascius Caecilius Cyprianus Tractat: „De bono pudicitiae". (= Inaug.-Diss. München 1892.) Nürnberg, gedr. bei U. E. Sebald, 1892; 1 Bl., 47 S. 8.
Nürnberg, k Altes G., P 1892*

Matzka, Vinz., die Wehrfrage und das Turnvereinswesen. gr. 8. (23 S.) Wien 880, (Perles.) *

Matzka, Wilh., Beiträge zur Lehre der universellen Summirung von Strecken, d. i. ihrer Aneinanderfügung mittels Parallelverschiebung. gr. 4. (64 S. mit 1 lithogr. Figurentaf.) Prag 868, (Calve'sche Universitäts-Buchh.) *

Matzka, Wilh., kritische Berechnungen der musikalischen Töne, s. Abhandlungen der k. böhmischen Gesellschaft der Wissenschaften.

Matzka, Dr. Wilhelm — Ein neuer Beweis des Kräftenparallelogramms Von — —. (Vorgelesen in der Sitzung der naturwissenschaftlich-mathematischen Sektion der königl. böhm. Gesellschaft der Wissenschaften am 15. Oktober 1855.) Mit einer Figurentafel. Prag, 1856. Druck des artistisch-typographischen Instituts von Karl Bellmann. (11 S. 4.)

Matzka, Wilh., ein neuer Beweis des Kräftenparallelogramms. gr. 4. (11 S. mit 1 Stnt.) Prag 856, (Tempsky.) *
Aus: Abhandlungen der k. böhmischen Gesellschaft der Wissenschaften, V. Folge 9. Bd., besonders abgedruckt.

Matzka, Wilh., die Chronologie in ihrem ganzen Umfange, mit vorzügl. Rücksicht auf ihre Anwendung in der Astronomie, Weltgeschichte u. Urkundenlehre; nebst ein. Vorschlage zu einer streng wissenschaftlich geregelten Zeitrechnung; durch höhere Arithmetik begründet u. erläutert. gr. 8. (34¾ B.) Wien 844, Beck'sche Universit.-Buchh.

Matzka, Wilh., Elementarlehre von den Logarithmen auf einen neuen, verständlicheren und umfassenderen Begriff dieser Hilfszahlen gegründet, blos die Kenntniß der gewöhnlichsten Zifferrechnungen voraussetzend, ohne Algebra gemeinfaßlich zergliedert. Vorzugsweise bestimmt zur Verbreitung dieser im Zifferrechnen so vielseitig nützl. Lehre im Kreise der prakt. Rechner, in Untergymnasien ꝛc. gr. 8. (131 S.) Prag 850, Calve'sche Vrlgsh. -

Matzka, Wilh., Grundzüge der systematischen Einführung und Begründung der Determinanten, vermittelst geeigneter Auflösung der Gruppen allgemeiner linearer Gleichungen. gr. 4. (64 S.) Prag 877, (Calve'sche Universitäts-Buchh.) *

Matzka, Wilh., zur Lehre v. der Parallelprojection u. der Flächen. Mit 13 (eingedr.) Holzschn. [Aus: „Abhandlgn. d. k. böhm. Ges. d. Wiss."] gr. 4. (70 S.) Prag 874. (Calve.) n. 3. 60

Matzka, Wlh., s. Vega, Geo. von. Vorlesungen über die Mathematik.

—— Versuch einer richtigen Lehre von der Realität der vorgeblich imaginären Grössen der Algebra oder einer Grundlehre von der Ablenkung algebraischer Grössenbeziehungen. gr. 4. (IV und 182 S. mit 3 Stnt.) Prag 850, (Calve'sche Vrlgsh.) *
Aus: Abhandlungen der k. böhm. Gesellschaft der Wissenschaften zu Prag. V. Folge 6. Bd., besonders abgedruckt.

—— zur christlichen Zeitrechnung und für deren Verbesserung. gr. 4. (76 S.) Prag 880, (Calve'sche Universitäts-Buchh.) **
Aus: Abhandlungen der k. böhmischen Gesellschaft der Wissenschaften, besonders abgedruckt.

Matzke: Grammatikalische Abhandlungen über die deutsche Sprache Breslau. Meyer 1776 8°

Matzke: Ueber die Aufgabe des Religionsunterrichtes an Gymnasien 20 S. – Sagan, Progr 1860

Matzke, Dav., die General-Visitationen der evangelischen Kirchen und Schulen im Fürstenth. Liegnitz in den J. 1654, 1655 und 1674 nebst mehreren urkundlichen Belägen. Ein Bild der evangel. vaterländischen Kirche und Schule des 17. Jahrhunderts. gr. 8. (VIII und 92 S.) Berlin 854, Hertz. *

Matzke, Dav., die natürliche Theologie des Raymundus von Sabunde. Ein Beitrag zur Dogmengeschichte des 15. Jahrh. gr. 8. (7 B.) Breslau 846, Trewendt.

Matzke, John Ernst. Dialektische Eigentümlichkeiten in der Entwickelung des mouillierten l im Altfranzösischen. 33 S. Baltimore, Johns Hopkins Univ, Phil. Diss. v 1888

Matzke, John E., dialectische Eigenthümlichkeiten in der Entwicklung d. mouillierten l im Altfranzösischen. [Aus: „Publications of the modern language association".] gr 8. (57 S.) Brunswick 890. Maine. (Paris, H. Welter.) n. 2. 50

Matzke Josef: Ronsards Anfänge.
II. 1908 PN 2562 Diss. Wien, Univ 2294

Mäzke, s. Mäzke.

Mätzke, Bernhard

Mätzke, B., Heimatkunde der Uckermark. Für Schule u. Haus bearb. (82 S. m. Abbildgn.) gr. 8. Prenzlau 906. A. Mieck. n.n. — 75

Maetzke, Carl, s. Maetzke, Karl

Maetzke, Georg, prakt. Arzt: Aus dem chemischen Laboratorium des physiologischen Instituts, und der Kgl. chirurgischen Universitätsklinik zu Breslau. Beobachtungen an Hunden mit anus praeternaturalis. Breslau 1905: Breslauer Genoss.-Buchdr. (58 S.) 8°
Breslau, Med. Fak., Ref. Röhmann-Hürthle, Diss. v. 11. Okt. 1905
[Geb. 8. Aug. 80 Görlitz; Wohnort: Görlitz; Staatsangeh.: Preußen; Vorbildung: Gymn. Görlitz Reife O. 00; Studium: Marburg 1, Berlin 3, Greifswald 2, Breslau 3 S.; Coll. 11. Mai 05; Approb. 30. Sept. 05.]

Maetzke, Karl

Maetzke, Carolus, Hasso-Nassovius: De Dionysio Halicarnassensi Isocratis imitatore. Vratislaviae 1906: R. Nischkowsky. (35 S.) 8°
Breslau, Phil. Fak., Ref. Skutsch, Diss. v. 13. Sept. 1906
[Geb. 9. Febr. 83 Wiesbaden; Wohnort: Löwenberg Schl.; Staatsangeh.: Preußen; Vorbildung: Gymn. Hirschberg Schl. Reife O. 02; Studium: Leipzig 2, Breslau 6 S.; Rig. 25. Juli 06.]

Das Wichtigste aus der Heimatskunde des Kreises Lüben. Beilage z. Flemmingschen Schulkarte d. Kreises Lüben. Bearb. von P **Matzker**, Hauptlehrer. Glogau: C. Flemming [1906]. (16 S.) 8° [F.] 106. 6575

Mätzler, Ant., Belehrung üb. d. Einimpfen d. Kuhpocken f. d. gemein. Mann; e. Gespräch zwischen d. Kaplan N. u. zwei Bauern Johann u. Martin. 8. Bregenz 805.

Mätzler, Ant., Buß- u. Kommunion-Unterricht z. Gebr. f. Schulen. Der aber auch Erwachsenen nützlich seyn kann. 8. Aufl. 8. (8½ B.) München 834, Jaquet.

Mätzler, Ant., Erklärung der Gebete u. Ceremonien bei der Ausspendung der heil. Sakramente in der kath. Kirche. gr. 12. (6⅔ B.) Augsburg 843, Schmidsche Buchh.

—Geschichte d. christkathol. Kirche, dargestellt in den Lebensbeschreibb. d. Heiligen Gottes 2c. 4 Thle. 4. Kempten 819—29. Kösel. 7 ß 16 gl Hbg. Pr. 3 ß 8 gl

Mätzler, A., Geschichte der christkatholischen Kirche, dargestellt in den Lebensbeschreibungen der Heiligen Gottes 2c. 1r Thl. 4. Kempten, Kösel. (Landshut. Krüll.) 820.

Mätzler, (A.,) Geschichte d. christ-kathol. Kirche dargestellt in d. Lebensbeschreib. d. Heiligen Gottes. 2r — 4r Thl. 4. Kempten, Kösel. (Krüll.) 821—26. à 2 Rthl. 4 Thle.

—— Knospen u. Früchte wahrer Tugend u. Frömmigkeit in erhabenen Beispielen z. Nachahm. f. alle auf d. Bahn d. Heils wandelnde u. Gott suchende Christen. 1—8. Gabe. Mit Kpfr. 8. Augsburg 834, Schlosser. à

— Knospen u. Früchte wahrer Tugend u. Frömmigkeit in erhabenen Beispielen zur Nachahmung für alle auf d. Bahn des Heils wandelnde u. Gott suchende Christen, in 6 Gaben, die nachsteh. 6 Lebensgeschichten enthaltend: Lebensgeschichte 1) des heil. Fintan. Mit 8 Kpfr. 1/8 ß — 2) des heil. Antonius von Padua. Mit 13 Kpfr. 1/8 ß — 3) des heil. Benediktus. Mit 13 Kpfr. 1/8 ß — 4) des heil. Franziskus von Assisi. Mit 13 Kpfr. 1/8 ß — 5) des heil. Handwerker. Mit 9 Kpfr. 1/8 ß — 6) der heil. Maria Magdalena. Mit 14 Kpfr. 1/8 ß 8. Augsburg 836. Schlosser. 3/4 ß

—— Lebensbeschreibungen heil. Handwerker. M. 9 Kpfr. 8. ... Augsburg 831, Schlosser.

—Lebensgeschichte d. heil. Antonius v. Padua. Mit 13 Kpf. 8. Augsb. 831. Schlosser. 3 gl

—— Lebensgesch. d. heil. Benedikts, Patriarchen d. Mönche d. Abendlandes. M. 13 Kpfr. 8. ... Augsburg 831, Schlosser.

—Lebensgeschichte d. heil. Elisabeth, Landgräfin v. Hessen u. Thüringen. 8. Kempten 813.

—— Lebensgesch. d. heil. Fintan, Benediktiners zu Rheinau. M. 8 Kpfr. 8. ... Augsburg 834, Schlosser.

—— Lebensgesch. d. heil. Franziskus v. Assisi. M. 13 Kpfr. 8. ... Augsburg 831, Schlosser.

—Lebensgeschichte d. heil. Gebhard, Bischof zu Konstanz. 8. Bregenz 813.

—— Lebensgesch. d. heil. Johannes v. Kreuze, ersten unbeschuhten Carmeliten. M. 16 Kpfr. 8. ... Augsburg 834, Schlosser.

—— Lebensgesch. d. heil. Johannes v. Matha u. d. heil. Felix v. Valois, d. Stifters d. Ordens zur Auslösung d. Gefangenen od. d. Trinitarier. M. 12 Kpfr. 8. ... Augsburg 834, Schlosser.

—— Lebensgesch. d. hl. Maria Magdalena. M. 14 Kpfr. 8. ... Augsburg 831, Schlosser.

—— Legende d. Heiligen auf alle Tage d. Jahres. Od.: Die Herrlichkeit d. Kathol. Kirche, dargest. in d. Lebensbeschreibn. d. Heiligen Gottes. Ein Christkathol. Hand- u. Hausbuch z. Belehr. u. Erbau. d. Christen. 2 Bde. 2., verb. Aufl. 4. (187½ B. u. 1 Ttlkpfr.) München 830, [Jaquet.]

Mätzler, Ant., Legende d. Heiligen auf alle Tage d. Jahres. Od.: Die Herrlichkeit d. kathol. Kirche, dargest. in d. Lebensbeschreibn. d. Heiligen Gottes. Ein christ-kathol. Hand- u. Hausb. z. Belehr. u. Erbau. d. Christen. 2 Bde. (od. 8 Lfgn.) 3. verb. Aufl. gr. 4. (137¾ B. u. 2 Stahlst.) 838. 3 Thlr., f. Pap. 3½ Thlr.; 4., verb. u. verm. A. Lex.-8. (107¾ B. u. 2 Stahlst.) Landshut 840—42. [München, Literar.-artist. Anstalt.]

—— dass. — 9. Lfg. Anhang z. 4. Aufl. Enth. jene kirchengeschichtl. Abhandln., welche in d. 1. u. 2. Aufl. dieses Werkes enth., in d. 3. Aufl. aber weggeblieben sind. Lex.-8. (8 B.) Ebds. 842.

Mätzler, Ant., Legende der Heiligen auf alle Tage des Jahres. Oder: Die Herrlichkeit der kathol. Kirche, dargestellt in den Lebensbeschreibungen der Heiligen Gottes. Ein christkathol. Hand- und Hausbuch zur Belehrung und Erbauung der Christen. 5. Aufl. Lex.-8. Landshut. [München, Literarisch-artistische Anstalt.] [1. (875 S. und lithochrom. Ttl.) 2. (952 und 8 S. mit 2 Stahlst. und lithochrom. Ttl.) 848.]

Mätzler, Ant., Legende der Heiligen auf alle Tage des Jahres. Oder: die Herrlichkeit der kathol. Kirche, dargestellt in den Lebensbeschreibungen der Heiligen Gottes. Ein christkath. Hand- u. Hausbuch z. Belehrung u. Erbauung der Christen. 5. Aufl. (2 Bde. in) 6 Lfgn. Lex. 8. (875 u. 960 S. m. 2 lithochrom. Titeln u. 2 Stahlst.) Landshut 848, Vogel. (à 5/12 ß) 2½ ß

— Legenden der Heiligen auf alle Tage des Jahres. Oder: Die Herrlichkeit d. kathol. Kirche, dargestellt in den Lebensbeschreibungen der Heiligen Gottes. 1r Bd. 8 Lfrgg. 3e verb. Aufl. Mit 1 Stahlstich. gr. 4. Landshut 838. Palm'sche Verlagsh. à 3/8 ß — Fein Papier à 10½ gl — 1r Bd. 4e verb. u. verm. Aufl. 1e—5e Lfrg. Mit 1 Kpfr. Lex.-8. Ebd. 840. Palm, v. Vogelsche Verlagsbuchh. à 10½ gl

— Legenden der Heiligen auf alle Tage des Jahres. Oder: Die Herrlichkeit der kathol. Kirche, dargestellt in den Lebensbeschreibungen der Heiligen Gottes. Ein christkathol. Hand- und Hausbuch zur Belehrung und Erbauung der Christen. 8 Liefg. 4. verb. u. verm. Aufl. Lex.-8. Landshut 840—42. (v. Vogel'sche Verlagsbuchh.) 3½ ₰ — 9. Liefg. Anhang zur 4. Aufl. Enthaltend jene kirchengeschichtl. Abhandlungen, welche in der 1. u. 2. Aufl. dieses Werkes enthalten, in der 3. aber weggeblieben sind. Lex.-8. Ebend. 842. ⅜ ₰ — compl. 3⅞ ₰

Mätzler, Ant., Reime, Denksprüche u. Sprüchwörter über d. christl. Glaubens- u. Sittenlehre, nebst Klugheits- u. Lebensregeln, f. Schulen. 8. Kempten 815.

Matzneff, J. v., eine Luftreise von Paris nach Spaa in drei Stationen ausgeführt und von ihm selbst beschrieben. Aus der Revue des deux mondes übers. von P. 8. (31 S.) Cassel 852, Hotop.

Matzner, an die Katholiken Preußens. Ein Neujahrsgruß. 1. und 2. Aufl. gr. 8. (15 S.) Gr.-Strehlitz 870, (Dannehl.) *

—— während des vatikanischen Concils. Einige Worte zur Beruhigung für nervös Aufgeregte. 8. (27 S.) (Ebendas.) 870. *

Matzner· De Jac. Vitriaci vita Münster, Schul-/Univ.-Schrift 1863

Matzner, F Alters- und Inhabilitäts-Versorgung der katholischen Geistlichen E Wort z Anreg Gleiwitz 1868 8°

Matzner, F. J., Gaudeamus. Kommersbuch f. deutsche Sänger u. Studenten m. 100 Schnaderhüpfeln in bair. Mundart. 16. (VIII, 206 S.) Gera 892. C. B. Griesbach. Geb. in Leinw. n. — 80

Matzner, R., Religionsbuch. s.: Falcke, Aug., u. Förster.

Matzner, Rob., kurzgefaßte deutsche Sprachlehre. Für Elementar-Schulen bearb. 2. Aufl. 8. (58 S.) Neurode 858, Fischer. (Leipzig, Klinkhardt.) *

Maetzner, s. Feier des 81 Geburtstages Wilhelm I

Mätzner 25 Schuljahre Berlin 1863
Schul-/Univ.-Schrift

Mätzner, E. Bemerkungen über den Unterricht in fremden Sprachen. Berlin, H. T., 1844. **Progr.**

Matzner, E., Ueber die Hand des Menschen in culturhistorischer Beziehung. Berlin 1855.

Mätzner, E. Die Schriftstellerinnen der europäischen Nationallitteraturen. 1. Heft. Berlin, erste städt. H. T., 1846. 31 S. **Progr.**
— Dasselbe. 2 Heft. Ebd. 1847. 26 S.
— 3. Heft. — 1848. 27 S.
— 4. Heft. — 1849. 23 S.
— 5. Heft. — 1850. 30 S.
— 6. Heft. — 1851. 43 S.
— 7. Heft. — 1852. 32 S.

Maetzner, Ed, s. Antiphon Orator

Mätzner, Ed (Hrsg.), s. Aphorismen aus Theod Parow's Nachlaß.

— s. Dinarchi orationes III.

Mätzner, Ed., englische Grammatik. 1. Thl. Die Lehre vom Worte. Berlin 860. Weidmann. gr. 8. (VIII, 504 S.) n. 2 ₰ 20 ngr.

Mätzner, Ed., englische Grammatik. 2. Thl. Die Lehre von der Wort- und Satzfügung. 2 Hälften. gr. 8. Berlin, Weidmann'sche Buchh. [1. Hälfte. (IV und 500 S.) 864. * 2 Thlr. 20 Ngr., 2. Hälfte. (XVI und 597 S.) 865. * 3 Thlr. 6 Ngr.] *
1. Thl. Ebendas. 1860. * 2 Thlr. 20 Ngr.

Mätzner, Ed., englische Grammatik. 3 Thle. 2. Aufl. gr. 8. Berlin, Weidmann'sche Buchh. *
Inhalt:
Thl. 1. Die Lehre vom Worte. 2 Abthlgn. 1. Abthl. (S. 1—320.) 873. *ℳ 6.; 2. Abthl. (VIII, S. 321—560.) 873. *ℳ 5.
» 2. 3. Die Lehre von der Wort- und Satzfügung. 1. Hälfte. (IV, 529 S.) 874. *ℳ 10.; 2. Hälfte. (XX, 619 S.) 875. *ℳ 13.

Mätzner, Ed., englische Grammatik. 3. Aufl. 3 Thle. gr. 8. Berlin, Weidmann'sche Buchh. *
Inhalt:
Thl. 1. Die Lehre vom Worte. (VIII, 583 S.) 880. *ℳ 11.
» 2. Die Lehre von der Wort- und Satzfügung. 1. Hälfte. (VIII, 541 S.) 882. *ℳ 11.
» 3. —— dass. — 2. Hälfte. (XX, 652 S.) 885. *ℳ 14.

Mätzner, Ed., englische Grammatik. 3. Aufl. 2. u. 3. Thl. Die Lehre v. der Wort- u. Satzfügg. gr 8. (VIII, 541 u. XX, 652 S.) Berlin 882. 85. Weidmann. n. 25. —

Mätzner, Ed., französische Grammatik mit besonderer Berücksichtigung des Lateinischen. gr. 8. (XIX und 665 S.) Berlin 856, Weidmannsche Buchh.

Mätzner, Ed., französische Grammatik mit besonderer Berücksichtigung des Lateinischen. 3 Abthlgn. 2. Aufl. gr. 8. Berlin, Weidmann'sche Buchh. [1. Abthl. (S. 1—192.) 876. *ℳ 2,40.; 2. und 3. Abthl. (XXIV, 193—604 S.) 877. *ℳ 5,60.] *

— französische Grammatik mit besonderer Berücksicht. des Lateinischen. 2. Aufl. gr. 8. (XXIV, 604 S.) Ebend. 878. n. 8. —

— französische Grammatik m. besond. Berücksicht. d. Lateinischen. 3. Aufl. gr. 8. (XXIV, 676 S.) Ebend. 884. 85. n. 10. —

Mätzner, Ed., Herrmann u. Thusnelda. Schspl. in 5 A. gr. Greifsw. 822. (Koch). 14 gr

— Hermann u. Thusnelde. Romantisches Schauspiel in 5 Aufzügen. 2. Aufl. 8. (X, 112 S.) Ebend. 874. n. 2. –

—— altfranzösische Lieder berichtigt und erläutert, s. Lieder.

– s Lycurgus Oratio

Mätzner, Ed., s.: Sprachproben, altenglische.

Mätzner, Ed., Syntax der neufranzös. Sprache. Ein Beitrag z. geschichtlich-vergleichenden Sprachforschung. 2 Thle. gr. 8. Berlin, Dümmler, Verl. [1. (32½ B.) 843, 2. (29½ B.) 45. a 2 Thlr.]

Maetznerus, Eduardus * De Jove Homeri. 44 S. 2°
Halle-Wittenberg, Phil. Diss. v 25. Juli 1833
Geb. [Rostock 25. 5. 1805]
Im Buchhandel Berolini, Posnaniae, Bidgostiae Mittler 1834. 81 S. 8°
Verf erlebte die Diplomerneuerung 1883 als Töchterschul-Direktor in Berlin, vgl. Anh. Nr 585.

Mätzner, Eduard, La nobla Leyczon, mit Einleitung, Uebersetzung und Anmerkungen. Progr. der Ersten städt. höh. Töchterschule Berlin 1845.

Rede gehalten in der Trauer-Loge am 2. Nov. 1877 von [Edu.] **Maetzner.** [Berlin 1877.] 4 S. 8⁰ [Kopftit.]
Abgedr. in: MitthW. 0 (1877—1878) S. 54—57; [Ehrenkranz.] Ihrem [Br.] E. A. F. Maetzner d. L. zur Verschwiegenheit, [Berlin]. 1879 S. 23—27; H. 3 (1892) S. 91—92.
Tt. 2109. Üb. die Unsterblichkeit.

Mätzold, C., d. sittliche Bewahrung u. Förderg. d. konfirm. weibl. Jugend. Vortrag, geh. am 20. Sept. 1894 auf d. VI. allgem. Konferenz. d. deutschen Sittlichkeitsvereine in Kolmar i/Els. gr. 8. (32 S.) Berlin 895. (Hannov. Münden, R. Werther.) n. — 40

— d. Mithilfe d. gebildeten Frauen an d. Arbeit der Sittlichkeitsvereine. Vortrag. [Aus: „Flieg. Blätter f. inn. Mission".] gr. 8. (20 S.) Dresden 898. J. Naumann. n. — 20

Mätzold, C., Winke zur Erbauung u. Erhaltung e. glücklichen Heims. 3. mehrfach geänderte u. verm. Aufl. 8. (20 S.) Dresden (902). (Leipzig, H. G. Wallmann.) n.n. — 10

Mätzold, C., Winke zur Erbauung u. Erhaltung e. glücklichen Heims. 8. abermals geänd. u. verm. Aufl. Hrsg. v. dem Verein zur Hebg. der Sittlichkeit m. dem Sitz in Dresden. (24 S.) 8. Dresden (904). (Niederlage des Vereins zur Verbreitg. christl. Schriften.) n. — 10

Mätzold, Emil: E. M. Arndts politische Anschauungen und Betätigungen. Leipzig 1910: Hoffmann. 77 S. 8°
Leipzig, Phil. Diss. v. 1. Juli 1910, Ref. Brandenburg, Lamprecht
[Geb. 23. April 5. Mai 85 Petersburg, Wohnort Niederlößnitz; Staatsangeh.: Sachsen; Vorbildung Wettiner-Gymn. Dresden Reife O. 06; Studium: Leipzig 8 S., Rig. 13. Mai 10.] [U 10. 3192

Matsudaira, C[hintaro]. aus Fukui (Japan) Ueber einige Derivate des Dibenzylanilins. Zür Orell Füssli Cie Dr 1888. 54 S., 1 Bl. 8°
Zürich, Phil. Diss. [v. 22. Mai 1888].

Matzura, J., Schlesien in Wort u. Bild, s.: Laurenčič, Jul.

Matzura, Josef

Matzura, Jos., die Beskiden. Führer durch die West-Beskiden u. die angrenz. Landschaften. Mit 1 Karte. (VII, 348 S.) kl. 8. Brünn 907. C. Winiker. Kart. 4. 80

Matzura, Jos., illustrirter Führer durch die Beskiden u. die angrenzenden Landschaften. [Von der Betschwa bis zum Dunajetz; von Breslau zur Tatra; von Prerau bis Krakau-Wieliczka; die Städtebahn von Kojetein bis Kalwarya; Führer im Gebirge: zum Radhorst, zur Lissa, zu den Weichselquellen, zur Babiagura, das obere Waagthal, Sulov; die Arva. — Curorte.] gr. 16. (318 S. m. Karten u. Plänen.) Teschen 891. E. Feitzinger. Geb. n. 4. —

Matzura, J., Führer durch die West-Beskiden und die angrenzenden Landschaften. 8°. (348, XII S. mit 1 Karte) K 4
Brünn C. Winiker, K.u.k. Hochbuchh. 1907

Matzura, Klemens Die Konsekutiv und Final-Sätze bei Lysias. 24 S. 8.
Progr. Niederösterr Landes-Real- und Ober-Gymn. *Horn* 1903.

Matzura, Klemens Über Schülerkommentare und Präparationen zu lateinischen und griechischen Klassikern. S. 3—36. 8.
Progr. Niederösterr. Landes-Real- u. Ober-Gymn. *Horn* 1905.
I. Johann Schmidt Wortkunde zu seinem lateinischen Lesebuche aus Cornelius Nepos und Curtius Rufus². (Wien 1902.) II. Joh. Schmidt: Schüler-Kommentar zu Cäsars Denkwürdigkeiten über den Gallischen Krieg⁴ III. Anton Baran Schüler-Kommentar zu Demosthenes' acht Staatsreden² (Wien 1894.) IV Ernst Sewera: Lysias' Reden gegen Eratosthenes und über den Ölbaum. (Wien 1903.)

Matzuschita, Teïsi, bacteriologische Diagnostik. Zum Gebrauche in den bacteriolog. Laboratorien u. zum Selbstunterrichte. Für Aerzte, Tierärzte u. Botaniker. gr. 8. (XVII, 692 S. m. 1 Taf.) Jena 902. G. Fischer. n. 15. —; geb. n.n. 17. —

Matzuschita, Teïsi, Dr med. Nippon Zur **Physiologie** der Sporenbildung der Bacillen, nebst Bemerkungen zum Wachstum einiger Anaeroben. *Halle a. S. 1902: C. A. Kaemmerer & Co.* (115 S.) 8°
Halle, Phil. Diss. v. 1902

Matzuschita, Teïsi, aus Kagoshima i. Nippon **Aus d. hygien.** Institut d. Universität Giessen. **Untersuchungen** über die Mikroorganismen des menschlichen Kotes. *München 1902: R. Oldenbourg.* (49 S.) 8° ¶ Aus Archiv f. Hygiene, Bd 41, H. 3
Halle, Med. Diss. v. 11 Jan. 1902

Gruss aus Bethlehem an dessen Freunde und Wohlthäter. Nr. 23 Jahresbericht der Anstaltsgemeinde Anscharhöhe, erstattet von Pastor **Mau**. Hamburg, Oktober 1893 8⁰

Mau, Mörder im Kindesalter, s. Fälle und Abhandlungen, gerichtlich-medizinische.

Mau, Untersuchungen üb. die Bewegung d. Wassers in Canälen u. Flüssen. Mit 1 Taf. Abbildgn. [Aus: „Ztschr. f. Bauwesen".] gr. 4. (15 S.) Berlin 890. Ernst & Korn. n. 4. —

Worte der Erinnerung an Gust. Thaulow geb. den 6. Juli 1817, gest. den 11. März 1883, gesprochen in der academischen Aula am 15. März 1883. Gedr. mit gütiger Erlaubnis des Verf. Mau als Ms. f. die Mitglieder der Freimaurerloge in Kiel. [Kiel 1883: Barg.] 2 Bl. 2⁰ [Kopftit.]

Mau, Alfred [aus Wüstewaltersdorf in Schlesien] Ueber Di-o-xylyl-aethylen-diketon nebst O-xylyl-γ-ketoncarbonsäure und Nitro-di-m-xylyl-aethylendiketon nebst Nitro-m-xylyl-γ-ketoncarbonsäure Freiburg i B., Buchdr v Chr Striecker, 1889; 57 S. + 1 Bl 8°
Freiburg i B., Phil. Fak Inaug Diss v 1889

[Stammbuch des Pastors Andreas Jacob Friedrich **Mau**, geb. in Plön, den 7 Jan. 1733, gest. in Altenkrempe, den 19 Juli 1779.] Quer-8⁰

Mau, August

Mau, August (geb. Callies in Pomm. 25. 5. 1849) Ueber Aphasie Berlin (1872). (32 S.) 8°
Berlin, Med. Diss. v. 25. Juli 1872

— Ausgrabungen von Pompeji. S.-A. 1898. 58 S. u. 1 Taf.
— — 1901. 88 S. u. 1 Taf.

— La basilica di Pompei S.-A. 1888. 88 S.

Mau, Aug., pompejanische Beiträge. Mit 3 (1 lith. u. 2 phototyp.) Taf. gr. 8. (VIII, 261 S.) Berlin 879. G. Reimer. n. 6. —

— Bibliografia Pompeiana. S. A. 1889. 14 S.

Mau, Aug., s.: Corpus inscriptionum latinarum.

Maû, A., De Tibulli elegia libri I secunda. Pr. 1866. 20 S. 4°.

De Tibulli elegia libri primi secunda scripsit Augustus **Mau**. Glückstadt 1866 4° Gymn.-Progr

Mau, Aug., **Führer** durch Pompeji. Auf Veranlassg. d. kaiserl. deutschen archaeolog. Instituts verf. 12. (VIII, 108 S. m. 22 Abbildgn. u. 1 farb. Plan.) Neapel 893. F. Furchheim. n. 2. —

— Führer durch Pompeji Auf Veranlassg. d. kaiserl. deutschen archäolog. Instituts verf. 3., verb. u. verm. Aufl. M. 31 Abb. u. 6 Plänen. 12. (VII, 120 S.) Leipzig 898. W. Engelmann. Kart. n. 3. —

Mau, Aug., Führer durch Pompeji. Auf Veranlassg. des kaiserl. deutschen archäolog. Instituts verf. 4., verb. u. verm. Aufl. (VIII, 123 S. m. 35 Abb. u. 6 Plänen.) 12. Leipzig 903. W. Engelmann. Geb. n. 3. —

— Führer durch Pompeji. Auf Veranlassg. des kaiserl. deutschen archäolog. Instituts verf. 5. Aufl., bearb. v. Walth. Barthel. (IV, 142 S. m. Titelbild, 47 Abbildgn. u. 6 [1 farb.] Plänen.) kl. 8. Leipzig 910. W. Engelmann. Geb. in Leinw. 3. 40

Mau, Aug., Geschichte der decorativen Wandmalerei in Pompeji. Hrsg. von der Redact. der Archäolog. Zeitung. gr. 8. (XII, 462 S. mit eingedr. Holzschn. und 20 chromolithogr. Taf. in einer Mappe in Fol.) Berlin 882, G. Reimer. *

Mau, A., Wilhelm Henzen geb. 1816, gest. 1887 S.-A. 1887 26 S. —.60

— s.: Iwanoff, Sergius Alexandrejewitsch, architekton. Studien.

Mau, Aug., s.a. Katalog der Bibliothek des kaiserl. deutschen archaeologischen Instituts in Rom.

Katalog der Bibliothek des Kaiserlich Deutschen Archaeologischen Instituts in Rom von August **Mau**. Bd 1 *Rom. Loescher & Co. 1900.* 4°(8°) [00. 5115 6

Mau, August: Katalog der Bibliothek des Kaiserlich Deutschen Archaeologischen Instituts in Rom. Bd 1. 2. Rom '00—02.

— Der städtische Laventempel in Pompeji. S.-A. 1896. 17 S.

Mau, August, Assist. am allg. Krankenh. Hamburg-St. Georg Aus d. Anatomie d. allg. Krankenhauses Hamburg-St. Georg. Über primären Leberkrebs. Mit 4 Abb. im Text. *Hamburg & Leipzig: L. Voss 1901.* (19 S.) 8° ¶(Aus Jahrbücher d. Hamburg. Staatskrankenanst., Bd 7.)
Kiel, Med. Diss. v [27. Sept.] 1901

— Osservazioni sull' edifizio di Eumachia in Pompei. S.-A. 1892. 81 S. u. 1 Taf.

Mau, A., La partenza di Ulisse da Polifemo pitthura parataria di Pompei. S.-A. 1879. 8 S. u. 1 Taf.

— Pompei e la regione sotterrata dal Vesuvio nell' anno 79. S.-A. 1880. 16 S.

— Pompeji, s.: Museum, das stereoskopische.

— Pompeji in Leben u. Kunst. Mit 278 Abbildgn. im Text, 12 Heliogr. u. Vollbildern u. 6 Plänen. gr. 8. (XIX, 506 S.) Leipzig 900. W. Engelmann. n. 16.—; geb. in Halbfrz. n. 19. —

— Pompeji in Leben u. Kunst. 2. verb. u. verm. Aufl. Mit e. Kapitel üb. Herculanum. (XX, 564 S. m. 304 Abbildgn., 14 Taf. u. 6 Plänen.) gr. 8. Ebd. 908. 17.—; geb. in Leinw. 20. —

— Ritratti di Livia e di Agrippina minore. S.-A. 1892. 11 S.

— Scavi di Pompei 1886—88. S.-A. 1888. 27 S. u. 1 Taf.
— — 1894—1895. S.-A. 1896. 97 S. u. 1 Taf.

— Statua di Marcello nipote di Augusto. Gel. 1890. 19 S. u. 1 Taf. 4°.

Mau, A, Sullo svillupo dell' antica pittura decorativa. S.-A. 1878. 11 S.

— Der Tempel der Fortuna Augusta in Pompeji. S.-A. 1896. 16 S.

— Der Tempel der Venus Pompeiana. S.-A. 1900. 89 S. u. 2 Taf.

— Wand- u. Deckenschmuck e. römischen Hauses aus der Zeit d. Augustus, s.: Lessing, Jul.

Mau, A, Die oskischen Wegweiserinschriften in Pompeji. S.-A. 1899. 8 S

Mau, C E, s. Mau, Karl Eduard

Mau, C., 400 Fortællinger for Skolen og Livet. 8. (XII u. 688 S.) Kopenhagen 847, Deichmann. n. 1 ℛ 8 ℊℊ

Mau, G., kirchliche Verhältnisse in Mecklenburg. gr. 8. (82 S.) Berlin 899. W. Süsserott. n. 2. —

Mau, Georg

Mau, G., neue Gedanken üb. die Taufe aus Bibel u. Natur. Eine physiko-theolog. Untersuchg. (59 S.) 8. Wismar 906. H. Bartholdi. n. 1. —

Mau, G., ist das Tauffakrament noch haltbar? Ein Wort zur Lösg. der Tauffrage. (45 S.) gr. 8. Wismar 908. H. Bartholdi. 1. —

Mau, **Georg**: Julian in Ibsens 'Kaiser und Galiläer' 1 ⟨Caesars Abfall⟩. Liegnitz (1909): Seyffarth. S. 71—86. 8°
Liegnitz, st. ev G, in Festschr. z. 600j. Jubil. 1909, P 1910 (281) [S 10. 280

Mau, Georg, a. Mecklenburg: Die Religionsphilosophie Kaiser Julians in seinen Reden auf den König Helios und die Göttermutter. Erstes Kapitel: König Helios. Leipzig 1906: B. G. Teubner. (90 S.) 8° ¶[Erscheint vollst. in demselben Verlage.]
Straßburg, Phil. Fak., Ref. Neumann, Diss. v. 2. März 1904
[Geb. 31. Dez. 80 Boddin in Mecklenburg-Schwerin; Wohnort: Boddin; Staatsangeh.: Mecklenburg-Schwerin; Vorbildung: Gymn. Güstrow i. M. Reife O. 00; Studium: Heidelberg 2, Leipzig 3, Straßburg 3 S.]

Die Religionsphilosophie Kaiser Julians in seinen Reden auf König Helios und die Göttermutter. Mit e. Übersetzung d. beiden Reden [Εἰς τὸν βασιλέα Ἥλιον πρὸς Σαλούστιον Εἰς τὴν μητέρα τῶν θεῶν] von Dr. Georg **Mau**, Oberl. Leipzig & Berlin: B. G. Teubner 1907 (1908). (VIII, 169 S.) 8° [08. 5983

Mau, H [cand phil.]: König Wenzel und die rheinischen Kurfürsten Rostock, Carl Boldt'sche Hof-Buchdr., 1887, 68 S. 8°
Rostock, Phil. Fak, Inaug.-Diss. v 7 Dez. 1886

Mau, H., König Wenzel und die rheinischen Kurfürsten Diss. Rostock 1887, G. B. Leopolds Univ.-Buchh. 8° 68 S.

Mau, Hans, Dr.: Katalog der mit der Lehrerbibliothek des Königlichen Gymnasiums Johanneum vereinigten Bibliotheca Rudolfina. T. 1. Libri philosophici et philologici. Liegnitz 1905 O. Heinze. (66 S.) 8°
Liegnitz, k. G Johanneum (Ritterakademie) OP 1905 (235)

Mau, Hans, Prof. Dr.: Katalog der mit der Lehrerbibliothek des Königlichen Gymnasiums Johanneum vereinigten Bibliotheka Rudolfina. T. 2. Libri historici. Liegnitz 1907: O. Heinze. (61 S.) 8° ¶ [Forts. d. P-Beil. 1905.]
Liegnitz, k. G Johanneum OP 1907 (244)

Mau, Hans: Katalog der mit der Lehrerbibliothek des Königlichen Gymnasiums Johanneum vereinigten Bibliotheca Rudolfina. T. 3. Libri medici. Liegnitz (1908): Heinze. 40 S. 8° ¶ [Forts. d. P-Beil. 1905. 07.]
Liegnitz, k. G Johanneum (Ritterakademie) OP 1908 (260) [S 08. 299

Mau, Heinrich

Die Gesellschaft freiwilliger Armenfreunde in Kiel von 1793–1893 Festschrift zur Feier des hundertjährigen Bestehens der Gesellschaft v Heinrich Mau. 8°
Bd 1 Geschichte der Gesellschaft. Kiel 1893
Bd 2 Aktenstücke ebd 1893

Mau, H., die Gesellschaft freiwilliger Armenfreunde in Kiel von 1793–1893. Festschrift zur Feier d. 100jähr. Bestehens der Gesellschaft. 2 Bde. gr. 8. (VI, 236 u. IV, 347 S. m. 1 Bildnis u. 3 Plänen.) Kiel 893. (H. Eckardt.) n. 7. —

Die Gesellschaft freiwilliger Armenfreunde in Kiel von 1793 bis 1907. 2. Aufl. d. Festschrift z. Feier d. 100jähr. Bestehens d. Gesellsch. von H[einrich] **Mau**, Pastor. (Kiel 1907: Ch. Donath.) (126 S.) 8° [F.] 07. 18713

Mau, Heinrich [aus Burg (Holstein)] Ueber intramusculäre Injektionen von ol ciner gegen Syphilis Würzburg, A. Boegler'sche Buchdr 1890. 31 S. 8°
Würzburg, Med. Fak., Inaug.-Diss. v 1890.

Rede bei dem Begräbniss von Elise **Steffensen**, geb am 25 Dec. 1820, gest. am 17 Nov 1886, geh v **Heinrich] Mau.** Kiel (1886) 8°

[F.] Rede zur Begräbnisfeier des Herrn Johannes Kipp. Geh. v Hrn Pastor [Heinr.] **Mau.** *Kiel: [Dr. v.] Ch. Donath 1897.* 2 Bl. 8. 98. 4511

— Worte der Erinnerung an Theodor Wilhelm Jeß, geb. 20. Juli 1839, gest 13. Decbr. 1891, Pastor d. Jacobi-Pfarrbezirkes u. Kirchenpropst der Propstei Kiel, gesprochen in der Jacobikirche in Kiel am 16. Decbr. 1891. gr. 8. (9 S.) Kiel 892 Universitäts-Buchh. n. — 40

Mau, Heinrich Adalbert, Assistenzarzt am Allg. Krankenhause Hamburg, St. Georg: Aus d. Allg. Krankenhause Hamburg, St. Georg. Über Gastritis phlegmonosa. *Kiel 1904: H. Fiencke.* (26 S.) 8°
Kiel, Med. Diss. v. [13. Aug.] 1904

Denkmal der Freundschaft. [Stammbuch des Professors D. Heinrich August **Mau.**] Quer-8°
Umfaßt die Jahre 1823—32.

Denkmahl der Freundschaft. [Stammbuch des Professors D Heinrich August **Mau**, geb. in Hollingstedt, den 20 Nov 1806, gest. in Kiel, den 20 Aug. 1850.] Quer-8°

— s. Mitarbeiten, theologische.

Nicolao **Harmsio** munus sacrum in parochia Kiliensi per 25 annos administratum gratulatur theologorum in academia Christiano-Albertina ordo. Inest commentatio de norma iudicii extremi quam proposuit Christus apud Matthaeum XXV. 31–46. Scripsit Henricus Augustus Mau. Kiliae 1841. 4°

Sollemnia natalitia regis Christiani VIII die 18 mensis septembris anni 1843 ab Academia Christiana Albertina rite celebranda indicunt Academiae rector et senatus. Insunt De Christologia novi testamenti observationes scripsit Henr Aug **Mau.** Kiliae (1843) 8°

Mau, H. A., die schleswig-holsteinische Sache. Entgegnung auf Nr. 24 und 25. dieses J. der evangel. Kirchenzeitung. gr. 8. (32 S.) Kiel 850, Akademische Buchh. *
Aus: Evangelische Kirchenzeitung. Jahrg. 1850. 7. Heft, besonders abgedruckt.

Mau, H. A., vom Tode, dem Solde der Sünden, u. der Aufhebung desselben durch die Auferstehung Christi. Eine exegetisch-dogmatische Abhandlung. (Separatabdruck aus den theolog. Mitarbeiten, Jahrg. 1838, Heft 2, u. Jahrg. 1840, Heft 4.) gr. 8. Kiel 841, Universitäts-Buchh. 1⅙ ℛ

Mau, J.: Vater Jahn, Deutschlands Einigkeitsapostel u. Turnmeister Berlin 1872. 31 S.

Mau, J. F. A., ein Zeugniß von Jesu Christo, dem Gekreuzigten und Auferstandenen. Confirmationsrede über Ev. Matth. 10, 32. 33, Charfreitagspredigt über Ev. Luc. 23, 44—46 und Osterpredigt über Ev. Marc. 16, 1—8, gehalten 1881 in der Kirche zu Bleckendorf. 8. (40 S.) Breklum 881, Christl. Buchhandlung. *

Mau, Joh. Aug., die Bergpredigt Christi nach St. Matthäus. Homilet. bearb. u. in 24 Predigten dargest. gr. 8. (17 B.) Hamburg 836, [Perthes-Besser u. Mauke.]

Mau, J. A., Fibel oder Elementarlesebuch. 8. Kiel, akad. Buchh. 820.

— Fibel od. Elementarlesebuch. 8. Kiel 820. Hesse. 2 gr.

— — christlich-biblisches Gebetbuch zur Stärkung d. kirchlichen Sinns u. zur Beförderung eines gottsel. Lebens. 8. Ebend. 817.

Christlich biblisches Gebetbuch, zur Stärkung des kirchlichen Sinns und zur Beförderung eines gottseligen Lebens v Johann August **Mau.** Auch als Anhang zu Gesangbüchern zu benutzen. Kiel 1818. 8°

— christlich-biblisches Gebetbuch z. Stärkung des kirchl. Sinnes u. Beförderung eines gottsel. Lebens. 8. Kiel 818. Hesse. 9 gr.

— Christliches Gebetbuch zur Beförderung eines gottseligen Lebens. 2. verb. Aufl. Schleswig. 1838. [1. Opl. 1816 inglr. i K. B.].

— Gebetbüchlein f. Kinder. 8. Kiel 815. 2e verm. Aufl. 830. Hesse. 3 gr.

Mau, Joh. Aug., Gebetbüchlein f. Kinder, insonderheit z. Gebr. in Volksschulen. 2., verm. Aufl. 8. (3½ B.) Kiel 830, Hesse.

— — Gedichte. 8. Altona. Hammerich. 818.

—— auserlesene Historien u. Erzähln. aus d. Gesch. d. christl. Kirche, zunächst f. Schulen, auch z. lehrr. Unterhalt. f. Erwachsene. gr. 8. (22 B.) Hamburg 829, Perthes u. Besser.

Der siebente Junius 1854, oder das Jubelfest in Schönberg, adeligen Klosters Preetz in der Propstei Kiel. Von dem Jubilar Johann August **Mau**. Mit dem lithogr Bildniss des Jubelgreises Kiel 1854 8°

Mau, Joh. Aug., Confirmandenbüchlein, enthalt. einen kurzen Inbegriff des Christenthums, einen Abriß d. christl. Kirchengeschichte u. das Wichtigste vom kirchl, Kalender, nebst einigen Gebeten. 8. Kiel, Akadem. Buchhandl. 813.

Mau, (J. A.,) Confirmantenbüchlein zur Vorbereitung auf die Confirmation; auch Denkbüchlein f. Confirmirte. 2e veränd. u. verm. Aufl 8. Kiel 822, Akad. Buchh.

Mau, Jh. Aug., Confirmandenbüchlein z. Vorbereitung auf d Confirmation; auch Denkbüchlein f. Confirmirte. 8. Kiel 813 2e Aufl. 822. Hesse. 10 ℊ︎

Das Leiden Christi, unser Trost bei den Leiden der Zeit. Eine Fastenpredigt am Sonntage Reminiscere 1825, mit Rücksicht auf die durch die Sturmfluth in der Nacht vom 3 auf den 4. Februar angerichteten Zerstörungen geh: v Johann August **Mau.** (Kiel 1825) 8°

[Stammbuch des Pastors Johann August **Mau,** geb zu Altenkrempe, den 1 Mai 1777, gest in Schönberg, den 13 Juni 1861] Quer 8°
Umfaßt die Jahre 1797 bis 1802

— gerechter Tadel der Witthöfftschen Rede. gr. 8. Kiel 820. Hesse. 5 ℊ︎

Mau, Johann Friedrich

Mau, Jh. Fr., Gedichte. 8. Altona 818. Hammerich. 1 ß

Mau, K., die Wiedergeburt. Predigt über Ev. Johannis III. V. 1—15. Gehalten in Altona am Sonntag Trin. 1864. gr. 8. (16 S.) Altona 864, (Schlüter.) *

Mau, Karl Eduard

Die Berechtigung, die Verpflichtung und die Beruhigung der evangelischen Kirche Reformationspredigt gehalten am 23sten Sonntage nach Trinitatis 1847 v Carl Eduard **Mau.** Kiel. 1847 8°

Mau, C. E., die Berechtigung, die Verpflichtung und die Beruhigung der evangel. Kirche. Reformationspredigt gehalten am 23. Sonnt. n. Trin. 1847. gr. 8. (20 S.) Kiel 848, Schwers'sche Buchh.

Mau, C. E., Ich bin gekommen, daß ich ein Feuer anzünde auf Erden; was wollte ich lieber, denn es brennte schon' Predigt über Evangel. Lucas Cap. 12, Vers 49, gehalten am Missionsfest zu Süderhastedt in Dithmarschen, den 21. Septbr. 1853. gr. 8. (16 S.) Altona 853, (Schlüter.) Thlr.

Mau, Otto, Führer durch den Friedhof zu Ohlsdorf-Hamburg. (Mit Generalplan, Ansichten, Tarifen u. e. Auszug aus dem Gräber-Register.) 8. (36 u. VIII S.) Hamburg 901. C. Boysen. n. 1. —

Mau, Otto, wohin? Beitrag zur Selbsthülfe in der Wohnungsreform u. Wohnungspflege. (60 S.) 8. Hamburg (906). (Leipzig, O. Zöphel.) — 30; m. 2 Plänen — 50

Mau, Paulus Gydo und Thyrus. Ein deutscher Ausläufer des altfranzösisch-mittelenglischen Freundschaftsromans 'Guy von Warwick'. Weida i. Th. 1909: Thomas & Hubert. 69 S. 8°
Jena, Phil. Diss. v. 4. März 1910, Ref. Michels
[Geb. 7. Juli 85 Singen S.-R , Wohnort: Jena; Staatsangeh.. Sachsen-Weimar; Vorbildung Gymn. Rudolstadt Reife O. 04; Studium: München 2, Leipzig 2, Berlin 1, Jena 5 S.; Rig. 3. März 09.] [U 10. 2357

Mau, W., über Scoloplos armiger O. F. Müller. Beitrag zur Kenntniss der Anatomie und Histologie der Anneliden. Inaugural-Dissertation. 8. (46 S. mit 2 lithogr. Taf.) Leipzig 881, (Fock.)
Aus: Zeitschrift für wissenschaftliche Zoologie, besonders abgedruckt.

Mau, Waldemar [aus Wüste-Waltersdorf in Schlesien] Ueber die Umsetzung von Butylbromiden mit primären, secundären und tertiären Basen der aromatischen Reihe. Freiburg i B., Buchdr. v Chr. Ströcker, 1888, 38 S. + 1 Bl. 8°
Freiburg i B., Phil. Fak., Inaug.-Diss. v 1888

Maubach, Hugo, d. Charakterbild d. Apothekers in d. Litteratur. gr. 8. (V, 285 S.) Berlin 898. J. Springer. n. 4. —; geb. in Leinw. n. 5. —

Maubach, J. P. H., die Unfehlbarkeit des Pabstes in feierlichen Entscheidungen d. Glaubens u. Verdammung ein. neuen Lehre. Eine Rede, gehalten zu Aachen am Feste des heil. Ordensstifters Dominikus. 12. (1⅚ B.) Aachen 844, Hensen u. Comp

Maubach, [Josef]: Der Anfangsunterricht im Griechischen unter Anschluß an Xenophon. Bestrebungen u. Ergebnisse. Cöln 1908: Bachem. S. 3—9. 4°
Cöln, k. kath. G an Aposteln P 1908 (585) [S 08. 300

Maubach, Jos(ef): Die **Kardinäle** und ihre Politik um die Mitte des XIII. Jahrhunderts unter den Päpsten Innocenz IV., Alexander IV., Urban IV., Clemens IV. ⟨1243—1268⟩. *Bonn 1902 C. Georgi.* (136 S.) 8° ¶ (Soll fortges. werden.)
Bonn, Phil. Diss. v 26. Nov [vielm. 6. Dez.] 1902

Maubach, Jos., die Kardinäle u. ihre Politik um die Mitte des XIII. Jahrh. unter den Päpsten Innocenz IV., Alexander IV., Urban IV., Clemens IV. (1243—1268.) gr. 8. (III, 136 S.) Bonn 902. C. Georgi. n. 2. 50

Maubach-Ernesti, Hugo, per aspera ad astra! Dichtungen eines Sechzehnjährigen. 8. (82 S.) Berlin 883, Issleib. *

Ich und Andere. Variationen über Melodien d. Lebens von Sophie **Maubach**-Plaschke *Allenstein W E. Harich in Comm. 1900.* (64 S.) 8° [F.] [00. 10552

Maubach-Plaschke, Frau Sophie, Ich u. Andere. Variationen üb. Melodien des Lebens. gr. 8. (III, 64 S.) Allenstein 900. Selbstverlag. n. 1. 20

Maubert, des falschen Barons, Geschichte, od. d. Spion. 8. Glogau, C. F. Günther. 759.

Maubert, **Hnr., († im Oct. 1767.) nouvel état politique de l'Europe; ou le Mercure des Pays-Bas. VI Tom. 8. Frankf. a. M. 760, 62. (Schäfer). 3 ß**

— Histoire politiq. du Siècle depuis la Paix de Westphal. 1648 jusq. 1748. 8. maj. Lpz. Fritsch.

Maubert de Gouvest, Jean Henri

— — Die wahre Beschaffenheit des gegenwärtigen Krieges. Reden des Maubert de Gouvert in der Cammer der Gemeinen . . . Gedruckt auf dem künftigen Congress bei Olivier Verd. 1759. 4. (71 S.)

Maubert, [1]) Der gerechtfertigte Ephraim. Oder: Historische und beurtheilende Nachrichten über den Zustand des Sächsischen Finanz-Wesens: Nebst einer Vergleichung der Preussischen und Sächsischen Oeconomie durch den Juden Ephraim zu Berlin, an seinen Vetter Manasses in Amsterdam 1758. 39 Bl.

— [4]) Der gezüchtigte Ephraim. Oder: Beantwortung der Schrift, welche unter dem Titel: der gerechtfertigte Ephraim etc. neulich im Druck erschienen. 1758. 4. 48 S.

— Post-Script zu dem Schreiben von Frankfurt am Mayn nach Leipzig über den gerechtfertigten Ephraim. Aschaffenburg 1758. 4. 48 S.

— [5]) Schreiben von Frankfurt am Mayn nach Leipzig über den gerechtfertigten Ephraim insonderheit über die angeschuldigte Preussische Gewalt und Empörung im Reich. Burg Friedberg 1758. 43 S.

— [3]) Dasselbe Anderer Druck. 43 S.

Warheit (so!), Die reine, oder Denkwürdigkeiten des Hauses Wirtemberg zur Erläuterung verschiedener besonderen Umstände, den Proceß betreffend, worin der Herzog mit seinen Unterthanen verwickelt ist. In zehn Briefen von der verwittibten Baronesse von W. (Aus d. Französ. des *Jean Henri Maubert de Gouvest.*) (Motto: Honni soit qui mal y pense. Eduard III König von England.) Cölln (fing.), 1765. 8⁰. (Expl. im British Museum.)
248 S. (incl. 10 S. Tit., Inh. u. Vorr.). Seltene Skandalschrift! Offene Schilderung der traurigen Zustände am Stuttgarter Hofe.
Anon.-Lex. IV p. 367 (nach Weller's fing. Druckorten u. dem Cat. genannten Museums.)

Maubeuge, R. v., alphabetisches Register zur Gesetzgebung der Schlesischen Landschaft bis zum Ende des J. 1872. Fol. (84 S.) Breslau 878, Korn. *

Maubeuge, Richardus de: De ratione, qua Visigothi Gaii Institutiones in epitomen redegerint. Lipsiae 1842: Brockhaus. 16 S. 4°
Halle-Wittenberg, Jur Diss. v [12. April] 1842
Geb. [Breslau 12. 8. 1820]
Verf. erlebte 1892 das Jubeldiplom als Landschaftsdirektor in Neisse und Rittergutsbesitzer auf Langendorf bei Ziegenhals (Schles.)

de Maubreil, **G., adresse au Congrès relative à l'assassinat de Napoleon et de son fils etc. gr. 8. Braunschw. ... 3e Ausg. 819. Vieweg.**

Mauby, Ritter, Lametis, od. Reisen e. Aegypters u.; aus d. Französ. (v. ... Enkelmann). 2 Thle. 8. Liegnitz 789. (Heymann in Glogau). 1 Thlr. 16 Gr.

Mauch, Karl. Lebensbild e. Afrikareisenden, s. Mager, E.

Mauch, v., die Ausbildung der Kompagnie im Felddienst. Auf eine zweijähr. Präsenzzeit der Infanteristen berechnet. In einer Reihe von Uebungen dargestellt. 12. (XVIII und 102 S.) Stuttgart 860. Aue. *

Mauch, Amand., s. A l l e s durch Gottes weiseste Vorsehung.

Mauch, **Amand., (✝ d. 1. Dec. 1816.) examen ordinandorum, modernis temporibus accommodatum, et ex puris sincerisque fidei cathol. fontibus haustum. 8maj. Augsb. 798. Doll. 16 Gr.**

— hermenentica sacra, positionibus notisque adumbrata; una cum tentamino hermenentico-crit.-philolog.-theolog. ex Pentateucho. 4. Bamb. 789.

Mauch, Amand., Dissertatio super psalmum 21 de extremis Messiae in crucem acti fatis. Bamberg, 1792

Mauch, Amandus, Dissert. philologico-critico exegetica de carnis resurrectione ex Job XIX, 25—27. Bamberg, 1790, 4°, 56 S
Auserles. Litteratur d. k. Deutschl., Bd. III, Stück 8 (1790), S 148—151
Versicht die Stelle von der wirklichen Auferstehung des Leibes

– s. U n i v e r s a l - L e x i k o n , Biblisches

Mauch, Andr , die kirchliche und politische Freiheit in ihrer Bedeutung für einander und für die Gesellschaft. Zwei Predigten mit Rücksicht auf die Bewegungen der Zeit (zu Klein-Süßen) gehalten. gr. 8. (61 S.) Stuttgart 849, [Quack.] Thlr.

Mauch, Andr., die kirchliche u. politische Freiheit in ihrer Bedeutung für einander u. für die Gesellschaft. Zwei Predigten mit Rücksicht auf die Bewegungen der Zeit gehalten. gr. 8. (61 S.) Stuttgart 849, Rümelin. 3 Ngr.

Mauch, Andr., der geistliche Kampf und Sieg. Predigt, gehalten, als der neugeweihte Priester Faustin Mennel das erste heil. Meßopfer feierte. gr. 8. (31 S.) Wiesensteig 848, Schmid'sche Buchh.

Mauch, Andreas, der alte u. der neue Katechismus. Zugleich ein Beitrag zur Theorie eines römisch-kathol. Katechismus. 1. Thl. Der neue oder Hirscher'sche Katechismus. 12. Augsburg 844, Kollmann. 3/8 Thlr.

— der alte u. der neue Katechismus. Zugleich ein Beitrag zur Theorie eines römisch-katholischen Katechismus. 2. Thl.: Der alte Canisius'sche resp. röm. Katechismus. 1. Abth. [die dogmat. Rubriken des alten Katechismus enthalt.] gr. 12. (XIV u. 374 S.) Einsiedeln 849, Gebr. Benziger. 26 Ngr. (1. Bd. Augsburg 845, Kollmann. 3/8 Thlr.)

Mauch, C , s. M a u c h , Karl

Mauch, C. G. Eine Stimme aus dem Volke zur geplanten württembergischen Verfassungs-Revision. 8. (80 S.) Stuttg. 889, Süddeutsche Verlagsbuchh. — 60

Mauch, E Zur A r c h i t e k t u r und Ornamentik des deutschen Mittelalters. Aus dem Dom zu Ulm 4 Blätter Ulm 1846–1848

Mauch, Ed., s. Aula der schönen Literatur, 32. Bdchn.

Mauch, Ed., die Baugeschichte der Stadt Ulm und ihres Münsters bis zur Mitte des 16. Jahrh. gr. 8. (IV und 32 S. mit 2 Stnt., wovon 1 in Buntdr.) Ulm 864, (Ebner'sche Buchh.) *

– s. **Constience, Familienbilder. — Cooper, J. F., amerik. Romane, 15., 16., 24.—28., 33.—39. Liefg. — dess. die französ. Erzieherin. — Ned Myers.**

Mauch, Ed., Ulm's Kunstleben im Mittelalter rc., s. Grüneisen, C.

Mauch, Ed , s Z e y t b l o m , Barthol., und seine Altarbilder auf dem Heerberge.

Mauch, Eduard [Übers.]
s. Bulwer, E.G.: Sämmtliche Werke. 1848.

MAUCH, FRIEDERICH, JUN Chemische Untersuchung der Copalche-Rinde und der Rinde von Drimys chilensis. (Tübingen) Göppingen, 1868.

Mauch, J M. A b h a n d l u n g über die mittelalterl Baudenkmale in Württemberg. (Einladungsschrift der Königl. Polyt Schule in Stuttgart für 1849) Stuttgart 1849 4°

Mauch, Jh. Fr., († 1784.) verm. Abhandll. üb. gemeinnüz. Materien. 8. Bremen 775. Förster. 12 gr.

Mauch, Joh Matthäus von

– Griech Bau-Ordnungen, s. Normand, K Vergleich Darstellung der architekton. Ordnungen.

– Neue systematische Darstellung der architektonischen Ordnungen der Griechen, Römer u. neueren Meister. 3. Aufl. Potsdam 1845. 4. – 4. Aufl. Berlin u. Potsdam 1855. Gr. 4. – 6. Aufl. von L. Lohde. Berlin 1872. Gr. 4. – 8. Aufl. unter dem Tit. Die Architekton. Ordnungen der Griechen u. Römer. Nach dem Text von L. Lohde bearb. v. R. Borrmann. Berlin 1896. Gr. 4. (Vgl. Lohde u. Normand.)

Mauch, J. M. v., neue systematische Darstellung der architektonischen Ordnungen der Griechen, Römer und neuern Baumeister. 4. Aufl. Mit 100 Kpfrt. (4 Lfgn.) Imp.-4. (48 S. mit 75 Kpfrt. und eingedr. Holzschn.) Potsdam 854, [Berlin, Riegel's Verlag.] à Lfg. * 1 Thlr. 15 Ngr. *

—— Detailbuch zu obigem. 1. Lfg. Imp.-4. (S. 1–8 mit 6 Stnt., wovon 2 in Tondr.) Ebds. 853. *

— Detailbuch dazu. 1. Liefg. Ebend. 854. Imp.-4. (S. 1—8 u. 6 lith. Taf.) n. 1 Thlr.

v. Mauch, J. M. Neue systematische Darstellung der Architektonischen Ordnungen der Griechen, Römer und Neueren Meister. Mit Einhundert Kupfertafeln. 4. Auflage. Berlin und Potsdam 1855. 4°

—— neue vergleichende Darstellung der architektonischen Ordnungen der Griechen rc., s. Normand, C.

—— Darstellung d. architektonischen Ordnungen d. Griechen rc., s. Darstellung.

Mauch, J. M., vergleich. Darstellung griechischer Bau-Ordnungen, s. Normand, C.

Mauch, J M v Vergleichende Darstellung griechischer Bau-Ordnungen Potsdam 1832–45 (Heft 1–4) 1 Bd. Fol.

Mauch, J. M., vergleichende Darstellung griechischer Bau-Ordnungen. 4. Hft. (Auch 4. Supplement zu Normand's u. Mauch's architektonischen Ordnungen.) Mit 5 Kpfrt. u. (4 B.) erläut. Texte. gr. Fol. Potsdam 845, Riegel's Verl.* Vgl. Normand, C. Hft. 1–3. Ebendas. à * 1 Thlr. 15 Ngr.

— vergleich. Darstellung der architekton. Ordnungen der Griechen rc., s. Normand, Carl.

Mauch, J. M., Detail-Buch zu den Architektonischen Ordnungen der Griechen, Römer u. Neuern Baumeister von demselben Verf. In Lfgn. m. 6 Taf. u. erläut. Text. 1. Lfg. Imp. 4. (8 S. m. 6 lith. Taf.) Potsdam 850, Riegel's Verl. n. 1 Thlr.

Mauch, J. M., s. Normand, C., Darstellung, vergleichende, rc.

Mauch, J. M. v., die architektonischen Ordnungen der Griechen und Römer und der neueren Meister. 5. Aufl., im Text verb. und verm. durch L. Lohde. gr. 4. (VI und 128 S. mit eingedr. Holzschn. und 100 Kpfrt.) Berlin 862, Ernst und Korn. geh. und in Mappe. *

—— dass. — 5. Aufl., im Text verb. und verm. durch L. Lohde. 2. Abdr. 6 Lfgn. Fol. (VIII und 128 S. mit 100 Kpfrt.) Ebendas. 866,67. à Lfg. * 1 Thlr. *

Mauch, J. M. v., die architektonischen Ordnungen der Griechen u. Römer. 6. Aufl. m. Text v. L. Lohde. Fol. (74 S. m. 62 Steintaf.) Berlin 872. Ernst & Korn. n. 14. 50

— dasselbe. Nachtrag, enth. 40 (lith.) Taf. m. Text. (11 S.) Fol. Ebend. 873. n. 8. —

Die architektonischen Ordnungen der Griechen und Römer. Hrsg. v. J[oh.] M[atthäus] v. Mauch, . Prof. zu Stuttgart . . 8. durch neue Taf. verm. Aufl. nach d. Text v. L[udwig] Lohde neu bearb. v. R[ichard] Borrmann, Reg.-Baumeister . . . M. LXIII Taf. *Berlin: W. Ernst & Sohn 1896.* (2 Bl., 70 S., 63 Taf.) 1 Bd 4. [96. 1705]

— Ergänzungsheft zu d. früh. Aufl., nach d. Text d. 8. Aufl. zusammengest. v. R. Borrmann. M. V neuen Taf. gr. 4. (8 S.) Ebd. 896. n. 5. —

Mauch, J. M. v., die architektonischen Ordnungen der Griechen u. Römer. Ergänzungsheft zu der 8. Aufl., zusammengestellt v. R. Borrmann. Mit 10 neuen Taf. (14 S.) Fol. Berlin 902. W. Ernst & Sohn. n. 5. —

— dasselbe. Bearb. v. L. Lohde. 8. Aufl. Neubearb. v. R. Borrmann. Nachtrag, enth. 40 Taf. m. Text. (11 S.) 4. Ebd. 905. n. 8. —

— dasselbe, u. neueren Baumeister. Detailbuch. Durchgesehen v. R. Borrmann. (6 Taf. m. 4 S. Text.) 4. Ebd. 900. 2. —
Hauptwerk Ebd. 896. n. 16. —.

Mauch J M, Ornamente für das Freihandzeichnen. (10 Bl) fol Berlin

Mauch, J. M. v., Die architektonischen Säulenordnungen der Griechen und Römer und der neueren Meister. 5. Aufl. im Text verb. und verm. durch Lohde. Mit 100 Kpfrtfln. Berlin 1862. Fol.

—— auserlesene Verzierungen als Vorlegeblätter für Zeichnen und Modellirschulen so wie zur Bildung des Geschmack's. 1. Lfg. in 10 lithogr. Bl., wovon 2 in Tondr. mit 1 Bl. erläut. Text. Imp.-Fol. Berlin 854(55,) Riegel's Verlag. *

—— class. Verzierungen als Vorlegeblätter f. ein. fortschreit. Unterr. d. Architecten u. aller Gewerbtreibenden etc. Hft. I. u. II. ½ Roy-Fol. (à 6 lith. Blätt. u. ½ B. Text.) Berlin 837, G. Gropius. (?) à *

Einige Notizen über Pflanzen, und Pflanzen kundige Männer, in den Herzogthümern Schleswig, Holstein und Lauenburg, v. [Johann Wilhelm Theodor] Mauch. Siehe in Neues Staatsbürgerliches Magazin, hrgg. v N Falck. Bd. 10 Schleswig 1841 8°

Pflanzen (der Umgegend von Schleswig) v [Johann Wilhelm Theodor] Mauch. Ausschnitt aus. Geschichte und Beschreibung der Stadt Schleswig v Johannes von Schröder Schleswig 1827. 8°

Mauch, Julius [aus Bochum]: **Beitrag zur Casuistik der kryptogenetischen Septicopyämie ... München, Buchdr. v. M. Ernst, 1892;** 36 S., 1 Bl. 8.
München, Med. Fak., Inaug.-Diss. v. [18. März] 1892

Mauch, Karl

Mauch's, C., Reisen im Inneren von Süd-Afrika 1865—1872, s. Mittheilungen aus J. Perthes' geograph. Anstalt.

(Mauch, Carl) Carl Mauch's R e i s e n im Inneren von Süd-Afrika 1865–1872 Mit einer Originalkarte Gotha 1874 (II), 52 S
= Ergänzungsheft zu Petermann's Geographischen Mittheilungen No. 37 8°

Mauch, Richard: **Über physikalisch-chemische Eigenschaften** des Chloralhydrats und deren Verwertung in pharmaceutisch-chemischer Richtung. *Strassburg i. E. 1898: C. & J. Goeller.* (194 S.) 8°
Strassburg, Math.-naturw. Diss. v. 1898

Mauch Th, der Apotheker in „Hermann und Dorothea" (24 S) Stuttgart 1899

Mauch, Thdr., **Schiller-Anekdoten. Charakterzüge u. Anekdoten, ernste u. heitere Bilder aus dem Leben Friedrich Schillers.** 1.–6. Tauf. (à VII, 308 S.) 8. Stuttgart 905. R. Lutz. n. 2. 50; geb. n. 3. 50
— [Anekdoten-Bibliotkek. Bd 4]

Mauch, W(ilh.) J(oh.) T(heod.), von der Ehrsamkeit und Gelehrsamkeit unserer modernen deutschen Physiologen. Ein offenes Schreiben an den Hrn. Dr. Friedleben in Frankfurt a. M., sowie an den Hrn. Dr. Helfft in Berlin. gr. 8. (IV und 48 S.) Rendsburg 854, Oberreich's Buchh. *

Mauch, W. J. Th., über d. Emphysem in d. Lungen neugebor. Kinder. Ein Beitr. z. Lehre von d. Lungenprobe. gr. 8. (6¾ B.) Hamburg 841, [Perthes-Besser u. Mauke.]

—— die asthmatischen Krankheiten der Kinder. Eine Monographie. I. Thl.: Vom Verhältnisse der Thymus beim Asthma. gr. 8. (VIII und 181 S.) Berlin 853, A. Hirschwald. *

Mauchard, B. D., s. M a u c h a r t, Burchard David

Mauchard, D. B., s. M a u c h a r t, Burchard David

Mauchard, J. D., Neue Versuche vom Temperament u. den Neigungen. Stuttg. 8°.
1795

Mauchardt, (J. D.,) systemat. u. belehrendes Verzeichniß eines physikal., mathemat. u. magischen Kunstkabinets. Nach Sigaud de la Fond. 8. Ludwigsburg 825, Nast.

Mauchart, (Dr.,) Andachtsbuch f. Confirmanten u. Neu-Confirmirte. 8. Reutlingen 824, (Tübingen, Osiander.)

Mauchart, B. D., Schönbrunns botanischer Reichthum, e. Taschenbuch f. Jeden, d. diesen merkwürd. Garten näher will kennen lernen, nach Willdenow. 12. Wien, 1805. (Gerold.) 1 7½
— — Nachtrag 1807 Ebend. — 7½
— — Nachlese v J St. Schmid. 1808. — 7½

Mauchart, B. D., Schönbrunns botanisch. Reichthum; ein Taschenbuch nach Willdenow. 12. Wien 807. Geistinger. 1 fl 6 kr — Die Nachlese dazu. Ebd. 6 kr

Mauchart, Burchard David

Mauchart, B. D., Diss. de capite obstipo. Tub. 4°. 1736.
Auch in: *Haller,* Coll. diss. chir., I, n. 48

Mauchart. Burcard David: De vini turbidi clarificatione [Resp. | Johannes Adamus Kunzen. Tubingae Schramm 1742 24 S. Tübingen, Med Diss. v 17 3 1742 -- 11.29°. Frei 100

Mauchart, **Burch. Dav., († d. 11. Apr. 1751.) Dissertationes medicae selectae Tubingenses, oculi humani affectus medico-chirurgicae consideratos sistentes; cura Chr. Fr. Reuss. 3 Voll. 8. Tübing. 783—86. v. Cotta. 2 rß**

Burchard David Mauchart

Burcard[us] David Mauchart: Epiplo-enterocele cruralis, incarcerata, sphacelata, cum deperditione notabili substantiae intestini sponte separati, feliciter curata, alvo naturali restituta. [Resp.:] Philip[pus] Sigismund[us] Palm. Tubingae (1748:) Erhardt. 24 S. 8°
Tübingen, Med. Diss. v. 20. März 1748

Burchard Dav Mauchard (resp. C. P Brecht) diss sistens Tobiae leucomata. Tubing. 1743. 4.

Burchard David Mauchart

Luxatio nuchae. [Resp.:] Theoph[ilus] Erhard[us] Schmid [Gottlieb Erhard Schmid]. Tubingae 1747: Erhard. 24 S. 8°
Tübingen, Med. Diss. v. 27. Sept. 1747

Burchard David Mauchart

Burc[ardus] Dav[id] Mauchart: Mydriasin pupillae p.n. dilatationem. [Resp.:] Philippus Jacobus Neuffer. Tubingae (1745:) Mezian. 40 S. 8°
Tübingen, Med. Diss. v. 29. März 1745

— — Auch: *Haller,* Disp. chir. 4°. Laus. 1755, I, 545—573. Diss. med. sel. Tüb. 1783, II, 18—72.

Mauchart, B. D., resp. **Reinhardt,** De oleo animali Dippelii. Tüb. 4°. 1745

Burcard Dav Mauchard ὀφθαλμοξυσία novantiqua s Woolhusiano-Hippocratica operatio Tubing 1726 4 (Cfr J Zach. Platner opusc I 39. D. W Triller opusc I 463)

Mauchard, B. D., resp. Jo. G. **Gmelin,** De ὀφθαλμοξυσία novantiqua, seu Woolhousiano-Hippocratica, nobilissima operatione ocularia, e textu graeco eruta et bis mille annos neglecta, nunc demum corrigente et defensa. 28 pp. Tüb. 4°. 1726.
Auch. *Haller,* Disp. chir. Laus. 1755, I, 315, 338.

Mauchard, D. B., resp. Th. A. **Sarway,** Paracentesis oculi in hydrophthalmia, et amblyopia senum. 28 pp. Tüb. 4°. 1744.
Auch in: *Haller,* Disp. chir. 4°. Laus. 1755, I, 587—603 und in: Diss. med. sel. Tub. 1783, I, 341—370.

Mauchart, Burch. Dav., resp. Ch. Dav. **Zeller,** De setaceo nuchae, articulorum, ipsiusque oculi. 28 pp. Tub. 4°. 1749.
Auch: *Haller,* Disp. chir. 4° Laus. 1755, II, 247—264. Diss. med. sel. Tub. 1783, I, 232—260.

Burchard David Mauchart

Burcard[us] David Mauchart: Staphyloma vexatum nomen, affectusque oculi difficilis ac intricatus. [Resp.:] Phil[ippus] Frid[ericus] Beniam[in] Hoelder. Tubingae (1748:) Erhardt. 55 S. 8°
Tübingen, Med. Diss. v. 18. Dez. 1748

Burchard David Mauchart

Burcard[us] David Mauchart: Synechia, sive Praeternaturalis adhaesio corneae cum iride. [Resp.:] Philip[pus] Thom[as] Beger. Tubingae (1748:) Erhardt. 24 S. 8°
Tübingen, Med. Diss. v. 26. Febr. 1748

Burchard David Mauchart

Palpebrarum Tumores cystici, casusque specialis magni tumoris steatomatico- scirrhosi e palpebra superiore et orbita feliciter nuperrime exstirpati [Resp.:] Christ[ianus] Theoph[ilus] Weber. Tubingae (1750:) Erhardt. 32 S. 8°

Tübingen, Med. Diss. v. Nov. 1750

Burchard David Mauchart

Burc[ardus] David Mauchart: De Ungue oculi seu pure inter corneae lamellas collecto. [Resp.:] Carolus Ferdinandus Bilger. Tubingae (1742:) Bauhof. 24 S. 8°

Tübingen, Med. Diss. v. Juli 1742

Burchard David Mauchart

Burcard[us] David Mauchart: Coniunctivae & corneae oculi tunicarum, Vesiculae ac pustulae. [Resp.:] Ioh[annes] God[ofredus] Camerer. ([Tübingen] 1748:) Erhardt. 19 S. 8°

Tübingen, Med. Diss. v. 6. Sept. 1748

Mauchart, D s Mauchart Im Dav

Mauchart, Dav., († 1767.) cor humanum veri nominis antlia, hydraulica, pressoria etc. c. fig. 4. Tüb. 755. (Pott et Co. in Lausanne.) 6 gl

— Diss., novum problema chirurgicum de extractione cataractae ultra perficienda. 4. Tüb. 752.

— Diss., therapia purpurae recentiori tutior solidiorque. 4. Tüb. 762.

Mauchart, Gf. Hnr., über d. Rechte des Menschen vor s. Geburt. 8. Frkf. u. Leipz. 782.

Mauchart, G. H., üb. die Rechte des Menschen vor s. Geburt. 8. Wien, Rözl. 805.

Mauchart, Immanuel David

Mauchart, Im. Dav., Amtskalender f. Prediger. 4. Tübing. 806. v. Cotta. 12 gl

— Aphorismen üb. d. Erinnerungsvermögen, s. Aphorismen, u. setze hinzu: (v. J. D. Mauchart).

Immanuel David Mauchart

Aphorismen über das Erinnerungsvermögen in Beziehung auf den Zustand nach dem Tode. [Verf.: Immanuel David Mauchart.] Tübingen: Heerbrandt 1792. VIII, 123 S. 8°

- s. Belehrung, Deutliche, über Sonnen- und Mondfinsternisse

* Expositio et dilucidatio libri quinti elementorum Euclidis. Cujus partem primam rectore universitatis Eberhardinae Carol. Magnificent. sereniss. atque clementiss. duce et domino dom. Carolo duce Wirtembergiae et Tecciae regnante Rel. Rel. Praeside *Christ. Frid. Pfleiderer* . . . . pro rite consequentis magisterii philosophici honoribus publice ad disputandum proponunt *Carol. Felix Seyffer* Bizfeldensis, *Immanuel David Mauchart* Tubingensis. Tubingae, typis Schrammianis. 4. 30 Seit. m. Fig.

1782.

– s. Für Jünglinge und Mädchen

– s.a Hesperiden, Die

— Hesperiden, e. Magaz. f. jugendl. Unterhalt. 16–85 Stck. m. K. u. Tab. 8. Gotha, Perthes. 800–804. (à 12 gr.)

— — dess. 95 u. 128 od. neue Hesperiden 18 u. 28. 8. Ebend. 804–5. (à 12 gr.)

— s. Jünglinge rc. s. Jünglinge.

— histor. Kabinet für Jünglinge u. Mädchen. 8. Stuttg. 796. Metzler. 16 gl

— Anh. z. d. 6 ersten Bdn v. Moritzens Magazin z. Erfahrungsseelenkunde. gr. 8. Stuttg. Ehrhard. 789.

— Anhang zu d. 6 ersten Bdn. v. Moritzens rc. Magazin z. Erfahrungsseelenkunde. In e. Sendschreiben an die Herausgg. desselben. gr. 8. Stuttg. 789. Sattler. 9 gl

Im. D. **Mauchart**'s Phänomene der menschl. Seele. *Stuttg.*, Erhard u. Löfflund. 789. 8° 1 ℞

— Phänomene der menschlichen Seele. 8. Stuttg. 789. (Sattler). 1 ℞

— allgem. Repertor. f. empirische Psychologie. 4 Thle. 8. Nürnb. 792—98. Felsecker (à 1 ℞) 4 ℞ — 5r u. 6r Thl. 8. Tübing. 799—801. (Osiander). (à 1 ℞) 2 ℞ (Vom 4n Bde auch u. d. T.: Repertor. u. Bibliothek f. empir. Psychologie.)

— — dess. 5r u. 6r Thl. 8. Tübingen, Heerbrand. 799–801. (à 1 Rthlr.)

— neues Repertorium, s. Repertorium.

Eb. u. H. G. **Tzschirner's** neues allg. Rep. f. empir. Psych. u. v. W. 2 Bde. *Lpz.*, Sommer. (802-3.) 2e umgearb. A. 812. 8° 1 ℞ 12 gl

— kirchl. Statistik des Königr. Würtemberg, evangelisch-luther. Antheils. 1r Thl. gr. 8. Stuttg. 821. v. Cotta. 1 ℞ 16 gl

Mauchart, Im. Dav., Vorlesungen aus e. sechs Jahre lang fortgesetzten Schullehrer-Conferenzanstalt. 8. Tübing. 817. Osiander. 14 gl

Mauchenheim Dicto Bechtolsheim, Reverendissimo . . . Joanni Philippo Ignatio Cajetano L. B. de, Domino in Maynsontheim et Alber ... Bambergae 1770. V: *Andres, Joh. Bonav.* (Jes)

Maucher, August [aus Poppelsdorf]: Aus d. med. Klinik in Bonn. Ueber Anzahl der roten Blutkörperchen bei Chlorose. . . . Bonn, Druck v. J. F. Carthaus, 1889: 25 + 1 S. + 1 Bl. 8°
Bonn, Med. Fak., Inaug.-Diss. v. 14. Dez. 1889

Maucher, Honoré. der kaufmännische Korrespondent, s.: Foerster, Carl.

Maucher, J. K. J., sistematisches Handbuch d. österreich. Strafgesetzes üb. Verbrechen u. der auf dasselbe sich unmittelbar beziehenden Gesetze u. Verordnungen. 4 Lfgn. gr. 8. (120 B.) Wien 844, Braumüller u. Seidel. *

Maucher, Ign., Darstellung der Quellen und der Literatur der österreich. Strafgesetzgebung über Verbrechen, mit Rücksicht auf die deutsche Strafrechtswissenschaft und Gesetzgebung. gr. 8. (XII und 500 S.) Wien 849, Braumüller. *

Maucher, Ign., Nachschlagebuch über das österreichische Strafgesetz vom 27. Mai 1852, mit Rücksicht auf die Strafproceß-Ordnung vom 29. Juli 1853. gr. 8. (X und 290 S.) Wien 853, Gerold's Sohn.

—— das österreichische Strafgesetzbuch über Verbrechen sammt den auf dasselbe sich beziehenden Gesetzen und Verordnungen, system. bearb. als Hilfsbuch beim Studium desselben. Lex.-8. (XIV und 600 S.) Wien 847, [Seidel.]

— die österreichische Strafproceßordnung vom 17. Jäner 1850. Ein alphabetisch geordnetes Repertorium zur schnellsten Auffindg. der in diesem Gesetze enthaltenen Bestimmungen. gr. 8. (XII u. 231 S.) Wien 850, Gerold. 1 *ß*

Maucher, Otto [Ulm a. D.]: Die gutartigen Geschwülste des Oesophagus. Buchau 1900. 24 S. 8°.
Zürich. Med. Diss. 1899/1900.

Maucher, Wilh., die sächsischen Erz- u. Kohlenvorkommen. Anh. zum Leitfaden f. den Gelogie-Unterricht an Bergschulen. (40 S.) 8. Freiberg 907. Craz & Gerlach. 1.—

— Leitfaden f. den Geologie-Unterricht an Berg- u. Hüttenschulen u. anderen technischen Lehranstalten. (IV. 167 S. m. 89 Fig.) 8. Ebd. 907. 2.50

Maucher, W., Leitfaden für den Geologie-Unterricht an Berg- und Hüttenschulen und anderen technischen Lehranstalten. Nebst Anhang: Die sächsischen Erz- und Kohlenvorkommen. Freiberg i. S., 1907 207 S. mit 97 Abb.

Mauchle, A[dalbert]. med. prakt. aus Straubenzell (St. Gallen). Aus dem pathologischen Institut der Universität Zürich. Beitrag zur Kenntnis der kompensatorischen Hypertrophie der Niere. Zür. Orell Füssli Dr. 1894. 33 S., 1 Bl. 8°.
Zürich, Med. Diss. [v. 6. Oct. 1894].

Mauchle, Friedr[ich] Traugott, von Bruggen, Cant. St. Gallen: Zur Anatomie der Conjunctiva. Zür. Zürcher u. Furrer Dr. 1867. 24 S., 1 Bl. Thesen. 8°.
Zürich, Med. Diss. [v. 18. Juni 1867].

W. MAUCHOT. Kloster Limburg an der Haardt. Eine bauwissenschaftliche und geschichtliche Abhandlung. Herausgegeben vom Mannheimer Altertums-Verein. Mit 54 Textillustrationen und 7 Tafeln, wovon 6 doppelte. Mannheim 1892. Berlin. Kommissionsverlag von Ernst Wasmuth. fol.

Mauck, Karl, s.: Landes-Vermessung, grossherzogl. mecklenburg.

Mauck, Osc. Alldeutschland hie!, s. Appel, Carl.

MAUCK, P Ueber die Einwirkung von schwefliger Säure auf Cyankalium. München, 1895

Maucke, s. Mauke.

Maucke, Walth., Ein Kompromiss des Agrarstaats mit dem Industriestaat. Vorschlag zur befriedigenden Lösung der Getreide- und Brodfrage in Deutschland. gr. 8°. Berlin, Trowitzsch u. Sohn, 1894.

Maucksch, Max, Reichsstrafgesetzbuch, s.: Meinhold's jurist. Handbibliothek

Maucksch, Max, Reichsstrafgesetzbuch unter besond. Berücksicht. der königl. sächs. Landesgesetzgebung, s.: Handbibliothek, Leipz. jurist.

— Strafgesetzbuch f. das Deutsche Reich, s.: Handbibliothek, Leipz. jurist.

– Strafgesetzbuch für das deutsche Reich, s. Meinhold's jurist. Handbibliothek.

Mauclair, Camille, Eugène Delacroix, s.a. Kunst der Gegenwart. I, 6.

Eugène Delacroix von Camille **Mauclair** Mit 17 Mattkunstdruckbild., 31 Reprod. in Tondr., 1 Grav. u. 1 Vierfarbentaf. Berlin: Verlagsanst. f. Lit. u. Kunst [1910]. 59 S. 2°
(Kunst d. Gegenwart. Samml. moderner Künstlermonographien. [10.]) (11. 198

Mauclerc, C., Grammaire franç.-allemande, ou analyse raisonnée des principes généraux et particul., avec des remarques sur quelques difficultés de la langue à l'us. des hautes classes. 8. (24½ B.) Tubingue 829, (Beck et Fränkel.) Thlr.

Mauclerc, C., Grammaire française-allemande, ou analyse raisonnée des principes généraux et particul., des remarques sur quelques difficultés d. l. langue à l'us. des hautes classes. 8. Tübing. 829. (Stuttg., Löflund et S.) 20 *gr*

Mauclerc, J(ohn) H(enry): Abhandlung, worinnen die Gewalt der Einbildung in den schwangern Weibern untersucht, und mit einem Zueignungsschreiben an die Frauen...begleitet wird. (Dr.Blondel confuted: or, the ladies vindicated, with regard to the power of imagination in pregnant women; together with a circular and general address to the ladies... Dt.) 118 S.(S.217 - 334), gbd.
Stuttgart: König 1756
(Drey merkwürdige physikalische Abhandlungen von der Einbildungskraft der schwangern Weiber... 2)

§ **BLONDEL**, Jac. (d. i. *John Henry Mauclerc*), Drey merkwürdige physikalische Abhandlungen von der Einbildungskraft der schwangeren Weiber u. derselben Wirkung auf ihre Leibesfrucht. Aus d. Engl. des Hrn. — übers. Strassburg 1756. 8⁰ Rar!
Seltene satyr.-pikante Schrift, (⅓ Rthlr. Scheible; 3 Mk. Völcker, Frkft. a. M., Anz. 19.)
Französ. Uebers.: Sur la force de l'imagination de femmes enceintes sur le foetus, trad. de l'angl. par A. Brun. Leyde 1737 8⁰ (2 Mk. 10 Pf. Auct. Davidsohn, no. 3818.)

Fromme Erwägungen über die Demuth [Probation religieuse sur l'humilité]. Von Abbé F[rançois] Maucourant. Autor Übers. von Walburga Veit, unter Assist u. mit e Vorw von Prälat Dr [Engelbert] Hofele u. P Jos. Haettenschwiller, S. J. *Kevelaer: J. Thum 1901* (227 S.) 8° [F.]
= [Maucourant. Fromme Erwägungen über d. klösterl. Gelübde. Bd 2.] [04. 4360

Fromme Erwägungen über das Gelübde der Armut [Probation religieuse sur la pauvreté]. Von Abbé F[rançois] Maucourant. Autor. Uebers. von Walburga Veit, durchges. u. mit e. Vorw von e P Benediktiner Kevelaer J. Thum 1902 (283 S.) 8° [F.]
= Maucourant Fromme Erwägungen üb. d. klösterl. Gelübde. Bd 3. [05. 3445

— fromme Erwägungen üb. das Gelübde des Gehorsams. Autoris. Uebersetzg. v. Walburga Veit, durchgesehen u. m. e. Vorwort v. e. Benediktiner. gr. 16. (272 S. m. Titelbild.) Ebd. 902. Geb. in Leinw. 1. 50

Fromme Erwägungen über die klösterlichen Gelübde [Probations sur les vertus religieuses]. Von Abbé F[rançois] Maucourant. Autor Übers. von Walburg(a) Veit Bd 1-3. Kevelaer. J. Thum 1900-02. 3 Bde 8° [F.]
1 = Die Keuschheit [Probation sur la chasteté]. 1900.
2 = Fromme Erwägungen über d. Gelübde d. Demut [Probation relig. sur l'humilité]. 1901
3 = Fromme Erwägungen über d. Gelübde d. Armut [Probation relig. sur la pauvreté]. 1902 [05. 3444

Die Keuschheit [Probation sur la chasteté]. Von Abbé F[rançois] Maucourant. Autor Übers. von Walburg Veit, unter Assist u. mit e. Vorw von Prälat Dr [Engelbert] Hofele [Hofele]. *Kevelaer J Thum 1900.* (274 S.) 8° [F.]
= Maucourant Fromme Erwägungen über d. klösterl. Gelübde Bd 1 [04. 4551

— die Keuschheit. Fromme Erwäggn. üb. die klösterl. Gelübde. Autoris. Übersetzg. v. Walburga Veit unter Assistenz u. m. e. Vorwort v. Hofele. gr. 16. (274 S. m. Titelbild.) Ebd. 900. Geb. in Leinw. 1. 50

Maucourant, F., die Keuschheit. Fromme Erwäggn. f. nach Vollkommenheit streb. Seelen, besonders f. Ordensleute. Neubearb. Uebersetzg. v. Fidelis Böser, O. S. B. 2. Aufl. (10. Tausend) (283 S. m. farb. Titelbild.) 16. Kevelaer 904. J. Thum. Geb. in Leinw. n. 1. 50

— das vertrauliche Leben m. unserem göttlichen Erlöser. In 30 Betrachtgn. m. Gebet-Anh. Ausg. f. fromme, in der Welt leb. Christen u. f. Ordensleute. Autoris. Uebersetzg. v. Walburga Veit unter Assistenz u. m. e. Vorw. v. Hofele 12. (XVI, 274 u. VIII S. m. 1 Stahlstich.) Ebd. (900). n. 1. 20; geb. in Leinw. n. 1. 60

— das vertrauliche Leben m. unserem göttlichen Erlöser. Betrachtungen m. Gebet-Anh. f. fromme, in der Welt leb. Christen u. f. Ordensleute. Bearb. v. Hieronymus Kiene, O. S. B. (XV, 350 S. m. 1 Farbdr.) gr. 16. Ebd. (903). Geb. in Leinw. n. 1. 75

— fromme Prüfungen u. Erwägungen üb. die klösterlichen Gelübde. 3. Bd. Die Armut. Autoris. Uebersetzg. v. Walburga Veit. Durchgesehen u. m. e. Vorwort v. e. Benediktiner. gr. 16. (284 S. m. Titelbild.) Ebd. 902. 1. —; geb. in Leinw. 1. 50; in Chagrin m. Goldschn. 3. —

— fromme Prüfungen u. Erwägungen üb. die klösterlichen Gelübde. 4. Bd. Der Gehorsam. Autoris. Uebersetzg. v. Walburga Veit. Durchgesehen u. m. e. Vorwort v. e. Benediktiner. (272 S. m. Titelbild.) gr. 16. Ebd. 902. 1. —; geb. in Leinw. 1. 50; in Chagrin m. Goldschn. 3. —

— die Tugend der Jungfräulichkeit. Ein Gebet- u. Betrachtungsbuch f. jungfräul. Seelen in Kloster u. Welt. Autoris. Uebersetzg. v. Walburga Veit. gr. 16. (430 S. m. Titelbild.) Ebd. 900. Geb. in Leinw. 1. 80

Die Tugend der Jungfräulichkeit [Probation religieuse sur la chasteté]. Ein Gebet- u. Betrachtungsbuch f. jungfräul. Seelen in Kloster u. Welt. Von Abbé F[rançois] Maucourant. 2. Aufl. Kevelaer J. Thum 1905. (476 S.) 8° [F.] [06. 7330

Mauczka, Jos., altes Recht im Volksbewußtsein. (21 S.) gr. 8. Wien 907. Manz. — 40
Sonderabdruck aus: „Allg. öst. Gerichts-Zeitg."

Mauczka, Jos., der Rechtsgrund des Schadenersatzes ausserhalb bestehender Schuldverhältnisse. Mit besond. Berücksicht. des österreich. u. deutschen Privatrechts. (XVIII, 393 S.) gr. 8. Wien 904. F. Deuticke. n. 8. —

Maude, F. N., s.: Krieg, der große, v. 189—

Die Entwickelung der Modernen Strategie [Evolution of modern Strategy] seit dem achtzehnten Jahrhundert bis zur Gegenwart von N. F. (vielm. F[rederick] N[atush]) Maude, Oberst. Übertr. aus d. Engl. u. bearb. von Julius Nestler, k. k. Prof. Mit e. Einführung von [Otto] Löffler, Major Leipzig, London: A. Owen & Co. 1907 (XXII, 175 S.) 8° [F.] [07. 9..

Maude, N. F., die Entwickelung der modernen Strategie seit dem 18. Jahrh. bis zur Gegenwart. Übertr. aus dem Engl. u. bearb. v. Jul. Nestler. Mit e. Einführg. v. Löffler. (XXII, 175 S.) gr. 8. London 907. Siegle, Hill & Co. 4.—; geb. 5. —

Mauder, Bruno, Biedermeier, s.: Mappe-Mal-Vorlagen. ..

— Münchener Märchen-Malbuch. (20 [10 farb.] Bl.) 20,5×21 cm. München (909). Vereinigte Kunstanstalten. Kart. 1. —

— Ornamente. (16 farb. Taf.) 48,5×33 cm. Plauen (910). Ch. Stoll. In Halbleinw.-Mappe 20. —

— Münchner Tiergarten-Malbuch. 2 Bde. (Je 20 [10 farb.] Bl.) 20,5×21 cm. München (909). Vereinigte Kunstanstalten. Kart. à 1.—; in 1 Bd. kart. 2. —

— Münchener Tier-Malbuch. Geflügel. — Haustiere. (Je 20 [10 farb.] Bl.) 20,5×21 cm. Ebd. (909). Kart. à 1. —

Mauder, Heinr., Pflug u. Feder! Gedichte. (80 S.) 8. Budweis 908. Verlagsanstalt „Moldavia". 1.—; geb. 1. 50

Mauder, J: Geschichte über die Luftschiffahrt und über das gelöste Problem der Lenkbarkeit des Ballons, sein Werth im Kriege mit Rücksicht auf die in England als Kriegsmaterial eingeführten Ballons Captif und der in Frankreich bestehenden aëronautischen Schule und eines Aëronauten-Corps von 1000 Mann. Wien 1880

Mauder, Jos., Eia popeia. Lustige Bilder zu alten Versen. (21 S. m. 10 farb. Vollbildern.) 24×30 cm. München (908). C. A. Seyfried & Co. Auf Pappe, geb. 2.50

— Jugendklang. Alte deutsche Kinderlieder m. vielen bunten Bildern. (55 S.) gr. 8. Eßlingen (909). J. F. Schreiber. Kart. 1.50

— Juvivallera. Ein lustig Bilder- u. Malbüchlein. (16 [8 farb.] S.) Lex. 8. Ebd. (910). —75

— Kinderheimat in Liedern, s.: Güll, Frdr.

— Münchner Kindl-Malbuch. (32 [16 farb.] S. Abb. m. Text auf dem Umschlag.) 26,5×16 cm. Eßlingen (908). J. F. Schreiber. —90

— Münchner Leben. Ein lust. Bilder- u. Malbuch. (26 [13 farb.] Bl.) 23×29,5 cm. München (909). C. A. Seyfried & Co. (Urspr. Pr. 1.50)

— Lustige Leute. Ein Bilderbuch. (9 z. Tl. farb. S. auf Pappe.) 15,5×26 cm. Eßlingen (910). J. F. Schreiber. Geb. —75

Mauderer, E., komm mit! Ein schwarzfröhl. Bilderbuch, m. Versen von Frida Schanz. (28 Bl.) Lex.-8. Stuttgart (904). Levy & Müller. Kart. n. 2.50

Mauderli, J. Über Sarcombildung im Kindesalter. In-8°. 73 S. Basel. These. 1895

Mauderli, Sigm., die Interpolation u. ihre Verwendung bei der Benutzung u. Herstellg. mathemat. Tabellen. (147 S.) gr. 8. Solothurn 906. (A. Lüthy.) n. 3.60

Mauderli, Sigmund. Die Interpolation und ihre Verwendung bei der Benutzung und Herstellung mathematischer Tabellen. Beilage zum Jahresbericht der Kantonsschule Solothurn 1905/06. [Mit 9 Tabellen.] 147 S. 8. Solothurn, Zepfel, 1906.

Mauderli, Sigmund, von Schönenwerd (Kt. Solothurn): Untersuchungen über Stabilität dynamischer Systeme in der Mechanik des Himmels. Solothurn 1910. 52 S. und sechs Tafeln. 8°. [5. III. 10.]
Zürich. Univ. Phil. Diss. II. 8. 1909/10.

Mauderli, Sigmund. Untersuchungen über Stabilität dynamischer Systeme in der Mechanik des Himmels. [Mit 6 Tafeln.] Beilage zum Jahresbericht der Kantonsschule Solothurn 1909/1910. 152 S. 8. Solothurn, Zepfel, 1910.

Mauderode, Johann Thomas von (Hohnst. Adel), De possessorio jurisdictionali. Disp. jur. Präs. Joh. Wolfgang Textor. Wittenberg (Hake) Okt. 1745. 46 S. (—.—) 22453

Maudit, le, par l'abbé ***. 7 Vols. 3. édit. 16. (1135 S.) Frankfurt a. M. 864, Baist.

—— le vrai. Par Madame ***. 4 Vols. (Bibliothèque choisie. Vol. 870—873.) 16. (566 S.) Naumburg 866, Pätz.

MAUDREY, Heinrich: Der Privat-Forstbeamte als Jagdaufsichtsbeamter im Königreich Preußen. - Cöthen 1906. 38 S.

Maudrich, Jo. Georg: Quid statuendum ubi deficit historia, s. Heuckenrott, Jo. Gottlieb

Maudry, Hans, Ballistik. Gr.-8. (V, 188 S. mit einer Tabelle) Wien Seidel 1897 2.30

— Gebrauch der Feuerwaffen. Gr.-8. (IV, 145 S.) Wien Seidel 1897 2.—

Maudry, Hans, Geschütze. Mitrailleusen und schnellfeuernde Kanonen. Gr.-8. (206 S.) 2.50 Wien Seidel & Sohn 1896.

— — Die Handfeuerwaffen, Blankwaffen und Schutzwaffen. Mit zehn Tafeln. Gr.-8. (V, 247 S.) Wien Seidel & Sohn 1896 2.50

Maudry, Hans, Leitfaden z. Studium d. elementaren Ballistik. M. 56 Textfig. u. 3 Tableaux. gr. 8. (VI, 110 S.) Wien 894. L. W. Seidel & Sohn. n. 3.60

Maudry, Hans, s. Maresch's, Otto, Waffenlehre f. Officiere aller Waffen.

— explosive Präparate u. d. Geschoss-Construction. gr. 8. (X, 231 S. m 9 Taf) Ebd. 895. n. 5.—

Maudry, H.: Explosive Präparate und die Geschoß-Construction. 4. Aufl. Wien 1895

— — Rohre und Gestelle der Feuerwaffen. Mit 8 Figurentafeln. Gr. 8. (216 S.) 2.— Wien Seidel & Sohn 1896

Maudry, Hans, Waffenlehre, s. Maresch, Otto.

— Waffenlehre f. Officiere aller Waffen. 4. Aufl. 6 Hfte. gr. 8. Ebd. n. 26.60
I. 1. Abschnitt: Schiess- u. Sprengpräparate. Zündmittel. Besond. Kriegsfeuer. — 2. Abschnitt: Geschosse u. Zünder. (XII, 231 S. m. 8 Fig.-Taf.) 895. n. 4.—
II. 3. Abschnitt: Rohre d. Feuerwaffen. 4. Abschnitt: Gestelle d. Feuerwaffen. (216 S. m. 8 Taf.) 895. n. 4.—
III. 5. Abschnitt: Handfeuerwaffen. 6. Abschnitt: Blanke Waffen u. Schutzwaffen. (V, 247 S. m. 19 Abb. u. 10 Taf.) 896. n. 5.—
IV. 7. Abschnitt: Geschütze. Mitrailleusen u. schnellfeuernde Kanonen. (VII, 206 S. m. 4 Tab. u. 7 Taf.) 896. n. 5.—
V. 8. Abschnitt: Ballistik. (V, 188 S. m. 57 Fig. u. 1 Tab.) 897. n. 4.60
VI. 9. Abschnitt: Gebrauch d. Feuerwaffen. (IV, 145 S. m. 15 Fig.) 897. n. 4.—

Maudry, Joh., die automatische Gewehr-Mitrailleuse des Systems Maxim. gr. 8. (27 S. mit 1 Taf.) Wien 888, (v. Waldheim.) *

Maudry, Jul., Minimalscharten- und Verschwindungs-Lafetten. gr. 8. (63 S. mit 4 Taf.) Wien 887, (v. Waldheim.) *
Vorstehende zwei Schriften sind aus: Mittheilungen über Gegenstände des Artillerie- und Genie-Wesens, besonders abgedruckt.

Maudsley, H., die Zurechnungsfähigkeit der Geisteskranken, s. a. Bibliothek, internationale wissenschaftliche.

Maudsley H, d. Zurechnungsfähigkeit d. Geisteskranken. (Bibl. Intern. 11) Leipzig 1875

Maudsley, Henry, die Physiologie und Pathologie der Seele. Nach dem Orig. zweiter Aufl. deutsch bearb. von Rud. Boehm. Vom Verf. autorisirte Ausg. gr. 8. (XV, 477 S.) Würzburg 870, Stuber. *

Mauduit, Jsr. Mémoires ps. à l'histoire de notre tams. Considérations sur la guerre d'Allemagne. Trad. de l'angl. (139.) 8. Paris et Strasbourg 1761. — 8. Francfort et Leipzig 1761.

Maué, Anton, aus Höchst a. M.: Untersuchungen über Meta-Xylidinsulfosäure. *Marburg 1902: P. Peters, Kiel.* (42 S.) 8°
Marburg, Phil. Diss. v. [8. März] 1902

Maué, Herm. C., der Praefectus fabrum. Ein Beitrag zur Geschichte des röm. Beamtentums und des Collegialwesens während der Kaiserzeit. Mit einem Anhange, enthaltend die Inschriften. gr. 8. (XII, 190 S.) Halle 887, Niemeyer. *

Maué, Herman. C., de praepositionis „ad" usu Taciteo. Dissertatio inauguralis. gr. 8. (VI, 72 S.) Moenofrancofurti 870. (Göttingen, Vandenhoeck und Ruprecht's Verlag.) *

—— die Vereine der fabri centonarii und dendrophori im Römischen Reich. I. Die Natur ihres Handwerks und ihrer sacralen Bezeichnungen. Mit einem Anhange, enthaltend die Inschriften. 4. (78 S.) Frankfurt a. M. 886. (Halle, Niemeyer.) *

Maue, J. J., der christl. Glaube. Eine Abhandl. f. Laien. 8. Rostock 818. Stiller. 4 gr.

Maué, Ph.: Zur Frage über die sociale Stellung der Frauen und die weiblichen Bildungsanstalten zur Erwerbsfähigkeit. — Frankfurt a. M.: Auffahrt 1872. 31 S. 8°

Mauel, Joh. Pet.

— Der deutsche Reichsbürger, s.: Hefte, bunte, f. die männliche Jugend. Nr. 9.

Mauel, Joh. Pet., vom Lehrjungen zum Meister, s.: Hefte, bunte, f. die männliche Jugend. Nr. 4.

Hinter der **Mauer**. Beiträge z. Schulreform m. bes Berücks. d. Gymnasialunterrichts. Ein Buch f. Verzieher u. Verbildete. Marburg: Elwert 1809. 92 S. 8° [II, 1691]

Mauer, A., s. Veröffentlchgn. d. Ver. f. Versich.-Wiss.

Mauer, August

Mauer, A., geographische Bilder. Darstellung des Wichtigsten und Interessantesten aus der Länder- und Völkerkunde. Nach den besten Quellen zusammengestellt und herausg. für Lehrer und Lernende. 1. Thl. 860. (VIII, 303 S.) 24 ngr. — 2. Aufl. 861. (VIII, 333 S.) 24 ngr. — 3. Aufl. 863. (VIII, 375 S.) 24 ngr. — 4. Aufl. Langensalza 864. Greßler. gr. 8. (VIII, 446 S.) 1 ₰

— — 2. Thl. 861. (IV, 300 S.) — 2. Aufl. 862. (IV, 318 S.) — 3. Aufl. Ebend. 863. gr. 8. (IV, 352 S.) 24 ngr.

Mauer, A., geographische Bilder. Darstellung des Wichtigsten u. Interessantesten aus der Länder- u. Völkerkunde. Nach den besten Quellen zusammengestellt u. herausg. für Lehrer u. Lernende. 4. u. 5. Aufl. 864—68. 1 ₰ u. 6. Aufl. Langensalza 868. Schulbuchh. von Greßler. gr. 8. (VIII, 510 S.) 1 ₰ 3 ngr.

— — 2. Thl. 4—7., verm. Aufl. Ebend. 865—69. gr. 8. (IV, 416 S.) 24 ngr.

Mauer, A., geographische Bilder. Darstellung des Wichtigsten und Interessantesten aus der Länder- und Völkerkunde. Nach den besten Quellen zusammengestellt und hrsg. für Lehrer und Lernende. 1. Thl. 7. Aufl. (VIII, 527 S.) 1870, und 8. Aufl. gr. 8. (VIII, 537 S.) Langensalza 873, Schulbuchh. von Greßler.

Mauer, A., geographische Bilder. Darstellung des Wichtigsten und Interessantesten aus der Länder- und Völkerkunde. Nach den besten Quellen zusammengestellt und hrsg. für Lehrer und Lernende. 2 Thle. gr. 8. Langensalza, Schulbuchh. * geb. *

Inhalt:
Thl. 1. Europa. 9. Aufl. (VIII, 550 S.) 876; 10. Aufl. (VIII, 565 S.) 878. *M 3,75.; geb. *M 4,75.
„ 2. Asien, Afrika, Amerika und Australien. (7. Aufl.) (IV, 461 S.) 877. *M 2,70.; geb. *M 3,50.; (8. Aufl.) (IV, 468 S.) 880. *M 3.; geb. *M 3,80.

Mauer, A., geographische Bilder. Darstellung des Wichtigsten und Interessantesten aus der Länder- und Völkerkunde. Nach den besten Quellen zusammengestellt und hrsg. für Lehrer und Lernende. 2 Tle. gr. 8. Langensalza, Schulbuchh. von Greßler. M 7,5.; geb.

Inhalt:
Tl. 1. Europa. 11. Aufl. (VIII, 559 S. 880. M 3,75.; 12. Aufl. (VIII, 574 S.) 883. M 3,75.; geb. M 4,75.
„ 2. Asien, Afrika, Amerika und Australien. 9. und 10. Aufl. (IV, 468 S.) 880,81. M 3.; 11. Aufl. (IV, 475 S.) 882. M 3,30.; geb. M 4,10.

Mauer, A., geographische Bilder. Darstellung des Wichtigsten und Interessantesten aus der Länder- und Völkerkunde. Nach den besten Quellen zusammengestellt und hrsg. für Lehrer und Lernende. 2 Tle. 13. Aufl. gr. 8. Langensalza 886, Schulbuchh. von Greßler. M 7.75.; geb.

Inhalt:
Tl. 1. Europa. (VIII, 576 S.) M 4.—.; geb. M 5.—.
„ 2. Asien, Afrika, Amerika und Australien. (IV, 496 S.) M 3.75.; geb. M 4.75.

Mauer, A., geographische Bilder. Darstellung d. Wichtigsten u. Interessantesten aus der Länder- u. Völkerkunde. Nach den besten Quellen bearb. u. hrsg. f. Lehrer u. Lernende, sowie f. Freunde der Erdkunde. 1. u. 2. Bd. gr. 8. Langensalza, Schulbuchhandlg. 7. 75; geb. 9. 75
1. 14. Aufl. (VIII, 611 S.) 4. —. — 2. (VI, 538 S.) 3. 75.

Mauer, A. Geographische Bilder. Darstellung d. Wichtigsten u. Interessantesten aus der Länder- u. Völkerkunde. 2 Bde. gr. 8. Langensalza 892, Schulbuchh. [1. Bd. 15. Aufl. (VIII, 624 S.) 4 —; geb. 5 —. 2. Bd. 14. Aufl. (VI, 569 S.) 3 75; geb. 4 75.] 7 75; geb. 9 75

Mauer, A., geograph. Bilder. Darstellg. d. Wichtigsten u. Interessantesten aus d. Länder- u. Völkerkunde. Nach d. besten Quellen bearb. u. hrsg. f. Lehrer u. Lernende, sow. f. Freunde d. Erdkunde. 1. u. 2. Bd. gr. 8. Langensalza, Schulbuchh. n. 7. 75; geb. n. 10. —
1. (Europa.) 16. Aufl. (VIII, 644 S.) 895. 4. —; geb. n. 5. —
2. (Ausg. 1896.) (VI, 569 S.) 3. 75; geb. n. 5. —

Mauer, A., geographische Bilder. Darstellung des Wichtigsten u. Interessantesten aus der Länder- u. Völkerkunde. Nach den besten Quellen bearb. u. hrsg. f. Lehrer u. Lernende, sowie f. Freunde der Erdkunde. 2 Bde. gr. 8. Langensalza 900. Schulbuchh. 7. 75; geb. n. 9. 75
1. 17. Aufl. (VIII, 648 S.) 4. —; geb. n. 5. —
2. (Ausg. 1900.) (VI, 575 S.) 3. 75; geb. n. 4. 75

Mauer, A., geographische Bilder. Darstellung des Wichtigsten u. Interessantesten aus der Länder- u. Völkerkunde. Nach den besten Quellen bearb. u. hrsg. f. Lehrer u. Lernende, sowie f. Freunde der Erdkunde. 2 Bde. 8. Langensalza, Schulbuchh. n. 9. 50; geb. n. 11. 50
1. 18. verb. u. verm. Aufl. (VIII, 662 S.) 905. n. 5. —; geb. n. 6. —
2. 17. verb. Aufl. (VI, 582 S.) 903. n. 4. 50; geb. n. 5. 50

Mauer, A., geographische Bilder. Darstellung des Wichtigsten u. Interessantesten aus der Länder- u. Völkerkunde. Nach den besten Quellen bearb. u. hrsg. f. Lehrer u. Lernende, sowie f. Freunde der Erdkunde. II. Bd.: Die außerdeutschen Länder Europas. Bearb. v. L. Sturm. 19., verm. u. verb. Aufl. (X, 538 S.) 8. Langensalza 910. Schulbuchh. 5.50; geb. 6.50

—— Geschichts-Bilder. Darstellung der wichtigsten Begebenheiten und berühmtesten Personen aus der alten Geschichte, dem Mittelalter, der neuen und neuesten Zeit. Nach den besten Quellen zusammengestellt und hrsg. für Lehrer und Lernende, sowie für Freunde der Geschichte. 1. Aufl. 1864. 24 Ngr. und 2. und 3., verm. Aufl. gr. 8. (VIII und 474 S.) Langensalza 865,67, Schulbuchh. von Greßler.

—— Geschichtsbilder. Darstellung der wichtigsten Begebenheiten und berühmtesten Personen aus der alten Geschichte, dem Mittelalter und der neuesten Zeit. Nach den besten Quellen zusammengestellt und hrsg. für Lehrer und Lernende, sowie für Freunde der Geschichte. 4. Aufl. (VIII, 490 S.) 1869. ℳ 3.; 5. Aufl. (VIII, 494 S.) 1871. ℳ 3,30.; 6. Aufl. (VIII, 542 S.) 1873, und 7. verm. Aufl. gr. 8. (VIII, 552 S.) Ebendas. 875.

—— Geschichts-Bilder. Darstellung der wichtigsten Begebenheiten und berühmtesten Personen aus der alten Geschichte, dem Mittelalter, der neuen und neuesten Zeit. Nach den besten Quellen zusammengestellt und hrsg. für Lehrer und Lernende, sowie für Freunde der Geschichte. 8. verm. Aufl. gr. 8. (VIII, 570 S.) Ebendas. 878. ℳ 3,75.; geb.

—— Geschichts-Bilder. Darstellung der wichtigsten Begebenheiten und berühmtesten Personen aus der alten Geschichte, dem Mittelalter, der neuen und neuesten Zeit. Nach den besten Quellen zusammengestellt und hrsg. für Lehrer und Lernende, sowie für Freunde der Geschichte. 9. verm. Aufl. gr. 8. (VIII, 576 S.) Ebendas. 882. ℳ 3,75.; geb.

—— und C. Roland, die Kurfürstin Henriette Louise, Gemahlin Friedrich Wilhelms des Großen, als Landesmutter und ihre besondere Wirksamkeit zu Oranienburg. gr. 8. (24 S.) Neustadt-Eberswalde 858. [Posen, Jagielski.] *

Mauer, A., und C. Roland, die Kurfürstin Henriette Louise, Gemahlin Friedrich Wilhelms des Großen, als Landesmutter und ihre besondere Wirksamkeit zu Oranienburg. Neustadt-Ebw. 858. (Berlin, Nicolai'sche Sortbhdlg.) gr. 8. (24 S.) n. 5 ngr.

Mauer's, Aug., Illustrirtes Wiener Kochbuch. Ausschließlich berechnet für die feinste Küche und den vornehmsten Haushalt. gr. 8. (656 S. mit 1 Taf. und eingedr. Holzschn.) Wien 885, Gebr. Rubinstein. geb.

Mauer's, Aug., illustrirtes Wiener Kochbuch. Ausschließlich berechnet für die feinste Küche und den vornehmsten Haushalt. Reich ausgestattet mit künstler. Illustr. und versehen mit interessanten histor. Menu's. (2. bill. Ausg.) gr. 8. (656 S.) Wien 885, Gebr. Rubinstein. geb. *

Mauer's, Aug., Wiener Kochbuch. Red. v. Adf. C. Schättinger. (In ca. 22 Lfgn.) 1—4. Lfg. gr. 8. (128 S. m. Holzschn.) Wien 883. Cerny. à — 50

Mauer's August, Wiener Kochbuch (im 1. u. 2. Heft Eduard Sacher's Wien. Kochbuch.) 8. (à 32 S.) 1.—3. Heft. Wien, A. Cerny. à 25 kr. 1883.

Mauer's, August, Wiener Kochbuch. gr. 8. Liefg. 3—10. (S. 97 bis 320.) Wien, Matejka & Schenke. à 25 kr. 1884

Mauer's, August, Wiener Kochbuch f. die feinste Küche. gr. 8. Lief. 11—20. (S. 321—640.) Wien, Gebrüder Rubinstein. à 25 kr. 1885.

Mauer's. August, Wiener Kochbuch f. d. feinste Küche. Schlussheft m Index 8. (S. 641—656.) Wien, Gebrüder Rubinstein. 15 kr 1885.

—— Leitfaden für den geschichtlichen Unterricht in Mittel- und Volksschulen. Für die Hand der Schüler. Neue (Titel-)Ausg. gr. 8. (VI, 104 S.) Berlin (874)78, Wohlgemuth's Verlagsh. *

—— Leitfaden für den geschichtlichen Unterricht in Präparandenanstalten, Mittel- und Volksschulen. Hrsg. für die Hand der Schüler. gr. 8. (104 S.) Berlin 874, Logier's Buchh. *

—— Leitfaden für den geschichtlichen Unterricht in Volks- und Mittelschulen, sowie Töchterschulen. Für die Hand der Schüler bearb. Der neuen Ausg. 2. verm. und verb. Aufl. gr. 8. (IV, 146 S.) Berlin 881, Wohlgemuth's Verlagsh.

Mauer, E., practisches Verfahren in der Construction einfacher geometrischer Figuren. gr. 8. (20 S. m. 5 lith. Taf.) Berlin 887. E. F. W. Berg. n. 1.—

Alphabetisches Verzeichnis sämtlicher im Regierungsbezirk Potsdam belegenen Ortschaften und Ortsteile, nebst e. Zsstellg d. zugehör Oberforstereien u. Bezirkskommandos. Nach amtl. Quellen unt. Leitg d. Reg.-Sekr. [F] **Mauer** bearb. *Potsdam A Stein 1897* (2 Bl., 296 S.) 1 Bd 4. (98. 669

Mauer, Ferd August Otto, s Mauer, Otto

Mauer, G., s. Mauer, Val

Mauer, Gg., Gedichte in Pfälzer Mundart. (III, 57 S.) kl. 8. Kaiserslautern (890). H. Kayser. 1.—; geb. 1.50

Mauer, H., wie die Tanne zum Christbaum ward. Ein Weihnachtsfestspiel. 8. (16 S.) Leipzig 900. F. Jansa. n. — 80

Mauer, Hermann, a. Cassel: Das landschaftliche Kreditwesen Preußens agrargeschichtlich und volkswirtschaftlich betrachtet. Ein Beitrag zur Geschichte der Bodenkreditpolitik des preußischen Staates. Straßburg i. Els.: K. J. Trübner 1907. (VIII, 48 S.) 8° ¶(Erscheint vollst. als: „Abhandlungen a. d. staatswissenschaftl. Seminar zu Straßburg" H. 22.)
Straßburg, Rechts- u. staatsw. Fak., Ref. Knapp, Diss. v. 11. Mai 1907
[Geb. 29. Sept. 76 Cassel; Wohnort: Cassel, Staatsangeh.: Preußen; Vorbildung: Wilhelms-Gymn. Cassel ohne Reifezeugnis; Studium: Berlin 3, Straßburg 6 S.]

Mauer, Herm., das landschaftliche Kreditwesen Preussens, s.a. Abhandlungen aus dem staatswissenschaftlichen Seminar zu Strassburg i. E. 22. Heft.

Das landschaftliche Kreditwesen Preussens agrargeschichtlich und volkswirtschaftlich betrachtet. Ein Beitrag z. Geschichte d. Bodenkreditpolitik d. Preuss. Staates von Hermann **Mauer**, Dr d Staatswiss Strassburg K J Trübner 1907 (VIII, 200 S.) 8°
= **Abhandlungen** aus d. staatswiss. Seminar zu Strassburg H. 22 (07 1438

Mauer, Otto

Mauer, (Ferd. August Otto (geb Spandau 15 6 1857) Ueber die Exfoliation der Blasenschleimhaut Berlin (1880) (31 S.) 8°
Berlin, Med. Diss. v. 16. Apr. 1880

Mauer, S., kurze Anleitg. zur Pflanzg. u. Pflege d. Obstbäume. gr. 8. (15 S.) Kulmbach 895. R. Rehm. n. — 20

Mauer, S., Harfenklänge. Ein Rathgeber für Alle, die an Hypochondrie, oder an trüber Gemüthsstimmung leiden. 16. (VIII und 77 S.) Quedlinburg 854, Basse.

Mauer, S., der treue Lehrmeister d. deutschen Sprache. Theoret.-prakt. Sprachlehre in kindlich faßl. Darstellung f. Bürger-, Töchter- u. Landschulen u. z. Selbstunterr. (Mit Auflösungen zu den Uebungsaufgaben.) gr. 8. (20 B.) Braunschweig 844, Vieweg u. Sohn.

Mauer, S., מודע לילדי בני ישראל oder Israelitischer Kinderfreund. Ein Lese- u. Lehrbuch für Schule u. Haus. In ausschließlich erzählender Form, als in der einzigen dem kindlichen Gemüthe zusagenden Lehrweise abgefaßt. 8. Leipzig 842, Baumgärtner's Buchh. 2/3 Thlr.

— Predigt am Vermählungsfeste des Kronprinzen von Hannover gehalten in der Synagoge zu Münden (am 18. Febr. 1843). gr. 8. Cassel 843. (Meßner.) n. 1/8 Thlr.

Mauer, Val., Anweisung f. d. Lehrer d. Großherzogth. Würzburg z. zweckmäßigen Behandl. der d. deutschen Schulwesen vorgeschriebenen Lehrgegenstände, nebst Tabellen. 8. Würzb. 810. Stahel. 3 gr.

— Begriffszergliederungen z. Behufe bei katechet. Uebungen. gr. 8. Würzb. 812. Stahel. 18 gr.

— Entwurf zu ein. zweckmäßigen Unterrichtsweise in d. gewöhnl. Lehrgegenständen. 8. Würzb. 811. Stahel. 8 gr.

— ein Geschenk f. Schullehrer zum Behufe d. Schreibunterrichts. Mit 1 Tabelle. gr. 8. Würzb. 819. Stahel. 14 gr.

— Wirkungskreis d. untern Volksschulen mit besond. Berücksichtigung dessen, was solche z. religiös. Bildung beizutragen haben. gr. 8. Würzb. 817. Stahel. 12 gr.

Mauer-Anschläge (Französische, politische) während der Zeit vom Sept. 1870 bis zum Mai 1871. Ins Deutsche übertragen von Otto Simon. 8°. Amsterdam u. Leipzig, Aug. Dieckmann, s. a.

Mauer Anschläge, Französisch politische, während der Zeit vom September 1870 bis zum Mai 1871 Ins Deutsche übertragen von Otto Simon 8. Amsterdam und Leipzig 1894.

Mauer-Anschläge, französische politische, währ. d. Zeit v. Septbr. 1870 b. z. Mai 1871. Ins Deutsche übertr. v. Otto Simon. gr 8. (426 S.) Amsterdam 895. Leipzig, C. F. Tiefenbach. n. 4.—

Mauerer

— vergl. Maurer

Mauerer, Geo. Anrede an die zwei Candidatinnen des klösterl. Ursuliner-Lehrinstituts zu Landshut, bei deren feierl. Einkleid. d. 9 Okt. 1828. Regensburg (Augsburg: Kollmann). 8°

Mauerer, Geo., Anrede an die zwei Candidatinnen des klösterl. Ursuliner-Lehr-Instituts zu Landshut bei deren feierl. Einkleidung d. 9. Oct. 1828. 8. Regensb. Pustet. 3 gr.

Mauerer, Geo., Anweisung zum würdigen Empfang des heil. Bußsakraments. 12. (1¾ B.) Regensburg 843, Manz.

— die christl. Jungfrau, wie sie sein soll u. es werden kann. Ein Lehr- u. Gebetbüchlein f. Mädchen, die es noch wider die Welt mit Christus halten. 8. Augsb. 815. 5e Aufl. Mit 1 Kpf. Doll. 830. (Landh., Krüll). 6 gr.

Maurer, (Georg), die christl. Jungfrau, wie sie seyn soll, u. es werden kann. Ein Lehr- u. Gebetbüchlein f. Mädchen, die es noch wider die Welt mit Christus halten. 2e Aufl. 8. Augsburg 823, Doll. (Landshut, Krüll.)

—— die christl. Jungfrau, wie sie seyn soll, u. es werden kann. Ein Lehr- u. Gebethbüchl. f. Mädchen, die es noch wider d. Welt mit Christus halten. 4—6., neuerdings verm. Aufl. (à 11 B. u. Titlkpfr.) 8. Augsburg 829, 30, 32, Doll. (Regensburg, Manz.) à

Mauerer, Geo., die christl. Jungfrau wie sie sein soll u. es werden kann. Ein Lehr- u. Gebethbüchl. f. Mädchen, die es noch wider d. Welt mit Christus halten. 7. u. 8., verm. Aufl. 8. (à 11⅛ B. u. Titlkpfr.) Augsburg 836, 39, (Regensburg, Manz.) à

Mauerer, Geo., die christliche Jungfrau in ihrem Wandel und Gebete. Ein Lehr- und Gebetbüchlein für Mädchen, die es noch wider die Welt mit Christus halten. 10., verm. Aufl. 12. (251 S. mit 1 Stahlst.) Augsburg 853, Doll.

— — die Jungfrau wie sie seyn soll, u. es werden kann. 6te Aufl. 8. Ebend. 820. Schreibpap.

— die Jungfrau, wie sie seyn soll u. es werden kann. Ein Geschenk f. Mädchen, die es noch wider die Welt mit Christus halten. 7e Aufl. 12. Augsburg 822, Doll. (Landshut, Krüll.)

— die Jungfrau wie sie sein soll u. es werden kann. Ein Geschenk f. Mädchen, die es noch wider die Welt mit Christus halten. 8e Aufl. 12. Augsb. 825. Doll. (Landsh., Krüll.) 2 gr.

– Die Jungfrau, wie sie sein soll u. es werden kann. 9 verm Aufl (Mit Titelb.) Augsb. (Landsh. Manz) 1834 12°

Mauerer, Geo., die Jungfrau, wie sie seyn soll, u. es werden kann. Ein Geschenk f. Mädchen, die es noch wider d. Welt mit Christus halten. 9., verm. Aufl. 12. (2 B. u. Titlbild.) Augsburg 834. (Regensburg, Manz.)

—— die Jungfrau, wie sie sein soll u. es werden kann. Ein Geschenk f. Mädchen, die es noch wider die Welt mit Christus halten. 10. Aufl. 32. (64 S.) Regensburg 846, Manz.

Mauerer, Geo., die Jungfrau wie sie seyn soll und es werden kann. Ein Geschenk für Mädchen, die es noch wider die Welt mit Christus halten. 12.—14. Aufl. 32. (64 S. mit 1 Holzschntaf.) Lindau 863—67, Stettner.

Mauerer, Geo., die Jungfrau wie sie seyn soll und es werden kann. Ein Geschenk für Mädchen, die es noch wider die Welt mit Christus halten. 15. Aufl. 32. (64 S.) Lindau 871, Stettner.

Mauerer, Geo., die Jungfrau wie sie seyn soll und es werden kann. Ein Geschenk für Mädchen, die es noch wider die Welt mit Christus halten. 16. Aufl. 16. (64 S. mit 1 Holzschntaf.) Lindau 877, Stettner.

Mauerer, Geo., die Jungfrau wie sie sein soll und es werden kann. Ein Geschenk für Mädchen, die es noch wider die Welt mit Christus halten. 17. Aufl. 16. (64 S. mit 1 Bild.) Lindau 885, Stettner. 15 Pf.; geb. *

Mauerer, Geo., die Jungfrau, wie sie sein soll. Ein Geschenk f. Mädchen. 18. Aufl. 16. (64 S. m. Titelbild.) Lindau 896. J. Th. Stettner. — 15

— der christl. Jüngling. Ein großer Segen f. die Menschheit. 8. Augsb. 816. 4e mit 1 Kpf. verm. Aufl. 831. Doll. 8 gr

—— der christl. Jüngling, in seinem Wandel u. Gebethe. 4. u. 5. Aufl. 8. (à 15 B. u. Ttlkpfr.) Augsburg 828, 31, Doll. (Regensburg, Manz.) à

—— der christl. Jüngling in seinem Wandel u. Gebete. 6. Aufl. 8. (15 B. u. Ttlkpfr.) Augsburg 836, Doll. (Regensburg, Manz.)

—— der christliche Jüngling in seinem Wandel und Gebete. 8. Aufl. gr. 12. (234 S. mit 1 Stahlst.) Augsburg 855, Doll.

—— der Jüngling wie er seyn soll und es werden kann. Ein Geschenk für Jünglinge, die es noch wider die Welt mit Christus halten. 9. Aufl. 32. (64 S. mit 1 Holzschntaf.) Lindau 865, Stettner.

—— der Jüngling wie er sein soll und es werden kann. Ein Geschenk für Jünglinge, die es noch wider die Welt mit Christus halten. 12. Aufl. 16. (64 S. mit 1 Bild.) Ebendas. 887. 15 Pf.; geb. *

— zwei Primizpredigten, gehalten zu Amberg 1816, u. zu Stadtamhof 1818. 8. Augsb. 818. Doll. (Landsh., Krüll). 4 gr

Mauerer, J. K. M., Gedichte. Nach s. Tode gesammelt von J. N. Puchner, u. herausgg. v. den Hinterbliebenen. Mit d. Bildn. d. Verf. 8. Regensb. 829. (Nürnb., Stein). 1 Rthlr

MAUERER, Johann Baptist (Bruck): Ein Beitrag zur Lehre der Einleitung der künstlichen Frühgeburt.- Schwandorf: Meiller 1866. 18 S.
21.12.1865 - Urk (Titel: De partu praematuro.); F 71
Diss.Ingolst.-Landsh.-Mchn.

Mauerer, Wolfgang

— — nützliche Aufgaben für Elementarschulen. Eine stufenmäßige stille Beschäftigung zur Ausbildung des Denk-, Sprech- und Schreibvermögens. Anhang zu den element. Lesebüchern. 2te Aufl. 8. Straubing, Schmidt. 819.

Mauerer, Wolfg., nützl. Aufgaben f. Elementarschulen. Eine stufenmäßige stille Beschäftigung z. Ausbild. d. Denk-, Sprech- u. Schreibvermögens. Anhang zu d. element. Lesebüchern. 2e Aufl. 8. Straub. 819. (Schorner). 9 gr

Mauerer, Wolfg., Beispiele z. Belehrung u. Warnung d. unerfahrnen Jugend. 12. (6⅔ B.) Straubing 837, Schorner.

— Blüthenkränze, gewunden in e. Reihe merkwürd. u. lehrr. Erzähll. zur Belehrung u. Besserung f. d. Jugend. Mit Titelkpf. 8. Landsh. 832. Krüll. 6 gr

Mauerer, Wolfg., Blüthenkränze, gewunden in e. Reihe merkwürd. u. lehrr. Erzähln. z. Belehr. u. Besserung f. d. liebe Jugend. Mit Ttlkpfr. 8. (7 B.) Landshut 832. [Regensburg, Manz.]

Mauerer, Wolfg., Briefe für Kinder, nebst einigen Anreden bey Schulprüfungen. 2te Aufl. gr. 12. Landshut, Krüll. 817.

Mauerer, (W.,) Briefe f. Kinder. Nebst einigen Anreden bei öffentl. Schulprüfungen. 3e verm. Aufl. gr. 12. Landsh. 824, Krüll.

—— Briefe f. Kinder. Nebst einigen Anreden bei öffentl. Schulprüfungen. 4., sehr verm. u. verb. Aufl. 8. (6 B.) Regensburg 838, Manz.

—— geschichtl. Darstellung verschied. Unglücksfälle, z. Belehr. u. Warnung d. unerfahr. Jugend. Ein Geschenk- u. Preisbuch. M. 4 Stndr. 8. (8 B.) Passau 823, Ambrosi. 8 Gr., ill.

— kleine lehrreiche Erzähll. u. Lehrsätze, nebst einigen Gleichnissen u. Denksprüchen aus d. Munde Jesu. 8. Landsh. 820. Krüll. 2 gr

- Lehrreiche Erzählungen Ein Geschenk f d Jugend 2 Aufl Mit 1 Vign. Passau Pustet 1826 8°

—— lehrr. Erzählungen. Ein Geschenk f. d. Jugend. 4., verb. Aufl. gr. 12. (8 B.) Regensburg 832, Pustet. 6 Gr., f. Pap. m. 4 ill. Kpfr.

- Lehrreiche Erzählungen Ein Geschenk für die Jugend 4 Aufl Regensburg , jetzt Kollmann in Augsb 8°

— lehrreiche Erzählungen f. d. Jugend. 8. Passau 818. N. A. 820. 3e verb. Aufl. Mit 1 Vign. gr. 12. Ebd. 827. 4e Aufl. 832. 6 gr; Mit 4 ill. Kpf. 10 gr

— — lehrreiche Erzählungen für die Jugend. 8. Passau, Pustet. 820.

Mauerer, Wolfg., christkatholisches Gebet- und Erbauungs-Buch für die Jugend. 12. (213 S. mit 1 Stahlst.) Straubing 852, Schorner.

- Gebet- u Erbauungsbuch für die kathol Jugend Regensburg Reitmayr 1840 12°

—— Hauptmomente d. bibl. Geschichte d. alten u. neuen Testaments, nebst einigen religiösen u. moral. Denksprüchen. Eine Schulübung z. Schön- u. Rechtschreiben. gr. 12. (2 B.) Regensburg 835, Manz.

— siehe: Kind, das, im Geiste u. Gebete vor Gott.

- Leben u Thaten bayer Regenten. Für die Jugend erzählt Passau Winkler (Pustet'sche Buchh) 1834 12°

— — 1s, 2s, 3s u. 4s elementar. Lehr- u. Lesebuch für Anfänger und Geübtere. 6te Aufl. 12. u. 8. Straubing, Schmidt, auch Krüll in Landshut. 816 u. 817.
4s Bdchen auch unter dem Titel:
Lesebuch für geübtere Leseschüler. 8. 818.

— 1s, 2s, 3s u. 4s elementar. Lehr- u. Lesebuch f. Anfänger u. Geübtere. 6e Aufl. 12. u. 8. Straub. 816, 17. (Schorner); (a. Krüll in Landsh.) 20 gr (4s Bdchn. a. unt. d. T.: Lesebuch für geübtere Schüler. 8. 818.) 4 gr

— erstes elementar. Lehr- u. Lesebuch zum Gebr. für Kinder im Lesenlernen, sowohl beim öffentlichen als Privatunterricht. 9. Aufl. 12. Straubingen 841, Schorner. 6 kr — 10. Aufl. 844. 6 kr

—— zweites elementarisches Lehr- u. Lesebuch f. Kinder z. Lesenlernen. 8., verb. Aufl. 12. (4 B.) Straubing 844, Schorner.

—— Lehr- und Hilfsbüchlein für Lehrlinge in den Sonntags-Schulen. 8. (35 S., wovon 8 lithogr.) Straubing 847, Schorner.

— Lesebuch f. Anfänger im Lesen. 1e u. 2e Abthl. 2e Aufl. 12. Landsh. 824—26. Krüll. 2 gl 3e Abthl. 2e Aufl. 12. Ebd. 830. 1 gl

—— Lesebuch f. Anfänger im Lesen. 3. Abthl. mit mehrsylb. Wörtern. 2., verb. Aufl. 12. (3 B.) Landshut 830. [Regensburg, Manz.]
1. u. 2. Abthl. Ebendas. 1824. 1 Gr.

Mauerer, Wolfg., Lesebuch f. Anfänger im Lesen. 1. Abthl. mit einsylb. Wörtern. 3., verb. Aufl. gr. 12. (1½ B.) Regensburg 836, Manz. Thlr.
2. u. 3. Abthl. Ebendas. 1826, 17. 2 Gr.

—— Lesebuch für Anfänger im Lesen. 1. Abthl. mit einsylbigen Wörtern. 4. Aufl. 12. (35 S.) Regensburg 856, Manz.

—— Lesebuch f. Kinder, welche schön u. mit gehör. Betonung lesen lernen wollen. gr. 12. (6 B.) Passau 829, [Regensburg,] Pustet.

— s. Moralspiegel in Beispielen.

(——) Moral-Spiegel in Beispielen, besteh. aus 100 kurzen u. lehrr. Erzähln., Anekdoten ꝛc. Ein zweckmäß. Geschenk f. d. unerfahr. Jugend. M. 1 Stndr. 2., gänzl. verb. Orig.-Aufl. 12. (3 B.) Passau 829, Ambrosi.

—— stufenmäß. Uebungen in d. deutschen Sprach- u. Rechtschreiblehre f. d. deutsche Schuljugend. 8. (4 B.) Straubing 839, Schorner.

—— stufenmäßige Uebungen in der deutschen Sprach- und Rechtschreiblehre für die deutsche Schuljugend. 3. Aufl. 8. (64 S.) Straubing 854, Schorner.

— historische Unterhaltungen aus d. bayerischen Geschichte für die vaterländ. Jugend, mit 8 lithogr. Abbildd. der Stammhalter Bayerns. 8. Regensburg 822, jetzt Kollmann in Augsburg. ½ ₰ — 2e Abthl. Biographieen berühmter Männer aus Bayern, bis Ende d. 18n Jahrh. Ebd. 828, jetzt Ebd. ½ ₰

— histor. Unterhaltungen aus d. baier. Geschichte f. die vaterländ. Jugend. Mit Steindr. 8. Passau. 822. Pustet. 12 gl — Dass. 2e Abthl. 828. Ebd. Biographien ꝛc. 12 gl

—— histor. Unterhaltungen aus d. bayer. Geschichte f. d. vaterländ. Jugend. 2. Abthl. Biographien berühmter Männer aus Bayern, bis Ende d. 18. Jahrh. Nebst d. merkwürd. Ereignissen a. d. Gesch. Bayerns, durch alle Jahrh. d. christl. Zeitrechnung. 8. ... Passau 828, [Regensburg,] Pustet.
(1 Abthl.) Ebendas. 1822. 12 Gr.

Mauerer, Wolfg., historische Unterhaltungen für die deutsche Jugend. 3. Abthl. Leben der römisch-deutschen Kaiser. 12. Augsburg 842, Kollmann. ⅓ ₰

Mauerhof, C. G. A., Kriegs-Erinnerungen eines vor dem Feinde verwundeten deutschen Kriegers aus dem deutsch-französischen Feldzuge vom J. 1870 bis 1871. Ein Lebensbild aus Deutschlands glorreichster Zeit. 2. Aufl. 8. (217 S.) Eilenburg 887, (Becker.)

Mauerhof, C. G. A., Kriegs-Erinnerungen e. vor d. Feinde verwund. deutschen Kriegers aus d. deutsch-französ. Feldzuge v. J. 1870—1871. E. Lebensbild aus Deutschlands glorreichster Zeit. (4. Aufl.) Jubelausg. z. 25jähr. Gedächtnisfeier d. deutschen Siege v. 1870/71 gr. 8. (214 S.) Eilenburg 895. (B. Becker.) 1. 50

Mauerhof, C. G. A., Kriegs-Erinnerungen e. vor dem Feinde verwundeten deutschen Kriegers aus dem deutsch-französischen Feldzuge vom J. 1870 u. 1871. Ein Lebensbild aus Deutschlands glorreichster Zeit. 6. verm. u. verb. Aufl. gr. 8. (188 S.) Eilenburg 899. (B. Becker.)
n. 1. 50; kart. n. 2. —; geb. n. 2. 50

Mauerhof, C. G. A. Kriegs-Erinnerungen eines vor dem Feinde verwundeten deutschen Kriegers aus dem deutsch-franz. Feldzuge. (4. Aufl.) Eilenburg 1895. 8°.
Dass. 6. Aufl. 1899.
Dass. 7. Aufl. 1903.

Emil **Mauerhof.** Das naturalistische Drama. Halle: R. Mühlmann 1907. (164 S.) 8° [F.]
Aus. Mauerhof: Götzendämmerung. [06. 15104 8

Mauerhof, Emil, Götzendämmerung. (VII, 608 S.) gr. 8. Halle 907. R. Mühlmann's Verl. n. 6. —; geb. n. 7. —
Hieraus einzeln:
Das naturalistische Drama. (164 S.) n. 2. 50
Ibsen, der Romantiker des Verstandes. (114 S.) n. 2. —
Was also sprach Zarathustra. (228 S.) n. 3. —

—— über Hamlet. gr. 8. (178 S.) Leipzig 882, T. O. Weigel.
—— dass. — Nebst einem Nachtrage als Vorwort. 2. Aufl. gr. 8. (XXXVII, 178 S.) Ebendas. 884.

Emil **Mauerhof.** Ibsen der Romantiker des Verstandes. Halle a/S.: R. Mühlmann 1907. (114 S.) 8° [F.]
Aus Mauerhof: Götzendämmerung. [06. 15106 8

Mauerhof, Emil, zur Idee des Faust. 8. (III, 191 S.) Leipzig 884, O. Wigand.

Mauerhof, Emil, dichterische Idole. Heine. Horaz. 1. u. 2. Aufl. gr. 8. (96 S.) Zürich 897. K. Henckell & Co. n. 2. —

— Messalina. Trauerspiel in 5 Akten. 8. (V, 122 S.) Ebend. 882. n. 2. —

— Messalina. Trauerspiel in 5 Akten, nebst e. Briefe an e. interessantes Kind. 2. Aufl. 8. (9 u. 122 S.) Leipzig 884. T. O. Weigel. n. 1. —

— Konrad Ferdinand Meyer oder die Kunstform des Romans. Gr. in-8°. 59 S. Zürich, Karl Henckell & Co. 1897 1 50

— Konrad Ferdinand Meyer od. d. Kunstform des Romans. 2. Aufl. gr. 8. (59 S.) Ebd. 897. n. 1. 20

— Schiller u. Heinrich v. Kleist. gr. 8. (170 S.) Ebd. 898. n. 4. —

— Shakespeareprobleme. (VII, 312 S.) gr. 8. Kempten 905. J. Kösel. n. 4. 50; geb. n. 5. 40

Der Ursprung der Poesie von Emil Mauerhof. *Zürich & Leipzig K Henckell & Co.* (38 S.) 8° [F.]

— der Ursprung d. Poesie. gr. 8. (38 S.) Ebd. 897. n. 1. 20

Mauerhof, Emil, Ursprung u. Zweck der Poesie. gr. 8. (241 S.) Zürich (899). Rom, E. Mauerhof. 4. —

Mauerhof, Emil, vom Wahren in der Kunst. 8. (238 S.) Leipzig 887, Haessel. *

Emil **Mauerhof.** Was also sprach Zarathustra? Halle a/S.: R. Mühlmann 1907. (226 S.) 8° [F.]
Aus Mauerhof Götzendämmerung. [04. 1907 2

— das Wesen d. Tragischen in alter u. neuer Zeit. gr. 8. (52 S.) Ebd. 897. n. 1. 20

Mauerhofer, J., Praktische Mitteilungen über das Schlämmverfahren auf dem gräflich Wilczekschen Dreifaltigkeitsschachte in Polnisch-Ostrau und über einige Betriebseinrichtungen daselbst Wien, 1904. 8 S. mit 1 Taf.

Mauerhofer, J., Rettungswesen beim Gräfl. Wilczek schen Bergbaubetriebe in Poln.-Ostrau. Mähr.-Ostrau, 1906. 8 S. mit 11 Abb.

Mauerhofer, Jos., Mitteilungen aus der Praxis des Schlämmverfahrens am gräflich Wilczekschen Dreifaltigkeitsschachte in Poln.-Ostrau. (7 S. m. 1 Taf.) Lex.-8. Mähr.-Ostrau 905. J. Kittl. n. 2. —

Mauerhoff, Gust., der preuß. Rechtsfreund. Ein Handbuch zur Belehrung, wie man sich in den im gewöhnl. Leben vorkommenden Prozeß- und sonstigen Rechts-Angelegenheiten zu verhalten hat ꝛc., nebst einer kurzen Zusammenstellung der wichtigsten Punkte aus dem Wechselrecht, aus dem Titel über Verträge, über Verjährungen ꝛc. Mit einem Formular-Anhange. gr. 8. (IV und 122 S.) Strasburg in Pr. 855, Köhler. *

Mauerhoff, Gust., der preußische Rechtsfreund. Ein unentbehrl. Rathgeber in allen Rechtsangelegenheiten für Jedermann. Zur Belehrung, wie man sich in den im gewöhnl. Leben vorkommenden Prozeß- und sonstigen Rechts-Angelegenheiten zu verhalten hat ꝛc. Bearb. und hrsg. für Geschäftsleute und für diejenigen, welche sich dem Justiz-Subaltern-Dienst widmen wollen. 2., verm. und verb. Aufl. gr. 8. (IV und 133 S.) Berlin 860, J. Abelsdorff's Verlag.

Mauermann, Carl August (Görlitz), Ad orationes memoriae Johann Rudolph von Gersdorf sacras. Görlitz (Schirach) 23. IX. o. J. 8 S. mit Namen. (1.50) 22454

Mauermann, C. A. Arrianus Nicomed. et Q. Curtius Ruf., scriptores rerum ab Alex. M. gestar., comparantur. 9 S. .
Görlitz, Progr. 1835

Mauermann, K. A. De origine vocabuli Baccalaurei. 12 S. . . .
Görlitz, Progr. 1831

Mauermann, K.A. De studiis mathem. in Gymn. Goerlic., ab eo cond. u. ad a. 1780. . . . .
Progr. Görlitz 1826

Mauermann, L., Predigt bey der Dankfeyer des erlebten Jubelfestes der 50jährigen Regierung Sr. Maj. des Königs von Sachsen am 20. Sept. 1818. gehalten. gr. 8. Leipzig, Andrä. 818.

Mauermann, Siegfr., der richtige Berliner in Wörtern u. Redensarten, s.: Meyer, Hans.

Mauermann, Siegfried: Die Bühnenanweisungen im deutschen Drama bis 1700. Bibliogr., Einl. u. Kap. 1. (Berlin: Mayer & Müller 1910.) XXIX, 58 S. 8° ¶ (Ersch. vollst. als: Palaestra. Bd 102.)
Berlin, Phil. Diss. v. 15. Juni 1910, Ref. Roethe
[Geb. 6. Nov. 84 Berlin; Wohnort: Berlin; Staatsangeh.: Preußen; Vorbildung: Gymn. z. Grauen Kloster Berlin Reife O. 05; Studium: Berlin 10 S.; Rig. 25. Nov. 09.] [U 10. 311

— Die Geschichte des grauen Klosters zu Berlin. 1271, 1574, 1909. Mit 5 Taf., 6 Abbildgn. u. 1 Grundriß im Text. (76 S.) gr. 8. Berlin 909. Spree-Verlag. Kart. 3. —

— Verzichten ist Sünde. Gedanken u. Empfindgn. eines Unreifen. Augenblicksbilder. (123 S.) 8. Ebd. 910. 1. 50

Mauermayer, Theodor, a. München: Über Methylol-monochloracetamid, Methylol-trichloracetamid und Methylendiamin. München 1905: V. Höfling. (48 S.) 8°
München, Phil. Fak., Ref. v. Baeyer, Diss. v. 7. Juli 1905
[Geb. 20. Juni 79 Unter-Elchingen, Bez.-Amt Neu-Ulm; Wohnort: München; Staatsangeh.: Bayern; Vorbildung: Gymn. Dillingen a. D. Reife Juli 98; Studium: München T.H. 3, München Univ. 10 S.; Rig. 19. Mai 05.]

Mauern. Hinter den M' einer kantonalen Strafanstalt s. [Rüdlinger, Heinrich].

MAUERSBERG, Sammlung etlicher poetischer Fruchte O O (Schweidnitz) 1725 8° Hochst selten!
So in Bratring's Büch.-Samml. Berl. 1832. S. 78.

Mauersberg, Hermann: Die Anfänge der asketischen Bewegung im Abendlande. Ein Beitrag zur Geschichte der christlichen Sitte. *Osnabrück 1897: A. Liesecke.* (64 S.) 8°
Erlangen, Phil. Diss. v. 29. Juni 1897

Mauersberg, Paul [aus Georgmarienhütte Kr. Osnabr.]: Schleimbeutel-Hygrome in der Beckengegend ... Berlin, C. Vogts Buchdr., *1896*; 28 S., 2 Bl. 8.
Berlin, Med. Fak., Inaug.-Diss. v. 3. März 1896

Mauersberger, C. T., Beitrag zur Kunst des Zahlenmerkens. Eine vorläuf. Antwort auf die Ueberbürdungsfrage. gr. 8. (15 S.) Glauchau 882, Peschke. *

Mauersberger, C. T., die wichtigsten Daten aus der Weltgeschichte mnemonisch bearb. 8. (VIII und 128 S.) Leipzig 866, Fr. Fleischer. *

Mauersberger, C. T., Mnemosyne. Die Kunst, das Merken zu erleichtern, pädagogisch und histor. begründet und angewendet auf Geschichte, Geographie, Rechnen ꝛc. gr. 8. (292 S.) Leipzig 885, Klinkhardt. *

Mauersberger, C. T., das erste Rechnen in Schule und Haus. Anleitung zum Gebrauche der russ. Rechenmaschine. Mit einem Vorwort von A. B. Hanschmann. gr. 8. (24 S.) Leipzig 874, Siegismund und Volkening. *

Mauersteine. Gesammelt v. K. Laroche. 8. (17 B.) Danzig 832, (Anhuth.) *
A. u. d. T.: Mauersteine. Gesammelt v. Br. Felß.

Mauert, Lebenswecker-Novellen. I. Ein Doktor ohne Diplom. Novelle. 8. (184 S.) Bonn 863, Habicht. *

Maues, A., s. Veröffentlichungen d. Vereins f. Versichrgswiss.

Mauff, Bernhard Max Der religionsphilosophische Standpunkt der sogenannten deutschen Theologie dargestellt unter vornehmlicher Berücksichtigung von Meister Eckhart. Jena, Druck v. W. Drugulin in Leipzig, 1890; 48 S. + 1 Bl. 8°
Jena, Phil. Fak., Inaug.-Diss. v. 1890

Mauff, Bernh **Max.** Der religionsphilosophische Standpunkt der sogenannten Deutschen Theologie, dargestellt unter vornehml. Berücksicht. v. Meister Eckhart. Diss. gr. 8. (48 S.) Jena 890. (Rudolstadt, Dabis.) * — 80

Maughan, Heinrich (Harrington/England), De viribus radicis sassaparillae antisyphiliticis. Diss. med. Wittenberg (Meltzer) 7. III. 1803. 34 S. (3.—) 22455
Gew.: Johann Maughan (Vater).

LAUZUN, Duc de. — Maugras, G., Der Herzog von Lauzun und die intimen Hofkreise 1747—93. Einzig berechtigte Übersetzung v. P. Bornstein. 2 Bde. München 1901 8⁰. (Mk. 12—) (6 Mk. W. Jacobsohn & Co., Breslau, 1904, 7 Mk. 50 Pfg., unaufgeschn., H. Hugendubel, München, 1905.)

Orig.: Le duc de Lauzun et la cour intime de Louis XV. 9. éd. Paris 1900. Avec portr en héliogr. Gr in 8⁰ (Mk. 7,50) (3 Mk. 50 Pfg. Edm. Meyer, Berlin, 1907) Ouvrage couronné par l'Acad. Française.

Maugras, Gaston, der Herzog v. Lauzun. Einzig berecht. Übersetzg. aus dem Franz. v. Paul Bornstein. 2 Bde. gr. 8. München 901. A. Langen. n. 12. —; geb. n. 14. —

1. Der Herzog v. Lauzun u. die intimen Hofkreise Ludwigs XV. (1747—93.) (VIII, 265 S.)

2. Der Herzog v. Lauzun u. die Gesellschaft am Hofe der Königin Marie Antoinette. (388 S.)

Maugras, Gaston s. Perey, Lucien, et Maugras, Gaston.

Maugras, Gaston, Philosophenzwist. Voltaire u. Rousseau. Übers. v. Otto Schmidt. gr. 8. (XIII, 433 S.) Wien 895. W. Frick. n 10. —

Maugras, Gaston, Voltaire und J. J. Rousseau. Uebersetzt von Otto Schmidt. Gr.-8. (XIII, 433 S.) Wien Frick 1895 5.—

Mauguenac, A. v., drei Jahre in der Sklaverei. — Die Räuber in Himmelaya, v. Vict. Jaqueminot. — Der Todtengrund. — Die ersten Colonisten d. Seavard-Inseln. A. d. Franz. übers. v. † Theod. Hell. 8. (10½ B.) Dresden u. Leipzig 835. Arnoldische Buchh.

Mauk, Herm., ein neues Mutterkorn-Extract. Extractum secalis cornuti Denzel. Inaugural-Abhandlung. gr. 8. (19 S.) Tübingen 884, (Fues.) *

Mauke, Adf., eine Auswahl besonderer Bauwerke des XIX. Jahrh. XVIII Taf. m. 65 Abbildgn. (Zugleich Ergänzg. zu seinem Werke „Die Baukunst als Steinbau".) gr. 4. (11 S.) Basel 899. B. Schwabe. n. 3. 20

Mauke, Adf., d. Baukunst als Steinbau. E. Darstellg. d. konstruktiven u. ästhet. Entwicklg. d. Baukunst. M. 138 Taf. Abb. gr. 4. (VII, 230 S.) Basel 897. B. Schwabe. Geb. in Halbleinw. n. 28. —

Ⓑ **Mauke**, A., die Baukunst als Steinbau. 897. (KBL 30.) Erm. Pr. 8. —

Mauke, Jh. Glo., Denkwürdigkeiten des 18. Jahrh., in Bezug auf die Kirchengemeinde zu Brockwitz. 8. Meißen 801.

MAUKE, M. J. G.: Grasbüchlein, oder Anweisung, die schädlichsten und nützlichsten Gräser kennen, ihre ausrotten und vermindern, diese vermehren und anbauen zu lernen. - Leipzig, Meißen 1801 XX, 88 S., 16 Taf. - 2. Aufl. Leipzig 1818

Mauke, Jh. Glo., Grasbüchlein, oder Anweis., die schädl. u. nützl. inländ. Gräser kennen zu lernen ꝛc. 1r Thl. Mit 16 Kpf. 4. Leipz. 801. 2e Aufl. Mit 41 Abbildd. 4. Ebend. 818. J. Müller. 1 ℔ 8 gl

— Naturgeschichte f. den öffentl. u. häusl. Schulunterricht, nach Oken. 2 Thle. Mit 110 illum. Abbildd. u. 4 Ueberſichtstaf. des Systems. 8. Meißen 825. Gödsche. Geb. 2 ℔ 22 gl Hbg. Pr. 1 ℔ 22 gl Mit schwarz. Kpf. roh. 2 ℔ 4 gl Hbg. Pr. 1 ℔ 12 gl Ohne Kpf. 1 ℔ 18 gl Hbg. Pr. 1 ℔ 4 gl

— Weihe des neuen Altars in d. Kirche zu Brockwitz, Pfingsten 1822. Mit 1 Abbild. gr. 8. Meißen 822. Gödsche. 3 gl

Mauke, Rich., ober-erzgebirgische Ausflüge. Dem Erzgebirgsverein zu seiner Generalversammlung in Annaberg i. S. dargeboten. 8. (122 S.) Annaberg 887, (Graser.) *

Mauke, Rich., das Kirchenjahr. Uebersicht über die Geschichte und Eintheilung des kirchl. Jahres nebst angehängtem Verzeichniß der Perikopen, über welche in den Kirchen des Fürstenth. Reuß j. L. gepredigt wird. Eine Beilage zu Katechismus und Gesangbuch für Konfirmanden und reifere Schüler. 8. (19 S.) Schleiz 863, (Hübscher'sche Buchh.)

Mauke, Rich., Schulgeographie. Heimatskunde der Fürstenthümer Reuß als Anhang zu H. A. Daniel's Leitfaden der Geographie. 2. Aufl. (32 S.) 870. * 15 Pf.; 3. Aufl. 8. (V, 58 S.) Halle 877, Buchh. des Waisenhauses. *

Mauke, Rich., kleine Schulgeographie. Heimatskunde der Fürstenthümer Reuß. gr. 8. (31 S.) Schleswig 869, Schulbuchh. [Halle, Buchh. des Waisenhauses.]

Gugeline. Ein Bühnenspiel in 5 Aufz. Dichtung von Otto Julius Bierbaum. Musik von Ludwig Thuille. Textl. u. musikal. erl. von Wilhelm **Mauke**. *Leipzig: H. Seemann Nachf. [1901].* (46 S.) 8° [F.]
= **Opernführer** No 53. [03. 2419]

– Dass., s.a Opernführer

Ingwelde. Musikdrama in 3 Aufz. Dichtung von Ferdinand Graf Sporck. Musik von Max Schillings. Textlich u. musikalisch erl. von Wilhelm **Mauke**. *Leipzig: H. Seemann Nachf. [1901].* (36 S.) 8° [F.]
= **Opernführer** No 29. [03. 2455]

– Dass., s.a Opernführer

Max Schillings, Ingwelde. Dichtg v. Ferdinand Graf Sporck. Erl. v. Wilhelm **Mauke**. *Frankfurt a. M.: H. Bechhold [1896]* (39 S.) 1 Bd 8.
= **Musikführer**, Der. No 77/78. [97 1300]

– Dass., s.a Musikführer, Der

— das neue Lied, s.a. Warte, freie. 4. Hft.

Das neue Lied. Zur Ästhetik d. modernen musikal. Lyrik. Von Wilhelm **Mauke**. *Minden i. W.: J. C. C. Bruns 1900.* (44 S.) 8° [F.]
= **Warte**, Freie. 4. [00. 3332]

'Der Pfeifertag' Heitere Oper in 3 Aufz. Dichtung von Ferdinand Graf Sporck. Musik von Max Schillings. Aesthetisch-krit. Einführung von Wilhelm **Mauke**. *Leipzig: H. Seemann Nachf. [1901]* (47 S.) 8° [F.]
= **Opernführer** No 36. [03. 3797]

– Dass., s.a. Opernführer

— Richard Strauß' 4 Gesänge f. e. Singstimme mit Begleitung des Orchesters, s.a. Musikführer, der.

Richard Strauß. Vier Gesänge für eine Singstimme mit Begleitung des Orchesters. Op. 33. Verführung (John Henry Makay [!]). Gesang d. Apollopriesterin (E. v. Bodmann). Hymnus (Schiller). Pilgers Morgenlied (Goethe). Erl. von Wilhelm **Mauke**. *Leipzig: H. Seemann Nachf. [1903].* (39 S.) 8° [F.]
= **Musikführer**, Der. No 187. [04. 11941]

Mauke, Wilh., Rich. Strauß' zwei Gesänge f. 16stimmigen gemischten Chor a capella, s.a. Musikführer, der.

Richard Strauß. Zwei Gesänge für 16stimmigen gemischten Chor a capella. Op. 34, I. u. II. Der Abend (Friedrich v. Schiller). Hymne (Friedrich Rückert). Erl. von Wilhelm **Mauke**. Berlin & Leipzig: H. Seemann Nachf. [1904]. (31 S.) 8° [F.]
= **Musikführer**, Der. No 188. [05. 4141]

Richard Strauss, Don Juan op 20 Erl v Wilhelm **Mauke**. Frankfurt a.M H Bechhold [1897] (17 S) 1 Bd 8
(Musikführer, Der No 114)

– Dass., s.a. Musikführer, Der

Richard Strauss, Till Eulenspiegel's lustige Streiche '(op 28)' Erl. v Wilhelm **Mauke**. Frankfurt a. M H Bechhold [1897] (19 S.) 1 Bd 8
(Musikführer, Der No 103)

– Dass., s.a Musikführer, Der

Richard Strauss, Wanderers Sturmlied '(op. 14)' Gedicht v. W v. Goethe Erläut. v Wilhelm **Mauke**. *Frankfurt a. M.. H. Bechhold [1896]* (25 S.) 1 Bd 8.
= **Musikführer**, Der No 67 [97. 977]

– Dass., s.a Musikführer, Der

Mauke, (Wilh.), s.: Strauss', Richard, Symphonien u. Tondichtungen.

Richard Strauss, Tod und Verklärung op. 24. Erl v Wilhelm Mauke. *Frankfurt a M H Bechhold [1897]* (20 S) 1 Bd 8.
= Musikführer, Der No 115 [99. 1753]

– Dass., s.a Musikführer, Der

— **Tannhäuser u. der Sängerkrieg auf der Wartburg. Oper v. Richard Wagner, s.: Volksbühne, die.**

Mauke, (Wilh.), Der Tugendprinz, s.a. Neal, Max.

Der Tugendprinz Operette in 3 Akten (teilw nach e fremden Idee) von Max Neal Musik von Wilhelm **Mauke**. Text d Gesänge Berlin Bloch copyr 1910 35 S 8°

Maukisch, Heinr. Ed., die verschiedenen Arten zu reisen, e. Beitr. z. Belehr. d. Jugend in verschied. Zweigen d. Völkerkunde u. d. Menschenlebens, in einzelnen Unterhaltungen. M. 48 Abbild. auf 6 col. Bildertaf. 4. (...) Nürnberg 839, Fr. Campe'sche Buchh.

—— Bilder aus d. Weltgeschichte. Eine Reihe chronolog. Darstellungen aus d. Gesch. aller Zeiten. Dem höh. Jugendalter gewid. 4. (27 B. u. 8 ill. Kpfrt.) Leipzig 836, [Serig'sche Bh.]

—— Bilder-Fibel z. Erweck. d. jugendl. Nachdenkens u. Scharfsinnes. 12. (4 B. u. 6 col. Bildertaf.) Annaberg 837, Rudolph u. Dieterici.

—— ethnograph.-naturhistor. Bilder-Gallerie, od. Unterhaltn. aus d. Völkerkunde u. Naturgesch. f. d. Jugend beiderlei Geschlechts. 4. (14 B. u. 14 col. Stnt.) Annaberg 837, Rudolph u. Dieterici.

Maukisch, Hnr. Ed., Bilderlust und Lesefreude für das jugendl. Alter von 6—10 Jahren. Eine moral. Bilderfibel zur Unterhaltung gutgeart. Knaben u. Mädchen. Mit 8 col. Bildertaf. 8. Leipzig 846. (Hunger.) geb. 5/6 ₰

Maukisch, Heinr. Ed., Bilderlust und Lesefreude für das jugendl. Alter von 6—10 Jahren. Eine moral. Bilderfibel zur Unterhaltung gutgearteter Knaben und Mädchen. 8. (IV und 140 S. mit 8 ill. Bildertaf.) Leipzig 847, (Hunger.)

Maukisch, Heinr. Ed., das lehrreiche Buch zur Verbreitung der Länder- und Völkerkunde oder die verschiedenen Arten zu reisen in Unterhaltungen für die Jugend. 2. (Titel-)Aufl. Mit 48 ill. Abbildgn. qu. 4. (IV und 158 S. mit 6 Kpfrt.) Nürnberg 853, Lotzbeck.

—— Dresden im Fluge durchschritten, od. d. Zeitmesser beim Besuche d. Elbflorenz. 32. (24 Seit. u. 1 ill. Ansicht.) Leipzig 840, Friese.

—— der Elbstrom, sein Florenz u. sein Hochland. Ein Beitr. z. berath. Führung in Dresden u. seinen Umgebungen. 32. (280 Seit. u. 15 schw. u. 1 col. Abbild.) Leipzig 841, Friese.

——, J. Roß 2. Entdeckungsreise f. d. Jugend bearb., s. Roß, J.

Maukisch, Ed. *John Ross* zweite Entdeckungsreise nach den Gegenden des Nordpols für die Jugend bearbeitet von Ed. Maukisch. Mit 6 Kupfern [handkolorierte Lithographien] und 1 [lithogr.] Karte. Leipzig, Fischer & Fuchs, [ca. 1845]. Lithogr. Titel, 430 SS. Kl.-8°. Hellbrauner Or.-Karton mit 2 lithogr. Vignetten (Eisberge u. Eskimo). 65.—
Reisebeschreibung in Form von Abendunterhaltungen. Die von A. Schule gezeichneten Bilder zeigen Segelschiffe, Jagdszenen im Eismeer etc. Vereinz. ganz unbed. Flecke, der Einband etwas bestoßen. ★★

Maukisch, (Heinr.) Ed., 25 Fabeln, neu erzählt. Ein Geschenk f. d. Jugend. gr. 8. (3¼ B. u. 12 Abbild.) Leipzig 842, Friese.

—— der unermüdl. Führer durch Dresden u. seine Umgebungen. 32. (168 Seit. u. 6 Ansichten.) Leipzig 840, Friese.

—— Germania. Deutschlands wichtigste Ereignisse u. das Leben seiner berühmtesten Männer, in leichtfaßl. Erzähln. f. d. Jugend dargest. Breit gr. 16. (24¼ B. u. 8 ill. Stnt.) Berlin 835, Winckelmann u. Söhne.

Maukisch. *Germania*. Deutschlands wichtigste Ereignisse und das Leben seiner berühmtesten Männer ... 3. unveränd. Aufl. Bearb. v. Th. Dielitz ... Mit 8 illuminirten Bildern [= handkolor. Lithogr.], gezeichnet von Th. Hosemann. Berlin. Winckelmann und Söhne [c. 1840]. VIII, 382 SS. Kl.-8° (fast quadratisch). Älterer Halbleinenbd. Leicht wasserfleckig, einige Gebrauchsspuren u. Reparaturen. 18.—

—— Germania. Deutschlands wichtigste Ereignisse und das Leben seiner berühmtesten Männer, in Erzählungen für die Jugend dargestellt. 4. Aufl. bearb. von Thdr. Dielitz. br 8. (VIII und 310 S. mit 8 lithogr. und ill. Bildern, gez. von Th. Hosemann.) Berlin 854, Winckelmann und Söhne.

—— Haus- u. Marktbedarf, f. Sachsens Bewohner. Ein unentbehrl. Rechenmeister u. Hülfsb. f. Jedermann bei Einführ. d. neuen Münzverfassung. 2., verb. u. verm. Aufl. 12. (2⅔ B.) Leipzig 841, Friese. *

—— Helden-Gallerie, od. Darstellungen d. Lebens u. Wirkens großer u. berühmter Männer verschied. Völker u. Zeiten. Dem höh. Jugendalter gewid. 4. (29 B. u. 6 ill. Kpfrt.) Leipzig 838, [Serig'sche Buchh.]

—— das Jagen, Fangen, Zähmen u. Abrichten d. Thiere. Ein Bilder- u. Leseb. z. angenehm. Unterhalt. u. Belehr. in einzelnen Zweigen d. Naturgesch. u. Völkerkunde, nebst e. Anh. unterhalt. u. merkwürd. Begebenheiten aus d. Thierwelt. gr. 4. (8 B. u. 7 col. Kpfrt.) Nürnberg 837, Fr. Campe'sche Buchh. *

— das Jagen und Fangen, Zähmen und Abrichten der Thiere. Ein Bilder- und Lesebuch zur Unterhaltung und Belehrung in der Naturgeschichte und Völkerkunde nebst einem Anhange unterhaltender und merkwürdiger Begebenheiten aus der Thierwelt für die Jugend. Mit 55 fein color. Abbildgn. auf 7 Kpfrtaf. 2. (Titel-)Aufl. Nürnberg (837.) 853. Lotzbeck. qu. Fol. (IV, 60 S.) 25 ngr.

—— Mittheilungen aus d. Gebiete d. Naturkunde u. d. Menschenleben f. d. Jugend. Breit 12. (7 B. u. 25 col. Abbild.) Leipzig 835, [Serig'sche Buchh.]

—— histor.-ethnolog.-zoolog. Museum d. Wunderlichen, Seltsamen u. Sonderbaren, od. Mittheiln. aus d. Gesch., Völkerkunde u. Thiergesch., z. angenehm. u. belehr. Unterhalt. d. reif. Jugendalters in einzelnen Zweigen jener Lehrfächer. 4. (18½ B. u. 17 col. Abbild.) Leipzig 841, Eisenach.

— Naturgeschichte f. d. Jugend z. Schulunterr. u. z. Selbstbelehr. Nach d. besten u. verständlichsten Systemen, hauptsächl. nach d. neuern Okenschen bearb. gr. 12. (12 B.) Leipzig 835, Friese.

— dass. — gr. 12. (12 B., 12 Kpfrt. nach Geisler's Zeichn. u. 1 Tab., Imp.-Fol.: Uebersicht d. gesammt. Naturreichs.) Ebds. 835. * 1⅙ Thlr., Vlnp. m. ill. Kpfrt. *

Maukisch, Heinr. Ed., der kleine Oedipus. Ein Kranz v. Bilderräthseln u. Sprüchwörtern, d. Jugend z. Uebung rc. gewidm. Mit 12 col. Kpfrt. 4. (...) Nürnberg 838, Fr. Campe'sche Buchh. Thlr.

Maukisch, Heinr. Ed., der kleine Oedipus. Ein Kranz von Bilderräthseln und Sprüchwörtern für die Jugend zur Uebung im Nachdenken, Erweckung des Scharfsinns und zur Belehrung in faßl Versen und kleinen Erzählungen. 2. (Titel-)Aufl. Mit 104 Bildern. qu. 4. (VI und 166 S. mit 12 ill. Kpfrt.) Nürnberg 853, Lotzbeck.

— histor. Parallelbilder. Eine Reihe v. Darstelln. aus d. Gesch. verschied. Völker u. Zeiten. Für d. reif. Knabenalter. 8. (23½ B. u. 1 Abbild.) Chemnitz 840, Starke.

— Reisen in die Ferne, od. Vater Reinholds Mittheiln. üb. d. Erde u. ihre Bewohner; ein Lese- u. Bilderb. z. Belehr. u. Unterhalt. d. Jugend in d. Völkerkunde u. Erdbeschreib. gr. 12. (9 B. u. 6 ill. Kpfrt.) Leipzig 836, [C. L. Fritzsche.]

— alphabet. Rundgemälde, od. Haupt- u. Zeitwörterschau in Darstelln. aus d. Naturreiche, d. gesellschaftl. Leben u. d. Wirken des Menschen. Ein Bilderb. z. Bildung d. jugendl. Verstandes u. Herzens, m. 24 moral. Erzähln. 8. (17¼ B., 21 col. Kpfrt. u. verz. Ttl.) Leipzig 835, [Serig'sche Buchh.]

— s. Schlenkert, Fr. Chr., histor.-dramat. Werke.

— die Sächs. u. Böhmische Schweiz. Ein treuer Wegweiser zu allen Sehenswürdigkeiten dieses Hochlandes. Mit 12 Kupfertafeln (Ansichten, wovon die 1. color. ist). 32. Leipzig 841, Friese. ¼ ℔

— Teutonia. Deutschlands wichtigste Ereignisse u. d. Leben seiner berühmtesten Männer, in leicht faßl. Erzähln. f. d. Jugend dargest. Fortsetz. v. Germania. Breit 8. (25¾ B. u. 8 ill. Bild.) Berlin 837, Winckelmann u. Söhne.

— Teutonia. Deutschlands wichtigste Ereignisse und das Leben seiner berühmtesten Männer in leicht faßl. Erzählungen für die Jugend dargestellt. 4. Aufl. Bearb. von Thdr. Dielitz. (Fortsetzung der Germania.) br. 8. (VIII und 343 S. mit 8 lithogr. und ill. Bildern, gez. von Th. Hosemann.) Berlin 854, Winckelmann und Söhne.

— kleines Welttheater od. Darstellung aus d. Natur u. dem Menschenleben. M. 18 col. Bildertaf. 4. (...) Nürnberg 838, Fr. Campe'sche Buchh.

— kleines Welttheater in Darstellungen aus der Natur und dem Menschenleben. Bilder- und Lesebuch zur Belehrung und Unterhaltung für die Jugend. 2. (Titel-)Aufl. Mit 18 color Bildertaf. (in Kpfrst.) Nürnberg (838.) 853. Lotzbeck. 4. (V. 140 S.) 20 ngr.

—, William Wood u. d. Esquimeaux. Eine Erzähl. z. belehr. Unterhalt. f. d. Jugend. gr. 12. (7⅔ B. u. 4 col. Kpfrt.) Leipzig 838, C. L. Fritzsche.

— Wunderbilder, gesammelt auf Streifereien im Natur- u. Kunstgebiete, u. d. reif. Jugendalter z. Belehr. u. Unterhalt. in einzelnen Zweigen d. Naturlehre, Gesch. u. Erdbeschreib. gewidm. gr. 4. (17 B. u. 17 col. Abbild.) Leipzig 837, Eisenach.

Maukſch, J., der Erbfeind oder Revanche und Liebe. Patriotisch romant. Erzählung aus unserer Zeit. 100 Hefte oder 4 Bde. gr. 8. (804; 652; 926; 814 S.) Neusalza 887,88, Oeser. à Heft 10 Pf.

Maukſch, J., die bezauberte Insel, } s.: Volksbibliothek, deutsche.
— die Wunderblume, }

Maukſch, Thomas, (nicht Tobias,) über die Witterung in der Zips, besond. unter den Karpath. Alpen. 8. Wien 793.

Maul, Das patriotische. [Leipz. 1848.] V: *Striegel, Michael.* (Ky)

Maul, das patriotische. (Von Mich. Striegel.) gr. 8. (24 S.) (Leipzig 849, Rein'sche Buchh.)

Maul, A., Tante Adelgundens Vermächtnis, s.: Schumann's stenograph. Lesestoffsammlg.

Maul, Alfr., Anleitung f. den Turnunterricht in Knabenschulen. 1. u. 2. Thl. gr. 8. Karlsruhe 876. Braun. n. 3. 40
1. Das Lehrverfahren im Turnunterricht. (VIII, 94 S.) n. 1. 30
2 Die Ordnungs-, Frei- u. Stabübgn. (VIII, 191 S.) n. 2. 20

Maul, Alfr., Anleitung für den Turnunterricht in Knabenschulen. 3 Thle. gr. 8. Karlsruhe, Braun'sche Hofbuchh. *
Inhalt:
Thl. 1. Das Lehrverfahren im Turnunterricht. (VIII, 94 S.) 876. *M 1,30., 2. verb. und verm. Aufl. (VIII, 122 S.) 878. *M 1,60.
" 2. Die Ordnungs-, Frei- und Stabübungen. (VIII, 191 S.) 876, 2. verb. und verm. Aufl. (XI, 178 S.) 878. *M 2,20.
" 3. Die Geräthe- und Gesellschafts-Uebungen. (VIII, 231 S.) 879. *M 3.

Maul, Alfr., Anleitung für den Turnunterricht an Knabenschulen. 3. verb. und verm. Aufl. 1. und 2. Thl. gr. 8. Karlsruhe, Braun'sche Hofbuchh. *
Inhalt:
Thl. 1. Ziel und Betrieb des Turnens. (VII, 277 S.) 883. *M 1,60.
" 2. Die Ordnungs-, Frei- und Stabübungen. (XI, 187 S.) 880. *M 2,20.
3. Thl. Ebendas. 1879. *M 3. — Abbild. zum 2. Thl., s. Haffner, C.

Maul, Alfr., Anleitung für den Turnunterricht in Knabenschulen. 2. und 3. Tl. gr. 8. Karlsruhe, Braun'sche Hofbuchh. *
Inhalt:
Tl. 2. Die Frei-, Stab-, Hantel- und Ordnungsübungen für die einzelnen Schulklassen zusammengestellt. 4. gänzlich umgearb. Aufl. (VII, 131 S.) 887. *M 1.80.
" 3. Gerät- und Gesellschaftsübungen, für die einzelnen Schulklassen gruppenweise zusammengestellt. 2. gänzlich umgearb. Aufl. (VII, 119 S.) 888. *M 1.60.
1. Tl. Ebendas. 1883. *M 1.60. — Abbildungen zum 2. Tl., s. Haffner, C.

Maul, Alfr., Anleitung f. den Turnunterricht in Knabenschulen. I. Tl. Ziel u. Betrieb d. Turnens. 4., vielfach geänd. u. verb. Aufl. gr. 8. (VI, 250 S.) Karlsruhe 893. G. Braun. n. 4. —

Maul, Alfr., Anleitg. f. d. Turnunterricht in Knabenschulen. II. Tl. D. Frei- u. Ordnungsübgn., sow. d. Uebgn. m. Handgeräten, f. d. einz. Schulklassen zusammengest. 5., wesentl. verb. u. verm. Aufl. gr. 8. (X, 200 S.) Karlsruhe 895. G. Braun'sche Hofbuchdruckerei u. Verlag. n. 3. 40

Maul, Alfred, Anleitung für den Turnunterricht in Knabenschulen.
T. 1: Ziel u. Betrieb d. Turnens (früher d. Lehrverfahren i. Turnunterricht), 1.—4. Aufl., Karlsruhe 1876—1893.
T. 2: Die Ordnungs-, Frei- u. Stabübungen, 1., 3.—6. Aufl., Karlsruhe 1876—1908.
— Abbildungen z. T. 2 d. —, 1. u. 2. Aufl., Offenburg 1881—1887.
T. 3: Die Geräte- u. Gesellschaftsübungen, 1.—4. Aufl., Karlsruhe 1879—1910, 8°. 15 Bde.

Maul, Alfr., Anleitung f. den Turnunterricht in Knabenschulen. I.—III. Tl. 8. Karlsruhe, G. Braun'sche Hofbuchdr. Geb. in Leinw. 15. 20
I. Ziel u. Betrieb des Turnens. 5. Aufl. Umgearb. durch A. Leonhardt u. Frida Maul. (VI, 261 S.) 909. Geb. 4. 50
II. Die Frei- u. Ordnungsübungen, sowie die Übungen m. Handgeräten, f. die einzelnen Schulklassen zusammengestellt. 6. Aufl. Völlig umgearb. durch A. Leonhardt u. Frida Maul, m. e. Vorwort v. Sickinger. (XII, 234 S.) 908. Geb. 4. 50
III. Gerätübungen, volkstüml. Übgn. u. Turnspiele, f. die einzelnen Schulklassen zusammengestellt. 4. Aufl. Völlig umgearb. durch A. Leonhardt u. Frida Maul. (VIII, 352 S.) 910. Geb. 6. 20

Maul, A.: Barrenübungen, nach Schwierigkeitsstufen in Gruppen zusammengestellt. Karlsruhe 1898. 92 S.

Maul, Alfr., Barrenübungen, nach Schwierigkeitsstufen in Gruppen zusammengestellt. 2. verb. Aufl. 12. (VIII, 94 S.) Karlsruhe 902. G. Braun'sche Hofbuchdr. Kart. n. 1. —

Maul, Alfr., Barrenübungen, nach Schwierigkeitsstufen in Gruppen zusammengestellt. 3. verb. u. verm. Aufl. (X, 103 S.) kl. 8. Karlsruhe 906. G. Braun'sche Hofbuchdr. n. 1. —

— Barrenübungen, nach Schwierigkeitsstufen in Gruppen zusammengestellt. 4. v. A. Leonhardt verb. u. durch e. Anh. verm. Aufl. (XII, 113 S.) kl. 8. Ebd. 910. 1. —

Maul, Alfred, u. Hahn, Theodor, Bericht des Kampfgerichtes über das Schauturnen des Karlsruher Turngaues in Durlach 3. 9. 1882, Karlsruhe 1882, 11 S., 8°.

Maul, A. Die Entwicklung des Schulturnens. Basel 1866. 72 S. Basel, Realgymn. P 1866.

Maul, Alfr., die Freiübungen und ihre Anwendung im Turnunterricht. Hrsg. auf Veranlassung des schweizer. Turnlehrervereins. 8. (XV und 175 S.) Darmstadt 862, Diehl. *

— Gerätübungen f. das Mädchenturnen. (XI, 136 S.) kl. 8. Ebd. 904. n. 1. 40

— Gerätübungen u. Spiele f. das Mädchen- u. Frauenturnen. 2. Aufl. Vermehrt u. umgearb. v. A. Leonhardt u. Frida Maul. (XVI, 240 S. m. Titelbild.) kl. 8. Ebd. 909. Kart. 2. 80

Maul, Alfred, Lehrplan für das Turnen der männlichen Schuljugend, Karlsruhe 1900.
3. verb. Aufl. 1906.

— Lehrplan f. das Turnen der männlichen Schuljugend. 2. verb. Aufl. 12. (16 S.) Ebd. 902. n. — 25

— Lehrplan f. das Turnen der männlichen Schuljugend u. der Zöglinge der Lehrerbildungsanstalten. 4. Aufl. Unter Mitwirkg. v. Rösch umgearb. v. A. Leonhardt. (VII, 36 S.) kl. 8. Ebd. 910. — 60

— Lehrplan f. das Turnen der weiblichen Schuljugend. (14 S.) 12. Ebd. 908. n. — 25

— dasselbe der weiblichen Schuljugend. 2. umgearb. Aufl. (20 S.) kl. 8. Ebd. 908. — 40

Maul, A.: Lehrplan für den Turn-Unterricht an Knabenschulen. Karlsruhe 1873. 47 S.
— — 2. Ausg. 1874.

Maul, Alfr., Lehrplan für den Turn-Unterricht an Knabenschulen. 2. umgeänd. Ausg. gr. 8. (47 S.) Karlsruhe 874, (Kreuzbauer'sche Buchh.) **

Maul, Alfr., Lehrziel für den Turnunterricht an Knabenschulen. Hrsg. vom Basler Turnlehrerverein. Mit einer Einleitung von Frdr. Iselin. Basel 868. Schweighauser. gr. 8. (XII, 52 S.) n. 8 ngr.

— Lehrziel f. den Turnunterricht an Knabenschulen. Hrsg. vom Basler Turnlehrerverein. Mit e Einleitg. v. Frdr. Iselin. 2. Aufl. gr. 8 (XII, 52 S.) Basel 869. Schweighauser. n. — 80

— dasselbe. 3. Aufl. gr. 8. (XII, 50 S.) Ebend. 874. n. 1. —

Maul, A. Pferdübungen nach Schwierigkeitsstufen in Gruppen zusammengestellt. Karlsruhe 1898. 70 S.
— — 2. Aufl. 1903. 86 S.
— — 3. Aufl. 1907. 101 S.

— Pferdübungen nach Schwierigkeitsstufen in Gruppen zusammengestellt. 2. verm. u. verb. Aufl. (VII, 86 S.) 12. Ebd. 903. n. 1. —

Maul, Alfred, Pferdübungen nach Schwierigkeitsstufen in Gruppen zsgest., 5. verb. Aufl., verm. durch Übungen f. d. Frauen-, Schau- u. Vereinsturnen, u. 6. verm. u. verb. Aufl., neu hrsg. v. A. Leonhardt, Karlsruhe l. B., X u. 151 S., u. X u. 172 S., Kl.-8°. 2 Bde

Maul, A.: Reckübungen nach Schwierigkeitsstufen in Gruppen zusammengestellt. Karlsruhe 1898. 84 S.

— Reckübungen, nach Schwierigkeitsstufen in Gruppen zusammengestellt. 2. verb. Aufl. 12. (XVI, 84 S.) Ebd. 902. Kart. n. 1. —

— Reckübungen nach Schwierigkeitsstufen in Gruppen zusammengestellt. 3. verb. u. verm. Aufl. (VI, 106 S.) kl. 8. Ebd. 906. n. 1. —

— Reckübungen, nach Schwierigkeitsstufen in Gruppen zusammengestellt. 4. v. A. Leonhardt verb. u. durch e. Anh. verm. Aufl. (VI, 112 S.) kl. 8. Ebd. 909. 1. —

— Turnbüchlein f. Volksschulen ohne Turnsaal. 12. (48 S.) Ebd. 895. Kart. n. — 60

— Turnbüchlein f. Volksschulen ohne Turnsaal. 2., geänd. u. verb. Aufl. 12. (IV, 46 S.) Ebd. 900. n. — 60

— Turnbüchlein f. Volksschulen ohne Turnsaal. 3. umgearb. Aufl. (58 S.) kl. 8. Ebd. 904. n. — 60

Maul, A Turnbüchlein für Volksschulen ohne Turnsaal. Karlsruhe 1895. 47 S.
— — 2. Aufl. 1900. 46 S.
— — 3. Aufl. 1904. 58 S.
— — 4. Aufl. 1907. 76 S.
— — 5. Aufl. v. A. Leonhardt. 1910. 88 S.
— — 6. Aufl. 1913. 113, 107 S.
— — 8. Aufl. 1920. 175 S.

— Turnbüchlein f. Volksschulen ohne Turnsaal. 5. Aufl., verm. u. verb. durch A. Leonhardt. (VI, 88 S.) kl. 8. Ebd. 910. — 90

— Das Turnen der Knaben, s.a. Magazin, pädagogisches.

Das Turnen der Knaben. Von Alfred Maul. Langensalza: Beyer 1908. 62 S. 8°
(Pädagogisches Magazin. H. 337)

— die Turnübungen der Mädchen. 1. Thl. Die Freiübungen im Stehen; Uebersicht über die anderen Turnarten, Lehrplan für 8 Turnstufen der Mädchenschulen. gr. 8. (VII, 87 S.) Karlsruhe 879. Braun. n. 1. 20

Maul, Alfr., die Turnübungen der Mädchen. 2. und 3. Tl. gr. 8. Karlsruhe, Braun'sche Hofbuchh. *
Inhalt:
Tl. 2. Die Übungen im Gehen, Laufen und Hüpfen auf den drei unteren Turnstufen, in Verbindung mit Ordnungsübungen und mit Übungen im Stehen. (XII, 240 S.) 885. *M 3.40.
„ 3. Die Übungen im Gehen, Laufen und Hüpfen auf den drei oberen Turnstufen, in Verbindung mit Ordnungs-, Frei-, Stab- und Hantelübungen. (VI, 140 S.) 888. *M 2.—.
1. Tl. Ebendas. 1879. *M 1.20.

—— Die Turnübungen der Mädchen. IV. Tl. Gerätübungen u. Turnspiele. gr. 8. (VII, 95 S.) Ebd. 890. * 1 40
2. u. 3. Tl. Ebd. 1885,88. * 5 40.

Maul, Alfred, Die Turnübungen der Mädchen, 8°.
T. 1, 2, 3, 4, Karlsruhe 1879—1890.
— T. 1: 2. gänz. umgearb. Aufl., — 1892.

—— Turnübungen am Reck, Barren, Pferd- und Schaukelringen für die Oberklassen höherer Schulen [Sekunda, Prima], sowie für Turnvereine, nach Gruppen und Stufen geordnet. gr. 8. (XII, 79 S.) Ebendas. 888. *

— reigenartige Turnübungen f. Mädchen. 2 Tle. 12. Ebd. 901. n. 2. 60
1. Die unteren Stufen. (125 S. m. Fig.) n. 1. 20
2. Die oberen Stufen. (163 S. m. Fig.) n. 1. 40

— reigenartige Turnübungen f. Mädchen. 1. Tl. Die unteren Stufen. 2. umgearb. Aufl. (128 S. m. Fig.) kl. 8. Ebd. 906. n. 1. 20

— Reigenartige Turnübungen f. Mädchen u. ihre methodische Behandlung. 1. u. 2. Tl. kl. 8. Karlsruhe, G. Braun'sche Hofbuchdr. Kart. à 1. 40
1. Die unteren Stufen. 3. Aufl. Völlig umgearb. durch A. Leonhardt u. Frida Maul. (XI, 144 S.) 909.
2. Die oberen Stufen. 2. umgearb. Aufl. (138 S.) 907.

Maul, Alfr. Der Turnunterricht in Mädchenschulen. 2. gänzlich umgearb. Aufl. d. 1. Tls. der Turnübgn. der Mädchen. gr. 8. (VIII, 131 S.) Karlsr. 892, G. Braun. * 2 20

— Der Turnunterricht in Mädchenschulen. Turnbetrieb u. Übungsstoff. 3. Aufl. Gänzlich umgearb. durch A. Leonhardt u. Frida Maul. (VI, 114 S.) 8. Ebd. 909. Geb. in Leinw. 2. 80

Maul, Alfred, Übungsbeispiele für den Turnunterricht an Knabenschulen, Abt. 1 Marsch-, Ordnungs-, Frei- u. Stabübungen für Schüler v. 9. bis 15. Lebensj., Karlsruhe 1874, 52 S., 8°.

Maul, A Übungsbeispiele für den Turn-Unterricht an Knabenschulen. 2. Abt Ordnung- u. Handgeräteübungen. Karlsruhe 1874. 32 S.

— Übungsgruppen f. d. Riegenturnen nach Schwierigkeitsstufen in Gruppen zusammengest. 1.—3. Bdchn. 12. Ebd. 898. à n. 1. —
1. Reckübungen. (XVI, 84 S.) — 2. Barrenübungen. (VII, 92 S.)
3. Pferdübungen. (VII, 70 S.)

Maul, Alfred, Übungsgruppen für Riegenturnen.
Bd. 1: Reckübungen, 1.—4. Aufl.
Bd. 2: Barrenübungen, 1.—4. Aufl.
Bd. 3: Pferdübungen, 1.—3. Aufl., Karlsruhe 1898—1910, 8°. 11 Bde.

Maul, Anna, s. a.: Gerhardt, M.

Maul, Anna (M. Gerhardt), friedlose Liebe. Roman. (369 S.) gr. 8. Dresden 903. C. Reißner. n. 4. —; geb. n. 5. —

— Taugenichts. Roman. gr. 8. (302 S.) Dresden 902. C. Reißner. n. 4. —; geb. n. 5. —

Maul, Elise, im Auto. (15 S. m. z. Tl. farb. Abbildgn.) qu. 8. Nürnberg (906). Th. Stroefer. — 75

Maul, Elise, Prinz Dodo v. Pralinesien, s.: Fastnachts-Bühne.

Maul, Elise, Eisenbahn-ABC. Ausgestanzt. qu. gr. 8. (16 S. m. z. Tl. farb. Illustr.) München 892. Nürnberg, Th. Stroefer. n. — 40

— das Eisenbahn-Malbuch. (4 farb. u. 16 schwarze S. m. untergedr. Versen.) qu. kl. 8. Ebd. (906). — 75

Maul, Elise, s.: Flinzer, Fedor, unsere Hausfreunde aus der Tierwelt.

Maul, Elise, Haustiere im Fell u. Federkleide. gr. 4. (27 S. m. z. Tl. farb. Abbildgn.) Nürnberg (902). Th. Stroefer. Geb. 2. —

— Salzburger Heldenkinder u. andere Erzählungen f. das jüngere Knabenalter. 8. (III, 175 S.) Gotha 893. F. A. Perthes. Geb. in Leinw. n. 3. —

— Die beiden Helenen u. andere Erzählungen f. junge Mädchen. Mit 30 Bildern v. Adf. Wald. (237 S.) 8. Stuttgart (909). K. Thienemann. Geb. in Leinw. 4. —

— drolliges Kaninchenbuch. (15 S. m. z. Tl. farb. Abbildgn.) qu. gr. 4. Ebd. (903). — 75

Maul, Elise, Kinderreime. M. 48 Bild. v. A. Holm. gr. 8. (49 S. m. farb. Abb.) Glogau 898. C. Flemming. Geb. n. 3. —

— Für kleine Leute. Ein Bilderbuch m. 18 bunten Vollbildern, Erzählgn. u. Versen. (86 S.) gr. 8. Nürnberg (910). Th. Stroefer. Geb. in Halbleinw. 1. 20

— die Liebessaat. Erzählung f. junge Mädchen. Mit Titelbild in Heliograv. nach e. Original v. M. Känike. gr. 8. (III, 256 S.) Berlin (901). H. J. Meidinger. Geb. in Leinw. n. 4. —

Maul, Elise. Beatrice Morrice u. andere Erzählungen f. die reifere weibliche Jugend. 8. (232 S.) Glogau 891, Flemming. geb. 3 —

— Kater Murr. (Ausgestanzt.) hoch 4. (14 S. m. z. Tl. farb. Abbildgn.) Nürnberg 893. Th. Stroefer. Kart. n. 1.

— Ostergruß. (14 S. m. z. Tl. farb. Abb.) 19×16 cm. Ebd. (908). Ausgestanzt u. kart. — 50

— Aus dem Reiche der Tiere. (12 [10 farb.] S. m. eingedr. Text, auf Pappe.) 25,5×31,5 cm. Ebd. (909). Kart. 3.—; in Leporelloform 3. —

— 5 lustige Schattenspiele, s.: Fastnachts-Bühne.

— Ticktack f. kleine brave Leute. (Ausgestanzt.) kl. 4. (14 S. m. z. Tl. farb. Abbildgn.) Ebd. 893. Kart. n. — 50

— Ueberrumpelt, s. a. Kühling's, A., Theater-Spezialität.

Ueberrumpelt. Dramat. Scherz mit Gesang in 1 Akt (Mit e. 2ten Lesart f. Polterabend.) Von Elise Maul. *Berlin Kühling & Güttner [1897].* (15 S.) 8° [F.]
= Theater-Specialität, A. Kühling's. No 64 [01. 11757

— Die Weihnachtsboten, s.: Bloch's, Ludw., Kinder-Theater.

— Wir spielen, s.: Cubitt, Edith A.

MAUL, Georg (Gersbach): Der rachitische Schädel.- München: Wolf 1885. 30 S.,1 Bl.
4.3.1885 - Urk (Titel: De cranio rachitico.); Chr 1884/85,21
Diss. Ingolst.-Landsh.-Mchn.

Maul, H Tilly, ein Charakterbild aus den Zeiten des 30jährigen Krieges. 26 S. **Progr.** *Offenbach* 1878

Maul, J. C., resp. P. God. **Sperling**, Diss. de salacitatis natura et cura. Witeb. 4° 1701

Maul, J. Ph., Medicina theologica, od. Beschr. des höchst. Kleinods d. Welt v. Gold, v. Mitternacht u. Stein der Weisen. 8. Gotha. 714.

Maul, Jacob (Danzig), De denunciatione criminum. Diss. jur. Präs. Samuel Friedrich Willenberg. Danzig (J.-Z. Stoll) 19. IV. 1703. 46 S. (4.75) 22456

— **Johann Gottlieb** (Eisenberg), De lithiasi et humano rene dextro in materiam lapidosam. o. O. (Walther) 1754. 32 S. (4.50) 22457

Maul, Johann Gottlieb De morbis ab excessu motionum corporis. Halle-Magdeburg, Med F Diss 1739

Maul, Joh., deutsche Bucheinbände der Neuzeit. Eine Sammlung ausgeführter Arbeiten aus deutschen Werkstätten. Mit erläut. Text hrsg. von J. M. unter Mitwirkung von Hans Friedel. Fol. (40 Lichtdr.-Taf. und 2 Farbenbeilagen mit III, 8 S. Text.) Leipzig 888, Hiersemann. In Mappe *

Maul, Karl [aus Börwang]: Über Hæmatoma ligamenti lati Würzburg, Druck v. F. Fromme, 1894; 30 S. 8.
Würzburg, Med. Fak., Inaug.-Diss. v 1894

Maul, Richard *August* [aus Oschersleben]: Ueber Sclerotinienbildung in Alnus-Früchten. '(Sclerotinia Alni mihi.)' ... (Aus: Hedwigia, 1894.) Dresden, Druck v. C. Heinrich, 1894; 18 S., 1 Bl., 2 Taf. 8.
Erlangen, Phil. Fak., Inaug.-Diss. v 1894

Maul, Thom., de homagio, obsequio, operis, auxiliis. 4. Leodii. 701.

Maulaffe, Des getreuen Eckarths medicinischer, oder der Entlarvte Marckt-Schreyer, in welchem der Marcktschreyer und Quacksalber Boßheit u. Betrügereyen, hernach bewährt. Artzney Mittel; ingleichen Beschreibung und Gebrauch des Hirschberger-Landecker-Johannis-Töplitzer-Egerischen Sauerbrunn u. Carls Bades. Franckfurth u. Leipzig 1719. V: *Ettner, Joh. Chr.* (Catalog J. Halle-München. Nr. 43.)

Maulbeerbaum, Der, und die Seidenraupe... Warasdin 1847. V: *Wunsch, F. X.* (Ky)

Maulbeerbaum, der, und die Seidenraupe, oder: Praktische Anleitung zur Seidenkultur für Deutschland und die zur Seidenkultur ganz besond. geeigneten Königr. Ungarn und Kroazien. Verfasst von F. X. W. 2 Thle. (in 1 Bd.) Mit 33 Abbildungen von Blättern in der wirkl. Grösse von verschied. Gattungen Maulbeerbäumen und 32 Zeichnungen der zur Maulbeerbaum- und Seidenraupenzucht erforderl. Gerathschaften, nebst einem Anhange über die Maulbeerbaum- und Seidenraupenzucht in China, nach den neuesten von dort anher gelangten Angaben. 4. (159 S. mit 2 lithogr Tab. und 10 Stnt. in qu. Fol.) Warasdin 847. (Wien, Wallishausser.) *

Maulbeerbaumzucht, Über, und Erziehung der Seidenraupen Aus dem Chines. ins Franz. übers. von Stanislaus Julien. Auf Befehl des Königs von Würtemberg aus dem Franz übers. und bearb. von Fr Ldw Lindner (Mit 1 Steintaf) Stuttgart und Tübingen Cotta 1837 8°

Maulbeerbaumzucht, über, u. Erziehung der Seidenraupen. Aus dem Chinesischen ins Französ. übers. von Stanislaus Julien. Auf Befehl Sr. Maj. des Königs von Würtemberg aus dem Französ. übers. u. bearb. von Fr. Ldw. Lindner. 2. Aufl., vermehrt mit Zusätzen u. Anmerk. von Thdr. Mögling. gr. 8. (Mit 1 Steintafel.) Stuttgart 844, Cotta'sche Buchh. 1/2 ℛ

Maulbertsch, **Ant.**, histor.-philosophica descriptio picturae novae bibliothecae fornici inductae in Canonia Strahoviensi Canonicorum Praemonstrat. Pragae in Monte Sion. 4maj. Prag 797.

Maulbronn [Sachliches OW]

Maulbronn, das Kloster, in Württemberg. Nach photograph. Aufnahmen v. Kempermann u. Slevogt. 10 Lfgn. Fol. (30 Bl. in Lichtdr. mit 2 Bl. Text.) Stuttg. 890,91, Neff.
à Lfg. * 2 40; * 24 —, geb. * 25 —

Maulbronn, Das Oberamt. [Stuttgart 1840.] V: *Schott, Alb.* (Heyd)

Maulbronn [Schlagwort]

Maulbronn, s.: Geognostische Karten (Württemberg).

MÄULE, Christian: Der Faserverlauf im Wundholz Eine anatomische Untersuchung Stuttgart 1895 32 S, 2 Taf Diss Univ Tübingen, Nat Fak u d T Untersuchungen über Wundholz 1895 (Bibliotheca botanica H 33)

Mäule, C., d. Faserverlauf im Wundholz, s.a. Bibliotheca botanica, Nr. 33.

Der Faserverlauf im Wundholz. E. anatom. Untersuchg v Dr. C **Mäule**. (M 2 Taf.) *Stuttgart E. Nägele 1895.* (2 Bl., 32 S., 2 Taf. m. 2 Erkl.-Bl.) 4
= Bibliotheca botanica. H. 33. [96. 1683

Maule, Christian Pflanzenphysiologische Schulexperimente, zusammengestellt und ausgeführt von C. M. (Umschlagtitel Schulexperimente für den biologischen Unterricht in der Botanik.) S. 3 bis 23. 4. **Progr.** Kgl. Gymn. *Schwäb. Hall* 1904 (685).

Mäule, Christian, Prof. Dr.: Schulexperimente für den biologischen Unterricht in der Botanik. Schwäb. Hall 1904: Emil Schwend. (S. 1—23.) 4°
Schwäb. Hall, k. G P 1904 (685)

Mäule, *Christian* [aus Reutlingen]: Untersuchungen über Wundholz .. Stuttgart, E. Nägele, 1895; 1 Bl., 32 S. 4.
Tübingen, Naturw Fak., Inaug.-Diss. v 1895

Mäule, C[hristian]: Das Verhalten verholzter Membranen gegen Kaliumpermanganat, eine Holzreaktion neuer Art. Stuttgart: Zimmer 1901. 22 S. 8⁰ S
Stuttgart Te. H., Hab.-Schr. v. 27. 10. 1900

Mäulen, Karl, zum Gedächtnis eines Vergessenen. Ein schlichtes Blatt. (26 S.) 8. Gotha 908. Missionsbuchh. P. Ott. — 20

Mauleon, v , s.a Corisande

MAULÉON, Corisande von, oder Béarn im XV Jahrhundert Aus d Französ übers von F. Riedel 2 Bde. Potsdam 1836 8⁰
Zinke's Dresd März Auct 1906, no 200 Mindestgebot 1 Mk 50 Pfg
Orig Corisande de Mauléon ou le Béarn au XV me siècle, par l auteur de Natalie 2 vols Bruxelles 1835. 12⁰ 316 et 332 pp (1 Mk 80 Pfg Friedr Klüber c. 1905.)

Mauler, Francis: De la nature de la clause pénale. Neuchâtel 1898. 125 S. 8⁰.
Bern. Jur Diss. 1898/99.

Mauler, Josef von

Mauler, J. v., u. Wilh. Kesslitz, die Missions-Reise S. M. Schiff „Albatros" 1895—1898. Lex.-8. (66 S. m. 2 Taf.) Wien 899. R. Lechner's Sort. n.n. 2.—
Sonderabdr. a.: „Abhandlgn. d. geograph. Gesellsch. in Wien".

Mauler, Sabinus — Oberst. Anrede bei Gelegenheit der Fahnenweihe des k. k. Grenadier- und des III. Bataillons von Inf.-Regiment Baron Alemann Nr. 43, gehalten von dessen Commandanten — — Brünn am 10. Juli 1855. Aus Fr. Gastl's Buchdruckerei. (2 Bl. 4.) (Ein deutsches und ein italienisches Exemplar.)

Mauley, M F, Examen des différents modes de définition. Basel, Gewerbeschule 1876. Progr.

Maulick, u. Neuschwander, Weingesetz u. Buchführung. Gesetz vom 7. IV. 1909 m. Ausführungsbestimmgn. u. Formularien f. die Buchführg. u. s. w. (40 S.) kl. 8. Stuttgart (909). W. Mähler. — 50

Maull, Carl s Maull, Karl

Maull, F., Schul-Atlas über alle Theile der Erde, s. Streit, F. W.

Maull, F., alphabetisches Verzeichniss sämmtlicher Städte und Marktflecken des preussischen Staates und der angrenzenden Länder, wie diese auf jeder Section der Generalstabs-(Gradabtheilungs-)Karte liegen, zur schnellen Auffindung derselben, und alphabet. Verzeichniss sämmtl. landräthl. Kreise des preuss. Staates mit Angabe der Sectionen der Generalstabs-Karte und der Schrötter'schen Karte von Preussen, welche zu den Kreisen gehören. gr. 4. (8 S.) Berlin 864, (Schropp'sche Landkartenh.) *

Maull, Karl

Maull, Carl [aus Cöln]: Studien über Camphersäure ... Stuttgart, Druck v. Stähle & Friedel, 1893; 63 S. 8.
München, Phil. Fak., Inaug.-Diss. v. 1894

Maull, Otto: Die Bayrische Alpengrenze. Marburg 1910: Völker, Frankfurt a. M. 136 S., 2 Kt. 8°
Marburg, Phil. Diss. v. 20. Dez. 1910, Ref. Fischer
[Geb. 8. Mai 87 Frankfurt a. M.-Sachsenhausen; Wohnort: Marbach; Staatsangeh.: Preußen; Vorbildung: Klinger-Oberrealsch. Frankfurt a. M. Reife O. 06; Studium: München 2, Berlin 2, München 1, Marburg 3 S.; Rig. 16. Febr. 10.] [U 11.3473

Johannes Philippus Maullius

Acidulae Schwelmenses. Oder Beschreibung des neuen Schwelmer Sauer-Brunnens. Mit nützlichen Anm. versehen u. zum erstenmahl vorgestellet von Joh[anne] Philippo Maulio (Maullius). Dortmund: Rühl; Schwelm: Kauß 1706. 159 S. 8°

Maul- u. Klauenseuche, die, od. pract. Anweis. z. Erkennung, Vorbauung u. Heilung dies. beiden Krankheiten, jede f. sich allein u. in ihrer Verbind. unt. sich selbst, so wie in ihren Complicationen mit d. Euterseuche, d. Nervenfieber, Faulfieber, milzbrandart. Fieber u. a. Uebeln betrachtet. Für Thierärzte u. Landwirthe v. ein. pract. Thierarzt. 8. (5½ B.) Leipzig 835, Gebr. Reichenbach.

Maulzsch, C. G., Vocabularium tironis memoriale, od. Samml. latein. Wörter z. Auswendiglernen f. Anfänger, nach pädagog.-mnemon. Grundsätzen z. Erleichterung d. Gedächtnisses u. z. prakt. Erlern. d. Genus- u. Derivationsregeln stufenweis geordnet. 8. (6¼ B.) Helmstedt 838, Fleckeisen'sche. Bh. *

Maulzsch, C. G., Vorlegebilder zur Uebung der Anfänger im Rechtschreiben u. Satzbilden. Nach einem neuen, die Selbstthätigkeit überall in Anspruch nehmenden u. allgemein bildenden Verfahren für den öffentl. u. Privatunterricht. gr. 8. (20 Taf. m. 630 Abbild. u. 2½ B. Text.) Meißen 844, Klinkicht u. Sohn.

Maulzsch, C. G, mnemonisch-historische Zahlenbilder. Ein Hilfsmittel beim Unterrichte in der allgemeinen Geschichte zur leichten u. sichern Einprägung der Jahreszahlen. Mit 32 Bildern (in eingedr. Holzschn.) 8. (75 S.) Leipzig 851, Baumgärtner. ½ ℔

Maulwurfsfänger, Der untrügliche,

— s. auch Dralet.

- s.a Redares

Maulwurfsfänger d untrügl. Mit 1 Steintaf. gr 8. Weimar, 1825. 2. Aufl. 1830 4. Aufl. 1853. 5. Aufl. 1856. 6. Aufl. 1859 Voigt. — 10

Maulwurfsfänger, der untrügliche, 2., verb. u. verm. Aufl. 8. (4½ B. u. 1 Stnt.) Weimar 839, Voigt.

Maulwurfsfänger, der untrügliche, oder: Die Kunst, Maulwürfe auf eine völlig zuverlässige und sichere, auch sehr unterhaltende und belustigende Weise in Gärten und auf Wiesen zu fangen. Nebst einem Anhange verschied. anderer Mittel zur Vertilgung derselben. 3., verb. und verm. Aufl. 8. (VIII und 75 S. mit 1 Stnt.) Weimar 851(52,) Voigt.

Maulwurfsfänger, der untrügliche, oder die Kunst, Maulwürfe auf eine völlig zuverlässige und sichere rc. Weise in Gärten und auf Wiesen zu fangen. Nebst einem Anhange verschiedener anderer Mittel zur Vertilgung derselben. 4., verb. u. verm. Aufl. 853. (VIII, 80 S.) — 5. verb. rc. Aufl. Mit 1 Steindrucktaf. (in 4.). Weimar 856. Voigt. 8. (VIII, 90 S.) 10 ngr.

— der untrügliche, oder die Kunst, auf leichte und sichere Weise die Maulwürfe zu fangen, zu tödten und zu vertreiben. Nach vieljährigen eigenen und fremden Erfahrungen bearb. und durch Abbildungen erläutert von Redares. Aus dem Franzöf. übers. 2. Aufl. Mit 2 (lith.) Taf. Abbildgn. Quedlinburg 854. Basse. gr. 8. (34 S.) 7½ ngr.

Maulwurfsfänger, der untrügliche, oder die Kunst, Maulwürfe auf eine völlig zuverlässige und sichere, auch sehr unterhaltende und belustigende Weise in Gärten und auf Wiesen zu fangen. Nebst einem Anhang verschiedener anderer Mittel zur Vertilgung derselben. 6. Aufl. 8. (VIII und 90 S. mit 1 Stndrt. in qu. 4.) Weimar 859, Voigt.

Maulwurfsfänger, der untrügliche, oder die Kunst, Maulwürfe auf eine völlig zuverlässige und sichere, auch sehr unterhaltende und belustigende Weise in Gärten und auf Wiesen zu fangen. Nebst einem Anh. verschied. anderer Mittel zur Vertilgung derselben. 7. Aufl. 8. (VIII und 90 S. mit 1 Stndrtaf. in 4.) Weimar 862, Voigt. *

Maulwurfs-, Ratten- u. Mäusevertilger, neuer untrüglicher, od. Verfahren, Maulwürfe, Ratten u. Mäuse auf die leichteste Art zu fangen u. zu vertilgen rc. 8. Quedlinburg 827. Basse. 8 gr

Maulwurfs-, Ratten- u. Mäusevertilger, neuer untrügl., od. vorzügl., unbedingt zuverlässige Verfahrungsarten, Maulwürfe etc. auf d. leichteste u. mannigfachste Art z. fangen, z. tödten od. z vertreiben etc. 8. Quedlinburg, 1827. Basse. — 10

Maumont, s. a. Roques.

Maumont, Roques, J. Em. v., Gebete, a. d. Franz. 8. Celle, Richter. (Hahn in Hannov.) 762.

— Memoire sur les Polypiers de mer, avec 16 Pl. gr. 8. Zelle, Richter. (Sommer à Lpz.) 782.

* **Maumont**, Roques J. Em. de, Mémoires sur les Polypiers de mer. Avec 16 Planches. gr. 8. Leipsic, Sommer. 810.

— **Recueil** de Prières etc. 8. Celle, Richter. (Hahn à Hannov.) 762.

— **Recueil** de Prières précédé d'un traité de la prière avec l'Explication. 8. Berne, Sociét. Typogr. 766.

— v. d. Seepolypengehäusen, m. 16 Kupf. gr. 8. Zelle, Richter. (Sommer in Lpz.) 783.

Maumus, Vincent, O. Praed., die religiöse Krise u. die Lehren der Geschichte. Autoris. Uebersetzg. aus dem Franz. v. Val. Holzer. (VIII, 183 S. m. Bildnis.) 8. München 906. R. Abt. n. 2. —

Maundrell, Henri. Gantz Neue Reise - Beschreibung nach dem Gelobten Lande . . . Hamburg 1706. Ü: *Vischer, Ludwig Friedrich.* (ABJP)

Maundrell, H., Reisebeschr. nach d. gelobl. Lande. 8. Hamb. 737.

Maune, Fest-Predigt üb. St. Lukas 21, 33 zur 50jährigen Jubelfeier des Templiner Zweigvereins der preußischen Hauptbibelgesellschaft, geh. am 3. Advent 1908 in der St. Maria-Magdalenenkirche zu Templin. (8 S.) gr. 8. Großenhain 909. D. Maune. nn — 25

Maune, Agnes, praktisches Kochbuch, s.: **Mangor**, A. M.

Maunoir, J(ean) P(ierre): Abhandlung über den Mark- und Blutschwamm oder Fungus medullaris und haematodes. (Mémoire sur le fongus médullaire et hématode. Dt.) Eine gekrönte Preisschrift. 118 S., gbd.

Frankfurt am Main: Jäger 1820

JB 4.449

Maunoury, ἀνθολογία μίκρα. Little anthology. A collection of fables, descriptions, epigrams and maxims, containing the roots of the Greek language. Translated with the author 's permission from the 24th French edition. 8. (V, 286 S.) St. Louis, Mo. 888. Freiburg i. Br., Herder'sche Verlagsh. geb. *

Mauntz, A. v., Nachrichten über die Familie von Mauntz. Görlitz 1891. 8.

Mauntz, Alfr. v., Heraldik in Diensten der Shakespeare-Forschung. Selbststudien. (XI, 331 S.) gr. 8. Berlin 903. Mayer & Müller. n. 8. —

Maunz, Carl, s. Maunz, Karl

Schkler, L. L. v.: Aechte und brüderliche Wünsche an dem Schklerisch und Harrerischen mit reiner Freude gefeyertem Hochzeittage dem verehrungswürdigen Braut Paare abgelegt von einem ächten Mitgliede und Mitarbeiter der sehr ehrw. Loge zu den drey Schlüsseln [in Regensburg], die Wachsende gen., nehmlich [!] von Joh. Fel. v. Maunz 5. 7. 6. 8. [Regensburg] 1768. 2 Bl. 2° [Umschlagtit.]
Gedicht: „Welch ein Freuden-volles Feuer flammet heut in meiner Brust "

Maunz, Karl

Maunz, Carl [app. Arzt aus Sulzbach i. O.]: Myositis ossificans progressiva ... München, J. F. Lehmann, 1892; 1 Bl., 33 S. 8.
München, Med. Fak., Inaug.-Diss. v 1894

Maupassant, Guy de, ein Abend u. andere Novellen, s. a. Bibliothek Langen, kleine.

Guy de **Maupassant**. Ein Abend und andere Novellen. München: Langen [1910]. 151 S. 8°
(Kleine Bibliothek Langen. Bd 105.)

Maupassant, Guy de, s. Abende in Medan.

— — Abenteuer einer Pariser Kokotte. Von Léna de M.......... (Guy de Maupassant). (Vign.) Leipzig 1908. 8°. 246 S., 1 Blatt. Original-Lederband mit reicher Vergoldung.
Übersetzt von Paul Felix Breunwald. 650 in der Maschine numer. Expl., Büttenpapier.

— ein Abenteuer in Paris u. andere Erzählungen aus dem litterarischen Nachlaß. 2. Bd. Autoris. Übersetzg. v. Fr. v. Oppeln-Bronikowsky. 1.—3. Tausend. 8. (V, 263 S.) Berlin 900. E. Goldschmidt. n. 3. —

Maupassant, Guy de, Pariser Abenteuer u. and. Novellen, s.: Bibliothek Langen, kleine.

— Afrika. (Im Lande d. Sonne.) Aus d. Franz. v. Mia Holm. 8. (200 S.) München 898. A. Langen. n. 3. —

— Allouma. Autoris. Übersetzg. (III, 195 S.) 8. Berlin (909). Verlag Berlin-Wien. 2. —

— im Banne der Liebe, s.: Sammlung Franckh.

— Madame Baptiste, s.a. Neufeld's Reisebibliothek.

[F.] Madame Baptiste v. Guy de Maupassant u. a. Novellen. *Berlin: Neufeld & Henius [1896].* (118 S.) 1 Bd 8. = Reise-Bibliothek, Neufelds Bd 28. 96. 8003

— **Madame Baptiste u. andere Novellen. 2. Aufl. 8. (118 S.) Berlin (900). Neufeld & Henius. 1. —**

— Bauern. Aus d. Franz. v. F. Gräfin zu Reventlow. 8. (V, 277 S.) München 898. A. Langen. n. 3. 50

— Bauerngeschichten, s.: Bibliothek Langen, kleine.

— Neue Bauerngeschichten, s.: Bibliothek Langen, kleine.

— das Bett u. andere Novellen, s.a. Bibliothek berühmter Autoren.

Guy de Maupassant: Das Bett u. andere Novellen. Aus d. Franz. übers. von Willi Handl. Umschlag von Otto Friedrich. 1.–5. Taus. Wien & Leipzig: Wiener Verl. 1904. (96 S.) 8° = Bibliothek berühmter Autoren. Bd 16. 04. 13445 8

— Bett 29 u. andere Novellen, s.: Bibliothek Langen, kleine.

—— **und Georges Lachaud, die schöne Frau Bodinard und andere Geschichten. Aus dem Französ. übers. von Willib. König. 8. (VII, 130 S.) Berlin 885, Freund und Jeckel. * geb. ***

— Boule de suif, s.: Taschenbibliothek, allgemeine, Nr. 2.

— das Brillanthalsband u. and. Novellen, s.: Bibliothek Langen, kleine.

Maupassant, Guy de. Zwei Brüder, s. Engelhorn's allgemeine Romanbibliothek.

— Monte Carlo u. andere Novellen, s.: Sammlung Franckh.

— Fräulein Cocotte u. andere Novellen, s.: Bibliothek Langen, kleine.

— Contes et nouvelles, Annotés par Ch. Robert Dumas, s.: Diesterweg's neusprachliche Reformausgaben.

— Dekoriert. Deutsch v. Frz. Hofen. 8. (150 S.) Berlin 897. J. Gnadenfeld & Co. n. 1. 50

— **dekoriert u. andere Novellen, s.: Fischer's Roman-Bibliothek. 15. Bd.**

— Diamanten u. andere Novellen, s.: Bibliothek Langen, kleine.

— Ehestands- u. andere Geschichten. Ins Deutsche übertr. v. R. Harling. 8. (155 S.) Berlin 896. R. Jacobsthal. 1. 50

Ehestands- und andere Geschichten von Guy de **Maupassant**. Ins Deutsche übertr. von R. Harling. Berlin: Globus Verlag [um 1903]. 154 S. 8° 11. 6813 10

— **das Erbe, s.a. Kürschner's, Jos., Bücherschatz.**

Das Erbe (Pierre et Jean). Roman von Guy de **Maupassant**. Deutsch von Ludwig Wechsler Mit Ill. von A. von Schrötter Berlin, Eisenach, Leipzig H Hillger [1900] (127 S) 8°
(Bücherschatz, Kürschner's. No 183)

— d. Erbschaft. Roman. Übers. u. eingel. v. Karl Rosner. 8. (X, 140 S.) Berlin 896. Schuster & Loeffler. 2. —; geb. n. 3. —

[F.] Guy de **Maupassant**. Die Erbschaft. Roman. 2 Taus. Übs. u. eingel. v. Karl Rosner. *Berlin: Schuster & Loeffler 1896.* (X S., 1 Bl., 140 S.) 1 Bd 8. 96. 5..

— **das Erbteil der Jungfer Cachelin, s.: Collection Ebic.**

— d. Ersatzmann in puncto puncti, Yvette u. anderes. 8. (168 S.) Zürich-Oberstraß 896. Frick-Vogel. 2. —

— **im Familienkreise, s.: Fischer's Roman-Bibliothek.**

— Der Favorit (Bel-Ami), s.a. Bücher, die, des deutschen Hauses.

Der Favorit (Bel-Ami) Roman von Guy de **Maupassant**. Autor Übers. von Friedrich v Oppeln-Bronikowski. Berlin Buchverl fürs Deutsche Haus 1909 320 S 8°
(Die Bücher d. Deutschen Hauses. Bd 99.)

Maupassant, Guy de, Gedanken des Obersten Laporte u. Anderes, s.: Collection „Brillant". 7. Bd.

— Gedichte, s.a. Bibliothek der Gesamtlitteratur.

Gedichte von Guy de **Maupassant**. Deutsch von F Steinitz. Mit e Vorw v Dr Franz Kwest Halle a d S O Hendel (1898). (VI, 50 S.) 8°
(Bibliothek d. Gesamtlitteratur d. In- u Auslandes. No 1261)

—— Der schöne Georg. [Bel-Ami.] Roman. Deutsch v. Max Schoenau. 8. (371 S.) Berl. 892, Freund u. Jeckel. * 3 —

— der schöne Georg. (Bel-Ami.) Roman. Deutsch v. Max Schoenau. M. 102 Illustr. v. Ferd. Bac. 8. (432 S.) Berlin 896. Freund & Jeckel. n. 5. —

— **der schöne Freund Georg, s. Collection Brillant.**

— Geschichte e. Bauernmagd u. Anderes. Deutsch v. Ludw. Wolff. 8. (150 S.) Dresden 896. E. Pierson. 2. —

(B) — Geschichte einer Bauernmagd. 896. (KBl 30), sowie die übrigen Schriften aus E. Pierson's Verl., jetzt: Berlin, Verlag Berlin-Wien.

Maupassant, Guy de, absonderliche Geschichten. 8. (115 S.) Budapest 888, Grimm's Verlag. *

—— Geschichten im Barockstyl. kl. 8. (128 S.) Budap. 890, Grimm. * 1 50

— **Geschichten im Barockstyl. 12. (129 S.) Budapest 894. G. Grimm. n. 1 50**

— ernste u. heitere Geschichten aus Dorf u. Stadt. Neue Uebersetzg. u. Auswahl. (96 S.) 8. Neuweißensee (905). E. Bartels. 2. —

— moderne Geschichten, s.: Gavarni's, Franç., Biblioth.

— zur linken Hand. Einzig autoris. Uebertragg. v. Ludw. Wechsler. gr. 8. (III, 246 S.) Breslau 892. Leipzig, H. Paul. 3. —; geb. 4. —

— dasselbe. Einzig autoris. Uebersetzg. v. Ludw. Wechsler. 2. Aufl. 8. (III, 246 S.) Dresden 894. E. Pierson. n. 3. —; geb. n. 4. —

— dasselbe, s.a. Bücherschatz, neuer.

— zur linken Hand. Einz. autor. Uebersetzg. v. Ludw. Wechsler. 3. Aufl. 8. (III, 246 S.) Ebd. 898. n. 2. —; geb. n. 3. —

— unser Herz, s.a. Deva-Roman-Sammlung.

— unser Herz, s.a. Romansammlung „Deva". Nr. 7.

— unser Herz. Roman. Aus d. Franz. übers. v. M. zur Megede. 8. (287 S.) Stuttgart 897. Deutsche Verlags-Anstalt. n. 2. —; geb. n.n. 3. —

— Histörchen, s.a. Kollektion Iris. 1.

Histörchen. Ausgew. Novellen von Guy de Maupassant. Übertr. von Ludwig Wechsler. Umschl. u. Zierleisten von A. Loges, Berlin. *Berlin: Iris-Verl. [1902].* (233 S.) 8° [F.]
— Iris, Kollektion. Bd 1.

— der Horla u. andere Geschichten. Deutsch v. Max Schoenau. Autoris. Ausg. 8. (V, 162 S.) Berlin 898. Freund & Jeckel. n. 2. —

— das Kind, s. Bibliothek der fremden Zungen.

—— Das Kind, u. andere Novellen v. George Gissing, Gestur Pálsson, Xav. Sandor-Gjalski, J. L. Caragiale. 8. (158 S.) Stuttg. 892, Deutsche Verlags-Anstalt. * 1 —; geb. * 1 50

— die Kindesmörderin u. and. Geschichten. Aus d. Franz. v. E. Walter. 8. (III, 162 S.) Berlin 897. R. Jacobsthal. 1. 50

— der Kirchhof auf Montmartre. Auf dem Wasser. Das Haus Tellier, s.: Collection „Brillant". 5. Bd.

— Kriegsnovellen, s.: Daudet, Alphonse.

— ein Leben. Roman. Deutsch v. Walt. Bollmann. 8. (335 S. m. Bildnis.) Frankfurt a/O. 894. Berlin, J. Gnadenfeld & Co. n. 1. 50; geb. n. 2. —

—— Leben u. Lieben. In Liebe u. Pein. Ein Drama im Nebel. Cenerentola mia, s. Makart-Bouquet. — Neufeld's Kikeriki-Kollektion.

— Leben u. Lieben u. and. Novellen, s.a. Neufeld's Reisebibliothek.

Leben und Lieben und andere Novellen. Von Guy de **Maupassant**. Deutsch v Fritz Wohlfahrt 2. Aufl Berlin. Neufeld & Henius [1898]. (152 S.) 1 Bd 8.
(Reise-Bibliothek, Neufelds. Bd 39.)

— Leben u. Lieben u. andere Novellen. Deutsch v Fritz Wohlfahrt. 2. Aufl. 8. (152 S.) Berlin (900). Neufeld & Henius. 1. —

— aus dem Pariser Leben, s.: Sammlung Frandh.

— Leckerbissen, s.: Zola.

— erkaufte Liebe, s.: Collection Tiefenbach.

— erkaufte Liebe u. and. Novellen. Einz. autoris. Übersetzg. v. Ludw. Wechsler. 8. (179 S.) Leipzig 896. A. Dieckmann. n. 2. —

— Liebe u. and. Novellen. Deutsch v. Max Schoenau. 8. (112 S.) Berlin 897. Freund & Jeckel. n. 1. —

— das Loch u. and. Novellen, s.: Bibliothek Langen, kl.

— ein Lustmord. Kriminal-Erzählg. (Collection Leckerbissen.) 8. (64 S.) Groß-Lichterfelde-West (899). [v. Piper.] Berlin, J. Gnadenfeld & Co. n. — 50

— s: Maitres conteurs.

— die Millionenerbschaft, s.: Bibliothek Langen, kleine.

— Vater Milon u. andere Erzählungen. Neue Novellen aus dem litterar. Nachlaß. Autoris. Übersetzg. von Fr. v. Oppeln-Bronikowski. 1.—3. Taus. 8. (XIII, 276 S.) Berlin 899. E. Goldschmidt. n. 3. —

— Mittelmeerfahrt übers. von Marie Madeleine. 8. (143 S.) Berlin 902. Vita. n. 1. —; geb. 2. —

— Mondschein u. andere Novellen, s.: Bibliothek Langen, kleine.

— Mont-Oriol. Roman. Aus dem Franz. übers. von A. Schwarz. 8. (102 S.) Ebd. 888. n. 1. —

— u. Jacques Normand, Musotte. Drama in 3 Akten. Deutsch v. Adf. Heilborn. 12. (V, 131 S.) Berlin 898. Schuster & Loeffler. 2. —; geb. 3. —

— — dasselbe, s.a. Universal-Bibliothek.

— Nachtgeschichten, s.: Sammlung Frandh.

MAUPASSANT. Die Nichten der Frau Oberst. Roman, aus dem Französischen zum ersten Male in das Deutsche übertragen von Dr. M. Ifenbiel [i. e. Richard Fiedler]. O. O. 1905. Gr. 8°. 371 S. [B. IV, 436.]

— Novellen, s.a. Meyer's Volksbücher.

—— Novellen. 8. (107 S.) Berl. 892. Freund u. Jeckel. * 1 —

— Ausgewählte Novellen, s.a. Bücher, die, des deutschen Hauses.

Guy de **Maupassant**. Ausgewählte Novellen Autor Übers. von Friedrich v. Oppeln-Bronikowski. Ill. von J R Melz. Berlin-Leipzig Buchverl fürs Deutsche Haus 1908 (302 S) 8°
(Bücher, Die, d. Deutschen Hauses. Reihe 2, Bd 35)

— dasselbe, s.a. Reclam's Novellen-Bibliothek.

— dasselbe, s.a. Universal-Bibliothek.

Guy de **Maupassant**. Neue **Novellen** aus dem litterar. Nachlass. Autor. Übers. von Fr[iedr.] v. Oppeln-Bronikowski. 1–3. Taus. Bd [1.] 2. *Berlin: E. Goldschmidt 1899.* 2 Bde 8° [F.]
[1.] Vater Milon u. andere Erzählungen.
2. Ein Abenteuer in Paris u. andere Erzählungen … [00. 10302

— Novellen u. Skizzen, s.a. Bibliothek der Gesamtliteratur.

Novellen und Skizzen von Guy de **Maupassant**. Aus d. Franz. übertr. u. mit e. Vorbemerkung versehen von Theo Kroczek. Mit d. Bilde d. Dichters. Halle a. S.: O. Hendel [1906]. (180 S.) 8° [F.]
Bibliothek d. Gesamtliteratur d. In- u. Auslandes. No 1938–40.) [06. 7896

— **Novellen u. Skizzen**, s.a. Sammlung berühmter ausländ. Schriftsteller. I, 2.

Novellen und Skizzen von Guy de **Maupassant**. Aus d. Franz. übers. von Theo Kroczek. Berlin: F. Schulze [1910]. 96 S. 8° [Text stenogr.]
(Sammlung berühmter ausländischer Schriftsteller. Ser. 1, Bd 2.) A 12. 10711

— Novelletten. Autoris. Übersetzg. v. Jul. Pfenninger. 8. (III, 179 S.) Dresden 893. E. Pierson. n. 2.—; geb. n. 3.—

— Monsieur Parent oder Verraten, s.a. Collection „Brillant". 2. Bd.

— Monsieur Parent. Deutsch v. Wilh. Thal. 8. (197 S.) Berlin 896. H. Steinitz. n. 2.—

— dasselbe, s.a. Bibliothek, naturalistische.

[Ant. u. F.] Guy de Maupassant. Monsieur Parent. Deutsch v. Wilhelm Thal [d. i. Wilh. Lilienthal]. *Berlin: H. Steinitz [1898].* (197 S., 1 Bl.) 1 Bd 8.
= Bibliothek, Naturalistische. Bd 25. [97. 7969

— Frau Parisse u. andere Novellen, s.: Bibliothek Langen, kleine.

— Fräulein Perle, s. Bibliothek Langen, Kleine.

— im Rausch u. Anderes. Deutsch v. Ludw. Wolff. 8. (139 S.) Dresden 896. E. Pierson. 2.—

— d. Regenschirm u. and. Novellen, s.: Bibliothek Langen, kleine.

— Auf der Reise und andere Geschichten, s. Büchersammlung für Gabelsberger Stenographen.

— auf der Reise u. andere Geschichten, s.: Sammlung Franckh.

— späte Reue u. and. Erzählgn. Ins d. Deutsche übertr. v. Frz. Hosen. 8. (V, 163 S.) Berlin 897. R. Jacobsthal. 1. 50

— späte Reue u. andere Geschichten. Ins das Deutsche übertr. v. Frz. Hosen. 5.–6. Taus. 8. (143 S.) Berlin (899). Schöneberg, R. Jacobsthal. 1. 50

— illustrierte Romane u. Novellen. Deutsch v. Hub. Frhr. v. Schorlemer. 1.—23. Lfg. 8. Leipzig 898. Dresden, Max Fischer. à — 40; in Bdn. à n. 2.—; geb. à 3.—
1. Yvette u. Anderes. (260 S.)
2. Das Haus Tellier u. Anderes. Illustr. v. Hugo L. Braune. (247 S.)
3. Ein Menschenleben. (280 S.)
4. Novellen. (336 S.)
5. Herr Parent. (S. 1—48.)

— illustrierte Romane u. Novellen. Deutsch v. Hub. Frhr. v. Schorlemer. 24.—55. Lfg. 8. Leipzig 898. 899. Dresden, Verlag Meteor. à — 40; in Bdn. à 2.—; geb. à 3.—
4. Bd. Herr Parent u. andere Novellen. Illustr. v. namhaften Künstlern. (S. 48—247.) — 5. u. 6. Bd. Der schöne Georg. Illusr. v. namhaften Künstlern. 2 Bde. (294 u. 280 S.) — 8. Die Schwestern Rondoli u. Anderes. Illustr. v. Ernst Marx. (271 S.) — 9. Bd. Der Olivenhain u. Anderes. Illustr. v. Ernst Marx. (255 S.) — 10. Bd. Dekoriert u. Anderes. Illustr. v. Ernst Marx. (55 S.)

— die Geschwister Rondoli. Einzig autoris. Uebertragg. v. Ludw. Wechsler. 8. (V, 283 S.) Leipzig 892. H. Paul. 3.—; geb. 4.—

— dasselbe. Einzig autoris. Uebersetzg. v. Ludw. Wechsler. 2. Aufl. 8. (III, 269 S.) Dresden 894. E. Pierson. n. 3.—; geb. n. 4.—

— die Geschwister Rondoli. Einz. autor. Uebersetzg. v. Ludw. Wechsler. 3. Aufl. 8. (III, 269 S.) Dresden 898. E. Pierson. n. 2.—; geb. n. 3.—

Die Geschwister Rondoli [Les soeurs Rondoli]. Von Guy de **Maupassant**. Autor. Übers. Berlin: Verl. Berlin-Wien [1909]. 195 S. 8° [10. 13182

— die Schwestern Rondoli u. andere Novellen, s.: Fischer's Roman-Bibliothek. 14. Bd.

— die kleine Roque u. a., s.a. Bibliothek, naturalist.

[F.] Guy de **Maupassant**. Die kleine Roque u. a. Deutsch v. Wilhelm Thal [d. i. Wilh. Lilienthal]. *Berlin: H. Steinitz (1897).* (139 S.) 1 Bd 8.
= Bibliothek, Naturalistische. Bd XI. [97. 5667

— die kleine Roque. Erzählg. Deutsch v. Walt. Eichner. schmal 12. (119 S.) Leipzig 897. Gr. Lichterfelde, R. Lüders & Co. 1. 50

[Ant. u. F.] Die kleine Roque. Erzählg v. Guy de **Maupassant**. Freie deutsche Uebs. *Berlin: W. Herlet [1898].* (112 S.) 1 Bd 8.
= Bibliothek Gavarni. Bd 10. [98. 12017

— dasselbe, s.a. Gavarni's, Franç., Bibliothek.

— die kleine Roque u. andere Novellen, s.: Bibliothek Langen, kleine.

— der Rosenjüngling u. andere Erzählungen. Nach dem Franz. v. D. Haek. 8. (151 S.) Berlin 899. Schöneberg, R. Jacobsthal. 1. 50

— die Schauspielerin, s.: Bibliothek Langen, kleine.

— unnütze Schönheit u. andere Novellen, s.: Bibliothek Langen, kleine.

— zwecklose Schönheit u. andere Geschichten. Ins Deutsche übertr. v. Paul Linsemann. Mit e. Einleitg. v. Max. Harden. schmal 8. (127 S.) Berlin-Charlottenburg (899). Leipzig. P. E. Lindner. 1.—

— Schwarz-Braun-Blond, s. a. Bibliothek Langen, kleine.

— Schwarz-Braun-Blond. Aus dem Franz. v. F. Gräfin zu Reventlow. Umschlagzeichng. u. Illustr. von F. Frhrn. v. Reznicek. 8. (V, 165 S.) München 901. A. Langen. n. 3. —; geb. n. 4. —

Maupassant, Guy de, ein imperfekter Schwiegersohn. Roman aus d. Pariser Gesellschaft. 8. (124 S.) Leipzig 898. Kiepert. n. 2. —

Ein imperfekter Schwiegersohn. Roman aus d. Pariser Gesellschaft. Von Guy de **Maupassant**. Leipzig. Kiepert (a. d. Umschl. Berlin. R. Lüders & C.) [1899]. (1 Bl., 124 S., 1 Bl.) 1 Bd 8.

— zur See. Aus dem Franz. v. Else Otten. 8. (205 S.) Ebd. 899. n. 3.50

— Sie winkt. Novelletten. (Aus dem Franz. übers. v. Adf. Vögtlin.) (154 S.) kl. 8. Zürich 908. A. Bopp. 1.50

— von Sinnen? u. andere Novellen. In das Deutsche übertr. v. Walt. Eichner. 8. (123 S.) Berlin 894. R. Jacobsthal. 1.50

— von Sinnen? u. andere Novellen. In das Deutsche übertr. v. Walt. Eichner. 9.—10. Taus. 8. (III, 131 S.) Berlin (900). Schöneberg, R. Jacobsthal. 1.50

— Pariser Sittenbilder, s.: Garvani's, Franç., Biblioth.

— ein Sohn u. Anderes. Deutsch v. Wilh. Thal. 8. (148 S.) Berlin 895. H. Steinitz. n. 1. —

— dasselbe, s. a. Bibliothek, naturalistische.

[Ant. u. F.] Guy de **Maupassant**. Ein Sohn und Anderes. Deutsch v. Wilhelm Thal [d. i. Wilhelm Lilienthal]. *Berlin: H Steinitz [1898].* (142 S., 1 Bl.) 1 Bd 8.
= Bibliothek, Naturalistische Bd 20. [98. 6607

MAUPASSANT, G. de, Sonntagserlebnisse eines Pariser Spiessbürgers. (Aus d. Französ.) Uebers. v. F. v. Oppeln-Bronikowski. Mit Zeichnungen. Berlin 1902. 8⁰. (Mk. 4—.)

— stark wie der Tod. Roman. 8. (374 S.) Stuttgart 894. Deutsche Verlags-Anstalt. n. 4. -; geb. n.n. 5 —

— Tag- u. Nachtgeschichten. Aus dem Franz. v. F. Gräfin zu Reventlow. Umschlag-Zeichng. v. Adf. Münzer. 8. (186 S.) München 899. A. Langen. n. 2.50; geb. n. 3.50

— Familie Tellier u. andere Erzählungen. Nach dem Franz v. Hans Helling. 8. (167 S) Ebd. 893. n. 2.—

— Familie Tellier u. andere Erzählgn. Nach dem Franz. von Hans Helling. 9.—10. (Umschlag 7.—8.) Taus. 8. (167 S.) Berlin (900). Schöneberg, R. Jacobsthal. 1.50

Familie Tellier und andere Erzählungen von Guy de **Maupassant**. Nach d. Franz. von Hans Helling. Berlin: Globus Verl. [um 1903]. 165 S. 8° [11. 6815 10

Guy de **Maupassant**. Ein Testament aus Liebe. Erzählg aus d. modernen Paris. Berlin R. Lüders & C. [1899]. (158 S.) 1 Bd 8.

— ein Testament aus Liebe. Erzählg. aus dem modernen Paris. 8. (158 S.) Berlin (902). Leipzig, H. Hedwig Nachf. 2. —

— der Teufel u. andere Novellen. Neue Ausg. (96 S.) 8. Neuweißensee (905). E. Bartels. 2. —

Guy de **Maupassant**. Die Totenhand. Deutsch v. Wilhelm Thal [d. i. Wilh. Lilienthal]. *Berlin: H. Steinitz [1896].* (205 S.) 1 Bd 8. 96. 7160

— dasselbe, s. a. Bibliothek, naturalist.

— der Tugendpreis u. andere Geschichten, s.: Bibliothek Langen, kleine.

— verbannt, s.: Bibliothek der fremden Zungen.

Maupassant, Guy de, verbannt, u. andere Novellen v. Edward Bellamy, Mrs. Forrester, Bikelas, Marchesa Colombi, Boleslaw Prus. 8. (159 S.) Stuttgart 893. Deutsche Verlags-Anstalt. n. 1. —, geb. n 1.50

— e. Verlassener u. and. Geschichten. In d. Deutsche übertr. v. R. Harling. 8. (170 S.) Berlin 895. R. Jacobsthal. 1.50

Maupassant, Guy de, ein Verlassener u. andere Geschichten. In d. Deutsche übertr. v. R. Harling. 6.—7. (Umschlag 7.—8.) Taus. 8. (175 S.) Berlin 900. Schöneberg, R. Jacobsthal. 1.50

Ein Verlassener und andere Geschichten von Guy de **Maupassant**. Berlin: Globus Verl. [um 1903]. 174 S. 8° [11. 6811 10

— Verse. In deutscher Übertragg. von Max Hoffmann. Mit e. Einleitung des Übersetzers, e. Briefe Gustave Flauberts u. dem Bildnis des Dichters. gr. 8. (XVII, 103 S.) Breslau 902. Schles. Buchdruckerei ꝛc. n. 2.—; geb. in 3. —

Guy de **Maupassant**. Verse. In deutscher Übertr von Max Hoffmann Mit e. Einl. d. Uebers., e. Briefe Gustave Flauberts u. d. Bildn. d. Dichters. *Breslau: S. Schottlaender 1902.* (XVII, 103 S.) 8° [F.] [01. 13035

— die Wahnsinnige u. and. Novellen, s.: Eckstein's Reisebibliothek.

— ein Wahnsinniger u. Anderes. Einz. autor. Übersetzg. v. Ludw. Wechsler. 8. (193 S.) Leipzig 896. A. Dieckmann. n. 2. —

Guy de **Maupassant**. Gesammelte Werke Frei übertr von Georg Frh v Ompteda. Bd. 1–10. Ser 2, Bd. 1–10. Berlin F Fontane & Co. 1898–1905. 20 Bde 8° [F.]
1 Fräulein Fifi. 1898 2 Die Schwestern Rondoli. 1898.
3. Miß Harriet 1898. 4. Das Haus 1898. 5. Mondschein. 1898.
6. Herr Parent. 1898. 7 Der Horla 1899. 8 Die Schnepfe 1899.
9. Der Liebling (Bel Ami) 1899. 10. Ein Menschenleben (Une vie) 1899.
Ser 2, Bd 1 Stark wie der Tod. 1900. 2 Dickchen. 1900.
3. Hans u. Peter 1900. 4. Die kleine Roque. 1901
5. Nutzlose Schönheit. 1901 6. Der Tugendpreis. 1902
7 Schnapsanton 1902. [8.] Unser Herz 3. Taus. 1903.
[9.] Tag- u Nachtgeschichten 3 Taus. 1903. [10.] Mont Oriol. 1905.
[07. 16682

Maupassant, Guy de, gesammelte Werke. Frei übertr. v. Geo. Frhrn. v. Ompteda. I. Serie. (In 40 Lfgn. od. 10 Bdn.) 1.—26. Lfg. 8. (Bd. 1—6. VI, 287; V, 234; V, 271; V, 247; V, 242 u. V, 261 S. u. 7. Bd. S. 1—128.) Berlin 898. F. Fontane & Co. à Lfg. n. — 50

— dasselbe. (In 10 Bdn.) 1.—6. Bd. 8. Ebd. 898. à n. 2. —; geb. à n. 2. 75
1. Fräulein Fifi. (VI, 287 S.) — 2. D. Schwestern Rondoli (V, 234 S.)
3. Miß Harriet. (V, 271 S.) — 4. Das Haus. (V, 247 S.)
5. Mondschein. (V, 242 S.) — 6. Herr Parent. (V, 261 S.)

Maupassant, Guy de, gesammelte Werke. Frei übertr. von Geo. Frhrn. v. Ompteda. I. Serie. 27.—40. Lfg. 8. (7. Bd. V u. S. 129—247; 8. Bd. V, 253 S.; 9. Bd. 338 S. u. 10. Bd. 269 S.) Berlin 899. [F. Fontane & Co.] E. Fleischel & Co. à n. — 50

— dasselbe. (1. Serie.) 3., 4. u. 7.—10. Bd. 8. Ebd. à n. 2. —; geb. à n. 2. 75
3. Miß Harriet. 4.—6. Taus. (272 S.) 900.
4. Das Haus. Novellen. 4.—6. Taus. (V, 247 S.) 902.
7. Der Horla. (V, 247 S.) 899.
8. Die Schnepfe. (V, 253 S.) 899.
9. Der Liebling. (Bel Ami.) (338 S.) 899.
10. Ein Menschenleben. (Une vie.) (269 S.) 899.

— dasselbe. Deutsch v. Max Schönau. 1.—3. Bd. 8. Berlin, Freund & Jeckel. à n. 4. —; geb. à 5. —
1. Das Haus der Frau Tellier. — Der Horla. — Nutzlose Schönheit. — Miß Harriet. (IV, 560 S.) 899.
2. Herr Parent. — Schnepfengeschichten. — Toni. — Fräulein Fifi. (IV, 470 S.) 899.
3. Der Rosenjüngling der Frau Husson. — Die kleine Roque. — Die Schwestern Rondoli. — Mondschein. (IV, 490 S.) 900.

— dasselbe. 2. Serie. (In 10 Bdn.) 1.—8. Bd. 8. Ebd. à n. 2. —; geb. à n. 2. 75; auch in 40 Lfgn. n. — 50
1. Stark wie der Tod. Roman. (271 S.)
2. Dickchen. Novellen. (261 S.) 900.
3. Hans u. Peter. Roman. Autoris. Übersetzg. (244 S.) 900.
4. Die kleine Roque. Novellen. (253 S.) 901.
5. Nutzlose Schönheit. Novellen. (245 S.) 901.
6. Der Tugendpreis. Novellen. (247 S.) 902.
7. Schnapsanton. Novellen. (249 S.) 902.
8. Unser Herz. Roman. Berechtigte Übersetzg. (254 S.) 902.

— dasselbe. 2. Serie. 9. u. 10. Bd. 8. Ebd. à n. 2. —; geb. in Leinw. à n. 2. 75
9. Tag- u. Nachtgeschichten. Novellen. (263 S.) 903.
10. Mont Oriol. Roman. (268 S.) 903.

— dasselbe. Illustrierte Ausg. 1. Bd. 8. Berlin, J. Bard. n. 3. —; geb. n. 4. —
Sonntagserlebnisse e. Pariser Spießbürgers. Aus dem litterar. Nachlaß. Einzig autoris. Übersetzg. von Frdr. v. Oppeln-Bronikowski. Mit Zeichngn. v. Geo. Depuis. (211 S.) 902.

Maupassant, Guy de, gesammelte Werke. Frei übertr. von Geo. Frhrn. v. Ompteda. 11. Bd. 8. Berlin 905. E. Fleischel & Co. n. 2. —; geb. n. 3. —
Stark wie der Tod. Roman. (Neue Aufl.) (271 S.)

Maupassant, Guy de, gesammelte Werke, frei übertr. von Geo. Frhrn. v. Ompteda. 1.—5. 7.—12. u. 20. Bd. 8. Berlin, E. Fleischel & Co. à 2.—; geb. à 2. 75
1. Fräulein Fifi. Novellen. 5. Tauf. (VI, 287 S.) 907
2. Die Schwestern Rondoli. 5. Taus. (VII, 234 S.) 907.
3. Miß Harriet. Novellen. 5. Taus. (V, 271 S.) 906.
4. Das Haus. Novellen. 4. Taus. (VII, 247 S.) 907.
5. Mondschein. 5. Taus. (243 S.) 908.
7 Der Horla. Novellen. 5. Taus. (V, 247 S.) 910.
8. Die Schnepfe. Novellen. 5. Taus. (VII, 253 S.) 908.
9. Der Liebling. Roman. 5. Taus. (338 S.) 907.
10. Ein Menschenleben. Roman. (5. Taus.) (269 S.) (908.)
11. Stark wie der Tod. Roman. 6. Taus. (271 S.) 910.
12. Dickchen. Novellen. 5. Taus. (251 S.) 910.
20. Mont Oriol. Roman. 5. Taus. (268 S.) 908.

— **Yvettte, s.a. Colleotion „Brillant“. 4. Bd.**

— **dasselbe, s.a. Fischer's Roman-Bibliothek. 18. Bd.**

— Yvette, s.a. Siesta.

— Yvette. Übers. u. m. Einleitg. v. Heinz Tovote. 1.—4. Aufl. 8. (192 S.) Berlin 894. 895. F. Fontane & Co. n. 2. —; geb. n.n. 3. —

[Ant u. F.] Guy de **Maupassant**. Yvette. Pariser Sittenbild. Deutsch v Walter Eichner [d. i. Heichen]. *Berlin. R Jacobsthal [1897]*. (141 S.) 1 Bd 8. [97. 2979

Yvette von Guy de **Maupassant**. Aus d. Franz. von Jean Jacques Hegner. 2 Aufl. Berlin & Leipzig H. Seemann Nachf. [1905]. (151 S.) 8°
— **Unterhaltungs-Bibliothek**, Seemanns kleine. No 30. [05. 13644

— **dasselbe, s.a. Seemann's kleine Unterhaltungsbibliothek.**

— **dasselbe. (96 S.) 8. Neuweißensee (905). E. Bartels. 2.—**

— Yvette. Uebers. u. m. Einleitg. v. Heinz Tovote. 7. Aufl. (192 S.) 8. Berlin 906. F. Fontane & Co. n. 2. —; geb. n. 3. —

Yvettte von Guy de **Maupassant**. Aus d. Franz. von Jean Jaques Hegner 13./17 Aufl. Berlin & Leipzig Seemann [1910]. 151 S. 8°
(Siesta. 7) [10. 10476

— **das Ziehkind u. Anderes, s.: Colleotion „Brillant“.**

Maupertuis, s.: Briefwechsel Friedrichs des Großen m. Grumbkow.

Maupertuis, Pierre Louis Moreau de

— Betracht. üb. Picard's Messung des Meridiangrads zw. Paris u. Amiens, angestellt v. Clairaut ꝛc. m. K. gr. 8. Lpz. Breitkopf. 742.

— Briefe, a. d. Franz. 8. Hamb. 755.

Maupertuis, Pierre Louis Moreau de. Die Figur der Erde. A. d. Franz. . . . Zürich 1741. Ü: *König, Samuel.* (CBH)

Pierre Louis Moreau de Maupertuis

[La Figure de la terre...Deutsch:] Figur der Erden, bestimmet durch die Beobachtungen der Herren von Maupertuis, Clairaut, Camus, le Monnier... beim Polar-Zirkel angestellet. Durch [Pierre Louis Moreau] von Maupertuis. Zürich: Heidegger 1741. 208 S. 8°

— figura telluris determinata per observat. auctoris et alior. 8. Lps. Breitkopf. 742.

— Lettres philosophiques. 8. Dresde, Walther. 752.

— oeuvres mathémat., physiques, philosophiques. 4. Dresd. 752. Walther. 2 ℔

— Saggio della Filosophia morale. 8. Berl. 751.

— Schreiben über das Wachsthum d. Berliner Wissenschaften; aus d Französ. v. J. Fr. W. Breithaupt. 8. Hamb. 753. 3 gr.

de Maupertuis, Pet. L., Versuch von d. Bildung d. Körper. 8. Berl. 767. Wever. 2 gr.

— Vers. e. Cosmologie. 8. Berlin, Nicolai. 751.

— Vers. e. moralisch. Weltweisheit. 8. Halle, Gebauer. 750.

Maupertuisiana. Hamb. 1753. H: *König, Samuel.* (Cat. d. Stadtbibl. Zürich. Zürich 1864—97.)

Maupied, F. L. M., das ewige Opfer, od. die Vereinigung Gottes u. des Menschen in dem Opfer der heil Messe. Ein kathol. Gebetbüchlein. Aus d. Französ. übers. 16. (8 B. u. 1 Stahlst.) Reutlingen 843, Kalbfell-Kurtz.

Maupied, F. L. M., das ewige Opfer oder die Vereinigung Gottes und des Menschen in dem Opfer der heil. Messe. Ein kathol. Gebetbüchlein. Aus dem Französ. übers. 2. Aufl. (XVI und 287 S. mit 1 Stahlst.) 1853. und 3. Aufl. 32. (XVI und 304 S. mit 1 Stahlst.) Reutlingen 854, Fleischhauer und Spohn.

Maupied, F. L. M., das ewige Opfer oder die Vereinigung Gottes und des Menschen in dem Opfer der heil. Messe. Ein kathol. Gebetbüchlein. Aus dem Französ. übers. 4—6. Aufl. 32. (XVI und 304 S. mit 1 Stahlst.) Reutlingen 857—61, Fleischhauer und Spohn. geb.

Maupied, F. L. M., das ewige Opfer oder die Vereinigung Gottes und des Menschen in dem Opfer der heil. Messe. Ein kathol. Gebetbüchlein. Aus dem Französ. übers. 7. Aufl. 32. (XVI und 304 S. mit 1 Stahlst.) Reutlingen 864, Fleischhauer und Spohn. geb. mit Goldschn. und in Futteral.

Maupied, F. L. M., das ewige Opfer oder die Vereinigung Gottes und des Menschen in dem Opfer der heil. Messe. Ein kathol. Gebetbüchlein. Aus dem Französ. übers. 8. Aufl. 32. (XVI, 304 S. mit 1 Stahlst.) Reutlingen 870, Fleischhauer und Spohn. geb. mit Goldschn. und in Futteral

Maupin, E. Grosjean-
s. Grosjean Maupin. I 10 15584

Maupin, H.

Maupin, Erfahr. üb. d. Verschönerung all. gut. u. schlechten Weine. a. d. Frz. 8. Zerbst, Zimmermann. 773.

— — dies. 8. Wien, Kurzböck. (Camesina.) 779.

— die Kunst Wein zu machen. 8. Wien 779. (Heubner). 4 gr.

Maupin: Die Kunst Wein zu machen, oder Versuche über die Verbesserung aller sowohl guter, als schlechter Weine von ihrer Gährung an, zum Gebrauche aller Weinpflanzstätte. mit den wesentlichsten Grundsätzen über die Art, die Weine zu behandeln. Von Herrn Maupin übers. Wien Kurzböck 1779 86 S. -- 5* 17

Maupin, H., Versuche über die durch die Gährung zu bewirkende Verschönerung aller edlen sowohl als unedeln Weine rc.; aus d. Französ. 8. Wittenb. 773. Zimmermann. 4 gr.

--- Ders. Versuche über die durch die erste Gährung zu bewürckende Verschönerung aller so wohl edlen als unedlen Weine Oder die Kunst den Wein zu machen· zum Gebrauch aller Wein-Berg-Besitzer. Nebst denen allerwesentlichsten Lehr-Sätzen, nach welchen die Weine behandelt werden müssen. Aus d. Franz. Zerbst Zimmermann 1773. 100 S. -- 16.21*.100*Rüd.*

Guillaume Mauquest [Sieur] de La Motte

Des Wilhelm Mauquest de La Motte [Guillaume Mauquest Sieur de La Motte: Traité complet de chirurgie. Deutsch:] Vollständige Abhandlung der Chirurgie, in welcher über alle chirurgische Kranckheiten... nüzliche Wahrnehmungen... enthalten sind. Aus d. Franz. ... übers. von Georg Leonh[ard] Huth. Th.1-4. Nürnberg: Lochner 1762 - 63. 2 Bde 8°

Th.1-3: 1762.
Th.4: 1763.

Guillaume Mauquest [Sieur] de La Motte

De La Motte [Guillaume Mauquest Sieur de La Motte: Traité des accouchemens naturels. Deutsch:] Tractat [Traktat] von Kranckheiten schwangerer und gebährender Weibs- Persohnen,... Anjetzo aber erstenmahl auß d. Frantz. in das Teutsche übers. u. mit einigen Anm. verm. durch Johann Gottfried Scheid. Strasburg: Beck 1732. 946 S. 8°

Maur, v., Anleitung f. die Ausbildung der Rekruten der Feldartillerie unter Berücksicht. des neuen Exerzier-Reglements, der Schießvorschrift, des Feldartillerie-Mat. 96. u. A. sowie des Feldhaubitz-Mat. 98. Zugleich als Schlüssel f. den Lehrer zu Batsch-Zwenger, Leitfaden f. die Kanoniere u. Fahrer der Artillerie. (71 S.) kl. 8. Berlin 908. Vossische Buchh. nn — 50

Maur: Einleitung in die neuere Geometrie. I Conformität der ebenen Gebilde. 35 S. und Fgt –Coblenz, Progr 1861

Maur, A., die Seiten- und Eck-Transversalen des Dreiecks; harmon. und involutor. Beziehungen. 4. (20 S. mit 1 Stnt.) Berlin 875, (Mayer und Müller.)

Maur, Ant. Über arithmetische Reihen höherer Ordnung. 20 S.
Progr. G *Düren* 1882

Maur, Anton (Köln)
Ueber die Singularitäten der Flächen.
[In: Grunerts Archiv der Mathematik und Physik ...
Bd 25 (1855), S. 335-357.]
Dr. phil. Giessen 17.2.1855.

Maur, Joc

Maur, J. Le juif sur l'île du diable ou critique de la raison impure. Gr. in-8°. 213 S. Bern, Steiger & Co. 1898 2 50

Maur, Joc., le juif sur l'île du diable ou critique de la raison impure. gr. 8. (XXI, 192 S.) Bern 898. C. Sturzenegger. n. 2. 50

Maur, Ioannes (geb. am 1 Mai 1813 in Hammerstein a. Rh.): De difficultatibus in versione infantis in utero et de remediis partus situ infantis perverso difficiles transigentibus, imprimis de embryotomia ... Bonnae, typ. C. Georgii (1837). 4 Bl., 36 S., 1 Bl. 8.
Bonn, Med. Fak., Diss. v. 28 Aug. 1837

Maur, Paul auf der, s. Auf-der-Maur, Paul

Maurach, Carl, s. Maurach, Karl

Maurach, H. Über die Abhängigkeit des durch Hysteresis bedingten Effektverlustes im Eisen von der Stärke der Magnetisierung. Mit 2 Tab. In-8°. 39 S. Basel. These. 1896.

Maurach, Johannes, a. Schareyken in Ostpr.: Das Notwegsrecht. Rostock 1905: C. Hinstorff. (VII, 86 S.) 8°
Rostock, Jur. Fak., Ref. Matthiaß, Diss. v. 18. Nov. 1905
[Geb. 31 Mai 83 Schareyken; Wohnort: München; Staatsangeh.: Preußen; Vorbildung: Gymn. Bromberg Reife 01; Studium: Freiburg i. B. 6, Rostock 2 S.; Rig. 28. Juni 05.]

Maurach, Karl

Maurach, Carl, eines livländischen Pastors Leben u. Streben, Kämpfen u. Leiden. In seinem 75. Jahre niedergeschrieben. 8. (V, 368 S.) Leipzig 900. A. Deichert Nachf. n. 4.25; geb. n. 5.25

Maurach, M., Balkentafeln nach Oberstärke f. Kiefer u. Fichte. (77 S.) 8. Reval 909. F. Kluge. 2.50

Mauracher, Karl

Mauracher, K., in den Himmel will ich kommen! Lehr- u. Gebetbüchlein f. fromme Kinder. Zunächst f. die ersten Schuljahre m. Einschluß der ersten heil. Beicht u. Kommunion hrsg. 2. Aufl. 16. (VI, 243 S. m. Textbildern u. 1 farb. Titelbild.) Freiburg i/Br. 889 Herder. n. — 30; geb. n.n. — 50 u. n.n. — 55

Mauracher, Karl, in den Himmel will ich kommen! Lehr- u. Gebetbüchlein f. fromme Kinder. Zunächst f. die ersten Schuljahre m. Einschluß der ersten hl. Beicht u. Kommunion 3. Aufl. 32. (VI, 243 S. m. Bildern.) Freiburg i/B. 892. Herder n. — 40; geb. in Halbleinw. n.n. — 60; m. broncirtem Umschlag n.n — 65; in Leinw. n.n. — 80

Mauracher, Karl, in den Himmel will ich kommen! Lehr- u. Gebetbüchl. f. fromme Kinder. Zunächst f. d. ersten Schuljahre m. Einschluß d. ersten hl. Beicht u. Kommunion. 4. Aufl. M. Bild. 32. (VI, 243 S. m. farb. Titelbild.) Freiburg i/B. 897. Herder. n. — 40; geb. in Halbleinw. n.n. — 60; m. Bronce-Umschlag n.n. — 65; in Schafldr. m. Goldschn. n.n. 1.20

Mauracher, Karl, in den Himmel will ich kommen! Lehr- u. Gebetbüchlein f. fromme Kinder. Zunächst f. die ersten Schuljahre m. Einschluß der ersten hl. Beichte u. Kommunion. 5. Aufl. (VI, 249 S. m. 1 Farbdr.) 16. Freiburg i/B. (903). Herder. Geb. in Halbleinw. n. — 60; in Leinw. n. — 70

Mauracher, Karl, in den Himmel will ich kommen! Lehr- u. Gebetbüchlein f. fromme Kinder. Zunächst f. die ersten Schuljahre m. Einschluß der ersten hl. Beicht u. Kommunion. 6. Aufl. (VIII, 247 S. m. Abbild. u. 1 Farbdr.) 11,7×7,5 cm. Freiburg i/B. (909). Herder. — 40; geb. in Leinw. — 70

Mauracher, M., 's Burgerl im Pensionat, s.: Schul- u. Vereinsbühne, christliche.

— Halskette u. Rosenkranz, s.a. Schul- u. Vereinsbühne, christl.

(F) **Mauracher, M.**, Halskette und Rosenkranz. Spiel in 5 Aufzügen. [Christl. Schul- und Vereinsbühne. Bd. 76.] 8°. (22 S.) Linz Verlagsbuchh Pressverein 1907 K — ..

— Ein halbes Stündchen in der Küche, s.a. Schul- u. Vereinsbühne, christliche.

(F) **Mauracher, M.**, Ein halbes Stündchen in der Küche. Schwank. [Christliche Schul- und Vereinsbühne. Bd. 107.] 8°. (17 S.) Linz Kath. Pressverein 1909 K — .50

Mauracher, Matthäus, s. Zeitschrift für Orgel- und Harmoniumbau

Mauratori, L. A., d. wahre Andacht eines Christen untersucht. a. d. Ital. gr. 8. Wien, Tendler. 780.

Mauraview, ..., Reise nach Turkomanien u. Khiva in den J. 1819 u. 20. (Aus d. ethnogr. Archiv besond. abgedr.) gr. 8. Jena 823. Bran. 1 ℔

Maurel, Antonin, die Ablässe, s. Beringer, Frz., die Ablässe, ihr Wesen und Gebrauch.

Maurel, P. A., die Ablässe, ihr Wesen und ihr Gebrauch. Nach der 2. französ. Ausg. mit Genehmigung des Verf. übers. von einem Mitgliede der Gesellschaft Jesu. gr. 12. (XVIII und 333 S.) Paderborn 860, Schöningh.

Maurel, P. A., die Ablässe, ihr Wesen und ihr Gebrauch. Nach der 9. französ. Ausgabe mit Genehmigung des Verf. übersetzt von einem Mitgliede der Gesellschaft Jesu. 860 (XVIII, 333 S.) — 2 verb. Aufl. Paderborn 863. Schöningh. 8. (XVIII, 346 S.) 24 ngr.

Maurel, A., die Ablässe, ihr Wesen und ihr Gebrauch. Nach der 13. französ. Ausg. mit Genehmigung des Verf. übers. von einem Mitgliede der Gesellschaft Jesu. 2. Aufl. 1863. 24 Ngr. und 3., sorgfältig verb. und mit vielen Zusätzen aus der Raccolta bereicherte Aufl. 8. (416 S.) Paderborn 866, Schöningh.

Maurel, Ant., die Ablässe, ihr Wesen und ihr Gebrauch. Aus dem Französ. mit Genehmigung des Verf. übersetzt und mit vielen Zusätzen aus der von der S. C. Indulg. approbirten Uebersetzung der Raccolta und anderen authent. Quellen bereichert von Jos. Schneider. 4., nach der 14. französ. Ausg. sorgfältig verb. und vielfach verm. Aufl. (XXIV, 463 S.) 1870. ℳ 3., und 5. nach der 16. französ. Ausg. sorgfältig verb. und vielfach verm. Aufl. 8. (XXV, 552 S.) Paderborn 874, Schöningh. *

Maurel, Antonin, die Ablässe, ihr Wesen und Gebrauch. Ein Handbuch für Geistliche und Laien, welche über die Ablässe und die mit Ablässen bereicherten Gebete, Andachtsübungen, Andachtsgegenstände, Bruderschaften und frommen Vereine Belehrung wünschen. Nach dem Französ. bearb. von Jos. Schneider. 6. Aufl. (676 S.) 1878. *ℳ 4,50.; 7. von der heil. Ablaßcongregation approbirte und als authentisch anerkannte Aufl. 8. (XXVIII, 700 S.) Paderborn 881, F. Schöningh. *
—— dass. — 8. von der heil. Ablaßcongregation approbirte und als authentisch anerkannte Aufl. 8. (XX, 788 S.) Ebendas. 884.

—— die Kirche und ihr Oberhaupt. Nach der 2. französ. Aufl. übers., und mit vielen Zusätzen und Anmerkungen versehen. Autorisirte Uebersetzung. gr. 8. (XXIV, 328 S.) Regensburg 871. Pustet.

Maurel, J Le Duc de Wellington. Essai sur l'histoire et la biographie du Duc de Wellington. 12. Bruxelles et Leipsic 1853

Maurel, Vict., 10 Jahre aus meinem Künstlerleben 1887—1897. Vorrede u. Uebersetzg. v. Lilli Lehmann-Kalisch. 12. (284 S. m. 4 Taf.) Berlin 899. Raabe & Plothow, Musikverlag. n. 2. —

Mauren, die, in Spanien, s.a. Wochenbände.

Mauren, die, in Spanien, Schauspiel in 4 Aufzügen von Alednog. gr. 12. Heidelberg, Groos. 821.

Mauren, die, in Valencia, s.a. Jugendbibliothek, neue, für Unterhaltung.

Mauren, Die, in Valencia ... Von dem Verfasser der Glocke der Andacht. Augsburg 1842. V: *Nebel, Wilhelm Michael.* (Zeitschr. f. Büch. N. F. 15, 1923, S. 116)

Mauren, die, in Valencia, od. der ewigen Liebe Schützlinge. Eine Erzählung aus d. Zeiten der Mauren in Spanien. Für d. reifere Jugend. Von d. Verf. der Glocke der Andacht. 8. (12 B. u. 1 Stahlst.) Augsburg 842, v. Jenisch u. Stage'sche Buchh.

Maurenbrecher, A(ugust) D(aniel), a. Java: I. **Untersuchungen einiger Pflanzenstoffe ⟨Kakao, Tee, Bresk, Getah-Kenari⟩ auf darin enthaltene Bestandteile. II. Ueber die Einwirkung von Diphenylhydrazin auf eine Reihe von Aldehyden.** Göttingen 1906: Dieterich. (61 S.) 8°

Göttingen, Phil. Fak., Ref. Tollens, Diss. v. 18. Juli 1906

[Geb. 26. März 82 Batavia, Java; Wohnort: Batavia; Staatsangeh.: Niederlande; Vorbildung: Burgerschool Batavia Reife 99; Studium: Delft T.H. 2, Göttingen 8 S.; Rig. 23. Mai 06.]

Maurenbrecher, Berthold (Dorpat)

Maurenbrecher, B., s.: Carminum Saliarium reliquiae.

Maurenbrecher, Bertold, Forschungen zur lateinischen Sprachgeschichte u. Metrik. 1. Hft. Hiatus u. Verschleifg. im alten Lateinischen. gr. 8. (VIII, 269 S.) Leipzig 899. B. G. Teubner. n. 7.—

Grundlagen der klassischen Philologie von Bertold **Maurenbrecher.** Stuttgart W Violet 1908. (436 S.) 8°
= **Maurenbrecher.** Grundzüge d. klass. Philologie Bd 1. [08. 17208

Maurenbrecher, Bertold, u. Rhold. **Wagner,** Grundzüge der **klassischen Philologie.** I. Bd. u. II. Bd., 1. Abtlg. gr. 8. **Stuttgart,** W. Violet. 9. 50
I. Grundlehren der klassischen Philologie, v. M. (Zugleich 3., umgearb. Aufl. v. Freunds triennium philologicum I. Abtlg.) (VI, 436 S.) 908. 6. —
II, 1. Grundzüge der griechischen Grammatik, v. W (Zugleich 3., umgearb. Aufl. v. Freunds triennium philologicum Abschn. IX.) (VI, 218 S.) 908. 3. 50

Hiatus und Verschleifung im alten Latein v Bertold **Maurenbrecher.** Privatdoc an d. Univ. Halle Leipzig B G Teubner 1899 (VII, 269 S.) 1 Bd 8.
(Maurenbrecher. B. Forschungen z latein. Sprachgesch. u. Metrik. H. 1)

Maurenbrecher, Bertold: D. Komposition d. Elegieen Tibulls. *Leipzig 1897.*
in: **Beiträge,** Philologisch-histor., C. Wachsmuth z. 60. Geburtstage überreicht. [97. 3344

Maurenbrecher, Bertoldus [Dorpatensis]: **Quaestionum Sallustianarum capita tria. . . .** (Ersch. vollst. u. d. T.: „C. Sallusti . . . Hist. rel. Fasc. I: Proleg.") Lipsiae, typ. B. G. Teubneri, 1891; 2 Bl., 42 S. 8°
Leipzig, Phil. Fak., Inaug.-Diss. v. [16. Jul.] 1891

Maurenbrecher, Bertoldus: **Carminum Saliarium reliquiae . . . (Aus: Jahrb. f. Phil., Suppl.-Bd 21.) Lipsiae, typ. B. G. Teubneri,** 1894; 2 Bl., 315—352 S., 1 Bl. 8.
Halle, Phil. Fak., Hab.-Schr. v. 7. Juli 1894

Maurenbrecher, Bertold, **Sallustiana. 1. Heft: Die Ueberlieferg. der Jugurthalücke. Festschrift, der 47. Versammlg. deutscher Philologen u. Schulmänner in Halle a. S. zum Willkommen zugeeignet. (III, 187 S.) gr. 8. Halle 903. C. A. Kaemmerer & Co. n. 3.—**

Maurenbrecher, Hulda: Gebildete Hebammen? E. Beitr. z. Frauen-Berufsfrage. — Leipzig: Dietrich 1905. 43 S. 8°

Maurenbrecher, Jh. Gabr., († d. 27. März 1801.) **Beitrr. zur Ausbreitung der Wahrheit u. Tugend in einig. Predigten. gr. 8. Kopenh. u. Wien 788. (Brummer). 14 Rthlr Schrbp. 18 Rthlr**

Das glückliche Dänemark, oder etwas über Vaterlandsliebe, Freyheit und Gleichheit vorzüglich in Rücksicht auf Dänemark Von Johann Gabriel **Maurenbrecher** Kopenhagen 1793 8°

—das glückliche Dänemark, oder etwas über Vaterlandsliebe. 8. Kopenh. 793. Brummer. 3 Rthlr

— s. J. K. Lavater, Fragmente von e. Predigt.

—die Religion d. Christenthums auf Natur u. Bibel gegründet. 8. Kopenh. 800. Brummer. 12 Rthlr

Max **Maurenbrecher** Auferstehungs-Geschichten. Berlin Vorwärts 1910. 60 S. 8°
(Maurenbrecher Biblische Geschichten 8.) [10. 7503

Max **Maurenbrecher.** Die Entstehung des Judentums. Berlin: Vorwärts 1910. 48 S. 8°
(Maurenbrecher Biblische Geschichten 7.) [10. 7562

Max **Maurenbrecher** Erzvatergeschichten. Berlin Vorwärts 1909. 55 S. 8°
(Maurenbrecher Biblische Geschichten 3.) [10. 1354

Maurenbrecher, Max, die Gebildeten u. die Sozialdemokratie. Ein erweiterter Vortrag. (81 S.) 8. Leipzig (904). Leipziger Buchdruckerei. n. — 25

Maurenbrecher, Max, biblische Geschichten. Beiträge zum geschichtl. Verständnis der Religion. I.—X. gr. 8. Berlin, Buchh. Vorwärts. à 1.— (Vollst., in 1 Bd. [VIII, 574 S.]: 6.—; geb. in Leinw. 7. 50)
1. Schöpfungsgeschichten. (56 S.) 909.
2. Sintflutgeschichten. (58 S.) 909.
3. Erzvätergeschichten. (55 S.) 909.
4. Mosegeschichten. (59 S.) 909.
5. Das sogenannte Gesetz des Mose. (50 S.) 909.
6. Die Propheten. (Skizze der Entwicklg. der israel. Religion.) (66 S.) 910.
7. Die Entstehung des Judentums. (48 S.) 910.
8. Auferstehungs-Geschichten. (60 S.) 910.
9. Weihnachts-Geschichten. (57 S.) 910.
10. Der geschichtliche Jesus. (60 S.) 910.

Das sogenannte Gesetz des Mose. Von Max **Maurenbrecher.** Berlin. Vorwärts 1909. 50 S. 8°
(Maurenbrecher Biblische Geschichten 5.) [10. 3086

Die Hohenzollern-Legende. Kulturbilder aus d. preuß. Geschichte v. 12. bis z. 20. Jh. von Max **Maurenbrecher.** Mit Bildern u. Dokumenten aus d. Zeit u. 2 Beil. Bd 1. 2. (In 50 H.) Berlin: Vorwärts [1905]. 2 Bde 4° [F.] [06. 3045

— die Hohenzollern-Legende. Kulturbilder aus der preuß. Geschichte vom 12. bis zum 20. Jahrh. Reich illustr. m. Bildern u. Dokumenten aus der Zeit. 50 Hefte. (VI, 788 S. m. 1 farb. Taf.) Lex.-8. Berlin (905. 906). Buchh. Vorwärts. à — 20; in 2 Bde. geb. in Leinw. à n. 7. —; in Halbfrz. à n. 8. —

Max **Maurenbrecher** Der geschichtliche Jesus. Berlin Vorwärts 1910. 60 S. 8°
(Maurenbrecher Biblische Geschichten. 10.) [10. 7585

Max **Maurenbrecher** Mosegeschichten. Berlin Vorwärts 1909. 59 S. 8°
(Maurenbrecher Biblische Geschichten 4.) [10. 1978

Max **Maurenbrecher.** Die Propheten. ⟨Skizze d. Entwickelung d. israelitischen Religion.⟩ Berlin· Vorwärts 1910. 66 S. 8°
(Maurenbrecher Biblische Geschichten. 6.) [10. 7581

Max **Maurenbrecher.** Schöpfungsgeschichten Berlin Vorwärts 1909 56 S 8°
(Maurenbrecher Biblische Geschichten. 1)

Max Maurenbrecher Sintflutgeschichten Berlin Vorwärts 1909 50 S. 8°
(Maurenbrecher Bibliche Geschichten. 2.)

Maurenbrecher, Max Thomas von Aquino's Stellung zum Wirtschaftsleben seiner Zeit. Einleitung und erster Teil. *Leipzig 1898: J. J. Weber.* (VI, 122 S.) 8°
Leipzig, Phil. Diss. v [19. Apr] 1898

Von Jerusalem nach Rom. Weitere Untersuchungen über d. weltgeschichtl. Zusammenhänge d. Urchristentums. Von Max **Maurenbrecher** Berlin-Schöneberg Hilfe 1910. 287 S. 8°
(Maurenbrecher Von Nazareth nach Golgatha [Forts.]) [10. 9463 5

— Von Nazareth nach Golgatha. Untersuchgn. üb. die weltgeschichtl. Zusammenhänge d. Urchristentums. (275 S.) 8. Ebd. 909. Kart. 4.—; geb. in Leinw. 5. —

Max **Maurenbrecher** Weihnachts-Geschichten. Berlin Vorwärts 1910 57 S. 8°
(Maurenbrecher Biblische Geschichten 9.) [10. 534

Maurenbrecher, Romeo, Juris Germanici atque praesertim Speculi Saxonici de culpa doctrinae adumbratio. Düsseldorf u. E. 1827 8. . . . . . (BRG. D.)

Maurenbrecher, Romeo: Juris Germanici atque praesertim speculi Saxonici de culpa doctrina. 8maj. *Düsseldorpii*, Schaub. 827. (12 Gr.)

Maurenbrecher, (R.,) juris germanici atque praesertim speculi Saxonici de Culpa doctr. adumbr. gr. 8. 827, (Elberfeld, Schaub.)

De auctoritate prudentum. Rite auspicaturus professoris ord. in ordine ictorum Bonnensi munus scripsit et ad audiendam publicam orationem de auctoritate usus forensis d. [*ks.* XXII] Febr. ... a se habendam ... invitat Romeo **Maurenbrecher** ... Bonnae, E. Weber 1839. 27 S. 4.

—— die deutschen regierenden Fürsten u. d. Souverainität. Eine publicist. Abhandl. gr. 8. (21½ B.) Frankfurt a. M. 839, [Varrentrapp's Verl.] *

—— Grundriss e. Systems d. Naturrechts, z. Gebr. bei akadem. Vorlesn. gr. 8. (1½ B.) Bonn 839, Weber. *

Maurenbrecher, Romeo, Grundriß zu d. Vorlesn. üb. d. eheliche Gütergemeinschaft nach gem. Rechte u. d. statutar. u. Provinzialrechten d. preuß. Monarchie. gr. 8. (1 B.) Bonn 829, Habicht.

—— Grundriß zu Vorlesungen üb. Institutionen d. heutigen röm. Rechts. gr. 8. (2½ B.) Bonn 839, Weber. *

Maurenbrecher, Romeo: Grundsätze d. heutigen deutschen Staatsrechts. Systemat. entwickelt. *Frkf.*, Varrentrapp. 836. gr. 8. (4 Thl.)

—— Grundsätze d. heutigen deutsch. Staatsrechts. Systemat. entwickelt. gr. 8. (38 B.) Frankfurt a. M. 837, [Varrentrapp's Verl.]

Maurenbrecher, Romeo, Grundsätze d. heutigen deutschen Staatsrechts. Systematisch entwickelt. 2. Aufl. 842. u. 3. Aufl. gr. 8. (37¾ B.) Frankfurt a. M. 847, Varrentrapp's Verl. à

Maurenbrecher. Romeo, Grundsätze des heutigen deutschen Staatsrechts. 2. unveränd. Abdruck. Frankfurt a. M. 1843. Gr. 8°. Hfrzb., gebraucht. XVI—589 S.

Maurenbrecher, Romeo, Grundsätze des heutigen deutschen Staatsrechts, systematisch entwickelt. 3. Aufl. gr. 8. (XVI u. 588 S.) Frankfurt a. M. 847, Varrentrapp. 4 ℛ

Maurenbrecher, Romeo: Juris feudalis Longobardici de investiturae eventualis indole ac natura doctrinam exposuit. München 1828.

—— die Rheinpreuß. Landrechte, s. Landrechte.

Maurenbrecher, Romeo: Die Rheinpreußischen Landrechte. Bonn. 2 Bde
Bd 1. Die Einleitung. Das Jülich-Bergische Landrecht. Die Churköln. Reformation, Rechtsordnung u. Erl. Die Salm-Reifferscheidt-Dyrksche Rechtsordnung. 1830.
„ 2. Das Chur-Trierische Landrecht. Das Landrecht der hintern Grafschaft Sponheim. Das rheingräfl. Landrecht. Die Manderscheid-Blankenheim. Rechtsordnung. Das Hatzfeld-Wildenburg. Landrecht. Das Geldernsché Landrecht. 1831

—— Lehrbuch d. gesammten heutigen gem. deutsch. Privatrechtes. 1. Bd. 2., völlig neue Bearbeit. gr. 8. (50½ B.) Bonn 840, Weber.

Maurenbrecher, Romeo, Lehrbuch des gesammten heutigen gemeinen deutschen Privatrechtes. 2. Bd. 2., verb. Aufl. Nach dem Tode des Verf. hrsg. von Ferd. Walter. gr. 8. (XVI und 551 S.) Bonn 855, Weber.
1 Bd. (2. Aufl.) Ebendas. 1840. 3 Thlr. 25 Ngr.

— Lehrbuch des heut. gemeinen deutschen Rechts. In 2 Abtheill. gr. 8. Bonn 832, 33. Weber. 3 ℛ 12 ℊ

– Lehrbuch d heut gem deutschen Rechts. 2 Abthln (61 1/2 B) Bonn Weber 1832, 1834 8°

— Lehrbuch des heutigen gemeinen deutschen Rechts. 2 Abthll. gr. 8. Bonn 834. Weber. 4½ ℛ — 1r Bd. 2e, völlig neue Bearbeitung. gr. 8. Ebd. 840. 3⅚ ℛ

Maurenbrecher, Romeo: Ad locum jur. feud. I. F. 9. „qui successores teneantur" Comm. *Münch.*, Lentner. 827. 4. (5 Gr.)
(3 B.)

—— über d. Methode d. deutschen Privatrechtes. Eine Antritts-Vorles., gehalten in d. Aula d. Rhein. Friedr.-Wilh.-Univers. gr. 8. (2 B.) Bonn 829, Habicht.

Maurenbrecher's Staatsrecht. 2. unveränd. Abdruck. gr. 8. Frankfurt a/M. 842, Varrentrapp. 4 ℛ

Maurenbrecher, Diss. Greifswald 1826
Romeo

Theses juridicae...
Gryphisvaldiae: Kunike 1826. 2 Bl. 8°

— Vorlesungen üb. gemeines deutsches Privatrecht, mit Einschluß des Handels-, See- u. Wechselrechts, im Grundrisse; nebst e. Vorworte. gr. 8. Münch. 827. Lentner. 6 ℊ

Maurenbrecher, Wilhelm

Ex ordinis philosophorum mandato renuntiantur philosophiae doctores . . inde a d. primo m. Nov. a. 1888 usque ad d. ultimum m. Oct. a. 1889 creati. — Praemissa est Guilelmi **Maurenbrecher** dissertatio: Archivalische Beiträge zur Geschichte des Jahres 1563. Lipsiae, typ. A. Edelmanni, typogr acad. (1889); 54 S. 4°

Maurenbrecher, Wilh. Archivalische Beiträge zur Geschichte d. J. 1563. 4. (38 S.) Lpz. 889, (Hinrichs' Sort.) • 1 40

Maurenbrecher, W., Don Carlos, s. a. Sammlung gemeinverst. wissensch. Vorträge.

Maurenbrecher W Don Carlos. (Slg wiss. Vortr. 90) Berlin 1869

—— Elsaß eine deutsche Provinz. 8. (28 S.) Berlin 870, Weber. *

Maurenbrecher, Wilh., England im Reformationszeitalter. 4 Vorträge. gr. 8. (VI und 138 S.) Düsseldorf 866, Buddeus' Verlag. *

Maurenbrecher, Wilh., die deutsche Frage 1813—1815. [Aus „Preuß. Jahrbücher."] gr. 8. (24 S.) Berlin 871 G. Reimer. n. — 40

—— Geschichte der deutschen Königswahlen vom 10. bis 13. Jahrh. gr. 8. (XII, 244 S.) Lpz. 889. Duncker u. Humblot. • 5 40

—— Geschichte und Politik. Akademische Antrittsrede, gehalten zu Leipzig 25. Oktbr. 1884. gr. 8. (27 S.) Leipzig 884, Brockhaus. *

Maurenbrecher, Wilh., Geschichte der katholischen Reformation. 1. Bd. gr. 8. (XV, 417 S.) Nördlingen 880, Beck'sche Buchh. *

Maurenbrecher, Wilh., Gründung d. Deutschen Reiches 1859—1871. 1. u. 2. unveränd. Aufl. gr. 8. (XV, 262 S.) Leipzig 892. C. E. M. Pfeffer. n. 4 —; geb. in Halbfrz. n n. 5. 60

Maurenbrecher, Wilh., Gründung des Deutschen Reiches 1859—1871. 3. durchgeseh. Aufl. gr. 8. (XI, 264 S.) Leipzig 903. C. E. M. Pfeffer. n. 3. —; geb. n. 4. 25

Gründung des Deutschen Reiches 1859–1871. Von Wilhelm **Maurenbrecher** 4., durchges. Aufl. (Hrsg. von [Univ.-Prof.] W[ilhelm] Busch, Marburg.) Leipzig Pfeffer 1910. VIII, 272 S. 8° (o. 17157

Mavrenbrecher, Gvilelmvs ⟨geb. am 21 Dez. 1838 in Bonn⟩: De historicis decimi secvli scriptoribvs, qvi res ab Ottone Magno gestas memoriae tradidervnt ... Bonnae, form. C. Georgi (1861). 2 Bl., 74 S., 1 Bl. 8. ¶ Erschien zugleich selbständig bei Henry & Cohen in Bonn. Bonn, Phil. Fak., Diss. v. 28 Febr. 1861

Maurenbrecher, Wilh., de historicis X. seculi scriptoribus, qui res ab Ottone Magno gestas memoriae tradiderunt. gr. 8. (III und 74 S.) Bonn 861, [Cohen und Sohn.]

— neuer Jesuitenspiegel. Insbesondere Beweis, daß die Jesuiten den Satz lehren: Der Zweck heiligt die Mittel. Mannheim 868. (Löffler.) gr. 8. (VII, 140 S.) n. 16 ngr.

—— das deutsche Kaiserthum. Festrede, gehalten im Namen der Albertus-Universität zu Königsberg am 22. März 1871. gr. 8. (18 S.) Leipzig 871, Grunow. *
Aus: Grenzboten, besonders abgedruckt.
Vgl.: Rude, Joh. Mich.

—— Karl V. und die deutschen Protestanten 1545—1555. Nebst einem Anh. von Aktenstücken aus dem span. Staatsarchiv von Simancas. gr. 8. (XIV und 580 S.) Düsseldorf 865, Buddeus' Verlag. *

Maurenbrecher, Wilh., die preußische Kirchenpolitik und der Kölner Kirchenstreit. gr. 8. (IV, 140 S.) Stuttgart 881, Cotta'sche Buchh. *

Maurenbrecher, Wilh., Königthum und Verfassung in Preussen. gr. 8. (32 S.) Bonn 878, Cohen und Sohn. *

—— Tridentiner Concil. Vorspiel und Einleitung, —— dass. — Begründung der katholischen Glaubenslehre, } s. Taschenbuch, historisches.

—— die Lehrjahre Philipp's II. von Spanien, s. Taschenbuch, historisches.

— über Methode u. Aufgabe der historischen Forschung. Bonn 868. Cohen & Sohn. 8. (28 S.) 7½ ngr.

Maurenbrecher, Wilhelm (Hrsg.), s. Noorden, Karl von Historische Vorträge

- Über die Objectivität des Historikers, s. Taschenbuch, Historisches

—— s. Predigten und Reden zur Leipziger Kaiser-Feier.

Maurenbrecher, Wilh., Staat und Kirche im protestantischen Deutschland. Vortrag, gehalten auf der sächs. Kirchen- und Pastoral-Conferenz in Meißen am 29. Juni 1886. gr. 8. (27 S.) Leipzig 886, Hinrichs'sche Buchh., Verlag. *

Maurenbrecher, Wilh., Studien und Skizzen zur Geschichte der Reformationszeit. gr. 8. (VII, 349 S.) Leipzig 874, Grunow. *

Maurenritter, Der. [Erz.:] Die Biene. Hamburg 1824. Nr. 46/48. V: *Brachmann, Louise.* Mit deren Namen vorher in der Aglaja für 1822, S. 210/39, nachher in ihren »Auserlesenen Dichtungen« 3 (1825), S. 105 ff. (DARP)

Maurer u. Bauhilfsarbeiter. Tarifverträge. 8°. Hamburg, Th. Bömelburg u. G. Behrendt, 1909.

Maurer, Der entdeckte, oder das wahre Geheimnis der Frey Maurer. Mit Aufrichtigkeit und ohne Vorstellung in allen seinen Theilen ans Licht gegeben. Frankfurt u. Leipzig 1786. V: *Wolson (Wilson), Thomas pseud.* (Kloß)

Maurer, der entdeckte, od. das wahre Geheimniss der Frey-Maurer. Mit Aufrichtigkeit u. ohne Verstellung in allen s. Theilen ans Licht gegeben. *(Französ. u. deutsch.)* Frankfurt u. Leipzig (München, Strobl) 1786. 8°. Hsrsb.
374 S. (incl. Doppeltit.) u. 1 Figg.-Taf. — Ein 3. Titel lautet: "Wahres zusammenhangendes Lehrgebäude der Freymaurer-Gesellschaft. Aus d. Französ. übers." Mit TVign. — Kloss no. 1841. Taute no. 1374.
Das französ. Orig. "le Maçon démasqué" (Londres 1751, Berlin 1757) wurde auch in's Engl. u. Holländ. übers.

Maurer, d. entdeckte, od. d. wahren Geheimn. d. Maurerei ans Licht gestellt. Französ. u. deutsch. 8. Münch. 787. Strobl. 20 g. (Auch u. d. T.: Lehrgebäude d. Freimaurerei.)

(Maurer Hans Rudolf M...) Njbl. s. [Wolf, Johann, Jacob].

Maurer, Hilfsarbeiter u. Hilfsarbeiterinnen Wiens! 8°. Wien, Verlag der österr. Bauarbeiterzeitung, s. a.

Maurer, Johann Rudolph. 1752 bis 1805. [Zürich] 1809. V: *Wolf, Johann Jakob.* (ZÜRKL)

Die **Maurer** im Osten an ihre teutschen Brüder. Johannisburg, den 27. Jan. 1813. O. O. [1813]. 2 Bl. 8⁰
Die deutschen Frmr in Russland fordern die Brr in Deutschland auf. sich mit Alexander gegen Napoleon zu erheben. KB.

Maurer, Pfarrer Hans Rudolf. [Zürich 1809.] V: *Wolf, Johann Jacob.* (Cat. d. Stadtbibl. Zürich. Zürich 1864—97.)

Maurer und Schlosser. Oper in 3 Abthlgn. von Eug. Scribe. Musik von D. F. E. Auber. Für die k. k. Hofoper eingerichtet. (Textbuch.) 8. (25 S.) Wien 884, Künast. **

Maurer und Steinmetze Wiens. Unterschrift: Der Ausschuss. s. l. s. a.

Maurer

— vergl. Maurer.

Antwort des Reichsrathes v **Maurer** auf d. Gegenerklärung d. Abgeordneten v Abel vom 5 März 1849. München 1849 34 S. 8⁰ Cart

MAURER, J. Beyträge zur Wissenschaft von Menschen, worauf sich die Experimentalwissenschaft von der Gesetzgebung und Sittenlehre grundet Kurzbock Wien 1781/82

Maurer, Beyträge z. Wissensch. v. Menschen, worauf sich d. Experimentalwissensch. v. d. Gesetzgebung u. Sittenlehre gründet. 8. Wien, Kurzböck. (Camesina.) 782.

Maurer, ..., Beitrr. zur Wissenschaft v. Menschen, worauf sich d. Experimentalwissenschaft v. der Gesetzgebung u. Sittenlehre gründet. 8. Wien 783. (Heubner). 6 K

Maurer, u. Bißmann, die Ernte u. Aufbewahrung des Obstes, sowie Versand u. Verpackung desselben. Zwei Vorträge, geh. in e. gemeinschaftl. Versammlung des deutschen Pomologen-Vereins, Sektion Thüringen u. des Landes-Vereins f. Obst- u. Gartenbau f. das Herzogt. Gotha. Nebst e. Anh. üb. Reife- u. Pflückzeit der in der Obstverkaufsstelle zu Gotha seit 3 Jahren zum Verkaufe gebrachten u. vorzugsweise im Herzogt. Gotha angebauten Aepfel- u. Birnensorten, sowie der ungefähre Fleischwert der einzelnen Sorten v. Otto Bißmann. gr. 8. (34 u. IV S.) Erfurt 899. [J. Frohberger.] Leipzig, Amthor. n. — 60

Die Ernte und Aufbewahrung des Obstes sowie Versand und Verpackung desselben. 2 Vortr. geh. von Garteninsp. **Maurer**, Jena u. Obstbauinsp. (Otto) Bissmann, Gotha. 2. Aufl. Erfurt: J Frohberger [1899] (34, III S.) 8⁰ [Umschlagt F]

Maurer, s. Forschungsreise S. M. S. „Planet".

Maurer: Die merkwürdigen Linien und Punkte der dreiseitigen Pyramide 20 S 8⁰ – Cilli, OG., Progr 1873

Maurer, Predigt, s.: Luther-Tage, die, in Herborn.

Maurer, die Rechtsrichtung des älteren isländ. Rechtes, s.: Festgabe für J. J. W. v. Planck.

Maurer. Das Reichsgesetz betr. die Erwerbs- u. Wirthschaftsgenossenschaften vom 1. Mai 1889, erläutert. gr 8. (VIII, 432 S. m. 1 Tab.) Berl. 890, Vahlen. * 8 —, geb. * 10 —

Maurer, d. Reichsgesetz betr. d. Erwerbs- u. Wirthschaftsgenossenschaften, erläut. 2., durchaus neubearb. Aufl., nebst e. Anh., enth. 1. d. Bekanntmachung betr. d. Führg. d. Genossenschaftsregisters &c. v. 11. VII. 1889; 2. d. Text d. Genossenschaftsgesetzes in d. Fassg. d. Bekanntmachg. v. 20. V. 1898 unt. Hinzufügung d. alten Paragraphenzahlen; 3. e. vergleich. Zusammenstellg. d. Paragraphenzahlen d. Kommentars u. derjenigen der Fassg d. Gesetzes nach d. Bekanntmachg. v. 20. V. 1898, besorgt v. F. Birkenbihl. gr. 8. (XI, 523 S. m. 1 Tab.) Berlin 898. F. Vahlen. n. 10. —; geb. in Halbfrz. n.n. 12. —

Maurer, social-polit. Untersuchung üb. d. Tab. Monop. Weinheim 882.

Maurer, A Ueber die Anziehung homogener Polyeder, wenn die Elementaranziehung einer beliebigen Potenz der Entfernung umgekehrt proportional ist. 1885 8° Diss. Marburg.

Maurer, A., s.: Auszüge aus der geoffenbarten geistigen Litteratur.

Maurer, A., Betrachtungen über die amerikanische Frage und ihre wahrscheinliche Lösung. gr. 8. (16 S.) Darmstadt 862, Lange. *

— s.a. Methode f. Wissen &c. d. Spiritismus.

Maurer, Major, Methode für Wissen, Erkenntniß und Verständniß des Spiritismus als Neue Offenbarung. Seit 1846. Gr.-8. (86 S.) – 50.
Pressburg: Heckenast 1898.

Maurer, Alexander, aus Schaffhausen: Die Wiederholung als Princip der Bildung von Relativsätzen im Althochdeutschen. Genf C. Pfeffer Dr 1880. 32 S. 8⁰.
Zürich, Phil. Diss. v 19. April [22. Mai] 1880.

Maurer, Alex., die Wiederholung als Princip der Bildung von Relativsätzen im Althochdeutschen. gr. 8. (32 S.) Genf 880, (Müller.) *

Maurer, Alfred: Die Brüder von Gerlach und ihr Einfluss auf die Politik Friedrich Wilhelms IV. Frankfurt a. M. 1909: Gätje. 67 S. 8°
Frankfurt a. M., Viktoria-S, st. HM P 1909 [95] [S 09. 314

Maurer, [Alfred]: Lehre d. modernen Zuschneidekunst nach d. patentamtl. geschützten System d. Grössten Berliner Zuschneide-Akademie. *Berlin [1898].*
in **Maurer, A.**: Die Zuschneidekunst [98. 3605

Maurer, Alfred, a. Dorlisheim: Rühl, ein Elsäßer aus der Revolutionszeit. Straßburg 1905: J. H. E. Heitz. (IV, 143 S.) 8°
Straßburg, Phil. Fak., Ref. Bresslau, Meinecke, Spahn, Diss. v. 13. Febr. 1904
[Geb. 15. Nov. 79 Dorlisheim, Unt.-Els.; Wohnort: Dorlisheim; Staatsangeh. Elsaß-Lothringen; Vorbildung: Gymn. Straßburg Reife S. 99; Studium Straßburg 7 S.; Rig. 13. Febr. 04.]

[Umschlagt.] Die Zuschneidekunst. Grösste Berliner Zuschneide-Akad. Dir [Alfred] **Maurer** *Berlin [1898].* (76, 18, 8 S., 1 Bl.) 1 Bd 4 [98. 3605

Maurer, Amalie

— u. Herm. Lorey, das schwarze Bilderbuch. Lust u. Leid in Wald u. Heid. Reime u. Zeichngn. (22 Bl.) Lex. 8. Wismar (909). H. Bartholdi. Geb. 3. —

Maurer, Amalie, Spaß u. Ernst f. meinen Bub. Mit Bildern v. Ernst Liebermann. (39 S.) 8. Hamburg (907). Berlin, Gutenberg-Verlag Dr. Ernst Schultze. Geb. in Leinw. 3. —

Maurer, Ant., s.: Häuserbuch, Konstanzer

Maurer, Anton: Der Übergang der Stadt Konstanz an das Haus Österreich nach dem schmalkaldischen Kriege. Frauenfeld 1904. 87 S. 8°. S.-A. aus d. Schriften d. Ver f. Gesch. d. Bodensees und seiner Umgebung. Heft 33. 1904.
Basel. Phil. Diss 1904/1905.

Maurer, Anton. Der Übergang der Stadt Konstanz an das Haus Österreich nach dem schmalkaldischen Kriege. Diss. Phil. Basel. [Sep.-Abdr. aus: Schriften des Vereins für Geschichte des Bodensees und seiner Umgebung. Heft 33, 1904.] II + 87 S. gr.-8. Frauenfeld, Huber & Co., 1904.

MAURER, ANTON ENGELBERT Der nach dem Geiste der wahren Religion unsers Herrn Jesu Christi bethende und betrachtende Christ. Enthaltend: Morgen-, Abend-, Communion-, und Meßgebethe. Raab 1808. Gedr mit Streibig'schen Schriften. 158 S. · 8°

MAURER, ANTON ENGELBERT· Der nach dem Geiste der waren Religion unsers Herrn Jesu Christi betrachtende und bethende Christ. Enthaltend: Die ächte Verehrung der Sel. Jungfrau und Mutter Jesu, die in eben so vielen Betrachtungen vorgetragen wird, als Lobsprüche in der bekannten lauretanischen Litaney vorkommen. Raab 1808. Gedr mit Streibig'schen Schriften. 167 S. · 8°

MAURER, ANTON ENGELBERT Der nach der wahren Religion unsers Herrn Jesu Christi betrachtende und bethende Christ. Enthaltend: Betrachtungen und Gebethe über die Geburt, die Handlungen und Worte unser Herrn Jesu Christi, nach der Uebereinstimmung der vier heiligen Evangelisten. Raab 1808. Gedr mit Streibig'schen Schriften. 101 S. 1 f. · 8°

MAURER, ANT(ON) ENGELBERT· Lieder zur Beförderung des Andachtseifers der Rechtsgläubigen, besonders des Landvolkes. Verfasst 1807 und herausgegeben 1808. Raab 1808. Gedr. mit Streibig'schen Schriften. 22 S. · 8°

Maurer, Aug., das Börsen-Raubritterthum in Verbindung mit dem Antisemitenthum unserer Zeit. Die Mittel für ihre Besiegung. Ein wohlgemeinter und rechtzeit. Mahnruf an das deutsche Judenthum. gr. 8. (17 S.) Weinheim 882, Ackermann. *
—— dass. — 2. Aufl. (22 S.); 3. verm. Aufl. gr. 8. (28 S.) Ebendas. 882. *

Maurer, (August), Dir Dr [Einführungsrede, gehalten am 29. April 1901.] *Saarbrücken 1902: Gebr. Hofer.* (S. 13 15.) 4°
Saarbrucken, k. OR, P 1902 (505)

Die Feier der Einweihung. S. 10—16. 4.
Progr. Kgl. Oberrealschule *St Johann-Saarbrücken* 1904 (591).

[F.] Maxima und Minima. Aufgaben f. d. Prima höh. Lehranst. Von Dr. August **Maurer,** Oberl. . . zu Düsseldorf. M. 13 in d. Text eingedr. Fig. *Berlin: J. Springer 1897.* (IV S., 1 Bl., 50 S.) 1 Bd 8. 97. 1668

Maurer, A[ugust], Dr.: Der Neubau der Oberrealschule. Die Feier der Einweihung. Saarbrücken 1904: Gebr. Hofer. (S. 1—16.) 4°
St. Johann-Saarbrücken, k. OR P 1904 (591)

Maurer, [August]. [Rede bei seiner Einführung als Direktor der Anstalt.] S. 13—15. 4. Kgl. Oberrealschule *Saarbrücken* 1902 (563).
Progr.

Maurer. A[ugust] [Aus der Rede zur Feier der vor 50 Jahren eröffneten Gewerbeschule.] S. 13– 14 der Schuln 4.
Progr. Kgl Oberrealschule *St Johann-Saarbrücken* 1907 (641).

— das Tabaksmonopol u. Parasitenthum der Tabaks-Industrie. Eine sozial-polit. u. volkswirthschaftliche Untersuchung im Interesse der Gesellschaft mit gleichzeitiger Beleuchtung einer Reihe brenn. Tagesfragen. 1. u. 2. Aufl. gr. 8. (VI, 62 S.) Weinheim 882. Ackermann. n. — 60

Maurer, Aug. Das Tabaks-Monopol und die Strassburger Tabaks-Manufactur vor dem 10. Deutschen Handels-Tage. 8°. Berlin 1882.

Maurer, Aug. Sal., s. a. Leipzig im Taumel.

LEIPZIG im Taumel. Nach Original-Briefen eines reisenden Edelmannes (verfasst von Magister *Aug. Sal. Maurer*). Mit TKpf. (unsign., aber vom Kupferstecher Wagner). O. O. (Leipzig, Cramer.) Anno 1799. 8° 333 SS. u. 1 S. Druckf. Große Seltenheit! (100 Mk. Adolf Weigel, 1908; 60 Mk. Paul Graupe, Berlin, 1909; 30 Mk., letzte Zeilen fehlend, Gust. Fock, Lpz., 1909.)

* — — Dasselbe. (Wortgetreuer Neudruck.) Auf Titelrücks. rechts unten: Druck und Kommissionsverlag von P. Tobler, Münster i. Schw (c. 1905.) 8° (Auch in Dresden.) Gut ausgestattet, Antiquasatz auf imitirtem Büttenpap. (Br Mk. 20—) (12 Mk br, 15 Mk., sehr eleg Hfrzbd., Adolf Weigel, 1908.)
1 weisses Bl., Vortit., TKpf (unten 4 Verszeilen), Hauptit., 333 S., 1 S. Druckf., 1 weisses Bl. — Auf Rücks. d. Vortitels steht: „Dieses Werk wurde als Mspt. in einer begrensten, handschriftl. numerierten Auflage nur für die Subscribenten gedruckt"

Maurer, A. S., üb. Pasquille u. Pasquillantenunfug. 8. Erf Beyer u. M. 800.

Maurer, Aug. Sal., üb. Pasquille u. Pasquillantenunfug. 8. Erf. 800. (Otto). 12 g.

RÄCHER, Der, im Todtenhain (von *Aug. Salomo Maurer*). Leipzig 1800.
Goedeke V, 536, 32, 3. — Vf. schrieb auch das confiscirte, überaus üppige Buch „Leipzig im Taumel" (s. Leipzig).
Das Anon.-Lex. III. p. 328 hat „Die Rächer im Todtenhayn" u. nennt „Friedrich Maurer" als Vf (nach Kayser).

MAURER, M. Aug Salomo, Die Rächer im Todenhain (so!). Mit Titelvignette. Leipzig, bei J B. Schiegg 1800. Gr. 8°.
Stellenweise ziemlich frei. Tit. u. 364 S. Selten, wie der folgende Roman.
Vf. wurde wegen des skandalösen Buches „Leipzig im Taumel" (s. Leipzig) aus dieser Stadt ausgewiesen.

— — Der Ring. Schauergemälde aus der wirklichen Welt. Leipzig 1799.
Allg dtsch. Bibl Anh zu 29—68, 1, 205 (Goedeke V, 536, 92, 1)

Maurer, Carl, s. Maurer, Karl

Maurer, Chrn. F.

Maurer, Ch. F., die Besitzergreifung Siebenbürgens durch die das Land jetzt bewohnenden Nationen. 2. verb. und durch zwei Beigaben verm. Aufl. gr. 8. (IV, 188 S.) Berlin 882, [Gebr. Fickert.] Pasch. *

Maurer, Ch. F. Entscheidungsschlachten der Weltgeschichte. (479 v Chr. bis 1870.) 8. Leipzig 1882.

— Entscheidungsschlachten der Weltgeschichte. gr. 8. (XII, 603 S.) Leipzig 882. Weber. n. 7. —; geb. n.n. 8. —

Maurer, Chrn. F. Entscheidungsschlachten der Weltgeschichte. Neue, illustr. Ausg. Lex. 8. (XIII, 603 S m. 12 Abbildgn.) Lpz. 890, J. J. Weber. geb. * 9 —

—— Der deutsch-französische Krieg 1870/71. Mit zahlreichen Abbildgn. u. 5 Schlachtenplänen. gr. 8. (VII, 360 S.) Kaisersl. 889, Crusius. * 2 80, geb. * 3 30

Maurer, Ch. F., der deutsch-französische Krieg 1870/71. M. 16 Vollbild., zahlr. Text-Illustr. u. 5 mehrfarb. Schlachtenplänen. 2. Aufl. gr. 8. (VIII, 357 S.) Leipzig 895. G. Fock Verlag. Geb. in Leinw. n. 4. —

Maurer, Ch. F., der deutsch-französische Krieg 1870/71. Mit 16 Vollbildern, zahlr. Text-Illustr. u. 5 mehrfarb. Schlachtplänen. 6. Aufl. gr. 8. (VIII, 357 S.) Leipzig (901). G. Fock, Verlag. Geb. in Leinw. 3. —

—— Marksteine in der Geschichte der Völker, 1492—1880. Gymnasial- und öffentl. Vorträge. gr. 8. (XI, 1063 S.) Leipzig 881, Kummer. *ℳ 12.; geb. *

—— Völker- und Staatengeschichte in neuen und alten Darstellungen. 1. Bd.: Die Hellenen. gr. 8. (X, 588 S.) Leipzig 884, Weber. *ℳ 6.; geb. *

Maurer, Christian Friedrich, De Calendis Romanorum quibus dies festi indicabantur, disserit et dies festos nuptiales. Jena (Meyer) Okt. 1761. 8 S. (3.50) 22461
Gew.: Jo. Heinr. Vinzent Noelting, Ernestine Katharina Tympe, Johann Gottfried Tympe.

Maurer, Conrad, s. Maurer, Konrad

Maurer, D., der sichere Bilanzzeiger. Etwas für die Praxis der doppelten Buchhaltung. 12 Stn. 8. m. 2 Tabb. Bern, in Commission bei H. Blom. 1874

Maurer, Dan., die Conto-Corrent-Zinsrechnungen. Erklärende Abhandlung mit Beispielen. 1. und 2. Aufl. gr. 8. (40 S.) Bern 871, Mann und Bäschlin. *

Maurer, E., Zeitstimmen, s. Schell.

Maurer, Ed. Fidelio u. Bianca. Ein histor.-romant. Gemälde. 2 Bde Berlin (A Förstner) 1831 8°

Maurer, Ed., Fidelio u. Bianka. Ein histor.-romant. Gemälde. 2 Bde. 8. (31 B.) Berlin 831, Schüppel.

Maurer, E., die Maß- und Gewichtsverhältnisse der Roh- und Zwischen-Producte bei der Darstellung des Schmiedeeisens, s. a. Mäcken's, C., technische Handbibliothek.

—— die Maß- und Gewichtsverhältnisse der Roh- und Zwischen-Produkte bei der Darstellung des Schmiedeeisens nach der englischen Frischmethode oder durch den Puddlings- und Walzproceß. Vom Standpunkte der Fabrikation und mit besond. Berücksichtigung des rhein. und westphäl. Hüttenbetriebes, auf Grund eigener Erfahrung und Untersuchung selbstständig ausgearb. und zum prakt. Gebrauche für Eisenfabrikanten, Hüttenbeamten 2c. berechnet. 2., wohlf. (Titel-)Ausg. gr. 8. (XV und 227 S.) Stuttgart (861)68, Mäcken. -

Maurer, Ed., der braune Neels, od. der nordische Seeräuber. Eine romantische Skizze wahrer Begebenheiten zu Anfang d. 18. Jahrh. 2 Bde. gr. 16. (21 B.) Glogau 842, Flemming.

Maurer, Ed., der Weißmantel. Ein geschichtl. romant. Gemälde d. 17. Jahrh. 2 Thle. gr. 12. (17⅓ B.) Liegnitz 836, Kuhlmey.

Maurer, Eduard

Maurer, E. [Cand. med. aus Bad-Homburg]: **Ein Beitrag über den Gehalt des Magensaftes an Salzsäure bei Anämie und Chlorose.** .. München, Buchdr. v. M. Ernst, 1889; 31 S. 8°
München, Med. Fak., Inaug.-Diss. v. 1889

Maurer, E(d[uard]). Chronik des Lesevereins Neumünster, hrg. bei Anlass des 50-jährigen Jubiläums 1851—1901 23. November 1901, ausgearb. im Auftrage des Vereins von E. Maurer, Lehrer, Zürich V. 59 S. 8. (Zürich, Hürlimann & Fischer, 1901.)

Maurer, Ed[uard]: Untersuchungen über das Härten und Anlassen von Eisen und Stahl. Halle: Knapp 1909. 40 S., 4 Taf. 4° ¶ Verkürzt in: Metallurgie. Jg. 6. Aachen, Dr.-Ing.-Diss. v. 10. 5. 1909

Maurer, Ernst, die Berufswahl der Knaben. 8. (42 S.) Zittau 894. Pahl. n. — 50

Maurer, Ernst. Im Burgkeller u. andere Erzählungen, s. Bücherschatz, neuer.

Maurer, Ernst, im Burgkeller u. andere Geschichten, s.: Bücherschatz, neuer, s. Daheim u. die Reise.

Maurer, Er., Gewerbkunde, od. Kenntniß aller Gewerbe, besond. f. d. deutschen Jünglinge. 2 Thle. Mit Kpf. 8. Leipz. 805. N. A. 8. Halle 825. Reinicke u. C. 1 ₰ 16 𝔤 Mit ill. Kpf. 2 ₰ 12 𝔤

Maurer, Ernst, Gewerbkunde, od. Unterr. v. Gewerben, besond. f. d. deutsch. Jüngl. der sich e. Gewerb. wähl. will. 2 Thle. m. K. 8. Lpz. Hinrichs. 810. m. illum. Kupf. Schreibp.

Maurer, (E.) Gewerbkunde, oder Kenntniß aller Künste u. Gewerbe, z. nützlichen Unterhaltung f. Jedermann. 2 Thle. mit Kpfrn. Neue Aufl. 8. Halle 825, Reinicke u. C. 1 Rthl. 16 gr., mit ill. K. Rthlr.

Maurer, Ernst, s. Meisterwerke der Dresdner Galerie.

Maurer, Ernst, Rechtspraktikant, aus Lahr ⟨Baden⟩· **Die Ministerverantwortlichkeit in konstitutionellen Monarchien.** *Karlsruhe 1899: F. Gutsch.* (55 S.) 8°
Erlangen, Jur Diss. v 25. Nov 1898

Maurer, Eugen, Referendar aus Saargemünd ⟨Lothr.⟩: **Die Rechte des Komponisten aus dem Verlagsvertrag.** *Saargemünd 1900: Strassburger Druckerei u. Verl.-Anst., Filiale Saargemünd.* (36 S.) 8°
Erlangen, Jur. Diss. v. 25. Jan. 1899

Maurer Dr. F.: Zum Berührungsproblem für den Raum. 18. Graz II. 75. Progr.

HEINRICHS, Vetter, und Vetter Gottliebs Briefe über — —? (von *F. Maurer*). Leipzig und Berlin, Petersburg und Wien (Maurer in Berlin). 1799.
Anon.-Lex. II. p. 275 (nach Weller).

* **VETTER** H e i n r i c h s u n d V e t t e r G o t t l i e b s Mitglieder keiner Akademie, und keiner heimlichen und öffentlichen Gesellschaft(,) g e w e c h s e l t e B r i e f e u b e r — —? (Vf.. *F. Maurer*) (Sprüchwörter Salomonis Kap. 15. V 2) Herausgegeben vom Verleger — Vignette. — Leipzig und Berlin, Petersburg und Wien. Im letzten Jahre des 18ten Säkulums (F Maurer in Berlin). 8⁰ (In Berlin Yz 12,951)
Polit. u. philos. Inhalts. Geistlos u. langweilig. — XIV u. 231 S. Dedic. (an den Kaiser von Japan) dat Lpz. 1 Oct 1799.
Anon.-Lex. I. p. 275 (nach Weller).

Maurer, F G r u n d z ü g e der Determinantenlehre 18 S 4⁰ Budweis, d. OG, Progr 1872.

Maurer, F., die Hohenzollern. (III S. u. 35 Bl. m. Abbildgn.) 12. Dessau (903). Anhalt. Verlagsanstalt. n. — 50; feine Ausg. geb. in Leinw. n. 6. —

Maurer, F., das Integument e. Embryo v. Ursus Arctos, s.: **Denkschriften** der medizinisch-naturwissenschaftlichen Gesellschaft zu Jena. XI. Bd.

Maurer (Lahr), **F.**, die Rosshaarspinnerei Deutschlands und ihre Lage. Eine Vorlage an den Bundesrath und Reichstag bezüglich des neuen Zolltarifs. Im Auftrage der vereinigten deutschen Rosshaarspinner. gr. 8. (11 S.) Berlin 879, Burmester und Stempell. *

Maurer, F., Schilddrüse, Thymus u. sonstige Schlundspaltenderivate bei Echidna, s.: **Denkschriften** der medic.-naturwiss. Gesellschaft zu Jena. VI. 3.

Maurer, Felix, amphitheatrum magiae universae theoret. et pract. oder gründlicher Bericht und Unterricht von den grössesten, geheimsten, Wunder-Machten Gottes. Hamb. 711 4.

Maurer, Felix, observationes curioso-physicae, besond. Anmerk. der geheim. u. großen Wunder der Welt in natürl. Sachen ꝛc. 2 Thle. 8. Frft. u. Lpz. 713, 15.

Maurer, Ferdinand *Die feierliche Einweihung und Eröffnung des neuen Gymnasialgebäudes.* 8 (S. 57 63).
Progr. K. k. erstes Staats-G. *Graz* 1891

Maurer, Ferd., geometrische Formenlehre f. die 1 Classe der Realschulen, s.: **Močnik**, Frz. Ritter v.

Maurer, Ferd., das Kollegium zum hl. Nikolaus an der Universität in Wien, s.: **Beiträge** zur österreich. Erziehungs- u. Schulgeschichte. 11. Heft.

Maurer, Ferdinand Nachruf an Dr Anton Ausserer, k. k Professor am I. Staats-Gymnasium in Graz, gestorben am 20. Juli 1889 zu Gleichenberg in Steiermark (Umschlagtitel Professor Dr Anton Ausserer Nekrolog) 8 (S 33—40) Erstes Staats-G *Graz* 1890
Progr.

Maurer, Ferd., Turnspiele. Gesammelt u. hrsg. 16. (45 S.) Wien 902. (L. W. Seidel & Sohn.) n. — 50

Maurer, Fr., d. **Epidermis** u. ihre Abkömmlinge. gr. 4. (IX, 352 S. m. 28 Textfig. u. 9 Taf.) Leipzig 895. W. Engelmann. n. 24. —

Maurer, Fr., s. **Oeser**, Chr., Leitfaden der allgemeinen Weltgeschichte für Töchterschulen.

— d. ventrale Rumpfmuskulatur einiger Reptilien, s.: **Festschrift** z. 70. Geburtstage v. Carl Gegenbaur.

Maurer, Fr., s.: Von Land u. Leuten im Odenwald.

Maurer, Frz., **Deutschlands** strategische Grenze gegen Frankreich. gr. 8. (8 S. mit 1 chromolithogr. Karte in Fol.) Hildburghausen [Leipzig] 870, Bibliograph. Institut.
Aus Ergänzungsblätter zur Kenntniß der Gegenwart, besonders abgedruckt.

— deutsches **Heldenbuch**. Illustrirte Geschichte des deutsch-französischen Kriegs 1870—1871. 16 Lfgn. Imp.-4. (252 S. mit eingedr Holzschn., 15 Holzschntaf. und 1 chromolithogr. Karte in Imp.-Fol.) Stuttgart 872, Jul. Hoffmann. [Leipzig, Zander.] (*M* 12.) geb.

Maurer, Frz., die Nikobaren. Colonial-Geschichte und Beschreibung nebst motivirtem Vorschlage zur Colonisation dieser Inseln durch Preussen. 8. (X und 322 S. mit 4 Karten, wovon 1 lithogr. und 8 in Holzschn.) Berlin 867, C. Heymann's Verlag. 1 Thlr. 10 Ngr.; geb.

Maurer, Frz., die Nikobaren 8. Berlin 867, R. L. Prager 4 —

— eine **Reise** durch Bosnien, die Saveländer und Ungarn. br. 8. (IV, 431 S. mit 1 lithogr. Karte in Fol.) Berlin 870, C. Heymann. [Bichteler und Comp.] *M 6.; geb. *

Maurer, Franz, Medizinalpraktikant a. Bathey (Westfalen): Ueber die klinische Verwendbarkeit der neuen Blutdruckbestimmungsmethode von H. v. Recklinghausen. Würzburg 1907. F. Staudenraus. (40 S.) 8⁰
Würzburg, Med. Fak., Ref. v. Leube, Diss. v. 22. Juli 1908
[Geb. 11 Sept. 82 Bathey; Wohnort: Würzburg; Staatsangeh.: **Preußen**; Vorbildung Gymn. Paderborn Reife Febr 02, Studium: **München** 1, **Marburg** 2, Greifswald 2, Würzburg 5 S., Coll. 31 Juli 07; Approb. 14. Juli 07.]

MAURER, Franz Anton (München): De cauteriis.- Monachii: Poessenbacher 1831. 15 S.
25.1.1831 - Urk: F 60
Diss. Ingolst.-Landsh.-Mchn.

Maurer, Franz Josef Valentin Dominikus

— Commentarius grammat. crit. in V. Testam., in us. maxime Gymnasior. et Academiar. adornatus. (III Fasc.) 8maj. (35 B.) Lipsiae 832, Volckmar.

Maurer, Franc. Jos. Valent. Dominic., **Commentarius** grammat. crit. in **Vetus Testamentum** in us. max. gymnasior. et academiar. adornatus. III Vol. (seu 10 Fasc.) 8maj. Lipsiae, [libr. Renger.] [I. 4 Fasc. (14½ B.) 835. 2⅚ Thlr., II. 3 Fasc. (47 B.) 836, 39. 2 Thlr. 23 Gr., III. 3 Fasc. (34 B.) 838, 41. 2⅙ Thlr.] Thlr.
Hieraus sind besonders abgedruckt:

— **Commentarius** grammat. crit. in **Jesaiam** in us. academiar. adornatus. 8maj. (15⅛ B.) Lipsiae 836, [libr. Renger.]

— **Commentarius** grammat. histor. crit. in **Prophetas** minores, in us. max. academiar. adornatus. 8maj. (31½ B.) Lipsiae 840, [libr. Renger.]

— **Commentarius** grammat. crit. in **Proverbia** in us. academiar. adornatus. 8maj. (10½ B.) Lipsiae 841, [libr. Renger.]

— **Commentarius** grammat. histor. crit. in **Psalmos**, in us. max. academiar. adornatus. 8maj. (23¾ B.) Lipsiae 838, [libr. Renger.]

Maureri, Franc. Jos. Valent. Dom., **Commentarius** grammat. hist. crit. in vetus testamentum in usum maxime gymnasiorum et academiarum. Vol. IV. (ultim.) 2 Sect. 8maj. Lipsiae, libr. Renger. Thlr.
Sect. 1. Commentarius in Jobum. Scrips. Aug. Heiligstedt. (XXIV und 287 S.) 847. 1 Thlr 15 Ngr.
2. Commentarium in ecclesiasten et canticum canticorum cont. Scripsit Aug. Heiligstedt. (XVI und S. 289—448.) 848. 1 Thlr
Vol. I—III. Ibid. 1836—41. 8 Thlr.

Maurer, Frz. Jos. Valent. Dom., kurzgefaßtes hebräisches und chaldäisches Handwörterbuch über das alte Testament mit einem Index. Lex.-8. (XII und 1139 S.) Stuttgart 851, Metzler'sche Buchh.

Maurer, Frz. Jos. Val. Domin., Commentar üb. d. A. Testament. 2. Bd. 1. Lfg. — A. u. d. T.: Commentar üb. d. Buch Josua. gr. 8. (13½ B.) Stuttgart 831, Metzler. Thlr.
Der 1. Bd. wird noch erwartet.

—— pract. Cursus üb. d. Formenlehre d. hebr. Sprache, od. Analysirübungen z. method. Einführ. d. Scholars in d. hebr. Formenlehre, nebst e. etymolog. Wortregister. gr. 8. (12 B.) Leipzig 837, [Renger'sche Buchh.]

Maurer, Friedrich

Maurer, F. Neue Auswahl von Maurergesängen, mit Melodien vorzügl. Componisten. Berlin. Fr. Maurer (Heymann) 1814. quer 4°

Maurer, F., die Fauna der Kalke v. Waldgirmes bei Giessen, s.: Abhandlungen der grossherzogl. hessischen geologischen Landesanstalt zu Darmstadt.

Maurer (Friedrich), Die Fauna des rechtsrheinischen Unterdevon. aus meiner Sammluug zum Nachweis der Gliederung zusammengestellt. Darmstadt 1886. 8.

Vollständiges Gesangbuch für Freimaurer. Zum Gebrauch der Gr. National-Mutter-Loge zu den drei Weltkugeln in Berlin und aller mit ihr vereinigten Logen in Deutschland. [Hrsg. von Friedr. **Maurer.**] Nebst Anh. Berlin: Maurer 1801—[1802]. 8°
Gesangbuch. 1801. VIII, 349 S. 1 Kpfr.; Anh. 1802. 34 S.

[Dasselbe.] 2. verm. Aufl. Ebendas. 1804. XII, 378 S. 1 Kpfr. 8°

[Dasselbe.] 3. verb. Aufl. Ebendas. 1806. XII, 378 S. 1 Kpfr. 8°

[Dasselbe.] 4. verb. u. verm. Aufl. Ebendas. 1810. XII, 416 S. 1 Kpfr. 8°

[Dasselbe.] 5. verb. u. mit 3 Anh. verm. Aufl. Ebendas. 1813. XII, 424 S. 1 Kpfr. 8°

[Dasselbe.] 6. verb. u. mit 4 Anh. verm. Aufl. Ebendas. 1819. XII, 451 S. 1 Kpfr. 8°
Recens: f. 1. Aufl.: Taschenbuch f. Frmr. 1802 S. 414.
Kl. 1627, Tt. 2295—2298. Ohne Noten.
1801—1802 in 23. 25; 2. Aufl. in 23. 25; 3. in
[N. Abdruck ohne die Vorr. u. d. Tit.:]
Vollständiges Gesangbuch für Freimaurer. Zum Gebrauch der ger. und vollk. Loge zur Wahrheit und Freundschaft in Fürth. Fürth 1803. 349 S. 1 Kpfr. 8°

[Dasselbe.] Ebendas. 378 S. 8°
Tt. 2300. Ohne Noten. Lediglich Titelaufl. des „Vollständ. Gesangbuch f. Frmr" der Grossloge „Zu den 3 Weltkugeln".
[Forts. der ursprünglichen Aufl. u. d. Tit.:]
Neue Auswahl von Maurer-Gesängen mit Melodien vorzüglicher Componisten. Gesamm. und hrsg. von Fr[iedr.] Maurer. Berlin: Maurer 1814. X, 232 S. 4°
[Nebentit.:] Dritte Melodien-Sammlung zum Vollständigen Gesangbuche f. Frmr.
Kl. 1669.

Maurer, Frdr., großer Katechismus, s.: Pichler, Marquard.

Maurer, Friedrich [Dr., in Heidelberg]: Die Kiemen und ihre Gefässe bei Anuren und urodelen Amphibien und die Umbildungen der beiden ersten Arterienbogen bei Teleostiern .. (Aus: Morpholog. Jahrbuch XIV Bd.) Leipzig, Wilh. Engelmann, 1888; 1 Bl. + 48 S. u. 2 Taf. 8°
Heidelberg, Med. Fak., Hab.-Schr. v. 1888

MAURER, Friedr., Frau von Menou, Scenen aus Paris. Paris und Leipzig (Giessen, Müller) 1804. 8° (1 Rthl.)
Weller, fing. Dr. — Zuerst gedr. mit d. Titel: Meine Verirrungen und meine Rückkehr, oder Was vermag nicht ein edles Weib. Chemnitz 1801. 8°

- Der Ring. Leipzig. Schiegg (Cnobloch) 1799. 8°

- Dass., s. a. Maurer, Aug. Salomo

— Untersuchungen zur vergleich. Muskellehre der Wirbeltiere. Die Musculi serrati postici der Säugetiere u. ihre Phylogenie. (VIII, 160 S. m. 28 Fig., 4 farb. Taf. u. 4 Bl. Erklärgn.) 4. Jena 905. G. Fischer. n. 20. —

Maurer, Frdr., Völkerkunde, Bibel u. Christentum. I. Tl.: Völkerkundliches aus dem Alten Testament. (VIII, 254 S.) 8. Leipzig 905. A. Deichert Nachf. n. 5. —

Maurer, Friedrich, aus Dambach: Völkerkundliches aus dem Alten Testament. Naumburg a. S. 1905: Lippert & Co. (VIII, 254 S.) 8°
Erlangen, Phil. Fak., Ref. Pechuel-Loesche, Diss. v. 30. Juni 1904
[Geb. 14. Aug. 75 Dambach (Mittelfranken); Staatsangeh. Bayern; Vorbildung: Gymn. Ansbach Reife 96, Studium. Erlangen 8 S., Rig. 30. Juni 04.]

— **Fried. Wilh.,** Commentatio de Medicamentis Antepilepticis. Marburg (N. T. acad.) 1792. 40 S. (5.—) 22462

Maurer, Fr. W., De remediis antiepilepticis. 40 pp. Marb. 4°. 1792

Maurer, Fritz

Maurer, F., die Askanier. 8. (IV, 48 S. m. Abbildgn.) Dessau (902). Anhalt. Verlagsanstalt. n. — 50; feine Ausg., geb. in Leinw. n. 3. —; Fürstenausg., geb. in Leinw. m. Goldschn. n. 6. —

Maurer, Fritz, romanische Bauten in Anhalt. I. Die Stiftskirche St. Cyriaci zu Gernrode. Fol. (13 S. mit eingedr. Abbild. und 3 Kpfrt.) Berlin 888, Ernst und Korn. cart. *
Aus: Zeitschrift für Bauwesen, besonders abgedruckt.

Maurer, Fritz. Romanische Bauten in Anhalt. II. u. III. Abthlg. Fol. Berl., Ernst u. Sohn. cart. u Abthlg. * 10 --; * 20 —
II. Die Schlosskirche St. Pancratii in Ballenstedt. (11 S. m. 3 Taf.) 889.
III. Die Klosterkirche St. Stephani u. St. Sebastiani in Frose. Mit Abbildgn. in Holzschn. u. 4 Kpfrtaf. (III. 5 S.) 891.
I, Thl. Ebd. 1888. * 10 —.
Alle 3 Thle. sind aus: Zeitschr. f. Bauwesen, besonders abgedruckt

Maurer, G., Atlas der klinischen Mikroskopie des Blutes, s.: Meyer, E., u. H. Rieder.

Maurer, G., Die Lage der Brauerei-Arbeiter in München im Jahre 1901. 8⁰. München, Birk u. Co., 1902.

Maurer, Georg: Die mittelhochdeutschen e, iu, und ô der Stammsilben in der jetzigen Mundart an der Ilz. *Neustadt a. d. H. 1898: Pfälz. Verl.-Anst.* (33 S.) 8°
Würzburg, Phil. Diss. v. 1898

Maurer, G[eorg]: Die mittelhochdeutschen e, iu und ô der Stammsilben in der jetzigen Mundart an der Ilz. *Neustadt a. d. H. 1898: Pfälz. Verl.-Anst.* (33 S.) 8° ¶[= Inauguraldissertation v. Würzburg 1898.]
Neustadt a. d. H., k. humanist. G, P 1898*

Maurer, Georg [pr. Arzt]: Ueber einen Fall von Blasenstein. Heilg durch d. hohen Blasenschnitt ... München, kgl. Hof- u. Univ.-Buchdr. v. Dr. C. Wolf & Sohn, 1892; 24 S. 8.
München, Med. Fak., Inaug.-Diss. v 1892

Maurer, Geo., moderne Grabmonumente nach den Regeln christlicher Kunst in Originalzeichnungen. Fol. (60 Stnt.) Regensburg 864, (Pustet.) *

Maurer, Georg [Prof.]: Kosmologie 1. Teil. Neuburg a. D., Griessmayersche Buchdr. (1889); 70 S. 8⁰
Neuburg a. D., k. StA, P 1889 *

Maurer, Georg [Prof.]: Kosmologie 2. Teil. (Forts. d. P.-Beil. 1889.) Neuburg a. D., Griessmayersche Buchdr. (1890), 108 S., 1 Kart. 8⁰
Neuburg a. D., k. StA, P 1890

Maurer, Geo., deutsches Lesebuch f. höhere Lehranstalten, s.: Zettel, Karl u. Niklas.

Maurer, Geo. Ludw. v., Einleitung zur Geschichte der Mark-, Hof-, Dorf- und Stadt-Verfassung und der öffentlichen Gewalt. München 854. Kaiser. gr. 8. (XIV, 338 S.) n. 2 ₰. 20 ngr.

Sätze aus der Reihenlehre. — Von Georg Maurer, G. P. — 1879, Würzburg, ibid. — S. 3 77⁸.
Progr. Münnerstadt, K. Gymn.

Maurer, Geo. Ludw. v., Einleitg. z. Geschichte d. Mark-, Hof-, Dorf- u. Stadt-Verfassung u. d. öffentl. Gewalt. 2. Aufl. M. einleit. Vorwort v. Heinr. Cunow. gr. 8. (XLVI, 338 S.) Wien 896. Wiener Volksbuchh. (J. Brand). n. 5.—; geb. in Leinw. n. 6.50

Maurer, Geo. Ludw. v., über die Freipflege (plegium liberale) und die Entstehung der grossen und kleinen Jury in England. gr. 8. (VI und 60 S.) München 848, Kaiser. *

Maurer, Geo. Ludw. v., Geschichte der Dorfverfassung in Deutschland. 2 Bde. gr. 8. Erlangen, Enke's Verlag. [1. Bd. (XI und 378 S.) 865. * 2 Thlr., 2. Bd. (X und 496 S.) 866. * 2 Thlr. 24 Ngr.] *

—— Geschichte der Fronhöfe, der Bauernhöfe und der Hofverfassung in Deutschland. 4 Bde. gr. 8. Erlangen, Enke's Verlag. [1. Bd. (XII und 540 S.) 862. * 2 Thlr. 24 Ngr., 2. Bd. (VIII und 511 S.) 862. * 2 Thlr. 24 Ngr., 3. Bd. (584 S.) 863. * 3 Thlr., 4. Bd. (580 S.) 863. * 3 Thlr.] *

Maurer, G. L., Geschichte des altgerman. u. namentl. altbaier. öffentlich-mündl. Gerichtsverfahrens, dessen Vortheile, Nachtheile u. Untergang in Deutschland überhaupt u. in Baiern insbesondere. gr. 4. Heidelb. 821. Mohr. 4 ₰

Maurer, (G. L.,) Geschichte des altgerman. u. namentlich altbairischen öffentlich-mündl. Gerichtsverfahren, dessen Vortheile, Nachtheile u. Untergang in Deutschland überhaupt u. in Baiern insbesondere. gr. 4. Heidelb. 824, Mohr.

— Geschichte der Markenverfassung in Deutschland. Erlangen 856. Enke. gr. 8. (XX, 495 S.) n. 2 ₰. 24 ngr.

Maurer, Geo. Ludw. v., Geschichte der Städteverfassung in Deutschland. 4 Bde. gr. 8. Erlangen [Stuttgart], Enke. [1. Bd. (XIV, 658 S.) 869. (*ℳ 10,50.) *ℳ 10,80.; 2. Bd. (XIII, 912 S.) 870. *ℳ 14,40.; 3. Bd. (XLIV, 796 S.) 870. (*ℳ 13.) *ℳ 13,20.; 4. Bd. (VIII, 486 S.) 871. (*ℳ 7,80.) *ℳ 8.] *

Maurer, G. L. v., Rede bei der 100jährigen Stiftungsfeier der k. Akademie der Wissenschaften am 28. März 1859. gr. 4. (12 S.) München 859, (Franz.) *

– Über die bayrischen Städte u. ihre Verfassung unter der römischen u. fränkischen Verfassung. München 1829 Gedr b. Dr Wolf. 27 S. 4⁰ Beibd.

— üb. die Baierischen Städte u. ihre Verfassung unter der Römischen u. Fränk. Herrschaft. Eine Vorlesung. gr. 4. Münch. 829. (J. Lindauer). 4 ℊ. (bei Franz das.) 9 ℊ.

Maurer, Geo. Lud. v., das Stadt- u. d. Landrechtsbuch Ruprechts v. Freysing. Nach fünf münchner Handschriften. Ein Beitr. z. Gesch. d. Schwabenspiegels. gr. 8. (29 B. u. ½ B. Facsim.) Stuttgart u. Tübingen 839, Cotta'sche Bh.

—— das griechische Volk in öffentl., kirchl. u. privatrechtl. Beziehung vor u. nach d. Freiheitskampfe bis z. 31. Juli 1834. 3 Bde. gr. 8. (127 B.) Heidelberg 835, 36, J. C. B. Mohr.
Der 3. Bd. a. u. d. T.: Interessante neugriech. Urkunden, Gesetze u. Verordnungen d. früheren u. späteren Zeit. 2 Abthln. (53 B.) 2 Thlr. 8 Gr.

Maurer, G. L. v., Über das gerichtliche Weinen und Beweinen und die gerichtliche Beweinung. München 1846. 4.
Sep.-Abdr. aus: Abhh. d. k. b. Akad. d. Wiss. (BRG.; D.)

Maurer, Geo. Ph., Collection of select pieces of poetry, s. Collection.

Maurer, German, s. Mäurer

Maurer, Gilgian

Maurer, G. Schweizer Postkarten-Grüsse. Original-Verse zum Schreiben auf Ansichtskarten. 2. Aufl. 8⁰. 47 S. Spiez, Buchdruckerei Spiez (Inh. G. Maurer). 1899 — 50

Maurer, G[ilgian]. Schweizer Postkarten-Grüsse. 200 Original-Verse zum Schreiben auf Ansichtskarten. 4. Aufl. (*Umschlag* Preisgekrönt....) 48 S. 8. Spiez, Selbstverlag, [1901], [fr. —.50]

Maurer, G., schweizer Postkarten-Grüße. 200 Orig.-Verse zum Schreiben auf Ansichtskarten. 6. Aufl. (32 S.) kl. 8. Spiez (909). (Reutlingen, Enßlin & Laiblin.) —20

Maurer, Gilgian, Sternbüchlein. Anleitg., m. Vorteil zu deuten, zu lernen u. sich zu erinnern. 12. (VI, 64 S.) Wimmis 897. (Basel, C. F. Lendorff.) n. 2.—

Maurer, H. (II.), das Beerenobst, seine Kultur, Fortpflanzung und Benutzung. Zugleich eine systemat. Beschreibung der wertvollsten Stachelbeer-, Johannisbeer-, Himbeer-, Brombeer- und Erdbeersorten, mit einem Anhang über Kransbeeren, Maulbeeren, Feigen, Flieder und Berberitzen. 2. umgearb. Aufl. gr. 8. (IX, 168 S. mit 14 lithogr. Taf. Abbild. und 14 in den Text gedr. Holzschn.) Stuttgart 883, Ulmer. *

Maurer, H., der Brief des Apostels Paulus an die Colosser, in 31 Betrachtgn. f. die Gemeinde ausgelegt. 2. Aufl. gr. 8. (211 S.) Herborn 900. Buchh. des nass. Colportagevereins. n. 1. 50; geb. n. 2. —

Maurer, H., der Brief des Apostels Paulus an d. Philipper, f. die Gemeinde in 26 Betrachtgn. ausgelegt. 2. Aufl. 8. (160 S.) Herborn 897. Buchh. d. Nass. Colportagevereins. n. 1. 50; geb. in Leinw. n. 2. —

Maurer, H. (I.), der Brief Pauli an die Colosser, in 31 Betrachtungen für die Gemeinde ausgelegt. 8. (IV, 204 S.) Herborn 883, Buchh. des Nassauischen Colportagevereins. * geb. *

Maurer, H., der Brief Pauli an die Philipper für die Gemeinde ausgelegt. 8. (158 S.) Herborn 880. Buchh. des Nassauischen Colportagevereins. n. 1. 50; geb. n. 2. —

— Briefe v. der Festfahrt zur Einweihung der Erlöserkirche zu Jerusalem im Oktbr. u. Novbr. 1898. 8. (IV, 87 S. m. Abbildgn.) Ebd. 899. n. — 60; geb. n. 1. —

— das edle Diakonissenwerk, das durch den Dienst Fliedners unserer Kirche wieder geschenkt ward. Predigt, bei der Feier des 100jähr. Gedächtnisses der Geburt Theodor Fliedners am 22. I. 1900 zu Eppstein geh. 8. (13 S.) Ebd. 900. n. — 10

Maurer, H. Entlassungsansprache,
s. Denkschrift d. k. preuß. ev. theol. Seminars zu Herborn.

—— zum 300jährigen Gedächtnis der Stiftung der hohen Schule Johannea zu Herborn. Ein kurzer Ueberblick der Geschichte der Anstalt. gr. 8. (20 S.) Herborn 884, Buchh. des Nassauischen Colportagevereins. *

— Gedächtnis-Predigt auf Kaiser Wilhelm I., den Großen, geh. am 22 III. 1888 üb Psalm 75, 2—4, neu hrsg. u. m. e. Nachwort vers. z. Hundertjahrfeier seines Geburtstags am 22. III. 1897. 8. (15 S.) Ebd. 897. n. — 10

—— Der Geist d Herrn kann Alles erneuern. Eine Zeitpredigt, üb. Hesekiel 36, 27 am 2. Pfingsttage 1890 geh. 8. (14 S.) Herborn 890, Buchh. d Nass. Colportagevereins. * — 10

— Gott mit uns. Ein Jahrgang Predigten über freie Texte, zum 25jähr. Jubiläum d. Nass. Colportagevereins, unter Mitwirkung vieler Agenten, Mitglieder u. Mitarbeiter d. Vereins hrsg. gr. 8. (VII, 598 S.) Ebd. 889. n. 3. —; geb. in Leinw. n. 3. 60; in Halbldr. n. 4. —

— Handbuch zu d. v. d. Bezirkssynode Wiesbaden hrsg. evang. Katechismus. Katechet. Studien z. Vorbereitung auf den Unterricht. In 3 Tln. gr. 8. Ebd. n. 2. 80; geb in 1 Bd. n. 3. 50
1. 2. (196 S.) 895. n. 1. 80. — 3. (104 S.) 896. n. 1. —.

— Handbuch zu dem von der Bezirkssynode Wiesbaden hrsg. evangel. Katechismus. Katechetische Studien zur Vorbereitg. auf den Unterricht. 3 Tle. in 1 Bde. 2. Aufl. gr. 8. (306 S.) Ebd. 901. n. 2. 80; geb. n. 3. 50

— Schloß Hochburg. Lage, Beschreibg. u. Geschichte d. Schlosses. [Aus: „Näher u. M., altbad. Burgen u. Schlösser".] gr. 8. (28 S. m. 3 Taf.) Emmendingen 895. Druck- u. Verlagsgesellschaft vorm. A. Dölter. n. — 50

Maurer, H., der Leidensweg des Christen. Predigt über 1. Petri 5, 6—11. 2. Aufl. 8. (16 S.) Herborn 885, Buchh. des Nassauischen Colportage-Vereins. *

– Nachrichten vom Seminar zu Herborn,
s. Denkschrift d k. preuß ev.-theol. Seminars zu Herborn.

—— Predigt, s. Luther-Tage, die, in Herborn.

Maurer, H., method. geordnete Sammlung geometr. Aufgaben in bildlicher Darstellung. 3360 Aufgaben in 4 Bdn. Zum Selbststudium u. zum Unterricht an höh. Lehranstalten. I. Bd., enth. die Aufgaben 1—840. (VIII S. u. 106 Bl. Fig.) gr. 8. Zürich 906. E. Speidel. n. 2. 50

—— Union und Bekenntnis in der Nassauischen Landeskirche. Vortrag, gehalten auf der Konferenz evangel. Geistlicher und Gemeindeglieder zu Diez am 26. April 1887. 12. (56 S.) Ebendas. 887. *

Maurer, Hans, Erdmagnetische Beobachtungen in Deutsch-Ostafrika. gr. 4. (II, 39 S. m. 1 Taf.) Hamburg 899. (L. Friederichsen & Co.) n.n. 2. 50
Sonderabdruck aus: „Aus d. Archiv d. deutsch. Seewarte."

Erdmagnetische Beobachtungen in Deutsch-Ostafrika. Von Dr Hans Maurer Mit 1 Taf. *Hamburg 1899: Hammerich & Lesser in Altona.* (39 S.) 4°
= Archiv, Aus dem, d. Deutschen Seewarte. Jg 22, No 3. [oo. 9086

— meteorolog. Beobachtungen in Deutsch-Ost-Afrika, s.a. Beobachtungen, deutsche überseeische meteorolog.

Meteorologische Beobachtungen in Deutsch-Ost Afrika Gesamm. u. bearb. von Dr Hans Maurer Th. 1 *(Berlin [1901] H. S. Hermann.)* 4°
= Beobachtungen, Deutsche überseeische meteorolog H. 10. [o. 8716

— zur Klimatologie v. Deutsch-Ostafrika. gr. 4. (II, 33 S.) Hamburg 901. (L. Friederichsen & Co.) n.n. 2. —
Sonderabdruck aus: „Aus d. Archiv d. deutschen Seewarte".

Maurer, Hans. Zur Klimatologie von Deutsch-Ostafrika. Von Dr – Hamburg 1901 Hammerich & Lesser in Altona. (33 S.) 4°
(Archiv, Aus dem, d Deutschen Seewarte. Jg. 24, No. 3)

Maurer, Hans [aus Darmstadt]: Graphische Tafeln für meteorologische und physikalische Zwecke. Theorie u. Anwendgn ... Altona, Buchdr. v. Hammerich & Lesser, 1894; 1 Bl., 24 S., 1 Bl., 6 Taf. auf 3 Bl. 4.
Strassburg, Math.-naturw Fak., Inaug.-Diss. v. 1894

Maurer, Hans: Graphische Tafeln für meteorologische und physikalische Zwecke. Theorie u. Anwendungen. Von Dr. Hans Maurer aus Darmstadt. Mit mehr. Fig.-Taf. Hamburg 1894: Hammerich & Lesser in Altona. (24 S.) 4°
(Archiv, Aus dem. d. Deutschen Seewarte. Jg. 17 No. 6.)

[Maurer, Hans Rudolf.] Abrégé de l'histoire de la Suisse. Traduit de l'allemand par J[ean] Gaudin .... 8. Zurich 1817

[Maurer, Hans Rudolf] ([Aufnahme] ungarischer Prediger in Zürich den 29. May 1676. [Mit 1 Tafel.]) Njbl. Chorh. Zürich 1785. 4. [Zürich.]

Maurer, auch Murer, Hans Rud., († d. .. Jan. 1805.) Beschreib. d. Habsburger Bades, s. Beitrr. zur Gesch. d. Gesundbrunnen der Schweiz.

– s.a. G e s c h i c h t e , Kurze, der Schweitz.

[M a u r e r, Hans Rudolf.] Kurze Geschichte der Schweitz. Zum Gebrauch der Schulen. 8. Zürich 1782.

[M a u r e r, Hans Rudolf.] Kurze Geschichte der Schweitz (*4. Aufl* Schweiz). 8.
(3.) Verbesserte Aufl. Zürich 1791.
4., vermehrte und verbesserte Aufl. [besorgt von Ludwig M e y e r v o n K n o n a u]. Zürich 1816.

[M a u r e r, Hans Rudolf.] Kurze Geschichte der Schweiz. Veränderte Aufl. 8. Sitten und Solothurn 1819.

– s.a. H i r s b r e y , Der warme, ...

(**Maurer, Hans Rudolf.**) Der warme Hirsbrey und die Verbindungen Zürichs mit Strassburg. Zürich, MDCCXCII [1792].
Tit., 1 Bl., XII + 108 S., 1 Bl. m. 10 Kupferst. 8°
(Denkmale des Geschmacks, der Sitten und Gebräuche der alten Schweizer. H. 1.)
Verfasser nennt sich in der Widmung. Stecher: M. Stumpf u. J. H. Meyer

Maurer, Hans Rudolf: Der warme Hirsbrey von Zürich auf dem Freyschießen zu Straßburg. Eine Legende aus dem 16. Jhdt. Zürich, 1792. 3029

– s.a. L o c a l b e s c h r e i b u n g des Heilbades zu Baden

[M a u r e r, Hans Rudolf.] Local-Beschreibung des Heilbads zu Baden in der Schweiz. Vom Verfasser der Localbeschreibung des Schinznacher-Bads. [SA.] 8. Zürich 1790.

— kl. Reisen im Schweizerland; Beitrr. zur Geschichte u. Topographie desselben. 8. Zürich 794. Geßner. 20 gr.

— geograph. Tabelle, zum Behuf d. allgem. Geschichte. Zürich 784. (Ziegler). 4 gr.

M a u r e r, Heinr., das Beerenobst, s.a. L u c a s, Ed., Auswahl.

M a u r e r, Heinr., das Beerenobst. Systematische Beschreibung der werthvollsten Stachelbeer-, Johannisbeer-, Himbeer- und Brombeer-Sorten. Als integrir. Theil des illustr. Handbuchs der Obstkunde bearb. gr. 8. (118 S. mit 12 Stnt. Abbild. in qu. 4.) Ravensburg 867, [Ulmer.] *

M a u r e r, Heinr., die alt-badischen Burgen und Schlösser des Breisgaues, s. N ä h e r, Jul.

Maurer, Heinr., Emmendingen vor u. nach seiner Erhebung zur Stadt. Festschrift zur dritten Säkularfeier d. Bestehens der Stadt. gr. 8. (V, 112 S.) Emmendingen 890. Alb. Dölter. n. 2. —

Maurer, Henricus [Kerspenhusanus]: De exemplis quae Claudius Marius Victor in Alethia secutus sit ... Marpurgi Catt., 1896; 127 S., 1 Bl. 8.
Marburg, Phil. Fak., Inaug.-Diss. v. [8. Sept.] 1896

M a u r e r, H(ein)r[i]ch. Offizieller Festführer für das 21 Eidg. S ä n g e r f e s t in Zürich 1905, 14.–18. Juli. Im Auftrage des Organisations-Komitees zusammengestellt. [Mit Illustrationen und 2 Tafeln.] 72 S. 8. (Zürich,) Berichthaus. (fr. —. 50)

Heinrich Maurer. **Geschichte der ehemaligen Lateinschule in Emmendingen. 38 S.** Emmendingen, P 1868

—— Kultur der Fruchtsträucher, s. F u l l e r, A. S.

—— die Landgrafschaft im Breisgau. Ein Beitrag zur Geschichte des bad. Fürstenhauses. 4. (26 S.) Emmendingen 881. (Freiburg i. Br., Stoll und Bader.) *

Müller, Ludw.: **Lied zur Feier des Jubiläums unseres geliebten Br. Ludw. Müller. Zur Erinnerung an seine Aufnahme als Lehrling in der edlen Kunst heute vor 50 Jahren. Verf. nach dem Versmaas und der Melodie des Maurer-Lehrlings-Liedes des englischen Rituals und ehrfurchtsvoll ihm gewidmet von seinem liebenden Br. [Heinr.] Maurer. Darmstadt, den 23. Juni 5839. [Darmstadt 1839]: Kichler. 2 Bl. 8° [Umschlagtit.]**
Ohne Noten: „Kommt, Maurer, und seid . . .“

Derselbe. **Nachweisungen über die Genealogie der Herren von Geroldseck. 40 S.** Emmendingen, P 1880

Derselbe. Der Emmendinger Stadt- und Freiheitsbrief mit einer Einleitung: Der römische Ursprung der Stadt Emmendingen. 27 S. Emmendingen, P 1875

Maurer, H[einrich] E[mil]

Maurer, H. E., Betrachtungen üb. religiös-sittliches Leben zur Pflege christlichen Familiensinns. 2. [Titel-] Ausg., v. „Pro domo“. Illustratives u. Belehrendes üb. Religion u. Moral. (365 S.) gr. 8. Zürich [898] 903. Th. Schröter Nachf. n. 2. —; geb. in Leinw. n. 3. —

Maurer, Hermann [aus Wildungen]: Ueber eine einfache Methode zur Ermittlung der Zeit, in welcher der Mageninhalt sich in den Dünndarm zu entleeren beginnt. . . Erlangen, k. b. Hof- u. Univ.-Buchdr. v. F. Junge, 1891; 27 S. 8°
Erlangen, Med. Fak., Inaug.-Diss. v 30. Jul. 1890

Maurer, J., Dr., Amsler's Theorie des Alpenglühens und ihre Widerlegung. (Meteorolog. Zeitschrift 1895 8). Wien 1895.

Maurer, J. C., der G e f a n g e n e vom Dirnstein, } s.: H o f f m a n n ' s, Frz., Jugendbibliothek

M a u r e r, J. C., zwei Geschichten aus den Bergen, s. A l p e n - N o v e l l e n.

Maurer, J. C., der Glücksthaler, } s.: H o f f m a n n ' s, Frz., Volks- u. Jugendbibliothek.

M a u r e r, J. C., Herzog Otto, s. N a t i o n a l - B i b l i o t h e k, deutsch-österreichische.

M a u r e r, J. C. Die Rosner Tochter, s. H o f f m a n n ' s, Frz., Jugendbibliothek.

Maurer, J. C., die Rosner Tochter, s.: S a m m l u n g beliebter Jugendschriften. 3. Bd. (Hoffmann, Frz., der Segen des Herrn.)

– W a l d e m a r, d Heidenbote, s. H o f f m a n n ' s, Frz.: Volks- und Jugendbibliothek.

Maurer, J. C. A. L., Wanderungen durch Oesterreich, Italien und Frankreich im Sommer 1860. Skizzen der Volkszustände und Stimmungen. gr. 8. (39 S.) Berlin 860, Mai. *

Maurer, J. G., Hülfs-Tabellen zur schnellen Berechnung und Verwandlung der Ablösungs-Kapitalien sammt 4 % Zinsen in Zeitrenten bei Zehnten, Lehen und Bauholzgerechtigkeiten. Nebst einem Anhange über die Ermittelung des Werthes von Frohnen. 8. (56 S.) Ulm 849, Fr. Ebner.

Maurer, J. Geo., Lebensbeschr. Gottfr. Herrn von u. z. Hohenlohe. 4. Frft. 748.

Maurer, J G., Lebensbeschreibung Gottfr. von Hohenlohe als Stammvaters und Stifters der fürstlichen und gräflichen Hauptlinie. Frankfurt 1748. 4.

Maurer, J. H., praktischer Führer durch die Allgemeine deutsche Ausstellung auf dem Gebiete der Hygiene und des Rettungswesens. Nebst Wegweiser durch die Sehenswürdigkeiten Berlins, Notizen für den Fremden-Verkehr und Mitteilungen renommierter Geschäftshäuser. 1. und 2. Aufl. 8. (64 S. mit eingedr. Holzschn. und 1 Plan.) Berlin 883, Maurer-Greiner.

Maurer, J. H, praktischer Führer durch die Berliner Gewerbe-Ausstellung 1879, s. Grieben's Reise-Bibliothek.

Maurer, J. H., s. Katalog, illustrirter, Berliner renommirter Geschäftshäuser.

— illustrirter Katalog Berliner renommirter Geschäftshäuser. 5. Jahrg. Mit belletrist. Beilagen. gr. 8. (80 S.) Ebend. 884. 1. 50

—— officieller Katalog zur Berliner Gewerbe-Ausstellung im Jahre 1879. Im Auftrage des Central-Comités bearb. 8. (XX, 220 S. mit lithogr. und color. Plan.) Berlin 879, Goldschmidt. **

Maurer, Jakob, u. Zsingor, Michely, Ungarisch-deutsches Turnwörterbuch, Budapest 1889, 63 S., 16°

Maurer, Janos (Bericht der schwedischen Studienreise v. Joh. Maurer), Ungar., Budapest 1909, 32 S., 8°

Maurer, Janos (Die Geschichte des Turnens, allgemeine Vorkommnisse und Systemlehre, Ungar.), Budapest 1889, 168 S., 8°

Maurer, Janos (Theorie des Turnens, Ungar.), 1. u. 3. Aufl. (Autogr.), Budapest 1904, 4° 2 Bde

Maurer Johann Katalog der Lehrerbibliothek des k. k. Real- und Obergymnasiums Fortsetzung 8 (79) 19- (95) 35 S
Progr. K k Real- und Obergymn *Feldkirch* 1901 1902

Maurer Johann Ueber das Lehrgedicht „des teufels segi" (Umschlagtitel „des Teufels Netz") 8 (S. 3 27)
Progr K k. R. und Ober G *Feldkirch* 1889

Maurer, Jh. Geo., († ...) s. J. H. v. *Falkenstein*. Chronicon.

Jo Geo Maurer Vademecum chirurgicum, worin der Ursprung und die heutige Beschaffenheit der Chirurgie entworfen wird. Schaffhausen 1731 8 — *Recus. sub titulo* Gründliche Einleitung zur Chirurgie. Frankf. u. Leipz. 1737 8.

Maurer, Jh. Leonh., Beleuchtung des den sämmtl. Decanaten u. Pfarrämtern der Consistorialbezirke Ansbach u. Bayreuth zur Prüfung hinausgeg. In u. 2n Theils einer allgem. Kirchen- u. Gottesdienstordnung für die evangel. Kirche in Baiern diesseits des Rheins. Nebst e. Entwurfe e. Verfassung f. diese Kirche. 8. Erlang. 832. Palm u. E. 12 gr

—einige Worte üb. d. Frage: Was können die protestant. Geistlichen u. Gemeinden in Baiern in Beziehung auf die Einführung e. neuen Kirchenordnung u. e. neuen Kirchenvorsteheramts, mit Recht verlangen? 8. Erlang. 822. Palm u. E. 3 gr

MAURER, Johann Michael: Betrachtungen über einige sich neuerlich in die Forstwissenschaft eingeschlichene irrige Lehrsätze und Künsteleyen, wie auch andere nützliche Gegenstände für die Liebhaber und Anfänger der Forstwissenschaft. - Leipzig 1783. 228 S.

Maurer, Jh. Mich., († ...) Betrachtt. üb. einige sich neuerlich in der Forstwissenschaft eingeschl. irrige Lehrsätze und Künsteleien. gr. 8. Leipz. 783. Hilscher. 12 gr

Maurer, Joh. Rud., Wildhans v. Breitenlandenberg, od. d. Belagerung v. Greifensee 1444. Ein krieger. Trauersp. gr. 8. (5½ B.) Burgdorf 836, Langlois.
Aus dem Schweizerischen Merkur, besond. abgedruckt.

Maurer, Johs., 60 Jahre schweizerischen Postdienstes 1842—1902. Erinnerungsblätter. gr. 8. (III, 86 S.) Basel 902. B. Schwabe. n. 1.20

Maurer, Jos., Prinz Eugen v. Savoyen, Österreichs größter Feldherr u. edelster Staatsmann gr 8 (173 S. m. Abbildgn.) Münster 894 A. Russell n 2 40; geb n 2 90

(B) Maurer, Jos., Prinz Eugen v. Savoyen. 1894 (KBL 28.) Jetzt: Münster, H. Schöningh. Erm. Pr. à 1.20; geb. 1.60

— Geschichte der landesfürstl. Stadt Hainburg. Zu ihrem 1000jähr Jubiläum zumeist nach ungedruckten Quellen verf. Mit Subvention der städt. Sparcasse in Hainburg u. des Vereines f. Landeskunde v. Niederösterreich. gr 8. (X, 582 S. m. Abbildgn) Wien 894. Deutsch-Altenburg, Selbstverl. n.n. 3. —

— Tiroler Helden. gr 8. (117 S. m. Abbildgn.) Münster 894. A. Russell. n. 2. 40; geb. n. 2 90

' – Tiroler Helden 1894 Jetzt Munster H Schöningh.

— s.: Karisch. H. A., Volkskalender

Maurer, Jos. Der junge Katholik. Gebet- u. Gesangbuch f. die kathol. Jugend. 16. (288 S. m. 1 Titelbild.) Winterberg 892, Steinbrener. geb. * 60

Maurer, J., Cardinal Leopold Graf Kollonitsch, Primas v. Ungarn. Sein Leben u. sein Wirken. Zumeist nach archival. Quellen geschildert. Mit dem (Lichtdr.-)Portr. d. Cardinals nach dem Gemälde v. Hanns Canon. gr. 8. (XV, 574 S.) Innsbruck 887. F. Rauch. n. 6. —

Maurer, Jos., Cardinal Leopold Graf Kollonitsch, Primas von Ungarn. Sein Leben und sein Wirken. Zumeist nach archival. Quellen geschildert. gr. 8. (XV, 574 S. mit dem Lichtdr.-Portr. des Cardinals nach dem Gemälde von Hanns Canon.) Innsbruck 888, F. Rauch's Buchh. *

Maurer, Josef, Das große Kreuzwegbuch. Enthaltend 10 Kreuzwegandachten, nebst Morgen-, Abend-, Meß-, Beicht- u. Communiongebeten, Litaneien, Kreuzweg- u. Meßliedern. 12. (448 S.)
Winterberg: Steinbrenner 1889 —.40

Maurer, des Jos., marianisches Niederösterreich. Denkwürdigkeiten der Marienverehrg. im Lande unter der Enns. Vervollständigt u. m. 33 Bildern illustr., im Verein m. mehreren hochwürd. Freunden hrsg. v. Geo. Kolbe, S. J. 12. (XIV, 414 S.) Wien 899. St. Norbertus. n. 3. 20; geb. in Leinw. n. 4. —

— Anton Wolfradt, Fürstbischof v. Wien u. Abt des Benedictinerstiftes Kremsmünster, Geheimer Rath u. Minister Kaiser Ferdinands II. III. (Schluss-)Abth. Nach den v. Alex. Hopf zumeist aus archival. Quellen gesammelten Materialien ausgearb. gr. 8. (80 S.) Wien 894. A. Hölder. n. 1. 20 (kplt.: n. 3. 36)
Abth. I—II, 2. s.: Hopf, Alex.

Maurer, Julius s. Fahrt. Die F' der „Wega"... Basel 1899

Maurer, Jul., die Fahrt der „Wega", s.: Heim, Alb.

Maurer, Jul., fünf Haupteinwürfe gegen den Glauben und die Merkmale der wahren Kirche in populärer Darstellung. 16. (VIII, 207 S.) Regensburg 871, Pustet.

Maurer, Julius s. Klima. Das K' der Schweiz. Frauenfeld 1909.

Maurer, Jul., Rob. Billwiller jr. u. Clem. Hess, das Klima d. Schweiz. Auf Grundlage der 37 jähr. Beobachtungsperiode 1864—1900 bearb. Preisschrift, hrsg. durch die Stiftg. v. Schnyder v. Wartensee m. Unterstützg. der schweizer. meteorolog. Zentralanstalt. 2 Bde. 32,5×25,5 cm. Frauenfeld, Huber & Co. 20. —
1. Text m. Textfig. u. 5 (farb.) Kartenbeilagen. (VIII, 302 S.) 909. 12. —
2. Tabellen. Text m. Textfig. u. 5 (farb.) Kartenbeilagen. (V, 217 S.) 910. 8. —

Das Klima der Schweiz Auf Grundlage d. 37jähr Beobachtungsperiode 1864–1900 bearb. von Jul. **Maurer**, Rob. Billwiller jr. u. Clem. Heß. Preisschrift In 2 Bden. Bd 1. 2. Frauenfeld Huber in Komm. 1909–10. 4°
1 Text. 1909. 2. Tabellen. 1910
(Schriften hrsg durch d. Stiftung v Schnyder v Wartensee. 16.) [10. 16196

Maurer, Jul., wer wird am Ende Sieger bleiben? Die Kirche oder ihre Gegner? (82 S.) kl. 8. Bozen 904. Buchh. „Tyrolia". n. — 36

Maurer, K. v., s.: Vierteljahrsschrift, kritische, f. Gesetzgebung u. Rechtswissenschaft.

Maurer, Karl, Agende f. Gemeinden augsburg. Konfession in Elsaß-Lothringen. (XVI, 287 S.) Lex.-8. Straßburg 906. (C. A. Bomhoff.) Geb. in Leinw. n.n. 10. —

Maurer, Carolus [Darmstadiensis]. De aris Graecorum pluribus deis in commune positis . Darmstadii, apud Eduardum Zernin, 1885; 8 + 188 S. 8°.
Strassburg, Phil. Fak., Inaug.-Diss. v. 1885.

Maurer, Karl, Baalbek. Progr. (30 S. m. 8 Abb. u. 1 Plan.) 8. Darmstadt 909. (A. Bergstraesser.) 1. 20

Maurer, Karl: Baalbek. Mit 1 Plan u. 8 Abb. Darmstadt 1909: Otto. 30 S. 8°
Darmstadt, großh. Neues G OP 1909 (856) [S 09. 315

Maurer, Karl [Dr.]: Die **Fabeln** des **Phaedrus** in der **Quarta** des Gymnasiums innerhalb der Konzentration. *Giessen, Druck v. W. Keller, 1891*, 19 S. 4°
Giessen, grossh. G, OP 1891 (623)

Maurer, Karl. Die Schützengesellschaft zu Pforzheim in fünf Jahrhunderten. Beiträge zur Geschichte des Schützenwesens Pforzheim, Birkner & Brecht 1905.
157 S. m. zahlr. Abb.; 9 Taf. 8°

MAURER, Carl August (Eggenfelden): De sic dicta febri puerperali.- Monachii: Fleischmann 1836. 16 S.
19.1.1835 - Urk; F 62
Diss. Ingolst.-Landsh.-Mchn.

Maurer, Karl Heinrich, s. Maurer - Hartmann.

Maurer, Karl Conr. Ludw., neuer Jesuitenspiegel. Insbesondere Beweis, daß die Jesuiten den Satz lehren: Der Zweck heiligt die Mittel. gr. 8. (VII, 140 S.) Mannheim 868, (Löffler.) *

Maurer, Carl Conr. Ludw., Katechismus des christlichen Glaubens und Lebens nach den Grundsätzen der vereinigten evangel. protestant. Kirche entworfen. 8. (IV und 68 S.) Neustadt 865, Gottschick-Witter's Buchh. *

—— die Principien des Protestantismus und die unirte Kirche der Pfalz. gr. 8. (III und 148 S.) Kaiserslautern 863, Meuth. *

Maurer, Konr., das Alter des Gesetzsprecher-Amtes in Norwegen, s. Festgabe zum Doctor-Jubiläum des Herrn Hofrathes Prof. Dr. L. Arndts Ritter v. Arnesberg.

Maurer, K. Latein. Bedeutungslehre für den Schulgebrauch. Gr. in-4°. III, 56 S. St. Gallen, Comm.-Verlag von Huber & Co. (E. Fehr). 1890. 1 60

Maurer, Konr. Lateinische Bedeutungslehre f. den Schulgebrauch. gr. 4. (III, 56 S.) St. Gallen 890, (Körber). * 1 60

Maurer, Conr., Beiträge zur Rechtsgeschichte des germanischen Nordens. In zwanglosen Heften. I. Heft. A. u. d. T.: Die Entstehung des isländischen Staats und seiner Verfaßung. gr. 8. (218 S.) München 852, Kaiser. *

—— die Bekehrung des norwegischen Stammes zum Christenthume, in ihrem geschichtl. Verlaufe quellenmäßig geschildert. 2 Bde. gr. 8. München, Kaiser. [1. (XII und 660 S.) 855. * 3 Thlr. 18 Ngr., 2. (VIII und 732 S.) 856. * 4 Thlr.] *

Die Entstehung des Isländischen Staats und seiner Verfassung v. Konrad **Maurer**. München. 1852. = desselben: Beiträge zur Rechtsgeschichte des Germanischen Nordens. Heft 1 8°.

— die Entstehungszeit der älteren Frostuþíngslög. [Aus: „Abhandlgn. d. k. b. Akad. d. Wiss."] gr. 4 (84 S.) München 875. Franz in Comm. n. 2. 80

— die Entstehungszeit der älteren Gulaþíngslög [Aus den Abhandlgn. der k. bayer. Akad. d. Wiss.] gr. 4. (74 S.) Ebend. 872. n. 2. 40

Maurer, Konr., zur politischen Geschichte Islands. Gesammelte Aufsätze. gr. 8. (XIII, 318 S.) Leipzig 880. Schlicke. n. 6. —

Maurer, Konrad, die Gull-Thóris Saga, s. Gull-Thóris Saga, die.

— über die Haensa-Póris saga. [Aus „Abhandlgn. der k. bayer. Akad. d. W."] gr. 4. (60 S.) Ebend. 871. n. 2. 10

— über den Hauptzehnt einiger nordgermanischer Rechte. [Aus: „Abhandlgn. d. k. b. Akad. d. Wiss."] gr. 4. (91 S.) Ebend. 874. n. 2 25

—— das älteste Hofrecht des Nordens. Eine Festschrift, zur Feier des 400jähr. Bestehens der Universität Upsala im Auftrage des akadem. Senates der Ludwig-Maximilians-Universität zu München verfasst. gr. 8. (IV, 163 S. mit 4 Tab.) München 877, Kaiser. *

Maurer, Konr., die Huldar Saga. [Aus: „Abhandlgn. d. k. b. Akad. d. Wiss."] gr. 4. (99 S.) München 894. (G. Franz' Verl.) n.n. 3 —

—— Island von seiner ersten Entdeckung bis zum Untergange des Freistaats. gr. 8. (IX, 480 S.) München 874, Kaiser. *

Katalog der Bibliothek des verstorbenen Universitätsprofessors Konrad v **Maurer** *München 1903: Junge & Sohn, Erlangen.* (XXII, 304, 106 S.) 8°
(03. 8961

Über Altnordische Kirchenverfassung und Eherecht. Von Konrad **Maurer** Aus d Nachl d Verf hrsg von d. Geselisch. d. Wiss. in Kristiania. (Vorr Ebbe Hertzberg) Leipzig A Deichert Nachf 1908. (VIII, 678 S) 8° [F.]
— **Maurer** Vorlesungen über Altnord Rechtsgeschichte Bd 2 (07. 16863 4

Maurer, Konr. (II.), die Lateinfrage oder in welcher Richtung muss die Reform des Gymnasiums sich bewegen? gr. 4. (72 S.) St. Gallen 888, (Huber und Comp.) *

—— die Quellenzeugnisse über das erste Landrecht und über die Ordnung der Bezirksverfassung des isländischen Freistaates. gr. 4. (101 S.) München 869, (Franz'sche Buchh.)

Maurer, [Konr.] (I.), die Rechtsrichtung des älteren isländischen Rechtes, s. Festgabe zum Doktor-Jubiläum von J. J. W. v. Planck.

Norwegens Schenkung an den heiligen Olaf Von Konrad **Maurer**. Aus den Abhandlungen der königlich bayerischen Akademie der Wissenschaften I Classe. Bd. 14 Abth. 2 München. 1877 4°

— Norwegens Schenkung an den heiligen Olaf. [Aus: „Abhandlungen d. k. b. Akad. d. Wiss."] gr. 4. (92 S.) München 877. Franz in Comm. n.n. 2. 60

Die Schuldknechtschaft nach altnordischem Recht. Vortrag von Konrad **Maurer**. (Sitzungsberichte der Königlich bayerischen Akademie der Wissenschaften. Philosophisch-philologische Classe 1874. I.) (München. 1874.) 8°.

— die Skida-rima. [Aus den Abhandlgn. der k. bayer. Akad. der Wiss.] Ebend. 870. 4. (70 S.) n. 24 *ngr.*

Maurer, Konr., über die Ausdrücke: altnordische, altnorwegische und isländische Sprache. gr. 4. (232 S.) München 867, (Franz'sche Buchh.) *
Aus: Abhandlungen der k. bayer. Akademie der Wissenschaften, besonders abgedruckt.

Altnorwegisches Staatsrecht. Von Konrad **Maurer** Aus d. Nachlaß d. Verf hrsg von d. Gesellsch. d. Wiss. in Kristiania. (450 S.) 8° [F.]
= **Maurer:** Vorlesungen über Altnord. Rechtsgesch. Bd 1, Hälfte 1 (06. 11096

Altnorwegisches Staatsrecht und Gerichtswesen. Von Konrad **Maurer** Aus d Nachlaß d. Verf. hrsg von d. Gesellsch. d. Wiss. in Kristiania Abt 1 2 Leipzig A Deichert Nachf. 1907 2 Bde 8° [F.]
1 Altnorweg Staatsrecht 2 Altnorweg Gerichtswesen
= **Maurer** Vorlesungen über Altnord Rechtsgeschichte Bd 1 (08. 5503

Maurer, Konrad Das Staatsrecht des isländischen Freistaates. Von – Aus d. Nachl d Verf hrsg. von d. Gesellsch. d. Wiss. in Kristiania. (Hrsg. Ebbe Hertzberg.)
Leipzig. Deichert 1909 VI, 525 S. 8°
(Maurer Vorlesungen über altnord. Rechtsgeschichte Bd. 4)

Altisländisches Strafrecht und Gerichtswesen. Von Konrad **Maurer**. Aus d. Nachlaß d Verf. hrsg von d. Gesellsch. d. Wissenschaften in Kristiania. Leipzig Deichert 1910. VII, 820 S. 8°
(Maurer Vorlesungen über altnordische Rechtsgeschichte Bd 5.) (10. 15248 2

—— Studien über das sogenannte Christenrecht König Sverrirs, s. Festgabe zum Doctor-Jubiläum des Hrn. Prof. Dr. Leonhard v. Spengel.

Verwandtschafts- und Erbrecht samt Pfandrecht nach altnordischem Rechte. Von Konrad **Maurer** Aus d. Nachlaß d. Verf. hrsg von d. Gesellsch. d. Wiss. in Kristiania. Leipzig: A. Deichert Nachf. 1908. (VIII, 600 S.) 8° [F.]
— **Maurer** Vorlesungen über altnord. Rechtsgeschichte. Bd 3. (08. 10188

—— isländische Volkssagen der Gegenwart vorwiegend nach mündlicher Ueberlieferung gesammelt und verdeutscht. gr. 8. (XII und 352 S.) Leipzig 860, Hinrichs'sche Verlagsh.

Konrad Maurer, Das angebliche Vorkommen des Gesetzsprecheramtes in Dänemark, SB. Münch. 1887.

Maurer, Konr., Vorlesungen üb. altnordische Rechtsgeschichte. Aus dem Nachlass des Verf. hrsg. v. der Gesellschaft der Wissenschaften in Kristiania. I. Bd. Altnorweg. Staatsrecht u. Gerichtswesen. 1. Hälfte. Altnorweg. Staatsrecht. (450 S.) gr. 8. Leipzig 907. A. Deichert Nachf. n. 14. —

Maurer, Konr., Vorlesungen üb. altnordische Rechtsgeschichte. Aus dem Nachlass des Verf. hrsg. v. der Gesellschaft der Wissenschaften in Kristiania. I. Bd. 2. Hälfte u. II.—V. Bd. gr. 8. Leipzig, A. Deichert Nachf. 92. 50
I, 2. Altnorwegisches Staatsrecht u. Gerichtswesen 2. Hälfte. Altnorwegisches Gerichtswesen (XIII, 260 S.) 907. 8. 50
II. Über altnord. Kirchenverfassg. u. Eherecht. (VIII, 678 S.) 908. 22. —, geb 24 50
III Verwandtschafts- u. Erbrecht samt Pfandrecht nach altnord Rechte. (VIII, 600 S.) 908 19. – geb. n 21 50
IV Das Staatsrecht des isländ Freistaates (VII, 525 S.) 909. 17.— geb n 19. 50
V Altisländisches Strafrecht u. Gerichtswesen. (X, 820 S.) 910. 26. –; geb. n 28 50
I. Bd. 1 Hälfte 907. 14. –

—— über die Wasserweihe des germanischen Heidenthumes. gr. 4. (81 S.) München 880, (Franz'sche Buchh.) **
Aus: Abhandlungen der k. bayerischen Akademie der Wissenschaften, besonders abgedruckt.

MAURER, Konrad (München): Ueber das Wesen des ältesten Adels der deutschen [illegible] in seinem Verhältniss zur gemeinen Freiheit. München: Literarisch-artist[illegible] Anstalt 184[illegible] [illegible] S., 1 Bl., 220 S.
17.12.1845 – Urk (Titel: De antiquae apud Germaniae gentes [illegible]
Diss. Ingolst.-Landsh. Mchn.

Maurer, Konrad, über das Wesen des ältesten Adels der deutschen Stämme, in seinem Verhältniß zur gemeinen Freiheit. Eine Abhandlung zur Erlangung der juristischen Doctorwürde. gr. 8. München 846, Literar.-artist. Anst. n. 1 *rh*

Maurer, Konrad K s. Maurer. Konrad

Maurer, Kurt, Referendar in Straßburg i. E.. Der Widerruf der Vollmacht nach dem Bürgerlichen Gesetzbuch. Straßburg i. E. 1905: J. Singer. (68 S.) 8°
Heidelberg, Jur. Fak., Ref. Bekker, Diss. v. 23. Jan. 1905
[Geb. 5. Aug. 79 Saargemünd i. Lothr; Wohnort: Straßburg i. E.; Staatsangeh.: Elsaß-Lothringen; Vorbildung Gymn. Saargemünd Reife M. 97; Studium: München, Berlin, Freiburg i. B., Straßburg i. E., Rig. 20. Dez. 04.]

Maurer, L., die Beerensträucher, s. a. Gartenbau-Bibl.

Die Beerensträucher, ihre Anzucht und ihr Anbau von L. **Maurer** Grossh. S. Garten-Insp. Mit 14 Abb. *Berlin K Siegismund (1900).* (108 S.) 8° [F.]
= Gartenbau-Bibliothek. Bd 10. 8694

Maurer, L., Germania u. Jahn od. Deutschlands Schmach u. Ruhm. Schauspiel in 8 Bildern. (40 S.) 8. Hof (907). R. Lion. 1. —

Maurer, L. H., das Kurschiff f. Lungenkranke, s.: Michael, Fr.

Maurer, L Heinr

Maurer, L. H., d. Beerenobst unserer Gärten u. dessen Cultur. Mit Holzschn. gr. 8. Stuttgart, 1858. Aue. — 24

Maurer, L. Heinr., das Beerenobst unserer Gärten und dessen Cultur. gr. 8. (VIII und 184 S. mit mehreren in den Text gedr. Abbild. in Holzschn.) Stuttgart 859, Aue.

– s. Pansner, Lor. v.

Maurer, Leber., Jesuiten oder Freimaurer? Roman. gr. 16. (VI, 344 S.) Leipzig 876, [Krüger und Roskoschny.] Kummer. *

MAURER, Leopold: Die Grenzen der Steiermark. — 1910. IX, 103 Bl., 10 Tab., 4 Bl. m. Profilen. Diss. Graz, Univ.

Maurer, Ludw., Elemente der Theorie der Funktionen e. komplexen veränderlichen Grösse, s.: Durège, H.

Maurer, Ludw., Höhen u. Tiefen. Ein Arbeiterroman. (119 S.) 8. Nürnberg (909). C. Koch. 2. —

Maurer, Ludw., Sonettenbilder. 16. (IV, 124 S.) Mannheim 872, (Löffler.) *

— in der Stille. Sonettenbilder. 16. (IV, 124 S.) Dürkheim 875. Lang. geb. m. Goldschn. n. 2. 50

Maurer, Ludw., Theorie der elliptischen Funktionen, s.: Durège, H.

Maurer, Ludwig: Zur Theorie der linearen Substitutionen .... Strassburg, Buchdr. v. R. Schultz u. Comp., 1887; 1 Bl. + 96 S. 4°.
Strassburg, Math.-Naturw. Fak., Inaug.-Diss. v. 1887.

Maurer, Ludwig, zur Theorie der linearen Substitutionen. Diss. Strassburg i. Els. 1887, Trübners Buchh. u. Antiqu. (E. d'Oleire). 4°. 26 S.

Maurer, Ludw., ein Veilchensträußchen aus Gottes Garten. Sonettenbilder. 8. (III und 84 S.) Landau 860, Kaußler. *

Maurer, Ludw., ein Veilchensträußchen aus Gottes Garten. Sonettenbilder. 2., verm. Aufl. gr. 16. (VIII und 100 S.) Stuttgart 862, Oetinger. *

Maurer, Ludwig [Rechtspraktikant]: Das Verehelichungswesen in Bayern ... Augsburg, Druck v. Ph. J. Pfeiffer, 1892; 45 S., 1 Bl. 8.
Erlangen, Jur. Fak., Inaug.-Diss. v. 1892

Maurer, M., Registraturplan, nebst Erläutergn. u. Anleitg. zur ordnungsmäss. Führg. e. Registratur. (56 S.) 8. Düsseldorf 910. L. Schwann. Kart. 2. —

Maurer, M. J · Über die atmosphärische Absorption von strahlender Wärme niedriger Temperatur und die Grösse der Sternenstrahlung. 1889

Maurer, M. J.: Einige Bemerkungen über die von General Ibannez angewendete Methode d. Temperaturbestimmung bei d. Messstange seines Basisapparates. 1881 4°

Maurer, M. J.: Über die theoretische Darstellung des Temperaturgangs während der Nachtstunden und die Grösse der von der Atmosphäre ausgestrahlten Wärmemenge. 1885 4°

Maurer, M. J.: Die Extinction des Fixsternlichtes in der Atmosphäre. Zürich 1882.

Maurer, M. J. Zur Frage der Sternenstrahlung. 1890.

Maurer, M. J. Über den täglichen Gang des Luftdruckes auf dem Säntis und Gr. St. Bernhard. 1884

Maurer, M J · Über den Gang der von Bimetallthermometern registrirten Temperaturen 1880. 4°

Maurer, M J Über die nächtliche Strahlung und ihre Grösse in absolutem Masse. Berlin 1887

Maurer, M J . Zur Theorie der atmosphärischen Absorption der Sonnenstrahlung. 1881 4°

Maurer, Markus · Pabst Calixt II. I. Theil, Vorgeschichte ..
München, Christian Kaiser, 1886. 82 S. 8°.
München, Phil. Fak., Inaug. Diss. v. 1886.

Maurer, Markus Pabst Calixt II II. Theil Pontifikat. I. Buch. ..
München, Christian Kaiser, 1889; 149 + 1 S. 8°
Würzburg, Phil. Fak., Hab.-Schr v 1889

Maurer, Max: Ueber einen eigenthümlichen Fall von Angiosarkom (Endothelioma intravasculare). Halle 1883: Karras. 20 S. 8°
Halle-Wittenberg, Med. Diss. v 30. Mai 1883
Geb. Schwarzbach (Sachsen-Weimar) 26. 10. 1856. V.

Maurer, Maximil[ian] Julius, von Freiburg (Gr. Baden): Die Extinction des Fixsternlichtes in der Atmosphäre in ihrer Beziehung zur astronomischen Refraction Zür D Bürkli Dr 1882 2 Bl., 58 S., 1 Bl 8°
Zürich, Phil Diss [v. 23 Juni 1882].

Maurer, Otto, praktische Anleitung zur anwaltschaftlichen Buch- u. Geschäftsführung. 4. (19 S.) München 891. J. Schweitzer. n. — 80

Maurer, Otto, a. Kirchheim u. Teck: Shelley und die Frauen. Jena 1904: H. Costenoble. (90 S.) 8°
Tübingen, Phil. Fak., Ref. Franz, Diss. v. 5. Juni 1905
[Geb. 12. März 80 Kirchheim u. T; Wohnort: Tübingen; Staatsangeh.: Württemberg; Vorbildung Realgymn. Stuttgart Reife S. 98; Studium: Tübingen 6, Berlin 1, Stuttgart T H. 1 S.; Rig. 16. Juni 04.]

Maurer, Otto, Shelley u. die Frauen, s.a. Forschungen, literarhistorische. XXXIII.

Shelley und die Frauen. Von Otto **Maurer**. Berlin-Schöneberg E. Felber 1906. (IV, 168 S.) 8°
= **Forschungen**, Literarhistorische. H. 33. [07. 8304 2

Maurer, Otto Ritter v., das Freiburger Theater, s.: Schlang, Wilh.

MAURER, PIUS MARIA, Prior in Closter der Diener Unserer Lieben Frauen zu Forchtenau · Zwey gecrönte Reben An Christo dem wahren Weinstock in dem Roth und Weissen Feld des Durchleuchtigsten Ertz-Hauß Oesterreich. Das ist Georgius, Welcher sich durch sein Blut die Himmels-Cron erfochten / Und Maria Theresia Unsere Allergnädigste Kayserin und Königin, die sich durch ihre grosse Frommigkeit, ausnehmende Starckmuth und andere Tugenden ihre Crone verdienet hat. Beyde verehret in der Kays. Königl. Burg- und Hoff-Capellen in Neustadt, als allda den 24. Aprils 1761. das hohe Fest dieses Heiligen in dem Hochaltar mit leuchtenden Beyspil hoher Generalen und Militar-Personen von dem Hoch-Edlen Cadetten-Stifft durch jährlich widerholte Feyerlichkeit andächtigst begangen wurde. Neustadt 1761 Joseph Adam Fritsch. 20 S. · 200 mm

Maurer R, der praktische Zuschneider. 2 Bde 4° Berlin 1879

Maurer, Raymund, meine lyrischen Zeitgenossen. Eine literargeschichtl. Studie üb. die kathol. Lyrik der Gegenwart. (31 S.) 8. Augsburg 903. Lampart & Co. n. — 50

Maurer, Richard, über das Verhältniss der Quercontraction zur Langendilatation bei Stäben aus Leimgallerte. Diss. Heidelberg 1886, Theodor Groos. 8°. 32 S. mit einer Taf.

Maurer, Rob., Erinnerungen aus Alt-Meran. [Aus „Burggräfler".] 12. (44 S.) Meran 892. C. Jandl. n. — 40

Maurer, Rob., Kampf gegen Materialismus oder die Electricitätslehre. 12. (III, 88 S.) Leipzig 880, (Findel.) *

Maurer, Roman Stanislaus Ciolek, Vizekanzler von Polen und Bischof von Posen 28 S. 8° Progr Brody 1883.

Maurer, Rud., Einrichtung u. Führung der Amtsgeschäfte gewerblicher Fortbildungsschulen. Lehrlingsfürsorge. Ein Handbuch f. Schulausschüsse u. Schulleitgn. (113 S. m. 6 Abbildgn. u. 24 Tab.) gr. 8. Wien 906. K. Graeser & Co. Geb. n. 3. —

Maurer, Rud., Einrichtung u. Führg. der Amtsgeschäfte gewerblicher Fortbildungsschulen. Lehrlingsfürsorge. Ein Handbuch f. Schulausschüsse u. Schulleitgn. 2. bericht. Ausg. (113 S. m. 6 Abb. u. 24 Tab.) gr. 8. Wien 906. K. Graeser & Co. Geb. 3. —

— Lehrstoffverteilung f. allg. gewerbliche u. fachliche Fortbildungsschulen. Zusammengestellt auf Grund der neuen Normallehrpläne. 1. u. 2. Tl. 8. Ebd. Kart. n. 2.50

1. Kommerzielle Fächer, Geometrie, Projektionslehre u. Gesundheitsregeln. (28 S.) (903.) n. 1. —
2. a) Technologie u. Motorenkunde. b) Lehrstoff f. gewerbl. Mädchen-Fortbildungsschulen. c) Lehrstoff f. gastgewerbl. Fortbildungsschulen. d) Lehrstoff f. gewerbl. Fortbildungsschulen der Buchdrucker, Schriftgießer u. Steindrucker. e) Gesetzkunde. (52 S.) 906. Kart. n. 1. 50

— Lehrstoffverteilung f. allgemeine gewerbliche Fortbildungsschulen auf Grund der neuen Normallehrpläne. 1. Tl. 8. Ebd. 907. Kart. 1. —

1. Kommerzielle Fächer. Geometrie. Projektionslehre u. Gesundheitsregeln. 2., verb. Aufl. (28 S.)

Maurer, S F (Red), s. Bausteine, Evangelische

— der christliche Deklamator. Eine Sammlg. v. Deklamationen u. Gesprächen f. christl. Vereine, sow. f. festl. Anlässe in Gemeinden u. Familien. 1. u. 2. Serie. 8. (88 u. 80 S.) Stuttgart 897. 98. Christl. Verlagshaus. à n. — 40

Maurer, S. F., der christliche Deklamator. Eine Sammlg. v. Deklamationen u. Gesprächen f. christl. Vereine, sowie f. festl. Anlässe in Gemeinden u. Familien. 4.—6. Serie. (48, 48 u. 56 S.) kl. 8. Stuttgart (907. 09). Christl. Verlagshaus. à — 40

— Fest-Deklamator f. christliche Vereine, sowie festliche Anlässe in Gemeinden, Sonntagsschulen u. Familien. 1. Serie. (144 S.) kl. 8. Ebd. (910). — 80

— Frauendienst in Christi Nachfolge. (55 S.) kl. 8. Ebd. (910) — 35

Maurer, S. F., Das Gebetsleben Jesu u. seiner Diener. (94 S.) kl. 8. Stuttgart (910). Christl. Verlagshaus. — 60; geb. 1. —

— Geschichtsperlen. Zum Gebrauch bei Predigten u. Katechisationen, in Sonntagsschulen u. Familien. 3. u. 4. Bdchn. kl. 8. Ebd. Geb. à 1.20; in Leinw. à 1. 40

3. (VIII, 256 S.) — 4. (XII, 236 S.) (908.)

— Christliche Lebensregeln zur Übung der Gottseligkeit f. jung u. alt. (48 S.) kl. 8. Ebd. (908). — 20

— Geistliche Rüstkammer f. den Kampf des Glaubens. (XVI, 156 S.) kl. 8. Ebd. (909). Kart. — 80; geb. in Leinw. 1. —

— Der richtige Nürnberger Trichter. (39 S.) kl. 8. Ebd. (910). — 25

Maurer, S. J., die Zigeunerbanden als Kinder-Räuber. Beitrag zur Aufklärung des Böckler'schen Kindes-Raubes. 8. (14 S.) Berlin 873, Levit.

Maurer, S[amuel] F[riedrich]. England und Transvaal oder Der Burenkrieg in christlicher Beleuchtung. Ein Beitrag zur Geschichte des südafrikanischen Krieges. 31 S. 8. Stuttgart-Bern, Christliches Verlagshaus, [1902]. [M. —. 25]

Maurer, Th., die lateinischen Verba auf Grund des Verbalstammes abgewandelt. Für den Schulgebrauch zusammengestellt. 8. (24 S.) Darmstadt 871, Zernin. *

[F.] **Maurer**, Theodor [Dr.]: Die Cantica der Antigone krit.-exeget. revidiert. Worms, Druck v. E. Kranzbühler, 1892; 1—22 S. 4.

Worms, grossh. G u. R, OP 1892 (629)

Maurer, Theod. Cruces philologicae. Beiträge zur Erläuterung der Schulautoren. 28 S. [I. Caesar's Bericht von d. Brückenbau üb. den Rhein (S. 3—12). II. Verg. Aen. V 519—534 (S. 12—15). III. IV. V. VI. Hom. β 245, ε 354, ρ 291—327, ι 116—141 (S. 15—23). VII. Plat. Symp. 190 D (S. 23—24). VIII. Plut. Erot. t. II. p. 770 D (S. 25). IX. Plat. Symp. p. 118 C (p. 26). X. Schiller Graf v. Habsburg (p. 26—28). G. *Mainz* 1882.
Vgl. denselben Titel (41 S.) 8. Mainz 1882, Diemer 1 Mk 50 Pf.
Progr.

Maurer, Thdr., cruces philologicae. Beiträge zur Erläuterung der Schulautoren. gr. 8. (41 S.) Mainz 882. Diemer. 1. 50

—— zum Falle Deede. Offenes Schreiben eines deutschen Gymnasiallehrers an den Gen.-Feldmarschall Frhr. v. Manteuffel, kaiserl. Statthalter in Elsaß-Lothringen. Dazu: Zwei weitere Beiträge zur Frage der deutschen Nationalerziehung: Sedanrede, gehalten zu Mainz den 2. Septbr. 1884. Adversus Scholasticos, Streitsätze zur Gymnasialreform. gr. 8. (28 S.) Ebendas. 884. *

— für die Freiheit des Lehrstandes, deutsches Wort an Kaiser u. Volk. Sedan-Rede, öffentlich geh. den 2. September 1881 im Saale des Raimundigartens zu Mainz. Dazu als poet. Vorwort ein Zeitgedicht „Zum 27. October". gr. 8. (15 S.) Ebend. 881. — 30

Maurer, Th., die Sesenheimer Lieder, s.a. Beiträge zur Landes- u. Volkeskunde in Elsass-Lothringen. 32.

Die Sesenheimer Lieder. Eine krit. Studie von Dr. Th[eodor] **Maurer**, Oberl. Strassburg J. H. E. Heitz 1907 (38 S.) 8°
= **Beiträge** z. Landes- u. Volkskunde von Elsass-Lothringen. H. 32. [07. 11376]

—— noch einmal Julius Cäsars Brücke über den Rhein. Vademecum für Hrn. Aug. Rheinhard, Baurath in Stuttgart. gr. 8. (12 S. mit 1 eingedr. Holzschn.) Ebendas. 883. *

Maurer, Thdr., noch einmal Julius Cäsars Brücke üb. den Rhein. Vademecum f. Hern. Aug. Rheinhard, in Stuttgart. gr. 8. (12 S. m. 1 eingedr. Holzschn.) Mainz 884. Diemer. n. — 40

— dasselbe. Zugleich wider Cliquen-Recensententum. 2. Nachtrag zu seinen Cruces philologicae. gr. 8. (24 S.) Ebend. 884. n. — 60

— der 16. October 1881 zu Mainz od. zur Frage: Wie machen wir das Socialistengesetz entbehrlich? Selbsterlebtes. gr. 8. (28 S.) Ebend. 884. n. — 50

Maurer, Theodor: Die Religionslehre Spinozas im theologisch-politischen Traktat. *Strassburg 1898: Strassb. Neueste Nachrichten.* (69 S.) 8°
Strassburg, Phil. Diss. v. 1897

—— deutsches Wort zur Ueberbürdungs-Frage. Offenes Schreiben eines hess. Pädagogen an Hrn. Prof. Gymn.-Dir. Herm. Schiller. gr. 8. (49 S.) Ebendas. 883. *

Maurer, Thdr., Zeit-Sonette gr. 8. (46 S.) Worms 894. H Kräuter n 1 --

Maurer, W., „Die Schule im Dienste Christi." Rede am Abend d. letzt. Schultags im J. 1838 rc. gehalten. gr. 4. (1 B.) Carlsruhe 839, Braun'sche Hofbuchh. *

Maurer, Walburg, Bernhard. Roman. gr. 8. (104 S.) Berlin 901. A. Duncker. n. 1. 50

Maurer, Wilh., über Eigenthum an Kirchen mit Dependenzen in den deutschen, vormals mit Frankreich vereinigten, Gebieten auf der linken Seite des Rheines. Rechtsgeschichtliche Erörterung mit Rücksicht auf Erkenntnisse verschiedener Gerichtshöfe. gr. 8 (50 S.) Darmstadt 858, Jonghaus'sche Hofbuchh. *

— über die Methode der Abschätzung zur Ermittelung der Entschädigung für aufzugebende Weideberechtigung, welche nach dem großherzogl. hess. Gesetze vom 7. Mai 1849 zu leisten ist. Ein Beitrag zur Erläuterung des Gesetzes in seiner wirthschaftl. Bedeutung. Mit Rücksicht auf Erkenntnisse, in erster Instanz des großherzogl. Administrativ-Justizhofes, in zweiter des großherzogl. Staatsraths und die seitdem erschienene Schrift: Der großherzogl. hessische Staatsrath, seine Procedur und Rechtsprechung, von Frhrn v. Level. gr. 8. (49 S.) Darmstadt 857, Jonghaus'sche Hofbuchh.

Maurer-Constant, Bibliothekar , s. Briefe an Joh. von Müller

Maurer von Constant, s. Mönchlein, das zwölfjährige.

Maurer-Constant, Johann Heinrich

Maurer- von Constant, Blüthen und Früchte aus dem Leben eines evangel. Seelsorgers, s. Blüthen und Früchte.

(Maurer-Constant, [Johann Heinrich].) Bluthen und Früchte aus dem Leben eines evangelischen Seelsorgers. Erinnerungen an Joh(ann) Konrad Maurer (1804–1850), Diakon an der Munsterkirche zu Schaffhausen. Ein Denkmal der Bruderliebe. ([Von] M'-von Constant.) 8. Schaffhausen 1851

[Maurer-Constant, Johann Heinrich.] Erinnerungen an Johann Conrad Maurer Bilder aus dem Leben eines Predigers. ⟨1771–1841.⟩ Grosstentheils nach dessen hinterlassenen Papieren herausgegeben Nebst mehreren Briefen Johann v(on) Muller's, Johann Georg Müller's, [Christian Gottlob] Heyne's und Anderer [Mit Porträt-Tafel.] 8. Schaffhausen 1843.

[Maurer-Constant, Johann Heinrich.] Leben und Leiden eines Kindes Andenken an Adolph Maurer Als Manuscript für Freunde und Seelenverwandte gedruckt [Mit 3 Tafeln.] 8. *o. O* (1844).

Maurer-Constant, Johann Heinrich s Müller Johann(es) von. Zu J' von Müllers sämmtlichen Werken Supplement Schaffhausen 1839–1840 — Stockar, Hans. Heimfahrt von Jerusalem Schaffhausen 1839.

Maurer-Hartmann, Carl [Heinrich]. Essays von K' M'-H'. Erste Folge: Jens Peter Jacobsen. 47 S. 8. Altenburg S.-A., Theodor Unger, 1904. [M. 1. –]

Jens Peter Jacobsen von Karl **Maurer**-Hartmann. *Altenburg S.-A. Th. Unger 1904* (47 S.) 8°
— **Maurer**-Hartmann Essays. Folge 1

Maurer-Hartmann, Carl [Heinrich]. Kritik. Eine Studie von K' M'-H'. 14 S. 8. Altenburg S.-A., Theodor Unger, 1904. [M. — . 40]

Maurer[-Hartmann], Carl Heinrich. In stillen Nächten. Gedichte in Vers und Prosa. [Von] K' H' M' (Zürich). [Mit Porträt-Tafel.] 211 S. 8. Altenburg S.-A., Theodor Unger, 1904. [M. 2. 50]

Maurer-Kaiser, F(ranz) L(udwig). Der praktische Amateur. Leitfaden nebst Winken und Ratschlägen für Liebhaberphotographen. 1. Ausgabe. [Mit Illustrationen und 1 Porträt-Tafel.] II + 99 S. 8. Bern, A. Küffer, 1906. fr. 1. 30

Maeurer, Adolf, appr. Arzt a. Elberfeld: Ueber die Haeufigkeit der Nabelschnurumschlingungen, ihre Diagnose und Behandlung. Gießen 1904: v. Münchow. (47 S.) 8°

Gießen, Med. Fak., Ref. Pfannenstiel, Diss. v. 24. Jan. 1905

[Geb. 9. Okt. 77 Elberfeld, Wohnort: Elberfeld; Staatsangeh.: Preußen; Vorbildung. Gymn. Elberfeld Reife M. 96; Studium. Bonn 5, Würzburg 9, Gießen 1 S.; Coll. 29. Nov 04; Approb. 12. Aug. 04.]

Maevrer, Adolfvs (geb. 1839 in Eichelhütte bei Trier): De ophthalmia, qvae vocatvr nevroparalytica ... Bonnae, typ. expr. P. Nevsser 1865. 2 Bl., 29 S., 1 Bl. 8.

Bonn, Med. Fak., Diss. v. 11 Aug. 1865

Mäurer, Chr., die einfache Buchführung in Fragen und Antworten für gewerbliche Fortbildungsschulen und zum Selbstunterrichte. gr. 8. (24 S.) Dürkheim 881, (Lang's Buchh.) *

Mäurer, Ed., die Formen der Walzkunst u. das Façoneisen, seine Geschichte, Benutzung u. Fabrikation für die Praxis der gesammten Eisenbranche. Mit Atlas, enthltd.: 6 (lithogr.) Walzenzeichnungen, 67 lithogr. Façoneisenprofile in natürl. Größe u. 1 (lithogr.) Querschnittstaf. (in qu. Fol. u. 4 S. Text.) Stuttgart 865. Mäcken. gr. 8. (XVI, 286 S. mit eingedr. Holzschn.) n. 4 rℓ

Mäurer, Ed., deutsches Maass- u. Gewichtsbuch m. besond. Berücksicht d. metr. Maass- u. Gewichtssystems. Zum prakt. Gebrauche f. Behörden, Industrielle, Techniker etc. nach amtl. Quellen bearb. u. berechnet. Nebst Anh., enth. Münz- u. Preisreductionen. 8. (XVI, 248 S.) Weimar 872. B. F. Voigt. geb. 3 —

Mäurer, Ed. Die Maß- und Gewichtsverhältnisse , s. Maurer

Mäurer, Ferd., hoch der Rhein! Lieder. 12. (200 S.) Berlin 893. R. Boll. Geb. in Leinw. n. 2. 50

Mäurer, Ferd., Rheinelse. Ein Rhein- u. Frühlings-Märchen in 10 Gesängen. 16. (103 S.) Wiesbaden 879. Feller & Gecks. cart. n. 2. —

Mäurer, G., Gedichte und Gedanken eines Deutschen in Paris. 2 Bdchen. 8°. Zürich u. Winterthur. 1844.

Mäurer, G , s. Horen, Pariser

Mäurer, German, Anthroposophie oder Menschenweisheit. Ein Beitrag zur Lösung der polit., sozialen, religiösen und pädagog. Fragen aller Zeiten. gr. 12. (188 S.) Frankfurt a. M. 851, Lizius. *

Mäurer, German, Blüthen aus dem Abendlande. 1. Aufl. 1854. * 1 Thlr. 6 Ngr. und 2., verm. Aufl. gr. 16. (255 S. mit dem Bildniß des Verf. in Holzschn.) Zürich 855(56,) (Höhr.) *

— s.a Buch für Leute, die denken.

— ein Buch für Leute, die denken. (Neue Titel-Ausg.) gr. 16. (152 S.) Zürich (845) 848, Orell, Füßli & Co. 21 ngr

— ein Buch für Leute die denken. 3. (Titel-) Ausg. Zürich 856. Orell, Füßli u. Co. 16. (152 S.) 21 ngr

— Herzensergießungen. gr. 16. (270 S.) Leipzig 847, Weller. 24 ngr In Engl. Einb. m. Goldschn. n. 1 rℓ

Maurer, German, für's Leben. Ein Festgeschenk für gebildete Leser und Leserinnen. 16. (IV und 304 S.) Schaffhausen 860, (Brodtmann'sche Buchh.) Thlr.

Mäurer, German, Sursum corda oder: Erhebet eure Herzen. 8. (VII, 208 S.) Paris 869, Reinwald.

Mäurer, German, Das Weltdrama. (Kritische Blätter, 1848.)

Mäurer, R., Kampf u. Minne. (Gedichte.) 8. Wiesb. 820. Ritter 1 ℳ

Mäurer, *Wilhelm* [Stadtbaurat]: Das neue Gymnasium in Elberfeld. ([Umschlagt.] Beschreibg d. baulichen Anlage.) Elberfeld, gedr bei S. Lucas, *1897*; 3—7 S., 1 Taf, 3 Pl. 4. Elberfeld, G, P 1897 (455)

Maurerbraut, Die. Eine Erzählung aus dem Leben. O. O. 1861. V: *Pilz, Carl Glieb.* (Tt)

Der **Maurerbund.** o. O. u. J. 2 Bl. 8⁰ [Kopftit.]
Lied ohne Noten: „Schliesset eng den Maurerbund . . .“

Der **Maurerbund.** [Unterz.:] F. o. O. u. J. 1 Bl. 8⁰ [Kopftit.]
Lied ohne Noten: „Es flammt in reiner Brust die Gluth, . . .“

Maurerbund, Der. »Es flammt in reiner Brust die Gluth . . .«. Von F. O. O. u. J. V: *Fischer, Robert.* (wolfstieg II, 856)

Der **Maurer-Bund.** Ein Festgesang am Gedächtniss-Tage des h. Johannis 1817. Von H. u. M. zu H[a]lb[er]st[a]dt. Helmstädt [1817]: Leuckart. 2 Bl. 8⁰ [Umschlagtit.]
Ohne Noten: „Was ist's, das in der Zerstörung der Zeit . . .“

Der Maurerbund. Festgesang zu der Br. Br. **Lingke und Seidel** silbernem Maurerjubiläum. Den 10./12. August 5841. o. O [1841.] 1 Bl. 8⁰. [Kopftit.]
Ohne Noten: „Vom hohen Osten flammt das Licht hernieder . . .“

Maurer-Cantate. Musik von [Wolfg. Amad.] Mozart. »Lasst den Festgesang erschallen . . .« (Hamburg 1825.) V (Text): *Prätzel, Carl Gottlieb.* (wolfstieg II, 863)

Maurerdank, dargebracht in der Johannisfestloge der Gr. Loge zu Hamburg, am 4. Sept. 1842. [Hamburg 1842]: Nestler & Melle. 2 Bl. 8⁰ [Umschlagtit.]
Lied ohne Noten: „Des Maurer-Bundes schönste Zier, . . .“

Maurerey die Beförderin der Tolleranz. Eine Rede gehalten am St. Johannis-Fest 1791 in d. g. u. v. ▭ zu den 3 Rosenknospen [in Bochum]. [Bochum 1791.] 6 Bl. 8⁰
Kl. 1100b. Beigefügt ein Gedicht von A. Blumauer: Gebet eines Frmrs.

Maurerey von einer lichtern Seite betrachtet von einem unglüklich [!] seynsollenden Bruder. Frankfurt a. M.: Esslinger 1787. XXXII, 264 S. 8⁰

[Dasselbe.] Deutschland gedr. im hohen Tempel Salomonis [Frankfurt a. M.: Schäfer] 1788. XXXII, 264S. 8⁰
Kl. 513. Enth.: Anrede an meine Brr.; Abhandl. üb. d. Winkellogen; Betrachtung üb. d. Vorteile d. Vermehrung d. Logenmitgl.

[Abgedr. u. d. Tit.:]
Die geheimen Aufschlüsse. Frankfurt: Esslinger 1794. XXXII, 264 S. 8⁰ [Kupfertit.]
Recens: Frmr-Bibliothek. 7 (1794) S. 164—166. Kl. 540.

Maurerei, die freie, in drei Gesängen. gr. 8. (4³/₄ B.) Cleve 834, Char.

Maurerei, die freie, in drei Gesängen. 2., umgearb. u. verm. Aufl. gr. 8. (5¹/₄ B. u. Tilbild.) Cleve 836, Char.

— üb. das Ganze der, aus d. Briefen der v. Fürstenstein u. v. Stralenberg, die sie auf ihren Reisen durch Deutschland, Frankreich, d. Schweiz u. Ungarn gewechselt, gezogen. 8. Leipz. ... 2e verm. A. 788. Weygand. 18 ℊ

Maurerei, Die, und der Protestanten-Verein. Darmstadt 1870. V: *Maass, Martin.* (Tt)

— d. schottische, od. d. Jesuiten vertrieben a. d. Maurerey, a. d. Frz. m. Anh. 8. Lpz. Göschen. 788.

Maurerei, Die schottische, verglichen mit den drey Ordensgelübden . . . 1. Theil. Leipzig 1788. V: *Bonneville, Nicolas.* Ü: *Bode, Johann Joachim Chph.* (Ky) (Ml.) (Tt) (SJL)

— die Schottische, verglichen mit den drei Ordensgelübden u. das Geheimniß d. Tempelherrn aus d. 4. Jahrh.; aus d. Französ. mit Anmerkk. des Uebersetzers (J. J. Chph. Bode). 2 Thle. 8. Leipz. 788. Göschen. 1 ℔ 4 gr (2r Thl. Auch u. d. T.: Einerleiheit der vier Gelübde bei d. Gesellsch. des heil. Ignatz ꝛc. — u. beide Thle. Auch u. d. T.: Die Jesuiten vertrieben aus d. Freimaurerei, u. ihr Dolch zerbrochen ꝛc.)

Maurer-Empfindungen zum Neujahrsfest 5811. W. (»Du, dessen Macht die ganze Welt erfüllet ....«) Regensburg 1811. V: *Westerholdt, Alexander Graf von.* (wolfstieg I, 526)

Maurerey, s. Maurerei

Ein **Maurer-Fest** auf der Burg Klopp zu Bingen. (Am 9. Juni 1860.) [Leipzig 1860: Bär & Hermann.] 8 S. 8⁰ [Kopftit.]
Abgedr. in: Bh. 3 (1860) S. 385—387. Tt. 2118. Bericht.

Am **Maurerfeste.** o. O. u. J. 2 Bl. 8⁰ [Kopftit.]
Gedicht: „Es schwebt in feierlicher Fülle..."

Maurerfreude von einem Bruder der Loge zur Wahrheit. Wien 1786. V: *Prandstätter, Martin Josef.* (L. Abafi, Geschichte der Freimaurerei 4/155) (Fideicomissbibliothek Wien 2/2 65, Nr. 13480) (Allgemeine Wiener Bücher-Nachrichten 1786, S. 48) (wrztg 1786, S. 155) (BiblPort) (KI 477) (wolfstieg I, 659)

Maurergaudeamus. o. O. u. J. 1 Bl. 8⁰ [Kopftit.]
Lied ohne Noten: „Gaudeamus!" heisst das Wort . . ."

Das **Maurer-Geheimnis** o. O. u. J. 2 Bl. 8⁰ [Kopftit.]
Gedicht: „Nein! länger darf ich's nicht verhehlen, . . ."

Maurergesang. [Hamburg] o. J. 1 Bl. 8⁰ [Kopftit.]
Ohne Noten: „Zeiten schwinden, Jahre kreisen . . ."

[**Maurer-Gesang.**] Am 7. Jan. 5852 in Wiesbaden. [Wiesbaden 1852]: Friedrich. 2 Bl. 8⁰ [Umschlagtit.]
Ohne Noten: „Durch dreimal drei, ihr Brüder"!

Maurergesang zur Bewillkommnung unsrer aus den Gefilden des Kriegs ruhmgekröntzurückkehrender[!]Brüder. In der g. u. v. ▭ z. goldnen Apfel [in Dresden] am 2. Febr. 1810. [Dresden 1810.] 2 Bl. 8⁰ [Umschlagtit.]
Ohne Noten: „Willkommen hier im Bruder-Kreis, . . ."

Salzwedel: **Maurer Gesang** am Stiftungs-Feste der Loge zum Wohl der Menschheit in Salzwedel, am 3ten Juni 1802, von einem Bruder. [Salzwedel 1802.] 2 Bl. 8⁰. [Umschlagtit.]
Ohne Noten: „Der Weisheit, die im Stillen wirkt" . . .

Maurer-Gesänge aus und nach dem Englischen Erster Anhang zu den M. Gesängen der Loge Libanon z. d. 3. Cedern. (Erlangen) 1816 6 S 8⁰

Einige **Maurer-Gesänge für den letzten Abend des scheidenden Jahrhunderts.** o. O. u. J. 16 S. 8⁰. [Umschlagtit.]
5 Lieder mit Chor ohne Noten.

Einige **Maurer-Gesänge** für den letzten Abend des scheidenden Jahrhunderts. [Regensburg 1799.] 8 S. 8⁰. [Umschlagtit.]
4 Lieder ohne Noten.

Maurer-Gesänge gesungen bey Einweyhung des neuen Tempels der ger. und vollk. ▭ zur Einigkeit im Or. zu Frankfurt am Main. [Frankfurt a. M.] 1805. 15 S. 8⁰ [Umschlagtit.]
Kl. 2955. Kantate u. 5 Lieder ohne Noten.

Maurer-Gesänge zur Feier der Einweihung des neuen Tempels der Loge Carl zum aufgehenden Lichte zu Frankfurt am Main. Am 3. Nov. 1839. [Frankfurt a. M. 1839.] 7 S. 8⁰ [Umschlagtit.]
4 Lieder ohne Noten.

Maurer-Gesänge zur Feier des Festes St. Johannis in der g.·. u.·. v.·. ▭ Carl zum aufgehenden Lichte in Frankfurt am Main am 19. July 5818. [Frankfurt a. M. 1818]: Gerhard. 18 S. 8⁰
12 Lieder ohne Noten.

Maurergesänge zur Feier des Festes St. Johannis in der Loge Sokrates zur Standhaftigkeit zu Frankfurt a. M. 5817.

Maurer-Gesänge zur Feier des Festes St. Johannis in der Loge Socrates zur Standhaftigkeit zu Frankfurt am Main am 29. Juni 5817. [Frankfurt a. M. 1817]: Sauerländer. 20 S. 8⁰ [Umschlagtit.]
13 Lieder ohne Noten.

Maurer-Gesänge zur Feier des Festes St. Johannis in der Loge Socrates zur Standhaftigkeit zu Frankfurt am Main am 27. Juni 5819. [Frankfurt a. M. 1819]: Sauerländer. 15 S. 8⁰ [Umschlagtit.]
6 Lieder ohne Noten, davon 2 von G. Friederich.

Maurer-Gesänge zur Feier des Festes St. Johannis in der Loge Sokrates zur Standhaftigkeit im Or. von Frankfurt am Main, am 28. Juni 5829. [Frankfurt a. M. 1829.] 24 S. 8⁰ [Umschlagtit.]
12 Lieder ohne Noten.

Maurer-Gesänge zur Feier des Festes St. Johannis in der Loge Sokrates zur Standhaftigkeit im Or. von Frankfurt am Main. Am 23. Juni 5833. [Frankfurt a. M. 1833.] 19 S. 8⁰ [Umschlagtit.]
Kantate u. 10 Lieder ohne Noten.

Maurer-Gesänge zur Feier des Festes St. Johannis in der Loge Sokrates zur Standhaftigkeit im Or. von Frankfurt am Main. Am 30. Juni 5839. [Frankfurt a. M. 1839.] 16 S. 8⁰ [Umschlagtit.]
Gebet, Kantate u. 9 Lieder ohne Noten.

Maurer-Gesänge zur Feier des St. Johannis-Festes in der Loge zu den vereinigten Freunden im Or. von Mainz am 11. Juli 5830. [Mainz 1830: Wirth.] 2 Bl. 8⁰ [Kopftit.]
4 Lieder ohne Noten.

Maurer-Gesänge zur Feier des St. Johannis-Festes in der Loge zu den vereinigten Freunden im Or. von Mainz am 10. Juli 5831. Mainz [1831]: Wirth. 4 Bl. 8⁰ [Umschlagtit.]
6 Lieder ohne Noten.

Einige **Maurer-Gesänge** der Loge Libanon zu den drey Cedern für den Abend des vierten Novembers. [Erlangen] 1799. 24 S. 8⁰ [Umschlagtit.]
Kl. 1615. 8 Lieder ohne Noten.

Einige **Maurer-Gesänge** der L. Libanon zu den drei Cedern zu Erlangen. 5799. 24 S. 8⁰
Kl. 1615.

Maurer-Gesänge der ger. und vollk. Loge zur Einigkeit im Or. zu Frankfurt a/M. 5817. [Frankfurt a. M.: 1817.] 8 S. 8⁰ [Umschlagtit.]
4 Lieder ohne Noten, davon 2 von J. J. Ihlée.

Mau[r]er-Gesänge für die ger.·. und vollk.·. □ zur Einigkeit im Or. von Frankfurt am Mayn den 29sten März 5818. [Frankfurt a. M. 1818.] 14 S. 8⁰ [Umschlagtit.]
6 Lieder ohne Noten, davon 3 von J. J. Ihlée.

Maurergesänge für die Loge zur Hoffnung in Bern auf das St. Johannisfest 1848. [Bern: 1848.] 16 S. 8⁰ [Umschlagtit.]
12 Lieder ohne Noten.

Maurer-Gesaenge für die Loge zu den drey Pfeilen im Or. von Nürnberg. No 1—3. [Nürnberg] 1790—1798. 100 S. 8⁰
1. 1790 32 S.; 2. 1791 33—64 S.; 3. 1798 65 bis 100 S.
Kl. 1601. Enth. 50 Lieder ohne Noten.

Einige **Maurer-Gesänge** der Loge zur Sonne [in Bayreuth] für den Abend des dritten Augusts. Bayreuth 1800: Hagen. 14 S. 8⁰. [Umschlagtit.]
9 Lieder ohne Noten. Selten.

Maurer-Gesänge für die ehrw.·. St.·. Joh.·. □ zur Hoffnung im Morgen von Bern. Auf das schweiz.·. Bundesfest, gehalten im O.·. Bern, den 3., 4. und 5. Oct. 1850. Burgdorf [1850]: Langlois. 43 S. 1 Notenbl. 8⁰
31 deutsche, 3 franz. Lieder, davon 2 mit Noten.

Maurer-Gesänge für die Loge St. Karl zum Rautenkranz in Hildburghausen. Nr 1. [Hildburghausen]: 1792. 24 S. 8⁰ [Umschlagtit.]
7 Lieder ohne Noten.

Maurer-Gesånge für die Loge St. Karl zum Rautenkranz in Hildburghausen. [Hildburghausen]: 1800. 66 S. 8⁰
26 Lieder ohne Noten.

Sieben **Maurer Gesaenge**, in Musik gesezt [!] von mehreren Componisten. Mainz: Schott S. o. J. 21 S. quer 8⁰ (Maurerischer Liederkranz. [5.]).
Mit Noten.

Sieben vierstimmige **Maurer-Gesänge**, den Brüdern am Rheine in Liebe gewidmet. [H. 1—4.] [Mannheim: Schlicht 1830.] quer 8⁰ [Lithogr.]
[1.] 1. Tenor. 12 S.
[2.] 2. Tenor. 12 S.
[3.] 1. Bass. 12 S.
[4.] 2. Bass. 12 S.
Tt. 2323. Mit Noten. Ged. von J. B. Krebs u. F. J. Razen, komp. von P. J. Lindpaintner u. Rohde.

Maurer-Gesånge für die Loge Sokrates zur Standhaftigkeit im Or. von Frankfurt am Main am 10. April 5831. [Frankfurt a. M. 1831]: Wesché. 8 S. 8⁰ [Umschlagtit.]
8 Lieder ohne Noten: 1. „Du, dessen Allmacht Welten schuf, . . .“ 2. „Die Pfeiler des Tempels . . .“ 3. „Lasst uns den Schwur erneu'n . . .“

Maurer-Gesänge für die Loge Sokrates zur Standhaftigkeit im Or. von Frankfurt am Main. Am 14. April 5833. [Frankfurt a. M.: 1833.] 16 S. 8⁰ [Umschlagtit.]
11 Lieder ohne Noten.

Maurer-Gesänge für die Loge Sokrates zur Standhaftigkeit im Or. von Frankfurt am Main. Am 13. Sept. 5834. [Frankfurt a. M.: 1834.] 16 S. 8⁰ [Umschlagtit.]
8 Lieder ohne Noten.

Maurer-Gesänge, 24, mit Begleitung des Piano-Forte zum Gebrauche der Loge Socrates zur Standhaftigkeit i. O. zu Frankfurt am Mayn und derselben bey Gelegenheit der Einweihung eines neuen Locals brüderlichst geweihet von A. André, Mitglied dieser Loge. 5809. 59 S. Text mit Melodien. 8⁰

Maurergesänge, 24, m. Begleitung d. Pianoforte, v. A. André. 8. Frkft. Eßlinger in Comm. 810.

Maurergesänge, 24, mit Begleit. d. Pianof., von A. André. 8. Frankf. a. M. 810. (Schäfer). 1 ℳ 8 𝒳

Zwölf **Maurer-Gesånge.** o. O. u. J. 8 Bl. 8⁰ [Umschlagtit.]

Anton I, König von Sachsen: Freier **Maurer-Gruss, dem neuen Könige von Sachsen Anton I. dargebracht in der ger. und vollk. St. Joh. Loge Apollo [in Leipzig]. Den 9ten Mai 1827. [Leipzig 1827.] 2 Bl. 8⁰ [Umschlagtit.]**
Lied ohne Noten: „Grüsset voll Heiterkeit, . .“

Maurer-Gruss an Seine Königliche Hoheit den Prinzen Friedrich Wilhelm von Preussen. Dargebracht von d. g. u. v. St. Joh. Loge Friedrich Wilhelm zur gekrönten Gerechtigkeit [in Berlin]. Berlin 1855: Sittenfeld. 2 Bl. 4⁰ [Umschlagtit.]
Lied ohne Noten.

Maurergruss an Seine Majestät König Georg V. von Hannover zum 27. Mai 1857. »Danket dem Herrn, denn er ist freundlich ...« Hannover 1857. Comp: *Molck, H. jun.* V: *Rümpler, Karl.* (wolfstieg II, 798)

Maurerhalle, die, s. Zeitschrift f. Freimaurerei.

Maurerhalle, die, neueste Zeitschrift f. Freimaurerei, s. Zeitschrift.

Die Maurerhalle. Zeitschrift für Freimaurerei. Hrsg. von Rud. Rich. Fischer. Bd 1—4. Altenburg: Pierer 1842—1845. 8⁰
1. XII, 456 S. 1842; 2. 458 S. 1843; 3. 498 S. 1844; 4. 460 S. 1845.
cf. JALZ. 1805 No 75, 76; AJ. 2 (1805—1806) S. 3—34 (J. Schuderoff); AZ. 2 (1824) S. 149—243; L. 1 (1900) S. 175—176, 328—329.
Kl. 36, 37, 38, Tt. 189. 23. 25.

Maurerhandwerk, das. Ein prakt. Hand-, Lehr- u. Nachschlagewerk zur Anfertigg. u. Kalkulation aller Maurer- u. Bauarbeiten m. e. Anh.: Die Rechtskunde u. Kontorarbeiten des Maurermeisters, nebst e. separaten Album, enth. zahlreiche Vorlagen u. Entwürfe v. Wohn- u. Geschäftshäusern m. Rissen u. Schnitten. (52 Taf. u. 1 Phantom in Mappe. 27×19,5 cm.) Bearbeitet v. Otto Alisch, H. Altendorf, F. Berghauer usw. Ausg. 1908. (VII, 696 u. 86 S. m. 1183 Fig.) Lex.8. Leipzig 908. J. J. Arnd. Geb. in Leinw. 18. —

Maurer-Huldigung, abgesungen in der sehr ehrw. *.* ger. *.* und vollk. Mutter Loge Carl zu den drei Schlüsseln im Or. zu Regensburg am 22. X. 5809. W. (»Wo Ordnung herrscht, da herrschet Friede ...«) Regensburg 1809. V: *Westerholt, Alexander Graf von.* (wolfstieg I, 626)

Maurer-Hymne beim Feste der Provinzial-Loge von Niedersachsen zu Hamburg am 17. Sept. 1816 dem unsterblichen Helden unserm Br. Blücher von Wahlstatt [!] geweiht. Hamburg [1816]: Appel. 4 Bl. 8⁰ [Umschlagtit.]
Ohne Noten: „Ertön', o Gesang, vom maurer'schen Bunde ...“

Maurer-Innungs-Privilegium f. Schlesien. Fol. Glog. 790. Chr. Fr. Günther. 10 *K*

Maurerjubelfest zu Ehren des Durchlauchtigsten und hochw.·.sten OB.·. Christian Ludwig Landgraf zu Hessen und bei Rhein und der Br.·..·. Friedr. Leop. Klipstein, und Ernst Ludw. v. Moranville, gefeiert in der ger.·. und vollk.·. ▭ Johannes der Evang. zur Eintracht im O.·. zu Darmstadt am 28. Juli 5828. Darmstadt [1828]: Weiss. 55 S. 8⁰ [Umschlagtit.]
Kl 3000. Bericht mit Angabe des Rituals. Reden von W. Nebel, F. Hassloch; im Anh. Vortrag von J. G. Siegfrieden: Üb. Wesen, Zweck u. Ziel der Mrei, u. von Ph. J. Hildebrandt: Üb. den geistigen Gewinn, den die Zugehörigkeit zum Bunde bringt.

Begemann, Wilh.: Johannis-Loge zur Beständigkeit [in Berlin]. **Maurer-Jubiläum** des Brs. [Wilh.] Begemann. Berlin [1904]: v. Holten. 5 Bl. 8⁰. [Umschlagtit.]
Speisenfolge und Lieder.

Deecke, Wilh.: Strassburg, den 3. April 1875. Zum **Maurer-Jubiläum** des Br. [Wilhelm] Deecke. [Strassburg 1875: Schultz & Co.] 1 Bl. 8⁰. [Kopftit.]
Musikal. Programm mit Texten und teilweise Noten.

Pestalozzi-Stockar, Otto: Fünfzigjähriges **Maurer-Jubiläum** von Otto Pestalozzi-Stockar. Gefeiert in der ▭ Modestia cum libertate im Or.·. von Zürich. Mai 1905. Zürich [1905]: Juchli & Beck. 31 S. 8⁰
Bericht. Reden von E. Kramer-Waser u. Custer, letztere enth. einen Rückblick auf die Gesch. der Mrei in Zürich, insbes. der Loge Modestia.

Schumann, Wilh. v.: Loge Eugenia zum gekrönten Löwen. Danzig den 16. April 1910. Fünfzigjähriges **Maurerjubiläum** des Br. v. Schumann. Danzig [1910]: Schroth. 8 S. 8⁰ [Umschlagtit.]
1 Kantate, 4 Lieder ohne Noten, 2 von M. Löbner.

Maurer-Jubiläum, Das goldene, des [Brs.] Körting im Or. Hannover am 9. Dez. 1905. Hannover 1906. V: *Buchholz, Hermann.* (wolfstieg I, 843)

Maurer-Kathechismus, o. O. [1816]. 11 S. 8⁰
[Nebentit.: Poln.] Katechizm mularski.
Gedicht in deutsch. und poln. Sprache. Beigefügt ist: Pieśń. (Poln. Gedicht.)

Maurer-Klänge zu der am 28. Juli 5847 in Stein gehaltenen brüderlichen Versammlung. o. O. [1847.] 2 Bl. 8⁰ [Kopftit.]
3 Lieder ohne Noten.

Der **Maurerlehrling.** o. O. u. J. 2 Bl. 8⁰ [Umschlagtit.]

[Dasselbe.] [Unterz.:] H ... r. o. O. u. J. 1 Bl. 4⁰ [Kopftit.]
Gedicht: „Harrend an des Tempels heil'ger Schwelle ...“

Maurerlehrling, Der. »Was klopfet draussen an des Tempels Pforten?« W. G. O. O. u. J. V: *Gerhard, Wilhelm* (?). (wolfstieg II, 837)

Maurer-Lehrling, der, sein Verhalten u. seine Fortbildung während der Lehrzeit sowie seine Vorbereitung zur Gesellen-Prüfung. Hrsg. v. der Handwerkskammer f. das Herzogt. Braunschweig. (40 S., Bl. 41, 42 u. S. 43 u. 44 m. Abb.) gr. 8. Braunschweig 904. (H. Sievers & Co. Nachf.) 1.35

Maurer-Lied. [Unterz.:] H.·. L.·. o. O. u. J. 1 Bl. 8⁰ [Kopftit.]
Ohne Noten: „Was Segen Euch bringet, und Heil und Gedeih'n, ...“

Maurerlied. o. O. u. J. 2 Bl. 8⁰ [Umschlagtit.]
Ohne Noten: „Der Hochgeweihten sind nicht viel, ...“

No 9. **Maurerlied.** o. O. u. J. 2 Bl. 8⁰ [Lithogr.] [Umschlagtit.]
Zu Ehren der besuchenden Brr. Ohne Noten: „Willkommen theure Brüder ...“

No 10. **Maurerlied.** o. O. u. J. 2 Bl. 8⁰ [Lithogr.] [Umschlagtit.]
An neu aufgenommene Brr. Ohne Noten: „Reich uns, Bruder, deine Hand, . . .“

Maurer-Lied vom Br. S. »Zum Feur ! Zum Feur ! auf, ladt die Kanone ...« Hamburg 1787. V: *Suse, Hieronymus Johann Bernhard.* (wolfstieg II, 862)

Maurerlied. (Durch dreymaldrey, ihr Brüder.) Von W. G. O. O. u. J. [ca 18 . .] V: *Gerhard, Wilhelm.* (wolfstieg I, 577)

Maurerlied. Nach Hoffmann von Fallersleben. Leipzig 1860. V: *Seydel, Rudolph.* (Tt)

Maurerlied, gesungen in der □ Eugenia zum gekrönten Löwen in Danzig am 7. August 1811, als der Br. v. S. nach einer 25jährigen Abwesenheit dem Bruderbunde wieder beitrat. [Unterz.:] v. S. Danzig[1811]: Müller. 4 S. 8⁰. [Umschlagtit.]
Ohne Noten: „Wenn auf des Lebens Pilgerreise“.

Blücher, Fürst von Wahlstadt, Gebhard Leberecht: **Maurer-Lied** nach der Feyer der Weihe bey der Tafel-Loge auf die Gesundheit des Meisters vom Stuhl [Blücher] gesungen. Im Or. zu Münster den 12ten Oct. 1802. 2 Bl. 8⁰ [Umschlagtit.]
Tt. 2532. Ohne Noten: „Nun ihr Brüder die Kanone . . .“

Maurer-Lied zur Ehre des Königs Friedrich Wilhelm III. am 21sten Jan. 1798 gesungen. Berlin [1798]. V: *Herklots.* Com: gesungen. Berlin [1798]. V: *Herklots.* Comp: *Himmel, Friedr. Heinr.* (wolfstieg I, 788)

Maurerlied, der Geburtsfeier des besten Landesvaters. Von K. Braunschweig 1789: Kolb. 2 Bl. 8⁰
Ohne Noten: „Auf! wem Vaterlandsliebe, . . .“

Maurerlied, dem Durchlauchtigsten Hochw. Grossmeister (d. i. Karl Alexander von Thurn und Taxis] und sämmtlichen Hochw. Brüdern, Beamten und Mitgliedern der s*.* u*.* g*.* und v*.* Mutterloge Karl zu den drei Schlüsseln gewidmet. Am 23ten 12. 5808. W. »Lasst uns heute frohe Lieder . . .« Regensburg 1808. V: *Westerholt, Alexander Graf von.* (wolfstieg I, 526)

Maurerlied beim Johannesfeste 1859. [Hamburg: 1859.] 2 Bl. 8⁰
in: Ney, H.: Dem Br G. M. Ritt u. Br F. W. Beckendorf z. Joh.feste gewidmet. 1859, Bl. 1.
Ohne Noten: „Ihr Brüder, auf! Lasst Freudenlieder schallen . . .“

Maurer Lied der Pilgerloge in London, bey Gelegenheit eines Besuchs, Sr. K. H. des Herzogs von Sussex, 1812. [London 1812.] 2 Bl. 4⁰ [Umschlagtit.]
Ohne Noten: „Willkommen Brüder in der Halle!“

Wöllner, Joh. Christoph v.: **Maurerlied** an den Br. Wöllner. Den 5ten Dec. 1775. Berlin [1775]: Bergemann. 2 Bl. 4⁰ [Umschlagtit.]
Kl. 919c. Ohne Noten: „Heute schwelle heitre Freude . . .“ Üb. Wöllner s. Allgem. Deutsche Biographie Bd 44 1898 S. 148–158 (Bailleu).

Maurer-Lieder. o. O. u. J. 8 Bl. 8⁰ [Umschlagtit.]
2 Lieder in der Loge; 3 Tafellieder.

Maurer-Lieder. Von den BB∴ D∴ u. v∴ N∴ [Elberfeld] o. J.: [Jullien]. 22 S. 8⁰ [Umschlagtit.]
Gebet u. 16 Lieder ohne Noten.

Maurerlieder. Elbing 1806, s. a. Gomperz, Ludwig

Maurerlieder. Elbing 1806. H: *Gomperz, Ludwig.* (wolfstieg II, 802)

Drei **Maurer-Lieder** bei der Aufnahme eines Br zu singen. o. O. u. J. 2 Bl. 8⁰ [Kopftit.]
Ohne Noten.

Maurerlieder gesammelt von der Provinzial-Loge von Schlesien. Breslau 1884: Grass, Barth & Comp. 46 S. 8⁰.
40 Lieder z. T. mit Noten.

Maurer-Notizkalender f. d. J. 1908. Hrsg. vom Zentralverband der Maurer Oesterreichs. 1. Jahrg. (192 S. u. Schreibkalender m. 1 Bildnis.) 16. Wien, Wiener Volksbuchh. Geb. in Leinw. nn 1. —

Maurerode am Jahresschluss . . . Berlin 1780. V: *Gedike, Friedrich.* (Kl)

Maurerode am Johannis-Feste 1780 . . . Berlin. V: *Gedike, Friedrich.* (Kl)

Maureroden, Zwei, am Johannisfeste 1781 und 1782 . . . Berlin 1782. V: *Gedike, Friedrich.* (Kl) (SJL)

Maurerrede in der Loge zu den drey Schlüsseln in Regensburg, am Johannisfeste 5. 7. 93 ∴ gehalten. [Regensburg 1793.] 8 S. 8⁰. [Umschlagtit.] (Sammlung einiger Freimaurerreden... Regensburg. 60.)
Sehr selten. Über die Freundschaft.

Drey **Maurerreden** welche in der Loge zum [goldnen] S[chiff] gehalten worden vom Br. . . . Berlin: Matzdorf [1787]. 40 S. 8⁰
Kl. 1077

Maurer-Reden, Fünf, gehalten in der St. Joh.-Loge Aurora zur [fernen] Kette in O. Reichenbach von A. E. P. Reichenbach 1831. V: *Pape, August E.* (wolfstieg I, 75)

Maurerreden in der ger. und vollk. Loge der Wachsenden zu den drey Schlüsseln in Regensburg am Neujahrsfeste 5. 7. 91.·. gehalten. [Regensburg]: Selbstverl. d. Loge [1791]. 15 S. 4⁰ [Umschlagtit.]
(Sammlung von Frmrreden d. L. in Regensburg. 55.)
Tt. 1892. Selten. Der M. v. St. V[ischer?] ermuntert zur Bruderliebe, der Redner fordert auf zur Arbeit am rauhen Stein.

Maurerreden in der ger. und vollk. Loge der Wachsenden zu den drey Schlüsseln in Regensburg am Neujahrsfeste 5. 7. 92.·. gehalten. [Regensburg]: Selbstverl. d. Loge [1792]. 12 S. 4⁰ [Umschlagtit.]
(Sammlung von Frmrreden d. L. in Regensburg. 57.)
Selten. 2 Reden. 1. vom M. v. St.: Gelegenheitsworte, 2. v. R—r: Üb. Glückseligkeit.

Maurerreden in der ger. und vollk. Loge Regensburg der Wachsenden zu den drey Schlüsseln bey ihrem ersten Jubelfeste gehalten. Am 24ten im Junius 5791. [Regensburg 1791.] 20 S. 4⁰ [Umschlag- u. Kupfertit.]
(Sammlung von Frmrreden d. L. in Regensburg. 56.)
Tt. 2120. Selten. 2 Reden zum 25 jähr. Stiftungsfeste: 1. Einladungsrede, 2. die Jubelrede von R—r: Rückblick auf die Gesch. der Frmrei im allgem u. die Gesch. der Loge insbesondere. Nebst Abb. der bei dieser Gelegenheit geprägten Medaille.

Maurerreden, Sechs, gehalten in der gerechten und vollkommenen Loge zur Einigkeit . . . Frankf. 5809 [1809]. V: *Ihlée, Johann Jakob.* (GGr) (SJL) (MGT)

Maurerreden, Z w e y , in der Magdeburgischen Loge Ferdinand zur Glückseligkeit gehalten vom Br J G Magdeburg: Scheidhauer 1785 51 S 8⁰

Maurerregeln. Jetzt Heymann in Berlin. 8⁰

MAURERS, Felix, Observationes curioso-physicæ, oder besondere Remarques und Anmerkungen der geheimen grossen Wunder der Welt in natürlichen Sachen, welche sich so wohl am Himmel, in der Luft, Feuer, Wasser, auf und in der Erde, am Menschen, Thieren, Gewächsen u. d. g sich gezeiget. Franckf. 1713. 8⁰. Sehr starker Band. (1 1/3 Rthl.) Rar!
Cat univ d Buchh. d Waisenhauses in Züllichau (c. 1740).

Maurerschwamm. o. O. u. J. 1 Bl. 4⁰ [Lithogr.] [Kopftit.]
Gedicht: „Ich sah zwei Maurer an den Bau, . . ."

Maurersinn. Zur Eröffnung der Tempelarbeit ›Zum Beginnen, zum Vollenden ... (Mel. von Joh. Peters.) [Köln 1892.] V: *Cramer, Benv.* (wolfstieg II, 827)

Maurerthum und Volksvertretung. In besonderer Beziehung auf den preussischen Staat. Von S. Dortmund: Mallinckrodt in Comm. 1816. 32 S. 8⁰ [Umschlagtit.]
Kl. 3608. Verf. will die Frmr von den Landständen ausgeschlossen sehen u. verlangt Aufhebung des Bundes.

Maurerthum u. Volksvertretung. In besonderer Beziehung auf den Preuß. Staat. Von S—. 8. Hamm 816. Schulz. 4 gr.

Maurerthum und Volksvertretung. In besonderer Beziehung auf den Preuß. Staat. 8. Hamm, Schulze u. Wundermann. 816.

Maurertreue. [Unterz.:] W. G. o. O. u. J. 1 Bl. 8⁰ [Kopftit.]
Gedicht: „Der Jüngling tritt zum heiligen Verein.. "

Heidelberg: Or. Heidelberg, den 4. Oct. 1857. **Maurer-Versammlung** in der Loge „Rupprecht zu den fünf Rosen". [Heidelberg 1857.] 12 S. 8⁰ [Kopftit.]
cf. FZ. 12 (1858) S. 17—21, 28—29 (G. H. Frommann), 159—160 (K. E. E. Hoffmann).
Bericht; betr. Beratung des von G. H. Frommann gemachten Entwurfs einer Unterstützungskasse für Witwen u. Waisen verstorbener Brr.

Das **Maurerwort**, o. O. u. J. 1 Bl. 8⁰. [Kopftit.]
Lied: „Wie heisst das Wort, das mehr als Eide gilt," ...

Maurette, J. J., der Pabst u. das Evangelium oder noch ein Lebewohl an Rom. Aus d. Französ. gr. 8. Heilbronn 844. (Drechsler'sche Buchh.) 1/4 ₰ — 2. Abdr. gr. 8. Ebend. 845. 1/4 ₰ — 3. wohlf. Aufl. gr. 8. Heilbronn 846, Drechsler'sche Buchh. 6 ngl

Maurette, J. J., der Papst und das Evangelium; oder: Abschied von Rom. Nebst einem Anhange. gr. 16. (128 S.) Neu-York 854. (Philadelphia, Schäfer und Koradi.) *

Maurette, J. J., der Pabst und das Evangelium oder noch ein Lebewohl an Rom. Aus dem Französ. übers. 4. Aufl. br. 8. (VII und 71 S.) Stuttgart 863, Lubrecht und Comp.

(Mauretzen, Mathieu Steffen.) Ideas soppra las differentias, chi agiteschen Noass Hondro Comoen (da Ængadina otha), reguard la juriditium civilla. (Chiamuesch 1796 adij 15 Aprilis.) 4. *s. l.*

Maurey, Max, die Empfehlung, s. a. Bloch's, Eduard, Theater-Korrespondenz. Nr. 340.

Die Empfehlung [La recommandation]. Komödie in 1 Akt von Max **Maurey**. Deutsch bearb. von Ludwig Wolff. *Berlin: E. Bloch (1904).* (22 S.) 8⁰ [F.]
— **Theater-Korrespondenz**, Eduard Blochs. No 340. [04. 15581]

Maurice, Comte de Saxe, s. **Moritz**.

Maurice, the balance of military power in Europe, s. a. **Collection of British Authors.**

Maurice: The Balance of military power in Europe. Leipzig 1888. 8⁰

(Maurice,) Entdeckungen über Migraine u. Taubheit, s. Mene, M.

Maurice, Abel, das Kind der Vorsehung, s. a. Bibliothek für die reifere christliche Jugend.

Maurice, Abel, das Kind der Vorsehung. Aus dem Franz. übers. v. Heinr. Werner. Mit 1 Titelbilde. 8. (276 S.) Regensburg 883. Verlags-Anstalt. 2. —

Maurice, Alph., Frühlingsblüthen u. Herbstblätter. Gedichte. 12. (IV, 114 S.) Dresden 900. (G. Tamme.) Geb. in Leinw. m. Goldschn. n.n. 3. 50

Maurice, Alphonse, der Schatz. Komische Oper in 1 Akt von W. Schwebersky und W. Merkel. Musik von A. M. Textbuch. 12. (22 S.) Leipzig 886, M. Hesse. *

Maurice, Alph., das Stelldichein. Kleine Spieloper in 1 Aufzuge v. W. Wennhacke Musik v. A. M. Textbuch. 12. (20 S.) Leipzig 891. M. Hesse. n. — 20

— die Wette. Singspiel in 1 Akt v. Jul. Zähler. Musik v. A. M. Textbuch. 12. (16 S.) Ebd. 888. n. — 20

Maurice, Barthélemi, die Beicht. Eine Erzählung. Nach d. Französ. v. ein. kathol. Geistlichen. 8. (2 1/4 B.) Reutlingen 843, Kalbfell-Kurtz.

Maurice, Frederick, Leben von Frederick Denison Maurice. Nach dem Wortlaut seiner eigenen Briefe erzählt von seinem Sohne. Autoris. deutsche Bearbeitung von Maria Sell. gr. 8. (VIII, 551 S.) Darmstadt 885, Bergsträßer. *
geb. *

Maurice, Henri, de Cherbourg, ancien élève de l'Institut Pasteur de Paris, missionnaire apostolique: Variations avec l'âge dans la teneur de quelques organes en phosphore total et en divers corps phosphorés. (Travail de l'Institut de physiologie de l'université de Fribourg en Suisse. Prof. Dhéré.) [Mit 19 Tabellen im Text.] Fribourg (Suisse) 1910. 78 S. 8⁰. Extrait des Mémoires de la société fribourgeoise des sciences naturelles. Série physiologie-hygiène-bactériologie. Vol. 1, fasc. 3.
Freiburg i. Schw. Math.-naturw. Diss. 1909/10.

Maurice, J. F., s.: Krieg, der große, v. 189—.

Maurice, L., Eleanor's Ball-Erfahrungen, } s. Reiselectüre.
—— Onkel Heinrich, }

Maurice, L., Sonnenschein Novellen 8 Leipzig 875, Dürselen * 4 —

—— Sonnenschein-Novellen. 8. (208 S.) [Leipzig 875, Dege.] Jena, Dege und Haenel. *

Maurice, M., keine Zahnschmerzen mehr! Aus d. Französ. v. C. Helmoldt. gr. 16. (6 1/2 B.) Nordhausen 842, Fürst.

Maurice, M., keine Zahnschmerzen mehr! Ein untrügl. Rathgeber, wie man die Zähne gut erhalten, die verdorbenen verschönern und alle Arten von Zahnschmerzen schnell und gründl. heilen kann. Aus dem Französ. von C. Helmoldt. 3. Aufl. 8. (103 S.) Nordhausen 847, Fürst.

Maurice, M., keine Zahnschmerzen mehr! Ein untrüglicher Rathgeber, wie man die Zähne gut erhalten, die verdorbenen verschönern u. alle Arten von Zahnschmerzen schnell u. gründlich heilen kann. Aus d. Franz. v. C. Helmoldt. 3. Aufl. 8. (103 S.) Nordhausen 847. (Leipzig, Hentze.) 5/12 ₰

Maurice, zu Paris, Dr. Mène, Behandlung der Gehörleiden, gr. 12. Paris 832. (Dresd. u. Leipz., Arnold). 5 gl

Misé Brun Lyrisches Drama in 4 Akten. Text u Musik von Pierre **Maurice**. Nach d. gleichnam Roman von Frau Ch. Reybaud, deutsch von Heinrich K. Schmid. (Textbuch.) Berlin. Bote & Bock [1909] 79 S. 8⁰

Die weisse Flagge [Le Drapeau blanc.] Szenen aus d Burenkriege. Oper in 1 Akte. Dichtung u. Musik von Pierre Maurice. Deutsch von Ludwig Hartmann. [Textbuch.] Stuttgart Feuchtinger [1905] 24 S 8°

Maurice, V. L., Belgien u. Holland, s.: Griebon's Reisebücher.

Mauriceau, Frz., 700 observationes pract. v. schwangern Weibern. 8. Dres. Walther. 709.

Maurichcau-Beaupré. Ärztl. Milit. Untersuchg. Tabellar. Übersicht d. wirklichen, verheimlichten u. verstellten Krankhn. u. Gebrechen. A. d. Franz. Weimar 1862 1 Mappe.

Mauricius, Fridemund, Sendschreiben von dem Maienfeste und Maienkönige. Frankenhausen 1753. 4. . . . . (D.)

Maurier, ..., s. O. *Malling*, récueil.

Maurier, George du, Peter Ibbetson, s.: Library, the English.

Maurier, Geo. du, the Martian, s.: Collection of British authors.

— Trilby, s.a Collection of British authors.

Maurier, George du

Trilby. Roman. Deutsch von Marg. Jacobi. Stuttgart: Lutz 1896. 447 S. 8°

[F.] Trilby Roman v George du Maurier Deutsch v Marg Jacobi. Autoris. 6 Aufl. *Stuttgart: R Lutz 1897* (2 Bl., 447 S.) 1 Bd 8.

— Trilby. Roman. Deutsch v. Marg. Jacobi. Autorisiert. 10. u. 11. Aufl. 8. (447 S.) Stuttgart 897. R Lutz n. 4. 50; geb. n. 5. 50

— dasselbe, dramatisiert, s.a Potter, Paul M.

— Trilby. Roman. Deutsch v. Marg. Jacobi. Autorisiert. 12. [Titel-]Aufl. (447 S.) kl. 8. Stuttgart [897] 904. R. Lutz. n. 4. 50; geb. m. Goldschn. n. 5. 50

Maurier, de St., die Kunst ital. Pappelbäume aufzuzieh. 8. Lpz. Hilscher. Compt. f. Litt. 764.

Maurig, Ferd. v. Gesetze u. Entscheidungen in Friedhofs-Angelegenheiten rechtl. Natur f. das Königr. Böhmen, s.a Gesetze, Ser.-Ausg. d. neuen österreichischen, Nr 66.

Maurig, Ferd v., Gesetze u. Entscheidungen in Friedhofs-Angelegenheiten rechtl. Natur f. das Königr Böhmen. Systematisch dargestellt u erläutert. 8 (VII, 112 S.) Prag 891. Höfer & Klouček. n. 1 60

Maurik, Justus van

Maurik jun. J. van, Herrn van Bommels Badeerlebnisse, s.a Aus Vergangenheit u. Gegenwart, 34. Bdchn.

Herrn van Bommels Badeerlebnisse. Von J. van Maurik. Kevelaer Butzon & Bercker [1903]. (96 S.) 8° [F.]
= Vergangenheit, Aus, u. Gegenwart. Bdch. 34.

Maurik, Justus van. Aus Holland. Novellen u. Skizzen, ins Deutsche übertr. von Marie Roepms van Zevenhuizen geb. Anh. 8. (VII, 261 S.) Münch. 889, Callwey. 3 —, geb. * 4 —

Maurik jun., J. van, e. Journalistenstreich u. andere Humoresken, s.: Universal-Bibliothek.

— „S" od. „Z"?, s.: Keller, Ernst.

— mein Vortragsabend u. andere Humoresken, s.: Universal-Bibliothek.

Maurin, G., L'administration de la colonie Nimoise à l'époque gallo-romane d'après les documents épigraphiques. 1884. 41 S. 1.20

Maurin, M. Julia

Maurin, M. J, das Leben, Wirken u. Leiden der gottsel. Pauline-Maria Jaricot, Stifterin d. Vereins zur Verbreitg. d. Glaubens u. d. Lebendigen Rosenkranzes. Autor. deutsche Ausg v. J. Bechtold. 8. (XVI, 333 S. m. Abb.) Trier 898. (Paulinus-Druckerei.) n. 2. 50

Maurique, Card., Saml. d. Instruction. d. span. Inquisit. Ger. a. d. Span. v. J. D. Reuß, nebst Geschichte d. span. Inquis. v. L. T. Spittler. 8. Hannov. Helwing. 788.

Mauritii, Hassiae Landgravii poetices methodice confirmatae, Libri II. 8. Marb. 752.

Mauritii, Erici, Dissertationes et opuscula de selectis juris publ. et privati materiis. 4. Strasb. Treuttel. 724.

Mauritii, Fr. Max., († d. 5. März 1799.) Entwurf e. Beweisart, nach welcher von der Göttlichkeit d. heil. Schrift die höchste Gewißheit e. Demonstration erreicht wird. 8. Minden 765. (Halle, Waisenhaus-B.) 2 gl.

— merkwürdiges Sterbebette dreier hohen Generals. 8. Minden 765.

— Versuch e. Erklär. der schweren Stelle Zach. 12, 11—14. Rinteln 764. N. A. 8. Rostock 772.

Mauritii G. E., „Betrachtungen über Chemie, als Dreingabe für meine Schüler" pg. 9—16. 4°. Bayreuth, F C Birner.
Wunsiedel, Progr. 1841/42 *

Mauritii, G. E. „Die atmosphärische Luft" pg. 1—12. 4° Theodor Burger. (Ohne Ort.)
Wunsiedel, Progr. 1847/48

Mauritii, G. E „Temperatur und Klima in ihrer Beziehung zum Pflanzenbau". pg. 3—16. 4° J Kayser.
Kaiserslautern, Progr. 1849/50

Mauritii, G. Ernst „Der feurige Drache und über einige andere meteorologische Raritäten". pg. 9—16. 4° F. C. Birner (Ohne Ort.)
Wunsiedel, Progr. 1843/44

Mauritii, G. Ernst (Lehrer der Physik) „Ueber den Einfluss der Mondphasen auf den Witterungswechsel" pg. 13—20. 4°. Bayreuth, F. C. Birner.
Wunsiedel, Progr. 1840/41

Mauritii, G. Ernst „Die Theorie des Barometers als Wetterglas" pg. 11—18. 4° Mit einer Textfigur Bayreuth, F C. Birner.
Wunsiedel, Progr. 1839/40

Mauritio, L. v. Porto, s.a Leonhard.

Mauritio, Leonardo v. Porto, kurze andächtige Art und Weise, den heil. Kreuzweg zu besuchen, s.a Leonardo.

Mauritio, P. Leonardo von Porto, Kurze andächtige Art und Weise, den heiligen Kreuzweg zu besuchen. 32. (28 S.) Wien, Sartori. 10 kr.
1865.

Mauritius, L. a Portu, thesaurus abscondis. 4. Regensb. Montag et W. 752.

Mauritio, L. v. Porto, Weg z. Himmel, a. d. Ital. v. J. Stark. 8. Salzb. Duyle. 800.

Mauritius, der heilige, Oberster der thebæischen Legion, Landespatron der Diöcese Sitten. Geschichtliche Erläuterung aus den besten Quellen zu dessen Heldentode in Agaunum, vom Verfasser der „Helvetia Sancta". In-8⁰, VI und 98 S. Einsiedeln, Druck von Gebr. K. und N. Benziger. 1881.

Mauritii a Berona, praelect. philosoph.-metaphys. III Pts. 8. Basel 780. Turneysen. 1 ₰ 8 gr

Mauritii a Berona, praelect. physicae general. et particul. II Tmi. c. fig. 8. Basel 780. Turneysen. 2 ₰

Mauritius, Frau v., s.a.† Isidor.

BYRON. — Isidor (d. i. Frau *v. Mauritius*), Bilder aus dem Leben eines genialen Dichters unserer Zeit. Romantisch bearbeitet. Magdeburg, 1834. Bei Ferd. Rubach. 8⁰. Zahm.
IV—234 S., 1 Bl. Verlag der Firma. — Auch u. d. Tit.: Taschenbuch f. d. elegante Welt, auf d. J. 1834. — Weller, Lex. Pseud.

Mauritius, decimales Rechnen und metrisches Messen. In einheitl. Darstellung zur gründl. Einführung in die neuen Maße und Gewichte für alle Lehrer des Rechnens und Rechner. gr. 8. (VIII, 118 S.) Paderborn 869, Schöningh. *

Mauritius, Transporteur u. Maßstab. Zum Gebrauch beim Unterricht in Planimetrie u. Trigonometrie. gr. 8. (7 S. m. 1 Steintaf. auf Pappe.) Coburg 871. Riemann'sche Hofbuchh. In Mappe. n. — 60

Mauritius, Transporteur u. Maßstab zum Gebrauch beim Unterricht in Planimetrie u. Trigonometrie. 4., verb. u. verm. Aufl. Lith. auf Carton. gr. 8. (Nebst 3 S. Text u. einem Textheft, 7 S. 8.) Koburg 882. Riemann'sche Hofbuchh. cart. — 75

Mauritius: Über Vertheilung des Magnetismus im Innern v. Magneten. Coburg 1864.
Schul-/Univ.-Schrift

Mauritius, Ant., ukrain. Lieder. 8. Berlin 841, Asher u. Comp. n. 1/3 ₰

—— Polens Literatur- u. Cultur-Epoche seit dem Jahre 1831 in Kürze dargestellt. gr. 8. (13 3/8 B.) Posen 843, Gebr. Scherk.

Mauritius, Anton (Anton Moritz Jochmus.): Der Panslavismus. Eine Improvisation als Sendschreiben an den Grafen Adam Gurowski.
Leipzig: Binder 1843. 47 S. 8°

Mauritius, Ant., der Panslawismus. Eine Improvisation als Sendschreiben an den Grafen Adam Gurowski. gr. 8. (3 B.) Leipzig 843. [Berlin, Springer.] *

— s. Uebersetzungs-Bibliothek der rc. Schriften poln. Literatur.

—— Preußens Verhältniß zu seinen polnischen Landestheilen. gr. 8. (4 1/4 B.) Berlin 844. [Danz.]

— Preußens Verhältniß zu seinen polnischen Landestheilen. Berlin, v. Puttkammer 1844. 64 S. 8

Mauritius

— Christoph, Actus oratorius instituetur, quidam lectionum publicarum auditores orationes recitabunt et discipuli quidam inter se colloquentur. Carlsruhe (H. Maschenbauer) 24. III. 1752. Mit Namen. (4.—) 22465

v. **Mauritius**, C., Beschreib. d. Neu-Preuß. Infanterie-Gewehrs. 3e Aufl. Mit 3 ill. Kpf. 8. Magdeb. 821. (Andrä in Leipz.; a. Mittler in Berl.) 12 gr

— u. W. Lohmann, neuer Wegweiser durch die Stadt Magdeburg u. die Umgegend. 8. Magdeb. 821. (Heinrichshofen). 9 gr

— u. W. Lohmann, neuer Wegweiser durch die Stadt Magdeburg u. die Umgegend. Ebd. 822. (Ebd.)

Mauritius, F., Gustav Adolph, König von Schweden, —— Heinrich Friedrich Carl Freiherr vom und zum Stein, } s. Belehrungen, unterhaltende.

Mauritius, (Petr.) Henr. (Godofr.) (geb. Hüls bei Krefeld 22. 9. 1825) De cholelithis et colica hepatica nonnulla. Berolini (1854). 29 S. 8
Berlin, Med. Diss. v. 29. Aug. 1854

Mauritius, R.: Bestimmung der Polhöhe von Marburg. Nebst Anhang über die Römer-Bessel'sche Methode, etc. Marburg 1862.

Mauritius, Richard. Beschreibung einiger neuen physikalischen Apparate. Mit zwei Figurentafeln. 4 (S. 1—7).
Progr. G. Casimirianum *Coburg* 1894 (703).
1 Heliotrop. 2. Schiefe Ebene zu Präcisionsversuchen. 3. Stromschliesser. 4. Fallraummesser. 5. Wasserstandsfernmesser.

Mauritius, Richard [Prof. Dr.]: Beschreibung einiger neuen physikalischen Apparate. M. 2 Figurentaf. Coburg, Druck d. Dietz'schen Hofbuchdr., *1894*; 1—7 S., 2 Taf. 4.
Coburg, G. Casimirianum, OP 1894 (703)

Mauritius, Richard [Prof. Dr.]: Festrede gehalten am Gymnasiumsfest (Umschlagt.: am Stiftungsfeste des Gymnasiums) den 5. Juli 1892. Coburg, Druck d. Dietz'schen Hofbuchdr., *1894*; 8—17 S. 4.
Coburg, G. Casimirianum, OP 1894 (703)

Mauritius, Richard. Über die experimentelle Zusammensetzung von Schwingungen, insbesondere über die Darstellung der Drehung der Polarisationsebene bei der circularen Polarisation durch Pendelschwingungen. S. 17—22. **Progr.** G. *Coburg* 1881

Mauritius, S., Schieß-Baumwolle für Jagdfreunde, s. Edmüller, Jh.

Mauritz, Alfred [aus Uerdingen a. R.]: Ueber einige Phenacylderivate. . . . Würzburg, Becker's Univ.-Buchdr., 1891, 28 S. 8⁰
Würzburg, Phil. Fak., Inaug.-Diss. v. 1891

Mauritz, Rud., die Anfangsgründe der Naturlehre. Für Volksschulen. br. 8. (IV, 63 S.) Budapest 872. Aigner n. — 80

Mauritz, Rud., deutsche Sprachlehre für die untern Klassen der Mittelschulen. br. 8. (VIII und 100 S.) Pesth 867, Osterlamm. *

Maurizio, A., Kraftfuttermittel, s.a. Bibliothek der gesamten Landwirtschaft.

Kraftfuttermittel. Von A Maurizio. Hannover Janecke 1908 IV, 112 S. 8°
(Bibliothek d gesamten Landwirtschaft Bd 51)
(Jäneckes Bibliotheken Reihe B). (09. 1108 7

— Kraftfuttermittel, Geheimmittel u. Viehpulver. Ihre Einfuhr u. ihr Verbrauch in der Schweiz, genossenschaftl. Bezug, Rentabilität, Kontrolle, Verfälschgn. (VIII, 144 S.) gr. 8. Aarau 907. E. Wirz. 2. 50

— Die Müllerei u. Bäckerei, s.a. Bibliothek der gesamten Landwirtschaft.

Die Müllerei und Bäckerei. Von A Maurizio. Hannover Jäneke 1909 VIII, 89 S. 8°
(Bibliothek d. gesamten Landwirtschaft Bd. 41)
(Jäneckes Bibliotheken. Reihe B.)

Maurizio, Adam Zur Entwickelungsgeschichte und Systematik der Saprolegmeen. [Mit 3 Tafeln] Diss Phil. Bern SA 8. Munchen 1894

Maurizio, A[damo]. Getreide, Mehl und Brot. Ihre botanischen, chemischen und physikalischen Eigenschaften, hygienisches Verhalten, sowie ihre Beurteilung und Prüfung. Handbuch zum Gebrauche in Laboratorien und zum Selbstunterricht für Chemiker, Müller, Bäcker, Botaniker und Landwirte, von Dr. A. Maurizio ... in Zürich. Mit 139 Textabbildungen und 2 Tafeln. XIV + 393 + *Tafel-Erklärungen* 2 S. 8. Berlin, Paul Parey, 1903. [geb. M. 10. —]

Maurizio, Heinr von

Maurizio, H. v., Index zum Reichsgesetzblatte f. die im Reichsrate vertretenen Königreiche u. Länder (1848—1908.) (XV u. S. 3—294.) gr. 8. Wien, J Bettenhausen. Geb. in Leinw. 12 —; Subskr.-Pr. bis 15 XI. '08 10. — 1908

Maurizio, Heinr. v., Index zum Reichsgesetzblatte f. die im Reichsrate vertretenen Königreiche u. Länder (1848—1908.) (XV u. S. 3—294.) gr. 8. Wien (VI, Kasernengasse 11) 908. Dr. H. v. Maurizio. Geb. in Leinw. 12. —

Maurizio, Joh., der Zeitgeist oder Betrachtungen über unsere socialen Verhältnisse. St. Gallen 865. Huber & Co. 8. (36 S.) n. 5 ngr.

Maurizius, siehe: Reimchronik.

Maurmann, Emil, Grammatik d. Mundart v. Mülheim a. d. Ruhr, s.a. Sammlung kurzer Grammatiken deutscher Mundarten.

Grammatik der Mundart v Mülheim a. d. Ruhr v Emil Maurmann. *Leipzig Breitkopf & Hartel 1898.* (VII, 108 S.) 1 Bd 8.
= Sammlung kurzer Grammatiken deutscher Mundarten. Bd IV ,s 18,8

Maurmann, Emil Die Laute der Mundart von Mülheim a. d. Ruhr. (Aus: Maurmann, Grammatik der Mundart von Mülheim a. d. Ruhr, Leipzig, 1890.) Marburg, *Druck v. Breitkopf & Härtel in Leipzig*, 1889; 60 S. + 1 Bl. 8°
Marburg, Phil. Fak., Inaug.-Diss. v. (11. Nov.) 1889

Maurmann, Jos., die gerichtliche Polizei nach rheinischem Rechte. Eine nach den Materien geordnete Zusammenstellung von die gerichtl. Polizei betr. Gesetzen und Verordnungen u. s. w., unter spezieller Berücksichtigung der bisher. Jurisprudenz. 2 Thle. gr. 8. Bonn, Habicht. [1. Thl. (IV und 399 S.) 864. * 1 Thlr., 2. Thl. 1. Abthl. (VIII und 320 S.) 866. * 1 Thlr., 2. Thl. 2. Abthl. (IX und S. 321—623.) 867. * 1 Thlr.] *

Drei Knospen auf die Johannis-Festtafel 1900. [Unterz.:] Maurmeier. [München 1900: Bruckmann.] 6 S. 8° [Umschlagtit.]
3 Gedichte.

Maurmeier, R., der Wittelsbacher Ruhm und Ehre, s. Gruen, H.

Mauro, Fra., Weltkarte vom J. 1457, in photogr. Nachbildung; eines der merkwürdigsten geograph. Denkmale des Mittelalters, im archaeolog. Museum der Marcus-Bibliothek. 4 Bl. Fol. Venedig 870. Münster Nachf. In Mappe **

Mauro, Giuliani, Studio per la Chitarra. Schule f. die Guitarre. Italienisch, deutsch u. franz. Leipz. Büreau de Musik. (Peters.) 814.

Mauro, M

—— Johann Nicoteras Leben. Aus dem Italien. übers. von Frz. Mezzanotte. Auszug aus der Geschichte des italien. Parlaments, 3. Bd. 2. Tl. 8. (48 S. mit 1 Bild.) Leipzig 886, Werther. *

Mauro, M., Paskal Stanislaus Mancini. Eine biograph. Skizze. Aus dem Italien. übers. von Frz. Mezzanotte. Auszug aus der Geschichte des italien. Parlaments, 3. Bd. 2. Tl. 8. (29 S. mit Mancinis Portr.) Leipzig 887, Roßberg'sche Buchh. *

Mauro, Philipp, ewige Beziehungen. Ein Freundesappell! (18 S.) 8. Gotha 910. Missionsbuchh. P. Ott. — 20

— Das Gebet des Herrn Jesu in Gethsemane. (28 S.) 8. Ebd. 910. — 25

— Krankheit unter den Gläubigen. „Herr, wohin sollen wir gehen?" Kindern Gottes zur Prüfg. dargeboten. (63 S.) kl. 8. Ebd. 910. — 50

— Leben f. die Toten. (19 S.) 8. Ebd. 910. — 20

— Der gegenwärtige Stand des Erntefeldes. Autoris. Übersetzg. v. Vollrath. (32 S.) 8. Ebd. 910. — 25

— Warum wir uns v. der Welt trennten. (2. Ausg.) (23 S.) 8. Ebd. 910. — 20

— Die Welt u. ihr Gott. Autoris. Übersetzg. v. G. Holtey-Weber. (148 S.) kl. 8. Chemnitz (908). G. Koezle. 1. 50

— Die gegenwärtige Weltzeit. Berechtigte Übersetzg. aus dem Engl. (200 S.) 8. Barmen (907). E. Müller. Geb. in Leinw. 3. —

Die gegenwärtige Weltzeit von Philipp Mauro. Berecht. Übers. aus d Engl Barmen Muller [1907]. 200 S. 8° (10. 3334 6

— Das lebendige Wort Gottes. Berechtigte Übertragg. v. G. Holtey-Weber. (121 S.) 8. Chemnitz (910). G. Koezle. Kart. 1. 50

— Des Menschen Zahl. Der Höhepunkt der Kultur. Autoris. Übersetzg. aus dem Engl. (XVI, 253 S.) 8. Ebd. (910). 4.—; geb. 4.50; in Leinw. 5. —

Maurocordato, Alex., pneumaticum circulandi sanguinis instrumentum sive de motu et usu pulmonum. Opusculum ob controversiam vehementer hactenus vexatam curiosissimum, admirabilem pulmonum structuram, exindeque humano, caeterisque animantium sanguineorum corporibus, obvenienti emolumenta, ponderatis autorum, et principum philosophicae medicaeque reipublicae utrinque rationum momentis, accurate expendens; assertoresque suos ab errorum tenebris, in veritas splendorem vindicare aptissimum. Recudi fecit M. P. Vretos. gr. 8. (131 S.) Leipzig 870, (Brockhaus' Sortiment und Antiq.) **

Maurocordatos, Alexander princeps (geb. Athen 16. 6. 1844) De impensis necessariis in res dotales factis. Berolini (1867). (72 S.) 8°
Berlin, Jur. Diss. v. 8. Apr. 86

Maurocordatos, Georg. (geb. Constantinopel 16. 8. 1830) De uteri fibrosis tumoribus. Berolini (1857). (32 S.) 8°
Berlin, Med. Diss. v. 29. Juni 1857

Maurocordatos, Joannes Nikolaos Alexandros

Maurocordatos, J. N. A. Περὶ καθηκόντων ... Liber de officiis ... Lipsiae 1722. Ü: *Bergler, Steph.* (Ebert) (BrMm)

Maurocordatos, Joannes Nikolaos Alexandros. Περὶ καθηκόντων ... Kurzgefasste Moral ... Onolzbach 1739. Ü: *Bernhold, Joh. Balthasar.* (Adel)

Maurocordatus, J. Nic., kurzgef. Moral, d. i. e. Buch v. tugendlich. Aufführ. a. d. Griech. v. Bergholb. 8. Onolzb. 739.

Maurocordati, Liber de officiis. Cr. et lat. per Steph. Berglerum. Lips. 722 4. 14 gr. Lond. 724. 12.

— liber de Officiis, graece et lat, convers. a Berglero. 4. Lps. 722.

— *Θέατρον πολιτικόν* etc. 8. maj. Lips. Breitkopf et H.

MAUROCORDATO, Michael (Chios): De jure consuetudinario. (Titel nach der Urkunde)
20.8.1836 - Urk; F 48
Diss.Ingolst.-Landsh.-Mchn.

Μαυροκορδάτου, 'Αλεξ., τοῦ ἐξ ἀπορρήτων, ἐπιστολαὶ ρ'. Εκδέδονται ἐπιστασίᾳ Θ. Λίβαδα. Lex.-8. (308 S.) *Τεργέστη* 879. (Wien, Gerold & Co.) n. 10. —; feine Ausg. n. 12. —

Μαυροκορδάτου, Δημ. 'Αλεξ., 'Ανατομία τοῦ ἀνθρωπίνου σώματος. 8 maj. *'Αθήναις* 836. (Ritz.) 6 ℳ

Maurokordato, Demetr, Alex. v., einige Bemerkungen üb. d. dynam. Wirkung d. Aqua Binelli. Eine akadem. Abhandl., d. medizin. Fakultät zu Würzburg vorgelegt. gr. 8. (1½ B.) Würzburg 832, (Stahel.)

Mauron, A.: Conversations allemandes, s. Otto, Emil

Mauron, A. Les dictées orthographiques dans les langues à écriture non phonétique. Constanz, H. B., 1875. 10 S. Progr.

– Grammaire allemande, s. Otto, Emil

Mauron, A., et Th. Gaspey, grammaire anglaise. Corrigé des thèmes. Nouvelle éd. par A. Mauron. gr. 8. (IV, 66 S.) Heidelberg 883. J. Groos. n. 1. 60

— grammaire anglaise. Corrigé des thèmes. 3. éd. revue et corrigée par Paul Verrier. gr. 8. (III, 48 S.) Heidelberg 896. J. Groos. Kart. n. 1. 60

— nouvelle grammaire allemande, s.: Otto, Emile.

Mauron, A., nouvelle grammaire anglaise, s. a. Gaspey, Th.

—— et Th. Gaspey, Nouvelle Grammaire anglaise avec de nombreux exercices de traduction, de lecture et de conversation. 4e édit. revue, corrigée et augmentée. gr. 8. (XXIV, 397 S.) Heidelberg 876, J. Groos. geb. *

Mauron, A., et Th. Gaspey, nouvelle grammaire anglaise avec de nombreux exercices de traduction, de lecture et de conversation. 5. éd. revue et corrigée. gr. 8. (XXIV, 406 S.) Heidelberg 882. J. Groos. geb. n. 4. —

Mauron, A., nouvelle grammaire anglaise avec de nombreux exercices de traduction, de lecture et de conversation, suivie de vocabulaires indiquant la prononciation figurée de tous les mots anglais employés dans l'ouvrage. 6. éd. revue et corrigée. 8. (XXIV, 439 S.) Heidelberg 889. Jul. Groos. geb. n. 4. —

— nouvelle grammaire anglaise avec de nombreux exercices de traduction, de lecture et de conversation, suivie de vocabulaires indiquant la prononciation figurée de tous les mots anglais employés dans l'ouvrage. 7. éd. revue et corrigée par Paul Verrier. gr. 8. (XI, 471 S.) Ebd. 896. Geb. in Leinw. n. 4. —

— nouvelle grammaire anglaise, avec de nombreux exercices de traduction, de lecture et de conversation, suivie de vocabulaires indiquant la prononciation figurée de tous les mots anglais employés dans l'ouvrage. Revue par Paul Verrier. (Méthode Gaspey-Otto-Sauer.) 8. éd. [Titel-Aufl.] 8. (XI, 471 S.) Heidelberg [896.] 900. J. Groos. Geb. in Leinw. n. 3. 60

— et Paul Verrier, nouvelle grammaire anglaise, avec de nombreux exercices de traduction, de lecture et de conversation, suivie de vocabulaires indiquant la prononciation figurée de tous les mots anglais employés dans l'ouvrage. (Méthode Gaspey-Otto-Sauer.) 2 Tle. 9. éd. 8. Ebd. 901. Geb. in Leinw. n. 4. 40; in 1 Bd. n. 3. 60
1. (VIII, 220 S. m. 2 farb. Karten.) n. 2. —
2. (IV, 228 S. m. 2 farb. Karten.) n. 2. 40

Mauron, A. et Paul Verrier, Nouvelle grammaire anglaise avec de nombreux exercices de traduction, de lecture et de conversation, suivie de vocabulaires indiquant la prononciation figurée de tous les mots anglais, employés dans l'ouvrage. (Méthode Gaspey-Otto Sauer.) 10. éd. (IX, 447 S. m. 2 Karten.) 8. Heidelberg 907. J. Groos. Geb. in Leinw. 3. 60; corrigé. 5. éd., revue et corrigée. (106 S.) Kart. 1. 60

—— petite grammaire ou éléments de la langue anglaise avec de nombreux exercices de traduction, de lecture et de conversation. gr. 8. (X, 159 S.) Heidelberg 875, J. Groos. cart. *

Mauron, A., petite grammaire ou éléments de la langue anglaise, avec de nombreux exercices de traduction, de lecture et de conversation, plus, la prononciation figurée de tous les mots anglais. 2e édit. gr. 8. (X, 212 S.) Heidelberg 886, J. Groos. geb. *

Mauron, A., petite grammaire anglaise avec de nombreux exercices de traduction, de lecture et de conversation, plus, la prononciation figurée de tous les mots anglais. Revue et corrigée par J A. H. Murray 3 éd gr 8. (VIII, 189 S.) Heidelberg 892. J. Groos. Geb. n. 2. —

— petite grammaire anglaise avec de nombreux exercices de traduction, de lecture et de conversation, plus, la prononciation figurée de tous les mots anglais. (Méthode Gaspey—Otto—Sauer.) Revue et augmentée par J. A. H. Murray. 4. éd. gr. 8. (VIII, 189 S.) Ebd. 898. Geb. in Leinw. n. 2. —

Mauron, A., Petite grammaire anglaise avec de nombreux exercices de traduction, de lecture et de conversation, plus, la prononciation figurée de tous les mots anglais. Revue et augmentée par J. A. H. Murray. 5. éd. (Méthode Gaspey-Otto-Sauer.) (VIII, 189 S. m. 2 Karten.) 8. Heidelberg 904. J. Groos. Geb. in Leinw. n. 2. —

Mauron, A., petite grammaire anglaise avec de nombreux exercices de traduction, de lecture et de conversation. plus, la prononciation figurée de tous les mots anglais. (Méthode Gaspey-Otto-Sauer.) 6. éd. Revue et corrigée par Paul Verrier. (VIII, 197 S. m. 2 Karten.) 8. Heidelberg 907. J. Groos. Geb. in Leinw. 2. —

Mauron, A., grammaire-conversation de la langue anglaise d'après la méthode Gaspey, accompagnée de notes étymologiques, d'un tableau synoptique de la langue, et d'un vocabulaire de tous les mots contenus dans les exercices, avec la prononciation figurée des mots anglais. Berne 856. (Basel, Georg.) 8. (XXI, 356 S.) n. 1 ₰ 6 ngr.

Mauron, A., Grammaire-conversation de la langue anglaise d'après la méthode Gaspey, accompagnée de notes étymologiques, d'un tableau synoptique de la langue, et d'un vocabulaire de tous les mots contenus dans les exercices, avec la prononciation figurée des mots anglais. 8. (XXI und 356 S.) Berne 856. (Leipzig, Brockhaus' Sortiment und Antiquarium.) Thlr. *

—— Lectures anglaises ou cours de versions en prose et en vers, tirées des meilleurs auteurs anglais et américains, accompagnées de questionnaires, de notes explicatives et suivies d'un vocabulaire complet. — The English Reader containing extracts in prose and poetry from the best English and American Authors with questions, explanatory notes and a vocabulary. gr. 8. (XI, 346 S.) Ebendas. 873. cart. *

—— lectures anglaises ou cours de versions en prose et en vers, tirées des meilleurs auteurs anglais et américains, accompagnées de questionnaires, de notes explicatives, de tableaux synoptiques de la langue et de la prononciation, suivies d'un vocabulaire complet avec prononciation figurée. 2e édit. revue, corrigée et augmentée. gr. 8. (XVI, 423 S.) Ebendas. 887. geb. *

— lectures anglaises ou cours de versions en prose et en vers, tirées des meilleurs auteurs anglais et américains, accompagnées de questionnaires, de notes explicatives, de tableaux synoptiques de la langue et de la prononciation, suivies d'un vocabulaire complet avec la prononciation figurée de tous les mots anglais. (Méthode Gaspey-Otto-Sauer.) 2. éd. (Neue [Titel-] Ausg.) 8. (XVI, 423 S.) Ebd. [897.] 900. Geb. in Leinw. n. 2. 80

Mauron, A., französisches Lesebuch, s.: Süpfle, L.

Mauron, A., Résumé de l'histoire de la littérature française, s. Süpfle, L., französische Chrestomathie.

—— s. Süpfle, L., französisches Lesebuch.

Mauron, A., s. Süpfle, L., theoret.-prakt. Schulgrammatik der franzöſ. Sprache.

Mauron, Louis, aus Villars-sur-Glâne. Über die Abspaltung von Kohlenmonoxyd aus tertiären Säuren mittels konzentrierter Schwefelsäure. Freiburg (Schweiz) 1907. 67 S. 8°. S.-A. a. d. Mitteilungen der naturforschenden Gesellschaft in Freiburg (Schweiz). Sektion Chemie, Bd. 3. Heft 1. 1907.
Freiburg i. Schw Math.-naturw Diss. 1906 1907.

Mauron, Louis. Über die Abspaltung von Kohlenmonoxyd aus tertiären Säuren mittels konzentrierter Schwefelsäure. Diss. Math.-Naturw. Freiburg in der Schweiz. [Mit 1 Figur.] (Sonderabdruck aus den Mitteilungen der naturforschenden Gesellschaft in Freiburg ⟨Schweiz⟩. Sektion Chemie. Band 3. Heft 1. 1907.) 67 S. 8. Freiburg ⟨Schweiz⟩, Gebrüder Fragnière, 1907
Ausg. B, mit Vita. — Ausg. A s. Bistrzycki, A[ugustin], und Mauron, L[ouis].

Ioannes Mauropus'. Erzbischofs von Euchaïta, Gedichte, ausgewählt und metrisch übersetzt von Arthur Berndt 4 (30 S.)
Progr. Verein Gymnasialanstalten *Plauen i. V* 1887 (507)

MAUROVIĆ, Antonius. De relatione inter theologiam et philosophiam. — (1880) 109 S. 8° (Handschr.) Diss. 433
Diss. Wien, Univ.

Maurus

Mauri (abbatis, † 856), Interpretatio psalmorum poetica. Augsburg. Wolf. 1720. 8°

Maurus, s. a. Moult, Margaret.

Maurus, Ave Caesar! Deutsche Luftschiffe im Kampfe um Marokko. 1.—5. Tauſ. (VII, 230 S.) 8. Leipzig 909. Dieterich. 2.50; geb. 3. —

Maurus, ..., s. Darstellung d. Traktate.

Maurus, H., Die Maxime des Arbeiterschutzes. 8°. Berlin 1890.

Maurus, Heinr

H. Maurus Die moderne Besteuerung und die Besteuerungsreform, vom Standpunkte des gemeinen Rechtes dargestellt. Heidelberg, Winter 1870. Vgl Magazin f die Literatur des Auslandes 1871 S 146. —

Maurus, Heinr., die moderne Besteuerung und die Besteuerungsreform vom Standpunkt des gemeinen Rechtes dargestellt. gr. 8. (XV, 357 S.) Heidelberg 870, C. Winter's Universitäts-Buchh. *

Maurus, Heinr., üb. die Freiheit in der Volkswirthschaft. gr 8. (XII, 340 S.) Heidelberg 873. C. Winter's Univ.-Buchh. n. 6. 60

—— die Grundsätze der Volkswirthschaftslehre vom Standpunkte der socialen Reform gemeinverständlich entwickelt. gr. 8. (VIII, 543 S.) Ebendaſ. 868. *

Maurus, Heinr., die Lösung der Arbeiterfrage aus dem Rechtsstandpunkte. gr. 8. (103 S.) Berlin 890. Hennig. n. 1. —

— über die Ursachen der herrschenden allgemeinen Theuerung. gr. 8. (60 S.) Ebend. 874. n. 1. 60

Maurus, Heinr., der moderne Verfassungsstaat als Rechtsstaat kritisirt. gr. 8. (IV, 320 S.) Heidelberg 878, C. Winter's Universitäts-Buchh. *

Maurus, Peter: Die Wielandsage in der Literatur. *Naumburg a. S. 1902: Lippert & Co.* (43 S.) 8° ¶[Erschien vollst. 1902 als Münchener Beiträge zur roman. u. engl. Philol., H. 25.] München, Phil. Diss. v 1902

Maurus, P., die Wielandsage in der Literatur, s.a. Beiträge, Münchener, zur roman. u. engl. Philologie.

Die Wielandsage in der Literatur Von Dr P Maurus. *Erlangen & Leipzig: A Deichert 1902* (XXV, 226 S.) 8°
= Beiträge, Münchener, z. roman. u engl. Philologie H. 25.

Maurus, Peter Dr. „Die Wielandsage in der Literatur". Weitere neuzeitige Bearbeitungen. Ein Nachtrag zu Heft XXV der Münchener Beiträge zur romanischen und englischen Philologie. I. Teil: Die ausserdeutschen Dichtungen. pg. 3—46 und pg. I/II. A. Huber.
München, Progr. 1909/10

Maurus, Peter Dr. „Die Wielandsage in der Literatur". II. Teil: Die deutschen Dichtungen. pg. 3—48 und pg. I/II. A. Huber
München, Progr. 1910/11

Maurus, Rhabanus, die Mufti-Wahl in Stambul, eine Komödie. Freie Uebersetzung. gr. 8. (1 B.) Altenburg 846, Helbig.

Maury, Alfr., das Auge u. seine Pflege. Belehrungen üb. Augen, Augenübel, Kurz- u. Weitsichtkeit, Brillen u. Ferngläser. Mit e. Abbildg. üb. den Bau d. menschl. Auges. 8. (V, 73 S.) Berlin 872. Cronbach. 1 25

Maury, (J.C.) F.: Vollständiges Handbuch der Zahnarzneikunde. Nach dem gegenwärtigen Standpuncte der Wissenschaft. (Traité complet de l'art du dentiste d'après l'Etat actuel des connaissances. Dt.) 368 S., gbd., 40 Taf.

Weimar: Landes-Industrie-Comptoir 1830

JB 4.377

Maury, J. C. F., vollständ. Handbuch d. Zahnarzneikunde, nach d. gegenwärt. Standpuncte d. Wissenschaft. 2., n. d. 3. Ausg. d. franz. Orig. verb., Aufl. gr. 8. (21¾ B. u. 40 Stnt.) Weimar 840, Landes-Indust.-Comptoir.

Maury, J. C. F., Handbuch f. Zahnärzte. Nach d. Französ. frei übersetzt v. H. W. Saß. Mit 4 Steintaf. 8. Lübeck 825. Aschenfeldt. 14 gr

– s. Zahnarzt, Der vollkommene.

Maury, Jh. Siffredi, protestatio et reservatio in comitiis electoralibus etc. 4. Augsb. 793. M. Rieger. 4 gr

— Protestation an das in Frkft. vers. churf. Colleg. 4. Stuttg. Metzler. 792.

Maury, M., der Knabe des Blinden, s. Familien-Bibliothek.

Maury, M. F., die physische Geographie des Meeres. Deutsch bearb. von C. Böttger. Lex.-8. (XII und 268 S. mit 5 Holzschn. und 6 grösseren lithogr. Karten in gr. 4. und Fol.) Leipzig 855(56,) G. Mayer. *

Maury, M. F., die physische Geographie des Meeres, deutsch bearb. von C. Böttger. 2., verm. und verb. Aufl. Imp.-8. (144 S. mit 6 Holzschn. und 7 lithogr. Karten.) Leipzig 859, G. Mayer. *

—— Schreiben an v. Wüllerstorf, s. Wüllerstorf-Urbair, Bernh. v.

Maury, P., voir: *Micheli, M.*

Maus, Isaak, Leben u. Nachlaß, s. Sander, H.

Maus, die, s. Bilderbücher, Münchener.

Maus, C., s. Maus, Karl

Maus, Friedr Wilh.

– – s. Ausgaben und Abhandlungen aus dem Gebiete der romanischen Philologie.

Maus, Friedr. Wilh., Peire Cardenals Strophenbau in seinem Verhältniss zu dem anderer Trobadors. Inaugural-Dissertation. gr. 8. (41 S.) Marburg 882. (Berlin, Mayer und Müller.) *

Maus, Heinr.(Bearb.), s. Abhandlung über die Zucht, Abrichtung u. Erziehung der Hauskatze

Maus, Heinrich, aus Kerpen Beiträge zur Lehre von[!] Bruchsackinhalt. *Bonn 1903: J. Trapp.* (61 S.) 8°
Bonn, Med. Diss. v 8. Juli 1903

Maus, Hnr., s. M. Kator, Abhandlung.

Maus, Ios. D., Collectio sacrorum conciliorum, vide Collectio.

Maus, Joseph (geb Euskirchen ... 1836) De hysteria. Berolini (1862) (31 S.) 8°
Berlin, Med. Diss v 6 Aug 1862

Maus, Isaak

— Apologie deutsch. Bürger, die an Französ. d. Eid. gel. h. 8. 794.

— poetische Briefe. Mit dem Portrait d. Verf. 8. Mainz 819. Kupferberg. 1 rf 8 gr

Maus, I., poetische Briefe mit dem Portrait d. Verf. 8. Maynz, Kupferberg. 821.

Maus, Isaak, († d. 31. Dec. 1833.) etwas über Ackerbau u. Landwirthsch., die Beförderung d. Landwirthsch. betr. 8. Mainz 789. (Hermann'sche B. in Frankf. a. M.) 4 gr

— Friedenslieder an seine Freunde. 8. Kreuznach, Kehr. 1 gr

— Gedichte u. Briefe. 8. Mainz 786. (Hermann in Frkf.) 1 rf

— Gedichte u. Briefe. 8. Maynz. (Hermann in Frankft.) 787.

— lyrische Gedichte. 8. Mainz 819. Kupferberg. 1 rf 8 gr

— Versuch e. Apologie d. deutschen Bürger, die an Französ. d. Freiheitseid geleistet haben. 8. Frankf. a. M. 794. 3 gr

Maus, Karl

Maus, C., aus d. Leben d. Frau Missionar Krolczyk, s.: Missions-Traktate, rheinische.

Maus, Carl, das Reich der Mitte, s.a. Missions-Traktate, rheinische. Nr. 114.

Das Reich der Mitte Von Missionar C Maus. *Barmen Missionshaus 1901* (20 S.) 8° [F.]
= Missionsschriften, Rheinische No 114

- Der chines. Evangelist Tso Kwong, s. Missions-Traktate, Rheinische

— die Ursachen der chinesischen Wirren u. die evangelische Mission. gr. 8. (80 S.) Kassel 900. E. Röttger. n. — 40

Die Ursachen der chinesischen Wirren und Die evangelische Mission von Carl Maus. 2 verb. Aufl. mit Nachschrift. *Kassel. E. Röttger, Barmen: Missionshaus 1900* (80 S.) 8° [F.]

Die Ursachen der chinesischen Wirren und Die evangelische Mission von Carl Maus. (4 u 5 Taus.) *Kassel E. Röttger, Barmen Missionshaus 1900* (80 S.) 8° [F.]

Maus, P. C., Lettres mercantiles. 8. Hannov. Hahn. 804.

Maus, Theodor [app. Arzt]: Über Pneumonoconiosis ... München, k. Hof- u. Univ.-Buchdr. v. Dr. C. Wolf & Sohn, 1893; 15 S. 8.
München, Med. Fak., Inaug.-Diss. v. 1893

Mausbach, J., u. W. Kobusch, im Banne des Goldes od. die Liebe des Feuerwehrmannes, s. Heidelmann's, A., Theaterbibliothek.

Mausbach, Jos., Autorität u. Freiheit, s. a. Volksaufklärung.

(F) Volksaufklärung. Kleine Hand-Bibliothek zur Lehr und Wehr für Freunde der Wahrheit Nr. 86.
Enthält:
MAUSBACH-MÜNSTER
(F) Autorität und Freiheit. Von Professor Dr. Mausbach. Münster. [Warnsdorf. 1901 Opitz.] 16°. 32 S. K — 10

Mausbach, Joseph: Bedeutung und Ziele des Katholischen Frauenbundes. Rede z. Einf. des Frauenbundes geh. a. 2. Dez. 1904 zu Münster i. W. — Köln (1904): Bachem. 24 S. 8°

Dr Jos. Mausbach: Der Begriff des sittlich Guten nach dem hl. Thomas von Aquin. Fribourg (Suisse): Impr et libr de l'oeuvre de Saint-Paul (1897). 19 S. 8° [Umschlagt]
Aus. Compte rendu du 4. Congrès scient. internat. des catholiques . 1897

Mausbach, Jos., Christentum u. Weltmoral. 2 Vorträge üb. d. Verhältnis d. christl. Moral zur antiken Ethik u. zur weltl. Cultur. gr. 8. (61 S.) Münster 897 Aschendorff. n. 1. —

Mausbach, Jos., Christentum u. Weltmoral. 3 Vorträge. 2. verm. u. verb. Aufl. (IV, 76 S.) gr. 8. Münster 905. Aschendorff. n. 1. 25

Mausbach, Ioseph [Presbyter Coloniensis]: Divi Thomae Aquinatis de voluntate et appetitu sensitivo doctrina . Paderbornae, typ. Ferdinandi Schoeningh, 1888; IV + 63 S. + 2 Bl. 8°
Münster, Kath. theol. Fak., Inaug.-Diss. v 18. Jan. 1888

Mausbach, Jos., Die organische Einheit des Natürlichen u. Übernatürlichen in der Sittenlehre des hl. Thomas v. Aq. Siehe „Moraltheologie"

Die Ethik des heiligen Augustinus von Joseph Mausbach, Prof Bd. 1.2. Freiburg im Br. Herder 1909 8°
1 Die sittl. Ordnung u. ihre Grundlagen.
2 (Schluss-) Bd. Die sittl. Befähigung d. Menschen u ihre Verwirklichung.

Mausbach, Jos., die Ethik des hl. Augustinus. 2 Bde. (XI, 442 u. VII, 402 S.) gr. 8. Freiburg i/B. 909. Herder. 15.—; geb. 17. 40

— Der christliche Familiengedanke im Gegensatz zur modernen Mutterschutzbewegung. Vortrag auf d. Generalversammlg. des kathol. Frauenbundes zu Münster i/W. am 26. X. 1908. (29 S.) 8. Münster 908. H. Schöningh. — 40

Mausbach, Joseph: Frauenbildung u. Frauenstudium im Lichte der Zeitbedürfnisse u. Zeitgegensätze. 2 Vorträge. — Münster: Aschendorff 1910. 39 S. 8°

Mausbach, Jos., Altchristliche Gedanken über Frauenberuf. 8°. M.-Gladbach, Volksvereinsverl., 1910. (Apologetische Tagesfragen, Heft 6.)

— altchristliche u. moderne Gedanken üb. Frauenberuf, s.a. Tagesfragen, apologetische. Nr. 6.

— Altchristliche und moderne Gedanken über Frauenberuf. Drei Aufsätze. 1.-3. Aufl. — M. Gladbach: Zentralstelle d. Volksvereins f. d. kath. Deutschland 1906. 127 S. 8° (Apologetische Tagesfragen. 6.)
— — 4.-7., verb. Aufl. 1910. 118 S.

— einige Kernfragen christlicher Welt- u. Lebensanschauung, s.a. Tagesfragen, apologetische. Nr. 1.

Einige Kernfragen christlicher Welt- und Lebensanschauung Gedanken u. Vorträge von Dr. Joseph **Mausbach**. 1. u. 2. Aufl. *M.Gladbach: Zentralstelle d. Volksver. f. d. kath. Deutschl. 1903* (100 S.) 8° [F.]
— **Tagesfragen**, Apologetische. No 1.

Kernfragen christlicher Welt- und Lebensanschauung Gedanken u. Vorträge von Dr. Joseph **Mausbach**, Prof., Münster. 3. u. 4. (verb. u. verm.) Aufl. M.Gladbach: Volksver. f. d. kath. Deutschl. 1905. (110 S.) 8° [F.]
— **Tagesfragen**, Apologetische. H. 1.

Kernfragen christlicher Welt- und Lebensanschauung. Gedanken u. Vorträge von Joseph **Mausbach**, Prof. 5.–7 verb. Aufl. M. Gladbach: Zentralstelle d. Volksver. f. d. kath. Deutschland 1908. (110 S.) 8° [F.]
— **Tagesfragen**, Apologetische. H. 1

Die katholische M o r a l , ihre Methoden, Grundsätze u. Aufgaben. Ein Wort z. Abwehr u. z. Verständigung von Dr Josef Mausbach. Prof zu Münster Köln. J P Bachem in Komm. 1901 (158 S.) 8°
(Görres-Gesellschaft z Pflege d. Wiss. Vereinsschrift 1901, 3.)

— dasselbe. 2., verm. Aufl. gr. 8. (178 S.) Ebd. 902. n. 2.60

— die „ultramontane M o r a l" nach Graf Paul v. Hoensbroech. gr. 8. (88 S.) Berlin 902. Germania. n. — 80

Dr Joseph **Mausbach**, Prof. La morale catholique [Die kath. Moral]. Trad. le l'allemand par l'Abbé Lazare Collin. Paris: P Lethielleux (1907). (363 S.) 8° (06. 8473 6

— s.: Religion, die christliche.

— s.: R e l i g i o n, systematische christliche.

— Die Stellung der Frau im menschlichen Leben. Eine Anwendung katholischer Grundsätze auf die Frauenfrage. 8°. München-Gladbach, 1905.

— die Stellung der Frau im Menschheitsleben, s.a. T a g e s f r a g e n, apologetische. Nr. 5.

Die Stellung der Frau im Menschheitsleben. Eine Anwendung kath. Grundsätze auf d. Frauenfrage. Von Dr. Joseph **Mausbach**, Prof. 1.-3. Aufl. M. Gladbach: Zentralstelle d. Volksver. f. d. kath. Deutschland 1906. (116 S.) 8° [F.]
— **Tagesfragen**, Apologetische. No 5. (06. 1316

Mausbach, J o s e p h Die Stellung der Frau im Menschheitsleben. E. Anwend. kathol. Grundsätze auf d. Frauenfrage. 4.–7 Aufl. M. Gladbach 1906. 8°
(Apologet. Tagesfragen. 5.)

— Weltgrund u. Menschheitsziel, s.a. T a g e s f r a g e n, apologet. 4. Heft.

W e l t g r u n d und Menschheitsziel. 2 Vorträge von Dr. Joseph Mausbach, Prof. Münster. 1. u. 2. Aufl. M. Gladbach: Zentralstelle d. Volksver. f.d. kath. Deutschland. (56 S.) 8°
(Tagesfragen, Apologetische No 4.)

W e l t g r u n d und Menschheitsziel. 2 Vorträge von Dr Joseph Mausbach, Prof. 5.-7. verb. u. verm. Aufl. M.-Gladbach: Volksver.-Verl. 1909 55 S. 8°
(Apologetische Tagesfragen. H. 4.)

Mausbach, Joseph [Dr.]. Ein missverstandenes Wort des hl. Augustinus. M.Gladbach, Komm.-V. v. R. Hoster, 1892; 58—68 S. 8.
M.Gladbach, G, Festschr 1892

Mausberger's, A., Privat-Geschäfts- und Auskunfts-Kalender, s. D o r f m e i s t e r - M a u s b e r g e r, A.

Mauschberger, Leopold

— de actibus humanis et angelis. 4. Prag 763.

Mauschberger, Leopold., Commentarius in libros Paralipomenon, Esdrae, Tobiae, Judith, Esther, Job et psalmos Davidis usque ad psalmum 80^mum^ Olmütz, 1758, 4°

Mauschberger, Leop., Commentarius in P e n t a t e u c h u m Moysis, libros Josue, Judicum, Ruth et Regum, succinctis interpretationibus sensum litteralem ac praecipue mysticum indicantem, necnon apparentes antilogias conciliantem in usus academicos concinnatum. Olmütz, 1757, 4°.

Mauschberger, Leopoldus, Commentarius in Vetus Testamentum. Olmütz, 1767, 2 Bde
de Backer a. a. O schreibt nach Caballero diesen Komm. Mauschberger zu; wenigstens hat der letztere einzelne Bücher des Alten Testamentes kommentiert.

— de fide, spe et charitate. 4. Olm. 759.

— de gratia, justificatione et merito. 4. Olm. 758. Prag 762.

— tract. de gratia servatoris. 4. Prag 762.

— de jure et justitia. 4. Olm. 760.

— de legibus et legum transgressionibus. 4. Prag 764.

Mauschberger, Leop., motus localis corporum gravium solidorum physicae pertractatus. 8. Olmütz 751.

— de opere sex dierum, angelis, beatitudine, et actibus humanis in usum theolog. Pragens. 4. Prag 761.

— de poenitentia. 4. Prag 765.

— tract. theol. in I Partem S. Thomae, s. de Deo uno et trino. 4. Prag 755. Olmütz 750. Prag 761.

M a u s c h e l j u d e, der. Von einem deutschen Advokaten. Ein Volksbüchlein für deutsche Christen aller Bekenntnisse. 1.—3. Aufl. 12. (39 S.) Paderborn 879, Bonifacius-Druckerei.

Mauscheljude, der Von einem deutschen Advokaten. 3. Aufl. Paderborn, Bonifacius-Druckerei (J W Schroeder), 1879. Kl. 8°. 39 S. Beibd.
Eine vierte Aufl erschien 1889.

Der Mauscheljude, von einem deutschen Advokaten. Ein Volksbüchlein für deutsche Christen aller Bekenntnisse. Paderborn, Bonif.-Druckerei, 1889. 8°. 40 S., 25 Pf.

M a u s c h e l l i e d, das. Bei jeder fröhlichen Zusammenkunft zu singen. 16. (8 S.) Kaiserslautern 887, Gotthold. *

M ä u s c h e n, das kluge. Eine Geschichte aus der Kinderstube für die liebe Jugend von Marie v. N. Mit 6 prächt. in lithogr. Farbendr. ausgeführten Bildern. gr. 4. (12 S.) Eßlingen 878, Schreiber. cart. *

M ä u s c h e n, das kluge. Eine Geschichte aus der Kinderstube für die liebe Jugend von Marie v. N. gr. 4. (12 S. mit 6 prächt. in lithogr. Farbendr. ausgeführten Bildern.) Eßlingen 880, Schreiber. geb. *

Mauschwitz, C. v., Handbuch über Oekonomie-Verwaltungen bei der königl. preuß. Armee. gr. 8. (XI und 209 S. mit 6 Tab. und 1 Stnt. in qu. gr. 4. und Fol.) Posen 849. (Berlin, Mittler und Sohn.) *

M a u s c h w i t z, Carl v., über Strafgefangene u. Strafanstalten im Geiste der Zeit, nebst e. Anhange über Vermehrung u. Verminderung d. Verbrecher. 8. (6⅓ B.) Berlin 843, Dümmler, Berl.

(M ä u s e. Die M' und Ratten) Njbl. s [S c h i n z, Heinrich Rudolf].

Mäuseade, Die, in 10 Gesängen ... **Warschau 1790.** V: *Krasicki, Ignaz.* (Ky) (EE)

M ä u s e a d e, die, in 10 Gesäng., e. freye Uebers. d. kom. Heldengeb.: Myspeis. 8. Warsch. Gröll. 790.

MÄUSEFALLE, Die Eine wahre und merkwürdige (etwas freie Liebes- und Heiraths-) Geschichte. Mit orig. Titelvignette. Berlin 1795 Bei Martin Ludwig Pauli. 8° 4 Bll., 104 S. (2 Mk 50 Pfg G Priewe, 1895, 5 Mk., unbeschn. Expl auf stark Pap mit einigen Stockfl., Max Perl's Berliner Octob.-Auct 1907)

Mäusefalle, die, e. wahre Gesch. 8. Berl. (Wilke in Warschau. 795.

Mäusefallen und Hechelkrämer, Der, eine Geschichte höchst wunderbar und doch ganz natürlich. Prag 1795. V: *Spiess, Chn. Hch.* (Hdschr. Mitth. von Gustav Gugitz, Wien) (Biblport) Vgl. GGr V/507, Nr. 9/13.

Mäusefallen u. Hechelkrämer, d.; e. Gesch., sehr wunderbar u. doch ganz natürl., v. C. H. Spieß. 8. Prag, Neureutter. 795.

Mäusefallen und Hechelkrämer, der, eine Geschichte, sehr wunderbar und doch ganz natürlich, mit 1 Kupfer, zweyte Auflage, 8. Prag, 795. Neureutter. 23 sgl.

Mäusefinder, die beiden. Eine Geschichte aus der Kinderstube für die liebe Jugend von Marie v. N.. gr. 4. (12 S. mit 6 prächt. in lithogr. Farbendr. ausgeführten Bildern.) Eßlingen 874, Schreiber. cart.

Maeusel, Stanislaus, appr Arzt aus Swinkow ⟨Pr Posen⟩ Aus d. patholog. Institut zu Giessen. Zur Casuistik der Riesenzellensarcome der Mamma. *Giessen 1898: v. Munchow.* (37 S.) 8°
Giessen, Med Diss. v 1898

Die Mäuse- und Rattenplage und ihre Bekämpfung mit besonderer Berücksichtigung der Anwendung von Bakterienpräparaten "Citomore" - Ludwigshafen o. J 12 S.

Mauser, Waffenfabrik Oberndorf. Deutsche Industrie, deutsche Kultur Mauser-Nummer. (11 S) fol Berlin 1908

Mauser, Ernst, approb. Arzt aus München **Beiträge zur Casuistik** des Starrkrampfs beim Menschen. *München 1899: Kastner & Lossen.* (63 S.) 8°
München, Med. Diss. v 1900

Mauser, L [wirklicher Name], s. Danöfen, L. [Pseud.]

Mauser, Max, appr. Arzt a. Oberndorf a. N.: Ueber die Begutachtung Tuberkulöser zur Aufnahme in Lungenheilstätten. Nach den im Marienhospital in Stuttgart mit 100 Begutachtungen gemachten Erfahrungen. Tübingen: F. Pietzcker 1905. (63 S.) 8°
Tübingen, Med. Fak., Ref. Romberg, Diss. v. 15. Sept. 1905
[Geb. 14. Mai 75 Oberndorf; Wohnort: Oberndorf; Staatsangeh.: Württemberg; Vorbildung. Gymn. Rottweil Reife M. 97; Studium: Tübingen 11, Berlin 1 S., Coll. 17 Mai 05; Approb. 6. Febr. 05.]

Mäusert, Adolf, approb. Arzt aus Frankfurt a. M.: Aus d. pathol. Institut zu Giessen. Zur Casuistik der Vena cava superior sinistra und der einen Spitzenlappen der rechten Lunge abschnürenden Anomalie der Vena azygos. *Giessen 1899: v. Münchow.* (28 S.) 8°
Giessen, Med. Diss. v. 1899

Mausfalle, die, oder d. Reise nach Egypten, L. Chr. H. Spieß.

Mausfalle, die,; od. die Reise nach Egypten. Lustsp. in 3 Aufz. von Spieß. 8. Prag, Schönfeld. 786.

Mausfallenhändler, der kleine, s.: Ahle, J. R., geistlicher Christbaum

Maushake, A., Übungsstoffe zur gründlichen Einübung der Sprachfälle in Volks- u. Bürgerschulen. gr. 8. (62 S.) Dessau 894 R. Kahle. n. — 40; geb. n. — 60

Maushake, A., Übungsstoffe zur gründlichen Einübung der Sprachfälle in Volks- u. Bürgerschulen. Eine Ergänzg. zu jedem Sprachheft. 8. Aufl. (10.—12. Tauf.) gr. 8. (62 S.) Berlin (902). Gerdes & Hödel. Kart. n. — 60

Maushake, A., Übungsstoffe zur gründlichen Einübuug der Sprachfälle in Volks- u. Bürgerschulen nebst e. Anh. üb. die Zeichensetzung. Eine Ergänzg. zu jedem Sprachheft. 5. verm. Aufl. (16.—18. Tauf.) (64 S.) gr. 8. Berlin (908). Gerdes & Hödel. Kart. — 50

Mäusle, Fel. Neueste Karte von Deutschland. 1866. Mit sondorbaren Randzeichnungen. Stuttgart, Breitschwort's Selbstverl., 1866. qu.-Fol. Lith. u. kol. (4 Sgr, in Tondr. 6 Sgr)

Maeusle, Karl, u. Wilh. **Schiele,** Güter-Tarif f. die Station Augsburg. 2 Tle. Nach d. neuesten amtlichen Quellen bearb. u. hrsg. Augsburg 898. Lampart & Co. n. 10. —
1. Bayern. Nebst Auszug aus den allgem. Tarif-Vorschriften. gr. 4. (IV, 52 S.)
2. Deutschland (excl. Bayern) u. Ausland. 4. (XIV, 136 S.)

Mausolées, ou Monuments lugubres pour toutes les nations et religions, av. planch. III Cah. 4. Lpz. Indust. C. 805.

Mausoleum Bernerisches M'. Bern 1740–1743 s. a. [Scheurer, Samuel].

Mausoleum, Bernerisches, oder Vorderst Gott Zuo Ehr, Lob und Danck ... Bern 1740—42. V: *Scheurer, Samuel.* (AarK) (GGr) »1740—43.« (Cat. d. Stadtbibl. Zürich. Zürich 1864—97.)

Mausoleum, Bernerisches, od. Ehrenmahl der großen Männer rc. 8. Bern. 742.

Mausoleum Caesarum Austriacorum opertum in funere Leopoldi Magni Caesaris. Viennae 1703. V: *Kogler, Ant.* (Jes)

Mausoleum, das, der ostfriesischen Fürsten auf dem Kirchhofe zu Aurich. 8. (24 S.) Aurich 886, Dunkmann. *

Mausoleum gloriae, politico-panegyricum ... Gosfeldiae 1712. V: *Cohausen, Johann Heinrich.* (Barbier)

Mausoleum Graecense Ferdinandi II Romanorum Imperatoris ... Graecii 1732. V: *Hellmayr, Anton.* (Jes) (So)

Mausoleum Heroibus in Italia ... morte sublatis Panegyrica suada erectum ... Graecii 1703. V: *Dumer, Michael.* (Jes)

Mausoleum Augustae Imperatrici Viduae in sacris parentalibus ad B. M. V. Lauretanae excitatum et adornatum anno 1751. 18. Jan. seq. Vindobonae. V: *Newenstein, Joh. Karl von.* (WrDiar 1751 bei Nr. 6) (BiblPort)

Mausoleum Josephs I. fol. Wien 1711

Mausoleum Augustissimis manibus Leopoldi I ... Trauer-Gerüst ... Grädtz 1705. V: *Spiniller, Jos. & Ant. Stieff.* (Jes)

Mausoleum Piis M. M. Antistitis sui Francisc. X (Splenyi) Episcopi Vaciensis in perpetuum Praelati optimi Monumentum S. B. S. Canonicus Vaciensis posuit. O. O. 1796. V: ***Schaffrath, Leopold Baron.*** (Pk 3/292) (Széchenyi 4/370) (BiblPort)

Mausolff, Ludov. (geb. Glogau 30. 1. 1826): De sectione hypogastrica in lithotomia. Berolini (1852). 31 S. 8°
Berlin, Med. Diss. v. 2. Okt. 1852

Mauß, Aug., Choralschule. Praktische Anleitung zum Choralgesange in Schulen, in 38 der bekanntesten und vorzüglichsten Choräle der evangelischen Kirche, für den Unterricht zwei-, drei- u. vierstimmig bearb. Supplement-Heft zur „Liederschule" desselben Verf. Frankfurt a. M. 859. Jäger'sche Buchh. qu. 8. (IV, 63 S.) n. 8 ngr.

Mauß, Aug., Choral-Schule. Sämmtliche Choralmelodien zum Frankfurter Gesangbuche einschließlich d. Anh. in zwei-, drei- u. vierstimm. Satze, nebst geschichtl. Mittheilgn. üb. deren Entstehg., sowie biograph. Notizen üb. die Komponisten derselben f. Schule u. Haus. 2. verm. u. verb. Aufl. qu. gr. 8. (VIII, 176 S.) Frankfurt a. M. 871. Jaeger. n. 1. 60

— s. **Kunkel,** Ghold., Liedersammlung.

— Liederschule. Praktische Anleitung zum Gesange in Schulen, in ein-, und mehrstimm. Liedern, für den Unterricht bearb. und stufenmäßig geordnet. 4 Hefte. qu. 8. Frankfurt a. M 859, Jäger'sche Buchh. *

Inhalt:

Heft 1. Erklärungen; Vorübungen, einstimmige Lieder für den ersten Unterricht. (48 S.) * 6 Ngr.
" 2. Zweistimmige Lieder. (48 S.) * 6 Ngr.
" 3. Zwei- und dreistimmige Lieder. (64 S.) * 7 Ngr.
" 4. Drei- und vierstimmige Lieder. (83 S.) * 8 Ngr.

Mauß, Aug., Liederschule. Theoretisch-prakt. Anleitung zum Gesange in Schulen, in ein- u. mehrstimm., stufenmäßig geordneten Uebungen u. Liedern. 1. u. 2. Heft: 2., verm. u. verb. Aufl. Frankfurt a. M. 866. Jaeger'sche Buchh. qu. 8. (VIII, 123 S.) Jedes Heft. 6 ngr

— — 3. Heft: Erklärungen, ein- u. zweistimm. Uebgn. u. zwei- u. dreistimm. Lieder. 2. verm. u. verb. Aufl. Ebend. 869. qu. 4. (IV, 112 S.) n. 8 ngr

— — 4. Heft. 2., verm. u. verb. Aufl. Ebend. 870. qu. 4. (IV, 79 S.) n. 9 ngr

— Lieder-Schule. Theoretisch-prakt. Anleitg. zum Gesange in Schulen in ein- u. mehrstimm., stufenmäßig geordneten Uebgn. u. Liedern. 3 Hfte. 3. verm. u. verb. Aufl. qu. gr. 8. Ebend. 873—75. n. 2. 65

1. Erklärungen u. einstimm. Lieder. (VIII, 80 S.) n. 75
2. Ein- u. zweistimm. Uebgn. u. zweistimm. Lieder. (IV, 88 S.) n. — 90
3. Ein- u. zweistimm. Uebgn. u. zweistimm. Lieder. Höhere Stufe. 3. verm. u. verb. Aufl. (X, 86 S.) n. 1. —

Mauß, Aug., Lieder-Schule. Theoretisch-prakt. Anleitung zum Gesange in Schulen in ein- und mehrstimmigen, stufenmäßig geordneten Uebungen und Liedern. 1. und 2. Heft. 4. Aufl. qu. gr. 8. Frankfurt a. M., Jaeger'sche Buchh. cart. à Heft * M 1. *

Inhalt:

Heft 1. Erklärungen und einstimmige Lieder. (VIII, 80 S.) 879.
" 2. Ein- und zweistimmige Uebungen und zweistimmige Lieder (VI, 88 S.) 880.
3. und 4. (Schluß-)Heft. Ebendas. 1870,75. cart. à * M 1.

Mauß, Aug., Lieder-Schule. Theoretisch-praktische Anleitung zum Gesange in Schulen in ein- u. mehrstimm., stufenmäßig geordneten Uebungen u. Liedern. 1., 2. u. 4. Hft. qu. gr. 8. Frankfurt a/M. 881. Jaeger. cart. à n. 1. —

1. Erklärungen u. einstimmige Lieder. 4. Aufl. (VIII, 80 S.)
2. Ein- u. zweistimmige Uebungen u. zweistimmige Lieder. 4. Aufl. (VI, 88 S.)
4. Erklärungen, ein- u. zweistimmige Uebungen u. drei- u. vierstimmige Lieder. (IV, 79 S.)

Mauß, Aug. Lieder-Schule. Theoretisch prakt. Anleitg. zum Gesange in Schulen in ein- u. mehrstimm., stufenmäßig geordneten Übgn. u. Liedern. 3. Heft. Ein- u. zweistimm. Übungen u. zweistimm. Lieder. Höhere Stufe. 4. verm. u. verb. Aufl. (X, 86 S.) qu. gr. 8. Frankf. a. M. 889, Jaeger's Verlag. cart. * 1 —
1. 2. u. 4. Heft. Ebd. 1879—81. à * 1 —

Mauss, Frz., die Charakteristik der in der altfranzösischen Chanson de geste „Gui de Bourgogne" auftretenden Personen, nebst Bemerkungen über Abfassungszeit und Quellen des Gedichtes. Inaugural-Dissertation. gr. 8. (108 S.) Münster 883. (Leipzig, Fock.) *

[Umschlagt.:] **Mauss,** Franz [Dr.]: Du nouvel enseignement de la langue française dans nos «gymnases»; sa valeur pédagogique. Wesel, Buchdr. v. C. Kühler, 1894; 25 S. 8.
Wesel, k. G, OP 1894 (406)

Mauss, Johannes *Carl Albert Heinrich* [aus Danzig]: Glandula thyreoidea und Hypophysis cerebri m. Hinweis auf die m. dens. in Beziehg stehenden Krankheitserscheingn ... Greifswald, Druck v. J. Abel, 1895; 30 S. 8.
Greifswald, Med. Fak., Inaug.-Diss. v. 25. Febr 1895

Mauss, Theodor, approb. Arzt aus Euskirchen, Regbez. Cöln a. Rh.: Ueber Darmtuberculose im Kindesalter. *Freiburg i. B.: Speyer & Kaerner 1901.* (35 S.) 8°
Freiburg i. B., Med. Diss. v. 1901

Mauß, Wilh., der Grenzgang zu Biedenkopf. Ein altes histor. (Volks-)Fest. (15 S.) 8. Biedenkopf 907. M. Stephani. —25

Maeuss, Joh.

Maeuß, J., Franz von Sickingen, s. Sammlung gemeinverständlicher wissenschaftlicher Vorträge.

Maeuss, Joh. Franz von Sickingen. [Sammlung gemeinverständlicher wissenschaftlicher Vorträge, 270.] (35) 8. Berlin 1877 0,75.

Mäuß, Jul., Predigt bei der Sedan-Feier in Hohenbodeleben den 2. Septbr. 1878. gr. 8. (21 S.) Magdeburg 878, Heinrichshofen'sche Buchh.

Mausselin, Joh. Conr , Ravensburg Dissertatio inauguralis medico-chirurgica sistens observationes de gangraena et sphacelo.
Basel, med. Diss. 1722

Mausser, Josef

Mausser, Jos., Anleitung zur Anfertigung von Kartenskizzen der österreichisch-ungar. Kronländer, der Länder Europas und der Erdtheile, mit Zugrundelegung einfacher Liniennetze. Zum Schulgebrauche, sowie zur Selbstübung zusammengestellt. gr. 8. (VII S. mit 32 Skizzen.) Wien 887, (Sallmayer'sche Buchh.) *

Mausser, Jos. Anleitung zur Anfertigung v Kartenskizzen der österr.-ungar Kronländer, der Länder Europas, der Erdtheile u. der wichtigsten Flussläufe Mit Zugrundelegg. einfacher Liniennetze. Zum Schulgebrauch. sowie zur Selbstübg. zusammengestellt. 2. verm. u. verb. Aufl. gr 8. (14 S. m. 35 Skizzen.) Wien 892, (Sallmayer'sche Buchh.). · 1 60

Mausser, Jos., Anleitung zur Anfertigung v. Kartenskizzen der österr.-ungar Kronländer, der Länder Europas. der Erdtheile u. der wichtigsten Flussläufe. Mit Zugrundelegg einfacher Hilfslinien. Zum Schulgebrauch, sowie zur Selbstübg. zusammengestellt. 3., verm u verb. Aufl. gr. 8. (14 S. m. 35 Skizzen.) Wien 895. (Sallmayer'sche Buchh.) n. 1. 60

Mausser, Jos., Anleitung zur Anfertigung von Kartenskizzen der österr.-ungar. Kronländer, der Länder Europas, der Erdtheile u. der wichtigsten Flussläufe. Mit Zugrundelegg. einfacher Hilfslinien. Zum Schulgebrauch, sowie zur Selbstübg. zusammengestellt. 4. verm. u. verb. Aufl. Mit 35 Skizzen. Lex.-8. (15 S.) Wien 901. Sallmayer'sche Buchh. n. 1. 60

Mausser, Jos., Anleitung zur Anfertigung v. Kartenskizzen der österr.-ungar. Kronländer, der Länder Europas, der Erdteile u. der wichtigsten Flussläufe. Mit Zugrundelegg. einfacher Hilfslinien. Zum Schulgebrauch, sowie zur Selbstübg. zusammengestellt. 5. verm. u. verb. Aufl. Mit 35 Skizzen. (12 S.) gr. 8. Wien 908. Sallmayer'sche Buchh. 1. 60

Mausser, Josef, Kartenskizzen aller Erdtheile und Länder Mit besonderer Rücksicht auf den „Leitfaden für den Unterricht in der Geographie für österreichische Bürgerschulen von Prof. G. Rusch". 24 Skizzen. 8. (24 S.) —.20

Wien Pichler 1889

Mausser, Otto, s.: **Text des Oberammergauer Passions-Spiels.**

Maußer, Otto Ernst, a. Grafenau: Reimstudien zu Wigamur. Erlangen 1907: Junge & Sohn. (IX, 202 S.) 8°
München, Phil. Fak., Ref. H. Paul, Diss. v. 12. Juni 1906
[Geb. 3. Okt. 80 Grafenau in Niederbayern; Wohnort: Grafenau; Staatsangeh.: Bayern; Vorbildung: Gymn. Burghausen Reife Juli 01; Studium: München Jura 1, Phil. 8 S.; Rig. 12. Juni 06.]

Maußhardt, K., Realstoffe in Schülerheften im Anschluß an das Lesebuch u. auf Grund des Stuttgarter Lehrplans f. die Volksschulen Württembergs. 3. u. 4. Hft. 8. Stuttgart, Bonz & Co. n.n. — 55 (1—4., n.n. 1. 5)
3. Weltkunde. 1. Tl. f. das 6. Schulj. (IV, 80 S.) 890. n.n. — 25
4. — dasselbe. 2. Tl. f. das 7. Schulj. (68 S.) 891. n.n. — 30

Maußhardt, K. Realstoffe in Schülerheften im Anschluß an das Realienbuch m. Berücksicht. d. württemberg. Lesebuchs u. auf Grund d. Stuttgarter Lehrplans f. die Volksschulen Württembergs. 4 Hefte. 8. Stuttg., [Paulus]. Bonz u. Comp. ** 1 05
1. Heimatkunde f. das 4. Schuljahr. (36 S.) 890. ** — 25.
2. Vaterlandskunde f. das 5. Schuljahr. (40 S.) 890. ** — 25.
3. Weltkunde. 1 Tl. f. das 6. Schuljahr. (IV, 80 S.) 890. ** — 25.
4. Weltkunde. 2. Tl. f. das 7 Schuljahr. (69 S.) 891. ** — 30.

Maussner, Karl, es fehlte der Sonnenschein. Gedichte. (56 S.) 8. Leipzig 908. **Modernes Verlagsbureau.** 1. —

Es fehlte der Sonnenschein. Gedichte von Karl **Maussner** Berlin-Leipzig C. Wigand 1908. (55 S.) 8° 08. 1380

Mausz, Ludw., die Decorations-Malerei der Gegenwart, s.a. Wetzel, Heinr.

Mausz, Ludw., die Decorations-Malerei der Gegenwart. Entwürfe f Decken- u. Wandmalereien, unter Mitwirkg. v. Heinr. Wetzel u. Emil Wichmann hrsg. 1—5. Lfg gr. Fol (à 4 farb. Taf.) Berlin 893. 894. Kanter & Mohr. à n. 10. —

Mauth (Die preussische) und die badischen Kammern. 8°. Strassburg s. a.

Mauthengesetz auf ärarische Brücken, Straßen etc., s. a. Gesetze, Sep.-Ausg. der neuen österreichischen, Nr 68

Mautengesetz auf ärarische Brücken, Straßen u. Überfuhren vom 26 Aug. 1891. Wirksam f. alle Königreiche u. Länder m. Ausnahme v. Dalmatien. Mit e. alphabet. Sachregister. 8. (34 S.) Prag 892. Höfer & Klouček. n. — 40

Mauth ..., s. Maut

Mauthen [Schlagwort]

Mauthen, s: Geologische Karten, Spezialkarte, (Oesterr.-Ung.)

Mauthner, E. M., Seitensprünge. Schwank in 3 Akten. 16. (115 S.) München (898). Rubinverlag. n. 1. —

Mauthner, Franz: Gräfin Salamanca, s. Mauthner, Fritz

Mauthner, die Tartarenbraut, s.a. Volksbücher, Kärntner.

Mauthner, Franz. Die Tarturenbraut u. die Entstehung von St. Veit. Klgft., Leon, 1885. 63 S. (Kärntner Volksbücher Nr. 13.)

Mauthner, Fritz, der neue Ahasver. Roman aus Jung-Berlin. 2 Bde. 2. Aufl. 8. (302 u. 332 S.) Dresden 882. Minden. n. 8. —; geb. in 1 Bd. n.n. 9. 20

Mauthner, Fritz, der neue Ahasver. Roman aus Jung-Berlin. Der wohlf. Ausg. 1. und 2. Aufl. 8. (302; 332 S.) Dresden 886, Minden. *

Mauthner, Fritz, Aristoteles, s.a. Literatur, die. 2. Bd.

Aristoteles. Ein unhist. Essay von Fritz **Mauthner** Mit 1 Heliograv., 1 Lichtdr., 10 Vollbild u. 1 Landkarte Berlin Bard, Marquardt & Co. [1904]. (II, 73 S.) 8°
= Literatur, Die. Bd 2 03. 2731

Mauthner, Fritz, Aturen-Briefe. Mitgetheilt von F. M. 1. und 2. Aufl. 8. (V, 216 S.) Dresden 885, Minden *

Mauthner, F., die erste Bank. Kleine Schul- u. Feriengeschichten. Mit 1 Farbendr. v. A. Zick. gr. 8. (V, 149 S.) Glogau 889. Flemming. geb. 3. —

Mauthner, Fritz, die erste Bank. Kleine Schul- u. Feriengeschichten. Mit 1 Bilde in Farbendr. u. 5 Textbildern v. Eug. Hanetzog. (VII, 188 S.) 8. Berlin (908). Verlag Jugendhort. Geb. in Leinw. 3.—; erh. Pr. 4. —

Mauthner, Fritz, Beiträge zu e. Kritik der Sprache. 3 Bde. gr. 8. Stuttgart, J. G. Cotta Nachf. n. 38. —; geb. in Halbfrz. n. 44. —

1. Sprache u. Psychologie. (XII, 657 S.) 901. n. 12. —; geb. n. 14. —
2. Zur Sprachwissenschaft. (X, 735 S.) 901. n. 14. —; geb. n. 16. —
3. Zur Grammatik u. Logik. (VIII, 666 S.) 902. n. 12. —; geb. n. 14. —

— Beiträge zu e. Kritik der Sprache. 1. Bd. Zur Sprache u. zur Psychologie. 2. Aufl. (XX, 713 S.) gr. 8. Stuttgart 906. J. G. Cotta Nachf. n. 12. —; geb. in Halbfrz. n. 14. 50

Mauthner, Fritz, Bekenntnisse e. Spiritistin (Hildegard Nilson), s.: Schönthan's, P., Mark-Bibliothek.

—— Berlin W. Drei Romane. 1. und 2. Bd. 8. Ebendas. 888. à Bd. *M 5.—. * geb. à Bd. **M 6.—. **

Inhalt:
Bd. 1. Quartett. Roman. 1.—3. Aufl. (VIII, 434 S.) 886—88.
" 2. Die Fanfare. Roman. 1.—4. Aufl. (463 S.) 888.

— Berlin W. Drei Romane. 3. Bd. Der Villenhof. 1.—4. Aufl. 8. (447 S.) Dresd. 890—92, Minden. * 5 ; geb. ** 6
1 u. 2. Bd. Ebd. 1888. à * 5 —, geb. ** 6

—— Credo. Gesammelte Aufsätze. 8. (XII, 304 S.) Berlin 886, Heine. *

—— der letzte Deutsche von Blatna. Erzählung. 1.—4. Aufl. 8. (VIII, 296 S.) Dresden 887, Minden. * geb. **

—— Der letzte Deutsche v. Blatna. Erzählung. 5. (Titel-)Aufl. 8. (VIII, 296 S.) Ebd. 890. * 3 ; geb. ** 4

—— Dilettanten-Spiegel. Travestie nach Horazens Ars poetica. 1. und 2. Aufl. 8. (X, 102 S.) Ebendas. 884. *

—— Dilettanten-Spiegel. Travestie nach Horazens Ars poetica. 3. Aufl. 16. (XVI, 88 S.) Ebendas. 885. *

—— humoristische Erzählungen, s. Hausschatz, humoristischer, fürs deutsche Volk.

Mauthner, Fritz, einsame Fahrten. Plaudereien und Skizzen. 8. (126 S.) Leipzig 879, [Schloemp.] L. Senf. *

— einsame Fahrten. Plaudereien u. Skizzen. 3. (Titel-)Aufl. 8. (125 S.) Leipzig 890. Reinboth. n. 1. 50

— die Fanfare. (Berliner) Roman. 5. [Titel-]Aufl. 8. (463 S.) Dresden [888.] (899). H. Minden. n. 3. 50

—— vom armen Franischko. Kleine Abenteuer eines Kesselflickers. 1.—3. Aufl. 8. (VII, 108 S.) [Bern 880, Frobeen und Comp.] Leipzig, Glaser und Garte. * geb. *

—— dass. — 4.—6. Aufl. 8. (V, 103 S.) Leipzig 881—83, [Glaser und Garte.] K. F. Köhler. *M 2.; geb. **

—— vom armen Franischko. Kleine Abenteuer eines Kesselflickers. 7. Aufl. 8. (VIII, 103 S.) Ebendas. 886. * geb. *

— die Geisterseher. Humoristischer Roman. 8 (300 S.) Berlin 894. Verein der Bücherfreunde. n. 4. —; geb. in Leinw. n. 4. 75

— zehn Geschichten. 8. (V, 331 S.) Berlin 891 [J. H. Schorer.] Leipzig, Paul List. n. 3. 50

— Glück im Spiel. Eine Selbstmordgeschichte. 8. (142 S.) Dresden 891. H. Minden. n. 1. 50

Glück im Spiel. Eine Selbstmordgeschichte von Fritz Mauthner. 2 Taus. *Dresden & Leipzig. H. Minden 1892* (142 S.) 8° [F.]

Zur Grammatik und Logik von Fritz Mauthner *Stuttgart & Berlin: J. G. Cotta 1902.* (666 S.) 8°
= Mauthner Beiträge z. e. Kritik d. Sprache. Bd 3.

Mauthner, Fritz, die böhmische Handschrift. Roman. 8. (245 S.) München 897. A. Langen. n. 3. —

— Hypatia. Roman aus dem Altertum. 8. (238 S.) Stuttgart 892. J. G. Cotta Nachf. n. 3. 50; geb. n. 4. 50

— dasselbe. 2. Aufl. 8. (248 S.) Ebd. 892. n. 3. 50; geb. n. 4. 50

— der wilde Jockey u. Anderes, s.: Bibliothek Langen, kleine.

— kein Gut, kein Muth, s.: Theater-Mappe.

— Kraft. Roman. 2 Bde. 1. u. 2. Taus. 8. (267 u. 263 S.) Dresden 894. H. Minden. n. 6. —; geb. n.n. 8. —

— Kraft. Roman. 3. neu durchgeseh. Aufl. 8. (336 S.) Ebd. (899). n. 3. 50

—— kleiner Krieg. Kritische Aufsätze. 8. (144 S.) Leipzig 878, [Schloemp.] L. Senf. *

— kleiner Krieg. Kritische Aufsätze. 8. (144 S.) Leipzig 879. Gebr. Senf. n. 1. 50

—— kleiner Krieg. Plaudereien und Skizzen. 2. Aufl. 2 Thle. in 1 Bde. 8. (145; 126 S.) [Leipzig 881, Gebr. Senf.] Berlin, Neufeld. *M 2,50.; geb. **

— Lügenohr. Fabeln u. Gedichte in Prosa. 8. (IV, 144 S.) Stuttgart 892. J. G. Cotta Nachf. n. 3. —; geb. n. 4. —

— aus d. Märchenbuch d. Wahrheit. Fabeln u. Gedichte in Prosa. 2. (Titel-) Aufl. v. „Lügenohr". 8. (IV, 174 S.) Stuttgart (892) 896. J. G. Cotta Nachf. n. 3. —; geb. in Leinw. n. 4. —

Mauthner, Fritz. Nach berühmten Mustern. Parodistische Studien. Neue Folge. In-8°, 72 S. Bern, Frobeen & Cie. 1879. 1 80

— Nach berühmten Mustern. Parodistische Studien. Neue Folge. 2.—5. Aufl. In-8°. Bern, Frobeen & Cie. 1880. 1 80

Mauthner, Fritz, nach berühmten Mustern. Parodistische Studien. 1.—4. Aufl. 8. (93 S.) Stuttgart 879, Spemann. *

—— nach berühmten Mustern. Parodistische Studien. „Neue Folge". 5.—9. Aufl. 8. (95 S.) [Bern 880,81, Frobeen und Comp.] Leipzig, Glaser und Garte. *

—— dass. — Neue Folge. 10.—16. Aufl. 8. (95 S.) Leipzig 881—83, [Glaser und Garte.] Garte. *
geb. *

— nach berühmten Mustern. Parodistische Studien. 28. Aufl. 8. (93 S.) Stuttgart 895. Union. n. 1. 50

— dasselbe. Gesamtausg. 8. (198 S.) Ebd. 897. n. 2. —

— der Pegasus. Eine tragikom. Geschichte. 8. (444 S.) Dresden 889. Minden. n. 5. —; geb. n.n. 6. —

— der Pegasus. Eine tragikom. Geschichte. 3. Taus. 8. (444 S.) Dresden 894. H. Minden. n. 5. —

— Quartett. (Berliner) Roman. 5. [Titel-]Aufl. 8. (434 S.) Ebd. [888.] (899). n. 3. 50

— die bunte Reihe. Berliner Roman. 8. (427 S.) München 896. A. Langen. n. 4. —

(B) — Die bunte Reihe. 896. (RB2 30.) Ladenpr. aufgeh.

[F.] Der steinerne Riese. Eine fast wahre Geschichte v. Fritz Mauthner. *Dresden & Leipzig H Minden [1896]* (2 Bl., 200 S.) 1 Bd 8.

— D. steinerne Riese. E. fast wahre Geschichte. 1. u. 2. Taus. 8. (200 S.) Dresden-Blasewitz 897. H. Minden. n. 2. —

— der steinerne Riese. Eine fast wahre Geschichte. 4. [Titel-] Aufl. 8. (200 S.) Ebd. [897.] (902). n. 1. —

—— Gräfin Salamanca, s.a. Volksbücher, Kärntner.

Mauthner, Franz Gräfin Salamanca. Eine oberkärntische Sage. Klgft., Leon, (1884). 68 S. (Kärntner Volksbücher Nr. 3.)

—— Schmock oder die litterarische Karriere der Gegenwart. Satire. 12. (62 S.) Berlin 888, F. und P. Lehmann, Verlag. *

Mauthner, Fritz Schmock od. die litterarische Karriere der Gegenwart. 12. Berl. 888. Stuttg., Union. * 1 —

—— die Sonntage der Baronin. Novellen. 1. und 2. Aufl. 8. (344 S.) Zürich 881, Schmidt. *

—— dass. — 3. Aufl. 8. (344 S.) Dresden 884, Minden. *
geb. *

— Spinoza, s.a. Dichtung, die, 43. Bd.

Spinoza von Fritz Mauthner. Berlin & Leipzig Schuster & Loeffler [1900]. (76 S.) 8°
— Dichtung, Die. Bd 43.

— Die Sprache, s.a. Gesellschaft, die.

Die Sprache. Von Fritz Mauthner. Frankfurt am M.: Rütten & Loening [1907]. (119 S.) 8°
— Gesellschaft, Die. Bd 9.

Zur Sprache und zur Psychologie von Fritz Mauthner. 2. Aufl. Stuttgart & Berlin J. G. Cotta Nachf. 1906. (XVIII, 713 S.) 8°
— Mauthner Beiträge zu e. Kritik d. Sprache. Bd 1.

Zur Sprachwissenschaft von Fritz Mauthner *Stuttgart: J G Cotta 1901.* (VIII, 735 S.) 8°
— Mauthner Beiträge zu e. Kritik d. Sprache. Bd 2.

— zum Streit um die Bühne, } s.a. Schriften, deutsche, Litteratur u. Kunst.

Zum Streit um die Bühne. Ein Berliner Tagebuch von Fritz Mauthner. *Kiel & Leipzig Lipsius & Tischer 1892.* (52 S.) 8° [F.]
— Schriften, Deutsche, für Litteratur u. Kunst. Reihe 2, H. 5.

Tote Symbole. Von Fritz Mauthner *Kiel & Leipzig: Lipsius & Tischer 1892.* (45 S.) 8° [F.]
— Schriften, Deutsche, für Litteratur u. Kunst. Reihe 2, H 1

– Dass., s. a. Schriften, Deutsche, für Litteratur und Kunst.

Mauthner, Fritz. Totengespraeche. 128 S. 8. Berlin, Karl Schnabel, Axel Junckers Buchh., 1906. [M. 3. 50]
Darin S. 74—82: Gottfried Keller (Juli 1890), *S. 94—102:* Friedrich Nietzsche (August 1900).

— Totengespräche. 1. u. 2. Aufl. (à 127 S.) gr. 8. Berlin 906. K. Schnabel. n. 2. 50; geb. n. 3. 50

— der Villenhof. (Berliner) Roman. 5. [Titel-]Aufl. 8. (447 S.) Ebd. [892.] (898). n. 3. 50

—— von Keller zu Zola. Kritische Aufsätze. 8. (153 S.) Berlin 887, Heine. *

Wörterbuch der Philosophie. Neue Beiträge zu e. Kritik d. Sprache von Fritz Mauthner. Bd 1. 2. (In 21 Lfgen.) München G. Müller 1910. 4°(8°)

— Wörterbuch der Philosophie. Neue Beiträge zu e. Kritik der Sprache. (In ca. 15 Lfgn.) 1.—12. Lfg. (1. Bd. XCVI, 586 S. u. 2. Bd. S. 1—80.) Lex. 8. München 910. G. Müller. à 1.50 (1. Bd. kplt. 16.—; geb. n 22.—)

—— Xanthippe. 1. und 2. Aufl. 8. (263 S.) Ebendas. 884. *M 3,50.; geb. *

—— Xanthippe. Roman. 3. und 4. Aufl. 8. (260 S.) Dresden 885,87, Minden. *M 3.50.; geb. **

—— Xanthippe. Roman. 5. neu durchgeseh. Aufl. 8. (VIII, 260 S.) Dresd. 889, Minden. * 3 50; geb. * 4 50

— Xanthippe. Roman. 6., neu durchgeseh. Aufl. 8. (VIII, 260 S.) Dresden 895. H. Minden. n. 3. —

Mauthner, Joseph

Mauthner, J., Gedichte. 8. (VIII, 119 S.) Berlin 890. Haack. n. 2. 20; geb. n. 3. —

Mauthner, Joseph. Gedichte. Berlin 1891. H: *Mauthner, Isidor.* (Berl)

Mauthner, Jos., Gedichte. 8. (VIII, 119 S. m. Portr.) Berlin 891. Haack. n. 2. 20; geb. m. Goldschn. n. 3. —

Mauthner, Julius u. Wilhelm Suida

— Beiträge zur Kenntnis des Cholesterins. 1 Abhandlung (mit 2 Textfiguren). S. 103. IIb. 21 vgr
— — — 2. Abhandlung. S. 103. IIb. 86 vgr.
— — — 3. Abhandlung (mit 1 Textfigur) S. 104. IIb. 817 vgr
— — — 4. Abhandlung. S. 105. IIb. 76 vgr
— — — 5. Abhandlung. S. 112. IIb. 11 vgr
— — — 6. Abhandlung. S. 112. IIb. 482 vgr
Separatabdruck

— Neue Beiträge zur Kenntnis des Cholesterins. 1. Über Anlagerung von Chlorwasserstoff. S. 115. IIb. 131 vgr
— — 2. Über das Drehungsvermögen einiger Cholesten- und Cholestankörper. S. 115. IIb. 251 vgr
— — 3. Mitteilung. Umlagerung des Cholestens (mit 2 Textfiguren). S. 116. IIb. 1019 vgr.
— — 4. Mitteilung. S. 118. IIb. 417 vgr
Separatabdruck

Mauthner, Julius und Wilhelm Suida

— — Über die Darstellung von Glykokoll und über einige seiner Derivate. S. 99. IIb. 306 vgr
Separatabdruck

— — Über einige aromatische Derivate des Oxamids und der Oxaminsäure. S. 97. IIb. 792 vgr
Separatabdruck

Mauthner Julius, Dr. Über das optische Drehungsvermögen des Tyrosins und Cystins. S. 85. II. 862 vgr
Separatabdruck

Mauthner, J., u. W. Suida, zur Gewinnung v. Indol **aus Derivaten** d. Orthotoluidins. [Aus dem Laboratorium f. angewandte medicin. Chemie in Wien.] Lex.-8. (11 S.) Wien 886. (Gerold's Sohn.) n.n. — 25

Mauthner, J., und W. Suida, zur Gewinnung von Indol aus Derivaten des Orthotoluidins. [Aus dem Laboratorium für angewandte medicin. Chemie in Wien.] Lex.-8. (11 S.) Wien 886, (Tempsky.) * *
Aus: Sitzungsberichte der k. Akademie der Wissenschaften, besonders abgedruckt.

— — Zur Gewinnung von Indol aus Derivaten des Orthotoluidins. S. 93. II. 970 K — 24
Separatabdruck

— — Über die Gewinnung von Indol aus Phenylglykokoll. S. 98. IIb. 352 vgr.
Separatabdruck

Mauthner, Jul., über den mütterlichen Kreislauf in der Kaninchenplacenta mit Rücksicht auf die in der Menschenplacenta bis jetzt vorgefundenen anatom. Verhältnisse. Lex.-8. (6 S. mit 1 lithogr. Taf.) Wien 878, (Gerold's Sohn.) *
Aus: Sitzungsberichte der k. Akademie der Wissenschaften, besonders abgedruckt.

Mauthner Julius. Über den mütterlichen Kreislauf in der Kaninchenplazenta mit Rücksicht auf die in der Menschenplazenta bis jetzt vorgefundenen anatomischen Verhältnisse (mit 1 Taf.). S. 67. III. 118 „ 1.—
Separatabdruck

– und Wilhelm Suida

— — Über Phenylglycin-Orthokarbonsäure sowie über die Gewinnung von Glykokoll und seinen Derivaten. S. 97. IIb. 763 vgr.
Separatabdruck

— und Suida Wilhelm. Über gebromte Propionsäuren und Akrylsäuren (mit 3 Holzschnitten). S. 83. II. 273 vgr.
Separatabdruck

Mauthner, Ludw., Beiträge zur näheren Kenntniss der morphologischen Elemente des Nervensystems. (Aus dem physiolog. Institute der wiener Universität.) Lex.-8. (9 S.) Wien 860, (Gerold's Sohn.) *

— Beiträge zur näheren Kenntnis der morphologischen Elemente des Nervensystems. (Auszug.) S. 39. 593 vgr.
Separatabdruck

Mauthner, Ludw., Beiträge zur näheren Kenntniss der morphologischen Elemente des Nervensystems. gr. 4. (56 S. mit 1 chromolithogr. Taf.) Wien 862, (Gerold's Sohn.) *
Aus: Denkschriften der k. Akademie der Wissenschaften, besonders abgedruckt.

Beiträge zur näheren Kenntnis der morphologischen Elemente des Nervensystems (mit 1 Taf.) D. 21. II. 1 „ 3.60
Separatabdruck

Mauthner, Ludw., die Bestimmung der Refractionsanomalien mit Hilfe des Augenspiegels. Wien 867. (Leipzig, Fues's Verlag.) Lex.-8. (VII, 72 S.) n. 20 ngr.

– Über die sogenannten Bindegewebskörperchen des zentralen Nervensystems. S. 43. I. 45 vgr
Separatabdruck

Mauthner, Ludw., Farbenlehre. Der „Functionsprüfung" 1. Thl 2., vielfach geänd. Aufl. gr. 8. (VIII, 168 S.) Wiesbaden 894. J. F. Bergmann. n. 4. —

Mauthner, Ludw., Gehirn u. Auge. [Aus: „Vorträge aus der Augenheilkunde".] Mit (eingedr.) Holzschn. gr. 8. (IV, 256 S.) Wiesbaden 881. Bergmann. n. 7. —

— Glaucom. Mit (eingedr. Holzschn.-)Abbildungen. [Aus: „Vorträge a. d. Augenheilkunde".] gr. 8. (116 S.) Ebend. 881. n. 2. 60

— Zur pathologischen Histologie der menschlichen Kornea. S. 47. II. 278 vgr
Separatabdruck

—— Lehrbuch der Ophthalmoscopie. 2 Abthlgn. Lex.-8. (VIII und 472 S. mit 42 in den Text gedr. Holzschn.) Wien 868. [Leipzig, Fues's Verlag.] *

Mauthner, L., die Lehre v. den Augenmuskellähmungen. Mit 38 Holzschn. im Texte. gr. 8. (Vorträge aus dem Gesammtgebiete der Augenheilkunde. 2. Bd. VIII, VIII u. S. 293—692.) Wiesbaden 889. Bergmann. n. 10. —

— die Lehre vom Glaucom. [Vorträge a. d. Augenheilkunde 9—11. Hft.] Mit (eingedr. Holzschn.-)Abbildungen. gr. 8. (VII, 292 S.) Ebend. 882. n. 8. 40

—— zur Lehre vom entommatischen Sehen. Lex.-8. (10 S.) Wien 863, (Gerold's Sohn.) *
Aus: Sitzungsberichte der k. Akademie der Wissenschaften, besonders abgedruckt.

— Zur Lehre vom entommatischen Sehen. S. 47. II. 106 vgr
Separatabdruck

—— Untersuchungen über den Bau des Rückenmarkes der Fische. Eine vorläufige Mittheilung. Lex.-8. (8 S.) Wien 859, (Gerold's Sohn.)
Vorstehende zwei Schriften des Verf. wurden aus: Sitzungsberichte der k. Akademie der Wissenschaften, Jahrg. 1859 und 1860, besonders abgedruckt.

Mauthner Ludwig. Untersuchungen über den Bau des Rückenmarkes der Fische. Vorläufige Mitteilung. S. 34. 31 vgr
Separatabdruck

Mauthner, Ludw., Vorlesungen über die optischen Fehler des Auges. 2 Abthlgn. gr. 8. Wien, Braumüller. *
Inhalt:
Abthl. 1. Allgemeiner Theil. (VI, S. 1—218 mit 51 eingedr. Holzschn. und 2 lithogr. Taf.) 872. *ℳ 5.
2. Specieller Theil. (XII, S. 219—876 mit 46 eingedr. Holzschn. und 1 lithogr. Taf.) 876. *ℳ 15.

Mauthner, Ludw., Vorträge aus dem Gesammtgebiete der Augenheilkunde für Studirende und Aerzte. 1.—4. Heft. gr. 8. Wiesbaden 879, Bergmann. *

Inhalt:

Heft 1. Die sympathischen Augenleiden. 1. Abthl.: Aetiologie, Pathologie. (S. 1—58.) 878. *ℳ 1,40.

» 2. —— dass. — 2. Abthl.: Pathologie, Therapie. (S. 59—118.) 879. *ℳ 1,60.

» 3. Die Functionsprüfung des Auges. Centrale Sehschärfe, Lichtsinn, Gesichtsfeld, blinder Fleck. (S. 119—178 mit eingedr. Holzschn.) 879. *ℳ 1,60.

» 4. —— dass. — Prüfung des Farbensinns. (S. 179—262.) 879. *ℳ 2,40.

Mauthner, Ludw., Vorträge aus dem Gesammtgebiete der Augenheilkunde für Studirende nnd Aerzte. 5.—11. Heft. gr. 8. Wiesbaden, Bergmann. *

Inhalt:

Heft 5. Die Functionsprüfung des Auges. Fernpunkt. Brillenlehre. Nahepunkt und Accommodationsbreite. Binocularsehen. Optische Fehler [Astigmatismus]. (1. Bd. S. 263—344 mit eingedr. Holzschn.) 880. *ℳ 2,40.

» 6—8. Gehirn und Auge. (VIII, S. 345—600 mit eingedr. Holzschn.) 881. *ℳ 7.

» 9. Glaucom. (2. Bd. S. 1—116 mit eingedr. Holzschn.) 881. *ℳ 2,60.

» 10. 11. Glaucomtheorien und Secundärglaucom. (S. 117—292.) 882. *ℳ 5,80.

1.—4. Heft. Ebendas. 1879. *ℳ 7.

Mauthner, Ludw., Vorträge aus dem Gesammtgebiete der Augenheilkunde für Studirende und Aerzte. 12. und 13. Heft. [2. Bd. 4. und 5. Heft.] gr. 8. Wiesbaden, Bergmann. *

Inhalt:

Heft 12. Die ursächlichen Momente der Augenmuskellähmungen: Die Nuclearlähmung. (IV, S. 293—384.) 885. *ℳ 2.40.

» 13. —— dass. — Die nicht nuclearen Lähmungen. [Cortical- und Fascicularlähmung. Basallähmung. Orbitale und periphere Lähmung.] (S. 385—472.) 886. *ℳ 2.—.

1.—11. Heft. Ebendas. 1879—82. *ℳ 24.80.

Mauthner, Ludw. Vorträge aus dem Gesammtgebiete der Augenheilkunde f. Studirende u. Aerzte. 14. u 15. Heft [II Bd. 6. u. 7 Heft.] gr. 8. Wiesb. 889, Bergmann 5 60

Diagnostik u. Therapie der Augenmuskellähmungen VIII S. 473—692 m eingedr. Fig.)

1—13. Heft Ebd 1879—86. * 29 20.

Mauthner, Ludw Wilh , s. M a u t h n e r von Mauthstein

Mauthner Marie Ueber den Karmosingehalt der Saugetiermuskeln. S 122 [illegible] vgr Separatabdruck

Mauthner von Mauthstein, Ludwig Wilhelm

M a u t h n e r de Mautstein, Dr. — Diététique des Enfants par le — —. Traduit de l'Allemand par le Dr. F. Delauney. Vienne, 1856. Imprimerie de J. B. Wallishausser. J. B. Wallishausser. (XVI, 230 S. 8)

Mauthner, Ludw. Wilh., die Heilkräfte d. kalten Wasserstrahls. Mit e. Rückblick auf d. Gesch. u. mit besond. Rücksicht auf d. Staubregenbad u. kalte Baeder. gr. 8. (27½ B. u. 4 Kpfrt.) Wien 837, (Gerold's Vrlsh.) *

Mauthner (von Mauthstein), Ludwig Wilhelm: Die Heilkräfte des kalten Wasserstrahls. Mit einem Rückblick auf die Geschichte und mit besonderer Rücksicht auf das Staubregenbad und kalte Bäder. 420 S., gbd., Abb.

Wien: typ.Strauß 1837

JB 2.732

Mauthner v. Mautstein, Ludw. Wilh., erster Jahres-Bericht über die wissenschaftl. Leistungen der k. k. Klinik für Kinderkrankheiten im St. Annen-Kinderspitale im J. 1850/51. gr. 8. (47 S.) Wien 851, (Gerold, Verlag.) *

Mauthner v. Mautstein, L. W., Kinder-Diätetik. Eine Anleitung zur naturgemäßen Pflege und Erziehung des Kindes. Mit 6 xylogr. Vignetten u. mehreren Holzschn. (im Text.) 853. (XIV, 218 S.) n. 1 ℛ︁. 3 ngr. — 2. Aufl. 853. (XIV, 223 S.) n. 1 ℛ︁. — 3. veränd. u. verm. Aufl. Wien 857 Gerold 8. (XXI. 272 S.) n. 1 ℛ︁ 4 ngr.

Mauthner Ritter v. Mautstein, L. W., Kinder-Diätetik. Eine Anleitung zur naturgemäßen Pflege und Erziehung des Kindes. 3., veränd. und verm. Aufl. gr. 8. (XXI und 272 S. mit 6 xylogr. Vign. und mehreren eingedr. Holzschn.) Wien 857, (Gerold's Sohn) Thlr. *

Mauthner, Ludw. Wilh., die Krankheiten des Gehirns u. Rückenmarks bei Kindern. Durch Krankheitsfälle aus dem ersten Kinder-Spitale erläutert. Mit 5 nach der Natur gez. u. lith. Tafeln. gr. 8. (28⅞ B.) Wien 844, (Gerold, Verl.) * 3 Thlr. 10 Ngr. Mit ill. Kpfrn. *

Mauthner (von Mauthstein), Ludwig Wilhelm: Die Krankheiten des Gehirn's und Rückenmark's bei Kindern. Durch Krankheitsfälle aus dem ersten Kinder-Spitale erläutert. 448 S., gbd., 5 Taf.

Wien: typ.Strauß & Sommer 1844

JB 4.125

Mauthner von Mautstein, s. Z e i t s c h r i f t , Oesterreichische, für Kinderheilkunde.

Mauthtarif(f), s. M a u t t a r i f

Mautinspektor

Mauthinspector, der, ein neues u. gesellschaftl. Spiel. 12. Nürnb. (Leipz. Fleischer in Comm.) 811.

Mautner, A., Gebet für das Wohl des edlen Herrn Moses Montefiore, bei Gelegenheit seiner nach Marokko unternommenen Reise, um von dem Landesregenten die Befreiung unserer unschuldig bedrängten israelit. Brüder zu erlangen. Zum Gebrauche für israelit. Schulen. gr. 8. (12 S.) Wien 864, (Knöpflmacher und Söhne.) *

Mautner, A., praktische Conversations-Bücher zur leichten und raschen Erlernung der französischen Sprache ohne Lehrer und ohne Auswendiglernen. Nach einer ganz neu erfundenen Methode eingerichtet, und zum Nutzen aller Stände hrsg. I. Bd. (Der Graf v. Monte Christo von Alex. Dumas.) gr. 16. (130 S.) Prag 855. (Wien, Gerold's Sohn.) *

M a u t n e r A. — Mautner's Sprachspiel, oder: Die Sprache nach der Natur gezeichnet. Ein neues System, wodurch Jedermann ohne Mühe und Anstrengung, ja sogar auf die angenehmste Weise eine fremde Sprache, so wie die Muttersprache, in kurzer Zeit verstehen und sprechen lernt. Auf keine bloße Idee, sondern auf Vernunft und Erfahrung gegründet. Für die englische und französische Sprache bearbeitet von — —. Leitmeritz. 1855. Druck von C. W. Medau. Prag. Verlag der C. W. Medau'schen Verlagsbuchhandlung. (44 S. 8.)

Mautner, Alfred: Zur Kenntnis der perhalogenierten Terephtalsäuren und Phtalsäuren. *Heidelberg 1897: J. Hörning.* (37 S.) 8°

Heidelberg, Naturw.-math. Diss. v. [13. Okt.] 1897

Mautner Berthold: Ueber Goethes „Jery und Bätely".

D: Znaim, 1908. Diss.Wien, Univ.

1906 PN 2062 188

Mautner, Eduard

Mautner, Ed. (I.), im Augarten, s. Theater, neues Wiener.

Mautner, Ed., Battaglia, s.: Europa illustrata.

Mautner, Ed. (II.), Battaglia, s. Europe, illustrated. — l'Europe illustrée. — Wanderbilder, europäische.

— Battaglia près Padoue, s.a.l'Europe illustrée.

(Mautner, Eduard.) Battaglia (près Padoue. Par Edouard M' Avec 38 Illustrations [dont 6 planches] par Ladisl[aus] Eug[en] Petrovits et J[ohann] Weber et une carte). (L'Europe illustrée N° 40. 41.) 8. Zurich, (Paris) [1883].

Mautner, E., Battaglia bei Padua, s.a. Wanderbilder, europäische.

(Mautner, Eduard.) Battaglia (bei Padua. Mit 38 Illustrationen [wovon 6 Tafeln] von Ladisl[aus] Eug[en] Petrovits u. J[ohann] Weber und einer Karte). (Europäische Wanderbilder N° 55. 56.) 8. Zürich [1883].

— Battaglia near Padua, s.a. Europe, illustrated.

(Mautner, Eduard.) Battaglia (near Padua. By Edward M'. With 38 Illustrations [6 Plates] by Ladisl[aus] Eug[en] Petrovits and J[ohann] Weber, and a Map). (Illustrated Europe N° 38. 39.) 8. Zurich, London ([18]84).

(Mautner, Eduard.) Battaglia (Provincia di Padova, di Edoardo M' Con 38 Illustrazioni [di cui 6 tavole] di Ladisl[aus] Eug[en] Petrovits e J[ohann] Weber [ed una carta geografica]). (Europa illustrata. N° 4. 5.) 8. Zurigo, Milano [1883].

—— während der Börse, s.a. Bloch's, E., Dilettanten-Bühne.

Mautner, Eduard — Während der Börse. Lustspiel in einem Aufzuge von — —. Als Manuskript gedruckt. Druck von U. Klopf sen. und Alexander Eurich. (16 S. 8.) 1856.

— In Catilinam. Ein Kranz geharnischter Sonette. Wien 859. Wallishausser'sche Buchhdlg. 16. (16 S.) n. 6 ngr.

Mautner, Ed., Eglantine. Schauspiel in 4 Acten. (Den Bühnen gegenüber Mscr.) 8. (144 S.) Wien 863, Typographisch-literarisch-artistische Anstalt. *

—— kleine Erzählungen, s.a. Dichter, österreichische, der Gegenwart.

Mautner, Eduard. Kleine Erzählungen. Wien 1858. Druck u. Verl. d. typ.-lit.-art. Anst. *(L. C. Zamarski, C. Dittmarsch & C.)* 202 S., 8°.
Auch unt. d. Tit.: Oesterreichische Dichter der Gegenwart. Zweiter Band.

Mautner, Ed., Gedichte. 8. (330 S.) Leipzig 847, Schlicke. 1⅓ ₰.

– Gedichte, s.a. Dichter, Österreichische, der Gegenwart.

Mautner, Eduard. Gedichte. Mit dem Porträt des Dichters. Wien 1858. Druck u. Verl. d. typ.-lit.-art. Anst. *(L. C. Zamarski, C. Dittmarsch & C.)* 190 S. 8°.
Auch unt. d. Tit.: Oesterreich. Dichter der Gegenwart. Erstes Bändchen.

Mautner, Ed. Ausgewählte Gedichte. 12 (XI, 460 S. m. Bildniß.) Wien 889, Gerold's Sohn. geb. ℳ 6 —

Mautner, Ed. (I.), eine Kriegslist, s. Theater, neues Wiener.

Mautner, Ed., Carl La Roche. Gedenkblätter zur Feier seiner vierzigjähr. ruhmreichen Wirksamkeit am k. k. Hofburgtheater zu Wien. Mit e. Autogramm u. der Photographie d. Jubilars. gr. 16. (64 S.) Wien 873. Rosner. n. 2. —

— Lustspiele. I. Das Preis-Lustspiel. II. Gräfin Aurora. [Beide Stücke sind den Bühnen gegenüber Mscr.] gr. 12. (VI u. 199 S.) Wien 852, Wallishausser. 1 ₰

— eine Mutter vor Gericht, s.: Theater-Mappe.

— die Sanduhr, s.: Theater-Repertoir, Wiener.

Mautner, Ed. (II.), und Jul. Klob, die euganäischen Thermen zu Battaglia. 8. (IV, 56 S.) Wien 875, Gerold's Sohn. *

—— und Jul. Klob, die euganäischen Thermen zu Battaglia. 2. verb. Aufl. 8. (IV, 56 mit 9 chemigr. Abbild.) Leipzig 882, O. Wigand.

Mautner, Friedr., Hilfs-Tabellen zu den Berechnungen bei der Calculation des Garnbedarfes für Waaren aus Baumwollen-, Wollen-, Leinen- und Jute-Garnen. 8. (83 S.) Altona 888, Send. *ℳ 2.40.; geb. *

Mautner, Hans: Wie schützt das römische Recht und das Bürgerliche Gesetzbuch die Vermächtnisnehmer gegen die Arglist ausschlagender Erben? Heidelberg 1909: Hörning. 38 S. 8°
Heidelberg, Jur. Diss. v. 24. April 1909, Ref. Wenger
[Geb. 13. Jan. 86 Berlin; Wohnort: Berlin; Staatsangeh.: Preußen; Vorbildung: Sophien-Gymn. Berlin Reife O. 05; Studium: Berlin 7 S.; Rig. 26. Febr. 09.] [U 09. 1854

Mautner, J., und S. Kohn, biblische Geschichte und Religionslehre für die israelitische Jugend an Volks- und Bürgerschulen. 4 Hefte. gr. 8. Wien 884, Pichler's Wwe. und Sohn. [1. Heft. (VI, 86 S.) * 72 Pf.; 2. Heft. (52 S.) * 40 Pf.; 3. Heft. (60 S.) * 50 Pf.; 4. Heft. Lesestücke aus der heil. Schrift. (80 S.) * 64 Pf.] *

Mautner, J. und Kohn, S., Biblische Geschichte und Religionslehre für die israelitische Jugend an Volks- und Bürgerschulen. II. Heft. 2. verbesserte Auflage. Verlag von A. Pichler's Witwe und Sohn. Wien 1889. (Min.-Erl. 23. Mai 1891. Z. 8201.) Geheftet —.20, cartonnirt —.26

Mautner, J. und Kohn, S., Biblische Geschichte und Religionslehre für die israelitische Jugend an Volks- und Bürgerschulen. 1. Heft. 3. veränderte Auflage. Verlag A. Pichler's Witwe & Sohn. Wien 1890.

Mautner, J., und Kohn, S., Biblische Geschicht und Religionslehre für die israelitische Jugend an Volks- und Bürgerschulen. Wien 1894. Verlag von A. Pichler's Witwe und Sohn. (Min.-Erl. v. 15. Juni 1894, Z. 12963.)
I. Heft. 4. geänd. Auflage. Cartonnirt —.48
II. Heft. 3. geänd. Auflage. Cartonnirt —.55
III. Heft. 2. geänd. Auflage. Cartonnirt —.55

Mautner, J., und S. Kohn, Biblische Geschichte und Religionslehre für die israelitische Jugend an Volks- und Bürgerschulen. 5. Aufl. 1. Heft. 8. (97 S.) Cart. Wien Pichler 1895 —.48

— — dasselbe an Volks- u. Bürgerschulen. 1. u. 2. Hft. gr. 8. Ebd. 895. Kart. n. 2.06
1. 6. Aufl. (VIII, 99 S. m. Abb. u. 2 eingedr. Karten. n. —96
2. 4. Aufl. (105 S. m. 1 eingedr. Karte.) n. 1.10

Mautner, J., und S. Kohn, Biblische Geschichte und Religionslehre für die israelitische Jugend an Bürgerschulen. I. Heft. 8. (101 S.) Cartonnirt Wien Pichler 1896 —.50
— — II. Heft. 5 Aufl. 8. (105 S.) Cart. —.55
— — für die israelitische Jugend an Volksschulen I. Heft. 8. (82 S.) Cart —.40
— — II. Heft. 8. (74 S.) Cart. —.40

Mautner, J., u. S. Kohn, biblische Geschichte u. Religionslehre f. d. israelit. Jugend an Bürgerschulen. 3 Hfte. gr. 8. Wien, A. Pichler's Wwe. & Sohn. Kart. n. 3.20
1. (102 S. m. Abb. u. 1 Karte im Text.) 896. n. 1.—
2. 6. Aufl., unveränd. Abdr. der 3. Aufl. (106 S. m. 1 eingedr. Karte.) 896. n. 1.10
3. 3. Aufl., unveränd. Abdr. d. 2. geänd. Aufl. (120 S.) 897. n. 1.10

Mautner, J., und S. Kohn, Biblische Geschichte und Religionslehre für die israelitische Jugend an Volksschulen. 1 Heft. 2. Auflage. 8. (82 S, mit einem Kärtchen von Palästina.) Cart * —.40
Wien Pichler 1897

— — dasselbe an Volksschulen. 2 Hfte. gr. 8. Ebd. Kart. à n. —80
1. 3. Aufl., unveränd. Abdr. d. 1. Aufl. (82 S. m. 1 Karte.) 898.
2. 2. Aufl., unveränd. Abdr. d. 1. Aufl. (74 S. m. 1 Karte.) 897.

Mautner, J., u. S. Kohn, biblische Geschichte u. Religionslehre f. die israelitische Jugend an Bürgerschulen. 1. Hft. 2. Aufl. Unveränd. Abdr. der 1. Aufl. gr. 8. (102 S. m. Abbildgn. u. 1 Karte im Text.) Wien 899. A. Pichler's Wwe. & Sohn. Kart. n. 1.—

— — dasselbe. 3 Hfte. Nach d. Lehrplane der isr. Cultusgemeinde Wien. gr. 8. Ebd. 901. Kart. n. 3.20
1. (86 S. m. 1 Karte.) n. 1.—
2. (88 S. m. 1 Karte.) n. 1.—
3. (112 S. m. 1 Karte.) n. 1.20

— — dasselbe an Volksschulen. Nebst Erzählungen a. d. nachbibl. Geschichte. 1. u. 2. Hft. gr. 8. Ebd. Kart. à n. —80
1. 4. Aufl. Unveränd. Abdr. der 1. Aufl. (83 S. m. Abbildgn. u. 1 Karte.) 900.
2. 3. Aufl. Unveränd. Abdr. der 1. Aufl. (75 S. m. 1 Karte im Text.) 899.

— — dasselbe. Nach dem Lehrplane der isr. Kultusgemeinde Wien. 2. Aufl. Nach der neuen Rechtschreibg. bericht., sonst im wesentlichen unveränd. Abdr. der 1. Aufl. gr. 8. (IV, 119 S. m. Abb. u. 1 Karte.) Ebd. 903. Kart. n. 1.30

Mautner, J. und Kohn, S., Biblische Geschichte und Religionslehre für die israelitische Jugend an Volksschulen 3 Aufl. 8°. (IV, 119 S) Wien. Pichler 1903. kart. K 1.30

Mautner, J., u. S. Kohn, biblische Geschichte u. Religionslehre f. die israelitische Jugend an Bürgerschulen. II. Heft. Nach dem Lehrplane der israelit. Kultusgem. Wien. 2. Aufl. Nach der neuen Rechtschreibg. bericht., sonst unveränd. Abdr. der 1. Aufl. (IV, 88 S. m. 1 Karte.) 8. Wien 904. A. Pichler's Wwe. & Sohn. Kart. n. 1.—

— — dasselbe an Volksschulen. Nach dem Lehrplane der isr. Kultusgemeinde Wien. 4. Aufl. Unveränd. Abdr. der 2. Aufl. (IV, 119 S. m. Abbildgn. u. 1 Karte.) 8. Ebd. 904. Kart. n. 1.30

— — dasselbe. 1. Heft. Für das 3. u. 4. Schulj. 2. Aufl. Unveränd. Abdr. der 1. Aufl. (67 S. m. Abbildgn. u. 3 Kartenskizzen.) 8. Ebd. 905. Kart. n. —80

Mautner, J., u. S. Kohn, biblische Geschichte u. Religionslehre f. die israelitische Jugend an Bürgerschulen. I.—III. Heft. Nach dem Lehrplane der israel. Kultusgemeinde Wien. 8. Wien, A. Pichler's Wwe. & Sohn. Kart. 3.20
I 3. Aufl. Unveränderter Abdr. der 2. Aufl. (86 S. m. 1 eingedr. Karte.) 907. Kart. 1.—
II 3. Aufl. Unveränderter Abdr. der 2. Aufl. (VI, 88 S. m. 1 eingedr. Karte.) 908. Kart. 1.—
III 2. Aufl. Nach der neuen Rechtschreibg. hergestellter, sonst im wesentlichen unveränd. Abdr. der 1 Aufl. (112 S. m. 1 Karte.) 906. Kart 1 20

(F) Mautner, J. und Kohn, S., Biblische Geschichte und Religionslehre für die israelitische Jugend an Volksschulen 1 Heft. Für das 3. und 4. Schuljahr 3. Aufl. 8° (66 S.) 1907 K —.80

— — dasselbe an Volksschulen. I. u. II. Heft. 8. Ebd. Kart. 2.10
I. Für das 3. u. 4. Schulj. Nach dem Lehrplane der isr. Kultusgemeinde Wien. 4. Aufl. Unveränderter Abdr. der 1. Aufl. (67 S. m. 1 eingedr. Karte.) 908. Kart. —80
II. Für das 5. Schuljahr. Nach d. Lehrplane der israel. Kultusgemeinde Wien. 6. Aufl. Unveränd. Abdr. der 2. Aufl. (IV, 119 S. m. Abb. u. 1 eingedr. Karte.) 909. Kart. 1.30

Mautner J. und Kohn S., Biblische Geschichte und Religionslehre für die israelitische Jugend. Nach dem Lehrplane der israelitischen Kultusgemeinde in Wien. Wien 1910. A. Pichlers Witwe und Sohn. *a)* Für Volksschulen: I. Heft. Für das 3. und 4. Schuljahr. 5. Auflage. Kart. K —.80. II. Heft. Für das 5. Schuljahr. 7. Auflage. Kart. K 1.30. *b)* Für Bürgerschulen: I. Heft. 4. Auflage. Kart. K 1.—. II. Heft. 4. Auflage. Kart. K 1.—. III. Heft. 4. Auflage. Kart. K 1.20. Diese Lehrbücher, welche vom Vorstande der israelitischen Kultusgemeinde in Wien approbiert sind, werden zum Gebrauche beim israelitischen Religionsunterricht an allgemeinen Volks-, beziehungsweise an Bürgerschulen innerhalb des Sprengels der genannten Kultusgemeinde als zulässig erklärt.

Mautner, Jos., Character, Axen, conjugirte Durchmesser und conjugirte Punkte der Kegelschnitte einer Schaar. Eine Beweisführung und Erweiterung der von Steiner im LV. Bde. des Crelle'schen Journals pag. 374 aufgestellten Sätze. Lex.-8. (50 S. mit 10 eingedr. Holzschn.) Wien 879, (Gerold's Sohn.) **
Aus: Sitzungsberichte der k. Akademie der Wissenschaften, besonders abgedruckt.

Mautner Josef Charakter, Achsen, konjugierte Durchmesser und konjugierte Punkte der Kegelschnitte einer Schar Eine Beweisführung und Erweiterung der von Steiner im LV Bande des Crelle schen Journals pag. 374 aufgestellten Sätze (mit 10 Holzschnitten) S 80 II 879 . —.90
Separatabdruck

STEIERMARK. — Mautner, Konrad, Steyerisches Raspelwerk. Lieder, Vierzeiler und Gasselreime aus Goeßl am Grundlsee. Getreu nach der mündlichen Überlieferung in Wort und Weise aufgezeichnet und mit (farbigen) Bildern versehen. Wien, Stähelin & Lauenstein (c. 1910). 16°. Ca. 400 S. (wovon 200 reich illuminiert). (Subscr.-Preis Gebd. in Ganzleder mit Schließen Kr. 120—.)
Enth. 30 Gasselreime, 730 Vierzeiler, einige Kinderreime u. 164 mehrstrophige Lieder, davon 132 mit Melodien. — Ankündigung der Verlagsfirma.

Mautner, Leo, s. Theater - Rundschau, Düsseldorfer

Mautner, M., Gesetzsammlung f. das Volksschulwesen in Böhmen. Die Reichs- u. Landesgesetze, Ministerial-Verordngn. u. Erlässe, die Erlässe des k. k. Landesschulrathes, sowie die Entscheidgn. des k. k. Reichsgerichtes, des k. k. Verwaltungsgerichtshofes, des k. k. Ministeriums u. des k. k. Landesschulrathes. Im Auftrage d. deutschen Landeslehrervereins in Böhmen zusammengestellt. gr. 8. (IV, 652 S.) Prag 900. A. Haase. n. 4. —

Mautner, M., Gesetzsammlung f. das Volksschulwesen in Böhmen. I. Reichsgesetze, II. Landesgesetze, III. Ministerial-Verordngn. u. Erlässe, IV. Erlässe des k. k. Landesschulrates, V. Erkenntnisse d. k. k. Verwaltungsgerichtshofes, VI. Entscheidgn. des k. k. Reichsgerichtes, VII. Entscheidgn. d. k. k. obersten Gerichts- u. Kassationshofes, VIII. Entscheidgn. des k. k. Ministeriums f. Kultus u. Unterricht, IX. Entscheidgn. des k. k. Landesschulrates. 2., erweit. u. ergänzte Aufl., im Auftrage des deutschen Landeslehrervereins in Böhmen zusammengestellt v. Fritz Mautner. (XV, 831 S.) Lex. 8. Prag (908). A. Haase. 7.—; geb. n 8.—; in Leinw. n 8.50

Mautner Ritter v. Markhof, Carl Ferd., d. Wiener Stiftungen. E. Handbuch, hrsg. v. M., bearb. v. Eug. Guglia. gr. 8. (XLIII, 936 S.) Wien 895. (C. Gerold's Sohn.) n. 10. —; geb. in Leinw. n.n. 12. —

Mautner-Markhof, Ludw. v., eine moderne Weltanschauung. Vortrag, geh. im wissenschaftl. Klub zu Wien am 15. II. 1906. (66 S.) 8. Wien 907. A. Hölder. 1. 10
Sonderabdruck aus: „Monatsbl. d. wiss. Klub in Wien".

Mautner-Markhof, Otto: Alfred. Dramatisches Gedicht in 5 Acten. Wien: Konegen 1889 100 S. 8°

Mautner-Markhof, Otto, Halgjerde. Trauerspiel in 5 Acten. 8. (121 S.) Wien 894. J. Eisenstein & Co. n. 2. —

Mautner Ritter von Markhof Otto: Das Wesen und die Arten der ästhetischen Unterhaltung. Diss. Wien, Univ. D. ·Selbstverlag. 1890 PN 627 47

—— Dissertation üb. das Wesen u. die Arten der ästhetischen Unterhaltung. 8. (99 S.) Wien 890, (Eisenstein u. Comp.). 1 60

Mautsch, Adolf: Die mittelhochdeutschen Evangelien in der Münchener Handschrift 5018. Greifswald 1909: Adler. 97 S. 8°
Greifswald, Phil. Diss. v. 24. Okt. 1909, Ref. Ehrismann
[Geb. 16. Sept. 84 Deutsch-Krone; Wohnort: Deutsch-Krone; Staatsangeh.: Preußen; Vorbildung: Gymn. Deutsch-Krone Reife O. 05; Studium: Berlin 1, Greifswald 2, Berlin 1, Greifswald 4 S.; Rig. 27. Juli 09.] [U 10. 1624

v. Mautstein, siehe: Manthner Ritter v. Mautstein.

Mautsystem (Allgem. neues kais. kön.), in alphabet. Realmaterien und Register zusammengetragen. gr. 8°. Prag, Schönfeld, 1784.

Mautsystem (Ueber Baierns). Erörterung der Frage: Ist ein hoher Mauttarif eines Binnenlandes geeignet, die Industrie derselben zu heben? Von einem Kaufmanne. gr. 8°. Nürnberg, Riegel u. W., 1831.

Mauttarif

Mauthtariff, allgemeiner illyrischer, die sämmtl. Ein- u. Ausfuhrsgebühren enthaltend. Fol. Klagefurt. (Wien, Kupfer u. W.) 812.

Mauthtarif für den Oesterreichischen Handel im Ottomanischen Reiche. Giltig vom 1. Jänner 1847 bis 1./13. März 1855. Abgeschlossen zwischen der Internuntiatur Sr. Majestät des Kaisers von Oesterreich und der hohen Pforte. (Tariffa doganale etc. . . .) Querfol. (34 S.) Wien, k. k. Hof- und Staatsdruckerei 1852.

Mauthtarif für den österreichischen Handel im ottomanischen Reiche. Giltig für sieben Jahre. Abgeschlossen zwischen der Internuntiatur Sr. Majestät des Kaisers von Oesterreich u. der hohen Pforte. (Einleitung, Anmerkung, Schlußwort u. Waarenverzeichniß sind in italien., deutscher u. türk. Sprache.) Wien 862. Hof- u. Staatsdruckerei. qu. 4. (60 S.) n. 20 ngr.
A. u. d. T.: Tariffa doganale per il commercio austriaco nell' impero Ottomano. Valida per sette anni. Conchiusa tra l'internunziatura di Sua Maestà l'imperatore d'Austria e la Sublime Porta.

Mautwesen (Das) und dessen Einfluss auf den National-Wohlstand. gr. 8°. München, Michaelis, 1827.

Mautz, Otto, aus Basel: Die Assoziation in ihrer Anwendung auf den Unterricht. Basel 1906 73 + 1 S. 8° [15. III. 06]
Basel Phil. Diss. 1906/1907

Mautz, Otto. Die Assoziation in ihrer Anwendung auf den Unterricht. Diss. Phil. Basel. 74 S. 8. Basel, Friedrich Reinhardt, 1906.

Mautz, Otto. Ebene Inversionsgeometrie. [Mit Figuren.] (Wissenschaftliche Beilage zum Bericht über das Gymnasium [in Basel], Schuljahr 1908—1909.) II + 63 S. 4. Basel, Kreis & Co., 1909.

Mauve, C. C., De oratione Isocratea quae inscribitur „de bigis" Diss. 1878. 57 S.

Mauve, Karl

Mauve I., Carl, Flötz-Karte des Steinkohlen-Gebirges bei Beuthen, Gleiwitz, Myslowitz und Nikolai in Ober-Schlesien. Im Auftrage Sr. Exc. des königl. preuss. Ministers für Handel etc., Hrn. v. der Heydt, nach amtl. Quellen und unter Leitung von v. Carnall bearb. Imp.-Fol. (19 Blatt, wovon 13 in Buntdr., mit 20 S. Erläuterungen in gr. 8.) Breslau 860, (E. Trewendt.) **

Mauve, Carl: Die usucapio libertatis. Breslau, F. W. Jungfer's Buchdruckerei, 1882. 8. 28 S.

Mauve u. v. Gröning, das Wanderarbeitsstättengesetz vom 29. VI. 1907. (XII, 104 S.) 8. Berlin 909. C. Heymann. In Leinw. kart. 3. —

v. Mauvillon, **Eleazer**, († 1779.) cours complet de la langue françaíse, distribué, par exercices. II Voll. 8. Dresd. 754. Walther. 1 ℛ 16 𝒢 Voll. III et IV. Remarques sur les Germanismes. 8. Ibid. 786. 2 ℛ 8 𝒢
— s. Dictionnaire des passageres.

Discours prononcé dans la loge françoise [St. Charles de la concorde in Braunschweig]. Le jour de St. Charles: Fête de Son Altesse Sérénissime Monseigneur de duc régnant de Brunswig et de Lunebourg [Karl I], patron de la dite loge. Par [Eleazar] M[auvillon]. Brunswig: Selbstverl. d. Loge [ca 1770]. 24 S. 4°
Kl. 871. Selten. Rede zum Lobe des Herzogs.

Mauvillon, Eléazar. Ein Gesellschaftstheater. Neu hsg. Leipzig 1790. H: *Dyk, Johann Gottfried.* (Ky)

v. Mauvillon, ein Gesellschaftstheater. Neu herausg. (v. J. G. Dyck). 2 Thle. 8. Leipz. 790. Dyck. 1 ℛ 4 ℊ (Inhalt: Die glückl. Stellung. — Der gebesserte Mann. — Der Franzose. — Die zwei Schwestern. — Das vereitelte Projekt, — Erzwungene Heirath. — Die Schule d. Mütter. — Die gestrafte Untreu. — Der Gasthof. — Der neue Hamlet, nebst e. Zwischenspiele: Piramus u. Thisbe. — Die Sitten d. heutigen Welt. — Das sonderbare Mittel, seine Söhne zu erhalten. — Das Kammermädchen. — Der Spötter. — Der Sekretair. — Die Spielsucht. — Die alte Jungfer).

(Mauvillon, Eléazar): Histoire du prince Eugen v Savoyen generalissime des armées de l'empereur et de l'empire Enrichie des plans des batailles, des siéges et des métailles necessaires pour l'intelligence de cette histoire. Nouvelle edition corrigée et considerablement augmentée (5 Bde) Amsterdam et Leipzig 1750 8°

Mauvillon. Histoire du prince généralissime des armées des l'empereur et de l'empire Enrichie de figures en tailledouce. (5 Bde) kl. 8. A Vienne en Autriche 1790.

Mauvillon, de, Histoire de la dernière guerre de Bohème.
Tome 1 2 On l'on trouve la carte des environs de Czaslau, avec le plan de la Bataille qui y fut donne entre les Autrichiens, et les Prussiens. Le plan de ville et du siège de Prague. Cela de la ville d'Egra etc. avec le plan du Blocus etc. Le plan de la Bataille de Dettingen, etc.
Tome 3. Plan des environs de Howalde etc. de la Bat. a Striegau etc. Burckersdorff etc. Plan de la ville de Naumbourg, de la Bat. auprès de Kesselsdorff. Francfort 1745, 17 8.
— Dasselbe Enrichie des cartes, des plans de batailles et de sièges. Tom 1 2. nouv ed. Amsterdam 1756. 3. Francfort 1747.

(de Mauvillon.) Histoire de la dernière guerre de Bohême [1741—1745.] 3 v 8. av. pls. Francfort 1745—1747 — nouv éd v 1 2 Amsterdam 1756. v. 3. Francfort 1757.

SOLDAT, Der glucklich gewordene, oder Begebenheiten des Herrn von Verval, Bellerose genannt. Aus dem Franzosischen des Herrn *von M*** (Eléazar de Mauvillon)* ubersetzt, mit (8) Kupferstichen (nach Matthias Oesterreich gestoch von Bernigeroth). Erster, Zweyter Theil. (Cplt) Dresden 1753. Bey George Conrad Walther Konigl Hof-Buchhandler 8° 2 Bll., 554 S (3 Mk 50 Pfg L Rosenthal, 1907)

Abenteurerroman von hohem kulturgeschichtl. Interesse, laut Vorrede ist der Herr von Bellerose keine erdichtete Person gewesen und hat die in dem Werk geschilderten Abenteuer wirklich erlebt

(Orig (in Wolfenbuttel) Le soldat parvenu ou mémoires et aventures De Mr de Verval dit Bellerose Par Mr *de M*** (Eléazar de Mauvillon).* Enrichi de (8) figg en t-d. (par Oesterreich, gr par Bernigeroth). 2 tomes. (Chaque t avec 4 grav) Dresde, Geo. Conr Walther, 1753 8° (5 Mk veau, Scheible, c 1885. Cohen frcs. 15—20.) — Ibid. 1759. 8° II (Th. Ackermann, München, Cat 32 1 fl. 48 xr mit 1 Beibd.) — 1761 8° (6 Mk, fleckig u. ohne Kupfer Edm. Meyer, Berlin, 1908.) — Ibid. 1762. 12° (In Stuttgart.)

— le Soldat parvenu ou mémoires et aventur. de Mr. de Verval, dit Bellerose. II Voll. avec fig. 8. Dresd. 758. Walther. 1 ℛ 8 ℊ

v. Mauvillon, Fr. Wilh., Anweis. z. Erlernung des Schachspiels, mit besonderer Rücksicht f. diejenigen, denen das Spiel durchaus unbekannt ist. Mit 267 Spielen auf 19 Tafeln. gr. 8. Essen 827. Bädecker. 3 ℛ 12 ℊ

v. Mauvillon, F. W., s. Auswahl niederländ. Gedichte.

v. Mauvillon, (F. W.,) militair. Blätter, s. Blätter.

– s. Bogaers, A Heemskerks Seezug.

— üb. meine Dienstentsetzung u. deren eigentl. Gründe. 8. Berl. 813. Maurers B. 8 ℊ

— über die Leitung des Einquartirungswesens in Kriegszeiten, nach festen u. billigen Grundsätzen. Ein Handb. für die mit diesem Geschäft beauftragten Militär- u. Civil-Beamten. gr. 8. Essen 829. Bädecker. 1 ℛ 8 ℊ

Mauvillon, F. W. v. über die Leitung des Einquartierungs-Wesens in Kriegszeiten nach festen u. billigen Grundsätzen. Essen 1829 400 S

– s. Reise eines Artillerie-Officiers nach Griechenland

—— die während d. J. 1824—28 von d. Londoner u. Edinburger Schachklubbs gespielten 5 Schachpartien. Mit Varianten u. Anmerkn. n. d Engl. bearb. Mit Beifügung d. zwischen d. Amsterd. u. Antwerp. Schachklubbs gespielten 2 Schachpartien. Ein Supplem. zu seiner „Anweis. z. Erlern. d. Schachspiels." Lex.-8. (6 B.) Essen 829, Bädeker.

— die während der Jahre 1824—28 von den Londoner u. Edinburger Schachklubbs gespielten 5 Schachpartien. Mit Varianten u. Anmerkl. nach d. Engl. bearb. Mit Beifügung der zwischen den Amsterdamer u. Antwerpner Schachklubbs gespielten 2 Schachpartien. Ein Supplement zu sr. Anweis. des Schachspiels. 8. Lex.-8. Essen. 830. Badecker. 16 ℊ

—— belehr. Unterhaltung für junge angeh. Schachspieler, besteh. in 100 ausgesuchten Stellungen, in welchen derjen., welcher am Zuge ist, d. Spiel gewinnen muss. 1. u. 2. Hft. 16. (½ u. 4 B. u. jed. m. 100 Abbildn.) Essen 831, 32, Bädeker. à

—— dass. 3. Hft., 100 ausgesuchte Stellungen, in welchen d. Spiele Nr. 1—50 nur v. einem, Nr. 51—100 aber v. demjen. Spieler, welcher am Zuge ist, gewonnen werden. 16. (3¾ B. u. 100 Abbild.) Ebds. 832.

—— dass. 4. Hft., 100 bedingte Spielendungen, in welchen d. Spiele Nr. 1—50 f. beide Theile bedingt sind, Nr. 51—100 aber nur f. einen Spieler. 16. (10 B. u. 100 lith. Abbild.) Ebds. 834.
Ein Supplement zu dess. „Anweisung zur Erlernung d. Schachspiels." Ebendas. 1827. 3 Thlr. 12 Gr.

—— belehr. Unterhaltung f. junge angeh. Schachspieler, besteh. in 100 bedingten Spielendungen. 5. (letzt.) Hft. 16. (5½ B. u. 100 Abbild., Holzschn.) Essen 836, Baedeker.
1—4. Hft. Ebendas. 1831—34. à 12 Gr.

Mauvillon, J., s. Mauvillon, Eleazer

v. Mauvillon, Jak., († d. 11. Jan. 1794.)

Aufklärung über wichtige Gegenstände in der Freymaurerey, besonders über die Entstehung derselben ohne alle Schwärmerey eigentlich nur für Freymaurer, doch wird auch der, der Menschenkenntnis schätzt, viel Interessantes darinnen finden. Aus der Loge Puritas. [Von Jak. Mauvillon.] o. O. 1787. IX, 235 S. 1 Titelkpfr. 8°

[Dasselbe.] Neue unveränd. Aufl. Ebendas. 1801. IX, 235 S. 1 Titelkpfr. 8⁰

Recens: °Ephemeriden d. Litteratur u. d. Theaters. 5 (1787) Stück 15 S. 239; °Intelligenzblatt z. Allgem. Polit. Ztg. 1787 No 15 S. 49; °Hamburg. unpartheiischer Correspondent. 1787 Stück 1; ALZ. 1787 No 125; °Gothaer gel. Ztg. 1787 Stück 12 S. 102; °Leipz. gel. Ztg. 1787 Stück 84 S. 1330; Goué, A. S. v.: Notuma. 2 (1788) S. 127—133; Ragotzky, K. A.: Unterhaltungen f. denkende Frmr. 1792 S. 91 bis 120; Taschenbuch f. Frmr. 1803 S. 353 bis 354.

cf. D. neuesten Religionsbegebenheiten. 10 (1787) S. 23—64, 79—100; HZC. 30 (1896 bis 1897) S. 10—13; 33 (1899—1900) S. 139—145 (F. Kistner); 35 (1901—1902) S. 124—127 (R. Taute).

Kl. 501. Enthält „XI. Briefe eines Vaters an seinen Sohn über die Frmrey, aus d. Franz. übers." und Anmerk. zu dem 1786 von Knigge hrsg. Buch: „Beytrag zur neuesten Gesch. des Frmrordens". (Nr 5556) Handbuch der Frmrei. 2 (1865) S. 382 gibt Wien als wahrscheinl. Verlagsort an.

— physikal. Briefe an Dohm, od. Vertheid. d. wahr. staatswirthschaftl. Gesetze. 8. Braunschw. Schulbuchhandl. 780.

Mauvillon, Jakob von: „Physiokratische Briefe an den Herrn Professor Dohm, Oder Vertheidigung und Erläuterungen der wahren staatswirthschaftlichen Gesetze, die unter dem Namen des Physiokratischen Systems bekannt sind", Braunschweig 1781 (Schulbuchhandlung).

— Briefwechsel od. Briefe v. verschied. Gelehrten an denselben; hrsgg. v. seinem Sohn F. Mauvillon. gr. 8. Braunschw. 801. Reichard. 1 ℛ

Discours pour la célébration du jour anniversaire de la naissance de Son Altesse Sérénissime le Landgrave régnant de Hesse [Friedrich II.]. Prononcé le 14. août. 1782 dans la Loge Frédéric de l'Amitié [in Kassel], par [Jak.] Mauvillon. Cassel 1782: Hampe. 15 S. 8⁰

Kl. 1046. Selten. Üb. mrische Grundsätze.

Mauvillon, Jacob von. „Einleitung in die sämmtlichen militärischen Wissenschaften für junge Leute", Braunschweig 1783.

Mauvillon, J., Hauptm. beim hochfürstl. hessen-cassel'schen adeligen Kadettencorps. Einleitung in die sämmtlichen militärischen Wissenschaften für junge Leute, die bestimmt sind, als Officiers bei der Infanterie und Kavallerie zu dienen. In drei Jahrgänge abgetheilt. I. Jahrg: Die reine Mathematik; II Jahrg. Die Geschütz und Befestigungskunst; III. Jahrg. Die Kriegswissenschaft. (In 1 Bde) 8. Braunschweig 1784.

— Einleit. in die sämmtl. militär. Wissensch. für junge Leute, in 3 Jahrgg. abgeth. gr. 8. Braunschw. 784. Schul-B. 1 ℛ 18 gr

Mauvillon, J.: Essai sur l'art de la guerre pendant la guerre de trente ans. 8⁰ Brunsvic 1780. – (64) 8⁰ Cassel 1784.

Mauvillon, J. Essai historique sur l'art de guerre pendant la guerre de trente ans. Cassel 1784. 8⁰.

— essai hist., sur l'art de la guerre de 30 ans. 8. Braunschw. 789. Schulbuchh. 6 gr

Mauvillon, J. Essai sur l'influence de la poudre à canon dans l'art de la guerre moderne (Mit Taf.) Leipzig 1788. 502 S.

— essais sur l'influence de la poudre à Canon dans l'art de la guerre moderne. gr. 8. Dessau 782. Mit e. Titel. Leipz. 788. Barth. 1 ℛ 9 gr Schrbp. 1 ℛ 15 gr

— s. Geschichte der Besitzungen d. Europäer in Indien.

Mauvillon, J v Geschichte und Darstellung des brandenburg. und preuss. Soldatenwesens bis zur Regierung Friedrich Wilhelms II Leipzig 1795 8⁰

Ferdinand Herzog von Braunschweig-Lüneburg — Mauvillon, J. Obristlieut. etc Geschichte Oberster Befehlshaber der Armee Sr Majestät des Königs von Grossbritannien in Deutschland während des siebenjährigen Krieges etc. (2 Bde.) 8 Leipzig 1794.

Geschichte Ferdinands Herzogs von Braunschweig-Lüneburg, von J[ak.] Mauvillon. Th. 1. 2. Leipzig: Dyk 1794. 8⁰.

1. XXXII, 334 S.; 2. 488 S.

Kl. 4064 b. S. 389—428 vom 2. T. handelt von Ferdinands Anteil an der Frmrei in Deutschland. 193.

Mauvillon, Jacques de. Grundsätze der neuen Infanterietaktik . . . Meissen 1791. Ü: *Malherbe, Isaac Heinrich.* (Ky) (MGT)

— Grundsätze d. neuern Infanterietaktik d. geübtesten Truppen gegenwärt. Zeiten, nach Mirabeau: sur la Monarchie Prussienne, bearbeitet Aus d. Französ. übers. (von J. H. Malherbe). Mit 24 Kpf. gr. 8. Meißen 791. Gödsche. 2 ℛ 8 gr

Mauvillon, herzogl. braunschweig Oberstlieut. und Lehrer beim Ingenieurskorps Grundsätze der neueren Infanterie Taktik der geübtesten Truppen gegenwärtiger Zeiten, nebst einem Anhange über Cavallerie Taktik und derselben besonderen Eigenheiten Mit 24 Kupfertafeln. Aus dem Französischen übersetzt von J H Malherbe, Premierlieut. des churfürstl sächs. Feldartillerie korps etc 8. Meissen 1792.

Mauvillon. Grundsätze der neuen Infanterie-Taktik der geübtesten Truppen gegenwärtiger Zeiten nebst 1 Anh. über Kavallerie-Taktik. Mit Kpf. A. d. Französ. v. J. H. Malherbe. Neue Ausg. Meißen 1809. 256 S.

Mauvillon, J. von, Grundſ. d. neuern Infanterietaktik d. geübtest. Truppen gegenw. Zeit, nach Mirabeau bearb., a. d. Frz. v. Malherbe. gr. 8. Meiß. Gödsche. 809. Rthlr.

Mauvillon, Jac. de Histoire du duc Ferdinand de Brunsvic-Lunebourg. 2 v Leipsic 1794 8⁰

Lettre du Comte de Mirabeau à × × × sur M. M. de Cagliostro et [Diethelm] Lavater. [Von Jak. **Mauvillon.**] Berlin: Lagarde 1786. 48, XIII S. 8⁰
Kl. 3361. Verf. nach Taute: HZC. 35 (1901 bis 1902) S. 127 ergänzt.
[Deutsche Übers. u. d. Tit.:]
Schreiben des Grafen v. Mirabeau an × × × die Herren v. Cagliostro und [Diethelm] Lavater betreffend. [Von Jak. Mauvillon.] Aus d. Franz. übers. Berlin u. Libau: Lagarde & Friedrich 1786. 103 S. 8⁰
cf. D. entlarvte Charlatan. 1887 S. 3—28. Kl. 3362.

– s. Malouet, V P · Briefe über die Revolution

— Mann u. Weib rc. s a Mann u. Weib rc.

[**Mauvillon, Jakob:**] Mann und Weib nach ihren gegenseitigen Verhältnissen geschildert. Ein Gegenstück zu der Schrift [von Ernst Brandes]: Über die Weiber [1787]. — Leipzig: Dyk 1791. XIV, 521 S. 8⁰

– s. Mirabeau von Briefe an einen Freund in Deutschland

– s. Mirabeau von Lettres a un de ses amis en Allemagne

Von der preußischen Monarchie unter Friedrich d. Gr. Unter der Leitung des Grafen v. Mirabeau abgefaßt und nun in einer verbesserten und vermehrten deutschen Uebersetzung herausgegeben von J. Mauvillon, Leipzig, 1793–1795. 4 Bde (Der 4 Band ist von Blankenburg.) Vgl. besond. 3. Bd., 6. Buch (uber Einnahmen u. Ausgaben).
Diese deutsche Bearbeitung, erst nach Mirabeau's Tode unternommen ist dem französischen Werke vorzuziehen, da hier viele Irrthumer berichtigt sind.

Mauvillon, Jakob von „Sammlung von Aufsätzen über Gegenstände aus der Staatskunst, Staatswirthschaft und neuesten Staatengeschichte", 2 Bände, Leipzig 1776, 1777 (Weigandsche Buchhandlung) — Vorh. Preußische Staatsbibliothek Berlin — F 2874.

—Samml. v. Aufsätzen üb. Gegenstände aus d. Staatskunst. 2 Thle. 8. Leipz. 776, 77. Weygand. 1 ₰ 16 gr

v. Mauvillon, J. Schilderung des Preussischen Kriegsheeres unter Friedrich dem Grossen 8 Leipzig 1796 4 50

—Schilderung d. Preuß. Monarchie, unter Friedrich II. nach Mirabeau neu bearb. 4 Bde. gr. 8. Leipz. 793—95. Dyck. 6 ₰ 20 gr — 4r Bd. Auch u. d. T.: Schilderung d. Preuß. Kriegsheeres unt. Friedrich II. Mit Zusätzen u. Anmerkk. von F. v. Blankenburg. 1 ₰ 12 gr — 4r Bd. erschien 1796 unt. d. n. T.: Geschichte u. Darstell. d. Brandenburg. u. Preuß. Soldatenwesens bis zur Regierung Friedrich Wilhelm II. 1 ₰ 16 gr

– s. Sevigne von. Briefe.

– s. Sprüchwörter, Dramatische.

– s. System, Das wahre einzige, der christl. Religion.

Mauvillon, J „Untersuchung über den verschiedenen Münzfuss in Teutschland" (in dessen „Sammlung von Aufsätzen " 2. Teil), Leipzig 1777

– s.a. Untersuchung über die Natur und den Ursprung der Reichthümer

Mauvillon, Jakob von (Uebersetzer) „Untersuchung über die Natur und den Ursprung der Reichthümer und ihre Vertheilung unter den verschiedenen Gliedern der bürgerlichen Gesellschaft; aus dem Französischen des N Turgot", Lemgo 1775 (Meyer).

Des Herzoglich Braunschweigischen Ingenieur-Obristlieutenants [Jak.] **Mauvillon** gerichtliche Verhöre und Aussagen, den Verf. der Schrift Bahrdt mit der eisernen Stirn betreffend. Braunschweig: Schulbuchhandl. 1791. VI, 180 S. 8⁰
cf. Obscuranten-Almanach. 1798 S. 279—280.

—gerichtliche Verhöre u. Aussagen, den Verfasser der Schrift: Bahrdt mit d. eisernen Stirn, betreff. gr. 8. Braunschw. 791. Schulbuchh. 8 gr

– s. Werth, Über den, einiger deutschen Dichter

Mauvillon, N W v, s.a. Geschichte des Herrn von L***

– Geschichte

— — des Herrn von L., eines Vetters des alten preussischen Offiziers, des Verfassers der Briefe über Friedrich den Grossen (von *N. W. v. Mauvillon*). 2 Bde. Hohenzollern und Leipzig (Berlin). 1791—93. 12⁰ (Im British Museum.)
Anon. Lex II p 196 (nach Kayser u Weller) Meusel nennt „Rudolph Wilh. v Kaltenborn" als Verfasser

Mauxion, Alfr (Red), s. Radfahrer, Der

Mauz, Eberh. Friedr., Archiv f. Natur-Heilkunde u. Agricultur. 2 Hfte. gr. 8. (19½ B.) Stuttgart 844, (Ness.) à 18¾ Ngr.,

Mauz, Eb. F., neueste Entdeckungen und Beobachtungen im Gebiete der Naturwissenschaften, der Gewerbe, der Landwirthschaft und der Trauben-Krankheit. 2. Heft: Die Mathematik im Verhältniß zur Chemie auf das Pflanzenreich angewendet Eßlingen 853 (Weychardt.) gr. 8. (VIII, 32 S.)
n. 7½ ngr.

Mauz, Eb. Friedr., die Mathematik im Verhältniß zur Chemie auf das Pflanzenreich angewendet. (Neueste Entdeckungen und Beobachtungen im Gebiete der Naturwissenschaften, der Gewerbe, der Landwirthschaft und der Trauben-Krankheit. 2. Heft.) gr. 8. (VIII und 32 S.) Eßlingen 853, (Weychardt.) *

—— Versuche u. Beobachtungen über den Kartoffelbau u. die Krankheiten der Kartoffeln, besonders im Jahre 1845. M. e. Anhange über künstlich erzeugten Guano. gr. 8. (4 B.) Stuttgart 845, J. F. Steinkopf.

—— Versuche u. Beobachtungen üb. die Wirkungen des Guano-Düngers, insbesond. bei dem Flachsbau, u. Vorschläge, den Guano bei den Kartoffelkrankheiten anzuwenden; nebst einigen Bemerkgn. über Wiesen-Bewässerung. 16. (2½ B.) Stuttgart 843, Schweizerbart'sche Buchh.

Maux, Immanuel [app. Arzt aus Esslingen]: Zwei Fälle von embolischer Gangrän der unteren Extremitäten. . Berlin, gedr. bei L. Schumacher, 1889; 23 S. 8⁰
Tübingen, Med. Fak., Inaug.-Diss. v. 1889

Maus, Paul, a. Esslingen: Physikalisch-chemische Untersuchungen über Alkaloide. Stuttgart 1904: (Vereins-Buchdruckerei). (142 S.) 8⁰
Tübingen, Naturw. Fak., Ref. Wislicenus, Diss. v. 23. Apr. 1904
[Geb. 8. Aug. 72 Esslingen; Wohnort: Charlottenburg; Staatsangeh.: Württemberg; Vorbildung: Gymn. Esslingen, Einj. Freiw.; Studium: Heidelberg 1, Tübingen 6 S.; Rig. 23. Apr. 04.]

Mauz, Theodor [aus Esslingen]: Ueber einige Derivate des Triphenylmethans und Trinitrotriphenylmethans . Tübingen, Druck v. H. Laupp jr, 1896; 31 S. 8.
Tübingen, Naturw. Fak., Inaug.-Diss. v. 1896

Maverdii constitutiones politicae. Ex recens. Max. Engeri. Accedunt adnotationes et glossarium. Cum II tab. lapide expressis. Bonnae 853. Marcus. gr. 8. (2 Bl., XVI, 66, u. 2 Bl., 432 S. arab. Text.) n. 3 ℛ. 15 ngr

Mävers, K.

Mäwers, K., der deutsche Aufsatz, s.: Dorenwell, K.

Mävers, K., 88 Aufsätze in entwickelnder Form, auf Grund des Lüneburger Lesebuches bearb. u. f. die Oberstufe der Volksschule hrsg. (III, 47 S.) gr. 8. Peine (908). C. Rother. n. 1.—

— Aufsätze zur Gruppen- u. Klassenlektüre in Volks- u Mittelschulen. (VIII, 182 S.) gr. 8. Göttingen 910 Vandenhoeck & Ruprecht. 2.20; kart. 2.75

Aufsätze für Volks- und Mittelschulen. Ein Handbuch f. Lehrer von K. **Mävers,** Rektor Hannover-List & Berlin C. Meyer 1908. (xv, 253 S.) 8° [F] [08. 16811

— wie ich in meiner Klasse nach künstlerischen Gesichtspunkten Aufsätze anfertigen lasse. (Ein Vortrag; zugleich Erläuterg. zu meiner Arbeit: 88 Aufsätze in entwickelnder Form.) (24 S.) gr. 8. Ebd. (904). n. —25

— Der Wurzelanen-Sendling. Eine Wunder- u Wandergeschichte (aus dem Märchenlande). (65 S.) 8. Leipzig 909. Modernes Verlagsbureau. 1.50

Der Wurzelanen Sendling Eine Wunder u Wandergeschichte von K Mävers. Berlin Leipzig C Wigand 1909. 65 S. 8° [09. 14849

Mävers, Karl, eine Königskrone. Festspiel zum 18. u. 27. I. f. Schulen u. Vereine. 8. (86 S.) Peine (900). C. Rother. n. —50

Maevers, Karl: Eleonore Prohaska Ein Heldenmädchen aus d. Befreiungskriegen. Dramat. Dichtung f Kaisers Geburtstag. Von Karl Maevers. Peine Heuer (aufgest C. Rother) [1900] (29 S.) 8°

— der Schmied v. Balan. Patriotische Festdeklamation in dramat. Form. 8. (87 S.) Ebd. (900). n. —50

Mävers, K[arl]: Der Schmied von Balan. Patriot. Festdeklamation in dramat. Form. Von K[arl] Mävers. Peine: Heuer (aufgest.. C. Rother) [1901] (37 S.) 8°

Maviez, R., vollständ. Handbuch d. Zimmer-, Decorations- u. Staffirmalerei. Nebst Anweisn. z. Lackiren, z. Holzvergold. u. z. Aufziehen d. Papiertapeten, sowie Belehrn. üb. d. verschied. Farbestoffe u. Oele u. üb. d. Bereit. aller Arten v. Leim- u. Oelfarben. Deutsch bearb. v. Chr. Heinr. Schmidt. 8. (24 B. u. 5 Taf. Abbild.) Quedlinburg 837, Basse.

Mavioli, Unterricht im Zuschneiden, s. Hambuch.

Mavor, Wlh., histor. Bericht v. d. berühmt. Reisen u. Entdeck. von Columbus an; aus d. Engl. (von C. A. Wichmann). 2 Thle. 8. Liegn. 800. Siegert. 2 ℛ 16 gr

Mavor, William. Historischer Bericht von den berühmten See- und Landreisen ... Liegnitz 1800. Ü: *Wichmann, Christian August.* (EngG) (Ky)

— natural history for the use of Schotts. Ein naturhistor. Lesebuch für Anfänger in der engl. Sprache etc. gr. 8. Oldenb. 806. Schulze. 1 ℛ 8 gr

Mavor's, William, english spelling book oder Elementarbuch zum Erlernen der engl. Sprache. In 3 Abschnitten enth. 1. Aussprache; 2. Lese-, Sprech- und Schreibübungen; 3. Grammatik. 1. Cursus. Zum Gebrauch für die deutschen Schulen bearb und hrsg. von Chr. Gottl. Voigtmann. gr. 8. (X und 194 S.) Coburg 854, Riemann'sche Hofbuchh.

Mavrokordatos, N[ektarios], Archimandrit: Der Monotheismus des Xenophanes. Leipzig 1910: Glausch. 44 S. 8°
Leipzig, Phil. Diss. v. 12. Febr. 1910, Ref. M. Heinze, Wundt
[Geb. 6. Dez. 63 Insel Megiste, Wohnort: Kapstadt; Staatsangeh.: Griechenland; Vorbildung: 3. Gymn. Athen Reife M. 95; Studium: Athen 8, Berlin 10 S.; Rig. 1 Febr. 10.] [U 10. 3194

Mawar Jabok. Gebetbuch für Kranke und Sterbende nebst Friedhofsgebeten beim Besuch der Gräber der Dahingeschiedenen. Ins Deutsche übers., geordnet und mit vielen Zugaben verm vom seel. Israel Knöpflmacher. 8. Wien 865, Knöpflmacher und Söhne. *

Mawar Jabok ספר מעבר יבק. Gebete bei Sterbenden und auf Leichen-Aeckern. *Wien* 1857. Verlag v. *J. Knöpflmacher's* Buchhandl. 8°. 168 S.

Mawe, Jh., Abhandl. üb. die Demanten u. andere Edelsteine, worin ihre natürl. sowohl, als ihre Handelsgeschichte enth. ist. Nebst e. Nachr. von den besten Methoden, diese Steine zu schneiden u. zu poliren; aus d. Engl. von K. G. Kühn. Mit 3 ill. Kpf. 8. Leipz. 816. Baumgärtner. 1 ℛ 8 gr

Mawe, John

Mawe, Jh., Reisen in das Innere v. Brasilien, vorzugl. nach den dortigen Gold- u. Diamantdistrikten. Nebst einer Reise nach dem la Platafluß; aus d. Engl. von E. A. W. v. Zimmermann. 2 Abthlgn. gr. 8. Bamb. 816, 17. Kunz. 2 ℛ 16 gr

Mawe's, John, Reisen in das Innere von Brasilien, vorzüglich nach den dortigen Gold- u. Diamant Districten etc. Nebst einer Reise nach dem la Plata-Fluß etc. Nach d. Engl., mit Anmerkk. begleitet von E. A. W. Zimmermann. 2 Bde. gr. 8. Bamberg 817, jetzt Dresch. $2^{2}/_{3}$ ℛ

Mawe, Thom. (Mitarb.), s. Anweisung, Praktische, z Gartenkunst f alle Monate des Jahrs.

– u. Abercrombie Gartenkalender, s. Reich, G C

Mawe, Th und John Abercrombie

— Neuer u. vollständiger Gartenkalender od. gründliche Anweisung was jeder Gärtner u. Gartenliebhaber in jedem Monat d. Jahrs zu thun habe. Nach d. 14. engl. Ausg. bearb. u. herausg. v G C Reich. Bdch. 1 (Jan.-März). Nürnb. 1798. 295 S.

Mawe, Thomas: Jedermann sein eigener Gärtner, s.a Abercrombie, John.

Mawe, Thom., und John Abercrombie, Jedermann sein eigner Gärtner. Eine gedrängte Darstellung der sämmtl. Arbeiten in dem Küchen-, Baum-, Blumen-, Lust-, Zimmer- und Weingarten, nach den Monaten geordnet. Nach der 25. Aufl. des engl. Orig. für deutsche Gärtner und Gartenfreunde bearb. von L. Dietrich. 12. (102 S.) Nordhausen 852, Büchting.

Mawe, Thom., und John Abercrombie, Jedermann sein eigner Gärtner. Eine auf langjähr. Erfahrung begründete Anweisung der sämmtl. Arbeiten in dem Gemüse-, Baum-, Blumen- etc. Garten, nach den Monaten geordnet. Nach der 30. Aufl. des engl. Orig. bearb. von L. Dietrich. (Neue Titel-Ausg.) 12. (102 S.) Leipzig (852)64, Wilfferodt. *

Mäwers, K., s. Mävers

Mawick, Franz. Avelluten! Gedicht von Ernst Zahn. Für eine Singstimme componirt ... von F' M'. [Titel illustriert.] 3 S. 4. Bern ⟨Schweiz⟩, Friedrich Gilgien, [1905]. M. 1.20

Mawor, D W, s. Mavor, William

Max, eine Romanze. Weimar 1774. V: *Gleim, Joh. Wilhelm Ludwig.* (Ky) (MGT)

Max, e. Romanze (v. J. W. L. Gleim). 8. Weimar 774.

Max, Cornelius Gabriel. Eine kunsthistor. Skizze, s. Mann, Nicol.

Max I., oder der bestrafte Aberglaube. Lstspl. 8. Nordh. 778. Nitsche. 5 gr

König Max in Fischbach. Liegnitz: Verl. f. Nationalstenogr. 1905. (16 S.) 8° [Umschlagt. Text stenogr.]
= Zehnpfennig-Unterhaltungshefte f. Nationalstenogr. No 9.

Max, Gabriel, und seine Werke, s. Klemt, A. — Mann, Nic.

Max, Der Prinz, Herzog zu Sachsen, und seine Angriffe gegen R. Grassmann . . . [Stettin 1901.] V: *Grassmann, Rob.* (Berl)

Max u. Moritz im Glaspalast u. in der Secession 1893. gr. 8. (42 S. m. Bildern.) München 893. Dr. E. Albert & Co, Sep.-Cto. n. 1.—

Max u. Moritz im Luftballon. Allerhand lust. Fahrten zweier Lausbuben samt e. hochmodernen Streik-Intermezzo u. 7 wind. Liedern v. Bonifatius Lachmuskel. Mit erbaul. Bildern v. Frigidus Kritzler. 2. Aufl. (91 S.) gr. 8. Frankfurt a/M. (909). E. F. Schulz. 2.—; kart. 2.80

Max, Unser, erschossen . . . Leitomischl 1867. V: *Černý, Franz.* (EB)

Max an der Klause, es lebe der 1. Mai, s.: Schul- u. Vereinsbühne, christliche.

Max, Prinz von Sachsen, Herzog zu Sachsen, Dr theol. et utr jur., ao. Prof. an d. Univ Freiburg ⟨Schweiz⟩ Der heilige Märtyrer Apollonius von Rom. Eine hist.-kritische Studie. *Mainz: F. Kirchheim 1903.* (VI, 88 S.) 4°
Würzburg, Theol. Diss. v 1903

Max, Prinz v. Sachsen, s.: Chrysostomus, des hl. Joh., Homilien üb. das Evangelium des hl. Matthäus.

Das Erlosungswerk Jesu Christi. Predigten geh. zu Thun 1906 von Prinz Max v. Sachsen, Prof. Freiburg ⟨Schweiz⟩ Gschwend 1906. 109 S. 8°

— Das Erlösungswerk Jesu Christi. Predigten, geh. in der römisch-kath. Kirche zu Thun 23.—27. II. 1906. (109 S.) 8. Freiburg (Schweiz) 906, Universitäts-Buchh. —40

— Praelectiones de liturgiis orientalibus, habitae in universitate Friburgensi Helvetiae. Tom. I, continens: 1. Introductionem generalem in omnes liturgias orientales, 2. Apparatum cultus necnon annum ecclesiasticum Graecorum et Slavorum. (VIII, 241 S.) Lex. 8. Freiburg i/B. 908. Herder. 5.—; geb. in Leinw. 6.40

— s.: Ritus missae ecclesiarum orientalium s. romanae ecclesiae unitarum.

— Verteidigung der Moral-Theologie des hl. Alphonsus v. Liguori gegen die Angriffe Robert Graßmanns. 6. u. 7. Aufl. gr 8. (à 62 S.) Nürnberg 901. C. Koch. —60
1.—5. Aufl. 899—901. à —50.

Max von Sachsen. Vorbilder Mariä. Maipredigten von Prinz Max von S', gehalten in der Liebfrauenkirche in Freiburg ⟨Schweiz⟩. [Mit Titel-Vignette.] VI + 117 S. 8. Freiburg ⟨Schweiz⟩, Canisiusdruckerei & Verlag, 1904. [fr. 1.20]

Max von Sachsen. Vorlesungen über die orientalische Kirchenfrage von Prinz Max, Herzog zu S'.... VIII + 248 S. 8. Freiburg ⟨Schweiz⟩, ⟨Otto Gschwend⟩, 1907. [fr. 1.25]

— Vorlesungen üb. die orientalische Kirchenfrage (VIII, 248 S.) gr. 8. Freiburg (Schweiz) 907, Univers.-Buchh. 1.—

Max von Sachsen. Was muss der Mensch tun, um sich der Erlösung Jesu Christi teilhaftig zu machen? Kanzelvorträge von ... Prinz Max von Sachsen, ... Professor an der Universität Freiburg [Schweiz]. 93 S. 8. Regensburg, Verlagsanstalt vorm. G. J. Manz, 1908. [M. 1.60]

Max, Prinz v. Sachsen, die hl. Woche. Predigten, geh. in der Liebfrauen-Kirche in Zürich. (134 S. m. Titelbild.) gr. 8. Einsiedeln 904. Verlagsanstalt Benziger & Co. n. 2.40

Max von Sachsen. Die fünf Wunden Christi. Fastenpredigten gehalten in der Liebfrauenkirche in Zürich von Prinz Max von S'. IV + 64 S. 8. Freiburg ⟨Schweiz⟩, Universitäts-Buchh., Otto Gschwend, 1905. [fr. —.40]

Max von Wied, Prinz, s. Maximilian

Max (Jos.), Herzog in Bayern, s. † Phantasus.

Max Maria, s. a. Maria, Max.

Max Maria, Rolands Graalfahrt. 16. (154 S.) Leipzig 852, E. H. Mayer.

Max, Die Anarchisten. Eine Tragikomödie in 2 Aufzügen. 8°. New York 1885.

Max, der Schwager, an seine Landsleute. Briefe zur Aufklärung für Stadt und Land. 1. Lfg. Wiener Ereignisse vom 15. bis 28. Mai, erzählt und erläutert. gr. 8. (22 S.) Wien (848), Lechner's Universitäts-Buchh. *

Max, Charakterbilder der französ. Revolution. Cloots — Hebert — Babeuf. 8. (40 S.) Leipzig 848, Weller.

Max zu St. Peter, des alten Klosterkochs, geschriebenes Kochbuch, s. Mildheim, Anna

Max, ..., (C. A. A. v. Göchhausen,) Materialien z. Gesch. des Sokratismus. 8. Frankf. a. M. 788. Hermann. 1 ß

Max, die Volksliteratur der französischen Demokratie seit 1832. 2. verm. u. wohlf. Ausg. 8. (76 S.) Leipzig 850, Weller. ¼ ß

Max, Die Volksliteratur der französischen Demokratie seit 1833. 8°. Leipzig, E. O. Weller, 1847. 2. verm. uud wohlfeile Ausg. 8°. Ebd. 1850.

—— die französische Volksliteratur seit 1833. 8. (64 S.) Leipzig 847, Weller. *

Max, die Wirkung der Kartätschen u. Shrapnels aus gezogenen Geschützen. Ein Wort an die Artillerie-Offiziere aller Heere. [Mit 16 (eingedr.) Holzschn.] Graz 870. Pock. gr. 8. (VII, 48 S.) n. 16 ngr.

Max, Erich, der soziale Gedanke, s.: Was will die Zeit? (Barday, Curt.)

Max, Ferd., das Kinderbuch. Bilder und Reime für die Kinderstube. Mit 40 feinsten Farbendr.-Bildern nach Orig.-Zeichnungen von Offterdinger, Paul Wagner u. a. Jubiläumsgabe zum 50jähr. Bestehen der Verlagshandlung. 4. (36 S.) Eßlingen 882, Schreiber. geb. *

Max, Ferd., deutsches Märchenbuch. Eine Sammlg. der beliebtesten Kinder- u. Volks-Märchen 8. (III, 76 S. m. Illustr. u. 8 Farbdr.-Bildern.) Eßlingen 893. J. F. Schreiber. Kart. n. 1. —

Max, Ferd., deutsches Märchenbuch. Eine Sammlg. der beliebtesten Kinder- u. Volks-Märchen. Ausgewählt von M. Mit 8 feinen Farbendr.-Bildern u. vielen Text-Illustr. 2. Aufl. gr. 8. (III, 76 S.) Eßlingen (901). J. F. Schreiber. Kart. n. 1. —

—— goldenes Schatzkästlein für kleine Kinder. Ein Bilderbuch für die Kinderstube. Mit 24 feinsten Farbendr.-Bildern nach Orig.-Zeichnungen von Osc. Schulz, A. Simmler, P. Wagner, K. Weigand u. a. 4. (46 S.) Ebendas. 884. geb.

Max, Ferd. (Psdn.): Das Testament
Hamburg Herold 1827 8°

Max, Gabr., s.: Apotheose des Entwickelungsgedankens.

Max, Gabr., Fantasie-Bilder zu Tonstücken. Nach den Orig.-Aquarellen photographirt von Gust. Jägermayer. 13 Blatt Imp.-Fol. Wien 862, Jägermayer und Comp. *
Einzelne Bl. *

Max, Gabr., Faust-Illustrationen. 10 Zeichnungen, in Holz geschn. von R. Brend'amour und W. Hecht. Mit einleit. und erläut. Text von Rich. Gosche. (In 5 Lfgn.) 1. Lfg. gr. Fol. (2 Bl. mit 2 S. Text.) Berlin 879, Grote'sche Verlagsh. *

Max, Gabr., Faust-Illustrationen. 10 Zeichnungen, in Holz geschn. von R. Brend'amour und W. Hecht. Mit einleit. und erläut. Text von Rich. Gosche. 2.—5. (Schluß-)Lfg. gr. Fol. (8 Bl. mit 7 S. Text.) Berlin 879, Grote'sche Verlagsh.
à Lfg. * ℳ 6. *
compl. in Carton *
In Halbfrz.-Mappe *

1. Lfg. Ebendas. 1879. * ℳ 6.

Max, Geo., Geschichte des Fürstenthum Grubenhagen. 2 Bde. gr. 8. (XV und 542 S., IV und 544 S.) Hannover 862,63, Schmorl und v. Seefeld. Subscr.-Pr. à Bd. * 1 Thlr. 15 Ngr. *
Ladenpr. à Bd. * 2 Thlr. *

Max, Hans, das Briefgeheimniß, } s. Theater-Repertoir, Wiener.

– Des Onkels Liedchen,
s. Theater-Repertoir, Wiener

Max, H., Franz Schubert, s. Theater-Repertoir, Wiener.

– Der Donau und der Liebe Wellen,
s. Theater-Repertoir, Wiener

Max, Hanns, zuvor die Mama, } s. Theater-Repertoir, Wiener.

Max, Heinr., Pipi. Schwank in 1 Aufz. gr. 8. (33 S.) München 890. (Rubinverlag.) n. 1. —

Max, Heinr., der Starnberger-See. qu. 8. (65 S. m. farb. Abbildgn.) München 892. (Strauch's Nachf.) Kart. n. 1. 80

Max, Hero 1908 [Pseud.] s. a. Peter, Eva Hermine

Max, Hero (Eva Hermine Peter), Maja. Ein Epos in 14 Gesängen. (136 S.) 8. Strassburg 906. J. H. E. Heitz. n. 2. 50

Max, Hero (Eva Hermine Peter), um Mitternacht. Neue Dichtgn. 8. (V, 33 S.) Dresden 900. E. Pierson. n. 1. —; geb. n. 2. —

Max, Hero (Eva Hermine Peter), Nächstenliebe. Drama in 1 Akt. (34 S.) 8. Strassburg 908. J. H. E. Heitz. 1. 20

— Die Seligkeit der Einsamen. Metaphysische Gespräche. (40 S.) 8. Ebd. 908. 1. 20

— Szene im Kloster. Dramatische Skizze. (16 S.) 8. Ebd. 908. — 80

Max, Jac., dringende Hirtenliebe in e. Gespr. 8. Stuttg. Metzler. 722.

Max, Johann, Teutscher // Schlüssel // zu allen Sprachen /// Oder // Grund-Sätze der // Teutschen-Sprache // und Vorbereitung zu allen andern. // Was nemlich die liebe Teutsche // Jugend / nach erlehrnetem so genan- //tem Namen-Büchel / ehe sie zu einer an- //dern Sprache schreite / wissen und verste- //hen solte / damit selbe eine jede fremde // Sprach / nicht allein weit leichter / son- //dern auch weit besser fassen und // erlehrnen könne /// Durch // Johann Max Linguarum // Professorem Publicum in der Königlichen // Ritter-Academie zu Liegnitz. // Zufinden bey Martin Eßlinger Buchhändelern in Wienn // und bey Michael Rohrbach Buchhändelern zu Breß- //lau und Liegnitz. // In Liegnitz / gedruckt bey Joh. Christoph Wätzoldts // Wittwe. 1728. - 7 Blatt (nicht paginiert) Titelblatt und Vorrede. - 228 S. und 1 Blatt (nicht paginiert) Druckfehler.
B. S. T. 8°. 44o.

Max, Joseph, appr. Arzt a. Schweich a. d. Mosel: ⟨Aus der Prosektur des Krankenhauses r. d. I.⟩ Ueber gutartige Tumoren des Magen-Darmkanals. ⟨Mit einer Abbildung.⟩ München 1905: C. Wolf. (43 S.) 8°
München, Med. Fak., Ref. v. Bollinger, Diss. v. 25. April 1905
[Geb. 22. Dez. 74 Schweich a. d. Mosel; Wohnort: Schweich; Staatsangeh.: Preußen; Vorbildung: Kaiser Wilh.-Gymn. Cöln Reife M. 99; Studium: München 4, Kiel 1, Berlin 1, München 3 S.; Coll. 25. April 05; Approb. 19. Jan. 05.]

Max, Jul., Herbstblätter. Ein Traum. 8. (III, 102 S.) Hagen 882, Risel und Comp. *

Max, Jul. Weihnachten. Bilder aus der Weltgeschichte d. Christenthums. 8. (177 S.) Dresd. 889, Pierson. 2 —

Max, Jules, a. Paris: Über Chloride der Acylaminosäuren. (Berlin 1906: G. Schade.) (35 S.) 8°
Berlin, Phil. Fak., Ref. Fischer, Diss. v. 28. Juli 1906
[Geb. 24 Okt. 82 Paris Wohnort: Paris; Staatsangeh. Frankreich; Vorbildung Bachelier es Lettres Paris Juli 00 Studium. Paris 6, Berlin 3 S., Rig 23. Juli 06.]

Grimma und nächste Umgebung von Karl Fr **Max**, Sem Oberl. *Grimma: Selbstverl.* (aufgest. *G Gensel) 1896.* (1 Kartenbl. 27×23 cm.) 8° [Umschlagt] [00. 1149]

Max, M., Frauenhaß. Novelle. 8. (153 S.) Dresden 898. E. Pierson. n. 2. —

— verraten? Eine Hofgeschichte. 8. (81 S.) Ebd. 897. n. 1. —

Max, Mich., Bilder aus e. kleinen Stadt. Gedichte. 8. (97 S.) Großenhain 892. Baumert & Ronge. n. 1. 50; geb. n. 2. 50

Max, Rob., nationale Pflichten zur Lösung der Judenfrage, s: Schriften, deutsche, f. nationales Leben.

Max, Wilh., Sosamenschen. Komödie in 8 Aufzügen. (111, 63 S.) 8. Dresden 904. E. Pierson. n. 1. 60

Max R. v. Wachstein, Eman., 82 Lebensjahre gr. 8. (IV, 537 S. m. Bildnis.) Prag 893. (H. Dominicus.) n 6. —

Maxa, Adalbert. Rede-, Schreib- und Stilübungen im Anschlusse an die Lesebücher für Volksschulen insbesondere derjenigen aus dem k. k. Schulbücher-Verlage, von Reinelt. Ein praktisches Handbuch für Lehrer. I. Abtheilung. 8. (VIII, 111 S.) —.80
Wien Pichler 1891

Maxa, Fr

Maxa, F., Observat. crit. et exeget. in Taciti Agricolam. I. Pr. 1885. 59 S. 1.50
— —II. Pr. 1886. 42 S. 1.25
Radautz

Maxa, R., Ad strophicam Virgilii compositionem. Pr. 1878. 15 S.
Trebitsch

— Die strophische Gliederung an der 2. und 10. Ekloge des V. nachgewiesen. 26. ibd. 82. Progr.

Maxarter, der schwarze Roland und seine Tochter. Ein Gedicht. 16. (110 S.) Braunschweig 863, (Neuhoff und Comp.)

Maxein, Vincenz [cand. med. aus Ahrweiler]: Aus d. Univ.-Klinik f. Hautkrankheiten zu Bonn. Ueber exfoliativen Pemphigus .. Ahrweiler & Neuenahr, P. Plachner's Buchdr., *1896;* 40 S. 8.
Bonn, Med. Fak., Inaug.-Diss. v [17] Juni 1896

Maxeiner, Theodor *Karl Heinrich* [aus Bad-Ems]: Beiträge zur Geschichte der französischen Wörter im Mittelhochdeutschen ... Marburg, Univ-Buchdr '(R Friedrich)', 1897, VIII, 79 S. 8°
Marburg, Phil. Fak., Inaug.-Diss. v [8. Apr.] 1897

Maxen, Prof. Dr., Protest gegen die von dem königl. preußischen Disziplinarhof in Berlin über denselben als angeblich königl. preuß. Staatsdiener in Anspruch genommenen Kompetenz. gr. 8. (34 S.) Wien 869, (Herzfeld und Bauer.) [Brüder Winter.] *

Maxen, Elma Konstanze, Feldblümchen. Erzählungen. (VI, 81 S.) 8. Aarau 906. H. R. Sauerländer & Co. n. 1. 20; geb. n. 1. 80

Maxen, Elma Konstanze, edle Seelen. Erzählungen. (VII, 97 S.) 8. Aarau 910. H. R. Sauerländer & Co. Geb. in Leinw. 1. 80

Maxen, Heinrich, Arzt aus Hildesheim: Aus d. städt. Krankenhause zu Kiel. Beitrag zur Kenntnis des Alkoholismus. *Kiel 1900: H. Fiencke.* (22 S.) 8°
Kiel, Med. Diss. v [27 März] 1900

Maxen, J., über Beweislast, Einreden und Exceptionen. gr. 8. (X und 288 S.) Göttingen 861, Deuerlich'sche Buchh. *

— die sogenannte accessorische Intervention im Civilproceß. Gießen 864 Roth. gr. 8. (114 S.) n. 15 ngr.

Maxen, J., das Prioritätsverfahren im Concursproceß. Gießen 865. Roth. gr. 8. (IV, 45 S.) n. 6 ngr.

— **Joh. Nicolaus von (Lausitzer Adel),** Feudalis, de feudo in pecunia constituto. Diss. jur. Präs. Jacob August Franckenstein. Leipzig (Zeidler) 26. V 1730. 29 S. (4.50) 22475
Gew.: Gottlob Hyronimus von Leipziger.

Maxi, s. a. Nietzsche-Kritik.

'Nietzsche-Kritik' Ein Beitrag z. Kulturbeleuchtung d Gegenwart. Von **Maxi** [d. i. Maximilian Stein in Berlin]. Zürich: Verlags-Magazin 1895. 36 S. 8° [10. 8116]

Maxick, Muskelbeherrschung oder Körperentwicklung durch Willenskraft, m. Abb., 2. durchges. Aufl., Leipzig, 127 S., 8°

Maxiewitz, Joh. v., Anweis., Situationsplane zu zeichnen und zu illum. m. ill. Plänen. gr. 4. Prag, Barth. 806.

Das Maxim Traumbuch. (Verf Prof. Johannes **Maxim.**) London: Maxim-Alliance [1905]. (31 S.) 8° [J. u. Ant.] [06. 8036 3]

Maximaldosen, die, d. deutschen Arzneibuches, in 5 zierl. Knittelverse gebracht v. D. R. Usus. 16. (11 S.) Freiburg i/B. 896. Speyer & Kaerner. n. — 30

Maximaldosen d. Arzneimittel für e. erwachs. Menschen. 5. Aufl. 32. (4 S.) Tübingen 901. F. Pietzcker. — 10

Maximaldosen der Arzneimittel f. e. erwachs. Menschen. 6. Aufl. 32. Tübingen 903. F. Pietzcker. — 10

Maximal-Dosen starkwirkender Arzneimittel, welche der Arzt beim Verschreiben zum innerlichen Gebrauch für Erwachsene nicht überschreiten darf, es sei denn, dass er ein Ausrufungszeichen [!] hinzufügt. [Nach der Pharmacopoea germanica, edit. II. 1882.] Tabelle. Fol. Berlin 883, Springer. *

— für Arzte u. Studierende. 64. (5 S.) Leipzig 896. K. F. Pfau. n.n. — 10

— 64. (4 S.) Tübingen 897. F. Pietzcker. — 10

Maximal- u. Rückstromrelais, das automat., System Brown, Boveri & Cie. (Umschlag: Relais-Anordnungen f. automat. Ausschalter in Wechselstrom-Anlagen.) (26 S. m. Abbildgn.) Lex.-8. Zürich 905. (Berlin, J. Springer.) n. 1. 50

Maximaltarif Der M' des Diocletian (Hrg. von Th[eodor] Mommsen.) Erläutert von H(ugo) Blümner (Zurich). — A u d T Edictum Diocletiani de pretiis rerum venalium, edidit Th[eodorus] Mommsen. (Seorsum impressum ex C[orpore] I[nscriptionum] L[atinarum] Vol. 3 Suppl.) 4 Berlin = Berolini 1893

Maximaltarif, der, des Diocletian, hrsg. v. Th. Mommsen. [Aus: „Corpus inscript. lat. Vol III Suppl"] Erläutert v. H. Blumner. gr. 4 (XIII, 206 S.) Berlin 893. G. Reimer. n. 14 —

Maxime, die, d. Arbeiterschutzes. Programmbemerkungen zur socialen Reform in Deutschland. 8. (23 S.) Berl. 890, Siemenroth u. Worms. * 60

Maxime, über die, durch Einschränkung des Branntweinbrennens geringere Kornpreise zu bewirken, (v. J. G. Siemens) 8. o. O. (Braunschw.) 796. Schulbuchh. 8 gr.

Maximen. 8. Grätz, Ferstl. 12 gr.

C. A. K.: „Allgemeine oeconomische Maximen, wie sich solche aus dem Begriff der Oeconomie herleiten, und bey einer jeden Oeconomie nützlich gebrauchen lassen", Halle 1728.

Die allgemeinen oeconomischen *Maximen* . . nebst einem Beweise, dass dieselben in denen Privat-Oeconomien . . sonderlich durch die Mathematick, Physick u. Chymie erhalten werden. Kürtzlich vorgestellet v C. A. K Halle i. M. 1728. 116 S.

Maximen, Bemerkungen und Prophezeihungen aus den Werken Friedrichs des Zweyten Königs von Preussen, uicht geachtet von seinen Folgern. Mit Bemerkungen und Anwendungen von einem Verehrer des grossen Königes. 1809. 8. 90 S.

— Bemerkungen und Prophezeihungen a. d. Werken Friedr. II. m. Bemerk. und Anwend. rc. 8. Leipz. Gräff. 809.

— Bemerkk. u. Prophezeihungen aus den Werken Friedrichs II. Mit Bemerkk. u. Anwend. rc. 8. Lpz. 809. (Wienbrack). 8 gr.

Maximen, Christliche. A. d. Franz. . . . [Salzburg] 1846. Ü: *Dotter, Philipp Ernst.* (Hr)

— Kais. Josephs II. in Befolg. derer, durch w. Karl d. 5te s. Namen verew. hat. 8. Frankf. 787.

— des Lebens für Personen von Stande, (von Jh. Gf. Bremer). 8. Leipz. 776. Hilscher. 6 gr.

MAXIMEN, Lehrreiche, den Verstand der Frauenzimmers zu bilden in der Geschichte einer klugen Venetianerin. 6 Theile in 1 Band. Breslau 1771. 8°. 459 S.

— lehrreiche, den Verstand eines Frauenzimmers zu bilden. 8. Bresl. 771. Gutsch. 14 gr.

— moralische, erläut. d. historische Gemälde aus d. wirkl. Welt, in auserlesenen u. angenehmen Erzähll. 8. Leipz., Joachim. 1 rf 6 gr.

Napoleons Maximen der Kriegführung. Mit Anmerk. v. d. russ. Gen. Burnod u. d. französ. Gen. Husson ... Parallelisiert durch e. k. preuß. Artillerie-Offiz. Weimar 1852 182 S.

— f. Personen v. Stande. 8. Leipzig, Hilscher. (Compt. f. Litt.) 776.

Maximen, Wahre, des Lebens für Personen vom Stande. Leipzig 1774. V: *Bremer, Johann Gottfried.* (MGT) (Ky) (Kordes, Schlesw.-holst. u. eutin. Schriftst. Schleswig 1797.)

— weise, u. heilsame Sittenlehren aus d. Werken des Philosophen v. Sans-Souci rc.; a. d. Französ. 8. Chemn. 787. (Starke). 16 gr.

Maximen der Weisheit für katholische Christen. Grätz Kienreich 1807 8°

Maximes tirées, de l'écriture sainte en latin et en français, sur les principaux objets concernant la réligion, les moeurs et la manière de se conduire envers ses parens et son prochain. Prag 803. Neureutter. 16 gr.

— du gouvernement. III Vols. 8. Bern 788. Typogr. Soc. 2 rf 16 gr.

Maximes de Morale, tirées des poësies d'Horace . . . Gotha 1759. V: *Freiesleben, Gottfried Christian.* (BrMm)

Maximes et Pensées. Recueillies par un Diplomate. Bruxelles (?) 1877. V: *Dumreicher, Alois Baron von.* (Mitth. Josef von Rodakowski-Meran.)

— et Réflexions morales etc. 8. Lyon. (Jäger, Frcf.)

Maximianus

Maximiani elegiae, s. a. Studien, Berliner, f. classische Philologie u. Archäologie.

[Cornelii] Maximiani [Etrusci] elegiae. Ad fidem cod. Etonensis rec. et em. M[ichael] Petschenig Berolini S. Calvary & soc. 1890. (37 S.) 1° — Studien, Berliner, f. classische Philologie u. Archaeologie. Bd 11, II. 2.

Maximilian II., roi de bavière, Fragment de souvenirs intimes. München 867. (Fleischmann's Buchh.) gr. 8. (34 S.) n. 8 ngr

Maximilian, Burggraf v. Dohna, s. Ewald.

Maximilian der Erste, oder: Der Zweikampf in Worms. Ein teutsches Ritter-Schauspiel in fünf Acten . . . Gmünd 1818. V: *Heideloff, Carl Alexander v.* (BrMm)

— I., oder der Zweikampf in Worms, Ritterschauspiel in 5 Akten von C. A. Heideloff. 8. Gmünd, Ritter. 18. Schreibpap. 15 Gr. Velinpap.

Maximilian der Erste, Kaiser. Ein zeitgemäßes Volksbüchlein für Deutsche aller Stände, von einem Freunde des christl. Volkes. 8. (51 S.) Brilon 864, Meyer.

Maximilian I., der Große, Kurfürst v. Bayern, Biographie desselben, s.: Schaching, O. v.

Maximilian der Erste, König von Bayern, oder des Oberpostmeisters Napoleon's Gefangenschaft, Errettung vom Tode und Flucht. Eine wahre Geschichte, größtentheils aus den „Memoires et Souvenirs" eines französ. Generals übers. und hrsg. durch Johs. Gistel. gr. 12. (II und 66 S.) München 854, (Finsterlin.)

Maximilian I., Churfürst von Baiern. Ein histor. Drama in 3 Akten und einem Vorspiele von Fr. v. Caspar. Mit 1 Kupf. 8. Bamberg, Göbhardt. 820.

Der *Kurfürst Maximilian I. an den König Ludwig* v. Baiern, bei s. Thronbesteigung (S. A. aus dem „Katholiken".) Frankfurt a. M., in Kommiss. bei Wesche. Strassburg, gedr. bei L. Fr. Le Roux (1825.) 8°. 32 S. Ppb.

Maximilian der Erste, Der Kurfürst, an den König Ludwig von Bayern bey seiner Thronbesteigung . . . Landshut 1826. V: *Görres, Johann Joseph von.* (Ky) (MGT)

— d. Kurfürst, an d. König Ludwig von Baiern, bei seiner Thronbesteigung. (v. Görres.) gr. 8. Frankf. 826, (Wesché.)

Maximilian von Habsburg. Kaiser von Mexiko. Ballade. 4. Salzburg. Zaunrith 1871 5 kr

Maximilian v. Habsburg, Kaiser v. Mexico. Ballade. Triest 868. Schimpff. 4. (4 S.) n. 2 ngr.

— Joseph, erster König v. Baiern. Eine biograph. Skizze f. Freunde d. Vaterlandes. Mit Bildn. 8. Augsburg 825, (Lpz., Rein.)

Maximilian Joseph I. König v. Bayern. — Bildniß in ganzer Figur nebst Lebensabriß, chronolog. Abriß d. bayer. Gesch., genealog. Uebersicht d. Regenten v. Bayern, Charakterzüge aus Maximilian Joseph I. Leben u. Wirken, Orden u. Abbild. d. Wappens d. bayer. Monarchie. Imp.-Fol. Nürnberg 841, Winter. ½ Thlr., ill.

Maximilian, Kaiser v. Mexiko, der letzte Ritter des 19. Jahrhunderts. Nach verläßl. Quellen u. Orig.-Mittheilungen. Von Dr. St. Brünn 867. Buschak & Irrgang. gr. 8. (96 S. mit eingedr. Holzschn. u. 1 Holzschntaf.) n. 8 ngr.

Maximilian, der große Kurfürst von Bayern, s. Volksbücher.

Maximilian II. König von Bayern. Geschildert von einem Freunde der Wahrheit. Würzburg 864. Julien. gr. 8. (80 S.) n. 10 ngr.

—— Sein Leben, Wirken und Tod. Ein Denkmal für das bayer. Volk, aus gedr. Quellen zusammengestellt, mit einem dankbaren Rückblicke auf das 16jähr. segensreiche Wirken des unvergeßl. Landesvaters. Nebst einem Anh., enth.: Regierungs-Antritts-Patent Sr. Maj. des Königs Ludwig II., Eidesleistung Sr. Maj. etc. 8. (48 S.) Augsburg 864, Schmid's Verlag.

Maximilian I., (Kurfürst v. Baiern,) Anleit. z. Regierungskunst. Mit latein. Original zur Seite; hrsgg. von Jh. Chr. Frhr. v. Aretin. Mit 1 Bildn. 8. Bamb. 822. (Wesché in Frankf.) 18 gr.

— väterl. Ermahnungen an seinen Sohn Ferdinand Maria. Mit deutsch. u. latein. Text u. 1 Portr.; hrsgg. v. Jh. G. Oettl. gr. 8. Münch. 827. Jaquet. 8 gr., Velinp. 12 gr.

Maximilian I. des Grossen väterliche Ermahnungen an s. Sohn Ferdinand Maria. Hrsg. v. *Joh. G. Oettl*, k. bayer. geistl. Rath, Erzieher S. K. H. d. Kronprinzen u. d. Prinzen Otto etc. München, Mich. Lindauer, 1827. 8°. Ppb.

Portr. d. Kurfürsten Max I. XLVIII. 45 S. Diese Ausg. (lat. u. deutsch) ist mit vielen Parallelstellen aus d. Schriften der Alten u. der „Sybille der Zeit" des Prälaten Kornmann bereichert. Text 2spaltig.

— väterl. Ermahnungen an seinen Sohn Ferdinand Maria. Mit deutsch. u. latein. Text u. 1 Portr. Herausgeg. v. Joh. G. Oettl. gr. 8. München 827, (Lpz., Wienbrack.)

Maximilian, Herzog in Bayern, s.a. Phantasus

Maximilian, Herzog, in Bayern, s. Novellen. — Posthornklänge.

Volkslieder, oberbayerische, mit ihren Singweisen. Gesammelt u. hrsg. von *H. M.* (Herzog *Maximilian in Bayern*). München, Gg. Franz, 1846. 8°. Cart. *)

Tit. m. Holzsch.-Vign. u. 40 S. Enth. 28 Lieder, die sich sämmtl. in Nr. 4173 d. Cat. wiederfinden.

Maximilian, Herzog in Bayern, Wanderung nach dem Orient (Jerusalem, Nazareth, Bethlehem etc.). München, Franz, 1839, 4 Mk.

Maximilian, Herzog in Bayern (geb. 4. Dezbr. 1808 in Bamberg), Wanderung nach dem Orient im J. 1838. Unternommen u. skizzirt von —. (Motto aus Lamartine.) 2. Aufl. *Mit Portr. d. Verf.* (Lithogr. in Umrahmung.) München, G. Franz, 1840. 8°. Name auf d. Tit. Eleg. olivenfarb. Hlrsb.

1 Bll., 272 S. 1 Musikbl. Die Reise erstreckte sich auf Egypten, Nubien, Palästina, Syrien u. Malta. Vergriffen!

Maximilian II., König von Bayern

Maximilian II., König v. Bayern, u. Schelling. Briefwechsel, hrsg. v. Ludw. Trost u. Frdr. Leist. gr. 8. (V, 284 S.) Stuttgart 890. Cotta Nachf. n. 6. —

Seiner Königlichen Hoheit dem Allgeliebtesten Kronprinzen von Bayern Maximilian zur feierlichen Begrüßung unter Fackelzug am 15. Juni 1843 von den Schülern der Königlichen Studien-Anstalt in Zweibrücken. – Ebend. — ½ Bog. Fol. – 3 achtzeilige Strophen.
Progr Zweibrücken.

Seiner Königlichen Hoheit dem Allgeliebtesten Kronprinzen von Bayern Maximilian zur feierlichen Begrüßung unter Fackelzug am 15. Juni 1843 von den Schülern der Königlichen Studien-Anstalt in Zweibrücken. – Ebend. — ½ Bog. Fol. – 4 achtzeilige Strophen.
Progr Zweibrücken.

Huldigung Jhren Königl. Hoheiten dem Durchlauchtigsten Kronprinzen Maximilian und der Durchlauchtigsten Kronprinzessin Marie von Bayern in tiefester Ehrfurcht dargebracht von den Studirenden der Kgl. Std.-Anstalten zu Bamberg. — 1844. Ebend. — 1 Bog. Fol. — 4 sechszeil. Str.
Progr. Bamberg

Huldigung Jhren Königlichen Majestäten Maximilian und Marie bei Allerhöchst Deren Anwesenheit in Bamberg dargebracht von der Königl. Studien-Anstalt daselbst am 1. August 1853. — Ebend. — 1 Bog. Fol. 4 Stanzen.
Progr. Bamberg

—— Kalender, s. Kalender.

Maximilian, Kronprinz von Bayern, Kloster zu Camaldoli. Gedicht, s. Charitas.

Seiner Majestät dem allergnädigsten König Maximilian II. von Bayern bei Allerhöchst Ihrer Anwesenheit in Hof am 11. Juli 1851 in allertiefster Ehrfurcht dargebracht von den Schülern des Gymnasiums dieser Stadt. — ¾ Bog. ohne Druckort. — 8 achtzeilige Stroph.
Progr. Hof

Seiner Majestät unserm vielgeliebten Koenige Maximilian II. bei Allerhöchstderselben Anwesenheit am 24. October 1852, in allertiefster Ehrfurcht dargebracht von den Lehrern und Schülern der latein. Schule in Landau. — Landau, C. Georges. — ½ Bog. Couv.
Progr. Landau.

Maximilian I., deutscher Kaiser

Maximilians I. vertraulicher Briefwechsel m. Sigismund Prüschenk Frhrn. zu Stettenberg, nebst e. Anzahl zeitgenöss. das Leben am Hofe beleucht. Briefe hrsg. von Vict. v. Kraus. gr. 8. (136 S.) Innsbruck 875. Wagner. n. 3. 20

Das Fischereibuch Kaiser **Maximilian** I. Mit gleichzeit. Bild. u. 1 Lichtdrucktaf. Unter Mitw von Ludwig F[rh] v Lazarini hrsg. von Dr Michael Mayr, Prof. in Innsbruck. *Innsbruck: Wagner 1901* (XXVIII, 52 S.) 4° [00. 1297]

Maximilian's I., Kaiser, Gebetbuch. Mit Zeichngn. v. Albr. Dürer u. anderen Künstlern. Fksm.-Druck der Kunstanstalt Albert Berger in Wien. Mit Unterstützg. des k. k. Ministeriums f. Kultus u. Unterricht in Wien u. des königl. Ministeriums der geistl. Unterrichts- u. Medizinal-Angelegenheiten in Berlin hrsg. v. Karl Giehlow (157 Doppels. m. 31 S. Text.) 40×29 cm Wien 907. (München, F. Bruckmann.) In Buckram-Kassette nn 425.— geb. in Ldr. m. Messingbeschlägen nn 525 —: vom 15 III 1908 ab nn 500.—: bezw. nn 600 —

Maximilian, Kaiser· Handschrift üb d. Falknerei, s. Falknerklee

Das Jagdbuch Kaiser **Maximilians** I. Mit 3 farbigen Reprod. gleichzeit. Bilder u. 3 Lichtdrucktaf In Verb. mit Wm A. Baillie-Grohman hrsg. von Dr Michael Mayr, Archiv-Dir. in Innsbruck. *Innsbruck: Wagner 1901.* (XXXII, 191 S.) 4° [01. 5207]

Maximilian's I., Kaiser, geheimes Jagdbuch und Von den Zeichen des Hirsches, eine Abhandlung des 14. Jahrhunderts. Beides zum ersten Male herausg. von Th. G. v. Karajan. Wien 858. Gerold. 16. (XV, 85 S. u. 1 Holzschn.) n. 1 ℛ

Maximilians I., Kaiser, geheimes Jagdbuch und von den Zeichen des Hirsches, eine Abhandlung des 14. Jahrh. Beides zum ersten Male hrsg. von Th. G. v. Karajan. 1859. 2. Aufl. 8. (XV, 79 S. mit 1 Lichtdr.-Taf.) Wien 881, Gerold und Comp.

Ordnung von kays'licher Maiestat (**Maximilian** I Kaiser von Deutschland) zu undrichtūg der offen Notariē wie die jr Ampter uben sollen ausgangē: mitsampt eynem penlichē mandat ... o. O. (1512. Faks.Dr. d. ältesten Ausg. Hrsg.: Deutscher Notarverein in Halle. 1910.) 8 Bl. 8° [10. 17863]

Maximiliani I. Ordnung zu Unterrichtung der offenen Notarien, wie die ihre Aemter üben sollen, zu Cölln, 1512 aufgericht. Mit Anm. Jena [1721].

Maximilian I., Römisch. Kaif., Ordnung z. Unterr. der Notarien. m. Anm. 8. Jena. (Fritsch, Leipz.) 728.

Maximilian II., d. Kaisers, Briefwechsel mit Papst Pius V., s.a. Schwarz, W. E. Briefe u. Akten z. Gesch. M. II.

Der Briefwechsel des Kaisers **Maximilian** II. [von Deutschland] mit Papst Pius V Gesamm. u. hrsg. von W[ilh.] E[berh.] Schwarz. *Paderborn: Bonifacius Dr 1889* (XVI, 208 S.) 8°
— **Briefe** u. Akten z. Geschichte Maximilians II. Th. 1 [90. 9131]

Maximilian I., Kaiser von Mexiko

Maximilian I. (Ferdinand Maximilian, Erzherzog von Oesterreich), mein erster Ausflug. Wanderungen in Griechenland. Leipzig 868. Duncker & Humblot. gr. 8. (XII, 256 S. mit einem Portr. des Verf. in Stahlst., nach einem Miniatur-Gemälde von Raab.) n. 1 ℛ 6 ngr.; geb. mit Goldschn. n. 1 ℛ 20 ngr.

—— aus meinem Leben, s.o. Aus meinem Leben.

(**Maximilian I.** Kaiser von Mexiko, Ferdinand Maximilian, Erzherzog von Oesterreich.) Aus meinem Leben Reiseskizzen, Aphorismen, Gedichte 1 Bd. Reiseskizzen I Italien. - 2 Bd Reiseskizzen II Andalusien und Granada — 3. Bd. Reiseskizzen III VII u. z Einige Tage in Sicilien. Die Balearen, Valencia und Murcia. Lissabon Madeira 4 Bd. Reiseskizzen VIII IX Galloafrica Ein Stück Albanien. - - 5 Bd Reiseskizzen X Über die Linie 6. Bd. Reiseskizzen XI Bahia (6 Bände) 8 Leipzig 1867.

(**Maximilian,** Erzherzog von Osterreich.) Project zur Organisirung des oesterreichischen Seewesens. (Mit einer Beilage) 8 Lacroma. März 1861.

- Vortrag über das Extraordinarium für S M Kriegsmarine (Dem vorstehenden Werke beigebunden.) (Donation Liechtenstein.) 8 Miramar. April 1861.

Maximilian I. Ferdinand Maximilian. Erzherzog von Oesterreich Mein erster Ausflug Wanderungen in Griechenland Mit einem Portrait des Verfassers in Stahlstich, nach einem Miniatur-Gemälde von Raab. 8. Leipzig 1868.

Maximilian von Wied-Neuwied, s.a. Wied-Neuwied.

— Prinz v. Wied-Neuwied, Abbildd. z. Naturgeschichte Brasiliens. 1e—11e Liefer. Mit fein color. Kpfrt. u. deutsch u. französ. Erklärung. Roy.-Fol. Weimar 823 — 27, Ind.-Compt. à 4 Rthl.

Maximilian, Prinz v. Wied, Abbildungen z. Naturgesch. Brasiliens. — Recueil de planches col. d'Animaux du Brésil. 12—15. Lfg. Jede m. 6 col. Kpfrt. u. eben so viel Blättern deutsch. u. franz. Erklär. Roy.-Fol. Weimar 828, 30, 31, (Landes-Ind.-Comptoir.) à
1—11. Lfg. Ebendas. 1822—27. à 4 Thlr.

— Beitrr. z. Naturgeschichte von Brasilien. 1r—2r Bd. Mit 1 Kupfert. gr. 8. Weimar 825—26. Indust.-Comptoir. à 3 Rthl.

—— Beiträge z. Naturgesch. v. Brasilien. III. u. IV. Bd. (à 2 Abthln.) gr. 8. Weimar, Landes-Ind.-Comptoir.
Bd. III. Vögel. [1. (40 B.) 830. 2 Thlr., 2. (41 B. u. 1 Taf. Abbild.) 831. 2 Thlr 6 Gr.] 4 Thlr. 6 Gr.
IV. Vögel u. Insecten. [1. (28 B.) 832. 1 Thlr. 16 Gr., 2. (31 B. u. 2 Taf. Abbild) 833. 2 Thlr.] 3 Thlr 16 Gr.
I. Bd. Amphibien, u. II. Bd. Säugethiere. Ebendas. 1825, 26. à 3 Thlr.

Maximilian, Prinz zu Wied, über einige Nager mit äußeren Backentaschen aus dem westlichen Nordamerika, s. Acta nova phys.-med. Acad. Caes. Leopold. Carol. XIX.

—Reise in Brasilien, in den Jahren 1815—1817. 2 Theile Mit Karten, Kpf. u. Vign. (44 Platten). gr. 4. Frkf. a. M. 820, 21. Brönner. 55 ℛ Roy.-Velinp. Mit ill. Kpf. 225 ℛ Die Kpf. u. Karten apart. 13 ℛ 20 ℊ Hbg. Pr. 8 ℛ 8 ℊ

—dieselbe Reise. 2 Bde. gr. 8. Mit 2 Karten. Ebd. 1 ℛ 18 ℊ

—Reise nach Brasilien, für die erwachsene Jugend; bearb. von K. Hildebrand. 2 Bde. Mit 3 Kpf. 8. Quedlinb. 822. Basse. 2 ℛ 20 ℊ

Maximilian zu Wied, Prinz, Reise durch Nord-Amerika in d. J. 1832—1834. 2 Bde. (od. 20 Hfte.) Imp.-4. (173 B., 81 Kpfrt., 1 ill. Karte, Imp.-Fol. u. viel. Holzschnn.) Coblenz 838—41, Hoelscher.
Ausg. No. 1. m. schw. Kpfrt. à L. * 3 Thlr. 4 Gr. * 63 Thlr. 8 Gr.
- 2. m. Kpfrt. auf chines. Pap. à L. * 4 Thlr. * 80 Thlr.
- 3. m. 20 schw. u. 61 col. Kpfrt. à L. * 4 Thlr. 18 Gr. * 95 Thlr.
- 4. m. 20 col. u. 61 Kpfrt. auf chines. Pap. à L. * 5 Thlr. 16 Gr. * 113 Thlr. 8 Gr.
- 5. sämmtl. Kpfrt. f. col., Text auf Imp.-Vlnp. à L. * 10 Thlr. * 200 Thlr.

Maximilian, Alexander Phillipp, Prinz von Wied [Neuwied]: Reise in das innere Nord-Amerika 1832—34. *2 Bde Coblenz 1839—41. XVI, 653, (1) S. Karte; XXII, (2), 687 S., ill.* *Englische Ausgabe:* Travels in the interior of North America. *Translated from the German by* **H. Evans Lloyd.** *London: Ackermann and Co.; Cook and Co., Printers. 1843. pp. X, (1), 520, ill., map.*

Max von Wied, Prinz, über die Selbstständigkeit der Species des ursus ferox Desm. Mit anatom. Bemerkungen von C. Mayer. Mit 3 Steindrucktaf. (wovon 1 color., in qu. Fol.). Aus den Verhdlgn. d. k. Leopold.-Carol Akad. der Naturforscher (Bonn 857. Henry u. Cohen.) gr. 4. (54 S.) n. 1 ℛ 10 ℊ

Maximilian a. St. Jos., heiliges Jahr, d. i., kurze Lebensverfass. heil. Diener Gottes. 2 Thle. 4. Münch. Lentner. 744.

Maximilian Emanuel, Prinz von Württemberg

Maximilian, des Prinz. v. Wirtemberg, Reise und Campagne bey dem Kön. von Schwed., Carl XII. 8. Stuttgart. 739.

Maximilian Emanuel, Herzog in Württemberg, seltene Reisen und Feldzüge, so er durch Deutschland nach Polen, Lithauen, Russland Volhynien, Severien und Ukraine verrichtet. Nebst einer curieusen Reisebeschreibung von Pultawa nach Bendor (656) 8 Frankfurt u. Leipzig 1739

Maximilian Franz, von G. G. Erzbischofs zu Köln gnädigste Verordnung das erzstiftische Offizialatgericht zu Köln betr. [Dat.:] Bonn, den 23. 11. 1787.

Maximilian, Jos., (Herzog in Bayern,) der Stiefbruder, s. † Phantasus.

Unserm allgeliebten Landesvater Sr Kgl. Maj. Maximilian Joseph. König von Baiern, am 25jähr Regierungs-Jubiläum, am 16. Febr 1824 dargebracht von den Israeliten zu Memelsdorf. Coburg, mit Ahl'schen Schriften. 4°. Cart Etw fleckig. 2 Bll. - Auf Bl. 2 Gedicht in 4 achtzeil. Str

Maximilian III Joseph, Kurfurst von Bayern. Erneuerte Land-Gebott wider den Aberglauben, Zauberey, Hexerey u. andere Teuffels-Künsten. München 1746 Fol. (6 Mk., l. c.)

Maximilian Joseph von Este, Erzherzog von Oesterreich, FZM. etc. Versuch eines Kriegs Systemes des österreichischen Kaiserthumes und Bruchtheile desselben. I. Hptst.: Vorerinnerung an den Leser; Vorrede und Einleitung; Einleitung-Zusätze; Beilage: Entwicklungs- und Vereinigungsbild der Hauptstücke und Abschnitte des Versuchs eines Kriegs-Systemes des österr. Kaiserthumes. 1 Schuber II. Hptst.: Truppen; Beilagen und Zusätze Figuren-Beilagen. 26 Taf. in Fol. III. Hptst.: Schaaren. Beilagen. Figuren-Beilagen. 8 Taf. in Fol. IV Hptst.: Waffen. Index. Nachtrag A—L. Beilagen. Zusätze. Figuren-Beilage 201 Taf. in Fol. V. Hptst.: Führer der Armeen. Zusätze. Beilagen. VI. Hptst.: Bildner des Heeres. Zusätze. Beilagen. Beilage Nr 6. Beispiel eines Signalbuches. 18 Taf. in Fol. VII. Hptst.: Kampfplätze. Zusätze. Beilagen. 1 Taf. in Fol. VIII. Hptst.. Kriegs-Mittel-Quellen. Zusätze. Beilagen. 1 Taf in Fol. IX. Hptst.: Kriegs-Zeug. Zusätze. (28 Bde. Text und 1 Schuber in 4. und 256 Beilagen in 8 Bdn. in Fol.) Linz 1852.

Maximilian, | Enfants de la patrie.

Maximilian, Bern. (geb Nordhausen 12 1838) De ulcere ventriculi chronico. Berolini (1861). (32 S.) 8°
Berlin, Med. Diss. v 12 Aug. 1861

Maximilian, K., Hans Thorn. Ausschnitte aus e. modernen Lehrerleben. Novelle. (106 S.) 8. Leipzig 906. Verlag f. Literatur, Kunst u. Musik. n. 1.60; geb. n.n. 2.60

Maximilian, O., Knabe od. Mädchen? D. Einfluß auf d. Geschlechtsverhältniß nach d. sensation. Entdeckg. d. Prof. Dr. Schenk. Für Jedermann in Ernst u. Scherz verständl. dargest. gr. 8. (43 S.) Leipzig 898. O. Borggold. n. 1. —

MAXIMILIANUS, J. Die Helle Donner Posaunnen durch den Geist der Weißagung verkündiget und ausblaßende die gerichte Gottes über daß Römische Reich und die gantze falsche unbußfertige Christenheit sammt dem fahl babels u. Ziohns Erlößung, Zum Zeügnuß über Alle follker Publiciert auf Befehl des Ewigen Gottes Durch seinen unwürdigen Knecht J Maximilianus dadum 1710. Deutsche [bezw schweizerische?] Papierhandschrift Titelblatt und 140 (teilw später) numer Seiten. 4° Beriebener bunter alter Kartonbd. mit aufgeklebtem handschriftlichem Titel (herzförmig ausgeschnitten).

Maximilien II., roi de Bavière. Fragment de souvenirs intimes. Munich 1867. V: *Vaublanc, Vincent Victor Henri vicomte de.* (Kat. d. Bibl. d. dtsch. Reichstages. Berl. 1882.)

Maximini dissertatio contra Ambrosium, s.: Texte u. Untersuchungen z. altgerman. Religionsgeschichte.

Maxim-Maschinengewehr. – Das Maxim-Maschinengewehr u. seine Verwendung, s.a. Braun, Hans

Maxim-Maschinengewehr, Das, und seine Verwendung. Berlin 1901. V: *Braun* (Hauptmann). (Berl 1904, S. 444)

Maxim-Maschinengewehr, das, u. seine Verwendung. gr. 8. (46 S. m. 23 Abbildgn. u. 2 Taf.) Berlin 901. R. Eisenschmidt. n. 1.60

Maxim-Maschinenkanone, die, u. ihre Verwendung. gr. 8. (47 S. m. Abbildgn.) Ebd. 901. n. 1.60

Le canon automatique Maxim et ses applications [Die Maxim-Maschinenkanone u. ihre Verwendung, franz.] Avec 20 Fig. Berlin: R. Eisenschmidt 1902. (55 S.) 8°

Maximoff, Nikolaus: Aus d. I. med. Klinik des Prof. v. Bauer. Beitrag zur Statistik der Aortenaneurysmen. München 1910: Victor. 43 S. 8°
München, Med. Diss. v. 30. Juli 1910, Ref. v. Bauer
[Geb. 25. Okt. 76 Burgas; Wohnort: Burgas; Staatsangeh.: Bulgarien; Vorbildung: Gymn. Widin Reife Juli 95; Studium: Lausanne 1, Genf 6, Berlin 8, München 4 S.; Rig. 30. Juli 10.] [U 10. 3545

Maximow, Alex., experimentelle Untersuchungen üb. die entzündl. Neubildung v. Bindegewebe, s.a. Beiträge zur patholog. Anatomie. 5. Suppl.

Experimentelle Untersuchungen über die entzündliche Neubildung von Bindegewebe. Von Dr med. Alexander Maximow [Maksimov], St Petersburg Mit 3 Taf u. 4 Fig *Jena G Fischer 1902* (VII, 262 S.) 4°(8°) = Beiträge z. pathol. Anatomie u z allg Pathol. Suppl. H 5. [02 1943

Maximow, E. Die Landschaftsfinanzen. 8°. St. Petersburg 1885.

Maximowicz, C. J., s.: Beiträge zur Kenntnis des Russischen Reiches.

Maximowicz, C. J., de Coriaria, Ilice et Monochasmate, hujusque generibus proxime affinibus Bungea et Cymbaria, s. Mémoires de l'Académie impériale des sciences de St.-Pétersbourg.

Maximowicz, C. J., diagnoses plantarum novarum asiaticarum. VIII. (Finis.) Insunt stirpes quaedam nuper in Japonia detectae. gr. 8 (41 S.) St.-Pétersbourg 893. (Leipzig, Voss' Sort.) n.n. -- 90
I—VII sind nicht im Sonderausg. erschienen, sondern in den Mélanges biologiques u. dem Bulletin de l'Académie impériale de St.-Pétersbourg enthalten.

— enumeratio plantarum hucusque in Mongolia etc. lectarum,
— flora Tangutica,
s. Resultate, wissenschaftliche, der v. N. M. Przewalski nach Central-Asien unternommenen Reisen.

Maximowicz, Carl Joh., Primitiae florae Amurensis. Versuch einer Flora des Amur-Landes. Imp.-4. (504 S. mit 10 Stnt. in Fol. und 1 chromolithogr. Karte in qu. Imp.-Fol.) St.-Petersburg 859. Leipzig, Voss. **
Aus: Mémoires présentés à l'académie impériale des sciences de St.-Pétersbourg, besonders abgedruckt.

Maximovicz, C. J., Revisio Hydrangearum Asiae orientalis, s. Mémoires de l'acad. impér. des sciences de St. Pétersbourg. VII. Série, Tom. X. Nr. 16.

—— Rhamneae orientali-asiaticae, s. Mémoires de l'acad. impér. des sciences de St. Pétersbourg. VII. Série, Tome X. Nr. 11.

Maximowicz, C. J., Rhododendreae Asiae orientalis, s. Mémoires de l'Académie impér. des sciences de St. Pétersbourg.

Maximowicz, E., s.: Jahrbuch des Bukowiner Landes-Museums.

Maximowicz Konstantin Beiträge zur Theorie der Diffusion. (19). 19. Czernowitz R. 92 93.
Progr.

Maximowicz Konstantin: Über die Correction der Thermometerablesungen. 21. Czernowitz R. 91.
Progr.

Maximu, Jon., practische Grammatik der romanischen Sprache nach Ahn-Ollendorff's Methode f. den Schul- u. Selbstunterricht. gr. 8. (VI, 277 S.) Hermannstadt 871 Filtsch. geb. n 2. 50

Maximu, Jon, practische Grammatik der romanischen Sprache nach Ahn-Ollendorff's Methode für den Schul- und Selbstunterricht. 2. Aufl. gr. 8. (VI, 277 S.) Hermannstadt 877, Filtsch. geb. **

Maximum seu Archimetria. Berolini 1799. V: *Thorild*, *Thomas*. (MGT)

Maximum, s. Archimetria (1 Rthlr.) dazu d. Beylage: die gelehrte Welt. No. I. (4 gr.) 8. Berl. Lange. 800.

Maximum s. Archimetria, (ab Th. Thorild). 8. (Greifsw.) 800. Mauritius. 1 Rthlr 8 gr Dazu d. Beilage: die gelehrte Welt, (von demselben). No. 1. 4 gr No. 2. 10 gr. 8. Berl. 800. (Ebd.) 14 gr

Maximum-Initiative, die. (Flugblatt u. nähere Ausführgn.) Das ökonom. Hauptprinzip e. neuen, sozialen Staatsverfassg. (Von Ulr. Ehrismann.) (31 S.) kl. 8. Zürich (-Wipkingen, Breitensteinstr. 31) 907. Theolrat. Verlag. — 30

Maximus, Sr. Gnaden P. Anastasius Hartmann Ord. Cap., Bischof von Derbe und Apostol. Vikar von Patna, in seinem Leben und Wirken. gr. 8. (IV und 100 S.) Luzern 867, Gebr. Räber. *

Maximi Confessoris de variis diffìcil. locis SS. PP Dionysii et Gregorii ad Thomam librum, ed. Oehler, s. Anecdota graeca.

Maximi Monachi, *Opera*.
— *Sentent. de caritate*. Gr. et lat. ed. J. a Fuchte. Helmst. 616. 8.

Maximus Philosophus

Maximi et Ammonis carminum de actionum auspiciis reliquiae. Accedunt anecdota astrologica. Recensuit Arth. Ludwich. 8. (VIII, 126 S.) Leipzig 877, Teubner.

Μαξίμου φιλοσόφου περὶ καταρχῶν. Rec. notisq. criticis instr. Ed. Gerhardius. Lips. 820. 8. 7 gr.
Früher stand dieses Gedicht in Fabric. Bibl. gr. L. V. c. 25.

ΜΑΞΙΜΟΥ ΦΙΛΟΣΟΦΟΥ ΠΕΡΙ ΚΑΤΑΡΧΩΝ. (Maximus Philosoph.) Recens. et cum annotat. crit. ed. E. Gerhardius. 8maj. Leipz. 820. W. Vogel. 7 gr Schrbp. 9 gr Velinp. 12 gr

Maximus Planudes, s. Planudes

Maximus Tyrius

— commentatio, gr. et lat. cum not. var ed. J. A. Schier. 8maj. Leipz. 760. Weygand. 3 gr

Maximi Tyrii dissertationes, (graec. et lat.) ex recens. J. Davisii, c. not. Marklandi, curavit et annotat. de suo addidit J. J. Reiske. II Voll. 8. Leipz. 774. Georgi. 3 Rthlr 12 gr Unzer in Königsb. 2 Rthlr

— — Graece, cum notis Davisii, Marklandi suisq. ed. Reiske. Lips. 774. 75. 2 Vol. 8. 2 rthlr. 20 gr.

— *ἐκδοθεὶς ὑπὸ Νεοφύτου Δουκα*. 8. *Ἐν Βιέννῃ* 810.

Maximi Tyrii Philosophumena. Ed. H[ermannus] Hobein. Lipsiae. Teubner 1910. LXXVI, 514 S. 8°
(Bibliotheca scriptorum Graec et Roman. Teubneriana.) 10. 10:37 3

— philosoph. Reden; aus d. Griech. von Chr. T. Damm. 8. Berl. 764. Wever. (Sander). 1 Rthlr

Maximus, P., Das allgemeine Concilium mit Rücksicht auf das ganze kath. Lehramt. Luzern, Räber, 1869. 12°. 32 S. 40 Pf.
Stellt in Kürze gründlich u. populär die Bedeutung der allgem. Versammlungen überhaupt aus d. göttl. Sendung u. Ausstattung des kirchl. Lehramtes u. dann im besondern die Wichtigkeit des nächstbevorsteh. Konzils nach seinen Ursachen, den daran sich knüpfenden Hoffnungen, Befürchtungen u. Vorurteilen dar. Hülskamp, Litt. Handw. 1869, S. 433. Chilianeum N. F. Bd 2 (1869), S. 142.

Maximus, das allgemeine Konzilium mit Bezug auf das ganze katholische Lehramt. 2. Aufl. 8. (82 S.) Luzern 869, Gebr. Räber. *

—— der Portiunkula-Ablaß in sich und seinen Früchten. Predigt gehalten am Portiunkula-Fest in Näfels den 2. Aug. 1867. gr. 8. (19 S.) Lindau 867, Stettner.

Maxka, die Sage vom Heilingsfels. Leipzig 857. O. Wigand. 16. (152 S.) n. 20 ngr

Maxon, Ernst [app. Arzt aus Landau i. d. Pfalz]: Untersuchungen über den Wasser- und Eiweissgehalt des Blutes beim kranken Menschen ... Leipzig, Druck v. J. B. Hirschfeld, 1894; 17 S. 8.
München, Med. Fak., Inaug.-Diss. v 1894

Maxse, H. F., s. †Martine, F.

Maxse, R. Berkeley, das Ende des Zeitalters, betrachtet im Lichte der Offenbarg. (282 S. m. 8 Zeittaf.) Lex. 8. Libau (905). K. A. Freywald & Co. 3. 50

Maxse, Reginald, Bavaria in a nutshell, containing the most important information abont that country. (VII, 176 S.) kl. 8. München 910. J. Lindauer. 2. —

Maxwell, die finstere Frau v. Doona. Dem Engl. nacherzählt v. Geo. Lotz. gr. 16. (20¼ B.) Hamburg 854, Herold.

Maxwell, J., Neuland der Seele. Anleitung zu einwandfreier Darstellg. u. Ausführg. psych. Versuche. Mit e. Vorwort v. Charles Richet. (Berecht. Übersetzg. v. Otto Knapp.) (V, 339 S.) 8. Stuttgart (910). J. Hoffmann. 5.—; geb. 6. —

Maxwell, James Clerk, die Elektrizität in elementarer Behandlung. Hrsg. von Will. Garnett. Ins Deutsche übertr. von L. Graetz. gr. 8. (XVI, 224 S. mit in den Text eingedr. Holzst.) Braunschweig 883, Vieweg und Sohn.

Maxwell, James Clerk, üb. Faraday's Kraftlinion, s.a. Ostwald's, W., Klassiker d. exakten Wissenschaften.

Ueber Faraday's Kraftlinien Von James Clerk Maxwell. (Transact of t Cambr phil. soc vol 10, p 27, Maxw scient pap. vol 1, p. 155.) Hrsg. von L[udwig] Boltzmann, Leipzig W Engelmann 1895 (130 S.) 8°
(Klassiker, Ostwald's, d. exakten Wissenschaften. No 69)

Maxwell J Clerk. uber physikalische Kraftlinien. Herausgegeben von L Boltzmann. (147 S) (Ostwald's Klassiker der exakten Wissenschaften 102) Leipzig 1898

– Dass., s.a. Ostwald's, W Klassiker der exakten Wissenschaften

—— Lehrbuch der Electricität und des Magnetismus. Autoris. deutsche Uebersetzung von P. Weinstein. 2 Bde. gr. 8. Berlin 883, Springer. [1. Bd. (XX, 528 S. mit zahlreichen eingedr. Holzschn. und 14 Taf.) ℳ 12.; 2. Bd. (XIV, 624 S. mit zahlreichen eingedr. Holzschn. und 7 Taf.) ℳ 14.]

Maxwell, J. Clerk, Substanz und Bewegung Ins Deutsche übers. von Ernst v. Fleischl. [Mit Bewilligung des Autors und der Society for promoting Christian Knowledge.] 8. (XIV, 144 S. mit in den Text eingedr. Holzschn) Braunschweig 879, Vieweg und Sohn. *

—— Substanz und Bewegung. Ins Deutsche übers. von Ernst v. Fleischl. Mit Bewilligung des Autors und der Society for promoting christian knowledge. 2. Abdr. 12. (XIV, 144 S. mit in den Text eingedr. Holzst.) Braunschweig 881, Vieweg und Sohn.

Maxwell, James Clerk Theorie der Elektricität u. d. Lichts, s. Boltzmann, Ludw. Vorlesungen.

—— Theorie der Wärme. Nach der 4. Aufl. des Originals in's Deutsche übertragen von F. Auerbach. gr. 8. (XII, 324 S. mit 41 eingedr. Holzschn.) Breslau 877, Maruschke und Berendt. *

—— dass. — Autoris. deutsche Ausg. Uebers. nach der 4. Aufl. des Originals von F. Neesen. gr. 8. (XVI, 380 S. mit in den Text eingedr. Holzschn.) Braunschweig 878, Vieweg und Sohn. *

Maxwell, Thdr. Terminologia medica polyglotta, e. internationales Wörterbuch der medizin. Terminologie. Zusammengestellt unter Mitwirkg. v. E. de la Harpe, Raf. Hernandez y Barrios, E. M. Holmes u. A. Französisch — Lateinisch — Englisch — Deutsch — Italienisch — Spanisch — Russisch. Lex.-8. (VIII, 459 S.) Lpz. 890, Brockhaus' Sort. 14 -

Maxwell, W. B., The guarded flame, s.a. Collection of British authors.

The guarded Flame. By W B. Maxwell. Copyright ed. In 2 vol. Vol. 1 2. Leipzig Tauchnitz 1906. 8°
(Collection of British authors. Tauchnitz Ed. Vol. 3916/7)

— The ragged messenger, s.a. Collection of British authors.

The ragged Messenger By W. B. Maxwell. Copyright ed. In 2 vol. Vol. 1. 2. Leipzig: Tauchnitz 1904. 8°
(Collection of British authors. Tauchnitz Ed. Vol. 3756/7)

Maxwell, William, Anleitung zur magnet. Wissenschaft, s.: Talisman-Bibliothek.

Maxwell, W., drei Bücher der magnet. Heilkunde, s. Wunder-Schauplatz.

Maxymilian arcyksiaze Austryacki, s. Biblioteka, powiesci etc.

May, s.a. Mai

May, Oberförster; e. kl. Roman in 6 Kap. 8. Erfurt, Keyser. 799.

May, der erste; od. der bestrafte Aberglaube. Lustspiel. 8. Nordhausen Groß. (Mitzsche.) 778.

May, der erste, oder der reiche May, von J. A. F. Reu. 12. Wien, Gerold. 816.

May, Ida. Ein Lebensbild, s. Familien-Bibliothek, illustrirte.

May. – Karl May als Erzieher, s. May, Karl

May, der 24ste, Magdeburgs glückl. Tag. 8. Magdeb. 814. v. Schütz. (Lauffer in Leipz.) 8 gr

May, d. Arbeitsfrage. Frankfurt 848.

May, les bains do Kreuth, s.a. l'Europe illustrée.

May, Les bains de Kreuth dans la haute Bavière. Par le Dr May. Avec 14 illustrations [dont 3 planches] de C[arl] Bolze et J[ohann] Weber et une carte (L'Europe illustrée. № 21.) 8. Zurich, (Paris, London) [1881].

— the baths of Kreuth, s.a. Europo, illustrated.

May, . The Baths of Kreuth (Bad K) in the Bavarian Alps. By Dr. May With 14 Illustrations [3 Plates] by C[arl] Bolze and J[ohann] Weber and a Map. (Illustrated Europe. № 20.) 8. Zurich, London, (Paris) [1882].

May, . Bad Kreuth. Von Dr May Mit 14 Illustrationen [wovon 3 Tafeln] von C[arl] Bolze und J[ohann] Weber nebst 1 Karte (Europäische Wanderbilder. N° 22) 8. Zürich, (Paris, London) [1881]

May, Bad Kreuth im bayerischen Hochgebirge, s. Wanderbilder, europäische.

May, Paul's Schuljahre. Eine Erzählung für Knaben. Aus dem Engl. von G. Fabricius. Mit 1 Zeichng. in Holzschn. Berlin 859. J. Springer. gr. 16. (2 Bl., 325 S.) 1 ℳ

May: Kurzer Ueberblick der wichtigsten astronomischen Leistungen von Copernicus. Das copernikanische System. 34 S. – Rzeszow, Progr. 1858

– (Red.), s. Zeitschrift des landwirtschaftlichen Vereins in Bayern.

– (Red.), s. Zeitung, Schleswig-Holsteinische, und Altonaer Tageblatt.

May, A., Geschichte der Kriegs-Telegraphie in Preußen 1854—1871. gr. 8. (88 S. mit 1 lithogr. Taf. in qu. Fol.) Berlin 875, Mittler und Sohn. *

Aus: Archiv für die Artillerie- und Ingenieur-Offiziere des deutschen Reichsheeres, besonders abgedruckt.

May, A., a practical grammar of the Swedish language, with reading and writing-exercices. gr. 8. (XX und 162 S.) Stockholm 850, Bonnier. *

May, A., a practical Grammar of the Swedish Language with reading and writing exercises. 4th revised edit. 8. (247 S.) Stockholm 873, Bonnier. geb.

May, A., s. Oscar (Kronprinz von Schweden), on punishments and prisons.

May, A Die Quadratreste u Nichtquadratreste I Th 56 S 4° – Dillingen, Progr. 1871

Adam Joseph May. Zum Entwicklungsgang des Horaz in den Jahren 35—30. v. Chr. 20 S. Offenburg, P 1883

Adam Joseph May. Zum Entwicklungsgang des Horaz in den Jahren 35—30 v. Chr. 20 S. Offenburg, P 1887

May, Adf., kleine praktische Abhandlung über das Verfahren bei den Amtsgerichten mit Formularen zu Gesuchen u. Zustellungsakten. Hauptsächlich zum Gebrauch für Gerichtsvollzieher u. Prozeß-Bevollmächtigte. (Deutsch u. französisch.) 8. (61 S.) Metz 879. Even. n. 1. —

May, Adf., medizinisches Fremdwörterbuch zum Gebrauch f. Laien. (80 S.) gr. 8. Berlin 909. Union, Zweigniederlassg. Geb. in Leinw. 2. 50

May, Adf., d. Kaiserbraut. Histor. Erzählg. aus d. Reichsstadt Regensburg. Nach Originalen frei bearb. 12. (VIII, 161 S.) Regensburg 896. W. Wunderling. n. 2. —; geb. in Leinw. n.n. 3. —

May, Adf. Gegen den Strom. Romantische Erzählg. aus der socialen Gegenwart. 8. (IV, 217 S.) Regensb. 892, Verlags-Anstalt. 1 50

—— Volksschauspiele in Bayern, s. Studien, kleine.

(May, [Albrecht] F[riedrich].) Bericht über die im Kanton Bern gesammelten Steuern für die Wasserbeschädigten vom 27 August 1835 [*d. i.* 1834]. (Bern, den 7 März 1835.) 8. *o. O*

May, Albrecht Friedrich Beschwerdeschrift an den Grossen Rath der Republik Bern von A' F' M . gewesener Staatsschreiber, gegen Regierungsrath der Rep' Bern 8 Bern 1843.

May, Andr., über den Charakter der ordentlichen Eigenthums-ersitzung nach der Const. un. Cod. de usuc. transform. (7. 31) Inaug.-Abhandlung. gr. 8. (110 S.) Bamberg 847. (Liter.-artistisches Institut.) n. 1/3 ℛ

May, Andr (geb. 12 Novbr 181 zu Bamberg), Dramen 2 Thle. (in 1 Bde.). Leipzig, Brockhaus (m. Signet), 1807. 12°. Roth. Orig. Lwdbde. m. Goldschn.

I VIII—332 S., 1 Bl. Inh Vorwort 1 Cinqmars Drama in 5 Aufz. 2 Die Jünger d. Freiheit, Drama in 5 Aufz. 3. Zenobia, die letzte Heidin. Trsp. in 5 Aufz

II 3 Bll., 308 S 4. Der Courier in die Pfalz Lstsp in 5 Aufz. 5. Wittenberg. Drama in 5 Aufz. (XIV Jahrh 2. Hälfte). 6. Die Amnestie. Schsp. in 5 Aufz. Bis auf No 2 in Theil 1, sämmtlich auf die Bühne gekommen.

May, Andr., Heimkehr. Schauspiel in 4 Aufzügen. 8. (102 S.) München 881, Th. Ackermann. *

—— das Stammschloß. Schauspiel in 5 Aufzügen. 8. (VII, 70 S.) Ebendas. 881. *

May, A., Zenobia. Trauerspiel in 5 Aufz Zum 1 Male aufgef. am kgl. Hof- u. National-Theater in München, am 25 Febr 1853. (Als Mspt. für Bühnen gedr) München, Eigenth. d. Vf. (1853). 12°. Rother Srsb. m. eigenhänd. Widm. d. Vf. auf d. Titelbl.

In Versen 106 S.

—— der Zögling von San Marco. Trauerspiel in 5 Aufzügen. 8. (III, 109 S.) Ebendas. 883. *

May, Anna, die kleine New Yorker Köchin, oder Anweisung, wie in Familien die Küche gut, schmackhaft, abwechselnd, und dabei wohlfeil zu führen ist. 32. (XXVIII und 176 S) New-York 861. (Philadelphia, Schäfer und Koradi.)

May, Bened., er ist verrückt. Lustspiel in 1 Aufzug. 2. Aufl. (24 S.) kl. 8. Paderborn (907). Bonifacius-Druckerei. — 30

May, Benjamin, a. Westhofen i. Els.: Die Mädchenerziehung in der Geschichte der Paedagogik von Plato bis zum 18. Jahrhundert. Straßburg i. E. u. Leipzig: J. Singer 1908. (103 S.) 8°

Erlangen, Phil. Fak., Ref. Hensel, Diss. v. 20. Juni 1908

[Geb. 23. Mai 82 Westhofen; Wohnort: Berlin; Staatsangeh.: Elsaß-Lothringen; Vorbildung: Gymn. Buchsweiler Reife M. 02; Studium: Berlin 11 S.; Rig. 28. April 08.]

May, Bruno, Referendar, a. Charlottenburg: Das Anwachsungsrecht bei der fortgesetzten Gütergemeinschaft. Berlin 1906: E. Brückmann. (XI, 40 S.) 8°

Heidelberg, Jur. Fak., Ref. Schröder, Diss. v. 3. April 1906

[Geb. 8. Juli 83 Ratibor; Wohnort: Charlottenburg; Staatsangeh.: Preußen; Vorbildung: Gymn. Ratibor Reife O. 02; Studium: Berlin 7 S.; Rig. 23. Febr. 06.]

May, Bruno, Augenarzt aus Berlin Keratitis punctata und Glaukom. *Berlin: S. Karger 1904.* (31 S.) 8° ¶(Aus: Zeitschrift f. Augenheilkunde, Bd 12.)

Leipzig, Med. Diss. v. 1904

May, C., s.a. May, Karl

May, C. De ratione et via artis criticae quam inde ab Hofmanno Peerlkampio recentiores editores in recensendis Horatii carminibus inierint. XVI S. **Progr.** *Meldorf* 1876

May, C., de ratione et via artis criticae quam inde ab Hofmanno Peerlkampio recentiores editores in recensendis Horatii carminibus inierint. 4. (16 S.) Hannover 876. (Berlin, Calvary & Co.) n. 1. —

May, C W, s. May, Karl Wilhelm

May, Carl, s.: May, Karl.

May, Carl Wilhelm, s. May, Karl Wilhelm

Grundriß der Augenheilkunde [Manual of the diseases of the eye] von Charles H May, Columbia Univ., New York. Autor deutsche Ausg f. deutsche Studierende u. Aerzte bearb. von Dr E[ugène] H[enry] Oppenheimer, Berlin. Mit 13 Farbendrucktaf. (36 Fig) u. 191 Text-abb. *Berlin A Hirschwald 1903* (VIII, 344 S.) 8° [03. 8371

May, Christian Gottlieb

May, Chr. Gli., Chronik der neuesten Weltgeschichte. 16—56 Stck. 8. Zittau 778.

– s. Chronik der neuesten und wichtigsten Zeitgeschichte

May, C. G., Nikol. von Dornspach, ein merkwürdiger Mann d. Vorzeit u. Zittau's, geschichtlich u. bildlich dargestellt. gr. 8. Zittau, Schöps. 812.

— tabellar. Geschichts-Karte v. J. 1784. gr. Fol. Zittau.

– s.a. Herrnhut und Spangenberg

Herrnhuth und Spangenberg, zwey Briefe (von *Chrn Gottlieb May*) Leipzig 1791
Anon.-Lex II p 281 (nach Kayser, Otto u. Meusel)

— geistliche Kantaten. 8. Görlitz 771.

— gesammelte Lebensbeschreib. merkwürd. Personen jetziger Zeiten. 8. Zittau 773.

— das Resenische Luthersglas; e. Merkwürdigkeit d. Kunst u. des Alterthums. Mit Kpf. 8. Leipz. u. Zittau 799.

– s.a. Prudentia von Albertsburg und Blasius von Windheim

PRUDENTIA von Albertsburg und Blasius von Windheim, eine lehrreiche Trauergeschichte (von *Christian Gottlieb May*). Zittau 1797 Rar!
Anon Lex III p. 314 (nach Otto, Kayser, Meusel).

– s. Spangenbergs Hingang zu seinem Oberhirten Christo.

– s. Staats-Courier, Monatlicher, durch ganz Europa.

– s.a. Tod und Kupido als die zwei größten Raubschützen

TOD und Kupido, als die zwey grössten Raubschutzen (von *Christian Gottlieb May*). Zittau 1797.
Anon. Lex. IV p. 178 (nach Kayser, Otto, Meusel). — Höchst selten!

— Versuch e. Vorschlags d. Kunst, alle Arten von Zeug- u. Strickmustern durch die Buchdruckerkunst zu fertigen. 8. Leipz. 780.

— geschichtl. Verzeichniß aller öffentl. Hinrichtungen zu Zittau. 4. Görlitz 774.

– s. Weltchronik, Allgemeine. 1796-98.

– s. Zeitgeschichte, Monatliche, neuen und wichtigen Inhalts.

— kalendarische Zeitrechnungstabelle v. 1776—1800. Fol. Zittau.

May, Cornelius, s. May, Kornelius

May, E. J., in der Knabenpension. A. d. Engl. 397 Stn. 8. Bern, Haller'sche Vlgshdlg. 1. —
1871.

May, E. J., die Schulzeit des kleinen Louis. Aus dem Engl. übers. Bern (855.) (Basel, Georg.) 8. (2 Bl., 397 S.) n. 1 ℛ. 10 ngr.

May, Eberhard, a. Breslau: Die Entwicklung der sächsischen Bierbrauerei. Borna-Leipzig 1905 · R. Noske. (VI, 135 S.) 8° [F.]
Tübingen, Staatsw. Fak., Ref. v. Schönberg, Diss. v. 21. Jan. 1905
[Geb. 7. Apr. 78 Breslau; Wohnort: Breslau; Staatsangeh.: Preußen; Vorbildung: Johannes-Gymn. Breslau Reife f. Obersekunda O. 96; Studium: Handelshochsch. Leipzig 4, Tübingen 3 S.; Rig. 21 Jan. 05.]
(Nicht für den Austausch)

May, Ed. Die Einwanderer am Rio Grande. Eine Erzählg. aus den Wildnissen Brasiliens. 12. (64 S.) Reutl. 890, Bardtenschlager. — 25

—— Der Halbblut od. bestrafte Untreue. Eine Erzählg. aus dem Indianerleben in der Prärie. 12. (64 S.) Ebd. 890. — 25

—— Der Indianerspion. Eine Erzählg. aus dem Leben der südl. Indianer 12. (62 S.) Ebd. 890. — 25

—— Der Kapitän u. sein Steuermann. Eine Erzählg. f. Jung u. Alt. 12. (64 S.) Ebd. 890. — 25

May, Edmund (Red.), s. Theater-Courier

May, Ellen, was sie erreichte, s.: Cornelia. 2. Bd.

— dasselbe, s.: Dietrich's Töchterbibliothek. 1. Buch.

May, Emanuel Oswald, s. May, Oswald

May, Emil, approb. Arzt aus Camberg: Aus d. Universitäts-Augenklinik zu Giessen. Bericht über die vom Jahre 1890—1898 behandelten Fälle von Kalkverletzung des Auges. *Giessen 1899: v. Münchow.* (37 S.) 8°
Giessen, Med. Diss. v. 1899

Mobil! Erinnerungen eines Veteranen aus dem Kriege 1870/71 von Emil May *Zittau. A Graun 1894* (112 S.) 8° [F.] [90. 6461

May, Emil, Mobil! Erinnerungen e. Veteranen aus dem Kriege 1870/71. 12. (108 S.) Zittau 894. E Oliva. n. 1 —

May, [Emmanuel]. Histoire militaire des Suisses Dans les différens Services de l'Europe Composée sur des Pièces et Ouvrages authentiques jusqu'en 1771 Par Mr May de Romainmotier 2 Tomes. 8 Berne 1772

***May* de Romain Motier, Emm., histoire militaire des Suisses dans les différens services de l'Europe. II Vols. 8. Bern 772. Typograph. 2 ℛ Ed. nov. VIII Vols. gr. 8. Lausanne 788. (Strassb., Akadem. B.) 9 ℛ 12 𝔤**

May, Ernst v., aus Bern: Hans Blum von Lohr am Main. Ein Bautheoretiker der deutschen Renaissance. Strassburg 1910. VI + 86 S. 8°. Die Arbeit erscheint mit 22 Lichtdrucktafeln als Heft 124 der „Studien zur deutschen Kunstgeschichte". Verlag von J. H. Ed. Heitz (Heitz & Mündel) Strassburg i. E. [4. IV 10]
Zürich. Univ. Phil. Diss. I. S. 1909/10.

May, Ernst v., Hans Blum v. Lohr am Main, s.a. Studien zur deutschen Kunstgeschichte.

Hans Blum von Lohr am Main. Ein Bautheoretiker d. deutschen Renaissance. Von Ernst v. May Mit 2 Abb. Strassburg Heitz 1910. 85 S. 8°
(Studien z. deutschen Kunstgeschichte H 124.) [10. 6465

May, Ernst (Worms)
Ueber die Reclination der schwangeren Gebärmutter.
Giessen: Brühl 1869. 55 S.
Diss. med. 24.6.1869. vorh. 26. 7.

SKIZZEN, Flüchtige, aus einer erregten Vergangenheit und fromme Wünsche für die Zukunft, niedergeschrieben für Freunde und Bekannte von *E. A. H.* (d. i. *Ernst Gust. May*). Frankfurt a. M. 1898. (In Frankf. a. M., Stadtbibl.)
Anon.-Lex. V p. 271 (nach dem Cat. genannter Bibl.).

May, Eugen von, prakt. Arzt, aus Bern: Statistischer Beitrag zur Kenntnis der progressiven Paralyse. Bern 1906. 48 S. 8°. [19. VII. 05.]
Bern. Med. Diss. 1905/1906.

May, Eugen von. Statistischer Beitrag zur Kenntnis der progressiven Paralyse. Diss. Med. Bern. 48 S. 8. Bern, Gebr. Fischer, 1906.

May, F., s. May, Emmanuel

MAY, Ferdinand (München): Ueber die Infectiosität der Milch perlsuchtiger Kühe. Mit 1 Taf.-
München: Oldenbourg 1883. 18 S.,1 Taf.
27.4.1883 - Urk (Titel: De lactis boum tuberculosarum contagio.): Chr 1882/83,18
Diss.Ingolst.-Landsh.-Mchn.

May, Frz., Methodik der Naturkunde auf Grund der Reformbestrebungen der Gegenwart m. Anschluß v. Lehrproben. gr. 8. (VII, 114 S.) Düsseldorf 900. L. Schwann.
n. 1. 60

May, Frz., Methodik der Naturkunde auf Grund der Reformbestrebungen der Gegenwart m. Anschluß v. mehreren Lehrproben. 3., verm. u. verb. Aufl. (XI, 196 S.) gr. 8. Düsseldorf 906. L. Schwann. n. 2. 40; geb. n. 2. 80
2. Aufl. (XI, 163 S.) 903. n. 2. —; geb. n. 2. 40.

May, Frz., Methodik der Naturkunde auf Grund der Reformbestrebgn. der Gegenwart, s. Weiterbildung, die, des Lehrers im Amte. IX.

Methodik der Naturkunde auf Grund der Reformbestrebungen der Gegenwart m. Anschluß von mehreren Lehrproben. Bearb von Franz May, Kreisschulinsp. 4. verm. u. verb. Aufl. Düsseldorf Schwann 1909. VI, 232 S. 8°
(Die Weiterbildung d. Lehrers im Amte. Bd 9.) (10. 15241

May, Franz Anton

— Anrede an die Zöglinge d. Gesundheitslehre u. ihre Aeltern. 8. Mannh. 801. Schwan u. G. 2 gr.

— aphorismi circa sequelas ex prolapsu uteri oriundas. 4. Heidelb. 786.

May, Frz. Ant., († d. 20. April 1814.) der Arzt als Priester-Freund; eine biograph. Skizze zum Andenken f. seine Freunde. 8. Mannh. 814. Löffler. 4 gr.

— Ausz. aus d. Vorlesungen über die Lebensart der Studirenden. 8. Heidelb. 787. Pfähler. 8 gr.

May, Frz. Ant., Beantwortung der Frage: Warum werden rechtschaffene Dienstmägde in unseren Tagen immer seltener? und Wie könnte diesem Uebel etc. abgeholfen werden? 8°. Heidelberg 1808.

— Bemerkk. über das Baden im Neckarstrom. 8. Heidelb. 798.

— Diss. Paradoxum Asthma cum corde e situ naturali deturbatio. 4. Heidelb. 803.

— Vide: Einquartierung (Die) der Armen.

— Entw. z. e. Gesetzgeb. über die wichtigst. Gegenst. d. medicin. Polizey. 8. Mannh. Schwan u. G. 802.

— facta et funera puerperarum ex solutione placentae artificiali oriunda. Heidelb. 786.

— medicin. Fastenpredigten, od. Vorles. über K. u. Seelen-Diätetik. 2 Thle. 8. Mannh. 793, 94. Schwan u. G. 1 rthl. 20 gr.

— Heidelbergensis Universit. ex infelici bello fata, nec non subsidia e pace nata, fugitivo depicta calamo. 8. Heidelb. 802.

— Gesundheitskatechism. 8. Ebend. (a. Schwan und G. 801.

— Gesundheitskatechismus. 8. Mannh. 802. Löffler; (a. Schwan u. G.) 5 gr. N. A., s. unten Kunst, 2r Thl.

— religiöses, weltbürgerl. u. literar. Glaubensbekenntniß; herausgg. v. seinem Schüler J. D. 8. ... 805.

— s.a. Hämorrhoiden.

— Hämorrhoiden. 8. Mannheim, Schwan u. G. 805.
Schreibp.

— crisium salutarium impedimenta. Heidelb. 786.

— die Kunst, die blühende Gesundheit zu erhalten u. die verlorne durch zweckmäßige Krankenpflege wieder herzustellen. 2 Thle. gr. 8. Mannh. 811. N. A. 820. Löffler. 12 gr. (2r Thl. Auch u. d. T.: Gesundheitskatechismus rc. 3e A. 820.)

(Gesundheits-Katechismus und Krankenwärter-Unterricht.) Die Kunst die blühende Gesundheit zu erhalten und die verlorne durch zweckmäßige Krankenpflege wieder herzustellen. Eine Anleitung zu Vorlesungen über die Gesundheits-Erhaltungslehre und vernünftige Krankenpflege. Von Franz Anton Mai. 3.,verm.u.verb.Aufl. des Gesundheits-Katechismus u. Krankenwärter-Unterrichts. Th.1.2. Mannheim: Löffler 1820. 1 Bd 8°

Th.1: 1820.
Th.2[u.d.T.]: Mai: Die Kunst die verlorne Gesundheit durch zweckmäßige Krankenpflege wieder herstellen zu helfen. 1820.

— d. Kunst, d. Gesundh. d. Handwerker geg. d. Gefahr. ihres Handwerks z. verwahr. 12. Mannh. Löffler. 803.

— Palatini dispensatorii prototypum. 4. Heidelb. (Mannh.) 802. Schwan u. G. 6 gr.

— quaenam est genuina, decora nec non homine digna D. D. Acad. civium libertas, aequalitas ac fraternitas? Diss. 8maj. Heidelb. 798. (Schwan u. G. in Mannh.) 2 gr.

– Vermischte Schriften Mannheim Hof- u. akadem. Buchh. 1786 478 S. 8°

— vermischte Schriften. 8. Mannh. 786. Löffler. 16 gr.

— Sendschreiben an die auf d. hohen Schule zu Heidelberg studirende Jugend, bei Gelegenheit d. Aufnahme in die Zahl der akadem. Bürger. gr. 8. Mannh. 798. Schwan u. G. 2 gr.

— üb. die Sittlichkeits- u. Gesundheitsgefahren bei d. aus d. väterlichen Hause auswandernden männl. u. weibl. Jugend. 8. Heidelb. 809.

— Stolpertus, ein junger Arzt am Krankenbette. 2 Thle. (anonym.) 8. Mannh. 777, 78. N. A. 3 Thle. 801. 4r u. 5r Thl. 802 u. 7. Schwan u. G. 3 ₰ 4 gl (1r u. 2r Thl. Auch u. d. T.: Der junge Arzt am Krankenbette. 18 gl 3r Thl. Der junge Brownianer am Krankenbette. 12 gl 4r Thl. Der Polizeiarzt. 14 gl 5r Thl. Der Geburtshelfer. 1 ₰ 8 gl)

(May, Franz Anton): Stolpertus.

Mannheim: Schwan & Götz 1800 - 1807
Th.1 - 2: Stolpertus, ein junger Arzt am Krankenbette. Neue Aufl. 1800
Th.3: Stolpertus, ein junger Brownianer am Krankenbette. 2.verbess.Aufl. 1802
Th.4: Stolpertus, der Polizei-Arzt im Gerichtshof der medizinischen Polizeigesezgebung. 1802
Th.5: Stolpertus, ein junger Geburtshelfer am Kreißbette. 1807

JB 2.367

(May, Franz Anton): Stolpertus, ein junger Arzt am Krankenbette. Neue Aufl. 148 S., 172 S., gbd., Abb.

Mannheim: Schwan & Götz 1800
(May, F.A.: Stolpertus. Th.1 - 2)

JB 2.367/1-2

(May, Franz Anton): Stolpertus, ein junger Brownianer am Krankenbette. 2.verbess.Aufl. 198 S., gbd., Abb.

Mannheim: Schwan & Götz 1802
(May, F.A.: Stolpertus. Th.3)

JB 2.367/3

(May, Franz Anton): Stolpertus, ein junger Geburtshelfer am Kreißbette. 370 S., gbd., Abb.

Mannheim: Schwan & Götz 1807
(May, F.A.: Stolpertus. Th.5)

JB 2.367/5

(May, Franz Anton): Stolpertus, der Polizei-Arzt im Gerichtshof der medizinischen Polizeigesezgebung. Entwurf einer Gesetzgebung über die wichtigsten Gegenstände der medizinischen Polizei als Beitrag zu einem neuen Landrecht in der Pfalz. 176 S., gbd., Abb.

Mannheim: Schwan & Götz 1802
(May, F.A.: Stolpertus. Th.4)

JB 2.367/4

May, Frz. Ant., Stolpertus, der junge Arzt. Wohlf. Ausg. — 4. Thl. Stolpertus der Polizei-Arzt im Gerichtshof der medizinischen Polizeigesetzgebung, von einem patriot. Pfälzer. 8. (12 B. m. Titvign.) Mannheim 842, Schwan- u. Götzische Hofbuchh. pro 5 Thle. *
1—3. u. 5. Thl. Ebendas. 1805.

Franz May

Unterricht für Krankenwärter z.Gebr. öffentlicher Vorlesungen von Franz May. Mannheim: Schwan 1782. 160 S. 8°

— Unterr. f. Krankenwärter z. Gebr. öffentl. Vorles. 8. Ebend. 785.

— Unterr. f. Landhebammen. 8. Mannh. 778. 2e Aufl. 804. Schwan u. G. 6 gl

May, Fr, Vorbeugungsmittel wider den Kindermord. Mannheim, Schwan, 1781 8°
18 xr Beck I p. 147

— ein Wort am rechten Ort, oder Beantw. d. Frage: Ist es vernünftig u. nützl., wenn edelmüthige Fürsten den Lehreifer der Jugend statt mit Lob, mit wirkl. Belohnungen aufmuntern? 8. Heidelb. 803.

May, Franz L. aus Frankfurt a. M. Beiträge zur Kenntniss einiger Derivate des Harnstoffs. Zür. Orell Fussli Cie Dr. 1877. 3 Bl. 63 S. 8°
Zürich, Phil. Diss. v. 2. Aug. 1877.

May, Frz. X., Atlas hist. novus. fol. Hidelb. Löffler. 766.

May, Frid. (in der Vita: Franc. Augustus Guil. (geb. Grottkau 31 ... 1809) De evolutione dentium humanorum. Berolini 1833 ... S. 8°
Berlin, Med. Diss. v. 5. Sept. 1833

May, Fritz, Referendar. Einfluß des Eintritts der Geschäftsunfähigkeit auf das Grundverhältnis einer Vollmacht und auf die Vollmacht nach gemeinem Recht und BGB. *Rostock 1904: C. Hinstorff* (71 S.) 8° [J. u. Ant.]
Rostock, Jur. Diss. v. [31. Juli] 1904

May, Fritz [aus München]: Erörterungen über lex 33 § 1 Digestorum 7 I de usufructu et quem ad modum quis utatur fruatur. München, Druck v. Knorr & Hirth, 1886; 29 S. 8°.
Erlangen, Jur. Fak., Inaug.-Diss. v. 1886.

May, Fritz, Erörterungen über lex 33 § 1 Digestorum 7 I de usufructu et quem ad modum quis utatur fruatur. Diss. Erlangen 1886, Th. Blaesing. 8° 29 S.

May, Fritz, Casimir u. Isidor. Posse in 3 Acten, nach d. Franz. gr. 8. (70 S.) München (898). Rubinverlag. n. 2. —

May, Geo., Anleitung zum Betriebe der landwirthschaftlichen Pferdezucht, s. Bibliothek, landwirthschaftliche

May, Geo., Anleitung zum Betrieb der landwirthschaftlichen Pferdezucht, s.: Volksbücher, landwirthschaftliche.

May, Gg., kurze Anleitung zur Schaf-Zucht. Im Auftrage des königl. bayer. Staats-Ministeriums des Handels rc. und des landwirthschaftl. General-Comité's verf. 1. und 2. Aufl. gr. 8. (IV und 42 S.) München 857, [Grubert.] *

May, Geo., kurze Anleitung zur Schaf-Zucht. Im Auftrage des k. b. Staats-Ministeriums des Handels und des landwirthschaftl. General-Comité's verfaßt. 1. u. 2. Aufl. München 857. Palm. gr. 8. (2 Bl., 42 S.) n. 7½ ngr.

May, Geo., die Erfolge der englischen Shorthornzucht in Deutschland. Ein historisch-statist. Beitrag zur Shorthornzucht. gr 8. (IV, 79 S.) Berlin 875. Wiegandt, Hempel & Parey. n. 2. —

– Gutachten zur Hebung der Rinderzucht in Bayern. München 1875

– Hebung der Viehzucht im Bezirk Murnau. Murnau 1872.

May G.: Die inneren u. äusseren Krankheiten d. Schafes. Bresl. 1868. 506 S. Fig.
(=: Das Schaf . Bd. 2).

May, Geo., das Rind. Seine innere und äußere Organisation, Züchtung, Ernährung und Benutzung, sowie dessen Krankheiten. 2 Bde. München 862, 63. Grubert. gr. 8. n. 6 ₰ 28 ngr.
  1. Bd.: Die innere und äußere Organisation des Rindes, nebst Anleitung zur Beurtheilung desselben. Mit 92 in den Text gedr. Holzschn. (XXIV, 483 S.) n. 2 ₰ 28 ngr.
  2. Bd.: Die Racen, Züchtung, Ernährung und Benutzung des Rindes. Mit 22 in den Text gedr. Holzschn. u. 20 (lith.) Taf. Racen-Abbildgn. in Farbendr. (XXIV, 578 S.) n. 4 ₰

May, Geo., das Schaf. Seine Wolle, Racen, Züchtung, Ernährung und Benutzung, sowie dessen Krankheiten. Mit 100 in den Text eingedr. Holzschn., 2 Taf. Wollfehler und 16 (lithogr.) Taf. Racenabbild. in Tondr. 2 Bde. gr. 8. (XLIV, 1178 S.) Breslau 868, Trewendt. (M 19,50.) geb. *

Inhalt:
Bd. 1. Die Wolle, Racen, Züchtung und Benutzung des Schafes. 18 Taf. in Tondr. M 9.
" 2. Die innern und äußern Krankheiten des Schafes. Mit Holzschn. M 7,50.

May's Schweinezucht, neu bearb. v. Ed. Meyer, s.a. Thaer-Bibliothek.

— die Schweinezucht. Praktische Anleitung zur Racenauswahl, Zucht, Ernährung, Haltung u. Mast der Schweine. Mit 20 in den Text gedr. Holzschn. 8. (XIII, 218 S.) Berlin 880. Parey. geb. n. 2. 50

May, G., die Schweinezucht. Praktische Anleitg. zur Rassenauswahl, Zucht, Ernährg., Haltg. u. Mast der Schweine. 2. Aufl., neu bearb. v. E. Meyer. 8. (VI, 236 S. m. 31 Holzschn.) Berlin 889. Parey. geb. n. 2. 50

May's Schweinezucht. Praktische Anleitg. zur Rassenauswahl, Zucht, Ernährg., Haltg. u. Mast der Schweine. Neu bearb. v. Ed. Meyer. 3. Aufl. 8. (VIII, 220 S. m. 31 Holzschn.) Berlin 891. P. Parey. Geb. in Leinw. n. 2 50

May's Schweinezucht . . . Neu bearb. v E. Meyer. 4. Aufl. Berl. 1896. 236 S. Fig.
(Thaer-Bibliothek. 57).

May: Schweinezucht. 5. Aufl. von E. Meyer Berlin 1902

[Georg] Mays Schweinezucht. Prakt. Anleitung z. Rassenauswahl, Zucht, Ernährung, Haltung u. Mast d. Schweine 6., neubearb. Aufl. hrsg. von Eduard Meyer, Domänenrat. Mit 25 Textabb. Berlin P Parey 1907 (VI, 217 S.) 8° [F.]
— Thaer-Bibliothek. Bd 57. [08. 3304

— die Störungen in dem Geschlechtsleben der Zuchtrinder u. das Verkalben der Kühe. gr. 8. (71 S.) München 874. Th. Ackermann. n. — 80

May, Gg., die Viehstämme und Schläge, und der Zustand der Rindviehzucht Bayerns. Mit Vorschlägen zu deren Hebung. gr. 8. (VIII und 112 S.) Landshut 850. Krüll'sche Universitäts-Buchh. Thlr.

– Vortrag über landwirtschaftliche Thierzucht für die Bezirke Aibling und Rosenheim. Rosenheim 1869.

– (Hrsg.), s. Wochenschrift für Tierheilkunde und Viehzucht.

— der gegenwärtige Zustand der Pferde- u. Großviehzucht Niederbayerns, nebst Anleitung zu deren Verbesserung. Im Auftrage des Kreiskomité des landwirthschaftlichen Vereins für Niederbayern verfaßt. Mit einer (lith.) Karte. gr. 8. (VII, 203 S.) Landshut 879. (Thomann.) cart. n. 2. —

May, Geo., das Höchste. Roman. 8. (V, 183 S.) Dresden 902. E. Pierson. n. 2. —; geb. n. 3. —

May, George, das Modell u. andere Novellen. 8. (V, 194 S. Dresden 893. E. Pierson. n. 3. —; geb. n. 4. —

May, George. Mutter u. Töchter. Erzählung aus den oberösterreich. Bergen. 8. (III, 147 S.) Lpz. 890, [Danz]. * 2 —

May, Gerhardus: De stilo epylliorum Romanorum. Kiliae 1910: Fiencke. 103 S. 8°
Kiel, Phil. Diss. v. 23. Dez. 1909, Ref. Sudhaus
[Geb. 7. Nov. 84 Zittau i. S.; Wohnort: Königsberg i. N.; Staatsangeh.: Preußen; Vorbildung: Gymn. Königsberg Reife O. 04; Studium: Theol. Marburg 1, Berlin 1, Phil. München 3, Kiel 5 S.; Rig. 19. Juni 09.] [U 10. 2514

May, Gustav (Hrsg.), s. Theater - Zeitschrift, Deutsche

May, G., die Weltliteratur der Elektricität u. d. Magnetismus, s. a. Bibliothek, elektro-technische.

May, Gust., die Weltliteratur der Elektricität und des Magnetismus von 1860—1883 mit besond. Berücksicht. der Elektro-Technik. Mit Sachregister von O. Salle. 8. (V, 203 S.) Wien 884, Hartleben's Verlag. *M 3.; geb. *

May, H. Der Fahrenberg. Ein Natur-, Wirtschafts- und Geschichtsbild aus dem Böhmerwalde. München 1904. 92 S.

May, Hans, Städt. Tierarzt aus Dresden Aus d. Physiol. Institut d. Tierärztl. Hochschule zu Dresden (Geh. Med.-Rat Prof. Dr. Ellenberger.) Vergleichende anatomische Untersuchungen der Lymphfollikelapparate des Darmes der Haussäugetiere. Mit 4 Taf. *Gießen 1903: (A. Schönfeld in Dresden).* (79 S.) 8°
Gießen, Veterinär-med. Diss. v. 1903

May, Hans Richard, Referendar: Die nachträgliche Bildung von Gesamtstrafen. Dresden 1909: Staub. 57 S. 8°
Leipzig, Jur. Diss. v. 19. Febr. 1909
[Geb. 25. Mai 82 Dresden; Wohnort: Dresden; Staatsangeh.: Sachsen; Vorbildung: Kreuz-Gymn. Dresden Reife O. 01; Studium: Freiburg i. B. 1, Leipzig 6 S.; Rig. 17. Febr. 05.] [U 09. 2604

May, Heinrich, aus Neisse Die Behandlungen der Sage von Eginhard und Emma. o.O (1900). 35 S.
Erscheint vollst. in Forschungen zur neueren Litteraturgeschichte
Breslau, Phil. Diss. v 6. Aug. 1900

May, Heinr., die Behandlungen der Sage v. Eginhard u. Emma, s. a. Forschungen zur neueren Litteraturgeschichte. XVI.

Die Behandlungen der Sage von Eginhard und Emma Von Dr Heinrich May *Berlin A Duncker 1900* (VIII, 130 S.) 8°
= Forschungen z. neueren Litteraturgeschichte 16 [00. 1105 3

MAY, Heinrich (Würzburg): Ueber die Ernährung der Neugebornen.- München: Franz 1859. 56 S.
2.8.1855 - Urk (Titel: De nutritione neonatorum.); P 68
Diss. Ingolst.-Landsh.-Mchn.

May, Heinrich, aus Nieder-Mörlen b. Bad-Nauheim i. d. Wetterau: Die Landwirtschaft der Wetterau unter Berücksichtigung der natürlichen, wirtschaftlichen und sozialen Verhältnisse. *Gießen 1903: Heppeler & Meyer.* (156 S.) 8° [F.]
Gießen, Phil. Diss. v. 1903

May, J., kurze und leicht faßliche Anleitung, Groschen und Pfennigzahlung der alten in die neue (vom 1. Jan. 1841 an gesetzlich eintretenden) Münzrechnung überzutragen, und letztere in die erstere zurückzuführen. Ein zeitgemäßes Hülfsbüchlein für Schule und Haus. 3. Aufl. 8. Pirna 841. (Leipzig, Friese.) n. 1/12 ₰

May, I   Pharus am Meere d Lebens Lit u culturhistorische Geschichte über Dichter Frauen u Völker   Cincinnati 1875

May, J., Raphael, s.: Sommer, G. M.

May, J A, s. May, Joseph

May, J C, s. May, Johann Karl

May, J. G., Anleit. zur rationellen Ausübung der Webekunst. Mit e. Vorrede v. Siegm. Fr. Hermbstädt. Mit 2 Kpft. gr. 8. Berl. 810. Amelang. 16 gr

May, J. G., Anleitung zur rationellen Ausübung der Webekunst. Mit einer Vorrede von D. Sieg. Fr. Hermbstädt. Mit 2 Kupfert. gr. 8. Berlin, Amelang. 816.

May, J. G., Erhebungs-Rolle d. Abgaben, welche im Preuß. Staate v. Gegenständen zu entrichten sind, die entweder aus d. Auslande eingeführt, od. durchgeführt, od. aus d. Lande ausgeführt werden, u. Waaren-Verzeichniß z. Gebr. bei Anwend. d. Erhebungsrolle. Für d. J. 1828—30. gr. 8. (8 B.) Berlin 828, [Sander.]

May, Jak., der Kurfürst, Cardinal u. Erzbischof Albrecht II. von Mainz u. Magdeburg, Administrator des Bisthums Halberstadt, Markgraf von Brandenburg, u. seine Zeit. Ein Beitrag zur deutschen Cultur- u. Reformationsgeschichte. Jahr 1514—1545. Mit 82 Urkunden u. Beilagen. (In ca. 15 Heften.) 1—8. Heft. München 865—68. Franz'sche Buchh. gr. 8. (1. Bd. XII, 712 S. u. Beilagen 168 S.) Jedes Heft n. 15 ngr.

May, Jak., der Kurfürst, Cardinal und Erzbischof Albrecht II. von Mainz und Magdeburg, Administrator des Bisthums Halberstadt, Markgraf von Brandenburg, und seine Zeit. Ein Beitrag zur deutschen Cultur- und Reformationsgeschichte. Jahr 1514—1545. 2. Bd. gr. 8. (XII, 588 S.) München 875, Franz'sche Buchh. *
1. Bd. Ebendas. 1865—68. *ℳ 12.

[Kopft.:] **May,** Jakob: Die Behandlung des Kirchenliedes im katholischen Religionsunterricht. [o. O.], *1897;* 22 S. 4.
Bensheim, grossh. G, OP 1897 (654)

May, Jak., Beschreibung u. Gesch. d. kgl. Schlösser u. Lustgärten v. Würzburg, Aschaffenburg, Veitshöchheim, Werneck u. Bad Brückenau im Unter-Main-Kreise d. Königr. Bayern. (M. 4 lith. Ansichten.) gr. 8. (8½ B.) Würzburg 830, (Stahel.) 22 Gr., Schrbp. Thlr.

May, Johann Burchardus, s. Mai

May, Jh. Fr., († d. 12. Febr. 1796.) die Kunst e. vernünftigen Kinderzucht. 2 Theile. gr. 8. Helmst. 752. Weygand in Leipz. 1 ℔ 4 gr

May, J. F., d. Kunst e. vernünft. Kinderzucht. 2 Thle. gr. 8. Helmst. Weygand. 764.

— d. Mensch, d. glücklichste Creatur. 8. Leipz. 748.

— d. Redner, w. er a. d. natürl. und leicht. Weise zu bilden. gr. 8. Leipzig, Jacobäer. 748.

— d. Weisheit d. Menschen nach der Vernunft aus Erkenntn. d. Dinge dies. Welt. 8. Leipzig, Breitkopf. 754.

May, Johann Friedrich. Abhandlung von dem heutigen Ansehen d. dt. Sprache in dem russ. Reiche, s. Lotter, Joh. Georg [Präs.]

— — De pro verbiorum Germanicorum collectoribus praefatus. (Leipzig, Breitkopf) 31. XII. 1756. 8 S. (2.—) 22050

— — De necessaria decori ad vitae sive morum elegantiam cultura. (Leipzig, Breitkopf, 20. II. 1752.) 12 S. (2.50) 22045

(May, Johann Friedrich,) MAIUMAS, // das ist // Poetische Einfälle, // bey Gelegenheit // des sechs und dreyßigsten // Geburts-Tages // Sr. Hoch-Wohl-Edlen // HERRN // M. Johann Friedrich // Mayens, // Welcher am 23. Merzen des Jahres 1733. // löblichem Gebrauche nach Standesmäßig // gefeyret wurde. // Um ihrer Fürtreflichkeit wegen // dem Druck übergeben, // Mit einer besondern Vorrede begleitet, // mit dienlichen Anmerckungen erläutert, // und in dieses bequemen Format // gebracht, // durch Vorsorge und auf Kosten // Eines wohlmeynenden Freundes. // Leipzig, // druckts Bernhard Christoph Breitkopf. - 16 Blatt (die Seiten 5-13 paginiert).
B. S. T. 8°.79.

— — Memoriam Geierianam in auditorio philosophico indicit. Lpz. (Breitkopf) 18. III. 1761. 8 S. (3.—) 22052

— — De obligatione civili sancte colenda praefamine. (Leipzig, Breitkopf, 1748.) 12 Seiten. (3.—) 22043

— — De officiis eorum qui studiorum causa beneficiis fruuntur diss. Lpz. (Breitkopf) 1752. 8 S. (2.50) 22044

— — De mercatorum erga eruditos officiis. Lpz. (Breitkopf) 28. II. 1756. 8 S. (2.50) **22048**

Maius, Johannes Friedrich, De praecipuo rationis in formandis hominum moribus usu pauca disserit. Lpz. (Breitkopf) 6. XII. 1742. 16 Seiten. (3.—) 22042

May, Johann Friedrich, Des berühmten // Französischen Paters Poree // Rede // von den // Schauspielen, // Ob // sie eine Schule guter Sitten sind, // oder seyn können ? // übersetzt. // Nebst einer Abhandlung // von der Schaubühne, // herausgegeben // von // Joh. Friedrich Mayen, A. M. // Leipzig, // bey Bernhard Christoph Breitkopf. // 1734. - 12 Blatt (nicht paginiert) Titelblatt, Widmung und Vorrede. - 100 S.
Auf dem Vorblatt steht die Widmung:
Der
Löblichen Deutschen Gesellschaft in Leipzig
übergiebet dieses
der Verfaßer
den 1. May. 1735.
B. S. T. 8°.536.

— — De sapientia proverbiali veterum Germanorum exemplis illustrata. (Leipzig, Breitkopf, 1756. 12 S. (3.—) **22047**

— — Specimen sapientiae proverbialis apud Germanos circa artes atque scientias. Lpz. (Breitkopf) 21. II. 1760. 16 S. (5.—) 22051

Mai, Johann Friedrich [Praes.], s. Schuchardt, Jo Christian: De necessitate atque utilitate experimentorum circa moralem hominis naturam.

— — De bonarum artium in promovenda mercatura utilitate. Lpz. (Breitkopf) 15. IV. 1752. 8 S. (3.—) 22046

— — De scriptorum ingeniosorum venustate bonis moribus periculosa. Lpz. (Breitkopf) 4. III. 1756. 16 S. (3.—) 22049

May, Johann Heinrich, s. Maj

May, Johann Karl

— allgem. Anleit. z. Rechenkunst f. alle Stände, theor. u. prakt. abgeh. 8. Cassel, Cramer. (Krieger in Marburg.) 782.

May, Johann Carl: „Moralische Briefe über die Handlung", Hamburg 1754. — Vorh.: LB Dresden.

— Lettere mercantili tradotte dal Cap. Biffi. 8. Frcf. Hermann. 781.

— Commercial Letters according to Gellert's Rules, transl. by Smith. 8. Lpz. Rabenhorst. 798.

— Lettres marchandes. 8. Leips. Heinsius. (Gleditsch.) 803.

May, Johann Karl (Hrsg.), s.a. Lottologie.

May, Jh. Karl. Lottologie, oder kritische Beiträge zur Lotterielehre. 2 Thle. gr. 8°. Altona, Iversen, 1772.

May, Johann Carl: „Versuch einer allgemeinen Einleitung in die Handlungs-Wissenschaft, theoretisch und praktisch abgehandelt", 2 Teile in 2 Bänden, Altona und Lübeck 1762, zuerst anonym; dann mit des Verfassers Namen: Altona 1763 (Iversen). — Vorh.: Com. Bibl. Hamburg. — Neuauflagen ebenda 1770, 1777, 1780, 1786, 1793, Gera 1817. — Auflage von 1770 vorh.: UB Kiel, Bibl. des Kammergerichts Berlin (— Od 2820 —); 1780: Com. Bibl. Hamburg.

MAY Johann Carl. Versuch einer allg. Einleitung in die Handlungswissenschaft. Neue Aufl., Wien. 1785 1786

— Vers. e. Einleit. in d. Handlungswissensch. 2 Bde. gr. 8. Gera, Heinsius. 799.

May, Joh. Carl. Versuch einer allgemeinen Einleitung in die Handlungswissenschaft, theoretisch u. praktisch abgehandelt. 2 Bde. N. Aufl. gr. 8. Gera. Heinsius. 817.

May, Johann Carl: „Versuch in Handlungs-Briefen", Altona 1756. — Neue Auflage u. d. T. „Versuch in Handlungs-Briefen und grössern Kaufmännischen Aufsätzen, nach den Gellertschen Regeln. Nebst einer Abhandlung von dem guten Geschmack in Handlungs-Briefen", Altona 1764. — 6. Auflage, Altona 1771, vorhanden: Büch. der Industrie- und Handelskammer Leipzig; 8. Auflage, Altona 1776, vorh.: UB Breslau. — 1769 von J. G. Smith ins Englische, 1781 von Cap. Biffi ins Italienische und 1792 ins Französische übersetzt.

J. C. M. [c: Joh. Carl May], Versuch in Handlungs Briefen nach den Gellertschen Regeln nebst einer Abhandlung von dem guten Geschmacke in Handlungs Briefen. Altona. 1756. — 2. Aufl. vermehrt und mit andern in der Handlung vorkommenden Aufsätzen versehen. Sm. St. 1757.**

May, Jh. Karl, († d. .. Sept. 1784.) Versuch in Handlungsbriefen 8. Altona 756. N. A. unt. d. T.: Versuch in Handlungsbriefen u. in größern Aufsätzen nach d. Gellertschen Regeln. 8. Ebd. 764. 2e A. 780. N. A. 8. Leipz. 800. (Brockhaus). 8 gr. Französisch. 3e Aufl. 8. Ebd. 792. 12 gr.

May, J. K., Vers. in Handlungsbriefen nach Gellertschen Regeln rc. 8. Altona. (Gleditsch in Leipz.) 800.

May, Johann Valentin, aus Frankfurt a M. Die strafrechtliche Zurechnung. Zür Orell Füssli & Cie Dr 1851. 2 Bl., 69 S., 1 Bl. 8°
Zürich, Jur Diss. v 17 Mai 1851

May, Johs., der ehrwürdige Ludwig de Ponte aus der Gesellschaft Jesu. Sein Leben u. seine Schriften. 8. (VIII, 223 S. m. 1 Bildnis.) Dülmen 902. A. Laumann. 2. 40; geb. n. 3. —

May, Johannes Friedrich, s. May, Johann Friedrich

May, John, die Arbeiter Versicherg. in Schweden, s.: Zacher die Arbeiter-Versicherung im Auslande.

— — Die Artillerie oder Schnell Belagerung Oder kurze Bemerkungen über die Art des Angriffes und den Gebrauch des schweren Geschützes bei Ciudat Rodrigo und Badajoz im Jahre 1812 und St Sebastian im Jahre 1813, nebst einer Abhandlung über die Vorzüge des eisernen vor dem metallenen Geschutze bei solchen Unternehmungen. Mit 3 Steintaf. Aus dem Englischen von Bachoven von Echt, k preuss. Hauptm. und Director der 16 Divisions Schule, Ritter der k franz. Ehren Legion
8. Berlin 1822

May, John, Oberstlieut. in der k grossbritanischen reitenden Artillerie. Betrachtungen über den beschleunigten Festungsangriff, mit besonderer Beziehung auf einige Belagerungen, welche in den Jahren 1812 und 1813 in Spanien unternommen wurden und Erörterung der überwiegenden Vortheile, welche aus dem Gebrauche der eisernen anstatt der metallenen Geschütze dabei entstehen. Nach dem Englischen bearbeitet von Karl Wilhelm Bormann, Sous-Lieut. im k. sächs. Artillerie-Corps. Mit 1 Tabelle und 3 Plänen.
96 S 8. Dresden 1822.

May, Jh., Betrachtt. üb. d. beschleunigten Festungsangriff, mit besond. Beziehung auf e. Belagerungen, welche im J. 1812 u. 13 in Spanien unternommen worden; aus d. Engl. v. K. W. Bormann. Mit 3 Pl. gr. 8. Dresd. 822. Hilscher. (Braunschw., Meyer). 1 ℛ 12 gr Velinp. 2 ℛ 12 gr

May, Joseph

May, J., rhythmische Analyse der Rede Ciceros pro S. Roscio Amerino. (135 S.) gr. 8. Leipzig 905. Buchh. G. Fock. n. 3. —

May, J[osef]: Neue Aufgaben, neue Ziele. (Pädagog Betrachtungen.) Durlach (1908): Mattern. S. 13—21. 4°
Durlach, RPG, in Festschr z. Feier d. Einweihung d. Anstaltsgeb., P 1908** [5 08. 301

May, Joseph [Prof. Dr.] Lessings Hamburger Dramaturgie im Unterricht der Prima. Offenburg, Druck v. A. Reiff & C, 1892; 17 S. 4.
Offenburg, grossh. G, MP 1892 (607)

J. A. May. Der Entwicklungsgang des Horaz von 41—33 v Chr 50 S. Konstanz, P 1871

May, J Der Entwicklungsgang des Horaz in den Jahren 35—30 v Chr Forts. 20 S. [I: Konstanz 1871 | *Offenburg* 1883 **Progr.**

May Joseph Der Entwicklungsgang des Horaz in den JJ 35—30 v Chr Fortsetzung 4 (20 S). **Progr.** G *Offenburg* 1887 (571)

May, J., rhythmische Formen, nachgewiesen durch Beispiele aus Cicero u. Demosthenes. (60 S.) 8. Leipzig 909. Buchh. G. Fock. 1. 50

May, J[osef]: Zur Geschichte der Anstalt und des Anstaltsgebäudes. Durlach (1908): Mattern. S. 3—7. 4°
Durlach, PG u. RPG, in Festschr z Feier d. Einweihung d Anstaltsgeb., P 1908** [5 08. 302

Geschichte der Generalversammlungen der Katholiken Deutschlands (1848–1902). Im Auftr. des Zentralkomitees dargest. von **J. May**. Mit den Bildn. d. bisherigen 39 Präsidenten. Festschrift z. 50. Generalversammlung in Köln. *Köln: J P Bachem 1903* (VIII, 393 S.) 8° [F.] [illegible]

May, J., Geschichte der Generalversammlungen der Katholiken Deutschlands (1848—1903). Im Auftrage des Zentralkomitees dargestellt. 2., bis auf die Gegenwart ergänzte Aufl. Mit den Bildnissen der bisherigen 39 Präsidenten. Festschrift zur 50. Generalversammlung in Köln. (VIII, 421 S.) gr. 8. Köln 904. J. P. Bachem. Geb. in Leinw. n. 5. —; Nachtrag (1904). (S. 422—437.) 906. Unberechnet.
1. Aufl. (VIII, 393 S.) 903. n. 4. —; geb. n. 4. 80.

MAY, Josef
Geschichte des kaiserlich und königlichen Infanterie-Regimentes Nr. 35. In kurzen Umrissen zusammengestellt von Josef May. Mit 15 Bildern und 12 Uebersichtskarten. Pilsen 1901. In Comm. Maasch. Gr.-8°. 310 S. K 4 —

May, Jos., erste Kenntnisse f. Taubstumme. 8. Wien 798.

May, Joseph [Dr.]: Zur Kritik mittelalterlicher Geschichtsquellen. Offenburg, Druck v. A. Reiff & Cie, 1889; 56 S. 4°
Offenburg, grossh. G, P 1889 (580)

May, J[oseph], Direktor Dr.: Zur Kritik der Proömien des Demosthenes. Leipzig 1905: G. Fock. (28 S.) 4°
Durlach, großh. PG u. RPG P 1905 (729)

May, Joseph Zur Kritik mittelalterlicher Quellen. 4 (55 S.).
Progr. G *Offenburg* 1889 (580)
Inhalt. I. Über Wiberts vita Leonis IX. II. Zur Kritik der vita Gregorii VII von Paul von Bernried. III. Bemerkungen zu Wipo.

May, Josef *Adam* [Dr., Prof.]: Zur Kritik der Reden des Demosthenes. Erste Rede gegen Philippos '(§ 1—33)'. Leipzig, G. Fock, 1894; 21 S. 4.
Offenburg, grossh. G, MP 1894 (613)

May, *Joseph Adam* [Dr., Prof.]: Zur Kritik der Reden des Demosthenes. Erste Rede gegen Philippos '(Schluss)' nebst e. Anhang (Ein Nachtrag zum Leben Pauls von Bernried). (Forts. d. P-Beil. 1894 u. Nachtr. z. P-Beil. 1889.) Leipzig, G. Fock, 1895; 26 S. 4.
Offenburg, grossh. G, MP 1895 (625)

MAY, JOSEF Oxydationsversuche zur Erklärung der Isomerieverhältnisse der Schleimsäure und Zuckersäure und über einige Derivate der Schleimsäure. Ueber einige neue Derivate der Dimethylamido-p-Benzoësäure. 41 S. Bern, Diss. 1893.

May, Jos., praktischer Rathgeber zum Kopfrechnen im bürgerlichen Leben. Ein Hilfsbüchlein für Schule u. Haus. Dresden 856. Adler u. Dietze. 8. (26 S.) n. 2 ngr.

May, J[osef], Direktor Dr.: Die Rhythmen in der Rede Ciceros pro Archia poeta. Leipzig 1906: G. Fock. (25 S.) 4°
Durlach, großh. PG P 1906 (758)

May, J(oseph): Rhythmen in Ciceros Katilinarischen Reden. Karlsruhe 1909. Gutsch. 31 S. 4°
Durlach, großh. G u. RPG P 1909 (822) [S 09. 316

May, J[oseph], Dr., Dir.. Der rednerische Rhythmus mit besonderer Beziehung auf Ciceros 'orator' und mit Berücksichtigung der Reden des Demosthenes. Nebst einem Anhang (: Ein lateinisches Gedicht auf d. Abt Laurentius von Ettenheimmünster). *Leipzig: G. Fock 1899.* (26 S.) 4°
Durlach, grossh. PG m. Realkl., MP 1899 (644)

— **Paul Volz v. Offenburg u. d. Annalen v. Schuttern.** gr. 8. (53 S.) Ebd. 898. n. 1. —

May, Joseph Adam, s. May, Joseph

May, Julius [app. Arzt aus Mogwitz in Schles.]: Aus d. medizin. Klinik zu Kiel. Über Lysolvergiftung ... Kiel, Druck v. H. Fiencke, 1896; 23 S. 8.
Kiel, Med. Fak., Inaug.-Diss. v. [21 Nov.] 1896

May, K. Julius

May, K. J.: Die Entwickelung der Aufastungstechnik und Aufastungslehre seit 1800. Ein Beitrag zur Geschichte des deutschen Waldbaues. (Theilweiser Abdr. der „Geschichte der Aufastungstechnik und Aufastungslehre.") München, *Evang. Stiftsbuchdr., Coblenz,* 1887, 55 S. 8°
München, Staatswirtsch. Fak., Inaug. Diss. v. 1887

May, Karl, Abdahn Effendi, s.: Bibliothek Saturn.

May, Karl, Babel u. Bibel. Arabische Fantasia in 2 Akten. (203 S.) Lex.-8. Freiburg i/B. 906. F. E. Fehsenfeld. n. 4. —; geb. n. 5. —

— erzgebirgische Dorfgeschichten. Erstlingswerke. Autoris. Ausg. 1. Bd. (V, 648 S.) 8. Dresden-Niedersedlitz (903). Belletrist. Verlag. n. 4. 50; geb. n. 5. —

Ⓢ — dasselbe. 1. Bd. (V, 648 S.) 8. Dresden-Niedersedlitz 903. (NBL 34.) Jetzt: Berlin-Schöneberg, R. Jacobsthal. Ladenpr. aufgeh.

— Erzgebirgische Dorfgeschichten. Erstlingswerke. Autoris. Ausg. 1. Bd. (III, 550 S.) 8. Freiburg i/B. (907). F. E. Fehsenfeld. 3.—; geb. 4. —

May, Karl
Der Dukatenhof. Erzählung. Aus dem Erzgebirge. Stuttgart 1877.
In: Bibliothek der Unterhaltung und des Wissens. Bd 11.

— Der Dukatenhof, s.a. Volksbücherei.

(F) **May,** K., Der Dukatenhof. Erzgebirgische Dorfgeschichte [Volksbücherei. Nr. 215—216.] 8° (90 S.) K — 40 geb. K — 90
Graz. Styria 1909

May, Karl [app. Arzt aus Marktbreit a/M.]: Über den Einfluss der Antipyretika auf Blutverteilung und Zahl der roten Blutkörperchen. Würzburg, J. M. Richter's Buchdr., 1890, 23 S. 8°
Würzburg, Med. Fak., Inaug.-Diss. v. 1890

— der Engel der Verbannten. Roman. Illustr. Ausg. 8. (800 S.) Ebd. (902). 4. —; geb. in Leinw. 5. —
Dresden-Niedersedlitz: Münchmeyer

May, Carl. Der beredte Engländer. Kleines Handbuch der englischen Sprache, enthaltend: Grammatik, Gespräche, Lesestücke und deutsch-englische Wörtersammlung. Eine Anleitung, in sehr kurzer Zeit, ohne Hilfe eines Lehrers, leicht und richtig englisch lesen, schreiben und sprechen zu lernen. Auch zum Gebrauche für Auswanderer. Mit durchgehender Bezeichnung der Aussprache hrg. von C. M. 18. Aufl. 208 S. 8. Bern, J. Heuberger, 1903. [fr. 1. 20]

May, Carl, der beredte Engländer. Kleines Handbuch der engl. Sprache, enth.: Grammatik, Gespräche, Lesestücke u. deutsch-engl. Wörtersammlg. Eine Anleitg., in sehr kurzer Zeit, ohne Hilfe e. Lehrers, leicht u. richtig englisch lesen, schreiben u. sprechen zu lernen. Auch zum Gebrauche f. Auswanderer. Mit durchgeh. Bezeichng. der Aussprache hrsg. 20. Aufl. (208 S.) kl. 8. Bern 909. F. Semminger. 1. —

May, Karl, die drei Feldmarschalls, s. Bachem's Novellen-Sammlung.

—— u. Fr. C. v. Wickede. Jenseits der Felsengebirge. Zwei Erzählgn. aus dem fernen Westen f. die Jugend. 2. Aufl. gr. 8. (164 S. m. 4 Farbendr.) Ebd. 889. geb. 2 70
Reutlingen. Bardtenschlager.

— der Fürst der Bleichgesichter. Roman. Illustrierte Ausg. 2 Tle. 8. (528 u. 544 S.) Ebd. (901). à 3.50; geb. in Leinw. à 4.50
Dresden-Niedersedlitz Münchmeyer

May, K., Fürst und Leiermann, s. Volksbibliothek des Lahrer Hinkenden Boten.

- Das Geheimnis des Stollens, s. Mai, Karl

May, Carl. Das Goldlager. Eine Erzählg. aus dem fernen Westen. 12. (64 S.) Reutl. 890, Bardtenschlager. — 25

—— Der Hauptmann der deutschen Ansiedler Eine Erzählg. aus dem Westen. 12. (62 S.) Ebd. 890. — 25

—— Die Helden d. Westens. 1. Bd. Der Sohn d. Bärenjägers. gr. 8. (V, 448 S. m. 16 Tondr.-Bildern.) Stuttg. 890. Union. geb. * 7 —

— die Helden des Westens. I. Der Sohn des Bärenjägers. 4. Aufl. gr. 8. (VII, 448 S. m. 16 Tondr.-Bildern.) Stuttgart (898). Union. Geb. in Leinw. n. 7.—

— Die Helden des Westens. I. Der Sohn des Bärenjägers. 7. Aufl. (VII, 448 S. m. 16 Tondr.-Bildern.) 8. Stuttgart (910). Union. Geb. in Leinw. 7. —

— Himmelsgedanken. Gedichte. 8. (XI, 364 S.) Freiburg i/B. (900). F. E. Fehsenfeld. n. 3. —; geb. in Leinw. 4.50

May, K., u. Tittel, d. Oschatzer Hügel- u. Tieflandsgebiet zwischen Mulde u. Elbe, s. a. Landschaftsbilder aus d. Königr. Sachsen.

Das Oschatzer Hügel- und Tieflandsgebiet zwischen Mulde und Elbe.
1 T Der geolog. Aufbau d. Landschaft. Von K[arl] **May**, Sem.Oberl.
2 T Die Besiedelung d. Landschaft Von Dr [Ernst Herm.] Tittel, Sem.Oberl. Mit 14 Abb., 1 topogr. u. 1 orohydrogr. Karte. Meißen: H.W Schlimpert 1905. (60 S.) 8° [F.]
= **Landschaftsbilder** aus d Königr Sachsen. 6. 105. 3910 3

— Humoresken u. Erzählungen. 8. (235 S.) Dresden (902). Niedersedlitz, H. G. Münchmeyer. 3.50; geb. in Leinw. 4.50

— u. a., Der Karawanenwürger u. andere Erzählungen, s.: Im wilden Westen.

— - s. Westen. - Im wilden Westen.

— die Königin der Wüste. Roman. Illustrierte Ausg. 8. (623 S.) Ebd. (901). 4.—; geb. in Leinw. 5.—
Dresden-Niedersedlitz Münchmeyer.

May, Carl, als Erzieher. Freib. i. Br. 1902. V: *May, Carl.* (EB)

MAY, K. *Der blau-rote Methusalem.* Von Carl May. Mit einem farbigen Titelbild und 16 Tondruckbildern [n. O. Herrfurth]. Stuttgart etc., Union [1892]. 8°. Farb. illustr. Orlwd. ★ 1. Ausg. 16.—

— Der blau-rote Methusalem. M. 1 farb. Titelbild u. 16 Tondr.-Bildern. 2. Aufl. gr. 8. (V, 546 S.) Stuttgart 897. Union. Geb. in Leinw. n. 7.—

MAY. *Der blau-rote Methusalem.* 3. Aufl. m. 15 Taf. Stuttg. etc. (1897). Ill. Orlwd. 9.—

— Der blaurote Methusalem. Eine Erzählg. f. die reifere Jugend. 5. Aufl. (V, 546 S. m. 17 [1 farb.] Bildern.) 8. Ebd. (908). Geb. in Leinw. 7. —

— der schwarze Mustang, s. a. Kamerad-Bibliothek. 1. Bd.

Karl May Der schwarze **Mustang**. 9. Aufl. *Stuttgart, Berlin, Leipzig, Union [1899]* (344 S.) 8°
= **Kamerad-Bibliothek** 1. [oo. 5099

— Der schwarze Mustang. (Kamerad-Bibliothek.) 21. Aufl. (III, 344 S. m. Abbildgn.) kl. 8. Ebd. (910). Geb. in Leinw. 3. —

— Der Oelprinz. E. Erzählg. f. d. reif. Jugend. M. 16 Farbendr.-Bild. gr. 8. (V, 559 S.) Ebd. 897. Geb. in Leinw. n. 7. —

— der Oelprinz. Eine Erzählg. f. die reifere Jugend. 3. Aufl. gr. 8. (V, 559 S. m. 16 Farbendr.-Bildern.) Stuttgart (901). Union. Geb. in Leinw. n. 7.—

— Der Ölprinz. Eine Erzählg. f. die reifere Jugend. Mit 16 Farbendr.-Bildern. 5. Aufl. (V, 559 S.) 8. Ebd. (909). Geb. in Leinw. 7. —

- Reiseerzählungen / Reiseromane

— gesammelte Reiseromane. 1.—137. Lfg. 8. Freiburg i/B, F. E. Fehsenfeld. Subskr.-Pr. à n. — 30; in Bdn. à n. 3. - ; geb. in Leinw. à n. 4. —; in Halbfrz. à n. 4. 50; Einzelpr. à Bd. n. 5. —; geb. n. 6. — u. n. 6. 50
1. Bd. Durch Wüste u. Harem. Reiseerlebnisse. 10 Lfgn. (VI, 634 S.) 892.
2. Bd. Durchs wilde Kurdistan. 10 Lfgn. (639 S.) 892.
3. Bd. Von Bagdad nach Stambul. 10 Lfgn. (644 S.) 892.
4. Bd. In den Schluchten d. Balkan. 10 Lfgn. (607 S.) 892.
5. Bd. Durch das Land der Skipetaren. Reiseerlebnisse. 10 Lfgn. (597 S.) 892.
6. Bd. Der Schut. 10 Lfgn. (646 S.) 893.
7.—9. Bd. Winnetou, der rote Gentleman. 3 Bde. = 30 Lfgn. (631, 630 u. 631 S.) 893.
10. Bd. Orangen u. Datteln. Reisefrüchte aus dem Orient. 10 Lfgn. (665 S.) 893.
11. Bd. Am stillen Ocean. 10 Lfgn. (607 S.) 894.
12. Bd. Am Rio de la Plata. Reiseerlebnisse. 11 Lfgn. (VI, 676 S.) 894.
13. Bd. In den Cordilleren. Reiseerlebnisse. 1.—9. Lfg. (IV, 584 S.) 894.
14. Bd. Old Surehand. (1. Bd. S. 1—448) 894.

May's, Karl, Reiseromane. 138.—260. Lfg. 8. Freiburg i/B. F. E. Fehsenfeld. Subskr.-Pr. à n. — 30; in Bdn. à n. 3. — ; geb. in Leinw. à n. 4. —; in Halbfrz. à n. 4. 50
14. u. 15. Old Surehand. Reiseerlebnisse. (1. Bd. IV u. S. 449—644 u. 2. Bd. 647 S.) 895.
16.—18. Im Lande d. Mahdi. Reiseerlebnisse. 3 Bde. (639, 587 u. 572 S.) 896.
19. Old Surehand. Reiseerlebnisse. 3. Bd. (567 S.) 897.
20.—22. Satan u. Ischariot. Reiseerlebnisse. 3 Bde. (551, IV, 540 u. 617 S.) 897.
23. Auf fremden Pfaden. Reiseerlebnisse. (599 S.) 897.
24. „Weihnacht". Reiseerzählg. 1.—15. Taus. (624 S.) 897.
26. u. 27. Im Reiche d. silbernen Löwen. Reiseerlebnisse. 1.—15. Taus. 2 Bde. (IV, 624 u. IV, 628 S.) 898.

— Reiseerzählungen. 261.—281. Lfg. 8. Freiburg i/B., F. E. Fehsenfeld. à n. — 30; in Bdn. à n. 3. —; geb. in Leinw. à n. 4. —; in Halbfrz. à n. 4. 50
261—270. 25. Bd. Am Jenseits. Reiseerlebnisse. 1.—15. Taus. 10 Lfgn. (545 S.) 899.
271—280. 28. Bd. Im Reiche d. silbernen Löwen. 3. Bd. (636 S.) (902.)
281. 29. Bd. Dasselbe. 4. Bd. 1. Lfg. (S. 1—64.) (902.)

— Reiseerzählungen. 282.—300. Lfg. 8. Freiburg i/B., F. E. Fehsenfeld. à n. — 30; auch in Bdn. à n. 3. —; geb. in Leinw. à n. 4. —; in Halbfrz. à n. 4. 50
282—290. 29. Bd. 2.—10. Lfg. Im Reiche des silbernen Löwen. 4. Bd. (S. 65—645.) (903.)
291—300. 30. Bd. 10 Lfgn. Und Friede auf Erden! 1.—5. Taus. (660 S.) (904.)

— Gesammelte Reiseerzählungen. 31.—33. Bd. kl. 8. Freiburg i/B., F. E. Fehsenfeld. à 3.—; geb. in Leinw. à 4.—; in Halbfrz. à 4. 50

31 32. Ardistan u. Dschinnistan. 1.—10. Taus. 2 Bde. (603 u. 632 S.) (909.)
33. Winnetou. 4. Bd. 1.—10. Taus. (624 S.) (910.)

— illustrierte Reiseerzählungen. (Neue Ausg.) (In 30 Bdn.) 1.—18. Bd. (Mit je 1 Farbdr.) 8. Ebd. à Bd. 4.—; geb. in Leinw. 5.—; in Ldr. 10.—; auch in 300 Lfgn. à — 40

1 Durch die Wüste. (518 S.) (907.) — 2. Durchs wilde Kurdistan. (528 S.) (907.) — 3. Von Bagdad nach Stambul. (527 S.) (907.) — 4. In den Schluchten des Balkan. Illustrationen v. Pet. Schnorr. (1.—5. Taus.) (505 S.) (908.) — 5. Durch das Land der Skipetaren. Illustrationen v. W. Moralt. (1.—5. Taus.) (492 S.) (908.) — 6. Der Schut. Illustrationen v. Klaus Bergen. (1.—5. Taus.) (547 S.) (908.) — 7.—9. Winnetou. 3 Bde. Illustriert v. Claus Bergen. (524, IV, 516 u 537 S.) (908. 09.) — 10. Orangen u. Datteln. Reisefrüchte aus dem Oriente. Illustrationen v. Willy Planck (667 S.) (909.) — 11.—13. Old Surehand. 3 Bde. Illustrationen v. Claus Bergen. (1.—7. Taus.) (567, 641 u. 647 S.) (909. 10.) — 14.—16. Im Lande des Mahdi. 3 Bde. Illustrationen v. Claus Bergen. (1.—7. Taus.) (639, 587 u 567 S.) (910.) — 17. Am Stillen Ocean. Illustrationen v. Willy Moralt. (1.—7. Taus.) (607 S.) (910.) — 18. Auf fremden Pfaden. Illustriert v. Willy Planck (1.—5. Taus.) (599 S.) (910.)

— Der gerechte Richter. Eine Erzählg. 12. (64 S.) Reutl. 890, Bardtenschlager. — 25

— die Rose v. Kaïrwan. Erzählung aus drei Erdtheilen. 8. (III, 352 S.) Osnabrück 894. B. Wehberg. n. 2. —; geb. n. 3 —

Der Schatz im Silbersee Von Karl May

MAY. – *Der Gute Kamerad.* Spemanns Illustriertes Knaben-Jahrbuch. 5. Jahrgang. Stuttgart etc. [1890]. Reich illustriert. Gr.-4°. Einfacher Hlwd. 15.—
Enthält den illustrierten, vollständ. Erstdruck von Karl Mays Erzählung: „Der Schatz im Silbersee." — Ein wenig beschnitten.

— der Schatz im Silbersee. Mit 16 Tondr.-Bildern. gr. 8. (V, 521 S.) Stuttgart 894. Union. Geb. in Leinw n. 7. —

— Der Schatz im Silbersee. M. 16 Tondr.-Bild. 2. Aufl. gr. 8. (V, 521 S.) Ebd. 897 Geb. in Leinw. n. 7. —

— der Schatz im Silbersee. 3. u. 4. Aufl. gr. 8. (V, 527 S. m. 16 Tondr.-Bildern.) Stuttgart (899—901.) Union. Geb. in Leinw. n. 7. —

May, Karl, Der Schatz im Silbersee. 7. Aufl. (III, 527 S. m. 16 Tondruckbildern.) 8. Stuttgart (910). Union. Geb. in Leinw. 7. —

— die Sklavenkarawane. gr. 8. (V, 493 S. m. 16 Tondr.-Bildern.) Ebd. 893 Geb. in Leinw. n. 7. —

— die Sklavenkarawane. 2. u. 3. Aufl. gr. 8. (V, 496 S. m. 16 Tondr.-Bildern.) Ebd. 898. 901. Geb. in Leinw. n. 7.—

MAY. *Die Sklavenkarawane.* M. 16 Tondruckbildern. 3. Aufl. Stuttg. Union (1898). 8°. Illustr. Orlwd. 10.—

— Die Sklavenkarawane. Mit 16 Tondr.-Bildern. 5. Aufl. (V, 496 S.) 8. Ebd. (909). Geb. in Leinw. 7. —

MAY. *Der Sohn des Bärenjägers.* Von Carl May. Mit 16 Tondruckbildern. Stuttgart, Berlin, Leipzig. Union [1890]. 8°. Orlwd. (Rücken etwas repar.) = Die Helden des Westens. — ★ 1. Ausg. Leicht benutzt. 16.—

— der Sohn d. Bärenjägers. M. 16 Tondr.-Bild. 2. Aufl. gr. 8. (V, 448 S.) Ebd. 895. Geb. in Leinw. n. 7. —

— eine deutsche Sultana. Roman. Illustrierte Ausg. 8. (614 S.) Dresden (901). Niedersedlitz, H. G. Münchmeyer. 4. —; geb. in Leinw. 5. —

— verwegene Thaten. Eine Erzählg. aus dem Seeleben. 12. (64 S.) Reutlingen 890. Bardtenschlager. — 25

—— Tävaventürs in Kurdän ed in Lapän. Lovepolam Baumann, Hans (Reiseabenteuer in Kurdan und in Lappland. Zwei Erzählungen von K. May, in Volapük übers. von Hans Baumann.) 8. (81 S.) München 888, (Herder und Comp.) *

— Tekumseh, der große Häuptling der Cherokees. Eine Indianererzählg aus dem vor. Jahrh. 12. (63 S.) Stuttgart 892. R. Bardtenschlager. — 25

— an den Ufern d. Ohio od. der erste Ansiedler in Kentucky. Eine geschichtl. Erzählg. 12. (64 S.) Ebd. 890. — 25

[J.] Das Vermächtnis des Inka. Von Karl May. M. 16 Farbendruckb. *Stuttgart, Berlin, Leipzig: Union [1895].* (3 Bl., 547 S., 16 Taf.) 1 Bd 8. [96. 63c3

— das Vermächtnis des Inka. 3. Aufl. gr. 8. (V, 552 S. m. 16 Farbdr.) Stuttgart (898). Union. Geb. in Leinw. n. 7.—

— Das Vermächtnis des Inka. Eine Erzählg. f. die reifere Jugend. 5. Aufl. (V, 552 S. m. 16 Farbdr.-Bildern.) 8. Ebd. (908). Geb. in Leinw. 7. —

— der Waldläufer, s.: Ferry, Gabr.

WALDRÖSCHEN oder die Verfolgung um die Erde Grosser (stellenw anstössiger) Enthullungsroman uber die Geheimnisse der menschlichen Gesellschaft (von *Carl May* in Radebeul bei Dresden, geb 25 Febr 1842 zu Hohenstein-Ernstthal, † 30 März 1912). Niedersedlitz-Dresden, o. J (1882).
Anon.-Lex. V p. 321 (nach Histor.-polit. Blätter f d. kathol. Deutschland 129, 533. Frankf. Ztg. Nr 311, 9. XI. 1901).

May, Karl, Wanda. Novelle. 8. (230 S.) Dresden (901). Niedersedlitz, H. G. Münchmeyer. 2.—; geb. in Leinw. 2. 50

May's, Karl, illustrierte Werke. 1. Serie. Deutsche Herzen u. Helden. 35 Lfgn. 8. (1. Tl. 614 S.; 2. Tl. 623 S., 3. Tl. 528 u. 544 S. u. 4. Tl. 800 S.) Dresden (901. 902). Niedersedlitz, H. G. Münchmeyer. à — 30

— dasselbe. 2. Serie. Das Waldröschen od. die Verfolgg. rund um die Erde. Enthüllungsroman üb. die Geheimnisse der menschl. Gesellschaft. 1.—39. Lfg. 8. (1.—5. Bd. 565, 360, 968, 840 u. 714 S. u. 6. Bd. S. 1—224.) Ebd. 902. à — 30

May's, Karl, illustrierte Werke. II. Serie. Das Waldröschen od. die Verfolgg. rund um die Erde. Enthüllungsroman über die Geheimnisse der menschl. Gesellschaft. 40.—44. Lfg. (6. Bd. S. 225—632.) 8. Dresden-Niedersedlitz (902). H. G. Münchmeyer. à — 30

— dasselbe, III. Serie. Der Weg zum Glück. Eine oberbayer. Geschichte aus dem Leben Ludwigs II. Neue illustr. Ausg. 40 Lfgn. 8. Ebd. (903. 904). à — 30

1. Bd. Die Murenleni. (783 S.) 4. —; geb. 5. —. — 2. Bd. Der Wurz'nsepp. (972 S.) 5. —; geb. 6. —. — 3. Bd. Der Geldprotz. (730 S.) 4. —; geb. 5. —. — 4. Bd. Der Krickelanton. (1052 S.)

— dasselbe. IV. Serie. Der verlorene Sohn. Roman aus dem Leben. 5 Bde. Neue illustr. Ausg. 8. Ebd. (906.) Geb. in Leinw. à 5. — ; auch in 34 Lfgn. à — 30
1. Bd. Sklaven des Elends. (651 S.) — 2. Sklaven der Arbeit. (606 S.) — 3. Sklaven der Schande. (592 S.) — 4. Sklaven des Goldes. (560 S.) — 5. Sklaven der Ehre. (704 S.)

— dasselbe, V. Serie. Die Liebe des Ulanen. Roman. Neue illustr. Ausg. 40 Lfgn. 8. Ebd. (905. 906.) à — 30
1. Bd. Die Herren v. Königsau. (600 S.) — 2. Bd. Napoleons letzte Liebe. (586 S.) — 3. Bd. Der Kapitän der Kaisergarde. (558 S.) — 4. Bd. Der Spion v. Ortry. (602 S.) — 5. Bd. Durch Kampf zum Sieg. (542 S.) — Humoresken u. Erzählgn. (283 u. 235 S.) — Wanda. Novelle. (230 S.)

May, Carl, und Fr. C. v. Wickede, im fernen Westen. Zwei Erzählungen aus dem Indianerleben für die Jugend. 8. (195 S. mit 4 Bildern in Farbendr.) [Stuttgart 879.] Nürnberg, Neugebauer's Verlag. geb.

—— im fernen Westen. Erzählung aus dem Indianerleben für die Jugend. 2. verb. Aufl. gr. 8. (172 S. mit 4 Bildern in Farbendr.) Nürnberg 885, Neugebauer. geb.

—— die Wüstenräuber, s. Bachem's Roman-Sammlung.

May, Karl Wilhelm

May, C. W., üb. Holzersparung. m. ill. K. 4. Bresl. W. G. Korn. 805. Rthlr.

May, Karl Wlh., über Holzersparungen. Mit 3 ill. Kpf. 4. Bresl. 805. W. G. Korn. 12 gr.

May, Konrad [approb. Arzt u. zweiter Assistenzarzt d. med. Poliklinik in Kiel]: Ueber das Geruchsvermogen der Krebse nebst einer Hypothese über die analytische Thätigkeit der Riechhärchen. Kiel, Druck v. Schmidt & Klaunig, 1887; 39 S. u. 1 Taf. 8°.
Kiel, Med. Fak., Inaug.-Diss. v. 12. März 1887.

May, Konr., über das Geruchsvermögen der Krebse, nebst einer Hypothese über die analytische Thätigkeit der Riechhärchen. Inaugural-Dissertation. gr. 8. (39 S. mit 1 Taf.) Kiel 887, (Lipsius und Tischer.) *

May, Kornelius

May, Cornelius [aus Worms]: Zur Histologie der Knochenerweichung M. e. Taf. Würzburg, Druck d. k. Universitätsdr. v. H. Stürtz, 1897; 19 S., 1 Taf. 8.
Würzburg, Med. Fak., Inaug.-Diss. v. 1897

May, L.

— **Baron, Nauhaus,** Adressbuch zusammengestellt vom Vorstande d. deutschen Vereins f. naturgemässe Lebensweise [Vegetarianer]. 2. Aufl. qu. 16. (48 S.) Ebend. 872. n.n. — 50

May, L. v., Gesetz üb. den Malzaufschlag, s.a. Gesetzgebung, die, d. Königr. Bayern seit Maximilian II. m. Erläuterungen.

May L, Gesetz über den Malzaufschlag vom 16. Mai 1868 erläutert. Erlangen 1872

v. **May**, bayer Gesetz üb. d. Malzaufschlag vom 16/5. 68. erl. m. Aenderungen bis 1883. Erlangen 884.

L. MAY, Statistik des deutschen Vereins für naturgemässe Lebensweise (Vegetarianer). Berlin, 1871. Druck von Gustav Schultze & Co. 8°.

May, L., meine Studien- u. Vergnügungs-Reise [Riesen- u. Glatzer-Gebirge, Wien, Semmering etc.] vom 3. Juli bis 12. August 1871. Für Kranke u. Gesunde, namentlich f. solche, die frisch u. froh ihr Leben geniessen wollen. gr. 8. (20 S.) Berlin 872. (Grieben.) n.n. — 50

May, Ludwig [aus Lauterbach i. Schlos.] Über doppelseitige Abductionshüftgelenksankylose Habelschwerdt, J Frankes Buchdr., 1886, 36 S. 8°
Würzburg, Med. Fak., Inaug.-Diss. v 1886.

May, Ludwig, über doppelseitige Abductionshüftgelenksankylose. Diss. Würzburg 1886, Stahelsche Univ.-Buchh. 8°. 36 S.

May, Lukas

Lucas **Mays** Spiel von der Vereinigung göttlicher Gerechtigkeit und Barmherzigkeit neu herausgegeben und mit einer Einleitung versehen von *Karl* Eichhorn. 4 (67 S.).
Zur Feier des Henfling schen Gedächtnistages G Bernhardinum *Meiningen* 1895.
Nicht im Tauschverkehr
Progr.

May sen., M., die deutsche doppelte Buchhaltung. Theoretisch und practisch dargestellt. Frankfurt a. M. 862. Brönner in Comm gr 8. (VII, 157 S.) n. 20 ngr.

May sen., M., die deutsche doppelte Buchhaltung. Theoretisch und practisch dargestellt. gr. 8. (VII und 157 S.) Frankfurt a. M. 862, [Winter.] *

May, M., Ueber das Innungswesen und die Verhältnisse der städtischen Handwerke. 8°. Giessen, Ricker, 1843.

May, M., Die Lederindustrie-Berufsgenossenschaft 1885—1910. 4°. Mainz 1910.

Woher und Wohin? Ein Wort in der schleswig-holsteinischen Sache von einem Unbefangenen [d i M May?] Hamburg 1865 8°

MAY, M. Th., & W E. STEPHAN. *Kleines Volk.* Bilder und Geschichten zur Lust und Lehre für die Kleinen. Zeichnungen von E. VOIGT Erzählungen von M. Th. May. — Verse von W. Emil Stephan. Dresden, Meinhold & Söhne, [c. 1885]. Titel, 20 Texts. und 20 Tafeln mit farb. Abb., teilw mit Versen. 4°. Hübscher, farbig illustr. Or.-Pappbd. mit Leinenrücken. Gutes Ex 16.—

May, Maria Theresia Ein Klostergeheimniss Novelle Wien Buchholz & Diebel 1883 148 S. 8°

[F.] Unter der Königstanne. Preisgekr Roman v Maria Theresia **May**. 2. Aufl. *Berlin: Rosenbaum & Hart 1897.* (1 Bl., 274 S.) 1 Bd 8. [97. 6420

Unter der Königstanne. Preisgekrönter Roman von Maria Theresia **May**. (2. Ausg.) Berlin · O. Dreyer [um 1906]. (190 S.) 8° [F.] [07. 12042

May, Maria Theresia, unter der Königstanne. Preisgekr. Roman. (Umschlag: 2. Ausg.) (190 S.) 8. Berlin (908). O. Dreyer. 2. —

– Mimosa Eine pädagogische Novelle Wien. Buchholz & Diebel 1883 161 S. 8°

†May, Maria Theresia [Anna Wichobie], ein Räthsel. Pädagogische Novelle. 12. (224 S.) Wien 885, Pichler's Wwe. und Sohn.

May, Martin

May, M., Der Anteil der Keltgermanen an der europäischen Bild im Alterthum. Gel. 1895. 15 S. 1

May, Mart., Beiträge zur Stammkunde der deutschen Sprache, nebst e. Einleitg. üb. die keltgerman. Sprachen u. ihr Verhältniß zu allen andern Sprachen. Erklärung der perusin. (tusk.) Inschriften u. Erläuterg. der eugubin. (umbr.) Tafeln gr. 8. (CXXX, 301 S.) Leipzig 893. F. W. v. Biedermann. n. 8. —; geb. n. 10. —

May, Martin, bacc. jur., Referendar: Der Scheinkaufmann (§ 5 H.G.B's). Dresden: Meyer 1909. 60 S. 8°
Leipzig, Jur. Diss. v. 6. Dez. 1909
[Geb. 1 Nov. 83 Zittau Wohnort: Pirna; Staatsangeh.: Sachsen; Vorbildung: Gymn. Königsberg i. N Reife O. 03; Studium: Leipzig 2, Marburg 1, München 2, Leipzig 2 S.; Rig. 23. Jan. 07.] [U 10. 2794

[F.] Sind die fremdartigen Ortsnamen in der Provinz Brandenburg und in Ostdeutschland slavisch oder germanisch? Von Martin May
Frankfurt a M: Dr. v. Gebr Fey 1897 (31 S.) 1 Bd 8 [97. 5229

May, Mart., sind d. fremdart. Ortnamen in der Prov. Brandenburg u. in Ost-Deutschland slavisch od. germanisch? gr 8. (31 S.) Frankfurt a/M.-Sachsenhausen 897. Selbstverl. — 50

May, Mart., die Sternkunde als Grundlage aller Naturwissenschaften. Erläuterung der Begriffe Unendlichkeit des Raums u. der Zeit, des Stoffs u. der Kraft. Vortrag, geh. in der Sitzung der Frankfurter anthropolog. Gesellschaft am 18. I. 1909. (16 S. m. 1 Taf.) 8. Frankfurt a/M. (909). Gebr. Fey. — 50

Was ist ein Fremdwort? Vortr geh. im Deutschen Sprachver zu Frankfurt a. M v Martin May
Frankfurt a. M 1899 Fey 15 S. 8°

May, Max, Gerichtsassessor in Osthofen: Die Amtsanmassung. (§ 132 Str.G.B.) Borna-Leipzig 1905: R. Noske. (50 S.) 8° [F.]
Tübingen, Jur. Fak., Ref. Frank, Diss. v 2. März 1905
[Geb. 10. Sept. 70 Worms; Wohnort Osthofen, Großh. Hessen; Staatsangeh.: Hessen, Vorbildung Gymn. Worms Reife O. 95, Studium. München 2, Leipzig 1, Berlin 2, Gießen 1 S., Coll. 2. März 05.]

May, Max, zehn Arbeiter-Budgets. Zehn Arbeiterbudgets, deren sieben nur m. Zuschüssen d. Arbeitgebers balanciren. Ein Beitrag zur Frage der Arbeiterwohlfahrts-Einrichtgn. gr. 8. (35 S.) Berlin 891. R. Oppenheim. n. — 60

May, Max, Referendar: Der Besitzschutzanspruch der Mitbesitzer nach Bürgerlichem Rechte. Meiningen 1909: Keyssner. 50 S. 8°
Göttingen, Jur. Diss. v. 18. Mai 1909, Ref. Merkel
[Geb. 13. Juli 83 Meiningen; Wohnort: Meiningen; Staatsangeh.: Sachsen-Meiningen; Vorbildung Gymn. Meiningen Reife O. 02; Studium: Genf 1, Berlin 1, München 2, Göttingen 3 S.; Rig. 17 Febr. 09.] [U 09. 1281

May, Max von [aus Bern]: Ueber die Einwirkung von *m*- und *p*-Oxybenzaldehyd auf Indandion. Bern 1897. 44 S. 8°
Bern. Phil. Diss. 1897/98.

May, Max Ende gut, alles gut. Vom Alkoholgegnerbund preisgekrönte Erzählung. Basel 1899 32 S. 8°. Mk. —.08.

May, Max, Ende gut, alles gut. Eine Erzählg. Vom Alkoholgegnerbund m. e. Preise bedacht. 8. (32 S.) Basel (902). Schriftstelle des Alkoholgegnerbundes (durch F. Reinhardt). n. — 08

May, Max, Ende gut, alles gut. Eine Erzählg. Vom Alkoholgegnerbund m. e. Preise bedacht. (Umschlag: 5.—6. Taus.) (32 S.) 8. Basel (907). Schriftstelle des Alkoholgegnerbundes. — 15

May, Max v[on]. Moderne Gedanken Anhang: Regeln des Hockey-Spieles ⟨abtrennbar eingeheftet⟩. [Illustriert.] XVI + 78 + *Anhang* 6 S. 8. Bern, Komm. A Francke, (1905). [fr. 1. —]

— der 4. Stand. Bilder aus dem Arbeiterleben der Gegenwart. gr. 8. (101 S.) Frankfurt a/M. 893. C. Koenitzer's Verl. n. — 60

May, Max, wie der Arbeiter lebt. Arbeiter-Haushaltungs-Rechngn. aus Stadt u. Land. Gesammelt, im Auszug mitgetheilt u. besprochen. gr. 8. (IV, 75 S. m. 1 Tab.) Berlin 897. C. Heymann's Verl. n. 1. —

May, Max, die Heidelberger Wohnungsuntersuchung in den Wintermonaten 1895/96 u. 1896/97, deren Ergebnisse u. deren Fortsetzung durch e. ständ. Wohnungsinspektion, im Auftrage des Stadtrates dargestellt (V, 128 S.) gr. 8. Jena 903. G. Fischer. n. 2. —

May, O., Geometrie in Volks- u. Mittelschule. Ein Leitfaden für Lehrer u. Handbuch für Schüler. Mit 2 lith. Taf. gr. 8. (IV, 46 S.) Leipzig 879. Merseburger. n. — 60

May, Osc. (I.), Anweisung für den elektrischen Lichtbetrieb. Für Inhaber elektr. Beleuchtungsanlagen und deren Maschinisten gemeinfassl. zusammengestellt. 16. (VI, 57 S.) Leipzig 888, v. Biedermann. geb. *

—— Anweisung f. den elektrischen Lichtbetrieb. 2. Aufl. 16. (77 S.) Lpz. 891, v Biedermann. geb. * 1 80

May, Osc., Anweisg. f. den elektr. Licht- u. Kraftbetrieb. Für Inhaber elektr. Beleuchtungsanlagen u. deren Maschinisten. 3. Aufl. 8. (VIII, 64 S. m. 5 Fig.) Berlin 896. J. Springer. — München, R. Oldenbourg. Geb. in Leinw. n. 2. —

May, Oscar Ueber Azophtalsäure Freiburg im Breisgau, 1880.

May, Oscar, Medizinalpraktikant: Ein Beitrag zur Perikarditischen Pseudolebercirrhose. München 1907: Kastner & Callwey. (36 S.) 8°
München, Med. Fak., Ref. v. Bauer, Diss. v. 5. Juni 1907
[Geb. 28. Aug. 80 Kaiserslautern, Wohnort: Kaiserslautern, Staatsangeh.: Bayern; Vorbildung: Gymn. Kaiserslautern Reife Juli 99; Studium: Jura München 1, Med. München 2, Freiburg i. B. 1, Heidelberg 2, München 1, Tübingen 2, Berlin 1, München 2 S.; Coll. 5. Juni 07; Approb. 20. Mai 07.]

— Erläuterungen zu den Vorsichtsbedingungen f. elektrische Licht- u. Kraft-Anlagen des Verbandes deutscher Privat-Feuerversicherungsgesellschaften. gr 8. (III, 110 S.) Ebd. 893. n. 1. 50; geb. n. 2. —

May, Osc., Erläuterungen zu den Vorsichtsbedingungen f. elektrische Licht- u. Kraft-Anlagen des Verbandes deutscher Privat-Feuerversicherungs-Gesellschaften. 2. Aufl. gr. 8. (III, 126 S. m. 13 Fig.) Leipzig 895. Berlin, J. Springer. — München, R. Oldenbourg (Auslieferung durch Springer). n. 1.50

– Über die Feuergefährlichkeit unsachgemäßer Dekorationsbeleuchtungen. Berlin 1899.

May O, Über die Feuergefährlichkeit unsachgemässer elektrischer Licht- und Kraftanlagen. (10 S.) Merseburg 1900

— die Kosten d. elektrischen Lichtes bei Anschluss an Elektrizitätswerke, bei Einzelbetrieb u. bei Anschluss d. Einzelbetriebes an andere Maschinenbetriebe. gr. 8. (16 S.) Berlin 890. (Frankfurt a/M., J. Alt.) n. — 75

May, Osc. Die Kosten d. elektrischen Lichtes bei Anschluss an Elektrizitätswerke, bei Einzelbetrieb u. bei Anschluss d. Einzelbetriebes an andere Maschinenbetriebe. gr. 8. (16 S.) Berl. 890. (Lpz., v Biedermann.) * — 75

—— Über elektrische Kraftverteilung u. Kraftübertragung. Nach seinem Vortrage, geh. im techn. Verein am 3. Febr. 1891. gr. 8. (30 S. m. Fig.) (Ebd.) 891. * 1 20
Aus Anzeiger f. Industrie u. Technik, besonders abgedruckt.

May, Osc. (I.), Lehrbuch der Elektrodynamik [1. Tl.] mit 105 in den Text gedr. Fig. Zum Gebrauch an Schulen, sowie zum Selbststudium. Bearb. nach System Kleyer. gr. 8. (VIII, 88 S.) Stuttgart 888, Maier. *

Aus: Kleyer's Encyklopädie der gesamten mathematischen, technischen und exakten Natur-Wissenschaften, besonders abgedruckt.

—— u. Adf. Krebs. Lehrbuch d. Elektromagnetismus m. 302 Erklärgn., 152 in den Text gedr. Fig. u. e. ausführl. Formelnverzeichnis, nebst e. Sammlg. gelöster Aufgaben. Zum Gebrauch an höheren Lehranstalten u. Hochschulen, sowie zum Selbststudium bearb. nach System Kleyer. gr. 8. (VIII, 205 S.) Stuttg. 889, Maier. * 4 50

—— Lehrbuch der Kontaktelektricität [Galvanismus] mit 731 Erklärungen, 238 in den Text gedr. Fig., einem Formelnverzeichnis und einem alphabet. Sach- und Autorenregister, nebst einer Sammlung gelöster und ungelöster analoger Aufgaben. Zum Gebrauch an niederen und höheren Schulen, sowie zum Selbstsudium bearb. nach System Kleyer. gr. 8. (IX, 440 S.) Ebendas. 887. *

May, Osc. (II.), Pflege des Kindes im ersten Lebensjahre. Ratschläge zur Gesunderhaltung des Säuglings für Mütter, Pflegerinnen und Hebammen. 1. und 2. Aufl. gr. 8. (16 S.) Chemnitz 888, (Winter.) *

May, Osc., Pflege der Kinder in den ersten sechs Lebensjahren. Ratschläge zur Gesunderhaltg. der Kinder im vorschulpflicht. Alter. III., umgearb. u. erweit. Aufl. 11.—15. Taus. gr. 8. (34 S.) Chemnitz 893. (Leipzig, Th. Grieben.) n. — 30

May, Osc., Pflege d. Kinder in den ersten 6 Lebensjahren Ratschläge zur Gesunderhaltg. d. Kinder im vorschulpflicht. Alter. 4., veränd. Aufl. 16.—20. Taus. M. e. Besprechg. v. C. Gerster. gr. 8. (37 S.) Chemnitz 895. (Leipzig, Th. Grieben.) n. — 30

— Rechentafel. 12. (38 S. m. 14 Fig. u. 1 Taf. auf Pappe.) Leipzig 894. F. W. v. Biedermann. n. 2. —; ohne Text u. Taschen n. 1. 20; in Leinw.-Tasche, Taf. auf Leinw.-Pap. n. 1. 50; in Ldr.-Tasche n.n. 3. —

— die Schule u. die Gesundheit. Vortrag, geh. am 25. April 1894 im pädagog. Verein zu Chemnitz. gr. 8. (34 S.) Chemnitz 894. (Leipzig, O. Klemm's Sort.) n. — 50

—— Tafel f. elektrische Leitungen. 2. deutsche Aufl. qu. 4. (4 S.) Ebd. 891 Auf Pappe * 1 — Taschen-Ausg. auf Leinw. in Etui * 1 50

— Tafel f. elektrische Leitungen. III., deutsche Aufl. Bureau-Ausg. 4 Blatt. Lex.-8. Ebd. 896. Auf Karton n. 1. 20; Taschenausg. auf Leinw. in Etui n. 1. 50

—— Tafel f. Treibriemen. 2. deutsche Aufl. qu. 4. (1 S.) Ebd. 891. Auf Pappe * 1 —; Taschen-Ausg. auf Leinw. in Etui * 1 50

— Tafel f. Treibriemen. III. Aufl. Bureau-Ausg. 4 Blatt. 4. Ebd. 896. Auf Karton n. 1. 20; Taschenausg. auf Leinw. in Etui n. 1. 50

— Tafeln zur Berechnung elektrischer Leitungen. [Bureau-Ausg.] qu. gr. 8. (4 S.) Frankfurt a/M. 890. (Leipzig, v. Biedermann.) Auf Pappe m. Metallecken u. Ring. n. 1. —; Taschen-Ausg., auf Leinw. in Leinw.-Mäppchen n. 1. 50

— Tafeln zur Berechnung v. Riemenbreiten. [Bureau-Ausg.] qu. gr. 8. (4 S.) Ebd. 890. Auf Pappe m. Metallecken u. Ring. n. 1. —; Taschen-Ausg. auf Leinw. in Leinw.-Mäppchen n. 1. 50

— Vorschriften der Feuerversicherungs-Gesellschaft Phönix in London für elektrische Licht- und Kraftanlagen. Autoris. Übersetzung nach der 16. Auflage. Leipzig 1890.

—— Die Vorschriften der Feuerversicherungs-Gesellschaft „Phoenix" in London f. elektrische Licht- u. Kraft-Anlagen. Autoris. Übersetzg. nach der 16. engl. Aufl. 16. (IV, 56 S.) Lpz. 891, v. Biedermann. geb. * 1 -

May, O. Vorsichtsbedingungen für elektrische Licht- und Kraftanlagen Leipzig. 1893

May, Oswald [Dr.]. Die früher dem Seneca zugeschriebene Abhandlung „de quattuor virtutibus cardinalibus" aus e. Hs. d. Neisser Gymn. veröffentl. Neisse, Druck v. F. Bär, 1892; 1—10 S. 4.

Neisse, k. kath. G, OP 1892 (195)

May, Oswald, Dir. Dr. **Beiträge zur Geschichte des Oppelner Gymnasiums.** [T. 1.] *Oppeln 1902: E. Raabe.* (S. I—XII.) 4°

Oppeln, k. kath. G, OP 1902 (224)

May, Oswald, Dr., Dir. **Beiträge zur Geschichte des Oppelner Gymnasiums.** Fortsetzung. *Oppeln 1903: E. Raabe.* (S. I—XIV.) 4° ¶(Forts. d. P-Beil. 1902.)

Oppeln, k. kath. G, P 1903 (237)

May, Osw., s.: Bericht der wissenschaftlichen Gesellschaft Philomathie in Neisse.

May *Oswald* Das Spruchgedicht „Freidanks Bescheidenheit" nach seinem sittlichen Werte beurteilt 4 18 S.). **Progr.** Kath. G *Neisse* 1887 (184)

Cäsar als Beurteiler seines Heeres in den Kommentarien vom gallischen Kriege. Von Dr Oswald **May**, Gymn Oberl. Neisse F Graveur 1896. (42 S.) 8°

Aus 28. Bericht d. wiss. Gesellsch. Philomathie zu Neisse. [06. 8037]

May, Oswald, approb. Arzt aus Hundsfeld: **Über Haemangioma cavernosum der Leber und seine Genese.** *Würzburg 1898: Berlinger.* (27 S.) 8°

Würzburg, Med. Diss. v 1898

May, O[swald], Direktor Dr.: Die nationale Richtung in der deutschen Dichtung von der Mitte des 18. bis zum Beginn des 19. Jahrhunderts. Glatz 1907: L. Schirmer. (15 S.) 4°

Glatz, k. kath. G OP 1907 (231)

May, (Emanuel) Oswaldus *(geb. Heidau bei Neiße 16. 11. 1854)*
De attractionis usu Herodoteo. Vratislaviae (1878). (33 S.) 8°
[Im Buchhandel 1878 bei Koebner in Breslau.]

Breslau, Phil. Diss. v. 3. Aug. 1878

May, Osw., de attractionis usu Herodoteo. Inaugural-Dissertation. 8. (88 S.) Breslau 878. (Koebner.) n. 1. —

May, Otto, kurzgefaßter Unterricht in der Landwirthschaft, s.: Müller, Adam.

May, Otto, a. Worms a. Rh.: Chemisch-pharmakognostische Untersuchung der Früchte von Sapindus Rarak DC. Straßburg i. E. 1905: C. Müh. (72 S.) 8°

Straßburg, Math.-naturwiss. Fak., Ref. Schaer, Diss. v. 1905
[Geb. 12. April 80 Worms; Wohnort: Worms; Staatsangeh.: Hessen; Vorbildung: Gymn. Worms Berecht. z. einj.-freiw. Dienst O. 95; Studium: Straßburg 4 S.]

May, Otto, s.: Vierteljahresschrift des bayer. Landwirthschaftsrathes.

May, Paul [approb. Arzt]: Beiträge zur Casuistik der Hüftgelenksexarticulation. Heidelberg, C. Winter's Universitätsbuchh., 1887; 53 S. 8°

Heidelberg, Med. Fak., Inaug.-Diss. v. [14. Jul.] 1887

May, Paul: Die bayrische Zementindustrie. Naumburg a. S. 1909: Lippert. VIII, 77 S. 8° ¶(Ersch. vollst. als: Wirtschafts- u. Verwaltungsstudien m. bes. Berücks. Bayerns. 37.)
Würzburg, Jur. Diss. v. 25. Juli 1909, Ref. G. v. Schanz
[Geb. 27. Dez. 87 Balgstädt; Wohnort: Würzburg; Staatsangeh.: Preußen; Vorbildung: Gymn. Naumburg Reife O. 06; Studium: Leipzig 3, Würzburg 4 S.; Rig. 30. Juni 09.] [U 09. 4070

May, Paul, die bayerische Zementindustrie, s.a. Wirtschafts- u. Verwaltungsstudien. 37.

Die bayerische Zementindustrie Von Dr Paul May Leipzig Deichert 1909 92 S. 8°
(Wirtschafts- u Verwaltungsstudien mit bes Berücks Bayerns. 37) [09. 12071

May, Pet., wer war Johannes der Täufer?, s.: Volksschriften zur Umwälzung der Geister.

May, R., s.: Pathologie, die chemische, der Tuberculose.

May, Raphael Ernst

May, R. E., d. wirthschaftl. Entwickelung. Jahres-Bericht der Firma Alexander Jahn & Co., Hamburg, Decbr. 1895. Hrsg. vom Inhaber M. gr. 8. (VIII, 263 S.) Berlin 896. Puttkammer & Mühlbrecht. Kart. n. 3. —

— dasselbe. Jan. 1897. gr. 8. (156 S.) Ebd. 897. 2. —

May, R. E., das Grundgesetz der Wirtschaftskrisen u. ihr Vorbeugemittel im Zeitalter des Monopols. Mit 5 Tab. u. 1 Kurventaf. gr. 8. (VII, 146 S.) Berlin 902. F. Dümmler's Verl. n. 2. —; geb. n. 2. 80

May, R. E., die Kanone als Industriehebel nach nationalsoz. Rezept. C. Wort üb. d. wahren Interessen d. deutschen Industrie u. d. deutschen Arbeiter. Mit e. Vorwort v. F. W. Förster. 8. (48 S.) Zürich 897. K. Hendell & Co. — 60

May, R. E., kaufmännische Krankenkassen. Die Leistungen der deutschnationalen Kranken- u. Begräbnis-Kasse in Hamburg im Vergleich zu den Leistgn. der Ortskrankenkasse f. kaufmänn. Geschäfte in Hamburg u. zu den Leistgn. der übrigen zentralis. kaufmänn. freien Hilfskassen m. 30 Tab. (IV, 90 S.) gr. 8 Hamburg 906. C. Boysen. n. 2. 50

— Wirthschafts- u. handelspolitische Rundschau f. d. J. 1897. gr. 8. (45 S.) Ebd. 898. n. — 50

— wirthschafts- u. handelspolitische Rundschau f. d. J. 1898. gr. 8. (III, 107 S. m. 3 Tab.) Berlin 899. Puttkammer & Mühlbrecht. n. 2. —

— das Verhältnis des Verbrauches der Massen zu demjenigen der „kleinen Leute", der Wohlhabenden u. Reichen u. die Marxistische Doktrin. gr. 8. (48 S.) Leipzig 899. Duncker & Humblot. n. 1. —
Sonderabdruck aus: „Schmollers Jahrb. f. Gesetzgebung". Jhrg. 23,1.

May, R. E, Zur Hamburger Wahlrechts-Vorlage. Material zur Kritik ihrer Begründg (126 S.) 8. Hamburg, C. Boysen. —. 50.
1905.

— die Wirthschaft in Vergangenheit, Gegenwart u. Zukunft m. 130 Tab. u. vergleich. Uebersichten. Berlin 900.

May, R[aphael] E[rnst]. Die Wirthschaft in Vergangenheit, Gegenwart und Zukunft mit 130 Tabellen und vergleichenden Uebersichten. Zur Jahrhundertwende. XVI + 727 S. 8 Berlin-Bern, John Edelheim, 1901. [M. 10. —]

— die Wirthschaft in Vergangenheit, Gegenwart u. Zukunft m. 130 Tab. u. vergleichenden Uebersichten. Zur Jahrhundertwende. gr. 8. (XVI, 727 S.) Berlin 901. [Dr. J. Edelheim.] Leipzig, R. Lipinski. n. 10. —

May, Richard [appr Arzt]: Aus d. patholog. Institut zu München. Beiträge zur pathologischen Anatomie der Nebennieren .... (Sep.-Abdr. a. Virchow's Archiv ... 108. Bd. 1887.) München, *Druck u. Verl. v. Georg Reimer in Berlin*, 1886; 24 S. u. 1 Taf. 8°.
München, Med Fak, Inaug.-Diss. v. 1886.

May, Richard: Beziehungen des Kamphens zur Apokamphersäure. Ein Beitrag zur Erklärung der Umwandlung des Kamphens in Kampher. 1. Uebergang des Kamphens in die Karboxylapokamphersäure über die Zwischenstufen: Kamphenilnitrit, Tricyklenkarbonsäure, γ-Bromapokamphankarbonsäure, Oxyapokamphankarbonsäure und Ketopinsäure. 2. Ueberführung der Apokamphersäure in α-Oxyapokamphersäure, Apokamphansäure und Isodehydroapokamphersäure. 1910. 80 S. 8° ¶ Auch als: Schriften d. Verbandes Deutscher Diplom-Ingenieure. 3.
Aachen, Dr.-Ing.-Diss. v. 5. 10. 1910

May, Rich., Beziehungen des Kamphens zur Apokamphersäure, s.a. Schriften des Verbandes deutscher Diplom-Ingenieure. III.

Beziehungen des Kamphens zur Apokamphersäure Ein Beitrag z. Erkl. d. Umwandlung des Kamphens in Kampher Von Dr ing. Richard May Berlin. Krayn 1910. 80 S. 8°
(Schriften d. Verbandes Deutscher Dipl.-Ing 3.) [10. 15511

May, Rich., Heimatkunde des Stadt- u. Landkreises Görlitz. Beilage zur Flemmingschen Schulkarte des Kreises Görlitz 1.—8. Taus. (40 S.) 8. Glogau (906). Berlin, C. Flemming. n. — 25

May, Rich., Herrin Helga. Eine Tragödie in 4 Aufzügen. (74 S.) 8. Berlin-Friedenau 910. Bureau Fischer. 2. —

— Ketten. 3 Einakter. (115 S.) 8. Leipzig 908. Modernes Verlagsbureau. 2. —

Ketten. 3 Einakter von Richard May Berlin-Leipzig: C. Wigand 1908. (115 S.) 8° [08. 3981

May, Richard [Dr., Assist. d. med. propaedeut. Klinik]: Der Stoffwechsel im Fieber. Experimentelle Untersuchg. '(Aus d. physiolog. Institute)' ... München, Druck v. R. Oldenbourg, 1893; 74 S. 8.
München, Med. Fak., Hab.-Schr v 1893
(Nicht für den Austausch)

May, Rob., die Kopfschrift, (e. Uebungskursus zur Erlangg. e. calligraph. Kopf- u. Kurrentschrift). (14 S.) 18,5×23 cm. Berlin (908). R. W. Maybaum. 1. 25

May, Roman *(geb. Samter in Pos. [24 1 1846])* Ueber einige künstliche Silikate. Breslau 1874. (36 S.) 8°
Breslau, Phil. Diss. v 8. Juli 1874

May, S. Das Mädchen v. Quinnebasset, s. Augusti, Brigitte. Im Kampfe d. Lebens.

May, Dr. S. Vide: Zukunft (Die), Wochenschrift.

May, Siegfried, a. Zittau: Die Oligarchie der 400 in Athen im Jahre 411. Halle a. S. 1907: C. A. Kaemmerer & Co. (77 S.) 8°
Halle, Phil. Fak., Ref. Niese, Diss. v. 24. Juni 1907
[Geb. 30. Sept. 82 Zittau; Wohnort: Halle a. S.; Staatsangeh.: Sachsen; Vorbildung: Gymn. Königsberg i. d. Neumark Reife O. 02; Studium: Leipzig 4, Berlin 2, Marburg 3, Halle 1 S.; Rig. 7 März 07.]

May, Siegismund [geb Breslau 21 6 1846] Thesen behufs Erlangung der medicinischen Doctorwürde Breslau (1870) (1 Bl.) 2°
Breslau, Med. Thesen v 28. Juli 1870

May, Sophie, unsere Ellen. Roman. Aus dem Amerikan. übers. v. A. S. 2 Bde. 8. (258 u. 279 S.) Breslau 888. Schottländer. n. 6. —; geb. n. 8. —

† **May**, Sophie, (Soph. Frieder. Elis. Meyer,) gesammelte Erzählungen. 12 Bde. gr. 12. (125 5/12 B.) Leipzig 829—31, Focke.
Bd. 1., 2. Der Dianenbrunnen.
" 3. Der Heimgang des Verlassenen. — Die Einsiedelei.
" 4. Die Maske. Eine wahre Begebenheit. — Die Wahl. — Tells Capelle.
" 5. Die Votivtafel zu Wiltin. — Das Ritterschwert. — Die früh Verlobten. — Schuld u. Sühne.
" 6. Die Intrigue. — Tagebuch d. Großmutter.
" 7. Das Marienbild. — Everalline Campbell, od. d. Felsenthal v. Glenwe. — Die Jugendliebe.
" 8. Nemesis od. d. Traum. — Maria v. Cleves, Marquisin v. Isles, Prinzessin v. Condé. — Die Gründung d. St. Christophs-Brüderschaft am Aarlberg in Tyrol.
" 9. Robert Bruce. — Die Waffenbrüder. — Die weiße Rose.
" 10. Die Felsenkluft v. Stormcliff. — Der Gottesgerichtskampf.
" 11. Der Rubinenring, 2 Abthln. — 1. Die Rose d. Pyrenäen; 2. Die Centifolie. — Der Todesengel.
" 12. Eudoria Capuchin, od. die Brautwahl.

May, (Sophie,) die fürstl. Frauen d. Vorzeit. Romantisch-geschichtl. Darstellungen. 1r Thl. 8. Leipz. 824, Herbig.

—— Frauenachtung, od. d. Zöglinge v. Amalienhoff. Literar. Nachlaß. Mit e. Vorw. v. Th. Hell. 2 Bde. gr. 12. (23 1/2 B.) Leipzig 829, Focke.

May, Sophie, das edle Haus der Sture. Ein romant. Gemälde aus dem 16. Jahrh. 8. Berlin 821. (A. Förstner.) 1 1/3 ₰

— das edle Haus der Sture. 8. Berl. 821. Schüppel. 1 ₰ 8 gr

– (Übers.), s. Hogg, J.: Die Wanderer im Hochlande.

—— die weiße Rose, s. Original-Romane, 7. Thl.

—— die Ruinen d. Burg Uchtenhagen, bei Freienwalde an d. Oder. Romant. Darstell. aus d. literar. Nachlasse d. Verfin. 2 Bde. 8. (22 B.) Leipzig 833, Focke.
Vgl. Mai.

– (Übers.), s. Scott, Walter: Erzählungen von den Kreuzfahrern. – Allan Mac-Aulay. – Redgauntlet. – Der St. Romans-Brunnen. – Werke. 17 - 19 (Ivanhoe). 31 u. 32 (Erzählungen der Kreuzfahrer). 37 u. 38 (Der Abt). 49 u. 50 (Robin der Rote).

May, Sophie, Thalia, s. Thalia.

Taktische Rückblicke auf 1866 (v. Th. R. May). Berlin 1869. 67 S.

— **Dass. 2. Aufl. 1869.**

May, Theodor [app. Arzt aus Nordhausen]: Aus d. chirurg. Klinik zu Kiel. Über Arthropathia tabica. . . Kiel, Druck v. L. Handorff, 1891; 20 S. 8°
Kiel, Med. Fak., Inaug.-Diss. v. [21. März] 1891

May, Thdr. Über Arthropathia tabica. Diss. gr. 8. (20 S.) Kiel 891, (Gnevkow u. v. Gellhorn). * — 80

May, Frau Therese, meine furchtbare Krankheit nach 14jähriger medicin-wissenschaftlicher erfolgloser Behandlung durch 24 Schulärzte u. vielmals erklärter Unheilbarkeit in samariter Weise radical geheilt durch Vater Kneipp! Zur Ehre des grossen Meisters u. seines Naturheil-Systems in pietätvoller Dankbarkeit mitgetheilt allen armen leid. u. allen gerecht denk. Mitmenschen zum Schutze vor Siechthum u. vorzeit. Tode. gr. 8. (14 S.) Graz 900. Selbstverlag. — 15

— meine furchtbare Krankheit nach 14-jähr. medicin-wissenschaftl. erfolgloser Behandlung durch 24 Schulärzte u. vielmals erklärter Unheilbarkeit in samariter Weise radical geheilt durch Vater Kneipp! 4. Aufl 6. u. 7. Taus. (14 S.) gr. 8. Ebd. (903). n. — 10

May, Frau Therese, so heilt die Kneippsche Methode! Lupus im Beginn, Krampfadern, Hämorrhoiden, Schreibkrampf, hochgrad. Nervosität, Knöchelhautentzündg., Schlaganfall, Geistesstörg., Gemütskrankheit, Epilepsie, Scheintod, Fraisen in samariter Weise nur durch Laienrat u. -Tat u. ausschliesslich mit Wasser u. Kräutern gründlich geheilt. (13 S.) gr 8. Graz (Maigasse 24) 904. Frau Th. May. n. — 25

May, Thom. Erskine, das englische Parlament und sein Verfahren. Ein praktisches Handbuch. Aus der 1859 erschienenen 4. Aufl. des engl. Orig. übers. u. bearb. von O. G. Oppenheim. Leipzig 860. Mendelssohn. gr. 8. (XII, 592 S.) 2 ₰ 15 ngr

May, Sir Thomas Erskine, das englische Parlament und sein Verfahren. Ein prakt. Handbuch. Aus der 1879 erschienenen 8. Aufl. des engl. Orig. übers. und bearb. von O. G. Oppenheim. 2. verb. und verm. Aufl. gr. 8. (VIII, 687 S.) Leipzig 880, Mendelssohn. *

May, Sir Thomas Erskine [late Lord Farnborough], das englische Parlament und sein Verfahren. Ein prakt. Handbuch. Aus der 9. Aufl. des engl. Orig. übersetzt und bearb. von O. G. Oppenheim. 3. verm. Aufl. gr. 8. (XXIII, 744 S.) Leipzig 888, Mendelssohn. *

May, Thom. Erskine, die Verfassungs-Geschichte Englands seit der Thronbesteigung Georg's III. 1760—1860. Mit Genehmigung des Verf. aus dem Engl. übers. und bearb. von L. G. Oppenheim. 2 Bde. gr. 8. (XXI und 412 S., XIII und 544 S.) Leipzig 862—64, Mendelssohn. *

May, V., der Handarbeits-Unterricht für die männliche Jugend und der Slöjdunterricht in der Schule vom Standpunkte der Pädagogik, s. Erziehung, Unterricht, Schulwesen.

May, V., der Handarbeits-Unterricht f. die männliche Jugend u. der Slöjdunterricht in der Schule vom Standpunkte der Pädagogik, s.: Urban, J.

May, Val. Ernst, der Rathgeber bei Wasserkuren. Eine ausführl. Anweis., wie man durch d. Gebr. d. Wassers, dieses einfachen u. doch so überaus kräft. Heilmittels, sich von Krankheiten befreien u. die Gesundheit erhalten kann. 16. (7 B.) Meißen 837, Klinkicht u. Sohn.

May, Vinzenz

— Alfr. Seipel u. Joh. Max Hinterwaldner, Geographie, s.: Realienbücher f. österr. allgemeine Volksschulen. I.

— Lindenzweige, s. a. Allerhand aus Volk u. Land.

(F) **May**, V., Lindenzweige. [Allerhand aus Volk und Land. 3. Bd.] 8°. (ill. 194 S. mit 4 Tafeln)
Linz-Urfahr Preßverein 1902.

May, Vinzenz, Lust u. Leid, s.a. Allerhand aus Volk u. Land

May, V., Lust und Leid. [Allerhand aus Volk und Land. IV. Bd.] 8° (200 S.) K 2 –
Linz-Urfahr Preßverein 1903

May, Vinzenz, Volkserzählungen, s.a. Volksbücherei.

(F) **May**, V., Volkserzählungen. [Volksbücherei. Nr. 180/182.] 8°. (153 S.) K —.60, geb. K 1.10
Graz Styria 1907

(F) **May**, V., Volkserzählungen, 2. Reihe. [Volksbücherei. Nr. 224/225.] 8°. (118 S.) K —.40, geb. K — 90
Graz Styria 1909

May, W. Meine Entgegnung auf die Verdächtigungen Dr. E. Struve's. (Leipzig 1895.

May, W., Vers. e. neuen Heilmethode in d. Lungensucht, a. d. Engl. 8. Leipz. Böhme. 794.

May, W., Versuch e. neuen Heilmethode in der Lungensucht; aus d. Engl. 8. Leipz. 794. (Knobloch). 7 gr.

May, Walo v(on). Bernertypen. [Farbige Postkarten] No 1—6. 6 Bl., in *Umschlag*. 8. Bern, Verlag A. Francke, Graphische Kunstanstalt H. Kümmerly & Frey, (1903). [fr. —.60]

May, Walther. Die von Dr. Stuhlmann im Jahre 1889 gesammelten ostafrikanischen Alcyonaceen des Hamburger Museums. *Hamburg 1898: Lütcke & Wulff.* (38 S.) 8°
Jena, Phil. Diss. v. 18. Juli 1898

— die v. Dr. Stuhlmann im J. 1889 gesammelten ostafrikanischen Alcyonaceen des Hamburger Museums. Hamburg 898. (L. Gräfe & Sillem.) n. 1.50
Sonderabdruck aus: „Mitth. a. d. naturhist. Museum".

Die von Dr. Stuhlmann im Jahre 1889 gesammelten ostafrikanischen Alcyonaceen des Hamburger Museums. Von Walther **May** (Jena) *Hamburg 1898. (Berlin D. Reimer 1901).* (38 S.) 4°(8°)
Aus Mitth. aus d. Naturhist. Mus. 15
— Ergebnisse, Zoolog., einer ... in d. Küstengebiete von Ost-Afrika unternomm. Reise. Bd. 2. No. 16 [02. 14786]

May, Walther, Dr., Assist. am zool. Inst. d. Techn. Hochsch. Karlsruhe: Die arktische, subarktische und subantarktische Alcyonaceenfauna. Mit 5 Textfig. Jena: Fischer 1900. 30 S. 4° ¶ Aus: Fauna Arctica. Eine Zusammenstellung d. arktischen Tierformen hrsg. v. F. Römer u. F. Schaudinn. Bd 1.
Karlsruhe Te. H., Hab.-Schr. v. 16. 3. 1901

May, Walth., Alcyonarien, s.: Ergebnisse der Hamburger Magalhaensischen Sammelreise. 4. Lfg.

Alcyonarien bearb. v. Dr. Walter **May** (Hamburg). M. 3 Abb. im Text *Hamburg L. Friederichsen & C. 1898.* (22 S.) 4.(8.)
= Ergebnisse d. Hamburger Magalhaensischen Sammelreise. Lfg. 4 [No.] 2 [06. 2454]

May, Walth., die **Ansichten** üb. die Entstehung der Lebewesen. Kurze Uebersicht nach Volksvorträgen. (III, 64 S.) 8. Karlsruhe 905. Polytechn. Verlag O. Pezoldt. n. — 60

May, Walth., die **Ansichten üb. die Entstehg. d. Lebewesen. Kurze Übersicht nach Volksvorträgen. 2., verm. Aufl. (81 S.) 8. Leipzig 909. J. A. Barth.** 1.50

May-Leipzig, Walth. Die Buchdrucker in ihren Kämpfen gegen das Kapital, s.a. Arbeiterbibliothek, Berliner.

May, Walth., Die deutschen Buchdrucker in ihren Kämpfen gegen das Kapital. (Berliner Arbeiterbibliothek, Serie 2, Heft 14.) 8°. Berlin 1891.

— Auf Darwin-Spuren, s.a. Vorträge u. Abhandlungen, gemeinverständliche darwinistische. 14.

Auf Darwin-Spuren. Beiträge z. Biogr. Darwins von Dr. Walther **May**, Prof. Mit 5 Abb. Brackwede i. W.: W. Breitenbach 1907. (61 S.) 8° [J.]
— Vorträge, Gemeinverständl. darwinistische, u. Abhandlungen. H. 14. [07. 9482]

— Goethe. Humboldt. Darwin. Haeckel. 4 Vorträge. (VIII, 255 S. m. 16 Taf.) 8. Berlin-Steglitz 904. E. Quehl. Kart. n. 5. —

Ernst Haeckel. Versuch e. Chronik s. Lebens u. Wirkens von Dr. Walther **May**, Prof. Leipzig J. A. Barth 1909. (VII, 301 S.) 8° [08. 17983]

— Korallen u. andere gesteinsbildende Tiere, s. a. Aus Natur u. Geisteswelt.

May, W. Korallen und andere gesteinsbildende Tiere. (122 S.) (Aus Natur und Geisteswelt 231.) Leipzig 1909

May, Wilhelm, approb. Arzt aus München: Über einen **Fall von Mastdarmileus.** *München 1900: J. Fuller.* **(25 S.) 8°**
München, Med. Diss. v. 1900

May, Wilh., Zweck u. Mittel der Verstandesbildung, s.: Für die Schule aus der Schule. 107. Hft.

May-Bartlett, La belle-mère, hrsg. v. Günther, s.: Prosateurs modernes.

May-Hartung, Gust., der Stammbaum, s.: Bibliothek der Gesamtliteratur. (Lenz, Paul.)

May de Romainmotier, Emmanuel, s. May

May von Rued, F., die Staatsverfassung nach d. heil. Schrift. gr. 8. (5 B.) Aarau 841. (Christen.) *

Maey, E[ugen] Was ist Mathematik? S. 95—101. 8.
In: Festschrift zur Einweihung des neuen Anstaltsgebäudes am 27. Mai 1902. Realgymn. mit Realschule (Reformschule) *Remscheid* 1902 (541).
Progr.

Maey, Heinr., die **Beheizung** der Eisenbahnwagen mit spezieller Bezugnahme auf die Luftheizung Maey-Pape der Schweizerischen Industrie-Gesellschaft in Neuhausen bei Schaffhausen. 8. (31 S. mit 3 Taf. autogr. Abbild.) Zürich 880, Meyer und Zeller. k

Maey, Heinr., **Bericht** üb. **Gruppe 23 der schweizerischen Landesausstellung Zürich 1883; Metall-Industrie. gr. 8. (51 S.) Zürich 884. Orell Füssli & Co. Verl. n. 1. —**

— Betrachtungen üb. die Lokomotiven der Jetztzeit f. Eisenbahnen m. Normalspur. gr. 8. (VII, 217 S.) Wiesbaden 884. Kreidel. n. 4. —

Maya, Ein Seelencyclus der Liebe. Illustrationen von Paul Haase. (86 S.) 12. Berlin (903). C. Messer & Co n. 1. —

Mayahandschrift, die, der königl. öffentlichen Bibliothek zu Dresden. Hrsg. von E. Förstemann. Mit 74 Taf. in Chromo-Lichtdr. Imp.-4. (18 S.) Leipzig 880. A. Naumann'sche Lichtdruckerei. In Halbjuchten-Mappe. n.n. 200. —

Maya-Handschrift, die, der königl. öffentlichen Bibliothek zu Dresden. Hrsg. v. E. Förstemann. 2. Aufl. gr. 4. (14 S. m. 74 Taf. in Chromo-Lichtdr.) Dresd. 892, R. Bertling.
In Halbjuchten-Mappe * 200 —

Mayan, J. M., Il canto e la voce. Studio completo dell'arte lirica, tradotto dal francese ed adattato per la scuola di canto italiana da A. Schmidl-Serra. gr. 8. (IV, 135 S.) Triest 895. C. Schmidl & Co. 3. 20

Mayaux, B., die beiden Sprachen in d. Volksschulen v. Lothringen. gr. 8. (76 S.) Metz 895. A. Tschakert. n. — 80

Mayaux, B., die Universität des Volkes. Die Fortbildungsschulen oder Kurse für Erwachsene [Cours d'adultes], vom geist., sittl., wirthschaftl. und sozialen Gesichtspunkte betrachtet. Aus dem Französ. übers. gr. 8. (42 S.) Straßburg 884, Schmidt's Universitäts-Buchh. *

Maybaum, Joannes [Megalopolitanus]: De Cicerone et Germanico Arati interpretibus.... Rostochii, typ. Caroli Boldtii, 1880; 58 S. 8°
Rostock, Phil. Fak., Inaug.-Diss. v. 5. Dez. 1887

Maybaum, (Johannes), Dr. Der **Zeuskult** in Boeotien. (T. 1.) *Doberan (1901): H. Rehse & Co.* (26 S.) 8°
Doberan, grossh. G Friderico-Francisceum, OP 1901 (712)

Maybaum, Siegm., die Anthropomorphien u. Anthropopathien bei Onkelos u. den späteren Targumim mit besond. Berücksicht. der Ausdrücke Memra, Jekara u. Schechintha. Preisschrift. Breslau 870. Schletter. gr. 8. (III, 67 S.) n. 20 ngr.

Maybaum, Siegm., die Anthropomorphien und Anthropopathien bei Onkelos und den späteren Targumim mit besond. Berücksicht. der Ausdrücke Memra, Jekara und Schechintha. Preisschrift. gr. 8. (III, 67 S.) Breslau 870, Skutsch. *

Maybaum, Siegmundus: *De dialecto Targum Proverbiorum, et quomodo hoc Targum cohaereat cum Syro. 30 [vielmehr: 28] S. 8° (4°)
Halle-Wittenberg, Phil. Diss. v 10. Dez. 1868
Geb. [Miskolz (Ungarn) 25.4.1845]
Verf. erlebte die Diplomerneuerung 1918 als Professor an der Lehranstalt für die Wissenschaft des Judentums, Rabbiner in Berlin, vgl. Anh. Nr 671

Maybaum, S., die Entwickelung des altisraelitischen Priesterthums. Ein Beitrag zur Kritik der mittleren Bücher des Pentateuchs. gr. 8. (VIII, 126 S.) Breslau 880. Koebner. n. 2. 80

Maybaum, Siegm., die Entwickelung d. israelitischen Prophetenthums. gr. 8. (VIII, 162 S.) Berlin 883. Dümmler's Verl. n. 4. —

Festpredigten von Prof. Dr. S[iegmund] **Maybaum,** Rabbiner. Hälfte 1 Berlin Selbstverl. 1909. 8°
(Maybaum Predigten u. Schrifterklärungen. T 5, Hälfte 1) [09. 12172

— Fest- u. Gelegenheitspredigten. 1. Thl. gr. 8. (238 S.) Breslau 878. Hepner. n. 3. —

Maybaum, S., Hagada f. den häuslichen Gottesdienst an den Vorabenden des Pessachfestes. 8. (20 u. 44 S.) Berlin 893. B. Weisstock. Kart. n.n. — 50

Maybaum, S., Haggada f. den häusl. Gottesdienst an den Vorabenden des Pessachfestes. (4. Taus.) (18 u. 34 S.) gr. 8. Berlin 904. M. Poppelauer. Kart. n.n. — 50

Jüdische Homiletik nebst e. Auswahl v. Texten und Themen v. Dr. S[ig-mund] **Maybaum,** Rabbiner zu Berlin. *Berlin: F. Dümmler 1890.* (VIII, 385 S.) 1 Bd 8.
— [**Maybaum,** S.: Praktische Theologie. Th. 1.] [96. 1,61
Th. 2. s. 96. 5405

Methodik des jüdischen Religionsunterrichtes v. Dr. S[igmund] **Maybaum,** Rabbiner . zu Berlin. *Breslau: W. Koebner 1896.* (XII, 126 S.) 1 Bd 8.
— **Maybaum,** S.: Praktische Theologie. Th. II. [96. 5405

Maybaum, S., Methodik des jüd. Religionsunterrichtes. gr. 8. (XII, 126 S.) Breslau 896. M. & H. Marcus. n. 3. —

—— Predigten. 1. Tl.: Kasualreden. gr. 8. (XII, 281 S.) Berl. 892, Bibliograph. Bureau. geb. * 4 —

— dasselbe. 2. Tl. gr. 8. Berlin 894. B. Weisstock. Geb. in Leinw. n.n. 4. —
Predigten u. Schrifterklärungen. 1. u. 2. Buch Mose. (VIII, 309 S.)

Maybaum, S., Predigten. 3.—6. Tl. 8. Berlin, M. Poppelauer. Geb. nn 18. —
3. Predigten u. Schrifterklärgn. 2., 3. u. 4. Buch Moses. (XVIII, 268 S.) 907. Geb. 4. —
4. Dasselbe. 4. u. 5. Buch Moses. (X, 237 S.) 909. Geb. 4. —
5. Dasselbe. Festpredigten. 1. Hälfte: Neujahrs-, Versöhnungs- u. Laubhüttenfest. (XII, 239 S.) 909. Geb. nn 5. —
6. Dasselbe. Festpredigten. 2. Hälfte. Peßachfest u. Schabuotfest. (VIII, 264 S.) 910. Geb. nn 5. —

—— geistliche Rede, gehalten an der Bahre Laskers, s. Frankl, P. F.

Praktische Theologie v. Dr. S[igmund] **Maybaum,** Rabbiner zu Berlin. Th. [1] 2. *Berlin: F. Dümmler (2: Breslau: W. Koebner) 1890—96.* 2 Bde 8.
[1.] [u. d. T.:] Jüdische Homiletik nebst e. Ausw. v. Texten u. Themen v. Maybaum 1890. (VIII, 385 S.)
2. 1896 [A. T.:] Methodik des jüd. Religionsunterr. v. Maybaum (XII, 126 S.) [96. 8,64

Weihe-Rede für das Lehrlingsheim in Pankow gehalten von Dr. S[iegmund] **Maybaum,** Rabbiner zu Berlin, 1896 *Berlin (1896): R. Mosse.* (3 Bl.) 8 [... 332

Maybaum, S., Die Zerstörung des Tempels u. des Prophetenhauses zu Silo. S.-A. o. J. 26 S. 1.—

Jahresbericht der k. k. vollständigen Unterrealschule in Salzburg. Veröffentlicht am Schlusse des Schuljahres 1857. Salzburg, 1857. Schnellpressendruck der Zaunrith'schen Buchdr. (35 S. 4.) Enthält: Die Schmetterlinge der Umgebung Salzburgs. Von Josef Mayburger.

Maychrzak, Franz, Dr.: Zur **Behandlung** der französischen Sprechübungen an Realschulen. *Beuthen O.-S. (1902): Th. Kirsch.* (22 S.) 8°
Beuthen O.-S., st. kath. R i. E., OP 1902 (244)

Maychrzak, Franz [aus Glatz]: Lord Byron als Übersetzer. I. II A ... (Aus: Engl. Studien, Bd XXI, 3; d. Rest erscheint in Bd XXII, 1.) Altenburg, Pierer'sche Hofbuchdr, 1895; 34 S., 1 Bl. 8.
Breslau, Phil. Fak., Inaug.-Diss. v 3. Aug. 1895

Maydel, L von, s. Maydell

Maydell, C. v., Das freiherrliche Geschlecht von Maydell. Reval 1868.

Maydell, Georg Gustav von (Livland), De justis poenam mitigandi causis in criminibus. Präs. Philipp Jakob Heisler. Halle/Magdeburg (Hendel) 19. VIII. 1752. 56 S. (5.—) 22482
Widm. v.: Christian von Wolff, Philipp Jakob Heisler.

— — Dasselbe. Halle (Hendel) 19. VIII. 1752. Editio tertia 1777. 44 S. (5.—) **22483**
Widm. v.: Christian von Wolff, Philipp Jakob Heisler.

(von **Maydell**, Gerhard) Bericht über neuerdings im Norden Sibiriens angeblich zum Vorschein gekommene Mammuthe nach brieflichen Mittheilungen des Herrn Gerhard von Maydell nebst Bemerkungen über den Modus der Erhaltung und die vermeintliche Häufigkeit ganzer Mammuthleichen Von Dr Leopold von Schrenck. (Mélanges biologiques tirés du Bulletin de l'Académie Impériale des Sciences de St Petersbourg. T 7 p. 718—756.) (St.-Pétersbourg 1871) 9 S. 8°

Maydell, Baron Gerh., Reisen u. Forschgn. im Jakutskischen Gebiet Ostsibiriens, s. a. Beiträge zur Kenntniss d. Russischen Reiches.

Reisen und Forschungen im Jakutskischen Gebiet Ostsibiriens in den Jahren 1861–1871 Von B^n^ Gerhard **Maydell**. T 1, 2 [nebst] Atlas. St. Petersburg 1893–96 K Akad. d. Wiss. 2 Bde 8°, 1 Bd 4°
1 1893. 2. 1896. Atlas (mit 4 Karten u. e tabellar Übersicht d. Flüsse d. Jakutsker Gebiets). 1896
= **Beiträge** z. Kenntniß d. russ. Reiches u. d. angrenz. Länder Asiens. Folge 4, Bd 1 2 [05. 13910

Maydell, L. von

v. Maydel, L., Anweisung für d. ersten Anfänger im Schraffiren u. Vorbereitung zum Zeichnen nach der Natur, in 80 nach dem Modell u. der Natur entworf. Vorlegeblättern. Dorpat 837. Kluge. In Mappe 1 ₰

Maydell, L. v., geometrische Reißkunst für Gewerksschulen und angehende Gewerksleute. gr. 4. (35 Bl. mit eingedr. Holzschn.) Dorpat 851, Gläser's Verlag.

— leichte Uebungen im Thier-Zeichnen. qu. gr. 16. (24 lith. Blätter.) Dresden 845, Naumann. n. 12 ngl

v. **Maydell**, L., Zeichnenlehre, nach dem natürlichen Gang der Auffassung entwickelt, für Anfänger und Kinder. Lithogr. u. herausgeg. von F. Schlater. 4 Liefg. 24 Blatt Figuren. — 24 Blatt Köpfe. — 24 Blatt Häuser. — 48 Blatt Kleinigkeiten. kl. 4. 842. (Reval, Eggers.) $2^2/_3$ ₰

Maydell, Ludw. Baron. Zur Frage üb. die gegenseitige Abhängigkeit der Kopf- u. Rückendrehung nach vorn im Mechanismus der Schädelgeburten. Diss. gr 8. (67 S.) Dorpat 891, (Karow). * 1 20

Maydell, T. Baron, die Waldgesetze, s.: Oettingen, A. v.

Maydieu, d. h. Canon: Johanna, die edle, fromme Portugiesin; aus d. Portugies. 8. Leipz. 808. (W. Rauck). 20 gl

Maydieu, d. H. Canon: Johanna, die edle, fromme Portugiesin. 8. Leipzig, Sommer. 808.

Maydl, Karl, üb. subphrenische Abscesse. gr 8 (XIV, 357 S. m. 8 Heliogr. u. 12 Fig.) Wien 894. J Šafář. n. 16 —

Maydl, Karl, specielle Chirurgie. 1. Thl. A. u. d. T. Die Lehre v. d. Unterleibsbrüchen (Hernien). M. 124 Abb. gr. 8. (XVI, 517 S.) Wien 898. J. Šafář. n. 12. 50

Maydl, Carl, über den Darmkrebs. gr. 8. (III, 130 S. mit 1 lithogr. Taf.) Wien 883, Braumüller. *

— — Über Echinokokkus der Pleura u. die ihn vortäuschenden Localisationen der Echinokokkenkrankheit. gr. 8. (III, 97 S. m. 1 Abbildg., 3 Lichtdr.-Taf. u. 1 S. Erklärg.) Wien 891, Šafář 3 60

Die Lehre von den Unterleibsbrüchen (Hernien) Von Prof. Karl **Maydl** in Prag M 124 Abb. *Wien: J. Šafář 1898.* (XVI, 517 S.) 1 Bd 4.(8.)
= **Maydl,** K. Specielle Chirurgie. Th. 1. [98. 2717

Maydl, K., üb. den gegenwärtigen Stand der Darmchirurgie, s.: Zeit- u. Streitfragen, klinische.

Mephistos Wiederkehr Dramat. Weihnachtsdichtung in 3 Aufz von Eduard **Maydolf** Berlin Walther [1908]. 61 S. 8° [09. . 9

Maydorn, Bernh., Beiträge zur Deutung u. Beurteilg. der weiblichen Vornamen. (37 S.) 8. Thorn 906. (E. F. Schwartz) n. — 80
Sonderabdruck aus: „Festschr. zur 25jähr. Jubelfeier des städt. Lehrerinnen-Sem. zu Thorn".

Maydorn, (Friedrich Johann) Bernhard *(geb. Groß-Rosen in Schles. 4 2 1859)* Die Beziehungen der Päpste zu Schlesien im 13. Jahrhundert. Breslau 1882 (60 S.) 8° [F.] *[Im Buchhandel 1882 bei Köhler in Breslau] (Teil einer Breslauer gekr Preisarbeit.) [Forts. nach Mitteil d Verf bis 1904 nicht erschienen]*
Breslau, Phil. Diss. v. (14. Okt.) 1882

Maydorn (Friedrich Johann) Bernhard (Groß-Rosen/Schlesien), Die Beziehungen der Päpste zu Schlesien im 13. Jahrhundert. Breslau (Schreiberhau-Diesdorfer Rettungs-Anst., Diesdorf bei Kuhnern) 1882. 60 S. mit Biogr. (M.: L. Knappe.) (—.—) **22484**
Oppon.: Oscar Zielke, Alfred Zimmermann. — Gew.: Robert Maydorn (Vater).

Maydorn, Bernh., die Beziehungen der Päpste zu Schlesien im 13. Jahrh. Inaugural-Dissertation. gr. 8. (58 S.) Breslau 882, (Köhler.) *

— **Bilder aus der schlesischen Reformationsgeschichte für Volk u. Jugend. (64 S.) 8. Breslau 903. F. Hirt n. — 60**

Maydorn, B[ernhart]: An die Eltern unserer Schülerinnen. Ein Wort über die Mädchenschulreformen. Thorn 1909: Buchdr. d. Thorner Ostdeutschen Zeitung. S. 3—7. 4°
Thorn, Lehrerinnen-Sm u. HM P 1909 [256] [S 09. 317

Festschrift zur 25jährigen Jubelfeier des Städt. Lehrerinnen-Seminars zu Thorn am 2. u. 3. April 1906. Inh. 1 Beiträge z. Deutung u. Beurteilung d. weibl. Vornamen. 2. Die Geschichte d. Seminars. Beides von d. Dir. Dr. Bernhard **Maydorn**. Thorn 1906: Ch. Wiegler Nachf., Berlin. (58 S.) 8° [F.] [07 243 10

Maydorn, Bernh. Hilfsbücher f. den deutschen Unterricht u. f. die selbständige Beschäftigung m. den deutschen Klassikern, f. Lehrer u. Litteraturfreunde zusammengestellt. gr 8. (XII. 78 S.) Ratibor 889, Simmich. * 2 —

Maydorn, Bernh., deutsches Leben im Spiegel deutscher Namen. 2 Vorträge. gr. 8. (53 S.) Thorn 898. E. Lambeck. n. 1. —

Deutscher S a n g . Liederbuch f Sprachvereine. Im Auftr d. Thorner Zweigver. u. mit Unterstütz. d. Allg. Deutschen Sprachver. hrsg. von Dr Bernhart Maydorn.
Thorn: Selbstverl. d. Dtsch. Sprachver. zu Thorn, E. F. Schwartz in Komm. 1902. (VIII, 111 S.) 8°

Maydorn, Bernhart: Deutsche Sprachlehre nebst Metrik und Poetik und Regeln für die Zeichensetzung. 3. Abdr. Thorn: Schwartz 1908. 70 S. 8° ¶[Nachträglich geliefert.]
Thorn, HM P 1908 [250] [S 09. 318

— Wesen u. Bedeutung des modernen Realismus. Kritische Betrachtgn. 8. (III, 115 S.) Leipzig 900. E. Avenarius. n. 1. 50

Maydorn, Fr Robert O.

Maydorn, (Fr.) R. (O.), die Diakonie und der Diakonat. Thesen verfaßt u. erläutert. Breslau 857. Dülfer. gr. 8. (27 S.) 4 *ngr.*

— das Evangelium des Paradieses, aus 1. Mose 1—3, ausgelegt in 8 Fastenpredigten, 1 Osterpredigt und 1 Confirmations-Rede. Jenkau 858. (Breslau, Dülfer.) gr. 8. (IV, 112 S.) 15 *ngr.*

Maydorn, R., acht Fastenpredigten aus dem Hohenliede Salomonis. gr. 8. (VI u. 101 S.) Schreiberhau 852. (Breslau, Dülfer & Geiser.) n. 1/2 ₰

— zur biblischen Lehre vom Schädlichkeits-Begriff. Ein Anhang zu dessen Schrift: der Giftbegriff der Alkoholgiftgegner biblisch-theologisch entwickelt. Breslau 853. Dülfer. gr. 8. (25 S.) 3 *ngr.*

— die innere und äußere Mission in der Schule. Erste gekrönte Preisschrift der evang. Seminare Schlesiens. Besonderer Abdruck. Steinau 854. (Breslau, Hirt.) gr. 8. (31 S.) n. 5 *ngr.*

Maydorn, F. Rob. O., die Psalmtöne der heiligen Kirche. [Abdr. der dem königl. Consistorialrath Prof. Dr. Schmieder zur Feier seiner 25jähr. Directorial- u. Ephoral-Wirksamkeit am Wittenberger Pred.-Seminar zum 12. I. 1864 gewidmeten Jubelschrift.] gr. 8. (45 u. Musikbeil. [in qu. 4.] 2 S.) Breslau (864). (C. Dülfer.) n. 1.—

— „Warum wollt ihr sterben?" (Jer. 27, 12—13.) Eine Leichenpredigt an einem weiten und tiefen Grabe unsers Volks. Breslau 855. Dülfer. 12. (23 S.) n. 2 *ngr.*

Maydorn, Friedrich Johann Bernhard, s. M a y d o r n , Bernhard

Mayeda, Reitaro [aus Kioto, Japan]: Über die Kaliberverhältnisse der quergestreiften Muskelfasern. (Aus: Zeitschr. f. Biol. Bd. XXVII.) München, Druck v. R. Oldenbourg 1890; 40 S. [falsch pag.] + 1 Bl. u. 2 Taf. 8°
Strassburg, Med. Fak., Inaug.-Diss. v. 1890

Mayeda, Uzuhiko, über Bindegewebsbildung auf d. Sehnervenpapille, s.: Beiträge z. Augenheilkunde. 54.

Mayeda, Uzuhiko, aus Nagoya (Japan): Aus d. Universitäts-Augenklinik zu Gießen. Das Lidcarcinom. *Hamburg & Leipzig: L. Voß 1903.* (139 S.) 8° ¶(Aus: Beiträge zur Augenheilkunde, H. 56.)
Gießen, Med. Diss. v. 1903

Mayen [Schlagwort]

Mayen, s.a. D e u t s c h l a n d. Karte (Abt. Preussen).

Mayen, s.a. R h e i n p r o v i n z, Liebenow, W.

Mayen. B a r o n, P., Karte des Kreises Mayen. 1:50,000. 64×71,5 cm. Farbdr. Mayen (906). L. Schreder. n.n. 1. 50

Mayen [Verfasser]

Mayen, [Georg], Dr: Ueber die Entwicklung der französischen Konjunktion que und des deutschen Akkusativs mit dem Infinitiv aus dem Lateinischen. *Konitz 1902: F. Roehl Nachf.* (S. 3—13.) 4°
Konitz, k. G, P 1902 (33)

Mayen, Georg [Deutsch.-Kronensis]: De particulis quod quia quoniam quomodo ut pro acc. cum infinitivo post verba sentiendi et declarandi positis. Kiliae, ex offic. H. Fiencke, 1889; 2 Bl. + 62 S. + 1 Bl. 8°
Kiel, Phil. Fak., Inaug.-Diss. v. 8. Mai 1889

Mayen, G., de particulis quod quia quoniam quomodo ut pro acc. cum infinitivo post verba sentiendi et declarandi positis. Diss. inaug. gr. 8. (62 S.) Kiel 889. (Lipsius & Tischer.) n. 2. —

* Mathematicorum in litore Baltico monumenta et diem Academiae Buetzoviensis natalem Serenissimum Magnificentissimum carmine heroico canit: simulque tractatum de omnibus coni et cylindri sectionibus ex duobus secandi modis rectius demonstrandis, ex puris geometriae fontibus methodo mathematica absolutum Academiae judicio illustrissimo et doctissimo submittit *Joannes Jacobus Mayen* rer. divinar in concione Coblenzens. Pomeranor. minister et orator sacer. Sedini typis regii regiminis et Gymnasii typographi Joannis Friderici Spigelii Viduae. 4. 48 S. nebst 2 Kupfr.
1761.

Mayen, Phil., Chiromantia et Physiognomia, deutsch. 8. Dresd. 736.

Mayenberg, Christoph Carl (Sonnenwald/Lausitz), De cortice salicis cortici peruviano substituendo. Disput. prior. Defend. Justus Wilhelm Günz. Leipzig (Langenheim) 21. III. 1772. S. 1—8. (2.—) 22485

— — De praedispositione ad morbos disserit. Präs. Ernst Gottlob Bose. Leipzig (Langenheim) 4. III. 1774. 12 S. (4.—) 22486
Gew.: Balthasar Christian Brückner.

Aufgaben der sphärischen Astronomie. — Von Joseph M a y e n b e r g, G. P. — 1882, Hof, ibid. — S. 1—20° mit 3 Figurentafeln.
Progr Hof, K. Gymn

M a y e n b e r g, Jos., A u f g a b e n der sphärischen Astronomie. gr. 8. (20 S. mit 3 Stnt.) Hof 882, (Grau und Comp.) *

Mayenberg, J., Aufgaben über die vier Rechnungsarten in einfach und mehrfach benannten Zahlen mit Berücksicht. der neuen Maß- und Gewichtsverhältnisse. Für die mittlern und obern Klassen der Volksschulen und die unterste Klasse der Latein- und Gewerbsschulen. gr. 16. (44 S.) Passau 871, Waldbauer's Buchh.

Mayenberg, Jos., Aufzählung der um Passau vorkommenden Gefässpflanzen. Beitrag zur Flora Niederbayerns. gr. 8. (X, 114 S.) Passau 875, (Waldbauer's Buchh.) **
Aus Jahresbericht des naturhistorischen Vereins in Passau, besonders abgedruckt.

Mayenberg, J., die wichtigsten Begriffe u. Regeln aus der Arithmetik. gr. 8. (15 S.) Hof 884. (Lion.) n. — 30

Mayenberg, Jos., die wichtigsten Begriffe und Regeln aus der Arithmetik. 2. und 3. Aufl. 8. (16 S.) Hof 884,88, Lion. *

Mayenberg, J., die wichtigsten Begriffe u. Regeln aus der Arithmetik 4. Aufl 8. (16 S.) Hof 893. R. Lion n. — 20

—— die wichtigsten Begriffe und Sätze der Arithmetk und Algebra. 8. (55 S.) Ebendas. 885. *

—— die Decimalbrüche und deren Anwendung auf das neue Maß und Gewicht. Zum Gebrauche in Schulen und für Geschäftsleute. gr. 16. (48 S.) Ebendas. 871.

Mayenberg, Jos., u. A. Müller, kleiner Führer durch das Fichtelgebirge u. den Frankenwald. Eine Zusammenstellg. der lohnendsten Touren. 5. (verm. u. verb.) Aufl. (64 S. m 1 Karte.) kl. 8 Hof (905). R. Lion. n. 1. —

—— kleiner Führer durch den bayrischen Wald. 12. (IV, 88 S. mit 1 Kärtchen.) Ebendas. 888. *

—— Führer durch den bayerischen Wald. 4. verm. und revid. Aufl. Mit 1 (lithogr.) Karte. 12. (IV, 212 S.) Passau 883, Waldbauer's Buchh. cart. *
Frühere Auflagen vgl. Hoffmann, Carl.

Mayenberg, Jos., Führer durch den bayrischen Wald. 5. Aufl. Mit 1 Karte. 12. (IV, 248 S.) Passau 886. Waldbauer cart. n. 2. —

— Führer durch den bayrischen Wald. 6. Aufl. 12. (VI, 251 S. m. 1 Karte.) Passau 887. Waldbauer geb. n. 2. 50

Mayenberg, Jos. Führer durch den bayerischen Wald 7 Aufl. Mit 2 Karten. Ansicht u. 1 Stadtplan. 12 (III, 262 S.) Passau 891, M. Waldbauer geb. 3 —

— Führer durch den Bayerischen Wald u den angrenzenden Böhmerwald. 8. unveränd. Aufl. Mit e. Uebersichtskarte, Touren-Wegkarte, e Ansicht u. e Stadtplan. Vom bayer Waldverein autoris Ausg. 12. (III, 269 S.) Passau 893 M Waldbauer Geb in Leinw. n 3 —

Mayenberg, Jos., Führer durch d. bayerischen Wald u. d. angrenz. Böhmerwald. 9. Aufl. M. 7 Karten u. e. Ansicht. Vom Waldverein autoris. Ausg. 12. (VI, 260 S.) Passau 896. M. Waldbauer. Geb. in Leinw. n. 3 —

Mayenberg, Jos., Führer durch den Bayerischen Wald u. den angrenzenden Böhmerwald. 11. Aufl. 12. (VIII, 204 S.) Passau 902. M. Waldbauer. Geb. in Leinw. n. 3.50

Mayenberg, Jos., Führer durch den bayerischen Wald u. den angrenzenden Böhmerwald. 12. autoris. Aufl. (VIII, 222 S. m. 8 Karten.) kl. 8. Passau 904. M. Waldbauer. Geb. in Leinw. n. 3. 50

Mayenberg's, J., Führer durch den bayer. Wald, den angrenzend. Böhmerwald u. d. Mühlviertel. 14. Aufl. (VIII. 260 S. m. Bildnis, 4 Textkärtchen, 11 Karten u. 3 Panoramen.) kl. 8. Passau (910). M. Waldbauer. Geb. 3. 50

Mayenberg, Joseph Die Hauptsätze der Central- und Pendel-Bewegung in elementarer Behandlung 8 (15 S., 1 Taf.)
Progr. Studienanst Hof 1887

—— das neue Maß und Gewicht in vergleichender Zusammenstellung mit dem alten Maß und Gewicht. Zum Gebrauche für Schule und Haus. 4. Aufl. 16. (24 S.) Ebendas. 872.

—— die neue Münze in vergleichender Zusammenstellung mit der alten Münze. Ein Büchlein für Schule und Haus. gr. 16. (16 S.) Ebendas. 874.

— die Turnhallen u die Turnplätze der Stadt Hof, s.: Thomas, J. G.

—— und A. Müller, kleiner Wegweiser durch das Fichtelgebirge. Eine Zusammenstellung der lohnendsten Touren. 2. Aufl. 8. (14 S.) Hof 886, Lion.
Mit Spezialkarte des Fichtelgebirges. *

— u. A. Müller, kleiner Wegweiser durch das Fichtelgebirge u. den Frankenwald. Eine Zusammenstellg. der lohnendsten Touren. 3., verm. Aufl. Mit Spezialkarte d. Fichtelgebirges. 1 : 160,000. gr. 8. (38 S.) Hof 890. Lion. n. 1. —; ohne Karte n. — 60

— u. A. Müller, kleiner Wegweiser durch das Fichtelgebirge u. den Frankenwald. Eine Zusammenstellg. der lohnendsten Touren. 4. (verm. u. verb.) Aufl. gr. 16. (63 S. m. 1 Karte.) Hof (901). R. Lion. n. 1.—

Mayenburg, A., Aufklärungsschrift f. Männer. Ein Wegweiser zur Verhütung geschlechtl. Ansteckg. nebst Verhaltungsmaßregel zum Selbstschutz. (54 S.) 8. Dresden (909). Welt-Reform-Verlag. 1. —

Mayenburg, Arnold, die Volkssage vom Cölner Dom poetisch bearbeitet. M. topograph.-histor. Vorbemerkungen begleitet u. hrsg. v. Th. Heinsius. gr. 8. (3⅓ B.) Berlin 812, (Hold.) *

Mayenburg, G von St. Louis und die deutschen Künstler, s. Kiessling, Paul

Mayenburg, Theodora v., aus goldener Jugendzeit. Reime, Märchen u. Geschichten. Mit vielen (z. Tl. farb.) Illustr. v Feod. Flinzer u. A Jubiläums-Ausg. gr 4 (III, 60 S.) [Leipzig 893. F. Cavael.] Hamburg, G Fritzsche. Kart. n. 4 —

Mayenfeld, Matth.

Mayenfeld, M., prakt. Rechen-Buch f. Kaufleute, Schullehrer u. Geschäftsmänner aller Art, so wie vorzugsweise z. Selbst-Unterr. Hrsg. u. mit e. Vorr. begl. v. W. Mayenfeld. 2., gänzl. durchges. u. mit vielen Verbess. verm. Ausg. 8. (13½ B. u. 3 Tab. Fol.) Hersfeld 828, Indust.-Comptoir.

Mayenfeld, Matth., pract. Rechen-Buch f. Kaufleute, Schullehrer u. Geschäftsleute aller Art, so wie vorzugsweise z. Selbst-Unterr. 3., verb. Ausg. mit e. Münz-, Maas-, Gewicht- u. Wechsel-Cours-Tabelle vers. u. hrsg. v. A. Nullmann. 8. (13½ B. u. 3 Tab., Fol.) Cassel 837, Luckhardt'sche Buchh.

Mayenfeld, W., s. M. Mayenfeld, Rechenbuch.

Mayenfisch, Hans, bacc. iur. a. Zürich: Das gesetzliche Güterrecht des Kantons Zürich unter vergleichenden Hinweisen auf das gesetzliche Güterrecht des deutschen Bürgerlichen Gesetzbuchs. Borna-Leipzig 1907: R. Noske. (VIII, 146 S.) 8°
Leipzig, Jur. Fak., Diss. v. 25. April 1907
[Geb. 14. Apr. 83 Zürich; Wohnort: Zürich; Staatsangeh.: Schweiz; Vorbildung: Gymn. Zürich Reife M. 00; Studium: Zürich 3, Leipzig 6 S.; Rig. 10. Dez. 04.]

JOHANNEISCHES MAYENGÄRTLEIN

Johanneisches Mayengärtlein | Oder | Kurtzer Begriff | Der Regeln und des Ablasses, welchen | ihro Päpstliche Heiligkeit Clemens | XII. der Bruderschafft des H. | Johann von Nepomuck | In der Pfarrkirche des H. Niclas zu | Lutzemburg gnädigst ertheilet: | Wie auch | Nepomucenische Novena, | Das ist, | Neun mittwochentliche, oder neuntä-|gige Andacht zu diesem allgemeinen | Nothelffer. | Nebst | Denen Tagzeiten, Litaney und andern | auserlesenen Gebetern zu diesem | Großen und mächtigen | Ehrenbeschützer. | Mit Bewilligung der Oberen. | Gedruckt zu Lutzemburg, bey J. B. Kleber, | Kayserlichem Buchdrucker. 1756. |

72 S., kl-8° (130 × 85 mm).

Mayen-Gärtlein, Johanneisches, oder: Auserlesene Andachten zum Heil. Johann v. Nepomuk. Nebst Morgen-, Meß-, Beicht-, Communion- und Abendgebeten, wie auch andern Andachtsübungen. Prag 857. Bellmann. 12. (260 S., 1 Lithogr. u. lith. Titel in Farbendr.) n. 8 ngr.

Mayenn, Georg, s. Bemerkungen über die Handelspolitik Englands gegen Preußen und andere nordische Staaten.

Mayenschein, A., Die ländlichen Genossenschaften im Reg.-Bez. Cassel. Im Auftrag der Landwirtschaftskammer zu Cassel bearb. I. Die Raiffeisenschen Genossenschaften. gr. 8⁰. Cassel, C. Röttger, 1899.

Mayer. – Herr von Mayer

— philos. Gemälde a. d. 16. Jahrh. a. d. Frz. gr. 8. Berl. Lange. 787.

Mayer, Herr von, philosoph. Gemälde aus dem 16. Jahrhundert. A. d. Franz. gr. 8. Berlin. 787. Jezt Reimer. Rthlr.

Programm des k. k. Ober-Gymnasiums zu Komotau für das Schuljahr 1853. Veröffentlicht am 30. Juli durch den Direktor der Lehranstalt Adolph Waller. 4. (16 S.) Prag. Druck von Gottlieb Haase Söhne 1853.
Inhalt: Dr. Hermann Mayer. Eine biographische Skizze. — Schulnachrichten.

Mayer, Julchen, oder Väter seht nach euern Kindern; e. Schspl. 8. Prag... Schönfeld. 4 gl.

Dr. Karl August **Mayer,** *Direktor a. D., gest. am 16. Okt. 1894.* (Aus: Karlsruher Zeitg, 1895 No 106.) Karlsruhe, Buchdr. v. Malsch & Vogel, 1895; 6—7 S. 4.
Karlsruhe, RG, MP 1895 (635)

Mayer, des Juden, Prozeß, gegen Bamberger Fürstbischöfe. (Von J. L.) 8. (8 S.) Bamberg 899. (München, G. Schuh & Co.) n. — 40

Mayer, Rob. v., der Entdecker des Princips von der Erhaltung der Energie, s. Weyrauch, Jac. J.

Von dem Mayer, Wie er sein Gesind auffwecket, vnnd zu der Arbeit antreibet. Welcher deß Bandles leiblicher Schwager vnd des Madlenles ehrlicher Bruder war. Ich bin genandt der kluege Mayer, In d Statt trag ich hasen, hiener vnd Ayer. Getruckt vnder Preß in dem zukünfftigen Jahr. O. O., Dr. u. J. (ca. 1700). 4 Bl. 8°. Kart. 25.—
Sehr seltenes Curiosum. Der Scherz besteht darin, daß die Wörter und Begriffe verstellt sind: So weckt der Mayer sein Gret auff: Gret steh auff, stoß das fenster zum Kopff hinauß, vand tag ob es luege, . Den Knecht: Kuntz ste auff, gang hinter die Nasen, schnitz die thier . . .

Mayer, s.a Maier – Mayr – Meier – Meyer

Mayer, v., Albrecht d. Krieger, Marggr. z. Brandenb. 8. Erl. Palm. 792.

Mayer, Anspruch u. Rechtskraft nach deutschem Civilprozessrecht Freiburg i/B. 896.

– Gründliche Anweisung zur Obstbaumzucht für Gärten und das Feld. Hof 1826

Mayer, über Berechnung d. Kohlenmeiler. gr. 8. (1 B. u. ½ B. Tab. gr. 4.) Gotha 833, Hennings u. Hopf.

Mayer, soziale Bewegungen u. Theorien bis zur modernen Arbeiterbewegung. Leipzig 899.

– s. Blätter für Justiz und Verwaltung im Großherzogtum Baden.

— nützl, u. unterhaltende Blätter, f. Jb. Mark. Schmid.

Mayer, Fremdwörter im Französischen. Vortrag, gehalten bei der Versammlung der Gymnasial- und Reallehrer Oberschwabens in Ravensborg am 15. Juli 1886. gr. 8. (20 S.) Tübingen 887, Fues's Verlag. *
Aus: Korrespondenzblatt für die Gelehrten- und Realschulen Württembergs, besonders abgedruckt.

– Die bayerische Gemeindeordnung für die Landesteile diesseits des Rheins, s. Schöller

Mayer, Hauptm., Geschichte des hamburgischen Contingents von seinem Stiftungstage 1814 bis zu seiner Auflösung 1867 nebst einem alphabet. Namens-Verzeichniß sämmtl. Offiziere, Aerzte und Beamten des Contingents in der Zeitperiode von 1814 bis 1867. gr. 8. (238 S.) Hamburg 874, O. Meißner. *

Mayer, .. (Dekan), Geschichte der Salpeter auf dem südöstlichen Schwarzwalde. Herausg. von Heinr. Schreiber. gr. 8. Freiburg ... Waizenegger. ½ rf.

— Geschichte d. deut. Sozialdemokratie. 2 Thle Stuttg 897
I. Von der Julirevolution bis zum preuss. Verfassungsstreit 1830 bis 1863.
II. Von Lassalles' offenem Antwortschreiben bis zum Erfurter Programm 1863—1891.

Mayer, Geschichte d Strafrechte aller Kulturvölker Trier 876.

Mayer, Geschworenengerichte u. Schöffengerichte. Frankf. a/M. 872.

— u. **Witcomb,** new guide to modern conversation in Portuguese and English. Or dialogues on ordinary and familiar subjects, augmented by dialogues on travelling, railways, steamvessels etc. 16. (V, 246 S. m 1 Tab.) Ebd. 892. Kart. 1. 50

Mayer, v., et **Bellenger,** nouveau guide de conversations modernes en portugais et en français ou dialogues usuels et familiers à l'usage des voyageurs et des personnes qui se livrent à l'étude de ces langues. 16. (V, 246 S. m 1 Tab.) Berlin 892. B. Behr's Verl. Kart. 1. 50

Mayer & Müller's akademische Hilfsbücher I Das akadem. Berlin. Sommer-Halbj 1893. Mit Benutzg amtl. Quellen. gr. 16 (99 S.) Berlin, Mayer & Müller. n — 80

— — dasselbe. I. Das akadem. Berlin. Winter-Halbj. 1893/1894. Mit Benutzg. amtl. Quellen gr. 16. (99 S.) Ebd n — 80

Mayer, das württembergische Inventar- u. Theilungswesen. Stuttgart 892.

Mayer, Causalzusammenhang zwischen Handlung u. Erfolg im Strafrecht. Rechtsphilosoph. Untersuchg. Freiburg i. B. 899.

— Ueber die Contraction der Verba auf *οω* bei Herodot, s. Meyer. W L.

Mayer-Reis, Lehrbuch des Familien- und Erbrechts. I. Familien- und Vormundschaftsrecht. 4. Auflage von O Haidlen. (448 S) Stuttgart 1907

— Lehre v. d. Legaten u. Fideicommissen. I. Tübingen 854. (4. 50)

— u. **Fischer**, Leitfaden der portugiesischen u. deutschen Conversations-Sprache, enth. Gespräche üb. Reisen, Eisenbahnen, Dampfschifffahrt etc 16. (V, 246 S. m. 1 Tab.) Ebd. 892 Kart. 1 50

Molitor, Franz Jos.: **[Autogr.] Liebe Hofnung [!] Glauben. Wechselgesang zu Ehren des Brs Franz Molitor als Meister vom Stuhl d. □ C[arl] z. a[ufgehenden] L[icht] im O. z. F[rank]-furt 5825. [Unterz.:] Mayer. [Frankfurt a. M. 1825.] 2 Bl. 8⁰ [Umschlagtit.]**
Ohne Noten: „Zur Liebe führt der Orden an . . .“ Üb. Molitor s. Allgem. Deutsche Biographie Bd 22 1886 S. 108—110 (Prantl).

v. Mayer, . . ., Lisuart aus Griechenland; aus d. Französ. 2 Thle. 8. Hamb. 790. (Campe). 1 ℛ 12 ℊ

Mayer: Mittheilungen aus dem chemischen Laboratorium. 9 S. 8⁰ – Wien OR R. Progr 1866

Mayer, Münzwesen u. Edelmetallproduction Russlands. Leipzig 893.

Mayer & Co.: Musterzeichnungen und Preislisten für gelochte Bleche. Kalk (Rheinl.) 1901 1903

Mayer, Prediger, drei Predigten bei wichtigen Zeitveranlassungen, s. Jb. Mart. Schmid.

Mayer & Co.: Preise und Abbildungen von patentirten Perl-Kaffeebohnen-Auslese- und Sortirmaschinen. Kalk bei Köln (1897?)

Mayer & Co. Preise und Abbildungen von Unkrautsamen-Auslese-Maschinen usw Kalk (Rheinl.) 1902. 1903

Mayer, die Professio religiosa im kanonischen, gemeinen u geltenden deutschen Reichsrechte Ueberblick ub die derzeit Regelg der Ordensfrage Munchen 895

Mayer: Ueber die Rechnungsoperationen mit und an dekadischen Zahlen mit besonderer Rücksicht d. Einflusses derselben auf die Genauigkeit des Resultates. 33 S 8⁰ – Ofen OR. Progr 1864

– (Hrsg.), s. Rechtspraxis, Pfälzische.

Mayer's Reisebücher, s. Meyer

– Zwei Schauspiele aus der pfälzischen Geschichte, s. Maier, Jakob

Mayer, die Carstair-Naedelin'sche Schreibmethode in der Volksschule. Eine Erfahrung. (18 S) Stuttgart 1842

Mayer Uebersichts-Plan von Mannheim. 1 8000. Mannheim 1888, 1890, 1891, 1892, 1894, 1895 und 1899. Je 1 Bl. c 1.

Mayer's allerneuester, vielfach vermehrter Universal-Rechnungs-Faulenzer für Kaufs- und Verkaufs-Geschäfte, mit Umwechslungs-, Umrechnungs- und Interessen-Tabellen, dann allen bisher erschien. amtl. Tarifen in neuem Gelde, endlich mit einer Dutzend-Berechnung und einer Berechnung der Preise von Pfunden zurück auf Loth. Ein unabweislich nothwend. Handbuch für Kaufleute, Krämer, Marktfieranten ꝛc. 2., bedeutend verm. Aufl. 12. (VI und 223 S.) Wien 864, Mayer's Verlags-Expedition. cart.
Erschien auch in böhmischer Sprache zu gleichem Preise.

Mayer, Oberst. Unterricht über den Felddienst für die Unterofficiers des Bar. Kerpen 49. Linien-Infanterie-Regiments. 8. (1824!).

Mayer. Der französische Unterricht an höheren Schulanstalten. Oldenburg, G., 1851. 54 S. Progr.

Verlags-Katalog der Mayer'schen Buchhandlung in Salzburg. Juni 1855. Salzburg, 1855 Zaunrith'sche Buchdruckerei. (23 S. 16.)

Mayer, Über die Verwandtschaft der deutschen Sprache mit der lateinischen. Melk 1851 Progr

Mayer: Ein Vorläufer Lessings. (Joh E Schlegl) – Oberhollabrunn, Progr 1869

Lippstadt: **Worte zur Erinnerung an die am 22. Januar 1843 stattgefundene Einweihung der St. Johannis-Loge zum lebendigen Kreuz im Orient Lippstadt. Den anwesenden Brüdern mit Innigkeit gewidmet von Mayer. Hamm o. J.: Schulz. 2 Bl. 4⁰. [Umschlagtit.]**

Mayer, A. Andromaque dans la littérature française. Marburg i/St., R., 1890. 20 S. Progr.

– u J Obenheimer

— — Buchhaltungs-Heft für zwei praktische Beispiele zur Einführung in die einfache Buchhaltung. Kl.-4. (40 S.) —.25
Wien Freytag & Berndt 1891

Mayer, A., und **Obenheimer, J.,** Buchhaltungsheft zur Einführung in die einfache Buchführung. Für den Schulgebrauch Wien. Freytag und Berndt. 1892

Mayer, A. u. J. Obenheimer, Buchhaltungsheft zur Einführg. in die einfache Buchhaltg. Zusammengestellt f. d. Schulgebr. nach d. Angaben v. M. u. O. Ausg. I u. II. 4. Wien (893). G. Freytag & Berndt. n.n. — 55
I. (20 S.) n.n. — 20. — II. (48 S.) n.n. — 35.

Mayer, A., die monistische Erkenntnißlehre. In allgemein verständl. Darstellung physiolog. begründet. gr. 8. (VIII, 76 S.) Leipzig 882, Thomas.

Mayer, A., Ermatingen, s.: Beiträge, Thurgauische, zur vaterländ. Geschichte.

Mayer, A., der Feuerbeschauer. [Aus: „Feuerpolizei“.] gr. 8. (14 S.) München (900). Ph. L. Jung. n.n. — 30

Mayer, A. (II.), centrale Fixation. Ein Protest gegen die Willkür im perspectiv. Projicieren. gr. 8. (11 S. mit 1 Taf.) Wien 885, (Pichler's Wwe. und Sohn.) *

Mayer, A. (I.), Geschichte von Ermatingen bis zur Reformation, s. Beiträge, Thurgauische, zur vaterländischen Geschichte.

Mayer, A. „Gloses Bibliques in achtsilbigen Versen". Sprachliche Bearbeitung eines in der Nationalbibliothek zu Paris sich befindenden altfranzösischen Manuskripts aus dem XII. Jahrhundert. pg 3—44. 8°. C. Fritz. Dinkelsbühl, Progr. 1878/79

Oesterreich. Klenners topogr. Handels-. Post- u. Eisenbahnkarte d. österr Monarchie. Projekt v. Wobisch. Gest. v. David, neu revidirt von A. Mayer, k. k. Postoffizial. Neue Ausg. (4 Bl.) Wien, Fr. Paterno. 1860. aufgezogen in Etui 5 fl.

Mayer, Dr. A., die orthopädische Heilanstalt und das russische Dampfbad; Mit 1 Ansicht. gr. 8. Würzb. 829. (Strecker). 6 gr

Mayer, A., die orthopäd. Heilanstalt u. d. russ. Dampfbad. gr. 8. (2 B. u. 1 Ansicht.) Würzburg 830, (Strecker.)

Mayer, A., das neue Heilverfahren der Fötalluxationen durch Osteotomie. Lex.-8. (X und 37 S. mit 3 lithogr. Taf. in qu. gr. 4. und Fol.) Würzburg 855, Stahel'sche Buchh. *

Mayer, A., der Kampf um das Dasein der Seele. Allgemein verständlich dargestellt. gr. 8. (VIII, 94 S.) Mainz 879, Diemer *

Mayer, A., das Kleinod unseres Bekenntnisses. Herg. mit Beziehg. auf die Gegenwart u. auf die verschied. christl. Bekenntnisse für das deutsche Volk. Neubrandenburg 868. Brünslow. 8. (87 S.) n. 12 ngr.

Mayer, A., und J. Oberheimer, Correspondenz-Heft. Ein Uebungsheft zur Aufnahme der wichtigsten gewerblichen Schriftstücke im Anschlusse an die einfache Buchführung der Bürgerschulen und gewerblichen Fortbildungsschulen. Kl. 4. (32 S.) --.25
Wien. Freytag & Berndt 1891

Mayer, A. und Obenheimer, J., Correspondenzheft. Ein Uebungsheft zur Aufnahme der wichtigsten gewerblichen Schriftstücke, im Anschlusse an die einfache Buchführung für Bürgerschulen u. gewerbl. Fortbildungsschulen. Wien. Freytag u Berndt. 1892

— — Correspondenzheft. Ein Übungsheft zur Aufnahme der wichtigsten gewerbl. Schriftstücke im Anschlusse an die einfache Buchführg. Zusammengestellt f. den Schulgebrauch nach Angaben v. M. u. O. 4. (32 S.) Ebd. (893). n.n. — 35

Mayer, A., die Krankheiten des Zwölffingerdarms. Ein patholog. Versuch. M. e. Vorrede v. Fr. Nasse. gr. 8. (9¼ B.) Düsseldorf 844, Bötticher'sche Buchh. *

Mayer, A., (Aug. Frz. Jos. Karl?) die Krankheiten des Zwölffingerdarms. Ein patholog. Versuch. Mit einer Vorrede v. Fr. Nasse. gr. 8. Düsseldorf 844, Bötticher. n. 5/6 ₰

Mayer, A. (II.), die Lehre von der Erkenntniß. Vom physiolog. Standpunkte allgemein verständlich dargestellt. gr. 8. (XI, 381 S.) Leipzig 875, Thomas.

Mayer, A. Li Miserere. Pikardisches Gedicht aus dem XII. Jahrhundert von Reclus de Mollens. Landshut, G., 1882. XXIX u. 103 S. Progr.

Mayer, A.: Ophthalmologie. Nachschrift nach den Vorlesungen von Maximilian Joseph Chelius. (Handschrift). Heidelberg: 1831

s.: Chelius, Maximilian Joseph

JB 4.748

Mayer, A.: Praecogn. generalia jpdtiae. *Ingolst.* 786. 8. (20 Gr.)

Mayer, Rabiner A., Rede am Vorabend d. Freudenfestes zur 25jährigen Regierung unsres Königs Maxim. Joseph, d. 15. Febr. 1824. 8. Kempten, Dannheimer. 4 gr

Mayer, A., zur Seelenfrage. Mainz 866. v. Zabern. 8. (XIV, 366 S.) n. 1 ₰ 15 ngr.

— die Sinnestäuschungen, Hallucinationen u. Illusionen. Allgemein verständlich dargestellt. Wien 869. Braumüller. gr. 8. (XV, 215 S.) n. 1 ₰ 10 ngr.

Mayer, A., Der Socialismus, seine Grundidee und seine Irrthümer. 8°. Karlsruhe 1875.

Mayer, A., Uebungen d. lateinischen Stils f. mittlere Gymnasialklassen [im Anschluß an die Lektüre d. Corn. Nepos u. C. Jul. Caesar, nebst e. philolog. Kommentar]. 5. u. 6. Schulj. [Tertia]. gr. 8. (XVI, 404 S.) Freiburg i/B. 891. Herder n. 3. —,
geb. in Halbfrz. n.n 3 40

Mayer, A. (I.), über die Unzulässigkeit der Spinal-Irritation als besonderer Krankheit nebst Beiträgen zur Semiotik und Therapie des Rückenschmerzes. gr. 8. (VII und 352 S.) Mainz 849, v Zabern. *

Mayer, A., Vandalia. Die Royalisten oder die Brautpaare. Vaterländische Dichtung aus der neuesten Zeit. 8. (64 S.) Neubrandenburg 850, Lignau. n. ½ ₰

Mayer, A., zur Verständigung über Materialismus und Spiritualismus. Gießen 861. Ricker. 8. (XII, 331 S) n. 1 ₰ 20 ngr.

Mayer, A Alr , s Mayer , Andreas Udalrich

* Mayer, A. E., Unterricht z. prakt. Rechenkunst, Geometrie ꝛc. mit K. gr. 8. Nürnb. Schneider u. W.

[Mayer, A. F]. – *Reisen und Abentheuer* der Brüder Robinsons. Zur Unterhaltung für allerley Leser [Hg. v. A. F Mayer]. Auf Kosten des Herausgebers, und Bern in Commißion bey der typographischen Gesellschaft, 1791. M. Frontispiz v. Duncker. 14, 570 S. und 2 (statt 3) Bl. Inhaltsverz. Kl.-8° Pappbd. d. Z. 15.—
Ullrich IV, 91. Enth. kurze Bearbeitungen älterer Robinsonaden: Schicksale eines Gefangenen unter d. Indianern von Nordamerika; Acht Engländer überwintern in Grönland; Peter Viaud, d. frz. Abenteurer; Geschichte Joris Pine's; etc. etc. — Der Titel ist angerändert, 1 Bl. etwas eingerissen, teilw unbed. Randflecke, der Einbd. beschädigt, benutztes Exemplar.

[J. u. Ant.] **Mayer**, A. F. August [Rechtspraktikant aus München]: Die Professio religiosa im kanonischen, gemeinen und geltenden deutschen Reichsrechte . . . München, J. Schweitzer, 1895; 3 Bl., 57 S. 8.
Erlangen, Jur Fak., Inaug.-Diss. v 1895

Mayer, A. G., s. J. Wlfg. v. Jocher; Anleit. z. prakt. Feldmeßkunst.

Mayer, A L (Red), s Volksfreund , Österreichischer

Mayer, Abr. (geb. Düsseldorf . . . 1816) De cognoscendis morbis intestini duodeni. Berolini (1838). (48 S.) 8°
Berlin, Med. Diss. v. 1. Sept. 1838

Mayer, Abraham Levi

Mayer, A. L., Festgeschenk. Eine belehrende und erbauende Unterhaltung für Herz, Geist und Gemüth. Dem gebildeten Publicum in Israel gewidmet. gr. 8. (IV und 95 S.) Darmstadt 853, (Ollweiler.) *

Mayer, Abrah. Levi, biblische Geographie f. israelit. Schulen u. z. Privatgebrauche. Nach d. besten Quellen bearb. u. hrsg. 8. (3½ B. u. 1 Karte v. Palästina.) Mainz 843, Halenza. *

Mayer, A. L., לראש השנה Zum neuen Jahre. Ein Geschenk z. Belehr. d. reif. Jugend Israels beiderlei Geschlechts. gr. 8. (2¾ B.) Mainz 841, (v. Zabern.) *

Mayer, Achim. Geschichte d. Großherzogt. Mecklenburg-Strelitz von 1816—1890, nebst Chronik d. Stadt Friedland v 1244—1890. gr. 8. (VI, 104 S. m. 19 Lichtdr.-Bildern.) Neustrelitz 890, Barnewitz' Sort. * 3 —

Mayer, Achim, Luise, Königin von Preußen, geb. Herzogin von Mecklenburg. Bilder aus ihrem Leben und Wirken, ihre unvergeßlichen Worte und Briefe. Nach authent. Quellen. Album für gebildete Frauen und ihre Töchter. 8. (223 S. mit Anhang 16 S. und 7 lithogr. Ansichten.) Neubrandenburg 858, Brünslow. Thlr *

Mayer, Adm. Melch., christl. Brautführer, alle Brautleute an der rechten Hand führend u. lehrend: was sie vor, bei u. nach ihrer Trauungszeit zu beobachten haben 2c. 8. Reutlingen 818. Mäken. 5 gr

— Homilien auf alle Sonntags-Evangelien, Festtage des Herrn u. d. Heiligen, nebst nöthigen Anmerkk. 2 Thle. 8. Ulm 819. Stettin. 2 fl

— Lehr- u. Gebetbüchlein für kathol. Handwerksgesellen, besond. wenn sie in die Fremde reisen. 12. Ulm 827. Wohler. 4 gr

Mayer, Adm. Melch., Lehrbüchlein für Schullehrer, besond. jene, welche sich dem Lehramte widmen wollen, od. für Schulcandidaten. 8. Ulm 817. Stettin. 4 gr

— die heil. Sacramente d. Buße u. des Altars, in Predigten. 8. 8. Augsb. 807. M. Rieger. 5 gr

— s. das Büchlein Tobias.

Mayer, Adph., s.: Annalen, mathematische.

Mayer, Adf. (I.), über die Aufnahme von Ammoniak durch oberirdische Pflanzentheile. — Ueber Sauerstoffbereitung aus Pflanzentheilen bei Abwesenheit von Kohlensäure. gr. 8. (9 S.) Heidelberg 875, C. Winter's Universitäts-Buchh. **
Aus Verhandlungen des naturhistorisch-medicinischen Vereins zu Heidelberg, besonders abgedruckt.

Mayer, Adf., zur Begründung von Schutzzöllen in Sonderheit für die Landwirthschaft. Neue Gesichtspunkte. gr. 8. (47 S.) Heidelberg 888, C. Winter's Universitäts-Buchh. *

—— Beiträge zur Lehre über den Sauerstoffbedarf und die gährungserregende Fähigkeit der Hefepilze. Nachtrag zu dem Lehrbuch der Gährungschemie. gr. 8. (27 S.) Ebendas. 876. *

Mayer, Adph., Beiträge zur Theorie der Maxima u. Minima der einfachen Integrale. Leipzig 866. Teubner. gr. 8. (VIII, 86 S.) n. 20 ngr

Mayer A.: Die Bodenkunde in 10 Vorlesungen . . . 4. verb. Aufl. Heidelb. 1895. 160 S.
(=: Lehrbuch d. Agrikulturchemie T 2. Abt. 1).

Die Bodenkunde in zehn Vorlesungen von Adolf **Mayer** (Prof in Wageningen). 5. verb. Aufl. *Heidelberg: C. Winter 1901* (VI, 174 S.) 8°
— **Mayer** Lehrbuch d. Agrikulturchemie Bd 2, Abt 1 (02. 6839 9

Die Bodenkunde in 10 Vorlesungen. Zum Gebr. an Universitäten u. höh. landw. Lehranst. sowie z. Selbststudium von Prof. Dr Adolf **Mayer**. Mit Abb. 6. verb. Aufl. Heidelberg. C. Winter 1905. (VI, 167 S.) 8°
= **Mayer**: Lehrbuch d. Agrikulturchemie. T. 2, Abt. 1. (06. 9072 10

Österreichische Dichter Ausgewählt, mit biogr. Notizen u. Anm. versehen von Adolf **Mayer**, Prof., Wien 4.–6. Taus. Leipzig B. G. Teubner [1908]. (XXI, 281 S.) 8° [J.]
(Graesers Schulausgaben klassischer Werke.) (08. 15481

Mayer, Adf., das Düngerkapital und der Raubbau. Eine wirthschaftl. Betrachtung auf naturwissenschaftl. Grundlage. 8. (VI, 73 S.) Heidelberg 869, C. Winter's Universitäts-Buchh. *

Mayer A.: Die Düngerlehre in 12 Vorlesungen . . . 4. verb. Aufl. Heidelb. 1895. 223 S.
(. Lehrbuch d. Agriculturchemie T 2. Abt. 2). 381

Die Düngerlehre in sechzehn Vorlesungen von Adolf **Mayer** (Prof. in Wageningen). 5. verb. Aufl. *Heidelberg C. Winter 1902.* (VI, 253 S.) 8°
— **Mayer** Lehrbuch d. Agrikulturchemie Bd 2, Abt 2 (02. 68.. 9

Die Düngerlehre in 16 Vorlesungen. Zum Gebr. an Universitäten u. höh. landw. Lehranst. sowie z. Selbststudium von Prof. Dr. Adolf **Mayer**. Mit Abb. 6. neubearb. Aufl. Heidelberg. C. Winter 1905. (VI, 265 S.) 8°
= **Mayer** Lehrbuch d. Agrikulturchemie Bd 2, Abt. 2. (06. 9073 10

Mayer, Adf., Düngung u. Fütterung in chromographischer Darstellung. gr. 8. (12 S. mit 7 Chromolith.) Heidelberg 879. C. Winter. n. 2. —

Mayer, Adf., Düngung und Fütterung in chromographischer Darstellung. 2. (Titel-)Ausg. gr. 8. (12 S. mit 7 Chromolithogr.) Heidelberg 884, C. Winter's Universitäts-Buchh. *

Ernährung und Fütterung der Nutztiere in zwanzig Vorlesungen. Zum Gebr. an Univ. u. höh. landwirtschaftl. Lehranst. sowie z. Selbststudium von Prof. Dr. Adolf **Mayer**. Mit Abb. Heidelberg. C. Winter 1908. (VII, 404 S.) 8°
= **Mayer** Lehrbuch d. Agrikulturchemie Bd 4. (08. 10841

Mayer A.: Die Ernährung d. grünen Gewächse . . . 4. verb. Aufl. Heidelb. 1895. 424 S. Fig.
(= Lehrbuch d. Agrikulturchemie 4. verb. Aufl. T 1).

Die Ernährung der grünen Gewächse in 26 Vorlesungen von Adolf **Mayer** (Prof. in Wageningen). 5. verb. Aufl. *Heidelberg C. Winter 1901* (XVI, 442 S.) 8°
= **Mayer** Lehrbuch d. Agrikulturchemie Bd 1 (02. 6838 9

Die Ernährung der grünen Gewächse in 27 Vorlesungen. Zum Gebr. an Univ. ... von Prof. Dr. Adolf **Mayer**. Mit Abb. 6. neubearb. Aufl. Heidelberg C. Winter 1905. (XVI, 447 S.) 8°
= **Mayer**: Lehrbuch d. Agriculturchemie. Bd 1. (05. 11295

Mayer, Adf., die Ernährg. d. landwirtschaftlichen Kulturpflanzen, s. a. Thaer-Bibliothek.

Mayer A.: Die Ernährung d. landwirthschaftlichen Kulturpflanzen. Berl. 1876. 146 S.
(Thaer-Bibliothek. Bd. 24).

– – 2, neubearb. Aufl. Berlin Parey 1898 XI, 132 S. 8°

Mayer, Adolf [app. Arzt aus Pfeffenhausen]: Ueber einen Fall von Meningo-Encephalocele und Gehirn-Abscess nach Trauma. München, k. Hof- u. Univ.-Buchdr. Dr. C. Wolf & Sohn, 1889; 26 S. 8°
München, Med. Fak., Inaug.-Diss. v. 1889

Mayer, Adf., Flora v. Tübingen u. Umgebung, schwäbische Alb vom Plettenberg bis zur Teck; Balingen, Hechingen, Reutlingen, Urach, Rottenburg, Herrenberg, Böblingen. Zum Gebrauch auf Exkursionen f. Studierende u. Naturfreunde, sowie f. Schulen. (XXXI, 315 S.) 8. Tübingen 904. F. Pietzcker. n. 2. 80; geb. in Leinw. n. 3. 40

Mayer, Adf., „Forschung". Medizinisch-naturwissenschaftl. Abhandlg. 2 Tle. gr. 8. (VI, 164 u. IV, 183 S.) Augsburg 900. (Leipzig, J. Werner.) à 3. —

Mayer A.: Die Gärungschemie als Einleitung in die Technologie d. Gärungsgewerbe . . 4. verb. Aufl. Heidelb. 1895. 215 S.
(: Lehrbuch d. Agrikulturchemie T 2 Abt. 3). 381

Die Gärungschemie in 15 Vorlesungen von Adolf Mayor, Prof. in Wageningen. Mit Abb. 5. verb. Aufl. *Heidelberg C Winter 1902* (VI, 232 S.) 8°
— Mayor Lehrbuch d. Agrikulturchemie Bd 3.

Die Gärungschemie in 14 Vorlesungen. Zum Gebr. an Univ. . . . von Prof. Dr. Adolf Mayer. Neubearb. von Dr. Jakob Meisenheimer. Mit Abb. 6. verb. Aufl. Heidelberg: C. Winter 1906. (VI, 248 S.) 8°
— Mayer Lehrbuch d. Agriculturchemie. Bd 3.

— Gedanken über systematische Hungerkuren. 8. (133 S.) Ebd. 900. 3. —

Mayer, Adph., Geschichte des Princips der kleinsten Action. Akademische Antrittsvorlesung. gr. 8. (31 S.) Leipzig 877. Veit & Co. n. — 80

Mayer, Adolphus: Die Gleichgewichtsbedingungen reibungsloser Punktsysteme und die verschiedenen Arten des Gleichgewichts. *Lipsiae (1899): A. Edelmann.* (S. 1—23.) 4°
Leipzig, Verz. d. Promotionen in d. phil. Fak. 1898—99

—— der Kapitalismus in der Gelehrtenwelt, s. Sammlung von Vorträgen.

—— die Kunstbutter, ihre Fabrikation, ihr Gebrauchswerth, nebst Mitteln, ihren Vertrieb in seine Grenzen zurückzuweisen. gr. 8. (IV, 64 S. mit 7 eingedr. Holzschn.) Heidelberg 884, C. Winter's Universitäts-Buchh. *

— Lehrbuch der Agrikulturchemie in vierzig Vorlesgn. zum Gebrauch in Universitäten u. höheren landwirthschaftl. Lehranstalten, sowie zum Selbststudium. 1. Thl. Die Ernährung der grünen Gewächse. Mit 4 (eingedr.) Holzschn. u. 3 lith. Taff. (in gr. 8. u. qu. Fol.) Ebend. 870. Lex.-8. (XIII, 401 S.) n. 3 ₰

— Lehrbuch der Agrikulturchemie in vierzig Vorlesungen zum Gebrauch in Universitäten u. höheren landwirthschaftl. Lehranstalten, sowie zum Selbststudium. 2. Thl. Die Theorie d. Feldbaues. Lex.-8. (V, 336 S.) Heidelberg 871. C. Winter's Univ.-Buchh. n. 7. —; cplt.: n. 10. —

—— Lehrbuch der Agrikulturchemie in vierzig Vorlesungen zum Gebrauch in Universitäten und höheren landwirthschaftlichen Lehranstalten, sowie zum Selbststudium. 2. verb. Aufl. 2 Thle. Lex.-8. Heidelberg 875,76, C. Winter's Universitäts-Buchh. *

Inhalt:
Thl. 1. Die Ernährung der grünen Gewächse. (XII, 406 S. mit eingedr. Holzschn. und 2 lithogr. Taf. in gr. 8. und qu. Fol.) Einzelpr. *ℳ 10.
» 2. Die Theorie des Feldbaues. (V, 344 S.) Einzelpr. *ℳ 8.

—— Lehrbuch der Agrikulturchemie in 40 Vorlesungen, zum Gebrauch an Universitäten und höheren landwirthschaftl. Lehranstalten, sowie zum Selbststudium. In 2 Thln., nebst Anhang: Lehrbuch der Gährungschemie. Mit Holzschn. und 2 lithogr. Taf. 3. verb. Aufl. gr. 8. (X, 414; IV, 332 S. und Anhang VIII, 220 S.) Ebendas. 886. *ℳ 20.—.; geb. * Ohne Anhang *

MAYER, ADOLF.
Lehrbuch der Agrikulturchemie. Vierte verbesserte Auflage. Heidelberg, 1895–97. 8vo. Ill.
Vol. I. Die Ernährung der grünen Gewächse.
Vol. II. Theil 1 Die Bodenkunde. Theil 2 Die Düngerlehre. Theil 3 Die Gärungschemie.

— Lehrbuch d. Agrikulturchemie in Vorlesungen. 1. Tl. u. 2. Tl., 1.—3. Abtlg. 4., verb. Aufl. gr. 8. Heidelberg 895. C. Winter. n. 26. —
I. D. Ernährg. d. grünen Gewächse in 25 Vorlesgn. z. Gebr. an Universitäten u. höh. landwirtschaftl. Lehranst., sow. zum Selbststudium. (XII, 424 S. m. Abb. u. 1 Taf.) n. 10. —; geb. in Halbfrz. n. 12. —
II, 1. D. Bodenkunde in 10 Vorlesgn. z. Gebr. an Universitäten u. höh. landwirtschaftl. Lehranst., sow. zum Selbststudium. (VI, 160 S. m. Abb.) n. 4. —
2. Die Düngerlehre in 12 Vorlesgn. z. Gebr. an Universitäten u. höh. landwirtschaftl. Lehranst., sow. zum Selbststudium. (VI, 223 S. m. Abb.) n. 6. —
3. Die Gärungschemie als Einleitg. in die Technologie der Gärungsgewerbe in 13 Vorlesgn. Z. Gebrauch an Universitäten u. höh. landwirtschaftl. Lehranst., sowie zum Selbststudium. (VI, 215 S. m. Abb.) n. 6. —
(2. Tl. kplt. in Halbfrzbd. n. 18. —)

Mayer, A.: Lehrbuch der Agrikulturchemie. 5. Aufl. Heidelberg
Bd 1. Die Ernährung der grünen Gewächse. 1901
Bd 2. Abt. 1. Bodenkunde. 1901
Abt. 2. Düngerlehre. 1902
Bd 3. Die Gärungschemie. 1902

Mayer, Adf., Lehrbuch der Agrikulturchemie in Vorlesungen. Zum Gebrauch an Universitäten u. höheren landwirtschaftl. Lehranstalten, sowie zum Selbststudium. Mit in den Text gedr. Abbildgn. u. e. lith. Taf. 5. verb. Aufl. 22 Lfgn. gr. 8. Heidelberg, C. Winter. Subskr.-Pr. à n. 1. —; geb. in Leinw. n. 30. —
I. Bd. Die Ernährung der grünen Gewächse in 26 Vorlesungen. (XVI, 442 S.) Geb. in Leinw. n. 12. —
II. Bd. 1. Abtlg. Die Bodenkunde in 10 Vorlesungen. (VI, 174 S.) Geb. in Leinw. n. 4. 80
2. Abtlg. Die Düngerlehre in 16 Vorlesungen. (VI, 253 S.) 902. Geb. in Leinw. n. 6. 60
III. Bd. Die Gärungschemie in 15 Vorlesungen. (VI, 232 S.) 902. Geb. in Leinw. n. 6. 60

Mayer, A.: Lehrbuch der Agrikulturchemie in Vorlesungen. 6. Aufl. Heidelberg
Bd 1. Die Ernährung der grünen Gewächse. 1905
Bd 2. Abt. 1. Die Bodenkunde. 1905
Abt. 2. Die Düngerlehre. 1905
Bd 3. Die Gärungschemie. Bearb. von J. Meisenheimer. 1906
Bd 4. Ernährung und Fütterung der Nutztiere. 1908

Mayer, Adf., Lehrbuch der Agrikulturchemie in Vorlesungen. Zum Gebrauch an Universitäten u. höheren landwirtschaftl. Lehranstalten, sowie z. Selbststudium. Mit in den Text gedr. Abbildgn. 3 Bde. (in 4 Tln.) gr. 8. Heidelberg, C. Winter, Verl. Geb. in Leinw. n. 30. —
I. Die Ernährung der grünen Gewächse in 27 Vorlesungen. 6. neubearb. Aufl. (XVI, 447 S. m. 1 lith. Taf.) 905. Geb. in Leinw. n. 12. —
II, 1. Die Bodenkunde in 10 Vorlesungen. 6. verb. Aufl. (VI, 167 S.) 905. Geb. in Leinw. n. 4. 80
2. Die Düngerlehre in 16 Vorlesungen. 6. neubearb. Aufl. (VI, 265 S.) 905. Geb. in Leinw. n. 6. 60
III. Die Gärungschemie in 14 Vorlesungen. 6. verb. Aufl. Neu bearb. v. Jak. Meisenheimer. (VI, 248 S.) 906. Geb. in Leinw. n. 6. 60

Mayer, Adf., Lehrbuch der Agrikulturchemie in Vorlesungen. 4. Bd. Ernährg. u. Fütterg. der Nutztiere in 20 Vorlesgn. Zum Gebrauch an Universitäten u. höh. landwirtschaftl. Lehranstalten sowie z. Selbststudium. (VII, 404 S. m. Abb.) gr. 8. Heidelberg 908. C. Winter Verl. Geb. in Leinw. 11. —
1.—3. Bd Ebd. 905. 06. Geb. 30.—.

Mayer, Adf., Lehrbuch der Gährungs-Chemie. In 11 Vorlesungen, als Einleitung in die Technologie der Gährungsgewerbe im Anschluss an sein Lehrbuch der Agrikulturchemie in 40 Vorlesungen zum Gebrauch an Universitäten und höheren landwirthschaftl. Lehranstalten, sowie zum Selbststudium. 1. Aufl. 1874. * M 5,60., und 2. durch einen Nachtrag verm. Ausg. gr. 8. (VIII, 166 S. mit 23 eingedr. Holzst. und Nachtrag 27 S.) Heidelberg 876, C. Winter's Universitäts-Buchh. * M 6.; Nachtrag apart *

Mayer A.: Lehrbuch d. Gärungschemie ... 3. Ausg. Heidelb. (1878). 220 S. Fig.
(Anhang z. Lehrbuch d. Agrikulturchemie, se 381).

— Lehrbuch der Gährungs-Chemie in 13 Vorlesungen, als Einleitung in die Technologie der Gährungsgewerbe im Anschluss an sein Lehrbuch der Agrikulturchemie in 40 Vorlesungen zum Gebrauch an Universitäten u. höheren landwirthschaftlichen Lehranstalten, sowie zum Selbststudium. Mit 24 (eingedr.) Abbildungen in Holzschn. 3., umgearb. Ausg. gr. 8. (VIII, 220 S.) Ebend. 879. n. 6. —

Mayer A Lehrbuch der Gährungs-Chemie 4. Aufl. Heidelberg 1895

Mayer, Adf., die Lehre von den chemischen Fermenten oder Enzymologie. Auf Grund von vorhandenen und eigenen Versuchen bearb. gr. 8. (VII, 124 S.) Heidelberg 882, C. Winter's Universitäts-Buchh. *

Mayer, Adf., Los vom Materialismus! Bekenntnisse eines alten Naturwissenschaftlers. gr. 8°. Heidelberg, C. Winter, Verl., 1905.

— Los vom Materialismus! Bekenntnisse e. alten Naturwissenschaftlers. (VIII, 260 S.) gr. 8. Ebd. 906. Kart. n. 5. —

Mayer, Adolf [Rechtspractikant in Edenkoben]: Zur Lösung der Altkatholikenfrage in Bayern ... Freiburg i. B., Druck v. C. A. Wagner, 1891; 30 S. 8.
Erlangen, Jur Fak., Inaug.-Diss. v 25. Apr 1891

Mayer, Adf., Nietzsche als Denker, Dichter u. — Verderber, s. a. Christentum u. Zeitgeist. II, 2.

Mayer, Adolf. (Friedrich) Nietzsche als Denker, Dichter und — Verderber. 66 S. 8. Stuttgart, Max Kielmann, 1907. [M. 1.—] — Christentum und Zeitgeist. Hefte zu «Glauben und Wissen». Serie II. Heft 2. (Heft 12).

— Die Organisation der Arbeit aus d. Gesichtspunkte der persönl. Befriedigg. (38 S.) 8. Magdeburg (908). R. Zacharias. — 85

Mayer, Adolphus (geb. Neiße 12. 1807) De partu praematuro arte efficiendo Vratislaviae (1831). (36 S.) 8°
Breslau, Med Diss v 23. Aug. 1831

Mayer, Adf. (I.), die Quellen der wirthschaftlichen Arbeit in der Natur. Ein Vortrag. gr. 8. (53 S.) Heidelberg 876, C. Winter's Universitäts-Buchh. *

—— die Quellen der wirthschaftlichen Arbeit in der Natur. Ein Vortrag. 2. (Titel-)Ausg. gr. 8. (53 S.) Ebendas. 884. *

— Resultate der Agrikulturchemie. Eine gedrängte Uebersicht des f. die Praxis Wissenswertesten in gemeinverständlicher Form dargestellt f. alle Studierenden u. Landwirte (VIII, 269 S.) gr. 8. Ebd. 903. n. 5. —; geb. in Leinw. n. 6. —

— die Sauerstoffausscheidung fleischiger Pflanzen. Ein Angriff v. Hrn. Hugo de Vries zurückgewiesen. gr. 8. (32 S.) Ebend. 876. n. — 80

Mayer, Adf., d. 1.—6. Schuljahr, s.: Szirmai, Jos.

Mayer, Ad.: Chem. Technologie des Holzes..., s.a. Bolley, P.: Handbuch d. chem. Technologie.

—— chemische Technologie des Holzes als Baumaterial, s.a. Handbuch der chem. Technologie.

MAYER, Adolf Eduard: Chemische Technologie des Holzes als Baumaterial. - Braunschweig 1872 IX, 184 S (Bolleys Handb. d chem Technolog 6. Bd., 1 Gruppe 1 Abt)

MAYER, ADOLF
Untersuchungen über die alcoholische Gährung den Stoffbedarf und den Stoffwechsel der Hefepflanze. Heidelberg, 1868. 8vo.

—— Untersuchungen über die alkoholische Gährung, den Stoffbedarf und den Stoffwechsel der Hefepflanze mit Berücksicht. des neuesten Liebig'schen Einwurfs gegen die Pasteur'schen Anschauungen. Für Chemiker, Pflanzenphysiologen und Weinproducenten. gr. 8. (IV, 81 S. mit 1 eingedr. Holzschn. und 7 lithogr. Taf., wovon 2 in Buntdr.) Ebendas. 869. *

— die landwirtschaftl. Versuchsstationen als Staats-Institut. Beiträge zu d. Reform dieser Anstalten. gr. 8. (84 S.) Ebd. 896. n. 1. 80

— welche Methoden der Städte-Reinigung sind im Allgemeinen u. in Sonderheit f. die Verhältnisse d. Großherzogth. Baden empfehlenswerth? gr. 8. (25 S.) Ebend. 875. n. — 60

— Das Wesen der Gärung u. der Fermentwirkungen, s.a. Zeitfragen, naturwissenschaftl. 5. Heft.

Das Wesen der Gärung und der Fermentwirkungen. Von Prof. Dr A(dolf) Mayer-Heidelberg Mit 1 Taf. Hamburg G Schloeßmann 1908. (38 S.) 8° [J.]
= Zeitfragen, Naturwissenschaftliche H 5.

Mayer, Adolf Eduard, s Mayer, Adolf

Mayer, Adrian, jungfräuliches Jahr und Tag. 8. Solothurn. (Wolf in Augsb.) 732.

Mayer, Al., Beobachtungen üb. den weißen Kornwurm u. Vorschläge zu dessen Ausrottung. 8. (3½ B.) Nürnberg 843, (Korn'sche Buchh.) *

Mayer, Alb., „mei' Bertlsgad'n". Gedichte in Berchtesgad'ner Mundart üb. „'s Landl, dessen Sitten u. Gebräuche". (127 S.) kl. 8. München 908. Berchtesgaden, Vonderthann & Sohn. Kart. 1. 50

Mayer, Alb Edler v, s. Kriegsbilder aus der Geschichte des k. u k schlesischen Infanterie-Regiments Kaiser Franz Joseph Nr. 1

Mayer, Alb., Materialien zum kaufmännischen Unterricht für höhere Schulanstalten u. den Privatunterricht. (In 2 Thln.) 1. Thl. Materialien zur kaufmännischen Arithmetik. Mainz 868. (Kunze's Nachf.) gr. 8. (IV, 152 S. mit 1 Steintaf. in 4.) n. 20 ngr.

Mayer, Alb., und J. Staab, Soli zu den Synagogen-Chören שירי ישראל gesammelt, arrangirt und componirt. qu. 4. (50 S.) Mainz 860, (Kapp.) geb.

—— —— Synagogen-Chöre (ohne dazu gehörige Soli) ausführbar mit und ohne Orgelbegleitung. hoch 4. (IV und 28 S.) Mainz 857, (Kapp.) *

Mayer, Alexander

Oesterreichischen Monarchie — Post-Karte der — und eines grossen Theils der angr Staaten in 6 Bl. bearb. im Cours-Bureau etc. (Al. Mayer). Wien 1853. 864,000. 6 Bl.

Oesterr Monarchie Postkarte der k. k. und eines grossen Theiles der angrenzenden Staaten in 6 Blättern, bearbeitet im Post Cours-Bureau des k. k. Ministeriums für Handel und Volkswirthschaft. Entworfen vom k. k. Adjuncten Alex. Mayer Wien k. k. Hof- u. Staatsdruckerei 1867 4 fl. netto

Mayer, Alex., Post-Karte der k. k. oesterreichischen Monarchie und eines grossen Theiles der angrenzenden Länder in 6 Bl. bearb im Post Cours Bureau des k. k. Ministeriums für Handel und Volkswirthschaft 1 864,000 Fol. Wien 868, Holder • 10 60

Mayer, Alex., poet. u. humorist. Versuche. Bilder aus d. Leben gegriffen. 8. (5 B.) Speyer 841, (Lang.) *

Mayer, Alex., der Zweikampf ehedem u. heute. Wien 866. (Seidel & Sohn.) 8. (110 S.) n. 20 ngr.

Mayer, Alexander Ludwig (Red.), s. Sonntagsblatt für alle Stände

Mayer, Alfons. die Schatzung bei Christi Geburt in ihrer Beziehg. zu Quirinius, s.a. Veröffentlichungen des biblisch-patristischen Seminars zu Innsbruck. 3.

Die Schatzung bei Christi Geburt in ihrer Beziehung zu Quirinius. Hist.-krit. Studie zu Lukas 2,2 von Alfons Mayer. Innsbruck Rauch 1908 X 80 S 8°
(Veröffentlichungen d. bibl.-patrist. Seminars zu Innsbruck 3.)

Mayer, Alfred [aus Karlsruhe] Beiträge zur Prognose des Aderhautsarkoms. Würzburg, Druck d. Bonitas-Bauer'schen Buchdr., 1889; 36 S. 8°
Würzburg, Med. Fak., Inaug.-Diss. v. 1889

MAYER, Alfred (Straubing): Ueber die Differential-Diagnose bei Hernia incarcerata.- München: Wolf 1882. 20 S.
20.7.1882 - Urk (Titel: De herniae incarceratae diagnosi differentiali.); Chr 1882/83,16
Diss.Ingolst.-Landsh.-Mchn.

Mayer, Alfred, appr. Arzt: Die Indikationen zur künstlichen Unterbrechung der Schwangerschaft. Berlin: Trenkel 1910. 39 S. 8°
München, Med. Diss. v. 6. April 1910, Ref. Döderlein
[Geb. 26. April 82 Horb a. N.; Wohnort: Stuttgart; Staatsangeh.: Württemberg; Vorbildung: Gymn. Ellwangen Reife Juli 03; Studium: Tübingen 3, Heidelberg 2, Tübingen 1, München 4 S.; Coll. 6. April 10; Approb. 10. Jan. 10.] [U 10. 3546

Mayer, Alfred, a. Hamburg: Zur Kenntnis der Samenbildung bei Ascaris megalocephala. Marburg 1908 (Naumburg a. S.: Lippert & Co.). (48 S.) 8° ¶ (Aus: Zoolog. Jahrbücher Bd 25 Abt. f. Anat. 1908.)
Marburg, Phil. Fak., Ref. Korschelt, Diss. v. 18. Jan. 1908
[Geb. 3. April 84 Hamburg; Wohnort: Marburg; Staatsangeh.: Hamburg; Vorbildung: Oberrealsch. v. d. Holstentore Hamburg Reife O. 03; Studium: Marburg 3, München 2, Marburg 4 S.; Rig. 17. Juli 07.]

Mayer, Aloys, s.a. Maier

Mayer, Alo., (Ulr. Reiß,) die christl. Ehefrau, od. vollständ. u. trostreiches Handbuch für schwangere u. gebärende Frauen. 8. Augsb. 795. Lotter. 9 gr.

— vollständig. und trostreiches Handbuch f. christ-katholische Ehefrauen rc. 8. Augsb. Lotter. 795.

— d. Kalender, od. Erklärung d. darin vorkommenden Himmelsbegebenheiten rc. 8. Salzb. Mayr. 807.

MAYER, Aloys (Dornstadt): Der Morbus Brightii.- Augsburg: Reichel 1841. 22 S.
13.7.1840 - Urk (Titel: De morbo Brightii.); F 65
Diss.Ingolst.-Landsh.-Mchn.

Mayer Alois: Ueber die antiken Quellen zu den Nerodramen Martin Greifs und Adolf Wilbrandts und das gegenseitige Verhältnis.
II. 1907 PN 2365 Diss Wien. Univ. 235

Mayer, Aloys, das Büchlein Tobias, Gemälde e. tugendhaften Wandels. 12. Gmünd, Ritter. 815.

Mayer, (Aloys. Mich.,) Anatomie in Fragen u. Antworten. 1r Bd. gr. 8. Wien 823, Beck.

Mayer, Aloys. Mich., Anatomie in Fragen u. Antworten 1r Bd. gr. 8. Wien 824. Beck. 20 gr.

— prakt. Anleit. z. Zergliederung d. menschl. Körpers; e. Hülfsbuch mit anatom. Uebungen. gr. 8. Wien 822. Beck. 1 ₰ 8 gr.

Mayer, Alois Michael: Auseinandersetzung der Verletzungen aller Theile des menschlichen Körpers sammt den verschiedenen daraus entstehenden Folgen, nach der Lage der Theile und nach der Eintheilung der Oberfläche und des Baues. Zum Gebrauche bey öffentlichen Vorlesungen für angehende Ärzte und Wundärzte. 151 S., gbd.

Wien: typ.v.Haykul 1821

JB 3.383

— Auseinandersetzung der Verletzungen des menschl. Körpers, sammt d. daraus entstehenden Folgen rc. gr. 8. Wien 822. Verfasser; (Beck). 1 ₰ 3 gr.

Mayer, Alois Michael: Anatomische Beschreibung des ganzen menschlichen Körpers. 3.verm.und verbess.Aufl. Bd 1 - 2, gbd.

Bd 1: Wien: Rehm 1812
Bd 2: Wien: Beck 1813

JB 715

Mayer, A. M., anatomische Beschreibung des ganzen menschl. Körpers. 1r Bd. gr. 8. Wien, Rehm. (Leipz. Benj. Fleischer.) 813.

Mayer, A. M., anatomische Beschreibung des ganzen menschlichen Körpers. 4te Aufl. gr. 8. Wien, Beck. 820.

Mayer, Alo. Mich., anatom. Beschreibung d. ganzen menschl. Körpers. Zum Gebr. seiner Vorlesn. 5., umgearb. u. beträchtl. verm. Aufl., besorgt v. A. L. Zeitteles. gr. 8. (23¼ B.) Wien 831, Beck.

— Descriptio anatomica totius corporis humani. 8maj. Wien 817. Al. Doll. 1 ℳ 8 𝔤𝔯

— — die Kunst, den menschl. Körper zu zergliedern, zum Gebrauche seiner öffentlichen Vorlesungen. 8. Wien, Beck. 821.

Mayer, Andreas s.a. Meyer

Mayer, Andreas, Auspicia circuli disputatorii per insequens semestre aestivum. Greifswald (H. J. Struck) 1742. 16 S. mit Namen. (4.—) 22487

— — De artium discrimine in liberales et illiberales. Greifswald (A. F. Röse) 1769. 16 S. (4.—) 22488

* Differtatio mathematica posterior .... praeside M. *Andrea Mayer* ventilandam fiftet respondens *Ernest. Ferdinand Böhme.* ib. 40 S. m. 1 Kupft. 1736.

Mayer, Andr., Elementa theologiae natural., S. S. liter. doctr. conform. et ad duct. C. Wolfii adornata. 8. Halae, Renger. 740.

— Entwurf d. Grundregeln von der sparsamen Anordnung des Bauholzes. 4. Greifsw. 776.

Mayer, Andr De infinitis curvarum subevolutis Vitemb 1736 4°

Mayer, Andr., († d. 28. Dec. 1782.) Observationes Veneris Gryphiswaldensis etc. 4maj. Greifsw. 761. (Cnobloch in Leipz.) 2 𝔤𝔯

- Phaenomena solis a luna d 1 Martii tecti et lunae per umbram telluris d 16 Martii obscuratae [Resp] Ephraim Oloff Vittembergae (1737) Hakius 12 S 8°
Wittenberg, Phil Disp v 27 Febr 1737

Mayer, Andreas, Zur Schulfrage. Ein offenes und ehrliches Wort an alle ruhig und objectiv denkenden Schulfreunde. Gr.-8. (51 S.) In Comm * —.20
Wien Sallmayer 1897

MAYER, Andreas (Wald): Ueber Staats, Rechts- und Justizsachen.- Landshut: Thomann 1808. 44,8 S. 27.8.1808 - Kal 1809
Diss. Ingolst.-Landsh.-Mchn.

— das geometrische Zeichnen, s.: Goldbach, Osk.

Mayer, Andr., s.: Zur Schulfrage.

* Kurze und deutliche Anleitung zum Feldmessen für die Jugend, nebst einer Anweisung zu Copirung und Verkleinerung der Risse. Mit 6 Kupf. von *Andreas Christian Mayer*, Mathem. et phys. cult. in Augsburg. Nürnberg, bey Chr. Weigel und A. G. Schneider. 63 S. 8. (6 gr.) 1782.

— kurze u. deutl. Anleit. zum Feldmessen. f. die Jugend, nebst e. Anweisung z. Copirung u. Verkleinerung der Risse. Mit Kpf. 8. Nürnb. ... 2e Aufl. 799. N. A. (808.) Schneider u. W. 8 𝔤𝔯 (Auch mit d. neuen T.: Erste Gründe d. Feldmeßkunst).

— Anleit. z. Feldmessen f. d. Jug. ꝛc. (hat d. neuen Tit.: erste Gründe d. Feldmeßk. ꝛc.) m. K. 8. Ebend. 810.

Mayer, Andr. Chr., kurze Anweis. zur prakt. bürgerl. Baukunst. 2 Thle. Mit 30 Kpf. gr. 4. Nürnb. 782, 84. Schneider u. W. 1 ℳ 8 𝔤𝔯

— vollständ. u. gründl. Rechenbuch f. alle Stände, vorzügl. z. Gebrauch d. Schulen. 8. Wien 818. Geistinger.

- (Übers.), s Reishammer, Felix Gründlicher Unterricht von den Logarithmen

- (Bearb.), s. Spengler, Josef Anfangsgründe der Rechenkunst und Algebra. 7 Aufl 1800

- (Bearb.), s. Voch, Lukas Anweisung zur Verfertigung der Baurisse 4 Aufl. 1806

— Andreas Georg (Nürnberg), Pietatem veram ex vera fide oriundam. Diss. theol. Präs. Joh. Wilhelm Baier. Altdorf (J. W. Kohle) 5. X. 1720. 1724. 32 S. (4.50) **22489**
Widm. v.: Joh. Wilh. Baier.

Mayer, Andreas Udalrich [Wirkl. Name], s.a. Blocksberger, F N [Pseud.]

- s.a Maler, Anton [Pseud]

- s.a. Schwarzbart, Kilian [Pseud]

- s.a Weißmann, Lic [Pseud]

- s.a Abhandlung von dem Dasein der Gespenster

(Mayer, A. Ulr.) Abhandlung von dem Dasein der Gespenster, nebst einem Anhange vom Vampyrismus. Nürnberg 768. 8.

- s Amavero, Francone dell' Untersuchung, ob es eine Festigkeit gebe

- s. Anpreisung des Generalmandats

- s Bemerkungen über die politische und kirchliche Macht

- s. Betragen, Das unjustifizierliche, des Herrn Zoglio

- s Beweis, daß die Ordensgeistlichen und Mönche zur Seelsorge unfähig seien.

- s. Biga dissertationum

Mayer, Andr. Udalr., († d. 14 Nov. 1802.) Diss. historica de rev. Canonicis ecclesiae cathedralis Ratisbon., qui pietate ac doctrina inclaruerunt. 4maj. Ratisb. 792. (118 S.)

- (Hrsg.), s. Concordaten, Kurpfalzbaierische

– s. Erörterung, Geschichtsmäßige, der Frage, ob es ratsam sei.

– s. Gerechtsame, Die nach den Grundsätzen des Emser Kongresses verteidigte, der Bischöfe gegen die Erzbischöfe

Schwarzbart, Kilian [d. i. Mayer, Andr. Ulr.]: Die vertheidigten Gerechtsamen der Bischofe in Bem. uber die Gerechtsame des Regenten, nach dem Bedürfniße des Staats eigene Landesbischöfe zu ernennen. Frankfurt u. Leipzig 1788

– s. Gründe wider die projektierte Zertrennung der alten und Errichtung neuer Bistümer.

— Kritiken u. Erinnerungen üb. d. Kurbaierische Anordnung in Betreff d. lyceistischen und gymnastischen Schulen. 8. Nürnberg 800.

– s. Prüfung, Unparteiische, der staatsrechtlichen Bemerkungen ...

— Responsum über die Frage: ob ein Kaiserl. Precist, nebst d. optirten Kanonikat bei dem Domkapitel zu Regensburg auch die Capellaniam honoris optiren könne? 4. (Regensb.) 802.

– s. Recension über die Rezension, welche gegen die Schrift: Was waren die Bischöfe in den alten Zeiten erschienen ist.

Blocksberger, F. N. (d. i. *Andreas Ulr. Mayer's*), Sendschreiben an den Pater Angelus März, über seine Vertheidigung wider die schwülstige Vertheidigung der betrügenden Zauberey und Hexerey. O. O. 1767
Weller, Lex. Ps. p. 76; Anon.-Lex. IV p. 75 (nach Meusel).

— thesaurus nov. s. Codex juris ecclesiast. potiss. Germaniae. IV Tmi. 4. Nrnb. Grattenauer. (Bamb. Göbhard.) 791—94. (I. 1 Rthlr. 4 gr. II. 1 Rthlr. 8 gr. III. et IV. à 2 Rthlr. 8 gr.)

— Thesaurus novus juris ecclesiastici potissimum Germaniae, seu codex statutorum ecclesiarum cathedral. et collegiat. in Germania, notis illustr. atque dissertatt. IV Tom. 4. Nürnb. 791—95. (Wesché in Frnkf.) 7 ℔ 4 gr

Mayer, And. Udalr.: Thesaurus novus juris ecclesiast. potissimum Germaniae s. codex statutorum inedit. eccles. cathedral. et collegiator. in Germania, notis illustr. atque dissertat. et animadversionibus adauctus. Vol: I—IV. *Norimb.*, (*Frankf.*, Wesché.) 792—94. 4. (7 Thl. 4 Gr.)

Mayer, Andr.: Thesaurus novus juris ecclesiastici, potissimum Germaniae, seu codex statutorum ineditorum ecclesiarum cathedralium et collegiatarum in Germania, notis illustratus, atque dissertationibus selectis adauctus. T. 1—4. Ratisbonae 1791—94. 4 Bde

– s.a. Vertheidigung des baierischen Amortisationsgesetzes ...

Vertheidigung d. pfalzbaierischen Amortisationsgesetzes, der Gufl. Vertheid. d. klösterl. Rechte in zeitl. Dingen entgegengestellt (v. *Andr. U. Mayer* od. *H. Braun.*) *München*, (Nürnberg.) Lindauer. 768. 8. (6 Gr.)

— die nichtige u. kahle Vertheidigung d. P. A. März über die von F. Sterzinger bei dem geistl. Rath zu Freysing gestellte Frage. 4. 767.

– s.a Wahlkapitulation, Die neueste freisingische.

Wahlkapitulation, die neuste Freysingische v. 25. Hornung 1790 mit Asterisken u. Dokumenten beleuchtet, (v. A. U. Mayer.) *Freysing*. 790. 8.

– s. Widerlegung der Druckschrift Neueste fürstbischöfliche Konsistorialverordnung

– s. Widerlegung, Kurze, der Schrift Die ungültige Bischofswahl zu Freising.

Mayer, Ant., Antwort auf Dr. Uhlirz' Besprechung d. Quellen zur Geschichte d. Stadt Wien. gr. 8. (24 S.) Wien 896. C. Konegen. n. — 50

Mayer, Dr Anton, N. Ö Landesarchivar und Bibliothekar Das Archiv und die Registratur der niederösterreichischen Stände von 1518 bis 1848. 8. Wien 1902.

Mayer, Ant., der Begleiter durch u. um Unser Lieben Frauen Dom- u. Pfarrkirche zu München. Ein ergötzl. u. belehr. Handbüchlein, drinnen Fremde ebenso wie Münchnerkinder aufgezeichnet finden können, was sie v. diesem altehrwürdig. Gotteshause, seinem Baue, seinen Altären, Grüften, Thürmen u. Denkmälern vom Standpunkte der Geschichte, der Kunst u. der Sage gern wissen möchten. Mit Zugrundelegg seines grösseren Werkes üb. die Domkirche u. Berücksicht. aller seitdem geschehenen Aendergn, auch mancherlei Zusätzen bearb. 16. (244 S. m. e. Photolith) München 875. Stahl. n. 1. 40

Mayer, Ant., Beiträge zur Geschichte des badischen Civilrechtes bis z. Einführung des neuen Landrechtes. Bruchstücke aus der deutschen Staats- u. Rechtsgeschichte. gr. 12. (9 B.) Belle-Vue 844, Verlags- u. Sortim.-Buchh. Thlr. –

Mayer, Ant., statistische Beschreibung d. Erzbisth. München-Freising. Aus amtl. Quellen bearb. 1—16. Lfg. Lex.-8. (1. Bd. 792 S. u. 2. Bd. S. 1 176.) München 871—76. Manz. n. 18. 90

—— statistische Beschreibung des Erzbisthums München-Freising. Aus amtl. Quellen bearb. 15.—17. Lfg. Lex.-8. (2. Bd. S. 249—440.) [München.] Regensburg 876,77, Manz. à Lfg. (* ℳ 1,50.) * 90 Pf. *
1.—14. Lfg. Ebendas. 1871—75. (* ℳ 14,70.) * ℳ 12,60.

—— dass. — Aus amtl. Quellen zu bearbeiten unternommen, fortgesetzt von Gg. Westermaner. 18.—21. Lfg. Lex.-8. (2. Bd. S. 441—696.) Ebendas. 878,79. à Lfg. (* ℳ 1,50.) * 90 Pf. *

Mayer, Ant., statistische Beschreibung des Erzbisth. München-Freysing. Aus amtl. Quellen zu bearbeiten unternommen von A. M., fortgesetzt von Geo. Westermayer. 22.—33. (Schluß-)Lfg. Lex.-8. (2. Bd. IV, S. 697—828; 3. Bd. VII, 691 S.; Register 119 S.) Regensburg 880—84, Manz. 22.—32. Lfg. à * 90 Pf.; 33. Lfg. * ℳ 5. *

Mayer Anton, Dr Bestimmung des elektrischen Elementarquantums aus Messungen an zerstäubten Metallen (mit 1 Textfigur) S 121 IIa, 1907 – 1 –
Separatabdruck

Mayer, Ant., „Bist du es, der da kommen soll, oder haben wir einen andern zu erwarten?“ [Matthäus XI, 3.] oder entspricht der altkathol. Glaube dem menschlichen Verstande u. Herzen? Eine Predigt gehalten am 2. Adventsonnt. 1848 zu München. Mit Zusätzen zu klarer Verständniß. gr. 8. (20 S.) München 848. (Kaiser.) 2 ngr

— s. Blätter für Justiz u. Verwaltung im Großh. Baden.

Mayer, Ant., Wiens Buchdrucker-Geschichte 1482—1882. Hrsg. v. den Buchdruckern Wiens. 1. Bd. 1482—1682. gr. 4. (XVI, 404 S. m. Buntdr.-Titel u. in den Text gedr. Holzschn.) Wien 883. Frick. n. 24. —

Mayer, Ant., Wiens Buchdrucker-Geschichte 1482—1882. Hrsg. v. den Buchdruckern Wiens. 2. (Schluss-) Bd. 1682—1882. gr. 4. (VIII, 427 S. m. eingedr. Illustr. u. Taf.) Wien 887. (Frick.) n. 24. — (cplt.: n. 48. —)

— —, die *Domkirche zu U. L. Frau in München*, Geschichte u. Beschreibung derselben, ihrer Altäre, Monumente u. Stiftungen, sammt der Geschichte des Stiftes, der Pfarrei u. des Domcapitels. Aus d. Quellen dargestellt. Mit Titelkpf. Frontisp. u. vielen Illustr. in Kpf.-Stich u. Holzschnitt (z. Th. Vollbilder). München 1868. Gr.-8° Hlbmaroqbd.
XIX—566 u. 139 S.

Mayer, Ant., die Entwicklung des Unterrichts u. der höheren Bildung in Niederösterreich von der ältesten Zeit bis zum Beginne der Reformation. Inaugural-Dissertation. gr. 8. (52 S.) Wien 877. (Jena, Deistung.) n. 1. —

Mayer, Ant., die Münchener Frauenkirchen (!) u. ihre Altäre früher u. später. Etwas für Freunde der Domkirche Münchens u. der Geschichte guter alter Zeit. Aus Urkunden zusammengestellt bei Gelegenheit der Dom-Restauration. Mit Titelbild. (Sep.-Abdr. aus d. Münchener Sonntagsblatt.) München 1863. 12° 2 Bll., 50 S. Cart. *)

Mayer, Ant. Gedichte. 8. (V, 183 S.) Vöcklabruck 886. (Linz a. D., Mareis.) geb. * 2 —

— Gedichte u. oberösterreichische Dialekt-Dichtungen. 8. (423 S.) Linz 888. Mareis. n. 3. 50

— Geschichte der geistigen Cultur in Niederösterreich von der ältesten Zeit bis in die Gegenwart. Ein Beitrag zu einer Geschichte der geistigen Cultur im Südosten Deutschlands. 1. Bd. Der Cultus. — Unterricht u. Erziehung. — Die Wissenschaften. gr. 4. (XIV, 453 S.) Wien 878. Seidel & Sohn. n. 28. —

[J.] **Mayer**, *Anton*: Über die Gütererwerbungen des Klosters Oberaltach bis zum Jahre 1247. (Soll fortges. werden.) Straubing, C. Attenkofersche Buchdr., 1894; 38 S. 8.
Straubing, K. G., P. 1894*

—— die letzten Habsburger, s. Geschichte, österreichische, für das Volk.

— die geistige Kultur in Niederösterreich von der ältesten Zeit bis zum Beginne der Reformation. Eine summar. Studie. gr. 8. (IV, 46 S.) Wien 871. Hölder. n. 1. 20

Mayer, Ant., das niederösterreichische Landhaus in Wien. (1513—1848.) (133 S. m. Abbildgn. u. 16 Taf.) 4. Wien 904 (Gerold & Co.) n. 16. —
Sonderabdruck aus: „Berichte u. Mittlgn. d. Altertumsver. in Wien“.

Mayer, Anton, a. Berlin: Das Leben und die Werke der Brüder Mattheus und Paul Brill. Ein Beitrag zur Geschichte der Landschaftsmalerei um die Wende des sechzehnten Jahrhunderts. Leipzig (übergekl.: Halle a. S. 1907): E. Herrmann sen. (75 S.) 8°
Halle, Phil. Fak., Ref. Goldschmidt, Diss. v. 19. Jan. 1907
[Geb. 22. Apr. 79 Berlin; Wohnort: Halle a. S.; Staatsangeh.: Preußen; Vorbildung: Gymn. Speyer Reife Juli 99; Studium: Berlin 3, Halle 3 S.; Rig. 23. Juli 06.]

Mayer, Ant., das Leben u. die Werke der Brüder Matthäus u. Paul Brill, s. a. Monographien, kunstgeschichtl. XIV.

Das Leben und die Werke der Brüder Matthäus und Paul Brill. (Ein Beitrag z. Geschichte d. Landschaftsmalerei um d. Wende d. 16. Jh.) Von Anton **Mayer**. Mit 87 Abb. auf 61 [vielm. 57] Lichtdrucktaf. Leipzig: Hiersemann 1910. IX, 80 S. 4° (8°)
(Kunstgeschichtliche Monographien. 14.)

Mayer, Ant., Leitfaden f. das Studium d. badischen Landrechtes mit Einschluß des Handelsrechtes. gr. 8. (XX u. 453 S.) Freiburg im Br. 849. (Diernfellner.) n. 2 ₰

Mayer, Ant., de Locis theologicis, vera Religione et Ecclesia. 4 Vol. 8maj. Augsburg, Wagner. 771.

MAYER, ANT(ON:) Lux fidei necessaria ad comprehendendum mysterium SSS. Triados. Das ist: Nothwendiges Glaubens-Liecht zur Begreiffung Des unergründlichen und unermessenen Geheimnuß der Allerheiligsten Dreyfaltigkeit Welches in spiritu humilitatis im Geist der Demuth in einer dem Drey-Einigen GOtt jährlich gewidmeten Lob-Red, Vorgestellet an dem Titular-Fest des Parfüsser-Ordens Der Allerheiligsten Dreyfaltigkeit in eigener Closter-Kirchen zu Preßburg. Preßburg 1739. Gedruckt bey Maria Magdalena Royerin. 8 f. - kl. 8°

Mayer, Ant., s.: Quellen zur Geschichte der Stadt Wien.

Mayer, Ant., Recollectiones morales super theologiam B. Sporer. 8. Augst. Vindel. (Weidmann, Lips.) 747.

Mayer, Ant. (Beneficiat an d. Domkirche in München). St. Christoph u. seine Erzbruderschaft im Pütrichkloster zu München. (S.-A. aus Bd. 28. d. oberbayer. Archivs.) München 1868. Imp. 8°. 6 S. Cart.

Mayer, Ant. (Dombenefiziat), der *Schäfflertanz* u. der *Metzgersprung*. Versuch einer historischen Beleuchtung dieser Münchener Wahrzeichen. (Abdr. aus dem Münchener Sonntagsblatt.) München 1865. Kl. 8°. Cart. *)
11 S. m. gefalt. Titelbild (Schäfflertanz).

— der Maler Martin Johann Schmidt, genannt der „Kremser Schmidt“. Ein Beitrag zur österreichischen Kunstgeschichte im XVIII. Jahrh. Mit 2 Kunstbeilagen (1 Holzschn. u. 1 Radirg.). gr. 8. (VI, 96 S.) Ebend. 879. n. 4. 80

— Die Spiegelreflexkamera, s. a. Encyklopädie der Photographie. 71. Heft.

Die Spiegelreflexkamera. Ihr Wesen u. ihre Konstruktion. Nebst Ratschlägen f. d. Auswahl u. prakt. Verwendung sowie tabellar. Übersicht u. Liste d. Patente u. Gebrauchsmuster. Von Anton **Mayer**, Abtnaundorf. Mit 48 Abb. Halle a. S.: Knapp 1910. VI, 78 S. 8°
(Encyklopädie d. Photographie H. 71.) [10. 10790

— —, über die 12 Spitalleute von St. Elisabeth in München, welche in den Quatempertagen (sic) in altdeutscher Tracht in die Frauenkirche wandern. (Sep.-Abdr. aus d. XXXII. Bde. d. oberbayer. Archivs.) München 1873. Gr.-8°. 8 S. Cart.
Abdr. der Stiftungsurkunde vom J. 1580, wonach an obigen Quatembertagen 12 Arme in der Frauenkirche für die im kath. Glauben † Glieder der 3 Regentenhäuser von Bayern, Oesterreich u. Baden beten sollten, wie noch jetzt geschieht. — Die Stifterin Maria Anna, Tochter Kaiser Ferdinand's I. u. Wwe. Herzog Albrecht's V. starb 1590 u. liegt in dem grossen Sarge der Fürstengruft in der Domkirche. Cfr. Mayer, die Domkirche etc. S. 431 ff.

— das Strafverfahren im Großherzogth. Baden nach dem Gesetze vom 5. Februar 1851 dargestellt. 1. Lfg.: Allgemeiner Theil. gr. 8. (88 S.) Freiburg im Br. 852, Diernfellner. n. 1/3 ₰

Mayer, Ant., das Strafverfahren im Großherzogthum Baden nach dem Gesetze vom 5. Febr. 1851, dargestellt. 2. Liefg. Untersuchung und Urtheilsfällung. Freiburg 853. Diernfellner. gr. 8. (2 Bl., S. 87—183.) n. 10 ngr

Mayer, Ant., s.: Topographie v. Niederösterreich.

—— 124 orthografische Uebungen für die Hand der Schüler in Volksschulen. Nebst einem Fremdwörterverzeichnisse und einem Anh. von einigen Begriffserklärungen. 1. und 2. Aufl. gr. 8. (VIII, 63 S.) Teplitz 872, Pörzler. *

MAYER, Anton (Reinding): Therapeutische Versuche mit Cortex Coto.- München 1876.
10.6.1876 - Urk (Titel: De experimentis therapeuticis cortice coto institutis.); Chr 1875/76,16
Diss. Ingolst.-Landsh.-Mchn.

—— Vorträge über gemeines deutsches und badisches Gantverfahren. gr. 8. (IV und 82 S.) Freiburg im Br. 850, Diernfellner *

Mayer, Anton Joseph (geb. Bonn 29 . . 18. .): De gangraena nosocomiali. Berolini 184. . (27 S.) 8°
Berlin, Med. Diss. v. 12. Sept. 184.

Mayer, Ant. M., zehn Heller-Bücher. 1. Bdchn. kl. 8. Wien (906). („Austria" F. Doll). à — 10
Colonel Murrays Geheimnis. Glockenwein. Der Statistiker. (48 S.)

Mayer, Armin, prakt. Arzt aus München: **Restbildung des Wolff'schen Körpers, einem dritten Hoden ähnelnd, bei Hydrocele des Samenstranges.** *München 1901: Kastner & Lossen.* (51 S.) 8°
München, Med. Diss. v. 1901

Mayer, Arthur, appr. Arzt aus Berlin: Über die **Abhängigkeit** der Farbenschwellen von der Adaptation. *Freiburg i. B.: Speyer & Kaerner 1903.* (70 S.) 8°
Freiburg i. B., Med. Diss. v. 1903

Mayer, Arth. v., die Brennpunkte der Eisenbahnfrage u. deren sachgemäße Lösung. Regeneration der Eisenbahn-Verwaltgn. Reorganisation d. Eisenbahn-Betriebes. Reform der Eisenbahn-Tarife. Gemeinverständlich bearb. gr. 8. (IV, 32 S.) Berlin 891. A. Gramsch. — 60

Mayer, Arth., Wiener Finanz, Banken u. Börse. Eine krit. Besprechg. besteh. Verhältnisse. gr. 8. (26 S.) Wien 887. Rosner. n. — 60

— **die Fortschritte in der Pathologie u. Therapie der kindlichen Verdauungsorgane in den J. 1900—1903.** (96 S.) Lex.-8. Göttingen 906. Vandenhoeck & Ruprecht. n. 2. 40
Sonderabdruck aus: „Zentralbl. f. Stoffwechsel- u. Verdauungskrankh."

Mayer, Arthur, aus Frankfurt am Main: Friedrich Carl Fulda. Ein Beitrag zur Geschichte der Smith'schen Schule. Frankfurt a. M. 1907. 46 S. 4°. [10.XI.06.]
Bern. Phil. Diss. 1907/08.

Mayer, Arthur. Friedrich Carl Fulda (1774-1847). Ein Beitrag zur Geschichte der Smith'schen Schule. Diss. Phil. Bern. II + 46 S. 4. Frankfurt a. M., Conrad & Haas, 1907.

—— Geschichte u. Geographie der deutschen Eisenbahnen. Bearb. nach Orig.-Quellen. Als Lehr- u. Prüfungsbuch f. die deutschen Eisenbahn-Beamten, als Handbuch f. Börsen-Interessenten, Capitalisten u. Eisenbahn-Unternehmer, sowie als Hilfsbuch zum Studium f. Jedermann. 25 Lfgn. gr. 8. (XVI, 1375 S. m. 9 Taf.) Berl. 889—91, Baensch. à Lfg. 1 —; * 25 —

Mayer, Arth. v., Geschichte u. Geographie der deutschen Eisenbahnen. Bearb. nach Orig.-Quellen. Als Lehr- u. Prüfungsbuch f. die deutschen Eisenbahn-Beamten, als Handbuch f. Börsen-Interessenten, Capitalisten u. Eisenbahn-Unternehmer, sowie als Hilfsbuch zum Studium f. Jedermann. 1.—16. Lfg. gr. 8. (S. 1—800.) Berlin 890. Baensch. à n. 1. —

— Geschichte u. Geographie der deutschen Eisenbahnen. Bearb. nach Orig.-Quellen. Als Lehr- u. Prüfungsbuch f. die deutschen Eisenbahn-Beamten, als Handbuch f. Börsen-Interessenten, Capitalisten u. Eisenbahn-Unternehmer, sowie als Hilfsbuch zum Studium f. Jedermann. 17.—25. (Schluss-)Lfg. gr. 8. (S. 801—1375 u. XVI S. m. IX Taf.) Berlin 891. W. Baensch. à n. 1. — (kplt.: n. 25. —)

Mayer, Artur: Die bäuerliche Hauskommunion ⟨Zadruga⟩ in den Königreichen Kroatien und Slavonien. Heidelberg 1910: Zöller. X, 176 S. 8°
Heidelberg, Phil. Diss. v. 8. Sept. 1910, Ref. Gothein
[Geb. 13. Sept. 88 Agram; Wohnort: Heidelberg; Staatsangeh.: Ungarn; Vorbildung Oberstädter Gymn. Agram Reife Juni 06; Studium: Leipzig Handelshochsch. 4, Univ. 1, Heidelberg 2 S.; Rig. 4. Mai 10.] [U 11. 2287

Mayer, Arthur: Studien zu Eichendorffs Novellenstil
Prag. Phil. Diss. 1909/1910

Mayer, Arth. v., Ziele und Grenzen der Bestrebungen zur Herabminderung des Heeresanfwandes. Ein am 14. März 1879 im nieder-österreich. Gewerbe-Verein gehaltener Vortrag. gr. 8. (23 S.) Wien 879, Lechner's Verlag. *

Mayer, Aug., über Einzel- u. Gesamtleistung des Schulkindes, s.a. Sammlung v. Abhandlungen zur psychol. Pädagogik. I, 4.

Mayer, August [aus Würzburg]: Ueber Einzel- und Gesamtleistung des Schulkindes. Ein Beitrag zur experimentellen Paedagogik (S.-A. aus Archiv f. d. ges. Psychologie, Bd. I. H. 2.) Leipzig 1902. 144 + 18. 8°.
Zürich, Phil. Diss. I. S. 1902/1903.

Mayer, August. Über Einzel- und Gesamtleistung des Schulkindes. Ein Beitrag zur experimentellen Pädagogik. Diss. Phil. I. Univ. Zürich. (Sonder-Abdruck aus Archiv für die gesamte Psychologie, Bd. 1. Heft 2.) 145 S. 8. Leipzig. Wilhelm Engelmann, 1903.

Mayer, August, approb. Arzt aus Hechingen-Hauserhof ⟨Hohenzollern⟩: Aus d. Universitäts-Frauenklinik zu Giessen ⟨Direktor: Geh. Med.Rat Prof. Dr. Löhlein⟩. Ein **Fall** von Echinococcus im Beckenbindegewebe. *Giessen 1900: v. Münchow.* (54 S.) 8°
Giessen, Med. Diss. v. 1900

Mayer, August (geb. Bobbin auf Rugen 11. 3. 1850): Ueber die Complicationen des acuten Gelenkrheumatismus. Berlin (1872). (32 (vielmehr 30) S.) 8°
Berlin, Med. Diss. v. 10. Febr. 1872

Mayer, August, Dr. med., ehem. Assistenzarzt d. Klinik, jetziger Oberarzt d. Univ.-Frauenklinik Tübingen: Aus d. Univ.-Frauenklinik zu Heidelberg ⟨Direktor: Geh. Hofrat Prof. Dr. v. Rosthorn⟩. Die beckenerweiternden Operationen. Mit 67 Abb. im Text. Berlin: S. Karger 1908. (VIII, 218 S.) 8°
Tübingen, Med. Fak., Hab.-Schr. v. 1908
(Nicht für den Austausch)

— Über Sterilität, s.a. Sammlung klinischer Vorträge.

Über Sterilität. Von Privatd. Dr. August **Mayer**, Tübingen. Leipzig: J. A. Barth 1908. (22 S.) 8° [Umschlagt.]
= **Sammlung** klinischer Vorträge. N. F. No 499. [08 1261

Mayer, Aug., Vorarbeiten zu ein. Flora d. mährischen Gouvernements etc., s. Rohrer, R.

Mayer, August Franz Joseph Karl, s.a. Mayer, C

Mayer, Aug. Frz. Jos. Carl, Analecten f. vergleich. Anatomie. 1. u. 2. Samml. gr. 4. Bonn, Weber. [1. ($12\frac{2}{3}$ B. u. 7 Stnt.) 835. * $2\frac{5}{6}$ Thlr., 2. ($9\frac{1}{2}$ B. u. 1 Stnt.) 839. * $1\frac{1}{3}$ Thlr.] *

—— **über den Bau des Gehirns der Fische, in Beziehung auf eine darauf gegründete Eintheilung dieser Thierklasse. gr. 4. (40 S.) Dresden 864. (Jena, Fr. Frommann.)** *
Aus: Verhandlungen der K. Leop.-Carol. d. Akademie der Naturforscher, besonders abgedruckt.

Mayer, F. J. C., über den Bau des Organes der Stimme bei dem Menschen, den Säugethieren u. einigen grössern Vögeln, nebst physiolog. Bemerkungen. Mit 28 Steindrtaf [Für d Kais. Leopold.-Carol. Akad. d. Naturforscher] gr. 4. (110 S.) Breslau u Bonn 852, Weber. n. 6 ℔ (siehe auch: Actorum, novor, acad. caes. Leopold.-Carol, vol. XXIII, pars 2.)

— Beiträge zur Anatomie des Elephanten u. der übrigen Pachydermen. Mit 9 Steindrtaf. (in gr. 4. u. qu. gr. Fol.) [Für d. Kais. Leopold.-Carol. Akad. d. Naturforscher.] gr. 4. (88 S.) Ebd. 848. n. 3½ ℔ (siehe auch: Actorum, novor, acad. caes. Leopold.-Carol., vol. XXII, pars 1.)

Mayer, F[ranz] J[osef] C[arl]: Beiträge zur Anatomie der Entozoen. Mit 3 Taf. Bonn 1841. 34 S. 4⁰

Mayer, F. J. C., Beiträge z. Anatomie d. Entozoen. gr. 4. (4¼ B. u. 3 Stnt.) Bonn 841, Henry u. Cohen.

— Beitrr. zu e. anatomischen Monographie der Rana pipa, mit 2 Kupf. gr. 4. Bonn 825. (Marcus.)

Mayer, Aug. Frz. Jos. Carl, Bericht üb. d. anatom. Institut d. Kgl. Rhein. Friedr.-Wilh.-Univers. zu Bonn, entworfen im J. 1830. M. 2 Stnt. (incl. 1 gr. Fol.) gr. 4. (3 B.) Bonn 830, (Marcus.)

— Beschreib. e. graviditas interstitialis uteri, nebst Beobachtt. über die merkwürd. Veränderungen, welche die weibl. Genitalien u. namentlich d. Uterus im hohen Alter erleiden. Mit 1 Kupf. gr. 4. Bonn 826, (Marcus.)

—— über das Ei der Vögel und der Reptilien. gr. 4. (95 S. mit 4 chromolithogr. Taf.) Dresden 865. (Jena, Fr. Frommann.) *

—— die Elementar-Organisation d. Seelen-Organes. gr. 4. (10 B.) Bonn 838, Weber. *

— über die hintere Extremität d. Ophidier. Mit 2 Kupfrt. gr. 4. Bonn 825, Marcus.

August Franz Josef Karl Mayer

A[ugust] F[ranz] I[oseph] Carolus Mayer: Natalem Regis... [Geburtstagsrede auf Fridericus Guilelmus III. Rex viele. Friedrich Wilhelm III. König von Preussen 1770-1840, 3. Aug. 1823.] Bonnae 1823: Thormann. 21 S. 8⁰

—— über d. Gehirn, d. Rückenmark u. d. Nerven. Eine anatom.-physiolog. Untersuch. M. 6 Stnt. gr. 4. (11½ B.) Bonn 833, (Marcus.)
Aus „Acta Acad. Caes Leop.-Carol. nat. cur. Vol. XVI. P. II." abgedruckt.

Vniversitatis Fridericiae Gvilelmiae Rhenanae ordo medicorvm Avg. Franc. Ios. Carolo Mayer . . seniori svo et collegae S. D. . . . Bonnae, d. XXIV m. Oct. a. 1862. [Bonnae, typ. C. Georgii 1862.] 1 Bl. 2.
Glückwunsch zum 50j. Dr.-Jubiläum

— üb. Histologie u. eine neue Eintheilung d. Gewebe d. menschl. Körpers. gr. 8. Bonn 820. Marcus. 8 gr

Mayer, Aug. Franc. Jos. Carl: Icones selectae praeparatorum musei anatomici. Cum 6 tab. lithogr. Bonnae 1831. 28 S. gr. 2⁰

—— Icones selectae praeparator. Musei anatom. Universit. Frider.-Wilh. Rhen., quae Bonnae floret, descriptae atque epigrammatis nonnullis insignitae. Cum VI tab. lith. Fol.-maj. (7 B.) Bonnae 831, (Marcus.)

—— systemat. Catalog d. Präparate d. anatom. Museums d. k. rhein. Friedrich-Wilhelms-Universität zu Bonn. Erstes Decennium v. J. 1820—1830. gr. 8. (7 B.) Bonn 835, (Marcus.) *

Mayer, Fr. Jos. Carl, die Pacinischen Körperchen. Eine physiolog. Abhandlung. gr. 4. (2½ B. u. 1 Stnt.) Bonn 844. (Henri u. Cohen.) *

—— die Metamorphose d. Monaden. gr. 4. (5 B. u. 1 Abbild.) Bonn 840. Weber. *

Memoriam sacram Friderici Guilelmi III . . d. III Non. Aug. ab alma universitate Fridericia Guilelmia Rhenana . . . celebrandam . . indicit A[ugustus] F[ranciscus] I[osephus] Carolus Mayer, ord. med. h. t. decanus. — Inest Spicilegium observationum anatomicarum de Organo electrico in Raiis anelectricis et de Haematozois. Bonnae, typ. C. Georgii 1843. 17 S., 3 Taf. 4. ¶ In Komm. bei König in Bonn.

Mayer, Aug. Frz. Jos. Car., Spicilegium observationum anatom. de Organo electrico in Raiis anelectricis et de Haematozois. 4 maj. (2½ B. u. 3 Stnt.) Bonnae 843, (König.) *

Natalem . . . Friderici Guilelmi III d. III Aug. in alma academia Borussica Rhenana oratione solenniter celebrandum . . indicit A[ugustus] F[ranciscus] I[osephus] Carolus Mayer . . . ord. med. p. t. decanus. — Inest disquisitio de arteriarum regeneratione. — Promulgantur simul quaestiones [in a. 1823—24 propositae] et praemia certaminis litt. [a. 1821—22 cum censuris commentationum completius expositis]. Bonnae, typ. Thormannianis 1823. 21 S., 1 Bl., 1 Taf. 4. ¶ D. Abh. erschien zugleich selbständig bei Marcus in Bonn.

Mayer, (A. F. J. C.,) Disquisitio de arteriarum regeneratione. 4 mai. Bonnae 824. (Marcus)

—— Supplem. z. Lehre v. Kreislaufe. I. Hft. Suppl. z. Biologie d. Blutes u. d. Pflanzensaftes. M. 1 ill. Kpfrt. gr. 4. (11 B.) Bonn 827, (Marcus.)

—— Supplemente z. Lehre v. Kreislaufe. II. Hft. Flimmerbewegungen, Leben d. Blutsphären, Monadenlehre. gr. 4. (7¼ B.) Bonn 836, Marcus. *
I. Hft Ebendas. 1827. * 1 Thlr. 8 Gr.

Mayer, F. J. C, System des Thier-Reiches oder Eintheilung der Thiere nach einem Princip, [Aus den Verhandlungen des naturhistor. Vereins der Preuss. Rheinlande u. Westphalens.] gr. 8. (42 S. m. 1 lith. Taf in 4) Bonn 849, Henry & Cohen. ½ ℔

— anatomische Untersuchungen üb. das Auge der Cetaceen nebst Bemerkungen üb. das Auge der Menschen u. der Thiere. Mit 6 lith. Taf. (in gr. 8. u. gr. 4.) gr. 8. (55 S.) Bonn 852, Henry & Cohen in Comm 24 ngr

Mayer, [August Franz Joseph Karl] Untersuchungen über das Nabelbläschen und die Allantois bei Embryonen vom Menschen und von den Säugethieren Mit 6 Steindrucktaf o O 1834 56 S. 6 Taf 4⁰
(Acta Acad. Caes. Leop Carol. Nat. Cur Vol. XVII. P II)

—— Untersuchungen üb. das Nabelbläschen u. d. Allantois bei Embryonen vom Menschen u. von d. Säugethieren. gr. 4. (7 B. u. 6 Stnt.) Bonn 835, Weber. *
Aus: Acta Acad. Caes. Leop. Carol. nat. cur. Vol. XVII. P. II., besond. abgedruckt.

Mayer, F. J. C., (Aug. Frz. Jos. Karl), neue Untersuchungen aus dem Gebiete der Anatomie und Physiologie. Mit 1 Taf. gr. 4. Bonn 842. (König.) n. ⅚ ℔

Mayer, F. J. C., Aegyptens Vorzeit und Chronologie in Vergleichung mit der west- und ost-asiatischen Kulturvölker. Ein Prodromus zur Ethnologie des Menschengeschlechtes. gr. 8. (96 S.) Bonn 862, Cohen und Sohn. *

— Tractatus de vulneribus pectoris penetrantibus. Pars I. 4maj. Petropoli 824. (Leipz., Cnobloch). 1 ℳ 20 ₰

—— über die Zunge als Geschmacksorgan. gr. 4. (3½ B. u. 3 Stnt.) Bonn 844, (König.) *
Aus: Acta acad. caes. Leop.-Carol. nat. cur. Vol. XX. P. II. besond. abgedruckt.

Mayer, August George. Erinnerungen an Carl Rahl. Ein Beitrag zur Kunstgeschichte Wiens. (1847—1865.) Mit Porträt und Facsimile Rahl's, nebst 2 ungedruckten Briefen und anderen Belegen. Wien 1882. 8°.

Mayer, August L(iebmann), a. Darmstadt: Jusepe de Ribera. (Einleitung, Kap. 1. 3 B. 1—4.) (Berlin 1907: G. Schade.) (45 S.) 8° ¶ (Erscheint vollst. Anfang 1908.)
Berlin, Phil. Fak., Ref. Wölfflin, Diss. v. 15. Juni 1907
[Geb. 27. Okt. 85 Darmstadt; Wohnort: Berlin; Staatsangeh.: Hessen; Vorbildung: Gymn. Darmstadt Reife O. 04; Studium: München 3, Berlin 3 S.; Rig. 30. Mai 07.]

— Juseppe de Ribera (lo Spagnoletho), s.a. Monographien, kunstgeschichtl. X.

Jusepe de Ribera (Lo Spagnoletto). Von August L. **Mayer.** Mit 43 Taf. Leipzig: K. W. Hiersemann 1908. (195 S.) 4°(8°)
— **Monographien,** Kunstgeschichtliche. 10. [08. 1837

Mayer, Aug. L., s.: Texte, deutsche, des Mittelalters. XII. (Folz, Hans, Meisterlieder.)

Mayer, A.L.· Toledo, s.a. Kunststätten, Berühmte

Toledo. Von August L. **Mayer** Mit 118 Abb. Leipzig E. A Seemann 1910. VII, 167 S. 8°
(Berühmte Kunststätten. Bd 51) [10. 14263

Mayer, Augustin, O. Cist., monatl. Geisteserneuerg. Nach e. alten Cistercienserbuch: „Monatl. Versammlg. z. Gebrauch gottgeheiligter Ordenspersonen" bearb. (45 S.) kl. 8. Bregenz (910). J. N. Teutsch. Geb. in Leinw. — 70

Mayer, B., d. Kronprinz od. die Regierungskunst des Fürsten. 2 Bde. 8. Berl. 786. (v. Mösle in Wien). 20 ₰

* *P. Beda Mayers* (Benedictiners zum heil. Kreuz in Donauwerth.) Anfangsgründe der Mathematik und Algebra, zum Gebrauch in höhern und niedern Schulen. Augsburg, b. Riegers Söhnen. 419 S. 8.
1792.

Mayer, Beda Jak., Anfangsgründe d. deutschen u. lateinischen Sprache, z. Nutzen d. Jugend u. Beihülfe d. Lehrer, mit deutschen Regeln, Uebungen u. Exempeln. 8. Augsb. 771. M. Rieger. 10 ₰

MAYER, BENEDIKTUS, Priester der Raaber Diöcese: Von Oedenburg nach Rom und Neapel. Eine volkstümliche Beschreibung meiner Reise nach Italien. Raab 1899. Selbstverlag des Verfassers, Raaber Diöcesan-Buchdruckerei. (8) 138 S. - 210 mm

Mayer, Bernh. (Stadtschreiber das.), Geschichte der Stadt Lauingen. Mit 1 (von *M. Schmid*) lithogr. Ansicht d. Stadt (in Doppelformat) u. 2 (gefalt.) Kupferabdrücken (das Schloss u. die Pfarrkirche im Jahre 1604). Im Selbstverlage d. Verfassers. Dillingen. Druck von C. Kränzle. 1866. 8°. Eleg. grün. Hsrsb.
VIII—467 S., 1 S. Inh., 2 Tabellen. — Den Gemeindecollegien d. Stadt gewidmet.

Mayer, Bernh., s.: Rückblick auf die jüngste Entwickelungsperiode Ungarns.

– – Vgl Meyer

Mayer, Bernhard [aus Bayreuth]: Die Vereinbarung schiedsrichterlicher Rechtsstreitsentscheidung nach früherem und jetzigem gemeinen Recht ... Erlangen, Druck d. Univ.-Buchdr. v. Junge & Sohn, 1888; 2 Bl. + 122 S. 8°
Erlangen, Jur. Fak., Inaug.-Diss. v. 1888

Mayer, Bernh., die Vereinbarung schiedsrichterlicher Rechtsstreitsentscheidung nach früherem und jetzigem gemeinen Recht. Eine historisch-dogmat. vergleichende Darstellung. gr. 8. (III, 122 S.) Erlangen 888, Deichert'sche Verlagsh. Nachf. *

Mayer, Bertram [aus Niederhochstadt (Pfalz)]: Ueber stereoisomere Phenylglycerinsäuren. München 1898. 43 S. 8°.
Basel. Phil. Diss. 1897/98.

Mayer, Bonav., Die Juden unserer Zeit. Eine gedrängte Darstellung ihrer religiösen und politischen Verhältnisse in den drei alten Erdteilen. Regensburg, Manz, jetzt Verl.-Anstalt, 1842, gr 8°, 13 Bogen, 3 Mk.

Mayer, Bonaventura, Das Judentum in seinen Gebeten, Gebräuchen, Gesetzen und Ceremonien. Regensburg, Manz, jetzt Verl.-Anstalt, 1843, gr. 8°. 36 Bogen, 6,75 Mk.

Mayer, Brantz

Mayer, B., Capitain Canot, s.a. Bibliothek, amerikanische.

Mayer, Brantz
Capitain Canot oder Zwanzig Jahre aus dem Leben eines afrikanischen Sclavenhändlers. Aus dem Engl. v. W.E. Drugulin. Bd 2-4.
Leipzig: Kollmann 1855. 8°
(Amerikanische Bibliothek. Bd 152-154.)

MAYER, Bruno
Die Effectenbörsen und ihre Geschäfte. Von Dr. jur. Bruno Mayer. Wien. 1899. Hölder. Gr.-8°. XII, 210 S. fl. 2.70

— **die Emission v. Wertpapieren.** gr. 8. (X, 137 S.) Ebd. 900. n. 2.40

Mayer, C, s.a. Mayer, August Franz Joseph Karl

Mayer, C, s.a Mayer, Karl Hermann

Mayer, C v. (Red.), s. Abhandlungen, vermischte, a.d. Gebiete der Heilkunde v einer Gesellschaft pract Aerzte zu St Petersburg.

Mayer, C., zur Anatomie des Orang-Utang u. des Chimpanse. Bonn 856. (Henry u. Cohen.) gr. 8. (23 S.) n. 8 ngr

Mayer, (C. M.), Zur Anatomie des Rhinoceros indicus. Nachtrag zur Anatomie der Pachydermen in den nova acta ac. n. c. vol. 22. p. I. (Für die k. Leopold.-Carol. Acad. der Naturforscher.) gr. 4. (14 S. mit 4 Stnt.) Bonn 854, Weber. *

—— über den Bau des Organes der Stimme bei dem Menschen, den Säugethieren und einigen grössern Vögeln, nebst physiolog. Bemerkungen. (Für die kais. Leopold-Carol. Akad. der Naturforscher.) gr. 4. (110 S. mit 28 Stnt.) Breslau und Bonn 852, Weber. *

Mayer, C., Griechenlands Befreiung durch die Römer. Ein Beitrag zum Verständniß der neuesten Geschichte. Vortrag, gehalten zu München im Dezbr. 1860. gr. 8. (35 S.) Erlangen 861, Bläsing. *

– – Vgl Mayer, K

Mayer, C. (II.), Beiträge zur Anatomie des Elephanten und der übrigen Pachydermen. (Für die kaiserl. Leopold.-Carol. Akad. der Naturforscher.) gr. 4. (88 S. und 9 Stnt. in gr. 4. und qu. gr. Fol.) Breslau und Bonn 848, Weber. *

— über das Eindringen der Spermatozoiden in das Ei. Mit Abbildgn. (Aus d. Nova Acta Acad. Caes. Leop.-Carol.) Bonn 857. (Henry u. Cohen.) gr. 8. (26 S. u. 1 lith. Taf.) n. 12 ngr.

Mayer, C., Heeresbekleidungs- u. Ausrüstungswesen, s. Ausstellungs-Bericht, officieller.

Mayer, C., über Histologie und eine neue Eintheilung der Gewebe des menschlichen Körpers. gr. 8. Bonn, Marcus. 820.

— über krankhafte Knochen vorweltlicher Thiere. (Aus d. Nova Acta Acad. Caes. Leop.-Carol.) Bonn 855. Weber. gr. 4. (18 S. u. 1 lith. Taf. in Fol.) n. 20 ngr.

Mayer, C., an unsere Mitbürger auf dem Lande. — Antwort auf die sechs Fragen des Ghelf. Aufrecht, siehe: Vereinsblätter.

— Natur und Geist. Lehrgedicht in 5 Büchern. Bonn 855. Marcus in Comm. gr 12. (166 S.) n. 20 ngr.

Mayer, C., Ordresammlung. München 1867. 8.

— über die Structur der Hautbedeckungen der Cetaceen. Mit 17 Abbildgn. (Für die k. Leopold.-Carolin. Akad. der Naturforscher.) gr. 4. (27 S. mit 3 lithochrom. Taf.) Bonn 855, Weber. *

— anatomische Untersuchungen über das Auge der Cetaceen nebst Bemerkungen über das Auge des Menschen und der Thiere. Mit 6 Steintaf. (in 8. u. 4.). Bonn 852. Henry u. Cohen in Comm. gr 8. (55 S.) 24 ngr.

Mayer, C, de vulneribus pectoris penetrantibus. Pars I. C. tab. lith 4 maj Petropoli 823 (Leipzig. Voss.) n. 1 1/4 ℛ

Mayer, (C.,) Tractatus de vulneribus pectoris penetrantibus. Pars I. 4 maj. Petropoli 824, (Lipsiae, Cnobloch.)

Meyer, C A., Handbuch der Gesetze und Verordnungen über das Bauwesen in polizeilicher und rechtlicher Hinsicht in der Stadt und auf dem Lande Berlin. 1829 8. 11 1/4 Sgr.

Mayer, C. A.: Das Preuss. Vormundschaftsrecht, Zur Selbstbelehr. f. Vormünder u. Bevormundete. *Berlin*, Natorff u. Comp. 829. gr. 8. (14 Gr.)

Mayer, C. Berthold [aus Mannheim]: Das Verhalten von experimentell in die vordere Augenkammer gebrachten Substanzen ... Würzburg, P. Scheiner's Buchdr., 1892; 49 S. 8.
Würzburg, Med. Fak., Inaug.-Diss. v. 1892

Mayer, C. Berthold, das Verhalten von experimentell in die vordere Augenkammer gebrachten Substanzen. Diss. gr 8. (49 S.) Würzburg 892. (Wiesbaden, J. F. Bergmann.) n.n. 1.—

Mayer, C. D., poetische Chrestomathie f. Schul. rc. 8. Nürnberg, Grattenauer. 796.

— specim. animadv. in graecum Matthai Text. etc. 8. maj. ibid. 786.

Mayer, C. D., specim. animadv. in graecum Matthaei textum. 8. Norimb. 786. Jetzt Lauffer in Leipzig.

Mayer, C. E. Louis, die Beziehungen der krankhaften Zustände und Vorgänge in den Sexual-Organen des Weibes zu Geistesstörungen. gr. 8. (IV, 163 S.) Berlin 870, Hirschwald. *

Mayer, C F, s.a Maier, Karl Friedrich

Mayer, C. F., Kinder-Briefe z. Gebrauch in Schule u. Haus. Einfache Anweisung f. lernbegier. Kinder zu Abfassung von Briefen, mit 200 Beispielen. 3., verm. u. verb. Aufl. 12. (7 B. u. 1 Stnt.) Schw. Hall 842, Haspel'sche Buchh.

Mayer, C G, s. Mayer, Karl Wilhelm

Mayer, C. Geo., Spruchkatechism. 8. Ulm. 724.

Mayer, C M, s. Mayer, C

Mayer, Carl, s. Mayer, Karl

Mayer, Carl August, s. Mayer, Karl August

Mayer, Carl Eduard, s. Mayer, Karl Eduard

Mayer, Carl Emil August, s. Mayer, Karl Emil August

Mayer, Carl Emil Ludwig, s. Mayer, Karl Emil Ludwig

Mayer, Carl Ernst, s. Mayer, Karl Ernst

Mayer, Carl Florian Gustav, s Mayer, Gustav

Mayer, Carl Fr, s. Mayer, Karl Fr

Mayer, Carl Friedrich Eduard, s. Mayer, Eduard

Mayer, Carl Hermann, s Mayer, Karl Hermann

Mayer, Carl Wilhelm, s. Mayer, Karl Wilhelm

Mayer, Ch, s.a Mayer, Karl

Mayer, Ch., Amtskalender für die protestantische Geistlichkeit im diesseitigen Baiern, s. Amtskalender.

Mayer, Charles, s. Mayer, Karl

Mayer, Charles Joseph

Mayer, C. J. Reisen nach der Schweiz im Jahre 1784; a. d. Franz. ... Leipzig 1788. Ü: *Loos.* (Gatterer, Repert. der mineral. Litt. Giessen 1798—99. I, 180.)

— Reisen durch die Schweiz, m. Anm. 2 Thle. 8. Leipz. Böhme. 788. (1r 18 gr. 2r 16 gr.)

Mayer, Charles Joseph. Historische Romane a. d. Franz. N. Aufl. Weimar 1789. Ü: *Schulz, Joachim Christoph Frdr.* (ML) (Ky) (R-N)

— hist. Romane, a. d. Frz. (v. Fr. Schulz.) 8. Weimar, Hoffmann. 789.

Mayer, Chr. Gli., († d. 24 Juli 1773) de arte sphymica nuperis observationibus illustrata. 8. Wien 771.

— Rede von d. Mißbrauch d. guten Geschmacks in d. Medicin. 8. Wien 768.

Mayer, Christ., Hülfs-Tabellen zur Vergleichung der Flüssigkeits- u. Getreide-Maaße der Zollvereins-Staaten ꝛc. Lex.-8. (2 B.) Rottweil 846. (Setzer'sche Vrlgsh.) *

Mayer, Chr., Hülfstabellen z. Vergleichung der Flüssigkeits- und Getreide-Maaße der Zollvereins-Staaten Preußen, Baiern, Baden, Hessendarmstadt, Nassau, Hohenzollern-Sigmaringen und Hechingen u. der Schweiz, mit denen von Württemberg, zur Berechnung der von Einfuhren in Württemberg zu entrichtenden Uebergangs-Steuern von Bier, Branntwein und Malz, und zur Controlirung der Getränke-Einfuhren ꝛc. gr. 8. Rottweil 846. (Setzer.) n. 1/6 ₰

v. *Mayer,* Chr., specimen practic. de remediis efficacissimis in morbis contagiosis etc. 8maj. Wien 806. Beck. 1 ƒ cart. script. 1 ƒ 6 Kr

Mayer, Christian, s.a. Mayer, Christian August

— altitudo Poli speculae electoralis astronomicae Schwetzingensis. 4maj. Mannh. 766. Löffler. 4 Kr

— Basis novae chartae Palatinae 4. Heidelb. 773.

Mayer, Chr., († d. 16. April 1783.) Basis palatina, series et ordo Triangulorum etc. 4maj. Mannh. 763. Löffler. 12 Kr

— directio meridiani Palatini per speculam electoralem arcis aestivae Schwetzingensis ducti, observationibus et calculis definita. 4. Heidelb. 771.

— s. Dispensatorium universale Austriacum.

— elementa arithmeticae. 8. Heidelb. 762.

— selecta physices experimentalis elementa mathematico-physica. 4. Heidelb. 753.

Mayer, Christian „Geschichte des fünfzigjährigen Bestehens der Kgl. Bayr. Realschule Nördlingen". pg 29--55. 8°. Mit einer Frequenztabelle. C. H. Beck'sche Buchd.
Nördlingen, Progr. 1885/86

Mayer, Chrn., Herr Gott, Du bist unsre Zuflucht für und für! Predigt zur dankbaren Erinnerung an das Erlöschen der Cholera gehalten den 17. Oktbr. 1855 in Augsburg. Augsburg 855. v. Jenisch u. Stage. gr. 8. (9 S.) n. 2 ngr.

— brevis trigonometriae planae institutio selectis Matheseos et Physicae experimentalis partibus adplicata, c. fig. II Prts. 4. Heidelb. 754. Löffler in Mannh. (P. I. 9 Kr P. II. 6 Kr) 15 Kr

— brevis trigonometriae plana instructio etc. II Partes c. fig. 4. ibid. 754.

Mayer, Chrn., Leitfaden für den ersten geschichtlichen Unterricht an Mittelschulen. 1. u. 2. Abtl. 8. München 878. 80. Expedition des königl. Zentral-Schulbücher-Verlags. geb. n.n. 1. 20
1. Die alte Zeit. (VIII, 85 S. mit 1 lith. Karte.) n.n. — 50
2. Die mittlere Zeit. (VI, 110 S.) n.n. — 70

Mayer, Chrn., Leitfaden f. den ersten geschichtlichen Unterricht an Mittelschulen. 3. Abtlg.: Die neue Zeit. 8. (VI, 166 S.) München 883. Exped. d. k. Zentral-Schulbücher-Verlages. geb. n.n. 1 — (cplt.: n.n. 2. 20)

Mayer, Chrn. (I.), Leitfaden für den ersten geschichtlichen Unterricht an Mittelschulen. 2. und 3. (Schluß-)Abthl. 8. München, Expedition des k. Zentral-Schulbücher-Verlags. geb. **
Inhalt:
Abthl. 2. Die mittlere Zeit. (VI, 110 S.) 880. geb. ** 70 Pf.
" 3. Die neue Zeit. (VI, 191 S.) 884. geb. ** ℳ 1.
1. Abthl. Ebendas. 1878. geb. ** 50 Pf.

Mayer, Chrn., Leitfaden für den ersten geschichtlichen Unterricht an Mittelschulen. 1. und 3. Abtl. 8. München, Oldenbourg, Abteilung für Schulbücher. cart. **
Inhalt:
Abtl. 1. Die alte Zeit. 3. Aufl. (VIII, 89 S.) 888. ** 50 Pf.
" 3. Die neue Zeit. 2. durchges. Aufl. (VI, 192 S.) 887. ** ℳ 1.25.
2. Abtl. Ebendas. 1880. cart. ** 70 Pf.

Mayer, Chrn., Leitfaden f. den ersten geschichtlichen Unterricht an Mittelschulen. 1. u. 3. Abtlg. 8. München, Oldenbourg, Abteilg. f. Schulbücher. cart. n.n. 1. 75
(1—3.: n. 2. 45)
1. Die alte Zeit. 3. Aufl. (VIII, 89 S.) 888. n.n. — 50
3. Die neue Zeit. 3. Aufl. (VI, 102 S.) 889. n.n. 1. 25

Mayer, Chrn. Leitfaden für den ersten geschichtlichen Unterricht an Mittelschulen. 3 Abtlgn. 8. Münch., Oldenbourg. cart. 2 45
1. Die alte Zeit. 5. Aufl. (VIII. 90 S. m. Kartenskizzen.) 892. ** — 50
2. Die mittlere Zeit. 5. Aufl. (VI, 113 S.) 891. ** — 70.
3. Die neue Zeit. 3. u. 4. Aufl. (VI, 192 S.) 889,91. ** 1 25

Mayer, Chrn., Leitfaden f. den ersten geschichtlichen Unterricht an Mittelschulen. 3 Abtlgn. 8. München, R. Oldenbourg, Abteilg. f Schulbücher. Kart. n.n. 2. 45
1. Die alte Zeit. 5. Aufl. (VIII, 90 S. m. Kartenskizzen.) 892. n.n — 50
2. Die mittlere Zeit. 7. Aufl. (VI, 113 S.) 894. n.n. — 70
3. Die neue Zeit. 6. Aufl. (VI, 192 S.) 894. n.n. 1. 25

Mayer, Chrn., Leitfaden f. d. ersten geschichtl. Unterricht an Mittelschulen. 3 Abtlgn. 8. München 895. R. Oldenbourg, Abteilg. f. Schulbücher.
Geb. in Halbleinw. n.n. 2. 45
1. D. alte Zeit. 6. Aufl. (VIII, 89 S. m. eingedr. Karten.) n.n. — 50
2. D. mittl. Zeit. 8., durchgesch. Aufl. (VI, 113 S.) n.n. — 70
3. D. neue Zeit. 7., durchgesch. Aufl. (VI, 192 S.) n.n. 1. 25

Mayer, Christian, Leitfaden f. den ersten geschichtlichen Unterricht an Mittelschulen. I.—III. Abtlg. 8. München, R. Oldenbourg. Kart. n.n. 2. 55
I. Die alte Zeit. 8., neu durchgeseh. Aufl. (VIII, 92 S.) 902. n.n. — 50
II. Die mittlere Zeit. 9., neu durchgeseh. u. ergänzte Aufl. (VIII, 132 S.) 899. n.n. — 80
III. Die neue Zeit. 9., neu durchgeseh. Aufl. (IV, 196 S.) 902. n.n. 1. 25

Mayer, Christian, Leitfaden f. den ersten geschichtlichen Unterricht an Mittelschulen. 3 Abtlgn. 8. München, R. Oldenbourg. Kart. n.n. 2. 55
I. Die alte Zeit. 9., neu durchgeseh. Aufl. (VIII, 92 S. m. 1 Kartenskizze.) (904.) Kart. n.n. — 50
II. Die mittlere Zeit. 12., durchgeseh. Aufl. (VIII, 132 S.) (906.) Kart. n n. — 80
III. Die neue Zeit. 10., neu durchges. Aufl. (VI, 196 S.) (906.) Kart. n.n. 1. 25

Mayer, Christian, Leitfaden f. den ersten geschichtl. Unterricht an Mittelschulen. I. u. III. Abtlg. 8. München (909). R. Oldenbourg. nn 1.75
I Die alte Zeit 10. Aufl (VIII, 92 S) (909.) Kart nn —50
III Die neue Zeit. 11., unveränd. Aufl. (VI, 196 S.) (910.) Geb nn 1.25

— novelle méthode pour lever en peu de tems et à peu de frais une Carte générale exacte de toute la Russie. 8. Petersb. 770.

—— die Stadt Nördlingen, ihr Leben und ihre Kunst im Lichte der Vorzeit. (In 4 Lfgn.) 1. und 2. Lfg. gr. 8. (IV, S. 1—255.) Nördlingen 876,78, Beck'sche Buchh. à Lfg. * M. 1,40. *

— observatio occultationis Saturni retro lunam anno 1775 die 18. Februarii facta Schwetzingae in arce aestiva Serenissimi Electoris Palatini. 4maj. München 1771. (G. Franz). 1 gr

Mayer, Christian „Ueber die Ortsnamen im Ries und seinen nächsten Angrenzungen". pg 1—103. 8° C H Beck. Nördlingen, Progr. 1886/87

—— über die Ortsnamen im Ries und seinen nächsten Angrenzungen. gr. 8. (103 S.) [Nördlingen 887.] München, Beck'sche Verlagsb. *

— pantometrum Pacechianum, s. instrum. nov. pro eliciendа ex una statione distantia loci inaccessa, anno 1762. c. fig. 4maj. Mannh. 762. Löffler. 10 gr

Pantometrum paceccianum seu instrumentum novum pro elicienda ex una statione distantia loci inaccessa, com. Raph. Pacecco inventum etc. praeside P. Christiano Mayer, defendet D. Stephanus de Stengel, Manhemii, typis academicis, 7 Bog. 4. 1 Kupf. 1767.

— Pantometrum Pacecianum, s. instrum. nov. pro eliciendа ex una statione distantia loci inaccessa, anno 1762. c. fig. 4. maj. ibid. 768.

— de novis in coelo siderio phaenomenis in miris stellarum fixarum. 4maj. Mannh. 779. Löffler. 1 ₰ 4 gr

— de novis in coelo siderio phaenomenis, in specula Elect. Mannhemii observatis. 4maj. Münch. 776. (G. Franz.) 4 gr

— scientiae numerorum method. ratio exposita. 8maj. Mannh. 762. Löffler. 12 gr

— specimen physicae experimentalis in aqua 4. Heidelb. 755.

— specimen physicae experimentalis in terra. 4. Heidelb. 756.

— systema primum muniendi Marschalli de Vauban. 4. Heidelb. 756.

— expositio de transitu Veneris ante discum solis d. 25. Mai 1769. St. Petersb. 769. Academ. 2 ₰

Mayer, Chrn. (II.), erster Unterricht im christlichen Glauben für die untersten Klassen der evangelischen Volksschule. Im Auftrag des königl. protestant. Oberkonsistoriums verfaßt. gr. 8. (VIII, 71 S. mit 26 eingedr. Holzschn.-Abbild.) Ansbach 882, (Brügel und Sohn.) geb. *

Mayer, Chr. Gründliche Vertheidigung neuer Beobachtungen von Fixsterntrabanten. Mannheim 1778

— gründl. Vertheidig. einer Beobachtung v. e. Fixsterntrabanten, welcher in Mannheim entdeckt worden. Mit Kpf. 8. Mannh. 779. Löffler 1 ₰ 4 gr — Royal Pr. 1 ₰ 12 gr

Mayer, Christian August

Mayer, Chr[istian]: Über Kölner Familiennamen des 12. Jahrhunderts. Cöln 1906: Cölner Verlags-Anst. u. Druckerei. (S. 3—15.) 4°
Cöln-Nippes, st. RPG P 1906 (599)

Mayer, Christian Aug[ust]: Die Flexion von Nomen und Verbum in Willirams althochdeutscher Paraphrase des Hohen Liedes. Cöln 1907: Kölner Verlagsanst. u. Druckerei A.-G. (S. 3—16.) 4°
Cöln-Nippes, st. RPG OP 1907 (606)

Mayer, Chr[istian] Aug.: Die Orthographie des Hans Sachs. Cöln 1904: Kölner Verlags-Anstalt. (S. 1—22.) 4°
Cöln-Nippes, st. RPG i. E. P 1904 (563)

Mayer, Christoph, s.a Mayer, Christian

Mayer, Chrstph., Haus- und Nutztiere siehe Janosch, Steph.

Mayer, Chph. Dan., Begr. und Anweis., wie s. ein Beamter in Concursfällen zu verhalten, 4. Nürnberg, Grattenauer, 765.

Mayer, Clemens, s. Mayer, Klemens

Mayer, Clemens Wilhelm Eduard, s. Mayer, Eduard

Mayer, D., s. Urtheil, ein französisches, über d Berliner Gemeindeverwaltung.

Mayer, D., e. französisches Urtheil üb die Berliner Gemeindeverwaltung nach dem Bericht d. französ Ingenieurs D. M. Hrsg v. Carl Gerstenberg. gr 8. (32 S) Berlin 887. Gergonne & Co. n. —60

Mayer, D. E., gottgefälliges Hausopfer, od. vollst. Hausab. tbuch. 8. Nördl. 739.

Mayer, D. H., philosophische Gemälde a. d. 16ten Jahrh. a. d. Franz. gr. 8. Berlin, Lange. 787.

Mayer, Daniel Hilfsmittel wider d Venusseuche Wien 1784

Mayer, E., der Antisemitismus u. das deutsche Bürgertum. Ein Vortrag im nationalliberalen Verein Würzburg. 1 u. 2. Aufl. gr 8. (16 S.) Würzburg 893. L. Kressner. n. —50

Mayer, E., s. Barthélemy u. Mery, der Aufstand.

Mayer E u A Pantle, die städtischen Bürgerhospital- und Armenbauten in Stuttgart. (32 S 2 T) 4° Hannover (1900)

Mayer, E., Chronik der Logen in Posen u. Stiftungsgeschichte der Loge zum Tempel der Eintracht in Posen zur 50jähr Jubelfeier dieser Stiftung Berlin 1870. 8. 144 S. 1 Bl.

Mayer, E., die Dichter unserer Gesangbuch-Lieder, welche nach der neuen Instruktion f. die Volksschulen der Pfalz vorgeschrieben sind. Für die Hand des Lehrers u der Schüler dargestellt. (28 S.) 8. Kaiserslautern 903. E. Crusius. n. — 30

-- — Geschichte der Himmelskunde nach ihrem ganzen Umfange Braunschweig 1872. 2 Bde. 8°

Mayer, E., Instruction für Feldmesser und Drain-Techniker zur Entwerfung und Ausführung von Drain-Plänen. Auf Grund eigener Berechnungen zusammengestellt. gr. 8. (34 S. mit 1 color. Stnt. in Imp.-Fol.) Posen 875, (Heine.) *

Mayer E, der Neubau d. Königin Katharinastifts in Stuttgart. (21 S 1 T) Berlin 1903

Mayer E, Skelett-Alphabete als Vorlagen für die Hand des Schülers zum Buchstaben-Anschreiben an geometrische Zeichnungen. (1 Bl) aufgez. Schw.-Gmünd

Mayer, E. Edl. v. Eine Studie über das Kriegsspiel. Wien 1874. 82 S.

Mayer, E., Die neuen Turnhallen in Stuttgart, Vortr., 1897, 4 S., 4°.

——— Gründlicher und ausführlicher Unterricht zur praktischen Geometrie. 2. Aufl. Thl. 1—5. Göttingen 1802—9. 8.

Mayer's, E., neuester u. zuverlässigster Wegweiser durch Wien u. dessen Umgebungen. Mit dem neuesten (lith.) Plane v. Wien (in Fol.) [Mit dem Umschlagstitel: Ganz Wien f. 1 fl.] 16. (XIV u. 176 S.) Berlin 851, Th. Grieben. ⅔ ꝑ

Mayer, E. Fr., vollständ. Lehrgebäude d. Landwirthschaft in ihrem ganzen Umfange. 6 Bde. Mit 10 Kpf. 8. Wien 823. Bauer. 4 ꝑ Schreibp. 4 ꝑ 16 gr

Mayer, E G Beschreibung meiner dreywöchigen Schweizer-Reise vom 22. Jun. bis 13. Jul. 1825 8. Böblingen 1826.

Mayer, E. G., Erläuterungen üb. d. neue latein. Chrestomathie, histor., geograph., archäolog. u. mytholog. Inhalts. Ein Hülfsb. z. gründl. Vorbereit. u. Wiederholung. gr. 8. (6 B.) Stuttgart 836, Beck u. Fränkel.

Mayer, Ed., Das ist doch 'mal was And'res! Melodramen. Carnevalistische Vorträge. schmal 8. (V, 48 S. m. Bildnis.) Frankfurt a/M. (901). A. Blazek jun. n. 1.—

Mayer, Ed. Wlh., Deutschland für Schulen und zum Selbstunterrichte. Nach den neuesten und besten Quellen gefertigt. 4 lithogr. u. illum. Blätter. Imp. Fol. Rothenburg 841. (Beck.) n. ⅞ ꝑ

— dass. (N. A.) 4 Blätt. gr. Fol. Rothenburg 843. (Nördlingen, Beck.) n. 1⅓ ꝑ

von Mayer, Eduard [aus St. Petersburg]: Schopenhauers Aesthetik und ihr Verhaeltnis zu den aesthetischen Lehren Kants und Schellings ... (Erscheint vollst. als Heft 9 von: Abh. z. Philos. u. ihrer Gesch. hrsg. v. B. Erdmann.) Halle a. S., Druck v. E. Karras, 1897; 1 Bl., 44 S. 8.
Halle, Phil. Fak., Inaug.-Diss. v [17 Juli] 1897

Mayer, Ed. v., Schopenhauers Aesthetik u. ihr Verhältnis zu d. ästhet. Lehren Kants u. Schellings, s. a. Abhandlungen zur Philosophie u. ihrer Geschichte.

Schopenhauers Aesthetik und ihr Verhaeltniss zu den aesthetischen Lehren Kants u. Schellings v. Eduard v. **Mayer.** *Halle a. S.: Niemeyer 1897.* (vii, 82 S.) 1 Bd 8.
— Abhandlungen z. Philosophie u. ihrer Geschichte. [No] IX. [97. 5857 II.

— die Bücher Kains vom ewigen Leben. Eine Dichtg. gr. 8. (130 S.) Zürich (898). Charlottenburg, K. Henckell & Co. n. 3.—

Die Bücher Kains vom ewigen Leben. Eine Dichtung von Eduard v **Mayer.** Zürich & Leipzig. K. Henckell & Co. [1899]. (130 S.) 8° [c3. 1171

Mayer, Eduardus. De carcinomate vesicae urinariae Halis Saxonum (1866) Ploetz. 28 S. 8°
Halle-Wittenberg, Med. Diss., nachgeliefert von dem am 7 Juni 1866 auf Thesen promovierten Verf
Geb. Halle a d. S. 21 9. 1843. V
Verf. erlebte die Diplomerneuerung 1916 als Geheimer Sanitätsrat in Nikolassee bei Berlin.

Mayer, Eduard v., der Dienst des Goldes, s. Lebenswerte. 4. Heft.

Mayer, Eduard v.: Falsche Feuer. Roman aus d. dt. St. Petersburg. Bd 1. 2. Bln '02. (Romane u. Novellen neuzeitl. Schriftsteller. Ausg. Costenoble.)

Mayer, Ed. v., falsche Feuer. Ein Roman aus dem deutschen St. Petersburg. 2 Bde. 8. (284 u. 286 S.) Berlin 902. H. Costenoble. n. 5.—; geb. n. 6.—

Mayer, Eduard v., falsche Feuer. Ein Roman aus dem deutschen St. Petersburg. 2 Tle. in 1 Bd. 2. [Titel-] Aufl. (234 u. 236 S.) 8. Jena [902] 906. H. Costenoble. n. 5.—; geb. n. 6.—

— Fürsten u. Künstler, s. a. Kultur, die

Fürsten und Künstler Zur Soziologie d. Kunst von Ed(uard) v. **Mayer** Mit 22 Vollbild. Berlin Marquardt & Co. (1907). (123 S.) 8°
— **Kultur,** Die. Bd 19. 20. [07. 6201

Michels, Franz v.: [Gedicht.] Dem Br. Franz v. Michels am 1. März 1842 dem Tage seines Maurer-Jubiläums dankbar dargebracht vom Br. [Edu.] **Mayer.** o. O. [1842]. 2 Bl. 8° [Umschlagtit.]
„Aus dankerfüllten Herzens tiefstem Grunde ..."

Mayer Eduard, Edler von Des Olmützer Bischofes Stanislaus Pawlowski Gesandtschaftsreisen nach Polen aus Anlaß der Königswahl nach dem Ableben Stephans I. (1587 bis 1598). Nach den handschriftlichen Quellen des k k geheimen Haus- Hof- und Staats-Archivs zu Wien und des Olmützer fürsterzbischöflichen Archivs zu Kremsier Kremsier 1861 Selbstverlag

Mayer, Ed. Edler v., des olmützer Bischofes Stanislaus Pawłowski Gesandschaftsreisen nach Polen, aus Anlass der Königswahl nach dem Ableben Stefan I. (1587 — 1598.) Nach den handschriftl. Quellen des k. k. geh. Haus-, Hof- und Staats-Archives zu Wien und des olmützer fürsterzbischöfl. Archivs zu Kremsier bearb. Lex.-8. (484 S. mit 2 Stnt. in gr. 4.) Kremsier 861. (Wien, Tendler und Comp.) *

Mayer, Eduardus: Dissertatio sistens indurationem intestini coeci scirrhosam. Halae [1835]: Scharre. 30 S. 8°
Halle-Wittenberg, Med. Diss., nachgeliefert von dem am 25. Jan. 1834 auf Thesen promovierten Verf.
Geb. Friedland (Mecklenb.-Strel.) 17 3. 1811 V
Verf. erlebte die Diplomerneuerung 1884 als Sanitätsrat und praktischer Arzt in Halle und 1894 das 60jährige Dr.-Jubiläum als Geheimer Sanitätsrat.

— Kant u. die gefesselte Wissenschaft, s. a. Arbeiten zur Philosophie u. ihrer Geschichte u. zur Soziologie. I.

Kant und die gefesselte Wissenschaft Von Dr Eduard v **Mayer.** Halle Hettler 1909 43 S 8°
(Arbeiten z. Philosophie u ihrer Geschichte u z Soziologie 1)

— die Lebensgesetze der Kultur. Ein Beitrag zur dynam. Weltanschaug. (IX, 896 S. m. 1 Taf.) gr. 8. Halle 904. M. Niemeyer. n. 9. —

Hüttemann: [Lied.] Dem Br. Hüttemann am 7ten Juni 1855 dem Tage seines fünfzigjährigen Maurerjubiläums. [Unterz.:] Edu. **Mayer.** [Bielefeld 1855: Küster.] 2 Bl. 4⁰ Umschlagtit.]
Ohne Noten: „Kennt Ihr den Mann, geweiht schon fünfzig Jahr, . . .“

[Lied.] Sr. Majestät dem Königo von Preussen, dem Hohen Protector der Freimaurer in den preussischen Staaten, zur 25 jährigen Jubelfeier seiner Aufnahme in den Freimaurerbund am 22. Mai 1865. [Unterz.: Edu.] **Mayer.** Dortmund [1865]: Bauer. 2 Bl. 8⁰ [Umschlagtit.]
Ohne Noten: „Im Wonnemonat hat die Weih' erhalten . . .“

Ruer, Wilh.: [Lied.] Dem Br. Wilh. Ruer am Tage seines 50-jährigen Maurer-Jubiläums, den 18. Dec. 1862, gewidmet von den Brüdern der Loge zu Hamm. [Unterz.: Edu.] **Mayer.** [Dortmund 1862: Dalstein.] 2 Bl. 8⁰ [Umschlagtit.]
Tt. 2542. Ohne Noten: „Denkst Du daran, wie einst vor fünfzig Jahren . . .“

— Die Märchen der Naturwissenschaft, s.: Lebenswerte. 2. Heft

Mayer, Ed. Edler v., des fürstl. Hochstiftes Olmütz Münzen und Medaillen nach der zu Kremsier befindl. Sammlung verzeichnet und beschrieben. Angefangen vom Grafen Rob. v. Lichnowsky und Werdenberg. Nebst einer geschichtl. Abhandlung über das Münz-Recht der Fürst-Bischöfe und Erzbischöfe von Olmütz. gr. 8. (179 S.) Wien 873, Braumüller. *

Modernes Mittelalter von Dr. Ed[uard] v. **Mayer.** Berlin: Gose & Tetzlaff [1905]. (90 S.) 8° (06. 1037 11

— Priesterin Mutter, s. Kupffer, Elisar v.

— **Eduard (Mecklenburg), De percussione abdominis. Halle (C. Grunert) 17. XI. 1838. 56 Seiten. (3.—) 22491**
Soc. ad Respond.: A. Krukenberg. — Gew.: Seinem Vater.

—— de percusione abdominis. 8maj. (3¾ B.) Halae 838, (Anton.)

Mayer, Ed., die Percussion d. Unterleibes. Ein Beitr. z. Diagnose d. Unterleibskrankheiten. gr. 8. (9½ B.) Halle 839, [Lippert u. Schmidt.]

— **Pompeji in seiner Kunst, s.a. Kunst, die. 38. Bd.**

Pompeji in seiner Kunst. Von Eduard v **Mayer** Mit 1 Heliograv u. 14 Vollbild. (Berlin) Bard. Marquardt & Co. [1904]. (68 S.) 8°
= **Kunst,** Die Bd 38. (05. 2719

— **die Seele Tizians, s.a. Führer zur Kunst. II.**

Die Seele Tizians. Zur Psychologie d. Renaissance Von Dr. Eduard v **Mayer.** Mit 3 Photograv., 3 Vollbild. u. 1 Abb. Esslingen · Neff 1906. 74 S. 8°
(Führer z. Kunst. Bdch. 2) (11 13114 7

— **Technik u. Kultur, s.a. Kulturprobleme der Gegenwart**

Mayer, Eduard von. Technik und Kultur. Gedanken über die Verstaatlichung des Menschen. Von Dr. E' von M' (Lausanne). VIII + 244 S. 8. Berlin, Hüpeden & Merzyn, 1906. (M. 2. 50, geb. 3. —)
Die Kulturprobleme der Gegenwart. Hrg. von Leo Berg. Serie II: Band 3....

Mayer, Eduardus: Theses, loco dissertationis de glossitide mox edendae
Halle-Wittenberg, Med. Thesen v 25. Jan. 1834
Ein Exemplar nicht nachweisbar

— — **Theses quas consensu et auctoritate . . . . consociata loco Diss. de carcinomate vesicae urinariae. Halle (Ploetz) 7. VI. 1866. 1 Bl. (—.20) 22494**
Advers. part. susc.: O. Dümke, M. Schede.

Mayer, Eduard, appr. Arzt, Unterarzt b. Inf.-Reg. Nr. 127: Aus der II. med. Universitätsklin. zu Berlin. Wie ist die Koliagglutination im Verlauf von Darmtuberkulose zu beurteilen? Berlin 1909: Schumacher. 30 S. 8°
Berlin, Med. Diss. v. 12. Jan. 1909, Ref. Kraus
[Geb. 7. Dez. 83 Nürtingen, Wohnort. Ulm; Staatsangeh. Württemberg; Vorbildung: Gymn. Eßlingen Reife M. 02; Studium. Berlin K. W A 10 S.; Coll. 10. Dez. 08, Approb. 9. Jan. 09.] [U 09. 75

Mayer, Eduard Heinrich

Mayer, Ed. Heinr., s.a. Fest, Ernst.

Herbstblätter Neue Dichtungen von Ernst Fest [d. i Eduard Heinrich Mayer]. *Köln a. Rh. P Neubner [1899]* (VII, 118 S.) 8° [F.] (W. 1466

Mayer, Elsa, der verbissene Stenograph, s.: Reuter's Bibliothek f. Gabelsberger'sche Stenographen.

Mayer, Emil

Mayer, Em., Graf und Priester. Ein Roman der Neuzeit. 3 Bde. Leipzig 857. Hübner. 16. (2 Bl., 155; 3 Bl., 178; 4 Bl., 143 S.) 2 ℛ.

Mayer, Emil, Lieder-Blüthen. Ein Buch lyrischer Gedichte. gr. 8. (VIII und 200 S.) Linz 851, (Fink.) (Leipzig, Hübner.) *

—— das deutsche Sängerfest in Passau am 5., 6. und 7. Juli 1851. Ein Erinnerungsblatt allen deutschen Sangesbrüdern gewidmet. gr. 8. (36 S.) Linz 851, (Fink.) (Leipzig, Hübner.) *

Mayer, Emil, die Wilhelms-Realschule in Stuttgart. M. 3 Kpfrtaf. [Aus: „Zeitschr. f. Bauwesen.“] gr. Fol. (7 S. m. 2 Abb.) Berlin 898. W. Ernst & Sohn. Kart. n. 6. —

Mayer, Emil Hugo Walter, s. Mayer, Emil Walter

Mayer, Emil Walter

Mayer, E. W., über die Aufgaben der Dogmatik, s.: Abhandlungen, theologische.

Mayer, E. W., die Aufgaben der inneren Mission gegenüber der gegenwärtigen Gefährdung der christl. Lebensanschauung durch antichristl. Geistesströmungen. Vortrag, geh. auf dem 32. Kongreß f. innere Mission in Braunschweig am 23. IX. 1903. (20 S.) gr 8. Braunschweig 903. H. Wollermann. 50
Sonderabdr. a.: „Verhandlgn. des 32. Kongr. f. innere Mission".

Mayer, E. W., Christentum u. Kultur. Ein Beitrag zur christl. Ethik. (VII, 63 S.) 8. Berlin 905. Trowitzsch & Sohn. n. 1.40

— der christliche Gottesglaube u. die naturwissenschaftliche Welterklärung. (28 S.) 8. Straßburg 903. E. van Hauten. n. — 80

— das christliche Gottvertrauen u. der Glaube an Christus. Eine dogmat. Untersuchung auf biblisch-theolog. Grundlage u. unter Berücksicht. der symbol. Litteratur. gr. 8. (V, 162 S.) Göttingen 899. Vandenhoeck & Ruprecht. n. 3.60

Mayer, Emil W. [Dr.]: Die christliche Moral in ihrem Verhältnis zum '(staatlichen)' Recht. Berlin, Druck v. A. W. Hayns Erben, *1892;* 3—31 S. 4.
Berlin, k. Friedrich-Wilhelms-G u. k. VS, OP 1892 (56)

Mayer, Emil Walt., s.: Philotesia.

Mayer, Emil Walter Das Verhältniss der Kantischen Religions-Philosophie zu dem Ganzen des Kantischen Systems. Halle 1879 (Kayssler in Berlin) 52 S. 8°
Halle-Wittenberg, Phil. Diss. v [18. Apr.] 1879
Geb. Lyon (Frankreich) 9. 9 1854. V

— das psychologische Wesen der Religion u. die Religionen. Rede, zur Feier des Geburtstages Sr. Maj. des Kaisers am 27. I. 1906 in der Aula der Kaiser-Wilhelms-Universität Strassburg geh. (27 S.) gr. 8. Strassburg 906. J. H. E. Heitz. n. 1.—

Mayer, Emma Croon-, s. Croon - Mayer

Mayer, Eph. Dn., († d. 30. Oct. 1783.) kurzer Begriff u. Anweis., wie sich ein Beamter in Concursfällen zu verhalten hat. Mit einer Vorr. v. J. M. F. Lochner. 4. Nürnb. 765. Grattenauer. 4 gr.

— Conspectus ichnographicus universi juris civilis in VII tab. divisus in repetitionis usum Justiniani institutionum cum praef. praemissa in lucem editus. Fol. Nürnb. 771. 8 gr.

— f. 1) Copulationen. 2) St. Titii Succeſſiones.

Mayer, Er. Th., tract. de jure venandi Rom. Germ., od. v. d. Jagdgerechtigkeit. 8. 727.

— Syntagma juris feudalis theor.-pract. 4. Tub. 716.

Mayer, Erich, a. Stuttgart: Ein neues Universalvariometer für Lokalvariationen, Intensitäts- und Deklinationsschwankungen. Leipzig: J. A. Barth 1908. (26 S.) 8°
¶ [Aus: Annalen der Physik.]
Tübingen Naturw. F..., Ref. Paschen, Diss. v. 16. Dez. 1907
[Geb. 15. Mai 84 Stuttgart; Wohnort: Tübingen; Staatsangeh.: Württemberg; Vorbildung: Realgymn. Stuttgart Reife; Studium: Techn. Hochsch. Stuttgart 2, Univ. Tübingen 6 S.; Coll. 16. Dez. 07.]

Mayer, Erich Carl: Ueber die Annahme von Banknoten an öffentlichen Kassen. *München 1900: Knorr & Hirth.* (28 S.) 8° [F.]
Strassburg, Rechts- u. staatswiss. Diss. v. 1900

Mayer, E. C. Ueber die Annahme von Banknoten an öffentlichen Kassen. (Separatabdruck aus den Annalen des deutschen Reichs 1900 Nr 4.) München.

Mayer, Ernest, Compendium der praktischen Medicin für angehende Aerzte und Wundärzte. 1. Aufl. (192 S.) 1848. und 2. Aufl. Lex.-8. (VIII und 188 S.) Wien 851, Braumüller. *

Mayer, Ernst, s.: Abhandlungen, germanistische, zum LXX. Geburtstag Konrad v. Maurers.

Mayer, Ernst, Anleitung zum technischen Zeichnen. Mit 116 in den Text gedr. Holzschn. u. 2 lith. Taff. (in 4. u. qu. Fol.) Wien 869. (Gerold's Sohn.) gr. 8. (VIII, 175 S.) n. 1 *ɥ* 16 *ngr.*

Mayer, Ernst: Aus d. Klinik d. Prof. Landau u. Sanitätsr. Th. Landau. Ueber die Beziehungen zwischen Keimdrüsen und Hypophysis. Berlin 1910: Schumacher. 28 S. 8°
¶ (Aus: Archiv f. Gynäkol. Bd 90, H. 3.)
Leipzig, Med. Diss. v. 28. Febr. 1910, Ref. Zweifel
[Geb. 24. Jan. 83 Prenzlau; Wohnort: Steglitz; Staatsangeh.: Preußen; Vorbildung: Gymn. Prenzlau Reife O. 03; Studium: Freiburg i. B. 1, Berlin 1, Würzburg 3, Berlin 1, Breslau 2, Heidelberg 1, Kiel 1 S.; Coll. 23. März 10; Approb. 4. Dez. 09.] [U 10. 3029

Chronik der Logen in Posen und Stiftungs-Geschichte der unter Constitution der Grossen National-Mutter-Loge der preussischen Staaten, gen. Zu den drei Weltkugeln arbeitenden St. Johannis-Freimaurer-Loge zum Tempel der Eintracht im Or. Posen zur fünfzigjährigen Jubelfeier dieser Stiftung im Jahre 1870 zsgest. von E[rnst] Mayer. Berlin: 1870 Ihring & Haberlandt. 144 S. 8°
Tt. 547. In den Anl. u. a. die Bulle des Papstes Clemens gegen die Frmr vom J. 1738 nebst Kirchenanschlag vom 26. Febr. 1739 u. ein Ritual von Adoptionslogen.

Mayer, Ernst [Dr., Privatdozent a. d. Univ. Würzburg]: Zur Entstehung der Lex Ribuariorum. Eine rechtsgeschichtliche Untersuchung. München, Verl. d. M. Rieger'schen Univ.-Buchh. (Gustav Himmer), 1886; 4 Bl. + 182 S. 8°
Würzburg, Jur. Fak., Hab.-Schr. v. 1886.
(Nicht für den Austausch.)

Mayer, Ernst, zur Entstehung der Lex Ribuariorum. Eine rechtsgeschichtl. Untersuchung. gr. 8. (VII, 182 S.) München 886, Rieger'sche Universitäts-Buchh. *

Mayer, Ernst., die Entwicklung der Seekarten bis zur Gegenwart. gr. 8. (26 S. mit 3 lithogr. Taf.) Wien 877, (Gerold's Sohn.) *

Mayer, Ernst, die angeblichen Fälschungen des Dragoni. Uebersehene Quellen der kirchl. u. weltl. Verfassungsgeschichte Italiens. (VI, 98 S.) gr. 8. Leipzig 905. A. Deichert Nachf. n. 3. —

—— die Geschichte des ersten Meridians und die Zählung der geographischen Länge. gr. 8. (12 S.) (Ebendas.) 878. *
Aus Mittheilungen aus dem Gebiete des Seewesens, besonders abgedruckt.

Mayer, Ernst. üb. die Gestalt u. Grösse der Erde. Eine historisch-geodät. Studie [Aus: „Mittheilgn aus d. Gebiete d. Seewesens".] gr. 8. (74 S. m. 1 Steintaf. in qu. gr. Fol.) Fiume 876. (Wien, Gerold's Sohn.) n. 1. 80

—— Grundzüge der praktischen Geometrie. gr. 8. (VII, 284 S mit 148 eingedr. Holzschn. und 4 lithogr. Taf. in 4.) Wien 870. (Pola, Schmidt.) geb. *

Mayer, Ernst (II.). Grundzüge der praktischen Geometrie. 2. umgearb. u. verm. Aufl. gr. 8. (VIII, 325 S. m. 178 Holzschn. u. 5 lithogr Taf.) Wien 888. Pola, Scharff. * 8 —
Die 1. Aufl. kam nicht in den Handel.

Mayer, Ernst, Handbuch der Astrologie. 8 (87 S. m. Fig.) Berlin 891. v. Decker. n. 1. 20

Mayer, Ernst, Hansa u. Hasbannus im nordfranzös. Recht, s.: Festgabe f. Heinrich Dernburg.

— die Hilfsmittel der Schiffahrtskunde zur Zeit der grossen Länderentdeckungen. Ein historisch-naut. Bild. [Aus: „Mittheilungen aus d. Gebiete d. Seewesens".] Mit 2 lith. Taf. gr. 8. (17 S.) Ebend. 879. n. 1. —

Mayer, Ernst: Aus der Universitäts-Kinderklinik des Herrn Prof. Dr. H. von Ranke zu München. Zur Casuistik der Meningitis im Kindesalter. *München 1898: Kastner & Lossen.* (81 S.) 8°
München, Med. Diss. v. 1898

MAYER, Ernst (München): Die Kirchen-Hoheitsrechte des Königs von Bayern.- München: Rieger 1884. X,304 S.
7.12.1885 - Urk (Titel: De regis Bavariae iuribus circa sacra.); Chr 1883/84,12
Diss.Ingolst.-Landsh.-Mchn.

Mayer, Dr E., die *Kirchen-Hoheitsrechte des Königs von Bayern.* Von d. jurist. Fakultät d. Universität München gekrönte Preisschrift. München, M. Rieger'sche Univ.-Buchhdlg., 1884. Gr. 8°. Eleg. orangefarb. Hlbsaffianb.
IX—104 S. 1 S. Err. Dem Regierungsdirektor L. v. Braunwart u. dem Universitäts-Prof. Dr. H. v. Sicherer gewidmet. — Lat. Lett.

Mayer, Ernst (II.), über Küstenaufnahmen. Ein Beitrag zu den Lehr- und Handbüchern der Geodäsie. gr. 8. (IV, 60 S.) Leipzig 880, Teubner. *

Mayer, Ernst: Ueber biliäre Lebercirrhose infolge von Gallensteinerkrankung und ihre Bedeutung für die Indikation operativer Eingriffe. Mainz 1909: Mayer. 29 S. 8°
Straßburg, Med. Diss. v. 28. Juni 1909, Ref. Moritz
[Geb. 17 Febr. 85 Mainz; Wohnort: Straßburg; Staatsangeh.: Hessen; Vorbildung: Oster-Gymn. Mainz Reife O. 03; Studium: Freiburg i. B. 5, München 1, Heidelberg 1, Berlin 1, Straßburg 2 S.; Coll. 28. Mai 09; Approb. 5. Juni 08.] [U 09. 3813

Mayer, Ernst, med. pract. aus Zürich Aus dem physiologischen Institut der Universität Zürich. Über die Leitung des elektrischen Stromes durch den lebenden Muskelprotoplasten. Grüningen [1907] 39 S. 8°. [26. III. 07.]
Zürich Med. Diss. 1906/1907

Mayer, Ernst. Über die Leitung des elektrischen Stromes durch den lebenden Muskelprotoplasten. Dis(s). Med. Univ. Zürich. [Mit Figuren.] *Kopftitel:* Aus dem physiologischen Institut der Universität Zürich. II + 39 S. 8. Grüningen, J. Wirz, [1907].

— die dalmatisch-istrische Munizipalverfassung im Mittelalter u. ihre römischen Grundlagen. (100 S.) gr. 8. Weimar 903. H. Böhlau's Nachf. n. 2. 80
Sonderabdr. a.: „Ztschr. d. Savigny-Stiftg. f. Rechtsgesch."

Mayer, Ernst [aus Breslau]: Über die Oxydation der Hydrocinnamenylacrylsäure '(Cinnamenylpropionsäure)' und der Phenyl-α-βPentensäure mit Kaliumpermanganat ... Strassburg i. E., Buchdr. C. & J. Gœller, 1896; 27 S., 1 Bl. 8.
Strassburg, Math.-naturw. Fak., Inaug.-Diss. v. 1896

— die Schenkungen Constantins u. Pipins. (IV, 69 S.) gr. 8. Tübingen 904. J. C. B. Mohr. n. 2. —
Sonderabdruck aus: „Deut. Ztschr. f. Kirchenrecht".
3 Folge Bd 14, H. 1

[J.] Mayer, Ernst [Gerichtsaccessist in Mainz]: Staatsgewalt und Gesetzgebung in Elsass-Lothringen .. Marburg, Druck v. Knorr & Hirth, München, 1896; 4 Bl., 30 S. 8.
Marburg, Jur. Fak., Inaug.-Diss. v. [11 Apr.] 1896

Mayer, Ernst, fries. Ständeverhältnisse, s.. Festschrift f. Hugo v. Burckhard.

Mayer, Ernst, Theater-Prozesse. Festschrift zum fünfzigjährigen Doctorjubiläum des Geheimraths Prof. Dr. J. v. Held. Würzburg 1888, Stahelsche Univ.-Buchh. 8° 29 S.

Theater-Prozesse. Von Ernst Mayer, Prof. d. Rechte in Würzburg. Festschrift zum fünfzigjährigen Doctorjubiläum des Geheimraths Prof. Dr J. v. Held. Würzburg, k. Univ.-Druckerei v. H. Stürtz, 1888; 29 S. 8°

—— Tiefenmessungen. Ein Beitrag zur Geodäsie. gr. 8. (32 S. mit 12 in den Text gedr. Holzschn.) Wien 871, Gerold's Sohn. *

Deutsche und Französische Verfassungsgeschichte vom 9. bis zum 14. Jh. v. Ernst Mayer. ([A. T.] Mittelalterliche Verfassungsgeschichte .) Bd 1. II. *Leipzig. A. Deichert Nachf 1899* 2 Bde 8.
I (XXII, 554 S.) II. (XII S., 1 Bl., 438 S.) [98. 16162

— Italienische Verfassungsgeschichte v. d. Gothenzeit bis z. Zunftherrschaft. 2 Bde. (XLVIII, 464 u. XI, 598 S.) gr. 8. Leipzig 909. A. Deichert Nachf. 29. —

Mayer, mittelalterliche Verfassungsgeschichte. Deutsche u. französ. Verfassungsgeschichte v. 9. bis zum 14. Jahrh. 2 Bde. Lpzg. 898.

Mayer, Ernst, mittelalterl. Verfassungsgeschichte. Deutsche u. französ. Verfassungsgeschichte v. 9. bis zum 14. Jahrh. 2 Bde. gr. 8. (XXII, 554 u. XII, 438 S.) Leipzig 899. A. Deichert Nachf. n. 24. —

Mayer, Ernst (I.), Veterinär-Arznei-Taxe. 8. (16 S.) Erlangen 880, Deichert. * 40 Pf.; cart. *

— u. Jos. Luksch, Weltkarte, als Behelf für das Studium geographischer Entdeckungen u. Forschungen zusammengestellt u. bearb. 8 Blatt. Lichtdr. u. color. Imp.-Fol. Mit Begleitworten. gr. 4. (18 S.) Wien 879. Artaria & Co. n. 13. —

Mayer, Ernst, und Luksch, Josef, Weltkarte zum Studium der Entdeckungen mit dem colonialen Besitze der Gegenwart. Aequatorial-Maßstab: 1 : 20,000.000. 6 Blatt. Wien 1893. Artaria und Comp. (Min.-Erl. v. 30. Juni 1893, Z. 14020) 6. , zusammenlegbar aufgezogen in Mappe 9.60, zwischen Rollstäben 10.80

— Zoll, Kaufmannschaft u. Markt zwischen Rhein u. Loire bis in das 13. Jahrh. [Aus: „Festschrift f. Konr. v. Maurer".] Lex.-8. (112 S.) Göttingen 894. Dieterich's Verl. n. 4. —

Mayer, Ernst Ewald, Medizinalprakt.: Aus d. Prosektur d. städt. Krankenh. r. d. I. (Prosektor: Oberndorfer.) Chondrosarkom der Wirbelsäule mit Kompressionsmyelitis. München 1909: Wolf. 24 S. 8°
München, Med. Diss. v. 12. Jan. 1910, Ref. v. Bollinger
[Geb. 15. Okt. 82 Tettnang; Wohnort: Tettnang; Staatsangeh.: Württemberg; Vorbildung: Gymn. Rottweil Reife Juli 03; Studium: Tübingen 5, München 5 S.; Coll. 12. Jan. 10; Approb. 31 Dez. 09.] [U 10. 3547

Mayer, Erwin W., Dipl. Chemiker aus Wien: Zur Kenntnis des Phytols. Zürich 1908. VIII + 96 S. 8°. [3. III. 09.]
Zürich. Phil. Diss. II S. 1908/09

Mayer, Erwin W. Zur Kenntnis des Phytols. Diss. Phil. [II.] Univ. Zürich. [Mit 1 Figur.] VIII + 96 S. 8. Zürich — Druck der Gesellschaft für Graphische Industrie, Wien —, 1908.

Mayer, Eugen, Rechtsprakt.: Die Entstehung der rechtsfähigen Vereine nach dem Bürgerlichen Gesetzbuch. Strassburg i. E. 1910: Dumont Schauberg. 45 S. 8°
Heidelberg, Jur. Diss. v. 5. März 1910, Ref. Endemann
[Geb. 4. Juli 82 Zweibrücken; Wohnort: Straßburg; Staatsangeh.: Bayern; Vorbildung: Gymn. Zweibrücken Reife 00; Studium: München 4, Berlin 1, München 5, Erlangen 2 S.; Rig. 25. Jan. 10.] [U 10. 1939

Mayer, Eugen *Georg* [aus Triberg]: '(Aus d. Klinik d. Herrn Prof. Dr. Jolly.)' Über zwei Fälle von Tumor cerebri ... Berlin, Buchdr. v. G. Schade, *1891;* 29 S., 1 Bl. 8.
Berlin, Med. Fak., Inaug.-Diss. v. 15. Aug. 1891

Mayer, E., unseres Prinzregenten Luitpold 80. Geburtstag. Entwurf e. Schul- u. Vereins-Feier. 8. (32 S.) Kaiserslautern 901. E. Crusius. — 30

Mayer, Eug., in Treue fest! Unseres Prinzregenten Luitpold Geburtstag. Entwurf e. Feier f. Volk, Schule u. Heer. 4.—5. Taus. (32 S.) 8. Kaiserslautern 909. E. Crusius. — 50

Mayer, Eug., der Kampf wider den Atheismus, s.a. Sulze, E., nur durch die Ueberwindung des Katholizismus usw. ist die wachsende Macht des Atheismus zu brechen.

Der Kampf wider den Atheismus. Vortrag beim 22. Deutschen Protestantentag in Berlin geh. von Eugen **Mayer**, Stadtpfarrer in Kaiserslautern. Berlin C. A. Schwetschke & Sohn 1904. (10 S.) 8° [F.]
= **Verhandlungen** d. 22. Deutschen Protestantentages. [5.] [o4. 8950

Mayer, Eugen, Rechtsprakt.: Der Streit über die reichsrechtliche Zulässigkeit von Schiffahrtsabgaben. Ludwigshafen a. Rh. 1908: Waldkirch. 81 S. 8°
Heidelberg, Jur. Diss. v. 18. Okt. 1908, Ref. Jellinek
[Geb. 3. Okt. 83 Schönau (Pfalz); Wohnort: Ludwigshafen a. Rh.; Staatsangeh.: Bayern; Vorbildung: Gymn. Speier Reife Juli 02; Studium: München 8 S.; Rig. 20. Mai 08.] [U 09. 1855

Mayer, Eugen Arthur

Mayer, Eug., über Chinondiimid, s.a. Willstätter, Rich.

Mayer, Eugen Arthur, a. Frankfurt a. M.: Über Chinondiimin. München 1904: V. Höfling. (53 S.) 8°
München, Phil. Fak., Ref. v. Baeyer, Diss. v. 24. Jan. 1905
[Geb. 19. Febr. 82 Frankfurt a. M.; Wohnort: Frankfurt; Staatsangeh.: Preußen; Vorbildung: Kaiser-Friedrichs-Gymn. Frankfurt a. M. Reife O. 00; Studium: Heidelberg 2, München 8 S.; Rig. 22. Dez. 04.]

Mayer, Eugenie, die Blumensprache, oder Deutung der Blumen, Blüten und Blätter in Versen und Sprüchen für Liebende und Freunde. 16. (60 S.) Köln 886, Püttmann.

Mayer, Eugenie, die Blumensprache od. Deutg. der Blumen, Blüten u. Blätter in Versen u. Sprüchen f. Liebende u. Freunde. 3. Aufl. 16. (60 S.) Köln 893. J. Püttmann. — 30

Mayer, Eugénie, s.: Liebe, die, ist meine Sünde.

Mayer, F., die Bearbeitg. u. Anprobe, sowie das Vermeiden u. das Abstellen von Fehlern an Herrenkleidern. 2. Aufl. gr. 4. (16 S. m. 24 Taf.) Leipzig (900). Jüstel & Göttel. n. 2. —

Mayer [F. ?]. Botanische Blaetter zur Befoerderung des Selbststudiums der Pflanzenkunde, auch besonders fuer Frauenzimmer. 1806–8. 8°

Mayer, F., Saatkörner, s.: Rüegg, Heinr.

Mayer, F., Stoff und Methode des konfessionsfreien Unterrichts in Religion, Sittlichkeit und Recht durch die staatliche Volksschule. Leitfaden. 3 Hefte. gr. 8. Zürich, Schultheß. *
Inhalt:
Heft 1. Haus — Familie. (144 S.) 875. *M 1,60.
„ 2. Heimat — Gemeinde. (239 S.) 876. *M 2,40.
„ 3. Vaterland — Staat. (215 S.) 877. *M 2,20.

Mayer, F., s. a. Volkswirthschaft f. Jedermann.

Mayer, F., Volkswirthschaft für Jedermann. Nach d. preisgekrönten französ. Werke: „Populäres Handbuch der Moral u. Volkswirthschaft" von J. J. Rapet auf Veranlassung der K. Württemberg. Centralstelle für Handel u. Gewerbe frei bearb. Stuttgart 867. G. Weise. gr. 8. (IV, 260 S.) 22½ ngr.

Mayer, F., Volkswirthschaft für Jedermann. Nach dem preisgekrönten französ. Werke: „Populäres Handbuch der Moral und Volkswirthschaft" von J. J. Rapet frei bearb. 2. Aufl. [Volksausg.] br. 8. (VI, 236 S.) Stuttgart 869, G. Weise.
—— dass. — 3.—5. Aufl. [Volksausg.] gr. 8. (VI, 250 S.). Berlin 871—73, Simion. *

Mayer, F. A. (Primaner). Gr. Gu. Nitzschio Kiloniam abituro pie valedicunt Gymnasii Wittenberg. cives interprete C. F. A. Mayero. Mens. Mart. 2 S. . . .
Wittenberg, Progr. 1827

Mayer's, F. A., Universum der Bekleidungs-Wissenschaft für Herrenschneider. Zum Selbstunterricht. 2., verb. u. vervollständ. Aufl., bestehend in 4 Thln. gr. 8. Dresden 878. (Weise.) n.n. 25. —; in 2 Bde. geb. n.n. 28. —
1. Das trigonometrische System. (98 S. mit 20 Steintaf. in qu. Fol.) Einzelpr. n.n. 9. —
2. Schnellkarten. (III, 15 S. m. 10 Steintaf.) Einzelpr. n.n. 11. 50; ohne Erklärung n.n. 10. —
3. Das Schemasystem (43 S. m. 13 Steintaf. u. 1 Tab.) Einzelpr. n.n. 7. 50; ohne Erklärung n.n. 6. —
4. Schnitte für Kindergarderobe. (7 S. mit 20 Steintaf.) Einzelpr. n.n. 2. —
Die 1. Aufl. war nicht im Handel.

Mayer's, F. A., Universum der Bekleidungs-Wissenschaft für Herrenschneider. Zum Selbstunterricht. 3. verb. und vervollständigte Aufl., bestehend in 4 Thln. gr. 8. Dresden 884, (Weise.) **
geb. in 2 Bde. **
Inhalt:
Thl. 1. Das trigonometrische System. (98 S. mit 20 Stnt. in qu. Fol.) Einzelpr. **M 9.
„ 2. Schnellkarten. (III, 15 S. mit 10 Stnt.) Einzelpr. **M 11,50.; ohne Erklärung **M 10.
„ 3. Das Schemasystem. (43 S. mit 13 Stnt. und 1 Tab.) Einzelpr. **M 7,50.; ohne Erklärung **M 6.
„ 4. Schnitt für Kindergarderobe. (7 S. mit 20 Stnt.) Einzelpr. **M 2.

Mayer's F. A., Universum d. Bekleidungs-Wissenschaft. 4 Thle. gr. 8. Nebst Atlas. Fol. Lpz. (o. J. [892], Jüstel u. Göttel). [Text: 1. Thl. 6. Aufl. (VI, 60, 16, 19 S.); 2. u. 3. Thl. 5. Aufl. (15; 20 S.), 4. Thl. 4. vollst. neu bearb. Aufl. (7 S.); Atlas: 1. Thl. 6. Aufl. (31, 15, 8 Taf.), 2. Thl. 4. Aufl. (7 Taf.); 3. Thl. 5. Aufl. (48 Taf.), 4. Thl. (17 Taf.)] Text u. Atlas * 25 —, geb. * 28 —

—— Praktische Zuschneideschule zum Selbstunterricht für Damen jeden Standes. 4 (22 S. m. 20 Taf. u 2 Schnittbog.) Dresd. 890. W Hoffmann. 5

Mayer, F G , s. Mayer, Ferdinand Engelbert Gregor

Mayer, F J C , s. Mayer, August Franz Josef Karl

Mayer, Felix, approb. Arzt aus Berlin Aus d. chirurg. Klinik zu Kiel. Ein Fall von traumatischer Fraktur des Oberschenkelhalses bei einem vierjährigen Kinde. *Kiel 1902: Schmidt & Klaunig.* (25 S.) 8°
Kiel, Med. Diss. v [6. Sept.] 1902

Mayer, Fel., u. Siegm. Grünberg, Gesetz v. 16. I. 1910, GRBl. Nr. 20 üb. d. Dienstvertrag d. Handlungsgehilfen u. and. Dienstnehmer in ähnlicher Stellung (Handlungsgehilfengesetz), erläutert durch Anmerkgn. u. Entscheidgn. der österreich. u. deutschen Gerichte, nebst Anh., enth. das Gesetz v. 14. I. 1910, RGBl. Nr. 19, betr. die Dauer der Arbeitszeit u. den Ladenschluß in Handelsgewerben u. verwandten Geschäftsbetrieben. (XXX, 161 S.) 8. Wien 910. Manz. 2.30; geb. in Leinw. 2. 90

Mayer, F, Die Gesetzentwürfe betr. den Schutz gegen unlauteren Wettbewerb, sowie Abänderung- u. Ergänzung der Gewerbeordnung. [Aus: „Allgem. öst. Ger.-Zeitg“] (46 S) gr 8. Wien, Manz. 1902. 1. —

MAYER, Felix
(F) Mäkler und Agenten nach österreichischem Rechte. Von Dr Felix Mayer. Separatabdruck aus der „Allgemeinen österreichischen Gerichts - Zeitung“. Wien. 1899. Manz. Gr.-8°. 39 S. fl. —.50

Mayer, Ferdinand, k. k. Hauptmann im Reg. Geschichte des k. k. Inft.-Reg Nr. 39, gegenwärtig Grossfürst Alexis von Russland, von seiner Errichtung 1756 bis Ende 1875. Im Auftrage des k. k. Reg.-Commandos nach den Feld-Acten und sonstigen Original-Quellen des k k. Kriegsarchivs verfasst. (Mit 2 Portraits und 4 Karten.) 737 S. gr 8. Wien 1875.

Mayer, Ferd., d. hl. Joh. Baptist de la Salle, e. d. größten Pädagogen aller Zeiten, u. seine Stiftung, das Institut d. Brüder d. christlichen Schulen. (III, 64 S.) 8. Nördlingen (907). Th. Reischle. 1. —

MAYER, Ferdinand (Amberg): Die Pflege der Zähne.- München: Hornik 1876. 16 S.
26.7.1872 - Urk (Titel: De cura in dentibus ponenda.); Chr 1871/72,21
Diss.Ingolst.-Landsh.-Mchn.

Mayer, Ferdinand Engelbert Gregor

Mayer, Ferdin. Engelb. Gregor, Authenzie u. Ökonomie der göttlichen Schriften des Neuen Bundes. Erste Abteilung. Wien, Hartl, 1791, 8°, 9 Bogen, 1 Mk.

— Authentie und Oekonomie d. göttl. Schriften d. N. Bundes. 16 gr. 8. Wien, Kaulfuß. 793.

— Authentie u. Oekonomie d. göttl. Schriften d. neuen Bundes. 1s Stck. gr. 8. Wien 791. Schaumburg. 8 gl

— F. G., Beiträge zur Erklärung des Evangeliums Johannis. Für Sprachkundige. Linz. 819. 8.

Mayer, Greg., Beiträge zur Erklärung des Evangeliums Johannis für Sprachkundige Linz, Haslinger, 1820, 8°, 299 S
Vorzugsweise gegen Kuinoel und Paulus gerichtet, vgl. Mastiaux, Litteratur-Ztg. f. Religionsl. 1821, Bd III, S. 207—208.

— Beitrr. zur Erklär. d. Evangeliums Johannis. 8. Linz. 821. Haslinger. 1 ß 12 gl

— Beiträge zur Erklärung des Evangeliums Johannis. 8. Linz 821, (Leipz., Liebeskind.)

Mayer, Greg., Beiträge zur Erklärung des Evangeliums Matthäi für Sprachkundige. Wien, Doll, 1818, 8°, 340 S.
Recens. Felder, Litt.-Ztg. 1818, IV, S. 273—285.

— — Dasselbe in 8. Linz, Haslinger. 820.

Mayer, F. G., Beyträge zu einer richtigen Uebersetzung der syrischen Chronik des Gregorius Barhebräus, oder Berichtigung verschiedener Stellen der lateinischen Uebersetzung des Barhebräus, welche Paul Jakob Bruns und Georg Wilhelm Kirsch herausgegeben haben. gr. 8. Wien, Becksche Buchh. (in Comm.) 819.

— — Nachtrag zu den Beyträgen zu einer richtigen Uebersetzung der syrischen Chronik des Greg. Barhebräus. gr. 8. (Ebend.) 819.

[Mayer, Ferdinand Gregor], Nachtrag zu den Beyträgen zu einer richtigen Uebersetzung der syrischen Chronik des Gregorius Barhebräus von dem Verfasser der Beyträge. Wien 1820.

Mayer, (Ferd. Greg.,) Beitrr. zu e. richt. Uebersetzung der syrischen Chronik des Greg. Barhebräus, od. Berichtigung verschiedener Stellen des Barhebräus, welche J. P. Bruns u. G. W. Kirsch herausg. haben. gr. 8. Wien 822, (Leipz. Kummer.)

Mayer, Greg., Der Brief Pauli an die Galater und die zween Briefe an die Thessalonicher. Übersetzt und mit Anmerkungen. Wien, Wappler, 1788, 8°, 16 Bg., 1 Mk.

Mayer, Greg., d. Brief. Pauli a. d. Galater, u. d. 2 Br. an die Thessalonicher. 8. München. (Beck, Wien.) 789.

— compend. hist. literar. theol. 8. Vien. Beck. 787.

***Mayer*, Greg.**, compend. historiae literar. theologiae. 8. Wien 788. Beck. 10 gl

DEMEA und Alcyphron, eine Apologie fürs Frauenzimmer in zwey Gesprächen, von *F. E. G. M.* (d. i. *Ferd. Engelbert Gregor Mayer*). Wien 1785. 8° Rar!
(Prof G A Will's) Bücher Samml Altdorf 1799 p 176
Anon.-Lex I p 390 (nach Wurzbach).

– s.a. Evangelium, Das, zergliedert nach dem histor. Zusammenhange der vier Evangelisten.

Mayer, Gregor, Das Evangelium zergliedert nach dem historischen Zusammenhange der vier Evangelien, samt erbaulichen Anmerkungen. Nach dem Französischen. Wien, 1783, 8°

– s.a. Geschichte und Schriften der Apostel.

Mayer, Ferd. Engelbert Greg., Geschichte und Schriften der Apostel zergliedert, samt erbaulichen Anmerkungen. Aus dem Französischen Wien, 1785, 8°

Mayer, Ferdin. Engelb. Gregor, Geschichte und Schriften der Apostel, zergliedert samt erbaulichen Anmerkungen. Wien, 1785, gr. 8°, 3 Bde.

— institutio interpretis sacri. 8. Münch. (Beck, Vien.) 789.

— institutio interpretis sacri. 8. Nürnb. 789. (Beck in Wien.) 20 gl

Mayer, Gregor. (Ferd. Engelb.), Institutio interpretis sacri. Wien, Wappler, 1789, 8°, 347 S.
Ganz nach den freisinnigen Grundsätzen der Protestanten Michaelis, Eichhorn, und besonders J. A. Ernesti (inst. interpretis N. T.) gearbeitet u. daher mit den Principien der katholischen Schriftauslegung vielfach in Widerspruch stehend. Recens. Litteratur d. kath. Deutschl., Bd. III (1790), S. 104—114 (3. Stück). Als Anhang zu der „Institutio interpretis s." gab Joh. Ev. Hofer heraus: De Kantiana interpretationis lege., Salzburg, 1800, 30 S.

– (Übers.), s. Mesangui Auslegung der christlichen Lehre.

– (Übers.), s. Paulus Apostolus: Brief an die Galater Wien 1789

— specimen animadversion. in graec. Matthaei textum eruditorum exam. propositum. 8maj. Nürnb. 786. (Eichhorn). 12 gl

Mayer, Greg., Specimen animadversionum in Graecum Matthaei textum eruditorum examini propositum. Nürnberg, Grattenauer, 1786, 8°, 15½ Bg.
Enthält eine Exegese der 5 ersten Kapp. Vgl. Schwarz, a. a. O. S. 209—210.

Mayer, Ferdinand Gregor, s. Mayer, Ferdinand Engelbert Gregor

Mayer, Filipp, s. Mayer, Philipp

Mayer, Fr. (Lehrer), Erdkunde für Mittelschulen, Real-, Sekundar-, Gewerbs- und niedere Gelehrten-Schulen. 1. Kurs: Das räuml. Sein des Irdischen. 8. Zürich 846, Orell, Füßli u. Comp. 8 ngl

Mayer, F., Erdkunde f. Mittelschulen, Real-, Sekundar-, Gewerbs- u. niedere Gelehrtenschulen. 2. Kurs: Spezielle Länder- u. Völkerkunde. 8. (124 S.) Zürich 847, Orell, Füßli & Co. 11 ngl (1 u. 2.: 19 ngl)

Mayer, Fr.. Drei Kapitel aus der Geschichte des Marktes Oberhollabrunn. 18 S. 8°– Oberhollabrunn, ROG., Progr. 1870.

—— erste Kunde v. d. Heimat, das ist: Erster zusammenhängender Unterricht üb. das Welt- u. Menschenleben, innert des scheinbaren Gesichtskreises. Ein Lehr- u. Lesebüchl. f. die Kinder des 3. u. 4. Schuljahres, zum Privatunterr. u. besond. f. den häusl. Kreis. gr. 8. (10⅓ B.) Zürich 846, Literar. Compt.

Mayer, Fr. [Pastor]: Lehrpensa für den evangelischen Religionsunterricht in den oberen Klassen
in: Lehrpläne f. d. verschied. Unterrichtsfächer an d. Realgymn. zu Trier. Heft V. Trier 1891

Mayer, (Past.) Fr., s. Melanchthon, Ph., Luthers Leben.

Mayer, Fr., die christl. Weisheit. Probepred. üb. Hiob 28, V. 28. am Sonnt. Septuages. 1836 in d. Oberkirche zu Kottbus gehalten. gr. 8. (1 B.) Berlin, (Eichler.) Thlr. *

Mayer, Fr. Eph. Sigm., s. Anweis. zu Angor. od. Engl. Kaninchenzucht.

Mayer F. C. S.: Anweisung z. angorischen od. englischen Kaninchenzucht. Aus d. Franz. übers. Dresd. 1789. 66 S. P
(Sml. Riem).

Mayer, F. C. S., Anweis. z. Angorischen, od. englischen Kaninchenzucht, a. d. Franz. 2 Thle. 8. Dresden, Walther. 789—92. (1r 3 gr. 2r herausg. v. Johann Riem 6 gr.)

Mayer, Fr. Jos., lateinische Choralgesänge für die Hauptfeste des Kirchenjahres. Aus den Mechelner Choralbüchern in der Schreibeweise des sel. Pfr. Schneider zu Eibingen in Noten und Ziffern zusammengestellt. gr. 8. (VIII und 553 S.) Frankfurt a. M. 865, (Hamacher.) *

Mayer, Fr Josef Karl, s. Mayer, August Franz Josef Karl

Mayer, Fr Ludwig

— an scripta Vet. Test. ad divinam originem summamque religionis christ. argument. sint pernecessaria? 8maj. Ansb. 817. Gassert. 4 gl

Mayer, Fr. Ldw., christl. Gebet- u. Andachtsbuch f. die allgem. wichtigen u. ernsten Zeiten u. Umstände im menschl. Leben. gr. 8. Ansbach 819. Gassert. 1 rℓ

Mayer, F. L., Katechisationen üb. den ersten Unterricht in d. Religion, f. Volksschulen. 8. Ansbach, Gassert. 815.

Mayer, Fr. Ludw., Katechisationen üb. d. Anfangsunterr. in d. Religion, f. Volksschulen rc. 2., sehr verm. u. verb. Aufl. 8. (...) Erlangen ..., Heyder.

— Naëmi u. Ruth, od. d. Frauen wahre Herrschaft, Würde u. Anmuth; ein Epos nach d. heil. Gesch. frei bearb. 8. Nürnb. 822. (Gassert in Ansb.) 8 gl

— Passionsandachten. 8. Ansb. 815. Gassert. 8 gl

Mayer, Fr. Xav. (k. Distrikts-Schul-Insp. u. Pfarrer), Tiburnia od. Regensburg, u. die ältesten Bischöfe in Bayern aus römischer u. agilolfingischer Zeit. Mit histor. topogr. Bemerkgn. aus d. römischen Alterthume. Regensb., gedr. bei Chp. Ernst Brenck's Wwe. (1833). Gr. 8°. Ppb.
XVIII (eigentl. nur XIV) S. Vorst. 223 S., 1 Bl. Err. — Vorr. dat. Pondorf bei Riedenburg im Regenkreise, am 6. Oktob. 1833.

MAYER, Franz (Scheyern): De epidemia variolarum Schyrae a 1864/65 observata. (Titel nach der Urkunde)
29.10.1861 - Urk: F 70
Diss.Ingolst.-Landsh.Mchn.

Mayer, Franz (Gau-Algesheim)
Ueber die Functionen verschiedener Theile des Penis beim Hunde.
Giessen: Brühl 1863. 31 S. u. 1 Taf.
Diss. med. 18.12.1863. vorh. 26. ".A

Mayer, Franz Geschichte Österreichs, s. Mayer, Franz Martin

Mayer, Frz., Gottessegen in der Pflanzenwelt, s.: Ulsamer, J. A.

Mayer, Frz., der kleine Hausarzt, s.: Meyer, Frz.

Mayer, Franz, Medizinalprakt. a. Freising: Aus d. Frauenklinik d. Univ. München. Vorzeitige Lösung der normal sitzenden Placenta. Hamburg 1910: Rauhes Haus. 36 S. 8°
München, Med. Diss. v. 15. April 1910, Ref. Döderlein
[Geb. 18. Mai 84 Neustadt a. D.; Wohnort: Hamburg; Staatsangeh.: Bayern; Vorbildung: Altes Gymn. Regensburg Reife Juli 03; Studium: Würzburg 5, München 5 S.; Coll. 15. April 10; Approb. 14. Febr. 10.] [U 10. 3548

Mayer, Frz., Zoll-Tarif für die Waaren-Einfuhr in Frankreich aus den Vertrags-Staaten. Zusammengestellt auf Veranlassung des hohen k. k. Handels-Ministeriums. Wien 868. Gerold's Sohn. Lex.-8. (VI, 57 S.) n. 20 ngr.

— Zoll-Tarif für den Waaren-Verkehr in Italien mit den Vertrags-Staaten. Zusammengestellt auf Veranlassung des hohen k. k. Handels-Ministeriums. Ebend. 867. Lex.-8. (III, 38 S.) n. 20 ngr.

—— Zoll-Tarif für den Waaren-Verkehr in Italien mit den Vertrags-Staaten. Zusammengestellt auf Veranlassung des hohen k. k. Handels-Ministeriums. Lex.-8. (III, 38 S.) Ebendas. 868. *

— Zoll-Tarif für den Waaren-Verkehr in Oesterreich m. den Vertrags-Staaten. Ebend. 868. 4. (VIII, 72 S.) n. 20 ngr.

Mayer, Franz Aloys

Maier, Frz. Aloys, Anl., w. d. versch. Arten v. Hunden und Katzen zu erzieh. &c. u. e. Naturgesch. ders. 8. Wien, Ant. Doll. (Liebeskind in Leipz. in Commiss.) 803.

• Maier, Fr. A., Anleitung d. verschied. Arten v. Hunden u. Katzen zu erziehen &c. nebst e. Naturgesch. d. Thiere. 8. Pesth, Hartleben. 803.

— kl. Landwirthschaftskalender, od. kurze &c. Vorschriften über das, was in jedem Monat in d. Landwirthschaft z. beobachten ist. 8. Wien 798. Ant. Doll. 6 xr

— der wohlfeile, geschwind u. sicher heilende Pferde- u. Vieharzt. 8. Wien 797. Ant. Doll. 4 gr 5e Aufl. 8. Pesth 821. Hartleben. 6 xr

— der kluge u. erfahrne Rathgeber in der Haus- u. Landwirthschaft. 8. Grätz. 801. Tusch. 14 xr

— Unterr., wie Nachtigallen, Kanarienvögel, Lerchen &c. zu fangen, zu warten &c. sind; nebst e. Naturgesch. derselben. Mit ill. Kpf. 8. Wien 803. Ant. Doll. 10 xr N. A. 8. Pesth 813. Hartleben. 8 gr — Dass. 6e Ausg. v. J. Tscheiner. 8. Ebd. 821. 9 gr Hbg. Pr. 6 xr

Mayer, Franz Anton

Mayer, Fr. Ant., Abhandlung üb. verschied. im Königr. Bayern aufgefund. röm. Alterthümer. Lex.-8. (3¼ B. u. 10 Stnt.) München 840, Franz.

—— Abhandlung üb. e. im Fürstenthume Eichstädt entdeckten altteutschen Familiengrabhügel. 8. (3½ B. u. 1 Stnt.) Bamberg 835, Dresch.

Mayer, Frz. Ant., Abhandl. üb. einige Fundorte alter röm. Münzen im Königr. Baiern. 8. Eichstädt 824. Beyer. 12 xr

— Abhandl. üb. die v. d. Liptinensischen Concilium aufgezählten abergläub. u. heidnischen Gebräuche der alten Deutschen. 8. Ingolst. 829. Attenkover. (Landsh., Krüll). 16 xr

Mayer, Fr. Ant., Abhandlung üb. die von d. Liptinensischen Konzilium aufgezählten abergläub. u. heidn. Gebräuche d. alten Teutschen. 8. (14 B.) Ingolstadt 829, Attenkofer. (Regensburg, Manz.) Thlr.

— Abhandl. über einige altdeutsche Grabhügel im Fürstenthum Eichstädt. Mit 4 Steintaf. in qu. gr. Fol. gr. 8. Eichst. 825. Beyer. 16 xr.

— Beschreib. d. unter d. Namen d. Teufelsmauer bekannten röm. Landmarkung. 1e Abthl. Mit 2 Kpf. gr. 4. Münch. 822. (Franz). 16 Gr. (Auch in d. Denkschriften d. Acad. d. W.)

Mayer, Fr. Ant., Einleitung in die alte römische Numismatik. Mit 3 lithogr. Tafeln. gr. 12. Zürich 842, Meyer u. Zeller. $^{7}/_{8}$ ₰

Mayer, Frz. Ant., ein Dutzend antiquarische Rhapsodien. 8. (9¾ B. u. 8 Stnt.) Tuttlingen 841, Kapff.

— ein paar Worte üb. ein paar Druidenbäume im Königr. Baiern. Mit 2 Steintaf. 8. Eichstädt 826, Beyer.

Mayer, Franz Josef Karl, s. Mayer, August Franz Josef Karl

Mayer Franz Martin Dr Über die Abdankung des Erzbischofs Bernhard von Salzburg und den Ausbruch des dritten Krieges zwischen Kaiser Friedrich und König Matthias von Ungarn (1477 1481) Ar 55. 169 1 —
Separatabdruck

Mayer, Frz. Mart., über die Abdankung des Erzbischofs Bernhard v. Salzburg u. den Ausbruch des 3. Krieges zwischen Kaiser Friedrich u. König Mathias v. Ungarn. [1477—1481.] [Aus: „Archiv für österreich. Geschichte".] Lex.-8. (78 S.) Wien 877. Gerold's Sohn in Comm. n. 1. —

Mayer, Frz. Mart., die östlichen Alpenländer im Investiturstreite. gr. 8. (III, 262 S.) Innsbruck 883, Wagner'sche Universitäts-Buchh. *

— die Anfänge des Handels u. der Industrie in Oesterreich u. die orientalische Compagnie. Nach bisher unbenützten Quellen bearb. gr. 8. (VII, 134 S.) Innsbruck 882. Wagner. n. 2. —

— Der inneröstereichische Bauernkrieg des Jahres 1515. Nach älteren und neuen Quellen dargestellt Ar 65. 5 „ 1 20
Separatabdruck

—— der inneröstereichische Bauernkrieg des J. 1515. Nach älteren und neuen Quellen dargestellt. Lex.-8. (82 S.) Wien 883, (Gerold's Sohn.) *

— Beiträge zur Geschichte des Erzbistums Salzburg I Materialien zur Geschichte des Erzbischofs Bernhard Ar 56 289 „ — 50
Separatabdruck

— Beiträge zur Geschichte des Erzbistums Salzburg II Über ein Formelbuch aus der Zeit des Erzbischofs Friedrich III. (1315 – 1338). Ar 62. 147 „ — 80
— — III Die Vita S. Hrodberti in älterer Gestalt (mit 1 Taf.). Ar 63. 95 „ — 50
Separatabdruck

— Beiträge zur Geschichte des Erzbisthums Salzburg. I—III. [Aus: „Archiv f. österr. Geschichte".] Lex.-8. Ebend. 878—82. n.n. 1. 80

1. Materialien zur Geschichte des Erzbischofs Bernhard. Mit erläut. Bemerkungen. (33 S.) n.n. — 50
2. Über ein Formelbuch aus der Zeit des Erzbischofs Friedrich III. [1315—1338.] (52 S.) n. — 80
3. Die Vita S. Hrodberti in älterer Gestalt. [Mit 1 (lith. Facsm.-)Taf.] (14 S.) n.n. — 50

Mayer, Frz. Mart., Bilder aus der Geschichte v. Steiermark. (Für die steiermärk. Schulen.) (48 S. m. 1 Bildnis.) kl. 8. Graz 905. U. Moser. — 20

(F) Mayer, F. M., Bilder aus der Geschichte von Steiermark. (Für die steiermärkischen Schulen.) 2. Aufl. 8°. (48 S.) Ebd. 1908. K —.20

— die Entstehung Oesterreichs als Großmacht, s.: Sammlung gemeinnütziger populär-wissenschaftlicher Vorträge.

Mayer, Frz. Mart., Geographie der Österreich.-Ungar. Monarchie, s. a. Lehrbuch der Geographie f. die unteren Classen der Mittelschulen. II.

Mayer, Franz Martin, Geschichte der österreichisch-ungarischen Monarchie. Der Jugend und dem Volke erzählt. Mit 58 Abbildungen und einer Radirung als Titelbild. Lex.-8 (320 S.) 2.80, geb. 4.
Wien Tempsky 1894

Mayer, Frz. Mart., Geographie d. österreichisch-ungar. Monarchie (Vaterlandskunde) f. d. 4. Classe d. Mittelschulen, s. a. Lehrbuch d. Geographie f. d. 4. Classe d. Mittelschulen.

—— Geographie der österreichisch-ungarischen Monarchie für die 4. Classe der Mittelschulen. gr. 8. (VIII, 94 S. mit 21 Text-Abbild. und 7 Karten in Farbendr.) Prag 885, Tempsky. *M 1.20.; geb. **

Mayer, Dr. Franz Martin, Geographie der österreichisch-ungarischen Monarchie (Vaterlandskunde) für die 4. Classe der Mittelschulen. Zweite verbesserte Auflage. Mit 38 Text-Abbildungen und 5 Karten in Farbendruck. Wien und Prag 1892. F. Tempsky.

— dasselbe f. d. 4. Classe d. Realschulen. 2., verb. Aufl. M. 38 Text-Abb. u. 5 Karten in Farbendr. gr. 8. (VII, 104 S.) Wien u. Prag 893. F. Tempsky. — Leipzig, G. Freytag. n. 1.40; geb. n.n. 1.80

Mayer, Dr. Franz Martin. Geographie der österreichisch ungarischen Monarchie (Vaterlandskunde) für die 4. Classe der Mittelschulen. Dritte verbesserte Auflage. Mit 39 Text-Abbildungen und 4 Karten in Farbendruck. Wien und Prag 1893. F. Tempsky. (Min.-Erl. v. 16. Mai 1893, Z. 10076.) Geh. 1 K 40 h, geb. 1 K 90 h

Mayer, Dr. Franz Martin, Geographie der österreichisch-ungarischen Monarchie (Vaterlandskunde) für die IV. Classe der Mittelschulen. 4. verbesserte Auflage. Mit 39 Text-Abbildungen, 2 Wappentafeln und einer Karte der österreichisch-ungarischen Monarchie in Farbendruck. Wien und Prag. 1896. F. Tempsky. (Min.-Erl. v. 5. November 1897, ad 11615 ex 1896.) Geheftet —.60, geb. —.85 (gegen geheftet —.70 geb. —.95 der früheren Auflage).

Mayer, Dr. Franz Martin, Geographie der österreichisch-ungarischen Monarchie (Vaterlandskunde) für die IV. Klasse der Mittelschulen. 6., verbesserte Auflage. Wien 1903. F. Tempsky. Preis, geheftet 1 K 20 h, gebunden 1 K 70 h.

Mayer, Dr. Franz Martin, Geographie der österreichisch-ungarischen Monarchie (Vaterlandskunde). Für die IV Klasse der Mittelschulen. 7., unter Mitwirkung von Dr. Karl Berger umgearbeitete Auflage. In 2 Abteilungen. I. Text, II. Bilderanhang. Wien 1905. F. Tempsky. Textband, geb. K 2.—, mit Bilderanhang K 2.40.

– – 8. bericht. Aufl. Ebd. 1907

Mayer, Dr. Franz Martin, Geographie der österreichisch-ungarischen Monarchie (Vaterlandskunde) für die IV. Klasse der Mittelschulen. Unter Mitwirkung von Professor Dr. Richard Marek. 9., nach den neuen Lehrplänen berichtigte Auflage. Wien 1910. F. Tempsky Geb. K 2.40.

Mayer, Franz Martin Zur Geschichte der österr Handelspolitik unter Kaiser Karl VI — Siehe „Mittheilungen des Institutes für österr Geschichtsforschung." 18. Bd. 1 Heft
Innsbruck 1897.

Mayer, Frz. (I.), Geschichte Oesterreichs mit besond. Rücksicht auf Culturgeschichte. 2 Bde. gr. 8. (VIII, 326 S. mit 5 genealog. Tab. in qu. 4.; VIII, 330 S. mit 3 genealog. Tab. in qu. 4.) Wien 874, Braumüller. *

Mayer, Prof. Dr Franz, Geschichte Oesterreichs mit besond. Rücksicht auf Culturgeschichte. 2 Bde. gr. 8 Wien 1874, bish. Wilh. Braumüller, nun Bermann & Altmann. 5 fl.

MAYER, Franz Martin
(F) Geschichte Österreichs mit besonderer Rücksicht auf das Culturleben von Dr. Franz Martin Mayer, 2. vollständig umgearbeitete Auflage I. Bd.. Von den ältesten Zeiten bis zum Jahre 1526. Wien und Leipzig. 1900. Braumüller. Gr.-8°. X, 639 S. fl. 6.—, geb. fl. 7.50

MAYER, Franz Martin
(F) Geschichte Oesterreichs mit besonderer Rücksicht auf das Culturleben. Von Dr. Franz Martin Mayer. 2., vollständig umgearbeitete Auflage. II. Bd. Vom Jahre 1526 bis zur Gegenwart. Wien und Leipzig. 1901. Braumüller. Lex.-8°. VIII, 797 S. K 15.60, geb. K 19.60

Mayer, Frz. Mart., Geschichte Österreichs m. besond. Rücksicht auf das Kulturleben. 3. Aufl. 2 Bde. gr. 8. Wien 909. W. Braumüller. 20.—; geb. 25.—; auch in 10 Lfgn. à 2.—
I. Von den ältesten Zeiten bis zum J. 1526. (X, 671 S.)
II. Vom J. 1526 bis z. Gegenwart. (VIII, 851 S. m. 1 Stammtaf.)

— Geschichte d. Steiermark m. bes. Rücksicht auf das Culturleben. 8. (IV, 494 S.) Graz 898. U. Moser. n. 4.—; geb. n. 5.40

— Jeremias Homberger Ein Beitrag zur Geschichte Innerösterreichs im XVI Jahrhundert Ar 74 53 . —.90
Separatabdruck

Mayer, Dr. Fr. Martin. Jeremias Homberger. Ein Beitrag zur Geschichte Innerösterreichs im 16. Jahrhundert. (Aus d. Archiv f. österr. Geschichte.) 8. (57 S.) In Comm. —.45
Wien 1889

– Über die Korrespondenzbücher des Bischofs Sixtus von Freising 1474—1495. Ar 68 411 . 1.40
Separatabdruck

Mayer, Frz. Mart., über die Correspondenzbücher des Bischofs Sixtus von Freising 1474—1495. Lex.-8. (91 S.) Wien 886, (Gerold's Sohn.) *
Aus: Archiv für österreichische Geschichte, besonders abgedruckt.

— Der Brucker Landtag des Jahres 1572 Ar 73 85 . —.70
Separatabdruck

—— der Brucker Landtag des J. 1572. Lex.-8. (42 S.) Wien 888, (Tempsky.) *
Aus: Archiv für österreichische Geschichte, besonders abgedruckt.

— Lehrbuch der allgemeinen Geschichte f. die oberen Classen der Gymnasien, s. Gindely.

Mayer, Dr. Franz Martin, Lehrbuch der allgemeinen Geschichte für die oberen Classen der Realschulen. I. Theil: Alterthum. Mit 53 Abbildungen. Wien und Prag 1895, F. Tempsky. (Min. Erl. v. 20. März 1895, Z. 6002.)

— Lehrbuch d. allgem. Geschichte f. d. oberen Classen d. Realschulen. 3 Thle. gr. 8. Wien u. Prag, F Tempsky. — Leipzig, G. Freytag.
Geb. in Leinw. n. 6. 50
1. Alterthum. 2., verb. Aufl. (208 S. m. 55 Abb. u. 1 Farbdr.) 895. n. 2. 40
2. Geschichte d. Mittelalters u. d. Neuzeit bis z. Ende d. 30jähr. Krieges. (VII, 204 S. m. 51 Abb.) 895. n. 2. 30
3. D. Neuzeit seit d. Ende d. 30jähr. Krieges. (VI, 126 S. m. 26 Abb.) 895. n. 1. 80

Mayer, Dr. Franz Martin, Lehrbuch der allgemeinen Geschichte für die oberen Classen der Realschulen. III. Theil. Die Neuzeit, seit dem Ende des 30jährigen Krieges. Mit 27 Abbildungen. Wien und Prag 1896. F. Tempsky. (Min.-Erl. v. 19. Nov. 1895, Z. 25651) —.65

— dasselbe f. die oberen Klassen der Realschulen. 1. u. 2. Tl. gr. 8. Leipzig, G. Freytag.
Geb. in Leinw. n. 5. 10
1. Altertum. 4. Aufl. (IV, 211 S. m. 55 Abbildgn. u. 1 Farbdr.-Taf.) 902. n. 2. 60
2. Geschichte des Mittelalters u. der Neuzeit bis zum Ende des 30jähr. Krieges. 2., verb. Aufl. (VII, 216 S. m. 57 Abbildgn.) 898. n. 2. 50

— Lehrbuch der allgem. Geschichte f. die oberen Klassen der Realschulen. 3. Tl.: Die Neuzeit seit dem Ende des 30jähr. Krieges. 2., durchgeseh. Aufl. (VI, 136 S. m. 27 Abb.) gr. 8. Ebd. 902.
Geb. in Leinw. n. 2. —

Mayer, Dr. Franz Martin, Lehrbuch der allgemeinen Geschichte für die oberen Klassen der Realschulen II. Teil. Geschichte des Mittelalters und der Neuzeit bis zum Ende des Dreißigjährigen Krieges. 4., verbesserte Auflage. Wien 1903. F. Tempsky. Preis, geheftet 2 K 10 h, gebunden 2 K 60 h.

Mayer, Dr. Franz Martin, Lehrbuch der allgemeinen Geschichte für die oberen Klassen der Realschulen. I Teil. Altertum. Mit 58 Abbildungen und einer Farbendrucktafel. 5. im wesentlichen unveränderte, sonach gemäß Ministerialerlasses vom 22. Februar 1902, Z. 482, allgemein zulässige Auflage Wien und Prag 1905. Tempsky. Geh. K 2.10, geb. K 2.60.

Mayer, Dr. Franz Martin, Lehrbuch der allgemeinen Geschichte für die oberen Klassen der Realschulen. II. Teil: Geschichte des Mittelalters und der Neuzeit bis zum Ende des Dreißigjährigen Krieges. Mit 57 Abbildungen. 5., durchgesehene Auflage. Wien 1906. Tempsky. Geh. K 2.10, geb. K 2.60.

Mayer, Dr. Franz Martin, Lehrbuch der allgemeinen Geschichte für die oberen Klassen der Realschulen. III. Teil: Die Neuzeit seit dem Ende des Dreißigjährigen Krieges. Mit 27 Abbildungen. 3., im wesentlichen unveränderte, somit gemäß Min.-Erl. vom 28. Juni 1902, Z. 18789, allgemein zulässige Auflage. Wien 1906. Verlag von F. Tempsky. Geh. K 1.50, geb. K 2.—.

Mayer, Dr. Franz Martin, Lehrbuch der allgemeinen Geschichte für die oberen Klassen der Realschulen. I. Teil: Altertum. 6., nach dem neuen Lehrplan umgearbeitete Auflage. Wien 1910. F. Tempsky. Geh. K 2.10, geb. K 2.60.

Mayer, Dr. Franz Martin, Lehrbuch der allgemeinen Geschichte für die oberen Klassen der Realschulen. II. Teil: Geschichte des Mittelalters und der Neuzeit bis zum Ende des 30jährigen Krieges. 6. Auflage. 6., im wesentlichen unveränderte, somit gemäß Min.-Erl. vom 15. Juli 1906, Z. 27167, allgemein zulässige Auflage. Wien 1910. F Tempsky. Geh. K 2.10, geb. K 2.60.

Mayer, Dr. Franz Martin, Lehrbuch der Geschichte für die unteren Classen der Mittelschulen. I. Theil: Alterthum. Mit 61 Abbildungen und 6 Karten. Prag und Wien 1892. F. Tempsky.

Mayer, Dr. Franz Martin, Lehrbuch der Geschichte für die unteren Classen der Mittelschulen. II. Theil: Mittelalter. Wien und Prag 1893. Tempsky. (Min.-Erl. v. 20. Februar 1893, Z. 3280.) Geheftet —.50

— Lehrbuch der Geschichte f. die unteren Classen der Mittelschulen 1. Thl.: Alterthum. 2., verb. Aufl. gr. 8. (III, 137 S. m. 60 Abbildgn., 2 Farbendr.-Taf. u. 6 Karten.) Prag 893. F. Tempsky. — Leipzig, G. Freytag. n. 1. 40; geb. n. 1. 90

Mayer, Dr. Franz Martin, Lehrbuch der Geschichte für die unteren Classen der Mittelschulen. III Theil: Die Neuzeit. Wien und Prag 1893. Tempsky. (Min.-Erl. v. 3. Mai 1893, Z. 8785.) Geheftet —.70, gebunden —.95

Mayer, Dr. Franz Martin, Lehrbuch der Geschichte für die unteren Classen der Mittelschulen. II. Theil: Mittelalter. 2 verbesserte Auflage. Wien und Prag 1895. F. Tempsky. (Min.-Erl. v. 20. September 1895, Z. 1070.) Geh. —.50
Gebunden —.75

— Lehrbuch der Geschichte f. die unteren Classen der Mittelschulen. 3 Thle. gr. 8. Wien 898. F. Tempsky.
Geb. in Leinw. n. 5. 30
1. Das Alterthum. Mit 68 Abbildgn., 2 Farbendr.-Taf. u. 6 Karten. 3., verb. Aufl. (III, 138 S.) n. 1. 90
2. Mittelalter. Mit 32 Abbildgn. u. 1 Karte der geschichtlichen Entwicklg. der österreichisch-ungar. Monarchie in Farbendr. 2., verb. Aufl. (IV, 102 S.) n. 1. 50
3. Die Neuzeit. Mit 53 Abbildgn. u. 1 Karte der geschichtl. Entwicklg. der österreichisch-ungar. Monarchie. 2., verb. Aufl. (IV, 144 S.) n. 1. 90

Mayer, Dr. Franz Martin, Lehrbuch der Geschichte für die unteren Klassen der Mittelschulen. I. Teil: Das Altertum. 4., verbesserte Auflage. Wien 1902. F. Tempsky. Preis, geheftet 1 K 50 h, gebunden 2 K.

— Lehrbuch der Geschichte f. die unteren Klassen der Mittelschulen. 3 Tle. 4., verb. Aufl. gr. 8. Wien 903. F. Tempsky. Geb. in Leinw. n. 5. 70
1. Das Altertum. Mit 74 Abbildgn. u. Karten sowie 2 Farbendr.-Taf. (II, 142 S.) n. 2. —
2. Mittelalter. Mit 30 Abbildgn. u. 1 Karte der geschichtl. Entwicklg. der österr.-ungar. Monarchie in Farbendr. (IV, 107 S.) n. 1. 70
3. Die Neuzeit. Mit 52 Abbildgn. u. 1 Karte der geschichtl. Entwicklg. der österr.-ungar. Monarchie. (IV, 138 S.) n. 2. —

Mayer, Dr. Franz Martin, Lehrbuch der Geschichte für die unteren Klassen der Mittelschulen. I. Teil: Das Altertum. 5., durchgesehene Auflage. (5., durchgesehene, wesentlich unveränderte, allgemein zulässige Auflage.) Wien 1905. F. Tempsky. Geh. K 1.50, geb. K 2. —.

Mayer, Dr. Franz Martin, Lehrbuch der Geschichte für die unteren Klassen der Mittelschulen. II. Teil: Mittelalter. 5., durchgesehene Auflage. Wien 1905. F Tempsky Geh K 1.20, geb. K 1.70.

Mayer, Dr. Franz Martin, Lehrbuch der Geschichte für die unteren Klassen der Mittelschulen. III. Teil. Die Neuzeit. 5., durchgesehene, inhaltlich unveränderte, somit gemäß Min.-Erl. vom 5. Februar 1903, Z. 2900, allgemein zulässige Auflage. Wien 1905. F. Tempsky. Geh. K 1.50, geb. K 2.—.

Mayer, Dr. Franz Martin, Lehrbuch der Geschichte für die unteren Klassen der Mittelschulen. I. Teil: Das Altertum. Mit 74 Abbildungen und Karten sowie 2 Farbendrucktafeln. 6., durchgesehene Auflage. Wien 1907. F. Tempsky. Geh. K 1.50, geb. K 2.—.

Mayer, Dr. Franz Martin, Lehrbuch der Geschichte für die unteren Klassen der Mittelschulen. I. Teil: Das Altertum. Mit 74 Abbildungen und Karten sowie 2 Farbendrucktafeln. 7., im wesentlichen unveränderte, sonach gemäß Min.-Erl. vom 24. August 1907, Z. 31839, allgemein zulässige Auflage. Wien 1910. Geh. K 1.50, geb. K 2.—.

Mayer, Dr. Franz Martin, Lehrbuch der Geschichte für die unteren Klassen der Mittelschulen. II. Teil: Mittelalter und Neuzeit bis zum westfälischen Frieden. 6., nach den neuen Lehrplänen bearbeitete Auflage. Wien 1910. Verlag F. Tempsky. Geh. K 1.80 geb. K 2.30. (Min.-Erl. vom 18. Jänner 1910, Z. 47318 ex 1909

— **manuale** di storia per le classi inferiori delle scuole medie. Versione dal tedesco fatta da Des. Reich. 3 Tle. gr. 8. Wien u. Prag, F. Tempsky. — Leipzig, G. Freytag. Geb. in Leinw. n. 6. 50
1. Storia antica. (V, 121 S. m. 64 Abb.) 898. Geb. n. 2. 20
2. Storia del medio evo. (IV, 104 S. m. 32 Abb.) 897. Geb. n. 1. 80
3. Storia moderna. (136 S. m. 52 Abb.) 895. Geb. n. 2. 50

—— **Steiermark** im Franzosenzeitalter. Nach neuen Quellen. 8. (IV, 264 S.) Graz 888, Leykam. *

Mayer, Franz Martin Steiermark im dritten Coalitionskriege. 8 (S. 10—20). **Progr.** Erstes Staats-G *Graz* 1887

(**Mayer**, Franz Martin) [Prof. Wilhelm Swoboda † 1. Mai 1907] S. 42—44. 8 Progr. Steiermärkische Landes-Oberrealschule *Graz* 1907.

— Untersuchungen über die österreichische Chronik des Matthäus oder Gregor Hagen. Ar 60. 26 . — 60
Separatabdruck

— **Untersuchungen** über die österreichische Chronik des Matthäus oder Gregor Hagen. [Aus: „Archiv f. österr. Geschichte".] Lex.-8. (48 S.) Wien 880. Gerold's Sohn. n. — 60

— Über die Verordnungsbücher der Stadt Eger 1352—1482. Ar 60. 19 . — 80
Separatabdruck

— über die **Verordnungsbücher** der Stadt Eger. [1352—1482.] [Aus: „Archiv f. österr. Geschichte".] Lex.-8. (51 S.) Ebend. 880. n. — 80

Mayer, *Franz Martin*: Eine salzburgische Visitationsreise in Steiermark und Kärnten im Jahre 1657 8 (13 S.). **Progr.** Steiermärk. Landes-Oberrsch. *Graz* 1896

Mayer, Dr. Franz Martin, Zgodovina starega veka. Nach dem Lehrbuche für die unteren Classen der Mittelschulen übersetzt von Anton Kaspret. Mit 52 Abbildungen. Laibach 1894. Jg. Kleinmayr und F. Bamberg. (Min.-Erl. v. 31. October 1894, Z. 24065.) 1 K 80 h, gebunden 2 K 80 h

Mayer, Franz Xaver (wirkl.Name), s. Ackermann, Gottlieb

Mayer, Franz Xaver Die Beichte als Bekenntnis der einzelnen Sünden. Eine Untersuchung der wichtigsten patristischen Dokumente aus dem 1. und 2. Jahrhundert 37 S. 8. **Progr.** Kgl. hum. Gymn. *Dillingen* 1909.
§ 1 Διδαχὴ τῶν δώδεκα Ἀποστόλων. § 2 Clemens Romanus und Ignatius von Antiochien. § 3. Hermae Pastor § 4. Irenaeus von Lyon

MAYER, Franz Xaver (München): Über Schädelknochenverschiebung bei an Darmkatarrh leidenden Kindern.- Leipzig: Teubner 1883. 17 S.
7.5.1883 - Urk (Titel: De interpolatione ossium liberorum catarrhis intestinalibus laborantium.); Chr 1882/83,18
Diss.Ingolst.-Landsh.-Mchn.

MAYER, Franz Xaver (Bayern): Ueber Ueberanstrengung des Herzens besonders im Militär.- München: Wolf 1877. 38 S.
31.7.1877 - Urk (Titel: De nimio cordis labore.); Chr 1877/78,9
Diss. Ingolst.-Landsh.-Mchn.

Mayer, Friedrich, s.a. Maier

– s.a. Mayer, Friedrich Arnold

Das Barometer und seine Anwendung. Nebst einem Anhang: Die Grundzüge der neueren Witterungslehre. Mit einer Tafel. — Von Friedrich Mayer, Stdl. — 1886, Dillingen, ebenda. — S. 1 – 67.
Progr. Dillingen, K. Lyzeum und Gymnasium

Mayer, Fr., neue Beschreibung von München mit Aufführung seiner Umgebungen. Den Einheimischen zur Prüfung, Denen, die in München waren, zur Erinnerung, u. den Fremden zum Wegweiser. 8. Pforzheim 840, Dennig, Fink u. Comp. (Stuttgart, Scheible, R. u. S.) 1½ ₰

Mayer, Friedr., neue Beschreibung v. München mit Aufführung seiner Umgebungen. Den Einheimischen z. Prüfung, Denen, die in München waren, z. Erinnerung u. d. Fremden z. Wegweiser. 8. (29½ B.) Pforzheim 840. [Stuttgart, Scheible, Rieger u. Sattler.]

Mayer, Frdr., Cecil, der moderne Faust. Eine Tragödie in 5 Akten. (72 S.) 8. Berlin 905. Herm. Walther. n. 2. —

Mayer, Friedrich. Die interessantesten Choerlein in Nürnbergs mittelalterlichen Gebäuden. Vierundzwanzig Abbildungen mit erläuterndem Texte. Nürnberg. 4⁰.

– (Hrsg.), s. Dichter, Deutsche, und Prosaisten des 18. Jahrhunderts.

Über den Einfluss hoher Hitze auf die Stellung von Leichen und über Wärmestarre. Experimentelle Studien v. Sanitätsr. Dr. Friedrich **Mayer** . . in Czernowitz. M. 10 Abb. im Texte. *Wien & Leipzig: W. Braumüller 1898.* (4 Bl., 64 S.) 1 Bd 8. [97 6431

Mayer, Friedr. (II.), Herzog Ernst. Charakteristiken und Skizzen. 16. (80 S.) Gotha 861, Thienemann.

– (Übers.), s. Europa, Das belletristische Bd 6 u. 8.

Mayer, Friedr., der Fechter von Ravenna und die neuesten literarischen Vorereien. Nürnberg 856. W. Schmid. 8. (40 S.) u. 7½ ngr.

—— Grundlehren d. Infinitesimal-Calculs. gr. 8. (6 B. u. 1 Figtaf.) Nürnberg 836, [Bauer u. Raspe.]

Mayer, (Dr.) Fr., Grundlehren d. Infinitesimal-Calculs. Mit 1 Figurentaf. gr. 8. Nurnb. 836. Schneider u. W. (Merz.) ⅔ ₰

—— Nürnberg's Handel und Industrie mit besond. Berücksicht. der Gegenwart. gr. 8. (335 S.) Nürnberg 852, Geiger.

MAYER, Friedrich (Kitzingen): Laryngospasmus.- München: Wolf 1874. 13 S.
1.8.1874 - Urk (Titel: De laryngospasmo.); Chr 1874/75,12
Diss. Ingolst.-Landsh.-Mchn.

—— vaterländ. Magazin, s. Magazin.

—— Novellen u. Lieder. 8. (12¼ B.) Nürnberg 836, [Bauer u. Raspe.]

Mayer, Friedr., Novellen u. Lieder. 8. Nürnberg 836. Schneider u. Weigel. (Merz.) 1 ₰

Mayer, Friedr., Nürnberg im 19. Jahrhundert m. stetem Rückblick auf seine Vorzeit. Ein ausführl. Wegweiser f. Alle, welche Nürnberg u. seine Umgebungen kennen lernen wollen, u. ein Gedenkbuch f. die Einheimischen. 8. (29 B., 1 Plan v. Nrnbg. u. 20 Randansichten.) Nürnberg 843, [Geiger.]

— Nürnberg im 19. Jahrhundert mit stetem Rückblick auf seine Vorzeit. Ein ausführlicher Wegweiser für Alle, welche Nürnberg u. seine Umgebungen kennen lernen wollen, u. ein Gedenkbuch für die Einheimischen. Mit e. Plan von Nürnberg nebst 20 Randansichten. 8. Nürnberg 843, Stein. (C. A. Geiger.) 2 ₰

Mayer, Frdr., Nürnberg u. seine Merkwürdigkeiten, ein Wegweiser für Fremde. 2. m. einem Anhang verm. Ausg. Mit 14 (Kpfr.-)Taf. Ansichten u. dem Grundriß der Stadt in 2 Bl. (in Kpfrst. u. qu. Fol.) gr. 16. (X u. 194 S.) Nürnberg 852, J. L. Schrag. n. n. 1 ₰

Mayer, Friedr. (I.), Nürnberg und seine Merkwürdigkeiten. Ein Wegweiser für Fremde. 3., durchweg umgearb. und verm. Aufl. von Geo. Wolfg. Carl Lochner. Mit 32 Ansichten (auf 18 Taf.) und dem Grundriss der Stadt in Stahlst. (in qu. gr. Fol.) 8. (XII und 164 S. mit Anhang: Lebensläufe berühmter und verdienter Nürnberger. Verfasst von Geo. Wolfg. Carl Lochner. Mit 5 Bildnissen in Stahlst. V und 66 S.) Nürnberg 861, Schrag'sche Buchh. *
Ohne Anhang *
Der Anhang apart *

—— Panorama d. Donau v. Ulm bis Preßburg. Mit begleit. Texte (Ulm bis Semlin. 8. 17 B.) Nebst d. Planen v. Ulm, Regensburg, Passau, Linz u. Wien, 1 Tab. üb. d. Entfernungen, sowohl zu Wasser als zu Lande, der längs d. Donau v. Ulm bis Preßburg liegenden Städte, 1 Uebersichtskärtchen, kurzen Notizen üb. Sehenswürdigkeiten ꝛc., 1 Tab. üb. d. Preise d. Donau-Dampfschifffahrt bis Konstantinopel ꝛc. (2½ Ellen lang u. 11½ Zoll br.) Pforzheim 841. [Stuttgart, Scheible, Rieger u. Sattler.]
Einzeln das Panorama 1 Thlr. 12 Gr. — Der Text 21 Gr.

Mayer, Friedrich [aus Worms]: Ueber die Reduction des Trinitropseudocumols, ein Beitrag zur Kenntniss der Cumidine .... Berlin, Berliner Buchdr.-Actien-Ges. Setzerinnenschule d. Lette-Vereins, 1887, 55 + 1 S. 8°.
Berlin, Phil. Fak., Inaug.-Diss. v. 11. Aug. 1887.

Mayer, Friedrich, über die Reduction des Trinitropseudocumols, ein Beitrag zur Kenntniss der Cumidine. Diss. Berlin 1887, Mayer & Müller. 8°. 55 S

—— Reiseskizzen aus Deutschland, Dänemark u. Schweden. 8. (21½ B.) Nürnberg 835, [Bauer u. Raspe.]

—— die fränkische Schweiz. Ein kurzgefaßter Wegweiser f. Reisende in diese Gegend. 12. (2¼ B. u. 1 Reisekarte.) Nürnberg 843, [Geiger.]

—— die fränkische Schweiz. Ein prakt. Führer durch dieselbe. 16. (LII und 198 S. mit einer neuen in Stahl gest. topograph. Karte in Fol.) Nürnberg 857, Mayer's Kunst-Anstalt. geb.

—— die fränkische Schweiz in Stahlstichen nach neu aufgenommenen Originalzeichnungen mit naturgeschichtl. Schilderungen histor. Erörterungen und Sagen. Ein Gedenk- und Erinnerungsbuch, wie auch Führer für Naturfreunde. (In 9 Lfgn.) 1. Lfg. qu. gr. 4. (3 Stahlst. und Text S. 1—8.) Nürnberg 857, Mayer's Kunst-Anstalt.

– (Hrsg.), s. Spyl, Ein hüpsch und lustig

Mayer Friedrich: Lenaus Verhältnis zu Sophie Löwenthal.
H. 1898 PN 1140 Diss. Wien, Univ. 87

Mayer, Friedrich [Prof.]: Verstärkung, Umschreibung und Entwertung der Komparationsgrade in der älteren Gräcität. Landau, Buchdr. K. & A. Kaussler, 1891, 35 S. 8°
Landau, k. StA, P 1891 •

— fünf Vierteljahre Volks-Souverainetät. Ein Beitrag zu Max v. Gagern's Erklärung an seine Wähler, dd. Wiesbaden, 15. Juni 1849. gr 8. (16 S.) Gotha 849, Stollberg'sche Buchdruckerei in Comm. n. 1/12 Thlr.

—— Wanderleben in Bayern, Ober- u. Unterösterreich, Ungarn, Mähren u. Böhmen. 2 Bde. gr. 12. (à 15½ B.) Nürnberg 837, 38, Bauer u. Raspe. à 1½ Thlr.

— Wanderleben in Bayern, Ober- und Unterösterreich, Ungarn, Mähren u. Böhmen. 2 Bde. gr. 12. Nürnberg 837, 38, Bauer u. Raspe. (Merz.) (à 1½ Thlr.) 3 Thlr.

– s. Wanderungen durch das Pegnitzthal.

Mayer, F[riedrich]: Die Wärmetechnik des Siemens-Martinofens. 1908. 123 S., 20 Taf. 8° ¶ Auch bei Knapp in Halle 1909; erste Veröffentlichung in: Stahl u. Eisen. Jg. 28, Halbj. 1.
Stuttgart, Dr.-Ing.-Diss. v. 14. 7. 1908

Mayer, F., die Wärmetechnik des Siemens-Martinofens. (123 S. m. 29 Taf. u. 28 Tab.) gr. 8. Halle 909. W. Knapp. 5. 40

– – Vgl Mayer, Fritz

—— der Zweikampf. Ein sittengeschichtl. Beitrag. gr. 8. (4¼ B.) Erlangen 843, Palm'sche Vrlgsbuchh.

Mayer, Frdr. Arnold, s.: Aus den Papieren e. Wiener Verlegers

Mayer, Friedrich Arnold. Goethe auf d. Puppentheater. *Weimar 1898.* in Forschungen z. neueren Litteraturgeschichte. Festgabe f. R. Heinzel. [98. 11537

Kasperl als Benefiziant. Von Friedrich Arnold Mayer. Gedr. f. Freunde z. neuen Jahre 1910. Baden Wladarz (1909). 8 S. 8°
Erw. aus Badener Zeitung v. 25. Dez. 1909.

Mayer Friedrich: Die Mondsee-Wiener Liederhandschrift.
H. 1887 PN 489 Diss. Wien, Univ. 37

Die Mondsee-Wiener Liederhandschrift und der Mönch von Salzburg. E. Unters. z. Litteratur- u. Musikgesch. Nebst den zugehörigen Texten aus d. Hs. u. m. Anm. Von F[riedr.] Arnold **Mayer** u. Heinrich Rietsch. Tl. 1. 2. *Berlin: Mayer & Müller 1894—96.* 8.
1. 1894. (XVIII, 150 S.) 2. 1896. (2 Bl., 161—508 S., 9 Facs. m. 1 Erl.-Bl.)
= Acta Germanica. Bd III, H. 4. Bd IV [97. 8430

Mayer, Fr. A., Aus den Papieren eines Wiener Verlegers. 1858 1897. 8° (179 S.) kart. K 3.60
Wien Braumüller 1908.

– – s.a. Rosner, Leopold

Mayer, F. Arnold, s.: Thalia, deutsche.

— s.: Zeitschrift d. österr. Vereines f. Bibliothekswesen.

Mayer, Friedr. Ed., über d. Anwendung d. Asphaltes, e. Gebrauchs-Anweis. auf. prakt. Erfahr. gegründet. 2. Aufl. gr. 8. (1 B.) Blaubeuren 841, Mangold'sche Buchh.

Mayer, Friedr. Ed., üb. Herdfeuerungen. Eine theoret.-prakt. Beschreibung der besten bekannten Kochherde, m. Angabe ihrer Größe u. ihrer Leistungen, eines vortreffl. Bratofens u. s. w., sowie genaue Erklärung d. Art u. Weise, sie auf das Zweckmäßigste u. Beste einzumauern u. zu benützen. Ein Handbuch f. Architekten, Maurer ꝛc. gr. 8. (3⅜ B., 8 Taf. Abbild. u. eingedr. Holzschn.) Heilbronn 840, Landherr.

Mayer, Friedr. Ed., Wechselkunde gegründet auf die allgemeine deutsche Wechselordnung. Ein Handbuch für Geschäftsleute und Handelsbeflissene zum Nachschlagen und Selbstunterricht hrsg. 16. (IV und 216 S.) Stuttgart 853, Metzler'sche Buchh.

Mayer, Friedrich Fr

Gedanken über eine innigere, organische Verbindung der Logen von Baden und Württemberg. [Unterz.:] Fr. F. Mayer. [Dat.:] Heilbronn 1870. 1 Bl. 4⁰ [Kopftit.]
Tt. 1681.

Mayer, F. F., die Gemeindewirthschaft nach geläuterten Begriffen u. nach d. im Königr. Württemberg geltenden Gesetzen. 2 Lfgn. gr. 8. (XII u. 552 S.) Stuttgart 851, Belser. (1: n. 28 ngr 2: n. 1 ℛ 12 ngr) n. 2 1/3 ℛ

Mayer, F. F., Grundsätze des Verwaltungs-Rechts mit besond. Rücksicht auf gemeinsames deutsches Recht, sowie auf neuere Gesetzgebung und bemerkenswerthe Entscheidungen der obersten Behörden, zunächst der Königr. Preußen, Baiern und Württemberg. gr. 8. (XII und 500 S.) Tübingen 862, Laupp'sche Buchh. *

Mayer, Fr. Fr., Grundzüge des polizeilichen Strafrechts. gr. 8. (6 1/4 B.) Heilbronn 845, Drechsler'sche Buchh. Thlr.

Mayer, F. F., Grundzüge des Verwaltungs-Rechts u. -Rechtsverfahrens. Tübingen 857. Laupp. 8. (VII, 102 S.) n. 18 ngr

Mayer FF, das Recht des Aufenthalts, der Niederlassung und Übersiedlung im Königreich Württemberg. Stuttgart 1863

—— das Strafverfahren der Administrativ- insbesondere d. Polizei-Behörden in Württemberg. Nach den geschriebenen Normen u. nach der Praxis. 8. (15 1/2 B.) Ulm 842, Stettin'sche Brlgsh. *

— **Friedrich Georg Viktor** (Wittenberg), Uteri **structura ex eiusdem functionibus. Präs.** Salomon Constantin Titius. Wittenberg (Tzschiedrich) 3. XI. 1795. 31 S. (4.50) 22495
Gew.: Ferdinand August Mayer. — Widm. v.: **Johann Siegismund Wittich (Oppon.).**

MAYER, Friedrich Heinrich: Abhandlung von dem Verfall der Waldungen und deren Wiederherstellung. - Stuttgart 1780. 66 S.

Mayer, Friedrich Julius Theodor, s. M a y e r , Julius

Mayer, Friedrich Wilhelm, s. M a y e r , Wilhelm

Mayer, Fritz, approb. Arzt aus Uehlfeld: **Ein Beitrag zur Lehre von den intraocularen Cysten: Haemorrhagische Cyste des corpus ciliare mit Ausgang in spontane Heilung.** *München: J. F. Lehmann 1899.* (22 S.) 8° [Umschlagt.]
Erlangen, Med. Diss. v. (8. Aug.) 1899

Mayer, Fritz: **Beiträge zur Kenntnis alkylierter Bernsteinsäuren.** *Heidelberg 1898: J. Hörning.* (52 S. mit Taf.) 8°
Heidelberg, Naturw.-math. Diss. v. [25. Juli] 1898

Mayer, Fritz, aus Hagenbach a. Rh.: **Ueber das Metaxylobenzylhydrazin.** *Heidelberg 1902: Morell.* (61 S.) 8°
Heidelberg, Naturw.-math. Diss. v 1902

Mayer, Fritz: Systematisch-anatomische Untersuchung der Pogostemoneae Reichenb. unter besonderer Berücksichtigung der inneren Drüsen von Pogostemon u. Dysophylla sowie der Patschuli-Droge. Erlangen 1909: Jacob. 88 S. 8°
Erlangen, Phil. Diss. v. 15. Juli 1909, Ref. Solereder
[Geb. 22. Aug. 78 Rheinböllen; Wohnort: Trier; Staatsangeh.: Preußen; Vorbildung: Kaiser-Wilhelms-Gymn. Trier Reife O. 97; Studium: Berlin 4, Erlangen 3 S.; Rig. 4. Mai 09.] [U 09. 843

Mayer F die Wärmetechnik des Siemens-Martinofens. (123 S 29 T) Halle 1908

Die Wärmetechnik des Siemens Martinofens. Von Dr Ing F[ritz] Mayer Prof. Aachen Mit 29 Taf u. 28 Tab. Halle Knapp 1909. 123 S 8° [09. 6731 3

– – Vgl. M a y e r , Friedrich

Mayer, G , s.a. M a y e r , Ferdinand Engelbert Gregor

Mayer, G., s.: Aix-la-Chapelle as a health resort.

Mayer, G., über die Behandlung der Diphtheritis des Rachens. gr. 8. (12 S.) Aachen 883, Mayer. *

Mayer, G. (I.), Bemerkungen über Rhachitis und den Nahrungswerth der Kalksalze. Vortrag, gehalten in der Versammlung des Vereins der Aerzte des Regierungsbezirks Aachen am 17. Mai 1866. gr. 8. (16 S.) Aachen 866, Mayer.

Mayer, G., über das Fieber und die wärmeentziehende Behandlung. gr. 8. (VII, 94 S.) Aachen 870, Mayer. *

Mayer, G., über heilbare Formen chronischer Herzleiden, einschliesslich der Syphilis des Herzens. Nach einem am 29. April 1880 im Verein der Aerzte des Reg.-Bez. Aachen geh. Vortrage. gr. 8. (39 S.) Aachen 881. Mayer. n. 1. 20

– G e s c h i c h t e des Fürstentums Neuenburg, s. M a i e r , Gustav

Mayer, G., die Gicht u. ihre Behandlung an den Thermen zu Aachen. [Aus: „Aachen als Kurort".] gr. 8. (30 S.) Aachen 889. C. Mayer's Verl. n. 1. 20

— la goutte. [Aus: „Aix-la-Chapelle".] gr. 8. (35 S.) Aachen 891. R. Barth's Verl. n. 1. —

Mayer, G., Liedergruß für Zionspilger. Vierstimmig komponirt u. allen Freunden christl. Familien- u. Kirchenmusik gewidmet. Basel 866. Spittler. qu. 4. (30 S.) n. 6 ngr

Mayer, G., Pfarrer in Oberurnen, Rede, gehalten a. d. Schlachtfeier zu Näfels den 1. April 1875. 8 Stn. 8. Glarus, Verlag v. J. Vogel. *1875.*

Mayer, G., Joh. Seb. Reinhard, kath. Pfr. von Zürich. Nekrolog. 16 Stn. 8. Solothurn, B. Schwendimann. *1874.* —. 40

— Tabes dorsalis [Ataxie locomotrice]. [Aus: „Aix-la-Chapelle".] gr. 8. (32 S.) Ebd. 891. n 1 20

— Tabes dorsalis u. ihre Behandlung an den Thermen zu Aachen. [Aus: „Aachen als Kurort".] gr. 8. (24 S.) Ebd. 889. n. 1. 20

—— sur le traitement de la diphthérie des amygdales et du pharynx [angine couenneuse]. Traduit de l'allemand par Roselt. gr. 8. (11 S.) Ebendas. 884. *

Mayer, G., Vergangenheit u. Zukunft der Aachener Bäder. gr. 8. (14 S.) Aachen 901. C. Mayer. n. — 60

– Der heilige V i n z e n z von Paul in seinem Leben und Wirken, s. M e i e r , Gabriel

Mayer, G W, s. Meyer, Gottlob Wilhelm

Mayer, Gg., Abhandlung über Electricität und sichernde Blitzableiter 2te Aufl München 1839 8 10 Sgr.

Mayer, Georgius (geb. am 9 Apr. 1825 in Aachen): De pleurae adhaesionibus, iis imprimis, quae in tuberculosi pulmonum inveniuntur . . . Bonnae, litt. F. P. Lechneri 1846. 2 Bl., II, 34 S., 2 Bl. 8.
Bonn, Med. Fak., Diss. v. 22 Juli 1846

Mayer, Georg, Anweis. w. man d. christl. Kinderzucht mit Nutzen und gutem Erfolg arbeiten soll. gr. 8. Wien, Tendler. 781.

Mayer, Geo., Anweis., wie man die christliche Kinderzucht mit Nutzen u. gutem Erfolg betreib. soll. gr. 8. Wien 781. Trattner. 14 gl

Mayer, Georg. Geschichte des Bistums Chur. Liefg. 11 [= Bd. 2, Liefg. 2]. [Mit Illustrationen und 1 Tafel.] II S. + S. 65–128. 8. Stans, Hans von Matt & Co., 1909. [pro Liefg. fr. 1.25]

Mayor, G. Die Gymnasien und ihre Gegner. München, altes G., 1845. 24 S. 4. Progr

Mayer, Georg. (Hirtenschreiben anläßlich seiner Inthronisation als Bischof) Klgft., ?, 1828. Folio. 7 S.

Mayer, G., Leitfaden z. Unterricht in d. elementar. Mathematik, f. seine Schüler entworfen. I. Abthl. Arithmetik u. ebene Geometrie. gr. 8. (8½ B. u. 2 Stnt. Fol.) München 829, Weber.

—— dass. II. Abthl. Stereometrie u. Trigonometrie. gr. 8. (6 B. u. 1 Stnt. Fol.) München 831, Lindauer.

Mayer, Geo., Leitfaden z. Unterr. in d. elementar. Mathematik. Für seine Schüler entworfen. 2., ganz umgearb. Aufl. gr. 8. (16 B. u. 4 Stnt.) München 839, Lindauer'sche Buchh.

Mayer, Geo., Leitfaden zum Unterricht in der elementaren Mathematik. Für seine Schüler entworfen. 3. Aufl. Mit 4 (lith.) Figurentaf. (in qu. Fol.) gr. 8. (VI u. 235 S.) München 847, Lindauer. 1 ₰

Mayer, Geo., Leitfaden zum Unterrichte in der elementaren Mathematik. Für des Verf. Schüler entworfen. 4. Aufl. gr. 8 (VII und 267 S. mit 4 lithogr. Figurentaf. in qu. Fol.) München 860, Lindauer'sche Buchh. Thlr

Mayer, Geo., Leitfaden zum Unterrichte in der elementaren Mathematik. Für seine Schüler entworfen. 5., verm. Aufl. gr. 8. (VII und 280 S. mit 4 lithogr. Fig.-Taf. in qu. Fol.) München 864, Lindauer'sche Buchh.

Mayer, Geo, Leitfaden zum Unterrichte in der elementaren Mathematik. 6. umgearb. Aufl. von Herm. Müller. 1. Abthl.: Arithmetik. gr. 8. (VI, 148 S.) München 873, Lindauer'sche Buchh.

Mayer, G., über die Prognose der Syphilis. 4 Vorlesgn., geh. in den ärztl. Fortbildungskursen zu Aachen 1902 bis 1903. (87 S.) gr. 8. Berlin 904. S. Karger. n. 2. —

Mayer, Georg [aus Amberg i. O.]: Rückblick auf die nicht chirurgische Therapie typischer maligner Neoplasmen ... Erlangen, k. b. Hofbuchdr. v. A. Vollrath, 1894; 59 S., 1 Bl. 8.
Erlangen, Med. Fak., Inaug.-Diss. v [17] Nov. 1893

Mayer, Geo., hygienische Studien in China. (VII, 167 S. m. 4 Taf. u. 2 Karten.) gr. 8. Leipzig 904. J. A. Barth. n. 5. —

Ueber die Insel Taprobane. Von Georg Mayer, P. der Math. — 1831 Ebend. — S. 3–10.
Progr München.

Mayer, Georg (geb. Czarnikau 18. 2. 1848) Ueber den Veitstanz. Berlin (1870) (32 S.) 8°
Berlin, Med. Diss. v. 23 März 1870

Mayer, Gg., der gegenwärt. Zustand der Pferde- u. Grossviehzucht Niederbayerns, nebst Anleitung zu deren Verbesserung. Im Auftr. d. Kreiskomité d. landwirthschaftl. Vereins f. Niederbayern verfasst. M. 1 Karte. Landshut 1879. Gr. 8° Orig. Ppbd.
VII–201 S

Mayer, Georg C

Mayer, G. C., General-Coder d. Verordnung d. Tageblatts, v. Jahre 1802—10. 2 Bde. Fol. Münch. (806—11.) Verfasser. (Franz). 12 ₰

Mayer, Geo. C.: Samml. d. churbaierischen Landes-Verordn. unt. der Regier. Karl Theodors v. Baiern. *München*, Verf. (Franz.) 784—99. 6 Bde. Fol. (32 Thl.)

***Ders*: Neue Samml. von d. allgem. u. bes. Landes-Verordn. unter der Regier. Maxim. Josephs in Baiern. *München*, Verf. (Franz.) 802 — 5. 2 Bde. Fol. (12 Thl. 8 Gr.)**

— Georg Christoph (Greifswald/Pomm.), De remissione mercedis in locatione praediorum Rusticorum ob ingens damnum ex lue pecorum conductori contingens. Von Nachlassung der Pacht, wegen der dem Pächter betroffenen allgemeinen Vieh-Seuche. Präs. August von Balthasar. Greifswald (H. J. Struck) 15. VII. 1751. 28 S. (4.50) 22496

— — Dasselbe. Greifswald 15. VII. 1751. 1756. 33 S. (4.50) 22497

Mayer, Georg Karl

Mayer, G. C., s. Diöcesan-Blatt, Bamberger.

Mayer, Georg Karl, Die Echtheit des Evangeliums nach Johannes Schaffhausen, Hurter, jetzt Regensburg, Verl.-Anst., 1854, gr 8°, XII u. 467 S., 5,70 Mk.
Recens. von Ott, (Tüb.) Theol. Quartalschr. 1855, S. 485–513.

Mayer, G. K., Geist und Natur im spekulativen Systeme Günthers Bamberg, 1842, 22 S., Programm.

Mayer, Geo. Carl, der Glaube. I. (Heft): Der Glaube an Gott, den Vater, den allmächtigen Schöpfer des Himmels und der Erde. gr. 8. (III und 50 S.) Schaffhausen 857, Hurter'sche Buchh.

—— dass. — II. (Heft): Der Glaube an Jesus, den Gesalbten den Sohn Gottes. gr. 8. (III und 56 S.) Ebendas. 858.

Mayer, G. K., Commentar über die Briefe des Apostels Johannes. gr. 8. (IV und 256 S.) Wien 851, Braumüller.

—— der Mensch nach der Glaubenslehre der allgemeinen Kirche und im speculativen Systeme Günther's. Theologische und philos. Studien. I. und II. (Heft.) (Biblische Studie. — Traditionelle Studie.) gr. 8. (IV und 93 S.) Bamberg 854, Züberlein. à Heft * 8 Ngr. *

—— dass. — III. IV. (Dogmatische Studie. — Erste speculative Studie.) gr. 8. (160 S.) Ebds. 855. à Heft * 12 Ngr. *

—— dass. — V.: Zweite speculative Studie. gr. 8. (96 S.) Ebds. 856. *

Mayer, Georg Karl, Messianische Prophezieen erklärt. 2 Bde. gr. 8. Wien, Braumüller. *

Inhalt:

Bd. 1. Die Messianischen Prophezieen des Jesaias. Neue (Titel-)Ausg. (VII und 505 S.) (860)63. * 2 Thlr. 20 Ngr.

» 2. Abthl. 1. Die Messianischen Prophezieen des Jeremias. (XIX und 133 S.) 863. * 24 Ngr.

» 2. Die Messianischen Prophezieen des Ezechiel. (VIII und 201 S.) 864. * 1 Thlr.

» 3. Die Messianischen Prophezieen des Daniel. (VII und 168 S.) 866. * 26 Ngr.

Mayer, G. K., Die messianischen Prophetien. Bd. I: Des Jesaias. Wien, Braumüller, 1860. (Neue Titel-Ausgabe 1863.) 505 S., 8 Mk.

Mayer, G. K., Die messianischen Prophetien. Bd. II, 2: Ezechiel. Wien, Braumüller, 1865, 201 S., 3 Mk.
Recens. Litt. Handw. 1865, S. 302; (Wiener) Allg. Litt.-Ztg., Jahrg. 12, Nro 47.

—— Zwei Thesen für das allgemeine Konzil. Bamberg, Reindl, 1867, 8°, 32 S., 40 Pf.

—— Theses duae pro Concilio oecumenico. Bambergae, typis O. Reindl, 1868, in 8°, pp. 23.

Mayer, G. K., Die patriarchalischen Verheißungen und die messianischen Psalmen. Nördlingen, Beck, 1859, 232 S., 3 Mk.
Litt. Handw. 1865, S. 302.

MAYER, Georg Carl (Aschbach/Bay.): Über das Wesen und die Fortpflanzung der Erbsünde.- Regensburg: Manz 1838. 104 S.
17.3.1837 - Urk (Titel: De peccati originalis propagatione.): F 43
Diss. Ingolst.-Landsh.-Mchn.

—— Das ewige Wort des Ewigen. Ein Nachtrag zur Schrift: Ueber die Aechtheit des Johannes-Evangelium und ein neuer Beitrag zur Würdigung der Günther'schen Philosophie. gr. 8. (93 S.) Wien 856, Braumüller. *

Mayer, Geo. Karl, das ewige Wort des Ewigen. (Ein Nachtrag zur Schrift: Ueber die Aechtheit des Johannesevangelium und ein neuer Beitrag zur Würdigung der Günther'schen Philosophie.) Wien 857. Braumüller. gr. 8. (93 S.) n. 12 ngr.

Mayer, Geo. Wilh. Heinr., Bemerkungen zu 28 protestantischen Kirchenliedern und 18 Psalmen. Für protestant. Präparanden- und Mittelschulen bearb. 8. (VI, 92 S.) Edenkoben 882. (Neustadt a. d. H., Otto.) cart. *

Mayer, Geo. Wilh. Heinr., Bemerkungen zu 28 protestantischen Kirchenliedern, 18 Psalmen und 8 anderen wichtigen Abschnitten der Bibel. Für Geistliche, Lehrer, Präparanden- und Mittelschulen bearb. 2. sehr verm. Aufl. gr. 8. (VIII, 140 S.) Neustadt a. d. H. 887, Otto. *

Mayer, Gottlieb, s. Mayer, Gottlob

Mayer, Glob., fürs geistliche Amt. Gesammelte Vorträge. (IV, 304 S.) gr. 8. Gütersloh 904. C. Bertelsmann. n. 3. 60; geb. n. 4. 50

Mayer, Glob., die Briefe an Thimotheus u. Titus, s.: Testament, das Neue, in religiösen Betrachtungen f. das moderne Bedürfnis.

— s.: Deutschland, das evangelische.

Mayer, Glob., Elias, s.a. Suchet in d. Schrift.

[F.] Elias. E. alttestamentl. Prophetenleben als Spiegelbild f. d. Gegenw. in Predigten dargelegt v. Dr. Gottlob Mayer, Pfarrer in Jüterbog .. *Wittenberg: P. Wunschmann 1897.* (IX S., 1 Bl., 143 S.) 1 Bd 8.
= Mayer, G.: Suchet in der Schrift. Bd 1. [98. 3358

— das religiöse Erkenntnisproblem. I. Bd. Zur Geschichte d. religiösen Erkenntnisproblems. 1. Thl. Vom apostol. Zeitalter bis Fichte. gr. 8. (VIII, 150 S.) Leipzig 897. A. Deichert Nachf. n. 2. 25
[Mehr nicht erschienen.]

— Emil Frommel als christl. Volksschriftsteller. 8. (V, 286 S.) Bremen 898. C. E. Müller. n. 3. —; geb. n.n. 4. —

— der große Geisterkampf im Leben der Gegenwart. (16 S.) gr. 8. Stuttgart 903. Greiner & Pfeiffer. n. — 30
Sonderabdruck aus: „Studierstube".

Zur Geschichte des religiösen Erkenntnisproblems. Von Dr. Gottlob Mayer, (Jüterbog). T. 1. Vom apostol. Zeitalter bis Fichte. [Mehr nicht ersch.]
Leipzig: Deichert 1897 150 S. 8°
(Mayer: Das religiöse Erkenntnisproblem. Bd 1)

Moderne Glaubenshindernisse und ihre Überwindung. Von Lic. Dr Gottlob Mayer, Pfarrer in Jüterbog Gütersloh: C. Bertelsmann 1908. (22 S.) 8° [F.] [07. 17267

Mayer, Glob., das christliche Haus. Predigten. 4. (V, 133 S. m. e. Titelbild in Photogr.) Karlsruhe 890. (Reiff.) geb. m. Goldschn. n. 10. —

Mayer, Glob., Heraklit von Ephesus und Arthur Schopenhauer. Eine historisch-philosoph. Parallele. gr. 8. (47 S.) Heidelberg 886, C. Winter's Universitäts-Buchh. *

Der Jakobusbrief in religiösen Betrachtungen für das moderne Bedürfnis. Von Lic. theol. Dr. Gottlob Mayer Gütersloh: Bertelsmann 1910. 69 S. 8°
(Das Neue Testament in relig. Betrachtungen ... hrsg. von Gottlob Mayer. Bd 15, Hälfte 1) [11. 8197

— Die Korintherbriefe, s.a. Testament, das Neue, in religiösen Betrachtungen.

Die Korintherbriefe in religiösen Betrachtungen für das moderne Bedürfnis. Von Lic. Dr Gottlob Mayer, Pfarrer in Jüterbog (In 2 Lfgn.) Gütersloh, C. Bertelsmann 1908. (VIII, 331 S.) 8° [F.]
= Mayer Das Neue Testament in relig Betrachtungen. H. 23/24 u. 25/26. [08 14087

Mayer, Glob., die Lehre vom Erlaubten in der Geschichte der Ethik seit Schleiermacher. gr. 8. (VII, 70 S.) Leipzig 899. A. Deichert Nachf. n. 1. 40

— s.: Luther, Mart., Erklärg. d. Eisenacher Perikopen.

- Das Markusevangelium, s.a. Testament, das Neue, in religiösen Betrachtungen.

Das Markusevangelium in religiösen Betrachtungen für das moderne Bedürfnis. Von Lic. Dr Gottlob Mayer, Pfarrer in Jüterbog In 2 Heften. Gütersloh: C. Bertelsmann 1908. (VIII, 207 S.) 8° [F.]
= Mayer: Das Neue Testament in relig Betrachtungen. Bd 2. [08. 14083

— Das Matthäusevangelium, s.a. Testament, das Neue, in religiösen Betrachtungen.

Das Matthäusevangelium. Von Lic. Dr Gottlob Mayer Pfarrer in Jüterbog Kap. 1–Kap. 6,34. Gütersloh C. Bertelsmann 1908. 8° [F.]
= Mayer: Das Neue Testament in relig Betrachtungen. H. 1. [07. 17869

Das Matthäusevangelium in religiösen Betrachtungen für das moderne Bedürfnis. Von Lic. theol. Dr Gottlob Mayer, Pfarrer in Jüterbog (In 5 H.) Gütersloh: C. Bertelsmann 1908. (XII, 407 S.) 8° [F.]
= Mayer. Das Neue Testament in relig. Betrachtungen. Bd 1 [08. 3136

— Meditationen u. Predigtdispositionen, Hilfsbuch, s. Schade, Herm., die Missionstexte des Neuen Testaments.

Die Missionstexte des Neuen Testaments in Meditationen u. Predigtdispositionen. Ein Handbuch f. Geistliche, Missionare und Missionsfreunde von Lic. Dr. Gottlob Mayer, Pastor in Jüterbog. Abt. 1–4. (In 13 H.) Gütersloh: C. Bertelsmann 1902–07. 5 Bde 8° [F.]
1 Die Missionstexte in d. Evangelien 1902(–03)
2. in d. Apostelgeschichte. 19(04–)05.
3. .. in d. paulinischen Briefen.
Hälfte 1 Römer- bis Epheserbrief. 19(05–)06.
2. Philipper- bis Philemonbrief. 19(06–)07
4. vom 1 Petrusbrief bis z. Offenbarung Johannis. 1907 [07. 6228

— die Missionstexte des Neuen Testaments in Meditationen u. Predigtdispositionen. Ein Handbuch f. Geistliche, Missionare u. Missionsfreunde. (In 8 Hftn.) 1. Abtlg.: Die Missionstexte in den Evangelien. 1. Hft. gr. 8. (IV u. S. 1—96.) Gütersloh 902. C. Bertelsmann. n. 1. —

— die Missionstexte des Neuen Testaments in Meditationen u. Predigtdispositionen. Ein Handbuch f. Geistliche, Missionare u. Missionsfreunde. 2.—9. Heft. gr. 8. Gütersloh 903. C. Bertelsmann. à n. 1. —
2. 1. Abtlg.: Die Missionstexte in den Evangelien. (S. 97—192.) 903. (1. Abtlg. kplt. n. 2. —; geb. n. 2. 50)
3. 4. 2. Abtlg.: Die Missionstexte in der Apostelgeschichte. (III, 199 S.) 904. 905. (n. 2. —; geb. n. 2. 50)
5—9. 3. Abtlg.: Die Missionstexte in den paulin. Briefen. 1. Hälfte: Römer- u. Epheserbrief. 2. Bd. (V, 300 S. u. 3. Bd. 2. Tl. S. 1—192.) 905. 906. (3. Abtlg. 1. Hälfte: n. 3. —; geb. n. 3. 60)

— Die Missionstexte des Neuen Testaments in Meditationen u. Predigtdispositionen. Ein Handbuch f. Geistliche, Missionare u. Missionsfreunde. 10.—13. Heft. (III. Abtlg.: Die Missionstexte in d. paulin. Briefen. 2. Hälfte: Philipper- bis Philemonbrief. VI u. S. 193—319 u. IV. Abtlg.: Die Missionstexte v. 1. Petrusbrief bis zur Offenbarg. Johannis. VII, 260 S.) 8. Gütersloh 907. C. Bertelsmann à 1. — (vollst 13 —, geb in 5 Bde. 15.80; in 1 Bd. 14 50)

— die Notlage der evangel. Kirche gegenüber der modernen Theologie. gr. 8. (24 S.) Hamburg (902). G. Schloeßmann. n. — 60

Mayer, Gottlob. Der Optimismus des Leibnitz .... Erlangen, *Druck v. Lebinskg in Torgau*, 1886; 20 S. 8°.
Erlangen, Phil. Fak., Inaug. Diss. v. 1886.

Mayer, Gottlob, der Optimismus des Leibnitz. Diss. Erlangen 1886, Th. Blaesing. 8° 20 S.

— Die Pastoralbriefe in religiösen Betrachtungen f. das moderne Bedürfnis, s.a. Testament, das Neue, in religiösen Betrachtgn f. das moderne Bedürfnis

Die Pastoralbriefe in religiösen Betrachtungen für das moderne Bedürfnis. Von Lic. theol. Dr. Gottlob **Mayer**, Pfarrer Gütersloh: Bertelsmann 1910. VIII, 199 S. 8°
(Mayer Das Neue Testament in relig. Betrachtungen. Bd 11) [10. 9786

Mayer, Glob., die neuen evangelischen Perikopen der Eisenacher Konferenz, s.a. Perikopen, die neuen, der Eisenacher Konferenz.

— die neuen evangelischen Perikopen der Eisenacher Konferenz. Exegetisch-homilet. Handbuch. gr. 8. (VIII, 1021 S.) Leipzig 900. 901. A. Deichert Nachf. n. 13. —; geb. in Halbfrz. n. 15. —
Erschien auch in 13 Lfgn. à n. 1. —.

— s.a. Perikopen, die neuen, der Eisenacher Konferenz.

Die neuen Perikopen der Eisenacher Konferenz. Exeget.-homilet. Handbuch, in Verbindung mit O. Reyländer, Superint., u. A. Pfeiffer, Vize-Generalsuperint., hrsg. von Lic. Dr Gottlob Mayer, Pastor in Jüterbog 2.verb. Aufl. Bd 1 Leipzig A. Deichert 1905. 8° [F.] [05. 1883] 7

— Der Philemonbrief u. d. Petrusbriefe, s.a. Testament, das Neue, in religiösen Betrachtungen.

Der Philemonbrief und die Petrusbriefe. Von Lic. theol. Dr. G(ottlob) **Mayer**. [1] Gütersloh Bertelsmann 1910. 8°
(Das Neue Testament in relig Betrachtungen Hrsg. von Gottlob Mayer. H. 41) [10. 17881

Der Philemonbrief und die Petrusbriefe in religiösen Betrachtungen f. d. moderne Bedürfnis. Von Lic. theol. Dr G(ottlob) **Mayer**. Gütersloh: Bertelsmann 1910. VIII, 208 S. 8°
(Das Neue Testament in relig. Betrachtungen Hrsg. von G. Mayer Bd 12.) [11. 4646

— Der Römerbrief, s.a. Testament, das Neue, in religiösen Betrachtungen

Der Römerbrief in religiösen Betrachtungen für das moderne Bedürfnis. Von Lic. Dr Gottlob **Mayer**, Pfarrer in Jüterbog (In 2 Heften.) Gütersloh: C. Bertelsmann 1908. (VII, 192 S.) 8° [F.]
— **Mayer** Das Neue Testament in relig. Betrachtungen. Bd 6. [08. 14086

— s.: **Seelsorge, die, in Theorie u. Praxis.**

Mayer, Glob. Sam., die Seligpreisungen. Eine Festgabe. gr. 8. (VIII, 106 S.) Karlsruhe 888, Reiff. *
geb. *

[F.] Suchet in der Schrift. Predigten üb. d. alte Testament f. d. christl. Gemeinde. (Vf.: Gottlob **Mayer**, Pfarrer in Jüterbog.) Bd 1. *Wittenberg P Wunschmann 1897* 8. [98. 5558

— **System der christlichen Hoffnung. gr. 8. (VI, 230 S.) Leipzig 900. A. Deichert Nachf. n. 3. —**

— Die Thessalonicherbriefe, s.a. Testament, das Neue, in religiösen Betrachtungen.

Die Thessalonicherbriefe in religiösen Betrachtungen für das moderne Bedürfnis. Von Lic Dr Gottlob **Mayer**, Pfarrer in Jüterbog. Gütersloh. Bertelsmann 1908. VIII, 264 S. 8°
(Mayer Das Neue Testament in religiösen Betrachtungen Bd 10.)

Die Briefe Timotheus und Titus. Von Lic theol. Dr Gottlob **Mayer** Pfarrer in Jüterbog [1] Gütersloh Bertelsmann 1910. 8°
(Mayer Das Neue Testament in relig Betrachtungen H 38) [10. 4756

— Der Umbildungsprozeß im religiösen Bewußtsein der Gegenwart, s.a. Gegenwartsfragen. 2. Heft.

Mayer, G., Der Umbildungsprozess im religiösen Bewusstsein der Gegenwart. Stuttgart 1909. 8°.
(Gegenwartsfragen. H. 2.)

—— das Vaterunser auf dem Lebensweg. 16. (31 S.) Ebendas. 887. [* 60 Pf.] *

— geistliche Weihestunden. Evangelische Zeugnisse. (VII, 151 S.) gr. 8. Leipzig 905. G. Strübig. 2. 50; geb. 3 30

Mayer, Gottlob Samuel, s. Mayer, Gottlob

Mayer, Gregor, s. Mayer, Ferdinand Engelbert Gregor

Mayer, Gust., kurze Anleitung, das Gesenke oder die Gebirgslandschaft um Gräfenberg und Karlsbrunn auf eine zweckmäßige und genußvolle Art zu bereisen. 16. Breslau 844, Freund. (Trewendt.) 1/4 ℔ (4 1/2 B.)

Mayer, Gust., erste Bahnbestimmung d. Kometen. Für Freunde d. Astronomie. gr. 8. (14 S. m. 1 Taf.) Wien 899. (L. Rosner.) n. 1. 50

Mayer Car. Florianus Gust. (geb. Neisse [illegible] 1819) De cephalaematomate. Berolini 1849 [illegible] 8°
Berlin, Med. Diss. v. 17. Jan. 1849

Mayer, Gust., s.. Festgaben f. Wilhelm Lexis.

Mayer Gustav: Geschichte des Kaisers Titus. 1895 PN 955 **Diss.** Wien, Univ. 775

Mayer, Dr. Gust., Konfektion und Schneidergewerbe in Prenzlau. (Schrift. d. Ver. f. Soz.-Pol., Bd. 65.) gr. 8°. Leipzig 1895.

Mayer, G. Lassalle als Sozialökonom. In-8⁰. 138 S. Basel. These. *1894.*

Mayer, Gust., Lassalle als Sozialökonom. gr. 8. (IV, 138 S.) Berlin 894. Mayer & Müller. n. 2. 40

— **Die Lösung der deutschen Frage im J. 1806 u. die Arbeiterbewegung. (S. 221—268.) Lex. 8. Jena (907). G. Fischer.** 2. —
Sonderabdr. aus: „Festgaben f. W. Lexis".

Mayer, Gust., Schulze gegen Kulicke. Ein heiteres Spiel m. vielen Akten u. in e. Akt. (24 S.) 8. Berlin 907. W. Moeser. bar 1. 50

Mayer, Gustav, Rechtsprakt.: Schutzbestimmungen im neuen Börsengesetz. Borna-Leipzig 1909: Noske. IX, 63 S. 8°
Heidelberg, Jur. Diss. v. 29. Nov. 1909, Ref. v. Lilienthal
[Geb. 22. Nov. 83 Freiburg i. B.; Wohnort: Freiburg; Staatsangeh.: Baden; Vorbildung: Gymn. Freiburg Reife Juli 02; Studium: Genf 1, Freiburg i. B. 1, Berlin 1, Freiburg i. B. 4 S.; Rig. 29. Okt. 09.] [U 10. 1940

Mayer, Gust., Johann Baptist v. Schweitzer u. d. Sozialdemokratie. Ein Beitrag z. Geschichte der deutschen Arbeiterbewegg. (VII, 448 u. VI S.) gr. 8. Jena 909. G. Fischer. 8.—; geb. 9. —

– Albanesische S t u d i e n , s. M e y e r

– Neugriechische S t u d i e n , s. M e y e r

Mayer Dr. Gustav: Kaiser Titus. 46. Eger R. 00.
Progr.

Mayer Dr Gustav: Volkswirtschaftslehre in der Mittelschule. 13. Wien X. R. 04.
Progr.

Mayer H.: Centrale Fixation. Ein Protest gegen die Willkür im perspectivischen Projicieren m. 1 Tafel. 11. Wien VI. 85. **Progr.**

– F ü h r e r zur Exkursion in den Neuburger Wald . . , s. W e b e r , R.

— philosoph. Gemälde aus d. 16. Jahrhund., aus d. Französ. gr. 8. Berl. 787. (Reimer). 20 gr (Cnobloch in Leipz.) 1 rh

— Malte, Corse, Minorque et Gibraltar. 8. Wien 797. Sammer. 16 gr

***de Mayer*, H., Marie Antoinette, reine de France, ou causes et tableau de la revolution av. fig. gr. 8. Wien 794. Sammer. 12 gr 12. sans fig. 795. 8 gr**

Mayer H, Musterblätter für den Zeichenunterricht. München

Mayer H, Musterblätter für den Zeichenunterricht. II. Anfangsgründe der Linearzeichnung. (24 Bl mit Text) München

— Reisen durch d. Schweiz im Jahre 1784. M. Anmerkk. 2 Thle. 8. Leipz. 788. (Cnobloch). 1 rh 10 gr

— Voyage en Sicile etc. 8. Wien. 796. Sammer. 16 gr

Mayer, Hans, Ägypten. Reisebilder. Mit 100 Abb. nach Natur-Aufnahmen. (XV, 304 S.) 8. Wien 909. A. Hartleben. Geb. 6. —

Mayer, Hans. Zum 2. Dezember 1908. [60 jähr Regierungsjub. des Kaisers.] S. 50. 8. Progr. K. k. II. deutsches Staats-Gymn. *Brünn* 1909.

Mayer, Hans: E i n f l u ß der vorchristlichen Kultur auf die Toponomastik Frankreichs. S. 175/2
Separatabdruck

Mayer, Hans, appr. Arzt a. München: Disseminiertes Carcinom der Mundhöhle. München 1905: C. Wolf & Sohn. (18 S.) 8°
München, Med. Fak., Ref. v. Angerer, Diss. v. 17. Jan. 1905
[Geb. 29. Dez. 79 München; Wohnort: München; Staatsangeh.: Bayern; Vorbildung. Luitpoldgymn. München Reife Juli 99; Studium: München 4, Erlangen 1, München 5 S.; Coll. 22. Dez. 04; Approb. 4. Juli 04.]

— flüssige Luft, s. Nowicki, R.

Mayer, H: Blondlot's N-Strahlen. Mähr. Ostrau und Leipzig 1904

Mayer, Hans, Blondlot's N-Strahlen. Nach dem gegenwärt. Stande der Forschg. bearb. u. im Zusammenhange dargestellt. (39 S. m. 1 Abbildg.) Lex.-8. M.-Ostrau 905. R. Papauschek. n. 1. —

— die neueren Strahlungen. Kathoden-, Kanal-, Röntgen-Strahlen u. die radioaktive Selbststrahlg (Becquerelstrahlen). Vom Standpunkte der modernen Elektronentheorie unter Berücksicht. der neueren experimentellen Forschungsresultate behandelt u. im Zusammenhange dargestellt. 1. u. 2. unveränd. Aufl. (VII, 68 S.) Lex.-8. M.-Ostrau 904. R. Papauschek. n. 1. 50

– – 2. unverändert. Aufl. Mähr.-Ostrau: Papauschek, Leipzig: R. Hoffmann 1904 65 S. 8⁰

Mayer, Heinrich = Dupré, Heinz [Autorname].

Mayer, Heinrich [aus Schlossrued, Aargau]: Ueber die Abhängigkeit des Widerstandes und des Selbstinduktionskoëffizienten bei elektrischen Schwingungen von der Frequenz. (Mit 6 Tabellen.) Zürich 1904. 36 S. 8⁰. [21. VII. 04.]
Zürich Phil. Diss. II. S. 1903/1904

Mayer, Heinrich. Über die Abhängigkeit des Widerstandes und des Selbstinduktionskoeffizienten bei elektrischen Schwingungen von der Frequenz. Diss. Phil. [II.] Univ. Zürich. [Mit 5 Figuren und 6 Tafeln.] 36 S. 8. Zürich, Orell Füssli, 1904.

Mayer, Heinrich, appr. Arzt aus Pforzheim: **Beitrag zur Unterbindung der großen Schenkelgefäße am Ligamentum Pouparti.** *Freiburg i. B.: Speyer & Kaerner 1903.* (37 S.) 8°
Freiburg i. B., Med. Diss. v. 1903

Mayer, Heinr., Dürkheim in der Rheinpfalz. Nach Geschichte, örtlichen Verhältnissen, Umgebung, als Soolbad u. Traubenkurort dargestellt. Mit 2 (lith.) Kärtchen u. 1 (lith.) Erinnerungs-Blatt (in 4.). Mannheim 857. Löffler. 16. (180 S.) n. 18 *ngr.*

Mayer, Heinrich [aus Zweibrücken]: Über die Einwirkung des Alkohols auf das Blut beim lebenden Organismus ... Würzburg, kgl. Universitätsdr. v. H. Stürtz, 1895; 22 S., 1 Bl. 8.
Erlangen, Med. Fak., Inaug.-Diss. v. 18. Dez. 1894

MAYER, Heinrich (Nürnberg): Geschichte der Spendung der Sakramente in der alten Kirchenprovinz Salzburg (Taufe, Firmung, Kommunion).- Innsbruck: Rauch 1914. S. 760-804.- S.-Abdr. aus: Zeitschrift für Katholische Theologie. Bd. 37.38, 1913.1914.
1.7.1911 - Chr 1911/12.23; U 14.159
Diss. Ingolst.-Landsh.-Mchn.

Mayer, Heinrich — Krampampulus, der schalkhafte Kobold. Verfaßt und illustrirt von — —. Wien, 1856. Druck und Papier von Leopold Sommer. (20 S. 8.)

Mayer, Heinrich, appr. Arzt. Ueber multiple maligne **Lymphomatose.** *München 1903: Kastner & Callwey.* (32 S.) 8°
München, Med. Diss. v. 1903

MAYER, Heinrich (Regensburg): Mittheilungen aus den pathologisch-anatomischen Demonstrationen des Prof. Dr. Buhl in München vom Jahre 1869/70.- München: Mühlthaler 1870. 31 S.
31.7.1869 - Urk (Titel: De casibus rarioribus pathologicis anatomicis.); Chr 1869/70,12
Diss. Ingolst. Landsh.-Mchn.

Mayer, Heinr., Münzwesen u. Edelmetallproduktion Russlands. gr 8. (VI, 130 S.) Leipzig 893. Duncker & Humblot. n 2.60

— Eine Theorie der Alkoholnarkose Sitz.-Ber d. Ges. zur Bef. der ges. Naturw Marburg. Januar 1899.

Mayer, Heinrich [aus Frankfurt a/M.]: Ueber Trichloressigsäure und Trichlorbuttersäure. Untersuchungen über eine toxische Wirkung der niederen Fettsäuren . Leipzig, Druck v. J. B. Hirschfeld, 1886, 41 S. 8°
Bonn, Med Fak., Inaug. Diss. v 15. März 1886.

Mayer, Heinrich, über Trichloressigsäure und Trichlorbuttersäure. Untersuchungen über eine toxische Wirkung der niederen Fettsäuren. Diss. Bonn 1886, Emil Strauss. 8°. 41 S.

— **Helwig Christian** (Ansbach/Franken), De splenetico malo. Diss. inaug. med. Präs. D. Michael Albert. Halle/Magdeburg (Chr. Henckel) Mai 1719. 52 S. (4.75) 22500

Mayer, Heribert, die Geheimnisse der photographischen Chemie oder erprobte Methoden zur Darstellung, Reinigung und Prüfung der wichtigsten in der Photographie gebräuchl. Präparate nebst Recept zu dem vorzüglichsten aller vorhand. Lacke und Vorschriften zur Herstellung photograph. Bäder, wie auch Verarbeitung von Rückständen. gr. 8. (32 S.) Prag 863, (Lehmann.) Verklebt. *
(Als Manuscript gedruckt.)

Begriff und Recht des Domizilwechsels. Auf Grundlage d. Allgem. Deutschen Wechselordnung kurz dargest. von Hermann **Mayer**, (Stuttgart). Hannover Helwing 1908. (73 S.) 8° [od. 7777

Mayer, Herm., Clavis analytica, z. Bestimmung d. Mineralien nach e. einfachen u. sichern Methode, nebst e. vollständ. Characteristik. Nach d. Bedürfnissen e. pract. Selbstunterr. tabellar. bearb. IV Abthln. gr. 8. Prag, (Borrosch u. André) à * 3/4 Thlr. *
Abthl. I. Mineralien mit metallischem Habitus. (7 3/4 B.) 8..
- II—IV. Mineralien ohne metallischen Habitus. (5 1/2 B.) 840—42.

Mayer, Hermann, Referendar: Das Erbrecht des Fiskus. Tübingen. Schnürlen 1908. VI, 72 S. 8°
Tübingen, Jur. Diss. v. 18. Sept. 1908, Ref. v. Wendt
[Geb. 23. März 85; Wohnort: Stuttgart; Staatsangeh.: Württemberg; Vorbildung Gymn. Stuttgart Reife 02; Studium. Tübingen 3, Berlin 2, Tübingen 2 S., Rig. 23. Juli 08.] [U 09. 3911

Mayer, H., das württembergische Familien-, Erb- und Vormundschaftsrecht, in seinen Grundzügen dargestellt. gr. 8. (VIII, 420 S.) Stuttgart 886, Kohlhammer. *
geb. *

Mayer, Herm. Geschichte der Universitat Freiburg in Baden in der 1 Hälfte d. XIX Jahrh. 1 Tl. 1806—1818. gr. 8. (100 S.) Bonn 892, Hanstein. 2 —
Aus Alemannia besonders abgedruckt

Mayer, Herm., Geschichte der Universität Freiburg in Baden in der 1 Hälfte des XIX Jahrh. I. u. II. Tl gr. 8. Bonn, P. Hanstein à n. 2. –
I 1806 1818. (100 S.) 892 — II. 1818– 1830. (IV, 92 S.) 893.

Mayer, Herm., Geschichte d. Universität Freiburg in Baden in d. 1. Hälfte d. XIX. Jahrh. 3. (Schluss-) Tl. 1830—1852. gr. 8. (135 S.) Bonn 894. P. Hanstein. n. 2.50 (kplt.: n. 6.50)

Mayer, Hermann, Prof. Dr **Geschichte** der Freiburger Gymnasiumsbibliothek. *Freiburg i. B. 1901: Ch. Lehmanns Nachf.* (23 S.) 4° ¶ (Einl. zu dem 1894 hrsg. Katalog d. Lehrerbibliothek, ein Abriss d. Gesch. erschien 1895 in Zeitschr. d. Ges. f. Geschichts-, Altertums- u. Volkskunde in Freiburg , Bd 12.)
Freiburg i. B., grossh. G, MP 1901 (636 [vielm. 664])

Mayer, H., das württembergische Gesetz üb. das Notariatswesen vom 14. Juni 1843 u. das Erbschafts- u. Schenkungsgesetz vom $\frac{\text{24. März 1881}}{\text{3. Apr. 1885}}$ m. allen einschlagenden Verfügungen u. Entscheidungen d. K. Justizministeriums u. der höheren Gerichte. gr. 8. (VIII, 440 S.) Stuttgart 887. Kohlhammer. n. 6. —

— u. R. Reis, die Grundzüge des Familien- u. Erbrechts, nach dem württemberg. Recht u. dem bürgerl. Gesetzbuche in vergleich. Darstellg. bearb. gr. 8. (XII, 142 S.) Ebd. 899. n. 2.50

—— die Grundzüge der Konkursordnung. Als Mscr. gedr. gr. 8. (16 S.) Ebendas. 885. *

— **Hermann** (Leipzig), De interdicto quod vi aut clam observationes. Leipzig (Staritz) 30. VIII. 1838. 35 S. (3.—) 22501
Gew.: Christian Adolph Mayer (Vater).

Mayer, H., das württembergische Inventur- u. Teilungswesen. gr. 8 (X, 519 S.) Stuttgart 892 W. Kohlhammer. n. 6.40, geb n. 7.60

Mayer, Herm., Kompendium der Kinderheilkunde u. der Impftechnik. (IV, 92 S.) 8. Freiburg i/B. 910. Speyer & Kaerner. 2. —

— Compendium der Neurologie u. Psychiatrie. (VIII, 199 S.) 8. Ebd. 907. n. 3. —; geb. n. 3.60

— Kompendium der Zoologie u. vergleichenden Anatomie m. besond. Berücksicht. der neuen Prüfungsordnung. (64 S.) gr. 8. Ebd 904. n. 1.20; geb. n. 1.60

— Kompendium d. Zoologie u. vergleichenden Anatomie. 2., verb. u. verm. Aufl. (102 S.) 8. Ebd. 910. 2.—; geb. n. durchsch. 2.40

Mayer, H., Lehrbuch des Familien- u. Erbrechts. Auf Grundlage des Reichsrechts neu bearb. v. H. Mayer u. R. Reis. 2 Bde. gr. 8. Stuttgart, W. Kohlhammer. n. 12.50; geb. n. 14.50
1. Das Familien- u. Vormundschaftsrecht. (VIII, 301 S.) 2. u. 3. Aufl. 900. n. 5.50; geb. n. 6.50
2. Das Erbrecht. 4., umgearb. u. verm. Aufl. (XI, 400 S.) 902. n. 7. —; geb. n. 8. —
2. u. 3. Aufl. (XII, 388 S.) 900. n. 7.—; geb. n. 8.—.

Mayer u. **Reis,** Lehrb. des Familien- u. Erbrechtes. 1. Bd. gr. 8. Stuttgart 907. W. Kohlhammer. 10.—; geb. 11.20
1. Das Familien- u. Vormundschaftsrecht. 4., verm Aufl., besorgt v. O. Haidlen. (VIII, 448 S.)

Mayer, Herm. Lehrbuch des Familien- und Erbrechts. Auf Grundlage d. Reichsrechts neu bearb. von H. *Mayer* u. Rich. *Reis*. 1. Aufl. Bd 1. 2. Berlin, Stuttgart, Leipzig 1902. 8° *[1. Aufl. 1900.]*
1. D. Familien- u. Vormundschaftsrecht. besorgt von O. *Haidlen*. 1908.
2. Das Erbrecht. 1902.

Mayer, Herm., s. Matrikel, die, d. Universität Freiburg i. B.

Mayer, Hermann, a. Mannheim: Über traumatische Meningitis. Freiburg i. Br.: Speyer & Kaerner 1905. (25 S.) 8°
Freiburg i. B., Med. Fak., Ref. Hoche, Diss. v. 1905
[Geb. 1. April 82 Mannheim; Wohnort: Freiburg i. B., Staatsangeh.: Bayern; Vorbildung. Gymn. Mannheim Reife Juli 00; Studium: Heidelberg 2, Freiburg i. B. 2, Heidelberg 1, Kiel 1, Berlin 2, Freiburg i. B. 1 S.; Coll. 21. Juli 05.]

Mayer, Hermannus [Friburgensis]: Observationes in Lycurgi oratoris usum dicendi. . . . Friburgi, ex offic. Jos. Dilgeri, 1889; 88 S. 8º
Freiburg i. B., Phil. Fak., Inaug.-Diss. v 1889

Mayer, Hermann [Dr.]: Ueber die pseudodemosthenische Rede gegen Theokrines. Freiburg i. B., Univ.-Buchdr. v. Ch. Lehmann, 1895; 28 S. 4.
Freiburg i. B., grossh. G, MP 1895 (618)

Mayer, [Hermann] [Rückblick auf das erste Vierteljahrhundert der Anstalt.] S. 3—5 der Schuln. 4.
Progr. Realanstalt *Cannstatt* 1901 (650)

— Der unlautere Wettbewerb. Für Industrielle, Kaufleute u. Gewerbetreibende gemeinverständlich dargestellt u. erläutert. Mit dem Wortlaut des Gesetzes gegen den unlauteren Wettbewerb v. 7. VI. 1909 u. e. ausführl. Sachregister. (Umschlag: 1. bis 4. Taus.) (48 S.) gr. 8. Stuttgart 909. Muth. 1. —

Mayer, P. Hieronymus. Das Benedictinerstift Engelberg. Kurzer geschichtlicher Überblick seiner Vergangenheit. [Mit 1 Porträt-Tafel.] (Progr.) 8. Luzern 1891

Mayer, Hier. Barth. (Wlh. Heinr. Jul. Buchhorn) († d. ... 1813.) synoptische Tafeln d. Muskeln d. menschl. Körpers. gr. Fol. Halle 806. Hendel 12 gr

Mayer, H.B.: Synoptische Tafeln der Nerven des menschlichen Körpers. 12 S., gbd.

Halle: Hendel 1806

Mayer, Hugo, Beitrag zur Ausbildung des Soldaten im Schiessen. (28 S.) gr. 8. Wien 908. L. W. Seidel & Sohn. — 80

Mayer, H., Rüppur, s. Abhandlungen, volkswirtschaftliche, d. bad. Hochschulen, Heft 6.

Mayer, Hugo, Rüppurr, ein Bauern- und Industriearbeiterdorf. 8º. Karlsruhe, G. Braunsche Hofbuchdr., 1909. (Volkswirtschaftl. Abhandlungen der badischen Hochschulen, Bd. 10, Heft 6.) 87 S.

Mayer, Hugo, Referendar: Das objektive Verfahren auf Privatklage. Tübingen 1910: Schnürlen. 40 S. 8°
Tübingen, Jur. Diss. v. 21. Jan. 1910, Ref. Beling
[Geb. 24. Márz 83 Stuttgart; Wohnort: Stuttgart; Staatsangeh.: Württemberg; Vorbildung: Realgym. Stuttgart Reife M. 02; Studium: Tübingen 6, Berlin 1, Leipzig 2 S.; Rig. 2. Dez. 09.] [U 10. 4143

Mayer, J. Bemerkgn üb. d. nützlichste Art d. Studierens. Berlin 1787

Mayer, J., Einige Betrachtungen und Erfahrungen über die neunstündige Schicht mit besonderer Berücksichtigung der Verhältnisse im Ostrau-Karwiner Reviere und bei den Gruben der Kaiser Ferdinands-Nordbahn in Mähr.-Ostrau. Wien, 1903. 17 S.

Mayer Dr. J.: Die Bilderlehre vom Standpunkte der Logik u. Psychologie. 30. Wiener Neustadt R. 78. Progr.

Mayer, J., Carte des chemins de fer de l'Europe centrale, comprenant toutes les communications de la France avec l'Allemagne, la Hollande, la Belgique, la Suisse et l'Italie. Strasbourg, impr. lith. de Simon. 1860.

Mayer, J., Weitere Erfahrungen über die neunstündige Schicht mit besonderer Berücksichtigung der Verhältnisse im Ostrau-Karwiner Reviere. Wien, 1905. 6 S.

Mayer Dr J: Die Figurenlehre. 29. Wiener Neustadt R. 87. Progr.

Mayer, J., zur Frage d. Neuordng. d. württemb. Bezirks-Finanzverwaltung. gr. 8. (V, 105 S.) Stuttgart 895. J. B. Metzler's Verl. n. 2. —

Mayer, J., die Gemeindeordnung für die Landestheile diesseits des Rheins, s. Schöller, C.

Mayer, J., Vortrefflich-Hoch-Adliches Controlée etc. des hochfürstlich und hochgräflichen Hauses von Lamberg. Mit vielen Kpfrtfln., Wappen und Stammtfln. Wien 1709. fol.

Mayer, J., der Liebfrauenthaler, s.: Heibelmann's, A., Theaterbibliothek.

— Der Marderfang od. der Spuk in der Bathstube, s.: Theaterbibliothek.

Mayer, J, Miscellen. Etwas Statistik und Methodik. Ein Beitrag z. latein. Elementunterricht in der Prima. S.-A. 1899. 33 S.

Mayer, Dr. J., s. Mozin's, französische und deutsche Gespräche.

Mayer, J: Preisverzeichnisse der Stahlwaaren-Fabrik. Görlitz (1897?)

Mayer, J., zur Regierungsgeschichte des Großherzogth. Hessen, s. Zur.

— Das letzte Schwärzen, s.: Theaterbibliothek.

Mayer, J., Sternkarte nebst beweglichem Horizont. Apparat zum Studium des gestirnten Himmels. Lithogr. Imp. 4. Nebst Text: Astrognosie oder Anleitung zur Kenntnis der Gestirne, nebst einer gemeinfaßl. Darstellung der wichtigsten Vorbegriffe der Sternkunde. gr. 8. (VI, 42 S. mit 3 lithogr. Taf.) [Schaffhausen 885, Rothermel.] Karlsruhe, Verlagsverein für Wissenschaften. [*ℳ 4.—.] *

– Das Telephon und dessen praktische Verwendung, s. Maier, Julius

– (Red.), s. Vereinszeitung, Deutsche

Mayer, J. „Unbekannte Wahrheiten der Mathematik, Physik und Oekonomie, und deren Anwendung auf letztere". 9 Stücke, Stettin 1787

Mayer, J., „welche Farben wähle ich?" Methodisch-prakt. Schlüssel zur Farben-Harmonie, nebst e. zahlreichen Sammlg. harmon. Farben-Combinationen. Mit 51 Farbentäfelchen (in Karton). Unentbehrlich in Familie u. Gewerbe. Authentisch bearb. gr. 8. (35 S. m. 3 Beilagen.) Wien 895. (Lehmann & Wentzel.) n. 3 —

Mayer, J., „welche Farben wähle ich?" Methodisch-prakt. Schlüssel zur Farben-Harmonie, nebst e. reichhalt. Sammlg. harmon. Farben-Combinationen. M. 51 Farbentaf. (in Kästchen). Unentbehrl. in Familie u. Gewerbe. Authent. bearb. gr. 8. (35 S. m. 3 Taf.) Wien 895. (Leipzig, Literar. Anstalt, A. Schulze.) n. 2. 40

Mayer, J., Wie gestaltet sich die Zusammenfassung von Platons Dialog „Laches" in Herbartschen Grundsätzen? S.-A. 1900. 21 S.

Mayer, J., die praktische Zucht der Forelle u. ihrer Verwandten. Hrsg. vom Verein zur Verbreitg. gemeinnütz. Kenntnisse in Prag. 8. (31 S.) Prag 876. deutscher Verein. n. — 50

Mayer, J., siehe: Zur Regierungsgeschichte des Großherzogthums Hessen.

Mayer, J Adam [Praes.], s. M a i e r, Georg Heinrich
Affectum dominantem.

Mayer, J C, s.a. M a y e r, Johann Kaspar

Mayer, J. E., medicin. prakt. Beobacht. a. d. Klinik z. Wien. gr. 8. Wien, Camesina. 803.

Mayer, J. E., Hausopfer od. Hausgebetbuch. 2 Thle. 8. Nördl. 739.

— geistl. Kranken geistl. Seelencur ꝛc. 8. Ebendaselbst. 739.

Mayer J Chr. Ideen über den Verfall des Handels und der Fabrikation von Gmünd. Gmünd 1818

Mayer, J Ehrenfried, s. M a y e r, Josef Ernst

Mayer, J F

— Apparatus librarius s. Bibliotheca. 8.

— Bericht von Pietisten und Streitschriften n. Antw. darauf. 12.

— Commentar. in Zachariam. 8. Frkft. 722.

— gottgeheil. Frühstunden, nach Anleitung der Sonn- und Fest-Evang. 8. Königsb. und Lpz. 737.

— d. angefochtene u. betrübte Kind Gottes ꝛc. 8. Ebend. 740.

Mayer, J. F., d. betende Kind Gottes, in 15 Andachten üb. das Vater Unser. 8. Lpz. 740. Rthlr.

Mayer, J. F., die Kindes-Pflege, wie auch die Erkenntniß u. Behandlung der Kinder-Krankheiten mit Wasser im Geiste der neuen Wasserheillehre. Ein Buch für Väter u. Mütter jeden Standes. gr. 8. (24 B.) Gera (u. Leipzig) 846, (47,) Armbruster.

Mayer, J. F., die Kindespflege, wie auch die Erkenntniß und Behandlung der Kinder-Krankheiten mit Wasser im Geiste der neuen Wasserheillehre. 2. Ausg. Hildburghausen 851. F. Kesselring. gr. 8. (XV, 368 S.) n. 15 ngr

Mayer, J. F., die Kindespflege wie auch die Erkenntniß u. Behandlung der Kinder-Krankheiten mit Wasser, im Geiste der neuen Wasserheillehre. Naturgemäße Anwendung des Wassers bei der Geburt, Pflege, Erziehung, u. Wartung der Kinder ꝛc. Neue (Titel-)Ausg. Hildburghausen (861)65. Kesselring'sche Hofbuchh. 8. (XV, 368 S.) 15 ngr.

— würdiger Communicant, s. e. Gebet- und Gesangb. 8. Lpz. 744.

— Lehre d. evangelischen Kirche, zum Unterricht f. d. Jug. 8. Frkfr. Andreä. 771.

— der an päbstliche Orte reisende ꝛc. Lutheraner. 12. Hamb. 714.

— Miscellanpredigten. 2 Thle. 8. Wittenb. 740.

— Museum ministorii ecclesiae. II Vol. 8. Lps. 718.

Mayer, J. F., Predigten f. christl. Landl. a. alle Sonn- u. Festt. Evang. 4. Heilbr. Claß. 804.

— Hamb. Sabbath, oder Erklärung der Sonn- und Festt. Evang. 4. Hamb. 736.

— Vater Unser, oder der betende Christ, neues Gebetbuch ꝛc. 12. Lpz. Weidmann. 715.

Mayer, J. F. B. C., Musiksaal. 8. Nrnb. 741.

Mayer, J. F. K., Anweisung, gute u. feine Liqueure zu verfertigen. 2e A. 8. Dünkelsbühl. 807. 16 gl.

Mayer, J. F. C., Anweisung gute und feine Liqueure zu verf. 8. Nrnb. Stein. 807.

Mayer, J. F. C., Anweisung gute u. feine Liqueure von allen Sorten und Couleuren zu verfertigen. 3te verb. Aufl. Durchgesehen von Dr. C. W. Juch. 8. Nürnberg, Stein. 817.

Mayer, J. F. C., prakt. u. gründl. Anweisung 344 gute u. feine Liqueure v. allen Sorten u. Couleuren zu verfert. Verbess. v. Carl Wilh. Juch. 4. Ausg. 8. (14½ B.) Nürnberg 834, Stein.

Mayer, J. G., kurze, praktische, sittliche Erziehungslehre mit Vergleichung der großen Welt mit der Kinderwelt. 1. Abthl. gr. 8. (4 B.) München 843, Fleischmann. —

Mayer, J. G., Gesanglehre für katholische Schulstandszöglinge u. kirchliche Musikschulen, zugleich eine kurze Elementar-Musiklehre, verfaßt im Auftrage des Rottenburger Diözesan-Kirchenmusikvereins. Vereinsgabe des Kirchenmusikvereins der Diözese Rottenburg für 1876—78. 8. (IV, 144 S.) Schw.-Gmünd 879. Schmid. cart. n. 1. 50

Mayer, J. G., Liedersammlung für katholische Schulen. 3 Hefte. 8. Schw.-Gmünd, Schmid'sche Buchh. [1. Heft. 5. und 6. Aufl. (48 S.) 878,79. * 12 Pf.; 2. Heft. 4.—6. Aufl. (48 S.) 876—80. * 12 Pf.; 3. Heft. (32 S.) 882. * 10 Pf.] *

— dasselbe f. kathol. Schulen. 3. Hft. 2., sehr verm. u. verb. Aufl., enth. 2- u. 3stimm. Gesänge f. d. Oberklassen gehob. Volksschulen, f. Präparanden-, Töchter-, Real- u. Lateinschulen, f. Lehrerinnenseminarien, Jugendbündnisse ꝛc. 12. (48 S.) Ebd. 898. n. 12. —

Mayer, J. G., Liedersammlung für katholische Volksschulen. 2 Hefte. Schw. Gmünd 863. Schmid. 8. (44; 44 S.) Jedes Heft n. 2 ngr.

Inhalt: 1.: 25 Gesänge für die Unter- u. 26 Gesänge für die Mittelklasse. — 2.: 39 Gesänge für die Oberklasse.

Mayer, J. G., Liedersammlung für katholische Volksschulen. Schwäb. Gmünd, Schmid. 8. Jedes Heft n. 2 ngr.

1. Heft. 56 Gesänge für die Unterklasse. 2. Aufl. 1865. u. 3. verb. u. verm. Aufl. (48 S.) 868.

2. Heft. 39 Gesänge für die Oberklasse. 2. Aufl. 1865. u. 3., verb. Aufl. (48 S.) 868.

Mayer, J. G., Liedersammlung f. katholische Volksschulen. 1. Hft. 4. verb. u. verm Aufl 8. (48 S.) Schwäbisch-Gmünd 872. Schmid. n. - 20

Mayer, J. G., Liedersammlung für katholische Volksschulen. 1. und 2. Heft. 8. Schwäb.-Gmünd, [Schmid'sche Buchh.] Roth. à Heft * 12 Pf. *

Inhalt:

Heft 1. 56 Gesänge für die Unter- und Mittelklasse. 7. und 8. Aufl. (48 S.) 882,87.
" 2. 45 zwei- und dreistimmige Gesänge für die Oberstufe. 7. verb. Aufl. (48 S.) 886.
3. Heft. Ebendas. 1882. * 10 Pf. 8

Mayer, J. G. Liedersammlung f. katholische Volksschulen. 1. u. 2. Heft. 8. [Schwäb. Gmünd.] Stuttg., Roth. à Heft * — 12

1. 56 Gesänge f. die Unter- u. Mittelklasse. 9. u. 10. Aufl. (48 S.) 890,92.
2. 45 zwei- u. dreistimmige Gesänge für die Oberklasse. 8. u. 9. verb. Aufl. (48 S.) 890,92.

Mayer, J. G., Liedersammlung f. katholische Volksschulen. 1. u. 2. Hft. 12. Stuttgart, J. Roth. à n. — 12

1. 56 Gesänge f. die Unter- u. Mittelklasse. 10. Aufl. (48 S.) 892.
2. 45 zwei- u. dreistimm. Gesänge f. die Oberklasse. 10., verb. Aufl. (48 S.) 894.

Mayer, J. G., Liedersammlung f. kathol. Volksschulen. 2 Hfte. 12. (à 48 S.) Stuttgart, J. Roth. à n. —12
1. 56 Gesänge f. d. Unter- u. Mittelklassen. 12., verb. Aufl. 897.
2. 45 2- u. 3stimm. Gesänge f. d. Oberklasse. 11., verb. Aufl. 895.

—— Orgelbegleitung zu den Altargesängen und Responsorien beim Hochamte. 4. (32 S.) Ebendas. 881. cart. *

—— praktische Orgelschule. Mit Rücksicht auf das Reglement über den Orgelunterricht in den kathol. Lehrerbildungsanstalten Württembergs, sowie mit besond. Berücksicht. auf das Rottenburger Diözesangesangbuch bearb. 1. Thl. 2. verb. und verm. Aufl. qu. gr. 4. (XVI, 92 S.) Ebendas. 875.
1. Aufl. vgl. Braun s, B., praktische Orgelschule.

— prakt. Orgel-Schule M. Rücksicht auf d. Reglement üb. d. Orgel-Unterr. in d. kathol. Lehrerbildungsanst. Württembergs, sow. m. bes. Bezugnahme auf d. Rottenburger Diöcesangesangbuch bearb. I. Tl. 4., verb. u. verm. Aufl. m. vollst. Finger- u. Fußsatze. qu. gr. 4. (XVI, 92 S.) Schw. Gmünd 894. J. Roth. n. 6. —

Mayer, J. G., praktische Orgel-Schule. 5., verb. Aufl., m. vollständ. neuem Finger- u. Fußsatze versehen v. Karl Gansloser. (XVI, 92 S.) qu. 8. Schw. Gmünd 903. J. Roth. n. 5. —; kart. n. 6. —

—— theoretisch-praktische Orgelschule. Mit Rücksicht auf das Reglement über den Orgelunterricht in den kathol. Lehrerbildungsanstalten Württembergs bearb. 2. Thl. 2. verb. Aufl. qu. gr. 4. (XVI, 84 S.) Ebendas. 874.

Mayer, J. G., höflicher Schuler. 8. Regensburg, Montag und W. 808.
Schrelbp.

Mayer, J. G., der neue höfl. Schüler; od.: Regeln d. Höflichkeit, d. Wohlstandes u. d. Sittlichkeit. Für Schule u. Haus. 2., verb. Ausg. 8. (5 B.) Regensburg 836, Manz.

Mayer, J. G., vollständ. Unterricht im Scheibenschießen. Mit 1 Kpf. gr. 8. Manh. 805. Schwan u. G. 12 gr 2e m. e. Anh. verm. Aufl. gr. 8. Wien. 822. Armbruster. 14 gr

— — J. G. Vollständiger Unterricht im Scheiben-Schießen. Mit Kpf. 2. verm. Aufl. Mannheim, zw 1805—1810. 116 S.

— Weihnachtsfeier in Worten, Liedern u. Bildern. Dichtung v. A. Winz. Für Institute, Gesellenvereine, Schulen u. Familienkreise leicht ausführbar bearb. v. M. Text- u. Regiebuch. 12. (19 S.) Regensburg 894. A. Coppenrath's Verl. n — 20

Mayer, J. G. W., Naturlehre für Kinder. 1s Bdchen. m. K. 8. Nrnb. Felsecker. 791.

Mayer, I. H., dissert. inaugur. juridi. an et quatenus principia juris romani, etc, 4. Gött. Dieterich. 806.

Mayer, J. J., de cardinali decano Kilon. 1700. 4.

– – Vgl. Mayer, Johann Friedrich

Aphorismen eines Veteranen. Von J I. M. Villach, Hoffmann, 1852. Duodez. 288 S. (Verf.: J. Ignaz Mayer.)

Mayer, J. J., Geist und Natur, oder Materie und Kraft. Morgenstunden zur ästhet. Weltanschauung eines Veteranen. 12 (886 S.) Villach 860, Hoffmann.

Mayer, J. M. Vollständiger Lehrbegriff der höheren Analysis, s. Mayer, Johann Tobias

Mayer, J N., Lohnberechnungsschlüssel. I. Ausgabe 1903. Schmal-Fol. (9 S.) K 5.— Wien Szelinski 1904.

Mayer, J. Nic., d. sterbenden Jesu letzte Worte am Kreuze. 8. Frkft. und Leipzig. 733.

Mayer, J P., Die culturhistorische Entwickelung Deutschlands in der 2. Hälfte des 16. Jahrhunderts. Cottbus 1859. 8.

Mayer, I R. Der Asphaltstein des Val de Travers, s. Mayer, Johann Baptist

Mayer, J. Ulr., auserl. Leichenpredigten. 2 Thle. 4. Dresd. Gerlach. 703.

Mayer's, J. Wilh., Lehrbuch der Motorenkunde. Zum Gebrauche f. gewerbl. u. fachl. Fortbildungsschulen bearb. v. Edm. Czap. (IV, 81 S. m. 149 Fig.) gr. 8. Wien 906. K. Graeser & Co. — Leipzig, B. G. Teubner. Kart. n. 2. —

Mayer, J. Wilh., die Locomotive u. ihre Wartg. Ein Lehrbuch f. Locomotivführer u. Heizer. gr. 8. (160 S. m. 213 Fig. u. 8 Taf.) Wien 896. C. Graeser. n. 5. 50

Mayer, J. Wilh., Vorschule f. das Maschinen-Zeichnen, s.: Heinzel, Gust.

Mayer, J. Wilh. Die praktische Wartung d. Dampfkessel u. Dampfmaschinen. Ein Lehrbuch für Dampfkessel- u. Dampfmaschinenwärter. Lex. 8. (III 124 S. m. 269 Fig.) Wien 892, Graeser. 3

Mayer, J. Wilh., u. Edm. Czap, die praktische Wartung der Dampfkessel u. Dampfmaschinen. Ein Lehrbuch f. Dampfkessel- u. Dampfmaschinenwärter, sowie f. Fabriksbeamte ohne techn. Vorbildg. 2. sehr verm. u. erweit. Aufl. Lex.-8. (VI, 156 S.) Wien, C. Graeser & Co. n. 3. 50; geb. n. 4. 30

Mayer J W und E Czap. die praktische Wartung der Dampfkessel und Dampfmaschinen. 2. Aufl. (156 S) Wien 1900

— u. Edm. Czap, die praktische Wartung der Dampfkessel u. Dampfmaschinen. Ein Lehrbuch f. Dampfkessel- u. Dampfmaschinenwärter, sowie f. Fabriksbeamte ohne techn. Vorbildg. 3. sehr verm. u. erweit. Aufl. (IV, 171 S.) Lex.-8. Wien 905. K. Graeser & Co. n. 3. 50

— — dasselbe. (Ausg. f. Deutschland.) (IV, 192 S.) Lex.-8. Leipzig 906. B. G. Teubner. n. 3. 50; geb. in Leinw. n. 4. 30

Mayer, Jacques, über den Werth und die Resultate der verschiedenen Entfettungsmethoden. gr. 8. (43 S.) Berlin 886, G. Reimer. *
Aus: Deutsche medicinische Wochenschrift, besonders abgedruckt.

Mayer, Jak. I., Anfangsgründe d. deutschen u. latein. Sprache, zum Nutzen d. Jugend. 8. Augsb. 771. 2e A. 776. M. Rieger. 10 gr

Mayer, Jakob [aus Nürnberg]: Beiträge zur Kenntnis der Citrakon- und Mesakonsäure, sowie der Malein- und Fumarsäure. . . . Nürnberg, Druck v. Fritz Walz, 1890; 36 + 1 S. 8°
Leipzig, Phil. Fak., Inaug.-Diss. v. 19. März 1890

— Briefe z. Gebrauch d. Jugend, in deutscher u. latein. Sprache. 8. Augsb. 773. 2e Aufl. sammt e. Titularbuche. 8. Ebd. 776. 3e A. 783. 4e A. 790. Veit. 9 gr

Mayer, Jak., Darstellung der Wohlthätigkeitsanstalt in Wien. 8°. Wien, Al. Doll, 1806.

Mayer, Jak., d. Evangelium, zergliedert nach d. vier Evangelist. a. d. Franz. 4 Bde. gr. 8. Wien, Camesina. (a. Kaulfuß.) 783.

— zwölf Fastenpredigten üb. d. Inhalt d. Leidensgesch. Jesu. 8. Wien 804. Al. Doll. 1 ℛ

— — dieselb. 8. Leipz. Liebeskind. 805.

— Geschichte und Schriften d. Apostel, n. d. Frz. 5 Bde. gr. 8. Wien, Camesina. (a. Kaulfuß.) 785.

Mayer Jakob Über den Hiatus in den Elegien des Tibullus und im Panegyricus an Messalla S 3 25 8
Progr K k deutsches Staatsgymn. *Budweis* 1901

MAYER, JAKOB Cantate Von Jakob Mayer Regenschori der röm. kath. Stadtpfarrkirche. Kronstadt 1832. 4 S. - 8°

Mayer, Jacob Rückblick auf die Entstehung und die Entwicklung der Bukowinaer Sparkasse vom 24 Oktober 1860 bis zum 1 Juli 1885 Czernowitz Selbstverl. d. Sparkasse 1885

Mayer, Jak., sachlicher Sach-Commentar zu Vergils Preisgedicht auf die Bienen u. ihre Zucht. (P. Vergilii Maronis Georgicon liber quartus.) Vom Standpunkt der rationellen Bienenzucht zur Förderung e. ersprießl. Lectüre verf. gr. 8. (103 S.) Budweis 902. L. E. Hansen. n. 2. —

— vollständ. deutsch-französ. Titularbuch, sammt e. Titularlexicon. 8. Augsb. 776. 2e A. 787. Rieger. 4 gr

— Unterr. wie man sich zu d. Sakramenten, d. Buße d. heil. Abendmahl 2c. gr. 8. Wien 780. Kaulfuß. 1 ℛ

MAYER, IGN(ATIUS) FID(ELIS): Tres digiti. Isai. 40. v. 12. Drey Finger Ein Sinnbild der göttlichen Dreyfaltigkeit, in einer jährlich gewidmeten Lob- und Ehren-Rede, auf das hohe Titular-Fest des Ordens der allerhöchsten Dreyfaltigkeit in gedachter Kloster-Kirchen zu Pressburg vorgestellet von Ign. Fid. Mayer Pressburg 1763: Joh. Mich. Landerer. 8 l. kl. 4°

(Mayer, Ignaz, k. k. Hauptm. etc.) Oesterreichs tapfere Söhne. Erinnerungen aus Italien und Ungarn von 1848 und 1849 eines Veteranen, Verfassers der Aphorismen und der ästhetischen Weltanschauung. 8. Klagenfurt 1857.

Mayer, Jo, aus Karlsruhe Über **Metalltrennungen in Alkalischer Lösung durch Wasserstoffsuperoxyd und durch Hydroxylamin.** *Karlsruhe 1898: F. Thiergarten.* (36 S.) 8°
Heidelberg, Naturw.-math. Diss. v. [15. Juni] 1898

Mayer, Johann, s.a. Mayer, Johann Tobias

— Anstand- u. Abschiedspredigt bei St. Clara, nebst e. Verzeichniß der dazwischen abgehandelten Jahrgänge u. Lehrvorträ. 8. Nürnb. 757.

Mayer (Johann), Ueber Athmungsapparate beim Bergbaubetriebe und speciell über den Rettungsapparat der Firma O. Neuperts Nachf. in Wien. (Sep.-Abdr. Oestr. Zeitschrift für Berg- und Hüttenwesen. 1898.) Wien. 4. Mit 1 Tafel.

Mayer, Johann, Ueber die Bahn des Kometen 1880b. (Sitzb. d. Akad. d. Wissensch. 84. Bd. II. Abth. 1881. Juni.) gr. 8. (9 S.) geh. In Comm. 12 kr.
Wien 881. (Gerold's Sohn.)

Mayer J Beitrag zur Geschichte der meteorischen Steine in Böhmen. Dresden. 1805. 8.

Mayer, Jh. II., († d. 5. Juni 1807.) Beiträge z. Gesch. der meteor. Steine in Böhmen. gr. 8. Dresd. 805. Walther. 4 gr

Mayer, Joh., Betrachtungen üb. d. Buße und Bekehr. z. Gott, n. d. Gleichn. v. verl. Sohn, m. K. gr. 8. Nürnb. Stein. 748.

— epistol. Betracht. d. Todes, n. Anl. der Sonn- u. Festtags-Episteln. 2 Thle. 4. Nürnb. 744.

Mayer, Jh. I., († d. 3. Sept. 1760.) Evangel. Betrachtt. v. d. Taufe, nach Anleit. d. Sonn- u. Festtags-Evangel. 2 Thle. 4. Nürnb. u. Leipz. 756. 2 ℛ

— s. Christison, R., über die Granular-Entartung der Nieren.

(Übers.), s. Emerigeon Besonderes Mittel für das Podagra.

– (Übers.), s. Gardini, Giuseppe De electrici ignis natura.

— Gemeinsch. der Leiden Christi u. s. Glieder in Fasten- und Passions-Predigten 2c. 4. Nürnb. Lechner. 739.

— Genealogie und Hist. d. Fürstl. Hauses v. Lamberg. Fol. Wien. 709.

Mayer, Joh., die Geschichte des Katechumenats u. der Katechese in den ersten 6 Jahrhunderten nebst einer Erklärung des jetzigen römischen Taufritus aus der alten Katechumenatspraxis. Gekrönte Preisschrift. Kempten 868. Kösel. gr. 8. (XI, 351 S.) 1 ℛ 3 ngr

— Klarheit Gottes im Angesicht Jesu, od. Evangelienpostill. 4. Nürnb. 747.

Mayer Johann Die Klosterpolitik Ottos I S. 3–17 8. (Fortsetzung und Schluß.) S. 5–21 8.
K k. deutsches Staats-Obergymn *Ungarisch-Hradisch* 1901 1902
Progr

MOMUS unter den Menschen (von *Joh. Mayer*). O. O. 1777. Sehr rar!
Anon. Lex. III p. 156 (nach Adelung u. Meusel).

Joh. Mayer, Pomona Franconica, oder natürliche Abbildung und Beschreibung der besten und vorzüglichsten europäischen Gattungen der Obstbäume und Früchte, welche in dem Hochfürstlichen Hofgarten zu Würzburg gezogen werden. Nürnberg 1776–1792

Verf. Hochfürstl. Würzburger Hof- u. Residenzgärtner. Prachtvolles Kupferstichwerk vom Rang Duhamel's.

Mayer J.: Pomona Franconica od. natürliche Abbildung u. Beschreibung d. besten u. vorzüglichsten europäischen Gattungen d. Obstbäume u. Früchte, welche in dem hochfürstlichen Hofgarten zu Würzburg gezogen werden. Nebst den hauptsächlichsten Anmerkungen üb. deren Erziehung, Pfropfung u. Pflege. 3 Bd., Tvl. i 1 Vol. (4 Vol.). Nürnb. 1776-1801 264 Tvl. (253 kol.).
(O. m. fransk Tit.).

Mayer, J, (Mitarbeiter Gilson u. Albr Jak. Penzel), Pomona franconica, od. natürl. Abbild. u. Beschreib. d. vorzügl. europäischen Gattungen d. Obstbäume u. Früchte im Hofgarten z. Würzburg, deutsch u. französ., mit ill. Kpf. 3 Thle. gr. 4. Nürnberg, 1776—1801. (Winterschmidt.) 87. 20

Mayer, Jh. III. († d. 25. Juli 1804.) Pomona franconica, od. natürl. Abbild. u. Beschreib. d. vorzügl. europ. Gattungen d. Obstbäume u. Früchte, welche in d. Hofgarten z. Würzburg gezogen werden. Mit deutsch. u. französ. Text. u. illum. Kpf. 3 Thle. gr. 4. Nürnb. 776—801. Winterschmidt d. J. Schrbp. 87 ℛ 16 gr — Holl. Pap, 145 ℛ 4 gr

– s.a. Reisen des Tiresias.

REISEN des Tiresias (von *Johann Mayer*). Frankfurt und Leipzig 1776.
Anon.-Lex. III. p. 365 (nach Wurzbach, Kayser, Meusel, Adelung).

– (Hrsg.), s. Rösler, Karl Anton: Bergmännische Nachrichten über die Gebirge und den Bergbau in Joachimsthal.

Mayer, Joh. Sammlung physikalischer Aufsätze, besonders die böhmische Naturgeschichte betreffend. I–IV. Vol. 1791–1794; fortgesetzt von F. Amb. Reuss, V. Vol. Dresden. 1798.

— Samml. physikal. Aufsätze, besond. d. Böhm. Naturgeschichte betr. Fortges. v. F. A. Reuß. 5 Bde. gr. 8. Dresd. 791—99. Walther. 5 Rthlr. 8 gGr.

— **Johann** (Schoeflisdorf bei Zürich), De suppliciis, et cognatis mortis violentae modis. Diss. med.-forens. Präs. Wilhelm Gottfried Ploucquet. Tübingen (L. Fr. Fues) März 1805. 36 Seiten. (4.—) 22503

— katechet. Unterr. von d. Wiederaufrichtung d. Taufbundes rc. Nebst e. Samml. v. alten u. neuen Trostliedern. 8. Nürnb. 756.

— Untersuch. d. Liebenwerder Sauerbrunnens in Böhmen, unweit Friedland. 8. Prag 786. 2e A. 8. Dresd. 787. 3e A. 791. Walther. 3 gGr.

– (Übers.), s. Volta, Alessandro: Schriften über die tierische Elektrizität.

Mayer, Joh., Wildbad u. Hofgastein. Sendschreiben an Aerzte u. Freunde des pittoresken Gasteiner Thales u. seiner heilkräftigen Quellen. 12. (3 B.) Wien 843, Gerold, Verl.

Mayer, Johann Adam

— sechs Andachten; nebst einer Erzählung der Schicksale, welche Speyer durch d. Aufenthalt d. französ. Truppen erfahren hat. 8. Speyer 794.

Mayer, Jh. Adm., Andachtsbuch f. Kranke u. Sterbende. gr. 8. Nördling. 796. Beck. 22 gGr. Hbg. Pr. 16 gGr.

— Beichtreden. 8. Speyer 785. (Löffler in Mannh.) 4 gGr. — 2s Bdchn. 792. Ebd. 9 gGr.

— allgem. Beichtreden. 8. Heilbr. 798. Class. 1 Rthlr. 4 gGr.

— Beichtreden am Krankenbette. 3 Thle. 8. Heilbr. 792—98. Class. 1 Rthlr. 10 gGr.

Mayer, Jh. Adm., neue Beichtreden am Krankenbette. 8. Heilbr. 795. Class. 18 gGr.

— zur Belehrung u. Erbauung im Gewitter. gr. 8. Nördling. 796. Beck. 2 gGr.

— Betracht. üb. d. göttl. Eigenschaften zur Belehrung u. Erbauung. 8. Heilbr. 791. (Class). 20 gGr.

– Heilbronn: Eckebrecht 1891.

— Betrachtt. u. Gebete f. kranke junge Leute. 8. Nürnb. Raw. 10 gGr. Hbg. Pr. 6 gGr.

— Betracht. üb. d. Glaubens- u. Sittenlehre der Christen. 2 Thle. gr. 8. Heilbr. 792—95. Class. (à 1 Rthlr.) 2 Rthlr.

— üb. d. Geist d. Gesetze; e. Rede. 8. Speyer. (797).

— Unterhaltungen üb. wicht. Gegenstände d. christl. Sittenlehre. 8. Nürnb. 795. Felßecker. 16 gGr.

MAYER, Johann Albrecht: Encyclopädie der Forstwissenschaft, oder Sammlung der beym Forstwesen vieljährig erprobten Bemerkungen, Beobachtungen, Vortheile. Stuttgart 1793. 497 S. 1. Tl.: A-F (Mehr nicht ersch.)

Mayer, Jh. Albr., Encyclopädie der Forstwissenschaft. 1r Thl. A—F. gr. 8. Stuttg. 793. (W. Nauck in Leipz.) 1 Rthlr.

Mayer, J. A. „Encyclopädie der Forstwissenschaft", 1 (einziger) Band, Stuttgart 1793 (Sommer).

— wie hat sich der Landmann bei Wetterschäden in Absicht auf seine Getreidefelder zu allen Jahreszeiten zu verhalten? 8. Frankf. a. M. 779. Andreä. 3 gGr.

Mayer, Jh. Andr., († d. 12. Aug. 1793.) Anmerkk. üb. die wicht. Briefe an d. Verfass. d. Schrift: üb. Wahrheit, Denken u. Lehren. 8. Flensb. 778. (Christiani in Schlesw.) 6 gGr.

— Grundwahrheiten des Heils. 8. Flensb. 762. 2e A. 774.

— letztes Liebes- u. Ehren-Denkmahl M. Abr. Kall aufgerichtet. 4. Flensb. 756.

Gedenksteine während seines 50jährigen Maurer-Lebens, den Brüdern mit Liebe dargebracht von Joh. Andr. Edu. v. Mayer. Dortmund 1868: [Decker]. 104 S. 8°
Tt. 2365. Toaste, Lieder, Gedichte u. Lebenslauf des Verf.

Johann Anton Mayer

Ankündigung einiger zuverlässiger Mittel wider die Pest. Nebst Darstellung der Gefahr der Pest und ihrer traurigen Folgen. Von Johann Anton Mayer. Braunschweig: Verf.; Schröder in Komm. 1801. 48 S. 8°

— Nachr. f. die Einwohner Braunschweigs u. d. benachbarten Oerter über d. Bade-Anstalt zu warmen Fluß- u. künstl. Mineralbädern, die am Wilhelmsthor eingerichtet werden soll. Mit 1 illum. Kpf. 8. Braunschw. 806.

Mayer, Johann Baptist

Mayer, J. B., Anleitung z. Grubenzimmerung nach Dingelstedt. gr. 8. (8¾ B. u. 2 Stnt.) Mainz 843, Kupferberg. –

Mayer, Prof. Jh. Bapt., Anleit. z. Uebersetzen aus d. Deutschen in d. Lateinische f. die mittl. Classen d. gelehrten Schulen, in 2 Abtheill. mit abgesondertem Commentar und steter Hinweisung auf Zumpts größere latein. Grammatik. gr. 8. Kempten 833. (832.) Dannheimer. 21 gGr.

Mayer, Joh. Bapt., Anleitung z. Uebersetzen aus d. Deutschen in d. Latein. f. d. mittl. Classen d. gelehrten Schulen, in 2 Abtheil., mit abgesond. Commentar u. steter Hinweis. auf „Zumpts größ. latein. Grammatik." gr. 8. (31½ B.) Kempten 833, Dannheimer.

Mayer, J. B., der Asphaltstein d. Val-de-Travers (Kanton Neufchatel) in mineralog., geschichtl. u. techn. Hinsicht. gr. 8. (4 B.) Coblenz 839, Hergt.

– (Übers.), s.a. Bernardus Claraevallensis: Über Bekehrung und Besserung des Lebens.

Mayer, Joh. Bapt., der heil. Bernhard üb. Bekehrung u. Besserung des Lebens. Mit Morgen-, Abend-, Meß-, Beicht- u. Communion-Gebeten, besond. für studirende Jünglinge. Aus d. Latein. übers. 8. (14½ B. u. 1 Stahlst.) Neuburg 846, Prechter.–

– (Übers.), s. Bernardus Claraevallensis: Über Leben und Wandel der Geistlichen.

– (Hrsg.), s. Cicero, Marcus Tullius: Cato maior 1831

—— Eingangszoll auf ausländisches Roh- u. Staabeisen ist für Teutschland nothwendig. Versuche einer umfassenden Behandlung dieser Zeitfrage. gr. 8. (3⅝ B.) Mainz 813, v. Zabern. *

Mayer, (Prof.) Jh. Bapt., über das menschliche Elend, s. Leitsterne auf der Bahn des Heils, 4. Supplem.-Bd.

MAYER, Johann Baptist (Bellenberg/Bay.): Geschichte des Katechumenats und der Katechese in den ersten sechs Jahrhunderten nebst einer Erklärung des jetzigen römischen Taufritus aus der alten Katechumenatspraxis.- Kempten: Kösel 1868. XI,350 S.,1 Bl.
23.5.1868 - Urk (Titel: Historia catechumenatus et institutionis catecheticae usque ad saeculum VII.); F 44; Chr 1867/68,12
Diss.Ingolst.-Landsh.-Mchn.

MAYER, Johann Baptist (Kumpfhof): De haemorrhagia pulmonum.- Monachii: Franz 1836. 12 S.
2.6.1834 - Urk; F 61
Diss.Ingolst.-Landsh.-Mchn.

Mayer, Joh. Bapt., synonym. Handwörterbuch d. deutschen Sprache, od. kurzgefaßte, alphabet. geord. Erklär. d. vorzügl. sinnverwandten Wörter d. deutschen Sprache. Für Gebildete aller Stände bearb. (10 Lfgn.) gr. 8. (73 B.) Kempten 837–41, Dannheimer. à ½ Thlr. Thlr.

De immortalitate animi brevis commentatio. Scrips. Joh. Bapt. Mayer, G. P. — 1830. K., Kösel. — S. 3–8.
Progr. Kempten

—— der bayerische Kinderfreund, s. Kinderfreund.

Leben Carls des Großen von Eginhard, aus dem Lateinischen übersetzt und mit einigen geschichtlichen Anmerkungen begleitet v. Joh. Bapt. Mayer, G. P. — 1887 K., Dannheimer. — S. 3–16.
Progr Kempten

Ueber Leben und Schriften des Bischofs Jeronimo Osorio. Von Joh. B. Mayer, P. d. l. G. - 1845. Ebend. S. 3 8.
Progr. Amberg

Mayer, J. B. „Bergmännische Miscellaneen für Theorie und Praxis", Koblenz 1841 — Vorh. Preuß. Oberbergamt Dortmund — E. f. 48.

—— bergmännische Miscellaneen für Theorie u. Praxis. gr. 8. (5 B.) Coblenz 841, Hergt.

—- die Oryktognosie, nach C. C. v. Leonhard's Handbuch tabellar. bearb. Imp.-Fol. (6 B.) Coblenz 838, Hölscher.

– (Übers.), s. Osorius, Hieronymus: Abhandlung über den Adel im Staate

—— die oryktognostische Propädeutik. Zu dessen Tabellen der Oryktognosie nach v. Leonhard. (1 Tab. gr. Fol.) Coblenz 840, Hergt.

—— mineralog. Reihenfolge d. Felsarten, nach C. C. v. Leonhard's Systeme tabellar. bearb. Imp.-Fol. (3 B.) Coblenz 838, Hölscher.

Johann Baptist Mayer

Joann[es] Baptist[a] Mayer: De sano et morboso medullae spinalis Statu. Vindobonae 1818. 39 S. 8

Wien, Med. Diss. v. 1818

—— der Torf in seiner Wichtigkeit f. Deutschland. Dessen Vorkommen, Abbau, Fortpflanzung u. Aufbereitung. gr. 8. Coblenz 841, Hergt.

—Uebungsstücke z. Uebersetzen aus d. Deutschen ins Lateinische, f. die mittlern Klassen d. Gymnasien. 8. Kempten. 828. Kösel. 14 gr (Landsh. Krüll). 16 gr (15 B.)

– (Hrsg.), s. Vergilius Maro, Publius: Aeneis. 1836

— s. Verri, Karl, Graf, die Kunst der Maulbeerbaumzucht.

Mayer, J. Bt. „Versuch einer Abhandlung über Steuern und Abgaben im Allgemeinen, dann im Hochstift Bamberg", Bamberg 1795 (Göbhard).

Mayer, Jh. Bapt. Versuch einer Abhandlung über Steuern und Abgaben im Allgemeinen und vorzügl. im Hochstift Bamberg. gr. 8°. Bamberg 1798. (Wesché in Frankf.)

Mayer, J. B.: „Versuch einer Encyclopädie der Bergbaukunst", Koblenz 1840. — Vorh.: Preuß. Oberbergamt Dortmund — E. c. 11

—— Versuch e. Encyclopädie d. Bergbaukunst. gr. 12. (9½ B. u. 1⅓ B. Tab.) Coblenz 840, Hergt.

Mayer, Johann Caspar, s. Mayer, Johann Kaspar

Mayer, Johann Christian

—Gedanken üb. d. Stallfütterung, Ulmenried u. Schwabenalpen. 8. Ulm 791. Stettin. 5 gr

—Gegenbeleuchtung d. summar. Beleuchtung d. Gedanken über Stallfütterung. 8. Wien 891.

Mayer, Johann Christian: Wie mag sich der Landwirth besonders in Absicht auf seinen Viehstand wider die schädliche Wirkungen trockener Sommer und harter Winter schüzen, und sich dabey hinlängliche Fütterungen verschaffen? Tübingen 1785. 80 S.

— wie mag sich d. Landmann besond. in Abs. a. s. Viehstand wid. d. trockn. Sommer u. hart. Winter schützen? 8. Tüb. Heerbrand. 785.

Mayer, Jh. Chr., wie mag sich der Landmann besond. in Absicht auf seinen Viehstand wider die trocknen Sommer u. harten Winter schützen? 8. Tübing. 785. (Osiander). 4 gr

Mayer, Johann Christian Andreas: Anatomisch-physiologische Abhandlung vom Gehirn, Rückmark, und Ursprung der Nerven. 68 S., gbd., 9 Taf.

Berlin u.Leipzig: Decker 1779

JB 768

Mayer, Jh. Cph. Andr., († d. 5. Nov. 1801.) anatom. psychol. Abhandl. vom Gehirn &c. Mit Kpf. gr. 4. Berl. 779. Rottmann. 1 ₰ 16 gr

—Abhandl. v. d. Nutzen d. systemat. Botanik in d. Arznei- u. Haushaltungskunst. Greifswalde 772.

Mayer J. C. A.: Anatomische Beschreibung d. Blutgefässe d. menschlichen Körpers. Berl. u. Leipz. 1777 339 S. 5 Tvl.

— anatom. Beschreib. d. Blutgefäße d. menschl. Körpers, mit Kpf. gr. 8. Berl. 777. 2e A. mit 16 Kpf. 787. Rottmann. 3 ℛ Schrbp. 4 ℛ 12 gl. Holl. P. 5 ℛ 8 gl.

Mayer, J(ohann) C(hristian) A(ndreas): Anatomische Beschreibung der Blutgefäße des menschlichen Körpers. 2.verm.u.verbess.Aufl. 436 S., gbd., 6 Taf.

Berlin u.Leipzig: Decker 1788

JB 692

Mayer, J(ohann) C(hristian) A(ndreas): Beschreibung des ganzen menschlichen Körpers, mit den wichtigsten neueren anatomischen Entdeckungen bereichert, nebst physiologischen Erläuterungen. Bd 1 - 8 (Bd 6 - 8: Beschreibung des Nervensystems des menschlichen Körpers), gbd.

Bd 1 - 5: Berlin u.Leipzig: Decker 1783 - 1788
Bd 6 - 8: Berlin: Rottmann 1794

JB 691

Johann Christoph Andreas Mayer

Beschreibung des ganzen menschlichen Körpers, mit d. wichtigsten neueren anatomischen Entdeckungen bereichert, nebst physiologischen Erl. von J[ohann] C[hristoph] A[ndreas] Mayer. Bd 1-7. Berlin & Leipzig: Decker (6.7: Berlin: Rottmann) 1783-94. 7 Bde 8°

Bd 1: Kurze Geschichte der Wissenschaft. Allgemeine Betrachtung des menschlichen Körpers. Seine äussere Gestalt ... 1783.
Bd 2: Knochen und Bänder des Gesichts, des Stammes, der obern u. untern Gliedmaßen ... 1783.
Bd 3: Von den Muskeln überhaupt. ... 1783.
Bd 4: Allgemeine Uebersicht des Zusammenhanges aller Geschäfte, welche im belebten menschlichen Körper geschehen. Kurze Betrachtung vom Herzen u. d. Blutgefäßen. ... 1786.
Bd 5: Harnabsonderungswerkzeuge. ... Von den Sinnen überhaupt. ... 1788.
Bd 6: Mayer: Beschreibung des Nervensystems des menschlichen Körpers. Bd 1.2. 1794.

Kleist, Ewald Christian: Beschreibung des Kleistischen Monumentes von der hiesigen Freymaurer-Loge zum aufrichtigen Herzen errichtet, nebst einigen dasselbe betreffenden Merkwürdigkeiten und Gedichten und einer Betrachtung über das Leben dieses grossen deutschen Helden und Dichters, von J[oh.] C[hristoph] A[ndr.] **Mayer.** Mit Kupfern. Frankfurt a/O.: Strauss in Comm. 1781. 46 S. 3 Kupf. 4°

Kl. 1362. Tt. 952. Selten. — Üb. Kleist s. Goedeke: Grundriss der Gesch. der deutschen Dichtung 2. Aufl. Bd 4 1891 S. 38—39, wo auch alle Literatur üb. ihn verzeichnet ist.

— Beschreib. d. Kleistischen Monuments, nebst e. Merkwürdigkk. u. Gedichten, u. e. Betracht. üb. das Leben dieses Helden u. Dichters. Mit 3 Kpf. 4. Frankf. a. M. 781. 2e Aufl. 783. (Sander in Berl.) 16 gl.

Mayer, J(ohann) C(hristian) A(ndreas): Beschreibung des Nervensystems des menschlichen Körpers. Bd 1 - 3. Berlin: 1794

s.a. Mayer, J.C.A.: Beschreibung des ganzen menschlichen Körpers, mit den wichtigsten neueren anatomischen Entdeckungen bereichert, nebst physiologischen Erläuterungen. Bd 6 - 8.

JB 691/6-8

Johann Christoph Andreas Mayer

Beschreibung des Nervensystems des menschlichen Körpers. Von J[ohann] C[hristoph] A[ndreas] Mayer. Bd 1.2. Berlin: Rottmann 1794. 2 Bde 8°

(= Mayer: Beschreibung des ganzen menschlichen Körpers. Bd 6.7.)

Bd 1: Das Nervensystem überhaupt. ...
Bd 2: Primitiv-Nerven, welche aus den Oefnungen der Schädelhöhle hervordringen.

— descriptio herniae umbilicalis verice. 4. Frankf. a. O. 787.

— exemplum hydropis netoris in femina LXXI annorum, per ipsas naturae vires maxima ex parte sanati. 4. Frankf. a. O. 780.

Mayer, Joh. Chrph Andr., Einheimische Giftgewächse welche für Menschen am schädlichsten sind. H. 1—3. Mit kolor. Taff. Berlin 1798—1801. Fol.
[Heft 3. enthalt die essbaren Schwämme.]

— einheimische Giftgewächse, m. ill. K. 1s und 2s Stck. Fol. Berlin, Maurer. 798 - 800. (1s 1 Rthlr. 8 gr. 2s 1 Rthlr. 16 gr.)

* Mayer, J. Ch. Andr., einheimische Giftgewächse, mit illum. K. 1s—3s Heft. (das 3te Hft. enth. die eßbaren Schwämme.) Fol. Berl. Realschulbuchh. 798—801. (1s u. 2s Heft à 1 Rthlr. 16 gr. 3s 1 Rthlr. 20.)

Mayer, Jh. Cph. Andr., einheimische Giftgewächse, nach der Natur beschrieben, mit illum. Kpfn. 1s—3s Heft. Fol. Berl. 798—801. Reimer. 5 ℛ 4 gl.

Mayer (J C. A). Einheimische Giftgewaechse . . Berlin, 1798-1806. fol.

Mayer, Johann Christoph Andreas [Praes.], s. Horn, Erdmann Gottfried: De debilitate symptomate febrili.

Mayer, J. C. A., De hydrophobia et rabie canina. Frcf. ad V. 4°. 1784

Thedens Jubelfeyer nebst einer Sammlung aller dadurch veranlassten Schriften, Denkmünzen und allegorischen Kupferstiche und einer kurzen Lebensbeschreibung des Jubelgreises von Joh. Chr[istoph] Andr. **Mayer.** Mit Kupfern. Berlin: Decker & S. 1787. 184 S. 3 Kpfr. 8°

Enth. auch die von Frmrlogen Theden gewidmeten Gedichte u. Schreiben.

— Thedens Jubelfeier nebst e. kurzen Lebensbeschreib. 2c. Mit Kpf. gr. 8. Berl. 788. Rottmann. 1 ℛ 12 gl.

Mayer, J. C. A.: Anatomische Kupfertafeln nebst dazu gehörigen Erklärungen. H. 1—6. Berlin u. Leipzig 1783—94. 4° u. 2°

1. 1783. 2. 1784. 3. 1786. 4. 1788. 5. 6. 1794.

Mayer, J(ohann) C(hristian) A(ndreas): Anatomische Kupfertafeln nebst dazu gehörigen Erklärungen. Heft 1 - 6, gbd., Abb.

H.1 - 4: Berlin u.Leipzig: Decker 1783 - 1788
H.5 - 6: Berlin: Rottmann 1794

JB 817

Anatomische Kupfertafeln nebst dazu gehörigen Erklärungen. Hrsg. von J[ohann] C[hristoph] A[ndreas] Mayer. H. 1-4. Berlin & Leipzig: Decker 1783-88. 2 Bde 4°

H.1: 8 Kupfertafeln von den allgemeinen Decken, Knochen u. den vorzüglichsten dazu genorigen Bändern. 1783.
H.2: 8 Kupfertafeln von den Muskeln und Muskelbändern. 1784.
H.3: 10 Kupfertafeln von den Eingeweiden und den dazu gehörigen Muskeln u.Bändern. 1786.
H.4: 11 Kupfertafeln von den Sinnwerkzeugen und den Brüsten. 1788.

— Thebens Lebensbeschreibung rc. m. K. gr. 8. Berlin, Maurer. 788.

Duguibert: Ob man Ursache habe, sich vor dem Tode zu fürchten? Eine Trauerrede bey dem Absterben des Br. Duguibert gehalten von J[oh.] C[hristoph] A[ndr.] Mayer. Berlin, den 24sten Sept. 1773. [Berlin 1773]: Decker. 15 S. 8° [Umschlagtit.]
Kl. 1323.

Mayer, Joh. Chrph Andrs, Vorzügliche einheimische essbare Schwämme. Anhang der Beschreibung der schädlichen einheimischen Giftgewächse Mit 3 kolor Taff. Berlin 1801 Fol.

——— Vorzuegliche einheimische essbare Schwaemme (Anhang) Berlin, 1806. fol.

These dates are taken from the Banksian copy which have been altered by the printer, and differ from those given by Pritzel, Thes. Ed. 2 No. 6020

Mayer, Johann Christoph

— vernünftige Gedanken v. d. Gerechtsamen d. Frauenzimmers, philosophische Wissenschaften zu erlernen. 8. Regensb. 759.

— gründlicher Vorbericht d. Weltweisheit. 2 Thle. 8. Regensb. Montag u. W. 758.

Mayer, Jh. Cph., († ...) gründl. Vorbericht z. Weltweisheit oder Philosophie, welche d. Jugend zu d. wahren Inhalte und Werthe ders. angefertigt worden. 8. Regensb. 759. Montag u. W. 18 gl.

— Vorbericht z. Weltweisheit od. Philos., dad. d. Jug. z. d. wahr. Inh und Werthe ders. angef. w. 8. Leipz. 759.

Mayer, Johann Christoph Andreas

s.: Mayer, Johann Christian Andreas

— **Johann Daniel Friedrich** (Ansbach), Collationem juris communis et patrii Onoldini de successione ab intestato. Diss. jur. Präs. August Ludwig Schott. Erlangen (Ellrodt) Mai 1783. 30 Seiten. (4.75) 22504

Mayer, Jh. E., medicin.-pract. Beobachtt. a. d. Klinik. zu Wien. gr. 8. Wien 803. (Heubner). 2 rf 16 gl

— **Johann Ehrenfried** (Quedlinburg), Tractatus de jure primariarum precum. Quedlinburg (Th. Ph. Calvisius) 1704. 180 S. (6.—) 22506
Gew.: Johann Friedrich Mayer (Bruder), Gerhard Meier. — Widm. v.: Joh. Conr. Schneider.

— — Tractatus de jure statuum Imperii legislatorio. Magdeburg u. Leipzig (Chr. Seidel, Struck) 1705. 279 S. (8.—) 22507
Widm. v.: M. T. Eckhard, Johann Dünnehaupt.

Mayer, Joh. Eug., z. Frage d. Kirchenbeheizung. (16 S.) 8. Karlsruhe (909). (Freiburg i/B., F. P. Lorenz.) — 50

Heizung u. Lüftung, s.a. Aus Natur u. Geisteswelt.

Heizung und Lüftung. Von Johann Eugen Mayer, Heizungsingen., Karlsruhe i. B. Mit 40 Abb.
Leipzig. Teubner 1909. 112 S. 8°
(Aus Natur u. Geisteswelt. Bdch. 241.)

- Lokal- od. Zentralheizung? (18 S.) 8. Freiburg i/B. (909). (F. P. Lorenz.) — 40

— dasselbe im mod. Wohnhaus?. 2. verm. u. verb. Aufl. (26 S.) 8. Freiburg. i/B. 910. Freiburger Verlagsanstalt. — 80

Mayer, J. E., Mathematik für Techniker. Gemeinverständliches Lehrbuch der Mathematik für Mittelschüler sowie besonders für den Selbstunterricht. Bd 1—4. Leipzig, 1906.

Bd 1. Grundrechnungsarten mit allgemeinen Zahlenzeichen und Proportionslehre. 1906. 99 S.
Bd 2. Die Lehre von den Potenzen, Wurzeln und Logarithmen, nebst einer Anleitung zum Gebrauch des Rechenschiebers. 1906. 147 S.
Bd 3. Gleichungen ersten Grades mit einer und mehreren Unbekannten. Textgleichungen. 1906. 156 S.
Bd 4 Quadratische Gleichungen mit einer und mehreren Unbekannten. Textgleichungen. Exponential- und logarithmische Gleichungen. Unbestimmte Gleichungen I. und II. Grades (Kettendivision, Zahlenkongruenzen). 1906. 355 S.

Mayer, J. E., Mathematik f. Techniker. Gemeinverständliches Lehrbuch der Mathematik f. Mittelschüler sowie besonders f. den Selbstunterricht. 1. bis 3. Bd. gr. 8. Leipzig, M. Schäfer. à n. 1. 60; geb. à n. 2. —
1. Die Grundrechnungsarten m. allgemeinen Zahlenzeichen u Proportionslehre. Gemeinverständliche Darstellung f. Mittelschulen u. zum Selbstunterricht. (VIII, 99 S.) 906.
2. Die Lehre v. den Potenzen, Wurzeln u. Logarithmen, nebst e. Anleitung zum Gebrauch des Rechenschiebers. Gemeinverständliche Darstellg. f. Mittelschulen u. zum Selbstunterricht. (VIII, 147 S.) 906.
3. Gleichungen 1. Grades m. e. u. mehreren Unbekannten, Textgleichungen, m. Anh. üb. „Diophant. Gleichgn." Gemeinverständliche Darstellg. f. Mittelschulen u. zum Selbstunterricht. (VII, 156 S.) 906.

Mayer, J. E., Mathematik f. Techniker. Gemeinverständliches Lehrbuch der Mathematik f. Mittelschüler sowie besonders f. den Selbst-Unterricht. 4. u. 5. Bd. gr. 8. Leipzig, M. Schäfer. 5.20; geb. 6. 20
4. Quadrat. Gleichgn. m. e. u. mehreren Unbekannten. Textgleichgn. Exponential- u. logarithm. Gleichgn. Unbestimmte Gleichgn. I. u. II. Grades (Kettendivision, Zahlenkongruenzen). Gemeinverständliche Darstellg. f. Mittelschulen u. zum Selbstunterricht. (VIII, 355 S.) 907. 3.20; geb. 3. 60
5. Progressionen. Zinseszins- u. Rentenrechnung, Kombinatorik, binom. Lehrsatz, Differenzenreihen, imaginäre u. komplexe Zahlen, Satz v. Moivre, Satz v. Cotes. Gemeinverständl. Darstellg. f. Mittelschulen u. Selbstunterricht. (VIII, 180 S.) 907. 2.—; geb. 2. 40

Mayer, J. E., das mathematische Pensum des Primaners. Ein Hilfsbuch f. den Primaner humanist. u. realist. Gymnasien. (In 10—12 Heftn.) 1. Hft. Progressionen, Zinseszins- u. Rentenrechnung. gr. 8. (52 S.) Freiburg i/B. (902). F. P. Lorenz. n. 1. —

— das mathematische Pensum des Primaners. Ein Hilfsbuch f. den Primaner humanist. u. realist. Gymnasien, f. Techniker etc., sowie besonders f. das Selbststudium. 2.—20. Heft. 8. Ebd. à n. 1.—

2. Kettenbrüche, Teilbruchreihen, diophantische Gleichungen, Stereometrie I. (53 S. m. Fig.) Freiburg (902).
3. 4. Stereometrie I. (Fortsetzung.) Stereometrie II. Stereometrische Aufgaben m. ihren Auflösgn. (88 S. m. Fig.) Freiburg 903.
5. Quadratische Gleichungen m. e. u. mehrer. Unbekannten. Höhere Gleichgn., welche sich auf quadratische zurückführen lassen. (43 S.) Freiburg (903).
6. 7. Sätze u. Aufgaben aus der ebenen Geometrie. (Potenz, Satz des Menelaos, des Ceva, harmon. Punkte u. Strahlen, Satz des Pascal, des Brianchon, Pol u. Polare etc. etc., Grundzüge der geometr. Projektionslehre.) (80 S. m. 80 Fig.) Freiburg (903).
8. Die geometrischen Oerter: Ellipse, Hyperbel, Parabel m. vollständ. gelösten Aufgaben. (89 S. m. Fig.) Freiburg (903).
9. 10. Elemente der analytischen Geometrie der Ebene. (80 S. m. Fig.) (905.)
11. 12. Kombinatorik (Permutation, Kombinatorik, Variation). Wahrscheinlichkeitsrechng., Versicherungsrechng., Imaginäre Zahlen (Moivre'scher Satz). Maxima u. Minima. (77 S.) Freiburg (903).
13. Binomischer u. polynomischer Lehrsatz. Eigenschaften der Binomialkoeffizienten. Arithmetische Reihen höherer Ordng.; figurierte Zahlen. (46 S.) Freiburg (903).
14. 15. Ebene u. sphärische Trigonometrie nebst Anwendungen. (147 S. m. Fig.) (904.)
16. Von den Funktionen u. Gleichungen im Allgemeinen. Kubische Gleichgn. Biquadratische Gleichgn. (58 S.) (905.)
17. 18. Lehre v. den Kegelschnitten in elementarer Behandlung. Vollständig gelöste Uebungsbeispiele. Elemente der projektiven Geometrie. (88 S. m. Fig.) (905.)
19. 20. Elemente der Mechanik. (86 S. m. Fig.) (905.)

Ⓑ — Das mathemat. Pensum d. Primaners. 902—905. (KBL 34.) Erm. Pr. à Heft — 60

— Das mechanische Rechnen des Ingenieurs, s. a. Bibliothek der gesamten Technik.

Das mechanische Rechnen des Ingenieurs (Rechenschieber, Rechenmaschinen, Planimeter, Integrator, Integraph). Von Joh. Eugen **Mayer** Mit 31 Abb. u. 1 Taf. Hannover: M. Jänecke 1908. (117 S.) 8°
— **Bibliothek** d. gesamten Technik. Bd 91. 108. 1104 7

— Das Rechnen in der Technik, s. a. Sammlung Göschen.

Das Rechnen in der Technik und seine Hilfsmittel: Rechenschieber, Rechentafeln, Rechenmaschinen usw. Von Joh. Eugen **Mayer**, Ing. Mit 30 Abb. Leipzig Goeschen 1908. 128 S. 8°
(Sammlung Göschen, 405.) 10. 7057

— Wie heize ich meine Kirche? (19 S.) 8. Karlsruhe (909). (Freiburg i/B., F. P. Lorenz.) — 40

— Wie heizen wir unsere Kirchen? Eine prakt. Anleitg. zur Wahl e. sachgemäßen Kirchenheizsystems. (98 S. m. Abb.) 8. Freiburg i/B. 910. Freiburger Verlagsanstalt. 2.—

Mayer, Johann Fr.

— die Lehre d. evangel. Kirche, z. Unterr. f. d. Jugend. 8. Frankf. a. M. 771. Andreä. 4 gr

— Predigtbuch für christl. Bürger- u. Landleute, hinsichts auf ächte Christus-Religion, wahre Lebensweisheit ꝛc. Nebst des sel. Verf. Bildniß. 4. Heilbr. 804. Claß. 1 rß 8 gr

Mayer, Johann Friedrich

Mayer, J. F., an diabolus Christum post tentationem pro Dei filio agnoverit? Gryph. 1703. 4.

Mayer, J. F., an resurrectio Christi pertineat ad opus redemtionis nostrae nec ne? Gryph. 1706. 4.

Mayer, Jh. Fr., († d. 17. März 1798.) Anfragen u. Antworten in Briefen üb. Gegenstände d. Landwirthschaft. 2 Liefrg. 8. Tübing. 783—85. v. Cotta. 1 rß

Mayer, J. F. „Anfragen und Antworten über Gegenstände der Landwirthschaft", 2 Lieferungen, Tübingen 1783—1786.

Mayer, J. F., de Anna prophetissa vidua LXXXIV annorum. Gryph 1706. 4.

— Antwort auf die Herwig'sche sogenannte wahre Beschreibung zweier aneinander gewachsener Kinder. 8. Frankf. und Leipz. 772.

Mayer, J. F., de ascensione Christi. Gryph. 1704. 4.

Mayer, Johann Friedrich. Auszüge aus allen Theilen der landwirthschaftlichen Beiträge. Frankf. a. M. 1785. II: *Binder, Franz Phil. Friedrich.* (EngOec)

Mayer, J. F. „Auszüge aus allen Theilen der landwirthschaftlichen Beiträge", 1 Teil, Frankfurt 1785 (Andreä).

Mayer J. F.: Beyträge u. Abhandlungen z. Aufnahme d. Land- u. Hauswirthschaft nach den Grundsätzen d. Naturlehre u. d. Erfahrung entworfen. M. Fortsetz. (1)-8 (6 Vol.). Frankf a. M. 1769-78, à c 230-460 S.

— Beiträge u. Abhandll. z. Aufnahme d. Land- u. Hauswirthschaft nach d. Grundsätzen d. Naturlehre u. d. Erfahrung. 14 Thle. 8. Frankf. a. M. 769—86. (1r—3r Thl. 2e A. 780, 86, 99). Andreä. 11 rß 12 gr

Mayer, J. F. „Beiträge und Abhandlungen der Land- und Hauswirthschaft, nach den Grundsätzen der Naturlehre und der Erfahrung entworfen", 14 Teile, Ulm 1780—1786 (Stettin).

Mayer, J.F De benedictione sacerdotali. - Gryph. 1705

Mayer, Johann Friedrich [Praes.], s. Bock, Jo. Christian Quaestionem theolog. utrum Christus fuerit in lumbis Adami peccantis?

Mayer, Johann Friedrich [Praes.], s. Bollhagen, Lorenz David: De templo Judaeorum tertio.

Mayer, J. F. „Oekonomischer Briefwechsel", 3 Teile, Frankfurt 1778—1780 (Andreä).

Mayer, Johann Friedrich (Übers.), s. Casaubonus, Mericus. Commentarius de enthusiasmo.

Mayer, J. F., Dissertatio de Catharina Lutheri conjuge. Vitebergae 1699. 4 Hamburgi 1710. 4.
— Dasselbe, deutsch mit Anmerkungen. Frankfurt 1724. 4.

Mayer, J. F., de Christo peccatore omnium maximo. Gryph 1703. 4.

Mayer, J. F., comitia Thaboritica. Hamb. 1707. 4.

Mayer, J. F., de communione regis Galliae sub utraque. Viteb. 1709. 4.

Mayer, J. F., de confessione per epistolam. Gryph. 1704. 4.

Fließbach, Abraham (Misenens. Gersdorffensium Pastore). De confortatione angelica agonizantis Jesu. Oder es erschien Ihm aber ein Engel vom Himmel / und stärckete ihn Luc. XXII, 43. Diss theol Präs Jo Friedrich Mayer. o O. 6 IV. 1674 Editio II 1713. 39 S., tlws dtsch (5 —) 9086

Mayer, J. F., de confortatione angelica agonizantis Jesu. Viteb. 1674, rec. 1735. 4.

Mayer, J F, de Petri apostoli conjugio. Viteb. 1684, rec 1718. 4.

— de contemtoribus coenae Domini. Ibid. 1706. 4.

— De controversiis antitrinitariis in Anglia recens agitatis scriptisque circa hoc argumentum in lucem editis epistola. Hamburg. 1700. 4. P.

Mayer, Johann Friedrich [Praes.], s. C r a z, Jacob De quaestione an pro peccantibus ad mortem sit orandum?

Mayer, J F, cultus Dei rationalis Rom. 12. 1 descriptus. Gryph 1711 4.

Mayer, J. F, cur nullum festum peculiariter Deo Patri sacratum ab ecclesia sit. Gryph. 1702 4.

— De Cardinali decano quod munus hodie illustr. Bullionæus sustinet. Kilonii. 1700. 4. P. [Resp. Pt. Conr. Bartlingius].

– – Vgl M a y e r, J J

Christiern, E., (Upsal. 1732 4) Mayer, J F., (Gryph 1702 4.) de denario census.

Mayer, J F., de desiderio moriendi in die parasceves. Gryph 1702. 4.

Mayer, J. F., de dominica Palmarum. Gryph. 1706. 4.

Mayer, J F, de dominicis adventus Gryph 1701 4

— Kupferzell, durch die Landwirthschaft im bessern Wohlstand. Beispiel f. Landwirthe. 8. Leipz. 793. Kummer. 1 ₰

— Eclogae evangelicae, ed. ab E. Neumeister. 2 Pts. 8. Hamb. Bohn. 732. 33.

Mayer J F eclogae ad evang in festo visitationis Mariae Gryph. 1704 4

Mayer, J. F. Ehrengedächtniss Frau Catharine Lutherin . . . Frankfurt u. Leipzig 1724. H: *Kapp, Joh. Erhard.* (BB)

BORA. — M a y e r, J F, E h r e n g e d ä c h t n i s C a t h a r i n e n L u t h e r i n, g e b. v o n B o r a Mit 2 Bildnissen derselben Frankf 1724 8° (In Dresden.) (1 Mk. 50 Pfg Osw Lpz 1904 jetzt theurer!)

MAYER, Jo. Fr.: De Romani Pontificis electione Caesarumque circa eam jure Commentarius. *Hamb.* 700. 4.

— Evang. Engel, oder Predigten üb. d. Evang. 4. Kö- nigsb. Fritsch. 708.

Mayer, J F, de episcopissis vet. eccl. Gryph. 1702. 4.

Mayer, J F De E p i s k i a s m o sive obumbratione virtutis Altissimi. Greifswald 1702 4°

— **Jo. Fried., Ad praecellentem virum dominum** M. Immanuel Proele de diplomate ab Illustri Leibnitio adducto, Henrici VII. ex venenata Eucharistia obitum negante, epistola. (Greifswald [D. B. Stark] 12. X. 1703.) (2.—) 22508

(—). — Decanus collegii theologici **Jo. Fried. Mayer** (Examen Libri Gerberiani von unerkandten Sünden). (Christian Gerber, Dresden/Lockwitz.) Greifswald (D. B. Starck) 1707. 16 Seiten. (4.—) 22509

Mayer, Johann Friedrich [Praes.], s. F a b r i c i u s, Joh. Albert De recordatione animae humanae post fata superstitis.

Mayer, J F, de facie Stephani angelica. Gryph 1702 4.

Mayer, Joh. Friedr., Epistolica dissertatio qua anonymorum et pseudonymorum farrago obiter indicatur, mitgegeben in V. Placcii Theatrum anonymorum et pseudonymorum ed. M. Dreyeri, Hamburg (1708) siehe Vincentius Placcius.

— Acc. *Ej.* Disquisitio de Friderico I. Aenobarbo Imp. ab Alexandro III. Pontifice pede non conculcato. Edid. et diss. praemis. de variis Pontt. iisque iniquissimis adversus Caesares molitionibus H. MUHLIUS. *Kil.* 729. 4.

Mayer, J F., de sacerdotum formula salutandi: Dominus vobiscum. Gryph. 1703. 4

— Gallerie von Schilderungen guter u. böser Hauswirthe rc. 8. Nürnb. 781. Zeh. 16 ₰.

Mayer, Joh. Friedr., „Das Ganze der Landwirthschaft", 2 Theile Nürnberg 1788, 2. Aufl. Nürnberg 1792, 3. Aufl., neu bearbeitet und verbessert von J. E. v. Reider und mit einem Anhange, „Das Ganze des praktischen Unterrichts in der Thierarzneikunst", nach Erxleben, neu bearbeitet von J. J. Weidenkeller, 2 Theile, Nürnberg und Leipzig 1823 (Zeh).

— das Ganze der Landwirthschaft. 2 Thle. gr. 8. Nrnb. Zeh. 788.

MAYER Johann Friedrich Das Ganze der Landwirtschaft Prag 1789

Mayer, Joh. Friedr., mein Garten. A. u. d. T Achte Fortsetzung d. Beiträge z. Aufnahme d. Land- u. Hauswirthschaft. 8. Frankfurt, 1778. Gebhard u. K. 1. —

— die Geburt zweyer an d. Bäuchen zusammen gewachsener Kinder. 8. Frft. Andreä. (Stage, A.) 772.

— pragmat. Geschichte d. Land- u. Hauswirthschaft. des Amtes Kupferzell. 8. Schwäb. Hall 773. Zeh in Nürnb. 1 ₰ 4 ₰.

Mayer, J F De h e b d o m a d e magna. Hamb 1695 Rec Gryph 1706

Mayer, Johann Friedrich [Praes.], s. H e c k e l, Christian Friedrich Quaestiones de electione pontificis.

Mayer, Johann Friedrich [Praes.] s. H i n t z, Christian. Cultum dei rationalem ex Rom. XII. I. succincte descriptum.

Mayer, Johann Friedrich [Praes.] s. H i n t z e, Joach. Joh. De non-salutandis a fide deviis, e 2. Joh. commat. 10.

Mayer, Johann Friedrich [Praes.], s. H i n t z e l m a n n, Jakob Utrum fata mundi, regnorum & urbium dependeant ab astris, exhibentem temere praedictos ab astrologis illorum interitus.

Mayer, J F, hist praecipuorum N T festorum. Gryph. 1706. 4.

Mayer, J. F., de hostiis et calice venenatis. Gryph. 1703. 4.

— Diss. Fridericiana de hymno: Erhalt uns Herr bey deinem Wort. Kilonii. 1701. 4. P. [Resp. Gregor. Langemak].

Mayer J. F.: Catechismus d. Feldbaues, worinnen in Fragen u. Antworten die Acker- u. Wiesenbaukunst . . . vorgetragen ist. Frankf. a. M. 1770. (16) 124 S.

— Katechismus d. Feldbaues. 8. Frankf. a. M. 770, Andreä. 4 gr

— Catechismus des Feldbaues. 8. Frkft. Andreä. (Stage, Augsb.) 785.

— Ders. für d. Landmann umgearb. v. Frz. v. P. Schrank. 8. Münch. 785. Fleischmann. 3 gr

Mayer, J. F., lectionem S. S. laicis concedendam esse. Gryph. 1687; rec. 1713. 4.

— Lehrbuch f. die Land- und Hauswirthe, mit K. Nrnb. Zeh. 773.

— Lehrbuch f. die Land- u. Hauswirthe in d. pragmat. Gesch. der gesammten Land- u. Hauswirthschaft. Mit 10 Kpf. 8. Nürnb. 785. Zeh. 1 ß 4 gr

Mayer, J. F.: „Lehrbuch .. der gesammten Land- und Hauswirthschaft", Nürnberg 1773 (Zeh).

Mayer, J. F.. „Praktisches Lehrbuch der gesammten Landwirtschaft", Grätz 1793 (Ferstl).

— die Lehre v. Gypse, als einer guten Düngung. 4. Ansbach. 1e u. 2e A. 769. Gassert. 3 gr

Mayer, Johann Friederich: Die Lehre vom Gyps als einem vorzüglich guten Dung zu allen Erd-Gewächsen auf Aeckern und Wiesen, Hopfen- und Weinbergen. Anspach: Posch 1768. 31 S. -- 12°

--- Dass. 2. Aufl. Ebd. 1769. 31 S. -- 29°

— — Vertheidig d. vorherg. Schrift. 8. Frkft. Andreä. 771.

Mayer, Joh. Friedr., d. Maikäfer als Wurm u. Vogel in Gärten, auf Aeckern u. Wiesen höchst schädl., u. hinlängl. u. erprobte Vorschläge wider ihn. 8. Schwabach, 1786. (Nürnberg, Lotzbeck.) — 7½

— die Maikäfer, als Wurm u. Vogel d. Landwirthe höchst schädlich. 8. Schwabach. 786. Zeh in Nürnberg. 6 gr

Mayer, Johann Friedrich [Praes.], s. Meyer, Justin: De sacerdote Androgyno, Seu Quaestione. Num Androgynus salva conscientia possit fungi Ministerio Ecclesiastico?

Mayer, J. F., de miraculis Christo falso attributis ante nuptias Canae Galilaeae. Gryph. 1703. 4.

Mayer, J. F., de miraculis, quae Chr. tribuuntur in nuptiis Canae Galilaeae, cum quibusdam aliis ejusdem argumenti. Gryph. 1703. 4.

— mors cum Deo mortua. Ibid. 1704. 4.

— Hamb. Ninive, oder Bußandacht üb. den Propheten Jonas, nebst Erdm. Neumeisters Fortsetzung. 8. Hamburg. 693–721.

— d. sichere Nothhelfer für Städtebew. u. Landleute. 8. Wien. Gerold. 794.

— der sichere Nothhelfer für Städtebewohner u. Landleute. 8. Wien 795. Gerold. 20 gr

Mayer, J. F., num Josephus tempore nativitatis Chr. fuerit senex decrepitus? Lips. 1672. 4; rec. 1705. 4.

Mayer, J. F.. „Der erfahrne Oekonom, oder Wirthschaftsbuch", Wien 1791 (Gerold).

— — **Tractatus de osculo pedum pontificis Romani Von des Pabsts Fuß küßen. Editio altera. Leipzig (J. M. Burgkmann) 1714. (—.—) 22510**

Mayer, J. F., de paedobaptismo apostolorum temporibus coaevo. Gryph 1708. 4.

— de Petro antipapista Gryph 1703. 4

— de Petronilla, Petri ap. filia. Ibid 1707 4.

Mayer, Johann Friedrich [Praes.], s. Potzerne, Benjamin Utrum Studiosus Theologiae Salva Conscientia Theologiae Studium deserere et Jurisprudentiae aut Medicinae se consecrare possit.

Mayer, J F., de praeceptoribus Christi. Gryph. 1704. 4.

Mayer, J. Fr., de praesagiis mortis. Viteb. 687 4. 701. 4.

Mayer, Johann Friedrich [Praes.], s. Pyl, Christoph: Omniscientiam exinanitae carnis Christi nihil ignorantem.

Mayer, J. F., quare Christus post resurrectionem neque Pharisaeis neque populo judaico apparuerit? Gryph. 1702. 4.

Mayer, J. F., quod quilibet anni mensis gloriam nati Serv. ambitiose sibi asserat. Gryph. 1701 4.

Mayer, Johann Friedrich [Praes.], s. Ritter, Andreas: De fide Christi, Sive Utrum Christus fidem habuerit?

Mayer, J. F., de rosario s. vom Paternoster. Gryph. 1708; rec. 1710. 4.

Jo(hann) Fried(rich) Mayers Schreiben an die Gemeine Jesu zu St. Jacob in Hamburg. — Greiffswald (1703): Adolphi 4 Bl 8° (4°)

Mayer, Johann Friedrich [Praes.], s. Schröder, Lukas. De episcopissis veteris ecclesiae.

Mayer, Johann Friedrich [Praes.], s. Stahl, Ernst Heinrich: Septem quaestiones e septem verbis morientis Christi.

Mayer, Johann Friedrich [Praes.], s. Stahl, Ernst Heinrich Ad septem verba morientis Jesu septem quaestiones et septem dispositiones.

Jo. Frid. Mayer de sudore Christi sanguineo. Gryphiswald. 1706. 4

Mayer, Johann Friedrich [Praes.], s. Ubechel, Henning De usu decimi praecepti in renovatione

Mayer, J. F., utrum Christus legerit Platonem vel Terentium? Hamb. 1701 4.

Johann Friedrich Mayer
1650–1712

Jo[hannes] Frid[ericus] Mayerus[Mayer]: Utrum fata religionum dependeant ab astris? Disp. 2. Hamburgi (1700:) Reumann. 16 S. 8°

Disp.2: [Resp.:] Joh[ann] Hieronymus Wruck. (1700.)
Kiel, Phil.Disp.v. Juli 1700

— utrum ipse Deus mortem Redemtori intulisset, si abstinuissent homines. Gryph. 1702 4

Jo. Frid. Mayer utrum medicus Papista praestet Lutherano. Greifswald. 1706. 4.

Mayer, J. F., utrum passione sua Christus sibi aliquid promeruerit? Gryph. 1703. 4.

— Vanitas Romæ triumphalis, hoc est Probatio luculenta et succincta Serenissimam Principem Palatino-Bipontinam argumentis illis, quæ nuper Ipsius nomine publice vendita sunt, ad amplectendam religionem pontificiam ullatenus potuisse commoveri; diss. inaug. Kiliæ. 1701. 4. [Resp. Gothofr. Cohlreiff]. (U. B.).

– (Hrsg.), s. V a r r o, Marcus Terentius. Von der Landwirtschaft

Mayer, Johann Friedrich [Praes.], s. V e h r, Johann Adam De Carolostadio, contra Godofred Arnoldum, et observat. VIII partis III Der auserlesenen Anmerckungen.

M a y e r J. F., ad septem verba morientis Jesu Gryph 1706. 4

M a y e r, J. F., de verbis Christi ad latronem hodie mecum eris in paradiso. Gryph 1707 4.

– V e r s t ä r k u n g, Umschreibung und Entwertung der Komparationsgrade in der älteren Gräzität, s. M a y e r, Friedrich

— Vertheidig. d. Gypses. 8. Frankf. a. M. 771. Andreä. 4 gr

M a y e r, J. F., de vestimentis sepulcralibus. Hamb. 1706. 4.

Mayer, Jh. Geo., Bedenken über verschied. Arten des Leseunterrichts, u. die einfachste Methode lesen zu lehren, nach J. C. Adelungs Sprachlehre. 8. Salzb. 790.

(M a y e r. J[ohann] G[eorg].) Kleine Beiträge zur Geschichte der Bischöfe von Konstanz im sechszehnten Jahrhundert [SA] 8 [Luzern 1893]

M a y e r. J[ohann] G[eorg]. Die Disputation zu Zürich am 29 Januar 1523 SA 8 Luzern 1895

M a y e r Joh[ann] Georg Die Einführung der Kapuziner in Näfels Vortrag, gehalten in der Versammlung des glarner. historischen Vereins, am 8. Mai 1883 in Näfels. SA 8. Glarus 1883.

Mayer, Joh. Geo., Geschichte des Bist. Chur. (In 16 Lfgn.) 1.—11. Lfg. (1. Bd. XI, 567 S. m. Abbildgn., 13 Taf. u. 2 farb. Karten u. 2. Bd. S. 1—128 m. Abbildgn.) gr 8. Stans 907—10. H. v. Matt & Co. à 1.—

M a y e r Joh[ann] Georg. Geschichte des Bistums Chur Liefg 12 [= Bd. 2, Liefg. 3]. [Mit Illustrationen und 1 Tafel.] II S. + S 129—192 8 Stans, Hans von Matt & Co., 1909 [d. i. 1911]. [pro Liefg. fr 1 25]

M a y e r. Joh[ann] Georg Zur Geschichte des Landkapitels Zürich. ‹Zürich-Rapperswyl, Zürich-March.› SA. 8. Einsiedeln 1879

M a y e r, Joh[ann] Georg. Das Konzil von Trient und die Gegenreformation in der Schweiz. Von Joh. Georg Mayer, Domherr u(nd) Professor (Chur). Band 1. VIII + 346 S. 8. Stans, Hans von Matt & Co., 1901. [fr. 5.—]

Mayer, Joh. Geo., das Konzil v. Trient u. die Gegenreformation in der Schweiz. 2. (Schluß-)Bd. (IV, 372 S.) gr. 8. Stans 903. H. v. Matt & Co. n. 4.—

— s. Mustertabellen d. deutschen Declination.

M a y e r, J[ohann] G[eorg]. Das Stift Rheinau und die Reformation [SA] 8. [Luzern 1889]

M a y e r, Joh[ann] Georg St. Luzi bei Chur. Geschichte der Kirche, des Klosters und des Seminars. 2. umgearbeitete und vermehrte Aufl. Festschrift für die Zentenarfeier des Seminars. [Mit Illustrationen und 2 Tafeln.] IV + 163 S. 8. Einsiedeln, Eberle & Rickenbach, 1907. [fr 3.—]

Mayer, Joh. Geo., St. Luzi bei Chur vom 2. Jahrhundert bis zur Gegenwart. Geschichte der Kirche, des Klosters u. des Seminars. gr. 8. (IV, 188 S. m. 1 Steintaf.) Lindau 876. Stettner. n. 2. 60

— Graf Theodor Scherer-Boccard. Ein Beitrag zur Geschichte der kathol. Bewegung in der Schweiz. gr. 8. (IV, 189 S. m. 1 Bildnis.) Einsiedeln 900. (Eberle & Rickenbach.) n. 1. 95

M a y e r. Joh[ann] Georg Skizze einer Geschichte der schwäbischen und schweizerischen Benedictiner-Congregation. Nach P. Moriz Hohenbaum van der Meer, von Joh. G' Mayer .. ‹Mit einem Anhange Bericht des Nuntius Ladislaus d'Aquino aus dem J 1612 über die Benedictiner- und Cistercienserkloster Schwabens und der Schweiz› [SA] 8 [Brünn 1888]

M a y e r. Joh[ann] Georg Vaticano-Curiensia Ungedruckte päpstliche Urkunden, die Diözese Chur betreffend, aus dem 13., 14. und 15. Jahrhundert In den Registern des vatikanischen Archivs gesammelt und hrg von Joh. G' M'... SA 8. Chur [1888].

Mayer, (auch Meier,) Jh. Geo. Wlh., Naturlehre f. Kinder. 16 Bdch. Mit Kpf. 8. Nürnb. 791. Felssecker. 14 gr

Mayer, Jh. Gl. L., († d. 18. März 1817.) Amor victor et victus, secundum binos Petrarcae Triumphos d'Amore et della Castità. In Pauperum commodum. 8maj. Erlang. 804.

— s. J. U. v. C r a m e r, Wetzlar. Nebenstunden.

Mayer, Jh. Gf. H., († d. 28. Mai 1807.) Historia diaboli, s. comment. de existentia, statibus, judiciis, consiliis, potestate diaboli. 4. Tübing. 777. Ed. II. 780. v. Cotta. 1 ₰ 16 gr

— **Johann Gottfried** (Thurnau), De singularibus probationis per inspectionem ocularem magis determinatis. Diss. jurid. Erlangen (Walther) Mai 1770. 39 S. (5.—) 22512

— — De singularibus probationis per ocularem inspectionem magis determinatis. Diss. altera. Erlangen (Walther) 30. VI. 1770. S. 40—62. (5.—) 22513
Gew.: Christoph Ferdinand Haenlein.

Mayer, Jh. Gli. Fr., s. Oskar u. Malvina.

Mayer, Johann Jakob

— **Jo. Jacob** (Zittau/Laus.), De ΑΔΙΑΦΟΡΙΑ in moralibus. Leipzig (Göz) 22. XII. 1700. (4.50) 22518

— — An reprobatio post attestatorum publicationem admittenda sit? Altdorf (J. W. Kohle) Juli 1716. 28 S. (4.50) 22519

Mayer, Jh. Jak., Andachtsbuch f. Schwangere, Gebährende u. Mütter aller christl. Confessionen. 8. Ravensb. 810.

— s. Isokrates d. Sittenlehrer.

M a y e r, J. Jac., Leitfaden d. christl. Religionsunterr. der Schuljugend und Confirmanden. gr. 8. Biberach, Knecht. 805.

M a y e r, Joh. Jac., Leitfaden beim christl. Religionsunterrichte d. Schuljugend u. Confirmanden. gr. 8. Jena, Voigt. 812.

— kurzer katechet. Unterricht f. die Confirmanden über die wesentl. Lehren d. Christenthums. 8. Biberach 805. Knecht.

Mayer, Joannes Josephus Antonius *(geb. Breslau 13. 3. 1782)* Dissertatio exhibens opii succinctam historiam et chemicam analysin. Vratislaviae (1819). (23 S.) 4° *(Praeses Karl Ludwig Klose.)*
Breslau, Med. Diss. v. 28. [vielmehr 27] Febr. 1819

— Johann Justus Georg (Stassfurt/Magdeburg), De conditione potestativa institutioni liberorum adiecta. Diss. jur. Präs. Ernst Christ. Westphal. Halle/Magdeburg (Hendel) 14. X. 1758. 28 Seiten. (4.—) 22520
Widm. v.: Ernst Christ. Westphal, Friedrich Heinrich Delbrück, Alb. Gottfr. Friedr. Beyer (Oppon.).

— — Dasselbe. Halle a. d. Saale (J. Chr. Hendel) 14. X. 1758. 24 S. (4.—) 22521
Widm. v.: Ernst Christ. Westphal.

Mayer, Johann Kaspar

Mayer J. C.: Der gründliche Hufschmied. Wien 1774. 54 S. P.

Mayer, Joh. Casp., Gründlicher Hufschmied. 8 vo. Wien 777

Mayer, Johann Michael, s. Meyer

Mayer, Joh. Nep. (geb. am 6 Okt. 1855 in Koblenz): '[Aus d. pharmakol. Institut zu Bonn.]' — Experimentelle Beiträge zur Kenntniss der Wirkungen der Oxalbasen ... Bonn, Univ.-Buchdr. v. C. Georgi 1882. 54 S., 1 Bl. 8.
Bonn, Med. Fak., Diss. v. 15 Mai 1882

Mayer, Johann Nep. — Predigt auf das Fest des heiligen Franziskus von Assisi. Vorgetragen in der Klosterkirche der P. P. Franziskaner am 4ten Oktober 1853 in Wien von — —. 8. (20 S.) Wien. Mechitaristen-Buchdruckerei. 1853.

Mayer, Johann Nep. —. Predigt auf das Fest der heiligen Johanna Franziska Fremiot von Chantal, Stifterin des geistlichen Jungfrauen-Ordens von der Heimsuchung der allerseligsten Jungfrau Maria. Vorgetragen in der Klosterkirche der wohlehrwürdigen Salesianerinnen am Rennwege in Wien am 21. August 1855 von — —. Wien. 1855. Gedr. bei A. Pichler's Witwe und Sohn. (19 S. 8.)

MAYER, Johann Thomas (Tirschenreuth): Zur Lehre von der Blausucht.- München: Wild 1843. 19 S. 11.3.1842 - Urk (Titel: De cyanosi.); F 66
Diss. Ingolst.-Landsh.-Mchn.

Mayer, Johann Tobias

— de aberrationibus stellarum fixarum, computandis, cum tab. aen. 4. Erl. Palm. 787.

Mayer, J. Tob. Abhandlung über das Ausmessen der Wärme in Rücksicht auf das Höhenmessen mit Barometer. Frankfurt 1786.

— phys. mathem. Abhl. über d. Ausmessen d. Wärme, vermitt. des Barometers. 8. Nrnb. Monath. 786.

Mayer, J. Tob. De adfinitate chemica corporum coelestium. Gottingae 1832. 4.

– (Übers.), s. Aeneae, Hendrik: Beschreibung und Gebrauch eines ... Telluriums.

— Anfangsgründe d. Naturlehre, z. Behuf d. Vorles. über die Experimental-Physik. 8. Götting. 801. 2te Ausg. Mit 3 Kpft. 805. 3e Ausg. 812. 4e Ausg. 820. 5e Ausg. 823. 6e Ausg. 827. Dieterich. 2 ß

Anfangsgründe der Naturlehre zum Behuf der Vorlesungen über die Experimental-Physik. Von Johann Tobias **Mayer**. 3., verb. u. verm. Aufl. Göttingen: Dieterich 1812. XVI, 581 S. 8°

— — Anfangsgründe der Naturlehre. 4te Aufl. Mit 3 Kupfert. 8. Göttingen, Dietrich. 820.

Mayer, (J. T.,) Anfangsgründe d. Naturlehre, z. Behuf bei Vorlesungen ꝛc. 5e Aufl. Mit 3 Kupft. 8. Göttingen 823, Dieterich.

Johann Tobias Mayer
1752 - 1830

Gründliche und vollständige Anleitung zur praktischen Stereometrie, mit bes. Anwendungen auf d. Berechnung der Maaße u. Gefäße... Von Johann Tobias Mayer. Göttingen: Vandenhoek & Ruprecht 1809. XXVI, 707 S. 8°

(= Mayer: Gründlicher und ausführlicher Unterricht zur praktischen Geometrie. Th. 5.)

Mayer, Johann Tobias. Vollständige und gründliche Anweisung zur Verzeichnung der Land-, See- und Himmelscharten und der Netze zu Coniglobien und Kugeln, brauchbar für alle, welche sich dieser Dinge mit Einsicht und Nutzen bedienen wollen. (Gründlicher und ausführlicher Unterricht zur praktischen Geometrie. Th. IV.) Zweyte verbesserte und vermehrte Auflage. Erlangen 1804. XVI, 652 S. 8 Tf. 8°

Johann Tobias Mayer
1752 - 1830

Vollständige und gründliche Anweisung zur Verzeichnung der Land-, See- und Himmelscharten und der Netze zu Coniglobien und Kugeln. ... Von Johann Tobias Mayer. 3., verb. u. verm. Aufl. Erlangen: Palm 1815. XX, 660 S. 8°

(= Mayer: Gründlicher und ausführlicher Unterricht zur practischen Geometrie. Th. 4.)

Mayer, J. Tob. De apparentiis colorum, a polaritate luminis pendentibus. Gottingae 1832. 4.

Mayer, J. Tob. Commentatio de apparentiis objectorum terrestrium a refractione lucis in atmosphaera nostra pendentibus. Gottingae 1832. 4.

Mayer, J. Tob. Commentatio de arcubus coloratis inter duo vitra objectiva seu plana conspicuis. Gottingae 1832. 4.

* Neue und allgemeine Art, alle Aufgaben aus der Geometrie vermittelst der geometrischen Linien leichte aufzulösen, insbesondere wie alle reguläre und irreguläre Viel-Ecke, davon ein Verhältniß ihrer Seiten gegeben, in den Cirkul geometrisch sollen eingeschrieben werden etc. samt einer kurzen hierzu nöthigen Buchstabenrechenkunst und Geometrie. Als Erstlinge an das Licht gestellt, von *Tobias Majern* Mathem. Cult. Eßlingen, gedruckt bey Gottlieb Mäntlern. 8. 56 S. m. Fig. 1741.

Tobias Mayer
1723-1762

Mathematischer Atlas in welchem auf 60 Tabellen alle Theile der Mathematic vorgestellet werden... von Tobias Majern (Meier [Mayer]). Augspurg: Pfeffel (1745). 60, 8 Taf. quer-2° [Kupfert.]

Mayer J. Tob. Mathematischer Atlas. Augsburg 1748. fol.

— und Langsdorf, neuer Auszug aus Wolfs Anfangsgr. d. Mathem. s. Auszug.

— u. Langsdorf, neuer Auszug aus Wolf's Anfangsgr. d. Mathematik. s. v. Wolf.

Tobias Mayer
1723–1762

Bericht von den Mondskugeln, welche bey der kosmographischen Gesellschaft in Nürnberg, aus neuen Beobachtungen verfertiget werden durch Tobias Mayern [Mayer]. o.O. Homännische Officin 1750. 24 S. 8°

— Carte critique de l'Allemagne; faite suivant un nouveau dessin, appuyé des monumens authentiques du tems ancien et nouveau avec une comparaison de celui de Mr. de l'Isle et de Homann. Echelle de 1 2700000. Nuremberg, Héritiers de Homann, 1750. Imp.-Fol.

(—). — Academiae Georgiae Augustae prorector Johann Tobias Mayer cum senatu . . . . simulque successorem in magistratu acad. Carl Friedr. Staeudlin . . . . Causura ingenii et historiarum Ammiani Marcellini, nonnullaque ex iis memorabilia. Göttingen (H. Dieterich) Sept. 1802. 8 S. (2.50) 22522

Majer T Ducatus Würtenbergici cum locis limitaneis exactissima delineatio Nürnberg 2 Bl c K v

Finier — Sinus delineatio Geographica ex quam plurimis subsidiis novissimis stereographice tradita per D. Tobiam Mayerum, Professorem Matheseos Goettingensem Curantibus Homannianis Heredibus Norimb. Emend. 1808 1 1,000,000. 1 Bl.

— descriptio machinae ad combustionem Gas inflammabilis et vitalis idon. exhibens. c. tab. aen. 4. Gótting. 800. Dieterich. 4 gl

Mayer J Tob Determinatio quantitatis absolutae caloris in dato corpore contenti Gottingae 1832. 4.

Mayer J Tob Dissertatione 1803—28 1

— und Langsdorf, Einleitungen, in die mathematischen Wissenschaften. gr. 8. Marburg, Krieger. 797.

Mayer, Tob., Erstlinge, aufs neue herausgg. v. J. F. Benzenberg, nebst e. Nachr. von Erfindungen u. seinem Leben. Mit Kpfr. 8. Düsseld. 812. Schreiner. 1 ₰ 6 gl.

Mayer, Etwas über den Regen und Herrn de Luc's Einwürfe gegen die französische Chemie.

– (Übers.), s. Galvani, Luigi. Abhandlung über die Kräfte der tierischen Elektrizität auf die Bewegung der Muskeln.

Mayer J Tob Praktische Geometrie 3. A Göttingen 1802-9 5 Bde
Mayer J Tob Praktische Geometrie 4 A Gottingen 1814

— über die Gesetze u. Modificationen des Wärmestoffs. 8. Erlang. 791. Palm. 16 gl

Mayer J Tob Commentatio physico-mathematica de halonibus sive coronis Gottingae 1832 4

Mayer J. Tob. Commentatio de lege vis elasticae vaporum Gottingae 1832 4

Mayer J Tob Commentatio physico-mathematica super legem actionis vis electricae repulsivae in distantiam experimenta et disquisitiones Gottingae 1832. 4.

Johann Tobias Mayer
1752 – 1830

Vollständiger Lehrbegriff der höhern Analysis. Von Johann Tobias Mayer. Th.1.2. Göttingen: Vandenhoek & Ruprecht 1818. 8°

Th.1: Die Differenzialrechnung.
Th.2: Die Integralrechnung.

Mayer, Joh. Tob., vollst. Lehrbegriff der höhern Analysis. 2 Thle. gr. 8. Göttingen, Vandenhök u. R. 819.

Mayer J. T.: Lehrbuch üb. die physische Astronomie, Theorie d. Erde u. Meteorologie. Gött. 1805 340 S. 2 Tvl.

Mayer, J. Tob., Lehrbuch über die phys. Astronomie, Theorie der Erde und Meteorologie, m. K. 8. Götting. Dietrich. 805.

Mansfeld — Comitatus — etc. reductus a Tob. Majero. Norimbergae curantibus Homannianis Heredibus. 1750. Emendatior reddita studio Domini Biringii reverendi et de Geographia patria bene merentis pastoris in terris Mansfeldensibus. 1751. 1 : 190,000. 1 Bl.

Mayer, Tob. Mappa geographica Regni Poloniae Nürnberg 1750. 1 Bl c K. v

Mayer, Tobias, Germaniae atque in ea locorum principaliorum Mappa critica, ex latitudinum observationibus, quas hactenus colligere licuit, omnibus, Mappis specialibus compluribus, itinerariis antiquis Antonini, Augustano, et Hierosolymitano concinnata .. Noribergae, impensis Homannianorum Heredum, 1750. Fol. (Br. Mus., D.)

Mayer J Tob Lex Mariotti ex principiis theoreticis deducta Gottingae 1832. 4.

(—). — Academiae Georgiae Augustae prorector Jo. Tobias Mayer cum senatu successorem in magistratu academico Theophil Jac. Planck . . . . Proluduntur nonnulla de Genio humanae naturae Deo. P. I. Göttingen (H. Dieterich) März 1815. 8 S. (2.—) 22523

Tobias Mayer
1723–1762

[Teils.] Tobiae Mayeri [Mayer] Opera inedita. Ed. et observationum app. (Appendix observationum quae ad locorum quorundam in commentationibus et tabulae selenographicae Mayerianae huic fasciculo adiectae illustrationem pertinent.) adiecit Georgius Christophorus Lichtenberg [1742–1799]. Vol. 1. Gottingae: Dieterich 1775. 4°

1. 110 S., 4 Taf.

Mayer, I. Tob., opera inedita. Vol. I. ed. C. C Lichtenberg. fol. ibid. 775. Rthlr.

Mayer J Tob Commentatio de polaritate luminis Gottingae 1832 4.

Mayer J Tob Phaenomenorum ab inflexione luminis pendentium ex propriis observationibus et experimentis recensio et comparatio. Gottingae 1832. 4.

Mayer, T Septem provinciae seu Belgium foederatum quod generaliter Hollandia audit. Nürnberg 1748. 1 Bl c K v

— de refractionibus astronomicis commentatio. 4. Leipz. 781. (Lauffer.) 8 gl

— — de refractionibus astronomicis commentatio. 4. 781. Jetzt Lauffer in Leipzig.

Mayer J Tob De refractionibus astronomicis commentatio. Norimbergae 1781

Mayer J Tob De refractionibus objectorum terrestrium. Gottingae 1751 4.

Mayer's, Tobias. Sternverzeichniss. Nach den Beobachtgn. auf der Göttinger Sternwarte in den J. 1756 bis 1760. Neu bearb. v. Arth. Auwers. gr. 4. (VII, 208 S.) Leipzig 894. W. Engelmann. n. 22.—

Majer, Tobias, Regni Bohemiae, Ducatus Silesiae, Marchionatum Moraviae et Lusatiae Tabula. [Nürnberg] Homanni Heredes, 1747. . . . . . (Br. Mus.)

* Tetragonometriae Specimen I. Diſſ. inaugural. mathemat. quam publice tuebitur auctor *Johannes Tobias Mayer* Goettingenſis Matheſ. et Phyſices Cultor. Gottingae, litteris Jo. Chriſtian. Dieterich. Acad. typographi. 4. 53 Seit. nebſt einer Kupfertafel.
1773.

Gründlicher und ausführlicher Unterricht zur praktiſchen Geometrie, entworfen von M. *Johann Tobias Mayer.* Erſter Theil, mit 7 Kupfertafeln. Göttingen, im Verlage der Wittwe Vandenhöck, 8. 478 S.
1777.

— zweyter Theil, mit 6 Kupft. ebend. 8. 487 S.
1779.

— dritter Th., mit 8 Kupfertaf. ebend. 8. 551 S.
1783.

— gründl. u. ausführl. Unterr. zur prakt. Geometrie. 3 Thle. Mit Kpf. 8. Götting. 778—82. 2e A. 792—95. 3e A. 803—4. 4e A. 814—18. Vandenhöck u. R. 5 ₰ 8 gl — 4r Thl. Auch u. d. T.: Anweiſ. zur Zeichnung der Land- See- und Himmelskarten n. d. Netze zu Congloben u. Weltkugeln. Mit 7 Kpf. 8. Erlang. 794. N. A. 804. 3e A. 815. 4e A. 828. Palm. 2 ₰ 12 gl — 5r Thl. Auch u. d. T.: Anleit. z. prakt. Stereometrie. Mit 7 Kpft. 8. Götting. 809. 2e A. 821. Vandenhöck u. R. 2 ₰ 16 gl

Johann Tobias Mayer
1752 - 1830

Gründlicher und ausführlicher Unterricht zur praktischen Geometrie, entworfen von Johann Tobias Mayer. 2.,verb.u.verm.Aufl. Th.1-3. Göttingen: Vandenhoek & Ruprecht 1792-95. 8°

Th.1: 1792.
Th.2: 1793.
Th.3: 1795.

Mayer, Johann Tobias, königl. grossbrit. Hofrath und Prof. zu Göttingen Gründlicher und ausführlicher Unterricht zur prakti schen Geometrie. Mit 36 Kupfern. (5 Bde.)
8. Göttingen 1802—1809.

Johann Tobias Mayer
1752 - 1830

Gründlicher und ausführlicher Unterricht zur praktischen Geometrie, von Johann Tobias Mayer. Th.5. Göttingen: Vandenhoek & Ruprecht 1809. 8°

Th.5: Mayer: Gründliche und vollständige Anleitung zur praktischen Stereometrie. 1809.

Johann Tobias Mayer
1752 - 1830

Gründlicher und ausführlicher Unterricht zur praktischen Geometrie. Von Johann Tobias Mayer. 4.,verb.u.verm. Aufl. Th.1 - 3. Göttingen: Vandenhoek & Ruprecht 1814-18. 8°

Th.1: 1814.
Th.2: 1816.
Th.3: 1818.

Johann Tobias Mayer
1752 - 1830

Gründlicher und ausführlicher Unterricht zur practischen Geometrie. Von Johann Tobias Mayer. 3., verb.u.verm.Aufl. Th. 4. Erlangen: Palm 1815. 8°

Th.4: Mayer: Vollständige und gründliche Anweisung zur Verzeichnung der Land-,See-und Himmelscharten und der Netze zu Coniglobien u.Kugeln. 1815.

Mayer, Joh. Tob., gründl. u. ausführl. Unterr. z. pract. Geometrie. 4. Thl. — A. u. d. T.: Vollständ. u. gründl. Anweiſ. z. Verzeichn. d. Land-, See- u. Himmelscharten u. d. Netze zu Coniglobien u. Kugeln. 4., verb. u. verm. Aufl. M. 8 Kpfrt. 8. (43 B.) Erlangen 828, Palm'ſche Vrlsh.
1—3. Thl. 4. Aufl. 1814—18., u. 5. Thl. 2. Aufl. 1821. Göttingen, Vandenhoeck u. Ruprecht. 8 Thlr.

— Unterr. zur praktiſchen Rechenkunſt, zur Geometrie, m. K. gr. 8. Nrnb. Schneider und W. 786.

Mayer J Tob. Unterricht zur praktischen Rechenkunst zu Zeichnungen und zu Berechnungen. Nürnberg 1785

Mayer J Tob. Commentatio de usu accuratiori acus inclinatoriae magneticae Gottingae 1832. 4.

Mayer, Johannes Kurze Wörter-Sammlung in Englisch, Deutsch, Amharisch Gallanisch Guraguesch. Herausgegeben von L. Krapf. Basel 1878.

MAYER, JOHANNES BAPTIST: Antoni-Brod für katholische Christen. Medizin gegen den Sozialismus. In: Katholische Volksschriften. H. 2. Temesvár (Temeswar) 1898: Csanader Diöc. Buchdr. 14, 1 S. - 150 mm

MAYER, JOHANNES BAPTIST Die Religion. Das Hauptgebot. In. Katholische Volksschriften. H. 3. Temesvár (Temeswar) 1898: Csanáder (Tschanader) Diöc Buchdr 14, 1 S. - 150 mm

MAYER, JOHANNES BAPTIST Was sollen wir lesen? In: Katholische Volksschriften H. 1 Temesvár 1898: Csanáder Diöcesan-Buchdruckerei. 14 S. - 150 mm

Mayer, Johannes Martin, Assistenzarzt im Inf.-Reg. König Wilh. I. (6. Württ.) No 124 aus Neipperg Ein **Fall** von Thrombose der Arteria fossae Sylvii im Frühstadium der Syphilis. *Leipzig 1903: B. Georgi.* (22 S.) 8°
Leipzig, Med. Diss. v. (30. Juli) 1903

[Mayer, John L.]: Geschichte des Theologischen Seminars der Reformirten Kirche in den Vereinigten Staaten; nebst Beantwortung einer kürzlich erschienenen Schmähschrift des Herrn J. S. Ebaugh gegen diese Lehranstalt, den Professor derselben und die Reformirte Kirche überhaupt. *Hanover, Pa.: Daniel Philipp Lange 1831. 64 S.*

– – Vgl Meyer

Mayer, Jos Vollkommener Adel des hochfürstlichen und gräflichen Hauses von Lamberg fol Wien 1709

[ſ.] Antlitz Christi-Büchlein bes. z. Gebr. d. Sühngsbruderschaft vom schmerzhaften Antlitz unseres Herrn Jesu Christi. Von P. Josef **Mayer** C. SS. R. *Münster i. W.: Alphonsus-Buchh. 1898.* (176 S., 2 Bl., 1 Taf.) 1 Bd 8.
[98. 8356

Mayer, Jos., die obligatorische Arbeiter-Krankenversicherung. — Die Bergwerksbruderladen, s.: Verwaltung, sociale, in Oesterreich. I, 1.

Mayer, Josef: Weitere Beiträge zur Chanson d'Aspremont (Quellen, Textproben). Greifswald 1910: Wolfram. 51 S. 8°
Greifswald, Phil. Diss. v. 23. Febr. 1910, Ref. Stengel
[Geb. 17. Jan. 87 Kocherthürn; Wohnort: Schwäbisch-Hall, Staatsangeh.: Württemberg; Vorbildung: Gymn. Schwäbisch-Hall Reife Juli 05; Studium München 6, Greifswald 1 S.; Rig. 20. Juli 09.]
[U 10. 1625

Mayer, J., Die Bergwerksbruderladen. Wien, 1900.

Mayer, Jos., C. Ss. R., s.: Betrachtungen f. alle Tage u. Feste des Jahres üb. das Leben u. die Geheimnisse unseres Herrn Jesu Christi.

Mayer, Joseph [aus Baden-Baden]: Über Chorea chronica hereditaria '(Huntington'sche Chorea.)' ... Bühl, Druck d. Aktienges. Konkordia, 1897; 46 S., 1 Bl. 8.
Freiburg i. B., Med. Fak., Inaug.-Diss. v. 1897

Mayer, Mathias Joseph geb. Coblenz ... De ... Berolini 1840 (30 S.) 8°
Berlin, Med Diss. v. 4. Aug. 1840

— s. Desbillons Gedicht v. Frieden.

Mayer, Josef — Dichtung und Wahrheit. Originalien in vier Abtheilungen, verfaßt und in tiefster Hochachtung und wahrer Dankbarkeit verehrt Sr. Excellenz dem verdienstvollen Herrn Landmarschall-Stellvertreter rc. rc. Franz Josef Grafen v. Beroldingen, von — —. Wien. Druck von M. Auer. (48 Bl. 8.) 1857.

Mayer, Jos., Entwurf d. schönen Künste u. Wissenschaften. 8. Manh. 778.

— Die venerischen Erkrankungen, ihre Folgen u. ihre Verhütung. Ein Mahnwort f. Jung u. Alt. Mit e. Geleitwort v. C. Kopp. (VIII, 193 S.) 8. Dresden 907. M. Seyfert. 2.40; geb. 3.40

Mayer, Joseph [app. Arzt aus Nonnenweier] Zwei Fälle von Magencarcinom auf der Basis eines ulcus ventriculi rotundum. . . . München, Druck v. M. Ernst, 1888, 24 S. 8°
Freiburg i. B., Med. Fak., Inaug.-Diss. v. 1888

Mayer, Jos., die Fallsucht od. Epilepsie. — Der Schlaganfall od. Apoplexie. — Der Veitstanz od. Chorea. (Schumann's medizin. Volksbücher.) (58 S.) kl. 8. Leipzig 903. [W. Schumann Nachf.] Ulm, J. Ebner. Geb. in Leinw. 1.50

Mayer, Jos., illustrierter Führer v. Friedrichshafen u. Umgebung m. besond. Berücksicht. des Zeppelinschen Luftschiffunternehmens u. der Drachenstation. Mit Bodenseekarte, Stadtplan u. zahlreichen Illustr. im Text. (115 S.) 8. Ravensburg 908. (Dorn's Sort.) 1.20

Illustrierter Führer von Friedrichshafen und Umgebung mit besond. Berücks. d. Zeppelin'schen Luftschiffunternehmens u. d. Drachenstation. Hrsg. von Lehrer Josef Mayer in Friedrichshafen. Mit Bodenseekt., Stadtpl. u. zahlr. Ill. Ravensburg. Kah 1908. 136 S. 8°
[Umschlagt.] Der Bodensee .. von J. Mayer

Mayer, Jos., giebt es Schädigungen der Gesundheit als Folge v. sexuell sittlicher Enthaltsamkeit? Eine medicinisch-eth. Betrachtg. als Beitrag zur Hebg. der Sittlichkeit. gr. 8. (14 S.) Frankfurt a/M. 900. Gebr. Stritt. n. — 60

Mayer, Joseph: (Aus dem städtischen Krankenhaus in Frankfurt a/M., Abteilung des Herrn Prof. v. Noorden.) Über alimentäre Glykosurie bei verschiedenen Krankheiten. *Würzburg 1896: Becker.* (40 S.) 8°
Würzburg, Med. Diss. v. 1896

JOSEPH MAYER, Die Grabstätte des Pfalzgrafen bei Rhein und Herzogs in Bayern Johann (von der Oberpfalz) in Neuburg vor dem Walde. Historisch-kritisch beleuchtet. (Mit 1 Tafel.) s. l. & a. (1850.) 8°

Über die Grösse der Periode eines unendlichen Dezimalbruches oder die Kongruenz $10^x \equiv 1$ (mod. P.) — Von Joseph Mayer, G.-P. — 1888, Burghausen, H. Kutzner. S. 3—52.
Progr Burghausen, K Gymn

Mayer, Jos., praktisches Handbuch f. das Baugewerbe, zum Gebrauche f. Schüler meiner Unterrichtskurse u. f. alle Baubeflissenen zusammengestellt u. bearb. (78 S.) kl. 8. Coblenz (908). (W. Groos.) 1.80

Mayer, Jos., C. Ss. R., immerwährende Hilf-Büchlein. Bericht üb. das Gnadenbild u. d. Erzbruderschaft Unserer lieben Frau v. der immerwähr. Hilfe, m. e. Anh. v. Gebeten. 16. (159 S. m. 1 Farbdr.) Saarlouis 903. F. Stein Nachf. — 45; geb. in Leinw. n. — 50

— Immerwährendes Hilf-Büchlein. Bericht üb. das Gnadenbild u. die Erzbruderschaft Unserer lieben Frau v. der immerwähr. Hilfe, m. e. Anh. v. Gebeten. 2. Aufl. (159 S. m. 1 Farbdr.) 16. Saarlouis 906. F. Stein Nachf. Geb. in Leinw. — 50

Mayer, P. Jos., C. SS. R., Das gnadenreiche Prager Jesukind. Kurz erzählt, mit Gebeten zum göttlichen Kinde. 4. Aufl. (21. Tausend.) 32. (62 S.) Mit Titelbild —.10
Wien 894. St. Norbertus.

— das gnadenreiche Prager Jesukind. Kurz erzählt. 31. Taus. d. Aufl. M. Gebeten zum göttl. Kinde. 32. (62 S. m. farb. Titelbild.) Wien 895. St. Norbertus. n. — 20

Mayer, Jos., das gnadenreiche Jesukind in der Kirche S. Maria de Victoria zu Prag. Historischer Bericht mit einem Anhang von Gebeten und Liedern zu Ehren des göttl. Kindes. gr. 16. (IV, 332 S. mit 1 Farbendr.) Prag 884, Cyrillo-Method'sche Buchh. cart. *

— d. Prager Jesukindlein, s.: Koneberg, Herm.

— Jesus, unerschöpfl. Liebesquell der Jungfrauen, s.: Waldner, J.

Mayer, P. Jos., C. SS. R., Das gnadenreiche Prager Jesuskind. (Kurzer Auszug aus dem größeren Werke des Verfassers.) 3 Aufl. 24. (63 S. mit Titelbild) —.10
Wien St Norbertus 1893

— Joseph, De Imperatore statutorum in ecclesiis Germanicis protectore. Diss. jur. publ. eccles. ad Capit. Caes. Art. 14. § 1 et 3. Präs. P. Anton Schmidt. (Heidelberg) (J. J. Haener) 29. V. 1772. 21 S. (4.—) 22527

Mayer, J[oseph], prakt. Arzt aus Amberg Zur Kenntniss der Herzruptur. *Augsburg [1902]: J. P. Himmer* (27 S.) 8°
München, Med. Diss. v. 1902

Mayer Dr. Josef: Schulrath Dr. Josef Lukas. 9 Wiener-Neustadt. L. Sem. 94.
Progr.

— **Maria-Immmerhilf.** Ausführlicher Bericht üb. das Gnadenbild u. die Erzbruderschaft Unserer lieben Frau v. der immerwähr. Hilfe, m. e. vollständ. Gebetbuch n. dem hl. Alfonsus. 13. Aufl. 16. (516 S. m. 1 Farbdr.) Ebd. (902). 1.10; geb. in Leinw. n. 1.20

Maria-Immorhilf Ausführl Bericht über d Gnadenbild u. d. Erzbruderschaft Unserer lieben Frau von d. immerwährenden Hilfe mit e vollst Gebetbuch nach d. hl. Allonsus. 13. Aufl. Neubearb. von P Josef Mayer, C. SS. Red. *Saarlouis. F Stein Nachf 1903.* (516 S.) 8° [F.]
[04. 4776

— **Maria-Immerhilf.** Ausführlicher Bericht üb. das Gnadenbild u. die Erzbruderschaft Unserer lieben Frau v. der immerwähr. Hilfe, m. e. vollständ. Gebetbuch nach dem hl. Alfonsus. 15. Aufl. 3. der Neubearbeitung. (516 S. m. farb. Titel u. 1 Farbdr.) 16. Saarlouis 906. F. Stein Nachf. n. 1.10; geb. in Leinw. n. 1.20

— **Missions-Andenken** f. christl. Eheleute. Größtenteils aus den Schriften des hl. Alphonsus Maria Liguori gezogen. (188 S.) 16. München 907. Alphonsus-Buchh. — 35; geb. in Leinw. — 50

— dasselbe f. Jünglinge u. Jungfrauen. Größtenteils aus den Schriften des hl. Alphonsus Maria Liguori gezogen. (188 S.) 16. Ebd. 907. —35; geb. in Leinw. — 50

Mayer, Jos., die National-Einheit d. Deutschen, aus geschichtl., religiös. u. politischen Gesichtpunkten. 8. (9⅝ B.) Stuttgart 843, Schweizerbart'sche Buchh. —

Mayer, Jos*eph* [Dr., Prof.]: Ueber n^te Potenzreste und binomische Congruenzen dritten Grades. Freising, Buchdr. v. A. Fellerer, 1895; IV, 30 S. 8.
Freising, k. Humanist. G, P 1895*

Mayer, Jos*eph* [K. Gymnasialprof. in Freising]: Ueber n^te Potenzreste und binomische Congruenzen dritten Grades ... Freising, Buchdr. v. A. Fellerer, 1895; IV, 30 S. 8.
München, Phil. Fak., Inaug.-Diss. v 1895

— — (Wegscheid./Bay.), De novorum medicamentorum receptione. Diss. med. München (J. Roesl) (Aug.) 1834. 24 S. (3.—) 22528
Gew.: G. Friedrich Eichheimer.

Mayer, Jos., Rechenbuch f. die Volksschule. Zahlzifferrechnen 1—10. (24 S. m. farb. Fig.) gr. 8. Donauwörth 903. L. Auer. n. — 20

Mayer, Jos. (I.), Sammlung von arithmetischen Aufgaben mit den notwendigsten Definitionen und Gesetzen für Mittelschulen. 10. Aufl. der Paul Huther'schen Aufgabensammlung. gr. 8. (IV, 320 S.) Regensburg 886, Pustet. *

Mayer, Jos. Sammlung von arithmetischen Aufgaben m. den notwendigsten Definitionen u. Gesetzen. 3. Aufl. (12. Aufl. der Paul Huther'schen Aufgabensammlg.) gr. 8. (IV, 320 S.) Regensb. 892, Pustet. * 2 —; geb. ** 2 30
Resultate dazu. (59 S.) * 1

Mayer, Jos., Sammlung von arithmetischen Aufgaben m. den notwendigsten Definitionen u. Gesetzen für Mittelschulen. 4. Aufl. gr. 8. (336 S.) Regensburg 899. F. Pustet. 2. —; geb. in Halbleinw. n. 2. 30

Mayer, Jos., u. Julie Noe, Sammlung v. Stickereien. Aufnahmen nach ausgeführt. Orig.-Arbeiten d. Frauenarbeitsschule des bad. Frauenvereins in Karlsruhe. gr. 4. (15 Lichtdr.-Taf. m. IV S. Text u. 2 Pausen.) Karlsruhe 902. (A. Bielefeld.) n. 5. —

JOSEPH MAYER, Die Sammlungen des historischen Vereines von Oberpfalz und Regensburg in Regensburg, übersichtlich beschrieben. Regensburg, 1861. Gedruckt bei J. Reitmayr. 8°.

Mayer, Jos., C. Ss. R., St. Alfonsus-Büchlein. Lebensskizze u. 17 Betrachtgn. üb. d. Tugenden dieses Heiligen. Nebst e. Anh. v. Gebeten. 16. (157 S. m. Titelbild.) Münster 898. Alphonsus-Buchh. Geb. in Leinw. n. — 50

Mayer, Josephus [Rhenanus]: Studia in epigrammata Graeca ... Monasterii Guestf., ex typogr. I. Bredt, 1893; 2 Bl., 68 S., 2 Bl. 8.
Münster, Phil. Fak., Inaug.-Diss. v. [29. Apr.] 1893

Mayer, Jos., zur Theorie der Lues. Vortrag, geh. in der Berliner dermatolog. Gesellschaft am 10. V. 1910. (19 S.) gr. 8. Berlin 910. (Würzburg, F. Freudenberger.) 1. —

Zur Theorie der Lues. Vortrag ... von Dr. med. Joseph **Mayer**, Arzt in Berlin. Berlin 1910: Schumacher. 19 S. 8° [Umschlagt.] [10. 12603

— über Unentbehrlichkeit, Nutzen u. ethische Bedeutg. der Vivisektion. Nochmals e. Wort zur allgemeinen Aufklärung. gr. 8. (13 S.) Frankfurt a/M. 900. Gebr. Knauer. n. — 60

v. Mayer, J., Unterricht üb. d. Felddienst der kaiserl. königl. Infanterie. 16. Krems 824. Bauer. (Leipz., Liebeskind). 6 gr

Mayer, Joseph v, General-Feldwachtmeister, Ritter des Maria Theresien-Ordens Unterricht über den Felddienst der k. k. Infanterie 16 Krems 1827.

Mayer, Jos. v., Unterricht üb. d. Felddienst d. k. k. Infanterie. 16. (8¼ B.) Krems 829, Bauer. (Leipzig, Liebeskind.)

Geistliches Vergißmeinnicht gepflückt u. gebunden von P Josef **Mayer**, C. SS. R Erinnerung an d. heil. Exercitien. *Saarlouis: F. Stein Nachf. 1903* (24 S.) 8° [Umschlagt. F.] [04. 3037

— das Zahlzifferrechnen. Umgearb. u. erweit. Aufl. der Schrift Veranschaulichg. sämtl. Rechen-Operationen. Nebst: Rechenbuch f. die Volksschule. Zahlzifferrechnen 1—10. (30 u. 24 S. m. farb. Fig.) gr. 8. Ebd. 903. n. 1. —

Mayer, Jos. Aloys, gothische Alterthümer d. Baukunst u. Bildnerei, s.: Graf, Hugo.

Mayer, J. A., die vorgeschichtlichen, römischen u. merovingischen Alterthümer d. bayerischen Nationalmuseums, s.: Hager, Gg.

Mayer, Jos. Aloys, Anmerkungen üb. d. wicht. Brief a. d. Verf. d. Schrift üb. Wahrheit rc. 8. Flensburg. (Christiani, Schleswig.) 778. Rthlr.

— über Jesuiten, Freymaurer und deutsche Rosenkreuzer. 8. Frankf. Brönner. 782.

— Katalog d. Abbildungen u. Handzeichngn. zur allgem. Kultur u. Kunstgeschichte, s.: Kataloge d. bayer. Nationalmuseums in München.

Mayer, J. A. Allgemeine kulturgeschichtl. Sammlungen, s. Kataloge d. bayer. Nationalmuseums.

Mayer, Jos. Ant., prakt. Beiträge üb. die Ursachen d. Nichtauffindens d. Harnsteine nach gemachtem Steinschnitte u. üb. die dagegen einzuschlagende Kunsthülfe. (6⅛ B. u. 2 Stnt.) Würzburg 845. (Stahel'sche Buchh.) *

Mayer, Jos. Ant., das neue Dampf-Bad, die orthopaed. Heilanstalt u. d. chirurg. Apparat. Progr. bei Eröffnung seiner Badeanstalt. gr. 8. (4¼ B.) Würzburg 835, (Stahel'sche Bh.) *

Mayer, Joseph Anton: Das neue Dampfbad, die orthopaedische Heilanstalt und der chirurgische Apparat. Programm bei Eröffnung seiner Badanstalt. 68 S., gbd.

Würzburg: Zürn 1835

JB 2.726

Mayer, Joseph Anton (Hassfurth)
Die Erkenntnis und Heilung des Schenkelbeinhalsbruches, nebst Beschreibung einer doppelten Ausdehnungsschiene.
Würzburg: C.W.Becker 1826.
[Handschriftlich zur Promotion vorgelegt.]
Dr. med. Giessen 20.12.1825. vorh. 36.

Mayer, (J. A.,) die Erkenntniß u. Heilung d. Schenkelbeinhalsbruchs. gr 8. 826. (Stahel in Würzb.)

—— einige Worte über subcutane Operationen überhaupt u. über die unterhäutige Entzweischneidung der beiden Afterpförtner insbesondere. Programm zur 17. Stiftungsfeier d. philosoph.-medicin. Gesellschaft zu Würzburg. gr. 8. (2¾ B.) Würzburg 844. (L. Stahel.) *

JOSEPH ANTON MAYER, Einige Worte über subcutane Operationen überhaupt und über die unterhäutige Entzweischneidung der beiden Afterpförtner insbesondere. Programm zur 17. Stiftungsfeier der philosophisch-medicinischen Gesellschaft zu Würzburg. Würzburg. 1844. Druck von Friedrich Ernst Thein. 8°

Mayer, Joseph Ernst

Mayer, Jos. Er., Abhandl. üb. d. Privatunterweiser. 8. Wien. 773.

— animadversiones logicae. 8. Wien. 775.

Mayer, J. Ehrenfr., ein Bändchen sokrat. Denkwürdigkeiten m. Betr. 8. Wien, Kurzbeck. (Camesina) 783.

— ein Bändchen sokrat. Denkwürdigk. m. Betrachtt. 8. Wien. 784. (Heubner.) (bei Beck mit Jahrz. 800.) 10 gr

— Geschichte und Schriften der Apostel ꝛc. 3 Bde. gr. 8. Wien, Camesina. 785.

MAYER Josef E[rnst]. Philosophisches Gespräch über den Ursprung d. Gesellschaft Kultur u. Politik Heubner Wien 1781

Mayer, (Joseph Ernst): Schutzschrift wider die berüchtigte Brochüre über die Universität in Wien. 28 S., gbd.

Wien: v.Kurzbeck 1781

JB 5.498

— Trauerrede auf Matth. von Hey. gr. 8. Wien. 776. (Heubner). 6 gr

— über den Vernunftschluß. 2 Thle. 8. Ebend. 777.

— über d. Vernunftschluß. 2 Thle. 8. Wien. 778. 79. (Heubner). 1 ß 6 gr

Mayer, J. E., über das Wesen und die Behandlungsart d. Geometrie. gr. 8. Wien, Beck. 800.

Mayer, Jos. Jul., Mayer-Seppels Rastatter Allerlei. Lieder, Gedichte, Rätsel u. Witze, teils in Rastatter Mundart. 12. (VIII, 57 S. m. Bildnis.) Rastatt 899. H. Greiser. n. — 70

Mayer, Joseph Maria

Mayer J. M. (Vf. d. Münchener Stadtbuches), der Ammer-See u. s. Umgebung. München 1873. 16°. IV—58 S., 1 Bl. Druck v. Rud. Fried in München, Promenadestr. 6.

Mayer, Jos. Maria, das Bayern-Buch. Geschichtsbilder und Sagen aus der Vorzeit der Bayern, Franken und Schwaben. 2 Halbbde. 8. München, Lindauer'sche Buchh. [1. Halbbd. (S. 1—384 mit 2 Stahlst.) 869. M 3,20.; 2. Halbbd. (IV, S. 385—710 mit 2 Stahlst.) 870. M 2 50.]

— der Kaiser u. der Könige Buch, od. die sogenannte Kaiserchronik. Gedicht d. 12. Jahrh. In freier Prosa-Bearbeitg. hrsg. u. m. Anmerkgn. versehen. gr. 8. (VII, 344 S.) München 874. Wurm (?) 4. —

Mayer, Jos. Maria der Kaiser u. der Könige Buch, od. d. sog. Kaiserchronik. Gedicht d. XII. Jahrh. In freier Prosa-Bearb. hrsg. u. mit Anmerk. versehen. München 1878. 8°. Ppb. VII—344 S.

Mayer, J. M., poet. Chrestomathie. 8. Nrnb. Grattenauer. 796.

Mayer, J. M., poetische Chrestomathie für Freunde der Dichtkunst und zum Gebrauch in Schulen. 8. Nürnb. 796. Jetzt Eichhorn.

Mayer, J., die Domkirche zu U. L. Frau in München. München 1868. 8.

—— Geschichte Bayerns. Unter Zugrundelegung von Lorenz v. Westenrieders bayer. Geschichte neu bearb. und dem Volke erzählt und mit Beigaben aus der bayer. Culturgeschichte und Sage versehen. 30 Lfgn. Lex.-8. (XVI, 780 S. mit vielen eingedr. Holzschnittbildern.) Regensburg 874, Manz. à Lfg. 40 Pf.

Mayer, Jos. Maria, Messe für drei Männer-Stimmen (1 Tenor und 2 Bässe), in Musik gesetzt. (Partitur und Stimmen.) Fol. (28 S.) Freysing 861, Datterer.

Mayer, Jos. Maria, Perlen katholischer Erbauung. Aus den Schriften der heil. Kirchenväter und anderer gotterleuchteter Männer des Mittelalters gesammelt und übersetzt. gr. 8. (II, 308 S.) Innsbruck 873, F. Rauch.

Mayer, Jos. Maria, Münchener Stadtbuch. Geschichtliche Bilder aus dem alten München. 10 Lfgn. 8. (VIII und 632 S. mit einer Ansicht von München aus dem J. 1590 in Holzschn. in qu. Fol.) München 867,68, Lindauer'sche Buchh.

— jährl. christl. Unterricht und geistl. Andachtsübungen auf die Festtage d. Herrn ꝛc. Ein ꝛc. Gebet- und Betrachtungsbuch. 8. Salzb. 800.

MAYER, Joseph Max (Kipfenberg): De encephalitide et meningitide.- Monachii: Hübschmann (1842). 14 S 9.4.1842 - Urk; F 66

Diss. Ingolst.-Landsh.-Mchn.

Mayer, Josef Rudolf, a. Würzburg: Die Hydrolyse der Xanthine u. Desoxyxanthine. Würzburg 1907: H. Stürtz. (41 S.) 8°

Würzburg, Phil. Fak., Ref. Tafel, Diss. v. 0. Dez. 1907

[Geb. 17. April 84 Würzburg, Wohnort: Würzburg; Staatsangeh.: Bayern; Vorbildung: Industriesch. Nürnberg Reife Juli 02, Oberrealsch. Darmstadt Reife M. 06, Studium Würzburg 10 S.; Rig. 13. Nov. 07.]

Mayer, Jos. Val., vom Erkennen. gr. 8. (VI, 180 S.) Freiburg i. Br. 885, Stoll und Bader. *

Mayer, J. V. Von der Freiheit. Eine philosoph. Studie. gr. 8. (III, 120 S.) Freib. i. Br. 891, Stoll u. Bader. * 1 50

Mayer, Jos. Val., der welthistorische Prozeß, als die einzige Grundlage der Philosophie. Freiburg im Br. 857 Wangler. 8. (2 Bl., 110 S.) 15 ngr.

Mayer, J. V., Theismus u. Pantheismus mit besond. Rücksicht auf prakt. Fragen. gr. 8. (VIII u. 206 S.) Freiburg im Br. 849. (Diernfellner.) n. 1⅓ ß

Mayer, Josefine, d. Hausfrauenschule im Anschluß an d. höh. Töchterschule. Ein Entwurf. gr. 8. (15 S.) Frankfurt a/M. 896. Gebr. Knauer. n. — 60

Drei Mosellieder diversi generis, die nicht im Sängerkriege zu Trarbach waren, von Jules Mayer *Bonn. H. Behrendt in Komm. 1899.* (3 Bl.) 8° [J. u. Ant.]

Mayer, Julie, Briefe f. junge Mädchen zur Unterhaltung u. Nachahmung. 8. Nürnberg, Campe.

— — Karlsruhe: Braun in Komm. 1810

— — dieselben. 8. Carlsruhe, Macklot. 810.

Mayer, Jul., d. französisch-spanische Allianz in d. J. 1796—1807. 1. Thl.: 1796—1806. gr. 8. (66 S.) Linz 895. F. J. Ebenhöch. n. 1. —

— dasselbe, vom Vertrage v. San Ildefonso bis zum Vertrage v. Fontainebleau (1796—1807). 2. Thl.: Von 1806—1807. gr 8. (64 S.) Ebd. 896. n. 1. —

Mayer, Julius, Hauptm. Angriff und Vertheidigung moderner Panzer-Befestigungen. Erste durchgreifende taktische Untersuchung über das Auftreten mobiler Panzer im Feld- und Festungskrieg Für Officiere aller Waffen. Mit 6 Karten und Plänen. 8. Aarau 1892.

Mayer, Jul., die christliche Ascese. Ihr Wesen u. ihre histor. Entfaltg. gr. 8. (IV, 48 S.) Freiburg i/B. 894. Herder. u. — 80

Mayer, (Frdr.) Julius (Theod.) (geb. Berlin 2. 3. 1814). De dysenteria apud veteres. Berolini (1840). 34 S. 8°
Berlin, Med. Diss. v. 22. Febr. 1840

Mayer, Jul., Erziehungskunst, s.: Stolz, Alban, gesammelte Werke.

Mayer, Julius [app. Arzt aus Ulm a. D.]: Ueber zwei Fälle von idiopathischer Hypertrophie und Dilatation des rechten Herzens. . . München, Buchdr. v. M. Ernst, 1888; 20 S. 8°
München, Med. Fak., Inaug.-Diss. v. 1888

– (Hrsg.), s. Fügung und Führung.

— Geschichte der Benediktinerabtei St. Peter auf dem Schwarzwald. gr. 8. (XI, 266 S.) Ebd. 893. n. 3. —

— **Ant. Becker,** u. **Gust. Rusch,** geographische Grundbegriffe, erläutert an Wien u. Umgebg. Ein method. Hilfsbuch m. Benützung des 1. Teiles v. „Becker u. Mayer, Lernbuch der Erdkunde“. Mit 12 Textfig. sowie 3 Abbildgn. im Anh. gr. 8. (IV, 64 S.) Wien 903. F. Deuticke. Kart. n. 1. —

Mayer, Julius Katalog der Lehrerbibliothek. 29 S.
Freistadt, St G., Progr 1899

Mayer, Julius, u. Emerich Pantl: Katalog der Lehrerbibliothek. 33 S.
Freistadt, St. G , Progr 1900

— und Pantl, Emerich: Katalog der Lehrerbibliothek (II. Fortsetzung.) (Umschlagtitel: bibliothek, III. Theil. Fortgeführt von J M. u. E. P 8 (S. 3—35).
Kaiser Franz Josef-Staatsg. *Freistadt in Oberöst* 1898. 1899 1900
Progr.

Mayer, Julius. Zur Kenntnis der normalen Brenzweinsäure (Glutarsaure) Stuttgart, 1887

Mayer, Jul., der hl. Konrad, Bischof v. Konstanz (934—975), Patron d. Erzdiöcese Freiburg. gr. 8. (XI, 87 S.) Freiburg i/B. 898. Herder. n. 1. 40

Mayer, Jul., Lernbuch d. Erdkunde, s.: Becker, Ant.

Mayer, Julius [Justizref.]: Rechtskraft und Vollstreckbarkeit des im Firmenprozess ergangenen verurteilenden Erkenntnisses gegenüber den einzelnen Gesellschaftern . . . Stuttgart, Druck v. W. Kohlhammer, 1897; 1 Bl., 57 S. 8.
Tübingen, Jur. Fak., Inaug.-Diss. v. 1897

Mayer Julius: Spanien und Frankreich 1801 bis 1807 mit Rücksicht auf die Stellung ihrer Regierungen zu einander.
1893 PN 766 Diss Wien, Univ. **747**

Mayer Jul R. Über das mechanische Aequivalent der Wärme 1851

Mayer, J. R., Beiträge zur Dynamik des Himmels in populärer Darstellung. gr. 8. (68 S.) Heilbronn 848, Landherr.

Mayer, J. R., Bemerkungen über das mechanische Aequivalent der Wärme. gr. 8. (56 S.) Heilbronn 851, Landherr Thlr. *

Mayer, J. R., die organische Bewegung in ihrem Zusammenhange mit dem Stoffwechsel. Ein Beitrag zur Naturkunde. gr. 8. (7 ¼ B.) Heilbronn 845, Drechsler'sche Bh.* —

— Commentationes physicae, physico-mathematicae.
[Gottingen 1809, 1810, 1812, 1814, 1803, 1806.]

Mayer, J. R., die Torricellische Leere und über Auslösung. gr. 8. (16 S.) Stuttgart 876, Cotta'sche Buchh. *
Aus: Württembergischer Staatsanzeiger, besonders abgedruckt.

Mayer, J. R., die Mechanik der Wärme in gesammelten Schriften. Stuttgart 867. Cotta'sche Buchh. gr. 8. (VII, 294 S.) n. 1 Thlr 18 ngr.

Mayer, J. R., die Mechanik der Wärme in gesammelten Schriften. 2. umgearb. und verm. Aufl. gr. 8. (VIII, 396 S.) Stuttgart 874, Cotta'sche Buchh. *

Mayer (J. R.), Die Mechanik der Wärme in gesammelten Schriften. 2. Aufl. Stuttgart 1874. 8. — Desgl. die 3. Aufl. Herausgegeben von Jacob J. Weyrauch. Stuttgart 1893. 8.

Mayer, J. R., naturwissenschaftliche Vorträge. gr. 8. (V, 76 S.) Stuttgart 871. Cotta. n. 1. 40

Mayer, K , s.a. Mayer, Karl Hermann

Mayer, K., Griechenlands Befreiung durch die Römer. Ein Beitrag zum Verständniß der neuesten Geschichte. Vortrag, gehalten zu München im Dezember 1860. Erlangen 861. Bläsing. gr. 8. (35 S.) n. 4 ngr.

– – Vgl Mayer, C

Mayer, K. Allgemeine, formelle u. besondere Bestimmungen zur Bearbeitung dienstlicher Eingaben u. Korrespondenzen.
München 1867. 306 S. 4°

Mayer, K. Hauptregeln der griechischen Tempus- und Moduslehre in schulmäfsiger Fassung und zum Zwecke des Unterrichts zusammengestellt. 30 S. **Progr.** *Cottbus* 1880.
Vgl. des Verf. Attische Syntax. In schulmäfsiger Fassung zusammengestellt (110 S., 8 Bielefeld 1882, Velhagen u. Klasing. 1 Mk 20 Pf.

— Landwirthschaft. 8. Ebend. 805.

Mayer, K. (II.), Lutherbüchlein für Schule und Haus. 12. (64 S. mit eingedr. Holzschn.) Karlsruhe 883, Reiff. *

— K., Das griechische Pensum der O. II. Hauptregeln der griech. Tempus- u. Mo[dus]lehre in schulmässiger Fassung u. zum Zwecke des Unterrichts. Pr. 1880. 29 S. 4°.

Mayer, K., attische Syntax. In schulmässiger Fassung zusammengestellt. 8. (110 S.) Bielefeld 882. Velhagen & Klasing. cart. n. 1. 20

Mayer, K., Versuch üb. Steyermarks Alterthümer. 8. Grdz. Ferstl. 782.

— K., s. Zeitschrift f. die freiwillige Gerichtsbarkeit in Württemberg.

Mayer, K A , Aufgaben aus der Flächen- u. Körperberechnung, s.: **Hoch, Jul,**

Mayer, K. A., eine Nacht im Walde, s. **Volksbibliothek des Lahrer Hinkenden Boten.**

Mayer, K. J., über den Aderlaß, als Präservativmittel. gr. 8. Würzb. Köl. 798.

Mayer, Karl Ritter von, s. Mayer Ritter von Mayerfels, Karl

Mayer, Karl, Albertus Magnus u. Martin Malterer. Zwei Standbilder auf der Schwabenthorbrücke zu Freiburg i. Br. Ein Beitrag zur Lokalgeschichte der Stadt. 8. (20 S.) Freiburg i/B. 901. Herder. n. — 50

[F.] Anspruch und Rechtskraft nach Deutschem Civilprozessrecht v. Karl **Mayer**, Landrichter in Ellwangen. *Freiburg i. B. & Leipzig: J C. B. Mohr 1896.* (VII, 57 S.) 1 Bd 8. (96. 1007

Mayer, Karl, Anspruch u. Rechtskraft nach deutschem Civilprozeßrecht. gr. 8. (VII, 57 S.) Freiburg i/B. 896. Tübingen, J. C. B. Mohr. n. 1. 50

— Carl (Schlesien), De arthritide. Diss. med. Berlin (Nietack) 4. IX. 1838. 30 S. u. Biogr. (M.: R. Haase.) (2.—) 22490
Oppon.: E. Heberrer, A. Brusckу, G. Leuschner. — Gew.: Jacob Mayer (Vater).

Mayer, Carl v., zur Aetiologie und Therapie der Lungenschwindsucht. Die angeborene Kleinheit des Herzens ist ebensowenig eine Ursache der Lungenschwindsucht als der verminderte Luftdruck ein Heilmittel dagegen. Zwei Antithesen gegen Dir. Dr. H. Brehmer. gr. 8. (XVI, 128 S.) St. Petersburg 871, Röttger. *

MAYER, Karl: Über den Beschleunigungswiderstand der Akkumulatormasse beim Laden einer hydraulischen Zentrale.
Diss. Wien TH v. 1901

Mayer, Karl, Dompräbendar Franz Sales Beutter. Ein priesterl. Lebensbild. (56 S. m. 1 Bildnis.) kl. 8. Freiburg i/B. (910). Herder. — 60

Mayer, Charles, Catalogue systématique et descriptif des fossiles des terrains tertiaires, qui se trouvent au musée fédéral de Zurich. 1.—3. Cahier. gr. 8. Zürich, Schabelitz'sche Buchh. *

Inhalt:

Cahier 1. Mollusques. (37 S.) 867. * 12 Ngr.
» 2. Mollusques: familles des Mactrides et des Pholadomyides (65 S.) 867. * 12 Ngr.
» 3. Mollusques: familles des Arcides. (124 S.) 868. * 16 Ngr.

Mayer, Charles, Catalogue systématique et descriptif des fossiles des terrains tertiaires qui se trouvent au musée fédéral de Zurich. 4e cahier. Mollusques: Famille des Panopeides. gr. 8. (54 S.) Zürich 870, Schmidt. *
1re—3e cahier. Ebendas. 1867,68. *M 4.

***Mayer**, Carl. von St. Gallen Einige Druckschriften über Paläontologie
Promotion vom 23. Febr 1866.

MAYER, Karl: Einschalt-, Anlauf- und Ausschaltperiode der Druckwasserhebemaschinen beim Betriebe durch Gewichts-Akkumulatoren. — 1909. 17 S. Aus: Zs. des Oesterr. Ing.- u. Arch. Vereins. 1909.
Diss. Wien, TH

Mayer, Carl, aus Bayreuth **Einwirkung von anorganischen Säurechloriden auf 3- und 5-Pyrazolone, sowie auf Isoxazolone** *Rostock 1903: C. Boldt.* (102 S.) 8°
Rostock. Phil. Diss. v. [22 Dez.] 1903

Mayer, Dr. Carl, Ueber die combinirten systematischen Erkrankungen der Rückenmarksstränge der Erwachsenen. Mit 2 lithogr. Tafeln. (Beiträge zur klinischen Medicin und Chirurgie. Heft 4.) Gr.-8. (53 S.) 1.20
Wien Braumuller 1893

– Dass., s.a Beiträge zur klinischen Medizin und Chirurgie.

Mayer, Charles. Essai et proposition d'une classification naturelle, uniforme et pratique des terrains de sédiment. Zürich, Polytechnikum 1874.
Progr.

Mayer, Ch Essai d'un tableau synchronistique de terrains tertiaires de l'Europe Zürich 1858 Fol

Mayer, Karl, aus Regensburg, Unterarzt im kgl. 12. Inf.-Reg. Zwei tötlich verlaufende Fälle von Phlegmone des Halses, ausgehend von einem kariösen Zahn. *München 1900: Kastner & Lossen.* (28 S.) 8°
München, Med. Diss. v. 1900

Mayer (K.), Die Faunula des marinen Sandsteines von Kleinkuhren bei Königsberg. (Ohne Druckort und -Jahr.) 8.

Mayer Karl Die Faunula des Marinen-Sandsteines von Kleinkuhren bei Königsberg. 1860. 8.

Mayer, Karl, d. Frauenkirche in Esslingen, s.: Egle, J. v.

Mayer, Karl, Gedichte. 2., sehr verm. Ausg. 8. (30 B.) Stuttgart u. Tübingen 840, Cotta'sche Buchh. *

Mayer, Carl, Gedichte. 3., verm. und verb. Ausg. 8. (XXX und 557 S.) Stuttgart 864, Cotta'sche Buchh. *

Mayer, Karl, die ländlichen Genossenschaften als Mittel zur Organisation d. Bauernstandes, s.a. Zeitfragen, evangelisch-soziale.

Mayer, Karl, Die ländlichen Genossenschaften als Mittel zur Organisation des Bauernstandes. (Evangel.-soz. Zeitfragen, Reihe 2, Heft 2.) **gr. 8°. Leipzig, Grunow, 1891.**

Mayer, Karl *Zur Geschichte der Nibelunge Not. 236 S. 8° (4°)
Halle-Wittenberg, Phil. Diss. v. 2. Juli 1868
Geb. [Lüdenscheid (Westf.) 10. 2. 1846]
Im Diplom fälschlich Meyer

Mayer, Karl, die badischen Gesetze üb. Jagd u. Fischerei, nebst darauf bezügl. Verordngn., Uebereinkünften, gerichtl. Entscheidgn. u. sämmtl. [sowohl bad. als reichsrechtl.] Strafbestimmgn. Nach dem neuesten Stande gesammelt u. annotirt. 2 Abthlgn. 12. (274 S.) Freiburg i/Br. 887 Schmidt-Vogler. n 2. 20

Mayer, Karl (II.), die badischen Gesetze über Jagd und Fischerei, nebst darauf bezügl. Verordnungen, Uebereinkünften, gerichtl. Entscheidungen und sämmtl. [sowohl bad. als reichsrechtl.] Strafbestimmungen. Nach dem neuesten Stande gesammelt und annotirt. 12. (274 S.) Freiburg i. Br. 888, Schmidt-Vogler. **

MAYER, Karl Die badischen Gesetze, Verordnungen, Übereinkünfte und gerichtlichen Entscheidungen nebst sämmtlichen Strafbestimmungen über Jagd und Fischerei. Nach dem neuesten Stande gesammelt und annotirt. · Freiburg i. Br 1893. 274 S.

Mayer, Karl, Griasnocká, soaste u. sperö, wias ös wöllts! Mundartliche Dichtgn. (177 S. m. Abbildgn. u. Titelbild.) 8. Linz 905. B. Fink. Geb. in Leinw. n. 3. 30

— P. Klemens Maria Hoffbauer. Gedächtnisrede zu seiner Heiligsprechg. am Himmelfahrtstage, den 20. V. 1909, geh. in der Wallfahrtskirche in Triberg. (27 S. m. 1 Bildnis.) 8. Freiburg i/B. 909. (Caritas-Verlag.) — 20

Mayer, Carl [pract. Arzt]: Ueber Jodinjectionen bei Prostatakrankheiten. Strassburg, Druck von Ed. Hubert & E. Haberer, 1883. 8. 31 S. u. 1 Taf.

Mayer, Carl (Marius), humorist. Jubiläums-Reisemärchensang f. große Kinder. 8. (64 S.) Freiburg i/B. 896. G. Ragoczy. n. 1. —

Mayer, Karl Katalog der Lehrerbibliothek des k. k. Elisabeth-Gymnasiums in Wien nach dem Stande vom 1. Juni 1901 S. 3 bis 38. 8. (Schluß.) S. 3- 40. 8.
Progr. K k. Elisabeth-Gymn. *Wien* 1901 1902.

Mayer, Karl, natürliche, gleichmässige und practische Classification der Sediment-Gebilde. 1 Blatt. qu. Fol. Zürich 874, Höhr. *

Mayer, Karl, Lieder. 8. (21 B.) Stuttgart 833, Cotta.

— die Lungenschwindsucht, ihre Ursachen u. ihre Heilung. Populäre Vorlesg. gr. 8. (33 S.) Ebend. 874. — 75

— Ludwig Marbe, † 20. XI. 1907. Ein Ehrenkranz, niedergelegt auf sein Grab. (22 S. m. 1 Bildnis.) 8. Ebd. 908. p — 10

Mayer, Carl, klinische Mittheilungen aus dem Gebiete der Gynaecologie. 1. Heft: Vortrag über Erosionen, Excoriationen und Geschwürsformen der Schleimhaut des Cervical-Canals und der Muttermundslippen, gehalten in der 35. Versammlung deutscher Naturforscher und Aerzte in Königsberg in Pr. am 20. Septbr. 1860. gr. 4. (VI und 37 S. mit 4 lithogr. Farbendrt.) Berlin 861, A. Hirschwald. *
Aus dem „Amtlichen Bericht" besonders abgedruckt.

Mayer, Karl, approb. Arzt Ueber Morbus maculosus Werlhofii. *München 1899: Kastner & Lossen.* (47 S.) 8°
München, Med. Diss. v. 1899

Mayer, Karl Ueber die Palmitinsäure und deren Einführung in Benzolderivate. (Bern) Zürich, 1888.

Mayer, Carl, Neue nautisch-astronomische Positions-Bestimmungs-Methode ohne Winkelmessung. Parenzo 1889.

Mayer, Karl, Prosit! Humoristisches Rezeptbuch m. reimlust. Pastillen, satirisch litterar. Pillen, lyrisch urfeuchten Schwänklein u. elegisch heilsamen Tränklein wider den Weltschmerz. 8. (X, 243 S.) Kassel 902. G. Weiß. n. 2. 50; geb. in Leinw. n. 3. 50

Mayer, Karl, venezianische Sommertage. Epigramme u. Elegien. (86 S.) 8: Strassburg 907. J. Singer. 1.—

— tableau synchronistique des terrains crétacés. Imp.-Fol. (1 Bl.) Zürich 872. Schmidt. n. — 80

Mayer, Charles, tableau synchronistique des terrains jurassiques, d'après les recherches récentes de M. M. Buvigniers, Dewalque, Escher de la Linth etc. Zürich 864. (Höhr.) gr. Fol. (1 lith. Bl.) n. 9 ngr.

Mayer, Carl, Ludwig Uhland, seine Freunde und Zeitgenossen. Erinnerungen. 2 Bde. gr. 8. (XXII und 549 S.) Stuttgart 867, Krabbe. *

Mayer, Karl, approb. Arzt aus Löffingen (Baden): Histologische Untersuchungen über Miliaria crystallina. *Freiburg i. B. 1903: J. Dilger.* (23 S.) 8°
Freiburg i. B., Med. Diss. v. 1903

Mayer, Karl, Dr., aus Speyer a. Rh.: Über die Venennaht. *Speyer 1898 [vielm. 1901/02]: Jäger.* (26 S.) 8°
Würzburg, Med. Diss. v 1898

Mayer, Karl, Versprechen u. Verlesen, s.: Meringer, Rud.

Mayer (K.), Versuch einer neuen Klassifikation der Tertiär-Gebilde Europa's. Trogen 1858. 8.

— systematisches Verzeichniss der marinen Arten der helvet. Stufe der Schweiz u. Schwabens, s.: Beiträge zur geolog. Karte der Schweiz.

— systematisches Verzeichniss der fossilen Reste von Madeira, Porto Santo und Santa Maria nebst Beschreibung der neuen Arten. Mit 7 (lith.) Taf. Ebend. 864. Lex.-8. (107 S.) n. 2 ₰ 12 ngr.

—— systematisches Verzeichniss der Versteinerungen des Helvetian der Schweiz und Schwabens. gr. 4. (36 S.) Zürich 878, Schmidt. *

Mayer, Karl, systematisches Verzeichniss der Versteinerungen des Parisian der Umgegend von Einsiedeln. [Aus: „Beiträge zur geologischen Karte der Schweiz. 14. Lfg."] gr. 4. (100 S. m. 4 Steintaf. u. 1 Tab.) Bern 877. Zürich, Schmidt in Comm. n. 6. —

Mayer, Karl, was das Kind im 1. u. 2. Schuljahre zeichnen soll. Ein Hilfsmittel zur Unterstützg. des Anschauungsunterrichtes, nach Anordng. des Münchener Lehrplanes zum Gebrauche f. Schule u. Haus zusammengestellt. 2 Hefte. qu. Kl. 8. München, M. Kellerer. — 90
1. Schulj. (16 S. m. Abbildgn.) 906. n. — 40
2. Schulj. (19 S. m. Abbildgn.) 906. n. — 50

Mayer, Karl, was das Kind im ersten Schuljahr zeichnen soll. Ein Hilfsmittel zur Unterstützg. des Anschauungsunterrichtes nach Anordng. des Münchener Lehrplanes zum Gebrauche f. Schule u. Haus zusammengestellt. 2. Aufl. (3.—5. Tauf.) (16 S. Abbild. m. Text auf dem Umschl.) 16,5×21,5 cm. München 908. M. Kellerer. — 40

— dasselbe im zweiten Schuljahre. 2. Aufl. (3. Tauf.) (19 S. Abb. m. Text auf dem Umschlag.) 16,5×21,5 cm. Ebd. 909. — 50

Mayer, Karl (I.), die Weiber von Schorndorf. Ein Festspiel in 5 Akten. Zur 200jähr. Jubelfeier der Befreiung der durch Melac bedrohten Stadt. 8. (75 S.) Stuttgart 888, (Sulze und Galler.) *

Mayer, Carl, der selbstlehrende sichere Whistspieler par excellence. In allen seinen Abarten und Spielformen leichtfaßlich dargestellt. Nebst einem Anhange: Das deutsche Whist, oder: Wer ist mein Partner? Ein sehr amüsantes Gesellschafts-Kartenspiel als Pendant zum englischen Whist. Wien 856. Wenedikt. 32. (106 S.) 9 ngr.

Mayer Karl: Wieland und die Feenmärchen.
II. 1891 PN 652 Diss. Wien, Univ. 48

Mayer, Carl, aus Berlin Über den Zusammenhang zwischen schwerer Geburt und der Little'schen Erkrankung. *Würzburg 1899: P. Scheiner.* (37 S.) 8°
Würzburg, Med. Diss. v. 1899

Mayer, Karl August

Der Beruf des Lehrers. 7 S. Karlsruhe, P 1865

Dr. K. A. Mayer. Die Beziehungen zwischen Schule und Haus. Rede, gehalten am 30. April 1860. Jahresbericht 1861. 8. 2—28. Mannheim, P 1861

Mayer, Karl Aug., die Brüder. Roman. 2 Bde. 8. (358 u. 341 S.) Leipzig 874. Schlicke. n. 13. 50

Mayer, Carl Aug., vaterländische Gedichte. 1—3. Hft. 12. Oldenburg 844, 45, Schulze'sche Buchh. [1. (1 B.) 7½ Ngr., 2. (1⅙ B.) 6¼ Ngr., 3. (1⅙ B.) 5 Ngr.] —

Mayer, Carl Aug., deutsche Geschichte für das deutsche Volk. 2 Bde. à Bd. 2 Hälften. gr. 8. Leipzig 857. 58, G. Mayer. [1. Bd. (XVI und 469 S.) 2. (XIV und 776 S.)] à Hälfte * 1 Thlr. *

Mayer, Carl Aug., deutsche Geschichte für das deutsche Volk. 2., unveränd. (Titel-)Ausg. 2 Bde. in 10 Lfgn. gr. 8. (XVI und 469 S., XIV und 776 S.) Leipzig (858)63, [Klinkhardt.] à Lfg. * 8 Ngr. *

Mayer, Karl Aug., deutsche Geschichte für das deutsche Volk. 2. unveränd. Ausg. 2 Bde. Leipzig 863. G. Mayer. gr. 8. (XVI, 469 S.; XIV, 776 S.) n. 2 ₰ 20 ngr.

— Kaiser Heinrich IV, s. a. Nationalbibliothek, deutsche, 5.

— Kaiser Heinrich IV. (Abgedr. aus der deutschen National-Bibliothek.) Berlin 862. Brigl. (Kobligk.) gr. 8. (XVIII, 306 S. u. Portr. in Holzschn.) 27 ngr.

Mayer, Carl Aug., Kaiser Heinrich IV. Neue Ausg. Berlin 866. Kobligk. gr. 8. (306 S.) 27 ngr.

Mayer, K. A. Kaiser Heinrich IV (XXVIII. 306) 8. Berlin 1862. — N. Ausg 8. ib. 1867. 2,70.

- zwei tapfere Herzen. Roman. 2 Bde. 8. (VII, 296 u. 302 S.) Leipzig 876. Schlicke. n. 11. 50

Mayer, Karl Aug., auf der Hochschule. Roman. 2 Bde. 8. (372 u. 332 S.) Leipzig 878. Schlicke. n. 12. —

Mayer, Karl Aug., die Hunte, ein Gedicht. gr. 16. (109 S. m. 1 lith. Karte in qu. gr. 8.) Oldenburg 851. (Schmidt.) n. 12 ngr.

— s. Jahresbericht, 5., des literarisch-geselligen Vereins in Oldenburg.

— Leitfaden der deutschen Poetik für die Oberklassen höherer Lehranstalten u. für Freunde der Dichtkunst. Leipzig 869. Teubner. gr. 8. (VIII, 178 S.) 18 ngr.

—— Leitfaden der deutschen Poetik für die Oberklassen höherer Lehranstalten und für Freunde der Dichtkunst. 2. verb. Aufl. gr. 8. (VI, 177 S.) Leipzig 879, Teubner.

Mayer, Karl Aug., Neapel u. d. Neapolitaner, od. Briefe aus Neapel in d. Heimat. 1. Bd. gr. 8. (25 B., 1 Plan Neapels u. 1 Musikbeil.) Oldenburg 840, Schulzesche Buchh. *

— Neapel und die Neapolitaner, oder Briefe aus Neapel in die Heimat. 2. Bd. Mit 1 Plan der Umgegend Neapels u. 1 Musikbeil. gr. 8. Oldenburg 842, Schulze'sche Buchh. (W. Berndt.) n. 2 1/2 ₰ (1. 2.: n. 4 1/2 ₰)

Mayer, Karl Aug., Novellenkranz. 8. (294 S.) Breslau 886, Schottländer. *M 4.50.; geb. *

—— der Räuber und sein Kind. (Roman.) 8. (325 S.) Oldenburg 849, Schulze'sche Buchh.

Die Realschule. Mit Benützung einer am Schluss des vorigen Schuljahrs gehaltenen Rede. 11 S. Karlsruhe, P 1870

Rede am Schlussakt des vergangenen Schuljahrs: Willst du, dass wir mithinein in das Haus dich bauen. Lass es dir gefallen, dass wir dich behauen. 12 S. Karlsruhe. P 1867

Rede über den Wert und Segen der Arbeit. 9 S. Karlsruhe, P 1869

—— „Sechsundsechzig". Roman. 2 Bde. 8. (III, 286; III, 328 S.) Leipzig 873, Schlicke. *

—— der französische Unterricht an höheren Schulanstalten. gr. 8. (54 S.) Oldenburg 851, (Schmidt.) *

—— das Vaterland über Alles, ein Ruf an alle Deutschen. (Gedicht.) gr. 8. (8 S.) Oldenburg 848, Schmidt. *

Karl August Mayer Zur Vorgeschichte der Anstalt. 28 S. Karlsruhe, P 1864

Wie kann und soll das Haus die Schule unterstützen? 16 S. Karlsruhe, P 1866

Mayer, Karl Eduard

Mayer, Carl Ed., Kinderlehrbuch. Sammlung bibl. Abschnitte zum Gebrauch in Kinderlehren und Jugendgottesdiensten. 1. und 2. Aufl. (74 S.) 1873,75. ** 50 Pf.; 3. Aufl. 8. (75 S.) St. Gallen 880, Scheitlin und Zollikofer. cart. **

Mayer, Karl Ed., Kinderlehrbuch. Sammlung bibl. Abschnitte zum Gebrauch in Kinderlehren und Jugendgottesdiensten. 4. Aufl. 8. (74 S.) St. Gallen 885, [Scheitlin und Zollikofer.] Huber und Comp. cart. *

Mayer, Carl Ed[uard]. Heinrich Lang (1826–1876). Lebensbild eines freisinnigen Theologen. Dargestellt von K' Ed. M'. ‹Erweiterter Wiederabdruck aus der Reform.› 8. Basel [1876].

Mayer, Karl Ed., Heinrich Lang. Lebensbild eines freisinnigen Theologen. [Erweiterter Wiederabdr. aus der Reform.] 8. (157 S.) Basel 877, Krüsi's Verlag. *

Mayer, Carl Ed. (Pfarrer in St. Gallen.) Meine Gnade soll nicht von dir weichen! Bettagspredigt. 2. Aufl. In-8⁰, 12 S. St. Gallen, Zollikofer'sche Buchdruckerei. 1882.

—— Predigten. 8. (VI, 272 S.) St. Gallen 885, Hausknecht. *M 2.—.; geb. mit Goldschn. *

[Mayer, Carl Eduard] Peter Scheitlin (1779–1848), der „Professor" zu St. Gallen. Ein Lebensbild aus der ersten Hälfte dieses Jahrhunderts. Mit einer [Porträt-]Tafel. (Njbl.) Hist. Ver St. Gallen. 4. St. Gallen 1880.

[Mayer, Carl Eduard.] Antistes (Georg Caspar) Scherrer (1757–1821) und seine Vorfahren. Ein St. Gallisches Predigergeschlecht aus vergangenen Tagen. Mit einer [Porträt-]Tafel. Njbl. Hist. Ver St. Gallen 4. St. Gallen 1882.

Mayer (Decan). Antistes Scherrer und seine Vorfahren. Ein St. Gallisches Predigergeschlecht aus vergangenen Tagen. Herausgegeben vom Historischen Verein in St. Gallen. (Neujahrsblatt.) In-4⁰, 39 S. und Porträt. St. Gallen, Huber & Cie. 1882.

Mayer, Karl Emil August

Mayer, Car Aemil Augustus (geb. Berlin 18. 9. 1830) Pelvis cujusdam rachiticae duarumque osteomalacicarum a sororibus duabus desumtarum descriptio Berolini (1855). (20 S.) 4⁰

Berlin, Med. Diss. v 24 März 1855

Mayer, Karl Emil Ludwig

Mayer, Car Aemil. Ludov (geb. Berlin 9. 4. 1829) Analecta ad gravidarum, parturientium et puerperarum albuminuriam. Berolini (1853). (32 S.) 8⁰

Berlin, Med. Diss. v 15. Aug. 1853

Mayer, Karl Ernst (Übers.), s. Beatson, Alexander Neues Ackerbausystem Nachtrag.

Mayer, Carl Ernst, Beschreibung d. großen Holzschwemm-Anstalt auf d. Herrschaft Krumau, Budweiser-Kreises in Böhmen. M. 9 lith. Ansichten (4.) u. 1 Plan (Fol.) 8. ... Wien 830, Gollinger.

Mayer, Karl Er., Beschreib. d. großen Holzschwemm-Anstalt auf d. Herrschaft Krumau, Budweiser Kreises in Böhmen. Mit 9 lithogr. Ans. u. 1 Pl. 8. Wien. 831. Gollinger. 1 ₰

Mayer, (Carl Ernst,) neuestes allgem. deutsches Gartenbuch mit Rücksicht auf Boden u. Klima, oder: allgem. Handb. d. Gartenbaues 2c. Mit 4 Kupft. gr. 8. Wien 827, Mörschner u. J.

Mayer, Carl Ernst, neuestes allgem. deutsches Gartenbuch mit Rücksicht auf Boden u. Klima etc. Mit 66 Abb. v Gartengeräthen auf 4 Kpftaf. gr 8. Wien, 1827 Neue Ausg. 1832. (Gress.) 2. 10

– (Übers.), s. Grange, Jean Joseph Der neue und merkwürdige Pflug, der keinen Führer braucht.

— über ein neues vortheilhaftes Verfahren, die Sahne (Obers) von der Milch abzusondern. Mit 1 Kpf. gr. 8. Wien. 823. Wallishauser. 4 gr.

Mayer, (K.,) üb. ein neues u. vortheilhaftes Verfahren, die Sahne (Obers) von d. Milch abzusondern. Mit 1 Kupfert. gr. 8. Wien 824, Wallishaußer.

—— über Englands-Wollhandel, s. Ueber.

– (Bearb.), s. Wollhandel, Über Englands.

– (Hrsg.), s. Zeitschrift, Allgemeine österreichische, für den Landwirt, Forstmann und Gärtner

Mayer, Karl Fr., Augsburger Buchbinder, s. Publikationen des Börsen-Vereins der deutschen Buchhändler.

Lessing's Ernst und Falk. Ein Rückblick und eine Mahnung. [Von Karl Fr. Mayer.] Als Ms. gedr. München 1880. 7 S. 8⁰ [Umschlagtit.]
Tt. 2121.

[Gedicht.] Seinen gel.·. Mitbrüdern in der sehr chrw.·. □ z. Kette im O.·. München in dankbarer Liebe der Verf. [Unterz.:] Karl Fr. Mayer. [Dat.:] München 1881. 2 Bl. 8⁰ [Umschlagtit.]
„Maurers Werklied."

Mayer, Carl Fr., London, s.: Grieben's Reiseführer.

Mayer, Carl Fr., London u. Umgebung m. der Insel Wight, s.a. Grieben's Reiseführer.

London und Umgebung mit der Insel Wight. 12 Aufl. Neu bearb. von Carl Fr Mayer Mit 5 Karten u. 5 Grundr Berlin A. Goldschmidt 1908–09. (IV, 251 S.) 8°
— **Reiseführer**, Griebens. Bd 9. fos 1535

Mayer, Karl Friedrich Eduard, s. Mayer, Eduard

Mayer, Karl Herman [app. Arzt aus Leiston '(Suffolk, Engl.)']: Die Fehlerquellen der Haematometeruntersuchung '(v. Fleischl)' ... Leipzig, Druck v. J. B. Hirschfeld, 1896; 61 S. 8.
Heidelberg, Med. Fak., Inaug.-Diss. v [29. Juli] 1895

Mayer, K., wozu führt uns die Betrachtung der Alkoholfrage? Ein Vortrag. 3.—4. Tausend dieser Ausg. 8. (24 S.) Basel (901). Schriftstelle des Alkoholgegnerbundes (durch F. Reinhardt). n. — 08

Mayer, C[arl Hermann]. Wozu führt uns die Betrachtung der Alkoholfrage? Ein Vortrag (gehalten am 25. Februar 1901 ...) von Dr. med. K. Mayer in Barmen. 3.—4. Tausend dieser Ausgabe. IV + 24 S. 8. Basel, Schriftstelle des Alkoholgegnerbundes (Fr. Reinhardt, [1902]). fr. —. 10
Alkoholgegnerbund. (Internationaler Verein zur Bekämpfung des Alkoholgenusses.) [Flugschriften.] Nr. 35.

Mayer, C[arl Hermann]. Wozu führt uns die Betrachtung der Alkoholfrage? Ein Vortrag von Dr. med. K. M' in Barmen. 5.—6. Tausend. IV + 24 S. 8. Basel, Schriftstelle des Alkoholgegnerbundes, ([19]08). fr. —. 10
[Alcoholgegnerbund... Flugschriften.] Nr. 35.

MAYER, KARL JOH.
See Oesterreichisch-ungarischer Anzeiger für die gesamte chemische Gross- und Klein-Industrie.

Mayer, Karl L[eopold], Referendar aus Berlin **Aufhebung der ehelichen Gemeinschaft nach den §§ 1575, 1576, 1586, 1587 des Bürgerlichen Gesetzbuches für das Deutsche Reich.** *Borna-Leipzig 1902: R Noske.* (VIII, 127 S.) 8°
Leipzig, Jur Diss. v 1902

Mayer, Karl Leop., von Helden, Bettlern u. Christus. Balladen u. Bilder. (114 S.) kl. 8. Leipzig 910. F Eckardt. 2.—; geb. 3. —

Mayer, Karl Leop., im Waffenrock. Gedichte e. Einjährigen. (101 S.) 8. Berlin 904. Gose & Tetzlaff. n. 1. 50

Mayer, Karl Ph

— s. J. Bayer Paedagogus Latinus.

Mayer, K. Ph. Ueber die Festsetzung der Römer in Gallien jenseits der Alpen. 8 Nürnberg 1802

Mayer, K. Ph., üb. die Festsetzung der Römer in Gallien, jenseits der Alpen. gr. 8. Bamb. Göbhard. 804.

Mayer, Karl Ph., über die Festsetzung der Römer in Gallien, jenseits der Alpen, von ihrer ersten Bekanntschaft mit diesem Lande bis zu seiner Eroberung durch Jul. Cäsar. gr. 8. Bamb. 804. (Wesché in Frankf.) (Ettlinger in Würzb.) 4 gr.

Mayer, Karl Wilhelm

Mayer, C. G., de Polypis uteri commentatio med.-chir. c. tab. aen. 4. Berl. 821. Dümmler. 12 gr.

Carolus Guilelmus Mayer: De Polypis uteri. Berolini 1821: Feister. 56 S. 4°
Berlin, Med. Diss. v. 13. Febr. 1821

Mayer, Karl Wilhelm. Statistik u. Topographie des Herzogthums Kärnten. Klgft., v Kleinmayr, 1796. 331 S.

Mayer, Karoline —. Worte der Freude, bei Gelegenheit der hohen Vermählungs-Feier Sr. Majestät unseres allergnädigsten Kaisers Franz Joseph I. Dargebracht als Dankopfer für die edelmüthige Betheilung armer Kinder durch die löbl. bürgerl. Drechsler-Innung in Wien Gesprochen von — —. 8. (2 Blätter.) Wien. Gedruckt bei Leop. Grund. 1854.

Mayer, Klemens

Mayer, Clemens, Auslands-Handelskammern. Bericht an die Aeltesten der Kaufmannschaft v. Berlin. (78 S.) Lex.-8. Berlin 905. G Reimer. n 1.50

Mayer, Klemens. 10 Jahre „Heim". Rechenschaftsbericht des Vereines zur Unterstützung dürftiger Lehramtszöglinge. Klgft., Leon. 1904. 28 S.

Katalog der bienenwirtschaftlichen Ausstellung in Klgft. 1900. Klgft., Bertschinger, 1900. 27 S. — Klgft., v. Kleinmayr, 1903. 23 S. (Verf. Klemens Mayer.)

Mayer, Clem., 20 Kärntnerlieder f. den Schulgebrauch. Gesammelt u. bearb. 12. (24 S.) Klagenfurt 894. J. Leon sen. n. — 30

Mayer, Clem., 20 Kärtnerlieder f. den Schulgebrauch. Gesammelt u. bearb. 3. Aufl. 8. (24 S.) Klagenfurt 902. J. Leon sen. n. — 30

– – 4 Aufl. Ebd 1904 24 S.

Mayer, Klem., 20 Kärntnerlieder f. den Schulgebrauch. Gesammelt u. bearb. 5. Aufl. (24 S.) kl. 8. Klagenfurt 910. J. Leon sen. —30

Mayer, Klem., historische Streifzüge durch Klagenfurt. Ein „Vergißmeinnicht" f. die Bewohner der Landeshauptstadt, e. Führer f. Fremde. (124 S. m. Abbildgn.) kl. 8. Klagenfurt (906). J. Leon sen. n. 1.—

Mayer, Clemens, aus Berlin Studien zur Verwaltungsgeschichte der 1793 und 1795 von Preussen erworbenen polnischen Provinzen. *Berlin (1902): G. Schade.* (40 S.) 8°
Berlin, Phil. Diss. v. 26. Juli 1902

Mayer, Klemens Wilhelm Eduard, s. Mayer, Eduard

Mayer, Kurt, Gerichtsakzessist a. Mainz: Die falsche Anschuldigung nach Deutschem Strafrecht. Heidelberg 1905: J. Hörning. (62 S.) 8°
Heidelberg, Jur. Fak., Ref. v. Lilienthal, Diss. v. 30. Okt. 1905
[Geb. 28. Mai 82 Mainz; Wohnort: Mainz; Staatsangeh.: Hessen; Vorbildung: Gymn. Mainz Reife M. 00; Studium: Berlin 1, Freiburg i. B. 1, Leipzig 2, Gießen 3 S.; Rig. 12. Aug. 05.]

Mayer, Kurt, Referendar a. Brühl (Bez. Cöln a. Rh.): Die Bankdepotgeschäfte. Borna-Leipzig 1908: R. Noske. (VIII, 96 S.) 8° [J.]
Leipzig, Jur. Fak., Diss. v. 11. Mai 1908
[Geb. 29. Juni 81 Cöln a. Rh.; Wohnort: Brühl; Staatsangeh.: Preußen; Vorbildung: Friedrich-Wilhelms-Gymn. Cöln Reife O. 00; Studium: Leipzig 2, Berlin 2, Straßburg 3, Bonn 2 S.; Rig. 20. Juli 06.]

Mais laissez-moi mourir! Novellen von Kurt **Mayer**-Leiden. Köln Neubner 1910. 326 S. 8° [11. 1599]

Mayer, L. Neue Darstellungsweise des Essigsäure-Amyläthers. 4 S. 8° – Wien OR Inn.St., Progr 1863

Mayer, L., artilleristische Erkundung. Für Offiziere aller Waffen. Mit 2 Skizzen in Steindr. gr. 8. (VI, 50 S.) Berlin 901. E. S. Mittler & Sohn. n. 1.40

MAYER, L., Das beste Mittel gegen versoffene Weiber, äusserlich zu gebrauchen. (Gedicht.) Mit 1 Lithogr (?) Wien, o. J. (c. 179*). 8°
Wilhelm Scholz, Braunschweig. Katalog Nr 31 II (1898) „Verkauft"

Mayer, L Violettes Pigment aus Amaranthholz, welches mit Weinpigment identisch ist und ausserdem in vielen Pflanzen sich vorfindet 7 S. 8° – Wien OR.Inn.St., Progr 1865

Mayer, L., katholischer Religionsunterricht. Als Vorbereitung u. mit Rücksicht auf den in der Wiener Erzdiöcese vorgeschriebenen großen Katechismus bearb. Wien 868. (Mayer & Co.) gr. 8. (119 S.) n. 11 *ngr.*

Mayer, L Untersuchungen über die Wertbestimmung des Indigo durch Chamäleon. 4 S. 8° - Wien OR Inn.St., Progr 1861

Mayer, L. Oinochemische Versuche. A. Über Vermehrung und Verbesserung des Weines u. das Bitterwerden desselben. B Untersuchungen über den Farbstoff der blauen Trauben. 11 S. 8° – Wien OR.Inn.St, Progr. 1864

Mayer, L. A., s. Bossuet, J. B., Schriften etc. dessen Erläuterr., dessen Universalgeschichte u. dessen Gesch. d. Veränderungen.

Mayer, L. F., ökonom. Beobacht. und Vers. über d. Cultur d. weisen Mangoldrübe, statt der ostindischen Zuckerpflanze. 8. Berlin, Braun. 800.

Mayer, L. J., das Glück der Liebe und Ehe. Enthüllte Geheimnisse für Liebende, Verlobte u. Neuverehelichte. Mit Abbildgn. Hamburg (856.) B. S. Berendsohn. 8. verklebt 15 *ngr.*

Mayer, L. J., das Glück der Liebe und Ehe. Enthüllte Geheimnisse für Liebende, Verlobte und Neuverehelichte. Mit (4 lith. u.) color. Abbildgn. Hamburg 860 B. S. Berendsohn. 8. (121 S.) 15 *ngr.*

Mayer, L. J., das Glück der Liebe und Ehe. Enthüllte Geheimnisse für Liebende, Verlobte und Neuvermählte. (13. Ster.-Abdr.) 8. (128 S. mit lithogr. Abbild.) Hamburg 867, B. S. Berendsohn.

Mayer, L. J., Liebeswonne u. Ehefreuden. Ein Schlüssel zu den Geheimnissen d. Liebe u. Ehe. Ein Rathgeber f. Liebende, Verlobte u. Neuverehelichte. Mit Abbildungen. 8. Hamburg 851, Berendsohn. — 2. Aufl. 8. Ebd. 852. — 3. Aufl. 8. Ebd. 852. Verklebt. 1/2 *ß*

Mayer, Lajos, aus Pécs '(Ungarn)' Ueber die Ergebnisse der energischen Chlorirung aromatischer Substanzen. Zür Zürcher u. Furrer Dr 1881 34 S. 8°.
Zürich. Phil. Diss. [v 10. März 1881].

Mayer, Laurenz (Prälat) *Ansprache bei der feierlichen Einweihung eines Madonnenbildes im Exhortensaale der Anstalt.* 8 (S 70 72). **Progr.** K k. Elisabeth-G *Wien* 1898.

MAYER, Laurentius. De electione canonica juxta formam a decretalibus stabilita instituenda. — (1859) 100 S. 4° (Handschr.) Diss. 188
Diss. Wien, Univ.

Mayer, Laurenz, s.: Swoboda's Naturlehre f. Bürgerschulen.

Mayer, Leonhard [cand. med. aus Neu-Ulm]: Ueber den Nachweis von Zucker im Harn . . . Erlangen, Druck d. Univ.-Buchdr. v. Junge & Sohn, 1886; 16 S. 8°.
Erlangen, Med. Fak., Inaug.-Diss. v. 1886.

Mayer, Leonhard, über den Nachweis von Zucker im Harn. Diss. Erlangen 1886, Th. Blaesing. 8°. 16 S.

Mayer, Leonh., marian. Stammbuch. 3 Thle. 8. Augsb. Wolf. 741.

Mayer, Leop., s.: Maria-Lourdes-Predigten.

Mayer, Leop. Wallfahrts Gebete für Pilger nach Lourdes, s. Koneberg, Herm. Pilgerbüchlein.

— Wallfahrts-Gebete f. die Theilnehmer d. 1. bayerischen Pilger-Zuges nach Lourdes, s.: Koneberg, Herm., Pilgerbüchlein.

Mayer, Leop. Karl, s. a. **Wohn- u. Bureauhäuser, kleine.**

Mayer, L. K., Kleine Wohn- und Bureauhäuser. Gr.-8°. 31 Tafeln in Umschlag K 5.—
Wien Kosmack 1910.

Mayer, Lorenz Über die Allotropie der Elemente.
Wien, Schul-/Univ.-Schrift 1867

Mayer, Lorenz. Einwirkung des Jods auf einige Doppelcyanüre.
Wien, Schul-/Univ.- Schrift 1867

Mayer, Lor., Heimatkunde. Ein Beitrag zur Geschichte der Dörfer Schifferstadt u. Otterstadt m. Umgebg. od.: Ein Stücklein aus Frankens alten Tagen. (53 S.) 8. Speyer 908. (Dr. Jäger.) —70

Heimatkunde. Ein Beitrag z. Geschichte d. Dörfer Schifferstadt u. Otterstadt m. Umgebung oder: Ein Stücklein aus Frankens alten Tagen. Zagest. von Lorenz **Mayer** in Otterstadt. Speyer: Selbstverl. 1908. 52 S. 8° [11. 7348]

Mayer, Louis (Hrsg.), s. Zeitschrift für Geburtshilfe und Gynäkologie.

Mayer, Louise, s. Mayer, Luise

Mayer, Ldw., Anleitung zur Erlernung der hebräischen Sprache. 8. Regensb. 788. Montag u. W. 12 gl

Mayer, Ludwig: Zur Ætiologie und Diagnose der Meningitis cerebrospinalis epidemica. *Würzburg 1897: Berlinger.* (35 S.) 8°
Würzburg, Med. Diss. v. 1897

Mayer, Ludwig (Nettenheim)
Ueber einige bei der Lehre von den Körperverletzungen vorkommende technische Ausdrücke.
Giessen: Keller 1859. 26 S. u. 2 Bl. Thesen.
Diss. med. 10.12.1859. vorh. 7. 11. Δ.

Mayer, Ludwig, prakt. Arzt aus Mainz **Beitrag zur Chirurgie der Milz. Ein Fall von hypertrophischer Wandermilz mit Stieldrehung geheilt durch Exstirpation.** *Greifswald 1899: J. Abel.* (40 S.) 8°
Greifswald, Med. Diss. v. 28. Febr 1899

Mayer, Ludw., Bilder der Sehnsucht. gr. 8. (VIII, 36 S.) Wien 871. Perles in Comm. n. 2. —

— **Blätter aus der Mappe d. Philosophen von Rumpelsbach.** Nebst e. Mittheilg. üb. den Autor v. Rob Hamerling. 8. (IX, 77 S.) Hamburg 874. Richter. 1. 50

Copia verborum, ein wichtiger Teil der klassischen Studien. — Von Ludwig Mayer, Stdl. — 1874. München, Gotteswinter. — S. 3—35⁴.
Progr. München, Wilhelms-Gymnasium

Mayer, Ludwig [app. Arzt aus Kolmar]: Ein Fall von Exophthalmus intermittens ... München, Buchdr. Kastner & Lossen, 1896; 22 S. 8.
München, Med. Fak., Inaug.-Diss. v. 1896

Mayer, Ludw (geb. Berncastel 17 8. 1863) Ueber diabetische Gangrän.
Berlin (1885). (33 S.) 8°
Berlin, Med. Diss. v. 20 Febr 1885

Mayer, L. Geschichte des 1. Fuß-Art.-Reg. vak. Bothmer. Mit Skz. u. Beil. Nürnberg 1887. 147 S.

Mayer, Ludwig, Hauptm. Geschichte des königl. bayer. 1. Fuss-Artillerie-Regiments „vacant Bothmer". Im dienstlichen Auftrage nach Quellen bearbeitet. Mit 9 Skizzen und 7 Beilagen. 2. Aufl. 8. Nürnberg 1892.

Mayer, Ludw. Hügelgräber auf d. schwäb. Alb, s. Föhr, Jul. v.

MAYER, Ludwig (Regensburg): Zur Casuistik der Wunden.- München: Stahl 1867. 34 S.- S.-Abdr. aus: Ärztliches Intelligenz-Blatt.
2.11.1863 - Urk (Titel: De vulneribus.); F 70
Diss.Ingolst.-Landsh.-Mchn.

Mayer, Ludw., die Reihengräber-Funde, s. Katalog, beschreibender, der königl. Staats-Sammlung vaterländischer Kunst- und Alterthums-Denkmale.

Mayer, Ludwig, Referendar: Die rechtliche Stellung des Nacherben. Straßburg 1910: Du Mont Schauberg. 75 S. 8°
Straßburg, Rechts- u. staatswiss. Diss. v. 8. Nov. 1909, Ref. Kisch
[Geb. 28. Dez. 87 Müllheim, Baden; Wohnort: Straßburg; Staatsangeh.: Baden; Vorbildung: Gymn. Mülhausen i. E. Reife Sommer 05; Studium: München 1, Freiburg i. B. 1, Nancy 1, Straßburg 4 S.] [U 10. 4023

Mayer, Ludw., Studien über die Anatomie des canalis Eustachii. München 867. Lentner'sche Buchh. Lex.-8. (VIII, 58 S. mit 2 Photolith. u. 3 Steintaff.) 21 ngr.

— **Sturmboten und Sturmböcke der Weltgeschichte oder: Gedanken über den deutsch-französ. Krieg von 1870.** 8. (32 S.) Wien 870, (Gerold's Sohn.) *

Mayer, Ludw., die Therapie der Kniegelenks-Entzündung, s.: Mittheilungen u. Auszüge aus dem Aerztlichen Intelligenzblatt.

— **Vorlesungen über weibliche Krankenpflege,** gehalten im Winter-Semester 1876/77. gr. 8. (VI, 203 S.) München 877. Zoller. 2. —

Mayer, L. Vorlesgn üb weibl Krankenpfl 2 Aufl München 1877

Mayer, Ludw., die Wunden der Leber u. Gallenblase. Lex.-8. (237 S. m. 4 Holzschntaf., 5 Lichtdrucktaf. u. e. Tab. in qu. Fol.) München 872. Oldenbourg n. 12. —

— die Wunden der Milz. gr. 8. (VI, 158 S. mit 1 chromolithogr. Taf.) Leipzig 878, F. C. W. Vogel. *

Mayer, Ludwig Anton: Versuch zur genauen Bestimmung des inneren und wahren Gehaltes der Pflanzenfrüchte, insbesondere des Weines und des Getreides. Nebst angehängter Resolvirung über den Preis einer Maaße Weines und Verhältniß des Fuderpreises. Hrsg. von Georg Pickel [Verf.:] Ludwig Anton Mayer. Würzburg Bonitas-Verl. 1825. 103 S. - 21* 107*
BI: Pickel. -- Bibliotheca oeconomica: Pickel, Geo. -- Bibliotheca oenologica: Pickel, G. -- Dochnahl: Pickel, Gg. -- Heinsius und Kayser: Pickel, Georg

Mayer, Ludw. Jos., s.: **Geschichtliches** üb. die Kuenringer-Veste Aggstein usw.

Mayer, Luise

Mayer, Louise, Gedichte. Bremen 860. Tannen. 8. (VIII, 144 S.) 1 ₰; geb. mit Goldschn. n. 1 ₰ 10 ngr.

Mayer, M., s.a. Mayer, Marum Samuel

Mayer, M., christl. **Brautführer** alle Brautleute an der rechten Hand führend und lehrend; was sie vor, bey und nach ihrer Trauungszeit zu beobachten haben rc. 8. Reutlingen. (Leipzig, Hartmann.) 818.

Mayer, M., die kaufmännische Buchführung in der Apotheke, nach bequemer u. praktischer Methode an der Hand eines Beispiels in instructiver Weise dargestellt. gr. 8. (42 S.) Stettin 878. v. der Nahmer cart. n. 1. 50

Mayer, M., die kaufmännische Buchführung in der Apotheke, nach bequemer und praktischer Methode an der Hand eines Beispiels in instructiver Weise dargestellt. gr. 8. (42 S.) Stettin 879, v. der Nahmer. cart. *

Mayer, M., übersichtl. Darstellung d. Statistik d. Oberdonaukreises, nebst e. Zusammenstell. sämmtl. darin befindl. Gewerbe u. Gewerbsgattungen. gr. 12. (2½ B. u. 1 Tab. Fol.) Augsburg 831, Schlosser.

Mayer, M., der Donau-Oder-Canal als Actien-Unternehmung. Ein Wort an Jene, welche Actionäre des Donau-Oder-Canals werden wollen. 3. Aufl. 8. Wien 878, v. Waldheim. *

Mayer, M., Geographie der österr.-ungar. Monarchie (Vaterlandskunde) für die 4. Klasse der Mittelschulen. 8ᵉ Aufl. [Lehrbuch der Geographie für Mittelschulen. 2. Teil.] Gr.-8°. (ill. 164 S.) Wien Tempsky 1908. geb. K 2.40

— — **Homilien** auf alle Sonntags-Evangelien, Festtage des Herrn und der Heiligen, nebst nöthigen Anmerkungen. 2 Theile. gr. 8. Ulm, Stettinsche Buchh. 819.

Mayer, M., denkwürdige Kriegsereignisse im königl. baierschen Landgericht Eggenfelden v. d. Jahren 1632—48. 1701—14. 1741—45. Nach gedr. u. ungedr. Quellen. 8. Münch. 820. Fleischmann. 12 gl

— — Vgl. Meier

Mayer M. Lamia. S.-A. 1885. 6 S. 4°.

Mayer, M, Lehrbuch der Geschichte für die unteren Klassen der Mittelschulen. 3. Teil: Die Neuzeit. 5. Aufl. Gr. 8° (IV, 138 S.) Wien Tempsky 1908 K 1.50, geb. K 2.–

— — Lehrbüchlein für Schullehrer, besonders für jene, welche sich dem Lehramte widmen wollen, oder für Schulkandidaten. 8. Ebend. 817.

M a y e r, M. „Die Ordnung der Dienstboten, eine gekrönte Preisschrift, psychologisch, polizeylich und rechtlich bearbeitet", Augsburg 1825 (Engelbrecht). Neue verm. Auflage, ebenda 1827

MAYER, M.: Die Ordn. d. Dienstboten. Eine gekrönte Preisschrift. Psycholog., polizeil. u. rechtl. bearb. *München.* (Jaquet.) 825. 8. (14 Gr.)

M a y e r, (M.,) die Ordnung der Dienstboten. Eine gekrönte Preisschrift. Psychologisch, polizeilich u. rechtlich bearb. 8. Augsburg 825, Engelbrecht. 12 gr. München bei Michaelis.

Mayer, M., der goldene Schnitt. Kürzest gefasstes Lehr-Buch u. zugleich Handbüchlein zum prakt. Gebrauch f. die Allgemeinheit. (II, 30 S. m. 29 Abb.) 8. München 909. Süddeutsche Verlags-Anstalt. —80

Mayer, M., die Tuberkulose u. deren heutige Behandlung in Sanatorien u. Asylen, dargestellt in ihrer medicin. u. sozialen Bedeutg., s.: Zeit- u. Streitfragen, klinische.

M a y e r, M. G., die Schmalte-Fabrikazion und das Safflormachen aus Kobold. Mit 9 Abbild. gr. 8. Frankf. a. M., Jäger. 820.

M a y e r, M. J., Miscellen über den Curort Baden in Niederösterreich. 16 Bdchen. Mit 3 Kupf. 8. Baden. (Wien, Wallishauser in Comm.) 819.

Mayer, M. J. Das Moselthal von Alf bis Koblenz. 8. (VII, 80 S m. 1 Karte.) Kaisersesch 891. (Lpz., R. Gieglers Sort.) * 1

Mayer, M. Joh (gymnasii Ulmani quondam rector etc.), historia caesareae obsidionis et expugnationis Liberae S. R. I. Civitatis Nordlingensis in bello tricennali, anno 1634. Ed. et de vita auctoris praefatus est D. *Chr Fr Geo. Meisterus.* Goettingae, J. F Hager, 1746. 8° 48 pp. Beibd.

Mayer, M L. [approb. Arzt aus Bibra (Sachsen-Meiningen)]: Ueber maligne Geschwülste der Sehnenscheiden. Würzburg, Paul Scheiner's Buchdr., 1886; 24 S. 8°.
Würzburg, Med. Fak., Inaug.-Diss. v. 1886.

M a y e r, M. L., über maligne Geschwülste der Sehnenscheiden, Diss. Würzburg 1886, Stahel'sche Univ.-Buchh. 8°. 24 S.

Mayer, Magnus Max, s. M a y e r, Moritz Maximilian

Mayer, Manfred, Die Genealogie Bürgerlicher und Bäuerlicher Geschlechter mit besonderer Berücksichtigung Altbayerns. Bamberg ca. 1900.

M a y e r, Manfred, Geschichte der Burggrafen von Regensburg. gr. 8. (III, 84 S.) München 883, Rieger'sche Universitäts-Buchh. *

Mayer, Manfr. Geschichte der Mediatisirung d. Fürstenth. Isenburg. Lex.-8. (X, 267 S.) Münch. 891, Rieger. * 8 —

—— Geschichte der W a n d t e p p i c h f a b r i k e n [Hautelisse-Manufacturen] d. Wittelsbachischen Fürstenhauses in Bayern. Mit e. Geschichte der Wandteppichverfertigg. als Einleitg. gr. 4. (X, 139 S. m. 21 Lichtdr.-Taf.) Münch. 892, Hirth. * 15 —

— Bayerns Handel im Mittelalter u. in der Neuzeit. Historische Skizze. gr. 8. (VI, 100 S.) München 892. E. Pohl. n. 2. —

Mayer, Bayerns Handel im Mittelalter u. in der Neuzeit. Historische Skizze München 893.

Mayer, Dr. Manfred, Leben, kleinere Werke und Briefwechsel des Dr. Wiguleus Hundt. Ein Beitrag zur Geschichte Baierns im XVI. Jahrhundert. Gr.-8. (VIII, 320 S.) 4.—
Innsbruck Wagner 1892

Mayer, Manfr., Quellen zur Behörden-Geschichte Bayerns. Die Neuorganisation Herzog Albrecht's V. gr. 8. (VIII, 464 S.) Bamberg 890. Buchner's Verl. n. 10. —

Mayer, Marie, s. M e y e r

Mayer, Markus, kritische Bemerkk. üb. die vertheidigten Gewerbsrealitäten. Als Zugabe seiner Versuche e. Entwickelung rc. 8. Nürnberg. 816. Riegel u. Wießner.

Meyer, M., Versuch einer Entwickelung der relativen Ansichten des Zunftwesens. 8°. Augsburg 1814.

— Versuch e. Entwickelung d. relativen Ansichten des Zunftwesens. Eine gekr. Preisschrift. 8. Nürnb. 814. Riegel u. W. 20 gr.

— Entwickelung d. relativen Ansichten des Z u n f t w e s e n s. Preisschrift. 8. Ebend. (in Comm.) 815. Rthlr.

Mayer, Martin, approb. Arzt aus Mainz: Ueber die **Beeinflussung** der Schrift durch den Alkohol. Mit 1 Taf. *Leipzig: W. Engelmann 1901.* (54 S.) 8° (Aus Psychol. Arbeiten, Bd 3, H. 4)
Heidelberg, Med. Diss. v 1900

Mayer, Mart., Beiträge zur Morphologie der Spirochaeten (Sp. duttoni). Nebst Anh. üb. „Plasmakugeln", s.a. A r c h i v f. Schiffs- u. Tropenhygiene. 1908. 1. Beiheft.

Beiträge zur Morphologie der Spirochaeten (Sp. duttoni). Nebst Anh. über Plasmakugeln' Von Dr Martin **Mayer**, Assist (Aus d. Inst. f Schiffs- u. Tropenkrankheiten in Hamburg) Mit 1 Taf. Leipzig J A Barth 1908. (19 S.) 8°
= **Archiv** f. Schiffs- u. Tropenhygiene. Bd 12, Beih. 1 [08. 6102

— Martin (Mainz), De dote profectitia ad patrem non revertente. Diss. jur. civil. Präs. Johann Philipp Hahn. Mainz (Haeffner, per E. P. Bayer) Juli 1754. 76 S. (5.50) 22530
Gew.: Friedrich Carl Joseph von Ehrthal.

— Uber das ostafrikan. Küstenfieber der Rinder, s.a. A r c h i v f. Schiffs- u. Tropenhygiene. 1910. 7. Beiheft.

Über das ostafrikanische Küstenfieber der Rinder. Von Dr. Martin **Mayer**. Mit 1 Taf. Leipzig Barth 1910. 24 S. 8°
(Archiv f Schiffs- u. Tropenhygiene. Bd 14, Beih. 7) [10. 16272

Mayer, Mart., Licht als Heilmittel, s.a. B r i e g e r, L.

Mayer M.: Licht als Heilmittel. Berl. 1904. 36 S. P.
(Moderne ärztliche Bibliothek herausg. v. F. K a r e w s k i. H. 10.)

— Uber Zellveränderungen in inneren Organen bei Variola, s.. A r c h i v f. Schiffs- u. Tropenhygiene. 1909. 2. Beiheft (Keysselitz, G.)

Mayer, Marum Samuel

Mayer, M. S.: Die Litis Contestatio geschichtlich dargest. Abth. 1. [einz.] Stuttgart 1830.

—— die Litis Contestatio geschichtl. dargest. 1. Abthl. gr. 8. (10 B.) Stuttgart 830, Metzler.

Mayer, M. S., de hereditate parentis manumissoris disseruit. 8 maj. (4¼ B.) Tubingae 832, (Osiander.)

Mayer, M. S., digestorum de jure dotium, XXIII. 3. I. 56 §. 3. interpretatio. gr. 8. (III und 88 S.) Tübingen 859. Laupp'sche Buchh. *

Mayer, M. S., das Intestaterbrecht d. liberi naturales nach d. heut. röm. Rechte. Eine dogmengeschichtl. Untersuchung. gr. 8. (9½ B.) Tübingen 838, Fues.

Mayer, M[arum] S[am.]: Das Intestaterbrecht der liberi naturales nach röm. u. canon. Rechte. Festschr. z. 27. Sept. 1837. Tübingen 1837.

— M. S. (Tübingen), Das Intestaterbrecht der liberi naturales nach römischem und canonischem Rechte. Tübingen (E. Tr. Eifert) 27. IX. 1837. 34 S. (2.—) 22532

—— ad Livii lib. III. cap. 44—48. Dissertat. de jure civili histor. 8. (3¼ B.) Stuttgart 828, Metzler.

Mayer, M. S.: Commentar d. neuen Würtemberg. Pfand-Gesetzes. In 2 Thln. Mit e. Register. *Stuttgart*, Metzler. 825. 26. gr. 8. (3 Thl. 8 Gr.)

Mayer, M[arum] S[am.]: Die Lehre von dem Erbrecht nach dem heutigen römischen Rechte dargest. Th. 1. [einz.] Die universelle Nachfolge von Todeswegen. Berlin 1840.

—— die Lehre von d. Erbrecht nach d. heut. röm. Rechte dargestellt. 1. Thl. gr. 8. (20 B.) Berlin 840, Geo. Reimer.

— die Lehre von den Legaten und Fideicommissen. Aus den Quellen bearbeitet. 1. Abth. Die Einleitung und die Form der Anordnung. Tübingen 854. Laupp. gr. 8. (VI, 258 S.) 1 ♂. 15 ngr.

Mayer, M. S., ad Caji institutionum commentarii IV §um 48 commentatio. 8maj. (VII und 84 S.) Tübingae 853, libr. Laupp. *

—— das Recht d. Anwachsung bei d. testamentl. u. gesetzl. Erbrechte u. bei Legaten od. Fideicommissen. Rein aus d. Quellen dargest. gr. 8. (19 B.) Tübingen 835, [Osiandersche Buchh.]

Mayer M S, das römische Recht nach seinen allgemeinen Grundsätzen dargestellt etc. (493 S) Stuttgart 1831

—— das Röm. Recht nach seinen allgem. Grundsätzen dargest. u. erläut. an d. Hand d. Gesch. u. Alterthümer im Grundr., z. Gebr. bei Vorlesn. gr. 8. (31 B.) Stuttgart 831, Metzler.

—— über röm. Recht u. neue Gesetzgebung. gr. 8. (2¾ B.) Tübingen 839, [Osiandersche Buchh.]

Mayer, M. S. Ueber die staatsbürgerlichen Wahlrechte der Verurtheilten und Begnadigten. Tübingen, Osiander 1833. 57 S. 8.

—— über d. staatsbürgerl. Wahlrechte d. Verurtheilten u. Begnadigten. 2., durchaus umgearb. Ausg. gr. 8. (4½ B.) Tübingen 833, Osiander.

Mayer, Matth. (Nath. ?) (Schutz-Jude in Fürth), Das Buch Mayer, Hauptmann des Königs in Preusen, welches beschreibt den Zug zu den Franken bis gen Nürnberg und das Verhalten gegen Erfurt. 16 Capitel. Windsheim 1757. 4. (23 S.)

— Andere um 3 Capitel vermehrte Ausgabe. 4. (24 S.)

Mayer, [Matth.], Rekt.: [Rückblick auf die Geschichte der Anstalt im ersten Vierteljahrhundert ihres Bestehens.] *Cannstatt 1901: W. Kirchhoff.* (S. 3—5.) 4°
Cannstatt, RA, P 1901 (650)

Mayer, Mathias, die landwirthschaftliche Buchhaltung, erläutert durch eine Reihe von Beispielen und Verhältnisszahlen. gr. 8. (VIII, 152 S.) Wien 887, Hartleben. *

Mayer, Mathias Joseph, s. Mayer, Joseph

Mayer, Max, s.a. Mayer, Maximilian

Mayer, Max, s.: Bearbeitung u. Anprobe, die, sowie die Abänderung fehlerhaft sitzender Kleider.

— vereinfachte Buchführung f. Schneidergeschäfte. Zum Selbstunterricht bearb. gr. 8. (47 S.) Leipzig 898. Jüstel & Göttel. n. 1. —

Mayer, Max, aus Ulm a. D. Ueber die Einwirkung von Hydrazinhydrat auf 1, 2, 4 Dinitrophenylhydrazin. *Heidelberg 1902: J. Hörning.* (49 S.) 8°
Heidelberg, Naturw.-math. Diss. v. 1902

Mayer, Max, Dr. phil., Dipl.-Ing.: Über einige Gasreaktionen. Methanbildung und Kohlenoxyd-Kohlensäuregleichgewicht. 1908. 136 S. 8°
Karlsruhe Te. H., Hab.-Schr. v. 29. 5. 1908

Mayer, Max, die Giganten und Titanen in der antiken Sage u. Kunst. Mit 2 Taf. u. in den Text gedr. Abbildgn. gr. 8. (VI, 414 S.) Berlin 887. Weidmann. n. 10. —

Mayer, Max (*geb. Prerau in Mähr 26 2 1855*) Zur Kasuistik der multiplen Sklerose. (Aus der Krankenabtheilung des unter der Leitung des Herrn Professor Dr. Berger stehenden Breslauer Armenhauses.) Breslau (1884). (31 S.) 8° *[Im Buchhandel 1884 bei Köhler in Breslau.]*
Breslau, Med. Diss. v. 23. [vielmehr 26.] Apr. 1884

Mayer, Max, zur Kasuistik der multiplen Sklerose. [Aus der Krankenabtheilg. d. unter der Leitg d. Hrn. Berger stehenden Breslauer Armenhauses.] gr. 8 (31 S.) Breslau 884. (Köhler.) n. 1 —

Mayer, Max, die Kochsalzquellen u. Soolbäder. Ihre Anwendg. u. Verwertg. in d. Medicin. Bad Ischl (Oberösterreich). 12. (V, 83 S.) Wien 897. (A. Hölder.) Geb. in Leinw. n. 2. —

Mayer, Max [appr. Arzt aus Nabburg (Oberpfalz)]: Mikrophthalmus mit Cysten im unteren Augenlid Würzburg, Anton Boegler'sche Buchdr., 1888; 30 S 8°
Würzburg, Med Fak., Inaug. Diss. v. 1888

Mayer, Max, Mikrophthalmus mit Cysten im unteren Augenlid. Diss. Würzburg 1888, Stahelsche Univ.-Buchh. 8°. 30 S.

Mayer, Max Ritter v., die Papstwahl Innocenz XIII Nach Original-Quellen. gr 8. (115 S.) Wien 874. Braumüller. n. 2 40

Mayer, Max, Selbstunterricht in d. Buchführung für Handwerker m. spec. Berücksicht. d. Schneidergewerbes u. Anleitg. zu allen geschäftl. Korrespondenzen. 2., verb. Aufl. gr. 8. (48 S.) Dresden 898. (Leipzig, Jüstel & Göttel.) n. 1. 25

Mayer, Max, in der Stille. Ein Versbuch. (101 S.) kl. 8. Jauer (906). O. Hellmann. n. 2. —; geb. n. 3. —

Mayer, Max. Kurze Verfassungs-Lehre f. Volksschulen. Nach der 18., den neuen Gesetzen entsprechend ergänzten u. verb. ungar. Aufl. 8. (34 S.) Budap. 890, Lampel. * — 40

Mayer, Max: Vexillum und vexillarius. Ein Beitr. z. Geschichte d. röm. Heerwesens. Straßburg 1910: Du Mont Schauberg. 46 S. 8°
Freiburg i. B., Phil. Diss. v. 1910, Ref. Fabricius
[Geb. 19. Okt. 85 Großlaufenburg; Wohnort: Karlsruhe i. B.; Staatsangeh.: Baden, Vorbildung: Gymn. Karlsruhe Reife Juli 04; Studium: Freiburg i. B. 6, Heidelberg 1, Freiburg i. B. 1 S.; Rig. 21. Dez. 08.] [U 10. 1069

Mayer, Max Ernst, der rechtswidrige Befehl des Vorgesetzten, s. a. Festschrift, Paul Laband gewidmet.

Mayer, Max Ernst: Der rechtswidrige Befehl des Vorgesetzten. Tübingen 1908.

Mayer, Max Ernst, die Befreiung v. Gefangenen. Eine Ergänzung zum 1. Bde. der auf Anregg. des Reichsjustizamtes hrsg. Vergleich-Darstellg. des deutschen u. ausländ. Strafrechts (besonderer Tl.). (VI, 64 S.) Lex.-8. Leipzig 906. [C. L. Hirschfeld.] Tübingen, J. C. B. Mohr. n. 1. 80; erm. Pr. 1 20

— Das Disziplinar- u. Beschwerderecht f. Heer u. Marine, s. a. Sammlung Göschen.

Das Disziplinar- und Beschwerderecht für Heer und Marine. Von Dr Max Ernst **Mayer** Prof Leipzig Göschen 1910 117 S. 8°
(Sammlung Göschen 517) [11. 11335 11

— — Erörterungen aus der militärstrafrechtlichen Theorie u. Praxis. Berlin 1908. 78 S.

Mayer, Max Ernst, ewiger Friede. Ein Trauersp. in 4 Aufzgn. 8. (VII, 112 S.) Dresden 896. E. Pierson. n. 1 60

— die schuldhafte Handlung u. ihre Arten im Strafrecht. Drei Begriffsbestimmgn. gr. 8. (X, 201 S. m. 1 Tab.) Leipzig 901. C. L. Hirschfeld. n. 6. —

Mayer, Max Ernst, Dr. phil.: **Der Causalzusammenhang** zwischen Handlung und Erfolg im Strafrecht. Eine rechtsphilosoph. Untersuchung. *Strassburg 1899: J. H. E. Heitz.* (IV, 151 S.) 8°
Strassburg, Rechts- u. staatswiss. Diss. v. 1898

Mayer, Max Ernst, der Causalzusammenhang zwischen Handlung u. Erfolg im Strafrecht. Eine rechtsphilosoph. Untersuchg. gr. 8. (IV, 148 S.) Freiburg i/B. 899. Tübingen, J. C. B. Mohr. n. 3. —

— — Die Militär-Straf-Gerichts-Ordnung für den Gebrauch des Offiziers. München 1900. 298 S.

— Deutsches Militärstrafrecht, s. a. Sammlung Göschen.

Mayer. M., Deutsches Militärstrafrecht. 1. Allgemeiner Tl. (168 S.) II. Besonderer Tl. (147 S.) Leipzig 07, J. Göschen. je —. 80.
„Sammlung Göschen" Bd. 371/72.

— **Rechtsnormen u. Kulturnormen,** s. a. Abhandlungen, strafrechtliche. 50. Hft.

Rechtsnormen und Kulturnormen. Von **Max Ernst Mayer.** *Breslau: Schletter 1903.* (136 S.) 8°
— Abhandlungen, Strafrechtliche. H. 50. [03. 15707

— **die allgemeinen Strafschärfungsgründe** des deutschen Militär-Strafgesetzbuches. (63 S.) gr. 8. Leipzig 903. [C. L. Hirschfeld.] Tübingen, J. C. B. Mohr. n. 2. —; erm. Pr. 1. 20
Sonderabdruck aus: „Festschr. zu A. S. Schultzes 70. Geburtstag."

— **a.: Verbrechen u. Vergehen gegen den Staat u. die Staatsgewalt.**

[F.] **Mayer,** Max Ernst: Das Verhältnis des Sigismund Beck zu Kant . Heidelberg, C. Winter's Universitätsbuchh., 1896; 4 Bl., 52 S. 8.
Heidelberg, Phil. Fak., Inaug.-Diss. v [30. Okt.] 1896

MAYER, Max Theodor (München): Historische Darstellung der Lehre vom Verbrechen des Meineides nach römischem Rechte.- München: Rösl 1843. IV,54 S.
5.1.1841 - Urk (Titel: De crimine perjuri secundum jus Romanum.); F 49
Diss. Ingolst.-Landsh.-Mchn.

Mayer, Max Thdr., das bayerische Disziplinargesetz für richterliche Beamte vom 26. März 1881. Mit Erläuterungen größtentheils aus den Motiven des Regierungsentwurfes u. aus den Verhandlungen der beiden Kammern des Landtages. 16. (V, 138 S.) Nördlingen 881. Beck. cart. n. 2. —

Mayer, Maximilian (Darmstadt)
Kritik der Extrauterinal-Schwangerschaften vom Standpunkt der Physiologie und Entwicklungsgeschichte.
Giessen 1845. 24 S.
Diss. med. 16.5.1845. vorh. 4.

Mayer, Maxim., Kritik der Extrauterinal-Schwangerschaften vom Standpunkt d. Physiologie u. Entwickelungsgeschichte. Inaugural-Dissertation. 4. (3¼ B.) Giessen 845, Ricker. *

Mayer, Maximil. (geb. Prenzlau 30. 8. 1856): De Euripidis mythopoeia capita duo. Berolini 1883. (83 S.) 8.
Berlin, Phil. Diss. v. 31. Dez. 1883

Mayer, Max., de Euripidis mythopoeia capita II. gr. 8. (83 S.) Berlin 883, (Mayer und Müller.) *

Mayer Maximil[ian] Das Verhältnis des Strickers zu Hartman von Aue untersucht am Gebrauche des Epithetons S. 3–42 8. II. „Karl der Große von dem Stricker (Umschlagtitel: Epithetons (Fortsetzung und Schluß.)) S. 3—31 8.
K. k. deutsches Staatsgymn. in der Stadt Kgl. *Weinberge* 1905. 1906.
Progr.

Mayer, Melch., Gebetbüchlein für kathol. Christen. N. Ausg. Augsburg 832. M. Rieger. ½ ℛ

Mayer, Melchior, a. Schwenningen (Baden): Die Lebensmittel-Politik der Reichsstadt Schlettstadt bis zum Beginn der französischen Herrschaft. Freiburg i. Br. 1907: J. Dilger. (103 S.) 8°
Freiburg i. B., Phil. Fak., Ref. v. Below, Diss. v. 1908
[Geb. 19. Okt. 82 Schwenningen; Wohnort: Schwenningen; Staatsangeh.: Baden, Vorbildung: Gymn. Rastatt Reife Juli 03; Studium: Heidelberg 4, Paris 1, Nancy 1, Freiburg i. B. 2 S.; Rig. 6. Juli 07]

Mayer, Melch., die Lebensmittel-Politik der Reichsstadt Schlettstadt bis zum Beginn der französ. Herrschaft. (VII, 161 S.) 8. Freiburg i/B. 907. C. Troemer. 2. 50

— — **Lehr- und Gebetbüchlein für Handwerksgesellen, besonders wenn sie in die Fremde reisen.** 12. Ulm, Wohler. 817.

Mayer, Melch., Lehr- u. Gebetbüchlein f. kathol. Handwerksgesellen, besond. wenn sie in d. Fremde reisen. Ein Geschenk f. die aus d. Sonntagsschule tretenden Schüler. 2. Ausg. 12. (5 B.) Ulm 837, Wohler'sche Buchh.

Mayer, Melch., die heiligen Sakramente der Buße und d. Altars, in Predigten. Augsb. M. Krieger. 807.

Mayer, Melchior, Das Büchlein Tobias. Ein Gemälde ehelicher Zufriedenheit. Aus dem Latein. Gmünd (Ravensberg. Dorn), 1815.

Mayer, Mich., Gockel, Hinkel u. Gackeleia. Gröſs. Märchen-Singspiel in 4 Akten (7 Aufzügen). Nach dem gleichnam. Märchen von Clem. Brentano frei bearb. u. in Musik gesetzt von M. (Textbuch.) 12. (IV, 68 S.) Regensburg (899). A. Coppenrath's Verl. n. — 60

Mayer, Mich., ist die Cholera epidem. od. contagiös? Ist d. Quarantaine e. hinlängl. Schutz? Zwei Fragen v. Standpunkte d. Erfahr. aus beantwortet. 8. (2 B.) Berlin 831, Maurer.

Mayer, Mich., vom Nachtheil d. Volksbelehrung üb. Krankheiten u. deren Heilung. 8. Berl. 828. Maurers B. (Heinemann in Stolp.) 4 gl
(2 B.)

Mayer, Mich., gemeine deutsche Rechenschule. 8. Wien, Kraus. 752.

Michaelis Mayer
* 1796

De Utero duplici. Berolini (1822:) Hayn. 43 S. 8
Berlin, Med. Diss. v. 25. Mai 1822

Mayer, Michael [aus Cöln]: Welche nervösen Erkrankungen und Symptome sind bei Taubstummen gefunden worden? ... Würzburg, 1894; 21 S., 1 Bl. 8.
Würzburg, Med. Fak., Inaug.-Diss. v. 1894

— **der politische Zinngießer.** Singspiel in 2 Akten (8 Aufzügen) f. Männerstimmen u. Klavierbegleitung. Für Institute u. Vereine neu hrsg. Textbuch. 8. (58 S.) Ebd. (900). n. — 50

Mayer, Milan, a. Agram: Die Landwirtschaft der Königreiche Kroatien und Slavonien. Leipzig 1908 (Weida i. Thür.: Thomas & Hubert). (167 S., 3 Tab.) 8°
Leipzig, Phil. Fak., Ref. Kirchner-Stieda, Diss. v. 12. Mai 1908
[Geb. 2. Febr. 85 Agram; Wohnort: Agram; Staatsangeh.: Österreich-Ungarn; Vorbildung: Realgymn. Agram (Kroatien) Reife O. 07; Studium: Leipzig 5, Berlin 3 S.]

Mayer, Milan, die Landwirtschaft der Königreiche Kroatien u. Slavonien, nebst e. kurzen Darstellung ihrer natürl. u. wirtschaftl. Verhältnisse. (VII, 176 S.) gr. 8. Leipzig 908. (Agram, M. Breyer.) nn 2.50

Mayer, Mor., zur Anwendg. eitererregender chem. Mittel in d. Chirurgie, s.a. Sammlung klin. Vorträge.

Zur Anwendung eitererregender chemischer Mittel in der Chirurgie v. Moritz Mayer (Simmern) *Leipzig: Breitkopf & Härtel 1898.* (22 S.) 8. = Sammlung Klinischer Vorträge. N. F. No 216. [98. 779]

Mayer, Moritz [aus Trier, pr. Arzt in Winterburg (Rheinland)]: Über den Einfluss der Druckentlastung auf die bei Caries der Wirbelsäule vorkommenden Störungen der Rückenmarksfunction (Auf Grund einer Beobachtung aus der Klinik des Herrn Geh. Rat, Prof. Dr. Gerhardt). ... Berlin, Buchdr. v. Gustav Schade (Otto Francke) (1890); 2 Bl. + 47 + 1 S. 8°
Berlin, Med. Fak., Inaug.-Diss. v. 1. Aug. 1890

– Grundzüge der Militärchemie, s. Meyer

Mayer Moritz: Wernhers des Gärtners „Meier Helmbrecht" in seinen neuhochdeutschen Bearbeitungen.
H. 1908 PN 2598 Diss. Wien, Univ. 279

Mayer, Moritz Maximilian

— s. zum Andenken W. Pirkheimer.

Mayer, Mor. Max., kleine Chronik der Reichsstadt Nürnberg (In 7—8 Heften.) 1—4. Heft. Von .... bis 1575. 8 (VIII und S. 1—1575 mit 1 Grundriß.) Nürnberg 847. v. Ebner'sche Buchh. à Lfg. * 5 Ngr.

Mayer, Mor. Max., Albrecht Dürer. Eine biograph. Skizze. 8. Nürnberg 841, Winter. 1/12 ß

Mayer, Mor. Max, Nürnbergs Merkwürdigkeiten u. Kunstschätze. 1. Hft. Die Kirche d. heil. Sebaldus. M. 4 Kpfrt. gr. 4. ... Nürnberg 831, Campe.

— s. W. Pirkheimer, Vertheidigung.

Mayer, Magn. Max, die Reformationsgeschichte in einigen Wochenpredigten, z. Zeit der Säkularfeier vorgetragen. gr. 8. Nürnb. 819. Lechner. (v. Ebner.) 5 gl

Mayer, Moritz Maximilian. Des alten Nürnbergs Sitten und Gebräuche in Freud und Leid. Geschildert von Moritz Maximilian Mayer Nürnberg 1831—1836. Bei dem Verfasser und in Commission bei dem Kunsthändler und Antiquar Johann Jakob Lechner.
3 Hefte. 8°
I Nürnbergisches Schembartbuch. Aus alten Handschriften herausgegeben Erstes Heft. 1831 47 S., 20 Taf. in kol. Zinkstich.
II [Vermischte Abhandlungen.] Erstes Heft. 1835: 48 S., 2 Taf. in Kupferst., 1 Faksimile in Zinkstich.
III Nürnbergisches Trachtenbuch Erstes Heft. 1836: 16 S., 10 Taf. in kol. Zinkstich.
Von allen drei Teilen nur je das erste Heft erschienen.

—— des alten Nürnbergs Sitten u. Gebräuche in Freud u. Leid geschildert. 1. Abthl. — A. u. d. T.: Nürnberg. Schembartbuch. Aus alten Handschriften hrsg. 1. Hft. M. 20 (ill.) Abbild. auf Zink. 4. (6 B.) Nürnberg 831, (Campe; Lechner.)

—— dass. 2. Abtheil. 1. Hft. M. 3 Abbild. 4. (6 B.) Ebds. 835.

Mayer, Mor. Max., des alten Nürnbergs Sitten u. Gebräuche in Freud u. Leid. 3. Abthl. 1. Hft. — A. u. d. T.: Nürnberg. Trachtenbuch. 1. Hft. 4. (2 B. u. 10 ill. Abbild.) Nürnberg 836, (Lechner. ¼) *

—— Spengleriana, s. Spengleriana.

Mayer, Moritz Max, Nürnbergisches Trachtenbuch. 1. (einziges) Heft.
Mit 9 color. u. 1 schwarzen Abbildg. Nürnberg 1836. 4°. (18 Sgr Heberle, Cöln, vor 1875, jetzt theurer!)

Mayer, Moses

Mayer, M., Beleuchtung der Bibelsegnungen. 8. (108 S.) Mainz 889. (Würzburg, Goldstein.) n. 1 50

Mayer, Moses, die Constituirung Israels zum Volke. gr. 8. (23 S.) Frankfurt a. M. 886. (Würzburg, Goldstein.) *

Mayer, Nath., s. Mayer, Matth.

Mayer, Nelson [aus Philadelphia '(N.-Amer.)']: Über einige Nitro-, Azo- und Amido-Benzylverbindungen ... Tübingen, Druck v. W. Armbruster & O. Riecker, 1892; 41 S. 8.
Tübingen, Naturw. Fak., Inaug.-Diss. v. 1892

Mayer, Nelson. Über einige Nitro-, Azo- u. Amido-Benzylverbindungen. Diss. gr. 8. (41 S.) Tüb. 892, (F. Fues). * — 80

Mayer, Nikolaus, Medizinalprakt.: Ueber syphilitische Leptomeningitis basalis. München 1908: Kastner & Callwey. 24 S. 8°
München, Med. Diss. v. 13. Jan. 1909, Ref. v. Bollinger
[Geb. 23. Febr. 84 Weilheim, Oberbayern; Wohnort: Weilheim; Staatsangeh.: Bayern; Vorbildung: Realgymn. München Reife Juli 02; Studium: München 10 S.; Coll. 13. Jan. 09; Approb. 31. Dez. 08.] [U 09. 3363

— Oscar J. ([Mannheim] / San Francisco), Über Hernia diaphragmatica congenita. Diss. med. Berlin (G. Schade (O. Francke)) 8. VIII. 1891. 32 S. u. Biogr. (2.—) 22533
Oppon.: M. Herzstein, Albert Fleck, Otto Freese. — Gew.: E. Emanuel, M. Herzstein.

Mayer, Osw., wahre u. scheinbare Zugfestigkeit, s.: Hanisch, Aug.

Mayer, Otto, s. a.: Dupré, Eduard.

Mayer, Otto, s.: **Archiv f. öffentliches Recht.**

Mayer, Otto, die justa causa bei Tradition u. Usukapion. **Ein Versuch auf dem Gebiete d röm. Rechts.** gr. 8. (IV, 250 S.) Erlangen 871. Besold. n. 6. --
Erlangen, Jur Fak., Diss. v. 2.8.1869

Mayer, Otto, aus Freiburg Über die **Einwirkung von Kalkhydrat auf Rhamnose.** *Freiburg i. B. 1903: Ch. Lehmanns Nachf.* (38 S.) 8°
Freiburg i. B., Phil. Diss. v 1903

Mayer, Otto [aus Frankfurt a/M.] Ueber die **Einwirkung** einiger Nitrohalogenbenzole auf p-Tolylhydrazin . Freiburg i. B., Univ.-Buchdr v H M Poppen & Sohn, 1889 63 S. + 1 Bl. 8°
Freiburg i. B., Phil Fak., Inaug.-Diss. v 1889

— **die Entschädigungspflicht des Staates nach Billigkeitsrecht**, s.: Zeit- u. Streitfragen, neue. I, 8.

Mayer, Otto [aus Endingen]: Ueber einen **Fall** von Ischias scoliotica alternans .. Freiburg i. Br., Universitätsdr. H. M. Poppen & Sohn, 1895; 25 S., 3 Taf. 8.
Freiburg i. B., Med. Fak., Inaug.-Diss. v 1895

Mayer, [**Otto**]: Aus der Geschichte der Anstalt. Esslingen 1910 Bechtle. S. 1—51. 8°
Eßlingen, k G u. Elementar-S, in Festschr z. Einweihung d. neuen Gymnasialgebäudes P 1910 (812) [S 10. 281

Mayer, Otto v., die biblische Geschichte zum Katechismus. Ein Hausbuch f. die kathol. Familie, zugleich zum Gebrauche f. Katecheten, Lehrer u. Lehrerinnen zusammengefaßt. Mit e. Titelbild v. Max Fürst, 60 Holzschn. u. e. Anh. üb. die Leidensgeschichte Jesu. 10 Lfgn. gr. 8. (491 S.) Regensburg 891 Verlags-Anstalt. à n. — 35
(cplt. geb.: n. 4. 60)

Mayer, Otto von, a. Minden: Ueber **Hydrazinverbindungen** verschiedener Metallsalze. Heidelberg 1907: K. Rössler. (62 S.) 8°
Heidelberg, Naturw.-math. Fak., Ref. Curtius, Diss. v. 8. Okt. 1907
[Geb. 13. Nov 72 Minden (Westf.); Wohnort: Heidelberg; Staatsangeh.: Preußen, Vorbildung: Gymn. Heidelberg, Wertheim, Realsch. Bruchsal, Realgymn. Mannheim, Ergänzungsprüfung im Latein; Studium Heidelberg 13 S.; Rig. 31 Juli 07.]

Mayer, Otto, ist e. Änderung des Verhältnisses zwischen Kirche u. Staat anzustreben? Vortrag bei der 22. Generalversammlg. des evangel. Bundes in Mannheim. (15 S.) 8. Halle 909. Verlag d. ev. Bundes. — 25

— **Justiz u. Verwaltung.** Rede, zum Antritt des Rectorats der Kaiser-Wilhelms-Universität Strassburg geh. gr. 8. (25 S.) Strassburg 902. J. H. E. Heitz. n. 1.—

Geistiges Leben in der Reichsstadt Esslingen vor der Reformation der Stadt. Eine kulturgesch. Studie von Otto **Mayer**, Rektor. Angeschlossen ist des Johannes Molitorius Esselingae Encomion v. J. 1522 mit Übers. u. Erl. *Stuttgart: W. Kohlhammer 1900.* (XVI, 114 S.) 8° [F. u. Ant.]
Erw SA. aus Württemberg. Vierteljahrshefte f. Landesgesch. N F 9. [00. 133

Mayer, Otto, Rekt. Die lateinische **Lehranstalt** Esslingens vor hundert Jahren und seit hundert Jahren. *Esslingen 1900: O. Bechtle.* (S. 1—48.) 4°
Esslingen, k. G, P 1900 (627 a)

Mayer, Otto, Dr., d. z. Dekan: Zur Lehre von der materiellen Rechtskraft in Verwaltungssachen. Leipzig (1906): A. Edelmann. (56 S.) 8°
Leipzig, Progr. zur Gedächtnisfeier f. Chr. Fr. Kees 1906

Mayer, Otto, Lehrgang f. Modellieren. (14 S. m. 24 Taf.) gr. 8. Leipzig (907). Frankenstein & Wagner. 2.—

— **Die juristische Person u. ihre Verwertbarkeit im öffentl. Recht**, s.: **Abhandlungen, staatsrechtliche, Festgabe f. Paul Laband.**

Mayer, Otto, Dr., o. Prof. d. öff. Rechts: **Portalis und die organischen Artikel.** *Strassburg: J. H. E. Heitz 1902.* (20 S.) 8°
Strassburg, Rede am Geburtstage d. Kaisers 1902

Mayer, Otto, Dr., d. z. Dekan: Das Recht am Urteil. Leipzig (1906): A. Edelmann. (40 S.) 8°
Leipzig, Progr. zur Gedächtnisfeier f. B. F. R. Lauhn 1906

— **Schiffahrtsabgaben. Kritische Bemerkungen zu der gleichnam. Schrift des Wirklichen Geheimen Oberregierungsrates M. Peters, vortrag. Rat im preuss. Ministerium der öffentl. Arbeiten. (59 S.) gr. 8. Tübingen 907. J. C. B. Mohr. n. 1.—**

— **Schiffahrtsabgaben II. Kritische Bemerkgn. z. Entwurf e. Reichsgesetzes, die Erhebg. v. Schiffahrtsabgaben betr. (68 S.) 8. Tübingen 910. J. C. B. Mohr.**
I. Tl. Ebd. 907. 1.— 1. 20

Mayer, Otto, das Staatsrecht des Königr. Sachsen, s. a. Handbuch des öffentl. Rechts der Gegenwart in Monographien.

Das Staatsrecht des Königreichs Sachsen
Von Otto **Mayer**, Prof , Leipzig. Tübingen Mohr 1909
VI, 328 S. 4° (8°)
(Handbuch d. oeffentl. Rechts d. Gegenwart. Bd 3, Halbbd 1, Abt. 1.)

— **Das Staatsrecht des Königr Sachsen, s. a. Recht, das öffentliche, der Gegenwart.**

Das Staatsrecht des Königreichs Sachsen bearb von Otto **Mayer**, Prof , Leipzig. Tübingen Mohr 1909
VI, 328 S. 4° (8°)
(Das oeffentliche Recht d Gegenwart 9)

Mayer, O., Studien zur Rheinschiffahrtsakte München, 1907 15 S.

Mayer, Otto, Theorie des französischen Verwaltungsrechts. gr. 8. (XVI, 533 S.) Strassburg 886, Trübner. *

Mayer, Otto v., Trostbüchlein für den kranken Liebling. Kranken Kindern zur Erbaug. u. Unterhaltg. gewidmet. Mit 34 Bildern u. 42 Vorlagen. (IV, 204 S.) 8. München 904. J. Roth. Geb. in Leinw. n. 2. —;
erm. Pr. n. 1. 60

(G) **Mayer**, Otto v., Trostbilchlein. 904. (KBL 34.) Jetzt: Mergentheim, C. Ohlinger.

Mayer, Otto, aus Amberg: Experimentelle **Untersuchungen** über das Vorkommen von Tuberkelbazillen im Blute und der Samenflüssigkeit von an Impftuberkulose leidenden Tieren besonders bei lokalisierter Tuberkulose. *Erlangen 1900: E. Th. Jacob.* (29 S.) 8°
Erlangen, Med. Diss. v. 6. März 1899

Mayer, Otto, deutsches Verwaltungsrecht, s. a. Handbuch, systemat., d. deutschen Rechtswissenschaft.

Deutsches Verwaltungsrecht Von Otto Mayer. Bd 1 2. Leipzig: Duncker & Humblot 1895 96. 2 Bde 8⁰
1 1895 (XIV, 482 S.) 2. M. e. Reg. üb. beide Bde. 1896. (VI, 485 S.)
= Handbuch, Systemat., d. Deutschen Rechtswissenschaft. Abt. 6. Bd. 1 2.

Mayer, Otto, die dingliche Wirkung der Obligation. Eine Studie zum Mobiliareigenthum des Code civil u. des deutschen Handelsgesetzbuches. gr. 8. (IV, 63 S.) Erlangen 879. Besold. n. 1. 20

Mayer, P., über Sturmfluten, s. a. Sammlung gemeinverständl. wissenschaftl. Vorträge.

Mayer P.: Ueber Sturmfluten. Vortr. Berlin 1873. 40 S. Fig. P.
(Sammlung gemeinverständl. wiss. Vorträge. H. 171).

Mayer (P), die Weltausstellung in Chicago 1893. Vortrag. (32 S) (Stuttgart 1894)

Mayer, P G., s. Mayer, Ferdinand Engelbert Gregor

Die Caprellidae der Siboga-Expedition von P[aul] **Mayer** in Neapel. Mit 10 Taf. *Leiden: E. J Brill 1903.* (160 S.) 4°
— Siboga-Expeditie. 34. [03. 9780

Mayer, Paul, die Caprelliden d. Golfes v. Neapel, s. **Fauna u. Flora** d. Golfes v. Neapel u. der angrenzenden Meeres-Abschnitte.

Mayer, Paul, pr. Tierarzt: ⟨Arbeiten aus d. med. Veterinärklinik d. Univ. Gießen. Dir.: Gmeiner.⟩ Die klinische Diagnostik der Hämoglobinurie. Stuttgart 1909: Union. 51 S. 8° ¶(Aus: Monatshefte f. prakt. Tierheilk. Bd 21.)
Gießen, Veterinär-Med. Diss. v. 16. Dez. 1909, Ref. Garten
[Geb. 26. Sept. 84 Dinglingen; Wohnort: Gießen; Staatsangeh.: Baden; Vorbildung: Gymn. Lahr Reife Juli 03; Studium: Tierärztl. Hochschulen München 4, Stuttgart 2, Univ. Gießen 3 S.; Rig. 5. März 09.] [U 10. 1232

Mayer, Paul, Grundzüge d. mikroskopischen Technik. s.: **Lee, A. B.**

Mayer, Paul, s.: **Jahresbericht**, zoologischer.

Mayer, Paul, Klimatotherapie u. Balneotherapie. Unter Zugrundelegg. des gleichnam. engl. Werkes v. Sir Herm. Weber u. F. Parkes Weber. (VIII, 360 S.) Lex. 8. Berlin 907. S. Karger. 7.40; geb. 8. 60

Mayer, Paul, Justizref. in Stuttgart Die **Tötung** bei Ausführung eines andern Delikts. *Stuttgart 1900: W. Kohlhammer.* (48 S.) 8°
Tübingen, Jur. Diss. v. 1900

MAYER, Peter D., Im Hexenturm. Roman. (190*) 8⁰ (Mk. 1,20. W. Schindler, Pressburg, 1910.)

— — Vgl. Meier

Mayer, Ph.

— s. 1) Fr. Bacon Verulam, de dignitate. 2) Chrysostomus, Johannes, ausgewählte Homilien.

— u. C. Theod., Erzählungen u. Andeutungen aus d. Leben. 2 Bde. 8. Nürnb., v. Ebner, 2 ₰ 8 gl

Mayer, (Ph. u. C. Theodor,) Erzählungen u. Andeutungen aus dem Leben. 2 Bdchn. 8. Nürnb. 824—25, Lechner.

MAYER, Ph.: Das Patronatsrecht. Dargestellt n. d. allgem. Kirchenrechte u. nach österreich. Verordn. *Wien*, v. Mösle u. Braumüller. 824. gr. 8. (1 Thl.)

Mayer, Ph., Theorie u. Literatur d. deutschen Dichtungsarten. Ein Handbuch z. Bildung d. Styls u. d. Geschmacks. Nach d. besten Hülfsquellen bearb. 3 Bde. gr. 8. Wien 804. Gerold. 3 ₰

Mayer, (Ph.,) Theorie u. Literatur der deutschen Dichtungsarten. Ein Handbuch zur Bildung des Styls u. des Geschmackes. Nach den besten Hülfsquellen bearb. 3 Bde. gr. 8. Wien 825, Gerold.

Mayer, Philipp, Referendar: Begriffliche **Abgrenzung** von Verträgen, geschlossen im Namen eines Dritten, von solchen zu Gunsten eines Dritten. *Rudolstadt 1902: Mänicke & Jahn.* (41 S.) 8°
Jena, Jur. Diss. v. (22. März) 1902

Mayer, Phpp., Anlage v. Aufzügen, s.: Handbuch der Architektur.

Mayer, Phpp., Aufzüge, s.: Handbuch d. Architektur.

— Dritter Beitrag zu einer homerischen Synonymik. Pr. 1849. 17 S. 4°.

Mayer, P., Ueber den Charakter des Kreon in den beiden Oedipen des Soph. Pr. 1818. 42 S. 4°. 1.20

Mayer, Ph., die culturhistorische Entwickelung Deutschlands in der 2. Hälfte d. 16. Jahrh. in besond. Bezugnahme auf die sächsischen Lande, bearb. v. R. Carius. gr. 8. (IV, 105 S.) Cottbus 889. Differt. n. 2. —

Mayer, Phil., Erinnerungen aus Jerusalem und Palästina. 8 (IV und 469 S.) München 858, (Fleischmann's Separat-Conto.) *

Mayer, P. Euripides, Racine und Goethe. Ein Beitrag zur Geschichte der tragischen Kunst. Erste Abtheilung. Gera, G., 1850.
— Dasselbe. Zweite Abtheilung. Ebd. 1852.
— Dritte Abtheilung. — 1853. 27 S. 4.

Mayer, P. Dasselbe. Vierte und letzte Abtheilung. Ebd. 1854. 36 S. 4. Progr.

Mayer, P., Euripides, Racine und Göthe. Ein Beitrag zur Geschichte der tragischen Kunst. I. Gel. 1851. 27 S. 4°.

Mayer, Phil., eine Flitterwoche in Konstantinopel. München 868. Lentner'sche Buchh. 8. (163 S.) 12 *ngr.*

Mayer, Phil., das Geschäft des Seelenheils. Eine Predigt während d. tausendjähr. Jubelfeier auf St. Georgenberg bei Schwaz in Tirol. Gehalten am 27. Jul. 1815. 12. (1⅔ B.) Innsbruck 845. (Wagner'sche Buchh.)

— gieb Acht! Der Teufel will dich umbringen. Neujahrsbillet für 1868. 8. (61 S.) München 867, Lentner'sche Buchh.

— Gute Nacht! oder Ein paar Kapitel für die Land- und Bauersleute, die aber auch Stadt- und Herrenleute brauchen können. 8. (64 S.) München 866, Lentner'sche Buchh.

Mayer, Filipp, aus dem Kindesalter der Tonkunst. Mit 21 Notenbeilagen. 8. (VI, 141 S.) Innsbruck 880, Wagner'sche Universitäts-Buchh. *

— Mensch oder Vieh! Was ist dir lieber? Ein Neujahrsbillet für 1867. Rosenheim 867. Huber'sche Buchh. gr. 8. (40 S.) 3 *ngr.*

Philipp Mayer
am Thürnau, 1804

Nova cataractae extrahendae Methodus. Gottingae (1804:) Grape. 20 S. 8°

Göttingen, Med. Diss. v. 19. März 1804

Mayer, P., Quaestionum homericarum part. I. De verbi medii πέλεσθαι formis syncopatis ἔπλεο, ἔπλετο. Pr. 1841. 27 S. 1.20
— — III. De Tiresiae vaticinatione. Od. lib. XI. v. 119—137. Pr. 1845. 20 S. 4°. 1.20
— — IV De verbi φράζειν vi atque significatione. Pr. 1848. 16 S. 4°. 1.—

TEUFELS, Des, Rundschau auf Erden, erlauscht an der Höllenpforte und niedergeschrieben als Denkzettel zum neuen Jahr 1861. (Vf.: Pfarrer *Philipp Mayer*) Rosenheim 1861. 8° (3 Kr A. H Huber, Salzburg, 1908.)

Mayer, Phil., Spazierflug und Vogelschau über Paris und London, Belgien u. Norddeutschland. Eine Reisebild mit allerlei Arabesken verschnörkelt. Rosenheim 861 Huber 8. (2 Bl., 284 S.) 15 ngr

Mayer, Ph., Studien zu Homer, Sophokles, Euripides, Racine und Goethe hrsg. von Eug. Frohwein. gr. 8. (VIII, 412 S.) Gera 874, Kanitz' Verlag. *

Mayer, Phpp., Studien zu Homer, Sophokles, Euripides, Racine und Goethe. Hrsg. von Eug. Frohwein. Neue (Titel-)Ausg. gr. 8. (VIII, 412 S.) Gera (874)885, Kanitz' Verlag. *

Mayer, Ph[ilipp] J[akob]: Der Teleologische Gottesbeweis und der Darwinismus. T. 1. *Mainz: F. Kirchheim 1899.* (VIII, 106 S.) 8° [F.]
Würzburg, Theol. Diss. v 1899

Mayer, Ph. J., Der teleologische Gottesbeweis u. der Darwinismus. Mainz, Kirchh., 1900, gr 8°. VIII, 275 S., 4 Mk.
Rec. Tüb. Theol. Quartalschr. 1902, S. 466—7 (Schanz

Mayer, Ph. J., der teleologische Gottesbeweis u. der Darwinismus. gr. 8. (VIII, 275 S.) Mainz 901. F. Kirchheim. n. 4. —

Mayer, Ph. J., Lehrbuch der Kirchengeschichte f. die oberen Klassen höh. Lehranstalten. (VIII, 202 S.) gr. 8. Mainz 910. Kirchheim & Co. Geb. in Leinw. 2. —

Mayer, Philipp Otto

Mayer, Ph. Otto, Erörterungen aus der militärstrafrechtlichen Theorie u. Praxis. 1. Kommandogewalt u. Gerichtsherr. 2. Die Lüge des Untergebenen u. ihre Bestrafg. 3. Der Einfluß des Irrtums auf den Vorsatz u. die Rechtsprechg. des Reichsmilitärgerichts. 4. Die Beleidigg. gemäß § 91 MStGB. (78 S.) gr. 8. Berlin 908. F. Vahlen. 1 80

Mayer, Ph., Otto, die Militär-Straf-Gerichts-Ordnung, f. den Gebrauch d. Offiziers dargestellt u. durch prakt. Beispiele erläutert. 8. (X, 298 S.) München 900. [C. Haushalter.] E. Koch. Kart. n. 3. 50; geb. in Leinw. n. 4. —

(S) — Die Militär-Straf-Gerichtsordnung. 900. (KBL 32.) Jetzt: München, W. Girr. 3.50; geb. 1. —

— der Offizier als Organ des Militärstrafverfahrens, s.a. Beiheft zum Militär-Wochenblatt. 1899. Hft. 8.

Der Offizier als Organ des Militärstrafverfahrens. Von P[hil] Otto Mayer, Stabsaud., München. *Berlin: E. S. Mittler & Sohn 1899.* (S. 293 326.) 8° [F.]
— Militär-Wochenblatt. 1899. Beiheft 8. [oo. 13677

Mayer, Quirin, approb. Arzt aus Gau-Algesheim Aus d. patholog. Institut zu Giessen. Über multiple Polypenbildung im Darm und deren Beziehung zur Krebsentwicklung. *Giessen 1898: v. Münchow.* (33 S.) 8°
Giessen, Med. Diss. v 1898

Mayer, R., s. Charitasblatt, österreichisches.

Mayer, R., und E. Müller, Handelsfreiheit und Recht im Buchhandel. Eine Denkschrift, dem deutschen Buchhandel gewidmet. 1.—3. Aufl. gr. 8. (VI, 42 S.) Berlin 888, Mayer und Müller. **

– Die Industrie der Teerfarbstoffe, s. Meyer, Richard

Mayer, Reinhold, Kgl. Oberamtstierarzt in Geislingen a. St. Die Schaf Tuberkulose. Eine monographische Darstellung mit Beschreibung selbstbeobachteter Fälle nebst einer Abbildung (Aus dem tierhyg. Institut der Universität Freiburg i. Br. Direktor Prof Schlegel.) Stuttgart 1908 71 S und eine Tafel 8° [22. XI. 07]
Bern Vet.-med Diss 1907/08.

Mayer, Reinhold Die Schaf-Tuberkulose Eine monographische Darstellung mit Beschreibung selbstbeobachteter Fälle nebst einer Abbildung [Tafel]. Diss. Vet.-Med. Bern *Kopftitel* Aus dem tierhyg. Institut der Universität Freiburg i. Br Direktor: Professor Dr. M[atthias] Schlegel. 71 S. 8 Stuttgart, Richard Enzig, 1908.

Mayer, Richard, aus Essingen (Württemb.) Ein Beitrag zur Aufklärung der Constitution mehrfach nitrierter Aniline: Über β- und γ-Dinitromethyltoluidin. *Berlin (1900): G. Schade.* (52 S.) 8°
Berlin, Phil. Diss. v 13. Aug 1900

Mayer, Richard, a. Aalen: Aus d. Tübinger med. Universitätsklinik. Beiträge zur Kenntnis der Meralgia paraesthetica. Tübingen 1908: H. Laupp jr. (13 S.) 8°
Tübingen, Med. Fak., Ref. Romberg, Diss. v. 2. April 1908
[Geb. 9. März 79 Aalen; Wohnort: Stuttgart; Staatsangeh.: Württemberg; Vorbildung: Karls-Gymn. Stuttgart Reife O. 00; Studium: Tübingen 4, Kiel 3, Tübingen 7 S.; Coll. 21. Jan. 08; Approb. 20. Dez. 07.]

Mayer Richard Zur Kenntnis der aus Berberin entstehenden Pyridinkarbonsäuren. S. 101 Hb. 23 vgr
Separatabdruck

Mayer, D. Richard, Deutsches Lesebuch für höhere Handelsschulen. (Handelsakademien.) Für dem 1. u 2 Jahrgang höherer Handelsschulen Gr.-8. (X, 536 S.) Geb. 2 40
Wien Hölder 1897

Mayer, Rob., Arbeitsverhältnisse u. Arbeiterfürsorge in den öffentl. Betrieben Oesterreichs, s.: Verwaltung, sociale, in Oesterreich. I. 4.

Mayer, Rob., Aufgaben aus der Elektrotechnik. Ein Übungsbuch f. den Unterricht an höheren techn. Lehranstalten u. zum Selbststudium. (II, 193 S. m. 69 Fig. u. 2 Taf.) gr. 8. Wien 910. F. Deuticke. 3. 60

Mayer, Rob. v., üb. die Erhaltung der Energie. Briefe an Wilh. Griesinger nebst dessen Antwortschreiben aus den Jahren 1842—45. Hrsg. u. erläutert v. W. Preyer. 8. (XII, 159 S.) Berlin 889. Gebr. Paetel. n. 2. 50

— Lehrbuch der Erdkunde f. die 5. Klasse der österreichischen Gymnasien. (IV, 125 S. m. 27 Abbildgn. u. 2 farb. Karten.) 8. Wien 1910. F. Deuticke. Geh. K 2.20, geb. K 2.60.

Mayer, Rob., die Mechanik der Wärme in gesammelten Schriften v. R. M. 3., ergänzte u. m. historisch-litterar. Mitteilgn. verseh. Aufl., hrsg. v. Jac. J. Weyrauch. gr. 8. (XII, 464 S. m. 1 Abbildg., Bildnis u. 1 Fksm.) Stuttgart 893. J. G. Cotta Nachf. n. 10. —

Mayer Robert: Kaiser Rudolf II. und die Nachfolgerfrage.
1907 PN 2266 Diss.Wien. Univ. 961

Mayer, Rob. Kleinere Schriften und Briefe, nebst Mittheilungen aus seinem Leben. Mit 2 Abbild. Hrsg. von Jak. J. Weyrauch. Stuttgart Cotta 1893.
XVI, 503 S. mit 2 Abb.

Mayer, Rudolph [Assistenzarzt am Landeshospital Hofheim in Hessen]: Ein Beitrag zu den Psychosen des Kindesalters. . München, Buchdr. v. M. Ernst, 1889; 28 S. 8°
München, Med. Fak., Inaug.-Diss. v. 1889

Mayer, (R.,) deutsch-englischer Briefsteller, od. neue Sammlung deutscher Handlungsbriefe. 2e Aufl. gr. 8. Dresden 825, Hilscher.

Mayer, Rud., Deutsch-Engl. Briefsteller, od. neue Samml. deutscher Handlungsbriefe. Uebersetzungsbuch z. Stylübung in d. engl. Sprache f. Kaufleute, besteh. in e. Reihe Originalbriefen, in welcher e. vollständ. Geschäftsgang durch alle Arten v. Handelsspeculationen in systemat. Ordn. aufgestellt u. mit untergelegter Wort- u. Sach-Erklär. versehen ist; nebst e. Anh., enthalt. Muster zu Empfehlungsschreiben, Wechsel ꝛc. in d. Originalsprache. 3. Aufl., revid. u. corrig. v. Frz. Gent. gr. 8. (16 B.) Braunschweig 833, G. C. E. Meyer.

Mayer, Rud., Entwurf e. neuen Bauordnung f. d. k. k. Reichshaupt- u. Residenzstadt Wien. E. Vorschlag. 2., sorgfält. rev. Aufl. gr. 16. (XII, 82 S.) Wien (XVII, Amtshaus) 894. Selbstverl. 1. 50

Mayer, Rud., der Führer durch den südlichen Schwarzwald und den Kaiserstuhl für Reisende und Touristen. Mit 4 (lithogr.) Orientirungskarten. Neue verb. und verm. Aufl. 16. (II, 141 S.) Freiburg i. Br. 883, Mayer.

— s.: Gigerlstreiche.

Mayer, Rudolf [app. Arzt aus Stuttgart]: Zur Prognose und Therapie des Scharlachs ... Tübingen, Druck v. H. Laupp jr. 1893; 22 S. 8.
Tübingen, Med. Fak., Inaug.-Diss. v. 1893

— s. Shakespeares Geist.

Mayer, Rud. Welche Frau ist die Beste? 12 Orig.-Zeichngn. m. Text Versen v. Jul. Stettenheim. qu. Lex.-8. (25 S.) Berl. 891, H. Conitzer. cart. * 2 —

Mayer, Rudolfine, im Lichte des Ewigen. Skizzen. gr. 8. (VI, 60 S.) Leipzig 899. W. Friedrich. n. 1. —

Mayer, Rupert. Erster Bericht über die kärntnerische Landes-Blinden-Anstalt in Klgft. Klgft., v. Kleinmayr, 1901. 112 S.

Mayer, Rupert. Tätigkeits-Bericht der Landes-Blinden-Anstalt in Klgft. anläßlich des zehnjährigen Bestandes der Anstalt. Klgft., v. Kleinmayr, 1908. 50 S.

Mayer, Rupert: Ueber Verletzung der Arteria meningea media. *München 1897: Kastner & Lossen.* (31 S.) 8°
München, Med. Diss. v. 1898

Mayer, S. (I.), der Entwurf einer deutschen Strafprocessordnung mit besond. Berücksicht. ihrer prakt. Gestaltung in den wesentlichsten Bestimmungen beurtheilt. gr. 8. (439 S.) Frankfurt a. M. 874. Auffarth. *

Mayer, S., J. Mannheim u. Louise Beise, internationaler Gratulant od. neuestes Gratulationsbuch in ungar., deutscher u. französ. Sprache 16. (236 S.) Fünfkirchen 873 Schön. n. 1. 20

Mayer, S., zur Reform des Strafprocesses! Kritische Bemerkungen zu den wesentlichsten Bestimmungen der für die neuen preuss. Landestheile publicirten Strafprozessordnung vom 25. Juni 1867 in Hinblick auf eine zukünftige Bundes-Strafprozessordnung. Frankfurt a. M. 1870. Auffarth. gr. 8. (IV, 99 S.) n. 15 ngr.

—— dass. — im Hinblick auf eine Strafprozessordnung für den norddeutschen Bund. 2. Abhandlung. gr. 8. (IV, 208 S.) Ebendas. 870. *

Mayer, S. (I.), zur Reform des Strafprozesses! Kritische Bemerkungen zu den wesentlichsten Bestimmungen der für die neuen preuss. Landestheile publicirten Strafprocessordnung vom 25. Juni 1867 im Hinblick auf die zukünft. Strafprocessordnung für das deutsche Reich. 3. und 4. (Schluss-)Thl. gr. 8. Frankfurt a. M. 871, Auffarth. *
Inhalt:
Thl. 3. Wiederaufnahme im Strafverfahren. (XI, 219 S.) * ℳ 3.
» 4. Verfahren auf erhobene Privatklage, Abschn. VI. des 21. Titels § 487—510. (IX, 128 S.) * ℳ 1,50.

—— die Reformbestrebungen auf dem Gebiete des österreichischen Strafprocesses und ihr vorläufiger Abschluß durch die Straf-Proceßordnung vom 23. Mai 1873. gr. 8. (31 S.) Wien 874, Manz. *

—— das ungarische Strafgesetzbuch über Verbrechen und Vergehen. In seinen leitenden Grundsätzen dargestellt. gr 8. (XI, 317 S.) Wien 878, Manz'sche Hofbuchh. *

—— der neue niederländische Strafgesetzentwurf. In rechtsvergleichender Darstellung mit den wesentlichsten europäischen Strafgesetzgebungen. gr. 8. (46 S.) Berlin 879, v. Decker's Verlag. *
Aus: Archiv für gemeines deutsches und für preußisches Strafrecht besonders abgedruckt.

S. J. Mayer. Mathematische Miscellen mit einer Figurentafel. S. 49—79 des Programms. Voran geht die lateinische Inschrift der Gedächtnistafel, die in der Aula zum Andenken Loreyes errichtet wurde (S. 3), die Statuten des Stipendium Loreyanum und das Epitaphium Josephi Loreye, mit einem Carmen elegiacum von *Fr. X. Weissgerber*, quod ad s. illius memoriam pie celebrandam composuit. S. 17 — 22. Vgl. S. 28, 5. Rastatt, P 1845

Mayer, Sales

—— Eine Stimme vom Konzil über die persönliche Unfehlbarkeit des Papstes. Aus dem Latein. der neapolitanischen Ausgabe Münster Russell, 1870, 8°, 25 S., 60 Pf.

Mayer, Sal., die Entwicklung der Justizgesetzgebung in Ungarn während der J. 1875—1887. Mit besond. Rücksichtnahme auf das Gebiet des Strafrechts und Gefängnisswesens. gr. 8. (85 S.) Wien 888, Manz'sche Hof-Verlags- und Universitäts-Buchh. *

Mayer, Sal., der Entwurf II e. Strafprocess-Ordnung f. Ungarn. Eine Codificationsstudie. gr. 8. (46 S.) Wien 886. Manz. n. 1. 80

Mayer, S., Handbuch d. österreichischen Strafproceßrechtes. 1. Bd. A. u. d. T.: Entstehungsgeschichte der österreich. Strafproceß-Ordng. vom 23. Mai 1873 u. der damit zusammenhäng. Gesetze. Nach amtl. Quellen. gr. 8. (XXV, 1131 S.) Wien 876. Hölder. n. 20.

Mayer, S., Handbuch des österreichischen Strafprozeßrechtes. 2. Bd. A. u. d. T.: Commentar zu der österreichischen Strafproceß-Ordnung vom 23. Mai 1873. 1. u. 2. Lfg. gr. 8. (1. Thl. V, 713 S.) Wien 878—81. Manz in Comm. n. 12. —

— Handbuch d. österreichischen Strafproceßrechtes. 3. u. 4. Bd. A. u. d. T. Commentar zu der österreich. Strafproceß-Ordng. vom 23. Mai 1873. 2. u. 3. (Schluß-) Thl gr. 8. Ebend. 884. n. 28. — (1—4.: n. 60. —) 3. (III, 662 S.) n. 12. — 4. (765 S.) n. 16. —

Mayer, Dr S., Commentar zu der österr. Strafproceßordnung vom 23 Mai 1873. (Handbuch des österr Strafproceßrechtes. II. Bd.) I. Theil. (§ 1—206, 712 S.) geh. 6 fl.
— — I Theil. 2. Lief. (§ 46—206, S. 179—713) geh. 4 fl.
Wien Manz 1881

— Dr. S. Prof, Commentar zu der österr. Strafprocess-Ordnung v 23 Mai 1873. (Des Handbuches des österr. Strafprocessrechtes VII. Bd.) II. Thl. § 207—296. gr. 8. (662 S.) Wien, Manz'sche Hof-Verl.- u Univ.-Buchh 6 fl. III Thl. §§ 297—494. (Des Handbuches des österr. Strafprocessrechtes IV. Bd.) gr. 8. (765 S.) 8 fl 1884

—— zur Reform des ungarischen Strafprozesses. Eine Codificationsstudie. Der Entwurf der ungar. Strafprozess-Ordnung, kritisch besprochen, mit Uebersetzung desselben in seinen wesentlichen Theilen. gr. 8. (IV, 163 S.) Ebendas. 885. *

—— Streiflichter auf den gegenwärtigen Strafprozess nach dem Stande der wesentlichsten europäischen Gesetzgebungen. gr. 8. (IV, 180 S.) Leipzig 886, B. Tauchnitz.

Mayer, Sam.: Geschichte der Strafrechte. Vergleichende Darstellung der strafrechtlichen Gesetze und Bestimmungen aller Kulturvölker, von Moses, Solon etc. bis zur Gegenwart, als Commentar zum deutschen Strafgesetzbuche. Trier 1876.
(Mayer: Die Rechte der Israeliten, Athener u. Römer mit Rücks. auf die neuen Gesetzgebungen. Bd 3.)

— Geschwornengerichte u. Schöffengerichte. Ein Beitrag zur Reform d. Strafverfahrens. gr. 8. (VI, 296 S) Ebend. 872. n. 1. 50

Mayer, Sam., israelit. Musen-Almanach. 1. Jahrg. 1840. 16. (16½ B.) Dinkelsbühl, Walther'sche Buchh.

Mayer, Sam., die Rechte der Israeliten, Athener und Römer, mit Rücksicht auf die neuen Gesetzgebungen, für Juristen, Staatsmänner, Theologen rc. in Parallelen dargestellt. Ein Beitrag zu einem Systeme und zu einer Geschichte des Universalrechts. 1. Bd.: das öffentliche Recht. gr. 8. (XXVI und 418 S.) Leipzig (861)62, Baumgärtner's Verlagsbuchh.

Mayer, Sam., die Rechte der Israeliten, Athener u. Römer, mit Rücksicht auf die neuen Gesetzgebungen, für Juristen, Staatsmänner, Theologen rc. in Parallelen dargestellt. Ein Beitrag zu einem Systeme u. zu einer Geschichte des Universalrechts. 2. Bd. Das Privatrecht. Leipzig 866. Baumgärtner's Buchh. gr. 8. (XVI, 564 S.) 2 ℛ 22½ ngr.

Mayer, S. (II.), die Rechte der Israeliten, Athener und Römer mit Rücksicht auf die neuen Gesetzgebungen, für Juristen, Staatsmänner, Theologen rc. in Parallelen dargestellt. Ein Beitrag zu einem Systeme und zu einer Geschichte des Universalrechts. 3. Bd. A. u. d. T.: Geschichte der Strafrechte. Vergleichende Darstellung der strafrechtl. Gesetze und Bestimmungen aller Kulturvölker, von Moses, Solon u. s. w. bis zur Gegenwart, als Commentar zum deutschen Strafgesetzbuche. gr. 8. (XXXIII, 703 S.) Trier 876, Lintz'sche Buchh. *
1 und 2. Bd. Leipzig 1862,66, Baumgärtner's Buchh. *ℳ 9.

Mayer, Sam., der Stein u. das Bild od. Preußens Zukunft. Festrede, zur Feier der Uebergabe der Fürstenth. Hohenzollern an die Krone Preußen, am Montag, den 8 April 1850, zu Hechingen gehalt. 8 (15 S) Hechingen 850, Egersdorff. 2 ngr

—— Trauerrede bei dem Ableben I. D. der regierenden Fürstin Eugenie Hortensie Napoleone von Hohenzollern-Hechingen, geb. Prinzessin von Leuchtenberg, am 5. Sept. 1847 zu Hechingen gehalten. gr. 8. (16 S.) Hechingen 847, Egersdorff.

Mayer, Sebastian. Bündner Oberländer Marsch. [Titel illustriert.] 3 S. 4. Chur & Zürich, Stehli & Keel, [1901]. [fr. 1. 50]

Mayer, Sigm., die Aufhebung des Befähigungsnachweises in Österreich. gr. 8. (VIII, 369 S.) Leipzig 894. Duncker & Humblot. n. 6. —

Mayer, Sigm. (I.), die Aufhebung der Gewerbefreiheit. Streit- und Fehdeschrift gegen die Wiederherstellung der Zunft in Oesterreich. gr. 8. (VI, 66 S.) Wien 883, Bermann und Altmann. *

— Die Aufhebung der Gewerbefreiheit. Streit- u. Fehdeschrift gegen die Wiederherstellung der Zunft in Oesterreich. gr. 8°. Wien, Bermann u. A., 1883. 2. Aufl. gr. 8°. Wien 1887.

— Experimenteller Beitrag zur Lehre von den Atembewegungen (mit 4 Taf.). S. 69. III. 111 „ 2 —
Separatabdruck

Mayer, Sigm., experimenteller Beitrag zur Lehre v. den Athembewegungen. Mit 4 (lith.) Taf. in qu. 4. u. qu. gr. 4.) [Aus: „Sitzungsber. d. k. Akad. d. Wiss."] Lex.-8. (12 S.) Wien 874. (Gerold's Sohn. n. 2. —

— Beitrag zur histologischen Technik (mit 2 Taf.). S. 85. III 69 „ 2 —
Separatabdruck

Mayer, Sigm. (II.), Beitrag zur histologischen Technik. Lex.-8. (14 S. mit 2 chromolithogr. Taf.) Wien 882, (Gerold's Sohn.) *
Aus: Sitzungsberichte der k. Akademie der Wissenschaften, besonders abgedruckt.

— Bemerkungen zur Experimentalpathologie des Lungenödems. S. 77 III 162 „ — 24
Separatabdruck

Mayer, Sigm. (I.), Bemerkungen zur Experimentalpathologie des Lungenödems. Lex.-8. (10 S.) Wien 878, (Gerold's Sohn.) **
Aus: Sitzungsberichte der k. Akademie der Wissenschaften, besonders abgedruckt.

— Beobachtungen und Reflexionen über den Bau und die Verrichtungen des sympathischen Nervensystems (mit 1 Taf. S. 66. III 117 „ 1.20
Separatabdruck

— Beobachtungen u. Reflexionen üb. den Bau u. die Verrichtungen d. sympathischen Nervensystemes. Mit 1 (lith.) Taf. (in qu. Fol.)] [Aus „Sitzungsber. d. k. Akad. d. Wiss."] Lex.-8. (52 S.) Ebend. 873. n. 1. 20

—— Bewegung der Verdauungs-, Absonderungs- und Fortpflanzungsapparate, s. Handbuch der Physiologie.

Mayer, Sigm. (I.), politische Briefe eines ABC-Schützen. A. An den König von Preußen. 2. Aufl. gr. 8. (15 S.) Wien 871, Herzfeld und Bauer. [Brüder Winter.] *

Mayer Siegmund, Dr. Über Degenerations- und Regenerationsvorgänge im normalen peripherischen Nerven mit 1 Taf. S. 77. III. 80 K — 70
Separatabdruck

Mayer, Sigm. (I.), über Degenerations- und Regenerationsvorgänge im normalen peripherischen Nerven. Lex.-8. (12 S. mit 1 lithogr. Taf. in 4.) Wien 878, (Gerold's Sohn.) **
Aus: Sitzungsberichte der k. Akademie der Wissenschaften, besonders abgedruckt.

Mayer Siegmund, Dr. Über die bei der Blutgerinnung sich ausscheidenden Fibrinquantitäten. S. 56. II. 103 . — 20
Separatabdruck

Mayer, Sigm., über die bei der Blutgerinnung sich ausscheidenden Fibrinquantitäten. Lex.-8. (8 S.) Wien 867, (Gerold's Sohn.) *
Aus: Sitzungsberichte der k. Akademie der Wissenschaften, besonders abgedruckt.

— die sociale Frage in Wien. Studie e. „Arbeitgebers." gr. 8. (XIV, 32 S.) Wien 871. Hölder. n. — 80

— Über die blutleeren Gefäße im Schwanze der Batrachierlarven (mit 3 Taf.) S. 91 III. 94 . 2.60
Separatabdruck

Mayer, Sigm., üb. die blutleeren Gefässe im Schwanze der Batrachierlarven. [Mit 3 (lith.) Taf.] Lex.-8. (35 S.) Wien 885. (Gerold's Sohn.) n. 2. 60

— Über ein Gesetz der Erregung terminaler Nervensubstanzen S. 81 III. 121 . 2.—
Separatabdruck

Mayer, Sigm. (II.), das „Comité der Wollindustriellen" und die Zollreform. Sr. Exc. dem k. k. Handelsminister Hrn. Joh. Ritter v. Chlumetzky gewidmet. gr. 8. (36 S.) Wien 875, Rosner. *

Mayer, Sigm., s.: Lotos.

—— specielle Nervenphysiologie, s. Handbuch der Physiologie.

—— die peripherische Nervenzelle und das sympathische Nervensystem. Eine histiologisch-physiolog. Studie. gr. 8. (94 S.) Berlin 876, Hirschwald. *
Aus: Archiv für Psychiatrie und Nervenkrankheiten, besonders abgedruckt.

— Die Rechte der Israeliten, s. Mayer, Samuel

— Studien zur Histologie und Physiologie des Blutgefäßsystems. 2. vorläufige Mitteilung. S. 93 III. 45 . — 24
Separatabdruck

—— Studien zur Histologie und Physiologie des Blutgefässsystems. 2. [vorläuf.] Mitteilg. Lex.-8. (11 S.) (Ebendas.) 886. **
Die 1. Mitteilg. erschien im Anzeiger der k. Akademie der Wissenschaften Jahrg. 1882, Nr. 17, jedoch nicht als Separat-Abdruck.
aus: Sitzungsberichte der k. Akademie der Wissenschaften, besonders abgedruckt.

— Studien zur Physiologie des Herzens und der Blutgefäße. 1. Abhandlung. Über die Einwirkung des Strychnins auf das vasomotorische Nervenzentrum (mit 2 Taf.). S. 64. II. 657 vgr
Separatabdruck

— und Přibram Alfred. Studien des Herzens und der Blutgefäße. 2. Abhandlung. Über reflektorische Beziehungen des Magens zu den Innervationszentren für die Kreislauforgane (mit 2 Taf.). S. 66. III. 102 vgr
Separatabdruck

— Studien des Herzens und der Blutgefäße. 3. Abhandlung. Über die direkte elektrische Reizung des Säugetierherzens (mit 2 Kurventaf.). S. 68. III. 74 vgr
Separatabdruck

— Studien zur Physiologie des Herzens und der Blutgefäße. 6. Abhandlung. Über die Erscheinungen im Kreislaufsapparate nach zeitweiliger Verschließung der Aorta. Beitrag zur Physiologie des Rückenmarks. S. 79. III. 87 . — 60
Separatabdruck

—— Studien zur Physiologie des Herzens und der Blutgefässe. 1. Abhandlung. Lex.-8. (12 S. mit 2 lithogr. Taf. in Lex.-8. und qu. 4.) (Ebendas.) 872. *

—— und Alfr. Přibram, Studien zur Physiologie des Herzens und der Blutgefässe. [2. Abhandlung.] Ueber reflector. Beziehungen des Magens zu den Innervationscentren für die Kreislauforgane. Lex.-8. (15 S. mit 2 lithogr. Taf. in Lex.-8. und qu. Fol.) (Ebendas.) 872. *

—— Studien zur Physiologie des Herzens und der Butgefässe. [3. Abhandlung.] Ueber die directe electr. Reizung des Säugethierherzens. Lex.-8. (12 S. mit 2 lithogr. Curventaf. in 4.) (Ebendas.) 874. *

—— Studien zur Physiologie des Herzens und der Blutgefässe. 4.—6. Abhandlung. Lex.-8. Wien, (Gerold's Sohn.) *
Inhalt:
Abhandlung 4. Ueber die Veränderungen des arteriellen Blutdrucks nach Verschluss sämmtlicher Hirnarterien. (24 S. mit 2 lithogr. Taf. in qu. gr. 4. und qu. Fol.) 876. *ℳ 1,60.
» 5. Ueber spontane Blutdruckschwankungen. (27 S. mit 4 lithogr. Taf. in qu. Fol.) 876. *ℳ 2,50.
» 6. Ueber die Erscheinungen im Kreislaufsapparate nach zeitweiliger Verschliessung der Aorta. Beitrag zur Physiologie des Rückenmarks. (47 S.) 879. * 60 Pf.
Aus: Sitzungsberichte der k. Akademie der Wissenschaften, besonders abgedruckt.
1.—3. Abhandlung. Ebendas. 1872—74. *ℳ 2,90.

Mayer, Sigm., histologisches Taschenbuch. Zum Gebrauche im histolog. Practicum f. Anfänger bearbeitet. Zeichnungen v. J. Reisek. 9 Hfte. m. 168 Abbildgn. gr. 8. (128 S.) Prag 887. Dominicus. n. 3. 20

— und Basch S. von. Untersuchungen über Darmbewegungen S. 62. II. 811 . — 50
Separatabdruck

— u. S. v. Basch, Untersuchungen üb. Darmbewegungen. [Aus d. Sitzungsber. d. k. Akad. d. Wiss.] Lex.-8. (39 S.) Wien 871. (Gerold's Sohn.) n. — 50

—— über Vorgänge der Degeneration und Regeneration im unversehrten peripherischen Nervensystem. Eine biolog. Studie. gr. 8. (109 S. mit 2 lithogr. Taf.) Prag 881, Tempsky. *
Aus: Zeitschrift für Heilkunde, besonders abgedruckt.

Mayer, Simon Martin

Mayer, S. M (Hrsg.), s. Carinthia.

Mayer, Simon Martin. Festgesang der Krieger des k. k. karntnerischen Linien-Infanterie-Regimentes Nro VII als zwei Regimentsfahnen am 12. Sept. 1825 zu Klgft. geweiht wurden. Klgft., Gelb (v. Kleinmayr). (1825) 7 S.

Mayer, Simon Martin. Carinthia's Freudengruß am zwey u. funfzigsten Geburtstage ihres Kaisers (12. Hornung 1819) Klgft., Gelb, (1819) Quart 7 S.

Mayer, (Sim. Mart.,) Kärnthn. Zeitschrift, s. Zeitschrift.

Ritter Heinrich Rigner von Kempten und die Entstehung der Stadt sowie des adeligen Benediktinerstiftes Kempten. Von Simon Sigmund Mayer, G. P. — 1853. K., Dannheimer. — S. 3—8.
Progr Kempten

Mayer, Sophie [Wirkl. Name]
s. May, Sophie [Pseud.]

Mayer, T., Scholia in Q. Horatii Flacci opera. Pr. 1852. 28 S. 4°

Mayer, Th.: Zur Histologie der Klauenseuche. (Dermatosis zoonotica.)
Aus: Dermatologische Zeitschrift. Hrsg. von O[scar] Lassar. Bd 5. [1898.]

Mayer, Th., Leitfaden f. Gesundheitslehre u. Krankenpflege. Zum Gebrauch in Sonntags- u. Fortbildungsschulen. gr. 8. (52 S.) Stuttgart 899. A. Bonz & Co. n. — 60

Mayer, Theodor

Acta S. Quirini Martyris Ar 3 281 vgr
Separatabdruck

Mayer, Theod., Anleitung zum Style. gr. 8. (VI und 244 S.) Wien 850, Beck'sche Universitäts-Buchh.

Mayer, Theodor, aus Bebenhausen Ein **Beitrag** zur Geschwulstbildung in der männlichen Mamma. *Würzburg 1902 A. Boegler* (31 S.) 8°
Würzburg, Med. Diss. v 1902

— Einige Bemerkungen über die Familie der Stifter von Seitenstetten Ar 21 361 vgr
Separatabdruck

Mayer, Theodor [cand. med. aus München]: Ein Fall von Cirrhosis hepatis luetica mit cholämischem Ausgang . . . München, Druck v. F. Bickel, 1894; 36 S. 8.
München, Med Fak, Inaug.-Diss. v 1894

Mayer, Theodor — prov. Direktor. Sechster Jahresbericht des k. k. Obergymnasiums zu Melk, veröffentlicht am Schlusse des Schuljahres 1856 von — —. Inhalt: Fluß- und Ortsnamen, ein wichtiger Zweig des Geschicht-Studiums, vom provisorischen Direktor. — Schulnachrichten. — Wien, 1856. Gedruckt bei A. Pichlers Witwe und Sohn. (28 S. 4.)

Mayer, Th Einige Fragmente des Euripides übersetzt
15 S –Melk, Progr 1858

— *Fundatio monasterii* in Waldhausen, nebst Vereinnerungen über die Familie der Regensburger Burggrafen, Grafen von Stevening und Ridenburg. Ar 12, 247 vgr
Separatabdruck

Mayer, Thdr., **der auswärtige Handel des Herzogt. Osterreich im Mittelalter, s. a. Forschungen zur inneren Geschichte Osterreichs. 6. Heft.**

Der auswärtige Handel des Herzogtums Österreich im Mittelalter Von Dr phil Theodor **Mayer**, (Wien). Innsbruck Wagner 1909. X, 200 S. 8°
(Forschungen z. inneren Geschichte Österreichs H 6.) log. 18014

Mayer Theodor: Die Handelsbeziehungen der oberdeutschen Städte zu Oesterreich im 15. Jahrhundert.
1905 PN 1970 Diss. Wien Univ 921

Mayer, Th Die heidnischen Klassiker sind bildender, als die neueren Lateiner
6. S. - Melk, Progr 1853

Mayer, Theodor. — Jahresbericht des k. k. Obergymnasiums zu Melk, womit am Schlusse des Schuljahres 1853 alle Vorgesetzten, Gönner und Freunde der Jugendbildung ergebenst einladet. — — 4 (16 S.) Wien. Gedruckt bei A. Pichlers Witwe und Sohn. 1853.

— Specilegium von Urkunden aus der Zeit der österreichischen Babenberger-Fürsten. [Aus d. 3. u. 4. Hft. des I. Bds. 1851 d. Archivs f. Kunde österreich. Geschichtsquellen abgedr.] Mit 1 lith. Taf. (in qu. Fol.) Lex. 8. (46 S.) (Wien 851, Braumüller.) n. 7/12 ₰

Mayer, Theo. Streiflichter auf die Geschichte Oesterreichs von der Völkerwanderung bis Karl des Großen. Von — —. Dr. von A. Pichlers Witwe und Sohn in Wien.

Jahres-Bericht, Vierter — des k. k. Obergymnasiums zu Melk, veröffentlicht am Schlusse des Schuljahres 1854, von Theodor Mayer. 4. (22 S.) Wien. Gedruckt bei A. Pichler's Witwe und Sohn. 1854.
Inhalt: Streiflichter auf die Geschichte Oesterreichs von der Völkerwanderung bis Karl den Großen, I. Abtheilung, von Th. Mayer. — Schulnachrichten.

Jahresbericht, Fünfter — des k. k. Obergymnasiums zu Melk, veröffentlicht am Schlusse des Schuljahres 1855 von Theodor Mayer. Wien. 1855. Gedr. bei A. Pichler's Witwe und Sohn. (24 S. 4.)
Inhalt: Theodor Mayer: Streiflichter auf die Geschichte Oesterreichs von der Völkerwanderung bis Karl den Großen. II. Abtheilung. Schulnachrichten.

Jahresbericht, siebenter — des k. k. Obergymnasiums zu Melk, veröffentlicht am Schlusse des Schuljahres 1857 von Theodor Mayer, Director. Wien, 1857. Gedr. bei A. Pichlers Witwe & Sohn. (23 S. 4.)
Enthält: Streiflichter auf die Geschichte Oesterreichs von der Völkerwanderung bis Karl den Großen. 3te Abtheil. Vom Director.

— 13 Urkunden üb die Verpfändung v. St. Pölten u. Mautern an den König Matthias Corvinus, 1481; nebst einigen andern Beiträgen zur Geschichte der Stadt St. Pölten. [Aus dem Archiv f. Kunde österreich. Geschichts-Quellen 1851 abgedr.] gr. 8. (24 S.) (Ebd. 851.) n. 4 ngr.

Mayer Theodor Urkunden des Praemonstratenserstiftes Geras Ar 2. 3 vgr
Separatabdruck

Zentralstelle für das Evangelische Deutschland. Referat von Pfarrer Theod. **Mayer** Altdorf. Korreferat von Pfarrer [Julius Robert] Pasche Dieskau. Vortr geh. auf d. Deutschen Pfarrertage zu Posen 1904 Dieskau Pfarrver (1904). (S. 17–33.) 8° [F.]
= **Arbeit**, Aus d., d. Verbandes Deutscher Pfarrvereine. H 2, [2.] [05. 2184

Mayer, Thdr. Frdr., eine Abrechnung m. dem römischen Stuhl, s.: **Aktenstücke, kirchliche. Nr. 9.**

Mayer, Th. Fr., s.: **Aus der Schatzkammer der Apostel.**

Mayer, Th. Frdr., die Grenzen der freien Forschg. u. d. Lehrfreiheit in der Kirche, s.: **Zeitfragen des christl. Volkslebens.**

Mayer, Th. Fr. Luther in der Politik, s. Flugschriften d. Evangelischen Bundes.

Mayer, Thom., De Ecclesia, de Rom. Pontificis et conciliorum generalium auctoritate. II partes. Freiburg 1771 (1779), gr 8°
Hurter, l. c III 229 Opus apologeticum eximium pro potestate Ecclesiae cum primis Rom. Pontificis, argumentorum pondere convellens sic dictos appellantes a Pontifice ad concilium generale

— s. **das Gesetzbuch d. Christen.**

— s. **Sprüchwörter,** baierische.

Mayer, Thom., s. über d. Vereinbarkeit des Pfarramtes etc.

Mayer, **Thom. Aquin., († d. 10. Nov. 1799.) de Romani pontificis et Conciliorum general. auctoritate. II Ptes. 8maj. Freiburg 779. Wagner.**

Mayer, Tobias, s. Mayer, Johann Tobias

MAYER, Tobias Edmund (Schwarzenfeld): Pneumonia tuberculis complicata.- Bonschil: Hübschmann 1840. 15 S.
7.6.1838 - Urk (Titel: Pneumonia tuberculosa.); F 64
Diss. Ingolst.-Landsh.-Mchn.

MAYER, V.: Beschreibung und Gebrauchsanweisung des Patentgefällmessers. - Karlsruhe 1855. 20 S.

Mayer, Valent., das Eigenthum nach den verschiedenen Weltanschauungen. gr. 8. (IV, 84 S.) Freiburg i. Br. 871, Trömer. *

Mayer, Val, Thomas Hobbes. Darstellung u. Kritik seiner philosoph., staatsrechtl. u. kirchenpolit. Lehren. Vom Standpunkte der modernen Weltanschaug. gr. 8. (V, 290 S.) Freiburg i/Br. 884. Stoll & Bader. n. 4.—

Mayer, Victor, Creutzstraße. 8. Augsb. Wolf. 737.

Mayer, Victor [aus Leonberg, app. Arzt]: Ueber Leuchaemie. . . . Stuttgart, E. Schweizerbart'sche Verlagsh. (E. Koch), 1889; 40 S. 8°
Tübingen, Med. Fak., Inaug.-Diss. v 1889

Mayer, Vict. Über Leuchaemie. Diss. gr. 8. (40 S.) Stuttg. 889, Schweizerbart. * 1 —
Aus: Medicin. Correspondenzblatt des Württemberg. ärztl. Landesvereins, besonders abgedruckt.

Mayer, W., praktische Aussprach- u. Rechtschreiblehre der hochdeutschen Sprache. Nach den neuesten, amtlich festgestellten Regeln der deutschen Rechtschreibung, methodisch dargestellt (m. vielen Übgn. u. Diktaten). (Schülerausg.) 8. (IV, 22 S.) Ravensburg 902. Dorn. n. —20; Lehrerausg. (IV, VI, 22 S.) n. —40

(F) **Mayer, W.,** Lehrbuch der Motorenkunde. Gr.-8°. (IV, 81 S.) geb. K 2.20
Wien: Graeser 1906.

Mayer, W., Stoff zu Gedächtniß-Uebungen, s. **Stoff.**

Mayer, Wilh., Anerben- u. Teilungssystem, dargelegt an den 2 pfälz. Gemeinden Gerhardsbrunn u. Martinshöhe, s.a. Wirtschafts- u. Verwaltungsstudien. 4. V.

Anerben- und Teilungs system dargelegt an den zwei pfälz. Gemeinden Gerhardsbrunn u. Martinshöhe.
Von Dr Wilhelm **Mayer,** Rechtspraktikant. Mit 3 Kt. (Vorr · G[eorg] Schanz). Leipzig. A. Deichert 1899 (VIII, 47 S.) 8°
= Wirtschafts- u. Verwaltungsstudien m. bes. Berücks. Bayerns. 5.

Mayer, Wilhelm· Beiträge zur Kenntnis der Hautsinnesorgane bei Rhynchobdelliden. Mit 3 Tafeln und 3 Textfiguren. Leipzig: W. Engelmann 1906. (35 S.) 8° ¶Aus: Zeitschrift f. wissenschaftl. Zoologie Bd 81, H. 4.
Heidelberg, Naturw.-math. Fak., Ref Bütschli, Diss. v. 22. Mai 1906
[Geb. 12. Okt. 81 Oberaudorf, Bayern Wohnort. Muhlheim a. d. Ruhr; Staatsangeh. Baden, Vorbildung Oberrealsch. Heidelberg Reife Sommer 99; Studium Heidelberg 6, Freiburg i. B. 1, Heidelberg 1 S., Rig 27 Juli 05.]

Mayer, Wilhelm [app. Arzt aus Aachen]: Aus d. chirurg. Klinik zu Kiel. Beiträge zur Statistik der Lippengeschwülste. . Aachen, Druck v. C. H. Georgi, 1890; 43 S. + 2 Bl. 8°
Kiel, Med. Fak., Inaug.-Diss. v. 14. Mai 1890

Mayer, W., die kaufmännische Buchführung in der Apotheke, nach bequemer u. practischer Methode an der Hand e. Beispiels in instructiver Weise dargestellt. 2., verm. Aufl. gr. 8. (IV, 42 S.) Berlin 887. Springer. cart. n. 1. 40

Mayer, W., die kaufmänn. Buchführung in der Apotheke, nach bequemer u. prakt. Methode an d. Hand e. Beispiels in instrukt. Weise dargestellt. 3. verm. Aufl. gr. 8. (V, 50 S.) Berlin 902. J. Springer. Kart. n. 1. 40

Mayer, Wilh., Dampfmaschine liegend m. Schiebesteuerung, s. Flachmodelle.

Dampfturbine, s.: Flachmodelle.

Mayer, Wilhelm [aus Köngen]. Ueber die Einwirkung von molecularem Silber auf Monobromisovaleriansäureaethylester . Stuttgart, Jung & Brecht, Buchdr., 1888; 1 Bl. + 67 + 1 S. 8°
Tübingen, Naturw. Fak., Inaug.-Diss. v. 1888

Mayer, Wilh. (II.), über die Einwirkung von molecularem Silber auf Monobromisovaleriansäureaethylester. Inaugural-Dissertation. gr. 8. (68 S.) Stuttgart 888. (Tübingen, Franz.) *

Mayer, Wilh., üb. die Einwirkung v. molecularem Silber auf Monobromisovaleriansäureaethylester. Inaug.-Diss. gr. 8. (68 S.) Stuttgart 888. (Tübingen, Fues' Verl.) n. 1. 60

Entwurf einer Denkschrift an den Bundesrath von Dr. [Wilh.] **Mayer**-Fürth u. Dr. [Rich. Wilh. Jos.] Hoeber-Augsburg. (Als Ms. gedr.) *(Leipzig [1902]: Ackermann & Glaser.)* (XIX S.) 4°
— **Tagesordnung** d. XXX. Deutschen Aerztetages in Königsberg i. Pr. Beil. No 2. [03. 1070 10

Mayer, Wilhelm, appr Arzt aus München Ein **Fall** von Traumatischer Spätapoplexie. *München 1901: Kastner & Lossen.* (22 S.) 8°
München, Med. Diss. v. 1901

Mayer, Wilh., d. Genesungshäuser im Deutschen Reich, Juni 1901. gr. 8. (30 S.) Fürth 901. (G. Rosenberg.) —60
Sonderabdruck aus: „Protokoll d. XXIX. deutschen Aerztetages in Hildesheim“.

Mayer, Wilhelm Gewichtstabellen für rechtswinklige Prismen, Cylinder und Kugeln aus Gusseisen, Schmiedeisen und Stahl, Bronz und Messing Lex.-8° (X, 95 S) Graz Moser, geb. fl. 1 .. 1886.

Mayer, Wilhelm (Kreuznach)
Ueber Jalappaharze.
[In: Annalen d. Chemie u. Pharmacie Bd 83 (1852).]
Dr. phil. Giessen 28.7.1852.

Mayer, Wilh. (I.), die Lage des Heftes beim Schreiben. Im Auftrage der Aerztekammer von Mittelfranken nach dem vorhandenen Material und nach eigenen Untersuchungen zusammengestellt. gr. 8. (40 S.) Nürnberg 888, Korn. *
Aus: Friedreich's Blätter für gerichtliche Medicin, besonders abgedruckt.

Mayer, (Friedrich) Wilhelm *(geb. Friedland in Meckl. 12 2 1841)*:
Ueber die Methoden, die c-Phosphorsäure zu bestimmen und von den wichtigsten Basen zu trennen. Breslau (1867). (52 S.) 8°
Breslau, Phil. Diss. v. 28. Mai 1867

Mayer Wilhelm Stuttgart. Musterbuch von Denkmünzen. 28 Blatt. 4° Stuttgart

Mayer, Wilhelm, aus Enkenbach Zwei agrarische Ortsgemeinden der bayrischen Rheinpfalz. Eine Studie über Art u. Wirkung d. Grundbesitzverteilung mit besond. Berücks. d. Anerbensystems. *Naumburg a. S. 1898: Lippert & Co.* (49 S.) 8° [F.]
Würzburg, Jur. Diss. v. 1898

— Der Riemen- u. Seilscheibenbetrieb u. die dazu gehörigen Beschreibungen. Für die Bedürfnisse der Praxis f. Schlosser, Mechaniker, Dreher, Maschinisten, Maschinenmeister, Monteure, Werkmeister, Betriebstechniker u. verwandte Berufe elementar behandelt zum Selbstunterricht. (Mayer's Taschenbücher für Werkstatt u. Betrieb.) (150 S. m. Abbildgn.) kl. 8. Leipzig(-Plagwitz) 909. K. Wagner & Co. — 75

MAYER, WILHELM Ueber das Verhältniss der Phosphorsäure zu dem Stickstoff in einigen Samen. Nebst einem Anhange über die Trennung der Phosphorsäure von dem Eisenoxyd und der Thonerde München, 1856

Mayer, Wilh. Ant., der Sieg in Christus. Ein Gebet- u. Erbauungsbuch f. kathol. Christen. 16. (20¼ B. u. 5 Stahlst.) Wien 846, Grottendieck. Thlr.

Mayer, Wilhelm Conrad Adolph,
s. Mayer, Wilhelm Konrad Adolph

— Wilh. Heinrich (Ansbach/Franken), De possessionis commodis. Präs. Joh. Georg Fichtner. [Altdorf] (Kohle) Jan. 1711. 34 S. (4.50) 22536
Widm. v.: Christoph Sonntag, Joh. Georg Fichtner, Joh. David Guther (Oppon.), Philipp Ludwig Höning, Carl Otto Müller (Oppon.).

Mayer, Wilhelm Konrad Adolph

— Wilhelm Conrad Adolph (Löbau / Lausitz), De morbis quibusdam pulmonum rarioribus. Diss. anat.-pathol. Präs. Friedrich Schwägrichen. Leipzig (Glück) 19. XII. 1823. 25 S. (3.50) 22534

— — De morbis quibusdam pulmonum rarioribus commentatio pathol.-anat. Leipzig (Reclam) 1824. 25 S. u. 1 Tafel. (3.50) 22535

Mayer, Willy [cand. med. aus Karlsruhe]. Ein Fall von traumatischer Uterusruptur während der Geburt. Laparotomie — Heilung. . Strassburg, Buchdr C. Goeller, 1890; 51 S. 8°
Strassburg, Med. Fak., Inaug.-Diss. v. 1890

Mayer, Willy, a. Eßlingen in Württemberg: Ueber Fucose, die Fucohexonsäure und die quantitative Bestimmung der Methylpentosane. Göttingen 1907: Dieterich. (66 S.) 8°
Göttingen, Phil. Fak., Ref. Tollens, Diss. v. 30. Jan. 1907
[Geb. 28. Sept. 81 Eßlingen; Wohnort: Eßlingen; Staatsangeh.: Württemberg; Vorbildung: Oberrealsch. Eßlingen Reife Juli 99; Studium: München 4, Göttingen 9 S., Rig. 6. Dez. 06.]

Mayer, Woldemar: Die Additionsfähigkeit von Halogenalkyl an ditertiäre Aminbasen. Quartäre Aminammoniumsalze ein neuer Typus des asymmetrischen Stickstoffes. Freiburg (Schweiz) 1910: St.-Paulus-Dr. 40 S., 1 Taf. 8°
Tübingen, Naturwiss. Diss. v. 1. März 1910, Ref. Wislicenus
[Geb. 22. Febr. 87 Reval; Wohnort: Tübingen; Staatsangeh.: Rußland; Vorbildung: Realsch. Reval bis 05; Studium: Leipzig 5, Tübingen 4 S.; Rig. 1. März 10.]
[U 11. 4452

Mayer, Wolf, לשיך כפירים oder Fabeln u. Erzählungen f. d. Schuljugend in hebr. u. teutscher Sprache. gr. 12. (12 B.) Prag 840, Landau. (Leipzig, C. L. Fritzsche.)

—— Toldoth Jeschurun. Die Geschichte d. Weltschöpfung u. d. israelit. Nation bis z. Erbauung d. zweiten Tempels. Zum Vortrage f. d. Jugend hebr. bearb.; übers. u. mit deutsch. Anmerkn. begleitet v. S. Freund. gr. 8. (23½ B.) Prag 840, Landau. (Leipzig, C. L. Fritzsche.) *
Vgl. Mayr.

Mayer, Xaver, appr. Arzt Aus d. kgl. Universitäts-Ohrenpoliklinik zu München (unt. Leitung von Hrn Prof. Dr. Haug). Ueber Anästhesin und seine Verwendung in der Ohrenheilkunde. *München 1903: C. Wolf & Sohn.* (38 S.) 8°
München, Med. Diss. v. 1903

Mayer-Ahrdorff, Ed. Ritter v., alte Sprüche in neuem Gewande. Ein Büchlein für Jung und Alt. 200 Adagien, Proverbien und Sentenzen aus latein. Classikern, frei und metrisch paraphrasirt. gr. 16. (XV, 224 S.) Wien 878, Braumüller. cart. *

Mayer-Ahrens, s. Meyer - Ahrens

Mayer-Altdorf, Theodor, s. Mayer

Mayer am Steg, P., Marion, s.: Dasbach's Novellenkranz.

Mayer-Bergwald, Anna, Alpenluft. Reise-Erinnergn. (Im Anschluß an „Aus meiner Wandermappe".) 8. (III, 232 S.) Ansbach 897. C. Brügel & Sohn. Geb. in Leinw. n. 3. 60

— Bergfahrten, s. a. Kleinkindergarten.

Bergfahrten. Von Anna Mayer-Bergwald. Berlin Schriftenvertriebsanst. 1897 (10 S.) 8° [F.]
— Kleinkindergarten. No 28. [05. 6178

Mayer-Bergwald, Anna, oberbayerische Dorfgeschichten 8. (III, 186 S. m. Bildnis.) Ansbach 894. C. Brügel & Sohn. Geb. in Leinw. n. 2. 40

— Freudentage in Tegernsee. E. Rückerinnerg. an d. Sommer 1897. Das Deckelbild ist nach d. eig. Entwurf d. Verf. hergest. 8. (42 S. m. Abb.) München 898. Seitz & Schauer. Kart. n. 1. 50

— Hermann Kaulbach-Album, s.: Kaulbach, Herm.

Mayer-Bergwald, Anna, Werdenfelser Land u. Volk. Mit eigenen photogr. Aufnahmen der Verf. (III, 135 S.) 8. Ansbach 910. C. Brügel & Sohn. 1.20

Mayer-Bergwald, Anna, unserer Vöglein Not. 12. (31 S. m. Abb.) Berlin (899). (Berolina-Versand-Buchh.) —10

Berl. Tierschutz-Verein. Unserer Vöglein Not. Von Anna **Mayer**-Bergwald. *(Berlin: H. Beringer [1900].)* (31 S.) 8° [F.] (00. 12,74

— **das Wald-Liserl**, s. a. Kleinkindergarten.

Das Wald-Liserl. Erzählung von Anna Meyer-[!]Bergwald [vielm. **Mayer**-Bergwald]. Berlin Christl. Zeitschriftenver. 1896. (14 S.) 8° [F.]
— **Kleinkindergarten.** No 22. (95. 8,79

— **aus meiner Wandermappe.** Reiseskizzen. 12. (IV, 217 S. m. Abb.) Garmisch (895). A. Adam. n. 2.40

[F.] Wohlthun bringt Segen. (E. Erzählg v. A[nna] **Mayer**-Bergwald.) — E. Gebetserhörung. — Weidenkätzchen *Berlin: Schriftenvertriebsanst. (Christl. Zeitschriftenver.) 1897.* (63 S., 4 Taf.) 1 Bd 8. (97. 8,95

Mayer-Vibus, Ottilie, Vater Franz. Sein Ehrenwort. 2 Novellen. 8. (243 S.) Breslau 885. Schottländer. n. 3. —; geb. n. 4. —

Mayer-Brandus, Arth., Süsskind v. Trimberg. Drama in 5 Akten. (117 S.) kl. 8. Strassburg 908. J. Singer. 2. —

Mayer-Dinkel, A.: Die Entwicklung des bayerischen Hopfenbaues und das Emporblühen des Nürnberger Hopfenhandels. Nürnberg 1896.

Mayer-Dinkel A, Wurttembergs Hopfen-Anbaufläche, -Ernteresultate, -Preise in den Jahren 1860-95. 3 Wandtabellen in 1 Bd 4° Nürnberg 1896

Mayer von Esslingen, Album von Combe-Varin. Zur Erinnerung an Theodor Parker und Hans Lorenz Küchler Zürich 1861

Mayer-Eymar, Karl

Mayer-Eymar, K., paläontolog. Beilage, s.: Beiträge zur geologischen Karte der Schweiz.

Mayer-Eymar K Brief an B. Studer betreff. die fossilen Mollusken in der marinen Molasse der schweizerisch-schwäbischen Hochfläche Nebst Verzeichniss 1853.

Mayer-Eymar Carl s Centralgebiet der Schweiz Theil 2 Bern 1887

Mayer[-Eymar], Carl. Classification méthodique des terrains de sédiment, par Charles M'.... 4. Zurich 1874.

Mayer-Eymar K. Diagnoses Mytilorum ex agris Aegyptiae nummuliticis Zürich 1891.

Mayer-Eymar K Diagnoses Ostrearum novarum ex agris Aegyptiae nummuliticis. Zürich 1889.

Mayer-Eymar, [Carl]. Zur Geologie Egyptens. SA. 8. Zürich 1886.

Mayer[-Eymar], Carl. Das Londinian am Sentis. Von Professor K' M'. [Mit 1 Figur] <SA.> 8. [Zürich 1879.]

Mayer[-Eymar], Carl. Paläontologie der Pariserstufe von Einsiedeln und seinen Umgebungen s. Beschreibung. Geologische B' des Kantons St. Gallen. Abtheilung 2.

8

Mayer Eymar K Die Tertiärfauna der Azoren und Madeiren. Zürich 1864.

Mayer Eymar K Verzeichniss der im Kalk der Insel Baxio bei Porto Santo fossil vorkommenden Mollusken

Mayer[-Eymar], Carl Systematisches Verzeichniss der marinen Arten der helvetischen Stufe der Schweiz und Schwabens s Kaufmann Franz Joseph Rigi und Molassegebiet der Mittelschweiz Bern 1872

Mayer-Eymar, Karl, systemat. Verzeichniss d. Fauna d. unt. Saharianum d. Umgegend v. Kairo, s. a. Palaeontographica.

[Kopft.] Systematisches Verzeichniss der Fauna des unteren Saharianum (marines Quartaer) der Umgegend von Kairo, nebst Beschreibg der neuen Arten, v Prof. Dr Karl **Mayer**-Eymar *(Stuttgart E. Schweizerbart 1898.)* (61 90 S., 1 Taf.) 4.
= **Palaeontographica.** Bd 30. Abth. II. Lfg 2. (98. 11368

Mayer-Eymar, K., systematisches Verzeichniss der Kreide- u. Tertiär-Versteinerungen der Umgegend v Thun, nebst Beschreibung der neuen Arten, s. a. Beiträge zur geologischen Karte der Schweiz.

Mayer-Eymar, K., Prof. Systematisches Verzeichniss der Kreide- und Tertiär-Versteinerungen der Umgegend von Thun, nebst Beschreibung der neuen Arten. Separatabdruck aus der 24. Liefg., II. Theil der „Beiträge zur geologischen Karte der Schweiz". In-4⁰, 128 S. Bern, Schmid, Francke & Cie. *1887.* 8 —

Mayer[-Eymar], Carl Das Vesullian, eine neue dreitheilige Jura-Stufe Von Professor K M <SA.> 8 ([Zürich] 1879.)

Mayer-Fürth, Wilhelm, s. Mayer

Mayer-G'schrey, Ricardus: Parthenius Nicæensis quale in fabularum amatoriarum breviario dicendi genus secutus sit. *Heidelberg: C. Winter 1898.* (69 S.) 8°
Heidelberg, Phil. Diss. v [18. Juni] 1898

Mayer-Leiden, Kurt, s. Mayer

Mayer v. Marnegg, Beiträge zum Studium des Heerwesens. Staat und Heer. gr. 8. (88 S. mit 1 Tab.) Wien 887, (Seidel und Sohn.) *
Aus: Organ der militär-wissenschaftlichen Vereine, besonders abgedruckt.

Mayer-Matsies. Johann Fischbach, Landschafts- und Genre-Maler Mit einem Anhange Nachruf an August Fischbach jun. München Ackermann 1872 35 S 4⁰

Mayer Ritter von Mayerfels, Karl

Mayer, Carl Ritter von. Heraldisches A.B.C Buch. Das ist Wesen und Begriff der wissenschaftlichen Heraldik. ihre Geschichte, Literatur. Theorie und Praxis München 1857 Druck der Buchdruckerei von C. Wolf und Sohn. In Commission bei J. A Finsterlin Titelbild. Tit. XV+523 S. m. 100 Holzschn 64 z. T farb. Taf 4°

Mayer, Carl v., Heraldisches A. B. C. Buch. Das ist: Wesen u. Begriff der wissenschaftlichen Heraldik, ihre Geschichte, Literatur, Theorie und Praxis. Mit 66 zumeist in Farbendruck ausgeführten Taf., u. 100 in den Text gedr. Holzschn. München 857. Finsterlin in Comm. Lex.-8. (XV, 523 S.) n. 10 ₰.

Mayer, Karl, Ritter von Mayerfels, Doppel-Adler und Schwarz-Gold-Roth als Wappen und Farben des neuen deutschen Reiches. Zum denkwürdigen Jahre 1870 allen Deutschen gewidmet. München o. J. 8.

Mayer v. Mayerfels, Karl Ritter v., Doppeladler und Schwarz-Gold-Roth als Wappen und Farben des neuen deutschen Reichs. gr. 8. München 870, J. A. Finsterlin. *

Catalog der kunst- u. culturhistor. Sammlungen des † Hrn. Dr. *Carl Heinr* Ritter u. Edlen *Mayer v. Mayerfels* (k. bayer. Kammerjunker, Landwehr-Oberstlieut. u. Bezirks-Inspector v. Oberbayern, Vf. des Herald. A-B-C-Buches, Mitgl. vieler gelehrten Gesellsch. u. Vereine etc.) auf Schloss Meersburg am Bodensee. *Abth. III* Adels-Diplome, Wappen-Diplome, Privilegien-Briefe, Stammbücher etc., Münzen u. Medaillen, Krüge, Majoliken, glasirte Töpfereien, Arbeiten in Thon, Porzellan u. Fayencen, Glas, Elfenbein, Email, Metall, Stein, Schildpatt, Perlmutter, Horn, Leder etc., Textil-Arbeiten etc., Gemälde (meist Altarbilder der deutschen u. italien. Schule), Miniaturen, Kupferstiche etc. Waffen, Arbeiten in Holz, Möbel u. Geräthe etc. etc. Versteigerung zu Köln, d. 20.—25. Mai 1887 durch *J. M. Heberle* (*H. Lempertz'* Söhne), grosse Sandkaul 10—12. Mit 6 Taf. interess. Abbild. (Phototypie v. *B. Kühlen* in M. Gladbach). Köln 1887. Druck v. Wilh. Hassel. Gr 8⁰ Cart.*)
4 Bil. (incl. Titelbild) u. 70 S. Enth. 1545 Nrn.
Abth. 1, 2 wurden auf Schloss Meersburg von Rath Dr. Carl Förster versteigert

Mayerfels, Karl Ritter v., der Wittelsbacher Stamm-, Haus- u. Geschlechtswappen. Heraldische Monographie als Festgabe zum 700jährigen Wittelsbacher-Jubiläum. Mit 4 lith. Taf. Lex.-8. (44 S. m. eingedr. Holzschn.) Konstanz 880. (München, Th. Ackermann.) n.n. 2. 50

Mayerfels, Dr. Carl Ritter v. (Vf. d. herald. ABC-Buches, Ehrenmitgl. d. herald. Vereine „Adler" in Wien u. „Herold" in Berlin etc.), der *Wittelsbacher Stamm-, Haus u. Geschlechtswappen*. Herald. Monographie, als Festgabe z. 700jähr Wittelsbacher-Jubiläum. Mit 4 lithogr. Taf. (von *J. A. Pecht*). Konstanz 1880. Buchdr. von A. Moriell. Gr. 8⁰. Cart.*)
Frontisp. u. Widmungsbl. („Dem Kgl. Hause Scheyern Wittelsbach-Bayern") in Roth- u. Schwarzdruck, u. 43 S. (incl. 2. Titel). Mit einigen Hlzsch.-Abbild. — Hübsche Ausstattung.

Mayer v. Mayerfels, Carl Ritter, Ursprung des heraldischen ABC-Buches von Dr. Karl Ritter v. Mayer u. der Dr. Otto Titan von Hefner'schen Grundsätze der Wappenkunst. Zur Steuer der Wahrheit ex originalibus dem Gelehrten-Publikum erzählt u. seinem Urtheile unterbreitet. München 863. (J. A. Finsterlin.) Lex.-8. (34 S.) n. 8 *ngr.*

(MAYER von Mayern Johann). Handbuch des Kreisamtsdienstes in den kaiserlich königlichen Staaten (von –). Schönfeld, Prag u. Wien 1788 1 vol 7 Bl + 466 S.

Mayer-Moreau, Karl, a. Mainz: **Hegels** Socialphilosophie. Die Lehre vom objektiven Geist. Tübingen 1907: H. Laupp jr. (41 S.) 8°
Heidelberg, Phil. Fak., Ref. Windelband, Diss. v. 16. Juli 1907
[Geb. 8. Apr. 81 Nieder-Olm; Wohnort: Heidelberg; Staatsangeh.: Baden; Vorbildung: Gymn. Mainz Reife O. 99; Studium: Heidelberg 1, Berlin 3, Rom 1, Heidelberg 9 S.; Rig. 25. Juli 06.]

Mayer-Moreau, Karl, **Hegels** Socialphilosophie. (VII, 83 S.) gr. 8. Tübingen 910. J. C. B. Mohr. 2. 50

Mayer-Reinach, Albert, aus Mannheim Carl Heinrich Graun als Opernkomponist. *Berlin 1899: R. Boll.* (44 S.) 8° ¶ (Erscheint vollst. an anderer Stelle.)
Berlin, Phil. Diss. v. 18. Febr. 1899

Mayer-Reinach, Alb. Carl Heinr Graun als Opernkomponist. (Diss.) Berlin 1899.
[Vollständig in Sammelbände der I. M. G. Bd. I.]

Mayer v. Rosenau, D. S., Gedenkschrift e. verdienstvollen Wiener Bürgers Frz. Edler v. Mack, Hofjuwelier der Kaiserin Maria Theresia, u. seine Bedeutung f. Kalksburg, Mauer u. Umgebung. Mit e. umfangr., noch nie veröffentl. Geschlechtstafel dieser Familie u. zahlr. Illustr. (VI, 70 S.) Lex.-8. Atzgersdorf bei Wien (Bahnstr. 2) 904. Lehrer Mayer v. Rosenau. 3. 50

Mayer v. Rosenau, D. S., den Manen Erzherzog Karl's! Unbekannt gebliebene Kriegs-Ereignisse aus den J. 1805 u. 1809. Die südl. Umgebg. Wiens während d. französ. Invasion v. 1809. Zur 90. Wiederkehr der Gedenktage der Schlacht v. Aspern. Nach e. bis jetzt noch nicht veröffenlichten handschriftl. Nachlasse des Joh. N. Schrail. Gesammelt, vermehrt u. m. mannigfachen Verbessergn. versehen u. hrsg. gr. 4. (24 S. m. 1 Bildnis.) Mauer bei Wien 899. Selbstverlag. n. 1. —

Mayer-Wyde, A (Hrsg.), s. R e v u e , Österreichisch-ungarische

Mäyer, J. Th., offener Brief an die Herrn Geistlichen evangelisch-lutherischer Confession in Fürth. Geschrieben am Tage der Einführung der confessionell-gemischten Volksschule allda. gr. 8. (4 S.) Fürth 876. (Nürnberg, Raw.) n.n. — 6

— „Hinweg mit Diesem!" Ein Zeugniß für Christum in etlichen Aphorismen. Am Eröffnungstage der confessionell-gemischten Volksschule in Fürth niedergelegt in die Hand des hochl. Magistrats allda. gr 8. (21 S.) Ebend. 876. n.n. — 15

— Confessionsschule oder Simultanschule? Ein kurzes Wort an alle evangelisch-lutherischen Hausväter von Fürth. gr. 4. (4 S.) Ebend. 876. n.n. — 10

— Ruhland, der Papst der sächsischen Separation. Ein Zeugniß zur Warnung u. als abschreckendes Beispiel, wie man unter der Firma der „reinen Lehre" die Herzen von der Einfalt in Christo ablenkt u. von Gott entfremdet. gr. 8. (56 S.) Chemnitz 877. Winter in Comm. n. 1. -

Mäyer, J. Th., alte und neue Zeugnisse der Zustimmung und Ermunterung im heißen Kampfe gegen die antibiblische Volksschule. Für Freunde des Reiches Gottes gesammelt. gr. 8. (42 S.) Nürnberg 876, Raw'sche Buchh. *

Mayerfels, Karl Ritter von, s. M a y e r , Ritter von Mayerfels

Mayerffy, Marie v., in der Festung. Roman. gr. 8. (III, 491 S.) Leipzig 890. Friedrich. n. 6. —

Mayerhausen, G. Polychrome Wandtafeln für den elektrotherapeutischen Unterricht. Die motor. Reizstellen d. Kopfes, Halses u. der Extremitäten, auf 5 Taf. übersichtlich dargestellt. 3 Taf. à 90×70,5 cm u. 2 Taf. à 134×70,5 cm. Berl. 891, Fischer's medicin. Buchh. In Mappe * 25 --

— dasselbe. 2. Aufl. 3 Taf. à 90×70,5 cm u. 2 Taf. à 134×70,5 cm. Ebd. 894. In Mappe. n. 25. —

Mayerhausen, G., Zifferntafeln zur Bestimmung der Sehschärfe nach der Snellen'schen Formel. (Deutsch u. französisch.) gr. 8. (8 S. m. 3 Steintaf.) Berlin 882. H. Peters. cart. n. 2. —

Mayerhausen, G., Zifferntafeln zur Bestimmg. der Sehschärfe nach der Snellen'schen Formel $v = \frac{d}{D}$. 2., verb. u. verm. Aufl. (In deutscher u. französ. Sprache.) (5 Taf.) gr. 8 Berlin 904. Stettin, H. Peters. n. 2. —

Zifferntafeln zur Bestimmung der Sehschärfe nach der Snellen schen Formel $v = \frac{d}{D}$ von Dr G[eorg] **Mayerhausen**. 2., verb. u. verm. Aufl. Échelles typographiques en chiffres arabes, pour déterminer l'acuité visuelle d'après la formule de Snellen $v = \frac{d}{D}$ par le Dr Mayerhausen. 2 éd., revue et augm. Berlin [Aufgestempelt Göttingen] H. Peters 1904. (5 Taf.) 8° [Umschlagt.] [e5. 6666

Mayerhauser, Friedrich August (Meckl. / Glogau / Schles.), De aphthis infantum. Diss. med. Frankfurt/Oder (Apitz) 11. VIII. 1797. 24 S. (4.50) 22537
Gew.: Immanuel Theophil Gerdessen, Philipp von Schaaffgotsche.

Mayerhofer, Freiherr v Das V o l k in Waffen und seine Erziehung. Vortrag gehalten im militärwissenschaftlichen Verein am 29 Jänner 17 S. 8°
Wien. Gerlier 1869.

Mayerhofer, Alfred [pr. Arzt aus Deggendorf]: Die Tumoren der Harnblase nebst e. Beitr. z. Casuistik ... München, Druck v. Knorr & Hirth, 1895; 48 S. 8.
München, Med. Fak., Inaug.-Diss. v. 1895

(**Mayerhofer**, Br., Major.) Gedenkblätter zum zweihundertjährigen Jubiläum und zur Fahnenweihe des k. k. 42. Inft.-Reg. Georg V. König von Hannover. Theresienstadt am 6. Juli 1874. 8. Wien 1874.

Mayerhofer, Carl, s. M a y e r h o f e r, Karl

Mayerhofer, Carl Joseph Conrad,
s. M a y e r h o f e r, Karl Joseph Konrad

Mayerhofer, Ernest, das Bequartierungs-System der k. k. Landes-Gensdarmerie nach dem a. h. Bequartierungsnormale vom 25. Juli 1851, sämmtlichen nachträglichen und sonstigen hierauf Bezug nehmenden Verordnungen dargestellt. Wien 854. Tendler u. Co. gr. 8. (64 S.) n. 10 ngr.

Mayerhofer, Ernest, Handbuch f. Gemeinden. Ein Leitfaden f. Bürgermeister oder Richter, Gemeinderäthe ꝛc. Nebst einem kurzen Ueberblicke über die konstitutionelle Verfassung u. Verwaltung des österreich. Kaiserstaates. 2 Thle. 2. verm. Aufl. gr. 8. (1. Thl. X u. 351 S.) 2. Thl. Die Geschäftsführung d. Gemeindevorstände, in Formularien dargestellt. Mit einem Anhang enth: Formularien zu den am häufigsten vorkommenden Gesuchen, Urkunden ꝛc. für alle Gemeindeglieder. (VIII u. 144 S.) Wien 851. 52, Tendler & Co. n. 1 1/3 ꝶ

—— Handbuch für den politischen Verwaltungsdienst bei den Landes-, Kreis- und Bezirksbehörden im Kaiserth. Oesterreich. gr. 8. (VIII und 975 S.) Wien 855—56, Manz.

Mayerhofer, Ernest, Handbuch für den politischen Verwaltungsdienst bei den Landes-, Kreis- und Bezirksbehörden im Kaiserth. Oesterreich. 2., verm. und umgearb. Aufl. 7 Lfgn. Lex.-8. (VIII und 968 S.) Wien 858. 59, F. Manz. à Lfg. 20 Ngr.

Mayerhofer, Ernst, Handbuch für den politischen Verwaltungsdienst in den im Reichsrathe vertretenen Königreichen und Ländern mit besonderer Berücksichtigung der diesen Ländern gemeinsamen Gesetze und Verordnungen. 3. verm. und vollständig umgearb. Aufl. 2 Thle. gr. 8. Wien, Manz'sche Hofbuchh. *
Inhalt:
Thl. 1. Formeller Theil. (VIII, 537 S.) 875. *ℳ 8.
„ 2. Materieller Theil. Mit einem Inhaltsverzeichnisse und einem alphabetischen Gesammtregister. (VIII, 1624 S.) 876. *ℳ 22.

Mayrhofer, Ernst, Handbuch für den politischen Verwaltungsdienst in den im Reichsrathe vertretenen Königreichen u. Ländern mit besonderer Berücksichtigung der diesen Ländern gemeinsamen Gesetze u. Verordnungen. 3 Bde. 4., verm. u. verb. Aufl. gr. 8. (VIII, 767, VII, 1270 u. IV, 1142 S.) Wien 880. 81. Manz. n. 42. —

Mayrhofer, Ernst, Handbuch für den politischen Verwaltungsdienst in den im Reichsrathe vertretenen Königreichen und Ländern mit besond. Berücksicht. der diesen Ländern gemeinsamen Gesetze und Verordnungen. 3 Bde. 4. verm. und verb. Aufl. Mit einem alphabet. Gesammtregister. gr. 8. (VIII, 767; VII, 1270; IV, 1142 S.) Wien 881, Manz'sche Hofverlagsh. *
geb. in Halbfrz. *

Ernst **Mayrhofers** Handbuch für den politischen Verwaltungsdienst in den im Reichsrathe vertretenen Königreichen u. Ländern mit bes. Berücks. der diesen Ländern gemeins. Gesetze u. Verordn. 5., verm. u. verb. Aufl. Red. u. hrsg. von Graf Anton Pace Bd 1–7. *Wien: Manz 1895–1901.* 7 Bde 8° [J.]
1 1895. 2. 1896. 3. 1897. 4. 1898. 5. 1901 6. 1900.
7 1901 [01. 8047]

Mayrhofer's, Ernst, Handbuch f. den politischen Verwaltungsdienst in den im Reichsrathe vertretenen Königreichen u Ländern, m. besond. Berücksicht. der diesen Ländern gemeinsamen Gesetze u. Verordngn. 5., ergänzte u. bericht. Aufl. (In ca. 40 Hftn.) 1. u. 2. Hft. gr. 8. (1. Bd. S 1—160.) Wien 894. Manz. à n. 1. 50

Mayrhofer's, Ernst, Handbuch f d. polit. Verwaltungsdienst in d. im Reichsrathe vertret. Königreichen u. Ländern m. bes. Berücksicht. d diesen Ländern gemeinsamen Gesetze u. Verordngn. 5., verm. u. verb. Aufl. Red. u. hrsg. v. Graf Ant. Pace. 3.—66. Hft. gr. 8. (1. Bd. XI u. S. 161—1219, 2. u. 3. Bd. XIII, 1242 u. X, 1067 S.; 4. Bd. S. 1—1280 u. 5. Bd. 480 S.) Wien 895 898. Manz. à Hft. n. 1. 50 (1. Bd. n. 22. 50; 2. Bd. n. 24. —; 3. Bd. n. 19. 50; Halbfrz.-Einbde à n n. 2. 50)

Mayrhofer's, Ernst, Handbuch f. den politischen Verwaltungsdienst in den im Reichsrathe vertretenen Königreichen u. Ländern m. besond. Berücksicht. der diesen Ländern gemeinsamen Gesetze u. Verordnungen. 5., verm. u. verb. Aufl. Red. u. hrsg. v. Graf Ant. Pace. 67.—111. Hft. gr. 8. (4. Bd. XVI, 1412 S.; 5. Bd. XVI, 1623 S.; 6. Bd. XVI, 1362 S. u. 7. Bd. XI, 1010 S.) Wien 898 —901. Manz. n. 64.—; Einbde. in Halbfrz. à n.n. 2.50; (4. Bd. n. 27.—; 5. Bd. n. 31.—; 6. Bd. n. 25.50; 7. Bd. n. 19.50; 1.—7. n. 169.—; geb. in Halbfrz. n.n. 187.—)

— dasselbe. Index. Red. v. Mahl-Schedl. 1.—8. Lfg. (Des ganzen Werkes 112.—119. Lfg.) gr. 8. (S. 1—640.) Ebd. 902. à n. 1. 50

Mayrhofer's, Ernst, Handbuch f. den politischen Verwaltungsdienst. 5. Aufl. Hrsg. v. Graf Ant. Pace. Index. Red. v. Mahl-Schedl. 9.—13. (Schluß-)Lfg. (S. 641—1040.) gr. 8. Wien 903. Manz. à n. 1. 50
(Vollständig: Geb. in Halbfrz. n.n. 22.—)

Mayrhofer's, Ernst, Handbuch f. den polit. Verwaltungsdienst in den im Reichsrate vertretenen Königreichen u. Ländern. Ergänzungen zum materiellen Tle. der 5. Aufl. Red. u. hrsg. v. Graf Ant. Pace. 1. Ergänzungsbd. (Umfassend die Nachträge zum 2. Bde u. zu S. 1—531 des 3. Bd.) (X, 1236 S.) Lex. 8. Wien 907—09. Manz. 20.40; geb. in Halbfrz. n 24.—; auch in 16 Lfgn. à 1. 30

— dasselbe. 2. Ergänzungsbd. zum materiellen Tle. der 5. Aufl. Red. u. hrsg. v. Graf Ant. Pace. 1.—4. Lfg. (S. 1—320.) gr. 8. Ebd. 910. à Lfg. 1. 30

Mayerhofer Ernst Dr Über die Kondensation von Paradimethylaminobenzaldehyd mit Dibenzylketon und Phenylaceton S 116. Ilb 489 vgr
Separatabdruck

—— das Militär-Einquartierungs-Gesetz. Vorschrift über die Einquartierung des Heeres, vom 15. Mai 1852 sammt allen nachträgl. Verordnungen und den wichtigsten Tabellen und Formularien. Systematisch dargestellt und praktisch erläutert. 16. (IV und 156 S.) Wien 852, Tendler und Comp.

Mayerhofer, Ernest —. Der Vormund oder praktisches Handbuch zur Führung von Vormundschaften und Kurateler. Enthaltend: Eine gemeinfaßliche, durch zahlreiche Formularien und praktische Fälle erläuterte systematische Darstellung aller auf Vormundschaft, Kuratel und auf das väterliche Schutzverhältniß Bezug nehmenden Gesetze und Verordnungen. Von — —. 8. (X, 204 S.) Wien. Gedruckt bei Ferd. Ullrich. Tendler und Kompagnie. 1853.

Mayerhofer F.: Was der Brunnthaler dem Bergbauer bei einem Rundgange durch die Felder u. Wiesen v Chilisalpeter erzählt hat (B. rl.). U. A. 28 S. Fig. P

Mayerhofer, Frz., praktische Anleitung zum Anbau der neuen Futterpflanze, Lathyrus silvestris Wagneri. 20. Aufl. gr. 8. (23 S. m. Abbildgn. u. 1 Farbendr.) München 894. (J. A. Finsterlin.) n. — 50

Mayerhofer, Gfr. Predigten vom HErrn, s. Sammlung neu theosophischer Schriften.

Kriegs-Karte von Europa und den Mittelmeer-Ländern. Uebersicht der Streitkräfte zu Lande und zur See im Kriegsfalle, mit erläuterndem Text. Gezeichnet und textlich zusammengestellt von H. Mayerhofer. Maßstab 1 : 7,500.000. Imp.-Qu.-Fol. Chromolith. Gef. 1.50, auf Leinen 2.50
Wien: Freytag & Berndt 1893.

Mayerhofer, Hans, österreich-ungar. Orts-Lexikon, enth. d. Pfarrorte, Cultusgemeinden u. Filialen aller Confessionen Oesterreich-Ungarns, Bosniens u. der Herzegowina m. Angabe des Landes, des Gerichtsbezirkes, d. geistl. Behörden, d. Post- u. Telegraphenämter, sow. d. Eisenbahn- u. Dampfschiff-Stationen, nebst e. Zusammenstellg der Gerichtsbarkeit in der Monarchie. 20 Lfgn. gr. 8. (V, XXXII, 906 S.) Wien 895-896. C. Fromme. à n. — 64

— österreich-ungar. Pfarrorte-Lexikon, enth. die Pfarrorte, Cultusgemeinden u. Filialen aller Confessionen Oesterreich-Ungarns, Bosniens u. d. Herzegowina m. Angabe d. Landes, d. Gerichtsbezirkes, d. geistl. Behörden, d. Post- u. Telegraphenämter, sow. d. Eisenbahn- u. Dampfschiff-Stationen, nebst e Uebersicht üb. d. Gliederg aller Culten, e. Cultus-Statistik, sow e. Zusammenstellg der Gerichtsbarkeit in der Monarchie Hrsg v d. Red. d. „Correspondenz-Blattes f. d kathol. Clerus Oesterreichs". 20. Lfgn. gr. 8. (V, LII, 907 S.) Ebd. 895—896. à n. — 64

Mayerhofer, Herm., Anna Weber. Ein Schauspiel in 2 Akten nach e. Novelle des Paul Heyse. 8. (V, 112 S.) Dresden 900. E. Pierson. n. 2.—

Mayerhofer, Johannes

Mayerhofer, Joh., oogs nepöligik e smalik. gr. 8. (27 S.) Bamberg 888. Buchner. n. — 60

—— Innere Decorationen in Schleissheim, s. Architektur u. Ornamentik, süddeutsche.

Mayerhofer, Joh., lustsame Geschichte des Münchener Hofbräuhauses, des braunen sowohl als des weißen, benebst merkwürd. Nachrichten und Zeitungen vom Bierwesen überhaupt, wie dasselbe in Bayern im Allgemeinen und in München im Besondern gepflegt und gehandhabt worden in den früheren Jahrhunderten, getreulich vorgestellt. (37 S. mit Initialen, Kopf- und Zierleisten.) 1883; 2. Aufl. 8. (VII, 39 S. mit Initialen, Kopf- und Zierleisten.) München 884, Franz'sche Buchh. *

Mayerhofer, Joh., Lustsame Geschichten des Münchener Hofbräuhauses, des braunen sowohl als des weissen, benebst merkwürdigen Nachrichten und Zeitungen vom Bierwesen überhaupt, wie dasselbe in Bayern im allgemeinen u. s. w Mit Ansicht, Titelbild und Arabesken an jeder Seite. München, o. J. 8°. (75 Pfg. G Priewe, 1909.)
— — Dasselbe 2. Auflage. Ebd. 1884. 8° 40 S. (50 Pfg Theod. Ackermann, 1909, 1 Mk., mit Orig Umschl., H Lommer, Gotha, 1911)

—— Geschichte des königl. Lustschlosses Schleissheim. Nebst Erläuterungen zu dem Kupferwerke von G. F. Seidel. hoch 4. (XV, 59 S. mit 3 Lichtdr.-Taf.) Leipzig 885, Seemann. *

—— harmlose Humoresken. 8. (VI, 58 S. mit eingedr. Illustr.) Kempten 886, Kösel'sche Buchh. *

Mayerhofer, J., Innen-Decorationen d. kgl Lustschlosses Schleissheim, s.: Aufleger, Otto.

Mayerhofer, Johs., Orts-, Personen- u. Sachen-Index, s.: Eid, Ludw., der Hof- u. Staatsdienst im ehem. Herzogt. Pfalz-Zweibrücken.

—— mei' Pfoarra. Gedicht in niederbayer. Mundart. 8. (VI, 31 S. mit eingedr. Illustr.) [Augsburg 883, Literar. Institut von Dr. M. Huttler.] Regensburg, Coppenrath. (75 Pf.) *

Mayerhofer, J., Schleissheim, e. geschichtl. Federzeichng. aus der bayer Hochebene, s. a. Bibliothek, bayerische.

Mayerhofer, Johannes. Schleissheim. Eine geschichtliche Federzeichnung aus der Bayerischen Hochebene. Mit Zeichnungen von Peter Halm. Bamberg 1890. 8°.

Mayerhofer J. Schleissheim (Bayerische Bibliothek 8) Bamberg 1890

- Das Königliche Lustschloß Schleißheim, s. Obermayer, Ed.

—— drei bayerische Traditionsbücher aus dem XII. Jahrh., s. Pelz, Hans.

—— Clara Ziegler. Biographische Skizze. Lex.-8. (23 S.) Bamberg 887, Buchner'sche Buchh. *

Mayerhofer, Karl

Mayerhofer, Carl, Entwickelungsfehler und Entzündungen des Uterus. Sterilität, s. Handbuch der allgemeinen und speciellen Chirurgie. — Handbuch der Frauenkrankheiten.

MAYERHOFER, Carl Joseph Conrad (München): Ueber Antimonial-Präparate in historischer Beziehung als Beitrag zur Geschichte der Medizin.- München: Hübschmann 1845. 24 S.
21.8.1843 - Urk (Titel: Über die physiologischen, chemischen, pathologisch-anatomischen Wirkungen der Antimonialpräparate auf den gesunden menschlichen und thierischen Organismus.);
P 66
Diss. Ingolst.-Landsh.-Mchn.

Mayerhofer, med. u. chir. Dr. Mariotto, Hellsehen, Divination, Hypnotismus u. Lebensmagnetismus. Studien und kritische Betrachtungen. 8. (95 S.) In Comm. 1.—
Wien: Ungár 1889

Mayerhofer, Rob., e. Distanzritt Agram-Wien. 8. (63 S. m. Titelbild.) Wien 894 (L. W. Seidel & Sohn.) n. 1. 20

Mayerhofer, Thdr., Zeichen-Vorlagen, enth. Porträts. qu. gr. 8. (6 chemityp. Taf.) Berlin 878. Löwenstein. — 50

Mayerhofer v. Grünbühl, E. Frhr., und C. Frhr. Komers v. Lindenbach, spanischer Successionskrieg, s. Feldzüge des Prinzen Eugen von Savoyen.

Mayerhofer v. Grünbühl, E. Frhr, u. C. Frhr Komers v. Lindenbach. Span. Successionskrieg. Feldzug 1706. (Mit) Atl. Wien 1882. 8° u. 2°.

Mayerhöfer, Ant., die Brücken im alten Rom. Ein Beitrag zur röm. Topographie. Mit e. Karte. gr. 8. (III, 96 S.) Erlangen 883. Deichert. n. 2. —

—— die Brücken im alten Rom [vor und nach Konstantin], nebst einem Anhang über den Trümmer- und Inschriftenfund bei ponte Sisto vom J. 1878. 2. verm. Aufl. gr. 8. (XX, 117 S. mit 1 lithogr. Karte.) Ebendas. 884. *

Die Florentiner Niobegruppe. Eine archaeologische Studie. — Von Dr. Anton Mayerhoefer, Stdl. — 1881, Bamberg, M. R. Schulz. — S. 1—110° mit einer Tafel.
Progr. Bamberg, K. Lyceum

Mayerhoefer, Ant., die Florentiner Niobegruppe. Eine archaeolog. Studie. Mit Abbildgn. der einzelnen Fig. (1 Holzschntaf.). gr. 8. (III, 110 S.) Bamberg 881. Buchner in Comm. n.n. 2. —

Critica studia Liviana. — Von Dr. Antonius Mayerhöfer, Stdl. - 1880, Bambergae, ibid. — S. 3—47°
Progr. Bamberg, K. Lyceum

Geschichtlich-topographische Studien über das alte Rom. Mit einer Karte. — Von Dr. Anton Mayerhöfer. — 1887, München, ebenda. — S. 1-115.
Progr. München, K. Ludwigsgymnasium

Mayerhoofer, Ant., geschichtlich-topographische Studien über das alte Rom. gr. 8. (III, 115 S. mit 1 Karte.) München 887, Lindauer'sche Buchh. *

Mayerhoefer, Franz: Ueber die Schlüsse der erhaltenen griechischen Tragödien. Erlangen 1908: Jacob. 64 S. 8°
Erlangen, Phil. Diss. v. 23. März 1909, Ref. Roemer
[Geb. 9. Mai 85 Nürnberg; Wohnort: München; Staatsangeh.: Bayern; Vorbildung: Altes Gymn. Nürnberg Reife 03; Studium: Erlangen 8 S.; Rig. 23. Juli 08.] [U 09. 844

Mayerhöfer, Nikolaus

Herzog Maximilian von Bayern und Erzherzog Ferdinand von Oesterreich an der Hochschule dahier, der studirenden Jugend zu Vorbildern gegeben. Von Mayerhöfer. — 1866. Ebend. — S. 3—5.
Progr. Ingolstadt.

Mayerhöfer, Rud., s.: Fortbildungsschule, die gewerbliche.

Mayerhöfer, Rud., Geschäftserzählungen u. Kalkulationsaufgaben f. den Unterricht in der gewerblichen Buchführung an allgemeinen u. fachlichen gewerblichen Fortbildungsschulen. (1. Tl.: Dreimonatlicher Geschäftsgang. 2. Tl.: Die Ein- u. Verkaufsrechng. 3. Tl.: Praktische Kalkulationsaufgaben.) I—IV. gr. 8. Wien, A. Pichler's Wwe. & Sohn. à n. — 30
I. Für Schlosser. (18 S.) 905. — II. Für Tischler. (19 S.) 905. — III. Für Schneider. (20 S.) 905. — IV. Für Schuhmacher. (21 S.) 905.

– Muster u. Übungshefte f. die gewerbliche Buchführung zum Gebrauche an den allgemein-gewerblichen u. fachlichen Fortbildungsschulen. 4 Hefte. Lex. 8. Wien 910. A. Pichler's Wwe. & Sohn. à Heft — 24
1. Inventur. (8 u. 8 S.) — 2. Kassabuch. (4 u. 8 S.) 3. Tagebuch (Journal). (8 u. 8 S.) — 4. Hauptbuch. (1 u. 16 S.)

— dasselbe. Zum Gebrauche an den Knaben-Bürgerschulen. 4 Hefte. Lex. 8. Ebd. 910. à Heft — 24
1. Inventur. (6 u. 8 S.) — 2. Kassabuch. (4 u. 4 S.) 3. Tagebuch (Journal). (4 u. 8 S.) — 4. Hauptbuch. (7 u. 16 S.)

— gewerbliches Rechnen. Lehrbuch f. allgemeine u. fachlich gewerbl. Fortbildungsschulen. (II, 158 S.) gr. 8. Ebd. 903. Kart. n. 1. —

— Gewerbliches Rechnen. Lehrbuch f. allgemeine u. fachl. gewerbl. Fortbildungsschulen. 2. Aufl. Unveränd. Abdr. der 1. Aufl. (II, 158 S.) gr. 8. Ebd. 909. Geb. 1. —

Johannis-Gabe. Der Loge Teutonia zur Weisheit i. Or. v. Potsdam gewidmet vom Br Mayerhoff. [Potsdam] 1851: [Krämer]. 2 Bl. 8° [Umschlagtit.]
2 Gedichte.

Mayerhoff, Ernst Theod., geschichtl. Beleuchtung d. Zustandes d. deutschen Universitäten. 2. Aufl. gr. 8. (9½ B.) Berlin 838, Crantz.

—— der Brief an d. Colosser, mit vornehml. Berücksichtigung d. drei Pastoralbriefe krit. geprüft. Nach dess. Tode hrsg. v. J. L. Mayerhoff. gr. 8. (11 B.) Berlin 838, Schultze.

—— histor.-crit. Einleitung in d. petrin. Schriften. Nebst e. Abhandl. üb. d. Verf. d. Apostelgeschichte. gr. 8. (21 B.) Hamburg 835, Fr. Perthes.

—— die deutschen, insbesond. d. preuß. Hochschulen in uns. Zeit. Eine Zuschr. an d. Dr. F. W. Diesterweg. gr. 8. (9½ B.) Berlin 836, Crantz.

— s. M. Luthers Predigten.

Mayerhoff, Ernst Theod., Johann Reuchlin u. seine Zeit. Mit e. Vorr. d. rc. Neander. Mit Reuchlins Bildn. u. Wappen. gr. 8. (18½ B.) Berlin 830, Stuhr. Thlr.

— s. 1) H. Reuterdahl, Geschichte d. schwed. Kirche. 2) Tegnér, poetische Werke.

—— die Waldenser in uns. Tagen. Ein Beitr. z. kirchl. Statistik. gr. 8. (1¾ B.) Berlin 834, (Herbig)

Mayerhoff, Frz., Instrumentenlehre, s. a Sammlung Göschen.

Instrumentenlehre Von Franz Mayerhoff.
1. 2. Leipzig: Göschen 1908. 8°
1. Text. 2. Notenbeispiele. (Sammlung Göschen. 437. 438.)

Instrumentenlehre. Von Franz Mayerhoff. 1. 2. [Neudr.] Leipzig: Göschen 1909. 8°
1 Text. 2. Notenbeispiele.
(Sammlung Göschen. 437. 438.) [U. 1910 II

Lenzfahrt. Dichtung von Emil Walther. Zyklus von Liedern u. Tänzen f. gemischten Chor, Soloquartett u. Orchester, komp. von Franz **Mayerhoff**. Textbuch. Berlin-Gr.Lichterfelde Ch. F Vieweg [1905]. (8 S.) [ℨ.] [06. 6070

Mayerhoff, J L (Hrsg.), s. M a y e r h o f f, Ernst Theodor Der Brief an die Kolosser

Mayerhoffer v. Vedropolje, Eberh., 1805. Der Krieg der dritten Koalition gegen Frankreich (in Süddeutschland, Oesterreich u. Oberitalien). Skizze der Begebenheiten, ausgegeben anlässlich e. Vortrages über das Thema im militär-wissenschaftl. u. Kasinoverein in Wien (20. I. 1905) u. entworfen. Mit 1 Skizze der Operationen u. 3 Detailskizzen. (III, 45 S.) gr. 8. Wien 905 L. W. Seidel & Sohn. n. 2. —

Mayerhoffer v. Vedropolje, Eberh., 1806. Der Feldzug v. Jena u. Auerstedt. Mit 2 Textskizzen, 4 sonst. graph. Beilagen u. e. Anh. (VII, 131 S.) gr. 8. Wien 909. L. W. Seidel & Sohn. 5. —

Mayerhoffer v. Vedropolje, Eborh., ein Detachements-Kriegsspiel. Anlage, Leitg., Durchführg. Mit 1 Karte, 1 Plan u. 2 Oleaten. gr. 8. (41 S.) Wien 900. L. W. Seidel & Sohn. n. 1. 60

Mayerhoffer, Eberh., Dispositions-Behelfe f. Lösg. takt. u. operativer Aufgaben. Im Rahmen d. Infanterie-Truppen-Division. gr. 8. (34 S.) Wien 898. L. W. Seidel & Sohn. n. 1. 60

— das Gefecht bei Jajce am 7. VIII. 1878. Nach den Feldakten u. anderen authent. Quellen bearb. in der kriegsgeschichtl. Abteilg. des k. u. k Kriegsarchivs. Mit 4 Beilagen u. 1 Textskizze. (III, 83 S.) Lex.-8. Ebd. 904. n. 3. 60

— d. Gefecht bei Nouart u. d. Ereignisse bei d. Maas-Armee am 29. Aug. 1870. M. 4 Beilagen. gr. 8. (III, 64 S.) Ebd 896. n. 1. 60

MAYERHOFFER von VEDROPOLJE, Eberhard

Der Infanterie-Kampf des 9. Corps vor Amanvillers — la Folie (18. August 1870). Von Hauptmann Eberhard Mayerhoffer von Vedropolje Wien. 1899. Seidel & Sohn. Gr.-8°. 79 S. fl 1.—

— s.a.Krieg 1809.

Krieg 1809 Nach d Feldakten u. and. authent. Quellen bearb. in d. kriegsgeschichtl. Abt d k. u. k. Kriegsarchivs von Eberhard **Mayerhoffer** v Vedropolje mit e polit. Vorgeschichte d Krieges von Oskar Criste Bd 1 Wien L W Seidel & Sohn 1907 4°(8°)
→ **Kriege** unter d. Regierung d. Kaisers Franz. [2]. [07. 8869

— Krieg 1809, s.: Geschichte der Kämpfe Oesterreichs.

— Oesterreichs Krieg m. Napoleon I. 1809. Mit 20 Skizzen u. 14 Textbeilagen (Situationsübersichten u. Ordre de bataille). (VII, 228 S.) gr. 8. Wien 904. L. W. Seidel & Sohn. n. 10. —

Applicatorische Studie über die Gefechte bei la Fourche am 5. u. 6. Jänner 1871 Von Eberhard **Mayerhoffer,** k. u. k Oberlieut. Hiezu 1 Übersichtskt. u. Detail-Skizze, 1 Oleate, 4 sonst. Beil. *Wien: L. W. Seidel & Sohn 1897* (2 Bl., 99 S., 4 Bl., 2 Kt.) 1 Bd 8. [97. 1935

Mayerle, Emil, appr. Arzt a. Karlsruhe: **Achylia gastrica.** München 1904: C. Wolf & Sohn. (58 S.) 8°
München, Med. Fak., Ref. v. Bauer, Diss. v. 14. Sept. 1904
[Geb. 20. Febr. 80 Karlsruhe i. Baden; Wohnort: Karlsruhe; Staatsangeh.: Baden; Vorbildung Gymn. Karlsruhe Reife Juli 98; Studium: Heidelberg 4, Freiburg 1, München 4 S., Coll. 10. Juni 04; Approb. 9. März 04.]

Mayerling, s.: Wiener Ausflugskarten.

v. Mayern, ... Handb. d. Kreisamtsdienstes in d. k. k. Staaten. 8. Prag 788. Schönfeld. 1 ₰

Mayern, F. v. K. K. Pioniere. Wien 1830. 9 farb. Bl. 2°

Mayern, Frz. Ferd. v., über den Geist der Befestigungskunst in den verschied. Geschichtsepochen. gr. 8. (VI und 258 S. mit 1 in Farbendr. lithogr. Plane in qu. Fol.) Wien 848, Gerold, Verlag.

v. **Mayern,** Frz. Ferd., über den Geist der Befestigungskunst in den verschiedenen Geschichtsepochen. Mit 1 (lithochrom.) Plane (in qu. Fol.) gr. 8. (VI u. 258 S.) Wien 849, Gerold. 1 1/2 ₰

Mayer's, Rob., Biographie, s. Dühring, E.

Mayer's, Robert, Lebensbild, s.: Weyrauch, J. J.

Mayers, Carl, s. M a y e r s, Karl

Johann Friederich Mayers Bedencken über d. Frage Ob ein Prediger, wenn er von Gott zu einer anderen Gemeine beruffen wird auch ohne erteilten Abschied solle davon ziehen Vorher gehet ein Schreiben an die Gemeine zu St. Jacobi in Hamburg — Hamburg· Liebezeit 1701 64 S. 8° (4°)

Mayers, John, die Lehre von der Dreieinigkeit, dargestellt in einer Predigt, gehalten den 30. Mai 1847 zu Zürich. Aus dem Engl. übertr. gr. 8. (16 S.) Zürich 847, Hanke.

—— Note-book of the late civil war in Switzerland. Chiefly for the use of travellers in that country. 8. (VII und 158 S.) London 848. Zürich, Hanke. *

Mayers, Karl

Mayers, Carl, der serbisch-türkische Krieg im J. 1876. Mit einer (chromolith.) Karte des Kriegsschauplatzes 1:300,000 (in qu. gr. Fol.). gr. 8. (VIII, 104 S.) Wien 877. Bloch & Hasbach. n. 3. 20

Mayersbach, Leop., die Bodencultur auf dem Karste des österreichisch-illyrischen Küstenlandes und im Gebiete der Stadt Triest. Lex.-8. (63 S.) Triest 871, Dase. *

Mayersohn, Dr. s. Mahlr, E., Handbuch für bayerische Staatsbürger.

Mayerssohn, M... geb. Filehne ... 1840 ... Ueber subcutane Injectionen von Ergotin Berlin 1872 ... S. 8°
Berlin, Med. Diss. v. 26. Apr. 1872

Mayerus: H i s t o r i a Caesareae obsidionis et expugnationis liberae G. R. J. civitatis Nordlingensis ao. 1634. Göttingae 1746. 8°

Mayet, introduction à la statistique médicale des hopitaux de Lyon. Lex.-8. (LI S.) Lyon 874. (Basel, Georg.) n. 2. —

—— Statistique des services de médecine des hopitaux de Lyon. Avec le concours, pour les tableaux et les tracés graphiques de M. Duchamp. 1re année 1872. Lex.-8. (1re partie LVII, 18 S. mit 24 Tab. und 11 Stnt. in gr. 4., qu. Fol. und Imp.-Fol.) Ebendas. 874. **

Discours à l'occasion des honneurs funébres [!] rendus au T. V. M[aître] e[n] C[haire] Baudesson dans la Loge Royale Yorck de l'amitié [in Berlin] par [Etienne] Mayet. Berlin 1788. 2 Bl. 8⁰ [Umschlagtit.]

Mayet, Steph., de fabriques de soye de Brandenbourg. 8 Berl. 788.

MAYET, Stephan: Über die Kultur des Maulbeerbaums in Deutschland vorzüglich in den preussischen Staaten. - Berlin 1790. 119 S. a. d. Franz. übers.

— üb. die Cultur d. Maulbeerbaums in Deutschland, a. dem Französ. 8. Berl. 790. Matzdorf. 8 gl

— recueil des poësies. 8. Berl. 785.

— le sol et le climat des Etats du Roi de Prusse, sont-ils favorables à la culture de la soie? 8maj. Berl. 790.

Mayet, G., Anleitung, den höchst möglichsten Reinertrag d. Schäfereien zu erlangen, od. d. Veredl. u. Vermehr. d. Wolle mit Rücksicht auf Haltung u. Züchtung d. Schaafe. Eine kurze Anweis. f. alle Schäferei-Besitzer, welche ihre Heerden zu vervollkommnen beabsichtigen. gr. 8. (3½ B.) Berlin 839, (Mittler.) *

Mayet, Paul

Mayet, P., japanische Bevölkerungsstatistik, historisch, mit Hinblick auf China, und kritisch betrachtet. Vortrag, geh. am 20. Dec. 1882 vor der „Deutschen Gesellschaft f. Natur- u. Völkerkunde Ostasiens". [Aus: „Mittheilgn. der Gesellsch."] gr. 4. (20 S.) Yokohama 888. Berlin, R. L. Prager. n. 1. 50

Mayet, P. Die japanische Geld- u. Effecten-Börse. gr. 4. (9 S.) Yokohama 889. Berl., R. L. Prager. * 1 —
Aus: Mittheilgn. d. deutschen Gesellsch. f. Natur- u. Völkerkunde Ostasiens, besonders abgedruckt.

Mayet, P., die Collectiv-Versicherung der Gebäude in Japan. [Aus: „Mittheilgn. d. deutschen Gesellsch. für Natur- u. Völkerkunde Ostasiens".] Fol. (12 S.) Yokohama 878. Berlin, Prager in Comm. n. 1. 50

Mayet, P., Lotterie u. Sparen. Vortrag, geh. am 2. III. 1904 in der internation. Vereinigg. f. vergleich. Rechtswissenschaft u. Volkswirtschaftslehre zu Berlin. (38 S.) gr. 8. Berlin 904. C. Heymann. n. — 60

—— die Post-Schul-Sparkasse. Uebersetzt von N. Omura. (In iapan. Sprache.) 8. (313 S.) Ebendas. 888. geb. *

— die Post-Schul-Sparkasse. Uebersetzt v. N. Omura. (In japan. Sprache.) 8. (313 S.) Ebd. 889. geb. n. 3. —

Mayet, P: Die Rechenmaschinen auf der Pariser Weltausstellung nach ihrer Verwendbarkeit im Kaiserlichen Statistischen Amt. Berlin (1901)

—— die japanische Staatsschuld. Zwei Vorträge, gehalten am 26. Septbr. und 12. October 1878 vor der „Deutschen Gesellschaft für Natur- und Völkerkunde Ostasiens". Fol. (43 S.) (Ebendas.) 879. *
Aus: Mittheilungen der deutschen Gesellschaft für Natur- und Völkerkunde Ostasiens, besonders abgedruckt.

Internat. statist. Institut ... Stichproben-Erhebungen in der Zwischenzeit zwischen großen Vollzählungen längerer Periodicität. Eine math.-statist. Untersuchung von Reg.R. Prof. Dr. P[aul] **Mayet.** (Berlin 1903: J. Sittenfeld.) (18 S.) 8° [Kopft.] 03. 3

—— landwirthschaftliche Versicherung in organischer Verbindung mit Sparanstalten, Bodencredit und Schuldenablösung. Vorschläge zur Besserung der Lage des japan. Landmanns, im Auftrag des Kaiserl. Japan. Ministeriums des Innern abgefasst. 8. (XIV, 449 S. mit Tab.) Tokyo 888. Berlin, R. L. Prager. *

Mayet, (Paulus Frid.) Rud. (geb. Berlin 27. 2. 1820) De diagnosi chirurgica. Berolini (1844). (26 S.) 8°
Berlin, Med. Diss. v. 16. Aug. 1844

Mayet, Stephan, s. Mayet, Etienne

Mayevski, N., über die Lösung der Probleme des direkten und indirekten Schiessens. Mit Genehmigung des Verf. übers. von Klussmann. Mit einem Anhang: 1. Krupp'sche Tabellen zur Berechnung der horizontalen Endgeschwindigkeiten und der Flugzeiten der Langgeschosse. 2. Ballistische Formeln von Mayevski nach Siacci für Elevationen unter 15°. Krupp. gr. 8. (IV, 127 S. mit 3 Fig.-Taf.) Berlin 886, Mittler und Sohn. **

Mayfart, J. M.

Mayfart, J.: Jerusalem, das himmlische.

Mayfart's himmlisches Jerusalem in zwei Büchern. Neu bearb. und herausg. von dem christlichen Verein im nördlichen Deutschland. Eisleben 855. Christlicher Verein. (Leipzig, G. E. Schulze.) gr. 8. (VI, 225 S.) 7½ ngr.

Mayfart, J. M., das himmlische Jerusalem. Nach den 2 Büchern des sel. M. aufs neue betrachtet u. beschrieben v. J. G. Isskraut. (80 u. 16 S.) kl. 8. Neu-Ruppin (882). F. W. Bergemann. — 40

Mayfart's himmlisches Jerusalem in 2 Büchern. Neu bearb. u. hrsg. v. christl. Vereine im nördl. Deutschland. 7. Aufl. gr. 8. (VI, 225 S.) Eisleben 889. Christl. Verein im nördl. Deutschland. Geb. n. — 60; in Leinw. n. — 80

Mayfart, J. M., Himmlisches Jerusalem in 2 Büchern. Neu bearb. (v. Bötticher). 7. Aufl. (VI, 225 S.) 8. Eisleben 889. Christl. Verein im nördl. Deutschland. Geb. — 80

Mayfahrt, J. B., die Porzellanfabrikation. gr. 8. (9 B.) Sondershausen 844, Eupel.

Mayfarth, Ph., & Co.: Jll. Kataloge über landwirthschaftliche Maschinen und Geräthe. Frankfurt a. M. und Berlin (1892—1897)

Mayfeld, Mor. v., sechzig Tage in Scandinavien. Ein Reise-Tagebuch (Dänemark, Schweden u. Norwegen). Mit e. lith. Reiseskizze. 12. (159 S.) Wien 894. C. Gerold's Sohn. Geb. in Leinw. 2. —

Maygrier, Jacques Pierre

Maygrier, J. P., Abbildungen aus d. Gesammtgebiete d. etc. Geburtshülfe, s. a. Abbildungen etc.

— Abbildd. aus d. Gesammtgebiete d. theoretisch-prakt. Geburtshülfe, nebst beschreib. Erklärung derselben. Nach dem Französ. bearb. u. mit Anmerkk. versehen v. Ed. C. J. v. Siebold. 8 Liefrgn. schmal gr. 4. M. Steintaf. Berl. 829. Herbig. Subscr.-Pr. in 1 Bde. 7 ₰

Maygrier, J. P., Abbildungen aus dem Gesammtgebiete der theoret.-praktischen Geburtshülfe, nebst beschreibender Erklärung derselben. Nach d. Franz. bearb. u. mit Anmerkk. versehen von Ed. Kasp. Jak. v. Siebold. 2e umgearb. u. verm. Aufl. 12 Lfrgg. in 2 Bdn. Mit Kpfrtaf. Imp.-8. Berlin 834, 35. Herbig. 8⅙ ℛ

Maygrier, (Jacques Pierre): Nouvelles Démonstrations d'accouchemens. Nach dem Französischen bearb. und mit Anmerkungen versehen von Eduard Kasp(ar) Jak(ob) von Siebold.

s.: Siebold, E.K.J. von: Abbildungen aus dem Gesammtgebiete der theoretisch-praktischen Geburtshülfe, nebst beschreibender Erklärung derselben. Berlin: 1829

JB 5.158

Maygrier, J. P., neue Methode d. prakt. Entbindungskunst; mit Zusätzen u. Anmerkk. bearb. von H. Martens. Mit Kpfn. 8. Leipz. 804. Hinrichs. 21 gr fein P. 1 ℛ

Mayher, W Blätter aus der Vergangenheit und Gegenwart der Stadt Mannheim. (Mannheim 1000—1200, 1612, 1622, 1669, 1689, 1730, 1784 und 1789, 1880). 1 Bl. Lichtdruck

Mayher, W Plan von Mannheim und Ludwigshafen. 1 4800. Mannheim (1887). 1 Bl. c L.

Uebersichts Plan von Mannheim und Ludwigshafen Bearb. von Obergeometer W Mayher Massst. 1 7,500. *[Mannheim] 1901.* (1 Kartenbl. 57 × 52 cm mit Legende.) gr 2° [ℱ u. Ant.] [62. 458

Mayher Uebersichtsplan der Stadt Mannheim und ihrer Umgebung. 1 10000. Mannheim. 1 Bl. L.

Mayher Uebersichts-Plan über die Stadt Weinheim und ihre Umgebung. Karlsruhe 1888. 1 Bl. Lichtdruck NC und Sch

Mayhew, Gebrüder, Gepflastert mit Gold, oder Roman und Wirklichkeit der Straßen Londons. Unter Autorisation der Herren Verf. in's Deutsche übertr. von Alb. Laßmann. 4 Bde. Cassel 857, 58. Vollmann. 16. (1. Bd.: 264 S.; 2. Bd.: 255 S.; 3. Bd.: 270 S.; 4. Bd.: 327 S. und 26 Lithogr.) 3 ℛ. 7½ ngr.

MAYHEW, Gebrüder. Gepflastert mit Gold oder Roman und Wirklichkeit der Straßen Londons. Unter Autorisation der HH. Verff. in's Deutsche übertr. v. Alb. Laßmann. 4 Bde. Cassel 1858, Vollmann. Gr. 16⁰ (3¼ Rthl.) (Erschien in 13 Lfrgn. à 7½ Sgr.) Zahm.

Mayhew, Henry

Mayhew, H., 1851 od. der Familie Sandboys Abenteuer auf der Reise zum Glaspalast, s.: Bibliothek, Europäische, 487 u. 488. Bd.

Mayhew, Henry, der Bauerknabe als Mechaniker, oder Was Nachdenken thut. Aus dem Engl. nach der 3. Ausg. des Orig. deutsch bearb. von O. L. Heubner. Mit 47 eingedr. Holzschn. Dresden 859. Kuntze. 8. (VIII, 215 S.) 1 ℛ 10 ngr.

Mayhew, H., Aus der Pension. Frei nach dem Engl. von Sophie Verena. Berlin 858. Allgem. Deutsche Verlags-Anstalt. 8. (194 S.) n. 20 ngr.

MAYHOFER, Jos. Ant.: Anmerkungen üb. die allgem. Gerichtsordn. nach Anleit. d. landesfürstl. Verordnungen. *Linz*, Hasslinger. 793. gr. 8. (16 Gr.)

Mayhoff, Karl

Mayhoff, C., Comment. crit. in Demosthenem, Platonem, Sophoclem. Pr 1870. 24 S. 1.—

Fünfundzwanzig Jahre der Vierzehner. Auszüge aus d. Vereins-Protokollen als Gedenkblattt f. Mitglieder u. Freunde zsgest. von K(arl) Mayhoff. Dresden 1896: Meinhold. 35 S. 8° [11. 1899

Mayhoff, Carol., novae lucubrationes Plinianae. gr. 8. (104 S.) Leipzig 874, Teubner. *

Mayhoff, Carolus (Fridericus Theodorus) *(geb Neustrelitz in Meckl. 20 2 1841)* Lucubrationum Plinianarum specimen. Vratislaviae (1865). (54 S.) 8° *[Vollst 1865 bei Barnewitz in Neustrelitz unt. d. T „Lucubrationum Plinianarum capita III“ — Forts. ist d. Progr d. Vitzthumschen Gymn. zu Dresden v. 1874, auch bei Teubner in Leipzig unt. d T „Novae lucubrationes Plinianae“]*

Breslau, Phil. Diss. v 3. Juli 1865

Mayhoff, Carol., lucubrationum Plinianarum capita III. Neustrelitz 868. Barnewitz. gr. 8. (III, 136 S.) n. 24 ngr.

— Pliniana. S.-A. 1865. 16 S.

— (Hrsg.), s. Plinius Secundus, C Naturalis historia. 1906

— de Rhiani Cretensis studiis Homericis. Leipzig 870. Teubner. gr. 8. (96 S.) n 20 ngr.

Ueber die Maykäferlarven die seit einigen Jahren nebst Anleitung zu ihrer Vertilgung. - Meiningen 1789. 27 S.

Mayl, Carl, Schuld u. Sühne. Schauspiel in 4 Aufzügen. (106 S.) 8. Leipzig 909. Modernes Verlagsbureau. 1. 50

Schuld und Suhne Schauspiel in 4 Aufz von Carl Mayl Berlin Leipzig C Wigand 1909. 106 S. 8° [09. 14830

Mayland die Haupt Stadt des Herzogthumbs gleiches Nahmens nebst beygefügten Plans der übrigen furnehmsten Mayländischen Vestungen, edirt und zu finden in der Homännischen Officin. Anno 1734. In verschiedenen Maasstäben. 1 Bl.

Maylaender, A [aus Berlin] Selbsterfahrungen während der Morphiumkrankheit und deren Behandlung, mit besonderer Berücksichtigung der secundären Abstinenzperiode. Halle a. S., Hofbuchdr v C. A Kaemmerer & Co., 1889, 27 + 1 S. + 1 Bl. 8°

Halle, Med. Fak., Inaug.-Diss. v 20. Jul. 1889

Mayländer, Adolf

Mayländer, A, über heutige Homöopathie. gr. 8. Berlin 882, B. Behr's Verlag. [50 Pf.] * — 60

Maylaender, Adf., über heutige Homöopathie. Oeffentlicher Vortrag, geh. am 10. Novbr. 1881 im grossen Buggenhagenschen Saale zu Berlin. Hrsg. vom Berliner Verein homöopath. Aerzte. gr. 8. (24 S.) Berlin 882. Janke. n. — 50

Mayländer, Ad., Skizze chirurgischer Erfahrungen während der letzteren Jahre. gr. 8. (III, 138 S.) Leipzig 872, Dr. Schwabe.

Aus: Internationale homöopathische Presse, besonders abgedruckt.

Maylaender, Ad. Studien über Tuberkulose, im besonderen der grossen Gelenke u. Gelenkenden. Nach fremden u. eigenen Beobachtungen entworfen. gr. 8. (IV, 210 S.) Berl. 890, Behr's Verlag. * 4 —

Aus: Zeitschr. d. Berliner Ver. homöopath. Aerzte, besonders abgedruckt.

Maylaender, Carl Adolph (Dessau / Anhalt), De pseudarthrosi a fracturis ossium proficiscente. Diss. med. Halle (Schmidt) 13. IV. 1852. 30 S. u. Biogr. (M.: G. Dietel.) (2.—) 22538
Advers. part. susc.: J. Hartisch, F. Eylau, A. Benetsch. — Gew.: Carl Maylaender (Vater), Ernst Blasius, Hieronymus Fraenkel.

Mayländer, Karl Ernst Georg (Dessau)
De gastromalicia infantum.
[lt. Dekanatsbuch nur handschriftlich eingereicht.]
Dr. med. Giessen 20.6.1835.

Mayn, Georg: Erinnerungen an einen Studienaufenthalt in Frankreich. Aschersleben (1909): Felix. 29 S. 4°
Aschersleben, G m. R OP 1909 (320) [S 09. 320

Mayn, Georg [aus Sprottau]: Ueber Byron's „Heaven and Earth"…. Breslau, Druck v. Anton Schreiber (1887); 2 Bl + 66 S. + 1 Bl. 8°.
Breslau, Phil. Fak., Inaug. Diss. v. 27. Mai 1887.

Mayn, Geo., über Byron's „Heaven and Earth". Inaugural-Dissertation. gr. 8. (66 S.) Breslau 887, (Köhler.) *

Mayn, Johann Peter Samuel (Genf), Systhematis physici, Disputatio Trigesima Sexta, Quae Tertia de Cosmographia. Präs. J. P. von Crosa. Bern (Typ. Ill. Reip.) 1717. 24 S. (4.50) 22539
Mit schöner Titelvignette.

Maynard, Leben des heil. Vincenz v. Paul. Mit Genehmigung des Verf. aus dem Französ. übers. 8. (IV, 483 S. mit 1 Holzschntaf.) Regensburg 877, Pustet. * M 2,40.; geb. *

Maynard (Canonicus v. Poitiers), *Leben d. heil. Vincens v. Paul.* Mit Genehmigung d. Verf. aus d. Französ. (nach d. 3. Ausg.) übers. Regensburg, New-York & Cincinnati, Fr. Pustet, 1878. 8°. Ppb. 480 S. (incl. IV S. für Tit. u. Vorw.).

Maynard, das Leben des hl. Vinzenz v. Paul, Stifter der Kongregation der Mission (Lazaristen) u. der Barmherzigen Schwestern. Mit Genehmigg. des Verf. aus dem Franz. übers. 2., durchgeseh. u. umgearb. Aufl. v. Edm. Heger. (III, 459 S. m. 1 Taf.) 8. Regensburg 909. F. Pustet. 2.40; geb. in Leinw. 3. 40

—— Tugend und Lehren des heil. Vincenz v. Paul. Mit Genehmigung des Verf. aus dem Französ. übers. von einem Priester der Congregation der Mission. 8. (III, 607 S.) Ebendas. 878. * M 3.; geb. *

— Tugenden u. Lehren des hl. Vinzenz v. Paul. Mit Genehmigg. des Verf. aus dem Franz. übers. 2., durchgeseh. u. verb. Aufl. v. Edm. Heger. (476 S.) 8. Ebd. 911. 2.50; geb. in Leinw. n 3. 50

Maynard, Mrs., Von Delhi nach Khanpur, s. a. Hornsteett.

Maynard, von Delhi nach Khanpur. Greuelscenen aus dem indischen Aufstande. Mittheilungen einer englischen Dame — Mistreß Hornsteett. — Aus dem Französ. übers. gr. 8. (176 S.) Leipzig 858, Gerhard.

Maynard, F., les drames de l'Inde, s.: Bibliothèque de voyages.

Mayne, Harry, die altdeutschen Fragmente v. König Tirol u. Fridebrant, s. a. Sprache u. Dichtung. 1. Heft.

Mayne, Harry. Die Altdeutschen Fragmente von König Tirol und Fridebrant. Eine Untersuchung. Mit 4 Faksimiletafeln. VIII + 111 S. 8. Tübingen, J. C. B. Mohr, 1910. [M. 4. —]
Sprache und Dichtung…. Heft 1.

Mayne, Harry, aus Berlin Uhlands Jugenddichtung. *Berlin (1899): E. Ebering.* (62 S.) 8° ¶ (Enthält nur einen Teil d. eingereichten Arbeit.)
Berlin, Phil. Diss. v. 29. Juli 1899

Mayne, Harry. Der «Wilhelm Meister» und der grosse Züricher Goethe-Fund. Vortrag, gehalten auf Einladung des Freien Deutschen Hochstifts zu Frankfurt a. M. am 9 April 1910. Sonderabdruck [aus] Deutsche Rundschau. Hrg. von Julius Rodenberg, Jahrg. 36. Heft 8. Mai 1910. II S. + S. 161—184. 8. Berlin, Gebrüder Paetel.

Mayne Harry Eduard Mörike. Sein Leben und Dichten. Mit Bildn. Stuttgart Cotta 1902 [1901].

Mayne, Harry, Eduard Mörike. Sein Leben u. Dichten. Mit Mörikes Bildnis. gr. 8. (IX, 415 S.) Stuttgart 902. J. G. Cotta Nachf. n. 6. 50; geb. n. 7. 50

Mayne, Harry. «Wilhelm Meisters theatralische Sendung», Der grosse züricher Goethe-Fund. Mitgeteilt von H' M' (Sonder-Abdruck aus dem Goethe-Jahrbuch, Band 31 1910.) II S. + S. 43—46. 8. [Frankfurt a/M., Literarische Anstalt, 1910.]

Mayne, Reginald: Der Diskont. *Halle a. S. 1899: (Lippert & Co., Naumburg a. S.).* (XI, 52 S.) 8° ¶ [Erschien vollst. 1899 als H. 24 d. Sammlung nationalökon. u. statist. Abhandlungen d. staatswiss. Seminars zu Halle a. S.]
Halle, Phil. Diss. v. 1899

Mayne, Reginald, der Discont, s. a. Sammlung nationalökonom. u. statistischer Abhandlungen. 24.

Der Discont Von Dr Reginald Mayne. Jena G Fischer 1899 (XI, 132 S.) 8°
= Sammlung nationalökon. u. statist. Abhandlungen d. staatswiss. Seminars zu Halle. Bd 24.

Mayne, Xavier, Imre. Ein Erlebnis. Aus dem Engl. übers. v. D. G. (188 S.) kl. 8. Diessen (910). J. C. Huber. 3. —

Mayne-Reid, s. a. Reid, Mayne.

Mayne-Reid, die Auswanderer des Transvaal, s.: Kürschner's, Jos., Bücherschatz.

Mayne-Reid, im afrikanischen Busch. Jagden u. Abenteuer. Für d. Jugend bearb. v Heinr. Schwerdt. Mit 22 Illustr. v. Riou. 8. (VII, 255 S.) Stuttgart 898. Muth. Geb. in Leinw. n. 3. 50

Mayne-Reid, der weiße Häuptling, s. Hoffmann, Otto.

Mayne-Reid, die wilde Jägerin, s. Bibliothek, amerikanische.

Mayne-Reid, Oçeola, s. Bibliothek, amerikanische.

Mayne-Reid, die Rifle-Rangers, s.: Fischer, Herm.

Mayner (Hrsg.), s. Verhandlungen, Die, des II. allgemeinen deutschen Kongresses von Vertretern und Freunden naturgemäßer Lebens- und Heilweise.

Maynial, Edouard, Maupassant, s. a. Literatur.

Maupassant von Édouard **Maynial**. (Deutsch von Lothar Schmidt [d. i. Goldschmidt].) Mit 20 Beilagen. Berlin Marquardt & Co. [1907]. (134 S.) 8°
— **Literatur**, Die. Bd 29/30. [07 16424

Mayntz, R., u. Hr. Bohr, die praktische Korbbienenzucht. Mit besonderer Berücksichtigung der künstl. Vermehrung Wanderung u. Ueberwinterung der Bienen. Crefeld 865. Klein. 8. (48 S.) 4 ngr.

Mayntzer, P. A., Homöopathie u. Allöopathie, eine vergleichende Studie. Eine Antwort auf Dr. Koeppe's Studie „Die Homöopathie Hahnemanns u. der Neuzeit". gr. 8. (IV, 199 S.) Leipzig 882. Baumgärtner in Comm. n. 3. —

—— die Lösung der Impffrage im Geiste einer rationellen, physiologischen Therapie. Eine Petition an den hohen deutschen Reichstag. gr. 8. (X, 76 S.) Coblenz 884, Schuth. *

Mayntzer, Pet. [Arzt in Zell a/Mosel]: Die Elevations-Methode bei der Behandlung der Luxatio humeri. . . . Coblenz, Druck v. M. Ellner, 1890; 24 S. + 1 Bl. 8°
Heidelberg, Med. Fak., Inaug.-Diss. v. [19. Dez.] 1889

Maynz, A., über die Entwicklungscoefficienten eines gewissen unendlichen Produkts. Freienwalde 4 22 p.
Schul-/Univ.-Schrift 1867

Maynz, Aug. Einige Lehrsätze aus der analytischen Geometrie. 30 S. Progr. Ludwigslust 1880.

— Einige Sätze, welche Flächen dritten Grades betreffen. 32 S. Progr. Ludwigslust 1882

Maynz, August Einige Sätze, welche Kegel zweiten Grades betreffen. 4 (32 S.). Progr Rg. Ludwigslust 1887 (608)

Mayo, Friedr. A., 40 Jahre in Virginien, oder kommt nach West-Virginien! Ein Zuruf an deutsche und insbesondere sächs. Auswanderer. Uebers. von Carl A. Geyer. gr. 8. (72 S.) Meißen 850, Klinkicht und Sohn. *

Mayo, Herb., Abhandl. üb. Siphilis. A. d. Engl. übers. v. H. Max Brunner. gr. 8. (10½ B.) München 841, [Augsb.,] Jaquet.

— Grundriss d. speciellen Pathologie, mit besond. Rücksicht auf d. patholog. Anatomie. A. d. Engl. übers. u. mit einigen Zusätzen u. Bemerkn. hrsg v. F. Amelung. 1. u. 2. Abthl. gr. 8. Darmstadt, Leske. [1. (25½ B.) 838. 1⅔ Thlr. 2. (30 B.) 839. 2¼ Thlr.]

Mayo, Herb., Wahrheiten im Volksaberglauben, nebst Untersuchungen über das Wesen d. Mesmerismus. In Briefen. Nach der 3. engl. Orig.-Ausg. deutsch von Hugo Hartmann. Leipzig 854. Brockhaus. 8. (XII, 284 S. u. 1 lith. Taf. in Fol.) 1 ℛ︀. 15 ngr.

Mayo, William Starbuck, der Berber, oder: Der Bergbewohner des Atlas. Eine Erzählung aus Marokko. Aus dem Engl. übertr. von L. Du Bois. 8. (IV und 417 S.) Lemgo 851(52,) Meyersche Hofbuchh.

Mayo-Smith, Richmond, u. R. A. Hehl, Einwanderg. u. Einwanderungsgesetzgeb. in Nordamerika u. in Brasilien, s. a. Schriften d. Vereins f. Socialpolitik.

Mayo-Smith R und RA Hehl, Einwanderung in Nordamerika und Brasilien. (Schriften des Vereins für Sozialpolitik 72) Leipzig 1896

Mayor, the, of Troy, (v. A. T. Quiller-Couch), s.: Collection of British authors.

Mayor, the, of Wind-Gap and Canvassing by the O'Hara family. gr 8. Frankfurt 835. Fr. Wilmanns. 1½ ℛ︀ — Vgl. Wahlen modern british authors.

Mayor, Ernest

Mayor, E., Beitrag zur Kenntniss der Radicaloperation der nicht eingeklemmten Hernien. Bearbeitung der an der Bernischen chirurg. Klinik gemachten Erfahrgn. Inaug.-Diss. gr. 8. (54 S.) Lausanne 889. (Bern, Huber & Co.) n. 1.20

Mayor, Ernest. Beitrag zur Kenntniss der Radicaloperation der nicht eingeklemmten Hernien. Bearbeitg. der an der Bernischen chirurg. Klinik gemachten Erfahrgn. Diss. gr. 8. (54 S.) Lausanne 889. (Bern, Körber.) * 1 20

Mayor, (Ludov. Franc.) Georg. (geb. Vullierens im Kant. Waadt 1821): De sectione caesarea. Accedit descriptio casus singularis. Berolini (1843). (28 S.) 8°
Berlin, Med. Diss. v. 10. Juni 1843

Mayor, John E. B. Warum ich Vegetarianer bin? Vortrag, am 14. Septbr. 1889 beim Vegetar. Congreß in Köln geh. Deutsch u. Englisch. 8. (39 S.) Hannov. 890, Schmorl u. v. Seefeld Nachf. * — 20

Mayor, Matth., Anleitung, wie man sich bei Verwundungen, Blutungen, Beinbrüchen u. a. schweren Zufällen zu benehmen habe, bis e. Arzt od. Wundarzt herbeygekommen ist. Nebst Verhaltungsregeln bey d. Transporte d. Verwundeten. Oder Beyträge zu e. Volkswundarzneykunst. A. d. Franz. v. J. Finsler. 8. (2¼ B.) Zürich 833, Orell, Füßli u. Comp.

Mayor, Mathias, die populäre Chirurgie, od. die Kunst, während der Abwesenheit eines Chirurgen bei schweren Verletzungen schnell Hilfe zu schaffen u. einfache Verbände anzulegen. Aus d. Franz. übers. v. Carl Gustav Lincke. 8. (4½ B.) Leipzig 842, Hinrichssche Buchh.

—— Excentricités chirurgicales, ou nouveaux mémoires pour servir à la reforme et au perfectionnement de la médecine opératoire. gr. in-8. (20⅞ B. u. 1 Stnt.) Lausanne 844. (Soleure, Jent et Gassmann.) *

Mayor, Matthias, das medicinische Hausbad ohne Badewanne, das wirksamste, einfachste u. wohlfeilste Heilmittel gegen eine große Anzahl von Krankheiten. In's Deutsche übertragen von W. Weißenborn. 12. (XII u. 120 S.) Weimar 847, Voigt 5/12 ℛ︀

Mayor, Matthias, von d. radikalen Heilung d. Brüche. A. d. Franz. v. J. Finsler. gr. 8. (2¼ B.) Zürich 837, Schultheß.

—— die Hippophagie in d. Schweiz. Denkschr. an d. schweizer. gemeinnütz. Gesellschaften üb. d. Gebr. d. Pferdefleisches als Nahrungsmittel. A. d. Franz. übers. u. m. Anmerkn. vers. v. Ed. Im-Thurn. 8. (2¼ B.) Bern 838, Fischer. *

Mayor, Matthias. Über den Popular-Verband . . . a. d. Franz. Zürich 1829. Ü: *Finsler, Jac.* (Ky)

—— über d. Popular-Verband, od Anleit. wie bey d. verschied. Verletzungen am menschl. Körper e. zweckmäß. Verband sehr schnell könne bereitet u. angelegt werden, u. üb. d. Cauterisiren mit d. Hammer, e. Anleit., wie vorzügl. in dringenden Fällen sehr schnell Röthung d. Haut, Blasen- u. Schorf-Bildung nach Belieben bewirkt werden könne. A. d. Franz. v. J. Finsler. 8. (3½ B.) Zürich 829, Orell, Füßli u. Comp.

—— neues System d. chirurg. Verbandes, od. Darstell. einfacher u. leichter Mittel mit Vortheil d. Binden u. d. Charpie zu ersetzen; die Beinbrüche ohne Schienen, u. ohne daß d. Kranken d. Bett hüten müssen, zu behandeln; d. Rückgratskrümmungen ohne mechan. Betten zu heben ꝛc. A. d. Franz. mit Anmerkn. u. e. Beil. begl. v. J. Finsler. M. 4 lith. Taf. (qu. gr. Fol.) 8. (17½ B.) Zürich 833, Orell, Füßli u. Comp.

Mayor, Mathieu: Neues System des chirurgischen Verbandes, oder Darstellung einfacher und leichter Mittel, mit Vortheil die Binden und die Charpie zu ersetzen. (Nouveau Système de déligation chirurgicale... Dt.) Übers.von J(akob) Finsler. 268 S., gbd., Abb.

Zürich: Orell & Füßli 1833

JB 3.493

Mayor, Nikolaus

Mayor, N., Taschenbuch (Taschenzettel-Exerzierzettel) für Chargen und Chargenschüler, Einjährig-Freiwillige etc. 22. Aufl. 16°. (291 S.) † K 1.20
Wien: Seidel 1909.

Mayor, Nikol., Taschenbuch (Taschenzettel-Exerzierzettel) f. Chargen u. Chargenschüler, Einjährig-Freiwillige, dann alle Offiziersaspiranten u. Reserveoffiziere der k. u. k. Infanterie (Jäger) u. der k. k. Landwehr. 24. ergänzte Aufl. m. e. Zielpunkt- (Treffpunkt-) Behelf. (120 S. m. Abbild.) 16. Wien 910. L. W. Seidel & Sohn. — 60

Mayor, Nikolaus, Hauptmann. Taschen Exercier-Zettel für Chargen und Chargenschüler der Infanterie (Landwehr) und Jägertruppe. Mit Inhalts-Verzeichnis. 15. Auflage
8. Hermannstadt 1899.

Mayor, Nik. Der Zugs-Kommandant für die k. k. Infanterie- u. Jäger-Truppe. Zum Gebrauche f. alle Chargen u. Aspiranten etc. im Wirkungskreise d. Zugs- u. Kompagnie-Kommandanten. 4. verb. u. verm. Aufl. 12. (212 S. mit Fig. u. Tab.) Temesvár 889, (Polatsek). * 1 50

Mayow, John

Chemisch-physiologische Schriften. Aus dem lateinischen übersetzt von Joh. Koellner. Nebst einer Vorrede von Alex. Nicol Scherer. Jena, 1799. pp. xxii-456-[xiv], 8vo. Ill.

Mayows, J., chemisch-physiolog. Schriften, a. d. Lat. von Köllner, m. einer Vorrede von Scherer, m. K. gr. 8. Jena, Göpferdt. 799.

Mayow's, Jh., chemisch-physiolog. Schriften; aus d. Latein. v. Jh. Köllner, mit e. Vorrede v. A. N. Scherer. M. 6 Kpf. gr. 8. Jena 799. (Schmid). 2 ß

Mayow, John, Untersuchungen üb. den Salpeter u. d. salpetrigen Luftgeist, das Brennen u. d. Athmen, s. a. Ostwald's, W., Klassiker der exakt. Wissenschaften.

Untersuchungen über den Salpeter und den salpetrigen Luftgeist, das Brennen und das Athmen von John Mayow. Hrsg. von F. G. Donnan. Leipzig: W. Engelmann 1901 (56 S.) 8°
= Klassiker, Ostwald's, d. exakten Wissenschaften. No 125.

MAYOW, J
Untersuchungen über den Salpeter und den salpetrigen Luftgeist, das Brennen und das Athmen (1674) Herausgegeben von F G Donnan. Leipzig, 1902 Portrait. Ill

Mayr, Peter, Wirt an der Mahr. Ein Held von anno 1809 ... Bozen 1892. V: *Psenner, Jos.* (Berl) (Öst. Litt. Bl. I Nr. 11 S. 344 f.)

Mayr, Peter, Wirt an der Mahr. Ein Held von anno 1809. Hrsg. anläßlich der Feier d. 10jähr. Bestandes d. Museums in Bozen. gr. 8. (IV, 112 S. m. 1 Stammtaf.) Bozen 892, (Promperger). * 1 80

Mayr, Ergebn. d. Strafrechtspflege in Baiern in d. J. 1862—66. Münch. 868.

Mayr, Oberlieut. Geschichte des kaiserlich-österreichischen Inft.-Reg. Jordis Nr. 59, von dessen Errichtung im Jahre 1682—1811.
8. Linz 1812.

Mayr, Vorlagen für den ersten Unterricht im Ornamentenzeichnen mit besond. Berücksicht. für den Gebrauch der Gewerb- und Feiertagschulen entw. und hrsg. 4 Hefte à 16 (lithogr.) Bl. qu. Fol. München 854, Franz. à Heft * 21 Ngr. *

Mayr, A., nova methodus differentiandi. 8maj. (1 B.) Stuttgardtiae 830, Cotta.

Mayr, A., das Schöpfradgebläse angewendet auf Pneumatotherapie, s.: Geigel, A.

Mayr, Alb., die vorgeschichtlichen Denkmäler v. Malta. gr. 4. (S. 643—726 m. 7 Plänen u. 12 Taf.) München 901. (G. Franz' Verl.) n. 5. —
Sonderabdruck aus: „Abhandlgn. d. bayer. Akad. d. Wiss."

Mayr, Alb., die Insel Malta im Altertum. Mit Unterstützg. der k. b. Akademie der Wissenschaften. (V, 155 S. m. 36 Abbildgn. u. 1 Karte.) Lex. 8. München 909. C. H. Beck. 10. —

Mayr, Albert: Die antiken Münzen der Inseln Malta, Gozzo und Pantelleria. München, Druck v. H. Kutzner, 1894; 40 S., 1 Taf. 8.
München, K. Wilhelms-G, P 1894*

Mayr, Albert: Die antiken Münzen der Inseln Malta, Gozo und Pantelleria ... [= Progr. v. München, Wilhelms-Gymn. 1894.] München, Druck v. H. Kutzner, 1895; 40 S., 1 Taf. 8.
München, Phil. Fak., Inaug.-Diss. v 1895

Mayr, Alb., aus den phönikischen Nekropolen v. Malta. (S. 467—509 m. Abbildgn. u. 4 Taf.) gr. 8. München 905. (G. Franz' Verl.) n. 1. 20
Sonderabdruck aus: „Sitzungsber. d. bayer. Akad. d. Wiss."

Mayr, Alois, s. Maier, Alois.

— s. N. v. Cusa, die Auslegung des Vater Unsers.

— der integrirende Factor u. die particularen Integrale mit besonderer Anwendung auf die linearen Differenzial-Gleichungen. Prolegomena zur Theorie d. Integration. Ebend. 868. Lex.-8. (IV, 140 S.) n. 1 ß

Mayr, Aloys, üb. die tangirenden Flächen erster u. zweiter Ordnung. gr. 4. (10½ B.) Würzburg 845, Stahel'sche Bh.*

Mayr, Aloys, Grundlegung der Theorie des Variations-Calculs. Würzburg 861. Kellner. Lex.-8. (IV, 112 S. m. Holzschn.) n. 24 ngr.

MAYR, Alois: Der Infinitiv bei Kristian von Troyes. — 1906. 94 S. Diss. Graz, Univ.

Mayr, Aloys, **Construction** der Differenzial-Gleichungen aus partikularen Integralen, u. zwar aus einfachen Functionen, aus bestimmten Integralen u. aus bestimmten Differenzialen. Fortsetzung der Prolegomena zur Theorie der Integration. Würzburg 870. Kollner. gr. 8. (VIII, 231 S.) n. 1 ℛ 24 ngr.

Mayr, Aloys, Theorie d. Differential-Calculs. gr. 8. (4½ B.) München 830, (Fleischmann.) Thlr. *

Mayr, A., vollständige Theorie des Differenzial-Calculs. Mit Anwendungen auf Analysis, Geometrie und Mechanik. Mit 45 in den Text eingedr. Holzschn. Regensburg 854. Manz. gr. 8. (XX, 559 S.) n. 3 ℛ. 8 ngr.

— Uebersicht des Weltsystems. In 2 populären Vorträgen. 4. (11½ B.) Würzburg 846, Stahel'sche Buchh. *

— Untersuchungen üb. die wissenschaftl. Methode mit besond. Anwendung auf die Mathematik. gr. 8. (10½ B.) Würzburg 845, Stahel'sche Buchh. *

Mayr, Aloys, Worte zur Verständigung im Streite üb. die päpstliche Unfehlbarkeit. gr. 8. (IV, 52 S.) Würzburg 871. Kellner n. 1 —

Mayr, Ambros Charakterbilder aus Protagoras. 27 S. 8. *Komotau* 1876. **Progr.**

— s. Dichterbuch, tirolisches.

Mayr, Ambros, der schwäbische Dichterbund. Ludwig Uhland. Justinus Kerner Gustav Schwab. Karl Mayer. Eduard Mörike. Gustav Pfizer. Studien. 8. (XI, 224 S.) Innsbruck 886. Wagner. n. 2. 80

— zu Walther's Ehre. Festschrift zur Feier der Enthüllg. d. Denkmales Walther's von der Vogelweide in Bozen. Mit neuen Beiträgen von E. v. Bauernfeld, F. v. Bodenstedt, F. Dahn ꝛc. hrsg. gr. 8. (69 S.) Ebd. 889. n. 2. —

Mayr, Ambros Die Häupter des schwäbischen Dichterbundes (I. L. Uhland. II. J. Kerner. III. G. Schwab). 29, 22 SS. 8. **Progr.** *Komotau* 1881 1882
Vgl. dess. Der schwäbische Dichterbund. Uhland. Kerner. Schwab. Mayer. Mörike. Pfizer. Studien. (XI, 224 SS.) 8. Innsbruck 1886, Wagner 2 Mk. 80 Pf.

Mayr, Ambros Herodot. Eine literargeschichtliche Studie. 52 S. 8. **Progr.** *Komotau* 1877

Mayr, Dr. Ambros, Leitfaden der deutschen Literaturgeschichte. Mit einem Anhang: Grundzüge der deutschen Metrik. Trient 1897. G. B. Monauni (Min.-Erl. v. 17. August 1897, 3 18373) —.40, geb. —.50

Mayr, Ambros. Hundert Lieder. 12. (VIII, 118 S.) Innsbr. 889, Wagner. * 2 40

Mayr, Ambros, deutsches Literaturbüchlein. 8. (150 S.) Innsbruck 896. Wagner. n. — 80; in Leinw. kart. n. 1.—

Mayr, Ambros Karl Mayer. Eine litterarisch-ästhetische Untersuchung. 26 S. 8. **Progr.** G. *Bozen* 1883.

Mayr, Ambros Eduard Mörike. Eine litterarisch ästhetische Untersuchung. S. 3—21. 8. **Progr.** G. *Bozen* 1885.

— Eduard Mörike. Eine literarisch-ästhet. Untersuchg. gr. 8. (19 S.) Wien 885. (Pichler's Wwe. & Sohn.) n — 50

— Selige Stunden. Neue Gedichte. 12. (VII, 106 S.) Dresd. 892, L. Ehlermann. * 2 —; geb. * 2 50

Mayr, Anselm [Assistenzarzt II. Kl. im K. 15. Inf.-Regt. „König Albert v. Sachsen"]: Ueber die Venennaht. Neuburg a. D., Griessmayersche Buchdr (1890); 21 S. 8°
Erlangen, Med. Fak., Inaug.-Diss. v. 18. Jan. 1890

Mayr, Anton., Tractatus theologicus de primo et secundo adventu Christi Domini eiusque vita in terris; item de gestis ac privilegiis bb. Virginis ac plurium Servatoris nostri consanguineorum ac familiarium ex ss. patrum et gravissimorum s. Scripturae interpretum doctrina desumptus et ad rigorem scholasticum elaboratus. Ingolstadt, 1742, 8°

Mayr, Ant., Tract. de primo ed. sec. adventu Christi. 8. Ingolst. Krüll. 742.

Mayr. Anton. Praktische Anleitung zur Behandlung des jungen Rebensatzes (Neusatzes) in Weingärten. Grätz 1837 -- [Zit nach Simon Bibliotheca vinaria]

Mayr. Anton Beziehungen des Augsburger Malers und Kupferstechers Gottfried Bernhard Göz zum Stifte Admont. Ein Beitrag zur Kunstgeschichte. Mit 4 Illustrationen auf 2 Blättern. S. 3 bis 15, 1 Taf. 8. II. Briefe. S. 3—19. 8.
K. k. Carl Ludwigs-Gymn. im XII. Bezirke (*Unter-Meidling*) **Progr.** *Wien* 1903. 1904.

Mayr, Ant., e. Fahrt durch Frankreich nach Spanien u. Portugal. 8. (VII, 367 S. m. Abb.) Radolfzell 898. W. Moriell'sche Buchdr. n. 3. 20; geb. in Leinw. n.4.50

Mayr, Antonius, De locis theologicis, vera religione et ecclesia. Augustae Vind. 1771, in 8°, 4 voll.

— Philosophia, IV Tmi. fol. Augsb. Wolf. 746.

Mayr, Ant., († d. 3. Juli 1749.) Philosophia peripatetica antiquorum et recentiorum, experimentis confirmata. III Tmi. Ingolst. 739. Ed. nova. IV Tmi. 12 Venetiis 750.

— philosophia peripatetica. 4 Tmi. 4. Ingolstadt, Krüll. 739.

– (Red.), s. Quellen zur Geschichte der Stadt Wien.

Mayr, Ant. Stimmt der Cato und Atticus des Cornelius Nepos in Sprache und Stil mit den demselben Schriftsteller zugeschriebenen Vitae überein oder nicht? S. 5—22. 8. *Cilli* 1883
Progr.

— theologia scholast. univ. VIII T. 8. ibid. 732.

— Vita R. P. Pauli Segneri jun. S. I. 8. ibid. 742.

Mayr, Anton (Lehrer der Physik) „Ueber den Werth des mathematischen Unterrichtes und die sein Gedeihen vereitelnden Hindernisse". pg. 25—28. 4°. Dr. Carl Wolf.
München, Progr. 1838/39

Die Heimatgesetz-Novelle vom 5. December 1896, R. G. Bl. Nr. 222. Eine systemat Darstellung von J. Dr **August Mayr**, Ober-Commissär d. Wiener Magistr *Wien: Manz 1901.* (56 S.) 8° [J.] [oe. 913]

Mayr August: De M. Tulli Ciceronis pro Q. Roscio comoedo oratione disputatio.
H. 1899 PN 1240 **Diss.** Wien, Univ 1556

Mayr, August Antiphons Rede gegen die Stiefmutter. S. 3—18. 8. **Progr.** Staats-Obergymn. *Klagenfurt* 1904.

Mayr, Aug., Antiphons Rede gegen die Stiefmutter. Progr. (18 S.) Lex.-8. Klagenfurt 904. (F. v. Kleinmayr.) n. 1. —

Mayr, August, aus Murrhardt (Württ.) **Untersuchungen über** die Agglomerationsverhältnisse der Bevölkerung im Königreich Bayern. Mit 7 Kartogrammen u. 13 Tab. *München 1903: C. Kuhn.* (86 S.) 4°(8°)
München, Staatswirtsch. Diss. v. 1903

Mayr, Aug., Untersuchungen üb. die Agglomerationsverhältnisse der Bevölkerung im Königr. Bayern. Mit 7 Kartogrammen u. 13 Tab. (87 S.) gr. 4. München 904. E. Reinhardt. n. 5. —

Mayr, Aug., Die Wirkungen der Heimatgesetz-Novelle vom 5. XII. 1896, R.G. Bl. 222. Eine socialpolitische Studie. gr. 8⁰. Wien, Manz, 1901. (29 S.)

Mayr Aurelius Dr. Beiträge aus dem Rg Veda zur Akzentuierung des *Verbum finitum.* S 68 29 vgr.
Separatabdruck

Mayr, Aurel., Beiträge aus dem Rig-Veda zur Accentuirung des Verbum finitum. Lex.-8. (50 S.) Wien 871, (Gerold's Sohn.) *
Aus: Sitzungsberichte der k. Akademie der Wissenschaften, besonders abgedruckt.

— das indische Erbrecht. gr. 8. (189 S.) Wien 873, Hölder. *

— Resultate der Silbenzählung aus den vier ersten gathas S 68. 751 , — 50
Separatabdruck

— Resultate der Silbenzählung aus den vier ersten Gâthâs. Lex.-8. (32 S.) Wien 872, (Gerold's Sohn.) *
Aus: Sitzungsberichte der k. Akademie der Wissenschaften, besonders abgedruckt.

Mayr, Beda, († d. 28. April 1794.) Abhandl. von d. Bewegung d. Körper in krummen Linien. Mit Kpf. 4. Augsb. 779. M. Rieger. 6 gr.

Mayr, Beda, Alles u. Nichts thun. Lstspl. 8. Donauwörth 793.

— Anfangsgründe d. Mathematik u. Algebra. gr. 8. Augsb. 792. M. Rieger. 1 fl.

— Anfangsgründe der Mathematik und Algebra. gr. 8. Ebend. 793.

– s. Antwort an den Verfasser des Bogens: Von dem, was man Proselytenmachen heißt.

— Antworten auf 2 sogenannte Kritiken üb. sein Werk: Vertheidigung rc. gr. 8. Augsb. 791. M. Rieger. 2 gr.

— Apologie seiner Vertheidigung d. kathol. Religion. gr. 8. Augsb. 790. M. Rieger. 10 gr.

– (Übers.), s. Biblia. Mit Erklärungen von H. Braun. 7 Teil.

– (Übers.), s. Condillac, Etienne Bonnot de Mably Geschichte der ältern und neuern Zeiten. Bd 13.

— die belohnte Ehrlichkeit; Lstspl. 8. Donauwörth 792.

— die Erde steht; Lstspl. 8. Donauwörth 792.

— der Eremit auf d. Schlangeninsel, (nach Kotzebue). Sgspl. 8. Donauwörth 785 u. 89.

– s. Etwas an Herrn Nicolai in Berlin.

— Festpredigten, n. e. Anhang von Gelegenh. Reden. gr. 8. Ebend. 782.

— der junge Freigeist, in 3 Aufz. 8. Donauwörth 785.

– s. Gedanken über die Kuren des Herrn Pfarrers Joseph Gassner

– s. Grundsätze zur Feststellung und Aufrechterhaltung der Eintracht in katholischen Staaten ..

— der blinde Harfner, (nach einem Gedicht). Schspl. in 5 Aufz. 8. Donauwörth 790.

— die Jagd der sieben Schwaben auf einen Haasen. Sgspl. 8. Donauwörth 786.

— die partheiische u. unpartheiische Kinderliebe. Schspl. in 4 Aufz. 8. Donauwörth 787.

— der Comödienfehler, in 3 Aufz. 8. Donauwörth 790.

— Konradin, Herzog v. Schwaben, in 5 Akten. 8. Donauwörth 783.

– s. Lehre, Die katholische, von den Ablässen.

— Lobrede auf d. neu selig gesprochenen Bruder Bernhard Corleone, Capuzinerordens, in d. Kirche d. PP. Kapuziner zu Donauwerd vorgetragen. 8. Münch. 769. Lindauer. 2 gr.

— Ludwig der Höcker, oder d. bestrafte Undank d. Kinder gegen d. Eltern, in 5 Aufz. 8. Donauwörth 784.

— Ludwig d. Strenge, oder d. blinde Eifersucht, in 5 Aufz. 8. Donauwörth 782.

— der Lügner; Theaterstück. 8. Donauwörth 789.

— die belohnte Mildthätigkeit, in 3 Aufz. 8. Donauwörth 786.

— mit Schaden wird man klug, in 3 Aufz. 8. Donauwörth 789.

— die Mode; e. Sgspl. nach d. Mode. 8. Donauwörth 787.

— ein seltner u. ein gewöhnlicher Narr. Lstspl. 8. Donauwörth 779 u. 91.

— Predigten üb. d. Katechismus für gemeine Leute, auf alle Sonn- u. Festtage. 2 Thle. gr. 8. Augsb. 781. M. Rieger. 2 fl. 12 gr.

— Predigten f. d. Landvolk, auf alle Sonn- u. Feiertage im Jahre. 2 Thle. gr. 8. Augsb. 777. Rieger.

— Predigten auf alle Sonn- und Festt. f. gem. Leute. 3 Thle. gr. 8. Ebend. 787.

— Pyramus u. Thisbe. Sgspl. 8. Donauwörth 794.

– s.a. Satyren, Ein Päckchen, aus Oberdeutschland.

§ * **SATYREN**, Ein Päckchen —, aus Oberdeutschland (von *Beda Mayr*, geb 1742, † 1794, hrsg von Heinr Braun) Mit Titelvignette Munchen 1770, bey Johann Nepomuck Fritz, Buchhändlern nächst dem schönen Thurm. 8° (In Berlin Yy 6161, auch in Munchen P o. germ. 912q, mit 1 Beibd, auch in Warmbrunn, ferner in Breslau, Kgl. u. Univ Bibl. Lit. Teut. II 8° 1312.) 136 S. u. 1 Bl. Druckfehlerverzeichnis. (6 Mk. E. Frensdorff, 1909.)

Enthält u. a. Die beste Welt — Project zu einer Geldfabrik — Briefwechsel in Besetzung eines Schulmeisterdienstes. — Der Spatzierstock in seinem Glanze. — Nachricht von einem merkwurdigen Buche — Johann Kehrwischens Reise in den Mond, samt dem Realregister über die Merkwurdigkeiten derselben. — Der Seelenspiegel.

Die erste u. letzte Satyre ist nicht von Mayr, u Heinrich Braun gab sie ohne s. Wissen heraus. (Cfr C L. Baaders Lex. + baier Schriftst I 2. Augsb. u. Lpz. 1814. 8 p. 13, m. d. unrichtigen Jahrz. 1769.)

— der Schatz u. die Rarität. Lstspl. 8. Donauwörth 781.

– s. Schritt, Erster, zur künftigen Vereinigung der katholischen Kirche

— die guten Söhne. Schspl. 8. Donauwörth 781.

— Sonntags- u. Festpredigten, wie auch Reden vom guten Tode für gemeine Leute ꝛc. 5 Bde. gr. 8. Augsb. 782—84. M. Rieger. 5 ₰ 12 gl. (Der sämmtl Predigten 3r — 7r Thl.)

STRAF- u. Sittenpredigt, Des wohlehrwürdigen u. seeleifrigen Predigers zu Sangersdorf — auf seine Bauern, nach dem Beyspiel des berühmten Predigers Bruder Gerundio von Campazas sonst Gerundio Zotes (von *Beda Mayr*). O. O. (Berlin) 1775. 8° 39 S. (3 Mk. Frdr Klüber, 1905.)

Stellenw. mehr als derb. — Anon.-Lex. IV p. 126 (nach Baader u. Lindner).

Mayr, Beda, Dissertatio de Copernicano mundi systemate, qua illud nequaquam cum sensu scripturae s. pugnare asseritur. Dillingen 1768. 4°

Mayr, Beda, Trauerrede auf den Hintritt des Abtes Anselmus im Kloster Depping. Fol. Augsburg 778. M. Rieger. 1/12 ₰

— die Verehrung u. Anrufung d. Heiligen, sonderl. Mariens, aus d. heil. Schrift gerechtfertigt. 8. Augsb. 781. M. Rieger. 4 gl.

— die gebesserten Verschwender u. der bestrafte Geiz. Lstspl. 8. Donauwörth 781.

— Vertheidigung d. natürl. christl. u. kathol. Religion. 3 Thle. in 4 Bdn. gr. 8. Augsb. 787—89. M. Rieger. 5 ₰ — Dass. untersucht v. J. E. Hochbüchler. 8. Augsb. 790.

Mayr, Beda, Verteidigung der natürlichen, christlichen und katholischen Religion nach den Bedürfnissen unserer Zeiten Augsburg, Rieger, 1787 90, gr. 8°. 3 Teile in 4 Bänden, 170 Bogen.

Mayr, C.: Nuova carta generale del regno d'Italia .., s. Schiaparelli, L.

Mayr, C F F, s. Mayr, Karl Friedrich Florenz

Mayr, Carl, s. Mayr, Karl

Mayr, Carl Friedrich Florenz, s. Mayr, Karl Friedrich Florenz

Mayr, Cherub.: Ordo hierarchicus canonico-dogmatice expensus, id est ordo consecrationis ministrorum ecclesiae catholicae militantis. Augustae Vindel. 1740.

Mayr, Cherubin., ordo hierarchicus, 8. Augsb. Wolf. 741.

— recollectiones moral., s. compendium Sporeri. II Pts, 8. ibid. 747.

Mayr, Cherub.: Trismegistus juris pontificii universi seu institutiones Canonicae secundum ordinem quinque librorum Decretalium Gregorii IX. Lib. 1—5. Augustae Vindel. 1742—51. 3 Bde fol.

Mayr, Cherubin, Trismegistus, seu institut. juris canon. III Tmi. Fol. Augsb. 751. Wolf. 8 ₰

Mayr (Chr.), Herrn Bergraths Werner letztes Mineral-System. Wien 1820. 8.

Mayr, Christian: Ueber die Elektrosynthese aliphatischer und aromatischer Ketoverbindungen. 1904. 51 S. 8° München, Dr.-Ing.-Diss. v. 18. 12. 1903

Mayr, Christoph: Specimen practicum de remediis efficacissimis in morbis contagiosis ac pestitentialibus, adnexa commentatione de contagiis et febribus typhoideis. 247 S., gbd.

Viennae: Wappler 1806

JB 5.136

Mayr, Clarus, s. Mayr, Klarus

Mayr, E. Nuova carta generale del regno d'Italia .., s. Schiaparelli, L.

Mayr, E. Touristen-Karte v. Südbayern u. Nordtirol. Mit besond. Berücksicht. der m. dem Besuche d. Oberammergauer Passions-Spieles u. der Königsschlösser zu verbind. Gebirgstouren. 1 : 600,000. Neue Ausg. Farbendr. 25×52 cm. Münch. 892, K. Stücker. — 50

Mayr, Elig., Handbuch z. Unterr. in d. prakt. Geometrie, enth. Flächen zu messen mit d. Kette u. den Stäben. 1r Cursus Auch u. d. T.: Anweis. die Lehren d. Elemente auf Form u. Größe auf Gegenstände d. Erfahrung anzuwenden. 1r Thl. Mit 6 Kpft. gr. 8. Aschaffenb. 823. Knodé 1 ₰ 12 gl.

Mayr, Emil, Schul Wandkarte der unteren Donau-Staaten, der europäischen Türkei und Griechenlands. 1 1,000,000. 4 Bl Chromolithogr. Imp.-Fol. Miltenberg 882, Halbig. * 10 —
Auf Leinw in Mappe * M 14., lackirt mit Stäben * 15 —

Mayr, Emil, Schulwandkarte von Italien. 1 1,000,000. 4 Bl Neu bearb., vergrösserte Ausg. Chromolithogr Imp.-Fol. Miltenberg 884, Halbig * 10 —
Auf Leinw in Mappe * * M 14., mit Stäben * * 15 —

Mayr Schulwandkarte d. Deutschen Reiches. 1 : 750,000. 4 Blatt. Farbendr. Imp. Fol. Miltenberg 890, Halbig. * 8 —
Auf Leinw in Mappe ** 12 —, m. Stäben ** 13 —

— Schul-Wandkarte von Spanien und Portugal 1 1,000,000. 4 Bl. Chromolithogr und color Imp.-Fol. Ebendas 881 * 10 —
Auf Leinw in Mappe ** M 14., mit Stäben ** 15 —

Mayr, Engelbert, pr. Arzt: Über die Behandlung der Kniescheibenbrüche mit besonderer Berücksichtigung der Heilungsdauer und des Endresultates. Würzburg 1909: Staudenraus. 61 S. 8°

Würzburg, Med. Diss. v. 20. Juli 1909. Ref. Enderlen

[Geb. 23. Nov. 76 Pöttmes; Wohnort: Siegenburg; Staatsangeh.: Bayern; Vorbildung: Gymn. Neuburg Reife Juli 96; Studium: München 8, Würzburg 4 S.; Coll. 28. April 09; Approb. 29. Juli 03.] [U 09. 4132

Mayr, Ernst, aus Krumbach: **Ueber einige Derivate der Dibenzalpropionsäure.** *München 1899: Kastner & Lossen.* (67 S.) 8°

München, Phil. Diss. v. 1899

Mayr, Ernst [app. Arzt aus Nürnberg]: Die **Malaria** in Erlangen während der letzten 30 Jahre. Nürnberg, Druck d. Schärtel'schen Officin (Theodor Hässlein) (1889). 24 S. 8°

Erlangen, Med. Fak., Inaug.-Diss. v. 31. März 1889

Mayr, Eustach, Dipl.-Ing. u. gepr. Lehramtskand., Vorst. d. math. statist. Bur. d. Pfälz. Hypothekenbank zu Ludwigshafen a. Rh.: Die Mannheimer Banken mit vorwiegender Berücksichtigung der Zeit seit 1900. [Karlsruhe] (1908). 39 S. 8° [Umschlagt.] ¶ Ersch. vollst. u. d. T.: Kapitalbedarf u. Kapitalbeschaff. d. Industrie in Mannheim, in: Volkswirtsch. Abhandlungen d. Bad. Hochschulen.

Heidelberg, Phil. Diss. v. 31. Aug. 1908, Ref. Gothein

[Geb. 11 Juni 77 Fünfstetten Wohnort Mannheim, Staatsangeh.: Bayern; Vorbildung: Industriesch. München Reife Sommer 98, Erg.-Prüf. Oberrealsch. Karlsruhe M 98, Studium: München Techn. Hochsch. 9, Heidelberg 4 S.; Rig. 6. Nov 07.] [U 09. 2007

Mayr, Eustach, **Kapitalbedarf u. Kapitalbeschaffung der Industrie in Mannheim, Ludwigshafen a. Rh. u. Frankenthal,** s.a. A b h a n d l u n g e n, **Heidelberger volkswirtschaftliche. 1,2.**

K a p i t a l b e d a r f und Kapitalbeschaffung der Industrie in Mannheim, Ludwigshafen a. Rh. und Frankenthal. Von Dr. Eustach Mayr, Dipl. Ing.
Karlsruhe i. B.: Braun 1910. IV, 204 S. 8°
(Heidelberger Volkswirtschaftl. Abhandlungen. Bd 1, H. 2.)

Mayr, Felix, der heilige Augustin, s. A u g u s t i n u s.

Mayr, Fel., s.a. A u g u s t i n, der heil., der Lehrer des geistigen Lebens.

Mayr, P. Fel., divus Augustinus, vitae spiritual. Magister. II Tomi. 12. Ticini 1837.
— — dass. deutsch: der heil. A u g u s t i n, der Lehrer des geistigen Lebens. 2 Bände. Schaffhausen 1845. 6 fl.

Mayr, Felix, der heil. Augustin, der Lehrer des geistigen Lebens, od. Anweisung zu einem christlichen Leben durch tägliche Betrachtungen aus den Schriften d. großen Kirchenlehrers Augustin auf alle Tage u. Feste des Kirchenjahres. Aus dem Latein. von einem kathol. Priester. Neue unveränd. Ausg. 6 Lfgn. gr. 8. (1. Bd. 624 S. 2. Bd, 602 S.) Schaffhausen 847, Hurter. (à 1/12 ₰) 3 1/2 ₰

Mayr, Fr. (Red.), s. J a h r b u c h für Kinderheilkunde und physische Erziehung.

Mayr, Fr. Anton: Der wohlfeile, geschwind und sicher heilende P f e r d e - und Vieh a r z t Pesth: Hartleben 1797.

Mayr, Franz [app. Arzt aus Rohr '(Niederbayern)']: **Die Geschichte eines Epispadäus [!] ... München, Druck v. M. Beck, 1892; 11 S. 8.**
Erlangen, Med. Fak., Inaug.-Diss. v. 1. Juni 1891

Mayr, Franz, Praktische Singlehre für österr. Volks- und Bürgerschulen. 2. Heft. 20. Auflage. 8. (39 S.) --.15
Wien: Pichler 1895.

Mayr, Frz. Seraph, Blumen u. Lieder. gr. 12. (7 B., Titelbild. u. lith. Ttl. m. Vign.) Landshut 838, Thomannsche Buchh.

Mayr, Frz. Seraph, Blumen u. Lieder. gr. 12. Landshut 838. Thomann. (Attenkofer.) 3/8 ₰

Mayr, Frz. Seraph., Christenlehren. — Lehre v. Menschen. gr. 8. (VIII, 184 S.) Augsburg 900. (Kranzfelder.) n. 2.80

Mayr, Frz. Seraph, Homilien üb. die sonntäglichen Episteln des Kirchenjahres. 2 Bde. gr. 8. Augsburg 844, Schmid'sche Buchh.

Bd. 1. Vom 1. Sonnt. des Advents bis Pfingsten. (16 B.) 1 Thlr.
" 2. Vom Pfingstsonnt. bis 24. u. letzten Sonntag nach Pfingsten. (17 B.) 15 Ngr.

Mayr, Frz. Seraph. katholische Homilien über die Lektionen an allen Fest- und Feiertagen des Kirchenjahres. I. Bd.: Vom I. Sonnt. des Advents bis Pfingsten. 35 Reden. Lex.-8. (XVI und 392 S.) Augsburg 852, Rieger'sche Buchh.

—— dass. — 2. Bd: Von Pfingsten bis zum Schlusse des Kirchenjahres. 39 Reden. Lex.-8. (XII und 448 S.) Ebds. 852(53.)

Mayr, Frz. Seraph, Kommunion-Unterricht zum Gebrauche für Seelsorger bei Ertheilung des Erstkommunikanten-Unterrichts und zu katechetischen Predigten über das allerheiligste Altarssakrament. Lex.-8. (XXIV, 443 S.) Augsburg 887, Literar. Institut von Dr. M. Huttler. *

Mayr, Frz. Seraph., ausgewählte Predigten. Nach dessen Tode herausg. von Mehreren seiner Freunde. 2 Bdchn. Regensburg 861. Pustet. 8. 21 ngr.
1. Bdchn.: Geheimnißpredigten und Lebensskizze nebst (lith.) Portr. des Verstorbenen. (LII, 138 S.) 12 ngr.
2. Bdchn.: Marianische Predigten. (160 S.) 9 ngr.

—— Reise- und Uebersichts-Karte von Deutschland nebst den angränzenden Ländern, ausgedehnt bis Paris, London, Kopenhagen, Warschau, Pesth, Venedig und Genua, in besond. Rücksicht auf Eisenbahn-, Dampfschiff-, Post- und Telegraphen-Verbindungen mit statistischen, Distanz-Tabellen und Zeitgebrauchs-Angaben nach den neuesten Ergebnissen bearb. Maassverhältniss 1 : 2000000. Neue, vielfach verb. Ausg. Kpfrst. und ill. Imp.-Fol. München 858, Rieger'sche Buchh.
In br. 8. - Carton *
Auf Leinw. und in br. 8. - Carton *

Mayr, Frz. X., das Gesetz vom 11. September 1825 die Grundbestimmungen für das Gewerbswesen in den sieben älteren Kreisen des Königreichs Bayern betr. und die Instruktion zum Vollzuge desselben vom 21. April 1862. Mit einer Einleitung, dann — unter Bezug auf einschlägige Bestimmungen des Ansässigmachungsgesetzes und des neuen Polizeistrafgesetzbuches — mit Bemerkungen, Erläuterungen, Beispielen und einem vollständigen alphabetischen Sachregister. Regensburg 862. Manz. 8. (200 S.) 12 ngr.

Mayr, Franz Xaver [wirkl. Name], s.a. A c k e r m a n n, Gottlieb [Pseud.]

– (Übers.), s. C a t u l l u s, Caius Valerius: Catullus. 1786

– s. G r u n d l i n i e n des christlichen Religionsunterrichts.

– s. L e h r b u c h der christlichen Religion.

Mayr, Frz. Xav., († d. 14. Juli 1831.) üb. Lektüre. Eine Abhandl. s. L. v. Hartmann, Abhandl. v. Nationalstolze.

– (Übers.), s. L u c r e t i u s Carus, Titus: Von der Natur der Dinge. 1784-85

— üb. die öffentl. Lustbarkeiten u. d. Einfluß derselben in die Sittlichkeit eines Volkes.; nebst G. Welzenbeck Bemerkk. üb. den dermaligen Holzzustand in Baiern; u. L. Hartmann's Erfahrungen üb. d. sogenannten Trill. 4. Burgh. 789. Stein in Nürnberg 5 Kr (Lentner in Münch.) 6 Kr

– s. M u s e u m für katholische Religionslehrer

– s.a. P r e d i g t e n nach den Bedürfnissen des gemeinen Mannes.

— Predigten nach Bedürfnissen des gemeinen Mannes. 4 Thle. gr. 8. München, Strobl. 787.

– s. U n t e r r i c h t, Praktischer, über die Sakramente der Buße und des Altars.

— Vorschlag zur Beförder. wissenschaftl. Kenntnisse, vorzügl. unter Landgeistlichen. Münch. 803.

Mayr, Friedrich: Das Bessemern von Kupfersteinen. Freiberg i. S.: Craz & Gerlach 1906. 40 S., 3 Taf. 4⁰ ¶ Auch als Buch.
München, Dr.-Ing.-Diss. v. 21. 3. 1906

Mayr, Frdr., das Bessemern v. Kupfersteinen (40 S. m. 3 Taf.) Lex.-8. Freiberg 906. Craz & Gerlach. n. 3. —

Mayr, Fritz [aus Bad Kissingen]: Aus d. medizin. Klinik d. Hrn Geheimr. Prof. Dr. Riegel zu Giessen. Über den Ammoniakgehalt der Exspirationsluft ... Würzburg, kgl. Universitätsdr. v. H. Sturtz [l], 1896; 23 S. 8.
Giessen, Med. Fak., Inaug.-Diss. v. 1896

Mayr, G Ausflug nach den südlichen Inseln des Quarnero. 21 S. 8⁰ – Wien OR.R., Progr 1863

Mayr, G. Südöstliches Frankreich, Sardinien, Nizza, Genua. 1 450 000. Gotha 1873. 1 Bl. c K Ff.

Mayr, G., Ἑλληνικά. a) Das Itinerar-Stadium. b) Die prähistor. od. verbrannte Burg an Hissarlik u. die Laomedon-Sage. Pr. 1896. 16 S.

Mayr, G., Karte von Europa u. Nord-Afrika, mit Unterägypten, Syrien, Kleinasien, Kaukasien etc., auf Leinwand aufgezogen und in Mappe München.

Mayr, G Provinz Parma, Modena, Emilia, Toskana. 1 450 000. Gotha 1878. 1 Bl c. L. Ff.

Mayr, G. Plan und Ansichten von Rom. München 1835. 1 Bl. K

Mayr, G., vier Predigten f. die Feste der Bruderschaft zum heil. u. unbefleckten Herzen Mariä f. Bekehrung der Sünder u. Ungläubigen, gehalten in einer Pfarrei, wo die Jugendbündnisse bestehen. 8. (IV u. 75 S.) Augsburg 851, Rieger. 1/6 ℛ

Mayr, G. Südöstliche Schweiz, Süd-Tyrol, Lombardei und Venedig. 1 450 000. Gotha 1879. 1 Bl. c K Ff.

Mayr, G. Südwestliche Schweiz, Savoyen und Piemont. 1 450 000. Gotha 1872. 1 Bl. c K Ff.

Mayr, G Gefahrloser Wasserstoffapparat 3 S 8⁰ – Wien OR R., Progr 1863

Mayr, G J, s. M a y r, Johann Georg

Mayr, G. P., s. Frz. Neumayr, geistl. Einöde.

Mayr, Geo., Abhandlung üb. Elektrizität u. sichernde Blitz-Ableiter f. jed. Gebäude, f. Reise- u. Frachtwagen, Schiffe, Bäume u. Denkmäler. Nebst e. Anh., üb. Hagel-Ableiter. Geprüft ꝛc. (2. Aufl.) gr. 12. (3⅓ B.) München 839, (Franz.) *

Mayr, G., Abhandlung über Elektricität u. sichere Blitzableiter für jedes Gebäude, für Reise- u. Frachtwagen, Schiffe, Bäume u. Denkmäler. Nebst e. Anhange üb. Hagelableiter ꝛc. 2e Aufl. 8. München 840. (Franz.) n. 1/3 ℛ

Mayr, Geo. v., s.: Abhandlungen, statistische u. nationalökonomische.

Mayr, Gg., Anleitung zum Bau von Wasendächern in Städten und auf dem Lande, welche in Bezug auf Wohlfeilheit, Güte, Schönheit, Feuersicherheit und Dauer Alles übertreffen. Nach gemachten Proben und Erfahrungen möglichst kurz und faßlich beschrieben. gr. 16. (24 S.) München 859, (Franz.) *

Mayr, Georg, Medizinalprakt.: Aus d. Prosektur d. Krankenh. München r. d. I. Oberndorfer. Neuere Anschauungen über die Entstehung der Wurmfortsatzentzündung mit einem Beitrag zur Lehre der embolischen acuten Enteritis. München 1909: Kastner & Callwey. 29 S. 8°
München, Med. Diss. v. 8. Jan. 1910, Ref. v. Bollinger
[Geb. 16. Aug. 80 Landshut; Wohnort: Landsberg a. L.; Staatsangeh.: Bayern; Vorbildung: Realgymn. Schwäb.-Gmünd Reife Juli 02; Studium: München 10 S.; Coll. 8. Jan. 10; Approb. 26. Dez. 09.] [U 10. 3550

Mayr, Geo. v., s.: **Archiv, allgem. statistisches.**

– A t l a s der Alpenländer Schweiz ..., s, M a y r, J Georg

Mayr, Georg von. **Begriff und Gliederung der Staatswissenschaften. (Aus «Festgaben (*_Umschlag:_ Festgabe) für Albert Schäffle zur siebenzigsten Wiederkehr seines Geburtstages», S. 325—390.) IV + 66 S. 8. Tübingen, H. Laupp, 1901. [M. 1. 80]**

— Begriff u. Gliederung der Staatswissenschaften. Zur Einführg. in deren Studium. 2, umgearb. u. verm. Aufl. (VIII, 130 S.) Lex.-8. Tübingen 906. H. Laupp. n. 2. 50; geb. n.n. 3. 50

— Begriff u. Gliederung der Staatswissenschaften. Zur Einführg. in deren Studium. 3. umgearb. u. verm. Aufl. (VIII, 182 S.) Lex. 8. Tübingen 910. H. Laupp. 3.60; geb. 4. 60

Mayr, Geo., s. **Beiträge zur Statistik des Königr. Bayern.**

— Bericht üb. die amtliche Statistik in Bayern. Hrsg. vom königl. bayer. statist. Bureau. gr. 8. (29 S. m. 1 Formular in gr. 4.) München 876. (A. Ackermann.) n. — 50

Mayr, Geo., Beschreibung des Wildbades Adelholzen nebst seinen Umgebungen. Für Curgäste u. Freunde schöner Alpengegenden. 8. (II u. 107 S. m. 1 Stahlst.) München 849. (Kaiser.) n. 6 ℊℊ

Mayr, Geo., Beschreibung des Wildbades Adelholzen in Oberbayern nebst seinen Umgebungen. Für Curgäste und Freunde schöner Alpengegenden verfaßt von dem gegenwärtigen Badebesitzer. München 856. (Franz.) 16. (2 Bl., 116 S.) n. 7 ngr.

-- Die Bevölkerung Britisch-Indiens nach dem Zensus v 1901, s.a. Orient, der. 5. Heft.

Die Bevölkerung Britisch-Indiens nach dem Zensus von 1901. Von Prof. Dr. Georg v. **Mayr**, Unterstaatssekr z. D. Mit Diagrammen. Halle Gebauer-Schwetschke 1907. (22 S.) 8°
— **Orient**, Der. H. 5. [07. 6671 3

— Bevölkerungsstatistik, s.a. Handbuch d. öffentl. Rechts.

[F.] Bevölkerungsstatistik. Bearb. v Dr Georg v **Mayr**, Prof an d. Univ Strassburg *Freiburg i. B., Leipzig & Tübingen: J C B Mohr 1897.* (x, 486 S.) 1 Bd 8.
— **Handbuch** d. Oeffentl. Rechts Einleitgsbd. Abth. 6 [99 1398

Mayr, Geo., Ergebnisse der Strafrechtspflege im Königreiche Bayern, bei den Schwur-, Bezirks-, Appellations- etc. u. Militairgerichten, bei letzteren bezügl. gemeiner Verbrechen, Vergehen u. Uebertretungen, während der J. 1862—1866. Nach den von dem königl. Staatsministerium der Justiz u. dem königl. Kriegsministerium angeordneten Erhebungen. München 868. Fleischmann's Buchh. Fol. (LXXXI, 296 S. mit 5 chromolith. kartogr. Darstellungen der abgeurtheilten Verbrechen u. Vergehen in gr. 4.) n. 4 ₰ 20 ngr.

— s.: Festgaben f. Albert Schäffle.

Mayr, G. v. Flotte und Finanzen. Die Deckungsfrage. 8°. Tübingen, H. Laupp, 1899.

— Flotte u. Finanzen. Die Deckungsfrage. gr. 8. (27 S.) Tübingen 900. H. Laupp. n. — 60

— die Gebäudezählung im Königr. Bayern vom Sommer 1867. Nebst Vergleichen mit den Erhebungen von 1809—10 [bzw. 1811—12 u. 1814—15], 1840 u. 1852. [22. Heft der Beiträge zur Statistik des Königr. Bayern.] Herausg. vom k. statist. Bureau. Ebend. 869. Fol. (XXXI, 57 S.) n. 1 ₰ 6 ngr.

—— die Gesetzmäßigkeit im Gesellschaftsleben, s.a. Naturkräfte, die.

Mayr G, die Gesetzmässigkeit im Gesellschaftsleben. (Naturkräfte 23) München 1877

— s.: Großstadt, die.

Grundriss zu Vorlesungen über Praktische Nationalökonomie Von Dr. Georg v **Mayr**, Prof., München. T 1 *Tübingen: H. Laupp 1900.* 8° [F.] [00. 6442

— Hand- u. Reise-Karte von Italien nebst den Alpenlaendern; ausgedehnt bis Strassburg, Regensburg, München, Wien, Pest, Corfu, Marseille. Nach den neuesten Ergebnissen bearb. Gestochen v. F. Keppel. Imp. Fol. Color. München 848, Palm. n. 1 ₰ Auf Leinw. u. in 16-Carton n. 1⅓ ₰

Mayr's, Geo., Hand- und Reise-Karte von Italien nebst den Alpenländern; ausgedehnt bis Strassburg, Regensburg, München, Wien, Pest, Corfu, Marseille. Nach den neuesten Ergebnissen bearb. 1 : 2,600,000. Fol. München 872,74, Grubert. In Carton *

Mayr's, Geo., Karte der Kirchlichen Eintheilung des Königreichs Bayern, nach den neuesten amtlichen Vermessungen und kirchl. Schematismen bearbeitet. Nebst: Bisthum Speyer (Regierungs-Bezirk Pfalz). gr. Imp.-Fol. München 841. (Palm.) 1½ ₰

Mayr, Gg. (Inspector im topogr Bureau d. k. b. Gen.-Quartiermeister-Stabs), *Karte der kirchlichen Eintheilung des Kgrs. Bayern*, nach den neuesten amtlichen Vermessungen u. kirchlichen Schematismen bearb. u. hrsg. von — München, Joh. Palm, 1841. Gr. Fol. 24-theilig, auf Lwd. gez., in Etui. (Steht unter 8°.)
Gez. von Deyrer, lithogr. von E. Gronen.

— historische Karte von Palästina u. Arabia petraea mit einem großen Theil von Aegypten, zur Erläuterung biblischer Geographie des alten und neuen Testaments, zugleich Uebersicht der Gegenwart. Nebst Grundriß der Stadt Jerusalem mit seiner Umgegend und histor. Uebersicht einiger Haupt-Zeitabschnitte in der Geschichte Palästinas. In Stein gestochen von Fr. Wilkenborf. Imp.-Fol. München 842, Mey u. Widmayer. n. 1 ₰

—— vier Karten über den Bodenertrag im Königr. Bayern nach dem Cataster und der Ernte des J. 1863 entworfen. (18. Heft der Beiträge zur Statistik des Königr. Bayern.) Chromolithogr. gr. Fol. (2 S. Text.) München 867, (Fleischmann's Buchh.) *

Mayr, Georg, appr. Arzt: Aus d. Prosektur d. städt. Krankenh. München r. d. I. ⟨Prosektor: Oberndorfer.⟩ Über die Kundrat'sche Lymphosarkomatose des Magen-Darmtractus. München 1909: Wolf. 38 S. 8°
München, Med. Diss. v. 12. Nov. 1909, Ref. v. Müller
[Geb. 28. Mai 81 München; Wohnort: München; Staatsangeh.: Bayern; Vorbildung: Wilhelms-Gymn. München Reife Juli 01; Studium: München 12 S.; Coll. 12. Nov 09; Approb. 17. Febr. 09.] [U 10. 3549

Mayr, Georg „Maass-, Gewichts- und Münz-Einheit. Politische Flugschrift", Würzburg 1848. — Vorh.: Com. Bibl. Hamburg und Bücherei der Industrie- und Handelskammer Leipzig.

MAYR, Georg (Würzburg): De mendicantibus et vagantibus in regno Bavarico disquisito statistica. (Titel nach der Urkunde)
23.12.1865 - Urk; F 69
Diss. Ingolst.-Landsh.-Mchn.

— statistische Nachweisungen über das Immobiliar-Brandversicherungswesen im Gebiete des Königr. Bayern diesseits des Rheins. (23. Heft der Beitr. zur Statistik d. Königr. Bayern.) Herausg. vom k. statist. Bureau. Ebend. 870. Fol. (XXXIX, 200 S.) n. 2 ₰

– Statistische Nachweisungen über den Vollzug der Bodenkulturgesetze in Bayern von 1861 bis 1871 München 1871

—— die Organisation der amtlichen Statistik und der Arbeitsthätigkeit der statistischen Bureaux. Ergebnisse einer Umfrage bei den staatl. statist. Bureaux. Vorgelegt der permanenten Commission des internationalen statist. Congresses zu Buda-Pest. Hrsg. vom königl. bayer. statist. Bureau. Lex.-8. (VII, 65 S. und Anhang VIII S.) München 876, (A. Ackermann.) *

Mayr, Geo. v., Orientirungswesen u. Interessenvertretung auf land- u. forstwirthschaftlichem Gebiete. (Deutsch u. französisch.) (Internationaler land- u. forstwirthschaftl. Congress zu Wien 1890, 87. Hft.) gr. 8. (18 S.) Wien 890. (Frick.) n. 1.—

Die Pflicht im Wirtschaftsleben. Von D. Georg v **Mayr** Prof., München. *Tübingen. H Laupp 1900.* (III, 66 S.) 8° [F.]

Mayr, Ge., Post-, Reise- und Uebersichtskarte von den Königreichen Bayern und Würtemberg, nebst den Grossherzogthümern Baden und Hessen mit den angrenzenden Ländern und Ländertheilen, ausgedehnt bis Nancy, Aachen, Cassel, Leipzig, Prag, Linz, Gastein, Brenner und Bern, einem tabellarischen Meilenzeiger oder Entfernungs-Angaben zwischen den Hauptorten, statistischen Notizen u. malerischen Ansichten merkwürdiger Städte. Nach den neuesten Materialien entworfen, gezeichnet und gestochen. M. 1 1500000. München, Literarisch-Artistische Anstalt, 1836.
—, — mit (18) malerischen Ansichten (gestochen von C Schleich) merkwürdiger Staedte. Nach den neuesten Materialien entworfen. (Mit Titelvig.) München, Literarisch-artistische Anstalt, 1844. Roy.-Fol. Kolor (1⅙ ₰.)

— Post-, Reise- und Uebersichts-Karte von den Königreichen Bayern und Würtemberg, nebst den Großherzogth. Baden u. Hessen. (Mit 18 Städte-Ansichten. Wohlfeile Ausg.) In Stahl gestoch. u. illum. Fol. München 844, Literar.-artist. Anstalt. Auf Leinw. u. in Etui. n. 1 1/6 ℛ

—— s. a. Reich, das deutsche, und das Tabaksmonopol.

Reich (Das Deutsche) und das Tabaksmonopol. (Von G. Mayr.) 8°. Stuttgart, Cotta, 1878.

Mayr, Geo. v., zur Reichsfinanzreform. gr. 8. (VIII, 152 S.) Stuttgart 893. J. G. Cotta Nachf. n. 2. 40

Mayr, Dr. Geo v. Zur Reichsfinanzreform. gr. 8°. Stuttgart, J. G. Cotta Nachf., 1894.

— die Reichsfinanzreform insbesondere vom staatsrechtlichen Gesichtspunkte. gr. 8. (IV, 36 S.) München 902. R. Oldenbourg. n. 1. —

Mayr, Geo., Reise- und Gebirgskarte vom Lande Salsburg mit Berchtesgaden und dem Salzkammergute nebst den anderen angrenzenden österreich. und bayer. Landestheilen. Chromolithogr. Fol. Regensburg 878, Coppenrath. In Carton * ℳ 1,80.; auf Leinw. in Carton 2 50

Mayr, Geo. Reise- und Gebirgs-Karte vom Lande Salzburg m. Berchtesgaden und dem Salzkammergut, nebst den andern angrenz. österreich. u. bayer. Ländertheilen. Berichtigt u. ergänzt v. Rob. Bauer. 1 : 500,000. Kupferst. u color. Fol. Regensb. 890, Coppenrath's Verlag. In Carton 1 50

Mayr, Geo, specielle Reise und Gebirgs-Karte vom Bayerischen Hochland, Nordtyrol, Salzburg und Salzkammergut Neue, vielfach verb Ausg Fol Munchen 874, Grubert. aufgez in Etui * 4 50

Mayr's, Geo., specielle Reise- und Gebirgs-Karte vom Bayerischen Hochland, Nordtyrol, Salzburg und Salzkammergut. Neue vielfach verb. Ausg. 2 Bl. Kpfrst. und color. qu. Fol. München 877, Grubert. Auf Leinw. in Carton *

Mayr's, Geo, Specielle Reise u. Gebirgskarte vom Bayerischen Hochland, Nordtyrol, Salzburg u. Salzkammergut 1 . 500,000. Neue verb Ausg 2 Bl Kpfrst. u color 32×70 cm. Münch. 891, Grubert. * 1 80

—— specielle Reise- und Gebirgs-Karte von Südtyrol mit den angrenz. Ländern. Neue, vielfach verb. Aufl Fol. Ebendas. 874. aufgez in Etui * 5 —

Mayr's, Geo., specielle Reise- und Gebirgskarte von Südtyrol mit den angrenzenden Ländern. Neue vielfach verb. Ausg Kpfrst. und color qu. gr. Fol München 881, Grubert. Auf Leinw in Leinw Carton * 4 40

Mayr, Geo., specielle Reise- und Gebirgs-Karte vom Lande Tyrol mit den angrenz. Theilen von Südbayern, Salzburg, der Schweiz und Ober-Italien. Neue, vielfach verb. Ausg. Fol. München 874, Grubert. aufgez. in Etui *

—— specielle Reise- und Gebirgs-Karte vom Lande Tyrol mit den angrenzenden Theilen von Süd-Bayern, Salzburg, der Schweiz [Graubünden] und Ober-Italien. Neue, vielfach verb. Ausg. Kpfrst. und color. Imp.-Fol. München 877, Grubert. Auf Leinw. in Etui * 8 —

Mayr, Geo., Specielle Reisekarte vom Bayrischen Hochland, Nord-Tyrol, Salzburg u. Salzkammergut, mit einer vergleichenden Höhendarstellung. München 1853. 2 Bll. (Br. Mus.)

Mayr, G. Specielle Reise-karte von Süd-Tyrol mit den angrenzenden Ländern. München 1846. 1 Bl. c. K. Ff.

Mayr, Dr. Geo. v. Der Staat als Schuldner und als Gläubiger. Populär-wissensch. Vortrag, geh. im chem. Hörsal zu München am 11. März 1890. Lex.-8°. München, Schweitzer, 1890. (20 S.)

Mayr, Dr. G., die amtliche Statistik in Bayern. München 1872. 8.

— —, die amtliche Statistik in Bayern. München 1876. 8.

— Statistik der Bettler u. Vaganten im Königr. Bayern. Inaugural-Dissertation. München 865. (Manz.) Lex.-8. (63 S.) n. 12 ngr.

Statistik und Gesellschaftslehre v Georg von Mayr. 4°
(1.) Theoretische Statistik Freiburg i. B. u. Leipzig 1895.
(2.) Bevölkerungsstatistik Freiburg [usw]. 1897
3. Moralstatistik mit Einschluß der Kriminalstatistik ⟨Sozialstatistik. T 1⟩ Tübingen 1917
= Handbuch des öffentlichen Rechts der Gegenwart in Monographien Einleitungsbd Abt 5—7

-- dasselbe, s. a. Handbuch d. öffentlichen Rechts der Gegenwart.

— Statistik u. Gesellschaftslehre. 1. Bd. Theoretische Statistik. [Aus: „Handbuch d. öffentl. Rechts", Einleitungsbd.] gr. 8. (VIII, 202 S.) Freiburg i/B. 895. J. C. B. Mohr. n. 5. —; Einbd. n.n. 1. —

— Statistik u. Gesellschaftslehre. 2. Bd. Bevölkerungsstatistik. [Aus: „Handb. d. öffentl. Rechts", Einleitungsbd.] gr. 8. (X, 486 S.) Freiburg i/B. 897. Tübingen. J. C. B. Mohr. n. 12. —; Einbd. n.n. 1. — (1 u. 2 : n. 17. —)

— Statistik u. Gesellschaftslehre. III. Bd. Sozialstatistik. (Moralstatistik, Bildungsstatistik, Wirtschaftsstatistik, politische Statistik.) 1. u. 2. Lfg. (S. 1—450.) Lex. 8. Tübingen 909. 10. J. C. B. Mohr. 11 80
Sonderabdruck aus: „Handbuch d. öff. Rechts".

— Statistik der gerichtlichen Polizei im Königr. Bayern u. in einigen andern Ländern. (16. Heft der Beiträge zur Statistik des Königr. Bayern.) Hrsg. vom k. statist. Büreau. München 867. Fleischmann's Buchh. Lex.-8. (VIII, 407 S. mit 10 Steintaff.) n. 3 ℛ

[F.] Theoretische Statistik. Von Dr. Georg v. Mayr, Kais. Unterstaatssekr. z. D. .. *Freiburg & Leipzig: J. C. B. Mohr 1895.* (VIII, 202 S.) 4.(8.)
— Handbuch d. Oeffentl. Rechts. Einleitgsbd. Abth. 5. [97. 5071

Mayr, Dr. G., Statistik des Unterrichts im Königreich Bayern für die Jahre 1869/70 — 71/72 mit Rücksicht auf die Ergebnisse früherer Jahre. München 1873—75. Fol. Theil I: Das höhere und mittlere Unterrichtswesen und der Fortbildungs-Unterricht. Theil II: Die Lehrerbildung, der Elementarunterricht und die Erziehungsanstalten.

—— Statistik des Unterrichts und der Erziehung im Königreich Bayern, s. Beiträge zur Statistik des Königreich Bayern.

– Statistik der Vereine für Bildungszwecke in Bayern, s. Beiträge zur Statistik des Königreichs Bayern.

Internat statist Institut Die Statistik der äußeren Wanderungen. Bericht von Dr Georg v. Mayr, Prof. Berlin 1903 J. Sittenfeld. (19 S.) 8°
[L. 2047 3

— statist. Studien üb. d. Gesetzmässigk. im Gesellschaftsleben. Münch. 877.

– s.a. Viehzählung, Die, im Königreich Bayern.

Mayr, Geo. die Viehzählung im Kgr. Bayern vom 10. Jan. 1873. (Heft XXIX d. Beiträge z. Statistik d. Kgrs. Bayern. Hrsg. vom k. statist. Bureau.) M. 2 color. Karten. München 1874. Fol. Orig.-Ppbd. 4 Bll. 8,, CXI 68 S. 1 Tabelle

— s. Volkszählung, die, im Königr. Bayern.

Zolltarif-Entwurf und Wissenschaft. Von Georg v. Mayr, Prof. in München. *München & Berlin: R. Oldenbourg 1901* (IV, 98 S.) 8° [J.] [01. 10848

Mayr, Geo. K.: General-Index über alle Landesverordnungen v. 1802 — 1809.

Mayr, Gust. L., die Ameisen des baltischen Bernsteins, s.a. Beiträge zur Naturkunde Preussens.

Mayr (G. L.), Die Ameisen des baltischen Bernsteins. (1. Abthl. der Beiträge zur Naturkunde Preussens, herausgegeben von der Königl. physikalisch-ökonomischen Gesellschaft zu Königsberg.) Königsberg 1868. 4. Mit 5 Tafeln. — (Siehe auch: Beiträge zur Naturkunde Preussens etc.)

Programm, drittes — der städtischen Oberrealschule in Pest für das Schuljahr 1856/57. Pest, 1857. Druck von J. Beimel und Basilius Kozma. (56 S. 4.)
Enthält: Ungarns Ameisen, vom Med. Dr. Gustav L. Mayr.

— Die europäischen Arten der gallenbewohnenden Cynipiden. 44. ibd. 82. Progr.

Mayr, Dr. Gustav, Die europäischen Arten der gallenbewohnenden Cynipiden. (Separatabdruck aus dem 21. Jahresberichte der Communal-Ober-Realschule im I. Bezirke.) gr. 8. (44 S.) Wien 882. Hölder.

Mayr Gustav L., Dr. Myrmekologische Beiträge (mit 1 Taf.). S. 53. I. 484 „ — 70
Separatabdruck

Mayr, Gust. L., myrmecologische Beiträge. Lex.-8. (34 S. mit 1 Stnt.) Wien 866, (Gerold's Sohn.) * ?
Aus: Sitzungsberichte der k. Akademie der Wissenschaften, besonders abgedruckt.

Mayr Dr. G.: Die europäischen Cynipidengallen mit Ausschluss der auf Eichen vorkommenden Arten. 22. Wien R. (IX.) = I. 76.
Progr.

Mayr, Gust. L., die europäischen Cynipiden-Gallen m. Ausschluss der auf Eichen vorkommenden Arten. gr. 8. (27 S. m. 3 Steintaf.) Wien 876. Hölder in Comm. n. 2. —

Mayr, Gust. L., die mittel-europäischen Eichen-Gallen in Wort u. Bild. s.a. Facsimile-Edition. Nr. 12.

Mayr, G. L.: Die mitteleuropäischen Eichengallen in Wort und Bild. Zs. 70 S. 8° – Wien, OR. R., Progr. 1870. 1871

— die mitteleuropäischen Eichengallen in Wort u. Bild. 1 Hälfte. Ebend. 870. gr. 8. (34 S. mit 4 Steintaff. u. 4 Bl. Kpfrbeschreibg.) n. 20 ngr.

— die mitteleuropäischen Eichengallen in Wort u. Bild. 2. Hälfte. gr. 8. (S. 35—74 m. 3 Steintaf.) Wien 871. Gerold's Sohn. (à) n. 2. —

— Ergebnisse der mit Subvention aus der Erbschaft Treitl unternommenen zoologischen Forschungsreise Dr. F. Werners nach dem ägyptischen Sudan und nach Nord-Uganda. 11 Liste der von Dr Franz Werner am oberen Nil gesammelten Ameisen nebst Beschreibung einer neuen Art. S. 116. I. 387 „ —.30
Separatabdruck

Mayr, G., Ergebnisse der mit Subvention aus der Erbschaft Treitl unternommenen zoologischen Forschungsreise Dr Franz Werners nach dem ägyptischen Sudan und nach Nord-Uganda. IX Liste der von Dr. Franz Werner am oberen Nil gesammelten Ameisen, nebst Beschreibung einer neuen Art. [Aus Sitzungsber. d. k. Akad. d. Wiss., mathem. naturw. Klasse] Gr. 8° (6 S.) † K – 30
Wien Hölder 1907

Mayr, Gust., Feigoninsecten. gr. 8. (110 S. m. 3 Steintaf.) Wien 885. (Hölder. — Leipzig, Brockhaus' Sort.) n. 2. 50

— Formicidae, s. Reise der Fregatte Novara.

— *Formicidae novogranadenses* mit 1 Taf.). S. 61. I. 370 „ — 70
Separatabdruck

Mayr, Gust. L., Formicidae novogranadenses. Mit e. (lith.) Tafel. [Aus den Sitzungsber. der k. Akad. der Wiss.] Wien 870. (Gerold's Sohn.) Lex.-8. (48 S.) n.n. 7⅓ ngr.

Mayr, Gust., afrikanische Formiciden. [Aus: „Annalen d. k. k. naturhistor. Hofmuseums".] Lex.-8. (32 S. m. 3 Abb.) Wien 895. A. Hölder. n. 2. —

Mayr, Gust. L., die europäischen Formiciden. Nach der analytischen Methode bearb. Mit 1 lith. Taf. Wien 861 Gerold. Lex.-8. (VIII, 80 S.) n. 1 ₰

Formiciden von Herrn Dr Fr. Stuhlmann in Ostafrika gesammelt. Von Dr Gustav Mayr. Hamburg 1893, (Berlin. D. Reimer 1901). (9 S.) 4° (8°)
Aus: Jahrbuch der Hamburg. Wiss. Anstalten. 10,2.
= Ergebnisse, Zoolog., einer .. in d. Küstengebiete von Ost-Afrika unternomm. Reise. Bd 2, No 2.

Mayr, Gust., Formiciden, v. Hrn. Fr. Stuhlmann in Ost-Afrika gesammelt. [Aus: „Jahrb. d. hamburg. wissenschaftl. Anstalten".] Lex.-8. (9 S.) Hamburg 893. (L. Gräfe & Sillem.) n. — 50

— die Formiciden der Vereinigten Staaten v. Nordamerika. [Aus: „Verhandlgn. d. k. k. zool.-bot. Gesellsch. in Wien".] gr. 8. (48 S.) Ebd. 886. n. 2. —

Mayr, Gust., südafrikanische Formiciden, gesammelt v. Hans Brauns. Lex.-8. (30 S. m. 2 Taf.) Wien 901. A. Hölder. n. 3. 60
Sonderabdruck a.: „Annalen d. k. k. naturhistor. Hofmuseums."

Mayr, Gust., südamerikanische Formiciden. [Aus: „Verhandlgn. d. k. k. zool.-bot. Gesellsch. in Wien".] gr. 8. (124 S.) Wien 887. Hölder. — Leipzig, Brockhaus' Sort. n. 2. 80

Mayr, Gust. L., formicina austriaca. Beschreibung der bisher im österreich. Kaiserstaate aufgefundenen Ameisen, nebst Hinzufügung jener in Deutschland, in der Schweiz und in Italien vorkommenden Arten. (Aus den Schriften des zoolog.-botan. Vereins in Wien.) Wien 855. (Braumüller.) gr. 8. (206 S. u. 1 Kpfrtaf.) n. 28 ngr.

Mayr, Gust. L., Formicina austriaca. Beschreibung der bisher im österreich. Kaiserstaate aufgefundenen Ameisen, nebst Hinzufügung jener in Deutschland, in der Schweiz und in Italien vorkommenden Arten. gr. 8. (206 S. mit 1 Kpfrt.) Wien 855, (Gerold's Sohn.) *
Aus Schriften des zoologisch-botan. Vereins in Wien, besonders abgedruckt.

— Die Genera der gallenbewohnenden Cynipiden. 38. ibd. 81.
Progr.

Mayr, Dr Gustav, Die Genera der gallenbewohnenden Cynipiden. gr. 8. (38 S.) geb. 60 kr.
Wien Hölder 1881

— Hemipteren, s. Reise der österreichischen Fregatte Novara. Zoologischer Theil.

Mayr, Gust., Liste der v Dr. Franz Werner am oberen Nil gesammelten Ameisen, nebst Beschreibung e. neuen Art. s.: Ergebnisse der usw. zoologischen Forschungsreise Franz Werner's nach dem ägyptischen Sudan.

— Notizen über die Formiciden-Sammlung d. British Museum in London. Eine neue Cynipide aus Mexico. Mit 1 Taf. [Aus: „Verhandlgn. d. k. k. zool.-bot. Gesellsch. in Wien".] gr. 8. (22 S.) Ebd. 886. n. — 70

Mayr G. Vorläufige Studien über die Radoboj-Formiciden. 1867

Mayr, Hans, Bericht über das 5. Gauturnfest des Pfälzischen Turnbundes am 17.—18. 7 1893 zu Dürkheim, Kaiserslautern 1893, 28 S., 8°.

Mayr, Hans, Fackelreigen des Turnvereins Kaiserslautern, s.: Reigen f. das Turnen. 8. Hft.

Mayr, Hans, Gedichte. Buchschmuck v. Willi Eringhausen. (72 S.) kl. 8. Münster 906. Universitäts-Buchh. F. Coppenrath. 2.—; geb. 3.—; erm. Pr. geb. 2. —

Mayr, Hans, Geschichte des Turnvereins Kaiserslautern 1861—1886, Kaiserslautern 1886, 76 S., Kl.-8°

Mayr, Hans, s.: Frühtot.

Vertrautes Land. Bayrisches Wanderbuch von Hans Mayr Munster (Westf) Coppenrath 1910 160 S 8° [10. 8308

[F.] Mayr, Hans [Turnl.]: Ein Schülerturnfest. Kaiserslautern, *Druck v. Hesse & Becker in Leipzig*, 1897; 42 S. 8.
Kaiserslautern, k. Humanist. G, P 1897*

Mayr, H., Übungen m. langen Stäben f. Mittelschulen, Lehrerseminare u. Turnvereine. gr. 8. (46 S.) Hof 887 Lion. n. 1. —

die Übungen des Turnfestes der K. Studienanstalt Kaiserslautern im Juni 1889. 8. (31 S. mit Fig.) Kaiserslautern 889. Fussinger. n.n. — 30

Mayr, H. Die Übungen d. Turnfestes der K. Studienanstalt Kaiserslautern im Juni 1889. 8. (31 S. m. Fig.) Kaiserl. 889, Mann. ** — 30)

Mayr, Hans Unterrichtspläne für den Turnbetrieb an den bayerischen Mittelschulen. I. Teil: Lateinschule. 8 (68 S.).
Progr. Studienanst. *Kaiserslautern* 1888.

[F.] Mayr, Hans [Turnl.]. Unterrichtspläne für den Turnbetrieb an den bayerischen Mittelschulen. II. Tl. '(6—9. Klasse d. Humanist. u. Realgymnasiums.)' [Forts. d. P-Beil. 1888.] Kaiserslautern, *Druck d. Kayser'schen Hofbuchdr.*, 1893; 75 S. 8.
Kaiserslautern, k. Humanist. G, P 1893*

Mayr, Hans, Unterrichtspläne f den Turnbetrieb an den bayerischen Mittelschulen. I. u. II. Tl. Progr. gr. 8. Kaiserslautern, Selbstverl. à n. 1. 60
I. Lateinschule. (68 S.) 888. — II. 6.—9. Klasse des humanist. u. Realgymnasiums. (75 S.) 894.

Mayr, Heinr. v. Malerische Ansichten aus dem Orient, gesammelt auf der Reise Sr. Hoheit des Herrn Herzogs Maximilian in Bayern im Jahre MDCCCXXXVIII. Herausgegeben von Heinr. v Mayr [1839—1840].
Tit., 10 Bl., 60 Taf. in Lithogr gr 2°
Erschienen in zehn Lieferungen mit je sechs Tafeln.

Mayr, Heinr. v., maler. Ansichten a. d. Orient, gesamm. auf d. Reise d. Herzogs Maximilian in Bayern nach Nubien, Aegypten, Palaestina, Syrien u. Malta im J. 1838. — Vues pittoresques de l'Orient, recueillies etc. Livr. 1—10. qu. Fol. (60 lith. Bl. u. 10 Bl. deutsch. u. franz. Text.) München 839, 40. (Leipzig, R. Weigel.) à * 3 Thlr., col. à *

Mayr, Heinr., die Forstbenutzung, s.: Gayer, Karl.

Mayr H v, Genrebilder, gesammelt auf der orientalischen Reise Sr. Königlichen Hoheit des Herzogs Maximilian in Bayern. Text v. S Fischer. (70 S 48 T) fol München

Mayr, Heinr., das Harz der Nadelhölzer, seine Entstehg., Vertheilung, Bedeutung u. Gewinnung. Für Forstmänner, Botaniker u. Techniker bearb. [Aus: „Zeitschr. f. Forst- u. Jagdwesen"] gr. 8. (VIII, 96 S. m 4 Holzschn. u. 2 lith. Taf.) Berlin 894. J. Springer. n. 3. —

Mayr H.: Monographie d. Abietineen d. japanischen Reiches ... in systemat., geograph. u. forstlicher Beziehung bearb. Münch. [Tokio]. 1890. 101 S. 7 kol. Tvl. 4°.
(Övertit. japansk).

— Monographie der Abietineen des Japanischen Reiches (Tannen, Fichten, Tsugen, Lärchen u. Kiefern). In system., geograph. u. forstl Beziehg. bearb. gr. 4. (VIII, 104 S. m. 7 farb. Taf) München 890. M. Rieger. Kart. n.n. 20. —

MAYR, Heinrich (Grefrath): Über den Parasitismus von Nectria cinnabarina.- 1882. 24.2.1882 - Urk (Titel: De nectriae cinnabarinae parasitismo.); Chr 1881/82,7
Diss. Ingolst.-Landsh.-Mchn.

MAYR, Heinrich: Polyporus betulinus und Polyporus laevigatus, zwei Parasiten der Birke. Kassel 1884. 15 S., 2 Taf. - Diss. Univ. München 1884. - (Bot. Zbl. Bd. 19)

Mayr, Heinr. v., Reise des Herzogs Maximilian, s. Genre-Bilder.

Mayr, Heinr., forstliche u. floristische Studien in Nordamerika. [Aus: „Garten-Magazin".] gr. 8. (30 S. m. 2 Taf) München 896. V. Höfling. — 80

Mayr, Henri de & Sébastien Fischer. Tableaux de genre recueillis pendant le voyage de Monseigneur le Duc Maximilien de Bavière et dessinés par Henri de Mayr avec un text explicativ par Sébastien Fischer [Stuttgart. Ebner & Seubert 1846—1849.]
2 Bl. 70 S 48 Taf in Lithogr gr 2°
Darstellungen aus Ägypten.

Waldbau auf naturgesetzlicher Grundlage. Ein Lehr- u. Handbuch. (VII, 568 S. m. 27 Abbild. u. 3 [2 farb.] Taf.) gr. 8. Berlin 909. P. Parey. Geb. in Leinw. 15. —

— fremdländische Wald- u. Parkbäume f. Europa. Mit 258 Abbildgn. im Texte u. 354, z. Tl. farb., Abbildgn auf 20 Taf. (VIII, 622 S.) Lex-8 Berlin 906. P. Parey. Geb. in Leinw. n. 22. —

— aus den Waldungen Japan's. Beiträge zur Beurtheilg, der Anbaufähigkeit u. d. Worthes der japan. Holzarten im deutschen Walde u. Vorschläge zur Aufzucht derselben im forstl. Kulturbetriebe. gr. 8. (IV, 59 S.) Ebd. 891. n. 2. —

Mayr, Heinr., die Waldungen von Nordamerika, ihre Holzarten, deren Anbaufähigkeit u. forstlicher Werth f. Europa im Allgemeinen u. Deutschland insbesonders. Nach im Auftrage d. kgl. bayer. Staatsministeriums der Finanzen unternommenen Reisen u. Studien bearb. gr. 8. (XII, 448 S. m. 24 Textabbildgn., 10 Taf. u. 2 Karten.) München 890. Rieger. n. 18. —

Mayr, Henri de, s. Mayr, Heinrich von

Mayr, Hermann: Über das primäre Bronchialcarcinom. *Augsburg 1897: J. P. Himmer.* (41 S.) 8°
Freiburg i. B., Med. Diss. v. 1897

– Über den Vermögenserwerb des Kridars während des Konkurses nach gemeinem Rechte, s. Maier

MAYR, HERMENEGILD: Deus Unus et Trinus. Der Dreyfach pensionirte. Ein Einiger GOtt. Vorgestellet mit Dreyfachen Herrlichkeiten Der Großmächtigkeit, Barmhertzigkeit und Lieb. An dem Hohen Fest-Tag Der Unzertheilten Allerheiligsten Dreyfaltigkeit in der Königlichen Freyen Stadt Preßburg in der Kirchen deren WW. EE. P Trinitariern vor einer zahlreichen Gegenwart dargewesen hat Hermenegild Mayr, Sac. Can. et Exempti Ord. Praemonstrat. Professor Preßburg 1739: Maria Magdalena Royerin Wittib. 12 f. - 200 mm

Mayr, J.

— Anfangsgründe der deutschen und lateinischen Sprache, für die Jugend. 8. Augsb. M. Rieger. 771.

Mayr, J., Briefe in deutscher und lateinischer Sprache, zum Gebrauch für die Jugend. 8. Augsb. Weit. 799.

Mayr, J. Prospect der des Heil. Römischen Reichs Freyen Stadt **Regensburg**, nach der wahren Lage von der Landseite gegen Norden anzusehen, nebst dem dazu gehörigen Obern- und Untern-Wörth. Regensburg 1780. 1 Bl. K

Mayr, J.: Veranlassung zur Gründung der babenbergischen Ostmark. Ihre Stellung zum deutschen Reiche. 40 S. 8° – Salzburg, OG., Progr. 1870.

Mayr, J. August, s. Mayr, August

Mayr, J. B., Preis-Umwandlungs-Tabelle vom bayerischen Gewicht zum metrischen [Zoll-]Gewicht zur Erleichterg. bei Einkäufen. 16. (2 S.) München 872. Beck. (?)
n. — 10

Mayr, J. G. Zwei neue Lieder für die jetzige Zeit. Gedruckt bei A. W. Hahn. 4 Bl. 8.
Flugblatt. Berlin, 1848/49.

Mayr, J. Georg

Mayr, J. G., **Atlas der Alpenländer: Schweiz, Savoyen, Piemont, Süd-Bayern, Tirol, Salzburg, Erzherzogth. Oesterreich, Steyermark, Illyrien, Ober-Italien etc. Nach den neuesten Materialien bearb. 9 Blätter. Maassstab 1:450000. 1—3. Lfg. Kpfrst. und ill. qu. Imp.-Fol. (à Lfg. 2 Bl.) Gotha 858—61, J. Perthes. [1. Lfg. * 4 Thlr., 2. und 3. Lfg. à * 3 Thlr.]** *
Einzelne Bl. aufgez. *

Mayr, J. G., **Atlas der Alpenländer:** Schweiz, Savoyen, Piemont, **Süd-Bayern, Tyrol, Salzburg, Erzherzogth.** Oesterreich, **Steyermark, Illyrien, Ober-Italien etc.** Nach den neuesten **Materialien bearb. 9 Blätter. Maassstab 1:450,000.** 4. Lfg. **Kpfrst. und ill. qu. Imp.-Fol. (3 Blatt.)** Gotha 862, J. **Perthes.** *
Einzelne Blatt aufgez. *

Mayr, J. G., Atlas der Alpenländer: Schweiz, Savoyen, Piemont, Süd-Bayern, Tirol, Salzburg, Erzhth.: Oesterreich, Steyermark, Illyrien, Ober-Italien etc. 9 (in Kpfr. gest. u. color.) Blätter. Maasstab 1:450,000. Nach den neuesten Materialien bearb. Gotha 863. J. Perthes. gr. Fol. n. 14 ₰ 15 ngr

Mayr, J. G., **Atlas der Alpenländer: Schweiz, Savoyen, Piemont, Süd-Bayern, Tyrol, Salzburg, Erzherzogth. Oesterreich, Steyermark, Illyrien, Ober-Italien etc. Nach den neuesten Materialien bearb. Suppl.-Liefg. 2 Blatt. Kpfrst. u. color. qu. Imp.-Fol. Gotha 865. J. Perthes.** n. 3 ₰

Mayr, J. Georg. Reise- und Übersichts-Karte von Deutschland nebst den angränzenden Ländern, ausgedehnt bis Paris, London, Kopenhagen, Warschau, Pesth, Venedig und Genua, in besonderer Rücksicht auf Eisenbahn-, Dampfschiff-, Post- und Telegraphenverbindungen mit statistischen, Distanz-Tabellen etc. bearbeitet München, Rieger, 1858. Imp.-Fol. Kupferstich u. kolor (1 ℛ 24 ngr)
—, — Ebenda 1855.
—, — M. 1 2000000. Neue, vielfach verb. Ausg. Ebenda 1858.
—, — Ebenda 1859.
—, — Neue vielf. verb. Ausg. München, Rieger, 1861 Imp.-Fol. Kupferst. und kolor. (½ ℛ)
—, — Neue Ausg. Ebenda 1865.
—, — Neue Ausg. Ebenda 1867
—, — Lith. u. kolor. Ebenda 1868—76. (Br. Mus. z. T.)

Mayr, J. G., **Reise- und Uebersichts-Karte von Deutschland nebst den angrenzenden Ländern, ausgedehnt bis Paris, London, Kopenhagen, Warschau, Pesth, Venedig und Genua, in besonderer Rücksicht auf Eisenbahn-, Dampfschiff-, Post- und Telegraphen-Verbindungen mit statist. Distanz-Tabellen und Zeitgebrauchs-Angaben nach den neuesten Ergebnissen bearb. 1:2,000,000. Fol. München 868—72, Rieger'sche** Universitäts-Buchh.
aufgez. in Carton *

Mayr, J. G., **Reise- und Uebersichts-Karte von Deutschland nebst den angränzenden Ländern, ausgedehnt bis Paris, London, Kopenhagen,** Warschau, Pesth, Venedig und Genua, **in besond. Rücksicht auf** Eisenbahn-, Dampfschiff-, Post- **und Telegraphen-Verbindungen mit statist.** Distanz-Tabellen **und Zeitgebrauchs-Angaben nach den** neuesten Ergebnissen **bearb. 1:2,000,000. Ausg. 1875** und 1876. Chromolithogr. **Imp.-Fol. München, Rieger'sche** Universitäts-Buchh.
Auf Leinw. in Carton *

Mayr, J. G., Neueste Übersichts- und Eisenbahn-Karte d. deutschen Reiches f. d. J 1872—81 m. den angrenz. Ländern ausgedehnt bis Paris, Havre, Lyon, Nizza, München, Rieger Imp.-Fol. Lith. u. kol. 1 M. 50 Pf. (Br. Mus. z. T.)

— neueste **Uebersichts- und Eisenbahn-Karte des deutschen Reiches für die J. 1872—1875 mit den angrenzenden Ländern ausgedehnt bis Paris, Havre, Lyon, Nizza, Genua, Zara, Temesvar, Warschau, Memel, Kopenhagen und London. Mit besond. Berücksicht. der Gebirgszüge und Eisenbahnen. Fol.** Ebendas.
aufgez. in Carton *

— **neueste Uebersichts- und Eisenbahn-Karte des Deutschen Reiches nebst den angränzenden Ländern ausgedehnt bis Paris, London, Kopenhagen, Warschau, Pest, Venedig und Genua in besond. Rücksicht auf Eisenbahn-, Dampfschiff-, Post- und Telegraphen-Verbindungen, mit statist., Distanz-Tabellen und Zeitgebrauchs-Angaben nach den neuesten Ergebnissen bearb. Ausg. 1877—1879. 1:2,000,000. Imp.-Fol. Ebendas.**
Ausg. in Kpfrst. und color. In Sarsenet-Etui *

Mayr, Jak., Plafonds. Entwürfe f. Dekorationsmaler 1. Serie. gr. Fol. (12 farb. Taf.) München 894. (G. D. W. Callwey.) n. 6. —

MAYR, IGNATIUS: DebitVs CVLtVs IVstitiae in siLentIUM. Isaiae 32. v 17 Das ist Allerhöchst verpflichte in dem Stillschweigen sich schuldigst gründende jährliche Lob- und Ehren-Rede von Dem unergründlichen und unermessenen Geheimbnuss der Dreyeinigen GOttheit, so theils aus der Tieffe deß Geheimnuß, theils auss dem Entwurff deß Englischen drey-färbigen Scapuliers Cum Silentio Mit Stillschweigen widerhollet Iudic. 4. v. 21. An dem hohen Titular-Fest dess Barfüssers-Orden der Allerheiligsten Dreyfaltigkeit von Erlösung deren gefangenen Christen in eigener Closter-Kirchen zu Pressburg außer dem Michaeler-Thor vor zahl-reicher Gegenwart Einer Englischen Ertz-Bruderschaft. Welche abgeredet der ehr- und tugendsame Jüngling Ignatius Mayr. Pressburg 1732. Gedr. bey Joh. Paul Royer. 7 f. - kl. 4°

MAYR, Ignaz: Anleitung für Förster über die denselben nöthigen Kenntnisse im Rechnungswesen. - Wien 1839. 2. verm. Aufl. - 3. Aufl. u. d. T : Das Rechnungswesen für Förster und Forstverwaltungen. ebd. 1859. IV, 345 S.

Mayr, Ign., Anleitung f. Förster üb. d. bens. nöthigen Kenntnisse im Rechnungswesen. 2., verm. Aufl. gr. 8. (20⅓ B.) Wien 839, (Beck's Univ.-Buchh.) *

Mayr, Ignaz. — Homiletische Betrachtungen über die Leidensgeschichte Jesu Christi mit Bezug auf mancherlei Uebelstände unserer Zeit. In sechs Fastenpredigten von dem Weltpriester — —. 8. (66 S.) Wels. Gedruckt bei Johann Haas. 1854.

Mayr, Ign., homiletische Betrachtungen über die Leidensgeschichte Jesu Christi mit Bezug auf mancherlei Uebelstände unserer Zeit. In sechs Fastenpredigten. Wels 854. (Leipzig, Hübner) 8. (67 S.) n. 12 ngr.

Mayr, Ign., das Rechnungswesen für Förster oder Forstverwaltungen. 3. verm. Aufl. Wien 859. Braumüller. Lex.-8. (IV, 345 S.) n. 1 ₰ 22 ngr.

Mayr, Job., **Markward von Anweiler, Reichstruchsess und kaiserl. Lehensherr in Italien.** gr. 8. (63 S.) Innsbruck 876, Wagner'sche Universitäts-Buchh. *

Mayr, Joh Ant., Arbon Dissertatio medico-physica de d i v e r s i t a t e corporum humanorum secundum diversitatem regionum.
Basel, Med. Diss. 1752

Mayr, J o h a n n B a p t Ehren-Rede Bey der Jubilirten Profession deren Frauen Frauen Mariae Claudiae Sidoniae Reichs-Gräfin von Lamberg Und Frauen Mariae Aloysiae Gräfin von Grottenegg Klgfr., Kleinmayr, 1742 Quart 16 S.

Mayr, Joh. Ev., Grundbegriffe z. elementar. Behandl. d. durch d. k. Regierung in allen deutschen Schulen d. Oberdonau-Kreises eingeführten Erdglobus, zunächst f. d. Lehrer d. Schul-Distrikts Urdberg I. in 3 Schul-Conferenzen vorgetragen. M. 5 aus Siebentopf entlehnten Abbild. in Steindr. gr. 12. (1½ B.) Augsburg 832, Kollmann.

Mayr, Johann Georg. B e s c h r e i b u n g des Wildbades Adelholzen nebst seinen Umgebungen, s. M a y r , Georg

Mayr Joh. Georg —. Feldreserln. Eine Sammlung von Gesängen, Schnadahüpf'ln und Sprüch'ln in ob der ennsischer Mundart. Von — —. Gmunden. 1855. Druck und Verlag von Joh. Habacher. (96 S. kl. 8.) geh.

Mayr, Johann Georg. Gedichte in ob der ennsischer Volksmundart. *Gmunden* 1858, bei *Joh. Habacher*. 192 *S.* 8°. 1 fl.

Mayr, Joh. Gg., der Mann v. Rinn [Joseph Speckbacher] u. Kriegsereignisse in Tirol 1809. Nach histor. Quellen bearb. Mit 1 Titelkpfr. u. einer topograph. Karte (in Kpfrst. u. qu. gr. Fol.) gr. 8. (XII u. 356 S.) Innsbruck 851. (München, Rieger.) n. 2 ₰ 4 ngr.

Mayr's, Jh. Hnr., Reise nach Konstantinopel, Aegypten, Jerusalem. s.a. Schicksale e. Schweizers

M a y r, Johann Heinrich. J' H' Mayr's Reise nach Konstantinopel, Aegypten, Jerusalem, und auf den Libanon. Hrg von Johann Conrad Appenzeller 2. verbesserte Aufl. Mit vier Kupfern [Tafeln]. 8. St. Gallen 1820. XV, 576 S. 4 Tf.
1. Aufl s. (M a y r, Joh[ann] Heinrich). Schicksale eines Schweizers St. Gallen 1815.

Mayr's, J. H., Reise nach Konstantinopel, Aegypten, Jerusalem und auf den Libanon. Herausg. von J. C. Appenzeller. 2te Aufl. Mit 4 Kupf. gr. 8. St. Gallen, Huber. 820.

(M a y r. Joh[ann] Heinrich.) Schicksale eines Schweizers während seiner Reise nach Jerusalem und dem Libanon. Von ihm selbst beschrieben. ([Hrg von] J[ohann] C[onrad] Appenzeller) 3 Bändchen. 8. St. Gallen 1815.
Bandchen 1 Erstes und zweytes Buch.
Bändchen 2 Drittes und viertes Buch. Mit einer Ansicht von Jerusalem [Tafel].
Bandchen 3 Fünftes und sechstes Buch. Mit 3 Kupfern [Tafeln].

Mayr, Johann Leonhard. BeatIssIMI patrIs VDaLrICI transLatIo aLtera Das ist: Des Heiligen Ulrichs glorreichen Bischofens zu Augspurg zweyte Erhebung, und Beysetzung. Da von Ihro Durchlaucht des Bischofen zu Augspurg Josepho I die den 15. April lauffenden Jahrs erfundene Gebeine den 13. May erstlich in U. L. Frauen hohes Dom-Stifft zu offentlicher Verehrung, sodann wiederum in einer Procession, zu beständiger neu-errichten Ruhe-Statt in St. Ulrich, und Afrä GOttes-Hauß getragen, und übersetzet wurden in offentlichem Druck bekannt gemacht durch Johann Leonhard Mayr Augspurg, in Verlag bei Johann Georg Obitz 1762. Gedruckt bei Frantz Joseph Fetscher. Catholischen Buchdrucker
2 Bl. Tit. 3 Bl. 81 S. 1 Bl. 1 Taf. in Rad. von Stockmann 4°

MAYR, Joseph (Waldsassen): De alimentis animi humani.- Monachii 1836.
8.8.1836 - Urk; F 63
Diss. Ingolst.-Landsh.-Mchn.

Mayr, Josef, prakt. Arzt aus Bodenwöhr Über die **Beziehungen** der Skoliose zur Lungentuberkulose. *Erlangen 1904: Junge & Sohn.* (36 S.) 8°
Erlangen, Med. Diss. v. 14. Dez. 1903

Mayr, Joseph [Tierarzt in München]: **Aus d. anatom. Institut d. tierärztl.** Hochschule München. **Über die Entwickelung des Pankreas bei Selachiern** [Sep.-Abdr.] **Wiesbaden, J. F. Bergmann,** 1897; 77 S. [ohne d. zugehör. Tafeln] **8.**
Giessen, Med. Fak., Inaug.-Diss. v. 1897

Mayr, Jos., Fridolin od. Der Gang zum Eisenhammer, s.a. Esser's, J., Sammlung leicht aufführbarer Theaterstücke. 89. Heft.

Fridolin oder der Gang zum Eisenhammer. Schauspiel in 5 Akten frei nach Schillers Ballade Neu bearb. von Joseph Mayr 2. Aufl. Paderborn J Esser [1904]. (54 S.) 8° [J.]
= **Sammlung.** J Esser's, leicht aufführb. Theaterstücke. H. 89. [05. 4190

M a y r, Jos. Des Erzbischofs Wolf Dietrich Gefangennahme und Tod. 22 S. 8 **Progr.** G. *Salzburg* 1876

M a y r, Jos*ef*: Katalog der Lehrerbibliothek des k. k. Staats-Obergymnasiums zu Nikolsburg. I. Theil. (Umschlagtitel: Systematischer Katalog der Lehrerbibliothek des St.-Gymn. in Nikolsburg 1. Theil.) 8 (S. 9—32). Systematischer Katalog der Lehrerbibliothek des St.-Gymn. in Nikolsburg 2. Theil. 8 (S. 33—48). 3. Theil. 8 (S. 49—61).
Progr. Staats-G *Nikolsburg* 1898. 1899. 1900

Mayr: Die ehemalige Universität Salzburg. 23 S.–Salzburg, Progr. 1859

Mayr, Jos., die ehemalige Universität Salzburg. Salzburg 859. Mayr. gr. 4. (23 S.) n. 8 ngr.

– (Hrsg.). s. S t o l z , Alban· Rosenkranzbüchlein.

Mayr, Jos. Karl, **die Linzer Handschrift des deutschen Vegez,** s.a. Q u e l l e n s t u d i e n **aus dem historischen Seminar der** Universität Innsbruck. **1. Heft.**

Die Linzer H a n d s c h r i f t des deutschen Vegez von Josef Karl Mayr aus Salzburg. Innsbruck: Wagner 1909
58 S. 8°
(Quellenstudien aus d. hist. Seminar d. Univ. Innsbruck. H. 1,[1])

Mayr, Jul., Wilhelm Leibl. Sein Leben u. sein Schaffen. Mit 30 Taf., 69 Abbildgn. u. e. Fksm. (VII, 225 S.) Lex. 8. Berlin (907). B. Cassirer. 18.—; geb. in Ldr.-Rücken u. Japanüberzug 22.—; Luxusausg. 40.—

MAYR, Julius (Pfarrkirchen): Historische Skizzen über das Erysipel.- München 1879.
25.1.1879 - Urk (Titel: De erysepelate.); Chr 1878/79,11
Diss.Ingolst.-Landsh.-Mchn.

Mayr, Karl (Bearb.), s. A b r e i s e , von der, Erzherzog Leopolds nach Jülich

Mayr, Karl, Dr., Würzburg **Beiträge zur Physiologie und Pathologie des Geschmacksinnes.** *Würzburg 1904: F. Scheiner.* (66 S.) 8°
Würzburg, Med. Hab.-Schr. v. 1904

Mayr, Karl, s.: Briefe u. Akten zur Geschichte des 30-jähr. Krieges.

MAYR, Carl (Dillingen): De epilepsia.- Augustae Vindelicorum: Wirth (1829). 30 S.,1 Bl.
21.8.1829 - Urk; F 59
Diss. Ingolst.-Landsh.-Mchn.

— s.: Festgabe, Karl Theodor v. Heigel gewidmet.

Mayr, Carl, k. k. Appell. Offr. Geschichte der Kärntner, und Merkwürdigkeiten ihrer heutigen Provinz.
8. Cilly und Wolfsberg 1785.

Mayr, Karl, der neue Münchener Illustrationsstil u. seine Hauptvertreter. Fol. (26 S. m. 12 Abbildgn. u. 7 farb. Taf.) Wien 902. Gesellschaft für vervielfältig. Kunst.
n. 15. —
Sonderabdruck aus: „Graph. Künste".

Mayr, Karl, von den Rüstungen Herzog Maximilians v. Bayern bis zum Aufbruch der Passauer, s.: Briefe u. Akten zur Geschichte des 30jähr. Krieges. (Stieve, Fel.)

Mayr, Karl [aus Würzburg]: Ueber Sarkommetastasen in der Lunge ... Würzburg, Druck d. Stahel'schen k. Hofbuchdr., 1895; 31 S. 8.
Würzburg, Med. Fak., Inaug.-Diss. v. 1895

– W o l f Dietrich von Raittenau .. , s. M a y r - Deisinger, Karl

Mayr, Carl Friedr. Florenz, die für das Königr. Hannover erlassenen Gesetze über das Privat-Feuer-Versicherungs-Wesen. gr. 8. (16 S.) Hildesheim 861, Lax.

Mayr, Klarus

Mayr, Clarus, Abhandl. vom Flußsand. Münch., (G. Franz). 8 gr.

— Abhandl. v. einer neuen Gattung Pflanzenseide. Münch., (G. Franz). 4 gr

— Gedanken, wie dem fast jährlich von Austretung der Flüsse verursachten Schaden nach den Naturgesetzen des Wassers zu steuern sei. Münch., (G. Franz). 4 gr

— Rede bei d. Beerdigung d. Hrn. Max Viktor Meßmer, med. Dr., prakt. Arztes in Hergensweiler. 8. Landsh. 831. Thomann. 1 gr

— chemische Untersuchung der Heilquellen zu Johanneskirchen bei Vilsbiburg; nebst Bemerkk. üb. ihre Heilkraft. 8. 1814. (Landsh., Thomann).

Mayr, L., und G. Vies, die heilige Volksmission in Augsburg, s. Vies.

Mayr, L. W., die Plenarbeschlüsse des obersten Gerichtshofes für das Königreich Bayern in bürgerlichen Rechtsstreitigkeiten vom Jahre 1838—1860 systematisch zusammengestellt. Neuburg a. D. 861. Prechter. 16. (X, 92 S.) n. 12 ngr.

Mayr, Chrd. Val., s. a. heil. Charwoche.

Mayr, Leond. Val., die heil. Charwoche, od. christl. Anleit., wie man diese heil. Zeit mit Bethen, Betrachten, Kirchenbesuchen, Erklär. d. Kirchenceremonien, u. a. guten Werken nützlich zubringen soll. A. d. röm. Meßbuche, d. Brevier u. a. liturg. Werken zusammengetragen. Neue, durchaus verb. Aufl. 8. (31 B., Ttlkpfr. u. Ttlvign.) Augsburg 832, M. Riegers sel. Wrlsbuchh.

(——) Gebethbüchlein f. kathol. Christen, s. Gebetbüchlein.

Mayr, Leopold. Fremdenführer in Ischl und Umgebung. Mit einer Karte (Plan der Umgebung von Ischl). *Wels* 1857. Druck und Verlag von *J. Haas.* VIII, 159 S. 8°.

Mayr, Lorenz [app. Arzt aus Kempten]: Ueber Fremdkörper in den Luftwegen ... Kempten, Buchdr. d. J. Kösel'schen Buchh., 1896; 23 S. 8.
München, Med. Fak., Inaug.-Diss. v. 1896

MAYR, Ludwig (Kempten): De cornea nubibus obducta. (Titel nach der Urkunde)
9.8.1855 - Urk; F 68
Diss. Ingolst.-Landsh.-Mchn.

Mayr, Ludwig [app. Arzt aus Kempten]: Ein Fall von Gallertkrebs des Magens und Bauchfelles ... München, Buchdr. v. M. Ernst, 1892; 24 S. 8.
München, Med. Fak., Inaug.-Diss. v [21. Jan.] 1892

Mayr, Ludwig, appr. Arzt a. Altenmünster: Zwei Fälle von Fibrosarkom der Bauchdecken. München 1904: C. Wolf. (28 S.) 8°
München, Med. Fak., Ref. v. Angerer, Diss. v. 30. Juli 1904
[Geb. 28. Aug. 80 Altenmünster, Schwaben; Wohnort: Altenmünster; Staatsangeh.: Bayern; Vorbildung: Gymn. Neuburg a. D. Reife Juli 99; Studium: München 4, Berlin 1, Würzburg 1, München 4 S.; Coll. 30. Juli 04; Approb. 30. Juni 04.]

MAYR, Ludwig: Otto III. von Niederbaiern als König von Ungarn (1305—1307). — 1888. 36 S. Diss. Graz, Univ.

Mayr, Ludw., *Χαρίτων πόλις*. D. Stadt d. Grazien. Griechisch m. deutscher Übersetzg. 8. (23 S.) Graz 897. (P. Cieslar.) n.n. — 60

Mayr, Ludw., *Χαρίτων πόλις*. Die Stadt der Grazien. Beschreibung der Stadt Graz, nebst den wichtigsten Sagen aus Stadt u. Umgebg. Griechisch u. deutsch. 2., erg. Aufl. 8. (66 S.) Graz 902. (P. Cieslar.) n. 1. —

Mayr, Ludwig Der Grazer Schloßberg. Aus *Χαρίτων πόλις* — Die Stadt der Grazien. (Umschlagtitel Der Grazer Schloßberg, in griechischen und deutschen Hexametern beschrieben.) S. 19—26. 8.
Progr. K. k. erstes Staats-Gymn. *Graz* 1902.

[F.] **Mayr,** Ludwig [Dr. jur., Rechtsanw.]: Die Spolienklage des Bayr. Landrechts ... [o. O.], *1893;* 29*S. 8.
Erlangen, Jur. Fak., Inaug.-Diss. v. 1893

Mayr, Ludwig Die Tradition über die Heimatstätten der lykurgischen Verfassung. 8 (S. 3—31). **Progr.** Staats-G. *Marburg* 1888

Mayr, Ludwig, prakt. Tierarzt in Welden in Schwaben: Untersuchungen über die pharmakologischen, therapeutischen und toxikologischen Wirkungen des Isarol in der Veterinärmedizin. Basel 1909. 84 S. 8°. [13. VII. 09.]
Bern. Vet.-med. Diss. 1909/10.

Mayr Ludwig. Untersuchungen über die pharmakologischen, therapeutischen und toxikologischen Wirkungen des Isarol in der Veterinärmedizin. Diss. Vet.-Med. Bern. 84 S. 8. Basel, Brin & Cie., 1909

Mayr, M., s.: Brandmalerei, die, m. Stift u. Pinsel.

Mayr's, M., Bücher der Kunst u. Technik. Nr. 7. 8. München 906. (Hans Sachs-Verlag.) 1. 80
7. Der jetzige artistische u. gewerbliche Rechtsschutz u. seine praktische Ausnützbarkeit durch bildende Künstler, Kunstgewerbetreibende, Photographen, Industrielle, Ingenieure, Techniker, Werkmeister, Erfinder u. s. w., umfassend die Bestimmgn. des neuen Urheberrechtes an Werken der bild. Künste u. der Photographie, des internationalen Kunstschutzes, des Patent-, Gebrauchs- u. Geschmacksmuster- u. Warenzeichengesetzes, m. Erläutergn. (132 S.) 907

Mayr, M: Das Formen und Modelliren. Augsburg und München 1900

Mayr, M: Das Formen und Modelliren. 2. Aufl. München 1904

Mayr, M., s.: Forschungen u. Mitteilungen zur Geschichte Tirols u. Vorarlbergs.

– Heinrich von Morungen. 48 S. Linz, R, Progr 1879

Mayr, M., s.: Jahrbuch d. französ. Litteratur.

Mayr's, M., kunsttechnische Lehrbücher. Nr. 1. 4 u. 5 8. München, Verlag der Kunstmaterialien- u. Luxuspapier-Ztg (Nur direkt.) (Hans Sachs-Verl.) à n 1. 80
1. Das Formen u. Modellieren, illustr Anleitg., z. selbständ. Erlerng. der Formerei m. Gips u. Leim u. des Modellirens in Thon, Wachs, Plastilin, Gummiknetmasse &c f. Dilettanten, Künstler, Kunstgewerbetreibende u. Techniker Mit über 100 Abbildgn. von Utensilien etc. zum Formen u. Modellieren 4. erweit Aufl. (114 S.) 906.
4. Das technische u. mechanische Zeichnen, Malen u. Vervielfältigen. Illustr. Anleitg zur Einführg. in das techn. Zeichnen u. Malen u zur Erlerng. der mechan Zeichnen-, Vergrösserungs-, Verkleinerungs-, Vorzeichnungs-, Paus-, Schablonier-, Vervielfältigungs- u Lichtpausverfahren Mit über 100 erläut. Abbildgn von Utensilien etc. zum techn. u. mechan. Zeichnen, Malen u. Vervielfältigen (11, 128 S. m. Abbildgn.) 903.
5. Techniken der dekorativen u. monumentalen Malerei u. des Anstriches. Mit besond. Berücksichtg. der Wandmalerei der Neuzeit u. m. praktisch nutzbaren Angaben aus dem Gebiete der Farbenlehre, Farbenästhetik, Farbenkomposition, Farbstoffkunde etc. Für Maler, Kunstgewerbetreibende, Architekten u. Baumeister (114 S.) 904.)

Mayr's, M., kunsttechnische Lehrbücher. Nr. 6. 8. München 906. (Hans Sachs-Verlag.) 2. —
6. Methodik u. Praktik des technischen u. graphischen Zeichnens im Bau- u. Maschinenfache, in Industrie u. Gewerbe, in der Kartographie, im Forstwesen u. s. w Mit üb. 200 erläut. Abbildgn., Signaturen u. Beispielen v. Hoch- u. Tiefbau-Maschinen-, Apparate-, karthograph. etc. Zeichngn. Für Praktiker, Lehrer etc. (134 S.)
Fortsetzg. u. d. T.: Bücher der Kunst und Technik.

— s.a. Malerei, die keramische.

Mayr, M: Die keramische Malerei. München und Augsburg 1901

Mayr, M: Die keramische Malerei. 2. Aufl. München 1904

Mayr, Dr. M., die Ordnung der Dienstboten. Eine gekrönte Preisschrift. gr. 8. München ... Jaquet. 2/3 ℳ

Mayr, M., Der jetzige artistische u. gewerbliche Rechtsschutz u. seine praktische Ausnützbarkeit durch bildende Künstler, Kunstgewerbetreibende, Photographen, Industrielle, Erfinder u. s. w., umfassend die Bestimmgn. des neuen Urheberrechtes an Werken der bild. Künste u. der Photographie, des internationalen Kunstschutzes, des Patent-, Gebrauchs- u. Geschmacksmuster- u. Warenzeichengesetzes, m. Erläutergn. (132 S.) 8. München '07, Hans Sachs-Verlag. 1. 80.

Mayr, M. Zur Stadterhebung Kufsteins. Separatabdruck der „Ferdinandeums-Zeitschrift“ III Folge 42. Heft 8 Innsbruck 1898.

Mayr, M. A., Rechnungshülfe für Kameralisten, Kommissarien, Beamte 2c. 12. Straubing, Heigl. 806.

Mayr, M. A., Rechnungshülfe für Kameralisten, Kommissarien, Beamte 2c. 12. Straub. 806. (Schorner). 8 gr

Mayr, Maria, s. Mayr, Peter Maria

MARTIN MAYR, Zur Kritik der älteren Fürstenfelder Geschichtsquellen. Festgabe des historischen Vereines von Oberbayern zur vierten Säcularfeier der Geburt Aventins. München 1877 Kgl. Hof- und Universitäts-Buchdruckerei von Dr C. Wolf & Sohn 8° [1])

[1]) Aus dem XXXVI. Bande des Oberbayerischen Archives besonders abgedruckt.

Mayr, Mart. (Accessist am k. Reichsarchive in München, † 1. Mai 1880 zu Mainburg), *Andreas Lochner, ein vergessener Mainburger Künstler* (Maler). O. O. u. J. (S.-A. aus dem „Hollerdauer Berichterstatter“, Nr. 36—38, vom 5.—12. Mai 1880.) Kl. 8°. Cart.*)
6 S. m. rother Linien-Einf. — Nur in 20 Expl. gedruckt.

Mayr, Matthäus Tabellen zum Bestimmen der Familien und Gattungen der Cicadinen von Centraleuropa, nebst Angabe der aus diesem Gebiete bekannten Arten 22, 21 SS. *Hall* 1883, 1884 Progr.

Mayr, P Matthaeus O S F Prof., Tabellen zum Bestimmen der Familien u. Gattungen d Cicadinen v Centraleuropa, nebst Angabe d aus diesem Gebiete bekannten Arten. Sep.-Abd.) gr 8. (22 S) Innsbruck. Wagner'sche U B. 40 kr
1883

Mayr, Matthaeus, Tabellen zum Bestimmen der Familien u. Gattungen der Cicadinen v. Centraleuropa, nebst Angabe der aus diesem Gebiete bekannten Arten. gr 8. (22 S.) Innsbruck 884. Wagner. n. — 80

Mayr, Max Frhr. v., s.: Aus der österreichischen Advokatenpraxis.

AUSDRÜCKE, Wiener 1 März 1905. (Vf.: *Max* Frhr *v. Mayr*) (Wien 1905.)
Anon.-Lex V p. 23 (Eigenbericht).

Mayr, Max [Rechtspraktikant]. Die Beihülfe im Strafrecht. Speier, L. Gilardone'sche Buchdruckerei, vormals Dl. Kranzbühler, 1883. 8. VI, 95 S.

Mayr, Max, Morphologie d. Böhmerwaldes, s.a. Forschungen, landeskundliche. 8. Heft.

Mayr, Max: Morphologie des Böhmerwaldes. Erlangen 1910: Junge. VIII, 123 S. 8° ¶(Aus: Mitteilungen d. Geogr. Gesellsch. in München. Bd 5.)
München, Phil. Diss. v. 19. Juli 1909, Ref. v. Drygalski
[Geb. 13. Jan. 85 Ansbach; Wohnort: München; Staatsangeh.: Bayern; Vorbildung: Luitpold-Gymn. München Reife Juli 04; Studium: München Univ. u. Techn. Hochsch. 10 S.; Rig. 19. Juli 09.] [U 10. 3678

MAYR, Michael (Mering): Die scrophulöse Augen-Entzündung.- München: Deschler 1856. 15 S. 18.7.1855 - Urk (Titel: De ophthalmia scrophulosa.); F 68
Diss. Ingolst.-Landsh.-Mchn.

Mayr, Mich., die politischen Beziehungen Deutschtirols zum italienischen Landestheile. Eine geschichtlich-staatsrechtl. Studie. 12. (82 S.) Innsbruck 901. (Vereins-Buchh. u. Buchdruckerei.) n. — 60

Veste Hohenwerfen. Ein geschichtl. Führer von Dr. M[ichael] Mayr. Mit Fotogr. u. Zeichn. von A. Weber, Architekt. *Innsbruck: Wagner 1903.* (VIII, 75 S.) 8° [03. 6146

Mayr, Mich., Wolfgang Lazius als Geschichtsschreiber Österreichs. Ein Beitrag zur Historiographie des 16. Jahrh. Mit Nachträgen zur Biographie. gr 8. (IV, 91 S.) Innsbruck 894. Wagner. n. 1. 80

– (Hrsg.), s. Schönherrs, David von. Gesammelte Schriften.

— die Vorbereitungen der dritten Befreiung Tirols im J. 1809. 8. (24 S.) Innsbruck 902. Vereins-Buchh. u. Buchdr. — 30
Sonderabdruck aus: „Neue Tiroler Stimmen".

Mayr Michael: Die Wahl Friedrich III. zum deutschen Könige. 2. II. 1440.
1890 PN 610 **Diss.** Wien, Univ 724

MAYR, Michael August (München): De amaurosi. (Titel nach der Urkunde)
20.8.1834 - Urk; F 61
Diss. Ingolst.-Landsh.-Mchn.

Mayr, Nav., praecognita generalia jurisprudentiae **univ. studio accomm. 8. maj. Ingolst. Krüll. 786.**

Mayr, Otto: Die Auslieferung eigener Unterthanen. .. Augsburg, Buchdr. v. Th. Lampart, 1891, 2 Bl., 93 S. 8°
Erlangen, Jur. Fak., Inaug.-Diss. v. 1891

Mayr, Otto, die Auslieferung eigener Unterthanen. Diss. gr. 8. (III, 94 S.) Augsburg 891. (Lampart & Co.) n. 2. —

Mayr, Otto: Adam Gumpelzhaimer. Ein Beitr. z. Musikgeschichte d. Stadt Augsburg im 16. u. 17. Jh. Augsburg 1908: Lampart. 88 S. 8°
München, Phil. Diss. v. 27. Juli 1907, Ref. Kroyer, Lipps
[Geb. 21 Nov. 80 Augsburg; Wohnort: Augsburg; Staatsangeh.: Bayern; Vorbildung: Realgymn. Nürnberg Reife Juli 00; Studium: München 9 S.; Rig. 27. Juli 07.] [U 09. 3484

Mayr, Otto, cand. med. aus München: Zwei Fälle von Meningitis tuberculosa mit Herderscheinungen von Seite der Gehirnrinde. *München 1899: Kastner & Lossen.* (46 S.) 8°
München, Med. Diss. v. 1900

Mayr, Otto, allgemeines österreichisches u. ungarisches Gestüt-Buch. Verzeichniss der im Kaiserstaate Oesterreich u. in Ungarn befindl. engl., englisch-oriental. u. rein oriental. Vollblut-Pferde nebst ihrer Abstammung. 1. Bd. Wien 867. (Schlieper.) gr. 8. (XXIV, 304 S.) geb. Subscr.-Pr. n.n. 6 Thlr 20 ngr; Ladenpr. n. 10 Thlr

Mayr, Otto, allgemeines oesterreichisch-ungarisches Gestütbuch. Verzeichniss der in Oesterreich-Ungarn befindl. engl. Vollblut-Pferde nebst ihrer Abstammg. 2 Thle. gr. 8. (1. Thl. XXII, 266 u. 2. Thl. 1 Hft.) Wien 873–75. F. Beck. geb. n.n. 44. —

— die k. k. Militär-Gestüte in Oesterreich: Kisbér, Bábolna, Mezöhegyes, Piber u. Radautz. Topographisch, historisch u. hippologisch geschildert. [Auszug aus dem Werke: „Die Gestüte des österreich. Kaiserstaates" von demselben Verf.) Wien 866. Dirnböck's Buchh. gr. 8. n. 1 Thlr 10 ngr

—— österreichisches Pferde-Stammbuch. Verzeichniss der in den österreich. Kronländern zur Zucht verwendeten Hengste, Stuten und ihrer Nachkommen. 4 Bde. gr. 8. Ebendas. 875.
Subscr.-Pr. à Bd. ** ℳ 4.; Ladenpr. à Bd. **
Inhalt:
Bd. 1. Nieder- und Oberösterreich, Salzburg und Tirol. (1. Heft 48 S.)
» 2. Steiermark, Kärnten, Krain und das Küstenland. (1. Heft 32 S.)
» 3. Böhmen, Mähren und Schlesien. (1. Heft 64 S.)
» 4. Galizien und die Bukowina. (1. Heft 16 S.)

Mayr, Otto, die Verwertung der Wasserkräfte u. ihre modernrechtliche Ausgestaltung in den wasserwirtschaftlich wichtigsten Staaten Europas. (VIII, 311 S.) Lex. 8. Wien 909. A. Hartleben. 10.—; geb. in Halbfrz. 12. —

Mayr, Peter Maria

Mayr, Maria, Gebetbuch für kathol. Christen, welche wirklich sein wollen, was sie heißen. 2e Aufl. 12. Augsb. 822. Bolling. 8 gr

Mayr, Pet. Maria, Gebetbuch für katholische Christen, welche wirklich seyn wollen, was sie heißen. 10., verb. Aufl. Augsburg 853. Schmid. 12. (144 S. u. 1 Holzschn.) 4 ngr

Mayr, Pet. Maria, neues Gebethbuch f. röm.-kathol. Christen. 12. (12 B.) Augsburg 835. (Regensburg, Manz.)

Mayr, Peter Maria, Gebetbüchlein für katholische Christen. 6. Aufl. Augsburg 863. Doll. 32. (64 S.) 1 ngr

Mayr, Peter Maria, **Gebetbüchlein für Kinder, welche in der Religion schon ziemlich gut unterrichtet sind, u. es noch besser** werden wollen. 32. Augsburg 842, Wolffische B. $^1/_{24}$ Thlr (128 Seit.)

Mayr, Peter Maria, drei Kreuzweganbachten nach den gewöhnl. fünfzehn Stationen zur Abwechslung bei dem gemeinsamen u. besondern Besuche derselben. 3. unveränd. Aufl. 12. (70 S.) Augsburg 852, Wolff. (München, Finsterlin.) 3 ngr

— neue Litaneien nach d. alten bisher in d. Kirche üblichen Formeln, sowohl f. d. öffentl. Gottesdienst als für die Privatandacht kathol. Christen; nebst e. Kreuzweg-Andacht. 8. Augsb. 822. Kranzfelder. 3 gr

Mayr, Pet. Maria, neue Litaneien nach d. alten bisher in d. Kirche übl. Form, sowohl f. d. öffentl. Gottesdienst, als auch f. d. Privatandacht kathol. Christen. Mit e. Vesper u. drei Kreuzweganbachten. Neue, verb. u. verm. Aufl. 12. (9 B.) Augsburg 835, (Kollmann'sche Buchh.)

—— neue Litaneien nach der alten bisher in der Kirche üblichen Form, sowohl für den öffentl. Gottesdienst als auch für die Privatandacht kathol. Christen. Mit einer Vesper und drei Kreuzweganbachten. Neue, verm. und verb. Aufl. 12. (214 S.) Augsburg 852, Wolff. (München, Finsterlin.)

— Predigten an verschied. Festtagen, bei verschied. Anlässen u. an verschied. Orten gehalten. 8. Augsb. 822. Bolling. 18 gr

MAYR, PETRUS Danck- und Buss-Rede im Jahr 1740. den 27 Martzen als dem allmächtig-erbarmenden Gott in Ofen wegen abgetrieben-ansteckender Seuche demüthige Dancksagung abgestattet. Ofen 1740: Notensteinin. (10 f.) - 190 mm

MAYR, PETRUS S. J. Neuer Elias im Jüngst Heilig gesprochenen Joanne vom Kreuz, Vattern der barfüssigen Carmeliten in diser Wohl-Ehrwürdigen Ordens-Männern zierlichen Gottes-Hauß zu Raab Am achten Tag Der Gedachten Heiligen zur Ehre Gehaltenen Solemnitet / im letzten Monath deß Jahres 1727 Durch offentliche Lob-Rede Furgestellet Von P Petrus Mayr. Raab 1727 Joseph Antoni Streibig. 16 S. - 190 mm

Mayr, Ph.: Das Patronats-Recht. Dargestellt nach dem allgem. Kirchenrechte u. nach österreich. Verordnungen. *Wien*, v. Mösle u. Braumüller. 824. gr. 8. (1 Thl.)

Mayr, Ph F, s. Mayr, Philipp Joseph

Mayr, Philipp Benitius

Mayr, Ph. B., Betracht. üb. Religion u. Kirche. Ein Nachlaß. 8. Inspruck 829. Wagner. (Augsb., Wolff). 8 ß (7 B.)

Mayr, P. B., Gedächtnißrede auf F. X. Jellenz. 8. Insbruck, Wagner. 805.

Mayr, P. Ph. Benitius, Predigten, gesammelt u. herausgeg. von einem seiner Verehrer. I. u. II. Bd. I. Bd. enthält Predigten: A. über Glauben u. Unglauben, B. von der Kirche u. ihrer Gewalt, C. vom Worte Gottes, D. über Erziehung, E. zum Anfang u. Schluß des Jahres. II Bd.: F. über das Gebeth, G. Bußpredigten. gr. 8. Innsbruck 838, 39. Wagner. $1^2/_3$ ß (4 Bde. werden es.)

Mayr, Phil. Benitius, Predigten. Gesamm. u. hrsg. v. e. seiner Verehrer. 1—3. Bd. gr. 8. Innsbruck 839, Wagner'sche Buchh. [1. 2. ($37^1/_4$ B.) 839. $1^2/_3$ Thlr., 3. (18 B.) 840. $^5/_6$ Thlr.]

Mayr's, Phil. Benitius, Predigten. Gesammelt u. herausg. von einem seiner Verehrer. III. u. IV. (Schluß-)Bd. gr. 8. Innsbruck 840, 43, Wagner'sche B. à $^5/_6$ ß — (I—IV. $3^1/_3$ ß)

MAYR, Philipp Joseph (Oberhausen): De divisione bonorum societatis.- Landishuti: Krüll 1825.
VI,110 S.,1 Bl.
1824 - Fe 405; F 48
Diss. Ingolst.-Landsh.-Mchn.

Mayr, Ph. J. Handbuch des gemeinen und Bayerischen Lehnrechts. Landshut 1831. 8°. Ppbd. In der 2. Hälfte m. Pap. durchschoss worauf hdschr. Zusätze
XX. 472 S. u. Reg.

Mayr, Ph. Jos., Handb. des gemeinen baierischen Lehnrechts. gr. 8. Landsh. 831. Krüll. 2 ß

MAYR, Phil. Jos.: Handb. d. gem. u. bayrischen Lehnrechts. *Landsh.*, (*Regensb.*, Manz) 831. 8. (2 Thl.)

MAYR, Raimund (Lauingen): De positionibus facie praevia. (Titel nach der Urkunde)
14.7.1877 - Urk; Chr 1877/78,9
Diss. Ingolst.-Landsh.-Mchn.

Mayr, Rich., Beiträge zur Beurtheilung G. E. Lessing's. gr. 8. (146 S.) Wien 880. Hölder. n. 3. 60

Mayr, Rich., die philosophische Geschichtsauffassung der Neuzeit. 1. Abthl.: Bis 1700. gr. 8. (XII, 247 S.) Wien 877, Hölder. *

— u. Hans Pischek, Hilfsbuch f. den deutschen Unterricht (Grammatik, Stilistik, Metrik u. Poetik). gr. 8. (VI, 197 S.) Wien 898. A. Hölder. Geb. n. 2. 40

— u. Hans Pischek, Hilfsbuch f. den deutschen Unterricht (Grammatik, Stilistik Metrik u. Poetik). 2. verb. Aufl. (VI, 201 S.) gr. 8. Wien 904. A. Hölder. Geb. in Leinw. n. 2. 15

— — 3. Aufl. Ebd. 1908.

Mayr, Rich. Canon der wichtigsten welt- u. handelsgeschichtlichen Daten. Nebst e. Anh.: Chronologische Übersicht d. Culturgeschichte [Religion, Kunst, Wissenschaft]. gr. 8. (IV, 48 S.) Wien 892, Hölder. * — 60

MAYR, Richard
Canon der wichtigsten welt- und handelsgeschichtlichen Daten. Nebst einem Anhang: 1. Hauptdaten der österreichischen Geschichte. 2. Zeittafel zur Geschichte der deutschen Literatur von Dr. Richard Mayr. 2., veränderte und verbesserte Auflage. Wien. 1902. Hölder. Gr.-8° 54 S. K —.75

— Lehrbuch der Handelsgeschichte auf Grundlage der Wirtschafts- u. Socialgeschichte. Mit e. bibliograph. Anh. gr. 8. (VIII, 351 S.) Ebd. 894 Geb in Leinw n 3 60

Mayr, Rich., Lehrbuch der Handelsgeschichte auf Grundlage der Social- u. Wirtschaftsgeschichte. Mit e. bibliograph. Anh. 2., umgearb. u. gekürzte Aufl. gr. 8. (IV, 274 S.) Wien 901. A. Hölder. Geb. in Leinw. n. 3. —

Mayr, Rich., Lehrbuch der Handelsgeschichte auf Grundlage der Sozial- u. Wirtschaftsgeschichte. Mit e. bibliograph. Anh. 3., verb. Aufl. (IV, 297 S.) gr. 8. Wien 907. A. Hölder. Geb. in Leinw. 3. 20

Mayr, Rich., deutsches Lesebuch für höh. Handelsschulen (Handels-Akademien). F. d. 1. u. 2. Jahrg. höh. Handelsschulen. gr. 8. (X, 536 S.) Wien 897. A. Hölder. Geb. n. 4. 80

Mayr, Rich., deutsches Lesebuch f. höhere Handelsschulen (Handelsakademien). Für den 1. u. 2. Jahrg. (bezw. Vorbereitungsklasse u. 1. Jahrg.) höh. Handelsschulen. 2. verb. Aufl. (IX, 525 S.) gr. 8. Wien 904. A. Hölder Geb. in Leinw. n. 4. 20

— Deutsches Lesebuch f. höh. Handelsschulen (Handelsakademien). Für den 1. u. 2. Jahrgang (beziehungsweise Vorbereitungsklasse u. 1. Jahrgang) höherer Handelsschulen. 3., verb. Aufl. (X, 554 S.) 8. Ebd. 908. Geb. 4. 30

— literarhistorisches Lesebuch. II. Thl. des Lesebuches f. höh. Handelsschulen (Handels-Akademien). (Für den 3., eventuell 2. u. 3. Jahrg. höh. Handelsschulen.) 2. Abdr. gr. 8. (VII, 551 S.) Ebd. 900. Geb. in Leinw. n. 5. —

Mayr, Dr. R., Literarhistorisches Lesebuch. II Teil des Lesebuches für höhere Handelsschulen (Handelsakademien). 2., verbesserte Auflage. Wien 1908. A. Hölder. Geb. K 5.20. (Min.-Erl. vom 4. Februar 1908, Z. 3832.)

Mayr, Dr. Richard, Repetitorium der allgemeinen Geschichte in tabellarischer und zusammenhängender Darstellung Nebst einem Anhang, enthaltend 1. Hauptdaten der österreichischen Geschichte. 2. Uebersicht der Literatur der neueren Musik- und der Kunstgeschichte. Gr.-8. (V, 116 S.) —.90
Wien Hölder 1892.

— Storia commerciale. G. Dalvi e L. Canella traduttori. gr. 8. (IV, 323 S.) Ebd. 896. n. 3. 20; geb. n 3. 60

Mayr Richard, Dr Voltaire-Studien. S 95. 6 „ 2 —
Separatabdruck

—— Voltaire-Studien. Lex.-8. (120 S.) Wien 879, (Gerold's Sohn.) *
Aus: Sitzungsberichte der k. Akademie der Wissenschaften, besonders abgedruckt.

— s.: **Weltgeschichte.**

Mayr, Rob. v., die Auslobung. Eine zivilist. Untersuchg. (III, 153 S.) gr. 8. Wien 905. Manz. n. 3. 10

— der Bereicherungsanspruch des deutschen bürgerlichen Rechtes. (IX, 750 S.) gr. 8. Leipzig 903. Duncker & Humblot. n. 17. —

Mayr, R. v., Betrachtungen üb. den Revisionsentwurf, s. Advokatentag, XI. österreichischer.

Mayr, Rob. v., die Condictio des römischen Privatrechtes. gr. 8. (VI, 487 S.) Leipzig 900. Duncker & Humblot. n. 9. 60

Mayr, Rob., Einführung zum Verständnis der elektrischen Maasse, ihrer Festsetzung, ihres Zusammenhanges u. ihrer prakt. Anwendung. (VI, 50 S.) gr. 8. München 903. Th. Ackermann. n. 1. 20

— Entwicklgn. u. Rückschläge in der Rechtsgeschichte. Eine akadem. Antrittsvorlesg. (69 S.) 8. Prag 909. J. G. Calve. 1. 50

Mayr, Rob., fern auf Reisen. Gesammelte Tagebuch-Blätter 8. (169 S.) Znaim 894. F. Loos & Neffe. n. 1. 50

— zur Frage der Revision des österreichischen allgemeinen bürgerlichen Gesetzbuches. (43 S.) gr. 8. Wien 906. Manz. n. — 85
Sonderabdruck aus: „Allg. österr. Gerichts-Ztg."
57. Jahrg. 1906. Nr. 17—20.

Mayr, Robert: Über Körper von kinetischer Symmetrie. *München 1900: C. Wolf & Sohn.* (54 S.) 8°
München, Phil. Diss. v. 1900

— das bürgerl. Recht, s.a. Studienausgabe österr. Gesetze. II.

Das Bürgerliche Recht ... hrsg. von Robert v. Mayr, Privatd., Wien. Hälfte 1. Leipzig: C. L. Hirschfeld 1905. 8°
— Studienausgabe Oesterreichischer Gesetze. Bd 2, 1. [05. 594 5]

— Das bürgerliche Recht, s.a. Studienausgabe österreich. Gesetze. Suppl.

Mayr, R. v., Das bürgerliche Recht. [Studienausgabe österreichischer Gesetze. Supplementband.] 8°. (641 S.)
Wien: Manz 1907 K 5.30, geb. K 6.30

Über einige optische Täuschungen. Mit 5 Abbildungen. — Von Dr. Robert Mayr, R.-L. — 1901, Ludwigshafen a. Rh., Biller, G. m. b. H. — P. 3—20.
Progr Ludwigshafen a. Rh., K. Realschule

Mayr, Roder., praktische Winke f. Brauereibesitzer aus Anlass des neuen bürgerl. Rechtes. Im Auftrage des bayer. Bauernbundes zusammengestellt. gr. 8. (28 S.) München 899. R. Oldenbourg. n. 1. —

Mayr, Rud., e. Afrika-Reise v. 18 Tagen. gr 8. (VI, 46 S. m. Illustr. u. 1 farb. Karte.) Wien 892. I, Schreyvogelgasse 3, Helios. 2

— Meine Reisen. 1. Bd. gr. 8. (VII, 140 S. m. 1 Heliogr., 1 Tondr., 61 Zinkogr., 1 Stadtplan u. 2 farb. Karten.) Ebd. 892. 3 —

— Wien-Chicago. Eine Urlaubsreise. gr. 8. (VII, 147 S. m. 1 Heliograv., 1 Farbendr., 42 Zinkogr. u. 1 Karte.) Ebd. 894. n. 4. —
Bildet zugleich den 2. Bd v. d. Verf.: Meine Reisen.

Mayr, S., Dr. J. Coelest. Ganglbauer, Fürsterzbischof von Wien, s. Episkopat, der, der Gegenwart.

Kremsmünster G. Katalog der Lehrerbibl. 99. 00. 01. v. Sebastian Mayr. 43. 37. 59.
Progr.

Mayr Sebast.: Zwei Marienklagen. 28 Kremsmünster 82.
Progr.

Mayr, Sebast. Das Lambacher Passionsspiel nebst einigen Kirchenliedern. Nach einer Handschrift des Stiftes Lambach 44 S – Kremsmünster, Progr 1883

Mayr, Udalr., Biga dissertationum de nexu historiae litterariae cum studio theologico ac de nexu statisticae cum iurisprudentia ecclesiastica. Nördlingen, 1774. 8°. 2. Aufl.
1. Aufl. 1772. Die erste Dissertation zeigt die Verbindung der Litterärgeschichte mit dem Studium der Gottesgelehrtheit. Vgl. Kluepfel, Nova Biblioth. Friburg. Bd. I fasc. 1, S. 46—50.

— bigae dissertation. de nexu historiae literar. c. nexu studii theologiae, ac de nexu statisticae. 8. Nördl. Beck. 775.

Mayr, U., üb. d. Einfluß der gelehrten Geschichte in den Studium der Rechtsgelehrsamkeit. 8. Augsb. Bartholomäi. 778.

Mayr, U., üb. d. Einfluß d. gelehrten Gesch. in d. Studium d. Rechtsgelehrsamkeit. 8. Augsb. 778. (Hinrichs in Leipz.) 8 gr.

Mayr, Vict. (o. Min. S. F strictioris observantiae, d. Z. Pred. in diesem Ordens-Convent), Streit u. Sieg der Gnad, d. i. Lob-Red, gehalten in der dreytägigen Ehren-Begängnuß der jüngsthin *Seeliggesprochenen* Hoch-adelichen Wittwe *Michelina von Pesaro*, aus dem dritten Orden des heil. seraphischen Vatters Francisci deren Büssenden Vorgetragen d. 22 April 1738 zu München in der Franziskaner-Kirchen . 4°. Unterer Rand d. Titels knapp beschn. Beibd.
42 S. u. 3 Bll. „Folgen nunmehr jene 10. Emblemata Michelinæ, welche in dem Chor aufgebengter (sic) zu sehen waren. (Abdr. der lat. u. deutschen Erklärungs-Verse.) — Beides rar!

Mayr, Vincenz, Rede auf d. 50jährige Priester-Jubiläum des Hochw. Herrn Kasimir Gröbl, bischöfl. Synodal-Examinators in Augsburg. 8. Augsb. 819. Doll, (Landsh., Krüll). 2 gr.

Mayr, Wilhelm [in Regensburg]: Die Fälle der Naturalobligation und ihre rechtliche Natur nach neuestem gemeinen Recht ... Regensburg, Druck d. „Nationale Verlagsanst.", 1895; 1 Bl., 48 S. 8.
Erlangen, Jur. Fak., Inaug.-Diss. v. 1895

Mayr, X. (Bezirksbauschaffner) „Ueber die Bildung eines Baustyles für die Gegenwart". pg. 15/16. 4° J. Baur.
Landau, Progr. 1850/51

Mayr-Adlwang, M.: Ein Vorschlag zur Ermordung Waldstein's vom Jahre 1628. Innsbruck 1896. 8°
Sonderabdruck aus den „Mittheilungen des Instituts für österr. Geschichtsforschung", Ergänzungsband V

Mayr-Amberg, F., Münchener Messalinen. Ein Novellen-Kranz. 8. (111 S.) München (902). Münchener Novellen-Verlag. n. 1. 50

Mayr-Deisinger, Karl [Dr.]: Die Flugschriften der Jahre 1618—1620 und ihre politische Bedeutung ... (Enth. nur Kap. I.) München, kgl. Hof- u. Univ.-Buchdr. v. Dr. C. Wolf & Sohn, 1893; 95 S. 8.
München, Phil. Fak., Hab.-Schr. v. 1893
(Nicht für den Austausch)

Mayr, Karl: Wolf Dieterich von Raittenau, Erzbischof von Salzburg 1587–1612 .. Augsburg, Druck bei J. P. Himmer, 1886; 44 S. 8°.
München, Phil. Fak., Inaug.-Diss. v. 1886.

Mayr, Karl, Wolf Dieterich von Raittenau, Erzbischof von Salzburg 1587—1612. Diss. München 1886, A. Buchholz. 8°. 44 S.

Mayr-Deisinger, K., Wolf Dietrich v. Raittenau, Erzbischof v Salzburg 1587—1612. gr 8. (VII, 196 S.) München 886. Rieger. n. 5. —

Ⓢ Mayr-Deisinger, K., Wolff Dietrich v. Raittenau. 886. (KBL 24.) Jetzt: Salzburg, E. Höllrigl.

Mayr-Günther, Jos., trotz Acht u. Bann. Freiheitslieder des verfehmten Tiroler Dichters M.-G. gr. 8. (VI, 92 S. m. Bildnis.) Innsbruck (901). Deutschvölkischer Scherer-verlag. Geb. n. 1.50; Liebhaberausg. n. 2.50

Mayr-Kowalski, Jos., wie wird man Abstinent?, s.: Arbeiter-Abstinenten-Bund, deutscher. Nr 13.

Mayr-Peyrimsky, Anna, über Gesangsunterricht. 8. (23 S.) Graz 888, Pechel. *

Mayr-Tüchler, Jos., Wolken. Gedichte. 8. (VIII, 152 S.) Graz 869, Hügel.

Mayr-Tüchler, Jos., Wolken. Gedichte. 1. u. 2. Ausg. Graz. 869,70. Verl. des „Leykam." gr. 8. (VIII, 152 S.) n. 20 ngr.

Mayrbach, F., Arbeit, s. Sammlg. gem Vorträge.

Mayrberg, Ant. a, Iter in Moschoviam et statuta Moschovit. fol. Frft. 715.

Mayrberger, Karl, die Harmonik Richard Wagner's, an den Leitmotiven aus „Tristan u. Isolde" erläutert. Nach dem Tode des Verf. hrsg. durch den Bayreuther Patronatverein. [Zum Theil Sep.-Abdr. aus den „Bayreuther Blättern".] gr. 8. (34 S.) Chemnitz 882. Schmeitzner. n. 1. —

Mayrberger, Carl, Lehrbuch der musikalischen Harmonik in gemeinfasslicher Darstellung für höhere Musikschulen und Lehrerseminarien, sowie zum Selbstunterrichte. 1. Thl.: Die diatonische Harmonik in Dur. gr. 8. (VIII, 385 S.) Pressburg 878, Heckenast's Nachf. *

Mayrberger, Karl, 3 Wandtafeln über das diatonische u. enharmonische Modulationsverfahren mittelst der verminderten Septimenharmonieen [der sogenannten enharmon. Akkorde] für Lehrer-Seminarien, höhere Musikschulen, angehende Organisten, Componisten u. Dilettanten. gr. Fol. Pressburg 879. Stampfel. 5. —

Mayreder, Karl, Baugesetz u. Baukunst. Ein Vergleich der Bauordngn. v. Berlin, London, Paris, Rom u. Wien. Vortrag, geh. am VIII. internationalen Architekten-Kongress in Wien am 19. V. 1908. [Aus: „Schlussbericht d. Kongresses".] (22 S.) Lex. 8. Wien 908. (Lehmann & Wentzel.) 1. —

Mayreder, Karl, Städtische Bauordnungen m. besond. Berücksicht. der Wohnungsfrage, s. a. Schriften der österr. Gesellschaft f. Arbeiterschutz. V

Städtische Bauordnungen mit bes. Berücks. d. Wohnungsfrage. Von Karl **Mayreder**, Prof., Wien. *Wien: F. Deuticke 1903.* (36 S.) 8° — Schriften d. Österr. Gesellschaft f. Arbeiterschutz. H. 5.

— ein Besuch in Kleinasien. Vortrag, geh. in der Vollversammlg. des österreich. Ingenieur- u. Architekten-Vereines am 3 II. 1906. (50 S. m. Abbildgn. u. 10 Taf.) Lex.-8. Wien 906. (Lehmann & Wentzel.) n.n. 2. —
Sonderabdruck aus: „Zeitschr. d. öst. Ingen.- u. Arch.-Ver."

Mayreder, Karl, Motivenbericht zum Antrage des Stadtbauamtes f. d. Regulirungsplan d. inneren Stadt Wien. [Aus: „Wiener Bauindustrie-Zeitg."] gr. 8. (39 S. m. 1 Plan.) Wien 896. Volkswirtschaftl. Verl. A. Dorn. n. 1. —

— d. Project d. Wienzeile von Schönbrunn bis zum Stadtparke. Als Theil d. General-Regulirungsplanes v. Wien im Wiener Stadtbauamte verf. [Aus: „Zeitschr. d. österr. Ingen.- u. Archit.-Vereines".] Lex.-8. (18 S. m. Abb. u. 4 Taf.) Wien 895. (Lehmann & Wentzel.) n. 1. 20

— üb. Wiener Stadtregulirungs-Fragen. Vortrag, geh. in d. Plenarversammlg. d. Vereins f. Stadtinteressen u. Fremdenverkehr am 29. Apr. 1895. [Aus: „Wiener Bauindustrie-Zeitg."] Lex.-8. (22 S. m. 1 Plan.) Wien 895. Volkswirtschaftl. Verlag A. Dorn. n. — 80

Mayreder, Karl, s.: Wien.

Mayreder, Rosa (Hrsg.), s. Dokumente der Frauen.

Mayreder, Rosa, zwischen Himmel u. Erde. Sonette. (123 S.) 8. Jena 908. E. Diederichs. 3.—; geb. 4. 50

Mayreder, Rosa, Idole. Geschichte e. Liebe. (Roman.) 8. (175 S.) Berlin 899. S. Fischer, Verl. n. 2. —; geb. n. 3.—

Mayreder-Obermayer, Rosa, aus meiner Jugend. 3 Novellen. 8. (III, 289 S.) Dresden 896. E. Pierson. 4. —; geb. n. 5. —

— Aus meiner Jugend. 3 Novellen. (Neue [Titel-]Ausg.) (III, 289 S.) 8. Wien [896] 908. H. Heller & Co. 3.—; geb. 4. —

Mayreder, Rosa, zur Kritik der Weiblichkeit. Essays. (Die Buchornamente zeichnete Paul Haustein.) 1. u. 2. Aufl. (299 S.) 8. Jena 905. 907. E. Diederichs. n. 5. —; geb. n. 6. —

Mayreder, Rosa: Zur Kritik der Weiblichkeit (T. 2 u. d. T.: Geschlecht u. Kultur). Essays. T. 1: 3. Aufl. 1910.

— Pipin. Ein Sommererlebnis. 8. (280 S.) Leipzig 903. H. Seemann Nachf. n. 3. —; geb. n. 4. —

— Pipin. Ein Sommererlebnis. (2. [Titel-]Aufl.) (280 S.) 8. Ebd. [903] 908. 3.50; geb. 4. 50

— Uebergänge. Novellen. 8. (267 S.) Ebd. 897. 4. —

— Ubergänge. Novellen. (2. [Titel-]Aufl.) (267 S.) 8. Ebd. [897] 908. 3.—; geb. 4. —

Mayregg, C. A. R. v. Das alte u. neue Geld od. die Mark und das Pfund in dem Versuche eines arithmetisch vergleichenden Ueberblickes. Mit 6 Berechnungs-Schemen etc. *Salzburg* 1858. Comm. *Oberer'sche* Buchhdl. Druck von *Endl & Penker.* 15 S. 8°. 8 kr.

v. Mayregg, Caj., algebraisches Exempelbuch, od. d. Lehre v. d. Gleichungen, kurz gefaßt u. durch 250 Aufgaben d. 1n u. 2n Grades ꝛc. ausgeübt u. angewandt. 2 Thle. gr. 8. Prag 827. (Centr.-Compt. in Leipz.) 2 ß 4 gr

Mayrhofen, Virgil v., Lehrbuch der Geburtshilfe für Hebammen. Innsbruck 854. Wagner. gr. 8. (4 Bl., 472 S.) n. 2 ß. 20 ngr.

Zwei etwas modifizierte Anwendungsweisen der v Mosetigschen Knochenplombe Von Dr B[ernhard] **Mayrhofer**, Linz. Wien & Leipzig W Braumüller 1905. (4 S.) 8° [Umschlagt.]
Aus Wiener klin. Wochenschrift. Jg. 18, No 15. [07. 6339 3

Ueber die Aufgaben der zahnärztlichen Institute und die Notwendigkeit ihres Ausbaues zu Kliniken Antrittsvorlesung, geh. 1907 von Prof. Dr B[ernhard] **Mayrhofer** Wien & Leipzig. Braumuller 1907 12 S. 8°
Aus Wiener klin. Wochenschrift Jg. 20, Nr 47 [10. 10613 6

Mayrhofer, Bernh., stomatologische Demonstrationen f. prakt. Ärzte. 1. Heft. Kurzer Leitfaden der Zahnfüllg. (III, 75 S.) 8. Jena 910. G. Fischer. 1. 50

Diagnose und Therapie der äusseren Zahnfisteln mit besond. Berücks. d. Erhaltung d. schuldigen Zahnes. Von Prof. [Bernhard] **Mayrhofer**, Innsbruck. Innsbruck 1907 Guberner & Hierkammer, Wien. (12 S.) 8° [Umschlagt.]
Aus: Aerztl. Reformzeitung. Jg 1907 No 5. 6. [07. 6930 3

Erfahrungen mit der Jodoformknochenplombe hinsichtlich Vereinfachung der Nachbehandlung nach Wurzelresektion und Zahnzystenoperation. Von Prof. Dr. B[ernhard] **Mayrhofer**, Innsbruck Wien: Österr. Zeitschr f. Stomatologie 1906. (7 S.) 8° [Umschlagt.]
Aus Österr Zeitschrift f. Stomatologie [07. 7036 6

— s.: **Ergebnisse der gesamten Zahnheilkunde.**

Die Heilbarkeit äußerer Zahnfisteln ohne Extraktion des veranlassenden Zahnes. Von Prof. Dr B[ernhard] **Mayrhofer**, Innsbruck. Wien & Leipzig W Braumüller 1907 (5 S.) 8° [Umschlagt.]
Aus Wiener klin. Wochenschrift. Jg 20, No 5. [07. 6931 3

Prof. Dr. B[ernhard] **Mayrhofer**: Kurzer Leitfaden der Zahnfüllung. Mit 20 Abb. Jena: Fischer 1910. 75 S. 8°
(Mayrhofer: Stomatologische Demonstrationen f. prakt. Ärzte. H. 1.) [11. 1186

— Prinzipien e. rationellen Therapie der Pulpagangrän u. ihrer häufigsten Folgezustände. Klinisch-bakteriolog. Untersuchgn. zur Pathologie u. Therapie der faulen Zahnpulpa. (VIII, 139 S.) Lex. 8. Jena 909. G. Fischer. 7. —

— dasselbe. 1. Ergänzungsheft. (V, 91 S.) Lex. 8. Ebd. 910. 4. —

Mayrhofer, C., Entwickelungsfehler und Entzündungen des Uterus, Sterilität, s. **Handbuch der allgemeinen und speciellen Chirurgie.**

Mayrhofer, C., üb. die gelben Körper u. die Ueberwanderung d. Eies. gr. 8. (VII, 91 S.) Wien 876. Braumüller. n. 1. 20

Mayrhofer, C., Sterilität, Entwicklungsfehler u. Entzündungen des Uterus,
— Sterilität des Weibes; Entwicklungsfehler u. Entzündgn. der Gebärmutter,
s.: **Handbuch der Frauenkrankheiten.**

Mayrhofer, Carl Albert, s. Mayrhofer, Karl Albert

Mayrhofer, Carl Maria, s. Mayrhofer, Karl Maria

Mayrhofer, Ernst, s. Mayerhofer

Mayrhofer, Frz., s.: **Hausherren-Kalender, österreichischer.**

— u. Thom. **Weber,** prakt. Rathgeber f. **Hausbesitzer u. Hausverwalter.** Hausbau, Hauskauf, Grundbuchs- u. Hypothekenwesen, Buchführg., Stempel- u. Gebührenwesen, Gebäudesteuer, Schätzg. v. Realbesitzwerthen, Miethverhältnis, Wegweiser f. d. Selbstverwaltg., gerichtl. Entscheidgn., Verwendg. v. Werthpapieren f. Capitalsanlagen, Abstattg. v. Hypothekar-Capitalien u. s. w. m. zahlr. Formularien. gr. 16. (184 S.) Wien 895. L. Weiss. n. 1. 35

Mayrhofer, Frz. Xav., ein Becher des Trostes im Gefängniß u. auch außerhalb. Linz 866. (Haslinger.) 8. (VIII, 224 S. mit 1 Stahlst.) n. 21 ngr.

Mayrhofer, Friedrich M(ax), aus Wien: **Über das Oxaminocarvoxim und seine Überführung in Dihydrocarvyldiamin.** *Berlin (1899): G. Schade.* (54 S.) 8°
Berlin, Phil. Diss. v. 14. Aug. 1899

Mayrhofer, G Besass die römische Literatur das Satyrdrama? S. 21-28. – Kremsmünster OG, Progr 1870.

Mayrhofer, G Des Sophokles Elektra und die Trilogie. S. 3–21 –Kremsmünster OG., Progr 1870.

Mayrhofer, Gottfried, Dr., Prof. Ueber die **Aenderungen** der Stromform eines normalen Wechselstromes durch Grätzsche Aluminiumzellen. *Rosenheim 1900: M. Niedermayr.* (40 S.) 8°
Rosenheim, k. humanist. G, P 1900*

Mayrhofer, Gottfried [k Reallehrer in München]: Ueber die Bestimmung der spezifischen Leitungsfähigkeit von Metallen in Cylinderform nach der Dämpfungsmethode. München, Druck v. Carl Gerber, 1890; 28 S. 8°
Erlangen, Phil. Fak., Inaug.-Diss. v 1890

Mayrhofer, Gottf. Dr. „Ueber die spezifische Leitungsfähigkeit von Metallen in Cylinderform". pg. 2–28. 8°. C. Gerber.
München, Progr. 1889/90

Mayrhofer, Herm., Curort Römerbad, das steirische Gastein. 2., verb. Aufl. 8. (VIII, 116 S.) Wien 880. Braumüller. n. 1. 40

Mayrhofer, Herm., Curort Römerbad. Das steir. Gastein. 3. verb. Aufl. [Braumüller's Bade-Bibliothek Nr. 62.] 8. (III, 111 S.) Wien 885, Braumüller. *

— – Vgl. Mayrhoffer

Mayrhofer J.: **Bemerkungen über Affinität und deren Beziehungen zu Atomvolum, Atomgewicht u. specifischem Gewicht. 9. Leoben 81. Progr.**

Mayrhofer, J., Instrumente u. Apparate zur Nahrungsmittel-Untersuchung, s. a. Bibliothek f. Nahrungsmittel-Chemiker.

MAYRHOFER
Instrumente und Apparate zur Nahrungsmittel-Untersuchung. Leipzig, 1894.
Vol. IV of the Bibliothek für Nahrungs-Mittel-Chemiker

Mayrhofer, J. B., die neukatholische Lehre für denkende Menschen. 1. Heft. gr. 8. (64 S.) Augsburg 870, Reichel.

– – Vgl Mayrhofer, Josef K.

Mayrhofer, I N, s. Mayrhoffer

Mayrhofer, Joh., die Erziehung des Menschen von seiner Geburt bis z. männlichen Alter praktisch dargestellt. gr. 8. (23⁵/₈ B.) Wien 846, Kaulfuss Wwe., Prandel u. Comp.

Mayrhofer, Jh., Gedichte. 12. Wien 824. Volke. 1 ℳ Vel. Pap. 1 ℳ 8 ℊ

—— Gedichte. Neue Sammlung. Aus dessen Nachlasse mit Biographie u. Vorwort hrsg. v. Ernst v. Feuchtersleben. gr. 16. (20 B.) Wien 843, Klang. (Leipzig, Herbig.)

Mayrhofer, Johs., im Abendstrahl. Gedichte. (106 S.) kl. 8. Ravensburg 907. F. Alber. 1.50; geb. 2. —

Mayrhofer, Johs., S. J., in verlorenen Augenblicken. Allerlei Gedanken, Einfälle u. Ausfälle. (20 S.) schmal 8. Heiligenstadt 903. F. W. Cordier. n. — 75

— Christ od. Antichrist!, s.: Theater, kleines.

Mayrhofer, Johs. Galiläer, du hast gesiegt, s.a. Vereins- u Gesellschaftsbühne, Neue.

Galiläer, du hast gesiegt! Ein Bild aus d. 4 Jh. In 2 Scenen. Von Johannes Mayrhofer, S. J. Münster i. W. Alphonsus-Buchh. [1903]. (31 S.) 8° [F.]
= Vereins- u. Gesellschaftsbühne. Bdch. 3. [05. 5695

— Gespensternächte, s. a. Vereins- u. Gesellschaftsbühne, neue.

Gespensternächte. Lustspiel in 3 Akten. Von Johannes **Mayrhofer,** S. J. Münster i. W. Alphonsus-Buchh. [1903]. (67 S.) 8° [F.]
= Vereins- u. Gesellschaftsbühne, Neue. Bdch. 6. [05. 5698

Du meine Göttin! Ein Liebestraum. Von Johannes **Mayrhofer** Berlin: Langer [übergeklebt Korzeniewski] [1908]. 15 S. 8° [10. 10382

— **Du meine Göttin! Ein Liebestraum.** (15 S.) 8. Berlin (908). [Verlag der Sonntagsglocken.] J. Korzeniewski. — 30

— Hakon Jarl od. die untergehenden Götter, s. a. Vereins- u. Gesellschaftsbühne, neue.

Hakon Jarl oder Die untergehenden Götter. Trauerspiel in 5 Akten. Frei nach d. Dän. bearb. von Johannes Mayrhofer, S. J. Münster i. W.: Alphonsus-Buchh. [1903]. (133 S.) 8° [F.]
= Vereins- u. Gesellschaftsbühne, Neue. Bdch. 4. [05. 5696

In der Jasminlaube. Novellen von Johannes **Mayrhofer** Berlin: Langer [übergekl.: Korzeniewski] [1908]. 204 S. 8° [10. 9607

– Der König von Granada, s.a. Vereins- u. Gesellschaftsbühne, Neue.

Der König von Granada. Schauspiel in 5 Akten von Johannes **Mayrhofer,** S. J. Münster i. W. Alphonsus-Buchh. [1903]. (56 S.) 8° [F.]
= Vereins- u. Gesellschaftsbühne, Neue. Bdch. 1 [05. 5693

— Maiendämmerung, s.: Vereins- u. Gesellschaftsbühne, neue.

— Gebrüder Plaswich. Erzählung f. die Jugend. (VIII, 187 S.) kl. 8. Münster 908. Alphonsus-Buchh. Geb. 1.20

— Seleukus u. Stratonike, s. a. Vereins- u. Gesellschaftsbühne, neue.

Seleukus und Stratonike. Schauspiel in 3 Akten. Von Johannes **Mayrhofer,** S. J. Münster i. W. Alphonsus-Buchh. 1904. (81 S.) 8° [F.]
= **Vereins-** u. Gesellschaftsbühne, Neue. Bdch. 7. [05. 5699

— der Mutter Vermächtnis. Eine Novelle. (177 S. m. Titelbild.) 8. Heiligenstadt 903. F. W. Cordier. n. 2. —; geb. n. 2. 75

Was die Alster rauscht u. andere Skizzen, Studien u. Novelletten von Johannes Mayrhofer Heiligenstadt (Eichsfeld) Cordier [1909]. 108 S. 8° [10. 2063 3

Mayrhofer, Johs., Was die Alster rauscht u. andere Skizzen, Studien u. Novelletten. (III, 108 S.) 8. Heiligenstadt (910). F. W. Cordier. 1.50; geb. 2. 50

Die Welt der Kulissen. Theaterstudien von Johannes **Mayrhofer.** Münster i. W. Alphonsus-Buchh. 1907 (60 S.) 8° [F.] [08. 4633 6

Mayrhofer, Jos. Über den griechischen Tragiker Agathon. 24 S. 8. Progr. *Villach* 1878.

MAYRHOFER, JOSEPH: Kirchliche Anrede, nach Einweihung der neuen Kanzel in der kleinen Kirche zu Donnerskirchen. Raab 1880: Gustav Groß u. Comp. 8 S. - 8°

MAYRHOFER, JOSEPH: Kurzer Inbegriff der katholischen Glaubens- und Sittenlehre in Fragen und Antworten sammt einer näheren Anleitung zum würdigen Empfange der heiligen Firmung. Raab 1859. Druck v. Viktor Sauerwein. 47 S. - 180 mm

MAYRHOFER, JOSEPH: Der Katholizismus und Altkatholizismus in seinen Glaubenslehren nach bewährten Autoren kurz zusammengefaßt. Würzburg-Wien 1880: Druck u. Verlag v. Leo Woerl. IV, 177 S. - 210 mm

Mayrhofer, Jos. Der Katholizismus u. der Altkatholizismus in seinen Glaubenslehren, nach bewährten Autoren kurz zusammengefaßt. gr. 8. (177 S.) Wien 890, Woerl. * 1 30

MAYRHOFER, JOSEF: Kirchweihfest-Predigt gehalten zu Oggau. Raab 1869: Viktor Sauerwein. 14 S. - 8°

Mayrhofer Josef und Nemeth Karl Kondensation von Benzaldehyd mit Oxysäuren. S. 111 II b. 1102 vgr.
Separatabdruck

MAYRHOFER, JOSEF: Paraenesis. Kirchliche Anrede zur Einweihung der Feldkapelle zu Weiden. Raab 1876: Ww. Sauerwein. 8 S. - 8°

MAYRHOFER, JOSEPH: Predigt. Am Gedächtnißtage eines wunderbaren Ereignisses zu Raab am 17 März 1852. Raab 1883. 8°

MAYRHOFER, JOSEF: Predigt zur zweiten Säcularfeier der Kircheneinweihung von Karlburg. Raab 1869: Viktor Sauerwein. 14 S. 8°

Mayrhofer, Jos., theologiae moralis christiano-catholicae principia, e probatissimis auctoribus in usum et subsidium cleri dioecesani Jaurinensis collecta et curae pastoralis regulis adaucta. Tomus I. De actibus humanis, de lege et conscientia, de peccato et censura. Raab 863. (Hennicke.) gr. 8. (XX, 582 S.) 3 ℳ 22½ ngr.

MAYRHOFER, JOSEF: Kirchliche Rede nach der Einweihung einer Marien-Statue zu Oggau. Raab 1876: Wwe. Sauerwein. 8 S. - 8°

Mayrhofer, Jos. Ant., Anmerkk. üb. die allgemeine Gerichtsordnung nach Anleit. d. Landesfürstl. Verordnungen. gr. 8. Linz 793. Haslinger. 1 ₰ 4 gl. Hbg. Pr. 16 gl.

— Bemerk. über d. allgemeinen Gerichtsordnung. gr. 8. Ebend. 793.

MAYRHOFER Joseph Anton. Der Gandtprozeß in den Böhm. u. Österr. Erblanden. Linz 1793

MAYRHOFER, Jos. Ant.: Der Gantprocess in den k. k. österreich-böhm. Erbstaaten nach den im Justizfache bestehenden Gesetzen. *Linz*, Haslinger. 793. 8. (16 Gr.)

— Gedanken üb. die wahre Staatskunst. gr. 8. Linz. 795.

MAYRHOFER, Jos. Ant.: Leitfaden zur Ausüb. des richterl. Amtes in Rechtsstreitigkeiten. 2 Thle. *Linz*, Rohrmoser. 793. gr. 8. (1 Thl. 4 Gr.)

- Leitfaden zur Ausübung des adeligen richterlichen Amtes. Linz 1794

Mayrhofer, Jos. C., über den Brenner! Von Innsbruck nach Botzen u. in die Seiten-Thäler. Topographisch-kulturhistorische Schilderung. 1. u. 2. unveränd. (Titel-) Aufl. Mit Illustr. (in Holzschn.) von Frdr. Mayer u. Phil. Sporrer. München 868,69. Merhoff. gr. 16. (XII, 236 S.) 27 ngr.

Mayrhofer, Jos. C., üb. den Brenner! Von Innsbruck nach Botzen u. in die Seiten-Thäler. Topographisch-kulturhistor. Schilderg. 3., m. e. Karte (in Lichtdr.) verm. Ausg. Mit Illustr. (in eingedr. Holzschn.) v. Frdr. Mayer u. Phpp. Sporrer. gr. 16. (XII, 236 S.) München 872. Merhoff. 2. 80

— die neukatholische Lehre f. denkende Menschen. 1. Hft. gr. 8. (64 S.) Augsburg 870. Reichel. — 60

– – Vgl. Mayrhofer, J. B.

Mayrhofer, Isidor, Bach-Studien. Aesthetische u. techn. Fingerzeige zum Studium der Bach'schen Orgel- u. Klavierwerke. Einbegleitet v. e. Abhandlg. üb. Polyphonie, das Verständnis polyphoner Tonwerke u. das Verhältnis Johann Sebastian Bachs zur modernen Musik. 1. Bd. Orgelwerke. gr. 8. (XVI, 182 S.) Leipzig 901. Breitkopf & Härtel. n. 3.—; geb. n. 4.—

Mayrhofer, Isidor, O. S. B., üb. die Bedinggn. e. gesunden Reform d. Kirchenmusik. gr. 8. (168 S.) Augsburg (894). A. Böhm & Sohn. n. 1. 50

Ueber die Bedingungen einer gesunden Reform der Kirchenmusik. Von P. Isidor **Mayrhofer**, O. S. B. *Augsburg & Wien A. Böhm & Sohn [1895].* (167 S.) 1 Bd 8.

Mayrhofer, Karl, Medizinalprakt.: Aus d. Univ.-Kinderpoliklinik in München. (Dir.: Karl Seitz.) Die Anwendung der Moroschen perkutanen Tuberkulinreaktion im Kindesalter. München 1908: Wolf. 27 S. 8°
München, Med. Diss. v. 13. Jan. 1909, Ref. v. Müller
[Geb. 22. Dez 83 Neustadt a. H.; Wohnort: München; Staatsangeh.: Bayern; Vorbildung: Maximilians-Gymn. München Reife Juli 02; Studium: München 5, Kiel 1, München 4 S., Coll. 13. Jan. 09; Approb. 31 Dez. 08.] [U 09. 3364

Mayrhofer, Karl Albert

Mayrhofer, Carl Albert, Ingenieur, Aëronaut und Elektriker, Gründer des Wiener Localtelegraphen etc. Aëronautisch-telegraphische Kriegs Observations-Equipage, construirt von ..... (Mit 2 photographischen Aufnahmen.) Fol. Wien (1887?)

Mayrhofer, Carl Alb., die electro-magnetische Telegrafie nach Morse'schem Systeme mit den neuesten Verbesserungen. 2. Aufl. Wien 864. Dirnböck's Buchh. gr. 8. (126 S. mit 2 Steintaff. in gr. Fol.) n. 24 ngr.

Mayrhofer, Karl Maria

Mayrhofer, Carl (Maria), die Einheit des Wissens und Glaubens. Im Lichte des Somnambulismus und Hellsehens dargelegt in der Geschichte einer Somnambule. Nach eigenen Beobachtungen und Erfahrungen. gr. 8. (VII und 132 S.) Wien 850, Seidel. *

Mayrhofer, Carl Maria, († d. 18. Mai 1838), das dreieine Leben in Gott u. jedem Geschöpfe, durch katholische Speculation als Interpretation nachgewiesen. Aus dessen wissenschaftl. Nachlasse zusammengestellt von zwei Prof. der Theologie in Oesterreich. 2 Bde. gr. 8. (666 S.) Regensburg 851, Manz. 3 ₰

Mayrhofer, Lorenz. Führer durch München, s. Trautwein, Th.

Mayrhofer, Otto, a. Köln: Gustav Freytag und das Junge Deutschland. Marburg 1907: J. A. Koch. (VI, 56 S.) 8°
Marburg, Phil. Fak., Ref. Elster, Diss. v. 17. April 1907
[Geb. 3. Aug. 80 Cöln; Wohnort: Cöln; Staatsangeh.: Preußen; Vorbildung: Friedrich-Wilhelms-Gymn. Cöln Reife O. 00; Studium: Bonn 4, Marburg 6 S.; Rig. 30. Juli 06.]

Mayrhofer, Otto, Gustav Freytag u. das junge Deutschland, s. a. **Beiträge zur deutschen Literaturwissenschaft.**

Gustav Freytag und das Junge Deutschland. Von Dr. Otto **Mayrhofer.** Marburg N. G. Elwert 1907. (VI, 56 S.) 8°
[Erschien als Inaug.-Diss. Marburg 1907.]
— **Beiträge** z. deutschen Literaturwissenschaft. No 1

Mayrhofer, Rob., die **organische Harmonielehre.** I. Einführung. II. Begriffe u. Schlagworte. (247 S.) gr. 8. Berlin 908. Schuster & Loeffler. 4.—

— Der Kunstklang. 1. Bd.: Das Problem der Durdiatonik. (VII, 253 S.) gr. 8. Wien 910. Universal-Edition. 4.—

— Psychologie des Klanges u. die daraus hervorgehende theoret.-prakt. Harmonielehre, nebst den Grundlagen der klanglichen Ästhetik. Handbuch-Ausg. (m. e. graph. Beilage [13 S.] 84×24 cm). (191 S.) gr. 8. Leipzig 907. (F. Schuberth jr.) 4.—

Mayrhofer, Thom., theoret.-prakt. Handbuch zur Verwaltung des Stiftungs- u. Kommunal-Vermögens im Königreich Bayern. 1. Abthl. 6 Lfgn. u. 2. Abthl. 8 Lfgn. 2., umgearb. Aufl. gr. 8. (80 B.) Regensburg 843, 44, Manz. à Lfg. * 12½ Ngr.*

Mayrhofer, Ulrich: Das Genu valgum. Nebst einem Beitrag über die Spätresultate der Osteotomie am Genu valgum adolescentium[!]. *Erlangen 1898: E. Th. Jacob.* (37 S.) 8°
Erlangen, Med. Diss. v. 4. März 1898

Mayrhofer v. Grünbühel, Heinr. v., die Behandlung der Streitfälle üb. Verpflegskostenersätze nach § 66 des Krankenversicherungsgesetzes. 2. ergänzte Aufl. (48 S.) gr. 8. Wien 907. M. Perles. 1. 60
Erweit. Sonderabdr. aus „Österr. Ztschr. f. Verwaltg."
1. Aufl. (44 S.) 907. 1.40.

— Die Konkurrenz v. Übertretgn. im administrativen Strafverfahren. (22 S.) gr. 8. Ebd. 909. — 80
Sonderabdruck aus: „Öst. Ztschr. f. Verwaltg."

Mayrhofer v. Grünbühel, Heinr., d. Volkszählung in Österreich v. Standpunkte d. gelt. Gesetzes, ihrer Durchführg. u. eventuellen Reform. gr. 8. (V, 197 S.) Graz 898. Styria. n. 2. 50

MAYRHOFER von GRÜNBÜHEL, Heinrich
Die Volkszählung in Österreich vom Standpunkte des geltenden Gesetzes, ihrer Durchführung und eventuellen Reform. Von Dr. Heinrich Mayrhofer von Grünbühel. 2. ergänzte Auflage. Graz. 1899. Styria. Gr.-8°. X, 209 S. fl. 1.50

MAYRHOFER von GRÜNBÜHEL, Heinrich
Die Volkszählung in Oesterreich vom Standpunkte des geltenden Gesetzes, ihrer Durchführung und Reform. Von D. Heinrich Mayrhofer von Grünbühel. 3., ergänzte Auflage. Graz. 1900. Styria. Gr.-8°. VIII, 213 S. K 3.—

Mayrhofer v. Grünbühel, H., Die Volkszählung in Österreich vom Standpunkte des geltenden Gesetzes, ihre Durchführung u. Reform. 4. unveränd. Aufl. (XIII, 213 S.) gr. 8. Graz, Styria. 1910. 3. —

Mayrhofer v. Grünbühel, H., Die Volkszählung in Österreich vom Standpunkte des geltenden Gesetzes, ihrer Durchführung u. Reform. 5., unveränd. Aufl. (XIX, 213 S.) gr. 8. Graz, Styria. 1910. 3. —

Mayrhofer von Grünbühel, H., Die Volkszählung in Österreich. 6. Aufl. Gr.-8° (XXI, 21 3 S.) * K 3.50
Ebd. 1910

Mayrhofer Edler v. Sulzegg, Gust., das Infanterie-Regiment Freiherr v. Heß Nr. 49 in den Kriegen Oesterreichs seit s. Errichtg. 1715—1896. E. Lesebuch f. d. Hesser beim Regiment u. in d. Heimat. Lex.-8. (IV, 188 S.) St. Pölten 897. (J. G. Sydy.) n.n. 2. 50

Mayrhoffer, Herm., Curort **Römerbad, das steirische** Gastein 8 (VIII, 118 S.) Wien 874. Braumüller. n. 1. 40

– – Vgl. Mayrhofer

Mayrhoffer, J. N., Anleit. z. Blumenzeichnung. qu. Fol. Münch. 816. (Leipz., Fr. Fleischer). 1 ß 4 ℊ

— **Europae flora medica**, s. **Sterler.**

Mayrhofer, (I. N.,) Flora Monacensis, s. **Flora.**

— Vorlegeblätter zur Blumenzeichnung. Münch. 822. (J. Lindauer). 1 ß 8 ℊ

MAYRHOFFER, IGN(ATIUS) S. J. Lob- und Danck-Rede über die höchst-beglückte Geburt des Vierten Durchleuchtigsten Erb-Printzen Ferdinandi Ertz Herzogen zu Oesterreich, da dessen prächtige Geburtsfeyer von der königl. Haupt- und Frey-Stadt Ofen mit einem Danck-Fest beehrt wurde den 23. Tag des Herr-Monats, als dem Fest der Kirchen-Weyhe der Haupt-Pfarr-Kirchen der Gesellschaft Jesu verfasset, und vorgetragen von Ign. Mayrhoffer Ofen 1754. Gedr bey Leopold Franz Landerer. 12 f. - 4°

Mayring, Phpp., s.: Kommentar zum bürgerlichen Gesetzbuche f. das Deutsche Reich.

Mayring, Philipp, Kommentar zum bürgerlichen Gesetzbuch, s.: Staudinger, J. v.

Mayring, Valentin „Ueber die Verhältnisse und Proportionen nebst ihrer Anwendung auf das Geschäftsleben". pg. 3—43. 4°. Carl Anton Zürn. Würzburg, Progr. 1838/39

Mayrommatos, A. D., Πλουτάρχος περὶ τῆς ἐν Τιμαίῳ ψυχογονίας. 1848. 46 S.

Mays, Alb., die Brücken u. Fähren über den Neckar bei Heidelberg von der ältesten bis auf die neueste Zeit. Festschrift zu der feierl. Einweihung der neuen Brücke zwischen Heidelberg u. Neuenheim am 7. Oktbr. 1877. Hrsg. im Auftrag des Stadtraths. 2., verm. Aufl. gr. 8. (34 S.) Heidelberg 877. (Koester.) n. — 40

Mays, Alb., Heidelberg, gefeiert von Dichtern und Denkern seit fünf Jahrhunderten. Festgabe zum Jubiläum der Universität. 8. (XVI, 145 S.) Heidelberg 886, [Bangel und Schmitt.] Petters. *ℳ 3.—.; geb. *

Mays, Alb., erklärendes Verzeichniss der vormals Gräflich v. Graimberg'schen, jetzt städtischen Kunst- und Alterthümer-Sammlung zur Geschichte Heidelbergs und der Pfalz im Friedrichsbau des Heidelberger Schlosses. gr. 8. (VII, 126 S.) Heidelberg 881, (Koester.) **

—— erklärendes Verzeichniss der vormals Gräflich v. Graimberg'schen, jetzt städtischen Kunst- und Alterthümersammlung zur Geschichte Heidelbergs und der Pfalz im Friedrichsbau des Heidelberger Schlosses. 2. verm. Aufl. Festgabe zum 500jähr. Jubiläum der Universität Heidelberg 1886. 8. (X, 128 S.) Heidelberg 886, (Koester.) *

Mays, Alb. Erklärendes Verzeichniss der städtischen Kunst- und Alterthümersammlg. zur Geschichte Heidelbergs u. der Pfalz im Friedrichsbau d. Heidelberger Schlosses, m. e. Abhandlg. über die ehemal. kurfürstl. Grabdenkmäler, insbesondere d. Mausoleum Otto Heinrichs, in d. Heiliggeistkirche. 3. verm. u. verb. Aufl. gr. 8. (XII, 173 S.) Heidelb. 892, (Koester). * — 80

Mays, Georg, s. May

Mays, Karl, Beiträge zur Kenntniss des Baues der Sehnen. Nach einem Vortrage gehalten am 15. Febr. 8. (5 S.) Heidelberg 878, C. Winter's Universitäts-Buchh. *
Aus: Verhandlungen des naturhistorisch-medicinischen Vereins zu Heidelberg, besonders abgedruckt.

Mays, K., über die Bewegungen des menschlichen Gehirns. gr. 8. (7 S.) Heidelberg 882, C. Winter's Universitäts-Buchh. *
Aus: Verhandlungen des naturhistorisch-medicinischen Vereins zu Heidelberg, besonders abgedruckt.

Mays, K., über die Nervatur des Musculus rectus abdominis des Frosches. Lex.-8. (25 S. mit 1 lithogr. Taf.) Heidelberg 886, C. Winter's Universitäts-Buchh. *
Aus: Festschrift des naturhistorisch-medicinischen Vereins zu Heidelberg, besonders abgedruckt.

—— Notiz über eine bequeme Bereitungsweise des neutralen Lackmuspapieres. gr. 8. (4 S.) Ebendas. 885. *
Aus: Verhandlungen des naturhistorisch-medicinischen Vereins zu Heidelberg, besonders abgedruckt.

Maeysz, Jean Pierre: Anfangsgründe der Rechenkunst theoretisch und praktisch von J. N. Noel, Professor der physischen und mathematischen Wissenschaften am Athenäum zu Lützemburg. Nach der dritten verbesserten und abgekürzten Auflage in's Deutsche übersetzt, und zum Gebrauch der Lützemburger Landschullehrer herausgegeben. Lützemburg. Schmit-Brück 1823 3, III, 158, 2 S. 12°

Maeysz, Jean Pierre Anfangsgründe der Rechenkunst theoretisch und praktisch von J. N. Noel übersetzt. Neue, mit Zusätzen versehene und von der Königl. Grossherzogl. Unterrichtskommission, zum Gebrauche der Primärschulen genehmigte Auflage. Luxemburg Behrens 1846. 7, 180, 3 S. 8°

– Dass. Dritte Auflage. Luxemburg. V. Bück 1855. 192 S. 12°

– Dass. Vierte verbesserte Auflage. Genehmigt durch die Königlich-Grossherzogliche Unterrichts-Commission. Ebd. 1864. 192 S. 12°

Maeysz, Jean Pierre Grundsätze der Landwirthschaft Ein Lesebuch für die Landschulen des Gross-Herzogthums. Lützemburg Schmit-Brück 1826 IV, 154, 2 S. 12°

Maeysz, Jean Pierre Die Kopfrechnung nach der Pestalozzischen Einheitstafel. Den Bedürfnissen der Luxemburger Landschulen angepasst und herausgegeben. Gedruckt auf Unkosten der Aufmunterungs-Gesellschaft zur Beförderung des Elementar-Unterrichts im Gross-Herzogthum Lützemburg. Lützemburg. Schmit-Brück 1821 IV, 144 S. 8°

Maeysz, Jean Pierre Mayers Lehrbüchlein für den Lützemburger Landschullehrer eingerichtet. Lützemburg Schmit-Brück 1818 54 S. 8°

Maeysz, Jean Pierre Erste Leseübungen für Elementarschulen. Gedruckt auf Unkosten der Aufmunterungs-Gesellschaft für den Elementar-Unterricht im Gross-Herzogthum Lützemburg. Gesammelt und geordnet Lützemburg Schmit-Brück 1821 2, 88, 4 S. 12°

– Dass. Dritte Auflage. Ebd 1822 12°

Maeysz, Jean Pierre Erste Leseübungen für Elementar-Schulen Gesammelt und geordnet Fünfte Auflage Ebd. 1826 4, 88, 4 S. 12°

– Dass. Sechste Auflage. Ebd. 1828. 4, 88. 4 S. 12°

Maeysz, Jean Pierre Chronologische Uebersicht der Geschichte der Stadt und des Gross-Herzogthums Luxemburg. Nebst einer Topographie, zum Gebrauche der vaterländischen Elementar-Schulen des Mittleren-Unterrichts. Lützemburg. Schmit-Brück 1819. 48 S. 12°

Mayse's, Real-Repertorium des Archivs der Pastoralkonferenzen im Bisthum Konstanz 1802—16. gr. 8. Freyburg, Herder. 818.

Maysels, Victor, a. Baku (Kaukasus): Aufsteigende Pyelonephritis in der Schwangerschaft, Wochenbett und in gynäkologischen Fällen. Straßburg i. E. 1907: C. Müh & Cie. (32 S.) 8°
Straßburg, Med. Fak., Ref. Fehling, Diss. v. 19. März 1907
[Geb. 21. Jan. 81 Wilna (Rußland); Wohnort: Baku (Kaukasus); Staatsangeh.: Rußland; Vorbildung: Gymn. II Wilna, Kaiser-Alexander III. Gymn. Baku Reife Juli 01; Studium: Königsberg 4, Straßburg 6 S.; Rig. 1. März 07.]

Maysenbouk, C. W. von „Project, wie eines Potentaten Einnahme erhöhet, das Commercium gefördert und zulänglicher Credit zuwege gebracht werden möge", Frankfurt a. M. 1760.

Maysenhölder, C. G., neues Conjugationsheft zum Gebrauch der Schüler beim französischen Sprachunterricht. 4. (IV, 60 S.) Stuttgart 885, (Metzler'sche Buchh., Sortiment.) cart. **

Mayser, siehe: *Forel, A.*

Mayser, Edwin: Grammatik der griechischen Papyri aus der Ptolemäerzeit. 1. T. *Leipzig 1898: B. G. Teubner.* (XII, 45 S.) 4°
Heilbronn, k. Karls-G, P 1898 (616)

Mayser, Edwin, Prof. Dr. Grammatik der griechischen Papyri aus der Ptolemäerzeit. T. 2. Konsonantismus. *Stuttgart 1900: C. Liebich.* (VII, 54 S.) 4° ¶ (Forts. d. P-Beil. Heilbronn, Gymn. 1898.)
Stuttgart, Karls-G, P 1900 (636)

Mayser, Edwin, Grammatik der griech. Papyri aus der Ptolemäerzeit m. Einschluss der gleichzeitigen Ostraka u. der in Aegypten verfassten Inschriften. Laut- u. Wortlehre. (XIV, 538 S.) gr. 8. Leipzig 906. B. G. Teubner. n. 14. —; geb. n. 17. —

Mayser, Edwin. alter Musikschatz, s.: Mitteilungen aus der Bibliothek d. Heilbronner Gymnasiums.

Mayser, F. P.: Kurzgefaßte Geschichte der Deutschen Evangelisch-Lutherischen Zions-Gemeinde zu Lancaster, Pa. *Auf Beschluß des Kirchenraths als Beitrag zum 75 Jahresfest der Einweihung der ersten Kirche zusammengestellt. Lancaster, Pa.: Lancaster Printing and Publishing Co. 1903. 50 S., ill.*

Mayser, Heinrich [aus Ulm a. D.]: Über die toxische Wirkung des Wismuth m. bes. Berücks. d. Wismuthnephritis ... Freiburg i. B., Buchdr. H. Epstein, 1892; 35 S. 8.
Freiburg i. B., Med. Fak., Inaug.-Diss. v. 1892

Mayser, Otto, Burg, s.: Spiel u. Arbeit. IV.

Mayser, Otto, Eisenbahn- u. Bahnhofsbau, s.: Spiel u. Arbeit.

— Elektromotor f. Knaben, s.: Spiel u. Arbeit.

Mayser, Otto, Kriegsschiff, s.: Spiel u. Arbeit.

— elektrisches Licht, s.: Spiel u Arbeit.

— Photographie-Apparat, s.: Spiel u. Arbeit.

— Das Puppenhaus, s.: Spiel u. Arbeit.

— Wasserturbine, s.: Spiel u. Arbeit.

MAYSER, Paul (Riedlingen): Experimenteller Beitrag zur Kenntniss des Baues des Kaninchen-Rückenmarks.- Berlin: Bernstein 1877. 56 S.- S.-Abdr.aus: Archiv für Psychiatrie. Bd.7.1877.H.3. 14.3.1877 - Urk (Titel: Symbola experimentis parta ad structuram medullae dorsi cuniculorum recte cognoscendam.); Chr 1876/77,10
Diss. Ingolst.-Landsh.-Mchn.

Maeysz, Pastor, s. Weltansicht u. Religion.

Maytag, der,. Ländl. Gemälde v. Hagemann. 8. Schwerin, Bödner. 793.

Maytner, Alberta v., s.: Halm, Margarethe.

Mayus, Oscar, aus Barmen: Die Peridienzellen der Uredineen in ihrer Abhängigkeit von Standortsverhältnissen. Jena 1903. 33 S. 8°. S.-A. a. d. Centralbl. f. Bakt. Abt. 2. Bd. 10. [1. XII. 04.]
Bern. Phil. Diss. 1904/1905.

Maywahlen, Val. Ulr., der Tod, das Todtenreich und der Zustand der von hier abgeschiedenen Seelen. Dargestellt aus dem Wort Gottes. Berlin 854. Wiegandt u. Grieben. 8. (XIV, 215 S.) n. 15 ngr.

Maywald, Aug., in memoriam. 8. (V, 178 S.) Bonn 884. Strauß. n. 3. —

Einige kritische Bemerkungen zu der Erkenntnistheorie des Kritizismus nach der Darstellung Alois Riehls vom Standpunkte Eduard v Hartmanns. (Verf Friedrich **Maywald.**) Breslau Selbstverl 1908. 39 S. 8°

Wechselwirkung oder Parallelismus in dem Verhältnis zwischen Leib und Seele? Versuch e. Darstellung d. Ansicht Eduard v Hartmanns über diese Frage nebst einigen Bemerkungen über d Ansichten Paulsens . . von Friedrich **Maywald** ... Breslau Selbstverl. 1907 14 S. 8°

Maywald, Fritz, a. Breslau: **Die Pässe der Westkarpathen unter besonderer Berücksichtigung der Paßstraßen der Sandsteinzone. Teschen: Beskidenverein 1906. (54 S.) 8°**
¶ Aus: Mitteilungen des Beskidenvereines.
Leipzig, Phil. Fak., Ref. Partsch, Lamprecht, Diss. v. 4. April 1906
[Geb. 11 Jan. 83 Breslau; Wohnort: Breslau; Staatsangeh.: Preußen; Vorbildung Matthiasgymn. Breslau Reife O. 01; Studium: Breslau 9 S.; Rig. 13. Dez. 05.]

Maywald, Gust. Kompaß für gewerbliche Buchführung. gr. 8. (III, 26 S.) Warmbrunn 889, (Leipelt). * — 50

Maywald, Gust. Adol. Ricard. *(geb Leuthen bei Breslau 1.3 2 1817)* Collectio et explicatio theorematum quae primum a Galileo Galilei de motu corporum tam libere cadentium quam in planis inclinatis vel per arcus circuli descendentium et ascendentium tradita sunt Vratislaviae (1840). (97 S., 2 Taf.) 8° *(Breslauer gekr Preisschr.)*
Breslau, Phil Diss v 31 Aug. 1840

Maywald, Max, die Lehre von der zweifachen Wahrheit. Ein Versuch der Trennung von Theologie und Philosophie im Mittelalter. Ein Beitrag zur Geschichte der scholast. Philosophie. 8. (61 S.) Berlin 871, Henschel. [München, Th. Ackermann.] *

Mayweg, Wilhelm (geb. am 29 Apr. 1843 in Plettenberg Westf.): Die Entwickelungsgeschichte der Cystengeschwülste des Eierstocks ... '(Gekrönte Preisschrift.)' .. Bonn, Buchdr. v. P. Neusser 1868. 2 Bl., 55 S., 1 Bl., 1 Taf. 8.
Bonn, Med. Fak., Diss. v 8 Aug 1868

Mayweg, Wilhelm, Arzt a. Hagen i. W.: Einige erfolgreiche Operationen bei totalem Symblepharon zur Bildung einer Höhle für das Glasauge durch Überflanzung von gestielten Hautlappen. (Mit 6 Abbildungen.) Rostock 1906: Adler. (30 S.) 8°
Rostock, Med. Fak., Ref. Peters, Diss. v. 25. März 1906
[Geb. 5 Juli 81 Hagen, Wohnort Hagen; Staatsangeh.. Preußen; Vorbildung Gymn. Hagen Reife O. 00, Studium: Bonn 4, Kiel 1, Freiburg i. B. 1, Rostock 3 S.; Coll. 20. Dez. 04; Approb. 16. Jan. 06.]

FSC
www.fsc.org
MIX
Papier | Fördert gute Waldnutzung
FSC® C083411

Kolibri 360 GmbH
Ferdinand-Jühlke-Straße 7
99095 Erfurt, Deutschland
produktsicherheit@kolibri360.de